AF840039

Die Turbinen

für Wasserkraftbetrieb

Ihre Theorie und Konstruktion

Von

A. Pfarr

Geh. Baurat, Professor des Maschinen-Ingenieurwesens
an der Großherzoglichen Technischen Hochschule zu Darmstadt.

Zweite, teilweise umgearbeitete und vermehrte Auflage

Mit 548 Textfiguren und einem Atlas
von 62 lithographierten Tafeln

Berlin
Verlag von Julius Springer
1912

Alle Rechte, insbesondere das der
Übersetzung in fremde Sprachen, vorbehalten.

ISBN-13: 978-3-642-90240-6 e-ISBN-13: 978-3-642-92097-4
DOI: 10.1007/978-3-642-92097-4

Softcover reprint of the hardcover 2nd edition 1912

Vorwort zur zweiten Auflage.

In der Anordnung ist die zweite Auflage der ersten im wesentlichen gleich, doch sind Vereinfachungen und auch Umstellungen erfolgt, die vielleicht der Übersichtlichkeit zugute kommen. Die Betrachtungen der ersten Auflage über drucklos nachgefüllte Reaktionsgefäße durften wegfallen, da deren Anwendungsbereich, die Knop-Turbine, heute nicht mehr von praktischem Interesse ist, und an der Behandlung der Achsialturbine sind auch Kürzungen vorgenommen.

Ich habe mich bemüht, gleichartige Dinge zusammenzubringen; so sind beispielsweise die Saugrohrverhältnisse nach Tunlichkeit in einem Kapitel vereinigt, ebenso das, was über die Wasserführung unmittelbar bei der offenen Turbine zu sagen ist.

In den Betrachtungen der ersten Auflage über die Größen der X-Komponente in den Fällen, wo durch beliebige Ursache (Geschwindigkeits- oder Winkeländerung) Stoßverluste auftreten, hatte ich den aus der Verzögerung von v_1' auf $v_{(1)}$ sich rechnungsmäßig ergebenden Rückgewinn an Druckhöhe (Anwendung der Gl. 111 und 112, S. 31 auf die Berechnungen der S. 80, zweite Auflage), als praktisch zu wenig sicher, nicht in Rechnung gestellt, dazu die Rechnung auf $w_{(1)}$ aufgebaut. Ich habe mich davon überzeugt, daß dies doch die Verhältnisse nicht richtig traf. In der vorliegenden, zweiten, Auflage ist dieser Rückgewinn eingesetzt und dabei von $w_{(0)}$ ausgegangen; dadurch sind die früheren imaginären Rechnungswerte verschwunden und die rechnungsmäßigen Leistungskurven gleichen jetzt den erfahrungsmäßigen weit besser als vorher. Diese neue Rechnungsweise hat sich naturgemäß auch auf die Verhältnisse der Fink'schen Drehschaufeln erstrecken müssen und dort manches Neue ermöglicht, z. B. konnte sich daran die rechnungsmäßige Bestimmung der Wirkungsgradkurve, Fig. 208, S. 329 u. a., anschließen.

Die von verschiedenen Seiten erfolgten Angriffe auf das „kreisende Wasser" haben mich nicht veranlassen können, von dieser der Vorstellung zugänglichen, bequemen, Rechnungsweise abzugehen, sie haben nur bewirkt, daß ich mich eingehend um Versuchsergebnisse bemüht und dabei die Berechtigung dieser Rechnungsweise im Bereich unserer Verwendung praktisch bestätigt gefunden habe. Die Einschränkungen, die sich dabei ergeben haben, beziehen sich ausnahmslos nicht auf die Grundlagen der Rechnung an sich, sondern darauf, daß das Vorhandensein sekundärer Strömungen konstatiert wurde, die das Eintreten der rechnungsmäßigen Erscheinungen unter Umständen nur teilweise gestatten. An anderer Stelle soll hierüber in Bälde Bericht erstattet werden.

Die Vergrößerung der bedruckten Fläche einer Seite hat es ermöglicht, die in der ersten Auflage weggebliebenen Kapitel über Wasserwerksbauten, soweit sie dem Bereich des Maschineningenieurs angehören, einzuschalten und am Schluß des Buches ein kurzes Kapitel über Leistungsversuche anzufügen.

Die Berücksichtigung der Fortschritte im Turbinenbau spricht sich u. a in der Vermehrung der Zahl der Atlastafeln von 43 auf 62 aus.

*

Freuen würde es mich, wenn der neueingeführte Begriff des Einheitsverlustes für Rohrleitungen, S. 640 u. f., freundliche Zustimmung fände. Die Zeit des Ingenieurs ist wirklich zu kostbar, um dem Berechnen nach veralteten Formeln immer noch weiter geopfert zu werden; die Elektrotechnik hatte mit solchem Zopf sehr rasch aufgeräumt, wir wollen's auch tun!

Daß ich mich auch in der neuen Auflage nicht der sogenannten Normalbezeichnungen bediente, hat mancherlei Gründe. Diese „Normalien" sind mit der von fremder Seite hereingeworfenen Absicht geschaffen worden, die Bezeichnung „v" dem spezifischen Volumen der Gase ausschließlich vorzubehalten. Solange aber Physik und Mechanik mit „v" schlechtweg die Geschwindigkeit *(velocitas)* bezeichnen (man denke nur an $v = \sqrt{2gh}$) und trotzdem das „v" des spezifischen Volumens daneben ohne Verwechslungen führen, kann ich das Zwingende des Bedürfnisses nach Schablonisierung solcher Sachen nicht anerkennen. Dazu kommt, daß die drei Seiten des Geschwindigkeitsdreieckes ohne Ausnahme veränderliche Größen sind, die logisch u, v, w heißen, wie in der ganzen höheren Analysis Brauch ist, wenn x, y, z anderweitig belegt sind. In dem Trio der veränderlichen u, w, c ist c als veränderlich der allgemeinen Vorstellung zuwider.

Trotz der nicht „normalen" Bezeichnungsweise suche ich doch für den Leser nach Möglichkeit Zeitersparnisse zu erzielen durch ausgiebige Vorführung der Rechnungsvorgänge. Wenn dies vielleicht manchem zu breitspurig erscheint, so kann ich nur sagen, daß häufig dem aufmerksamen Leser und Durcharbeiter eines Buches manche Stunde Zeit geraubt wird durch nicht erschöpfendes Aufzeigen der angewandten Umformungen und Vereinfachungen. Wer sich den Inhalt eines Werkes zu eigen machen will, der muß ja sämtliche Berechnungen selber durcharbeiten, und welcher Ingenieur, jung oder alt, hat denn heute Muße, Lösungen, die vielleicht ebenso elegant als schwierig zu finden sind, selber Schritt für Schritt aufzudecken?

In dasselbe Bemühen fällt auch das Beisetzen der Seitenzahlen bei Figuren- und Gleichungsnummern und im Tafelverzeichnis das Anfügen der Textseitenzahlen, wo die Tafel hauptsächlich erwähnt ist.

Auch diesmal sei allen, die mich durch Beiträge jeglicher Art so wohlwollend unterstützt, bester Dank gesagt, besonders auch meinen Assistenten, insbesondere Herrn Ingenieur W. Brose, der sich um die gewissenhafte Bearbeitung der Figuren und Tafeln besonders verdient gemacht.

Darmstadt, November 1911.

Pfarr.

Vorwort zur ersten Auflage.

Das vorliegende Buch entspricht im allgemeinen dem Inhalt meiner Vorträge über Turbinen. In erster Linie habe ich beabsichtigt, die Verhältnisse für den Lernenden auseinanderzusetzen, also Anschauung zu wecken, besonders auch nach der Richtung, wie die arbeitenden Kräfte des strömenden Wassers entstehen, und wie sie dazu gelangen, Arbeit zu verrichten. Ich weiß aus eigener Erfahrung, wie schwer es ist, gleich zu Beginn der Beschäftigung mit dem Gegenstande das Geschwindigkeitsparallelogramm des Eintrittes als bestehend anzuerkennen, ohne zu wissen, durch welche Umstände eigentlich die Fortschreitegeschwindigkeit und die Arbeitsabgabe bei dieser Geschwindigkeit bewirkt werden.

Aus diesen Gründen sind die ersten Kapitel, und manche andere auch, ausführlicher gehalten, als es vielleicht für die rein wissenschaftliche Bearbeitung nötig gewesen wäre, und als es dem schon in der Praxis stehenden Turbinen-Ingenieur erforderlich scheinen mag.

Die gleichen Rücksichten haben mich auch veranlaßt, in den theoretischen Betrachtungen über Reaktionsturbinen von der Anschauung auszugehen, daß die Ein- und Austrittsquerschnitte sich als Gefäßquerschnitte darstellen, die vom Wasser mit annähernd gleich verteilter Geschwindigkeit durchflossen werden. Ich bin mir wohl bewußt, daß diese Auffassung nicht absolut genau der Wirklichkeit entspricht, daß vielmehr die Geschwindigkeiten über den betreffenden Querschnitt hin nicht ganz gleichmäßig auftreten werden, aber der Charakter der Gefäße wird doch immer als führender Gedanke festzuhalten sein; die Schaufeln dürfen nicht als nur in den Flüssigkeitsstrom hineingestellte Wände gelten. die engsten Querschnitte verlangen Berücksichtigung.

So wenig wir der mathematischen Behandlung des Gegenstandes entraten können, so sehr muß vor einer nur analytischen Erörterung der Vorgänge gewarnt werden, die hie und da geradezu das freie Erkennen der sachlichen Umstände beeinträchtigt. Wir haben es beim Durchströmen der Schaufelgefäße immer mit körperlichen, physikalischen Vorgängen zu tun, die direkt oder indirekt beobachtet sein wollen, bei denen die rein logische Schlußfolgerung häufig versagen muß, weil wir weitaus noch nicht alle „Entscheidungsgründe" kennen. Es braucht nur an das Beharrungsvermögen des einzelnen Wassertropfens und an dessen gleichzeitig vorhandene ungemein leichte Beweglichkeit gegenüber seiner Umgebung erinnert zu werden. Diese Eigenschaften bewirken, daß sich die von außen veranlaßten Verzögerungsvorgänge in der Wasserbewegung kaum jemals so abspielen werden, als wir notgedrungen in der Rechnung voraussetzen müssen. Die dabei auftretenden Wirbelungen machen jede wirklich eingehende Rechnung für die Aufklärung der Verhältnisse nicht gerade illusorisch, aber doch einigermaßen unzuverlässig.

Nichtsdestoweniger wollen wir die rechnerischen Betrachtungen nicht entbehren, weil sie uns wenigstens Schlaglichter in den vielfach noch ganz dunkeln Bereich der eigentlichen Bewegungsvorgänge des strömenden Wassers werfen können, so z. B. die Erörterungen über das vorübergehende Mithelfen des Atmosphärendruckes zur Erzeugung örtlicher Geschwindigkeitssteigerungen oder diejenigen über „kreisendes Wasser“. Aber selbst diese an sich einfach begründeten Rechnungen bedürfen noch der ausgiebigen Kontrolle durch den Versuch, und je mehr wir Versuche über solche Dinge anstellen, um so vorsichtiger werden wir mit der scharfen Anwendung mathematisch an sich einwandfreier Rechnungsweisen vorgehen.

Noch ein weiterer Punkt ist hier zu erwähnen. Die für viele Zwecke recht erwünschten Formelsammlungen bieten, besonders für den Anfänger, eine gewisse Gefahr; kritiklos werden sie häufig als Rezepte für die Ausführung von Berechnungen benützt, und dadurch verliert der Rechnende fast immer jegliche Übersicht darüber, welche Ursachen und Einwirkungen das Endergebnis überhaupt herbeiführen. Mag es sich um Turbinen oder um irgendwelche Maschinen sonst handeln, nie werden wir rationelle Konstruktionen durch die Anwendung schablonenhafter Rechnung erhalten, sondern nur durch das Eindringen in die einzelnen Abschnitte des Aufbaues und der Entwicklung einer Anordnung. Ich habe absichtlich vermieden, Rechnungsschemata aufzustellen, dagegen versucht, an Beispielen zu zeigen, wie das Rechnen, schrittweise durch Zeichnen begleitet, zu übersichtlichen Ergebnissen führen kann. Nur auf solche oder ähnliche Art wird der Ingenieur sein Wissen immer lebendig und seine Arbeiten in steter Entwicklung zum Besseren erhalten können; die Schablone, die Routine bringt keine Fortschritte.

Bei der Behandlung der hydraulischen Regulatoren war der Übersicht wegen das Aufstellen teilweise schematischer Rechnungen nicht wohl zu umgehen.

Es war anfangs meine Absicht, auch die nicht unmittelbar zur Turbine selbst gehörigen Verhältnisse der Kanal- und Wehranlagen in dem vorliegenden Buche mit zu behandeln; um aber dessen Umfang nicht noch mehr zu vergrößern, wurde schließlich davon abgesehen.

Eine angenehme Pflicht ist es mir, den Vorständen der verschiedenen Firmen, die mich durch freundliche Überlassung von Zeichnungen unterstützt, in erster Linie meinem verehrten früheren Chef, Herrn Geh. Kommerzienrat Dr.-Ing. Voith, mit dem mich über zwanzig Jahre gemeinschaftlicher Arbeit verbinden, besten Dank hiefür zu sagen. Nicht unerwähnt soll auch die Beihilfe bleiben, die mir meine Assistenten in der Ausführung umständlicher Rechnungen sowohl, als auch bei der Anfertigung der Zeichnungen und Tafeln geleistet; in bezug auf letztere verdient Herr Dipl.-Ing. H. Jaeger ganz besondere Anerkennung.

Die Fachgenossen bitte ich um freundliche Aufnahme des Buches. Möge der aufstrebende junge Ingenieur Förderung finden im Verständnis des Turbinenbaues und seiner großen Vielseitigkeit, dann ist der hauptsächlichste Zweck meiner Arbeit erreicht.

Darmstadt, Oktober 1906.

Pfarr.

Inhaltsverzeichnis.

Berichtigung: Auf S. 604 lies **C** statt **B.**
„ „ 626 „ **D** „ **C.**

Einleitung.

Arbeitsvermögen, Austrittsverlust, Nutzeffekt.

1. Ein Wasserteilchen, Volumen q, Gewicht $G = q\gamma$ (γ = Gewicht der Volumeinheit) befindet sich im Punkt O, Fig. 1, in vollständiger Ruhe, Horizontalkräfte sind nicht vorhanden.

U ist ein um den Höhenunterschied h tiefer gelegener Punkt im Raume, in beliebiger Horizontalentfernung, x, von O aus befindlich.

Kann sich das Wasserteilchen von O nach U in irgendeiner Bahn bewegen, so besitzt es für diesen Weg das Arbeitsvermögen:

$$A_1 = G \cdot h = q\gamma \cdot h \quad \ldots \ldots \ldots \quad 1$$

Für die Betrachtung ist vorausgesetzt, daß der Arbeitsweg OU so beschaffen sei, daß Richtungs- und Geschwindigkeitsübergänge ganz allmählich und stoßfrei erfolgen, sowie daß ein Verlust an Arbeit durch Wasserreibung, Wirbel und dergl. nicht eintrete.

Hat das Wasserteilchen G auf dem Weg OU keine Arbeit nach außen abgegeben, so kommt es in U mit einem Arbeitsvermögen A_2 an, das dem vollen, der durchlaufenen Vertikalstrecke h entsprechenden, Arbeitsvermögen A_1 gleich ist, und welches alsdann in der Form von sog. lebendiger Kraft dem Teilchen innewohnt. Es besitzt eine Geschwindigkeit w_2 entsprechend

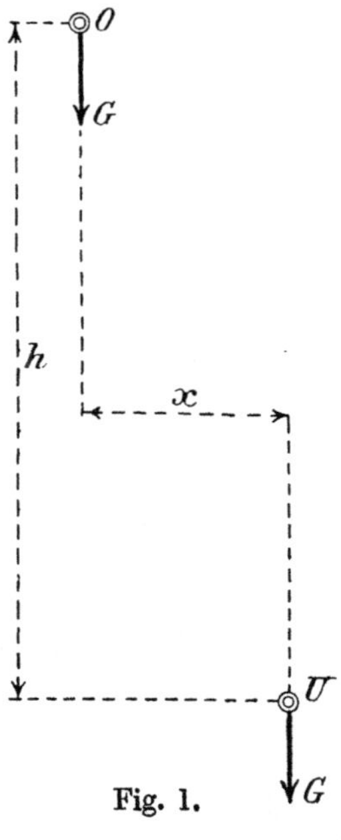

Fig. 1.

$$\frac{w_2^2}{2g} = h$$

und es ist

$$A_2 = q\gamma \frac{w_2^2}{2g} = A_1 = q\gamma \cdot h \quad \ldots \ldots \ldots \quad 2$$

woraus auch

$$w_2 = \sqrt{2g \frac{A_2}{q\gamma}} \quad \ldots \ldots \ldots \quad 3$$

Die Richtung von w_2 im Raume ist dabei gleichgültig.

Fand andererseits unterwegs eine Abgabe von Arbeit nach außen statt, im Betrage A, so kann das Wasserteilchen am Ende seiner Bahn nur noch ein Arbeitsvermögen

$$A_2 = A_1 - A \quad \ldots \ldots \ldots \quad 4$$

besitzen, so daß es in diesem Falle mit einem entsprechend kleineren Wert von w_2 den Arbeitsweg verlassen wird. Es ist dann

$$w_2 = \sqrt{2g \frac{A_2}{q\gamma}} = \sqrt{2g \frac{A_1 - A}{q\gamma}} \quad \ldots \ldots \ldots \quad 5$$

Je größer A, um so kleiner w_2, und wenn dem Teilchen unterwegs die volle verfügbare Arbeitsfähigkeit $A_1 = q\gamma \cdot h$ entzogen wird, so folgt $w_2 = 0$, d. h. im letzteren Falle kommt das Teilchen in U wieder vollständig zur Ruhe.

Die Größe von w_2, bzw. von $\frac{w_2^2}{2g}$ ist der Maßstab für das dem Wasserteilchen am Ende des Weges übriggebliebene (nicht ausgenützte) Arbeitsvermögen A_2, also indirekt auch für die erreichte Größe der Ausnutzung des gesamten verfügbar gewesenen Arbeitsvermögens A_1.

A_2 läßt sich als bestimmter Bruchteil des Gesamtarbeitsvermögens A_1 schreiben, derart daß

$$A_2 = \alpha \cdot A_1 \quad \ldots \ldots \quad 6$$

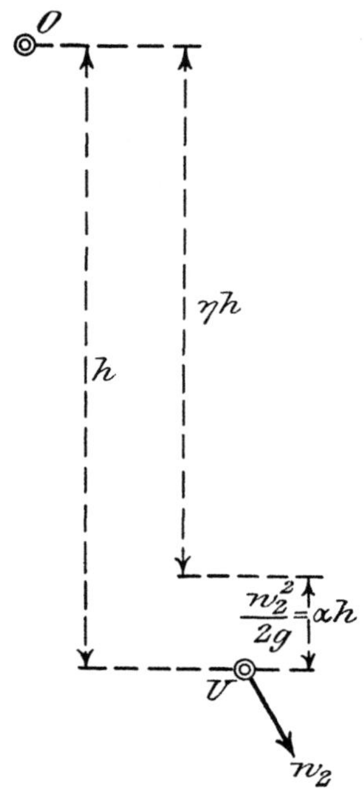

Fig. 2.

Der Faktor α gibt dabei an, welchen Teil des Gesamtarbeitsvermögens A_1 das Wasserteilchen beim Austreten aus dem Arbeitsweg unausgenützt mit fortnimmt, den Austrittsverlust.

Andererseits kann A, das unterwegs dem Wasserteilchen nutzbar entzogene Arbeitsvermögen, ebenfalls als Bruchteil von A_1, und zwar als

$$A = \eta \cdot A_1 \quad \ldots \ldots \quad 7$$

geschrieben werden. Der Faktor η zeigt die Größe der nutzbar gemachten Arbeit im Verhältnis zum Gesamtarbeitsvermögen, den ideellen Nutzeffekt, ideell, weil innere Verluste durch Wasserreibung usw. als nicht vorhanden angenommen wurden.

Es ist $$A + A_2 = A_1 \quad \ldots \ldots \quad 8$$

oder $$\eta A_1 + \alpha A_1 = A_1 \quad \ldots \ldots \quad 9$$

$$\eta + \alpha = 1 \quad \ldots \ldots \quad 10$$

Da $A_1 = q\gamma \cdot h$, so kann auch geschrieben werden:

$$A = q\gamma \cdot \eta h \quad \ldots \ldots \quad 11$$

ebenso $$A_2 = q\gamma \cdot \alpha h \quad \ldots \ldots \quad 12$$

Die Arbeitshöhen ηh und αh geben, da Wasserverluste nicht vorhanden, ein Bild des ausgenützten und des verlorengehenden Teiles des Gesamtarbeitsvermögens, siehe Fig. 2.

2. Ein Wasserteilchen, $G = q\gamma$, hat, wenn im Punkte O, Fig. 3, befindlich, eine irgendwie gerichtete Geschwindigkeit w_1.

In beliebiger, der Voraussetzung unter „1" entsprechender Bahn nach U gelangt, besitzt es dort die nach irgendwelcher Richtung gehende Geschwindigkeit w_2.

Im Punkt O betrachtet, hat das Teilchen das Arbeitsvermögen $q\gamma \frac{w_1^2}{2g}$. Für die zu durchlaufende Strecke OU, senkrecht gemessen h, steht eine weitere Arbeitsfähigkeit im Betrage von $q\gamma \cdot h$ zur Verfügung, so daß mit Rücksicht auf den Weg OU das Gesamtarbeitsvermögen beim Verlassen von O beträgt:

$$A_1 = q\gamma\left(\frac{w_1^2}{2g} + h\right) = q\gamma \cdot H \quad \ldots \ldots \quad 13$$

worin H, Fig. 3, den Gesamtarbeitsweg, das Gesamtgefälle, darstellt.

In U angekommen, besteht eine Arbeitsfähigkeit von allgemein

$$A_2 = q\gamma \frac{w_2^2}{2g} \quad \ldots \ldots \ldots \quad 14$$

Fand unterwegs keine Arbeitsabgabe nach außen statt, so ist

$$A_2 = A_1$$

oder $$q\gamma \frac{w_2^2}{2g} = q\gamma \left(\frac{w_1^2}{2g} + h\right) = q\gamma \cdot H \quad \ldots \quad 15$$

woraus $$w_2 = \sqrt{2g \cdot H} \quad \ldots \ldots \quad 16$$

Hat aber das Wasserteilchen unterwegs die Arbeit A (etwa an eine Wasserradschaufel) abgegeben, so besitzt es beim Austritt aus dem Arbeitsweg in U nur noch das Arbeitsvermögen

$$A_2 = q\gamma \frac{w_2^2}{2g} = q\gamma \cdot \alpha H \quad \ldots \ldots \quad 17$$

mit kleinerem Wert von w_2 als vorher. Die unterwegs geleistete Arbeit A findet sich hieraus zu

$$A = A_1 - A_2 = q\gamma \left(\frac{w_1^2}{2g} + h - \frac{w_2^2}{2g}\right) = q\gamma \left(H - \frac{w_2^2}{2g}\right) \quad 18$$

oder mit Gl. 17 $$A = q\gamma (1 - \alpha) H = q\gamma \cdot \eta H \quad \ldots \quad 19$$

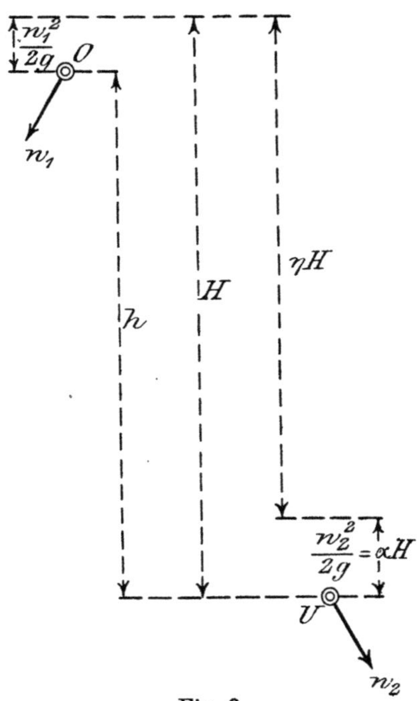

Fig. 3.

Ist $h = 0$, so folgt im besonderen

$$A = q\gamma \left(\frac{w_1^2}{2g} - \frac{w_2^2}{2g}\right) \quad \ldots \ldots \ldots \ldots \quad 20$$

Die vom Wasser unterwegs abgegebene Arbeit A wird um so größer gewesen sein, je kleiner sich der übrig bleibende Wert von w_2 erweist, und ist **unabhängig von der Richtung** von w_2; sie hat einen Höchstwert für $w_2 = 0$, d. h. in diesem Falle ist $A_2 = 0$, $\alpha = 0$; $\eta = 1$, wie natürlich.

Es ist ausführbar, einer räumlich und zeitlich abgegrenzten Wassermenge q das gesamte ihr innewohnende Arbeitsvermögen zu entziehen, indem man sie am Ende des Arbeitsweges mit $w_2 = 0$ ankommen läßt; sowie es sich aber um **kontinuierlich strömende** Wassermengen handelt (und das ist bei Wasserkraftmaschinen stets der Fall), so ist das Entlassen des Wassers mit $w_2 = 0$ **nicht mehr tunlich**, weil die fortwährend in U anlangenden Wasserteilchen müssen wegfließen können, um neuankommenden Platz zu machen.

Ist OU der ganze, überhaupt verfügbare Arbeitsweg, d. h. kann G aus örtlichen Gründen nicht noch tiefer als U sinken, so muß **für Dauerbetrieb dem Wasser in U stets noch ein passendes w_2 für das Wegfließen gelassen werden**; es muß der Bruchteil der Gesamtarbeitshöhe $\alpha H = \frac{w_2^2}{2g}$ darangegeben werden, damit das Betriebswasser das erforderliche w_2 für das Abfließen aus U besitzt.

Auch hier stellt $$\frac{w_2^2}{2g} = \alpha H \quad \ldots \ldots \ldots \ldots \quad 21$$

unabhängig von der Richtung von w_2 die verlorengehende Arbeitshöhe, α den Austrittsverlust dar.

3. Ein Wasserteilchen, $G = q\gamma$, besitzt im Punkt O, Fig. 4, eine beliebig gerichtete Geschwindigkeit w_1 und befindet sich außerdem noch unter dem nachhaltigen Druck einer Wassersäule von der Höhe h_1 (Oberwasserspiegel).

Bei der Ankunft in U auf reibungslosem Wege mit allmählichen Übergängen von Geschwindigkeit und Druckhöhe hat das Teilchen die irgendwie gerichtete Geschwindigkeit w_2 und ist unter den Druck einer Wassersäule h_2 (Unterwasserspiegel) gelangt.

Vermöge der in O auf G wirkenden Druckhöhe könnte das Teilchen frei um die Höhe h_1 senkrecht aufsteigen; es folgt hieraus eine Arbeitsfähigkeit von

$$G \cdot h_1 = q\gamma \cdot h_1.$$

Das gesamte Arbeitsvermögen von G für den Weg OU ist somit

$$A_1 = q\gamma\left(\frac{w_1^2}{2g} + h_1 + h\right) \quad . \quad . \quad 22$$

Am Ende des Weges, in U, besteht eine Arbeitsfähigkeit im Betrage

$$A_2 = q\gamma\left(\frac{w_2^2}{2g} + h_2\right) \quad . \quad . \quad . \quad 23$$

Wurde unterwegs keine äußere Arbeit abgegeben, so ist wieder

$$A_2 = A_1$$

oder

$$q\gamma\left(\frac{w_2^2}{2g} + h_2\right) = q\gamma\left(\frac{w_1^2}{2g} + h_1 + h\right) \quad . \quad 24$$

woraus
$$\frac{w_2^2}{2g} = \frac{w_1^2}{2g} + h_1 + h - h_2 \quad . \quad . \quad 25$$

Nun ist nach Fig. 4

$$h_1 + h - h_2 = H_n$$

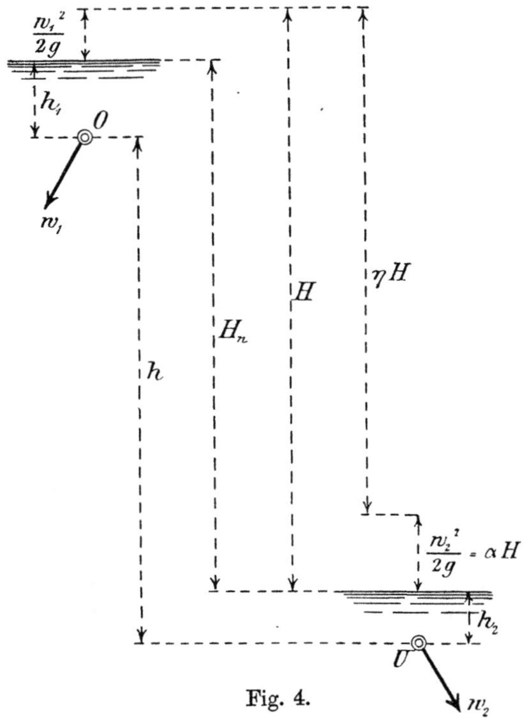

Fig. 4.

d. h. gleich dem Höhenunterschiede der beiden Wasserspiegel an der Arbeitsstelle, der als Nettogefälle bezeichnet wird, so daß auch

$$\frac{w_2^2}{2g} = \frac{w_1^2}{2g} + H_n \quad . \quad . \quad . \quad . \quad . \quad . \quad . \quad . \quad . \quad . \quad . \quad . \quad . \quad 26$$

oder

$$w_2 = \sqrt{2g\left(\frac{w_1^2}{2g} + H_n\right)} \quad . \quad . \quad . \quad . \quad . \quad . \quad . \quad . \quad . \quad . \quad . \quad 27$$

Hat aber unterwegs Abgabe einer bestimmten Arbeitsgröße A (etwa an eine Turbinenschaufel) stattgefunden, so gilt $A = A_1 - A_2$ und es rechnet sich bei entsprechend kleinerem Werte von w_2

$$A = q\gamma\left[\frac{w_1^2}{2g} + h_1 + h - \left(\frac{w_2^2}{2g} + h_2\right)\right]$$

$$A = q\gamma\left(\frac{w_1^2}{2g} + H_n - \frac{w_2^2}{2g}\right) = q\gamma\left(H - \frac{w_2^2}{2g}\right) \quad . \quad . \quad . \quad . \quad . \quad . \quad . \quad 28$$

was auch wie vorher geschrieben werden kann

$$A = q\gamma\,(1 - \alpha)\,H = q\gamma \cdot \eta\, H \quad . \quad . \quad . \quad . \quad . \quad . \quad . \quad . \quad . \quad . \quad . \quad 29$$

Auch hier wird der größte Wert von A erreicht wenn $w_2 = 0$, unter gleichen Erwägungen wie unter „2".

In gleicher Weise wie vorher ist $q\gamma \frac{w_2^2}{2g} = A_2$, unabhängig von der Richtung von w_2, die tatsächlich verlorene Arbeit; $q\gamma \cdot h_2$ bleibt außer Betracht, da das Teilchen, um unter die Druckhöhe h_2 zu kommen, die h_2 entsprechende Arbeit hatte aus A_1 aufwenden müssen.

Die Betrachtung lehrt ferner, während bei „1" und „2" der Höhenunterschied h zwischen Anfangs- und Endpunkt des Arbeitsweges neben den Geschwindigkeiten w_1 und w_2 für die Ermittlung der unterwegs geleisteten Arbeit in Betracht kommt, tritt hier an Stelle von h der Höhenunterschied H_n der beiden Wasserspiegel, welche der Anfangsdruckhöhe in O und der Enddruckhöhe in U entsprechen. Das heißt, für das Arbeitsvermögen von unter nachhaltigem Druck stehenden Wasserteilchen ist, abgesehen von den Größen der Zu- und Abflußgeschwindigkeiten, nicht die von denselben auf dem Arbeitsweg tatsächlich durchlaufene Höhenunterschied h zwischen Anfangs- und Endlage maßgebend, sondern das Nettogefälle H_n zwischen Ober- und Unterwasserspiegel; es ist gleichgültig, von welchem Punkte aus der Arbeitsweg begonnen wird und wo er endigt, wenn nur die Punkte O und U unter dem Druck von Ober- bzw. Unterwasserspiegel stehen.

Hieraus ergibt sich ohne weiteres, daß das Arbeitsvermögen sämtlicher durch ein Gerinne zu- und abfließender Wasserteilchen (abgesehen von den etwa verschiedenen Größen von w_1 und w_2) nur durch H_n bedingt, also für jedes beliebige Teilchen gleich groß ist, einerlei welche Höhenlage ein solches zuerst im Ober- und später im Unterwasser einnimmt.

In vielen Fällen sind w_1 und w_2 einander gleich, dann wird $\eta H = H_n$.

Kann w_1 nicht für die Arbeitsleistung mit herangezogen werden, so verkleinert sich H auf H_n und es tritt ηH_n und αH_n an die Stelle von ηH und αH, vgl. Fig. 4.

Hydraulischer Nutzeffekt.

Da sich die Wasserteilchen untereinander und an den Wandflächen der Wasserkraftmaschinen beim Betriebe unter Arbeitsaufwand reiben, so vollzieht sich die Bewegung von O nach U in den vorher betrachteten Fällen nicht ohne innere Einbuße an Arbeitsvermögen, das größtenteils in Wärme umgesetzt wird. So geht für die äußere Arbeitsleistung in der Wirklichkeit von der Gesamtarbeitshöhe H außer αH noch ein

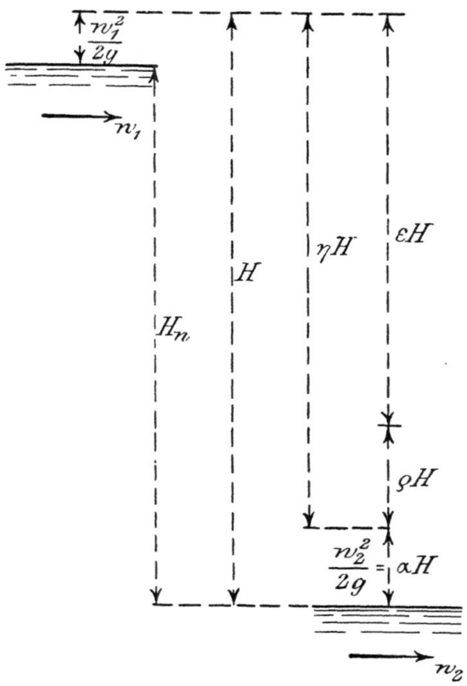

Fig. 5.

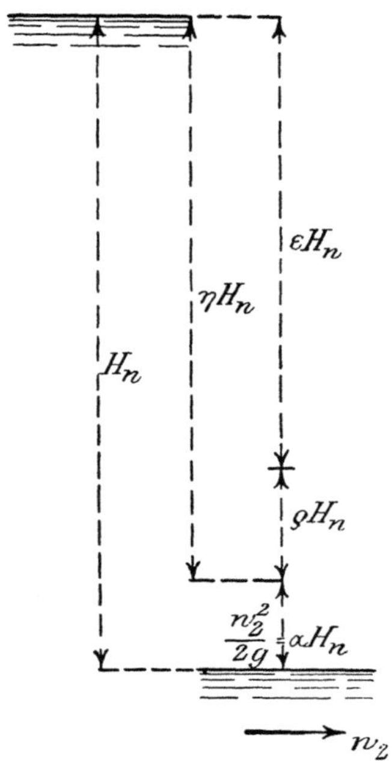

Fig. 6.

weiterer Bruchteil für die Überwindung der Wasserreibungsarbeit, im Betrage ϱH, verloren, und es bleibt als tatsächlich ausgenützte Arbeitshöhe nur noch übrig

$$H - \alpha H - \varrho H = (1 - \alpha - \varrho) H = \varepsilon H \quad \text{. . . . . 30}$$

Weil bei gleichbleibender Wassermenge q der Ausdruck $q\gamma \cdot \varepsilon H$ die tatsächlich nach außen geleistete Arbeit darstellt, so kann der Faktor

$$\varepsilon = 1 - \alpha - \varrho \quad \text{. . . . . 30a}$$

als tatsächlicher hydraulischer Nutzeffekt, schlechtweg als hydraulischer Nutzeffekt bezeichnet werden; die Verhältnisse werden durch Fig. 5 erläutert.

Kann w_1 nicht für die Arbeitsleistung mit in Frage kommen, so ermäßigt sich H auf H_n, die einfache Differenz der Wasserspiegel, mit entsprechenden Werten von α, ϱ und ε, siehe Fig. 6.

Mechanischer Nutzeffekt.

Die Bewegungen eines Wassermotors vollziehen sich nicht ohne das Auftreten äußerer Widerstände, wie Reibung in den Lagern, Luftwiderstand, Widerstand, den sich drehende Teile erfahren, die von ruhigem Wasser umgeben sind, usw.

Aus diesem Grunde kommt für die nach außen verfügbare Arbeitsleistung noch weniger als $q\gamma \cdot \varepsilon H$ in Betracht. Trotzdem die genannten Widerstände im allgemeinen ganz unabhängig vom Gefälle auftreten, ist es doch Brauch geworden, die tatsächliche mechanische Leistung, in Anlehnung an den eben genannten Ausdruck, als $q\gamma \cdot e H$ zu schreiben.

Der echte Bruch e, um wenige Prozente kleiner als ε, trägt den Namen „mechanischer Nutzeffekt“ oder auch „mechanischer Wirkungsgrad“.

1. Kraftäußerung und Arbeit strömenden Wassers.

Für den ganzen Abschnitt gilt, sofern nicht ausdrücklich anderes ausgesprochen wird, daß Arbeitsverluste durch Wasserreibung, Wirbel usw. als nicht vorhanden vorausgesetzt sind.

A. Freier Strahl an Ablenkungsflächen.

Aus einer wagrecht liegenden Mündung tritt ein kontinuierlicher Wasserstrahl mit bestimmter Geschwindigkeit frei in die Atmosphäre aus; er wird, wenn er keine Hindernisse findet, der Erdanziehung folgen und eine nach abwärts gerichtete, in senkrechter Ebene liegende, parabolische Bahn einschlagen. Denkt man sich für den in Betracht kommenden Arbeitsweg die Anziehung durch die Erde als nicht vorhanden, oder den Strahl durch eine wagrechte Ebene gestützt, so gehen die Wasserteilchen infolge ihres Beharrungsvermögens nach Verlassen der Mündung einfach wagrecht und geradlinig weiter. Im folgenden handelt es sich um die Bestimmung der Massendrucke, die ein derartiger Strahl auf Flächen ausübt, die ihn von der geradlinigen Bahn ablenken.

1. Freier gerader Wasserstrahl von rechteckigem Querschnitt, sekundliche Wassermenge q, Dicke a, Breite b, Geschwindigkeit w_1.

Dieser fährt nach Verlassen der Mündung eine beliebige Strecke seitlich entlang einer ruhenden senkrechten Ebene ef in der als Grundriß anzusehenden Fig. 7. Da die Richtung von w_1 parallel zu ef, so wird der Strahl auf ef keinerlei Druckwirkung ausüben können.

Vom Punkte f ab geht die Ebene in eine feststehende, senkrechte Zylinderfläche fi von gleichmäßiger Krümmung über und zwingt den Strahl, dieser Krümmung zu folgen. Ist die Strahldicke a klein im Verhältnis zum Krümmungshalbmesser der Zylinderfläche, so wird der Strahl, unter Beibehaltung seiner Geschwindigkeit w_1, in geordneter Weise den kreisförmigen Weg fi durchlaufen und am Ende der Krümmung, in i, geradlinig weitergehen.[1])

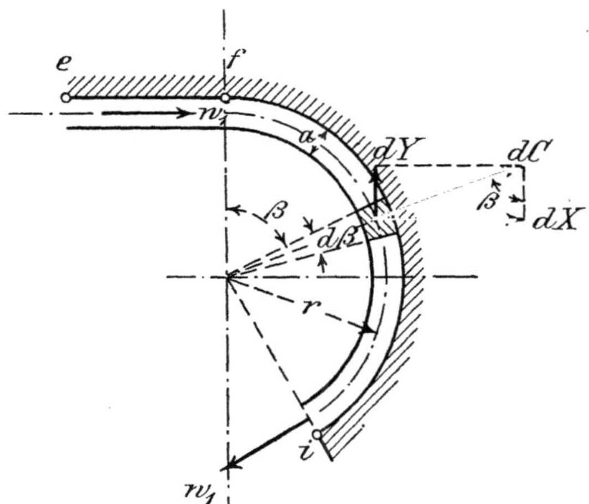

Fig. 7.

[1]) In Wirklichkeit wird die Geschwindigkeit in den verschiedenen zylindrischen Wasserschichten verschiedene, gegen außen abnehmende Werte besitzen, ein Umstand, der später behandelt werden soll, jetzt aber aus Gründen besserer Übersichtlichkeit außer acht gelassen wird.

Da der Strahl unterwegs keine Arbeit abgegeben hat, auch nach Voraussetzung keine Reibungsverluste vorhanden sind, so ist die Geschwindigkeit, mit welcher er die Ablenkungsfläche verläßt, gleich der Anfangsgeschwindigkeit w_1.

Die von der geraden in die kreisförmige Bahn übergeführten Wasserteilchen entwickeln Zentrifugalkräfte, die gegen die Fläche *fi* drücken. Betrachtet man ein beliebiges, augenblicklich um den Winkel β vom Krümmungsanfang f abgelegenes Wasserteilchen von der Dicke a, Breite b und der mittleren Länge $r \cdot d\beta$ (r ist mittlerer Krümmungshalbmesser des Strahls), so ist dessen Masse

$$dm = \frac{a \cdot b \cdot r \cdot d\beta \cdot \gamma}{g}$$

also dessen Zentrifugalkraft

$$dC = \frac{dm \cdot w_1^2}{r} = \frac{a \cdot b \cdot \gamma}{g} w_1^2 \cdot d\beta$$

unabhängig von r.

In gleicher Weise streben die sämtlichen, aufeinander folgenden, Wasserteilchen mit dC radial nach außen; eine Übersicht der Wirkung aller dieser Einzelkräfte wird durch die Zerlegung in Komponenten dX und dY parallel zur X- und Y-Achse gewonnen.

Für das Teilchen im augenblicklichen Winkelabstand β vom Anfang der Ablenkung ist die Horizontalkomponente:

$$dX = dC \sin\beta$$

oder

$$dX = \frac{a \cdot b \cdot \gamma}{g} w_1^2 \cdot \sin\beta \, d\beta,$$

woraus sich X, die Summe der Horizontalkomponenten sämtlicher dC, vom Anfang der Ablenkung bis zu der betrachteten Stelle, die „X-Komponente“, ergibt zu

$$X = \frac{a \cdot b \cdot \gamma}{g} w_1^2 \int_0^\beta \sin\beta \, d\beta$$

oder

$$X = \frac{a \cdot b \cdot \gamma}{g} w_1^2 (1 - \cos\beta) \quad \ldots \ldots \ldots \ldots \quad 31$$

Nun ist $a \cdot b \cdot w_1 = q$, gleich der an der Ablenkungsfläche entlang eilenden Wassermenge in cbm/sk, so daß sich auch schreiben läßt:

$$X = \frac{q\gamma}{g} w_1 (1 - \cos\beta) \quad \ldots \ldots \ldots \ldots \quad 32$$

Da dC, mithin auch dX, unabhängig vom Krümmungshalbmesser r, da ferner nur das Produkt der Größen a und b, nicht aber deren Einzelwerte rechnungsmäßig in Betracht kommen (im Beharrungszustand ist stets $a \cdot b \cdot w_1 = q$), so ist auch die Größe von X unabhängig vom Halbmesser der Krümmung r, von der jeweiligen Dicke und Breite des Strahles, solange nur w_1 und q konstant sind; X ändert sich also nur mit der Größe des Ablenkungswinkels β.

Die Vertikalkomponente der Zentrifugalkraft für ein beliebiges Wasserteilchen, dY, findet sich zu

$$dY = dC \cdot \cos\beta$$

oder auch

$$dY = \frac{a \cdot b \cdot \gamma}{g} w_1^2 \cdot \cos\beta \, d\beta,$$

woraus sich die Summe sämtlicher Vertikalkomponenten, die „Y-Komponente“, ergibt zu

$$Y = \frac{a \cdot b \cdot \gamma}{g} w_1^2 \int_0^\beta \cos\beta \, d\beta$$

oder auch
$$Y = \frac{q\gamma}{g} w_1 \cdot \sin\beta \quad \dots \dots \dots \dots \quad 33$$

Bezeichnet man jetzt mit β den gesamten Winkelbetrag der Ablenkung von f bis i, so stellen die Ausdrücke für X und Y die Horizontal- und Vertikalkomponente der Resultierenden sämtlicher, durch die Ablenkung erhaltener Zentrifugalkräfte dar, die Resultierende R ist dann, Fig. 8:

$$R = \sqrt{X^2 + Y^2} = \frac{q\gamma}{g} w_1 \sqrt{2(1-\cos\beta)} \quad \dots \dots \quad 34$$

und deren Richtung gegen die X-Achse findet sich zu

$$\operatorname{tg}\delta = \frac{Y}{X} = \frac{\sin\beta}{1-\cos\beta} \quad \dots \dots \dots \quad 35$$

Es liegt in der Natur der Dinge, daß R den Gesamtablenkungswinkel β halbieren muß, was natürlich auch aus vorstehender Gleichung folgt.

Da der Krümmungsradius auf die Entwicklung der X- und Y-Komponente ohne Einfluß ist, so folgt, daß die Rechnungen die gleichen bleiben, wenn auch innerhalb der gekrümmten Strecke fi die Größe von r sich ändert. Die Richtung von R wird durch veränderliches r nicht beeinflußt, doch ändert sich für nicht konstante Größe von r der Angriffspunkt der Resultierenden, dieser wird dann nicht mehr durch einfache Halbierung des Ablenkungswinkels β der Lage nach bestimmt sein.

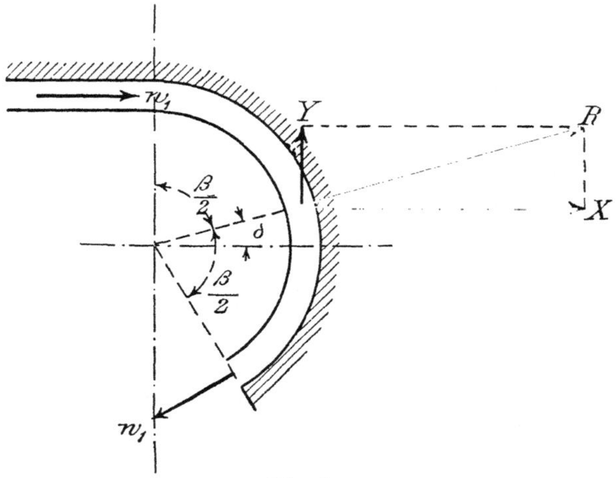

Fig. 8.

Je nach der Größe von β nehmen X, Y und R verschiedene Werte an, es ergeben sich im einzelnen für

β	X	Y	R
0^0	0	0	0
90^0	$\frac{q\gamma}{g} w_1$	$\frac{q\gamma}{g} w_1$	$\frac{q\gamma}{g} w_1 \sqrt{2}$
180^0	$\frac{q\gamma}{g} w_1 \cdot 2$	0	$\frac{q\gamma}{g} w_1 \cdot 2$

Fig. 9.

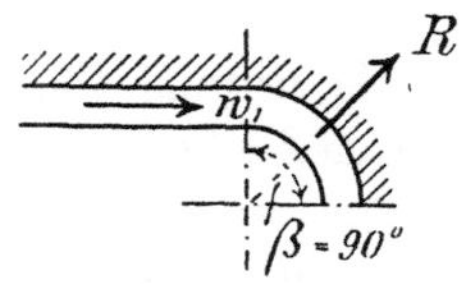

Fig. 10.

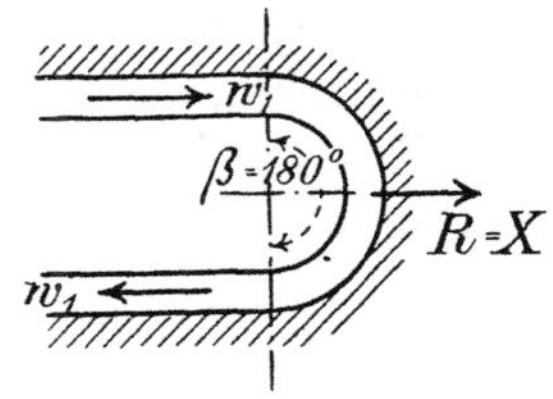

Fig. 11.

Der Höchstwert von X liegt bei $\beta = 180^0$.

2. Die Ablenkungsfläche ist, wie vorher, in Ruhe, aber die Richtung des geraden Anfangsstückes *ef*, also auch von w_1, liegt nicht mehr parallel zur X-Achse, sondern schneidet diese im Winkel β_1, Fig. 12.

Der gleiche Winkel β_1 liegt zwischen der Normalen in f, dem Beginn der Ablenkung und der Y-Achse. Die Ausdrücke für X und Y lauten hier, mit Rücksicht auf die geänderten Integrationsgrenzen, von β_1 bis $180^0 - \beta_2$, wenn mit β_2 der Winkel zwischen Y-Achse und dem Endpunkt i der Ablenkung bezeichnet wird:

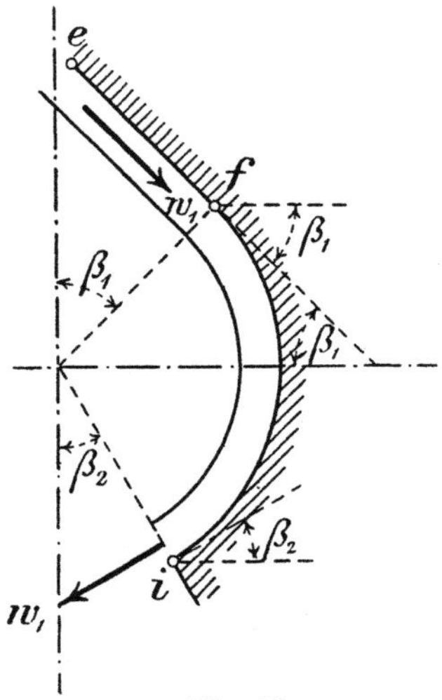

Fig. 12.

$$X = \frac{a \cdot b \cdot \gamma}{g} w_1^2 \Big[- \cos\beta \Big]_{\beta_1}^{180^0 - \beta_2}$$

oder auch $$X = \frac{q\gamma}{g} w_1 (\cos\beta_2 + \cos\beta_1) \quad . \quad . \quad . \quad . \quad . \quad 36$$

Für $\beta_1 = \beta_2 = 0^0$ geht X wieder in den Wert $\frac{q\gamma}{g} w_1 \cdot 2$ über.

In gleicher Weise folgt:

$$Y = \frac{a \cdot b \cdot \gamma}{g} w_1^2 \Big[\sin\beta \Big]_{\beta_1}^{180^0 - \beta_2}$$

oder $$Y = \frac{q\gamma}{g} w_1 (\sin\beta_2 - \sin\beta_1) \quad . \quad . \quad . \quad . \quad . \quad 37$$

Die Richtung von dY ist, entsprechend Fig. 7 und 8, für positives Vorzeichen gegen aufwärts gerechnet, und so ist auch die Integration gedacht. Solange $\sin\beta_2 > \sin\beta_1$ oder $\beta_2 > \beta_1$, hat Y den positiven, nach aufwärts gerichteten Sinn. Für $\beta_2 = \beta_1$ ist $Y = 0$ und für $\beta_2 < \beta_1$ wird Y negativ sein, d. h. seine Richtung geht dann gegen abwärts.

3. Die Ablenkungsfläche *efi* des Falles „1" ist nicht mehr feststehend, sondern sie kann sich, dem Drucke der Kraft X nachgebend, parallel zur X-Achse fortbewegen.

Dieses Nachgeben erfolgt mit der gleichmäßigen Geschwindigkeit $u < w_1$, Fig. 13. Gegen Fortbewegen nach Richtung der Y-Komponente sei die Fläche reibungslos gestützt.

I. Allgemeines.

Als unmittelbare Folge des mit u sich vollziehenden Fortschreitens der Ablenkungsfläche ergibt sich, daß der Strahl an dem geraden Stücke ef nicht mehr mit der vollen Geschwindigkeit w_1, sondern nur noch mit der Differenz beider Geschwindigkeiten, $w_1 - u$, entlang läuft. Die gleiche Geschwindigkeit $w_1 - u$ findet naturgemäß auch entlang des gekrümmten Teiles fi statt, die Zentrifugaldrucke gegen fi entwickeln sich demnach nur so, als ob der Strahl mit der Geschwindigkeit $w_1 - u$ eine stillstehende Fläche angetroffen hätte.

Entsprechend Gl. 31 hat dann die X-Komponente der gesamten Zentrifugaldrucke die Größe

$$X = \frac{a \cdot b \cdot \gamma}{g} (w_1 - u)^2 (1 - \cos\beta) \quad . \quad . \quad . \quad . \quad . \quad . \quad . \quad . \quad . \quad . \quad 38$$

Bezeichnet man mit $v = w_1 - u$ die Geschwindigkeit des Wassers entlang der Ablenkungsfläche in Beziehung auf diese, also dessen relative Geschwindigkeit, so ergibt sich

$$a \cdot b\,(w_1 - u) = a \cdot b \cdot v = q$$

gleich der in der Zeiteinheit an der Fläche entlangströmenden Wassermenge, und damit folgt

$$X = \frac{q\gamma}{g}\,(w_1 - u)\,(1 - \cos\beta) \qquad 39$$

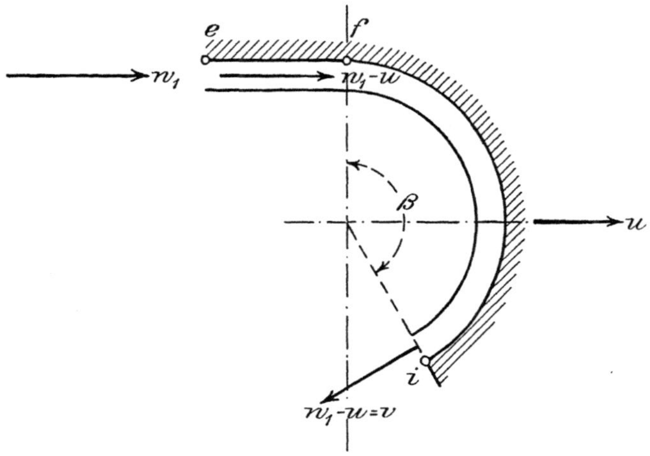

Fig. 13.

Es ist gesagt, daß die Geschwindigkeit des Fortschreitens der Fläche, u, konstant sei; daraus folgt, daß der Widerstand derselben gegen die Bewegung in Richtung von u der Größe nach gleich X ist, denn andernfalls würde durch die Einwirkung von X die Geschwindigkeit u, je nachdem, zu- oder abnehmen. Die sogenannte X-Komponente überwindet hier einen Widerstand im Betrage X, und zwar mit der Geschwindigkeit u; sie, bzw. der Wasserstrahl, leistet also infolge der Ablenkung in der Zeiteinheit eine äußere Arbeit A im Betrage

$$A = X \cdot u = \frac{q\gamma}{g}\,(w_1 - u)\,u\,(1 - \cos\beta) = \eta\,A_1 \qquad 40$$

während insgesamt zur Verfügung ist

$$A_1 = q\gamma\,\frac{w_1^2}{2g} = q\gamma \cdot H.$$

Ist die Ablenkungsfläche ein Teil einer Wasserkraftmaschine, z. B. einer Turbine, so ist ja allerdings ein unbegrenzt geradliniges Fortschreiten derselben nicht möglich, und im späteren wird dieser Umstand auch entsprechende Berücksichtigung finden; es vereinfacht aber die vorliegenden Betrachtungen und berührt die Ergebnisse derselben nicht, wenn einstweilen die Möglichkeit solch geradliniger Bewegung (Turbinenstange nach v. Reiche) zugegeben wird.

Die Zugehörigkeit der nunmehrigen „Schaufelfläche" zu einem Wassermotor erweckt sofort das Bestreben nachzuforschen, auf welche Weise die Größe $A = \eta\,A_1$ auf ihren Höchstwert, $A_2 = \alpha A_1$ auf den Kleinstwert gebracht werden kann.

Für den Betrag von A sind nach Gl. 40 zwei voneinander unabhängige Größen in ihren Funktionen maßgebend, nämlich u und β in den Faktoren $(w_1 - u) \cdot u$ und $(1 - \cos\beta)$, und die Untersuchung hat sich darauf zu erstrecken, unter welchen Umständen diese beiden Faktoren Höchstwerte erreichen. Der Höchstwert des einen oder anderen Faktors wird einen relativen Höchstwert von A bzw. η hervorbringen, der absolute aber wird eintreten, wenn beide Faktoren gleichzeitig so groß als möglich zur Geltung kommen.

II. Einfluß der Geschwindigkeit u auf die erzielbare Arbeit.

Der erste Faktor, $(w_1 - u)\,u$, hat bei voraussetzungsgemäß konstantem w_1 ein Maximum für

$$\frac{d\,[(w_1 - u)\,u]}{d\,u} = w_1 - u - u = 0$$

woraus folgt

$$u = \frac{w_1}{2} \qquad \text{41}$$

d. h. soweit durch Wahl des Widerstandes X, und damit auch der Geschwindigkeit u der zurückweichenden Schaufel ein Einfluß auf die Größe von A, der geleisteten Arbeit, ausgeübt werden kann, wird der relative Höchstwert von A bei beliebig gegebener Größe von β mit $u = \frac{w_1}{2}$ erreicht.

Mit dieser Größe von u folgt nach Gl. 40:

$$A_{max\,(u)} = q\gamma\,\frac{w_1^2}{2g}\cdot\frac{1-\cos\beta}{2} \qquad \text{42}$$

und der entsprechende Wert von X:

$$X = \frac{q\gamma}{g}\,w_1\,\frac{1-\cos\beta}{2} \qquad \text{43}$$

Ferner ergeben sich hierfür:

$$\eta_{max\,(u)} = \frac{A_{max\,(u)}}{A_1} = \frac{1-\cos\beta}{2} \qquad \text{44}$$

und

$$\alpha_{min\,(u)} = \frac{A_1 - A_{max\,(u)}}{A_1} = 1 - \eta_{max\,(u)} = \frac{1+\cos\beta}{2} \qquad \text{45}$$

Ist u nicht gleich $\frac{w_1}{2}$, sondern von beliebig anderer Größe, etwa

$$u = m\cdot w_1 = m\sqrt{2g\cdot H}$$

worin m ein beliebiger Faktor, so geht damit Gl. 40 über in

$$A = q\gamma\,\frac{w_1^2}{2g}\,2\,(1-m)\,m\,(1-\cos\beta) \qquad \text{46}$$

und es folgt dabei

$$X = \frac{q\gamma}{g}\,w_1\,(1-m)\,(1-\cos\beta) \qquad \text{47}$$

ferner

$$\eta = \frac{A}{A_1} = 2\,(1-m)\,m\,(1-\cos\beta) \qquad \text{48}$$

endlich

$$\alpha = \frac{A_1 - A}{A_1} = 1 - \eta = 1 - 2\,(1-m)\,m\,(1-\cos\beta) \qquad \text{49}$$

Da außer m alle in den Gl. 46 und 47 enthaltenen Größen als konstant anzusehen sind, so läßt sich auch schreiben:

$$A = C_A\,(m - m^2) \qquad \text{50}$$

und

$$X = C_X\,(1-m) \qquad \text{51}$$

Betrachtet man die beliebig wählbaren Werte von m als Abszissen, die sich daraus ergebenden Größen von A und X als Ordinaten, so folgt, daß die Werte von A in bezug auf m durch eine Parabel mit senkrechter Achse, diejenigen von X durch eine schrägliegende Gerade dargestellt werden, wie dies Fig. 14 in den ausgezogenen Linien, entsprechend einer Größe von $\beta = 150^0$ zeigt.

Bei festgehaltener Schaufelfläche ist X am größten, entsprechend $m = 0$, und Gl. 47 und 51 mit

$$X_{max\,(u)} = C_X = \frac{q\gamma}{g}\,w_1\,(1-\cos\beta) \qquad \text{52}$$

Mit wachsendem m, d. h. mit zunehmender Fortschreitgeschwindigkeit u nimmt X stetig ab und wird für $m = 1$, d. h. bei $u = w_1 = \sqrt{2g \cdot H}$ Null.

Anders liegen die Verhältnisse für die von X geleistete Arbeit A. Stillstehen der Schaufelfläche, $m = 0$, d. h. der größte Wert von X, läßt überhaupt eine Arbeitsleistung nicht zu, es ist $A = 0$. Mit zunehmender Größe von m und u, bei abnehmenden Werten von X, wächst die Arbeitsleistung A so lange, bis mit $m = 0{,}5$ die Fortschreitgeschwindigkeit $u = \frac{w_1}{2}$, und der Scheitel der Parabel erreicht ist. Dem Parabelscheitel entspricht für $\beta = 150^0$

$$A_{max\,(u)} = C_A \frac{1}{4} = q\gamma \frac{w_1^2}{2g}\, 0{,}933$$

Von da nimmt die Größe von A wieder ab, um bei $m = 1$, d. h. für $u = w_1$ und $X = 0$ abermals Null zu werden, der Freilauf ist eingetreten.

Eine Vergrößerung von m über $m = 1$ hinaus, d. h. auf $u > w_1$ ist ohne Zuleitung fremden Arbeitsvermögens an die Ablenkungsfläche unmöglich.

Die Beziehung $A_1 = A + A_2$ gestattet, die Fig. 14 noch zu erweitern. Das gesamte Arbeitsvermögen des Wassers ist, unabhänig von m und u,

$$A_1 = q\gamma \frac{w_1^2}{2g}$$

und dies kann durch eine in Entfernung A_1 zur Horizontalachse parallele Gerade, ab, dargestellt werden. Der senkrechte Abstand zwischen dieser Geraden und dem, $A_{max\,(u)}$ entsprechenden, Parabelscheitel entspricht deshalb der kleinsten, verloren gehenden Größe von A_2, welcher Betrag wegen $\beta < 180^0$ nicht zur Abgabe an die Schaufel gelangen kann. Da aber die vorgenannte Beziehung ganz allgemein für jede Größe von m und u gilt, so folgt, daß der Vertikalabstand zwischen ab und der Parabel an jeder beliebigen Stelle der betreffenden Größe von A_2, der verlorenen Arbeit, entspricht. Da ferner $A = \eta A_1$ und $A_2 = \alpha A_1$, so teilt der Verlauf der Parabel, unter Annahme eines entsprechenden Verhältnismaßstabes ($ac = 1$) den Vertikalabstand ac für jeden Wert von m in die Größen η, den ideellen Nutzeffekt, und α, den jeweils uneinbringlichen Austrittsverlust.

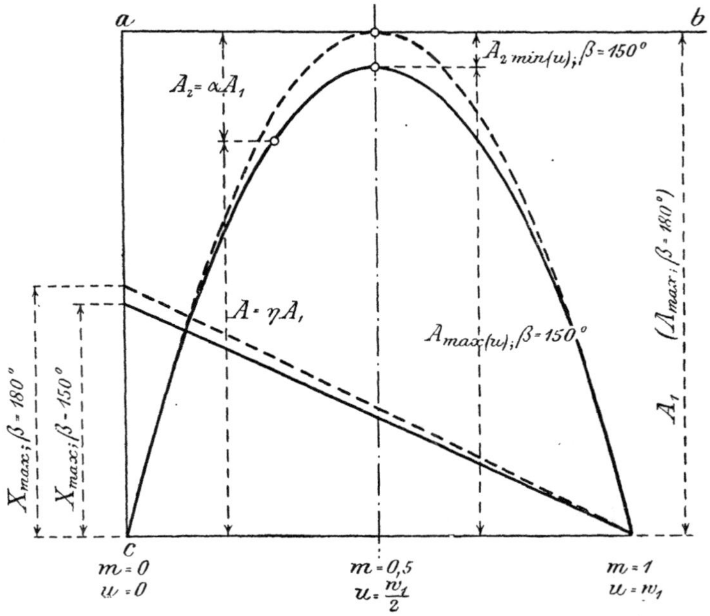

Fig. 14.

Es ist noch die Übereinstimmung der Beziehungen für A_2 nachzuweisen, wie sie einerseits aus $A_2 = q\gamma \frac{w_2^2}{2g}$ und andererseits aus $A_1 = A + A_2$ folgen.

Aus Fig. 15 ist ersichtlich, daß das Wasser beim Verlassen der Schaufel gegenüber dieser die Relativgeschwindigkeit $w_1 - u$, dazu auch die absolute Geschwindigkeit des Fortschreitens der Schaufelfläche, u, besitzt. Die Wasserteilchen haben deshalb, absolut genommen, eine Austrittsgeschwindigkeit w_2 aus dem Arbeitsweg, gegeben als Resultierende von $w_1 - u$ und u. Nun ist

$$w_2^2 = (w_1 - u)^2 + u^2 - 2(w_1 - u)\,u \cos\beta_2 \quad \ldots \quad 53$$

oder auch, weil $\beta_2 = 180^0 - \beta$

$$w_2^2 = (w_1 - u)^2 + u^2 + 2(w_1 - u)\,u \cos\beta \quad \ldots \quad 54$$

und es folgt damit unter Einführung von $u = m \cdot w_1$

$$A_2 = q\gamma \frac{w_2^2}{2g} = q\gamma \frac{w_1^2}{2g}\left[(1-m)^2 + m^2 + 2(1-m)\,m \cdot \cos\beta\right] \quad \ldots \quad 55$$

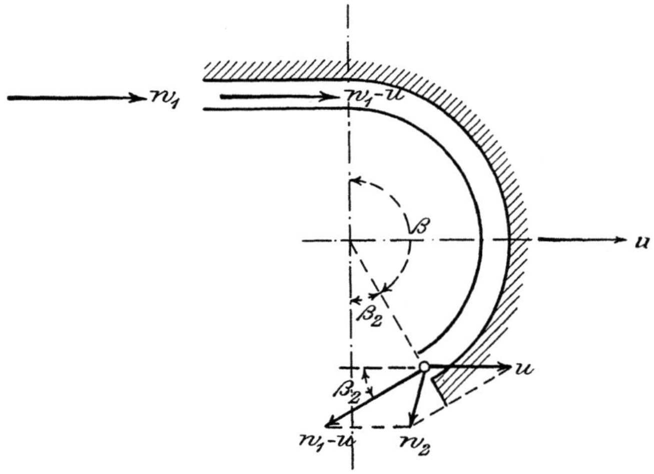

Fig. 15.

Dieser aus w_2 erhaltene Wert von A_2 befriedigt im Verein mit A nach Gl. 46 die Beziehung $A_1 = A + A_2$ wie natürlich.

III. Einfluß der Größe des Ablenkungswinkels β auf die erzielbare Arbeit.

Der Faktor in Gl. 40, $1 - \cos\beta$, wächst mit zunehmendem Winkel β und hat den größten Wert bei $\beta = 180^0$ mit $1 - \cos\beta = 2$.

Für eine gegebene Größe von $u = m \cdot w_1 = m\sqrt{2g \cdot H}$ folgt damit:

$$A_{max\,(\beta)} = \frac{q\gamma}{g}(w_1 - u)\,u \cdot 2 = q\gamma \frac{w_1^2}{2g} 4(1-m)\,m \quad \ldots \quad 56$$

als relativer Höchstwert von A unter dem Einfluß von β.

Es ergeben sich weiter

$$X_{max\,(\beta)} = \frac{q\gamma}{g} w_1 \cdot 2(1-m) \quad \ldots \quad 57$$

$$\eta_{max\,(\beta)} = 4(1-m)\,m \quad \ldots \quad 58$$

$$\alpha_{min\,(\beta)} = 1 - \eta = 1 - 4(1-m)\,m \quad \ldots \quad 59$$

Für beliebige Größen von β und u gelten die oben entwickelten Gl. 46, 47, 48 und 49, aus denen, ebenso wie aus Fig. 14, hervorgeht, daß Werte von β, die kleiner als 180^0 sind, einfach die Größe von A, den Scheitel der Parabel, entsprechend abwärts drücken, ohne deren Achse zu verschieben. Mag β irgendwelche Größe haben, die Geschwindigkeit der besten Leistung bleibt in jedem Falle bei $m = 0{,}5$ oder $u = \frac{w_1}{2}$.

Schließlich wird nach dem Vorhergehenden der absolute Höchstwert von A erreicht bei

$$u = \frac{w_1}{2} \quad \text{und} \quad \beta = 180^0$$

mit
$$A_{max} = \frac{q\gamma}{g}\left(w_1 - \frac{w_1}{2}\right)\frac{w_1}{2}\,2 = q\gamma\,\frac{w_1^2}{2g} = A_1$$

Letzterer Ausdruck entspricht dem Arbeitsvermögen, welches die sekundliche Wassermenge q vermöge der Zuflußgeschwindigkeit w_1 besitzt, und da der ganze betrachtete Vorgang sich in wagrechter Ebene abspielt, also das Wasser auf seinem Weg entlang der Schaufelfläche keinen Zuwachs an Arbeitsvermögen erfährt (es ist $h = 0$), so folgt, daß es ideell möglich erscheint, einer, natürlich begrenzten, Wassermenge durch stoßfrei verlaufende Ablenkung des frei austretenden Strahles von der Geschwindigkeit

$$w_1 = \sqrt{2g \cdot H}$$

die ganze ihr innewohnende Arbeitsfähigkeit im Betrage von

$$A_1 = q\gamma\,\frac{w_1^2}{2q} = q\gamma \cdot H$$

zu entziehen. Für Dauerbetrieb ist dies, wie schon gesagt, aus äußeren Gründen nicht möglich, immerhin aber ist α beliebig wählbar, soweit es die Verhältnisse der Ablenkungsfläche selbst betrifft.

In Fig. 14 sind mit punktierten Linien sowohl die $\beta = 180^0$ entsprechende Parabel der A als auch die Gerade der X eingezeichnet.

Die Y-Komponente kann, da nach ihrer Richtung keine Bewegung stattfindet, keine Arbeit leisten, die ganze Arbeit rührt von der X-Komponente her.

4. Die gekrümmte Fläche nach „2" kann mit der konstanten Geschwindigkeit u parallel zur X-Achse ausweichen.

Bewegung parallel zur Y-Achse ist durch reibungslose Stützung verhindert, ein kontinuierlicher Wasserstrahl tritt auch während der Fortbewegung der Fläche stets parallel zum Teile ef, diesen berührend, zur Schaufel und hat in der Richtung ef die Geschwindigkeit v, Fig. 16. (Für die theoretische Betrachtung darf außer acht gelassen werden, in welcher Weise eine solche Strahlführung praktisch möglich gemacht werden kann.)

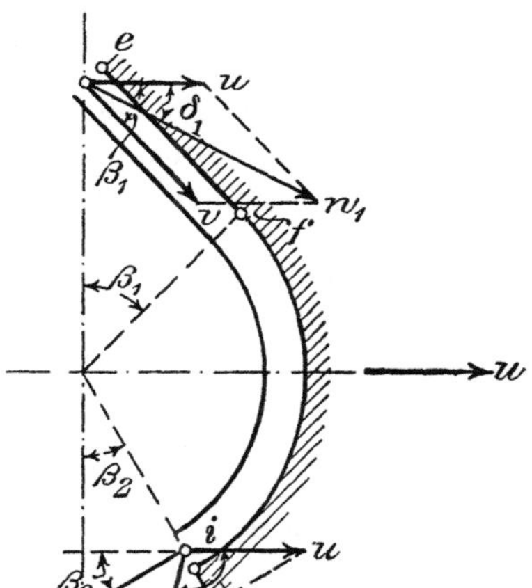

Fig. 16.

Aus dem Gesagten folgt in erster Linie, daß die im Strahle aufeinander folgenden Wasserteilchen im Raume, also absolut genommen, gleichzeitig die Geschwindigkeiten u und v, d. h. die Geschwindigkeit w_1 besitzen müssen, die sich als Resultierende der Geschwindigkeit, v, der Wasserteilchen relativ zur Ablenkungsfläche und der fortschreitenden Geschwindigkeit des Ganzen, u, ergibt.

Die Summe der Zentrifugalkraftkomponenten in Richtung der X-Achse ist hier, entsprechend Gl. 36

$$X = \frac{q\gamma}{g}\,v\,(\cos\beta_2 + \cos\beta_1) \quad \ldots\ldots\ldots\ldots \quad 60$$

wobei einfach v an die Stelle von w_1 tritt. Ebenso folgt aus Gl. 37

$$Y = \frac{q\gamma}{g} v (\sin \beta_2 - \sin \beta_1) \quad \ldots \ldots \ldots \ldots \quad 61$$

Auch hier leistet nur die X-Komponente Arbeit, die Y-Komponente dagegen nicht, da nur in Richtung der X-Achse Bewegung stattfindet. Bei $A_1 = q\gamma \frac{w_1^2}{2g}$ ist die sekundliche Arbeit der X-Komponente:

$$A = X \cdot u = \frac{q\gamma}{g} \cdot u \cdot v (\cos \beta_2 + \cos \beta_1) \quad \ldots \ldots \ldots \quad 62$$

Der Ausdruck läßt sich in einfacher Weise umformen; es ist nach Fig. 16

$$w_2^2 = u^2 + v^2 - 2uv \cos \beta_2$$

woraus
$$u \cdot v \cos \beta_2 = \frac{u^2 + v^2 - w_2^2}{2}$$

ferner ist
$$w_1^2 = u^2 + v^2 - 2uv \cos (180^0 - \beta_1)$$

woraus
$$u \cdot v \cos \beta_1 = \frac{w_1^2 - u^2 - v^2}{2}$$

folgt. Diese Werte in Gl. 62 eingesetzt, ergeben

$$A = \frac{q\gamma}{g} \cdot \frac{u^2 + v^2 - w_2^2 + w_1^2 - u^2 - v^2}{2}$$

oder, vgl. Gl. 20,
$$A = q\gamma \left(\frac{w_1^2}{2g} - \frac{w_2^2}{2g} \right) = A_1 (1 - \alpha) \quad \ldots \ldots \ldots \quad 63$$

Die Rechnung zeigt natürlich auch hier, entsprechend dem Vorhergegangenen, daß nur die Größen von w_1 und w_2, nicht aber auch deren Richtungen δ_1 und δ_2, Fig. 16, in dem verwertbaren Arbeitsbetrag A in Erscheinung treten.

Auch in diesem Fall ist die Frage zu erörtern, welchen Einfluß bei gegebenem q und $H = \frac{w_1^2}{2g}$ einerseits die Konstruktionsgrößen, hier β_1 und β_2, andererseits die Ausweichgeschwindigkeit $u = m \cdot w_1$ auf A, bzw. auch auf den Austrittsverlust α äußern und wo A_{max} bzw. A_{2min} liegt.

Über die Einwirkung der ersteren gibt Gl. 62 zuerst einigen Aufschluß. Je kleiner β_1 und β_2, d. h. je größer der Betrag der Gesamtablenkung ist, desto größer wird A werden.

Für $\beta_1 = \beta_2 = 0$ folgt der unter „3" schon ermittelte größte relative Höchstwert

$$A = \frac{q\gamma}{g} (w_1 - u) u \cdot 2$$

und der absolut höchste Wert von A dann bei $u = \frac{w_1}{2}$ zu $\frac{q\gamma}{g} \cdot \frac{w_1^2}{2}$.

Auch hier ist es also durch passende Wahl von u, β_1 und β_2 möglich, dem Austrittsverlust α jeden beliebigen Wert bis Null zu erteilen.

Ist dagegen β_1 und β_2 als konstant anzusehen, so wird nach Gl. 62 das $A_{max\,(u)}$ mit $u \cdot v = \max$ erreicht werden.

Nun ist v nicht unabhängig von u, sondern, wie Fig. 16 und 17 erkennen läßt, ist bei gleichbleibender Größe von w_1 für jedes andere u auch ein anderes v erforderlich; dabei muß dem wechselnden Werte von u jedesmal auch die Richtung von w_1, der Winkel δ_1, angepaßt werden, damit v tatsächlich in die Richtung β_1 zu liegen kommt.

Aus Fig. 17 ist $(v+u\cos\beta_1)^2+(u\sin\beta_1)^2=w_1^2$

woraus $$v=\sqrt{w_1^2-u^2\sin^2\beta_1}-u\cos\beta_1 \quad \text{. . . . . 64}$$

Für $A_{max\,(u)}$ muß dann, entsprechend Gl. 62, und wenn δ_1 jeweils den u angepaßt wird, sein:

$$\frac{d\,[u\cdot v]}{du}=\frac{d}{du}\left[u\sqrt{w_1^2-u^2\sin^2\beta_1}-u^2\cos\beta_1\right]=0$$

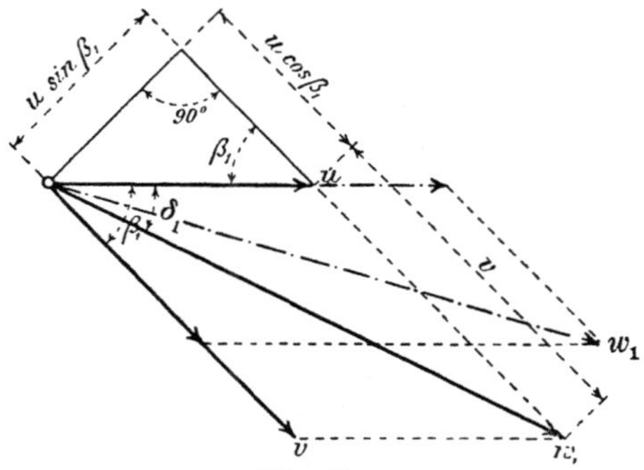

Fig. 17.

Hieraus ergibt sich

$$u^4-u^2\frac{w_1^2}{\sin^2\beta_1}=-\frac{w_1^4}{4\sin^2\beta_1}$$

und schließlich

$$u=\frac{w_1}{\sin\beta_1}\sqrt{\frac{1\pm\cos\beta_1}{2}}$$

Es ist das — Zeichen zu wählen, und damit reduziert sich u für das Eintreten von $A_{max\,(u)}$ auf

$$u=w_1\frac{1}{2\cdot\cos\frac{\beta_1}{2}}\text{[1]};\qquad m=\frac{1}{2\cdot\cos\frac{\beta_1}{2}} \quad \text{. . . . . 65}$$

Setzt man den erhaltenen Wert von u in Gl. 64 ein, so ergibt sich einfach

$$v=w_1\frac{1}{2\cdot\cos\frac{\beta_1}{2}}=u$$

d. h. es ist zur Erzielung von $A_{max\,(u)}$ als Bedingung $v=u$ zu nehmen, und daraus folgt die erforderliche Größe von δ_1 zu

$$\delta_1=\frac{\beta_1}{2} \quad \text{. . . . . 66}$$

so daß schließlich für $A_{max\,(u)}$ auch die Beziehung besteht

$$v=u=w_1\frac{1}{2\cdot\cos\delta_1}=\frac{1}{2\cdot\cos\delta_1}\sqrt{2g\cdot H} \quad \text{. . . . . 67}$$

Ferner findet sich für $v=u$ gemäß Fig. 18

$$\frac{w_2}{2}=u\sin\frac{\beta_2}{2}$$

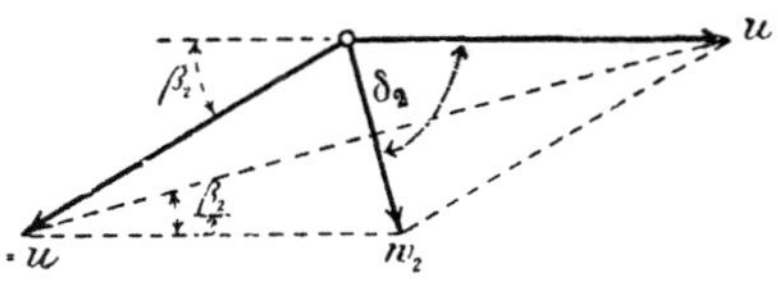

Fig. 18.

oder bei $A_{max\,(u)}$ gemäß Gl. 65

$$w_2=w_1\sqrt{\frac{1-\cos\beta_2}{1+\cos\beta_1}} \quad \text{. . . . . 68}$$

also auch der Austrittsverlust $$\alpha=\frac{w_2^2}{2g}\cdot\frac{2g}{w_1^2}=\frac{1-\cos\beta_2}{1+\cos\beta_1} \quad \text{. . . . . 69}$$

ferner nach Gl. 62 nunmehr

$$A_{max\,(u)}=\frac{q\gamma}{g}\cdot\frac{w_1^2}{4\cdot\cos^2\frac{\beta_1}{2}}(\cos\beta_2+\cos\beta_1)$$

schließlich $$A_{max\,(u)}=q\gamma\frac{w_1^2}{2g}\cdot\frac{\cos\beta_2+\cos\beta_1}{1+\cos\beta_1}=q\gamma\cdot H\frac{\cos\beta_2+\cos\beta_1}{1+\cos\beta_1} \quad \text{. . . . . 70}$$

---

[1] Das + Zeichen gäbe $u=w_1\frac{1}{2\cdot\sin\frac{\beta_1}{2}}$, womit, bei $\beta_1=0^0$, $u=\infty$ sein müßte, was unmöglich.

Der Einfluß verschiedener Geschwindigkeiten u' statt u auf die äußere Arbeitsleistung A einer gegebenen Schaufelfläche läßt sich in seinen Folgen hier nicht so einfach feststellen, als es unter „3" möglich gewesen; dort hatte eine Änderung von u nur auf die Größe von $v = w_1 - u$ und auf w_2 Einfluß, hier aber müßte, wie schon erwähnt, für stoßfreien Eintritt des Strahles in den Bereich der Ablenkungsfläche mit u sich auch δ_1, die Richtung von w_1, oder β_1, die Richtung von v, ändern.

Sind im Einzelfalle bei veränderlichem u die Richtungen β_1 und δ_1 unveränderlich gegeben, so treten eben bei den, nicht diesen Winkeln entsprechenden Werten, u' statt u, Stöße zwischen freiem Strahl und Schaufelanfang auf, die unvermeidlich Arbeitsverluste mit sich bringen, der Strahl versprüht. Unter Zuhilfenahme gewisser Voraussetzungen und Annahmen könnte man diese Arbeitsverluste rechnerisch bestimmen, allein ein zuverlässiges Bild der Verhältnisse kann dadurch nicht gewonnen werden, weil die Stöße, auch der weitere, dann jedenfalls wirbelnde, Lauf des Wassers entlang der Ablenkungsfläche, sich kaum irgendwie gesetzmäßig entwickeln werden und deshalb Rechnungsannahmen ohne sehr ausgiebige Versuchsunterlagen in der Luft stehen; der nächste Abschnitt behandelt trotzdem die Verhältnisse des Stoßbetriebes, soweit sie die Eintrittsstelle betreffen.

Immerhin läßt sich in einfacher Weise ein Bild der Verhältnisse in der Weise gewinnen, daß man für veränderliches $u = m \cdot w_1$ die Werte von A ermittelt, wie sie aus feststehenden Größen von β_1 und β_2 und aus der Annahme folgen, daß δ_1 jeweils den m angepaßt werden könne.

Es mögen hierfür Verhältnisse angenommen sein, die auch ziffermäßig den Vergleich mit dem Vorhergehenden gestatten: entsprechend dem früheren Gesamtablenkungswinkel $\beta = 150^0$ sei hier $\beta_2 = 30^0$, dazu $\beta_1 = 45^0$.

Nach Gl. 70 folgt dann für diese Winkelgrößen der Betrag

$$A_{max\,(u)} = q\gamma \cdot \frac{w_1^2}{2g} \cdot 0{,}922 = 0{,}922\,A_1$$

gegenüber demjenigen bei $\beta = 150^0$, d. h. $\beta_1 = 0^0$ von

$$A_{max\,(u)} = q\gamma \frac{w_1^2}{2g} 0{,}933 = 0{,}933\,A_1$$

und der zugehörige Wert von u stellt sich nach Gl. 65 auf

$$u = \frac{w_1}{2} 1{,}0824 = m \cdot w_1 = m\sqrt{2g \cdot H}$$

woraus für $A_{max\,(u)}$ folgt: $m = 0{,}5412$ gegenüber vorher $m = 0{,}5$.

Der größte Betrag an entziehbarer Arbeit A ist also, naturgemäß, für die Fläche „2" kleiner als derjenige der Fläche „1", dagegen ist die zu A_{max} gehörige Geschwindigkeit des Fortschreitens, u, für die weniger leistungsfähige Schaufelfläche „2" größer, sie liegt wegen $m = 0{,}5412$ in d, Fig. 19, jenseits des punktiert gezeichneten Parabelscheitels, der der Fläche „1" zugehört.

In der ausgezogenen Kurve der Fig. 19 zeigt sich nun der Verlauf der Werte von A für veränderliches m bzw. u und für jeweils angepaßte Größe von δ_1, festgegebene Winkelgrößen β_1 und β_2 nach obigen Werten.

Die Anpassung von δ_1 geschieht nach der Beziehung (s. Fig. 16 oder 17)

$$\frac{w_1}{\sin\beta_1} = \frac{u}{\sin(\beta_1 - \delta_1)} = \frac{m \cdot w_1}{\sin(\beta_1 - \delta_1)}$$

oder

$$\sin(\beta_1 - \delta_1) = m \cdot \sin\beta_1$$

woraus schließlich

$$\sin\delta_1 = \sin\beta_1 \left(\sqrt{1 - m^2 \cdot \sin^2\beta_1} - m \cdot \cos\beta_1\right) \quad \ldots\ldots\ldots \quad 71$$

Für $m = 0$ und für $m = 1$ geht auch die A-Kurve der Fläche „2" durch Null, da die Beziehung für A, nach Einsetzen der Werte für u und v, mit Rücksicht auf m und entsprechend Gl. 62 lautet:

$$A = q\gamma \frac{w_1^2}{2g} 2\left(\sqrt{1 - m^2 \cdot \sin^2\beta_1} - m \cdot \cos\beta_1\right) m \left(\cos\beta_2 + \cos\beta_1\right) \quad . \; . \; . \quad 72$$

sie ist aber nicht mehr symmetrisch gestaltet.

Unter Zuhilfenahme von Gl. 64 und mit $u = m \cdot w_1$ lautet die Gleichung der X-Linie allgemein

$$X = \frac{q\gamma}{g} w_1 \left(\sqrt{1 - m^2 \cdot \sin^2\beta_1} - m \cdot \cos\beta_1\right)\left(\cos\beta_2 + \cos\beta_1\right) \quad . \; . \; . \; . \quad 73$$

Die Darstellung der X-Komponenten ergibt eine schwach gekrümmte Linie, die in Fig. 19 ebenfalls ausgezogen ist, während zum Vergleich die A-Parabel und die gerade X-Linie der Fläche „1" punktiert eingetragen sind.

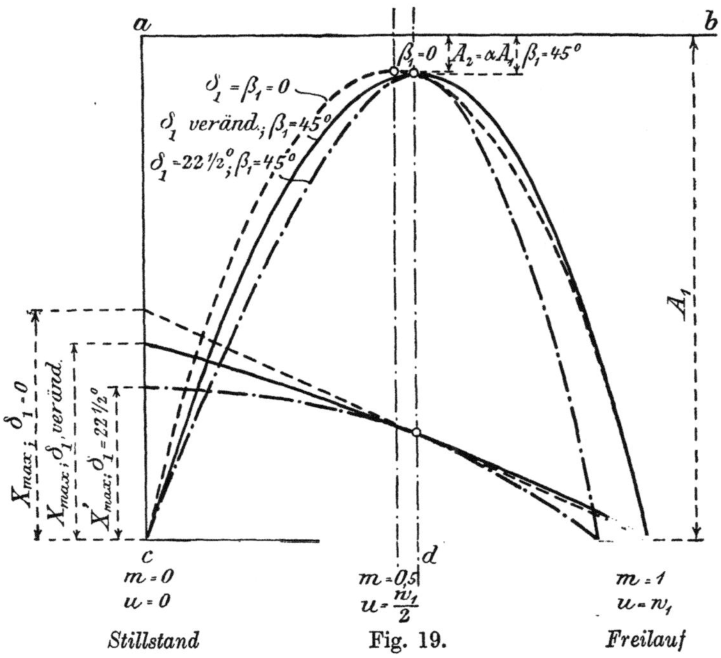

Fig. 19.

Ist nun in Wirklichkeit δ_1 unveränderlich, dabei, entsprechend Gl. 66, für die höchst übertragbare Leistung des Strahles ausgeführt mit

$$\delta_1 = \frac{\beta_1}{2} = 22^0\,30',$$

so lassen sich darauf folgende Überlegungen gründen.

Die A-Kurve für festes δ_1 geht zweifellos bei $m = 0{,}5412$ auch durch den Scheitel der A-Kurve für anschmiegendes δ_1; ebenso wird sie für $u' = 0$ durch Null gehen. Für alle anderen Werte von u' jedoch müssen die Größen von A der Stoßverluste wegen (mit A' bezeichnet) unterhalb der ausgezogenen A-Kurve liegen.

Daraus ergibt sich notwendig, daß, bei $\beta_1 > 0^0$, die festem δ_1 entsprechende Freilaufgeschwindigkeit $u' = w_1$, gar nicht mehr erreicht werden kann, sondern daß $A' = 0$, der Freilauf, schon bei einem Wert von u' eintreten muß, der kleiner als w_1 ist. Deshalb wird bei festem δ_1 die A'-Kurve ungefähr die in Fig. 19 durch ·—·—·—·— angedeutete, ganz innen liegende Form annehmen und die zugehörige X'-Linie den in gleicher Weise bezeichneten Verlauf haben.

In den Berechnungen, die den Fig. 14 und 19 zugrunde liegen, ist voraussetzungsgemäß der Einfluß der Wasserreibung vernachlässigt, es war $\varrho = 0$ angenommen. Für den tatsächlichen Betrieb von Wassermotoren kann ϱ natürlich nicht außer acht gelassen werden, und so rückt für die Wirklichkeit in den genannten Figuren **jeder Punkt** der A-Kurven noch um den jeweiligen Betrag von ϱA_1 nach abwärts, bis statt $\eta = 1 - \alpha$ die Größe $\varepsilon = 1 - \alpha - \varrho$ erreicht ist.

Daraus ergibt sich, daß in Wirklichkeit und für alle beliebigen Winkelgrößen, auch für $\beta_1 = 0^0$ (Schaufel „1"), die A-Kurven die X-Achse früher schneiden, daß die Freilaufgeschwindigkeiten infolge der Wasserreibungsverluste nicht erst bei $u' = w_1$ usw. eintreten werden, sondern kleiner bleiben müssen.

Etwaige Lagerreibungsarbeit reduziert dann den nach außen verfügbaren Teil von $A = \varepsilon A_1$ noch um ein Entsprechendes, auf $e A_1$, dem mechanischen Nutzeffekt entsprechend, und setzt die Freilaufgeschwindigkeit abermals herunter.

5. Ablenkungsfläche mit gegebenem Austrittsverlust α.

Die Betrachtung unter „4" mußte von den Verhältnissen einer gegebenen Ablenkungsfläche, β_1 und β_2, ausgehen. Für den Turbinenbau ist es wichtig, nunmehr an Hand der aufgestellten Beziehungen die Bedingungen für die Formgebung der Ablenkungsfläche näher zu prüfen, wenn außer $w_1 = \sqrt{2g \cdot H}$ eine bestimmte Größe des Austrittsverlustes α und damit auch der zu leistenden Arbeit $A = (1 - \alpha) A_1$ einer Ausführung zugrunde gelegt werden soll. Daß α frei wählbar ist, geht aus dem vorher Angeführten hervor.

Da zeigt es sich nach Gl. 69, daß einer gegebenen Größe von α eine ganze Reihe zusammengehöriger Werte von β_1 und β_2 zu entsprechen vermögen:

Die Winkelgrößen β_1 und β_2 der Fläche „2" sind innerhalb der durch Gl. 69 gegebenen Beziehung ohne jeden Einfluß auf den Betrag an erzielbarer Arbeit.

Aus Gl. 69 folgt

$$\cos\beta_2 = 1 - (1 + \cos\beta_1)\,\alpha \qquad 74$$

Da β_1 zwischen 0^0 und 180^0 liegen kann, so ergeben sich daraus für $\cos\beta_2$ die Grenzwerte

$$\cos\beta_2 = 1 - 2\alpha \quad \text{und} \quad \cos\beta_2 = 1.$$

Der Austrittsverlust α wird naturgemäß immer als kleiner Bruch angenommen werden, und so wird auch β_2 stets ein kleiner Winkel sein.

Für die genannten Grenzwerte von β_1 ergeben sich die zugehörigen Größen von u gemäß Gl. 65 als

$$u = \frac{w_1}{2} = \frac{1}{2}\sqrt{2g \cdot H} \quad \text{und} \quad u = \infty$$

Es empfiehlt sich deshalb, die Betrachtung der Verhältnisse an der Hand von Zahlenwerten vorzunehmen, und zwar, nach Annahme von α, auszugehen von stufenweise zunehmenden Größen von $\cos\beta_2$, weil sich der betreffende Winkel überhaupt nur innerhalb kleiner Grenzen ändern kann.

Die Beziehungen für β_1 und u als Funktionen von α und β_2 lauten nach Gl. 74 bzw. 65

$$\cos\beta_1 = \frac{1 - \cos\beta_2}{\alpha} - 1 \qquad 75$$

und

$$u = w_1 \sqrt{\frac{\alpha}{2\,(1 - \cos\beta_2)}} \qquad 76$$

Angenommen werde beispielsweise $\alpha = 0{,}04$, also

$$A = (1 - 0{,}04)\,A_1 = 0{,}96\,A_1$$

dann ergeben sich die Grenzwerte für $\cos\beta_2$ nach Gl. 74 usw. zu

$$\cos\beta_2 = 0{,}92 \quad \text{und} \quad \cos\beta_2 = 1$$

d. h.

$$\beta_2 = 23^0\,0' \quad \text{und} \quad \beta_2 = 0^0$$

und demgemäß stellen sich für Zwischenwerte von $\cos\beta_2$ und gleichbleibenden Austrittsverlust a die bezüglichen Größen wie folgt:

$\cos\beta_2$	β_2	β_1	u
0,92	23° 0′	0°	$0{,}500 w_1$
0,94	19° 57′	60°	0,578 ,,
0,96	16° 16′	90°	0,707 ,,
0,98	11° 28′	120°	1,000 ,,
0,99	8° 7′	138° 35′	1,414 ,,
1,00	0°	180°	∞

Den vier ersten Werten von $\cos\beta_2$ entsprechen die Fig. 20 bis 23, aus denen hervorgeht, daß für die Gestaltung der Ablenkungsfläche bei gleichbleibender Arbeitsfähigkeit eine Fülle von Formen, Winkeln und Fortschreitegeschwindigkeiten zu Gebote steht, daß besonders auch der Winkel δ_1 in weiten Grenzen veränderlich sein kann.

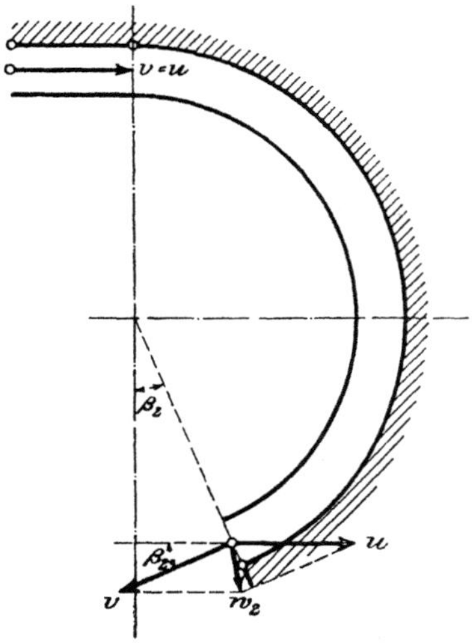

Fig. 20.

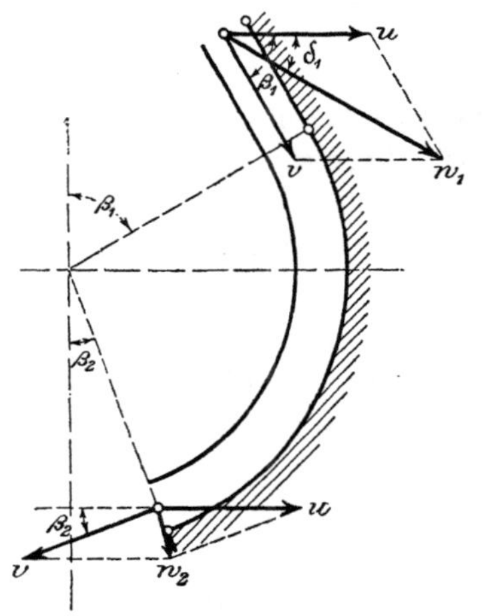

Fig. 21.

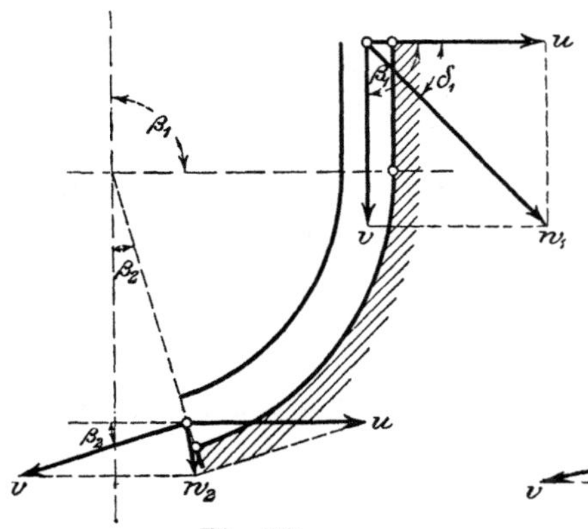

Fig. 22.

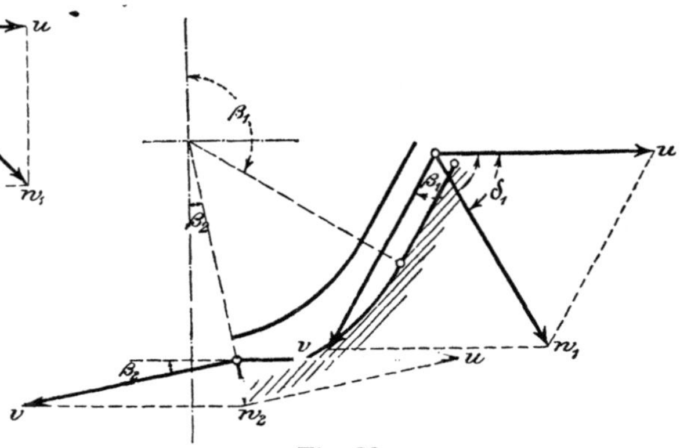

Fig. 23.

Daß man im Turbinenbau nur die Formen zwischen Fig. 20 und 21 zu benutzen pflegt, hat seine Erklärung wohl darin, daß die großen v starke Reibungsverluste bringen, daß ferner bei zunehmendem β_1 die „Y-Komponente" groß ausfallen und deshalb die Turbinenwelle bzw. den Zapfen in unangenehmer Weise belasten würde, außerdem steigen die Schwierigkeiten für das richtige Aneinanderreihen von Ablenkungsflächen mit abnehmendem Winkel β_2.

Die der Fig. 19 Seite 19 entsprechende Darstellung der Arbeitsgrößen ergibt für die verschiedenen β_1 und β_2 und für reibungslosen Betrieb Kurven von durchweg gleicher Scheitelhöhe, deren Scheitel und rechtseitige Fußpunkte aber mit zunehmendem β_1 immer mehr nach rechts rücken, vgl. Fig. 24.

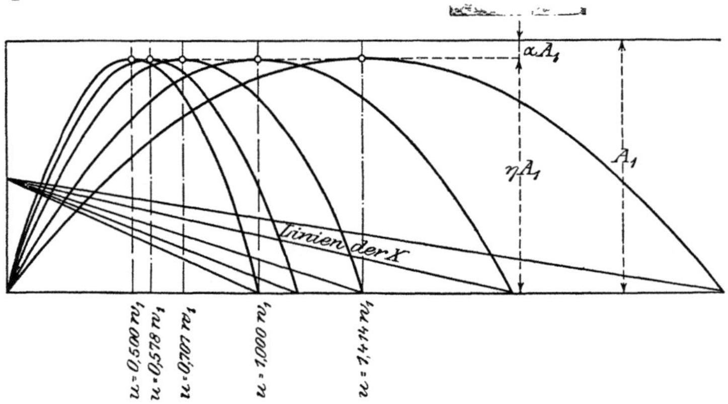

Fig. 24.

Die Wasserreibung wird mit wachsenden Werten von $v = u$ steigen, so daß in Wirklichkeit die tatsächlichen Scheitelhöhen nach rechts hin niederer werden müssen und die dem Freilauf entsprechenden Fußpunkte schon deshalb, und ganz abgesehen vom Stoß am Eintritt, sich weniger weit nach rechts legen können.

Ehe das eigentliche Thema, Kraftäußerung und Arbeitsleistung strömenden Wassers, weiter verfolgt wird, empfiehlt sich die Betrachtung besonderer Strömungsverhältnisse usw., wie sie in den beiden folgenden Abschnitten durchgeführt ist.

B. Stoß freier Strahlen gegen ebene Flächen.

1. Senkrechter Stoß, Fläche in Ruhe.

Ein freier Strahl von beliebigem Querschnitt, sekundliche Wassermenge q, trifft mit der Geschwindigkeit w_1 senkrecht gegen eine feststehende, ebene Fläche $A\,B$, Fig. 25.

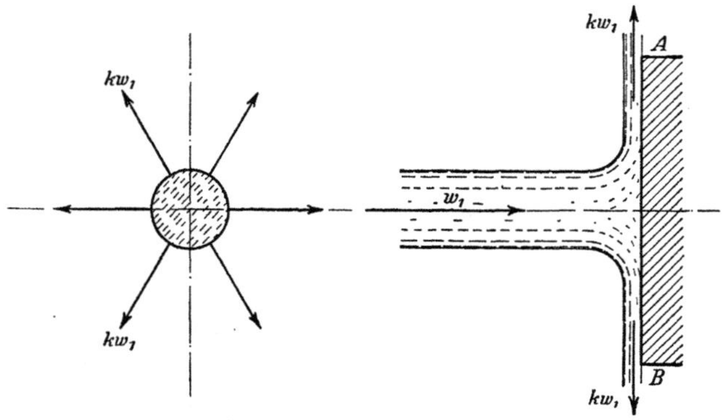

Fig. 25.

Da das Wasser im allgemeinen als unelastisch angesehen wird, so berechnet sich der durch den Wasserstoß ausgeübte Druck gegen die feststehende Fläche nach der meist üblichen Betrachtungsweise auf

$$S = \frac{q\,\gamma}{g}\,w_1 \quad . \; . \; . \quad 77$$

und es wird, ebenfalls nach der üblichen Betrachtungsweise, die ganze zum Stoß kommende Geschwindigkeit w_1 als durch den Stoß zerstört und für äußere Arbeitsleistung verloren, das Arbeitsvermögen $q\gamma\frac{w_1^2}{2g}$ als fast ganz in Wärme umgesetzt angesehen.

Nun lehrt aber der einfache Versuch, daß die Geschwindigkeit w_1 keineswegs nach dem Stoß ganz verschwunden ist, denn das Wasser sprüht mit nicht geringer Geschwindigkeit nach allen Seiten entlang der Ebene, also um 90° abgelenkt, gegen außen.

Die Größe der Stoßkraft S nach Gl. 77 stimmt nun mit dem Betrag der X-Komponente nach Gl. 32 für den Ablenkungswinkel $\beta = 90^0$ überein (Fig. 10) und so liegt die Vermutung nahe, daß sich an der gestoßenen Ebene doch eine Art Ablenkung der Wasserfäden vollzieht, wie sie ja auch in Wirklichkeit bei gewissen Versuchen tatsächlich angenommen werden muß.

Sicher dürfte andererseits sein, daß die Geschwindigkeit der seitlich ausweichenden Wasserteilchen nicht mehr den vollen Betrag von w_1 aufweist, daß also ein Teil des in $\frac{w_1^2}{2g}$ gegebenen Arbeitsvermögens durch den Stoß vernichtet wurde, aber eben nur ein Teil und nicht der ganze Betrag. Darüber, welcher Bruchteil von w_1 als kw_1 in der Umlenkung nach dem Stoß noch vorhanden ist, sind dem Verfasser Versuchswerte noch nicht bekannt.

2. Schiefer Stoß, Fläche in Ruhe.

Wenn der freie Strahl die ebene Fläche nicht unter 90°, sondern unter einem kleineren Winkel β_1, Fig. 26, trifft, so ändern sich die Verhältnisse gegenüber „1" in mancher Beziehung. Wir denken uns die Strahlgeschwindigkeit w_1 in Komponenten senkrecht und parallel zur gestoßenen Fläche zerlegt. Die Wasserteilchen besitzen im Augenblick des Auftreffens eine Stoßgeschwindigkeit senkrecht zur Fläche von nur $w_1 \sin \beta_1$, während gleichzeitig durch die Komponente $w_1 \cos \beta_1$ das Bestreben zum Wegfließen der Wasserteilchen in der entsprechenden Richtung gegeben ist.

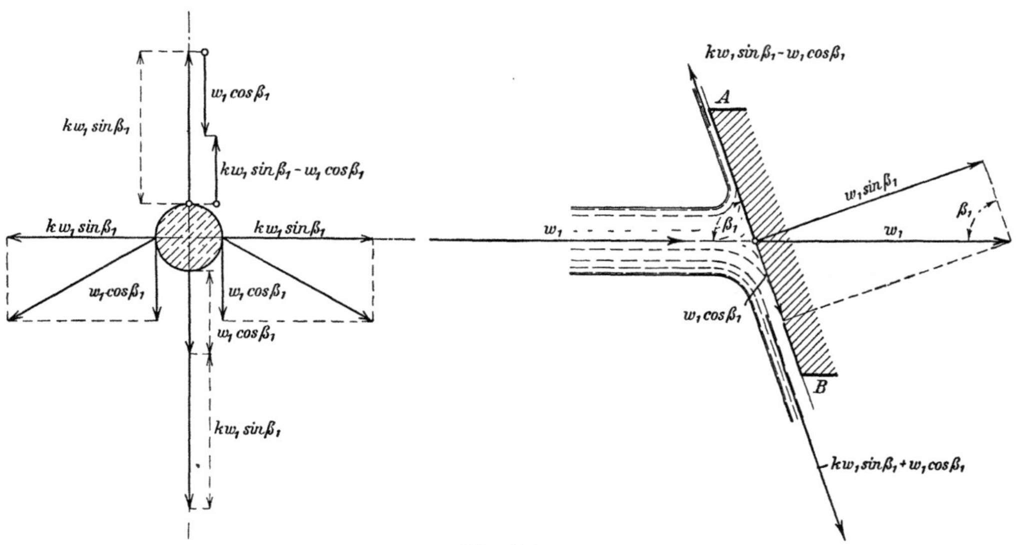

Fig. 26.

Die Größe der Stoßkraft, des andauernd vorhandenen Stoßdruckes S, stellt sich mit $w_1 \sin \beta_1$, statt w_1, nach üblicher Rechnungsweise auf

$$S = \frac{q\gamma}{g} w_1 \sin \beta_1 \quad \ldots \ldots \ldots \ldots \quad 78$$

hier also nicht mehr in genauer Übereinstimmung mit den Verhältnissen der Gl. 32.

Die Wasserteilchen werden auch hier, weil im übrigen frei beweglich, nach allen Seiten ausweichen, doch sind die Verhältnisse in diesem Falle nicht allseitig gleich. In Fig. 26 ist die Strahlachse in der Bildebene und die Stoßfläche AB senkrecht zu der letzteren gedacht.

Wenn auch hier noch etwa eine Art Ablenkung der fortwährend ankommenden Wasserteilchen in die Stoßebene zugegeben werden muß, so wird sich die Abflußgeschwindigkeit der Teilchen doch ganz verschiedenartig entwickeln. Die am unteren Rande des Strahles laufenden Teilchen werden zusätzlich zu der Geschwindigkeit $w_1 \cos \beta_1$ noch durch die Ablenkung eine Steigerung wegen der Geschwindigkeit $k w_1 \sin \beta_1$ erfahren, und zweifellos mit mehr als $w_1 \cos \beta_1$ die sogenannte Stoßstelle nach B zu verlassen, während gegen aufwärts, nach A hin, ganz abgesehen von der Wirkung der Schwere, die Differenz zwischen der nach oben wirkenden Umlenkungsgeschwindigkeit $k w_1 \sin \beta_1$ und der gegen abwärts gerichteten Komponente $w_1 \cos \beta_1$ sich geltend machen muß. Es ist sehr wohl denkbar, daß je nach der Größe des Stoßwinkels β_1 die Wasserteilchen entweder nach aufwärts oder bei kleineren β_1 schon vom oberen Strahlrand an direkt gegen abwärts streben. Die Wasserteilchen folgen eben der jeweils aus $k w_1 \sin \beta_1$ und $w_1 \cos \beta_1$ resultierenden Geschwindigkeit; die Teilchen zu beiden Seiten des Strahls werden in schrägabwärts gerichteten Wegen (Resultierende von $k w_1 \sin \beta_1$ und $w_1 \cos \beta_1$) die Stoßstelle zu verlassen streben, wie dies in Fig. 26 links darzustellen versucht ist.

Auch hier nimmt also jedes Wasserteilchen von der Stoßstelle noch ein gewisses, wenn auch unbestimmt großes Arbeitsvermögen mit sich fort.

3. Fläche nach „1“ in Bewegung.

Die dem senkrechten Wasserstoß ausgesetzte ebene Fläche, Fig. 27, soll dem Stoßdrucke mit der Geschwindigkeit u ausweichen können. In diesem Falle erreicht der Wasserstrahl die Fläche mit einer Geschwindigkeit gleich dem Unterschied beider Geschwindigkeiten, mit $w_1 - u$; demgemäß stellt sich hier der durch den Stoß ausgeübte Druck gegen die Fläche nur noch auf

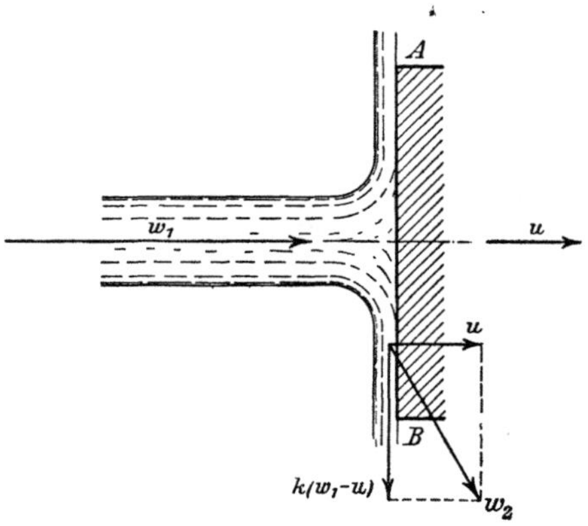

Fig. 27.

$$S = \frac{q\gamma}{g}(w_1 - u) \quad . \quad . \quad . \quad . \quad . \quad 79$$

und die Wasserteilchen fließen mit einem Bruchteil der Stoßgeschwindigkeit, mit $k(w_1 - u)$ als Umlenkungsgeschwindigkeit, der gestoßenen Fläche entlang seitlich ab.

Da der Stoßdruck S die Fläche mit der Geschwindigkeit u vorwärtsschiebt, so leistet dieser eine Stoßarbeit im Betrage von

$$A_S = S \cdot u = \frac{q\gamma}{g}(w_1 - u)\,u \quad . \quad . \quad . \quad . \quad . \quad . \quad . \quad . \quad . \quad . \quad 80$$

während das abfließende Wasser nach vollbrachter Stoßarbeit das Arbeitsvermögen, Fig. 27,

$$A_2 = q\gamma \frac{w_2^2}{2g} = q\gamma \frac{k^2 (w_1 - u)^2 + u^2}{2g} \quad . \quad . \quad . \quad . \quad . \quad . \quad . \quad 81$$

mit fortnimmt.

Durch die stoßende, wirbelnde Verzögerung von $w_1 - u$ auf $k(w_1 - u)$ entstand ein Verlust an Arbeitsvermögen, Stoßverlust V_S, im Betrage von

$$V_S = q\gamma \frac{(w_1 - u)^2 - k^2 (w_1 - u)^2}{2g} = q\gamma \frac{(1 - k^2)(w_1 - u)^2}{2g} \quad . \; . \; . \; . \quad 82$$

Der Betrieb einer senkrecht getroffenen Stoßfläche bringt also eine Aufteilung des im stoßenden Wasserstrahl enthaltenen Arbeitsvermögens A_1 in drei Teile, in Stoßarbeit A_S, Stoßverlust V_S und Austrittsverlust A_2, ausgedrückt durch die Gleichung

$$A_S + V_S + A_2 = A_1 \quad . \; . \; . \; . \; . \; . \; . \; . \; . \; . \; . \; . \quad 83$$

oder

$$q\gamma \frac{w_1 - u}{g} u + q\gamma \frac{(1 - k^2)(w_1 - u)^2}{2g} + q\gamma \frac{k^2 (w_1 - u)^2 + u^2}{2g} = q\gamma \frac{w_1^2}{2g} \quad . \; . \quad 84$$

Die Glieder mit k^2 verschwinden aus der Summation der linken Seite ohne weiteres, woraus sich ergibt, daß es beim senkrechten Stoß für die Ermittlung der durch Stoß erzielbaren geleisteten Arbeit ganz gleichgültig ist, ob die ganze Stoßgeschwindigkeit $w_1 - u$ oder nur der tatsächliche Bruchteil $k(w_1 - u)$ als verloren in Rechnung gestellt wird; was eben nicht im Stoß selbst verloren geht, das geht in der Größe von w_2 mit in den Austrittsverlust.

Eine Erörterung darüber, bei welcher Größe von u die Stoßarbeit den Höchstwert besitzt, erscheint überflüssig, da der Stoßbetrieb auch ideell nicht ohne Verluste zu führen ist, also nie für rationell arbeitende Motoren in Betracht kommen wird.

4. Fläche nach „2" in Bewegung.

Bei der nach Fig. 28 vorsichgehenden Zerlegung der Geschwindigkeit $w_1 - u$ ergibt sich für diese die gleiche Betrachtung, wie sie unter „2" für w_1 und die verschiedenen Abflußgeschwindigkeiten und deren Richtungen angestellt wurde.

Gegen abwärts, Richtung B, werden die Teilchen an der unteren Strahlkante mit einer aus $(w - u)\cos\beta_1$ und $k(w_1 - u)\sin\beta_1$ zusammengesetzten Geschwindigkeit der Fläche entlang eilen, die sich mit u zur absoluten Austrittsgeschwindigkeit w_2 verbindet, während die seitlich und nach oben zu im Strahl ankommenden Teilchen ähnlich Fig. 26, aber mit immer anderen Kombinationen der drei Geschwindigkeiten andere Werte von w_2 erzeugen.

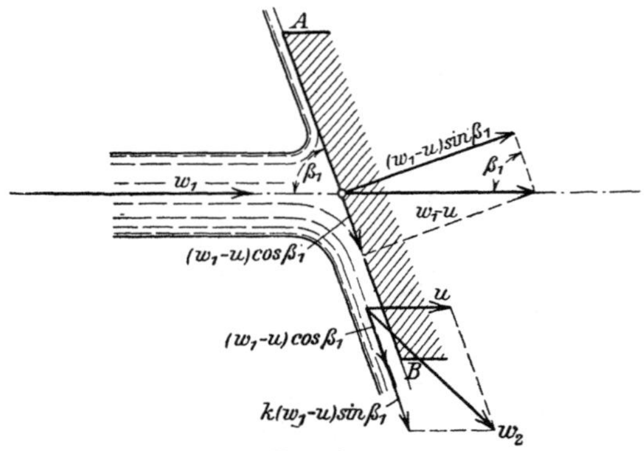

Fig. 28.

Da auch der schiefe Stoß freier Strahlen, eben der auch hier unvermeidlichen Stoßverluste halber, nicht für rationelle Konstruktionen, sondern nur für nicht normalen Betrieb in Betracht kommt, so genügt der vorstehende Hinweis.

C. Allgemeine Druck- und Geschwindigkeitsverhältnisse innerhalb von Wasser durchströmter Gefäße.

Wenn auch in den späteren Abschnitten selten einmal die Veränderlichkeit von Gefäßquerschnitten auf dem Wege zwischen Ein- und Ausströmung in Betracht gezogen ist, da sie bei der Annahme eines annähernd wirbelfreien Betriebes innerhalb sehr weiter Grenzen keinen rechnungsmäßigen Einfluß auf die Durchflußmenge auszuüben vermag, so ist es doch erforderlich, im Nachfolgenden jetzt diese Grenzen und die Bedingungen, die dabei in Frage kommen, zu erörtern. Es handelt sich um zweierlei.

Einmal ist festzustellen, welche größten Geschwindigkeiten sich unter gegebenen Druckverhältnissen in einem seiner Achse nach geradlinig verlaufenden, in den Querschnitten aber stetig oder plötzlich wechselnden Gefäß ausbilden können, bis zu welchen ideellen Grenzen das Anpassen an die wechselnden Querschnitte möglich ist.

Andererseits sind auch die Umstände rechnungsmäßig zu verfolgen, die sich zeigen, wenn die Wasserteilchen im Innern eines gekrümmten Gefäßes infolge dieser Krümmung den Zentrifugalkräften unterliegen, die sich dabei entwickeln müssen.

In beiden Fällen handelt es sich um die wechselnde Aufteilung der gesamten Energie in Druckhöhe und in Geschwindigkeitshöhe und das Gesetz dieser Verteilung.

Auch für dieses Kapitel sollen, der Einfachheit der Darstellung halber, Verluste durch Wasserreibung, Wirbel u. dgl., die in Wirklichkeit unvermeidlich sind, als nicht vorhanden vorausgesetzt werden, ausgenommen diejenigen, die beim plötzlichen Querschnittsübergang eintreten.

1. Gefäße mit geradliniger Achse und stetigem Verlauf der Querschnittsänderungen.

Die Figur 29 stellt ein Gefäß mit geradliniger Hauptachse von beliebig geformten, jedoch stetig ineinander übergehenden Querschnitten dar, welches von Wasser durchströmt wird. Für den Wassereintritt gilt der Index „0", für den Austritt „2"; für die engste Stelle zwischen beiden Orten kommt „1" in Verwendung. Das Maß h_g, Gefäßhöhe, zeigt den Höhenunterschied zwischen Wassereintritts- und Austrittsstelle, z und y die Höhenlagen des in Betracht zu ziehenden, engsten Zwischenquerschnitts f_1, von der Eintrittsstelle „0", bzw. der Austrittsstelle „2" aus gemessen. Für die Betrachtung ist im weiteren vorausgesetzt, daß das durchströmende Wasser sich ohne Einbuße an Arbeitsvermögen den wechselnden Querschnitten anpasse, derartig, daß die Umbildung von Druckhöhe in Geschwindigkeit und umgekehrt ohne Arbeitsverluste von statten gehe.

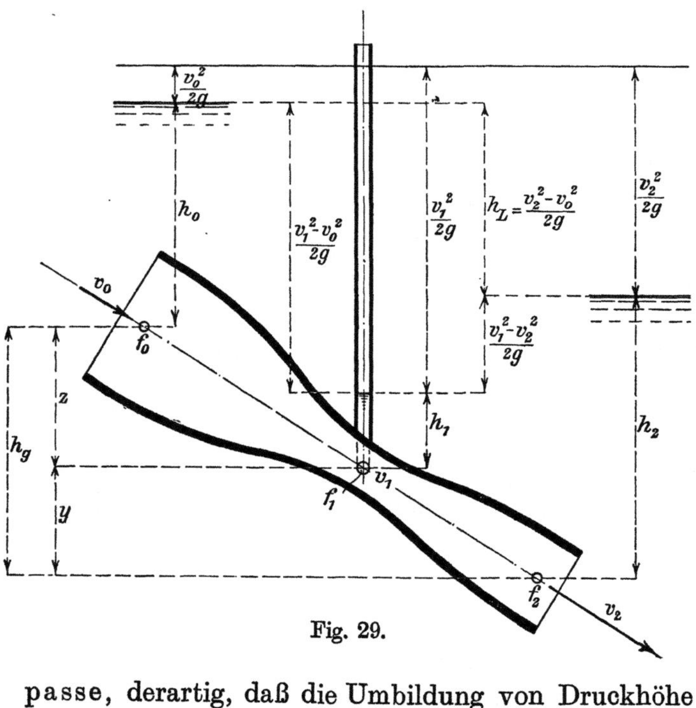

Fig. 29.

Die Kontinuitätsgleichung des Beharrungszustandes lautet für die sekundliche Wassermenge

$$q = f_0 \cdot v_0 = f_1 \cdot v_1 = f_2 \cdot v_2 \quad \ldots\ldots\ldots\ldots \quad 85$$

Da voraussetzungsgemäß keine Arbeitseinbuße stattfindet, so müssen die Endpunkte der in Fig. 29 über den Druckhöhen angetragenen Geschwindigkeitshöhen $\frac{v_0^2}{2g}$, $\frac{v_1^2}{2g}$, $\frac{v_2^2}{2g}$ in einer Wagrechten liegen, denn das auf den Gefäßaustritt „2" bezogene Arbeitsvermögen muß an jeder Stelle der Wasserführung gleich groß sein, also gilt

$$\frac{v_0^2}{2g}+h_0+h_g=\frac{v_1^2}{2g}+h_1+y=\frac{v_2^2}{2g}+h_2 \quad \dots\dots\dots \quad 86$$

Wir setzen nun $f_0=n_0\cdot f_2$ und $f_1=n_1\cdot f_2$. Aus der Beziehung zwischen „0" und „2" folgt dann wegen $h_0+h_g-h_2=h_L$, und weil $v_2=n_0\cdot v_0$, ideell,

$$v_0=\sqrt{\frac{2gh_L}{n_0^2-1}} \quad \dots\dots\dots \quad 87$$

$$v_2=n_0\sqrt{\frac{2gh_L}{n_0^2-1}} \quad \dots\dots\dots \quad 88$$

$$q=n_0\cdot f_2\sqrt{\frac{2gh_L}{n_0^2-1}} \quad \dots\dots\dots \quad 89$$

Die Größen v_0, v_2 und q sind hier also durch den Unterschied h_L der Wasserspiegel, den Querschnittsfaktor n_0, aber unabhängig vom Faktor n_1 des Zwischenquerschnitts, rechnungsmäßig bestimmt, und zwar unabänderlich insofern, als eben zur Erzeugung der Endgeschwindigkeit v_2 aus v_0 keine andere Energiequelle als der schon genannte Höhenunterschied $h_L=\frac{v_2^2-v_0^2}{2g}$ zur Verfügung ist, Fig. 29.

Wegen $f_1=n_1\cdot f_2$ gilt dann für die Geschwindigkeit an der Stelle „f_1"

$$v_1=\frac{v_2}{n_1}=\frac{n_0}{n_1}\sqrt{\frac{2gh_L}{n_0^2-1}} \quad \dots\dots\dots \quad 90$$

Aus Fig. 29 ist zu ersehen, daß der Unterschied zwischen den freien, die Druckhöhen messenden Wasserspiegeln am Ende des Gefäßes und an der Verengungsstelle den Betrag

$$h_2-(h_1+y)=\frac{v_1^2-v_2^2}{2g} \quad \dots\dots\dots \quad 91$$

besitzt, daß also durch die Verlangsamung von v_1 auf v_2 im ideellen Betrieb eine Rückbildung von Druckhöhe gemäß Gl. 91 bei der Stelle „2" eingetreten sein wird. Würde die Gefäßachse wagrecht liegen, $y=0$, so wäre

$$h_2-h_1=\frac{v_1^2-v_2^2}{2g} \quad \dots\dots\dots \quad 92$$

d. h. die zurückgebildete Druckhöhe gleich dem Druckunterschied beider Beobachtungsstellen.

Je mehr der Querschnitt f_1 verengt, je kleiner n_1 wird, um so größer wird die Geschwindigkeit v_1 werden, um so kleiner muß dann die Druckhöhe h_1 an der Verengungsstelle ausfallen. Sie findet sich aus Fig. 29 als

$$h_1=h_L+h_2-y-\frac{v_1^2-v_0^2}{2g}=h_2-y-\frac{v_1^2-v_2^2}{2g} \quad \dots\dots \quad 93$$

Ohne weiteres ist der Fall denkbar, daß n_1 so weit verkleinert werde, daß die hydraulische Druckhöhe $h_1=0$ eintritt. Die hierbei auftretende Geschwindigkeit an der engsten Stelle findet sich aus Gl. 93 zu

$$v_{1\,(h_1=0)}=\sqrt{2g\left(\frac{v_0^2}{2g}+h_L+h_2-y\right)}=\sqrt{2g\left(\frac{v_2^2}{2g}+h_2-y\right)} \quad \dots\dots \quad 94$$

Vollständig in den Abmessungen des Versuchsgefäßes ausgedrückt lautet die Gl. 94 dann, vgl. Gl. 87 und 88,

$$v_{1\,(h_1=0)} = \sqrt{2g\left(\frac{n_0^2 h_L}{n_0^2-1} + h_2 - y\right)} \quad \ldots\ldots\ldots\ 95$$

Der zugehörige Wert von n_1 aber findet sich nach Gl. 90 und 95 als

$$n_{1\,(h_1=0)} = \frac{v_2}{v_1} = n_0 \sqrt{\frac{h_L}{n_0^2 h_L + (h_2 - y)(n_0^2 - 1)}} \quad \ldots\ldots\ 96$$

Da die oberen Endpunkte der Geschwindigkeitshöhen in einer Wagrechten liegen, ist ohne weiteres ersichtlich, daß für $h_1 = 0$ die gesamte bis zum Querschnitt f_1 vorhandene hydraulische Energiehöhe zur Erzeugung von $v_{1\,(h_1=0)}$ herangezogen ist.

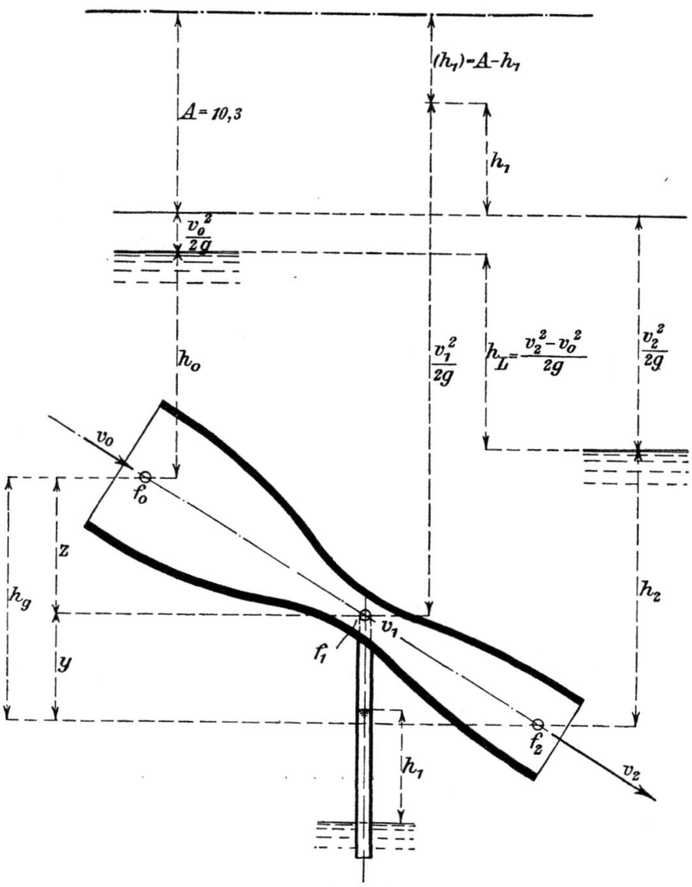

Fig. 30.

Die Schräglage der Gefäßachse ist ohne Einfluß auf die Entwicklung der Geschwindigkeiten insofern, als die ganze Rechnung ohne weiteres auch auf ein Gefäß mit senkrechter Achse anwendbar ist, bei dem ja dann die Querschnitte f_0, f_1 und f_2 um z, bzw. y voneinander entfernt liegen.

Nun stellt aber der Druck der Atmosphäre A, in Wassersäule gemessen rund 10,3 m, der auf den Wasserspiegeln des Ein- und Austritts lastet, eine weitere Energiequelle dar, die wir innerhalb des geschlossenen Wasserweges, d. h. zwischen f_0 und f_2, vorübergehend, aber mit der unabweislichen Verpflichtung zur Rückerstattung des Entlehnten, für die Erzeugung von Geschwindigkeit in Anspruch nehmen können.

Auf diese Weise ergibt sich eine Steigerungsfähigkeit von v_1 über $v_{1\,(h_1=0)}$ hinaus.

Ein Bild hierüber, besonders aber über das überhaupt vorhandene Arbeitsvermögen, findet sich dann, wenn aufwärts der Wagrechten der $\frac{v_0^2}{2g}$ usw. noch die Höhe $A \simeq 10{,}3$ m angetragen wird, Fig. 30, die aber, wie gesagt, nur zwischen f_0 und f_2, eine entsprechende Festigkeit des Versuchsgefäßes gegen äußeren Druck vorausgesetzt, verfügbar ist.

Das Besondere der Umstände liegt nun darin, daß eben innerhalb der geschlossenen Leitung die Möglichkeit vorliegt, die Pressung in der engsten Stelle nicht nur auf den hydraulischen Druck $h_1 = 0$ zu ermäßigen, sondern weiter zu gehen, so daß ein Minderdruck, eine Saughöhe h_1, hervorgerufen wird. Unter solchen Umständen ist die Einführung der absoluten Druckhöhe an der Stelle „1", $(h_1) = A - h_1$, zweckmäßig und wir erhalten so, Fig. 30,

$$(h_1) = A - h_1 = A + \frac{v_0^2}{2g} + h_L + h_2 - y - \frac{v_1^2}{2g} = A + \frac{v_2^2}{2g} + h_2 - y - \frac{v_1^2}{2g}$$

oder $$(h_1) = h_L + h_2 + A - y - \frac{v_1^2 - v_0^2}{2g} = h_2 + A - y - \frac{v_1^2 - v_2^2}{2g} \quad . \; . \; . \; 97$$

Ermöglicht wird ein solcher Betrieb, weil der von außen her gegen die Mündung f_2 wirkende Druck von, absolut, $(h_2) = h_2 + A$ bewirkt, daß die von f_1 gegen f_2 vorrückenden Wasserschichten mit der Gefäßwand „Schluß" halten, daß also notwendig, den langsam wachsenden Querschnitten entsprechend, abnehmende Geschwindigkeiten auftreten müssen, und daß, ideell, die vielleicht recht hohe Geschwindigkeit v_1 der engsten Stelle sich nach und nach, veranlaßt durch den Verzögerungsdruck $h_2 + A$, auf dem Wege bis f_2 wieder in Druckhöhe umsetzt. Wenn wir diese Möglichkeit zugeben, die durch Versuche, natürlich unter Reibungs- und Wirbelverlusten, praktisch erwiesen ist, so sind wir berechtigt anzunehmen, daß bei nach und nach erfolgendem Kleinermachen des engsten Querschnitts f_1 zuerst der Druckwasserspiegel des Beobachtungsröhrchens, h_1, unter die Höhenlage h_2 des Unterwassers sinkt, Fig. 29, und daß bei einer weiteren Verkleinerung von f_1 die hydraulische Druckhöhe $h_1 = 0$ wird und $\frac{v_1^2}{2g}$ den ganzen Bereich von $\frac{v_0^2}{2g} + h_0 + z$ in Beschlag nimmt, daß ferner unter Inanspruchnahme eines entsprechenden Teiles der Höhe $A \simeq 10{,}3$ m die Geschwindigkeit v_1 nur den Teil $(h_1) = A - h_1$ des Atmosphärendruckes übrig läßt, Fig. 30, einen negativen Wert von h_1 und das teilweise Vakuum h_1 erzeugt.

Im Grenzfall wird dann, wenn von der Wirkung der Verdampfungserscheinungen abgesehen wird, das ganze aus A verfügbare Arbeitsvermögen zur Bildung eines $v_{1(max)}$ bei $(h_1) = 0$ benutzt worden sein und die Gl. 97 geht dabei über in

$$(h_1) = 0 = h_L + h_2 + A - y - \frac{v_{1(max)}^2 - v_0^2}{2g} = h_2 + A - y - \frac{v_{1(max)}^2 - v_2^2}{2g} \quad . \; 98$$

Hieraus findet sich, vgl. Gl. 94,

$$v_{1(max)} = \sqrt{2g\left(\frac{v_0^2}{2g} + h_L + h_2 + A - y\right)} = \sqrt{2g\left(\frac{v_2^2}{2g} + h_2 + A - y\right)} \quad . \; . \; 99$$

oder vollständig nach den Gefäßverhältnissen ausgedrückt, vgl. Gl. 95,

$$v_{1(max)} = \sqrt{2g\left(\frac{n_0^2 h_L}{n_0^2 - 1} + h_2 + A - y\right)} \quad . \; . \; . \; . \; . \; . \; . \; . \; 100$$

Der hierzu erforderliche Wert von n_1 aber ergibt sich nach Gl. 88 und 100, vgl. Gl. 96, zu

$$n_{1(min)} = \frac{v_2}{v_{1(max)}} = n_0 \sqrt{\frac{h_L}{n_0^2 h_L + (h_2 + A - y)(n_0^2 - 1)}} \quad . \; . \; . \; . \; 101$$

Der größte Betrag von v_1, Gl. 100, zeigt sich also an sich unabhängig von dem Betrage von n_1, d. h. wenn die Verengung auch noch kleiner wird, als nach Gl. 101 für $(h_1) = 0$ verlangt, so kann $v_{1(max)}$ doch nicht noch weiter steigen.

Die sekundliche Wassermenge q, die für den absoluten Druck Null in f_1 durch die Leitung strömt, findet sich unter Benutzung der Gl. 100 und 101 zu

$$q = f_1 \cdot v_{1(max)} = n_{1(min)} \cdot f_2 \cdot v_{1(max)} = n_0 \cdot f_2 \sqrt{\frac{2g\,h_L}{n_0^2 - 1}}$$

wie vorher auch, d. h. auch bei dem Querschnitt $f_1 = n_{1(min)} \cdot f_2$ strömt für den ideellen Betrieb doch noch genau so viel Wasser durch die Leitung, als wenn f_1 größer geblieben wäre.

Es entscheiden für die Größe von q einfach der Austrittsquerschnitt f_2 und der Höhenunterschied $h_0 + h_g - h_2 = h_L$, sowie noch das Verhältnis der äußeren Querschnitte n_0; nicht aber die Maße des verengten Querschnittes $f_1 = n_1 \cdot f_2$, solange dieser gleich oder größer als $n_{1(min)}$ bleibt und solange ein langsamer stetiger Übergang von f_1 nach f_2 stattfindet.

Wird der Querschnitt f_1 aber noch kleiner gemacht, so behält $v_{1(max)}$ seine Größe bei und dann muß natürlich q abnehmen, auch v_0 und v_2 kleiner werden. Zwischen den Querschnitten f_1 und f_2 sind dann Wirbel unvermeidlich. Bis zu $(h_1) = 0$ und $v_1 = v_{1(max)}$ aber bleiben die Gl. 91 und 92 in Gültigkeit.

2. Gefäße mit geradliniger Achse und plötzlicher Querschnittserweiterung.

Beim stetigen Übergang nach dem vorhergehenden Abschnitt war nur der Gegendruck h_2 tätig, um die Wassergeschwindigkeit v_1 der engsten Stelle den allmählich wachsenden Querschnitten entsprechend auf v_2 stetig zu ermäßigen. Die Anordnung nach Fig. 31 unterscheidet sich hiervon. Der Wasserstrom von der Geschwindigkeit v_1 an engster Stelle prallt gegen die im plötzlich erweiterten Teil schließlich mit v_2 weiterströmenden Teilchen, eine Stoßgeschwindigkeit $v_1 - v_2$ stellt sich ein, und die entsprechende Höhe $\frac{(v_1 - v_2)^2}{2g}$ wird im Anschluß an die Borda-Carnotsche Rechnung als ein Verlust an Arbeitsvermögen anzusehen sein, das sich durch Wirbelungen in dem in Fig. 31 angedeuteten Raum betätigt und in Wärme übergehen wird. Die Höhe $\frac{v_0^2}{2g} + h_0 + h_g$ wird also hier für die Austrittsstelle „2" in drei Posten zerfallen, da aus dieser Gesamtenergiehöhe auch der Übergangsverlust $\frac{(v_1 - v_2)^2}{2g}$ bestritten werden muß. An die Stelle der Gl. 86 tritt demnach

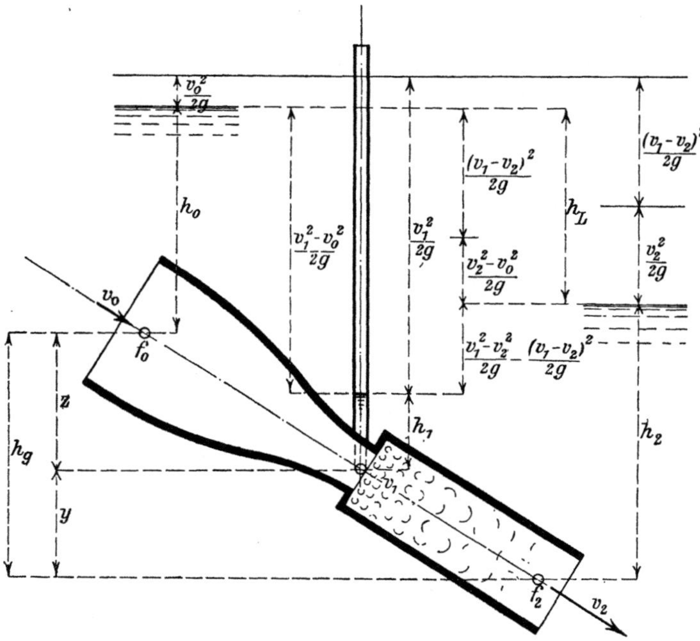

Fig. 31.

$$\frac{v_0^2}{2g} + h_0 + h_g = \frac{v_1^2}{2g} + h_1 + y = \frac{v_2^2}{2g} + h_2 + \frac{(v_1 - v_2)^2}{2g} \quad . \; . \; . \; . \; . \quad 102$$

Mit $f_0 = n_0 \cdot f_2$, $f_1 = n_1 \cdot f_2$ und $h_0 + h_g - h_2 = h_L$ erhalten wir hier, vgl. dagegen die Gl. 87, 88 und 89,

$$v_0 = \sqrt{\frac{2g h_L}{n_0^2 \left[1 + \left(\frac{n_1 - 1}{n_1}\right)^2\right] - 1}} \quad . \; . \; . \; . \; . \; . \; . \; . \quad 103$$

$$v_2 = n_0 \sqrt{\frac{2 g h_L}{n_0^2 \left[1 + \left(\frac{n_1 - 1}{n_1}\right)^2\right] - 1}} \qquad \text{104}$$

$$q = n_0 \cdot f_2 \sqrt{\frac{2 g h_L}{n_0^2 \left[1 + \left(\frac{n_1 - 1}{n_1}\right)^2\right] - 1}} \qquad \text{105}$$

woraus ersichtlich ist, daß, im Gegensatz zu vorher, der Querschnittsfaktor der Einschnürung, n_1, der durch den plötzlichen Übergang erzeugten Verluste halber, von vornherein auf die Durchflußverhältnisse Einfluß nimmt. Für die Geschwindigkeit v_1 ergibt sich dann der Betrag, vgl. Gl. 90

$$v_1 = \frac{v_2}{n_1} = \frac{n_0}{n_1} \sqrt{\frac{2 g h_L}{n_0^2 \left[1 + \left(\frac{n_1 - 1}{n_1}\right)^2\right] - 1}} \qquad \text{106}$$

Nach Fig. 31 findet sich die Druckhöhe h_1 als, vgl. Gl. 93

$$h_1 = h_0 + z - \frac{v_1^2 - v_0^2}{2g} = h_L + h_2 - y - \frac{v_1^2 - v_0^2}{2g} = h_2 - y - \frac{v_1^2 - v_2^2}{2g} + \frac{(v_1 - v_2)^2}{2g} \qquad \text{107}$$

Auch hier kann es vorkommen, daß durch entsprechende Verkleinerung des Querschnittes f_1, also von n_1, eine hydraulische Druckhöhe $h_1 = 0$ eintritt. Die dabei vorkommende Geschwindigkeit berechnet sich aus Gl. 107 einfach als

$$v_{1\,[h_1=0]}{}^{1)} = \sqrt{2g\left(\frac{v_0^2}{2g} + h_0 + z\right)} = \sqrt{2g\left(\frac{v_0^2}{2g} + h_L + h_2 - y\right)} \qquad \text{108}$$

oder in den Gefäßverhältnissen ausgedrückt, vgl. Gl. 95

$$v_{1\,[h_1=0]} = \sqrt{2g\left\{\frac{n_0^2 \left[1 + \left(\frac{n_1 - 1}{n_1}\right)^2\right] h_L}{n_0^2 \left[1 + \left(\frac{n_1 - 1}{n_1}\right)^2\right] - 1} + h_2 - y\right\}} \qquad \text{109}$$

Der entsprechende Wert von n_1 lautet, aus Gl. 107 mit $v_1 = \frac{v_2}{n_1}$ abgeleitet:

$$n_{1\,[h_1=0]} = \frac{1}{1 + \frac{h_L}{h_2 - y} - \sqrt{\left(\frac{h_L}{h_2 - y}\right)^2 - \frac{n_0^2 - 1}{n_0^2}}} \qquad \text{110}$$

Bei allmählichem Übergang von v_1 auf v_2 wäre nach Gl. 91 $\frac{v_1^2 - v_2^2}{2g}$ als zurückgebildete Druckhöhe anzusehen. Hier bei plötzlicher Querschnittserweiterung und schrägliegender Gefäßachse erniedrigt der Übergangsverlust von $\frac{(v_1 - v_2)^2}{2g}$ die zurückgebildete Druckhöhe, vgl. Fig. 31, auf

$$h_2 - (h_1 + y) = \frac{v_1^2 - v_2^2}{2g} - \frac{(v_1 - v_2)^2}{2g} \qquad \text{111}$$

Für wagrechte Gefäßachse, vgl. Gl. 92, kommt mit $y = 0$

$$h_2 - h_1 = \frac{v_1^2 - v_2^2}{2g} - \frac{(v_1 - v_2)^2}{2g} \qquad \text{112}$$

als die aus der Verzögerung von v_1 auf v_2 zurückgebildete Druckhöhe.

---

1) Die [ ] für plötzlichen, eckigen Übergang, im Gegensatz zu ( ) bei stetigem Übergang.

Auch hier ist mit $h_1 = 0$ die untere Grenze der Druckhöhen an der Einschnürungsstelle nicht erreicht, die Atmosphäre tritt ebenso helfend und zurückfordernd in Tätigkeit wie vorher auch.

In ganz gleicher Weise wie unter „1" betrachtet ergibt sich hier im Anschluß an Fig. 32 und für h_1 negativ (Saughöhe) die absolute Druckhöhe

$$[h_1] = A - h_1 = A + \frac{v_0^2}{2g} + h_L + h_2 - y - \frac{v_1^2}{2g} = \frac{(v_1 - v_2)^2}{2g} + A + \frac{v_2^2}{2g} + h_2 - y - \frac{v_1^2}{2g}$$

oder, vgl. Gl. 97

$$\left.\begin{aligned}[h_1] &= h_L + h_2 + A - y - \frac{v_1^2 - v_0^2}{2g} \\ &= h_2 + A - y - \frac{v_1^2 - v_2^2}{2g} + \frac{(v_1 - v_2)^2}{2g}\end{aligned}\right\} \quad \ldots\ldots 113$$

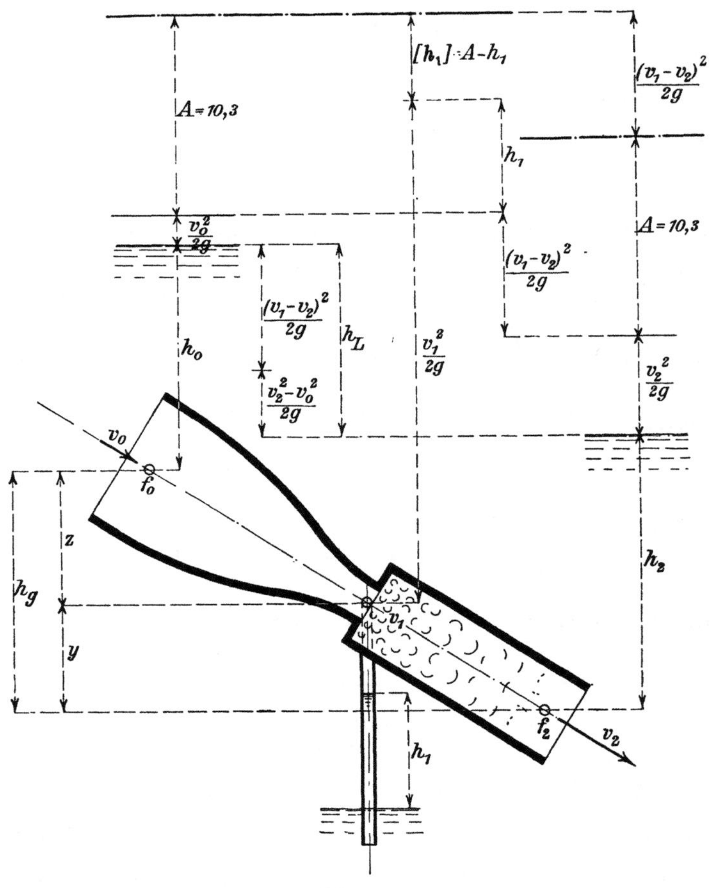

Fig. 32.

Für den Grenzfall, $[h_1] = 0$, ergibt sich daraus mit $v_{1\,[max]}$ statt v_1, vgl. Gl. 98

$$[h_1] = 0 = h_L + h_2 + A - y - \frac{v_{1\,[max]}^2 - v_0^2}{2g}$$

hieraus folgt für den plötzlichen Übergang, vgl. Gl. 99

$$v_{1\,[max]} = \sqrt{2g\left(\frac{v_0^2}{2g} + h_L + h_2 + A - y\right)} \quad \ldots\ldots\ldots 114$$

oder auch mit den Gefäßverhältnissen und Gl. 103, vgl. Gl. 100

$$v_{1[max]} = \sqrt{2g\left\{\frac{n_0^2\left[1+\left(\frac{n_1-1}{n_1}\right)^2\right]h_L}{n_0^2\left[1+\left(\frac{n_1-1}{n_1}\right)^2\right]-1}+h_2+A-y\right\}} \quad \ldots\ldots \mathbf{115}$$

ferner

$$n_{1[min]} = \frac{1}{1+\frac{h_L}{h_2+A-y}-\sqrt{\left(\frac{h_L}{h_2+A-y}\right)^2-\frac{n_0^2-1}{n_0^2}}} \quad \ldots\ldots \mathbf{116}$$

Die entsprechenden Gleichungen mit z an Stelle von y für $v_{1[h_1=0]}$, $n_{1[h_1=0]}$; $v_{1[max]}$, $n_{1[min]}$ könnten für stetigen und für plötzlichen Übergang einfach aus den vorstehenden Gleichungen mit $h_0+z=h_L+h_2-y$ erhalten werden.

Zur Erläuterung all dieser Rechnungen diene ein einfaches

Zahlenbeispiel.

Gegeben ein Gefäß mit kreisförmigen, in der Größe wechselnden Querschnitten, $f_0=10\,f_2$, der engste Querschnitt $f_1=n_1\cdot f_2$ einstweilen in seiner Größe noch unbestimmt.

Dazu $h_0=2{,}6$ m, $y=0{,}4$ m, $z=0{,}6$ m, $h_L=3{,}0$ m, $h_2=0{,}6$ m.

Zu „1." Gefäß mit stetigem Wechsel der Querschnitte. Für den ideellen Betrieb ergeben sich aus Gl. 87 und 88, unabhängig von $\overset{*}{n_1}$,

$$v_0=\sqrt{\frac{2g\cdot 3}{100-1}}=0{,}771 \text{ m/sk}; \qquad v_2=10\sqrt{\frac{2g\cdot 3}{100-1}}=7{,}71 \text{ m/sk}.$$

Der der hydraulischen Druckhöhe $h_1=0$ entsprechende Wert von n_1 stellt sich nach Gl. 96 auf

$$n_{1\,(h_1=0)}=10\sqrt{\frac{3}{100\cdot 3+(0{,}6-0{,}4)(100-1)}}=0{,}969$$

also schon bei einer derart geringen Einziehung des Drosselquerschnittes, gegenüber f_2, ist die hydraulische Druckhöhe verbraucht. Die zugehörige Geschwindigkeit v_1 in der Drosselstelle beträgt nach Gl. 95

$$v_{1\,(h_1=0)}=\sqrt{19{,}62\left(\frac{100\cdot 3}{100-1}+0{,}6-0{,}4\right)}=7{,}96 \text{ m/sk}.$$

Für eine stärkere Einziehung an der engsten Stelle finden sich die Größen von v_1 entsprechend den Werten $n_1=0{,}9$ usw. in der nachstehenden Tabelle vermerkt, dazu die Größen der Druckhöhen h_1 im Querschnitt f_1 nach Gl. 93, sie sind dem Vorhergesagten entsprechend bei $n_1<0{,}969$ negativ und nehmen ab bis auf $-10{,}3$ m, entsprechend der aus Gl. 101 errechneten Einschnürung von

$$n_{1\,(min)}=10\sqrt{\frac{3}{100\cdot 3+(0{,}6+10{,}3-0{,}4)(100-1)}}=0{,}473$$

Hierbei besteht die Geschwindigkeit nach Gl. 100

$$v_{1\,(max)}=\sqrt{19{,}62\left(\frac{100\cdot 3}{100-1}+0{,}6+10{,}3-0{,}4\right)}=16{,}30 \text{ m/sk}.$$

Die Rechnung zeigt, daß es gar keiner sehr übertriebenen Verschiebung der Verhältnisse bedarf, um $h_1=-10{,}3$ m, also $(h_1)=A-h_1=0$ zu erzielen.

In Wirklichkeit ändern sich die Geschwindigkeiten und Druckhöhen insofern um einiges, als sich eben Reibungsverluste usw. geltend machen.

Die noch weitergeführte Einschnürung, $n_1 = 0{,}4$ usw., ist nicht mehr imstande, die Wassergeschwindigkeit zu steigern, mithin finden sich unterhalb $n_1 = 0{,}473$ konstante Werte für v_1 und h_1 eingetragen, die Wassermenge nimmt aber natürlich in diesem Bereich entsprechend den kleineren Querschnitten $f_1 = n_1 \cdot f_2$ ab, während sie für $n > 0{,}473$ konstant war. Dies prägt sich in der vierten Kolonne der Tabelle in den Größen von v_2 aus. Die fünfte Kolonne enthält die Beträge der durch die Verlangsamung von v_1 auf v_2 rückgebildeten Druckhöhen $\frac{v_1^2 - v_2^2}{2g}$ (Gl. 91 und 92). Diese Rückbildung findet in Wirklichkeit nur bei ganz schlanken Übergängen von f_1 nach f_2 statt, und auch dabei treten wirbelnde Bewegungen auf. Es ist sehr leicht, Wasserteilchen in geordneter Weise durch Aufwendung von Druckhöhe zu beschleunigen (Düsen), die Verzögerung aber ist immer mit Wirbeln verbunden, weil die Teilchen ungemein beweglich und mit Erfolg bestrebt sind, dem Verzögerungs-Gegendruck auszuweichen. Unterhalb $n_1 = 0{,}473$ erscheint die Rückgewinnung überhaupt unsicher.

Stetiger Übergang					Plötzlicher Übergang						
n_1	v_1	h_1	v_2	$\frac{v_1^2-v_2^2}{2g}$	n_1	v_1	h_1	v_2	$\frac{v_1^2-v_2^2}{2g}$	$\frac{(v_1-v_2)^2}{2g}$	$\left\{\frac{v_1^2-v_2^2}{2g} - \frac{(v_1-v_2)^2}{2g}\right\}$
	m/sk	m	m/sk	m		m/sk	m	m/sk	m	m	m
0,969	7,96	0,00	7,71	0,20	0,968	7,96	0,00	7,71	0,20	0,00	0,20
0,9	8,57	— 0,51	7,71	0,71	0,9	8,52	— 0,47	7,66	0,71	0,04	0,67
0,8	9,64	— 1,50	7,71	1,70	0,8	9,35	— 1,23	7,48	1,61	0,18	1,43
0,7	11,01	— 2,94	7,71	3,14	0,7	10,11	— 1,99	7,08	2,66	0,47	2,19
0,6	12,85	— 5,20	7,71	5,40	0,6	10,65	— 2,58	6,39	3,71	0,93	2,78
0,5	15,42	— 8,90	7,71	9,10	0,5	10,88	— 2,82	5,44	4,53	1,51	3,02
0,473	16,30	— 10,30	7,71	10,50	—	—	—	—	—	—	—
0,4	16,30	— 10,30	6,52	—	0,4	10,65	— 2,58	4,26	4,86	2,08	2,78
0,3	16,30	— 10,30	4,88	—	0,3	10,08	— 1,97	3,02	4,71	2,54	2,17
0,2	16,30	— 10,30	3,26	—	0,2	9,31	— 1,21	1,86	4,24	2,83	1,41
0,1	16,30	— 10,30	1,63	—	0,1	8,47	— 0,46	0,85	3,62	2,96	0,66

Zu „2.“ Gefäß mit plötzlichem Querschnittswechsel. Der Querschnittsfaktor n_1, bei dessen Anwendung $h_1 = 0$ eintritt, findet sich hier nach Gl. 110 zu

$$n_{1\,[h_1=0]} = \frac{1}{1 + \frac{3}{0{,}6 - 0{,}4} - \sqrt{\left(\frac{3}{0{,}6-0{,}4}\right)^2 - \frac{100-1}{100}}} = 0{,}968$$

und der dazu gehörige Wert von v_2 nach Gl. 104. Der geringe Unterschied beider Werte $n_{1\,(h_1=0)}$ und $n_{1\,[h_1=0]}$ kommt für v_2 noch nicht zum Ausdruck, es ist

$$v_2 = 10 \sqrt{\frac{19{,}62 \cdot 3}{100\left[1 + \left(\frac{-0{,}03}{0{,}968}\right)^2\right] - 1}} = 7{,}71 \text{ m/sk}$$

ferner die Geschwindigkeit vor der plötzlichen Erweiterung

$$v_{1\,[h_1=0]} = \frac{7{,}71}{0{,}968} = 7{,}96 \text{ m/sk}$$

wie in der Tabelle, zweite Reihe, plötzlicher Übergang, eingetragen. Die Druckhöhe $\frac{v_1^2 - v_2^2}{2g}$ (fünfte Kolonne) kann hier, des Übergangsverlustes $\frac{(v_1 - v_2)^2}{2g}$ wegen, nicht vollständig zurückgebildet werden, letzterer ist in der sechsten Kolonne angeschrieben, und der Unterschied der beiden, die der Rechnung nach zurückzugewinnende Druckhöhe, findet sich in der siebenten Kolonne.

In ganz gleicher Weise sind den Werten $n_1 = 0,9$ usw. entsprechend die Zahlen ausgerechnet und eingetragen.

Bei gleichen Werten von n_1 fallen die Druckhöhen der Einschnürungsstelle für den stetigen Übergang $(h_1) = A - h_1$ wesentlich niederer aus als die $[h_1]$ beim plötzlichen, gleichzeitig zeigen die v_1 beim ersteren größere Werte.

Es ist ersichtlich, daß beim plötzlichen Übergang die Größe von v_1 bei ungefähr $n_1 = 0,5$ ein Maximum durchläuft, was auch durch Differentiation der Gl. 106 und Einsetzen von $n_0 = 10$ ermittelt werden kann.

Der stetige Übergang gestattet eben die volle Entlehnung aus der Atmosphäre, während der plötzliche Übergang, der Verluste wegen, keine so weitgehende Entwicklung der v_1 zuläßt.

Beiderlei Rechnungsergebnisse finden sich in Fig. 32a zeichnerisch verwertet. Auf der unteren Wagrechten sind von links nach rechts die Größen von n_1 auf-

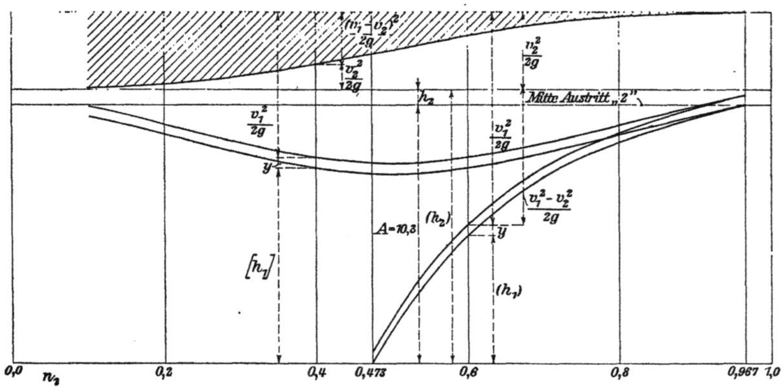

Fig. 32a.

getragen, nach aufwärts zählen die absoluten Druckhöhen. Diesen schließen sich für das Gefäß mit stetigem Übergang die Höhe y, dazu die $\frac{v_1^2 - v_2^2}{2g}$ an, wodurch jedesmal die Höhenlage des Unterwasserspiegels, h_2, über Mitte Austrittsstelle „2" erhalten wird. Über der Linie der h_2 liegt die Horizontale der $\frac{v_2^2}{2g}$ für stetigen Übergang. Von $n_1 = 0,967$ anfangend, senkt sich die Kurve der (h_1) bis sie in $n_1 = 0,473$ die Nullinie erreicht.

Für das Gefäß mit plötzlichem Übergang senken sich die Beträge von $[h_1]$ langsam ab, um nach Erreichen des Kleinstwertes bei $n_1 = 0,503$ wieder anzusteigen. Dabei bleiben die v_2 nicht wie beim stetigen Übergang gleich groß. Die Werte $\frac{v_2^2}{2g}$ werden hier durch eine Kurve über der h_2-Linie dargestellt, oberhalb dieser bildet die Verlusthöhe $\frac{(v_1 - v_2)^2}{2g}$ die Ergänzung bis zur Wagrechten der $\frac{v_2^2}{2g}$ des stetigen Überganges.

3. Gefäße mit gekrümmter Achse.[1]) Kreisendes Wasser.

Die Fig. 33 zeigt im Grundriß ein Gefäß mit teilweise gekrümmter, aber durchweg wagrechter Achse, mit stetig ineinander übergehenden Querschnitten, dazu im Aufriß die Gefäßachse in die Aufrißebene abgewickelt.

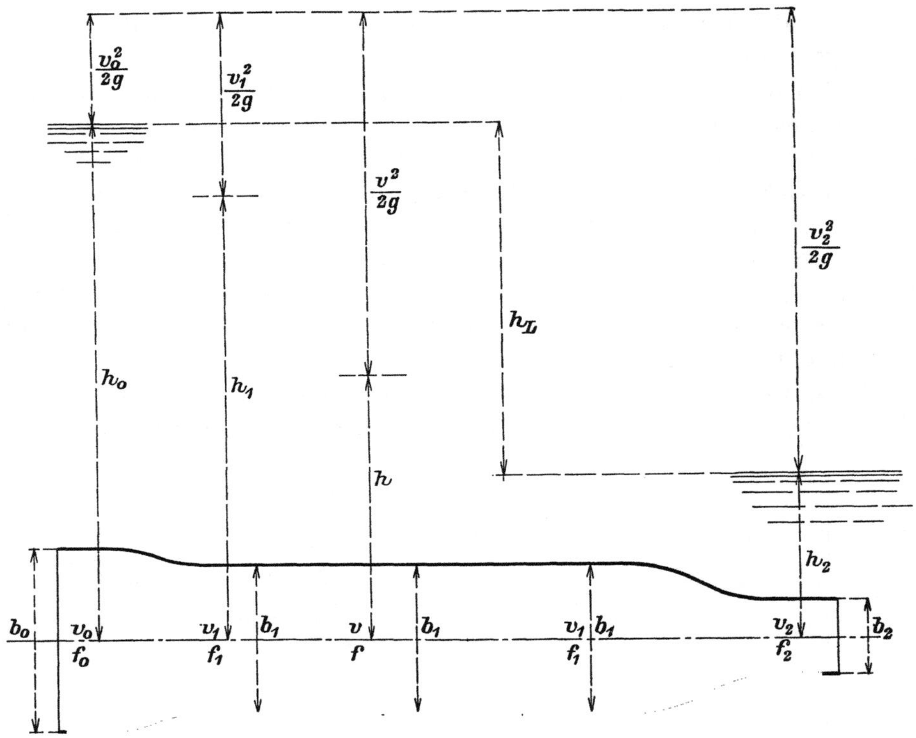

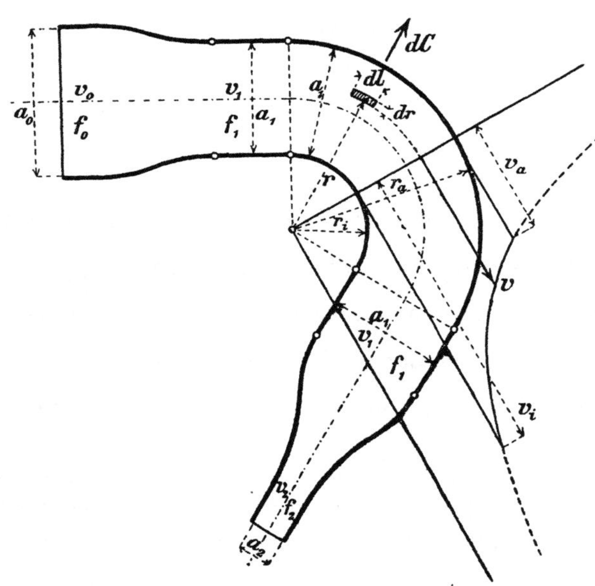

Fig. 33.

Das Gefäß beginnt mit einer unter der Wasserdruckhöhe h_0 stehenden, geraden Strecke, Querschnitt $f_0 = n_0 \cdot f_2$ von beliebiger Gestalt, der nach einiger Zeit allmählich in eine geradlinige Strecke von rechteckigem Querschnitt $f_1 = a_1 \cdot b_1 = n_1 \cdot f_2$ übergeht. Dann krümmt sich das Gefäß kreisförmig unter Beibehaltung der rechteckigen Querschnittsform und Querschnittsmaße, um nachher wieder in ein geradachsiges Stück gleicher Querschnittsform und Größe überzugehen, das schließlich mit einem kleineren, in wirbel-

---

1) Als erster veröffentlichte Isaachsen im „Zivilingenieur“ Jahrg. 1886 S. 338 und 1896 S. 352 sehr anregende Studien hierüber, während Kankelwitz (Stuttgart) schon Mitte der 70er Jahre vor. Jahrh. den Gegenstand in seinen Vorträgen behandelte.

freiem Übergang erreichten Mündungsquerschnitt f_2, äußere Wasserdruckhöhe h_2, aufhört. Die Druckhöhen und Geschwindigkeiten, soweit es sich um die geraden Strecken handelt, sind aus der Figur zu ersehen, die Buchstaben entsprechen meist den seitherigen Bezeichnungen. Der Index 1 bezieht sich auf die Größen der geraden Strecke $f_1 = a_1 \cdot b_1$, und findet sich auch in der gekrümmten Strecke bei den, beiden Strecken gemeinschaftlichen, Maßen wie a_1 usw. Die Betrachtung hat sich mit der rechnungsmäßigen Feststellung der Geschwindigkeits- und Druckverhältnisse in dem gekrümmten Teile zu beschäftigen, unter der Voraussetzung, daß eine Änderung des Energiebetrages weder nach außen durch Abgabe von Arbeit, noch nach innen durch Reibungsverluste, Wirbel usw. stattfindet. Diese Voraussetzung gestattet, von den in Wirklichkeit stets vorhandenen Querströmungen abzusehen, ohne die sich die tatsächliche Ablenkung nicht vollziehen kann.

I. Geschwindigkeiten, Wasserdruckhöhen und normale Kontinuität.

In dem gekrümmten Teile des Rohrstückes werden sich die Geschwindigkeiten v und die Druckhöhen h in verschiedenen Radien nach einstweilen unbekanntem Gesetze ändern.

Ist h die Druckhöhe in der Gefäßachse für den beliebigen Krümmungsradius r, dabei v die zugehörige Geschwindigkeit an der gleichen Stelle, so kann, da keine Arbeit verloren geht und keine hinzu kommt, außerdem h_g hier Null ist, geschrieben werden

$$\frac{v_0^2}{2g} + h_0 = \frac{v_1^2}{2g} + h_1 = \frac{v^2}{2g} + h = \frac{v_2^2}{2g} + h_2 \quad \ldots \ldots \quad 117$$

Wir erhalten, wie früher entwickelt,

$$v_0 = \sqrt{\frac{2g h_L}{n_0^2 - 1}} = \sqrt{2g \frac{h_0 - h_2}{n_0^2 - 1}}; \qquad v_2 = n_0 \sqrt{2g \frac{h_L}{n_0^2 - 1}} \quad \ldots \quad 118$$

ferner v_1 im geraden Teile als

$$v_1 = \frac{v_2}{n_1} = \frac{n_0}{n_1} \sqrt{\frac{2g h_L}{n_0^2 - 1}} = \frac{n_0}{n_1} \sqrt{2g \frac{h_0 - h_2}{n_0^2 - 1}} \quad \ldots \ldots \quad 119$$

Für die geraden Gefäßteile lautet hier die Kontinuitätsgleichung

$$q = f_0 \cdot v_0 = f_1 \cdot v_1 = a_1 \cdot b_1 \cdot v_1 = f_2 \cdot v_2 \quad \ldots \ldots \quad 120$$

während für die gekrümmte Strecke, die zwar konstante Breite b_1 besitzt, aber veränderliche Größen von v zeigen wird, einstweilen nur geschrieben werden kann:

$$q = b_1 \int_{r_i}^{r_a} v \cdot dr \quad \ldots \ldots \quad 121$$

Aus der Vereinigung beider Kontinuitätsgleichungen folgt

$$\int_{r_i}^{r_a} v \cdot dr = a_1 \cdot v_1 = a_1 \frac{n_0}{n_1} \sqrt{2g \frac{h_0 - h_2}{n_0^2 - 1}} \quad \ldots \ldots \quad 122$$

II. Gesetz der Änderung von v und h im gekrümmten Teile.

Das gekrümmte Rohr zwingt die Wasserteilchen durch Ablenkung von der geraden Bahn zu einer kreisenden Bewegung um den Mittelpunkt der Krümmung, die jedoch nicht als Rotation mit gleicher Winkelgeschwindigkeit für alle Wasserteilchen aufzufassen ist, wie sich im Nachstehenden ergeben wird.

Solange die Wasserteilchen die kreisförmige Bahn durchlaufen, entwickeln sie Zentrifugalkräfte, welche, gegen die äußeren Wasserschichten drückend, ein stetiges

Zunehmen des Druckes von innen nach außen ergeben müssen. Da nun eine Vermehrung des Druckes unter Beibehaltung der früheren Geschwindigkeit gleichbedeutend wäre mit einer Vermehrung des Arbeitsvermögens, da andererseits dieses Arbeitsvermögen keinerlei Zuwachs aus äußeren Quellen erhalten kann, so wird die Zunahme der Druckhöhe bloß zur Folge haben können, daß die Geschwindigkeit an der betreffenden Stelle abnimmt. Gegen außen wird also in den konzentrischen Wasserschichten der Druck zunehmen, die Geschwindigkeit aber entsprechend kleiner werden müssen.[1]) (Vgl. die Gl. 117, Fig. 33.)

Jedenfalls vollzieht sich der Übergang von gleichmäßigem Druck und gleichmäßiger Geschwindigkeit in den eben geschilderten Zustand des „kreisenden Wassers" und umgekehrt nicht plötzlich, da dies durch das Beharrungsvermögen der einzelnen Wasserteilchen ausgeschlossen wird. Wir betrachten die Verhältnisse an einer Stelle, an der wir die Umbildung als erfolgt, die Bahnen der Wasserteilchen als kreisförmig, annehmen.

Die Zentrifugalkraft dC eines in der Kreisringschicht vom Radius r befindlichen, unendlich kleinen Wasserteilchens, Masse dm, Geschwindigkeit v, ist

$$dC = dm\frac{v^2}{r}$$

Nun ist, vgl. Fig. 33

$$dm = \frac{b_1 \cdot dl \cdot dr \cdot \gamma}{g}$$

also

$$dC = b_1 \cdot dl \cdot \gamma \cdot \frac{v^2}{g} \cdot \frac{dr}{r}$$

Die von dem Wasserteilchen erzeugte Zentrifugalkraft dC drückt gegen außen auf die Fläche $b_1 \cdot dl$, erzeugt also auf die Flächeneinheit die Pressungsvermehrung in Meter Wassersäule vom Betrage

$$dh = \frac{dC}{b_1 \cdot dl} \cdot \frac{1}{\gamma} = \frac{v^2}{g} \cdot \frac{dr}{r} \qquad 123$$

Dies umgeformt ergibt

$$g\frac{dh}{v^2} = \frac{dr}{r} \qquad 124$$

Nun ist nach Gl. 117 (Mittelglieder) allgemein

$$v^2 = 2g\left(h_1 + \frac{v_1^2}{2g} - h\right) \qquad 125$$

also findet sich aus Gl. 124

$$\frac{dh}{h_1 + \frac{v_1^2}{2g} - h} = 2\frac{dr}{r} \qquad 126$$

Bedeutet h_i die im Umkreise des Innenradius r_i herrschende Druckhöhe in Meter Wassersäule, so liefert die Integration der vorstehenden Gleichung in den Grenzen h_i und h bzw. r_i und r:

$$\ln\frac{h_1 + \frac{v_1^2}{2g} - h_i}{h_1 + \frac{v_1^2}{2g} - h} = \ln\left(\frac{r}{r_i}\right)^2 = 2 \cdot \ln\frac{r}{r_i} \qquad 127$$

[1]) Eine Erklärung kann auch darin gefunden werden, daß zweifellos im gekrümmten Teile gegen außen wachsende Drucke bestehen, und daß das aus dem geraden Teil kommende Wasser außen gegen größere Druckhöhen anzukämpfen hat als innen, mithin mehr verzögert werden muß.

oder auch

$$\frac{h_1+\frac{v_1^2}{2g}-h_i}{h_1+\frac{v_1^2}{2g}-h}=\frac{r^2}{r_i^2}$$

woraus sich nach kurzer Umformung für die Druckhöhe im Radius r ergibt

$$h=h_1+\frac{v_1^2}{2g}-\frac{r_i^2}{r^2}\left(h_1+\frac{v_1^2}{2g}-h_i\right) \quad \ldots\ldots\ldots \quad 128$$

Aus Gl. 117 (Mittelglieder), die über den ganzen Wasserquerschnitt Gültigkeit hat, finden wir

$$h=h_1+\frac{v_1^2}{2g}-\frac{v^2}{2g} \quad \ldots\ldots\ldots \quad 129$$

und aus dem Gleichsetzen beider Werte von h ergibt sich

$$v\cdot r=r_i\sqrt{2g\left(h_1+\frac{v_1^2}{2g}-h_i\right)} \quad \ldots\ldots\ldots \quad 130$$

Da die Größen unter dem Wurzelzeichen für ein gegebenes Gefäß konstant sind, so folgt hieraus das Gesetz der v als

$$v\cdot r=\text{Konst} \quad \ldots\ldots\ldots \quad 131$$

worin aber der Wert der Konstanten noch zu bestimmen ist. Hierzu dient die aus der Kontinuitätsgleichung erhaltene Gl. 122, in die die Größe von v nach Gl. 130 einzusetzen ist. Wir erhalten

$$a_1\cdot v_1=r_i\sqrt{2g\left(h_1+\frac{v_1^2}{2g}-h_i\right)}\int_{r_i}^{r_a}\frac{dr}{r} \quad \ldots\ldots\ldots \quad 132$$

und nach ausgeführter Integration

$$a_1\cdot v_1=r_i\sqrt{2g\left(h_1+\frac{v_1^2}{2g}-h_i\right)}\cdot\ln\frac{r_a}{r_i} \quad \ldots\ldots\ldots \quad 133$$

woraus sich h_i bestimmen läßt. Vorher aber sei (im Gegensatz zur I. Aufl.)

$$r_i=\varrho\cdot a_1 \quad \ldots\ldots\ldots \quad 134$$

also der innere Krümmungsradius gleich einem Vielfachen der radial gemessenen Krümmerweite eingeführt. Dies bedeutet auch, daß der äußere Radius

$$r_a=r_i+a_1=a_1\,(1+\varrho) \quad \ldots\ldots\ldots \quad 135$$

und daß

$$\frac{r_a}{r_i}=\frac{1+\varrho}{\varrho} \quad \ldots\ldots\ldots \quad 136$$

Nach Einsetzen dieser Größen und Umformung ergibt sich aus Gl. 133

$$h_i=h_1+\frac{v_1^2}{2g}\left[1-\frac{1}{\left(\varrho\ln\frac{1+\varrho}{\varrho}\right)^2}\right] \quad \ldots\ldots\ldots \quad 137$$

Dies in Gl. 128 eingeführt, liefert allgemein für die Druckhöhe h im Radius r:

$$h=h_1+\frac{v_1^2}{2g}\left[1-\frac{a_1^2}{\left(r\ln\frac{1+\varrho}{\varrho}\right)^2}\right] \quad \ldots\ldots\ldots \quad 138$$

was für $r=r_i$ ohne weiteres in Gl. 137 übergeht.

Die Gl. 130 ergibt mit h_i nach Gl. 137 einfach

$$v = v_1 \frac{a_1}{r} \cdot \frac{1}{\ln \frac{1+\varrho}{\varrho}} = \frac{r_i}{r} \cdot \frac{v_1}{\varrho \ln \frac{1+\varrho}{\varrho}} \quad \ldots \ldots \ldots \quad 139$$

also

$$v \cdot r = v_1 \frac{a_1}{\ln \frac{1+\varrho}{\varrho}} = \text{Konst} \quad \ldots \ldots \ldots \quad 140$$

Die Konstante der Gl. 131 hat also den Wert

$$v_1 \frac{a_1}{\ln \frac{1+\varrho}{\varrho}} \quad \text{oder auch} = v_1 \cdot r_1 \quad \ldots \ldots \ldots \quad 141$$

worin

$$r_1 = \frac{a_1}{\ln \frac{1+\varrho}{\varrho}} = \frac{a_1}{\ln \frac{r_a}{r_i}} \quad \ldots \ldots \ldots \quad 142$$

Dies bedeutet den Radius, in dem die vorher im geraden Rohrstück, Querschnitt f_1, stattgehabte Geschwindigkeit v_1 im gekrümmten Teile zu finden ist, und der als „neutraler Radius" bezeichnet werden mag.

An dieser Stelle muß dann, wegen

$$\frac{v_1^2}{2g} + h_1 = \frac{v^2}{2g} + h$$

die Druckhöhe h_1 vorhanden sein.

Allgemein gilt dann $$v \cdot r = v_1 \cdot r_1 \quad \ldots \ldots \ldots \quad 143$$

Speziell für die Innenseite des Krümmers gilt nach Gl. 140 mit $r = r_i$

$$v_i = \frac{v_1}{\varrho \ln \frac{1+\varrho}{\varrho}} \quad \ldots \ldots \ldots \quad 144$$

Die Größen von v ändern sich umgekehrt proportional den Krümmungsradien, d. h. die zeichnerische Darstellung der Geschwindigkeiten in Beziehung auf die jeweiligen Krümmungsradien besteht in einer gleichseitigen Hyperbel, deren Asymptoten durch zwei senkrecht zueinander stehende Radien des Krümmers gebildet werden, Fig. 33.

Gegen innen zu bestehen also größere Geschwindigkeiten, als sie aus den äußeren Druck- und Querschnittsverhältnissen sich ergeben würden, und die sich nach Umständen weit über den Betrag von v_2 steigern können.

Die Gl. 138 kann mit r_1 nach Gl. 142 auch geschrieben werden

$$h = h_1 + \frac{v_1^2}{2g}\left[1 - \frac{r_1^2}{r^2}\right] \quad \ldots \ldots \ldots \quad 145$$

eine Form, die sich ohne weiteres für die Kontrolle bei Beobachtungen eignet; die Einflüsse der Wandreibung werden jedoch die Beobachtungswerte entsprechend beeinflussen.

Die Rechnung lehrt, daß sich r_1 nicht viel vom mittleren Krümmungsradius $r_m = r_i + \frac{a_1}{2} = a_1\left(\varrho + \frac{1}{2}\right)$ unterscheidet. Für einige Werte von ϱ, wie sie für die Praxis in Betracht kommen, ergibt sich folgende Übersicht:

ϱ	$r_i = \varrho \cdot a_1$	$r_m = \left(\varrho + \frac{1}{2}\right) a_1$	$r_1 = \frac{a_1}{\ln \frac{1+\varrho}{\varrho}}$
10,0	$10{,}0\, a_1$	$10{,}5\, a_1$	$10{,}49\, a_1$
2,0	$2{,}0\, a_1$	$2{,}5\, a_1$	$2{,}466\, a_1$
1,0	$1{,}0\, a_1$	$1{,}5\, a_1$	$1{,}443\, a_1$
0,5	$0{,}5\, a_1$	$1{,}0\, a_1$	$0{,}910\, a_1$

Nachdem das Gesetz für die Änderung der v entwickelt ist, muß die Wassermenge, welche durch das gekrümmte Stück zu fließen vermag, auch rechnungsmäßig kontrolliert werden. Es ist nach Gl. 121

$$q = b_1 \int_{r_i}^{r_a} v \cdot dr \quad \ldots \ldots \ldots \ldots \quad (121)$$

und mit v nach Gl. 139 berechnet sich die Wassermenge zwischen $r_i = \varrho \cdot a_1$ und $r_a = a_1 (1 + \varrho)$ zu

$$q = \frac{1}{\varrho \ln \frac{1+\varrho}{\varrho}} b_1 \cdot r_i \cdot v_1 \int_{r_i}^{r_a} \frac{dr}{r} = \frac{r_i}{\varrho} b_1 \cdot v_1 = a_1 \cdot b_1 \cdot v_1 \quad \ldots \ldots \quad 146$$

Also wie früher, so daß die Übereinstimmung mit der durch f_0, f_1 und f_2 fließenden Wassermenge (normale Kontinuität) gewahrt ist.

Der Ausdruck für q läßt sich auch noch etwas anders schreiben. Es ist nach Gl. 144

$$v_1 = v_i \cdot \varrho \ln \frac{1+\varrho}{\varrho} \quad \ldots \ldots \ldots \ldots \quad 147$$

Dies in Gl. 146 eingesetzt, liefert

$$q = a_1 \cdot b_1 \cdot v_i \cdot \varrho \ln \frac{1+\varrho}{\varrho} = r_i \cdot b_1 \cdot v_i \cdot \ln \frac{1+\varrho}{\varrho} \quad \ldots \ldots \quad 148$$

III. Schichten gleicher Teilwassermengen.

Für die gerade Rohrstrecke war v_1 als konstant über den ganzen Querschnitt angenommen; durch m gleichgroße Teile der Querschnittsweite a_1, durch $\frac{a_1}{m}$, Fig. 34, fließt dort jeweils die gleiche Teilwassermenge $\frac{q}{m}$.

Da in der gekrümmten Strecke die v von innen gegen außen abnehmen, so beansprucht die gleiche Teilwassermenge $\frac{q}{m}$ in den Außenstrecken des Krümmers einen größeren Querschnittsanteil, einen größeren Bruchteil von a_1, als dies gegen innen zu der Fall ist. Von Interesse für spätere Rechnungen ist die Bestimmung dieser Querschnittsteile für die in der Nähe des Krümmerscheitels konzentrisch verlaufenden Schichten von voller Breite b_1, also die Ermittlung der Teilstärken $r_{II} - r_I$, $r_{III} - r_{II}$ usw., Fig. 34, für die sich die Beziehungen leicht aus dem Vorhergehenden ergeben.

Wenn der $m$te Teil der Wassermenge zwischen den Radien $r_i = r_I$ und r_{II} durchfließt, so gilt im Anschluß an Gl. 120 und 121

$$\frac{q}{m} = \frac{a_1 \cdot b_1 \cdot v_1}{m} = b_1 \int_{r_I}^{r_{II}} v \cdot dr \quad \ldots \ldots \ldots \ldots \quad 149$$

Hierin $v = \frac{v_1 \cdot r_1}{r}$ und der neutrale Radius r_1 nach Gl. 142 eingeführt, ergibt

$$\frac{1}{m} \ln \frac{r_a}{r_i} = \int_{r_I}^{r_{II}} \frac{dr}{r} = \ln \frac{r_{II}}{r_I}$$

oder auch

$$r_I = r_{II} \sqrt[m]{\frac{r_i}{r_a}} \quad \ldots \ldots \ldots \ldots \quad 150$$

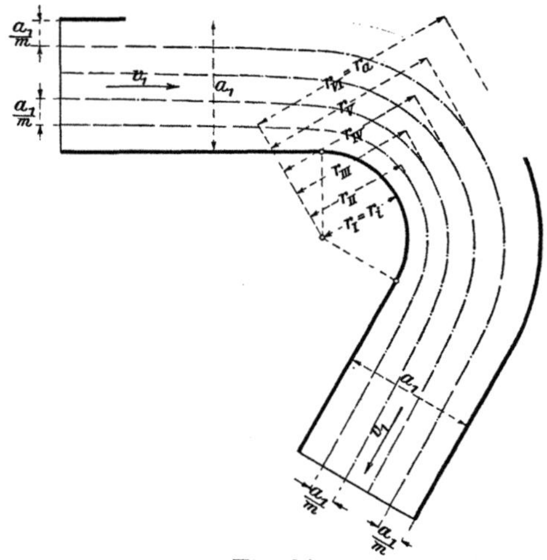

Fig. 34.

Für die Strecke zwischen r_{II} und r_{III} findet sich mit den entsprechenden Integrationsgrenzen ohne weiteres

$$r_{II} = r_{III} \sqrt[m]{\frac{r_i}{r_a}} \text{ usf.} \ldots \quad 151$$

Mithin kann mit $r_m = r_a$ angeschrieben werden

$$\left.\begin{aligned} r_m &= r_{m+1} \sqrt[m]{\frac{r_i}{r_a}} = r_a \\ &\ldots\ldots\ldots\ldots \\ r_{III} &= r_{IV} \sqrt[m]{\frac{r_i}{r_a}} \\ r_{II} &= r_{III} \sqrt[m]{\frac{r_i}{r_a}} \\ r_I &= r_{II} \sqrt[m]{\frac{r_i}{r_a}} = r_i \end{aligned}\right\} \quad \ldots 151\,\text{a}$$

und die Entfernungen der Schichten I, II usw. voneinander finden sich einfach aus $r_{II} - r_I$, $r_{III} - r_{II}$ usf. Die Differenz $r_m - r_I$ folgt aus obigen Ausdrücken direkt als $r_a - r_i = a_1$ wie erforderlich.

Ein einfaches Zahlenbeispiel, den Abmessungen der Fig. 34 entsprechend, zeigt folgendes:

$$a_1 = 0{,}15 \text{ m}, \quad r_a = r_{VI} = 0{,}25 \text{ m}, \quad \text{also} \quad r_i = r_I = 0{,}10 \text{ m}.$$

(Normale Kontinuität sei vorhanden, vergleiche später S. 46.)

Es finden sich für $m = 5$, d. h. für Schichtentfernungen, die jeweils $^1/_5$ der Wassermenge entsprechen:

Radien:	Schichtstärken:
$r_{VI} = r_a = 0{,}250$ m	
	$r_{VI} - r_V = 0{,}042$ m
$r_V = 0{,}250 \sqrt[5]{\frac{0{,}10}{0{,}25}} = 0{,}208$ m	
	$r_V - r_{IV} = 0{,}035$ m
$r_{IV} = 0{,}208 \sqrt[5]{\frac{0{,}10}{0{,}25}} = 0{,}173$ m	
	$r_{IV} - r_{III} = 0{,}029$ m
$r_{III} = 0{,}173 \sqrt[5]{\frac{0{,}10}{0{,}25}} = 0{,}144$ m	
	$r_{III} - r_{II} = 0{,}024$ m
$r_{II} = 0{,}144 \sqrt[5]{\frac{0{,}10}{0{,}25}} = 0{,}120$ m	
	$r_{II} - r_I = 0{,}020$ m
$r_I = 0{,}120 \sqrt[5]{\frac{0{,}10}{0{,}25}} = 0{,}100 \text{ m} = r_i$	
	Summe: $a_1 = 0{,}150$ m

Die Zahlen zeigen, daß Wasserteilchen, die in gerader Strecke um $\frac{a_1}{5} = 0{,}03$ m gleichweit voneinander geflossen sind, beim Durcheilen der gekrümmten Strecken in Entfernungen zwischen 20 und 42 mm ihre Wege ziehen.

Nun haben die Wasserteilchen Masse, Beharrungsvermögen, und deshalb werden deren Bahnen nicht plötzlich aus dem gleichmäßigen Abstand von 0,03 m in die ungleichmäßigen Entfernungen der Rechnung übergehen können. Versuche zeigen, daß der Übergang der Bahnen, der sog. Stromlinien, aus der geraden Linie nach den Kreisbahnen schon lange vor dem Beginn der Krümmung langsam einsetzt[1]), daß er erst nach Durchlaufen von etwa 90° Ablenkung beendet ist und daß auch wieder als Folge der Massenträgheit der an sich so leicht beweglichen Wasserteilchen der Übergang aus der gekrümmten in die anschließende gerade Strecke nicht eben so stetig erfolgt, als es beim Eintritt aus der geraden in die gekrümmte Strecke der Fall war. Die Stromlinien vor und hinter der Krümmung sind nicht symmetrisch. Und wenn die Krümmung nur verhältnismäßig kleine Zentriwinkel umfaßt, wird der Fall eintreten, daß die Schichtenbildung, der Stromlinienverlauf überhaupt gar nicht zur vollen Ausbildung kommt, daß die Ablenkung durchlaufen ist, ehe die v und h infolge der Massenträgheit bis zu der unter „II“ gezeigten Entwicklung gekommen sind.

IV. Die Grenzen der normalen Kontinuität.

Auch hier können, ähnlich wie bei der Verengung des geradlinigen Rohres (voriger Abschnitt), Maßverhältnisse vorhanden sein, die, der gekrümmten Stelle wegen, eine Grenze für das Bestehen der normalen Kontinuität bilden. Es ist dabei gar nicht in erster Linie etwa der Umstand ins Auge zu fassen, daß der Querschnitt f_1 an der gekrümmten, kritischen, Stelle des Rohres kleiner sein müsse als der Austrittsquerschnitt f_2.

Rechnet man die Größen von v gemäß Gl. 119 und 139 für verschiedene r eines gegebenen rechteckigen, horizontal liegenden Krümmers aus, so ergibt sich, wie schon bemerkt, die Verteilung der Geschwindigkeiten v als Stück einer gleichseitigen Hyperbel, Fig. 33. Aus den verschiedenen Größen von $\frac{v^2}{2g}$ folgt die Darstellung der jeweils zur Erzeugung von v verbrauchten Abschnitte von $h_0 + \frac{v_0^2}{2g} = h_1 + \frac{v_1^2}{2g}$, wie sie Fig. 35 über dem Krümmerquerschnitt und von der oberen Begrenzung aus gerechnet zeigt. Die Beträge von h werden an jeder Stelle durch das betreffende $\frac{v^2}{2g}$ zur Höhe von zusammen $h_0 + \frac{v_0^2}{2g}$ ergänzt.

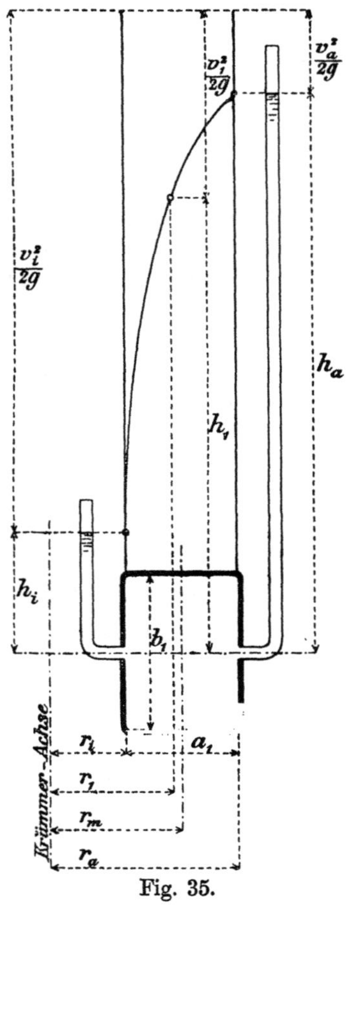

Fig. 35.

Gl. 140 enthält rechnungsmäßig und für sich allein betrachtet keine durch r gegebenen Grenzen

[1]) Bei geradliniger Zuführung von unter Druck stehendem Wasser zu einem Krümmer zeigte sich bei Geschwindigkeiten von 2 m/sk in einem durchweg rechteckigen Querschnitt schon ein Abschwenken der Stromlinien, also eine Änderung in der Verteilung der Geschwindigkeiten über den Querschnitt, einen vollen Meter vor Beginn der Krümmung, die 0,3 m Außenradius, 0,1 m Innenradius besaß.

für v, denn mit abnehmendem r wird v wachsen, bis bei $r=0$ $v=\infty$ sein müßte.

Bis zu welchem Betrage aber v am Innenradius, als v_i, überhaupt ideell anwachsen kann, ergibt sich aus der Erwägung, daß zur Erzeugung von v_i nur die im Einzelfalle unveränderliche Energiehöhe $\frac{v_1^2}{2g}+h_1$ zuzüglich der Entlehnung von Energie aus dem Druck der Atmosphäre (wie schon S. 28 geschildert) $A \cong 10{,}3$ m zur Verfügung ist. Der Höchstwert von v wird also eintreten wenn, wie vorher, der absolute Druck $(h)=A-h=0$ geworden ist, d. h. es wird v_{max} überhaupt:

$$v_{max}=\sqrt{2g\left(h_0+\frac{v_0^2}{2g}+A\right)}=\sqrt{2g\left(h_1+\frac{v_1^2}{2g}+A\right)}$$

oder nach Einführen von $v_0=\sqrt{\frac{2g\,(h_0-h_2)}{n_0^2-1}}$, Gl. 118,

$$v_{max}=\sqrt{2g\left(\frac{n_0^2\,h_0-h_2}{n_0^2-1}+A\right)} \quad \dots\dots\dots\dots 152$$

Aus Gl. 140 folgt, wenn der, v_{max} und $(h)=A-h=0$ entsprechende, Radius mit r_0 bezeichnet wird

$$v_{max}\cdot r_0=v_1\cdot r_1=v_1\,\frac{a_1}{\ln\frac{1+\varrho}{\varrho}}$$

woraus

$$r_0=\frac{v_1\cdot r_1}{v_{max}}=\frac{v_1}{v_{max}}\cdot\frac{a_1}{\ln\frac{1+\varrho}{\varrho}} \quad \dots\dots\dots\dots 153$$

oder mit v_{max} nach Gl. 152 und v_1 nach Gl. 119:

$$r_0=\frac{a_1}{\ln\frac{1+\varrho}{\varrho}}\cdot\frac{n_0}{n_1}\sqrt{\frac{h_0-h_2}{n_0^2\,h_0-h_2+(n_0^2-1)\,A}} \quad \dots\dots 154$$

d. h. unter gegebenen Verhältnissen liegt jeweils v_{max}, der rechnungsmäßige Anfangspunkt der Geschwindigkeitshyperbel, in ganz bestimmtem Abstande r_0 von der Krümmungsachse.[1]) Die Größe von v_{max} hängt nur von h_0, h_L und n_0 ab, da-

[1]) Wenn ein Versuchskanal aus einem großen Behälter gespeist wird, ist der Einlaufquerschnitt f_0 und damit die Größe von n_0, d. h. der Teil des Oberwasserbehälters, der mit gleicher Geschwindigkeit v_0 vom Wasser durchströmt wird, schwer bestimmbar. Hier erscheint es zweckmäßig, die Gleichungen mit n_0 so zu fassen, daß dadurch nach Umständen eine gewisse Übersichtlichkeit geschaffen ist.

So kann z. B. die Gl. 154 auch geschrieben werden

$$r_0=\frac{a_1}{\ln\frac{1+\varrho}{\varrho}}\cdot\frac{1}{n_1}\sqrt{\frac{h_0-h_2}{h_0-\frac{h_2}{n_0^2}+A\left(1-\frac{1}{n_0^2}\right)}} \quad \dots\dots\dots 154\text{a}$$

Da in diesen Fällen n_0 gegenüber n_1 fast immer einen großen Wert hat, so vereinfacht sich mit Rücksicht hierauf die Gleichung, $\frac{1}{n_0^2}$ angenähert gleich Null gesetzt, auf

$$r_0=\frac{a_1}{\ln\frac{1+\varrho}{\varrho}}\cdot\frac{1}{n_1}\sqrt{\frac{h_0-h_2}{h_0+A-\frac{h_2}{n_0^2}}} \quad \dots\dots\dots\dots 154\text{b}$$

Bei kleinen Werten von h_2 und großen Werten von n_0 und da $h_0-h_2=h_L$, kann dann annäherungsweise diese Gleichung noch geschrieben werden

$$r_0=\frac{a_1}{\ln\frac{1+\varrho}{\varrho}}\cdot\frac{1}{n_1}\sqrt{\frac{h_L}{h_0+A}} \quad \dots\dots\dots\dots 154\text{c}$$

gegen haben auf die Lage von v_{max}, auf r_0, nicht nur diese Größen, sondern auch, neben n_1, $h_L = h_0 - h_2$ die Größe des inneren Krümmungsradius r_i und deren Verhältnis zu a_1 Einfluß. Bei gleichbleibendem Krümmungsquerschnitt (in a_1 und b_1) ändert sich r_0, d. h. die Lage von v_{max} zum Krümmer selbst, mit jedem anderen inneren Krümmungsradius r_i, derart, daß die Hyperbel nicht nur den Ort, sondern auch ihren Parameter ändert, also auch ihre Gestalt verschiebt, obgleich sich v_{max} stets gleich bleibt, vgl. Fig. 36 bis 38.

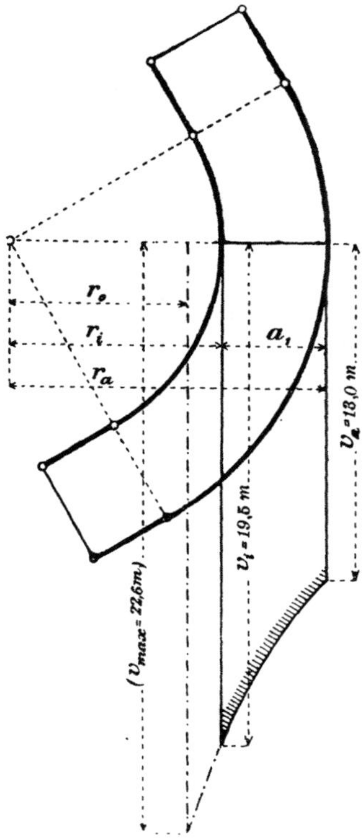
Fig. 36.

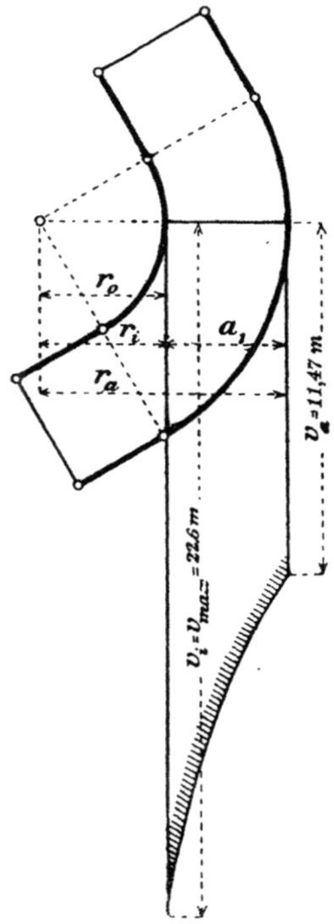
Fig. 37.

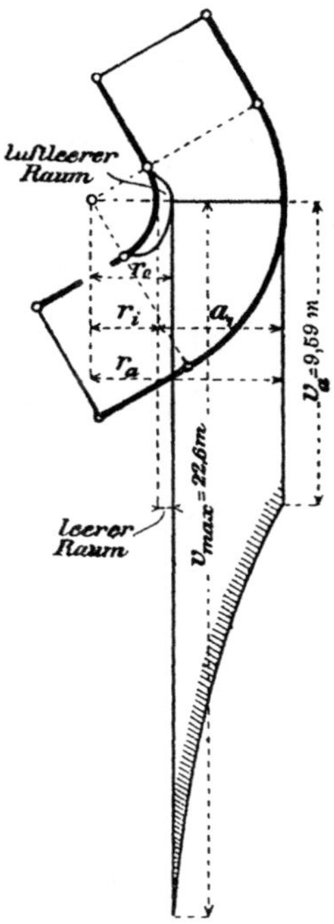

Fig. 38.

Es sei hier ausdrücklich betont, daß das rechnungsmäßige Bestehen von v_{max} an bestimmter Stelle r_0 durchaus nicht als Beweis dafür gelten kann, daß bei entsprechender Erweiterung von a_1 gegen die Krümmungsachse, bis zum Radius r_0 hin, v_{max} dann tatsächlich in dem errechneten r_0 eintreffen werde. Die erwähnte Vergrößerung von a_1 gegen innen, bringt ja alsbald einen anderen kleineren Wert von r_i, von ϱ, und damit nach Gl. 154 sofort einen neuen, anderen Wert von r_0.

Die Frage kann aufgeworfen werden, unter welchen Krümmungsverhältnissen, d. h. für welchen Betrag von r_i oder ϱ, bei etwa gegebenem Wert von a_1, das v_{max} und $(h) = 0$ gerade auf den inneren Krümmungsradius r_i treffen werden, Fig. 37. Die Antwort erfolgt, indem man in Gl. 153 und 154 $r_i = r_0$ setzt, wir erhalten dann als Bedingung für das Eintreten von $v_i = v_{max}$ und $(h_i) = 0$

$$\varrho \ln \frac{1+\varrho}{\varrho} = \frac{v_1}{v_{max}} = \frac{n_0}{n_1} \sqrt{\frac{h_0 - h_2}{n_0^2 h_0 - h_2 + (n_0^2 - 1) A}} \quad \ldots \ldots \quad 155$$

Die Größe ϱ kann hieraus nur auf indirektem Wege ermittelt werden, wozu die nachstehende, zahlenmäßige Tabelle, Kolonne 1 und 2 sowie die graphische Darstellung, Fig. 39, dienlich ist.

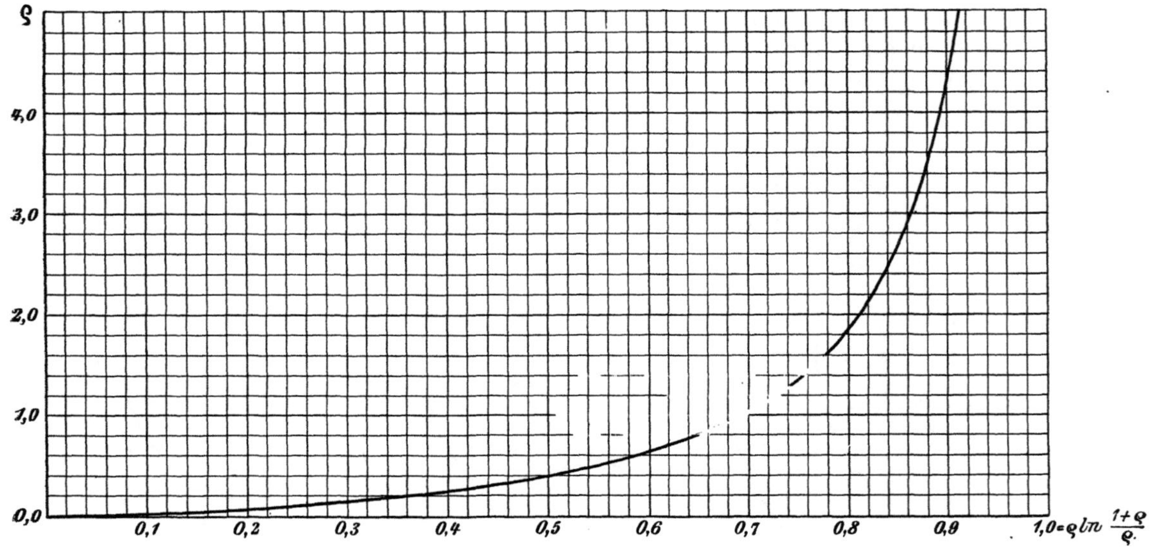

Fig. 39.

Es ist für:

1	2	3
$\varrho = 10{,}00$	$\varrho \ln \frac{1+\varrho}{\varrho} = 0{,}9531$	$h_2 \gtreqless 0{,}09\, h_0 - 10{,}02$ m
5,00	0,9116	$0{,}17\, h_0 - 8{,}55$,,
4,00	0,8926	$0{,}21\, h_0 - 8{,}19$,,
3,00	0,8630	$0{,}26\, h_0 - 7{,}65$,,
2,00	0,8109	$0{,}34\, h_0 - 6{,}75$,,
1,75	0,7910	$0{,}38\, h_0 - 6{,}42$,,
1,50	0,7662	$0{,}42\, h_0 - 6{,}02$,,
1,25	0,7347	$0{,}46\, h_0 - 5{,}53$,,
1,00	0,6931	$0{,}52\, h_0 - 4{,}92$,,
0,75	0,6355	$0{,}60\, h_0 - 4{,}13$,,
0,50	0,5493	$0{,}70\, h_0 - 3{,}09$,,
0,25	0,4024	$0{,}84\, h_0 - 1{,}65$,,
0,10	0,2339	$0{,}94\, h_0 - 0{,}59$,,

Der Betrag von $r_i = r_0$ ergibt sich ja dann aus dem gefundenen Werte von ϱ zu

$$r_i = \varrho \cdot a_1 = r_0 \quad \ldots\ldots\ldots\ldots \quad 156$$

Die Verteilung der v findet dabei, wie Fig. 37 zeigt, statt.

Ist die Krümmung dem Werte von $r_i = r_0$ entsprechend ausgeführt, so zeigt die weitere Rechnung, daß die allgemeine Gl. 146 auch noch für $v_i = v_{max}$ und $(h) = 0$ den gleichen Betrag für q liefert, denn nach Einsetzen des Wertes für $r_i = r_0$, $(h) = 0$ folgt aus Gl. 146

$$q = a_1 \cdot b_1 \cdot v_1 = f_1 \cdot v_1$$

wie früher auch.

Damit $r_0 \lesseqgtr r_i$ bleibt, d. h. damit normale Kontinuität und keine Drosselung stattfindet, muß gemäß Gl. 155 sein:

$$\varrho \ln \frac{1+\varrho}{\varrho} \gtreqless \frac{v_1}{v_{max}} \gtreqless \frac{n_0}{n_1} \sqrt{\frac{h_0 - h_2}{n_0^2\, h_0 - h_2 + (n_0^2 - 1)\, A}} \quad \ldots\ldots \quad 157$$

Dies nach h_2 aufgelöst, ergibt eine andere Form der gleichen Bedingung für die normale Kontinuität, nämlich

$$h_2 \gtreqless \frac{h_0\left[\frac{n_0^2}{n_1^2} - n_0^2\left(\varrho \ln \frac{1+\varrho}{\varrho}\right)^2\right] - (n_0^2 - 1)A\left(\varrho \ln \frac{1+\varrho}{\varrho}\right)^2}{\frac{n_0^2}{n_1^2} - \left(\varrho \ln \frac{1+\varrho}{\varrho}\right)^2} \quad . \; . \; . \; 158$$

Setzt man zur Vereinfachung und in Anlehnung an früheres $n_0 = 10$, $A = 10{,}3$ m, außerdem noch $n_1 = 1$, d. h. betrachtet man einen Krümmer, dessen gerade Ausmündung f_2 von gleichem Querschnitt wie der Krümmer selbst ist, so ergibt die Rechnung eine Tabelle, die unter Kolonne 3 der Tabelle auf S. 46 angefügt ist. Ein Zahlenbeispiel mag zur Erläuterung dieser Kolonne 3 dienen.

Für einen bestimmten Wert von z. B. $\varrho = 1{,}0$, d. h. wenn der innere Krümmungsradius r_i gleich der Krümmerweite a_1 ist, muß für das Einhalten normaler Kontinuität die Gegendruckhöhe h_2 gleich oder größer als $0{,}52\,h_0 - 4{,}92$ m sein. Ist nun z. B. $h_0 = 10{,}0$ m, so muß h_2 mehr als $0{,}52 \cdot 10{,}0 - 4{,}92 = 0{,}28$ m betragen, d. h. eine Gegendruckhöhe von $h_2 \gtreqless 0{,}28$ m bildet die Grenze für das Einhalten von q. Bei einer Gegendruckhöhe von nur 0,20 m würde ein Krümmer mit $r_i = a_1$ rechnungsmäßig nicht mehr das volle Wasserquantum durchlassen können, es tritt Drosselung durch kreisendes Wasser ein.

Wäre bei demselben $h_0 = 10{,}0$ m z. B. $\varrho = 2{,}0$, d. h. $r_i = 2\,a_1$, so würde wegen $h_2 \gtreqless 0{,}34\ h_0 - 6{,}75$ m die erforderliche Gegendruckhöhe h_2 auf $3{,}40 - 6{,}75 = -3{,}35$ m herabsinken, d. h. der Krümmer könnte, ehe Drosselung durch kreisendes Wasser eintritt, eine Saughöhe von 3,35 m ertragen. Mit anderen Werten von h_0 und ϱ verschieben sich die Verhältnisse, was nach der Tabelle leicht überblickt werden kann.

V. Verminderung der Wassermenge von q auf Δq durch überscharfe Krümmung.

Mit $r_i = \varrho \cdot a_1 = r_0$ ist die Grenze der normalen Kontinuität erreicht. Krümmt man das Gefäß noch schärfer, so wird $r_i < r_0$, oder nach Gl. 153 und 154

$$\varrho \ln \frac{1+\varrho}{\varrho} < \frac{v_1}{v_{max}} \quad . \; . \; . \; . \; . \; . \; . \; . \; . \; . \; . \; . \; 159$$

oder

$$\varrho \ln \frac{1+\varrho}{\varrho} < \frac{n_0}{n_1} \sqrt{\frac{h_0 - h_2}{n_0^2 h_0 - h_2 + (n_0^2 - 1)A}} \quad . \; . \; . \; . \; . \; . \; . \; 160$$

Hier muß sich nun das kreisende Wasser von der Innenwand des Krümmers loslösen, der Krümmer wird gegen r_i hin absolut leer sein, in dem Raume zwischen der letzten Wasserschicht und der Innenwand ist eben nur der absolute Druck Null möglich, und wären anfänglich auch Wasserteilchen da, so würden sie sich alsbald unter Entwicklung von v_{max} in die Schichte vom Radius r_0 begeben, Fig. 38[1]).

---

[1]) Die Zahlengrößen, welche den Fig. 36, 37 und 38 gemeinschaftlich zugrunde liegen, sind:

$h_0 = 15{,}6$ m Wassersäule; $h_0 + A = 15{,}6 + 10{,}3 = 25{,}9$ m
$h_2 = 3{,}0$ m „ $h_2 + A = 3{,}0 + 10{,}3 = 13{,}3$ m
mithin Druckunterschied zwischen „0" und „2" = 12,6 m

Ferner wurden angenommen:

$a_1 = 0{,}05$ m; $n_0 = 10$; $n_1 = 1$.

Als Radien kommen in Betracht:

Fig. 36 ($r_0 < r_i$)	Fig. 37 ($r_0 = r_i$)	Fig. 38 ($r_0 > r_i$)
$\varrho = 2{,}0$	$\varrho = 1{,}03$	$\varrho = 0{,}5$
$r_i = 0{,}1$ m	$r_i = 0{,}0516$ m	$r_i = 0{,}025$ m
$r_0 = 0{,}0864$ m	$r_0 = r_i$	$r_0 = 0{,}0318$ m.

Das Abrücken der Geschwindigkeit v_{max} von der inneren Krümmerwandung weg über r_i hinaus vermindert die Wassermenge q auf Δq, denn die Integrationsgrenzen, vgl. Gl. 146, sind statt r_i und r_a nunmehr r_0, Gl. 153, und r_a, es ergibt sich hiermit unter Berücksichtigung, daß

$$v = \frac{v_1 \cdot r_1}{r}$$

$$\Delta q = b_1 \int_{r_0}^{r_a} v \cdot dr = b_1 \cdot v_1 \cdot r_1 \cdot \ln \frac{r_a}{r_0} \quad \ldots \ldots \ldots \quad 161$$

Mit

$$q = a_1 \cdot b_1 \cdot v_1 \quad \ldots \ldots \ldots \quad (146)$$

wird

$$\Delta = \frac{\Delta q}{q} = \frac{r_1}{a_1} \ln \frac{r_a}{r_0} \quad \ldots \ldots \ldots \quad 162$$

Mit r_a nach Gl. 135 und r_1 nach Gl. 142, sowie mit dem allgemeinen Wert von r_0 nach Gl. 154 stellt sich Δ auf

$$\Delta = \frac{\Delta q}{q} = \frac{\ln\left[(1+\varrho)\ln\frac{1+\varrho}{\varrho}\cdot\frac{n_1}{n_0}\sqrt{\frac{n_0^2 h_0 - h_2 + (n_0^2 - 1) A}{h_0 - h_2}}\right]}{\ln\frac{1+\varrho}{\varrho}} \quad \ldots \quad 163$$

Für das Durchströmen stark gekrümmter, unter Saughöhe stehender Turbinenkanäle kann die Grenze für $\Delta = 1$ je nach Umständen sehr bald in Frage kommen.

Abgesehen von Reibungswiderständen usw., welche teils die Wirkung von h_0 beeinträchtigen, teils als Gegendrücke in h_2 enthalten sind, finden sich die Grenzwerte von h_2, bei deren Unterschreiten die Drosselung des Wasserdurchlaufes infolge kreisenden Wassers eintreten wird, in Tabelle auf S. 46, Kolonne 3.

Von besonderem Interesse sind noch zwei Anordnungen gekrümmter Wasserführung, die hier unter VI. und VII. besprochen werden sollen.

VI. Krümmer auf der Innenseite angebohrt.

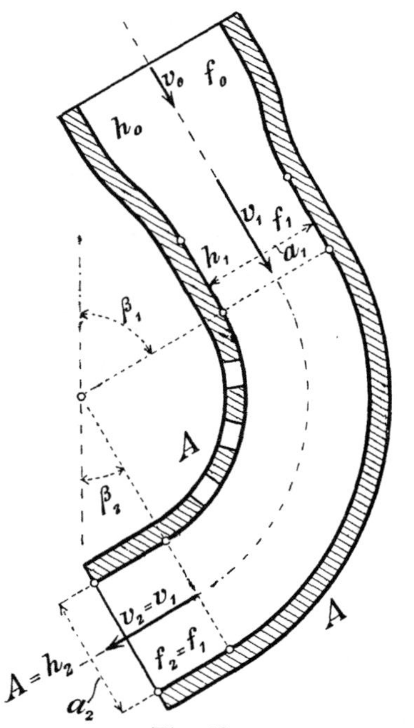

Fig. 40.

Wird ein unter Druck durchströmter Krümmer auf seiner Innenseite durch Löcher mit der umgebenden Atmosphäre ($A \simeq$ 10,3 m Wassersäule) in Verbindung gebracht, Fig. 40, so wird sich der Wasserdurchfluß je nach Umständen verschiedenartig gestalten. Drei Fälle werden zu unterscheiden sein:

1. Sind die Verhältnisse so beschaffen, daß der Wasserdruck im nichtangebohrten Krümmer $h_i > 0$ war, so wird durch die Löcher Wasser nach außen unter der Druckhöhe h_i durchtreten, der Krümmer wird mehr Wasser durch f_0 eintreten lassen als wenn unangebohrt.
2. Ist vor der Anbohrung der Wasserdruck h_i gerade $= 0$, so werden die Löcher keine Veränderung in der Wassermenge bringen. Ein Krümmer wird $h_i = 0$ besitzen, wenn seine Maße der Gl. 137 für $h_i = 0$ entsprechen, also wenn

$$h_1 + \frac{v_1^2}{2g} = \frac{v_1^2}{2g} \cdot \frac{1}{\left(\varrho \ln \frac{1+\varrho}{\varrho}\right)^2} \quad \ldots \ldots \quad 164$$

Wird hiervon die linke Seite durch $h_0 + \frac{v_0}{2g}$ und dann v_0 und v_1 entsprechend Gl. 118 u. 119 durch h_0 und h_2 ersetzt, so ergibt sich als Bedingung für die Krümmerverhältnisse, wenn $h_i = 0$ ausfallen soll:

$$\varrho \ln \frac{1+\varrho}{\varrho} = \frac{n_0}{n_1} \sqrt{\frac{h_0 - h_2}{n_0^2 h_0 - h_2}} \quad \ldots\ldots\ldots \quad 165$$

3. Ein Krümmer habe, wenn unangebohrt, einen absoluten Innendruck (h_i) kleiner als A. Damit dieser so ausfalle, müssen die Krümmungsverhältnisse, d. h. die Größen von ϱ, so beschaffen sein daß Gl. 157 zutrifft.

   Die Grenze für die Schärfe der Krümmung liegt in dem Wert von $\varrho \ln \frac{1+\varrho}{\varrho}$ nach Gl. 155.

   Wird nun ein nach dem Vorstehenden bemessener Krümmer auf der Innenseite angebohrt, so tritt zwar kein andauerndes Ansaugen von Luft ein, es wird sich aber doch $(h_i) = A$, d. h. $h_i = 0$ einstellen müssen, und die geführte Wassermenge erfährt dadurch eine Verminderung.

Ein einfacher Überblick entsteht für den Sonderfall, daß die Gegendruckhöhe $h_2 = 0$ ist. Unter dieser Voraussetzung, sowie mit $n_1 = 1$, d. h. mit $f_1 = f_2$, Krümmer ohne verengtes Mundstück, lautet Gl. 157

$$\varrho \ln \frac{1+\varrho}{\varrho} > n_0 \sqrt{\frac{h_0}{n_0^2 h_0 + (n_0^2 - 1) A}} \quad \ldots\ldots\ldots \quad 166$$

Durch das Anbohren steht wegen $h_i = 0$ zur Entwicklung von v_i nur noch

$$\frac{v_1^2}{2g} + h_1 = \frac{v_0^2}{2g} + h_0 \quad \ldots\ldots\ldots \quad (117)$$

zu Gebote.

Mithin kann v_i nicht größer werden als

$$v_i = \sqrt{2g\left(\frac{v_0^2}{2g} + h_0\right)} \quad \ldots\ldots\ldots \quad 167$$

und daraus folgt die Geschwindigkeitsgleichung zu

$$v_i \cdot r_i = v \cdot r = r_i \sqrt{2g\left(\frac{v_0^2}{2g} + h_0\right)} \quad \ldots\ldots\ldots \quad 168$$

Zur Bestimmung der Wassermengen sowohl im unangebohrten, als auch im angebohrten Krümmer dient hier zweckmäßig die Gleichung

$$q = a_1 \cdot b_1 \cdot v_i \cdot \varrho \ln \frac{1+\varrho}{\varrho} = r_i \cdot b_1 \cdot v_i \cdot \ln \frac{1+\varrho}{\varrho} \quad \ldots\ldots \quad (148)$$

wobei zu beachten ist, daß die v_i in beiden Fällen verschieden sind. Der vollwandige Krümmer hat mit $n_1 = 1$ v_i nach

$$v_i = \frac{v_1}{\varrho \ln \frac{1+\varrho}{\varrho}} \quad \ldots\ldots\ldots \quad (144)$$

also eine Wassermenge $\quad q = a_1 \cdot b_1 \cdot v_1 = \frac{r_i}{\varrho} \cdot b_1 \cdot v_1 \quad \ldots\ldots\ldots \quad 169$

Der angebohrte Krümmer aber erreicht für v_i nur den Betrag nach Gl. 167

$$v_i = \sqrt{2g\left(\frac{v_0^2}{2g} + h_0\right)}$$

so daß hierfür Gl. 161 übergeht in

$$\Delta q = b_1 \cdot r_i \sqrt{2g\left(\frac{v_0^2}{2g} + h_0\right)} \cdot \ln \frac{1+\varrho}{\varrho} \quad \text{. . . . . 170}$$

Für den vollwandigen Krümmer ist aber

$$v_1 = \sqrt{2g\left(\frac{v_0^2}{2g} + h_0\right)} \quad \text{. . . . . (117)}$$

mithin ist die verhältnismäßige Verminderung von q

$$\Delta = \frac{\Delta q}{q} = \frac{b_1 \cdot r_i \sqrt{2g\left(\frac{v_0^2}{2g} + h_0\right)} \varrho \ln \frac{1+\varrho}{\varrho}}{r_i \cdot b_1 \cdot v_1} \quad \text{. . . . . 171}$$

oder

$$\Delta = \frac{\Delta q}{q} = \varrho \ln \frac{1+\varrho}{\varrho} \quad \text{. . . . . 172}$$

d. h. die verhältnismäßige Verminderung von q entspricht genau den Werten der Tabelle Seite 46 Kolonne 2. Vgl. auch Fig. 36.

Beispiel: Ein Krümmer von rechtwinkligem Querschnitt und ebensolcher, gleichgroßer Ausmündung, $a_1 = 0{,}1$ m, $b_1 = 0{,}05$ m, $r_i = 0{,}2$ m, also $\frac{r_i}{a_1} = \varrho = \frac{0{,}2}{0{,}1} = 2$, erhält Wasser unter $h_0 = 4{,}0$ m zugeführt. Dabei sei $n_0 = 10$, d. h. der unter h_0 stehende Einlaufquerschnitt f_0 sei zehnmal größer als der in der geradlinigen Strecke liegende Auslaufquerschnitt $f_2 = a_1 \cdot b_1 = f_1$. Ferner sei $h_2 = 0$.

Zuerst gibt Gl. 157 und 166 darüber Aufschluß, ob für den nicht angebohrten Krümmer schon eine Drosselung vorhanden ist oder nicht. Mit obigen Werten lautet dieselbe, nachdem für $\varrho = 2{,}0$ der Wert $\varrho \ln \frac{1+\varrho}{\varrho}$ aus Tabelle S. 46 oder Fig. 39 entnommen ist,

$$0{,}8109 > 10 \sqrt{\frac{4{,}0}{100 \cdot 4{,}0 + 99 \cdot 10{,}3}}$$

$$0{,}8109 > 0{,}5308$$

d. h. der innen geschlossene Krümmer leitet mit normaler Kontinuität (ohne Drosselung) die Wassermenge ab, die sich aus $q = f_2 \cdot v_2$ ergibt.

Es ist hier nach Gl. 119 mit $n_1 = 1$, $v_1 = v_2$, $h_2 = 0$

$$v_1 = v_2 = n_0 \sqrt{2g \frac{h_0}{n_0^2 - 1}} = 10 \sqrt{2g \frac{4{,}0}{100 - 1}} = 8{,}904 \text{ m/sk},$$

also $q = f_2 \cdot v_2 = a_1 \cdot b_1 \cdot v_1 = 0{,}1 \cdot 0{,}05 \cdot 8{,}904 = 0{,}0445$ cbm/sk. Dabei ist nach Gl. 144 für die vorliegenden Verhältnisse, d. h. für $n_1 = 1$, $n_0 = 10$ usw.

$$v_i = \frac{1}{0{,}8109} 10 \sqrt{2g \frac{4{,}0}{100 - 1}} = 1{,}2331\, v_2 = 10{,}969 \text{ m/sk}.$$

Durch das Anbohren wird die Entwicklung von $v_i > v_2$ unmöglich gemacht, es wird ideell dadurch v_i nur gleich v_2 sein; dadurch erfährt die Wassermenge q die Verminderung auf Δq, mit

$$\Delta = \varrho \ln \frac{1+\varrho}{\varrho} = 0{,}8109$$

und deshalb fließen nur

$$q = 0{,}8109 \cdot 0{,}0445 = 0{,}0361 \text{ cbm/sk}$$

durch die Leitung. Die Verminderung der Wassermenge hat zur Folge, daß der Querschnitt der geraden Auslaufstrecke des Krümmers nicht mehr vollständig mit Wasser ausgefüllt sein wird.

Die vorstehenden Betrachtungen zeigen, daß der Begriff der Kontinuität in zwei Unterabteilungen zu zerlegen ist.

Normale Kontinuität findet statt, solange die eine Wasserführung durchfließende Wassermenge den Druckhöhen und Abmessungen von Ein- und Austritt (Reibungsverluste einstweilen vernachlässigt) entspricht, normale Wassermenge.

Beschränkte Kontinuität liegt vor, wenn die durchfließende Wassermenge durch Drosselung innerhalb der Wasserführung (zu starke Einschnürung oder zu scharfe Krümmung) eine Verringerung gegenüber der normalen erfährt. Sie tritt ein, wenn auch die örtlich vorübergehende Entlehnung von Druckhöhe aus der Atmosphäre nicht mehr zur Erzeugung der erhöhten Durchflußgeschwindigkeiten an der Drosselstelle hinreicht.

VII. Krümmer von rechteckigem Querschnitt, dessen Innenwand ganz weggenommen ist.

Die seitlichen, parallel laufenden Begrenzungswände des gegen innen ganz offenen Krümmers mögen noch ein Stück über a_1 herein gegen den Krümmungsmittelpunkt hin verbreitert sein. Vgl. Querschnitt Fig. 41.

Aus der Annahme, der Krümmer befinde sich in der Atmosphäre, folgt, daß sowohl h_2 als auch h_1 und $h_i = 0$ sein müssen.

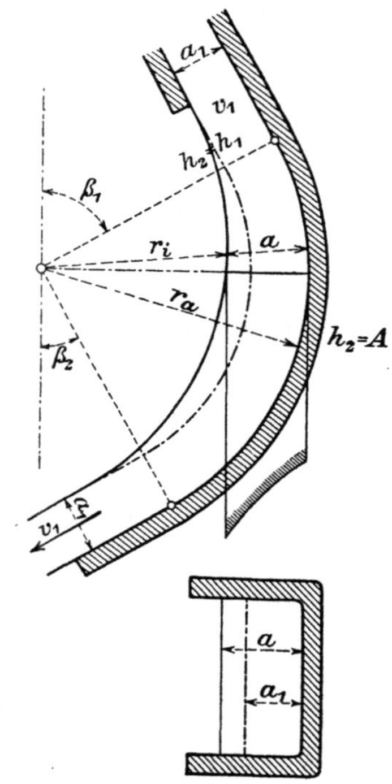

Fig. 41.

Die Wasserteilchen finden in dem gegen innen ganz offenen Gefäß keine Drosselung durch erzwungene Querschnitte, wie dies bei der vorhergehenden Betrachtung der Fall gewesen, mithin wird hier für die geraden Strecken $n_1 = 1$ zu setzen sein, und die ganze Wassermenge, welche der Querschnitt f_1 durchlassen kann, wird auch den Krümmer durchfließen müssen. Es wird sich ergeben

$$v_1 = \sqrt{2g\left(\frac{v_0^2}{2g} + h_0\right)} = n_0 \sqrt{\frac{2g\,h_0}{n_0^2 - 1}} = v_2 = v_i$$

also ist nach Gl. 148

$$q = f_1 \cdot v_1 = a_1 \cdot b_1 \cdot v_1 = r_i \cdot b_1 \cdot v_i \cdot \ln \frac{1+\varrho}{\varrho}$$

Hier ist nun, weil die Innenwand fehlt, eine durch die Gefäßverhältnisse an sich erzwungene Größe von r_i, also auch von ϱ, gar nicht vorhanden; aus der vorstehenden Gleichung aber rechnet sich, wegen $v_i = v_1$, der beim Durchfließen von q sich selbst einstellende innere Krümmungsradius zu

$$r_i = \frac{a_1}{\ln \frac{1+\varrho}{\varrho}} = r_1 \quad \ldots \ldots \ldots \ldots \quad 173$$

eine Beziehung, die auch nur auf indirektem Wege aufgelöst werden kann, weil ϱ bei unbekanntem r_i selbst noch unbestimmt ist. Soviel ist aber jetzt schon ersichtlich, daß der Betrag von r_i zweifellos kleiner sein wird als die Strecke $r_a - a_1$, denn die Betrachtung S. 48 zeigte ja, daß der volle Betrag von q, wenn $h_i = A$ ist, unmöglich durch die Breite $r_a - a_1$ strömen kann. Der die Krümmung durcheilende, gegen innen ganz freie Strahl hat eine größere Stärke, a, als der Einströmungsquerschnitt a_1, Fig. 41.

Für diese noch unbekannte Strahlstärke $a = r_a - r_i$ wird

$$r_i = \varrho \cdot a$$

für den ganz offenen, entsprechend wie seither $r_i = \varrho \cdot a_1$ für den geschlossenen Krümmer, in die Rechnung eingeführt. Die Gl. 173 geht damit über in

$$r_i = r_1 = \frac{a_1}{\ln \frac{1+\varrho}{\varrho}} = \varrho \cdot a \quad \ldots\ldots\ldots\ldots \quad 174$$

oder es ist auch

$$a = a_1 \frac{1}{\varrho \ln \frac{1+\varrho}{\varrho}} \quad \ldots\ldots\ldots\ldots \quad 175$$

Für die Praxis handelt es sich meistens darum, bei gegebenem Krümmungsradius der Ablenkungsfläche, also r_a, sowie bei bekannter Strahlstärke im geraden Teile, a_1, die Größen der durch die Krümmung vermehrten, sozusagen angestauten Strahlstärke a zu ermitteln.

Hier kann dann zur Bestimmung von ϱ usw. folgendermaßen vorgegangen werden.

Es ist beim offenen Krümmer $r_a = r_i + a$, also auch wegen Gl. 174 und 175

$$r_a = \varrho \cdot a + a = a(1+\varrho) = a_1 \frac{1+\varrho}{\varrho} \cdot \frac{1}{\ln \frac{1+\varrho}{\varrho}} \quad \ldots\ldots \quad 176$$

und hieraus folgt

$$\frac{1+\varrho}{\varrho} \cdot \frac{1}{\ln \frac{1+\varrho}{\varrho}} = \frac{r_a}{a_1} \quad \ldots\ldots\ldots\ldots \quad 177$$

eine Form, die sich nur für zeichnerische Lösung eignet.

Die nebenstehende Tabelle enthält für stetig fortschreitende Größen von ϱ die Beträge von $\frac{1+\varrho}{\varrho} \cdot \frac{1}{\ln \frac{1+\varrho}{\varrho}}$ ausgerechnet, die Fig. 42 ist diesen zusammengehörigen Werten entsprechend aufgezeichnet. Ist r_a und a_1 bekannt, also auch der Betrag von $\frac{r_a}{a_1} = \frac{1+\varrho}{\varrho} \cdot \frac{1}{\ln \frac{1+\varrho}{\varrho}}$, so läßt sich von diesem Wert der Abszisse ausgehend, die Größe von ϱ selbst leicht aus der Fig. 42 als Ordinate ablesen, und dadurch die Gl. 177 nach ϱ auflösen.

Aus Gl. 176 folgt die Strahlstärke in der Anschwellung

$$a = \frac{r_a}{1+\varrho} \quad \ldots\ldots\ldots\ldots \quad 178$$

ferner ist

$$r_i = r_1 = r_a - a = r_a \frac{\varrho}{1+\varrho} \quad \ldots\ldots\ldots\ldots \quad 179$$

und durch Einsetzen des aus Fig. 42 erhaltenen Wertes von ϱ sind die Verhältnisse ermittelt.

ϱ	$\frac{1+\varrho}{\varrho}\cdot\frac{1}{\ln\frac{1+\varrho}{\varrho}}$
10,00	11,541
5,00	6,582
4,00	5,602
3,00	4,635
2,00	3,699
1,75	3,477
1,50	3,263
1,25	3,062
1,00	2,885
0,75	2,754
0,58199	2,71828
0,50	2,731
0,25	3,107
0,10	4,587

Wie die vorstehende Tabelle und die Fig. 42 zeigen, weist der Ausdruck $\frac{1+\varrho}{\varrho}\cdot\frac{1}{\ln\frac{1+\varrho}{\varrho}}$ bei $\varrho = 0{,}58199$ einen Kleinstwert von 2,71828 auf. Jedem Wert, der größer ist als die Basis der natürlichen Logarithmen, entsprechen mithin zwei Größen von ϱ.

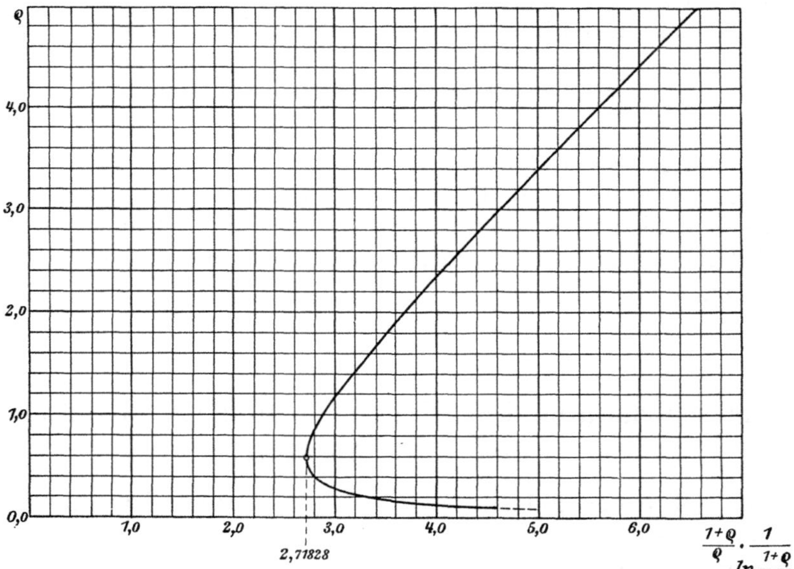

Fig. 42.

Die Verwendung der Größen von ϱ über 0,58199 hinaus ist ohne Bedenken, hingegen erscheint ein rechnungsmäßiges a für die kleineren ϱ-Werte, also das Verhältnis $r_a < 2{,}71828\, a_1$, Gl. 177, als in der Praxis unmöglich.

Ausgiebige Erfahrungen über diese Verhältnisse liegen noch nicht vor, immerhin aber ist durch Versuche des Verf. erwiesen, daß die Anschwellung tatsächlich vorhanden ist. Scharfe Beobachtungen sind der Natur der Umstände nach schwierig.

Ist in anderem Falle umgekehrt ϱ in bestimmter Größe festgesetzt, ohne daß einer der Radien r_a und r_i ziffermäßig angegeben ist, so läßt sich ohne weiteres nach Gl. 175 für gegebenes ϱ der Betrag von a rechnen, wobei die Tabelle S. 46 oder Fig. 36 bequem sind, oder es läßt sich auch umgekehrt zu gegebener Krümmungsdicke a die entsprechende Dicke a_1 der geraden Einströmungsstrecke direkt berechnen.

Wie ersichtlich, sind alle diese Verhältnisse ganz unabhängig von den tatsächlichen Geschwindigkeiten v_1 usw.

Zahlenbeispiel 1. Gegeben $r_a = 0{,}15$ m, $a_1 = 0{,}05$ m.

Es ist $r_a = 3{,}0\,a_1$, also größer als $2{,}71828\,a_1$, mithin ist die Sache ausführbar und es kann die Lösung durch Fig. 42 bewirkt werden. Bei $\frac{r_a}{a_1} = \frac{1+\varrho}{\varrho} \cdot \frac{1}{\ln\frac{1+\varrho}{\varrho}} = 3{,}0$ ergibt sich aus Fig. 42 die zugehörige Größe von ϱ zu $\sim 1{,}16$. Es folgen

$$a = \frac{r_a}{1+\varrho} = \frac{0{,}15}{2{,}16} = 0{,}069 \text{ m} \quad \ldots\ldots\ldots \quad (178)$$

$$r_i = r_1 = r_a - a = 0{,}081 \text{ m}$$

Zahlenbeispiel 2. Soll in $r_i = \varrho \cdot a$ ein Wert von ϱ im Betrage 3,0 zugrunde gelegt werden, so folgt aus Tabelle S. 46 und Fig. 39 $\varrho \ln \frac{1+\varrho}{\varrho} = 0{,}8630$, und für etwa gegebene Einströmungsdicke a_1 ergibt sich nach Gl. 175

$$a = \frac{a_1}{0{,}8630} = \sim 1{,}16\,a_1$$

Ist a_1 in Zahlen gegeben, z. B. als $a_1 = 0{,}04$ m, so folgt $a = 1{,}16 \cdot 0{,}04 = 0{,}0464$ m. Der äußere Krümmungsradius, der die Anschwellung bedingt, findet sich aus Gl. 178 als

$$r_a = a\,(1+\varrho) = 0{,}0464 \cdot 4 = 0{,}1856 \text{ m}.$$

In gekrümmten Wasserführungen von anderem als rechteckigem, beispielsweise kreisförmigem, Querschnitt, bleibt das Gesetz der $v \cdot r = v_1 \cdot r_1$ natürlich gerade so bestehen als vorher. Die Untersuchungen über normale oder beschränkte Kontinuität haben dann aber natürlich das Gesetz der Änderung der Schichtenbreite b mit zu berücksichtigen.

D. Die sogenannten Reaktionserscheinungen, Reaktionskraft und Reaktionsarbeit.

Hier soll, neben den Folgen der Richtungsänderung (Ablenkungsfläche), auch der Einfluß der Erdanziehung, wie er sich durch Änderung der Geschwindigkeiten betätigt, in dem Einfluß der verschiedenen Höhenlagen eines Wasserteilchens zu Anfang und zu Ende des Arbeitsweges in Betracht gezogen werden.

Allgemein ist die für geradlinige Bewegung einer Masse m durch die Kraft P in deren Richtung erteilte Beschleunigung i:

$$i = \frac{P}{m} = \frac{dv}{dt}$$

oder

$$P \cdot dt = m \cdot dv$$

Für eine bestimmte Beobachtungszeit t, von $t = 0$ bis $t = t$ gerechnet, bedeute v_0 die zu Beginn dieser Zeit in Richtung von P vorhanden gewesene, v_t die nach Ablauf von t sich ergebende, in gleicher Richtung mit P und v_0 zu messende Geschwindigkeit der Masse m.

Mit diesen Bezeichnungen folgt durch Integration der vorstehenden Gleichung

$$P \cdot t = m(v_t - v_0) \quad \ldots \ldots \ldots \ldots \quad 180$$

Diese allgemeine Beziehung läßt sich in sinngemäßer Weise auf die Wirkungen des Ausflusses von Wasser aus Gefäßen anwenden.

1. Senkrechter freier Ausfluß, senkrechtes, druckloses Nachfüllen.

Ein Gefäß mit wagrecht liegender Bodenöffnung, Fig. 43, ist mit Wasser bis zur Höhe h_g gefüllt, die freie Wasseroberfläche hat den Inhalt f_1, der Querschnitt der vorläufig geschlossenen Bodenöffnung ist f_2.

Solange f_2 geschlossen bleibt, äußert sich die Anziehungskraft der Erde durchweg auf das Gefäß und den, ruhenden, Inhalt; es tritt deshalb das volle Gewicht von Gefäß und Inhalt in Erscheinung und legt sich auf die Tragstützen.

Nun werde f_2 geöffnet und dabei das Gefäß so gleichmäßig nachgefüllt, daß es die Füllungshöhe h_g beibehält. Dieses Nachfüllen vollziehe sich derart, daß das Wasser den gesamten Einfüllquerschnitt f_1 mit der Geschwindigkeit v_1 durchströmt, während es durch die untere Öffnung, Querschnitt f_2, mit der Geschwindigkeit v_2 abfließt. Die Vergrößerung der Geschwindigkeit v_1 auf v_2 ist eine Folge der Arbeit der Erdanziehung auf dem Wege h_g, also ist entsprechend Gl. 15:

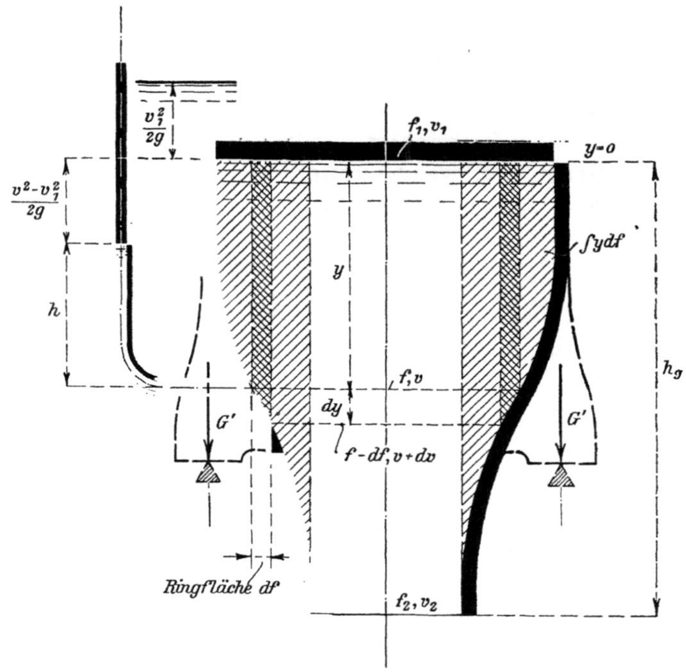

Fig. 43.

$$\frac{v_2^2}{2g} = \frac{v_1^2}{2g} + h_g \quad \ldots \ldots \ldots \ldots \quad 181$$

Die Verhältnisse können so angesehen werden, als ob das Nachfüllwasser aus einem freien Wasserbehälter kommt, dessen Wasserspiegel um $\frac{v_1^2}{2g}$ über dem Wasserspiegel des Versuchsgefäßes liegt.

Nach eingetretenem Beharrungszustand ist die sekundlich die Querschnitte durchfließende Wassermenge

$$q = f_1 \cdot v_1 = f_2 \cdot v_2 \quad \ldots \ldots \ldots \ldots \quad 182$$

Nur durch die Maße des Gefäßes ausgedrückt, folgen für v_1, v_2 und q aus Gl. 181 und 182 mit $f_1 = n_1 \cdot f_2$ die Beziehungen

$$v_1 = f_2 \sqrt{\frac{2g\,h_g}{f_1^2 - f_2^2}} = \sqrt{\frac{2g\,h_g}{n_1^2 - 1}} \quad \ldots \ldots \ldots \quad 183$$

$$v_2 = f_1 \sqrt{\frac{2g\,h_g}{f_1^2 - f_2^2}} = n_1 \sqrt{\frac{2g\,h_g}{n_1^2 - 1}} \quad \ldots\ldots\ldots 184$$

und
$$q = n_1 \cdot f_2 \sqrt{\frac{2g\,h_g}{f_1^2 - f_2^2}} = n_1 \cdot f_2 \sqrt{\frac{2g\,h_g}{n_1^2 - 1}} \quad \ldots\ldots\ldots 185$$

das heißt:

Für gegebene Abmessungen des Gefäßes kann bei drucklosem Nachfüllen nur eine ganz bestimmte Wassermenge das Gefäß durchfließen, eine Steigerung der Nachfüllgeschwindigkeit v_1 wäre nicht imstande, für ein gegebenes Gefäß die durchfließende Wassermenge q unter Beibehaltung drucklosen Eintrittes und gleicher Füllungshöhe h_g zu vergrößern.

Bei geöffnetem Auslauf geht also die Erdanziehung nicht mehr arbeitslos auf Gefäß und Inhalt, sondern ein Teil Y dieser Kraft wird zur Arbeitsleistung verwendet, indem er das durchfließende Wasser von der Eintrittsgeschwindigkeit v_1 auf die Geschwindigkeit v_2 im Austrittsquerschnitt f_2 beschleunigt. Der Betrag dieses Teiles Y kann auf Grund von Gl. 180 bestimmt werden.

In der Zeiteinheit fließt durch das Gefäß die Wassermenge q, in der Zeit t die Menge $q \cdot t$, welche durchweg von v_1 auf v_2 beschleunigt worden ist und deren Masse m sich berechnet zu

$$m = \frac{q \cdot t \cdot \gamma}{g}$$

(γ = Gewicht der Raumeinheit). Der fragliche Teil der Erdanziehung hat in der Zeit t die Masse m von $v_1 = v_0$ auf $v_2 = v_t$ beschleunigt, mithin gilt entsprechend Gl. 180

$$P \cdot t = \frac{q \cdot t \cdot \gamma}{g} (v_t - v_0)$$

oder
$$P = \frac{q\gamma}{g} (v_t - v_0) \quad \ldots\ldots\ldots\ldots 186$$

schließlich mit den Bezeichnungen des Versuchsgefäßes

$$Y = \frac{q\gamma}{g} (v_2 - v_1). \quad \ldots\ldots\ldots\ldots 187$$

Um diesen, mit äußerer Arbeit beschäftigten, Betrag Y muß demnach die Wirkung der Erdanziehung auf die Tragstützen bei geöffnetem Querschnitt f_2 kleiner sein, als bei geschlossenem Gefäße, und diese Verminderung der Tragstützenbelastung bezeichnet man, eigentlich recht unzutreffend, als Reaktion des ausfließenden Wassers. Die „Reaktionskraft" Y hat eine den Geschwindigkeiten v_2 und v_1 entgegengesetzte Richtung.

Die richtige Anschauung der eben geschilderten Verhältnisse erhalten wir aber durch folgende Betrachtung.

Die Ausflußöffnung f_2 des runden Gefäßes mit gerader senkrechter Achse in Fig. 43 sei vorerst geschlossen und das Gefäß bis zur Höhe h_g mit Flüssigkeit gefüllt. Vom Eigengewicht des Gefäßes abgesehen, haben in diesem Zustand die Tragstützen ein Gewicht G gleich dem des Flüssigkeitsinhaltes zu tragen.

Solange der Querschnitt f_2 verschlossen ist, herrschen in der ruhenden Flüssigkeit statische Einheitsdrücke, proportional der Tiefe y unter dem Flüssigkeitsspiegel zunehmend, die sich als entsprechende Normalpressungen auf die Gefäßwände äußern; die Summe der senkrecht abwärts gerichteten Komponenten dieser Drücke auf Wände und Bodenverschluß entspricht dem Gewicht des Gefäßinhaltes.

Nach dem Öffnen von f_2 und bei eingetretenem Beharrungszustand haben sich die Einheitsdrücke im Innern der Flüssigkeit, also auch die Normaldrücke gegen die Gefäßwandungen, auf bestimmte Beträge vermindert, weil den gegen die Ausflußöffnung hin abnehmenden Querschnittsgrößen folgend, die Umsetzung der Druckhöhen in Geschwindigkeit vor sich geht.

Die als Reaktion des ausfließenden Wassers bezeichnete anscheinende Kraftäußerung ist nichts weiter als die Folge des Nachlassens jener statischen Normaldrücke gegen die Gefäßwände. Der Betrag der sog. Reaktionskraft nach Gl. 187 läßt sich nämlich im Einzelfalle ohne weiteres zahlenmäßig aus dem Wegfallen des Druckes auf die nunmehr freigegebene Bodenfläche f_2 und aus dem Betrag der Verminderung in den senkrecht abwärts gerichteten Komponenten der Wanddrücke feststellen.

In ganz allgemeiner Weise kann diese Berechnung als gültig bewiesen werden; es ist nur der Unterschied zwischen den Vertikaldrücken auf die Gefäßwände für das unten verschlossene, G, und das geöffnete Gefäß, G', zu bestimmen, wobei allerdings eine besondere Ausdrucksweise für G und G' einzuführen ist.

Unten geschlossenes Gefäß: Tragstützenbelastung G gleich dem Gewicht des ruhenden Flüssigkeitsinhaltes.

Wir denken uns den Gefäßinhalt in zwei Teile zerlegt, in den über f_2, Fig. 43, stehenden Zylinder vom Rauminhalt $f_2 \cdot h_g$ und den diesen umschließenden Hohlraum bis zur Gefäßwand, mit dem Rauminhalt im Betrage

$$\int_0^{h_g} y \cdot df$$

worin y den Abstand vom oberen Flüssigkeitsspiegel, df die Horizontalprojektion der Ringfläche des Gefäßes zwischen den Tiefen y und $y + dy$ liegend, bedeutet. Wie sich zeigen wird, ist es für den allgemeinen Nachweis nicht nötig, daß die Beziehung zwischen y und dem zugehörigen df, d. h. der Verlauf der Gefäßform, überhaupt bekannt ist.

Das Gewicht des Gefäßinhaltes kann dann allgemein angeschrieben werden als:

$$G = f_2 \cdot h_g \cdot \gamma + \gamma \int_0^{h} y \cdot df \quad \ldots \ldots \ldots \ldots \quad 188$$

Der erste Posten des Gefäßinhalts kann nun in einfacher Weise durch die Geschwindigkeiten ausgedrückt werden, wie sie sich nachher beim geöffneten und dauernd nachgefüllten Gefäß einstellen werden, und wie sie in Gl. 181 und 182 enthalten sind.

Nach Einsetzen der Werte für f_2 und h_g in Gl. 188 erhalten wir damit als Belastung der Tragstützen bei geschlossenem Auslauf

$$G = \frac{q\gamma}{v_2} \cdot \frac{v_2^2 - v_1^2}{2g} + \gamma \int_0^{h_g} y \cdot df \quad \ldots \ldots \ldots \quad 189$$

Gefäß geöffnet, stetiges Nachfüllen. Die Öffnung f_2 ist freigegeben, also ist vor allem der vorher auf den Verschluß wirkende Bodendruck $f_2 \cdot h_g \cdot \gamma$ ganz weggefallen, mithin für die Belastung der Tragstützen nicht mehr in Rechnung zu stellen.

Die zuerst durch die Tiefe y gegeben gewesene Einheitspressung (hydrostatische Druckhöhe y) an der Gefäßwand vermindert sich, der nunmehr an dieser Stelle herrschenden Geschwindigkeit v entsprechend, in bekannter Weise gemäß der Bezeichnung in Fig. 43 auf die hydraulische Druckhöhe von ideell

$$h = y - \frac{v^2 - v_1^2}{2g} \quad \ldots \ldots \ldots \ldots \quad 190$$

Nach abwärts äußert sich deshalb auf die Ringfläche df nur noch der Druck $h \cdot df \cdot \gamma$ und die Summe der abwärts gehenden Achsialdrucke, die Tragstützenbelastung des Betriebes, stellt sich mit Gl. 190 nur auf

$$G' = \gamma \int_0^{h_g} h \cdot df = \gamma \int_0^{h_g} y \cdot df - \gamma \int_0^{h_g} \frac{v^2 - v_1^2}{2g} df \quad \ldots \ldots \quad 191$$

Für den Zwischenquerschnitt f und die zugehörige Geschwindigkeit v besteht die ganz allgemeine Beziehung, vgl. Gl. 182

$$q = f \cdot v = f_1 \cdot v_1$$

mithin ergibt sich $f = \frac{q}{v}$, wobei es gleichgültig ist, ob f als ebene oder als irgendwie gewölbte Querschnittsfläche aufgefaßt werden soll; aus Differentiation folgt

$$f \cdot dv + v \cdot df = 0$$

woraus

$$df = -f \frac{dv}{v} = -q \frac{dv}{v^2}$$

Als Beziehung für die Tragstützenbelastung bei geöffnetem Gefäß ergibt sich dann, weil df in sich gegenüber dv negativ ist:

$$G' = \gamma \int_0^{h_g} y \cdot df - q\gamma \int_{v_1}^{v_2} \frac{v^2 - v_1^2}{2g} \cdot \frac{dv}{v^2}$$

Nach Auflösen des zweiten Integrals findet sich die (gegenüber G verminderte Tragstützenbelastung G' zu:

$$G' = \gamma \int_0^{h_g} y \cdot df - \frac{q\gamma}{v_2} \cdot \frac{(v_2 - v_1)^2}{2g} \quad \ldots \ldots \ldots \ldots \quad 192$$

Der Betrag der Verminderung von G auf G' berechnet sich dann auf Grund der Abnahme der Gefäßwanddrücke in achsialer Richtung aus Gl. 189 und 192 zu

$$G - G' = Y = \frac{q\gamma}{v_2} \left[\frac{v_2^2 - v_1^2}{2g} + \frac{(v_2 - v_1)^2}{2g} \right] = \frac{q\gamma}{g} (v_2 - v_1) \quad \ldots \quad 193$$

genau entsprechend der Reaktionskraft Y nach Gl. 187.

Für das freie Ausströmen einer Flüssigkeit aus einem Gefäß mit gerader senkrechter Achse ist also das Auftreten der sogenannten Reaktionskraft einfach zu erklären aus der Verminderung der hydrodynamischen gegenüber den hydrostatischen Druckhöhen gegen die Gefäßwände, speziell gegen die Vertikalprojektionen der einzelnen Ringflächen df. Die Berechnung der sogenannten Reaktionskraft $G - G' = Y$ geschieht aber an sich wesentlich bequemer nach den dynamischen Gl. 186 und 187, statt auf dem Umweg über die Gl. 188 usw.

2. Senkrechter Durchfluß, Ein- und Ausströmung unter Druck.

Gegenüber dem drucklos nachgefüllten Reaktionsgefäß unter „1" tritt hier in den Beziehungen für die Größen v_1, v_2 und q unter sich und zu den Gefäßmaßen eine grundsätzliche Änderung ein.

Es ist hier, falls das Wasser auf dem Wege von f_1 nach f_2 keine Arbeitsfähigkeit irgendwelcher Art einbüßt, zu setzen

$$\frac{v_2^2}{2g} + h_2 = \frac{v_1^2}{2g} + h_1 + h_g \quad \text{oder gemäß Fig. 44} \quad \frac{v_2^2}{2g} = \frac{v_1^2}{2g} + h_1 + h_g - h_2 = \frac{v_1^2}{2g} + h_L$$

und

$$h_L = \frac{v_2^2 - v_1^2}{2g} = h_1 + h_g - h_2 \quad . \; . \; . \; . \; . \; . \; . \; . \; . \; . \quad \mathbf{194}$$

d. h. hier ist für die Durchführung des Wassers die Gesamtdruckhöhe $\frac{v_1^2}{2g} + h_L$ in Verwendung.

Unter steter Beachtung der Kontinuitätsgleichung

$$q = f_1 \cdot v_1 = f_2 \cdot v_2$$

gehen die Gl. 183 bis 186 hier über in die schon früher entwickelten Gl. 87, 88, 89, d. h. hier fällt die Gefäßhöhe h_g aus der Rechnung aus und an deren Stelle tritt der Höhenunterschied h_L der beiden Wasserspiegel, unter deren Drucken das Nachfüllen, bzw. Ausströmen vor sich geht. Vgl. auch Gl. 26.

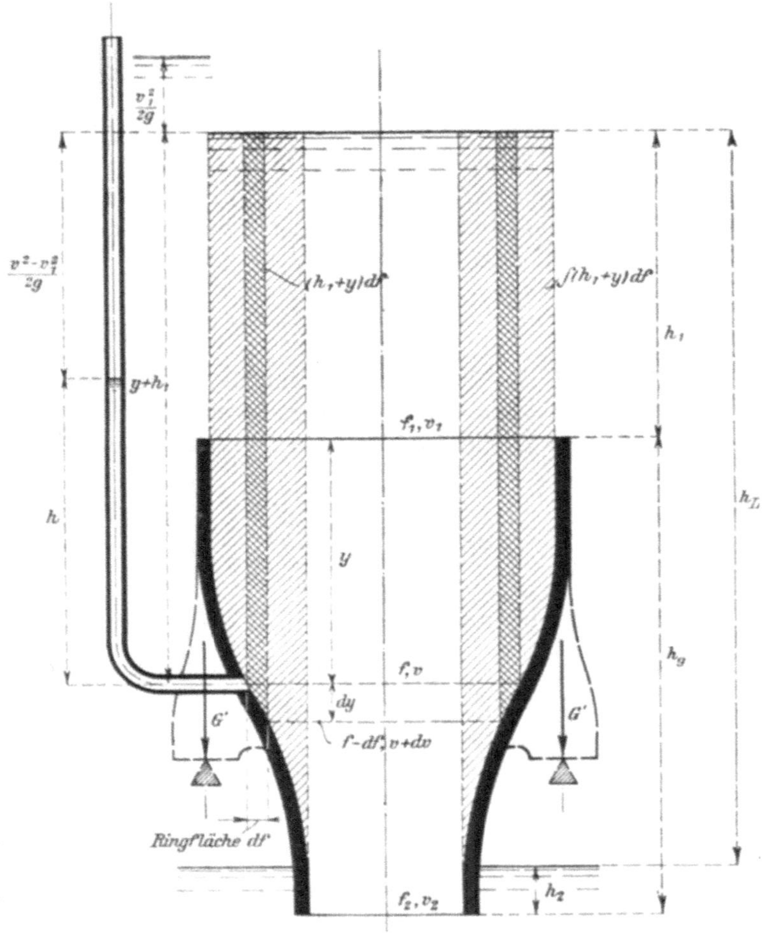

Fig. 44.

Die Höhe h_g des Reaktionsgefäßes ist also hier für die Entwicklung der Geschwindigkeiten v_1 und v_2 ganz ohne Belang, ebenso aber auch die Höhenlage des Gefäßes in bezug auf die beiden Druckwasserspiegel. Das unter Druck nachgefüllte Reaktionsgefäß kann unter jedem beliebigen Druckunterschied h_L in Betrieb genommen werden.

Die Art der Berechnung von Y ändert sich aber nicht, die Gl. 187 behält auch hier ihre Gültigkeit. Dies erhellt auch aus der Betrachtung über den Nachlaß der Wanddrücke beim geöffneten Gefäß gegenüber dem geschlossen gehaltenen, wie nachstehend im Anschluß an Fig. 44 erörtert.

Unten geschlossenes Gefäß. Bei gleicher Einteilung des Gefäßraumes wie vorher stellt sich die Tragstützenbelastung ein im Betrage ähnlich Gl. 188

$$G = f_2 (h_1 + h_g) \gamma - f_2 \cdot h_2 \cdot \gamma + \gamma \int_0^{h_g} (h_1 + y)\, df$$

oder nach Fig. 44
$$G = f_2 \cdot h_L \cdot \gamma + \gamma \int_0^{h_g} (h_1 + y)\, df \quad \dots\dots\dots\dots \quad 195$$

Hier ist es erforderlich, h_L durch v_2 und v_1 auszudrücken; für das Durchfließen des Gefäßes gilt, nach Gl. 194, für ideelle Verhältnisse:

$$h_L = \frac{v_2^2 - v_1^2}{2g}$$

so daß mit $f_2 = \frac{q}{v_2}$, ähnlich Gl. 189, als Tragstützenbelastung für das Gefäß mit geschlossenem Auslauf folgt

$$G = \frac{q\gamma}{v_2} \cdot \frac{v_2^2 - v_1^2}{2g} + \gamma \int_0^{h_g} (h_1 + y)\, df \quad \dots\dots\dots \quad 196$$

Gefäß geöffnet, stetiges Nachfüllen. Vor allem entfällt der vorher auf den Bodenverschluß gerichtet gewesene resultierende Druck $f_2 \cdot h_L \cdot \gamma$, und an die Stelle der ruhenden Druckhöhe $h_1 + y$ tritt laut Fig. 44 bei ideellem Betrieb

$$h = h_1 + y - \frac{v^2 - v_1^2}{2g}.$$

Der auf die horizontale Ringflächenprojektion df wirkende Druck $h \cdot df \cdot \gamma$ ist dem eben genannten Werte entsprechend anzusetzen, also beträgt die Summe der Drücke auf die Gefäßwände in senkrechter Richtung nach abwärts bei geöffnetem Gefäß

$$G' = \gamma \int_{h_1}^{h_2} h \cdot df = \gamma \int_0^{h_g} (h_1 + y)\, df - \gamma \int_{v_1}^{v_2} \frac{v^2 - v_1^2}{2g}\, df \quad \dots\dots\dots \quad 197$$

Die zur Umformung der Gl. 191 verwendeten Beziehungen bilden hier die Gl. 197 um in

$$G' = \gamma \int_0^{h_g} (h_1 + y)\, df - q\gamma \int_{v_1}^{v_2} \frac{v^2 - v_1^2}{2g} \cdot \frac{dv}{v^2}$$

und nach teilweiser Integration in

$$G' = \gamma \int_0^{h_g} (h_1 + y)\, df - \frac{q\gamma}{v_2} \cdot \frac{(v_2 - v_1)^2}{2g} \quad \dots\dots\dots \quad 198$$

Hier ergibt sich die Verminderung der Tragstützenbelastung, auf Grund der Abnahme der Gefäßwanddrücke berechnet, mit Hilfe von Gl. 196 und 198 als

$$G - G' = \frac{q\gamma}{v_2} \left[\frac{v_2^2 - v_1^2}{2g} + \frac{(v_2 - v_1)^2}{2g} \right] = \frac{q\gamma}{g} (v_2 - v_1) = Y$$

gleich wie vorher.

Da in den beiden betrachteten Fällen die nicht integrierten Teilposten von G und G', die von der Gefäßform (y und df) abhängen, für die Ermittlung von $G - G' = Y$ aus der Rechnung fallen, so ist erwiesen, daß die Art des Überganges zwischen den Querschnitten f_1 und f_2, also die Gefäßform, auch wenn Y aus der Minderung des Druckes auf die Gefäßwandungen berechnet wird, keinen Einfluß auf die resultierende Größe von Y ausüben kann.

3. Wagrechter Durchfluß, Ein- und Ausströmung unter Druck.

Für den wagrechten Durchfluß kommen natürlich keine Änderungen an senkrecht wirkenden Kräften vor, wenn ein zuerst geschlossen gewesenes Gefäß mit wagrechter Achse für den Wasserdurchfluß freigegeben wird, etwa in Art der Fig. 45 bis 47. Dagegen entwickeln sich Änderungen in den Horizontalkräften, die natürlich auch nach dem allgemeinen Schema der Gl. 186 und 187 gerechnet werden können, wobei die Bezeichnung X an die Stelle von Y tritt und v_2 und v_1 die wagrechten Geschwindigkeiten sind.

Für die Bestimmung der wagrechten Druckresultierenden, die sich an dem Gefäß betätigt, ist aber auch noch die Anordnung selbst von Wichtigkeit.

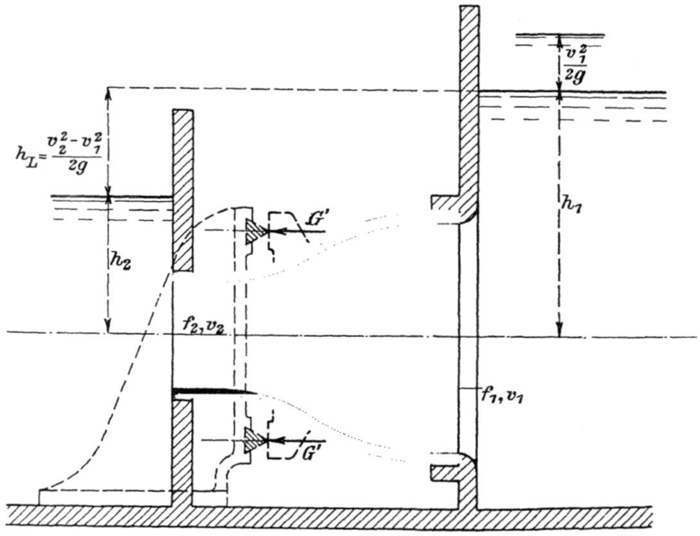

Fig. 45.

Sehen wir uns zuerst diejenige nach Fig. 45 an. Das Versuchsgefäß bildet die Verbindung zwischen zwei Behältern von verschiedenem Wasserstand, Höhenunterschied h_L, und wir denken uns dasselbe in den Wandungen dicht anschließend, aber doch in wagrechter Richtung frei beweglich eingebaut.

Bezeichnet hier G den in der Wagrechten wirkenden Druck auf das Gefäß mit noch geschlossenem Austrittsquerschnitt f_2, so ist zu schreiben, wenn die Kraftrichtung von links nach rechts als positiv bezeichnet wird,

$$G = f_2 \cdot h_2 \cdot \gamma - f_1 \cdot h_1 \cdot \gamma$$

oder, wenn die achsiale Gefäßprojektion f_1 in die Fläche f_2 und die Ringfläche $f_1 - f_2$ zerlegt gedacht wird,

$$G = -(f_1 - f_2) h_1 \cdot \gamma - f_2 (h_1 - h_2) \gamma \quad \ldots \ldots \ldots \quad 199$$

Im zweiten Gliede $f_2 = \frac{q}{v_2}$ und $h_1 - h_2 = h_L = \frac{v_2^2 - v_1^2}{2g}$ eingesetzt, liefert

$$G = -(f_1 - f_2) h_1 \cdot \gamma - \frac{q\gamma}{v_2} \cdot \frac{v_2^2 - v_1^2}{2g} \text{ (linksgehend)} \quad . \; . \quad 200$$

Wenn die Öffnung f_2 freigegeben wird, muß sich ein geringerer von rechts nach links wirkender Druck, G', einstellen, denn die Einheitsdrücke auf die achsialen Ringprojektionen df nehmen, wie vorher auch, wegen der zunehmenden Geschwindigkeiten v ab. Es ist einfach, weil der positive Gegendruck durch das Freigeben von f_2 wegfällt, nur mit der wechselnden hydraulischen Druckhöhe h zu rechnen:

$$G' = -\int_{f_2}^{f_1} h \cdot df \cdot \gamma \quad \ldots \ldots \ldots \ldots \quad 201$$

Nun ist h nach Gl. 190, aber statt y mit h_1, einzuführen, wodurch sich ergibt

$$G' = -\left[\int_{f_2}^{f_1} h_1 \cdot df \cdot \gamma - \int_{f_2}^{f_1} \frac{v^2 - v_1^2}{2g} df \cdot \gamma\right] \quad \ldots\ldots\ldots \quad 202$$

Das zweite Integral kommt in Gl. 191 vor und seine Auflösung ist aus Gl. 192 ersichtlich. Dadurch vereinfacht sich G' auf

$$G' = -\left[(f_1 - f_2) h_1 \cdot \gamma - \frac{q\gamma}{v_2} \cdot \frac{(v_2 - v_1)^2}{2g}\right] \text{ (linksgehend)} \quad . \; . \quad 203$$

Als Unterschied der vom Gefäß gegen außen betätigten Kräfte G und G' ergibt sich aus den Gl. 200 und 203 nach kurzer Vereinfachung auch wieder der Ausdruck

$$X = G - G' = -\frac{q\gamma}{g}(v_2 - v_1) \text{ (linksgehend)} \quad . \; . \; . \; . \quad 204$$

d. h. der Horizontaldruck G hat zwar durch das Öffnen von f_2 um den aus Gl. 204 ersichtlichen Betrag auf G' abgenommen, bleibt aber nach wie vor von rechts nach links gerichtet.

Weitere Anordnungen sind die folgenden.

Nach Fig. 46 befindet sich das Gefäß im Unterwasser, dasjenige nach Fig. 47 im Oberwasser.

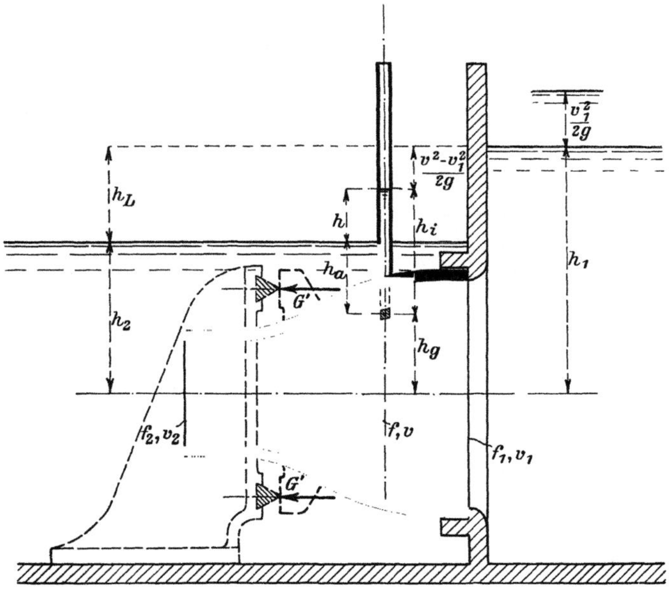

Fig. 46.

Bezeichnet G auch hier den in der Achsenrichtung wagrecht auf das Gefäß mit geschlossenem Austrittsquerschnitt f_2 wirkenden Druck der ruhenden Flüssigkeit, G' denjenigen bei geöffnetem Austrittsquerschnitt, so ergibt sich für das ins Unterwasser getauchte Gefäß nach Fig. 46 (f_2 geschlossen) und die Kraftrichtung nach links als — bezeichnet

$$G = -f_1 \cdot h_1 \cdot \gamma + f_1 \cdot h_2 \cdot \gamma = -f_1 \cdot h_L \cdot \gamma$$

oder auch in bekannter Weise umgeformt

$$G = -\frac{q\gamma}{v_1} \cdot \frac{v_2^2 - v_1^2}{2g} \text{ (linksgehend)} \quad . \; . \; . \; . \; . \; . \quad 205$$

Bei freigegebenem Durchfluß steht auf einem über der wagrechten Gefäßachse liegenden, unendlich kleinen Stückchen der Gefäßwandung die Druckhöhe von innen her:

$$h_i = h_1 - h_g - \frac{v^2 - v_1^2}{2g} \quad \text{und von außen} \quad h_a = h_2 - h_g$$

also ist die resultierende Druckhöhe

$$h = h_i - h_a = h_1 - h_2 - \frac{v^2 - v_1^2}{2g} = h_L - \frac{v^2 - v_1^2}{2g}$$

von rechts nach links wirkend anzusehen. Der gesamte Achsialdruck G' bei durchfließendem Wasser stellt sich dar als

$$G' = -\gamma \int_{f_2}^{f_1} h \cdot df = -\gamma \int_{f_2}^{f_1} h_L \cdot df + \gamma \int_{f_2}^{f_1} \frac{v^2 - v_1^2}{2g} df \quad \text{(linksgehend).}$$

Durch Integration und Umformung wie vorher ergibt sich dann für das Gefäß nach Fig. 46

$$G' = -\frac{q\gamma}{v_1} \cdot \frac{(v_2 - v_1)^2}{2g} \quad \text{(linksgehend)} \quad . \quad . \quad . \quad . \quad . \quad 206$$

und die Größe des Verminderungsbetrages (die angebliche Reaktionskraft wäre rechtsgehend) gegenüber G aus Gl. 205 und 206

$$X = G - G' = -\frac{q\gamma}{g}(v_2 - v_1) \quad \text{(linksgehend)} \quad . \quad . \quad . \quad 207$$

Das Ausflußstück, Fig. 46, hat also keineswegs die Tendenz, sich im Sinne der sog. Reaktionskraft X von links nach rechts zu bewegen, und das wäre auch bei Ausguß ins Freie nicht der Fall.

Für das im Oberwasser liegende Gefäß, Fig. 47, findet sich für den geschlossenen Zustand

$$G = -f_2 (h_1 - h_2) \gamma = -f_2 \cdot h_L \cdot \gamma$$

oder auch

$$G = -\frac{q\gamma}{v_2} \cdot \frac{v_2^2 - v_1^2}{2g} \quad . \quad . \quad . \quad 208$$

(linksgehend)

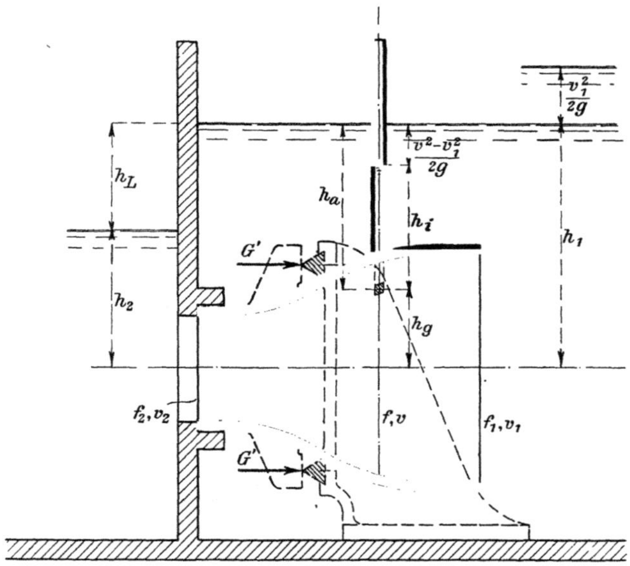

Fig. 47.

Das Gefäß nach Fig. 47 zeigt, bei freiem Durchfluß, in der Höhe h_g über der wagrechten Gefäßachse gegen die Gefäßwand von innen her die Druckhöhe

$$h_i = h_1 - h_g - \frac{v^2 - v_1^2}{2g}$$

und von außen her $h_a = h_1 - h_g$. Die resultierende Druckhöhe ist also, von links nach rechts wirkend,

$$h = h_a - h_i = \frac{v^2 - v_1^2}{2g}$$

und demgemäß wird hier

$$G' = \gamma \int_{f_2}^{f_1} \frac{v^2 - v_1^2}{2g} df = \frac{q\gamma}{v_2} \cdot \frac{(v_2 - v_1)^2}{2g} \quad \text{(rechtsgehend)} \quad . \quad . \quad 209$$

d. h. die Resultierende G' der äußeren und inneren Wanddrücke geht hier im Gegensatz zu Fig. 46 der Fließrichtung entgegengesetzt, also nach rechts. Das Gefäß würde, wenn es nicht durch äußere Kräfte an seiner Stelle festgehalten wäre, infolge des äußeren Überdruckes auf seine Wandungen, nicht aber durch die Wirkung der sog. Reaktionskraft X gegen das Oberwasser zurückgezogen werden.

Die Größe der im Gegensatz zu vorher rechtsgehenden Kraft X ergibt sich aber zu

$$X = G' - G = \frac{q\gamma}{g}(v_2 - v_1) \quad \text{(rechtsgehend)} \quad . \quad . \quad . \quad \mathbf{(207)}$$

4. Senkrechtes Einfüllen, wagrechter Ausfluß, beides unter Druck.

Die Verhältnisse werden durch den in Fig. 48 dargestellten Krümmer mit verengtem Austritt erläutert.

Hier liegen die Verhältnisse etwas anders als seither. Das fortwährend mit der senkrechten Geschwindigkeit v_1 nachfüllende Wasser besitzt am wagrechten Auslauf f_2 überhaupt keine senkrechte Geschwindigkeit mehr, es ist also in senkrechter Richtung von v_1 auf Null verzögert worden. Die zur Ausführung dieser Verzögerungsarbeit erforderliche Kraft ist entsprechend Gl. 187

$$Y = \frac{q\gamma}{g}(o - v_1) = -\frac{q\gamma}{g} v_1 \quad \ldots\ldots\ldots\ldots \quad 210$$

d. h. Y ist jetzt gegen abwärts gerichtet, die Tragstützen des Gefäßes, hier die Flanschschrauben des Einlaufes, erfahren keine Verminderung, sondern eine Vermehrung ihrer Belastung um den Betrag Y nach Gl. 210.

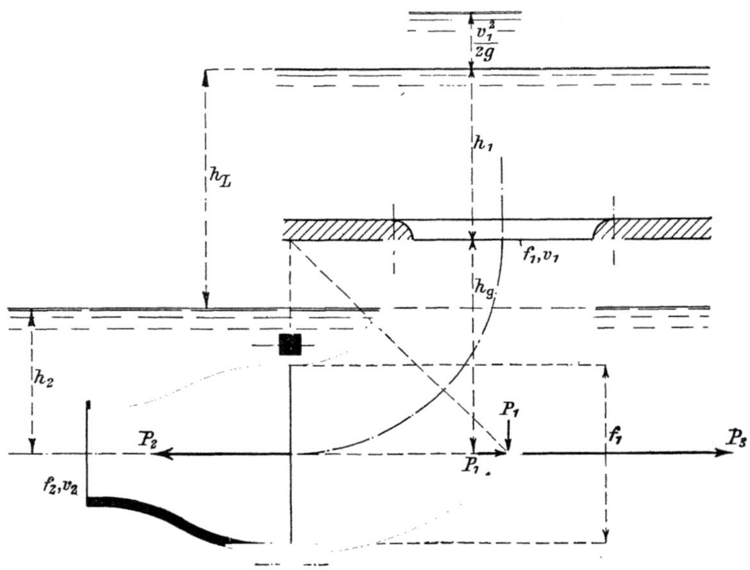

Fig. 48.

Y ist hier auch nur die senkrechte Komponente der sog. Reaktionskraft, denn da das Wasser beim Verlassen des Gefäßes eine nach links gerichtete wagrechte Geschwindigkeit v_2 besitzt, während es beim Einfüllen in f_1 überhaupt keine wagrechte Geschwindigkeit hatte, so muß eine horizontale Beschleunigungskraft X tätig sein, welche aus

$$X = \frac{q\gamma}{g}(v_2 - o) = \frac{q\gamma}{g} v_2 \text{ (rechtsgehend)} \quad \ldots\ldots \quad 211$$

folgt.

Diese Beschleunigungskraft X wird in letzter Linie auch durch die Anziehungskraft der Erde bedingt, da aber v_2 wagrecht liegt, so wird sich auch X wagrecht und entgegengesetzt zur Beschleunigungsrichtung, d. h. von links nach rechts, äußern müssen und diese Komponente der Gesamtreaktionskraft deshalb bestrebt sein, das Gefäß nach der rechten Seite zu schieben.

Die Feststellung von q usw. erfolgt wie vorher auch, der Einblick in die tatsächliche Entwicklung dieser beiden Kräfte aber wird durch ähnliche Überlegungen wie seither gewonnen.

Eine gegen außen gehende Kraftäußerung in wagrechter Richtung ist bei geschlossenem Ausfluß nicht vorhanden.

Für das geöffnete Gefäß finden sich die in der Horizontalen wirkenden Kräfte wie folgt:

Der Rohrkrümmer habe durchweg gleichen Querschnitt, f_1, so daß auch die mittlere Geschwindigkeit v_1 zwischen dessen Beginn und Ende gleich bleibt; die Ablenkung betrage 90°. Unter diesen Verhältnissen empfängt der Krümmer von dem durchströmenden Wasser Ablenkungsdrücke gegen die Außenwand gerichtet, deren Resultierende durch den Krümmungsmittelpunkt geht und den Ablenkungswinkel halbiert. Die Komponenten dieser Resultierenden in wagrechter (rechtsgehend) und in senkrechter Richtung (abwärtsgehend) stellen sich nach bekannter Berechnungsweise, Gl. 32, 33, auch S. 9 bei Fig. 10, auf je:

$$P_1 = \frac{q\gamma}{g} v_1 \quad . \; . \; . \; . \; . \; . \; . \; . \; . \; . \; . \; . \; . \; 212$$

Die rechtsgehende Horizontalkomponente der Ablenkungsdrücke wird bei einem Rohrkrümmer, der ohne Verengung schon mit dem Querschnitt f_1 ausgießt, hier und da fälschlich auch als sogenannte Reaktionswirkung erklärt.

Über die weiteren in Frage kommenden Wasserdruckkräfte in wagrechter Richtung ist folgendes zu sagen: Die gesamte achsiale Druckwirkung auf die Innen- und Außenwände des verengten Mundstückes ist oben nach Fig. 46 als G', Gl. 206, schon ermittelt. Wir schreiben hier

$$P_2 = -\frac{q\gamma}{v_1} \cdot \frac{(v_2 - v_1)^2}{2g} \quad \text{(linksgehend)} \quad . \; . \; . \; . \; \mathbf{212a}$$

Hierzu kommt dann noch der Druck auf die dem Krümmerende gegenüber liegende Projektion von f_1 (innere Krümmerwandung) in achsialer Richtung im Betrage $f_1(h_1 + h_g)\gamma$ rechtsgehend, dem auf der Außenseite der Druck $f_1 \cdot h_2 \cdot \gamma$ linksgehend gegenübersteht, zusammen also $f_1(h_1 + h_g - h_2) = f_1 \cdot h_L \cdot \gamma$ rechtsgehend. Dieser Betrag läßt sich, wie vorher, G, nach Gl. 205 auch schreiben als

$$P_3 = \frac{q\gamma}{v_1} \cdot \frac{v_2^2 - v_1^2}{2g} \quad \text{(rechtsgehend)} \quad . \; . \; . \; . \; . \; 212\mathrm{b}$$

So sehen wir drei Kräfte in der Horizontalen, die ihren Richtungen gemäß zusammengestellt, die Resultierende X liefern als:

$$X = P_1 + P_2 + P_3$$

oder

$$X = \frac{q\gamma}{g} v_1 - \frac{q\gamma}{v_1} \cdot \frac{(v_2 - v_1)^2}{2g} + \frac{q\gamma}{v_1} \cdot \frac{v_2^2 - v_1^2}{2g}$$

woraus, entsprechend Gl. 211

$$X = \frac{q\gamma}{g} v_2 \quad \text{(rechtsgehend)}$$

Die durch das Freigeben von f_2 und die innere Druckabnahme verringerte, aber immer noch linksgehende Druckkraft P_2 auf das Mündungsstück, Gl. (212), wird durch die überlegenen rechtsgehenden Kräfte, speziell durch die gegen die Innenwand des Krümmers tätige, aus der äußeren Niveaudifferenz h_L folgende Druckkraft $P_3 = f_1 \cdot h_L \cdot \gamma$ überwunden. Die relativ kleine Komponente des Ablenkungsdruckes kommt dann auch noch helfend mit dazu.

Senkrecht nach abwärts haben die Befestigungsschrauben des Krümmers mit verjüngtem Auslauf als Y-Kraft die Ablenkungskomponente $P_1 = \frac{q\gamma}{g} v_1$, dazu den

Druck $f_1 \cdot h_L \cdot \gamma$ auf die Projektion des Eintrittsquerschnittes senkrecht abwärts gegen die Krümmerwand, schließlich ein Kippmoment durch $P_1 - P_2 + P_3$ auszuhalten.

Aus dem Vorstehenden erhellt, daß, wie schon gesagt, die Berechnung der sogenannten Reaktionskräfte am einfachsten immer nach den dynamischen Gl. 186 und 187 erfolgt, wenn diese auch die Art der Entstehung und Wirkung der Kräfte nur verschleiert erkennen lassen.[1])

Die Rechnung zeigt aber weiter, daß die Gefäßhöhe h_g auch hier für die Bemessung der Kräfte X und Y ohne Einfluß ist, und daß nur der Höhenunterschied h_L der beiden Wasserspiegel in Betracht kommt, weil nur dieser die Größe von q, neben $f_1 = n_1 \cdot f_2$, bedingt.

5. Einfüllen und Ausfluß gegen die Wagrechte geneigt, beides unter Druck erfolgend.

Auch hier, Fig. 49, bleiben die Beziehungen für v_1, v_2 und q nach Gl. 183 bis 185 unverändert bestehen.

Zur Bestimmung des senkrechten Teils der sog. Reaktionskraft, der Y-Komponente, dient die Erwägung, daß in Gl. 186 für v_t bzw. v_0 zu setzen ist, vgl. Fig. 49:

$$v_t = v_2 \sin \beta_2 \quad \text{und} \quad v_0 = v_1 \sin \beta_1$$

womit sich ergibt:

$$Y = \frac{q\gamma}{g}(v_2 \sin \beta_2 - v_1 \sin \beta_1) \quad . \quad . \quad . \quad 213$$

Der Klammerwert, und deshalb auch der Wert von Y, kann je nach den Größen in der Klammer positiv (Richtung von Y gegen aufwärts), Null oder auch negativ (Y abwärtsgehend) ausfallen.

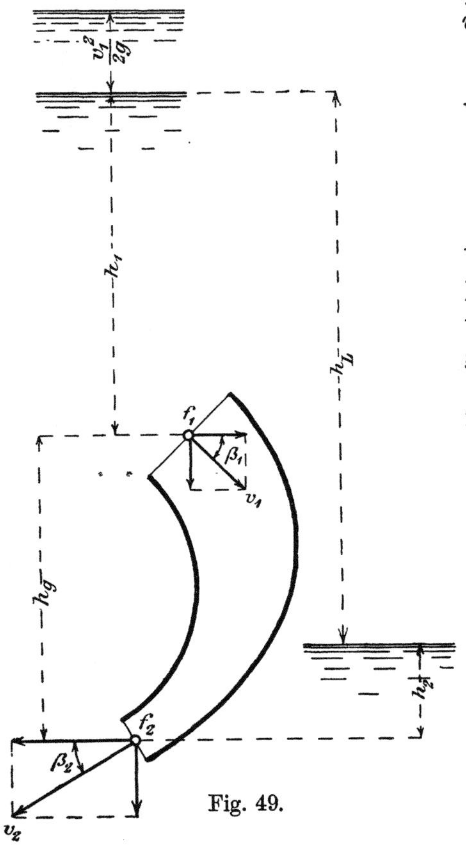

Fig. 49.

Als wagrechte Druckäußerung X des strömenden Wassers auf das stetig nachgefüllte Gefäß ergibt sich, in Anbetracht der entgegengesetzten Richtungen der Horizontalkomponenten bei Anfangs- und Endgeschwindigkeit, nämlich mit

$$v_t = v_2 \cos \beta_2 \quad \text{und} \quad v_0 = -v_1 \cos \beta_1$$

$$X = \frac{q\gamma}{g}(v_2 \cos \beta_2 + v_1 \cos \beta_1) \quad . \quad . \quad . \quad 214$$

Es kann die Frage aufgeworfen werden, ob denn nicht die gegen $f_1 = a_1 \cdot b_1$, dazu $s_1 \cdot b_1$, vorhandene Druckhöhe h_1 gegenüber der im übrigen das Reaktionsgefäß umgebenden Druckhöhe h_2 eine Kraftäußerung im Sinne der X- und Y-Komponente bewirke.

Für ein **einzelnes** Gefäß nach Fig. 49 ist dies für beide Richtungen zu bejahen; es wäre, Fig. 50, in der X-Richtung $(a_1 + s_1)\, b_1 \cos \beta_1\, (h_1 - h_2)\, \gamma$ in Rech-

[1]) Dem Verf. ist es nicht gelungen, einen kurzen, treffenden Ausdruck an Stelle des Wortes Reaktionskraft zu finden, dieses ist darum beibehalten worden, und auch schon deshalb, weil der Name „Reaktionsturbinen" im Turbinenbau wohlbekannt, alle die anderen Benennungen aber, wie Überdruck- oder Preßstrahl-Turbinen, von der Praxis abgelehnt worden sind, und auch nicht wohl von „Überdruckkraft" usw. gesprochen werden kann.

nung zu stellen. Sowie aber, und dies ist ja in der Praxis stets der Fall, die Gefäße aneinandergereiht auftreten, Fig. 50 u. a., ändern sich die Verhältnisse. Hier heben sich dann die aus $h_1 - h_2$ folgenden Druckkräfte in der X-Richtung auf, denn der nach rechts mit $h_1 - h_2$ gedrückten Fläche $(a_1 + s_1)\, b_1 \cos \beta_1$ steht nunmehr die gleich große, mit $h_1 - h_2$ gegen links gedrückte Projektion des geraden Übergangsstückes zur Nachbarschaufel gegenüber. Für die Y-Richtung dagegen kommt zu der Druckfläche $(a_1 + s_1)\, b_1 \sin \beta_1$ noch die Projektion des Anfangsstückes der Nachbarschaufel mit hinzu, so daß für diese Richtung einfach pro Schaufel ein Druck im Betrage $t_1 \cdot b_1 (h_1 - h_2)\, \gamma$ in Rechnung zu stellen ist, der im Betriebe von der Stützung der Gefäße (Spurzapfen) aufgenommen werden muß.

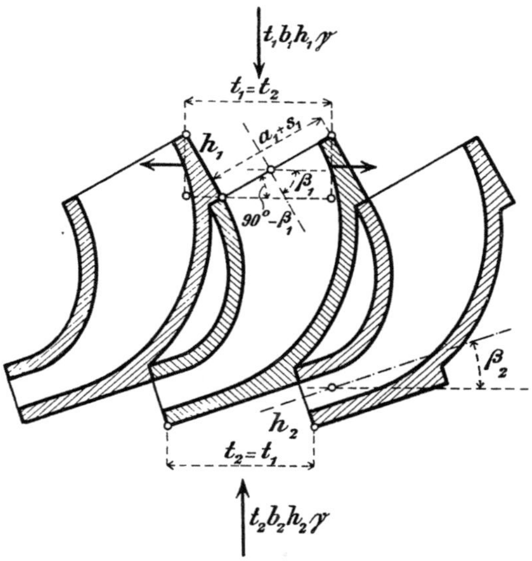

Fig. 50.

Die v_1, v_2 und q, ferner X und Y sind, wie schon gesagt, von der Gefäßhöhe h_g unabhängig, auch die Höhenlage zu den Druckwasserspiegeln ist für die Entwicklung der Reaktionskräfte ohne jeden Einfluß. Das Reaktionsgefäß kann sogar jede beliebige Schräglage im Raum annehmen, ohne daß die Geschwindigkeits- und Reaktionsdruckverhältnisse, abgesehen natürlich von den sich mit ändernden Richtungen der X und Y, irgendwie beeinflußt würden. Ein in f_1, f_2, h_g usw. gegebenes Gefäß kann unter jeder ganz frei wählbaren Höhenunterschied h_L in Betrieb genommen werden, ohne daß dadurch die Kontinuität gestört wird.

Wie sich das im Austrittsquerschnitt vorhandene Arbeitsvermögen, $q\gamma \frac{v_2^2}{2g}$, etwa im Unterwasser betätigen könnte, gehört nicht in den Bereich der vorliegenden Betrachtung.

Hier, wie vorher für die Ablenkungsflächen, sollen nunmehr die Arbeitsverhältnisse untersucht werden, die für die X-Komponente des Reaktionsdruckes beim Fortschreiten des Gefäßes in Betracht kommen.

6. Das Reaktionsgefäß nach „5" kann sich, dem Drucke von X nachgebend, parallel zur X-Achse mit gleichmäßiger Geschwindigkeit u fortbewegen.

Reibungslose Stützung in Richtung der Y-Achse. Gegeben $f_1 = n_1 \cdot f_2$, β_1, β_2, h_g, h_L, u.

Die geradlinige, gleichmäßige Fortbewegung des Gefäßes verändert die unter „5" aufgestellten Beziehungen für X und Y sowie die sonstigen Folgerungen nicht, wenn v_1 und v_2 als relative Geschwindigkeiten aufgefaßt werden.

Da sich das Gefäß mit u Metern in der Sekunde vorwärts bewegt, so muß das nachfüllende Wasser hier nicht nur die unter dem Winkel β_1 geneigte Einfüll-Geschwindigkeit v_1, Fig. 51, besitzen, sondern auch die wagrechte Geschwindigkeit u erhalten, d. h. es muß, wie schon früher an der Ablenkungsfläche gezeigt, eine tatsächliche Geschwindigkeit in Größe und Richtung gleich der Resultierenden von beiden, w_1, besitzen, woraus sich ergibt

$$w_1^2 = u^2 + v_1^2 + 2\,u\,v_1 \cos\beta_1 \qquad 215$$

und die erforderliche Neigung von w_1 gegen die Richtung des Fortschreitens findet sich aus

$$\sin\delta_1 = \sin\beta_1 \frac{v_1}{w_1} \qquad 216$$

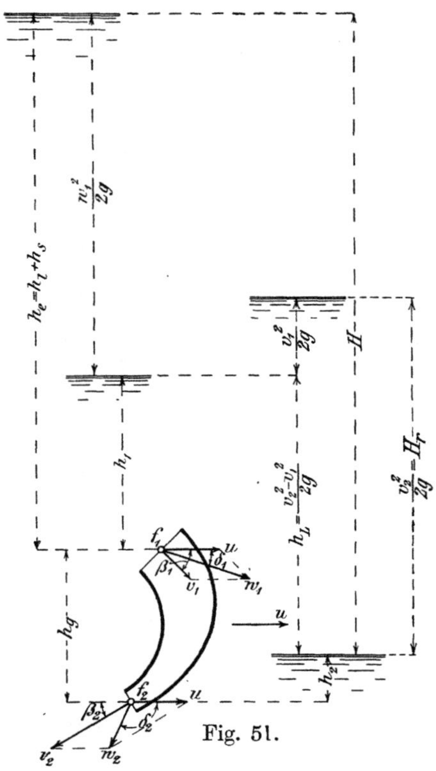

Fig. 51.

Zur Erzeugung der Nachfüllgeschwindigkeit w_1, Reibungen vernachlässigt, ist die Höhe $\frac{w_1^2}{2g}$ erforderlich; diese kann nicht aus h_L oder h_1 bestritten werden, da ja der Druckunterschied $h_L = h_1 + h_g - h_2$ erforderlich ist, um das Wasser durch das Gefäß zu pressen, wobei die X-Komponente erzeugt wird. Die Höhe $\frac{w_1^2}{2g}$ muß deshalb auf h_L bzw. h_1 aufgesetzt werden und ergibt mit

$$\frac{w_1^2}{2g} + h_L = H \qquad 217$$

die Höhenlage des erforderlichen freien Oberwasserspiegels gegenüber der Druckhöhe h_2 (Unterwasserspiegel), Fig. 51 und auch Fig. 4, wodurch der Gesamtarbeitsweg, das Gesamtgefälle H, wie solches für den Betrieb mit u und für regelrechtes Nachfüllen des Reaktionsgefäßes erforderlich, bestimmt ist. Von diesem Gesamtgefälle hat die Betrachtung auszugehen.

Nun ist, Gl. 194,

$$h_L = \frac{v_2^2 - v_1^2}{2g}$$

und demgemäß kann Gl. 217 geschrieben werden als

$$\frac{w_1^2}{2g} + \frac{v_2^2 - v_1^2}{2g} = H \qquad 218$$

Dies ist die einfachste Form der sog. Gefälleaufteilung, die in den kommenden Betrachtungen eine wesentliche Rolle spielt. Aus der Gl. 218 ist zu ersehen, daß, richtiges d. h. stoßfreies Einfüllen des Reaktionsgefäßes vorausgesetzt, das gesamte Gefälle H unabhängig von der nutzbaren Arbeitsleistung des Gefäßes, rein nur für die Durchführung des Wassers durch den Versuchsapparat in Anspruch genommen wird. Gewissermaßen nebenbei zeigt sich dann als Folge dieser Gefällebenützung der Druck der X-Komponente und deren Arbeitsleistung als

$$A = X \cdot u = \frac{q\gamma}{g}(v_2 \cos\beta_2' + v_1 \cos\beta_1)\,u \qquad 219$$

Für das Ein- und Durchführen des Betriebswassers durch das Versuchsgefäß steht hier eine hypothetische Druckhöhe von zusammen

$$\frac{v_1^2}{2g} + h_L = \frac{v_1^2}{2g} + \frac{v_2^2 - v_1^2}{2g} = \frac{v_2^2}{2g} = H_r = H - \left(\frac{w_1^2}{2g} - \frac{v_1^2}{2g}\right) \qquad 220$$

in Verwendung, die als Relativgefälle, H_r, bezeichnet werden soll. Das Relativgefälle entspricht der Summe der Druck- und Geschwindigkeitshöhen, die relativ zum Gefäß (Laufrad) in Erscheinung treten. Hier also ist H_r wie vorstehend zusammengesetzt.

Da die Größe der Fortschreitegeschwindigkeit, u, in der Gl. 218 gar nicht vorkommt, so beweist dies, daß bei gleichbleibendem Gesamtgefälle H ein geradlinig fortschreitendes Reaktionsgefäß mit ganz verschiedenen Werten von u für stoßfreies Nachfüllen eingerichtet werden kann; natürlich werden sich w_1 und v_1, auch die Winkel δ_1 und β_1 den Verhältnissen gemäß Gl. 215, 216 und 218 anzupassen haben, wodurch sich die Größe des Relativgefälles H_r ebenfalls ändert.

Im Vordergrund steht aber auch hier die Frage, auf welche Weise die Verhältnisse auszubilden sind, damit ein möglichst großer Betrag an nutzbarer Arbeit $A = X \cdot u$ erzielt werde. Diese Frage nach A_{max} wird am einfachsten durch die Erörterung der Bedingungen gelöst, unter denen ein $A_{2\,min}$ eintritt, denn es ist ja $A = A_1 - A_2$.

Auch hier bestimmt die Größe von w_2 den Betrag von A_2, das vom wegfließenden Wasser aus dem Arbeitsweg mit fortgenommene Arbeitsvermögen, den Austrittsverlust. Nach Fig. 51 ist

$$w_2^2 = u^2 + v_2^2 - 2uv_2 \cos\beta_2 .$$

Nun können wir uns das Reaktionsgefäß mit, der Größe nach unveränderlichen, Querschnitten f_1 und f_2 aus biegsamem Material denken, so daß eine Veränderung der Richtung β_2 keine Änderung der Größen f_2 und v_2 mit sich bringt. Wenn dann dafür gesorgt ist, daß u und w_1, also H und q unverändert bleiben, so zeigt sich der Einfluß des Winkels β_2 gemäß der Fig. 52: Je kleiner β_2 ist, um so kleiner fällt bei gleichbleibender Größe von u und v_2 die absolute Austrittsgeschwindigkeit w_2 aus; sie wird zweifellos, soweit der Einfluß von β_2 reicht, einen Kleinstwert für $\beta_2 = 0^0$ aufweisen, denn dabei wird, Fig. 53,

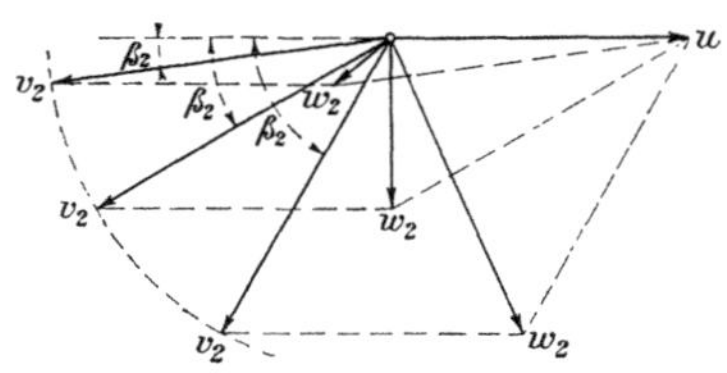

Fig. 52.

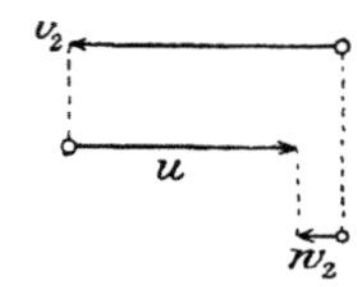

Fig. 53.

$$w_2 = v_2 - u$$

wie auch die obige Gleichung für $\beta_2 = 0^0$ lehrt.

Wird bei der Ausführung des Versuchsgefäßes so disponiert, daß v_2 und u für $\beta_2 = 0^0$ einander gleich sind, was immer durch passende Wahl der Querschnitte f_1 und f_2 möglich ist, so würde sich $w_2 = 0$ einstellen, es wäre $A_2 = 0$, also $A = A_1$.

Das unter Druck betriebene Reaktionsgefäß ist also in gleicher Weise wie die Ablenkungsfläche ideell imstande, die volle verfügbare Arbeitsfähigkeit einer beschränkten Wassermenge auszunützen.

Bei $\beta_2 = 0^0$, d. h. bei einer Richtung von v_2 parallel zur Fortschreiterichtung u ist es aber nicht möglich, eine Anzahl solcher Gefäße aneinander zu reihen, es ist immer, wie bei der Ablenkungsfläche, ein gewisser Betrag der Winkelgröße β_2 erforderlich, damit das austretende Wasser an dem Nachbargefäß vorbeifindet, Fig. 50, also tritt auch, selbst wenn $v_2 = u$ gemacht wäre, für den kontinuierlichen Betrieb die Notwendigkeit der Drangabe eines gewissen Austrittsverlustes von der Größe $\frac{w_2^2}{2g}$ ein.

Aus Gl. 215 ergibt sich u unter Berücksichtigung, daß $f_1 = n_1 \cdot f_2$, also $v_2 = n_1 \cdot v_1$, und unter Beachtung von Gl. 194 und 217 für gegebene Größen von H, h_L und β_1 zu

$$u = \sqrt{\frac{2g}{n_1^2 - 1}}\left[\sqrt{H(n_1^2 - 1) - h_L(n_1^2 - \cos^2\beta_1)} - \cos\beta_1\sqrt{h_L}\right] \quad . \quad . \quad 221$$

und A aus $X \cdot u$ zu

$$A = q\gamma \frac{2}{n_1{}^2 - 1}\left[n_1 \cdot \cos\beta_2 + \cos\beta_1\right]\left[\sqrt{[H(n_1{}^2 - 1) - h_L(n_1{}^2 - \cos^2\beta_1)]h_L} - \cos\beta_1 \cdot h_L\right] \quad 222$$

Die Beziehungen sind unabhängig von den Höhenlagen h_e und h_2, Fig. 51, wobei natürlich vorausgesetzt ist, daß die Austrittsstelle f_2 mit dem Unterwasser in richtigem Zusammenhang (Eintauchen oder Saugrohr) steht; also kann ein solches Reaktionsgefäß auch für Arbeitsabgabe an ganz beliebiger Stelle der Gefällhöhe in Betrieb genommen werden, ohne daß sich am Wasserverbrauch, an der Arbeitsgeschwindigkeit und der Größe der geleisteten Arbeit Änderungen ergeben würden.

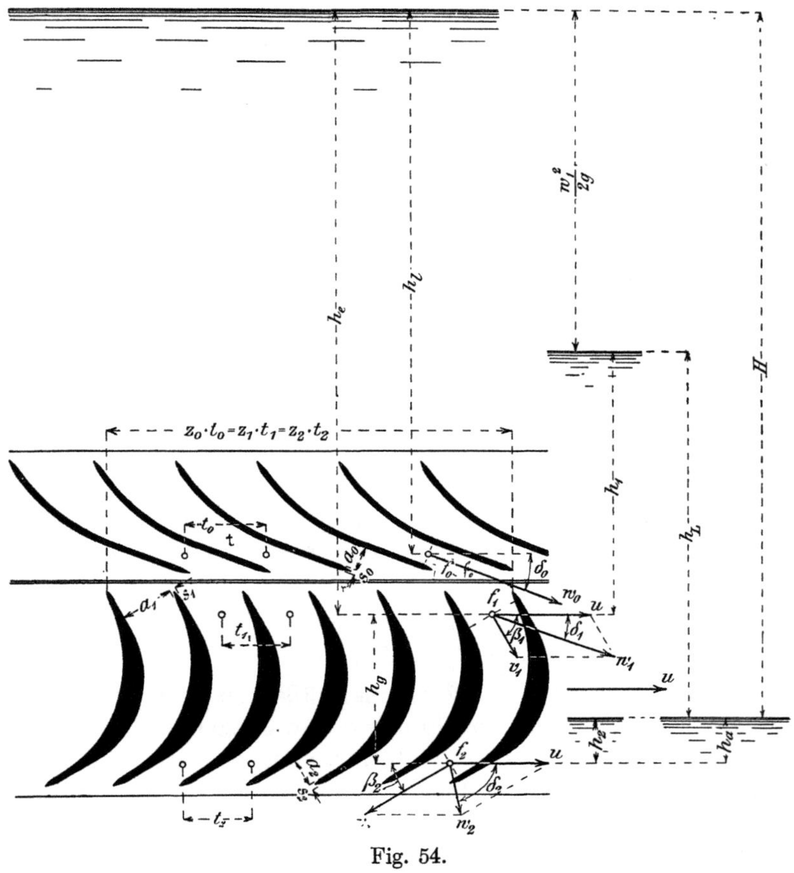

Fig. 54.

Da nun ein gegebenes Gefäß, wie gezeigt, mit beliebigen Größen von h_L in Betrieb genommen werden kann, so ist die Verwendung desselben auch an kein bestimmtes Gesamtgefälle von H gebunden, sondern es kann jede Größe von H mit demselben in Beziehung gebracht werden.

Es gilt eben die Gleichung der Gefälleaufteilung ganz allgemein

$$\frac{w_1{}^2}{2g} + \frac{v_2{}^2 - v_1{}^2}{2g} = H \quad . \; . \; . \; . \; . \; . \; . \; . \; . \; . \; . \quad (218)$$

und daraus folgt, daß man beim Entwerfen solcher Reaktionsgefäße in der Aufteilung des beliebigen Gesamtgefälles H nach w_1, v_1 und v_2 an sich ganz uneingeschränkt ist, sofern nur die Geschwindigkeitshöhen die vorstehende Gleichung befriedigen. Es ist also für unter Druck stehende Reaktionsgefäße bei jedem beliebigen Wert von H eine Fülle der verschiedensten Gefäßformen zur Verfügung.

Die Betrachtungen über drucklose Wasserzuführung, nach „A“ konnten geführt werden, ohne daß für die Zuleitung des Wassers und die Erzeugung von w_1 nach Größe und Richtung die Aufstellung besonderer umständlicher Begriffe erforderlich schien; man konnte annehmen, das Wasser trete aus entsprechenden, stillstehenden Mündungen frei aus.

Nunmehr aber ist es nötig, die bei den Turbinen übliche Zuführungsart des Betriebswassers in vollem Umfange mit ins Auge zu fassen und in die Betrachtungen einzuführen:

Ein feststehender, sog. Leitapparat, Fig. 54, von aneinandergereihten Leitzellen (Leitschaufeln) läßt das Wasser unter dem Winkel δ_0 kontinuierlich mit der Geschwindigkeit w_0 ausströmen, und der in bestimmter Entfernung (Schaufelspalt) daran vorbeistreichenden Reihe der Reaktionsgefäße (Laufradschaufelräume) wird auf diese Weise in jedem Augenblick das erforderliche Nachfüllwasser in Richtung δ_1 und Geschwindigkeit w_1 zugeleitet. Der Kranzspalt zwischen den vorderen und hinteren Begrenzungsflächen der Leit- und Laufzellenreihe wird einstweilen als dicht abschließend vorausgesetzt.

Die Größe des Austrittsquerschnittes jeder Leitzelle sei mit f_0 bezeichnet, und so erweitert sich die Kontinuitätsgleichung für eine zusammengehörige Zahl von z_0 Leit- und $z_1 = z_2$ Laufzellen (Reaktionsgefäße) auf

$$q = z_0 \cdot f_0 \cdot w_0 = z_1 \cdot f_1 \cdot v_1 = z_2 \cdot f_2 \cdot v_2 \quad . \; . \; . \; . \; . \; . \; . \; . \; . \; . \quad 223$$

Für die vorliegende Betrachtung soll im Interesse der Einfachheit und Übersichtlichkeit der Einfluß, den die Materialstärken der Trennungswände der einzelnen Gefäße, s_0 am Leitapparataustritt, s_1 am Gefäßeintritt, ausüben, einstweilen vernachlässigt werden. In diesem Falle darf für normale Fortschreitegeschwindigkeit u, $w_0 = w_1$ und $\delta_0 = \delta_1$ gesetzt werden, während später die Geschwindigkeiten w_0 und w_1, auch die Winkel, nach Umständen auseinander zu halten sind.

Übersicht der einschlägigen Größen.
(Fig. 51 und 54.)

Arbeitsgrößen .	H	Gesamtgefälle
	q	Wassermenge eines Reaktionsgefäßes
	A_1	$= q\gamma \cdot H$ Gesamtarbeitsvermögen
	A	an die Radschaufelwände abgegebene, geleistete Arbeit
	A_2	beim Austritt verlorengehende Arbeit
	η	$= \frac{A}{A_1}$ ideeller Nutzeffekt
	α	$= \frac{A_2}{A_1}$ Austrittsverlust
	X	arbeitende Reaktionskomponente } für stoßfreies Nachfüllen
	u	Arbeitsgeschwindigkeit } für stoßfreies Nachfüllen
	$u' \lesseqgtr u$	abweichende Arbeitsgeschwindigkeiten
Zuleitung . . .	w_0	Austrittsgeschwindigkeit aus den Leitschaufelöffnungen
	δ_0	Richtung derselben gegenüber u
	a_0	Weite einer Leitschaufel
	b_0	Breite einer Leitschaufel
	f_0	Querschnitt einer Leitschaufel $= a_0 \cdot b_0$
	z_0	Anzahl der Leitschaufeln
	t_0	Leitschaufelteilung
	s_0	Leitschaufelstärke
	h_l	Höhenlage des Leitschaufelaustritts gegenüber dem Oberwasserspiegel

Reaktionsgefäß . .	H_r	Relativgefälle
	w_1	Nachfüllgeschwindigkeit (absolut)
	δ_1	Richtung derselben gegenüber u
	v_1	Einfüllgeschwindigkeit (relativ zum Gefäß)
	β_1	Richtung derselben und der Zellenwand gegenüber u
	a_1	Eintrittsweite eines Reaktionsgefäßes
	b_1	Eintrittsbreite eines Reaktionsgefäßes
	f_1	Einfüllquerschnitt eines Reaktionsgefäßes $= a_1 \cdot b_1 = n_1 \cdot f_2$
	z_1	Anzahl der zu z_0 gehörigen Reaktionsgefäße $(z_0 \cdot t_0 = z_1 \cdot t_1)$
	t_1	Schaufelteilung am Eintritt
	s_1	Schaufelstärke am Eintritt
	h_e	Höhenlage des Gefäßeintrittes gegenüber dem Oberwasserspiegel
	h_g	Gefäßhöhe
	h_a	Höhenlage des Gefäßaustrittes gegenüber dem Unterwasserspiegel
	v_2	Austrittsgeschwindigkeit (relativ) am Gefäßende
	β_2	Richtung derselben gegenüber $-u$
	a_2	Austrittsweite eines Reaktionsgefäßes
	b_2	Austrittsbreite eines Reaktionsgefäßes
	f_2	Austrittsquerschnitt eines Reaktionsgefäßes $= a_2 \cdot b_2 = \frac{f_1}{n_1}$
	z_2	Zahl der Gefäße $(= z_1)$
	t_2	Schaufelteilung am Austritt (für die Turbinenstange $t_2 = t_1$)
	s_2	Schaufelstärke am Austritt
Druckhöhen . .	h_0	Druckhöhe in der Austrittsstelle „0“
	h_1	Druckhöhe in der Einfüllstelle „1“
	h_2	Druckhöhe in der Austrittsstelle „2“ (vorläufig $= h_a$)
	h_L	$= h_1 + h_g - h_2$ Höhenunterschied der Druckwasserspiegel in „1“ und „2“ (Laufradgefälle)
Ableitung . . .	w_2	Abflußgeschwindigkeit (absolut) beim Verlassen der Radschaufelmündung f_2
	δ_2	Richtung derselben gegenüber u

An die Gl. 222 knüpfen sich Erwägungen an über die Beziehungen zwischen H, h_L und n_1 mit Rücksicht darauf, daß A weder imaginär noch negativ werden soll.

Damit ein imaginärer Wert von A vermieden wird, muß das Versuchsgefäß dem Ausdruck, Gl. 221,

$$H(n_1^2 - 1) - h_L(n_1^2 - \cos^2\beta_1) > 0$$

genügen. Die Auflösung nach n_1^2 ergibt

$$n_1^2 > \frac{H - h_L \cdot \cos\beta^2{}_1}{H - h_L} \quad \text{. . . . . } 224$$

Damit A positiv ausfällt, muß dagegen sein, Gl. 222,

$$\sqrt{\left[H(n_1^2 - 1) - h_L(n_1^2 - \cos^2\beta_1)\right] h_L} - \cos\beta_1 \cdot h_L > 0$$

Die Auflösung nach n_1^2 liefert hier

$$n_1^2 > \frac{H}{H - h_L} \quad \text{. . . . . } 225$$

Die Bedingung Gl. 225 ist weitergehend als die in Gl. 224 ausgesprochene, sie zeigt aber, daß der Wert von n_1 für das Versuchsgefäß innerhalb sehr weiter

Grenzen schwanken, genauer gesagt, ganz beliebig sein darf, anfangend mit $n_1 = 1$, denn dies folgt aus $h_L = 0$, was in sich doch den Grenzfall nach unten darstellt.

Eine direkte Beziehung für n_1 ergibt sich aus Gl. 222, wenn darin v_1 und w_1 durch H und h_L ausgedrückt werden.

Es ist mit $v_2 = n_1 \cdot v_1$ aus Gl. 194, vgl. auch Gl. 183,

$$v_1 = \sqrt{\frac{2g h_L}{n_1^2 - 1}} \quad \ldots\ldots\ldots\ldots \quad (183)$$

und

$$w_1 = \sqrt{2g(H - h_L)} \quad \ldots\ldots\ldots\ldots \quad (217)$$

Hiermit folgt, vgl. Gl. 216,

$$\sin \delta_1 = \sin \beta_1 \sqrt{\frac{h_L}{n_1^2 - 1} \cdot \frac{1}{(H - h_L)}}$$

oder

$$n_1 = \sqrt{1 + \frac{h_L}{H - h_L} \cdot \frac{\sin^2 \beta_1}{\sin^2 \delta_1}} \quad \ldots\ldots\ldots\ldots \quad 226$$

was der Bedingung Gl. 225 genügt.

Die Größe n_1 läßt sich aber auch rein durch Winkelbeziehungen ausdrücken, die aus den Parallelogrammen des Ein- und Austrittes gewonnen werden.

Am Eintritt ist, Fig. 51,

$$v_1 = \frac{u \cdot \sin \delta_1}{\sin(\beta_1 - \delta_1)}$$

während für den Austritt gilt, Fig. 51,

$$v_2 = \frac{u \cdot \sin \delta_2}{\sin(\beta_2 + \delta_2)}$$

Mithin folgt

$$n_1 = \frac{v_2}{v_1} = \frac{\sin(\beta_1 - \delta_1)}{\sin \delta_1} \cdot \frac{\sin \delta_2}{\sin(\beta_2 + \delta_2)} \quad \ldots\ldots\ldots \quad 227$$

Alle diese Erwägungen zeigen, daß es für das unter Druck nachgefüllte Reaktionsgefäß unter allen Umständen möglich ist, ideell $w_2 = A_2 = 0$ zu erzielen, ein Beweis dafür, daß auch umgekehrt jeder beliebige Wert von α einem Neuentwurf zugrunde gelegt werden darf.

Das vorliegende Reaktionsgefäß bietet nun noch weiter zu besprechende Eigentümlichkeiten, die besser ersichtlich werden, wenn wir kurz auf die Verhältnisse unter „A“, Ablenkungsfläche, und die Bedingungen zurückgehen, unter denen das Geschwindigkeitsparallelogramm zustande kommt.

Wird das Gesamtarbeitsvermögen $A_1 = q\gamma \cdot H$ als gegeben angenommen, so ist die Größe von H, ohne Rücksicht auf diejenige des Austrittsverlustes α, bei

„A“ durch

$$\frac{w_1^2}{2g} = H$$

gegeben, für hier aber durch

$$\frac{w_1^2}{2g} + h_L = \frac{w_1^2}{2g} + \frac{v_2^2 - v_1^2}{2g} = H$$

in Teile zerlegt.

Für eine Ablenkungsfläche „A“ konnte die Größe des Fortschreitens, u, innerhalb eines großen Spielraumes ganz beliebig gewählt werden, ohne daß am Eintritt ein Stoß zu gewärtigen war. Von dem halben Geschwindigkeitsparallelogramm, dem Dreieck w_1 u v_1, war bei bekanntem H nur ein Stück, w_1, Fig. 55 und 56, von Hause aus gegeben, so daß noch zwei Wahlgrößen für das Geschwindigkeitsdreieck übrig blieben. Zum Beispiel ergaben sich aus den Wahlgrößen β_1 und verschiedenen Größen von u die Verhältnisse von v_1 und auch δ_1 dann ohne weiteres.

Das unter Druck betriebene, in seinen Abmessungen gegebene Reaktionsgefäß „5" hat demgegenüber ganz andere Bedingungen für die Entwicklung der w_1, u, v_1 usw.:

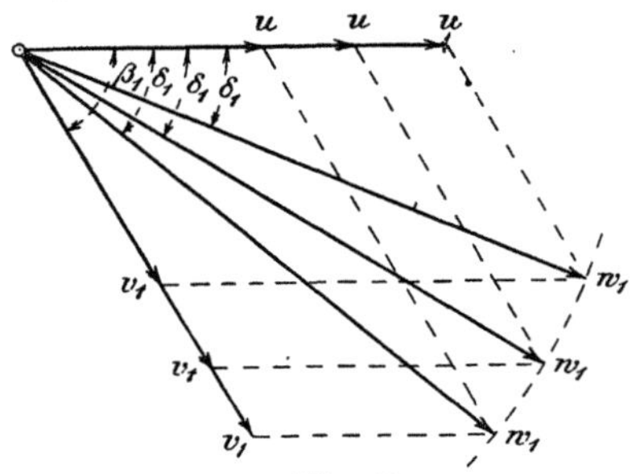

Fig. 55.

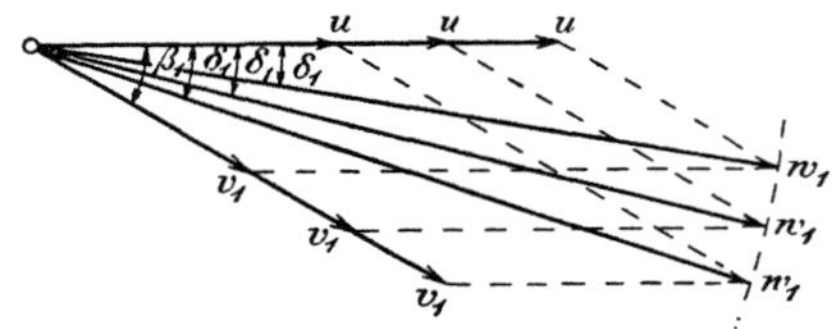

Fig. 56.

Dem Geschwindigkeitsparallelogramm zufolge ist für richtiges Nachfüllen zu verlangen

$$w_1^2 = u^2 + v_1^2 + 2 u v_1 \cos\beta_1 \quad \text{. . . . .} \quad (215)$$

und

$$\frac{w_1}{\sin\beta_1} = \frac{v_1}{\sin\delta_1}\left(= \frac{u}{\sin(\beta_1 - \delta_1)}\right) \quad \text{. . . . .} \quad 228$$

ferner besteht rein nur für den Wasserdurchfluß durch das Gefäß die Bedingung, mit h_L statt h_g, vgl. auch Gl. 194

$$v_1 = \sqrt{\frac{2 g h_L}{n_1^2 - 1}} \quad \text{. . . . .} \quad (183)$$

sowie

$$q = n_1 \cdot f_2 \sqrt{\frac{2 g h_L}{n_1^2 - 1}} \quad \text{. . . . .} \quad (185)$$

und schließlich, entsprechend der Aufteilung des Gefälles, ist noch zu beachten

$$w_1 = \sqrt{2g(H - h_L)} \quad \text{. . . . .} \quad (217)$$

Der Druckunterschied h_L, das sog. Laufradgefälle, bildet den aus Fig. 49 und 51 ersichtlichen Teil des Gesamtgefälles, und es ist hier in erster Linie festzustellen, wie sich die Aufteilung von H in h_L und in $\frac{w_1^2}{2g}$ im Einzelfalle bei einer angenommenen Größe von β_1 zu vollziehen hat, da h_L an sich nicht eine von vornherein festliegende und meßbare Größe darstellt.

Die obigen fünf voneinander unabhängigen Gleichungen enthalten außer dem Gesamtgefälle H noch neun Größen, nämlich w_1, u, v_1, β_1, δ_1, n_1, h_L, q, f_2, es sind also neben H vier von denselben wählbar, z. B. die drei Dreieckseiten w_1, u, v_1, dazu q, und die fünf anderen haben sich nach diesen Wahlgrößen zu richten, wenn überhaupt auf normale Kontinuität gerechnet werden soll.

Welche Bedingungen für normale Kontinuität bei dem Übergang durch den Spalt einzuhalten sind, erhellt aus der allgemeinen Kontinuitätsgleichung und besonders aus deren Umformung. Es ist für eine zusammengehörige Gruppe von Leit- und Laufzellen einzuhalten, Fig. 54,

$$q = z_0 \cdot f_0 \cdot w_0 = z_1 \cdot f_1 \cdot v_1 \quad \text{. . . . .} \quad (223)$$

oder auch

$$q = z_0 \cdot a_0 \cdot b_0 \cdot w_0 = z_1 \cdot a_1 \cdot b_1 \cdot v_1$$

Ausgesprochen, was bis jetzt stillschweigend vorausgesetzt gewesen, daß natürlich die Breiten b_0 der Leit- und b_1 der Laufzellen einstweilen als gleich groß gelten müssen, so lautet die Beziehung auch

$$z_0 \cdot a_0 \cdot w_0 = z_1 \cdot a_1 \cdot v_1 \quad \text{. . . . .} \quad 229$$

Nun ist nach Fig. 57

$$\frac{a_0 + s_0}{t_0} = \sin\delta_0 \quad \text{und} \quad \frac{a_1 + s_1}{t_1} = \sin\beta_1$$

Werden, wie schon erwähnt, s_0 und s_1 vorläufig gegenüber a_0 und a_1 vernachlässigt, d. h. gleich Null gesetzt, so ergibt sich daraus

$$a_0 = t_0 \sin \delta_0 \quad \text{und} \quad a_1 = t_1 \sin \beta_1$$

Dies in Gl. 229 eingesetzt, bringt, weil dann auch $w_0 = w_1$ und $\delta_0 = \delta_1$, einfach

$$z_0 \cdot t_0 \sin \delta_1 \cdot w_1 = z_1 \cdot t_1 \sin \beta_1 \cdot v_1$$

und, weil $z_0 \cdot t_0 = z_1 \cdot t_1$, Fig 54, so ist auch

$$w_1 \sin \delta_1 = v_1 \sin \beta_1$$

oder

$$\frac{w_1}{\sin \beta_1} = \frac{v_1}{\sin \delta_1}$$

genau wie oben Gl. 228 für das in Größe w_1 und Richtung δ_1 erforderliche Nachfüllen verlangt.

Richtiges Nachfüllen, Einhalten des Geschwindigkeitsparallelogramms und Einhalten der normalen Kontinuität sind im Grunde genommen (solange der Einfluß der Schaufelstärken vernachlässigt wird) ein und dieselbe Bedingung, sie sind deshalb auch stets gleichzeitig vorhanden. Es sei hier auch nochmals auf Gl. 226 hingewiesen, die, normaler Kontinuität entsprechend, sämtliche hierfür in Betrachtkommende Größen in einer Beziehung vereinigt.

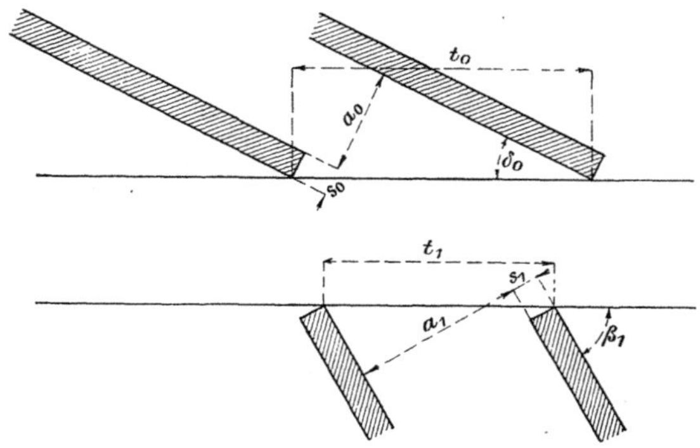

Fig. 57.

Von besonderem Interesse ist es, die Beziehungen zwischen u, β_1, δ_1, h_L und w_2 zu verfolgen, wenn als Wahlgrößen H, q, f_2, n_1 und δ_1 angenommen werden.

Aus Gl. 228 ergibt sich nach kurzer Umformung

$$u = w_1 \left(\cos \delta_1 - \frac{\sin \delta_1}{\operatorname{tg} \beta_1} \right) \quad \ldots \ldots \ldots \ldots \quad \mathbf{230}$$

und

$$v_1 = w_1 \frac{\sin \delta_1}{\sin \beta_1}$$

und so kann damit auch aus

$$\frac{v_2^2}{2g} = \frac{v_1^2}{2g} + h_L$$

gebildet werden

$$v_2 = \sqrt{w_1^2 \frac{\sin^2 \delta_1}{\sin^2 \beta_1} + 2g h_L} \quad \ldots \ldots \ldots \ldots \quad \mathbf{231}$$

Ein in f_2 und n_1 festgelegtes, in β_1 und δ_1 aber vorläufig noch nicht bestimmtes Gefäß kann, weil dadurch für eine angenommene Wassermenge q neben v_1 und v_2 auch die erforderliche Größe von h_L, Gl. 185, und w_1, Gl. 217, bedingt ist, mit verschiedenen Größen von u fortschreiten, die bei Anpassen von β_1 und δ_1 richtiges Nachfüllen gewährleisten.

Ist auch δ_1 festgelegt, so sind immer noch zwei Größen von u möglich, denn je nachdem für β_1 ein spitzer Winkel oder dessen Ergänzung zu 180° in Anwendung gebracht ist, Fig. 58, wird das zweite Glied der Gl. 230 negativ bleiben oder positiv sein.

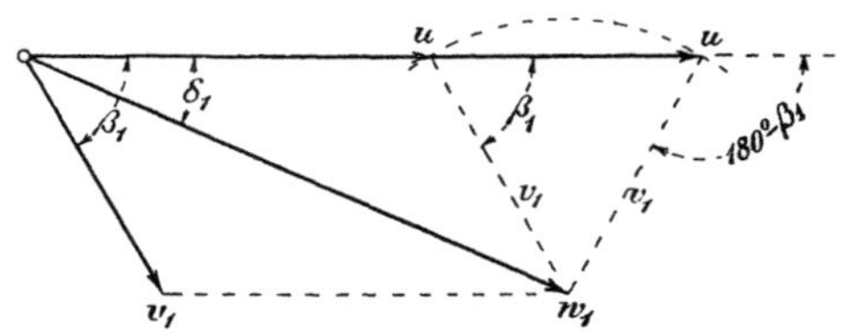

Fig. 58.

Soweit also der Eintritt in Frage kommt, entsprechen jeder Aufteilung des Gesamtgefälles H in h_L und $\frac{w_1^2}{2g}$ bei gegebenem δ_1 zwei verschiedene Fortschreitegeschwindigkeiten u und zwei Winkel β_1. Für $\beta_1 = 90^0$ kommt das zweite Glied der Gl. 230 in Wegfall, und es ergibt sich naturgemäß nur eine Größe von u, nämlich $w_1 \cos \delta_1$. Für die praktische Ausführung aber wird natürlich nur diejenige Größe von u in Frage kommen können, die im Verein mit v_2 den kleinsten Wert von w_2 liefert.

Aus
$$w_2^2 = u^2 + v_2^2 - 2 u v_2 \cos \beta_2$$
folgt mit den oben entwickelten Werten von u, Gl. 228, und v_2, Gl. 231, und nachdem in diesen auch noch w_1 durch $\sqrt{2g(H - h_L)}$ ersetzt worden ist

$$\frac{w_2^2}{2g} = \alpha H = h_L + (H - h_L) \frac{\sin^2(\beta_1 - \delta_1) + \sin^2 \delta_1}{\sin^2 \beta_1}$$
$$- \frac{2 \sin(\beta_1 - \delta_1)}{\sin \beta_1} \cos \beta_2 \sqrt{(H - h_L)^2 \frac{\sin^2 \delta_1}{\sin^2 \beta_1} + (H - h_L) h_L} \quad . \quad . \quad 232$$

Die ziffermäßige Rechnung lehrt hieraus, daß bei kleinem (spitzem) Winkel β_1 der kleinere Wert von u zu dem erwünschten kleineren Austrittsverlust α führt, wenn dabei durch entsprechende Bemessung von f_1 und f_2 auch h_L als kleiner Bruchteil von H eingeführt wird.

Legt man dagegen h_L als ziemlich großen Bruchteil von H der Ausführung zugrunde, so ergeben große (stumpfe) Winkel β_1, im Verein mit großen Werten von u den gewünschten kleinen Wert von $\alpha H = \frac{w_2^2}{2g}$; der Leitschaufelwinkel $\delta_0 = \delta_1$ kann in beiden Fällen gleiche oder ähnliche Größe besitzen.

7. Das Verhalten eines gegebenen Reaktionsgefäßes nach „5" bei verschiedenen Größen der Fortschreitegeschwingkeit.

Die Folgen verschiedener Größen des Fortschreitens, $u' \lesseqgtr u$ auf die Arbeitsleistung eines gegebenen, unter Druck nachgefüllten, Reaktionsgefäßes müssen aus gegenüber „A" erweiterten Gesichtspunkten betrachtet werden.

Die seitlichen Begrenzungswände der Gefäßreihe, die Kränze der Turbinen, müssen der Einhaltung der Druckhöhen h_1 und h_L wegen hier als gegeneinander dicht abschließend angenommen werden, und hierdurch ist sowohl das Entweichen überschüssigen Wassers als auch das Eintreten von Luft in Gefäßräume mit unzureichender Nachfüllung ideell ausgeschlossen. Beides ist auch in Wirklichkeit so gering, daß es vorläufig ganz außer Betracht bleiben kann. Die Gefäßräume sind also während des Betriebes stets ganz durch Wasser ausgefüllt, und daraus folgt, daß bei den unter Druck arbeitenden Reaktionsgefäßen sich mit wechselndem u' im allgemeinen auch die Größe von w_0 und w_1, folglich auch die Wassermenge q ändern wird, die durch Leit- und Laufzellen fließt, einerlei ob u' größer oder kleiner als u ist.

Der Übergang aus seither $w_0 = w_1$ auf $w_{(0)}$ und $w_{(1)}$, entsprechend dem Wechsel von u auf u', bewirkt aber durch die Änderung von $\frac{w_0^2}{2g} = \frac{w_1^2}{2g}$ auf $\frac{w_{(0)}^2}{2g}$ und $\frac{w_{(1)}^2}{2g}$ bei unveränderlichem Gesamtgefälle H, daß an Stelle des seitherigen Laufradgefälles $h_L = H - \frac{w_0^2}{2g} = H - \frac{w_1^2}{2g}$ ein anderer Bruchteil des Gefälles, h'_L, zur Verfügung ist und daß auch eine andere Größe des Relativgefälles, H_r, vorhanden sein muß, teils um das Wasser durch die Laufzellen zu pressen, teils um in den unvermeidlichen Stoßverlusten aufgezehrt zu werden, die bei $u' \lessgtr u$ an der Einfüllstelle eintreten. Da aber die Verhältnisse sich ganz verschiedenartig gestalten, je nachdem für normale Fortschreitegeschwindigkeit die Gefälleaufteilung vorgenommen wird, was sich gemäß Gl. 226 und 231 besonders auch an β_1 bemerklich macht, so soll hier die Untersuchung

I. für β_1 kleiner als 90^0
II. „ β_1 gleich 90^0
III. „ β_1 größer als 90^0

getrennt durchgeführt werden.

Es ist dabei erforderlich, jede Betrachtung in zwei Teilen vorzunehmen und den Einfluß von $u' < u$, sowie die Verhältnisse wenn $u' > u$ je gesondert ins Auge zu fassen.

Im Laufe der Betrachtungen wird es sich zeigen, daß die Rechnung noch Unsicherheiten gegenüber den Ergebnissen praktischer Versuche sehen läßt, verursacht teilweise durch die freie Beweglichkeit der einzelnen Wasserteilchen, teilweise dadurch, daß uns noch zu wenig die tatsächlichen Verhältnisse beim Eintritt von Wasserstößen gegen die Radschaufelanfänge bekannt sind. Immerhin wird die ganze Entwicklung doch manches zur Veranschaulichung der Verhältnisse beitragen können.

I. β_1 kleiner als 90^0.

Verkleinerung von u auf u'.

In der nachstehenden Fig. 59 bezeichnet die gekrümmte —·—·— Linie die Bahn des mittleren Wasserfadens für ein Reaktionsgefäß, wie es in den Fig. 49, 51 und 54 dargestellt ist.

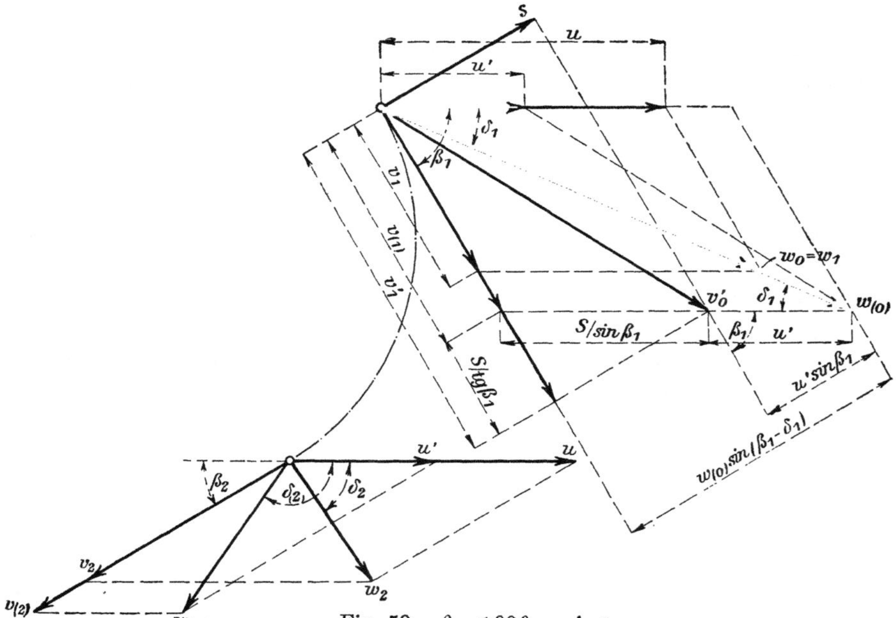

Fig. 59. $\beta_1 < 90^0$; $u' < u$.

Wenn sich nach Vergrößern des äußeren Widerstandes X auf X' die Geschwindigkeit u auf u' vermindert hat, so ist w_0 (seither $= w_1$) auf $w_{(0)}$ gestiegen, wie die nachstehenden Rechnungen zeigen werden, vgl. auch Seite 294 u. f., deshalb auch q auf q'. Solange in Vernachlässigung der Schaufelstärken $s_0 = s_1 = 0$ gesetzt ist, darf $\delta_0 = \delta_1$ angenommen werden. Das Wasser besitzt dann beim Verlassen der Leitzellen und Herzuströmen gegen das Gefäß, unter Berücksichtigung von $w_{(0)}$ und u', relativ zum Gefäße die als Parallelogrammseite sich ergebende Zutrittsgeschwindigkeit v_0', Fig. 59, die aber nicht in der richtigen Einfüllrichtung β_1 liegt.

Das Relativgefälle H_r wird also hier durch $\frac{v_0'^2}{2g}$ gebildet zuzüglich des für den weiteren Weg durch das Laufrad noch verfügbaren Gefällteiles, vgl. S. 68. Die Höhe $\frac{v_0'^2}{2g}$ ist für $u_1' < u$ ein Teil der Höhe $\frac{w_{(0)}^2}{2g}$, der sich nach Fig. 59 aus

$$v_0'^2 = w_{(0)}^2 + u'^2 - 2\, w_{(0)}\, u' \cos \delta_1 \quad \ldots \ldots \ldots \quad 233$$

bestimmen läßt. In dem weiter unten zu besprechenden Schema der Gefällaufteilung, Fig. 60, ist das Relativgefälle demgemäß zu finden als

$$H_r = H - \left(\frac{w_{(0)}^2}{2g} - \frac{v_0'^2}{2g}\right) = H - \frac{2\, w_{(0)}\, u' \cos \delta_1 - u'^2}{2g} \quad \ldots \ldots \quad 234$$

Zerlegt man v_0' in zwei Komponenten, und zwar nach der allein möglichen Einfüllrichtung β_1 und senkrecht dazu, so ergibt sich in Richtung β_1 die relative Wassergeschwindigkeit v_1', außerdem senkrecht gegen die Gefäßwand die Stoßgeschwindigkeit s.

Stellt nun aber $w_{(0)}$ die tatsächlich beobachtete Geschwindigkeit dar, mit der das Wasser die Leitzellenquerschnitte f_0 durchströmt hat, so kann, des Beharrungszustandes wegen, im Einfüllquerschnitte f_1 tatsächlich nur eine, $w_{(0)}$ entsprechende, sich aus

$$\frac{v_{(1)}}{w_{(0)}} = \frac{f_0}{f_1} = \frac{v_1}{w_1} = \frac{\sin \delta_1}{\sin \beta_1} \quad \ldots \ldots \ldots \ldots \quad 235$$

ergebende und aus Fig. 59 ersichtliche Einfüllgeschwindigkeit $v_{(1)}$ vorhanden sein, die als die der vergrößerten Diagonale $w_{(0)}$ entsprechende Seite des vergrößerten Geschwindigkeitsparallelogramms der normalen Richtungen β_1 und δ_1 zum Ausdruck kommt. Die Wassermenge q' stellt sich nunmehr auf

$$q' = q\,\frac{w_{(0)}}{w_1} = q\,\frac{v_{(1)}}{v_1} \quad \ldots \ldots \ldots \ldots \quad 236$$

Wie Fig. 59 zeigt, ist $v_{(1)}$ kleiner als v_1', und so prallt das Nachfüllwasser, nachdem es schon mit der Geschwindigkeit s gegen die Gefäßwand gestoßen hat, auch noch in der übriggebliebenen, nunmehr richtigen Richtung β_1 mit der zu hohen Geschwindigkeit v_1' auf die unmittelbar vorher eingetretenen Wasserteilchen, die schon die einzig mögliche, tatsächliche Einfüllgeschwindigkeit $v_{(1)}$ besitzen, um sich nach diesem Anprall auch mit $v_{(1)}$ weiter zu bewegen.

Die Betrachtung zeigt also, daß hier zwei Stoßerscheinungen in Betracht kommen und Einfluß auf die Gefälle-Aufteilung nehmen:

Erstens: Stoß mit s senkrecht gegen die Gefäßwand bzw. senkrecht zur einzig möglichen Einfüllrichtung β_1.

Zweitens: ein Stoß dadurch, daß die nach Eintritt des ersten Stoßes nunmehr in der richtigen Richtung β_1 übrig gebliebene Zutrittsgeschwindigkeit v_1' noch nicht die richtige Größe $v_{(1)}$ hat, sondern um $v_1' - v_{(1)}$ zu groß ist.

Nachdem das Wasser durch diese beiden Stöße in den für richtiges Einfüllen erforderlichen Weg nach Richtung und Größe gewissermaßen eingerenkt worden ist, wird es, abgesehen von Wirbeln, seinen Weg durch das Reaktionsgefäß, den Schaufelraum, weiter fortsetzen.

Im Austrittsquerschnitt „2“ wird, in an sich normaler Weise und in gleichgebliebener Richtung β_2, die Geschwindigkeit $v_{(2)}$ aus $v_{(1)}$ entstanden sein, die sich dann mit der verkleinerten Geschwindigkeit u' zur absoluten Austrittsgeschwindigkeit $w_{(2)}$, unter $\delta_{(2)}$ gegen die u-Richtung geneigt, zusammensetzt.

Die beiden Stöße in der Wasserführung müssen sich einerseits durch eine Einbuße an Gefälle für das Durchfließen der Turbine äußern, andererseits verrichten die aus den Stößen entstehenden Stoßdrücke, wenn auch in nicht vollkommener Weise, Arbeit durch Vorwärtsdrücken der gestoßenen Schaufeln.

Unter „B" S. 22 u. f. ist die Stoßwirkung freier Wasserstrahlen behandelt worden. Hier ist nun der Wasserstrom, der mit s gegen den Schaufelanfang prallt, nicht frei, sondern beiderseits zwischen den Schaufelseitenwänden (den Radkränzen) eingeschlossen. Es darf wohl bis zur etwaigen Richtigstellung durch Versuche angenommen werden, daß auch bei dem nicht freien Strahl die Ablenkung des Wassers um 90° gemäß Fig. 25 unter Bildung eines Wasserpolsters zur Erzeugung einer Stoßkraft entsprechend Gl. 77 im Betrage von

$$S = \frac{q'\gamma}{g} s \quad \dots\dots\dots\dots\dots \quad 237$$

führt.

Darüber, welcher Teil der Stoßgeschwindigkeit s tatsächlich verloren geht, liegen noch keine unmittelbaren Versuche vor. Die Fig. 25 läßt erkennen, daß beim freien Strahl das Wasser nach allen Seiten ausweichen wird, was dem eingeschlossenen Wasserstrom in unserem Falle nicht möglich ist. Wenn von der Wirkung der Erdanziehung abgesehen wird, was zulässig, so steht zu vermuten, daß vielleicht die halbe Stoßwassermenge in der Richtung von v_1' mit $v_1' + s$ in den Schaufelraum einströmt, daß dagegen die andere Hälfte mit s gegen außen strebt, in Wirklichkeit also mit $v_1' - s$ zum Eintreten gelangt. Es ist klar, daß dabei starke Wirbelungen auftreten müssen, die die Aufstellung einer genauen Rechnung unmöglich machen. Wenn daher im folgenden für die durch innere Wirbel infolge der Stoßgeschwindigkeit s eintretende Gefälleinbuße wie seither auch der Betrag von $\frac{s^2}{2g}$ gesetzt wird, so geschieht dies mangels besserer Daten und der Einfachheit der Rechnung halber. Die Einführung eines Bruchteils von $\frac{s^2}{2g}$ würde unter Umständen die Verhältnisse richtiger zu treffen vermögen, die Kenntnis des Bruchteils selber aber fehlt.

Der andere Stoß, durch Aufprallen der mit v_1' durchschnittlich auf die schon mit $v_{(1)}$ weiter fließenden Teilchen verursacht, bringt nach der Borda-Carnotschen Rechnungsweise, vgl. S. 30 und Fig. 31, einen Druckhöhenverlust von $\frac{(v_1' - v_{(1)})^2}{2g}$, gleichzeitig aber eine Rückbildung aus Geschwindigkeit in Druckhöhe, d. h. eine örtliche Erhöhung der Pressung hinter der Eintrittsstelle, Gl. 112.

Sehen wir uns einstweilen kurz die aus den geschilderten Stößen sich ergebenden nutzbaren Arbeitsleistungen an:

Der aus s entstehende, sperrklinkenartig anfassende, Stoßdruck

$$S = \frac{q'\gamma}{g} s \quad \dots\dots\dots\dots\dots \quad (77)$$

wird sich mit seiner in der X-Richtung gelegenen Komponente, vgl. Gl. 236,

$$S \sin\beta_1 = \frac{q'\gamma}{g} s \sin\beta_1 = \frac{q\gamma}{g} \cdot \frac{v_{(1)}}{v_1} s \sin\beta_1 \quad \dots\dots\dots \quad 238$$

und mit der Geschwindigkeit u' zu einem gewissen Bruchteil an der Verrichtung äußerer Arbeit beteiligen.

Die Ermäßigung der Einfüllgeschwindigkeit v_1' auf $v_{(1)}$ ist natürlich durch die Arbeitsleistung einer Verzögerungskraft V erfolgt, für die, wenn die Verzögerung hätte stoßfrei erfolgen können, der Betrag

$$V = \frac{q'\gamma}{g}(v_1' - v_{(1)}) = \frac{q\gamma}{g} \cdot \frac{v_{(1)}}{v_1}(v_1' - v_{(1)}) \quad \ldots \ldots \ldots \quad 239$$

in Rechnung zu stellen wäre. Die Komponente $V \cos \beta_1$ dieser Verzögerungskraft in der X-Richtung wird dann auch auf die äußere Arbeitsleistung von entsprechendem Einfluß sein. Da aber der Übergang von v_1 auf $v_{(1)}$ plötzlich erfolgt, so wird ein Teil der Verzögerungsarbeit nicht nach außen bemerkbar, sondern durch innere Wirbel, Wärmeentwicklung, aufgezehrt worden sein. Es kann also nur ein Bruchteil von $V \cos \beta_1$ als Zuschuß zur äußeren Arbeitsleistung in Wirkung treten.

Nachdem aus allem diesem folgt, daß die jeweils durch f_0 zufließende Wassermenge q' (im Gegensatz zu „A") von u' abhängig, und in fester Beziehung zu u' steht, so empfiehlt es sich, die Betrachtung der Verhältnisse bei veränderlichem u' auch insofern in zwei Teile zu sondern, daß

a) der Einfluß verschiedener Werte von u' auf die Gefälleaufteilung und den Durchfluß des Betriebswassers an sich,

b) die Bestimmung der äußeren Leistung $A' = X' \cdot u'$

getrennt ins Auge gefaßt werden.

Ia. Gefälleaufteilung für u' kleiner als u.

Für das Durchpressen der Wassermenge q' durch die Gefäße wird das Gefälle H ohne Rücksicht auf die äußere Arbeitsbetätigung in folgender Weise verbraucht worden sein, Fig. 60.

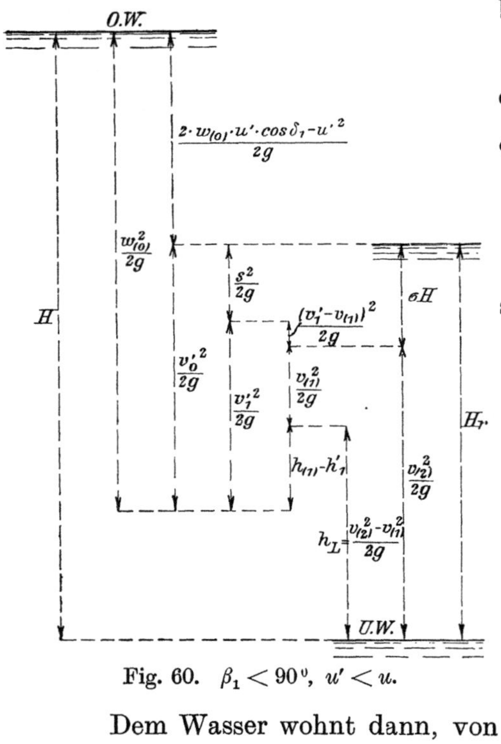

Fig. 60. $\beta_1 < 90^0$, $u' < u$.

Für die Erzeugung der Leitschaufelgeschwindigkeit $w_{(0)}$ war die Höhe $\frac{w_{(0)}^2}{2g}$ erforderlich, von oben gegen abwärts gerechnet.

Aus dem Relativgefälle

$$H_r = H - \left(\frac{w_{(0)}^2}{2g} - \frac{v_0'^2}{2g}\right) \quad \ldots \quad (234)$$

sind die nachstehenden Posten zu bestreiten:

Durch die Stoßgeschwindigkeit s wird vernichtet . . . . $\frac{s^2}{2g}$,

von H_r an gegen abwärts zählend, wobei dem Wasser noch $\frac{v_1'^2}{2g}$ übrigbleibt.

Die plötzliche Verzögerung von v_1' auf $v_{(1)}$ verzehrt von der Höhe $\frac{v_1'^2}{2g}$ den Betrag, S. 30 . . $\frac{(v_1' - v_{(1)})^2}{2g}$.

Dem Wasser wohnt dann, von oben herstammend, nur noch die Geschwindigkeitshöhe . . . . $\frac{v_{(1)}^2}{2g}$

inne, dazu noch die Rückbildung an Druckhöhe nach der S. 31 enthaltenen Gl. 112, die sinngemäß statt dort $h_2 - h_1$, hier als

$h_{(1)} - h_1' = \frac{v_1'^2 - v_{(1)}^2}{2g} - \frac{(v_1' - v_{(1)})^2}{2g}$ zu bezeichnen ist. Die rechnungsmäßige Ermittelung derselben ist aber für hier unnötig. Alle diese Beträge sind in Fig. 60 berücksichtigt.

Durch $h_{(1)} - h_1'$ und das bis zum Unterwasser noch verfügbare Gefällestück wird aus $v_{(1)}$ die relative Austrittsgeschwindigkeit $v_{(2)}$ erzeugt, weshalb diese zwei Höhen zusammen den Betrag . $\frac{v_{(2)}^2 - v_{(1)}^2}{2g}$ darstellen müssen und die Summation dieser vier Gefälleteile muß das ganze Relativgefälle H_r ergeben:

$$\frac{s^2}{2g} + \frac{(v_1' - v_{(1)})^2}{2g} + \frac{v_{(2)}^2}{2g} = H_r = H - \left(\frac{w_{(0)}^2}{2g} - \frac{v_0'^2}{2g}\right) \quad . \; . \; . \; . \; . \; 240$$

Die Aufteilung der Höhen ergibt sich wie in Fig. 60 gezeigt, d. h. zu den schon in Maßlinien ausgesetzten Höhen kommt, von σH an abwärts $\frac{v_{(2)}^2}{2g}$ hinzu.

Aus Gl. 240 folgt die Gleichung der Gefälleaufteilung für u' kleiner als u:

$$\frac{w_{(0)}^2}{2g} - \frac{v_0'^2}{2g} + \frac{s^2}{2g} + \frac{(v_1' - v_{(1)})^2}{2g} + \frac{v_{(2)}^2}{2g} = H \quad . \; . \; . \; . \; . \; . \; 241$$

Es empfiehlt sich, die einzelnen Summanden durch $v_{(1)}$ und u' auszudrücken, um auf diese Weise eine einheitliche Gleichung zu erhalten.

Nach Gl. 235 ist
$$w_{(0)} = v_{(1)} \frac{f_1}{f_0} = v_{(1)} \frac{\sin \beta_1}{\sin \delta_1} \quad . \; . \; . \; . \; . \; . \; . \; . \; . \; . \; 242$$

Die Größe von v_0' ergibt sich dann aus Gl. 233.

Aus Fig. 59 folgt
$$s = w_{(0)} \sin(\beta_1 - \delta_1) - u' \sin \beta_1$$
und so ergibt sich nach Einsetzen des Wertes für $w_{(0)}$ aus Gl. 242
$$s = \left[v_{(1)} \frac{\sin(\beta_1 - \delta_1)}{\sin \delta_1} - u'\right] \sin \beta_1 \quad . \; . \; . \; . \; . \; . \; . \; . \; . \; . \; 243$$

Die Fig. 59 und 60 zeigen, daß
$$v_0'^2 = s^2 + v_1'^2 \quad \text{oder} \quad v_0'^2 - s^2 = v_1'^2 \quad . \; . \; . \; . \; . \; . \; . \; . \; 244$$

Die Fig. 59 zeigt ferner, daß
$$v_1' = v_{(1)} + \frac{s}{\operatorname{tg} \beta_1} \quad . \; . \; . \; . \; . \; . \; . \; . \; . \; . \; 245$$

also ist
$$\frac{(v_1' - v_{(1)})^2}{2g} = \frac{s^2}{\operatorname{tg}^2 \beta_1} \cdot \frac{1}{2g} \quad . \; . \; . \; . \; . \; . \; . \; . \; . \; . \; . \; 246$$

und da
$$\frac{s}{\operatorname{tg} \beta_1} = \left[v_{(1)} \frac{\sin(\beta_1 - \delta_1)}{\sin \delta_1} - u'\right] \cos \beta_1 \quad . \; . \; . \; . \; . \; . \; . \; . \; 247$$

so kann $v_0'^2 - s^2$ sowie $(v_1' - v_{(1)})^2$ ebenfalls durch $v_{(1)}$ und u' ausgedrückt werden.

Da endlich $v_{(2)} = n_1 \cdot v_{(1)}$, worin n_1 gemäß Gl. 227, so folgt nach Einsetzen aller dieser Werte in Gl. 241 und entsprechende Umformung schließlich

$$v_{(1)}^2 \left[n_1^2 + \frac{\sin^2(\beta_1 - \delta_1)}{\sin^2 \delta_1}\right] + 2\, v_{(1)} u' \cos \beta_1 = 2gH \quad . \; . \; . \; . \; . \; . \; 248$$

woraus $v_{(1)}$, die tatsächliche Einfüllgeschwindigkeit, bestimmt werden kann. Durch $v_{(1)}$ ist dann mit $f_1 \cdot v_{(1)} = q'$ die zugehörige Wassermenge ermittelt.

Die Summe beider Stoßverluste kann gemäß Gl. 246 auch geschrieben werden

$$\frac{s^2}{2g}\left(1 + \frac{1}{\operatorname{tg}^2 \beta_1}\right) = \frac{s^2}{2g} \cdot \frac{1}{\sin^2 \beta_1} = \sigma H \quad . \; . \; . \; . \; . \; . \; . \; . \; 249$$

als ein gewisser Bruchteil der Gefällhöhe H, vgl. Fig. 60. Die Größe $\frac{s}{\sin \beta_1}$ ist aus Fig. 59 ersichtlich und könnte, sofern $w_{(0)}$ durch Beobachtung bestimmt wäre, aus der Figur direkt abgegriffen werden als die Entfernung zwischen den Endpunkten von v_0' und $v_{(1)}$.

Die Untersuchungen schrittweise begleitend, wird zur Erläuterung dienlich sein:

Zahlenbeispiel.

Es sei ein Reaktionsgefäß für ein Gesamtgefälle H von 4,0 m in Betrieb genommen. Der Leitschaufelwinkel δ_0 sei 20°, und so kann für $s_0 = s_1 = 0$ auch $\delta_1 = 20^0$ gesetzt werden. Ferner sei $\beta_1 = 60^0$ angenommen und für normales u ein Austrittsverlust von $\alpha = 0{,}04$ zugelassen.

Es sind ferner angesetzt, bzw. berechnet

$h_L = \frac{v_2^2 - v_1^2}{2g}$;	$H - h_L = \frac{w_1^2}{2g}$	$w_0 = w_1$;	u_{normal}	v_1	n_1
1,25 m	2,75 m	7,345 m/sk	5,453 m/sk	2,90 m/sk	1,978

Die Fortschreitegeschwindigkeit u für normales Einfüllen folgte aus Gl. 221, der Betrag von n_1 aus Gl. 226.

Damit der Einfluß verschiedener Größen von u' auf $w_{(0)}$, $v_{(1)}$, q' usw. zur Anschauung kommt, ist die Rechnung für eine Reihe von Zahlenwerten von u', mit $u' = 0{,}2\,u$, $0{,}4\,u$, usw. durchgeführt worden. Die Ergebnisse finden sich in der Tabelle S. 83 und zeichnerisch dargestellt in den Fig. 61 und 62, wobei die erstgenannte Figur die Gefälleaufteilung, die zweitgenannte die Arbeitsgrößen veranschaulicht. Die Tabelle sowohl als die Figuren enthalten auch die weiter unten zu besprechenden Ergebnisse für den Fall, daß $u' > u$.

In ihrem Abstande von der Basis stellt die obere Horizontale der Figuren die Größe des Gesamtgefälles H dar. Nachdem die $v_{(1)}$, $w_{(0)}$ und q', für die betreffende Größe von u' gemäß Gl. 248, 242 und 236 berechnet worden, sind in Fig. 61 die Werte $\frac{w_{(0)}^2}{2g}$ von dieser oberen Linie aus (Oberwasserspiegel) nach unten zu aufgetragen worden, wodurch sich die Linie der $\frac{w_{(0)}^2}{2g}$ ergibt.

Mag die Geschwindigkeit u' nun eine Größe haben, welche sie will, stets muß durch die zusammengehörigen Querschnitte $z_0 \cdot f_0$, $z_1 \cdot f_1$, $z_2 \cdot f_2$ nach eingetretenem Beharrungszustande die gleiche, dem betreffenden u' entsprechende Wassermenge fließen. Hieraus folgt, daß, wie schon bemerkt, $w_{(0)}$, $v_{(1)}$ und $v_{(2)}$ sich in genau gleichem Verhältnis ändern müssen.

Nachdem s aus Gl. 243, v_1' aus Gl. 245 gerechnet ist, findet sich $v_0'^2$ aus Gl. 244 und dadurch ist das jeweilige Relativgefälle H_r, Gl. 240, bestimmt. Die Größe des Relativgefälles wird durch die von unten her zählenden Ordinaten der obersten Kurve, Fig. 61, dargestellt. Es ist ersichtlich, daß das Relativgefälle für $u' = 0$ dem Außengefälle H gleich ist, mit zunehmender Fortschreitegeschwindigkeit u' rasch abnimmt, um bei normalem Fortschreiten, $u' = u$, den Betrag $H_r = H - \left(\frac{w_0^2}{2g} - \frac{v_1^2}{2g}\right)$ zu erreichen. In welchem Maße sich die Stoßverluste usw. an dem Verbrauch des Relativgefälles beteiligen, ist aus Fig. 61 ohne weiteres zu ersehen, von besonderem Interesse ist auch die Größe der zurückgewonnenen Druckhöhe $h_{(1)} - h_1'$, die natürlich bei $u' = u$ zu Null wird.

Reaktionsgefäß. $\beta_1 = 60^0$ mit veränderlicher Fortschreitegeschwindigkeit.

$H = 4{,}0$ m $\quad A_1 = 4 q\gamma \quad h_L = 1{,}25$ m $\quad \beta_1 = 60^0 \quad \delta_1 = 20^0 \quad \alpha = 0{,}04 \quad u_{normal} = 5{,}45$ m/sk

u_1'	$\frac{v_{(1)}^2}{2g}$	q'	$\frac{w_{(0)}^2}{2g}$	$H - \frac{w_{(0)}^2}{2g}$	$+ \frac{v_0'^2}{2g}$	$= H_r$	$\frac{s^2}{2g}$	$\frac{v_1'^2}{2g}$	$\frac{(v_1' - v_{(1)})^2}{2g}$	$h_{(1)} - h_1'$	$\frac{v_{(2)}^2 - v_{(1)}^2}{2g}$	$\frac{v_{(2)}^2}{2g}$	X	$+ S \sin \beta_1$	$+ V \cos \beta_1$	$= X'$	$A' = X' \cdot u'$	$A_1' = q' \gamma \cdot H$	$\eta' = \frac{A'}{A_1'}$
1	2	3	4	5	6	7	8	9	10	11	12	13	14	15	16	17	18	19	20
0,0 u_1	0,537	1,119 q	3,445	0,555	3,445	4,000	1,423	2,022	0,474	1,011	1,565	2,102	0,882 $q\gamma$	0,522 $q\gamma$	0,174 $q\gamma$	1,578 $q\gamma$	0,000 $q\gamma$	4,476 $q\gamma$	0,000
0,2 u_1	0,514	1,094 q	3,293	0,707	2,514	3,221	0,909	1,605	0,303	0,788	1,496	2,010	0,843 „	0,408 „	0,136 „	1,387 „	1,512 „	4,376 „	0,346
0,4 u_1	0,491	1,070 q	3,147	0,853	1,748	2,601	0,510	1,238	0,170	0,577	1,429	1,920	0,806 „	0,299 „	0,100 „	1,205 „	2,627 „	4,280 „	0,614
0,6 u_1	0,469	1,046 q	3,009	0,991	1,147	2,138	0,226	0,921	0,075	0,377	1,367	1,836	0,771 „	0,194 „	0,065 „	1,030 „	3,368 „	4,184 „	0,805
0,8 u_1	0,449	1,023 q	2,877	1,123	0,707	1,830	0,056	0,651	0,019	0,183	1,307	1,756	0,737 „	0,095 „	0,032 „	0,864 „	3,767 „	4,092 „	0,921
1,0 u_1	0,429	1,000 q	2,750	1,250	$= \frac{v_{(1)}^2}{2g}$	1,679	0,000	$= \frac{v_{(1)}^2}{2g}$	0,000	0,000	1,250	1,679	0,704 „	0,000 „	0,000 „	$= X$	3,840 „	4,000 „	0,960
—	—	—	—	—	—	—	—	—	$\frac{v_{(1)}^2 - v_1'^2}{2g}$	—	—	—	X	$- S \sin \beta_1$	$- P \cos \beta_1$	$= X'$	—	—	—
1,2 u_1	0,412	0,980 q	2,642	1,358	0,311	1,669	0,055	0,256	0,156	—	1,200	1,612	0,677 $q\gamma$	0,090 $q\gamma$	0,030 $q\gamma$	0,557 $q\gamma$	3,643 $q\gamma$	3,920 $q\gamma$	0,929
1,4 u_1	0,400	0,966 q	2,567	1,433	0,348	1,781	0,214	0,134	0,266	—	1,167	1,567	0,657 „	0,175 „	0,058 „	0,424 „	3,235 „	3,864 „	0,837
1,6 u_1	0,393	0,957 q	2,517	1,483	0,524	2,007	0,471	0,053	0,340	—	1,143	1,536	0,645 „	0,257 „	0,086 „	0,302 „	2,634 „	3,828 „	0,688
1,8 u_1	0,388	0,951 q	2,488	1,512	0,829	2,341	0,819	0,010	0,378	—	1,131	1,519	0,637 „	0,337 „	0,112 „	0,188 „	1,844 „	3,804 „	0,485
1,962 u_1	0,387	0,951 q	2,484	1,516	$= \frac{s^2}{2g}$	2,678	1,162	0,000	$= \frac{v_{(1)}^2}{2g}$	—	1,129	1,516	0,636 „	0,401 „	0,134 „	0,101 „	1,080 „	3,804 „	0,284
2,0 u_1	0,387	0,951 q	2,484	1,516	1,253	2,769	1,252	0,001	—	—	1,129	1,516	0,636 „	0,416 „	0,139 „	0,081 „	0,883 „	3,804 „	0,232
2,154 u_1	0,387	0,951 q	2,484	1,516	1,662	3,178	1,648	0,014	—	—	1,129	1,516	0,636 „	0,477 „	0,159 „	0,000 „	0,000 „	3,804 „	0,000

$H = 4{,}0$ m; $h_L = 1{,}25$ m; $\beta_1 = 60^0$; $\delta_1 = 20^0$.

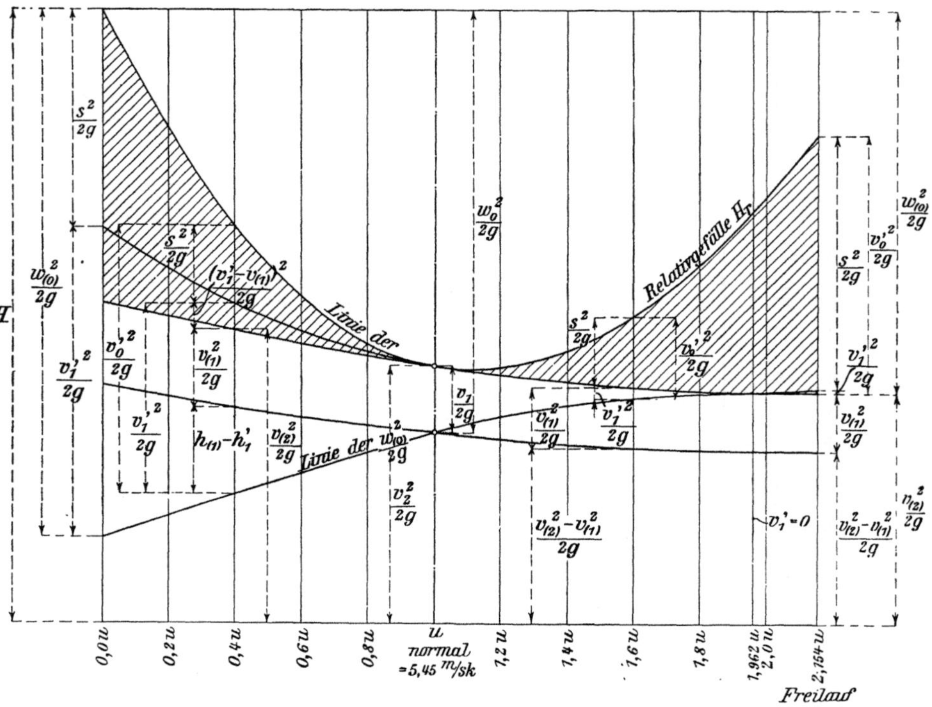

Fig. 61. Gefälleaufteilung.

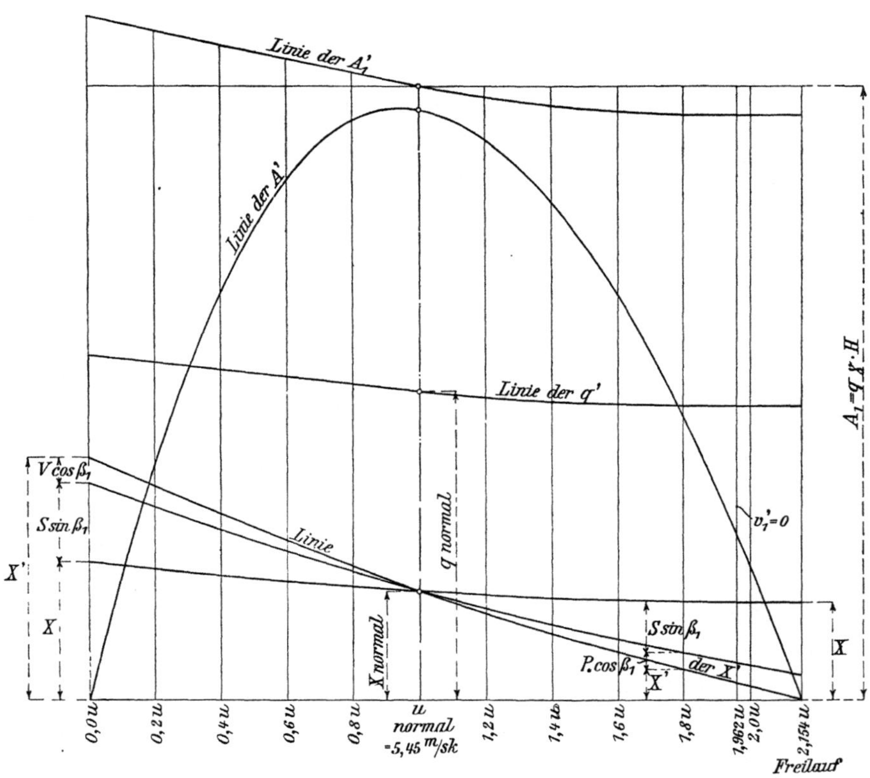

Fig. 62. Arbeitsgrößen.

Bei $u' = 0$ ist der Betrag von $w_{(0)}$, also auch von q', größer als bei normalem Fortschreiten, Fig. 62. Für das vorliegende Versuchsgefäß müßte also die Wassermenge in beliebigem Maße zur Verfügung sein.

Die schraffierten Flächen in der Fig. 61 zeigen in ihren Höhen die Stoßverluste.

Ib. Arbeitsgrößen für u' kleiner als u.

Die Fig. 62 enthält die Linie der rechnungsmäßigen q', dann aber auch die Darstellung der Werte von

$$X = \frac{q'\gamma}{g}(v_{(2)}\cos\beta_2 + v_{(1)}\cos\beta_1) = \frac{q\gamma}{g}\cdot\frac{v_{(1)}}{v_1}(v_{(2)}\cos\beta_2 + v_{(1)}\cos\beta_1) \quad . \; . \quad 250$$

Zu X tritt als weiterer Arbeitsdruck ein Teil der Größe $S\sin\beta_1$, und zwar $k_S\, S\sin\beta_1$, ferner noch ein Teil von $V\cos\beta_1$ im Betrage von $k_V\, V\cos\beta_1$.

Wir sind aber heute noch nicht imstande, die Bruchwerte k_S und k_V auch nur annähernd richtig zu bestimmen. Die Fig. 62 zeigt die Linien der vollen $S\sin\beta_1$ und $V\cos\beta_1$, dadurch erhalten, daß jeweils die vollständigen Beträge der beiden Drucke (k_S und $k_V = 1$) zu X hinzugefügt sind, so daß wenigstens ein ungefähres Bild entstehen konnte.

Es wird eben

$$X + S\sin\beta_1 + V\cos\beta_1 = X' \quad . \; . \; . \; . \; . \; . \; . \; . \; . \; . \quad 251$$

Den drei Posten, aus denen sich der Arbeitsdruck X' zusammensetzt, entsprechend, enthält die Fig. 62 auch die Gesamtgrößen der jeweils geleisteten Arbeit A' aus $X\cdot u'$, $S\sin\beta_1\cdot u'$ usw. sich zusammensetzend. Die Arbeitsverluste durch die beiden Stöße und der q' entsprechende Betrag des Arbeitsverlustes $q'\gamma\frac{w_{(2)}^2}{2g}$ am Austritt aus dem Arbeitsweg ergänzen A' auf den Betrag von A_1'.

In der Fig. 61, Gefälleaufteilung, kam der Wechsel der Wassermenge q' nicht unmittelbar zum Ausdruck, in der Darstellung der Arbeitsgrößen, Fig. 62, macht sich jener natürlich geltend. Es ist nicht ein gleichbleibendes Arbeitsvermögen $A_1 = q\gamma\cdot H$ zur Ausnutzung herangezogen, sondern ein $A_1' = q'\gamma\cdot H$; aus diesem Grunde stellt die obere H-Linie nicht gleichzeitig das jeweilig benutzte Arbeitsvermögen dar, sondern hierfür ist die nach $A_1' = q'\gamma\cdot H$ gerechnete Kurve der A_1' maßgebend und die Beträge des ideellen Nutzeffekts η' sind demgemäß gerechnet. Die A_1'-Kurve schneidet natürlich die H-Linie für $u' = u$.

Vergrößerung von u auf u'.

Die Fig. 63 läßt erkennen, daß sich gegenüber Fig. 59 nunmehr bei verkleinertem $w_{(0)}$ die Richtung der Stoßgeschwindigkeit s umgekehrt hat, die Schaufeln schlagen gegen das Wasser, $S\sin\beta_1$ wird arbeitverzehrend auftreten.

Ehe hier die Umstände rechnungsmäßig verfolgt werden, soll die Entwicklung der relativen Geschwindigkeiten v_0' und v_1' ins Auge gefaßt werden.

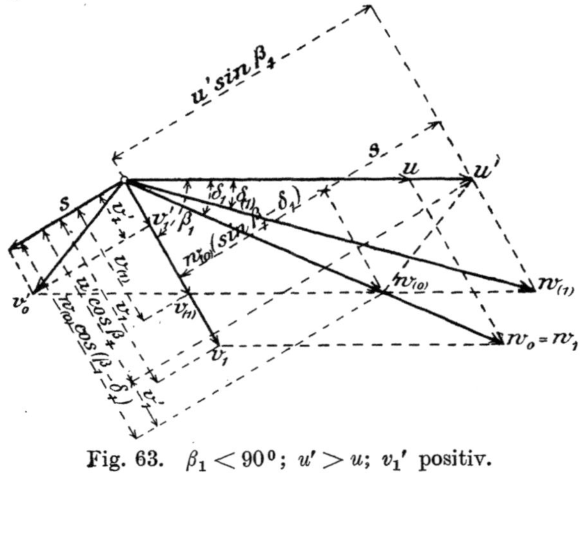

Fig. 63. $\beta_1 < 90^0$; $u' > u$; v_1' positiv.

Die Fig. 59 für $u' < u$ hatte gezeigt, daß v_0' mit u' einen Winkel, kleiner als β_1, einschloß und in der Einfüllrichtung β_1 eine Komponente v_1' hatte, die mit der tatsächlichen Einfüllgeschwindigkeit $v_{(1)}$ zwar gleich gerichtet, jedoch größer war als diese, so daß der Anprall mit $v_1' - v_{(1)}$ zu dem entsprechenden Stoßverluste und zugleich zu der Rückbildung der Druckhöhe $h_{(1)} - h_1'$ führte.

Für $u' > u$ stellt sich v_0' in einen Winkel ein, der größer ist als β_1.

Ist nun u' um einen nicht wesentlichen Betrag größer als u, Fig. 63, so wird v_0' mit der Richtung von v_1' und $v_{(1)}$ einen spitzen Winkel einschließen, dabei ist nunmehr v_1' kleiner geworden als das tatsächliche $v_{(1)}$; es wird für die nachfüllenden Wasserteilchen eine Steigerung der Nachfüllgeschwindigkeit v_1' auf $v_{(1)}$ erforderlich, die sich unter Inanspruchnahme eines entsprechenden Gefällbruchteils von der Größe $\frac{v_{(1)}^2 - v_1'^2}{2g}$ und ideell ohne direkten Verlust an Arbeitsvermögen vollziehen muß.

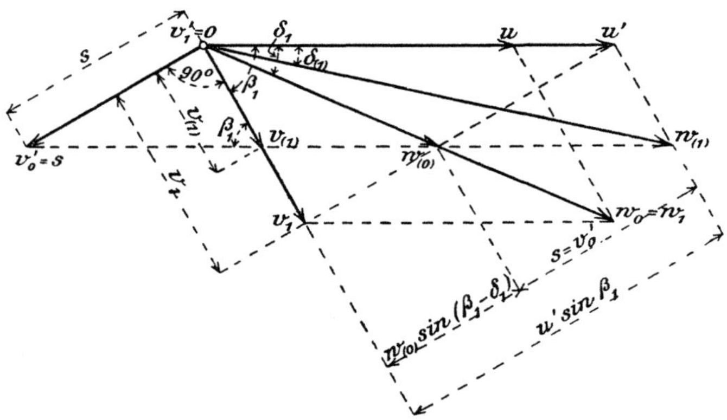

Fig. 64. $\beta_1 < 90^0$; $u' > u$; $v_1' = 0$.

Je mehr aber u' wächst, um so mehr wird nicht nur $w_{(0)}$ ab-, sondern auch der Winkel zwischen v_0' und $v_{(1)}$ zunehmen, um so kleiner wird v_1' ausfallen, bis bei einer gewissen Größe von u' der betr. Winkel 90^0 geworden ist, Fig. 64. In diesem Falle ist $v_1' = 0$ und $v_0' = s$, so daß für den Eintritt des Nachfüllwassers die ganze Höhe $\frac{v_{(1)}^2}{2g}$ aus dem übrig gebliebenen Gefälle aufzuwenden war.

Aber auch über diesen Punkt hinaus ist die Zunahme von u' noch denkbar. Hier fällt dann der Winkel zwischen v_0' und $v_{(1)}$ stumpf aus, Fig. 65, die Richtung

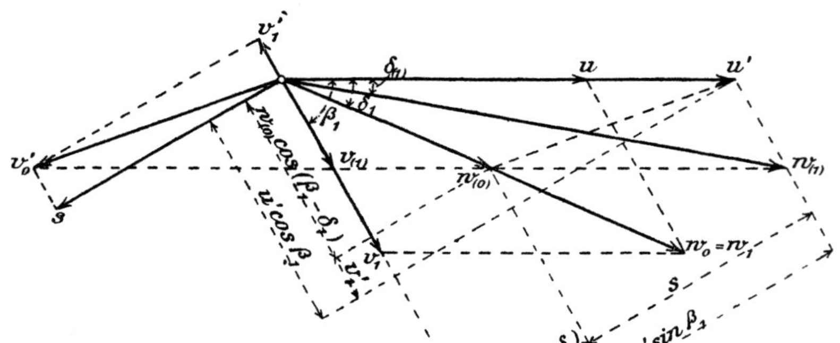

Fig. 65. $\beta_1 < 90^0$; $u' > u$; v'_1 negativ.

von v_1' hat sich jetzt gegen die Einfüllrichtung gewendet, so daß v_1' als negativ anzusehen ist. Das Einfüllwasser muß hier zuerst von seiner entgegengesetzt gerichteten Geschwindigkeit v_1' auf Null zurückgeführt und dann von Null auf $v_{(1)}$ nach richtiger Richtung beschleunigt werden. Nimmt man an, daß dieses Widerstreben des Nachfüllwassers gegen das Eintreten durch Stöße und Wirbel überwunden wird, derart, daß der ganze Betrag von $\frac{v_1'^2}{2g}$ in Wärmeentwicklung verloren geht, so ist die volle Höhe von $\frac{v_1'^2}{2g}$ für die Durchführung des Wassers verloren.

Während also bei v_1' positiv der Betrag $\frac{v_1'^2}{2g}$ helfend für das Durchführen des Wassers in Rechnung gestellt werden konnte, ist er für v_1' negativ als Verlust anzusehen und die volle Höhe $\frac{v_{(1)}^2}{2g}$ aus dem übrigen Gefälle zu bestreiten.

Aus dem Umstande, daß bei $u' > u$ das in das Reaktionsgefäß eintretende Wasser von $\pm v_1'$ auf $v_{(1)}$ beschleunigt werden muß, ergibt sich mit Notwendigkeit das Vorhandensein einer entgegengesetzt der Beschleunigungsrichtung $v_{(1)}$ auf das Gefäß wirkenden sog. Reaktionskraft im Betrage

$$P = \frac{q'\gamma}{g}(v_{(1)} - v_1') = \frac{q\gamma}{g} \cdot \frac{v_{(1)}}{v_1}(v_{(1)} - v_1') \quad \ldots \ldots \ldots \quad 252$$

die durch ihre in der X-Richtung gelegene Komponente

$$P \cos\beta_1 = \frac{q'\gamma}{g}(v_{(1)} - v_1')\cos\beta_1 = \frac{q\gamma}{g} \cdot \frac{v_{(1)}}{v_1}(v_{(1)} - v_1')\cos\beta_1 \quad \ldots \quad 253$$

einen Widerstand gegen das Fortschreiten bildet. Dieser ist also, neben $S \sin\beta_1$, auch von dem Drucke der X-Komponente in Abzug zu bringen. Ebenso wie bei $u' < u$ der Stroßdruck $S \sin\beta_1$ nicht mit Sicherheit im vollen Betrag helfend angenommen werden kann, ebensowenig ist es gestattet, hier das volle $S \sin\beta_1$ als entgegengesetzt wirkende Kraft einzusetzen. Auch $P \cos\beta_1$ wird besonders bei großem u' kaum im vollen Betrag zur Wirkung kommen.

Hier wird demnach

$$X' = X - k_S S \sin\beta_1 - k_P P \cos\beta_1 \quad \ldots \ldots \ldots \quad 254$$

und

$$A' = X' \cdot u' = (X - k_S S \sin\beta_1 - k_P P \cos\beta_1)\, u' \quad \ldots \ldots \quad 255$$

zu setzen sein; über die Größen von k_S und k_P sind wir natürlich ebensowenig im klaren als vorher, sie sind auch wieder als 1 angenommen.

Ic. Gefälleaufteilung und Arbeitsgrößen für u' größer als u.

Die Folgen der Vergrößerung auf u' sind, wie gezeigt, in zwei Abschnitten rechnungsmäßig zu betrachten, die durch diejenige Größe von u' getrennt sind, bei der $v_1' = 0$ geworden ist.

Der Fig. 66 entsprechend wird sich für v_1' positiv die Gefälleaufteilung vollziehen. Von dem Relativgefälle H_r geht zuerst der Stoßverlust $\frac{s^2}{2g}$ ab und dieser läßt von $\frac{v_0'^2}{2g}$ die Größe $\frac{v_1'^2}{2g}$ übrig, ganz wie vorher bei Fig. 61. Da aber hier kein Anprall gegen das vorher in das Gefäß eingetretene Wasser stattfindet, sondern eine Beschleunigung von v_1' auf $v_{(1)}$ erforderlich ist, so setzt sich der

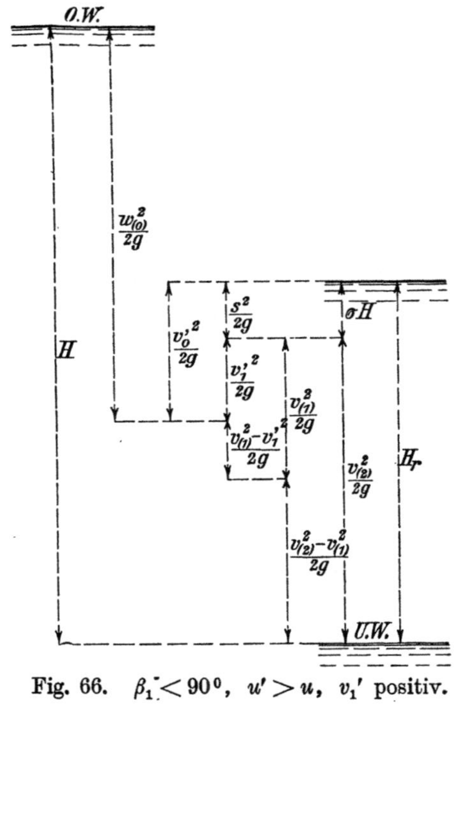

Fig. 66. $\beta_1 < 90^0$, $u' > u$, v_1' positiv.

dafür nötige Betrag $\frac{v_{(1)}^2 - v_1'^2}{2g}$ an das untere Ende von $\frac{v_1'^2}{2g}$ an, und daraus entwickeln sich die anderen in Fig. 66 eingeschriebenen Maße.

Wir erhalten daraus, solange

v_1' positiv ist: $$\frac{s^2}{2g} + \frac{v_{(2)}^2}{2g} = H_r = H - \left(\frac{w_{(0)}^2}{2g} - \frac{v_0'^2}{2g}\right) \quad \ldots \ldots \ldots \quad 256$$

oder $$\frac{w_{(0)}^2}{2g} - \frac{v_0'^2}{2g} + \frac{s^2}{2g} + \frac{v_{(2)}^2}{2g} = H \quad \ldots \ldots \ldots \ldots \quad 257$$

In dieser Gleichung fehlt das in Gl. 241 enthalten gewesene Glied $\frac{(v_1' - v_{(1)})^2}{2g}$, weil eben am Eintritt kein Stoß in Richtung von $v_{(1)}$ vorhanden ist, bei dem Entstehen von $v_{(1)}$ aus v_1' hat hier auch keine Rückbildung von Druckhöhe aus Geschwindigkeit, sondern ein Verbrauch an Druckhöhe stattgefunden.

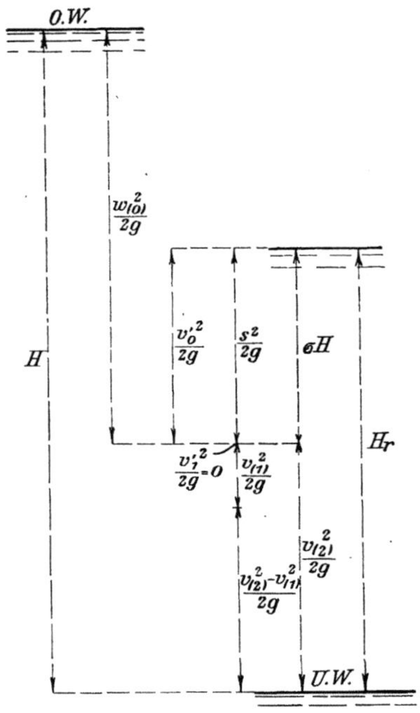

Fig. 67. $\beta_1 < 90^0$, $u' > u$, $v_1' = 0$.

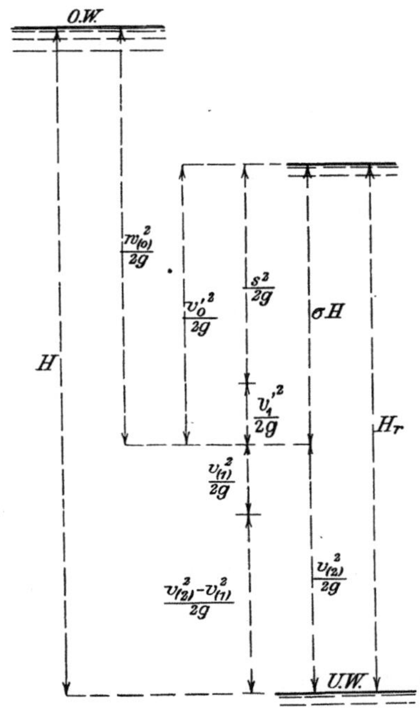

Fig. 68. $\beta_1 < 90^0$, $u' > u$, v_1' negativ.

Für $v_1' = 0$ werden die Verhältnisse durch die in Fig. 67 dargestellte Gefälleaufteilung erläutert, es ist hier

$$\frac{s^2}{2g} + \frac{v_{(2)}^2}{2g} = H_r = H - \left(\frac{w_{(0)}^2}{2g} - \frac{v_0'^2}{2g}\right) \quad \ldots \ldots \ldots \quad 258$$

und weil $v_0' = s$ ist, Fig. 64, so folgt, wie ja die Fig. 67 auch unmittelbar erkennen läßt,

$$\frac{w_{(0)}^2}{2g} + \frac{v_{(2)}^2}{2g} = H \quad \ldots \ldots \ldots \ldots \quad 259$$

Schließlich ist für v_1' negativ die Fig. 68 maßgebend, hier ist

$$\frac{s^2}{2g} + \frac{v_1'^2}{2g} + \frac{v_{(2)}^2}{2g} = H_r = H - \left(\frac{w_{(0)}^2}{2g} - \frac{v_0'^2}{2g}\right) \quad \ldots \ldots \ldots \quad 260$$

oder, wie die Fig. 68 auch direkt ergeben würde,

$$\frac{w_{(0)}^2}{2g} + \frac{v_{(2)}^2}{2g} = H \quad \text{(259)}$$

Diese Gefälleaufteilung geht also von $v_1' = 0$ anfangend in den Bereich der v_1' negativ hinüber, $w_{(0)}$ sowie $v_{(2)}$, also auch q' weisen jenseits $v_1' = 0$ ganz gleichbleibende Beträge auf.

Auch hier ist das Ersetzen aller Wassergeschwindigkeiten durch $v_{(1)}$ am Platze, wozu dient

$$w_{(0)} = v_{(1)} \frac{\sin \beta_1}{\sin \delta_1} \quad \text{(242)}$$

und damit, nach Fig. 63, 64, 65

$$s = \left[u' - v_{(1)} \frac{\sin(\beta_1 - \delta_1)}{\sin \delta_1}\right] \sin \beta_1 \quad 261$$

Für $v_0'^2$ bleibt bestehen:

$$v_0'^2 = s^2 + v_1'^2 \quad \text{(244)}$$

Während die Fig. 63 zeigt, daß für v_1' positiv

$$v_1' = v_{(1)} - \frac{s}{\operatorname{tg} \beta_1} \quad 262$$

ist andererseits aus Fig. 65 ersichtlich, daß für v_1' negativ wie natürlich

$$v_1' = \frac{s}{\operatorname{tg} \beta_1} - v_{(1)} \quad 263$$

Mit $v_{(2)} = n_1 \cdot v_{(1)}$ ergibt sich dann aus Gl. 257

$$v_1' \text{ positiv: } v_{(1)}^2 \left[n_1^2 + \frac{\sin^2(\beta_1 - \delta_1)}{\sin^2 \delta_1} \sin^2 \beta_1\right] + 2 v_{(1)} u' \cos \beta_1 \left[1 + \frac{\sin(\beta_1 - \delta_1)}{\sin \delta_1} \cos \beta_1\right]$$
$$= 2gH + u'^2 \cos^2 \beta_1 \quad 264$$

und aus Gl. 259

$$v_1' \text{ Null oder negativ: } v_{(1)}^2 \left[n_1^2 + \frac{\sin^2 \beta_1}{\sin^2 \delta_1}\right] = 2gH \quad 265$$

unabhängig von der Größe von u'.

Für die Bestimmung der Größe von u' für $v_1' = 0$ dient Fig. 64, nach der dann einfach

$$s = v_{(1)} \operatorname{tg} \beta_1 \quad 266$$

folgt, dazu

$$\frac{u'}{\sin[180^0 - (90^0 - \beta_1 + \delta_1)]} = \frac{s}{\sin \delta_1} \quad 267$$

woraus mit s nach Gl. 266 sich ergibt

$$u' = v_{(1)} \frac{\operatorname{tg} \beta_1 \cdot \cos(\beta_1 - \delta_1)}{\sin \delta_1} \quad 268$$

Das Einsetzen von $v_{(1)}$ nach Gl. 265 bringt keine Vereinfachung.

Die Freilaufgeschwindigkeit u_0' findet sich, wenn $X = 0$ gesetzt wird. Die allgemeine Beziehung hierfür wird aber sehr weitläufig, während die Berechnung mit ziffermäßig eingesetzten Winkelfunktionen usw. wenig Umstände macht.

Im übrigen sei nochmals auf die Tabelle S. 83 und die Fig. 61 und 62 verwiesen, sowie darauf, daß die Stoßwirkungen sich milder vollziehen werden, als die Rechnung annehmen mußte; aufgeklärt sind diese Verhältnisse heute noch nicht.

II. β_1 gleich 90^0.

Bei dieser Winkelgröße treten wesentliche Vereinfachungen für die Rechnung ein.

Verkleinerung von u auf u'.

Einstweilen mag angenommen sein, daß, wie vorher, die Verkleinerung auf u' eine Vermehrung der Wassermenge bringe, also eine Vergrößerung von w_0 auf $w_{(0)}$. In Fig. 69a sind die entsprechenden Geschwindigkeiten eingezeichnet, aus u' und $w_{(0)}$ ergibt sich die relative Zutrittsgeschwindigkeit v_0' gegen das Gefäß als die zugehörige Parallelogrammseite. Aus der Zerlegung von v_0' in v_1' nach der Einfüllrichtung β_1 und in s senkrecht dazu zeigt sich, daß hier v_1' und $v_{(1)}$ gleich groß ausfallen. Ein besonderer Aufwand an Gefällhöhe für die Umbildung von v_1' in $v_{(1)}$ ist also bei $\beta_1 = 90^0$ nicht erforderlich, es kommt nur die aus s folgende Stoßwirkung in Betracht. Wie vorher ist dann

$$v_0'^2 = w_{(0)}^2 + u'^2 - 2 w_{(0)} u' \cos \delta_1 \quad . \quad . \quad (233)$$

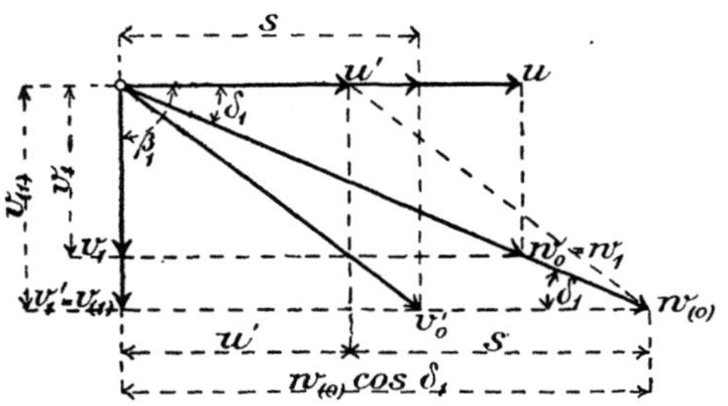

Fig. 69 a.

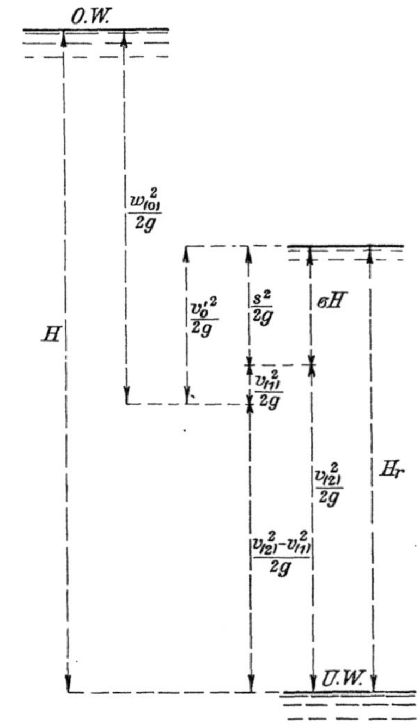

Fig. 70. $\beta_1 = 90^0$, $u' \lesseqgtr u$.

Auch behält das Relativgefälle H_r die aus Gl. 258 ersichtliche Größe unverändert bei, und die Beziehung Gl. 234 bleibt ungeändert.

Nun zeigt Fig. 69a, daß, unabhängig von u',

$$v_0'^2 = s^2 + v_1'^2 = s^2 + v_{(1)}^2 \quad . \quad . \quad . \quad . \quad . \quad . \quad . \quad . \quad . \quad . \quad . \quad 269$$

Die Gefälleaufteilung vollzieht sich also hier nach der Fig. 70 derart, daß vom unteren Ende von $\frac{w_{(0)}^2}{2g}$ ab die Höhe $\frac{v_{(2)}^2 - v_{(1)}^2}{2g}$ bis zum Unterwasser zu liegen kommt, mithin gilt

$$\frac{s^2}{2g} + \frac{v_{(2)}^2}{2g} = H_r = H - \left(\frac{w_{(0)}^2}{2g} - \frac{v_0'^2}{2g}\right)$$

oder

$$\frac{w_{(0)}^2}{2g} - \frac{v_0'^2}{2g} + \frac{s^2}{2g} + \frac{v_{(2)}^2}{2g} = H$$

ganz in Übereinstimmung mit Gl. 256 und 257. Da aber $v_0'^2 - s^2 = v_{(1)}^2$, so folgt

$$\frac{w_{(0)}^2}{2g} - \frac{v_{(1)}^2}{2g} + \frac{v_{(2)}^2}{2g} = H \quad . \quad . \quad . \quad . \quad . \quad . \quad . \quad . \quad . \quad . \quad . \quad 270$$

und mit $w_{(0)} = \frac{v_{(1)}}{\sin \delta_1}$, wegen $\beta_1 = 90$, ergibt sich mit $v_{(2)} = n_1 \cdot v_{(1)}$

$$v_{(1)}^2 \left[n_1^2 + \frac{1}{\operatorname{tg}^2 \delta_1}\right] = 2gH \quad . \quad . \quad . \quad . \quad . \quad . \quad . \quad . \quad . \quad . \quad 271$$

Hieraus ist ersichtlich, daß bei u' kleiner als u für $\beta_1 = 90^0$ die Größe von $v_{(1)}$

überhaupt vom Betrage von u' ganz unabhängig ist, d. h. hier ist die durchfließende Wassermenge rechnungsmäßig konstant, die Gefälleaufteilung bleibt also, was $w_{(0)}$, $v_{(1)}$ und $v_{(2)}$ betrifft, bei allen Größen von u' ungeändert, nur die Höhen $\frac{v_0'^2}{2g}$ und damit $\frac{s^2}{2g}$ wechseln.

$H = 4{,}0$ m; $h_L = 1{,}75$ m; $\beta_1 = 90^0$; $\delta_1 = 20^0$.

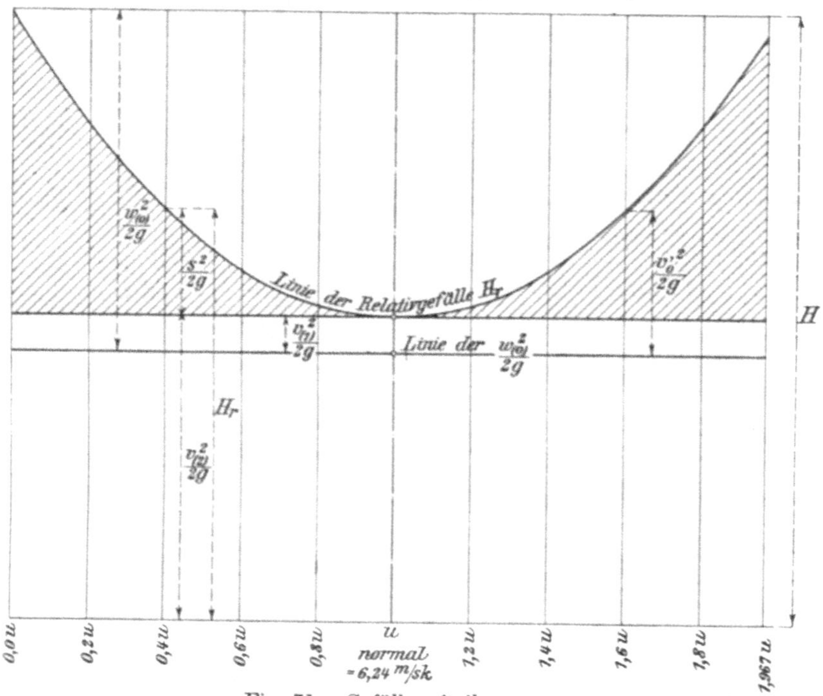

Fig. 71. Gefälleaufteilung.

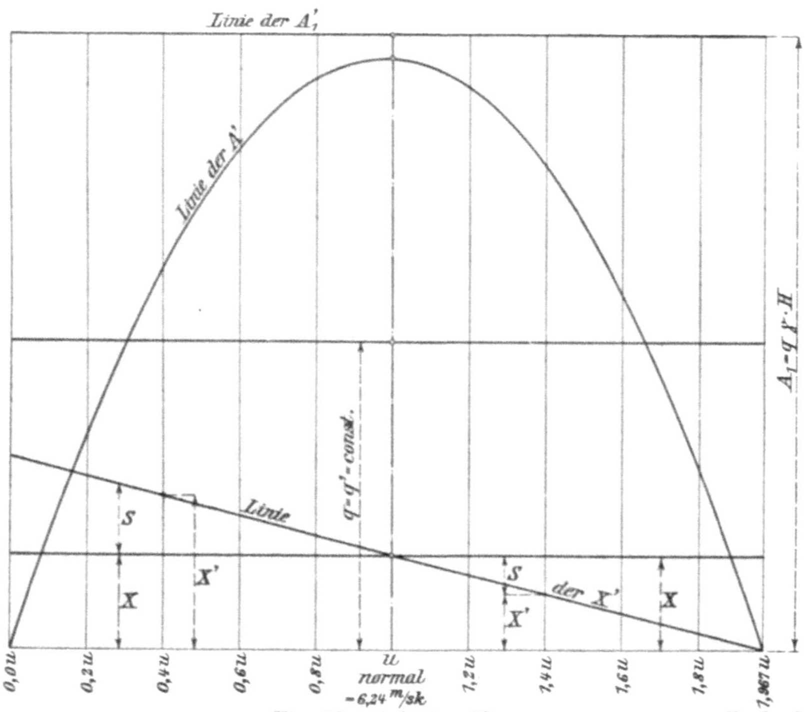

Fig. 72. Arbeitsgrößen.

Vergrößerung von u auf u'.

Sehr einfach läßt sich nachweisen, daß auch hier die Größe von u' ohne Einwirkung auf die durchfließende Wassermenge bleibt, daß also auch hier die Fig. 70 für die Gefälleaufteilung und Gl. 271 für $v_{(1)}$ gilt, daß durchgängig $v_{(1)} = v_1$ ist.

Die Verhältnisse werden also in richtiger Weise nicht durch die Fig. 69a, sondern durch Fig. 69b dargestellt, die u' kleiner und größer als u berücksichtigt, $w_0 = w_1$ für alle u konstant. Aus dieser geht hervor, daß bei $\beta_1 = 90^0$ ganz allgemein

$$s = \pm (u - u') \quad \ldots \ldots \ldots \ldots \quad 272$$

zu setzen ist.

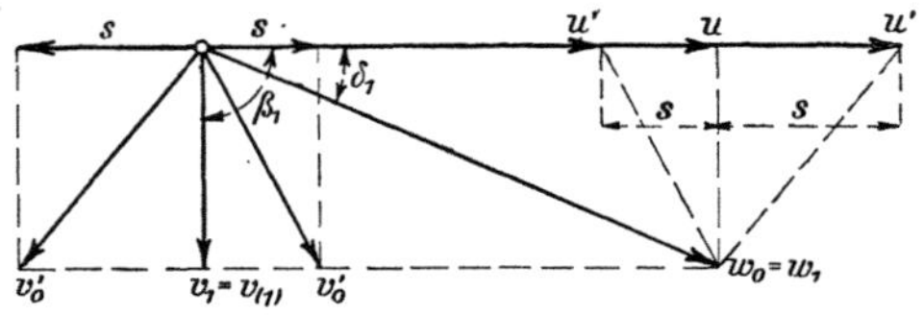

Fig. 69 b.

Da weder V noch R in Erscheinung tritt, findet sich

$$X' = X \pm k_S S$$

und demgemäß auch die tatsächlich geleistete Arbeit

$$A' = X' \cdot u' = (X \pm k_s S) u'$$

Für die Freilaufgeschwindigkeit u_0' findet sich hier einfach bei $X' = X - S = 0$ oder mit $X = S$:

$$\frac{q\gamma}{g} v_2 \cos \beta_2 = \frac{q\gamma}{g} s = \frac{q\gamma}{g} (u_0' - u)$$

woraus

$$u_0' = v_2 \cos \beta_2 + u$$

Nun ist allgemein, Fig. 59, und weil q konstant

$$v_2 \cos \beta_2 = u - w_2 \cos \delta_2 \quad \ldots \ldots \ldots \ldots \quad 273$$

also

$$u_0' = 2u - w_2 \cos \delta_2 = 2u - \cos \delta_2 \sqrt{2g\alpha H} \quad \ldots \ldots \quad 274$$

Für $\delta_2 = 90^0$ ergibt sich die Freilaufgeschwindigkeit glatt zu, ideell,

$$u_0' = 2u \quad \ldots \ldots \ldots \ldots \quad 275$$

Die Fig. 71 und 72 enthalten Gefälleaufteilung und Arbeitsgrößen für $\beta_1 = 90^0$ in Verbindung mit $H = 4{,}0\,\text{m}$, $h_L = 1{,}75\,\text{m}$, $H - h_L = \frac{w_0^2}{2g} = 2{,}25\,\text{m}$ für ebenfalls $\alpha = 0{,}04$ und $k_S = 1$. Da aber δ_2 etwas kleiner als 90^0 ist, fällt u_0' um weniges kleiner als $2u$ aus. Wegen $q = q'$ konstant deckt sich hier die A_1'-Linie mit der H-Linie.

III. β_1 größer als 90^0.

Die Verhältnisse sind hier insofern umgekehrt gegenüber $\beta_1 < 90^0$, als die charakteristischen Veränderungen der v_1' hier für $u' < u$ eintreten.

Das Relativgefälle H_r wächst hier für große u' über H hinaus. Die Fig. 73 und 74 entsprechen $H = 4{,}0\,\text{m}$, $h_L = 2{,}5\,\text{m}$, $\beta_1 = 135^0$, $\delta_0 = \delta_1 = 20^0$.

Im übrigen zeigt die Rechnung, daß bei gleichbleibendem Leitzellenquerschnitt f_0 die bei normalem Gange verarbeitete Wassermenge q mit zunehmenden Größen von β_1, h_L, u stetig abnimmt. Sollen die verschiedenen Gefäße imstande sein, ohne Unterschied die gleiche Wassermenge zu verarbeiten, so müssen mit steigendem u und β_1 die f_0 usw. entsprechend größer werden.

Reaktionsgefäß, $\beta_1 = 135°$, Zahlenbeispiel.

$H = 4{,}0$ m; $h_L = 2{,}5$ m; $\beta_1 = 135°$; $\delta_1 = 20°$.

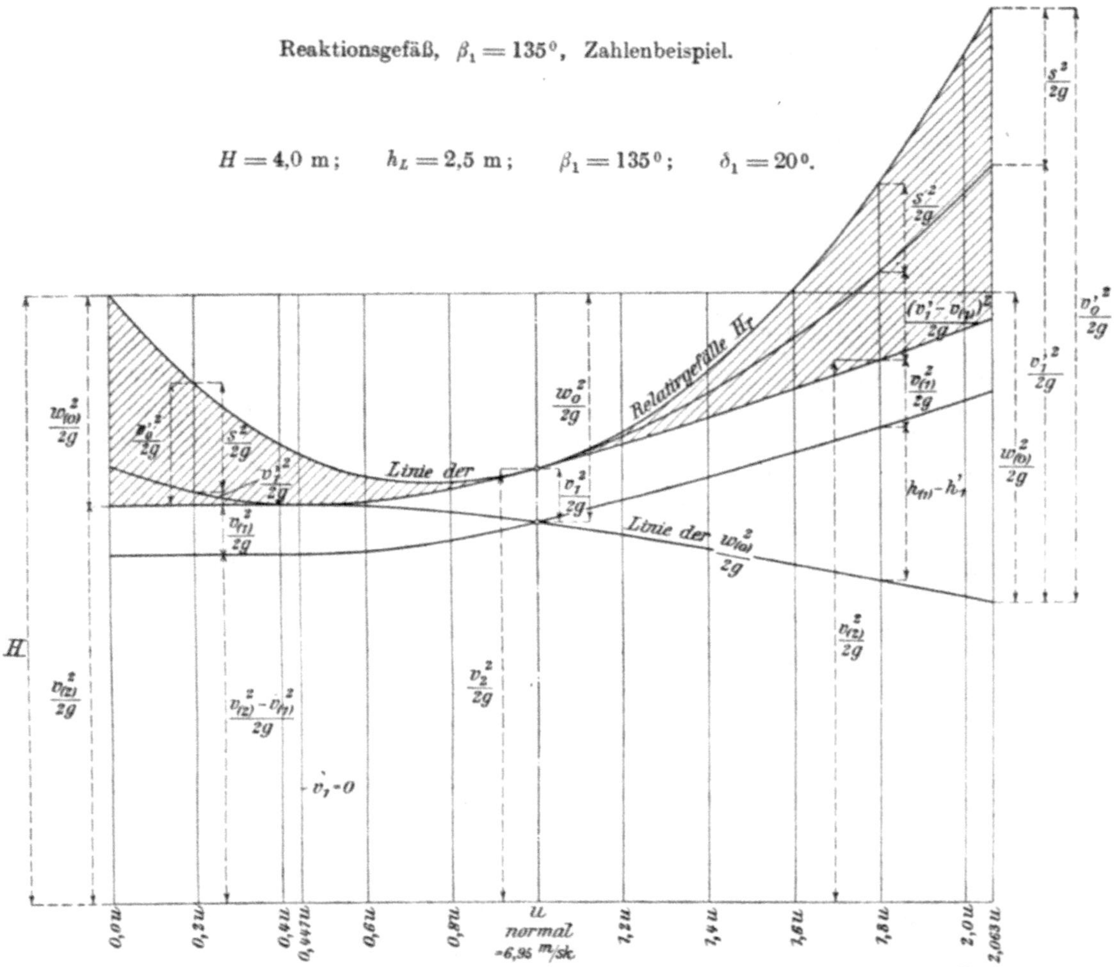

Fig. 73. Gefälleaufteilung.

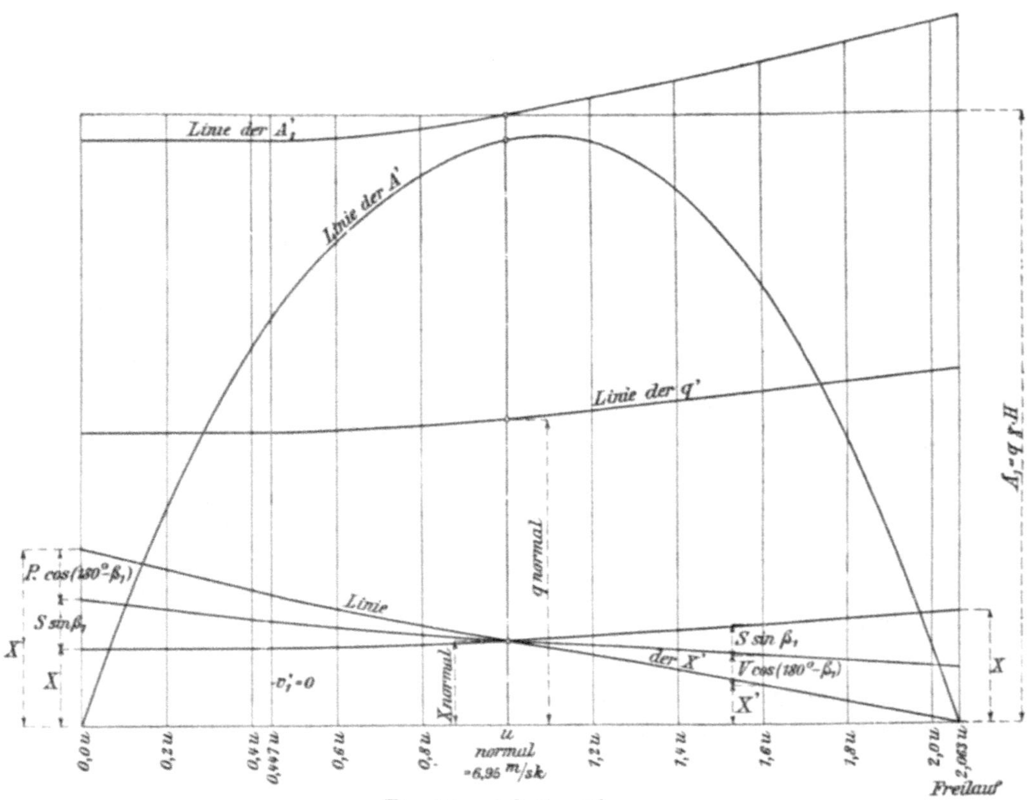

Fig. 74. Arbeitsgrößen.

Der Vergleich der Änderungsverhältnisse in der Wassermenge bei verschiedenen u' zeigt, daß die Wassermenge

bei β_1 kleiner als 90° mit wachsendem u' abnimmt,
,, β_1 gleich 90° unverändert bleibt,
,, β_1 größer als 90° mit wachsendem u' zunimmt.

8. Reaktionsgefäß mit gegebenem Austrittsverlust α.

Die Betrachtungen haben gezeigt, daß auch für diese Art von Gefäßen die Wahl der Austrittsverlustgröße α freisteht, und es ist im folgenden zu untersuchen, welche Bedingungen bei gegebenem α einer Konstruktion zugrunde gelegt werden müssen.

Hierbei kann von der Ermittlung der Verhältnisse für drucklos nachgefüllte Reaktionsgefäße Abstand genommen werden, da Turbinen mit solchen Betriebsumständen (Knop-Turbinen) für heute nur noch geschichtliches Interesse bieten.

Wir wollen zunächst die Verhältnisse des ideellen Betriebes, Abwesenheit aller Reibungsverluste dazu $s_0 = s_1 = 0$ feststellen, und danach auf den tatsächlichen Betrieb übergehen.

I. Ideeller Betrieb, dazu $s_0 = s_1 = 0$.

Die Gefälleaufteilung erfolgt im Einzelfalle ohne Rücksicht auf den gewünschten Betrag von α, denn die Gleichung

$$\frac{w_1^2}{2g} + \frac{v_2^2 - v_1^2}{2g} = H \quad \text{. . . . . 276}$$

wird an sich durch α und die sonstigen Arbeitsgrößen nicht berührt, die Geschwindigkeitshöhen der Gl. 276 können, wenn sie nur der Gleichung genügen, nach beliebig sonstigen Rücksichten genommen werden, es muß natürlich aber $v_2 > v_1$ bleiben.

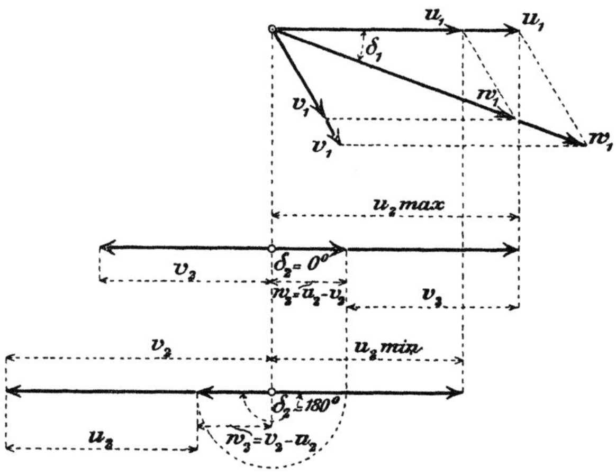

Fig. 75.

Damit w_2 den gewünschten Betrag als $\sqrt{2g\alpha \cdot H}$ einhält, darf die normale Fortschreitegeschwindigkeit u bei bekannter relativer Austrittsgeschwindigkeit v_2 je nach der Größe von δ_2 nur ganz bestimmte Werte annehmen. Diese mit Rücksicht auf die gewünschten Verhältnisse am Austritt, der Stelle „2", sich ergebenden Fortschreitegeschwindigkeiten seien mit u_2 bezeichnet. Dieselben schwanken zwischen $u_{2\,max} = v_2 + w_2$ für $\delta_2 = 0$, Fig. 75, und $u_{2\,min} = v_2 - w_2$ für $\delta_2 = 180°$, wobei beide Male $\beta_2 = 0$ sein müßte.

Mithin findet bei gegebenem α für die Wahl der Fortschreitegeschwindigkeit u, soweit der Austritt „2" in Frage kommt, eine Beschränkung statt, ausgedrückt durch

$$v_2 + w_2 \gtreqless u_2 \gtreqless v_2 - w_2 \quad \text{. . . . . 277}$$

Diese Beziehung zeigt, daß die Größen v_2 und u_2 der Kleinheit von w_2 halber nie wesentlich verschieden ausfallen können, vgl. Fig. 76 bis 79.

Nun ist allgemein, vgl. Gl. 194,

$$v_2 = \sqrt{v_1^2 + 2gh_L}$$

und bei regelrechtem Nachfüllen

$$v_1 = w_1 \frac{\sin\delta_1}{\sin\beta_1} = \sqrt{2g(H - h_L)}\,\frac{\sin\delta_1}{\sin\beta_1}$$

so daß mit diesen Werten die obige Ungleichung übergeht in

$$\left.\begin{aligned} &\sqrt{2g\left[(H-h_L)\frac{\sin^2\delta_1}{\sin^2\beta_1}+h_L\right]}+\sqrt{2g\alpha H} \gtreqless u_2 \\ \text{und}\qquad &u_2 \gtreqless \sqrt{2g\left[(H-h_L)\frac{\sin^2\delta_1}{\sin^2\beta_1}+h_L\right]}-\sqrt{2g\alpha H} \end{aligned}\right\} \quad \ldots\ldots\ 278$$

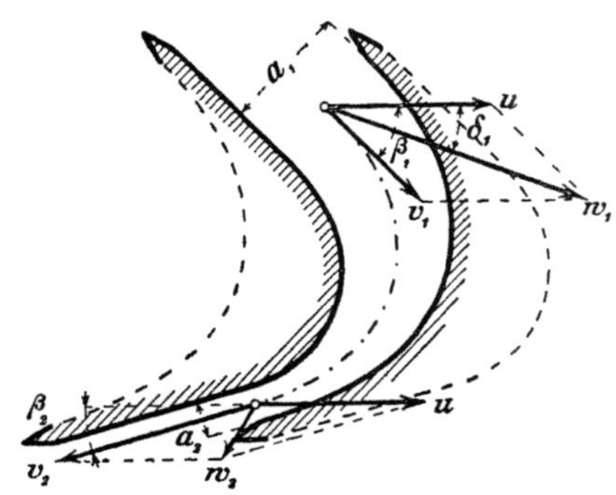

Fig. 76. $\beta_1 = 45^0$.

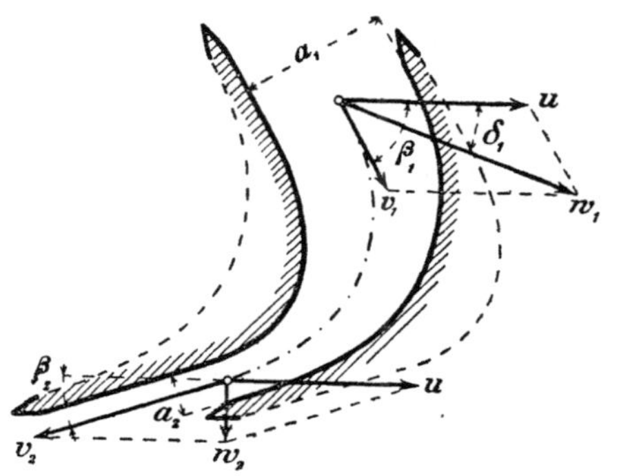

Fig. 77. $\beta_1 = 60^0$.

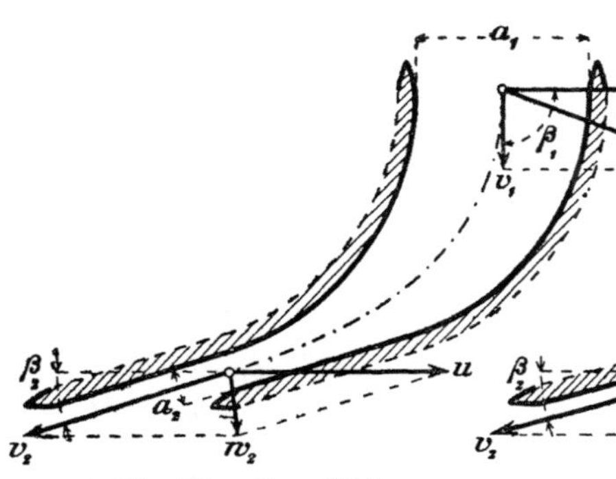

Fig. 78. $\beta_1 = 90^0$.

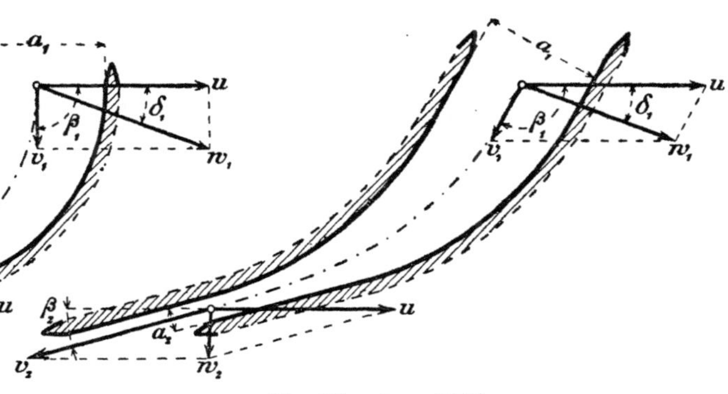

Fig. 79. $\beta_1 = 120^0$.

Im bestimmten Fall muß natürlich für geradliniges Fortschreiten $u_1 = u_2$ sein, und weil für richtiges Nachfüllen, Gl. 228,

$$u_1 = w_1 \frac{\sin(\beta_1 - \delta_1)}{\sin\beta_1} = \sqrt{2g(H - h_L)}\,\frac{\sin(\beta_1 - \delta_1)}{\sin\beta_1}$$

so kann Gl. 278 unter Wegfall von $\sqrt{2g}$ auch geschrieben werden

$$\sqrt{(H-h)\frac{\sin^2\delta_1}{\sin^2\beta_1}+h_L}+\sqrt{\alpha H} \gtreqless \sqrt{H-h_L}\,\frac{\sin(\beta_1-\delta_1)}{\sin\beta_1} \gtreqless \sqrt{(H-h)\frac{\sin^2\delta_1}{\sin^2\beta_1}+h_L}-\sqrt{\alpha H} \qquad 279$$

Hieraus ergeben sich die Beschränkungen für die Annahme von h_L und β_1, wenn H und δ_1 gegeben sind, und die ziffermäßige Nachrechnung zeigt, daß der gewünschte kleine Betrag von α die gleichzeitige Anwendung großer Werte von

h_L und von β_1, oder die Wahl kleiner Größen von h_L in Verbindung mit eben solchen von β_1 verlangt.

Für die im vorigen Abschnitt behandelten, unter Druck nachgefüllten Reaktionsgefäße sind die zusammengehörigen Größen von h_L und β_1 mit $\alpha = 0{,}04$ im Rahmen der Gl. 279 in glatten Zahlen gewählt worden. Die Formen der eingehend besprochenen Gefäße, den angenommenen Winkeln usw. entsprechend, dazu noch ein solches für $\beta_1 = 45^0$ und $\beta_1 = 120^0$, sind sämtlich mit gleichem α, w_2 in den Fig. 76 bis 79 dargestellt. Vgl. dazu S. 21.

Die Arbeitsgrößen ergeben folgende Beziehungen. Allgemein ist

$$A = X \cdot u = \frac{q\gamma}{g}(v_2 \cos\beta_2 + v_1 \cos\beta_1)\, u \quad \ldots\ldots\ldots \quad (219)$$

In dieser Gleichung findet sich die von einem Reaktionsgefäß geleistete Arbeit in den, mit Beziehung auf das Gefäß, inneren Größen v_1, v_2, β_1, β_2 ausgedrückt.

Nun muß für richtiges Nachfüllen, wie bekannt, geschrieben werden

$$w_1^2 = u^2 + v_1^2 + 2uv_1 \cos\beta_1$$

woraus sich ergibt

$$uv_1 \cos\beta_1 = \frac{w_1^2 - u^2 - v_1^2}{2}$$

Für den Austritt gilt die Beziehung

$$w_2^2 = u^2 + v_2^2 - 2uv_2 \cos\beta_2$$

und hieraus folgt

$$uv_2 \cos\beta_2 = -\frac{w_2^2 - u^2 - v_2^2}{2}$$

Setzt man die beiden Ausdrücke in die obige Gleichung für A ein, so folgt

$$A = X \cdot u = q\gamma\left(\frac{w_1^2}{2g} + \frac{v_2^2 - v_1^2}{2g} - \frac{w_2^2}{2g}\right) \ldots\ldots\ldots \quad 280$$

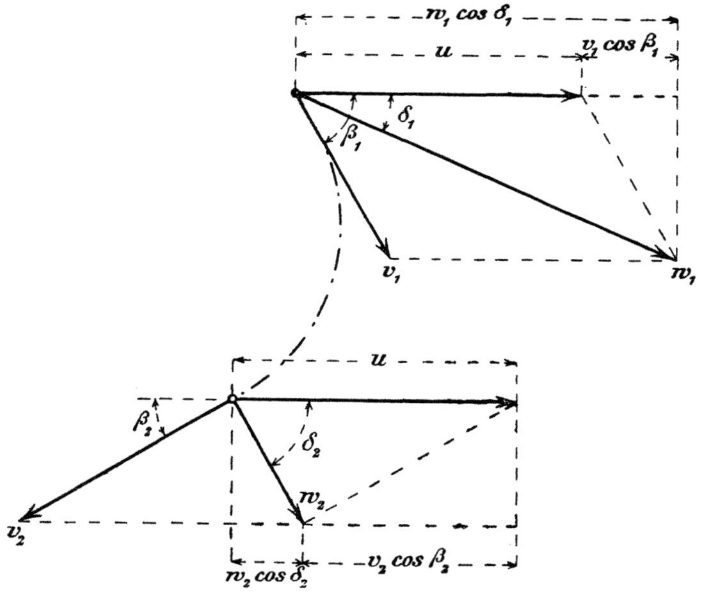

Fig. 80.

Da nun

$$\frac{w_2^2}{2g} = \alpha H$$

ist, so kann mit Rücksicht auf Gl. 276, wie natürlich, auch geschrieben werden

$$A = X \cdot u = q\gamma(1 - \alpha) H$$
$$= q\gamma \cdot \eta H \quad . \quad 281$$

Aus Fig. 80 ergibt sich

$$v_1 \cos\beta_1 = w_1 \cos\delta_1 - u$$

und die Figur zeigt auch, daß geschrieben werden kann

$$v_2 \cos\beta_2 = u - w_2 \cos\delta_2$$

Durch Einsetzen dieser beiden Größen in die Gleichung für A findet sich dann

$$A = X \cdot u = \frac{q\gamma}{g}(w_1 \cos\delta_1 - w_2 \cos\delta_2)\, u \ldots\ldots\ldots \quad 282$$

worin nunmehr der Arbeitsbetrag in den, mit Bezug auf das Laufrad, äußeren Größen w_1, w_2, δ_1, δ_2 ausgedrückt ist. Hieraus folgt einfach unter Beachtung von Gl. 281 und ohne Rücksicht auf die Wassermenge q, aber für stoßfreies Nachfüllen

$$u \cdot w_1 \cos \delta_1 - u \cdot w_2 \cos \delta_2 = g\,(1-\alpha)\,H = g \cdot \eta H \quad \ldots\ldots \quad 283$$

als eine Beziehung, die im späteren stets wiederkehren wird. Allerdings werden bei der sich im Kreise drehenden Turbine an die Stelle der einfachen Fortschreitegeschwindigkeit u die Größen u_1 und u_2 treten.

Nun ist auch

$$w_1 = u\,\frac{\sin \beta_1}{\sin(\beta_1 - \delta_1)}$$

und wenn dies, sowie der Wert von w_2 in die vorstehende Gleichung eingeführt wird, so ergibt sich schließlich für u die allgemeine, nicht gerade einfache Beziehung

$$u = \left[\frac{\cos \delta_2}{2}\sqrt{\alpha}\left(1-\frac{\operatorname{tg}\delta_1}{\operatorname{tg}\beta_1}\right) + \sqrt{\frac{\cos^2 \delta_2}{4}\,\alpha\left(1-\frac{\operatorname{tg}\delta_1}{\operatorname{tg}\beta_1}\right)^2 + \frac{1-\alpha}{2}\left(1-\frac{\operatorname{tg}\delta_1}{\operatorname{tg}\beta_1}\right)}\,\right]\sqrt{2g \cdot H} \quad 284$$

d. h. mit dieser Geschwindigkeit hat das Gefäß fortzuschreiten, wenn bei gegebenen Winkelgrößen und stoßfreiem Nachfüllen der gewünschte Austrittsverlust α eingehalten werden soll.

Die Gl. 284 läßt sich natürlich ohne weiteres mit den Bedingungen der Gl. 277 in Einklang bringen. Die äußersten Grenzen von u, bei welchen gerade noch der Austrittsverlust α eingehalten werden kann, liegen, wie schon bemerkt (für nur ein Gefäß), bei $\beta_2 = 0^0$, in $\delta_2 = 0^0$ und $\delta_2 = 180^0$.

Gl. 284 liefert für $\delta_2 = 0^0$

$$u_{max} = \left[\frac{1}{2}\sqrt{\alpha}\left(1-\frac{\operatorname{tg}\delta_1}{\operatorname{tg}\beta_1}\right) + \sqrt{\frac{\alpha}{4}\left(1-\frac{\operatorname{tg}\delta_1}{\operatorname{tg}\beta_1}\right)^2 + \frac{1-\alpha}{2}\left(1-\frac{\operatorname{tg}\delta_1}{\operatorname{tg}\beta_1}\right)}\,\right]\sqrt{2g \cdot H} \quad . \quad 285$$

und für $\delta_2 = 180^0$

$$u_{min} = \left[-\frac{1}{2}\sqrt{\alpha}\left(1-\frac{\operatorname{tg}\delta_1}{\operatorname{tg}\beta_1}\right) + \sqrt{\frac{\alpha}{4}\left(1-\frac{\operatorname{tg}\delta_1}{\operatorname{tg}\beta_1}\right)^2 + \frac{1-\alpha}{2}\left(1-\frac{\operatorname{tg}\delta_1}{\operatorname{tg}\beta_1}\right)}\,\right]\sqrt{2g \cdot H} \quad 285a$$

Für das Reaktionsgefäß mit $\beta_1 = 60^0$ usw. des vorigen Kapitels stellen sich bei $\alpha = 0.04$ die Grenzen von u nach vorstehenden Gleichungen beispielsweise auf

$$u_{max} = 0{,}700\,\sqrt{2g \cdot H}$$

$$u_{min} = 0{,}542\,\sqrt{2g \cdot H}$$

was für 4,0 m Gefälle 6,202, bzw. 4,800 m/sk entspricht. Vgl. Fig. 77. Natürlich ändert sich h_L, d. h. die Gefälleaufteilung mit jedem anderen Werte von δ_2 und u trotz gleichbleibender Winkelgrößen β_1 und δ_1, es sind eben f_0, f_1, f_2 entsprechend einzurichten.

So hat jede Winkelgröße, β_1 und δ_1, ihren bestimmten Bereich für die Bemessung von u; die Variation von β_1 aber zwischen den Grenzen 0^0 und 180^0 läßt für u ideell die Werte zwischen $u = 0$ und $u = \infty$ zu.

Die Betrachtungen zeigen, daß aber nicht die Winkelgrößen β_1 und δ_1 allein, sondern in gleicher Weise die Geschwindigkeiten, d. h. die Querschnitte der Gefäße für die richtige Arbeitsleistung von Wichtigkeit sind. Ferner ist ersichtlich, daß die Aufteilung des Gefälles in $\frac{w_0^2}{2g} = \frac{w_1^2}{2g}$ und in $h_L = \frac{v_2^2 - v_1^2}{2g}$ stete Berücksichtigung erheischt.

II. Tatsächlicher Betrieb, vorläufig aber noch s_0 und s_1 verschwindend klein.

Für die Wirklichkeit kommen die Reibungswiderstände in Betracht, welche das Wasser auf dem Wege durch die Leitzellen, den Spalt und die Laufzellen erleidet. Die Wirkung auf die Arbeitsleistung A ist die, als ob das seither zur Ausnutzung gekommene Gefälle $(1-\alpha)H$ noch um einen weiteren Bruchteil ϱH vermindert worden wäre, so daß in Wirklichkeit an die Stelle von $(1-\alpha)H = \eta H$ der Betrag $(1-\alpha-\varrho)H = \varepsilon H$ für die Berechnungen der hydraulischen Arbeitsgrößen zu treten hat (vgl. Fig. 5 und 6). Diese Reibungswiderstände haben zur Folge, daß auf dem ganzen vom Wasser durchflossenen Arbeitswege die Geschwindigkeiten w_0, w_1, v_1, v_2 gewisse Verminderungen erfahren, die sich aber alle, der ganz gefüllten Schaufelräume wegen, in gleichem Verhältnisse vollziehen müssen, solange überhaupt noch die Betriebsflüssigkeit unter irgendwelcher Druckgröße steht. Die Gültigkeit der Gleichung

$$q = z_0 \cdot f_0 \cdot w_0 = z_1 \cdot f_1 \cdot v_1 \text{ usw.}$$

besteht nicht nur so lange, bis an irgendeiner Stelle der Wasserführung der positive hydraulische Druck als solcher auf Null gesunken ist, sondern bis der absolute Druck an irgendeiner Stelle Null geworden ist, wie unter „C" S. 25 u. f. näher erläutert worden ist.

Da der Bruchteil ϱH durch Reibung, Wärmeentwicklung usw. verloren geht, so kann auch für die Gefälleaufteilung nicht mehr der volle Betrag H zur Verfügung sein, die Gl. 218 geht deshalb mit entsprechend kleineren Werten von w_1 usw. über in

$$\frac{w_1^2}{2g} + \frac{v_2^2 - v_1^2}{2g} = (1-\varrho)H \quad \ldots\ldots\ldots\ldots \quad 286$$

und dieser Beziehung muß unter allen Umständen Genüge geleistet sein. Darüber, wie sich die Reibungshöhe ϱH auf die einzelnen Teile des Wasserweges, Leitzellen, Spalt, Laufzellen usw. verteilt, liegen wohl einzelne Versuche vor, aber bei der Fülle der verschiedenen Anordnungen und Umstände ist hier noch ein weites, vorläufig wenig bebautes Feld offen.

Wenn wir annehmen, daß der Bruchteil ϱ vom Gesamtgefälle H durch Reibung verloren geht, so bleibt auch jetzt

$$h_L = \frac{v_2^2 - v_1^2}{2g} \quad \ldots\ldots\ldots\ldots \quad (194)$$

und es findet sich aus Gl. 286 mit

$$v_2 = n_1 \cdot v_1 \quad \text{und} \quad w_1 = v_1 \frac{\sin\beta_1}{\sin\delta_1}$$

vgl. Gl. 181 und später Gl. 341, der Querschnittsfaktor $n_1 = \frac{v_2}{v_1}$ für das unter Druck stehende, geradlinig fortschreitende Reaktionsgefäß bei tatsächlichem Betrieb zu

$$n_1 = \sqrt{1 + \frac{h_L}{(1-\varrho)H - h_L} \cdot \frac{\sin^2\beta_1}{\sin^2\delta_1}} \quad \ldots\ldots\ldots \quad 287$$

Vergleiche dagegen Gl. 226, S. 73 für ideellen Betrieb.

In den zwei Gleichungen

$$u \cdot w_1 \cos\delta_1 - u \cdot w_2 \cos\delta_2 = g(1-\alpha)H = g \cdot \eta H$$

für den ideellen und

$$u \cdot w_1 \cos\delta_1 - u \cdot w_2 \cos\delta_2 = g(1-\alpha-\varrho)H = g \cdot \varepsilon H \quad \ldots\ldots \quad 288$$

für den tatsächlichen Betrieb haben also w_1 und u verschieden große Werte, weil $\varepsilon < \eta$. Die Beziehung für u lautet mit Benutzung von Gl. 288 und in gleicher Weise wie Gl. 284 hergeleitet, nunmehr:

$$u = \left[\frac{\cos\delta_2}{2}\sqrt{\alpha}\left(1-\frac{\operatorname{tg}\delta_1}{\operatorname{tg}\beta_1}\right)+\sqrt{\frac{\cos^2\delta_2}{4}\,\alpha\left(1-\frac{\operatorname{tg}\delta_1}{\operatorname{tg}\beta_1}\right)^2+\frac{1-\alpha-\varrho}{2}\left(1-\frac{\operatorname{tg}\delta_1}{\operatorname{tg}\beta_1}\right)}\,\right]\sqrt{2g\cdot H} \quad 289$$

so daß also hier $1-\alpha-\varrho$ an die Stelle von $1-\alpha$ getreten ist.

Die Gl. 288 ist geeignet, eine irrtümliche Anschauung der Verhältnisse hervorzurufen. Es wird ja stets die Aufgabe der Praxis sein, die Größe von ε nach Tunlichkeit hoch zu bringen, und da entsteht aus nur mathematischen Betrachtungen sehr leicht die Täuschung, daß es möglich sei, die rechte Seite der Gleichung also auch ε dadurch größer zu machen, daß man das negative Glied der linken Seite zum Verschwinden bringt. Dieses Glied wird Null für $\delta_2 = 90^0$, und so war in weiten Kreisen die irrige Ansicht verbreitet, daß die Nutzeffektziffer einer Turbine ihren höchsten Wert erreiche, wenn die Verhältnisse so gewählt werden, daß $\delta_2 = 90^0$ ausfällt. (Senkrechter Austritt.)

Es darf ja auf schon früher Gesagtes verwiesen werden, aus dem hervorgeht daß einzig und allein die Größe der absoluten Austrittsgeschwindigkeit, bzw. der Betrag von $\frac{w_2^2}{2g}$, für das dem Wasser beim Verlassen des Arbeitsweges übrig gebliebene Arbeitsvermögen bei sonst stoßfreiem Nachfüllen in Betracht kommt, und daß die Richtung von w_2 dabei vollständig gleichgültig ist. Aber auch die unmittelbare Betrachtung der Gl. 288 lehrt dies; denn wenn $\varepsilon = 1-\alpha-\varrho$ als bestimmter Bruchwert fest gegeben ist (α wird angenommen, ϱ hängt von den Reibungsverhältnissen an den Schaufelflächen, also von rein physikalischen Dingen ab), so ist die rechte Seite der Gleichung dadurch festgelegt; demgemäß kann sich auch die linke Seite nicht mehr ändern. Jede Änderung von δ_2 hat eben nach Maßgabe der Gleichung nur größere oder kleinere Änderungen an den Größen der linken Seite, an w_1 und u, zur Folge, nicht aber Änderungen der Nutzeffektziffer ε. Fällt bei einer Ausführung dann ϱ kleiner aus, als nach sonstiger Erfahrung angenommen werden durfte, so werden sich die Größen der linken Seite entsprechend größer ergeben.

Es soll gewiß nicht bestritten werden, daß $\delta_2 = 90^0$ sehr angenehme Rechnungsvereinfachungen mit sich bringt, denn für diesen Fall tritt die Gl. 288 auf als

$$u \cdot w_1 \cos\delta_1 = g\cdot\varepsilon H \quad \ldots\ldots\ldots\ldots \quad 290$$

ebenso geht dann die Gl. 289 für u in die viel einfachere Beziehung über:

$$u = \sqrt{g\,(1-\alpha-\varrho)\,H\left(1-\frac{\operatorname{tg}\delta_1}{\operatorname{tg}\beta_1}\right)} = \sqrt{g\cdot\varepsilon H\left(1-\frac{\operatorname{tg}\delta_1}{\operatorname{tg}\beta_1}\right)} \quad \ldots \quad 291$$

Ferner ist zuzugeben, daß die Richtung von w_2 senkrecht zu u ($\delta_2 = 90^0$) es gestattet, für die Ableitung des Wassers (Saugrohr usw.) den kleinstmöglichen Querschnitt in Rechnung zu stellen und daß in diesem Falle keine etwa störenden Rotationserscheinungen im Saugrohr auftreten. Da aber die fast ausschließlich in Verwendung stehenden sogenannten Spaltdruckregulierungen je nach Füllung der Turbine doch verschiedene Neigungen von w_2 mit sich bringen, da man ferner von vornherein, und solange nicht ausgiebige und erschöpfende Versuche über die Größe der Reibungswiderstände ϱH innerhalb der Turbinen vorliegen, gar nicht so sicher ist, daß die rechnungsmäßig für den Entwurf angenommene Größe von $\delta_2 = 90^0$ wirklich auch für die Ausführung genau zutrifft, so erscheint es müßig, die Richtung von w_2 in irgendwelcher Weise besonders scharf zu betonen. Man wird im Einzelfalle vielleicht zur Erleichterung der Rechnung und für den ersten Entwurf $\delta_2 = 90^0$ annehmen und später nach Befinden die Fortschreitegeschwindigkeit u entsprechend zu korrigieren haben. Für diesen Fall zeigen die obenstehenden Gleichungen ohne weiteres die schon früher erwähnte Tatsache, daß kleine Werte von β_1 kleine Umfangsgeschwindigkeiten, daß große Werte von β_1 große Umfangsgeschwindigkeiten bringen, vgl. Fig. 76 bis 79. Für $\beta_1 = 90^0$ reduziert sich mit $\delta_2 = 90^0$ die Beziehung für u einfach auf

$$u = \sqrt{g(1 - \alpha - \varrho) H} = \sqrt{g \cdot \varepsilon H} \quad \ldots \ldots \ldots \quad 292$$

im tatsächlichen Betriebe. Ein größerer Betrag von α hat in diesem Falle eine verhältnismäßig kleine Verringerung der Geschwindigkeit u zur Folge, die aber, wenn es sich um die kreisende Turbine handelt, weitaus aufgehoben wird dadurch, daß der größere Betrag von α, bzw. w_2, der Turbine selbst kleinere Abmessungen erteilt und dadurch die Umdrehungszahl der kreisenden Turbine trotz etwas verringerter Umfangsgeschwindigkeit, aber unter entsprechender Leistungseinbuße erhöht.

III. Tatsächlicher Betrieb mit Berücksichtigung der Größen s_0 und s_1.

Mit Absicht ist bei der Betrachtung über $u' \gtrless u$ außer acht gelassen, in welcher Weise die Änderungen und Übergänge der Druckhöhen h_0, h_1 vor sich gehen. Für $s_0 = s_1 = 0$ würde $h_0 = h_1$ ausfallen. Wollte man für endliche Größen von s_0 und s_1 und für normale Geschwindigkeit u hier versuchen, Unterschiede zu machen etwa zwischen h_0, der Druckhöhe in der Leitschaufelöffnung f_0, einer anderen Druckhöhe unmittelbar nach Verlassen derselben im Spaltraum, einer Druckhöhe im Spaltraum unmittelbar vor dem Eintritt des Wassers ins Laufrad, der sich dann ein h_1 im Laufradeintritt anschließen könnte, so würden solche Annahmen schon für normales Fortschreiten äußerst problematisch sein; kommt dann aber eine Geschwindigkeit u' statt u in Anwendung, so verlieren derartige Rechnungsannahmen vollends den Boden unter den Füßen. Praktische Versuche, die allein Aufklärung über die Druckverteilung im Spalte bringen könnten, sind sehr schwieriger Natur und versprechen auch deshalb kaum einen Erfolg, weil zweifellos jede Beobachtung durch wirbelnde Bewegungen erschwert werden wird.

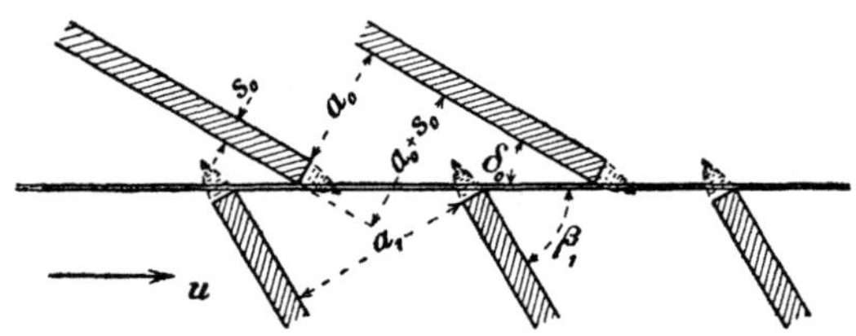

Fig. 81.

Ältere Turbinenausführungen zeigen die Enden der Leitschaufeln vielfältig rechtwinklig abgeschnitten, Fig. 81. Diese Form hat zur Folge, daß dem Wasser nach Verlassen von $f_0 = a_0 \cdot b_0$ plötzlich ein größerer Querschnitt $(a_0 + s_0) b_0$ freigegeben wird, den dasselbe, weil unter Druck befindlich, auch einzunehmen bestrebt ist. Hier treten Umstände, ähnlich den S. 30 u. f. geschilderten, ein; es wird deshalb eine Strecke weit hinter dem stumpfen Schaufelende ein kräftiger Wirbel stattfinden, wie in Fig. 81 angedeutet. Sind die Trennungswände der Reaktionsgefäße, die Laufschaufeln, ebenfalls stumpf abgeschnitten, Fig. 81, so wird sich vor denselben ein Stauwirbel bilden, ganz wie bei einem Brückenpfeiler, der vorn gerade abgeschnitten ist.

Das Abschneiden der Leit- und Laufschaufeln nach der Spaltrichtung, Fig. 82, ist unter Umständen imstande, die Wirbelung etwas zu mildern.

Nach Möglichkeit aufgehoben wird der Arbeitsverlust durch schlankes Zuschärfen der Schaufeln, weil dadurch der Übergang von $a_0 \cdot b_0$ nach $(a_0 + s_0) b_0$ mehr allmählich erfolgt und weil die Laufzellen dann den auf sie zutretenden Wasserstrom scharf und mit möglichst geringem Stoße durchschneiden. Ein großer Schaufelspalt trägt das Seinige noch zur Milderung der Verhältnisse bei, da sich dann das Wasser um die einzelnen Hindernisse, die Schaufelkanten, besser herumdrücken kann, Fig. 54 und 83.

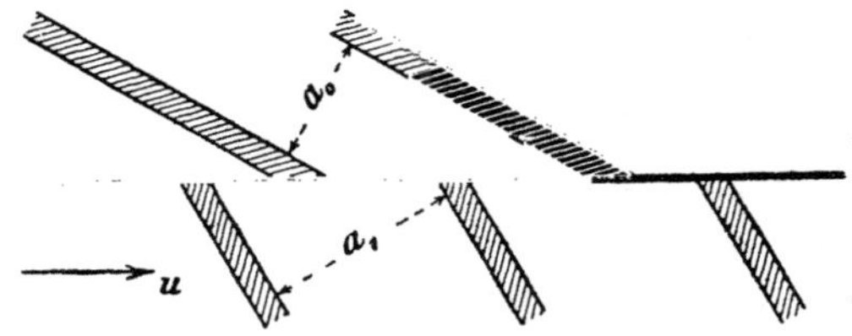

Fig. 82.

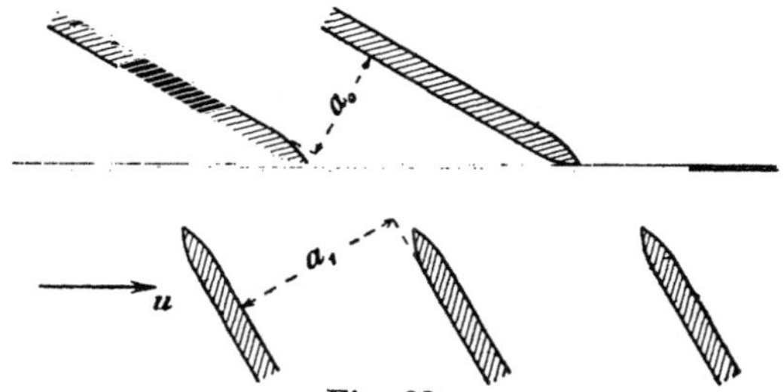

Fig. 83.

Es ist also ersichtlich, daß, sowie die Schaufelstärke s_0 in Wirkung tritt, w_1 kleiner als w_0 ausfallen kann, ob aber

$$w_1 = \sim w_0 \frac{a_0}{a_0 + s_0} \quad . \quad . \quad . \quad 293$$

anzusetzen ist, erscheint fraglich. Die Strecke, innerhalb deren sich der Übergang von w_0 auf w_1 vollziehen müßte, ist derart kurz, daß mit Gewißheit anzunehmen sein wird, daß zur Umbildung nach Gl. 293 keine Zeit verfügbar ist; es wird deshalb $w_0 = w_1$ der Wirklichkeit am besten entsprechen und ein sehr schlankes Zuschärfen der Leitschaufeln zu empfehlen sein. Auf diese Weise nähert man sich doch eher den Verhältnissen der Fig. 29 gegenüber denen der Fig. 31.

Es ist sehr schwer anzugeben, wie sich unter solchen Umständen der Winkel δ_1 eigentlich gestaltet, man greift deshalb meist zu dem Ausweg, $\delta_1 = \delta_0$ anzunehmen.

In älteren Abhandlungen über Turbinen ist die Bedingung aufgestellt, daß die Summe der durch die Schaufeldicken in Beschlag genommenen, also dem

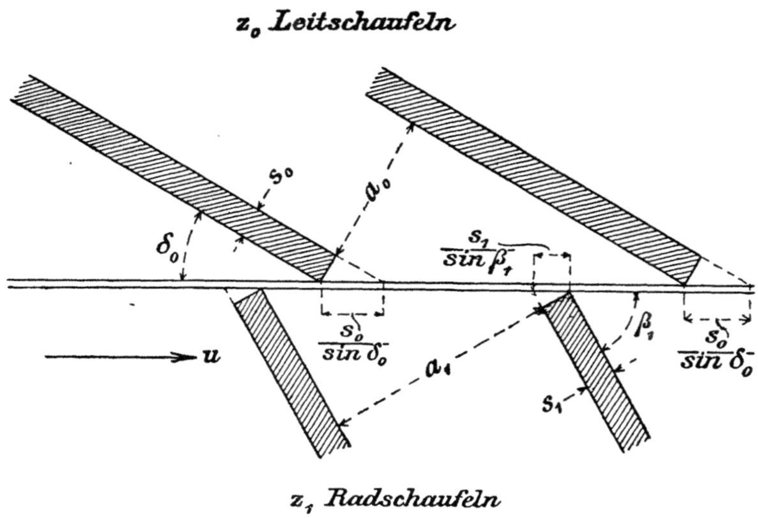

Fig. 84.

Wasserstrome entzogenen Querschnitte, auf die Spaltebene projiziert, für Leit- und Laufrad gleich groß sein solle. Das heißt, es wird verlangt, daß, Fig. 84,

$$z_0 \frac{s_0}{\sin \delta_0} = z_1 \frac{s_1}{\sin \beta_1} \quad \ldots \ldots \ldots \ldots \quad 294$$

gemacht werde, ein Verlangen, das theoretisch und maßstäblich für einen ganz engen Schaufelspalt und für Schaufeln nach Fig. 81 und 82 unanfechtbar, aber für Schaufelspalte von einiger Größe und zugeschärfte Schaufeln, Fig. 54 und 83, nahezu gegenstandslos ist, weil diese angeblich toten Stellen unter solchen Umständen gar nicht zur Ausbildung kommen werden. Man hält sich deshalb im neueren Turbinenbau nur ganz allgemein an die Rücksicht, daß die beiden, oben einander gleich gesetzten Beträge nach Tunlichkeit wenig voneinander abweichen sollen, ohne daraus ein Gesetz zu machen.

Natürlich aber wird der Übergang durch den Spalt, den Übergangswirbelungen entsprechend, einen gewissen Verlust an Gefälle bringen, der im allgemeinen unter ϱH mit einzubegreifen ist.

E. Die X- und Y-Komponenten mit Rücksicht auf kreisendes Wasser.

Es ist noch der rechnungsmäßige Nachweis zu erbringen, daß die Beträge von X und Y sowohl bei Ablenkungsflächen als auch in Reaktionsgefäßen durch die in den gekrümmten Strecken verschiedene Verteilung der v und h nicht beeinflußt werden.

Dies soll erst unter Zugrundelegung der Ablenkungsfläche nach Fig. 16 geschehen (vgl. auch die Fußnote S. 7), deren Durchflußverhältnisse dem zuletzt erörterten Spezialfall S. 51 und Fig. 41 entsprechen.

An erster Stelle handelt es sich darum, die Wirkung der Zentrifugalkräfte zu bestimmen, die von den einzelnen Wasserteilchen auf die Ablenkungsfläche ausgeübt werden. Die Teilchen eilen nunmehr, im Gegensatz zu der Annahme S. 7 ff., nicht mehr sämtlich mit v_1 der Krümmung entlang, sondern die v nehmen, wie wir erkannt haben, anfangend innen mit v_1, gegen außen nach dem Gesetz $v \cdot r = v_1 \cdot r_1 = \text{Konst.}$ ab.

Die Zentrifugalkraft eines einzelnen Wasserteilchens, im Abstand r von der Mitte, Masse dm, vgl. Fig. 7 u. 33, stellt sich auf

$$dC = dm \frac{v^2}{r} = \frac{r \cdot d\beta \cdot dr \cdot b_1 \cdot \gamma}{g} \cdot \frac{v^2}{r}$$

und mit $v = \frac{v_1 \cdot r_1}{r}$ folgt

$$dC = \frac{b_1 \cdot \gamma}{g} v_1^2 \cdot r_1^2 \frac{dr}{r^2} d\beta$$

Als X-Komponente kommt für ein einzelnes Teilchen in Betracht, vgl. Fig. 7,

$$dC \sin \beta = \frac{b_1 \cdot \gamma}{g} v_1^2 \cdot r_1^2 \frac{dr}{r^2} \sin \beta \, d\beta$$

und die ganze Ringschichte vom Radius r Dicke dr erzeugt einen Druck in der X-Richtung von

$$\Sigma dC \sin \beta = \frac{b_1 \cdot \gamma}{g} v_1^2 \cdot r_1^2 \frac{dr}{r^2} \int_{\beta_1}^{180^0 - \beta_2} \sin \beta \, d\beta = \frac{b_1 \cdot \gamma}{g} v_1^2 \cdot r_1^2 \frac{dr}{r^2} (\cos \beta_2 + \cos \beta_1) \quad . \; . \quad 295$$

während für die Summe der unendlich dünnen Ringschichten zu setzen ist, Fig. 85,

$$X' = \frac{b_1 \cdot \gamma}{g} v_1^2 \cdot r_1^2 (\cos\beta_2 + \cos\beta_1) \int_{r_1}^{r_a} \frac{dr}{r^2} \quad \ldots\ldots\ldots \quad 296$$

oder

$$X' = \frac{b_1 \cdot \gamma}{g} v_1^2 \cdot r_1^2 \left(\frac{1}{r_1} - \frac{1}{r_a}\right)(\cos\beta_2 + \cos\beta_1)$$

Setzt man nun für r_1 einmal den Wert nach Gl. 173 ein, so folgt mit Gl. 136

$$r_a = r_1 \left(\frac{1+\varrho}{\varrho}\right),$$

(es handelt sich um einen offenen Krümmer) nach Vereinfachung

$$X' = \frac{b_1 \cdot \gamma}{g} v_1^2 \frac{a_1}{\ln \frac{1+\varrho}{\varrho}} \cdot \frac{1}{1+\varrho} (\cos\beta_2 + \cos\beta_1)$$

oder, wegen $a_1 \cdot b_1 \cdot v_1 = q$, vgl. Gl. 36

$$X' = \frac{q\gamma}{g} v_1 (\cos\beta_2 + \cos\beta_1) \frac{1}{1+\varrho} \cdot \frac{1}{\ln \frac{1+\varrho}{\varrho}} \quad \ldots\ldots\ldots \quad 297$$

Damit ist aber die Entfaltung von Kräften noch nicht erschöpft, wie aus nachstehendem hervorgeht.

Der Übergang der Geschwindigkeiten aus v_1 im geraden Stück nach den verschiedenen, von $v_i = v_1$ an, gegen außen abnehmenden Beträgen von v kann nicht plötzlich im Punkte des Krümmungsanfanges, Fig. 85, geschehen, sondern die Dicke a_1 wird vorher schon in stetiger Weise nach a übergehen derart, daß auch die v sich stetig unter Druckentwicklung aus den v_1 der Einzelteilchen bilden, so daß die Strahloberfläche der Fig. 41 ähneln wird.[1]) In Wirklichkeit wird die Rückbildung von h aus $\frac{v_1^2}{2g} - \frac{v^2}{2g}$ nicht ohne Verluste durch Wirbel möglich sein, für den ideellen Betrieb dagegen darf dieser Vorgang als verlustlos betrachtet werden. Es müssen also die Wasserteilchen in allen Radien mit einziger Ausnahme der allerinnersten, welche ihr $v_i = v_1$ behalten, in vorliegendem Fall verzögert werden, jedes Teilchen stützt sich in der Einströmrichtung mit dem der Verzögerung entsprechenden Druck auf das vorher eingetretene, schon langsamer laufende Teilchen, das z. T. zur Seite ausweicht (Anschwellung) und jener Druck macht sich in letzter Linie gegen die Ablenkungsfläche bemerklich.

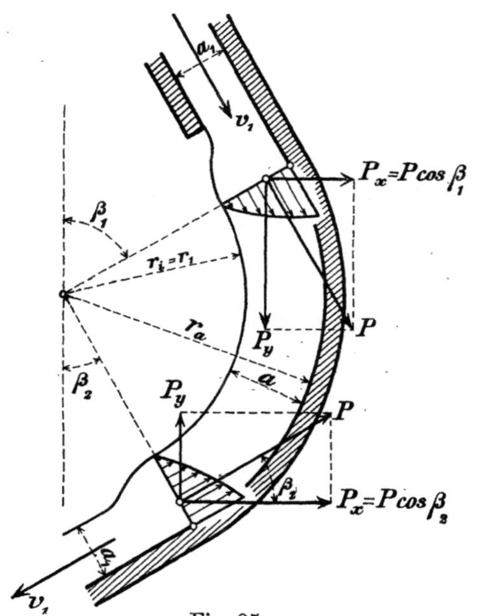

Fig. 85.

Bezeichnet $dq = dr \cdot b_1 \cdot v$ die Teilwassermenge per Sekunde, die durch eine unendlich dünne Ringschicht, Radius r, fließt, so ist gemäß Gl. 186 der durch diese Teilwassermenge infolge der Verzögerung auf v dauernd ausgeübte Druck in Richtung v_1 bzw. β_1

$$dP = \frac{dq \cdot \gamma}{g}(v_1 - v) = \frac{b_1 \cdot \gamma}{g} v (v_1 - v)\, dr \quad \ldots\ldots\ldots \quad 298$$

[1]) Hier ist der Deutlichkeit wegen der Übergang schroffer gezeichnet. Die Wendepunkte fallen in Wirklichkeit meist weg, Fig. 41, S. 51.

Ersetzt man v aus der Beziehung $v \cdot r = v_i \cdot r_i = v_1 \cdot r_1$ wie vorher auch, so folgt

$$dP = \frac{b_1 \cdot \gamma}{g} v_1^2 \cdot r_1 \left(1 - \frac{r_1}{r}\right) \frac{dr}{r} = \frac{b_1 \cdot \gamma}{g} v_1^2 \cdot r_1 \left(\frac{dr}{r} - r_1 \frac{dr}{r^2}\right)$$

Über die ganze Strahldicke a, von r_1 bis r_a, beläuft sich dann die Summe der Verzögerungsdrucke auf

$$P = \frac{b_1 \cdot \gamma}{g} v_1^2 \cdot r_1 \int_{r_1}^{r_a} \left(\frac{dr}{r} - r_1 \frac{dr}{r^2}\right) = \frac{b_1 \cdot \gamma}{g} v_1^2 \cdot r_1 \left[\ln \frac{r_a}{r_1} + r_1 \left(\frac{1}{r_a} - \frac{1}{r_1}\right)\right] \quad . \; . \; . \; 299$$

Nach Einführen von $r_a = r_1 \left(\frac{1+\varrho}{\varrho}\right)$ ergibt sich

$$P = \frac{b_1 \cdot \gamma}{g} v_1^2 \cdot r_1 \left(\ln \frac{1+\varrho}{\varrho} - \frac{1}{1+\varrho}\right)$$

Mit r_1 nach Gl. 142 folgt, weil hier $v_i = v_1$

$$P = \frac{a_1 \cdot b_1 \cdot v_1 \cdot \gamma}{g} v_1 \left(1 - \frac{1}{1+\varrho} \cdot \frac{1}{\ln \frac{1+\varrho}{\varrho}}\right)$$

oder auch

$$P = \frac{q\gamma}{g} v_1 \left(1 - \frac{1}{1+\varrho} \cdot \frac{1}{\ln \frac{1+\varrho}{\varrho}}\right) \quad . \; . \; . \; . \; . \; . \; . \; . \; . \; . \; 300$$

In ganz gleicher Weise rechnet sich für den allmählich sich vollziehenden Übergang von der gekrümmten Strecke in die gerade Austrittsrichtung eine Resultierende der Beschleunigungsdrucke, die in den einzelnen Schichten wirksam sein müssen, um sämtliche Wasserteilchen wieder auf ein volles v_1 zu bringen. Die Reaktionskraft dieser Resultierenden wird in Richtung β_2 gegen die Strömungsrichtung auf die Ablenkungsfläche wirken und genau gleichen Betrag mit P, Gl. 300, haben, Fig. 85.

Für die X-Richtung kommt die Summe der Komponenten beider Kräfte P im Betrage

$$P_x = P (\cos \beta_2 + \cos \beta_1) \quad . \; . \; . \; . \; . \; . \; . \; . \; . \; . \; . \; 301$$

als zweiter Posten für die X-Komponente in Betracht.

Es folgt dann aus $X = X' + P_x$ nach Gl. 297 und 301 einfach

$$X = \frac{q\gamma}{g} v_1 (\cos \beta_2 + \cos \beta_1) \quad . \; . \; . \; . \; . \; . \; . \; . \; . \; . \; 302$$

gleich dem bekannten Wert wie früher auch. Für Y gilt die entsprechende Entwicklung.

Für Reaktionsgefäße ist v_2 nicht mehr gleich v_1 und deshalb sind die Verhältnisse nicht so einfach wie bei der Ablenkungsfläche, immerhin aber läßt sich auch für diese mit Hilfe der vorhergehenden Entwicklungen die allgemeine Gleichung $X = \frac{q\gamma}{g} (v_2 \cos \beta_2 + v_1 \cos \beta_1)$, Gl. 214, herstellen.

Es sei ein unter Druck nachgefülltes Reaktionsgefäß nach Fig. 86 gegeben, das im allgemeinen denjenigen der Fig. 51 und 54 ähnlich ist, doch soll das zu betrachtende Gefäß mit einer geraden Strecke $f_1 = a_1 \cdot b_1 = n_1 \cdot f_2$ beginnen, dann, nachdem die Krümmung mit gleichbleibender Querschnittsform und Größe durchlaufen ist, wieder in ein gerades Stück $a_1 \cdot b_1$ übergehen, um dann erst in stetiger Verkleinerung auf den Austrittsquerschnitt $f_2 = a_2 \cdot b_2$ überzuleiten, also ein Gefäß ähnlich Fig. 33, aber unter Wegfall der Einlaufstrecke f_0 und mit einer Austrittsbreite b_2 größer oder kleiner als b^{I}. Die Gefäßachse liege in der Horizontalen.

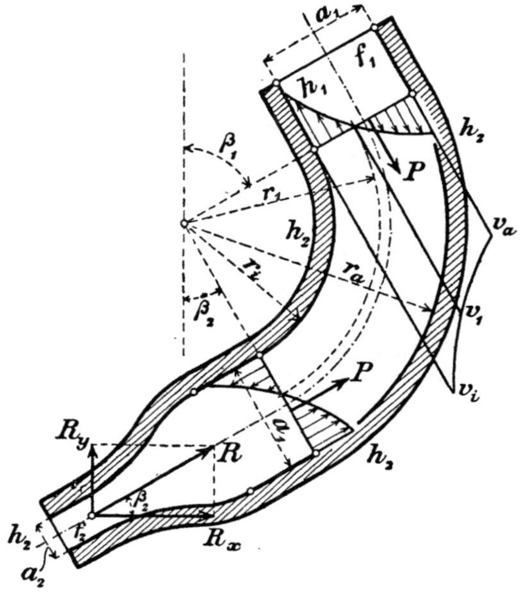

Fig. 86.

In einem solchen Gefäß wird im allgemeinen der neutrale Radius r_1 noch innerhalb des Wasserkörpers liegen, wie dies Fig. 33, 36 und 86 zeigen, und so werden im gekrümmten Teile, gegen außen nach r_a hin, die v kleiner, gegen innen, r_i zu, größer sein als v_1.

Bei der Summierung der Zentrifugaldrucke des kreisenden Wassers bleibt für den vorliegenden Fall die Gl. 295, die nur die einzelne Ringschicht für sich umfaßt, unverändert bestehen, dagegen ist die Summierung der Ringschichtendrucke durch Gl. 296 hier nicht mehr von dem sich selbständig einstellenden $r_i = r_1$ bis r_a, sondern von dem durch die Gefäßform gegebenen r_i bis r_a auszuführen. Hierdurch geht unter Einführen von r_1 nach Gl. 142 die Gl. 296 über in

$$X' = \frac{b_1 \cdot \gamma}{g} v_1^2 \frac{1}{\varrho^2 \ln^2 \frac{1+\varrho}{\varrho}} r_i^2 (\cos \beta_2 + \cos \beta_1) \int_{r_i}^{r_a} \frac{dr}{r^2} \quad \ldots \ldots \quad 303$$

und nach ausgeführter Integration und Vereinfachung mit $r_i = \varrho \cdot a_1$ ergibt sich schließlich

$$X' = \frac{q\gamma}{g} v_1 (\cos \beta_2 + \cos \beta_1) \frac{1}{\varrho(1+\varrho)} \cdot \frac{1}{\ln^2 \frac{1+\varrho}{\varrho}} \quad \ldots \ldots \quad 304$$

An der Übergangsstelle, zu Beginn der gekrümmten Strecke, werden hier nicht nur die Wirkungen von Verzögerungsdrucken auf das Gefäß bemerkbar werden, sondern innerhalb von r_1, bis nach r_i hin, sind Beschleunigungsdrucke erforderlich, um die v von v_1 an auf größere Werte zu bringen, Fig. 86. Die Gl. 298 bringt dies mit zum Ausdruck, es wird innerhalb von r_1 im Gegensatz zu außen der Betrag $v_1 - v$, also auch dP negativ sein, und zur Bestimmung von P rückt die Integrationsgrenze für die Gl. 299 ebenfalls von dem früher freien $r_i = r_1$ auf den durch die Gefäßform gegebenen Radius r_i herein. Hierdurch und mit $v \cdot r = v_1 \cdot r_1 = v_1 \cdot r_i \frac{1}{\varrho \ln \frac{1+\varrho}{\varrho}}$ wird Gl. 299 für den vorliegenden Fall geändert in

$$P = \frac{b_1 \cdot \gamma}{g} v_1^2 \frac{r_i}{\varrho \ln \frac{1+\varrho}{\varrho}} \int_{r_i}^{r_a} \left(\frac{dr}{r} - \frac{r_i}{\varrho \ln \frac{1+\varrho}{\varrho}} \cdot \frac{dr}{r^2} \right) \quad \ldots \ldots \quad 305$$

oder auch nach Integration und unter Verwendung von $r_i = \varrho \cdot a_1$ und $r_a = r_i \frac{1+\varrho}{\varrho}$

$$P = \frac{q\gamma}{g} v_1 \left[1 - \frac{1}{\varrho(1+\varrho)} \cdot \frac{1}{\ln^2 \frac{1+\varrho}{\varrho}} \right] \quad \ldots \ldots \ldots \quad 306$$

Der Übergang der Krümmerstrecke in das gerade Stück des Gefäßes gegen die Ausmündung hin bringt die Entwicklung einer gleich großen, der Strömungsrichtung entgegengesetzt wirkenden Kraft, Fig. 86, und die Komponenten dieser beiden Kräfte in der X-Richtung bilden zusammen dem Buchstaben nach P_x wie Gl. 301.

Der geschlossene Krümmer mit verengtem Austritt $f_2 = a_2 \cdot b_2$ bringt aber noch die Entwicklung einer dritten Kraft, die sich bei Bildung der X-Komponente und, sofern sich das Gefäß bewegt, an der Verrichtung von Arbeit beteiligt. Das Wasser muß nämlich nach Verlassen der dem Krümmer folgenden geraden Strecke von f_1, v_1 auf die größere Geschwindigkeit v_2 im Austrittsquerschnitt $f_2 = a_2 \cdot b_2$ beschleunigt werden. Diese Beschleunigung erfolgt unter Verwendung des Druckunterschiedes $h_1 - h_2$ und bei gleichzeitiger Erzeugung eines entgegengesetzt zu v_2 gerichteten sog. Reaktionsdruckes R auf das Gefäß, im Betrage (vgl. Gl. 186, 187)

$$R = \frac{q\gamma}{g} (v_2 - v_1) \quad \ldots \ldots \ldots \ldots \ldots \quad 307$$

Die Komponente von R in der X-Richtung, Fig. 86,

$$R_x = \frac{q\gamma}{g} (v_2 - v_1) \cos \beta_2 \quad \ldots \ldots \ldots \ldots \quad 308$$

ist als dritter Posten für die X-Komponente in Rechnung zu stellen und so ergibt sich hier

$$X = X' + P_x + R_x$$

oder

$$X = \frac{q\gamma}{g} [v_1 (\cos \beta_2 + \cos \beta_1) + (v_2 - v_1) \cos \beta_2]$$

schließlich wieder wie sonst auch

$$X = \frac{q\gamma}{g} (v_2 \cos \beta_2 + v_1 \cos \beta_1)$$

Hierdurch ist der Beweis erbracht, daß die Form der Reaktionsgefäße zwischen Ein- und Austritt, solange nur normale Kontinuität vorhanden ist, keinen Einfluß auf die Entwicklung der X-Komponente und demgemäß auch auf die zu leistende Arbeit besitzt. Der Übergang von $f_1 = a_1 \cdot b_1$ auf $f_2 = a_2 \cdot b_2$ kann deshalb ideell in ganz beliebiger Weise durchgeführt werden. In Wirklichkeit wird sich der Konstrukteur bestreben, die Krümmung mit möglichst großem Radius, die Querschnittsübergänge stetig auszuführen, um die Verluste durch Wirbel, Reibung usw. so nieder als möglich zu halten. Dabei wird zweckmäßig die Überleitung von f_1 auf f_2 zugleich mit derjenigen von β_1 nach β_2 auf die ganze Länge des Gefäßes verteilt, die Querschnittsgröße f_1 aber möglichst langsam geändert.

Aus allem ergibt sich, daß die Bildung und Äußerung der treibenden X-Komponente entlang der ganzen Schaufelfläche vor sich geht. Der stoßfreie Eintritt kennt keinen sperrklinkenartigen Eingriff des zutretenden Wassers am Schaufelanfang. Der Winkel δ_1 darf ohne Bedenken verhältnismäßig groß ausgeführt werden, sofern es einmal besonders erwünscht ist.

2. Die verschiedenen Arten der Turbinen.

Nachdem die in Betracht kommenden Vorgänge für das geradlinige Fortschreiten von aneinandergereihten Ablenkungsflächen und Reaktionsgefäßen rechnungsmäßig beleuchtet worden sind, wenden wir uns zu den im Kreise um eine feste Drehachse angeordneten Flächen oder Gefäßen, zu den Turbinen, und werden hier in gleicher Weise die Bewegungs- und Arbeitsvorgänge zuerst im allgemeinen zu verfolgen haben.

Vorher aber sind einige neue Bezeichnungen und Begriffe einzuführen.

Das „Laufrad“ einer Turbine wird durch die im Kreise sitzenden Flächen oder Gefäße selbst gebildet. Die dicht aufeinander folgenden Ablenkungsflächen, die Schaufeln, lassen zwischen sich Schaufelräume oder Zellen, ganz ähnlich den Reaktionsgefäßen, die Zellen zwischen den Ablenkungsflächen sind aber selten ganz von Wasser erfüllt. Die jeweils gemeinschaftlichen Trennungswände der einzelnen Reaktionsgefäße führen ebenfalls den Namen Schaufeln.

Die meist auch im vollständigen Kreise gruppierten Leitzellen bilden das „Leitrad“.

Der Index „0“ bezieht sich nunmehr auf die Mitte der Austrittsstelle der Leitschaufeln, in gleicher Weise der Index „2“ auf diejenige der Laufradschaufeln (bei Strahlturbinen Strahlmitte), während der Index „1“ meist für die Spitze der Laufradschaufeln am Eintritt gilt.

Den Bezeichnungen der S. 71 sind dann noch anzufügen:

D_0 Leitraddurchmesser in Mitte der Leitschaufelöffnung,
D_1 Durchmesser an der Eintrittsstelle ins Laufrad (Schaufelspitze),
D_2 desgl. in Austrittsmitte.

Wir setzen $D_2 = \varDelta D_1$, dann ist auch $r_2 = \varDelta r_1$; $u_2 = \varDelta u_1$.

Die Schaufelzahlen z_0, z_1, z_2 beziehen sich jetzt natürlich auf die Gesamtheit der im Kreise vorhandenen Schaufeln; bei Partialturbinen (siehe unten) ist z_0 die Zahl der im vollen Umkreis möglichen Leitschaufeln, die dabei nicht notwendig eine ganze Zahl sein muß; z_1 und z_2 sind natürlich stets ganze Zahlen.

Es ist also zu setzen

$$z_1 \cdot t_1 = D_1 \pi \qquad z_2 \cdot t_2 = D_2 \pi$$

dagegen wird t_0, die Leitschaufelteilung, aus sachlichen Erwägungen auf dem Kreise $D_1 \pi$ gemessen, derart, daß $z_0 \cdot t_0 = D_1 \pi$ zu rechnen ist.

A. Unterscheidung der Turbinen nach Art der Wasserwirkung.

Turbinen, deren Laufrad aus Ablenkungsflächen zusammengesetzt ist, werden als Strahlturbinen bezeichnet, weil das aus den Leitzellen austretende Wasser als freier Strahl den Ablenkungsflächen entlang eilt und dadurch die arbeitenden

Drucke gegen die Schaufeln erzeugt. Die relative Geschwindigkeit v, mit der das Wasser der Ablenkungsfläche entlang strömt, wird durch etwaigen Wechsel in der Höhenlage zwischen Ein- und Austrittsstelle beeinflußt oder durch einen solchen in der Entfernung der Teilchen von der Drehachse. Wir haben bei Strahlturbinen kein Mittel, den Einfluß der durch die Anordnung der Turbine an sich gegebenen Lageänderung in beliebige Bahn zu lenken oder auszuschalten.

Die arbeitenden Drucke entstehen also bei den Strahlturbinen in erster Linie aus den Zentrifugalkräften der Ablenkung an der Schaufelfläche, in zweiter durch Verzögerungen der v und auch der u infolge Lageänderung der Wasserteilchen.

Im tatsächlichen Betriebe müssen die v auf dem Wege durch das Laufrad nach und nach infolge Reibung der Wasserteilchen an Schaufeln und Kränzen, durch Krümmungswiderstände der Strahlen usw. um entsprechende Bruchteile abnehmen.

Reaktionsturbinen sind nach Art von Fig. 50 aus aneinandergereihten Reaktionsgefäßen gebildet. Hier ist die jeweilige Größe der relativen Geschwindigkeit v durch die wählbaren Gefäßquerschnitte, unabhängig von Lageänderungen, erzwungen.

In der Reaktionsturbine beteiligen sich die Zentrifugalkräfte der Ablenkung ebenfalls an der Bildung der Arbeitsdrucke und des Drehmomentes, aber es kommen hier noch die Wirkungen der sog. Reaktionskräfte, besser die Wirkungen der Druckabnahme auf die Zellenwände in Betracht, die durch den Übergang von v_1 auf v_2 verursacht sind, wie er in den Gefäßquerschnitten begründet ist. Es gibt Reaktionsgefäße, bei denen fast gar keine Ablenkung vorhanden ist. Außerdem leisten oder empfangen die Wasserteilchen noch Druckkräfte, je nachdem sie von größerer Umfangsgeschwindigkeit u_1 auf eine kleinere u_2 übergehen müssen oder umgekehrt.

Im tatsächlichen Betriebe verursachen die Reibungswiderstände bei den Reaktionsturbinen ebenfalls eine Verlangsamung der v. Diese hat aber eine andere Wirkung als bei der Strahlturbine. Weil nämlich bei der Reaktionsturbine alle Querschnitte der Zellen stets vollständig mit Wasser angefüllt sind, so bleibt wie schon S. 98 erwähnt die Verlangsamung nicht nur auf v_1 und v_2 beschränkt, sondern sie erstreckt sich auch auf w_0 bzw. w_1, also auf sämtliche, durch die Abmessungen der Gefäßquerschnitte gegenseitig in feste Verhältnisse gesetzten Geschwindigkeiten, unter Einhaltung dieser Verhältnisse.

Der Reibungswiderstand einer Teilstrecke des Arbeitsweges beeinflußt also hier die gesamten Durchflußverhältnisse, er zeigt sich als Differenz zwischen der für den Betrieb der betreffenden Strecke tatsächlich und der ideell erforderlichen Druckhöhe.

Die Reibungswiderstände im Laufrad bleiben also bei den Strahlturbinen ohne Einfluß auf die verbrauchte Wassermenge, während sie bei den Reaktionsturbinen die durchfließende Wassermenge verringern.

Die Bedingung für richtiges Arbeiten ist bei Reaktionsturbinen der sichere Zusammenhang mit dem Unterwasser (Saugrohr oder Tauchen), während die Strahlturbinen ihrer Natur nach mit dem Unterwasser nicht in direkte Berührung kommen dürfen.

B. Einteilung der Turbinen nach Art der Wasserzuführung zum Laufrad.

Einerlei, ob Ablenkungsflächen oder Reaktionsgefäße in Anwendung sind, unterscheidet man die Turbinen auch nach Art der Wasserzuführung zum Laufrad, der Beaufschlagungsweise. Es wird hierbei nur die Richtung des zuströmenden, arbeitsfähigen Wassers, und zwar nur diejenige senkrecht zur Trennungsfläche zwischen Leit- und Laufrad, senkrecht zur Spaltfläche, für die Charakterisierung herangezogen, d. h. nach früherem gibt nur die Lage der betreffenden Komponente von w_1, also $w_1 \sin \delta_1$, der Turbine Name und Art.

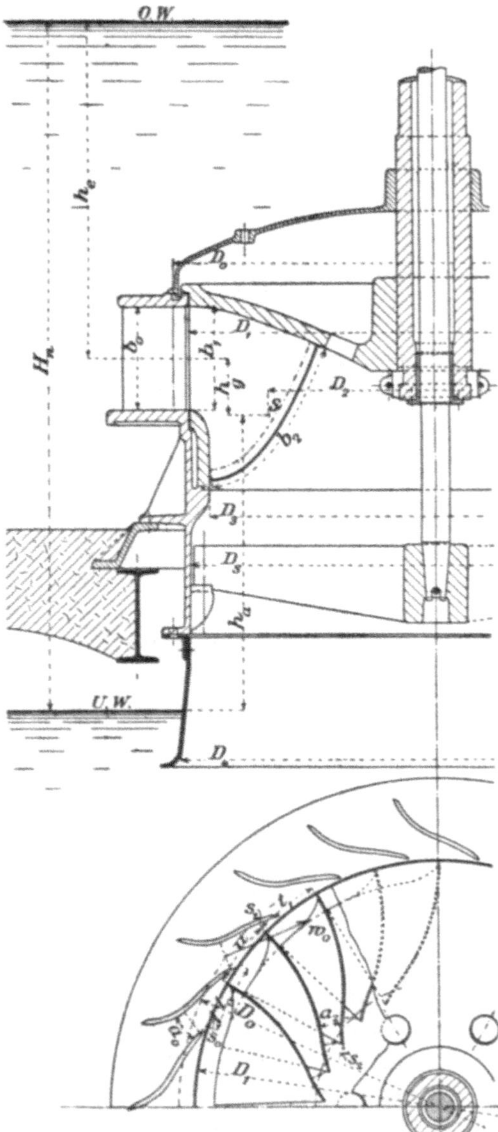

Fig. 87.

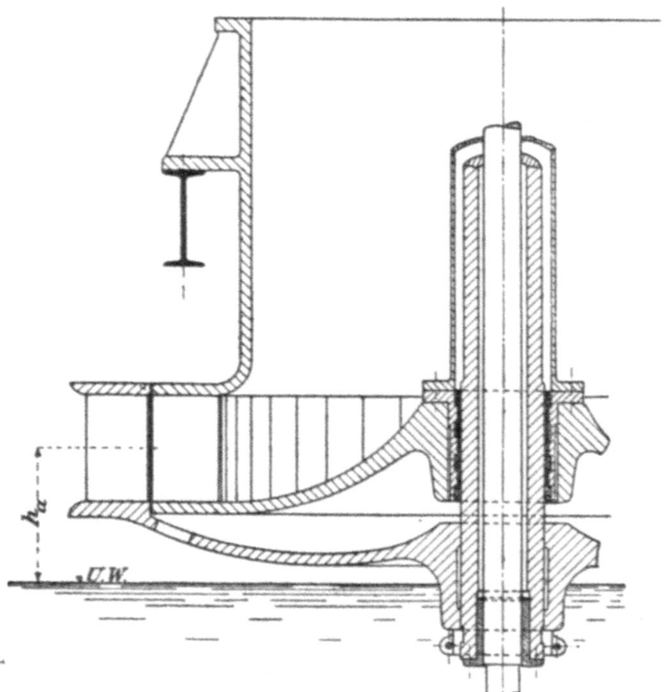

Fig. 88

Liegt die Spaltfläche in einem Zylindermantel, Zylinderspalt, so strömt das Wasser senkrecht ($w_1 \sin \delta_1$) zu dieser Fläche, also radial gegen das Laufrad, und es liegt eine Radialturbine vor; findet dabei die Beaufschlagung von außen statt, so sprechen wir von äußerer, Fig. 87,[1]) findet sie von innen statt, von innerer Radialturbine, Fig. 88.

Ist die Spaltfläche als ebene Kreisringfläche senkrecht zur Drehachse ausgebildet, Ringspalt, strömt also das Wasser mit $w_1 \sin \delta_1$ parallel zur Achse, achsial, in das Laufrad, so nennen wir die Anordnung Achsialturbine. Bei Achsialturbinen ist eine Untertrennung in „obere“ Achsialturbinen, Fig. 89, Wasserzuführung von oben und „untere“ von entgegengesetzter Wasserleitung möglich. Da aber letztere Anordnung kaum jemals benutzt worden ist, so wird die jetzt schon fast verschwundene „obere“ Achsialturbine schlechtweg als Achsialturbine bezeichnet.

---

[1]) Die äußere Radialturbine heißt in der Praxis durchweg Francis-Turbine, obgleich ihr erster Erbauer Howd war.

Ob das Ausströmen des Wassers von der Turbine weg in radialer oder achsialer Richtung erfolgt, ist heute für die Benennung der Turbinen ohne Belang; nur die Richtung des arbeitsfähigen Wassers ist wie gesagt maßgebend, wenn ja auch natürlich mit Bezug auf $w_2 \sin \delta_2$ von radialem, achsialem oder auch zwischenliegendem Austritt die Rede sein kann.

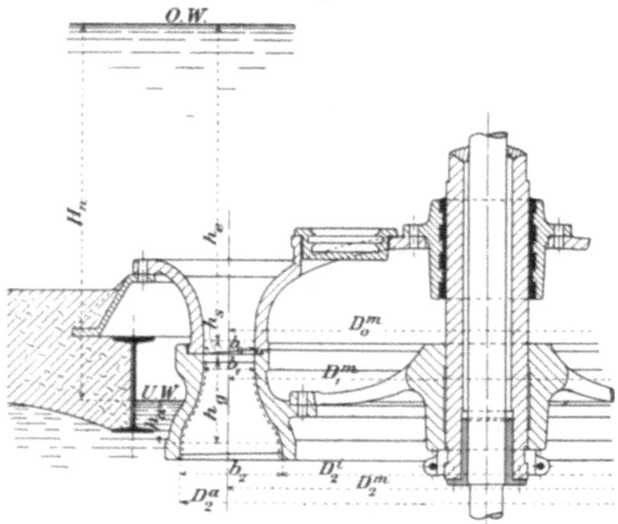

Fig. 89.

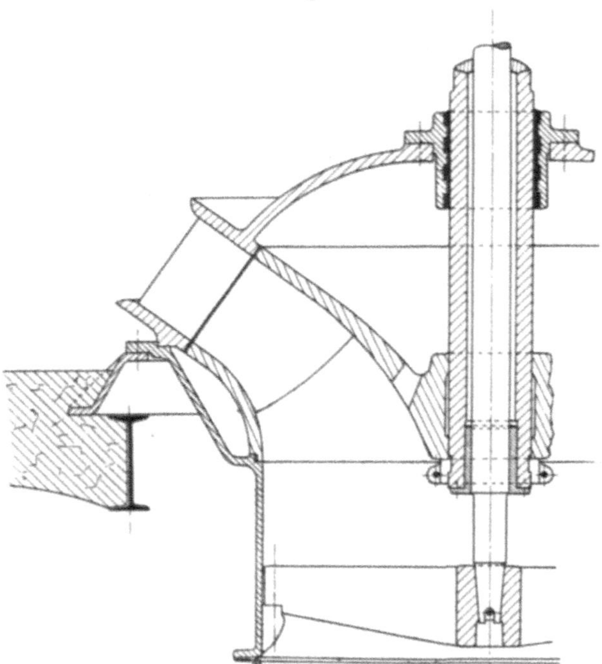

Fig. 90.

Ein Mittelding zwischen Radial- und Achsialturbinen war die Kegelturbine mit kegelförmiger Spaltfläche, die als äußere Kegelturbine, Fig. 90, oder auch als innere gedacht werden kann. Ihre Anwendung hat, wie die der Achsialturbinen, ganz aufgehört.

Turbinen, deren Leitschaufeln nicht in geschlossener Reihe rundum sitzen, sondern nur einen Teil des Laufradumfanges, der Spaltfläche, bedecken, werden als Partialturbinen bezeichnet, im Gegensatz zu den rundum mit Leitschaufeln besetzten Vollturbinen.

Regulierturbinen sind alle diejenigen Turbinen, die Einrichtungen besitzen, mittels deren die Wassermenge in rationeller Weise, d. h. unter Schonung der Nutzeffektziffer, den jeweiligen Verhältnissen entsprechend reguliert werden kann.

Es können also sowohl Voll- wie auch Partialturbinen als Regulierturbinen ausgebildet sein. Absperrvorrichtungen im Zu- oder Ablauf, Einlaßschützen, Drosselklappen und dgl. sind keine Reguliereinrichtungen.

Unregulierbare Turbinen werden heute kaum mehr gebaut.

3. Kraftäußerung und Arbeit des Wassers beim Durchströmen von Turbinen.

In unmittelbarem Anschluß an die Entwicklungen des ersten Kapitels sollen die von den nunmehrigen Arbeitsdrücken der einzelnen Ablenkungsflächen oder Reaktionsgefäße erzeugten Drehmomente an der Turbinenwelle betrachtet und die von jenen geleisteten Arbeitsbeträge rechnungsmäßig ermittelt werden. Auch hier gelten einstweilen, wenn nicht ausdrücklich anders erwähnt, die Voraussetzungen des ideellen Betriebes, Reibungslosigkeit usw.

A. Strahlturbinen.

1. Äußere radiale Strahlturbine mit stehender Welle, in Ruhe.

In Fig. 91 sei in W die stehende Turbinenwelle angedeutet, die —·—·—·- Kurve zwischen „1“ und „2“ stelle ohne Rücksicht auf „kreisendes Wasser“ den mittleren Wasserfaden des durch eine Ablenkungsfläche geführten Strahles dar, der in der Horizontalebene verläuft. Die Turbine sei festgehalten, d. h. in Ruhe.

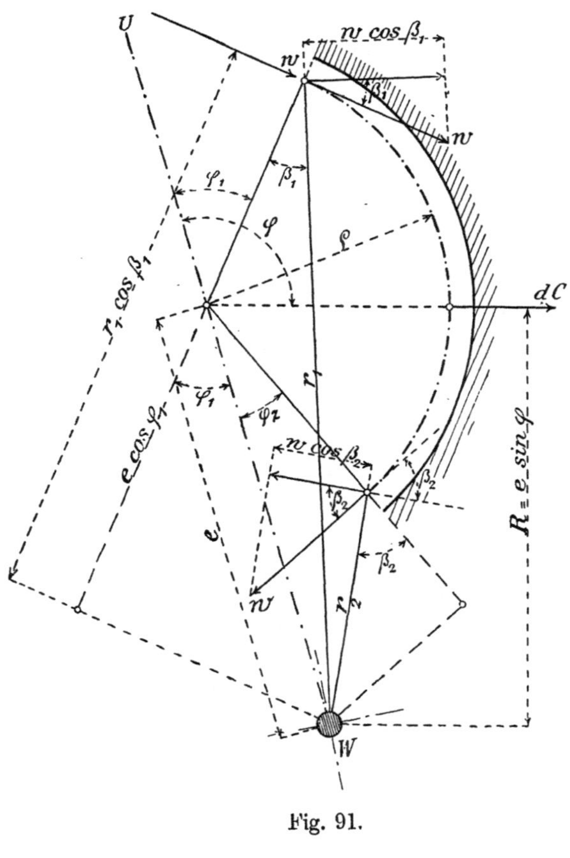

Fig. 91.

Die absolute Geschwindigkeit w, mit der der Strahl an der Ablenkungsfläche entlang eilt, sei bekannt, und es soll das durch den Strahl auf die Drehachse ausgeübte Moment bestimmt werden. Zur Vereinfachung der Darstellung sei angenommen, daß der Krümmungsradius ϱ der Ablenkungskurve konstant sei.

Die Indizes „1“ und „2“ entsprechen wie seither Ein- und Austritt des Wassers aus dem Bereich der Ablenkungsfläche, und so ist der Eintrittsradius r_1, derjenige des Austritts r_2, von Turbinenmitte aus gerechnet.

Bei der kreisförmigen Anordnung der Ablenkungsflächen ist die Aufgabe nunmehr die, den Einfluß der vom abgelenkten

Strahle ausgeübten Zentrifugaldrucke festzustellen, wie er sich als Drehmoment an der stillstehenden Turbinenwelle äußert. Es ist hierbei für die Summation der Druckwirkung der einzelnen Wasserteilchen nicht erforderlich, die dC wie früher, vgl. Fig. 7, in rechtwinklige Komponenten zu zerlegen, sondern hier können ohne weiteres die von den einzelnen dC ausgeübten Drehmomente addiert werden. Diese berechnen sich wie folgt.

Die Zentrifugalkraft dC steht senkrecht zum Kreisumfang der Ablenkungsfläche, geht also in ihrer Rückwärtsverlängerung durch den Krümmungsmittelpunkt der Fläche und verläuft in einem Abstande R, senkrecht von der Welle W aus gemessen, Fig. 91. Zieht man die Radiale WU von der Wellmitte durch den Krümmungsmittelpunkt der Fläche und bezeichnet mit φ den Winkel zwischen WU und der augenblicklichen Richtung dC, so findet sich der Momentradius R von dC zu

$$R = e \sin (180^0 - \varphi) = e \sin \varphi$$

wenn e die Entfernung des Schaufelzentrums von der Wellmitte ist.

Nun ist wie früher entwickelt (S. 8)

$$dC = dm \frac{w^2}{\varrho} = \frac{a \cdot b \cdot \gamma}{g} w^2 \cdot d\varphi$$

mit dem Unterschiede, daß jetzt φ an die Stelle von β getreten ist. Wegen $a \cdot b \cdot w = q$ kann dann auch geschrieben werden

$$dC = \frac{q\gamma}{g} w \cdot d\varphi$$

mithin ist das durch dC ausgeübte Drehmoment

$$d M_C = dC \cdot e \sin \varphi = \frac{q\gamma}{g} w \cdot e \sin \varphi d\varphi \quad \ldots\ldots\ldots \quad 309$$

und die Summe der sich zwischen φ_1 und $180^0 - \varphi_2$ ergebenden Drehmomente von Zentrifugalkräften für eine Ablenkungsfläche (Schaufel)

$$M_C = \frac{q\gamma}{g} w \cdot e \int_{\varphi_1}^{180^0 - \varphi_2} \sin \varphi d\varphi = \frac{q\gamma}{g} w \cdot e (\cos \varphi_1 + \cos \varphi_2) \quad \ldots\ldots \quad 310$$

Es ist für die späteren Betrachtungen von Interesse, das Drehmoment durch den äußeren und inneren Radius, r_1 und r_2, sowie durch die Winkel β_1 und β_2 ausgedrückt zu erhalten, die die Ablenkungsfläche in „1“ und „2“ mit dem Radumfang bildet.

Aus Fig. 91 ist ersichtlich, daß

$$e \cos \varphi_1 = r_1 \cos \beta_1 - \varrho$$

und

$$e \cos \varphi_2 = \varrho + r_2 \cos \beta_2$$

Diese Werte formen die Gl. 310 um in

$$M_C = \frac{q\gamma}{g} w (r_1 \cos \beta_1 + r_2 \cos \beta_2) = \frac{q\gamma}{g} (r_1 \cdot w \cos \beta_1 + r_2 \cdot w \cos \beta_2) \quad \ldots \quad 311$$

Ganz das gleiche Ergebnis würde sich zeigen, wie leicht nachzuweisen, wenn die Krümmungsradien zwischen „1“ und „2“ wechseln. Ein Vergleich von Gl. 311 mit Gl. 36 S. 10 zeigt die Ähnlichkeit in der Zusammensetzung der beiden Beziehungen, es ist gegenüber Gl. 36 nur noch zu jedem der beiden Teile, aus denen sich der Klammerwert für die X-Komponente zusammensetzte, der entsprechende Radius r_1 und r_2 gekommen, um das Moment zu bilden.

Die Gl. 311 kann ja dem Buchstaben nach so aufgefaßt werden, als ob sich das Moment aus demjenigen einer Kraft $\frac{q\gamma}{g} w \cos\beta_1$ am Radius r_1, und einer anderen $\frac{q\gamma}{g} w \cos\beta_2$ am Radius r_2 zusammensetze, oder auch als ob eine Kraft $\frac{q\gamma}{g} w$ (vgl. Fig. 10, S. 9) am Schaufelanfang mit dem Radius $r_1 \cos\beta_1$, Fig. 91, sowie beim Verlassen der Schaufel mit dem Radius $r_2 \cos\beta_2$ je ein Teilmoment bilde. Wir haben aber gesehen, daß die Gl. 311 nichts darstellt als die Summe aller Drehmomente, die durch sämtliche Zentrifugalkräfte der Ablenkungsfläche entlang erzeugt werden, daß also solche Einzelkräfte nur in der Rechnung, nicht aber in Wirklichkeit vorhanden sind.

Man kann schließlich von einer Resultierenden aller Zentrifugalkräfte reden, deren Moment durch Gl. 311 gegeben ist, und die, weil w ideell überall gleich groß ist, in der Winkelhalbierenden von Ein- und Austrittsrichtung liegen muß, also in $\frac{180^0 - \varphi_2 - \varphi_1}{2}$, Fig. 91. Es erscheint aber zu weitgehend, wollte man ihre Größe, auch den Momentarm für sich noch bestimmen, es genügt, daß das resultierende Moment bekannt ist.

2. Äußere radiale Strahlturbine mit stehender Welle, in gleichförmiger Bewegung.

Die Drehung des Laufrades vollziehe sich ganz gleichmäßig, woraus folgt, daß der Turbine ein der Drehung widerstrebendes Moment M entgegenwirkt, genau gleich dem von dem strömenden Wasser durch Vermittlung der Ablenkungsflächen ausgeübten Drehmomente, und es handelt sich um die Berechnung des letzteren.

Die Geschwindigkeit v, mit der das Wasser der Ablenkungsfläche entlang eilt, Fig. 92, ist nunmehr als relativ zu dieser, d. h. zum Laufrade, anzusehen. Das Wasser besitzt außer dieser relativen Geschwindigkeit auch noch die jeweils zugehörige Geschwindigkeit des kreisförmigen Fortschreitens der Fläche selbst, $u = r\omega$, wobei r die jeweilige Entfernung des betreffenden Wasserteilchens von der Welle W, ω die gleichmäßige Winkelgeschwindigkeit der Turbine bedeutet.

Für den Beginn der Ablenkungsfläche, die Stelle „1", muß demnach das Wasser mit der Resultierenden von v und u, hier v_1 und u_1, also mit der absoluten Geschwindigkeit w_1 zur Fläche zutreten, und unterwegs läßt sich aus jeweils v und u die augenblickliche Richtung und Größe der absoluten Geschwindigkeit w bestimmen.

Auch hier vollziehe sich der Vorgang derart, daß die einzelnen Wasserteilchen ihre Bahnen in horizontalen Ebenen zurücklegen; die Geschwindigkeitshöhe $\frac{w_1^2}{2g} = H$ entspricht dann dem ganzen verfügbaren Arbeitsvermögen, es ist

$$A_1 = q\gamma \frac{w_1^2}{2g} = q\gamma \cdot H.$$

An der geradlinig fortschreitenden Ablenkungsfläche fand sich (für wagrechte Bahn der Wasserteilchen und abgesehen von den Erscheinungen des kreisenden Wasser an der Fläche selbst) ideell eine durchweg gleichbleibende relative Geschwindigkeit v des arbeitenden Wassers. Für die um eine senkrechte Welle rotierende Fläche ist dies nicht mehr zutreffend, hier wird v_2 von v_1 verschieden sein, und es ist zuerst das Gesetz der Änderung der v zu erörtern.

Dieses Gesetz mag an erster Stelle in rein kinematischer Betrachtung entwickelt werden.

Ein Körper, der sich in der Geraden AB, Fig. 93, mit der gleichmäßigen absoluten Geschwindigkeit w_1 bewegt und zugleich reibungslos und ohne Arbeit abzugeben über eine mit gleichmäßiger Winkelgeschwindigkeit ω rotierende glatte Scheibe (ohne Ablenkungsflächen oder dgl.) hingleitet, besitzt wenn im Kreise

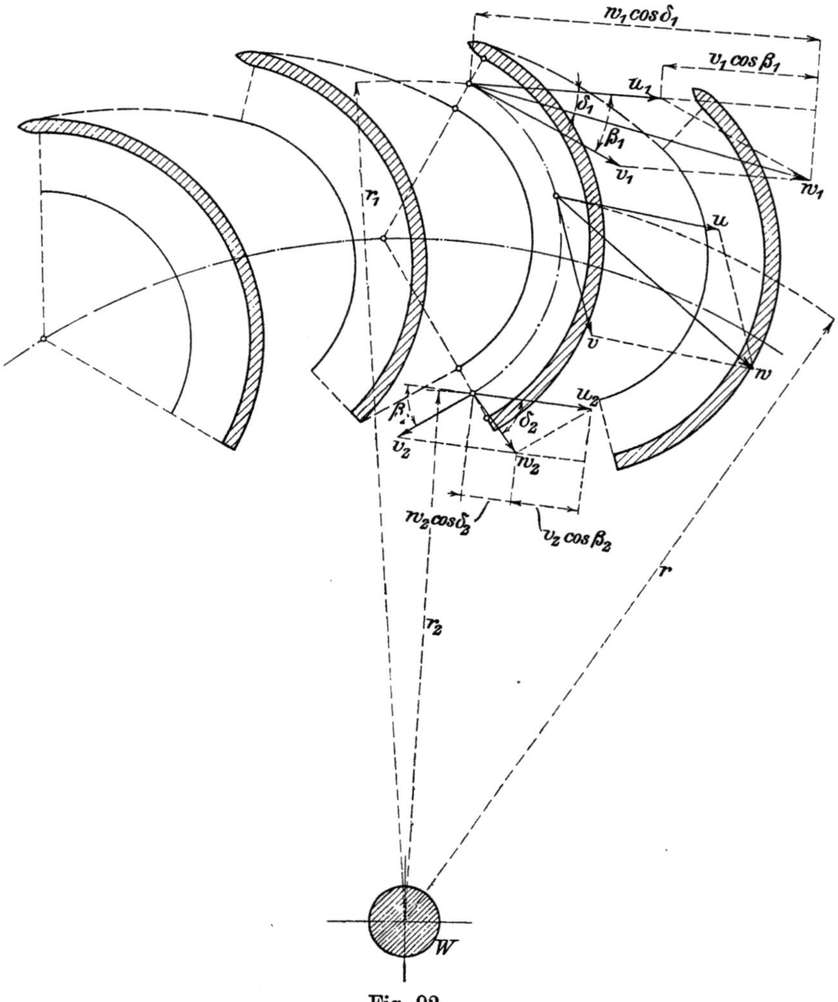

Fig. 92.

vom Radius r_1 angekommen die als Parallelogrammseite aus w_1 und $u_1 = r_1 \omega$ folgende Geschwindigkeit v_1 relativ zur Scheibe; im Kreise vom Radius r eıgibt sich aus w_1 und $u = r\omega$ die relative Geschwindigkeit v. Bezeichnet man mit δ_1 bzw. δ die Winkel zwischen der Richtung von w_1 und u_1 bzw. w und u, der jeweiligen Tangente an den Kreis vom Radius r_1 bzw. r, so folgt:

$$v^2 = w_1^2 + u^2 - 2\,w_1\,u \cos \delta$$
$$v_1^2 = w_1^2 + u_1^2 - 2\,w_1\,u_1 \cos \delta_1$$

also $$v^2 - v_1^2 = u^2 - u_1^2 - 2\,w_1\,u \cos \delta + 2\,w_1\,u_1 \cos \delta_1$$

oder auch $$v^2 - v_1^2 = u^2 - u_1^2 - 2\,w_1\,\omega\,(r \cos \delta - r_1 \cos \delta_1)$$

Nun ist, Fig. 93, $r \cos \delta = r_1 \cos \delta_1$, mithin zeigt sich, unabhängig von dem gleichbleibenden Betrag von w_1, in rein kinematischer Folge

$$v^2 = v_1^2 - u_1^2 + u^2 = v_1^2 - \omega^2 (r_1^2 - r^2)$$

oder $$v^2 - u^2 = v_1^2 - u_1^2 \quad \ldots\ldots\ldots\ldots \quad \mathbf{312}$$

als Gesetz für die tatsächliche Größe der jeweiligen relativen Geschwindigkeit zwischen dem gleichmäßig frei fortschreitenden Körper und der rotierenden Scheibe, also für den Fall, daß gar kein Arbeitsvermögen von dem Körper auf die Scheibe, oder umgekehrt, übergeht.[1])

Das gleiche Gesetz besteht aber auch, wenn die Scheibe mit einer Ablenkungsfläche besetzt ist, Fig. 92, und wenn der Körper, das Wasserteilchen, unter Abgabe von Arbeitsvermögen an der Ablenkungsfläche entlang zu eilen gezwungen ist, wie dies nachstehend entwickelt werden soll.

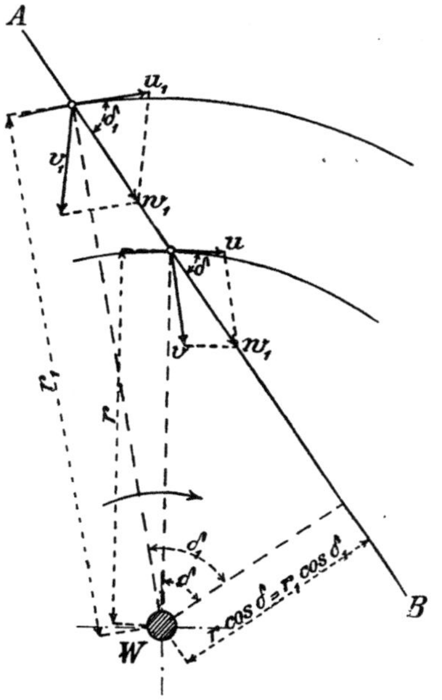

Fig. 93.

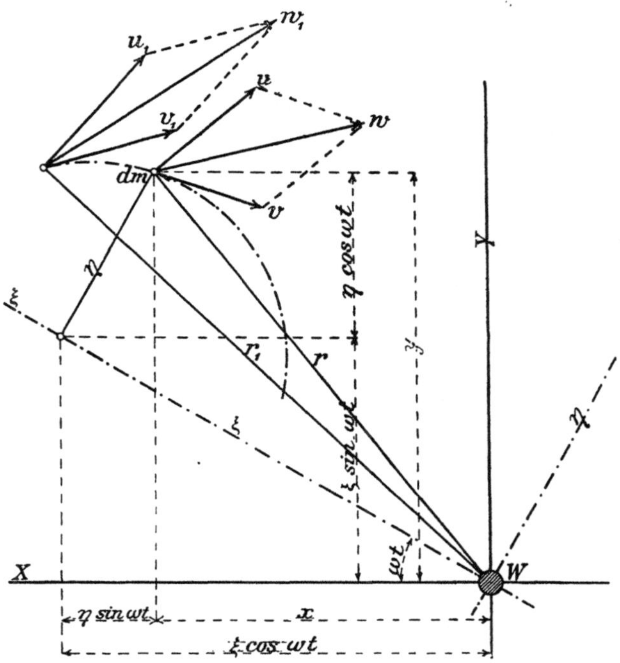

Fig. 94.

Ganz allgemein stellen sich dann die v entlang der Ablenkungsfläche als Geschwindigkeiten des unendlich kleinen Wasserteilchens dm relativ zu einem, sich mit der Fläche in konstanter Winkelgeschwindigkeit ω um die Welle W drehenden Koordinatensystem der ξ und η dar, Fig. 94, dessen Nullpunkt in der Drehachse W liegt. Die Bahnkurve (Form der Ablenkungsfläche) kann als durch eine Beziehung ihrer Koordinaten ξ und η gegeben betrachtet werden.

Geht man für die Winkeldrehung des Laufrades von einer Anfangsstellung aus, so kann diese durch das feststehende Koordinatensystem der x und y, Nullpunkt gleichfalls in Drehachse W, gekennzeichnet sein.

Der Drehstellung des Laufrades nach Verlauf der Zeit t entspricht dann der Winkel ωt zwischen den beiden Systemen.

Die augenblicklichen relativen Geschwindigkeiten von dm in Richtung ξ und η, die Komponenten von v, sind ausgedrückt durch

$$\frac{d\xi}{dt} \quad \text{und} \quad \frac{d\eta}{dt}$$

es folgt mithin einfach

$$\left(\frac{d\xi}{dt}\right)^2 + \left(\frac{d\eta}{dt}\right)^2 = v^2 \quad \ldots\ldots\ldots\ldots \quad 313$$

[1]) Siehe Herrmann, Turbinen und Kreiselpumpen.

Die Beziehungen zwischen x und y einerseits, ξ und η andererseits ergeben sich aus Fig. 94 als

$$x = \xi \cos \omega t - \eta \sin \omega t$$
$$y = \xi \sin \omega t + \eta \cos \omega t$$

Das d'Alembertsche Prinzip hat hier, weil eine Bewegung in Richtung der Z-Achse nicht stattfindet, für das Wasserteilchen dm allgemein die Form

$$\left(X - dm\frac{d^2 x}{dt^2}\right)\delta x + \left(Y - dm\frac{d^2 y}{dt^2}\right)\delta y = 0 \quad \ldots\ldots \quad 314$$

worin δx und δy von der Zeit unabhängige virtuelle Verschiebungen sind. Äußere aktive Kräfte, X und Y, wirken auf das Teilchen (freier Strahl) nicht ein, es ist, der Ablenkungsfläche entlang, sich selbst überlassen, so daß $X = Y = 0$, wodurch die vorstehende Gleichung sich auf

$$\frac{d^2 x}{dt^2}\delta x + \frac{d^2 y}{dt^2}\delta y = 0 \quad \ldots\ldots \quad 315$$

vereinfacht.

Die obigen Beziehungen für x und y liefern nun

$$\frac{d^2 x}{dt^2} = \xi'' \cos \omega t - \eta'' \sin \omega t - 2\,\omega\,(\xi' \sin \omega t + \eta' \cos \omega t) - \omega^2 (\xi \cos \omega t - \eta \sin \omega t)$$

$$\frac{d^2 y}{dt^2} = \xi'' \sin \omega t + \eta'' \cos \omega t + 2\,\omega\,(\xi' \cos \omega t - \eta' \sin \omega t) - \omega^2 (\xi \sin \omega t + \eta \cos \omega t)$$

worin der Kürze halber $\quad \xi' = \frac{d\xi}{dt}; \quad \xi'' = \frac{d^2\xi}{dt^2}$ usw.

Ferner folgen, für die von der Zeit t unabhängigen virtuellen Verschiebungen

$$\delta x = \cos \omega t \cdot \delta\xi - \sin \omega t \cdot \delta\eta$$
$$dy = \sin \omega t \cdot \delta\xi + \cos \omega t \cdot \delta\eta$$

so daß mit diesen vier Werten und nach Vereinfachung die Gl. 315 übergeht in

$$(\xi'' - 2\,\omega\eta' - \omega^2\xi)\,\delta\xi + (\eta'' + 2\,\omega\xi' - \omega^2\eta)\,\delta\eta = 0 \quad \ldots\ldots \quad 316$$

Nun ist wie schon gesagt $\xi' = \frac{d\xi}{dt}$ die augenblickliche (relative) Geschwindigkeit des Wassertropfens in Richtung ξ, ebenso $\eta' = \frac{d\eta}{dt}$ diejenige in Richtung η. Die virtuellen Verschiebungen sind derart bemessen, daß sie der durch die Ablenkungsfläche erzwungenen tatsächlichen Bewegung des Wasserteilchens entsprechen; d. h. $\delta\xi$ und $\delta\eta$ stehen im selben Verhältnis zueinander, wie die in einer unendlich kleinen Zeit zurückgelegten Wege in Richtung der ξ- und η-Achse. Diese Wege in der Zeit dt sind gleich $d\xi$ und $d\eta$, also muß

$$\frac{\delta\xi}{\delta\eta} = \frac{d\xi}{d\eta} = \frac{\xi'}{\eta'} \quad \text{sein.}$$

Mithin kann Gl. 316 auch geschrieben werden:

$$(\xi'' - 2\,\omega\eta' - \omega^2\xi)\,\xi' + (\eta'' + 2\,\omega\xi' - \omega^2\eta)\,\eta' = 0$$

oder

$$\xi'\xi'' + \eta'\eta'' - \omega^2 (\xi\xi' + \eta\eta') = 0$$

oder auch

$$2\left(\frac{d\xi}{dt}\cdot\frac{d^2\xi}{dt^2}\right) + 2\left(\frac{d\eta}{dt}\cdot\frac{d^2\eta}{dt^2}\right) = 2\,\omega^2\left(\xi\frac{d\xi}{dt} + \eta\frac{d\eta}{dt}\right) \quad \ldots\ldots \quad 317$$

Die linke Seite der Gl. 317 stellt den Differentialquotienten der linken Seite der Gl. 313 dar, sie kann also auch als $\frac{d\,(v^2)}{dt}$ geschrieben werden.

Die rechte Seite der Gl. 317 ist der Differentialquotient von $\omega^2(\xi^2+\eta^2)=\omega^2 r^2$, Fig. 94, mithin geht Gl. 317 über in

$$\frac{d\,(v^2)}{d\,t}=\omega^2\frac{d\,(r^2)}{d\,t}$$

oder auch in
$$v^2=\omega^2 r^2+\text{Konst.} \qquad\qquad 318$$

die Konstante findet sich, wenn auf die Anfangsstellung „1" zurückgegangen wird, aus

$$v_1{}^2=\omega^2 r_1{}^2+\text{Konst.},$$

so daß Gl. 318 dadurch, genau wie Gl. 312, lautet

$$v^2-r^2\omega^2=v_1{}^2-r_1{}^2\omega$$

oder
$$v^2-u^2=v_1{}^2-u_1{}^2 \qquad\qquad 319$$

Das Gesetz der v bleibt also gleich, einerlei ob Ablenkung und Arbeitsabgabe seitens der Wasserteilchen stattfindet oder nicht.

Das auf die rotierende Welle ausgeübte Drehmoment setzt sich aus drei Teilen zusammen, und zwar sind diese:

1. M_C, Moment der Zentrifugalkräfte der Wasserteilchen, entstehend als Folge der Ablenkung durch die Schaufelfläche,
2. M_V, „ der Drucke, die die Wasserteilchen der nach Gl. 319 erzwungenen Verzögerung gemäß gegen die Ablenkungsfläche ausüben.
3. M_u, „ der Drucke, die die Teilchen gegen die Ablenkungsfläche infolge der Ermäßigung der Umfangsgeschwindigkeit u_1 auf u_2 betätigen.

An beliebiger Stelle der Schaufelfläche, Winkelabstand φ, Fig. 95, ist für ein ∞ kleines Wasserteilchen wie vorher entwickelt das Moment des Zentrifugaldruckes dM_C (Folge der Änderung von v der Richtung nach) nach Gl. 309, aber jetzt mit v statt w_1

$$dM_C=\frac{q\gamma}{g}v\cdot e\sin\varphi\,d\varphi \quad . \; . \; 320$$

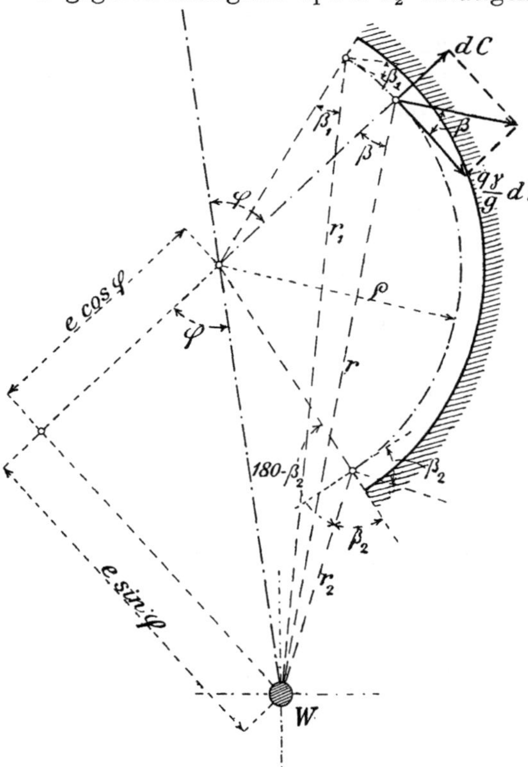

Fig. 95.

Das Moment M_V, hervorgerufen durch die Änderung von v der Größe nach, rechnet sich wie folgt. Der Wasserweg geht im vorliegenden Falle von außen nach innen, mithin nehmen die v gemäß Gl. 319 dem Wasserweg entlang ab und es muß entsprechend der durch die Ablenkungsfläche erzwungenen Abnahme der v auf diese Fläche und in der Richtung von v, Fig. 95, ein Druck der Wasserteilchen eintreten, gegeben für die Stelle im Abstand φ durch $\frac{q\gamma}{g}dv$ angreifend am Radius $\varrho+e\cos\varphi$ derart, daß

$$dM_V=\frac{q\gamma}{g}(\varrho+e\cos\varphi)\,dv \qquad\qquad 321$$

Nun ist aus Fig. 95 ersichtlich, daß r, also auch v abnimmt, wenn φ wächst, mithin haben die dv und $d\varphi$ entgegengesetzte Vorzeichen und für richtige Summierung ist dann zu setzen

$$dM_C + dM_V = \frac{q\gamma}{g}\left[v\cdot e\sin\varphi\,(-d\varphi) + (\varrho + e\cos\varphi)\,dv\right]$$

was auch, weil ϱ konstant angenommen, geschrieben werden kann

$$dM_C + dM_V = \frac{q\gamma}{g}\left[v\cdot d(\varrho + e\cos\varphi) + (\varrho + e\cos\varphi)\,dv\right] = \frac{q\gamma}{g}d\left[v\,(\varrho + e\cos\varphi)\right]$$

Nun ist aus Fig. 95

$$\varrho + e\cos\varphi = r\cos\beta$$

also ist auch $$dM_C + dM_V = \frac{q\gamma}{g}\cdot d\,(v\cdot r\cos\beta) \quad \ldots\ldots\ldots \quad 322$$

unabhängig von ϱ usw.

Die Integration zwischen den Grenzen „1" und „2" ergibt dann

$$M_C + M_V = \frac{q\gamma}{g}\,(v_1\cdot r_1\cos\beta_1 + v_2\cdot r_2\cos\beta_2) \quad \ldots\ldots \quad 323$$

weil an der Stelle „2" im Sinne der Integration nicht β_2, sondern $180 - \beta_2$ einzusetzen war.

Der dritte der Summanden, aus denen sich das Drehmoment zusammensetzt, ergibt sich aus der Verzögerung in Richtung der Umdrehung, der die Wasserteilchen auch noch auf dem Wege von „1" nach „2" unterworfen sind.

Die Teilchen haben am äußeren Radius r_1, außer der relativen Geschwindigkeit v_1, auch noch die Geschwindigkeit des kreisförmigen Fortschreitens u_1. Würden in irgendeinem beliebigen Zeitraum die stetig strömenden Wasserteilchen aus ihrer Umfangsgeschwindigkeit u_1 in die Umfangsgeschwindigkeit Null im Radius r_1 stoßfrei verzögert, so würde dies nach Gl. 186 unter Entwicklung eines Druckes im Betrage $\frac{q\gamma}{g}u_1$ gegen den Anfang der Schaufelfläche geschehen, ein Drehmoment $\frac{q\gamma}{g}u_1\cdot r_1$ auf die Turbinenwelle wäre die Folge. (Achsialturbinen.)

Nun findet aber keine Verzögerung auf Null statt, sondern nur auf u_2. Geschähe dies im Radius r_1, so würde die Verzögerung ein Drehmoment $\frac{q\gamma}{g}\,(u_1 - u_2)\,r_1$ hervorrufen. Wenn die Teilchen aber die Umfangsgeschwindigkeit u_2 erreicht haben, liegen sie nicht mehr in r_1, sondern in r_2 von der Welle entfernt. Das durch die Verzögerung auf W ausgeübte Moment lautet deshalb

$$M_u = \frac{q\gamma}{g}\,(u_1 r_1 - u_2 r_2) \quad \ldots\ldots\ldots\ldots \quad 324$$

Das Abzugsglied $\frac{q\gamma}{g}u_2 r_2$ stellt das nicht mehr zur Ausübung gekommene Verzögerungsmoment dar.

Die sekundlich an der Ablenkungsfläche vorbeiströmende Wassermenge q leistet also ein gesamtes Drehmoment von

$$M = M_C + M_V + M_u = \frac{q\gamma}{g}\,(v_1\cdot r_1\cos\beta_1 + v_2\cdot r_2\cos\beta_2 + u_1 r_1 - u_2 r_2) \quad . \quad 325$$

oder auch $$M = \frac{q\gamma}{g}\left[r_1\,(v_1\cos\beta_1 + u_1) + r_2\,(v_2\cos\beta_2 - u_2)\right] \quad \ldots\ldots \quad 326$$

ausgedrückt in den **inneren** Größen.

Die Geschwindigkeitsparallelogramme der Fig. 92 lassen erkennen, daß

$v_1 \cos \beta_1 + u_1 = w_1 \cos \delta_1$ und daß $v_2 \cos \beta_2 - u_2 = - w_2 \cos \delta_2$

und so kann Gl. 326 auch lauten, ausgedrückt durch die **äußeren** Größen:

$$M = \frac{q\gamma}{g} (r_1 \cdot w_1 \cos \delta_1 - r_2 \cdot w_2 \cos \delta_2) \quad \ldots \ldots \quad 327$$

Die geleistete Arbeit A findet sich aus $A = M \cdot \omega$ und wegen $u = r \cdot \omega$ nach Gl. 326 zu

$$A = \frac{q\gamma}{g} (u_1 \cdot v_1 \cos \beta_1 + u_2 \cdot v_2 \cos \beta_2 + u_1^2 - u_2^2) \quad \ldots \ldots \quad 328$$

oder auch nach Gl. 327 zu

$$A = \frac{q\gamma}{g} (u_1 \cdot w_1 \cos \delta_1 - u_2 \cdot w_2 \cos \delta_2) = A_1 - A_2 = q\gamma (1 - \alpha) H = q\gamma \cdot \eta H \quad . \quad 329$$

Sind die v_1, v_2, w_1 usw. die **tatsächlichen** Geschwindigkeiten, so gelten die Gl. 320 bis 329 ohne weiteres auch für den **tatsächlichen Betrieb**, wobei natürlich $1 - \alpha - \varrho$ an die Stelle von $1 - \alpha$ tritt.

Ganz das gleiche Ergebnis muß sich zeigen, wenn rückwärts der Betrag von A, nunmehr wieder für ideellen Betrieb, aus

$$A = A_1 - A_2 = q\gamma \left(\frac{w_1^2}{2g} - \frac{w_2^2}{2g}\right) = q\gamma (1 - \alpha) H = q\gamma \cdot \eta H$$

berechnet wird.

Die w_1 und w_2 ergeben sich als die Resultierenden von u_1 und v_1 bzw. u_2 und v_2, wobei v_2 nach Gl. 319 zu bestimmen ist.

Die Fig. 92 zeigt, daß

$$w_1^2 = u_1^2 + v_1^2 + 2 u_1 v_1 \cos \beta_1$$
$$w_2^2 = u_2^2 + v_2^2 - 2 u_2 v_2 \cos \beta_2$$

oder auch

$$w_1^2 - w_2^2 = u_1^2 - u_2^2 + v_1^2 - v_2^2 + 2 (u_1 v_1 \cos \beta_1 + u_2 v_2 \cos \beta_2)$$

Nun folgt aus Gl. 319 für die Stelle „2"

$$v_1^2 - u_1^2 = v_2^2 - u_2^2 \quad \ldots \ldots \ldots \ldots \quad 330$$

mithin ergibt sich

$$w_1^2 - w_2^2 = 2 (u_1^2 - u_2^2 + u_1 v_1 \cos \beta_1 + u_2 v_2 \cos \beta_2)$$

und dadurch

$$A = q\gamma \left(\frac{w_1^2}{2g} - \frac{w_2^2}{2g}\right) = \frac{q\gamma}{g} \left[u_1 (v_1 \cos \beta_1 + u_1) + u_2 (v_2 \cos \beta_2 - u_2)\right]$$
$$= \frac{q\gamma}{g} (u_1 \cdot v_1 \cos \beta_1 + u_2 \cdot v_2 \cos \beta_2 + u_1^2 - u_2^2)$$

wie vorher auch, Gl. 328.

Für die Berechnung von M und A nach den äußeren Größen, Gl. 327 und 329, wäre noch w_2 und δ_2 zu bestimmen. Auf die diesbezügliche Rechnung kann hier unter Hinweis auf früher Gesagtes verzichtet werden.

Unter Weglassen von $q\gamma$ schreibt man die Gl. 329 als

$$u_1 \cdot w_1 \cos \delta_1 - u_2 \cdot w_2 \cos \delta_2 = g (1 - \alpha) H = g \cdot \eta H \quad \ldots \ldots \quad 331$$

für den ideellen, und als eine der Grundgleichungen für den tatsächlichen Betrieb, vgl. Gl. 283,

$$u_1 \cdot w_1 \cos \delta_1 - u_2 \cdot w_2 \cos \delta_2 = g (1 - \alpha - \varrho) H = g \cdot \varepsilon H \quad \ldots \ldots \quad 332$$

Die Größen w_1, u_1 usw. sind natürlich in den zwei Gleichungen verschieden.

Nachdem bei den geradlinig fortschreitenden Ablenkungsflächen gezeigt worden ist, daß jede beliebige Größe von w_2, also auch von αH erzielt werden kann, ist es nicht nötig, die gleichen Untersuchungen hier nochmals anzustellen.

Auch auf die Betrachtung der Folgen rascherer oder langsamerer Drehung der Strahlturbinen darf mit Rücksicht auf die entsprechenden Erörterungen bei der geradlinig fortschreitenden Ablenkungsfläche verzichtet werden. Die Umdrehungszahl, bzw. die Winkelgeschwindigkeit ω wird sich dem widerstehenden Drehmoment anpassen, solange dies kleiner ist, als der festgehaltenen Turbine entspricht.

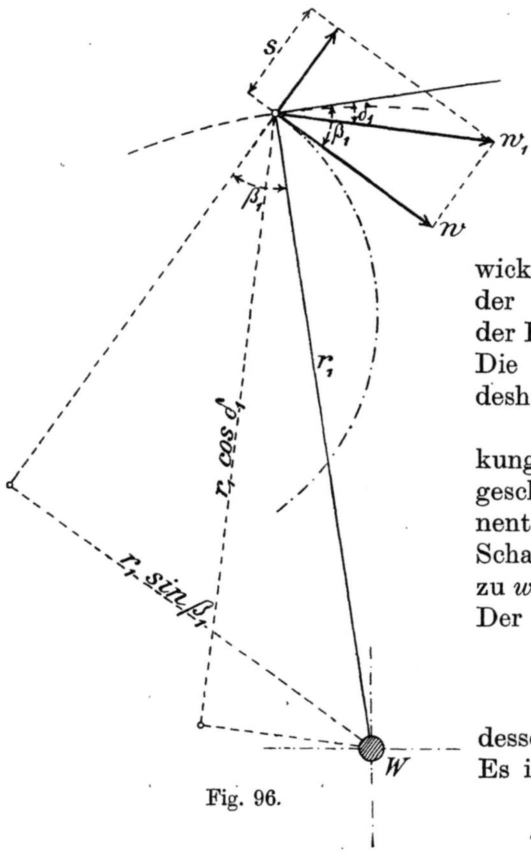

Fig. 96.

Das Drehmoment M_f der festgehaltenen Turbine, wenn das Wasser, im Gegensatz zur vorhergehenden Betrachtung, unter δ_1 zugeführt ist, setzt sich ideell aus zwei Posten zusammen, nämlich aus dem unter „1" entwickelten, Gl. 311, zuzüglich des Stoßdruckes, der daraus entsteht, daß w_1 eben nicht in der Richtung β_1, sondern in δ_1 liegt, Fig. 96. Die Geschwindigkeit w unterscheidet sich deshalb auch von w_1.

Zerlegt man für die festgehaltene Ablenkungsfläche die im Winkel δ_1 liegende Zuführgeschwindigkeit w_1 des Wassers in Komponenten w parallel und s senkrecht zum Schaufelanfang, so ergeben sich deren Größen zu $w = w_1 \cos(\beta_1 - \delta_1)$ und $s = w_1 \sin(\beta_1 - \delta_1)$. Der Stoßdruck stellt sich auf

$$S = \frac{q\gamma}{g} s = \frac{q\gamma}{g} w_1 \sin(\beta_1 - \delta_1),$$

dessen Momentarm, nach Fig. 96, $r_1 \sin\beta_1$ ist. Es ist also, nach früherem mit k_S,

$$k_S M_S = k_S \frac{q\gamma}{g} w_1 \sin(\beta_1 - \delta_1) r_1 \sin\beta_1$$

Dies kommt zu dem aus den Zentrifugalkräften folgenden Drehmoment M_C nach Gl. 311, so daß sich ergibt

$$M_f = M_C + k_S M_S = \frac{q\gamma}{g}\left[r_1 \cdot w \cos\beta_1 + r_2 \cdot w \cos\beta_2 + k_S \cdot w_1 \sin(\beta_1 - \delta_1) r_1 \sin\beta_1\right]$$

Mit w nach obiger Bestimmung und $k_S = 1$ stellt sich dann M_f, nach Vereinfachung, auf

$$M_f = \frac{q\gamma}{g} w_1 \left[r_1 \cos\delta_1 + r_2 \cos(\beta_1 - \delta_1) \cos\beta_2\right] \quad \ldots \ldots \quad 333$$

Ein Zahlenbeispiel mag den Unterschied zwischen den Drehmomenten zeigen, die bei normaler Drehgeschwindigkeit und bei festgehaltener Turbine zu erwarten sind.

Die Fig. 92 hatte, der Deutlichkeit der Darstellung wegen, etwas übertriebene radiale Ausdehnung der Schaufelflächen. Legt man diese Verhältnisse trotzdem der Rechnung zugrunde, so ergibt sich mit $\beta_1 = 24^0\,30'$, $\delta_1 = 11^0\,30'$, $\beta_2 = 37^0\,30'$, $r_1 = 1{,}0$ m, $r_2 = 0{,}63$ m, dazu mit $w_1 = 8{,}86$ m/sk, ideell einem Gefälle von 4,0 m entsprechend:

$$u_1 = w_1 \frac{\sin(\beta_1 - \delta_1)}{\sin \beta_1} = 4{,}81 \text{ m/sk}$$

$$v_1 = w_1 \frac{\sin \delta_1}{\sin \beta_1} = 4{,}26 \text{ m/sk}$$

$$u_2 = u_1 \frac{r_2}{r_1} = 3{,}05 \text{ m/sk}$$

$$v_2 = \sqrt{v_1^2 - u_1^2 + u_2^2} = 2{,}08 \text{ m/sk}.$$

Aus v_2, u_2 und β_2 folgt gemäß Fig. 92

$$w_2 = 1{,}88 \text{ m/sk}.$$

Die Turbine hat also ideell für $H = 4{,}0$ m einen Austrittsverlust von $\frac{w_2^2}{2g} \cdot \frac{1}{H} = \alpha$ $= 0{,}045$.

Das Moment der sich drehenden, ohne Stoß am Schaufelanfang arbeitenden Turbine folgt unter Einsetzung dieser Größen in Gl. 325 oder 326 zu

$$M = 0{,}795\, q\gamma \text{ in mkg}$$

während dasjenige der festgehaltenen Turbine sich nach Gl. 333 auf

$$M_f = 1{,}328\, q\gamma \text{ in mkg}$$

stellt. M_f ist hier etwa das 1,7fache von M.

Vergrößert man den recht kleinen Radius r_2 auf mehr ausführungsgemäße Verhältnisse, beispielsweise auf $r_2 = 0{,}8$ m, so ergeben sich für gleichbleibendes u_1 die Größen von

$$u_2 = 3{,}84 \text{ m/sk}; \qquad v_2 = 3{,}14 \text{ m/sk}.$$

Behält man, des schärferen Vergleiches wegen, den vorher berechneten Austrittsverlust $\alpha = 0{,}045$ auch bei, so rechnet sich der hierfür im neuen, größeren Austrittsradius erforderliche Winkel β_2 des Schaufelendes gemäß des Parallelogramms der Fig. 92 zu $\beta_2 = 29^0$ gegenüber vorher $37^0\,30'$, und die Momente folgen nach den gleichen Beziehungen wie früher, jetzt zu

$$M = 0{,}795\, q\gamma \text{ in mkg}$$

natürlich wie vorher auch, dagegen findet sich

$$M_f = 1{,}500\, q\gamma \text{ in mkg}$$

Das Stillstandsmoment hat sich auf das 1,9fache von M vergrößert, weil sich die gesamte Ablenkung in größerer Entfernung von der Welle vollzieht.

Die Zahlenbeispiele zeigen, wie sehr die Abmessungen einer Strahlturbine bei gleichbleibendem Betriebs-Drehmoment M von Einfluß auf die Größe des Stillstandsmomentes M_f sind, daß also die Anschauung, als ob das Stillstandsmoment stets doppelt so groß ausfalle als das Betriebsmoment, nicht gerechtfertigt ist.

3. Äußere radiale Strahlturbine mit gegebenem Austrittsverlust α.

Um bei gegebener Geschwindigkeitshöhe $\frac{w_1^2}{2g} = H$ einen bestimmten Austrittsverlust αH zu erzielen, ist hier, nach Annahme der Durchmesser „1“ und „2“ unter Rücksichtnahme auf das Gesetz der v (Gl. 319 und 330), vorzugehen.

Da bei kleinen Werten von α, also auch von w_2, die Größen von v_2 und u_2 nicht sehr voneinander verschieden sein dürfen, so werden wegen Gl. 319 auch v_1 und u_1 nicht viel voneinander abweichen; ist beispielsweise $v_2 = u_2$, so muß für ideellen Betrieb auch $v_1 = u_1$ ausfallen. Hieraus folgt nach Fig. 97 $\beta_1 = 2\delta_1$ und $u_1 \cos\delta_1 = \frac{w_1}{2}$, also

$$u_1 = \frac{w_1}{2\cos\delta_1} = \frac{1}{2\cos\delta_1}\sqrt{2gH} \quad \ldots\ldots\ldots\ldots \quad 334$$

man ist aber durchaus nicht an diese Größen von u_1 gebunden, denn es kann die Lage von w_2, also der Winkel δ_2 auch wieder, wie auf Seite 94, Fig. 75 gezeigt, ideell von 0^0 bis 180^0 zugelassen werden, wodurch für die u_2 zwischen $v_2 + w_2$ bis $v_2 - w_2$ ein entsprechender Spielraum entsteht, der auch auf u_1 übergeht. Durch Änderung der Winkel β_1 und δ_1 läßt sich dann entsprechend den Erörterungen S. 20 u. f. ein noch größerer Spielraum für die Wahl der u erzielen, doch ist die Gl. 319 dabei nicht außer acht zu lassen.

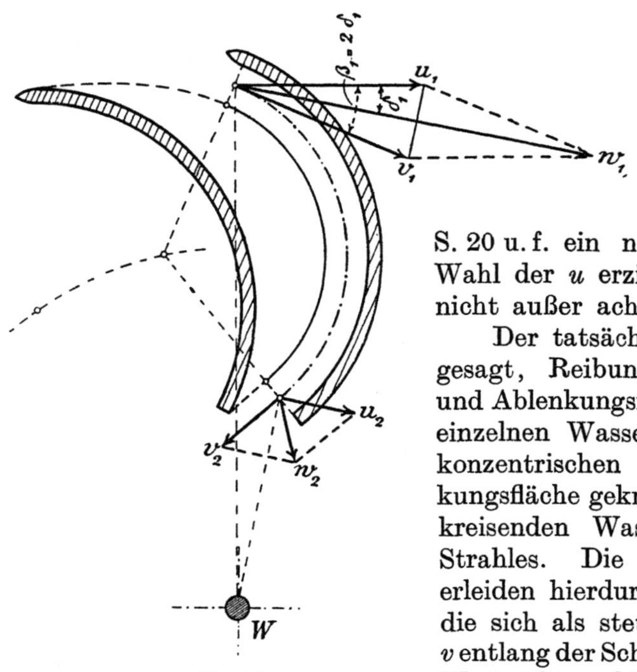

Fig. 97.

Der tatsächliche Betrieb bringt, wie schon gesagt, Reibungswiderstände zwischen Wasser und Ablenkungsfläche, sowie solche zwischen den einzelnen Wasserteilchen in den verschiedenen konzentrischen Schichten des durch die Ablenkungsfläche gekrümmten, den Erscheinungen des kreisenden Wassers, S. 36 u. f., unterworfenen Strahles. Die frei strömenden Wasserteilchen erleiden hierdurch Verluste an Arbeitsvermögen, die sich als stetig zunehmende Verringerung der v entlang der Schaufelfläche gegenüber den ideellen Werten bemerkbar machen. Es handelt sich um Arbeitsverluste, durch die relative Bewegung hervorgerufen, die sich aber natürlich auch als Arbeitsverluste in absoluter Beziehung darstellen.

Die Wasserteilchen kommen mit entsprechend vermindertem v in „2" an. Über die Beträge dieser Verminderung fehlen uns aber noch ausgiebige Versuchsziffern.

Daß auch hier die Radschaufelanfänge zugeschärft auszuführen sind, ist einleuchtend.

Von Interesse wäre noch die Bestimmung des tatsächlich, absolut, von dem Wasserteilchen zurückgelegten Weges zwischen „1" und „2". Da aber die äußere radiale Strahlturbine in der früher üblichen Form heute nicht mehr in Betracht kommt, so soll diese Bestimmung hier unterbleiben und bei Betrachtung der inneren radialen Strahlturbine zur Erledigung kommen.

4. Innere radiale Strahlturbine mit stehender Welle, in Ruhe.

Auch hier sei die Wasserbewegung nur in der Horizontalebene gedacht.

Das Drehmoment, das von dem der Ablenkungsfläche mit w entlangströmenden Wasser auf die Turbinenwelle ausgeübt wird, berechnet sich genau wie unter 1 für die äußere radiale Strahlturbine entwickelt, nur ist natürlich der Eintrittsradius r_1 hier kleiner als r_2 usw.

5. Innere radiale Strahlturbine mit stehender Welle, in gleichförmiger Bewegung.

Daß das Gesetz der v hier ebenso gilt als unter 2, bedarf keines weiteren Beweises, nur wird, den Umständen entsprechend, v_2 größer als v_1 ausfallen müssen. Diese Vergrößerung auf v_2 kann, obschon sie nach Gl. 319 rechnungsmäßig mit u^2 zusammenhängt, nicht als eine Wirkung von Zentrifugalkräften aufgefaßt werden, denn es ist, weil die Strahlen nur an der Konkavseite der Ablenkungsfläche anliegen und im übrigen frei sind, eine Einwirkung durch Zentrifugalbeschleunigung seitens des Laufrades ausgeschlossen.

Für die Berechnung des Drehmomentes sowie der abgegebenen Arbeit A gelten die Entwicklungen und Gl. 320 bis 329 ganz wie unter 2, doch ist dabei zu erwähnen, daß M_u nach Gl. 324 wegen $u_2 r_2 > u_1 r_1$ nicht als Vermehrung, sondern als Verminderung des Gesamtmomentes auftritt. Die Wirkung der M_G und M_V wird dadurch abgeschwächt, daß die Schaufel nach außen zu immer schneller ausweicht.

Ein Umstand ist bei der inneren radialen Strahlturbine nicht außer acht zu lassen, nämlich der Zusammenhang zwischen der Form der Ablenkungsfläche und dem Weg, den ein Wasserteilchen relativ zum Laufrade zurücklegen würde, wenn es, ähnlich demjenigen der Fig. 93, aber hier natürlich von innen gegen außen, mit gleichbleibender Geschwindigkeit w_1, also ohne Arbeitsabgabe, geradlinig fortschreitet.

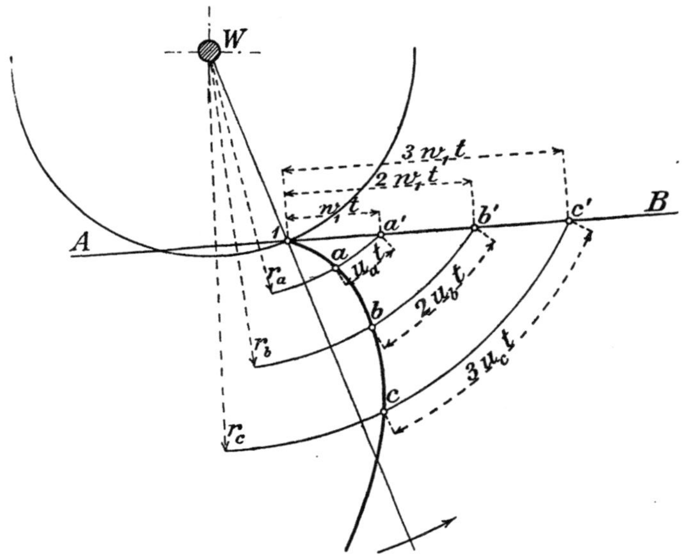

Fig. 98.

Das Wasserteilchen bewege sich, absolut genommen, in der Geraden AB, Fig. 98, und wir denken uns wie vorher eine mit der gleichförmigen Winkelgeschwindigkeit ω um W rotierende ringförmige glatte Scheibe an Stelle des Laufrades.

Die Bahn des Wasserteilchens gegenüber der Scheibe wird auf einfache Weise erhalten, wenn man die Punkte der Scheibe ermittelt, die nach Ablauf gewisser Zeiträume mit dem Teilchen zusammentreffen. Nimmt man die Stelle „1" zum Ausgang, so hat sich nach einem bestimmten kleinen Zeitraume t das Teilchen um $w_1 \cdot t$ in der Geraden nach a' vorwärts bewegt, es befindet sich jetzt auf einem Kreise von dem durch die Lage von a' bestimmten Radius r_a. Der Punkt der sich mit ω gleichmäßig drehenden Scheibe, der jetzt mit dem Teilchen zusammenfällt, lag, als dieses noch in „1" war, natürlich schon im Radius r_a, aber noch um $r_a\, \omega\, t = u_a\, t$ gegen rückwärts in a. Nach Ablauf von $2t$ ist das Teilchen um $2 w_1 t$, von „1" an gerechnet, fortgeschritten, es befindet sich in b', auf einem Kreise vom Radius r_b. Der hier mit ihm zusammenfallende Punkt der Scheibe saß vor der Zeit $2t$ noch um $2 u_b t$ rückwärts in b usw. Die durch „1", a, b, usw. gezogene Kurve ist die Bahn, die das geradlinig und gleichmäßig, also ohne Arbeitsabgabe, fortschreitende Wasserteilchen auf der Scheibe beschreibt, und eine Ablenkungsfläche, die nach dieser Kurve gekrümmt ist, würde dem Wasserteilchen bei der betreffenden Winkelgeschwindigkeit ω überhaupt kein Arbeitsvermögen entziehen können, es würde $w_2 = w_1$ ausfallen. („Neutrale" Kurve nach Herrmann.)

So muß die Ablenkungsfläche, wie leicht einzusehen, in einer Form ausgeführt werden, deren Krümmung innerhalb dieser sog. neutralen Kurve liegt, denn sonst entwickeln sich ja gar keine Zentrifugaldrucke aus v gegenüber der Ablenkungsfläche.

Die Wirkungslosigkeit der anscheinenden Ablenkung für den Fall, daß die Schaufelform mit der neutralen Kurve zusammenfällt, läßt sich in der Weise erklären, daß die Schaufel den Wasserteilchen eben mit derselben Geschwindigkeit ausweicht, mit der diese die Fläche zu erreichen suchen.

Die Gleichung der neutralen Kurve ist nicht schwierig zu ermitteln, ihre Anwendung gestaltet sich aber bei der Untersuchung einer etwa schon gewählten Schaufelform so wesentlich umständlicher gegenüber dem zeichnerischen Verfahren, wie es in Fig. 98 angegeben ist, daß hier auf die analytische Behandlung nicht weiter eingegangen werden soll. Nur ein Umstand sei noch erwähnt. Die Schaufel nach der neutralen Kurve besitzt das Drehmoment Null für die betreffende der neutralen Kurve zugrunde liegende Winkelgeschwindigkeit. Es muß sich deshalb bei der betreffenden Schaufel die Größe M nach Gl. 325 bis 327 als Null ergeben. Da nun Gl. 325 nur Daten von Anfang und Ende der Ablenkungsfläche enthält, so folgt daraus, daß der innere Verlauf der Ablenkungsfläche in letzter Linie ohne Einfluß auf die Bildung des Drehmomentes bleibt, daß also eine Ablenkungsfläche, selbst wenn sie nur in ihrem Anfangs- und Endpunkte mit der neutralen Kurve gleichgerichtet ist, kein Drehmoment erzielen wird. Hätte eine solche Fläche in ihrem Verlauf zwischenhinein aktive Strecken, so werden deren Teilmomente ideell dadurch aufgezehrt werden, daß dafür an anderen Stellen die zurückbleibenden Wasserteilchen durch Anschlag an den Rücken der Nachbarschaufel beschleunigt werden müssen.

Von Interesse ist besonders auch Gl. 327. Ist das Moment, also auch die Arbeitsabgabe, Null, so ist $w_2 = w_1$ und so folgt auch aus Gl. 327 für die neutrale Kurve

$$r_1 \cos \delta_1 = r_2 \cos \delta_2 \quad \ldots \ldots \ldots \ldots \quad 335$$

wie dies früher aus Fig. 93 zur Entwicklung von Gl. 312 zu entnehmen war.

Diese Bedingung zeigt, daß für äußere radiale Strahlturbinen keine Gefahr vorliegt, daß deren Schaufelkrümmungen sich der neutralen Kurve nähern könnten, da hierbei r_2 stets kleiner als r_1 ist, und die neutrale Kurve deshalb gegen innen eines Winkels $\delta_2 < \delta_1$ bedürfte, was der ganzen Anordnung gemäß gar nicht ausführbar ist. Die innere radiale Strahlturbine dagegen kann sehr leicht, der wachsenden r wegen, dahin kommen, daß sich $r_2 \cos \delta_2$ dem Werte $r_1 \cos \delta_1$ nähert, darum ist Vorsicht beim Entwerfen der inneren radialen Strahlschaufeln geboten, zumal die Schaufelform an der Stelle „1" stets die neutrale Kurve berühren muß.

6. Innere radiale Strahlturbine mit gegebenem Austrittsverlust α.

Hier gilt das auf S. 121 von der äußeren radialen Strahlturbine Gesagte in entsprechender Weise und es braucht nur noch der dort erwähnte sog. absolute Wasserweg seine Erwähnung zu finden.

Der neutralen Kurve, Fig. 98, liegt ein geradliniger absoluter Weg AB der Wasserteilchen zugrunde und die Teilchen behalten auf diesem auch ihre Geschwindigkeit w_1 unverändert bei.

Die innerhalb der neutralen Kurve liegende Ablenkungsfläche, die Radschaufel, Fig. 99, zwingt die Wasserteilchen relativ von der neutralen, absolut von der geraden Bahn abzugehen und, weil die $u = r\omega$ an sich, auch die v nach Gl. 319 für jeden Punkt festgelegt sind, so erzwingt die Ablenkung hier auch eine Änderung der w als der Resultierenden von u und v, von w_1 nach w_2, die eben der nach und nach erfolgenden Arbeitsabgabe entspricht.

Für das Aufzeichnen des absoluten Wasserweges für ideelle Verhältnisse kann man, ohne wesentlich ungenau zu sein, wie folgt verfahren.

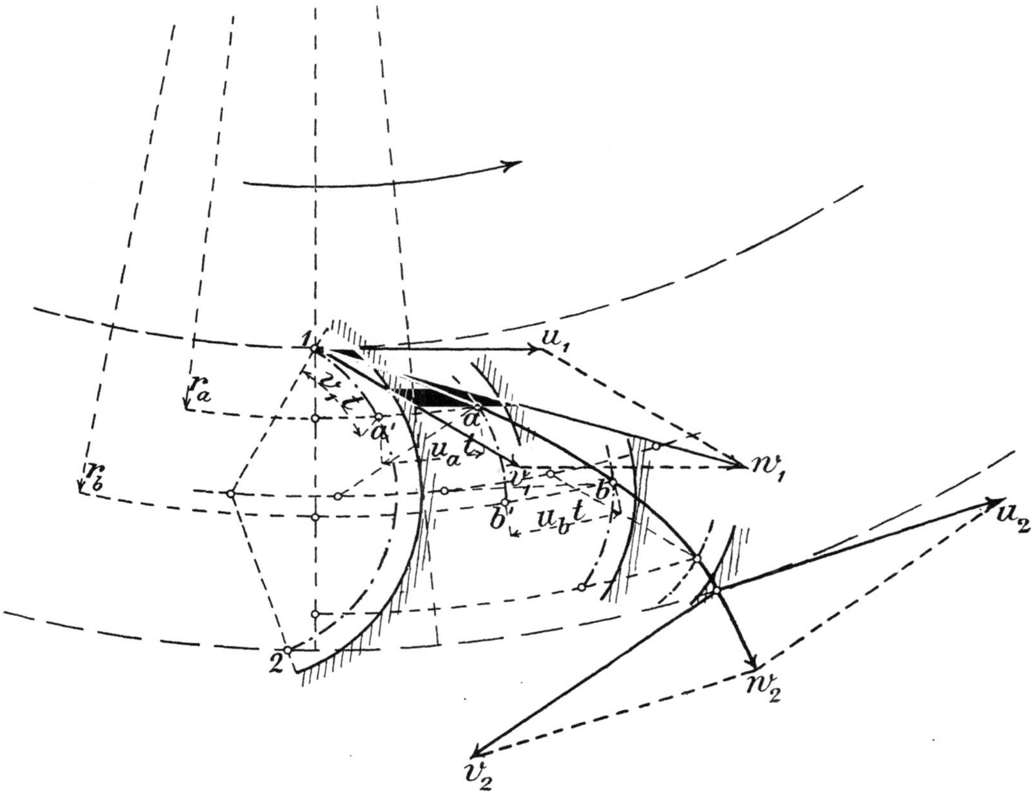

Fig. 99.

Gegeben w_1, dazu u_1, und durch die Schaufelform u_2, w_2, Fig. 99. Aus w_1 und u_1 folgt v_1; für eine sehr kleine Zeit t, beispielsweise $^1/_{500}$ Sek., ist das Wasserteilchen auf seinem Wege entlang der Schaufel von der Stelle „1" nach a' in den Kreis vom Radius r_a weggerückt. Auf dieser sehr kleinen Strecke darf v als konstant, noch gleich v_1, angesehen werden, so daß der entlang der Schaufelkrümmung zurückgelegte Weg gleich $v_1 t$ zu setzen ist. Mittlerweile hat sich aber die Turbine um ωt gedreht, d. h. die Schaufel und mit ihr der Punkt a' ist um $r_a \omega t = u_a t$ fortgeschritten nach a, also befindet sich das zuerst in „1" gewesene Wasserteilchen nunmehr ebenfalls in a.

Für den nächstfolgenden kleinen Zeitabschnitt t besitzt das Teilchen die relative Geschwindigkeit v_a, die aus Gl. 319 mit r_a rechnungsmäßig zu ermitteln ist. Das Teilchen legt in dem zweiten kleinen Zeitabschnitt t den Weg von a bis b' entlang der Schaufel mit der relativen Geschwindigkeit v_a zurück, also eine Strecke im Betrage von $v_a t$, zugleich dreht sich die Turbine wieder um ωt, d. h. der Punkt b' rückt um $r_b \omega t = u_b t$ vorwärts und das Wasserteilchen befindet sich nach Ablauf von insgesamt $2t$ in b.

Durch Fortsetzen dieser Rechnung und Aufzeichnung erhält man den ganzen, vom Wasserteilchen durchlaufenen absoluten Weg, eine Kurve, die mit w_1 als Tangente beginnt und die in der Richtung von w_2 endigen muß. In welcher Weise w_1 allmählich der Größe nach in w_2 übergeht, zeigt die obere Kurve der Fig. 100, bei welcher, für ideellen Betrieb, $\frac{w_1^2}{2g} = 4{,}0$ m und $\alpha = 0{,}04$, also $\frac{w_2^2}{2g} = 0{,}16$ m und $w_2 = 1{,}77$ m/sk sowie die Kreis-Schaufelform und die Verhältnisse der Fig. 99 zugrunde gelegt sind; die untere zeigt den Übergang des Arbeitsvermögens.

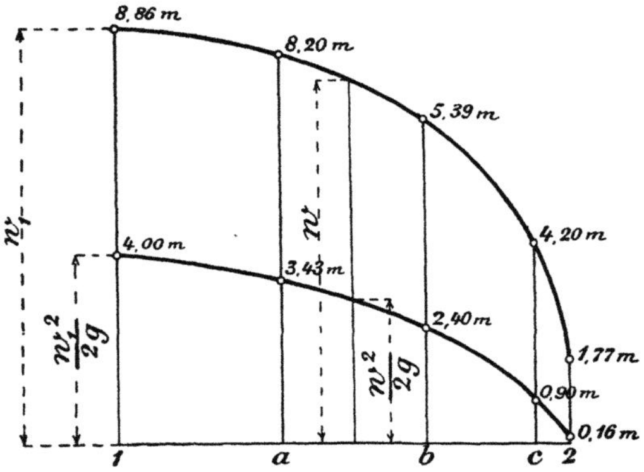

Fig. 100.

7. Äußere und innere radiale Strahlturbinen mit liegender Welle.

Sowie die Bewegung der Wasserteilchen nicht mehr in der Horizontalen erfolgt, muß der Einfluß der Erdanziehung auf das Teilchen mit in Erscheinung treten. Diese äußert sich je nach der Richtung der Bewegung beschleunigend oder verzögernd in bezug auf die w und die Entwicklung der v.

Es wird die relative Geschwindigkeit v, bei Abwärtsbewegung des Teilchens um eine Höhe h, den Betrag haben, der aus Gl. 319 folgt, je nachdem vermehrt oder vermindert um die Wirkung der Fallhöhe, d. h. es wird ideell sein

$$v = \sqrt{v_1^2 - u_1^2 + u^2 \pm 2gh} \quad \ldots\ldots\ldots\ldots \quad 336$$

Für den durchlaufenen vollen Höhenunterschied h_g zwischen Ein- und Austrittsstelle, Fig. 101, folgt

$$v_2 = \sqrt{v_1^2 - u_1^2 + u_2^2 \pm 2gh_g} \quad \ldots\ldots\ldots\ldots \quad 337$$

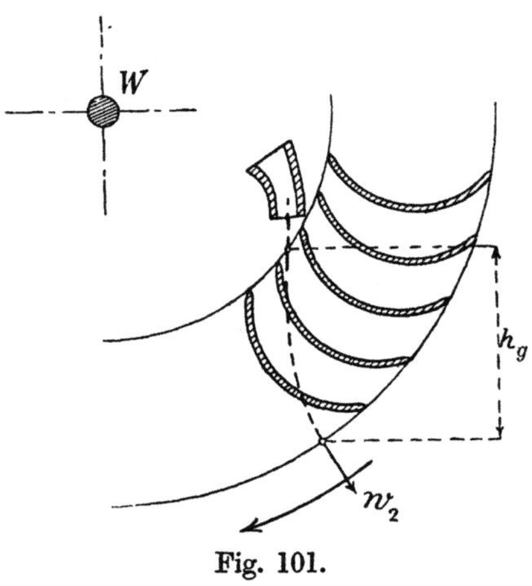

Fig. 101.

Die sich so ergebenden Größen von v_2 können in den Gl. 326 und 328 Verwendung finden, während die Gl. 327 und 329 dem Buchstaben nach unverändert bleiben. Allerdings wird ja w_2 bei etwa gleichbleibender Schaufel durch die Veränderung von v_2 auch einen anderen Betrag haben.

Ist der Austrittsverlust α gegeben, so ist wie bei den Radialturbinen mit stehender Welle von ungefähr $u_1 = \frac{w_1}{2\cos\delta_1}$ für das Entwerfen auszugehen. Hiermit folgt mit den angenommenen Radien r_1 und r_2 die Größe von u_2 und auch v_2. Es ist dann u_2 und v_2 so zu kombinieren, daß w_2 entsprechend α ausfällt, was besonders durch Änderung von β_2, auch von u_2 bzw. r_2 erreicht werden kann.

Man wird im allgemeinen diese Turbinen kaum mehr ausführen, dann aber nur für hohe Gefälle und als Partialturbinen und dafür sorgen, daß das Ende des absoluten Wasserweges, die Austrittsstelle „2“, am tiefsten Punkte des Laufrades liegt, damit das Gefälle möglichst vollständig ausgenützt wird. Bei den hohen Gefällen spielt h_g keine Rolle mehr.

B. Außere radiale Reaktionsturbinen mit radialem Austritt in einer Zylinderfläche.

Es ist S. 67 nachgewiesen worden, daß die Höhenlagen der Ein- und Austrittsquerschnitte von Reaktionsgefäßen, sowie auch die Lage des Reaktionsgefäßes selbst gegenüber Ober- und Unterwasser für die Entwicklung der sog. X- und Y-Komponenten nicht in Betracht kommen, sofern nur der Zusammenhang des Durchflusses zwischen Ober- und Unterwasser gewahrt bleibt. Das gleiche gilt für die Drehmomente.

Aus diesem Grunde ist es unnötig, die folgenden Untersuchungen für senkrechte oder wagrechte Welle getrennt durchzuführen, das Nachstehende gilt für jede beliebige Lage der Turbinenwelle, auch für Schräglage.

Infolge der kreisförmigen Anordnung und des Rotierens der Reaktionsgefäße um die Drehachse ist gegenüber dem geradlinigen Fortschreiten eine andere Aufteilung des Gefälles ins Auge zu fassen, veranlaßt durch den Einfluß zentrifugaler Kräfte auf die das Gefäß ausfüllende Wassermenge. Vorläufig ist angenommen, daß die Ein- und Austrittsquerschnitte in Ebenen, bzw. Zylinderflächen, parallel zur Drehachse liegen.

1. Äußere radiale Reaktionsturbine in Ruhe.

Gegeben sei ein Reaktionsgefäß in seinen Abmessungen und seiner Lage zur Rotationsachse W. Es seien also, Fig. 102, bekannt f_1, f_2, β_1, β_2, letztere gemessen als Winkel zwischen der Achse des Ein- bzw. Austrittsquerschnittes und der Tangente an den Kreisen vom Halbmesser r_1 bzw. r_2. Ferner sei der Unterschied h_L zwischen den über Eintritt und Austritt stehenden hydraulischen Druckhöhen h_1 und h_2 bekannt, vgl. auch Fig. 49. Die Gefäßform ist vorläufig so gewählt, daß sich an einen gleichmäßig im Halbmesser ϱ gekrümmten Teil von gleichbleibendem Querschnitt f_1 ein geradachsiger Teil anschließt, dessen Querschnitte von f_1 nach f_2 stetig überleiten.

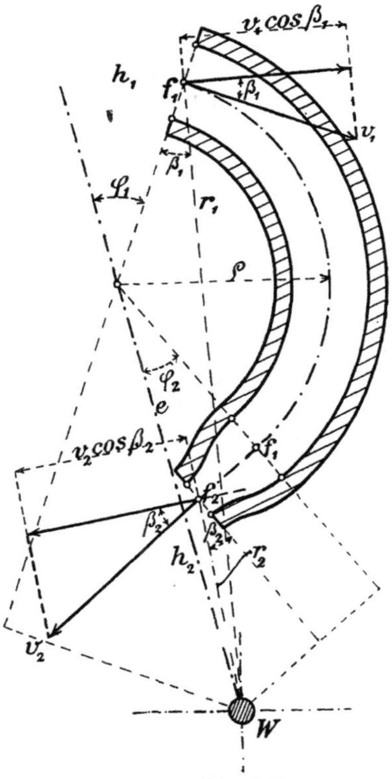

Fig. 102.

Für die Wassermenge q, die das ruhende Gefäß durchströmt, für v_1 und v_2 kommen die Gl. 183 bis 185 S. 55 und 56, mit h_L an Stelle von h_g, in Betracht, statt der Berechnung der X- und Y-Komponente handelt es sich hier, wie bei den Strahlturbinen, um die Bestimmung des Drehmomentes, das durch das strömende Wasser auf die Welle W ausgeübt wird.

Das Gefäß nach Fig. 102 wird infolge des durchströmenden Wassers zweierlei Drehmomente entstehen lassen. Im gekrümmten überall gleichweiten Teil wird für das resultierende Moment M_C der Zentrifugalkräfte die Gl. 310 zu benutzen sein, nur sei hier v_1 statt w gesetzt.

Die Beschleunigung des Betriebswassers von v_1 auf v_2 im geraden Gefäßteil hat zur Folge, daß eine sog. Reaktionskraft R im Betrage $\frac{q\gamma}{g}(v_2 - v_1)$ der Wasserbewegung entgegengesetzt auf das Gefäß frei wird, vgl. Fig. 86, und an dem Hebelarm $e \cos \varphi_2 - \varrho$ angreifend, ein Moment M_R erzeugt, das zu M_C helfend hinzukommt. Es ist also das Gesamtmoment bei stillstehender Turbine, und wenn das Reaktionsgefäß in Richtung von v_1 unter Druck nachgefüllt wird

$$M = M_C + M_R = \frac{q\gamma}{g}\left[v_1 \cdot e(\cos\varphi_1 + \cos\varphi_2) + (v_2 - v_1)(e\cos\varphi_2 - \varrho)\right] \quad . \quad 338$$

Nach Fig. 102 ist

$$e\cos\varphi_1 = r_1\cos\beta_1 - \varrho, \quad \text{ferner} \quad e\cos\varphi_2 - \varrho = r_2\cos\beta_2.$$

Unter Benutzung dieser Werte ergibt sich dann

$$M = M_C + M_R = \frac{q\gamma}{g}(r_1 \cdot v_1\cos\beta_1 + r_2 \cdot v_2\cos\beta_2) \quad . \; . \; . \; . \; . \quad 339$$

wie bei den Strahlturbinen auch, unabhängig von ϱ usw.

2. Äußere radiale Reaktionsturbine in gleichförmiger Bewegung.

Gegeben das Reaktionsgefäß nach seinen Abmessungen, Lage und Druckhöhen, also $f_1 = n_1 \cdot f_2$, β_1, β_2, r_1, r_2, h_1, h_2, h_g, also auch der Druckhöhenunterschied $h_L = h_1 + h_g - h_2$, Fig. 103.

Die kreisförmig fortschreitende Bewegung des Gefäßes bedingt, wie schon erwähnt, eine andere Gefälleaufteilung gegenüber der auf S. 68 u. f. für das geradlinige Fortschreiten entwickelten; der Druckhöhenunterschied h_L wird in anderer Weise Verwendung finden müssen.

Zur Erläuterung diene folgendes:

Das Reaktionsgefäß, dessen Ein- und Austrittsmitte vorübergehend als in gleicher Höhe liegend angenommen sein mag (in Fig. 103 punktiert), sei an der Eintrittsstelle „1“ zuerst durch eine Wand abgeschlossen und rotiere einfach in Wasser eingetaucht, d. h. die Druckhöhen h_1 und h_2 seien vorläufig, im Gegensatze zur Fig. 103, gleich groß. In diesem Falle kann natürlich die Rotation überhaupt nur durch äußere Triebkräfte bewirkt sein. Infolge der Zentrifugalkräfte des Wasserinhaltes entsteht ein Druck nach außen gegen die Abschlußwand, der in der Eintrittsmitte, im Radius r_1, durch die Druckhöhe $\frac{u_1^2 - u_2^2}{2g} = C$ gemessen wird. Wäre die Abschlußwand mit einer kleinen Öffnung versehen, so würde unter der genannten Druckhöhe Wasser gegen außen austreten, das Gefäß würde Wasser nach außen durchströmen lassen. Wollte man trotz der erwähnten Öffnung das Wasser innerhalb des Gefäßes und relativ zu diesem in Ruhe halten, so müßte für gleiche Höhenlage beider Querschnitte die äußere Druckhöhe h_1 um den Betrag $\frac{u_1^2 - u_2^2}{2g} = C$ größer gemacht werden als h_2. Liegen nun die Querschnitte „1“ und „2“ nicht in gleicher Höhe, sondern nach Fig. 103 um h_g verschieden hoch, so müßte eben h_1 um den genannten Betrag größer sein als $h_2 - h_g$, so daß allgemein für relativ zum rotierenden Gefäße ruhendes Wasser die Gleichung gilt

$$h_1 = h_2 - h_g + \frac{u_1^2 - u_2^2}{2g}$$

oder auch

$$\frac{u_1^2 - u_2^2}{2g} = C = h_1 + h_g - h_2 \quad . \; . \; . \; . \; . \; . \; . \; . \; . \; . \quad 340$$

d. h. lediglich um die Wirkung der Zentrifugalkraft aufzuheben, muß der Druckhöhenunterschied C vorhanden sein, und erst wenn $h_1 + h_g - h_2$ größer wird als C, kann eine nach einwärts gerichtete Bewegung des Wassers durch das Reaktionsgefäß hindurch eintreten.

Soll alsdann bei völlig freigegebener Eintrittsstelle „1" das Wasser den Austrittsquerschnitt f_2 mit v_2 verlassen, während es dem Querschnitt f_1 gemäß mit v_1 in das Gefäß eingetreten ist, so bedarf es hierzu ideell eines weiteren Druckunterschiedes im Betrage $\frac{v_2^2 - v_1^2}{2g}$ zwischen ‚1' und ‚2'.

Der gegebene Höhenunterschied h_L zwischen den Druckwasserspiegeln von Ein- und Austritt des Versuchsgefäßes, Fig. 103, vgl. auch Fig. 49, kann hier also nur zum Teil für die Beschleunigung von v_1 auf v_2 aufgewendet werden, ein anderer Teil muß der Zentrifugalwirkung das Gleichgewicht halten. Die Beziehung, die dies ausdrückt, lautet deshalb, vgl. Gl. 194,

$$\frac{u_1^2 - u_2^2}{2g} + \frac{v_2^2 - v_1^2}{2g} = h_L \quad 341$$

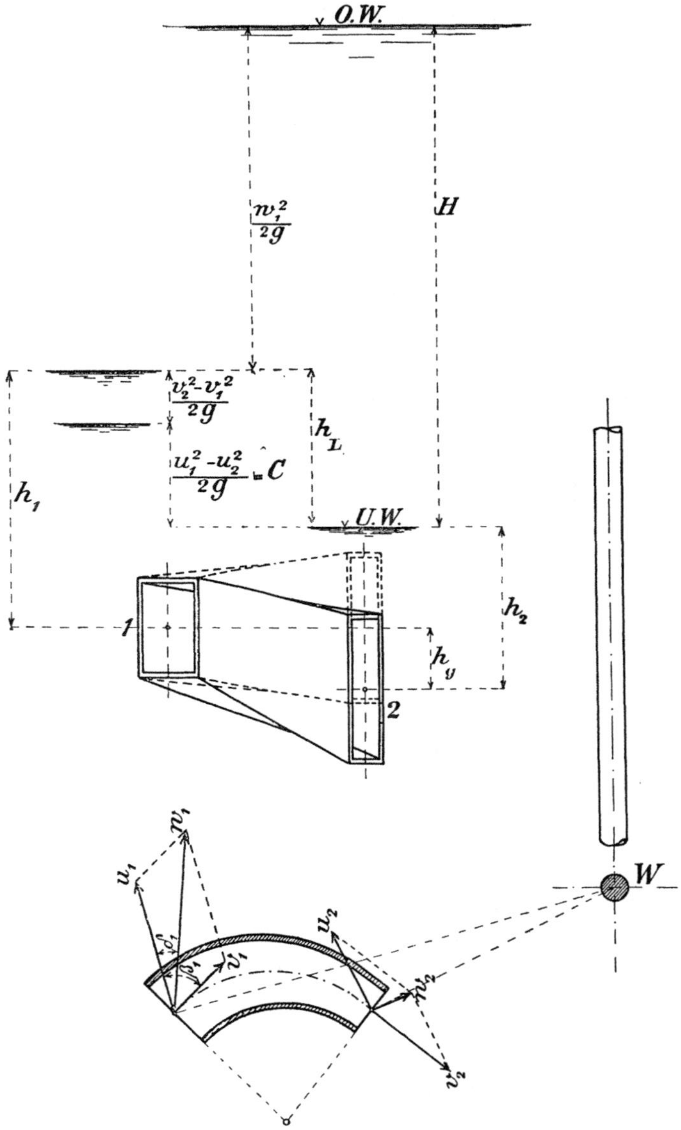

Fig. 103.

Zur Bestimmung von v_1, v_2, q dienen hier nicht mehr die Gl. 183 bis 185, sondern es ergeben sich aus Gl. 341 mit $f_1 = n_1 \cdot f_2$ und für gegebenen Druckhöhenunterschied h_L gegenüber früher h_g

$$v_1 = \sqrt{\frac{2gh_L - (u_1^2 - u_2^2)}{n_1^2 - 1}} = \sqrt{2g\,\frac{h_L - C}{n_1^2 - 1}} \quad . \; . \; . \; . \; . \quad 342$$

$$v_2 = n_1 \sqrt{\frac{2gh_L - (u_1^2 - u_2^2)}{n_1^2 - 1}} = n_1 \sqrt{2g\,\frac{h_L - C}{n_1^2 - 1}} \quad . \; . \; . \; . \; . \quad 343$$

$$q = n_1 \cdot f_2 \sqrt{\frac{2gh_L - (u_1^2 - u_2^2)}{n_1^2 - 1}} = n_1 \cdot f_2 \sqrt{2g\,\frac{h_L - C}{n_1^2 - 1}} \quad . \; . \; . \; . \; . \quad 344$$

Die Geschwindigkeit v_2 wird hier also nicht nach Art der Strahlturbinen durch dynamische Einflüsse aus v_1 bestimmt, sondern, wie schon gesagt, durch die Gefäßquerschnitte $f_1 = n_1 \cdot f_2$ als $v_2 = n_1 \cdot v_1$ unter Inanspruchnahme des betreffenden Teils von h_L nach Gl. 341 erzwungen.

Für die äußere Radialturbine ist D_1 größer als D_2, für die innere umgekehrt, mithin ist hier u_2 größer als u_1. Der Betrag von C hat also für die innere Radialturbine negativen Wert, die Wasserteilchen werden nicht zurückgehalten, sondern hinausbeschleunigt.

Damit das Nachfüllwasser den Querschnitt f_1 nach Richtung und Größe der Einfüllgeschwindigkeit v_1 richtig erreicht, muß es wie früher auch eine Geschwindigkeit w_1 gleich der Resultierenden von v_1 und u_1 besitzen, die sich aus

$$w_1^2 = u_1^2 + v_1^2 + 2 u_1 v_1 \cos \beta_1 \quad \ldots\ldots\ldots \quad 345$$

ergibt. Für die Erzeugung dieser Nachfüllgeschwindigkeit w_1 ist ideell die Höhe $\frac{w_1^2}{2g}$ aufzuwenden, die auch hier nicht aus h_L bestritten werden kann, sondern die, auf h_L aufgesetzt, mit diesem das Gesamtgefälle H darstellt, das für den stoßfreien Betrieb des gegebenen Gefäßes mit bestimmtem $u_1 = r_1 \omega$ erforderlich ist, Fig. 103, vgl. dagegen Fig. 51.

Mithin gilt gegenüber Gl. 217 und 218 jetzt die Gefälleaufteilung als

$$\frac{w_1^2}{2g} + h_L = \frac{w_1^2}{2g} + \frac{u_1^2 - u_2^2}{2g} + \frac{v_2^2 - v_1^2}{2g} = H \quad \ldots\ldots \quad 346$$

Die für stoßfreien Betrieb erforderliche Richtung δ_1 der Nachfüllgeschwindigkeit w_1 findet sich aus dem Parallelogramm der Geschwindigkeiten wie früher auch zu

$$\sin \delta_1 = \sin \beta_1 \frac{v_1}{w_1} \quad \ldots\ldots\ldots\ldots \quad 347$$

worin v_1 nach Gl. 342, w_1 nach Gl. 345 einzusetzen sind. Es findet sich nach Vereinfachung dann schließlich

$$\frac{1}{\sin^2 \delta_1} = 1 + \frac{1}{\sin^2 \beta_1}\left(\cos \beta_1 + \sqrt{\frac{u_1^2}{2g} \cdot \frac{n_1^2 - 1}{h_L - C}}\right)^2 \quad \ldots\ldots \quad 348$$

und mit den gleichen Werten von v_1 und w_1 ergibt sich das für den Betrieb erforderliche Gesamtgefälle ideell zu

$$H = \frac{h_L \cdot n_1^2 - C}{n_1^2 - 1} + 2 \cos \beta_1 \sqrt{\frac{u_1^2}{2g} \cdot \frac{h_L - C}{n_1^2 - 1}} + \frac{u_1^2}{2g} \quad \ldots\ldots \quad 349$$

Ausdrücklich sei hier schon darauf hingewiesen, daß die Gl. 346, die die Gefälleaufteilung für normales Einfüllen darstellt, ganz unabhängig von der Größe des Austrittsverlustes $\alpha H = \frac{w_2^2}{2g}$ ist.

Daß jeder beliebige Austrittsverlust α durch entsprechende Wahl der einschlägigen Größen u_2, v_2, β_2 erzielt werden kann, bedarf unter Bezugnahme auf Früheres auch hier keines besonderen Nachweises mehr. Die für die Praxis in Betracht kommenden kleinen Beträge von w_2 werden stets durch Verhältnisse erzielt, deren Grundlage in nicht sehr voneinander verschiedenen Werten von u_2 und v_2 zu suchen ist, dabei entsprechen sich auch wieder große Werte von β_1, h_L, u_1, und umgekehrt.

Das von dem Gefäß ausgeübte Drehmoment berechnet sich folgendermaßen:

Aus v_1 und v_2 folgen, wie unter „1" gezeigt, zwei Drehmomente $M_C + M_R = M$ nach Gl. 338 und 339. Dazu kommt, wie bei der Ablenkungsfläche (Strahlturbine) auch das aus der Verzögerung von u_1 im Radius r_1 auf u_2 im Radius r_2 folgende Drehmoment M_u nach Gl. 324, so daß das Gesamtmoment sich dem Buchstaben nach genau so zusammensetzt, wie dasjenige der sich drehenden Strahlturbine nach Gl. 325 mit dem einzigen Unterschiede, daß auf der linken Seite der Gleichung M_R an die Stelle von M_V getreten ist. Da auch $A = M \cdot \omega$ bleibt, so haben die

Gl. 326 bis 329 auch für radiale (wie überhaupt für alle) Reaktionsturbinen volle Gültigkeit, d. h. es ist trotz der ganz anderen Gesetze der v

$$M = \frac{q\gamma}{g}\left[r_1(v_1 \cos\beta_1 + u_1) + r_2(v_2 \cos\beta_2 - u_2)\right] \quad . . . . \quad (326)$$

oder auch $$M = \frac{q\gamma}{g}(r_1 \cdot w_1 \cos\delta_1 - r_2 \cdot w_2 \cos\delta_2) \text{*)} \quad . . . . \quad (327)$$

ebenso $$A = \frac{q\gamma}{g}(u_1 \cdot v_1 \cos\beta_1 + u_2 \cdot v_2 \cos\beta_2 + u_1^2 - u_2^2) \quad . . . . . \quad (328)$$

oder $$A = \frac{q\gamma}{g}(u_1 \cdot w_1 \cos\delta_1 - u_2 \cdot w_2 \cos\delta_2) = A_1 - A_2 = q\gamma \cdot \eta H \quad . \quad (329)$$

ferner $$u_1 \cdot w_1 \cos\delta_1 - u_2 \cdot w_2 \cos\delta_2 = g(1-\alpha)H = g \cdot \eta H \quad . . . . . \quad (331)$$

und schließlich, mit anderen Werten von u_1, u_2 und w_1 für den tatsächlichen Betrieb,

$$u_1 \cdot w_1 \cos\delta_1 - u_2 \cdot w_2 \cos\delta_2 = g(1-\alpha-\varrho)H = g \cdot \varepsilon H \quad . . . . \quad (332)$$

Ist nun andererseits H gegeben, dazu die Turbine, d. h. die Maße und Lage der Reaktionsgefäße, so kann die Frage gestellt werden, wie sich für angenommene Größe von u_1, also auch von C, die Gefälleaufteilung in h_L und $\frac{w_1^2}{2g}$ und ideellem Betrieb vollzieht. Antwort hierauf kann Gl. 349 geben, die aber nach h_L aufgelöst einen wenig übersichtlichen Ausdruck für h_L liefert.

Dagegen läßt sich durch Betrachten der Beziehung zwischen h_L und δ_1 ein Überblick gewinnen. An sich wäre h_L ja anscheinend unabhängig von δ_1, vgl. Gl. 349, aber δ_1 wird für gegebenes β_1 usw. nach Gl. 348 durch h_L bestimmt.

Da jetzt H als gegeben angenommen ist, so kann in Gl. 347 $w_1 = \sqrt{2g(H - h_L)}$, dazu v_1 nach Gl. 342 eingesetzt werden, um die Beziehungen zwischen h_L und δ_1 einfacher zu erhalten.

Dies liefert

$$\sin\delta_1 = \sin\beta_1 \sqrt{\frac{h_L - C}{H - h_L} \cdot \frac{1}{n_1^2 - 1}} \quad . . . . \quad 350$$

oder auch $$h_L = \frac{H\dfrac{\sin^2\delta_1}{\sin^2\beta_1} + \dfrac{C}{n_1^2 - 1}}{\dfrac{\sin^2\delta_1}{\sin^2\beta_1} + \dfrac{1}{n_1^2 - 1}} \quad . . . . \quad 351$$

So kann also auch die Größe von h_L durch beliebige Wahl von δ_1 mit bestimmt werden, wobei n_1 in weiten Grenzen frei wählbar ist. Die dritte Form der vorstehenden Gleichung lautet, vgl. dazu Gl. 226

$$n_1 = \sqrt{1 + \frac{h_L - C}{H - h_L} \cdot \frac{\sin^2\beta_1}{\sin^2\delta_1}} \quad . . . . \quad 352$$

---

*) Das Drehmoment könnte auch in der Weise ermittelt werden, daß zuerst der tatsächliche Verlauf der, wechselnden, Einheitspressungen gegen die Zellenwände nach Art von S. 54 u. f. festgestellt wird. Dem hätte sich eine Zerlegung der Zellenwand der Länge l nach in genügend kleine Abschnitte Δl anzuschließen. Für jedes Schaufelelement von Δl Länge, b Breite (wie b_0 und b_1 verstanden) läßt sich dann aus dem darauf entfallenden Einheitsdruck p das Moment der Druckkraft $b \cdot \Delta l \cdot p \cdot r$ in bezug auf die Turbinenwelle bestimmen, wobei r parallel zu Δl zu messen ist. Der Unterschied zwischen den Summen der „Vorwärts"- und „Rückwärts"-Momente muß den gleichen Betrag von M ergeben.

Verfasser hat dies in seinen Versuchen über die Druckverhältnisse im laufenden Turbinenrad, Zeitschr. d. Ver. deutsch. Ing. 1910, S. 1421 u. f. auf empirischem Wege bewiesen.

Diese Gleichung liefert am besten die Grenzen, innerhalb deren die Größe von h_L liegen muß. Der rechnungsmäßige Betrag von n_1 darf nicht imaginär werden, also muß sein

$$1 + \frac{h_L - C}{H - h_L} \cdot \frac{\sin^2\beta_1}{\sin^2\delta_1} > 0$$

woraus als Bedingung für einen angenommenen Wert von C und δ_1 folgt

$$h_L > \frac{C \cdot \sin^2\beta_1 - H \cdot \sin^2\delta_1}{\sin^2\beta_1 - \sin^2\delta_1} \quad \ldots\ldots\ldots\ldots \quad 353$$

Weiter ergibt sich aus Gl. 352, daß n_1 für die äußere Radialturbine ($D_1 > D_2$) gleich oder größer als 1 ausfallen muß, denn es kann hier $h_L - C$ so wenig als $H - h_L$ je negativ sein, also ist der Wert unter dem Wurzelzeichen, mithin auch n_1, für äußere Radialturbinen gleich oder größer als 1[1]).

3. Äußere radiale Reaktionsturbine in veränderlicher Bewegung.

Die Gl. 346 stellt gewissermaßen die allgemeine Gleichgewichts- und Betriebsbedingung dar. Sie zeigt, wenn der Ausdruck gestattet ist, den Eingriff zwischen Betriebswasser und Turbine für die Drehgeschwindigkeit des stoßfreien Nachfüllens und für gegebenes Gesamtgefälle H. Dieser Eingriff bewirkt, daß gerade eine ganz bestimmte Wassermenge q, nicht größer, nicht kleiner, bei der Drehgeschwindigkeit $u_1 = r_1\omega$ durch die gegebenen Querschnitte fließen kann, trotzdem jeder der Querschnitte f_0, f_1, f_2 größer ist als etwa einer Geschwindigkeit im Betrag $\sqrt{2gH}$ entsprechen würde.

Setzt man der Turbine ein größeres widerstehendes Drehmoment entgegen, als sie nach Gl. 326 u. f. bei stoßfreiem Einfüllen zu leisten vermag, so wird die Drehung verlangsamt. Die entsprechenden Betrachtungen beim geradlinig fortschreitenden Reaktionsgefäß ließen dies schon erkennen.

Änderung von u_1 bringt aber für die äußere radiale Reaktionsturbine auch Änderung von C, also ganz abgesehen von den Stoßverlusten am Eintritt eine Änderung des Bedarfes an h_L derart, daß bei kleinerer Umdrehungszahl die zur Überwindung der Zentrifugalkräfte erforderliche Druckhöhe C abnimmt; also wird schon aus diesem Grunde die verlangsamte Turbine mehr Wasser, die rascher als normal laufende weniger Wasser durchströmen lassen.

Wir wollen auch hier die Verhältnisse, soweit dies analytisch möglich ist, untersuchen.

I. β_1 kleiner als 90^0.

Für veränderliche Geschwindigkeit einer gegebenen Turbine treten an der Eintrittsstelle ganz dieselben Stoßerscheinungen auf, wie sie früher schon in den Fig. 59, 63, 64, 65, dargestellt wurden, also können die zugehörigen Gleichungen auch hier sinngemäße Anwendung finden, vgl. S. 80 u. f.

Ia. β_1 kleiner als 90^0; Gefälleaufteilung. Bei der Summation der Gefälleaufteilung, einerlei ob es sich um $u_1' < u_1$ oder $u_1' > u_1$ handelt, tritt hier, für beliebige Winkelwerte von β_1, zu den in den Gl. 241, 257, 258 und 260 (gerad-

[1]) Der Querschnittsfaktor n_1 durch die Winkel und das Durchmesserverhältnis $\Delta = \frac{D_2}{D_1}$ ausgedrückt liefert jetzt, vgl. Gl. 227,

$$n_1 = \frac{\Delta \sin(\beta_1 - \delta_1)}{\sin\delta_1} \cdot \frac{\sin\delta_2}{\sin(\beta_2 + \delta_2)}.$$

linig fortschreitendes Reaktionsgefäß) enthaltenen Einzelposten noch ein weiterer hinzu, nämlich

$$\frac{u_1'^2 - u_2'^2}{2g} = C'$$

Die Gleichung der Gefälleaufteilung für u_1' kleiner als u_1, Gl. 241, lautet also hier, vgl. auch Fig. 60:

$$\frac{w_{(0)}^2}{2g} - \frac{v_0'^2}{2g} + \frac{s^2}{2g} + \frac{(v_1' - v_{(1)})^2}{2g} + \frac{v_{(2)}^2}{2g} + \frac{u_1'^2 - u_2'^2}{2g} = H \quad . \quad . \quad . \quad . \quad 354$$

Nach Einsetzen der Werte von $w_{(0)}$ usw. aus der Gl. 242 und, vgl. Fig. 59, mit

$$s = w_{(0)} \sin(\beta_1 - \delta_1) - u_1' \sin\beta_1 = v_{(1)} \frac{\sin\beta_1}{\sin\delta_1} \sin(\beta_1 - \delta_1) - u_1' \sin\beta_1 \quad . \quad . \quad . \quad 355$$

in der Gleichung $v'_1 = v_{(1)} + \frac{s}{\operatorname{tg}\beta_1}$, dazu mit $v_{(2)} = n_1 \cdot v_{(1)}$ ergibt sich schließlich für u_1' kleiner als u_1, vgl. Gl. 248,

$$v_{(1)}^2 \left[n_1^2 + \frac{\sin^2(\beta_1 - \delta_1)}{\sin^2\delta_1}\right] + 2 v_{(1)} u_1' \cos\beta_1 = 2gH - (u_1'^2 - u_2'^2) \quad . \quad . \quad 356$$

Für u_1' größer als u_1 folgen in entsprechender Weise, vgl. Fig. 66:

v_1' positiv:
$$\frac{w_{(0)}^2}{2g} - \frac{v_0'^2}{2g} + \frac{s^2}{2g} + \frac{v_{(2)}^2}{2g} + \frac{u_1'^2 - u_2'^2}{2g} = H \quad . \quad . \quad . \quad . \quad . \quad . \quad 357$$

Durch Einsetzen von $\frac{v_0'^2}{2g} - \frac{s^2}{2g} = \frac{v_1'^2}{2g}$ und, vgl. Fig. 63, mit

$$s = u_1' \sin\beta_1 - w_{(0)} \sin(\beta_1 - \delta_1) = u_1' \sin\beta_1 - v_{(1)} \frac{\sin\beta_1}{\sin\delta_1} \sin(\beta_1 - \delta_1) \quad . \quad . \quad 358$$

in der Gleichung $v_1' = v_{(1)} - \frac{s}{\operatorname{tg}\beta_1}$, folgt schließlich, vgl. Gl. 264,

$$v_{(1)}^2 \left[n_1^2 + \frac{\sin^2(\beta_1 - \delta_1)}{\sin^2\delta_1} \sin^2\beta_1\right] + 2 v_{(1)} u_1' \cos\beta_1 \left[1 + \frac{\sin(\beta_1 - \delta_1)}{\sin\delta_1} \cos\beta_1\right]$$
$$= 2gH + u_1'^2 \cos^2\beta_1 - (u_1'^2 - u_2'^2) \quad . \quad . \quad . \quad . \quad . \quad . \quad . \quad 359$$

Ferner, vgl. Fig. 68:

v_1' Null oder negativ:
$$\frac{w_{(0)}^2}{2g} + \frac{v_{(2)}^2}{2g} + \frac{u_1'^2 - u_2'^2}{2g} = H \quad . \quad . \quad . \quad . \quad . \quad . \quad . \quad . \quad . \quad 360$$

Daraus, vgl. Gl. 265,

$$v_{(1)}^2 \left[n_1^2 + \frac{\sin^2\beta_1}{\sin^2\delta_1}\right] = 2gH - (u_1'^2 - u_2'^2) \quad . \quad . \quad . \quad . \quad . \quad . \quad . \quad 361$$

Aus den $v_{(1)}$ ergibt sich dann mit $f_1 \cdot v_{(1)} = q'$ die Einzelwassermenge jeder Schaufel, während die Gesamtwassermenge der Turbine

$$Q' = z_1 \cdot q' = z_0 \cdot f_0 \cdot w_{(0)} = z_1 \cdot f_1 \cdot v_{(1)} = z_2 \cdot f_2 \cdot v_{(2)} \quad . \quad . \quad . \quad . \quad . \quad . \quad 362$$

beträgt.

Ib. β_1 kleiner als 90°; Arbeitsgrößen. Für die Berechnung der ausgeübten Drehmomente gilt folgendes: Das Betriebswasser, das beim Eintreten in die Reaktionsgefäße durch die Kräfte S, V oder P schließlich zum richtigen Lauf durch die Gefäße gebracht worden ist, wird in diesem richtigen Lauf durch das Gefäß ein Drehmoment M nach Gl. 326 ausüben, das hier aber natürlich lautet:

Die früheren Figuren für die Gefälleaufteilung, Fig. 60 für $u_1' < u_1$ und die Fig. 66 bis 68 für $u_1' > u_1$ bleiben mit dem Unterschied auch für die rotierende Turbine bestehen, daß jetzt von dem Gefälle H noch die Druckhöhe $\frac{u_1^2 - u_2^2}{2g}$ abzuziehen ist.

$H = 4{,}0$ m; $h_L = 1{,}25$ m; $\beta = 60^0$; $\delta_1 = 20^0$.

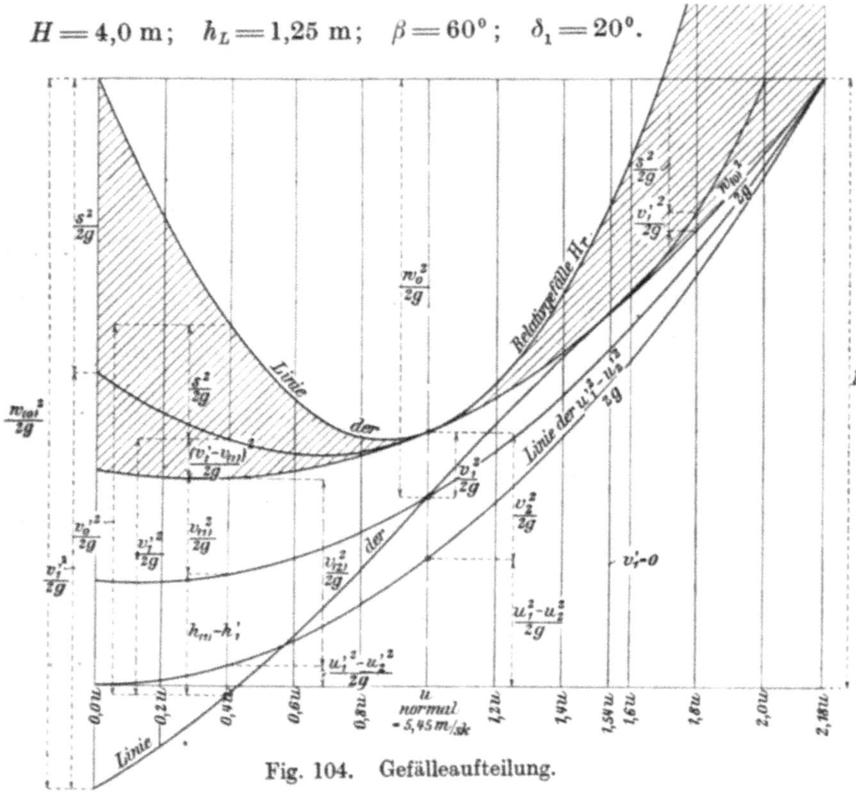

Fig. 104. Gefälleaufteilung.

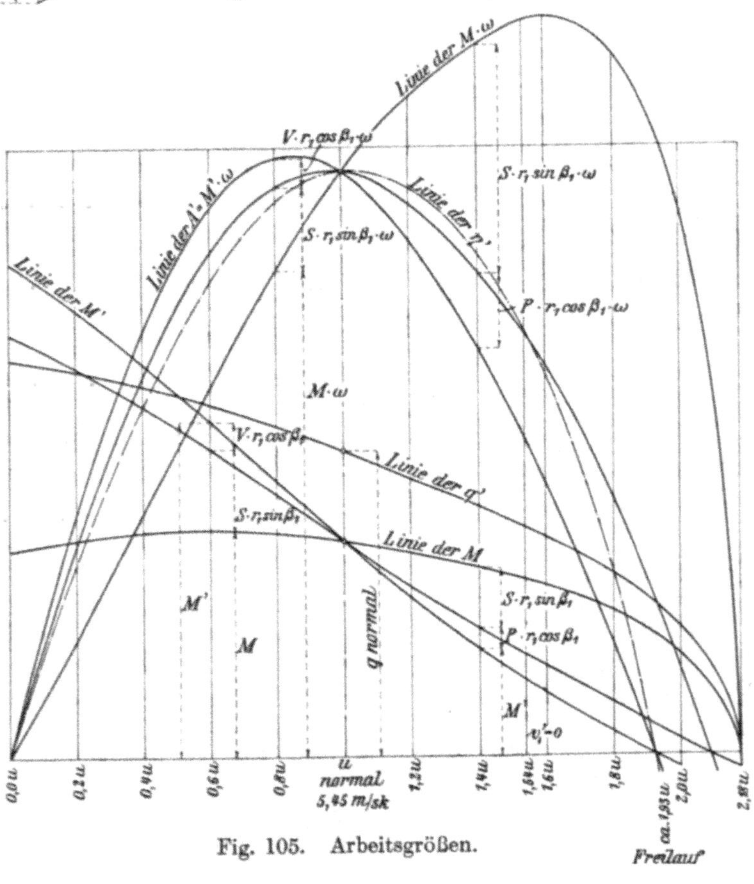

Fig. 105. Arbeitsgrößen.

$$M = \frac{q'\gamma}{g}\left[r_1\,(v_{(1)}\cos\beta_1 + u_1') + r_2\,(v_{(2)}\cos\beta_2 - u_2')\right] \quad . \quad . \quad . \quad . \quad . \quad 363$$

und das mit $q' = q\,\frac{v_{(1)}}{v_1}$ zu schreiben ist

$$M = \frac{q\gamma}{g}\cdot\frac{v_{(1)}}{v_1}\left[r_1\,(v_{(1)}\cos\beta_1 + u_1') + r_2\,(v_{(2)}\cos\beta_2 - u_2')\right] \quad . \quad . \quad . \quad . \quad 364$$

Zu diesem vom durchströmten Gefäß ausgeübten Momente addieren sich für $u_1' < u_1$ das Moment M_S der Stoßkraft $S = \frac{q'\gamma}{g}\,s$ und das Moment M_v der Verzögerungskraft $V = \frac{q'\gamma}{g}\,(v_1' - v_{(1)})$, deren Momentarme sich unschwer aus Fig. 102 als $r_1 \sin\beta_1$ und $r_1 \cos\beta_1$ erkennen lassen. Für $u_1' > u_1$ ergibt sowohl S als auch die Reaktionskraft P ein widerstehendes Moment, die Hebelarme wie vorher, so daß mit Rücksicht auf früher Gesagtes zu schreiben ist

für u_1' kleiner als u_1 $\quad M' = M + k_S\,S\cdot r_1 \sin\beta_1 + k_V\,V\cdot r_1\cos\beta_1$ 365

für u_1' größer als u_1 $\quad M' = M - k_S\,S\cdot r_1 \sin\beta_1 - k_P\,P\cdot r_1\cos\beta_1$ 366

In beiden Fällen ist die an der Turbinenwelle verfügbare Arbeit

$$A' = M'\cdot\omega', \quad \text{wobei} \quad \omega' = \frac{u_1'}{r}$$

Das Drehmoment M_f der festgehaltenen Turbine ergibt sich aus Gl. 364 mit u_1' und $u_2' = 0$ zuzüglich der Leistung von S und V.

Die Fig. 104 und 105 zeigen anschließend an das Vorhergehende die Gefälleaufteilung und Arbeitsgrößen für

$$H = 4{,}0\,\text{m}; \quad \beta_1 = 60^0; \quad \delta_0 = \delta_1 = 20^0; \quad D_2 = \frac{2}{3}D_1; \quad k_S \text{ usw.} = 1;$$

$$h_L = C + \frac{v_2^2 - v_1^2}{2g} = 1{,}25\,\text{m}; \quad H - h_L = \frac{w_1^2}{2g} = 2{,}75\,\text{m}; \quad w_0 = w_1 = 7{,}35\,\text{m/sk};$$

$$u_1 = 5{,}45\,\text{m/sk}; \quad v_1 = 2{,}90\,\text{m/sk}; \quad n_1 = 1{,}40; \quad \alpha = 0{,}04.$$

Hierzu ist zu erwähnen, daß die $w_{(0)}$ bei ganz kleinen Umdrehungszahlen ideell größer ausfallen, als $\sqrt{2g\cdot H}$ entspricht, daß also auch hier, ähnlich den Verhältnissen der Fig. 32 eine Entlehnung aus der Atmosphäre eintritt. Die Linie der A_1' ist hier im Gegensatz zu Fig. 62 weggelassen, da die A_1' dem Wasserverbrauch proportional sind, also durch die Linie der q' mit dargestellt werden.

II. β_1 gleich 90^0.

Die Verhältnisse ähneln denjenigen des geradlinig fortschreitenden Reaktionsgefäßes S. 90 u. f. insofern, als sich auch hier ergibt, daß $v_1' = v_{(1)}$ ausfällt, daß also kein Stoß in der Einfüllrichtung stattfindet, dagegen nimmt durch den Einfluß des Betrages

$$C' = \frac{u_1'^2 - u_2'^2}{2g}$$

die durchfließende Wassermenge q' bei abnehmender Umfangsgeschwindigkeit u_1' zu, bei zunehmender aber ab, wie bei β_1 kleiner als 90^0.

Die Geschwindigkeiten an der Eintrittsstelle werden für u_1' kleiner als u_1

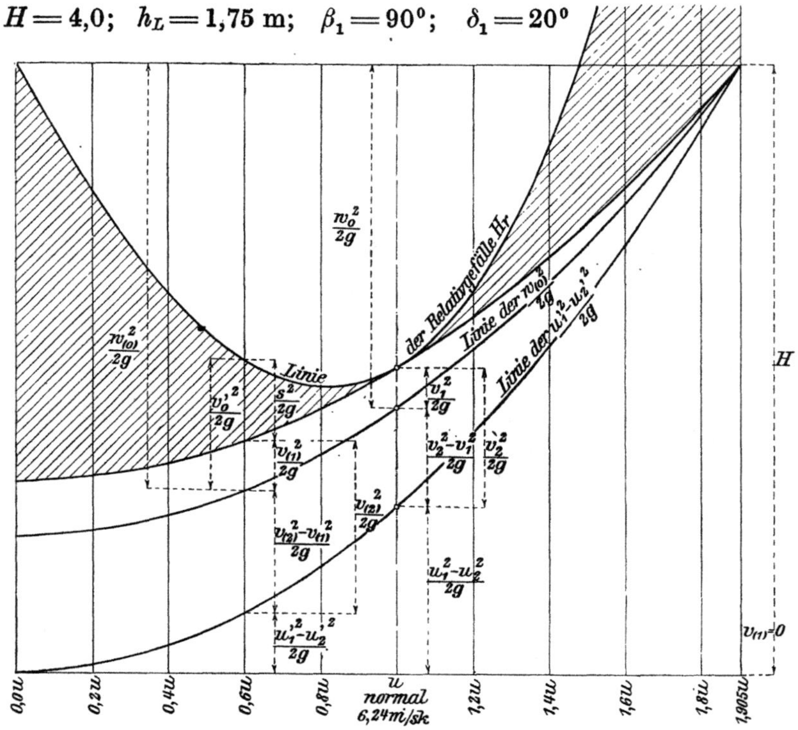

Fig. 107. Gefälleaufteilung.

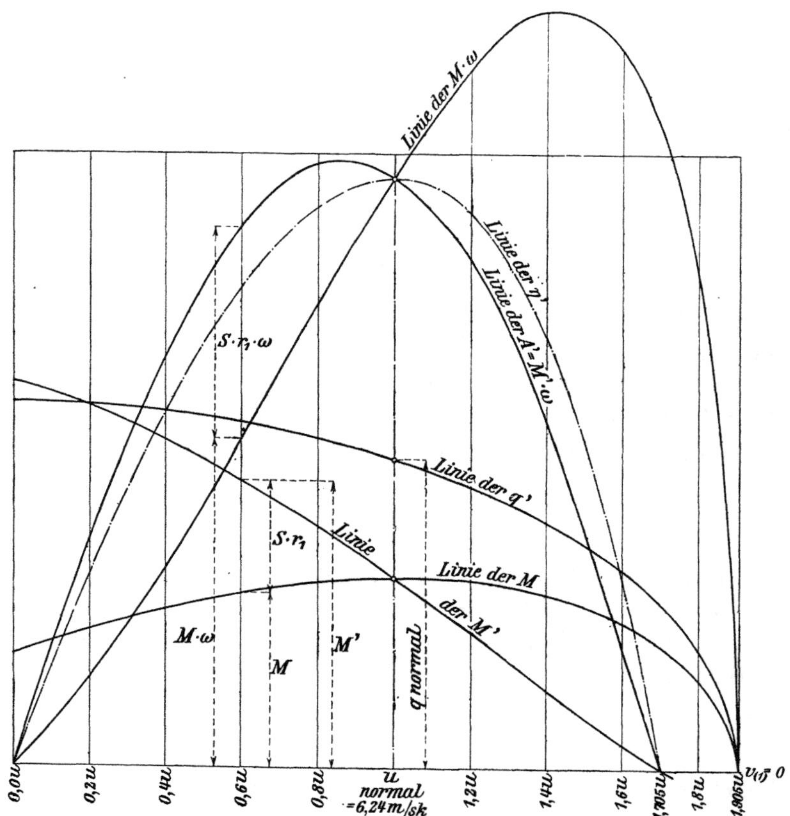

Fig. 108. Arbeitsgrößen.

durch die Fig. 69a, S. 90, dargestellt, während die Fig. 106 für u_1' größer als u_1 gilt. Es zeigt sich die Gefälleaufteilung für u_1' kleiner oder größer als u_1, vgl. Fig. 70:

$$\frac{w_{(0)}^2}{2g} - \frac{v_0'^2}{2g} + \frac{s^2}{2g} + \frac{v_{(2)}^2}{2g} + \frac{u_1'^2 - u_2'^2}{2g} = H \quad \ldots\ldots \quad 367$$

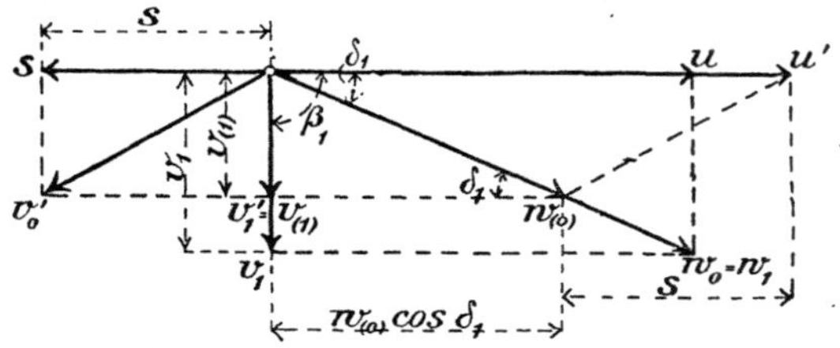

Fig. 106.

Hierin ist nach Maßgabe der Fig. 69a und 106 zu setzen

$$w_{(0)} = \frac{v_{(1)}}{\sin \delta_1} \quad \ldots\ldots \quad 368$$

$$v_0'^2 - s^2 = v_{(1)}^2 \quad \ldots\ldots \quad 369$$

so daß sich als mit u_1' veränderlich, wie oben bemerkt, ergibt, vgl. Gl. 271,

$$v_{(1)}^2 \left[n_1^2 + \frac{1}{\operatorname{tg}^2 \delta_1} \right] = 2gH - (u_1'^2 - u_2'^2) \quad \ldots\ldots\ldots \quad 370$$

Dabei ist, vgl. Gl. 352

$$n_1 = \sqrt{1 + \frac{h_L - C}{H - h_L} \cdot \frac{1}{\sin^2 \delta_1}}$$

IIb. Arbeitsgrößen. Das Drehmoment M' setzt sich hier nur aus den beiden Posten M und $k_S S \cdot r_1$ zusammen ($\cos \beta_1 = 0$), derart, daß

$$M' = \frac{q'\gamma}{g} \left[r_1 u_1' + r_2 (v_{(2)} \cos \beta_2 - u_2') \right] \pm k_S S \cdot r_1$$

$$= \frac{q\gamma}{g} \cdot \frac{v_{(1)}}{v_1} \left[r_1 u_1' + r_2 (v_{(2)} \cos \beta_2 - u_2') \right] \pm k_S S \cdot r_1 \quad \ldots\ldots \quad 371$$

ist, wobei das $+$Zeichen für $u_1' < u_1$ und das $-$Zeichen für $u_1' > u_1$ gilt.

Der Betrag von s lautet dabei

vgl. Fig. 69a $\qquad s = \frac{v_{(1)}}{\operatorname{tg} \delta_1} - u_1'$ für $u_1' < u_1$

und, vgl. Fig. 106 $\qquad s = u_1' - \frac{v_{(1)}}{\operatorname{tg} \delta_1}$ für $u_1' > u_1$

Die Stoßgeschwindigkeit s liegt beidemale in der Linie der u_1', kommt also in vollem Betrag zur Wirkung.

Die geleistete Arbeit ist $A' = M' \cdot \omega'$, wo $\omega' = \frac{u_1'}{r_1}$.

Die Fig. 107 und 108 enthalten Gefälleaufteilung und Arbeitsgrößen gemäß

$H = 4{,}0\,\text{m}$; $\beta_1 = 90^0$; $\delta_0 = \delta_1 = 20^0$; $D_2 = \frac{2}{3} D_1$; k_S usw. $= 1$;

$h_L = C + \frac{v_2^2 - v_1^2}{2g} = 1{,}75\,\text{m}$; $H - h_L = \frac{w_1^2}{2g} = 2{,}25\,\text{m}$; $w_0 = w_1 = 6{,}64\,\text{m/sk}$;

$u_1 = 6{,}24\,\text{m/sk}$; $v_1 = 2{,}26\,\text{m/sk}$; $n_1 = 1{,}86$; $\alpha = 0{,}04$.

Für β_1 gleich 90^0 treten die $w_{(0)}$ nicht größer als $\sqrt{2gH}$ auf.

III. β_1 größer als 90^0.

Für die Gefälleaufteilung gilt hier das gleiche wie beim geradlinig fortschreitenden Gefäß, S. 92 u. f., dazu kommt wieder die Berücksichtigung des den Einfluß der Rotation enthaltenden Gliedes $C' = \frac{u_1'^2 - u_2'^2}{2g}$.

Besondere Erwähnung verdient die Art des Zustandekommens des Drehmoments auch schon für den normalen Betrieb, $u_1' = u_1$.

Das Schema der Anordnung ist in Fig. 109 niedergelegt (vgl. dagegen Fig. 102). Der Augenschein lehrt, daß hier die Zentrifugalkräfte der Ablenkung und das aus diesen folgende Drehmoment M_C der Drehrichtung entgegengesetzt wirken.

Dies prägt sich in der allgemeinen Gleichung des normalen Betriebes

$$M = \frac{q\gamma}{g}\left[r_1(v_1 \cos\beta_1 + u_1) + r_2(v_2 \cos\beta_2 - u_2)\right] \quad . \quad . \quad . \quad . \quad . \quad (326)$$

dadurch aus, daß der Posten $v_1 \cos\beta_1$ wegen des negativen Wertes von $\cos\beta_1$ als $-v_1 \cos\beta_1$ im ziffermäßigen Rechnen einzusetzen ist, daß also $r_1 \cdot v_1 \cos\beta_1$ der Entwicklung von M hindernd im Wege steht. Das spricht natürlich nicht aus, daß der Wirkungsgrad einer solchen Turbine schlechter werde als bei $\beta_1 \leqq 90^0$, denn die bei $\beta_1 > 90^0$ höhere Umfangsgeschwindigkeit und Umdrehungszahl gleicht die Gegenwirkung von M_C wieder aus.

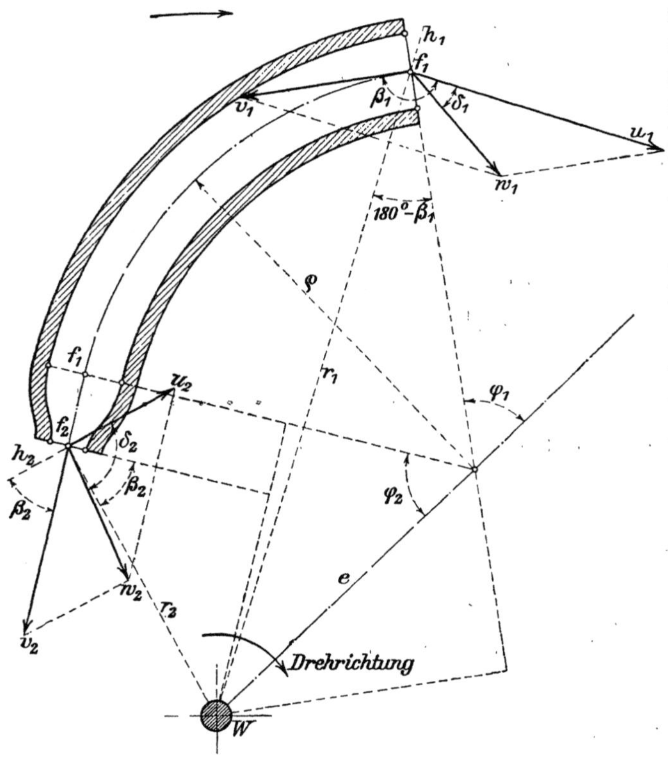

Fig. 109.

Die Arbeitsgrößen für u_1' kleiner oder größer als u_1 finden sich ähnlich wie bei β_1 kleiner als 90^0 mit sinngemäßer Einsetzung der Vorzeichen für die Momente der Stoßkräfte usw.

Dabei ergibt sich für β_1 größer als 90^0, daß die veränderliche Rotationsbewegung des Gefäßes auf den Wasserdurchgang einen anderen Einfluß ausübt als es die wechselnden Fortschreitegeschwindigkeiten in gerader Linie getan. Beim geradlinig fortschreitenden Gefäß nehmen die Wassermengen q' mit wachsendem u' zu, beim rotierenden (wie bei $\beta_1 \leqq 90^0$), mit wachsendem u_1' dagegen ab, veranlaßt durch das Anwachsen der für den Wasserdurchgang erforderlichen Zentrifugaldifferenz $C' = \frac{u_1'^2 - u_2'^2}{2g}$. Natürlich liegt aber auch hier die Möglichkeit des Eintretens von $v_1' = 0$ und von negativen Werten von v_1' bei den gegenüber u_1 verringerten Umfangsgeschwindigkeiten.

Die beigefügte Tabelle, sowie Fig. 110 und 111 enthalten die Gefälleaufteilung und Arbeitsgrößen für

$$H = 4{,}0 \text{ m}; \quad \beta_1 = 135^0; \quad \delta_0' = \delta_1 = 20^0, \quad D_2 = \frac{2}{3} D_1; \quad k_S \text{ usw.} = 1;$$

$$h_L = C' + \frac{v_2^2 - v_1^2}{2g} = 2{,}50 \text{ m}; \quad H - h_L = \frac{w_1^2}{2g} = 1{,}50 \text{ m};$$

$$w_0 = w_1 = 5{,}43 \text{ m/sk}; \quad u_1 = 6{,}95 \text{ m/sk};$$

$$v_1 = 2{,}62 \text{ m/sk}; \quad u_1 = 2{,}06 \text{ m/sk}; \quad \alpha = 0{,}04.$$

Rotierende Turbine. $\beta_1 = 135^0$.

$H = 4{,}0$ m $\quad A_1 = 4{,}0\, q \cdot \gamma \quad h_L = 1{,}50$ m $\quad \delta_1 = 20^0 \quad \alpha = 0{,}04 \quad u_{normal} = 6{,}95$ m/sk $\quad \Delta = \frac{2}{3}$

u_1'	$\frac{v_{(1)}^2}{2g}$	q'	$\frac{w_{(0)}^2}{2g}$	$H - \frac{w_{(0)}^2}{2g}$	$+ \frac{v_0'^2}{2g}$	$= H_r$	$\frac{s^2}{2g}$	$\frac{v_1'^2}{2g}$	$\frac{v_{(1)}^2 - v_1'^2}{2g}$	$h_{(1)} - h_1'$	$\frac{v_{(2)}^2 - v_{(1)}^2}{2g}$	$\frac{v_{(2)}^2}{2g}$	M +	M_S +	M_P =	M'	$A' = M' \cdot \omega'$	$A_1' = q' \cdot \gamma \cdot H$	$\eta' = \frac{A'}{A_1'}$
1	2	3	4	5	6	7	8	9	10	11	12	13	14	15	16	17	18	19	20
0,0 u_1	0,471	1,158 q	2,012	1,988	2,012	4,000	1,653	0,359	0,112	—	1,517	1,988	0,213 $q\gamma$	0,672 $q\gamma$	0,672 $q\gamma$	1,557 $q\gamma$	0,000 $q\gamma$	4,633 $q\gamma$	0,000
0,2 u_1	0,464	1,150 q	1,985	2,015	1,252	3,267	1,113	0,139	0,325	—	1,497	1,961	0,300 „	0,387 „	0,387 „	1,074 „	1,495 „	4,601 „	0,325
0,4 u_1	0,445	1,126 q	1,902	2,098	0,669	2,767	0,650	0,019	0,426	—	1,434	1,879	0,378 „	0,290 „	0,290 „	0,958 „	2,665 „	4,504 „	0,592
0,515 u_1	0,428	1,114 q	1,830	2,170	$= \frac{s^2}{2g}$	2,598	0,428	0,000	0,428	—	1,379	1,807	0,419 „	0,233 „	0,233 „	0,885 „	3,166 „	4,456 „	0,711
0,6 u_1	0,414	1,086 q	1,770	2,230	0,302	2,532	0,291	0,011	0,403	—	1,334	1,748	0,444 „	0,187 „	0,187 „	0,818 „	3,412 „	4,345 „	0,785
0,8 u_1	0,382	1,043 q	1,632	2,368	0,194	2,562	0,073	0,121	0,261	—	1,231	1,613	0,501 „	0,090 „	0,090 „	0,681 „	3,788 „	4,173 „	0,908
1,0 u_1	0,351	1,000 q	1,500	2,500	$= \frac{v_{(1)}^2}{2g}$	2,851	0,000	$= \frac{v_{(1)}^2}{2g}$	0,000	—	1,131	1,482	0,552 „	0,000 „	0,000 „	0,552 „	3,840 „	4,000 „	0,960
									$\frac{(v_1' - v_{(1)})^2}{2g}$				M −	M_S −	M_V =	M'			
1,2 u_1	0,313	0,944 q	1,338	2,662	0,794	3,456	0,081	0,713	0,081	0,319	1,009	1,322	0,588 $q\gamma$	0,086 $q\gamma$	0,086 $q\gamma$	0,416 $q\gamma$	3,468 $q\gamma$	3,777 $q\gamma$	0,918
1,4 u_1	0,257	0,856 q	1,100	2,900	1,603	4,503	0,366	1,237	0,366	0,614	0,830	1,087	0,588 „	0,165 „	0,165 „	0,258 „	2,506 „	3,425 „	0,732
1,6 u_1	0,177	0,710 q	0,756	3,244	2,967	6,211	0,979	1,988	0,979	0,832	0,570	0,747	0,527 „	0,224 „	0,224 „	0,079 „	0,875 „	2,840 „	0,308
1,782 u_1	0,031	0,297 q	0,132	3,868	6,060	9,928	2,724	3,336	2,724	0,581	0,100	0,131	0,223 „	0,157 „	0,157 „	−0,091 „	−1,121 „	1,188 „	—

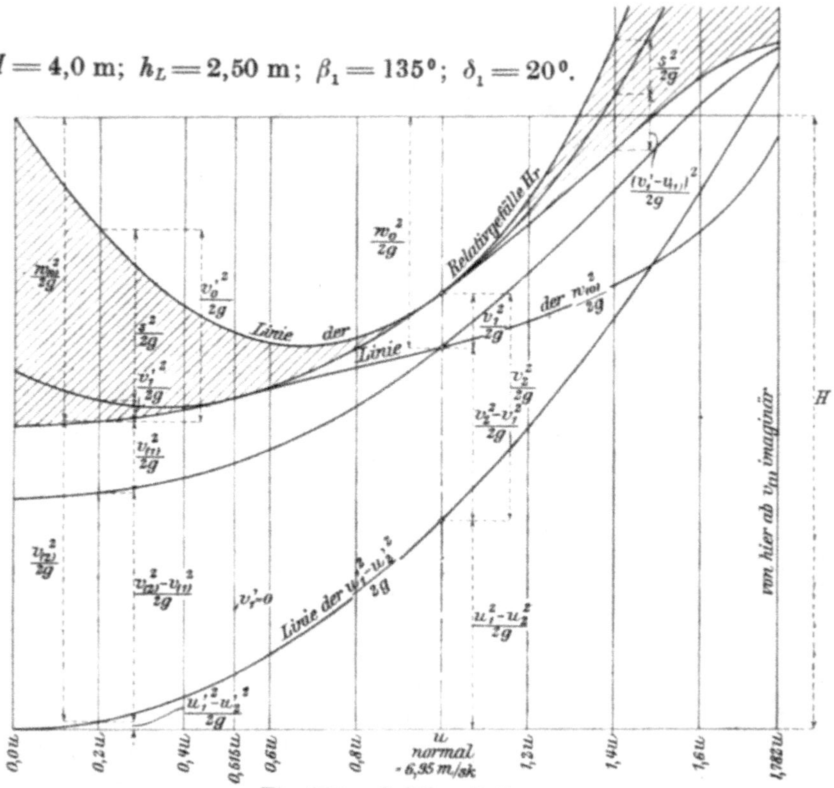

Fig. 110. Gefälleaufteilung.

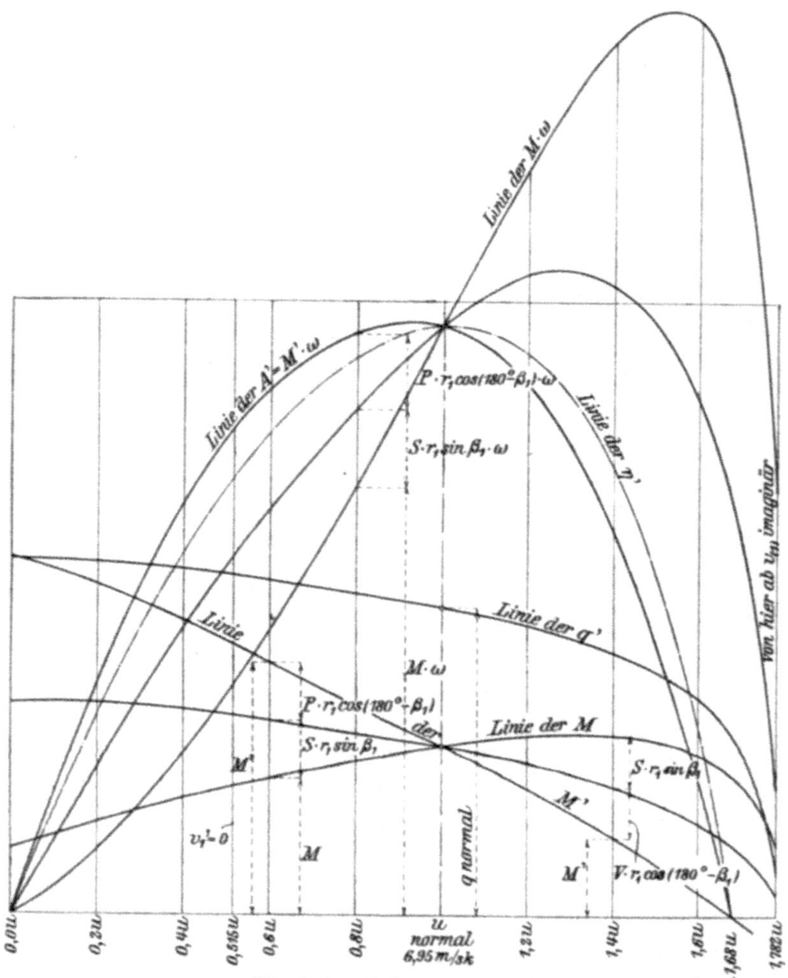

Fig. 111. Arbeitsgrößen.

Die rechnungsmäßige Bestimmung der Freilaufgeschwindigkeit aus $M' = 0$ ist umständlich, die zeichnerische ergibt ca. $1{,}68\,u_1$. Der mögliche Höchstbetrag von w_0 erreicht hier nicht denjenigen von $\beta_1 = 90^0$ Für $u_1' > 1{,}782\,u_1$ ergeben sich für $v_{(1)}$ imaginäre Werte.

C. Äußere radiale Reaktionsturbine mit radialem Austritt und gegebenem Austrittsverlust α.

1. Ideeller Betrieb, dazu $s_0 = s_1 = 0$.

An Stelle von Gl. 276 für geradliniges Fortschreiten gilt hier die Gleichung der Gefälleaufteilung

$$\frac{w_1^2}{2g} + \frac{u_1^2 - u_2^2}{2g} + \frac{v_2^2 - v_1^2}{2g} = H \quad \ldots\ldots\ldots \quad (346)$$

gleichfalls ohne Rücksicht auf α.

Für die Arbeitsgrößen war nach Gl. 329 u. f. gefunden:

$$A = \frac{q\gamma}{g}(u_1 \cdot w_1 \cos\delta_1 - u_2 \cdot w_2 \cos\delta_2) = q\gamma\,(1-\alpha)\,H = g\,\gamma \cdot \eta\,H$$

oder

$$u_1 \cdot w_1 \cos\delta_1 - u_2 \cdot w_2 \cos\delta_2 = g\,(1-\alpha)\,H = g\,\gamma \cdot \eta\,H \quad \ldots\ldots \quad (331)$$

Mit $w_1 = u_1 \frac{\sin\beta_1}{\sin(\beta_1 - \delta_1)}$, mit $w_2 = \sqrt{2g\alpha H}$ und nunmehr $D_2 = \varDelta D_1$ oder $u_2 = \varDelta u_1$ folgt nach Umformen die umfangreiche Beziehung für u_1, vgl. auch Gl. 284,

$$u_1 = \left[\frac{\varDelta\cos\delta_2}{2}\sqrt{\alpha}\left(1 - \frac{\operatorname{tg}\delta_1}{\operatorname{tg}\beta_1}\right) + \sqrt{\frac{\varDelta^2\cos^2\delta_2}{4}\,\alpha\left(1 - \frac{\operatorname{tg}\delta_1}{\operatorname{tg}\beta_1}\right)^2 + \frac{1-\alpha}{2}\left(1 - \frac{\operatorname{tg}\delta_1}{\operatorname{tg}\beta_1}\right)}\,\right]\sqrt{2g \cdot H} \quad 372$$

Für die Grenzen von u_1, denen man sich jedoch wegen des Nebeneinandersitzens der Zellen nur nähern, die man aber nicht erreichen kann, nämlich für $\delta_2 = 0^0$ und für $\delta_2 = 180^0$ bei jeweils $\beta_2 = 0^0$ ergibt sich:

für $\delta_2 = 0^0$, vgl. Gl. 285:

$$u_{1\,max} = \left[\frac{\varDelta}{2}\sqrt{\alpha}\left(1 - \frac{\operatorname{tg}\delta_1}{\operatorname{tg}\beta_1}\right) + \sqrt{\frac{\varDelta^2}{4}\,\alpha\left(1 - \frac{\operatorname{tg}\delta_1}{\operatorname{tg}\beta_1}\right)^2 + \frac{1-\alpha}{2}\left(1 - \frac{\operatorname{tg}\delta_1}{\operatorname{tg}\beta_1}\right)}\,\right]\sqrt{2g \cdot H} \quad \ldots \quad 373$$

für $\delta_2 = 180^0$, vgl. Gl. 286:

$$u_{1\,min} = \left[-\frac{\varDelta}{2}\sqrt{\alpha}\left(1 - \frac{\operatorname{tg}\delta_1}{\operatorname{tg}\beta_1}\right) + \sqrt{\frac{\varDelta^2}{4}\,\alpha\left(1 - \frac{\operatorname{tg}\delta_1}{\operatorname{tg}\beta_1}\right)^2 + \frac{1-\alpha}{2}\left(1 - \frac{\operatorname{tg}\delta_1}{\operatorname{tg}\beta_1}\right)}\,\right]\sqrt{2g \cdot H} \quad . \quad 374$$

2. Tatsächlicher Betrieb, vorläufig aber noch s_0 und s_1 verschwindend klein.

Infolge der Reibungswiderstände auf dem Wege des Wassers kommt für die Gefälleaufteilung nur der Betrag $(1-\varrho)\,H$ zur Wirkung, also gilt für tatsächlichen Betrieb:

$$\frac{w_1^2}{2g} + \frac{u_1^2 - u_2^2}{2g} + \frac{v_2^2 - v_1^2}{2g} = (1-\varrho)\,H \quad \ldots\ldots\ldots \quad 375$$

Die Gl. 352 geht hierdurch über in

$$n_1 = \sqrt{1 + \frac{h_L - C}{(1-\varrho)\,H - h_L} \cdot \frac{\sin^2\beta_1}{\sin^2\delta_1}} \quad \ldots\ldots\ldots \quad 376$$

Außerdem gilt, wie schon vorher auseinandergesetzt,

$$u_1 \cdot w_1 \cos\delta_1 - u_2 \cdot w_2 \cos\delta_2 = g\,(1-\alpha-\varrho)\,H = g \cdot \varepsilon\,H \quad \ldots\ldots \quad (332)$$

Für u_1 erhält man statt Gl. 372 nunmehr infolge der Reibungsverluste

$$u_1 = \left[\frac{\Delta \cos \delta_2}{2} \sqrt{\alpha}\left(1 - \frac{\operatorname{tg}\delta_1}{\operatorname{tg}\beta_1}\right) + \sqrt{\frac{\Delta^2 \cos^2 \delta_2}{4} \alpha \left(1 - \frac{\operatorname{tg}\delta_1}{\operatorname{tg}\beta_1}\right)^2 + \frac{1-\alpha-\varrho}{2}\left(1 - \frac{\operatorname{tg}\delta_1}{\operatorname{tg}\beta_1}\right)}\right] \sqrt{2g \cdot H} \qquad 377$$

vgl. auch Gl. 289.

Hieraus folgt auch durch Umformen

$$\frac{\operatorname{tg}\delta_1}{\operatorname{tg}\beta_1} = 1 - \frac{u_1^2}{g \cdot \varepsilon H + \Delta u_1 \cdot w_2 \cos \delta_2}$$

Für die rotierende Turbine gilt alles, was über die Wahl von $\delta_2 = 90^0$ S. 99 u. f. für geradliniges Fortschreiten der Gefäße gesagt ist.

Setzt man auch hier in die Gl. 332 und 377 $\delta_2 = 90^0$ ein, so ergeben sich die einfacheren Beziehungen, vgl. Gl. 290, 291:

$$u_1 \cdot w_1 \cos \delta_1 = g \cdot \varepsilon H \qquad 378$$

und

$$u_1 = \sqrt{g(1-\alpha-\varrho) H \left(1 - \frac{\operatorname{tg}\delta_1}{\operatorname{tg}\beta_1}\right)} = \sqrt{g \cdot \varepsilon H \left(1 - \frac{\operatorname{tg}\delta_1}{\operatorname{tg}\beta_1}\right)} \qquad 379$$

Aus Gl. 378 und 379 folgt auch

$$w_1 = \frac{g \cdot \varepsilon H}{u_1 \cos \delta_1} = \frac{1}{\cos \delta_1} \sqrt{\frac{g \cdot \varepsilon H}{1 - \frac{\operatorname{tg}\delta_1}{\operatorname{tg}\beta_1}}} \qquad 380$$

Im besonderen folgt für $\beta_1 = 90^0$ bei $\delta_2 = 90^0$ nach Gl. 292:

$$u_1 = \sqrt{g(1-\alpha-\varrho) H} = \sqrt{g \cdot \varepsilon H} \qquad 379\text{a}$$

$$w_1 = \frac{u_1}{\cos \delta_1} = \frac{1}{\cos \delta_1} \sqrt{g \cdot \varepsilon H} \qquad 380\text{a}$$

3. Berücksichtigung der Größen s_0 und s_1.

Es kann hier auf die Ausführungen S. 100 verwiesen werden, die sowohl für geradliniges Fortschreiten der Schaufelzellen, wie für die rotierende Turbine Gültigkeit haben, doch bringt die Anordnung der im Kreise sitzenden Leit- und Laufradzellen an den Aus- und Eintrittsstellen neue Umstände mit hinzu, die im Nachfolgenden ausführlich besprochen werden sollen.

4. Das Aneinanderreihen der Reaktionsgefäße mit radialem Austritt bei der äußeren Radialturbine.

Für geradliniges Fortschreiten konnte das Aneinanderreihen der Gefäße lückenlos dadurch bewerkstelligt werden, daß, vgl. Fig. 50 und 54, die äußere Gefäßwand auf der vorderen Seite in den Richtungen β_1 geradlinig bis zum nächsten Einfüllquerschnitt verlängert, bzw. vom Austrittsquerschnitt des Nachbargefäßes an in Richtung von β_2 weitergeführt wurde.

Der lückenlose Anschluß der im Kreise sitzenden Gefäße erfordert ebenfalls derartige Verlängerungen, doch sind diese den anderen Umständen nach anders auszuführen.

Wir betrachten hier den einfachsten Fall, in dem, wie Fig. 103 zeigt, nicht nur die Ebene des Eintrittsquerschnittes f_1, sondern auch diejenige des Austrittsquerschnittes f_2 parallel zur Drehachse W verläuft, wo also radialer Ein- und Austritt vorliegt.

Die Fig. 112 gibt ein Bild der gegenüber Fig. 50 geänderten Verhältnisse. Wir haben zunächst ein Interesse daran, daß die Wasserteilchen an jedem beliebigen Punkte der Austrittsweite a_2 von dem Querschnitt f_2 mit der durchschnittlichen Geschwindigkeit v_2 ungehindert, d. h. auch ohne weiteren Gefälleverbrauch wegfließen können, damit die Resultierende w_2 in gewünschter Größe zustande kommt. Dies wird ermöglicht, wenn nach Verlassen des Schaufelraumes der Querschnitt des strömenden Wassers keine wesentliche Veränderung der Größe nach erleidet und wenn auch die Richtung des Wasserstromes relativ zum Rade nur ganz allmählich abgelenkt wird.

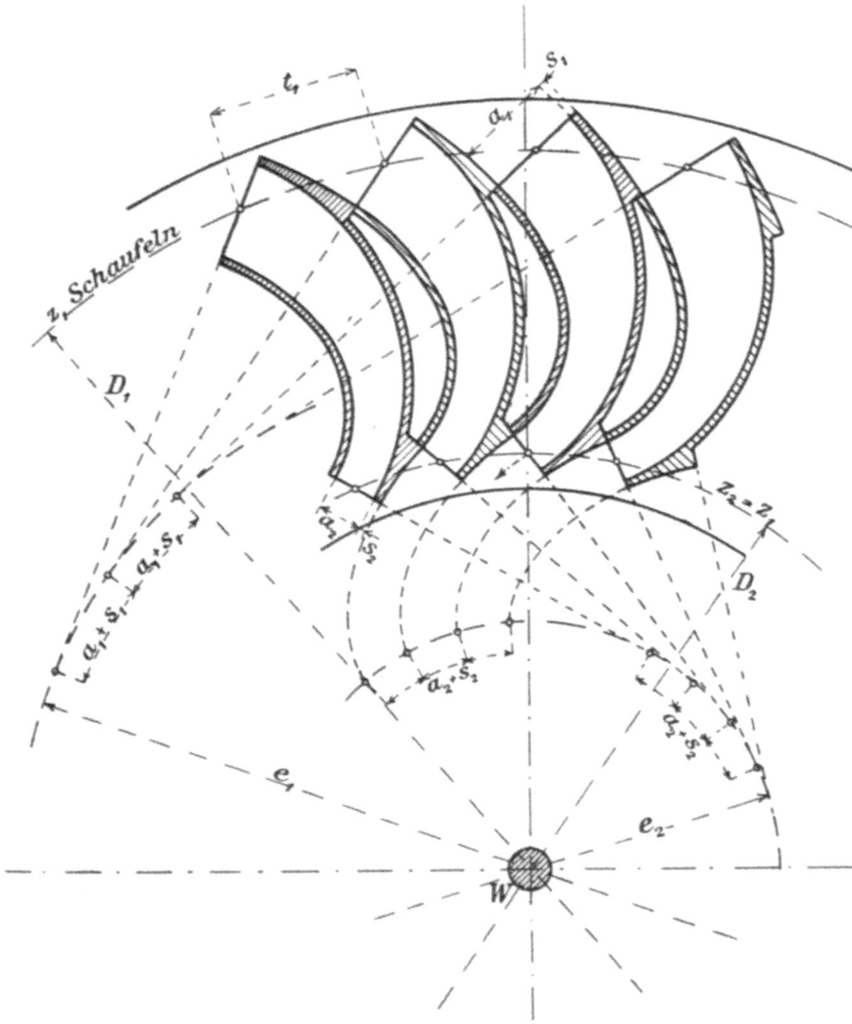

Fig. 112.

Genau genommen müßten die Schaufelenden die Form der „neutralen Kurve“ S. 123 u. f. aufweisen, damit die Wasserteilchen nach Verlassen von f_2, absolut genommen, den gradlinigen Weg mit w_2 gegen einwärts ungestört durchlaufen können, Fig. 112a. Liegt w_2 radial, $\delta_2 = 90^0$, so zeigt sich die „neutrale Kurve“ als „archimedische Spirale“. Diese wäre dann für die Krümmung der Schaufelenden maßgebend, siehe auch das kleinere Geschwindigkeitsparallelogramm. Ist der Winkel $\delta_2 \gtrless 90^0$, so ergibt sich als neutral die —·—·— Bahn.

Zwei, um den gleichen Betrag nach aus- und einwärts von 90^0 abweichenden, Richtungen δ_2 gehört die gleiche Kurve an. Bequemer für das Aufzeichnen ist die Verwendung der Kreisevolvente, wie sie sich aus der Richtung von v_2 ergibt und wie sie in Fig. 112a ebenfalls eingezeichnet ist.

Wir erkennen, daß die Evolvente an dem kurzen, vom Grundkreis entfernter liegenden Teile, wie sie für die Schaufelenden benutzt wird, sich mit der archimedischen Spirale fast deckt, und es sollte deshalb im Auge behalten werden, daß man bei der Bearbeitung des Schaufelklotzes nicht unbedingt die Evolventenkrümmung erstrebt, sondern eine etwas geringere Krümmung zuläßt, um sich dadurch der archimedischen Spirale noch mehr zu nähern.

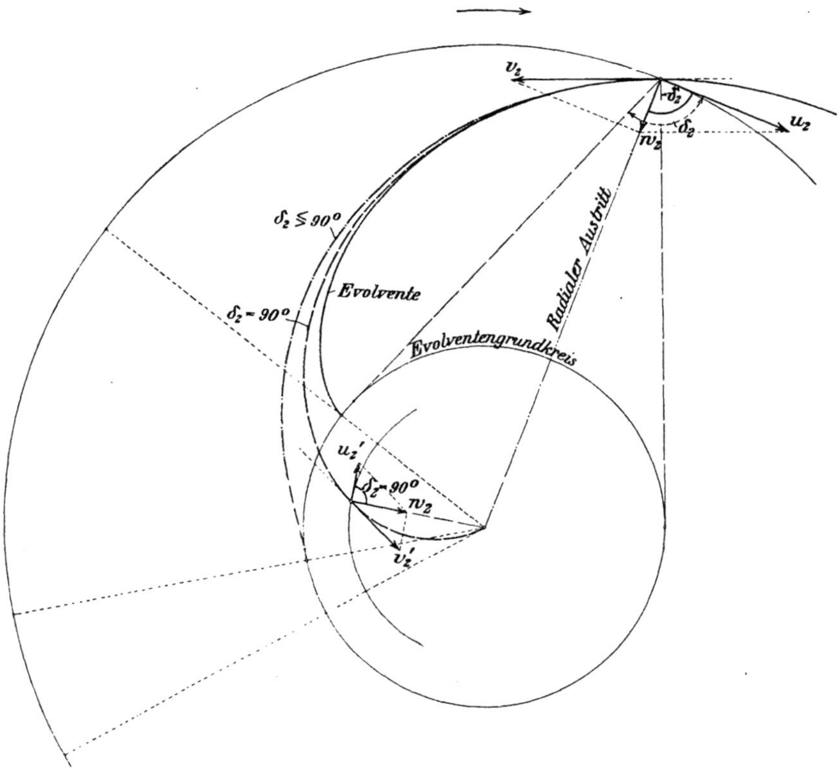

Fig. 112a.

Der Mittelpunkt des Grundkreises dieser Evolvente fällt natürlich mit der Wellmitte W zusammen, und der Durchmesser e_2 desselben ist für alle Schaufelenden der gleiche. Er wird auf folgende Weise gefunden.

Die Strecken, Fig. 112, um die die einzelnen Evolventen auf der Erzeugenden voneinander entfernt liegen, haben die Größe $a_2 + s_2$. Es ist klar, daß diese Stücke im Betrage von jeweils $a_2 + s_2$ sich auch als abgewickelte Strecken auf dem Umfang des Grundkreises wieder finden müssen. So viele Reaktionsgefäße in dem Laufrad vorhanden sind, so oft muß dies $a_2 + s_2$ auf dem Grundkreis vom Durchmesser e_2 enthalten sein, also ist für den ganzen Radumfang, für z_2 Gefäße oder Schaufeln ohne weiteres

$$z_2 (a_2 + s_2) \doteq e_2 \cdot \pi$$

oder

$$e_2 = \frac{z_2 (a_2 + s_2)}{\pi} \quad \ldots \ldots \ldots \ldots \quad 381$$

Der Anschluß der einzelnen Gefäße an der Einfüllstelle wird in ganz gleicher Weise durch Evolventen eines Grundkreises vom Durchmesser

$$e_1 = \frac{z_1 (a_1 + s_1)}{\pi} \quad \ldots \ldots \ldots \ldots \quad 382$$

vermittelt.

Das Parallelsein der Evolventenstücke, die den verschiedenen Schaufelanfängen und -enden angesetzt sind, verbürgt eben auch, daß die Wasserteilchen auf dem ganzen Radumfang, also auch in den Öffnungsmitten, in gleichen Winkeln zu diesem und ohne Kontraktionserscheinungen eintreten und das Rad verlassen, was wegen des gleichmäßigen Innehaltens von w_1, δ_1 und von w_2 für alle Wasserteilchen wichtig ist.

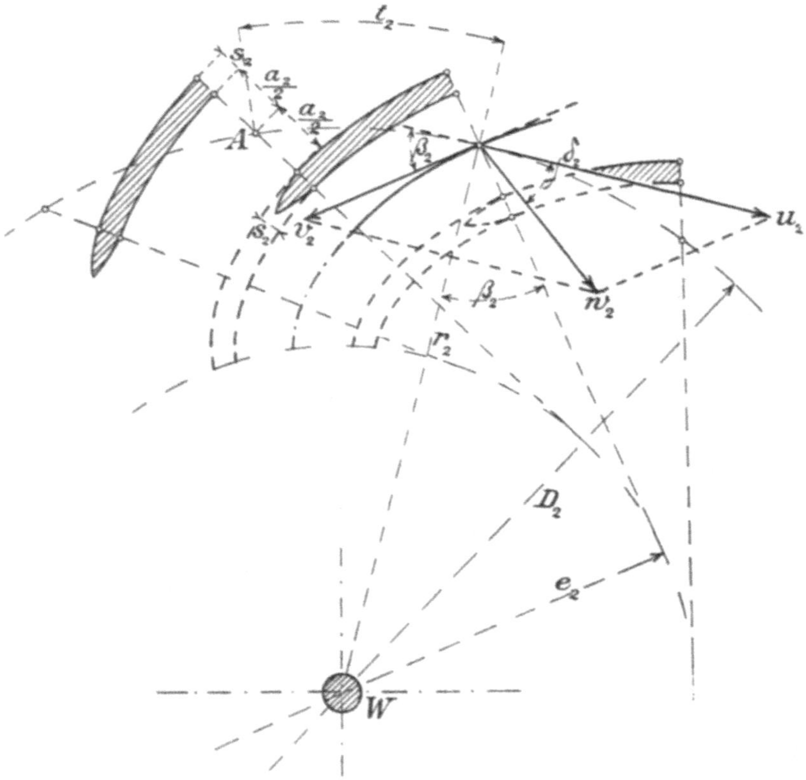

Fig. 113.

Da der Schnittwinkel zwischen dem Kreise vom Durchmesser (beispielsweise) D_2 und der zugehörigen Evolvente den Winkel β_2 darstellt, Fig. 113, so ist zu untersuchen, wie dieser sich rechnungsmäßig bestimmen läßt.

Der Winkel β_2 findet sich auch als Winkel zwischen $r_2 = \frac{D_2}{2}$ und der Erzeugenden der Evolvente oder auch der Richtung a_2, da diese ja senkrecht zu den Tangenten von Kreisumfang und Evolvente am Schnittpunkt stehen. Deshalb kann gesetzt werden, Fig. 113,

$$\sin \beta_2 = \frac{e_2}{2} \cdot \frac{2}{D_2} = \frac{e_2}{D_2} = \frac{z_2 (a_2 + s_2)}{z_2 \cdot t_2} = \frac{a_2 + s_2}{t_2} \quad \ldots \ldots \quad 383$$

und natürlich ebenso

$$\sin \beta_1 = \frac{e_1}{D_1} = \frac{a_1 + s_1}{t_1} \quad \ldots \ldots \ldots \ldots \quad 384$$

Handelte es sich beim Laufradaustritt um Wasserbahnen relativ zum Rade, so haben wir uns beim Leitradaustritt mit absoluten Wegen der Wasserteilchen zu beschäftigen.

Rechnungsmäßig läßt sich nachweisen, daß die Wasserteilchen, wenn der Einfluß der Schaufelstärke wegfällt, und so lange sie nach dem Verlassen der Leitzellen in Radialebenen fließen, sich in logarithmischen Spiralen bewegen, wie dies weiter unten bei „Spiralturbinen" entwickelt ist, und daß deshalb von gleichmäßig über die Weite a_0 verteilten Geschwindigkeiten w_0 genau genommen nicht die Rede sein kann. Eigentlich sollte also die logarithmische Spirale statt der Kreisevolvente für die Leitschaufelenden Anwendung finden, doch sind beide Kurven auf die immer nur benötigten kurzen Strecken kaum verschieden, und die Evolvente ist viel bequemer zum Aufzeichnen.

Für die Leitschaufel-Evolventen gilt dann

$$e_0 = \frac{z_0 (a_0 + s_0)}{\pi} \qquad \text{385}$$

und

$$\sin \delta_1 = \frac{e_0}{D_1} = \frac{a_0 + s_0}{t_0} \qquad \text{386}$$

Zwei Dinge sind hier noch zu erwähnen:

1. Die gleichzeitig den Querschnitt f_1 betretenden Wasserteilchen befinden sich in verschiedenen Abständen von der Drehachse, sie haben sich also, genau betrachtet, nach Umfangsgeschwindigkeiten zu richten, die von u_1 etwas abweichen, und so gelten die Geschwindigkeitsdiagramme streng genommen nur für die die Querschnittsmitten passierenden Teilchen. Dies bezieht sich sinngemäß auch auf den Austritt „2".

Der Verf. neigt der Ansicht zu, daß es zweckmäßiger sein muß, die Schaufelanfänge so zu stellen, daß Stöße am Laufradeintritt vermieden werden, als daß man die genaue Lage des mittleren Wasserfadens streng einhält, denn wirkliche, physische, Stöße kommen nur an der Schaufelspitze zur Entwicklung.

2. Im Innern der Reaktionsgefäße finden die Erscheinungen des kreisenden Wassers statt mit der Wirkung, daß die gleichzeitig durch f_1 eintretenden Wasserteilchen nicht auch gleichzeitig zum Austritt durch f_2 kommen. Die Teilchen an der Innenwand des Gefäßes haben größere relative Geschwindigkeit, v_i, gegenüber denjenigen außen, v_a, dazu auch die kürzere Wegstrecke, sie werden also aus doppeltem Grunde die Austrittsstelle „2" viel eher erreichen als die Teilchen an der Außenwand; im Gefäßinnern werden sich demnach die einzelnen Schichten gleicher Geschwindigkeiten stetig übereinander wegschieben müssen, ein Umstand, der für stark gekrümmte Schaufelräume, wie für jeden sog. Krümmer, die Ursache von besonderen Reibungsverlusten ist und der uns deshalb veranlassen soll, nicht allein scharfe Krümmungen zu vermeiden, sondern stets möglichst große Krümmungsradien zur Anwendung zu bringen.

D. Die Austrittsfläche und der Saugrohranfang.

Für die Turbine, die kreisförmige Anordnung der Ablenkungsflächen oder Reaktionsgefäße, läßt sich die Kontinuitätsgleichung

$$Q = z_1 \cdot q = z_0 \cdot f_0 \cdot w_0 = z_1 \cdot f_1 \cdot v_1 = z_2 \cdot f_2 \cdot v_2$$

noch um einen wichtigen Begriff erweitern, der dann überhaupt beim Entwerfen der Turbinen die Grundlage für deren Größenbemessung gibt.

Entgegen der seitherigen Reihenfolge soll hier zuerst die Reaktionsturbine, nicht die Strahlturbine, betrachtet werden.

1. Der rein radiale Austritt.

Die Ebene des Endquerschnittes f_2 eines Reaktionsgefäßes, wie es in Fig. 103 dargestellt ist, vgl. auch Fig. 114, steht parallel zur Drehachse der Turbine, der Austritt ($w_2 \sin \delta_2$) ist hier radial.

Die parallel zur Achse gehenden Mittellinien der f_2 liegen im Kreise vom Durchmesser D_2 und beschreiben in ihrer achsialen Erstreckung b_2 eine Zylinderfläche vom Inhalte

$$F_2 = D_2 \pi \cdot b_2,$$

welche als „Austrittsfläche" bezeichnet wird.

An der eigentlichen Austrittsstelle „2", da wo der Querschnitt $f_2 = a_2 \cdot b_2$ als engste Stelle vorhanden ist, wird die Austrittsfläche wegen der Schaufelstärke s_2

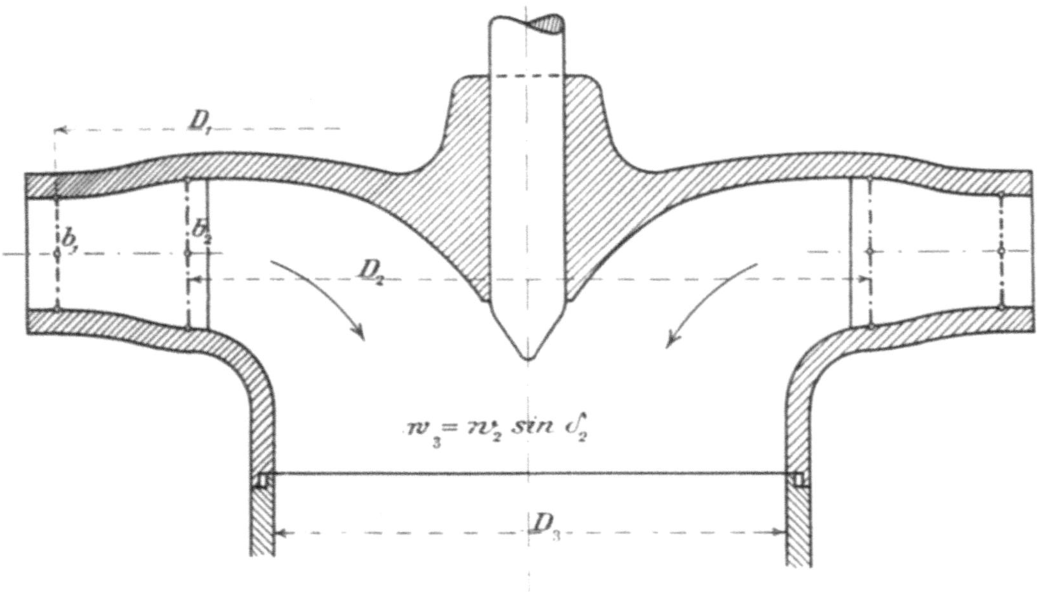

Fig. 114.

nicht vollständig vom Wasser durchströmt sein, sondern es ist nur der Bruchteil $F_2 \dfrac{a_2}{a_2 + s_2}$ für den Wasserdurchtritt mit $v_2 \sin \beta_2 = w_2 \sin \delta_2$ zur Verfügung.

Die mit v_2 aus f_2 austretenden Wasserteilchen haben, ihres Beharrungsvermögens halber, das Bestreben, nach dem Verlassen der Schaufelenden in gerader Linie weiter zu fließen; das in d, Fig. 115 I, befindliche Teilchen ist bestrebt, relativ zum Rade, nach e, das in f befindliche, nach g zu fließen. Die Krümmung des Schaufelendes auf der Rückseite zwingt das Teilchen in d in gekrümmter Bahn fortzueilen und diese mag die gerade Bahn fg in g treffen. Der Raum (Austrittsbreite b_2) dgf wird, einerlei ob die Schaufelenden zugeschärft sind oder nicht, als toter Raum (Wirbel) anzusehen sein.

Auf diese Weise schmiegen sich beim rein radialen Austritt die Schaufelstrahlen rasch aneinander, die Wirbelräume hinter den Schaufelstärken s_2 werden sich bald schließen und die Wirbelungen selber können mit Erfolg durch schlankes

Zuschärfen der Schaufelenden (einfaches Ausfüllen der Wirbelräume mit Schaufelmaterial) fast ganz vermieden werden. Das Zuschärfen muß, da die Bahn fg, Fig. 115 I, tatsächlich auch gekrümmt ist (Einfluß des nächsten Schaufelstrahles) symmetrisch verlaufen.[1])

Die Art der Zuschärfung nach Fig. 115 II stellt die ganze Austrittsfläche F_2 für die Wasserführung wirbelfrei zur Verfügung. Hier ist im Gegensatz zu Fig. 115 I kein Schaufelmaterial zur Verlängerung der Schaufel in den toten Raum hinein zugegeben, sondern es hat eine Verjüngung der Schaufeldicke vom Inneren des Schaufelraumes aus stattgefunden, die sich natürlich so zu entwickeln hat, daß

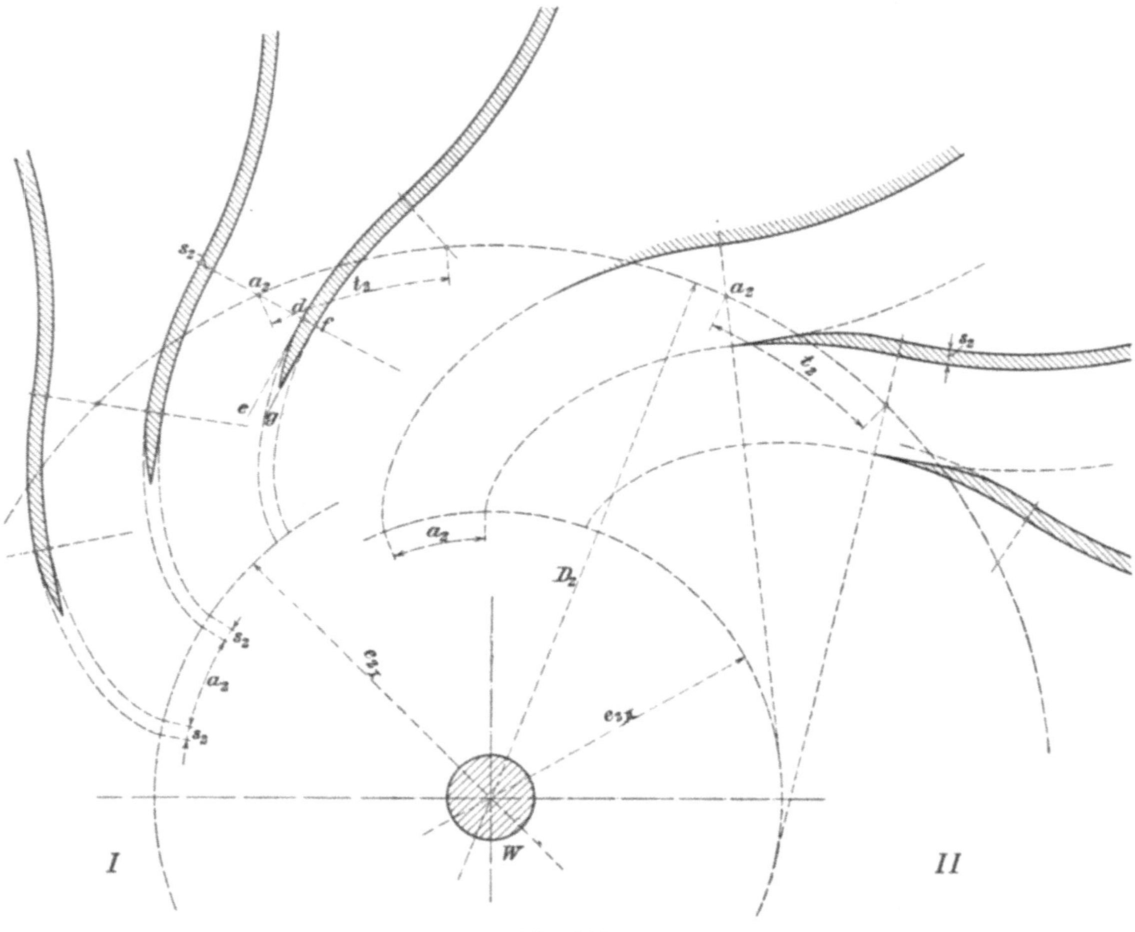

Fig. 115.

der jetzt am Schaufelende liegende Querschnitt $f_2 = a_2 \cdot b_2$ wiederum der kleinste Querschnitt bleibt; die Flucht der Zuschärfung muß außerhalb der Äquidistanten zur Schaufelkrümmung verlaufen. Für die Form nach Fig. 115 II gilt $F_2 = D_2 \pi \cdot b_2$ ohne Einschränkung; hier ist dann auch $e_{2II} = \frac{z_2 \cdot a_2}{\pi}$ zu rechnen. In der Praxis sind natürlich derart zugeschärfte Schaufeln für viele Verwendungszwecke zu empfindlich

[1]) Aus den Versuchen des Verfassers über die Druckverteilung in den Zellen rotierender Laufräder, Zeitschr. d. Ver. deutsch. Ing. 1910, S. 1421 u. f., ist zu erkennen, daß sich die Wirkungen der Leitschaufelstärke s_0 (dort etwa 4 mm kurz zugespitzt) auf recht lange Strecken ins Innere der Zellen bemerkbar machen, ähnliche Umstände müssen auch am Laufradaustritt vorliegen.

Einerlei ob unvollständig oder vollständig ausgenutzt, die von der lichten Breite b_2 beschriebene Umdrehungsfläche bleibt die „Austrittsfläche“ und dieser Begriff kehrt bei allen Turbinen, seien es Reaktions- oder Strahlturbinen, wieder, mag es sich dabei um Radial- oder Achsialturbinen handeln, mag die Breite b_2 in gerader oder gekrümmter Linie gegeben sein.

Da sich die Schaufelstrahlen bei rein radialem Austritt nach Fig. 114 lückenlos zusammenschließen, bedarf es, abgesehen von etwaigen Verengungen des Saugrohranfanges durch Konstruktionsteile (s. S. 109) und ganz unabhängig von den Schaufelstärken s_2, eines anfänglichen Saugrohrdurchmessers D_3; der aus

$$Q = \frac{D_3^2 \pi}{4} w_2 \sin \delta_2 \quad \ldots \ldots \ldots \ldots \quad 387$$

folgt, während je nach der Zuschärfung der Schaufeln

für Fig. 115 I

$$Q = \frac{D_3^2 \pi}{4} w_2 \sin \delta_2 = D_2 \pi \cdot b_2 \frac{a_2}{a_2 + s_2} w_2 \sin \delta_2 \quad \ldots \ldots \quad 387\,a$$

und für Fig. 115 II

$$Q = \frac{D_3^2 \pi}{4} w_2 \sin \delta_2 = D_2 \pi \cdot b_2 \cdot w_2 \sin \delta_2 \quad \ldots \ldots \ldots \quad 387\,b$$

zu setzen ist.

2. Der Austritt in nicht radialen Richtungen.

Bei Turbinen mit rein radialem Austritt, Fig. 114, vollzieht sich das Zusammenschließen der mit v_2 austretenden Schaufelstrahlen, wie schon gezeigt, lückenlos und gewissermaßen selbsttätig; sowie aber die Austrittsrichtung der achsialen zuneigt, und das ist bei allen gekrümmten b_2-Kurven der Fall, so wird das erwünschte Zusammenschließen zweifelhaft. Schon bei Turbinen nach Fig. 116 I wird der regelrechte Zusammenschluß erst nach längerer Strecke hinter f_2 erreicht sein, und die Wirbelungen hinter der Schaufelstärke werden mehr hervortreten. Das ist bei der Anordnung nach Fig. 116 II noch mehr ausgesprochen, hier gehen die Schaufelstrahlen am äußeren Ende der b_2-Kurve parallel, vgl. auch Tafel 2, Fig. D, von wirbellosem Aneinanderschmiegen der Schaufelstrahlen kann schon hier keine Rede sein und nach Fig. 116 III streben diese sogar für alle Punkte der b_2-Kurve, die außerhalb des achsialen Austritts liegen auseinander.

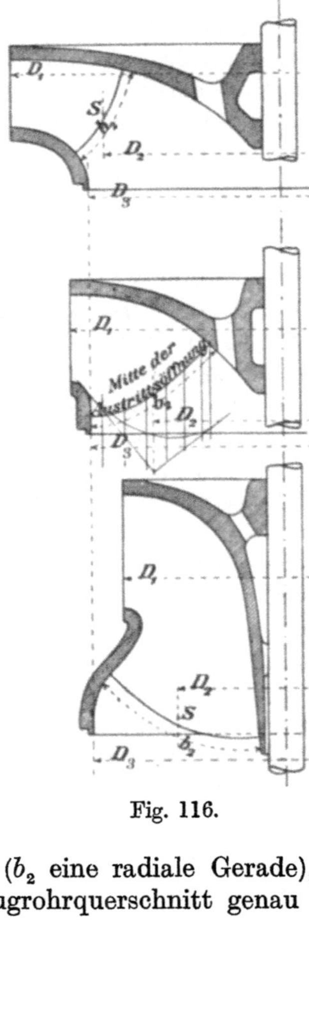

Fig. 116.

Bezeichnet für die gekrümmte Austrittslinie D_2 den Durchmesser, in dem der Schwerpunkt der Linie liegt, so bleibt auch hier, mit b_2 als Länge derselben

$$F_2 = D_2 \pi \cdot b_2$$

und die bei Fig. 115 I und II erörterten Verhältnisse haben auch dann noch an sich ihre Gültigkeit, aber für die Feststellung von D_3 sind die Umstände anders geartet. Die austretenden Schaufelstrahlen beanspruchen wegen des gegen außen hin immer mangelhafteren Zusammenschließens mehr Raum am Saugrohranfang als vorher, D_3 muß hier größer ausfallen.

Wenn der gesamte Austritt rein achsial erfolgt (b_2 eine radiale Gerade), so wird der unmittelbar bei „2“ liegende anfängliche Saugrohrquerschnitt genau wie

$F_2 = D_2 \pi \cdot b_2$ nur im Verhältnis $\frac{a_2}{a_2 + s_2}$ von den Schaufelstrahlen benutzt und demgemäß gilt hier

$$Q = \frac{D_3^2 \pi}{4} \cdot \frac{a_2}{a_2 + s_2} \cdot w_3 = D_2 \pi \cdot b_2 \frac{a_2}{a_2 + s_2} w_2 \sin \delta_2 = F_2 \frac{a_2}{a_2 + s_2} w_2 \sin \delta_2 \quad . \quad 388$$

worin $w_2 \sin \delta_2 = w_3$ gesetzt sein mag.

Nun nehmen die a_2, wie später zu besprechen, von innen nach außen zu, mithin kann a_2 in Gl. 388 nur die Bedeutung eines Durchschnittswertes haben.

Ist die Austrittsmitte gekrümmt, Fig. 116 I und II, so findet gegen einwärts eine bessere Querschnittsausnutzung statt, während diese bei Fig. 116 III außerhalb des achsialen Austritts noch besonders schlecht ist, die Strahlen streben eben auseinander.

Es ist im Einzelfall Sache der guten Überlegung, welche Werte von a_2 als Durchschnittsgröße für die Ermittlung von D_3 einzusetzen sind.

Soviel ist jetzt schon ersichtlich, daß für einen angenommenen Austrittsverlust α, also für ein drangegebenes w_2, für angenommene Ausführungsmaße von a_2 und s_2 die Größe F_2 der Austrittsfläche für eine gegebene Wassermenge einen ganz bestimmten Betrag in Quadratmetern darstellt, der nur noch durch $\sin \delta_2$, d. h. durch die Neigung der resultierenden absoluten Austrittsgeschwindigkeit w_2 gegen die Umfangsgeschwindigkeit u_2, mitbedingt wird.

Es ist klar, daß für $\delta_2 = 90^0$ der für eine gegebene Wassermenge erforderliche Inhalt von F_2 ein Kleinstwert ist, daß es also kaufmännisch richtig erscheint, zur Erzielung eines möglichst kleinen Durchmessers D_2 den Winkel $\delta_2 = 90^0$ auszuführen. Daß die Größe von δ_2, entgegen der früher vielfach aufgestellten falschen Behauptung des Gegenteils, auf die Leistung und den Nutzeffekt der Turbine ohne Einfluß ist, wurde schon auseinandergesetzt, Abweichungen von $\delta_2 = 90^0$ sind deshalb aus sonst berechtigten Erwägungen jederzeit zulässig.

Die äußere Radialturbine führt das austretende Wasser gegen die Turbinenwelle hin zusammen, und da liegt es nahe, für die weitere Fortleitung des Wassers ein Rohr anzuwenden, in dem natürlich die Wassergeschwindigkeit nach Richtung und Größe nur ganz stetiger Änderung unterworfen werden darf, weil jede rasche Änderung zu ihrer Ausführung einen Aufwand an Gefällhöhe bei h_2, Fig. 103, bedarf, also durch Mehrbedarf an h_2, d. h. durch Verringerung von H sich bemerkbar machen müßte.

Weil die Umleitung des Wassers von dem radialen Austritt aus f_2 in das natürlich achsialliegende Rohr einen gewissen Mehrbetrag von D_2 gegenüber dem Rohrdurchmesser D_3 erfordert, Fig. 114, weil andererseits die Turbine mit kleineren Durchmessern nicht nur an sich billiger herzustellen ist, sondern auch durch kleineres D_1 größere Umdrehungszahlen und dadurch Transmissionen bekommt, die leichter in der Anschaffung und billiger im Betrieb sind, so hat man im neueren Turbinenbau für äußere Radialturbinen den rein radialen Austritt vollständig verlassen und die Umlenkung aus der radialen Eintrittsrichtung in die achsiale Abflußrichtung teilweise oder auch schon ganz in die Reaktionsgefäße selbst verlegt. Die Achse des Austrittsquerschnittes, Länge b_2, geht dabei meist aus der geraden Form in eine gekrümmte über, und es wird deshalb im späteren zu untersuchen sein, welchen Einfluß diese Krümmung auf die ganzen Verhältnisse ausübt.

3. Die Austrittsfläche der Strahlturbine.

Man könnte die Ablenkungsflächen so dicht aufeinander folgen lassen, daß der in „2" die Fläche verlassende Strahl die hintere Seite der Nachbarfläche gerade berührt, Fig. 92 und 97. Evolventenstücke sind dabei unnötig, weil die Stärke a_2 für freie Strahlen nicht durch Schaufelwände zu erzwingen ist, sondern aus v_2 und b_2 folgt. Bei solcher Anordnung ist die Austrittsfläche genau so anzusehen, als bei der Reaktionsturbine auch. Es wird hier der Bruchteil $D_2 \pi \cdot b_2 \frac{a_2}{a_2 + s_2}$ mit $w_2 \sin \delta_2$ durchflossen. Veranlassung zum Zuschärfen der Laufrad-Schaufelenden liegt hier nicht vor.

Fast immer läßt man aber zwischen der Strahlstärke a_2 und der Rückwand der Nachbarschaufel noch einige Millimeter Spielraum, teils als Reserve wegen der geringen Sicherheit, die der Reibungsverhältnisse wegen in der rechnungs-

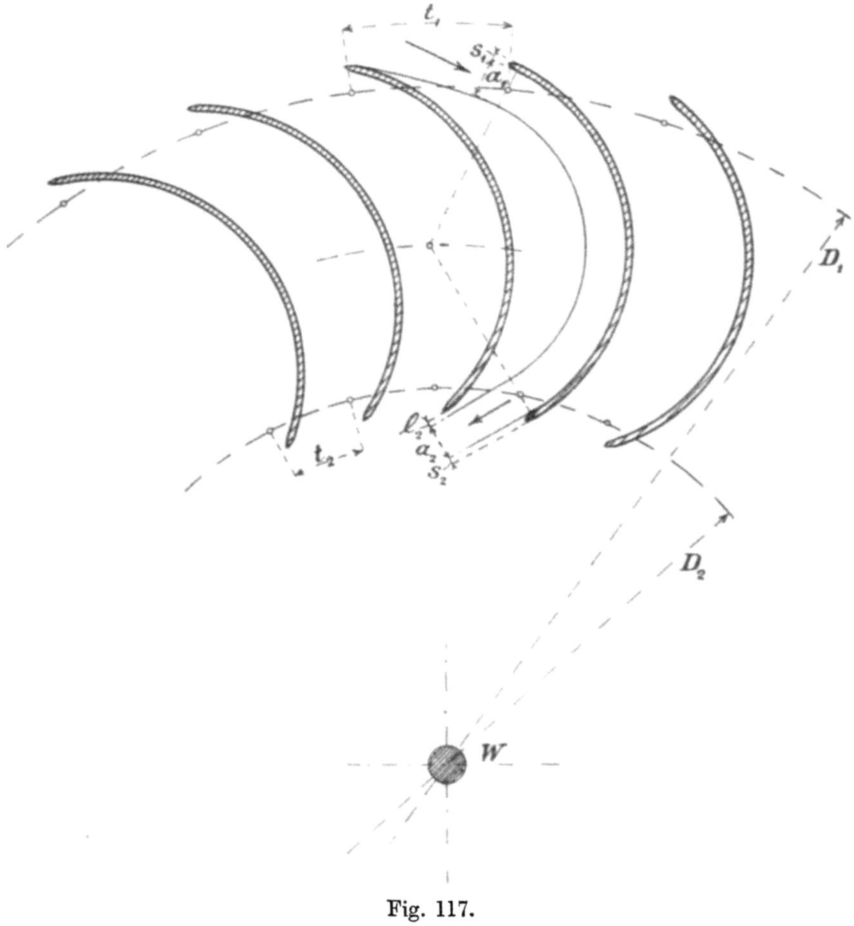

Fig. 117.

mäßigen Bestimmung von a_2 bei freien Strahlen liegt, teils um der vom Strahl mitgerissenen Luft den Raum zum Austreten aus den Zellen zu geben.

Bezeichnen wir diesen Luftspielraum an der Stelle „2“ mit l_2, so ergibt sich ohne weiteres, Fig. 117, daß dann als tatsächlich mit $w_2 \sin \delta_2$ durchströmte Austrittsfläche nur $D_2 \pi \cdot b_2 \frac{a_2}{a_2 + l_2 + s_2}$ anzusehen ist, so daß für Strahlturbinen im allgemeinen gilt:

$$Q = D_2 \pi \cdot b_2 \frac{a_2}{a_2 + l_2 + s_2} w_2 \sin \delta_2 \quad \text{. . . . .} \quad 389$$

E. Äußere Radialturbine von gegebener Größe α mit Austritt in einer Rotationsfläche von beliebiger Krümmung der Erzeugenden b_2.

Für den Wasserdurchfluß an verschiedenen Punkten des Reaktionsgefäßes sind vor allem die folgenden Überlegungen anzustellen.

Wir sind zu der Annahme gezwungen, daß das Wasser die Reaktionsgefäße im allgemeinen mit stetigen Richtungs- und Geschwindigkeitsübergängen in Schichten durchströmen wird, von denen einige in der Fig. 118 durch —·—·—· Linien angedeutet sind. Die Form dieser Schichtlinien bzw. Schichtflächen wird, ebenfalls stetig, von dem Profil des einen Radkranzes in das des anderen übergehen müssen; die genau richtigen Formen der Übergänge aber kennen wir noch nicht zuverlässig, es wird eben die erleichternde Annahme gemacht, daß diese in guten stetig verlaufenden Kurven liegen werden.

Die Betrachtung der Verhältnisse ergibt sich in anderer Weise, je nachdem sich die Umlenkung des arbeitenden Wassers aus der radialen Eintrittsrichtung in den achsialen Austritt (Saugrohr) allmählich, Fig. 116 I und II, oder mit stärkerer Krümmung, Fig. 116 III, vollzieht.

1. Allmähliche Umlenkung des arbeitenden Wassers aus der radialen in die achsiale Richtung.

An der Eintrittsstelle „1" müssen wir wünschen, daß, der überall gleichen Umfangsgeschwindigkeit u_1 und der durchweg gleich großen Winkel β_1 und δ_1 wegen, auch über die ganze Breite b_1 die gleichen Geschwindigkeiten w_1 und v_1 (Geschwindigkeitsparallelogramm) vorhanden sind. Nun ist ja bei einer gegebenen Turbine der Druckhöhenunterschied allgemein, Fig. 118,

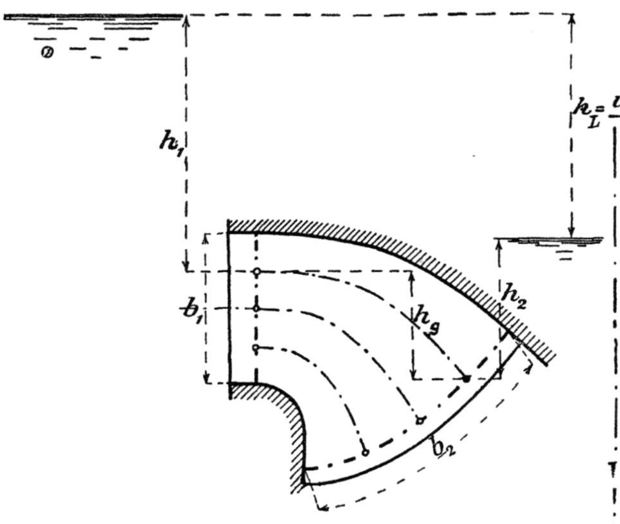

Fig. 118.

$$h_1 + h_g - h_2 = h_L$$

$$= \frac{u_1^2 - u_2^2}{2g} + \frac{v_2^2 - v_1^2}{2g} \quad . \quad (341)$$

allen Schichten gemeinschaftlich, h_L ist für jede beliebige Schicht gleich groß. Wenn also v_1 über die ganze Breite b_1 konstant sein soll, so muß in der Formgebung der Reaktionsgefäße so vorgegangen werden, daß

$$h_L - \frac{u_1^2 - v_1^2}{2g} = \frac{v_2^2 - u_2^2}{2g} \quad 390$$

für jede Schicht konstant bleibt. Das heißt: die einzelnen in verschiedenen $D_2 = \Delta D_1$ liegenden Teile des Austrittsquerschnittes müssen so bemessen sein, daß an jeder Stelle der Austrittslinie b_2, also in jeder Schicht, $v_2^2 - u_2^2$ konstant ist. Diese für den Austritt zu beachtende Bedingung ist also des geordneten Eintritts wegen (richtiges Nachfüllen der Reaktionsgefäße mit gleichbleibendem w_1 über die ganze Breite b_1) unerläßlich.

Die Gl. (341) kann mit $u_2 = \Delta u_1$ auch geschrieben werden:

$$v_2 = \sqrt{2 g h_L + v_1^2 - u_1^2 (1 - \Delta^2)} \quad . \quad . \quad . \quad . \quad . \quad . \quad . \quad . \quad . \quad 391$$

Da andererseits selbstverständlich verlangt wird, daß das Wasser aus jeder Schicht nur das Arbeitsvermögen $\frac{w_2^2}{2g}$ mitnehme, so ist zu untersuchen, wie sich die beiden Bedingungen, $v_2^2 - u_2^2 =$ konstant, und $w_2 =$ konstant, in der Formgebung der Austrittsöffnung vereinigen lassen.

Es ist, Fig. 113 u. a., für jede beliebige Schicht

$$v_2^2 = u_2^2 + w_2^2 - 2 u_2 w_2 \cos \delta_2$$

woraus, nach dem oben Entwickelten, ersichtlich ist, daß des geordneten Eintritts wegen

$$v_2^2 - u_2^2 = w_2^2 - 2 u_2 w_2 \cos \delta_2$$

durchweg den gleichen Wert besitzen soll.

Da w_2 überall gleich groß gewünscht wird, so muß auch $u_2 \cos \delta_2$ in jeder Schicht den gleichen Betrag haben; nun ist $u_2 = \Delta u_1$, mithin ergibt sich schließlich als Bedingung für durchweg richtiges Nachfüllen der Gefäße und für durchweg gleiches u_1 und w_2

$$\cos \delta_2 = \frac{w_2^2 - (v_2^2 - u_2^2)}{2 u_2 w_2} = \frac{w_2^2 - (v_2^2 - u_2^2)}{2 u_1 w_2} \cdot \frac{1}{\Delta} = \frac{1}{\Delta} \text{Konst.} \quad . \quad . \quad . \quad 392$$

d. h. es ist am Austritt so zu disponieren, daß die $\cos \delta_2$ mit wachsendem D_2 abnehmen, daß die δ_2 mit wachsendem D_2, also mit wachsendem u_2, zunehmen.

Nun bietet δ_2 an sich keinen unmittelbaren Anhalt für die Formgebung der Schaufel am Austritt, da dieser Winkel nur das Betriebsergebnis von v_2, u_2, und β_2 ist. Die Bedingung ist also sinngemäß auf β_2 zu übertragen.

Aus Fig. 113 ergibt sich

$$\frac{u_2}{\sin (\beta_2 + \delta_2)} = \frac{w_2}{\sin \beta_2}$$

was umgeformt auch lautet

$$\operatorname{tg} \beta_2 = \frac{\sin \delta_2}{\frac{u_2}{w_2} - \cos \delta_2}$$

Ersetzt man u_2 durch Δu_1, $\cos \delta_2$ nach Gl. 392 durch $\frac{\text{Konst.}}{\Delta}$ und $\sin \delta_2$ durch $\sqrt{1 - \frac{\text{Konst.}^2}{\Delta^2}}$, so folgt

$$\operatorname{tg} \beta_2 = \frac{\sqrt{\Delta^2 - \text{Konst.}^2}}{\Delta^2 \frac{u_1}{w_2} - \text{Konst.}} \quad . \quad . \quad . \quad . \quad . \quad . \quad . \quad . \quad . \quad . \quad . \quad 393$$

worin Konstante nach Gl. 392. Diese Gleichung spricht aus, daß β_2 mit zunehmendem Δ, zunehmendem Durchmesser, abnehmen muß, wenn überall gleiches w_2 erzielt werden soll. Da β_2 durch

$$\sin \beta_2 = \frac{a_2 + s_2}{t_2} = \frac{z_2 (a_2 + s_2)}{D_2 \pi} = \frac{z_2 (a_2 + s_2)}{\Delta D_1 \pi}$$

also durch die Schaufelweite a_2 bestimmt ist, so hat man es durch passende Wahl der Größe $a_2 + s_2$ in der Hand, den nach Gl. 393 erforderlichen Wert von

$\operatorname{tg}\beta_2$ zu erzielen. Die eingehende rechnerische Behandlung führt auf sehr umständliche Beziehungen für a_2+s_2, während man für jeden Durchmesser D_2, also für jedes Δ, auf graphischem Wege sehr leicht aus u_2, w_2 und der aus Gl. 391 zu berechnenden Größe von v_2 das Geschwindigkeitsparallelogramm und durch dasselbe a_2+s_2 mit ausreichender Genauigkeit zu bestimmen vermag. Aus diesem Grunde unterbleibt die allgemeine rechnerische Entwicklung.

Von Interesse ist ein Spezialfall. Hat man, Fig. 119, in einer bestimmten Schicht $\delta_2=90^0$, d. h. w_2 senkrecht zu u_2 angenommen, so ist hiernach für alle Schichten $v_2{}^2-u_2{}^2=w_2{}^2$ in konstantem Betrag auszuführen, d. h. hier folgt ohne weiteres aus der Bedingung für richtiges Nachfüllen an der Eintrittsstelle, daß w_2 konstant und überall senkrecht zu u_2 einzuhalten ist. Die Konstante der Gl. 392 wird hier Null.

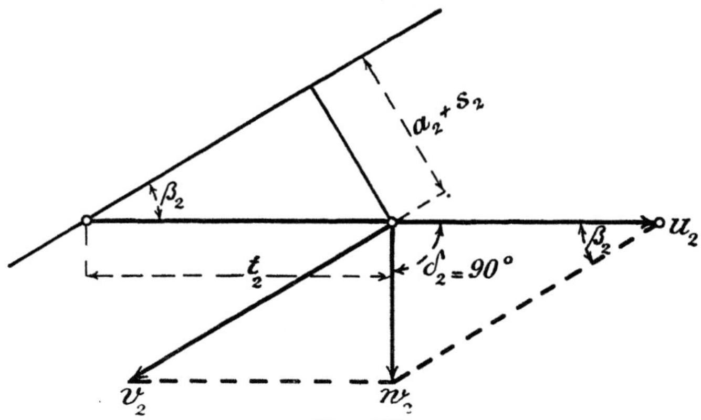

Fig. 119.

Für die Bestimmung von β_2 ergibt sich dann aus Fig. 119

$$\operatorname{tg}\beta_2=\frac{w_2}{u_2}=\frac{w_2}{\Delta\,u_1} \qquad 394$$

und es wird daraus

$$a_2+s_2=t_2\sin\beta_2=\frac{\Delta\,D_1\pi}{z_2}\cdot\frac{w_2}{\sqrt{\Delta^2u_1{}^2+w_2{}^2}}=\frac{D_1\pi}{z_2}\cdot\frac{w_2}{\sqrt{u_1{}^2+\frac{w_2{}^2}{\Delta^2}}} \quad . \; . \qquad 395$$

Auch die letztere Gleichung ist für die Berechnung von a_2+s_2 umständlich, zum Ziele wird auch hier der zeichnerische Weg am einfachsten führen. Vgl. Fig. 119.

Für den tatsächlichen Betrieb sei folgendes bemerkt:

Der Gesamtverlust ϱH an verfügbarem Gefälle, der durch Wasserreibung, Wirbel u. dgl. verursacht und der Hauptsache nach zur Erzeugung von Wärme verbraucht wird, zerfällt mit Hinblick auf den ganzen Arbeitsweg in mehrere Posten. Sie seien, obgleich sie zum Teil erst später betrachtet werden, hier angeführt:

$\varrho_0 H$ für die Strecke vom Oberwasser bis zum Austritt aus den Leitschaufelöffnungen (Übergang auf w_0, in der Hauptsache Reibungsverluste),

$\varrho_1 H$ für den Weg durch den Spalt meist Wirbelverluste),

$\varrho_2 H$ für den Weg durch das Reaktionsgefäß (Überführung von v_1 auf v_2, hauptsächlich Reibungsverluste),

$\varrho_3 H$ für den Austritt ins Saugrohr (Übergang von w_2 auf w_3, zum größten Teil Wirbelverluste),

$\varrho_4 H$ für den Weg durch das Saugrohr bis zum freien Unterwasser. Beim Saugrohr von gleichbleibendem Querschnitt nur Reibungsverluste, beim erweiterten Saugrohr (Übergang von w_3 auf w_4) auch noch größere oder kleinere Wirbelverluste).

Es kann also geschrieben werden;

$$\varrho=\varrho_0+\varrho_1+\varrho_2+\varrho_3+\varrho_4$$

Für jede Schichtlinie darf bei allmählicher Umlenkung in die achsiale Richtung der Betrag von $\varrho_2 H$ ohne zu großen Fehler als gleich groß angenommen werden.

Für den tatsächlichen Betrieb bleibt

$$\frac{u_1^2 - u_2^2}{2g} + \frac{v_2^2 - v_1^2}{2g} = h_1 + h_g - h_2 = h_L \quad \ldots \ldots \quad (341)$$

oder es muß konstant sein

$$h_L - \frac{u_1^2 - v_1^2}{2g} = \frac{v_2^2 - u_2^2}{2g} \quad \ldots \ldots \ldots \ldots \quad 396$$

und mit $u_2 = \Delta u_1$ folgt wie früher

$$v_2 = \sqrt{2g\, h_L + v_1^2 - u_1^2\,(1 - \Delta^2)} \quad \ldots \ldots \ldots \quad (391)$$

Zu beachten ist dabei aber, daß für den tatsächlichen Betrieb h_L in diesen Gleichungen auch nicht mehr den gleichen Betrag wie „ideell" haben wird, weil die v_2 und v_1, auch die u_1 und u_2 wegen des Gesamtverlustes ϱH kleiner sind als beim ideellen Betrieb. Die Reibungswiderstände $(\varrho_3 H + \varrho_4 H)$ bis zum Eintritt in das Unterwasser treten gewissermaßen als Gegendruckhöhe auf.

Für das Entwerfen der Turbine ist natürlich die erforderliche Größe b_2 der gekrümmten Austrittslinie von Interesse.

Der Inhalt der gekrümmten Austrittsfläche berechnet sich hier ebenfalls zu $F_2 = D_2 \pi \cdot b_2$, sofern wie schon gesagt D_2 als Durchmesser des Kreises aufgefaßt wird, in dem der Schwerpunkt der gekrümmten Austrittslinie b_2 liegt.

Steht nun w_2 über die ganze Breite b_2 senkrecht zu u_2, so ist klar, daß dann hier ohne weiteres $Q = D_2 \pi \cdot b_2 \frac{a_2}{a_2 + s_2} w_2$ gesetzt werden darf.

Steht w_2 nicht senkrecht zu u_2, so bleibt die Beziehung

$$Q = D_2 \pi \cdot b_2 \frac{a_2}{a_2 + s_2} w_2 \sin \delta_2 \quad \ldots \ldots \ldots \ldots \quad 397$$

in der nicht ganz zutreffenden Voraussetzung, daß $\frac{a_2}{a_2 + s_2} w_2 \sin \delta_2$ über die ganze Breite b_2 fast genau gleich groß bleiben.

Auf die **Umdrehungszahl des richtigen Nachfüllens** ist, abgesehen von den Winkeln bei „0" und „1", die Größe des Eintrittsdurchmessers D_1 von besonderem Einfluß.

Wenn nun auch der Saugrohrdurchmesser D_3, Fig. 114, wegen

$$D_3^2 \frac{\pi}{4} w_2 \sin \delta_2 \frac{a_2}{a_2 + s_2} = Q \quad \ldots \ldots \ldots \ldots \quad 398$$

für einen angenommenen Austrittsverlust, für ein gegebenes Gefälle, Wassermenge usw. genau festgelegt ist, so steht für die Bemessung von D_1 ein weiter Bereich offen und man wählt D_1 den sonstigen äußeren Anforderungen gemäß, also in erster Linie mit Rücksicht auf die Umdrehungszahl.

Je nachdem geringere oder größere Umdrehungszahlen im Einzelfalle erwünscht sind, nimmt dann, der Größe von D_1 entsprechend, das Laufradprofil die Formen der Fig. 116 an, wobei jedesmal die Austrittsfläche inhaltgleich mit dem freien Saugrohrquerschnitt bleibt.

Für den Fall, daß D_1 kleiner genommen wird als D_3, Form III der Fig. 116, kommt für die am äußeren Kranz entlang strömenden Wasserteilchen der Umstand in Betracht, daß dort $D_2 > D_1$ also auch $u_2 > u_1$ ist, daß dort das Glied $\frac{u_1^2 - u_2^2}{2g}$ der Gl. 375 negativ ausfällt, und daß deshalb dort die Gefälleaufteilung sich anders vollziehen muß als seither. Fig. 120 gibt ein Bild der Verhältnisse für den tatsächlichen Betrieb. Für $D_2 < D_1$ $u_2 < u_1$ teilt sich das nach Abzug der Reibungsverluste für die Arbeitsleistung zur Verfügung stehende Gefälle $(1 - \varrho) H$ nach Art der Linie I; für die Stelle an der $D_2 = D_1$, $u_2 = u_1$ ist, Linie II, fällt die Zentrifugaldruckhöhe zu Null

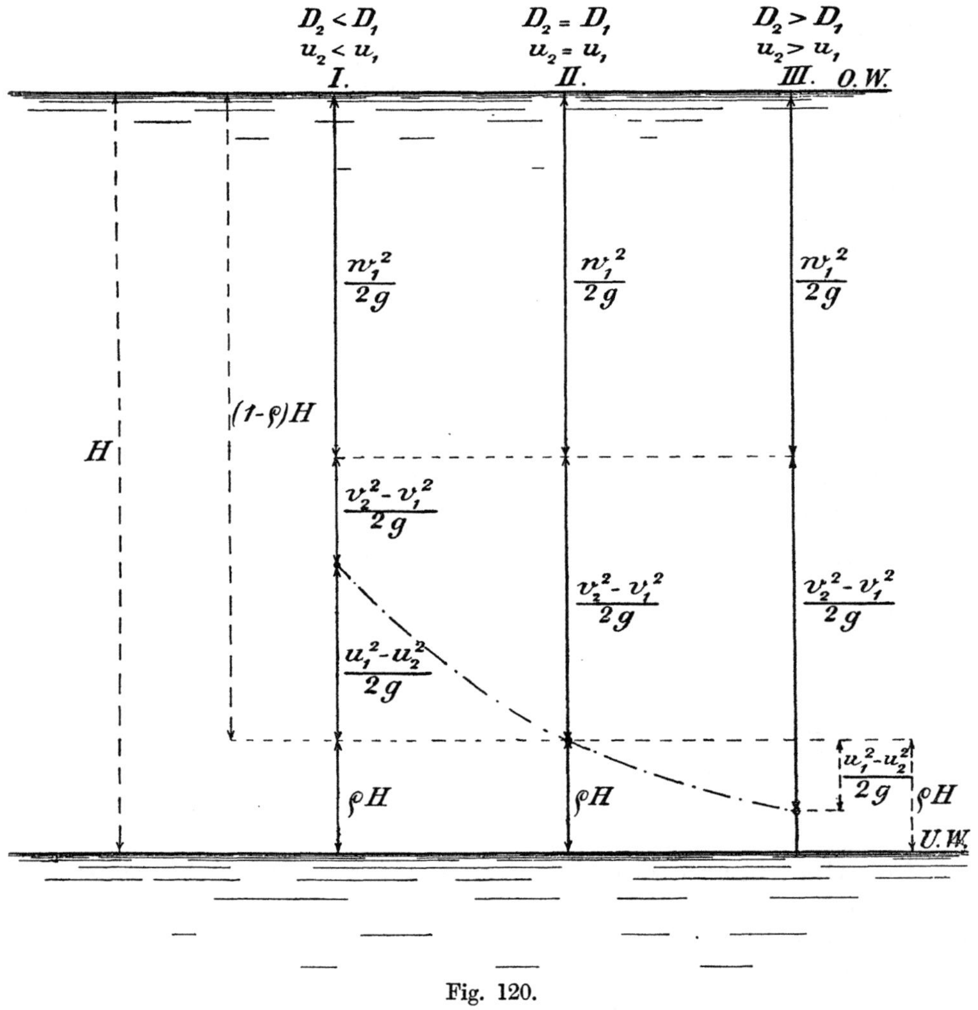

Fig. 120.

aus, das Gefälle hat nur drei Summanden, und für $D_2 > D_1$, $u_2 > u_1$ geht die Aufteilung nach III vor sich; es muß hier für die Erzeugung der erforderlichen Größe von v_2 aus v_1 eine Druckhöhe aufgewendet werden, größer als der Betrag, der aus $H - \frac{w_1^2}{2g} - \varrho H$ zur Verfügung steht. Das überschießende Stück wird durch die beschleunigende Wirkung der Zentrifugaldruckhöhen, durch $-\frac{u_1^2 - u_2^2}{2g}$ geleistet; ein Teil der vorher durch $M_C + M_R$ der betreffenden Schichten auf das Laufrad abgegebene Arbeit wird demselben zur Beschleunigung der Wasserteilchen von u_1 auf u_2 für die gleichen Schichten wieder entzogen, $M_u = \frac{q\gamma}{g}(r_1 u_1 - r_2 u_2)$ ist für diese Schichten eben negativ geworden, ohne daß das resultierende ideelle Moment dadurch kleiner geworden wäre, als dem angenommenen Werte von w_2 entspricht.

Für den tatsächlichen Betrieb ist zu bedenken, daß das Herüber- und Hinüberwechseln des Arbeitsvermögens vom Wasser ans Laufrad, dann wieder vom Laufrad ans Wasser, sich kaum ohne Arbeitseinbuße vollziehen wird, außerdem werden in den Schichten mit großem v_2 und u_2 die Reibungswiderstände mehr ins Gewicht fallen als bei kleinerem v_2 und u_2 derart, daß $\varrho_2 H$ in den äußeren Schichten größer ausfallen wird als in den inneren.

Solche Erwägungen haben ganz besonders vom Bau der inneren radialen Reaktionsturbinen abgeführt und man sollte sich diese Umstände stets vor Augen halten, andererseits haben sich die Anordnungen nach Fig. 116 III mehr und mehr in die Praxis eingeführt und verlangen mit ihrer scharfen Umlenkung von der radialen in die achsiale Richtung besondere Beachtung.

2. Rasche Umlenkung des Wassers im Laufrad.

Unter solchen Verhältnissen, Fig. 116 II bildet eigentlich schon den Übergang hierzu und in Fig. 116 III prägt sich dies noch schärfer aus, werden die Wege der Wasserteilchen beim Betreten des Laufrades eine stärkere Krümmung erfahren, als dies bei Laufrädern nach Fig. 116 I der Fall ist. Nicht zu übersehen ist, daß aber nicht die Krümmungsradien der Radprofile und der Schichtflächen hierbei in Frage kommen, sondern es handelt sich um die Ablenkung, die den Wasserfäden zuteil wird, ehe sie in den eigentlichen Bereich der Laufradschaufeln geraten. Diese gekrümmten Bahnen sind durch den Schnitt einer Ebene gegeben, die parallel zur Turbinenachse die Anfänge der Schichtflächen unter dem Winkel δ_1 trifft. Die Krümmungen der Wasserwege sind also immer noch wesentlich schlanker als es nach denjenigen der Schichtflächenprofile den Anschein hat.

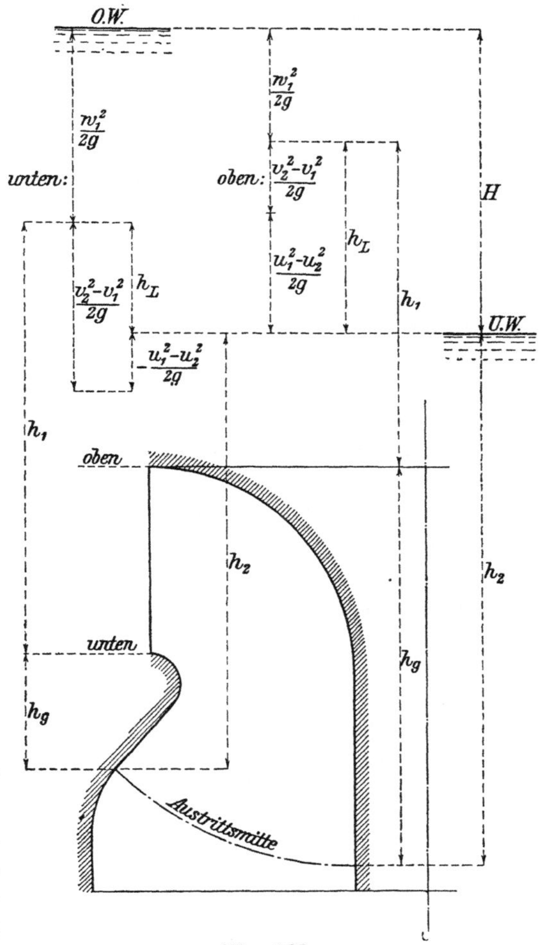

Fig. 121.

Unter solchen Umständen müssen sich die Verhältnisse der Druckverteilung beim Eintritt ins Laufradinnere ähnlich denen des „kreisenden Wassers“ ausbilden; das wird an der Stelle „1“ fühlbar sein und sogar bis in die Stelle „0“, Leitradaustritt, hinübergreifen.[1])

Wenn nun im Leitrad, wo noch keine Arbeitsentziehung stattgefunden hat, derartige Druckunterschiede entlang der Breite b_0 bestehen, so ist dies ein Zeichen, daß die Geschwindigkeiten

[1]) Vgl. dazu die Fußnote S. 43. Eingehende Versuche, die der Verf. an einer Turbine mit scharfer Ablenkung, $D_1 = 0{,}9$ m, $b_1 = 0{,}275$ m, bei 2,8 m Gefälle anstellte, ergaben am oberen Leitradkranz in der Stelle „0“ eine um rund 0,5 m größere Druckhöhe als am unteren.

w_0 bzw. w_1 auf dieser Strecke verschiedene Größen aufweisen, daß also das Laufradgefälle h_L hier nicht mehr wie unter „1" über die ganze Breite $b_0 = b_1$ und b_2 als gleich groß angesehen werden darf; die Gleichung

$$h_1 + h_g - h_2 = h_L = \frac{u_1^2 - u_2^2}{2g} + \frac{v_2^2 - v_1^2}{2g} \quad \ldots \ldots \quad (341)$$

zeigt hier für jeden anderen Punkt der Eintrittsbreite b_1 andere Werte, Fig. 121.

Wie es trotzdem möglich ist, über die ganze Austrittsbreite b_2 den annähernd gleichen Betrag von w_2 zu erzielen, das mag der späteren eingehenden Berechnung beim Aufzeichnen der zugehörigen Schaufelformen vorbehalten bleiben. Vorgreifend sei hier nur noch erwähnt, daß die zwar gleichgerichteten (δ_1), aber verschieden großen Beträge der w_1 natürlich, der gleichen u_1 halber, ganz verschiedene Winkel β_1 entlang der Breite b_1 erfordern.

3. Achsialdruck, hervorgerufen durch die Umlenkung des Wassers.

Einerlei ob bei der Radialturbine die Ablenkung in die achsiale Richtung (Saugrohr) erst außerhalb der Schaufelzellen beginnt, Fig. 114, oder ob sie schon beim Verlassen der Zellen beendigt ist, Fig. 116 III, so wird der Ablenkung halber das Wasser gegen den Radboden, also in achsialer Richtung, eine Kraft äußern, die sich einfach aus den Betrachtungen über sog. Reaktion S. 54 ff. herleiten läßt.

Beim Eintritt in die Radialturbine besitzt das Wasser die achsiale Geschwindigkeit Null; bei Verlassen derselben, Übergang ins Saugrohr, strömt das Wasser schließlich mit w_3 in achsialer Richtung. Die Ablenkungsfläche, hier der Radboden, hat deshalb nach Gl. 187, $P = \frac{q\gamma}{g}(v_2 - v_1)$ einen Druck auszuhalten im Betrage von

$$Z = \frac{Q\gamma}{g} w_3 \quad \ldots \ldots \ldots \ldots \quad 399$$

der bestrebt ist, das Laufrad der Stromrichtung entgegengesetzt, achsial, zu verschieben.

Bei Turbinen mit stehender Welle kann diese Z-Komponente als willkommene teilweise Entlastung des Spurzapfens dienen, bei liegender Welle betätigt sich die Z-Komponente in horizontalem Sinne. Da aber w_3 stets klein ist, so sind auch die Beträge von Z nicht sehr bedeutend, derart, daß sie in der Praxis für die Berechnung meist vernachlässigt werden.

Zahlenbeispiel:

$H = 4{,}0\,\text{m}$, $Q = 1\,\text{cbm/sk}$, $\alpha = 0{,}06$, $w_2 = 2{,}17\,\text{m/sk}$, $w_3 = \sim 0{,}9 w_2 = \sim 1{,}95\,\text{m/sk}$,

$$Z = \sim \frac{1 \cdot 1000}{9{,}81} 1{,}95 = \sim 198{,}5\,\text{kg}.$$

Wenn der Laufradboden durchlocht ist, übt die Z-Komponente keine Wirkung auf das Laufrad aus, der Druck wird sich zu beiden Seiten des Bodens ausgleichen und der Turbinendeckel erfährt eine Belastung nach aufwärts.

F. Innere radiale Reaktionsturbinen.

Es ist im Vorstehenden schon darauf hingewiesen worden, daß diese Anordnung, ähnlich Fig. 88, an dem Übelstande leidet, daß zur Überführung von v_1 nach v_2 ein gewisser Betrag an relativem Arbeitsvermögen, aus der Arbeit von $M_C + M_R$ genommen und alsbald wieder geopfert werden muß, um die erforderliche Beschleunigung von u_1 und v_1 auf u_2 und v_2 zu bewirken.

Aus Fig. 88 geht außerdem klar hervor, daß es nicht möglich ist, die austretenden Wasserteilchen über Unterwasser in geschickter Weise und unter Schonung von w_3 so abzufassen und zusammenzuschließen, wie dies bei der äußeren Radialturbine durch das in der Turbinenmitte liegende Saugrohr erreicht wird. Die innere Radialturbine muß deshalb entweder unter Unterwasser, also unzugänglich, aufgestellt werden, oder es geht eine Höhe h_a, Fig. 88, für sog. Freihängen direkt verloren. Außerdem erzwingt die innere Zuleitung im allgemeinen eher größere Beträge von D_1, als bei der äußeren Radialturbine möglich sind.

Aus all diesen Gründen hat man für neuzeitliche Anlagen von der Verwendung innerer Radialturbinen vollständig abgesehen, und es ist deshalb unnötig, hier noch näher auf dieselben einzugehen; außerdem sind die Beziehungen fast genau die gleichen wie bei der äußeren Radialturbine. Als Austrittsfläche gilt hier natürlich die äußere Begrenzungsfläche des Laufrades.

G. Achsiale Reaktionsturbinen mit gegebenem Austrittsverlust α.

Wenn auch der Verwendungsbereich der Achsialturbinen so sehr zusammengeschrumpft ist, daß heutzutage keine namhafte Turbinenbauanstalt mehr solche Reaktionsturbinen anwendet, so mögen doch die Verhältnisse derselben hier durchgegangen werden, teils des geschichtlichen Interesses halber, teils weil die eigenartigen Umstände, hervorgerufen durch die über die Eintrittsbreite b_1 hin verschiedenen Größen von u_1, einen lehrreichen Einblick in das Wesen der Wasserführung durch Turbinen überhaupt zu geben geeignet sind.

Die Austrittsfläche zeigt sich hier als Ringfläche vom mittleren Durchmesser D_2^m, Fig. 89, der Breite b_2 und dem Inhalt $D_2^m\pi \cdot b_2$. Das über w_2, über δ_2 Gesagte gilt auch hier unverändert.

Die Bedeutung der Indizes a (außen), m (Mitte), i (innen) ist auch aus Fig. 89 deutlich zu erkennen, sie überträgt sich gleicherweise auf die Winkel δ_1^a, δ_1^m, δ_1^i usw. wie auf Schaufelweiten a_0^a, a_0^m, a_0^i, auf Geschwindigkeiten, z. B. u_1^a, u_1^m, u_1^i u. dgl.

Die Achsialturbine hat allemal $D_0^m = D_1^m$; auch darf $\delta_0 = \delta_1$ gesetzt werden. Vielfach ist in $D_2^m = \Delta D_1^m$ der Faktor $\Delta = 1$, d. h. $D_2^m = D_1^m$, $u_2^m = u_1^m$ (symmetrischer Kranzquerschnitt).

1. Achsiale Reaktionsturbine in Ruhe.

Bei der Radialturbine mit radialem Austritt entwickelten sich die aus der Ablenkung und Beschleunigung folgenden Kräfte in Ebenen senkrecht zur Achse, bei der Achsialturbine mit $D_2^m = D_1^m$ kann man sich diese Kräfte vorstellen, als ob sie den Kreis vom Durchmesser D_1^m berühren. Die momentbildende, d. h. arbeitleistende Kraft ist genau das, was wir früher als X-Komponente der sog. Reaktionskraft kennen gelernt, das Moment derselben ist, für Einführung des Wassers nach Größe und Richtung von v_1, gegeben durch

$$M = X \cdot r_1^m$$

oder nach Gl. 214 mit $Q = z_1 \cdot q$

$$M = \frac{Q\gamma}{g}(v_2 \cos\beta_2 + v_1 \cos\beta_1)\, r_1^m \qquad \text{400}$$

2. Achsiale Reaktionsturbine in gleichförmiger Bewegung.

$D_2^m = D_1^m$ (symmetrischer Kranzquerschnitt).

Solange $D_2^m = D_1^m$ ist, d. h. solange die mittleren Wasserteilchen ihre Entfernung von der Drehachse nicht ändern, hat man bei der sich drehenden Achsialturbine für die repräsentierenden mittleren Wasserfäden nicht die durch

$$C = \frac{u_1^2 - u_2^2}{2g}$$

(S. 130) bedingte Gefälleaufteilung, sondern hier ist dann einfach, vgl. Gl. 218, wie beim geradlinig fortschreitenden Reaktionsgefäß ideell zu rechnen

$$\frac{w_1^{m2}}{2g} + \frac{v_2^{m2} - v_1^{m2}}{2g} = H$$

Für die Berechnung von w_1^m, v_1^m, v_2^m usw. sind die dort entwickelten Beziehungen ohne weiteres maßgebend.

Für das Moment der sich drehenden Turbine ($D_2^m = D_1^m$) ist hier kein Zusatzmoment M_u, Gl. 324, zu erwarten, weil eben durch $u_2^m = u_1^m$ dieses Moment nicht zur Entwicklung kommt.

So gilt für die Berechnung des Drehmomentes einfach die vorstehende Gl. 400, sofern nur jetzt v_1^m und v_2^m als relative Geschwindigkeiten angesehen werden.

Mit $v_1^m \cos\beta_1^m + u_1^m = w_1^m \cos\delta_1^m$ und $v_2^m \cos\beta_2^m - u_2^m = -w_2 \cos\delta_2^m$, Fig. 80 u. a., ergibt sich dann für z_1 Schaufeln mit $Q = z_1 \cdot q$

$$M = \frac{Q\gamma}{g}(w_1^m \cos\delta_1^m - w_2 \cos\delta_2^m)\, r_1^m \quad \dots \dots \dots \quad 401$$

ferner, vgl. Gl. 219,

$$A = M \cdot \omega = \frac{Q\gamma}{g}(v_2^m \cos\beta_2^m + v_1^m \cos\beta_1^m)\, u_1^m \quad \dots \dots \dots \quad 402$$

oder auch, vgl. Gl. 282,

$$A = \frac{Q\gamma}{g}(w_1^m \cos\delta_1^m - w_2 \cos\delta_2^m)\, u_1^m \quad \dots \dots \dots \quad 403$$

was schließlich, ähnlich wie früher auch, vgl. Gl. 283, übergeht in

$$u_1^m \cdot w_1^m \cos\delta_1^m - u_1^m \cdot w_2 \cos\delta_2^m = g\,(1-\alpha)\,H = g \cdot \eta H \quad \dots \quad 404$$

Der **tatsächliche Betrieb** bringt dann, mit kleineren Werten von u_1^m und w_1^m

$$u_1^m \cdot w_1^m \cos\delta_1^m - u_1^m \cdot w_2 \cos\delta_2^m = g\,(1-\alpha-\varrho)\,H = g \cdot \varepsilon H \quad \dots \quad 405$$

Sowie aber D_2^m nicht gleich D_1^m ist, treten die allgemein gültigen Gl. 325 bis 332 an die Stelle von Gl. 400 bis 405.

Unter Hinweis auf die S. 76 und folgende gegebenen Untersuchungen über den Einfluß verschiedener Größen des geradlinigen Fortschreitens kann hier auf die Betrachtungen über verschiedene Drehgeschwindigkeit verzichtet werden.

Dagegen ist es erforderlich, den Einfluß festzustellen, den die über die Ein- und Auslaufbreiten b_1 und b_2 wechselnden Umfangsgeschwindigkeiten u_1 und u_2 auf die Gefälleaufteilung und die Winkelverhältnisse ausüben.

Es ist allgemein, für jeden Durchmesser D_1 bei $\delta_2 = 90^0$, bekannt:

$$u_1 = \sqrt{g \cdot \varepsilon H \left(1 - \frac{\operatorname{tg}\delta_1}{\operatorname{tg}\beta_1}\right)} \quad \dots \dots \dots \quad (379)$$

Diese Gleichung lautet nach $\operatorname{tg}\beta_1$ aufgelöst

$$\operatorname{tg}\beta_1 = \frac{\operatorname{tg}\delta_1}{1 - \frac{u_1^2}{g \cdot \varepsilon H}} \quad \dots \dots \dots \quad 406$$

und sie läßt ohne weiteres erkennen, daß $\operatorname{tg}\beta_1$ mit den in verschiedenen D_1 verschiedenen u_1 veränderlich ist, daß also für eine gegebene Turbine der dem richtigen

Nachfüllen entsprechende Winkel β_1 mit u_1, also mit dem Durchmesser D_1 zunehmen muß, vgl. auch S. 76. Hier, bei achsialer Wasserzuführung, ist also im Gegensatz zur Radialturbine keine Möglichkeit dafür vorhanden, daß das gleiche Geschwindigkeitsparallelogramm über die ganze Eintrittsbreite b_1 unverändert bestehen könnte, und es sind die weiteren Umstände darzulegen, die dabei in Betracht kommen.

Sehen wir uns zuerst die w_1 an. Die Fig. 54, S. 70, entspricht einem zylindrischen, in die Vertikalebene abgewickelten Schnitt durch Leit- und Laufrad einer Achsialturbine.

Die im Grundriß runde Form der Radkränze, Fig. 122, bringt es mit sich, daß die Wasserteilchen beim Durchströmen der Leitschaufeln nicht von oben her in senkrechten achsialen Ebenen der Schaufelkrümmung entsprechend schräg abwärts fließen, wie dies Fig. 54 schließen lassen könnte, sondern die Krümmung bewirkt, daß dies in Zylinderflächen, in konzentrischen Schichten, erfolgt. Die Bewegung der Wasserteilchen muß also, was deren Horizontalgeschwindigkeit angeht, nach dem Gesetz des kreisenden Wassers verlaufen, wie es S. 36 u. f. entwickelt worden ist, d. h. es muß für sämtliche Wasserteilchen im Querschnitt f_0 entsprechend Gl. 140 gelten

$$w_0 \cos \delta_0 \cdot r_0 = \text{Konst.}$$

und auch

$$w_1 \cos \delta_1 \cdot r_1 = \text{Konst.}$$

sein, wodurch die Horizontalkomponenten der Nachfüllgeschwindigkeiten für jeden Punkt der Breite b_1 durch die Anordnung an sich festgelegt sind, sofern für einen beliebigen Punkt der Breite, etwa für $D_1{}^m$, die Größe $w_1 \cos \delta_1$ angenommen ist.

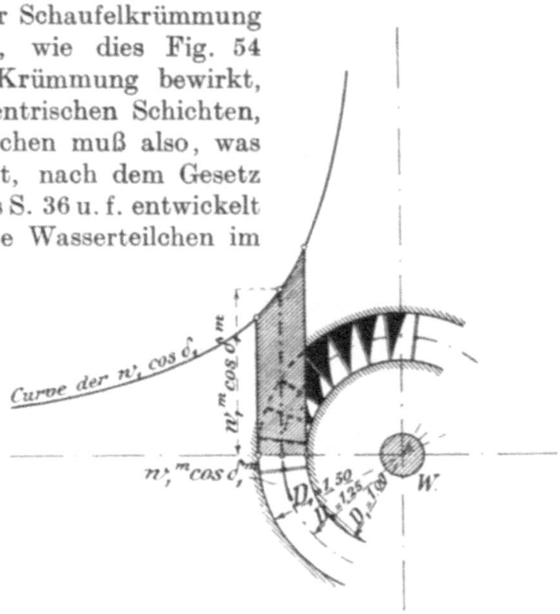

Fig. 122.

Die w_1 sind also, da deren Horizontalkomponenten umgekehrt dem Durchmesser proportional sind, von wechselnder Größe, gegeben durch die Beziehung

$$w_1 \cos \delta_1 \cdot D_1 = w_1{}^m \cos \delta_1{}^m \cdot D_1{}^m \quad . \; . \; . \; . \; . \; . \; . \; . \; . \; . \quad 407$$

Ohne weiteres folgt dies auch aus Gl. 378, denn es muß sein allgemein an jeder Stelle

$$u_1 \cdot w_1 \cos \delta_1 = g \cdot \varepsilon H = u_1{}^m \cdot w_1{}^m \cos \delta_1{}^m$$

und da die u_1 sich verhalten wie die D_1, so geht vorstehendes einfach in Gl. 407 über.

Wenn jetzt erkannt ist, daß u_1, β_1, w_1 mit wechselndem Durchmesser sich ändern, so müssen sich auch für δ_1 wechselnde Werte ergeben, zuerst aber ist die Größe der Vertikalkomponenten von w_1, der $w_1 \sin \delta_1$ zu betrachten.

Da bei senkrechter Welle für alle Punkte der wagrecht liegenden Breite b_1 die Eintrittshöhe h_e bis zum Oberwasserspiegel gleich groß ist, so gilt für jeden Durchmesser ideell, Gl. 117 u. a.

$$h_1 + \frac{w_1{}^2}{2g} = h_1{}^m + \frac{w_1{}^{m2}}{2g} = h_e$$

oder auch

$$h_1 - h_1{}^m = \frac{w_1{}^{m2}}{2g} - \frac{w_1{}^2}{2g}$$

Wenn aber die $w_1 \cos \delta_1$ nach dem „kreisenden Wasser“ entwickelt sind, Gl. 407, so ist damit gesagt, daß auch

$$h_1 - h_1{}^m = \frac{w_1{}^{m2} \cos^2 \delta_1{}^m}{2g} - \frac{w_1{}^2 \cos^2 \delta_1}{2g}$$

sein muß. Durch Subtraktion beider Gleichungen folgt

$$0 = \frac{w_1{}^{m2} \sin^2 \delta_1{}^m}{2g} - \frac{w_1{}^2 \sin^2 \delta_1}{2g}$$

oder auch

$$w_1 \sin \delta_1 = w_1{}^m \sin \delta_1{}^m \quad \ldots \ldots \ldots \ldots \quad 408$$

Das heißt die Vertikalkomponenten der w_1 sind unabhängig von D_1 und überall gleich groß.

Aus den Gleichungen 407 und 408 folgt nunmehr durch Division einfach

$$\operatorname{tg} \delta_1 = \operatorname{tg} \delta_1{}^m \frac{D_1}{D_1{}^m} \quad \ldots \ldots \ldots \ldots \quad 409$$

als Gesetz der δ_1 für die verschiedenen Durchmesser.

Die Beziehung für den Wechsel der β_1, den Durchmessern D_1 entsprechend, erhält man durch Einführen von

$$u_1 = u_1{}^m \frac{D_1}{D_1{}^m} = \frac{D_1}{D_1{}^m} \sqrt{g \cdot \varepsilon H \left(1 - \frac{\operatorname{tg} \delta_1{}^m}{\operatorname{tg} \beta_1{}^m}\right)}$$

und von $\operatorname{tg} \delta_1$ nach Gl. 409 in die Gl. 406. Es ergibt sich schließlich

$$\operatorname{tg} \beta_1 = \frac{\operatorname{tg} \delta_1{}^m}{\frac{D_1{}^m}{D_1} - \frac{D_1}{D_1{}^m}\left(1 - \frac{\operatorname{tg} \delta_1{}^m}{\operatorname{tg} \beta_1{}^m}\right)} \quad \ldots \ldots \ldots \quad 410$$

Für den Fall $\beta_1{}^m = 90^0$ vereinfacht sich Gl. 410 auf

$$\operatorname{tg} \beta_1 = \frac{\operatorname{tg} \delta_1{}^m}{\frac{D_1{}^m}{D_1} - \frac{D_1}{D_1{}^m}} \quad \ldots \ldots \ldots \ldots \quad 411$$

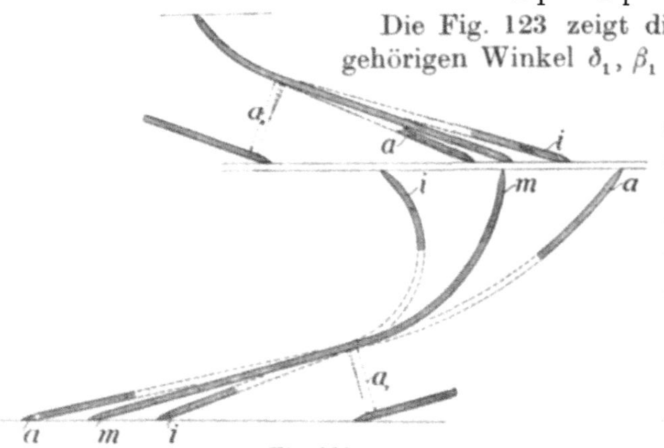

Fig. 123.

Die Fig. 123 zeigt die Entwicklung der zueinander gehörigen Winkel δ_1, β_1 für „außen“ (a), „Mitte“ (m), „innen“ (i). Die Schaufelform am Laufradeintritt zeigt sich als windschiefe Fläche.

Die Austrittsfläche soll natürlich, wie schon mehrfach erwähnt, über die ganze Breite b_2 den gleich großen Betrag von w_2 aufweisen. Dies wird, soweit β_2 in Betracht kommt und bei $\delta_2 = 90^0$, erreicht, sofern die Radschaufelenden als zylindrische Schraubenflächen ausgeführt werden. Eine Eigenschaft solcher Flächen ist nämlich, daß die Steigung c, Fig. 124, in allen Entfernungen von der Achse gleich groß ist, daß also

$$c = t_2 \operatorname{tg} \beta_2 = t_2{}^m \operatorname{tg} \beta_2{}^m = \text{Konst.}$$

oder auch

$$D_2 \operatorname{tg} \beta_2 = D_2{}^m \operatorname{tg} \beta_2{}^m = \text{Konst.} \quad \ldots \ldots \ldots \quad 412$$

Andererseits zeigt Fig. 125, daß für $\delta_2 = 90^0$ an jedem Austrittspunkte für konstantes w_2 verlangt werden muß

$$u_2 \operatorname{tg} \beta_2 = w_2 = u_2{}^m \operatorname{tg} \beta_2{}^m = \text{Konst.} \quad \ldots \ldots \ldots \quad 413$$

Die letztere Gleichung deckt sich mit der Gl. 412, so daß für konstantes w_2 das Gesetz der β_2 in dieser niedergelegt ist.

Die Schraubenfläche befriedigt also die Bedingung durchweg gleicher Größe von w_2. Eine Veranlassung, die Schaufelenden in der Richtung von v_2 zu krümmen, S. 142 u. f., wie es bei radialem Austritt der Fall ist, liegt hier nicht vor.

Die Gl. 412 läßt sich auch schreiben

$$\operatorname{tg} \beta_2 = \operatorname{tg} \beta_2^m \frac{D_2^m}{D_2} \quad . \quad . \quad . \quad . \quad 414$$

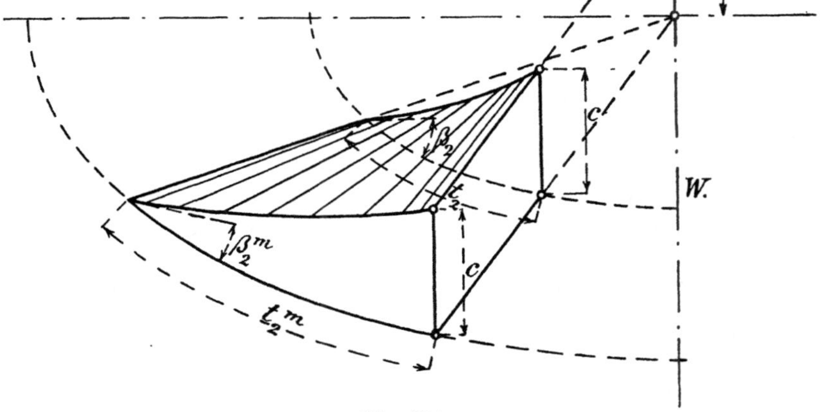

Fig. 124.

Sie läßt in dieser Form deutlich den Gegensatz erkennen zwischen dem Gesetz der δ_1, Gl. 409, Zunehmen von $\operatorname{tg} \delta_1$ mit zunehmendem Durchmesser, und dem der Schraubenflächen, Abnehmen der $\operatorname{tg} \beta_2$ mit zunehmendem Durchmesser. Die erforderlichen Wechsel der δ_1 und der β_2 verlaufen also gerade entgegengesetzt zueinander.

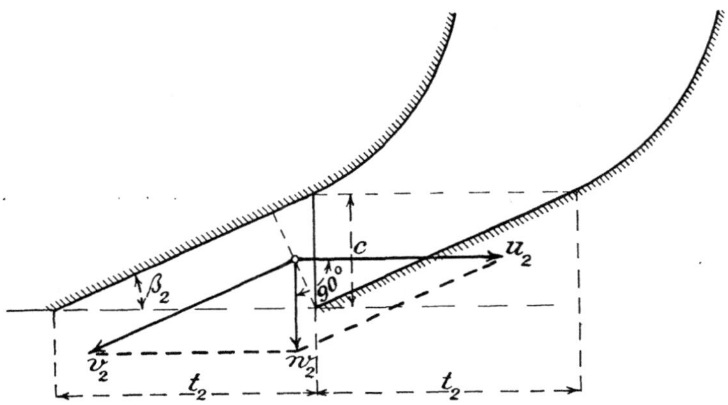

Fig. 125.

Beim tatsächlichen Betrieb, s_0, s_1 und s_2 von endlicher Größe, finden natürlich die gleichen Erwägungen und Berechnungen wie seither statt. Die Rechnung ergibt folgendes:

Es muß die Wassermenge, die (abgesehen vom Verlust durch den Spalt) durch die Ringfläche bei „1" zutritt, gleich sein der Wassermenge, die bei „2" aus dem Laufrade ausströmt. Dies drückt sich mit Rücksicht auf Gl. 408 und früheres, S. 149, aus durch, $\delta_2 = 90^0$:

$$Q = D_1^m \pi \cdot b_1 \cdot w_1 \sin\delta_1 \frac{a_0}{a_0 + s_0} = D_2^m \pi \cdot b_2 \cdot w_2 \frac{a_2}{a_2 + s_2} \quad \ldots\ldots \quad 415$$

worin angenommen ist, daß das Verhältnis $\frac{a_0}{a_0 + s_0}$, ebenso $\frac{a_2}{a_2 + s_2}$ über die ganze Breite b_1, bzw. b_2 gleich groß sei, was allerdings nur für „2" annähernd zutrifft. Es ist aber nicht sehr unrichtig, wenn hier vorübergehend zur Vereinfachung der Gl. 415 gesetzt wird

$$\frac{a_0}{a_0 + s_0} = \frac{a_2}{a_2 + s_2}$$

und dadurch geht für symmetrischen Kranzquerschnitt, $D_2^m = D_1^m$, die Gl. 415 über in

$$b_1 \cdot w_1 \sin\delta_1 = b_2 \cdot w_2 = b_1 \cdot w_1^m \sin\delta_1^m \quad \ldots\ldots\ldots \quad 416$$

Diese Beziehung sagt, daß, wenn $b_2 = b_1$ ausgeführt wird, die Vertikalkomponenten von w_1, die $w_1 \sin\delta_1$, ohne weiteres gleich w_2 sein müssen. Man ist deshalb beim Entwerfen mit $b_2 = b_1$ nicht mehr ganz frei in der Wahl der einschlägigen Größen und hat aus diesem Grunde und anderen Erwägungen die Achsialturbinen mit parallelen Kränzen, $b_2 = b_1$, längst als unzweckmäßig verlassen.

3. Achsiale Druckkräfte, hervorgerufen durch das arbeitende Wasser.

Die Achsialturbine erfährt infolge des Wasserdurchganges zweierlei nach außen wirksame Achsialdrücke, und zwar einen solchen als Folge der Y-Komponenten und einen solchen durch die Wasserpressung, die in der Spalt-Ringfläche auftritt. (Bei der Radialturbine tritt die Wirkung der einzelnen Y-Komponenten deren radialer Richtung halber ebensowenig als eine Außenkraft zutage als diejenige der Spaltpressung.)

I. Die Y-Komponenten berechnen sich für jede einzelne Schaufel nach Gl. 213 und deren Summe belastet, mit $Q = z_1 \cdot q$, allgemein die Welle als Achsialdruck, in den inneren Größen ausgedrückt zu

$$Y = \frac{Q\gamma}{g}(v_2 \sin\beta_2 - v_1 \sin\beta_1) \quad \ldots\ldots\ldots\ldots \quad 417$$

und zwar nach früherem, bei positivem Klammerwert, entgegengesetzt der Richtung des Wasserdurchganges. Wegen $v_2 \sin\beta_2 = w_2 \sin\delta_2$ usw. kann auch allgemein mit den äußeren Größen geschrieben werden

$$Y = \frac{Q\gamma}{g}(w_2 \sin\delta_2 - w_1 \sin\delta_1) \quad \ldots\ldots\ldots\ldots \quad 418$$

Hierdurch ist auch bewiesen, daß der Klammerwert der Gl. 417 über die ganze Turbinenbreite gleich groß sein muß, sofern δ_2 überall gleich groß ist. ($w_1 \sin\delta_1$ ist konstant.)

Für $\delta_2 = 90^0$ geht Gl. 418 über in

$$Y = \frac{Q\gamma}{g}(w_2 - w_1 \sin\delta_1) \quad \ldots\ldots\ldots\ldots \quad 419$$

Da aber die schmale Eintritts-Ringfläche, b_1, mit der großen Geschwindigkeit $w_1 \sin\delta_1$ durchflossen wird, die sich in b_2 auf den kleineren Betrag w_2 verzögert findet, so fällt der Klammerwert in Gl. 419 für erweiterte Kränze negativ aus, d. h. die Y-Komponente ist hier mit dem Klammerwert $w_1 \sin\delta_1 - w_2$ als Druck des sich verzögernden Wassers gegen abwärts tätig.

Für $b_2 = b_1$ wäre $w_1 \sin\delta_1 = w_2$, also in diesem Falle $Y = 0$.

II. Achsialdruck durch die Pressung h_1 in der Spalt-Ringfläche. Es ist im Vorhergehenden, S. 160, geschildert worden, daß für $D_2^m = D_1^m$ eine ideelle

Druckhöhe im Betrage $h_L = \frac{v_2^2 - v_1^2}{2g} = H - \frac{w_1^2}{2g}$, vergl. auch Gl. 218, erforderlich ist, um das Wasser von der Geschwindigkeit v_1 auf v_2 zu bringen und es setzt sich h_L, siehe Fig. 54, S. 70, aus $h_1 + h_g - h_2$ zusammen. Es sind also eigentlich zwei Druckhöhen, h_1 sowohl als h_2, zu beachten. Die Druckhöhe h_2 ist nicht durch arbeitendes Wasser erzeugt, sie ist zweifellos über die ganze Austrittsfläche gleich groß und verursacht deshalb bei positivem Wert von h_2 eine gegen die Stromrichtung gewendete Druckkraft, die später in dem Abschnitt über Gesamtbelastung der Turbinenwellen, S. 435, in Rechnung gestellt werden wird. Hier handelt es sich nur um die Bestimmung der über die Breite b_1 wechselnden Druckhöhen h_1 und deren Folgen.

Zur Entwicklung von ideell

$$h_1 = h_e - \frac{w_1^2}{2g}$$

ist das Gesetz der w_1 erforderlich. Es findet sich unter Beachtung von Gl. 407 und 409 aus

$$w_1^2 = w_1^2 (\sin^2 \delta_1 + \cos^2 \delta_1)$$

zu

$$w_1^2 = w_1^{m^2} \left(\sin^2 \delta_1^m + \frac{D_1^{m^2}}{D_1^2} \cos^2 \delta_1^m \right) \quad \ldots \ldots \quad 420$$

und demnach wird ideell

$$h_1 = h_e - \frac{w_1^{m^2}}{2g} \sin^2 \delta_1^m - \frac{w_1^{m^2}}{2g} \cos^2 \delta_1^m \frac{D_1^{m^2}}{D_1^2} \quad \ldots \ldots \quad 421$$

was auch geschrieben werden kann

$$h_1 = A - \frac{B}{D_1^2} \quad \ldots \ldots \quad 422$$

da die ersten beiden Glieder konstant sind und das dritte nur D_1 als veränderliche Größe besitzt.

Zahlenbeispiel:

Nachrechnen der h_1 für (S. 137)

$$H = 4{,}0\,\mathrm{m}; \quad w_0^m = w_1^m = 6{,}64\,\mathrm{m/sk}; \quad \beta_1^m = 90^0; \quad u_1^m = 6{,}24\,\mathrm{m/sk};$$

$$h_e = 3{,}5\,\mathrm{m}; \quad h_1^m = 3{,}5 - \frac{w_1^{m^2}}{2g} = 3{,}5 - 2{,}25 = 1{,}25\,\mathrm{m}$$

$\delta_1^m = 20^0$, dazu $D_1^m = 1{,}25\,\mathrm{m}$ angenommen.

Es findet sich nach Gl. 422 allgemein dann

$$h_1 = 3{,}237 - \frac{3{,}100}{D_1^2}$$

Die Kurve der positiven Werte von h_1, Fig. 126, hört auf mit $h_1 = 0$ (Atmosphärendruck) für

$$3{,}237 = \frac{3{,}100}{D_1^2},$$

also für $D_1 = 0{,}979\,\mathrm{m}$.

Ein kleinerer Durchmesser als 0,979 m würde also, wie die angenommenen Verhältnisse w_1^m, β_1^m, u_1^m, D_1^m einmal liegen, d. h. bei der angenommenen Gefälleaufteilung und Höhenlage h_e eine Pressung h_1 geringer als der Atmosphärendruck bringen.

Für $D_1^m = 1{,}25\,\mathrm{m}$ ergäbe sich andererseits

$$h_1^m = 3{,}237 - 1{,}985 = 1{,}252\,\mathrm{m},$$

für $D_1 = 1{,}5$ m schließlich

$$h_1 = 3{,}237 - 1{,}378 = 1{,}859 \text{ m}.$$

Die Fig. 126, vgl. auch Fig. 35, S. 43, und Fig. 122, zeigt die Kurve der h_1, die Darstellung der sich stetig ändernden Gefälleaufteilung, den vorgenannten Verhältnissen entsprechend, die Kurve nähert sich asymptotisch dem Werte

$$h_1 = h_e - \frac{w_1^2 \sin^2 \delta_1}{2g} = 3{,}5 - 0{,}2625 = 3{,}2375 \text{ m}.$$

Es ist klar, auch aus Fig. 126 ersichtlich, daß, mit tieferer Lage des Leit-

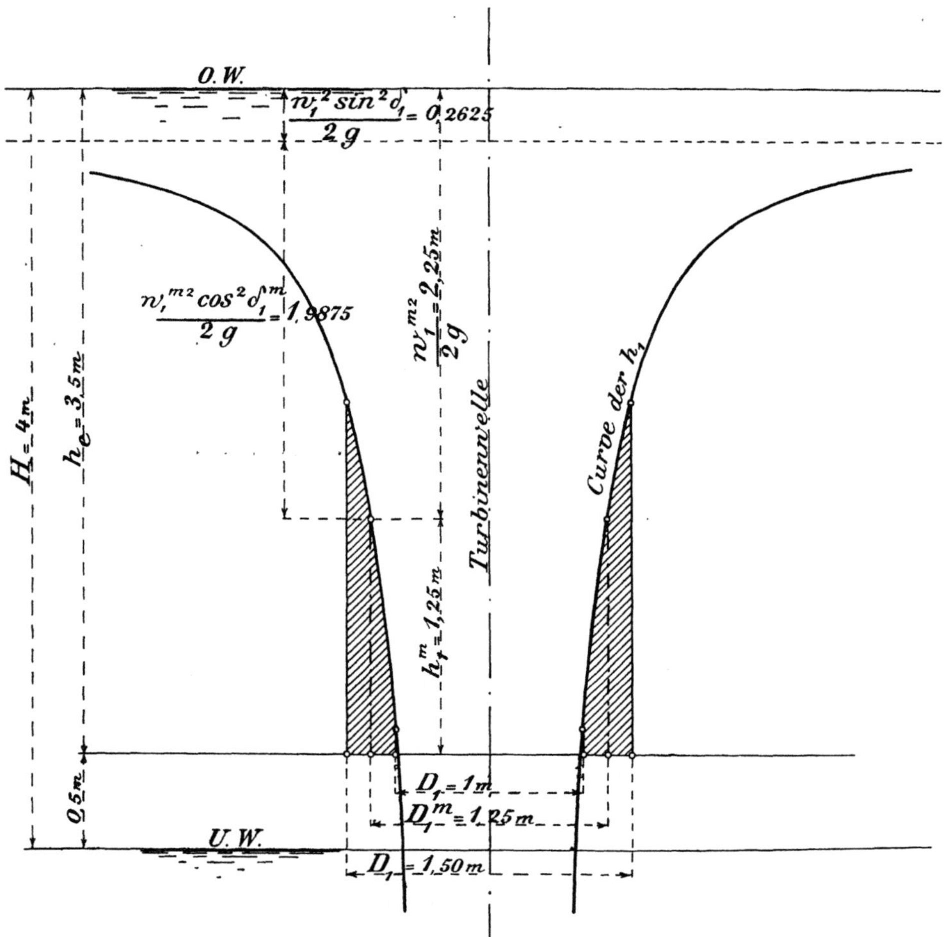

Fig. 126.

apparates, h_1 um das Maß der Tieferlegung zunimmt, derart, daß für $h_1 = 4{,}0$ m der Durchmesser, in dem $h_1 = 0$ werden müßte, von 0,979 m auf $\sqrt{\frac{3{,}100}{3{,}737}} = 0{,}911$ m zurückgeht.

Ein noch kleinerer Durchmesser D_1 wird einen Wert von h_1 erfordern kleiner als der Atmosphärendruck ($\cong 10{,}3$ m Wassersäule), aber immer noch ideell im Bereiche der Möglichkeit. Erst wenn der absolute Druck $(h_1) = 0$ werden müßte (vgl. S. 29), ist, bei $h_e = H$, die Grenze des kleinsten Durchmessers erreicht. Dieser kleinste Durchmesser würde sich aus Gl. 421

$$0 = h_e + 10{,}3 - \frac{w_1^{m^2}}{2g} \sin^2 \delta_1^m - \frac{w_1^{m^2}}{2g} \cos^2 \delta_1^m \frac{D_1^{m^2}}{D_1^2}$$

für die betreffenden Zahlenwerte auf $\sim 0{,}542$ m stellen. Natürlich sollte aber beim tatsächlichen Betrieb von einer Unterschreitung von $h_1 = 0$ (hydraulisch) nicht wohl die Rede sein, da die unabweisliche Rückerstattung des unter Behilfe des Atmosphärendruckes zuviel entwickelten Arbeitsvermögens an diesen mit wesentlichen Verlusten verknüpft wäre.

Es mag noch ausdrücklich hervorgehoben sein, daß die im Beispiele betrachteten Ziffern nur durch die willkürlich gewählte Größe der Gefälleaufteilung h_1 oder auch von w_1^m und δ_1^m, sowie D_1^m bedingt sind.

Bei dem tatsächlichen Betrieb ist statt $h_1 = h_e - \frac{w_1^2}{2g}$ zu schreiben

$$h_1 = h_e - (\varrho_0 + \varrho_1) H - \frac{w_1^2}{2g}.$$

Das Abzugsglied tritt also auch in Gl. 421 usw. mit hinzu. Der Betrag von $\varrho_0 H$ ist auf $0{,}1 \frac{w_1^2}{2g}$ zu schätzen; derjenige von $\varrho_1 H$ dürfte sich auf etwa 0,01 bis $0{,}02 H$ belaufen.

Die nach außen wachsenden Winkel δ_1 bringen ziemlich rasch wachsende Werte für $a_0 + s_0$, was auf den ersten Blick befremdend erscheint. Wenn man aber bedenkt, daß früher schon (S. 75) nachgewiesen wurde, daß richtige Geschwindigkeitsparallelogramme der normalen Kontinuität entsprechen, so ist auch hier diese letztere gewahrt; je weiter die Leitschaufeln gegen außen hin werden, um so kleiner fällt eben das richtige w_1, um so größer h_1 aus, Fig. 126.

So stellt sich also die Ringspaltfläche der Achsialturbine dar, belastet durch nach außen hin wachsende Druckhöhen h_1, und es ist nur noch nötig, innerhalb der als bekannt vorausgesetzten Durchmesser D_1^a und D_1^i die Summe der daraus resultierenden Druckkräfte zu ziehen, um die achsial ausgeübte Kraft zu finden.

Auf einer unendlich schmalen Ringfläche, deren Durchmesser D_1, Breite $db_1 = d\left(\frac{D_1}{2}\right)$, Inhalt $D_1 \pi \cdot db_1 = \frac{D_1 \pi}{2} dD_1$ ruht der Druck h_1; er erzeugt also eine Druckkraft abwärts von der Größe

$$dG_1 = \frac{D_1 \pi}{2} dD_1 \cdot h_1 \gamma$$

oder nach Gl. 422 von

$$dG_1 = \frac{D_1 \pi}{2} d D_1 \left(A - \frac{B}{D_1^2}\right) \gamma = \frac{\pi \gamma}{2} \left(A D_1 - \frac{B}{D_1}\right) d D_1$$

Die Summe der in der Ringspaltfläche „1“ tätigen Druckkräfte, G_1, ist dann

$$G_1 = \frac{\pi \gamma}{2} \int_{D_1^i}^{D_1^a} \left(A D_1 - \frac{B}{D_1}\right) d D_1 \quad \ldots \ldots \ldots \ldots \quad 423$$

oder auch

$$G_1 = A\,(D_1^{a2} - D_1^{i2}) \frac{\pi}{4} \gamma - \frac{B \pi}{2} \gamma \cdot \ln \frac{D_1^a}{D_1^i} \quad \ldots \ldots \ldots \quad 424$$

Das heißt: Auf die Ringspaltfläche drückt ideell eine Kraft vom Gewicht eines Wasser-Hohlzylinders, dessen Basis gleich ist der Ringspaltfläche

$$(D_1^{a2} - D_1^{i2}) \frac{\pi}{4}$$

dessen Höhe A, Gl. 422, gleich ist h_e weniger der Geschwindigkeitshöhe von $w_1 \sin \delta_1$, dieses Gewicht aber um den durch die Verhältnisse des kreisenden Wassers bedingten Betrag vermindert.

Es empfiehlt sich noch, den Austrittsverlust α in die Rechnungen einzuführen, da dessen Einfluß auf das Verhältnis zwischen b_1 und b_2 von Interesse ist.

Wir greifen zurück auf Gl. 415, in der wir $\frac{a_0}{a_0+s_0}=\frac{a_2}{a_2+s_2}$ vorübergehend als annähernd richtig annehmen, die Korrektur dem Aufzeichnen der Schaufeln vorbehaltend. Es ergibt sich dann

$$D_1{}^m \cdot b_1 \cdot w_1{}^m \sin \delta_1{}^m = D_2{}^m \cdot b_2 \cdot w_2 \quad \ldots \ldots \ldots \quad 425$$

worin $w_1{}^m$ und w_2 noch als Funktionen des Gefälles auszudrücken sind.

Wir nehmen nach Gl. 380, S. 142

$$w_1{}^m = \frac{1}{\cos \delta_1{}^m} \sqrt{\frac{g \cdot \varepsilon H}{1-\frac{\operatorname{tg} \delta_1{}^m}{\operatorname{tg} \beta_1{}^m}}}$$

Ferner ist, S. 3: $w_2 = \sqrt{2 g \alpha H}$ und diese Werte ändern Gl. 425 in

$$D_1{}^m b_1 \operatorname{tg} \delta_1{}^m = D_2{}^m \cdot b_2 \sqrt{\frac{2\alpha}{\varepsilon}\left(1-\frac{\operatorname{tg} \delta_1{}^m}{\operatorname{tg} \beta_1{}^m}\right)} \quad \ldots \ldots \ldots \quad 426$$

als Beziehung der für die erste Bemessung der Turbine maßgebenden Größen. Setzen wir hier, früherem (S. 132) entsprechend, $D_2 = \varDelta D_1$, so ergibt sich

$$b_1 = b_2 \frac{\varDelta}{\operatorname{tg} \delta_1{}^m} \sqrt{\frac{2\alpha}{\varepsilon}\left(1-\frac{\operatorname{tg} \delta_1{}^m}{\operatorname{tg} \beta_1{}^m}\right)} \quad \ldots \ldots \ldots \quad 427$$

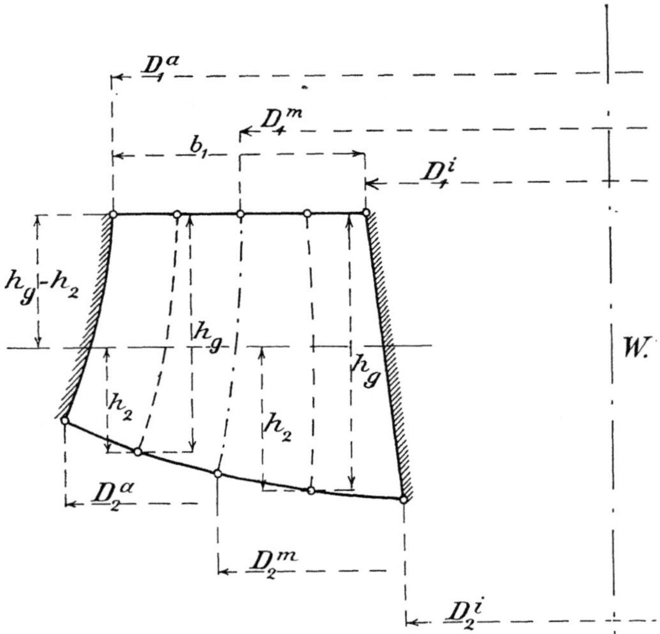

Fig. 127.

was sich für symmetrischen Kranzquerschnitt, $\varDelta=1$, noch entsprechend vereinfacht.

Für den Fall, daß $\beta_1{}^m = 90^0$ ist, ergibt sich einfach

$$b_1 = b_2 \frac{\varDelta}{\operatorname{tg} \delta_1{}^m} \sqrt{\frac{2\alpha}{\varepsilon}} \quad . \quad 427\text{a}$$

Noch ist zu erörtern, wie bei $b_2 > b_1$, wobei naturgemäß viele Wasserteilchen beim Weg durch das Laufrad ihre Entfernung von der Wellmitte ändern müssen, Fig. 89, S. 110, und Fig. 127, die Verhältnisse, abgesehen von β_2, einzurichten sind, damit über die ganze Breite b_2 die richtige Größe von v_2 und dadurch das richtige w_2 zustande kommt. — Für diese Teilchen gilt Gl. 390 natürlich auch, doch ist zu beachten, daß für jede Ringschichte die Gefälleaufteilung, der Wert von h_L, wechseln wird, weil h_1 wechselt, wie vorher auseinandergesetzt.

Die frühere Betrachtung kehren wir jetzt um; für $\delta_2 = 90^0$ ist immer

$w_2^2 = v_2^2 - u_2^2$. Da w_2 konstant sein soll, so folgt mit $h_L = h_1 + h_g - h_2$, vgl. auch Fig. 103, S. 129, und weil, solange die Eintrittsmitten in der Horizontalebene liegen, $h_g - h_2$ nicht nur bei geradlinigem b_2, sondern auch bei gekrümmtem Austritt für sämtliche Ringschichten, Fig. 127, konstant bleibt, als Bedingung für durchweg gleiches w_2 nach Gl. 390:

$$h_1 - \frac{u_1^2 - v_1^2}{2g} = \text{Konst.}$$

Nun ist ja für jede Ringschicht ideell $h_1 = h_e - \frac{w_1^2}{2g}$; also, da h_e konstant ist, lautet die Bedingung für die Erzielung richtiger Größen von w_2 auch

$$-w_1^2 - u_1^2 + v_1^2 = \text{Konst.}$$

Es ist ferner aus dem mit jedem neuen D_1 wechselnden Geschwindigkeitsparallelogramm bekannt, daß

$$v_1^2 = u_1^2 + w_1^2 - 2u_1 w_1 \cos\delta_1$$

so daß die Bedingung hiernach auch übergeht in die altbekannte Beziehung

$$u_1 \cdot w_1 \cos\delta_1 = \text{Konst.} (= g \cdot \varepsilon H) \quad \ldots\ldots\ldots\ldots \quad (378)$$

Da nun u_1 proportional D_1 ist, so läßt sich die vorstehende Bedingung auch ausdrücken: es muß $D_1 \cdot w_1 \cos\delta_1$ für alle Schichten konstant sein, was gemäß Gl. 407 der Fall ist.

Mit anderen Worten: Es liegt in den ganzen geordneten Verhältnissen einer Achsialturbine dynamisch begründet, daß wir für jede Lage von Eintritts- und Austrittsstelle einer Schicht das dem u_2 zugehörige, für die Erzielung von w_2 erforderliche, v_2 erhalten können, und wir werden diese Werte erzielen, wenn wir die Querschnitte der Rechnung entsprechend ausführen. Eine übertriebene Vergrößerung von D_2^a gegenüber D_1^a werden wir vermeiden, da sonst der Arbeitsaufwand für die Größe $\frac{u_2^2 - u_1^2}{2g}$ zu sehr an Bedeutung gewinnt.

4. Die Berechnung der äußeren Radialturbinen.

Das Wesen der Turbine bringt es mit sich, daß Berechnen der Turbine und Aufzeichnen der Schaufelung Hand in Hand gehen müssen. Aus diesem Grunde wird im Nachfolgenden das Aufzeichnen alsbald mitbesprochen werden und zwar ohne weiteres an Hand eines Zahlenbeispiels.

Es ist für den, der die Sache einmal kennt, sehr einfach, die zeichnerische Darstellung der Schaufeln, die sog. Schaufelschnitte, durchzuführen, doch bietet das Eindringen in den Darstellungsstoff manche anscheinende Schwierigkeit. Der Verfasser zieht es deshalb vor, das Berechnen und Aufzeichnen der verschiedenen Anordnungen nicht etwa nach der Reihe der Häufigkeit in der Anwendung der betreffenden Turbinenformen vorzunehmen, sondern es soll nach und nach von der einfachen nicht mehr oder selten angewendeten Form zu den umständlicheren, wenn auch häufiger benutzten Turbinenschaufelungen übergegangen werden.

Der Endzweck der Berechnung und Aufzeichnung ist allemal die zeichnerische Festlegung der Schaufelformen, d. h. der räumlichen Gestaltung für die Reaktionsgefäße. Wir müssen meistens dem Modellschreiner in parallel laufenden Schnitten (Bretterstärke) die Krümmungen und den ganzen Verlauf der Schaufelflächen mit ihrem Anschluß an die Laufradkränze so vorlegen, daß dieser, sofern Blech als Schaufelmaterial zu dienen hat, imstande ist, die Modelle für Schaufel-Preßklötze genau anzufertigen, oder daß er die Kernkästen usw. für Ausführung der Schaufeln in Gußeisen, Stahlguß oder Bronze richtig durchführen kann.

Aus diesem Grunde sind in der Praxis die Schaufelschnittzeichnungen in natürlicher Größe, aber nicht nach normalem Metermaß, sondern nach dem dem Material entsprechenden Schwindmaß anzufertigen; denn Kurven können nicht einfach von Normalgröße in Schwindmaß umgerechnet werden.

Es ist ferner zu bedenken, daß die Zeichnung in allererster Linie nicht die Form der Schaufelflächen, sondern die der Reaktionsgefäßräume festzulegen hat. Es kommt also auf die Form der letzteren an, viel weniger auf die der Schaufeln. Aus diesem Grunde darf nie nur eine einzige Schaufel gezeichnet werden, denn diese gibt kein Bild über den Verlauf der Gefäßform und der Gefäßquerschnitte. Als Geringstes der Darstellung ist zu betrachten, daß durch Aufzeichnen von drei Gefäßwänden zwei vollständige, benachbarte Reaktionsgefäße zur Anschauung gebracht werden müssen, sonst ist ein Urteil über die Zweckmäßigkeit der Gefäßform ($\varrho_2 H$ usw.) von vornherein ausgeschlossen.

Da das Aufzeichnen anders vorzunehmen ist, je nachdem Blechschaufeln oder gegossene Schaufeln zur Verwendung kommen sollen, so ist hier schon anzugeben, wann die eine und wann die andere Ausführung eintreten wird.

Einfachere Herstellung, glatte Wandungen, leichteres Gewicht, größere Widerstandskraft gegen Fremdkörper bei kleinerem s_1 und s_2 sprechen für die Verwendung von Blechschaufeln (meist Flußstahlblech) gegenüber gegossenen Schaufeln.

Wir wenden daher in den Laufrädern überall und so lange Blechschaufeln an, als dies mit der Gefäßform verträglich ist, d. h. solange die überall gleich große Blechstärke $s_1 = s_2$ der Trennungswände der einzelnen Gefäße einen guten Verlauf der Gefäßform nicht beeinträchtigt, Fig. 87, S. 109. Dies wird ohne Ausnahme zutreffen, solange der Eintrittswinkel β_1 größer, gleich oder nicht wesentlich kleiner ist als 90°. Von β_1 kleiner als 90° an können Gefäßformen auftreten, die bei gleichbleibender Wandstärke sackartige Krümmungen oder gar Erweiterungen zeigen würden, die der stetigen Entwicklung von v_2 aus v_1 hinderlich sind, die also Anlaß geben können, daß die Widerstandshöhe $\varrho_2 H$ unerwünscht groß ausfällt, vgl. Fig. 155 und 163.

Für solche Verhältnisse liegt die Abhilfe meist nur in einer oft recht beträchtlichen Verdickung der gemeinschaftlichen Scheidewände der einzelnen Reaktionsgefäße, also in der Ausführung in gegossenem Material, wie dies schon die Fig. 50, 54, 112 haben erkennen lassen.

Für die nachstehend behandelten, teilweise sehr verschiedenen Beispiele von Ausführungsarten des Radialturbinenlaufrades sind des gegenseitigen Vergleiches wegen durchgehends die gleichen Zahlengrößen von Gefälle und Wassermenge der Rechnung zugrunde gelegt, trotzdem man beispielsweise nicht in die Lage kommen wird, die Ausführungen nach A oder B heute noch für das betreffende Gefälle in Anwendung zu bringen. Es wird andererseits aber ein leichtes sein, nach den gegebenen Anleitungen diese Formen für Verhältnisse, in denen sie erforderlich werden können (Groß- und Hochgefälle), zweckentsprechend auszuführen.

Die den sämtlichen Laufradkonstruktionen zugrunde zu legenden Daten sind folgende:

Unregulierbare Turbine. (Die Rücksicht auf Regulierbarkeit wird später behandelt werden, sie ändert wenig oder nichts an den Laufradformen.)

Gefälle $H = 4{,}0$ m (Nettogefälle).

Wassermenge $Q = 1{,}75$ cbm/sk. (Der Spalt zwischen Leit- und Laufradkranz, Fig. 87, läßt Betriebswasser unter Umgehung des Weges durch das Laufrad entweichen. Die Größe dieses sog. Spaltverlustes, der sehr niedergehalten werden kann, S. 234, wird einstweilen vernachlässigt.)

Austrittsverlust: angenommen $\alpha = 0{,}06$[1]) als verhältnismäßig kleiner Betrag.

$$\text{Mithin, Gl. 21,}\quad w_2 = \sqrt{2g \cdot \alpha H} = \sqrt{2g \cdot 0{,}06 \cdot 4} = 2{,}17 \text{ m/sk.}$$

Reibungsverluste, vgl. S. 98: geschätzt $\varrho = 0{,}12$.[2])

$$\text{Also } \varrho H = 0{,}12 \cdot 4{,}0 = 0{,}48 \text{ m.}$$

Hydraulischer Nutzeffekt Gl. 30: $\varepsilon = 1 - \alpha - \varrho = 1 - 0{,}06 - 0{,}12 = 0{,}82$.

Die Ziffer des mechanischen Nutzeffektes, e, kommt hier nicht in Betracht. Die später zu behandelnde Saugrohrerweiterung, S. 271 u. f., auch S. 318 u. f., ist außer Berechnung gelassen.

Austrittswinkel: angenommen $\delta_2 = 90^0$.

Austrittsmaße: angenommen im Durchschnitt vorläufig

$$a_2' = 60 \text{ mm}; \qquad s_2 = 7 \text{ mm.}$$

Demgemäß ist die Austrittsfläche, Gl. 388

$$F_2 = D_2 \pi \cdot b_2 = \frac{Q}{w_2} \cdot \frac{a_2 + s_2}{a_2} = \frac{1{,}75}{2{,}17} \cdot \frac{67}{60} = 0{,}902 \text{ qm.}$$

[1]) Bei erweitertem Saugrohr unterscheiden sich α_2 und α_4, vgl. S. 262.

[2]) Dieser Betrag stellt einen mittleren Wert dar, der bei guten Ausführungen noch unterschritten werden kann.

Saugrohreinbauten. Unmittelbar nach dem Verlassen des Laufrades sei eine Versperrung des Saugrohrquerschnittes durch Welle und Nabe, die Größe f_w der Gl. 511 von $0{,}05\ F_2$ vorhanden. Mithin gilt:

$$F_3 = D_3^2 \frac{\pi}{4} = 1{,}05\, F_2 = 0{,}947 \text{ qm},$$

woraus der anfängliche Saugrohrdurchmesser $D_3 =$ rund 1,1 m. Hierbei ist nicht in Rechnung gestellt, daß das Zusammenschließen der austretenden Schaufelstrahlen (S. 147) ein entsprechend kleineres F_3 gestatten würde.

A. Turbine mit geradlinigem Austritt (ähnlich Fig. 114).

Annahme $\beta_1 = 90^0$, ebenso $\delta_2 = 90^0$.

1. Allgemeines.

Für die Umleitung des Wassers aus der radialen Austrittsrichtung w_2 ($\delta_2 = 90^0$) in die achsiale w_3 wird am Saugrohrdurchmesser von 1,1 m beiderseits eine Abrundung von 100 mm zugegeben, Fig. 129, derart, daß $D_2 = 1{,}1 + 2 \cdot 0{,}1 = 1{,}3$ m festgesetzt ist.

Aus $F_2 = D_2 \pi \cdot b_2 = 0{,}902$ qm ergibt sich für $D_2 = 1{,}3$ m und unter der Voraussetzung, daß $a_2' = 60$ mm eingehalten werde, vorläufig:

$$b_2' = \frac{F_2}{D_2 \pi} = \frac{0{,}902}{1{,}3\, \pi} = 0{,}221 \text{ m}.$$

Mit Rücksicht auf gute Krümmungsradien der Schaufelbleche wird eine radiale Erstreckung des Laufrades von beiderseitig je 250 mm ins Auge gefaßt, so daß

$$D_1 = D_2 + 2 \cdot 0{,}25 = 1{,}3 + 0{,}5 = 1{,}8 \text{ m}.$$

Die Gl. 379a, S. 142, liefert für $\beta_1 = 90^0$

$$u_1 = \sqrt{g \cdot \varepsilon H} = \sqrt{9{,}81 \cdot 0{,}82 \cdot 4{,}0} = 5{,}67 \text{ m/sk},$$

wodurch die minutliche Umdrehungszahl mit

$$n = \frac{60 u_1}{D_1 \pi} = \sim 60$$

festgelegt ist. Es ergibt sich ferner

$$u_2 = u_1 \frac{D_2}{D_1} = 5{,}67 \frac{1{,}3}{1{,}8} = 4{,}095 \text{ m/sk}.$$

2. Laufrad-Austritt.

Da $\delta_2 = 90^0$, so folgt zeichnerisch, Fig. 128, aus

$$v_2^2 = u_2^2 + w_2^2 \qquad v_2 = 4{,}635 \text{ m/sk}$$

und dessen erforderliche Richtung. Ähnlich der Fig. 119 ergibt sich durch eine Parallele zur Richtung von v_2, im Abstande $a_2' + s_2 = 60 + 7$ gezogen, die erwünschte Teilung am Radschaufelaustritt $t_2' = 143$ mm. Dieser Teilung entsprechend würden, bei $D_2 = 1300$, $z_2' = \frac{1300 \pi}{143} = \sim 28{,}6$ Radschaufeln erforderlich sein, was untunlich. Wir runden ab auf eine Zahl, die der Gießerei nicht unnötige Schwierigkeiten macht, wenn keine Teilmaschine zur Verfügung ist und nehmen endgültig

$$z_2 = 28, \text{ woraus } t_2 = \frac{1300 \pi}{28} = 146 \text{ mm}.$$

Trägt man dies t_2 in Fig. 128 ein, so ergibt sich, sofern die Größe von w_2, also auch die Richtung von v_2 genau einzuhalten ist, $a_2 + s_2 = 68$ statt 67, also endgültig $a_2 = 68 - 7 = 61$ mm.

Hiermit folgt nun aus

$$Q = z_2 \cdot a_2 \cdot b_2 \cdot v_2$$
$$= 28 \cdot 0{,}061 \cdot b_2 \cdot 4{,}635 = 1{,}75$$

schließlich

$$b_2 = \frac{1{,}75}{28 \cdot 0{,}061 \cdot 4{,}635} = 0{,}22 \text{ m.}$$

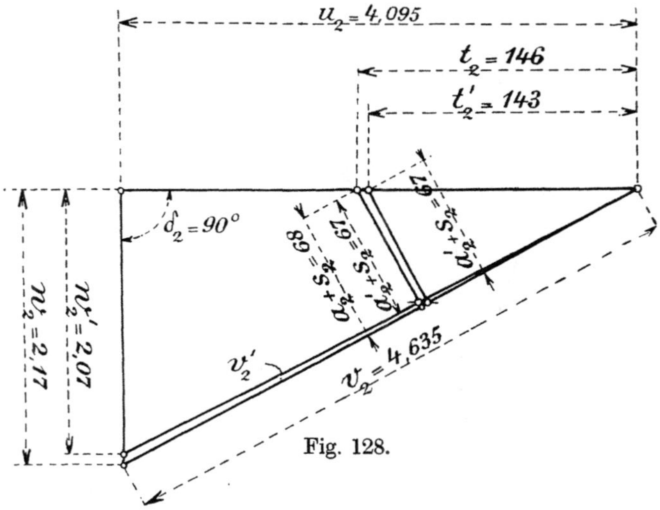

Fig. 128.

Würde ein zwingender Grund vorliegen, die zuerst angenommene Weite $a_2' = 60$ mm genau einzuhalten, so könnte man wie folgt verfahren:

Schwenken der Richtung von v_2 nach v_2' auf den Abstand 67 statt 68, Fig. 128, wodurch w_2 von 2,17 auf $w_2' = 2{,}07$ m/sk heruntergeht. Dementsprechend würde sich der Austrittsverlust α nach Gl. 21 stellen auf

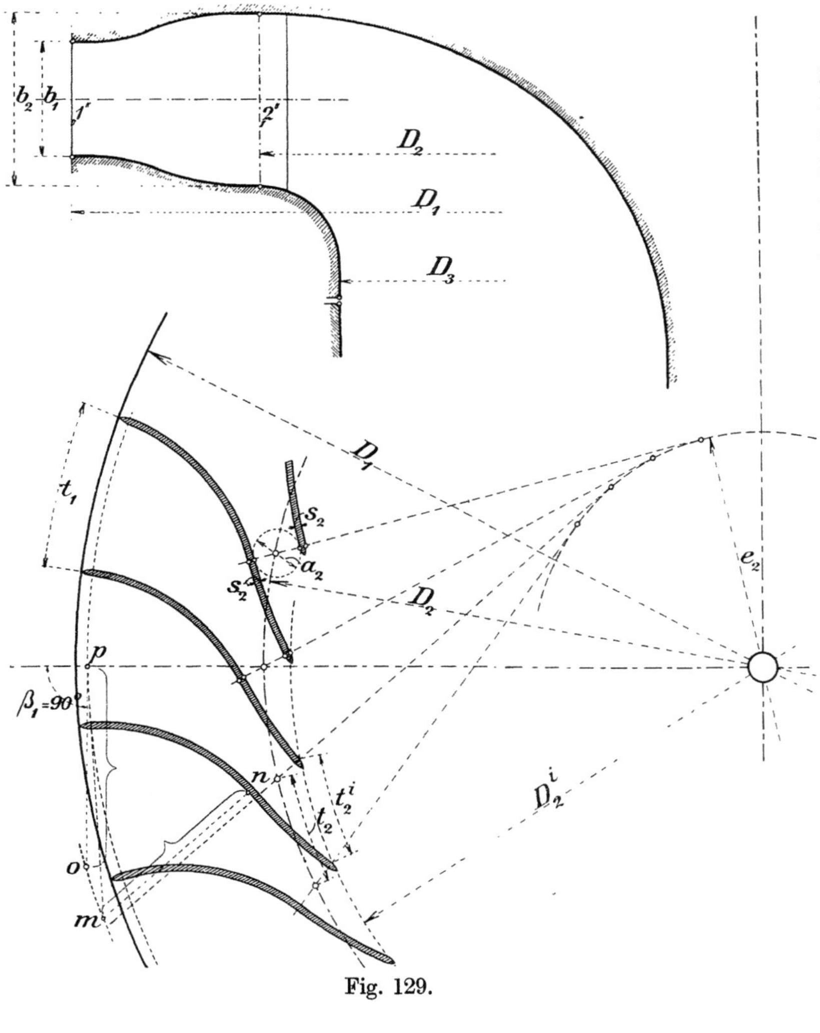

Fig. 129.

$$\alpha = \frac{2{,}07^2}{2g} \cdot \frac{1}{4{,}0} = 0{,}0546$$

gegenüber 0,06. Der kleinere Betrag w_2' würde ein etwas vergrößertes Saugrohr bedingen und wegen $\varepsilon = 1 - \alpha - \varrho$ eine unbedeutende Steigerung von u_1 zur Folge haben.

Der Grundkreisdurchmesser e_2 für die Austrittsevolventen ergibt sich nach Gl. 381 für $z_2 = 28$ und $a_2 = 61$ zu

$$e_2 = \frac{z_2 (a_2 + s_2)}{\pi}$$
$$= \frac{28 \cdot 68}{\pi} = 606 \text{ mm,}$$

so daß hiernach die Evolventen, Fig. 129 u. 130, aufgezeichnet werden können. Man geht dabei wie folgt vor: Nach Aufzeichnen der Kreise e_2 und D_2 werden ganz ähnlich Fig. 113 auf dem Umfang des Austrittskreises zur Darstellung dreier Schaufelräume drei Teilungen t_2 abgetragen und durch die Teilpunkte die erzeugenden Geraden an den Grundkreis e_2 gezogen. Auf diesen Geraden trägt man von der Austrittsmitte aus nach innen und außen $\frac{a_2}{2}$ und anschließend s_2 ab, wodurch Beginn und Ende der Evolventenstücke festgelegt ist. Es läßt sich jetzt durch die innerste Evolventenecke ein Kreis vom Durchmesser $D_2{}^i$, Fig. 129, ziehen, auf dem die Erzeugenden die Teilungen $t_2{}^i$ abschneiden, und dieser Kreis erleichtert das Aufzeichnen der Evolventenstücke selbst ganz wesentlich. Man teilt, Fig. 130, $t_2{}^i$ z. B. in vier gleiche Teile, $a_2 + s_2$ auch und schlägt aus $\frac{t_2{}^i}{4}$ mit dem Radius $\frac{a_2 + s_2}{4}$, aus $\frac{t_2{}^i}{2}$ mit $\frac{a_2 + s_2}{2}$ usw. Kreise. Die Einhüllungskurve dieser kleinen Kreise ist die gesuchte innere Evolvente. Um s_2 weiter gegen außen (äquidistant) liegt die zweite, äußere Evolvente.

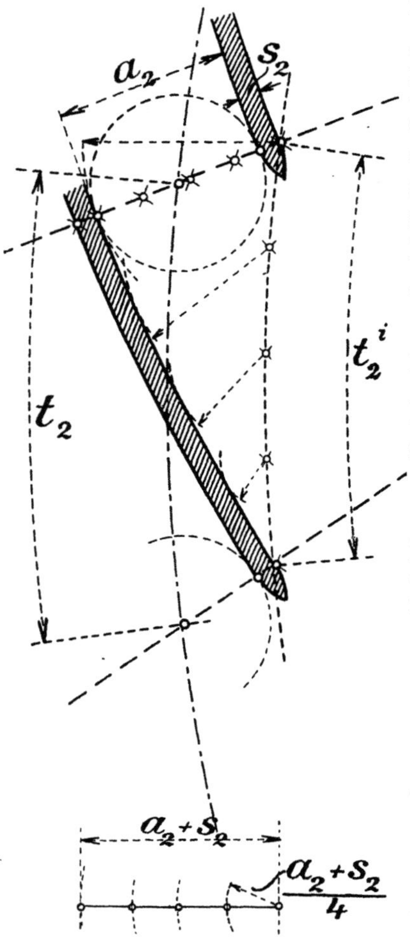

Fig. 130.

Es könnte nunmehr gleich die Überleitung der Evolventenstücke durch Kreisbögen in die Richtung $\beta_1 = 90^0$ gezeichnet werden, vorher aber ist es zweckmäßig, $b_0 = b_1$ festzulegen.

3. Leitrad-Austritt und Laufrad-Eintritt.

Annahme $a_0 = 80$ mm, $s_0 = 5$ mm.

Für die anzunehmende Leitschaufelzahl liegt ein ganz willkürlicher Anhalt darin, daß die Leitschaufelteilungen t_0 etwa $\frac{D_1}{10} + 50$ bis $\frac{D_1}{10} + 200$, alles in Millimeter verstanden, betragen möchten, wobei der erstere Wert für große, der letztere für kleine Durchmesser gilt. Meist liegen die t_0 zwischen 200 und 300 mm. Einzelne Ausführungen zeigen auch ausnahmsweise wesentlich mehr. Dies gibt hier, bei $D_1 = 1800$, den vorläufigen Wert $t_0' = \sim 180 + 50 = 230$ mm und daraus vorläufig

$$z_0' = \frac{1800\pi}{230} = 24{,}56$$

Wir nehmen definitiv $z_0 = 24$, eine gerade Zahl, gut teilbar, der Ausführung wegen.

Es empfiehlt sich, die Schaufelzahlen z_0 und z_1 nicht gleich groß anzunehmen, um nicht gleichzeitig auf dem ganzen Umfang ein Sichüberdecken von Leit- und Laufschaufelstärken hervorzurufen, weil dies zu regelmäßigen Stößen in der Wasserführung Anlaß geben könnte. Durch $z_0 = 24$ im Verein mit $z_1 = 28$ ist auch den auf S. 102 in Gl. 294 ausgesprochenen Rücksichten einigermaßen Rechnung getragen.

Es ergibt sich definitiv

$$t_0 = \frac{1800 \cdot \pi}{24} = 235{,}6 \text{ mm}$$

weiter folgt, vgl. auch Fig. 131,

$$\sin \delta_1 = \frac{a_0 + s_0}{t_0} = \frac{80 + 5}{235,6} = 0,3608$$

und wir notieren, des $\cos \delta_1$ halber, $\delta_1 = \sim 21^0\,9'$ und finden $\cos \delta_1 = 0,9326$.

Es findet sich nach Gl. 380a, S. 142 und mit Rücksicht auf die Bemerkung zu Gl. 293 S. 101

$$w_0 = w_1 = \frac{u_1}{\cos \delta_1} = \frac{5,67}{0,9326} = 6,08 \text{ m/sk}$$

Aus $$Q = z_0 \cdot a_0 \cdot b_0 \cdot w_0 = 1,75 = 24 \cdot 0,08 \cdot b_0 \cdot 6,08$$

folgt die Eintrittsbreite $$b_0 = \frac{1,75}{24 \cdot 0,08 \cdot 6,08} = 0,150 \text{ m}$$

Nach der Feststellung von $b_0 = b_1$ kann nunmehr das Radprofil entworfen werden, welches symmetrischen Kranzquerschnitt, Fig. 114 und Fig. 129 erhalten mag.

Zugleich nehmen wir das Fertigzeichnen der Laufschaufeln und das Aufzeichnen der Leitschaufeln vor.

4. Die Laufschaufeln.

Der symmetrische Kranzquerschnitt, der radiale Austritt mit gerader Austrittsmitte, b_2, gestattet, daß die Radschaufeln die denkbar einfachste Form (Zylinderflächen) erhalten, wie sie Fig. 129 aufweist; ein Kreis von möglichst großem Radius schließt an Evolvente und Eintrittsumfang ($\beta_1 = 90^0$) an, wobei an beiden Enden je ein kurzes gerades Stück, etwa 10 mm lang, eingeschaltet ist. Beim Anschluß an die Evolvente dient dies Zwischenstück als allmählicher Übergang, ein in die Länge gestreckter Wendepunkt; am Schaufeleintritt wird aus der 10 mm-Strecke die Zuschärfung der Schaufel bestritten. Für die Zuschärfung am Schaufelaustritt ist in der Blechlänge entsprechend zuzugeben.

Aufsuchen des Krümmungsmittelpunktes der Schaufel. Die relative Lage des Schaufelanfangs „1“, Fig. 129, zur Evolvente bzw. die Größe des zwischen beiden erhaltenen Zentriwinkels ist an sich gleichgültig und wird nur durch den Krümmungsradius der Schaufel bestimmt. Der Krümmungsmittelpunkt liegt jedenfalls auf der im Abstand 10 mm zu a_2 gezogenen Parallelen mn, Fig. 129, aber er muß auch auf einer Tangente op des Kreises liegen, dessen Umfang 10 mm vom Kreise, $D_1 = 1800$, nach innen absteht. Durch Probieren wird man bald die richtige Länge des Krümmungshalbmessers finden, die, wenn auf mn und op aufgetragen, zwei Punkte, m und o gibt, die auf gleichem Umkreise liegen. Der Zirkelschlag von m aus legt dann den Schaufelanfang in Richtung und Lage zum Schaufelende fest.

Besondere „Modellschnitte“, d. h. Schnitte durch die Schaufelfläche mittels Ebenen, die senkrecht zur Drehachse der Turbine stehen, sind hier unnötig, denn solche wären, weil die Schaufel eine Zylinderfläche bildet, alle gleich, sie sind durch Fig. 129 schon gegeben.

5. Die Leitschaufeln.

Damit sämtliche Wasserfäden den Eintrittsumfang des Laufrades in gleichen Richtungen δ_1 treffen, sind die Leitschaufeln ebenfalls als Evolventen auszubilden, vgl. S. 146. Der Durchmesser des zugehörigen Grundkreises ist nach Gl. 385

$$e_0 = \frac{z_0 (a_0 + s_0)}{\pi} = \frac{24 \cdot 85}{\pi} = 650 \text{ mm}$$

Das Aufzeichnen der Leitschaufelevolventen beginnt, von den Kreisen D_1 und e_0 ausgehend, durch Auftragen einiger Teilungen t_0 auf dem Kreise D_1, Fig. 131, und

Ziehen der Erzeugenden durch diese Teilpunkte. Es folgt das Antragen des Maßes für den Schaufelspalt, wir nehmen radial $s = 30$ mm, so daß die Leitschaufelevolventen auf einem Kreise von $1800 + 2 \cdot 30 = 1860$ mm zu beginnen haben. Der Durchmesser dieses Kreises mag mit D_0^i bezeichnet sein, wenn sich dies auch nicht mit dem D_0^i, S. 159, der Achsialturbine deckt. Auf dem Kreise D_0^i schneiden die vorerwähnten Erzeugenden die entsprechenden Teilungen t_0^i ab; auf den Erzeugenden tragen wir bei D_0^i beginnend zuerst s_0, dann a_0, dann nochmals s_0 auf, wodurch die Leitschaufelmündung bestimmt ist, und D_0 in der Mitte von a_0 abgemessen werden kann; die genaue Größe von D_0 ist aber für uns ohne weiteres Interesse. Für das Aufzeichnen der Leitschaufelevolventen findet das gleiche Verfahren Anwendung, wie es S. 174 für die Radschaufelenden geschildert wurde. Für Blechschaufeln folgt auch die konvexe äußere Schaufelseite auf den Kreisradien

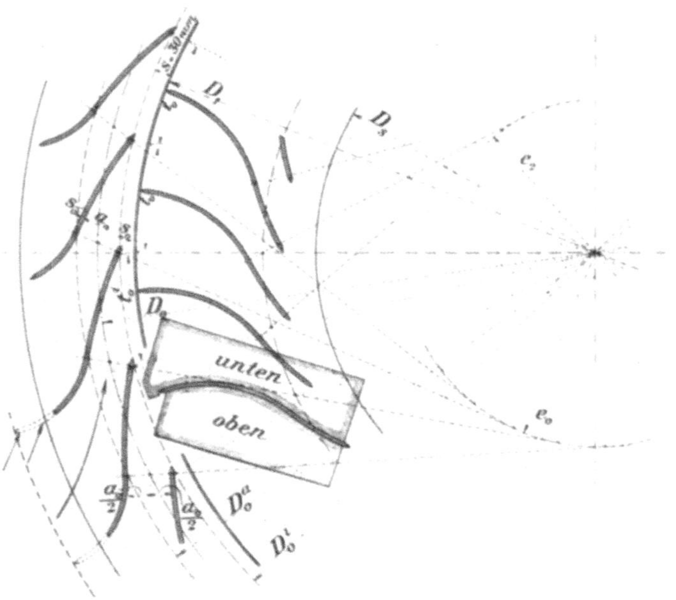

Fig. 131.

$$\frac{a_0 + s_0}{4} + s_0, \quad \frac{a_0 + s_0}{2} + s_0 \text{ usw.}$$

während für gegossene Schaufeln die Außenseite sich rasch von der Innenevolvente entfernt, um der Leitschaufel, guten Gießens und des Schaufelbolzens halber, größere Stärke zu geben, wo diese für den Austritt, $a_0 + s_0$, nicht mehr schädlich ist, Fig. 187, S. 293, u. a.

Gegen außen werden die Evolventen durch ein flach kreisförmig gekrümmtes Stück verlängert, Fig. 131. Früher führte man den Kreis bis zur radialen Richtung fort (in Fig. 131 punktiert), aber dieser radiale Beginn der Leitschaufeln behindert nur das freie Herzuströmen des Wassers, das sich schon außerhalb der Leitschaufeln ungefähr in der Pfeilrichtung zu bewegen trachtet.

Die Fig. 131 zeigt auch zu beiden Seiten einer Laufradschaufel die Form des Preßklotzes angedeutet.

B. Langsamläufer für Großgefälle.

(H etwa 10 bis 50 m.) Hierzu Taf. 1.

Die unter A geschilderte Form war nur vorgenommen worden, um als Einführung in das Wesen der Schaufelschnittzeichnungen zu dienen, sie ist im übrigen längst verlassen, ihrer übergroßen Durchmesser wegen, vgl. auch S. 150.

Die nunmehr zu beschreibende Anordnung mit etwas kleinerem Durchmesser D_1 kommt bei hohen Gefällen in Betracht, wenn man Veranlassung hat, die Umdrehungszahlen klein zu halten. Hier beginnt die Umlenkung des Wassers nach der achsialen Richtung in mäßigem Grade schon im Laufrade selbst, woraus sich die S. 152 u. f. behandelte gekrümmte Austrittslinie b_2 ergibt. Da das Entwerfen von b_2 usw. aber nur dann einen Sinn hat, wenn D_1 und b_1 schon festliegen, so ist mit diesen Größen zu beginnen.

Wir übernehmen aus dem Eingang des Abschnittes, S. 172, $D_3 = 1100$ mm, setzen voraus, daß der Schwerpunkt der gekrümmten Austrittslinie b_2 ungefähr in die Flucht der Saugrohrwand komme, d. h. daß $D_2 = \sim 1100$ mm ausfallen werde und addieren hierzu, wie unter „A", $2 \cdot 250 = 500$ mm, so daß der Eintrittsdurchmesser $D_1 = 1600$ mm in Aussicht zu nehmen ist.

Da wir auch hier $\beta_1 = 90^0$, $\delta_2 = 90^0$, $\varepsilon = 0{,}82$ usw. beibehalten, so bleibt auch $u_1 = 5{,}67$ m/sk bestehen, aber die Umdrehungszahl des richtigen Arbeitens steigt, des kleineren Durchmessers wegen, auf

$$n = \frac{60 \cdot 5{,}67}{1{,}6\pi} = \sim 67{,}7$$

1. Leitrad-Austritt.

Aus $t_0 = \frac{D_1}{10} + 50$ folgt hier $t_0' = 210$ mm. Es kommt $z_0' = \frac{1600\pi}{210} = 23{,}9$, wir nehmen endgültig

$$z_0 = 24; \quad t_0 = \frac{1600\pi}{24} = 209{,}4 \text{ mm}$$

Aus $a_0 = 70$, $s_0 = 5$ mm ergeben sich

$$\sin\delta_1 = \frac{70+5}{209{,}4} = 0{,}3581; \quad \delta_1 = 20^0\,59'; \quad \cos\delta_1 = 0{,}9337$$

Mithin soll sein

$$w_1 = \frac{u_1}{\cos\delta_1} = \frac{5{,}67}{0{,}9337} = 6{,}075 \text{ m/sk}$$

Für $w_0 = w_1$, S. 101, ergibt sich aus

$$Q = z_0 \cdot a_0 \cdot b_0 \cdot w_0 = 1{,}75 = 24 \cdot 0{,}07 \cdot b_0 \cdot 6{,}075$$

die Eintrittsbreite $b_0 = 0{,}171$ m

was wir auf $b_0 = b_1 = 0{,}175$ m aufrunden.

2. Laufrad-Austritt.

Um einen ersten Anhalt für die Länge der Austrittsbreite b_2 zu bekommen, haben wir auf F_2, S. 171, zurückzugreifen. Da $F_2 = D_2\pi \cdot b_2 = 0{,}902$ qm, so kann hier auch geschrieben werden $D_2 \cdot b_2 = \frac{0{,}902}{\pi} = 0{,}287$ m² und so ergibt sich, bei dem Schwerpunktsdurchmesser $D_2 = 1{,}1$ m, die erforderliche Länge der gekrümmten Austrittslinie annähernd als $b_2' = \frac{0{,}287}{1{,}1} = \sim 0{,}26$ m gegenüber vorher, S. 172, 0,221 m. Die Austrittskurve b_2' ist dabei als in einer Radialebene liegend vorausgesetzt.

Nach diesen Daten kann nunmehr der erste annähernde Entwurf des Laufradprofils gemacht werden, wonach selbstverständlich b_2 noch genauer bestimmt werden muß.

Es wird, Fig. 132, nachdem D_1 und b_1 angetragen nach Gutdünken zuerst einmal die Linie des oberen Laufradkranzes mit seiner Überleitung zur Nabenscheibe und bis zur Welle (f_w), der sog. Radboden, entworfen, und dann D_2 und das gekrümmte b_2' nach den errechneten Maßen, senkrecht an den oberen Kranz anschließend, frei gezogen. Senkrecht zum unteren Ende von b_2' setzt der untere

Radkranz in gerader Linie an, schließt in guter Krümmung an das untere Ende von b_1 an und leitet über das untere Ende von b_2' schließlich in guter Abrundung nach der Saugrohrwand, $D_3 = 1100$ mm, über. Der untere Kranz bildet also am Austritt „2" eine Kegelfläche.

Der Verlauf der beiden Radkränze soll nach dem Aufhören der Radschaufeln so beschaffen sein, daß das Wasser von $D_2\pi \cdot b_2$ ab in gleichbleibendem Querschnitt nach dem Saugrohr fließt. Wir haben zur Prüfung dieses Umstandes nur den

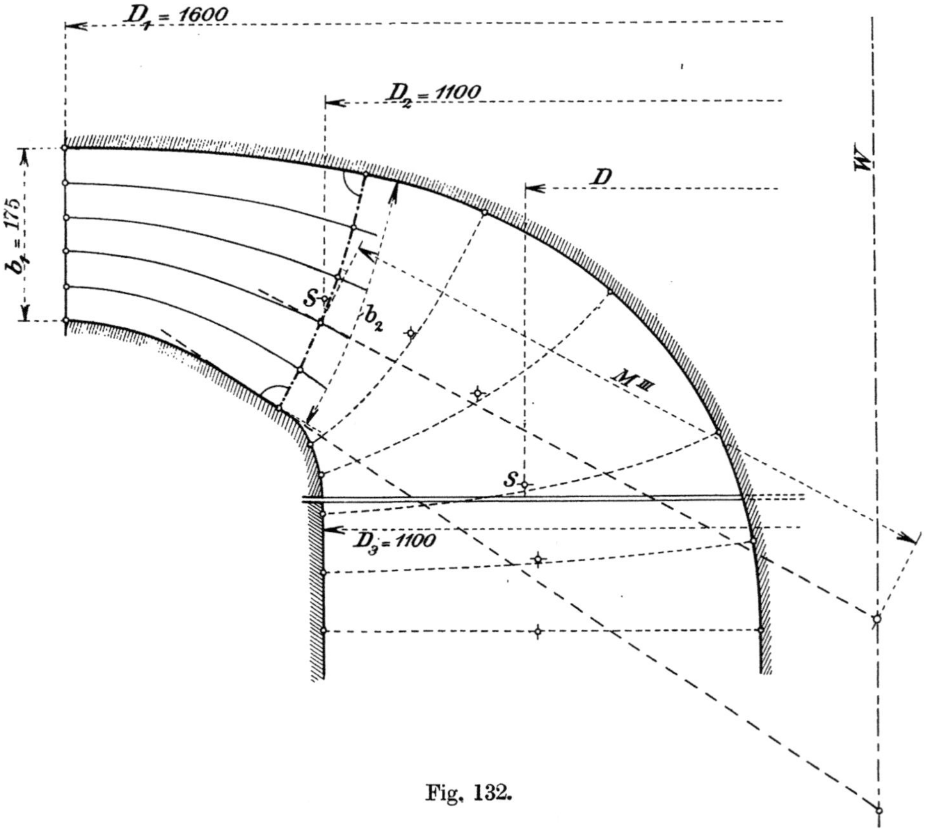

Fig. 132.

Weg des Probierens, Einzeichnen von Übergangskurven zwischen b_2 und D_3 wie in Fig. 132 geschehen, Bestimmung von deren Längen b, Schwerpunktsdurchmessern D, Berechnung von $D\pi \cdot b$, was gleich $D_2\pi \cdot b_2$ oder, dem zu erwartenden Zusammenschließen der Schaufelstrahlen entsprechend, kleiner als $D_2\pi \cdot b_2$ gerichtet werden muß. Diese Prüfung wird aber erst vorgenommen, wenn b_2 festliegt.

Zur genauen Bestimmung der Länge und Form von b_2 bedarf es nunmehr des Hilfsmittels der Schichtlinien, die auch für die Feststellung der Schaufelflächen selbst von wesentlicher Bedeutung sind.

3. Schichtlinien und Schichtflächen. Taf. 1.

Wir teilen die Eintrittsbreite b_1 in m gleiche Teile (hier $m = 5$) und denken uns durch jeden Teilpunkt, ähnlich wie in Fig. 118, S. 152, eine Schichtlinie gezogen.

Die von den Schichtlinien beschriebenen Drehflächen, die Schichtflächen, zerlegen das Laufrad gewissermaßen in eine Anzahl kleinerer, übereinanderliegender Teilturbinen, deren jede, der gleichen Eintrittsbreite $\frac{b_1}{m}$ $\left(\text{hier } \frac{b_1}{5}\right)$ wegen, die Wassermenge $\frac{Q}{m}\left(\text{hier } \frac{Q}{5}\right)$ zu verarbeiten hat, wobei die Reibungswiderstände der Radkränze für die Außenschichten nicht weiter in Rechnung gestellt werden. Es handelt sich jetzt um die Ermittelung des für jede Teilturbine verschieden großen Bruchteils von b_2, mit λb_2 bezeichnet, denn gleich groß können diese Stücke, der verschiedenen v_2 wegen, nicht sein. Die relativen Austrittsgeschwindigkeiten v_2 sollen, S. 153, mit kleinerem Durchmesser abnehmen, mithin müssen die $f_2 = a_2 \cdot \lambda b_2$ der einzelnen Teilturbinen gegen innen zunehmen, Fig. 132 und Taf. 1.

Wir gehen von der Linie des unteren Laufradkranzes aus, also sind uns nur die Verhältnisse der Schichtfläche *I* bis jetzt sicher bekannt.

Wir verlängern, Taf. 1, die gerade Begrenzungslinie des unteren Kranzes, bis sie in *I* die Turbinenachse *W* schneidet, hier liegt die Spitze des Kegelmantels, den der untere Kranz bildet.

Das Geschwindigkeitsparallelogramm des Austrittes für die Schichtfläche *I* wird aufzuzeichnen sein als in einer Ebene liegend, die die obengenannte Kegelfläche in der Mantellinie berührt, die also in Taf. 1, Fig. *A* mit der Mantellinie *I*—*I* zusammenfällt. Die untere Anfangsstrecke von b_2 steht allseitig senkrecht zu dieser Ebene, also steht dieses Anfangsstück auch senkrecht zu den drei Geschwindigkeiten u_2^I, v_2^I, w_2, an dieser Stelle, w_2 für alle Schichten gleich.

Was für die eine Schichtfläche *I* sich als gegeben erwies, das muß für die anderen, *II*, *III* usw., auch verlangt werden, es sollte an jeder Stelle der Austrittskurve b_2 die Ebene des Geschwindigkeitsparallelogramms senkrecht stehen zu dieser Austrittskurve. Nur so können wir auf sichere Austrittsverhältnisse rechnen.

Liegt die Ebene des Geschwindigkeitsparallelogramms irgendwie schiefwinklig zur Richtung von b_2, so entstehen dort nicht unrichtige Rechnungsverhältnisse, die entsprechenden Projektionen von v_2, a_2 usw. lassen sich immer finden und einsetzen, aber wir haben keine Gewähr dafür, daß das Wasser so fließt, wie wir es voraussetzen, daß es die betreffenden Querschnitte in der gewollten Schrägrichtung durchströmt. Würde sich der Wasserlauf unter solchen Umständen doch senkrecht zu den betreffenden Querschnitten entwickeln, so wären diese zu groß, die ganze Rechnung fiele damit in sich zusammen.

Wir müssen immer zu erreichen suchen, daß das Wasser senkrecht zu f_2, senkrecht zu den tatsächlich vorhandenen Austrittsquerschnitten durchfließt, daß es gar keine Möglichkeit hat, sich irgendwie einen größeren Austrittsquerschnitt dadurch zu verschaffen, daß es seine Richtung ändert. Mit anderen Worten, wir sollten die Schichtlinien am Austritt so zeichnen und durch Berechnung so festlegen, daß die Austrittskurve b_2 von den Schichtlinien überall senkrecht geschnitten wird. Jede Schichtfläche läuft schließlich in einen Kegelmantel aus, und wenn die in einer Radialebene liegende b_2-Kurve senkrecht zu den Mantellinien steht, so steht sie auch senkrecht zu den Ebenen der Geschwindigkeitsparallelogramme und wir haben klare Verhältnisse. So bilden die Schichtflächen für uns das Mittel zur zweckmäßigen Formgebung des mittleren Teiles der Schaufelflächen. Daß hiervon unter Umständen abgewichen werden muß, ist weiter unten, S. 190, besprochen.

Wie schon erwähnt, müssen die Teilquerschnitte $f_2 = a_2 \cdot \lambda b_2$ der abnehmenden v_2 wegen gegen innen hin zunehmen. Das zwischen Schichtlinie *I* und *II*, Taf. 1, gelegene Stück λb_2 wird deshalb etwas kleiner, das zwischen *V* und *VI* gelegene etwas größer sein als $\frac{b_2'}{5}$.

Für die unterste Teilturbine zwischen *I* und *II*, kurz Schicht *I*—*II* benannt, nehmen wir also λb_2 vorläufig etwas kleiner an als $\frac{b_2'}{5}$, etwas kleiner als $\frac{260}{5} = 52$ mm, z. B. 48 mm.

Für diese Teilturbine muß dann, entsprechend der ganzen Turbine, ebenfalls die Gleichung bestehen

$$z_2 \cdot a_2 \cdot \lambda b_2 \cdot v_2 = \frac{Q}{m} = \frac{Q}{5}$$

In der Gleichung ist a_2 und v_2 dazu z_2 zu bestimmen, ehe λb_2 gerechnet werden kann. Die beiden Größen a_2 und v_2 sind durch u_2 und w_2 festgelegt, denn da wir die Turbine so einrichten wollen, daß durchweg $\delta_2 = 90^0$ ausfällt, so gilt die S. 154 gefundene Beziehung $v_2^2 - u_2^2 = w_2^2$, wie sie auch in Fig. 119 zum Ausdruck gebracht ist.

Wir haben ganz wie dort v_2, sowie $a_2 + s_2$ zeichnerisch aus u_2 und w_2 zu ermitteln, und da dies nach und nach für alle Schichtflächen *I* bis *VI* durchgeführt werden muß, so empfiehlt es sich, für alle diese Vornahmen gemeinsam zeichnerisch vorzugehen, Taf. 1, Fig. *C*.

Senkrecht zum Radius $\frac{D_1}{2} = \frac{1600}{2} = 800$ mm tragen wir die Größe u_1 mit 5,67 m/sk an, nach beliebigem, aber glattem Maßstab, wir nehmen hier, für das Aufzeichnen in Naturgröße, $^1/_{20}$ (auf Tafel 1 in $^1/_{100}$).

Die Verbindungsgerade vom Ende u_1 zur Wellmitte *W* zeigt dann für jeden beliebigen Durchmesser oder Radius an der entsprechenden Stelle die Größe von u in der Senkrechten. Für den Radius $\frac{D_2^I}{2}$ z. B. folgt aus Fig. *C* die Größe u_2^I zu 4,385 m/sk, usw. Am Fußpunkte dieser Senkrechten wird nun $w_2 = 2{,}17$ m/sk, ebenfalls in $^1/_{20}$, wagrecht, d. h. parallel zu $\frac{D_1^I}{2}$ angetragen, und so ergibt sich ohne weiteres für die Schichtfläche *I* in der Hypotenuse die Größe von v_2^I zu 4,895 m/sk und die Richtung gegen u_2^I, wie sie für stoßfreien Eintritt als erforderlich erkannt ist. Das Antragen von w_2 erfolgt am einfachsten einmal senkrecht zu u_2^I, dann noch an beliebiger Stelle gegen *W* hin. Die Verbindungsgerade der zwei Endpunkte schneidet von den später zu ziehenden Horizontalen immer die Strecke w_2 ab.

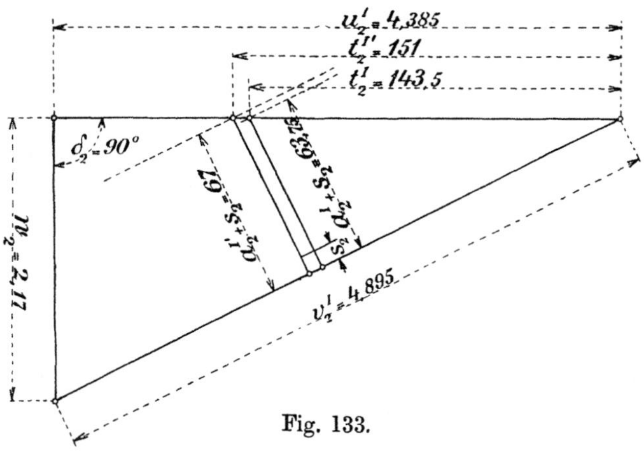

Fig. 133.

Nachdem jetzt das Dreieck u_2^I, w_2, v_2^I festliegt, kann der genaue, w_2 entsprechende Wert von $a_2 + s_2$ für die Schichtfläche *I* ermittelt werden, ebenso die Radschaufelzahl $z_1 = z_2$, wodurch auch die Schaufelteilung bekannt ist.

Wir hatten zu Anfang angenommen, daß a_2' durchschnittlich 60 mm sein soll, dazu $s_2 = 7$ mm. Ziehen wir in dem Dreieck u_2^I, w_2, v_2^I, Fig. 133, im Abstande $60 + 7 = 67$ mm eine Parallele zu v_2^I, so schneidet diese auf der Richtung u_2^I den Betrag t_2' als zugehörige Schaufelteilung ab, wie sich dies unschwer aus dem Vergleich mit Fig. 119, S. 154, erkennen läßt. Es ergibt sich hier $t_2' = \sim 151$ mm und mit $D_2^I = 1234$ mm, abgemessen aus dem Profilentwurf, würde folgen

$$z_2' = \frac{D_2^I \pi}{t_2'} = 25,7$$

Wir runden z_2' ab auf eine gut teilbare Zahl und nehmen endgültig $z_2 = 27$, woraus schließlich folgt

$$t_2^I = \frac{1234\pi}{27} = 143,5 \text{ mm}$$

Es ergibt sich auch $t_1 = \frac{1600\pi}{27} = 186,1$ mm und dies letztere Maß tragen wir in Fig. C auf der Linie von u_1 in natürlicher Größe an (auf Taf. 1 in $^1/_5$). Die Gerade vom Ende von t_1 nach W schneidet dann auf allen Senkrechten die zugehörigen Teilungen ab, $t_2^I = 143,5$ mm wird sich in $\frac{D_2^I}{2}$ vorfinden und der für die Schichtfläche I erforderliche Betrag von $a_2 + s_2$ ergibt sich als der senkrechte Abstand des Teilpunktes von der Richtung v_2^I im Betrage von abgemessen 63,75 mm. Mit $s_2 = 7$ erhalten wir also in Schichtfläche I $a_2^I = 56,75$ mm.

Es war oben angegeben, daß für die Schicht I—II die Breite λb_2 zu 48 mm geschätzt wurde, und wir sind nunmehr auf Grund des Diagramms Fig. C, I, imstande, den mittleren Wert von v_2 und von a_2 für die Schicht I—II fast genau zu bestimmen.

Angesichts der kurzen Erstreckung von λb_2 darf der Wert von v_2 und a_2, wie er für die Mitte von λb_2 bestimmt werden kann, auch als Durchschnittswert für die ganze leicht gekrümmte Strecke λb_2 angesehen und der Berechnung von λb_2 zugrunde gelegt werden.

Wir tragen in Taf. 1, Fig. A $\frac{\lambda b_2}{2} = 24$ mm auf b_2', von I aus gegen aufwärts an, tragen den mittleren Austrittsdurchmesser D_2^{I-II} aus dem Radprofilentwurf ins Diagramm hinunter, ziehen die Senkrechte für u_2^{I-II}, die Wagrechte für w_2 und erhalten die Richtung und Größe von v_2^{I-II} in gleicher Weise, wie vorher für I, und zwar $v_2^{I-II} = 4,79$ m/sk.[1]) Es findet sich zwischen I und II als mittlerer Wert $a_2 + s_2 = 63,5$ mm, also $a_2^{I-II} = 56,5$ mm.

Wir rechnen dann

$$\lambda b_2^{I-II} = \frac{Q}{5} \cdot \frac{1}{z_2 \cdot a_2^{I-II} \cdot v_2^{I-II}} = \frac{1,75}{5} \cdot \frac{1}{27 \cdot 0,0565 \cdot 4,79} = 0,0479 \text{ m}$$

also 0,1 mm kürzer als geschätzt, und wir haben dadurch den inneren Endpunkt der Schichtlinie II, den Durchmesser D_2^{II}, genügend genau gefunden. Nunmehr kann die Schichtlinie II, da deren beide Endpunkte bekannt sind, nach Gutdünken einmal gezogen werden. Dabei ist zu bedenken, daß Schichtlinie II senkrecht zur b_2-Kurve auslaufen soll (denn nur so gilt die Rechnung für λb_2^{I-II}) und daß andererseits auch das Maß $\frac{b_1}{5}$ stetig nach λb_2^{I-II} übergeleitet werden muß.

Wir können uns das Ende der Schichtfläche II ebenso als Kegelmantel denken, wie dies bei Fläche I der Fall war. Die verlängerte, senkrecht zu b_2 stehende Mantellinie, Fig. A, trifft die Wellmitte W in II, wo die zugehörige Kegelspitze liegt.

Ganz wie bei I berührt die Ebene des Geschwindigkeitsparallelogramms den Kegel II in dessen Mantellinie. Wir wiederholen alles, wie es bei I gewesen: Heruntertragen von D_2^{II}, Ziehen von u_2^{II} senkrecht, von w_2 wagrecht, dann v_2^{II} als Hypotenuse. Die Entfernung des Teilpunktes von der Richtung v_2^{II} gibt $a_2^{II} + s_2$

---

[1]) Dies ist der Deutlichkeit der Darstellung wegen in Fig. C nicht eingezeichnet.

hier 63,2 mm, also ist $a_2^{II} = 56{,}2$ mm. Der Mittelwert $\frac{a_2^I + a_2^{II}}{2} = \frac{56{,}75 + 56{,}2}{2}$ $= 56{,}475$ mm weicht nur sehr wenig von der vorher bestimmten Größe a_2^{I-II} $= 56{,}5$ in der Schichtmitte ab.

In ganz gleicher Weise wird das Verfahren zur endgültigen Bestimmung von λb_2 für die Schichte *II—III* angewendet; nachdem λb_2^{II-III} festliegt, wird die Schichtlinie *III* gezogen und so fort, bis zur Schichtlinie *VI*, die den Radboden bildet und b_2 in seiner Erstreckung bestimmend abschließt.

Auf guten, stetigen Verlauf der Schichtlinien und auf senkrechten Anschluß an b_2 ist besonderer Wert zu legen. Die stückweise erhaltene genaue Länge von b_2 wird etwas von der zuerst errechneten b_2' abweichen, was ganz natürlich ist, denn b_2' beruhte auf einer angenommenen mittleren Schaufelweite $a_2' = 60$ mm, die mit dem Endergebnis nur annähernd in Übereinstimmung sein konnte. Die Größen von a_2^I, a_2^{II} usw. finden sich neben anderen Ergebnissen auf Taf. 1 in einer Zahlentabelle vereinigt. Nachdem jetzt die Abmessungen der Öffnungen am Laufrad-Austritt festgesetzt sind, muß an die Formgebung der Gefäße am Austritt gedacht werden.

4. Kegelevolventen.

Bei dem Laufrad unter „A“ lagen die Bahnen sämtlicher Wasserteilchen am Austritt in Ebenen, die senkrecht zur Turbinenachse standen. Die Austrittsfläche war eine Zylinderfläche. Bei dem vorliegenden Laufrad „B“ findet der Austritt senkrecht zu der durch die Krümmung von b_2 gegebenen Drehfläche statt. Will man die Verhältnisse richtig erkennen, so wird man anzunehmen haben, daß die Wasserteilchen der Schichtflächen in Kegelflächen austreten, die sie später, durch den Radboden umgelenkt, wieder verlassen werden. Die Geschwindigkeitsparallelogramme liegen hier nicht mehr in jenen senkrecht zur Turbinenachse stehenden Ebenen, sondern, wie schon erwähnt, in den Berührungsebenen an die Kegelflächen, die durch die vorbeschriebene Verlängerung der Schichtlinien gebildet sind. Die Krümmung der Radschaufelenden hat nunmehr auf der Kegelfläche in evolventenähnlichen Kurven zu geschehen, die sich wie folgt bestimmen lassen, vgl. auch S. 142 u. f. Wir denken uns, beispielsweise, die von der Verlängerung der Schichtlinie *III* beschriebene Kegelfläche in die Ebene abgewickelt. Sie wird, Fig. 134, einen Kreissektor mit dem Radius, gleich der Mantellänge M^{III} des betreffenden Kegels, siehe auch Taf. 1 Fig. *A*, bilden und dieser wird einen Teilumfang von einer Länge gleich $D_2^{III}\pi$ aufweisen.

In dieser Abwickelungsebene liegt auch das Geschwindigkeitsparallelogramm und wir werden die Schaufelenden in richtiger Weise behandeln, wenn wir in der Abwickelungsebene ihre Krümmung ganz in der früher geschilderten Weise nach Kreisevolventen durchführen und die so erhaltenen Kurven dann wieder samt dem ganzen Kreissektor zur Kegelfläche aufrollen, was zeichnerisch in sehr einfacher Weise zu bewerkstelligen ist.

Zum Aufzeichnen dieser Evolventen in der Abwickelungsebene ist deren Grundkreis nötig. Wir finden seinen Durchmesser e_2^{III} durch folgende Erwägung:

Auf dem Teilumfang des abgewickelten Kegelmantels, Fig. 134, Länge $D_2^{III}\pi$, liegen z_2 Schaufelteilungen, also ist $D_2^{III}\pi = z_2 \cdot t_2^{III}$. Der Teilumfang eines Grundkreises für z_2 Evolventen, die je um $a_2^{III} + s_2$ voneinander entfernt verlaufen, ist $z_2(a_2^{III} + s_2)$ und umschließt natürlich den gleichen Zentriwinkel wie $D_2^{III}\pi$. Demgemäß verhalten sich

$$\frac{\frac{e_2^{III}}{2}}{M^{III}} = \frac{z_2(a_2^{III} + s_2)}{D_2^{III}\pi} = \frac{z_2(a_2^{III} + s_2)}{z_2 \cdot t_2^{III}}$$

woraus

$$\frac{e_2^{III}}{2} = M^{III} \frac{a_2^{III} + s_2}{t_2^{III}} \quad \ldots \ldots \ldots \ldots \quad 428$$

Der Radius $\frac{e_2^{III}}{2}$ wird sich in dem wieder aufgerollten Kegelmantel als Mantellinie zeigen, wie in Taf. 1 Fig. *A* eingeschrieben.

In der geschilderten Weise werden die Evolventen für sämtliche Schichtflächen (die Kegelflächen in die Ebene abgewickelt) ermittelt, wie dies in Taf. 1 Fig. *D* aufgezeichnet ist.[1])

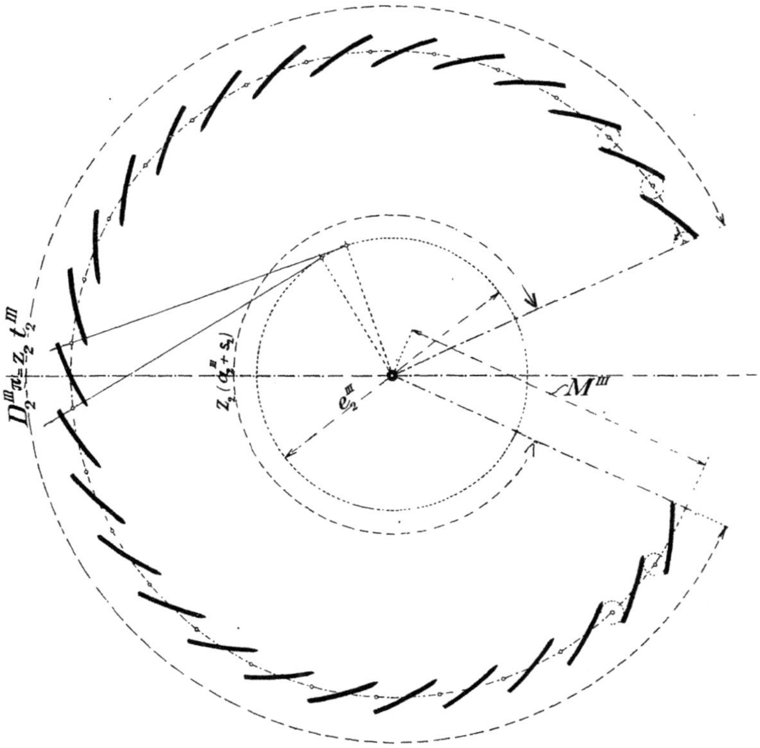

Fig. 134.

Für das dann folgende Wiederaufrollen der Kegelflächen, also für das Aufzeichnen der aus ebenen Kreisevolventen zu Kegelevolventen gewordenen Schaufelenden in Grund- und Aufriß ist zu bemerken:

Jede Kegelmantellinie, die in die Aufrißebene fällt, tritt in dieser unverkürzt, dagegen im Grundriß in entsprechender Projektion in Erscheinung. Jeder in der abgewickelten Fläche enthaltene Teilumfang, sei es $D_2^{III}\pi$ oder der Teilumfang des Erzeugungskreises oder irgend ein anderer, tritt beim Wiederaufrollen im Grundriß zwar unverkürzt, aber in anderer Krümmung auf; ganz kurze Strecken werden von der Änderung der Krümmungsverhältnisse so wenig berührt, daß die Sehnen der kurzen Bogenstücke für das Herübernehmen aus der Abwickelung zum Grundriß beidemale gleichgroß angenommen und mit dem Spitzzirkel ohne weiteres übertragen werden dürfen.

Die wieder aufgewickelten Kegelflächen werden für die Bildung der Schaufelflächen zweckmäßig so zueinander gestellt, daß die Mitten der einzelnen Aus-

[1]) Der besseren Darstellung wegen sind die Spitzen der abgewickelten Kegelflächenstücke nicht in einem Punkte vereinigt, sondern versetzt gezeichnet.

trittsweiten a_2 in einer Radialebene liegen, Fig. *B*. Diese Radialebene denken wir uns mit der Aufrißebene der Zeichnung zusammenfallend.

Wir tragen im Grundriß, Fig. *B*, von der entsprechenden Austritts-Radiallinie auf dem Kreise D_2^I nach den Seiten eine oder zwei Teilungen t_2^I auf, um im ganzen drei Schaufelwände, also zwei ganze Reaktionsgefäße zeichnerisch darzustellen. Auf den zugehörigen Radialen liegt jeweils die Horizontalprojektion von b_2 und es können die Austrittsmitten der verschiedenen Schichtflächen aus dem Aufriß alsbald in den Grundriß übertragen werden. Für diese sich noch sehr häufig wiederholenden Übertragungen ist das Projizieren mit Schiene und Winkel unzuverlässig. Man geht am besten von einem sorgfältig gezogenen zylindrischen Schnitt, z. B. dem ziemlich in der Mitte von b_2 gelegenen Zylindermantel vom Durchmesser D_2^{III} aus (in Fig. *A*, Aufriß, als etwas stärkere Linie *qr*, im Grundriß als verstärkter Kreis *st* kenntlich) und überträgt die Punkte von dieser Basis aus durch Abstechen gegen innen und gegen außen. Durch die so erhaltenen Austrittsmitten im Grundriß werden Kreise D_2^I usw. und im Aufriß Senkrechte gezogen, die zusammen auch wieder zylindrische Schnittflächen darstellen, von denen aus auch wieder gut abgestochen werden kann.

Um den Verlauf der Kegelevolvente im Grundriß mit genügender Annäherung zeichnen zu können, bedarf es der Übertragung von mindestens drei Punkten der Kreisevolvente. Wir legen die Punkte in der Abwickelung dadurch fest, daß wir Radialen durch passende Punkte ziehen, Fig. *D*, die dann beim Aufwickeln als Kegelmantellinien erscheinen und deren Entfernung, z. B. Maß *y*, von der nächstliegenden Austrittsmitte im Grundriß, gemessen auf dem zugehörigen Kreise, D_2^{VI}, von jener Mitte her übertragen wird. Geeignet sind hierzu die Anfangs- und Endpunkte der Kreisevolventen, die in der Abwickelung in den Erzeugenden liegen, dann noch der jeweilige Schnittpunkt der betreffenden Evolvente mit dem zugehörigen D_2, siehe die Punkte und Maße *x*, *y*, *z* Taf. 1, Schichtfläche *VI* usw. Fig. D.

Die Verbindungslinie jedes Anfangspunktes der einen inneren und des Endpunktes der benachbarten äußeren Evolvente im Grundriß, vgl. auch Fig. 130, stellt die zugehörige Weite a_2 in Horizontalprojektion nach Größe und Lage dar; nach innen und außen schließen die Projektionen von s_2 die Reihe der für jede Schichtfläche charakteristischen fünf Punkte des Grundrisses, Taf. 1, Fig. *B* u. *D*.

5. Schaufelflächen.

Nachdem so die Schaufelenden der verschiedenen Schichtflächen im Grundriß und Aufriß festgelegt sind, muß, wie früher auch, der Anschluß der Schaufelwand gegen außen ($\beta_1 = 90^0$) aufgesucht werden. Der Augenschein lehrt, daß der Anschluß der untersten Schichtfläche *I* im Grundriß den kleinsten Krümmungshalbmesser für die Schaufelfläche verlangt, und so wird dieser für die Schichtfläche *I* ganz in der unter „A“, Fig. 129, geschilderten Weise gesucht, Taf. 1, Fig. *B*, und danach die Lage des Schaufelendes außen gegenüber den Kegelevolventen festgelegt. Die Anschlüsse an die Evolventen der Schichtflächen *II*, *III* usw. ergeben sich dann im Grundriß als Kreise, die den geradlinigen radialen Schaufelanfang, Stelle „1“, wenn auch erst ein Stück weiter gegen einwärts, berühren und nach bestem Ermessen in die Wendepunktsstrecken der Kegelevolventen überzuleiten haben.

Es sei gleich bemerkt, daß nicht notwendig Kreisbögen hier angewendet werden müssen, denn diese Schichtlinien sind räumliche Kurven, Schnitte zwischen Schichtfläche und Schaufelfläche. Wir müssen aber wünschen, daß die räumlichen Krümmungsradien möglichst groß ausfallen und wir haben, solange die Schichtlinien im Aufriß nicht sehr weit von der Wagrechten abweichen, im verbindenden Kreisbogen einen gewissen Maßstab und Gewähr für die Größe der räumlichen Radien, die selber ja immer größer sein müssen als ihre Horizontalprojektion, der gewählte Kreisradius im Grundriß.

Ob die Schaufelfläche an sich stetig verläuft, sieht man gut aus Schnitten von Ebenen parallel zur Achse und zugleich im Grundriß annähernd senkrecht zu den Schichtlinien.

Wir ziehen diese Schichtlinien auf zwei benachbarten Schaufelflächen, wie aus Fig. *B* zu ersehen ist. Die dritte Schaufelfläche erhält einstweilen nur die begrenzenden Schichtlinien *I* und *VI*. Für alle drei Flächen ist die Blechstärke entsprechend anzutragen.

Es ist wichtig, die Form des so gebildeten Gefäßraumes genau zu prüfen, damit das Gefäß keine sackartigen Wandungen und keine Gestalt aufweist, die den Übergang von v_1 auf v_2 in seiner Stetigkeit nach Größe und Richtung beeinträchtigen würden. Hilfsmittel gegen sackartige, ungute Gefäßformen sind: Wenn angängig, Einwärtsrücken mit D_2^I, also dem untersten Schichtflächenende, dann auch noch Verkleinerung der Schaufelteilung, d. h. Vermehrung der Schaufeln.

Hiermit wäre mathematisch die Darstellung der Gefäßwände, der Schaufelfläche im vorliegenden Fall, beendet.

6. Modellschnitte.

Für die Herstellung in der Modellschreinerei sind jetzt noch die sog. Modellschnitte zu bestimmen, die am besten als Schnitte der Schaufelflächen durch Ebenen dargestellt werden, die senkrecht zur Turbinenachse stehen. Man führt diese Modellschnitte je nach der Schaufelhöhe b_1 in Entfernungen von 25 bis gegen 75 mm und legt vor allem durch jeden Teilpunkt von b_1, d. h. durch den Anfang jeder Schichtlinie, Fig. *A*, einen solchen Modellschnitt. Da der Radboden, Schichtlinie *VI*, von einer solchen Ebene nur berührt würde, bleibt diese weg, und es beginnen die Modellschnitte mit Ebene *a* auf Anfang der Schichtlinie *V*, Fig. *A*, *b* auf *IV* usw. Die Form der Schaufelflächen bringt es mit sich, daß unterhalb Schichtlinie *I* meist ein Bedürfnis nach näher beieinanderliegenden Modellschnitten eintritt, und so beträgt die Entfernung der Schnitte unterhalb *e*, bis Schnitt *l*, nur noch $\frac{1}{2} \cdot \frac{b_1}{m} \left(\text{hier } \frac{b_1}{10}\right)$. Die auf halber Teilung liegenden Schnittebenen *f*, *h*, *k* sind punktiert gezeichnet.

Die sich im Aufriß ergebenden Schnitte der Modellschnittebenen *f* bis *l* mit dem unteren Radkranz, d. h. mit der Schichtfläche *I*, können alsbald aus dem Aufriß in den Grundriß, Fig. *B*, übertragen werden, wo sie als Kreise sichtbar sind und die unterste Schaufellinie *I* in den Punkten *f*, *g*, *h* usw. schneiden.

Die Modellschnittebene *f* schneidet, wie im Aufriß ersichtlich, auch noch die Schichtflächen *II* und *III*, man könnte also im Grundriß außer dem Punkt *f* noch zwei andere Punkte der Modellschnittkurve erhalten. Das ist aber zu wenig für die genaue Anfertigung, und so geht es bei fast allen Modellschnittebenen, sie treffen zu wenig Punkte der Schichtflächen. Ein gutes Abhilfsmittel ist hier die Anwendung von Radialschnitten als Zwischenstufe.

Solche Radialebenen legen wir, Ebene 1, zweckmäßig durch den hier radial verlaufenden Schaufelanfang im Grundriß, dann durch die in den Grundriß, Fig. *B*, übertragenen vorbenannten Schnittpunkte *f* bis *l*; die mit 1, 2 bis 7 bezeichneten Ebenen treten im Grundriß natürlich als gerade Linien auf. Die Schnitte zwischen diesen fächerförmig stehenden Radialebenen und der durch die Schaufellinien festgelegten Schaufelfläche würden, bei einfacher Projektion nach oben, im Aufriß verkürzt erscheinen, was zu Ungenauigkeiten führen kann. Wir haben wenig

Interesse daran, diese Radialschnitte in ihrer gegenseitigen Lage und dazu verschoben zu sehen, viel wichtiger ist uns die tatsächliche Gestalt der einzelnen Schnittkurve und deshalb denken wir uns die sämtlichen Radialschnitte für den Aufriß in die Bildebene gedreht und gleich so aufgezeichnet. Dies sind die mit 1 bis 7 bezeichneten Kurven der Fig. *A*, die natürlich alle zwischen dem gleichen Kranzprofil liegen.

Die in Fig. *A* einwärts vom Radialschnitt 7 gezeichneten, ausgezogenen, bzw. punktierten Kurven sind keine Radialschnitte; sie stellen die von den beiden Kanten der Schaufelbleche (ohne Zuschärfungsbeigabe) beschriebenen Drehflächen dar. Die Blechkanten selbst liegen nicht genau in einer Radialebene, wie die Austrittsmitte.

Wie hier die Verhältnisse liegen ($\beta_1 = 90^0$) bezeichnet der Radialschnitt 1 des Aufrisses die Begrenzungskurve des radial gehenden, also ebenen, Teiles im Anfang der Schaufelfläche.

Aus dem Aufriß finden sich die Schnittpunkte zwischen der betreffenden Modellschnittebene und den sämtlichen Radialschnitten. Nach Heruntertragen der einzelnen Punktfolgen eines Modellschnittes in die seither noch frei gewesene dritte Schaufelfläche bildet die Verbindungslinie einer solchen Punktreihe einen Modellschnitt. Das Hinauftragen der Radialschnittpunkte und das Heruntertragen der Modellschnittpunkte erfolgt zweckmäßig wieder mit Hilfe des Spitzzirkels in Anlehnung an den Kreiszylinder *qr*, *st* usw.

Die im Grundriß punktierten Modellschnitte *f*, *h* und *k* entsprechen den auf halber Teilung liegenden, punktierten Schnittebenen des Aufrisses.

Zur Anfertigung des Schaufelklotzmodelles sind dann die Modellschnitte auch in ihrer gegenseitigen Lage im Grundriß durch Maßeinschreiben für die Werkstätte festzulegen. Wir ziehen nach Gutdünken im Grundriß die Gerade *mn* und betrachten diese als Horizontalprojektion der unteren, bei der Anfertigung des Klotzmodells auf der Richtplatte liegenden Begrenzungsebene des Modells. Demgemäß ist die Entfernung der Geraden *mn* von den Schnittkurven je nach Klotzgröße zweckmäßig etwa 20 bis 60 mm anzunehmen.

Senkrechte, von den Kurvenanfängen und -enden auf diese Gerade gezogen, legen die Modellschnitte gegenseitig nach Höhe und Breite fest, während die Entfernung der Modellschnittebenen durch die $\frac{b_1}{m}$ usw. entsprechende Holzstärke der einzelnen Modellbretter gegeben ist. Die Höhen- und Breitenmaße sind dem Schreiner besonders einzuschreiben, wie dies für den einen und anderen Modellschnitt in Fig. *B* angedeutet ist.

Für das Pressen der Schaufelbleche bedarf man der Nachbildung beider Seiten der Schaufel; diese sind nicht kongruent, aber sie stehen überall gleichweit (Blechstärke) voneinander ab.

Die Modellschnitte der bis jetzt besprochenen vorderen Schaufelseite, die der Hauptsache nach ein konvexes Klotzmodell erfordert, können also nicht ohne weiteres für die Rückseite der Schaufel verwendet werden. Es ist aber nicht nötig, für die Rückseite neue Schnitte zu zeichnen. Der einfachste Weg zur Herstellung des Klotzmodells für die Rückseite besteht darin, daß man auf das fertige Modell der Vorderseite die Blechstärke aufträgt: Aufnageln einzelner Holzstückchen von der Dicke $s_1 = s_2$ und Zwischenstreichen von Modellkitt. Dann wird ein Gipsabguß von dieser, die rückwärtige Schaufelseite tatsächlich darstellenden, Fläche das Modell für den rückwärtigen Preßklotz liefern.

Bequem ist es, das Holzmodell derjenigen Blechseite anzufertigen, das der Hauptsache nach konvex ist, weil hier das Überraspeln usw. leichter ist.

Für die Anwendung der Modellschnitte gibt es mehrere Werkstattverfahren. An einem Orte benutzt man Zinkblechschablonen *A*, Fig. 135, vgl. Modellschnitt b, Tafel 1, Fig. B, um sie einfach zwischen die Modellbretter zu setzen und so lange an den reichlich vorgeschnittenen Hölzern herunter zu raspeln, bis die Schablonenkanten überall eben erreicht sind. Natürlich sind hier die Bretterstärken um die Blechdicke kleiner, und die Blechschablonen bleiben im Modell.

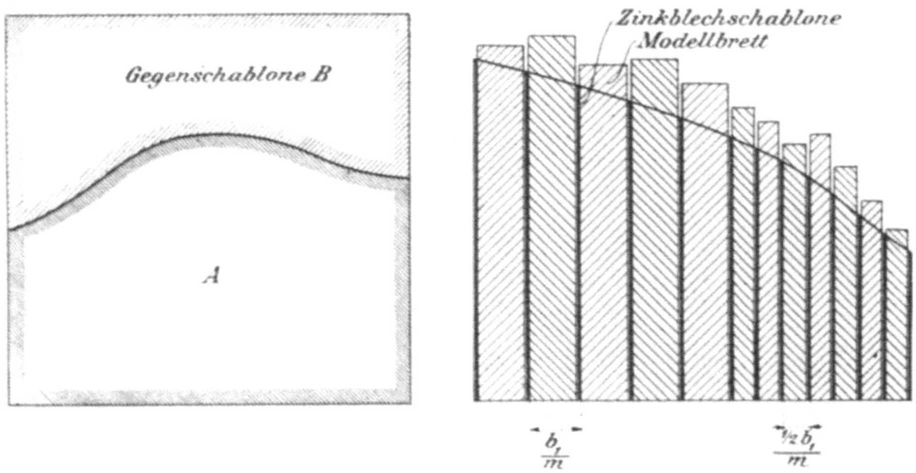

Fig. 135.

An anderen Orten zieht man vor, die Gegenschablone B, Fig. 135, zu benutzen, um an den Langseiten der noch unverleimten Modellbretter die Form anzureißen. Jedes Brett hat auf diese Weise beiderseits eine genau angegebene Form zu erhalten und der Schreiner arbeitet die einzelnen Bretter beidseitig an die Kanten anschließend, aber mit zwischenliegender konvexer Fläche, wie Fig. 136 punktiert zeigt, ab. Über sämtliche, mit Schraubzwinge oder dergl. zusammengehaltenen Bretter wird dann mit der Raspel so ausgeglichen, wie dies Fig. 136 ausgezogen sehen läßt, wobei die Gegenschablonen nach B als stete Kontrolle dienen.

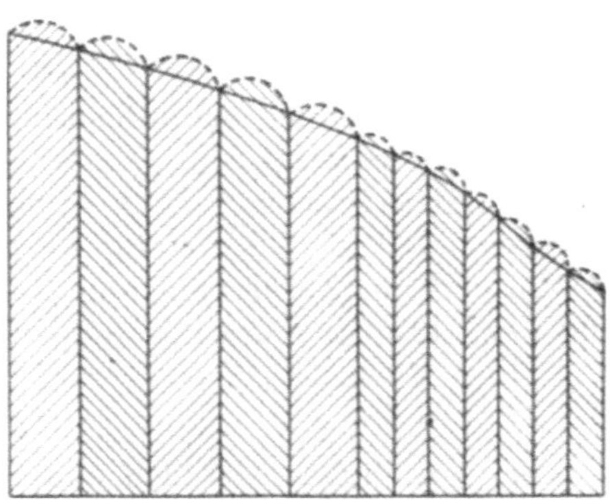

Fig. 136.

Auf jeden Fall hat der konstruierende Ingenieur sein genauestes Augenmerk auf die Modellherstellung zu richten. Es ist einer der anscheinend in unserer Natur liegenden Fehler, daß wir nur zu leicht geneigt sind, das, was auf dem Papier mit viel Mühe festgelegt ist, auch als in Wirklichkeit ebenso peinlich ausgeführt vorauszusetzen.

Die Ausführung darf nie unsere Voraussetzungen und Rechnungsunterlagen in Frage stellen.

7. Die Begrenzung des Schaufelbleches im Vergleich zur freien Schaufelfläche.

In den ausgezogenen Linien der Taf. 1, Fig. A und B, ist die Begrenzung der eigentlichen, freien Schaufelfläche gegeben. An diese schließen sich auf drei Seiten punktiert gezeichnete Fortsetzungen an, und zwar gegen die Radkränze hin die Zugaben für das Eingießen, an der Austrittskante die Verlängerung der Evolventen, aus der die Zuschärfung des Schaufelendes herzustellen ist. Die Zuschärfung am Eintritt wird aus der Schaufelfläche selbst bestritten.

Das Eingießen der Blechschaufeln verlangt bestimmte Abmessungen der Kränze.

Je nach Turbinengröße ist es erforderlich, die Schaufelbleche in den unteren Gußkranz mehr oder weniger hineintreten zu lassen, meist 15—20 mm. Der von den Schaufelblechen durchdrungene Kranzquerschnitt ist für den Zusammenhang des Laufrades wertlos, es kann also erst außerhalb der Schaufelkanten der Teil des Querschnittes beginnen, der das Ganze zusammenhält. Wir nehmen hierfür je nach Turbinengröße 18—30 mm. Auf diese Weise ergeben sich für den unteren Kranz, der nicht zur Kraftübertragung, sondern nur zum Zusammenhalten der Konstruktion und als Wasserführung, Schichtfläche I, dient, Dicken von 33—50 mm.

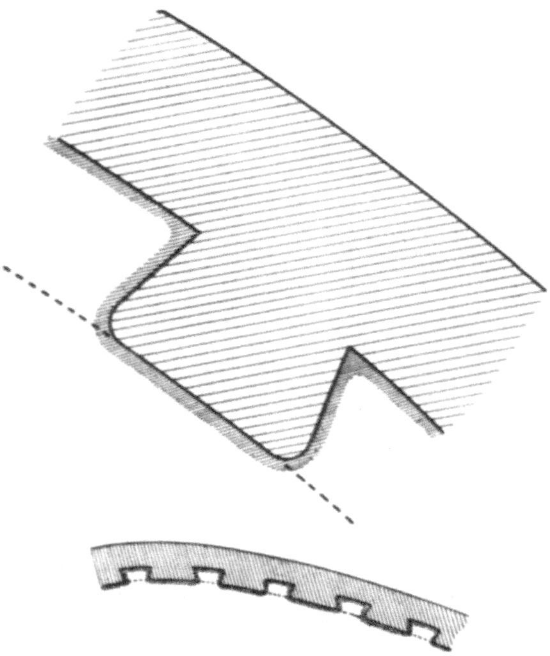

Fig. 137.

Für den oberen Gußkranz, der die Wirkung der X-Komponenten auf die Turbinenwelle zu übertragen hat, ist eine noch größere Stärke in Aussicht zu nehmen, die sich aus Eingießrand der Schaufeln, 20—25 mm, zusätzlicher Gußstärke 20—35 mm, zu 40—60 mm ergibt.

Die einzugießenden Blechkanten werden zweckmäßig schwalbenschwanzförmig ausgestanzt, wie dies Fig. 137 in natürlicher Größe und in $^1/_5$ zeigt. Die Ausrundung der Schwalbenschwanzecke dient zur Schonung der Stanze und vermindert die Gefahr des Einreißens beim Blechmaterial.

Die Ausstanzungen sind absichtlich breit, damit das Eisen innerhalb der Aussparung beim Guß nicht zu rasch abkühlt. Auf diese Weise gewinnt der Kranz auch an Zusammenhang, weil die eingegossenen Blechränder unterbrochen sind, weil also an manchen Stellen die volle Kranzstärke vorhanden ist.

Bei sehr hohen Gefällen empfiehlt es sich, hier den größten Teil der Umlenkung in die achsiale Richtung schon im Bereich der Laufradzellen vorzunehmen, d. h. die Schaufeln bis zum annähernd achsialen Austritt zu verlängern. Wenn ein großer Teil des Laufradbodens freiliegt, so stellen sich, durch dessen Mitnehmreibung veranlaßt, bei hohen Umdrehungszahlen störende Rotationsbewegungen des ausgetretenen Wassers entlang des Laufradbodens ein.

C. Normalläufer für Mittel- und Niedergefälle. Taf. 2.

Laufradformen, wie sie bei „B“ geschildert worden sind, sind für die meist vorkommenden Mittel- und Niedergefälle, bis gegen 10 m hin, ungeeignet, weil die Umdrehungszahlen für unsere heutigen Betriebsverhältnisse zu klein ausfallen.

Die Umdrehungszahlen wachsen mit abnehmendem Eintrittsdurchmesser D_1 und so kommen wir beim Verkleinern von D_1, ohne das Radprofil zu verzerren, auf einen Durchmesser, der nur noch wenig größer ist, als der anfängliche rohrdurchmesser D_3; wir leiten dabei die Schichtlinie I vom radial gehenden Eintritt vollständig um bis zu rein achsialem Austritt, Fig. 138, 139, 140, 141, auch Taf. 2, Fig. A usw.

Aufwärts von Schichtlinie I verringert sich dann der Grad der Ablenkung nach der achsialen Richtung hin, wie dies die genannten Figuren auch ohne weiteres zeigen.

Bestimmung von D_1. Der äußere Schaufelkranz- und Eintrittsdurchmesser D_1 wird aus D_3 einfach nur nach konstruktiven Erwägungen ermittelt und sachgemäß abgerundet.

Mit Rücksicht auf den erforderlichen Spielraum beim Einfahren des Laufrades in den Leitradkranz usw. müssen wir, um auf den gewünschten kleinen Eintrittsdurchmesser zu kommen, zu D_3 die Minimal-Gußstärken samt Spielraum, also je nach Turbinengröße zweimal 40 bis schließlich zweimal 75 mm zuschlagen.

Für das vorliegende Beispiel, $D_3 = 1{,}1$ m, rechnen wir $2 \cdot 50$ mm zu und es ergibt sich dann $D_1 = 1{,}1 + 2 \cdot 0{,}05 = 1{,}20$ m. Wie seither bleiben $\beta_1 = 90^0$, $\delta_2 = 90^0$, $\varepsilon = 0{,}82$, so daß auch $u_1 = 5{,}67$ m/sk nach Gl. 379a seinen Wert behält, dagegen steigt die minutliche Umdrehungszahl des richtigen Arbeitens auf

$$n = \frac{60 \cdot 5{,}67}{1{,}2\,\pi} = 90{,}3 = \sim 90.$$

1. Leitrad-Austritt.

Aus $t_0' = \frac{D}{10} + 100$ folgt vorläufig $t_0' = 220$ mm und daraus $z_0' = \frac{1200\pi}{220} = \sim 17$.

Bei $\beta_1 = 90^0$ lautet die auf S. 102 aufgestellte Gl. 294

$$z_0 \frac{s_0}{\sin\delta_0} = z_1 \cdot s_1$$

Da nun $\frac{s_0}{\sin\delta_0}$ wesentlich größer als s_1 sein wird, so ist es für Winkel um $\beta_1 = 90^0$ herum zu empfehlen, daß z_0 nach Möglichkeit kleiner als z_1 gehalten wird.

Aus dieser Erwägung nehmen wir hier endgültig $z_0 = 16$ und erhalten $t_0 = \frac{1200\,\pi}{16} = 235{,}6$ mm.

Wir nehmen $a_0 = 80$ mm, $s_0 = 5$ mm und so gelten hier die Werte

$$\sin\delta_1 = \frac{80 + 5}{235{,}6} = 0{,}3608; \ \delta_1 = 21^0\,9', \ \cos\delta_1 = 0{,}9326,$$

$$w_1 = \frac{u_1}{\cos\delta_1} = \frac{5{,}67}{0{,}9326} = 6{,}08 \text{ m/sk}$$

Es ergibt sich mit $w_1 = w_0$

$$b_0 = \frac{1{,}75}{16 \cdot 0{,}08 \cdot 6{,}08} = 0{,}225 \text{ m}$$

was ohne wesentlichen Fehler auf 0,230 m aufgerundet werden darf. Hierin liegt eine Reserve, teils für Spaltverluste, teils für den Fall, daß die Reibungsverlusthöhe ϱH sich in der Ausführung etwas höher ergeben würde, als vorher geschätzt. Solche Aufrundungen, besonders am Leitapparat, sind für die Praxis durchaus statthaft. Der Abnehmer wird durch eine um einige Prozente höhere Schluckfähigkeit der Turbine nicht benachteiligt, während ein wenn auch kleines Unterschreiten des vorgeschriebenen Wasserverbrauches viel übler vermerkt zu werden pflegt.

Auf die Größe von b_0 sind, wie ja die Gleichungen zeigen, z_0, a_0 und $w_0 = w_1$ von Einfluß. Bei $\beta_1 = 90^0$ ist δ_1 auf die Größe von $u_1 = \sqrt{g \cdot \varepsilon H}$ ohne

Einwirkung, dagegen hängt die nötige Größe der Geschwindigkeit w_1 auch bei $\beta_1 = 90^0$ von δ_1 ab, also ist dies ebenso für b_0 der Fall.

Der Winkel δ_1 hat als Winkelgröße für den Konstrukteur wenig Interesse, solange dieser sich nicht durch vorheriges Annehmen von b_1 oder dgl. selber Hindernisse in den Weg legt; δ_1 folgt aus $a_0 + s_0$ und t_0, d. h. auch aus z_0, und so hat man es durch die Wahl von a_0 und z_0 in weitem Maße in der Hand, die Größe b_0 zu ändern. Im vorliegenden Falle würde sich z. B. mit ganz gleichem Recht aus $z_0 = 22$ statt 16, dazu mit $a_0 + s_0 = 70 + 5$ die Größe von b_0 auf nur $\sim$ 180 mm statt der vorigen 230 mm berechnen lassen, vgl. Fig. 140, sofern die Schaufelzahl als zweckmäßig anerkannt werden kann.

Die Gründe für die Wahl einer bestimmten Größe von b_0 liegen in Erwägungen über die passendste Form des Radprofiles überhaupt. Sie werden am besten unter Anlehnung an bestimmte Verhältnisse, hier an die des Zahlenbeispiels, erörtert.

2. Laufrad-Austritt, Schichtlinien und Schichtflächen.

Anschließend an die betrachteten Formen „A“ und „B“ wäre die Gestalt von b_2 für die gegebenen Verhältnisse nach Fig. 138 die nächstliegende. Wenn man aber an das Einzeichnen der zugehörigen Schichtlinien geht, so zeigt es sich, daß

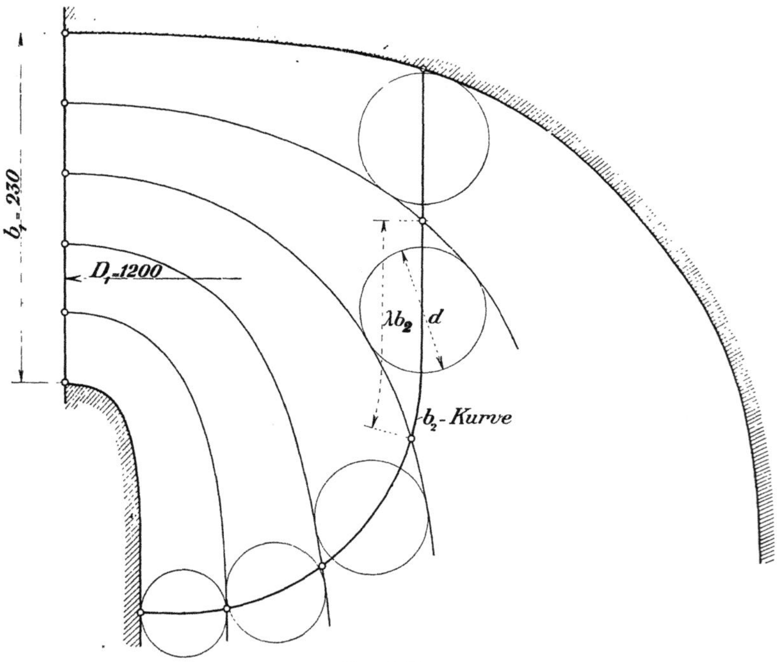

Fig. 138.

es geradezu unmöglich ist, die Schichtlinien überall zu befriedigend senkrechtem Schnitt mit der angenommenen Art der b_2-Kurve zu bringen. Die Schichtlinien legen sich, wie Fig. 138 zeigt, und man ist gezwungen, für die jeweilige Austrittsbreite einer Schicht statt λb_2 die Projektion davon, in ungefähr mittlerer Richtung der Schicht gegen λb_2 in die Rechnung einzuführen. Diese Projektion ist ziemlich genau durch den Durchmesser d eines Kreises gegeben, der die beiden Schichtlinien berührt und seinen Mittelpunkt annähernd im Zug der b_2-Kurve hat.

Hier läge also der schon vorher, S. 179, erwähnte Fall vor: Wir haben eine tatsächliche Austrittsbreite λb_2 für die betreffende Schicht und sollten mathematisch damit rechnen, daß nur deren Projektion für den Austritt in Frage käme;

aber wir haben keine sichere Gewähr dafür, daß das Wasser nicht infolge eigener Richtungsänderung die unverkürzte Strecke λb_2 doch benutzt, und wir stellen damit v_2, also die Geschwindigkeitsparallelogramme des Austritts, ins Unsichere.

Es ist gar nicht zu streiten, daß manche Turbinen mit Radprofil nach Fig. 138 mit guten Leistungen arbeiten, daß man hier und da glücklich gegriffen hat in der Bemessung der λb_2, aber eine Sicherheit bietet die Konstruktion nicht.

Wir müssen klare Verhältnisse haben, und die Form von b_2 nach Fig. 138 gibt diese nicht. Wir müssen dem Wasser Querschnitte bieten, die es nicht willkürlich, durch Änderung seiner Richtung, vergrößern kann, es handelt sich um unanfechtbare Querschnittsgrößen und die sind nur dann zuverlässig vorhanden, wenn sie nicht als Projektion einer größeren Öffnung, sondern auch materiell in der gewünschten Fließrichtung genau begrenzt sind.

Trotzdem die b_2-Kurve nach Fig. 138 einen gewissen Vorzug durch ihre verhältnismäßig kurzen Schaufelflächen gegenüber anderen Konstruktionen bietet, kann sich der Verf., der eben erwähnten Unsicherheit in der ganzen Wasserführung halber, nicht mit derselben befreunden.

Analytische Untersuchungen über die Flüssigkeitsbewegung durch Zellen, die in Rotationshohlräumen, unseren Turbinen entsprechend, gesetzmäßig gruppiert sind, existieren verschiedentlich,[1]) wobei man sich mit besonderem Erfolge zylindrischer Koordinaten bedient hat.

Mathematisch sind auf diese Weise die Schichtlinien als Strombahnen der kleinsten Wasserteilchen unanfechtbar festgelegt. Ob aber das Wasser tatsächlich diese Bahnen einschlagen wird, das hängt in letzter Linie eben doch immer wieder von der ganzen Gestaltung der Gefäßräume, den kleinsten Querschnitten ab, die sich ihm im Innern einer Zelle bieten. Diese aber durch die Hilfsmittel der darstellenden Geometrie mit jenen absoluten Stromlinien in Zusammenhang zu bringen, ist ein zeitraubendes Unternehmen, an das sich wohl kein technisches Bureau einer Turbinenfabrik ohne weiteres heranmachen wird, weil eben der hydraulische Nutzeffekt für die Maschine vielleicht gar nicht, vielleicht nur um ein Geringes dadurch verbessert werden kann.

Unsere Rechnungen geraten ins Unsichere, wenn wir Querschnittsprojektionen als Durchflußquerschnitte einführen. Und so geht unser Streben dahin, b_2-Kurven aufzusuchen, die möglichst senkrechte Schnitte mit den Schichtlinien ermöglichen, Kurven, wie sie in den Fig. 139, 140 und 141, und auf Taf. 2 ersichtlich sind. Kleine unvermeidliche Abweichungen vom senkrechten Schnitt müssen und dürfen wir dulden.

In der Praxis wird deshalb die Entscheidung über die endgültige Gestaltung der Schichtlinien nur durch Anschauung vermittelt, wobei, wie wir schon unter „B“ gesehen haben, lediglich Anfangs- und Endpunkt jeder Schichtlinie rechnungsmäßig festliegen.

Die Bestimmung der Radschaufelzahl vollzieht sich auch hier nach Maßgabe der zugrunde zu legenden Radschaufelweite a_2.

Wir haben hier, wo die Unterschiede in den Austrittsdurchmessern beträchtlicher sind als unter „B“, außen mit einem Werte von a_2 zu beginnen, der um einiges größer ist als die verlangten, durchschnittlichen 60 mm. Wir nehmen $a_2^I = 68$ mm, also $a_2^I + s_2 = 68 + 7 = 75$ mm, erhalten, ganz in der Weise der S. 180 t_2', dann z_2' etwas kleiner als 18, und bestimmen danach aus endgültigem $z_2 = 18$ nach Taf. 2 Fig. C abwechselnd die a_2 und die λb_2, wie sie die Tabelle in Taf. 2 enthält.

---

[1]) Hier sei besonders auf die wertvollen Prášilschen Arbeiten, Schweiz. Bauzeitung, verwiesen.

Das Saugrohr wäre also wegen der größeren a_2 um ein Geringes zu groß, der Fehler ist aber unbedeutend und kann vernachlässigt werden.

Wir gehen auch hier wieder von der untersten Schichtfläche I, dem unteren Radkranze aus, von dem senkrecht auslaufend die b_2-Kurve sich, in gewissem Sinne stetig, gegen aufwärts zu krümmen haben wird. Senkrecht zu dem beabsichtigten Verlauf der b_2-Kurve bauen sich dann die Schichtflächen auf bis zu der obersten, dem Radboden. Der Weg von unten gegen aufwärts bietet hier eine bessere Übersicht über die Anlage der einzelnen Schichtlinien und ermöglicht eher ein Anpassen hinsichtlich der senkrechten Schnitte mit der b_2-Kurve, als wenn von einer angenommenen Radbodenform aus gegen abwärts gearbeitet wird. Im letzteren Falle kommen nicht selten die unteren Schichtlinien recht mangelhaft zur Entwicklung, und die Abhilfe ist dann, weil der achsiale Anschluß an den Saugrohrdurchmesser einzuhalten ist, viel umständlicher.

Zur besseren Erläuterung des Gesagten, und weil wir es hier mit der meistbenutzten Radprofilform zu tun haben, sollen die Verhältnisse eingehender besprochen werden. Wir nehmen hierzu die Fig. 139, 140 und 141, die alle für die gleichen Daten des Rechnungsbeispiels entworfen sind.

Natürlich ist die Austrittsfläche in allen Figuren von gleicher Größe, auch der Saugrohrdurchmesser. Fig. 139 und 140 enthalten ausgezogen die Schichtlinien für $b_2 = 230$ mm, gestrichelt für $b_2 = 180$, ihr Unterschied liegt in der achsialen Erstreckung des unteren Radkranzes, der in Fig. 139 mit 150 mm, in Fig. 140 mit 100 mm für die achsial gemessene Länge der Schichtlinie I (Kranzhöhe) gezeichnet ist. Es ist also b_2 in Gestalt, Größe und Länge zur Turbinenachse in beiden Figuren völlig gleich, nur liegt die b_2-Kurve in Fig. 140 gegenüber dem unteren Ende von b_1 um 50 mm höher als in Fig. 139. Die b_2-Kurve ist dabei als Parabel ausgeführt, deren Scheitel S im äußeren Radkranz und deren Achse parallel zur Turbinenachse liegt, als Parabel deshalb, weil sich die Richtung der Parabel-Normalen als Anschluß an eine Schichtlinie in jedem beliebigen Kurvenpunkt mit Hilfe der konstanten Subnormalen p sehr leicht bestimmen läßt. Nach Festlegen des Scheitels auf dem äußeren Radkranz ist durch die Annahme eines einzelnen Parabelpunktes alles weitere bestimmt; denn aus der Scheitelgleichung der Parabel folgt dann auch die Größe der Subnormalen (dem Parameter gleich) zu $p = \frac{y^2}{2x}$. Selbstverständlich ist der Parabel dabei nicht etwa irgendeine hydraulische Bedeutung beigelegt. Sie hat hier nur den Sinn der zeichnerischen Erleichterung und es soll damit auch nicht gesagt sein, daß sie in allen Fällen unserem Zwecke entspricht. Häufig leistet auch der

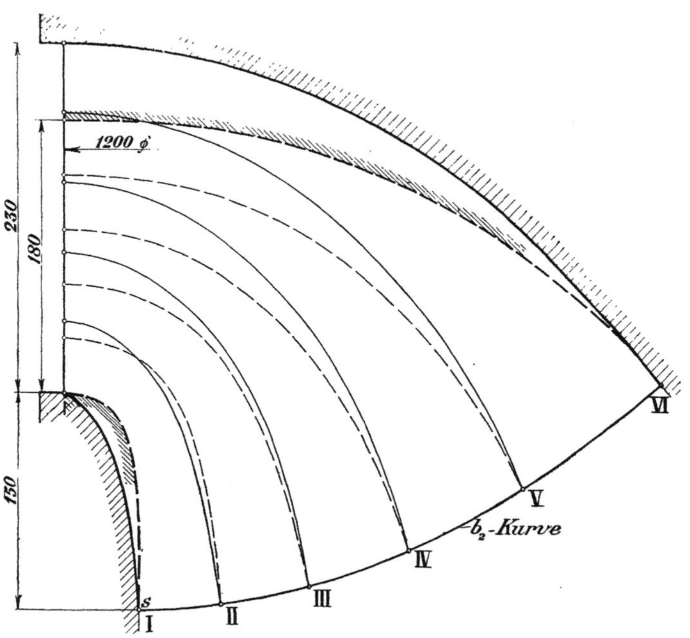

Fig. 139.

Kreis oder eine aus Kreisbogen verschiedener Krümmung zusammengesetzte Kurve gute Dienste.

Fig. 139, Kranzhöhe 150 mm, $b_1 = 180$ mm; Schichtlinien gestrichelt. Die Figur läßt erkennen, daß die Schichtlinien unserer Anforderung „senkrechter Schnitt mit der b_2-Kurve“ praktisch genügen, so daß auch mit ausreichender Genauigkeit das λb_2 der Teilturbinen als wirkliche Austrittsbreite (kleinster Querschnitt an der Austrittsstelle) in Rechnung gesetzt werden darf.

Fig. 139, Kranzhöhe 150 mm, $b_1 = 230$ mm; Schichtlinien ausgezogen. Für die Schichtlinien der höheren Eintrittsbreite, $b_1 = 230$, liegen die Verhältnisse ungünstiger. Der Radboden muß für senkrechten Schnitt mit der b_2-Kurve gegen die Turbinenachse hin wesentlich anders ausfallen, so daß sich der Übergang zur Radnabe (innere Begrenzung des Saugrohres) in einem einzigen Kreisbogen nicht mehr gut bewerkstelligen läßt. Auch verlangt bei der angenommenen Kranzhöhe von 150 mm der gute Verlauf der Schichtflächen ein Auswärtsrücken mit der Krümmung der Schichtfläche *I* zwischen ihren festliegenden Endpunkten derart, daß dort ein rechteckiger Schnitt mit b_2 und auch b_1 oft kaum mehr möglich wird.

Die Verhältnisse werden sich im vorliegenden Falle bei der angenommenen Form und Lage von b_2 um so ungünstiger gestalten, je mehr b_1 (bei fester Kranzhöhe 150 mm und festgelegter Austrittslinie b_2) über 180 mm hinaus anwächst. Wie weit man damit im äußersten Falle gehen könnte, darüber kann in letzter Linie nur der zeichnerische Entwurf selbst entscheiden. Das Urteil ist durch die Gestalt des äußeren Radkranzes gegeben, dessen wagrechter Anschluß an die Stelle „1“ mit wachsendem b_1 immer schwieriger wird. Dabei sind auch die inneren Schichtlinien wohl im Auge zu behalten; ihre Schnitte mit der gegebenen b_2-Kurve weichen mit wachsendem b_1 mehr und mehr von 90° ab, so zwar, daß diese Abweichung für die Schichtlinie *II* zunächst dem äußeren Radkranz noch wenig zu bedeuten hat, nach oben und innen hin aber doch schon erheblich zunimmt.

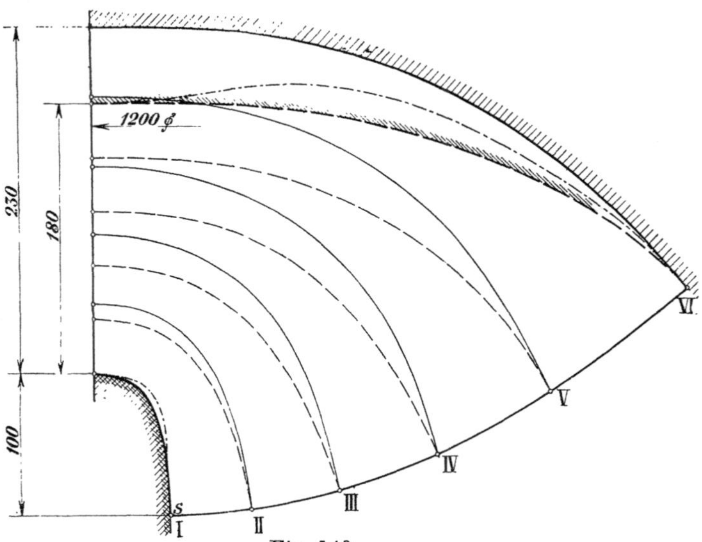

Fig. 140.

Das Bestreben, den Weg, längs dessen das Wasser sein Arbeitsvermögen abgibt, so kurz als möglich zu halten, führt auf die folgende Figur.

Fig. 140, Kranzhöhe 100 mm, $b_1 = 180$ mm; Schichtlinien punktiert. In Fig. 140 ist die achsiale Abmessung des äußeren Radkranzes von 150 auf 100 mm verkleinert. Die Austrittskurve b_2 ist dieselbe geblieben wie in Fig. 139, sie ist aber parallel zu sich selbst in achsialer Richtung um 50 mm gegen aufwärts verschoben worden. Hier zeigt sich nun, daß bei der geringeren Eintrittsbreite, $b_1 = 180$ gegenüber 230, der gute Aufbau der Schichtflächen schwieriger wird, denn diese sollen an beiden Stellen, „1“ und „2“, senkrecht auftreffen und dazwischen unter stetig zunehmenden Größen der λb aus $\lambda b_1 = \frac{b_1}{m}$ nach λb_2 überleiten.

Es ergeben sich aber noch keine besonderen Schwierigkeiten, solange man eben den schiefen Schnitt am Innenende von b_2 (VI) in Kauf nehmen will.

Sucht man den schiefen Schnitt zu verbessern, d. h. stellt man bei $b_1 = 180$ den Radboden an der Stelle VI steiler, so kann der Fall eintreten, daß der Radboden nur mit einer Ausbuchtung (Fig. 140, —·—·—·) an das obere Ende von $b_1 = 180$ angeschlossen werden kann. Dies hätte zur Folge, daß sich die Ausbuchtung durch alle Schichtlinien, wenn auch abnehmend, fortpflanzt, und daß schließlich sogar Schichtfläche *I* noch eine Ausbuchtung gegen innen (im Gegensatz zu Fig. 139, $b_1 = 230$) erfahren müßte.

Fig. 140, Kranzhöhe 100 mm, $b_1 = 230$ mm; Schichtlinien ausgezogen. Die verkleinerte Achsialhöhe der Schichte *I* (Kranzhöhe 100 mm statt vorher 150) hat hier zur Folge, daß die größere Eintrittsbreite, $b_1 = 230$, die besseren Verhältnisse bringt.

Während vorher ($b_1 = 180$) die Schnitte zwischen Schichtlinien und b_2-Kurve sämtlich spitzwinklig nach außen geneigt waren, finden wir hier die Schnitte teils recht-, teils spitz-, teils stumpfwinklig, also im Durchschnitt normal. Durch Drücken an der Form des Radbodens, Schichtfläche *VI*, sind hier die gröberen Unzulänglichkeiten auszugleichen.

Gegenüber der Profilform der Fig. 138 haben diejenigen von Fig. 139 und 140 den Nachteil größerer Schaufellänge, besonders in Schichtfläche *VI*, abnehmend gegen *I* hin. Diejenige Form der letztgenannten Figuren wird die beste sein, bei der gut verlaufende Schichtlinien mit kleinster Länge der Schichtlinie *VI* zusammenfallen. Das ist für Fig. 140 mit $b_2 = 230$ der Fall, also für große Eintrittsbreite b_1 im Verein mit kleiner achsialer Erstreckung der Schichte *I* (Kranzhöhe). Wo die Grenze für die Verkleinerung der Kranzhöhe liegt, wird gelegentlich der Besprechung der Taf. 2, S. 196, erörtert werden.

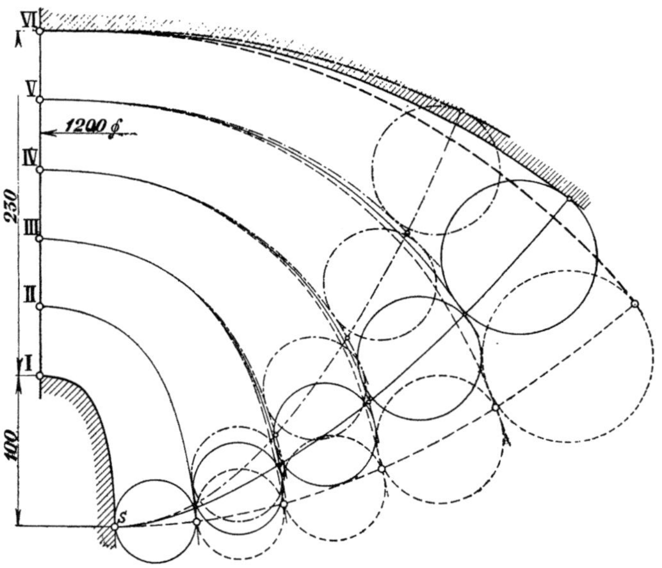

Fig. 141.

Nachdem einmal das Vorstehende erkannt ist, mag die Frage aufgeworfen werden, ob unter den Verhältnissen unseres Beispiels die Form und Lage der b_2-Kurve, wie sie der Fig. 140 mit großem b_2 entspricht noch verbessert werden könne in der Richtung, daß man die Schichtfläche *VI* (Radboden) noch etwas verkürzt, Fig. 141.

Die genannte Figur zeigt drei Anordnungen der b_2-Kurve mit zugehörigem Radboden usw. Die unterste entspricht mit ihren Schichtlinien (ganz gestrichelt) der Fig. 140, mit $b_1 = 230$. Es sind auch die S. 190 erwähnten Berührungskreise eingezeichnet, die in ihrem Durchmesser die Projektion der λb_2 in der mittleren Fließrichtung darstellen. Wie ersichtlich, weichen diese Durchmesser für die gestrichelten Kreise noch fast gar nicht von den tatsächlichen Längen der λb_2 ab.

Die Figur enthält dann eine etwas steiler geführte, ausgezogene b_2-Kurve mit ebensolchen Schichtlinien und Berührungskreisen, schließlich eine noch steilere

(—·—·—·—)-Kurve mit Zubehör. Die beiden letztgenannten b_2-Kurven sind ebenfalls Parabeln, von S ausgehend, mit der Achse parallel zur Turbinenwelle.

Der Berührungskreis, Durchmesser d, ist jeweils rechnungsmäßig aus

$$\frac{Q}{m} = z_2 \cdot a_2 \cdot d \cdot v_2$$

für die betreffende Schicht gerechnet. Nach Feststellung des erforderlichen Durchmessers wurde der Kreis gezogen, die nächstobere, diesen berührende, Schichtlinie eingezeichnet, die dann wieder vom nächsten, nunmehr in seinem Durchmesser festzulegenden Kreise zu berühren ist.

Die Figur zeigt deutlich, um welche Strecken die tatsächliche Länge von b_2 größer wird als die aus den d gefundene Länge von b_2 und ebenso, daß mit zunehmender Steilheit der b_2-Kurve die zwischen den Berührungskreisen d liegenden leeren Teile von b_2 immer mehr anwachsen, und daß uns die Sicherheit, über die tatsächliche Austrittsrichtung des Wassers aus den Radzellen zu verfügen, mehr und mehr aus der Hand genommen wird. Es empfiehlt sich daher, in dieser Richtung nicht zu weit zu gehen, so gerne man an sich geneigt sein mag, auch die Schichtlinie VI nach Möglichkeit in ihrer Länge zu beschneiden und damit den Reibungsbetrag $\varrho_2 H$, S. 154, für diese Schichten kleiner zu halten. Wir werden auch hier schließlich dazu kommen, einen gewissen guten Mittelweg einzuhalten, der uns gestattet, die beiderseitigen Vorteile nach Möglichkeit zu vereinigen, ohne mit dem einen oder anderen Nachteil zu sehr ins Extreme zu kommen. So wird man sich auch im vorliegenden Falle etwa für die mittlere der drei Austrittslinien, Fig. 141, entscheiden, die uns die Querschnittverhältnisse noch ziemlich zuverlässig in die Hand gibt und auch den Reibungsweg des Wassers in der Zelle gegenüber den Fig. 139 und 140 erheblich verringert. Dieses Profil ist denn auch dem Normalläufer in Taf. 2 zugrunde gelegt. In der Praxis freilich scheut man sich vielfach nicht, auch einmal, wie z. B. bei der sog. Herkulesturbine, zu außergewöhnlichen Verhältnissen zu greifen.

Die Fortsetzung der Schichtflächen in das Saugrohr hinein gibt an sich einen gewissen Anhalt für eine richtige Disponierung der Austrittsquerschnitte, der aber erfahrungsgemäß nur zu leicht den Konstrukteur im Stiche läßt, wenn er sich von rein geometrischen Annahmen und Verhältnissen leiten läßt, statt durch die allgemein physikalische Anschauung von der Bewegung in den einzelnen Schichten.

3. Die Austrittsenden der Radschaufeln und das Aufzeichnen derselben, Taf. 2.

Das Laufrad „B“, Taf. 1, hatte in allen seinen Schichtflächen schon eine, wenn auch kleine, Ablenkung nach der achsialen Richtung (Saugrohr) hin.

Das in Taf. 2 dargestellte Laufrad „C“ zeigt für seine Schichtfläche I vollständige Ablenkung aus der radialen in die achsiale Richtung.

Das Geschwindigkeitsparallelogramm liegt für den Austritt aus dieser Schichtfläche in einer Berührungsebene des Zylinders vom Durchmesser D_2^I oder auch D_3, die Schaufelenden dieser Schichtfläche sind deshalb, wie bei einer Achsialturbine, als Gerade auszuführen; Fig. D zeigt dies, die Zylinderfläche vom Durchmesser $D_2^I = D_3$ in die Ebene abgewickelt.

An die geradlinigen Schaufelenden hat sich eine Übergangskurve anzuschließen, die zu dem radialstehenden Schaufelanfang ($\beta_1 = 90^0$) überzuleiten hat. Dieses Überleiten muß sich entlang der Krümmung der Kranzoberfläche von „2“ bis nach „1“, Fig. D, vollziehen und der Kranz behält zweckmäßig bis über die Höhe des oberen Endes von a_2^I die zylindrische Form bei, damit die Austrittsöffnung in richtig rechteckigem Querschnitt beginnt. Die für die Überleitung erforderliche, abgewickelte Länge l^I, Fig. D, der Schichtlinie I bestimmt die schon früher besprochene, S. 193, erforderliche kleinstzulässige Kranzhöhe.

Allgemein gesprochen könnte man diese Länge l^I beliebig wählen. Fig. 142 zeigt drei verschiedene Längen l^I zugleich mit den zugehörigen Schaufel-Überleitungen eingezeichnet.

Nehmen wir l^I zu klein (unterste gestrichelte Linie), so fällt der Übergang vom geraden Ende zum Eintrittsdurchmesser, schon mit Rücksicht auf die gegebene Gußwandstärke viel zu kurz aus.

Wählen wir l^I sehr groß, (—·—·—)-Linien, so hat dies zweierlei Nachteile. Der erste besteht darin, daß die Strecke, auf der die Geschwindigkeit des Wassers nahezu schon der Austrittsgeschwindigkeit $v_2{}^I$ gleich ist, sehr lang ausfällt; hierdurch wird $\varrho_2 H$ für diese Schichtfläche wesentlich vergrößert, weil die ganze Strecke x schon fast mit dem großen $v_2{}^I$ durchflossen wird im Gegensatz zur mittleren, ausgezogenen Form. Diesem Übelstand ließe sich durch größere Krüm-

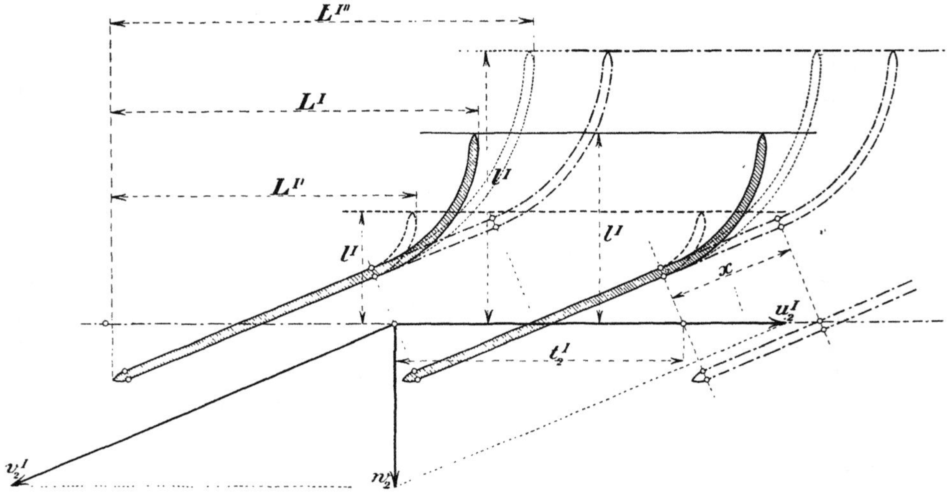

Fig. 142.

mung der Übergangskurve (leicht punktiert) schließlich entgegenwirken, es bleibt aber dadurch der zweite Nachteil doch nicht ganz vermieden und dieser ist bei zu großem l^I die übergroße Länge $L^{I''}$ der Schichtlinie I in den Wagrechten gemessen, Fig. 142.

Es muß immer im Auge behalten werden, daß die Reibungswiderstände von Flüssigkeiten der Größe der reibenden Flächen proportional sind, daß wir also an sich alle Veranlassung haben, wenig Schaufeln und diese kurz auszuführen. Allerdings muß immer die gute Führung der Wasserbahnen gewahrt bleiben.

Aus dieser Erwägung heraus ist die mittlere abgewickelte Länge l^I gewählt, die der früher schon erwähnten Kranzhöhe von 100 mm entspricht, wie sie auch in Fig. 140 und 141 enthalten ist und wie sie Taf. 2, Fig. D, aufweist.

So erfolgt also beim Entwerfen einer solchen Turbine die Bemessung der Kranzhöhe mit Rücksicht auf guten Übergang in der Schichtfläche I und daran anschließend kann mit dem Aufzeichnen der b_2-Kurve, Bestimmen der λb_2, Einzeichnen der Schichtlinien und Bestimmen der Schichtkegel fortgefahren werden, wie dies bei Laufrad „B“ eingehend erläutert worden ist.

Die Schichtkegelspitzen II, III usw. liegen sehr weit nach außen, meist außerhalb der Zeichnung. Man kann die zur Berechnung von $\frac{e^{II}}{2}$ usw. erforderlichen Mantellängen M^{II} usw. hier einfach durch Verhältnisrechnung bestimmen, wie dies beispielsweise beim Schichtkegel *IV*, Taf. 2, Fig. *A*, angedeutet ist. Wir ziehen die beliebige Wagrechte *a*, die ebenso beliebige Senkrechte *b*, die dann auf der Kegelmantellinie die Strecke *c* abschneiden. Das Dreieck *abc* ist dem Dreieck ähnlich, das aus $\frac{D_2^{IV}}{2}$, M^{IV} und dem Abschnitte auf der Turbinenachse besteht, und es rechnet sich

$$M^{IV} = \frac{c}{a} \cdot \frac{D_2^{IV}}{2} \qquad \ldots \ldots \ldots \ldots \ldots \quad 429$$

wodurch die Benutzung der Gl. 428 ermöglicht ist.

Sehr genau werden die Größen M^{II} usw. nicht ausfallen, aber wir dürfen bedenken, daß kleinere Fehler angesichts der doch immer recht rohen Ausführung unserer Räder in der Gießerei nicht von großem Belang sein werden. Für Längen von M^{II} usw., bei denen auch der Stangenzirkel für Fig. *E* unzureichend wird, kann man sich durch Anwendung von Kreisabsteckungstabellen Abhilfe schaffen. In solchem Falle kann aus dem Diagramm Fig. *C* der Unterschied zwischen beispielsweise D_2^{V} und D_2^{Vi} ohne merkbaren Fehler abgegriffen werden, wodurch das Aufzeichnen der Evolventen nach dem Kreisbogenverfahren, S. 174, ermöglicht ist. Das Übertragen der Kegelevolventen in den Grundriß, Fig. *B*, geschieht ebenfalls wie vorher unter „B“, S. 182, geschildert.

In dem Radius, der die Austrittsmitten verbindet, liegt außen in D_2^{I} auch die Austrittsmitte der Schichtfläche *I*, Fig. *D*, und es bietet keine Schwierigkeit, das gerade Schaufelende aus Fig. *D* in Fig. *B* einzutragen.

All dies erfolgt auch hier wieder für drei Austrittsmitten, zwei Gefäßen entsprechend.

Wir kommen nunmehr zur Übertragung der in der zylindrischen Abwicklung Fig. *D* gezeichneten Übergangskurve (meist Kreis) auf die gekrümmte Drehfläche, Schichtfläche *I*. Die Fig. *D* zeigt den Schaufelanfang entsprechend der Teilung t_2^{I} gezeichnet, während derselbe nach vollzogener Übertragung in den Eintrittskreis-Durchmesser D_1, die Teilung t_1 aufweisen muß. Die Übertragung geschieht durch Radialprojektion nach außen unter Zurückkrümmen der Längen *l* in die Schichtfläche. Wir bezeichnen auf der Übergangskurve, Fig. *D*, einen beliebigen Punkt, wickeln seine senkrechte Entfernung *l* von der Austrittsmitte auf dem Kranzprofil ab und tragen seine wagrechte Entfernung *m* von der Austrittsmitte, Fig. *D*, im Kreise D_2^{I}, Fig. *B*, an, ziehen radial gegen außen und tragen die Radialentfernung *n* zwischen $D_2^{I} = D_3$ und dem durch die Abwicklung erhaltenen Punkte in den Grundriß, Fig. *B*. Durch Wiederholen für andere beliebige Punkte erhalten wir den Grundriß der Schaufellinie *I*, den Schnitt zwischen der Drehfläche des Kranzes (Schichtfläche *I*) und der Schaufelfläche.

Es empfiehlt sich, wie gezeichnet, die zu übertragenden Punkte gegen die Schaufelspitze hin näher beieinander anzunehmen.

Wollte man nun, entsprechend Taf. 1, durch den Beginn der Schaufellinie *I* im Grundriß die Radialebene legen, an welche die Schaufellinien *II*, *III* usw. von den Kegelevolventen her tangierend anschließen sollten, so wird man fast immer auf sehr scharfe Übergangskrümmungen kommen, die sackartige Schaufelformen ergeben. Wir haben hiergegen zwei Mittel.

Das erste ist in Taf. 2, Fig. *B*, angewendet: von Schichte zu Schichte nach aufwärts fortschreitend rücken wir den radialliegenden Anfang der Schaufellinie um ein entsprechendes Stück im Kreise vorwärts im Sinne der Drehrichtung.

Dadurch ergeben sich gute Übergänge mit großen Krümmungsradien. Die Schaufelkante des Eintrittes liegt dann, genau genommen, nicht mehr in einer Geraden, sondern sie bildet einen Teil einer angenäherten Ellipse. Der Schaufelanfang ist keine Ebene mehr, sondern die gleichmäßig versetzten Schaufelanfänge liegen in einer steilen Schraubenfläche, die aber gegen einwärts alsbald einen anderen Charakter annimmt.

Das zweite Mittel liegt darin, daß man die Austrittsmitten nicht in einer Radialebene beläßt, sondern sie nach Taf. 4, Fig. *BB* verschiebt.

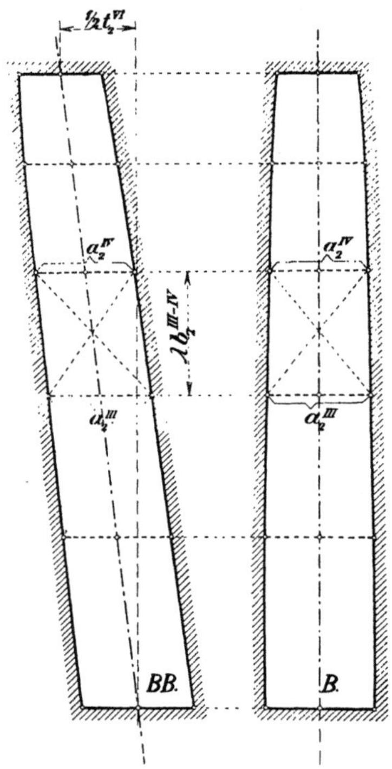

Fig. 143.

Die Horizontalprojektion der Schaufellinie *I* ist aus Taf. 2, Fig. *D* bzw. *B* bekannt und bleibt dabei unverändert. Man dreht nun die Austrittsmitte der obersten Schichtfläche *VI* so viel nach rückwärts, als eben für einen guten Übergang von der Radialrichtung des Schaufelanfanges zur Kegelevolvente wünschenswert erscheint, und legt die zwischenliegenden Austrittsmitten *II* bis *V* in die Verbindungsgerade der Mitten *I* und *VI*. Durch diese Umbildung werden die Austrittsquerschnitte der einzelnen Schichten nur der Form, nicht aber der Größe nach geändert, sie gehen über aus der Form *B*, Fig. 143, gleichseitiges Trapez (angenähert), in diejenige *BB*, verschobenes Trapez, wobei die Verschiebung zu $\frac{1}{2} t_2^{VI}$ angenommen ist; weil die Austrittsdurchmesser D_2, auch die Winkel β_2 durch diese Verdrehung keine Änderung erfahren, so bleiben die ganzen Betriebsverhältnisse am Austritt unverändert.

Beide Arten der Schaufelform kommen vor, sie können auch miteinander kombiniert werden, wenn z. B. der gute Übergang eine übermäßig große Schrägstellung der Eintrittskante verlangen sollte.

Schon bei dem sog. Normalläufer können Umstände eintreten derart, daß v_2 in den innersten Schichten, zur Erzielung kleiner Werte von w_2, kleiner als v_1 erforderlich wäre. Dies ist aber wegen der verlustreichen Verzögerung zu vermeiden, siehe auch später S. 209.

D. Normalläufer mit gesteigerter Umdrehungszahl für Mittel- und Niedergefälle.

Häufig haben wir Veranlassung, gegenüber den durch die Form „*C*“ erreichbaren Umdrehungszahlen, noch auf weitere Steigerung der Geschwindigkeit hinzuarbeiten.

Die Gl. 379, S. 142 $$u_1 = \sqrt{g \cdot \varepsilon H \left(1 - \frac{\operatorname{tg} \delta_1}{\operatorname{tg} \beta_1}\right)} \quad \ldots \ldots \ldots \ldots \quad (379)$$

gibt hierzu das Mittel an, das auch schon früher erwähnt worden ist.

Wird β_1 über 90^0 vergrößert, so wird $\operatorname{tg} \beta_1$ negativ; die Gl. 379 kann auch geschrieben werden

$$u_1 = \sqrt{g \cdot \varepsilon H \left(1 + \frac{\operatorname{tg} \delta_1}{\operatorname{tg}(180 - \beta_1)}\right)}$$

und zeigt so, daß u_1 durch Vergrößerung von β_1 sowohl als auch von δ_1 einer Vermehrung fähig ist.

Nehmen wir $\beta_1 = 120^0$ an, dazu $\delta_1 = 21^0\,9'$, wie bei „C“ aus $a_0 = 80$ mm, $s_0 = 5$ mm und $z_0 = 16$ folgend, so findet sich

$$u_1 = \sqrt{9{,}81 \cdot 0{,}82 \cdot 4{,}0\left(1 + \frac{0{,}3869}{1{,}732}\right)} = 6{,}27 \text{ m/sk}$$

und damit eine Steigerung der minutlichen Umdrehungszahl auf

$$n = \frac{60 \cdot 6{,}27}{1{,}2\,\pi} = \sim 100.$$

1. Leitrad-Austritt.

Es ist w_1 nach Gl. 380 mit den obigen Winkelwerten δ_1 und β_1 zu berechnen; wir erhalten damit $w_1 = 5{,}50$ m/sk und $b_0 = 0{,}249$ m und runden dies auf $b_0 = b_1 = 0{,}260$ m auf, aus früher, S. 189, schon erwähnten Gründen.

2. Laufrad-Eintritt und -Austritt.

Seither, bei $\beta_1 = 90^0$, waren die Verhältnisse an der Eintrittsstelle ziemlich einfach zu übersehen, denn die Ablenkung des in Ebenen senkrecht zur Welle und völlig

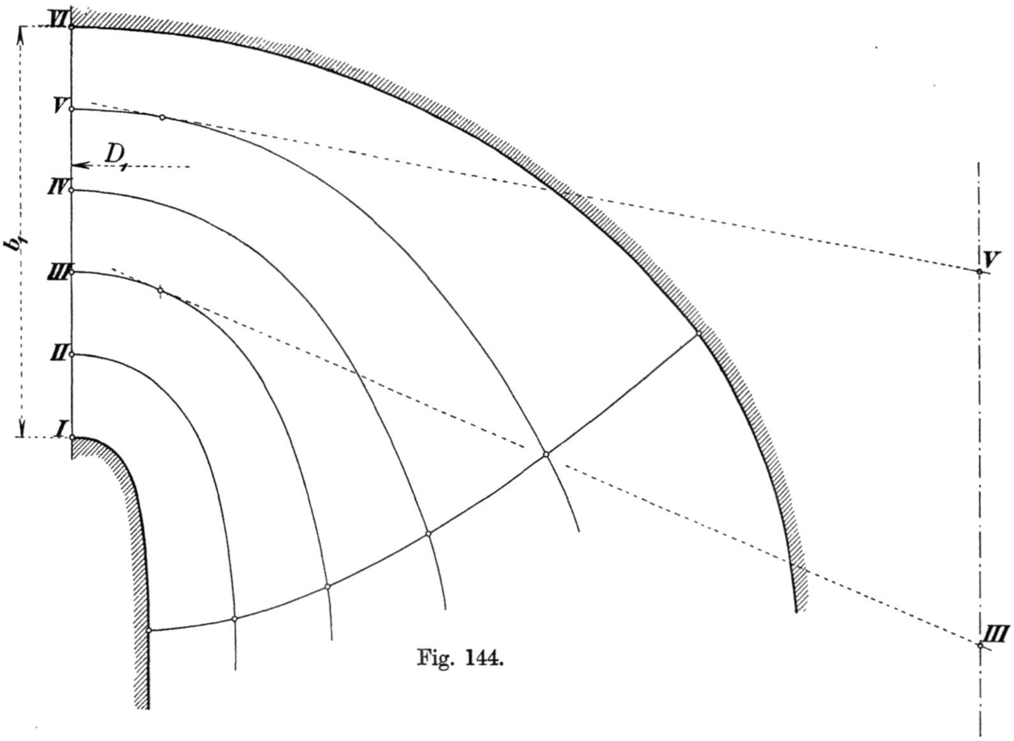

Fig. 144.

radial ins Laufrad eintretenden Wassers nach der achsialen Richtung hin bot entlang den Ebenen der Schaufelflächen keine besondere Schwierigkeit; die Wasserteilchen hatten am Schaufelanfang einfache ebene Bahnen einzuschlagen, in jenen Radialebenen beginnend, und die seitliche räumliche Ablenkung ließ sich gut nach und nach aus diesen heraus entwickeln.

Nunmehr sind bei $\beta_1 > 90^0$ vom Betreten des Laufrades an die Bahnen auch in der Umfangsrichtung gekrümmt.

Am Austritt können wir wieder mit Kegelevolventen vorgehen, dagegen bietet der Eintritt, wie einmal die Dinge liegen, Drehflächen (Schichtflächen) mit gekrümmten Erzeugenden, die nicht abwickelbar sind. Die a_1 sind wesentlich größer als die a_2, so daß wir nur annähernd damit durchkommen, daß wir an passender Stelle Berührungskegelflächen an die Schichtlinien, Fig. 144, legen und darauf die Eintrittsevolventen aufzeichnen. Am besten wird die entsprechende Schaufelform erzielt, wenn wir den rein zeichnerischen Weg, wie schon früher bemerkt, verlassen, die einzelnen Schichten plastisch herausarbeiten und dann die Eintrittsevolventen vorgenannter Berührungskegelflächen auf die Schichtflächen frei durch abgewickelte Papierstreifen übertragen, überleitend in die genau übertragbaren Kegelevolventen des Austritts. Pappe und Draht tun hier gute Dienste.

Wir dürfen uns ja nur vor Augen halten, welche Anforderungen zu stellen sind: Passende Schaufelrichtung am Eintritt, damit die Reaktionsgefäße richtig nachgefüllt werden, gute Überleitung in Form und Größe von f_1 nach f_2, besonders derart, daß im Gefäßraum Querschnitte vermieden werden, die größer sein würden als f_1, während wir andererseits alle Veranlassung haben, die v möglichst lange klein, d. h. annähernd gleich v_1 zu erhalten und erst gegen den Austritt hin rascher den v_2 zu nähern.

E. Schnelläufer für Mittel- und Niedergefälle. Taf. 3.

Ein Mittel zur noch höheren Steigerung der Umdrehungszahlen findet sich in der schon in Fig. 116 III, S. 149, angegebenen Verkleinerung des Eintrittsdurchmessers D_1 auf weniger als den Saugrohrdurchmesser D_3. So sei hier D_1 von seither 1,2 m auf 0,9 m verkleinert, β_1 mag 120° bleiben.

1. Leitrad-Austritt und Laufrad-Eintritt.

Die Leitschaufelzahl z_0 soll auf 12 ermäßigt werden. Da nach Gl. 379 große Werte von δ_1 bei $\beta_1 > 90^0$ zur Steigerung von u_1 beitragen, so werde zur Vergrößerung von δ_1 die Leitschaufelweite $a_0 = 90$ mm angenommen, wodurch δ_1 auf $\sim 23^0\,50'$ erhöht wird, $\operatorname{tg}\delta_1 = 0{,}4418$. Hiermit ergibt sich

$$u_1 = \sqrt{9{,}81 \cdot 0{,}82 \cdot 4{,}0\left(1 + \frac{0{,}4418}{1{,}732}\right)} = 6{,}35 \text{ m/sk}$$

$$w_1 = \frac{1}{0{,}9147}\sqrt{\frac{9{,}81 \cdot 0{,}82 \cdot 4{,}0}{1 + \frac{0{,}4418}{1{,}732}}} = 5{,}54 \text{ m/sk}$$

und deshalb
$$b_0 = \frac{1{,}75}{12 \cdot 0{,}09 \cdot 5{,}54} = 0{,}293 \text{ m}$$

was auf $b_0 = 0{,}300$ m aufgerundet wird.

Die minutliche Umdrehungszahl steigt hier auf

$$n = \frac{60 \cdot 6{,}35}{0{,}9 \cdot \pi} = \sim 135.$$

2. Berücksichtigung der Verhältnisse für rasche achsiale Umlenkung im Laufrade.

Die hier zu verwendende Profilform zwingt zur Beachtung der Verhältnisse, wie sie S. 157 schon angedeutet worden sind. Ursache ist an erster Stelle die, des kleinen Raddurchmessers halber, kurze Krümmung des oberen Radbodens, die die Wasserteilchen verhältnismäßig rasch in die Richtung des Saugrohrs weist, und wir müssen uns nunmehr im Anschluß an die beabsichtigte Laufradform der rechnungsmäßigen Betrachtung der entlang der Eintrittsbreite b_1 verschiedenen Größen der w und h zuwenden. Das Ergebnis der genauen Berechnung wird allerdings zum Teil wieder in Frage gestellt durch die Massenträgheit der Wasserteilchen, die die Richtungs- und Geschwindigkeitsübergänge auf eine gewisse Zeit, also auch über eine gewisse Wegstrecke hinauszieht, und diese Wegstrecken sind bei den fast immer recht großen Geschwindigkeiten $w_0 = w_1$ gegenüber den Zellenabmessungen gar nicht klein.

Dieses Nacheilen in der Ausbildung der Geschwindigkeiten, mit entsprechender Druckhöhenumbildung, soll nun in den anzustellenden Rechnungen wie früher, S. 36 u. f. auch, zuerst außer acht bleiben, auch wird die Rechnung unter Vernachlässigung der Wasserreibung, die im Posten ϱH berücksichtigt werden wird, durchgeführt.

Wir nehmen an, daß sich die betrachteten Wasserteilchen, solange sie noch nicht in den engeren Bereich der Laufradschaufeln gekommen sind, solange sie durch diese noch keine Verzögerung in der u_1-Richtung erfahren haben, in zur Turbinenachse parallelen Ebenen[1]) bewegen, die den Laufradanfang unter dem Winkel δ_1 schneiden.

Sowie aber die Wasserteilchen den äußeren Umkreis der Laufradböden erreichen, geraten sie unter den Einfluß der Krümmung dieser Böden, wie sie sich als $a'a'$ und $i'i'$, Fig. 145, in den erzeugenden Profilen dieser Umdrehungsflächen vorfinden.

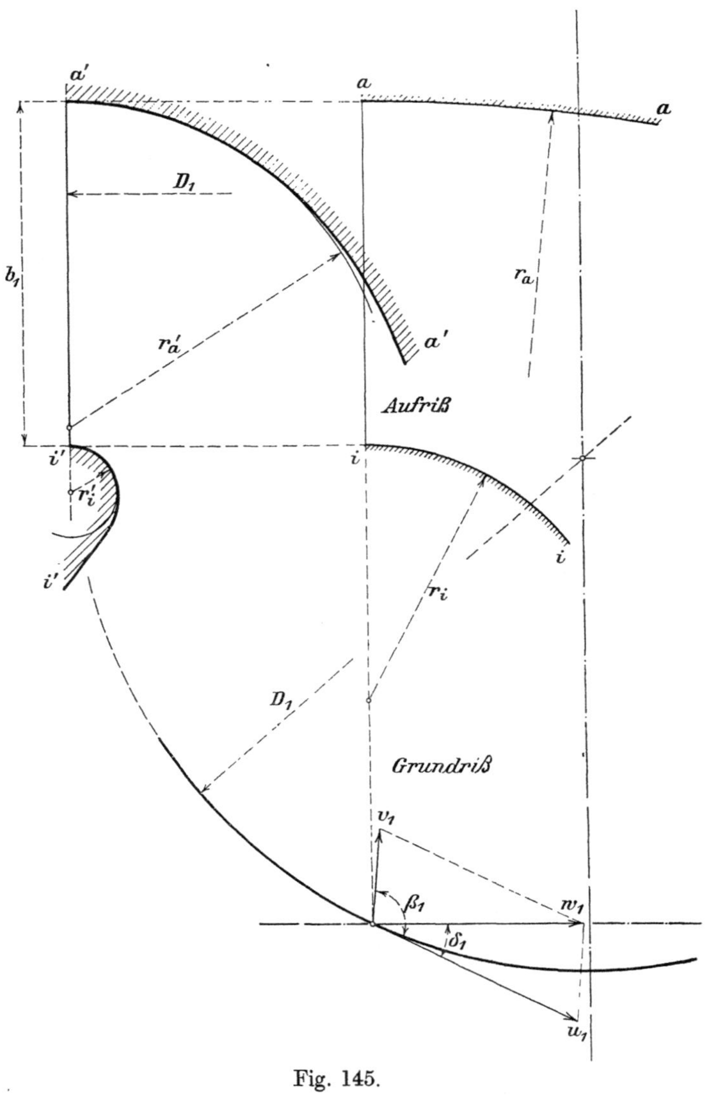

Fig. 145.

Die Krümmung der absoluten Wege der Wasserteilchen in der ersten kurzen Eintrittsstrecke zeigt sich in den Schnitten aa und ii der δ_1-Ebene mit diesen Umdrehungsflächen, sie sind zeichnerisch leicht zu ermitteln, wie dies Fig. 145 erkennen läßt (Fußnote S. 202), in der die Richtung δ_1 parallel zur Aufrißfläche angenommen ist (siehe Grundriß).

[1]) In Wirklichkeit, wie schon S. 146 erwähnt, in ganz flachgekrümmten Zylinderflächen, deren Erzeugende sich als logarithmische Spiralen erweisen.

Für die Bewegung der Wasserteilchen entlang der Bahnen aa, ii und zwischen diesen werden sich Druck- und Geschwindigkeitsverhältnisse ähnlich denen des kreisenden Wassers ausbilden, aber mit dem Unterschiede, daß hier meist die Mittelpunkte der Bahnkrümmungen nicht mehr zusammenfallen, die Bahnen sind nicht mehr konzentrisch, die Krümmungsradien und die Krümmungsmittelpunkte wechseln stetig entlang der Eintrittsbreite b_1 und auch entlang den Stromlinien in der δ_1-Ebene.

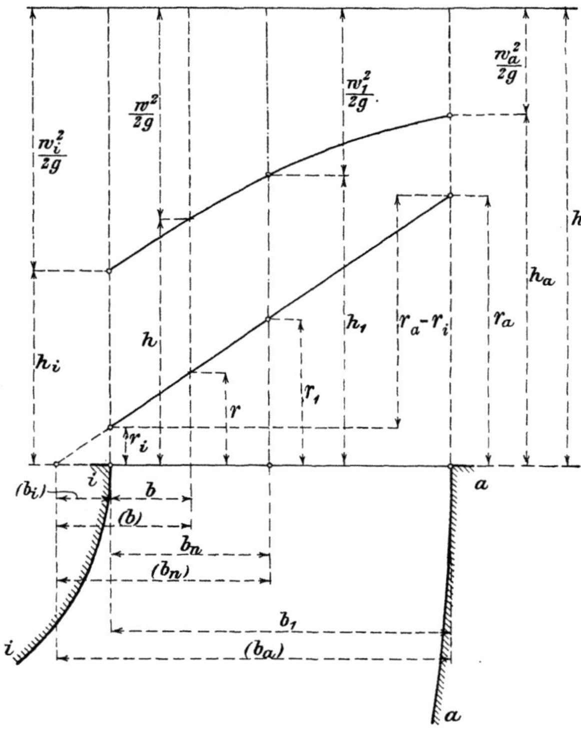

Fig. 146.

Um nun zu einer Übersicht zu gelangen, werde angenommen, daß es sich nur um das Zunehmen der Krümmungsradien vom Eintritt am unteren Kranz, Anfang der Kurve ii, entlang b_1 bis zum Eintritt am oberen Kranz, Kurve aa, handelt und daß diese Zunahme n linearer Weise erfolge.[1])

Zu besserer Übersichtlichkeit iin der Aufstellung der Beziehungen dient es, wenn, wie in Fig. 146 geschehen, die Turbinenachse, also auch b_1, wagrecht liegend angenommen wird; für die senkrechte Turbinenachse sind die Endergebnisse genau gleich. Wir tragen die als bekannt vorausgesetzten Krümmungsradien[2]) r_i und r_a der Eintrittsstellen senkrecht zu b_1 an, Fig. 146, ziehen durch deren Endpunkte eine Gerade und erhalten ihren Schnittpunkt mit der b_1-Linie in (b_i) vom Anfang der Strecke b_1 entfernt. Für einen um (b) von diesem Schnittpunkt oder um b von i aus entfernten Punkt der b_1-Linie ergibt sich dann zeichnerisch der Krümmungsradius r, und es kann geschrieben werden

$$(b) = (b_i) + b, \quad \text{auch} \quad (b_a) = (b_i) + b_1 \quad \dots \dots \dots \quad 430$$

sowie

$$\frac{(b_i)}{r_i} = \frac{(b)}{r} = \frac{(b_a)}{r_a} = \frac{b_1}{r_a - r_i} = B \quad \dots \dots \dots \dots \quad 431$$

Bezeichnen wir mit w ohne Index die Größe der absoluten Eintrittsgeschwindigkeit ins Laufrad an der Stelle im Abstand $(b) = (b_i) + b$, so wird durch den an dieser Stelle, Krümmungsradius r, fließenden Wasserfaden, Dicke $d\,(b)$, eine gegen a hin wirksame Druckhöhenvermehrung auftreten, die in Anlehnung an Gl. 123 S. 38, anzuschreiben ist als

$$dh = \frac{w^2}{g} \cdot \frac{d(b)}{r}.$$

Nun ist nach Gl. 431 $\quad d(b) = B \cdot dr = \frac{(b_i)}{r_i} dr,$

[1]) Vgl. für diese Annahme Thomann, Die Wasserturbinen, S. 105.

[2]) Diese tatsächlichen Krümmungsradien der in der δ_1-Ebene liegenden Bahnanfänge finden sich durch Division der Radprofil-Krümmungsradien r_a', r_i' usw. mit $\sin^2\delta_1$, sie sind in Fig. 146 in noch wesentlich verkleinertem Maßstab aufgetragen.

mithin kommt $$dh = B\frac{w^2}{g}\cdot\frac{dr}{r} \quad \ldots\ldots \quad 432$$

Zur Bestimmung von w benutzen wir die Beziehung, Fig. 146, (Gl. 117, S. 37)

$$h_e = \frac{w_a^2}{2g} + h_a = \frac{w^2}{2g} + h = \frac{w_i^2}{2g} + h_i \quad \ldots\ldots \quad 433$$

woraus $$w^2 = 2g(h_e - h) \quad \text{und} \quad w = \sqrt{2g(h_e - h)}.$$

Dies formt die Gl. 432 um in $$\frac{dh}{h_e - h} = 2B\frac{dr}{r},$$

welche integriert liefert: $$-\Big[\ln(h_e - h)\Big]_{h_i}^{h} = 2B\Big[\ln r\Big]_{r_i}^{r}$$
oder auch

$$h_e - h = (h_e - h_i)\left(\frac{r_i}{r}\right)^{2B} \quad \ldots\ldots \quad 434$$

Wir erhalten dann

$$w = \sqrt{2g(h_e - h)} = \left(\frac{r_i}{r}\right)^{B}\sqrt{2g(h_e - h_i)} \quad \ldots\ldots \quad 435$$

oder auch $$w\cdot r^B = r_i^B\sqrt{2g(h_e - h_i)} = \text{Konst.} \quad \ldots\ldots \quad 436$$

Vgl. dagegen Gl. 130, S. 39. Zur Bestimmung der noch unbekannten Größe h_i dient, wie früher auch, die Kontinuitätsgleichung. Es ist

$$Q = z_0\cdot a_0\cdot b_1\cdot w_1 = \int_{b_i}^{b_a} z_0\cdot a_0\cdot w\cdot d(b)$$

worin ein w_1 mit demselben Rechte wie früher auch, als vor Beginn der Krümmung über die ganze Breite b_1, rechnungsmäßig, wenn auch nicht tatsächlich, vorhanden, eingeführt werden kann. Auch hier wird ein „neutraler Krümmung-s radius", r_1, da sein, in dem die Geschwindigkeit w_1 wirklich besteht, die, wenn kein Vorbeginn in der Ausbildung der w stattfände, noch über die ganze Leitschaufelbreite b_0 vorhanden wäre.

Nach Einführen von w nach Gl. 435 und von $d(b) = B\cdot dr$ läßt sich die vorhergehende Gleichung auch schreiben

$$b_1\cdot w_1 = B\cdot r_i^B\sqrt{2g(h_e - h_i)}\int_{r_i}^{r_a}\frac{dr}{r^B}$$

Nach Integration und Umformung findet sich

$$r_i^B\sqrt{2g(h_e - h_i)} = w_1\frac{b_1}{(b_i)}\cdot\frac{(1-B)\,r_i}{r_a^{1-B} - r_i^{1-B}} \quad \ldots\ldots \quad 437$$

und also nach Gl. 436

$$w\cdot r^B = w_1\frac{b_1}{(b_i)}\cdot\frac{(1-B)\,r_i}{r_a^{1-B} - r_i^{1-B}} = \text{Konst.} \quad \ldots\ldots \quad 438$$

Für $w = w_1$ findet sich der „neutrale" Radius r_1

$$r_1 = \sqrt[B]{\frac{b_1}{(b_i)}\cdot\frac{(1-B)\,r_i}{r_a^{1-B} - r_i^{1-B}}} \quad \ldots\ldots \quad 439$$

und so kann die Gl. 436 oder 438 auch lauten:

$$w\cdot r^B = w_1\cdot r_1^B \quad \ldots\ldots \quad 440$$

also ganz ähnlich wie früher Gl. 143, S. 140. Würden alle Krümmungsmittelpunkte zusammen fallen, so ist $b_1 = r_a - r_i$, also $B = 1$, und damit ergäbe sich ohne weiteres die Gl. 143.

3. Schichten gleicher Teilwassermengen.

Hier ist die Einteilung der Breite b_1 in Schichten gleicher Teilwassermenge, I—II, II—III usw., von besonderem Interesse, weil hieraus, im Verein mit den b_2, die Anfangs- und Endpunkte der Schichtlinien folgen.

Wir haben auch hier wieder zu schreiben

$$\frac{Q}{m} = \frac{z_0 \cdot a_0 \cdot b_1 \cdot w_1}{m} = \int_{b_i}^{b_i + b_{I-II}} z_0 \cdot a_0 \cdot w \cdot d(b)$$

woraus mit w nach Gl. 440 unter Einfügen von r_1 nach Gl. 439, sowie von $d(b) = B \cdot dr$ folgt

$$\frac{r_a^{1-B} - r_i^{1-B}}{m} = (1 - B) \int_{r_i}^{r_{II}} \frac{dr}{r^B}$$

oder auch

$$\frac{r_a^{1-B} - r_i^{1-B}}{m} = r_{II}^{1-B} - r_i^{1-B}$$

also

$$r_{II}^{1-B} = \frac{r_a^{1-B} - r_i^{1-B}}{m} + r_i^{1-B} \qquad 441$$

In Anlehnung an Fig. 146 ist

$$\frac{b_{I-II} + (b_i)}{r_{II}} = \frac{b_1}{r_a - r_i} = B$$

also findet sich die erste Teilbreite, zu $b_{I-II} = B \cdot r_{II} - (b_i)$.

Da aber nach Gl. 431 $(b_i) = B \cdot r_i$, so folgt

$$b_{I-II} = B(r_{II} - r_i) \qquad 442$$

worin schließlich statt r_i auch r_I geschrieben werden könnte.

Für die anderen Schichten ergibt sich in ganz gleicher Weise

$$\left.\begin{aligned} b_{II-III} &= B(r_{III} - r_{II}) \\ b_{III-IV} &= B(r_{IV} - r_{III}) \end{aligned}\right\} \qquad 443$$

usw., die b nach oben zunehmend, siehe Taf. 3 und die Summe der b stellt sich auf

$$B(r_a - r_i) = b_1 \qquad (431)$$

4. Die erforderlichen Größen von β_1 mit Rücksicht auf kreisendes Wasser.

Nachdem erkannt ist, daß die Größen der w entlang der Eintrittsbreite b_1 verschieden sind, ergibt sich als notwendige Folge, daß für stoßfreien Eintritt des Wassers ins Laufrad die Winkel β_1 der Eintrittskante entlang verschieden ausgeführt werden müssen, weil die u_1 und δ_1 durchweg gleich sind. Wie dies zu erfolgen hätte, lehrt die Rechnung unter Benutzung der Fig 147. Entsprechend der Bezeichnung w_i, w, w_a heißen die zugehörigen Winkel β_i, β, β_a und der Geschwindigkeit w_1 entspricht β_1. Aus Fig. 147 folgt

$$\frac{u_1}{\sin(\beta - \delta_1)} = \frac{w}{\sin \beta}$$

oder

$$\operatorname{tg}\beta = \frac{\sin\delta_1}{\cos\delta_1 - \frac{u_1}{w}} \qquad \qquad 444$$

wonach die Winkel β den w entsprechend gerechnet werden könnten.

Hier tritt nun eine Schwierigkeit ein: die Berechnung der w nach Gl. 440 ergibt für die Geschwindigkeiten gegen w_i hin Beträge, zu deren Leistung das

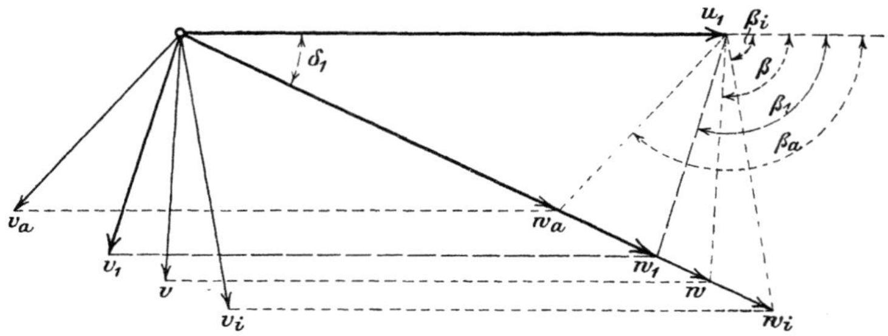

Fig. 147.

vorhandene Gefälle meist gar nicht ausreicht, dazu unausführbare Größenänderungen der β_1. Das heißt also, daß die Vereinigung der für volle Entwicklung der w nötigen Größen nach Gl. 440 mit der Gefällaufteilung unmöglich ist.

Nun wissen wir aber, S. 42 und 43, daß diese volle Entwicklung zu Beginn der Ablenkung noch gar nicht eingetreten sein **kann**, daß mithin die strenge Einführung der w nach Gl. 440 gar nicht in der Natur der Umstände liegt. Die ganze Berechnung, Gl. 430 bis 443, hat also nur orientierende, nicht aber bestimmende Bedeutung. Die Verhältnisse lassen sich wie folgt überblicken und lösen.

5. Die Bestimmung der Schaufelformen.

Daß ein Druckunterschied bei den Stellen a' und i', Fig. 145, vorhanden ist, lehrt der einfache Versuch, er ist nur weitaus nicht so groß als Gl. 440 und deren Folgen entspricht. Gekrümmte Wasserbahnen bestehen also im Leitapparat, trotzdem dessen Kränze durch parallele Ebenen (der Drehschaufeln wegen) gebildet sind, aber die Krümmungsradien dieser Bahnen sind groß. Ist nun der Druckunterschied $h_a - h_i$, Fig. 146, bekannt oder auch nur nach Erfahrung angenommen, so bildet diese Druckdifferenz die Grundlage für die rechnungsmäßige Größenentwicklung der w, entlang der Eintrittshöhe b_1. Da es sich der ganzen Sachlage nach nur um Annäherungsrechnungen handeln kann, die nach Möglichkeit den tatsächlichen Verhältnissen nahe kommen sollen, so gestatten wir uns für die Größenbemessung der w die Annahme, daß die großen Krümmungsradien von gemeinschaftlichem Mittelpunkt ausgehen, mit anderen Worten, daß wir für die rechnungsmäßige Ausarbeitung der Verhältnisse die Umstände des einfachen „kreisenden Wassers“ zugrunde legen und nicht diejenigen für wechselnde Krümmungsmittelpunkte nach Gl. 440 usw.

Unbekannt sind diese Krümmungsradien an sich, und es dürfte fast unmöglich erscheinen, sie durch Versuch festlegen zu wollen. Das Bestehen des Druckunterschiedes $h_a - h_i$ aber gibt im Verein mit den Gleichungen des „kreisenden Wassers“ das Mittel an die Hand, diese ideellen Radien R zu berechnen.

Es ist vor allem, mit den Bezeichnungen der Fig. 146 und wie aus Gl. 433 hervorgeht, nach der wieder für stehende Welle gezeichneten Fig. 148.

$$\frac{w_i^2 - w_a^2}{2g} = h_a - h_i \qquad \qquad 445$$

Die von den ideellen Krümmungsradien R_i und R_a eingeschlossenen Wasserbahnen müssen, wie früher entwickelt, einen neutralen Krümmungsradius R_1 besitzen, in dem die Geschwindigkeit w_1 besteht, der sich gemäß Gl. 142, S. 40, aber hier mit b_1 an Stelle des dortigen a_1 und mit $R_i = \varrho b_1$ usw., Fig. 148, auf

$$R_1 = \frac{b_1}{\ln \frac{R_a}{R_i}} = \frac{b_1}{\ln \frac{1+\varrho}{\varrho}} \quad . \quad . \quad 446$$

stellt und uns das Mittel an die Hand gibt, mit Hilfe der Gl. 445 die Größe der ideellen Krümmungsradien zu finden. Hier gilt dann

$$w_i \cdot R_i = w_1 \cdot R_1 = w_a \cdot R_a \quad . \quad . \quad 447$$

oder auch, vgl. Gl. 144,

$$w_i = w_1 \frac{R_1}{R_i} = w_1 \frac{1}{\varrho \ln \frac{1+\varrho}{\varrho}} \quad . \quad 448$$

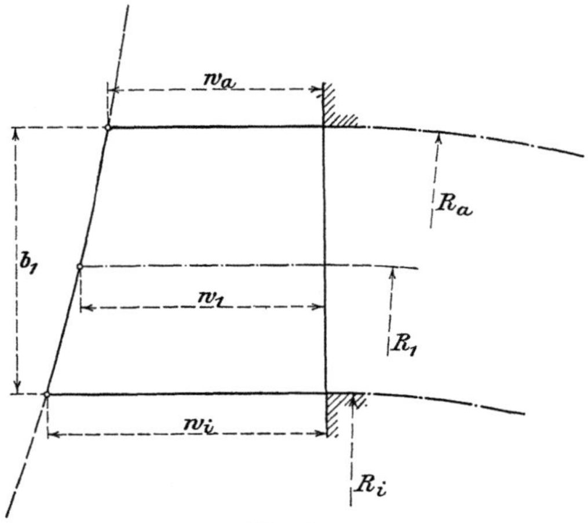

Fig. 148.

ferner mit (Gl. 134) $R_i = \varrho \cdot b_1$

$$w_a = w_1 \frac{R_1}{R_a} = w_1 \frac{1}{(1+\varrho) \ln \frac{1+\varrho}{\varrho}} \quad . \quad 449$$

Gemäß Gl. 445 ergibt sich dann durch Einsetzen dieser Werte

$$\frac{2g}{w_1^2}(h_a - h_i) = \frac{1}{\varrho^2 \ln^2 \frac{1+\varrho}{\varrho}} - \frac{1}{(1+\varrho)^2 \ln^2 \frac{1+\varrho}{\varrho}} \quad . \quad . \quad . \quad . \quad . \quad . \quad 450$$

Auch hier muß für die Ermittlung von ϱ, wie früher auch, zur zeichnerischen Auflösung gegriffen werden.

Die linke Seite der Gl. 450 hat für die nachstehend angeführten Größen von ϱ die beigesetzten Beträge

ϱ	$\frac{1}{\varrho^2 \ln^2 \frac{1+\varrho}{2}} - \frac{1}{(1+\varrho)^2 \ln^2 \frac{1+\varrho}{\varrho}}$
$\varrho =$ 10,00;	= 0,19102
9,00	0,21124
8,00	0,23636
7,00	0,26828
6,00	0,31014
5,00	0,36766
4,00	0,45183
3,00	0,58740
2,00	0,84483
1,75	0,95111
1,50	1,09013

und diese bilden die Grundlage für die Kurve der Fig. 149, aus der dann die zu $\frac{2g}{w_1^2}(h_a - h_i)$ gehörigen Werte von ϱ direkt entnommen werden können.

Die Formgebung am Radschaufeleintritt baut sich dann darauf auf, daß u_1 und w_1 gemäß den Gl. 379 und 380, S. 142, für die Stelle des „neutralen“ Radius R_1 angenommen werden, daß also dafür $\delta_2 \doteq 90^0$ in dem Entwurf vorausgesetzt wird. Die Erzielung stoßfreien Eintritts aber kann hier nicht in der einfachen Weise wie bei der allmählichen Umlenkung des Wassers, S. 153, Gl. 392, angestrebt werden, sondern hier ist, im Gegensatz zu der dort über die ganze Breite b_1 konstant angesetzten Größe w_1, die Änderung der w nach Gl. 447 zu berücksichtigen. Das geschieht folgendermaßen: Aus der allgemeinen Gleichung S. 119

$$u_1 \cdot w_1 \cos \delta_1 - u_2 \cdot w_2 \cos \delta_2 = g \cdot \varepsilon H \quad \ldots \ldots \ldots \quad (332)$$

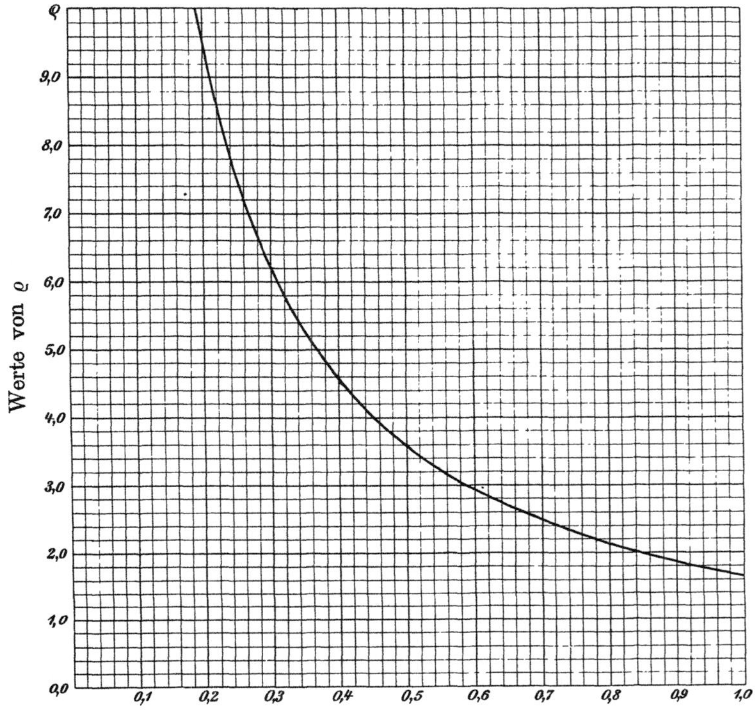

$$\frac{2g}{w_1^2}(h_a - h_i) = \frac{1}{\varrho^2 \ln^2 \frac{1+\varrho}{\varrho}} - \frac{1}{(1+\varrho)^2 \ln^2 \frac{1+\varrho}{\varrho}}$$

Fig. 149.

die die Vereinigung der Gefälleaufteilung mit den Bedingungen des stoßfreien Eintritts darstellt, folgt einfach mit w ohne Index und $u_2 = \frac{D_2}{D_1} u_1 = \Delta u_1$, worin D_2 der jeweils wechselnde Durchmesser der betreffenden Austrittsstelle,

$$\cos \delta_2 = \frac{1}{\Delta}\left[\frac{w \cos \delta_1}{w_2} - \frac{g \cdot \varepsilon H}{u_1 \cdot w_2}\right] \quad \ldots \ldots \ldots \ldots \quad 451$$

Mit $w_2 = \sqrt{2g \cdot \alpha H}$ und weil $\varepsilon = 1 - \alpha - \varrho$*) läßt sich die Gl. 451 auch schreiben

$$\cos \delta_2 = \frac{1}{\Delta} \cdot \frac{1}{\sqrt{2g \cdot H}}\left[\frac{w \cos \delta_1}{\sqrt{\alpha}} - \frac{g(1 - \alpha - \varrho) H}{u_1 \sqrt{\alpha}}\right] \quad \ldots \ldots \quad 452$$

und es ist so vorzugehen, daß die rechte Seite der Gl. 452 nur solche Werte für $\cos \delta_2$ ergibt, die innerhalb der möglichen Grenzen, $+1$ und -1, dazu aber von diesen tunlichst entfernt liegen, was ohne Wechsel in der Größe von α nicht ausführbar ist. Da a_0 und δ_0 über die ganze Höhe b_1 gleich groß gehalten werden muß (Drehschaufeln) und die w gegen oben abnehmen, so müssen die Schichten gleicher Wassermengen hier schon am Laufradeintritt gegen aufwärts wechselnde Stücke von b_1 beanspruchen. Diese λb_1 entsprechen genau den Schichtstärken nach

*) Dies ϱ nicht zu verwechseln mit dem ϱ auf S. 206.

Gl. 442 und 443 für $B=1$ oder wie sie sich nach den Berechnungen S. 42 aus den Gleichungen 151a ergeben, und die Schichtlinien sind hier dann durch die Abstände λb_1 und λb_2 in ihren Endpunkten festgelegt.

Allerdings ist das Aufsuchen der Stücke λb_2 hier noch weniger einfach als vorher, und die hierzu nötige Erläuterung erfolgt am besten an Hand der Zahlen des Beispiels.

Grundlegend für alles Weitere ist der Betrag der Größe $h_a - h_i$, die anschließend an Versuche zu $0{,}2\,H$, also hier zu $0{,}2\cdot 4{,}0 = 0{,}8$ m angenommen sein soll. Da $w_1 = 5{,}54$ m/sk auch schon, S. 200, bestimmt ist, so ergibt sich, im Anschluß an Gl. 450

$$\frac{2g}{w_1^2}(h_a - h_i) = \frac{19{,}62\cdot 0{,}8}{30{,}6916} = 0{,}5114$$

und die zeichnerische Tabelle Fig. 149 liefert dafür fast genau $\varrho = 3{,}50$, das heißt bei $b_1 = 0{,}3$ m finden sich

$$R_i = 3{,}50\cdot 0{,}3 = 1{,}05 \text{ m} \quad \text{und} \quad R_a = 4{,}50\cdot 0{,}3 = 1{,}35 \text{ m}$$

außerdem der neutrale Radius nach Gl. 446

$$R_1 = \frac{0{,}300}{\ln\frac{4{,}5}{3{,}5}} = 1{,}194 \text{ m}$$

d. h. der Ort, an dem $\beta_1 = 120^0$, $w_1 = 5{,}54$ m/sk ist, liegt um $1{,}194 - 1{,}05 = 0{,}144$ m oberhalb der ii-Kante, 6 mm unterhalb der Mitte von $b_1 = 300$ mm.

Für $m = 5$ Schichten gleicher Wassermenge, $\frac{Q}{5}$, berechnen sich die ideellen Radien R, die Bruchteile von b_1, die w, β und v, wie folgt, Gl. 151a und 447. Es ist, aber mit R statt dort r von oben nach unten, vgl. Taf. 3, Fig. A:

	Radien	Schichtstärke λb_1	w	β	v
$R^{VI} = R_a$	$= 1{,}350$ m		4,90 m/sk	$133^0\,20'$	2,722 m/sk
		0,066 m			
$R^{V} = 1{,}350\sqrt[5]{\frac{1{,}05}{1{,}35}}$	$= 1{,}284$ „		5,15 „	$128^0\,14'$	2,649 „
		0,063 „			
$R^{IV} = 1{,}284\sqrt[5]{\frac{1{,}05}{1{,}35}}$	$= 1{,}221$ „		5,42 „	$122^0\,27'$	2,595 „
		0,060 „			
$R^{III} = 1{,}221\sqrt[5]{\frac{1{,}05}{1{,}35}}$	$= 1{,}161$ „		5,70 „	$116^0\,15'$	2,568 „
		0,057 „			
$R^{II} = 1{,}161\sqrt[5]{\frac{1{,}05}{1{,}35}}$	$= 1{,}104$ „		5,99 „	$109^0\,47'$	2,572 „
		0,054 „			
$R^{I} = 1{,}104\sqrt[5]{\frac{1{,}05}{1{,}35}}$	$= 1{,}050 = R_i$		6,30 „	$102^0\,59'$	2,612 „
		Summa $b_1 = 0{,}300$ m			

6. Bestimmung des kleinsten Austrittsdurchmessers $D_2^{VI} = D_{2a}$.

Die zahlenmäßige Benutzung der Gl. 452 ergibt für die vorliegenden Werte von w_a und w_i, sowie für verschiedene Größen von $\varDelta$ die untenstehende Tabelle. Es zeigt sich, daß sich der Betrag der rechten Gleichungsseite bei angenommenem Austrittsverlust α und kleinen Größen von D_2^{VI} bald dem Wert -1 für $\cos\delta_2$ nähert, oder zur Überschreitung desselben führt, daß also gewisse Größen von D_2^{VI} nicht unterschritten werden dürfen.

Für das Aufsuchen eines passenden D_2^{VI} gewährt es eine gute Übersicht, wenn die ziffermäßige Entwicklung der rechten Gleichungsseite für $w = w^{VI} = w_a$ und zugleich für verschiedene Größen von α zeichnerisch dargestellt wird, wie

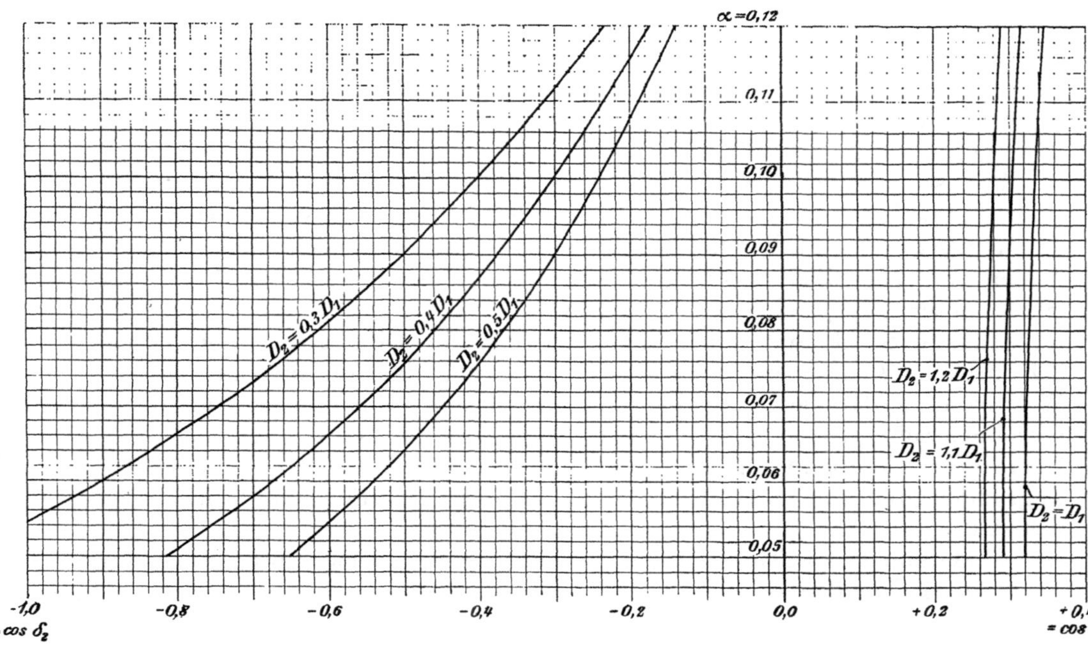

Fig. 150.

dies aus Fig. 150 links ersichtlich ist. Dort finden sich drei Kurven der Gleichungswerte für verschiedene Größen von D_2 gegenüber D_1 verzeichnet, nämlich für $D_2 = 0{,}3\,D_1$, ferner $D_2 = 0{,}4\,D_1$ und noch für $D_2 = 0{,}5\,D_1$.

α	$\varDelta = \frac{D_2}{D_1} < 1{,}0$				$\varDelta = \frac{D_2}{D_1} \gtreqless 1{,}0$			
	$\cos\delta_2$ Allgemein für $w_a = 4{,}90$ m/sk	$\cos\delta_2$ im besonderen für $D_2 = 0{,}3\,D_1$	$D_2 = 0{,}4\,D_1$	$D_2 = 0{,}5\,D_1$	$\cos\delta_2$ Allgemein für $w_i = 6{,}30$ m/sk	$\cos\delta_2$ im besonderen für $D_2 = 1{,}2\,D_1$	$D_2 = 1{,}1\,D_1$	$D_2 = 1{,}0\,D_1$
0,12	$-0{,}06987\,\frac{D_1}{D_2}$	−0,23290	−0,17468	−0,13974	$0{,}34743\,\frac{D_1}{D_2}$	0,28953	0,31585	0,34743
0,11	−0,09391 „	−0,31304	−0,23477	−0,18782	0,34184 „	0,28487	0,31076	0,34184
0,10	−0,12092 „	−0,40307	−0,30230	−0,24184	0,33648 „	0,28040	0,30589	0,33648
0,09	−0,15034 „	−0,50114	−0,37587	−0,30068	0,33146 „	0,27622	0,30133	0,33146
0,08	−0,18421 „	−0,61403	−0,46052	−0,36842	0,32689 „	0,27250	0,29727	0,32689
0,07	−0,22330 „	−0,74433	−0,55826	−0,44660	0,32315 „	0,26930	0,29379	0,32315
0,06	−0,26954 „	−0,89846	−0,67384	−0,53908	0,32056 „	0,26714	0,29142	0,32056
0,05	−0,32653 „	. . . .	−0,81632	−0,65306	0,31997 „	9,26664	0,29089	0,31997

Die Rechnung lehrt vor allem, daß für kleine D_2^{VI}, des kleinen Betrages von $w_a = w^{VI}$ wegen, nur negative $\cos\delta_2$, also nur $\delta_2 > 90^0$ in Frage kommen können. Der Verlauf dieser Kurven links des Nullpunktes, Fig. 150, deren Abszissen den Gleichungswerten, also den $\cos\delta_2$ entsprechen, läßt ein Bild darüber gewinnen, welche Vereinigung von α und D_2^{VI} bei gegebenem $w_a = w^{VI}$ (hier $= 4{,}90$ m/sk) einen halbwege kleinen $\cos\delta_2$, d. h. halbwegs $\delta_2 = \sim 90^0$, zu erreichen gestattet. Er lehrt ferner, daß es zur Erzielung erträglicher Verhältnisse in der Schichte VI eines großen Austrittsverlustes α^{VI} bedarf, größer als sonst üblich. Passende Verhältnisse ergeben sich für $D_2^{VI} \cong 0{,}27\,D_1$, hier also $0{,}27 \cdot 900 = 243$, rund 240 mm, Taf. 3, im Verein mit $\alpha^{VI} = 0{,}11$.

Eine Sache ist hier stets zu kontrollieren, nämlich die gegenseitigen Größen von v_1 und v_2. Keinesfalls darf der Betrag von v_2, wie er aus den nach Fig. 150 gewählten Verhältnissen sich ergibt, kleiner sein als v_1, weil sonst eine Verzögerung von „1“ nach „2“ hin in der Schicht VI zu unliebsamen Wirbelverlusten führen würde. Der für den angestrebten kleineren Wert von $\cos\delta_2$ erforderliche große Betrag von α^{VI}, also von w_2^{VI}, bietet immerhin eine ziemlich sichere Gewähr gegen zu kleines v_2^{VI}.

Der so ermittelte Wert von D_2^{VI}, innerhalb dessen überhaupt kein Wasseraustritt stattfinden soll, kann unter Umständen die Größe des projektierten Saugrohrdurchmessers, also auch den Austrittsdurchmesser der Schichtfläche I, D_2^I beeinflussen, was sich aber erst zeigt, wenn die λb_2 Schicht für Schicht, ähnlich wie früher unter „C“ geschildert, festliegen.

Anzuraten ist, daß auch eine Kontrolle der Gl. 452 mit den Größen der Schichtfläche I, also mit $w_i = w^I$, D_2^I und dem im allgemeinen beabsichtigten Wert von α stattfindet, denn hier können sich unter Umständen Werte der rechten Gleichungsseite größer als 1 einstellen. Auch hier bieten Kurven der $\cos\delta_2$ einen Überblick, wie sie in Fig. 150 rechts für $D_2 = 1{,}0\,D_1$, $1{,}1\,D_1$ und $1{,}2\,D_1$ unter Zugrundelegung von $w_i = w^I$ (hier $= 6{,}30$ m/sk) als Funktion von α eingezeichnet sind.

Sind dann Schichtfläche VI und I befriedigend festgelegt, so wird man zunächst, unabhängig von den Größen δ_2 der Zwischenschichten, einen Übergang von w_2^I nach w_2^{VI}, mit möglichst langem Beibehalten von w_2^I annehmen, wie dies in Taf. 3, Fig. B, Linie der α, dargestellt ist.

Die Austrittsverhältnisse der Zwischen-Schichtflächen ergeben sich dann, von VI ausgehend, unter jeweiliger Berücksichtigung von w_2 aus der Übergangskurve der α und der nach Gl. 452 gerechnetem $\cos\delta_2$ (zeichnerisch), wie sie das Diagramm der Taf. 3 enthält, wobei wie früher auch die einzelnen λb_2, also auch die betr. D_2, zunächst geschätzt werden. Die a_2 werden in gewohnter Weise dem Diagramm entnommen, deren stetiger Verlauf nachgeprüft, Fig. B, und danach die λb_2 kontrolliert, nachkorrigiert usw.

Die Übergänge von „1“ nach „2“ verlangen für alle Schichten eingehende Berücksichtigung, die am leichtesten auch wieder am Pappmodell durchgeführt werden kann, vgl. Taf. 3, Fig. E u. F und Taf. 4, Fig. G.

Da die zwischen I und VI im Leitrad vorhandenen Druckunterschiede $h_a - h_i$ zur Annahme gekrümmter Bahnen der Wasserfäden schon im Leitrad zwingen, ist es natürlich, daß sowohl die Schichtlinie VI als auch I nicht mehr in geradliniger Verlängerung von b_0 beginnen, sondern schon nach abwärts gekrümmt ansetzen, Taf. 3. Die Schichtfläche I unterschneidet dann die Leitschaufelspitzen, wie in Taf. 3 ersichtlich, wodurch der Laufraddurchmesser gegenüber dem unteren Radkranz um einiges zurücktritt.

Die Schichtfläche I bildet an der Austrittsstelle „2“ das Stück einer Kegelfläche, wie unter „B“, S. 182, auch, aber nunmehr liegt die Spitze dieser Kegelfläche nicht mehr in der Turbinenachse saugrohrabwärts, sondern sie ist gegen aufwärts, in I, Fig. A zu suchen.

Natürlich haben wir hier wie seither auch die b_2-Kurve so zu führen, daß sie nach Möglichkeit senkrecht zu den Schichtlinien verläuft, und da führt uns die einfache Anschauung auf Formen, ähnlich wie eine solche in Taf. 3, Fig. A, gezeichnet ist. Die b_2-Kurve wird senkrecht zum schräg verlaufenden Außenkranz, Schichtfläche I, beginnen und sie wird gegen einwärts ziemlich senkrecht zur Turbinenachse, Schichtfläche VI, mit achsialem Wasseraustritt auslaufen müssen. Vgl. auch Fig. 157.

Diese Form bringt ungemein lange Strecken für die inneren oberen Schichten, weshalb häufig die b_2-Kurve gegen die Turbinenachse hin stark hochgezogen ausgeführt wird, Fig. 138, S. 190. Vor übermäßigem Hochziehen muß aber auch hier entschieden gewarnt werden, aus den vorher schon erörterten, S. 191, und aus später, Fußnote S. 212, folgenden Gründen.

Die Schichtlinien sind in üblicher Weise senkrecht zur b_2-Kurve anzulegen und müssen in die Teilpunkte der λb_1 überleiten. Man wird gut tun darauf zu sehen, daß die einzelnen Kegelspitzen I, II usw., Taf. 3, Fig. A, wenn sie nicht wie hier zusammenfallen, stetig nach aufwärts rücken, d. h. daß sie der Nummerfolge entsprechend zu liegen kommen. Ähnlich Taf. 2.

Selbstverständlich wird die gekrümmte Austrittsfläche $D_2\pi \cdot b_2$ wie seither auch ungefähr inhaltgleich mit dem Querschnitt des Saugrohranfangs sein, S. 150, denn hier ist gar nicht auf sofortiges Zusammenschließen der Schaufelstrahlen zu rechnen.

Die Schichtfläche I bewirkt mit ihrer anfänglichen Wendung gegen innen gegenüber dem Saugrohrquerschnitt eine Einschnürung des allgemeinen Wasserweges auf den Durchmesser D_E, Fig. A, so daß in der Ebene dieser Einschnürung der Wasserquerschnitt für den achsialen Durchfluß wesentlich kleiner ist als z. B. der Saugrohrquerschnitt. Die freie Durchtrittsfläche F_E hat hier folgenden Inhalt für den Wasserdurchgang:

Es ist $D_E = 0{,}900$ m, also beträgt $D_E^2 \frac{\pi}{4} = 0{,}6362$ qm, wovon $0{,}261^2 \frac{\pi}{4} = 0{,}0535$ qm abzurechnen ist, ebenso die Raumversperrung durch die Schaufelstärken s_1 die je nach Schrägstehen der Schaufelwand eintritt. Für 11 Radschaufeln von $s_1 = 7$ mm kommen, wenn sie radial geführt wären, dazu an der Einschnürungsstelle in der Achsrichtung stünden, $11 \cdot 0{,}007 \cdot 0{,}320 = 0{,}0246$ qm in Anrechnung.

So stellt sich dann die freie Durchtrittsfläche im Höchstwert auf

$$F_E = 0{,}6362 - 0{,}0535 - 0{,}0246 = 0{,}5581 \text{ qm}$$

und die durchschnittliche Geschwindigkeit v_E, mit der das Wasser in achsialer Richtung den Querschnitt F_E durcheilen müßte, beträgt

$$v_E = \frac{1{,}75}{0{,}5581} = 3{,}13 \text{ m/sk.}$$

Der Kranzeinschnürung halber ist dann am Modell (Pappe und Draht) besonders genau zu prüfen, daß der Verlauf aller Schichtquerschnitte stetig bleibt.

Die Ablenkung des Wassers aus der radialen in die achsiale Richtung durch den weiteren Verlauf des Radbodens setzt in den fächerartig stehenden oberen Schaufelraumteilen, der Fig. A und C, die Erscheinungen des kreisenden Wassers fort derart, daß die Geschwindigkeiten v in der Schichtfläche I wesentlich größer, in Schichtfläche VI dagegen wesentlich kleiner ausfallen werden. Man kann also, genau betrachtet, gar nicht von einer tatsächlich gleichmäßigen Geschwindigkeit v_E reden.

Doch sind auch die Verhältnisse im Schaufelraum nicht ausschließlich durch das kreisende Wasser allein bedingt. Die Wasserteilchen werden auf ihrem Weg durch den Gefäßraum oberhalb der Einschnürung sämtlich aus der anfänglichen Umfangsgeschwindigkeit u_1 auf kleinere Umfangsgeschwindigkeiten verzögert, Schichtfläche VI weist in der Einschnürung schon u_2^{VI} auf, Schichtfläche I hat u_E hier gleich u_1. Wenn auch in letzterer Fläche auf dem Weg nach abwärts wieder Beschleunigung von u_E auf u_2^I einzutreten hat, so ist dies in der Einschnürung noch fast ohne Belang. Die sämtlichen Wasserteilchen werden also in der oberen Gefäßhälfte hauptsächlich mit der Entwicklung des Drehmomentes M_u, Gl. 324, S. 118 beschäftigt sein, derart, daß in jedem Gefäßraum die, der Drehrichtung nach, vordere Radialwand die momentbildenden Verzögerungsdrucke gemäß M_u aufzunehmen hat, während die $M_C + M_R$ erst gegen „2“ hin zum Entstehen kommen.[1])

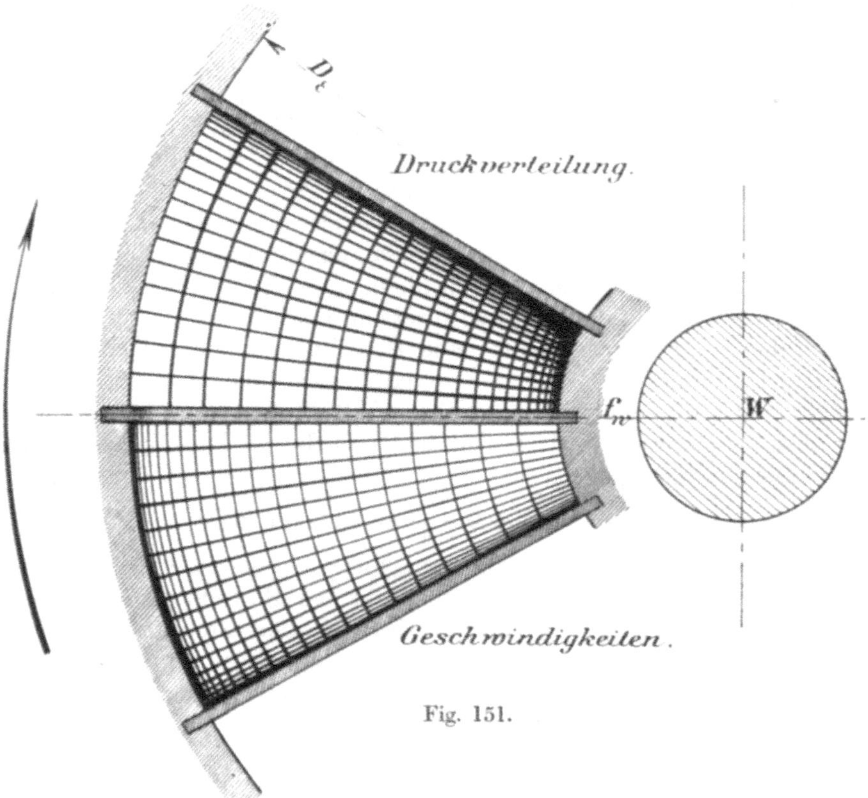

Fig. 151.

So ergibt sich die Druckverteilung aus den beiden Wirkungen des kreisenden Wassers und der Verzögerung der u in einer Art, wie sie in Fig. 151 für den Schnitt durch die Einschnürungsstelle darzustellen versucht ist; die im Schaufelraum nach innen enger gegeneinander gestellten Kreislinien deuten die Druckzunahme gegen innen infolge kreisenden Wassers an, die gegen vorwärts enger gedrängten Radien das Anwachsen des Druckes durch Verzögerung der Umfangsgeschwindigkeiten. Die innere, gegen vorwärts gelegene Ecke des Querschnitts weist in der engsten Schraffierung durch die erwähnten Linien den stärksten Druck auf. Der andere Schaufelraum enthält die Darstellung der ungefähren Verteilung der tatsächlichen Durchflußgeschwindigkeiten. Die Stelle der größten

[1]) Dieser Umstand bildet die Veranlassung zu großen Biegungsbeanspruchungen der Schaufelbleche, besonders wenn die Schaufeln nach Fig. 138 hochgezogen und ihres Anhaltes an der Laufradnabe beraubt sind. Die häufigen Querbrüche solcher Schaufeln in großen Laufrädern finden dadurch eine zwanglose Erklärung.

Geschwindigkeit fällt naturgemäß mit derjenigen des kleinsten Druckes zusammen und umgekehrt. Absichtlich außer acht gelassen sind dabei die aus der Rotation an sich hinsichtlich $\frac{u_1^2 - u^2}{2g}$ folgenden Druckunterschiede, ebenso die aus dem Übergang von v_1 nach v_2.

Die streng mathematische Behandlung dieser Verhältnisse würde hier zu weit führen und sie entbehrt auch der sicheren Rechnungsgrundlagen in ziemlichem Umfange. Versuche über die Druckverteilung in Gefäßräumen dieser Art dürften auch ungemein schwierig auszuführen sein.[1])

Mit Rücksicht auf die notwendige gute Überleitung von „1“ nach „2“, wie sie das Modell ermöglicht, ist es nicht tunlich, die Schaufelflächen an der Einschnürungsstelle durchaus radial und in achsial verlaufenden Ebenen zu entwickeln, obgleich eine solche Ausbildung die geringste Beeinträchtigung des Einschnürungsquerschnitts F_E bieten würde. Jedenfalls sind aber diese Umstände bei der Formgebung der Schaufelflächen im Auge zu behalten.

Noch eines: Aus der gleichen Erwägung, die uns die Strecke x, Fig. 142, S. 196, mit der durchweg hohen Geschwindigkeit als unerwünscht erscheinen läßt, müssen wir uns hier bemühen, die Verkleinerung auf f_2 möglichst lange hintanzuhalten, d. h. F_E so groß als nur tunlich auszuführen.

7. Die Austrittsenden der Radschaufeln und das Entwerfen der Schaufeln.

Gegenüber dem Laufrad „C“, S. 188 u. f., haben wir hier bei der Innenschichtfläche *VI* ein Ablenken in die Achsialrichtung, bei den anderen Schichtflächen ein solches über die Achsialrichtung hinaus.

Dies äußert sich, wie schon gezeigt, in der Lage der Kegelspitzen und deshalb auch in der Art des Anschlusses der Schaufellinien an die Evolventen-Enden. Die Krümmungsmittelpunkte von Evolventen und inneren Schaufelflächen liegen (Taf. 3, Fig *D*) auf gleicher Seite des Kurvenzuges. Hier streben die einzelnen Schaufelstrahlen beim Verlassen der Schaufelenden nicht nach Zusammenschließen, S. 148, sondern auseinander.

Wir zeichnen uns die geradlinig verlaufenden Schaufelenden mit ihrem Anschluß an den mittleren Teil der Schaufel in Schichtfläche *VI* Fig. *D* auf, die Zylinderfläche in die Ebene abgewickelt, ebenso die Evolventen mit Abwicklung der Kegelflächen in die Ebene nach früherer Auseinandersetzung und erhalten danach ebenso die Projektionen der Austrittsmitten, Austrittsweiten a_2 und s_2 der Kegelevolventen in Fig. *C*.

Von hier ab beginnt das Arbeiten mit dem Modell, von dem drei, auf photographischem Wege gewonnene, Ansichten als Fig. *E*, *F*, Taf. 3, und Fig. *G*, Taf. 4 dargestellt sind, in Richtung der Pfeile *E*, *F* und *G*, Fig. *A* und *C*, gesehen.

Die Schichtlinien des Austritts ergeben in ihrer Verlängerung gegen die Modellplatte, Fig. *A*, die Schnitte 1, 2 usw. in den Radien r_1, r_2 usw. und diesen gemäß sind die Schichtkegelflächen mit den unverkürzt (je zwei) angerissenen Evolventenenden als Pappschirmflächen auf die Modellplatte gesetzt, Fig. *E*, *F*. Der Anschluß von den Evolventenenden bei a_2 nach aufwärts wird durch Drähte gebildet, die natürlich durchweg in den Schichtflächenprofilen der Fig. *A* verlaufen müssen. Solche Drähte gewähren den Vorteil, daß wir das Reaktionsgefäß nicht nur in seinem ganzen Verlauf sehen, sondern auch in allen Querschnitten messen können. Im vorliegenden Falle zeigte sich bald, daß eine Verschiebung der b_2-Kurve ähnlich der Fig. *BB*, Taf. 4, empfehlenswert war, um die Schicht *VI* tunlichst kurz zu halten, Taf. 3, Fig. *C*, auch in den Ansichten zu erkennen.

[1]) Siehe Versuche über die Druckverteilung in den Laufzellen arbeitender Reaktionsturbinen. Z. Ver. deutsch. Ing. 1910, S. 1421.

Nun zum Laufradeintritt. In den Abständen λb_1, S. 208 unten, und Taf. 3, Fig. *A*, sind beim Modell auf die Achse Pappsektoren gesteckt, Fig. *E*, *F*, Taf. 4, Fig. *G*, die in ihrem äußeren Umkreis die Schichtlinienanfänge enthalten. Die Laufradwinkel β, S. 208, sind natürlich in den Berührungsebenen der Schichtflächen verstanden, für das Anreißen auf den wagrechten Pappsektoren kommen deshalb die Horizontalwinkel in Betracht, wie sie in der kleinen Darstellung bei Fig. *C* ermittelt und in Fig. *C* eingezeichnet sind. Wenn der Verlauf der Gefäße befriedigt, so ist dadurch die Schaufelform festgelegt, sie wird zweckmäßig gleich plastisch weiter verarbeitet. Um aber auch das Zeichnerische nicht ganz zu verlassen, enthält Fig. *C* die Horizontalprojektionen der Schnitte zwischen Schichtflächen und Schaufelflächen, d. h. der Drähte, nach Aufnahme am Modell. Um in diese gewissermaßen sichere Ordnung zu bringen, sind dann noch Radialschnitte geführt und diese mit den „Drahtkurven“ durch beiderseitiges Ausgleichen so gerichtet, daß auch in den Zeichnungen ein guter Verlauf der Kurven gegeben ist. Man sieht, wie die in den Modellansichten, Fig. *E*, *F*, *G*, in schlanken Kurven auftretenden Drähte in den Horizontalprojektionen, Fig. *C*, teilweise sehr wenig schlanken Verlauf der Schaufelflächen vortäuschen (Raumkurven).

Im Interesse der deutlicheren Darstellung sind nur die freien Schaufelflächen gezeichnet und die Zugaben für das Eingießen der Schaufelbleche weggelassen.

Unter Hinweis auf die Ausführungen S. 70 u. f. sowie unter 4, S. 171 sei hier der Vollständigkeit halber bemerkt, daß die Berechnungen der Reaktionsturbinen selbstverständlich für jede Lage der Turbinenwelle, senkrecht, wagrecht, Schräglage, gelten.

5. Der Einfluß der Winkelgröße β_1 und des Durchmesserfaktors $\varDelta$ auf die Gefälleaufteilung der äußeren radialen Reaktionsturbinen.

A. Die allgemeinen Verhältnisse.

Wir haben schon S. 75 u. anderwärts gesehen, daß, für die erwünschten kleinen Werte von α, die Geschwindigkeit des richtigen Nachfüllens für geradlinig fortschreitende Reaktionsgefäße durch Vergrößerung von β_1 beliebig gesteigert werden kann, ideell für $\beta_1 = 180^0$ auf u_1 = unendlich, und daß eine Verringerung von β_1 die betreffende Fortschreitegeschwindigkeit verkleinert.

Für die im Kreise angeordneten Reaktionsgefäße trifft dies ebenfalls zu, wie auch schon gezeigt.

Von wesentlichem Interesse für die tatsächlichen Ausführungen erscheint es nun, im Anschluß an die vorhergegangenen Berechnungen, (aber unter Beiseitelassen des Änderns der w_1, β_1, v_1 infolge rascher achsialer Ablenkung), den Einfluß von β_1 und von $\varDelta$ in $D_2 = \varDelta D_1$, bzw. in $u_2 = \varDelta u_1$, auf die Gefälleaufteilung, wie diese durch die Größenbemessung der Querschnitte f_0, f_1, f_2 herbeizuführen ist, vom allgemeineren Standpunkt zu verfolgen.

Die Gleichung der Gefälleaufteilung für rotierende Gefäße bei stoßfreiem Nachfüllen findet sich auf S. 130 als

$$\frac{w_1^2}{2g} + \frac{u_1^2 - u_2^2}{2g} + \frac{v_2^2 - v_1^2}{2g} = H \quad \ldots \ldots \ldots \quad (346)$$

für den ideellen, und auf S. 141 als

$$\frac{w_1^2}{2g} + \frac{u_1^2 - u_2^2}{2g} + \frac{v_2^2 - v_1^2}{2g} = (1 - \varrho) H \quad \ldots \ldots \quad (375)$$

für den tatsächlichen Betrieb.

Da u_1 mit β_1 wächst, so muß der Posten $\frac{u_1^2 - u_2^2}{2g} = C = \frac{u_1^2}{2g}(1 - \varDelta^2)$ bei gegebenem Gefälle H in der Gefälleaufteilung einen mit wachsendem β_1 steigenden Anteil von H beanspruchen, wogegen $\varDelta$ auf diesen Anteil einen entgegengesetzten Einfluß ausübt; je größer $\varDelta$, je mehr sich D_2 dem D_1 nähert, um so mehr verringert sich der Anteil von C bei der Gefälleaufteilung. Die beiden Größen β_1 und $\varDelta$ haben demnach bei ihrem Zunehmen entgegengesetzte Einwirkung auf die Gefälleaufteilung.

Es fragt sich nun, wie sich die Einwirkung von β_1 und $\varDelta$ auf die beiden anderen Aufteilungsposten, auf $\frac{w_1^2}{2g}$ und auf $\frac{v_2^2 - v_1^2}{2g}$, gestaltet.

1. Die Höhe $\frac{w_1^2}{2g}$.

Bei $\delta_2 = 90^0$ hat lediglich β_1 eine Einwirkung auf $\frac{w_1^2}{2g}$, wie dies die Gleichung

$$w_1 = \frac{1}{\cos \delta_1} \sqrt{\frac{g \cdot \varepsilon H}{1 - \frac{\operatorname{tg} \delta_1}{\operatorname{tg} \beta_1}}} \quad \ldots \ldots \ldots \ldots \quad (380)$$

deutlich ersehen läßt, und wie dies auch die verschiedenen Ausführungsformen des Rechnungsbeispieles zeigen. Mit wachsender Größe von β_1 wird w_1, also auch $\frac{w_1^2}{2g}$ abnehmen und umgekehrt. Ersichtlich ist dies auch aus

$$u_1 \cdot w_1 \cos \delta_1 = g \cdot \varepsilon H \quad \ldots \ldots \ldots \ldots \quad (378)$$

denn da u_1 mit β_1 wächst, muß w_1 dadurch abnehmen, und da $u_2 = \Delta u_1$ in diesen Beziehungen nicht auftritt, so ist, solange $\delta_2 = 90^0$, ein Einfluß von Δ auf w_1 nicht vorhanden.

Wenn wir deshalb eine zeichnerische Aufstellung der Gefälleaufteilung für veränderliche Werte von β_1 ausführen, so muß $\frac{w_1^2}{2g}$ darin nur von β_1 und, nach Gl. 380, außerdem von δ_1 abhängig auftreten. Wir nehmen aber zu diesem Zwecke δ_1 konstant für alle möglichen Werte von β_1 an und, um glatte Rechnung zu haben, sei $\delta_1 = 30^0$. Es mag ferner das aufzuteilende Gefälle 4,0 m wie in den Rechnungsbeispielen sein, dazu wie dort $\varrho = 0{,}12$.[1]) Der Austrittsverlust α_2 hat bekanntlich auf die Gefälleaufteilung überhaupt keinen Einfluß.

In der Aufteilungszeichnung, Fig. 152, sind in der Höhenentfernung $H = 4{,}0$ m die beiden Wasserspiegel *O. W.* und *U. W.*, in $\varrho H = 0{,}48$ m ist die Reibungsverlusthöhe (ϱ-Linie) vom *U. W.* her angetragen (Maßstab etwa 1/30). Wir nehmen die Linie des *U. W.* als Achse und tragen nach beliebigem Verhältnismaßstab auf dieser die veränderlichen Größen von β_1 als Abszissen auf, um in den Ordinaten jeweils die Summe der Aufteilungsgrößen $\frac{w_1^2}{2g}$ usw. zwischen dem *O. W.* und der ϱ-Linie zu erhalten.

Auf diese Weise entsteht zuerst einmal die bei $\delta_2 = 90^0$ von Δ unabhängige —·—·—-Kurve der $\frac{w_1^2}{2g}$, deren Ordinaten von oben, von *O. W.* her angetragen sind. Die Kurve hat für $\beta_1 = 180^0$ die Höhe $\frac{w_1^2}{2g} = 0$, d. h. sie schneidet dort die *O. W.*-Linie. Dies gilt wegen $\operatorname{tg} 180^0 = 0$ für alle Werte von δ_1, nicht nur für $\delta_1 = 30^0$. Sie hat ferner in der Senkrechten, die dem Wert $\beta_1 = \delta_1$ entspricht, eine Asymptote, weil hier der Nenner in Gl. 380 Null, also w_1 unendlich wird. Ein Wendepunkt liegt in $\beta_1 = 90^0 + \delta_1$, d. h. hier in $\beta_1 = 120^0$.

2. Die Höhe $\frac{u_1^2 - u_2^2}{2g}$.

Das unterhalb der $\frac{w_1^2}{2g}$-Kurve liegende, bis an die ϱ-Linie reichende Gefällestück wird als h_L unter die Größen $C = \frac{u_1^2 - u_2^2}{2g}$ und $\frac{v_2^2 - v_1^2}{2g}$ zu teilen sein, und hier macht sich naturgemäß der Einfluß von Δ geltend.

[1]) Genau genommen wird ϱ für verschiedene β_1, also für verschiedene Schaufelformen, nicht gleichgroß sein können, wir wollen dies aber hier der Einfachheit halber außer acht lassen.

Zur Berechnung der Teilgröße C haben wir nach Gl. 379 einfach

$$\frac{u_1^2 - u_2^2}{2g} = \frac{u_1^2}{2g}(1 - \Delta^2) = \frac{1 - \Delta^2}{2} \cdot \varepsilon H \left(1 - \frac{\operatorname{tg} \delta_1}{\operatorname{tg} \beta_1}\right) \quad \ldots \ldots \quad 453$$

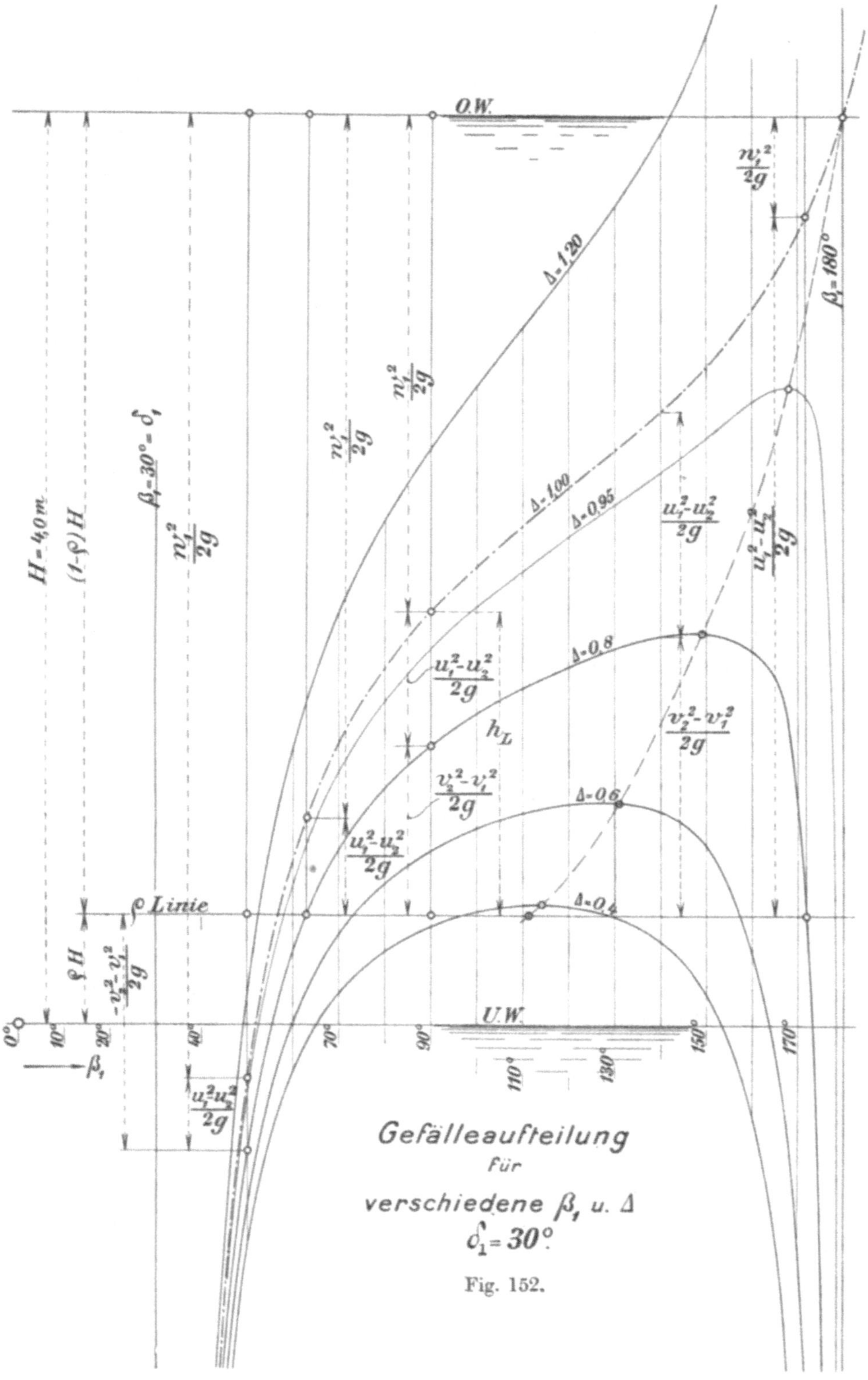

Fig. 152.

Der dritte Aufteilungsposten aber, im Betrage $\frac{v_2^2 - v_1^2}{2g}$, gibt zu einer größeren Erörterung über den Einfluß von β_1 Anlaß.

3. Die Geschwindigkeiten v_2 und v_1.

Nehmen wir zuerst v_2 allein vor. Wir wissen, daß bei $\delta_2 = 90^0$ und gleichbleibendem w_2 der Betrag von v_2 immer größer ist als u_2; es ist ja in diesem Falle $v_2^2 = w_2^2 + u_2^2$. Große u_2 (bei gleichbleibendem Δ die direkte Folge von $\beta_1 \gtreqless 90^0$) bringen also große v_2, Fig. 153, kleine u_2 bewirken kleine v_2, mithin wachsen die v_2 auch mit β_1 und umgekehrt.

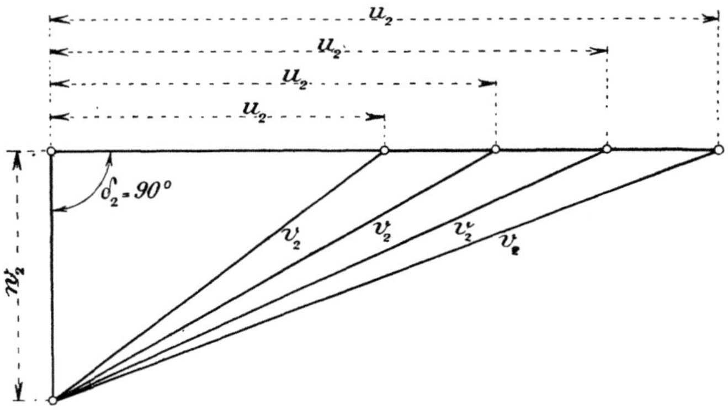

Fig. 153.

Nun zu den v_1. Wir haben S. 74 die Gleichung

$$v_1 = u_1 \frac{\sin \delta_1}{\sin(\beta_1 - \delta_1)} \quad . \quad (228)$$

und erhalten aus dieser durch Einsetzen von u_1 nach Gl. 379 schließlich

$$v_1 = \sin \delta_1 \sqrt{\frac{g \cdot \varepsilon H}{\sin(\beta_1 - \delta_1) \sin \beta_1 \cdot \cos \delta_1}} \quad . \; . \; . \; . \; . \; . \; . \; . \quad 454$$

Aus den Rechnungsbeispielen läßt sich leicht ersehen, daß v_1 in der Nähe von $\beta_1 = 90^0$ einen Kleinstwert hat. Wir finden die Beziehung für den $v_{1\,min}$ zugehörigen Winkel β_1 für konstantes δ_1 aus

$$\frac{d}{d\beta_1}[\sin(\beta_1 - \delta_1) \sin \beta_1] = 0$$

zu

$$\operatorname{tg} 2\beta_1 = \operatorname{tg} \delta_1 \quad . \; . \; . \; . \; . \; . \; . \; . \; . \; . \; . \; . \; . \quad 455$$

Der Natur der Dinge nach ist die Deutung $2\beta_1 = \delta_1$ ausgeschlossen, der positive Wert von $\operatorname{tg} 2\beta_1$ weist also in den dritten Quadranten und so muß für $v_{1\,min}$ sein

$$2\beta_1 = 180^0 + \delta_1 \quad \text{oder} \quad \beta_1 = 90^0 + \frac{\delta_1}{2} \quad . \; . \; . \; . \; . \; . \; . \quad 456$$

wir haben für $v_{1\,min}$ ein Geschwindigkeitsparallelogramm, wie es Fig. 154 zeigt, in dem $w_1 = u_1$ ist, w_1, u_1 und v_1 bilden für variables δ_1 ein gleichschenkliges Dreieck.

Von dem gefundenen Winkelwert β_1 aus nehmen nach beiden Seiten die v_1 zu, so daß wir unterhalb $\beta_1 = 90^0 + \frac{\delta_1}{2}$ mit abnehmendem β_1 wachsende v_1, oberhalb aber mit zunehmendem β_1 ebenfalls wachsende v_1 haben.

Da δ_1 zwischen 20^0 und 30^0 zu liegen pflegt, so tritt also $v_{1\,min}$ im allgemeinen in der Nähe von $\beta_1 = 100^0$ bis 105^0 ein. So kommt es, daß Schnelläufer mit $\beta_1 > 90^0$ Werte von v_1 aufweisen, die nahe dem Kleinstwert liegen, daß Langsamläufer ($\beta_1 < 90^0$) stets große Werte von v_1 zeigen.

Es ist von Wichtigkeit, zu betonen, daß kleine v_1 die Größe $\varrho_2 H$, S. 154, in erwünschter Weise beeinflussen, weil eben in jeder Wasserführung kleine Fließgeschwindigkeiten auch kleine Reibungsverluste bringen, sie nehmen bei gleichbleibender Wassermenge ungefähr mit v_1^3 ab, vgl. Gl. 739, S. 637, und so sind die Beträge von $\beta_1 = \sim 100^0$, was das Kleinhalten von $\varrho_2 H$ betrifft, denen von $\beta_1 \gtreqless 90^0$ überlegen.

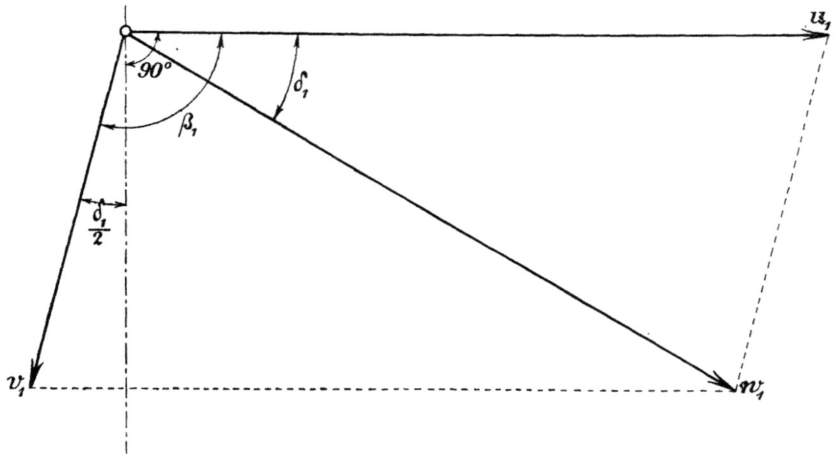

Fig. 154.

4. Die Höhe $\frac{v_2^2 - v_1^2}{2g}$.

Wir bilden uns diese Differenz aus

$$\frac{v_2^2}{2g} = \frac{w_2^2 + u_2^2}{2g} = \alpha_2 H + \Delta^2 \frac{u_1^2}{2g}$$

und aus der vorher angeführten Gl. 228 zu schließlich

$$\frac{v_2^2 - v_1^2}{2g} = \alpha_2 H + \frac{u_1^2}{2g}\left[\Delta^2 - \frac{\sin^2 \delta_1}{\sin^2(\beta_1 - \delta_1)}\right] \quad \ldots \ldots \ldots \quad 457$$

Für die Berechnung ist es bequemer, die Größe u_1 nach Gl. 379 hierin nicht einzuführen.

5. Die Δ-Kurven und die Höhe $\frac{v_2^2 - v_1^2}{2g}$.

Die Gl. 457 zeigt den Einfluß von Δ auf $\frac{v_2^2 - v_1^2}{2g}$. Um diesen in der Fig. 152 richtig zeigen zu können, ist es am besten, die Teilung des Gefällrestes h_L in $\frac{u_1^2 - u_2^2}{2g}$ und $\frac{v_2^2 - v_1^2}{2g}$ in der Weise durchzuführen, daß wir für beliebig anzunehmende konstante Größen von Δ jeweils die β_1 variieren lassen. Wir tragen dann, von der $\frac{w_1^2}{2g}$-Kurve ausgehend, gegen abwärts die Werte von $\frac{u_1^2 - u_2^2}{2g}$ auf. Auf diese Art erhalten wir die Δ-Kurven, die in ihrem ganzen Verlauf über sich bis zur $\frac{w_1^2}{2g}$-Kurve die Strecke $\frac{u_1^2 - u_2^2}{2g}$ lassen und von denen abwärts bis zur ϱ-Linie die $\frac{v_2^2 - v_1^2}{2g}$ zählen.

Da es von Interesse ist, die Berechnung der Δ-Kurven näher zu verfolgen, so sei hier beispielsweise die Tabelle für die Kurve $\Delta = 0{,}8$, in den Daten der Fig. 152 beigegeben. Zu bemerken ist nur noch, daß, ebenfalls wie in den Zahlenbeispielen, $\alpha_2 = 0{,}06$ in Gl. 457 angesetzt worden ist.

β_1	$\frac{w_1^2}{2g}$	$\frac{u_1^2 - u_2^2}{2g}$	$\frac{v_2^2 - v_1^2}{2g}$
40°	7,010	0,183	—3,673
50°	4,240	0,307	—1,027
60°	3,280	0,393	—0,153
70°	2,770	0,466	0,284
80°	2,435	0,529	0,556
90°	2,185	0,590	0,745
100°	1,984	0,649	0,887
110°	1,804	0,718	0,998
120°	1,637	0,788	1,095
130°	1,470	0,877	1,173
140°	1,283	0,987	1,250
150°	1,093	1,183	1,244
160°	0,846	1,526	1,148
170°	0,511	2,522	0,487

Quersumme jedesmal $(1-\varrho)H = 0{,}88 \cdot 4{,}0 = 3{,}52$ m

Die Fig. 152 enthält die $\varDelta$-Kurven für Werte von $\varDelta = 0{,}4$, 0,6 usw. bis 1,2 Die Kurve für $\varDelta = 1$ muß notwendig mit der $\frac{w_1^2}{2g}$-Kurve zusammenfallen.

In der Nähe des Wertes $\beta_1 = 90°$ bleibt zwischen der betreffenden $\varDelta$-Kurve und der ϱ-Linie, wie ohne weiteres ersichtlich, die positiv zählende Höhe $\frac{v_2^2 - v_1^2}{2g}$ übrig. Mit ab- oder zunehmenden β_1 aber wird sich die $\varDelta$-Kurve, je nach der Größe von $\varDelta$, früher oder später der ϱ-Linie nähern, diese schneiden und noch unterhalb derselben weiter laufen. Solche Verhältnisse liegen an sich durchaus im Bereiche der Möglichkeit.

Für die Kurven unterhalb $\varDelta = 1$ finden zwei Schnitte mit der ϱ-Linie statt, vgl. die Kurve für $\varDelta = 0{,}95$, Fig. 152, bei größeren Werten von $\varDelta$ nur einer, vgl. die Kurve für $\varDelta = 1{,}2$.

Die Bedeutung der Schnittpunkte erhellt aus folgendem: Da die $\frac{u_1^2 - u_2^2}{2g}$ abwärts von $\frac{w_1^2}{2g}$ aufgetragen sind, und da die positiven Werte von $\frac{v_2^2 - v_1^2}{2g}$ wieder abwärts von der $\varDelta$-Kurve, vom Ende der $\frac{u_1^2 - u_2^2}{2g}$ bis zur ϱ-Linie zählen, so ist klar, daß dem Schnittpunkt einer $\varDelta$-Kurve mit der ϱ-Linie der Wert $\frac{v_2^2 - v_1^2}{2g} = \text{Null}$ angehört. Dies spricht aus, daß für den dem Schnittpunkt entsprechenden Winkel β_1 und für den betreffenden Wert von $\varDelta$ die relativen Geschwindigkeiten von v_2 und v_1 einander gleich sein müssen. Es ist an dieser Stelle die ganze Höhe $(1-\varrho)H$ für $\frac{w_1^2}{2g}$ und $\frac{u_1^2 - u_2^2}{2g}$ verbraucht worden.

Für Punkte einer $\varDelta$-Kurve, die innerhalb der ϱ-Linie liegen, sind dann die Verhältnisse so beschaffen, daß für $\frac{w_1^2}{2g} + \frac{u_1^2 - u_2^2}{2g}$ mehr als $(1-\varrho)H$ erforderlich ist, und daß dieser Mehrverbrauch an Druckhöhe gedeckt werden muß dadurch, daß andererseits v_1 auf v_2 verzögert wird, d. h. daß v_2 kleiner ausfallen muß als v_1, die Höhe $\frac{v_2^2 - v_1^2}{2g}$ wird negativ (Tabelle $\beta_1 = 40°$ bis 60°), sie zählt deshalb von der $\varDelta$-Kurve gegen aufwärts bis zur ϱ-Linie.

Nun haben wir früher, S. 118, gesehen, daß das tätige Drehmoment sich für Reaktionsturbinen im allgemeinen aus drei Summanden zusammensetzt, aus $M_C + M_R + M_u$. Je nach dem Grade der Schaufelkrümmung wird M_C mehr oder weniger von Bedeutung sein.

M_R wird sich nur dann im mithelfenden Sinne entwickeln können, wenn durch die Vergrößerung der Geschwindigkeit v_1 auf v_2 eine sog. Reaktionskraft im Sinne der Drehrichtung zustande kommt. Wenn nun $v_2 = v_1$ ist, so bleibt M_R aus, und wenn gar v_2 kleiner wird als v_1, so entsteht ein $-M_R$, ein Moment der umgekehrt gerichteten Reaktionskräfte, das also nicht treibend, sondern hemmend wirkt. Das ist nun natürlich nicht so zu verstehen, als ob dadurch die ideelle Außenleistung der Turbine geringer würde, denn in diesem Fall treten M_C und besonders M_u durch größere Beträge in die Lücke ein, aber es ist für den tatsächlichen Betrieb unter solchen Verhältnissen eben auch wieder die Verzögerung von v_1 auf v_2 zu fürchten, die der Wirbelbildungen halber ganz ungemein gefälleverbrauchend auftreten muß.

Die M_u sind bei der äußeren Radialturbine für alle diejenigen Schichten positiv, die $\Delta < 1$ besitzen; daß aber trotzdem sogar für diese der Gefällebedarf für $\frac{w_1^2}{2g} + \frac{u_1^2 - u_2^2}{2g}$ höher anwachsen kann, als das gesamte Gefälle beträgt, zeigt ein Blick auf die Fig. 152 oder in die Tabelle S. 220, es ist für sämtliche β_1 und Δ der Fall, die eben $\frac{v_2^2 - v_1^2}{2g}$ negativ besitzen.

Solche Betriebsverhältnisse, die mathematisch unanfechtbar richtig sind, sind für die Praxis aus den eben angegebenen Gründen verfehlt und es kann nicht ernstlich genug darauf hingewiesen werden, daß bei sonst anscheinend durchaus geordneten Verhältnissen die Möglichkeit von $v_2 < v_1$ vorliegen kann und beseitigt werden sollte, vgl. S. 210 und 245 u. f.

Die gefährliche Grenze, $v_2 = v_1$, liegt eben stets bei

$$h_L = (1 - \varrho) H - \frac{w_1^2}{2g} = \frac{u_1^2}{2g}(1 - \Delta^2)$$

oder bei

$$\Delta_{min} = \sqrt{1 - \frac{2g(1-\varrho)H - w_1^2}{u_1^2}}.$$

Daß die großen Werte von Δ hier weniger bedenklich sind als die kleinen, daß also Laufräder mit großen D_2, aber immer noch kleiner als D_1, der gefährlichen Grenze ferner liegen, ist aus Fig. 152 deutlich zu ersehen.

Die Kurve für $\Delta = 0{,}4$ dagegen erhebt sich überhaupt kaum über die ϱ-Linie.

Die Kurve mit $\Delta = 1$ entspricht auch der Mittelschichte einer Achsialturbine.

Von Interesse ist noch die Winkelgröße β_1, bei der $\frac{v_2^2 - v_1^2}{2g}$ mit $\delta_2 = 90^0$ einen Höchstwert erreicht, und der Betrag dieses Höchstwertes.

Wir setzen in Gl. 457 noch die Beziehung für u_1 nach Gl. 379 ein und erhalten damit

$$\frac{v_2^2 - v_1^2}{2g} = \alpha_2 H + \frac{\varepsilon H}{2}\left(1 - \frac{\operatorname{tg}\delta_1}{\operatorname{tg}\beta_1}\right)\left[\Delta^2 - \frac{\sin^2\delta_1}{\sin^2(\beta_1 - \delta_1)}\right] \quad . \; . \; . \; . \; . \quad 458$$

Es wird zweckmäßig dann $\left(1 - \frac{\operatorname{tg}\delta_1}{\operatorname{tg}\beta_1}\right)$ durch den gleichwertigen Ausdruck $\frac{\sin(\beta_1 - \delta_1)}{\sin\beta_1 \cos\delta_1}$ ersetzt, und nach Differentiation erhalten wir aus

$$\frac{d}{d\beta_1}\left(\frac{v_2^2 - v_1^2}{2g}\right) = 0$$

schließlich $$\operatorname{tg}\beta_1 = \frac{\sin\delta_1}{\cos\delta_1 - \frac{1}{\sqrt{1-\Delta^2}}} \quad \ldots\ldots\ldots\ldots \quad 459$$

zur Bestimmung der Winkelgröße β_1 bei gegebenen Δ und δ_1, bei der $\frac{v_2^2 - v_1^2}{2g}$ den Höchstwert erreicht.

Der Höchstwert selber findet sich durch Einsetzen von $\operatorname{tg}\beta_1$ nach Gl. 459 in Gl. 458 zu

$$\left(\frac{v_2^2 - v_1^2}{2g}\right)_{max} = H\left[1 - \varrho - \frac{\varepsilon}{\cos\delta_1}\sqrt{1-\Delta^2}\right] \quad \ldots\ldots\ldots \quad 460$$

Für die Kurve mit $\Delta = 0{,}8$ z. B. ergibt sich aus dieser Gleichung

$$\left(\frac{v_2^2 - v_1^2}{2g}\right)_{max} = 1{,}248 \text{ m}$$

und der zugehörige Winkel $\beta_1 = 148^0$ Fig. 152.

Die Höchstwerte steigen mit zunehmendem Δ und rücken immer mehr gegen $\beta_1 = 180^0$ hin, wie dies die Fig. 152 erkennen läßt, in der die Höchstwerte durch eine — — — — -Kurve verbunden sind.

Nach diesem sind nunmehr als besonders wichtig die Verhältnisse zu besprechen, die durch die Schnittpunkte einer Δ-Kurve mit der ϱ-Linie charakterisiert sind, sowie auch diejenigen des Schnittpunktes der $\frac{w_1^2}{2g}$-Kurve mit der ϱ-Linie.

6. Die Schnittpunkte der Δ-Kurven mit der ϱ-Linie.

Im Schnittpunkt ist zweifellos $\frac{v_2^2 - v_1^2}{2g} = 0$, also $v_2 = v_1$.

Richten wir es also durch die Wahl von β_1 und Δ bei angenommenem δ_1 so ein, daß der Schnitt eintritt, so haben wir dadurch auf eine Änderung der v verzichtet, es wird wie gesagt $M_R = 0$ sein und die Momentbildung durch M_C und M_u allein erfolgen.

Aus der Gefälleaufteilung im Schnittpunkt sehen wir, daß einfach, wie schon erwähnt, beim tatsächlichen Betrieb sein muß

$$\frac{w_1^2}{2g} + \frac{u_1^2 - u_2^2}{2g} = \frac{w_1^2}{2g} + \frac{u_1^2}{2g}(1-\Delta^2) = (1-\varrho)H \quad \ldots\ldots \quad 461$$

und hieraus folgt

$$w_1 = \sqrt{2g(1-\varrho)H - (u_1^2 - u_2^2)} = \sqrt{2g(1-\varrho)H - u_1^2(1-\Delta^2)} \quad \ldots \quad 462$$

Für bestimmte Werte von Δ und δ_1 ergibt sich die Lage des Schnittpunktes, d. h. also die zugehörige Größe von β_1, indem wir einfach in Gl. 461 die allgemeinen Ausdrücke für u_1 und w_1 nach den Gl. 379 und 380 einsetzen und nach $\operatorname{tg}\beta_1$ auflösen. Aus

$$\frac{1}{2g}\left[\frac{1}{\cos^2\delta_1}\cdot\frac{g\cdot\varepsilon H}{1-\frac{\operatorname{tg}\delta_1}{\operatorname{tg}\beta_1}} + g\cdot\varepsilon H\left(1-\frac{\operatorname{tg}\delta_1}{\operatorname{tg}\beta_1}\right)(1-\Delta^2)\right] = (1-\varrho)H$$

folgt zuerst einmal

$$1 - \frac{\operatorname{tg}\delta_1}{\operatorname{tg}\beta_1} = \frac{1-\varrho}{\varepsilon(1-\Delta^2)} \pm \sqrt{\frac{(1-\varrho)^2}{\varepsilon^2(1-\Delta^2)^2} - \frac{1}{\cos^2\delta_1(1-\Delta^2)}} \quad \ldots\ldots \quad 463$$

und daraus schließlich, unabhängig von H,

$$\operatorname{tg}\beta_1 = \frac{\sin\delta_1 \cdot \varepsilon(1-\Delta^2)}{-\cos\delta_1(\alpha_2+\Delta^2\varepsilon) \pm \sqrt{(1-\varrho)^2\cos^2\delta_1 - \varepsilon^2(1-\Delta^2)}} \quad . \; . \; . \; 464$$

Die Beziehung vereinfacht sich natürlich bei Einsetzen der Zahlenwerte α_2, ϱ, ε, Δ sofort ganz wesentlich.

Für $\Delta = 0{,}8$ bei $\alpha_2 = 0{,}06$ und $\varrho = 0{,}12$ ergeben sich die Werte $\operatorname{tg}\beta_1 = 1{,}9575$ und $-0{,}1355$, dementsprechend die Winkel selbst zu $\beta_1 = 62^0\,55'$ und $\beta_1 = 172^0\,20'$, vgl. die Schnittpunkte Fig. 152.

Sämtliche Δ-Kurven mit Werten unter $\Delta = 1$ haben, wie schon erwähnt, je zwei Schnittpunkte mit der ϱ-Linie, die Verhältnisse $v_2 = v_1$ können also bei gleichen Werten von α_2, ϱ und Δ je für einen spitzen und für einen stumpfen Winkel β_1 auftreten. Daß ϱ und deshalb auch ε in beiden Fällen nicht ganz gleich ausfallen werden, liegt auf der Hand, denn die Widerstände der Reaktionsgefäße, $\varrho_2 H$, werden in beiden Fällen nicht dieselben sein. In diesem Sinne ist die frühere Bemerkung von den gleichen Werten von $\varrho_2 H$ aufzufassen, S. 216.

Da für $v_2 = v_1$ noch eine Druckhöhe $\frac{u_1^2 - u_2^2}{2g}$ zwischen Ein- und Austritt des Laufrades besteht, Fig. 152, so werden die Wasserteilchen an den Wänden der Reaktionsgefäße, obgleich keine Reaktionskraft mehr entwickelt wird, doch noch hydraulischen „Schluß" haben.

7. Der Schnitt der $\frac{w_1^2}{2g}$-Kurve mit der ϱ-Linie.

Eine Turbine kann derart entworfen sein, daß das ganze Gefälle $(1-\varrho)H$ für w_1 in Anspruch genommen werden soll und daß dabei $\Delta < 1$ genommen ist. Dies bedeutet, daß unter solchen Umständen

$$\frac{u_1^2 - u_2^2}{2g} + \frac{v_2^2 - v_1^2}{2g} = 0 \quad . \; . \; . \; . \; . \; . \; . \; . \; . \; . \; . \; 465$$

ist, d. h. hier muß $\frac{v_2^2 - v_1^2}{2g}$ negativ sein, es wird $v_2 < v_1$ ausfallen müssen.

Der Winkel β_1, unter dem dies für gegebenen Wert von δ_1, ϱ und ε zu erwarten ist, findet sich ohne weiteres mit Hilfe von Gl. 380 aus

$$\frac{w_1^2}{2g} = (1-\varrho)H = \frac{1}{2g}\cdot\frac{1}{\cos^2\delta_1}\cdot\frac{g\cdot\varepsilon H}{1-\frac{\operatorname{tg}\delta_1}{\operatorname{tg}\beta_1}} \quad . \; . \; . \; . \; . \; . \; . \; 466$$

zu

$$\operatorname{tg}\beta_1 = \frac{(1-\varrho)\sin\delta_1\cos\delta_1}{(1-\varrho)\cos^2\delta_1 - \frac{\varepsilon}{2}} \quad . \; . \; . \; . \; . \; . \; . \; . \; . \; . \; 467$$

natürlich unabhängig von Δ.

(Für sehr kleine Größen von α_2 geht dies über in $\operatorname{tg}\beta_1 = 2\operatorname{tg}\delta_1$ oder auch in $\beta_1 = 2\delta_1$.)

Führen wir β_1 nach vorstehendem aus, so haben wir an der Stelle „1" keinen Drucküberschuß mehr zu erwarten, genau genommen allerdings noch den Druck, der als Teil von ϱH durch $(\varrho_2 + \varrho_3 + \varrho_4)H$ erst durch die Reibungswiderstände auf dem Wege bis zum Unterwasser vollends vernichtet wird, S. 154. Hier wird das Wasser im übrigen nach Art der Strahlturbinen arbeiten, es ist M_C tätig, M_u, auch M_V, wie bei den Strahlturbinen, denn es muß hier v_1 nach Maßgabe des Hereinrückens auf kleinere Durchmesser schließlich auf v_2 verzögert werden.

Solange hierbei Reaktionsgefäße in Verwendung sind, solange wird der Druck der Atmosphäre sich bemerkbar machen; er wird in gewissem Bereich, unabhängig von der Höhenlage der Turbine zu *O.W.* und *U.W.*, das Wasser zwingen wollen, die gegebenen Gefäßquerschnitte ganz auszufüllen, während dieses andererseits eigentlich sich selbst überlassen sein sollte, damit sich die v entsprechend der alsdann maßgebenden Gl. 319, S. 117, ausbilden können, da keine hydraulische Druckhöhe mehr zur Erzwingung der v vorhanden ist.

Aus diesem Widerstreit müssen sich notwendig Unregelmäßigkeiten in der Wasserströmung durch die Reaktionsgefäße ergeben, denn es ist schwierig, deren Querschnitte so einzurichten, daß tatsächlich überall der Gl. 319, die mit Gl. 465 identisch ist, Genüge geleistet wird, ohne daß an der einen oder anderen Stelle des Gefäßes zwischenhinein die verlustreiche Umsetzung von Geschwindigkeit in Druckhöhe und umgekehrt sich einstellt.

Man wird deshalb, sofern überhaupt ein Bedürfnis nach kleinen u_1; d. h. nach spitzen β_1 vorliegt, gut tun, die Verzögerung nicht bis zum Schnittpunkt der $\frac{w_1^2}{2g}$-Kurve mit der ϱ-Linie zu treiben, sondern beim Schnitt der Δ-Kurve mit der ϱ-Linie Halt zu machen, um den „Schluß“ zwischen Wasser und Gefäßwand nicht nur der Atmosphäre überlassen zu müssen.

B. Die sogenannten Grenzturbinen.

Der Name und Begriff kommt aus dem Achsialturbinenbau, er soll zuerst für die Achsialturbine festgestellt werden und ist im späteren, S. 226, für die Radialturbinen entsprechend auszulegen.

1. Die achsiale Grenzturbine.

Die Achsialturbine mit symmetrischem Kranzquerschnitt, $D_2^m = D_1^m$, hat für die Mittelschichtfläche $\Delta = 1$, und deren Gefälleaufteilung ist, den verschiedenen Größen von β_1 entsprechend für $\delta_1 = 30^0$, ohne weiteres durch die $\frac{w_1^2}{2g}$-Kurve der Fig. 152 gegeben, wie schon oben bemerkt. Für diese Mittelschicht der Achsialturbine mit stehender Welle (Saugrohr oder Eintauchen ins $U.W.$) gibt es deshalb eine scharfe Grenze, bei der die Reaktionswirkung aufhört: den Schnittpunkt der $\frac{w_1^2}{2g}$-Kurve mit der ϱ-Linie; es gilt dabei

$$\frac{w_1^2}{2g} = (1 - \varrho) H \quad \ldots\ldots\ldots\ldots \quad (466)$$

Hier wird, weil für $\Delta = 1$ die Höhe $\frac{u_1^2 - u_2^2}{2g} = 0$ ist, auch $\frac{v_2^2 - v_1^2}{2g} = 0$, d. h. $v_2 = v_1$, die Momentbildung erfolgt hier rein nur durch die Zentrifugalkräfte der Ablenkung; M_C ist allein tätig, M_R und M_u sind Null, sog. Reaktionskräfte sind nicht vorhanden.

Bei kleineren Gefällen wird die Radhöhe h_r, Fig. 155, im allgemeinen größer sein als die Widerstandshöhe des Laufrades, $\varrho_2 H$.

Legen wir nun die eben geschilderte Achsialturbine für $\frac{w_1^2}{2g} = (1 - \varrho) H$ mit stehender Welle in der Höhenlage so, daß die Laufradunterkante gerade das Unterwasser berührt, Fig. 155 links, so bedarf es keines Saugrohres, die Räume der einzelnen Reaktionsgefäße vermitteln, ihrerseits als Saugrohre wirkend, die Verbindung zwischen Ober- und Unterwasser und es würden die v ohne Änderung der Größe von v_1 nach v_2 übergehen, sofern die Gefäßquerschnitte des Laufrades durchweg gleichgroß aufgeführt sind und der Kranzspalt dicht ist, was beides ideell ja zugegeben werden kann. Das ganze Gefälle, abzüglich der Reibungsverluste, also $(1-\varrho)H$, ist zur Bildung von w_1 verwendet, wir sind auf der Grenze der Reaktionstätigkeit angelangt und dürfen deshalb von „Grenzturbine“ sprechen.

Der Übergang zur eigentlichen Strahlturbine vollzieht sich dann allerdings doch noch mittelst eines kleinen Sprunges.

Die achsiale Strahlturbine entsteht aus dieser Grenzturbine nicht nur dadurch, daß man nun einfach nur die Schaufelrücken wegnimmt, Fig. 155 rechts, und der Atmosphäre den Zutritt zu den Zellen freigibt.

Die Umstände liegen für die Grenzturbine wie folgt: Die Gefälleaufteilung ist durch

$$H = \frac{w_1^2}{2g} + (\varrho_0 + \varrho_1)H + \varrho_2 H = \frac{w_1^2}{2g} + \varrho H$$

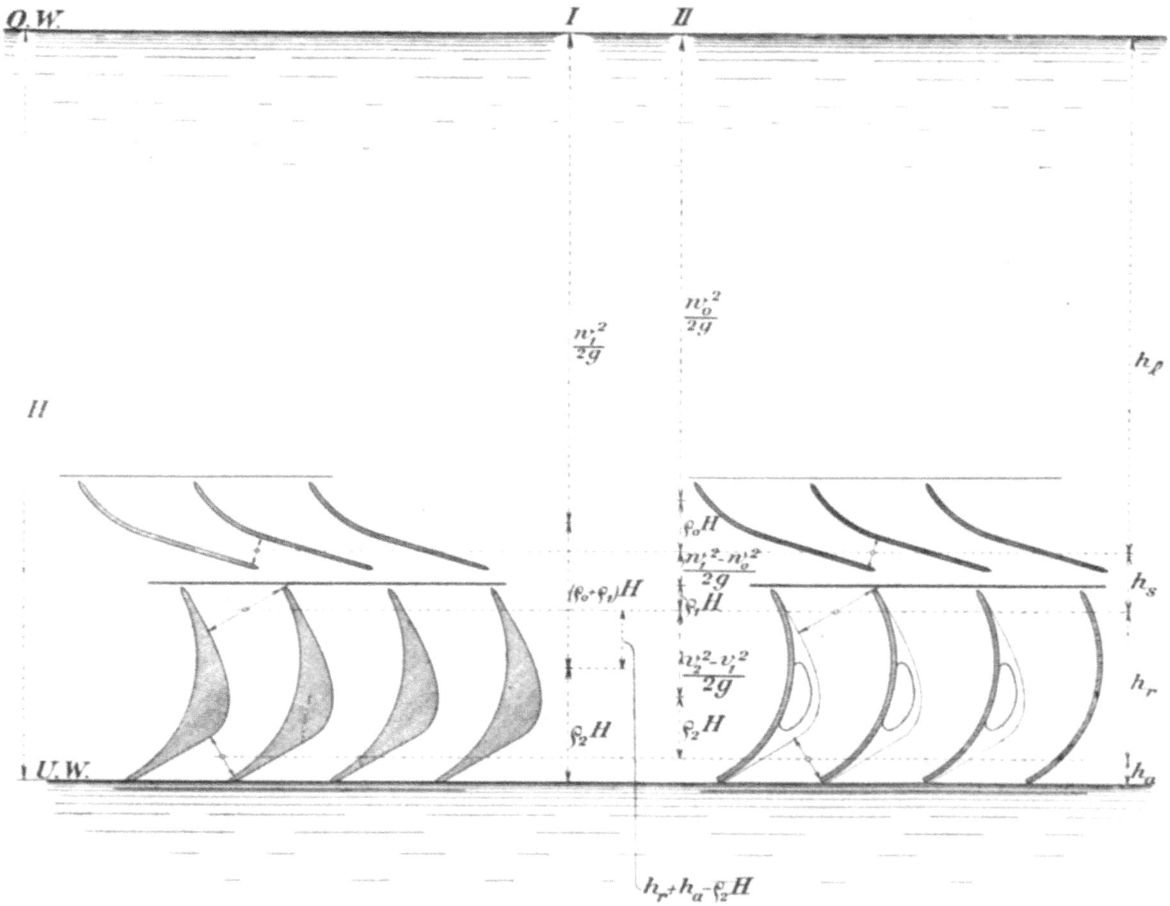

Fig. 155.

gegeben, wie dies in Fig. 155 unter I eingezeichnet ist. Jeder Laufradkanal wirkt wie ein Saugrohr, und deshalb wird aus der für den Laufradbetrieb nicht benötigten Strecke $h_r + h_a - \varrho_2 H$ der zu $(\varrho_0 + \varrho_1)H$ fehlende Teil, $\varrho_2 H$, gedeckt.

Nun leiten wir den Gefäßräumen Luft zu und nehmen die Schaufelrücken weg. Der Fortfall der Schaufelrücken vermindert die Größe von $\varrho_2 H$, denn es ist weniger reibende Fläche da als vorher, aber die Nutzbarmachung der verfügbaren freien Strecke $h_r + h_a - \varrho_2 H$ zur Leistung eines Teiles von $(\varrho_0 + \varrho_1)H$ ist jetzt unmöglich geworden, da die Zellen nicht mehr als Saugrohre arbeiten, und weil h_a überhaupt für die Turbine nicht mehr in Betracht kommt. Infolgedessen ist für die Erzeugung von w_1, einschließlich Überwindung der Widerstände bis zur Stelle „1", nur noch die Strecke $h_l + h_s = H - (h_r + h_a)$ zur Verfügung, also muß w_1 kleiner ausfallen als bei der Grenzturbine. Die $f_0 = a_0 \cdot b_0$ müssen für die Strahlturbine gegenüber jener vergrößert werden. Die Gefälleaufteilung vollzieht sich nach Fig. 155 unter II, indem die Höhe h_r, die nur zum Teil für den Widerstand $\varrho_2 H$ verbraucht wird, im übrigbleibenden Stück als $\frac{v_2^2 - v_1^2}{2g}$ zur Beschleunigung von v_1 auf v_2 Verwendung findet.

(Vgl. auch S. 126, Gl. 336 und 337, worin für den vorliegenden Fall aber $u_1 = u_2$ zu setzen ist).

Neben dem Wegnehmen der Gefäßrückwände hat also das Anpassen von f_0 an die geänderten Aufteilungsverhältnisse und die Berücksichtigung der Änderung von v_1 auf v_2 infolge freien Herabsinkens um die Radhöhe h_r herzugehen, damit die Strahlturbine entsteht.

Nachher kann der freigegebene Strahl der nunmehrigen Ablenkungsfläche mit veränderlichem v auf seiner Innenseite wieder durch eine an diese Strahlform sich anschmiegende Rückwand mit Luftlöchern, „die Rückschaufel", bekleidet werden, damit bei etwaigem Hochwasser das hochsteigende *U. W.* nicht die Entwicklung der Strahlform und der X-Komponente stört. Das ist dann die achsiale „Strahlturbine mit Rückschaufeln", ein anderes als die „achsiale Grenzturbine".

2. Die radiale Grenzturbine.

Bilden wir uns nun ebenso die Begriffe für die Radialturbinen.

Die Reaktionswirkung hört hier auch bei $v_2 = v_1$ auf, aber dies fällt, wie wir S. 222 gesehen haben, für die äußere Radialturbine nicht zusammen mit $\frac{w_1^2}{2g} = (1 - \varrho) H$, sondern tritt schon im Schnittpunkt der betreffenden Δ-Kurve mit der ϱ-Linie ein, also für

$$\frac{w_1^2}{2g} + \frac{u_1^2 - u_2^2}{2g} = (1 - \varrho) H \quad \ldots \ldots \ldots \quad (461)$$

Hier liegt die „radiale Grenzturbine", wenn, wie vorher auch, die Grenze durch das Aufhören der Reaktionskräfte im Schaufelgefäß bezeichnet werden will.

Ein Winkelwert β_1 kleiner als dem Schnitt der Δ-Kurve, der radialen Grenzturbine, entspricht, aber immer noch größer als der, bei dem die $\frac{w_1^2}{2g}$-Kurve die ϱ-Linie schneidet, bringt folgende Verhältnisse der Gefälleaufteilung: Es ist noch ein Teilbetrag an Druckhöhe für die Überwindung von $\frac{u_1^2 - u_2^2}{2g}$ vorhanden, aber nicht mehr der volle Betrag, wie dies am Schnittpunkt der Δ-Kurve noch der Fall gewesen. Infolgedessen wird zur Überwindung der Zentrifugaldifferenz noch die Verzögerung von v_1 auf v_2 mit herangezogen, die für das fehlende Stück aufzukommen hat. Hier tritt M_r auf, aber doch noch nicht in dem vollen Betrage, wie er dem Strahl an der Ablenkungsfläche zukäme. Wir haben keine Reaktionsturbine mehr, sofern wir arbeitende sog. Reaktionskräfte des strömenden Wassers hierzu als nötig ansehen, und doch noch keine Turbine mit freier Strahlentwicklung.

Erst im Schnitt der $\frac{w_1^2}{2g}$-Kurve mit der ϱ-Linie hat der Überschuß an Druckhöhe für die Stelle „1" ganz aufgehört, die Gegenwirkung gegen $\frac{u_1^2 - u_2^2}{2g}$ wird vollständig aus der Verzögerung von v_1 auf v_2 bestritten, M_V ist voll entwickelt, die Strahlturbine ist da. Jetzt könnten sogar die Schaufelrücken wegbleiben, sofern eine Gewähr dafür bestände, daß die Schaufelräume mit Luft erfüllt sind.

Die Strahlturbine ohne oder mit Rückschaufeln ist für radiale Anordnung mit stehender Welle und zylindrischen Radschaufelflächen, Fig. 114, nicht recht ausführbar insofern, als für die verschiedenen Schichten von $b_0 = b_1$ verschiedene Druckhöhen zur Verfügung stehen, die w_1 werden sich in den oberen Schichten kleiner zeigen, als in den unteren. Wir haben also streng genommen die β_1 zwischen oben und unten zu variieren, was aber meist vernachlässigt werden darf, weil die radiale Strahlturbine nur noch für hohe Gefälle in Betracht kommt, bei denen der Unterschied zwischen den w_1 oben und unten, der verhältnismäßig geringen Höhe von b_1 wegen, ganz verschwindet. Wie schon früher gesagt, werden zudem nur noch innere radiale Strahlturbinen gebaut und zu Rückschaufeln ist bei hohen Gefällen ohnedem kein Anlaß.

Betrachten wir die Schaufelformen der Laufräder mit spitzen β_1, so fällt uns gegenüber denjenigen mit rechten oder stumpfen Winkeln die überaus scharfe Krümmung der Gefäßräume auf. Wir haben weiter gesehen, daß die v_1 mit abnehmendem β_1 wachsen, Gl. 454. Dies sind zwei Umstände, die die Widerstandshöhe der Gefäßräume, die $\varrho_2 H$, sehr steigern gegenüber den Formen mit $\beta_1 \geqq 90^0$. Nehmen wir dazu, daß die mit kleinerem β_1 wachsenden $w_0 = w_1$, Gl. 380, in den Leitschaufeln auch größere Verluste bedingen, so ist es begreiflich, daß man von der Verwendung kleiner β_1 fast ganz abgekommen ist und davon nur noch gewissermaßen im Notfalle Gebrauch macht, wenn eben bei hohen Gefällen das Bedürfnis nach Ermäßigung der Umfangsgeschwindigkeit unabweisbar wird. Aber auch dann sollte über

$$w_1 = \sqrt{2g\,(1-\varrho)H - u_1^2(1-\Delta^2)} \quad . \quad . \quad . \quad . \quad . \quad . \quad (462)$$

nicht hinausgegangen werden.

Ein besonderer Umstand ist noch zu erwähnen. Die kreisförmig gekrümmten Gefäße haben die Erscheinungen des kreisenden Wassers, S. 40, mit $v \cdot r =$ Konst. usw., wobei eben r der jeweilige Krümmungsradius des Wasserfadens in der Schaufelzelle ist. Ist die Krümmung stark, so wächst, wie in jedem anderen Krümmer auch, die Widerstandshöhe rapid, dazu kommt aber noch die Gefahr des Eintretens beschränkter Kontinuität, S. 45 u. f., Fig. 38, nachdem vorher in den r_i-Radien vielleicht schon die disponible hydraulische Druckhöhe zur Erzeugung der v_i längst aufgebraucht war.

Wenn also die Formgebung für $\beta_1 < 90^0$ in Taf. 4 dennoch besprochen werden wird, S. 244, so geschieht dies der Vollständigkeit halber, und weil da und dort noch einmal das Bedürfnis danach eintreten wird, nicht aber weil diese Form hinsichtlich Leistungsfähigkeit den Winkeln $\beta_1 \geqq 90^0$ an die Seite gestellt werden könnte.

Wir haben für $\beta_1 < 90^0$ mit Werten von ϱ bis 0,2 und mehr zu rechnen.

Zu alledem kommt noch der unliebsame Umstand, daß die stark gekrümmten Gefäßräume sich durch Zweige, kleine Holzstücke und dgl., wie sie eben das Betriebswasser mit sich führt, leicht verstopfen und dadurch zu Minderleistung der Turbine, Betriebsstörungen usw. Anlaß geben.

C. Der Reaktionsgrad.

Vielfach findet sich in der rechnerischen Behandlung von Turbinenverhältnissen die Bezeichnung „Reaktionsgrad".

Als solcher gilt das Verhältnis der nach Erzeugung von w_1 noch übrigen Gefällstrecke zum ganzen Gefälle, nach unserer Bezeichnung also der Bruch $\frac{H-\frac{w_1^2}{2g}}{H}$, besser wohl

$$\frac{(1-\varrho)H-\frac{w_1^2}{2g}}{(1-\varrho)H}=1-\frac{w_1^2}{2g}\cdot\frac{1}{(1-\varrho)H} \quad \ldots\ldots \quad 468$$

Es wird von Abwesenheit der Reaktion, Reaktionsgrad Null, gesprochen, wenn der Ausdruck Null ist.

Wir haben S. 226 gesehen, daß die Entwicklung arbeitender sog. Reaktionskräfte bei den radialen Grenzturbinen schon früher als bei $\frac{w_1^2}{2g}=(1-\varrho)H$ aufgehört hat, die wegen $(1-\varrho)H=\frac{w_1^2}{2g}+\frac{u_1^2-u_2^2}{2g}$ immer noch einen sogenannten Reaktionsgrad $\frac{u_1^2-u_2^2}{2g}\cdot\frac{1}{(1-\varrho)H}$ aufweisen, also nicht allenfalls den Reaktionsgrad Null besitzen.

Es lassen sich außerdem nach Fig. 152 für die verschiedenen Werte von Δ in den Schnittpunkten der Δ-Kurven mit der ϱ-Linie eine ganze Reihe von β_1-Größen direkt ablesen, die sämtlich ohne arbeitende Reaktionskräfte auftreten und trotzdem sogar ganz verschiedene Verhältnisse von $\frac{u_1^2-u_2^2}{2g}$, also ganz verschiedene sogenannte Reaktionsgrade, bei gleichzeitiger Abwesenheit von Reaktion im üblichen Sinne aufweisen.

Die Bezeichnung Reaktionsgrad für radiale Reaktionsturbinen erscheint aus diesem Grunde irreführend. Der Verfasser besitzt wenig Sympathie für alle derartigen „Grad"-Bezeichnungen, für solch absolute Zahlen, mit denen direkt anschauliche, greifbare Vorstellungen über die dadurch berührten technischen Verhältnisse gar nicht, oder nur schwer in Verbindung gebracht werden können. Aus diesen Gründen ist die Einführung des „Reaktionsgrades" in die vorstehenden Betrachtungen ganz unterblieben, besonders auch, weil die „Gefälleaufteilung" dafür mehr als nur einen Ersatz bieten dürfte.

D. Die Wasserverluste durch den Kranzspalt.

Das Arbeitsvermögen des Betriebswassers wird durch Q und H, also durch zwei selbständige Faktoren bedingt. Nachdem wir bis jetzt nur die Verluste ϱH, S. 154, betrachtet haben, welche an dem einen Faktor H, dem Gefälle, eintreten, teilweise schon, ehe nur eine tatsächliche äußere Arbeitsleistung zustande kommt, ist es nunmehr am Platze, auf Grund der vorhergehenden Betrachtungen die Einbuße kennen zu lernen, die der andere Faktor, Q, erleiden kann.

Die sorgfältigste Ausführung in der Praxis kann nicht hindern, daß zwischen dem feststehenden Leitradkranz und dem sich drehenden Laufradkranz ein kleiner Zwischenraum, der Kranzspalt, bleibt, durch den je nach der Gefälleaufteilung ein Teil des Wassers unter größerem oder kleinerem Druckunterschied nach außen entweicht, d. h. den vorgeschriebenen Arbeitsweg durch das Laufrad umgeht und direkt dem Unterwasser zufließt.

Je nach Anordnung kann dieser Wasserverlust, meist einfach Spaltverlust genannt, der natürlich ebenso wie ϱH eine Einbuße an Arbeitsvermögen bedeutet, größer oder kleiner ausfallen. Aus diesem Grunde betrachten wir die Verhältnisse am besten in Anlehnung an bestimmte Turbinenarten.

1. Äußere radiale Reaktionsturbine.

Laufrad und Saugrohr sind durch einen Deckel, der auf dem Leitrad ruht, gegen oben abgeschlossen, Fig. 156. Der Schaufelring des Laufrades wird durch ein Armkreuz getragen, das das vom Wasser ausgeübte Drehmoment auf die Welle überträgt, und das sich in seiner Form dem „Radboden" der Tafel 1 usw. anschmiegt. Es liegt in der Natur der Dinge, daß man den Saugrohranfang mit dem unteren Kranz des Leitrades konstruktiv zu einem Stück vereinigt.

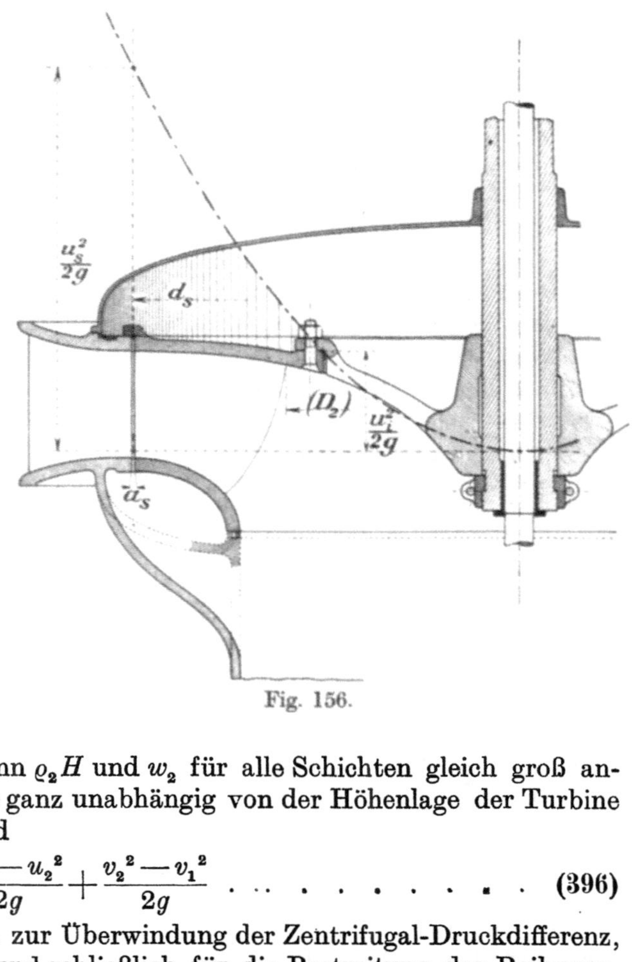

Fig. 156.

Der Raum unter dem Deckel steht durch die großen Öffnungen des Armkreuzes mit dem Saugrohr in unmittelbarster Verbindung, zählt also auch zum Saugraum.

Die Turbine nach Fig. 156 hat zwei Kranzspalte, einen oberen, den Deckelspalt, und einen unteren, den Saugrohrspalt, die beide in gleicher oder ähnlicher Weise Wasser verlieren werden. Über den Druckunterschied, unter dem das Wasser durch die Spalte in den Saugraum tritt, sind wir durch die Gl. 396 S. 155 ohne weiteres unterrichtet. Es wurde dort auseinandergesetzt, daß, wenn $\varrho_2 H$ und w_2 für alle Schichten gleich groß angenommen wird, in jeder Schichte ganz unabhängig von der Höhenlage der Turbine selbst, ein Druckhöhenunterschied

$$h_L = \frac{u_1^2 - u_2^2}{2g} + \frac{v_2^2 - v_1^2}{2g} \quad \ldots \ldots \ldots \quad (396)$$

vorhanden sein muß, wie er eben zur Überwindung der Zentrifugal-Druckdifferenz, zur Überführung von v_1 nach v_2 und schließlich für die Bestreitung des Reibungswiderstandes $\varrho_2 H$ im Reaktionsgefäß nötig ist. Diesem Druckhöhenunterschied entsprechend wird sich die Geschwindigkeit entwickeln, mit der das Wasser durch den engen Kranzspalt aus der Gegend „1" in die Umgebung von „2" entweicht, denn der Kranzspalt bildet neben den Reaktionsgefäßen eine zweite Verbindung zwischen der Stelle „1" und dem Saugraum.

Bezeichnen wir mit

d_s den Durchmesser des Spaltes, (m),
a_s die Weite des Spaltes, (m),
μ den Durchflußkoeffizienten,

so ist der Verlust q_s eines der beiden Spalte, sofern die Turbine nach Fig. 156 (ausgezogene Form) ausgeführt ist, vorläufig auf

$$q_s = d_s \pi \cdot a_s \cdot \mu \sqrt{2 g h_L} \quad \ldots \ldots \ldots \quad 469$$

anzusetzen.

Etwas übersichtlicher in bezug auf das Verhältnis von h_L zu H gestaltet sich die Beziehung, wenn wir aus der Gefälleaufteilung ersehen, daß

$$h_L = H - \frac{w_1^2}{2g} - (\varrho_0 + \varrho_1 + \varrho_3 + \varrho_4) H$$

oder daß

$$h_L = (1 - \varrho_0 - \varrho_1 - \varrho_3 - \varrho_4) H - \frac{w_1^2}{2g}$$

ist. Wir begehen keinen großen Fehler, wenn wir der Einfachheit halber auch ϱ_2 noch in die Klammer mit hereinsetzen und dann schreiben

$$h_L = (1 - \varrho) H - \frac{w_1^2}{2g} \quad \ldots \ldots \ldots \quad 470$$

(vgl. auch Fig. 152). Hierdurch stellt sich die Beziehung für q_s, und zwar ganz unabhäng von der Höhenlage der Turbine auf vorläufig

$$q_s = d_s \pi \cdot a_s \cdot \mu \sqrt{2g(1 - \varrho) H - w_1^2} \quad \ldots \ldots \ldots \quad 471$$

Da q_s ein verlorenes Arbeitsvermögen bedeutet, so hat sich der Konstrukteur Mühe zu geben, den Betrag von q_s nach aller Tunlichkeit einzuschränken. In welcher Weise dies geschehen kann, zeigt die Gl. 471.

Wir haben d_s, a_s und μ so nieder als möglich zu halten, w_1 dagegen wird durch größere Beträge, kleinere hydraulische Druckhöhe, den erwünschten Einfluß bringen.

Gegen die Verhältnisse der Grenzturbine hin nimmt w_1 stetig zu, wir finden also in deren Nähe die Wurzelgröße sehr klein, Fig. 152, und treffen sogar im Schnitt der $\frac{w_1^2}{2g}$-Kurve mit der ϱ-Linie die Wurzel mit dem Wert Null an. Ideell haben allerdings die Strahlturbinen auch keinen Spaltverlust.

Es hat den Anschein, als ob mit wachsendem β_1 der Spaltverlust sehr wesentlich zunehme, Gl. 380; das ist auch aus dem Bisherigen an sich rechnungsmäßig richtig, aber es kommt noch ein anderer Umstand dazu, der dem Einfluß großer Werte von β_1 entgegenarbeitet; dieser soll alsbald besprochen werden.

Wir erhalten nämlich aus der Anordnung der äußeren Radialturbine an sich noch eine gewisse Unterstützung im Bestreben q_s niedrig zu halten.

Das den oberen Spalt verlassende Wasser muß natürlich über die obere Seite des Laufradkranzes herabfließen, um ins Saugrohr zu gelangen. Der Kranz dreht sich aber und wird das Spaltwasser durch Reibung veranlassen, die Drehung mitzumachen. Dies Mitdrehen wird noch unterstützt werden dadurch, daß das Wasser im Spalt selbst schon eine Geschwindigkeit in der Drehrichtung besitzt, herrührend aus einem Teil von $w_0 \cos \delta_0$, unterstützt im Spalt selbst schon durch die Mitnehmreibung des laufenden Rades.[1]) Infolge dieser Drehung werden die Wasserteilchen überhaupt keine Tendenz zeigen, nach einwärts zu fließen, sie stehen unter dem Einfluß von Zentrifugalkräften, streben also gegen außen.

Erst wenn der Raum zwischen Deckel und oberem Radkranz mit ausgetretenem Spaltwasser entsprechend gefüllt ist, Fig. 156 senkrecht schraffiert, wird ein regelmäßiges Durchfließen zum Saugrohr eingetreten sein.

---

[1]) Versuche, die Verfasser mit dem Betrieb von Laufrädern ohne Deckel, mit geschlossener Wasserzuführung anstellte, zeigen, daß die Wirkung von $w_0 \cos \delta_0$ durch Langsamgehen der Turbine gehemmt, durch Raschgehen gefördert wird.

Da es sich in den allermeisten Fällen um eine verhältnißmäßig geringe Wassermenge handelt, so sind diese Fließgeschwindigkeiten sehr klein und deshalb wird der auf dem Radkranz sitzende Wasserwulst die Erscheinung des Rotationsparaboloids zeigen (eingehend auf S. 429 behandelt). Kreisendes Wasser kommt hier nicht in Betracht. Wenn die Umfangsgeschwindigkeit des Wasserringes im Spaltdurchmesser mit u_s, die an der Innenkante des Laufradkranzes mit u_i bezeichnet wird, so folgt daraus in d_s ein Mehr an Druck gegenüber der Innenkante im Betrage $\frac{u_s^2 - u_i^2}{2g}$. Dieser Druckunterschied stellt sich dem Durchfließen des Spaltwassers entgegen, er vermindert den Spaltverlust und ist deshalb noch in Gl. 471 nachzutragen derart, daß diese nunmehr lautet:

$$q_s = d_s \pi \cdot a_s \cdot \mu \sqrt{2g(1-\varrho)H - w_1^2 - (u_s^2 - u_i^2)} \quad . \; . \; . \; . \; . \quad 472$$

Die Geschwindigkeit, mit der der Wasserwulst rotiert, ist zweifellos nicht gleich derjenigen des Laufrades; der Laufradkranz sucht das Wasser mitzunehmen, die stillstehende Unterseite des Deckels wird dasselbe ungefähr mit gleicher Kraft von der Rotation zurückzuhalten suchen; als annäherndes Ergebnis dürfen wir deshalb vielleicht annehmen, daß der Wasserwulst sich halb so schnell drehen wird als das Laufrad.[1])

In den meisten Fällen kann zu vorläufiger Schätzung angenommen werden, daß $d_s = D_1$. Nehmen wir dazu den Durchmesser der Innenkante des Laufradkranzes der Einfachheit halber gleich dem D_2 der nächstgelegenen, hier der obersten Schichte an, obgleich dies zu reichlich ist, so wird jedenfalls $u_1^2 - u_2^2$ kleiner ausfallen als $u_s^2 - u_i^2$ und wir erhalten durch diese Änderungen einen eher etwas zu großen Betrag für q_s. Wir setzen also nunmehr mit $u_s = \frac{u_1}{2}$ und mit $u_i = \frac{u_2}{2} = \varDelta \frac{u_1}{2}$ den Verlust durch einen Spalt:

$$q_s = d_s \pi \cdot a_s \cdot \mu \sqrt{2g(1-\varrho)H - w_1^2 - \frac{u_1^2}{4}(1-\varDelta^2)} \quad . \; . \; . \; . \; . \quad 473$$

Die vorstehende Gleichung zeigt, daß, abgesehen von dem vorhin erwähnten Einfluß der Umdrehungszahl auf die Wirkung von $w_0 \cos\delta_0$, steigende Werte von u_1 eine Verminderung von q_s bringen, und dieser äußere Einfluß hebt die Wirkung der größeren β_1 zu einem Teile wieder auf: Was w_1 durch größeren Winkel β_1 bei größerem u_1 kleiner wird, das holt hier der rotierende Wasserwulst durch größere Umdrehungszahl, teilweise wenigstens wieder, ein.

Wir übersehen die Verhältnisse sehr einfach, wenn wir die Gefälleaufteilungszeichnung, Fig. 152, zu Hilfe nehmen. Das, was als wirksame Druckhöhe für den Durchtritt des Wassers im oberen Spalt tatsächlich tätig ist, stellt sich in der, der Fig. 152 für $\varDelta = 0{,}8$ entnommenen, entsprechend verkleinerten Fig. 157 als der Abstand zwischen der ϱ-Linie und einer Kurve dar, die im Abstande von jeweils $\frac{1}{4}\frac{u_1^2 - u_2^2}{2g}$ unterhalb der $\frac{w_1^2}{2g}$-Kurve eingetragen ist, die flacher verläuft, als die Abstände zwischen der ϱ-Linie und der $\frac{w_1^2}{2g}$-Kurve, die bei Vernachlässigung des Rotationsparaboloids, Gl. 471, in Betracht käme.

Damit der **Spaltdurchmesser** d_s klein bleibt, wird d_s mit D_1 zusammenfallend ausgeführt. Daß D_1 nach Tunlichkeit klein gehalten wird, ist schon früher, S. 150, besprochen.

[1]) Wasserbremsen zeigten nach Föttinger aus den beobachteten Druckunterschieden zweifelsfrei an, daß der Wasserinhalt mit halber Umdrehungszahl lief.

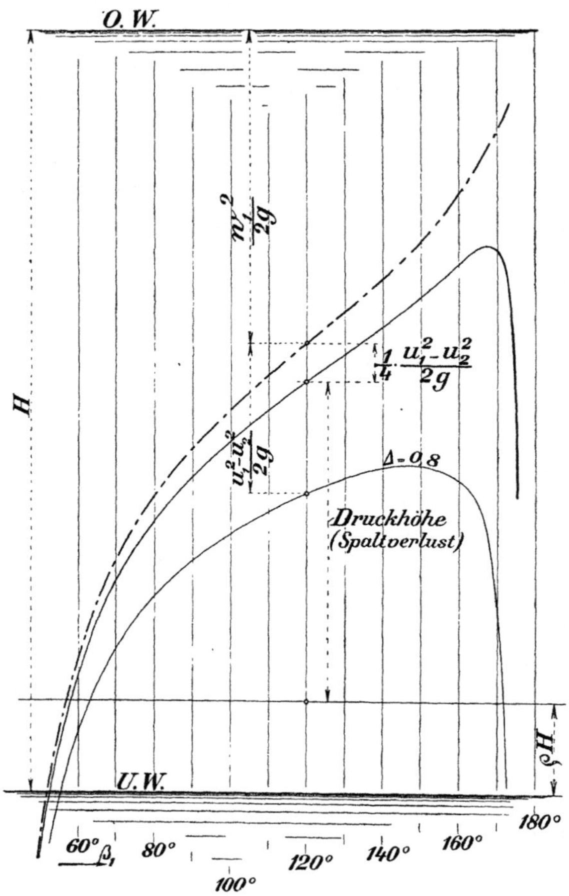

Fig. 157.

Wie weit mit der Kranzspaltweite a_s herunter gegangen werden kann, das liegt zum größten Teil in der Güte der Ausführung. Ein in der Nabe schlecht ausgebohrtes, schief auf der Welle sitzendes Rad bedarf eines reichlichen Spielraumes im Kranzspalt, seines unrunden Laufes halber. Sorgfältig arbeitende Fabriken werden nicht nur dem Aufpassen der Laufräder auf die Wellen alle Aufmerksamkeit zuwenden, sondern die Laufräder besonders auch bei Turbinen für höhere Gefälle im aufgekeilten Zustande, die Welle in Lagern (Lünette) laufend, überdrehen lassen, um a_s recht klein ausführen zu können. Auf diese Weise kann a_s statt des sonst meist üblichen Wertes von 1 mm häufig mit $^1/_2$ mm und weniger ausgeführt werden. Eine vorzügliche Lagerung und Führung der Turbinenwelle ist dabei unerläßlich.

Ein wesentliches Mittel, q_s zu erniedrigen, besteht noch darin, daß der Ausflußkoeffizient μ durch konstruktive Maßnahmen kräftig heruntergedrückt wird. So sehr wir uns sonst bemühen müssen, dem Wasser alle Durchflußverhältnisse so glatt einzurichten als nur immer tunlich, hier ist das gerade Gegenteil geboten, und wir ziehen Kontraktion, Wirbelbildung und all dergleichen Dinge mit zur Beihilfe heran, die wir sonst sorgfältig zu vermeiden suchen.

Wir werden die Spaltkanten scharf absetzen, Fig. 158 unter I; eine Abrundung des Laufradkranzes nach II wird noch verhältnismäßig wenig schaden, denn das Beharrungsver-mögen der mit $w_1 \sin \delta_1$ radial vorübereilenden Wasserteilchen wird sie hindern, um die scharfe Leitkranzecke nach a_s hinein kurz abzubiegen. Dagegen würde die beidseitige Abrundung nach III dem Ausfluß durch Verminderung der Kontraktion wesentlich Vorschub leisten.

Ein gutes Mittel, μ und dadurch q_s zu vermindern, ist auch noch die Überdeckung von a_s durch das Laufrad selbst, Fig. 156 punktiert, sofern dieses leicht achsial verstellt werden kann und die Ausführung so sorgfältig ist, daß man sich auf gutes Rundlaufen des abdeckenden Randes, des sog. Schleifrandes, verlassen kann. Bei senkrechter Welle bietet uns der Spurzapfen durch seine Einstellbarkeit eine gute Einrichtung hierzu. Wenn ja auch der Schleifrand noch nicht „kratzen“ darf, so beeinträchtigt das dichte Anstellen der Schleifflächen an Leit- und Laufkranz doch den Durchfluß ganz erheblich, so daß wir μ etwa mit 0,6 für neue Turbinen ansetzen dürfen. Auch der untere Kranzspalt wird zweckmäßig durch einen Schleifrand in seinem Wasserverlust eingeschränkt dadurch, daß wir den unteren Laufradkranz, wie in Fig. 156 punktiert, mit dem Saugrohranfang zu einer guten Wasserführung vereinigen. Hier ist dann der rotierende

Wasserwulst natürlich nur in dem zwischen Spalt und Schleifrand gegebenen Raum tätig. Sorgfältige Ausführung ist hier ebenso geboten, als beim Schleifrand des oberen Kranzspaltes. Nun ist es besonders bei großen Laufrädern praktisch nicht ganz leicht, das Laufrad an zwei Stellen, oben und unten genau rundlaufend herzustellen und so wird häufig der untere Schleifrand nach Fig. 159 ausgeführt, in der Absicht, ein Schwanken des Laufrades in radialer Richtung dadurch unschädlich zu machen. Zu weit sollte aber die Ausdrehung A doch nicht sein, damit sie nicht als eine erweiterte, also für das Entweichen des Wassers besser geeignete Strecke sich bemerkbar machen kann. Fünf Millimeter dürften meist genügen. Große Sorgfalt ist dann natürlich darauf zu verwenden, daß die beiden Schleifränder, oben und unten, gleichzeitig anliegen, weil solches natürlich nicht mehr durch nachträgliches Einstellen erzielt werden kann.

Eine andere Anordnung des unteren Schleifrandes findet sich auf Taf. 5, die auftreten kann, wenn der Konstrukteur Wert darauf legt, möglichst rasch überzuleiten. Die Schichte I verläuft hier nicht mehr achsial, sondern schon nach Art Schichte VI, der Taf. 3.

Die Anwendung von Spurzapfenkonstruktionen, die kein

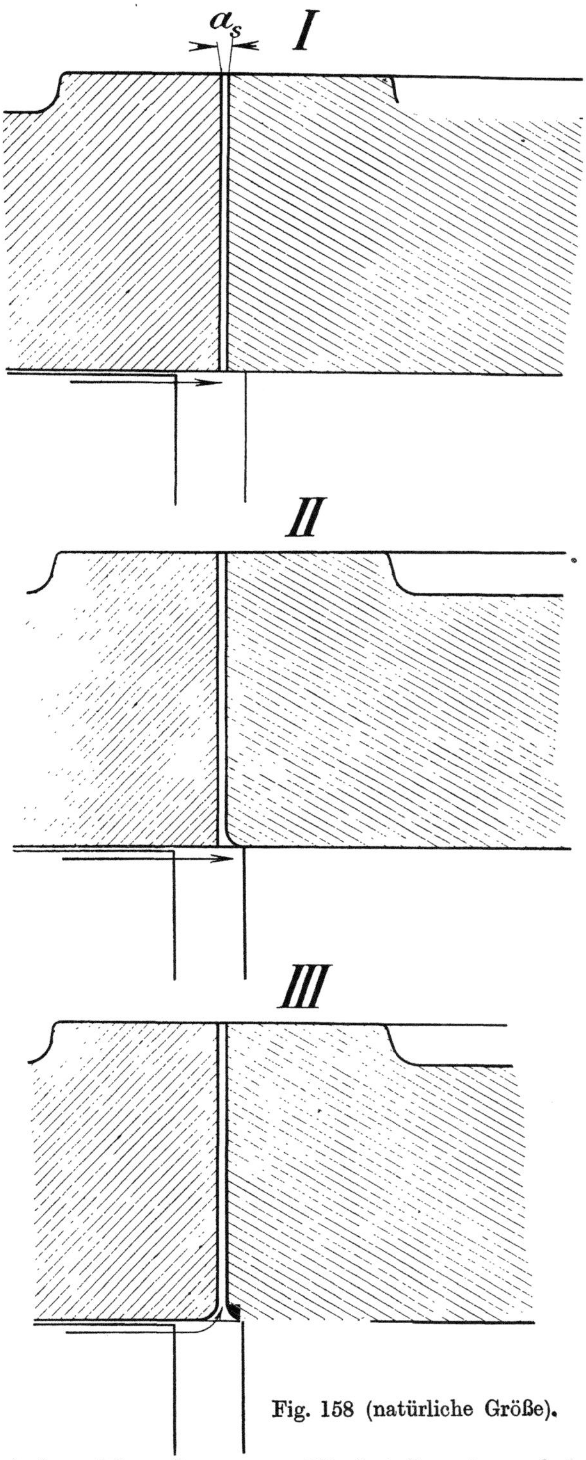

Fig. 158 (natürliche Größe).

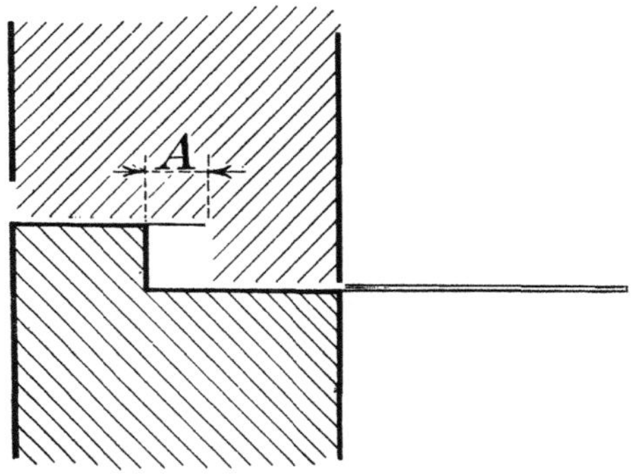

Fig. 159 (natürliche Größe).

jederzeitiges bequemes Nachstellen in achsialer Richtung gestatten (Ringzapfen unter der Nabe des Kegelrades, Taf. 10), bedingt, daß das Laufrad in achsialer Richtung gegenüber dem Leitrad einiges Spiel behalten muß, und dies geht nur, wenn beide Spalte in Zylinderflächen ausgebildet sind, wie dies aus Taf. 29 und 51, auch Fig. 255a zu ersehen ist.

Der Gehalt des Betriebswassers an Sand und dergleichen veranlaßt eine stetig fortschreitende Abrundung der Spaltkanten und auch eine langsame Vergröße-

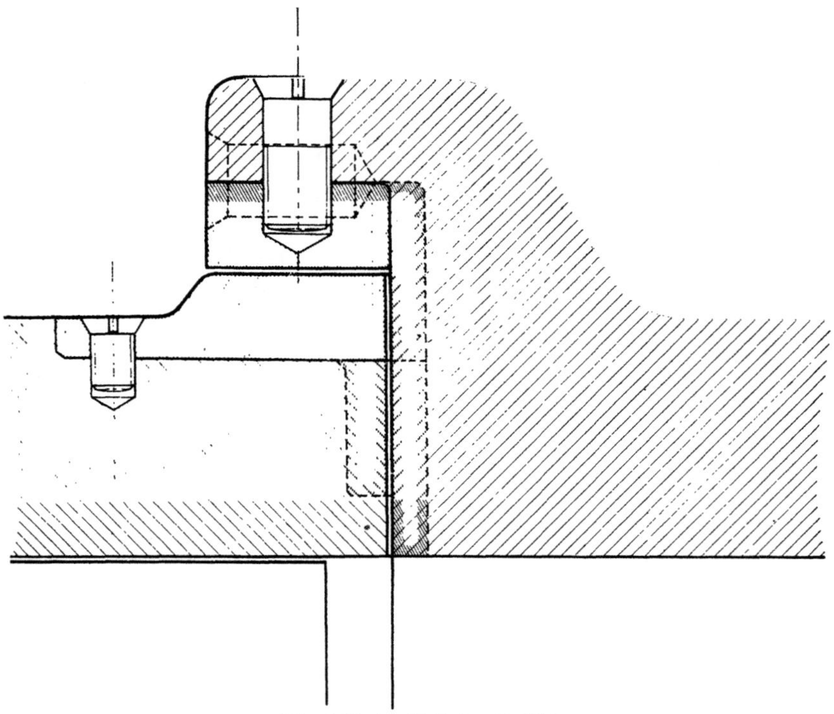

Fig. 160 (natürliche Größe).

rung von a_s. So wenig dieser Umstand bei kleineren Gefällen von Bedeutung ist, so verhängnisvoll kann er bei höheren Gefällen für die tatsächliche Leistung werden, weil fast immer kleine Gefälle mit großen Wassermengen, große Gefälle

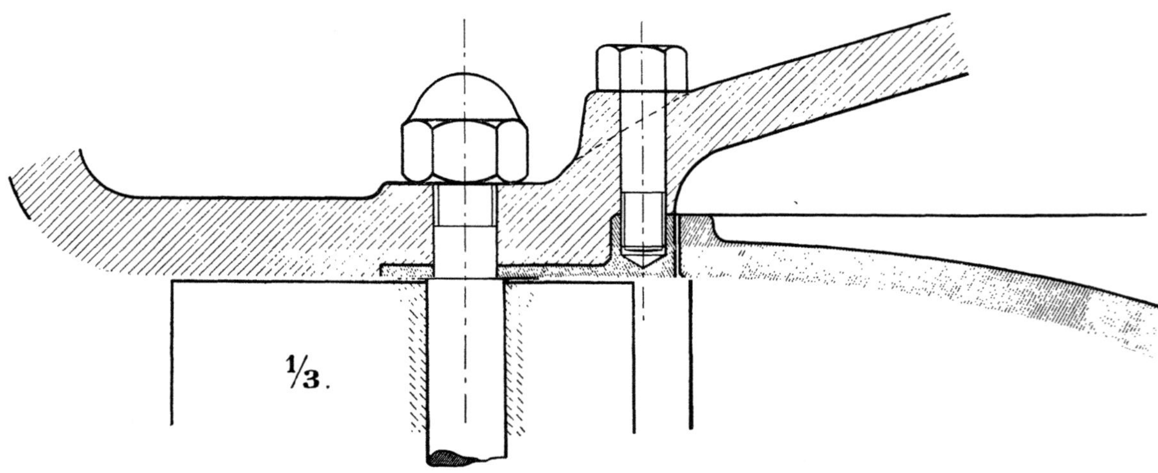

Fig. 161.

mit kleinen Wassermengen vereint auftreten. Der Spaltverlust q_s wird bei großen Gefällen, Gl. 471, an sich genommen größer werden, und dazu der meist kleineren Werte von Q wegen auch relativ bedeutender sein. Ein gewisser Ausgleich liegt darin, daß die d_s bei gleichem Q für hohes Gefälle kleiner werden als bei niederem Gefälle.

Sorgfältige Ausführungen der Turbinen zeigen deshalb für höhere Gefälle auswechselbare Schleifränder an Leit- und Laufkränzen, damit man imstande ist, die Turbine ohne zu großen Aufenthalt und Kosten wieder in guten Zustand zu setzen. Vgl. auch Fig. 406, S. 568.

Diese auswechselbaren Schleifränder, etwa nach Fig. 160, werden zweckmäßig aus Bronze hergestellt. Sofern, wie fast immer, drehbare Leitschaufeln vorhanden sind, ist es für sehr hohe Gefälle empfehlenswert, den Schleifrand des Leitrades als vollständige Auskleidung des Leitkranzes auszubilden, wie dies Fig. 161, zeigt, weil der kleine Spielraum, den die drehbaren Schaufeln in der Breite haben, ebenfalls leicht nach und nach ausgefressen wird. Dem Verfasser sind hier Ausführungen bekannt, bei denen aus $^1/_2$ mm Spielraum nach einigen Jahren 5 mm geworden waren.

Die im ganzen durch die Spalte verlorene Wassermenge $Q_s = \Sigma q_s$ fehlt im Laufrade. Dieses ist also streng genommen nur für $Q - Q_s$ zu berechnen. Am Laufradaustritt „2" würden dadurch keine besonderen Schwierigkeiten entstehen, es wäre nur zu beachten, daß dann eben $D_2 \pi \cdot b_2$ kleiner ist als $D_3{}^2 \frac{\pi}{4} - f_w$ usw., weil an letzterem Platze die Q_s wieder mit dabei sind. Am Laufradeintritt müßte man dagegen konsequenterweise die Breite b_1 gegenüber b_0 verkleinern, und zwar auf

$$b_1 = b_0 \frac{Q - Q_s}{Q}.$$

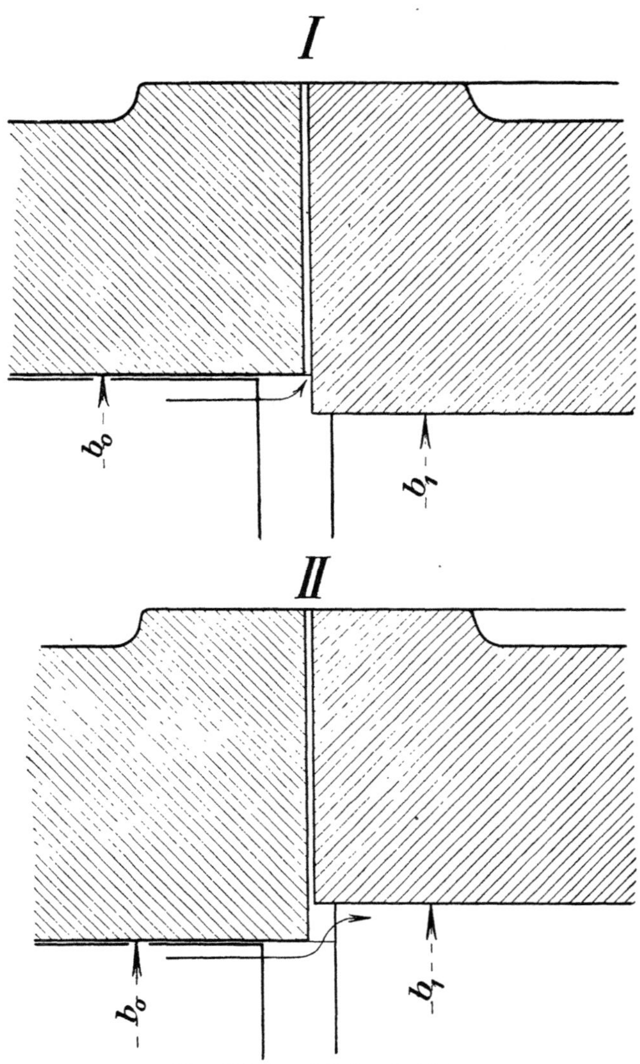

Fig. 162 (natürliche Größe).

Was dies aber auf die Durchflußverhältnisse des Spaltes für eine Einwirkung haben würde, das zeigt Fig. 162 unter I: Wir würden der äußersten Wasserschichte aus der Breite b_0 geradezu behilflich sein, ja sie eigentlich zwingen, in den Spalt einzuschwenken; und so wird meist der Spaltverlust in den Rechnungen vernachlässigt.

Vielfach findet sich b_1 etwas größer als b_0 ausgeführt, Fig. 162 unter II. Diese Einrichtung rührt aus der Rücksichtnahme auf ungenaue Ausführung her. Man will vermeiden, daß ein etwa schlecht ausgerichteter Laufkranz in seinem tiefstehenden Teil die Verhältnisse von I, das Überleiten zum Spalt, herstellen könnte. Dadurch wird aber für den Gesamtumfang des Laufradeintrittes eine Vergrößerung der Durchtritts-Zylinderfläche geschaffen, die von keinem guten Einfluß auf die Größe $\varrho_1 H$ ist. Das Wasser muß dann, wenn der Ausdruck gestattet ist, von der Breite b_0 auf b_1 expandieren; Wirbel, Gefällverluste sind die Folge. Nach Ansicht des Verfassers wird Fig. 158 unter II die befriedigendste Ausführung darstellen.

Zur Übersicht über die gesamten Ergebnisse der seitherigen Berechnungen auf Grund der angenommenen Größen von H, Q usw. sind die betreffenden Werte, auch die Spaltverluste ($a_s = 1$ mm, $\mu = 0{,}6$) in der nachfolgenden Tabelle zusammengestellt, nach den Konstruktionsarten geordnet.

Gefälle 4,0 m; Wassermenge 1,75 cbm/sk.

	β_1	δ_1	u_1 m/sek	D_1 mm	n	w_1 m/sek	b_1 mm	$z_1 = z_2$	a_2 mm	a_0 mm	s_0 mm	z_0	t_0 mm	Spaltwasserverluste Deckelspalt	+ Saugrohrspalt	$= Q_s$ lit.	Spaltverlust in %
A. Geradliniger Austritt . . . . . S. 172.	90°	21° 9′	5,67	1800	60,0	6,08	150	28	61,0	80	5	24	235,6	18	18	36	2,06
B. Langsamläufer für Großgefälle . . S. 176.	90°	20° 59′	5,67	1600	67,7	6,075	175 (171)	27	54,5 bis 56,75	70	5	24	209,4	16	16	32	1,83
C. Normalläufer für Mittel- u. Niedergefälle . . . . S. 188.	90°	21° 9′	5,67	1200	90,3	6,08	230 (225)	18	50,0 bis 67,0	80	5	16	235,6	11	13	24	1,37
D. Normalläufer mit gesteigerter Umdr eh ungszahl für desgl. . . . . . S. 198.	120°	21° 9′	6,27	1200	100	5,50	260 (249)	—	—	80	5	16	235,6	—	—	—	—
E. Schnelläufer für desgl. . . . . . S. 200.	102° 59′ bis 133° 20′	23° 50′	6,35	900	135	(6,30) 5,54 (4,90)	300 (293)	11	39,8 bis 80,0	90	5	12	235,6	10	9	19	1,09
F. Langsamläufer für Hochgefälle . . S. 244.	46° 14′	21° 9′	4,50	1800	48	7,67	120 (119)	35	55,5 bis 57,0	80	5	24	235,6	9	9	18	1,03

2. Die Koeffizienten ε_Q und ε_H.

Wir müssen jetzt eigentlich den „Nutzeffekt" ε_T einer Turbine als aus zwei Faktoren zusammengesetzt ansehen. $\varepsilon_Q \cdot Q$ ist die tatsächlich zum Arbeiten gelangende Wassermenge, $\varepsilon_H \cdot H$ das tatsächlich für die Arbeitsabgabe tätige Gefälle, und so würde

$$\varepsilon_Q \cdot Q \cdot \gamma \cdot \varepsilon_H \cdot H = \varepsilon_Q \cdot \varepsilon_H \cdot Q \cdot \gamma \cdot H = \varepsilon_T \cdot Q \cdot \gamma \cdot H \quad . \; . \; . \; . \; . \; . \; . \; . \quad 474$$

als die richtige Bezeichnung für die tatsächliche Leistung in mkg anzusetzen sein.

Es wird wohl bei sämtlichen, für den Betrieb gebauten Turbinen unmöglich sein, in den Wassermessungen bei Bremsversuchen die Spaltwassermenge Q_s und die eigentliche Arbeitswassermenge $Q - Q_s$ auseinander zu halten, und so ist es stillschweigend Brauch geworden, daß die Nutzeffektziffer einer Turbine $\varepsilon_Q \cdot \varepsilon_H = \varepsilon_T$, als nur auf H bezogen, einfach mit ε in den Rechnungen berücksichtigt wird, während eigentlich nur ε_H in allen Gleichungen für u_1 usw. zu führen wäre. Der Fehler ist an sich nicht sehr groß, wie die Tabelle S. 236 zeigt, und er verliert vollends unter gewöhnlichen Verhältnissen an Bedeutung, weil die ϱH an sich auf einige Prozente unsicher sind.

Es wird Sache der Laboratorien für Wasserkraftmaschinen sein, durch Versuche mit geeigneten Laufrad-Einrichtungen das bis jetzt nur theoretisch bearbeitete Kapitel der Spaltverluste in bessere Beziehungen zur Wirklichkeit zu bringen.[1])

---

[1]) Aus den Versuchen des Verf., Z. Ver. deutsch. Ing. 1910, S. 1421 u. f., ist ersichtlich, daß der Spaltverlust für einen Spalt 3,6% der Gesamtwassermenge betrug. Dabei war das Laufrad gegenüber normalen Ausführungen weitaus zu groß im Durchmesser, $D_1 = 1{,}2$ m gegen normalerweise 0,8 m, auch war kein entgegenwirkendes Rotationsparaboloid da. Der normale Verlust eines Spaltes von 1 mm Lichtweite dürfte demnach weniger als $3{,}6 \frac{0{,}8}{1{,}2} = 2{,}4\%$, der gesamte Spaltverlust also für ein Laufrad 3—4% betragen.

6. Umdrehungszahl, Wasserverbrauch und Gefälle.

A. Allgemeines.

Wie schon S. 70 dargelegt, kann ein gegebenes Reaktionsgefäß (Turbinenschaufelzelle) unter jeder beliebigen Höhendifferenz H in Betrieb genommen werden.

In den für die Berechnung der Turbinen aufgestellten Grundgleichungen, sei es Gl. 372, S. 141, für beliebige Größe von δ_2, seien es Gl. 379, 380 usw. für $\delta_2 = 90^0$, finden sich die Geschwindigkeiten u_1, w_1 usw. durchweg proportional $\sqrt{H}$.

Mithin ändert sich auch die aus u_1 folgende Umdrehungszahl des stoßfreien Nachfüllens der Schaufelräume

$$n = \frac{60 u_1}{D_1 \pi} \quad \ldots \ldots \ldots \ldots \quad 475$$

mit $\sqrt{H}$, ebenso der aus $w_1 = w_0$, S. 101, sich ergebende Wasserverbrauch

$$Q = z_0 \cdot a_0 \cdot b_0 \cdot w_1$$

und es kann deshalb ausgesprochen werden, daß eine für ein bestimmtes Gefälle H gebaute Turbine im allgemeinen mit der gleichen Nutzeffektziffer ε unter jedem beliebigen anderen Gefälle H' betrieben werden kann, sofern die diesem neuen Gefälle H' entsprechende Umdrehungszahl n' des stoßfreien Nachfüllens eingehalten wird. Dies trifft zu für

$$u_1' = u_1 \sqrt{\frac{H'}{H}} \quad \ldots \ldots \ldots \ldots \quad 476$$

also für

$$n' = n \sqrt{\frac{H'}{H}} \quad \ldots \ldots \ldots \ldots \quad 477$$

Dabei ändert sich der Wasserverbrauch auf

$$Q' = Q \sqrt{\frac{H'}{H}} \quad \ldots \ldots \ldots \ldots \quad 478$$

Ferner wird das von der Turbinenwelle ausgeübte, ihr also zur Erhaltung der richtigen Umdrehungszahl entgegenzusetzende Drehmoment laut Gl. 326 oder 327, S. 119

$$M' = M \frac{H'}{H} \quad \ldots \ldots \ldots \ldots \quad 479$$

weil in den genannten Gleichungen sowohl Q als auch die Geschwindigkeiten v_1, u_1 usw. sich proportional $\sqrt{\frac{H'}{H}}$ ändern.

Und da die Leistung $A' = M' \omega'$, wovon M' mit $\frac{H'}{H}$, dagegen ω' mit $\sqrt{\frac{H'}{H}}$ sich ändert, so kann für die Leistung N' in Pferdestärken geschrieben werden

$$N' = N \frac{H'}{H} \sqrt{\frac{H'}{H}} = N \sqrt{\left(\frac{H'}{H}\right)^3} \quad \ldots\ldots\ldots\ldots 480$$

Daß beim Einhalten der erforderlichen Umdrehungszahl n' die Nutzeffektsziffer ε gleichbleibt, geht daraus hervor, daß das absolute Arbeitsvermögen $N_a = Q \frac{1000}{75} H$ PSe im gleichen Maße auf

$$N_a' = Q' \frac{1000}{75} H' = Q \sqrt{\frac{H'}{H}} \cdot \frac{1000}{75} H'$$

oder auch auf $$N_a' = Q \frac{1000}{75} H \sqrt{\frac{H'}{H}} \cdot \frac{H'}{H} = N_a \sqrt{\left(\frac{H'}{H}\right)^3} \quad \ldots\ldots\ldots 481$$

angewachsen ist, mithin $$N' = \varepsilon N_a'$$

mit der gleichen Größe von ε gelten muß. Erklärt wird dies dadurch auch noch, daß die inneren Reibungswiderstände des Wasserdurchflusses ϱH, im allgemeinen schätzungsweise dem wechselnden Gefälle einfach proportional angenommen werden.

Auch der mechanische Nutzeffekt e darf im allgemeinen als bei jedem Gefälle für n' nach Gl. 477 als konstant angenommen werden.

B. Die spezifische Umdrehungszahl.

Eine beliebige Turbine von im übrigen bekannten Abmessungen und Profilformen (Typ) sei bei H (m) Gefälle für Q (cbm/sk) und n Umdrehungen in der Minute gebaut. Besitzt sie einen mechanischen Wirkungsgrad e, so berechnet sich ihre Leistung in Pferdestärken einfach als

$$N_e = \frac{Q \cdot 1000 \cdot H \cdot e}{75} \text{ [1]} \quad \ldots\ldots\ldots\ldots 482$$

Wird diese Turbine statt unter H (m) unter 1 m Gefälle gebracht, also $H' = 1$ so verlangt dies bei gleichem D_1 die Ermäßigung der Umdrehungszahl für normalen Betrieb auf

$$n_1 = \frac{n}{\sqrt{H}} \quad \ldots\ldots\ldots\ldots (477)$$

wobei die zugehörige Wassermenge zu

$$Q_1 = \frac{Q}{\sqrt{H}} \quad \ldots\ldots\ldots\ldots (478)$$

und die entsprechende Leistung zu

$$N_1 = \frac{N_e}{\sqrt{H^3}} \quad \ldots\ldots\ldots\ldots (480)$$

ausfallen wird.

Man könnte nun eine, dieser Turbine in Anordnung und Profilform (Typ) geometrisch ähnliche, Turbine bauen so klein, daß sie statt N_1 PSe nur 1 PSe $= N_s$ bei 1 m Gefälle leistet. Diese verkleinerte Turbine bedarf zur Leistung von 1 PSe einer Wassermenge von, Gl. 482,

$$Q_s = \frac{N_s \cdot 75}{1000 \cdot H \cdot e} = \frac{1 \cdot 75}{1000 \cdot 1 \cdot e} = \frac{75}{1000\,e} \text{ cbm/sk}$$

und ihre Austrittsfläche (vgl. S. 147 u. f.) $D_{2,s}\pi \cdot b_{2,s}$, mithin auch der Querschnitt am Saugrohranfang, $D_{3,s}^2 \frac{\pi}{4}$ wird im Verhältnis $\frac{Q_s}{Q_1}$ kleiner auszufallen haben.

---

[1]) Für $e = 0{,}75$ geht dies in die einfache Beziehung $N_e = 10 \cdot Q \cdot H$ über.

Gegenüber dem D_3 der erstgenannten, beliebigen Turbine wird also der Durchmesser des Saugrohranfanges der kleinen Turbine zu

$$D_{3,s} = D_3 \sqrt{\frac{Q_s}{Q_1}} = D_3 \sqrt{\frac{75}{1000\,e} \cdot \frac{1}{Q_1}} \quad \ldots \ldots \ldots \quad 483$$

zu bemessen sein, und wegen der geometrischen Ähnlichkeit beider muß dann der Eintrittsdurchmesser $D_{1,s}$ zu $D_{3,s}$ im gleichen Verhältnis stehen wie D_1 zu D_3. Mithin gilt einfach für die Umdrehungszahl der kleinen Turbine, mit Gl. 483,

$$n_s = n_1 \frac{D_1}{D_{1,s}} = n_1 \frac{D_3}{D_{3,s}} = n_1 \sqrt{\frac{1000\,e}{75} \cdot Q_1} \quad \ldots \ldots \quad 484$$

Ersetzen wir nun noch n_1 nach Gl. (477) und Q_1 nach Gl. (478) mit n und Q, so folgt

$$n_s = n \sqrt{\frac{1000\,e}{75} \cdot \frac{Q}{H\sqrt{H}}} = n \sqrt{\frac{1000\,e \cdot Q \cdot H}{75 \cdot H^2 \sqrt{H}}} = \frac{n}{H} \sqrt{\frac{N_e}{\sqrt{H}}} \quad \ldots \quad 485$$

äußerlich unabhängig vom Nutzeffekt e. Wird $N_e = 10 \cdot Q \cdot H$ mit dem wirklichen Wert von e eingesetzt, so ändert sich n_s um einige Prozente.

n_s wird als die „spezifische Umdrehungszahl" des betreffenden Turbinentyps bezeichnet, denn alle Ausführungen von Turbinen, die groß oder klein geometrisch ähnlich sind, also dem gleichen Typ angehören, liefern sämtlich den gleichen Wert für n_s, mithin bildet n_s ein gewisses Bild für die Verwendbarkeit des Turbinentyps.

Sehen wir uns die spezifischen Umdrehungszahlen an, wie sie den vorher rechnungsmäßig behandelten Typen „A", „B" usw. bis „F" angehören, so stellt sich wegen gleicher Leistung derselben diese mit $\varepsilon = 0{,}82$, also $e = \sim 0{,}8$ auf

$$N_e = \frac{1{,}75 \cdot 1000 \cdot 4{,}0}{75} \cdot 0{,}8 = \sim 75 \text{ PS}_e$$

und wir erhalten damit nach Gl. 485 für alle Typen

$$n_s = \frac{n}{4{,}0} \sqrt{\frac{75}{\sqrt{4{,}0}}} = 1{,}531\, n.$$

Schließlich kommt, abgerundet, für

	Typ	„A"	„B"	„C"	„D"	„E"	„F"
	$n =$	60	67,7	90,3	100	135	48
und	$n_s =$	92	104	138	153	207	73.

Dies sind, nach heutigen Begriffen, noch keine hohen spezifischen Umdrehungszahlen. Über die Möglichkeit weiterer Steigerung siehe nachstehend.

C. Die Größe von D_1, u_1 und der Austrittsverlust α_2.

Die Umdrehungszahl ist bei gegebener Umfangsgeschwindigkeit u_1 dem Eintrittsdurchmesser D_1 umgekehrt proportional.

Die D_1 stehen, der ganzen Erstreckung der Reaktionsgefäße wegen, wie ja auch durch Beispiele gezeigt, in Beziehungen zu den D_2 und letztere sind, von D_3 ausgehend, in Abhängigkeit von w_2, das heißt vom Austrittsverlust α_2.

Nehmen wir w_2, also α_2, größer, so wird D_3 kleiner ausfallen, D_2 und D_1 können verkleinert werden, die Umdrehungszahl wird steigen; es ist aber nicht außer acht zu lassen, daß die größeren Beträge von α_2 an sich, wenn ohne wirksame Saugrohrerweiterung (s. S. 268), die Größe des Nutzeffektes ε beeinträchtigen und daß auch, was schon früher, wie S. 100 u. a. erwähnt worden, u_1 also auch n mit wachsendem α_2 wegen Abnehmen von ε auch etwas abnimmt, daß aber diese Abnahme von ε durch die Zunahme der Umdrehungszahl infolge kleineren Durchmessers D_1 mehr als aufgewogen wird.

Kleinere Werte von α_2 führen zu großen Abmessungen in den Durchmessern und verkleinern trotz Zunehmen der u_1 die Umdrehungszahlen.

Große Austrittsverluste, die nicht zurückgewonnen werden, sind eine dauernde Verschwendung wertvollen Arbeitsvermögens.

Es ist ja nicht zu vergessen, daß wir auch andere dauernde Verluste an Arbeitsvermögen haben, z. B. wenn die Umdrehungszahl der Transmission oder Dynamomaschine von einer Turbine mit niederem Austrittsverlust nicht erreicht wird derart, daß eine Zahnrad- oder Riemenübersetzung erforderlich wäre. Die Verluste in derartigen Übertragungen stellen sich auf etwa 3 bis 5%, und wenn in solchem Falle der Turbinenkonstrukteur durch Drangeben von weiteren 3 bis 5% am Austrittsverlust in den Stand gesetzt wird, die Zahnradübertragung ganz vermeiden zu können, so muß er dies tun im Interesse einfacherer Anordnung, einfacheren, also gesicherteren Betriebes. Zudem wären die Arbeitsverluste durch Zahnräder uneinbringlich, der übergroße Austrittsverlust aber kann durch rationelle Saugrohrerweiterung teilweise oder ganz zurückgewonnen werden, wenn auch, wie schon gesagt, auf diese Rückgewinnung noch nicht in jedem Falle ganz sicher zu rechnen ist.

Die übertriebene Sucht, Schnelläufer von möglichst hoher Umdrehungszahl herzustellen, führt vielfach auf den Abweg der Anwendung viel zu hoher Austrittsverluste. Verwendet der Konstrukteur große Austrittsverluste, um n noch mehr zu erhöhen, so hat er die Verpflichtung, diese vielleicht durch die Betriebsverhältnisse gebotene, aber an sich unwirtschaftliche Anordnung durch gut ausgeführte Saugrohrerweiterung zu verbessern. Im kaufmännischen, besser im volkswirtschaftlichen, Interesse liegt es also, daß sich der Besteller von Turbinen für gediegene Ausnützung einer Wasserkraft nicht auf Austrittsverluste α_2 von zehn und mehr Prozent einläßt, wenn er keine Gewähr für Rückgewinnung derselben hat. Die Wasserkräfte sind ein ganz gewaltiger Teil des Volksvermögens und werden in ihrem Werte noch immer mehr zur Geltung kommen, wenn die Erschöpfung der Kohlenlager beginnt bemerkbarer zu werden.

Solange eine Wasserkraft erst teilweise ausgenutzt wird, solange Wasser- oder Gefälle-Überfluß herrscht, so lange sind für diese Verhältnisse natürlich Turbinen mit hohem Austrittsverlust zulässig, vielleicht sogar manchmal geboten, eben der erwünschten hohen Umdrehungszahl wegen, aber man verschone unsere oft bis auf den letzten Tropfen ausgenützten besseren und auch die kleineren Anlagen mit derartigen Verschwendern des Arbeitsvermögens.

Der kleine Austrittsverlust findet sich meist bei hohen Gefällen und ist an sich zum Erzielen großer D_1 nicht nötig. Wir könnten die Turbinen, deren Umdrehungszahl ermäßigt werden soll, einfach mit großem D_1 und kleinem D_3 bauen, während im Gegensatze hierzu für gesteigerte Umdrehungszahlen D_3 mit D_1 abnehmen sollte, sofern nicht Ausführungen mit Einschnürung, nach Taf. 3, in Frage kommen.

Nun entsprechen den meist üblichen Größen von $\alpha_2 = 0,04$ bis $0,08$ bei hohen Gefällen schon recht beträchtliche Geschwindigkeiten an sich, beispielsweise ist bei $\alpha_2 = 0,04$ und $H = 36$ m schon

$$w_2 = \sqrt{2g \cdot 0,04 \cdot 36} = \sim 5,3 \text{ m/sk}$$

und wir müssen uns, unserer Unterkanalwandungen wegen, sehr wohl hüten, das Wasser mit derart hohen Geschwindigkeiten in den unausgekleideten Untergraben zu führen.

So ist uns für hohe Gefälle der kleine Austrittsverlust, bis herunter auf 0,01 und schließlich noch weniger, willkommen oder nötig

1. weil er dem Konstrukteur ermöglicht, die Wasserführung von D_1 nach D_3 hin rationeller zu gestalten als wenn D_3 gegenüber D_1 sehr viel kleiner wäre;
2. damit nicht der Untergraben durch zu große Austrittsgeschwindigkeiten ernstlich gefährdet werden kann;
   schließlich wird auch eine ausgiebigere Ausnutzung des Arbeitsvermögens erzielt.

Die sehr kleinen Austrittsverluste haben eine manchmal unangenehme Seite: Das Dreieck aus u_2, w_2 und v_2 wird sehr schlank, der Winkel β_2 sehr klein. So wenig uns Winkelabmessungen ihrer Größe oder ihrer Kleinheit wegen an sich von Wichtigkeit sein können, so ist doch mit kleinen β_2 notwendig ein kleiner Wert von a_2 verknüpft und das gibt leicht zu unbequemen Gefäßformen Veranlassung, es wird dann auch, wenn a_2 gegenüber s_2 kleiner und kleiner wird, der Übergang von w_2 nach w_3 immer wirbelvoller werden.

Die engen a_2 sind dem Verstopfen durch Fremdkörper leichter ausgesetzt, so daß hier verhältnismäßig enge Rechen anzuwenden sind.

D. Maßnahmen zur Erzielung besonders hoher Umdrehungszahlen. Mehrfache Turbinen, Parallelschaltung.

Bei gegebenem oder angenommenem Austrittsverlust α_2 ist der Saugrohrdurchmesser D_3 durch die sekundliche Wassermenge bedingt, durch diesen auch der Eintrittsdurchmesser D_1, also in letzter Linie auch die Umdrehungszahl.

1. Umdrehungszahl.

Für einen bestimmten Konstruktionstyp können wir allgemein zur Übersicht einige schematische Gleichungen schreiben, indem wir in den Faktoren k_1, k_2 usw. alles für den betreffenden Fall Konstante, auch die Einflüsse von β_1, δ_2, $\frac{a_2}{a_2+s_2}$ usw. einbegreifen. Es ist

$$Q = D_3^2 \frac{\pi}{4} k_1 \cdot w_2 = k_2 \cdot D_3^2 \sqrt{\alpha_2 H} \quad \ldots\ldots\ldots \quad 486$$

ferner
$$n = \frac{60 u_1}{D_1 \pi} = k_3 \frac{\sqrt{\varepsilon H}}{D_1} \quad \text{oder auch} \quad D_1 = k_3 \frac{\sqrt{\varepsilon H}}{n} \quad \ldots\ldots \quad 487$$

Die Annahme, daß D_3 und D_1 für einen bestimmten Typ in ziemlich unverändertem Verhältnis stehen, ist zwar für Normalläufer nach Taf. 2 nicht in weitem Bereich, sondern nur in engeren Grenzen zutreffend, aber mit diesem Vorbehalt können wir doch unter vorübergehendem Nichtbeachten des Spaltverlustes die beiden Gleichungen vereinigen und D_3 durch D_1 ersetzen. Wir erhalten:

$$Q = k_4 \frac{\varepsilon H \sqrt{\alpha_2 H}}{n^2}$$

oder auch
$$Q \cdot n^2 = k_4 \varepsilon \sqrt{\alpha_2} \sqrt{H^3} \quad \ldots\ldots\ldots\ldots \quad 488$$

als Übersichtsbeziehung für die Art und Weise, wie sich die Verhältnisse zwischen Gefälle, Wassermenge, Austrittsverlust und Umdrehungszahl für verschiedene Turbinengrößen und bei Einhalten des gleichmäßigen im übrigen natürlich ganz beliebigen Typs stellen. Es ist daraus auch

$$n = \frac{k_5}{\sqrt{Q}} \sqrt[4]{\varepsilon^2 \cdot \alpha_2 H^3} \quad \text{. . . . . 489}$$

Da im Einzelfalle H gegeben ist, so gehört H eigentlich auch noch zu den Konstanten und es ist schließlich zu schreiben

$$n = k_6 \frac{\sqrt[4]{\varepsilon^2 \cdot \alpha_2}}{\sqrt{Q}} \quad \text{. . . . . 490}$$

Wir sehen also, unter Bezugnahme auf das auf S. 241 Angeführte, daß ein doppelt so großer Austrittsverlust α_2 sich in der Umdrehungszahl, natürlich auch in der spezifischen Umdrehungszahl, erst mit $\sqrt[4]{2} = \sim 1{,}2$, d. h. durch Vermehrung von n auf das 1,2fache bemerkbar macht, sofern ε auch noch konstant angenommen werden darf, daß die Vergrößerung des Austrittsverlustes also, wenn ohne Rückgewinn, ein nicht sehr ausgiebiges und deswegen erst recht ein verschwenderisches Mittel ist.

Die Verkleinerung von Q dagegen macht sich in viel rascherer Weise als die Vergrößerung von α_2, hinsichtlich der erwünschten Vermehrung von n oder n_s, mit $\frac{1}{\sqrt{Q}}$, bemerkbar, und so liegt der von der Praxis schon längst gezogene Schluß sehr nahe, die gegebene Wassermenge auf 2, 3 oder mehr gekuppelte Turbinen zu verteilen, ein Verfahren, was wohl berechtigt ist, weil es keine oder fast keine besonderen Arbeitsverluste mit sich bringt.

Je nach der Verteilung von Q auf 2, 3, 4, m, Teilturbinen, die alle dem gleichen Gefälle unterstellt (parallel geschaltet) sind, ergibt sich, wenn für eine der Teilturbinen statt Q nunmehr $\frac{Q}{m}$ usw. eingeführt wird aus Gl. 490 die Umdrehungszahl der Teilturbinen n_t zu

$$n_t = k_6 \sqrt[4]{\varepsilon^2 \cdot \alpha_2} \sqrt{\frac{m}{Q}} = k_6 \frac{\sqrt[4]{\varepsilon^2 \cdot \alpha_2}}{\sqrt{Q}} \sqrt{m} = n \sqrt{m} \quad \text{. . . . . . 491}$$

worin natürlich Q nach wie vor die gesamte Betriebswassermenge des ganzen Turbinensatzes darstellt.

Gegenüber einer einzigen Turbine für die gesamte Wassermenge zeigt sich demnach eine Vermehrung der Umdrehungszahlen durch die Wassermengenteilung, und zwar für

$$m = 2 \text{ auf } n_t = n\sqrt{2} = 1{,}414\, n$$
$$m = 3 \quad \text{„} \quad n_t = n\sqrt{3} = 1{,}732\, n$$
$$m = 4 \quad \text{„} \quad n_t = n\sqrt{4} = 2{,}000\, n$$

Hier sind also greifbare Möglichkeiten zu größerer Steigerung der Umdrehungszahlen gegeben, und so sehen wir eine Fülle von Ausführungen parallelgeschalteter, sog. mehrfacher Turbinen, trotzdem diese Anlagen verhältnismäßig viel umständlicher sind als die einfachen Turbinen. Die hohen Anschaffungspreise der langsam laufenden Dynamomaschinen sind es besonders, die große Umdrehungszahlen gebieterisch verlangen.

2. Spaltverluste.

Ein bestimmter Übelstand haftet der Anordnung im allgemeinen an, wir haben bei mehrfachen Turbinen meist größere Spaltverluste zu gewärtigen als bei einfachen. Das ist leicht einzusehen, sowie wir Gl. 473, S. 231, richtig auslegen. An Stelle von d_s dürfen wir dort D_1 oder auch D_3 einführen, der Wurzelausdruck bleibt bei gleichem Gefälle für denselben Gefäßtyp gleich und wir erhalten daraus bei einer einfachen Turbine für die gesamte Spaltwassermenge

$$Q_s = \Sigma q_s = k_7 \cdot D_3 \cdot a_s$$

Nach Gl. 486 können wir D_3 allgemein durch ein Vielfaches von $\sqrt{Q}$ ersetzen und erhalten damit aus der obigen Gleichung für eine einfache Turbine (ungeteiltes Q)

$$\Sigma q_s = k_8 \cdot a_s \sqrt{Q}$$

Verteilen wir das Wasser auf m Turbinen, so hat jede dieser Teilturbinen ihrerseits ein Σq_s als Spaltverlust, wobei statt Q zu setzen ist $\frac{Q}{m}$, also ist für jede Teilturbine

$$\Sigma q_s = k_8 \cdot a_s \sqrt{\frac{Q}{m}} \quad \text{. . . . . 492}$$

Der Spaltverlust des ganzen Turbinensatzes ist natürlich m-fach größer:

$$Q_s = m \cdot \Sigma q_s = m \cdot k_8 \cdot a_s \sqrt{\frac{Q}{m}} = k_8 \cdot a_s \sqrt{Q}\sqrt{m} \quad \text{. . . . . . 493}$$

d. h. für m-fache Turbinen ist der $\sqrt{m}$-fache Spaltverlust der einfachen Turbine zu gewärtigen, sofern die Konstruktion an sich und die Spaltweite a_s die gleiche ist als bei der einfachen Turbine, was im allgemeinen zutreffen wird. Die Spaltverluste steigen mit $\sqrt{m}$, also genau wie die Umdrehungszahlen, Gl. 491. Mehrfache Turbinen bedürfen deshalb größerer Sorgfalt in der Ausbildung des Spaltverschlusses als einfache.

Im Späteren, S. 511 u. f., wird noch manches über die Mehrfachturbinen zu sagen sein, der große Spaltverlust kann mit Nutzen durch Schließen der sog. Entlastungslöcher im Radboden verkleinert werden.

E. Maßnahmen zur Erzielung besonders niederer Umdrehungszahlen, Langsamläufer „F“ (verzögert) für Hochgefälle, $\beta_1 < 90^\circ$.

Hierzu Taf. 4.

Für sehr hohe Gefälle und verhältnismäßig große Wassermengen (große Einheiten in elektrischen Zentralen) kann aus Gründen betriebssicherer Anordnung der Wunsch auftreten, daß die sich aus der Anordnung „B“ Taf. 1 ergebende Umdrehungszahl noch weiter ermäßigt werden möchte. Man wird unter solchen Umständen entweder unter Einhalten von $\beta_1 = 90^\circ$ nach Anordnung „A“ verfahren können, d. h. durch sehr starkes Vergrößern von D_1 die Ermäßigung anstreben, wobei aber die Profilform „B“ mit teilweiser achsialer Ablenkung in Frage kommt; wir können aber auch unter Beibehalten des Durchmessers D_1, wie er „B“ entspricht, die Umfangsgeschwindigkeit u_1 zu erniedrigen suchen und schließlich die beiden Wege, Vergrößerung des Durchmessers und Erniedrigung der Umfangsgeschwindigkeit vereinigen. Letzteres soll hier besprochen werden.

1. Die Winkel β_1 und δ_1.

Die Gl. 379, S. 142, lautet

$$u_1 = \sqrt{g \cdot \varepsilon H\left(1 - \frac{\operatorname{tg}\delta_1}{\operatorname{tg}\beta_1}\right)} \quad \ldots\ldots\ldots\ldots (379)$$

und aus dieser ist ohne weiteres ersichtlich, daß u_1 mit abnehmender Größe von β_1 auch abnimmt, daß aber andererseits, solange β_1 kleiner als 90^0 in Rechnung gestellt wird, eine Verkleinerung von u_1 auch durch Vergrößerung von δ_1 zu erzielen ist.

Während also unter „D" ($\beta_1 > 90^0$), S. 199, die Vergrößerung von u_1 durch Zunehmen beider Winkel, β und δ_1, erreicht wird, liegen hier ungleiche, d. h. entgegengesetzte Einwirkungen beider Winkel vor, große δ_1 ermäßigen die u_1.

Wird β_1 statt mit 90^0 mit nur beispielsweise 60^0 in Rechnung gestellt, so ermäßigt diese Verkleinerung den Betrag von u_1 gegenüber „B" bei gleichem δ_1 ($20^0 59'$) von 5,67 m/sk auf

$$u_1 = \sqrt{9{,}81 \cdot 0{,}82 \cdot 4{,}0\left(1 - \frac{0{,}3835}{1{,}732}\right)} = 5{,}00 \text{ m/sk}$$

und demgemäß würde bei gleichem Durchmesser $D_1 = 1{,}6$ m die minutliche Umdrehungszahl des normalen Betriebes auf $n = 59{,}6$ gegenüber 67,7 zurückgehen.

Man sieht, daß die doch nicht gerade unwesentliche Verkleinerung des Winkels β_1 von 90^0 auf 60^0 bei gleichbleibendem Außendurchmesser keine sehr bedeutende Ermäßigung zustande bringt. Ist im Einzelfall die zu erzielende Umdrehungszahl gegeben, so wird man natürlich durch Annehmen der Größe von D_1 die Werte u_1, β_1 usw. zu bestimmen suchen, wobei die Schaufelzahl z_1 ja vorläufig gar nicht in Betracht kommt.

Gehen wir jetzt zur Ausführung der Tafel 4, Fig. A bis D über. Wir vergrößern D_1 auf 1,8 m und nehmen, im Anschluß an die Daten des früheren Rechnungsbeispieles, hinsichtlich Gefälle usw. an:

$$\alpha_2 = 0{,}06; \qquad \varrho = 0{,}12;\,^{1)} \qquad \varepsilon = 0{,}82$$

$$D_1 = 1{,}80 \text{ m}; \qquad \text{kleinster } D_2 = 1{,}80 - 2 \cdot 0{,}275 = 1{,}25 \text{ m}.$$

Es folgt daraus $\quad \Delta = \frac{1{,}25}{1{,}80} = 0{,}694; \quad \Delta^2 = 0{,}482; \quad 1 - \Delta^2 = 0{,}518.$

Für die Leitschaufeln nehmen wir wie unter „A":

$$a_0 = 80 \text{ mm}; \qquad s_0 = 5 \text{ mm}; \qquad z_0 = 24$$

und erhalten dadurch wie dort $\delta_1 = 21^0 9'$; wir notieren

$$\sin\delta_1 = 0{,}3608; \quad \cos\delta_1 = 0{,}9326; \quad \cos^2\delta_1 = 0{,}8698; \quad \operatorname{tg}\delta_1 = 0{,}3869.$$

Gehen wir bis zur äußersten Grenze, d. h. verzichten wir in Schichte I—I auf eine Reaktionswirkung, indem wir hier $v_1 = v_2$ werden lassen, so findet sich der Winkel β_1 gemäß Gl. 464, S. 223, mit den obigen Werten

$$\operatorname{tg}\beta_1 = \frac{0{,}3608 \cdot 0{,}82 \cdot 0{,}518}{-0{,}9326(0{,}06 + 0{,}482 \cdot 0{,}82) + \sqrt{0{,}7744 \cdot 0{,}8698 - 0{,}6724 \cdot 0.518}}$$

$$\operatorname{tg}\beta_1 = 1{,}044; \qquad \beta_1 = 46^0 14';$$

wir notieren $\quad \cos\beta_1 = 0{,}6917; \quad \sin\beta_1 = 0{,}7222.$

Es folgt nach Gl. 379

$$u_1 = \sqrt{9{,}81 \cdot 0{,}82 \cdot 4{,}0\left(1 - \frac{0{,}3869}{1{,}044}\right)} = 4{,}50 \text{ m/sk}$$

---

[1]) ϱ ist nur des Vergleiches wegen hier mit 0,12 angesetzt; wir würden in Wirklichkeit etwa 0,20 zu nehmen haben.

und mit obigem D_1 ermäßigt sich die minutliche Umdrehungszahl auf

$$n = \frac{60 \cdot 4{,}50}{1{,}80\pi} = \sim 48.$$

Wir finden ferner nach Gl. 380 $w_1 = 7{,}67$ m/sk und schließlich in bekannter Weise $b_0 = b_1 = 118{,}6$ mm, was wir auf 120 mm aufrunden, auch $v_1 = 3{,}83$ m/sk.

2. Die Durchmesserverhältnisse und w_1.

Hier ist eine Kontrolle nötig. Aus den Betrachtungen über den Einfluß von β_1 auf die Gefälleaufteilung, S. 215 u. f., haben wir ersehen, daß für die Höhe

$$\frac{u_1^2 - u_2^2}{2g} + \frac{v_2^2 - v_1^2}{2g} = \frac{u_1^2}{2g}(1 - \Delta^2) + \frac{v_2^2 - v_1^2}{2g}$$

mit abnehmendem β_1 und wachsendem w_1 immer weniger vom Gefälle übrigbleibt, und wir haben daraus auch die Erkenntnis gewonnen, daß es, des guten „Schlusses“ zwischen Wasser und Gefäßraum halber, wünschenswert erscheint, mit β_1 höchstens soweit herunterzugehen, daß bei gegebenem Δ der Fall $v_2 = v_1$ eintritt, daß also β_1 dem Schnittpunkt der betr. Δ-Kurve mit der ϱ-Linie entsprechen möchte. Für diese Verhältnisse gilt als höchstzulässig

$$w_{1\,max} = \sqrt{2g\,(1 - \varrho)H - u_1^2\,(1 - \Delta^2)} \quad . \quad . \quad . \quad . \quad . \quad . \quad (462)$$

Bei gekrümmter Austrittslinie b_2 ist hierin die Größe Δ auf den kleinst vorkommenden Durchmesser D_2 zu beziehen. Wollten wir Δ einem der größeren D_2 entsprechend einsetzen, so würde sich in der Schichtfläche des kleinsten D_2 aus v_1 eine Verzögerung auf v_2 einstellen, weil dann in dieser Schichtfläche die Zentrifugaldifferenz $\frac{u_1^2 - u_2^2}{2g} = \frac{u_1^2}{2g}(1 - \Delta^2)$ größer wäre als der zur Überwindung derselben verfügbare Betrag von $(1 - \varrho)H - \frac{w_1^2}{2g}$, wie dies den Punkten unterhalb der ϱ-Linie, Fig. 152, S. 217, entspricht.

Mit den Zahlengrößen des Beispiels ergibt sich nach Gl. 462

$$w_{1\,max} = \sqrt{19{,}62 \cdot 0{,}88 \cdot 4{,}0 - 4{,}50^2 \cdot 0{,}518} = 7{,}65 \text{ m/sk}$$

also nur verschwindend weniger als aus der vorhergehenden Ermittlung folgt. Mithin darf die radiale Erstreckung, der angenommene kleinste Wert von D_2, gerade noch beibehalten werden. Wäre $w_{1\,max}$ wesentlich kleiner als der aus den Winkelwerten gefundene Betrag, so müßte eben Δ, d. h. D_2, vergrößert werden.

Alle vom kleinsten D_2 nach auswärts gelegenen Punkte der b_2-Kurve haben größere Werte von Δ und besitzen deshalb positive Werte von $\frac{v_2^2 - v_1^2}{2g}$; in all diesen Schichten ist dann $v_2 > v_1$, die Verzögerung ist vermieden. Diese Punkte gehören eben Δ-Kurven an, die in Fig. 152 höher gelegen sind als die dem kleinsten D_2 angehörende.

3. Die Form der Laufradschaufeln.

Wir haben am Ein- und Austritt mit Evolventen zu rechnen und die Gefäßwände müssen den guten Übergang zwischen beiden gewährleisten. Sehen wir uns die Verhältnisse genauer an, so zeigt sich, daß am Austritt, Fig. 163, die Evolventenkrümmung nur auf der, dem Wasserlauf nach, rechten Schaufelseite nötig ist, wo das aus f_2 austretende Wasser der Nachbarschaufel wegen etwas abzulenken ist, wie dies S. 142 und Fig. 112 schon besprochen worden, während gar kein Grund vorliegt, das linke Wandende als Evolvente auszuführen und dadurch den inneren Gefäßraum besonders scharf zu krümmen.

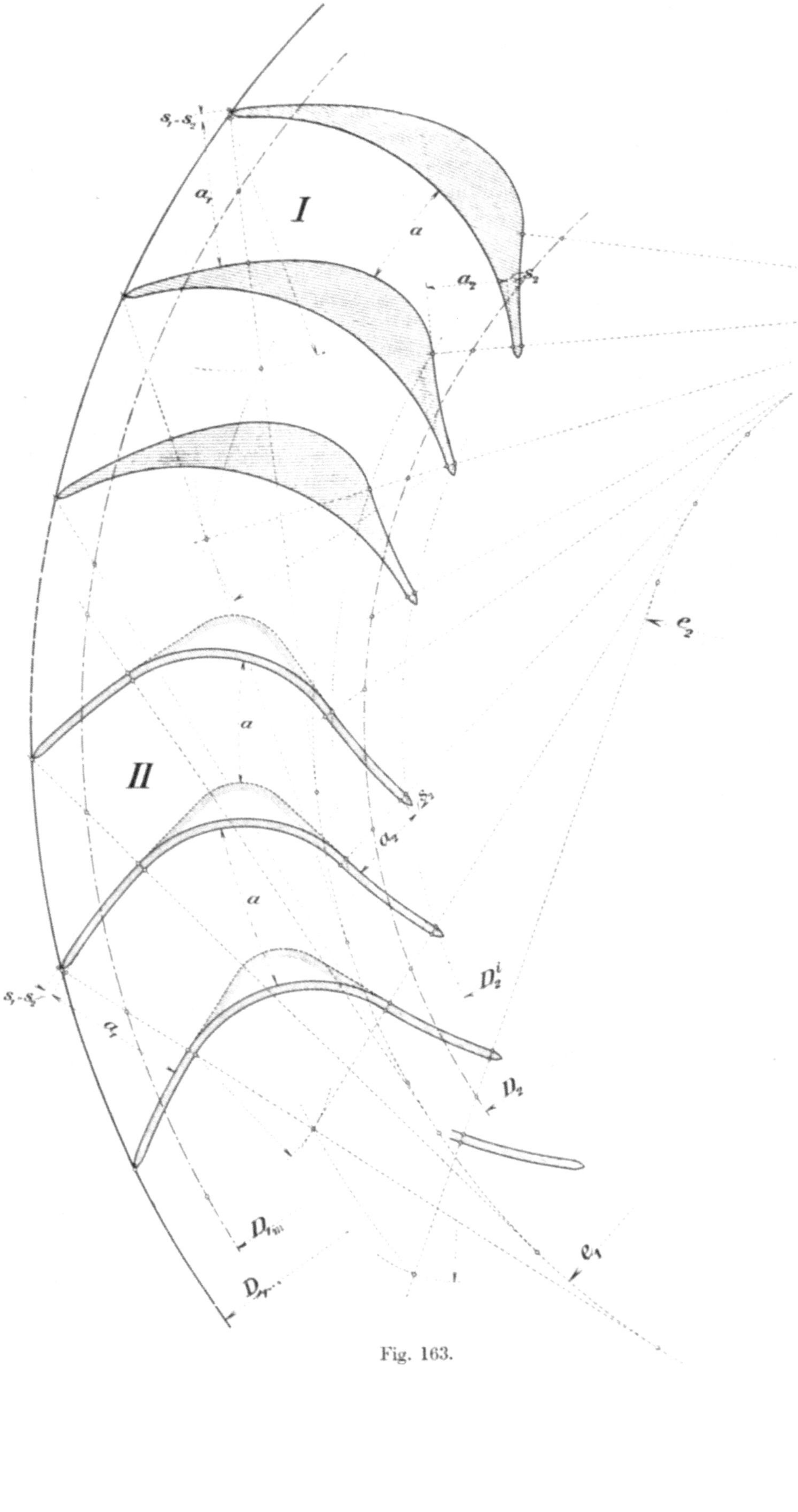

Fig. 163.

Diese Erwägung hätte schon unter „A“, „B“ usw. angestellt werden können; sie unterblieb dort, weil die sonstigen Verhältnisse des Reaktionsgefäßes, $\beta_1 \gtreqless 90^0$, die Verwendung von Blech für die Wandungen gestatteten, und weil eben die überall gleich große Blechstärke nichts anderes als gleich starke Schaufelwände zuläßt.

Hier bei $\beta_1 < 90^0$ gehen wir von der Verwendung gewalzten Materials ab und zur Herstellung gegossener Schaufeln über, teils der besseren Form des Reaktionsgefäßes in der Gegend „2“ wegen, besonders aber weil der mittlere Teil des Reaktionsgefäßes eine Änderung in der Gefäßwandstärke dringend erheischt.

Dies wird am besten ersichtlich, wenn wir die Gefäßform *I* der Fig. 163, gegossene Schaufeln, mit derjenigen *II*, einfache Schaufeln aus Blech, beide für $\beta_1 = 60^0$, vergleichen. Letztere zeigen zwischen a_1 und a_2 eine Erweiterung der Entfernung a beider Gefäßwände. Wachsen gleichzeitig, wie meist üblich, die b stetig von b_1 bis b_2, so ist klar, daß bei Verwendung von einfachen Blechschaufeln nach *II* das Reaktionsgefäß zwischen f_1 und f_2 eine unerwünschte Querschnittserweiterung erfahren müßte, d. h. das Wasser würde nicht stetig von v_1 auf v_2 übergeleitet, und dies würde sich durch Vermehrung von $\varrho_2 H$, S. 154, unliebsam bemerkbar machen, die Rückbildung auf kleinere Geschwindigkeit ist eben verlustreich. Der guten Wasserführung wegen sollten wir also die Schaufel wie punktiert verdicken, und wenn aus diesem Grunde schon einmal von der sonst üblichen einfachen Blechschaufel abgegangen werden muß, so machen wir uns dies zu nutze, indem wir auch die Evolvente auf der linken Gefäßseite weglassen und dadurch dem Reaktionsgefäß durch die Form *I* wesentlich größere Krümmungsradien, also kleineres $\varrho_2 H$ verschaffen.

Die Fig. 163 enthält beide Formen für gleiche β_1, a_1, a_2 und w_2 nebeneinander gezeichnet.

Wir sehen, daß bei Form *I* die konkave linke Gefäßseite als einfacher Kreisbogen die Richtungen β_1 und β_2 verbinden darf, während die konvexe rechte Gefäßwand zwischen Eintritts- und Austrittsevolvente unter genauer Kontrolle der Querschnittsübergänge, was deren Inhalt betrifft, zu vermitteln hat.

Die Radschaufelzahl z_1 ist bis jetzt noch nicht bestimmt. Wir müssen durch Probieren mit einigen Zahlen die passendste ermitteln, denn hier bestehen zwei widerstreitende Rücksichten.

Einmal ist zu beachten: Je weniger Schaufeln, je weniger Gefäßwände, desto weniger Reibungsflächen für das Betriebswasser, desto kleiner $\varrho_2 H$, was die Flächenreibungswiderstände an sich angeht.

Die zweite Erwägung ist: Je weniger Schaufeln, desto größere Weiten a der gekrümmten Gefäßräume, desto schärfer relativ die Krümmung derselben, desto mehr Krümmerwiderstand in den Gefäßen. Dazu noch ein um so ausgesprocheneres Hervortreten der Verhältnisse des „kreisenden Wassers“, S. 36 u. f., innerhalb jeden Gefäßraumes.

Es ist natürlich sehr schwierig, den Krümmerwiderstand eines solchen Gefäßraumes auf Grund der bekannten Koeffizienten rechnungsmäßig zu beurteilen, weil das Verhältnis zwischen dem mittleren Krümmungsradius und der Lichtweite a des Krümmers bei dem Übergang von großem a_1 zu kleinem a_2 sich stetig ändert — hier könnten nur Versuche nach und nach Licht in die Sache bringen.

Die Berechnung des Flächen-Reibungswiderstandes an sich ist ja einfach, zumal wenn im ganzen Gefäße die v ungefähr gleich bleiben ($v_2 = v_1$), denn die reibenden Oberflächen könnten aus einem Entwurf für verschiedene z_1 ohne weiteres entnommen werden.

Die unerwünschte Erscheinung des kreisenden Wassers bringt es aber mit sich, daß die rechnungsmäßigen v_1 nur ungefähr in der Mittelachse des Gefäßes tatsächlich vorhanden sind, daß an der linken konkaven Gefäßwand zwischen Ein- und Austritt kleinere v_a auftreten, daß auf der die beiden Evolventen verbindenden rechtsseitigen, rückwärtigen Strecke die v_i im Gefäßinnern wesentlich größer sein werden, wie dies früher schon geschildert wurde. Und hier liegt die Gefahr nahe, daß zur Erzeugung der großen v_i nicht genug absolute Druckhöhe vorhanden ist, daß beschränkte Kontinuität nach Art der Verhältnisse von Fig. 37 und 38, S. 45, eintreten kann, denn da der vorhandene Gefällebruchteil zur Überwindung von $\frac{u_1^2 - u_2^2}{2g}$ für die Schichtfläche I unseren Annahmen gemäß gerade ausreichen wird, so kann zur Erzeugung von v_i aus v_1 $(= v_2)$ nur der Druck der Atmosphäre vorübergehend zur Hilfe genommen werden (s. weiteres unter „4“, S. 251).

Vor allem ist die Eintrittsweite a_1 für die Beurteilung der Verhältnisse von Wichtigkeit.

Da die Schaufelspitzen, des stoßfreien Einfüllens wegen, in der v_1-Richtung liegen müssen, so ist bei bekannter Richtung β_1 der Grundkreis der Evolventenanfänge der Schaufeln nach Gl. 384, S. 145, vom Durchmesser

$$e_1 = D_1 \sin \beta_1$$

und es findet sich dann a_1 aus Gl. 384 zu

$$a_1 = t_1 \sin \beta_1 - s_1 = \frac{D_1 \pi}{z_1} \sin \beta_1 - s_1 = \frac{e_1 \pi}{z_1} - s_1 .$$

Mit den Zahlen des Beispiels kommt dann $e_1 = 1800 \cdot 0{,}7222 = 1300$ mm und für 35 Schaufeln ergibt sich bei $s_1 = 7$ mm für $a_1 = \frac{1300 \cdot \pi}{35} - 7 = 110$ mm.

Die Mitten der a_1 sind in Fig. 163 durch einen —·—·— Kreis, Durchmesser $D_{1,m} = 1{,}75$ m verbunden, der zeichnerisch leicht zu finden ist.

Es ergibt sich aus dem Geschwindigkeitsdreieck von u_2, v_2, w_2 die Richtung und zur Kontrolle mit v_1 auch die Größe von v_2, dazu aus t_2 die Weite a_2 in bekannter Weise, Fig. 133, S. 180, und nunmehr kann auch in Anlehnung an Fig. 136 die Schaufelform für die ebene Schichtfläche I aufgezeichnet werden.

Wir bilden die b_2-Kurve von I anfangend z. B. als Parabel gegen auswärts aus, nachdem wir als ersten Anhalt für die Länge von b_2 überhaupt einfach $D_2^I \pi \cdot b_2$ als Austrittsfläche gesetzt und daraus b_2 etwas zu reichlich erhalten hatten, denn da die anderen D_2 größer werden als D_2^I, muß die tatsächliche Länge von b_2 kleiner ausfallen. Die Berechnung der λb_2 usw. geht nach bekanntem Verfahren, S. 178, und so entsteht der in Taf. 4, Fig. B enthaltene Grundriß der Schaufellinien in üblicher Weise. In jeder Schichtfläche hat ein möglichst großer Kreis die beiden Evolventen bzw. die Richtungen β_1 und β_2 zu verbinden. Hierbei bleibt meist auf der Konkavfläche ein kurzes geradliniges Stück zwischen Kreisbogen und Schaufelende übrig, was dem Übergang der v_a und v_i in durchweg v_2 für den Austritt nur förderlich sein kann. Die Austrittsmitten sind hier, ohne daraus eine Regel zu machen, in Radialebenen angenommen.

Als Hilfsmittel zur Gewinnung der Modellschnitte sind hier Radialschnitte nicht recht geeignet, weil sie die Schaufellinien sehr spitzwinklig treffen. Deshalb verwenden wir hier Schnittebenen parallel zum Schaufelanfang, also parallel der Richtung β_1, wie sie in Anlehnung an Früheres in Taf. 4 mit 1, 2 usw. bezeichnet sind. Diese Schnittebenen führen wir auch wieder zweckmäßig durch die Schnittpunkte der Modellschnittebenen mit der untersten Schaufellinie VI.

Es ist nun recht umständlich, wenn wir diese Hilfsschnitte im Aufriß unverkürzt, d. h. senkrecht zur β_1-Richtung gesehen aufzeichnen, weil wir aus solchen Ansichten die Radialabstände nicht geschickt entnehmen können. Da uns die Schnittpunkte von Hilfsschnittebenen und Schaufellinien aber nur bezüglich ihrer Höhenlage und ihrer radialen Abstände von der Wellenmitte interessieren, so verfahren wir folgendermaßen.

Wir denken jeden solcher Schnittpunkte für sich in die Bildfläche hereingedreht, wo wir ja im Aufriß die zugehörige Schichtlinie vor uns haben; d. h. wir tragen die Radialmaße sämtlicher Schnittpunkte in die zugehörigen Schichtlinien des Aufrisses ein und erhalten dadurch Kurven, wie sie Fig. A für die Konkavseite, Fig. D für den Schaufelrücken aufweisen. Wenn wir diese Kurven in den Aufrissen durch die Modellschnitte schneiden, und die so gefundenen Schnittpunkte im gleichen Radius im Grundriß auf die entsprechende Hilfsschnittlinie übertragen, so kommen dort die richtigen Modellschnitte zum Vorschein.

Es ist natürlich, daß hier die Vorder- und Rückwand des Reaktionsgefäßes je in besonderen Modellschnitten ausgearbeitet werden. Ganz besonders aber ist darauf zu achten, daß die Gefäßquerschnitte auch unterwegs überall stetig verlaufen. In Schichtfläche I haben wir wie gesagt $v_2 = v_1$, in den anderen wird v_2 größer sein als v_1, und zwar mit wachsendem D_2 in höherem Maße, wie dies ja schon früher ausgiebig erörtert.

4. Die Erscheinungen des kreisenden Wassers im Radschaufelraum.

Bei dem Gefälle $H = 4{,}0$ m des allgemeinen Rechnungsbeispiels wird sich noch gar nicht viel Besonderes zeigen, wenn auch hier schon die Atmosphäre zur Bildung von v_i mithelfen muß. Setzen wir aber das Rad unter ein höheres Gefälle, ein solches, wofür überhaupt die Konstruktion nur noch etwa praktisch in Frage kommen könnte, so werden wir sehen, daß dann ganz andere, bedenklichere Verhältnisse eintreten.

Wir beziehen unsere Vergleichsrechnungen auf die Stelle „1“, denn da ist das Krümmungsverhältnis des großen Maßes a_1 wegen am schärfsten.

Wir entnehmen der Schaufelzeichnung Taf. 4 die Maße $a_1 = 110$ mm und am Schaufelanfang $r_i = 131$ mm. Dies liefert uns den Wert von ϱ, S. 39, mit $\varrho = \frac{r_i}{a_1} = \frac{131}{110} = 1{,}19$ und nach Gl. 174, S. 52, erhalten wir die Größe des neutralen Radius

$$r_1 = \frac{a_1}{\ln \frac{1+\varrho}{\varrho}} = \frac{110}{0{,}60995} = 180{,}3 \text{ mm}.$$

Da $r_m = r_i + \frac{a_1}{2} = 131 + 55 = 186$, so zeigt sich, daß die Stelle an der bei 4,0 m Gefälle tatsächlich $v_1 = 3{,}83$ m/sk vorhanden ist, um ca. 6 mm einwärts von $\frac{a_1}{2}$ liegt, was wir für das Geschwindigkeitsparallelogramm vernachlässigen dürfen.

Wir erhalten dann gemäß Gl. 143, S. 40

$$v \cdot r = v_1 \cdot r_1 = v_i \cdot r_i = 3{,}83 \cdot 0{,}180 = v_i \cdot 0{,}131,$$

woraus folgt

$$v_i = 3{,}83 \frac{0{,}180}{0{,}131} = 5{,}26 \text{ m/sk}; \text{ mit } r_a = 0{,}131 + 0{,}110 = 0{,}241 \text{ m kommt } v_a = 2{,}86 \text{ m/sk}.$$

Nun liegt, wie gesagt, die Schichtfläche I wagrecht, und es ist gerade eine Druckdifferenz zwischen Ein- und Austritt übriggelassen, die $\frac{u_1^2 - u_2^2}{2g}$ entspricht; die Aufwendung für die Vergrößerung von v_1 auf v_i müßte also aus dem Druck der Atmosphäre leihweise bestritten werden. Welcher Druckhöhe in Meter Wassersäule diese Anleihe aus dem Atmosphärendruck entspricht, findet sich für 4,0 m Gefälle ideell zu

$$\frac{v_i^2 - v_1^2}{2g} = \frac{5{,}26^2 - 3{,}83^2}{19{,}62} = 0{,}66 \text{ m}.$$

Tatsächlich wird am Schaufelrücken also, ganz abgesehen von der durch die Höhenlage der Turbine etwa vorhandenen Saugrohrwirkung, ein Minderdruck von etwa $1{,}1 \cdot 0{,}66 = \sim 0{,}73$ m vorhanden sein (Verlust ohne weiteres einmal 0,07 m) und dieser Minderdruck muß, als Anleihe aus dem Atmosphärendruck für die Wasserteilchen des innersten Umkreises gegen „2" hin, wieder der Atmosphärenpressung gemäß durch Verzögerung auf v_2 zurückerstattet werden, was nur unter nochmaliger Einbuße an Arbeitsvermögen geschehen kann.

Für 4,0 m Gefälle ist diese Minderdruckhöhe immerhin noch weit entfernt vom absoluten Druck Null, S. 29.

Nun wollen wir das gleiche Rad unter 36 m Gefälle bringen. Da sämtliche Geschwindigkeiten der $\sqrt{H}$ proportional sind, so wird das Rad unter 36 m Gefälle $\sqrt{\frac{36}{4}} = 3$mal soviel Wasser nehmen (5,25 cbm/sk statt 1,75), dreimal so große Umdrehungszahl haben (144 statt 48) und bei 75% Nutzeffekt ungefähr 1900 statt rd. 70 PS leisten.

Es sei hier gleich bemerkt, daß ein Nutzeffekt von 75% für das hohe Gefälle vielleicht noch zu hoch ist, daß eben $\varrho_2 H$, wie schon früher bemerkt, sehr ins Gewicht fallen wird.

Wir erhalten dann, weil v_i sowohl als v_1 verdreifacht werden, v_i zu $5{,}26 \cdot 3 = 15{,}78$ m/sk gegenüber v_1 mit $3{,}83 \cdot 3 = 11{,}49$ m/sk, und so stellt sich bei 36 m Gefälle der tatsächliche Anleihebetrag aus der Atmosphäre auf

$$\frac{v_i^2 - v_1^2}{2g} = \sim 9 \cdot 0{,}73 = \sim 6{,}57 \text{ m},$$

so daß nur noch etwa 3,7 m Wassersäule als absoluter Druck vorhanden sind. Wäre die Turbine mit 5,0 m Saughöhe aufgestellt, so sind aus dem Atmosphärendruck überhaupt nur $10{,}3 - 5{,}0 = 5{,}3$ m zur Verfügung, es könnte unter solchen Verhältnissen gar nicht zur Entwicklung der v_i kommen, die Turbine müßte eine Einschränkung des Wasserverbrauches erfahren und, weil dann auch das Geschwindigkeitsparallelogramm am Eintritt gestört ist, eine Verminderung des Nutzeffekts.[1])

Wenn wir bedenken, in welch kurzer Zeit die Umsetzung von v_1 in der Eintrittsbreite nach v_i und am Ausgang wieder rückwärts vor sich gehen sollte[2]), so ist klar, daß diese Umbildung weitaus nicht völlig zustande kommen kann, daß aber verlustbringende Wirbel unvermeidlich sind, trotzdem die Kanäle dem äußeren Ansehen nach gewiß nicht zu den überscharf gekrümmten gerechnet werden können.

Es muß von der Verwendung solcher Schaufelung, wenn nicht ganz dringende sonstige Gründe vorliegen, des zu erwartenden schlechten hydraulischen Nutzeffektes wegen im allgemeinen abgeraten werden. Wenn trotzdem das Aufzeichnen usw. eingehend besprochen worden, so hielt Verf. dies der Vollständigkeit und der Aufklärung der Verhältnisse wegen als erforderlich.

---

[1]) Solche Druckerniedrigung bringt die sämtliche im Wasser gelöste Luft zum Entweichen und dies ist die Ursache des mehrfach beobachteten starken Anfressens der Zellenwandungen in der „i"-Gegend.

[2]) Die Geschwindigkeitsänderungen sollten sich wie folgt vollziehen: der Weg von Mitte f_1 bis Mitte f_2 beträgt ca. 0,31 m, wird also schon bei 4,0 m Gefälle mit $v_1 = 3{,}83$ m/sk in $\frac{0{,}31}{3{,}83} = 0{,}08$ Sek., bei 36 m Gefälle und $v_1 = 11{,}49$ in weniger als 0,03 Sek. zurückgelegt.

F. Erniedrigen der Umdrehungszahlen durch Hintereinanderschalten von Turbinen, Verbundturbinen.

1. Umdrehungszahl, Austrittsverlust.

Nachdem wir erkannt haben, daß die Verlangsamung der Umdrehungszahlen für Hochgefälle durch $\beta_1 < 90^0$ einen verlustreichen Betrieb bringt, der nur in vereinzelten Fällen der Einfachheit der Anwendung und Ausführung halber eine bedingte Berechtigung haben mag, ist noch der zweite gangbare Weg zu besprechen, der zu einer Ermäßigung der Umdrehungszahlen führt, nämlich die Teilung des Gefälles in m gleiche Stufen, von denen jede dann mit einer Turbine für die volle Wassermenge ausgestattet wird, wobei die Turbinen gekuppelt sind und nacheinander vom Betriebswasser durchflossen werden (Hintereinanderschaltung)[1]). Die Umdrehungszahl dieser hintereinander geschalteten Turbinen ist dann dem m-ten Teil des Gefälles entsprechend; wir erhalten statt n Umdrehungen der einfachen nunmehr für die Verbundturbine $n_v = \frac{n}{\sqrt{m}}$ in der Minute, wenn vorausgesetzt ist, daß die Laufräder der Teilgefälle den gleichen Durchmesser D_1 haben wie das Laufrad der einzigen Turbine für ganzes Gefälle.

Die Verhältnisse des Austrittsverlustes sind hier zu erläutern.

Wir hätten im gegebenen Falle die einfache, zu verlangsamende Turbine mit einem Austrittsverlust α_2, dem Gefällebruchteil $\alpha_2 H$ entsprechend auszuführen und α_2 dabei zweifellos niedrig anzunehmen.

Für die Verbundturbine ist es nun ideell ganz gleichgültig, mit welchem Austrittsverlust das Wasser von einer Gefällstufe zur anderen tritt, denn was dem Wasser in dem Austrittsverlust aus einer Zwischenstufe an kinetischem Arbeitsvermögen noch innewohnt, das stellt ohne weiteres ein für die nächste Gefällstufe noch verfügbares Arbeitsvermögen dar. Nur die letzte Stufe macht eine Ausnahme, der Betrag von $\frac{w_2^2}{2g} = \alpha_2 H$, mit dem das Wasser die letzte Turbine der Reihe verläßt, ist, abgesehen natürlich von Saugrohrerweiterung, uneinbringlich. Nun können wir Gl. 489, S. 243 schreiben

$$n = k_5 \sqrt[4]{\varepsilon^2 \alpha_2 H} \sqrt{\frac{H}{Q}} \quad \text{. . . . . 496}$$

worin dann $\alpha_2 H$ die Austrittsverlusthöhe der hintersten Turbine darstellt. Es ist ersichtlich, daß α_2 auch hier keinen großen Einfluß auf n hat, und wenn wir nunmehr mit festgelegtem $\alpha_2 H$ jetzt $\frac{H}{m}$ statt H unter der Quadratwurzel einführen ($\sqrt[4]{\varepsilon^2 \alpha_2 H}$ und Q sind dann konstant), so ergibt sich natürlich

$$n_v = \frac{\text{Konst.}}{\sqrt{m}} \quad \text{. . . . . 497}$$

wie oben schon erwähnt.

Eine Zweiteilung des Gefälles ermäßigt also die Umdrehungszahl ohne weiteres auf das $\sim 0{,}7$-fache usw.

---

[1]) Die erste Verbundturbine für Großbetrieb (2400 PS_e) ist nach Angaben des Verfassers vor etwa drei Jahren aufgestellt worden, in Betrieb gekommen und hat Wirkungsgrade bis 86 % ergeben.

2. Anordnung, Achsialdruck.

Die Anordnung einer zweistufigen Verbundturbine mit Spiralgehäusen ist aus Fig. 164 ersichtlich. Die Laufräder sitzen auf gemeinschaftlicher Welle und das Wasser tritt aus dem sonst Saugrohr genannten Auslaufkrümmer der ersten Stufe durch entsprechend gekrümmte Rohre zum Spiralgehäuse der zweiten Stufe, schließlich durch deren Saugrohr zum Unterwasser.

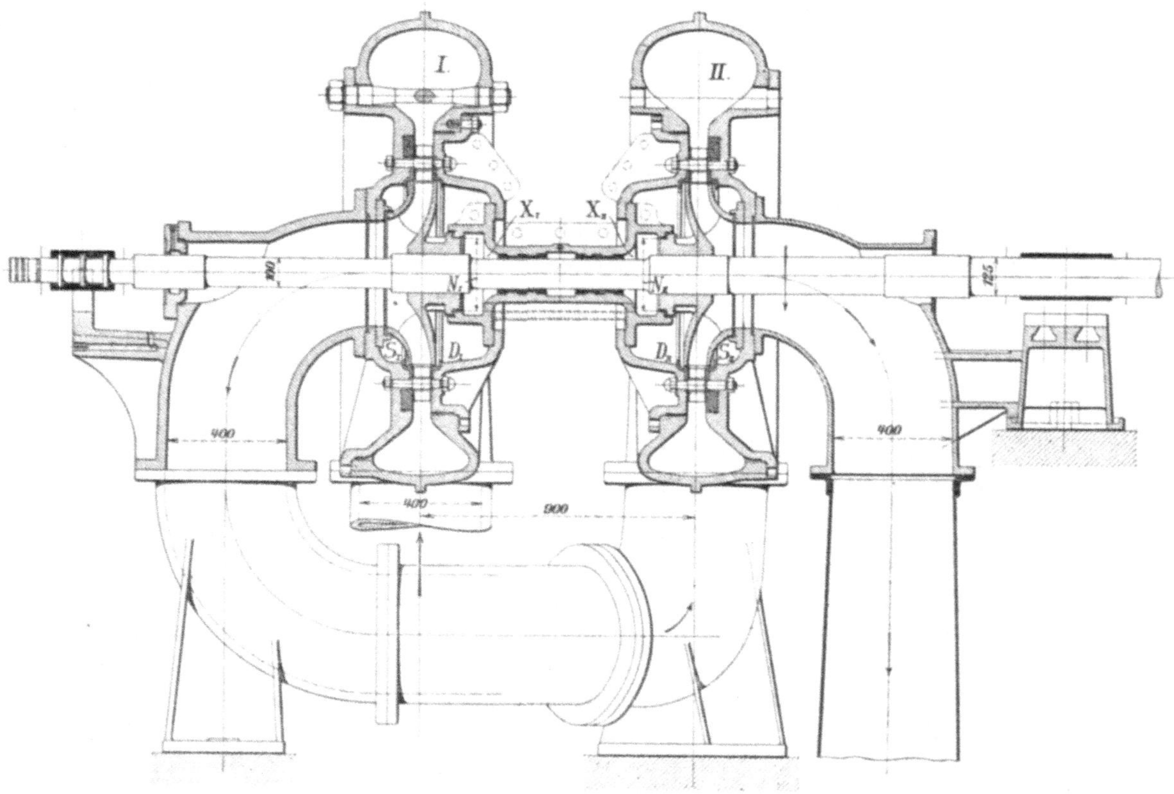

Fig. 164.

Die symmetrische Anordnung der Laufräder und (Saugrohr-)Krümmer gewährleistet bei gleichen Laufradabmessungen die Möglichkeit, daß sich alle auf die rotierenden Flächen wirkenden Achsialschübe ganz oder zum größten Teil aufheben, so daß die Laufringe des Kammlagers ideell nahezu oder ganz ohne Belastung sind.

Die aus dynamischen Ursachen stammenden Achsialkräfte (Rotationsparaboloide, S. 431, Z-Komponenten, S. 158) heben sich ohne weiteres auf, die aus den sonstigen hydraulischen Druckverhältnissen kommenden Achsialkräfte setzen sich zu einer Resultierenden zusammen, die sich wie folgt bestimmt, wobei der Einfachheit der Darstellung halber ideeller Betrieb angenommen sei.

Für die Erzeugung der Leitschaufelgeschwindigkeit $w_0 = w_1$ wird in jeder der beiden Gefällestufen die Höhe $\frac{w_1^2}{2g} = \lambda \cdot H$ aufgewendet. Mithin ist die Druckhöhe am Laufradeintritt der ersten Stufe $H - \lambda \cdot H = (1 - \lambda) H$, während sie am Laufrad der zweiten Stufe $H - \frac{H}{2} - \lambda \cdot H = \left(\frac{1}{2} - \lambda\right) H$ beträgt.

Diese Drucke werden sich auch in den Seitenkammern der Leitgehäuse einstellen, sofern die Schleifränder am Saugrohr- und Nabenanschluß dicht halten. Diese Seitenkammern sind mit D_I (Deckelseite Stufe I), S_I (Saugrohrseite Stufe I), D_{II} und S_{II} bezeichnet und die Buchstaben sollen gleichzeitig die achsialen Ringprojektionen, qm, der betreffenden Wandflächen am Laufrad bedeuten. Ferner sind N_I und N_{II} diejenigen der im allgemeinen nicht gleich großen Naben-Ringflächen, R bezeichne den Flächeninhalt des Saugrohransatzes, (Verschiedenheit der Wellldurchmesser vernachlässigt).

Vorläufig sei angenommen, daß das Mittellager durch Stopfbüchsen von den rechts und links davon liegenden Räumen hinter den Laufradnaben abgeschnitten sei, derart, daß kein Druckausgleich dieser Räume stattfinden kann. Die in diesen Räumen herrschenden, auf die Ringflächen N_I und N_{II} tätigen Druckhöhen seien X_I und X_{II}.

Werden die rechtsgehenden Achsialkräfte als positiv betrachtet, so ergibt sich für die Berechnung eines nach rechts gehenden Achsialschubes A der Turbinenwelle unter Weglassen des Faktors γ (= 1000 kg), und wenn, was am Ergebnis nichts ändert, die Turbinenwelle vorübergehend in Unterwasserhöhe angenommen wird:

$$A = S_I (1 - \lambda) H + R \frac{H}{2} + N_{II} X_{II} + D_{II} \left(\frac{1}{2} - \lambda\right) H$$
$$- \left[D_I (1 - \lambda) H + N_I X_I + S_{II} \left(\frac{1}{2} - \lambda\right) H\right] \quad . \; . \; . \; . \; . \; . \; . \; . \quad 496$$

Mit $S_I = S_{II}$, ferner mit $S_I + R = D_I + N_I = D_{II} + N_{II}$ folgt nach Vereinfachung als rechtsgehender Achsialschub allgemein

$$A = N_I \frac{H}{2} - (N_{II} - N_I) \left(\frac{1}{2} - \lambda\right) H + N_{II} X_{II} - N_I X_I \quad . \; . \; . \; . \quad 497$$

Hier können dann verschiedene Verhältnisse eintreten.

a) Wenn das Mittellager von beiden Nabenräumen durch Stopfbüchsen getrennt wird, so können die Nabenschleifränder ganz weggelassen, also $N_I = N_{II} = 0$ gemacht werden. Aus Gl. 497 folgt dann der resultierende Achsialschub $A = 0$. Hierbei ist also erforderlich, daß die hydraulischen Drucke in D_I und D_{II} nicht ausgeglichen sind.

b) Wenn die Kammern N_I und N_{II} durch ein Rohr verbunden werden, sodaß wenn $X_I = X_{II}$ (Wegbleiben der Stopfbüchse würde fast dasselbe bedeuten) und dabei $N_I = N_{II}$ ausgeführt ist, so folgt der Achsialschub mit $\gamma = 1000$ und N_I qm

$$A = N_I \frac{H}{2} \gamma \text{ (kg)}$$

einerlei wie groß die Druckhöhe $X_I = X_{II}$ an sich ist. Mithin könnte in diesem Falle bei Anwendung von Stopfbüchsen das Lager ganz frei gelegt werden. Unter gewissen Umständen läßt sich durch verschieden große Nebenflächen N_I und N_{II} der Achsialschub A auch hier auf Null ermäßigen.

3. Spaltverluste.

Im allgemeinen ist über die Spaltverluste bei Verbundturbinen folgendes zu sagen: Die Gleichung auf S. 231

$$q_s = d_s \pi \cdot a_s \cdot \mu \sqrt{2g (1 - \varrho) H - w_1{}^2 - \frac{u_1{}^2}{4} (1 - \Delta^2)} \quad . \; . \; . \quad (473)$$

gilt natürlich allgemein für jeden Spalt; auch für den einer Zwischenstufe, sofern

an Stelle von H, w_1, u_1, die der Zwischenstufe zugehörigen Größen gesetzt werden. Wir bezeichnen diese als $H_v = \frac{H}{m}$, w_{1v}, u_{1v} usw. und schreiben somit

$$q_{sv} = d_{sv} \pi \cdot a_s \cdot \mu \sqrt{2g(1-\varrho)\frac{H}{m} - w_{1v}^2 - \frac{u_{1v}^2}{4}(1-\Delta^2)} \quad \ldots \quad 498$$

Es darf ohne weiteres angenommen werden, daß a_s für volles Gefälle und für Teilgefälle gleich groß ist, ebenso das Verhältnis Δ.

Ist das Gefälle in m gleichgroße Stufen, wie natürlich, geteilt, so wiederholt sich der Wasserverlust q_{sv} durch den Spalt für jede Stufe und für das dieser Stufe entsprechende Teilgefälle, und das Spaltwasser wird sich jedesmal direkt hinter dem Laufrad wieder mit der allgemeinen Wasserführung vereinigen. Die Wassermenge q_{sv} umgeht also die sämtlichen Gefällstufen und deshalb ist der Arbeitsverlust proportional dem gesamten Spaltverlust einer Stufe $Q_{sv} = \Sigma q_{sv}$, wie er bei einfachen Turbinen proportional $Q_s = \Sigma q_s$ ist.

Von Interesse ist zuerst der Vergleich dieses Arbeitsverlustes mit demjenigen einer einzigen Turbine für ganzes Gefälle entsprechend Gl. 473.

Hierzu dient uns der Umstand, daß allgemein die w und u proportional der $\sqrt{H}$ sind, so daß wir also schreiben können

$$w_{1v} = w_1 \sqrt{\frac{H}{m} \cdot \frac{1}{H}} = \frac{w_1}{\sqrt{m}} \quad \ldots \quad 499$$

und

$$u_{1v} = \frac{u_1}{\sqrt{m}} \quad \ldots \quad 500$$

Da sowohl Q_s der einfachen Turbine als auch Q_{sv} der Verbundturbine für das gesamte Gefälle verloren ist, so finden wir den Vergleich der beiden Arbeitsverluste in dem Vergleich der verlorenen Wassermengen und wir erhalten nach Einsetzen der Werte für w_{1v} und u_{1v} durch Division von Gl. 473 und Gl. 498 einfach schließlich zu

$$q_{sv} = \frac{q_s}{\sqrt{m}} \cdot \frac{d_{sv}}{d_s} \quad \ldots \quad 501$$

Aus dem Früheren ist bekannt, daß der Saugrohrdurchmesser D_s für beide Ausführungen gleich groß sein wird, gleiches α_2, und so kann es Anordnungen geben, bei denen dann auch d_{sv} und d_s ohne weiteres gleich sein können; dann ist einfach

$$q_{sv} = \frac{q_s}{\sqrt{m}} \quad \ldots \quad 502$$

d. h. in solchen Fällen ist der Spalt- und auch der Arbeitsverlust für beispielsweise 2 Stufen, $m = 2$, nur das $\frac{1}{\sqrt{2}} \cong 0{,}7$-fache von dem Spaltverlust der Turbine für ganzes Gefälle.

Die Verhältnisse können sich aber zugunsten der Verbundturbine in noch höherem Maße aussprechen, wenn die Verbundturbine z. B. für folgende Umstände in Frage kommt.

Die erwünschte kleine Umdrehungszahl kann durch großes D_1 einer Turbine für das ganze Gefälle noch mit $\beta_1 = 90$, also ohne großes $\varrho_2 H$, nach Art der Ausführung „A“ und „B“, S. 172 u. f., erreicht werden. Diese Ausführung hat aber sehr großen Spaltdurchmesser d_s und infolge dieses Umstandes großen Spaltverlust q_s und wir ordnen hier, unter Einhalten der erwünschten und schon erreichten kleinen Umdrehungszahl, eine Verbundturibne an.

Unter solchen Umständen haben wir mit den seitherigen Bezeichnungen einfach

$$n = \frac{60 u_1}{D_1 \pi} = \frac{60 u_{1v}}{D_{1v} \pi} = n_v$$

woraus mit Gl. 500 folgt $D_{1v} = \frac{D_1}{\sqrt{m}}$ 503

so daß wir auch berechtigt sind zu setzen

$$d_{sv} = \frac{d_s}{\sqrt{m}} \quad \text{. . . . . 504}$$

Hierdurch geht für diesen Fall die Gl. 501 über in

$$q_{sv} = \frac{q_s}{m} \quad \text{. . . . . 505}$$

d. h. für gleiche Umdrehungszahl, gleiche β_1, ist in dem Spezialfall der Spaltverlust der Verbundturbine nur der m-te Teil desjenigen der Turbine für ganzes Gefälle, also für $m = 2$ nur die Hälfte.

Wenn wir bedenken, wie sehr das Abrunden der scharfen Spaltkanten durch große Druckunterschiede beschleunigt wird, wie rasch sich dadurch der Ausflußkoeffizient μ und deshalb auch q_s vergrößert, so spricht dies bei Hochgefällen auch noch ganz besonders für die Verwendung von Verbundturbinen, denn bei diesen sind die Druckunterschiede eben bloß $\frac{1}{m}$ von denen des ungeteilten Gefälles.

Der Turbinenbau hat seither von dieser Einrichtung selten Gebrauch gemacht, es ist aber gar nicht einzusehen, warum sich nicht, wo die Verhältnisse danach liegen, die Vorteile der Unterteilung des arbeitenden Gefälles gerade so nutzbringend erweisen sollten, wie sie es im Dampfmotorenbau aus anderen Gründen schon längst gewesen ist.

7. Das Turbinensaugrohr.

Wir haben gesehen, S. 70, daß bei gegebenem Gefälle die Höhenlage der Reaktionsturbine zu Ober- und Unterwasser für die Arbeitsleistung gleichgültig ist, sofern nur der Zusammenhang beider Wasserspiegel durch die Turbine hierdurch gewahrt bleibt. Dieser Zusammenhang kann durch Eintauchen der Turbine ins Unterwasser oder durch ein Saugrohr hergestellt sein.

Der Konstrukteur hat also die Möglichkeit, die Höhenlage der Reaktionsturbine frei wählen zu können, soweit es noch zu besprechende Umstände zulassen. Es kann mit Sauggefälle gearbeitet werden, denn das in der Saugsäule vorhandene Arbeitsvermögen ist ebenso tätig wie das durch positiven Wasserdruck gegebene.

Wir haben alle Veranlassung, die Turbinen oberhalb des Unterwassers aufzustellen. Die allererste Forderung in bezug auf Betriebssicherheit einer Turbine ist Zugänglichkeit. Turbinen, die im Unterwasser liegen, sind entweder ganz unzugänglich oder sie können im besten Falle nur unter Aufwendung von Zeit und mit besonderen Veranstaltungen, Abdämmen, Auspumpen der Unterwasserkammer usw. zugänglich gemacht werden.

Die Anwendung des Saugrohres gestattet, die Turbine nicht nur über dem gewöhnlichen Unterwasserstand, sondern häufig auch über Hochwasser aufzustellen und dadurch deren dauernde Zugänglichkeit zu wahren. Stehende Turbinenwellen fallen infolge dieser Anordnung wesentlich kürzer aus.

Die Verwendung von Saugrohren ermöglicht aber auch die Anordnung der Reaktionsturbinen mit liegender Welle, denn ohne Sauggefälle käme die liegende Welle unter Unterwasser.

Turbinensaugrohre stammen nicht aus der neueren Zeit, aber ihre allgemeine Anwendung beginnt doch erst mit der wachsenden Verbreitung der äußeren Radialturbine.

Die alten Achsialturbinen hatten auch schon Saugrohre, etwa wie Fig. 165 zeigt, mit einem lichten Durchmesser, der größer war als D_2^a. Ein derartig weites Saugrohr machte häufig Schwierigkeiten beim Anlassen oder auch während des Betriebes; nur aus der Austrittsringfläche b_2 strömt Wasser, das imstande ist, die Luft mitzureißen. Es konnte deshalb unter Umständen längere Zeit vergehen, bis die Luft aus dem inneren Teile des weiten Saugrohres ganz entfernt war, bis das Sauggefälle richtig zum Mit-

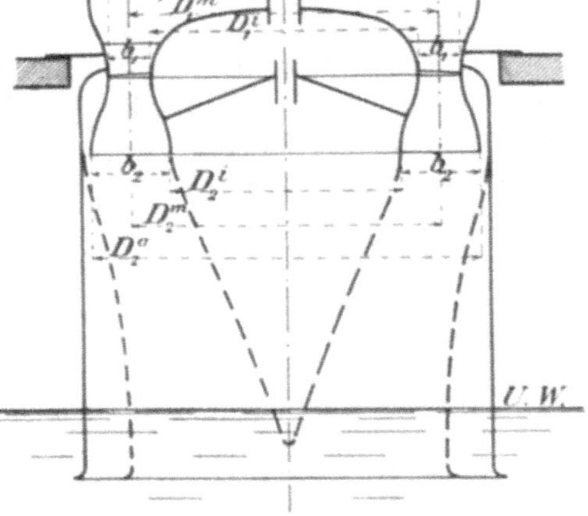

Fig. 165.

arbeiten gelangte; auch war ein Zurückgehen der Saugsäule leichter möglich. Das Einsetzen eines mittleren Verdrängungskörpers, dazu noch das Zusammenziehen des Saugrohres auf einen Querschnitt gleich der Austrittsfläche, wie in Fig. 165 punktiert, zeigte sich als unpraktisch und teuer in der Anlage.

Diese Turbinen waren deshalb meistens, wenn das Saugrohr nicht von unten her zum Zwecke vorherigen Anfüllens geschlossen werden konnte, unsicher im Anlaufen, auch sonst nicht recht betriebssicher, und üble Erfahrungen bewirkten jahrzehntelang eine Abneigung gegen die Anwendung von Sauggefälle überhaupt, man legte die Turbinen dicht auf oder in das Unterwasser.

Kankelwitz war einer der ersten, der in ausgiebiger Weise für äußere Radialturbinen das Saugrohr verwandte, in allererster Linie, um zugängliche Turbinen zu schaffen. Die Anordnung der äußeren Radialturbinen eignet sich hierfür auch besonders gut, weil, wie früher schon bemerkt, das die Reaktionsgefäße verlassende Wasser gegen innen hin in ein geschlossenes Rohr zusammengefaßt werden kann und auf diese Weise ein rasches Entfernen der Luft aus dem Saugrohr, ein sicheres Mitwirken des Sauggefälles, gewährleistet wird. Aus diesem Grunde ist auch bei äußeren Radialturbinen für das Anfüllen des Saugrohres an dessen Ende kein Verschluß erforderlich.

A. Das Saugrohr mit gleichbleibendem Querschnitt.

Das Wasser besitzt beim Verlassen der Schaufeln die Geschwindigkeit w_2, von der nur der Teil $w_2 \sin \delta_2$ dem Fortfließen in Richtung der Saugrohrachse dient und dieser auch nur dann, wenn gute stoßfreie Umlenkung in die achsiale Richtung zustande kommt.

Die vorhandene tangentiale Komponente, $w_2 \cos \delta_2$, trägt nicht zum Fortfließen des Wassers bei, sie erzeugt ein Kreisen des Wassers im Saugrohr derart, daß das Saugrohr gegen abwärts in mehr oder weniger steilen Schraubenlinien durchflossen wird.

Die Betrachtung dieses Umstandes hat in neuerer Zeit auch wieder mit einem Schein von Recht die Ansicht unterstützt, als ob der Austritt in senkrechter Richtung zu u_2, d. h. mit $\delta_2 = 90^0$ der „vorteilhafteste" sei.[1]) Es ist nicht zu bestreiten, daß in $w_2 \cos \delta_2$ ein Arbeitsvermögen enthalten ist, das, ohne den Abfluß des Wassers zu hemmen, noch hätte dem Wasser entzogen werden können; wenn der Konstrukteur einer Turbine aber mit voller Überlegung 0,04 oder 0,06 oder 0,08 des Gefälles für α preisgibt, so ist es doch für diesen Gefällebruchteil ganz einerlei, ob er zur Erzeugung rein radial liegender Austrittsgeschwindigkeit oder einer schrägliegenden preisgegeben ist.

Das freie Erkennen dieses Umstandes wird uns aber natürlich nicht hindern, da, wo es zur Erzielung kleinster Saugrohrquerschnitte erforderlich ist, w_2 senkrecht zu u_2 anzuordnen.

Die Tangentialgeschwindigkeiten bringen im Saugrohr in unerwünschter Weise Erscheinungen ähnlich denen des „kreisenden Wassers" hervor, derart, daß hierdurch die bei der Berechnung gemachte Annahme einer in allen Teilen des Saugrohrquerschnitts gleichgroßen Saughöhe und damit auch die Gefälleaufteilung der Laufradschichten ganz bedeutend beeinträchtigt werden kann. Wir

[1]) Der Verfasser hält die Bezeichnung „vorteilhaft" für wenig glücklich. Meist ist eine als „vorteilhaft" hingestellte Anordnung nur unter ganz bestimmten, oft umständlichen Voraussetzungen wirklich empfehlenswert. Der Lernende aber fürchtet bei jeder Abweichung vom „Vorteilhaften" sofort einer Anzahl großer unbekannter Nachteile gegenüberzustehen. Es gibt nichts absolut Vorteilhaftes.

erhalten ganz verschiedene tatsächliche manometrische Saughöhen, je nachdem wir das Proberöhrchen zwischen Saugrohr und Luftbehälter der Fig. 168, S. 261 an der Außenkante des Saugrohres endigen lassen, wie es die genannte Figur zeigt, oder wenn wir dieses bis gegen die Mitte des Saugrohres hineinführen.

Die tatsächliche Saughöhe ist infolge des kreisenden Wassers in der Nähe der Saugrohrachse größer, und gegen die Außenwand hin niederer als der Durchschnitt. Hier kommen unter Umständen Unterschiede von einem Meter und mehr schon bei kleineren Gefällen vor. (Vgl. auch S. 337.)

Die gleichmäßig über den Anfang des Saugrohrquerschnitts vorhanden angenommene achsiale Wassergeschwindigkeit sei mit w_3 bezeichnet.

Je nachdem das Zusammenschließen der austretenden Radschaufelstrahlen gut (radialer Austritt) oder weniger vollständig (achsialer oder nach auswärts gerichteter Austritt, Turbine „E", S. 148 und 200) vor sich geht, wird w_3 mehr oder weniger dem Betrag $w_2 \sin \delta_2$ nahekommen. Es muß in jedem Einzelfalle nach bester Schätzung entschieden werden, ob der freie Querschnitt F_3 des Saugrohranfangs, Durchmesser D_3, in seinem vollen Betrag mit $w_2 \sin \delta_2$ ausgenützt wird, oder ob nur ein Bruchteil in Rechnung gestellt werden darf. Mit anderen Worten, ob

$$Q = F_3 \cdot w_3 \quad \ldots \ldots \ldots \ldots \quad 506$$

oder ob

$$Q = F_3 \frac{a_2}{a_2 + s_2} w_3 \quad \ldots \ldots \ldots \ldots \quad 507$$

oder ob ein Zwischenwert zu nehmen ist. Vgl. auch S. 146 u. f.

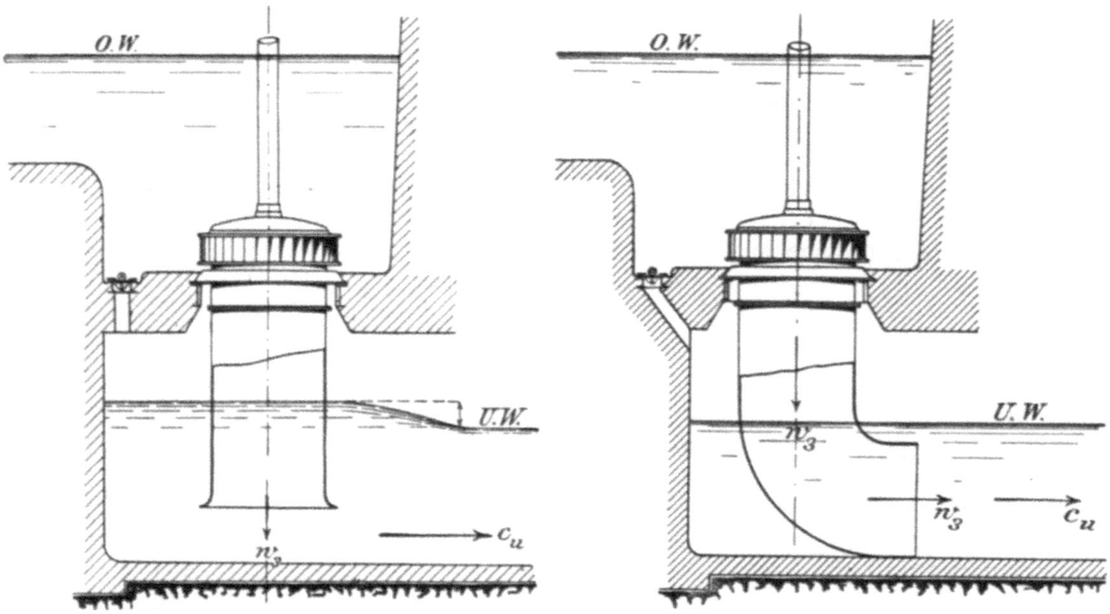

Fig. 167.

Im tatsächlichen Betrieb besitzt das Saugrohr einen gewissen Reibungswiderstand gegen das Durchströmen des Wassers. Man wird deshalb gut tun, die Innenfläche der Saugrohre so glatt als möglich, versenkte Nieten, geschliffener Zement usw. auszuführen.

Die Reibung im Saugrohr wirkt natürlich auch der eben erwähnten kreisenden Bewegung ($w_2 \cos \delta_2$) entgegen und vermindert oder vernichtet sie, was —

wenn allmählich erfolgend — ohne Schaden für das Wegfließen des Wassers geschehen kann.

Soll das Wasser im Untergraben die Geschwindigkeit c_u besitzen, so muß diese irgendwie erzeugt werden unter Verwendung, ideell, einer Höhe $\frac{c_u^2}{2g}$. Diese Höhe muß aus dem nutzbaren Gefälle der Anlage bestritten werden, wenn w_3 nicht dafür in Verwendung kommen kann, Fig. 166.

Es liegt nahe, das Saugrohr am unteren Ende in die Grabenrichtung umzuleiten, Fig. 167, damit das Wasser mit w_3 dem Graben zufließt.

Die Umlenkung von w_3 in die Grabenrichtung durch Umbiegen des Saugrohres bringt also eine Ersparnis an nutzbarem Gefälle; das wirklich arbeitende, maßstäbliche Gefälle fällt dabei größer aus, als wenn das Wasser mit w_3 senkrecht zu c_u in den Untergraben tritt, denn im letzteren Falle wird sich w_3 gar nicht oder nur teilweise für die Bildung von c_u nutzbar machen lassen.

Das Verdienst für die Einführung dieses sog. Saugrohrkrümmers gebührt der Firma Th. Bell & Co., Kriens bei Luzern, die denselben vor langen Jahren erstmals in Anwendung brachte.

B. Das erweiterte Saugrohr.

Die äußere Radialturbine erhält fast immer ein gegen den Ausfluß (Stelle „4") hin erweitertes, geradliniges oder gekrümmtes Saugrohr derart, daß w_3 bei der Ausmündung in das Unterwasser des größeren Querschnittes wegen auf den Betrag w_4 verkleinert erscheint Fig. 168. Der Einfluß dieser Erweiterung soll hier betrachtet werden.

1. Das geradachsige erweiterte Saugrohr.

Die Verhältnisse sind in ähnlicher Weise wie S. 28, Fig. 30 anzusehen, nur ist das dort schrägliegende Rohr senkrecht zu stellen. Ersetzen wir dann in der Darstellung und Rechnung v_1 und h_1 durch w_3 und h_3, v_2 und h_2 durch w_4 und h_4, so ergibt sich, weil beim Saugrohr die Stelle „3" notwendig höher liegt als „4", die Fig. 168. Die Gl. 97, S. 29 geht mit den genannten Änderungen, dazu mit L_s, Saugrohrlänge an Stelle von y einfach über,

$$(h_3) = A - h_3 = h_4 + A - L_s - \frac{w_3^2 - w_4^2}{2g}$$

oder auch
$$(h_3) - A = -h_3 = -\left[L_s - h_4 + \frac{w_3^2 - w_4^2}{2g}\right] \quad \ldots\ldots \quad 508$$

d. h. die äußere, maßstäbliche Saughöhe $L_s - h_4 = h_s$ wird durch die Saugrohrerweiterung ideell um den Betrag $\frac{w_3^2 - w_4^2}{2g}$ vergrößert, so daß sich die vakuummetrische Saughöhe h_3 aus diesen Teilen zusammensetzt wie in Fig. 168 eingeschrieben.[1])

Saugrohre von gleichbleibendem Querschnitt entlassen das Wasser aus dem Arbeitsweg mit $w_4 = w_3$ (dem w_2 der Fig. 4 bis 6 entsprechend) und hier stellt dann $\frac{w_3^2}{2g}$ den gesamten uneinbringlichen Austrittsverlust dar, sofern w_2 unter $\delta_2 = 90^0$ lag. Ist dies nicht der Fall, so kommt zu $\frac{(w_2 \sin \delta_2)^2}{2g}$ noch die der

---

[1]) Das in Fig. 168 gezeichnete Zwischengefäß erwies sich bei den vom Verfasser angestellten Versuchen als dienlich, um den oberen Teil der Vakuummeterröhre mit Sicherheit vom Wasser freizuhalten, das das Richtigzeigen der Höhe h_3 beeinträchtigen würde.

Tangentialkomponente $w_2 \cos \delta_2$ entsprechende Geschwindigkeitshöhe $\frac{(w_2 \cos \delta_2)^2}{2g}$ mit hinzu, so daß der Austrittsverlust auch wieder dem vollen w_2 entspricht.

Das erweiterte Saugrohr entläßt das Wasser mit $w_4 < w_3$, vermindert also gegenüber dem Saugrohr gleichbleibenden Querschnittes das mit dem Austritt aus dem Saugrohr verloren gehende Arbeitsvermögen auf $Q\gamma \frac{w_4^2}{2g}$ und das Weniger an Verlust im Betrage von $Q\gamma \left[\frac{w_3^2}{2g} - \frac{w_4^2}{2g}\right]$ muß sich in irgendeiner Weise bei der Arbeitsleistung der Turbine als Gewinn einstellen.

Der Gewinn liegt in der Vergrößerung der tatsächlichen, arbeitenden Saughöhe über die maßstäbliche hinaus, es wird ein Teil des vorher für $\frac{w_3^2}{2g}$ ausgegebenen Gefälles unter Beihilfe des äußeren Luftdruckes zurückgewonnen und an die Saugsäule mit angehängt.

Natürlich tritt die Wirkung des erweiterten Saugrohres genau ebenso ein, wenn die Turbine samt Saugrohr ganz im Unterwasser liegt; der Druckhöhenunterschied $\frac{w_3^2}{2g} - \frac{w_4^2}{2g}$ wird sich immer als eine Druckverminderung an der Stelle „3", in gleichem Maße auch an der Stelle „2", zeigen und dem arbeitenden Gefälle zugute kommen.

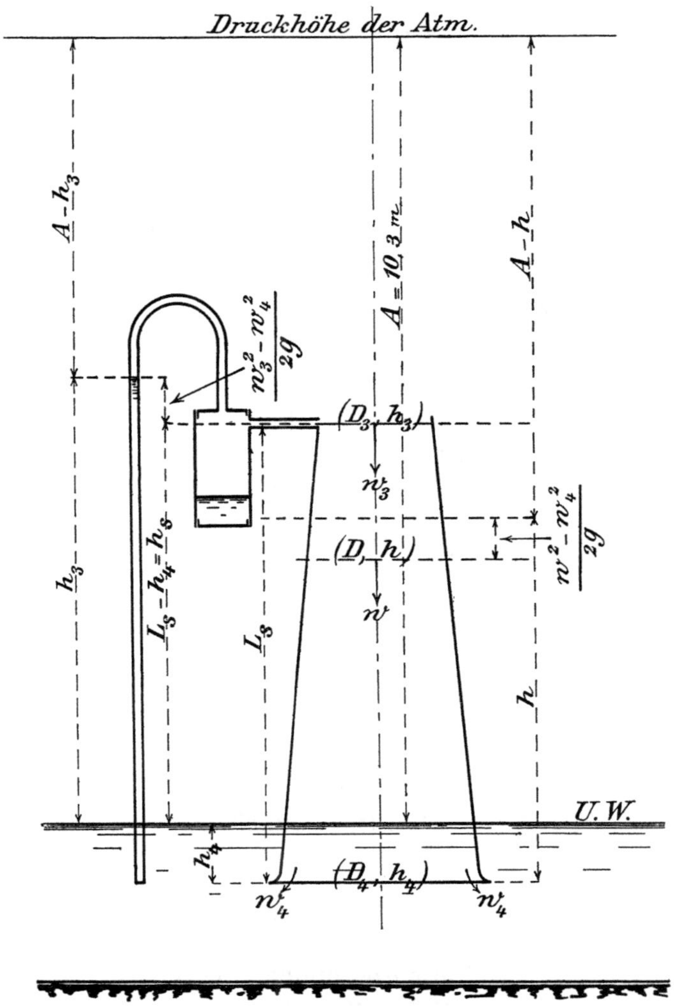

Fig. 168.

Der Austrittsverlust wäre dann eigentlich statt mit $\alpha_2 H = \frac{w_2^2}{2g}$ (von jetzt ab α_2, als auf die Stelle „2" bezogen) nunmehr mit $\alpha_4 H = \frac{w_4^2}{2g}$ zu berechnen, sofern das Wasser außer w_4 keine seitliche Geschwindigkeitskomponente hat, d. h. sofern nicht auch beim Eintritt ins Unterwasser, von $w_2 \cos \delta_2$ herrührend, noch eine kreisende Bewegung stattfindet.

Im tatsächlichen Betrieb geht auf dem Weg durch das Saugrohr durch Reibung, sowie infolge der mit Verlust stattfindenden Umsetzung von w_3 auf w_4 die Höhe $\varrho_4 H$, S. 154, verloren, die Gl. 508 lautete alsdann eigentlich

$$-h_3 = -\left[L_s - h_4 - \varrho_4 H + \frac{w_3^2}{2g} - \frac{w_4^2}{2g}\right] \quad \ldots \ldots \ldots \quad 509$$

wobei aber $\varrho_4 H$ vorweg vom Gesamtgefälle H abgezogen wird, S. 98

Die auf α_2 bezogene Nutzeffektziffer ε_2 geht, sofern die Umsetzung w_3 nach w_4 sich tatsächlich vollzieht, von

$$\varepsilon_2 = 1 - \alpha_2 - \varrho \quad \text{. . . . .} \quad \text{(30a)}$$

über auf

$$\varepsilon_4 = 1 - \alpha_4 - \varrho \quad \text{. . . . .} \quad 510$$

wobei allerdings $\varrho = (\varrho_0 + \cdots + \varrho_4)$ im zweiten Falle ein wenig größer als beim zylindrischen Saugrohr anzusetzen ist wegen des Verlustes beim Übergang von w_2 über w_3 auf w_4, wie dies in Fig. 169 zusätzlich angedeutet ist, doch ist der Wert von ε_2 auf ε_4 gewachsen.

Nach dem Vorhergesagten liegt die Frage nahe, warum man denn nicht die Turbine am Austritt aus dem Laufrade von Hause aus mit dem geringeren Betrag von w_4 statt mit w_2 entwirft, man hätte ja dann von Anfang an mit Bestimmtheit nur den geringen Verlust $\alpha_4 H$, statt der immerhin etwas unsicheren Anwartschaft auf w_4 durch das erweiterte Saugrohr.

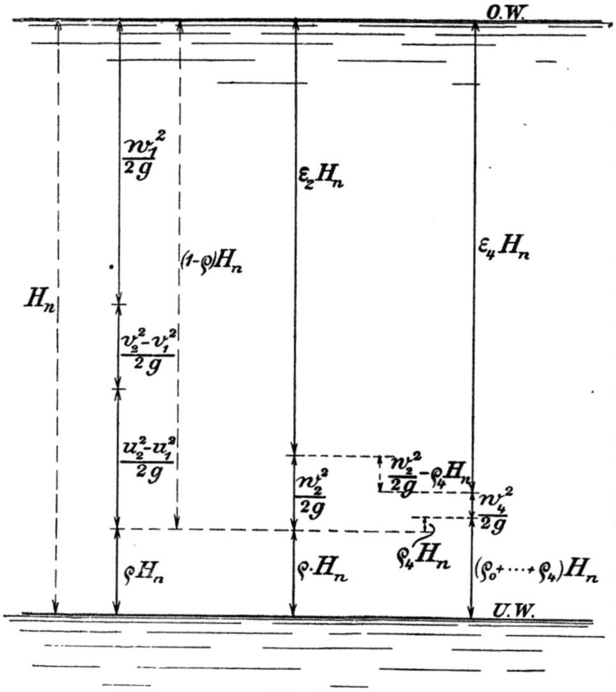

Fig. 169.

Zur Antwort diene folgendes:

Je kleiner α_2, also w_2, desto größer die erforderliche Austrittsfläche $D_2 \pi \cdot b_2$, desto größer auch D_1, um so kleiner die Umdrehungszahl der Turbine, um so teurer Turbine und Getriebe in den Anlagekosten, vgl. S. 150.

Durch größere Werte von α_2 erhält man kleinere Turbinen, also größere Umdrehungszahl, billigere Anlage, aber geringeren Nutzeffekt.

Das erweiterte Saugrohr erhöht den Nutzeffekt der mit kleinem Austrittsverlust, also gut arbeitenden Turbinen noch mehr, ohne deren Umdrehungszahl herunterzudrücken, es gestattet aber auch in gewissen Grenzen die Anwendung höherer Austrittsverluste α_2 zur Steigerung der Umdrehungszahl, was ohne Rückgewinnung von $\frac{w_3{}^2}{2g} - \frac{w_4{}^2}{2g}$ wirtschaftlich nicht zu verantworten wäre.

2. Das erweiterte Saugrohr mit Krümmer.

Diese Anordnung, Fig. 170, gestattet die vollkommene Ausnützung des Arbeitsvermögens. Hier kann w_3 in Größe und Richtung nach c_u übergeleitet werden und dadurch ist eine besondere Aufwendung an Gefälle zur Erzeugung von c_u oder eines Teils desselben vollständig vermieden. Man wird hier einfach $w_4 = c_u$ anzustreben haben, was in den meisten Fällen erreichbar ist.

Das bedingt aber, daß F_4 auch der Form nach in den Grabenquerschnitt überzuleiten hat, d. h. daß der anfänglich runde Saugrohrquerschnitt sich stetig dem meist rechteckigen Grabenquerschnitt nähern muß, stetig in bezug auf die Übergänge der einzelnen Querschnittsgrößen und Querschnittsformen, Tafeln 7, 8, 9, 13, 23 usw.

Als Material kommt für diese Übergangsstelle natürlich fast ausnahmslos nur das Baumaterial des Wasserbaues, Beton, in Betracht.

Die Überlenkung von w_3 in c_u der Größe und Richtung nach ist für kleine Gefälle, 1 bis 2 m, von ganz besonderer Wichtigkeit. Eine Untergrabengeschwindigkeit c_u von 1 m/sk kann, wenn auch etwas hoch, selten bei kleinem Gefälle und großer Wassermenge vermieden werden. Der Größe $c_u = 1$ m/sk entsprechen $\frac{c_u^2}{2g} = \sim 0{,}05$ m, d. h. wenn kein Saugrohrkrümmer vorhanden ist, so muß für einen sehr beträchtlichen Teil des Betriebswassers ein Stück Gefälle im Betrage von $\sim 0{,}05$ m aufgewendet werden, um die Abflußgeschwindigkeit im Untergraben

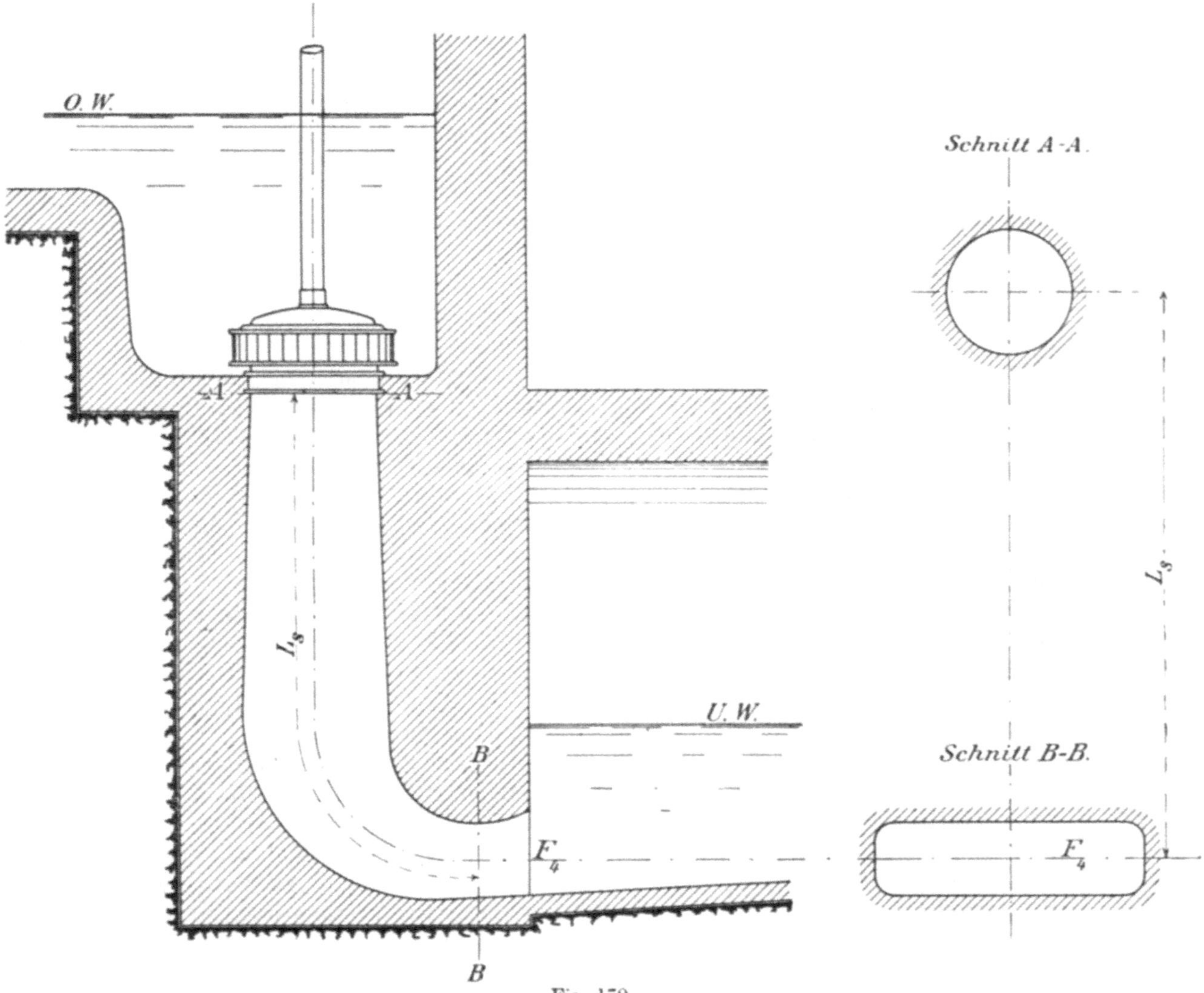

Fig. 170.

zu erzeugen. Das macht bei 1 m Gefälle fünf Prozent des arbeitenden Gefälles aus, die, wenn kein Saugrohrkrümmer, neben dem Austrittsverlust als weitere Einbuße an nutzbarem Gefälle zu rechnen sind, Fig. 166.

Selbstverständlich bietet eine gekrümmte Wasserführung dem Wasser gewisse Widerstände, also eine, wenn auch geringe, Vermehrung von $\varrho_4 H$ gegenüber dem geraden Rohre, die durch gute, glatte Ausführung der Wandungen nach Möglichkeit zu mildern ist. Auf alle Fälle ist dabei zu beachten, daß der Krümmerwiderstand geringer ausfällt, wenn die Krümmungsradien im Verhältnis zur Dicke der gekrümmten Schichten groß gemacht werden, man wird also stets die rechteckigen Krümmer über die Breitseite biegen und Fig. 170, auch Tafeln 7, 8, 9, 23, 28 usw., nie über Hochkant.

C. Die zulässigen Saughöhen.

Der auf unserer Erdoberfläche lastende Druck der Atmosphäre entspricht tatsächlich für mittleren Barometerstand

bei einer Höhenlage von . . .	0	500	1000	1500	2000 m $+ NN$
einer Quecksilbersäule von	760	716	674	635	598 mm
oder einer Wassersäule von	10,3	9,75	9,1	8,6	8,1 m

Ideell wären mithin für nicht erweitertes Saugrohr diese Zahlen als Saughöhen möglich. Die Anwendung erweiterter Saugrohre verschiebt diese ideellen Grenzen ohne weiteres um den Betrag $\frac{w_3^2 - w_4^2}{2g}$ nach abwärts; für beispielsweise $w_3 = 5{,}0$ m/sk und $w_4 = 2{,}0$ m/sk bringt dies eine Verkleinerung der ideell zulässigen Saughöhe um $\frac{25{,}0 - 4{,}0}{19{,}62} = 1{,}07$ m.

In Wirklichkeit aber haben wir bei Bemessung der für Turbinenbetrieb tatsächlich zulässigen Saughöhen folgendes zu beachten.

Da die Turbinen natürlich vom Stande des Barometers unabhängig sein müssen, so darf schon aus diesem Grunde nicht zu nahe an die ideell zulässige Saughöhe gegangen werden. Der Hauptgrund aber dafür, daß Saughöhen von 5 bis 6 m als groß, daß solche von 7 bis $7^1/_2$ m als gewagt gelten, liegt teils in dem natürlichen Luftgehalt, den jedes fließende Wasser besitzt, teils in der durch die wachsende Saughöhe bewirkten Steigerung der Gefahr des Zutretens von äußerer Luft durch mangelhaft gedichtete Stellen bzw. in der durch beide Umstände veranlaßten Beeinträchtigung der Wirkung für die Saugsäule überhaupt.

Es ist auch fast nie nötig, mit der Saughöhe auf unsichere Größen zu gehen, denn die Gründe für die Anwendung von Sauggefälle überhaupt zwingen nicht dazu. Wir wählen die Höhenlage der Turbine gegenüber Ober- und Unterwasser aus folgenden Gesichtspunkten:

1. Stehende Wellen werden kürzer bei größerer Saughöhe.
2. Bei kleinen Gefällen wird es uns mit Rücksicht auf Hochwasser erwünscht sein, die Turbine möglichst hoch zu setzen, damit sie auch bei kleineren Hochwasserständen noch zugänglich bleibt.

   Die Zugänglichkeit ist bei 2 bis 4 m Saughöhe für normale Unterwasserstände immer gewahrt, und Hochwässer über 4 m höher als Normalwasser sind schon sehr selten. Es kann nur bei gewissen Anordnungen einmal aus Dispositionsgründen eine beträchtliche Saughöhe nicht zu vermeiden sein.
3. Für eine bestimmte Größe der Einlaufdruckhöhe h_e vom Oberwasserspiegel ab, Fig. 87, spricht Nachstehendes. Beim Anlassen der Turbine ist der Saugraum mit Luft gefüllt; es ist wünschenswert, daß diese Luft alsbald vollständig abgeführt werde, damit das volle Gefälle möglichst rasch zur Wirkung kommt und die normale Umdrehungszahl eintreten kann. Ist h_e so groß ausgeführt, daß h_e allein, ohne Saugwirkung, für die Entwicklung von w_0 ausreicht, so wird gleich vom Anlassen an die volle Wassermenge zu dem noch stillstehenden Laufrad zutreten können, und das Herauswerfen der Luft nach unten durch die Saugrohrmündung vollzieht sich rasch und sicher. Ist h_e wesentlich kleiner als für w_0 erforderlich

wäre, so dauert die Entleerung des Saugraumes länger, was für Betriebe, die empfindlich in bezug auf Geschwindigkeitsregulierung sind, unter Umständen recht unangenehm sein kann. ($h_e \geqq \sim$ halbes Gefälle.)

Der nachteilige Einfluß der, den Weg durch das Saugrohr dauernd mitmachenden, Luft, komme dieselbe aus dem Wasser selbst oder durch undichte Stellen von außen her, besteht hauptsächlich in der Verminderung des Gewichts γ für die Volumeinheit des Betriebswassers. Ein Kubikmeter stark mit Luftblasen durchsetzten Wassers wiegt eben keine 1000 kg mehr, es wird deshalb die Saugsäule bei Anwesenheit von reichlich Luft in derselben nicht so ausgiebig mitarbeiten, als wenn das Wasser, ganz in sich zusammenhängend, ohne Durchlöcherung mit Luftblasen das Saugrohr durchfließt.

Im Luftpumpenbau der Dampfmaschinen rechnet man vorsichtig mit etwa 7 Raumprozenten Luftgehalt des Wassers bei atmosphärischem Druck und mittlerer Temperatur. Ein solcher Luftgehalt gäbe dem aus dem Saugrohr austretenden Wasser statt 1000 nur 930 kg pro cbm nnd bei etwa 5 m Saughöhe würde der Kubikmeter des in das Saugrohr eintretenden Wassers nur etwa 860 kg wiegen, weil die Luft dort nur der halben Pressung unterworfen ist, also etwa 14 Raumprozente einnehmen würde. Dem Verfasser sind genaue Angaben über den tatsächlichen Luftgehalt strömenden Wassers nicht bekannt.

Daß das Betriebswasser beim Durchgang durch Turbinen stark entlüftet wird, lehrt der Augenschein vielfältig.

Die Reibungsverluste, die ϱH, S. 154, denen das Wasser auf dem Arbeitswege ausgesetzt ist, werden zum allergrößten Teil in Wärme umgewandelt, wenn auch die Temperatursteigerung angesichts der relativ großen sekundlichen Wassermengen gar nicht beobachtet werden kann. Diese Wärmeentwicklung befördert die Ausscheidung der im Wasser gelösten Luft. Beim Durchgang durch den Schaufelspalt, am Austritt bei „2“ usw. wird durch die nicht ganz vermeidlichen Wirbelungen das Wasser manchmal kräftig durcheinandergequirlt werden, und so erklärt sich das Auftreten reichlicher Luftblasen am Saugrohraustritt schon hieraus ganz zwanglos.

Die Möglichkeit des Eintretens von Außenluft in den Bereich des Saugrohres kann durch sorgfältige Ausführung der Turbinen auf die Stellen beschränkt werden, an denen die Turbinenwelle vom Saugraum in den Betriebsraum übergeht. Hier sind dann meist Stopfbüchsen angeordnet, die den relativ geringen Druckunterschied abzuhalten haben und bei denen eigentlich nie ein Herauspressen der Packung zu fürchten ist, im Gegenteil, die Packung wird durch den äußeren Überdruck der Atmosphäre selbsttätig in die Grundbüchsen und gegen die Wellen gepreßt und bei großem Sauggefälle derart gegen das Innere eingesogen, daß eher eine Entlastung der Packung als ein Einpressen durch Schrauben wünschenswert erscheint.

Diese Saugrohr-Stopfbüchsen, Taf. 12, 35, auch S. 530, für inneren Minderdruck haben ganz anderen Betriebsbedingungen zu genügen als die sonstigen Stopfbüchsen beispielsweise von Dampfmaschinen, Pumpen usw., die meist gegen inneren Überdruck zu halten haben oder gegen eine zwischen Über- und Minderdruck stetig wechselnde Pressung dicht halten sollen.

Ein Hauptunterschied für den Betrieb liegt auch noch darin, daß die Turbinenstopfbüchsen keine sich achsial verschiebende Stange, sondern eine sich drehende Welle abzudichten haben. Große Rücksicht ist darauf zu nehmen, daß die sich drehende Welle nicht durch die Packung oder die Stopfbüchse selbst geklemmt wird, weil sonst starke Arbeitsverluste durch Stopfbüchsenreibung eintreten, und im schlimmsten Fall wird, Anfressens halber, die Packung samt Stopfbüchse versuchen, die Rotation mitzumachen.

Bei der Konstruktion der Turbinenstopfbüchse sind deshalb zwei Dinge besonders zu beachten: einmal muß sie gut zentrisch angezogen werden können, dann aber muß hier, wie überall eigentlich, vermieden sein, daß man der Stopfbüchse zumutet, dicht zu halten und gleichzeitig als Traglager für die Welle Dienst zu tun. Unmittelbar bei der Stopfbüchse, so nahe als es deren Bedienung gestattet, hat ein Wellen-Traglager zu sitzen, eine lange, sog. Grundbüchse ist alsdann nur vom Übel.

D. Die Saugrohr-Einbauten.

Einerlei, ob w_2 senkrecht zu u_2 steht oder nicht, das Wasser wird am besten durch das Saugrohr abfließen und keinen Gegendruck erfahren, wenn dessen Querschnitt ganz frei von irgend welchen Einbauten ist, die Wirbel, Rückstau oder dergleichen erzeugen könnten.

Mit anderen Worten, es sollte, wenn möglich, weder die Turbinenwelle, noch sollten sonstige Konstruktionsteile in den freien Saugrohrquerschnitt, sei es dicht bei der Turbine, sei es sonstwo, hineinragen.

Dies ist aber häufig nicht zu vermeiden.

1. Stehende Welle.

Solange die Turbinenleistungen nicht über ein paar hundert Pferdestärken hinausgingen, war die hohle gußeiserne Turbinenwelle mit innerer Tragstange die normale Ausführungsweise, vgl. Fig. 87 bis 90, auch Taf. 5, 10, Mitte, und diese Tragstange mußte irgendwie im Saugrohr ihre Auflage finden. Meist erfolgte dies in einem Tragkreuz, fast immer dreiarmig, Fig. 87, 90, auch Taf. 5 und 8; die Tragarme von flachem, beidseitig zugeschärftem Querschnitt, unmittelbar unter die Turbine angeordnet. Die Arme des Tragkreuzes, deren Tragkonsolen usw. bilden eine Verengung des Saugrohrquerschnittes; es mußte in solchem Falle der Saugrohrdurchmesser D_3 entsprechend vergrößert werden, damit nach Abzug der Verengungen der übrigbleibende freie Saugrohrquerschnitt noch mindestens entsprechend der Austrittsfläche F_2 blieb.

Bei der genannten Ausführung versperrt in der unmittelbaren Nähe des Laufrades die Welle mit Tragstange einen gewissen Teil des Saugrohrquerschnittes, der mit f_w bezeichnet sein mag, und so gilt für die Stelle vom Durchmesser D_3, Fig. 87, die Bedingung

$$F_3 = D_3^2 \frac{\pi}{4} = F_2 + f_w \quad \ldots \ldots \ldots \ldots \quad 511$$

Weiter gegen abwärts, Stelle „s“, kam dann die Platzversperrung durch das Armkreuz, im Betrage f_a in Betracht, so daß für jene Stelle galt

$$D_s^2 \frac{\pi}{4} = F_2 + f_a \quad \ldots \ldots \ldots \ldots \quad 511\,a$$

Ein Wiederzusammenziehen des freien Saugrohres auf F_2 hinter dem Tragkreuz hätte keinen Sinn, da man ja doch bestrebt ist, die in D_s eingetretene Geschwindigkeit w_s auf w_4 überzuleiten.

Nach diesen beiden Gleichungen kann der Verlauf der Saugrohrabmessungen im allgemeinen festgelegt werden, die Inhalte der Saugrohrquerschnitte sind dadurch den Verhältnissen angepaßt, die Saugrohrform gibt aber durch den Einbau des Armkreuzes natürlich Gelegenheit zu Wirbelungen, die Gefälle verzehren müssen.

Hat das Wasser infolge von $w_2 \cos \delta_2$ eine kreisende Bewegung, so wird diese durch das Hereinragen der Welle, Gl. 511, nicht berührt, dagegen unterbrechen die Seitenflächen der Tragarme plötzlich die kreisende Bewegung derart, daß daraus notwendig ein innerer Widerstand, eine Gegendruckhöhe entsteht, die dem Abfluß des Wassers hinderlich ist und deshalb das arbeitende Gefälle vermindert. Man könnte die Tragarme in Schraubenflächen, der Wasserbewegung entsprechend, ausführen. Für Regulierturbinen wechselt aber, wie später, S. 314, ersichtlich, die Richtung von w_2 für jede andere Wassermenge, so daß man, als Mittelweg, Tragarme mit senkrechtem Querschnitt beibehalten muß.

Nach dem Entstehen großer Turbinen von vielen hundert, von mehreren tausend Pferdestärken, war Gußeisen als Wellenmaterial unmöglich geworden, Flußeisen, Stahl, kurz massive, gewalzte Stücke traten als Rohmaterial an die Stelle des hohlen gegossenen und damit war die Tragstange ausgeschaltet, der Ringzapfen in irgendeiner Form trat in seine Rechte; die Wellen wurden nicht mehr mittels der Tragstange auf den Saugrohranfang, sondern durch den Ringzapfen auf mittlere oder obere Lagerkonstruktionen abgestützt.

So verschwand das Tragkreuz im Saugrohr fast vollständig und heute hat die Gl. 511a keine Bedeutung mehr, selbst die Gl. 511 ist für stehende Welle in allen den Fällen überflüssig, wo die massive Turbinenwelle unmittelbar unterhalb der Laufradnabe aufhört und einzig den möglichst glatten Übergang von F_2 in den ganz unverengten Querschnitt $D_3{}^2 \frac{\pi}{4}$ vermittelt, Taf. 9, 12.

Das ganz freigegebene Saugrohr kommt besonders bei kleinen Gefällen, 1 bis 2 m, den Abflußverhältnissen ungemein zustatten.

2. Liegende Welle.

Das Gewicht der rotierenden Teile wird hier, nachdem die Welle durch Stopfbüchsen gegangen ist, von Außenlagern aufgenommen, Taf. 20, 21.

Fast immer tritt hier die Welle selbst als Bewegungshindernis für das Wasser auf, weil sie aus Gründen guter sonstiger Anordnung und Lagerung meist durch den oberen Saugrohrkrümmer durchgeführt werden muß, wie dies die angeführten Tafeln erkennen lassen. Die Anordnung Tafel 29 links, Laufrad fliegend, bildet eine seltene Ausnahme.

Unmittelbar beim Laufrade kommt hier auch Gl. 511 in Betracht, f_w der tatsächliche Wellenquerschnitt (Kreis). Verfolgt man aber den Weg des Wassers weiter, so treten in den einzelnen radialstehenden Krümmerquerschnitten immer größer werdende, elliptische Wellenquerschnitte als Verengungen auf, Fig. 171, die entsprechend in Rechnung zu stellen sind. Man wird den Krümmer von Anfang an eben etwas reichlich weit im lichten Durchmesser halten, um diese zunehmenden Querschnittsverengungen von vornherein zu berücksichtigen.

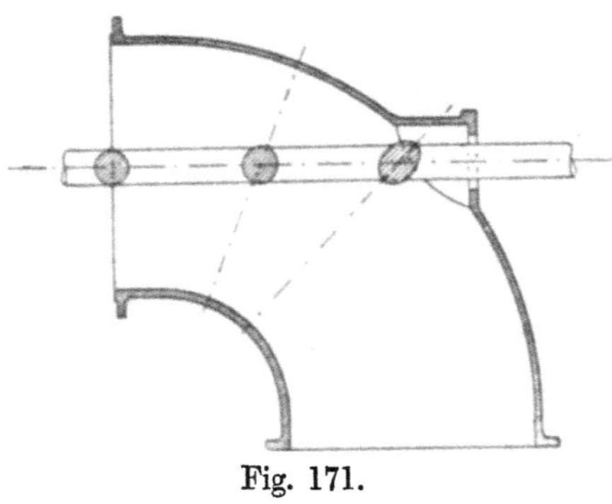

Fig. 171.

In gleichen Verhältnissen sind die mehrfachen Turbinen mit stehenden oder auch liegenden Wellen, Taf. 14, 17, 18, 23, 27 usw.

E. Äußere Radialturbinen mit erweitertem Saugrohr.

Es ist jetzt noch anzugeben, in welcher Weise die Turbinen durch erweiterte Saugrohre in ihren Abmessungen beeinflußt werden.

Wir sehen dies am besten durch den Vergleich mit den Verhältnissen des nicht erweiterten Saugrohres. Bei letzterem war nach Abzug von ϱH ein bestimmter Druckhöhenunterschied, S. 129

$$h_L = h_1 + h_g - h_2 = \frac{u_1^2 - u_2^2}{2g} + \frac{v_2^2 - v_1^2}{2g} \quad \ldots \ldots \quad (341)$$

erforderlich, um die gegebene Wassermenge durch das Laufrad zu pressen. Nehmen wir nun statt des nicht erweiterten Saugrohres für das in allem ganz gleiche Laufrad ($\delta_2 = 90^0$) ein erweitertes Saugrohr, aus dem das Wasser ohne Rotation mit durchschnittlich w_4 ausströmt, so wird die Saughöhe (Reibungs- und Wirbelverluste durch das konische Saugrohr und auch durch $a_2 + s_2$ vernachlässigt) durch die Verzögerung von w_3 auf w_4 um den Betrag von ungefähr $\frac{w_3^2 - w_4^2}{2g}$ vermehrt sein, S. 260, es wird für h_L ein dementsprechend größerer Betrag zur Verfügung stehen und die Folge ist, daß vor allem v_2 und deshalb auch v_1 zunehmen muß. Infolgedessen wird h_1 um etwas abnehmen und w_1 deshalb wachsen können, wie es den vergrößerten v_2 und v_1 der Kontinuität wegen entspricht, die Turbine verarbeitet infolge der Saugrohrerweiterung mehr Wasser als vorher. Da aber w_1 und v_1 nicht anders als im gleichen Verhältnis wachsen können, so muß, sofern stoßfreies Nachfüllen eingehalten werden soll, die Belastung der Turbine derart geändert werden, daß auch u_1 im gleichen Verhältnis wächst, damit das Geschwindigkeitsparallelogramm des Eintrittes in seiner Form, wenn auch etwas vergrößert, erhalten bleibt.

Das Maß dieser Vergrößerung ergibt sich, S. 262, aus

$$\varepsilon_4 = 1 - \alpha_4 - \varrho \quad \ldots \ldots \ldots \ldots \quad (510)$$

statt seither für das nicht erweiterte Saugrohr

$$\varepsilon_2 = 1 - \alpha_2 - \varrho \quad \ldots \ldots \ldots \ldots \quad (30\text{a})$$

Mit anderen Worten, sowie die Rückbildung von $\frac{w_3^2 - w_4^2}{2g}$ zum größten Teile sicher ist (langsame, stetige Übergänge), haben sich die Berechnungen der Turbine nicht mehr auf ε_2, sondern auf ε_4 zu stützen, soweit es die Größen der u_1, w_1, v_1 und v_2 angeht, die alle aus der Gl. 379 und den davon abgeleiteten Gleichungen folgen, aber für die Austrittsstelle „2" muß w_2 in richtigem Betrag zur Stelle sein, so wie es der Konstrukteur anzunehmen in der Lage ist.

Von Interesse ist der Vergleich zwischen der Berechnung einmal nach ε_2, das anderemal nach ε_4.

Der Kürze halber wollen wir die Verhältnisse der Turbine „A", S. 172, dem Vergleiche zugrunde legen und dabei, um den Unterschied kräftig hervorzuheben, das Saugrohr derart erweitert annehmen, daß es von $\alpha_2 = 0{,}06$ auf $\alpha_4 = 0{,}01$ überleitet. Wir haben dann bei gleichem Leitradwinkel $\delta_1 \simeq 21^0 9'$:

Gleichbleibendes Saugrohr:	Erweitertes Saugrohr.
$\alpha_2 = 0{,}06$	$\alpha_2 = 0{,}06$ zugleich mit $\alpha_4 = 0{,}01$
$\varepsilon_2 = 1 - 0{,}06 - 0{,}12 = 0{,}82$	$\varepsilon_4 = 1 - 0{,}01 - 0{,}12 = 0{,}87$
$u_1 = \sqrt{9{,}81 \cdot 0{,}82 \cdot 4{,}0} = 5{,}67$ m/sk	$u_1 = \sqrt{9{,}81 \cdot 0{,}87 \cdot 4{,}0} = 5{,}843$ m/sk
$w_0 = w_1 = 6{,}08$ „	$w_0 = w_1 = 6{,}265$ „
$v_1 = 2{,}195$ „	$v_1 = 2{,}249$ „
$u_2 = 4{,}095$ „	$u_2 = 4{,}220$ „

Ferner, weil in beiden Ausführungen $w_2 = 2{,}17$ m/sk und $\delta_2 = 90^0$ ist:

$v_2 = \sqrt{u_2^2 + w_2^2} = 4{,}634$ m/sk; $\qquad v_2 = \sqrt{u_2^2 + w_2^2} = 4{,}745$ m/sk.

Der Winkel β_2, die Schaufelweite a_2 werden also in beiden Ausführungen etwas verschieden sein.

Der Reibungshöhe ϱH wegen ist vom Gefälle selbst unter keinen Umständen mehr als $(1-\varrho)H$ zur Verfügung, die durch die Erweiterung verursachte Saughöhevergrößerung ist durch eine Anleihe aus dem Druck der Atmosphäre zustande gekommen, die beim Verlassen des Saugrohrs eben durch die Verzögerung von w_3 auf w_4 wieder zurückgegeben werden muß.

Daß wir beim erweiterten Saugrohr vorübergehend mit fremder Beihilfe arbeiten, zeigt der Vergleich der Gefälleaufteilungen ohne und mit Saugrohrerweiterung.

Es gilt für beidemal gleichen Wert von ϱ, vgl. dagegen S. 262.

Gleichbleibendes Saugrohr.

$$(1-\varrho)H = (1-0{,}12)\cdot 4{,}0 = \mathbf{3{,}52\ m}$$

$$\frac{w_1^2}{2g} = \frac{6{,}08^2}{2g} = 1{,}888\ \text{m}$$

$$\frac{u_1^2 - u_2^2}{2g} = \frac{5{,}67^2 - 4{,}095^2}{2g} = 0{,}784\ \text{m}$$

$$\frac{v_2^2 - v_1^2}{2g} = \frac{4{,}634^2 - 2{,}195^2}{2g} = 0{,}849\ \text{m}$$

Zusammen 3,521 m

wie oben auch.

Erweitertes Saugrohr:

$$(1-\varrho)H = (1-0{,}12)\cdot 4{,}0 = \mathbf{3{,}52\ m}$$

$$\frac{w_1^2}{2g} = \frac{6{,}265^2}{2g} = 2{,}000\ \text{m}$$

$$\frac{u_1^2 - u_2^2}{2g} = \frac{5{,}843^2 - 4{,}220^2}{2g} = 0{,}832\ \text{m}$$

$$\frac{v_2^2 - v_1^2}{2g} = \frac{4{,}745^2 - 2{,}249^2}{2g} = 0{,}890\ \text{m}$$

Zusammen 3,722 m

Differenz gegen oben 0,202 m

Der Mehrbedarf an Durchführungsgefälle, 0,202 m, wird gedeckt durch vorübergehende Entlehnung aus der Atmosphäre im Betrage ($w_2 = w_3$ angenommen)

$$\frac{w_3^2 - w_4^2}{2g} = \alpha_2 H - \alpha_4 H = (\alpha_2 - \alpha_4) H$$

hier in Zahlen: $\qquad (0{,}06 - 0{,}01)\cdot 4{,}0 = 0{,}200$ m;

wir erhalten:

$$(1-\varrho)H + (\alpha_2 - \alpha_4)H = 3{,}52 + 0{,}2 = 3{,}72\ \text{m},$$

wie die betreffende Gefälleaufteilung auch zeigt.

Hätten wir α_2 beispielsweise zu 0,04 angesetzt, so würde die Gefälleaufteilung des erweiterten Saugrohres mit einem Mehrbedarf von

$$(0{,}04 - 0{,}01)\cdot 4{,}0 = 0{,}120\ \text{m}$$

abschließen.

Aus dem vorstehenden ergibt sich also: Bei nicht erweitertem Saugrohr ist die Größe von w_2 ohne Einfluß auf die Gefälleaufteilung; das erweiterte Saugrohr vergrößert örtlich das für die Erzeugung der Geschwindigkeiten verfügbare Reingefälle $(1-\varrho)H$ (Nettogefälle abzüglich der Reibungshöhen) in angegebener Weise, ohne natürlich der Arbeitsleistung der Turbine mehr zufügen zu können, als was dem Entlassen des verarbeiteten Wassers aus dem Arbeitsweg mit w_4 statt mit w_2 entspricht. Dies ist aber an sich und aus den S. 262 erörterten Gründen vielfach wünschenswert.

Schlußbemerkung.

Unsere Schätzung der Reibungshöhe ϱH ist immer etwas unsicher. Die Gießerei bringt unvermeidliche Ausführungsfehler in den Querschnitten. Deshalb ist es in der Praxis feststehender Gebrauch geworden, nicht diejenige Wassermenge, die tatsächlich verbraucht werden soll, der Rechnung zugrunde zu legen, sondern als Reserve das 1,05 bis 1,15fache. Dies ist deshalb nicht ungerechtfertigt, weil dem Empfänger der Turbine 1 % Minderverbrauch meist, wie schon S. 189 erwähnt, viel weniger angenehm ist, als 10 % Mehrverbrauch bei entsprechender Leistung.

F. Das Strahlturbinen-Saugrohr.

Strahlturbinen kommen nur noch für hohe Gefälle in Betracht, sind uns aber dort manchmal sehr willkommen, weil sie als Partialturbinen die überaus hohen Umdrehungszahlen vermeiden können, die sich für rundum beaufschlagte Reaktions-(Voll-)turbinen ergeben würden; sie werden dann stets, der bequemeren Anordnung halber, mit wagrechter Welle versehen[1]) und liegen, um das Gefälle gut auszunützen, möglichst dicht auf dem Unterwasser.

Bei hohen Gefällen, in den Alpen usw. können nun hie und da Verhältnisse obwalten, die auch an kleinen Wasserläufen rasch vorübergehende große Hochwasserstände verursachen und an solchen Stellen müßten die Strahlturbinen, des ungestörten Betriebes, der Schonung der Dynamomaschinen halber, wesentlich über Unterwasser aufgestellt sein. Dies bedingt Einbuße an dem sonst nutzbaren Gefälle und führte dann auch für Strahlturbinen zur Anwendung von Saugrohren.

Für die Strahlturbinensaugrohre kommen teilweise andere Dinge in Betracht als bei den Reaktionsturbinen zu beachten waren.

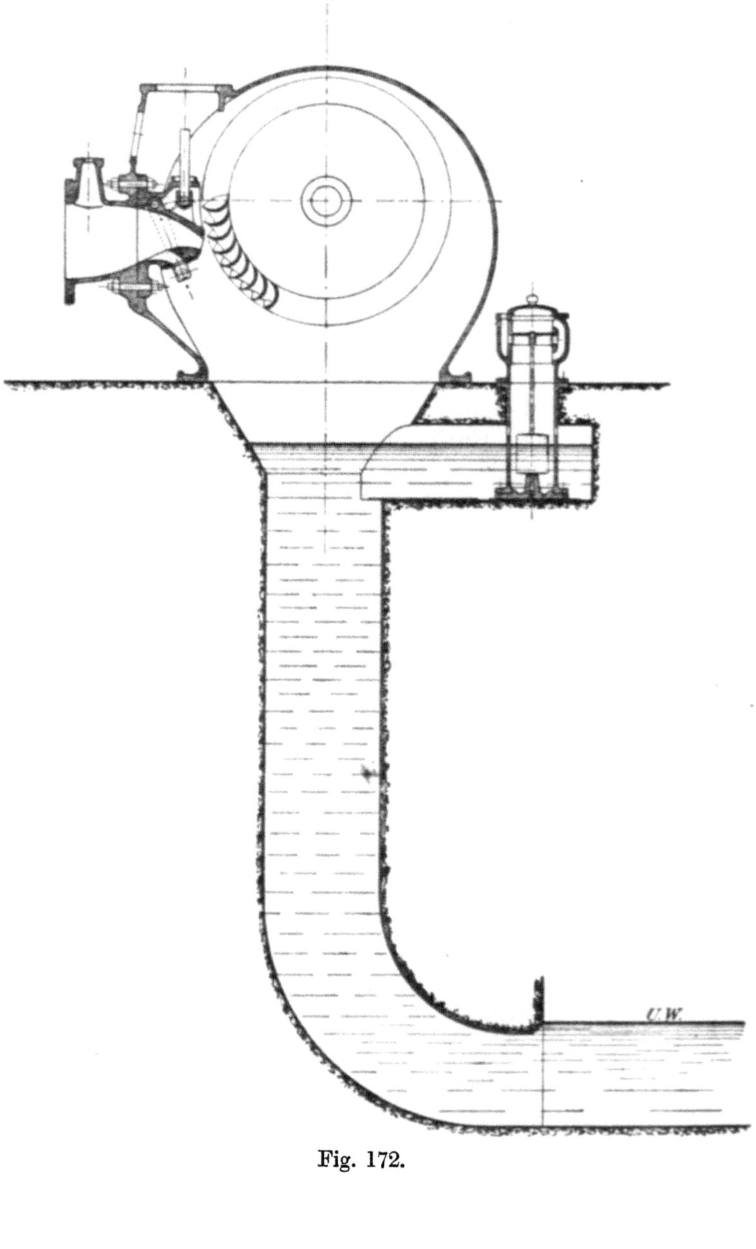

Fig. 172.

[1]) Die Anordnung von Strahlturbinen mit stehender Welle, wie sie bei 170 m Gefälle für das vielgenannte Walchensee-Projekt mit dem ersten Preise ausgezeichnet wurde, ist glücklicherweise nicht zur Ausführung gekommen.

Der Austritt des Wassers von der Strahlturbinenschaufel, der Ablenkungsfläche, aus geschieht in den Luftraum, der das Laufrad umgibt. Bei hohen Gefällen ist w_2 an sich, auch für kleine Beträge des Austrittsverlustes α_2, immerhin noch recht beträchtlich. Umgibt man das Laufrad mit einer luftdichten Haube, die an ein Saugrohr anschließt, Fig. 172, so zeigt es sich, daß von den Sprühstrahlen des austretenden Wassers Luft durch das Saugrohr mitgerissen wird derart, daß sich nach und nach eine Saugsäule im Rohr erhebt, aus abwärtsströmendem Wasser und mitgerissener Luft bestehend. Es zeigt sich weiter, daß das Mitreißen der Luft in manchen Ausführungen so weit geht, daß eine völlige Entlüftung des Saugraumes (Rohr, Haube) so weit stattfindet, daß der angesaugte Wasserspiegel schließlich das Laufrad der Strahlturbine erreicht. Die Turbinenleistung erfährt dann eine Einbuße, teils weil sich die Strahlen an den Ablenkungsflächen durch das Eintauchen nicht mehr frei entwickeln können, teils infolge unmittelbaren Widerstandes, den das Turbinenrad in seiner Umdrehung durch das Stauwasser erhält. So stellte sich bei Verwendung der Saugrohre für Strahlturbinen bald das Bedürfnis nach Luftzuführung ein, um das Ansteigen des Saugwasserspiegels über das erwünschte Höchstmaß hinaus zu verhindern. Es sind das durch Schwimmer betätigte Lufteinlaßventile, die erst öffnen, wenn der im Saugraum sitzende Schwimmer durch das hochsteigende Saugwasser angehoben wird.

Die Strahlturbinensaugrohre sind demnach fast immer angefüllt mit einem künstlich hergestellten Gemenge von Wasser und Luft, dessen Volumeneinheit ein geringeres Gewicht als 1000 kg besitzt. Auf das Strahlturbinensaugrohr passen also die auf S. 265 u. f. angestellten Erwägungen hinsichtlich der Wirksamkeit der Saugsäule in noch höherem Maße, denn dort hatte man sich Mühe gegeben, die Außenluft nach aller Möglichkeit fernzuhalten; hier wird noch absichtlich in manchen Fällen Luft besonders eingeführt. Das Strahlturbinensaugrohr hat sich in der Praxis nicht halten können, die damit versehen gewesenen Strahlturbinen sind auch, wohl bald ohne Ausnahme, durch Reaktionsturbinen ersetzt.

G. Die ideelle Form der Saugrohrerweiterung.

Nachdem der Nutzen der Saugrohrerweiterung für Reaktionsturbinen erkannt ist, wäre es nötig, zu untersuchen, innerhalb welcher Grenzen die Verkleinerung von w_3 auf w_4 mit Rücksicht darauf ausführbar erscheint, daß ein Anpassen der Wassergeschwindigkeiten an den sich erweiternden Saugrohrdurchmesser noch mit einiger Sicherheit angenommen werden darf.

Es ist wünschenswert zu wissen, wie die Saugrohrform beschaffen sein muß, nach welchen Gesetzen die Saugrohrdurchmesser zunehmen dürfen. Durch das zu rasch erweiterte Saugrohr würde ein mittlerer Wasserkern mit kaum vermindertem w_3 durchschießen, umgeben von äußeren Wirbelschichten, Fig. 173.

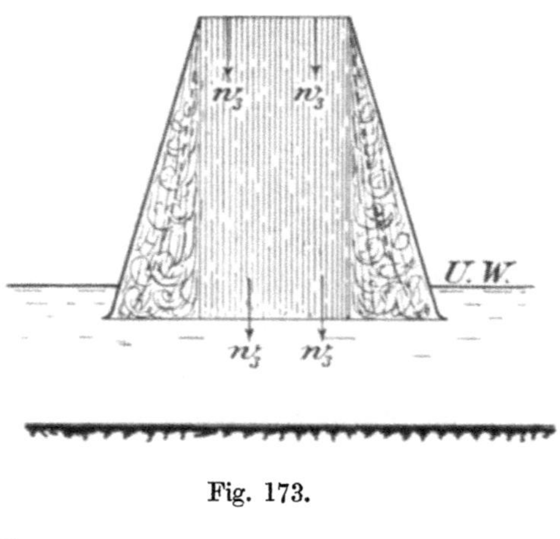

Fig. 173.

Im ideellen Betriebe strömt das Wasser ohne Reibungsverluste von der Stelle „3“ nach dem Saugrohrende „4“. Es darf aber selbst für den ideellen

Betrieb nicht ohne weiteres angenommen werden, daß die Wassergeschwindigkeiten sich den beliebig wachsenden Querschnitten tatsächlich anpassen. Welche Verhältnisse dabei eintreten, erhellt aus folgendem:

Jedes Wasserteilchen, das ein sich erweiterndes Saugrohr durchfließt, muß bei im allgemeinen achsialer Bewegung (δ_2 sei $= 90^0$) doch zweierlei Geschwindigkeiten besitzen. Die Bewegung parallel zur Saugrohrachse, die in „3" vorhandene, rein achsiale Geschwindigkeit w_3, soll sich auf dem Wege gegen abwärts stetig verkleinern bis auf eine irgendwie gerichtete Geschwindigkeit w_4 am Saugrohrende; das ist ja der Zweck der Saugrohrerweiterung. Aber eben diese Erweiterung verlangt gleichzeitig auch für jedes Wasserteilchen eine Bewegung in horizontalem Sinne, die radial gegen außen gerichtet sein muß und die an verschiedenen Stellen des Saugrohres verschieden groß sein wird. Ohne diese Radialgeschwindigkeiten ist das Sichausbreiten der Wasserschichten, das Anpassen an den zunehmenden Saugrohrquerschnitt gar nicht denkbar. In einem erweiterten Saugrohr werden sich also die Wasserteilchen bei wirbelfreier, rotationsloser Bewegung ideell in Linienzügen (Stromkurven) bewegen, die sich in den in Fig. 118 angedeuteten Schichtlinien fortsetzend, mit stetig sich ändernder Totalgeschwindigkeit w der Form der Saugrohrerweiterung anschließen. Kann das Wasser am Saugrohrende rundum gegen außen abfließen, ohne sofort in die Richtung des Unterkanals gezwängt zu werden, so ist aus Symmetriegründen schon anzunehmen, daß die Wasserteilchen einer Horizontalschicht, die in gleichem Umkreise, Radius r, um die senkrechte Saugrohrachse liegen, gleich große Geschwindigkeit w besitzen, die auch allseitig die gleiche Schräglage δ gegen die Horizontalschicht, Fig. 174, aufweisen wird. In dieser unendlich schmalen Ringschichte, Durchmesser d, hat demnach jedes Wasserteilchen in achsialer Richtung die Geschwindigkeit $w \sin \delta$; die Geschwindigkeit der radialen Ausbreitung in diesem Durchmesser ist als $w \cos \delta$ anzusetzen.

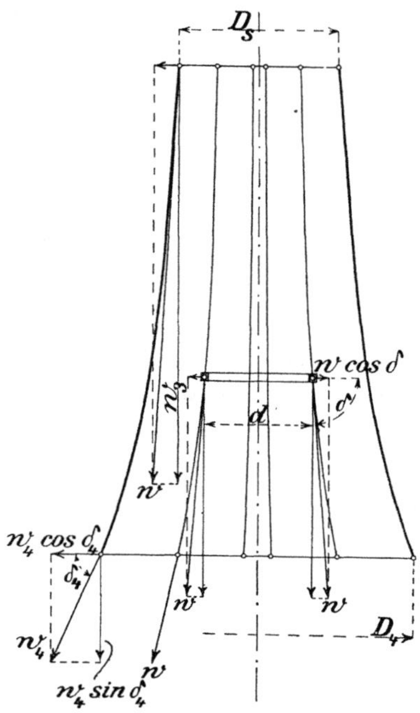

Fig. 174.

Die Verhältnisse, unter denen das Wasser die Schichtflächen des Laufrades durcheilt, sind aber von denen völlig verschieden, die in den Stromkurven des erweiterten Saugrohres herrschen. In den Zellen des Laufrades handelte es sich um Erzeugung von Geschwindigkeitszuwachs, relativ von v_1 auf v_2 unter Aufwand von, aus der Gefälleaufteilung entsprechend zur Verfügung stehender, Druckhöhe, während das erweiterte Saugrohr die Aufgabe hat, die Geschwindigkeit w_3 unter Vermeidung von Wirbeln auf w_4 zu vermindern, damit eben $\frac{w_3^2 - w_4^2}{2g}$ zurückgebildet werde. Daß letzterer Vorgang ganz wesentlich unsicherer in der Durchführung ist als der erstere, lehrt vielfältige Erfahrung, und so ist es wünschenswert, die Form der Saugrohrerweiterung, die den wirbelfreien Übergang von w_3 auf w_4 zu gewährleisten imstande ist, analytisch festzustellen. Es handelt sich in letzter Linie um die Ermittelung der Gleichung für die wirbelfreien Stromkurven bei gegebener Saugrohrerweiterung; die äußerste, von D_3 nach D_4 verlaufende Stromkurve wird als Begrenzungskurve des Saugrohrraumes selbst dienen.

Eine wesentlich vermehrte Sicherheit für die Verzögerung von w_3 auf w_4 liegt für das geradachsige Saugrohr darin, daß nicht nur, wie schon S. 29 erörtert, der äußere Wasserdruck gegen die eingetauchte Saugrohrmündung, dazu der Druck der Atmosphäre, A, verzögernd tätig sind, sondern daß beim geradachsigen Saugrohr unterhalb des Saugrohrendes die Unterkanalsohle als widerstehende feste Wand die Verzögerung in achsialer Richtung erzwingt, unter gleichzeitiger Ablenkung der Wasserfäden nach der Wagrechten.

Auf Grund geschickter Aufstellung und Interpretation der hydraulischen Fundamentalgleichungen hat Prof. Prášil-Zürich die Gleichung wirbelfreier Stromkurven für diese Verhältnisse und für ideellen Betrieb entwickelt (Schweiz. Bauzeitung 1903, S. 207 u. f.).

Es erscheint zu weitgehend, hier die ganze Prášil'sche Entwickelung wiederzugeben. Das für unsere Zwecke wertvolle Ergebnis derselben besteht in der Differentialgleichung

$$\frac{dr}{dz} = \frac{(v)}{(w)} = -\frac{r}{2z} \quad \ldots \ldots \ldots \ldots \quad 512$$

worin (w) der Achsialkomponente, also unserem $w \sin \delta$, (v) der Radialkomponente, also unserem $w \cos \delta$ entspricht. Die Bedeutung von r und z ist aus Fig. 175

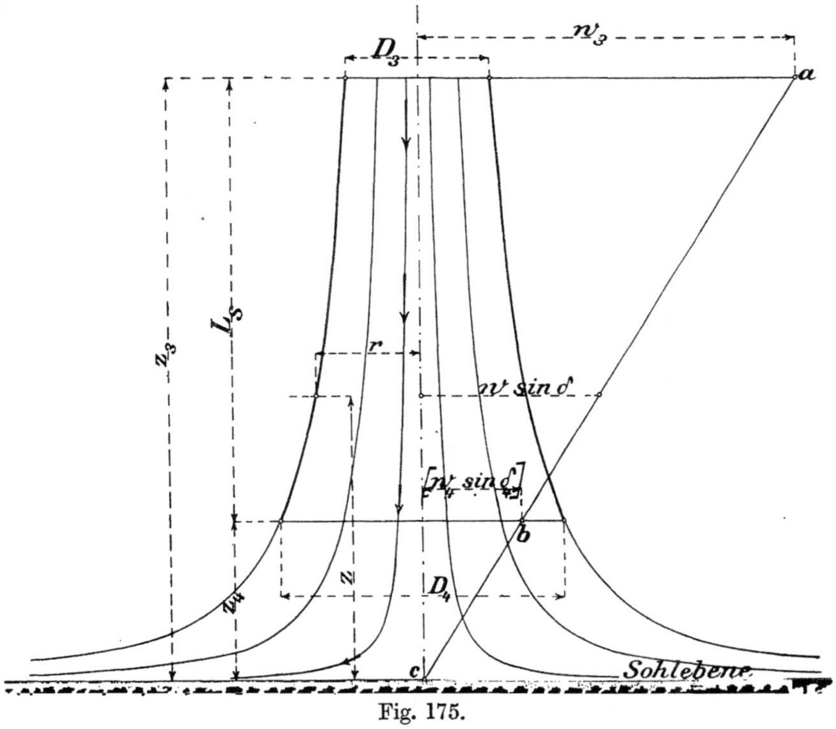

Fig. 175.

ersichtlich; r ist die radiale Entfernung des beliebigen Punktes einer Stromkurve von der Saugrohrachse, z der senkrechte Abstand dieses Punktes von der unterhalb der Saugrohrmündung liegenden Kanalsohle, der Sohlebene, $r = \frac{d}{2}$ und z sind also im allgemeinen die Koordinaten der Stromkurven und im speziellen $r = \frac{D}{2}$ und z die der Begrenzungskurve für das richtig erweiterte Saugrohr, das vom Wasser ohne wirbelnde Bewegung durchflossen wird. Das negative Vorzeichen ist bei den Prášilschen Rechnungen darin begründet, daß die (w) von oben nach unten gerichtet sind, während die z von unten gegen oben zählen. Vorerst möge unerörtert bleiben, woher am Saugrohranfang das Wasser neben w_3 überhaupt noch eine Radialgeschwindigkeit (v) besitzt, S. 275 u. 280.

Die Integration der Gl. 512 führt auf die zweite wichtige Beziehung, die Gleichung der Stromkurven selbst:

$$r^2 \cdot z = \text{Konst.} \qquad 513$$

Diese Stromkurven sind hyperbelähnliche Kurven 3. Grades, asymptotisch die Saugrohrachse und die Sohlebene berührend. Die Sohlebene, an der entlang die Wasserteilchen aus der Nähe der Saugrohrachse ihren Weg nach außen zurücklegen, Fig. 175 (dicht an der Sohlebene muß dabei $w \sin \delta$ notwendig Null sein), muß in ganz bestimmtem Abstande vom Saugrohrende „4" liegen, gegeben durch die gewünschte Verzögerung von w_3 auf w_4.

Wir benutzen diese Gleichungen nun für unsere Zwecke.

Von besonderer Wichtigkeit für die Praxis ist die Bestimmung der äußeren Stromkurve (Saugrohrbegrenzung) und der erforderlichen Entfernung z_4 der Sohlebene vom Saugrohrende, wenn der obere Saugrohrdurchmesser D_3, ferner w_3 und die beabsichtigte Länge des Saugrohres L_s gegeben sind, und wenn ein bestimmter unterer Austrittsverlust α_4 eingehalten werden soll.

Diese äußere Begrenzung findet sich sehr leicht, denn mit Rücksicht auf unsere Bezeichnungen kann Gl. 513 auch geschrieben werden, Fig. 175:

$$D^2 z = D_4^2 z_4 = D_3^2 z_3 = D_3^2 (L_s + z_4) = \text{Konst.} \qquad 514$$

oder auch allgemein
$$D^2 \frac{\pi}{4} \cdot z = \text{Konst.} \qquad 515$$

und dies besagt: **Die kreisförmigen Saugrohrquerschnitte**, deren Durchmesser D gemäß der Gleichung wirbelfreier Stromkurven bestimmt sind, **bilden je mit der zugehörigen Entfernung z bis zur Sohlebene Zylinderräume gleichbleibenden Inhaltes.** Sowie also die Lage der Sohlebene, d. h. irgendein Maß z, z. B. z_4 bekannt ist, ist das Aufzeichnen der erforderlichen Saugrohrbegrenzung überaus einfach. Der Gang der Rechnung muß deshalb auf die Bestimmung von z_4 gerichtet werden. Dies geschieht durch weitere Untersuchung über die Verhältnisse von $w \sin \delta$.

Die Prášil'sche Rechnung legt dar, daß die $w \sin \delta$ den Größen von z direkt proportional sind, dazu unabhängig von $r = \frac{d}{2}$, so daß die $w \sin \delta$ über den gleichen Querschnitt des Saugrohres durchweg gleich groß sind.

In diesem Sinn kann deshalb die Kontinuitätsgleichung für die verschiedenen Kreisquerschnitte des richtig erweiterten Saugrohres (vereinfacht) geschrieben werden:

$$D^2 w \sin \delta = D_4^2 w_4 \sin \delta_4 = D_3^2 w_3 = \text{Konst.} \qquad 516$$

Es darf also bei einzuhaltender Größe von $\alpha_4 H = \frac{w_4^2}{2g}$ nicht der Austrittsquerschnitt $D_4^2 \frac{\pi}{4}$ als mit w_4 durchflossen in Rechnung gestellt werden, sondern es steht nur $w_4 \sin \delta_4$, Fig. 174, als zugehörige achsiale Geschwindigkeit hierfür zur Verfügung.

Die Gleichungen 514 und 516 entsprechen sich. Durch Division derselben ergibt sich

$$\frac{w \sin \delta}{z} = \frac{w_4 \sin \delta_4}{z_4} = \frac{w_3}{z_3} = \frac{w_3}{L_s + z_4} \qquad 517$$

und daraus folgt
$$z_4 = L_s \frac{w_4 \sin \delta_4}{w_3 - w_4 \sin \delta_4} \qquad 518$$

wodurch bei gegebener Saugrohrlänge L_s, bei gegebenen Geschwindigkeiten w_3

und w_4 die Entfernung z_4 bis Sohlebene gerechnet werden könnte, sofern δ_4 bekannt wäre.

Zur Vermeidung umständlicher Rechnungen (Gleichungen 3. Grades) ist es nun zweckmäßig, beim Entwerfen sowohl die Größe von w_4 als von δ_4 vorläufig außer acht zu lassen, und statt w_4 den Betrag der Vertikalkomponente als $[w_4 \sin \delta_4]$ anzunehmen. Die Geschwindigkeit w_4 ergibt sich dann später sehr einfach, und wenn deren Größe nicht befriedigen sollte, so macht eine Abänderung wenig Mühe.

Aus Gl. 518 läßt sich dann, nach Annahme von $[w_4 \sin \delta_4]$ die Entfernung z_4 leicht berechnen.

Einfach ist auch die zeichnerische Bestimmung von z_4. Trägt man nämlich die Werte der achsialen Geschwindigkeiten w_3 und $[w_4 \sin \delta_4]$ in den zugehörigen Höhen, aber von der Saugrohrachse ab wagrecht an, Fig. 175, so ist nach Gl. 517 ohne weiteres klar, daß die Sohlebene durch den Schnittpunkt c der Saugrohrachse mit der Verbindungsgeraden a—b der Endpunkte von w_3 und $[w_4 \sin \delta_4]$ gehen muß. Die Gerade a—b bildet überhaupt die zeichnerische Darstellung der Größen von $w \sin \delta$ über die ganze Saugrohrlänge hin. Will man umgekehrt vom Saugrohrende ab eine gewisse Entfernung z_4 einhalten, so ist aus der Konstruktion Fig. 175 alsbald auch darüber das Bild zu gewinnen, welche Größe von $w_4 \sin \delta_4$ für das ideelle Saugrohr eingehalten werden muß, d. h. welcher Durchmesser D_4 daraus folgt; der rechnerische Weg führt für die Lösung dieser letzteren Frage ebenfalls auf eine Gleichung 3. Grades.

Die Bestimmung der radialen Geschwindigkeiten, der $w \cos \delta$, ergibt sich aus folgendem:

Es ist nach Gl. 517 mit dem angenommenen $[w_4 \sin \delta_4]$ statt $w_4 \sin \delta_4$

$$w \sin \delta = \frac{[w_4 \sin \delta_4]}{z_4} z = (w) \quad \ldots\ldots\ldots\ldots \quad 519$$

also folgt auch wegen

$$\frac{(v)}{(w)} = \frac{r}{2z} = \frac{d}{4z} \quad \ldots\ldots\ldots\ldots \quad (512)$$

wobei das —Zeichen der Gl. 512 außer acht bleiben darf,

$$(v) = w \cos \delta = (w) \frac{d}{4z} = \frac{[w_4 \sin \delta_4]}{4 z_4} d = \text{Konst.} \frac{d}{2} \quad \ldots\ldots \quad 520$$

d. h. die Horizontalkomponenten der w sind der Entfernung $\frac{d}{2}$ von der Saugrohrachse proportional und unabhängig von der Höhenlage z des einzelnen Querschnittes.

Die Größe von w selbst ergibt sich dann aus Gl. 519 und 520 zu

$$(w \sin \delta)^2 + (w \cos \delta)^2 = w^2 = \frac{[w_4 \sin \delta_4]^2}{z_4^2} \left(z^2 + \frac{d^2}{16}\right)$$

oder allgemein

$$w = \frac{[w_4 \sin \delta_4]}{4 z_4} \sqrt{16 z^2 + d^2} \quad \ldots\ldots\ldots\ldots \quad 521$$

Diese Gleichung läßt erkennen, daß die w von innen gegen außen langsam an Größe zunehmen. Man geht also, sofern ein bestimmter Betrag von $\alpha_4 H$, d. h. von w_4 eingehalten werden soll, immer sicher, wenn man in der Rechnung die Größe w_4 als am äußeren Rande des Saugrohrendes zugrunde legt, also wenn außen $w_4 = \sqrt{2 g \alpha_4 H}$ angenommen wird.

Zur Bestimmung von w_4 folgt dann unter Einsetzen von z_4 und D_4 unter dem Wurzelzeichen:

$$w_4 = [w_4 \sin \delta_4] \sqrt{1 + \left(\frac{D_4}{4 z_4}\right)^2} \quad \ldots\ldots\ldots \quad 522$$

Der Winkel δ_4 findet sich entweder, indem man durch Division mit dem gefundenen Wert von w_4 in den angenommenen von $[w_4 \sin \delta_4]$ den $\sin \delta_4$ bestimmt, oder unter Verwendung von Gl. 512. Denn es ist auch

$$\frac{dr}{dz} = \frac{1}{\operatorname{tg} \delta} = \frac{r}{2z} = \frac{d}{4z},$$

und für die Stelle „4" also

$$\operatorname{tg} \delta_4 = \frac{4 \cdot z_4}{D_4} \quad . \quad . \quad . \quad . \quad . \quad . \quad . \quad . \quad 523$$

Zahlenbeispiel. Es ist die ideelle Form des Saugrohres zu bestimmen für folgende Verhältnisse: Gefälle 7,5 m, Wassermenge 3,1 cbm/sk. Erwünschte Saugrohrlänge 3,5 m. Die Turbine habe $\alpha_2 = 0{,}08$, also

$$w_2 = \sqrt{2g \cdot 0{,}08 \cdot 7{,}5} = 3{,}43 \text{ m/sk}.$$

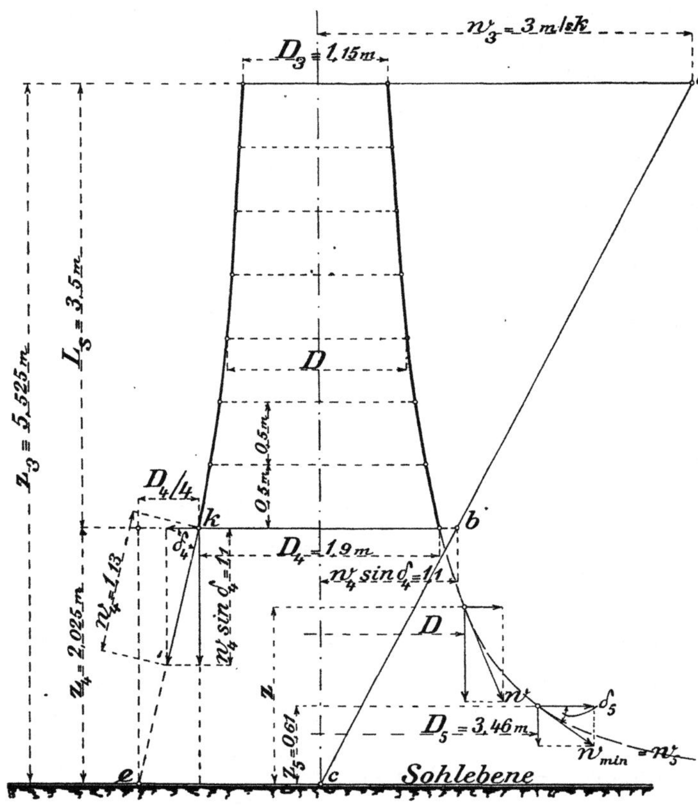

Fig. 176.

Die Größe von w_3 schätzen wir zu $w_3 = 0{,}9\, w_2 = 3{,}0$ m/sk, rund; damit ist, Abwesenheit von Saugrohreinbauten vorausgesetzt,

$$D_3{}^2 \frac{\pi}{4} = \frac{Q}{w_3} = \frac{3{,}1}{3} = 1{,}033 \text{ qm}; \quad D_3 = 1{,}15 \text{ m, rund.}$$

Hiernach läßt sich das Aufzeichnen beginnen. Fig. 176 zeigt am oberen Ende der Saugrohrlänge $w_3 = 3$ m/sk angetragen.

Annahme I. Erwünscht wäre eine Ermäßigung von $\alpha_2 = 0{,}08$ auf etwa $\alpha_4 = 0{,}01$. Dem entspricht $w_4 = \sqrt{2g \cdot 0{,}01 \cdot 7{,}5} = 1{,}2$ m/sk. Nimmt man als erste Annäherung $[w_4 \sin \delta_4] = 0{,}9\, w_4$ an, also rund 1,1 m/sk, so folgt

$$D_4^2 \frac{\pi}{4} = \frac{3,1}{1,1} = 2,82 \text{ qm}; \quad D_4 = 1,9 \text{ m, rund.}$$

Durch Antragen von $[w_4 \sin \delta_4] = 1,1$ m/sk in $L_s = 3,5$ m, Fig. 176, findet sich die Entfernung z_4 der Sohlebene von Saugrohrunterkante zu rund 2,0 m. Die Rechnung nach Gl. 518 ergibt

$$z_4 = 3,5 \frac{1,1}{3,0 - 1,1} = 2,025 \text{ m.}$$

Die Größe der tatsächlichen Austrittsgeschwindigkeit w_4 läßt sich zeichnerisch sehr einfach bestimmen, wenn auf Gl. 523 Bezug genommen wird. Nach dieser ist nämlich

$$\operatorname{tg} \delta_4 = \frac{4 \cdot z_4}{D_4}$$

wonach die Richtung von w_4 einfach aufgezeichnet werden kann. Der richtig eingezeichnete Durchmesser D_4, Fig. 176, wird um die Größe $\frac{D_4}{4}$ gegen außen verlängert und von da aus eine Senkrechte auf die Sohlebene gezogen. Die Verbindungsgerade e—k (Fußpunkt dieser Senkrechten, e, bis Ende Durchmesser D, k) ist die Richtung von w_4, also auch die Tangente an das Ende der Saugrohrkurve. Die Größe von w_4 findet sich als Abschnitt auf e—k, dem senkrechten Maß $[w_4 \sin \delta_4]$ entsprechend. Da die Größe w_4 nicht sehr genau bestimmt zu werden braucht, so genügt der einfache zeichnerische Weg vollkommen; die Rechnung nach Gl. 522 ergibt hier

$$w_4 = 1,1 \sqrt{1 + \left(\frac{1,9}{8,1}\right)^2} = 1,13 \text{ m/sk,}$$

w_4 ist also noch etwas kleiner als $\alpha_4 = 0,01$ entspricht.

Nachdem w_4 befriedigend ausgefallen ist, kann zur Aufzeichnung der Saugrohrform geschritten werden.

Aus $z_4 = 2,025$ m folgt $z_3 = L_s + z_4 = 3,5 + 2,025 = 5,525$ m. Dem Gesetz der gleichen Zylinderräume entsprechend, S. 274, ist dann dieser Rauminhalt

$$D_3^2 \frac{\pi}{4} z_3 = 1,15^2 \frac{\pi}{4} 5,525 = 5,739 \text{ cbm.}$$

In Abständen von je 0,5 m rechnen sich daraus die Saugrohrdurchmesser:

für z	ergibt sich	D
5,525 m (z_3)		1,150 m (D_3)
5,025 „		1,205 „
4,525 „		1,270 „
4,025 „		1,345 „
3,525 „		1,440 „
3,025 „		1,555 „
2,525 „		1,700 „
2,025 „ (z_4)		1,900 „ (D_4)

Die zugehörigen, linear abnehmenden $w \sin \delta$ könnten aus Fig. 176 abgegriffen werden, interessieren aber für das Aufzeichnen des Saugrohres nicht.

Die aus den errechneten Saugrohrdurchmessern für unsere Verhältnisse erhaltene Saugrohrform ist auf eine lange Strecke, etwa 2,5 bis 3 m, fast geradlinig, kegelförmig, und erst im letzten Viertel der Länge tritt die Erweiterung stärker auf. Die Form könnte von einem geschickten Kesselschmiede sogar noch in Blech ausgeführt werden.

Für die Praxis kommt aber jetzt folgender Umstand in Betracht. Die errechnete Tiefe $z_4 = 2{,}025$ m von Saugrohrunterkante bis Sohlebene ist sehr beträchtlich, man wird kleinerer Baukosten halber gezwungen sein, eine Verminderung von z_4 anzustreben.

Was dies für Folgen hat, lehrt die rechnerische Behandlung alsbald.

Annahme II. Wir rücken mit der Sohlebene versuchsweise herauf auf $z_4 = 1{,}25$ m Abstand von Saugrohrunterkante, Fig. 177.

Die Gerade vom Ende a, von w_3 aus, zum Schnittpunkt der Rohrachse mit der gehobenen Sohlebene schneidet in der Höhe von D_4 im Punkt b die zulässige

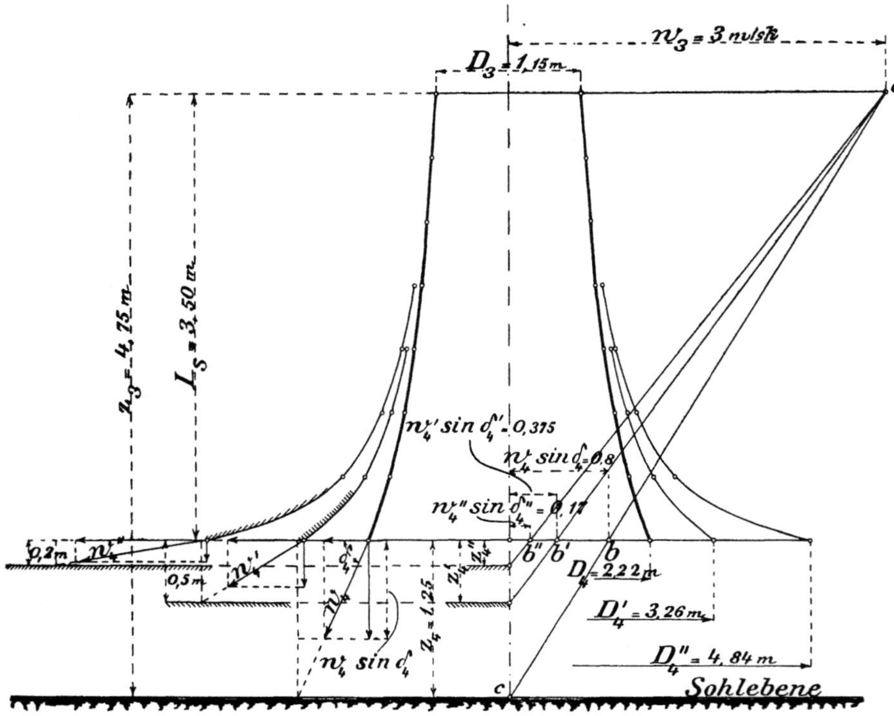

Fig. 177.

Achsialgeschwindigkeit $w_4 \sin \delta_4$ gegenüber seither 1,1 m/sk nunmehr im Betrage von rund 0,8 m/sk ab, und der entsprechende Wert von D_4 folgt aus

$$D_4^2 \frac{\pi}{4} = \frac{3{,}1}{0{,}8} = 3{,}875 \text{ qm}; \quad D_4 = \sim 2{,}22 \text{ m},$$

also ergibt sich jetzt eine erforderliche Vergrößerung des Durchmessers D_3 auf D_4 von fast 1:2. Nach dem vorher beschriebenen zeichnerischen Verfahren wird δ_4 bestimmt und damit folgt graphisch $w_4 = \sim 0{,}87$ m/sk.

Die gleichen Zylinderräume haben nunmehr den Inhalt

$$D_3^2 \frac{\pi}{4} z_3 = 1{,}15^2 \frac{\pi}{4} (3{,}5 + 1{,}25) = 4{,}934 \text{ cbm}$$

und die daraus berechneten D sind in Fig. 177 der inneren, stark ausgezogenen Saugrohrform zugrunde gelegt.

Das Höherrücken der Sohlebene hat also eine weitere Verkleinerung von w_4 veranlaßt, die nur erwünscht sein wird. Die Saugrohrform hat sich gegen D_4 hin stärker verbreitert (gegenüber Fig. 176), ist aber in ihrem oberen Verlaufe derjenigen der Annahme I fast gleich geblieben.

Die Fig. 177 zeigt noch zwei weitere Saugrohrformen, der auf $z_4' = 0{,}5$ m und $z_4'' = 0{,}2$ m heraufgenommenen Sohlebene entsprechend, mit Durchmessern $D_4' = 3{,}26$ m und $D_4'' = 4{,}84$ m. Zwischen den beiden Höhenlagen geht die Größe von w_4 durch einen Kleinstwert, wie aus Fig. 177 zu ersehen ist. Man kann also durch die Lage der Sohlebene Einfluß auf die Austrittsverhältnisse ausüben.

Annahme III. Es soll unter sonst gleichen Daten die Saugrohrlänge L_s statt 3,5 m nur 2 m betragen, d. h. die Turbine werde gegen seither um 1,5 m tiefer aufgestellt.

Wir gehen auch wieder von $\alpha_4 = 0{,}01$, $w_4 = 1{,}2$ m/sk, von $[w_4 \sin \delta_4] = 0{,}9\, w_4 = 1{,}1$ m/sk aus, also ist auch $D_4 = 1{,}9$ m wie in Fig. 176 geblieben. Der kürzeren Saugrohrlänge wegen schneidet die Gerade *a-b-c*, Fig. 178, die Saugrohrachse wesentlich früher als bei Annahme I, es ergibt sich zeichnerisch $z_4 = \sim 1{,}16$ m. Rechnungsmäßig ist, Gl. 518,

$$z_4 = 2\,\frac{1{,}1}{3{,}0 - 1{,}1} = 1{,}157 \text{ m}.$$

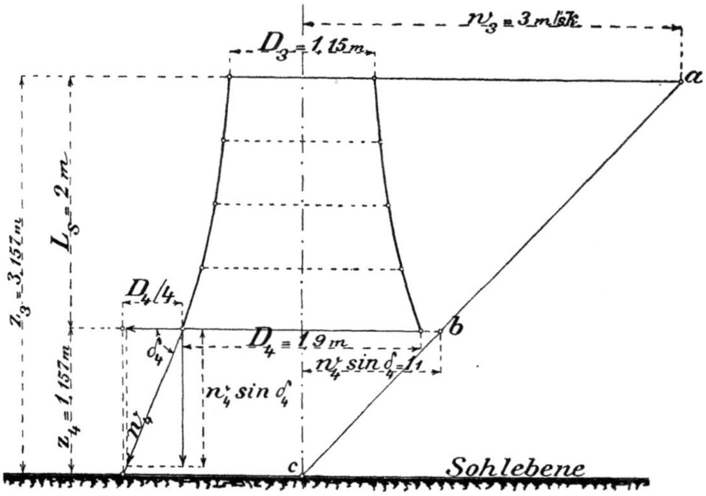

Fig. 178.

Durch Antragen von $\frac{D_4}{4}$ usw. findet sich die Richtung von w_4 und daraus dessen Größe zeichnerisch zu 1,19 m/sk. Ferner ergibt sich der Zylinderraum gleichbleibenden Inhalts, wenn z_4 zu 1,16 m rund angesetzt wird, zu

$$D_3^2 \frac{\pi}{4} z_3 = 1{,}15^2 \frac{\pi}{4} (2 + 1{,}16) = 3{,}282 \text{ cbm}$$

und hiermit folgen

für z	die Durchmesser D
3,16 m (z_3)	1,15 m (D_3)
2,66 „	1,253 „
2,16 „	1,392 „
1,66 „	1,586 „
1,16 „ (z_4)	1,900 „ (D_4)

Die Saugrohrform ist in Fig. 178 eingezeichnet. Für noch größere Hebung der Sohlebene können die gleichen Untersuchungen wie in Fig. 177 angestellt werden, und wie sie in Fig. 179 enthalten sind. Des besseren Vergleiches wegen ist in Fig. 179 von den gleichen Größen von z_4, wie in Fig. 177 ausgegangen, also von $z_4 = 1{,}25$ m

$z_4' = 0{,}5$ „

$z_4'' = 0{,}2$ „

Auch hier zeigt sich das Vorhandensein eines Kleinstwertes für w_4.

Es hat hier aber schließlich genau so wenig Sinn, ausgiebig dem $w_{4,min}$ nachzustreben, als es keinen Zweck hatte, am Austritt aus dem Laufrade w_2 senkrecht erzwingen zu wollen, sofern man eben hier auch von einem freiwillig angenommenen Austrittsverlust α_4 ausgeht.

Nachdem jetzt die Formgebung des ideellen Saugrohrs behandelt ist, sind noch einige darauf bezügliche Punkte zu erörtern.

a) Es war früher darauf hingewiesen worden, daß das Wasser für das richtige Durchströmen durch das ideelle Saugrohr von vornherein außer der Achsialgeschwindigkeit w_3 beim Betreten der Saugrohrerweiterung auch schon eine radiale Geschwindigkeit besitzen müsse. Daß diese nur sehr klein notwendig ist, ist schon aus der verhältnismäßig geringen Neigung der Saugrohrwandung gegen die Achse an der Stelle „3" zu ersehen. (Vgl. auch Fig. 174.) Kommt das Wasser tatsächlich nur mit achsialer Geschwindigkeit w_3 nach „3", so werden kleine Wirbel unvermeidlich sein.

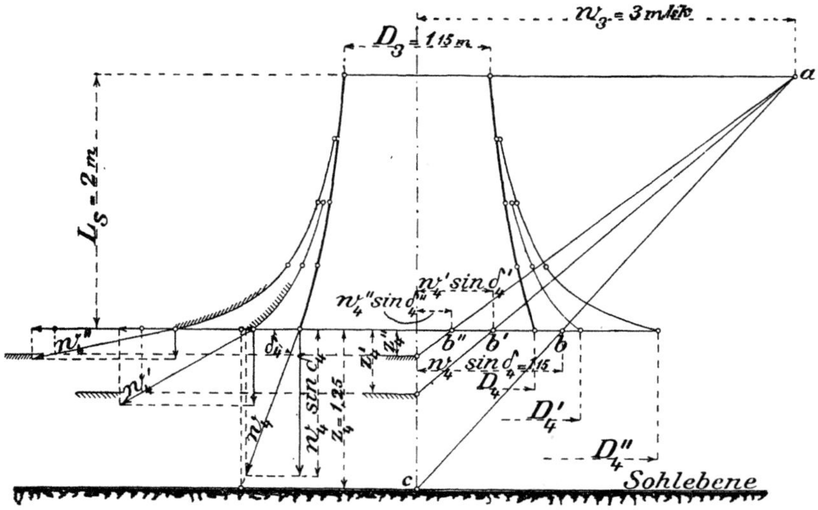

Fig. 179.

Fast immer aber hat das Wasser außer w_3 auch noch eine Rotationsgeschwindigkeit $w_2 \cos \delta_2$ (regulierbare Turbinen), und diese wird durch Erregen von Zentrifugaldrucken ohne weiteres die auswärts radiale Bewegung der $w \cos \delta$ einleiten. Ein Zuviel von Rotationsgeschwindigkeit im Saugrohr kann für die Wasserführung durchs Laufrad, wie schon S. 258 gesagt, unangenehme Störungen bringen, weil infolge des kreisenden Wassers den Außenschichten beim Laufradaustritt eine wesentlich größere Gegendruckhöhe (geringere Saughöhe) entgegentreten wird, die an sich gar nicht in die Gefälleaufteilung hineinpaßt. Ein anderer Punkt ist folgender.

b) Die Form eines für bestimmte Wassermenge, w_3 usw., entworfenen ideellen Saugrohres behält ihre Gültigkeit, auch wenn eine kleinere oder größere Wassermenge durchgeleitet wird, abgesehen natürlich davon, daß sich die Größen von w_3 und w_4 entsprechend ändern, vgl. S. 258. Eine Verminderung der Wassermenge beispielsweise hat für ein bestimmtes Saugrohr zur Folge, daß w_3 und $[w_4 \sin \delta_4]$ im Verhältnis zur Wassermenge gleichmäßig zurückgehen, der Schnittpunkt c, die Zylinderräume gleichen Inhalts ändern sich aber nicht, die tg δ_4 bleibt konstant $\frac{4 \cdot z_4}{D_4}$, also ändert sich schließlich w_4 proportional $[w_4 \sin \delta_4]$, d. h. der Wassermenge, und α proportional dem Quadrat derselben.

c) Weiter ist zu sagen, daß beim tatsächlichen Betrieb die Form des ideellen Saugrohres zweifellos unverändert angewandt werden kann. Die Reibungsverluste $\varrho_4 H$ werden, weil eben Wirbel nach Tunlichkeit vermieden sind, klein bleiben und deshalb das Ergebnis nur wenig oder gar nicht beeinflussen. Man wird auf richtige Lage der Sohlebene zu sehen haben und lieber z_4 in großen Werten halten als dem w_{min} mit kleinem z_4 nachstreben.

Es ist ja klar, daß die aus kleinem z_4 folgenden großen Horizontalgeschwindigkeiten, Fig. 177 und 179, in dem Unterwasser einen verhältnismäßig sehr weiten freien Bereich um das Saugrohrende herum beanspruchen. Unsere ganze Bestimmung der ideellen Saugrohrlinie ruht ja auf der Annahme, daß das Wasser nach Verlassen des Saugrohres unbeschränkt gegen außen wegfließen könne. In Wirklichkeit aber handelt es sich fast ohne Ausnahme um ein Wegfließen nach nur einer Richtung (Untergraben), so daß die Vorgänge im Saugrohr fast nie so glatt verlaufen können als die Theorie annehmen mußte. Immerhin bieten dabei die großen z_4 eher noch die besseren Verhältnisse.

d) Für das erweiterte Saugrohr mit Krümmer lassen wir uns hinsichtlich der Zunahme der Querschnitte das dienen, was das ideelle geradachsige Saugrohr zeigte, obgleich hier wegen Abwesenheit einer vertikalen „Sohlebene" die Verhältnisse anders liegen werden:

Die Achsialgeschwindigkeiten sollen in linearer Weise abnehmen, im übrigen aber die Übergänge in Querschnittsform und Krümmung möglichst allmählich verlaufen.

Die Abwesenheit der zurückhaltenden „Sohlebene" bringt es mit sich, daß bei rascher Erweiterung der in Fig. 173, S. 271, angedeutete Kern von großer Geschwindigkeit auftritt und in den seitlichen Wirbelfeldern eine Saughöhe erzeugt derart, daß das Wasser in diesen sogar rückwärts strömen kann. Bei starker Rotation tritt leicht das Umgekehrte, Rückströmen in der Mitte, ein. Eine scharfe Grenze für die zulässige Erweiterung in der wagrechten Saugrohrmündung ist bis jetzt noch nicht versuchsmäßig festgestellt.

H. Die Saugrohranordnung und die Verhältnisse des Unterwasserspiegels unmittelbar am Saugrohraustritt.

Die verschiedenen Arten der Ausführung von Saugrohren sollen in ihren Wirkungen auf die Gefälleausnutzung in nachstehendem, kurz zusammengefaßt, betrachtet werden.

Es handelt sich um Saugrohre mit gleichbleibendem und mit sich erweiterndem Querschnitt, jede Art entweder senkrecht nach unten ausgießend oder mit Krümmer versehen. Von Interesse ist dann die Höhenlage des Unterwasserspiegels unmittelbar bei der Turbine im Vergleich zum Wasserspiegel im Unterkanal selbst.

1. Geradachsiges Saugrohr von gleichbleibendem Querschnitt w_3 senkrecht zu c_U.

Hier, Fig. 180, steht die achsiale Komponente der Wassergeschwindigkeit, w_3, senkrecht zur Abflußrichtung, es wird sich also hiervon nur ein kleiner Teil, $k w_3$, für die den Abfluß des Wassers in der Grabenrichtung nutzbar machen lassen. Beträgt Abflußgeschwindigkeit im Untergraben c_U, so muß für deren Erzeugung der etwa 1,1 fache Wert der ideellen Druckhöhe aufgewendet werden, also $1{,}1 \left[\frac{c_U^2}{2g} - \frac{(k\, w_3)^2}{2g}\right]$

und dieser Aufwand an Höhe wird unter Anstauung des Wassers beim Saugrohrende dem verfügbaren Gefälle entzogen, vergl. auch Fig. 166, S. 259.

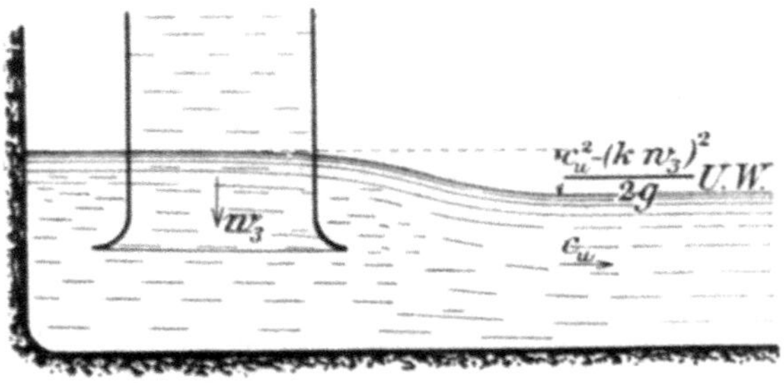

Fig. 180.

2. Saugrohr von gleichbleibendem Querschnitt, aber mit Umleitung des Wassers durch einen Krümmer. w_3 dabei größer als c_U.

Hier, Fig. 181, wird umgekehrt $\frac{w_3^2}{2g}-\frac{c_U^2}{2g}$ eine Wasserschwelle von der ungefähren Höhe bilden, sei es in ausgesprochener Weise oder mehr in Form von ansteigender Unterwasserlinie vom Krümmer an bis in den eigentlichen Unterwasserspiegel.

3. Erweitertes geradachsiges Saugrohr, also w_4 kleiner als w_3.

Die Verhältnisse sind ähnlich wie unter 1, also ähnlich Fig. 180, nur daß wegen $w_4 < w_3$ die Höhe $1{,}1\left[\frac{c_U^2}{2g}-\frac{(k\,w_4)^2}{2g}\right]$ noch beträchtlicher ausfallen kann. Andererseits gestattet die konische Saugrohrform, besonders mit einseitig nach der Abflußrichtung stark ausgebördelter Abrundung, Taf. 6, das Nutzbarmachen eines größeren Teiles von w_4 für die Erzeugung von c_U.

4. Erweitertes Saugrohr mit Krümmer, dabei aber w_4 größer als c_U.

Fig. 181.

Ähnlich wie bei 2, also auch ähnlich Fig. 181, wird sich hier eine Wasserschwelle von der ungefähren Höhe

$$\frac{w_4^2}{2g}-\frac{c_U^2}{2g}$$

einstellen.

5. Erweitertes Saugrohr mit Krümmer, derart, daß $w_4 = c_U$.

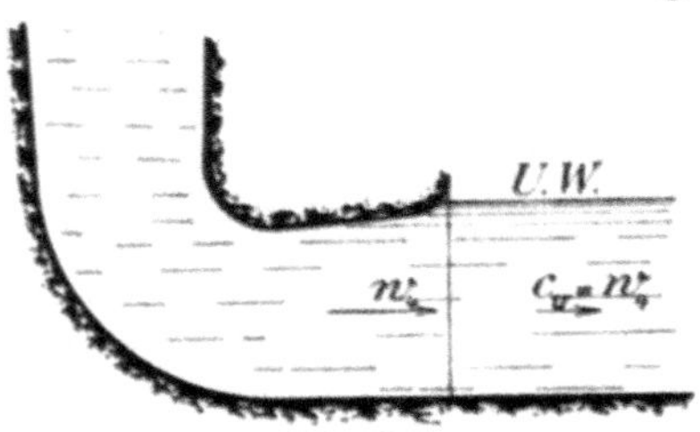

Fig. 182.

Hier, Fig. 182, wird das Wasser ohne Höhenunterschied zum Unterwasser ausfließen.

6. Der maßgebende Unterwasserspiegel.

Es kann die Frage aufgeworfen werden, wo eigentlich für die verschiedenen Anordnungen der Wasserspiegel zu suchen ist, bis zu dem das Gefälle der Turbine vom Oberwasser aus zählt. Bei Anlagen mit mittleren und hohen Gefällen kommt diese Frage kaum in Betracht, aber für kleine Gefälle kann sie für die Bestimmung der Nutzeffektziffer von wesentlicher Bedeutung werden. Die Fig. 180, 181, 182 enthalten mit U. W. diejenige Wasserhöhe bezeichnet, die als Unterwasserspiegel der Turbine anzusehen ist, es ist jedesmal der am tiefsten gelegene Wasserspiegel. Warum die höheren, einerlei ob Anstauung, Fig. 180, oder Wasserschwelle, Fig. 181, nicht für die Gefälleberechnung in Betracht kommen, erhellt aus folgendem:

Die Anordnung nach Fig. 182, w_3 nach Größe und Richtung in $w_4 = c_U$ übergeleitet, entspricht der vollen normalen Gefälleausnutzung. Geradachsige, senkrechte Saugrohre, Fig. 180, werden, wenn nicht große z_4 (S. 274 u. f.) von mindestens 0,6 D_4 vorhanden sind, ziemlich beträchtliche Anstauungen bringen, und es wäre verfehlt, wollte man das Gefälle nur bis zu diesem rückgestauten Wasserspiegel rechnen, der doch nur durch fehlerhafte Anordnung des Saugrohres hervorgerufen wurde. Der gut disponierten Turbine steht doch das Gefälle bis Unterkanal-Wasserspiegel zur Verfügung.

Nicht ohne weiteres ist einzusehen, warum der vorstehende Satz nicht auch für die Ausführungen nach Fig. 181 Anwendung finden kann; da aber liegen die Verhältnisse doch anders. In den beiden Fällen, 2. und 4., bei denen das Wasser mit großem w_4 gegen das mit c_U fließende Wasser prallt, hat es dieses w_4 aus einem Teil der Gefällehöhe erhalten, die von U. W. ab aufwärts gerechnet werden muß. Daß sich die Differenz von $\sim \frac{w_4^2}{2g} - \frac{c_U^2}{2g}$ wieder als meßbare Höhe im Unterkanal zeigt, berechtigt nicht dazu, den aus äußeren Gründen (Kanalabmessungen) höher liegenden Unterkanal-Wasserspiegel für die Gefällgröße in Rechnung zu stellen und dadurch der Turbine einen relativ zu hohen Nutzeffekt zuzuschreiben. Die Turbine hatte sich in diesem Falle gewissermaßen das übergroße Gefälle bis U. W. infolge mangelhafter Anordnung angeeignet, sie hat dafür in ihrer Leistung auch aufzukommen.

Etwas anderes ist natürlich die künstliche Absenkung des U. W. durch überschüssiges Wasser vermittelst des sog. Unterwasserabsaugers, vgl. S. 687 u. f.

8. Die Wasserregulierung der Reaktionsturbinen. Allgemeines.

Die Wassermenge, die ein Flußlauf oder Kanal in der Zeiteinheit bringt, wechselt ständig. Ist nun die Turbine für eine Wassermenge Q cbm/sk gebaut, die größer ist, als dem Mindestmaß der wechselnden Wasserzuführung entspricht, so sind die Querschnitte f_0, f_1, f_2 von Leit- und Laufrad für alle Wassermengen, die kleiner sind als Q, zu groß, es sollten deshalb und weil bei Reaktionsturbinen die Querschnitte und Gefäßräume ganz ausgefüllt sind, die Geschwindigkeiten w_1, v_1, v_2 ermäßigt, oder es müßte eine Verkleinerung der Querschnitte herbeigeführt werden, sofern das ausgenutzte Gefälle tatsächlich ganz gleich bleiben soll.

Die Gleichung der Gefälleaufteilung für normales Nachfüllen der Reaktionsgefäße zeigt, mit welchen Verhältnissen wir zu rechnen haben:

$$\frac{w_1^2}{2g} + \frac{u_1^2 - u_2^2}{2g} + \frac{v_2^2 - v_1^2}{2g} = (1 - \varrho) H \quad \ldots \ldots \ldots \quad (375)$$

Wenn zu wenig Wasser nachkommt, werden die Querschnitte f_0, f_1, f_2 mehr Wasser abfließen lassen als zuströmt, die Folge ist ein Leererwerden des Oberkanals, eine Verminderung des Gefälles H. Greift keine ,,Regulierung" ein, so entwickeln sich folgende Verhältnisse:

Der Betrieb verlangt gleichbleibende Umdrehungszahlen, also ist $\frac{u_1^2 - u_2^2}{2g}$ in der Gl. 375 als konstant anzusehen, sofern die Belastung der Turbine der abnehmenden Leistungsfähigkeit angepaßt wird. Dagegen werden mit nach und nach auf H' abnehmendem H die w_1, v_1, v_2 auf w_1', v_1', v_2' abnehmen, und zwar unter sich in gleichem Verhältnis. Da aber die u_1 und u_2 nicht abnehmen, so stimmen die Geschwindigkeitsparallelogramme am Eintritt nicht mehr, das richtige Einfüllen ist gestört, es treten Stoßverluste beim Eintritt in das Laufrad auf und das Wasser wird von f_1 nach f_2 in teilweise wirbelnder Bewegung fließen; auch w_2, das Betriebsergebnis von u_2 und v_2, wird sich ändern müssen.

Die Gefälleaufteilung vollzieht sich dann wie folgt:

$$\frac{w_1'^2}{2g} + \frac{u_1^2 - u_2^2}{2g} + \frac{v_2'^2 - v_1'^2}{2g} = (1 - \varrho) H' - \sigma H' = (1 - \varrho - \sigma) H' \quad \ldots \quad 524$$

worin $\sigma H'$, wie früher schon, Fig. 66, den Gefällebruchteil bedeutet, der durch Stöße aufgezehrt wird.

Das Absinken des Oberwassers, die Verminderung des Gefälles, wird solange weitergehen, bis die vorstehende Gleichung befriedigt ist, und in dieser Weise spielen sich tatsächlich die unbedeutenderen Schwankungen in der Wassermenge ab. Derartige Verhältnisse sind aber bei größeren Schwankungen und für richtige Ausnutzung einer Wasserkraft unstatthaft und deshalb muß eine ,,Wasserregulierung", auch schlechtweg Regulierung genannt, eingreifen derart, daß auch die durch äußere, unabänderliche Einflüsse von Q auf φQ verkleinerte Wassermenge mit vollem Gefälle H ausgenützt wird. Die Abnahme der Wassermenge darf nicht auch noch eine Verminderung des zweiten Arbeitsfaktors, des Gefälles, nach sich ziehen.

Auf Grund dieser Erwägung sind alle Einrichtungen, welche der Verringerung der Wassermenge durch Beeinträchtigung des Gefälles Rechnung tragen, nicht als Wasser-Reguliereinrichtungen anzusehen. Das teilweise Schließen der Einlaßschützen, einer Drosselklappe im Saugrohr, einer Ringschütze am Saugrohrende usw. ist von üblem Einfluß; all diese Anordnungen zählen nicht zu den Wasser-Reguliereinrichtungen.

Eine zweite aus Betriebsgründen ungemein wichtige Anforderung an gute Reguliereinrichtungen geht dahin, daß das Anpassen der Turbine an wechselnde Wassermenge leicht und ohne Betriebsstörung erfolgen können muß. Wir müssen imstande sein, die Regulierung durch Drehen eines Handrades, Schwenken eines Hebels, kurz durch ein einfaches Triebwerk während des Betriebes verstellen zu können und zwar von beliebig zu bestimmender Stelle aus.

Schließlich ist von konstruktiv gut durchgeführten Reguliereinrichtungen zu verlangen, daß die Regulierungsteile das Nachsehen der Leit- und Laufschaufeln (Verstopfungen) nicht beeinträchtigen. Dieses Nachsehen soll bei vollständig montiertem Reguliergetriebe erfolgen können, damit man sich gerade bei dieser Gelegenheit auch vom richtigen Arbeiten der Reguliergetriebe überzeugen kann.

9. Die Zellenregulierungen.

Die nächstliegende Einrichtung zum Anpassen der Turbine an die verminderte Wassermenge φQ ist das vollständige Abschließen eines entsprechenden Teils der gesamten Leitkanäle oder Leitzellen, die „Zellenregulierung", wie sie für Achsialturbinen meist üblich war.

Auf diese Weise wird die Summe der f_0 der verminderten Wassermenge entsprechend eingestellt, die w_0 bleiben in den nicht geschlossenen Leitzellen im allgemeinen gleich wie für volle Wassermenge, der Oberwasserspiegel behält seine Höhenlage bei, und auch in den Reaktionsgefäßen, die sich gerade vor den offen gebliebenen Leitzellen befinden, sind die v_1 und v_2 richtig vorhanden.

Die Reaktionsgefäße, die sich vor geschlossenen Leitzellen befinden, Fig. 183, erhalten kein Nachfüllwasser, und wenn die geschlossenen Leitzellen nicht mit der äußeren Luft in Verbindung gebracht sind, so werden diese Reaktionsgefäße nicht leerlaufen können, ihr Wasserinhalt, von der letzten offenen Leitzelle herstammend, muß unter der geschlossenen Zelle seine Bewegung einstellen und wird erst im Bereich der nächsten offenen Leitzelle wieder in Fluß kommen. Dieser Wechsel zwischen Anhalten und Fließen verlangt die Aufbietung von Kräften, und die Verzögerung des im Arbeiten begriffenen Wassers geschieht nicht ohne Arbeitseinbuße durch innere Wirbel. Für die Wiederingangsetzung des Gefäßinhaltes dient zum Teil der Stoß des mit w_0 aus der nächsten offenen Leitstelle austretenden Wassers und dies geht auch nicht ohne Verlust vor sich.

Auf Grund dieser Erwägung pflegt man das Schließen der Leitzellen derart vorzunehmen, daß die geschlossenen Zellen aneinandergereiht auftreten, weil dadurch der Verlust des Wechsels zwischen Anhalten und Fließen sich nur einmal, zu Anfang bzw. zu Ende der geschlossenen Strecke, einstellt.

Diese Verluste könnten gemildert werden, wenn man die geschlossenen Leitzellenräume mit der äußeren Luft in Verbindung bringt, weil dann das Reaktionsgefäß zu Beginn der toten Strecke ohne Stoß leerlaufen und sich an deren Ende ebenso wieder anfüllen wird, eine Einrichtung, die natürlich nur dann zulässig ist, wenn die Turbine ohne Saugwirkung arbeitet. Heutzutage ist dies aber kaum irgendwo mehr der Fall.

Einerlei, ob Luftzuführung zur Leitzelle vorhanden ist oder nicht, die letzte der offenen Leitschaufeln, Fig. 183, wird andere Größen von w_0 aufweisen müssen als die Leitschaufeln, die mitten in der Reihe der offenen Zellen sitzen. Selbst wenn die Leitschaufeln bis dicht an die Laufradschaufelkanten hingeführt sind (sehr kleiner Schaufelspalt), so verhindert dies nicht, daß das Fehlen des Nachfüllens aus der benachbarten ersten, toten, Zelle auf die Druckverhältnisse der letzten, offenen, Leitzelle Einfluß übt. Solange der Wasserinhalt des Reaktionsgefäßes ruht, so lange wird keine Druckhöhe $\frac{v_2^2 - v_1^2}{2g}$ erfordert, also ist in der toten Strecke den Leitschaufelmündungen gegenüber ein geringerer Gegendruck vorhanden und dieser kann nicht plötzlich mit der Schaufelkante k, Fig. 183, beginnen, sondern er wird allmählich aus dem normalen Gegendruck durch Verminderung entstehen; die Druckvermindung greift, besonders wenn ein Reaktionsgefäß teilweise vor dem offenen, teilweise vor dem geschlossenen Leitkanal steht, nach dem Austritt der letzten offenen Leitschaufel über, w_0 muß in dieser größer ausfallen als normal.

Das gleiche gilt für die erste offene Leitschaufel nach dem Ende der geschlossenen Strecke. Auch hier wird w_0 größer sein als normal, da um die Leitschaufelkante l herum sich schon der Einfluß des mit niederem Gegendruck ankommenden Reaktionsgefäßes voll stillstehenden Wassers bemerklich machen wird. Wir haben deshalb zu Anfang und Ende der toten Strecke die schon erwähnten Stöße für das Nachfüllen zu gewärtigen.

Diese Stoßverluste sind aber nicht so bedeutend, daß dem reihenweisen Abdecken von Leitkanälen die Eigenschaft der „Reguliereinrichtung" abgesprochen werden darf. Jahrzehnte hindurch war dieses Abdecken die fast ausschließlich angewandte Regulierungsweise, die in den Zeiten anspruchsloser Betriebe durch einfaches, von Hand auszuführendes Auflegen einzelner Deckel geübt wurde. Wenn das Gefälle zu weit herunterging oder wenn wieder reichlicher Wasser kam, stellte man eben ab, um die Turbinenkammer betreten zu können.

Die zunehmende Wertschätzung der Wasserkraftbetriebe in größeren industriellen Anlagen, besonders auch in solchen, die die ganze Woche hindurch Tag und Nacht arbeiten (Holzschleifereien, Papierfabriken, große Mühlenwerke usw.), deren Fabrikationsgang ein auch nur vorübergehendes Abstellen sehr schlecht verträgt, brachte bald mechanischen Betrieb für das Abdecken der Laufkanäle. Es waren teils Einrichtungen, bei denen in Anlehnung an die früheren Handdeckel Einzelklappen der Reihe nach betätigt wurden, teils sog. Rundschieber, die als volle in einem Stück ausgeführte ringförmige Abschlußplatten über die Leitkanäle vorgeschoben wurden, Fig. 183 und 184, wobei die eine Hälfte der Leitkanalanfänge natürlich zur Seite geführt sein mußte, damit die Abschlußplatte nicht

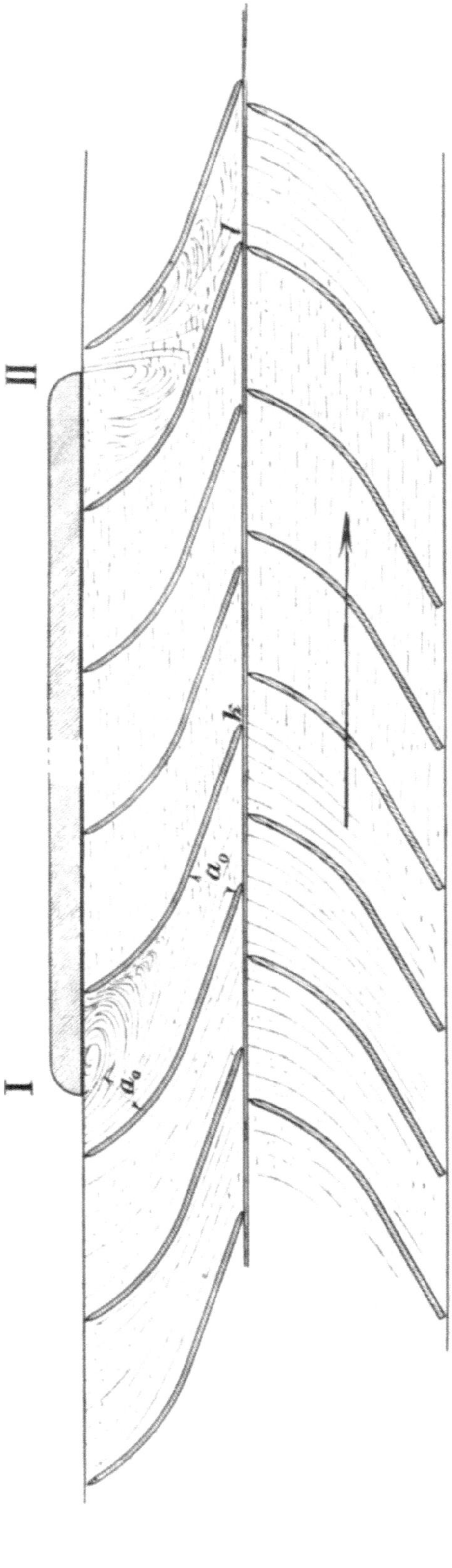

Fig. 183.

immer gleichviel Schaufeln bedeckt hielt. (Schematisch in Fig. 184 dargestellt).

Manche sinnreiche Konstruktion entstand dabei, doch ist wohl keine mehr im Betriebe.

Heute wenden wir Ringschieber nur noch bei Strahlturbinen mit hohem Gefälle an.

Der Ringschieber, wie er in Fig. 183 eingezeichnet ist, kann natürlich auch so eingestellt sein, daß er die betr. Zelle nur teilweise schließt, und dies ist manchmal ganz erwünscht, doch ist dabei folgendes zu beachten. Der Absperrschieber befinde sich am Eingang der Leitzelle und dort ist naturgemäß der Leitkanalquerschnitt noch wesentlich größer als f_0. Das tatsächliche Verkleinern des Zuflusses in der betr. Schaufel beginnt deshalb erst in derjenigen Schieberlage, bei der zwischen Absperrkante und Leitschaufelwand etwa die Weite a_0 vorhanden ist, parallele Leitkränze über die ganze Leitraderstreckung vorausgesetzt. Ist das Leitrad gegen den Anfang hin erweitert, Fig. 89, so beginnt das eigentliche Vermindern der Wassermenge erst bei der Schieberstellung, in der der Durchtrittsquerschnitt an der Absperrkante ungefähr $a_0 \cdot b_0 = f_0$ geworden ist. Ehe der Absperrschieber diese Stellung erreicht hat, bildet er nur ein Bewegungshindernis für das Wasser, eine Wirbelstelle, durch die Gefällverluste verursacht werden, wobei ja allerdings auch eine Beeinträchtigung des Wasserdurchgangs, eine Verminderung der Wassermenge entsteht. Der Rundschieber hat aus diesen Gründen mit jeder neuen Leitschaufel neu anfangend ein Stück toten Ganges, das für die Wasserregulierung nicht sehr von Bedeutung ist, das aber bei der Geschwindigkeitsregulierung, wie wir später sehen werden, von einschneidendem Einfluß werden kann. (Spielraumzeit.)

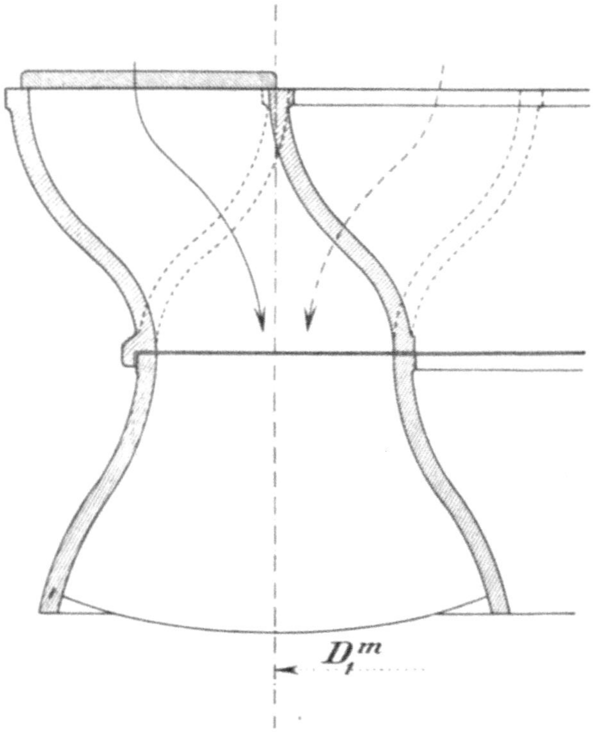

Fig. 184.

Abgesehen davon, ist noch die Richtung von Wichtigkeit, aus der der Absperrschieber über die Leitschaufelanfänge hingeschoben wird.

Die Stellung der Absperrkante nach I Fig. 183 leitet das durchtretende Wasser gegen die Hohlseite der Leitschaufel und veranlaßt dadurch wenigstens ein geordnetes Durchfließen gegen das Laufrad hin, der Strahl führt sich an der Schaufelfläche.

Liegt die Absperrkante nach II, Fig. 183, so ist in der betreffenden Leitschaufel ein Durchwirbeln der verringerten Wassermenge bis ins Laufrad hinein unvermeidlich.

Der Absperrschieber sollte für „Schließen" deshalb stets gegen die Drehrichtung des Laufrades vorgeschoben werden.

Die Rundschieber hatten infolge ihrer Anordnung fast durchgängig die Eigentümlichkeit, daß sie mit zunehmendem Schließen der Turbine schwerer gingen, weil der äußere den Schieber belastende Wasserdruck mit jeder weiteren abgesperrten Zelle wächst. Dieser Umstand, sowie besonders auch der tote Gang und die Schwerfälligkeit des Ganzen bei einigermaßen größeren Wassermengen machten den Rundschieber für die Geschwindigkeitsregulierung bei Turbinen mit kleineren Gefällen (große Wassermenge) unbrauchbar.

Rundschiebervorrichtungen, bei denen der Wasserdruck durch zwei diametral gegenüber angeordnete Absperrkanten und entsprechende zylindrische Gleitflächen ausgeglichen ist, kommen nur noch hier und da für Hochgefälle in Betracht. Doch ist gerade bei den ausgeglichenen Schiebern die Möglichkeit von verhältnismäßig großen Wasserverlusten durch die unbelasteten nach und nach sich ausfressenden Gleitflächenspalte sehr im Auge zu behalten.

Solche Wasserverluste treten in doppelter Weise als Verlustbeträge auf. Nicht nur, daß das durchrinnende Wasser sich dem Arbeitsweg entzieht, sondern durch die abgesperrten leeren Leitschaufeln gelangt es mit ganz geringer Geschwindigkeit vor die Laufradschaufeln, die es dann plötzlich durch Schlag auf die Umfangsgeschwindigkeit u_1 beschleunigen müssen, was auch recht beträchtliche Arbeitsmengen verbrauchen kann.

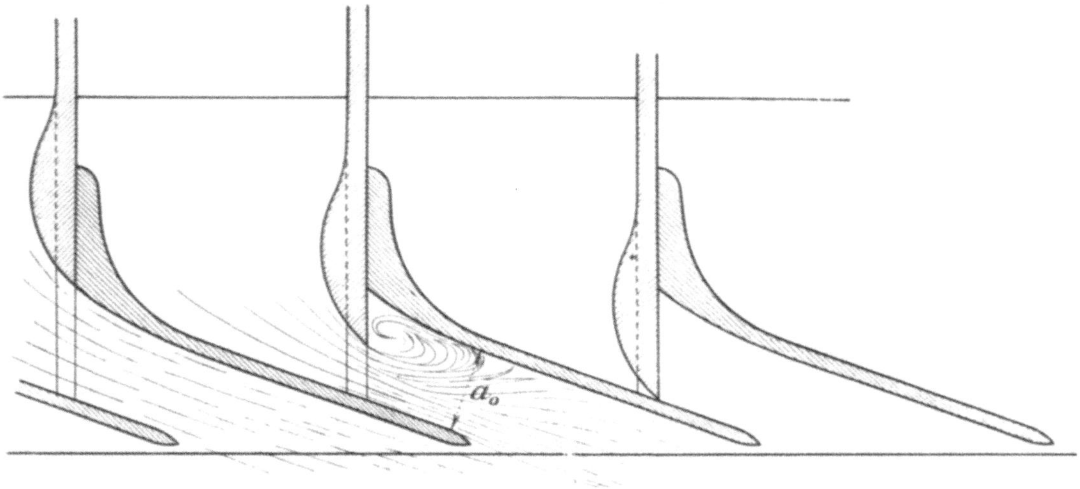

Fig. 185.

Die Fig. 185 zeigt eine Schieberkonstruktion, wie sie auch vielfach üblich war. Diese beläßt dem Wasser bei Teilöffnung die Führung an der Schaufelfläche, hat aber den Übelstand, daß der Abschluß an sich recht mangelhaft ist, so daß viel Wasser durch die geschlossenen Schieber entweichen konnte und im Laufrad den Beschleunigungsschlag erhalten mußte.

Wie schon gesagt, alle diese Einrichtungen für Zellenregulierung sind und bleiben bei größeren Wassermengen schwerfällig, und da heutzutage bei jeder Turbine von Hause aus wenigstens die Möglichkeit der nachträglichen Anbringung eines Geschwindigkeitsreglers offen gehalten werden sollte, so ist aus dieser Erwägung und weil sie sich bei Radialturbinen konstruktiv meist weniger leicht anbringen läßt, die Zellenregulierung nahezu ganz aus den Ausführungen der Reaktionsturbinen verschwunden. Wir werden Veranlassung haben, einige Anwendungen bei den Strahlturbinen zu betrachten.

10. Die Zeidler'sche Reguliervorrichtung.

Das Abschließen einzelner Leitkanäle bringt die vorher erörterten Störungen im Durchfluß des Wassers durch die Reaktionsgefäße.

Vollständig vermieden sind diese durch die von Zeidler angegebene Reguliereinrichtung, die auch seinerzeit in einigen Ausführungen im Betrieb war. Zeidler baute äußere Radialturbinen mit parallelen Kränzen, d. h. mit $b_1 = b_2$, und richtete die Turbine so ein, daß die Breiten $b_0 = b_1 = b_2$ gleichzeitig durch Verschieben zweier Zwischenböden je mit Ringschütze, einer im Leitrad, einer im Laufrad,

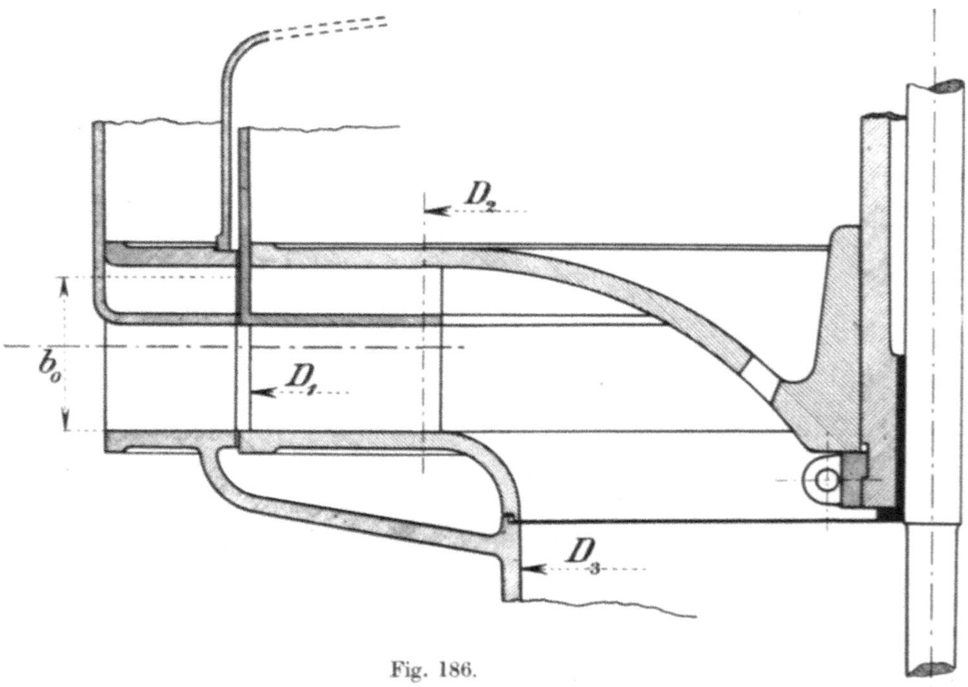

Fig. 186.

um gleichviel geändert werden konnten, wie dies Fig. 186 schematisch zeigt. Dies ist eine Einrichtung, die überhaupt die einzige theoretisch richtige Lösung der Regulierungsfrage darstellt, denn bei derselben bleibt das gegenseitige Verhältnis der Querschnitte in Leit- und Laufrad unverändert, die Winkel ebenso, so daß vom Standpunkt der Theorie und Berechnung im allgemeinen nicht der geringste Einwand gerechtfertigt erschien.

Die Praxis hat die Konstruktion aber aus Betriebsgründen abgelehnt und schließlich kam doch auch vom konstruktiven Standpunkt ein berechtigter Einwand zur Geltung, so daß heute Neuausführungen völlig ausgeschlossen sind.

Der sichere Betrieb einer solchen Regulierungseinrichtung war nahezu unmöglich. Die Zwischenböden müssen notwendig Schlitze für die Leit- und die Radschaufeln haben. Diese Schlitze konnten der ganzen Natur der Ausführung nach nicht eng passend an den Schaufelflächen anschließen. Hierdurch war Gelegenheit gegeben, daß sich alle die kleinen Gegenstände, die das Betriebswasser mit sich führt, Laub, Gras, kleine Zweige u. dgl. in den Schlitzen ansetzten und die Beweglichkeit der Zwischenböden in kurzer Zeit erschwerten oder ganz unmöglich machten. Außerdem war die Einrichtung für das Auf- und Abbewegen des Laufradzwischenbodens während des Betriebes ziemlich umständlich, weil dieser sich mit dem Laufrad drehen mußte.

Die Klemmungen der Böden haben, wo nicht ganz reines Betriebswasser vorhanden war, diesem Regulierbetrieb überall ein rasches Ende gesetzt.

Abgesehen von der schon erwähnten unlohnenden Aufgabe, die Bewegung des Laufradbodens zu vermitteln, hatte der Turbinenkonstrukteur besonders auch noch Schwierigkeiten hinsichtlich des Entwerfens der Turbinenschaufelung selbst.

Ganz unabhängig und überall besteht die Bedingung, daß durch alle Querschnitte in gleichen Zeiten gleiche Wassermengen durchfließen, der wir ja auch schon, erstmals in Gl. 85, S. 26, stets Rechnung getragen haben. Die Zylinderflächen $D_1\pi \cdot b_0$, $D_1\pi \cdot b_1$, $D_2\pi \cdot b_2$ müssen auch als solche Querschnitte angesehen werden, und wir haben sie auch als solche behandelt, auch den Einfluß der s_0, s_1 usw. beachtet, wir waren aber frei in der Wahl von b_2 gegenüber $b_0 = b_1$ und konnten b_2 dem zugelassenen Austrittsverlust α_2 entsprechend bemessen.

Sowie aber $b_0 = b_1 = b_2$ eingehalten werden soll, erhält die seither zwanglos befriedigte Bedingung, vgl. S. 150,

$$D_1\pi \cdot b_0 \frac{a_0}{a_0 + s_0} w_0 \sin\delta_0 = D_2\pi \cdot b_2 \frac{a_2}{a_2 + s_2} w_2 \sin\delta_2$$

(die betreffenden Zylinderflächen werden, sofern von dem Zusammenschließen der Strahlen abgesehen wird, nur in den durch s_0 und s_2 verengten Abmessungen durchflossen) eine Einschränkung auf

$$D_1 \frac{a_0}{a_0 + s_0} w_0 \sin\delta_0 = D_2 \frac{a_2}{a_2 + s_2} w_2 \sin\delta_2 .$$

Hieraus ist ersichtlich, daß die parallelen Kränze Beengungen in der freien Wahl von w_2 usw. bringen, es müßte, sofern $\frac{a_0}{a_0 + s_0} = \frac{a_2}{a_2 + s_2}$ wäre,

$$w_0 \sin\delta_0 = \Delta \cdot w_2 \sin\delta_2$$

eingehalten werden, was oft recht viel Mühe machen würde.

Zudem können diese Turbinen nur mit großem Laufraddurchmesser gebaut werden, da die Ablenkung des Wassers aus der radialen in die achsiale Richtung erst nach dem Verlassen des Laufrades beginnen kann, sie sind also Langsamläufer.

Aus all diesen Gründen hat die Ausführung der an sich trefflichen Idee keinen Erfolg haben können.

---

11. Die Spaltdruckregulierungen. Allgemeines.

Unter dieser Bezeichnung verstehen wir Reguliereinrichtungen, die das Anpassen an den verminderten Wasserzufluß durch rundum gleichförmiges Verkleinern der sämtlichen Leitschaufelquerschnitte bewirken. Die Folge dieser rundum gleichförmigen Verkleinerung ist eine Änderung der Druckverhältnisse im Spalt und daher die gewählte Bezeichnung.

Der Druckhöhenunterschied zwischen der Stelle „1" und derjenigen „2" ist wie bekannt für alle Schichten gleich

$$h_L = h_1 + h_g - h_2 = \frac{u_1^2 - u_2^2}{2g} + \frac{v_2^2 - v_1^2}{2g} \quad \ldots \ldots \quad (341)$$

Setzen wir im Anschluß an Früheres (S. 27 u. a.) $f_1 = n_1 \cdot f_2$, so kann geschrieben werden

$$h_L = h_1 + h_g - h_2 = \frac{u_1^2}{2g}(1 - \Delta^2) + \frac{v_2^2}{2g}\left(1 - \frac{1}{n_1^2}\right) \quad \ldots \ldots \quad 525$$

und hieraus ist deutlich zu ersehen, daß der Bedarf an Laufraddruckhöhe h_L mit abnehmender Wassermenge, d. h. mit kleiner werdendem v_2 rasch sinkt, denn auch $\varrho_2 H$ wird ungefähr mit dem Quadrat der Geschwindigkeiten abnehmen, sofern bei der verkleinerten Wassermenge keine Wirbel auftreten.

Wird der Bedarf an h_L kleiner, so muß sich dies als Abnahme des Druckes h_1 an der Stelle „1" zeigen, denn derjenige in „2" ist, Fig. 103, 118, als h_2 allemal durch die Aufstellung der Turbine im großen und ganzen bestimmt, abgesehen von der Veränderung der Widerstandshöhen im Saugrohr, wie sie die wechselnde Wassermenge mit sich bringen wird, die aber ohne wesentlichen Einfluß auf die Gesamtaufteilung der Druckhöhen bleibt.

Aus der nach Δ und n_1 geänderten Gefälleaufteilung für ideellen Betrieb, S. 130

$$\frac{w_1^2}{2g} + h_L = \frac{w_1^2}{2g} + \frac{u_1^2}{2g}(1 - \Delta^2) + \frac{v_2^2}{2g}\left(1 - \frac{1}{n_1^2}\right) = H \quad \ldots \quad (346)$$

und aus der ebenso geänderten Gefälleaufteilung des tatsächlichen Betriebes

$$\frac{w_1^2}{2g} + \frac{u_1^2}{2g}(1 - \Delta^2) + \frac{v_2^2}{2g}\left(1 - \frac{1}{n_1^2}\right) = (1 - \varrho) H \quad \ldots \ldots \quad (375)$$

ist ersichtlich, daß die Abnahme der verarbeiteten Wassermenge, d. h. die Abnahme von v_2, einen größeren Betrag für $\frac{w_1^2}{2g}$ übrigläßt, daß also bei der Spaltdruckregulierung mit verkleinerten f_0 die w_0 und w_1 wachsen müssen und umgekehrt. Es liegt in der Natur der Verhältnisse, daß die Vermehrung von w_0 weitaus überholt wird durch die Verminderung der f_0 und daß deshalb doch die Verkleinerung der Leitschaufelquerschnitte die gewünschte Verringerung der durchfließenden Wassermenge bewerkstelligt.

12. Die Fink'sche Drehschaufelregulierung.

Fink, ehedem Professor an der Technischen Hochschule Berlin, hat das unbestreitbare Verdienst, die erste und zugleich dem Prinzip nach vollkommenste Spaltdruckregulierung für äußere Radialturbinen ausgeführt zu haben, indem er die Leitschaufeln ähnlich wie Drosselklappen drehbar anordnete. Die Drehachsen stehen parallel zur Turbinenachse.

Die Fink'sche Regulierung fand zuerst in Deutschland wenig Anklang. Fink selbst führte einige wenige Turbinen mit derselben aus; seit Mitte der siebziger Jahre vorigen Jahrhunderts wurde die Konstruktion von der Firma J. M. Voith, Heidenheim a. Br., aufgenommen und trotz des zuerst allgemein herrschenden Mißtrauens gegen die Anordnung an sich und gegen die äußeren Radialturbinen überhaupt, insbesondere auch gegen die Anwendung von Saugwirkung, schließlich mit durchschlagendem Erfolg zur Geltung gebracht. Der Wendepunkt in dieser Entwicklung wird durch die Veröffentlichung der Bremsergebnisse an der Turbine des Kgl. württ. Hüttenwerkes Königsbronn, Zeitschr. d. Ver. deutsch. Ing. 1892, S. 797, bezeichnet. Amerikanische Turbinenkonstruk-

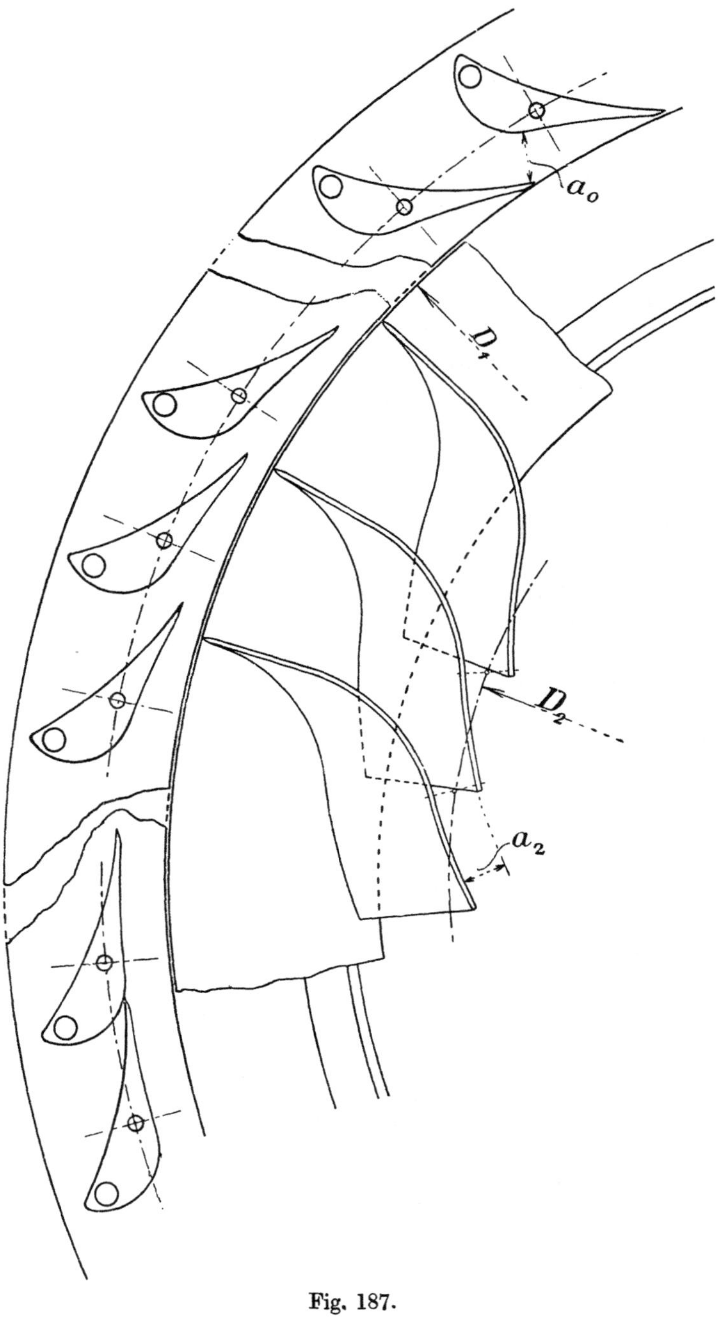

Fig. 187.

teure hatten sich auch schon vorher mit der Ausbildung der Konstruktion befaßt, ohne damit bei uns große Erfolge zu erzielen. Heute gibt es fast keine Turbinenanlage für niedere, mittlere und große Gefälle ohne Fink'sche Drehschaufeln oder ähnliche Anordnungen, und unregulierbare Turbinen bilden nur noch eine ungemein seltene Ausnahme.

So verschieden die Einrichtung der drehbaren Leitschaufeln in konstruktiver Beziehung ausgebildet worden ist, so stimmt das Wesen der Anordnung in all diesen Ausführungen doch im Prinzip völlig überein derart, daß unsere rechnungsmäßige Behandlung der Sache die sämtlichen Ausführungen drehbarer Leitschaufeln umfassen darf.

Wir haben es fast immer mit gußeisernen Leitschaufeln zu tun, die, nach innen zu in s_0 auslaufend, gegen rückwärts verdickt sind, um Raum für die Drehachse im Innern zu schaffen, wie dies Fig. 187 auch Taf. 5 usw. ersehen lassen. Zum Anpasen an veränderte Wassermengen werden sämtliche Schaufeln rundum gleichzeitig gedreht, sie sind irgendwie zwangläufig mit einem Ringe, dem Regulierring, verbunden, der sie bewegt und festhält. Durch die Drehung ändern sich die Winkel δ_0 rundum in gleicher Weise, ebenso die Lichtweiten a_0.

A. Der Einfluß der Änderung von δ_0 auf die ideelle Wassermenge und Leistung einer äußeren Radialturbine einfachster Art.

Es soll versucht werden, das Wesen dieses Einflusses für verschiedene Größen des Winkels δ_0, für Werte von $\beta_1 < 90^0$, $\beta_1 = 90^0$, $\beta_1 > 90^0$ darzustellen.

Eine Betrachtung über veränderliche u_1 unterbleibt hier im Hinweis auf Früheres, der geordnete Betrieb verlangt gleichmäßige Umfangsgeschwindigkeit. Im übrigen ist vorausgesetzt, daß die Belastung der Turbine jeweils dem gerade vorhandenen Arbeitsvermögen angepaßt werde.

Die Betrachtungen finden in manchem engen Anschluß an die früheren Erörterungen über wechselnde u, S. 132 u. f., während wir eben hier δ_0 als veränderlich ansehen.

Wie früher auch, sollen zuerst die Verhältnisse des ideellen Betriebes mit verschwindend kleinen Schaufelstärken zugrunde gelegt sein.

Dabei wollen wir uns aber darüber klar sein, daß die Annahmen über den Stoß der Wasserteilchen zwar mathematisch plausibel sind, daß aber deren Beharrungsvermögen bei der ungemein großen gegenseitigen Beweglichkeit der Wasserteilchen fast immer zu Wirbelbildungen führt, die dem Arbeitsvermögen Eintrag tun.

Die Praxis zeigt teilweise andere Ergebnisse, als hier die Rechnungen aufweisen, und es muß immer unser Bestreben sein, die theoretischen Betrachtungen den Ergebnissen der Praxis mehr und mehr anzupassen. Dies schließt aber nicht aus, daß auch die Praxis aus den theoretischen Erwägungen Nutzen ziehen kann und wird.

1. β_1 kleiner als 90^0.

Wir gehen aus von einer Turbine mit rein radialem Austritt nach Art der Fig. 129, S. 173, die für volle Wassermenge ein stoßfreies Nachfüllen der Reaktionsgefäße zeigt, bei der sich also das Geschwindigkeitsparallelogramm aus den rechnungsmäßigen Größen u_1, $w_0 = w_1$ und v_1, den Winkeln β_1 und $\delta_0 = \delta_1$, Fig. 188, zusammensetzt. Es ist erforderlich, daß wir die Folgen der Verkleinerung und die der Vergrößerung von δ_0 bei sonst unveränderten Abmessungen betrachten.

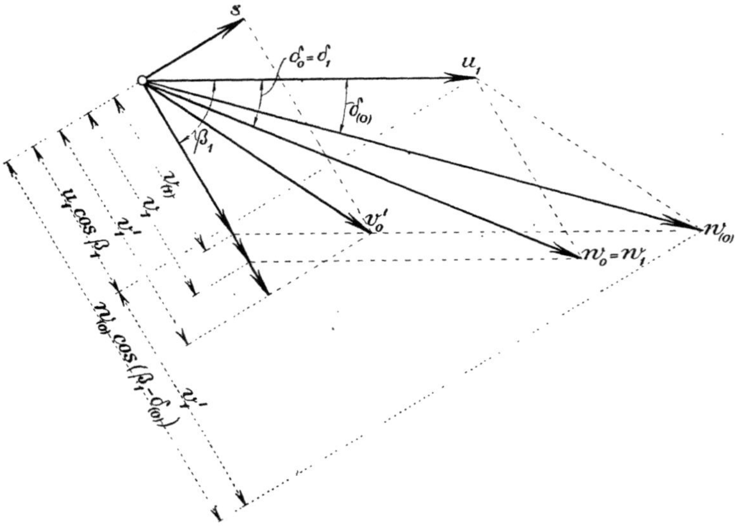

Fig. 188. $\beta_1 < 90^0$; v_1' positiv.

1a. Gefälleaufteilung für verkleinerte Leitschaufelweite $a_{(0)}$, für $\delta_{(0)} < \delta_1$.

Schwenken wir die Leitschaufeln derart, daß sich der normale Winkel $\delta_0 = \delta_1$ auf $\delta_{(0)}$ verkleinert, Fig. 188, so sind die a_0 auf $a_{(0)}$ zurückgegangen und infolge dieser Verengung der Leitradquerschnitte wird nur noch ein Bruchteil φ der normalen Wassermenge Q durchfließen. Wir sprechen von einer verminderten Füllung der Turbine und bezeichnen die zugehörige Wassermenge im Gegensatze zu voller Füllung mit φQ. Die Geschwindigkeiten, Winkel usw., die diesen Teilfüllungen entsprechen, sollen wie vorstehend mit eingeklammertem Index, als $w_{(0)}$, $\delta_{(0)}$, $a_{(0)}$ usw. bezeichnet werden.

Fließt aber weniger Wasser dem Laufrade zu, so bedarf es selbstverständlich auch geringerer Druckhöhe zum Durchpressen des Wassers durch die Reaktionsgefäße, wie schon S. 292 erwähnt, die hierzu erforderliche Höhe $h_L = h_1 + h_g - h_2$ Gl. 525, wird kleiner. Für die Erzeugung der absoluten Nachfüllgeschwindigkeit bleibt ein größerer Gefällebruchteil zur Verfügung, die neue, dem geänderten $\delta_{(0)}$ entsprechende, tatsächliche Durchflußgeschwindigkeit $w_{(0)}$ der verkleinerten Füllung im verengten Querschnitt $z_0 \cdot f_{(0)} = z_0 \cdot a_{(0)} \cdot b_0$ muß deshalb größer ausfallen, als w_0 bei voller Füllung gewesen ist, wie dies Fig. 188 zeigt.

Das Wasser tritt mit $w_{(0)}$ und in der Richtung $\delta_{(0)}$ gegen das Laufrad; es besitzt deshalb unmittelbar vor dem Eintritt in die Reaktionsgefäße relativ zu diesen eine Geschwindigkeit v_0', die sich als Parallelogrammseite aus u_1 und $w_{(0)}$ ergibt, Fig 188.

Der Einfüllrichtung β_1 gemäß kann der Eintritt des Nachfüllwassers aber nur in dieser Richtung erfolgen, wir zerlegen deshalb v_0' in Komponenten parallel und senkrecht zu dieser Richtung und erhalten diese Komponenten als v_1' in der Einfüllrichtung und als s senkrecht dazu, senkrecht zur Gefäßwand.

Mit der Geschwindigkeit s prallt das Wasser gegen die Schaufelfläche und übt einen Druck gegen sie aus, der bei der Aufstellung der Arbeitsgrößen zu berücksichtigen sein wird; für die Wasserdurchführung durch das Reaktionsgefäß jedoch ist die Geschwindigkeitshöhe $\frac{s^2}{2g}$ als verloren anzusehen.

Die Geschwindigkeit v_1' in der Einfüllrichtung wird, wie früher auch, noch nicht den tatsächlichen Durchfluß-Verhältnissen entsprechen. Dies erhellt aus folgendem:

Wir haben Querschnitte, die in ihren Abmessungen bekannt sind, und zwar den verringerten Leitradquerschnitt von insgesamt

$$z_0 \cdot f_{(0)} = z_0 \cdot a_{(0)} \cdot b_0 \quad \ldots \ldots \ldots \ldots \quad 526$$

der mit $w_{(0)}$ durchflossen wird und die Summe der Einfüllquerschnitte des Laufrades, die ungeändert geblieben ist, zu

$$z_1 \cdot f_1 = z_1 \cdot a_1 \cdot b_1$$

Da bei der Reaktionsturbine die Querschnitte ganz von strömendem Wasser angefüllt sind, so wird für die verminderte Wassermenge zu schreiben sein

$$\varphi Q = z_0 \cdot a_{(0)} \cdot b_0 \cdot w_{(0)} = z_1 \cdot a_1 \cdot b_1 \cdot v_{(1)} \quad \ldots \ldots \ldots \quad 527$$

worin $v_{(1)}$ die tatsächlich vorhandene Einfüllgeschwindigkeit, also nicht v_1', darstellt. Aus dieser Gleichung finden wir mit $b_0 = b_1$

$$v_{(1)} = w_{(0)} \frac{z_0 \cdot a_{(0)}}{z_1 \cdot a_1} \quad \ldots \ldots \ldots \ldots \quad 528$$

Nun darf für verschwindend kleine Schaufelstärken ($s_0 = s_1 = 0$) gesetzt werden

$$a_{(0)} = t_0 \sin \delta_{(0)} = \frac{D_1 \pi}{z_0} \sin \delta_{(0)}$$

und

$$a_1 = t_1 \sin \beta_1 = \frac{D_1 \pi}{z_1} \sin \beta_1 .$$

Nach Einsetzen vorstehender Werte in Gl. 528 geht diese über in

$$v_{(1)} = w_{(0)} \frac{\sin \delta_{(0)}}{\sin \beta_1}$$

oder, vgl. auch früher Gl. 235,

$$w_{(0)} = v_{(1)} \frac{\sin \beta_1}{\sin \delta_{(0)}} \quad \ldots \ldots \ldots \ldots \quad 529$$

Aus Fig. 188 ist ersichtlich, daß, wie die Gl. 529 besagt, die Enden von $w_{(0)}$ und $v_{(1)}$, also auch das Ende von v_0', in der gleichen Parallelen zu u_1 liegen. Die Figur zeigt deutlich, daß diese aus der Größe des Einfüllquerschnittes notwendig folgende tatsächliche Einfüllgeschwindigkeit $v_{(1)}$ in dem vorliegenden Falle von v_1', der Komponente von v_0', abweichen wird. Das Wasser muß, vgl. S. 78, nachdem es durch den Stoß mit s aus v_0' in die richtige Richtung β_1 eingerenkt worden, nun mit der zu großen Geschwindigkeit v_1' auf die unmittelbar vorher eingetretenen Wasserteilchen, die schon die einzig mögliche Geschwindigkeit $v_{(1)}$ besitzen, aufprallen, und ein Druckhöhen- bzw. Gefällverlust im Betrage von $\frac{(v_1' - v_{(1)})^2}{2g}$ wird die Folge sein, vgl. S. 30 u. f.

Würde sich in einem anderen Falle ergeben, daß v_1' kleiner wäre als $v_{(1)}$, so würde für die Beschleunigung von v_1' auf $v_{(1)}$ ein Gefällebruchteil von $\frac{v_{(1)}^2 - v_1'^2}{2g}$ in Rechnung zu stellen sein, vgl. S. 86.

Der Vergleich mit Fig. 59, S. 77 lehrt, daß dort wie in Fig. 188 die Endpunkte von $w_{(0)}$, $v_{(0)}'$, $v_{(1)}$ in der gleichen Parallelen zur Umfangsgeschwindigkeit u_1 liegen, also können die geometrischen Beziehungen zwischen den verschiedenen Geschwindigkeiten hier wie dort angeschrieben werden mit dem Unterschiede, daß an Stelle der früheren veränderlichen Geschwindigkeit u' jetzt die gleichbleibende

Geschwindigkeit u_1 und daß statt des früheren feststehenden Winkels $\delta_0 = \delta_1$ nunmehr der veränderliche Winkel $\delta_{(0)}$ zu treten hat.

Die Gl. 243 S. 81 geht demnach über in

$$s = \left[v_{(1)} \frac{\sin(\beta_1 - \delta_{(0)})}{\sin \delta_{(0)}} - u_1\right] \sin \beta_1 \quad \ldots \ldots \ldots \quad 530$$

Die Gl. 244 bis 247 bleiben auch hier mit entsprechenden Bezeichnungen bestehen.

Die geschilderten Umstände bringen die gleichen Gefälleverluste: $\frac{s^2}{2g}$ durch Schaufelstoß und dazu $\frac{(v_1' - v_{(1)})^2}{2g}$ im Einfüllquerschnitt, wie sie in der Gefälleaufteilung S. 81 in Rechnung gestellt und in Gl. 241 enthalten sind. Da wir es aber hier mit der gleichförmig rotierenden Turbine zu tun haben, so kommt statt Gl. 241 die Gl. 354 S. 133 mit u_1 und u_2 statt u_1' und u_2' und mit $u_2 = \Delta u_1$ als

$$\frac{w_{(0)}^2}{2g} - \frac{v_0'^2}{2g} + \frac{s^2}{2g} + \frac{(v_1' - v_{(1)})^2}{2g} + \frac{v_{(2)}^2}{2g} + \frac{u_1^2}{2g}(1 - \Delta^2) = H \quad \ldots \quad 531$$

für die Gefälleaufteilung des ideellen Betriebes in Betracht. Indem wir wie dort auch nach $v_{(1)}$ auflösen, vgl. Gl. 248 und 356, folgt

$$v_{(1)}^2 \left[n_1^2 + \frac{\sin^2(\beta_1 - \delta_{(0)})}{\sin^2 \delta_{(0)}}\right] + 2 v_{(1)} u_1 \cos \beta_1 = 2g \left[H - \frac{u_1^2}{2g}(1 - \Delta^2)\right] \quad \ldots \quad 532$$

Hierdurch ist, weil $f_1 = z_1 \cdot a_1 \cdot b_1$ bekannt, die dem verkleinerten Winkel $\delta_{(0)}$, demnach der verkleinerten Leitschaufelweite $a_{(0)}$ entsprechende verkleinerte Wassermenge φQ (Teilfüllung) rechnungsmäßig bekannt als

$$\varphi Q = z_1 \cdot a_1 \cdot b_1 \cdot v_{(1)} \quad \ldots \ldots \ldots \ldots \quad (527)$$

oder aus

$$\varphi = \frac{v_{(1)}}{v_1}.$$

Von Interesse ist dann noch die Größe von $w_{(0)}$, die aus Gl. 529 hervorgeht, während ohne großen Fehler $a_{(0)} = t_0 \sin \delta_{(0)}$ gerechnet werden darf.

1b. Arbeitsgrößen für $\delta_{(0)} < \delta_1$.

Aus dem Wert von φQ lassen sich, wie früher aus q', die Arbeitsgrößen, das vom Gefäß ausgeübte Drehmoment $M_G = M_C + M_R + M_u$, Gl. 364, 339 mit 324, die mitdrehenden Momente der Stoßkräfte S, V, rechnungsmäßig bestimmen, wobei die auf S. 135 angeführten Ermittelungen und Beziehungen sinngemäß anzuwenden sind, es ist eben durchweg statt u_1 nunmehr $\delta_{(0)}$ veränderlich. Auch hier gilt das über k_S, k_V usw. früher Gesagte.

Das gesamte nutzbare hydraulische Moment findet sich, statt M' hier M_ε, zu

$$M_\varepsilon = M_G + M_S + M_V = M_G + k_S S \cdot r_1 \sin \beta_1 + k_V V \cdot r_1 \cos \beta_1 \quad \ldots \quad (365)$$

1c. Gefälleaufteilung für $\delta_{(0)} > \delta_1$, Überöffnen.

Man kann auch die Frage aufwerfen, wie sich die Verhältnisse gestalten, sofern wir die Leitschaufeln weiter aufmachen, als für das stoßfreie Nachfüllen der normalen Wassermenge Q erforderlich ist. Diese Frage könnte für Hochwasserszeiten auf den ersten Blick wenigstens praktische Bedeutung haben.

Mit welchen Verhältnissen dann zu rechnen ist, zeigt Fig. 189, S. 298.

Wie die Verkleinerung von a_0 eine Verkleinerung von h_L, Gl. 525, und dementsprechend die Vergrößerung von w_0 mit sich brachte, ebenso wird die Erweiterung der a_0 einen größeren Bedarf an h_L bringen und deshalb die Durchflußgeschwindigkeit $w_{(0)}$ verkleinern. Wir erhalten in Fig. 189 aus der Leitschaufelgeschwindigkeit $w_{(0)}$ für den vergrößerten Winkel $\delta_{(0)}$, und mit u_1 die Parallelogrammseite v_0', die jetzt nach links außerhalb des Winkels β_1 fällt und die wir wieder in die Komponenten s senkrecht zum Schaufelanfang und in v_1' in der Schaufelrichtung

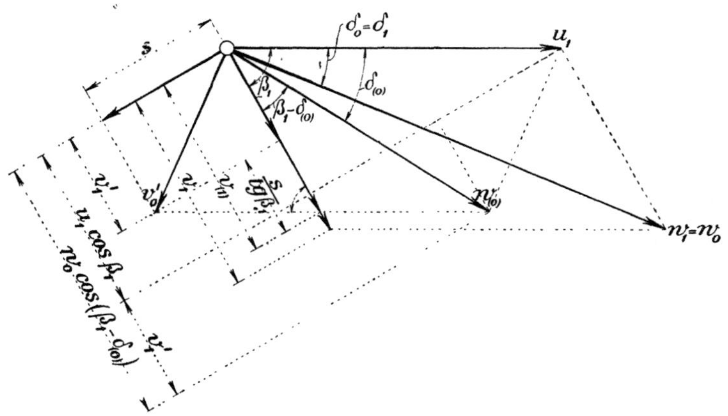

Fig. 189. $\beta_1 < 90^0$; Überöffnen; v_1' positiv.

zerlegen. Da hier natürlich die Betrachtung, die auf die Gl. 528 und 529 führte, ebenfalls gültig ist, so müssen auch hier die Endpunkte der $w_{(0)}$, v_0' und $v_{(1)}$ in der gleichen Parallelen zu u_1 liegen, und so zeigt sich, daß hier v_1' kleiner sein wird als $v_{(1)}$; zur Erzeugung von $v_{(1)}$ ist deshalb, wie S. 296 unten schon erwähnt, der Gefällebruchteil $\frac{v_{(1)}^2 - v_1'^2}{2g}$ aufzuwenden.

Öffnen wir die Leitschaufeln noch weiter, so wird sich v_0' immer mehr einer Lage senkrecht zum Schaufelanfang (β_1) nähern und schließlich diese Lage erreichen, Fig. 190; Verhältnisse ganz ähnlich denen der Fig. 64, S. 86. Hier ist einfach

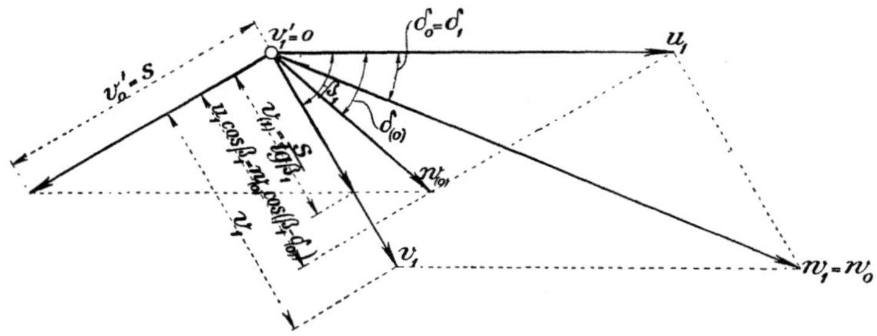

Fig. 190. $\beta_1 < 90^0$; Überöffnen; $v_1' = 0$.

$v_0' = s$ geworden; eine Komponente von v_0', die das Wasser in das Reaktionsgefäß hineinführt, ist nicht vorhanden. Es muß die ganze Druckhöhe von ideell $\frac{v_{(1)}^2}{2g}$ zur Erzeugung von $v_{(1)}$ aufgewendet werden.

Wir können $\delta_{(0)}$ noch weiter vergrößern und erhalten dann, Fig. 191, eine Lage von v_0', die mit dem Schaufelanfang einen Winkel größer als 90^0 einschließt, und eine Komponente v_1', die gegen außen, der Bewegungsrichtung des Wassers entgegengesetzt (negativ), gerichtet ist, ähnlich Fig. 65.

Damit das Wasser die schließlich doch vorhandene positiv gerichtete Geschwindigkeit $v_{(1)}$ erhalten kann, sind aus der Gefälleaufteilung für diese Winkelgröße von $\delta_{(0)}$ die Druckhöhen $\frac{v_1'^2}{2g} + \frac{v_{(1)}^2}{2g}$ in Anspruch zu nehmen, wie dies für Fig. 65 auch der Fall war.

Die Stoßgeschwindigkeiten s sind bei $\delta_{(0)} > \delta_1$ der Bewegungsrichtung des Laufrades entgegengesetzt gerichtet, ihre Komponenten in Richtung u_1 werden hier nicht arbeitsleistend, sondern arbeitverzehrend auftreten.

So zeigt es sich, daß für Überöffnen, $\delta_{(0)} > \delta_1$, die Verhältnisse, wie früher für $u' > u$, zwei Gebiete umfassen: v_1' positiv und v_1' negativ, getrennt durch $v_1' = 0$,

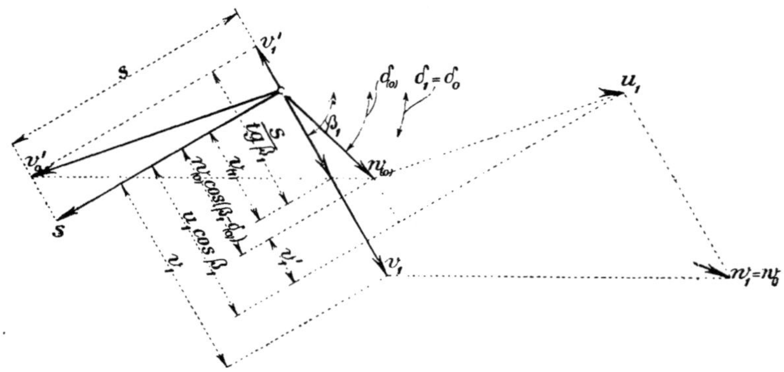

Fig. 191. $\beta_1 < 90^0$; Überöffnen; v_1' negativ.

und wir übernehmen die entsprechenden Gleichungen von S. 133 für die Turbine mit veränderlichem u, für den jetzigen Fall mit veränderlichem δ_0 für den ideellen Betrieb als v_1' positiv; Fig. 189, vgl. Gl. 357:

$$\frac{w_{(0)}^2}{2g} - \frac{v_0'^2}{2g} + \frac{s^2}{2g} + \frac{v_{(2)}^2}{2g} + \frac{u_1^2}{2g}(1 - \Delta^2) = H \quad \ldots\ldots \quad 533$$

$v_1' = 0$ und negativ, Fig. 190 und 191, vgl. Gl. 360:

$$\frac{w_{(0)}^2}{2g} + \frac{v_{(2)}^2}{2g} + \frac{u_1^2}{2g}(1 - \Delta^2) = H \quad \ldots\ldots\ldots\ldots \quad 534$$

Mit entsprechenden Werten für v_1' positiv

$$v_0'^2 - s^2 = v_1'^2$$

und

$$v_1' = v_{(1)} - \frac{s}{\operatorname{tg}\beta_1},$$

sowie mit, vgl. Gl. 358

$$s = u_1 \sin\beta_1 - v_{(1)} \frac{\sin\beta_1}{\sin\delta_{(0)}} \sin(\beta_1 - \delta_{(0)}) \quad \ldots\ldots \quad 535$$

und

$$v_1' = v_{(1)} - u_1 \cos\beta_1 + v_{(1)} \frac{\sin(\beta_1 - \delta_{(0)})}{\sin\delta_{(0)}} \cos\beta_1 \quad \ldots\ldots\ldots \quad 536$$

ferner mit $v_{(2)} = n_1 \cdot v_{(1)}$, (wobei wir wieder n_1 in den Gleichungen der Übersichtlichkeit der Berechnung wegen, Gl. 352, S. 131, für festes $\delta_0 = \delta_1$ usw., stehen lassen) findet sich schließlich

v_1' positiv, vgl. Gl. 359:

$$v_{(1)}^2 \left[n_1^2 + \frac{\sin^2(\beta_1 - \delta_{(0)})}{\sin^2\delta_{(0)}} \sin^2\beta_1 \right] + 2\, v_{(1)}\, u_1 \cos\beta_1 \left[1 + \frac{\sin(\beta_1 - \delta_{(0)})}{\sin\delta_{(0)}} \cos\beta_1 \right]$$

$$= 2g\left[H - \frac{u_1^2}{2g}(\sin^2\beta_1 - \Delta^2) \right] \quad \ldots\ldots\ldots\ldots \quad 537$$

$v_1' = 0$ und negativ, vgl. Gl. 360 und Gl. 361

$$v_{(1)}^2 \left[n_1^2 + \frac{\sin^2\beta_1}{\sin^2\delta_{(0)}} \right] = 2g\left[H - \frac{u_1^2}{2g}(1 - \Delta^2) \right] \quad \ldots\ldots \quad 538$$

Aus diesen Gleichungen lassen sich die $v_{(1)}$ berechnen, was bei gegebenen Zahlen- und Winkelwerten sehr einfach ausfällt, und wir finden mit

$$\varphi Q = z_1 \cdot a_1 \cdot b_1 \cdot v_{(1)}$$

wie vorher auch die Wassermenge, die den verschiedenen Winkeln $\delta_{(0)}$ entspricht.

1d. Die Arbeitsgrößen für $\delta_{(0)} > \delta_1$.

Sie sind hier wie früher auch zu berechnen und wie unter 1b schon berührt. Beim Überschreiten von $\delta_0 = \delta_1$ wird sich, ganz wie früher auch, S. 87 und S. 135, durch die Beschleunigung des Einfüllwassers von v_1' auf $v_{(1)}$ am Gefäßeintritt eine sog. Reaktionskraft P einstellen, Gl. 252, S. 87, die ein der Bewegung entgegengesetztes Moment ausübt.

Das gesamte Moment findet sich hier, statt M' jetzt M_ε gesetzt, zu

$$M_\varepsilon = M_G - M_S - M_P \quad \text{(366)}$$

2. β_1 gleich 90^0.

Hier liegen die Verhältnisse, ähnlich wie früher auch, sehr einfach, denn die Fig. 192 und 193 lassen erkennen, daß auch hier (wie in Fig. 69a) $v_1' = v_{(1)}$ ausfällt, einerlei ob $\delta_{(0)}$ kleiner oder größer als δ_1 (normal) gemacht wird.

Verkleinerung von δ_0 und a_0.

Die Fig. 192 erläutert die Verhältnisse. Das normale Geschwindigkeitsparallelogramm ist in v_1, $w_0 = w_1$, $\delta_0 = \delta_1$ usw. gegeben. Der verkleinerte Winkel $\delta_{(0)}$ bringt $w_{(0)}$ größer als w_0, woraus mit u_1 die Größe und Richtung von v_0' folgt, und woran sich die Zerlegung von v_0' in s und v_1' anschließt. Da die Gl. 529 auch hier gültig ist, so ist hier notwendig $v_{(1)} = v_1'$.

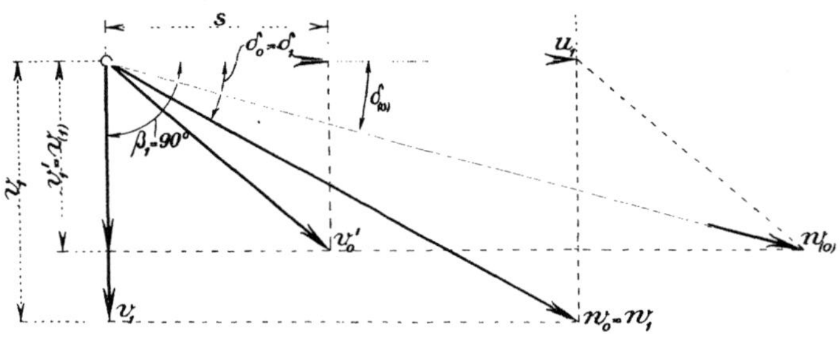

Fig. 192. $\beta_1 = 90^0$.

Wir finden aus Fig. 192

$$v_0'^2 - s^2 = v_{(1)}^2 \quad 539$$

Aus Gl. 529 folgt mit $\beta_1 = 90^0$

$$w_{(0)} = \frac{v_{(1)}}{\sin \delta_{(0)}}.$$

Außerdem ist auch hier $v_{(2)} = n_1 \cdot v_{(1)}$, wobei n_1 nach Gl. 352 für festes $\delta_0 = \delta_1$. Für die Gefälleaufteilung kommt hier in Betracht, vgl. Gl. 367, S. 137

$$\frac{w_{(0)}^2}{2g} - \frac{v_0'^2}{2g} + \frac{s^2}{2g} + \frac{v_{(2)}^2}{2g} = \frac{w_{(0)}^2}{2g} - \frac{v_{(1)}^2}{2g} + \frac{v_{(2)}^2}{2g} = H - \frac{u_1^2}{2g}(1 - \Delta^2) \quad 540$$

und nach Einsetzen der vorstehenden Werte für $w_{(0)}$ und $v_{(2)}$ finden wir, vgl. Gl. 370, für die Berechnung von $v_{(1)}$

$$v_{(1)}^2 \left[n_1^2 + \frac{1}{\mathrm{tg}^2\, \delta_{(0)}} \right] = 2g \left[H - \frac{u_1^2}{2g}(1 - \Delta^2) \right] \quad 541$$

Vergrößerung von δ_0 und a_0.

In der Fig. 193 sind die Umstände dargestellt; auch hier, bei verkleinertem $w_{(0)}$, bleibt $v_1' = v_{(1)}$ und so ist die Gl. 540 für die Gefälleaufteilung und die Gl. 541 für $v_{(1)}$ auch hier maßgebend.

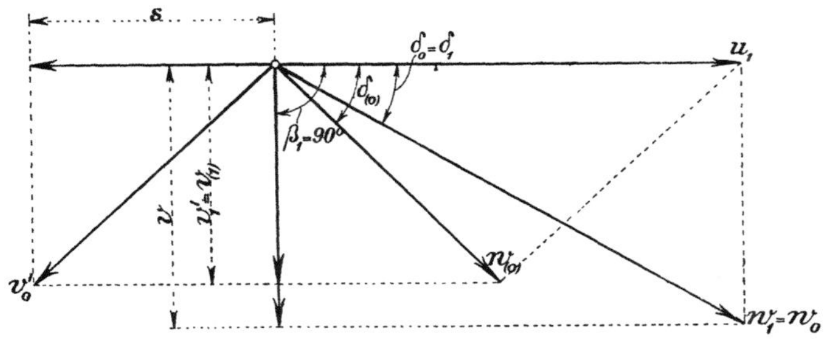

Fig. 193. $\beta_1 = 90^0$; Überöffnen.

Die Wassermenge findet sich wie vorher auch aus $\varphi Q = z_1 \cdot a_1 \cdot b_1 \cdot v_{(1)}$ und die Arbeitsgrößen, Momente usw. ganz entsprechend den rechnungsmäßigen Beziehungen, Gl. 371, der S. 137, statt M' hier auch wieder M_ε gesetzt.

3. β_1 größer als 90^0.

Hier drehen sich in gewissem Sinne die Verhältnisse von „1" um. Bei Verkleinerung der $\delta_{(0)}$ unter dem Winkel δ_0 des normalen Einfüllens zeigen sich die drei Fälle mit v_1' positiv, Null, negativ, während für Überöffnen über $\delta_0 = \delta_1$ hinaus die einfache Beziehung eintritt.

Unter Bezugnahme auf die Figuren 194, 195, 196 für die Winkel $\delta_0 < \delta_1$ erhalten wir für die Gefälleaufteilung:

v_1' positiv, Fig. 194, die Gl. 533
$v_1' =$ Null, Fig. 195 und
v_1' negativ, Fig. 196, die Gl. 534
} für $\delta_{(0)} < \delta_1$

und es folgen daraus für $v_{(1)}$ die gleichen, auf S. 299 abgedruckten Gl. 537, 538 für die verschiedenen Bereiche.

Für Überöffnen, $\delta_{(0)} > \delta_1$, Fig. 197, finden sich die $v_{(1)}$ aus der entsprechenden Gl. 532. Wassermengen, Momente usw. bestimmen sich wie früher auch.

4. Die Größen von $\delta_{(0)}$ für $v_1' = 0$.

Die Winkel $\delta_{(0)}$, bei denen $v_1' = 0$ eintritt, lassen sich für die dreierlei Winkel β_1 nach folgendem bestimmen.

a) **Für $\beta_1 = 60^0$** wird bei $v_1' = 0$ aus der allgemeinen Gleichung $v_1' = v_{(1)} - \frac{s}{\operatorname{tg}\beta_1}$, vgl. Fig. 189 und 190, $v_{(1)} = \frac{s}{\operatorname{tg}\beta_1}$. Hierin ist $s = u_1 \sin\beta_1 - w_{(0)} \sin(\beta_1 - \delta_{(0)})$, so daß jetzt folgt

$$w_{(0)} \sin(\beta_1 - \delta_{(0)}) = u_1 \sin\beta_1 - v_{(1)} \operatorname{tg}\beta_1 .$$

Ferner ist
$$w_{(0)} \sin\delta_{(0)} = v_{(1)} \sin\beta_1 .$$

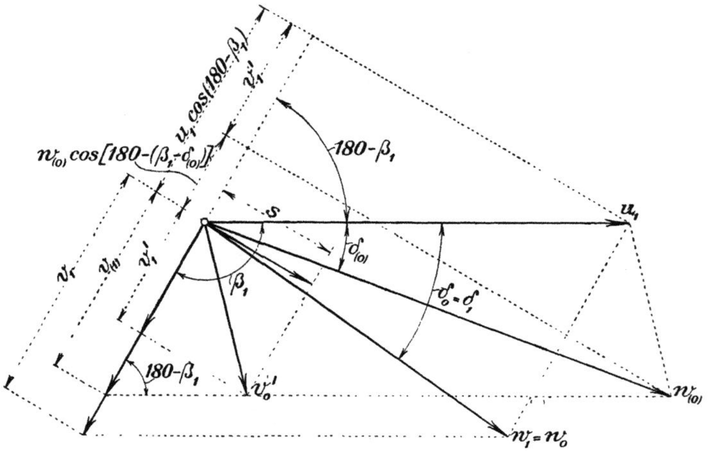

Fig. 194. $\beta_1 > 90^0$; v_1' positiv.

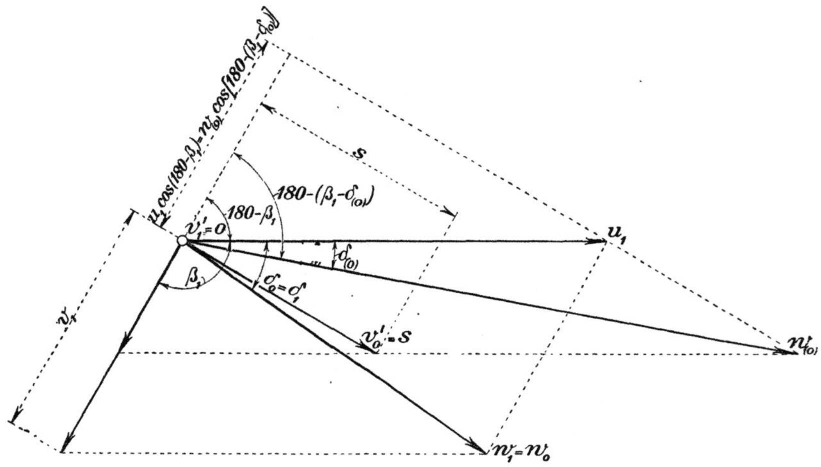

Fig. 195. $\beta_1 > 90^0$; $v_1' = 0$.

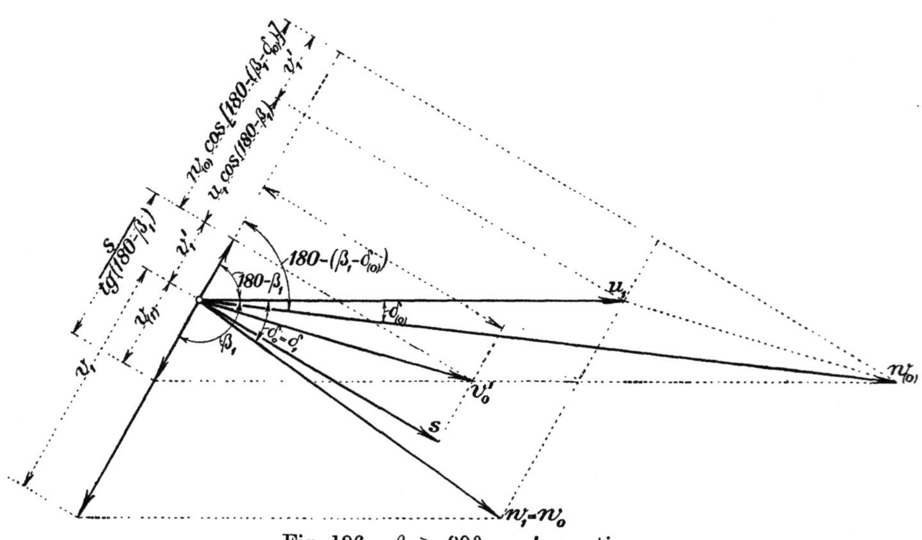

Fig. 196. $\beta_1 > 90^0$; v_1' negativ.

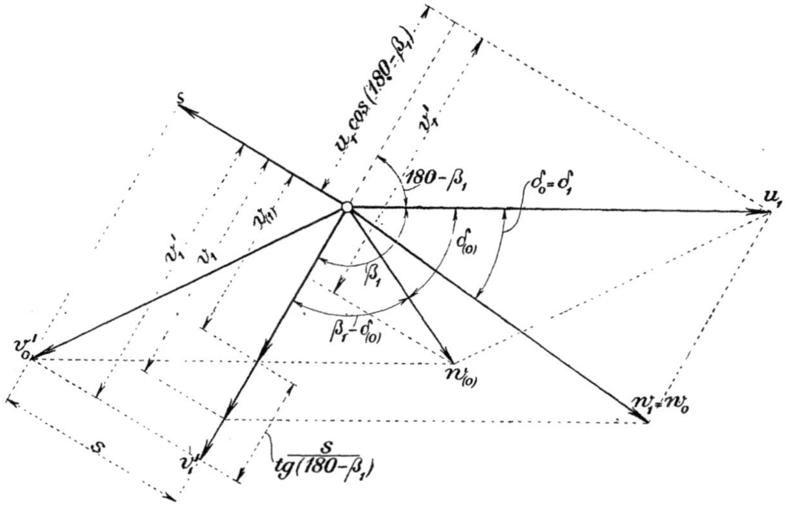

Fig. 197. $\beta_1 > 90^0$; Überöffnen.

Die allgemeine Gleichung für $v_{(1)}$ bei $\delta_{(0)} > \delta_0$ lautet hier, vgl. Gl. 537,

$$v_{(1)}^2\left[n_1^2 + \frac{\sin^2(\beta_1 - \delta_{(0)})}{\sin^2\delta_{(0)}}\sin^2\beta_1\right] + 2v_{(1)}u_1\cos\beta_1\left[1 + \frac{\sin(\beta_1 - \delta_{(0)})}{\sin\delta_{(0)}}\cos\beta_1\right]$$
$$= 2g\left[H - \frac{u_1^2}{2g}(\sin^2\beta_1 - \Delta^2)\right].$$

Die Rechnung und auch die Figuren 189 und 190 zeigen, daß $v_1' = 0$ jedenfalls bei einem Wert $\delta_{(0)} > \delta_0$ auftreten wird.

Durch Division der beiden ersten dieser drei letzten Gleichungen mit drei Unbekannten finden wir

$$\frac{\sin(\beta_1 - \delta_{(0)})}{\sin\delta_{(0)}} = \frac{u_1}{v_{(1)}} - \frac{1}{\cos\beta_1}.$$

Dies in die letzte Gleichung eingesetzt ergibt schließlich die spezielle Gleichung für $v_{(1)}$, bei dem $v_1' = 0$ geworden ist; sie lautet

$$v_{(1)}^2\left[n_1^2 + \operatorname{tg}^2\beta_1\right] - \frac{2u_1\sin^2\beta_1}{\cos\beta_1}v_{(1)} = 2g\left[H - \frac{u_1^2}{2g}(2 - \Delta^2)\right] \quad . \; . \; . \; . \; 543$$

In dieser Gleichung sind alle Glieder außer $v_{(1)}$ bekannt, also läßt sich $v_{(1)}$ hieraus bestimmen. Mit den Werten des Rechnungsbeispiels folgt $v_{(1)} = 4{,}6907$ m/sk.

Die vorletzte Gleichung läßt sich nach $\delta_{(0)}$ aufgelöst auch noch schreiben

$$\operatorname{tg}\delta_{(0)} = \frac{\sin\beta_1}{\dfrac{u_1}{v_{(1)}} + \cos\beta_1 - \dfrac{1}{\cos\beta_1}} \quad . \; . \; . \; . \; . \; . \; . \; . \; . \; . \; . \; 544$$

Setzen wir in diese Gleichung den eben gefundenen Wert von $v_{(1)}$ ein, so erhalten wir schließlich den Winkel $\delta_{(0)} = 114^0\,40'\,30''$, bei dem $v_1' = 0$ eintritt. Dieser Winkel kommt als für unsere Verhältnisse nicht mehr in Betracht, mithin liegt das $v_1' = 0$ und demnach auch die Fig. 190 und 191 für die Winkel $\beta_1 < 90^0$ außerhalb des Bereiches der Möglichkeit; vgl. Tabelle S. 308.

b) **Für $\beta_1 = 90^0$** tritt $v_1' = 0$ ein, wenn $\delta_{(0)} = 0$ geworden ist.

c) **Für $\beta_1 = 135^0$** läßt sich in ähnlicher Weise, wie für $\beta_1 = 60^0$ der Winkel $\delta_{(0)}$ bestimmen, bei dem $v_1' = 0$ wird.

Die jetzt in Frage kommenden Gleichungen lauten, vgl. Fig. 194 und 195

$$w_{(0)} \sin(\beta_1 - \delta_{(0)}) = v_{(1)} \operatorname{tg}(180^\circ - \beta_1) + u_1 \sin(180^\circ - \beta_1)$$

ferner

$$w_{(0)} \sin \delta_{(0)} = v_{(1)} \sin(180^\circ - \beta_1)$$

schließlich, da hier $v_1' = 0$ bei einem Wert $\delta_{(0)} < \delta_1$ auftreten wird, auch wieder

$$v_{(1)}^2 \left[n_1^2 + \frac{\sin^2(\beta_1 - \delta_{(0)})}{\sin^2 \delta_{(0)}} \sin^2 \beta_1 \right] + 2 v_{(1)} u_1 \cos \beta_1 \left[1 + \frac{\sin(\beta_1 - \delta_{(0)})}{\sin \delta_{(0)}} \cos \beta_1 \right]$$

$$= 2g \left[H - \frac{u_1^2}{2g} (\sin^2 \beta_1 - \Delta^2) \right] \quad \ldots \ldots \ldots \ldots \quad (537)$$

Letztere Gleichung gilt also hier sowohl für $\beta_1 = 60^0$ als auch für $\beta_1 = 135^0$, weil sich die Verhältnisse wie gesagt umkehren und $v_1' = 0$ wird im Gegensatz zu $\beta_1 = 60^0$ bei einem Winkel $\delta_{(0)} < \delta_0$ auftreten, vgl. die zugehörigen Figuren 194 und 195.

Die Durchrechnung zeigt, daß die beiden Gleichungen 543 und 544 sowohl für 60^0 als auch für 135^0 Gültigkeit haben.

Mit den für 135^0 auftretenden konstanten Größen findet sich das spezielle $v_{(1)} = 0{,}2887$ m/sk.

Als Winkel für $v_1' = 0$ erhalten wir $\delta_{(0)} = 1^0\, 40'\, 50''$, vgl. Tabelle S. 312 und Fig. 202; zwischen $\delta_{(0)} = 5^0$ und 0^0 ist $v_{(1)}'$ durch Null gegangen.

Nachstehend wollen wir nun die für ideellen Betrieb entwickelten Beziehungen zuerst auf die Verhältnisse anwenden, die den Beispielen auf S. 132 u. f. entsprechen. Die Größe n_1 wird natürlich durch veränderliche $\delta_{(0)}$ nicht berührt.

Später gehen wir dann auf Ausführungsformen über, wie sie in der Behandlung des Zahlenbeispiels S. 176 u. f. zu den Schaufelformen der Tafeln I usw. geführt haben.

B. Anwendung auf ein Zahlenbeispiel; Laufrad mit radialem Austritt, ähnlich Fig. 114. Ideeller Betrieb.

Im nachstehenden sind die Ergebnisse aus den bis jetzt entwickelten Gleichungen enthalten für ein Rechnungsbeispiel von gleichen Annahmen, wie sie den früheren Berechnungen mit festen Leitschaufelwinkeln und veränderlichen Umfangsgeschwindigkeiten zugrunde lagen, vgl. S. 132 u. f.

Für die drei Arten der Winkelgrößen: $\beta_1 < 90^0$, $\beta_1 = 90^0$ und $\beta_1 > 90^0$ ist für den ideellen Betrieb gemeinsam angenommen:

Gefälle $H = 4{,}0$ m; $\delta_0 = \delta_1 = 20^0$; $\delta_2 = 90^0$; $\Delta = \frac{2}{3}$; $\alpha = 0{,}04$; die volle Wassermenge sei Q cbm/sk; eine bestimmte Zahl braucht hier für Q nicht genannt zu werden, vgl. auch S. 306. Die Schaufelstärken $s_0 = s_1 = s_2$ seien verschwindend klein, die sonstigen Abmessungen wie D_1, D_2, auch die ziffermäßige Größe der Umdrehungszahl usw. bleiben hier wie früher außer Betracht.

Den Einzelarten von β_1 entsprechen dann folgende Annahmen und Ergebnisse:

1. β_1 kleiner als 90^0.

Annahmen:

$$\beta_1 = 60^0; \qquad h_L = \frac{u_1^2}{2g}(1 - \Delta^2) + \frac{v_2^2 - v_1^2}{2g} = 1{,}25 \text{ m}$$

$$H - h_L = \frac{w_0^2}{2g} = 4{,}00 - 1{,}25 = 2{,}75 \text{ m}; \qquad w_0 = w_1 = 7{,}345 \text{ m/sk};$$

$$u_1 = 5{,}452 \text{ m/sk}; \qquad v_1 = 2{,}902 \text{ m/sk}; \qquad n_1 = 1{,}398.$$

Das Rechnungsergebnis ist in Tabelle 1 S. 308 zusammengestellt. Für die einzelnen Werte von $\delta_{(0)}$ kleiner als δ_1, d. h. für $\delta_0 = 5^0$, 10^0 usw. finden wir zunächst $v_{(1)}$, Gl. 532. Aus Gl. 529 ergibt sich $w_{(0)}$ und so erhalten wir die Zahlen der vierten Kolonne $\frac{w_{(0)}^2}{2g}$, abzüglich deren die Werte der fünften Kolonne zeigen, welcher Gefällebruchteil $H - \frac{w_{(0)}^2}{2g}$ für Stoßverluste, Überwindung der Zentrifugaldruckhöhe und Überführung von $v_{(1)}$ nach $v_{(2)}$ zur Verfügung steht und verbraucht wird. Die Zahlen der dritten Kolonne folgen aus $\varphi = \frac{\varphi Q}{Q} = \frac{v_{(1)}}{v_1}$ und zeigen, welcher Bruchteil der Voll-Wassermenge jeweils zum Durchfluß gelangt. Das Relativgefälle findet sich, vgl. Gl. 234, S. 78, auch hier zu $H_r = H - \left(\frac{w_{(0)}^2}{2g} - \frac{v_0'^2}{2g}\right)$. Ebenso gilt für die Rückbildung an Druckhöhe, $h_{(1)} - h_1'$, das auf S. 81 u. f. Gesagte. Hier zeigt sich, daß mit abnehmendem δ_0 schließlich Werte für $w_{(0)}$ folgen, die nicht nur $\sqrt{2gH} = \sqrt{2g \cdot 4{,}0} = 8{,}86$ m/sk erreichen, sondern sogar überschreiten. Es ist der Fall des Entlehnens aus der Atmosphäre, wie er auch für plötzlichen Übergang möglich ist und auf S. 30 u. f. vorgeführt wurde, eingetreten. Die Wirbel, die die Zurückerstattung der zuviel verbrauchten Druckhöhe an die Atmosphäre mit sich bringt, sind im tatsächlichen Betrieb eine der Ursachen für das jähe Abfallen der Nutzeffekte bei kleineren Füllungen.

Über die Berechnung von $\frac{s^2}{2g}$ usw. ist Besonderes nicht zu sagen.

Nun zu den Momenten, wie sie in der Tabelle enthalten sind. Das Wasser wird (ideell darf dies angenommen werden), nachdem es vorher durch Stöße und Wirbelungen in die richtige Einfüllrichtung β_1 und auf die Einfüllgeschwindigkeit $v_{(1)}$ gebracht worden, alsdann die Reaktionsgefäße selbst in geordneter Weise durchfließen.

Aus diesem Grunde dürfen wir hier, wie früher auch, annehmen, daß das gegen außen an der Turbinenwelle wirksame Drehmoment M_ε sich zusammensetzt aus folgenden drei Posten:

a) Moment M_G infolge geordneten Durchflusses durch die Reaktionsgefäße. Dieses besteht aus dem Teile $M_C + M_R$ nach Gl. 339, S. 125, wozu noch das Moment M_u infolge der Verzögerung in der Umfangsgeschwindigkeit tritt, die die Wasserteilchen durch das Hereinrücken von r_1 nach $r_2 = \Delta r_1$ erleiden. Dies ist durch Gl. 324 gegeben. Wir schreiben deshalb:

$$M_G = M_C + M_R + M_u = \frac{\varphi Q \gamma}{g}(v_{(1)} \cdot r_1 \cos\beta_1 + v_{(2)} \cdot r_2 \cos\beta_2) + \frac{\varphi Q \gamma}{g}(u_1 r_1 - u_2 r_2) \quad 545$$

oder auch für das Ausrechnen einfacher, vergl. Gl. 326, S. 118.

$$M_G = \frac{\varphi Q \gamma}{g} r_1 \left[v_{(1)} \cos\beta_1 + \Delta v_{(2)} \cos\beta_2 + u_1(1 - \Delta^2)\right] \quad . \; . \; . \; . \; . \quad 546$$

Dementsprechend sind die Werte von M_G mit $Q = 1$ und $\gamma = 1000$ in die Tabelle eingetragen, da es hier noch nicht auf absolute Größen derselben ankommt, sondern nur auf die gegenseitigen Größenverhältnisse bei wechselndem $\delta_{(0)}$.

b) Moment M_S der Stoßkraft. Die Stoßkraft $S = \frac{\varphi Q \gamma}{g} s$ wird mit dem Momentarm $r_1 \sin\beta_1$ bestrebt sein, ein Drehmoment M_S auszuüben, von dem nur der Bruchteil $k_S M_S$ tatsächlich in Wirkung treten wird, S. 135. Wir schreiben deshalb

$$k_S M_S = k_S S \cdot r_1 \sin\beta_1 = k_S \frac{\varphi Q \gamma}{g} s \cdot r_1 \sin\beta_1 \quad . \; . \; . \; . \; . \; . \; . \quad 547$$

c) Moment M_V bzw. M_P als Folge von Verzögerungs- oder Beschleunigungsvorgängen im Querschnitt f_1. Für $\delta_{(0)} < \delta_0$ ist zu schreiben

$$k_V M_V = k_V V \cdot r_1 \cos\beta_1 = k_V \frac{\varphi Q \gamma}{g}(v_1' - v_{(1)}) r_1 \cos\beta_1 \quad . \; . \; . \; . \quad 548$$

Schließlich erhalten wir das Gesamtmoment, vgl. S. 297:

$$M_\varepsilon = M_G + k_S M_S + k_V M_V \; . \; . \; . \; . \; . \; . \; . \; . \; . \; . \; . \quad 549$$

wie es in der Tabelle in den Größen der drei Summanden für $Q = 1$ sowie k_S und $k_V = 1$ enthalten ist.

Die Umrechnung in Pferdestärken erfolgt allgemein nach $N = \frac{M \cdot \omega}{75}$.

Die Kanten der Leitschaufeln entfernen sich beim Schließen der letzteren mehr und mehr vom Laufrade, vgl. Fig. 187, S. 293, im Verhältnis zu den $a_{(0)}$ wird der Schaufelspalt sehr rasch ganz bedeutend größer, und dieser Umstand beeinträchtigt die Entwicklung der arbeitsleistenden Wirkung von S jedenfalls in hohem Maße. Das Wasser wird in dem weiten Schaufelspalt in Rotation geraten und die Gefäße eben in etwas freierer Art und Weise nachfüllen; k_S wird mit abnehmenden Größen von $\delta_{(0)}$ immer kleinere Werte aufweisen und auch die Verzögerungsvorgänge mit $v_1' - v_{(1)}$ werden mehr und mehr zurücktreten, was die Arbeitsfähigkeit von V anbelangt. Für die zahlenmäßige Rechnung aber wurden k_S und $k_V = 1$ gesetzt.

Die absolute Leistung in PS ist

$$N_a = \frac{\varphi Q \gamma \cdot H}{75} \quad \text{. . . . .} \quad 550$$

Die Außenleistung der Turbine, Moment M_ε, ist $N_\varepsilon = \frac{M_\varepsilon \cdot \omega}{75}$, und die verlorenen Leistungen setzen sich wie folgt zusammen:

1. Austrittsverlust: $N_\alpha = \frac{\varphi Q \gamma}{75} \cdot \frac{w_{(2)}{}^2}{2g} = \frac{\varphi Q \gamma}{75}\left(\frac{u_2{}^2}{2g} + \frac{v_{(2)}{}^2}{2g} - \frac{2 u_2 v_{(2)} \cos \beta_2}{2g}\right)$. 551

2. Verlust durch die Stoßkomponente s: $N_{(S)} = \frac{\varphi Q \gamma}{75} \cdot \frac{s^2}{2g}$ 552

3. Verlust durch die Verzögerung des eintretenden Wassers von v_1' auf $v_{(1)}$:

$$N_{(V)} = \frac{\varphi Q \gamma}{75} \frac{(v_1' - v_{(1)})^2}{2g} \quad \text{. . . . .} \quad 553$$

Sie müssen zusammen mit N_ε den Betrag von N_a liefern, so daß geschrieben werden kann

$$N_a = N_\varepsilon + N_\alpha + N_{(S)} + N_{(V)} \quad \text{. . . . .} \quad 554$$

N_ε ist ein Bruchteil von N_a, d. h. es gilt $N_\varepsilon = \varepsilon N_a$, wodurch der Wirkungsgrad $\varepsilon = \frac{N_\varepsilon}{N_a}$ bestimmt ist.

Da für $\delta_{(0)} = 0$ der Bruch $\varepsilon = \frac{N_\varepsilon}{N_a}$ wegen $Q = 0$ unbestimmt bleibt, so benutzen wir zur Ermittlung der mathematischen Lage von ε für $\delta_{(0)} = 0$ folgendes: Allgemein kann ε aus $\frac{N_\varepsilon}{N_a} = \frac{M_\varepsilon \cdot \omega}{N_a}$ gerechnet werden. Mit den Größen von M_G, M_S, M_R usw. findet sich dann:

$$\varepsilon = \frac{u_1}{gH}\left[v_{(1)}(\cos \beta_1 + \varDelta n_1 \cos \beta_2) + u_1{}^2 (1 - \varDelta^2) + s \sin \beta_1 + (v_1' - v_{(1)}) \cos \beta_1\right] \text{ . } 555$$

Hieraus folgt für $\delta_{(0)} = 0$ (mathematisch) wegen $v_{(1)} = 0$

$$\varepsilon = \frac{u_1}{gH}\left[u_1{}^2 (1 - \varDelta^2) + s \sin \beta_1 + v_1' \cos \beta_1\right] \quad \text{. . . . . . .} \quad 556$$

Für $\delta_{(0)} > \delta_1$, Überöffnen, ergänzen sich die Posten zu N_a:

$$N_a = N_\varepsilon + N_\alpha + N_{(S)} - N_S - N_P \quad \text{. . . . .} \quad 557$$

worin die Leistung N_P aus $\frac{M_P \cdot \omega}{75}$ bestimmt ist. Nach früherem, S. 87 u. 135, ist

$$M_P = \frac{\varphi Q \gamma}{g} (v_{(1)} - v_1') r_1 \cos \beta_1 .$$

Die Fig. 198 zeigt die Gefälleaufteilung und Fig. 199 die Arbeitsgrößen für $\beta_1 = 60^0$ nach $\delta_{(0)}$ geordnet zeichnerisch aufgetragen. Der besseren Übersicht halber ist von den Leistungskurven nur die Kurve der N_ε und N_a gezeichnet, die Verluste durch Schraffierung erkenntlich gemacht. Es sei besonders auf den Verlauf der Kurve der φQ und ε hingewiesen.

Auf S. 310 und 311 sind die $\beta_1 = 90$ entsprechenden Ergebnisse niedergelegt, die aus den vorher entwickelten Gleichungen, S. 300, und unter den S. 310 oben genannten Annahmen folgen.

S. 312 und 313 beziehen sich auf $\beta_1 = 135^0$.

Tabelle 1.

Drehschaufeln. $\beta_1 = 60^0$.

$$h_L = \frac{u_1^2}{2g}(1 - \Delta^2) + \frac{v_2^2 - v_1^2}{2g} = 1{,}25\ \text{m}; \qquad H - h_L = \frac{w_0^2}{2g} = 4{,}00 - 1{,}25 = 2{,}75\ \text{m};$$

$$w_0 = w_1 = 7{,}345\ \text{m/sk}; \quad u_1 = 5{,}452\ \text{m/sk}; \quad v_1 = 2{,}902\ \text{m/sk}; \quad n_1 = 1{,}398.$$

Gefälleaufteilung.

$\delta_{(0)}$	$\frac{v_{(1)}^2}{2g}$	q'	$\frac{w_{(0)}^2}{2g}$	$H - \frac{w_{(0)}^2}{2g}$	$+ \frac{v_0'^2}{2g}$	$= H_r$	$\frac{s^2}{2g}$	$\frac{v_1'^2}{2g}$	$\frac{(v_1' - v_{(1)})^2}{2g}$	$h_{(1)} - h_1'$	$\frac{v_{(2)}^2 - v_{(1)}^2}{2g}$	$\frac{v_{(2)}^2}{2g}$
	m	cbm/sk	m	m	m	m	m	m	m	m	m	m
0^0	0,000	0,000	3,158 [1]	0,842 [1]	0,299 [1]	1,141 [1]	0,224 [1]	0,075 [1]	0,075 [1]	0,000	0,000	0,000
5^0	0,033	0,275	3,211	0,789	0,332	1,121	0,162	0,170	0,054	0,084	0,031	0,064
10^0	0,127	0,544	3,159	0,841	0,365	1,206	0,087	0,278	0,029	0,122	0,121	0,249
15^0	0,268	0,790	2,998	1,002	0,396	1,398	0,025	0,371	0,008	0,095	0,255	0,523
20^0	0,429	1,000	2,750	1,250	$= \frac{v_1^2}{2g}$	1,250	0,000	$= \frac{v_1^2}{2g}$	0,000	0,000	0,408	0,837
	Überöffnen								$\frac{v_{(1)}^2 - v_1'^2}{2g}$			
30^0	0,727	1,302	2,180	1,820	0,547	2,367	0,107	0,440	0,287	—	0,692	1,419
40^0	0,937	1,478	1,701	2,299	0,756	3,055	0,384	0,372	0,565	—	0,894	1,831
50^0	1,066	1,577	1,362	2,638	1,030	3,668	0,745	0,285	0,781	—	1,016	2,082

Arbeitsgrößen.

$\delta_{(0)}$	M_G	$+ M_S$	$+ M_V$	$= M_\varepsilon$	N_ε	$+ N_\alpha$	$+ N_{(S)}$	$+ N_{(V)}$	$= N_a$	$\varepsilon = \frac{N_\varepsilon}{N_a}$
	mkg	mkg	mkg	mkg	PS	PS	PS	PS	PS	
0^0	0,000	0,000	0,000	0,000	0,000	0,000	0,000	0,000	0,000	0,755 [1]
5^0	115,03	43,30	14,43	172,76	12,56	1,339	0,594	0,198	14,691	0,855
10^0	285,20	62,92	20,97	369,09	26,82	1,351	0,634	0,211	29,016	0,925
15^0	491,02	48,98	16,33	556,33	40,44	1,357	0,265	0,088	42,150	0,960
20^0	704,40	0,000	0,000	704,40	51,20	2,133	0,000	0,000	53,333	0,960
	Überöffnen									
	M_G	$- M_S$	$- M_P$	$= M_\varepsilon$	N_ε					
30^0	1072,10	166,79	55,60	849,71	61,77	5,797	1,864	—	69,431	0,891
40^0	1320,90	358,27	119,42	843,21	61,29	9,985	7,572	—	78,847	0,777
50^0	1470,10	532,14	177,38	760,58	55,29	13,148	15,662	—	84,100	0,658

[1]) Nur rechnungsmäßig, Gl. 532, nicht aber tatsächlich.

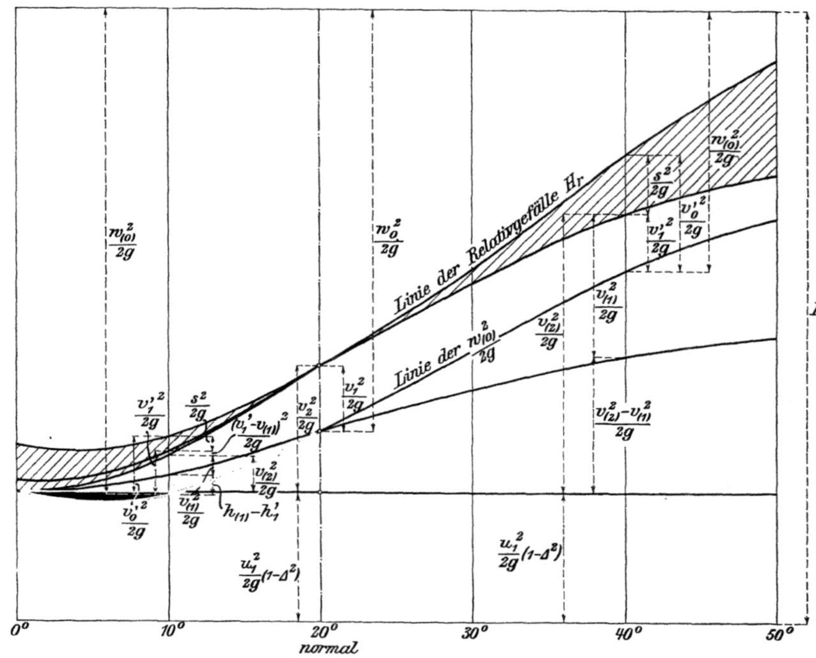

Fig. 198. Gefälleaufteilung.

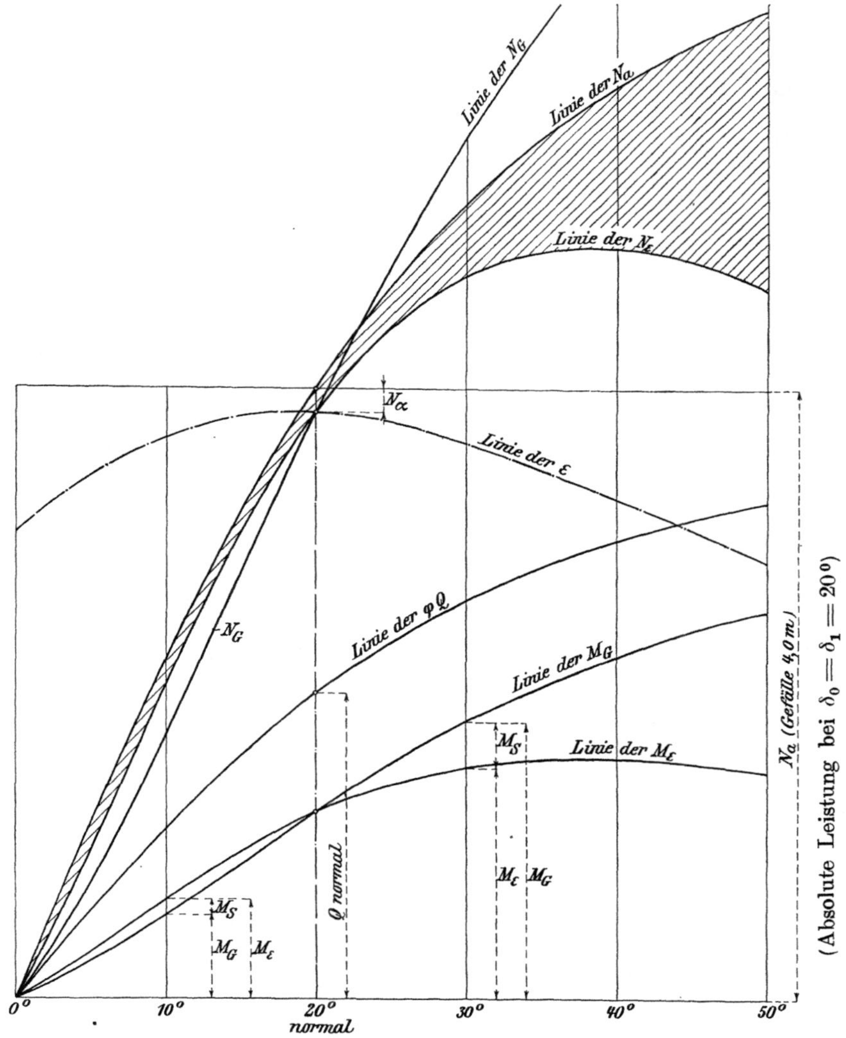

Fig. 199. Arbeitsgrößen.

Tabelle 2.

Drehschaufeln. $\beta_1 = 90^0$.

$$h_L = \frac{u_1^2}{2g}(1-\Delta^2) + \frac{v_2^2 - v_1^2}{2g} = 1{,}75 \text{ m}; \quad H - h_L = \frac{w_0^2}{2g} = 4{,}00 - 1{,}75 = 2{,}25 \text{ m};$$

$$w_0 = w_1 = 6{,}64 \text{ m/sk}; \quad u_1 = 6{,}244 \text{ m/sk}; \quad v_1 = 2{,}260 \text{ m/sk}; \quad n_1 = 1{,}858.$$

Gefälleaufteilung.

$\delta_{(0)}$	$\frac{v_{(1)}^2}{2g}$ m	q' m/sk	$\frac{w_{(0)}^2}{2g}$ m	$H - \frac{w_{(0)}^2}{2g}$ m	$+ \frac{v_0'^2}{2g}$ m	$= H_r$ m	$\frac{s^2}{2g}$ m	$\frac{v_{(2)}^2 - v_{(1)}^2}{2g}$ m	$\frac{v_{(2)}^2}{2g}$ m
0^0	0,000	0,000	2,896[1]	1,104[1]	0,092[1]	1,196[1]	0,092[1]	0,000	0,000
5^0	0,023	0,286	2,844	1,156	0,096	1,252	0,073	0,052	0,075
10^0	0,081	0,556	2,697	1,303	0,124	1,427	0,043	0,200	0,281
15^0	0,167	0,796	2,487	1,513	0,180	1,693	0,013	0,408	0,575
20^0	0,262	1,000	2,250	1,750	$= \frac{v_1^2}{2g}$	2,012	0,000	0,646	0,908
|		Überöffnen		|	|	|	|	|	|
30^0	0,449	1,306	1,795	2,205	0,511	2,716	0,062	1,100	1,549
40^0	0,594	1,502	1,438	2,562	0,815	3,377	0,221	1,456	2,050
50^0	0,696	1,627	1,187	2,813	1,199	4,012	0,503	1,707	2,403

Arbeitsgrößen.

$\delta_{(0)}$	M_G mkg	$+ M_S$ mkg	$= M_\varepsilon$ mkg	N_G PS	$+ N_S$ PS	$= N_\varepsilon$ PS	N_a PS	$+ N_{(V)}$ PS	$= N_a$ PS	$\varepsilon = \frac{N_\varepsilon}{N_a}$
0^0	0,000	0,000	0,000	0,000	0,000	0,000	0,000	0,000	0,000	0,756[1]
5^0	122,78	34,94	157,72	10,221	2,909	13,130	1,872	0,279	15,281	0,855
10^0	277,28	52,11	329,39	23,083	4,338	27,421	1,903	0,319	29,643	0,925
15^0	446,77	40,87	487,64	37,193	3,402	40,595	1,689	0,132	42,416	0,956
20^0	614,94	0,000	614,94	51,193	0,000	51,193	2,133	0,000	53,326	0,960
		Überöffnen								
	M_G	$- M_S$	$= M_\varepsilon$	N_G	$- N_S$	$= N_\varepsilon$	|	|	|	|
30^0	907,18	147,02	760,16	75,522	12,240	63,282	5,247	1,083	69,612	0,908
40^0	1121,10	333,11	787,99	93,330	27,731	65,599	9,560	4,830	79,989	0,819
50^0	1266,60	520,98	745,62	105,440	43,371	62,069	13,722	10,913	86,704	0,716

[1]) Nur rechnungsmäßig, Gl. 541, nicht aber tatsächlich.

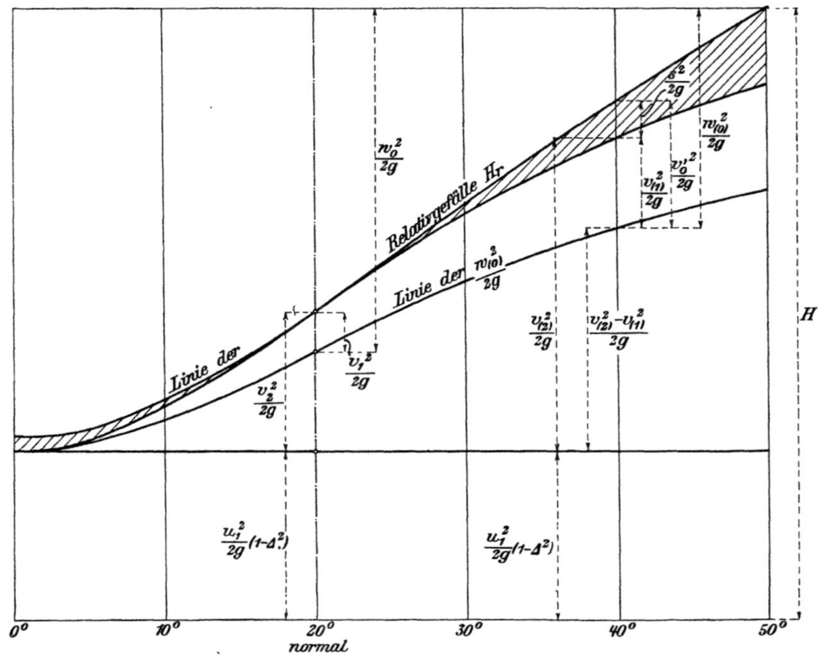

Fig. 200. Gefälleaufteilung.

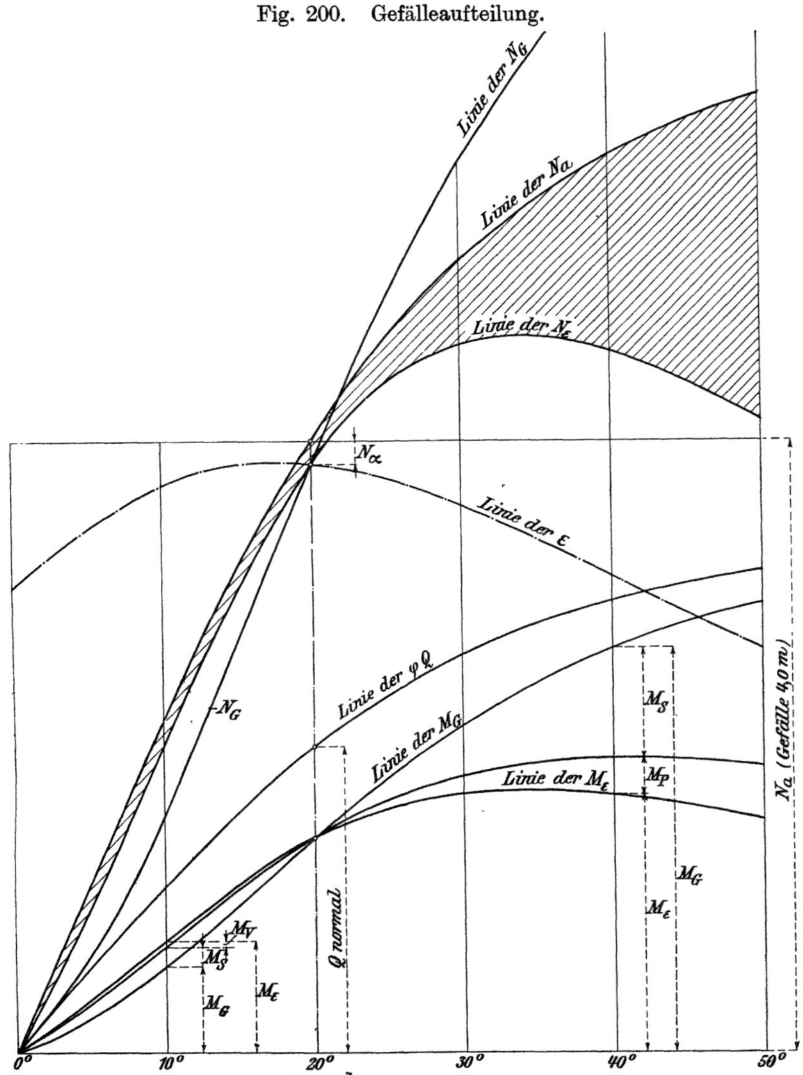

(Absolute Leistung bei $\delta_0 = \delta_1 = 20^0$.)

Fig. 201. Arbeitsgrößen.

Tabelle 3.

Drehschaufeln. $\beta_1 = 135^0$.

$$h_L = \frac{u_1^2}{2g}(1 - \Delta^2) + \frac{v_2^2 - v_1^2}{2g} = 2{,}50\ \text{m}; \quad H - h_L = \frac{w_0^2}{2g} = 4{,}00 - 2{,}50 = 1{,}50\ \text{m};$$

$$w_0 = w_1 = 5{,}425\ \text{m/sk}; \quad u_1 = 6{,}953\ \text{m/sk}; \quad v_1 = 2{,}634\ \text{m/sk}; \quad n_1 = 2{,}056.$$

Gefälleaufteilung.

$\delta_{(0)}$	$\frac{v_{(1)}^2}{2g}$ m	q' m/sk	$\frac{w_{(0)}^2}{2g}$ m	$H - \frac{w_{(0)}^2}{2g}$ m	$+ \frac{v_0'^2}{2g}$ m	$= H_r$ m	$\frac{s^2}{2g}$ m	$\frac{v_1'^2}{2g}$ m	$\frac{v_{(1)}^2 - v_1'^2}{2g}$ m	$h_{(1)} - h_1'$ m	$\frac{v_{(2)}^2 - v_{(1)}^2}{2g}$ m	$\frac{v_{(2)}^2}{2g}$ m
0^0	00,00	0,000	2,631 [1])	1,369 [1])	0,002 [1])	1,371 [1])	0,001 [1])	0,001 [1])	— 0,001 [1])	—	0,000	0,000
5^0	0,038	0,328	2,481	1,519	0,019	1,538	0,009	0,010	0,028	—	0,121	0,159
10^0	0,130	0,608	2,154	1,846	0,080	1,926	0,008	0,072	0,058	—	0,419	0,549
15^0	0,242	0,830	1,803	2,197	0,195	2,392	0,003	0,192	0,050	—	0,779	1,021
20^0	**0,351**	**1,000**	**1,500**	2,500	$= \frac{v_1^2}{2g}$	2,851	0,000	$= \frac{v_1^2}{2g}$	0,000	—	**1,131**	**1,482**
	Überöffnen								$\frac{(v_1' - v_{(1)})^2}{2g}$			
30^0	0,535	1,234	1,069	2,931	0,722	3,653	0,012	0,710	0,012	0,163	1,724	2,259
40^0	0,672	1,383	0,813	3,187	1,108	4,295	0,045	1,063	0,045	0,346	2,166	2,838
50^0	0,775	1,486	0,660	3,340	1,484	4,824	0,090	1,394	0,090	0,529	2,500	3,275

Arbeitsgrößen.

$\delta_{(0)}$	M_G + mkg	M_S + mkg	M_P = mkg	M_ε mkg	N_ε + SP	N_α + PS	$N_{(S)}$ + PS	$N_{(V)}$ = PS	N_a PS	$\varepsilon = \frac{N_\varepsilon}{N_a}$
0^0	0,00	0,00	0,00	0,00	0,00	0,000	0,000	—	0,000	0,73 [1])
5^0	146,03	10,11	10,11	166,25	15,42	2,018	0,041	—	17,48	0,88
10^0	298,33	17,94	17,94	334,21	30,98	1,402	0,069	—	32,45	0,95
15^0	435,87	14,00	14,00	463,87	43,01	1,215	0,031	—	44,26	0,97
20^0	**552,39**	**0,00**	**0,00**	**552,39**	**51,21**	**2,133**	**0,000**	—	**53,34**	**0,96**
	Überöffnen									
	M_G —	M_S —	M_V =	M_ε	N_ε					
30^0	727,73	43,79	43,79	640,15	59,35	6,086	0,203	0,203	65,84	0,90
40^0	848,33	93,61	93,61	661,11	61,29	10,848	0,828	0,828	73,79	0,84
50^0	935,55	142,56	142,56	650,43	60,30	15,393	1,789	1,789	79,27	0,77

[1]) Nur rechnungsmäßig, Gl. 537, nicht aber tatsächlich.

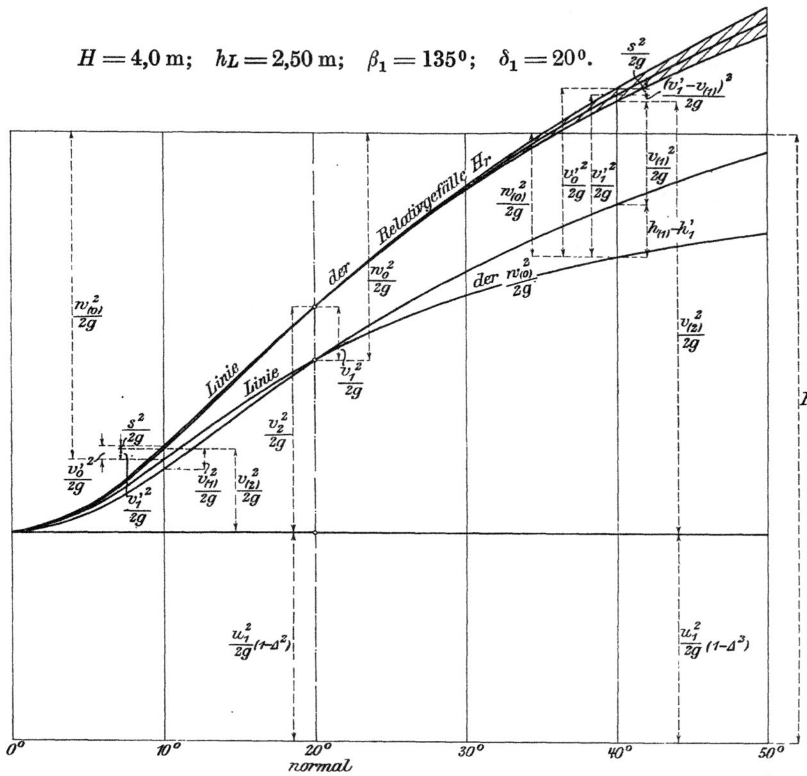

Fig. 202. Gefälleaufteilung.

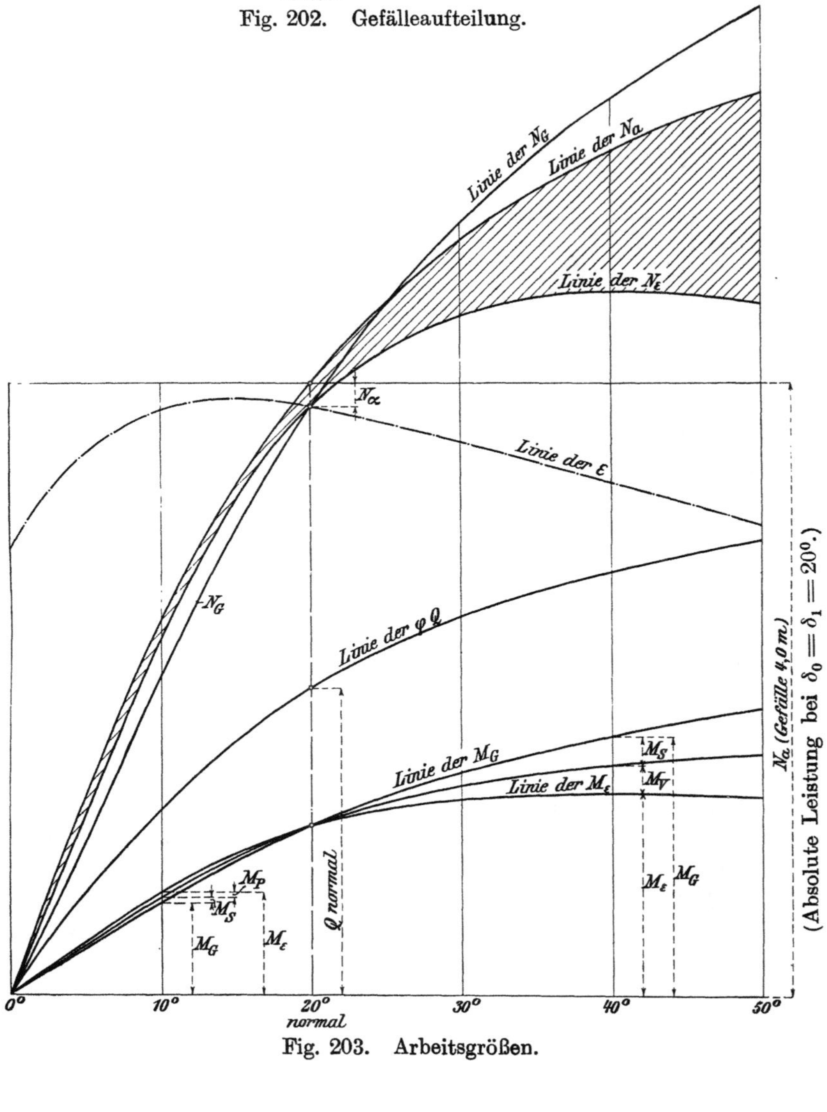

Fig. 203. Arbeitsgrößen.

C. Die Verhältnisse beim Austritt aus dem Laufrade.

Wir gehen nun von ideellen wieder zu tatsächlichen Verhältnissen über.

1. Die Lagen und Größen der $w_{(2)}$ für $\delta_2 = 90^0$.

Solange nur von unregulierbaren Turbinen die Rede war, hatten wir den Winkel δ_2 zur Vereinfachung der Gleichung 288, S. 98

$$w_1 u_1 \cos \delta_1 - w_2 u_2 \cos \delta_2 = g \cdot \varepsilon H$$

in

$$w_1 u_1 \cos \delta_1 = g \cdot \varepsilon H$$

mit 90^0 annehmen können.

Auch bei Anwendung der Zellenregulierungen konnte der Winkel δ_2 seine Größe mit 90^0 unverändert beibehalten, denn die richtig und voll gespeisten Reaktionsgefäße ändern ihr Geschwindigkeitsparallelogramm am Austritt nicht.

Anders für die Spaltdruckregulierungen.

Die Austrittsquerschnitte sind natürlich auch bei verminderter Wassermenge vollständig von strömendem Wasser erfüllt, die verminderten Geschwindigkeiten $v_{(2)}$, mit denen die f_2 durchströmt werden, müssen deshalb den Wassermengen φQ proportional sein, also kann geschrieben werden:

$$v_{(2)} = \varphi v_2 \quad \ldots \ldots \ldots \ldots \quad 558$$

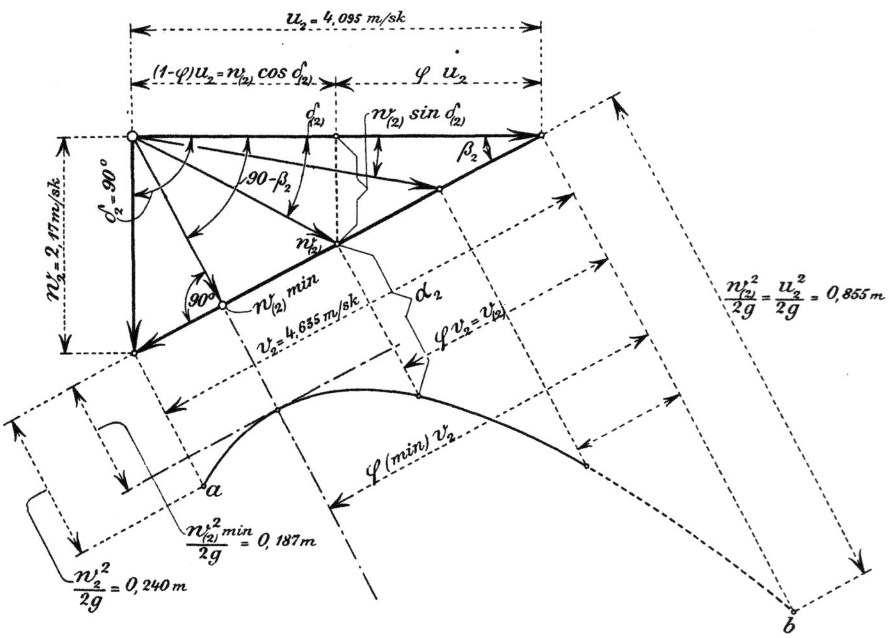

Fig. 204.

Es ist schon mehrfach erwähnt worden, daß wir hier u_1 als konstant annehmen, und so erscheinen die Verhältnisse am Austritt aus dem Laufrade für Teilwassermengen, wie Fig. 204 zeigt. Für $\varphi = 1$, volle Füllung, ist w_2 senkrecht zu u_2. Jede Abnahme von φ zeigt sich als Abnahme von $v_{(2)} = \varphi v_2$, und die zugehörige absolute Austrittsgeschwindigkeit, nunmehr $w_{(2)}$, wird sich als Betriebsergebnis von $v_{(2)}$ und u_2 schräg legen, $\delta_{(2)}$ wird kleiner als 90^0. Die Figur zeigt die Lagen und Größen der $w_{(2)}$ für abnehmende Wassermengen. Hier ist sofort ersichtlich, daß die $w_{(2)}$ von voller Füllung an zuerst kleiner werden, daß $w_{(2)}$, wenn senkrecht zu $v_{(2)}$ stehend, also bei $\delta_{(2)} = 90^0 - \beta_2$, einen Kleinstwert $w_{(2)\,min}$ hat und daß für noch kleinere Wassermengen die $w_{(2)}$ wieder anwachsen. Mit weiter abnehmenden Werten von $v_{(2)}$, also von φ, nähert sich $w_{(2)}$ immer mehr der Größe und Richtung von u_2, um für $\varphi = 0$ damit zusammenzufallen.

Der Austrittswinkel $\delta_{(2)}$ weicht also für Teilfüllungen von $\delta_2 = 90^0$ ab. Auf den ersten Blick könnte es deshalb scheinen, als ob für diese Teilfüllungen eine andere Umfangsgeschwindigkeit u_1 einzutreten hätte derart, daß u_1 nach Gl. 377, S. 142, die den Winkel δ_2 berücksichtigt, zu rechnen wäre, und als ob für jede Teilfüllung eine andere Umfangsgeschwindigkeit anzustreben wäre.

Die Verhältnisse liegen aber doch anders. Der Konstrukteur hat für volle Wassermenge freie Wahl in bezug auf δ_2; hat er beispielsweise hierfür $\delta_2 = 90^0$ bestimmt, so fällt u_1 ganz gleich aus nach Gl. 377 oder 379, denn letztere Gleichung ist ja nur die für $\delta_2 = 90^0$ vereinfachte Gl. 377.

Die auf solche Weise festgelegte Umfangsgeschwindigkeit u_1 muß für den Betrieb eingehalten werden, auch bei Teilfüllungen der Turbine, einerlei ob sich dabei schlechtere oder bessere Ergebnisse in der Leistung einstellen. Wir müssen eben darauf verzichten, daß der für $\varphi = 1$ zugelassene Austrittsverlust α_2 auch bei allen Teilfüllungen eintritt, die Größe und Lage von $w_{(2)}$ ist als Betriebsergebnis aus der unveränderlichen Umfangsgeschwindigkeit u_2 und $v_{(2)} = \varphi v_2$ unserem Einfluß nicht mehr unterstellt, sowie δ_2 für $\varphi = 1$ fest angenommen ist.

Im späteren, S. 318 u. f., soll noch näher auf die Wahl der Lage von w_2 bei voller Füllung und die einschlägigen Verhältnisse eingegangen werden.

Es erscheint auch hier zweckmäßig, die Erörterung an Hand eines Zahlenbeispiels zu führen.

Wir nehmen dafür eine Turbine mit den allereinfachsten Verhältnissen, die Turbine, die unter „A", S. 172, berechnet worden ist. Diese hat, kurz zusammengestellt, folgende Daten:

Gefälle 4,0 m; Wassermenge 1,75 cbm/sk; $\alpha_2 = 0,06$;

$w_2 = 2,17$ m/sk; $D_3 = 1,1$ m; $D_2 = 1,3$ m; $D_1 = 1,8$ m;

also $\Delta = \dfrac{1,3}{1,8} = 0,722$, ferner ist $\alpha_2 H = \dfrac{w_2^2}{2g} = 0,24$ m.

Leitrad: $z_0 = 24$; $a_0 + s_0 = 80 + 5$; $t_0 = 235,6$ mm;

$\delta_0 = \delta_1 = 21^0 9'$; $\sin \delta_0 = 0,3608$; $\operatorname{tg} \delta_0 = 0,3868$.

$b_0 = b_1 = 0,150$ m;

Laufrad: $z_1 = 28$; $s_1 = 7$ mm; $\beta_1 = 90^0$; $u_1 = 5,67$ m/sk;

$u_2 = 4,095$ m/sk; $v_1 = 2,193$ m/sk; $v_2 = 4,635$ m/sk;

Die Fig. 204 entspricht diesen Verhältnissen.

Es wäre an sich nicht erforderlich, zur Ermittlung der Größen der $w_{(2)}$ bei verschiedenen Werten von φ eine analytische Beziehung aufzustellen; die graphische Bestimmung ist mühelos, genügend genau, und der Winkel $\delta_{(2)}$ interessiert an sich nicht näher. Aus der Fig. 204, die für die volle Wassermenge $Q = 1,75$ cbm/sk den senkrechten Austritt mit $w_2 = 2,17$ m/sk entsprechend $\alpha_2 = 0,06$ zeigt, kann beispielsweise entnommen werden, daß sich die $w_{(2)}$ für $\varphi = 0,5$ auf $\sim 2,3$ m/sk und für $\varphi = 0,25$ auf $\sim 3,1$ m/sk stellen.

Tragen wir je an den betreffenden Endpunkten von $v_{(2)} = \varphi v_2$ die Größe von $\frac{w_{(2)}^2}{2g} = \alpha_{(2)} H$ senkrecht zur Richtung der $v_{(2)}$ auf, wie dies Fig. 204 zeigt, so erhalten wir in der Kurve ab die zeichnerische Darstellung des Verlaufes, den die Austrittsverluste $\alpha_{(2)}$ für wechselnde Wassermengen nehmen.

Für die allgemeine Übersicht empfiehlt es sich aber doch, die rechnerische Beziehung zwischen φ und $w_{(2)}$ aufzustellen.

Gegeben ist uns hier:

$$\delta_2 = 90^0; \qquad v_2^2 = u_2^2 + w_2^2 = \Delta^2 u_1^2 + w_2^2; \qquad \sin\beta_2 = \frac{w_2}{v_2}.$$

Aus der Fig. 204 geht hervor, daß allgemein

$$\frac{w_{(2)} \sin\delta_{(2)}}{\varphi v_2} = \frac{w_2}{v_2},$$

woraus folgt

$$w_{(2)} \sin\delta_{(2)} = \varphi w_2 \quad \ldots\ldots \quad 559$$

Aus ähnlichen Dreiecken der Fig. 204 ist ersichtlich, daß die Länge u_2 durch die Vertikale $w_{(2)} \sin\delta_{(2)}$ entsprechend φv_2 in zwei Teile, φu_2 und $(1-\varphi) u_2$, geteilt wird, und deshalb kann geschrieben werden:

$$w_{(2)} \cos\delta_{(2)} = (1-\varphi) u_2 \quad \ldots\ldots \quad 560$$

Aus der Vereinigung beider Gleichungen folgt

$$w_{(2)}^2 = \varphi^2 w_2^2 + (1-\varphi)^2 u_2^2 = \varphi^2 w_2^2 + (1-\varphi)^2 \Delta^2 u_1^2 \quad \ldots\ldots \quad 561$$

als Beziehung zwischen φ und $w_{(2)}$. Die Kurve der $w_{(2)}^2$, also auch die der $\frac{w_{(2)}^2}{2g}$ ist eine Parabel, deren Achse mit der Richtung des Kleinstwertes von $w_{(2)}$ zusammenfällt, der Parabelscheitel liegt in $\frac{w_{(2)min}^2}{2g}$ von der Linie der $v_{(2)}$ als Abszisse ab. Am einfachsten läßt sich die Parabel aus letzterem Werte und aus $\frac{u_2^2}{2g}$ am Beginn der $v_{(2)}$-Linie aufzeichnen.

Bestimmung von $w_{(2)\,min}$. Dieser Betrag stellt sich bei einer Füllung ein, die wir mit $\varphi_{(min)}$ bezeichnen wollen, die sich aus ähnlichen Dreiecken der Fig. 204 ergibt. Es ist:

$$\frac{\varphi_{(min)} v_2}{u_2} = \frac{u_2}{v_2},$$

woraus

$$\varphi_{(min)} = \frac{u_2^2}{v_2^2} = \frac{u_2^2}{u_2^2 + w_2^2} = \frac{u_1^2}{u_1^2 + \frac{w_2^2}{\Delta^2}} \quad \ldots\ldots \quad 562$$

Für $w_{(2)\,min}$ selbst erhalten wir aus ähnlichen Dreiecken der Fig. 204

$$\frac{w_{(2)\,min}}{u_2} = \frac{w_2}{v_2} = \frac{w_2}{\sqrt{u_2^2 + w_2^2}}$$

und hieraus

$$\frac{w_{(2)\,min}^2}{2g} = \frac{w_2^2}{2g} \cdot \frac{u_2^2}{u_2^2 + w_2^2} = \frac{w_2^2}{2g} \cdot \frac{u_1^2}{u_1^2 + \frac{w_2^2}{\Delta^2}} \quad \ldots\ldots \quad 563$$

was nach Gl. 562 gleichbedeutend ist mit

$$\frac{w_{(2)\,min}^2}{2g} = \alpha_{(2)\,min} H = \frac{w_2^2}{2g} \varphi_{(min)} = \alpha_2 H \varphi_{(min)} \quad \ldots\ldots \quad 564$$

Die Gl. 563 läßt erkennen, daß bei gegebener Größe von $\frac{w_2^2}{2g} = \alpha_2 H$ der Betrag von $w_{(2)\,min}$ mit Δ wächst und abnimmt.

Führen wir in die Gleichungen 562 und 563 noch $w_2^2 = 2g\alpha_2 H$, sowie u_1 nach Gl. 379, S. 142, ein, so ergeben sich für $\delta_2 = 90^0$ allgemein

$$\varphi_{(min)} = \frac{\frac{\Delta^2 \varepsilon}{2\alpha_2}\left(1 - \frac{\operatorname{tg}\delta_1}{\operatorname{tg}\beta_1}\right)}{1 + \frac{\Delta^2 \varepsilon}{2\alpha_2}\left(1 - \frac{\operatorname{tg}\delta_1}{\operatorname{tg}\beta_1}\right)} \quad \ldots \ldots \quad 565$$

sowie

$$\frac{w_{(2)\,min}^2}{2g} = \alpha_{(2)\,min} H = \alpha_2 H \, \varphi_{(min)} = \alpha_2 H \cdot \frac{\frac{\Delta^2 \varepsilon}{2\alpha_2}\left(1 - \frac{\operatorname{tg}\delta_1}{\operatorname{tg}\beta_1}\right)}{1 + \frac{\Delta^2 \varepsilon}{2\alpha_2}\left(1 - \frac{\operatorname{tg}\delta_1}{\operatorname{tg}\beta_1}\right)} \quad \ldots \ldots \quad 566$$

Ist der Eintrittswinkel $\beta_1 = 90^0$, so vereinfachen sich die vorstehenden Gleichungen auf:

$$\varphi_{(min)} = \frac{1}{1 + \frac{2\alpha_2}{\Delta^2 \varepsilon}} \quad \ldots \ldots \quad 567$$

und

$$\frac{w_{(2)\,min}^2}{2g} = \alpha_2 H \, \varphi_{(min)} = \alpha_2 H \frac{1}{1 + \frac{2\alpha_2}{\Delta^2 \varepsilon}} \quad \ldots \ldots \quad 568$$

Für das Laufrad nach den Daten „A", S. 172, ergeben sich demgemäß

$$\varphi_{(min)} = \frac{1}{1 + \frac{2 \cdot 0{,}06}{0{,}722^2 \cdot 0{,}82}} = 0{,}781$$

$$\frac{w_{(2)\,min}^2}{2g} = 0{,}06 \cdot 4{,}0 \cdot 0{,}781 = 0{,}187 \text{ m, Fig. 204,}$$

$$\alpha_{(2)\,min} = \frac{0{,}187}{4{,}0} = \sim 0{,}047$$

oder auch gleich nach Gl. 564 $\alpha_{(2)\,min} = 0{,}06 \cdot 0{,}781 = 0{,}04686$.

2. Wechselnde Wassermenge und gleichbleibender Saugrohrquerschnitt.

Auf den ersten Blick erscheint ein Bedenken gerechtfertigt, ob wohl der Durchfluß der verschieden großen Wassermengen im Saugrohr nicht zu Unzuträglichkeiten führen wird. Dies ist nicht der Fall, wie aus dem Nachstehenden hervorgeht.

Wir haben auf S. 146 u. f. gesehen, in welcher Weise die Austrittsfläche mit w_2 zusammenhängt und da der freie Saugrohrquerschnitt in der Nähe der Turbine gleich der Austrittsfläche gehalten wird, so haben wir gemäß Gl. 388, S. 150, und unter Hinweis auf Gl. 511 und 511a, S. 266, nur zu untersuchen, wie sich die Komponenten $w_{(2)} \sin \delta_{(2)}$ für die Teilfüllungen ergeben.

Die Gl. 559 gibt hierüber ohne weiteres Auskunft

$$w_{(2)} \sin \delta_{(2)} = \varphi \, w_2 = \varphi \, v_2 \sin \beta_2 \quad \ldots \ldots \quad (559)$$

Hieraus und aus Fig. 204 ist ersichtlich, daß die Komponenten der jeweiligen $w_{(2)}$ in Richtung des Saugrohres, d. h. in Richtung senkrecht zu u_2, der Größe φ proportional sind.

Ist also ein Saugrohrquerschnitt für eine beliebige Füllungsgröße φ entsprechend der dabei vorhandenen Komponente $w_{(2)} \sin \delta_{(2)}$ bemessen worden, so entspricht dieser Querschnitt auch allen anderen Größen von φ zwischen 0 und 1, und darüber hinaus. Die Saugrohrgeschwindigkeiten

$$w_{(3)} = \varphi w_3 = w_{(2)} \sin \delta_{(2)} \quad \ldots\ldots\ldots\ldots \quad 569$$

fallen also auch den Füllungsgrößen proportional aus.

Die Bemerkung unter „b" Seite 280 zeigt im Verein mit dem Vorstehenden, daß unsere erweiterten Saugrohre, wenn für irgendeine Teilwassermenge, oder für volle Wassermenge, richtig bemessen, auch für jede andere Füllung richtig arbeiten werden.

Daß die Komponente $w_{(2)} \cos \delta_{(2)}$ in der Drehrichtung des Laufrades, Fig. 204, dem abfließenden Wasser eine schraubenförmige Bewegung durch das Saugrohr erteilen muß, war früher schon, S. 258 und auch S. 280, besprochen.

3. Die „normale Wassermenge" und der Austrittsverlust $\alpha_{(2)}$ für kleine Wassermengen.

Als „normale Wassermenge" einer Turbine mit Drehschaufelregulierung gilt diejenige Wassermenge, deren Eintritt ins Laufrad ohne Stoß erfolgt.

Trifft der stoßfreie Eintritt gleichzeitig mit dem senkrechten Austritt aus dem Laufrad zusammen, $\delta_2 = 90^0$, so gilt die Gl. 379, S. 142, für die Berechnung, von u_1, während für $\delta_2 \gtrless 90^0$ die Gl. 377 für u_1 zu verwenden ist.

Die seitherigen Berechnungen haben gezeigt, auch Fig. 199, 201 und 203, daß ein Vermindern der Füllung φ unter den Wert 1, der abnehmenden $\alpha_{(2)}$ halber, zuerst den hydraulischen Wirkungsgrad noch etwas verbessert und erst bei weiterem Abnehmen von φ zur Verschlechterung desselben führt. Ebenso zeigt es sich, daß ein Überöffnen in mäßigen Grenzen den Wirkungsgrad noch nicht sehr wesentlich beeinträchtigt.

Hieraus ergibt sich eine gewisse Beweglichkeit für die Vereinigung der Entwurfsgrundlagen; die drei Dinge, volle Wassermenge, stoßfreier Eintritt (normale Wassermenge) und die Richtung von w_2 können verschiedenartig vereinigt werden.

Die Verhältnisse der Fig. 204 entsprechen dem Zusammentreffen der vollen Wassermenge mit dem stoßfreien Eintritt (also ist für Fig. 204 „volle" und „normale" Wassermenge gleich) bei $\delta_2 = 90^0$, während in der Fig. 205 volle Wassermenge mit stoßfreiem Eintritt („voll" gleich „normal") und δ_2 größer als 90^0 vereinigt ist. Zu dieser Anordnung führt nachstehende Überlegung.

Aus Fig. 204 ist ersichtlich, daß sich die Austrittsverluste für kleinere Werte von φ ganz wesentlich steigern. Sind nun die Betriebsverhältnisse einer Wasserkraft derart, daß Kleinwasserstände häufig vorkommen, so haben wir je nach Umständen ein Interesse daran, daß sich die $\alpha_{(2)}$ bei kleinen Beträgen von φ nicht allzuweit von dem für Vollwasser zugelassenen α_2 entfernen.

Folgende Verhältnisse kommen in Betracht:

In großen Kraftanlagen, bei denen eine ganze Anzahl von Turbinen vorhanden ist, vollzieht sich das Anpassen an die wechselnde Wassermenge stets dadurch, daß ganz geöffnete Turbinen ab- oder zugeschaltet werden, und daß eine der in Betrieb bleibenden Turbinen durch geeignete Einstellung den dann noch übrigbleibenden Unterschied ausgleicht.

Eine dieser Turbinen verbraucht, selbst wenn vollgeöffnet, nur einen entsprechenden Bruchteil des gesamten Betriebswassers und deshalb kommt der allfallsige hohe Austrittsverlust der kleinen Füllung nur für einen verschwindenden Teil der Gesamtwassermenge in Betracht.

Kleine Wasserkräfte dagegen stellen andere Bedingungen. Ist überhaupt nur eine Turbine vorhanden, so muß diese den vollen Wasserschwankungen gerecht werden, und hier ist es häufig unangenehm, wenn zu der vielleicht starken Verringerung auf kleines φ auch noch eine weniger befriedigende Ausnutzung von H hinzukommt, des großen $w_{(2)}$ für kleine Wassermengen wegen.

Für diese Kleinbetriebe kommt man dazu, die φv_2, die den kleineren Wassermengen angehören, mehr gegen die Stelle von $w_{(2)\,min}$, gegen den Parabelscheitel, hinüberzuschieben:

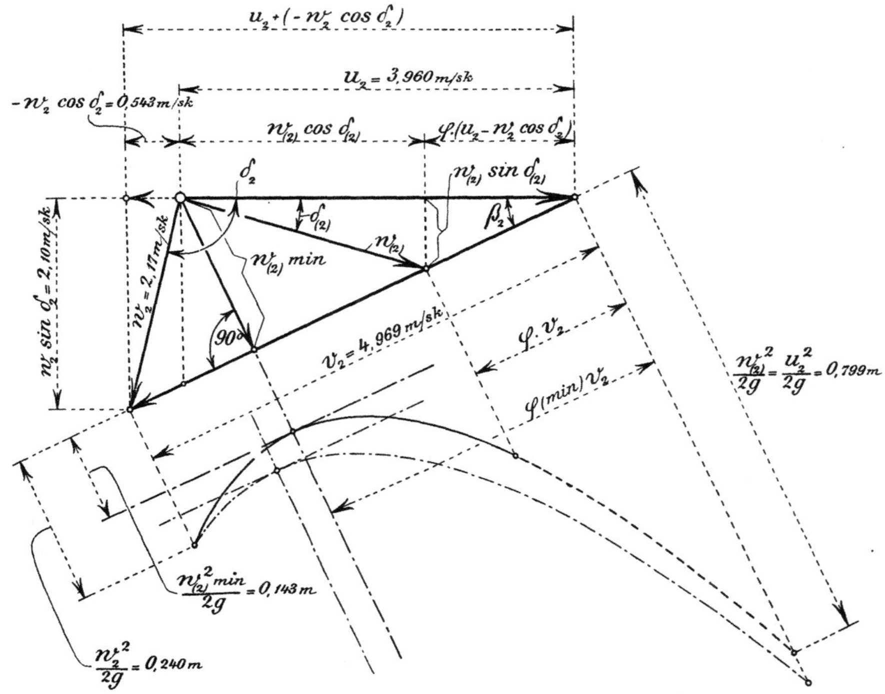

Fig. 205.

Durch Vergrößern von δ_2 rücken die zu den kleineren Füllungen gehörigen $w_{(2)}$ näher gegen die Parabelachse und die $\frac{w_{(2)}^2}{2g}$ fallen dann auch kleiner aus.

Sehr vieles kann in den meisten Fällen nicht gewonnen werden, wie der Vergleich von Fig. 204 und 205 zeigt, doch ist es vielfach üblich, so vorzugehen.

Die Berechnungen für wechselnde $\delta_{(0)}$ bei ideellem Betrieb haben schon gezeigt, daß die Turbine stets für volle Wassermenge entworfen werden sollte.

Die Beziehung für u_1, bei δ_2 von 90^0 abweichend, Gl. 377, S. 142, ist recht umständlich, doch kann für genauere Berechnung davon nicht abgesehen werden, wie die folgenden Zahlen zeigen.

Wir nehmen die allgemeinen Verhältnisse der Turbine „A", S. 172, d. h. Gefälle, Wassermenge, β_1 und δ_1, α_2 usw., legen aber die Austrittsgeschwindigkeit w_2 so, daß δ_2 größer als 90^0 ist. Wir wollen rund $\cos\delta_2 = -\frac{1}{4} = -0{,}25$ annehmen, was einem δ_2 von $\sim 90^0 + 14^0 30' = \sim 104^0 30'$ entspricht, also noch keine sehr wesentliche Abweichung darstellt. Die Gl. 377 liefert uns hierfür $u_1 = 5{,}48$ m/sk, während u_1 nach Gl. 379a sich auf 5,67 m/sk stellen wird. Das heißt:

Wenn in beiden Ausführungen der Austrittsverlust α_2, also auch w_2, gleich groß sein soll, so darf für rückwärtsliegendes w_2 (δ_2 größer als 90^0) nach obiger Annahme die Regulierturbine nur $\frac{5{,}48}{5{,}67} = 0{,}9665$ von der Umdrehungszahl der gleich großen mit senkrechten w_2 erhalten (58 Umdr. statt 60). Der Unterschied von $3^1/_2\,^0/_0$ ist ja an sich nicht groß. Für vorläufigen Entwurf wird uns deshalb stets die Gl. 379 bzw. 379a dienen können, aber in der endgültigen Rechnung sollte doch die ganz allgemeine Gl. 377 zu ihrem Rechte kommen.

Diese Notwendigkeit wird besonders ersichtlich, wenn wir die Verhältnisse an der Stelle „2" am Austritt der Regulierturbine mit $\delta_2 > 90^0$ denjenigen mit $\delta_2 = 90^0$ gegenüberstellen.

Zu diesem Zwecke wollen wir die Hauptdaten beider Anordnungen nachstehend anführen.

Es ist zu bemerken, daß das Schrägstellen von w_2 nur die Komponente $w_2 \sin \delta_2$ für den Abfluß zur Verwendung kommen läßt, daß deswegen im allgemeinen für schräggestelltes w_2 etwas größere Saugrohrdurchmesser folgen, daß aber der Unterschied nicht sehr bedeutend ist: Bei $\alpha_2 = 0{,}06$ ist für den Abfluß in der Saugrichtung vorhanden:

bei $\delta_2 = 90^0$ $\qquad w_2 = 2{,}17$ m/sk

„ $\delta_2 = 104^0\,30'$ $\qquad w_2 \sin \delta_2 = 2{,}10$ „

Der freie Saugrohrquerschnitt, auch b_2, muß also für die angenommene Schräglage von w_2 auf das $\frac{2{,}17}{2{,}10} = 1{,}03$fache gegenüber früher vergrößert, D_3 also etwa auf das $\sqrt{1{,}03} = 1{,}015$fache gebracht werden.

Die schräge Richtung von w_2 bringt es mit sich, daß für volle Füllung der Turbine die Rotation des Wassers im Saugrohr den entgegengesetzten Drehsinn hat als für wesentlich kleinere Füllungen, daß ein bestimmtes $w_{(2)}$ mit einem $\delta_{(2)} = 90^0$ ohne Rotation arbeitet, Fig. 205. Die Schrägrichtung von w_2 ändert aber nichts an der Brauchbarkeit des Saugrohres für alle Füllungen, wenn eben von Anfang an $w_2 \sin \delta_2$ und nicht w_2 für den Saugrohrquerschnitt in Rechnung gestellt wird.

Natürlich haben sich bei dieser Verschiebung außer v_2 auch der Winkel β_2 und die Schaufelweite a_2 entsprechend geändert. Die Proportionalität der Komponenten $w_{(2)} \sin \delta_{(2)}$ in der Abflußrichtung (Saugrohrachse) aber bleibt unberührt.

Aus Fig. 205 ist die neue Parabel der $\frac{w_{(2)}^2}{2g}$ ersichtlich, deren Scheitel mit $w_{(2)\,min}$ hier bei einem gegen vorher, Fig. 204, ziemlich kleineren Werte von φ liegt, die $\frac{w_{(2)}^2}{2g}$ der kleinen Wassermengen sind gegen vorher vermindert. — Die zeichnerische Ermittelung von $\varphi_{(min)}$ und $w_{(2)\,min}$ macht auch hier keine Schwierigkeiten. Der Vollständigkeit wegen soll aber doch auch die analytische Bestimmung kurz angegeben sein.

Hier ist $\qquad v_2^2 = u_2^2 + w_2^2 - 2 u_2 w_2 \cos \delta_2$.

Wir finden aus ähnlichen Dreiecken der Fig. 205

$$\frac{w_{(2)} \sin \delta_{(2)}}{\varphi v_2} = \frac{w_2 \sin \delta_2}{v_2},$$

woraus

$$w_{(2)} \sin \delta_{(2)} = \varphi \cdot w_2 \sin \delta_2 \quad \ldots \ldots \ldots \ldots \quad 570$$

Ferner ist aus Fig. 205

$$w_{(2)} \cos \delta_{(2)} = u_2 - \varphi\,(u_2 - w_2 \cos \delta_2) = (1 - \varphi)\, u_2 + \varphi \cdot w_2 \cos \delta_2 \quad \ldots \quad 571$$

Aus beiden Gleichungen ergibt sich als allgemeine Beziehung

$$w_{(2)}{}^2 = \varphi^2 w_2{}^2 + (1-\varphi)^2 u_2{}^2 + 2(1-\varphi)\varphi u_2 w_2 \cos\delta_2 \quad . \; . \; . \; . \; . \quad 572$$

Die Füllung $\varphi_{(min)}$ folgt, Fig. 205, aus

$$\frac{\varphi_{(min)} v_2}{u_2} = \frac{u_2 - w_2 \cos\delta_2}{v_2}$$

oder

$$\varphi_{(min)} = \frac{u_2 (u_2 - w_2 \cos\delta_2)}{v_2{}^2} = \frac{u_2{}^2 - u_2 w_2 \cos\delta_2}{u_2{}^2 + w_2{}^2 - 2 u_2 w_2 \cos\delta_2} \quad . \; . \; . \; . \; . \quad 573$$

Dann ist weiter nach Fig. 205

$$\frac{w_{(2)\,min}}{u_2} = \frac{w_2 \sin\delta_2}{v_2} = \frac{w_2 \sin\delta_2}{\sqrt{u_2{}^2 + w_2{}^2 - 2 u_2 w_2 \cos\delta_2}}$$

und hieraus

$$\frac{w_{(2)\,min}^2}{2g} = \frac{w_2{}^2 \sin^2\delta_2}{2g} \cdot \frac{u_2{}^2}{u_2{}^2 + w_2{}^2 - 2 u_2 w_2 \cos\delta_2} \quad . \; . \; . \; . \; . \quad 574$$

oder mit Gl. 573

$$\frac{w_{(2)\,min}^2}{2g} = \frac{w_2{}^2 \sin^2\delta_2}{2g} \varphi_{(min)} \frac{u_2}{u_2 - w_2 \cos\delta_2} \quad . \; . \; . \; . \; . \; . \; . \; . \quad 575$$

Für $\delta_2 = 90^0$ gehen die Gleichungen in die vorher, S. 316, entwickelten über.

Zur besseren Übersicht folgen hier die durch die schräge Austrittsrichtung beeinflußten Größen der Turbine „A“, S. 172, für beide Winkel δ_2 und beidemal gleiche Schaufelzahlen und -stärken: $z_0 = 24$; $z_1 = 28$; $a_0 + s = 80 + 5$.

$\delta_2 = 90^0$	$\delta_2 = 104^0\,30'$ ($\cos\delta_2 = -0{,}25$)
$u_1 = 5{,}67$ m/sk	$u_1 = 5{,}48$ m/sk
Umdr.-Zahl = 60 i. d. Min.	Umdr.-Zahl = 58 i. d. Min.
$w_2 = 2{,}17$ m/sk	$w_2 \sin\delta_2 = 2{,}10$ m/sk
$D_3 = 1{,}1$ m	$D_3 = 1{,}12$ m
$u_2 = 4{,}095$ m/sk	$u_2 = 3{,}96$ m/sk
$v_2 = 4{,}635$ „	$v_2 = 4{,}969$ „
$a_2 = 61$ mm	$a_2 = 55$ mm
$b_2 = 220$ „	$b_2 = 229$ „
$w_0 = w_1 = 6{,}08$ m/sk	$w_0 = w_1 = 5{,}88$ m/sk
$b_0 = 150$ mm	$b_0 = 155$ mm
$\varphi_{(min)} = 0{,}781$	$\varphi_{(min)} = 0{,}722$
$w_{(2)\,min} = 1{,}917$ m/sk	$w_{(2)\,min} = 1{,}674$ m/sk
$\frac{w_{(2)\,min}^2}{2g} = 0{,}187$ m	$\frac{w_{(2)\,min}^2}{2g} = 0{,}143$ m

für $\varphi = \frac{1}{4}$ ist:

$\delta_2 = 90^0$	$\delta_2 = 104^0\,30'$
$w_{(2)} = 3{,}12$ m/sk	$w_{(2)} = 2{,}88$ m/sk
$\frac{w_{(2)}{}^2}{2g} = 0{,}496$ m	$\frac{w_{(2)}{}^2}{2g} = 0{,}424$ m
$\alpha_{(2)} = 0{,}124$	$\alpha_{(2)} = 0{,}106$

Unterschied der $\alpha_{(2)} = 0{,}124 - 0{,}106 = 0{,}018$, etwa $15\,^0/_0$ des Austrittsverlustes von $\delta_2 = 90^0$.

Die Unterschiede sind nicht sehr groß, aber sie sind vorhanden. Zur besseren Übersicht enthält die Fig. 205 als —·—·— Kurve die Parabel der Fig. 204, wobei die Abszissen φv_2, dem Wert $v_2 = 4{,}969$ gegenüber 4,635 entsprechend vergrößert werden mußten.

Vergleichen wir die Wirkung von δ_2 größer als 90° auf u_1 mit derjenigen des erweiterten Saugrohres auf dieselbe Umfangsgeschwindigkeit, so zeigt sich, daß die schiefe Lage von w_2, wie vorher, S. 320, geschildert, u_1 im Verhältnis $\frac{5{,}48}{5{,}67}$ vermindert. Das erweiterte Saugrohr, S. 268, vermehrt u_1 bei gleichbleibendem Winkel $\delta_2 = 90^0$ im Verhältnis $\frac{5{,}84}{5{,}67}$.

Eine Turbine mit $\delta_2 > 90^0$ und erweitertem Saugrohr hat demnach gegenüber einer solchen mit $\delta_2 = 90^0$ und nicht erweitertem Saugrohr eine Änderung der Geschwindigkeiten im Verhältnis

$$\sim \frac{5{,}48}{5{,}67} \cdot \frac{5{,}84}{5{,}67} = \approx 0{,}9955,$$

d. h. die beiden Einwirkungen werden sich fast ganz aufheben und die u_1 usw. bleiben für die Rechnung der Praxis im allgemeinen bestehen, als ob kein $\delta_2 > 90^0$ und kein erweitertes Saugrohr da wäre.

Außer den durch Fig. 204 und 205 dargestellten Kombinationen sind noch andere Anordnungen möglich und tunlich. Der Übersicht halber sind in Fig. 205a verschiedene Möglichkeiten zusammengestellt, wobei die Füllungsangabe in der einzelnen Figur die Füllung des stoßfreien Eintritts bezeichnet.

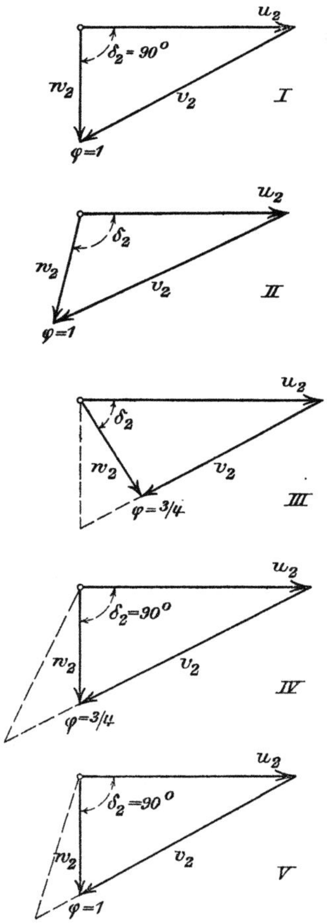

Fig. 205a.

I. Entspricht der Fig. 204. „Voll“ gleich „normal“, $\delta_2 = 90^0$, mithin Stoßeintritt für alle Teilfüllungen nebst Kreisen des Wassers im Saugrohr für diese.

II. Ist von Fig. 205 entnommen. „Voll“ gleich „normal“, aber δ_2 größer als 90°, Stoßeintritt für alle Teilfüllungen, Wasserkreisen im Saugrohr von „voll“ an abnehmend, bei etwa $\varphi = \frac{3}{4}$ senkrechter Austritt, dann Kreisen in entgegengesetzter Richtung.

III. $\varphi = \sim \frac{3}{4}$ „normal“, dabei δ_2 kleiner als 90°, Wasserkreisen im Saugrohr bei Normalfüllung. Für $\varphi = 1$ Überöffnen, Stoßeintritt, $\delta_{(2)} = 90^0$. Für alle sonstigen Größen von φ Wasserkreisen und Stoßeintritt.

IV. $\varphi = \sim \frac{3}{4}$ „normal“, δ_2 dabei gleich 90°. Für $\varphi = 1$ Überöffnen, für $\varphi \gtrless \frac{3}{4}$ Stoßeintritt, Wasserkreisen nach links und rechts.

V. Entspricht I. und Fig. 204, deutet an, daß durch Überöffnen hier noch φ größer als 1 gemacht werden kann (Hochwasserreserve), wobei Stoßeintritt und Wasserkreisen.

Also im allgemeinen:

I. Für große Kraftanlagen, ebenso V.
II. „ kleinere Anlagen.
III. „ sparsamen Betrieb bei Kleinwasser.
IV. „ sehr sparsamen Betrieb bei Kleinwasser.

Die Berechnung der Stoßverluste am Eintritt ist, wie schon hervorgehoben, nicht absolut sicher, die Feststellung der Entwicklung für die Austrittsverluste dagegen beruht auf wirklich vorhandenen Verhältnissen und gibt für diese ein zuverlässiges Bild. Das Streben nach hohen Nutzeffekten bei Teilwassermengen wird deshalb stets die Entwicklung der Austrittsverluste im Auge behalten müssen, wobei allerdings zu bedenken ist, daß, wie sich auch später zeigen wird, die Richtungen und Größen von w_2 nicht einmal immer in den verschiedenen Schichten einer und derselben Turbine gleich groß gehalten werden können (Schnelläufer S. 209 u. f., S. 332 u. f.).

D. Füllung und Drehmoment.

Von Interesse ist der rechnungsmäßige Zusammenhang zwischen der Füllung φ und dem dieser Füllung entsprechenden Drehmoment M_G des geordneten Durchflusses durch die Reaktionsgefäße; denn wenn auch die Winkelgröße $\delta_{(0)}$ das zuerst bestimmende Glied für die Rechnungen ist, so hat für die Praxis die Größe $\delta_{(0)}$ keine wesentliche Bedeutung weiter, die Teilwassermengen sind es, die dort in Frage kommen.

Wir können den Teil $M_C + M_R$ der Gl. 545, S. 306, nach Gl. 338 und 339, S. 128, mit $f_1 = n_1 \cdot f_2$ und $v_{(1)} = \dfrac{\varphi Q}{z_1 \cdot f_1}$ usw. auch schreiben:

$$M_C + M_R = \varphi^2 \frac{Q^2 \gamma \cdot r_1}{g \cdot z_1 \cdot f_1} (\cos \beta_1 + n_1 \Delta \cos \beta_2) \quad . \; . \; . \; . \; . \quad 576$$

und erkennen hieraus, daß $M_C + M_R$ dem Quadrat der jeweils zufließenden Wassermenge proportional ist. Die zeichnerische Darstellung von $M_C + M_R$ in Beziehung auf φ ist demnach eine Parabel mit senkrechter Achse, die ihren Scheitel in $\varphi = 0$ hat und, Überöffnen vernachlässigt, mit $\varphi = 1$ endigt.

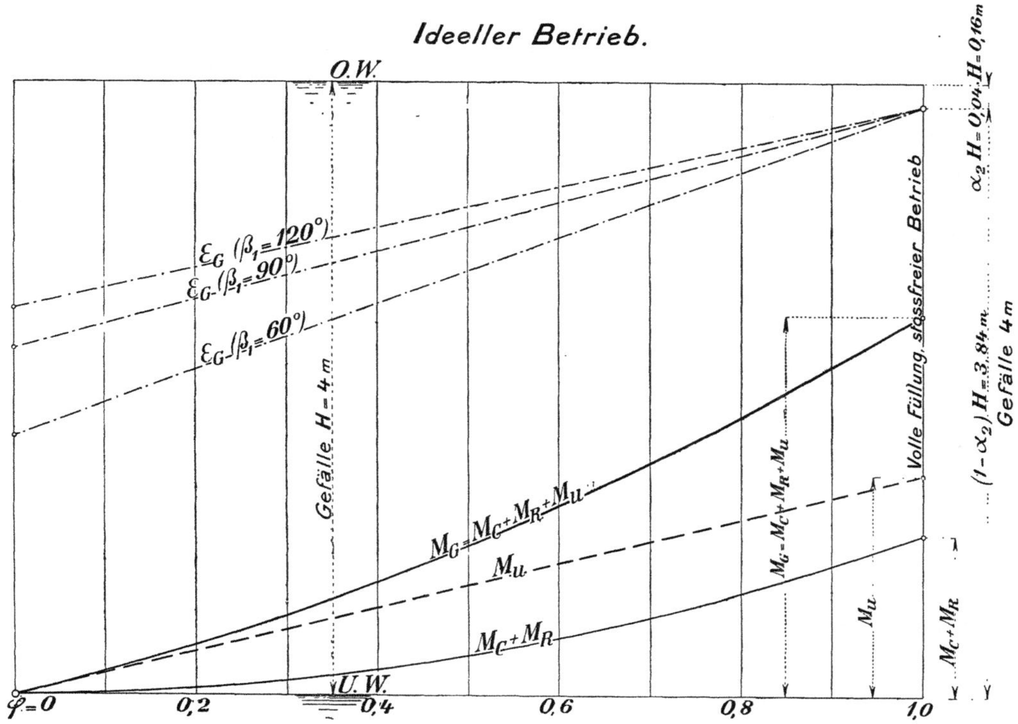

Fig. 206.

Die Fig. 206 zeigt die Parabel der $M_C + M_R$ für den vorher betrachteten Fall 2, S. 310, $\beta_1 = 90^\circ$, dazu $\delta_0 = \delta_1 = 20^\circ$, aufgetragen. Die Ordinaten entsprechen einfach den betreffenden Teilgrößen der Zahlenwerte der Tabelle S. 310. Die Eigenschaft der Momentenkurve als Parabel gestattet das Aufzeichnen ohne weitere Berechnung, sofern nur $M_C + M_R$ für volle Füllung, $\varphi = 1$, bekannt ist, und diese Größe ist ja sehr einfach nach irgendeiner der Gleichungen zu ermitteln. Wir sind hierdurch in den Stand gesetzt, die $M_C + M_R$ nach beliebig gewählten Bruchteilen der Wassermenge, für jede Größe von φ, sofort abgreifen zu können.

Der Teil M_u der Gl. 545, läßt sich schreiben:

$$M_u = \varphi \frac{Q\gamma \cdot r_1}{g} u_1 (1 - \Delta^2) \quad \ldots \ldots \ldots \quad 577$$

woraus ersichtlich ist, daß M_u einfach proportional φ zu- und abnimmt.

Die Darstellung der M_u in bezug auf φ ist für konstantes Δ demnach eine Gerade, Fig. 206, die durch Null geht.

Das Moment M_G nach Gl. 545 setzt sich also für jeden Wert von φ zusammen aus der zugehörigen Parabelordinate der $M_C + M_R$, die als $a\varphi^2$ geschrieben und derjenigen der Geraden der M_u, die als $b\varphi$ angesehen werden kann. Die Größen a und b sind die Faktoren von φ^2, bzw. φ in den Gl. 576 und 577.

So kann die Beziehung für M_G aufgestellt werden als

$$M_G = a\varphi^2 + b\varphi \quad \ldots \ldots \ldots \ldots \quad 578$$

Dies ist ebenfalls eine Parabel mit senkrechter Achse, derjenigen von $M_C + M_R$ kongruent, deren Scheitel aber nicht mit $\varphi = 0$ zusammenfällt, sondern um die Strecke $\frac{b}{2a}$ weiter gegen links und um $\frac{b^2}{4a}$ tiefer liegt. Es erscheint aber nicht zweckmäßig, noch weiter auf das Aufzeichnen der zweiten Parabel einzugehen, die Addition der Ordinaten, $M_C + M_R + M_u = M_G$, genügt.

In der Fig. 206 ist außer den Momentenlinien $M_C + M_R$, M_u und M_G auch noch die Gerade eingezeichnet, die den Größen von ε_G entspricht. Es ist leicht einzusehen, daß ε_G, das Verhältnis des geleisteten Momentes M_G für geregelten Durchfluß zu φM_1, dem aus der vollen Arbeitsfähigkeit der jeweils durchfließenden Wassermenge φQ folgenden Momente, in bezug auf φ als gerade Linie dargestellt werden muß. Wir haben, wenn ω die Winkelgeschwindigkeit, für volle Wassermenge ideell

$$M_1 \omega = M_1 \frac{u_1}{r_1} = Q \cdot \gamma H,$$

also

$$M_1 = Q \cdot \gamma H \frac{r_1}{u_1}$$

deshalb auch für die Füllung φ

$$\varphi M_1 = \varphi Q \cdot \gamma H \frac{r_1}{u_1} \quad \ldots \ldots \ldots \quad 579$$

Andererseits kann die Gl. 546 auch, mit $v_{(1)} = \frac{\varphi Q}{z_1 \cdot f_1}$ und $v_{(2)} = n_1 \cdot v_{(1)}$ geschrieben werden:

$$M_G = \frac{\varphi Q \gamma}{g} r_1 \left[\frac{\varphi Q}{z_1 \cdot f_1}(\cos\beta_1 + n_1 \Delta \cos\beta_2) + u_1 (1 - \Delta^2)\right] \quad \ldots \quad 580$$

Mithin durch Division von Gl. 579 in 580:

$$\varepsilon_G = \frac{M_G}{\varphi M_1} = \frac{u_1}{gH}\left[\frac{\varphi Q}{z_1 \cdot f_1}(\cos\beta_1 + n_1 \Delta \cos\beta_2) + u_1 (1 - \Delta^2)\right] \quad \ldots \quad 581$$

Dieser Ausdruck stellt in bezug auf φ die Gleichung einer geraden Linie dar, die für $\varphi = 1$ in der Höhe $1 - \alpha_2$ über der Achse der φ beginnt und bei $\varphi = 0$ in einer Höhe $\frac{u_1^2 (1 - \Delta^2)}{gH}$ endigt. Vgl. auch Gl. 555, S. 307, den Ausdruck für ε.

Je größer Δ, um so niederer ε_G, nicht erst gegen $\varphi = 0$ hin, sondern schon von $\varphi = 1$ anfangend, wie das Abzugsglied der Gl. 581 ersehen läßt.

Die Fig. 206 enthält außer der ε_G-Linie für $\beta_1 = 90^0$ auch diejenige für $\beta_1 = 60^0$ und $\beta_1 = 120^0$ für gleiches $\delta_1 = 20^0$ und $\Delta = \frac{5}{8}$. Es ist ersichtlich, daß die Nutzeffekte ε_G für spitzen Winkel schlechter, diejenigen für stumpfen Winkel besser verlaufen als bei $\beta_1 = 90^0$.

E. Leitschaufelweite, Wassermenge und Nutzeffekt für Turbinen mit wenig veränderlichem Δ, tatsächlicher Betrieb, nicht erweitertes Saugrohr.

Für die Praxis interessiert das gegenseitige Verhältnis der genannten Größen. Wir dürfen uns nicht verhehlen, daß die zu diesem Zweck aufgestellten Rechnungen nicht absolut sicher sind, weil wir, wie schon früher gesagt, über die Art wie sich die Stoßwirkungen tatsächlich abspielen noch sehr wenig bestimmten Anhalt haben. Durchweg einwandfreie Rechnungen stehen uns also nicht zu Gebote, auf jeden Fall dürften die nachstehenden Betrachtungen aber doch mit zur Klärung der Sachlage beitragen. Es ist zweckmäßig, die Verhältnisse zuerst an einer Turbine mit fast gleichbleibendem Δ zu untersuchen, später sollen dann die Umstände bei stark wechselndem Δ in Betracht gezogen werden. Die Saugrohrerweiterung mag der Einfachheit halber noch außer acht bleiben.

Die Turbine „B“, Taf. I, S. 176 u. f. bietet eine Ausführungsart, wie sie in der Praxis vorkommt. Die Unterschiede der Δ entlang der Austrittsbreite b_2 dürfen wir hier noch vernachlässigen, ohne daß zu große Fehler begangen werden.

1. Leitschaufelweiten, Füllung und hydraulischer Wirkungsgrad der Turbine „B“.

Es ist nicht nötig, die sämtlichen Daten der Turbine „B“ hier nochmals zu wiederholen, wir gehen wie früher von $a_2 = 0{,}06$ und $\delta_2 = 90^0$ aus, als Durchschnittswert für Δ gilt $\frac{1{,}1}{1{,}6} = 0{,}6875$.

Wir können die rechnerischen und zeichnerischen Ermittelungen für nicht erweitertes Saugrohr wegen $\beta_1 = 90^0$ ohne weiteres mit Benutzung der Gl. 540 und 541 S. 300 durchführen, sofern wir die Gl. 541, des nunmehrigen tatsächlichen Betriebes wegen und einfacherer Fassung halber, schreiben:

$$v_{(1)}^2 \left[n_1{}^2 + \frac{1}{\operatorname{tg}^2 \delta_{(0)}} \right] = 2g\,(1 - \varrho)\,H - u_1{}^2\,(1 - \Delta^2)\,^{1)} \quad . \quad . \quad . \quad . \quad . \quad . \quad 582$$

[1]) Wir wissen noch nicht annähernd, wie groß sich die ϱ unter den verschiedenen Umständen einstellen werden. Wir dürfen annehmen, daß ϱ_2, ϱ_3 und ϱ_4 mit abnehmender Wassermenge kleiner werden; den sonst üblichen Voraussetzungen gemäß würden diese Faktoren proportional den Quadraten der betr. Geschwindigkeiten verlaufen, das heißt auch proportional φ^2, weil die Querschnitte durchweg mit Wasser angefüllt sind. So würden also die Summanden von ϱ von der Stelle „1“ ab mit φ^2 kleiner ausfallen. Die Größe ϱ_1 wird bei abnehmender Wassermenge, ganz abgesehen von den Stoßverlusten σH am Eintritt ins Laufrad, wachsen, weil bei abnehmenden $a_{(0)}$ der Einfluß der Schaufelstärke s_0 sich mehr und mehr bemerklich machen wird. Auch ϱ_0 wird mit kleinerer Füllung zunehmen, denn wir haben ja S. 292 gesehen, daß die $w_{(0)}$ mit abnehmender Wassermenge rasch anwachsen.

So sehr im einzelnen die Art der Änderung der ϱ_0, ϱ_1, ϱ_2 usw. plausibel ist, so wenig wissen wir noch über die Größen der einzelnen Änderungen, und aus diesem Grunde nehmen wir für unsere Berechnung mangels besserer Daten an, daß die Zunahme von ϱ_0 und ϱ_1 aufgewogen werde durch die Abnahme von $\varrho_2 + \varrho_3 + \varrho_4$, daß ϱ für alle Wassermengen gleich groß bleibe. Hier hat eine Reihe recht schwieriger Versuche in den Maschinenbaulaboratorien einzusetzen, damit die nötige Aufklärung geschaffen werde.

Es ist sonst eigentlich nicht die Aufgabe eines Lehrbuches, Rechnungen aufzubauen auf noch ungelöste Probleme. Wo wir aber in der Zwangslage sind, noch gar nichts Sicheres über diese Dinge aus der Praxis her zu wissen, ist es Pflicht, auf die Umstände hinzuweisen, die der Kontrolle durch die Praxis bedürfen und die doch nicht einfach übergangen werden konnten.

Die verschiedenen Werte von $\delta_{(0)}$ ergeben dann rechnungsmäßig die zugehörigen Größen von $v_{(1)}$, d. h. von φQ.

Nun ist nicht die Größe von $\delta_{(0)}$ das, was uns in der Praxis ohne weiteres meßbar zur Hand ist, sondern die zugehörige Leitschaufelweite $a_{(0)}$.

Hier ist eine Erläuterung zu geben. Der Evolventenform entsprechend ist a_0 aus den Gl. 385 und 386, S. 146, mit $\delta_0 = \delta_1$ für volle Wassermenge, $\varphi = 1$, bestimmt. Die Evolvente der Leitschaufeln würde also für volle Wassermenge gelten. Genau genommen sollte nun für jede neue, kleinere, Schaufelweite $a_{(0)}$ eine neue Leitschaufelevolvente, mit dem neuen Grundkreisdurchmesser $e_{(0)} = \frac{z_0(a_{(0)} + s_0)}{\pi}$ vorhanden sein, was ja unmöglich ist. Diese, dem jeweiligen $a_{(0)}$ entsprechenden an sich erwünschten Evolventen würden kleinere Erzeugungskreise haben, als dem vollen a_0 entspricht, sie würden deshalb im Durchmesser D_1 und D_0 mit anderen, größeren, Krümmungsradien auftreten als diejenigen für volles a_0.

Versuche aus der Praxis scheinen darzutun, daß Leitschaufelenden, die flacher gekrümmt sind, als a_0 bei voller Wassermenge entsprechen würde, für $\varphi = 1$ noch fast keinen Schaden bringen, für Teilwassermengen dagegen, weil sie der dann erforderlichen Krümmung mehr entsprechen, besser arbeiten.

Für unsere Rechnung bleibt uns kaum etwas anderes übrig, als eben gemäß der alten Beziehung, vergl. Gl. 386, vorzugehen und zu schreiben, $\delta_0 = \delta_1$

$$\sin \delta_{(0)} = \frac{a_{(0)} + s_0}{t_0} \quad \ldots \ldots \ldots \ldots \quad 583$$

als ob die Evolvente jedem beliebigen $a_{(0)}$ gleich angepaßt wäre.

$$\frac{1}{\operatorname{tg}^2 \delta_{(0)}} = \frac{1}{\sin^2 \delta_{(0)}} - 1$$

folgt der zu einer bestimmten Leitschaufelweite gehörige Wert

Wegen
$$\frac{1}{\operatorname{tg}^2 \delta_{(0)}} = \left(\frac{t_0}{a_{(0)} + s_0}\right)^2 - 1 \quad \ldots \ldots \ldots \ldots \quad 584$$

der dann in die Gl. 582 einzusetzen ist.

Zur Bestimmung von n_1 bzw. n_1^2, wie sie sich aus den bei der Berechnung von Turbine „B“, S. 176, gefundenen Größen ergibt, gelangen wir am einfachsten, wenn wir bedenken, daß für den tatsächlichen Betrieb

$$h_L = (1 - \varrho) H - \frac{w_1^2}{2g}$$

und wenn wir diesen Ausdruck, dazu $C = \frac{u_1^2}{2g}(1 - \Delta^2)$ in die Gl. 376 S. 141 einsetzen. Wir erhalten dadurch allgemein

$$n_1^2 = 1 + \frac{2g(1-\varrho)H - w_1^2 - u_1^2(1-\Delta^2)}{w_1^2} \cdot \frac{\sin^2 \beta_1}{\sin^2 \delta_1} \quad \ldots \ldots \quad 585$$

und weil in unserem Falle $\beta_1 = 90^0$ und $\delta_0 = \delta_1$ ist, vereinfacht sich die Gleichung auf

$$n_1^2 = 1 + \frac{2g(1-\varrho)H - w_1^2 - u_1^2(1-\Delta^2)}{w_1^2 \sin^2 \delta_1}.$$

Mit den Größen der Turbine „B“ ergibt sich dann als durchschnittlich

$$n_1^2 = 1 + \frac{2g \cdot 0{,}88 \cdot 4{,}0 - 6{,}075^2 - 5{,}67^2(1 - 0{,}6875^2)}{6{,}075^2 \cdot 0{,}3581^2}$$

$$n_1^2 = 4{,}2124; \qquad n_1 = 2{,}052$$

d. h. in den vorliegenden Verhältnissen ist $v_2 = 2{,}052 v_1$ und n_1^2 ist als 4,2124 in die Gl. 582 einzuführen.[1])

Nun ist die Turbine für $\varphi = 1$ mit $a_0 = 70$ mm bemessen, S. 177, und wir berechnen uns jetzt zunächst nach Gl. 582 die Werte $v_{(1)}$, wie sie den Weiten $a_{(0)} = 10$ mm, 20 mm, usw. entsprechen und wie sie in der Tabelle S. 328 vereinigt sind.

In erster Linie ergeben sich also die Werte für $v_{(1)}$, mit $\varphi = \frac{v_{(1)}}{v_1}$ rechnet sich dann mit dem normalen v_1 ohne weiteres die Teilwassermenge φQ. Aus der Gl. 368, S. 137, folgt $w_{(0)}$, dann nach Gl. 369 und mit $s = w_{(1)} \sin(\beta_1 - \delta_{(0)}) - u_1$ findet sich v_0', mithin auch unter Berücksichtigung für den tatsächlichen Betrieb mit $(1-\varrho) H$ statt H nach Gl. 258, S. 88, das Relativgefälle H_r, schließlich $v_{(2)} = n_1 \cdot v_{(1)}$.

Die Summe der Drehmomente, M_G nach Gl. 545 und M_S nach Gl. 547, liefert mit $k_S = 1$ die Beträge der M_ε, aus denen $N_\varepsilon = \frac{M_\varepsilon \omega}{75} = \frac{M_\varepsilon n}{716{,}2}$ sich ergibt.

Dann werden die Größen von N_ε durch die Verlustarbeiten $N_{(S)}$ am Radschaufeleintritt, N_α am Austritt und N_ϱ für die Reibungswiderstände jeweils zu N_a, dem absolut vorhandenen Arbeitsvermögen (PS) ergänzt, das sich natürlich aus $N_a = \frac{\varphi Q \gamma \cdot H}{75}$ ebenso ergeben hatte.

Es findet sich noch $\varepsilon = \frac{N_\varepsilon}{N_a}$, der hydraulische Nutzeffekt der Turbine für jede Schaufelöffnung, schließlich ist auch $\varepsilon_G = \frac{N_G}{N_a}$, der Nutzeffekt des Reaktionsgefäßes für sich allein, ohne Einrechnen der Stoßarbeit, beigesetzt.

Die Rechnung ist auch für Überöffnen, über $a_0 = 70$ mm hinaus, durchgeführt und schließt mit $a_{(0)} = 100$ mm ab. Natürlich steigt hierbei noch wegen vermehrter Wassermenge die tatsächliche Turbinenleistung, wenngleich die Nutzeffektsziffer ε abnimmt, vgl. Fig. 208.

Durch Überöffnen ließe sich also bei Hochwasser immerhin noch eine ansehnliche Leistungsaufbesserung erzielen, doch bietet dies Schwierigkeiten, weil dann der Schaufelspalt für normales Öffnen sehr groß vorgesehen werden müßte, um beim Überöffnen die nötige Reserve zu haben.

In den Fig. 207 und 208 sind dann die Tabellenwerte zeichnerisch geordnet, aber nicht nach $a_{(0)}$, sondern nach der Füllungsgröße φ.

Da der Winkel $\delta_{(0)}$ bei $a_{(0)} = 0$ wegen der Leitschaufelstärke s_0 noch einen gewissen Wert besitzt, $\sin \delta_{(0)} = \frac{s_0}{t_0}$, so zeigt $a_{(0)} = 0$ mathematisch immer noch einen bestimmten Wert von φ, während tatsächlich kein Wasser mehr verarbeitet wird.

Die Höhe des Rechteckes zählt in Fig. 207 als Gesamtgefälle, $H = 4{,}0$ m, wovon vom Oberwasser zuerst $\varrho H = 0{,}12 \cdot 4{,}0 = 0{,}48$ m abgezogen sind. Von hier ab zählen die $\frac{w_{(0)}^2}{2g}$ bis zur untersten der drei Kurven. Auf diese setzen sich dann, im Anschluß an die schematische Fig. 70, S. 90, bei $\varphi = 1$ die Höhe $\frac{v_1^2}{2g}$, für $\varphi \gtrless 1$ die Höhe $\frac{v_0'^2}{2g}$, die unter sich bis zur Unterwasser-Linie das Relativgefälle lassen. Die

[1]) Die Bestimmung von n_1 aus den Abmessungen der aufgezeichneten Turbinenkanäle erscheint auf den ersten Blick als das einfachere. Nun enthält aber die Gl. 376 das Glied $C = \frac{u_1^2}{2g}(1 - \Delta^2)$, das mit Δ^2 wechselt. Sowie also die b_2-Linie von der achsialen Lage, Fig. 129 S. 173, abweicht, sind die einzelnen Teile von f_2 nicht mehr gleichwertig, sie können dann nicht mehr einfach addiert werden. In Gl. 376 ist dann der resultierende, mittlere Wert von Δ einzusetzen.

schraffierten schmalen Flächen stellen die vom Relativgefälle abzuziehenden Gefällsverluste, die Größen der Stoßverluste $\frac{s^2}{2g}$ dar, die anfangs auch bei Überöffnen nicht bedeutend sind.

Drehschaufeln. Turbine „B“ ($\beta_1 = 90^0$).
Gefälleaufteilung.

$a_{(0)}$ mm	$\frac{v_{(1)}^2}{2g}$ m	φ	$\frac{w_{(0)}^2}{2g}$ m	$\frac{v_0'^2}{2g}$ m	$(1-\varrho)H - \frac{w_{(0)}^2}{2g} + \frac{v_0'^2}{2g} = H_r$ m	$\frac{s^2}{2g}$ m	$\frac{v_{(2)}^2 - v_{(1)}^2}{2g}$ m	$\frac{v_{(2)}^2}{2g}$ m	$\frac{w_{(2)}^2}{2g}$ m
0	0,001 [1]	0,079 [1]	2,651 [1]	0,122 [1]	0,991 [1]	0,121 [1]	0,005 [1]	0,006 [1]	0,658 [1]
10	0,013	0,236	2,613	0,123	1,030	0,110	0,043	0,056	0,465
20	0,036	0,387	2,540	0,127	1,107	0,091	0,116	0,152	0,326
30	0,068	0,531	2,437	0,135	1,218	0,067	0,218	0,287	0,237
40	0,107	0,665	2,313	0,149	1,356	0,042	0,343	0,450	0,191
50	0,150	0,788	2,194	0,170	1,496	0,020	0,482	0,612	0,184
60	0,195	0,900	2,028	0,200	1,692	0,005	0,628	0,823	0,202
$a_0 =$ **70**	**0,241**	**1,000**	**1,881**	**0,241**	**1,880**	**0,000**	**0,775**	**1,016**	**0,240**
80	0,286	1,089	1,737	0,292	2,075	0,006	0,919	1,205	0,291
90	0,329	1,168	1,599	0,353	2,274	0,024	1,057	1,386	0,349
100	0,369	1,237	1,469	0,423	2,474	0,054	1,186	1,556	0,412

Arbeitsgrößen.

$a_{(0)}$ mm	M_G mkg	$+M_S$ mkg	$=M_\varepsilon$ mkg	N_ε PS	$+N_\alpha$ PS	$+N_{(S)}$ PS	$+N_\varrho$ PS	$=N_a$ PS	$\varepsilon = \frac{N_\varepsilon}{N_a}$	e	$\varepsilon_G = \frac{N_G}{N_a}$
0	57,75 [1]	17,37 [1]	75,12 [1]	5,06 [1]	1,21 [1]	0,22 [1]	0,89 [1]	7,38 [1]	0,684 [1]	0,415 [1]	0,463 [1]
10	121,85	49,44	171,29	16,19	2,56	0,61	2,64	22,00	0,736	0,655	0,524
20	222,70	73,86	296,56	28,03	2,95	0,82	4,34	36,14	0,776	0,725	0,582
30	334,71	86,85	421,56	39,84	2,94	0,83	5,95	49,56	0,804	0,772	0,638
40	453,37	86,12	539,49	51,01	2,97	0,66	7,41	62,05	0,820	0,794	0,692
50	574,42	70,89	645,31	60,98	3,38	0,37	8,83	73,56	0,829	0,809	0,739
60	694,13	41,74	735,87	69,55	4,24	0,11	10,08	83,98	0,828	0,806	0,781
$a_0 =$ **70**	**809,56**	**0,00**	**809,56**	**76,53**	**5,60**	**0,00**	**11,20**	**93,33**	**0,820**	**0,800**	**0,820**
80	918,79	53,35	972,14	81,88	7,39	0,15	12,20	101,62	0,806	0,784	0,854
90	1020,54	113,42	1133,96	85,72	9,53	0,64	13,08	108,97	0,786	0,764	0,884
100	1114,22	182,50	1296,72	88,10	11,90	1,58	13,87	115,45	0,762	0,745	0,913

In der Fig. 208 bezeichnet die Rechteckshöhe gleichzeitig das Gesamtgefälle $H = 4{,}0$ m und die absolute Leistung, $N_a = 93{,}33$ PS bei voller Füllung, $\varphi = 1$. Von diesen geht entsprechend ϱH die Leistungsfähigkeit $N_\varrho = \varrho N_a$ bei voller Füllung verloren, dazu an gleicher Stelle $N_\alpha = \alpha N_a$ für den Austritt derart, daß die hydraulische Leistung $N_\varepsilon = N_C + N_R + N_u$, den gleichnamigen Momenten entsprechend, übrig bleibt. Der Maßstab für die PS ist so gewählt, daß die volle Leistung mit εH zusammenfällt.

Bei kleineren Füllungen, ebenso bei Überöffnen, sind natürlich kleinere, bzw. größere N_a vorhanden, die durch die schräg abwärts laufende Gerade (N_a in Abhängigkeit von φ eine Gerade), den abnehmenden φ-Werten entsprechend, dargestellt sind.

Für $\varphi < 1$ setzt sich die hydraulische Leistung N_ε aus $N_C + N_R + N_u + N_S = N_G + N_S$ zusammen. N_S ist die mithelfende Leistung aus dem Stoß am Laufradeintritt, sie kommt bei Überöffnen, weil der Bewegung entgegenwirkend, als Verlust in Rechnung. Der Höhe der schraffierten Fläche bei $\varphi < 1$ entspricht

[1]) Nur rechnungsmäßig, nicht aber tatsächlich.

$H = 4{,}0$ m; $h_L = 1{,}639$ m; $\beta_1 = 90^0$; $\delta_0 = \delta_1 = 20^0\,59'$.

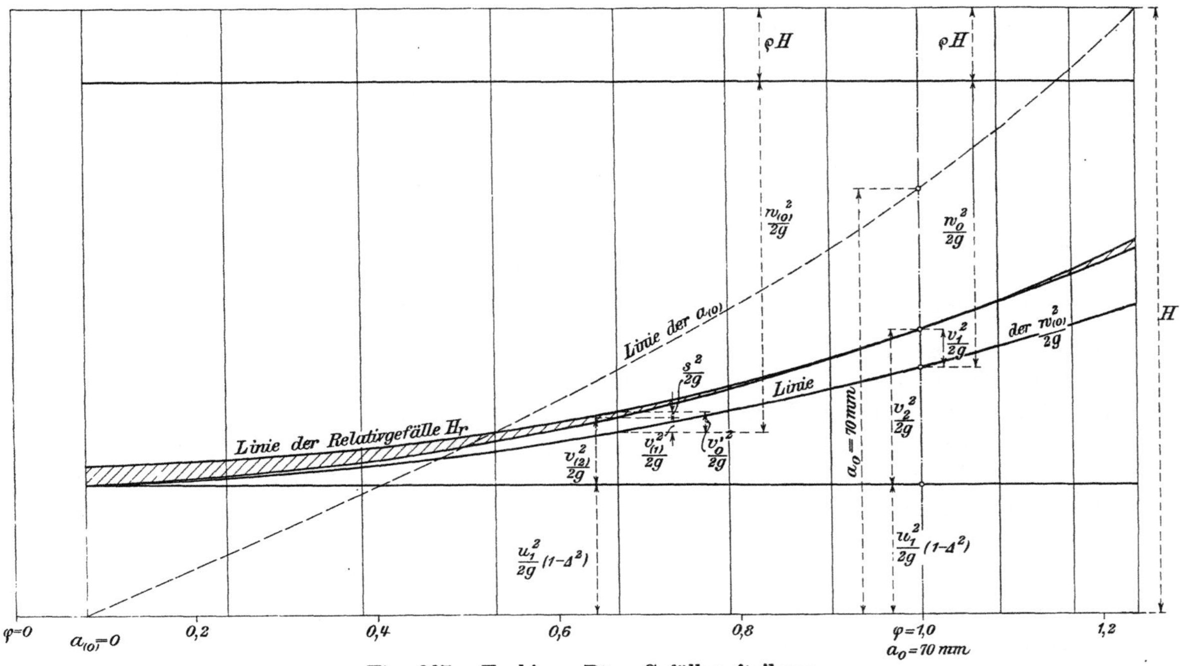

Fig. 207. Turbine „B". Gefälleaufteilung.

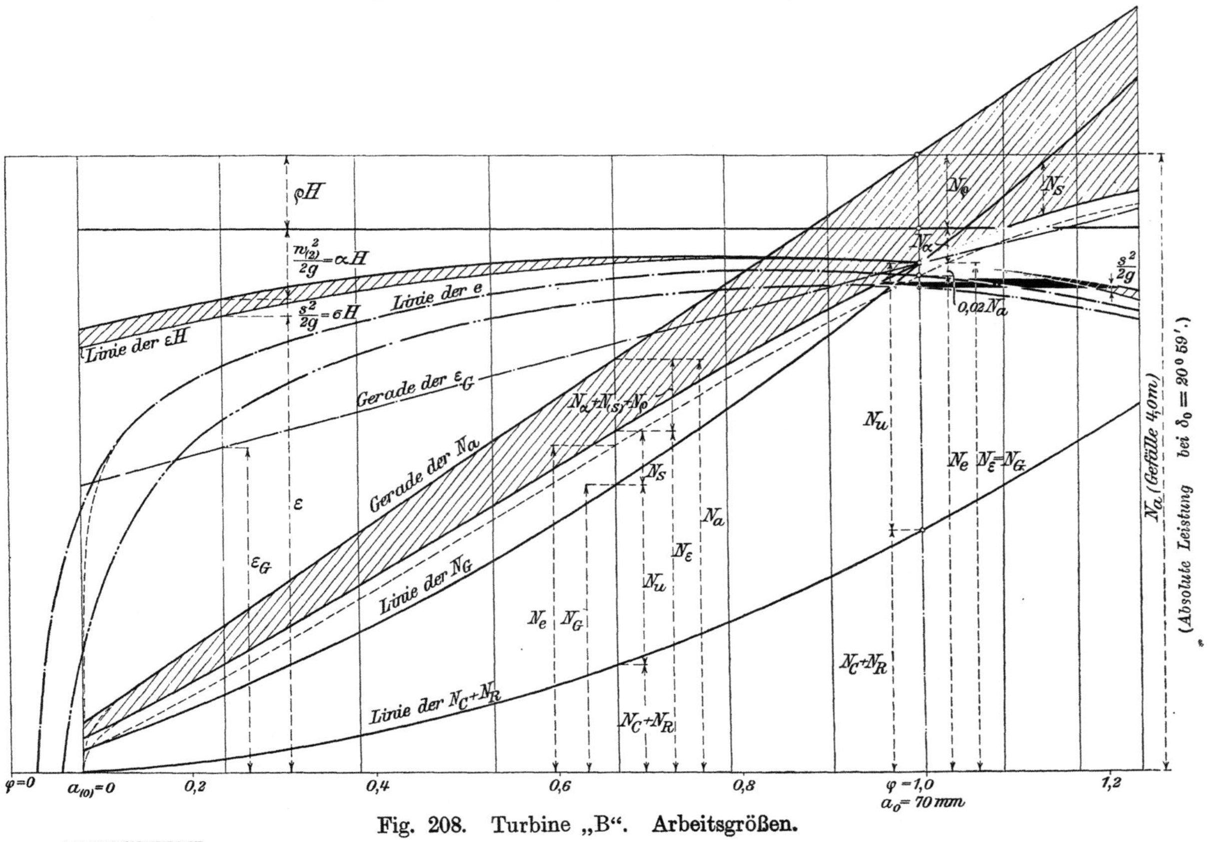

Fig. 208. Turbine „B". Arbeitsgrößen.

In den Figuren 207 und 208, sowie in den folgenden 211 bis 214a sind die den $a_{(0)}$ entsprechenden Ordinaten für φ ausgezogen.

die gesamte Arbeitseinbuße $N_\varrho + N_\alpha + N_{(s)}$, wobei $N_{(s)}$ der aus $\frac{s^2}{2g}$ folgende Arbeitsverlust; für $\varphi = 1$ sind nur $N_\varrho + N_\alpha$ verloren, für $\varphi > 1$ aber stellt sich der Arbeitsverlust auf $N_\varrho + N_\alpha + N_{(s)} + N_S$, wobei N_S von N_G abzuziehen ist.

In Fig. 208 ist dann auch noch die verhältnismäßige Gefälleausnutzung an sich für verschiedene Füllung dargestellt.

Von der ϱH-Linie abwärts sind die $\frac{w_{(2)}^2}{2g} = \alpha H$ den verschiedenen Füllungen gemäß angetragen, unterhalb angeschlossen die $\frac{s^2}{2g} = \sigma H$, durch die schraffierte Fläche hervorgehoben. Ist das rechnungsmäßige Einstellen von $\frac{s^2}{2g}$ als Verlust der Wirklichkeit entsprechend, so stellt die untere Begrenzung der schmalen schraffierten Fläche den Verlauf der tatsächlichen hydraulischen Wirkungsgrade ε dar. Von $\varphi = 1$ ausgehend vergrößern sich die ε-Werte bis gegen $\varphi \cong 0{,}75$ hin, um bei noch kleineren Größen von φ wieder abzunehmen. Überöffnen bringt Abnahme der ε. Es ist ersichtlich, wie wenig bei $\varphi \lesseqgtr 1$ die Stöße am Laufradeintritt rechnungsmäßig den Wirkungsgrad beeinträchtigen.

2. Die Kurve des mechanischen Wirkungsgrades e.

Aus Bremsversuchen ergibt sich nicht die εH entsprechende hydraulische Leistung N_ε und der hydraulische Nutzeffekt oder Wirkungsgrad ε, denn Lagerreibungen, Reibung des Laufrades am umgebenden Wasser, Luftwiderstand, kurz die sog. Leergangsarbeit, beeinträchtigen die nach außen frei verfügbare Leistung, die deshalb nur den Betrag $N_e = e\,N_a$ und den mechanischen Wirkungsgrad $e = \frac{N_e}{N_a}$ aufweist.

Nehmen wir bei voller Belastung der Turbine und $\varepsilon = 0{,}82$ den mechanischen Wirkungsgrad e zu 0,80 an, so bedeutet dies, daß für Zapfen- und Lagerreibung 0,02 der absoluten Leistung N_a gerechnet sind. Das macht hier

$$0{,}02\,\frac{1{,}75 \cdot 1000 \cdot 4{,}0}{75} = 1{,}87\,\mathrm{PS_e}$$

und um diesen Betrag bleibt N_e kleiner als N_ε, einerlei ob die Turbine voll oder nur mit Teilwassermengen betrieben wird. Die N_e-Kurve verläuft (Fig. 208) in gleichbleibendem senkrechtem Abstand von der N_ε-Kurve. Der mechanische Nutzeffekt e rechnet sich also aus der jeweiligen hydraulischen Leistung als

$$e = \frac{N_e}{N_a} = \frac{N_\varepsilon - 1{,}87}{N_a} \qquad \text{586}$$

worin N_ε und N_a der zugehörigen Wassermenge φQ gemäß einzusetzen sind. Diesen Werten entspricht die in Fig. 208 eingetragene —·—·—·—-Kurve, deren Ordinaten von unten ab zählen und die im Charakter völlig mit den Ergebnissen der Praxis übereinstimmt.

Für die Abszisse $\varphi = 0$ ist rechnungsmäßig N_ε und $N_a = 0$, mithin e negativ unendlich, die Y-Achse ist Asymptote der rechnungsmäßigen e-Kurve. Da aber der Rechnung mit $\delta_{(0)}$ nach schon vorher $a_{(0)} = 0$ ist, und der Wasserzufluß da schon tatsächlich aufgehört hat, so werden die N_ε- und die N_a-Linie die X-Achse früher treffen, also ganz kurz nach abwärts schwenken müssen, dahin, wo $a_{(0)} = 0$ liegt. Auch die e-Kurve muß deshalb, tatsächlich, früher als rechnungsmäßig, rasch nach abwärts gehen, die in $a_{(0)} = 0$ errichtete Ordinate wird die tatsächliche Asymptote derselben sein. Das tatsächliche e-Kurvenende, $e = 0$, schneidet die X-Achse bei $N_\varepsilon = 1,87$ PS, Fig. 208 ———————-Linie; die für diesen Leergang der Turbine erforderliche Leitschaufelweite $a_{(0)}$ bei $e=0$ findet sich dann als Ordinate der Leitschaufelweitenkurve, Fig. 207. Die hier vorhandene Abszisse stellt die Größe von φ also auch von φQ dar, wie sie für den Leergang der Turbine erforderlich ist. Die Leergangswassermenge ist aber nicht etwa für jede Füllung gleich groß, denn die Betriebsverhältnisse des Leergangs mit kleinen $a_{(0)}$ sind ja die schlechtesten in bezug auf Stoßverluste, Wirbel usw. Bei größerer Beaufschlagung, wenn φ sich mehr der 1 nähert, sind die hydraulischen Nutzeffekte besser, da wird dann auch weniger Wasser für die Leergangsarbeit erforderlich.

Wiederholt zu bemerken ist, daß die Fig. 207 und 208 auf der Annahme des senkrechten Wasseraustrittes bei voller Füllung $\delta_2 = 90^0$, sowie gleichbleibendem Saugrohrquerschnitt beruhen, daß sich die e-Kurve gegen $\varphi = 0,7$ bis $0,8$ hin noch stärker heben wird, sowie $\delta_2 > 90^0$ zugrunde gelegt wird, weil sich dann die $\frac{w_2^2}{2g}$-Kurve in dieser Gegend weiter aufwärts zieht. Vgl. Fig. 204 und 205, sowie die Geraden der ε_G für $\delta_2 \lesseqgtr 90^0$ in Fig. 206. Das Bestreben des Konstrukteurs hat dahin zu gehen, daß die e-Kurve bei abnehmendem φ recht langsam abfällt.

Die Größe der Leergangsarbeit ist von wesentlichem Einfluß auf den Verlauf der e-Kurve. Je größer der Bedarf an Leergangsarbeit ist, um so rascher wird die e-Kurve gegen die kleinen φ hin abfallen. Die —·—·—·—-Linie der Fig. 208 zeigt dies für eine Leergangsarbeit von $0,04\,N_a$ gegenüber vorher $0,02\,N_a$ $(\varphi = 1)$. Hieraus ist ersichtlich, daß gegen die kleinen φ-Werte hin in weitaus größerem Maße die Leergangsarbeit an sich von Gewicht ist als etwa der abnehmende hydraulische Wirkungsgrad der Turbine.

F. Der Einfluß der Saugrohrerweiterung auf die Wassermenge usw. bei Teilfüllung.

In der gleichen Weise wie das erweiterte Saugrohr das Gefälle für die Durchführung der Voll-Wassermenge vorübergehend örtlich erhöht und dadurch auf die Durchflußgeschwindigkeiten Einfluß gewinnt (S. 260), macht sich diese Einrichtung auch bei der Verarbeitung der Teil-Wassermengen bemerkbar.

Die Rechnung läßt sich in einfacher Weise aus der Gl. 582 entwickeln, wenn wir folgende Betrachtung anstellen:

Die Komponente von w_2, nämlich $w_2 \sin\delta_2 = w_3$, Fig. 204, S. 314, wird, ganz abgesehen von Rotationserscheinungen, die durch $w_2 \cos\delta_2$ erzeugt werden könnten, am Saugrohrende auf $w_4 \sin\delta_4$ verzögert worden sein und wir nehmen nun an, daß die aus $\frac{w_3^2 - (w_4 \sin\delta_4)^2}{2g}$ stammende Höhe die Vermehrung der Saughöhe darstellt, die sich zu $(1-\varrho)H$ addiert, wie dies S. 260 u. f. ausführlich geschildert worden.

Infolgedessen geht die Gl. 541 bzw. 582, nach der wir die $v_{(1)}$ der Teilwassermengen beim gleichbleibenden Saugrohr zu rechnen hatten, einfach für erweitertes Saugrohr über in

$$v_{(1)}^2\left[n_1^2 + \frac{1}{\operatorname{tg}^2\delta_{(0)}}\right] = 2g\,(1-\varrho)\,H + w_{(3)}^2 - (w_{(4)} \sin\delta_4)^2 - u_1^2\,(1-\varDelta^2) \quad . \quad . \quad 587$$

Nun können wir der Kontinuität halber schreiben

$$\varphi Q = F_3 \cdot w_{(3)} = F_4 \cdot w_{(4)} \sin\delta_4 = z_1 \cdot f_1 \cdot v_{(1)}$$

und erhalten daraus mit $z_1 \cdot f_1 = F_1$

$$w_{(3)} = v_{(1)} \frac{F_1}{F_3} \quad \text{und} \quad w_{(4)} \sin \delta_4 = v_{(1)} \frac{F_1}{F_4}$$

Dies in Gl. 587 eingesetzt, liefert nach kleiner Umformung die Beziehung für die Berechnung von $v_{(1)}$, also auch von φQ für erweitertes Saugrohr:

$$v_{(1)}^2 \left[n_1^2 + \frac{1}{\operatorname{tg}^2 \delta_{(0)}} - F_1^2 \left(\frac{1}{F_3^2} - \frac{1}{F_4^2}\right)\right] = 2g(1-\varrho)H - u_1^2(1-\Delta^2) \quad . \quad 588$$

G. Regulierturbinen mit sehr veränderlichem Δ.

Das Laufrad „A", S. 172, mit seiner b_2-Linie parallel zur Turbinenachse (Δ konstant), mit radialem Eintritt, wird über die ganze Austrittsbreite b_2 ganz gleiche Verhältnisse zeigen. Auch bei wechselnder Wassermenge werden die Änderungen der $w_{(2)}$ nach Größe und Richtung für jeden Punkt der Austrittslinie ganz gleich verlaufen. Für die sehr schwach gekrümmte b_2-Kurve des Laufrades „B", S. 178, durften wir, der geringen Änderung von $\Delta = \frac{D_2}{D_1}$ wegen, auch noch annähernd gleiche Verhältnisse für die ganze Erstreckung der b_2-Kurve annehmen.

Sowie aber die Austrittslinie stärker gekrümmt auftritt, Taf. 2, oder gar in starken Unterschieden von Δ verläuft (annähernd achsialer Austritt, Taf. 3), so ändert dies die Verhältnisse. Wir werden finden, daß der Grundsatz „gleiche Teile von b_1 lassen gleiche Wassermengen durchtreten" (Schichtenteilung), wenn überhaupt, nur für volle Wassermenge, nicht aber für $\varphi < 1$ gilt.

1. Turbine „C", Taf. 2, S. 188 u. f.

Für die Schicht I—II ist nach Taf. 2 die Größe $\Delta = \frac{1{,}044}{1{,}2} = 0{,}8700$, und für die Schicht V—VI findet sich $\Delta = \frac{0{,}543}{1{,}2} = 0{,}4521$. $u_1 = 5{,}672$ m/sk.

Für Schichte I—II folgt hier $n_1 = 2{,}458$ und für Schichte V—VI kommt $n_1 = 1{,}530$.

Aus den allgemeinen Gl. 562 und 565 S. 316 u. 317 ist nun ersichtlich, daß die Füllung $\varphi_{(min)}$, bei der der Kleinstwert von $w_{(2)}$ eintritt, neben anderem auch durch Δ^2 bedingt wird, und so erhalten wir im vorliegenden Fall wegen $\beta_1 = 90^0$ nach der speziellen Gl. 567 für die Schichte I—II

$$\varphi_{(min)} = \frac{1}{1 + \frac{2 \cdot 0{,}06}{0{,}8700^2 \cdot 0{,}82}} = 0{,}8380$$

Dagegen für die Schichte V—VI

$$\varphi_{(min)} = \frac{1}{1 + \frac{2 \cdot 0{,}06}{0{,}4521^2 \cdot 0{,}82}} = 0{,}5827$$

und die $\frac{w_{(2)\,min}^2}{2g}$ selbst ergeben sich nach Gl. 568 für

Schichte I—II . . . . . $0{,}06 \cdot 4{,}0 \cdot 0{,}8380 = 0{,}201$ m
„ V—VI . . . . . $0{,}06 \cdot 4{,}0 \cdot 0{,}5827 = 0{,}140$ „

Andererseits nähern sich die $\frac{w_{(2)}^2}{2g}$ für den Grenzfall $\varphi = 0$ den Beträgen

Schichte I—II $\frac{u_2^2}{2g} = 1{,}241$ m, Schichte V—VI $\frac{u_2^2}{2g} = 0{,}335$ m.

Aus diesen Zahlen, besonders aber aus den zugehörigen Darstellungen, Fig. 209 und 210, ist ersichtlich, daß die Innenschichte V—VI, Fig. 210, der viel kleineren u_2 wegen, den Verlauf der $w_{(2)}$ und der $\frac{w_{(2)}^2}{2g}$ in wesentlich engeren Grenzen aufweist

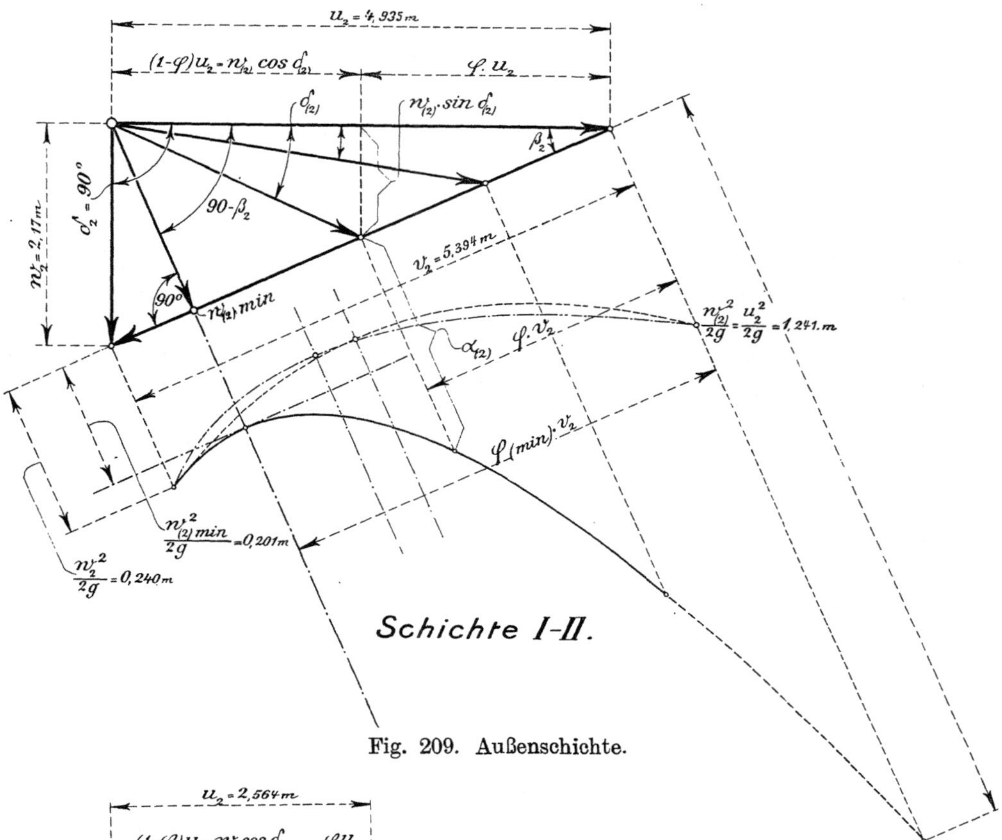

Fig. 209. Außenschichte.

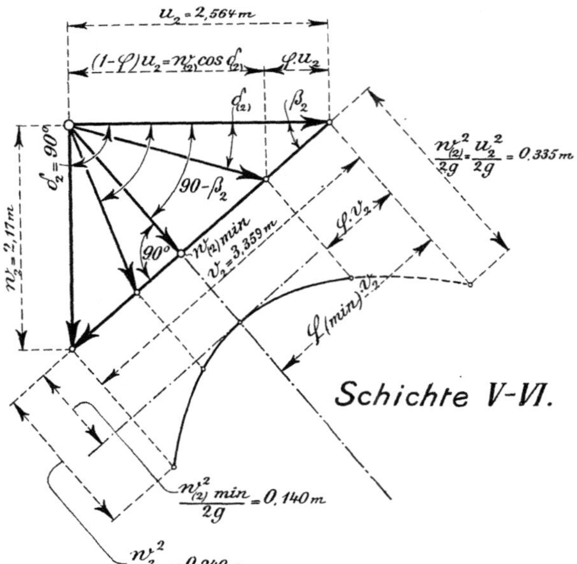

Fig. 210. Innenschichte.

als die Außenschichte I—II, Fig. 209, mit großem Δ und großem u_2; daß die Außenschichte für die kleinen Teilwassermengen sehr viel größere Austrittsverluste bietet, daß sie also, soweit es die Austrittsverluste angeht, bei kleineren Teilwassermengen weit weniger wirtschaftlich arbeitet als die Innenschichte. (Siehe auch die Kurven der $\frac{w_{(2)}^2}{2g}$ in Fig. 212 und 212a.)

Für kleine Wasserkräfte, bei denen es auf gute Ausnutzung kleinerer Wassermengen auch noch ankommt (S. 318), sind also Laufräder mit kleinem Δ, d. h. mit größerer radialer Erstreckung, auch aus diesem Grunde wirtschaftlicher.

Nun zeigt sich aber auch aus Rechnung und Zeichnung, daß sich die $\varphi_{(min)}$ selber für die beiden Schichten ganz wesentlich unterscheiden, daß die verschieden hohen Parabelscheitel der $\frac{w_{(2)}{}^2_{min}}{2g}$ in den beiden Schichten bei ganz verschiedener Füllung liegen, und schließlich erkennen wir aus der Gleichung S. 316

$$w_{(2)}{}^2 = \varphi^2 w_2{}^2 + (1 - \varphi)^2 \Delta^2 u_1{}^2 \quad . \quad . \quad . \quad . \quad . \quad . \quad . \quad (561)$$

daß überhaupt, trotz für volle Füllung gleich groß ausgeführter w_2, jede Teilfüllung in den einzelnen Schichten, der wechselnden Δ wegen, ganz verschiedene $w_{(2)}$ herbeiführt. In Fig. 209 ist durch die ——————-Linie, zum besseren Vergleich, der Verlauf der $\alpha_{(2)}$-Kurve für die Schichte V—VI für jeweils in beiden Schichten gleiches φ angedeutet.

Hiermit ist aber die Aufzählung der Unterschiede, die den Schichten durch die verschiedenen Beträge von Δ zugewiesen werden, noch nicht beendet. Es zeigt sich nämlich, daß bei Teilfüllung nicht mehr durch jede Schichte der gleiche Teilbetrag an Wasser strömen kann, daß also, wenn beispielsweise durch die Schichte I—II die Hälfte der ihr zugewiesenen Schichtwassermenge fließt, dies nicht auch gleichzeitig für die Schichte V—VI zutrifft, trotzdem natürlich $a_{(0)}$ über die ganze Breite b_0 gleich groß ist. Dies erhellt aus folgendem:

Sämtliche Gleichungen zur Ermittelung von $v_{(1)}$ haben ein Glied mit Δ^2. Bei verschiedener Größe von Δ macht sich dies Glied in seinem Einfluß auf $v_{(1)}$ bemerklich; $v_{(1)}$ wächst mit Δ, und so erhalten wir bei gleichem $\delta_{(0)}$ oder $a_{(0)}$ für jede andere Schichte einen anderen Wert von $v_{(1)}$, einen anderen Betrag von φ bei Teilbeaufschlagung.

Wir sehen dies auch aus den im Anschluß an das seitherige berechneten Tabellen S. 336 für Schichte I—II und S. 338 für Schichte V—VI der Turbine „C“. Ebenso auch aus den zeichnerischen Darstellungen Fig. 211, 212 und 212a sowie 216. Beispielsweise läßt die Schichte I—II bei $a_{(0)} = 20$ mm 0,368 ihrer vollen Schichtwassermenge durchfließen, die Schichte V—VI dagegen nur 0,316, wie sich dies auch durch die verschiedenen Größen der w_0 in Fig. 216 „C“ ausdrückt.

Bei der Innenschichte V—VI fällt φ beim Schließen viel rascher als bei der Außenschichte I—II, vgl. die Tabellen. Dieser Umstand gleicht zu einem Teile den Schaden der großen $\frac{w_{(2)}{}^2}{2g}$ bei der Außenschicht aus, denn dort bleiben die großen Beträge von φ länger in Anwendung als innen. Außerdem verlegt bei allen Winkeln $\delta_2 \lesseqgtr 90^0$ das Wasserkreisen im Saugrohr den Wasserdurchgang mehr gegen innen, weil außen die größeren Druckhöhen bzw. kleineren Saughöhen vor den Radschaufelmündungen eintreten.

Wir kommen also bei stark wechselnden Größen von Δ dazu, daß wir jede Schichte einer Turbine auch wieder als eine für sich bestehende Teilturbine betrachten müssen, derart, daß bei $a_{(0)}$ kleiner als a_0 in jeder Schichte, genau genommen sogar in jeder einzelnen Wasserbahn andere Verhältnisse herrschen.

Sehen wir uns nun die zeichnerische Darstellung der Verhältnisse in den Fig. 211 usw. an.

Die Fig. 211 enthält, ganz der Fig. 207 entsprechend, die Gefälleaufteilung nach den Größen von φ geordnet, aber nunmehr für zwei Schichten, für I—II und V—VI, die sich deutlich durch die verschiedenen Kurven der Relativgefälle unterscheiden. Letztere treffen natürlich für $\varphi = 1$ zusammen, ebenso die Größen $\frac{w_0{}^2}{2g}$ und $\frac{v_1{}^2}{2g}$, während sich der übrigbleibende Gefällerest durch den Einfluß der verschiedenen n_1 und Δ, in den beiden Schichten ganz verschieden, auf $\frac{v_2{}^2 - v_1{}^2}{2g}$ und $\frac{u_1{}^2}{2g}(1 - \Delta^2)$ verteilt.

Für volle und eine Zwischenfüllung sind die Größen der Gefällebruchteile für die Schichte I—II in Maßlinien beigesetzt, diejenigen von V—VI aber weggelassen. Wir finden die für die beiden Schichten verschiedenen Größen von $\frac{u_1^2}{2g}(1-\Delta^2)$, natürlich für alle Wassermengen gleich groß, je durch eine Parallele zur Horizontalen (U. W.), vgl. auch Fig. 70, S. 90, angegeben. Die Größe $\frac{w_0^2}{2g}=\frac{w_1^2}{2g}$ ist bei $\varphi=1$ allen Schichten gemeinsam, die Höhen $\frac{v_2^2-v_1^2}{2g}$ ergänzen die Summe der anderen Gefällebruchteile zu $(1-\varrho)H$.

Der (schraffierte) Stoßbereich, der Betrag von $\frac{s^2}{2g}$, zeigt sich für die innere Schichte V—VI wesentlich geringer, als für die äußere Schichte I—II.

Den anderen Inhalt der Fig. 211 einstweilen übergehend, wenden wir uns der Fig. 212 zu, die die Arbeitsgrößen nach φ geordnet enthält, der Deutlichkeit wegen aber nur für die Schichte I—II, die beiderlei Kurven würden zu sehr ineinanderfallen. Die Arbeitsgrößen der Schichte V—VI finden sich deshalb in Fig. 212a aufgezeichnet. Wir sehen in beiden Figuren ähnlich der Fig. 208 die Gerade der N_a, die Größen der $N_\varepsilon = N_C + N_R + N_u + N_S$ für $\varphi < 1$, die verlorenen Leistungen N_ϱ, $N_{(s)}$ und N_α, welche insgesamt in N_a enthalten sind. Bei Überöffnen kommt N_S als Abzugsglied von N_G.

Für Schichte I—II entsprechen in Fig. 212 bei voller Füllung, $a_{(0)}=80$, die Größen von N_C+N_R, von N_u, in $N_\varepsilon = N_C + N_R + N_u$ mit $11{,}59 + 3{,}72 = 15{,}31$ PS.

Der Maßstab für die PS ist auch hier so gewählt, daß die volle Leistung jeder Schichte mit der Höhe $(1-\alpha_2-\varrho)\,H=\varepsilon H$ zusammenfällt. Diese volle Leistung, $\varphi=1$, ist für beide betrachtete Schichten, auch für die zwischenliegenden, II—III usw., gleich groß, sie setzt sich aber für jede Schicht aus ganz verschiedenen Beträgen von N_C+N_R und N_u zusammen; für Schichte V—VI aus $N_C+N_R=3{,}13$ und $N_u=12{,}18$, also $N_\varepsilon=15{,}31$, wie vorher auch.

In der Schichte I—II, die nur geringe Unterschiede zwischen Ein- und Austrittsdurchmesser besitzt ($\Delta=0{,}8700$), bildet naturgemäß N_u den kleineren, N_C+N_R den größeren Teil der Leistung, während bei der Schichte V—VI das umgekehrte zutrifft, vgl. Tabelle und die Figuren; hier findet eine ganz wesentliche Verzögerung der Wasserteilchen von u_1 auf u_2 statt ($\Delta=0{,}4521$), während sich v_2 in dieser Schichte verhältnismäßig viel weniger von v_1 unterscheidet, als dies in Schichte I—II der Fall war.

In den Fig. 212 und 212a ist in der Senkrechten für $\varphi=1$ von der ϱH-Linie nach abwärts αH angetragen. Hier schneiden sich die αH-Kurven beider Schichten, von denen aber die der Schichte V—VI ganz wesentlich flacher verläuft als die von I—II. Deutlich zeigt sich, daß die geringere Stoßverlusthöhe σH für V—VI im Verein mit den kleinen Austrittsverlusten diese Schicht der Schichte I—II wesentlich überlegen macht, so daß die εH-Kurve von V—VI sehr viel höher verläuft als die von I—II.

Demgemäß entwickeln sich auch die e-Kurven für beide Schichten verschieden, für die Innenschichte V—VI wesentlich länger wagrecht, und die Wirkungsgradkurve der gesamten Turbine wird zwischen beiden verlaufen.

Bei ganz gleicher Leergangsarbeit beeinflussen die inneren Schichten (zunächst der Turbinennabe) die e-Kurve wesentlich zugunsten des erwünschten tunlichst wagrechten Verlaufs.

Drehschaufeln. Turb. „C“. ($\beta_1 = 90^0$.) Schichte I—II.

Gefälleaufteilung.

$a_{(0)}$ mm	$\frac{v_{(1)}^2}{2g}$ m	φ	$\frac{w_{(0)}^2}{2g}$ m	$\frac{v_0'^2}{2g}$ m	H_r m	$\frac{s^2}{2g}$ m	$\frac{v_{(2)}^2 - v_{(1)}^2}{2g}$ m	$\frac{v_{(2)}^2}{2g}$ m	$\frac{w_{(2)}^2}{2g}$ m
0	0,001[1]	0,076[1]	3,114[1]	0,235[1]	0,641[1]	0,234[1]	0,007[1]	0,008[1]	1,062[1]
10	0,012	0,225	3,058	0,228	0,688	0,216	0,063	0,075	0,740
20	0,033	0,368	2,953	0,216	0,783	0,183	0,168	0,201	0,528
30	0,062	0,503	2,808	0,204	0,916	0,142	0,313	0,375	0,367
40	0,096	0,626	2,636	0,194	1,078	0,098	0,485	0,581	0,267
50	0,133	0,738	2,447	0,191	1,264	0,058	0,673	0,807	0,216
60	0,172	0,837	2,255	0,198	1,463	0,026	0,866	1,038	0,201
70	0,209	0,924	2,065	0,216	1,671	0,007	1,056	1,265	0,212
$a_0 =$ **80**	**0,246**	**1,000**	**1,884**	**0,246**	**1,882**	**0,000**	**1,237**	**1,483**	**0,240**
90	0,279	1,066	1,714	0,286	2,092	0,007	1,407	1,686	0,278
100	0,310	1,124	1,559	0,336	2,297	0,026	1,562	1,872	0,322
110	0,338	1,173	1,417	0,396	2,499	0,058	1,704	2,042	0,368

Arbeitsgrößen.

$a_{(0)}$ mm	M_G mkg	$+ M_S$ mkg	$= M_\varepsilon$ mkg	N_ε PS	$+ N_\alpha$ PS	$+ N_{(S)}$ PS	$+ N_\varrho$ PS	$= N_a$ PS	$\varepsilon = \frac{N_\varepsilon}{N_a}$	e	$\varepsilon_G = \frac{N_G}{N_a}$
0	2,76[1]	3,47[1]	6,23[1]	0,78[1]	0,37[1]	0,08[1]	0,17[1]	1,40[1]	0,556[1]	0,276[1]	0,246[1]
10	11,30	9,91	21,21	2,67	0,78	0,23	0,50	4,18	0,636	0,550	0,339
20	23,34	14,95	38,29	4,83	0,91	0,31	0,82	6,87	0,702	0,650	0,428
30	38,09	17,95	56,04	7,06	0,86	0,33	1,13	9,38	0,753	0,720	0,512
40	54,55	18,59	73,14	9,22	0,78	0,29	1,40	11,69	0,788	0,760	0,588
50	71,81	16,84	88,65	11,17	0,74	0,20	1,65	13,76	0,812	0,783	0,658
60	89,07	12,92	101,99	12,86	0,78	0,10	1,87	15,61	0,824	0,798	0,719
70	105,76	7,15	112,91	14,23	0,91	0,03	2,07	17,24	0,826	0,804	0,774
$a_0 =$ **80**	**121,43**	**0,00**	**121,43**	**15,31**	**1,12**	**0,00**	**2,24**	**18,67**	**0,820**	**0,800**	**0,820**
90	136,02	8,23	144,35	16,11	1,38	0,03	2,39	19,91	0,809	0,790	0,862
100	149,28	17,37	166,65	16,63	1,69	0,14	2,52	20,98	0,793	0,776	0,897
110	161,28	26,84	188,12	16,94	2,02	0,32	2,63	21,91	0,773	0,755	0,929

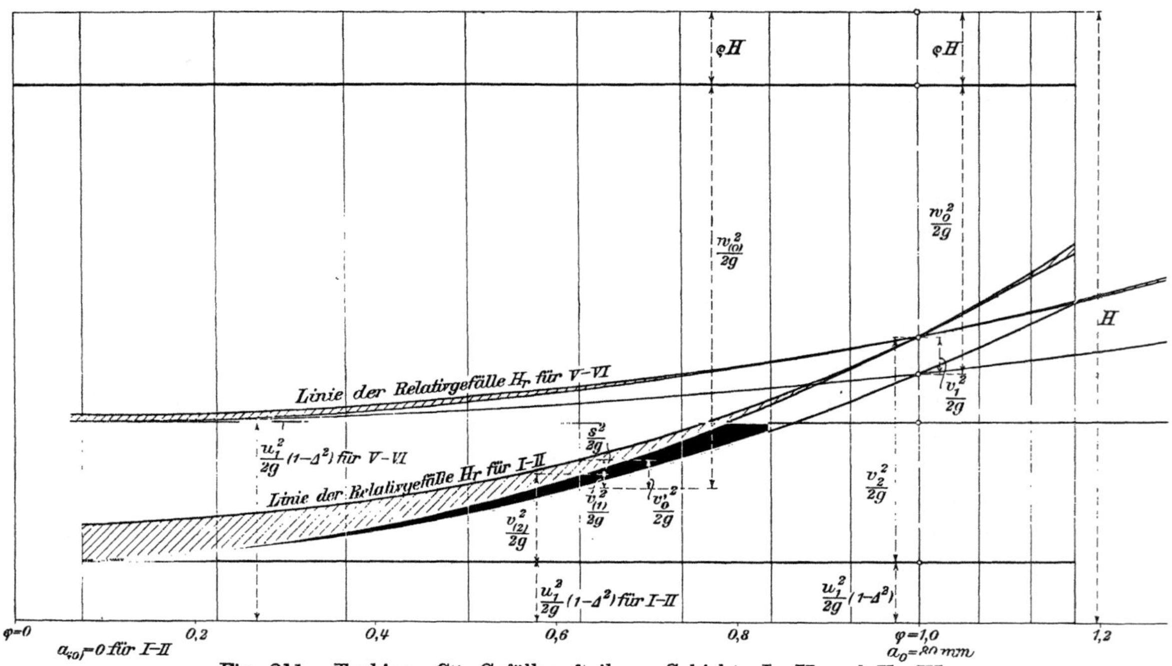

Fig. 211. Turbine „C“, Gefälleaufteilung, Schichte I—II und V—VI.

[1]) Nur rechnungsmäßig, nicht aber tatsächlich.

$H = 4{,}0$ m; $h_L = 1{,}636$ m; $\beta_1 = 90^0$; $\delta_0 = \delta_1 = 21^0\,9'$.

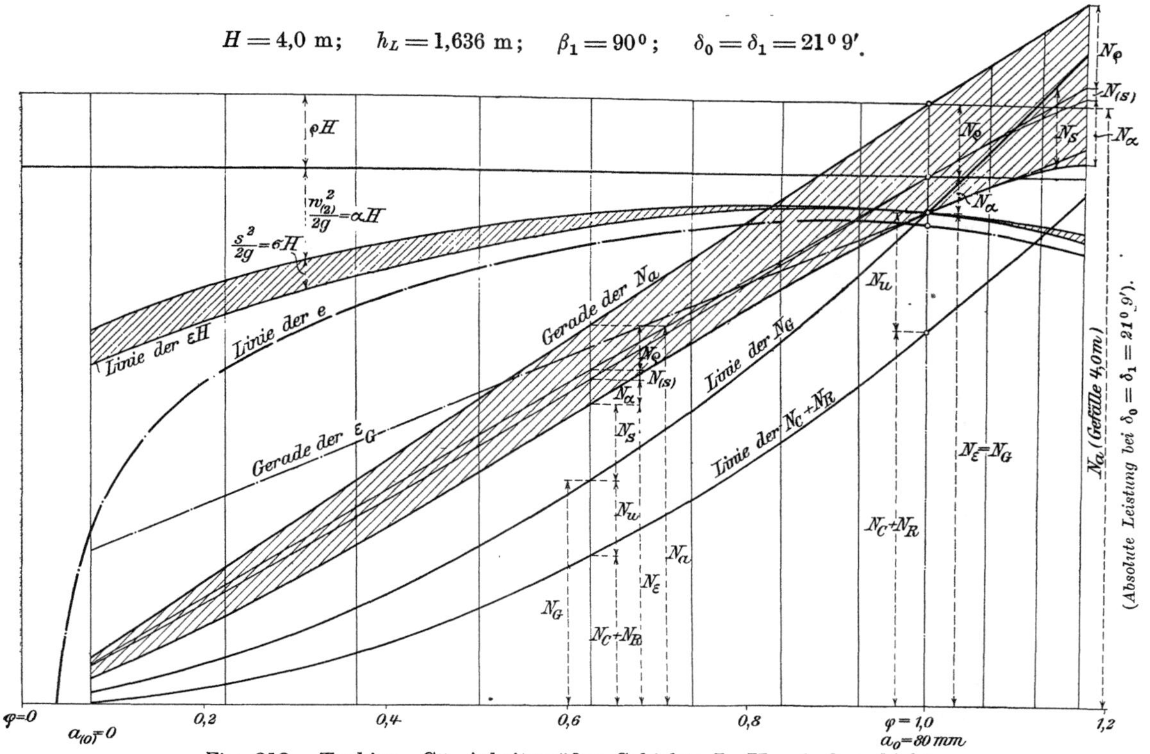

Fig. 212. Turbine „C“, Arbeitsgrößen Schichte I—II. Außenschichte.

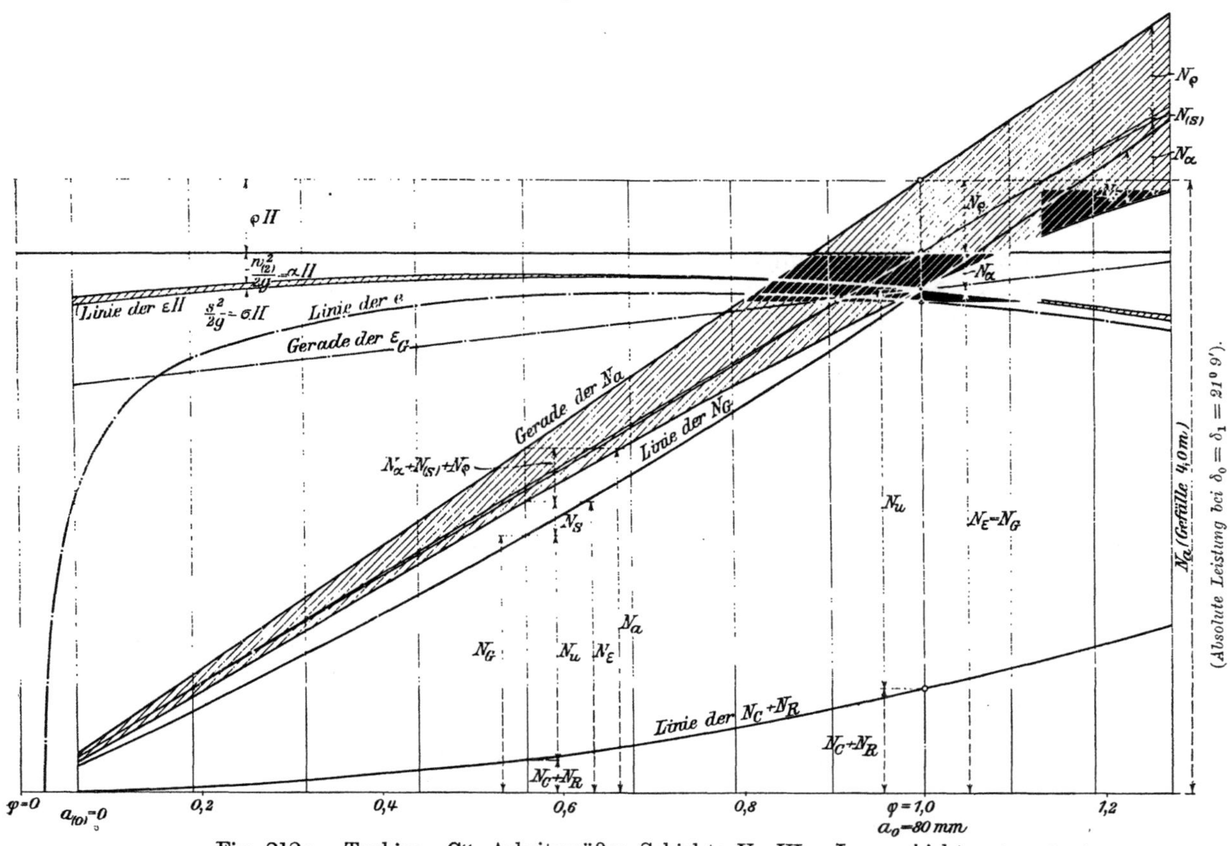

Fig. 212a. Turbine „C“, Arbeitsgrößen Schichte V—VI. Innenschichte.

Drehschaufeln. Turb. „C“. ($\beta_1 = 90^0$.) Schichte V—VI.

Gefälleaufteilung.

$a_{(0)}$ mm	$\frac{v_{(1)}^2}{2g}$ m	φ	$\frac{w_{(0)}^2}{2g}$ m	$\frac{v_0'^2}{2g}$ m	H_r m	$\frac{s_2}{2g}$ m	$\frac{v_{(2)}^2 - v_{(1)}^2}{2g}$ m	$\frac{v_{(2)}^2}{2g}$ m	$\frac{w_{(2)}^2}{2g}$ m
0	0,001[1]	0,064[1]	2,214[1]	0,044[1]	1,350[1]	0,043[1]	0,001[1]	0,002[1]	0,295[1]
10	0,009	0,191	2,203	0,049	1,366	0,040	0,012	0,021	0,228
20	0,025	0,316	2,182	0,060	1,398	0,035	0,033	0,058	0,186
30	0,047	0,440	2,151	0,076	1,445	0,029	0,063	0,111	0,151
40	0,077	0,560	2,111	0,098	1,507	0,021	0,103	0,181	0,140
50	0,113	0,677	2,064	0,127	1,583	0,014	0,151	0,264	0,145
60	0,153	0,789	2,010	0,160	1,670	0,007	0,205	0,358	0,175
70	0,198	0,897	1,950	0,200	1,770	0,002	0,265	0,463	0,197
$a_0 = 80$	**0,246**	**1,000**	**1,884**	**0,246**	**1,882**	**0,000**	**0,330**	**0,575**	**0,240**
90	0,296	1,097	1,818	0,298	2,000	0,002	0,397	0,693	0,292
100	0,348	1,190	1,749	0,357	2,128	0,009	0,466	0,814	0,352
110	0,400	1,276	1,678	0,422	2,264	0,022	0,537	0,937	0,417

Arbeitsgrößen.

$a_{(0)}$ mm	M_G + mkg	M_S = mkg	M_ε mkg	N_ε + PS	N_a + PS	$N_{(S)}$ + PS	N_Q = PS	N_a PS	$\varepsilon = \frac{N_\varepsilon}{N_a}$	e	$\varepsilon_G = \frac{N_G}{N_a}$
0	6,26[1]	1,25[1]	7,51[1]	0,92[1]	0,09[1]	0,01[1]	0,13[1]	1,15[1]	0,796[1]	0,475[1]	0,663[1]
10	19,33	3,63	22,96	2,89	0,20	0,04	0,43	3,56	0,812	0,708	0,684
20	32,98	5,65	38,63	4,84	0,27	0,05	0,77	5,93	0,825	0,758	0,706
30	47,29	7,09	54,38	6,85	0,31	0,06	0,98	8,20	0,835	0,790	0,727
40	61,92	7,75	69,67	8,78	0,37	0,06	1,25	10,46	0,840	0,808	0,746
50	76,78	7,48	84,26	10,62	0,46	0,04	1,52	12,64	0,841	0,812	0,765
60	91,74	6,15	97,89	12,33	0,64	0,02	1,76	14,75	0,838	0,812	0,785
70	106,66	3,67	110,33	13,91	0,82	0,01	2,01	16,75	0,830	0,810	0,803
$a_0 = 80$	**121,43**	**0,00**	**121,43**	**15,31**	**1,12**	**0,00**	**2,24**	**18,67**	**0,820**	**0,800**	**0,820**
90	135,92	4,86	140,78	16,52	1,50	0,01	2,46	20,49	0,809	0,789	0,836
100	150,06	10,92	160,98	17,54	1,95	0,05	2,66	22,20	0,790	0,771	0,852
110	163,75	18,11	181,86	18,36	2,48	0,13	2,86	23,83	0,771	0,754	0,868

Die ganzen Ermittelungen zeigen, daß eine stärkere radiale Erstreckung der Reaktionsgefäße (kleine Δ) die Leistung bei Teilbeaufschlagungen auf größerer Höhe hält, als es bei Schichten von großem Δ der Fall ist. Die stark zusammengedrückten Schaufelformen ähnlich Fig. 138, S. 190 werden für Teilbeaufschlagungen im Zweifelsfalle schlechter arbeiten als die Form der Fig. 141, S. 194.

Der Grund liegt ja offen da: Das Arbeitsvermögen, das durch eine starke Verzögerung in der Umfangsgeschwindigkeit gewonnen wird (Schichte V—VI), erleidet durch die Stöße an der Einfüllstelle der Reaktionsgefäße keine Beeinträchtigung. In Schichten mit großer radialer Erstreckung ist dieser sicher wirkende Gefällebruchteil von großem Betrage, die beiden anderen Summanden, $\frac{w_1^2}{2g} + \frac{v_2^2 - v_1^2}{2g}$, aus welchen die Stoßverluste bestritten werden müssen sind relativ klein, die Möglichkeit der Verluste also auch. Es ist eben ein bestimmter Gefällebruchteil durch C, bzw. M_u vorweggenommen, gewissermaßen sicher angelegt für die Ablieferung an das Laufrad.

2. Turbine „E“, Taf. 3. S. 200 u. f.

Die hier vorliegenden Verhältnisse werden durch die Fig. 213, 214 u. 214a erläutert, die sich in der Art der Darstellung den Fig. 211, 212 u. 212a eng anschließen.

[1]) Rechnungsmäßig, nicht aber tatsächlich.

Für die Gefälleaufteilung gilt Fig. 213. Hier hat die Schichte I—II einen Austrittsdurchmesser D_2 größer als D_1, mithin auch $u_2 > u_1$, und deshalb ergibt sich, wie schon früher besprochen, das Glied C, S. 326, der Gefälleaufteilung für diese Schichte negativ, es muß deshalb in Fig. 213 nach abwärts angetragen werden im Gegensatz zu Schichte V—VI, wo C wieder positiv ist. Aus diesem Grunde ist auch das Relativgefälle von I—II sehr viel kleiner als von V—VI.

Wegen der scharfen Ablenkung durch den Radboden sind die w_1 und v_1 in den betrachteten Schichten selbst schon bei $\varphi = 1$, $a_0 = 90$ mm verschieden, S. 208, so daß überhaupt völlig getrennte Kurven der Gefälleaufteilung in den beiden Schichten bestehen, während früher die Gefälleaufteilung für $\varphi = 1$ für beide Schichten gleich war, gleiches w_1 und v_1.

Die Stoßverlustgröße $\frac{(v_1' - v_{(1)})^2}{2g}$ hat derartig kleine Beträge, daß sie (siehe Tabellen) fast durchweg gegenüber den anderen Größen verschwindet. Für die Schichte V—VI werden $\frac{s^2}{2g}$ und $\frac{(v_1' - v_{(1)})^2}{2g}$ so klein, daß sie in der Figur nicht mehr angegeben werden konnten; hier tritt, bei φ wesentlich kleiner als 1, nochmals die Gefälleaufteilung nach Fig. 60, S. 80, auf, nachdem s bei ganz kleinem φ, genau wie vorher bei $\varphi = 1$, Null geworden ist.

Natürlich wiederholt sich auch hier die Erscheinung, daß gleiche Größen von $a_{(0)}$ in den zwei Schichten nicht gleichen Wasserverbrauch der Schichten aufweisen, vergleiche die ausgezogenen Ordinaten für φ.

Für das Laufrad „E“ betragen:

Für Schichte I—II $\quad n_1 = 2{,}625; \quad \Delta = \frac{988}{900} = 1{,}0978; \quad \beta_1 = 106^0\,20'$

„ „ V—VI $\quad n_1 = 1{,}576; \quad \Delta = \frac{380}{900} = 0{,}4222; \quad \beta_1 = 131^0.$

Nun zu den Darstellungen der Arbeitsgrößen. Fig. 214 enthält diejenigen der Schichte I—II, Fig. 214a die von V—VI.

Zu Schichte I—II, Fig. 214, ist zu bemerken: N_G wird hier aus $N_C + N_R - N_u$ gebildet, im Gegensatz zu seither wegen des schon erwähnten Umstandes, daß $u_2 > u_1$.

Außer den auch bei „B“ und „C“ auftretenden Arbeitsleistungen N_G und N_S kommt hier noch wegen $\beta_1 > 90^0$

$$\text{für } \varphi < 1 \text{ der Posten } N_P = \frac{q\gamma}{g}(v_{(1)} - v_1')\frac{\omega}{75} r_1 \cos(180^0 - \beta_1)$$

$$\text{für } \varphi > 1 \quad „ \quad „ \quad N_V = -\frac{q\gamma}{g}(v_1' - v_{(1)})\frac{\omega}{75} r_1 \cos(180^0 - \beta_1)$$

in Anrechnung, N_V als Gegenarbeit, Verlust, deshalb das —Zeichen. Außerdem enthalten die schraffierten Flächen die weiteren Arbeitsverluste

$$\text{für } \varphi < 1 \text{ als } N_\alpha + N_{(S)} + N_\varrho$$
$$\text{für } \varphi > 1 \text{ als } N_\alpha + N_{(S)} + N_\varrho + N_{(V)},$$

die zusammen mit N_ε wieder N_a bilden.

Für die Schichte V—VI, Fig. 214a, ergeben sich nachstehende Bemerkungen. Hier entsteht N_G aus $N_u - (N_C + N_R)$. Das Verlustglied $N_{(V)}$ tritt außer für $\varphi > 1$ auch bei $\varphi < 1$ auf, wird bei $\varphi = \sim 0{,}2$ abermals Null.

Die Verlustgrößen N_S und N_V sind so klein, daß sie in Fig. 214a nicht zum Ausdruck kommen, weshalb die εH-Linie für das Auge mit der $\frac{w_{(2)}^2}{2g} = \alpha H$-Linie zusammenfällt.

Drehschaufeln. Turb. „E“. Schichte I—II. $\beta_1 = 106^0\,20'$.

Gefälleaufteilung.

$a_{(0)}$ mm	$\frac{v_{(1)}^2}{2g}$ m	φ	$\frac{w_{(0)}^2}{2g}$ m	$\frac{v_0'^2}{2g}$ m	H_r m	$\frac{s^2}{2g}$ m	$\frac{(v_1'-v_{(1)})^2}{2g}$ m	$\frac{v_{(2)}^2-v_{(1)}^2}{2g}$ m	$\frac{v_{(2)}^2}{2g}$ m	$\frac{w_{(2)}^2}{2g}$ m	$N_{(V)}$ PS
0	0,002[1]	0,075[1]	3,931[1]	0,294[1]	−0,117[1]	0,292[1]	—	0,011[1]	0,013[1]	2,145[1]	—
10	0,017	0,222	3,827	0,285	−0,022	0,284	—	0,099	0,116	1,606	—
20	0,044	0,361	3,647	0,256	0,129	0,251	—	0,256	0,300	1,126	—
30	0,082	0,488	3,404	0,228	0,344	0,204	—	0,480	0,562	0,795	—
40	0,124	0,603	3,142	0,208	0,586	0,151	—	0,733	0,857	0,563	—
50	0,170	0,705	2,873	0,202	0,849	0,100	—	1,001	1,171	0,409	—
60	0,216	0,796	2,610	0,214	1,124	0,059	—	1,271	1,487	0,314	—
70	0,257	0,882	2,362	0,237	1,395	0,030	—	1,530	1,787	0,266	—
80	0,302	0,951	2,154	0,299	1,665	0,006	—	1,779	2,081	0,241	—
$a_0 = 90$	**0,342**	**1,000**	**1,928**	**0,342**	**1,934**	**0,000**	—	**2,014**	**2,356**	**0,240**	—
100	0,377	1,050	1,749	0,410	2,181	0,005	0,001	2,220	2,597	0,252	0,00
110	0,410	1,095	1,584	0,470	2,406	0,022	0,002	2,394	2,804	0,272	0,01
120	0,439	1,134	1,434	0,570	2,656	0,049	0,004	2,586	3,025	0,298	0,02

Arbeitsgrößen.

$a_{(0)}$ mm	M_G mkg	$+ M_S$ mkg	$+ M_P$ mkg	$= M_\varepsilon$ mkg	N_ε PS	$+ N_a$ PS	$+ N_{(S)}$ PS	$+ N_\varrho$ PS	$= N_a$ PS	$\varepsilon = \frac{N_\varepsilon}{N_a}$	e	$\varepsilon_G = \frac{N_G}{N_a}$
0	−0,99[1]	2,77[1]	0,24[1]	2,02[1]	0,38[1]	0,75[1]	0,10[1]	0,17[1]	1,40[1]	0,271[1]	—	—
10	0,38	7,95	0,69	9,02	1,70	1,66	0,29	0,50	4,15	0,409	0,318	0,017
20	5,76	12,35	1,06	19,17	3,61	1,90	0,42	0,81	6,74	0,536	0,479	0,161
30	14,17	15,07	1,29	30,53	5,75	1,81	0,47	1,09	9,12	0,630	0,600	0,292
40	24,58	16,02	1,37	41,97	7,90	1,58	0,43	1,35	11,26	0,700	0,667	0,411
50	36,07	15,25	1,31	52,63	9,90	1,35	0,33	1,58	13,16	0,752	0,730	0,515
60	47,89	13,18	1,13	62,20	11,69	1,17	0,22	1,78	14,86	0,786	0,767	0,606
70	59,90	9,75	0,78	70,43	13,25	1,11	0,10	1,99	16,45	0,805	0,783	0,685
80	71,47	5,25	0,45	77,17	14,52	1,07	0,03	2,13	17,75	0,818	0,805	0,762
$a_0 = 90$	**81,32**	**0,00**	**0,00**	**81,32**	**15,31**	**1,12**	**0,00**	**2,24**	**18,67**	**0,820**	**0,800**	**0,820**
	M_G	$-M_S$	$-M_V$									
100	90,73	5,33	0,46	84,94	15,99	1,23	0,02	2,35	19,59	0,816	0,797	0,871
110	99,60	11,13	0,96	87,51	16,47	1,39	0,11	2,45	20,43	0,806	0,788	0,917
120	107,70	17,13	0,47	89,10	16,77	1,58	0,26	2,54	21,17	0,796	0,778	0,962

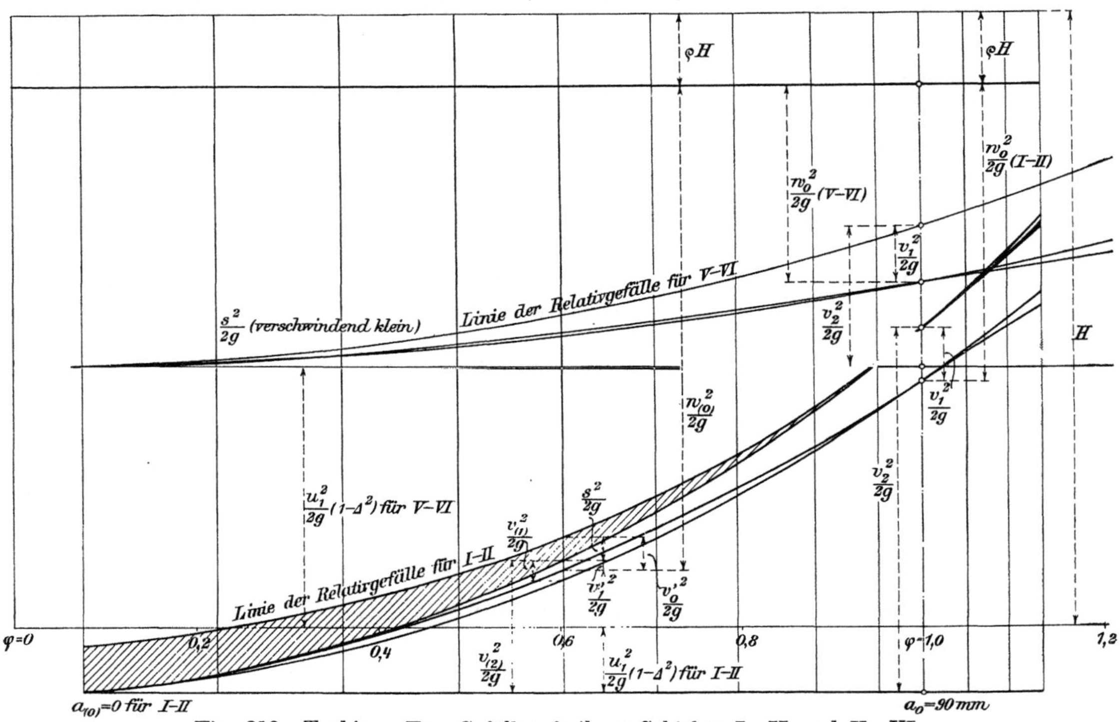

Fig. 213. Turbine „E“, Gefälleaufteilung Schichte I—II und V—VI.

[1]) Rechnungsmäßig, nicht aber tatsächlich.

$H = 4.0$ m; $h_L = 1{,}592$ m; $\beta_1 = 106^0\ 20'$; $\delta_0 = \delta_1 \cong 23^0\ 50'$.

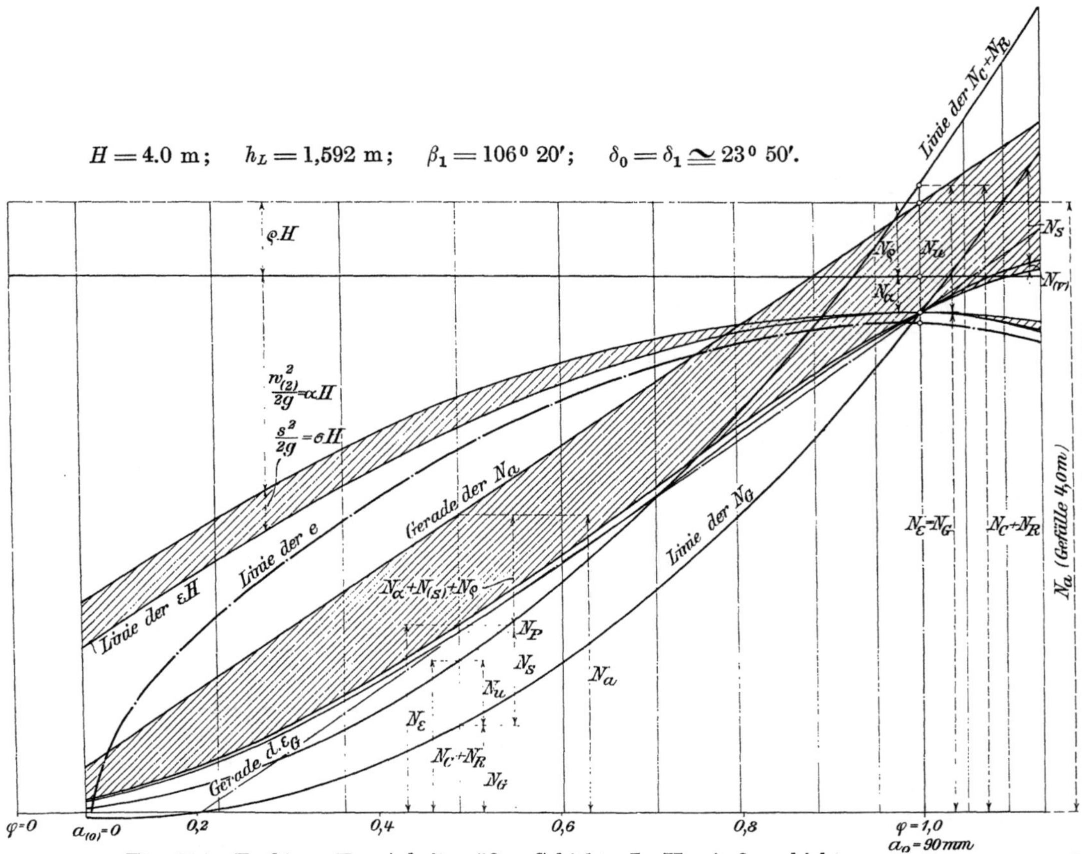

Fig. 214. Turbine „E“, Arbeitsgrößen Schichte I—II. Außenschichte.

$H = 4{,}0$ m; $h_L = 2{,}236$ m; $\beta_1 = 131^0$; $\delta_0 = \delta_1 \cong 23^0\ 50'$.

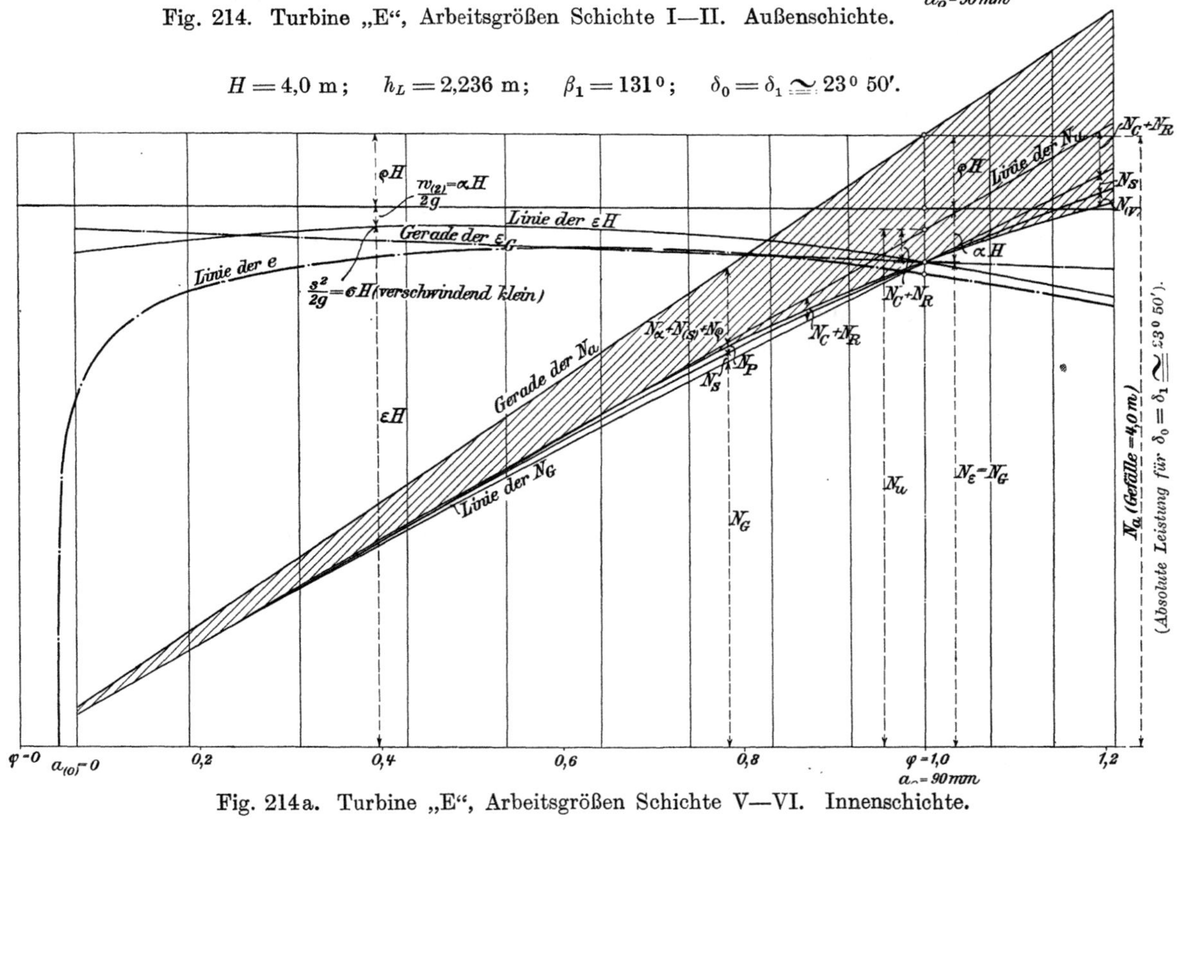

Fig. 214a. Turbine „E“, Arbeitsgrößen Schichte V—VI. Innenschichte.

Drehschaufeln. Turb. „E“. Schichte V—VI. $\beta_1 = 131^0$.

Gefälleaufteilung.

$a_{(0)}$	$\frac{v_{(1)}^2}{2g}$	φ	$\frac{w_{(0)}^2}{2g}$	$\frac{v_0'^2}{2g}$	H_r	$\frac{s^2}{2g}$	$\frac{v_{(2)}^2 - v_{(1)}^2}{2g}$	$\frac{v_{(2)}^2}{2g}$	$\frac{w_{(2)}^2}{2g}$	$\frac{(v_1' - v_{(1)})^2}{2g}$	$N_{(V)}$
mm	m		m	m	m	m	m	m	m	m	PS
0	0,001[1]	0,063[1]	1,831[1]	0,007[1]	1,696[1]	0,002[1]	0,003[1]	0,004[1]	0,311[1]	0,001[1]	0,00[1]
10	0,013	0,187	1,814	0,015	1,721	0,000	0,019	0,032	0,233	0,000	0,00
20	0,035	0,309	1,776	0,032	1,776	0,000	0,052	0,087	0,164	—	—
30	0,067	0,427	1,720	0,056	1,856	0,001	0,099	0,166	0,133	—	—
40	0,106	0,537	1,656	0,089	1,953	0,001	0,157	0,263	0,127	—	—
50	0,151	0,641	1,583	0,130	2,067	0,001	0,226	0,377	0,142	—	—
60	0,202	0,740	1,508	0,179	2,091	0,001	0,299	0,501	0,174	—	—
70	0,255	0,832	1,432	0,235	2,323	0,001	0,378	0,633	0,220	—	—
80	0,310	0,918	1,357	0,297	2,460	0,000	0,461	0,771	0,277	—	—
$a_0 = 90$	**0,368**	**1,000**	**1,284**	**0,368**	**2,604**	**0,000**	**0,547**	**0,915**	**0,345**	—	—
100	0,424	1,074	1,217	0,440	2,743	0,000	0,630	1,054	0,415	0,000	0,00
110	0,482	1,144	1,152	0,521	2,889	0,001	0,716	1,198	0,492	0,001	0,02
120	0,540	1,211	1,093	0,607	3,034	0,002	0,801	1,341	0,574	0,002	0,05

Arbeitsgrößen.

$a_{(0)}$	M_G +	M_S +	M_P =	M_ε	N_ε +	N_a +	$N_{(S)}$ +	N_ϱ =	N_a	$\varepsilon = \frac{N_\varepsilon}{N_a}$	e	$\varepsilon_G = \frac{N_G}{N_a}$
mm	mkg	mkg	mkg	mkg	PS	PS	PS	PS	PS			
0	5,23[1]	0,13[1]	0,10[1]	5,00[1]	0,94[1]	0,09[1]	für $a_{(0)} < 90$ mm machen sich die $N_{(S)}$ erst nach der 2ten Dezimale bemerkbar!	0,14[1]	1,17[1]	0,802[1]	0,562[1]	0,840[1]
10	15,51	0,11	0,08	15,32	2,88	0,19		0,42	3,49	0,824	0,744	0,836
20	25,38	0,18	0,13	25,69	4,83	0,24		0,69	5,76	0,839	0,779	0,829
30	34,73	0,57	0,43	35,73	6,73	0,26		0,95	7,94	0,846	0,802	0,822
40	43,50	0,94	0,69	45,13	8,50	0,32		1,20	10,02	0,848	0,811	0,816
50	51,65	1,18	0,90	53,73	10,11	0,42		1,44	11,97	0,842	0,812	0,810
60	59,21	1,25	0,94	61,40	11,55	0,60		1,66	13,81	0,832	0,810	0,804
70	66,18	1,08	0,82	68,08	12,81	0,86		1,86	15,53	0,826	0,799	0,802
80	72,61	0,69	0,52	73,82	13,89	1,19		2,05	17,13	0,811	0,791	0,798
$a_0 = 90$	**78,70**	**0,00**	**0,00**	**78,70**	**14,82**	**1,61**	**0,00**	**2,24**	**18,67**	**0,794**	**0,774**	**0,794**
	M_G[2])	$-M_S$	$-M_V$	$= M_\varepsilon$								
100	84,11	0,81	0,61	82,69	15,56	2,08	0,00	2,40	20,04	0,773	0,756	0,788
110	89,21	1,90	1,43	85,88	16,16	2,63	0,01	2,56	21,38	0,755	0,739	0,785
120	94,00	3,21	2,43	88,37	16,63	3,24	0,01	2,71	22,64	0,735	0,720	0,782

Da wo s also auch N_S für $\varphi = \sim 0{,}2$ ein zweites Mal Null ist, überschneiden sich die εH-Linie und die Gerade der ε_G, denn hier ist N_V ebenfalls Null und

$$\varepsilon = \frac{N_\varepsilon}{N_a} = \frac{N_G + N_S}{N_a} = \frac{N_G}{N_a} = \varepsilon_G\,.$$

Wie beim Aufzeichnen der Turbine „E“ auseinandergesetzt, S. 210, mußte die Schichte V—VI mit höherem Austrittsverlust gegenüber der Schichte I—II entworfen werden. Dies zeigt sich neben den verschiedenen Größen der N_ε für volle Leitschaufelweite ($a_0 = 90$ mm) natürlich auch in den Ziffern der mechanischen Wirkungsgrade beider Schichten für $\varphi = 1$, wir finden mit $N_e = N_\varepsilon - 0{,}02\,N_a$

$$\left.\begin{array}{l}\text{für Schichte I—II} \quad e = 0{,}800 \\ \text{,, \quad ,, \quad V—VI} \quad e = 0{,}774\end{array}\right\}\text{ bei voller Füllung.}$$

[1]) Rechnungsmäßig, nicht aber tatsächlich.

[2]) Von $a_{(0)} = 0$ mm bis $a_{(0)} = \sim 14$ mm, sowie bei $a_{(0)} > 90$ mm ist die Richtung von s derjenigen von u entgegengesetzt, infolgedessen ist dort M_S negativ und an Stelle von M_P tritt ein negatives M_V, für die anderen Größen der $a_{(0)}$ bildet sich M_ε wie am Kopf der Tabelle angegeben.

Doch verläuft die Kurve der e für V—VI, Fig. 214a, bei abnehmenden Füllungen ganz hervorragend besser als die der Schichte I—II, Fig. 214.

Die ganze Durchrechnung zeigt die Schichten mit kleinem D_2 denen mit großem D_2 so bedeutend überlegen, daß stets solche mit kleinem D_2 anzustreben sind.

H. Der Einfluß von β_1 und Δ auf die Stoßverluste am Laufradeintritt.

Die Rechnungsergebnisse des vorigen Abschnittes geben noch zu folgenden Betrachtungen Anlaß.

In der Fig. 215 sind die Größen der $w_{(0)}$ entsprechend der jeweils aus $a_{(0)}$ und $\delta_{(0)}$ folgenden Richtung in die normalen Geschwindigkeitsparallelogramme der betreffenden Turbinen eingetragen und die Endpunkte durch eine Kurve verbunden. Auch das Überöffnen ist dabei berücksichtigt. Sollte der Stoß des Wassers am Laufradeintritt vermieden bleiben, so müßten die verschiedenen $w_{(0)}$ sämtlich mit der v_1 entsprechenden Parallelogrammseite aufhören, damit geschlossene Parallelogramme entstehen.

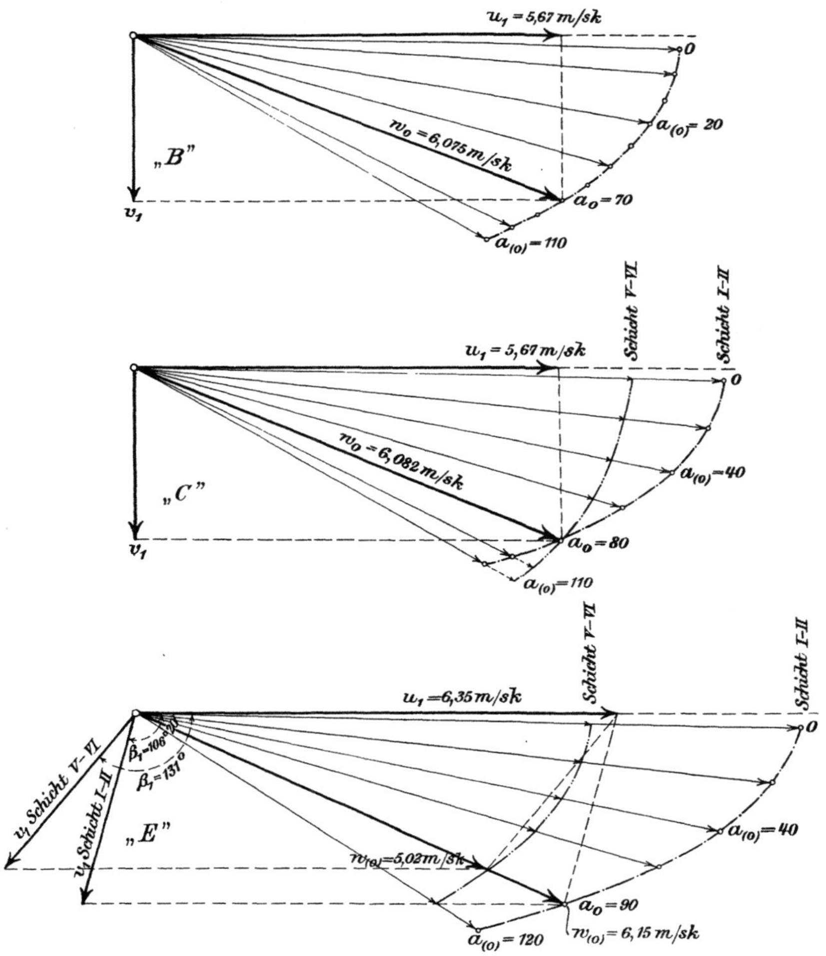

Fig. 215.

Gegenüber Fig. 215 unter „B" (Turbine „B" entsprechend) zeigt Fig. 215 unter „C", daß die Eintrittsstöße der Schichte I—II größer, die der Schichte V—VI dagegen kleiner als jene unter „B" ausfallen werden, daß also bei gleichgebliebenem Winkel, $\beta_1 = 90^0$, die Schichte V—VI mit der größeren radialen Erstreckung (kleines Δ) in bezug auf die Eintrittsstöße besser arbeitet als die Schichte I—II mit der fast verschwindenden radialen Ausdehnung, vgl. Tabellen.

In Fig. 215 unter „E" finden wir, daß das mittlere $w_{(0)}$ der Schichte I—II, trotzdem D_2 hier sogar größer ist als D_1, des stumpfen Winkels β_1 wegen, nicht sehr viel stärkeren Stoßeintritt aufweist als die gleiche Schichte bei „C", daß aber die Schichte V—VI der Turbine „E" mit ihrem kleinen Austrittsdurchmesser für alle Füllungen rechnungsmäßig fast ganz stoßfrei ist; hier liegt der mittlere Verlauf der Kurve für die Enden von $w_{(0)}$ geradezu in der Richtung von $v_{(1)}$.

Also: Große Laufradwinkel β_1 ergeben im Verein mit großer radialer Erstreckung der Laufzellen (kleines Δ) für die Drehschaufelregulierung die beste Anpassungsfähigkeit an die wechselnde Wassermenge, noch ein Grund mehr für das Herunterführen der Schichte V—VI bis gegen die Turbinenwelle hin im Gegensatz zu Fig. 138, S. 190.

J. Rechnungsmäßige Beziehung (angenähert) zwischen Leitschaufelweite $a_{(0)}$ und Füllung φ.

Die Praxis bestätigt, was die vorhergehenden Rechnungen gezeigt, nämlich daß die Teilwassermengen langsamer abnehmen als die Leitschaufelweiten $a_{(0)}$. Halbe Füllung der Turbine ist also nicht gleichbedeutend mit halber Schaufelweite, sondern die halbe Füllung tritt erst bei weniger als $\frac{a_0}{2}$ ein, ein Umstand, der vielfach übersehen wird. Deshalb sind hier klare Bezeichnungen, entweder Füllung oder Schaufelweite, nicht aber „Beaufschlagung", für die Praxis sehr am Platze.

Für die Zwecke der nachfolgenden Berechnungen empfiehlt sich die Aufstellung einer einfachen Beziehung zwischen der Leitschaufelweite und der zugehörigen Wassermenge, die wenigstens annähernd der Wirklichkeit entspricht. Eine Handhabe hierzu bietet die Größenentwicklung der $w_{(0)}$ in Beziehung zu $a_{(0)}$, wie sie in den vorhergehenden Beispielen sich ergeben hat.

Trägt man als Abszissen die $a_{(0)}$, als Ordinaten die $w_{(0)}$ auf, so ergibt sich folgendes:

Die $w_{(0)}$ der Turbine „B" liegen, den in Rechnung gezogenen Bereich des Überöffnens eingeschlossen, in einer sehr flach gehenden Kurve, die, dem ganzen Annäherungscharakter der Rechnung entsprechend, durch eine Gerade ersetzt werden kann, Fig. 216, unter „B", und die Gleichung dieser Ersatzgeraden bestimmt sich aus deren Endpunkten zu

$$w_{(0)} = w_0 \left(1{,}225 - 0{,}225 \frac{a_{(0)}}{a_0}\right) \quad \ldots \ldots \ldots \ldots \quad 589$$

Da nun zu schreiben ist

$$Q = z_0 \cdot a_0 \cdot b_0 \cdot w_0$$

und ebenso

$$\varphi Q = z_0 \cdot a_{(0)} \cdot b_0 \cdot w_{(0)}$$

so findet sich daraus

$$\varphi = \frac{w_{(0)}}{w_0} \cdot \frac{a_{(0)}}{a_0} \quad \ldots \ldots \ldots \ldots \quad 590$$

oder unter Einsetzen von $w_{(0)}$ nach Gl. 589

$$\varphi = \frac{a_{(0)}}{a_0} \left(1{,}225 - 0{,}225 \frac{a_{(0)}}{a_0}\right) \quad \ldots \ldots \ldots \ldots \quad 591$$

Dies ist die Gleichung einer Parabel mit senkrechter Achse, deren Scheitel aber weit nach rechts liegt, Fig. 216 „B“.

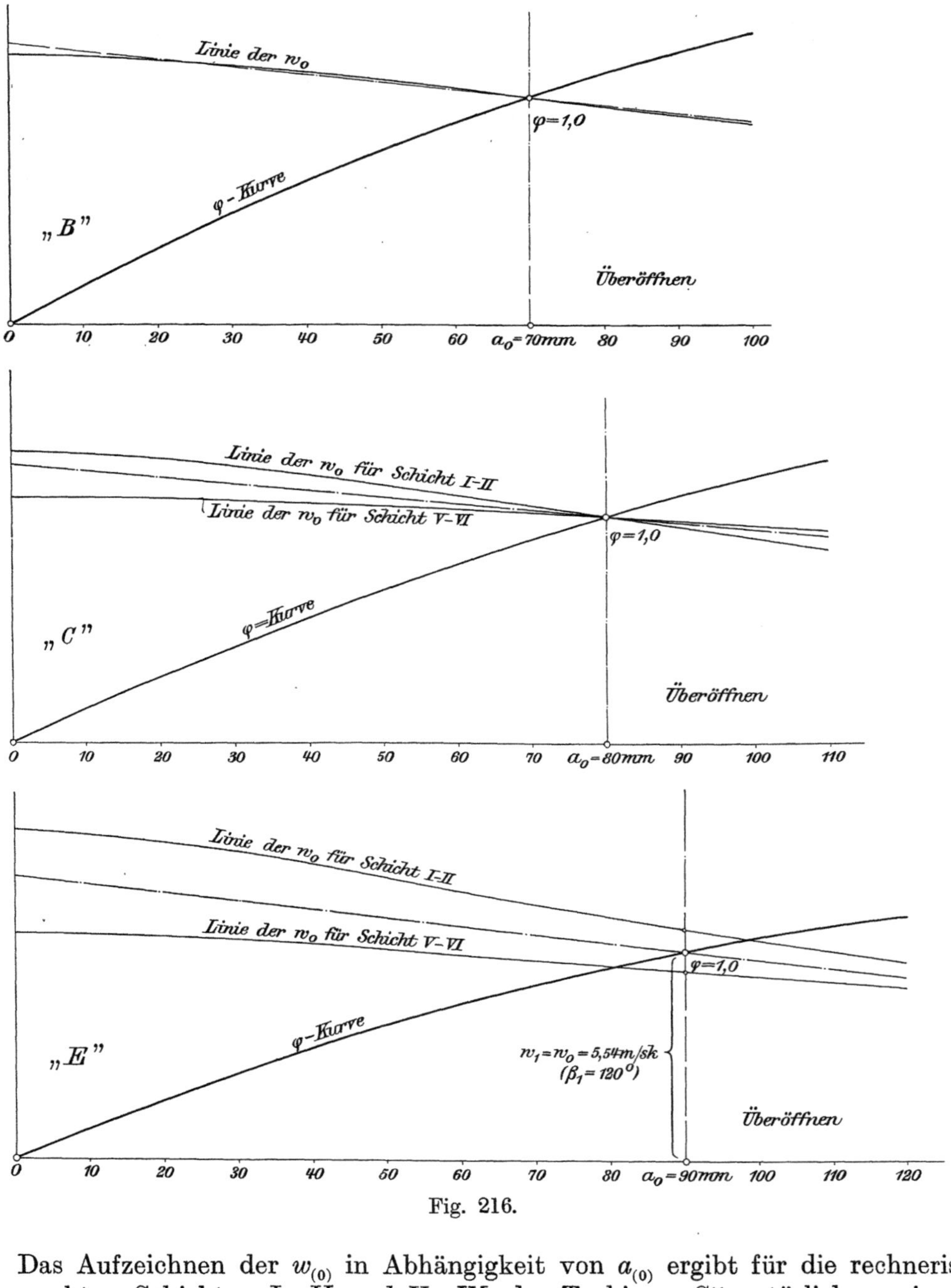

Fig. 216.

Das Aufzeichnen der $w_{(0)}$ in Abhängigkeit von $a_{(0)}$ ergibt für die rechnerisch untersuchten Schichten I—II und V—VI der Turbine „C“ natürlich zwei verschiedene, aber auch sehr flach verlaufende Kurven, Fig. 216 unter „C“, die ebenfalls je durch eine Gerade ersetzt werden dürfen, die sich im Punkte der normalen Leitschaufelweite, hier 80 mm, schneiden. Da für die Berechnung der Wassermenge sämtlicher Schichten ein Mittelwert der $w_{(0)}$ in der Gleichung $\varphi Q = z_0 \cdot a_{(0)} \cdot b_0 \cdot w_{(0)}$ erwünscht ist und die Ausgleichgeraden der Schichten I—II und V—VI nicht zu sehr auseinanderliegen, so darf ohne zu großen Fehler die mittlere Linie derselben genommen werden; diese genügt auch der oben aufgestellten

Gl. 589, mithin gilt für die Wassermengen der Turbine „C“ ebenfalls die Annäherungsbeziehung Gl. 591.

Die Turbine „E“ mit der scharfen Ablenkung am oberen Laufradboden und den deshalb der Breite b_0 entlang verschiedenen Größen der β und w ergibt für die $w_{(0)}$-Werte der Schichten I—II und V—VI ebenfalls zweierlei Kurven, Fig. 216 „E“, die sich aber nicht mehr bei normaler Schaufelöffnung, hier 90 mm, treffen. Als Mittelwerte kommen hier die Beträge der $w_{(1)}$ in der neutralen Schicht wohl der Wirklichkeit am nächsten. Demgemäß sind bei „E“ die Abstände der in der Figur weggelassenen Ausgleichgeraden der beiden $w_{(0)}$-Linien im Verhältnis der Lage der neutralen Schicht für $a_0 = 90$ mm und $a_{(0)} = 0$ geteilt und die mittlere Gerade der Fig. 216 „E“ gezogen. Diese Gerade hat eine in den Faktoren gegen vorher etwas abweichende Gleichung, sie lautet

$$w_{(0)} = w_1 \left(1{,}355 - 0{,}355 \frac{a_{(0)}}{a_0}\right) \quad \text{. . . . . } 589\,\mathbf{a}$$

während für φ gilt:

$$\varphi = \frac{a_{(0)}}{a_0} \left(1{,}355 - 0{,}355 \frac{a_{(0)}}{a_0}\right) \quad \text{. . . . . } 591\,\mathbf{a}$$

13. Druckkräfte und Drehmomente an den Fink'schen Schaufeln, hervorgerufen durch das strömende Wasser.

Wir führen das Betriebswasser unter der Druckhöhe h_e, Fig. 87, S. 109, dem Leitapparat (Mitte) zu; ein bestimmter Teil dieser Druckhöhe wird zur Erzeugung von w_0 in der Leitschaufelmündung verwendet, h_0 bleibt als Druckhöhe an dieser Stelle übrig. Die Leitkanäle beginnen fast immer mit verhältnismäßig großen Querschnitten, bzw. Weiten a, siehe z. B. Fig. 187 S. 293 und Taf. 5, um nach und nach auf $a_0 \cdot b_0$ überzuleiten. Die Geschwindigkeit w_0 entsteht also nicht plötzlich und ebensowenig sinkt der Druck plötzlich von h_e auf h_0. So sehen wir, daß die einzelne Leitschaufel ganz entsprechend den S. 54 u. f. geschilderten Umständen auf ihrem Umfang von ganz verschiedenen Druckhöhen eingeschlossen sein muß und folgern daraus, wie auch die Erfahrung lehrt, daß eine Leitschaufel je nach Form und der gerade eingestellten Schaufelöffnung verschiedenerlei Druckkräften und je nach Lage des Drehpunktes entsprechenden Drehmomenten unterliegt, hervorgerufen durch diese entlang der Schaufelfläche wechselnden Wasserdruckhöhen.

Das Reguliergetriebe hat im Verein mit den Drehbolzen der Schaufeln diese Kraftäußerungen abzufangen und zu überwinden, sie sollten also auch durch Rechnung festgestellt werden.

A. Kräfte und Drehmomente bei ganz geöffneter Schaufel.

Die ganz genaue Berechnung der erwähnten Druckhöhen und Kräfte ist recht umständlich und dabei wegen der ungemein verwickelten Vorgänge beim Herzuströmen nach dem Leitzellenanfang doch etwas unsicher; die annähernde teils rechnungsmäßige, teils zeichnerische Bestimmung bietet dagegen keine Schwierigkeit, obgleich sie auch noch ziemlich viel Zeitaufwand verlangt.

Aus unseren Rechnungen kennen wir $w_1 = w_0$, Gl. 380 oder 380a, S. 142, als mittlere Geschwindigkeit; in Wirklichkeit werden, den Kanalkrümmungen entsprechend, verschiedene Größen von w_0 über die Weite a_0 hin verteilt sein.

Der Verbrauch an Druckhöhe zur Erzeugung von w_0 ist nur in allgemeinen Grenzen bestimmbar, weil die Reibungsverhältnisse an den Leitschaufelwandungen je nach Ausführung usw. wechseln werden; eingehende genaue Versuchsdaten liegen noch nicht vor. Unter der Annahme eines Geschwindigkeitskoeffizienten von 0,95 (geschliffene Leitschaufeln) ergibt sich der für die Erzeugung von w_0 insgesamt erforderliche Gefällebruchteil zu rund

$$\frac{1}{0{,}95^2} \cdot \frac{w_0^2}{2g} = 1{,}1 \frac{w_0^2}{2g} \quad \ldots \ldots \ldots \ldots \quad 592$$

Die Verlusthöhe $\varrho_0 H$ würde also zu $0{,}1 \frac{w_0^2}{2g}$ anzusetzen sein.

Die Druckhöhe h_0, die von der Eintrittshöhe h_e noch im Leitschaufelaustritt „0" übrig ist, stellt sich auf

$$h_0 = h_e - 1{,}1 \frac{w_0^2}{2g} \qquad 593$$

Im Prinzip sind die Formen der drehbaren Leitschaufeln fast durchweg von ähnlicher Gestalt, die Leitschaufeln selbst liegen der Drehbarkeit wegen zwischen parallelen, gedrehten Kränzen, die Wasserquerschnitte sind deshalb in ihren gegen-

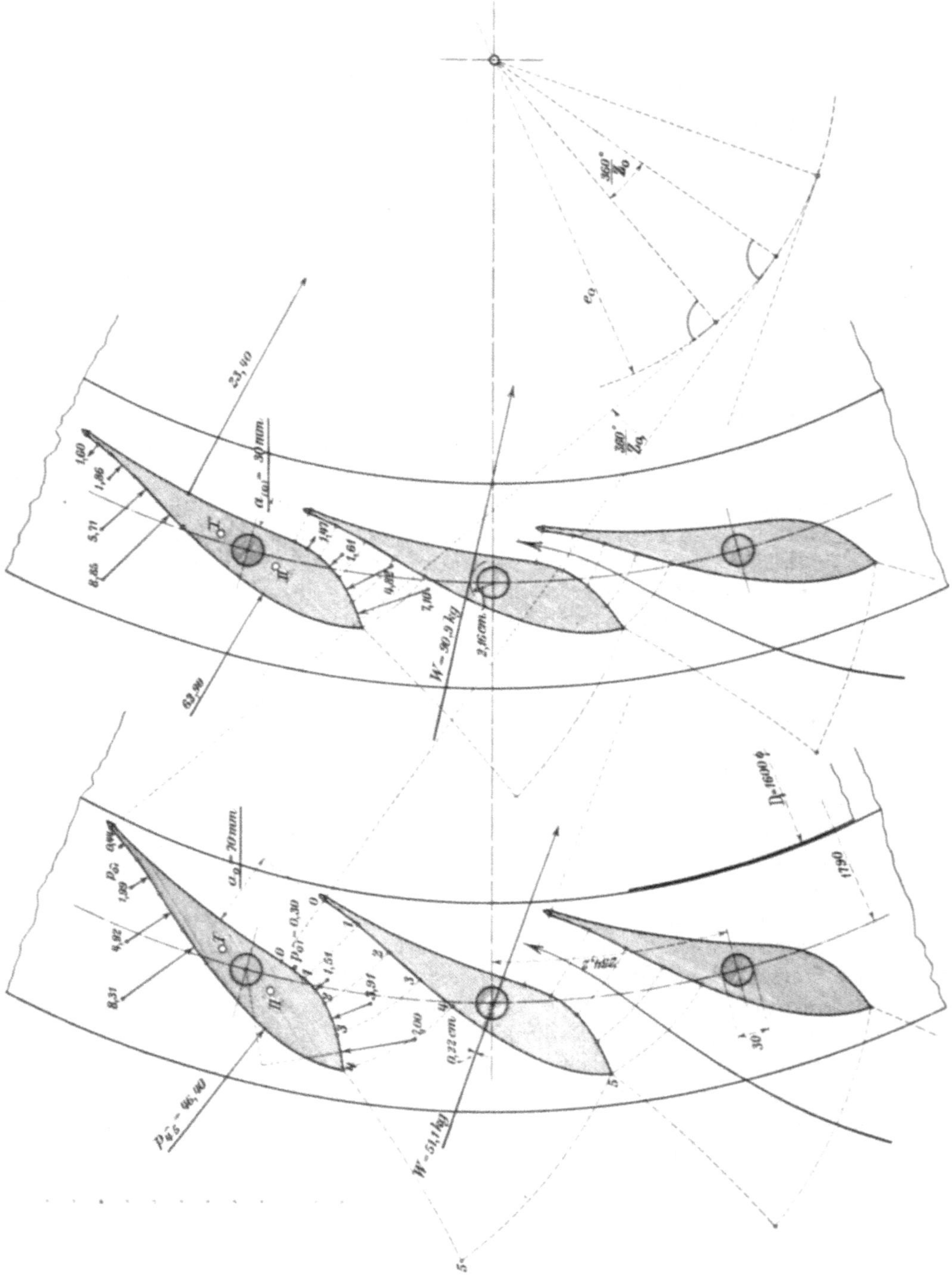

Fig. 217.

seitigen Verhältnissen durch die Lichtweiten a zwischen den benachbarten Schaufeln gegeben, die von innen, a_0, gegen auswärts fast immer stetig zunehmen, wie dies Fig. 217 u. a. erkennen lassen.

Bei Spiralturbinen finden sich hier und da Schaufelformen nach Fig. 218, die im Gegensatz zu den mehr keulenförmigen Umrissen der Fig. 217 in fast durchweg gleicher Stärke des Schaufelkörpers und auch gleicher Weite a_0 verlaufen. Die Bestimmung der Druckhöhen und Kraftäußerungen, denen die Schaufeln nach Fig. 218 unterliegen, erfolgt nach gleichen Gesichtspunkten, wie für die anderen auch (siehe S. 368), weshalb hier nur die nach Fig. 217 besprochen werden sollen. Diese Ermittlungen schließen sich, der Natur der Verhältnisse entsprechend, eng an die Form des Leitschaufelkörpers und die Querschnittsänderung der Leitkanäle an.

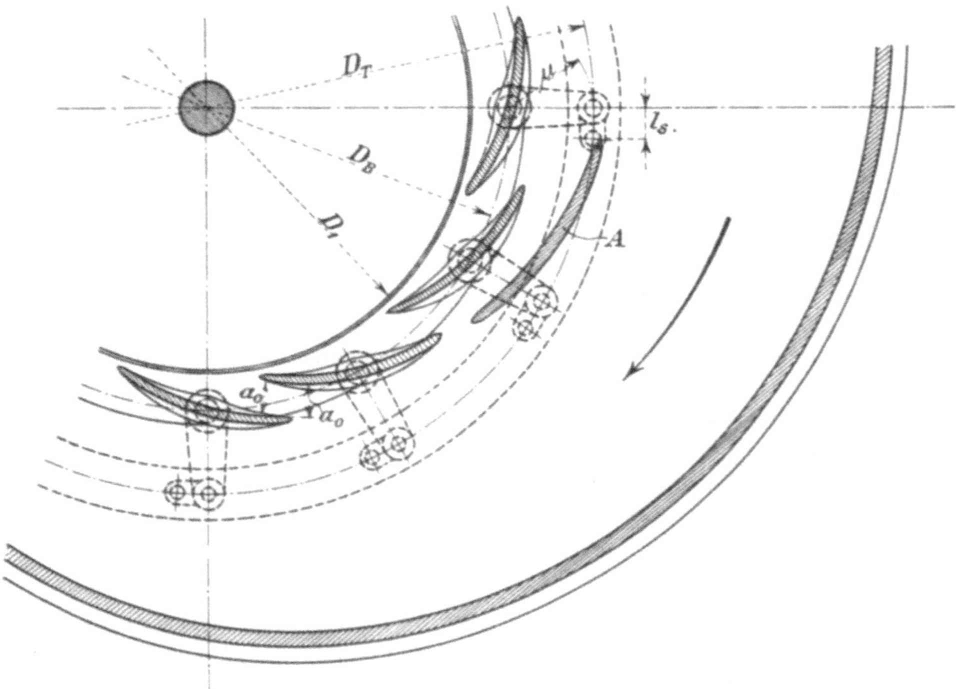

Fig. 218.

Wir zeichnen uns, von der Weite a_0 ausgehend, nach Gefühl und Gutdünken in dem gegebenen Schaufelraum Schichten von angenommen gleicher Geschwindigkeit, die, mit der Geraden a_0 anfangend, sich mehr und mehr krümmen werden, nach beiden Schaufelwandungen ungefähr senkrecht verlaufend, wie sie mit den Bezeichnungen 1, 2, 3 und 4 in Fig. 217 unten zu sehen sind. Die Abstände der einzelnen Schichten mögen auf einer Seite ungefähr gleich groß sein.

Da das herzufließende Wasser auch schon außerhalb der Leitschaufelspitzen gewisse Geschwindigkeiten hat, so nehmen wir in etwas freier Weise auch noch die Schichte 5, Fig. 217, als eine solche von gleicher Wassergeschwindigkeit an. Die Fließrichtung wird ja ungefähr senkrecht dazu liegen.

Aus dem Verhältnis der gestreckten Weite einer solchen Schicht, beispielsweise an der Leitschaufelstelle 3, sie sei mit $a_{0,3}$ bezeichnet, zu a_0 ergibt sich (der überall gleichen Breite b_0 wegen) die zugehörige Wassergeschwindigkeit

$$w_{0,3} = w_0 \frac{a_0}{a_{0,3}}.$$

Da die Gl. 593 sinngemäß für jeden beliebigen Wasserquerschnitt gilt, so kann für die Stelle 3 geschrieben werden:

$$h_{0,3} = h_e - 1{,}1 \frac{w_{0,3}^2}{2g} \quad \ldots \ldots \ldots \ldots \quad 594$$

Auf diese Weise sind die Druckhöhen in den Schichtpunkten der Schaufeloberfläche mit einiger Sicherheit festgelegt, also von der Mündung a_0 nach rückwärts, links bis zur Schaufelspitze 4 und darüber hinaus noch ins freie Wasser, rechts bis dahin, wo die äußerste Einlaufschichte 5 ansetzt.[1])

Die Wasserdruckhöhe entlang dem Evolventenstück der Leitschaufel wird ziemlich gleichmäßig zu $h_1 = h_0 = h_e - 1{,}1 \frac{w_0^2}{2g}$, gleich der im Schaufelspalt herrschenden Druckhöhe, anzusetzen sein, wobei der Einfachheit halber der Wirbelverlust durch die Schaufeldicke s_0 außer acht gelassen sein mag.

Die Annahme von $h_0 = h_1$ ist eine freie Annäherung. Das Wasser erleidet an dem Evolventenstück eine Ablenkung um den Zentriwinkel $\frac{360^0}{z_0}$, entwickelt dadurch eine Druckkraft R, die nach Gl. 34 berechnet werden könnte. Diese Druckkraft muß sich in der Weise äußern, daß die Pressung in den einzelnen Wasserfäden von innen (rechts in der Flußrichtung) gegen außen (links an dem Schaufelkörper selbst) stetig zunimmt (kreisendes Wasser), dem aus a_0 austretenden Wasser entgegenwirkt und auf diese Weise die w_0 verkleinert. Bei w_0 als tatsächliche mittlere Geschwindigkeit ist also die Wirkung der Ablenkung schon berücksichtigt; genau betrachtet ist ja der ganze Weg durch die Leitzellen eine Folge von Ablenkungen, bald rechts-, bald linksgehend, deren genaue rechnungsmäßige Berücksichtigung unmöglich ist.

Aus den Druckhöhen vermögen wir die Druckkräfte, wie sie gegen den Schaufelkörper tätig sind, zu bestimmen.

Wir begehen bei der Ermittelung der einzelnen Druckkraft keinen wesentlichen Fehler, wenn wir die durchschnittliche Druckhöhe beispielsweise auf der Strecke 0—1, Fig. 217, als das arithmetische Mittel zwischen h_0 und $h_{0,1}$ annehmen und diese durchschnittliche Druckhöhe als gleichmäßig verteilt ansehen.

Gegen das Schaufelstück, Sehnenlänge $\widehat{0-1}$, Breite b_0 wirkt dann wegen allgemein $p = f \cdot h \cdot \gamma$ eine senkrecht zur mittleren Flächenrichtung (einfach Sehne statt Tangente) stehende Druckkraft von

$$p_{0-1} = \widehat{0-1} \cdot b_0 \frac{h_0 + h_{0,1}}{2} \gamma \quad \ldots \ldots \ldots \ldots \quad 595$$

Diese Druckkraft greift in der Mitte der Strecke $\widehat{0-1}$ an und hat die schon bezeichnete Richtung. Die Strecken $\widehat{0-1}$ zur linken und rechten Seite des Wasserstromes durch die Schaufel sind nicht gleich groß, auch nicht gleich gerichtet, wir können aber beide Kräfte aus der Schaufelform nach Lage und Größe feststellen und zeichnen sie, an der gleichen Schaufel angreifend, ein, wie in Fig. 217 geschehen.

In gleicher Weise bestimmen sich die Kräfte p_{1-2} usw. je für links und rechts verschieden. Wir setzen außen noch die Druckkraft p_{4-5} des freien Schaufelstückes an, ebenso an der Evolvente in deren Mitte die aus $h_1 = h_0$ folgende Druckkraft, deren Richtung einfach den Evolventen-Grundkreis, Durchmesser e_0, berührt. Die Druckfläche war wie vorher auch gleich dem Produkt aus Sehnenlänge mal b_0 zu setzen.

[1]) In Spiralgehäusen sind die Verhältnisse zwischen 4 und 5 schärfer ausgesprochen.

Wir finden demnach den Leitschaufelkörper rundum von Wasserdruckkräften wechselnder Größe besetzt, die teils rechts, teils links drehend wirken.

Die Momentarme dieser Kräfte in bezug auf den Drehzapfen können gleich aus der Zeichnung abgemessen werden, sie sind mit möglichster Sorgfalt zu bestimmen,[1]) und so stellen wir uns dann die algebraische Summe der sämtlichen Momente, auf den angenommenen Drehpunkt bezogen, zusammen.

Andererseits findet sich aus der Zusammensetzung aller dieser Einzelkräfte zu einem Kräftepolygon die Größe und Richtung der gemeinschaftlichen Resultierenden W. Die genaue Lage derselben zum Leitschaufelkörper ergibt sich daraus, daß deren Momentarm in bezug auf den angenommenen Drehpunkt durch Division von W in die Momentensumme erhältlich ist. Die so gefundene Lage und Größe von W bleibt unverändert, auch wenn wir etwa den Schaufeldrehpunkt verlegen würden. Dadurch bietet sich die Möglichkeit, das äußere resultierende Drehmoment nach Wunsch mehr oder weniger umzugestalten. Solange die äußere Gestalt der Schaufel durch eine Verlegung des Drehpunktes nicht beeinflußt wird, bleibt W unverändert in Größe und Lage zur Schaufel, das resultierende Drehmoment ergibt sich dann durch einfaches Abgreifen des Momentarmes von W gegenüber dem neugewählten Drehpunkt.

Die Reibungswiderstände am Drehzapfen usw. sind dann noch besonders zu berücksichtigen.

Auch hier wird ein Zahlenbeispiel zum besseren Verständnis dienlich sein.

Wir nehmen die Schaufel, wie sie der Turbine „B“, S. 176, angehört und ermitteln uns die Kräfte; die Fig. 217 entspricht diesen Verhältnissen.

Bei 24 Schaufeln ist die Wassermenge eines Schaufelraumes, gleich

$$\frac{Q}{z_0} = \frac{1{,}75}{24} = 0{,}073 \text{ cbm/sk}$$

Zur Berechnung der vom Wasserdruck herrührenden Kräfte p_{0-1} usw. wäre eine Annahme über die Größe von h_e erforderlich. Wenn dies auch für die Berechnung der Einzelkräfte p_{0-1} usw. nötig ist, so wird doch das Endergebnis der Rechnung, nämlich die Zusammensetzung der Drehmomente usw. ganz gleich ausfallen, unabhängig von der Größe h_e, also von der Höhenlage zu Unter- und Oberwasserspiegel, was leicht einzusehen ist.

Natürlich sind aber die gesamten Kräfte vom Gefälle H abhängig. Sie ändern sich proportional H, weil nur Höhen, h_e und die verschiedenen $\frac{w^2}{2g}$, in Betracht kommen.

In unserem Beispiel, Turb. „B“, ist $w_0 = w_1 = 6{,}075$ m/sk, S. 177, und der Bedarf an Gefälle zur Erzeugung von w_0 stellt sich auf

$$1{,}1 \frac{6{,}075^2}{2g} = 2{,}07 \text{ m}.$$

Wir wählen der Einfachheit halber, damit wir rechnungsmäßig den Druck in Mitte Höhe der Öffnung „0“ gleich Null setzen können, dieses Maß 2,07 m für h_e und erhalten dann nach Maßgabe der Gl. 594 usw. und der Schaufelform nach Fig. 217 folgende Ergebnisse für die Wirkung der Wasserdruckhöhen bei ganz geöffneter Schaufel, $a_0 = 70$ mm.

[1]) Eine Kontrolle für richtige Bemessung dieser Momentarme liegt darin: Wenn sich der Schaufelkörper in ruhendem Wasser befindet, so ist das resultierende Drehmoment der Außendrucke Null, die Summe der statischen Momente aller Oberflächenteile, Strecke $\widehat{0-1}$ mal dem Hebelarm von p_{0-1} usw. muß also auch annähernd Null ergeben, wenn richtig als Rechts- und Linksmomente eingesetzt.

Ganz geöffnete Schaufel, $a_0 = 70$ mm.

Schichte	Druckhöhe	Mittlere Druckhöhe	Druckfläche links	Druckfläche rechts	Druckkräfte p links	Druckkräfte p rechts	Drehmomente links	Drehmomente rechts
	m	m	qcm		kg		cmkg	
0	0,000						(auf)	(auf)
		0,063	47,3	69,5	0,30	0,44	1,08	7,26
1	0,126							
		0,287	52,5	69,5	1,51	1,99	8,52	24,56
2	0,447							
		0,708	55,3	69,5	3,91	4,92	28,22	41,31
3	0,969							
		1,196	58,5	69,5	7,00	8,31	63,00	38,53
4	1,422							(zu)
		1,633	—	284,0	—	46,40	—	223,65
5	1,843							
schließlich $h_0 = h_1$	0,000	0,000	358,0	—	—	—	—	—

Mithin resultierendes Drehmoment: (zu) 11,17 cmkg

Der Zusatz (auf) bedeutet, daß das betr. Moment bestrebt ist, die Schaufel zu öffnen, der Bezeichnung (zu) entspricht das Bestreben, die Schaufel zu schließen.

Demnach erteilt die in Fig. 217 gezeichnete Lage des Drehpunktes den Kräften die Neigung, die ganz geöffneten Schaufeln mehr zu schließen.

Vereinigen wir nun die sämtlichen Kräfte p zu der Resultierenden W (Kräftepolygon), so finden wir $W = 51{,}1$ kg. Die Lage dieser Resultierenden bestimmt sich rechnungsmäßig aus dem bekannten auf Bolzenmitte bezogenen resultierenden Drehmoment; wir erhalten als Momentarm derselben einfach $\frac{11{,}17}{51{,}1} = 0{,}22$ cm und können die Resultierende W nunmehr genau einzeichnen, wie dies Fig. 217 zeigt.

Wenn wir vorläufig außer Betracht lassen, wie das resultierende Drehmoment von außen her abgefangen wird, so gilt 51,1 kg auch als einstweilige Belastung des Schaufelbolzens. Je nach Lage der dem Drehmoment entgegenwirkenden äußeren Kraft vereinigt sich diese letztere mit der einstweiligen Belastung zum resultierenden Bolzendruck, wie dies weiter unten erörtert werden wird.

B. Kräfte und Drehmomente bei ganz geschlossener Schaufel.

Hier sind ganz andere Umstände eingetreten als vorher. Die geschlossenen Schaufeln, Fig. 219, lassen, ideell wenigstens, kein Wasser durchtreten, es sind also hier keinerlei Druckunterschiede an den Schaufeloberflächen von der Schlußstelle $a_{(0)} = 0$ ab gegen außen vorhanden. Von außen ist die unverminderte Druckhöhe h_e zu rechnen und diese erzeugt für den Umfangsteil n, Fig. 219, ein linksdrehendes (zu), für m ein rechtsdrehendes Moment (auf), dazu der Druckfläche $(m + n) b_0$ entsprechend eine Belastung des Bolzens gegen einwärts.

Im Innern des geschlossenen Leitschaufelringes herrscht die volle, nicht durch Reibungswiderstände beeinträchtigte Saughöhe $H - h_e$, aber vermindert, solange sich die Turbine noch dreht, um eine Gegendruckhöhe, die bei voller Umdrehungszahl zu rund $\frac{u_1^2 - u_2^2}{2g}$ anzusetzen ist. Die resultierende innere Druckhöhe betätigt sich ganz ebenso wie die äußere auf die Flächenteile m und n.

Als resultierender Druckhöhenunterschied zwischen innen und außen gilt demnach bei eben geschlossenen Schaufeln und bei noch voller Umdrehungszahl

$$h_e - \left[-(H - h_e) + \frac{u_1^2 - u_2^2}{2g} \right]$$

$$= H - \frac{u_1^2 - u_2^2}{2g}.$$

Bei Stillstand der Turbine wächst dieser Unterschied natürlich auf H, die volle Gefällhöhe.

Für die Schaufel der Turbine „B" ergeben sich hierbei, Fig. 219, bei voller Umdrehungszahl:

$$H - \frac{u_1^2 - u_2^2}{2g} = 4{,}0 - \frac{5{,}67^2 - 3{,}90^2}{2g}$$

$$= 3{,}135 \text{ m}.$$

Drehmoment der Strecke m, Richtung „auf"

$m \cdot b_0 \cdot 3{,}135 \cdot 1000 \frac{m}{2}$ (auf) 933,0 cmkg

Drehmoment der Strecke n, Richtung „zu"

$n \cdot b_0 \cdot 3{,}135 \cdot 1000 \frac{n}{2}$ (zu) 56,4 „

Resultierendes Drehmoment (auf) 876,6 cmkg

Resultierende Bolzenlast aus Wasserdruck

$(m + n)\, b_0 \cdot 3{,}135 \cdot 1000$ 124,2 kg

Für den Stillstand der Turbine, natürlich bei gefülltem Wasserzulauf und Saugrohr, erhöhen sich diese Zahlen im Verhältnis $\frac{4{,}0}{3{,}135} = \sim 1{,}275$ also auf

(auf) 1119 cmkg und 158,5 kg.

Während die ganz geöffnete Schaufel ein Drehmoment für „zu" aufwies, also das Streben zum Schließen besaß, zeigt die ganz geschlossene Schaufel das Bestreben sich zu öffnen, dazu eine wesentlich größere Bolzenbelastung.

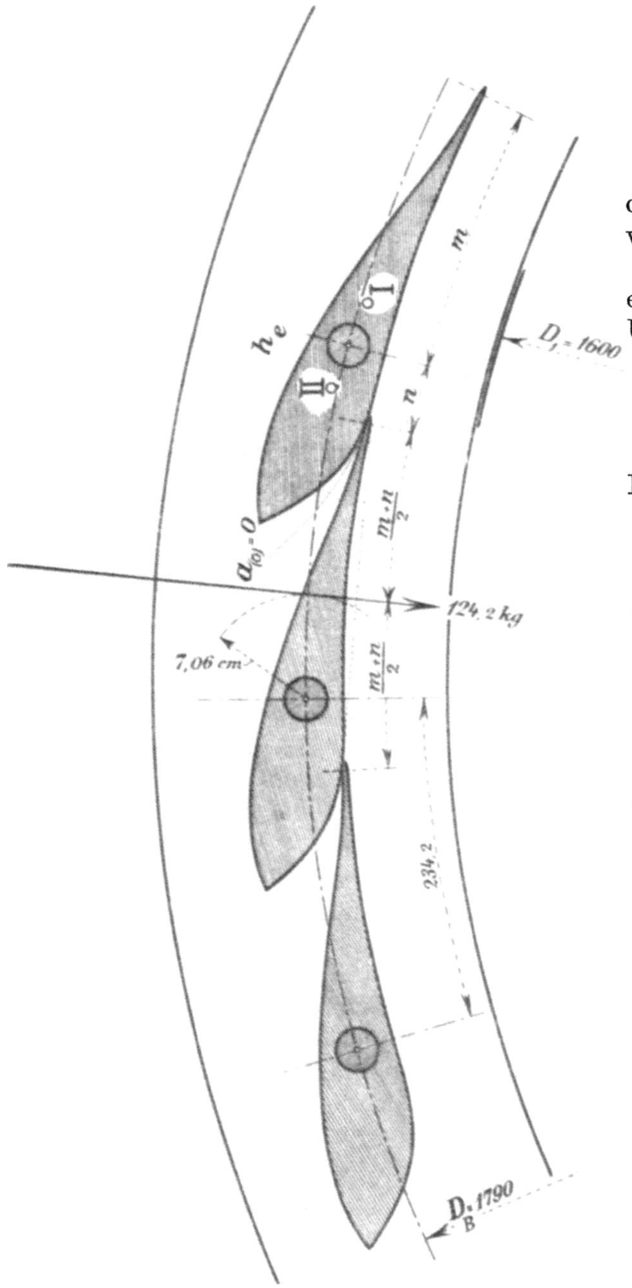

Fig. 219.

C. Kräfte und Drehmomente in Zwischenstellungen.

Für diese gilt grundsätzlich die gleiche Berechnungsart, wie für ganz geöffnete Leitschaufeln auseinandergesetzt. Worauf es dabei besonders ankommt, ist die Größe der Geschwindigkeit $w_{(0)}$, die an die Stelle der bei voller Öffnung in Betracht kommenden $w_0 = w_1$ zu treten hat.

Wir kennen aus den Rechnungen der S. 325 u. f. die Werte von φ für die Turbine „B", können aus der Tabelle S. 328 die rechnungsmäßigen Größen von

$w_{(0)}$ oder φ für die verschiedenen Schaufelöffnungen entnehmen und durch Anwendung des für die ganz offene Schaufel geschilderten Verfahrens das zu jeder Schaufelweite gehörige Drehmoment einer Schaufel und deren Bolzenbelastung finden. (In der Fig. 217 ist die Stellung für $a_{(0)} = 30$ mm auch als Nebenabbildung mit eingetragen, die Druckkräfte an der Schaufelwand an der Stelle „0" haben hier ihre Richtung geändert.)

Als Ergebnis dieser Bestimmungen erhalten wir für

a_0	Resultierende der Wasserdrucke W	Drehmoment dieser Resultierenden	
70 mm	51,1 kg	(zu) 11,2 cmkg	
50 „	69,6 „	(auf) 54,3 „	
30 „	90,9 „	„ 196,6 „	
10 „	110,8 „	„ 480,0 „	
0 „	124,2 „	„ 876,6 „	(Betrieb)
	158,5 „	„ 1119,0 „	(Stillstand)

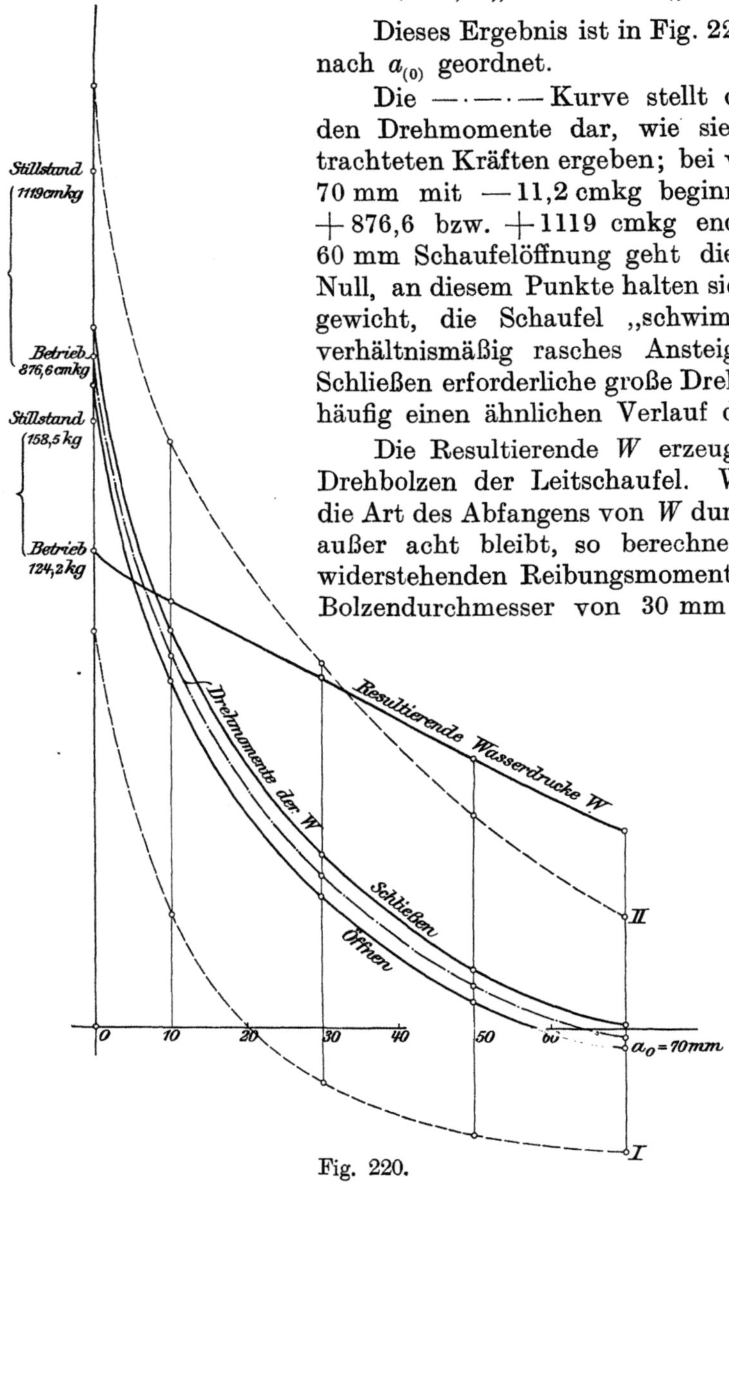

Fig. 220.

Dieses Ergebnis ist in Fig. 220 zeichnerisch niedergelegt, nach $a_{(0)}$ geordnet.

Die —·—·— Kurve stellt die ermittelten resultierenden Drehmomente dar, wie sie sich aus den seither betrachteten Kräften ergeben; bei voller Leitschaufelweite von 70 mm mit $-11{,}2$ cmkg beginnend und für $a_{(0)} = 0$ mit $+876{,}6$ bzw. $+1119$ cmkg endigend. Zwischen 70 und 60 mm Schaufelöffnung geht die Drehmomentkurve durch Null, an diesem Punkte halten sich die Momente das Gleichgewicht, die Schaufel „schwimmt". Dann beginnt ein verhältnismäßig rasches Ansteigen auf das zum völligen Schließen erforderliche große Drehmoment. Die Praxis zeigt häufig einen ähnlichen Verlauf der Momente.

Die Resultierende W erzeugt Reibungswiderstand am Drehbolzen der Leitschaufel. Wenn, wie schon erwähnt, die Art des Abfangens von W durch Außenkräfte einstweilen außer acht bleibt, so berechnen sich die der Bewegung widerstehenden Reibungsmomente aus dem angenommenen Bolzendurchmesser von 30 mm mit dem Reibungskoeffizienten $\mu = 0{,}2$ (mangelhafte Schmierung).

Wir tragen die sämtlichen ermittelten Zapfenreibungsmomente an die —·—·—·— Kurve der Drehmomente je gegen abwärts und aufwärts an und erhalten dadurch die zwei ausgezogenen Kurven.

Die obere gibt in ihrer Lage zur Nullinie den Bedarf an Drehmoment, wie er für die Schlußbewegung, durchaus positiv, erforderlich ist. Von 70 mm bis 64 mm hin kommt das auf

Schließen gerichtete, von der Schaufel selbst ausgeübte Drehmoment gar nicht zur äußerlichen Geltung, da das widerstehende Zapfenreibungsmoment überwiegt; durch das Reguliergetriebe ist eine äußere Arbeit einzuleiten, damit die Schaufel weiter zugeht.

Die untere der beiden Kurven zeigt die Drehmomente für das Öffnen der Schaufeln. Von $a_{(0)} = 0$ an bis gegen etwa 58 mm Öffnung hin ist die Schaufel durch ihr eigenes Drehmoment (abzüglich des Zapfenreibungsmomentes) bestrebt, selbst zu öffnen. Von hier ab ist die Wirkung äußerer Kräfte erforderlich, damit sich die Schaufel bis auf 70 mm öffnen kann. Die äußeren Kräfte für das Öffnen haben von etwa 64 mm Weite an das Schaufeldrehmoment und das Reibungsmoment zu überwinden.

In unserem Beispiel bleibt die Schaufel zwischen 57 und 70 mm Öffnung, auch wenn freigegeben, unbeweglich, weil in diesem Bereich das Zapfenreibungsmoment überwiegt.

Wir sehen also, daß der Bedarf an von außen zu leistendem Drehmoment für die Einstellung der Leitschaufeln nicht nur in weiten Grenzen schwankt, sondern daß er auch das Vorzeichen ändern kann, daß im allgemeinen für das Festhalten der Schaufeln in bestimmten Stellungen eine Hemmung des Reguliergetriebes bald nach der einen, bald nach der anderen Seite nötig ist.

Für Handregulierung ist deshalb ein selbsthemmendes Getriebe, Schraube, zu empfehlen, weil die Eigenschaft der Selbsthemmung uns von der Sorgfalt der Handhabung unabhängig macht; Nachlässigkeit in der Wartung kann hierbei kein nachträgliches Selbstverstellen der Schaufelweiten veranlassen.

Auch für alle sog. mechanischen Geschwindigkeitsregler bedürfen wir der Selbsthemmung im Reguliergetriebe, weil diese Regulatoren in der Gleichgewichtslage das Reguliergetriebe sich selbst überlassen.

Bei hydraulischen Reglern dagegen ist die Anwendung der Selbsthemmung im Reguliergetriebe untunlich, hier übernimmt das Steuerorgan die Aufgabe, durch Überdeckung der Steuerkanäle den Antriebskolben festzustellen. Wenn keine Überdeckung vorhanden ist, so muß das Steuerorgan den erforderlichen Druckunterschied zu beiden Seiten des Arbeitskolbens einhalten.

Da in der Fig. 220 die von außen her nötigen Drehmomente je nach der Bewegungsrichtung, bald über bald unter der Nullinie liegen, so zerfällt hier der gesamte Vorgang des vollständigen Schließens und Wiederöffnens in vier Abschnitte von ganz verschiedener Art der Arbeitsleistung im Reguliergetriebe. Im ersten Abschnitt hilft das Schaufeldrehmoment beim Schließen mit und es ist deshalb etwas weniger äußere Arbeit zuzuführen; im zweiten muß das Schaufeldrehmoment mit überwunden werden, damit ganz geschlossen werden kann. Im dritten Abschnitt ist das Moment zum Öffnen behilflich, setzt sich aber dann im vierten Abschnitt dem weiteren Öffnen in entsprechendem Betrag entgegen.

Von Interesse ist die Änderung in den Größen der Schaufeldrehmomente, und dadurch in der Verteilung der Regulierarbeit, die durch eine Verlegung der Schaufeldrehachse eintritt. Die Fig. 220 enthält, mit I bezeichnet, die Kurve der Schaufeldrehmomente für den Fall, daß die Drehachse um 30 mm einwärts gegen die Schaufelspitze verschoben wird; der betr. Punkt ist in Fig. 217 auch mit I bezeichnet. Die Kurve II zeigt die Momente für die Verschiebung der Drehachse um 30 mm gegen auswärts, Punkt II der Fig. 217.

Nach Lage I (kürzere Schaufelspitze) hat die Schaufel bis nach $a_{(0)} = 20$ mm hin die Neigung von selber zu schließen, um dann plötzlich dem eigentlichen Abschließen einen immerhin nicht unbeträchtlichen Widerstand entgegenzusetzen, während bei der Stellung nach II schon von voller Leitschaufelöffnung ab dem Schließen ein immer stärker werdender Widerstand entgegentritt, der sich zuletzt zu ganz bedeutender Größe entwickelt. Wie sich diese Widerstände an dem äußeren Regulierhandrad zeigen, das hängt natürlich ganz von der Art der Übertragung des Drehmomentes auf den Regulierring usw. ab. Wir werden dies weiter unten zu verfolgen haben.

D. Wasserdrucke gegen die Seitenwände der Leiträder (Leitradkränze).

Je nach Anordnung der Turbinen werden die Leitradkränze Drucken von ganz verschiedener Größe und Richtung ausgesetzt sein.

Wir greifen der späteren Erläuterung der Aufstellungsarten von Turbinen vor und besprechen der Reihe nach:

Offene Turbine im Betriebe. Von außen her lastet auf den Kränzen eine Wasserdruckhöhe bis zum Oberwasserspiegel, Fig. 87. Zwischen den Kränzen werden die Druckhöhen, dem Abfall von h_e auf h_0 und h_1 entsprechend, gegen innen abnehmen wie unter A, S. 347 geschildert. Es bleibt ein resultierender äußerer Wasserdruck übrig, der die Kränze gegeneinanderpreßt.

Hierzu kommt noch die Belastung des Laufraddeckels durch Wasserdruck von oben (O. W.), durch Saughöhe von unten her (Aussparungen des Radbodens, U. W.), so daß der Deckel mit dem vollen Gefälle belastet ist. Die belastete Fläche ist mit dem Durchmesser D_1 in Rechnung zu stellen.

Diese beiden Druckbelastungen, Kranzdruck und Deckeldruck, stellen sich gerade so ein, wenn nur ein Leitradkranz von außen her mit Wasser bespült ist, Taf. 20 und 21, denn hier lastet das ganze Gefälle ebenso auf der Deckelseite oder auf dem Krümmer.

Offene Turbine im Stillstand. Wird der Turbinenschacht bei geschlossenen Leitschaufeln angefüllt, so ist der resultierende Kranzdruck Null und der Deckeldruck entspricht nur der Höhe bis zum O. W.

Wird die Turbine aus dem Betriebe heraus durch Schließen der Leitschaufeln abgestellt, so wird der resultierende Kranzdruck ebenfalls Null, aber der Deckeldruck wird durch das volle Gefälle geleistet, solange das Saugrohr gefüllt bleibt.

Geschlossene Turbine, Taf. 35, 36, im Betrieb. Zwischen den Kränzen herrschen die der Ermäßigung von h_e auf h_0 und h_1 entsprechenden Druckhöhen. Von außen her ruht kein Wasserdruck auf den Kränzen, der innere Kranzdruck sucht die Kränze voneinander zu entfernen.

Der Deckeldruck entspricht hier einfach der Saughöhe der Turbine, wirkt gleichgroß von der Deckel- und der Saugrohrseite her und ist bestrebt, die Leitradkränze gegeneinander zu pressen, er wirkt also dem inneren Kranzdruck entgegen.

Geschlossene Turbine im Stillstand. Wurde die Rohrleitung bei geschlossenen Leitschaufeln angefüllt, so tritt der innere Kranzdruck dem vollen h_e entsprechend auf, der Deckeldruck ist Null, hier also sind die Schaufelbolzen am meisten angestrengt.

Wenn die Turbine aus dem Betrieb heraus durch Schließen der Leitschaufeln abgestellt wird, so erreicht der innere Kranzdruck die Höhe h_e und der Deckeldruck entspricht der Saughöhe, die beiden Druckkräfte gleichen sich teilweise aus. Je nach den Druck- und Durchmesserverhältnissen werden die Leitradkränze gegen- oder auseinander gepreßt.

14. Die Reguliergetriebe der Fink'schen Drehschaufeln.

Wie schon S. 293 angedeutet, werden dem Wesen der Drehschaufelregulierung entsprechend alle Leitschaufeln rundum gleichmäßig bewegt. Dieses Drehen geschieht fast ausnahmslos unter Verwendung eines irgendwie zentrisch zur Turbinenachse gelagerten Ringes, des sog. Regulierringes, mit dem die einzelnen Schaufeln durch Kurbelschleife, Lenkstange oder ähnliche Konstruktionselemente in Verbindung stehen. Je nach dieser Verbindung und der übrigen Anordnung erhalten die Leitschaufeln selbst entsprechende Formen.

An allererster Stelle steht hier die Forderung der größtmöglichen Betriebssicherheit der Regulierung.

Die Verbindung zwischen Leitschaufel und Regulierung kann an sich auf sehr verschiedene Art erfolgen. Am einen oder anderen der beiden Teile ist ein Mitnehmzapfen erforderlich, gegen den sich der zweite Teil stützt, und weil naturgemäß Regulierring und Leitschaufel verschiedene Drehpunkte haben, so ist ein nachgebendes Konstruktionselement, Gleitstein oder Lenkstange, als Zwischenglied erforderlich.

Mögen diese Verbindungen hergestellt sein, wie sie wollen, immer ist dabei zu bedenken, daß wir es mit unreinem Wasser zu tun haben, das außer Schlamm und Sand auch Gras, Blätter, kleine Zweige, schließlich aber auch Holzstückchen, Teile von Faßreifen, kurz alles das mit sich in die Turbine führt, was eben den Rechen zu passieren vermag. So sehr wenig der Turbinenbau anfangs davon erbaut war, als im Interesse der Fischzucht enge Schutzrechen von 20—15 mm Lichtweite zwischen den Stäben von den Behörden vorgeschrieben wurden, so sehr lag dies ungewollt im eigenen Interesse der Turbinenbesitzer: Die früher häufigen Verstopfungen der Laufräder durch Fremdkörper haben fast vollständig aufgehört. Wir wären auch mit den früher gewohnt gewesenen Rechenweiten von 50—80 mm ganz außerstande, einen geordneten Betrieb mit Geschwindigkeitsreglern zu führen, Schaufel- und Getriebebrüche würden kein Ende nehmen.

Der enge Rechen schützt uns wohl vor den größeren, nicht aber vor den kleineren Schwimmkörpern, auch nicht vor den ausschleifenden Wirkungen von Sand und Schlamm. Wir haben deshalb alle Ursache, die gelenkige Verbindung zwischen Schaufel und Ring so sehr als nur möglich vor dem Eindringen kleiner Fremdkörper zu schützen und dabei für ausreichende, gute Auflageflächen, wenn irgend möglich auch für Schmierung zu sorgen.

Meist aber ist eine Schmierung der unter Wasser liegenden Teile außer bei völligem Auseinandernehmen ausgeschlossen; auch dieser Umstand mahnt zur Sorgfalt in Anordnung und Ausführung, zumal bei den Turbinen die für Reglerbetrieb gebaut werden, bei denen das Auf- und Zumachen, ein Hin und Her, nur zu selten ganz ruht.

So finden wir immer mehr das Bestreben, offen liegende gerade Gleitflächen zu vermeiden und lieber bei runden geschlossenen Drehflächen größere Mitnehmdrucke zuzulassen; die Lenkstange mit ihren beiden geschlossenen Zapfendrehflächen zeigt sich der Kurbelschleife überlegen, weil diese nur eine geschlossene Drehfläche, dazu eine offene Gleitfläche besitzt.

Das Bestreben, die beweglichen Teile der Regulierung so viel als nur möglich den Einflüssen des unreinen Betriebswassers zu entziehen, findet seinen Ausdruck in verschiedener Weise. Wir finden Anordnungen, bei denen die bewegten Getriebeteile zwar noch im Wasser liegen, dabei aber soviel als möglich verdeckt, eingeschlossen sind, so daß wenigstens die kleinen Schwimmkörper, Gras, Blätter usw., sich nicht anzusetzen vermögen. Vgl. Taf. 5 usw.

Schließlich entstehen Konstruktionen mit geschlossener Wasserführung (Spiralgehäuse), bei denen die Leitschaufeln mit ihren Drehzapfen fest verbunden sind. Jeder Drehzapfen ist durch eine Liderung aus dem Gehäuse nach außen hin verlängert, so daß die Getriebeteile selbständig für sich im Trocknen neben der Turbine angeordnet werden können, Taf. 40, 41, 42 Niagara-Turbinen, Voith, Taf. 45 und 46, Rüsch-Ganahl, Taf. 48 und 49, Nydqvist & Holm; die Schmierung und Wartung ist · dadurch ganz ungemein vervollkommnet, siehe auch Taf. 47.

Wir müssen uns immer mehr die Anschauung zu eigen machen, daß die Regulierorgane einer Turbine für bessere Ausführungen mit derselben Sorgfalt in Konstruktion und Wartung behandelt werden müssen, wie wir es bei der Dampfmaschine von jeher gewohnt sind.

A. Der Regulierring und seine Verbindung mit den Drehschaufeln.

1. Allgemeines.

Daß für den vorliegenden Zweck die Lenkstange, lang oder kurz, der Kurbelschleife stets vorzuziehen sein wird, wurde schon gesagt. Auch für billige Ausführungen (kleine Gefälle) sollte die letztere, als Gleitstein im Schlitze, heute keine Anwendung mehr finden.

Wir vermeiden ganz allgemein im Maschinenbau gerne die Anordnung feststehender Drehbolzen im Verein mit einem lose darauf sitzenden, sich drehenden Teil (leerlaufende Räder u. dgl.) und ziehen die Lagerungen vor, bei denen sich der Bolzen, an zwei Stellen in Lagern gefaßt, mitdreht. Hier müssen wir aus bestimmten Gründen fast immer von der letztgenannten Lagerungsweise Abstand nehmen und die Schaufeln sich leer um feststehende Bolzen drehen lassen.

Wir bedürfen zuverlässiger Konstruktionsteile, die uns die Lichtweite b_0 zwischen den gedrehten Leitkränzen sicher gewährleisten, damit sich die Leitschaufeln mit minimalem Spielraum ($^1/_2$ mm) dazwischen durch frei drehen können (siehe auch unten S. 379 u. a.). Dazu sind die Schaufeldrehbolzen vorzüglich geeignet, weil sie in keiner der verschiedenen Schaufelstellungen den Wasserquerschnitt beengen; die Drehfläche zwischen Schaufel und Bolzen ist vor Sand und Schmutz gut geschützt und kann vielfach sogar einigermaßen in Schmiere gehalten werden, vgl. S. 371.

Die Schaufelbolzen können nicht wohl über bestimmte Stärken hinaus vergrößert werden, 20 mm bei kleinen Turbinen bis schließlich 40—50 mm für sehr große Ausführungen, weil sonst die Schaufelkörper zu breit und massig, auch für die Wasserführung nicht mehr zweckmäßig ausfallen würden.

In manchen Fällen aber sind die Drehbolzen allein nicht ausreichend für die gegenseitige Stützung der Leitradkränze, und es haben dann andere Stützungen zwischen beiden Kränzen mit einzutreten.

Diese gegenseitigen Stützungen beider Leitradkränze unter sich sollten stets in Querschnittsformen gehalten sein, die dem zufließenden Wasser möglichst wenig Widerstand entgegensetzen, sie müssen senkrecht zur Fließrichtung schmal sein, schlank zulaufend, und in der Fließrichtung selbst lang gestreckt, dazu gekrümmt, wenn das Wasser gekrümmte Bahnen zurückzulegen hat; siehe Fig. 164 und 218 auch Taf. 36, 37, 41. Diese „Stützschaufeln" werden meist gleich in einem Gußstück mit den zu verbindenden Kränzen ausgeführt, was besonders für die Zusammenstellung der Maschine sehr angenehm ist, weil beide Kränze von Hause aus gegenseitig festgehalten und zentriert sind.

Manchmal überläßt der Konstrukteur jenen äußeren Abstützungen der Leitkränze die Einhaltung der Lichtweite vollständig, um die Schaufeln mit den Drehbolzen fest verbinden zu können. Siehe Taf. 41, 45, 48.

Wir werden uns natürlich auch hier schon immer von der Rücksicht leiten lassen, daß den Schmutzteilchen im Getriebe möglichst wenig stromlose stille Ecken dargeboten werden dürfen, in denen sie sich ansammeln können, und daß Teilchen, die sich dennoch absetzen, wenigstens die Gelegenheit behalten, bei Bewegungen im Reguliergetriebe sich loszulösen und sich durch ihre eigene Schwere wieder aus den Reibflächen zu entfernen. Der Schlitz für den Gleitstein im Regulierring mußte deshalb bei stehender Turbinenwelle gegen unten zu offen sein, der Regulierring hatte im oberen Kranz zu liegen, Fig. 221. Der Regulierring mit Gleitstein im unteren Kranz würde in seinen Schlitzen geradezu Sandfänge besessen haben.

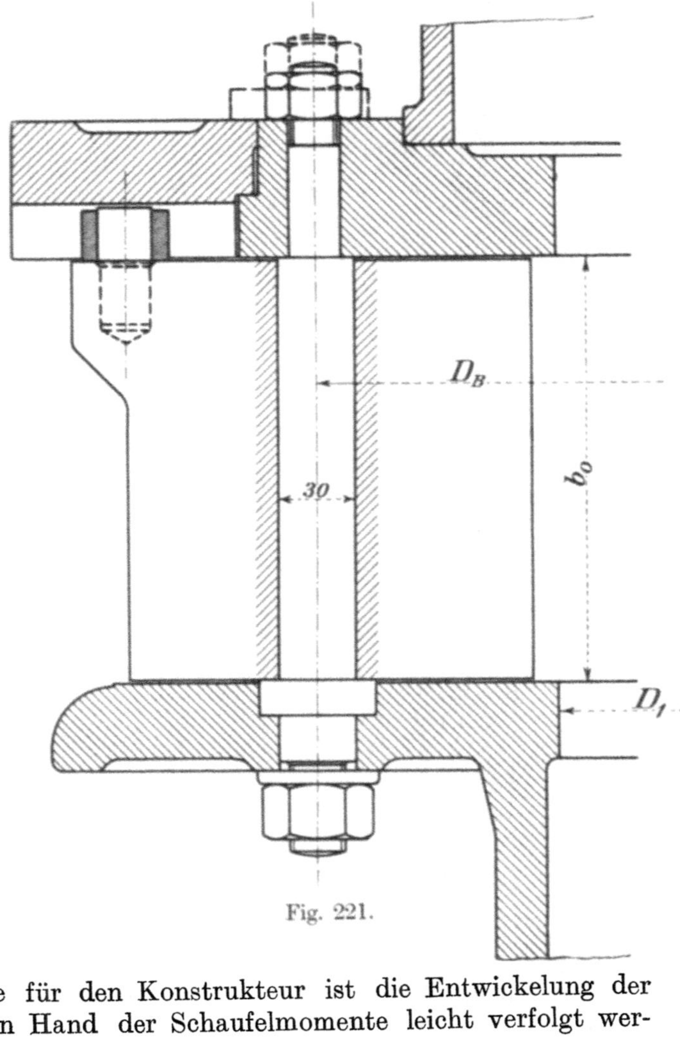

Fig. 221.

Der Ring wird, wenn oben liegend, auf einer Gleitfläche getragen, damit er nicht die Schaufeln belastet und durch einige oben aufgelegte Platten an unerwünschtem Hochgehen gehindert. Diese Platten werden zweckmäßig von je zwei benachbarten Schaufelbolzen gehalten, weil sie dadurch an Drehung gehindert sind.

Von besonderem Interesse für den Konstrukteur ist die Entwickelung der Regulierkräfte am Ring, die an Hand der Schaufelmomente leicht verfolgt werden kann.

Wir nehmen für die weitere Grundlage unserer Betrachtungen das Beispiel der Schaufeln der Turbine „B", S. 176, deren Momente wir schon kennen.

2. Schaufel um feststehenden Bolzen drehbar, Verbindung von Schaufel und Regulierring durch kurze Lenkstange (Strecklage).

Die Anwendung von Lenkstangen hat, wie schon erwähnt, gegenüber der Kurbelschleife den Vorzug, daß die beiden Reibungsstellen sich vollständig umschließen, daß sie deshalb eine etwaige Schmiere besser halten, daß das Eindringen von Sand und Schlamm fast vollständig vermieden ist.

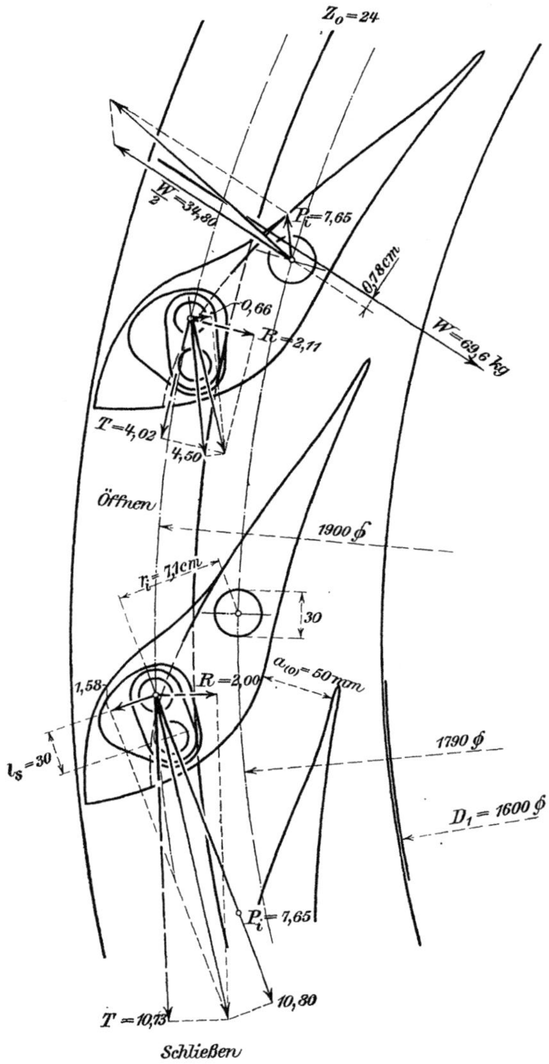

Fig. 222.

Die kurze Lenkstange hat ferner die angenehme Eigenschaft, daß sie sich leicht in gegen oben ganz geschlossenem Raume, einer Aussparung der Schaufel oder des Regulierringes usw. unterbringen läßt, so daß sie ganz verdeckt liegt und dadurch auch vor Klemmungen durch Blätter, kleine Zweige usw. auf einfachste Art schützt werden kann. Die Anordnung ist natürlich auch hier so zu treffen, daß etwaige Sandablagerung in dem Lenkstangenraum vermieden ist, bzw. daß sich der letztere stets gegen abwärts öffnet.

Nehmen wir an, die Verbindung zwischen Leitschaufelkörper und Regulierring sei wie in Fig. 222 ausgeführt.

Aus den Betrachtungen S. 353 u. f. sind die in Fig. 220 eingetragenen Gesamtmomente erhalten worden, wie sie der Wasserdruck an der Schaufel selbst entwickelt, und für die gezeichnete Schaufelstellung, $a_{(0)} = 50$ mm, kann dann aus der Lage und Richtung des Lenkstängchens der ideelle Druck P_i bestimmt werden, den dieses, wenn keine Zapfenreibung vorhanden wäre, vom Regulierring aus zu übertragen hat. Für $a_{(0)} =$ 50 mm folgt aus dem resultierenden Drehmoment von (auf) 54,3 cmkg, S. 354, und dem Momentradius des Lenkstängchens von 7,1 cm, Fig. 222, der ideelle Lenkstangendruck $P_i = \frac{54,3}{7,1} = 7,65$ kg.

Die reibungerzeugende Belastung des Schaufeldrehbolzens ergibt sich aus zwei Kräften, nämlich aus der am Schaufeldrehbolzen auftretenden Gegenkraft von 7,65 kg und aus der Gegenkraft der Resultierenden W sämtlicher Wasserdruckkräfte für die betreffende Schaufelöffnung, die hier 69,6 kg beträgt und die die in Fig. 222 ebenfalls eingezeichnete Lage und Richtung besitzt.

Die tatsächlich für das Drehen der Regulierschaufel aufzuwendende Kraft am Mitnehmstift setzt sich dann zusammen gemäß dem gesamten Wasserdruckmoment von (auf) 54,3 cmkg zuzüglich des zwischen Schaufelkörper und Schaufelbolzen auftretenden Reibungsmomentes.

Schaufelbolzenbelastung.

Liegt der Regulierring in der Mitte von b_0, wie dies aus konstruktiven Rücksichten beispielsweise bei sehr hohen Schaufeln einmal kommen kann (vgl. Taf. 50), so wird die Bolzenbelastung einfach als Resultierende aus der Wasserdruckresultierenden W und der in der Mitte von b_0 gelegenen Kraft P_i am Mitnehmstift bestimmt sein. Je nach Lage der Kräfte kann diese resultierende Bolzenlast kleiner oder auch größer ausfallen als die Wasserdruckresultierende allein.

In unserem Fall haben wir, wie fast immer, die einseitige Lage des Regulierringes, also einseitigen Angriff der Kraft am Mitnehmstift in Rechnung zu ziehen, wodurch sich die Verteilung der reibungerzeugenden Drucke am Schaufelbolzen anders gestaltet. Wir sind alsdann nicht berechtigt, als Belastung des Schaufelbolzens ohne weiteres die Resultierende aus beispielsweise $P_i = 7{,}65$ und 69,6 zu nehmen; nicht weit vom Richtigen aber werden wir sein, wenn wir am einen (unteren) Schaufelende die Resultierende aus dem halben Wasserdruck, $\frac{69{,}6}{2} = 34{,}8$ kg, und dem ideellen Mitnehmdruck $P_i = 7{,}65$ als vorhanden und als reibungerzeugend annehmen, während am oberen Schaufelende einfach $\frac{69{,}6}{2} = 34{,}8$ kg reibungerzeugend tätig sind. Die Schaufel wird eben auf ihrem Drehbolzen ecken. Die Resultierende von 7,65 und 34,8 kg bestimmt sich zeichnerisch, Fig. 222, zu 40,0 kg. Wir haben also ein der Bewegung am Schaufelbolzen von 30 mm Durchmesser widerstehendes Reibungsmoment, mit 0,2 Reibungskoeffizient, S. 354, von insgesamt

$$40{,}0 \cdot 0{,}2 \cdot 1{,}5 + 34{,}8 \cdot 0{,}2 \cdot 1{,}5 = 22{,}4 \text{ cmkg}$$

zu überwinden, und zwar einerlei ob die Schaufel von 50 mm Weite aus geschlossen oder geöffnet werden soll. Von hier ab ist aber in der Rechnung zu beachten, ob es sich um Schließen oder Öffnen handelt.

Schließen von 50 mm aus.

Die Schaufel selbst besitzt ein Gesamtmoment aus Wasserdrücken von (auf) 54,3 cmkg, sie würde sich, sofern kein Widerstand da wäre, überhaupt von selbst bis auf eine bestimmte Strecke öffnen. Das Zapfenreibungsmoment widersteht dieser Bewegung, mithin muß die Schaufel mit einem Gesamtmoment von

$$54{,}3 + 22{,}4 = 76{,}7 \text{ cmkg}$$

gedreht werden, damit sie sich schließen kann, und daraus folgt ein Lenkstangendruck gegen den Mitnehmstift von

$$P = \frac{76{,}7}{7{,}1} = 10{,}8 \text{ kg}$$

gegenüber $P_i = 7{,}65$ kg. Der Einfluß dieser Veränderung auf die Reibungsverhältnisse am Schaufelbolzen selbst soll nicht weiter beachtet werden.

Wir kommen zur Berücksichtigung der Reibungswiderstände in beiden Stiften, die durch die Lenkstange verbunden sind. Der Lenkstangendruck P erzeugt an jedem der beiden Stifte eine Reibungskraft im Betrag $P \cdot \mu$. Bei der Drehung bilden diese ein widerstehendes Reibungsmoment von je $P \cdot \mu \cdot \frac{d_s}{2}$, wenn d_s hier den Stiftdurchmesser bezeichnet. Die Drehung muß erzwungen werden durch eine Kraftäußerung des Mitnehmstiftes, die sich bei einer Länge l_s des Stängchens

$$2 \cdot P \cdot \mu \frac{d_s}{2} \cdot \frac{1}{l_s} = P \cdot \mu \frac{d_s}{l_s}$$

berechnet und im Stiftmittelpunkt, senkrecht zu l_s, angreifen wird. Die durch diese Kraft verursachte Zapfenreibung zweiter Ordnung lassen wir unbeachtet.

Wir erhalten diese den Reibungswiderständen entsprechende Kraft in unserem Fall, bei $d_s = 22$ mm und $l_s = 30$ mm zu

$$10{,}8 \cdot 0{,}2 \frac{22}{30} = 1{,}58 \text{ kg}.$$

Aus dieser und aus $P = 10{,}8$ kg bildet sich die Resultierende, die durch den Mitnehmstift des Regulierringes zu leisten ist, im zeichnerisch ermittelten Betrag von 10,9 kg.

Diese Resultierende von 10,9 kg ist nach Lage und Größe vom Regulierring aufzunehmen, und zwar bei jeder einzelnen Schaufel natürlich aufs neue. Wir zerlegen diese 10,9 kg in eine radiale Komponente, R, und eine tangentiale, T, und erhalten $R = \sim 2{,}00$ kg und $T = \sim 10{,}73$ kg, d. h. wir bedürfen einer äußeren Tangentialkraft von 10,73 kg pro Schaufel, um das Schließen von $a_{(0)} = 50$ mm ab zu erzwingen.

Öffnen von 50 mm aus.

Die Schaufel ist bestrebt, sich selbst zu öffnen, Fig. 220, wobei die Zapfenreibungen diesem Bestreben entgegenwirken. Wir erhalten deshalb ein von außen zu leistendes, der Drehung widerstrebendes Moment von

$$54{,}3 - 22{,}4 = 31{,}9 \text{ cmkg}$$

und daraus den das Öffnen verhindernden, notwendigen Lenkstangendruck

$$P = \frac{31{,}9}{7{,}1} = 4{,}50 \text{ kg}.$$

Aus diesem Wert von P berechnet sich die Reibungskraft im Lenkstangenbolzenumfang zu

$$4{,}50 \cdot 0{,}2 \frac{22}{30} = 0{,}66 \text{ kg}.$$

Diesmal entgegengesetzt zu vorher gerichtet und aus beiden Kräften findet sich auch wieder zeichnerisch, Fig. 222 oben, die Resultierende, die der Mitnehmstift des Regulierringes auszuhalten hat, und die wieder in eine Radialkomponente $R = 2{,}11$ kg und eine Tangentialkomponente $T = 4{,}02$ kg zerlegt werden kann.

Die Radialkomponenten kommen für die Regulierbewegung nicht weiter in Betracht, sie beanspruchen den Regulierring je nach Richtung auf Druck oder Zug usw., heben sich aber, weil rundum gleichmäßig verteilt, auf, Fig. 223, geben also bei genügend widerstandsfähigem Regulierring auch keine Gelegenheit zum Auftreten weiterer Reibungswiderstände.

Die Tangentialkomponenten aber addieren sich in ihren Drehmomenten, vgl. Fig. 223, und beanspruchen zur Herbeiführung des Gleichgewichts, bzw. zum Festhalten des Regulierringes, ein an diesem dem Selbstschließen entgegenwirkendes Drehmoment von ziemlichem Betrage.

Da 24 Schaufeln vorhanden sind, so ist bei 50 mm Schaufelöffnung für das Schließen eine Umfangskraft von insgesamt $z_0 \cdot T = 24 \cdot 10{,}73 = 257{,}5$ kg aufzuwenden, dem Selbstöffnen aber sind am Regulierring $24 \cdot 4{,}02 = 96{,}5$ kg entgegenzusetzen.

Für jede andere Öffnung $a_{(0)}$ kann in ganz gleicher Weise mit der Bestimmung der Kräfte vorgegangen werden, wie dies Fig. 224 noch für $a_0 = 70$ mm erläutert.

Führt man diese Bestimmung durch, so lassen sich die Ergebnisse schließlich zeichnerisch zusammenfassen, wie dies Fig. 225 nach den $a_{(0)}$ geordnet für **eine** Schaufel zeigt. Hier sind die für das Schließen von außen her auf den Regulierring zu leistenden Tangentialkräfte T größer als die vom Reguliergetriebe abzufangenden Tangentialkräfte für das Öffnen von voller Leitschaufelweite aus.

Für die Beurteilung der Verhältnisse des **Reguliergetriebes** aber ist die Darstellung nach Fig. 225 nicht geeignet, denn bei diesem ist nicht die Schaufelweite, sondern der Regulierweg des Ringes für die Übersetzungen in erster Stelle von Bedeutung, der Weg,

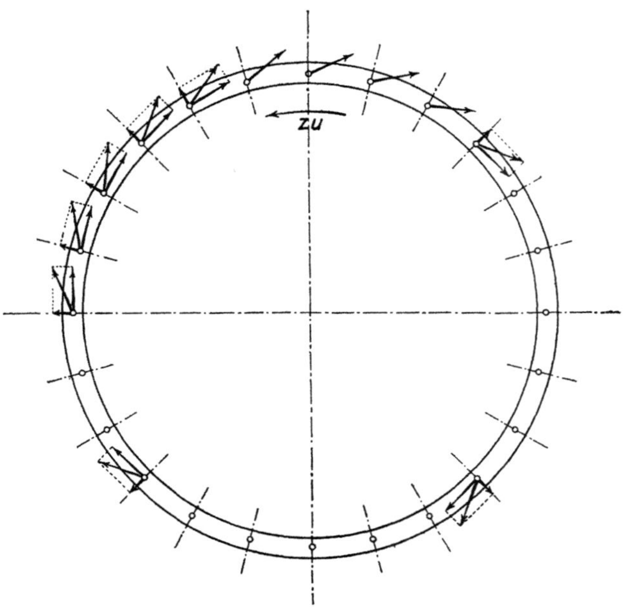

Fig. 223.

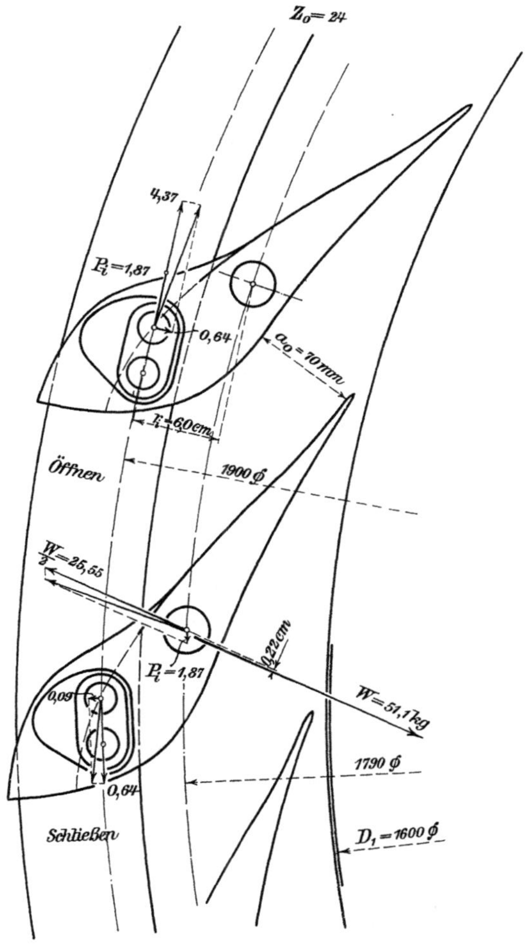

Fig. 224.

den der Regulierring von einer Schaufelstellung bis zu einer anderen Stellung zurückzulegen hat.

Der Regulierweg von „auf" bis „zu" heißt Schlußweg.

Wir können uns aus dem Mechanismus der Lenkstangenverbindung die Regulierwege, die der Ring zwischen den einzelnen Schaufelstellungen $a_{(0)}$ zurücklegen wird, ermitteln und so auch den Schlußweg des Ringes bestimmen.

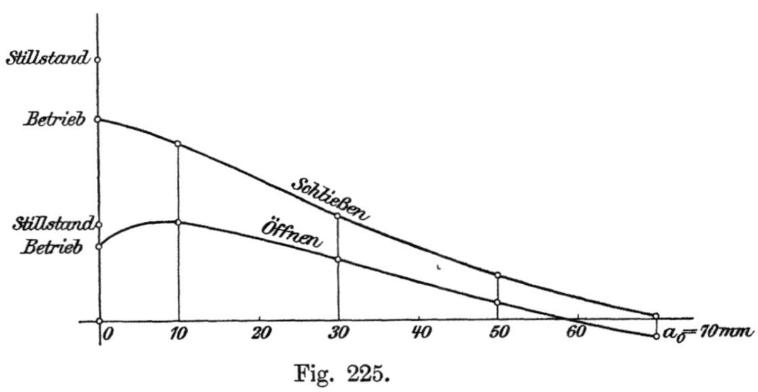

Fig. 225.

Wir tragen dann die Tangentialkräfte T nach Leitschaufelöffnungen und nach Regulierwegen geordnet an und erhalten dadurch die Darstellung, Fig. 226, aus der wir für jede Stellung des Regulierringes die gerade erforderliche von außen zuzuleitende oder die allenfalls von außen gegenzuhaltende Tangentialkraft ersehen können. Die —·—·—·—-Kurve zeigt die Schaufelweiten, wie sie den einzelnen Stellungen des Regulierringes entsprechen.

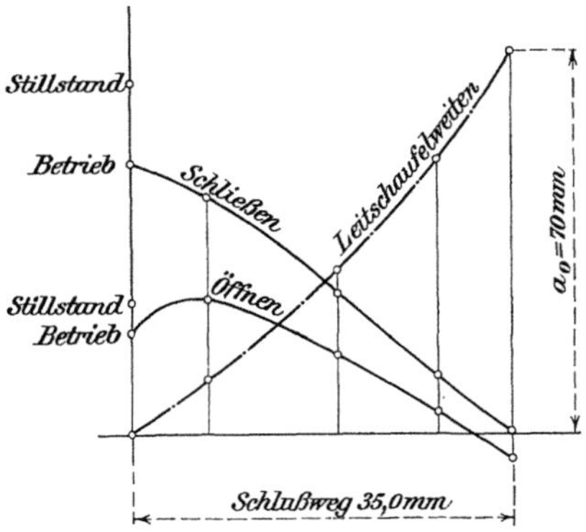

Fig. 226.

Da die Ordinaten der Fig. 226 die Kräfte, die Abszissen die Wege darstellen, so haben wir in den Flächen zwischen der Abszissenachse und der betr. Kurve die Darstellung der beim Bewegen der Schaufeln zu leistenden Regulierarbeit, die je nach Umständen positiv oder negativ sein wird.

Wenn hier von Regulierwegen die Rede ist, so müssen diese für den Regulierring auf einen bestimmten gleichbleibenden Durchmesser bezogen werden, zweckmäßig den Durchmesser des Kreises, in dem die Mitnehmstifte sitzen.

Nun zeigt Fig. 220 mit kleiner werdenden $a_{(0)}$ ein starkes Anwachsen der an der Schaufel selbst zu leistenden Drehmomente. Eine Verlegung des Schaufeldrehpunktes, etwa nach II der Fig. 217 und 219, würde, wie Fig. 220 erkennen läßt, nur insgesamt eine Vergrößerung der Drehmomente bringen, wogegen eine solche nach I zwar das gewünschte kleinere Schlußmoment herbeiführt, aber unter Umdrehen der Richtung für die Momente bei großen Schaufelöffnungen. Dieser Richtungswechsel geht im allgemeinen auch auf die Tangentialkräfte des Regulierringes über, er ist für mechanische Geschwindigkeitsregler, sofern diese, wie schon erwähnt, selbsthemmende Getriebe haben, nicht nur ohne Belang, sondern eben der Verkleinerung der Momente wegen erwünscht, er würde sich aber bei hydraulischen Reglern als Druckwechsel des Kolbens unter Umständen recht unangenehm fühlbar machen.

So kommt es, daß für den mechanischen Regler, leichteren Getriebes halber, die Drehmomente nach Drehpunkt I trotz des Vorzeichenwechsels vorzuziehen sind, daß aber der hydraulische Regler den Drehzapfen der Schaufel wie gezeichnet zwischen I und II verlangt und immer noch besser, weil sicherer, mit II als mit zu naher Lage nach I hin arbeiten wird.

Dem Wunsche nach Ermäßigung des hohen Schlußmomentes für das Reguliergetriebe im allgemeinen kommt die kurze Lenkstange sehr zustatten, denn diese Anordnung hat die Eigenschaft, daß sich die Übersetzung zwischen Mitnehmstift und Regulierring bei der Schlußbewegung in wesentlich höherem Maße ändert, als dies bei der Kurbelschleife der Fall war, und wir haben das Maß dieser Änderung in gewissen Grenzen zu unserer freien Verfügung.

Wir können überall im Maschinenbau sozusagen zwei verschiedene Anwendungen des Kurbel- und Lenkstangengetriebes nachweisen. Ein Beispiel wird dies am einfachsten erläutern.

Bei der Dampfmaschine können wir von treibender Lenkstange und getriebener Kurbel reden, die Strecklage bildet zwei Totpunkte und für den ungestörten Betrieb muß die Bewegung in beiden Totpunkten durch Schwungmassen, also durch außerhalb des Getriebes liegende Kraftwirkungen herbeigeführt werden.

Bei der Kolbenpumpe, Lochstanze usw. finden wir die treibende Kurbel und die getriebene Lenkstange mit Kreuzkopf. Die Strecklagen sind hier absolut beweglich, denn in beiden Strecklagen der treibenden Kurbel ist, von Reibung usw. abgesehen, ein äußeres Drehmoment Null erforderlich, um die Maschine in diesen Punkten in Bewegung zu erhalten, Schwungmassen sind des Antriebes durch die Kurbel wegen entbehrlich; sie finden sich zwar meist als notwendige Kraftspeicher für den von der Maschine auszuführenden Arbeitsprozeß, und nicht aber aus Gründen der Beweglichkeit in den Strecklagen.

Diese treibende Kurbel mit getriebener Lenkstange ist die Anordnung, wie sie für unsere Zwecke vielfältig von Wert ist. Freilich sind die Abmessungen etwas verschoben, wie Fig. 227 erkennen läßt. In dieser ist oben links die gewöhnliche treibende Kurbel in einer Zwischenstellung, rechts in Strecklage gezeichnet. Bei unseren Regulierungsgetrieben, Fig. 227 unten, bildet der Kreis, in dem die Mitnehmstifte des Regulierringes sitzen, den Kurbelkreis, die Lenkstange geht vom Mitnehmstift des Regulierringes zu dem an der Schaufel sitzenden Mitnehmstift, sie bewegt sich nicht in einer geraden Linie (Kreuzkopf), sondern in dem durch den Mitnehmradius gegebenen Kreisbogen.

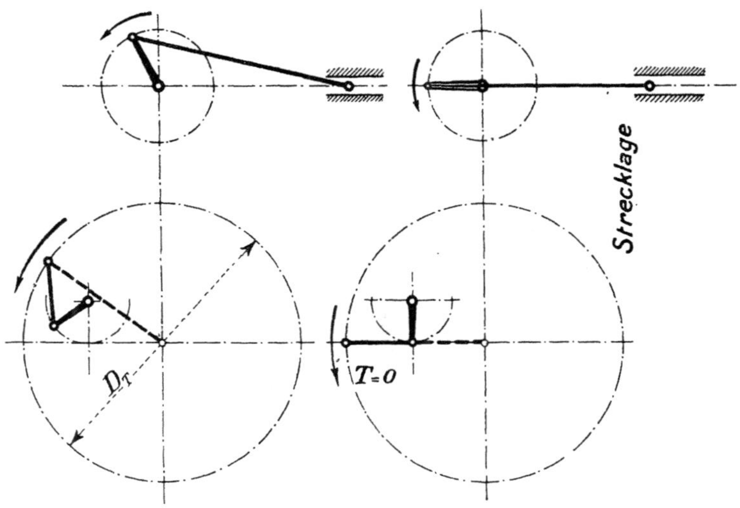

Fig. 227.

Für die obere oder die untere Darstellung aber bringt die Strecklage den Bedarf an äußerem Drehmoment, an äußerer Tangentialkraft T im Werte Null.

Wenn wir also derart vorgehen, daß die Lenkstange in einer Endlage der Schaufel, sei es „auf" oder „zu", radial steht, so ist dadurch die Strecklage gegeben, und für diese Schaufelstellung benötigen wir am Regulierring ideell die Tangentialkraft Null.

Solange der Regulierring als Teil des Leitkranzes ausgebildet ist und in allen den Fällen, wo das Schlußmoment wesentlich größer ist als dasjenige bei voller Öffnung, liegt es in der Natur der Dinge, daß die Strecklage des Lenkstängchens nur mit der Stellung „zu" in Verbindung gebracht werden kann. Dabei ist ein Umstand nicht außer acht zu lassen.

Wir selbst wollen die Öffnung $a_{(0)}$ nach Möglichkeit genau einstellen oder durch den Regler genau einstellen lassen und dafür ist uns ein möglichst großer Weg des Regulierringes erwünscht, weil bei einem solchen die Ungenauigkeiten, die durch toten Gang u. dgl. verursacht werden, viel weniger in Betracht kommen. Durch entsprechende Längenbemessungen kann dem Rechnung getragen werden.

Die Fig. 228 zeigt die Anordnung derart, daß die Strecklage bei „zu" noch nicht ganz erreicht ist und demgemäß ist die Ermittelung der erforderlichen Tangentialkräfte am Ring durchgeführt. Man kommt zu dieser Ausführung durch Rücksichtnahme auf etwaige Ausführungsfehler; solange die Strecklage noch nicht erreicht ist, hat man in dem Weg bis zu dieser hin noch eine gewisse Reserve.

In der Nähe der Strecklage nehmen natürlich die vom Regulierring aufzunehmenden Radialkomponenten R ganz wesentlich an Größe zu.

Durch die Annäherung an die Strecklage für $a_{(0)} = 0$ werden die Tangentialkräfte für $a_{(0)} = 0$ klein, bei Verwendung der Strecklage selbst gehen die Tangentialkräfte, abgesehen von Reibungswiderständen, durch Null. Auf jeden Fall gibt uns die Nähe der Strecklage bei $a_{(0)} = 0$ das Mittel an die Hand, mit dem wir die sehr hohen Beanspruchungen des Reguliergetriebes für völliges Schließen der Turbine bedeutend zu ermäßigen in der Lage sind.

Die Fig. 225 und 226 zeigen die Verhältnisse der Tangentialkräfte, wenn die angenäherte Strecklage für $a_{(0)} = 0$ angenommen wird.

Der Schlußweg beläuft sich hier auf 35 mm und die Darstellung der Tangentialkräfte in Beziehung auf den Regulierweg, sowie das Verhältnis zwischen

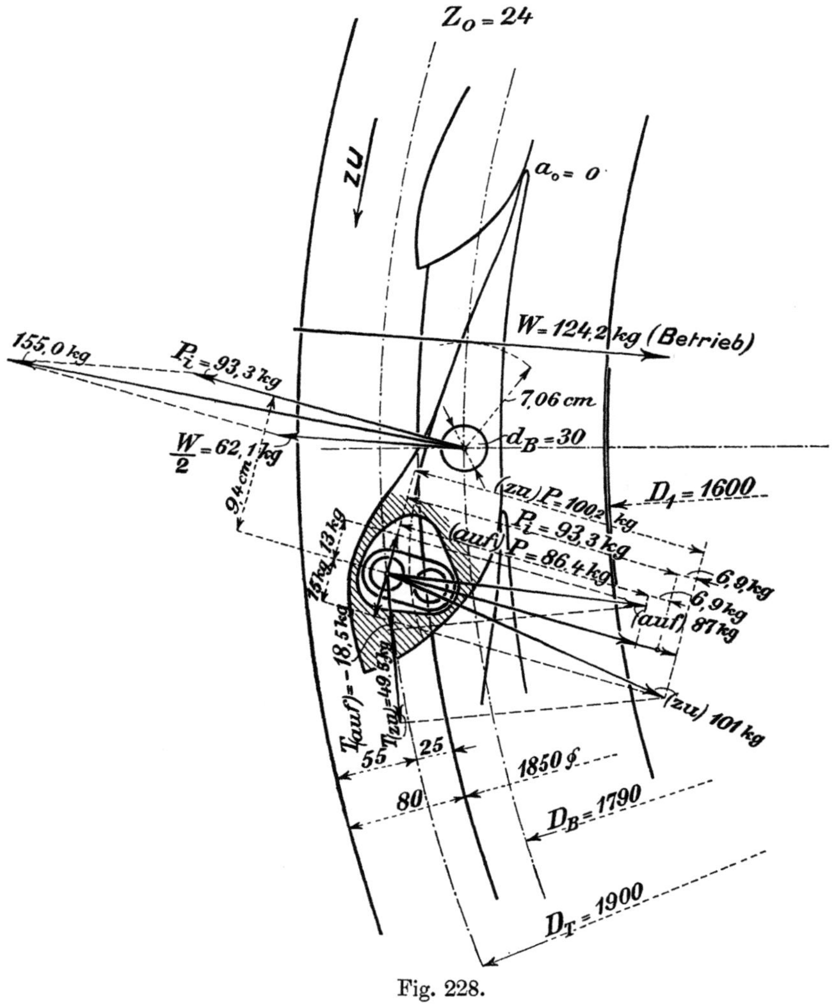

Fig. 228.

diesem und den Schaufelweiten ist in Fig. 226 gegeben. Wenn die Strecklage tatsächlich für $a_{(0)} = 0$ eingerichtet wird, so wird diese Anordnung doch erst unmittelbar in $a_{(0)} = 0$ die erwünschte Ermäßigung sicher veranlassen, bei ganz kleinen Schaufelweiten aber werden immer noch ziemlich große Kräfte erforderlich bleiben, so daß es also nur wenig Sinn hat, die vollständige Strecklage zu sehr zu betonen.

Ein selbsttätiger Regler muß imstande sein, den größtvorkommenden Regulierwiderstand zu überwinden. Seine Arbeitsfähigkeit wird deshalb diesem größten Widerstande zu entsprechen haben, trotzdem dieselbe in allen anderen Regulierstellungen nicht völlig ausgenützt wird.

3. Schaufel um feststehenden Bolzen drehbar, lange Lenkstange.

Wir finden diese Anordnungen in manchen deutschen Ausführungen (siehe Taf. 14 und 15), während sie bei amerikanischen Konstruktionen häufig sind. Das ganze Lenkstangengetriebe sitzt dann naturgemäß auf der Deckelseite des Laufrades und ist durch eine besondere Abdeckung gegen Fremdkörper geschützt. Der Regulierring ist im Durchmesser wesentlich verkleinert und dreht sich um die gegen innen verlängerte Nabe des Laufraddeckels.

Die Annehmlichkeiten dieser Anordnung bestehen darin, daß das Zusammenpassen der Leitschaufeln auf richtige Weite und gleichmäßigen Abschluß durch die langen, event. etwas gebogenen Lenkstangen sehr erleichtert wird, daß auch der Antrieb des allseitig zentrisch gehaltenen Regulierringes durch nur eine Welle sehr gut ausgeführt werden kann, auch ist man in der Formgebung für den Leitschaufelkörper freier.

Weniger angenehm wäre, wenn sämtliche Lenkstangen erst entfernt werden müßten, wenn das Laufrad zur Untersuchung herausgenommen werden soll, doch kommt derartiges hier nicht in Frage. Die Taf. 14 usw. abgebildete Einrichtung ist nämlich derart getroffen, daß jede einzelne Leitschaufel unabhängig von den anderen sehr leicht herausgenommen werden kann. Auf diese Weise kann das Nachsehen des Laufrades durch die Lücke geschehen, die beim Herausnehmen einer oder mehrerer Leitschaufeln entsteht; die Stangen, die die Leitkränze versteifen, bleiben dabei unberührt am Platze. Ist außerdem, wie in Taf. 14 und 15, die Einrichtung so getroffen, daß die Lenkstangen leicht und rasch entfernt und eingeführt werden können und daß auch bei herausgenommenem Laufrad das ganze Reguliergetriebe rasch wieder zur Kontrolle zusammengesteckt werden kann, so ist die Anordnung auch vom Standpunkt des Betriebes aus gerechtfertigt. Für das etwaige Herausnehmen des Laufrades bleibt es aber doch am bequemsten, wenn an der Regulierung überhaupt nichts abgebaut werden muß.

Die Bestimmung der Regulierkräfte geht ganz in der Weise vor sich, wie unter „2" geschildert. Eine Ausnützung der Strecklage zwischen Lenkstange und Kurbel ist hier, weil der Mitnehmstift der Schaufel stets am äußeren Teile des Schaufelkörpers angebracht sein wird, nur für die Stellung „auf" zu erreichen. Weil aber die Stellung „zu" die größeren Tangentialkräfte bringt, kommt die Strecklage hier nicht ernstlich in Betracht.

4. Schaufel mit dem Drehbolzen fest verbunden, äußere Kurbel mit Lenkstange (Strecklage oder tangential).

Diese Anordnung findet sich bei geschlossenen Turbinen in allen den Fällen, wo der Konstrukteur Wert darauf legt, daß das ganze Reguliergetriebe sich außerhalb des Wassers befinden soll, weil dies die Schmierung und gute Wartung während des Betriebes ermöglicht. Vgl. Taf. 41 bis 49.

Die Ausführung der Leitschaufel in einem Stück mit dem Schaufelbolzen (Stahlguß) hat manches für sich. Wir sind in der Formgebung der Schaufel freier als sonst, können den Drehpunkt auch allenfalls aus der Mittelrichtung des Schaufelkörpers ohne Bedenken herausrücken, wenn erforderlich. Dagegen erwächst die Aufgabe, die beiden Leitradkränze wirksam anderweitig gegenseitig zu versteifen, weil dies hier von den Schaufelbolzen nicht mehr geleistet werden kann, Taf. 41 und 48, auch Taf. 36, 37.

Jeder Schaufelzapfen muß wenigstens auf einer Seite durch eine Liderung gegen außen treten, um hier die Kurbel aufgesteckt zu erhalten. Die Lagerstellen des Schaufelzapfens können gut in Schmiere (Stauffer) gehalten werden, ebenso auch die Führungen des Regulierringes und dessen Antrieb.

---

a) Strecklage, angenähert oder vollständig. Die Bestimmung der Regulierkräfte ist wie bei „2" auszuführen. Ein Vorzug der Anordnung gegenüber „2“ ist darin begründet, daß die Länge der Kurbel in viel weiteren Grenzen frei wählbar ist. Große Kurbelhalbmesser ergeben kleinere Tangentialkräfte und größeren Schlußweg, was nur erwünscht ist.

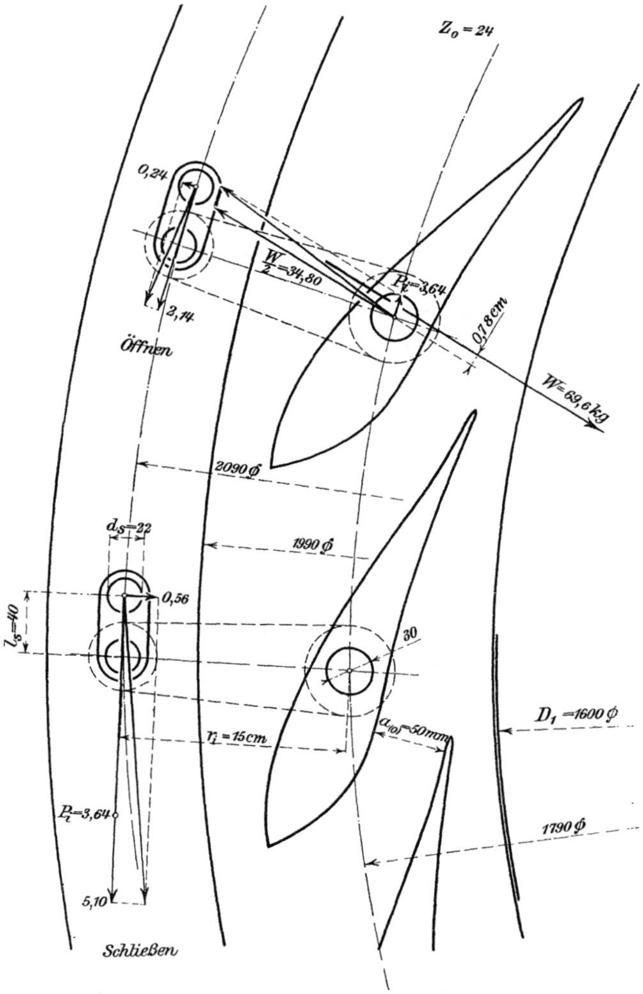

Fig. 229.

b) Lenkstangen tangential. Die Fig. 229 zeigt die Verhältnisse für $a_{(0)} = 50$ mm, die hinsichtlich der Berücksichtigung der Reibungsverhältnisse ganz wie unter „2“ durchgeführt sind. Da hier der Kurbelarm meist so aufgesteckt wird, daß er um die radiale Stellung gleichweit nach beiden Seiten ausschlägt, so besteht hier keine veränderliche Übersetzung zwischen Schaufel und Regulierring, und es kommt das an der Schaufel erforderliche Drehmoment fast ohne Änderung in den Größenverhältnissen der Tangentialkräfte zur Erscheinung, Fig. 230 nach $a_{(0)}$, Fig. 231 nach dem Regulierweg geordnet.

Infolgedessen ist, wegen des angenommenen großen Mitnehmkurbelradius von 150 mm bei Vollöffnung die Tangentialkraft nur $T = 0{,}27$ kg, d. h. sie ist kleiner als bei irgendeiner der seitherigen Konstruktionen, sie steigt aber für $a_0 = 0$ dafür um so höher, auf $T = 62$ kg beim Betrieb und 79,5 kg im Stillstand der Turbine. Diese letzteren Zahlen sind ganz ungemein hoch gegenüber derjenigen der vollen Öffnung.

c) Ganz dünne Leitschaufelkörper. Wenn die Leitschaufeln vollständig nach Evolventen verlaufen, wie dies Fig. 218, auch Fig. 243 zeigt, so ist die Ermittlung der Wasserdruckresultierenden W und ihres Momentes sehr einfach. Die

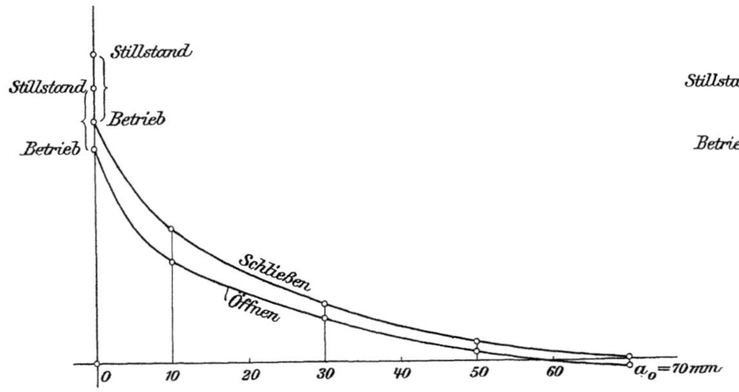

Fig. 230.

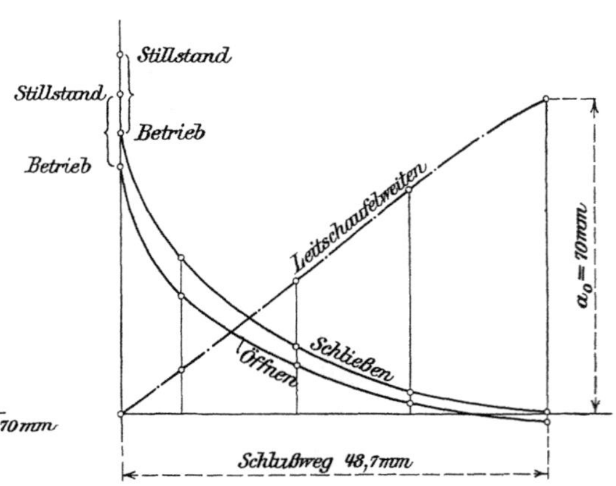

Fig. 231.

gleichweiten Schaufelzellen haben vom Beginn an schon die Wassergeschwindigkeit w_0, sie weisen also keine Unterschiede in den Wasserdruckhöhen auf, soweit der Leitkanal reicht. Außerhalb derselben muß auch schon fast genau w_0 vorhanden sein. Wir sehen, daß hier die Wasserdruckhöhen rund um den Schaufelkörper fast gleich groß sind, daß also die Schaufel keiner, irgend beträchtlichen, nach außen wirksamen, resultierenden Wasserdruckkraft ausgesetzt ist, die Leitschaufel befindet sich in jeder Lage in ungefährem Gleichgewicht.

Die Frage ist berechtigt, warum diese für die Bewegung so sehr geeignete Schaufelform verhältnismäßig weniger Eingang im Turbinenbau gefunden hat, als die Keulenform. Der Grund liegt in der Eigenschaft, daß eben schon vor dem Beginn des Schaufelkanales die Geschwindigkeit w_0 vorhanden sein sollte.

Im offenen Wasserkasten dürfte dieser Umstand leicht zu störenden Wirbelungen führen, weil die freien Wasserfäden plötzlich die Größe und Richtung von w_0 annehmen müssen. In einem Spiralgehäuse ist eher der Ort für solche Schaufeln, doch ist auch hier noch Vorsicht geboten, siehe weiter unten.

5. Konstruktive Notizen.

Die Ausbauchung, die am unteren Ende des Schaufelkörpers durch das Anbringen der Lenkstängchen und deren Überdeckung erforderlich wird, Taf. 5, ändert natürlich auch in einigem Maße die Verteilung der Geschwindigkeiten an dieser Stelle und deshalb auch der Drucke am unteren Anfang des Schaufelraumes. Doch kann dies für kleinere Gefälle und geringes Heraustreten der Ausbauchung aus dem Schaufelkörper schon vernachlässigt werden. Auf jeden Fall aber sollte die Form der Ausbauchung, schlanker Übergang, derart sein, daß störende Wirbelungen der Wasserfäden um dieselbe herum nach Möglichkeit vermieden werden.

Bei hohen Gefällen sind die Geschwindigkeiten an der Eintrittsstelle 5, Fig. 217, S. 348, schon so bedeutend, daß dort jegliche Störung der Wasserfäden durch solche Hervorragungen nicht nur Effektverluste mit sich bringt, sondern daß dadurch dem Wasser eine drehende Bewegung (Drall) gegeben wird derart, daß oft in kurzer Zeit Anfressungen an Leit- und Laufrad auftreten können, die zu baldiger Zerstörung der betreffenden Teile führen.

Bei hohen Gefällen (Spiralturbinen) sollten deshalb überhaupt keine einseitigen Hervorragungen an den Leitschaufelkörpern vorhanden sein, der Angriff des Reguliernges hat sich in Aussparungen des Schaufelkörpers oder des Regulierringes zu betätigen, die vom Leitradkranz und Regulierring oder vom Schaufelkörper abgedeckt werden. — Jede Unregelmäßigkeit in der Wasserführung bildet bei hohen Gefällen Wirbelungen, deren ausfressende Wirkung erst an ziemlich entfernter Stelle[1]) zum Ausdruck kommt. Die Leitschaufelkörper sollten deshalb für hohe Gefälle immer eine rein prismatische Gestalt und Oberfläche besitzen.

Wir müssen das Reguliergetriebe, wie schon gesagt, stets so stark bauen, daß es der größten Spannung widersteht, die eintreten kann, und so sehen wir uns beispielsweise im letzten Fall, S. 368, vor der Notwendigkeit, des vollständigen Schließens halber das Getriebe für $z_0 \cdot T = 24 \cdot 79{,}5 = \sim 1910$ kg Tangentialkraft einrichten zu müssen, obgleich im übrigen der ganze Schlußweg viel geringere Kräfte aufweist.

In vielen Fällen läßt sich diese überstarke Ausführung einigermaßen vermeiden, weil folgende Überlegung angestellt werden darf.

Gegen $a_{(0)} = 10$ mm hin sinkt die Leistung der Turbine sehr rasch, und in vielen Fällen, besonders wenn große Lagerreibungen (durch lange Transmissionen

[1]) Mit Minderdruck, die dort ausgeschiedene Luft ist besonders oxydationsbereit.

oder schwere Dynamos, Schwungmassen u. dgl.) vorhanden sind, hat die Turbine bei etwa 3—5 mm Schaufelöffnung überhaupt kein freies Arbeitsvermögen mehr aufzuweisen, die Leistung genügt vielleicht gerade, um das Ganze leer auf der normalen Umdrehungszahl im Betriebe zu halten. In solchen Fällen besteht eigentlich kaum ein Bedürfnis, die Leitschaufeln ganz zu schließen, denn zum dauernden Stillsetzen der Turbine dienen Einlaßschütze, Einlaßschieber u. dgl. Unter solchen Umständen kann häufig auf das Einstellen von Schaufelweiten verzichtet werden, die enger sind, als für den Leerlauf mit normaler Geschwindigkeit nötig ist, und dann fallen die übergroßen Anstrengungen für das vollständige Schließen fort. Das Reguliergetriebe ist überhaupt nicht dazu da, den Durchgang der Betriebsflüssigkeit durch die Turbine vollständig ab- und die Turbine stillzustellen, so wenig dies von der Expansionssteuerung einer Dampfmaschine verlangt wird.

Werden die Schaufeln nicht vollständig geschlossen, so ist auch die Gefahr verringert, die denselben durch das Einklemmen kleiner Fremdkörper während des Schließvorganges droht: die Rechenweite 20 mm schützt das Gebiet der $a_{(0)}$ unter 20 mm nicht mehr vor der Möglichkeit von Verstopfungen, und eine solche kann, sofern es sich um harte Fremdkörper handelt, zu einem Bruch im Reguliergetriebe oder an der Leitschaufelspitze führen, wenn die von außen her eingeleitete Regulierkraft groß genug ist. Siehe auch bei Druckschwankungen.

Das Einschalten von Brechkupplungen zwischen Lenkstange und Schaufelkörper läßt sich bei geschlossenen Turbinen leicht ausführen, Taf. 45, 46 und 48, 49, und bietet eine gewisse Sicherheit.

In neuerer Zeit sind statt der Lenkstängchen der Fig. 229, S. 368, Spiralzugfedern angewendet worden (Piccard, Pictet & Cie., Genf), wobei die Schaufeldrehpunkte so gewählt sind, daß die Federn unter allen Umständen Zug behalten.

Eine allgemeine Vorsicht liegt in der Anbringung von Anschlägen, die die Bewegung des Regulierringes nach beiden Richtungen, „zu“ sowohl als „auf“, mit absoluter Sicherheit begrenzen müssen, die also am Regulierring selbst, nicht etwa irgendwo im Reguliergetriebe, angebracht sein sollen, Taf. 5.

Der Anschlag bei „zu“ gibt die Sicherheit, daß z. B. bei geschlossener Turbine nicht die Schaufelzungen selbst als Anschlag zu dienen haben, was bedenklich ist, denn genau besehen liegt in diesem Falle doch von allen Schaufelzungen kaum mehr als eine einzige fest an der Nachbarschaufel an, und diese eine Schaufelzunge hätte dann den für z_0 Schaufeln verfügbaren von außen kommenden Druck des Reguliergetriebes ganz allein auszuhalten. Es würde ein Bruch, sei es an der Schaufelspitze, sei es an dem einen überlasteten Mitnehmstift oder sonstwie, kaum zu vermeiden sein.

Der Anschlag gegen „auf“ hin verhütet ein Überöffnen der Schaufeln, das abgesehen von der schlechten Wirkung hinsichtlich der Leistung der Turbine für die Leit- und Laufradschaufeln gefährlich werden kann da, wo der Schaufelspalt Null geworden ist. Wenn nur eine Leitschaufelspitze in die Bahn der Radschaufeln getreten ist, so beginnt ein richtiges Abschleifen der zugeschärften Radschaufelkanten im Verein mit einem Losschlagen dieser einen Leitschaufel in ihrem Drehbolzenlager. Beispielsweise: die Turbine „B“, S. 176, macht 67,7 Umdrehungen normal und hat 27 Radschaufeln; die eine zu weit vorragende Leitschaufel würde also pro Minute $27 \cdot 67{,}7 = \sim 1800$ Schläge erhalten, jede Radschaufel erhielte 67,7 Schläge. Treten aber statt der einen, etwa ungenau gerichtet gewesenen Leitschaufel wegen mangelnden Anschlages sämtliche Leitschaufeln in den Bereich der Radschaufeln, so bekommt jede Radschaufel, wegen 24 Leitschaufeln, $24 \cdot 67{,}7 = \sim 1600$ Schläge in der Minute. Es darf nicht wundernehmen, wenn die eingegossenen Radschaufeln (die nie eingeschweißt sind) unter solchen Umständen in ihren Gußkränzen rasch locker werden.

Die Schaufelbolzen (feststehend).

In Fig. 232 ist eine Bolzenkonstruktion angegeben, wie sie meist für stehende Turbinenwellen zur Anwendung kommt, vgl. Taf. 5. Der eingelassene Bund trägt den Leitschaufelkörper und verhilft ihm durch ganz geringes Vortreten über den gedrehten Leitkranz zu leichter Beweglichkeit. Die obere Andrehung des Bolzens schafft die Anlagefläche für den oberen Leitradkranz, von dem der Schaufelkörper, wie vom unteren, um einen halben Millimeter (meist) absteht. Der Bund dient auch zur Vermehrung der Standfestigkeit des Bolzens. Bei besseren Ausführungen finden sich Messingmuttern für die Befestigung des oberen Kranzes, damit sie bei etwaigem Ersatz einer beschädigten Leitschaufel leicht gelöst werden können. Manchmal werden geschlossene Muttern angewendet, besonders wenn das Betriebswasser starken Kalkansatz bringt oder die Rostbildung sehr befördert, damit die oberen freien Gewindegänge sauber erhalten werden. Diese geschlossene Mutter kann im Verein mit entsprechender Durchbohrung des Bolzens zum Einpressen von Staufferfett in die Drehfläche zwischen Bolzen und Schaufel verwendet werden.

Eine besondere Art der Bolzenausführung zeigt Fig. 233. Sie gestattet in anderer Weise als in Taf. 14 und 15 angegeben das Herausnehmen jedes einzelnen Bolzens, ohne daß der Leitradkranz entfernt werden muß. Wenn dann auch die Verbindung zwischen Schaufelkörper und Regulierring geschickt angeordnet wird, so kann jede einzelne Schaufel, ohne die Nachbarschaufeln mit abzubauen, aus dem Leitapparat genommen werden.

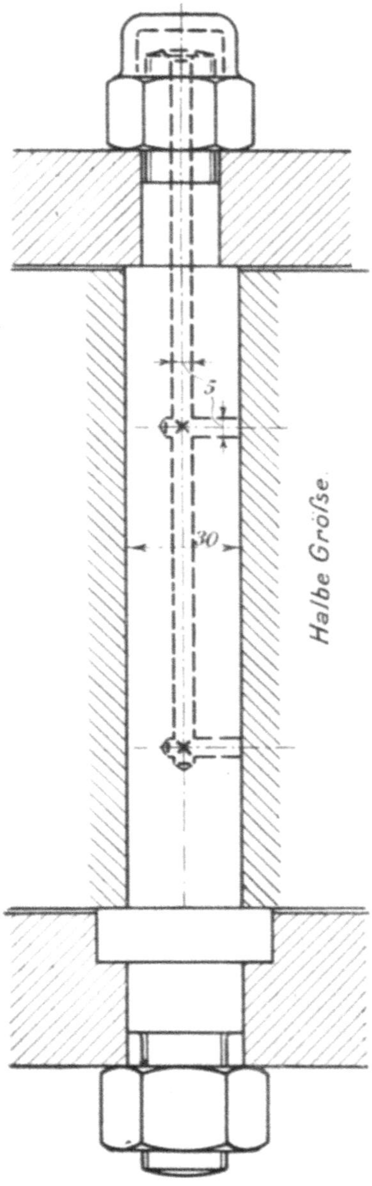

Fig. 232.

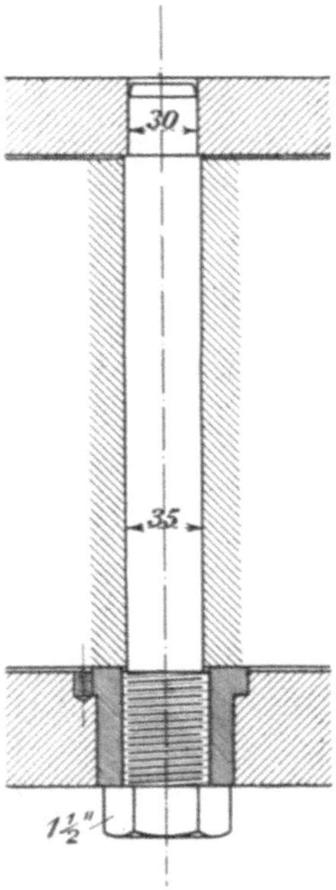

Fig. 233.

Bei Turbinen mit liegender Welle ist der Bund der Fig. 232 weniger nötig, weil das Eigengewicht der Schaufel diese nicht mehr nach dem einen Leitradkranz hindrücken wird. Es kommen dann Bolzen ohne Bund vor, Taf. 20, 29, 35, 36, aber vereinzelt auch solche mit Bund, Taf. 21.

Für die Biegungsbeanspruchung des Schaufelbolzens ist folgendes maßgebend.

Die Bolzen stecken an beiden Enden in den Leitradkränzen, die aus Ausführungsrücksichten ziemlich kräftige Wandstärken usw. haben.

Die durch die Schaufel auf den Bolzen übertragenen Kräfte sind genau diejenigen, die, S. 360 u. f., für die Bolzenreibung bestimmt worden sind. Greift der Mitnehmer am oberen Schaufelende an, so wirkt am oberen freien Bolzenende (Deckelseite) beispielsweise für die Schaufeln „B“ bei 50 mm Weite die Mittelkraft aus dem halben Druck $\frac{W}{2} = 34{,}8$ kg und der Gegenkraft des ideellen Mitnehmdruckes $P_i = 7{,}65$ kg. Die am unteren, festgehaltenen Ende des Bolzens wirkende Kraft $\frac{W}{2}$ (Saugrohrseite) dürfen wir vernachlässigen. Die am oberen freien Ende (Deckelseite) tätige Kraft läßt sich in eine radiale und eine tangentiale Komponente zerlegen; die Radialkomponenten, wie sie den sämtlichen Schaufeln rundum zugehören, werden, weil allseitig symmetrisch sitzend, durch den oberen, auf den Bolzen ruhenden Leitradkranz in sich abgestützt, Taf. 5 usw., die Tangentialkomponenten aber beanspruchen die Schaufelbolzen auf Biegung mit der Bruchstelle da, wo sie im festen Leitradkranz eingesteckt sind, Momentarm $= b_0$. Wollen wir für Unvorhergesehenes, für Klemmungen u. dgl. eine Reserve einführen, so mag der Schaufelbolzen einfach mit der größt vorkommenden Tangentialkraft T (Regulierring) auf Biegung gerechnet werden. Der Mitnehmerangriff auf der Saugrohrseite zeigt wesentlich bessere Verhältnisse.

Eine weitere unter Umständen nicht geringe Beanspruchung erfahren die Bolzen, wie schon S. 356 erwähnt, aus der auf dem Leitraddeckel liegenden, dem vollen Gefälle entsprechenden Wasserlast, und zwar auf Druck, event. Knickung.

Die Mitnehmstifte.

Bei den älteren Ausführungen, Schlitz im Ring, war der Mitnehmstift einfach an die Schaufel angegossen, kräftig im Durchmesser, 30, 40 mm dazu niedrig, der Biegungsfestigkeit wegen.

Die heute üblichen im Regulierring sitzenden Mitnehmstifte werden aus Schmiedeeisen oder Flußstahl gefertigt und einfach in etwas engere Bohrungen des Ringes eingepreßt. Dies ist ohne Vernietung oder sonstige Sicherung angängig, weil die Stifte nur kurz, einige Zentimeter höchstens, vor der Ringfläche vorstehen, die Biegungsbeanspruchungen nicht groß sind und den gut eingepreßten Stift trotz Richtungswechsel der Kräfte nicht zu lockern vermögen.

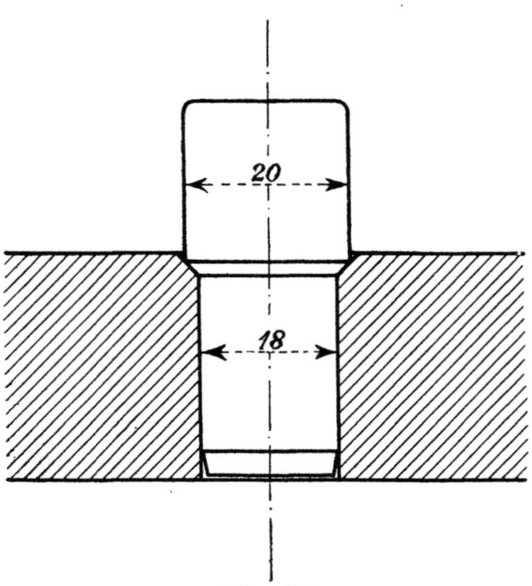

Fig. 234.

Das Einsetzen mit Gewinde ist zu verwerfen, weil es viel mühsamer ist und weil die Stifte, wenn das Gewinde von Hand in den Ring geschnitten wird, nie zuverlässig gerade zu sitzen kommen.

Solch ein einzupressender Stift hat die Form nach Fig. 234. Die schräge Eindrehung legt sich an die versenkte Fläche an, die Versenkung ist wünschenswert, damit der Stift gut in das Loch einschlupft und damit etwaige kleine Wulste, die durch das Auseinandertreiben des Ringmaterials an der Einpreßstelle entstehen, nicht die Ebene des Ringes stören, sondern in der reichlich großen Versenkung bleiben.

Die Belastungen der Auflageflächen in den einzelnen Stiften und Gleitflächen fallen von selber sehr klein aus. Wir werden hier gerne die Drücke pro qcm in den niedrigsten Grenzen halten, denn die Schmierung ist mangelhaft. Drücke von 20 bis 30 kg/qcm werden schon als hoch zu gelten haben.

Der Regulierring.

Für offene Turbinen wird der Ring fast immer als selbständiger freiliegender Teil des Leitkranzes ausgeführt und ist in diesem Falle aus Gußeisen mit entsprechend widerstandsfähigem Querschnitt gefertigt, Taf. 5, 12, 21, 29.

Es ist zu bedenken, daß die Mitnehmkräfte der Schaufeln fast immer in Ebenen außerhalb des Ringquerschnittes angreifen, daß der Ring deshalb neben Biegungs- auch Drehbeanspruchungen ausgesetzt ist; wir haben also Veranlassung, den Ringquerschnitt nach beiden Richtungen gut zu entwickeln. Dies läßt sich auch beim freiliegenden Regulierring ganz leicht einrichten; siehe die obgenannten Tafeln.

Wir kommen aber auch in die Lage, daß wir den Regulierring nicht freiliegend anwenden können, wir müssen ihn hier und da in den Leitkranz einlassen, Taf. 20, 35, 36. Dies ist allemal nötig, wenn der Leitkranz zugleich für die Befestigung der Turbine an der Fundation dient, Taf. 20, besonders aber ist der eingelassene Regulierring bei geschlossener Wasserführung (Spiralgehäuse) zweckmäßig, weil er sich auf solche Weise der ganzen Anordnung gut einfügt. Auch sobald wir Veranlassung haben, die beiden Leitkränze aus Festigkeitsrücksichten von Hause aus zusammenhängend als ein Stück anzufertigen (Stützschaufeln), oder sie sonstwie fest miteinander zu verbinden, wird der eingelassene Regulierring fast immer willkommen sein. In diesem Falle wird häufig Flußeisen als Material verwendet, weil dies geringere Abmessungen als Gußeisen gestattet und der Ring deshalb leichter unterzubringen ist. Aber auch bei diesem Material muß auf gute Abmessungen gesehen werden, denn schon die zu große Verdehnung ist für den Betrieb der Regulierung unzulässig, weil dadurch sehr rasch unangenehme Klemmungen und sonstige Widerstände entstehen (S. 382 u. f.).

Regulierring seitlich außerhalb des Leitradkranzes, Taf. 14, 15, 17, 18, 25, 41, 45, 47, 48.

Wir finden für Aufstellung der Turbine im offenen Wasserraum auch den Regulierring von kleinem Durchmesser sich um die Deckelnabe drehend, dazu lange Lenkstangen, die an Mitnehmstiften angreifen, die in den einzelnen Schaufeln festsitzen, Taf. 14, 15, Ausführung Briegleb, Hansen & Co. Die kreisförmigen Schlitze, die für den Weg dieser Stifte im Leitkranz ausgespart werden müssen, sind durch den entsprechend gestalteten Lenkstangenkopf abgedeckt.

Eine einfache genaue Rechnung für die Feststellung der Querschnittsmaße des Regulierringes ist selten ausführbar, einen Fingerzeig finden wir weiter unten, S. 398 u. f., wo das Reguliergetriebe besprochen ist, denn die Art, wie dies am Ringe angreift, ist dabei von Einfluß.

Einen Anhalt haben wir auch darin, daß die Ringe in sich doch mindestens so viel Steifigkeit besitzen müssen, daß sie eine richtige Anfertigung (Drehbank) gestatten. Wegen der Abmessungen sei auf die Tafeln verwiesen.

Immer ist dabei im Auge zu behalten, daß die sämtlichen Kräfte wenn irgend tunlich in einer Ebene liegen sollten, daß es aber immer noch besser ist, etwaige vielleicht unvermeidliche Kippmomente dem Ring zuzumuten und diesen entsprechend stark zu halten, als solche Kippmomente den Lenkstängchen oder dergl. aufzubürden, wie dies beispielsweise eine Ausführung der letzteren mit festverbundenen Mitnehmstiften nach Fig. 235, vergl. auch Fig. 239, tut, die sich hie und da findet.

Der Regulierring hat eine Kleinigkeit Spielraum gegenüber seiner Führung, etwa 1 mm im Durchmesser. Feiner Sand kann sich im Laufe der Zeit in dieser Fuge ablagern und die Beweglichkeit des Ringes ganz bedeutend beeinträchtigen. Hier ist zu bedenken, daß der Ring ideell keiner radial wirkenden äußeren Kraft unterliegt, daß also für seine zentrische Führung ganz wenig Auflage genügt und daß bei großen Ringen schon bei 5 oder 10 mm Höhe der Anlagefläche reichlich Quadratzentimeter vorhanden sind. Auch in achsialer Richtung sind Schübe auf den Ring nicht vorhanden, auch da genügt eine ebenso schmale Auflagefläche. Die Tafeln lassen erkennen, daß die Auflagen nach beiden Richtungen fast immer sehr klein gewählt sind; aus der schmalen Fläche findet ein Sandkorn früher wieder hinaus als aus einer breiten Tragfläche und die Ausdrehungen Taf. 20, 35, 36, auch Fig. 221, S. 359, sollen Räume freigeben, in die solche Sandkörner ausweichen können, zugleich aber gestattet die Art der Ausdrehung nach Taf. 36 auch die Herstellung einer genauen Ringführung, der Drehstahl kann leicht anfangen und leicht ausschneiden, ohne daß es nötig wäre, für gutes Zusammenpassen die Ecken am Ring stark zu brechen oder die Ecken der Führung mit einem besonderen Spitzstahl auszuarbeiten.

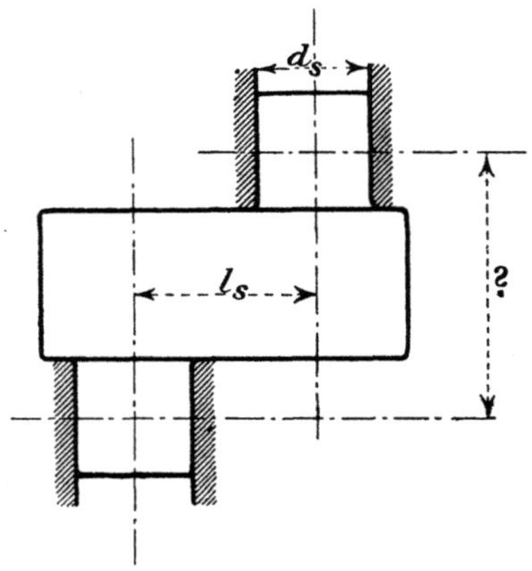

Fig. 235.

Der seitwärts ganz freiliegende Ring (geschlossene Turbinen) gibt erwünschte Gelegenheit zum Anordnen der Kräfte in der Mittelebene des Ringes, Taf. 41, 45, 46, 48, 49. Hier wie überall sollte der Konstrukteur auf Vermeidung von Kippmomenten die größte Sorgfalt verwenden, wenn er Maschinen liefern will, die sicher und dauernd gut arbeiten.

Der Leitschaufelkörper.

Als Material kommt im allgemeinen Gußeisen in Betracht; manchmal, besonders bei hohen Gefällen, wird Bronze genommen; Stahlguß dann, wenn die Schaufel mit dem Zapfen aus einem Stück zu fertigen ist, Taf. 48, auch Fig. 242 und 243.

Bei besseren Ausführungen werden die Drehbolzenlöcher im Schaufelkörper an beiden Enden mit Messing- oder Bronzebüchsen ausgestattet.

Die Hervorragungen an den Schaufeln, wie sie zur Aufnahme oder Überdeckung der Mitnehmverbindung erforderlich sind, sollen, wie schon erwähnt, möglichst wenig Gelegenheit zu Wirbelungen geben; das gleiche gilt für die Versteifungen der Leitradkränze, die, wenn ungeschickt angebracht, dem Wasser recht bedeutende Bewegungshindernisse bieten können. Die Versteifungsstangen der Konstruktion Taf. 14 und 15 werden bei ganz geöffneter Schaufel von der entsprechenden Aussparung im Schaufelkörper aufgenommen. Je mehr die Schaufel sich schließt, um so mehr gibt der Schaufelkörper die Stange frei. Sie wird trotzdem der Wasserströmung nicht sehr hinderlich sein, weil dann kleinere Wassermengen, also auch kleinere äußere Zuflußgeschwindigkeiten in Frage kommen.

Der Materialersparnis wegen findet man vielfach die Leitschaufeln mit durchgehenden Kernen gegossen, Fig. 255a, S. 392. Diese Ausführung ist bedenklich für Gegenden, in denen scharfer Frost eintreten kann. Hier werden, trotz des großen Mehrgewichts, besser massive Schaufeln verwendet.

6. Anordnungen und ausgeführte Konstruktionen.

Bei der Fülle der Anordnungen dürfte ein kurzer Überblick über deren Entwicklung am Platze sein. Ausdrücklich sei hier bemerkt, daß der Verfasser absichtlich bei Anführung der Patentnummern außer acht läßt, ob die Patente noch gültig sind oder nicht.

Die Konstruktionen mit Gleitsteinen waren allbekannt und überall verwendet, sind aber heute verlassen.

Die Konstruktion nach „2", S. 360 und Taf. 5, kurze Lenkstange, wurde zuerst von J. M. Voith-Heidenheim in verdeckter Aussparung des Schaufelkörpers angewendet, die Firma erhielt das D. R. P. 99590, in dem neben der Unterbringung der kurzen Lenkstange im Schaufelkörper auch diejenige in verdeckter Aussparung des Regulierringes geschützt ist. Lenkstangen an sich waren durch amerikanische Ausführungen längst vorher bekannt geworden.

Die Annehmlichkeiten der gedrängten Anordnung mit kurzen Lenkstangen führten eine Reihe von Konstrukteuren dazu, Ausführungen zu ersinnen, die nicht unter das genannte Patent (verdeckte Lenkstangen) fallen, während auch viele Ausführungen einfach kurze, offenliegende Lenkstängchen zeigen, die so geformt und gelagert sind, daß eben das Hängenbleiben von Gras u. dgl. möglichst vermieden ist, Fig. 244, S. 381 und 255a, S. 392.

Wir finden u. a., Fig. 236, eine Ausführung von G. Luther-Braunschweig, D. R. P. 128878, bei der das Lenkstängchen in einem Raum zwischen Leitradkranz und dicht seitlich liegendem Regulierring untergebracht ist. Für die Bahn des Mitnehmstiftes besitzt der Leitkranz einen Schlitz, der durch den Schaufelkörper allein oder durch lappenartige Verbreiterung desselben überdeckt ist.

Eng an diese Konstruktion schließt sich, Fig. 237, Leffler-Gotha mit D. R. P. 160935 an. Hier hat der U-förmig gestaltete Regulierring in der Höhlung des U den Raum für die Lenkstängchen; im Regulierring ist ein Schlitz frei gelassen für die Bahn des Mitnehmstiftes relativ zum Ring, denn der Stift muß durch den Ring (wie vorher durch den Leitkranz) durchtreten, um von dem Lenkstängchen gefaßt zu werden.

Dem Prinzip nach die schon patentierte kurze Lenkstange in der Schaufelaussparung zeigt, ein zweites Mal patentiert, die Fig. 238 D. R. P. Nr. 127826, mit dem einzigen Unterschied, daß hier der Durchmesser d_s des einen Mitnehmstiftes so viel vergrößert ist, daß er wesentlich größer ausfällt, als die Länge l_s des Lenkstängchens. Hier dreht sich der als Scheibe ausgebildete, zugleich das Lenkstängchen darstellende Mitnehmstift im Schaufelkörper. Die schwierigen Reibungsverhältnisse der mehr als abschreckendes Beispiel ungeschickter Anordnung angeführten Konstruktion müssen jede brauchbare Ausführung verhindert haben.

Eine weitere Konstruktion, in der die Schlitze zwischen den bewegten Teilen abgedeckt sind, ist diejenige, Fig. 239, von Kolb-Karlsruhe, D. R. P. 150823. Hier sind die Lenkstängchen je mit einem massiven und einem hohlen Zapfen aus einem Stück gearbeitet, der hohle Zapfen umschließt den an der Schaufel festsitzenden Mitnehmstift, der massive Zapfen wird vom Regulierring gefaßt und das plattenförmig verbreiterte Lenkstängchen deckt von unten her den Schlitz ab, der im Regulierring für das Spiel des hohen Zapfens erforderlich ist.

Das Streben nach guter möglichst reibungsfreier Führung oder anderer Gestaltung des Regulierringes äußert sich in folgenden Anordnungen.

Bell & Cie., Kriens bei Luzern, führen den Ring ihrer Drehschaufregulierungen mit Rollkugeln, wie dies aus den Taf. 18, 19, auch Fig. 279, S. 412, ersichtlich ist,

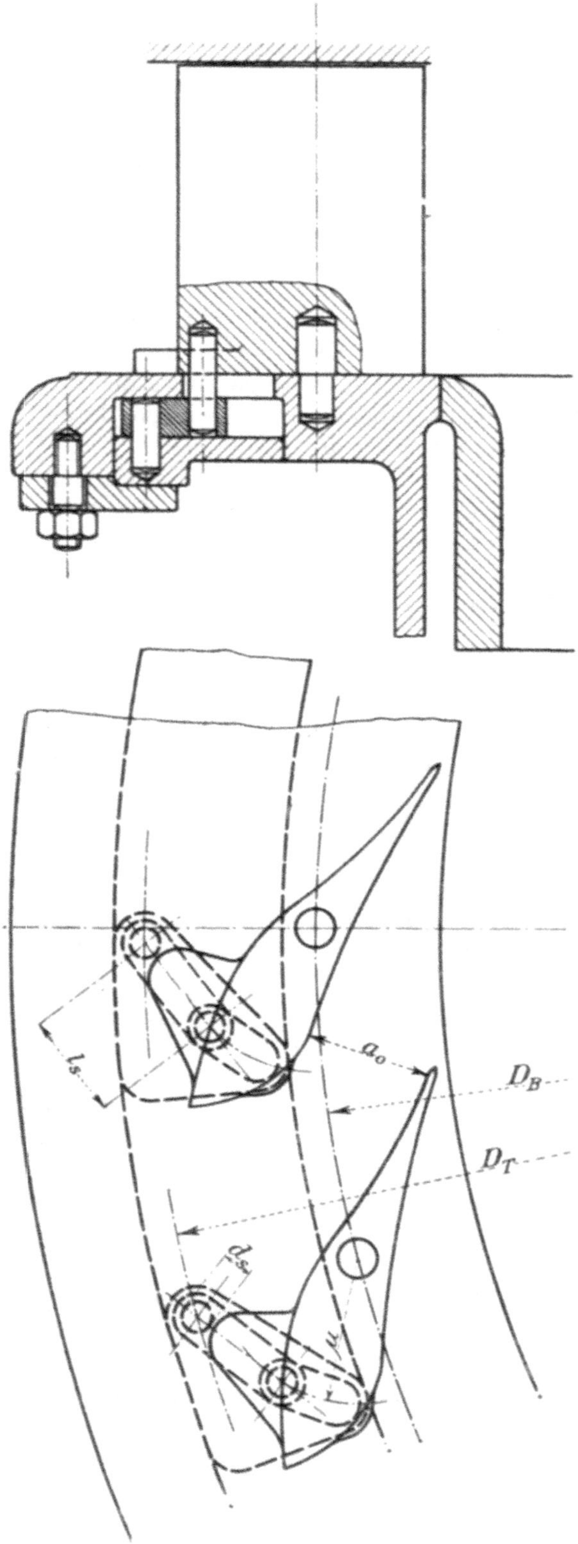

Fig. 236 (s. S. 375).

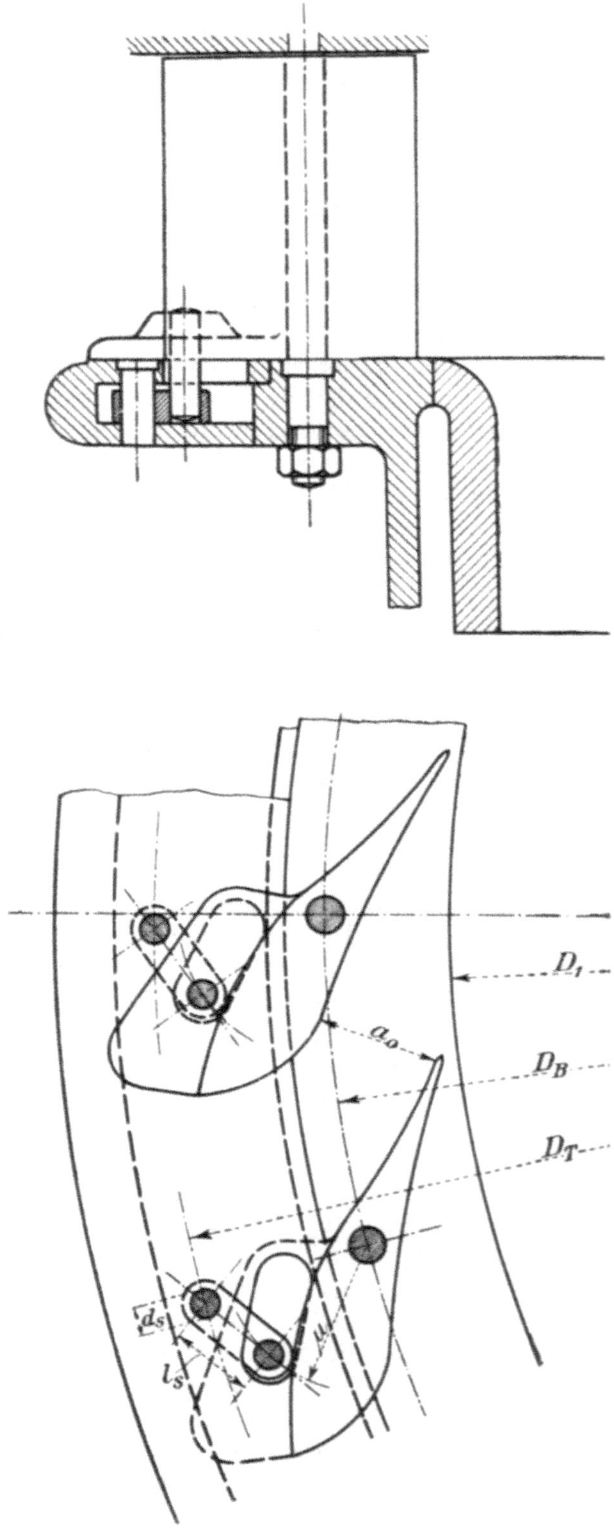

Fig. 237 (s. S. 375).

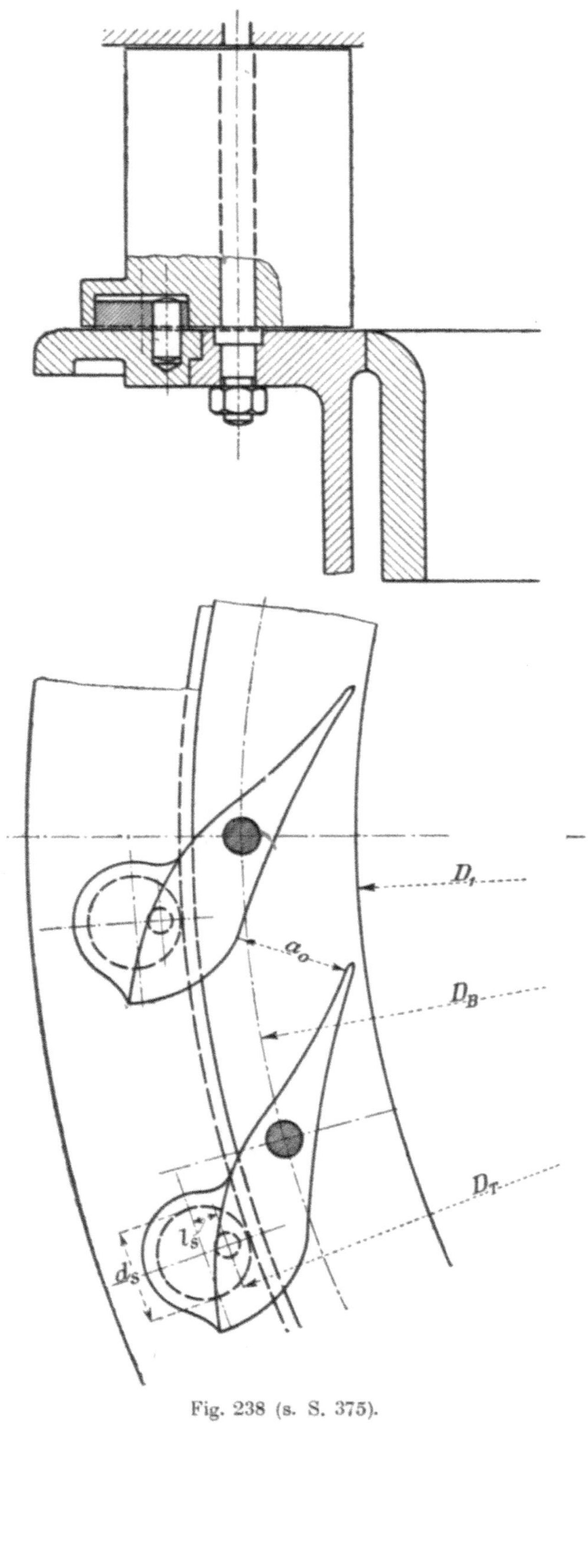

Fig. 238 (s. S. 375).

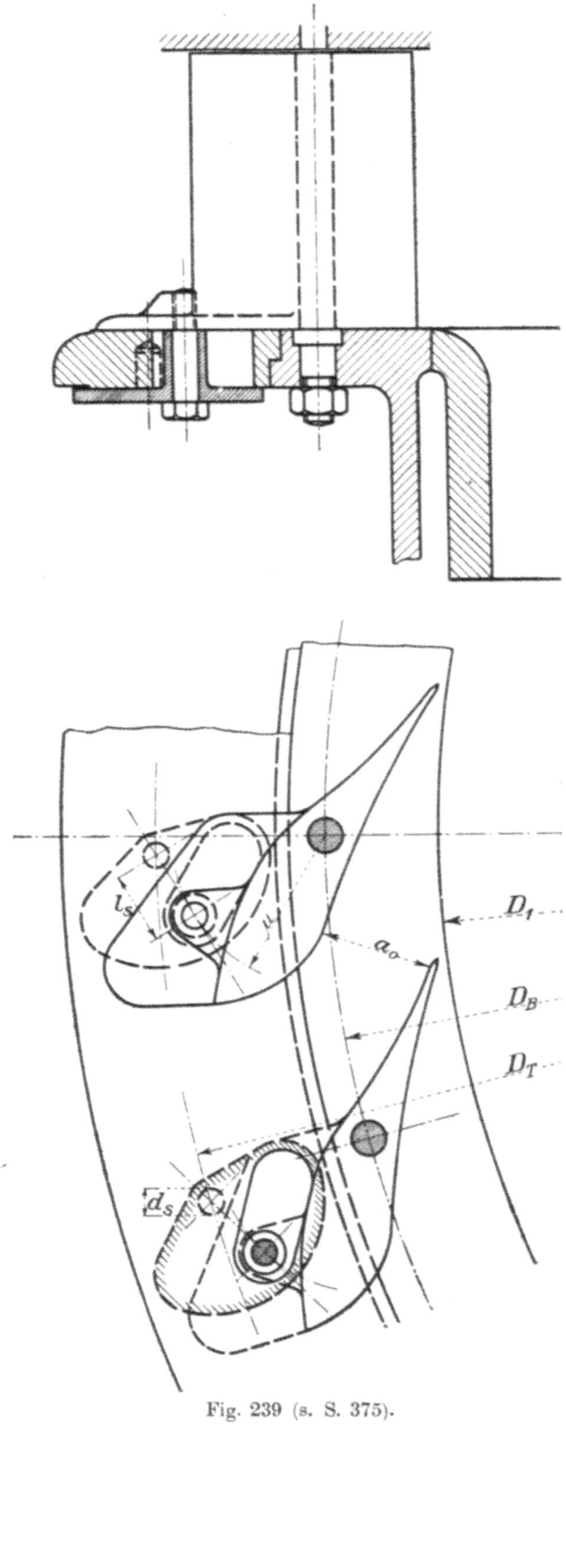

Fig. 239 (s. S. 375).

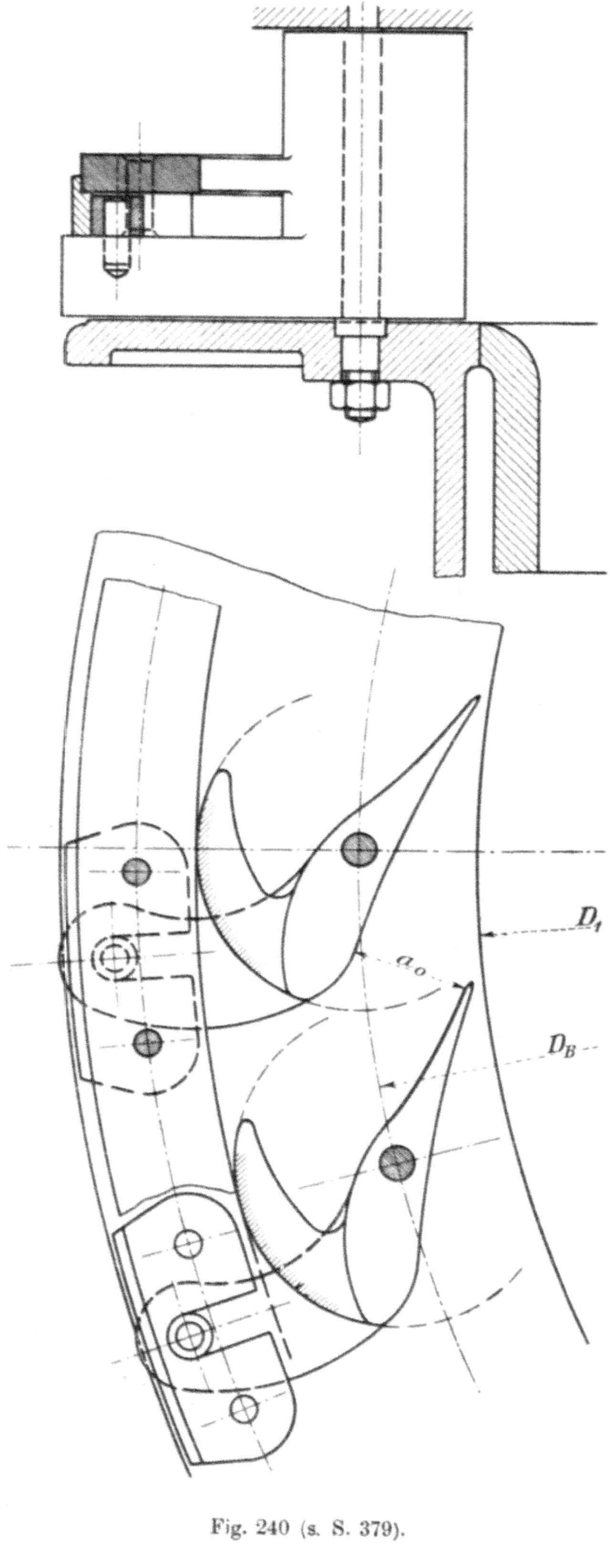

Fig. 240 (s. S. 379).

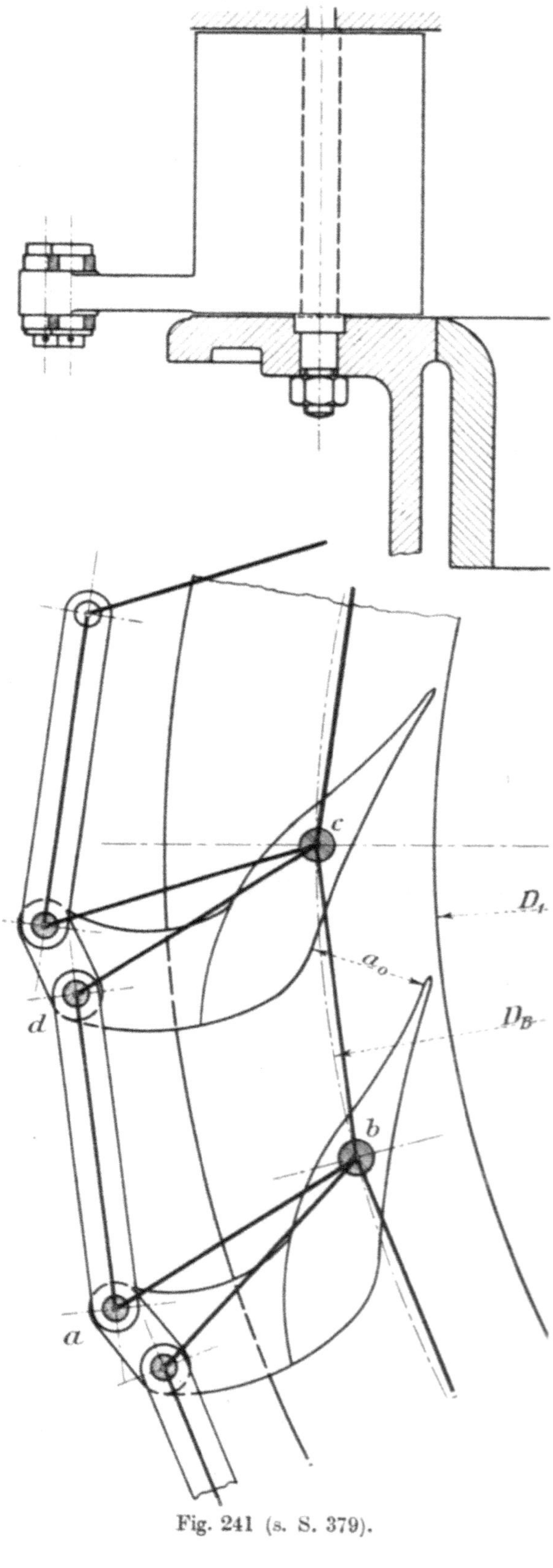

Fig. 241 (s. S. 379).

um einen möglichst leichten Gang zu gewährleisten, eine Anordnung, die sich nach Angabe der Fabrik seit zehn Jahren gut bewährt hat, vgl. S. 385.

Eine andere, weniger einfache Konstruktion ist die, Fig. 240, unter D. R. P. 103096 beschrieben. Hier haben die Schaufeln Ansätze, deren Umfänge als Teile von Rollen betrachtet werden können, die sich um den Schaufelbolzen drehen. Ganze Rollen sind nicht erforderlich, weil der Schlußweg nur eine geringe Drehung der Schaufelkörper verlangt. An diesen Rollenansätzen zentriert sich der Regulierring, der allerdings, solange er in der Mitte von b_0 angebracht ist, dem Wasser ein kräftiges Hindernis bereiten wird.

Von einer ganz anderen Seite, Fig. 241, faßt Foresti-Mailand die Sache im D. R. P. 125186 an. Hier ist der Regulierring durch eine Anordnung von Lenk-

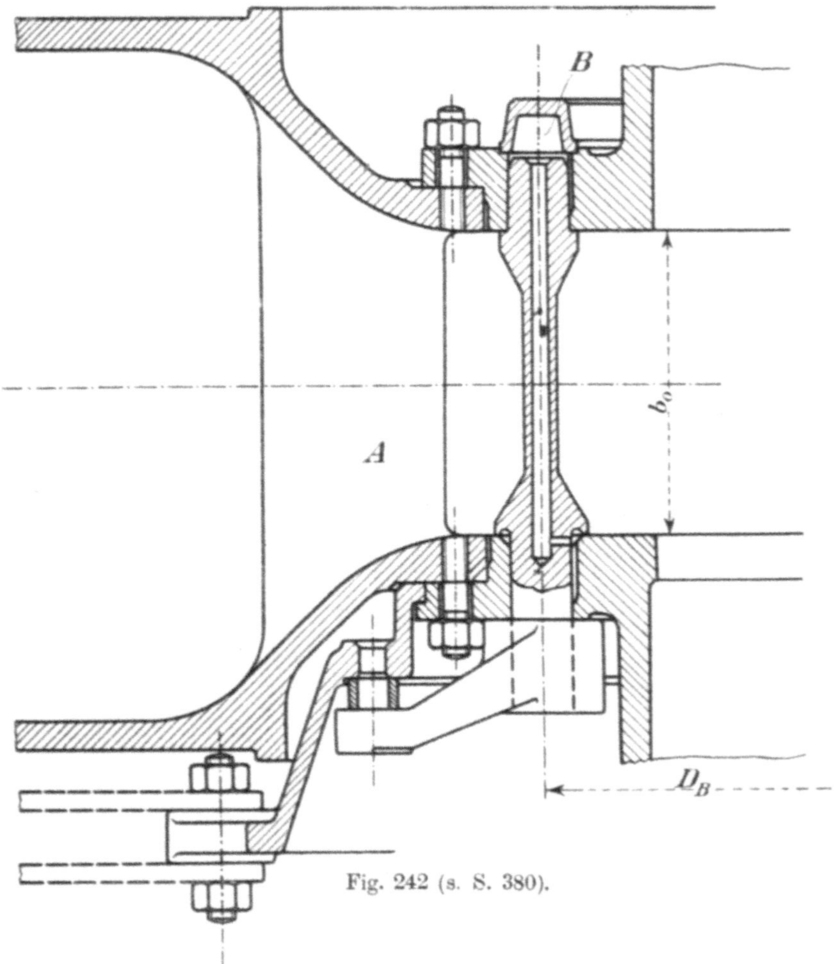

Fig. 242 (s. S. 380).

stangen rund um den Leitapparat ersetzt. Jede Leitschaufel hat zwei Mitnehmstifte, etwas versetzt zueinander, von denen Lenkstangen zu den Nachbarschaufeln, eine vor- und eine rückwärts, gehen. Jede Lenkstange ist genau so lang als die Sehne zwischen zwei Schaufelbolzen und liegt auch parallel mit dieser. Auf solche Weise entstehen z_0 Parallelogramme $abcd$, deren äußere Eckpunkte jeweils durch den Ansatz an der Schaufel verbunden sind, der die beiden Mitnehmstifte trägt. Die Drehbewegung wird hierdurch, wie durch einen Ring, absolut gleichmäßig auf alle Leitschaufeln übertragen. Die Konstruktion erscheint sehr geschickt und verwendungsfähig.

Wunderlicherweise ist die Verbindung der Leitschaufeln unter sich durch Lenkstangen später dann einem anderen Anmelder nochmals geschützt worden, weil dieser gleichzeitig einen richtigen Regulierring anwandte, mit dem er die Schaufeln Nr. 1, 3, 5, 7 usw. durch Kurbelschleife bewegt, während die Schaufeln Nr. 2, 4, 6, 8 usw. an die Nr. 1, 3, 5, 7 usw. einzeln durch Lenkstange angehängt sind, die frei in der Breite b_0 liegen.

Zu erwähnen ist hier noch die Schmiereinrichtung für Preßfett, Fig. 242 und 243, wie sie Honold-Gotha unter D. R. P. 132525 beschreibt. Die äußeren

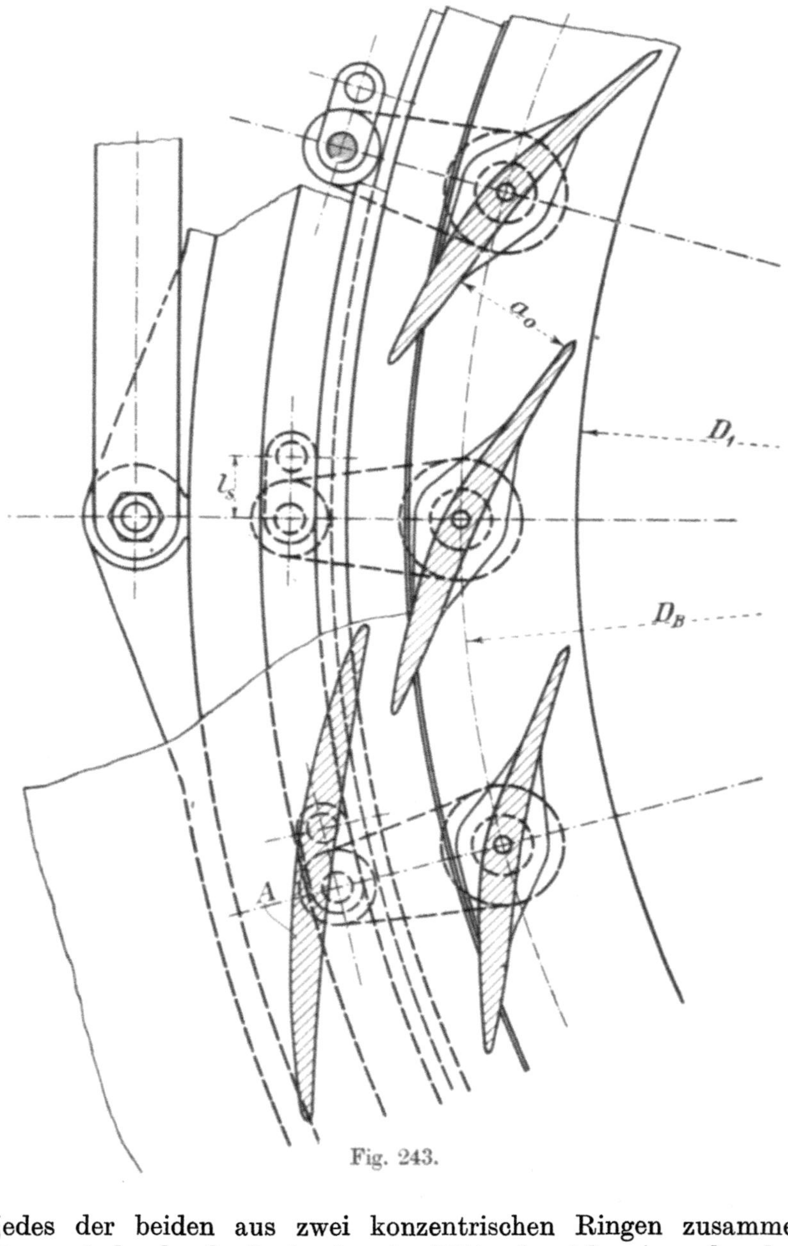

Fig. 243.

Hälften jedes der beiden aus zwei konzentrischen Ringen zusammengesetzten Leitradkränze sind, durch flachgeformte Stützschaufeln A verbunden, als ein Gußstück ausgeführt. Auf einer Seite trägt die innere Ringhälfte einen Hohlring B, sauber in einer Eindrehung eingepaßt und zwischen den Schaufelbolzenlöchern durch hier nicht gezeichnete Schrauben festgehalten. Entsprechende

Durchbohrungen der Drehzapfen (die hier aus einem Stück mit der Schaufel bestehen) ergeben im Verein mit dem Hohlring ein geschlossenes System von Schmierkanälen, die alle von einem beliebigen Punkte aus mit Preßfett gespeist werden können. Ein leichter Betrieb der Regulierung ist dadurch ermöglicht; bei der Wahl des Schmiermaterials dürfte aber Vorsicht am Platze sein, damit dasselbe nicht etwa bei Temperaturen um 0° herum seine Beweglichkeit verliert und dadurch eventuell die ganze Regulierung zum Klemmen bringt.

Besonders bemerkt zu werden verdient hierbei der Umstand, daß das Preßfett in den Schmiernuten, die um die unteren Enden der Schaufelzapfen laufen, eine Art Liderung gegen Druckwasser bildet, derart, daß für Gefälle bis gegen 10 m hin keine Veranlassung besteht, Stopfbüchsen an den Stellen anzubringen, an denen die Schaufelzapfen gegen außen treten.

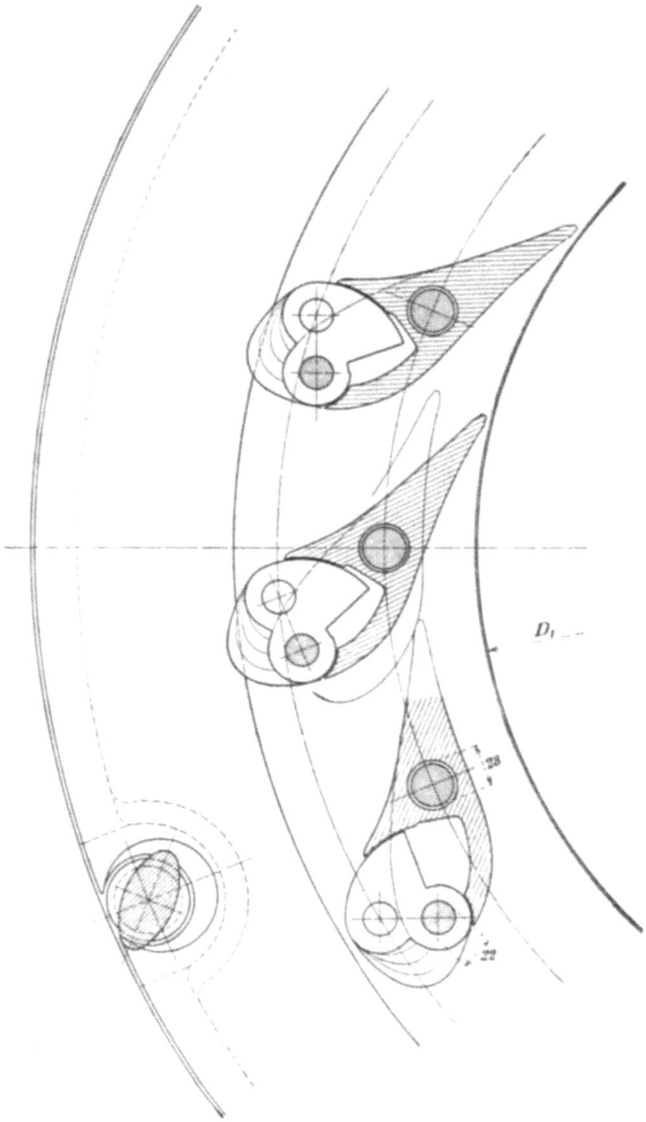

Fig. 244.

Unter D. R. P. 144524 wird versucht, den Drehpunkt der Schaufeln ziemlich dicht ans Laufrad hin zu verlegen, derart, daß der Schaufelspalt auch für kleine $a_{(0)}$ sich nicht oder kaum vergrößern kann. Es bleibt abzuwarten, ob durch Bremsergebnisse nachgewiesen werden kann, daß die Wasserausnutzung sich für kleine Wassermengen tatsächlich besser stellt, als bei Leitschaufeln mit der seitherigen Lage des Drehpunktes.

Es war schon die Rede davon, daß man bestrebt ist, sich Erleichterungen für das gute Zusammenpassen der Leitschaufeln, wenn geschlossen, zu schaffen. Wenn auch das beste Mittel hierfür darin besteht, daß die Leitschaufeln in der Formmaschine geformt und mit Spezialmaschinen genau gleichartig bearbeitet werden, so können doch auch andree Vorkehrungen willkommen sein, wie z. B. die schon S. 367 erwähnten gebogenen Schubstangen nach Taf. 14 und 15 u. dgl.

Unter D. R. P. 148140 beschreibt Scholz-Osnabrück zu dem vorgenannten Zweck verwendbare Mitnehmstifte mit exzentrisch sitzenden Zapfen zur Aufnahme der Lenkstange, die im Regulierring durch Anziehschraube mit Konus festgehalten sind.

Es sei auch des D. R. P. 148611 der Sächs. Maschinen-Fabrik-Chemnitz gedacht, nach dem die Leitschaufelzungen in federnder Weise mit dem Leitschaufelkörper verbunden sein sollen, um die etwaige Zerstörung durch Fremdkörper, die sich zwischen Leitschaufelspitze und Radschaufelanfang einklemmen könnten, zu vermeiden. Die engen Rechen werden die Anwendung solch großer Vorsicht — die Konstruktion dürfte auch nicht billig auszuführen sein — wohl selten als Notwendigkeit erscheinen lassen.

Die immerhin vorliegende Umständlichkeit, die durch das Aussparen der verdeckten Räume für kurze Lenkstängchen entsteht, im Verein mit der hier und da unbequemen keulenartigen Form der Leitschaufelkörper hat zu der in Fig. 244 dargestellten Form des Lenkstangenkörpers geführt, wie sie Voith-Heidenheim unter D. R. P. Nr. 211676 geschützt ist. Die Anordnung soll besonders in Spiralgehäusen, des geringen Raumbedarfs und der fast völligen Vermeidung von Wirbeln wegen Verwendung finden.

B. Der Antrieb des Regulierringes.

1. Allgemeines, Einzelkräfte.

Wir haben S. 362 u. f. gesehen, daß die Bewegung der Leitschaufeln und auch das Festhalten derselben die Überwindung einer Summe von z_0 Tangentialkräften T verlangt, die am Regulierring je nach Schaufelstellung der gewünschten Bewegung entgegenwirken oder sie hervorzurufen suchen.

Die einzelnen Tangentialkräfte T liegen sich diametral gegenüber und je zwei entgegengesetzt stehende Kräfte bilden ein Kräftepaar. Der Antrieb des Regulierringes hat also die Aufgabe, eine Anzahl $\left(\frac{z_0}{2}\right)$ Kräftepaare zu überwinden.

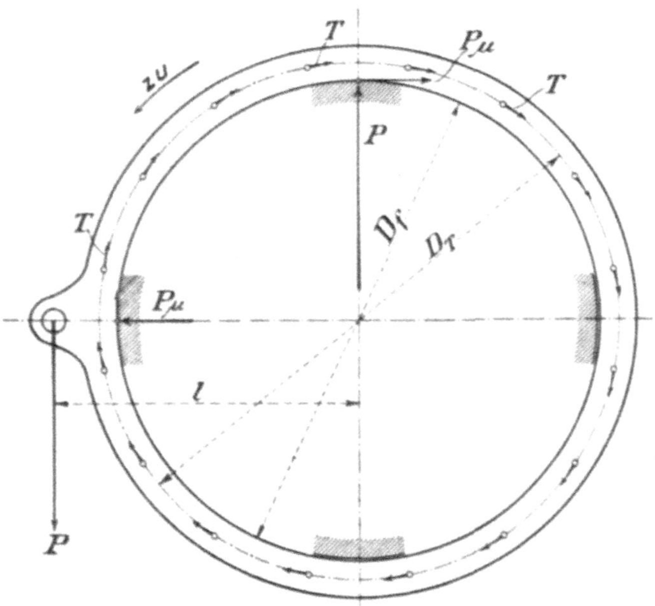

Fig. 245.

Kräftepaare können nur durch Kräftepaare im Gleichgewicht gehalten werden, und wenn zum Drehen oder Anhalten des Regulierringes nur eine äußere Kraft P, Fig. 245, verwendet wird, so bildet sich das erforderliche Kräftepaar dadurch, daß sich der Regulierring an seiner zentrischen Führung anlegt, deren Widerstand P dann die nötige zweite Kraft des Regulierkräftepaares liefert. Durch das Anpressen des Regulierringes mit P an seine zentrische Führung vom Durchmesser D_f entsteht dort ein Reibungswiderstand $P \cdot \mu$, der der Drehbewegung entgegenwirkt und deshalb einen vergrößerten Aufwand an äußerer Antriebskraft P verursacht.

Die sich einstellende Gegenkraft $P \cdot \mu$, die in der Nähe des Angriffspunktes von P auch wieder durch die zentrische Führung geleistet werden muß, erzeugt ihrerseits wieder einen neuen, der Drehung des Ringes widerstehenden Reibungswiderstand im Betrage $P \cdot \mu^2$, den wir vernachlässigen dürfen.

Wären keine Reibungswiderstände am Regulierring vorhanden, so würde sich die am Momentarm l, Fig. 245, angreifende Kraft aus den tatsächlich nötigen T berechnen zu ideell:

$$P_0 = \frac{z_0}{2} T \cdot D_T \frac{1}{l} = z_0 \cdot T \frac{r}{l} \quad \dots\dots\dots\dots \quad 596$$

wenn wir mit $r = \frac{D_T}{2}$ den Halbmesser des Kreises bezeichnen, in dem die Tangentialkräfte angreifen.

Unter Berücksichtigung der besprochenen Reibungswiderstände aber gilt die Momentgleichung auf Ringmitte, Fig. 245,

$$P \cdot l = \frac{z_0}{2} T \cdot D_T + P \cdot \mu \frac{D_f}{2},$$

woraus folgt

$$P = z_0 \cdot T \frac{D_T}{2l - \mu D_f} \quad \dots\dots\dots\dots \quad 597$$

Der Nutzeffekt des Regulierringes (als Getriebe) stellt sich demnach auf

$$\frac{P_0}{P} = \frac{2l - \mu D_f}{2l} = 1 - \mu \frac{D_f}{2} \cdot \frac{1}{l} \quad \dots\dots\dots\dots \quad 598$$

D_T, der Durchmesser, an dem die Tangentialkräfte T angreifen, kommt hierbei gar nicht in Betracht.

Nun ist wegen der sehr mangelhaften, häufig gar nicht vorhandenen Schmierung der Reibungskoeffizient μ meist sehr hoch anzusetzen, etwa 0,3. Es liegt bei Anwendung von kurzen Lenkstängchen in der Anordnung begründet, daß $\frac{D_f}{2}$ und l ziemlich nahe zusammenkommen.

Für solche Verhältnisse, wo $\frac{D_f}{2}$ vielleicht $0{,}8l$ ist, ergibt sich dann ein Nutzeffekt von $1 - 0{,}3 \cdot 0{,}8 = 0{,}76$, d. h. die tatsächlich aufzuwendende Kraft P ist das $\frac{1}{0{,}76} = \sim 1{,}3$fache der ideell aus den Tangentialkräften T sich ergebenden Regulierkraft P_0.

Ein weiterer Umstand ist zu beachten, der recht unliebsame Steigerungen für die aufzuwendende eine Regulierkraft P bei großem Führungsdurchmesser D_f verursachen kann, nämlich die Durchbiegung des Regulierringes derart, daß er sich wie ein elastisches Band um oder in seine zentrische Führung legt. Der Fall tritt ein, wenn der Ring nur mit sehr geringem Spielraum über die zentrische Führung geschoben ist und wenn der Ringquerschnitt den Tangentialkräften gegenüber nicht genügende Steifigkeit besitzt.

Die Verhältnisse können dann wie folgt beurteilt werden. Die Fig. 246 zeigt einige Mitnehmstifte, numeriert, dazu den Regulierring, auf einer Stelle dicht hinter dem Angriff von P, durchgeschnitten. Unter diesen Umständen würde sich die Kraft P gemäß einer Summe von Kräften P_1, P_2, P_3 usw. zusammensetzen, die den einzelnen Tangentialkräften T entsprechen und im Durchmesser D_T angreifen. Unter der Annahme, daß der Regulierring rundum satt am Führungsdurchmesser D_f anliege, ist die Kraft P_1, die zur Bewegung der Schaufel Nr. 1 im Durchmesser D_T erforderlich ist, für den als elastisches Band zu betrachtenden Ring

$$P_1 = T \cdot e^{\mu \alpha}$$

worin α den Zentriwinkel bedeutet, der einer Leitschaufelteilung entspricht; also ist $\alpha = \frac{2\pi}{z_0}$ zu setzen.

Die Kraft P_2, die in der Richtung von P liegend, im Durchmesser D_T für die Bewegung der Schaufel Nr. 2 aufgewendet werden muß, ist dann

$$P_2 = T \cdot e^{2\mu\alpha}$$

für die Schaufel Nr. 3 ist nötig

$$P_3 = T \cdot e^{3\mu\alpha} \text{ und so fort.}$$

Die Kraft P wird unter den vorliegenden Verhältnissen demnach zu rechnen sein als

$$P = T\frac{r}{l}\left[1 + e^{\mu\alpha} + e^{2\mu\alpha} + \cdots + e^{(z_0-1)\mu\alpha}\right] \quad \ldots\ldots\ldots \quad 599$$

wobei die letzte Leitschaufel mit dem Index z_0 nur als 1 in der Klammer mitrechnet, weil ihr Mitnehmstift unmittelbar neben P liegt; also keinen Umschlingungsbogen aufzuweisen hat.

Für 24 Leitschaufeln (Turbine „B“) würde sich mit $\alpha = \frac{2\pi}{24}$ und $\mu = 0{,}3$ der Klammerwert zu $\sim$ 68,5 ergeben, während der reibungslose Betrieb gemäß Gl. 596

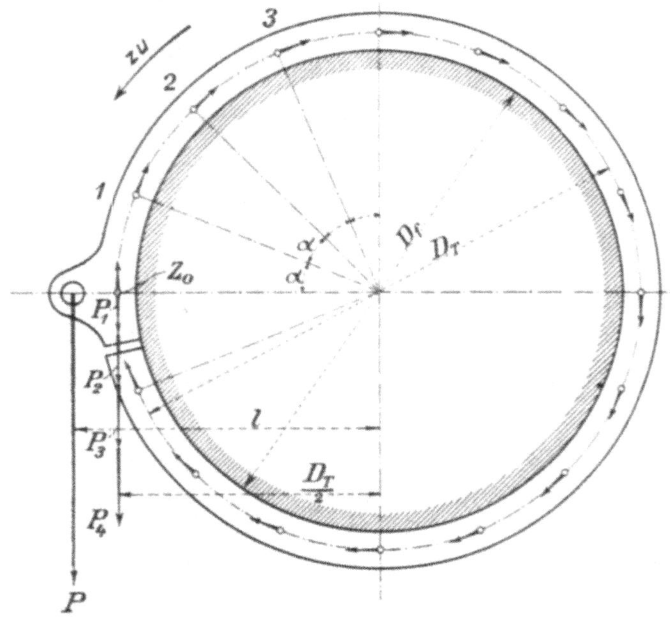

Fig. 246.

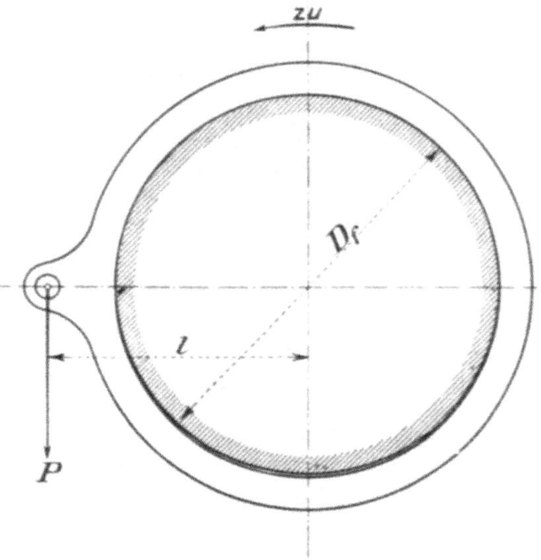

Fig. 247.

als Faktor von $T\frac{r}{l}$ nur 24 besitzt. Der aufgeschnittene, als Bremsband wirkende Regulierring würde also nahezu das Dreifache der ideellen Regulierkraft bedingen.

Nun ist aber natürlich der Ring nicht aufgeschnitten, so daß die Verhältnisse in Wirklichkeit anders liegen müssen. Wollten wir annehmen. daß nur der halbe Umfang des Regulierringes entsprechend den Schaufeln Nr. 24, 1, 2, 3 . . . bis 11 durch Zugkräfte zur Anlage an die zentrische Führung gelangt, während die andere Ringhälfte frei gegen außerhalb treten kann, Fig. 247, so stellt sich der Klammerwert nur auf

$$\left[1 + e^{\mu\alpha} + e^{2\mu\alpha} + \cdots + e^{11\mu\alpha}\right] = \sim 19{,}2$$

und die Gesamtregulierkraft auf ungefähr

$$P = T\frac{r}{l}\,19{,}2 + \frac{z_0}{2}\,T\,\frac{D_T}{2l - \mu D_f}$$

oder mit $\frac{D_f}{2} = 0{,}8\,l$ und $\mu = 0{,}3$ und für 24 Schaufeln.

$$P = 35\,T\frac{r}{l}$$

gegenüber ideell $\qquad P_0 = 24\,T\frac{r}{l}$.

Hat aber der Regulierring innere **und** äußere zentrische, satte Führung, so wird er sich annähernd so auf seine Führungen stützen, wie dies Fig. 248 übertrieben zeigt. Dann stellt sich die Regulierkraft bei 24 Schaufeln auf

$$P = 2T\frac{r}{l}[1 + e^{\mu\alpha} + e^{2\mu\alpha} + \cdots + e^{11\mu\alpha}] = \sim 38{,}4\,T\frac{r}{l}.$$

Die Bell'sche Führung des Regulierringes mittels Rollkugeln, Taf. 18, 19, 43, 44, beschränkt die Reibungswiderstände ganz wesentlich. Solange die Kugeln nicht durch Sand und Schlamm in ihrer Beweglichkeit gehindert sind, darf der Reibungskoeffizient μ fast zu Null angenommen werden, wodurch P nahezu auf die ideelle Größe P_0 heruntergehen würde.[1])

Die Anwendung langer Lenkstängchen gestattet, Taf. 14 und 15, einen wesentlich kleineren Führungsdurchmesser D_f für den Ring im Verhältnis zum Momentarm l. In Tafel 15 ist D_f etwa gleich $\frac{l}{3}$ dazu ist die Schmierung durch Preßfett ermöglicht. Wenn wir hier $\mu = 0{,}15$ annehmen, was noch reichlich gerechnet sein dürfte, so steigt dadurch der Nutzeffekt des Regulierringes auf $1 - \frac{0{,}15}{6} = 0{,}975$ und wir haben nur noch das $\frac{1}{0{,}975} = 1{,}025$fache der ideellen Kraft aufzuwenden.

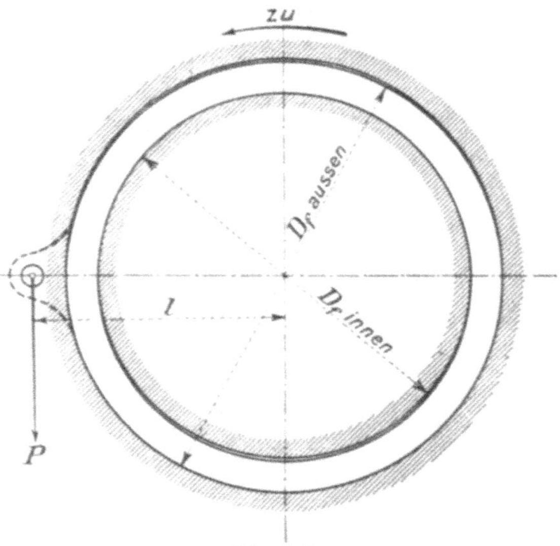

Fig. 248.

Wir erkennen daraus, daß nur ein kleiner Führungsdurchmesser D_f für den Regulierring uns sichere Gewähr dafür bietet, daß die Regulier-**Einzel**kraft P durch Ringreibung keine wesentliche Steigerung erfährt.

In allen Fällen der Anwendung großer Regulierringe aber, und diese sind weitaus die häufigsten, müssen wir danach streben, der Summe der kleinen, aus den Tangentialkräften T herrührenden Kräftepaare nicht eine äußere Einzelkraft, sondern ein äußeres Kräftepaar für die Drehung des Ringes entgegenzustellen.

2. Kräftepaar am Regulierring, Ausgleicher.

Durch die Anwendung eines Kräftepaares für die Drehung des Regulierringes fallen ideell die Gegenkräfte der zentrischen Führung ganz weg, die letztere hat nur noch den Ring gegen unvermutete kleinere Seitenkräfte zu stützen, die sich

[1]) Bell & Co. teilen dem Verfasser mit, daß sie die Rollkugellagerung auch heute noch dauernd und ausnahmslos mit Erfolg anwenden.

unter anderem daraus ergeben werden, daß die Druckverhältnisse nicht an sämtlichen Leitschaufelkörpern ganz genau gleich sind, daß also auch die Tangentialkräfte T nicht rundum ganz gleich sein werden. Ein anderer Grund für nicht rundum gleiche T liegt in etwaigen ungleichen Reibungsverhältnissen der einzelnen Schaufeln auf ihren Bolzen und im Mitnehmgetriebe. Das Einklemmen eines Fremdkörpers in einer Leitzelle oder eines solchen beim Durchgang zwischen Leitschaufel und Radschaufelspitze würde auf den gar nicht zentrisch geführten Ring ebenfalls nicht sehr angenehme Einwirkung haben.

Aus diesem Grunde bleibt der Ordnung halber auch der von einem Kräftepaar betätigte Regulierring mit einer zentrischen Führung (Spielraum) ausgestattet.

Die Aufgabe für den Konstrukteur besteht nun darin, dem Regulierring das erforderliche Kräftepaar tatsächlich oder wenigstens in angenäherter Weise zur Verfügung zu stellen, d. h. das Reguliergetriebe so zu disponieren, daß statt der einseitig am Hebelarm l angreifenden Kraft P womöglich ein Kräftepaar vom Momentarm $2l$, also mit Kräften im Betrage je $\frac{P_0}{2}$, nach Fig. 249, den Regulierbetrieb übernimmt. Die Kräfte $\frac{P_0}{2}$ können als ideelle Kräfte aufgefaßt werden, insofern als sie im Gegensatze zu P genau und ohne weiteren Zuschlag die Kräfte darstellen, die zur Überwindung der Schaufeldrehmomente aus Wasserdrücken einschließlich der Bolzenreibungen am Regulierring erforderlich sind. Weiter nach außen gegen das Regulierhandrad hin treten dann natürlich wieder neue Zuschläge für die Reibungswiderstände des äußeren Reguliergetriebes mit hinzu. Diesem ideellen Betrieb entspricht die Momentgleichung

$$\frac{P_0}{2} 2l = \frac{z_0}{2} T \cdot D_T,$$

woraus

$$\frac{P_0}{2} = \frac{z_0}{2} T \frac{D_T}{2l} = \frac{z_0}{2} T \frac{r}{l} \quad . \; . \; . \; . \; . \; . \; . \; . \; . \; . \; . \; . \quad 600$$

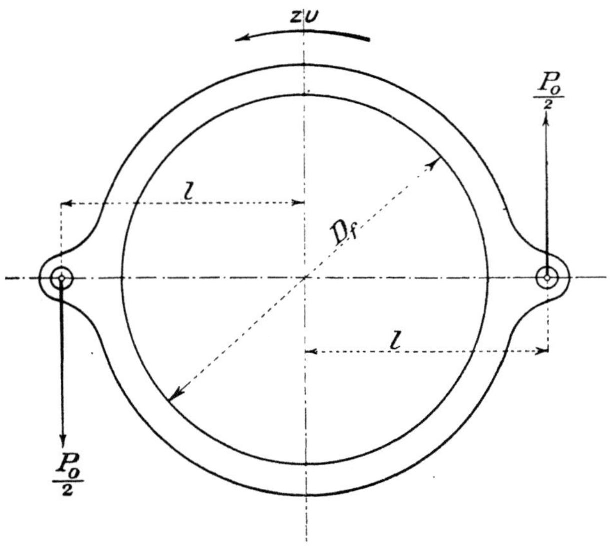

Fig. 249.

Es liegt in den allgemeinen Verhältnissen begründet, daß wir von außen her fast immer nur Einzelkräfte zur Verfügung haben (Druck der Hand an der Regulierkurbel, Druck des hydraulischen Kolbens auf seine Kolbenstange usw.). Wir müssen aus diesem Grunde Mechanismen zwischen die Außenkraft und das Kräftepaar einschieben, die ihrerseits zur Bildung des Kräftepaares geeignet sind und, das ist mit eine Hauptsache, die ihrerseits möglichst wenig Zapfenreibung bei der Entwicklung des Kräftepaares verursachen.

Wir haben uns beim Antrieb des Regulierringes von großem D_f stets vor Augen zu halten, daß der Regulierweg des Ringes klein ist, es handelt sich meist um weniger als 10 cm. Aus diesem Grunde kann für den Antrieb des Ringes selber stets an erster Stelle eine treibende Kurbel verwendet werden. Die Benutzung von Zahngetrieben ist unnötig und nicht anzuraten, denn diese haben Spielraum, dazu berühren sich die Zahnflanken nur in Linien, während das Kurbelgetriebe ohne Spielraum arbeiten kann und dazu Berührungsflächen für die Übertragung der Kräfte aufweist.

Die ersten Ringantriebe, für ein Kräftepaar gerichtet, hatten die Anordnung nach dem Schema der Fig. 250. Die treibenden Kurbeln ab packen den Regulier-

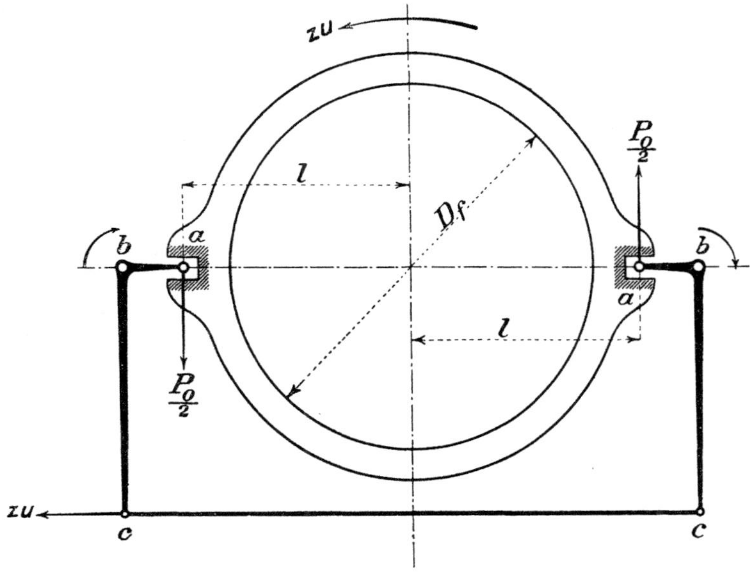

Fig. 250.

ring mittels Kurbelschleife oder kurzer Lenkstange, während die beiden Kurbelachsen durch zwei parallel stehende Hebel bc und gemeinschaftliche Lenkstange verbunden sind.

Die Anordnung ist ideell unanfechtbar, der Antrieb des Ringes würde bei gleichen Hebel- und Kurbellängen, auch gleichen Momentarmen l, sicher durch zwei gleich große Kräfte von je $\frac{P_0}{2}$ erfolgen. Zum Teil wird dies durch Ausführungsfehler in den Hebellängen usw. in Frage gestellt, mehr aber wohl durch unvermeidliche Ungenauigkeiten in den gegenseitigen Winkelstellungen der Hebel und Kurbeln. Die Angriffspunkte der Kräfte $\frac{P_0}{2}$ sind eben auf zwei Wegen durch Konstruktionsteile verbunden, einmal durch den Ring an sich mit seiner genauen zentrischen Führung, das zweite Mal durch die Kurbeln, Hebel und Lenkstange; in der Praxis ist es ein seltener Zufall, wenn diese beiden Verbindungen so beschaffen sind, daß sie sich nicht gegenseitig stören oder benachteiligen.

Der Fall ist ohne weiteres denkbar, daß z. B. durch eine um ein ganz Geringes zu lang ausgeführte Lenkstange cc (Hebelverbindung) nur die linksseitige Kurbel bei „zu" wirklich auf den Regulierring drückt, während die rechtsseitige Kurbel sich leer hinterdrein bewegt; sofort ist der Zustand da, als ob die zweite rechtsseitige Kurbel überhaupt gar nicht vorhanden wäre, und die Konstruktion hätte ihren Zweck, Antrieb durch ein Kräftepaar, verfehlt.

Abgeholfen kann hier mit Sicherheit nur dadurch werden, daß eine der erwähnten Verbindungen, entweder der Antrieb oder die genaue zentrische Führung des Ringes, zum Nachgeben eingerichtet wird.

Lange Zeit hielt man die Abhilfe nur bei dem Antrieb des Ringes für tunlich, dieser wurde nachgiebig in bezug auf zurückzulegende Wege, aber nicht in bezug auf Kräfte ausgeführt.

Solche nachgiebigen Getriebeteile nennen wir Ausgleicher, weil sie die Antriebskräfte $\frac{P_0}{2}$ des Regulierringes ideell ganz, in Wirklichkeit für unsere Zwecke genügend genau, gleich groß entstehen lassen.

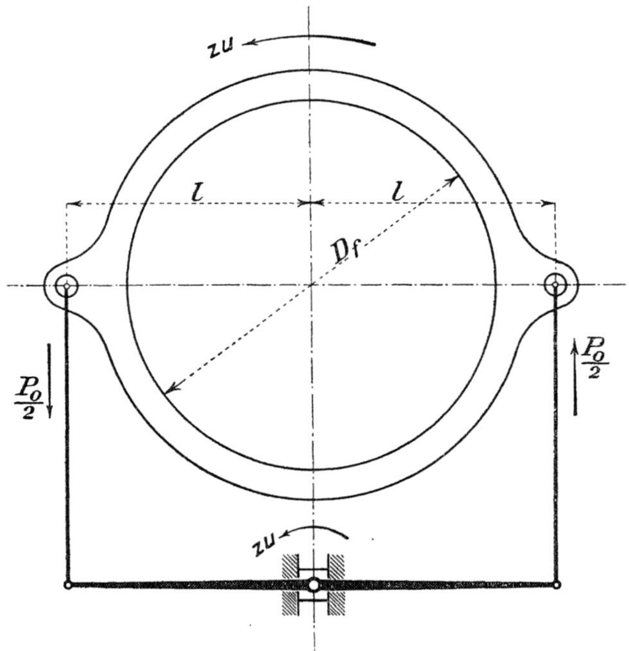

Fig. 251.

Der einfachste Ausgleicher wäre ein um eine Achse drehbarer gleicharmiger Hebel, Fig. 251, Länge $2l$, dessen Achse in der Richtung der $\frac{P_0}{2}$ frei verschiebbar ist und der von außen her die Drehung empfängt. Die Anordnung wird selten verwendbar sein, weil sie bei halbwegs großen Turbinen schon schwerfällig ist; die Winkeldrehung der Hebelachse (gleich der des Ringes) ist sehr klein, so daß bis zum Regulierhandrad noch weitere große Übersetzungen unumgänglich erforderlich wären, doch gibt es Ausnahmefälle, wie z. B. Taf. 49, wo man mit äußerster Vorsicht vorgehen mußte und wo zugleich das Festhalten des Hebeldrehpunktes große Umstände in der Fundation gemacht hätte.

Der Ausgleicher, wie er zuerst entstand und wie er heute noch bei wagrechter Turbinenwelle in Hunderten von Ausführungen im Betriebe ist, besteht zwar auch in der Anwendung eines gleicharmigen Hebels A, Fig. 252, mit zwei Lenkstangen, der aber nicht mehr gedreht, sondern dessen Drehpunkt beim Regulieren parallel zu der Lenkstangenrichtung verschoben wird. Vgl. auch Taf. 20, 35, 37.

Die beiden Regulierkurbeln ab mit Achsen b und Hebeln bc, Fig. 250 und 252, haben immer gleichen Drehsinn, es handelt sich also bei gleichen Längen ab bzw. bc nur darum, die Hebel bc so zu fassen, daß tatsächlich die in c an denselben angreifenden Kräfte gleich groß sein müssen, was eben durch die Anordnung nach Fig. 252 ohne weiteres erreicht wird. Der Durchmesser, in dem die Kurbelmitten b sitzen, ist gegenüber der Schubrichtung des Ausgleichers entsprechend der anzunehmenden Länge A verdreht. Die Kurbeldrehpunkte b liegen um $\pm\frac{A}{2}$ von der Horizontalen ab. Die Kurbeln und Hebel sind gegenseitig um den betreffenden Winkel α, gegenüber seither 90^0, zu verdrehen.

Die Länge A des Ausgleichhebels spielt bei der Einrichtung nur insofern eine Rolle, als sie nicht gleich Null gemacht werden darf, weil dann das unausgeglichene Getriebe nach Fig. 250 entstehen würde. Der Konstrukteur wird diese Abmessung den Umständen nach kurz wählen, um eine gedrängte Anordnung zu erhalten, die aber natürlich immer noch alle Teile gut zugänglich läßt.

Die Fig. 252 stellt die Mittellage der Anordnung dar. Da die beiden Lenkstangen ungleich lang sein müssen, so würden sich wegen des Bogens, den die Hebelenden c beschreiben, gegen beide Endstellungen im Regulierweg, gegen „zu“

und „auf“, kleine Unterschiede in den Drehwinkeln der Regulierkurbeln ergeben; weil aber der Ausgleichhebel sich um seinen Mittelzapfen dreht, so werden auch diese Wege ausgeglichen. Der Regulierring wird sich irgendwie ganz leicht an seine zentrische Führung angelegt haben, ehe dieser Wegausgleich erfolgt. Auch die Kräfte werden nicht genau einander gleich sein, weil die Richtungen der

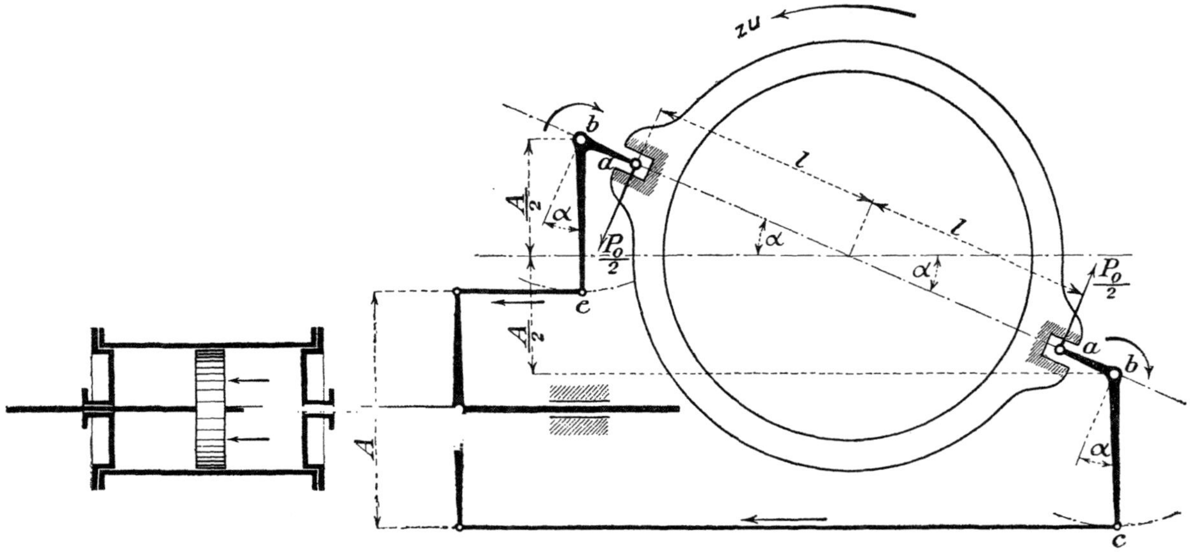

Fig. 252.

beiden Lenkstangen etwas in den Endlagen verschieden sind, der Fehler ist aber ganz unbedeutend. Der Ausgleichhebel wird sich immer, abgesehen von Zapfenreibung, gleichmäßig auf beide Lenkstangen, also in letzter Linie auch sehr annähernd gleichmäßig auf die Angriffspunkte a im Regulierring, aufstützen.

Etwaiger toter Gang in den Bolzen, Lagern usw. wird stets, ehe die Bewegung des Ringes beginnt, durchlaufen werden, denn der eine durch den Schub S des Ausgleichers etwa zuerst belastete Angriffspunkt a am Ring wird der Bewegung so lange widerstehen, bis durch ein entsprechendes Nachgeben des Ausgleichers auch der andere Angriffspunkt seine entsprechende Belastung erfährt.

Als konstruktive Notiz diene, daß es mit Rücksicht auf Knickfestigkeit zweckmäßig ist, die beiden Lenkstangen so anzuordnen, daß sie ihre größte Beanspruchung als Zugspannung aufzunehmen haben. In den meisten Fällen wird die größte Spannung bei der Schließbewegung auftreten, d. h. also, die Lenkstangen sollen im allgemeinen bei „zu“ auf Zug beansprucht sein, Fig. 252.

Der Ausgleichhebel-Drehpunkt wird meist in einer Geraden geführt und bei mechanischem Betrieb durch Schraubengetriebe, bei hydraulischem meist unmittelbar durch die Kolbenstange hin und her geschoben, wie dies Fig. 252, auch die obengenannten Tafeln zeigen.

In neuerer Zeit ist die Abhilfe, der Ausgleich, am anderen Teil, an der Führung des Regulierringes getroffen worden, was in vielen Fällen einfacher und billiger ist.

Das Schema solcher Anordnung zeigt Fig. 253 im Gegensatz zu Fig. 251: festgelagerter Hebel A, dabei der Regulierring in Richtung der Kräfte $\frac{P_0}{2}$ nur durch die Lenkstangen L gehalten, senkrecht dazu an festen Gleitflächen B geführt; Verzicht auf genaue zentrische Führung des Ringes. Diese Art Ausgleich läßt eine Menge von Ausführungen zu. Sie kommt dem Konstrukteur überall sehr gelegen, wo das Eigengewicht des Regulierringes ausgeschaltet ist, d. h. bei stehender Turbinenwelle oder da, wo bei liegender Welle der Regulierring an den beiden Lenkstangen aufgehängt oder von diesen oder der seitlichen Führung B getragen werden kann, Taf. 12, 27 usw.

Vielfach ist dabei die Hebellänge des Schemas, Fig. 253, wesentlich verkleinert derart, daß die Lenkstangen nicht mehr unter sich parallel, sondern gegen den festen Hebeldrehpunkt zusammenlaufen, ohne natürlich dort zusammenzutreffen; und da die Hebelarme doch einigermaßen senkrecht zu den Lenkstangen stehen sollten, verändert sich der gerade Hebel zum Winkelhebel, Schema der Fig. 254 und 255, von denen die erstere für liegende Welle, Fig. 255 aber für stehende und auch liegende Welle in Betracht kommt.

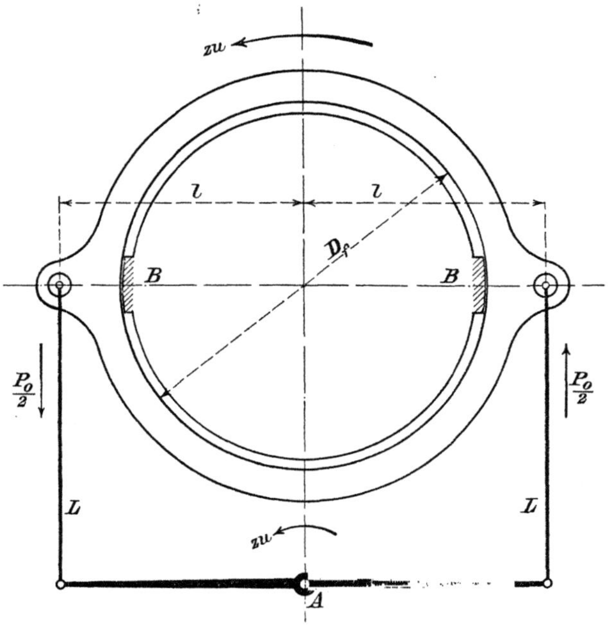

Fig. 253.

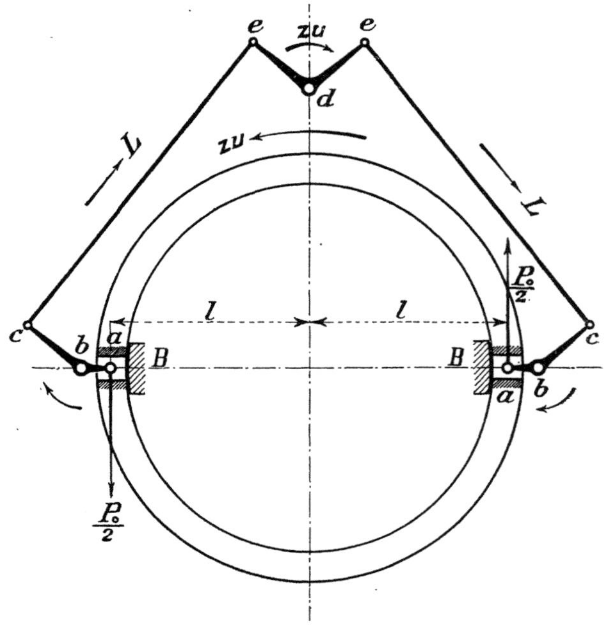

Fig. 254.

Eine kurze Erläuterung beider Anordnungen ist am Platze.

Die Welle d, Fig. 254, die etwa durch eine Stopfbüchse ins Hausinnere führt, liegt natürlich parallel zur Turbinenwelle. Die mit Kurbelschleife (oder kurzer Lenkstange) den Ring fassenden Kurbeln ab werden wie in Fig. 252 durch Hebel bc bewegt. Zwei Lenkstangen führen von einem auf der oberen Welle sitzenden Winkelhebel nach den, in Mittelstellung senkrecht zu diesen Lenkstangen stehenden Hebeln bc. Meist liegen alle diese Teile in einer Ebene und die Kurbeln ab und Hebel bc bilden je ein Stück Winkelhebel, der sich lose auf seinem Zapfen b dreht. Diese Anordnung ist ihrer Wirkung nach genau so zu beurteilen, wie diejenige nach Fig. 252, es sind tatsächlich, von Reibungswiderständen abgesehen, zwei Kräfte $\frac{P_0}{2}$ zum Drehen des Ringes zur Verfügung, und da es sich naturgemäß nur um den Ausgleich kleiner Ausführungsfehler handeln kann, so darf die Backenführung BB den Ring mit ganz minimalem Spielraum an seiner Stelle halten und gibt den Ring doch in Richtung der Lenker genügend frei.

Eine Vereinfachung der Anordnung entsteht, wenn wir beide Kurbeln ab und Hebel bc weglassen und nach Fig. 255 die Lenkstangen unmittelbar mit dem Regulierring verbinden, wodurch natürlich die Möglichkeit der Übersetzung zwischen

Regulierring und Welle d, die seither durch das Längenverhältnis von ab und bc gegeben war, in Wegfall kommt. Die Verhältnisse der Fig. 255 in bezug auf das am Regulierring eintretende Drehmoment liegen wie folgt.

Vorausgesetzt, daß sonst keine einseitigen Klemmungen vorhanden sind, werden die Lenkstangen annähernd gleiche Spannungen L aufweisen. Für „zu" mag die in Fig. 255 links liegende Stange Druck, die rechts liegende Zugspannung besitzen.

Auf den Regulierring werden diese zwei Kräfte die gleiche Wirkung äußern, wie deren Resultierende P, Fig. 255, d. h. der Ring wird durch die zwei direkt und ohne Ausgleicher angreifenden Lenkstangen bewegt, als ob eine Einzelkraft P am Hebelarme l den Ring faßte, also liegt hier der Fall vor, wie in Fig. 245, S. 382, dargestellt, mit dem Unterschiede, daß durch die Anordnung von Winkelhebel und Lenkstangen der Hebelarm l gegenüber vorher eine wesentliche Vergrößerung erfahren hat. Letzteres ist nach Gl. 596 nur erwünscht, weil der große Hebelarm l die Reibungswiderstände verkleinert.

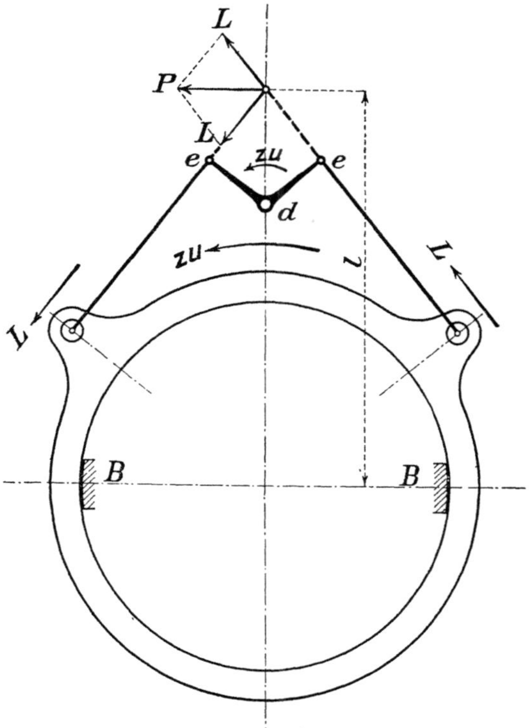

Fig. 255.

Aus diesem Grunde finden wir ziemlich häufig, besonders für Handregulierung, die Anordnung nach Fig. 255 angewendet, und zwar sowohl für einfache als auch für mehrfache Turbinen mit liegenden und auch mit stehenden Wellen, denn die Welle d gestattet in bequemster Weise den Antrieb der Regulierringe von mehreren auf der gleichen Welle sitzenden Turbinenleiträdern, wobei diese Welle teils oben, Taf. 23, 27, 30, 31, teils neben, Taf. 22, 26, ihren Platz finden kann. Eine Ausgleicheinrichtung im strengsten Sinne des Wortes ist die Anordnung nach Fig. 255 also nicht, sie tut aber bei einigermaßen genauer sonstiger Ausführung vielfach doch guten Dienst.

Aus der Fig. 255a ist zu entnehmen, wie die Führung B der Fig. 253 bis 255 in der Praxis aussieht, Ausführung Briegleb, Hansen & Co., Gotha.

Die Fig. 256 zeigt eine Ausgleichkonstruktion, die ungemein einfach ist (Honold, D.R.P.). Man könnte sie gewissermaßen als eine Abänderung von Fig. 254 ansehen, wobei die Armlängen ed des Winkelhebels zu Null geworden sind, doch ist sie selbständig entstanden. Es sind einfach die Lenkstangen durch einen gemeinsamen Bolzen e vereinigt. Die symmetrische Mittellage ergibt ideell genau gleiche Lenkstangen- und Mitnehmkräfte an den Kurbeln ab und die Änderungen in dem Betrage der Kräfte bei ungefähr wagrechter Verschiebung des Punktes e sind verschwindend klein, weil eben auch der Punkt e noch einen sehr kleinen Regulierweg besitzt. Die Kurbel df oder auch bei Spiralturbinen die Regulierschraubenspindel kann den Punkt e direkt fassen und verschieben. Dabei ist aber zu bedenken, daß die Bahn von e genau gegeben ist, daß sie zwar im allgemeinen wagrecht verläuft, aber nicht in absolut gerader Linie. Aus diesem Grunde muß entweder zwischen dem Punkt e und Hebel df, bzw. der

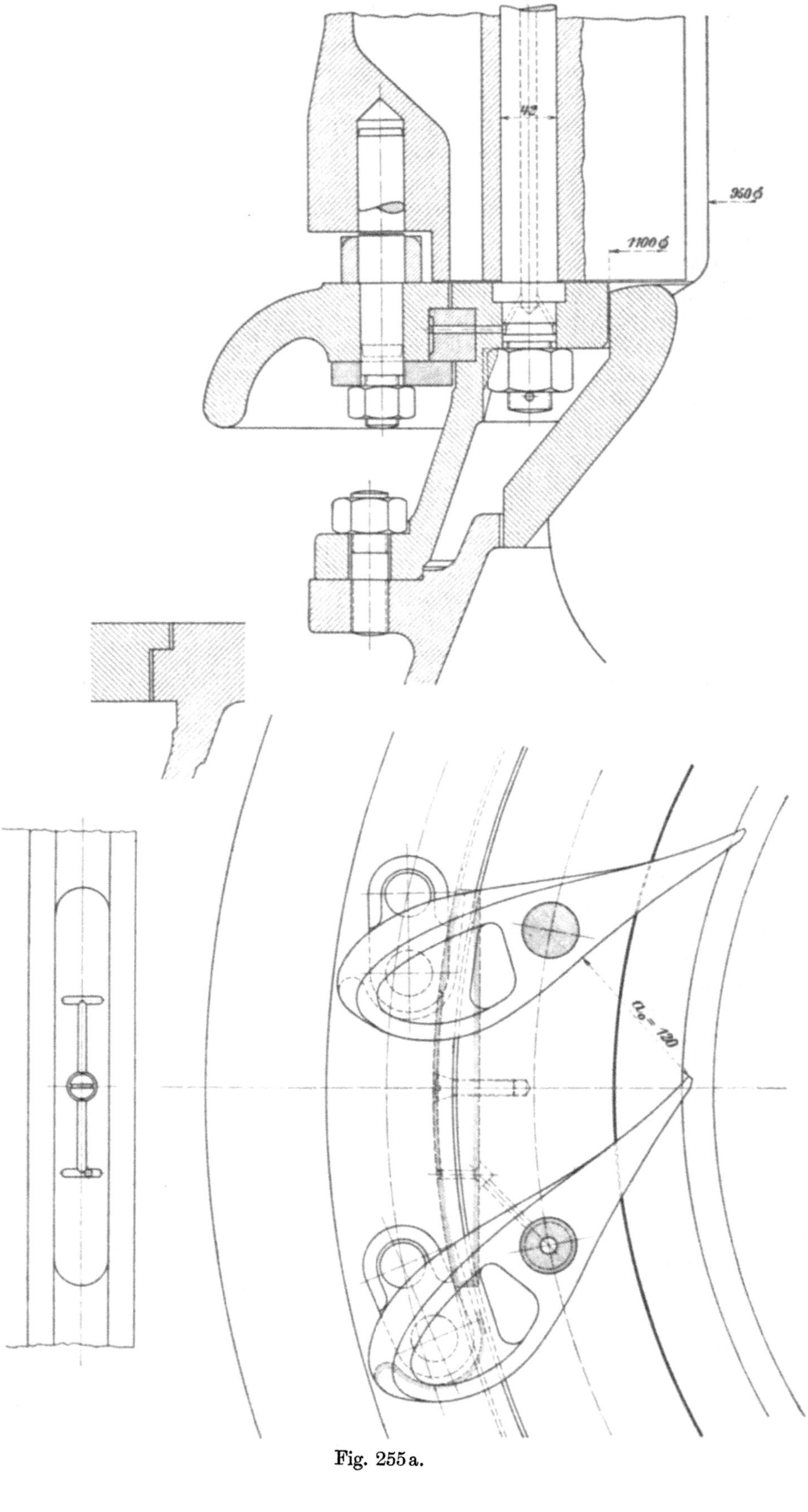

Fig. 255 a.

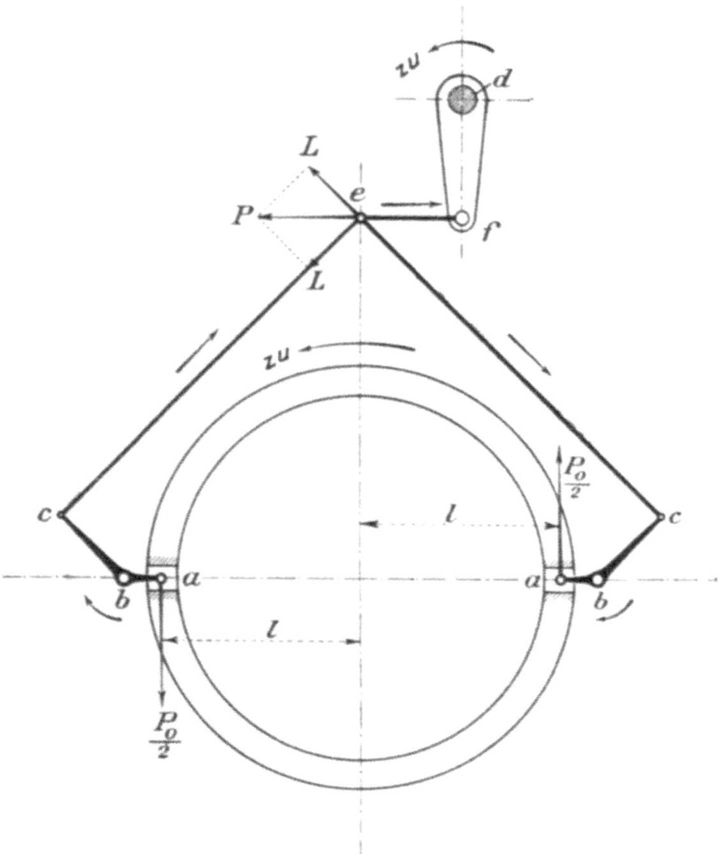

Fig. 256.

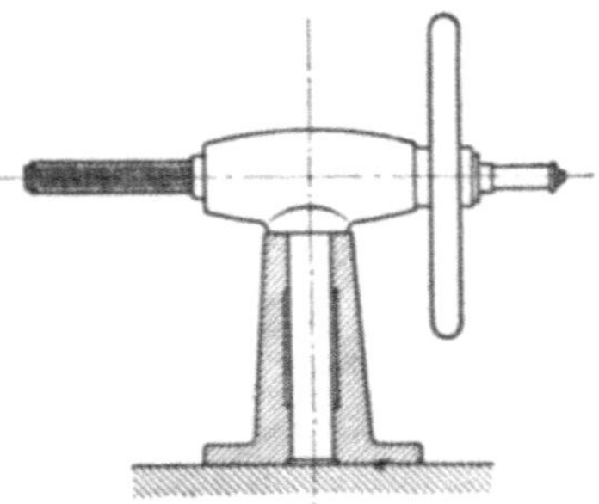

Mutter der Regulierspindel eine kurze Lenkstange ef eingeschaltet sein, wie Fig. 256 zeigt, oder es ist nach Fig. 257 die Lagerung der Regulierspindel so anzuordnen, daß diese eine kleine Schwenkung auszuführen vermag.

Wenn die Lenkstangen an den Enden e vereinigt, mit den anderen Enden unmittelbar den Regulierring, unter Wegfall der Kurbelhebel abc fassen, so ist dies selbstverständlich keine Ausgleichkonstruktion mehr, sondern nur noch ein aus zwei Streben, den Lenkstangen, gebildeter versteifter und entsprechend großer Momentarm l.

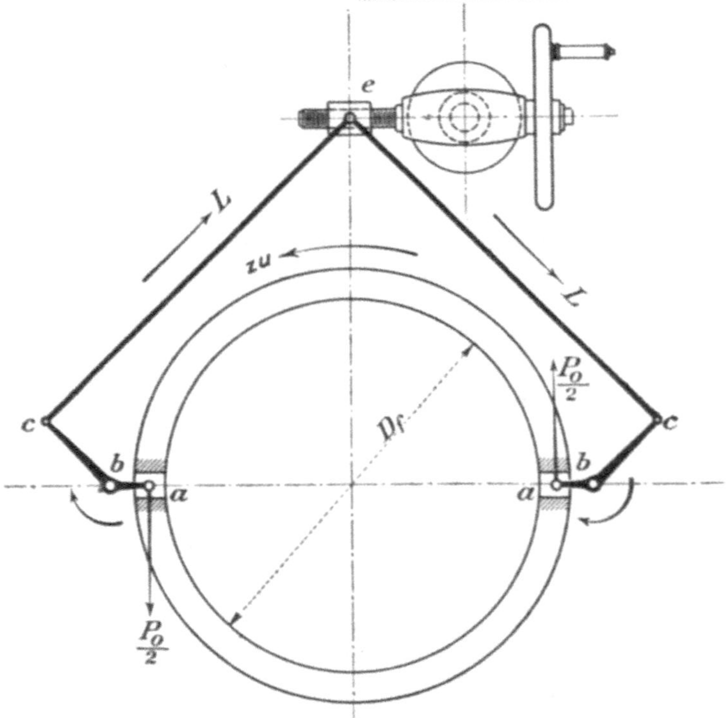

Fig. 257.

3. Ältere, jetzt fast ganz verlassene Ausführungen.[1])

Bei Turbinen mit stehender Welle wurden häufig beide stehende Kurbelwellen so hoch geführt, daß der Ausgleicher über Wasser kommt, Taf. 6. Dies ist nötig, sofern das Regulierschraubengetriebe unmittelbar den Ausgleicher fassen soll. Wenn der Ausgleicher aber selbst wieder durch Hebel gehalten ist, so ist das Herausnehmen desselben über O. W. nicht unbedingt nötig, er sollte aber doch mindestens so weit über dem Laufraddeckel liegen, daß dieser für das Nachsehen der Turbine genügend hoch gehoben werden kann. Die Aufhängung eines solchen Ausgleichers an einem Hebel statt an einer Geradführung zeigt Taf. 6 in kleinem und Fig. 258 in größerem Maßstab.

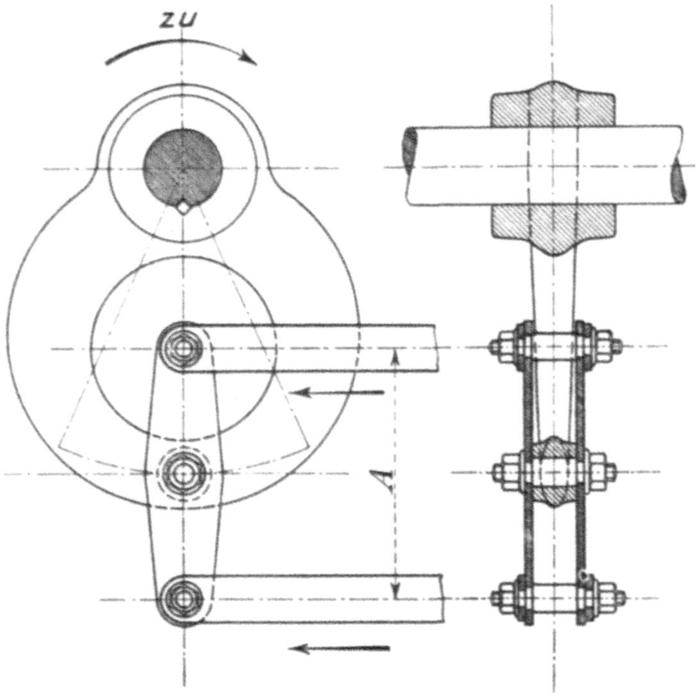

Fig. 258.

Der am Hebel aufgehängte Ausgleicher wird zweckmäßig aus zwei gleichen Stücken gefertigt, wovon eines oberhalb, das andere unterhalb des Traghebels liegt, und auch die Lenkstangen bestehen aus oben und unten liegenden Schienen. Auf diese Weise bleiben sämtliche Kräfte in einer Ebene, der Mittelebene des Traghebels vereinigt, Kippmomente sind vermieden. Der eine Endzapfen des Ausgleichers geht durch die Aussparung des Traghebels frei hindurch.

Bei Anwendung mechanischer Regler war es nötig, daß der Schlußweg des Regulierringes zu dem Hub der Tachometermuffe in fester Beziehung stand. Der Ringstellung „offen" hat die tiefste, der Ringstellung „zu" die höchste Muffenstellung zu entsprechen, ohne daß damit gesagt ist, daß die Größe der einen Strecke an sich in irgendeinem bestimmten Verhältnis zur Größe der anderen stehen solle. Wünschenswert ist dabei, daß sich im Reguliergetriebe irgendwo eine Stelle befindet, an der, ohne Auswechselung oder Umänderung eines Getriebeteils, nach vollendeter Montierung das Verhältnis der beiden Strecken nachträglich etwas geändert werden kann. Ungenauigkeiten in der Ausführung oder dgl. lassen dies manchmal nötig erscheinen. Diesem Bedürfnis entspricht u. a. die in Fig. 259 gezeichnete Form eines Traghebels mit verstellbarem Hub.

Der Drehzapfen des Ausgleichers sitzt hier in einem verschiebbaren Lager, das einfach durch zwei Schrauben gehalten ist. Besondere Stellschrauben sind unnötig, da nur einmal, beim Justieren des Reglers, verstellt wird, dagegen

[1]) Diese enthalten so manchen guten, konstruktiven Gedanken, daß eine gegenüber der 1. Aufl. teilweise gekürzte Beschreibung doch vielleicht noch nützlich sein kann.

empfiehlt es sich, das Lager etwas eingehobelt zu führen, damit dieses beim Lösen der Schrauben nicht abwärts rutschen kann. Der Hebel erhält die gekröpfte Form, damit der Drehzapfen des Ausgleichers in einer Radialen verschoben wird.

Die einfachen Turbinen mit liegender Welle im offenen Schacht zeigen, wenn „Krümmer im Haus", Taf. 20, ganz kurze Kurbelwellen, ebenso die Spiralturbinen (Taf. 35, 36).

Die Anordnung einfacher Turbinen mit liegender Welle im offenen Schacht, aber mit „Krümmer im Schacht", Taf. 21, stellte eine neue Aufgabe für die Konstruktion eines Ausgleichers.

Es war ziemlich selbstverständlich, aus Gründen der Zugänglichkeit usw., daß bei „Krümmer im Haus" das ganze Reguliergetriebe einschließlich des Ausgleichers auch im „Haus", also auf der Krümmerseite untergebracht wurde. Die ganze Anordnung drängt ja förmlich darauf hin. Anders ist dies bei der Anordnung „Krümmer im Schacht". Der Regulierring liegt hier auch zweckmäßig auf der Krümmerseite, einmal, weil der Krümmer gute Stützpunkte für die Lagerung des Regulierbetriebes bietet, dann aber auch, weil auf diese Weise das Nachsehen des Leitapparates durch Wegnehmen des Deckels über demselben vom Hausinnern aus ermöglicht wird. Wollte man den Antrieb des Regulierringes nebst Ausgleicher ins Hausinnere legen, so könnte der Deckel ohne Abmontierung des Reguliergetriebes kaum weggenommen werden.

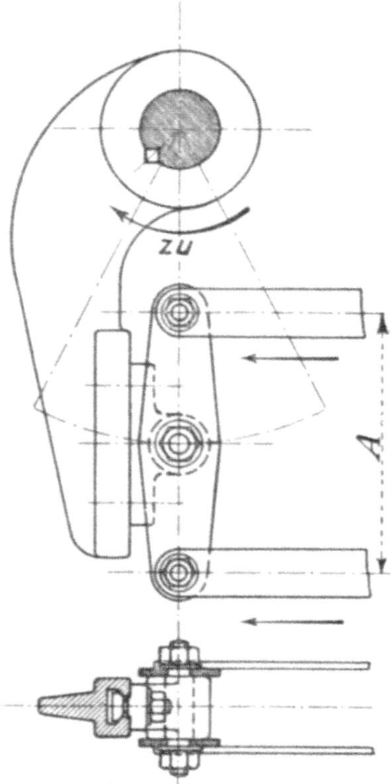

Fig. 259.

Nun kann wohl der Ausgleicher im Wasser liegen, weil es sich für denselben nur um geringe Drehung in den Gelenkzapfen handelt, die Regulierschraubenspindel dagegen darf natürlich nicht ins Wasser kommen, und so mußte eine Welle, die sich in einer Stopfbüchse dreht, eines der Zwischenglieder zwischen Regulierring und Regulierspindel bilden (Taf. 21).

Besonders mit Rücksicht auf die Verhältnisse bei mehrfachen Turbinen lag die Aufgabe für den Konstrukteur hier darin, den Ausgleicher unmittelbar auf der Welle d, Fig. 255, unterzubringen, denn jeder Regulierring mußte für sich und unabhängig von dem benachbarten Ring in ausgeglichener Weise angetrieben werden. Dies gilt, einerlei ob Hebel abc nach Fig. 254 oder direkter Lenkstangenangriff nach Fig. 255 zur Anwendung kommen sollte.

Die Hebelanordnung nach Fig. 254 verlangt, wie leicht ersichtlich, gleich große Lenkstangenkräfte L. Der Ausgleicher hatte dies also zu bewerkstelligen.

Die erste für diesen Zweck angewendete Konstruktion, Voith-Heidenheim, ist in Fig. 260 schematisch angegeben. Statt der Lenkstangen ist auf jeden Bolzen f des Winkelhebels ein Zwischen-(Winkel-)Hebel efg geschoben, an dessen kürzerem Ende e die betr. Lenkstange angreift. Haben nun beispielsweise die auszugleichenden Lenkstangenkräfte L die in Fig. 260 gezeichneten Richtungen gegenüber den Winkelhebelarmen ef, so wird der Arm fg des linken Zwischenhebels das Streben haben, eine Drehung gegen aufwärts auszuführen, der Arm fg

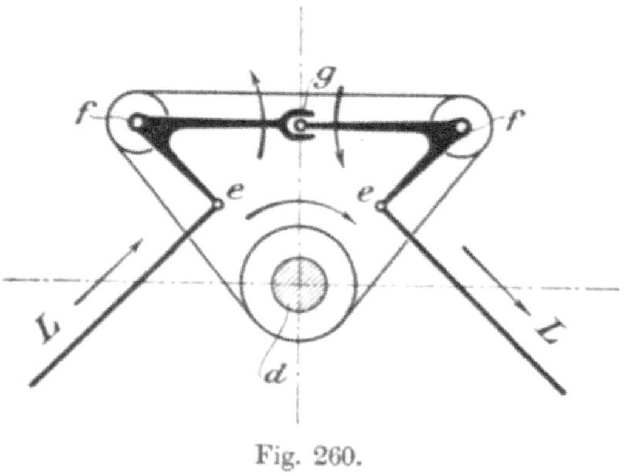

Fig. 260.

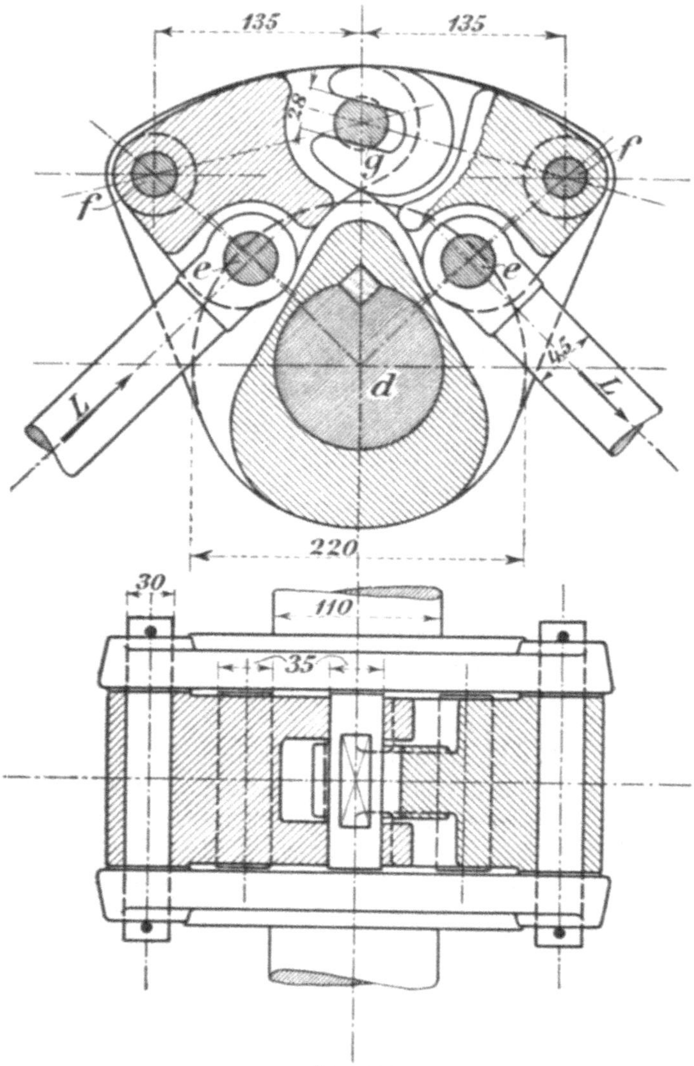

Fig. 261.

des rechtsseitigen Hebels dagegen wird die Drehung nach abwärts einschlagen wollen. Da sich aber die Enden g der Zwischenhebel gabelartig gegeneinander stützen, so hindern sie sich gegenseitig an der beabsichtigten Drehung. Angenommen nun, die linksseitige Stangenkraft L erweise sich infolge einseitiger Klemmungen größer als die rechtsseitige, so wird beim Drehen der Welle d nach rechts zuerst gar keine Bewegung des Regulierringes eintreten, sondern der Zug der linksseitigen Stangenkraft bewegt die beiden Zwischenhebel so weit aus der Mittellage, bis die rechtsseitige Stangenkraft so weit angewachsen ist, daß sie, abgesehen von den Reibungswiderständen der Drehbolzen des Ausgleichers, der linksseitigen gleich ist. Dabei ist es, wie auch bei dem einfachen Hebelausgleicher nach Fig. 252 gar nicht erforderlich, daß die Stangenkräfte sehr nahe gleich groß sind, um die Bewegung des Regulierringes mit geringem äußeren Kraftaufwand zu ermöglichen; die Ausgleicher haben praktisch genommen eigentlich der Hauptsache nach die Aufgabe, den Klemmungen, wie sie in Fig. 247 und 248 übertrieben dargestellt sind, entgegenzuwirken. Dies wird für einfach geführte, nicht auf Rollkugeln laufende Regulierringe aber dauernd und sicher nur durch wirklich bewegliche Ausgleicher, nie aber durch Einstellvorrichtungen, wie Schraubenschlösser in den Lenkstangen oder dgl., erreicht.

Die in Fig. 260 schematisch dargestellte Konstruktion sieht in der Praxis so aus, wie dies Fig. 261 zeigt.

Da die Relativbewegungen im Ausgleicher nur sehr gering sind, so konnte ohne großes Bedenken im Interesse gedrängter Anordnung die gestreckte Lage der Hebelarme *fg* verlassen werden; die Aussparung der Nabe dient dem gleichen Zweck, sie ist unbedenklich, weil die Außenplatten der geschwächten Stelle wieder aufhelfen. Der Gabeleingriff bei *g* zeigt natürlich Flächen- und keine Linienberührung.

4. Ausgleicher für ganze und mehrfache Umdrehung.

Die seither geschilderten Ausgleicher sind sämtlich nur für kleine Teildrehungen brauchbar, wie sie eben bei den Regulierringen der äußeren Radialturbinen auch nur nötig sind.

Für das Drehen von Rundschiebern u. dgl. sind, sofern dies ebenfalls durch Kräftepaare bewerkstelligt werden soll, andere Ausgleicher nötig, die für ganze und eventuell mehrfache Umdrehungen der auszugleichenden Wellen dienstfähig sein müssen. Eine Anordnung sei hier im Zusammenhang mit dem seitherigen noch kurz geschildert, die in Fig. 262 schematisch dargestellt ist.

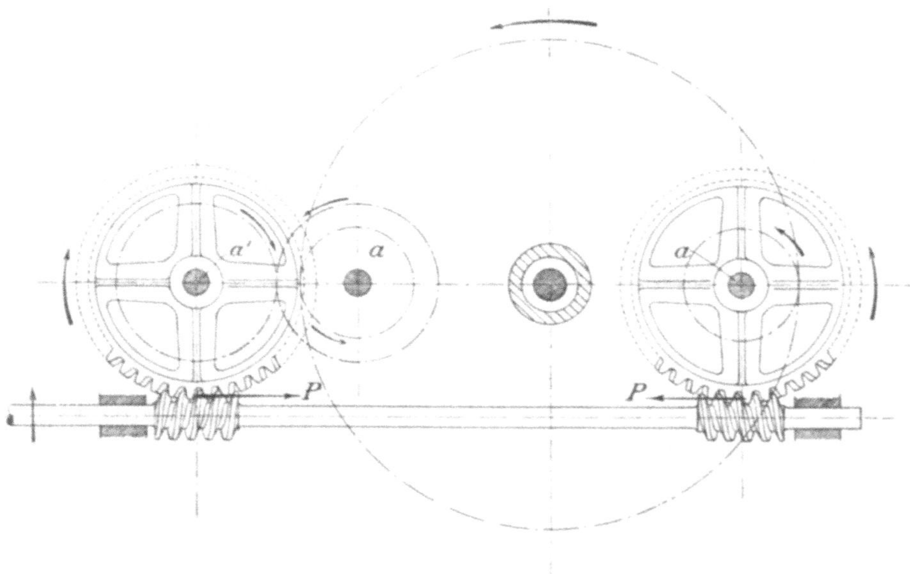

Fig. 262.

Die einen Ringschieber antreibenden Wellen *aa* sind mit gleichem Moment und in gleicher Drehrichtung zu betreiben. Eine derselben trägt ein Schneckenrad für beispielsweise rechte Schnecke, die andere, links, ist durch zwei gleich große Stirnräder mit einem Schneckenrad für anders laufende (also hier linksgängige) Schnecke verbunden, das sich im übrigen lose auf oder mit einer Hilfswelle *a'* dreht und mit dem zugehörigen Stirnrad gekuppelt ist. Die beiden Schnecken, rechts und links, sitzen fest auf gemeinschaftlicher Welle und dadurch unter sich gegen achsiale Verschiebung gesichert; im übrigen ist die Schneckenwelle in Lagern gehalten, aber samt den auf ihr befestigten Schnecken achsial frei beweglich.

Aus den Pfeilrichtungen der Fig. 262 geht hervor, daß die Schneckenwelle für die gezeichnete Drehrichtung der Wellen *aa* durch den widerstehenden Zahndruck der Schneckenräder auf Druck beansprucht wird, ein nach außen frei tätiger Achsialschub der Schneckenwelle ist ideell nicht vorhanden. Sowie eine der Wellen a etwa leer ginge, würde der Spielraum augenblicklich durch eine entsprechende achsiale Verschiebung der Schneckenwelle selbsttätig aufgezehrt und diese Verschiebung ginge so lange weiter, bis die beiden Schneckenzahndrücke sich, abgesehen von der achsialen Lagerreibung der Schneckenwelle, wieder das Gleichgewicht halten. Bei den damaligen Ausführungen der Einrichtung ließ man Stirn- und Schneckenrad auf der Hilfswelle a' als ein Stück ausführen, und zwar als Stirnrad mit schräggestellten, im übrigen geradlinigen Zähnen, wie ja häufig solche Räder für Schneckenbetrieb (langsam laufend) gefertigt werden. Das Rad auf der linksseitigen Welle a bedarf dann nur der entgegengesetzten Zahnschräge, um mit dem geradzahnigen Schneckenrad der Hilfswelle als Stirnrad mit schräger Verzahnung Eingriff zu finden.[1])

5. Die Beanspruchungen des Regulierringes.

Im Anschluß an schon vorher S. 382 u. f. Gesagtes ist hier noch der Einfluß zu erörtern, den der Antrieb des Regulierringes durch ein Kräftepaar nach Fig. 249, S. 386, auf die Festigkeit desselben ausübt.

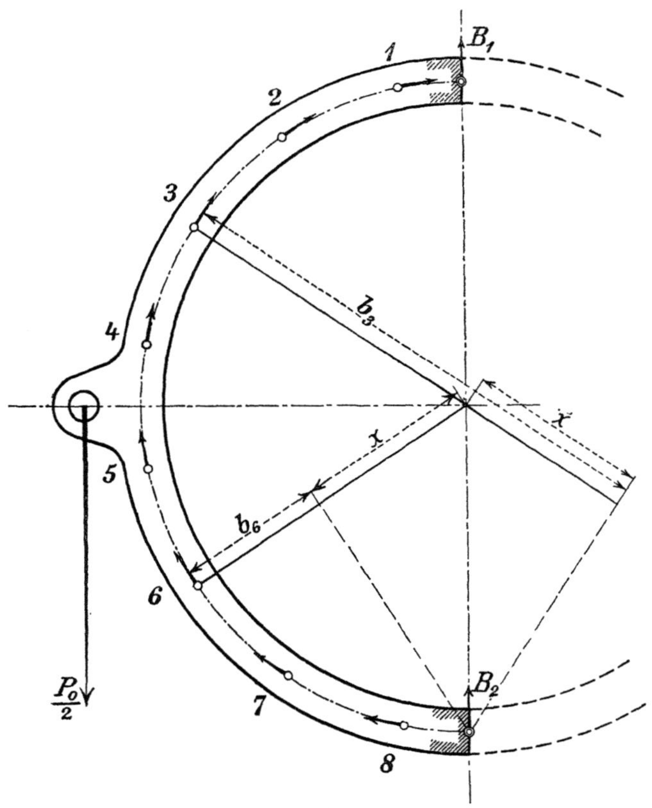

Fig. 263.

Um Einsicht in die Verhältnisse zu erhalten, denken wir uns den Regulierring in seiner senkrechten Achse $B_1 B_2$ also parallel zu den Richtungen der $\frac{P_0}{2}$ durchgeschnitten, Fig. 263. Das Gleichgewicht wird ungestört bleiben, wenn wir in den Ringquerschnitten B_1 und B_2 statt des fortfallenden rechtsseitigen Stückes die dort tätigen Kräfte B_1 und B_2 anbringen, deren Richtung und Größe aber erst zu ermitteln sind. Wir betrachten den ideellen Betrieb des Ringes, auf Grund der ermittelten tatsächlichen Größen T, für den wir die Größe der äußeren Regulierkräfte $\frac{P_0}{2}$ durch Gl. 600, S. 386, kennen. Da auch nach dem Abschneiden der einen Ringhälfte Gleichgewicht herrschen muß, so werden wir beispielsweise das Moment, das die noch unbekannte Spannung B_1 auszuüben hat, als Summe der rechtsdrehenden Momente der Tangentialkräfte T am halben Ringe abzüglich des linksdrehenden Momentes der einen Kraft $\frac{P_0}{2}$ finden, wenn wir diese Momente

[1]) Die ganz gleiche Vorrichtung findet jetzt mit Vereinigung der beiden Wellen a zu einer einzigen im Kranbau Anwendung, hier zu dem Zwecke, den nach außen gehenden Achsialschub aufzuheben, der entsteht, wenn nur eine Schnecke verwendet würde, und um zwei Schnecken von nur je halber Belastung zu erhalten.

den Punkt B_2 beziehen. Als Erleichterung bei der Aufstellung der Momentsumme für die Tangentialkräfte dient, daß nach Fig. 263 je zwei symmetrisch zur Horizontalen gelegene Kräfte T, beispielsweise die an den Stiften Nr. 3 und 6 angreifenden, zusammen den Momentarm $b_3 + b_6 = D_T = 2r$ aufweisen. Es ist nämlich der Momentarm b_3 um das gleiche Stück x größer als r, um das das Maß b_6 kleiner ist, wie aus der Figur ohne weiteres hervorgeht.

Die Summe der Momente in bezug auf B_2 ist also für die Tangentialkräfte des halben Ringes gegeben durch

$$\frac{1}{2} \cdot \frac{z_0}{2} T \cdot 2r = \frac{z_0}{2} T \cdot r$$

rechtsdrehend.

Das Moment von $\frac{P_0}{2}$ in bezug auf B_2 beträgt gemäß Gl. 600

$$\frac{P_0}{2} l = \frac{z_0}{2} T \frac{r}{l} l$$

also ebenfalls $\frac{z_0}{2} T \cdot r$, aber linksdrehend.

Die Summe der Momente aller Außenkräfte in bezug auf B_2 ist also Null, das heißt die in B_1 tätige Spannung muß in der Richtung $B_1 B_2$ liegen; natürlich gilt dies auch für die Spannung in B_2. Wir haben es also in den Querschnitten B_1 und B_2 nur mit Scherkräften zu tun.

Die Summe $B_1 + B_2$ dieser Scherkräfte finden wir wie folgt. Wir können uns jede Tangentialkraft T in eine vertikale Komponente parallel zur Linie $B_1 B_2$ und eine solche senkrecht dazu zerlegt denken. Die Differenz zwischen $\frac{P_0}{2}$ und der Summe dieser Vertikalkomponenten ist dann gleich $B_1 + B_2$.

Im Einzelfalle wäre das Aufzeichnen und Zerlegen der T in den Stiftpunkten eine leichte, aber doch umständliche Arbeit. Wir kommen ein für allemal rascher durch Rechnung zum Ziele, wenn wir uns folgendes vorhalten. Der Kreis vom Durchmesser $D_T = 2r$ trägt z_0 gleichmäßig verteilte Stifte mit Tangentialkräften T, die fast immer im Verhältnis zu D_T recht nahe aufeinander folgen. Wir begehen deshalb fast keinen Fehler, wenn wir die $z_0 \cdot T$ nicht als auf z_0 einzelne Punkte verteilt annehmen, sondern sie auffassen, als in unendlich vielen Punkten auf dem ganzen Kreise rundum gleichmäßig verteilt angreifend. In diesem Falle kommt auf den Umfang $D\,\pi = 2r\pi$ die ganze Summe der Tangentialkräfte $z_0 \cdot T$ und die Summe der Tangentialkräfte pro Längeneinheit des Umfanges stellt sich auf $\frac{z_0 \cdot T}{2r\pi}$.

Auf eine Länge $r d\alpha$, Fig. 264, fällt demnach der Betrag an Tangentialkraft von

$$dT = \frac{z_0 \cdot T}{2r\pi} r d\alpha = \frac{z_0 \cdot T}{2\pi} d\alpha \quad \dots\dots\dots\dots \quad 601$$

Die Summe der Vertikalkomponenten von dT für den halben Ring stellt sich dann, Fig. 264, auf

$$\int_{0^0}^{180^0} dT \sin\alpha = \frac{z_0 \cdot T}{2\pi} \int_{0^0}^{180^0} \sin\alpha\, d\alpha = \frac{z_0 \cdot T}{\pi} \text{ aufwärts gerichtet} \quad \dots \quad 602$$

und wir erhalten demgemäß

$$B_1 + B_2 = \frac{P_0}{2} - \frac{z_0 \cdot T}{\pi}.$$

Setzen wir aus Gl. 600 den Betrag für $\frac{P_0}{2}$ ein, so ergibt sich schließlich einfach

$$B_1 + B_2 = z_0 T \cdot \left(\frac{r}{2l} - \frac{1}{\pi}\right) \quad \ldots \ldots \ldots \ldots \quad 603$$

Wie sich dieser Betrag auf B_1 und B_2 zu verteilen hat, wird weiter unten zu erörtern sein.

Wir greifen jetzt eine Stelle des Regulierringes heraus, die um einen bestimmten Winkelabstand φ von der Achse $B_1 B_2$ entfernt liegt, Fig. 264, um das Biegungsmoment für diese Stelle zu bestimmen, und behalten auch hierfür die Annahme der gleichmäßigen Verteilung der $z_0 \cdot T$ bei. Wir finden ein linksdrehendes Moment aus der Scherkraft B_1 im Betrage $B_1 \cdot r \sin \varphi$ und diesem entgegenwirkend die Summe ΣM_T der von $\alpha = 0$ bis $\alpha = \varphi$ vorhandenen rechtsdrehenden Momente der einzelnen dT, die wir anschreiben als

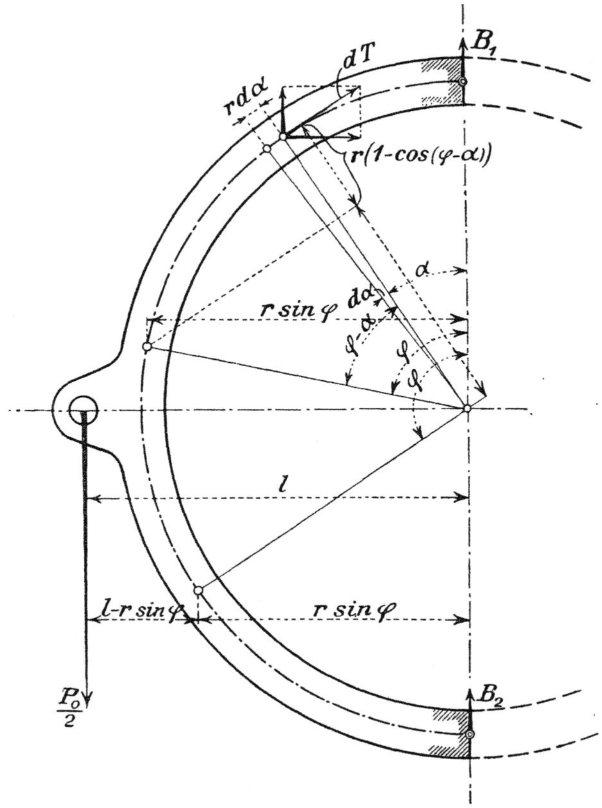

Fig. 264.

$$\Sigma M_T = \int_0^{\varphi} dT \cdot r \left(1 - \cos\,[\varphi - \alpha]\right)$$

$$= \frac{z_0 \cdot T \cdot r}{2\pi} \int_0^{\varphi} \left(1 - \cos\,[\varphi - \alpha]\right) d\alpha$$

woraus nach Integration folgt

$$\Sigma M_T = \frac{z_0 \cdot T \cdot r}{2\pi} (\varphi - \sin \varphi) \quad . \; . \quad 604$$

Das resultierende Biegungsmoment der äußeren Kräfte in bezug auf den um φ von B_1 entfernten Querschnitt lautet also

$$M = B_1 \cdot r \sin \varphi - \frac{z_0 \cdot T \cdot r}{2\pi} (\varphi - \sin \varphi) \quad 605$$

und diese Gleichung gilt für alle Winkel bis zu $\varphi = 90^0$. Hier kommt eine Änderung, denn für φ größer als 90^0 tritt die Kraft $\frac{P_0}{2}$ als momentbildend mit auf. Ihr Moment hat in bezug auf die betr. Ringquerschnitte gleichen Drehsinn wie das von B_1 und stellt sich, Fig. 264, auf

$$\frac{P_0}{2}(l - r \sin \varphi) = \frac{z_0}{2} T \frac{r}{l}(l - r \sin \varphi)$$

so daß für den zweiten Quadranten des Ringes, bis nach B_2 hin, das Biegungsmoment beträgt

$$M = B_1 \cdot r \sin \varphi + \frac{z_0}{2} T \cdot r \left[1 - \frac{r}{l} \sin \varphi - \frac{\varphi - \sin \varphi}{\pi}\right] \quad \ldots \ldots \quad 606$$

Die Gl. 605 gibt $M = 0$ für $\varphi = 0$, d. h. für den Punkt B_1, und die Gl. 606 zeigt für $\varphi = 180^0$ im Punkt B_2 das gleiche Ergebnis, unabhängig jeweils vom Betrag B_1 und B_2.

Wir müssen aber B_1 und B_2 einander gleich ansetzen aus folgenden Gründen: Die rechtsseitige weggeschnittene Ringhälfte ist der linksseitigen nicht etwa symmetrisch, sondern kongruent und um 180° verdreht, mithin stoßen in der Vertikalachse beispielsweise oben am Ringscheitel die Ringhälften zusammen von links mit Schubkraft B_1, aufwärts gerichtet und von rechts her muß die Schubkraft entsprechend B_1' vorhanden sein, Fig. 265. Nun muß des Gleichgewichtes halber $B_1 = B_1'$ und $B_2 = B_2'$ sein und dies besagt, eben der Kongruenz wegen, daß nach Gl. 603

$$B_1 = B_2 = \frac{z_0}{2} T \left(\frac{r}{2l} - \frac{1}{\pi} \right) \quad . \quad . \quad 607$$

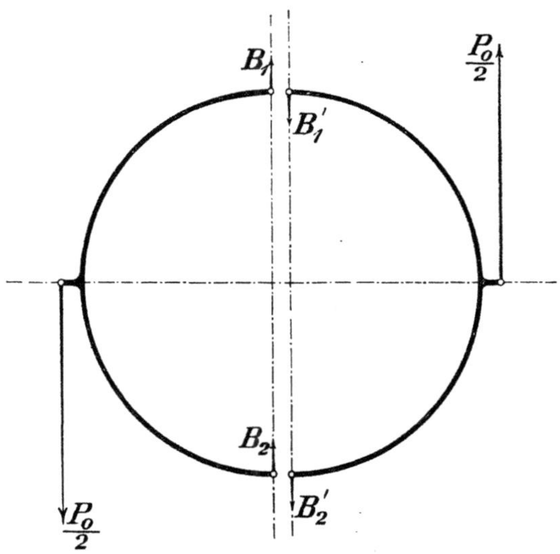

Fig. 265.

Wir setzen diesen Wert von B_1 in die Gl. 605 und 606 ein und erhalten Biegungsmomente im ersten Quadranten:

$$M_I = \frac{z_0}{2} T \cdot r \left(\frac{r}{2l} \sin\varphi - \frac{\varphi}{\pi} \right) \quad . \quad . \quad . \quad 608$$

Biegungsmomente im zweiten Quadranten:

$$M_{II} = \frac{z_0}{2} T \cdot r \left(1 - \frac{r}{2l} \sin\varphi - \frac{\varphi}{\pi} \right) \quad . \quad . \quad . \quad . \quad . \quad . \quad . \quad . \quad . \quad 609$$

Wir haben ein Interesse daran, zu wissen, wo das größte Biegungsmoment liegt und welchen Betrag dies darstellt.

Aus $$\frac{dM_I}{d\varphi} = 0 = \frac{r}{2l} \cos\varphi - \frac{1}{\pi}$$

folgt für den Winkel, in dem der Höchstwert von M_I eintritt,

$$\cos\varphi_I = \frac{2l}{r\pi} \quad . \quad . \quad . \quad . \quad . \quad . \quad . \quad . \quad . \quad . \quad . \quad . \quad . \quad 610$$

Das Moment selbst rechnet sich besser unter Einsetzen der Zahlenwerte für $\sin\varphi$ und φ gemäß Gl. 610 in die Gl. 608

Wir erhalten ferner aus

$$\frac{dM_{II}}{d\varphi} = 0 = -\frac{r}{2l} \cos\varphi - \frac{1}{\pi}$$

und $$\cos\varphi_{II} = -\frac{2l}{r\pi} \quad . \quad . \quad . \quad . \quad . \quad . \quad . \quad . \quad . \quad . \quad . \quad . \quad . \quad 611$$

also den gleichen Betrag wie für I, nur negativ, das heißt die Höchstwerte der Momente liegen in Winkeln symmetrisch zu der Achse $B_1 B_2$.

Für den Sonderfall, daß $r = l$ wäre (Spiralturbinen vielfach) wird

$$\cos\varphi = \pm \frac{2}{\pi} = \pm 0{,}6366 \text{ und } \varphi = \sim 50^0\ 30 \text{ und } 180^0 - 50^0\ 30 = 129^0\ 30.$$

Nehmen wir auch hier das Zahlenbeispiel der Turbine „B", S. 176. Diese hat $z_0 = 24$ und $T = 10{,}73$ kg für Schließen von 50 mm aus, S. 360 u. f., ferner $D_T = 2r = 190$ cm und es mag $l = r + 10$ cm $= 105$ cm sein, was für eine offene Turbine ungefähr passend ist.

Wir erhalten $$\frac{P_0}{2} = \frac{24}{2}\, 10{,}73\, \frac{95}{105} = 116{,}5 \text{ kg} \quad . \quad . \quad . \quad . \quad . \quad . \quad . \quad . \quad \textbf{(600)}$$

dann ist die Summe der Vertikalkomponenten der T:

$$\frac{24 \cdot 10{,}73}{\pi} = 82{,}0\,\text{kg} \quad \ldots \ldots \ldots \ldots \quad (602)$$

$$B_1 = B_2 = \frac{24}{2} 10{,}73 \left(\frac{95}{2 \cdot 105} - 0{,}3183\right) = 17{,}3\,\text{kg} \quad \ldots \quad (607)$$

$$\cos\varphi \text{ für } M_{max} = \pm \frac{2 \cdot 105}{95 \cdot \pi} = \pm 0{,}7036 \quad \ldots \ldots \quad (610)$$

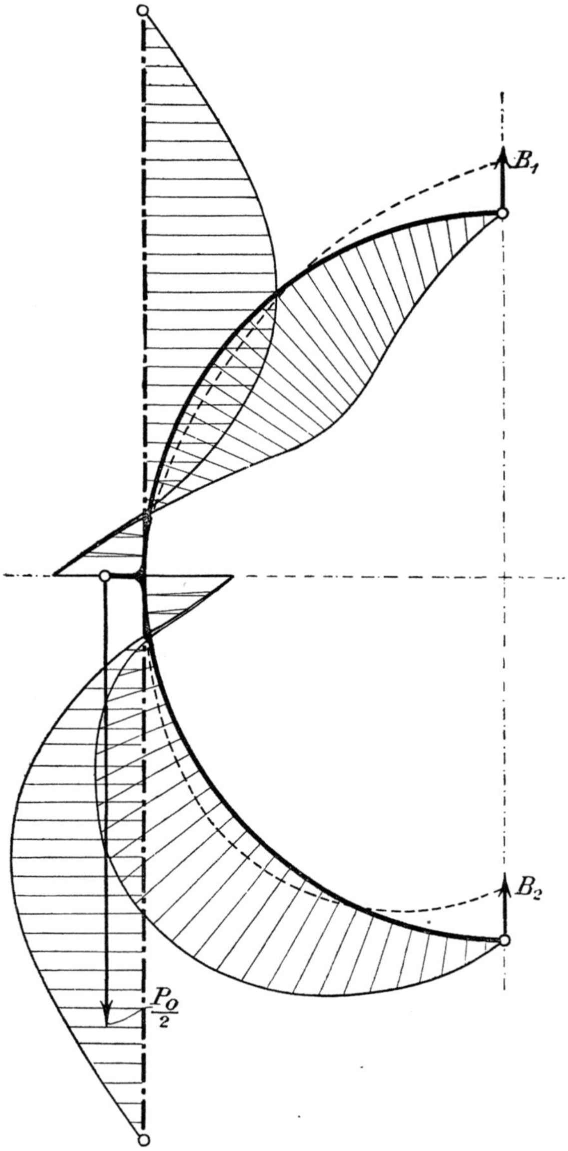

Fig. 266.

also

$$\varphi = \sim 45^0 \quad \text{und} \quad \sim 135^0$$

und demgemäß ist bei $\varphi = 45^0 = \frac{1}{8}\, 2\pi$ der angenäherte Höchstwert nach Gl. 608 fast genau

$$M_{I_{max}} = \frac{24}{2} 10{,}73 \cdot 95 \left(\frac{95}{2 \cdot 105} \cdot \frac{1}{\sqrt{2}} - \frac{2\pi}{8} \cdot \frac{1}{\pi}\right)$$

$$M_{I_{max}} = 855\,\text{cmkg}.$$

Für $M_{II_{max}}$ folgt mit der gleichen Annäherung, d. h. mit

$$\varphi = 135^0 = \frac{3}{8}\, 2\pi = 0{,}75\,\pi$$

$$M_{II_{max}} = -855\,\text{cmkg}.$$

Da der Wert der Biegungsmomente zwischen beiden Höchstwerten das Zeichen wechselt, so muß zwischen beiden mindestens ein Wert $M = 0$ liegen. Der zugehörige Winkel φ rechnet sich nach Gl. 608 aus

$$\frac{r}{2l} \sin\varphi = \frac{\varphi}{\pi} = \frac{\varphi^0}{180^0}$$

oder
$$\sin\varphi = \varphi^0 \frac{l}{r} \cdot \frac{1}{90^0} \quad \ldots \quad 612$$

Für die vorliegenden Maße ist

$$\sin\varphi = 0{,}0123\,\varphi^0,$$

welcher Bedingung etwa $\varphi = 80^0$ entspricht.

Die Gl. 609 ergibt auf gleichem Wege $M_{II} = 0$ für den symmetrisch zu 80^0 liegenden Winkel $\varphi = 100^0$.

In $\varphi = 90^0$ springt der Betrag des Biegungsmomentes nach den Gl. 608 und 609 von $M_I = \frac{z_0}{2} T \cdot r \left(\frac{r}{2l} - \frac{1}{2}\right)$ auf $M_{II} = -\frac{z_0}{2} T \cdot r \left(\frac{r}{2l} - \frac{1}{2}\right)$ im Betrage von je ∓ 582 cmkg.

Es ist überhaupt gar nicht erforderlich, die M_{II} noch besonders ziffermäßig nach Gl. 608 zu berechnen, denn die aus Gl. 609 sich ergebenden Werte von M_{II}

sind für symmetrisch liegende Punkte (wie Nr. 3 und Nr. 6, Fig. 263) zahlenmäßig denjenigen für M_I aus Gl. 608 gleich und nur von entgegengesetztem Vorzeichen.

Wenn wir die Biegungsmomente für die Regulierringhälfte der Turbine „B" den betreffenden Winkeln φ gemäß aufzeichnen, und zwar als radiale Längen, positiv vom Umfang aus gegen innen, negativ gegen außen, so erhalten wir die Darstellung der Fig. 266, radial schraffiert.

Zu beachten ist, daß die M_{max} natürlich nur die Höchstwerte im Zug der M-Kurve aussprechen, es ist aber sehr wohl möglich, daß an dem mittleren Teil der Ringhälfte da, wo die M_I in M_{II} übergehen, größere Beträge auftreten ohne mit der Rechnung im Sinne eines Maximums faßbar zu sein.

Da die Biegungsmomente wie gesagt durchweg symmetrisch liegen, so darf im allgemeinen auch angenommen werden, daß die elastische Durchbiegung des natürlich überall gleich starken Ringes gleichmäßig erfolgen wird, aber der Quadrant I wird gegen außen, der Quadrant II gegen innen durchgebogen werden, der halbe Ring wird, abgesehen von besonderen Knickungen in der Nähe von $\frac{P_0}{2}$, etwa die — — — —-Form, Fig. 266, annehmen.

Die Fig. 266 enthält auch die Darstellung der Biegungsmomente ausgehend von dem in eine —·—·—·—-Gerade abgewickelten Umfang des halben Ringkreises, Durchm. D_T.

6. Konstruktive Notizen.

Die Kurbeln, die bei Anwendung von Ausgleichern den Regulierring betätigen, sind treibende Kurbeln, vgl. Fig. 227, S. 365. Für die Bestimmung des anzuwendenden Kurbelradius müssen wir bedenken, daß der Regulierweg, im Kurbelkreise gemessen, ungefähr so groß sein darf als der Kurbelradius selbst. Die Endstellung der Kurbeln schließt alsdann bei gleichmäßigem Ausschlag einen Winkel von etwa 60^0 ein und die Unterschiede in den Größen der tatsächlichen Antriebs-(Moment-)Radien sind noch nicht sehr groß.

In vielen Fällen haben wir aber nicht einmal ein Interesse daran, den Antriebsradius der Kurbeln über den ganzen Regulierweg hin gleichmäßig groß zu erhalten, sondern es kann uns, dem Wechsel in der Kraft $\frac{P_0}{2}$ für verschiedene Schaufelöffnungen entsprechend, ganz erwünscht sein, wenn wir große $\frac{P_0}{2}$ an kleinen Momentradien der Kurbelwelle abfangen können. Dies sind also Verhältnisse ganz ähnlich denjenigen, wie sie bei Verwendung der kurzen Lenkstangen mit angenäherter Strecklage schon besprochen wurden. Wir haben hier Gelegenheit einen Wechsel in der Übersetzung einzuschalten, der uns für die mehr nach dem Regulierhandrad oder dem Regler hin liegenden Teile des Reguliergetriebes eine gleichmäßigere Beanspruchung verschaffen kann, Fig. 267 und 268.

Erstere stellt die Kurbellagen dar, wie man sie für gewöhnlich als entsprechend hält. Der Kurbelradius schlägt für den vorgeschriebenen Regulierweg nach beiden Seiten gleichmäßig aus, die Momente an der Kurbelwelle werden im allgemeinen den verschiedenen Größen der $\frac{P_0}{2}$ des Ringes proportional sein.

Andererseits zeigt Fig. 268, wie sich mit gleichgroßem Kurbelradius, unter Benützung der Strecklage als Endstellung, die Winkeldrehung der Kurbelwelle gestaltet. Die Momente an der Kurbelwelle erhalten durch die wechselnden Momentradien eine ganz andere Entwicklung als vorher.

Ein Beispiel mag dies erläutern. Wenn wir für das Getriebe nach Fig. 267 die Tangentialkräfte zugrunde legen, wie sie für die Turbine „B" besprochen und in Fig. 231, S. 368, nach Regulierwegen des Ringes geordnet, enthalten sind, so entstehen Drehmomente an der Regulierkurbel, wie sie die schwach gezogene Linie der Fig. 269, nach dem vergrößerten Regulierweg des Lenkstangenangriffs geordnet, aufweist.

Nehmen wir dagegen die Anordnung nach Fig. 268, so erhalten wir als Darstellung der Drehmomente die stark ausgezogene Kurve der Fig. 269, die allerdings für „ganz offen" ein etwas vergrößertes Moment aufweist, die aber für die Schlußstellung eine erwünschte Ermäßigung bringen. Es ist Sache des Konstrukteurs, die Endstellungen der Kurbel derart anzuordnen, daß etwa die größtvorkommenden Drehmomente bei „offen" und „zu" gleichgroß werden (vgl. Taf. 5, bei der zwar keine Totlage vorhanden ist, bei der sich aber die Kurbel bei ganz geschlossener Schaufel der Totlage sehr nähert).

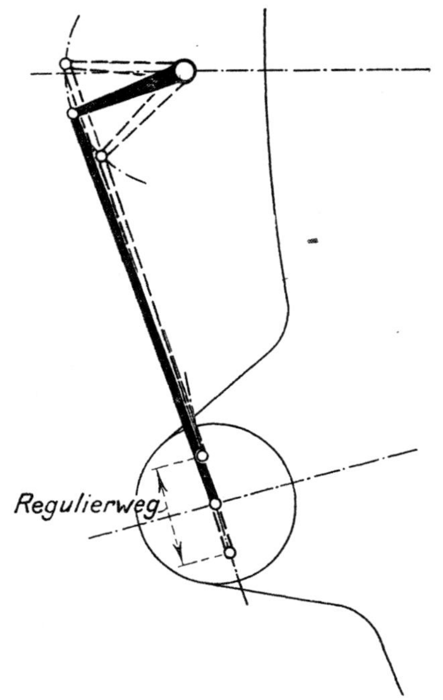

Fig. 267.

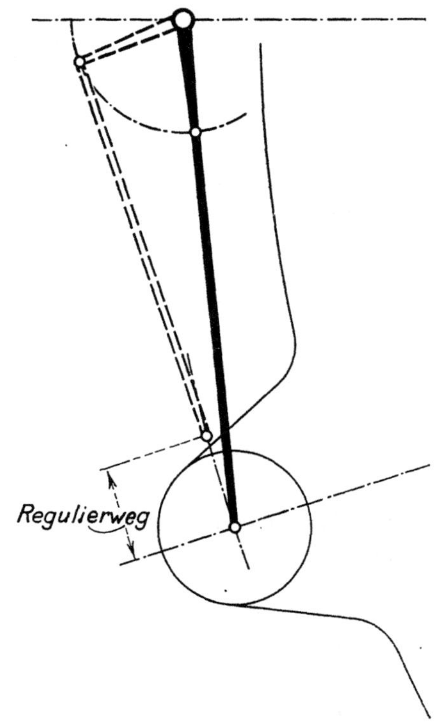

Fig. 268.

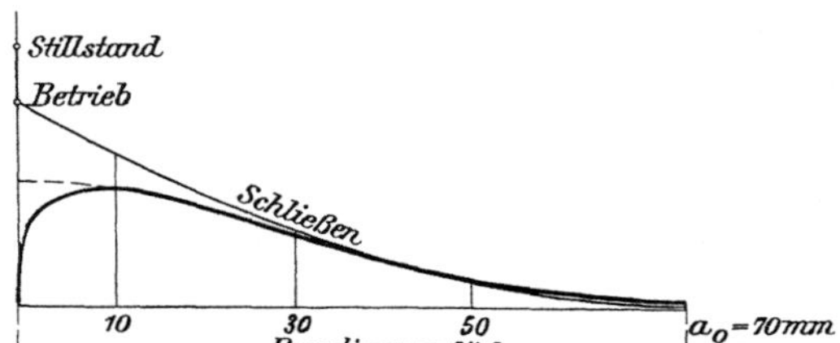

Fig. 269.

In allen Fällen haben wir Veranlassung, die treibenden Kurbeln möglichst klein im Radius zu nehmen, denn mit großen Kurbelradien legen wir uns nur große Drehmomente für die Regulierwelle auf und dazu noch kleine Drehungswinkel für die ganze Regulierbewegung; beides läuft unserm Konstruktionsinteresse zuwider.

Die Kurbeln mit kurzen Radien werden zweckmäßig mit der Welle aus einem Stück geschmiedet, vgl. Taf. 5, so daß nur der Kurbelzapfen eingesetzt werden muß. Wenn es in der Anordnung begründet ist, daß die Kurbelwelle auf eine große Länge ohne Lagerung bleiben muß, so empfiehlt sich, wie bei den Hahnsteuerungen von Dampfmaschinen, die Anwendung kippmomentfreier Kurbelwellen, d. h. von Kurbeln, bei denen die Mitte des Zapfens an der Welle und die des Kurbelzapfens in einer Ebene liegen, Fig. 270. Bei dieser Anordnung wird zwar der Kurbelarm selbst auf Drehung beansprucht, er kann aber entsprechend stark ausgeführt werden, und die Welle ist gegen außen von Biegung frei.

Als Verbindung zwischen Regulierkurbel und Regulierring wird entweder die einfache Kurbelschleife, Gleitstein in einem Schlitz des Regulierringes, verwendet, oder es werden kurze Lenkstängchen zwischengeschaltet. Für diese Lenkstangen, mögen sie nun zwischen Regulierring und Kurbel oder zwischen Hebel und Ausgleicher sitzen, vielfach auch für die Ausgleichhebel selbst, Fig. 252, S. 389, u. a., empfiehlt sich häufig die Ausführung aus Paaren von in Abstand gehaltenen Flacheisenschienen im Gegensatz zu Lenkstangen, die etwa rund und einteilig ausgeführt sind. Die zweiteilig aus Flacheisen ausgeführten Lenkstangen ermöglichen die Anwendung zentrischen Angriffs zwischen Ring und Regulierkurbel, zwischen Lenkstange und Ausgleicher, die Kräfte bleiben in einer Ebene. Wir sind durch solch zweiteilige Lenkstangen in der angenehmen Lage, daß wir nirgendwo einseitige festsitzende Kurbelzapfen anwenden müssen, sondern wir können uns überall mit durchgesteckten Bolzen behelfen, vgl. Taf. 5.

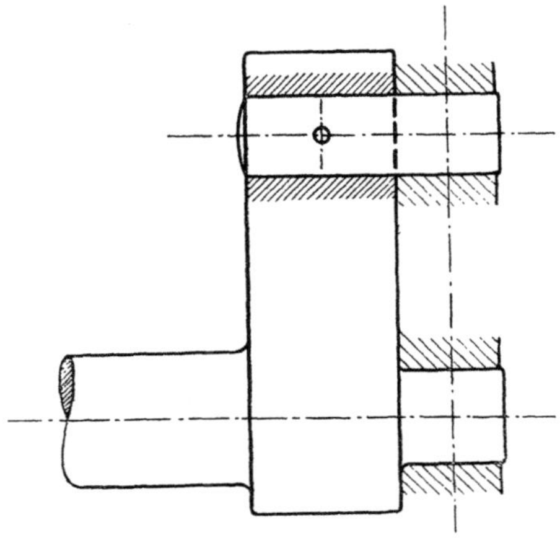

Fig. 270.

Auch der gleichzeitige Angriff zweier Lenkstangen am gleichen Bolzen läßt sich durch je eine zweifache Lenkstange sehr leicht konstruktiv so ausführen, daß die Kräfte in einer Ebene bleiben, Fig. 258 und 259, S. 395. Wollten wir letzteres mit einteiligen Lenkstangen anstreben, so würden teure Gabelköpfe an den Schubstangenenden erforderlich sein. Die zweifachen Flacheisenlenkstangen werden zweckmäßig in Abständen von $^1/_2$ bis $^3/_4$ m durch Zwischenbolzen versteift.

Für Handbetrieb wird in letzter Linie wohl ohne Ausnahme eine Schraubenspindel den Abschluß des Reguliergetriebes bilden, und wir haben der achsialen Führung dieser Schraubenspindel unser besonderes Augenmerk zuzuwenden, weil die Spindelkräfte ihre Richtung wechseln, entsprechend dem Richtungswechsel der Kräfte am Regulierring.

Es empfiehlt sich, solche Spindeln an einem Bund gegen beide achsiale Schubrichtungen zu sichern und im Gegensatz zu der üblichen achsialen Führung von Drehbankleitspindeln nicht etwa den Bund an einem Lager zu verwenden und eine Mutter auf dem schwachen Spindelschaft am anderen aufzusetzen. Wir fassen den Bund beispielsweise mit einer einfachen Scheibe nach Fig. 271, was für Handbetrieb im allgemeinen genügt.

Beim Betriebe mit mechanischem Regler ist es erwünscht, den Bund gut in Schmiere zu halten, wir setzen ihn dann in eine zweiteilige Lagerbüchse nach Fig. 272, wie sie auch auf Taf. 20 in kleinem Maßstabe zu sehen ist. Das andere Ende der Spindel geht dann im Lager achsial frei.

An sämtlichen Reguliergetrieben ohne Ausnahme muß eine Skala jederzeit den Betrag der Öffnung erkennen lassen. Zumeist gibt die Skala die Leitschaufelweite in Millimetern an, der Konstrukteur hat hierfür den passenden Platz herauszusuchen. Wo eine Spindel verwendet wird, wird in den meisten Fällen der Weg der Spindelmutter gegenüber der festen Führung für die Anbringung der Skala dienlich sein, die Mutter erhält den Zeiger und die Skala kommt an die Führung.

Liegt die Spindel an wenig zugänglicher Stelle oder soll der Handregulierbetrieb von verschiedenen Stellen aus beliebig gehandhabt werden können, so muß an jeder dieser Stellen eine Skala vorhanden sein. Hier läßt sich auch entweder

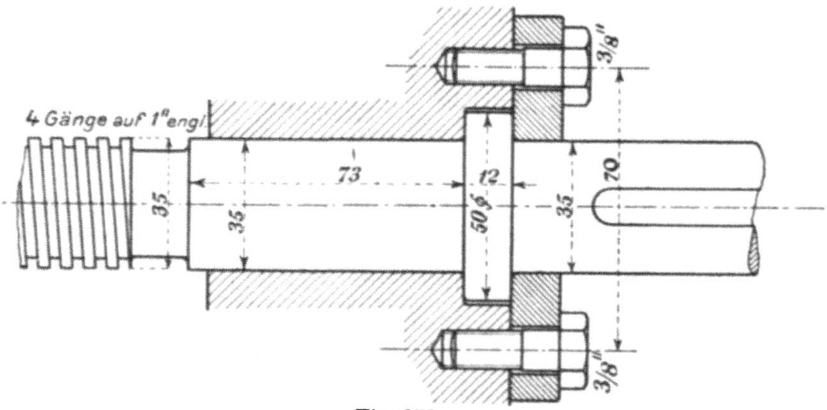

Fig. 271.

durch eine besondere Schraube für die Skala, die mit konischen Rädchen von der Regulierwelle angetrieben wird, ein Zeigerwerk schaffen, Fig. 273, oder es finden Zeiger auf runden Zifferblättern Verwendung, angetrieben durch ganz leichte hyperbolische oder Schneckenrädchen, Fig. 274. Zu beachten ist dabei, daß der Zeiger eines solchen Zifferblattes höchstens dreiviertel einer Umdrehung machen soll, damit Irrtümer in der Stellung des Zeigers ausgeschlossen sind.

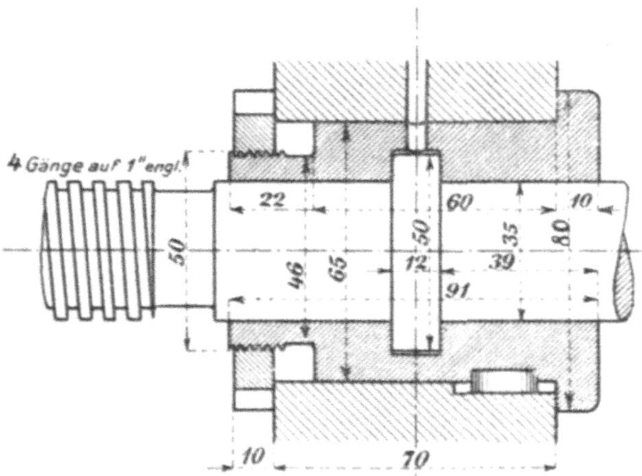

Fig. 272.

Dann aber ist bei Handregulierrädern, wenn irgend tunlich, einzuhalten, daß Rechtsdrehen des Handrades die Turbine schließt, Linksdrehen die Turbine öffnet, weil uns diese Drehrichtungen von den Dampfventilen her geläufig sind.

Die Drehrichtung des Zeigers auf dem Zifferblatt muß immer mit derjenigen des Handrades übereinstimmen. Es empfiehlt sich aber, nur die Drehrichtung „zu" durch Aufschrift und Pfeil deutlich anzugeben, damit bei Unglücksfällen jeder, auch der Unkundige, in der Lage ist, die richtige Drehrichtung für das Abstellen sofort zweifellos erkennen zu können. Die letztgenannten Dinge sind an sich Kleinigkeiten, sie gehören aber, wie manche andere, auch zur Ordnung und zum gesicherten Betrieb.

Zwischen dem Regulierhandrad und dem Orte der Regulierspindel macht sich häufig noch die eine oder andere Zwischenwelle erforderlich, meist unter Anwendung von Kegelrädern. Diese Getriebe können natürlich als Krafträder angesehen werden (Bach), die Durchmesser liegen zwischen etwa 100 und 300 mm und die Teilungen betragen ungefähr 15 bis 20 mm. Als Übersetzungsverhältnisse nehmen wir $\frac{1}{1}$, $\frac{1}{2}$, $\frac{2}{3}$ u. dgl. Es ist für den Handregulierbetrieb ziemlich gleichgültig, wie viele Umdrehungen von „auf" bis „zu" erforderlich sind. Vorzuziehen

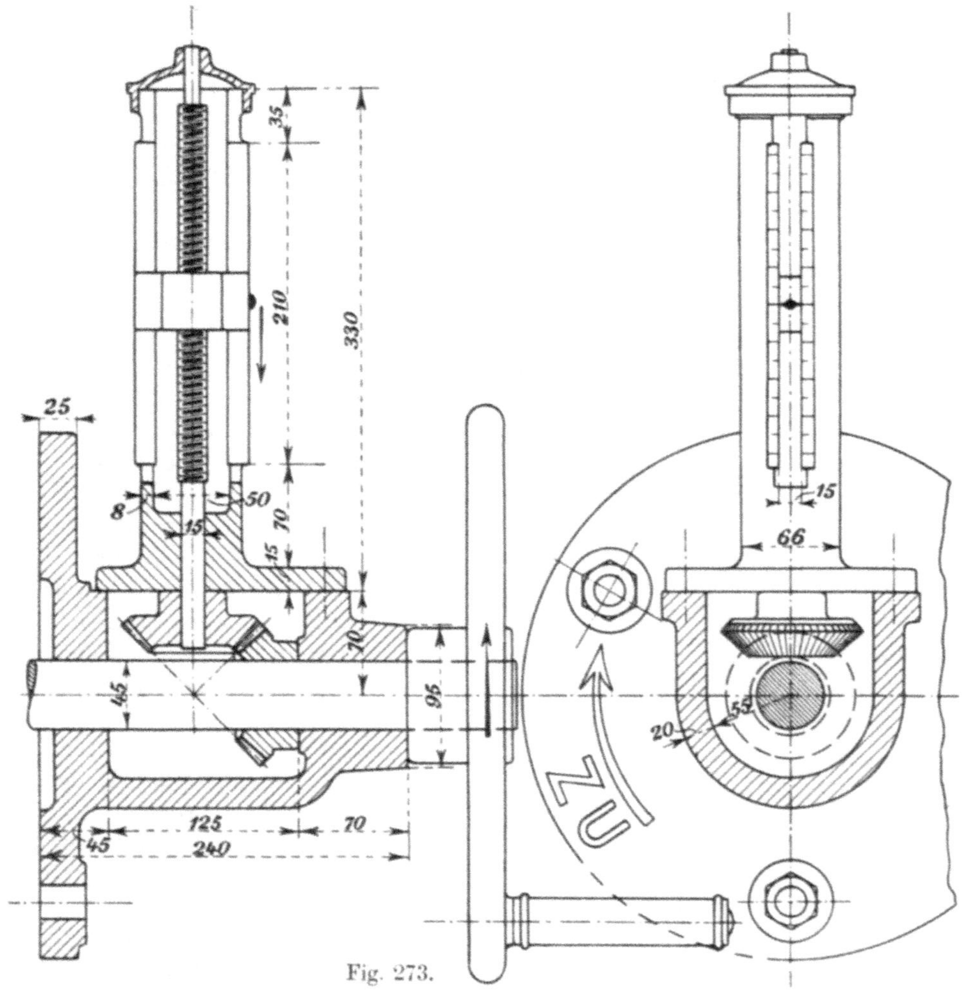

Fig. 273.

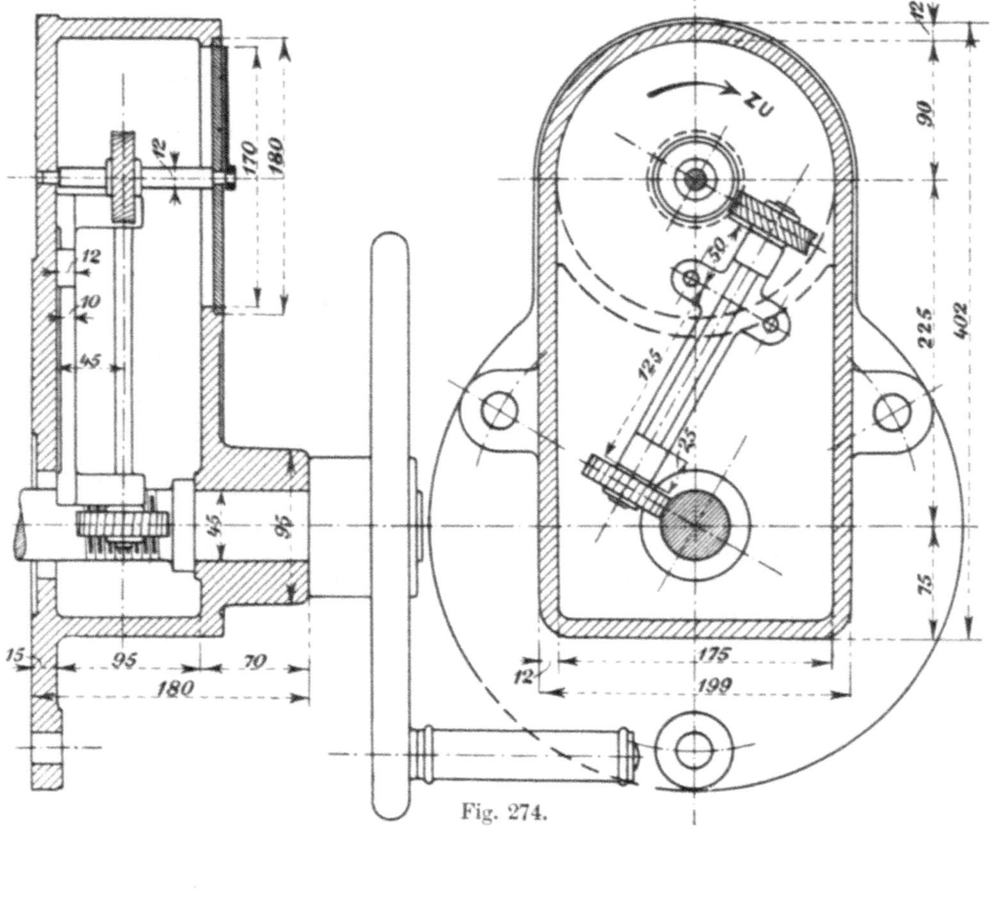

Fig. 274.

wird die Einrichtung der Übersetzungen in der Weise sein, daß ein geringerer Kurbeldruck am Regulierhandrad mit einer größeren Anzahl von Umdrehungen für den Schließweg vereint ist. Wenig Umdrehungen mit hohem Kurbeldruck sind lästig. Kurbeldrucke etwa 2—5 kg höchstens, Kurbelradien 150 bis 250 mm.

Über die Lagerung dieser Kegelräder-Getriebe ist noch eine kurze Andeutung zu machen. Vielfach findet sie sich nach Fig. 275 ausgeführt, eine rechteckige Wandplatte trägt das Auge für die durch die Mauer gehende wagrechte Welle, ein Arm, gestützt durch sich kreuzende Rippen, dasjenige für die senkrechte Welle. Das Ganze ist ein häßliches Gußstück; es ist kaum möglich, die Räder solide aufzukeilen, weil der Keil von innen nach außen geschlagen werden muß, und die Montierung ist auch wesentlich erschwert, weil die Räder nicht außer Eingriff gebracht werden können. Der Monteur hat deshalb kein rechtes Gefühl dafür, ob etwaiges Klemmen von der Welle in den Lagern oder von den Zähnen der Räder kommt. Lagerdeckel sind dafür ein schlechter und nicht gerade billiger Notbehelf.

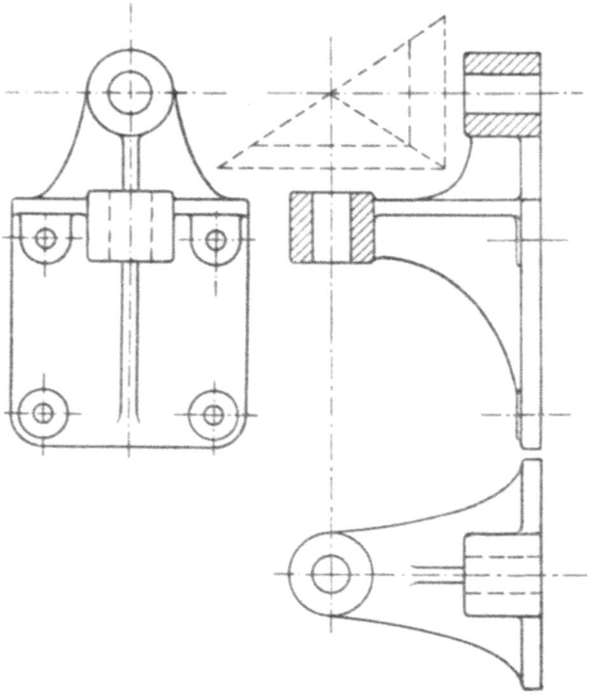

Fig. 275.

Am einfachsten werden die ganzen Umstände, wenn die Lagerung nicht außerhalb der Nabenenden, sondern im Bereich der Kegelspitzen erfolgt, wie dies Fig. 276 zeigt. Ein Böckchen in runder Ständerform, Hohlguß mit Rundflansche, nimmt die wagrechte Welle auf, auf der das Rad fliegend sitzt, und für die stehende Welle schließt sich ein einfaches Auge an den Rundständer an. Das Gewicht der stehenden Welle kann im unteren Lager abgefangen werden. Auf diese Weise können die Räder in Richtung gegen den Schub der Zähne aufgekeilt werden, also in dauerhafter Weise, die Räder können jederzeit außer Eingriff gebracht werden und das Ganze montiert sich leichter und gefälliger.

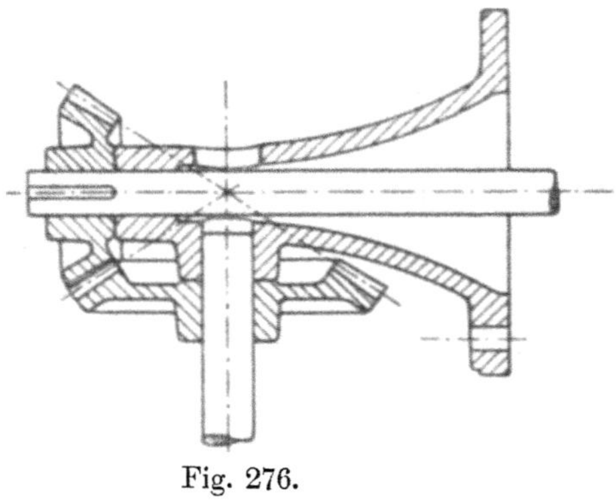

Fig. 276.

Die so überaus ungeschickte handwerksmäßige Lagerung nach Fig. 275 sollte mit Fug und Recht verschwinden, nicht nur bei Turbinenregulierungsgetrieben, sondern auch sonst im Maschinenbau, mag sie nun durch Konstruktionen wie Fig. 276 oder durch bessere ersetzt werden.

Für die Befestigung der Räder, Kurbeln, Hebel usw., die wechselnde Drehrichtungen und häufig auch wechselnde Drehmomente zu übertragen haben, genügt die Anwendung von Keilen in versenkten Keilnuten nur bei Handbetrieb.

Der Reglerbetrieb erfordert die Anwendung von überecksitzenden Keilen, wie z. B. in Fig. 261, S. 396, dargestellt, die, wenn sorgfältig eingepaßt, sich gegen rasch wechselnde Drehrichtung gut bewährt haben.

7. Die Rechnungsgrundlage für das Reguliergetriebe.

Wir können nur die im normalen Betrieb und bei normaler Verfassung der Turbine eintretenden Kräfte am Ring berechnen, die Klemmungen aber, die sich einstellen können, entziehen sich der Rechnung. Es ist deshalb zweckmäßig, das ganze Reguliergetriebe auf Kraftäußerungen zu bauen, die größer sind, als es den errechneten $\frac{P_0}{2}$ am Regulierring entspricht. Wenn die Bestimmung der Tangentialkräfte am Regulierring und demgemäß auch der $\frac{P_0}{2}$ gewissenhaft gemacht ist, so wird für den Zug S an der Mutter der Regulierspindel im allgemeinen eine Verdoppelung der aus den Hebelübersetzungsverhältnissen folgenden Kräfte genügen, sofern das Reguliergetriebe nicht sehr umfangreich angeordnet ist.

Das Drehmoment an der Regulierspindel ist den Steigungsverhältnissen der Schraube gemäß zu rechnen, dabei aber nicht außer acht zu lassen, daß in den weitaus meisten Fällen der Bund der Schraubenspindel, der den achsialen Schub S aufzufangen hat, wesentlich größer im Durchmesser sein wird, als der mittlere Gewindedurchmesser $2r$. Deshalb ist zu dem normalen Spindeldrehmoment $S \cdot r \cdot \operatorname{tg}(\alpha + \varrho)$ noch ein Zuschlagmoment, dem mittleren Bunddurchmesser entsprechend, in Rechnung zu stellen, das häufig gleich, vielfach auch größer ausfallen wird, als das eigentliche Schraubenmoment. Dies ist besonders wichtig für mechanischen Reglerbetrieb. Auf solche Weise stellt sich das am Handrad der Regulierspindel zu leistende Drehmoment meist auf das 4- bis 5fache des ideellen Drehmomentes, wie es sich aus den $\frac{P_0}{2}$ nach Maßgabe der Hebelübersetzungen errechnen würde. Es sei nochmals auf die Bedeutung von $\frac{P_0}{2}$, S. 386, hingewiesen.

15. Die Spaltdruckregulierungen von Zodel und Bell.

Die Fink'schen Drehschaufeln ändern bei der Verstellung gleichzeitig mit dem Austrittsquerschnitt $a_0 \cdot b_0$ auch die Richtung des Wassers gegenüber dem Laufrad und diese folgt im Prinzip wenigstens den Anforderungen des Geschwindigkeitsparallelogramms der Stelle „1".

Wenn nur am Leitrad verstellt werden will, so sollte eine ideale Reguliervorrichtung derart wirken, daß aus dem Geschwindigkeitsparallelogramm der vollen Füllung, beispielsweise für $\beta_1 = 90^0$, dasjenige der Teilfüllung mit $v_{(1)}$, $w_{(1)}$, $\delta_{(1)}$ entsteht, Fig. 277. Es ist ersichtlich, daß also eine Verkleinerung von v_1 und von $\delta_0 = \delta_1$ erforderlich wäre, sofern am Eintritt die Stöße klein bleiben oder ganz vermieden werden sollen.

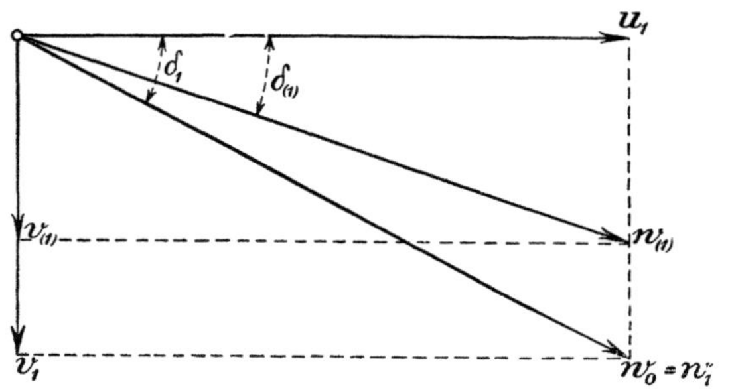

Fig. 277.

Für große Kraftzentralen, bei denen die Teilbeaufschlagung meist nicht unbedingt einen hohen Nutzeffekt aufweisen muß (siehe S. 318 u. f.), finden unter anderem die obengenannten beiden Regulierkonstruktionen Anwendung, beiden ist eigentümlich, daß δ_0 sich äußerlich nicht oder nur wenig ändert.

Die Fink'schen Schaufeln haben die Eigenschaft, daß auch bei Teilfüllung im Schaufelspalt ein stetiger Übergang zwischen Leit- und Laufrad äußerlich gegeben ist, daß also abgesehen vom Einfluß der Leitschaufelstärke s_0 keine weiteren Gelegenheiten zu Wirbeln zwischen Leit- und Laufrad geboten sind.

Von einem stetigen Übergang zwischen der Stelle „0" und der Stelle „1" kann aber bei den vorliegenden Konstruktionen nicht gesprochen werden.

Zodel trennte die Leitschaufelkörper durch einen Zylinderschnitt BC, Fig. 278, in zwei Teile, führte den äußeren stärkeren Teil in einem Gußstück mit den beiden Seitenwandungen des Leitapparates aus, faßte die Schaufelspitzen zu einem zylindrischen Gitterschieber zusammen, der über das Laufrad hinweg nach der Turbine zu seine zentrische Führung hat, und ermöglichte auf diese Weise den Antrieb von außen durch Zahnkranz und Getriebe.

Dieser Gitterschieber hält die Richtung δ_0 für alle Füllungen gleich. Dadurch wachsen die zur Überwindung der einen Art der Stoßverluste aufzuwendenden Druckhöhen $\frac{(v_1' - v_{(1)})^2}{2g}$, S. 80, auf weit größere Beträge an, als bei Fink'scher Regulierung, während sich die anderen Verlusthöhen, $\frac{s^2}{2g}$, in beiden Fällen nur wenig unterscheiden. Außerdem gibt die durch den vorgeschobenen Schieber wachsende Unstetigkeit der Gefäßform, der leere Raum A, Fig. 278, mit abnehmender Füllung Veranlassung zu erhöhten Verlusten durch Wirbel u. dgl. Die zur Verarbeitung des Wassers nutzbare Druckhöhe ist somit durch den Zodel'schen Gitterschieber gegenüber Fink bei Teilbeaufschlagung vergleichsweise noch mehr vermindert, und deshalb wird bei einer Turbine mit Zodel'schem Leitapparat die a_0-Kurve der Fig. 207, S. 329, höher verlaufen, als wenn dasselbe Laufrad mit einem Leitrad aus Fink'schen Drehschaufeln ausgerüstet ist.

Ein Umstand spricht allerdings zugunsten des Gitterschiebers. Die Füllung folgt den Einwirkungen des Reglers rascher, und deshalb wird die Geschwindigkeits-Regulierfähigkeit einer Turbine mit Zodel'schem Gitterschieber schärfer sein als mit Fink-schen Schaufeln. Dem gegenüber steht eine größere Beeinträchtigung des Wirkungsgrades für verminderte Füllungen, die in den Kauf genommen werden muß.

Die Bell'schen Drehklappen, Fig. 279, entsprechen in der Wasserführung den theoretischen Anforderungen eigentlich noch weniger. Die Stetigkeit des „Leitgefäßes" bleibt freilich gewahrt, aber eine Parallelführung der Wasserfäden am Austritt aus der Leitzelle ist nicht mehr vorhanden. Je mehr die Austrittsöffnung geschlossen wird, um so spitziger wird der Verlauf der Leitzellen nach der Mündung „0" zu. Es wird sich dann eine mittlere Stromrichtung einstellen, deren tatsächliches $\delta_{(0)}$ bei abnehmender Weite a_0 größer und größer wird. Die spitzige Form des Gefäßes aber gibt weiterhin bei der plötzlichen Erweiterung im Spalt den Anlaß zu Wirbelerscheinungen, und der

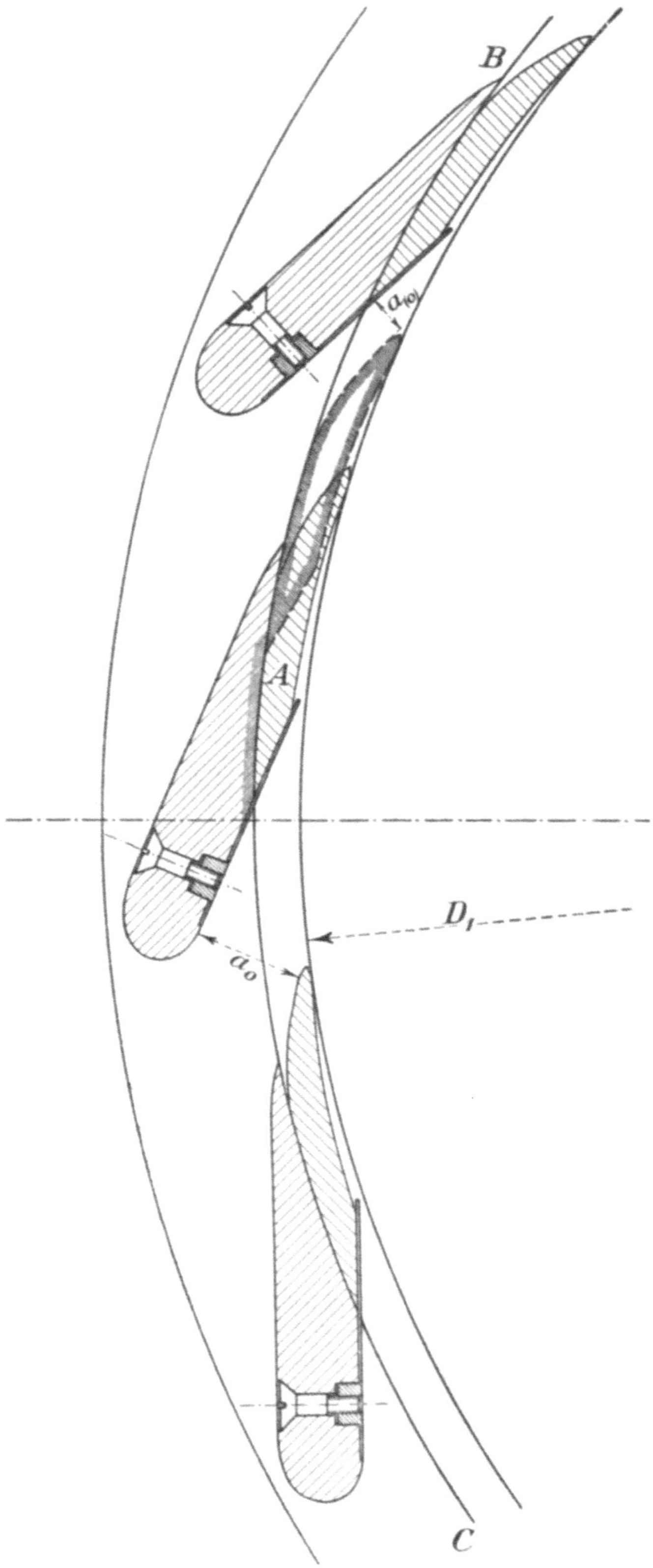

Fig. 278.

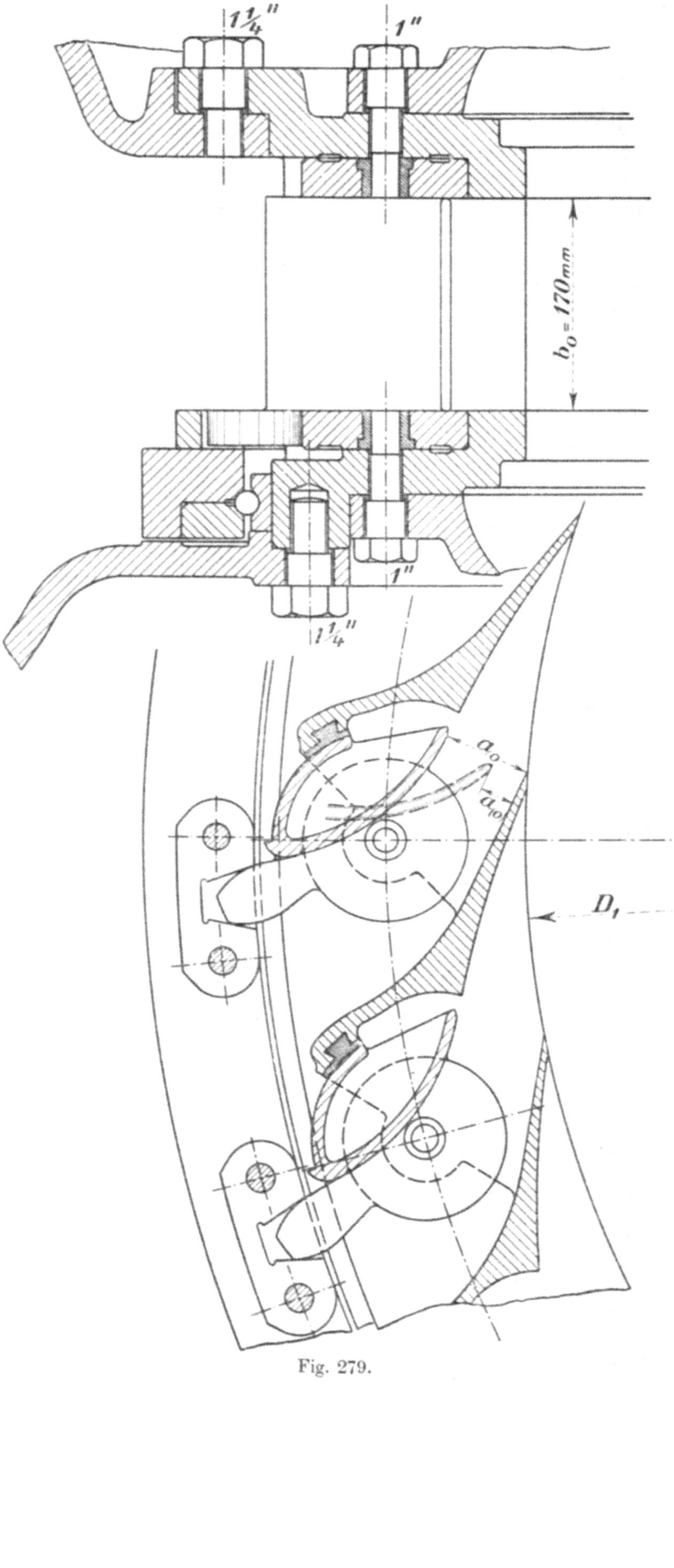

Fig. 279.

vergrößerte Winkel $\delta_{(0)}$ vermehrt den Betrag der Stoßhöhe $\frac{(v_1' - v_{(1)})^2}{2g}$ ganz wesentlich; $\frac{s^2}{2g}$ wird dabei zahlenmäßig etwas kleiner ausfallen, aber nicht in dem Maße, daß die Zunahme der Höhe $\frac{(v_1' - v_{(1)})^2}{2g}$ ausgeglichen wäre. Während also die Fig. 277 mit abnehmender Füllung abnehmende δ_0 und δ_1 verlangt, bringen die Bell'schen Drehklappen eine Vergrößerung dieses δ_0 mit sich.

Für eine in bezug auf Nutzeffekt sparsame Regulierung auf kleine Teilwassermengen sind demnach beide Konstruktionen noch weniger befriedigend als die Fink'schen Schaufeln, dagegen kann dieser Nachteil bei Verwendung in großen Zentralen in bezug auf genaue Geschwindigkeitsregulierung geradezu einen Vorzug bedeuten, weil das bei Teilbeaufschlagung sehr rasche und starke Abfallen von Nutzeffekt und Leistung, und beim Öffnen ebenso das rasche Ansteigen derselben, die Tätigkeit des Geschwindigkeitsreglers ganz wesentlich unterstützt.

Ein konstruktiver Vorzug beider Anordnungen vor den Fink'schen Schaufeln ist die ausgiebige Versteifung, die die Leitradkränze durch die feststehenden äußeren Leitschaufelhälften erfahren. Besondere Versteifungskonstruktionen, wie sie für Fink'sche Schaufeln manchmal unentbehrlich sind, fallen hier weg.

Kommt dazu noch die leichte Beweglichkeit der Bell'schen Regulierzungen im Verein mit guter Führung des Regulierringes, so ist es sehr begreiflich, daß für große Anlagen mit vielen Einheiten die Bell'sche Konstruktion Verwendung gefunden hat, siehe Taf. 17, 18, 43, 44, immerhin aber hat diese die Anwendung der Fink'schen Drehschaufeln auch nicht entfernt erreicht.

Die Zodel'sche Reguliereinrichtung dürfte heute fast keine Anwendung mehr finden.

16. Die Aufstellungsarten der äußeren radialen Reaktionsturbine.

Die Freiheit, die darin liegt, daß die Höhenlage von Leit- und Laufrad zu Ober- und Unterwasser bei Reaktionsturbinen in weiten Grenzen nicht in Betracht kommt, hat bei der äußeren Radialturbine im Verein mit dem Zusammenfassen des abfließenden Wassers im Saugrohr eine Fülle von verschiedenen Aufstellungsarten und Kombinationen gebracht.

So selbstverständlich es ist, daß für kleinere Gefälle die Turbine im offenen Schacht mit offener Zuleitung montiert wird, „offene" Turbinen, ebenso erklärlich ist für hohe Gefälle die Unterbringung in Gehäusen mit Rohrzuleitung, „geschlossene" Turbinen.

Scharfe Grenzen für die Verwendungsbereiche der beiden Aufstellungsweisen gibt es, der Natur der Verhältnisse nach, nicht. Die ungefähre Grenze wird durch die Örtlichkeit und Ausführungsrücksichten gegeben. Im allgemeinen werden wir so lange offene Turbinen verwenden, als die Ausführung des offenen Schachtes und der offenen Zuleitung zu diesem noch keine besonderen Schwierigkeiten verursacht, was etwa bis 10 m Gefälle zutrifft, sofern die Turbine ungefähr in Gefällemitte gesetzt wird (vgl. S. 264).

Die offene Aufstellung ist meist zugänglicher als die geschlossene, besonders für rasches Nachsehen geeigneter, auch ist nicht schon in der Zuführung des Wassers gegen das Leitrad hin ein besonderer Gefälleverbrauch in Aussicht zu nehmen.

Die offene Turbine wird deshalb erst dann durch die geschlossene ersetzt, wenn die Örtlichkeit oder Rücksichten auf sonstige Betriebsverhältnisse dazu Veranlassung geben, schließlich bei Überschreiten der obengenannten ungefähren Grenze von 10 m Gefälle.

Wenn es hier und da, bei größeren, vielfach bebauten Fabrikgrundstücken im Interesse bequemer Verbindung beider Ufer des Oberkanals vorkommt, daß wir auch bei 3 und 4 m Gefälle einmal die geschlossene Aufstellung für kleinere Wassermengen wählen und des dadurch geschaffenen freien Bauterrains wegen die geringere Zugänglichkeit in Kauf nehmen, so ist es geradezu sinnlos, für solche Gefälle geschlossene Turbinen anzuordnen, wenn keine zwingenden Gründe dafür sprechen.

Die stehende Welle bedarf für Transmissionsbetrieb, weil unsere Transmissionen wagrecht liegen, des Zwischenschaltens von Kegelrädern, selbst wenn vielleicht nur eine (kleinere) Übersetzung von nöten wäre, die bei liegender Welle im Riemen- oder Seilbetrieb erledigt werden könnte.

Die erwähnte Unabhängigkeit von der Höhenlage gestattet dann ohne weiteres die schon mehrfach besprochene Anordnung mit liegender Welle und gekrümmtem Saugrohr, die vor der stehenden Welle den großen Vorzug besitzt, daß für Transmissionsbetrieb die eben berührte Notwendigkeit der Anwendung von Rädern entfällt; die Transmission kann durch unmittelbare Kupplung oder durch einfache Riemen- oder Seiltriebe betätigt werden.

Für den Antrieb von direkt gekuppelten Dynamos kommen dagegen beiderlei Anordnungen vor, Taf. 9, 11, 12, 13, 16, 17 usw., dann 22, 23, 25, 27 usw.

Als Grundsatz für die Wahl der Wellenlage gilt aber in allen Fällen, auch bei Strahlturbinen:

Die stehende Welle wird nur da angewendet, wo die liegende unmöglich ist. Die Annehmlichkeiten der liegenden Welle sind so offenbar, daß weitere Worte überflüssig sind.

Wir übersehen die verschiedenen Aufstellungsarten im einzelnen am besten an der Hand einer schematischen Aufzählung im Verein mit eben solchen Aufstellungsskizzen.

In dem Schema sind absichtlich bei der geschlossenen Turbine die liegenden Wellen zuerst angeführt, weil dort die liegende Welle die Regel, die stehende dagegen die seltene Ausnahme bildet.

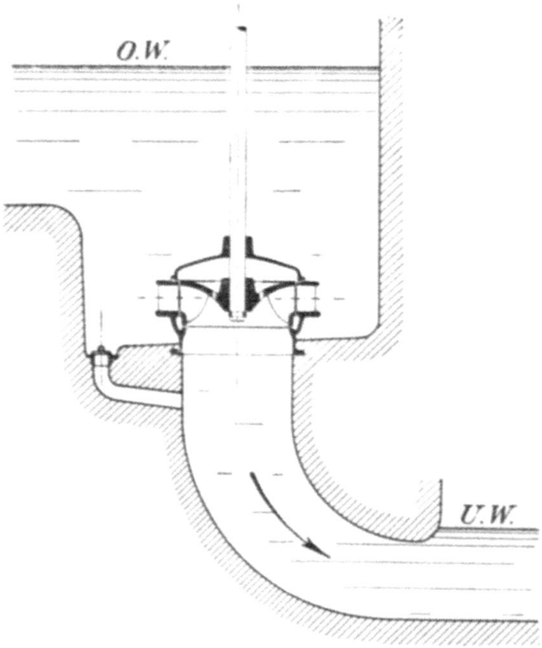

Fig. 280.

Die Anordnungen umfassen:

A. Offene Turbinen.

1. Stehende Welle.

Einfache Turbinen,	Fig. 280	auch	Taf.	5, 6, 7, 8, 9.
Doppelturbinen	„ 281, 282, 283, 284	„	„	11, 12, 13, 14, 15, 16.
Dreifache Turbinen	„ 285, 286, 287, 288	„	„	17.
Vierfache „	„ 289, 290	„	„	18, 19.

Zur Erzielung hoher Umdrehungszahlen sind die Vierfachturbinen natürlich noch mehr geeignet als die dreifachen, wenn sie sich auch naturgemäß noch umständlicher bauen; sie müssen bei kleinen Gefällen sehr tiefe Kammern erhalten, damit die oberste Teilturbine überhaupt richtig unter den Oberwasserspiegel kommt.

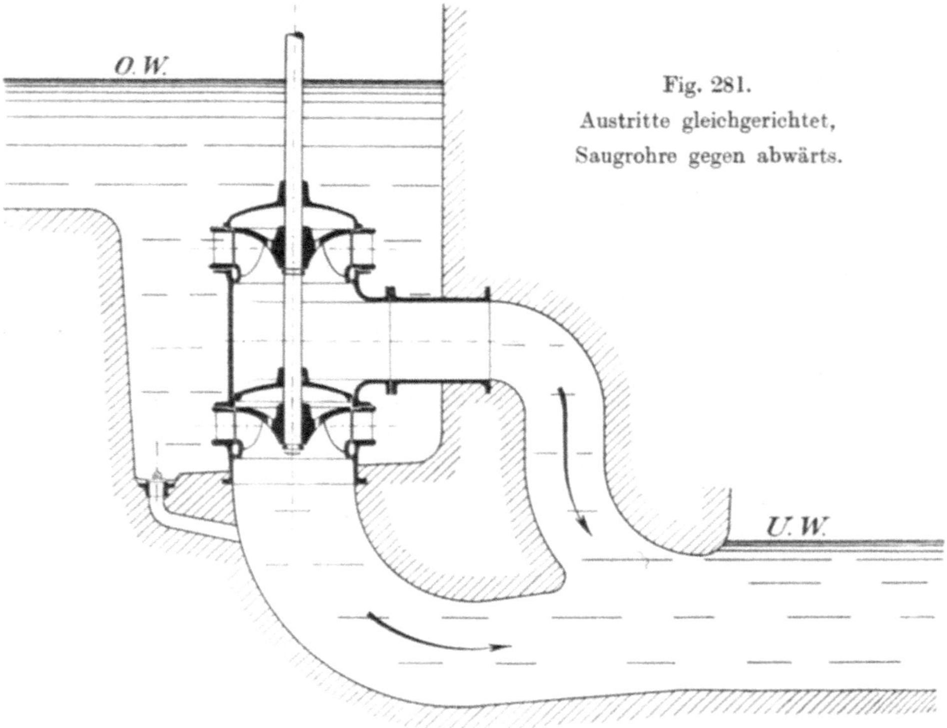

Fig. 281.
Austritte gleichgerichtet, Saugrohre gegen abwärts.

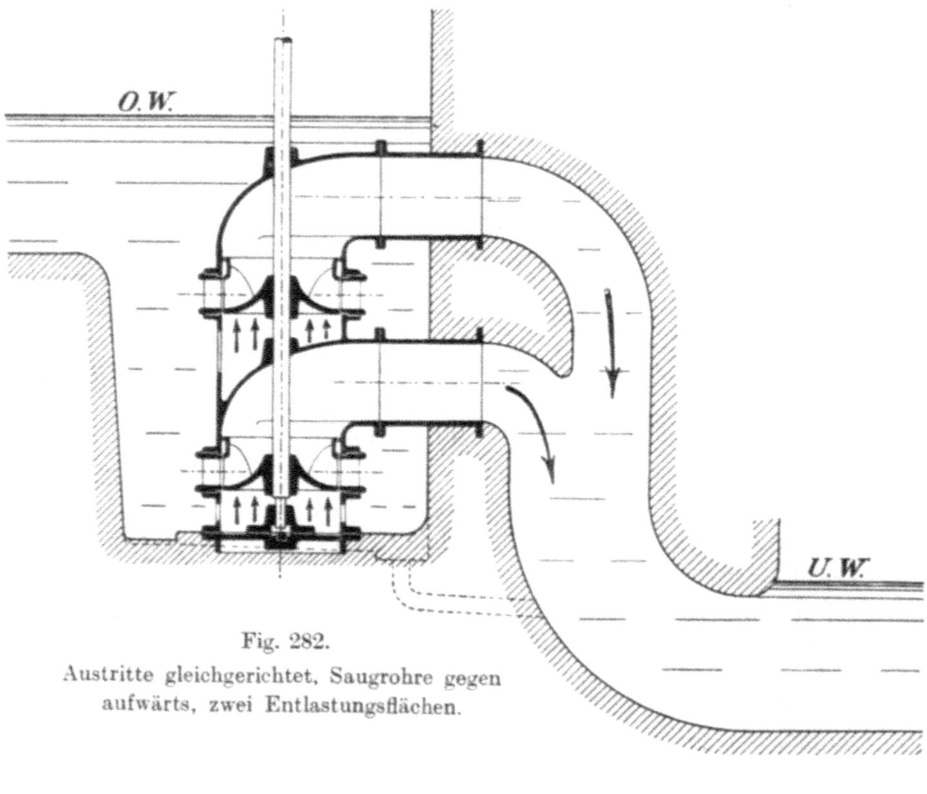

Fig. 282.
Austritte gleichgerichtet, Saugrohre gegen aufwärts, zwei Entlastungsflächen.

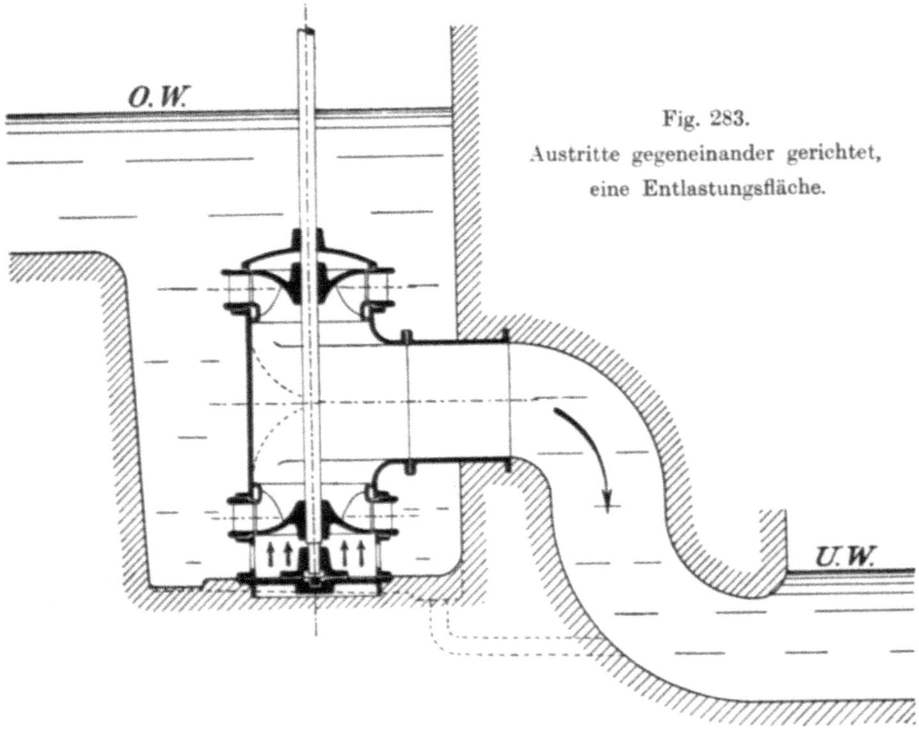

Fig. 283.
Austritte gegeneinander gerichtet, eine Entlastungsfläche.

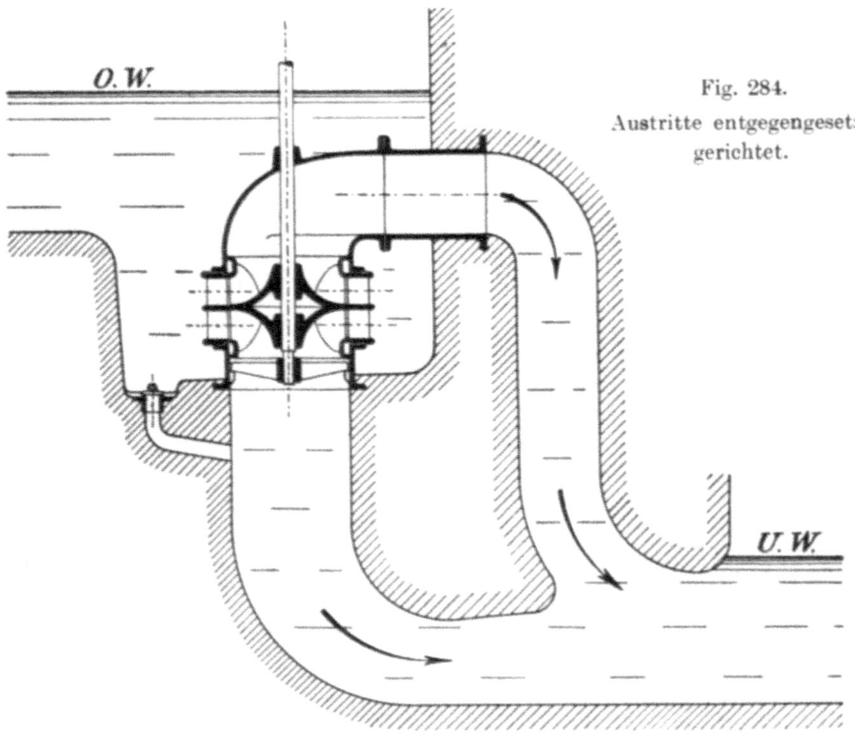

Fig. 284.
Austritte entgegengesetzt gerichtet.

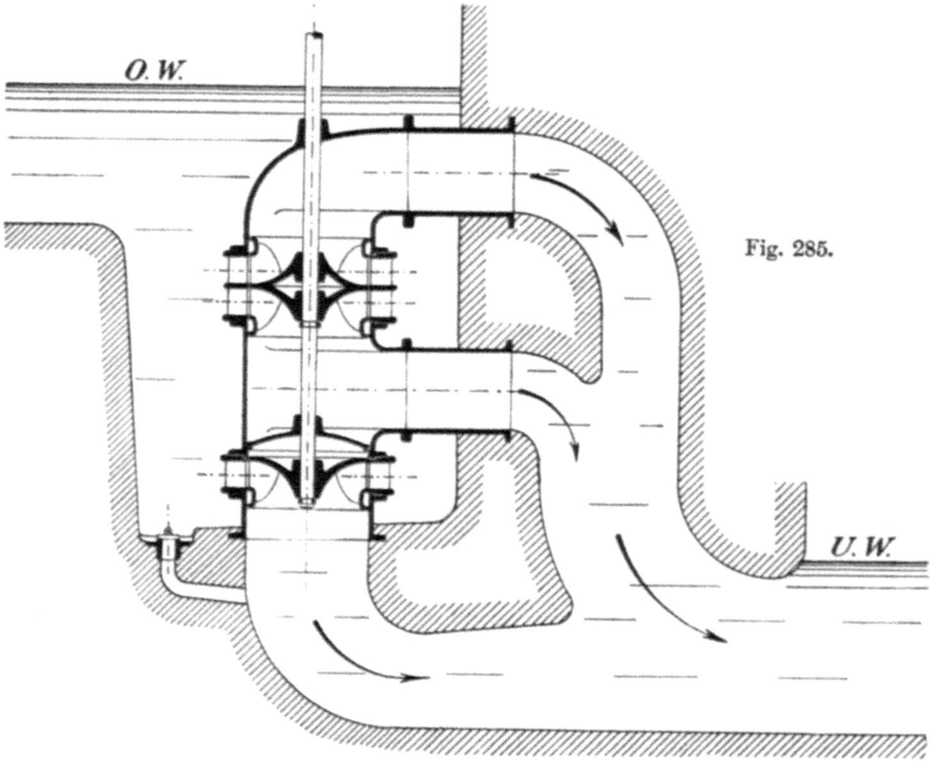

Fig. 285.

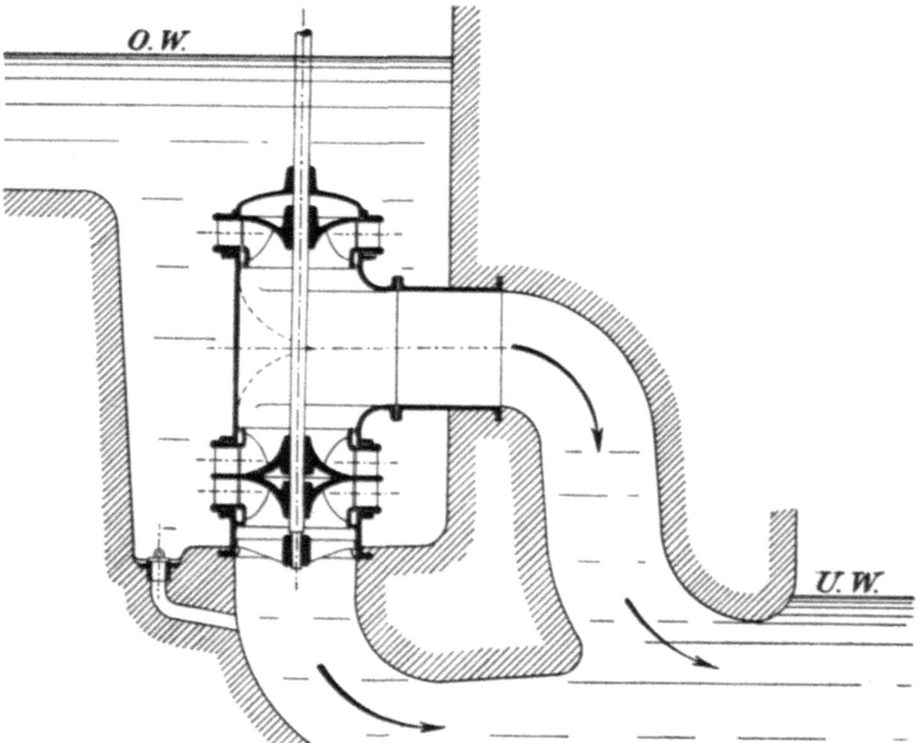

Fig. 286.

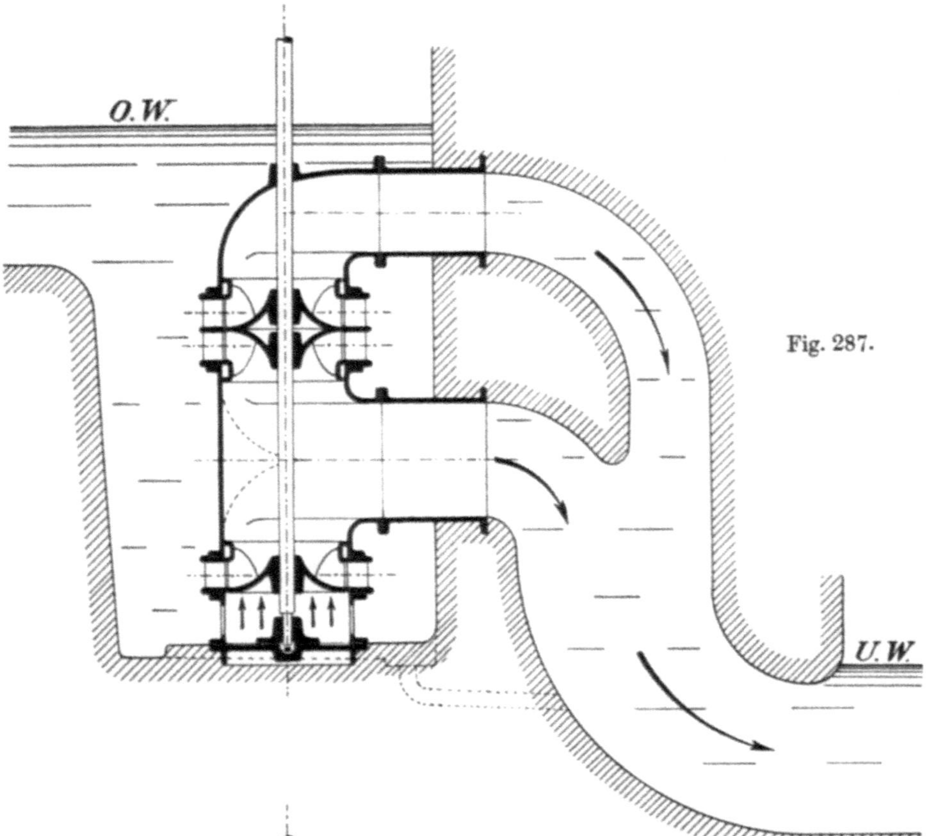

Fig. 287.

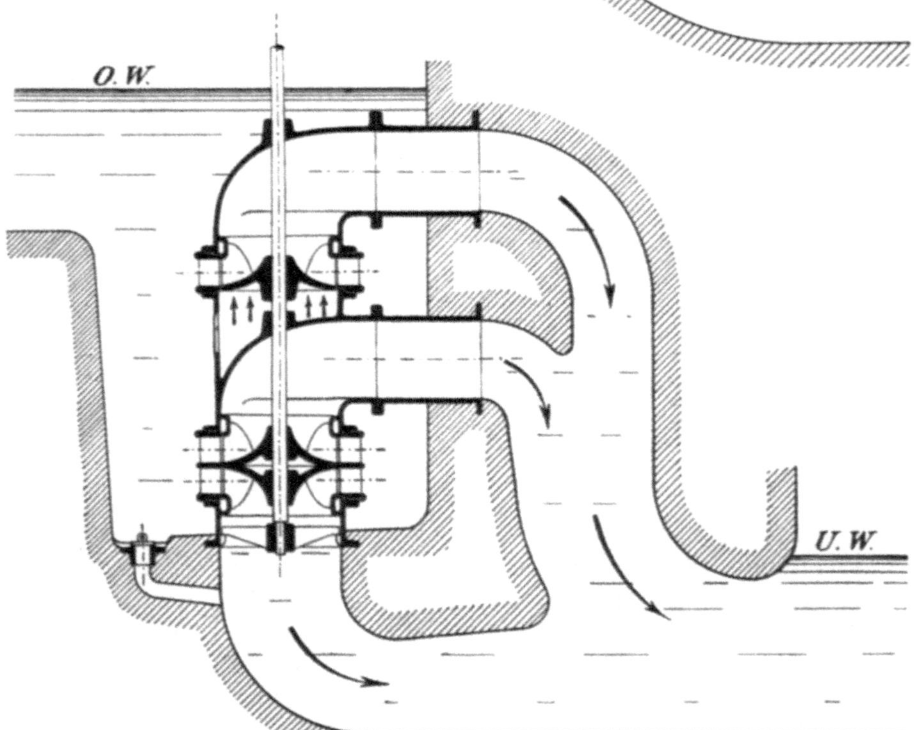

Fig. 288.

Die brauchbaren Kombinationen von vier Turbinen dürften mit den Fig. 289 und 290 erschöpft sein. Fig. 289 ist eine einfache Verdoppelung von Fig. 283, die Fig. 290 entsteht aus Fig. 284.

Die schematischen Figuren lassen schon erkennen, daß die Anordnung Fig. 289 sich mehr für etwas höhere Gefälle eignet und daß Fig. 290 die geringere

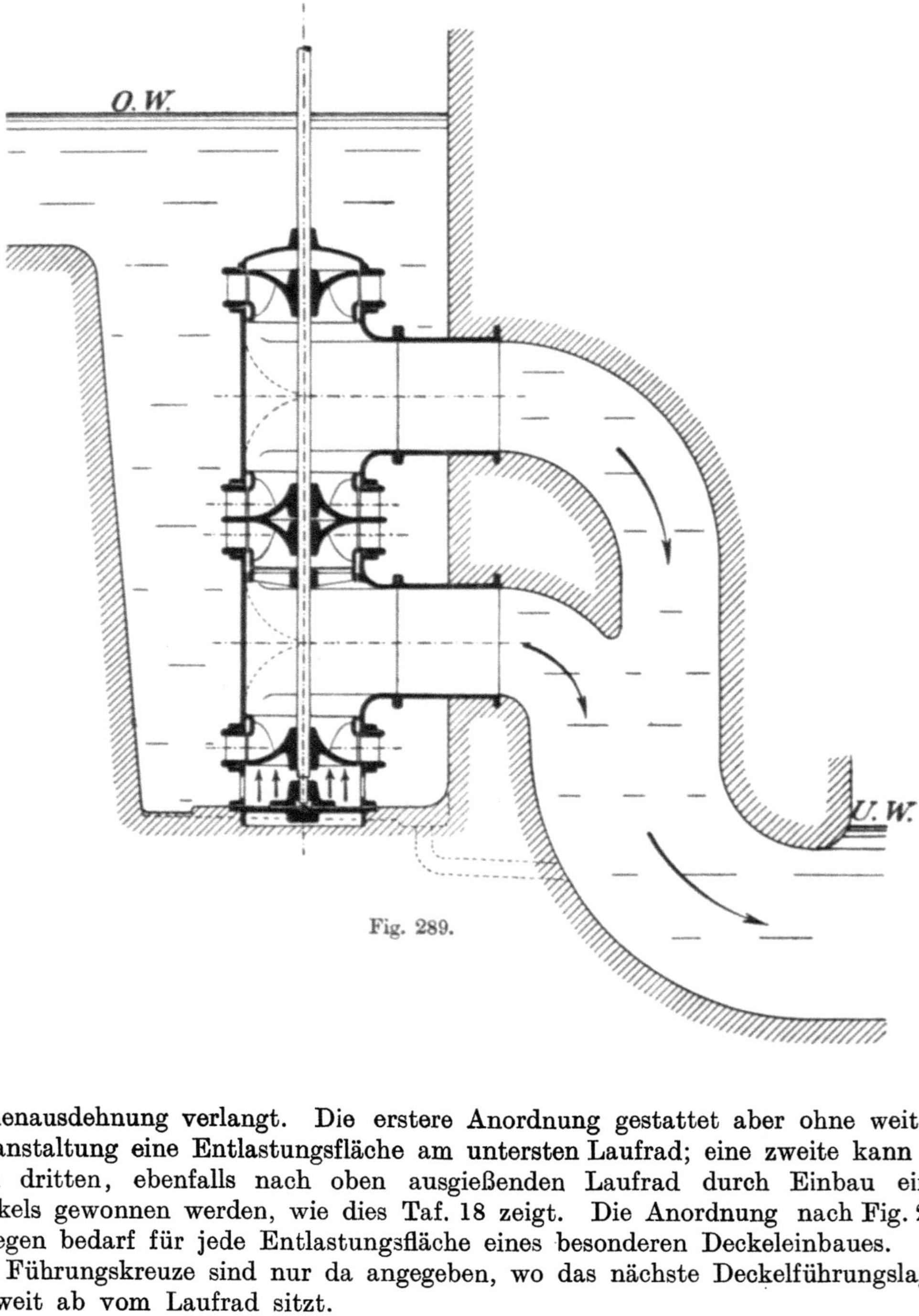

Fig. 289.

Höhenausdehnung verlangt. Die erstere Anordnung gestattet aber ohne weitere Veranstaltung eine Entlastungsfläche am untersten Laufrad; eine zweite kann an dem dritten, ebenfalls nach oben ausgießenden Laufrad durch Einbau eines Deckels gewonnen werden, wie dies Taf. 18 zeigt. Die Anordnung nach Fig. 290 dagegen bedarf für jede Entlastungsfläche eines besonderen Deckeleinbaues.

Führungskreuze sind nur da angegeben, wo das nächste Deckelführungslager zu weit ab vom Laufrad sitzt.

Die Entwicklung des Baues von sog. Schnelläufern hat den Anwendungsbereich der Mehrfachturbinen wesentlich eingeschränkt. Da diese ausschließlich für Dynamobetrieb in Betracht kommen, so entscheidet die Summe der Anlagekosten für Bau der Turbinenkammer, Turbine und Generator über die Verwendung. Bei gleich großen Anlagekosten ist die einfachere Turbine unbedingt vorzuziehen; Taf. 9 entspricht diesem Fall. Dies gilt natürlich auch für liegende Welle.

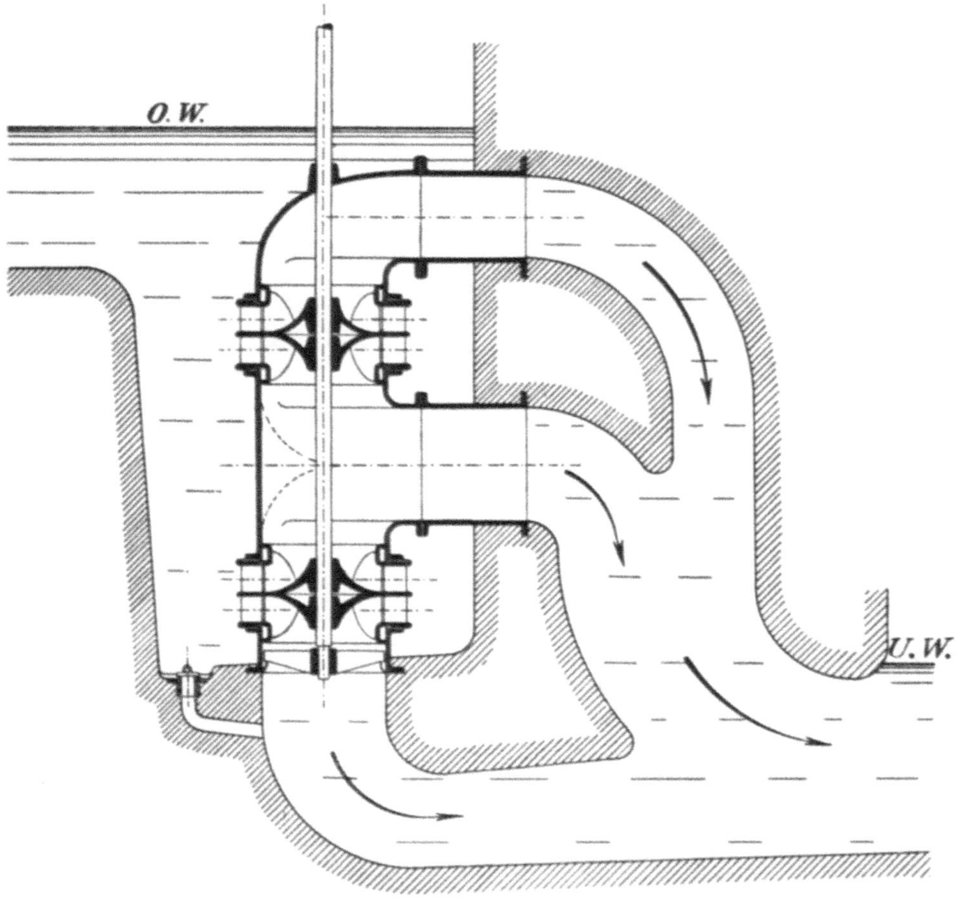

Fig. 290.

2. Offene Turbinen, liegende Welle.

Einfache Turbinen, Krümmer im Haus Fig. 291 . . auch Taf. 20.
„ „ „ „ Schacht „ 292 . . „ „ 21.
Doppelturbinen mit gemeinschaftlichem Saugrohr . . . . „ 293 Taf. 22, 23, 24, 25, 26, 27, 28.
Doppelturbinen mit getrennten Saugrohren „ 294.
Dreifache Turbinen . . . . Taf. 29, 30, 31.
Vierfache Turbinen . . . . „ 32, 33, 34.

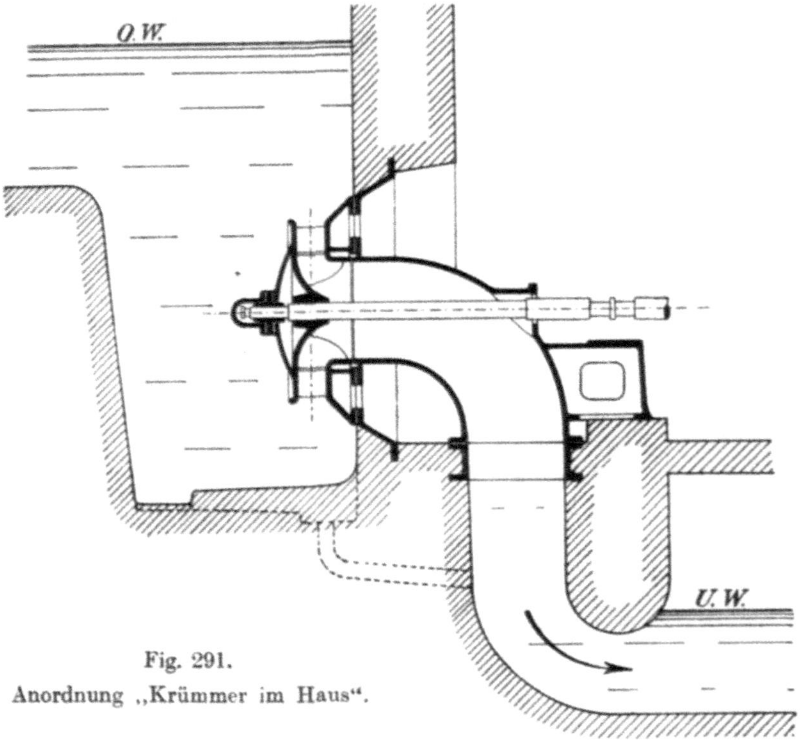

Fig. 291.
Anordnung „Krümmer im Haus“.

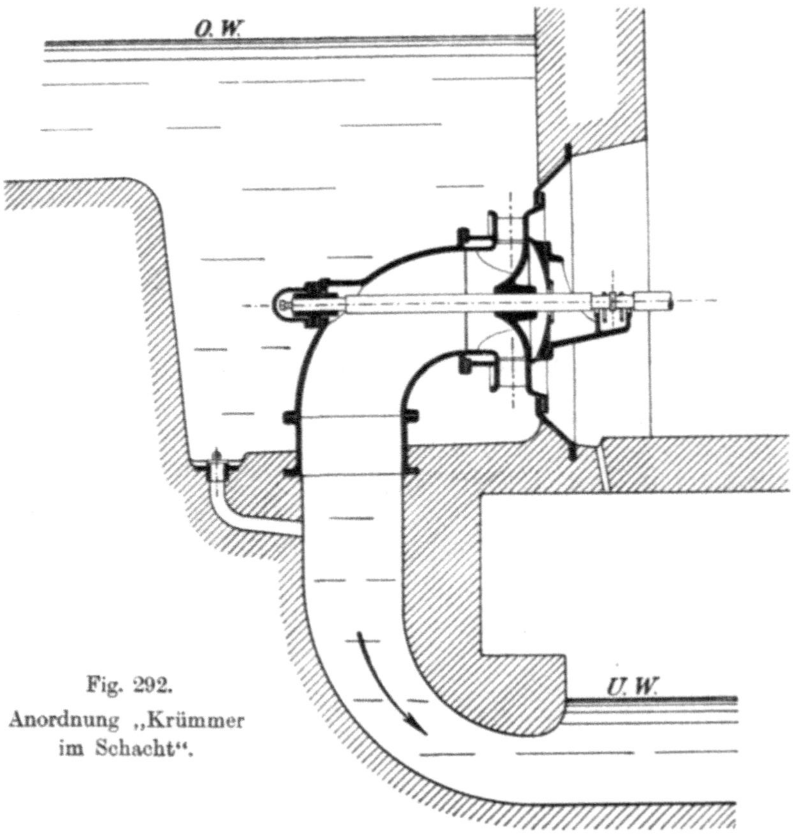

Fig. 292.
Anordnung „Krümmer im Schacht“.

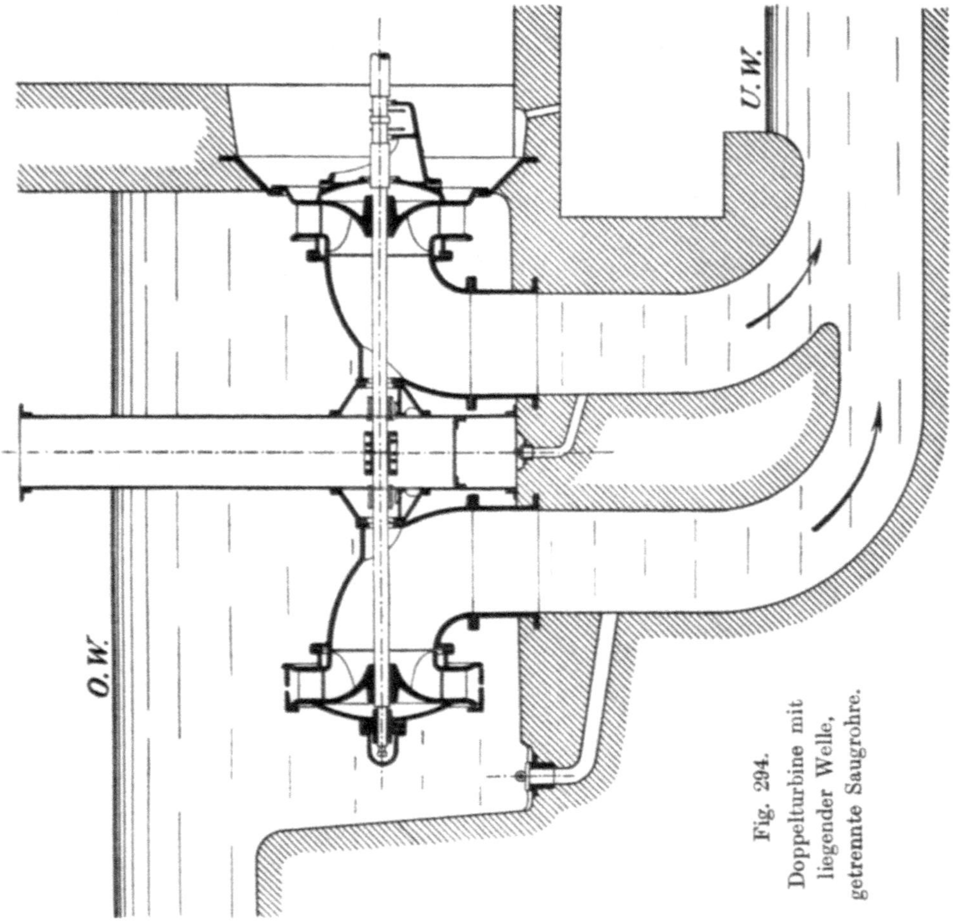

Fig. 294. Doppelturbine mit liegender Welle, getrennte Saugrohre.

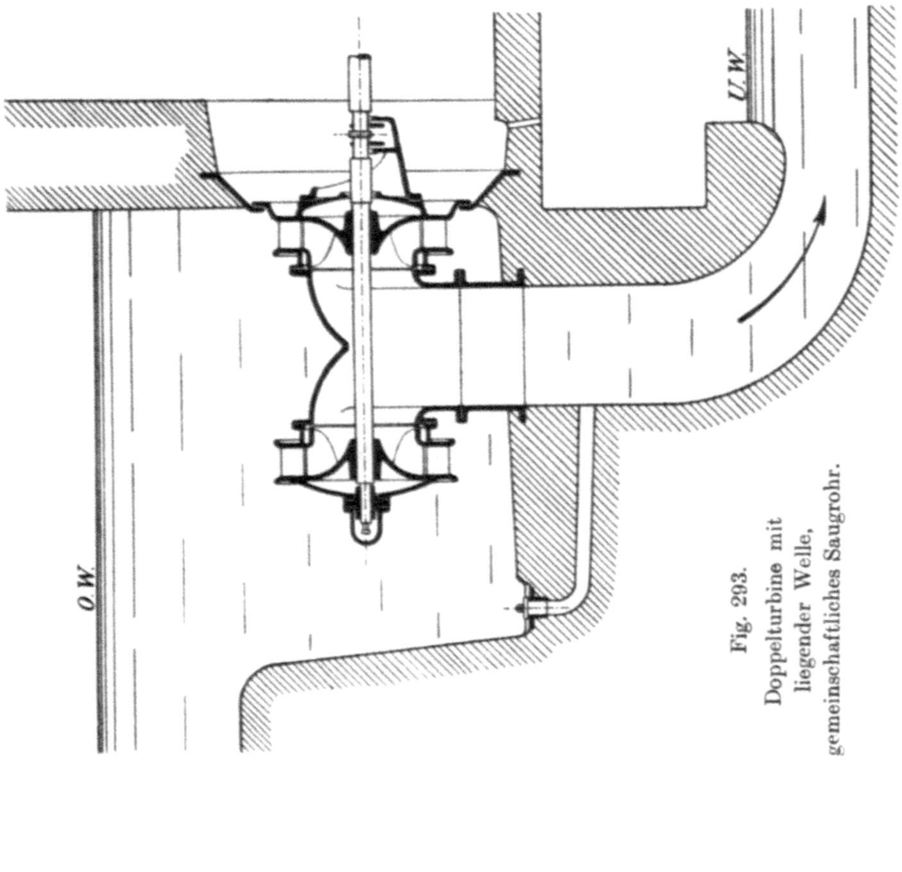

Fig. 293. Doppelturbine mit liegender Welle, gemeinschaftliches Saugrohr.

B. Geschlossene Turbinen.

1. Liegende Welle.

Einfache Spiralturbinen Fig. 295 . . . auch Taf. 35, 36, 37, 38, 39.
Spiralturbinen mit Doppelsaugrohr . . „ 40, 41, 42, 43, 44, 45, 46.
Doppelspiralturbinen mit gemeinschaftlichem Saugrohr . . . . „ 47.
Doppelturbinen (Kessel mit seitlichem Rohranschluß) gemeinschaftliches Saugrohr
Doppelturbinen (Kessel mit seitlichem Rohranschluß) getrennte Saugrohre.
Doppel-Rohrturbinen (Kessel mit achsialem Rohranschluß) gemeinschaftliches Saugrohr Taf. 48, 49.

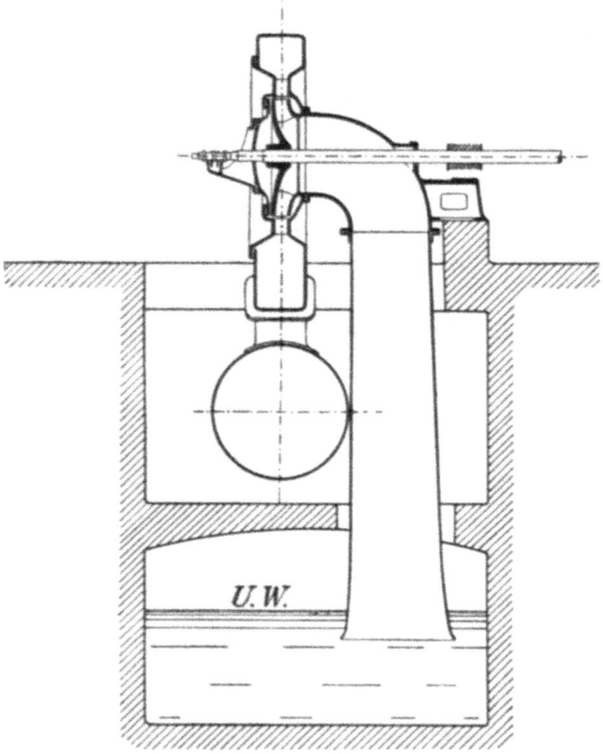

Fig. 295.

2. Stehende Welle.

Spiralturbinen . . . . Taf. 50, 52.
Kesselturbinen . . . . „ 51, 52.

Über die verschiedenen Anordnungen, die Gründe, die solche hervorgerufen haben usf., läßt sich an Hand der Figuren und Tafeln ein Überblick gewinnen, wie dies S. 511 u. f. ausgeführt werden wird.

17. Die Wellenbelastung der Reaktionsturbinen.

Je nach Art der Aufstellung werden im allgemeinen die Kräfte, die die Turbinenwelle aufzunehmen und weiterzugeben oder abzufangen hat, verschieden ausfallen.

Unabhängig aber von der Wellenlage und der Gesamtanordnung, abgesehen natürlich von der Umdrehungszahl, werden die Drehkräfte auftreten.

A. Drehmomente.

1. Allgemeines, Drehmoment und Umdrehungszahl.

Da die Turbinen, im Gegensatz zu den Hubmotoren, keine innere Veranlassung zu wechselnder Winkelgeschwindigkeit der Wellen haben, so ist die Berechnung der ausgeübten Drehmomente überaus einfach.

Wie die Drehmomente tatsächlich aus der Kraftäußerung des strömenden Wassers entstehen, haben wir ausführlich, S. 111 u. f., kennen gelernt, und wir könnten schließlich die Drehmomente auf dem früheren, zur Entwicklung der Anschauung gegangenen Wege auch berechnen.

Dieser Weg ist für die Praxis aber überaus umständlich, und es ist auch im allgemeinen unnötig, ihn für die Berechnung zu benützen.

Haben wir die Verhältnisse der Schaufelung den aufgeführten Bedingungen gemäß entworfen, so ist uns schon ε, die hydraulische Nutzeffektziffer, bekannt, und wir haben, sofern wir e, den mechanischen Nutzeffekt, um 1 bis 2% geringer schätzen, S. 6, die Gleichung

$$e \cdot Q \cdot \gamma \cdot H = 75 N_e \quad \text{. . . . . 613}$$

Da ferner bei bekannter Umdrehungszahl n ganz allgemein das Drehmoment

$$M = \frac{75 N_e \cdot 60}{2 \pi n} = 716{,}2 \frac{N_e}{n} \text{ (mkg)} \quad \text{. . . . . 614}$$

ist, auch die zu erzielenden PS als N_e bekannt sind, so ist über die Bestimmung von M für die normale Umdrehungszahl weiter nichts mehr zu sagen.

Anders sind die Umstände, wenn die in all ihren Verhältnissen gegebene Turbine zufällig oder absichtlich auf eine andere als die normale Umdrehungszahl kommt.

Es ist früher ausführlich durch Rechnung gezeigt worden, daß die Fortschreitegeschwindigkeit der Reaktionsgefäße, daß die Umfangsgeschwindigkeit der Laufräder abhängig ist von dem Widerstande, der der Bewegung entgegengesetzt wird, daß größere Widerstände die Bewegung verlangsamen und umgekehrt. Wir dürfen also wohl in dem Sinne von einer normalen Umdrehungszahl reden, daß bei dieser das Nachfüllen der Reaktionsgefäße in guter Weise erfolgt und daß der zugelassene Austrittsverlust eintritt. Wir richten selbstverständlich den Anschluß der Arbeitsmaschinen, was sie auch seien, dieser Umdrehungszahl gemäß ein, aber wir werden diese normale Umdrehungszahl nur dann vorfinden, wenn wir der Drehung den entsprechenden Widerstand entgegensetzen. Die Turbine hat in sich selbst keine Veranlassung, diese „normale" Umdrehungszahl anzunehmen oder beizubehalten.

Wir haben andererseits gesehen, daß wir, abgesehen von den allereinfachsten Verhältnissen (Ablenkungsfläche S. 12 und 13) bei dem Versuch der genauen Berechnung der Drehmomente für Geschwindigkeiten, die von der normalen abweichen, auf Schwierigkeiten stoßen.

Unsere Rechnungen über den Verlauf der Drehmomente bei verschiedenen Umdrehungszahlen entbehren schon für Turbinen mit rein radialem Austritt, Fig. 129, S. 173, wegen der unsicheren k_S-Werte usw. (S. 306) der nötigen Sicherheit. Für Turbinen mit gekrümmter b_2-Kurve, Fig. 132 u. a., sind wir wegen der Schwierigkeit und Unzuverlässigkeit der Rechnung an sich (die verschiedenen Schichten arbeiten ganz verschieden) für die Ermittlung der Drehmomente bei verschiedenen Umdrehungszahlen ausschließlich auf den Weg der Erfahrung, Bremsversuche, angewiesen.

Bremsversuche geben uns, sofern die Belastung irgendwie durch einen stillstehenden Widerstand gemessen wird, Drehmomente mit zugehörigen Umdrehungszahlen, mag der stillstehende Widerstand durch den Wagebalken des Pronyschen Zaums oder einer in Schneiden gelagerten Armatur einer Dynamomaschine oder Wirbelstrombremse gegeben sein. Wir können die zueinander gehörigen Werte, sofern sie sich alle auf das gleiche Gefälle beziehen, nach Umdrehungszahlen geordnet, zeichnerisch auftragen und erhalten dadurch für den Verlauf der Drehmomente eine Folge von Punkten, wie sie z. B. Fig. 296 und zwar gleichzeitig für verschiedene Füllungen sehen läßt. Vgl. auch Fig. 540 und 541. Diese Punkte bilden stetig verlaufende Kurven. In der Nähe der Normalumdrehungszahl liegen sie eine Strecke weit fast genau in einer geraden Linie, die nach der Seite der kleinen Geschwindigkeiten sich nach abwärts, für größere Umdrehungszahlen gegen das Ende relativ gegen aufwärts krümmt, um beim Freilauf der Turbine, $e = 0$, in der Achse der Umdrehungszahlen mit deren Höchstwert zu endigen.[1])

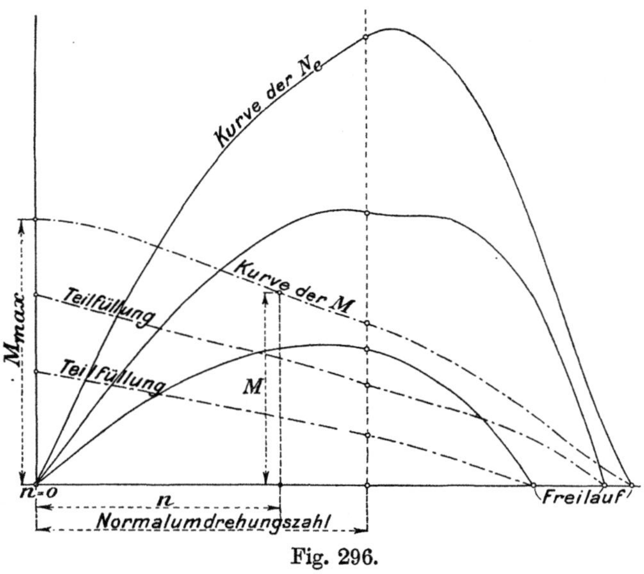

Fig. 296.

Da es nie ausgeschlossen erscheint, daß der zu überwindende Widerstand zufällig einmal gleich oder größer ist, als dem für $n = 0$ vorhandenen Drehmoment entspricht, so müssen die Getriebeteile genau genommen für das größte Drehmoment ($n = 0$) berechnet werden. Allerdings braucht dies nur mit Rücksicht auf deren Festigkeit, nicht aber in bezug auf Abnützung, Dauerhaftigkeit,

[1]) Über die Durchführung von Leistungsversuchen siehe am Schluß des Buches.

zu geschehen. Erfahrungsgemäß wächst das Moment des Stillstandes bei äußeren Radialturbinen selten über das 1,5fache des Momentes der normalen Umdrehungszahl hinaus.

2. Der Einfluß der Zellenregulierung.

Die konstruktiven Einzelheiten der Wellenführung finden sich weiter unten behandelt; hier ist nur noch ein Punkt zu erwähnen, der die Zellenregulierung betrifft.

Es war auf S. 286 auseinandergesetzt worden, daß die Zellen zweckmäßig in fortlaufender Reihe sollten abgeschlossen werden, damit die Übergangsverluste zwischen arbeitenden und toten Leitzellen nur einmal auftreten. Wird hiernach verfahren, was an sich ganz angängig ist, so ist nicht außer acht zu lassen, daß alsdann das vom arbeitenden Wasser ausgeübte Drehmoment durch einseitig liegende Kräfte entsteht, wie dies z. B. Fig. 297 für eine Achsialturbine zeigt. Die in den arbeitenden Radzellen tätigen X-Komponenten ergeben zusammen kein reines Kräftepaar, sondern eine mit der Zahl der geschlossenen Zellen wechselnde resultierende Einzelkraft, die durch sorgfältige Lagerung der Welle abgefangen werden muß und die für die Welle meist auch unerwünschte Biegungsbeanspruchung mit sich bringt.

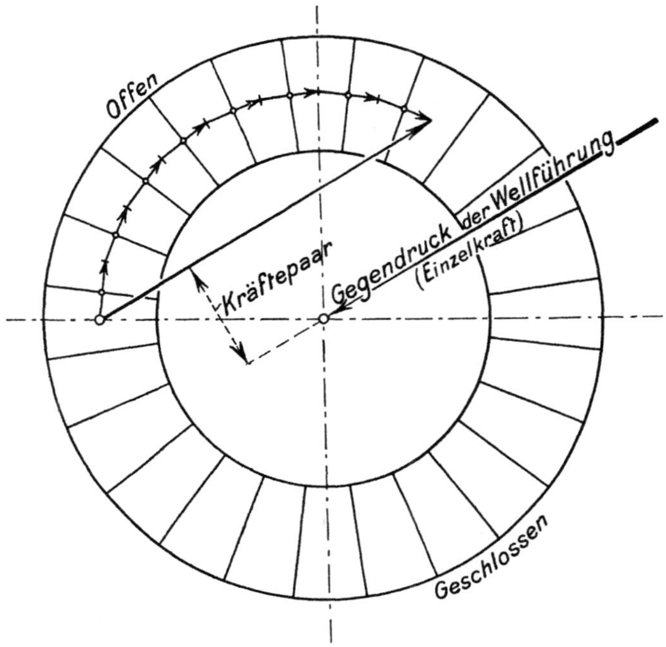

Fig. 297.

Abgeholfen kann dadurch werden, daß eben die zu schließenden Leitzellen jeweils einander gegenüber angeordnet werden, daß sie also in zwei symmetrischen Sektoren verlaufen, wie dies Fig. 298 andeutet, wodurch die Einzelkraft verschwindet und das reine Drehmoment erhalten bleibt. Aber dies wird durch einen zweimaligen Übergangsverlust erkauft.

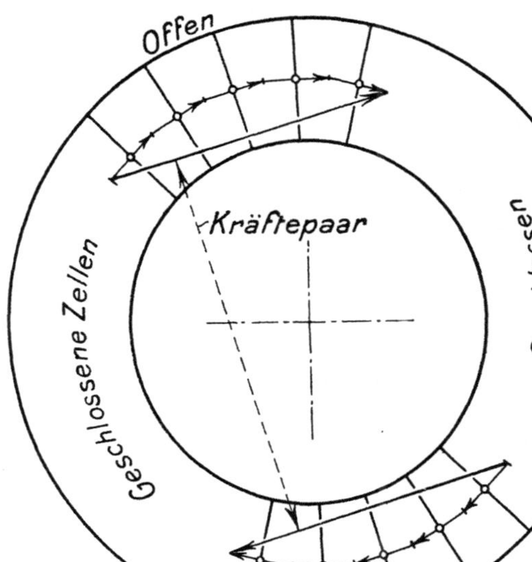

Fig. 298.

All diese Rücksichtnahmen entfallen bei Anwendung der rundum gleichmäßig einsetzenden Spaltdruckregulierungen, ein weiterer Grund für deren große Verbreitung.

B. Kräfte in Richtung der Turbinenwelle und senkrecht dazu.

Für die Belastung der Turbinenwellen kommen außer dem schon behandelten Drehmoment noch sonstige Kräfte in Betracht, die in letzter Linie durch die Lagerungen der Turbinenwelle, Spurzapfen, Halslager usw. aufgenommen werden müssen. Es sind dies:

das Gewicht der sich mit der Welle drehenden Turbinen- und Getriebeteile G_T,
das Gewicht des im Laufrade enthaltenen Wassers G_W,
die Wirkung der X-, Y- und Z-Komponenten,
die Druckverhältnisse am Ein- und Austritt des Laufrades,
die Wirkung mitrotierender Wassermengen (Rotationsparaboloid usw.).

Diese Einflüsse sollen hier besprochen werden.

1. Das Gewicht der sich drehenden Getriebeteile und des Wassers im Laufrade.

Über das Gewicht der sich drehenden Teile G_T ist nichts weiter zu sagen, als daß es sich wie natürlich aus dem der Welle selbst mit Zubehör, Laufrad, Zahnrad oder Dynamo-Rotor usw. zusammensetzt; das Gewicht des im Laufrade befindlichen Wassers G_W zählt zweifellos als senkrechte Wellenbelastung mit, andererseits ist das Abrechnen eines Auftriebes für das im Wasser befindliche Laufrad unstatthaft, weil wir es nicht mit umgebendem ruhendem Wasser zu tun haben.

2. Beanspruchung der Wellen äußerer Radialturbinen durch hydraulische Einflüsse.

Wir haben gesehen, daß sich das tatsächliche Drehmoment aus der Wirkung von Ablenkungs- und Beschleunigungskräften zusammensetzt, wozu noch die Kraftwirkung kommt, die durch die Verzögerung von u_1 auf u_2 entsteht.

Alle diese Kräfte ergeben für die Radialturbine keine äußere resultierende Einzelkraft, solange die Verhältnisse auf dem ganzen Umfang gleich sind. Die rundum erfolgende Spaltdruckregulierung vermag auch keine Änderung hervorzurufen, wogegen bei einseitiger Zellenregulierung die in Fig. 297 gezeigten einseitigen äußeren Druckkräfte zustande kommen.

I. Die Z-Komponente.

Die Ablenkung des Wassers aus der radialen in die achsiale Richtung wird durch den Radboden erzwungen; dieser hat die aus der Ablenkung folgenden Zentrifugaldrucke aufzunehmen, deren achsiale Komponente sich bei vollem Radboden nach S. 158 zu

$$Z = \frac{Q\gamma}{g} w_3 \qquad (399)$$

berechnet. Dabei stellen sich entlang des Radbodens Druckhöhen ein, die den h_a, S. 43, des kreisenden Wassers sinngemäß entsprechen, vgl. auch S. 212.

Wenn aber der Radboden durchbrochen ist, wie fast allemal, so ändern sich die Verhältnisse.

An den durchbrochenen Stellen wird beim Ingangsetzen der Turbine zunächst das der Ablenkung widerstrebende Wasser in den Deckelraum austreten, so lange, bis sich in diesem eine Druckhöhe eingestellt hat, die den Ablenkungsdruckhöhen h_a das Gleichgewicht zu halten vermag, die also entsprechend höher ist als die Saugrohrdruckhöhe. Wir können uns dabei vorstellen, daß die Durchbrechungsstellen entweder mit Wasser oder mit Luft von entsprechender Spannung ausgefüllt sein werden. Wenn aber der Deckelraum, der Durchbrechungsstellen wegen, auch unter der Druckhöhe h_a steht, so bedeutet dies, daß der Radboden von der Saugrohr- und von der Deckelseite her gleichen Druck erhält, daß hier die Z-Komponente auf das Laufrad keine äußerlich fühlbare Wirkung ausüben kann. Hier bildet der Turbinendeckel schließlich den Gegenhalt für die Ablenkungs-Zentrifugaldrucke des arbeitenden Wassers.

II. Das Rotationsparaboloid der senkrechten Welle.

Von besonderer Wichtigkeit werden für äußere Radialturbinen die Folgen des Mitrotierens nicht arbeitender Wassermassen.

Wir haben S. 229 u. f. gesehen, in welcher Weise sich oberhalb des Laufrades Wasser ansammeln wird und haben den Gegendruck in Rechnung gestellt, den das austretende Spaltwasser dadurch erfährt. In gleicher Weise übt das mitrotierende Wasser aber auch einen Druck auf den Radboden selbst aus, und dieser Druck kann unter Umständen eine nicht unbeträchtliche Vermehrung der achsialen Kräfte darstellen. Die Erscheinung des Rotationsparaboloids tritt bei senkrechter Welle ein, die Anordnung mit wagrechter Welle hat aber auch mit ähnlichen Umständen zu rechnen.

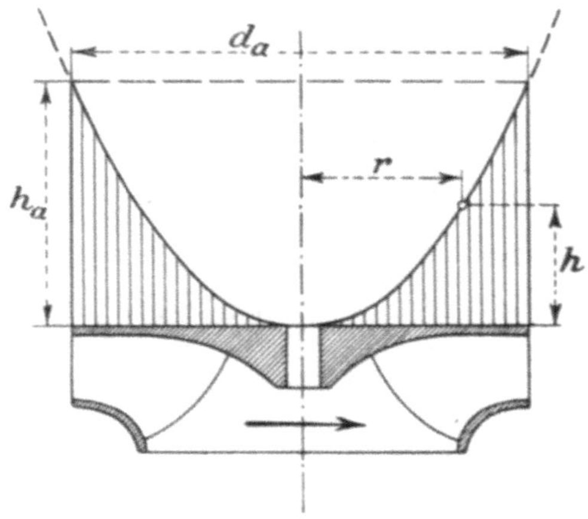

Fig. 299.

Die Gleichung der Rotationsparabel, Fig. 299, lautet, wenn u die Umfangsgeschwindigkeit, ω die Winkelgeschwindigkeit, n_p die Umdrehungszahl des Wasserkörpers ist, für einen beliebigen Punkt der Oberfläche:

$$h = \frac{u^2}{2g} = \frac{r^2 \omega^2}{2g} = \sim \frac{r^2 n_p{}^2}{1800} = \sim \frac{d^2 n_p{}^2}{7200} \quad \ldots \ldots \ldots \quad 615$$

Hätte das Laufrad mit geradlinigem Radboden keinen Deckel, sondern wäre es am äußeren Durchmesser d_a mit einem etwa am Leitapparat befestigten zylindrischen Mantel umgeben, der das Wasser von oben (O. W.) her abhält, Fig. 299, so würde sich das Paraboloid bis zur Höhe h_a[1]) frei entwickeln, sofern der Radboden geschlossen wäre und der Parabelscheitel gerade diesen Boden berührte. Es würde sich auf dem Radboden gegen abwärts eine achsiale Belastung ergeben, gleich dem Gewicht des Wassers, das das Paraboloid bildet.

Der Rauminhalt V des Paraboloids (in Fig. 299 senkrecht schraffiert) ist

$$V = \frac{1}{2} d_a{}^2 \frac{\pi}{4} h_a$$

und demnach würde sich die Zapfenbelastung durch das auf dem Laufradboden lastende vollständige Rotationsparaboloid (d_a in m) stellen auf:

[1]) Dies h_a nicht zu verwechseln mit dem h_a unter I.

$$P = V \cdot \gamma = \frac{1}{2} d_a^2 \frac{\pi}{4} h_a \cdot 1000 \text{ (kg)}$$

was mit h_a entsprechend Gl. 615 schließlich lautet

$$P = \frac{\pi \cdot n_p^2}{57,6} d_a^4 \text{ (kg)} \quad \ldots\ldots\ldots\ldots \quad 616$$

Wenn nun, wie fast immer, der Laufradboden durch eine oder mehrere Öffnungen gegen das Saugrohr hin durchbrochen ist, so kann das Paraboloid bei freiem inneren Luftzutritt nicht bis an den Scheitel hin zur Ausbildung kommen, sondern es wird sich, wie in Fig. 300 gezeichnet, nur bis zu dem Durchmesser d_i entwickeln, der durch den äußersten Punkt der Durchbrechungen des Laufradbodens gegeben ist. Für jeden Tropfen Wasser, der dann noch aus dem Spalt tritt, wird ein Entsprechendes über die Öffnungskante in den Saugraum abfließen. Für die Zapfenlast kommt in diesem Falle nur das Gewicht des tatsächlich vorvorhandenen (schraffierten) Teiles des Paraboloids in Betracht, die äußere Druckhöhe ist dann nur $\frac{u_a^2 - u_i^2}{2g}$ (vgl. S. 229 u. f.) und der Inhalt des Wasserringes berechnet sich auf

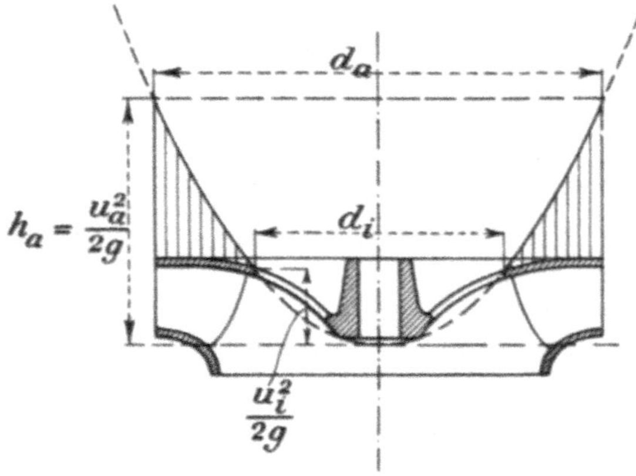

Fig. 300.

$$V = \frac{1}{2} d_a^2 \frac{\pi}{4} \cdot \frac{u_a^2}{2g} - \left[d_a^2 \frac{\pi}{4} \cdot \frac{u_i^2}{2g} - \frac{1}{2} d_i^2 \frac{\pi}{4} \cdot \frac{u_i^2}{2g} \right] \quad \ldots\ldots\ldots \quad 617$$

was mit $u = \frac{d \pi n_p}{60}$ usw. übergeht in

$$V = \frac{\pi \cdot n_p^2}{57600} (d_a^2 - d_i^2)^2 \quad \ldots\ldots\ldots\ldots \quad 618$$

Für die Zapfenlast in kg käme demnach in Betracht, vgl. Gl. 616,

$$P = V \cdot \gamma = \frac{\pi \cdot n_p^2}{57,6} (d_a^2 - d_i^2)^2 \quad \ldots\ldots\ldots\ldots \quad 619$$

Nun läßt der auf dem Leitrade aufliegende Deckel der Turbine die volle räumliche Entwicklung des Rotationsparaboloids nicht zu, es wird sich nur der Teil der Paraboloidfläche bilden können, wie er in Fig. 156, S. 229 angegeben ist. Dies ändert aber an den Pressungsverhältnissen innerhalb des rotierenden Wasserringes nichts, das fehlende Gewicht der Spitze des Ringes wird durch den ebenso großen Gegendruck ersetzt, den der Turbinendeckel leisten muß, und die Belastungsverhältnisse des Laufrades bleiben die gleichen, ob mit freiem Paraboloid oder mit einem durch den Turbinendeckel beengten.

Daß die Umdrehungszahl n_p des Paraboloids nie diejenige der Turbine, n, erreicht, wurde früher S. 231 schon begründet; wir werden mit $n_p = \frac{n}{2}$ nicht sehr weit vom richtigen Werte entfernt sein.

Natürlich kommt am unteren Radkranz durch die Reibung zwischen dem Wasser an jener Stelle auch ein Rotieren des Wassers zustande, doch ist der zapfenentlastende Druck des Paraboloids an der Saugrohrseite, P_S, meist verschwindend gegenüber dem belastenden Druck P_D, der Deckelseite, sowie es sich um Normalläufer handelt, denn deren d_i ist ja für das untere Paraboloid fast gleich d_a, der Betrag von P_S dafür also fast Null.

Für Langsamläufer nach Taf. 1 dagegen werden sich die Paraboloiddrucke P_S und P_D nahezu ausgleichen, für Schnelläufer „E", Taf. 3, nach Umständen addieren.

III. Die Achsialdrücke der wagrechten Welle infolge mitrotierender Wassermassen.

Auch hier tritt Wasser gegen einwärts durch die Kranzspalte und dieses wird ebenfalls an der Rotation teilnehmen, sowie die Zentrifugalkraft des betreffenden Wasserteilchens größer ausfällt als sein Eigengewicht G.

Wir können die Zentrifugalkraft allgemein anschreiben als

$$C = m \cdot r \cdot \omega^2$$

was mit $m = \frac{G}{g}$ und $\omega = \frac{2\pi n}{60}$ übergeht in (fast genau)

$$C = \frac{G \cdot r \cdot n^2}{900} \quad \ldots\ldots\ldots\ldots\ldots \quad 620$$

Rotiert nun ein gegen innen offener, teilweise mit Wasser gefüllter Ring um eine wagrechte Achse, Fig. 301, so kann von einem Mitrotieren dieser teilweisen Wasserfüllung erst dann die Rede sein, wenn

$$C = \frac{G \cdot r \cdot n^2}{900} \geqq G$$

oder wenn

$$r \geqq \frac{900}{n^2} \quad \ldots\ldots\ldots\ldots\ldots \quad 621$$

ist. Und selbst, wenn diese Bedingung zutrifft (bei einigermaßen größeren Gefällen tritt dies immer ein), kann strenggenommen von einem rundum gleichmäßig starken, also auch gleichmäßig Drücke entwickelnden Wasserwulst nicht gesprochen werden. In der Gegend des oberen Ringscheitels wird der Wulst, der Gegenwirkung von G gegen C wegen, schwächer sein, in den unteren Teilen des Hohlringes wird die radiale Stärke des Wasserwulstes mehr betragen als oben, weil hier G und C gleichgerichtet sind.[1])

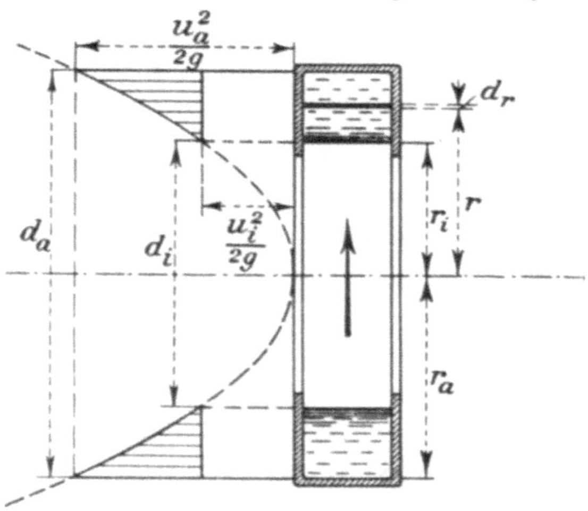

Fig. 301.

Da es für unsere Zwecke nicht auf die Feststellung der genauen Verteilung der Drucke ankommt, die der Wasserwulst auf die Seitenwände des Ringes ausübt, sondern auf die Bestimmung des resultierenden Achsialdruckes gegen eine solche Seitenwand, so dürfen wir die Wirkung von G, von der Erdanziehung, auf die Wulststärke oben und unten ganz vernachlässigen und brauchen nur den Einfluß der Zentrifugalkräfte zu berücksichtigen.

Der rotierende Ring, lichter Außendurchmesser d_a, sei bis zum Innendurchmesser d_i mit rotierendem Wasser gefüllt. Wir greifen, Fig. 301, ein Stück einer

---

[1]) Die Wasserfläche des rotierenden Hohlringes ist eine Kreiszylinderfläche von der gegen aufwärts zählenden Exzentrizität r nach Gl. 621, wie leicht nachzuweisen.

zylindrischen Ringschichte der Wasserfüllung, Radius r, Dicke dr, Ringbreite b, Länge λ, auf dem Kreise mit dem Radius r gemessen, heraus und betrachten dessen Verhältnisse.

Die Masse des Ringstückes ist

$$m = \frac{G}{g} = \frac{b \cdot \lambda \cdot dr \cdot \gamma}{g}$$

seine Zentrifugalkraft also

$$C = m \cdot r \cdot \omega^2 = \frac{b \cdot \lambda \cdot \omega^2 \cdot \gamma}{g} r dr.$$

Diese Zentrifugalkraft muß durch die nächst äußere Schichte aufgenommen werden; an der Außenfläche des Ringstückes, im Radius $r + dr$, muß deshalb eine Druckvermehrung dp gegenüber der vorher betrachteten Innenfläche, Radius r, vorhanden sein, die sich, auf die Flächeneinheit bezogen, darstellt als

$$dp = \frac{C}{b \cdot \lambda} = \frac{\omega^2 \cdot \gamma}{g} r dr \quad \ldots\ldots\ldots\ldots \quad 622$$

Ist im Innendurchmesser d_i, Radius r_i, ein Druck auf die Flächeneinheit im Betrage Null (Atmosphäre), so stellt sich der Einheitsdruck p im Radius r dar als Summe der sämtlichen dp von r_i bis r also erhalten wir

$$p = \int_{r_i}^{r} dp = \frac{\omega^2 \gamma}{g}\left(\frac{r^2}{2} - \frac{r_i^2}{2}\right) = \gamma\left(\frac{u^2}{2g} - \frac{u_i^2}{2g}\right) \quad \ldots\ldots\ldots \quad 623$$

Da die Wasserteilchen bei ihrer gemeinsamen Rotation gegenseitig in Ruhe bleiben, so muß in der ganzen Ringschichte vom Radius r, Dicke dr die gleiche Einheitspressung p nach allen Seiten vorhanden sein.

Die Seitenfläche des rotierenden Gefäßes erfährt also durch die in der Ringschichte vom Radius r, Dicke dr herrschende Pressung p eine Druckvermehrung dP in achsialer Richtung vom Betrage, Gl. 623,

$$dP = 2r\pi \cdot dr \cdot p = \frac{\pi \cdot \omega^2 \cdot \gamma}{g}(r^3 - r r_i^2) dr.$$

Addieren wir die Achsialdrucke, die durch die sämtlichen Ringschichten von r_i bis r_a auf die Seitenfläche des rotierenden Gefäßes ausgeübt werden, so stellt sich der gesamte Achsialdruck auf

$$P = \frac{\pi \omega^2 \gamma}{g} \int_{r_i}^{r_a} (r^3 - r r_i^2) dr$$

oder

$$P = \frac{\pi \omega^2 \gamma}{g}\left(\frac{r_a^4 - r_i^4}{4} - r_i^2 \frac{r_a^2 - r_i^2}{2}\right)$$

woraus folgt

$$P = \frac{\pi \omega^2 \gamma}{4g}(r_a^2 - r_i^2)^2 = \frac{\pi \omega^2 \gamma}{64g}(d_a^2 - d_i^2)^2 \quad \ldots\ldots\ldots \quad 624$$

Mit $\omega = \frac{2\pi n_w}{60}$ und $\gamma = 1000$ ergibt sich

$$P = \frac{\pi n_w^2}{57{,}6}(d_a^2 - d_i^2)^2 \quad \ldots\ldots\ldots\ldots \quad 625$$

also genau der gleiche Betrag, wie er in Gl. 619 für das Rotationsparaboloid gefunden wurde. Hier ist ebenso zwischen der Umdrehungszahl des Wasserwulstes n_w und derjenigen der Turbine, n, zu unterscheiden.

Die Verteilung der Achsialdrücke gemäß Gl. 625 auf die Seitenringfläche der Turbinen mit wagrechter Welle wird also durch die gleiche Parabel dargestellt, die bei der senkrechten Welle die Gestalt des Rotationsparaboloids bezeichnet, Fig. 300 und 301.

Es ist mithin, soweit es die Achsialdrücke aus mitrotierenden Wassermassen betrifft, ganz gleichgültig, ob die Turbinenwelle senkrecht, wagrecht oder irgendwie schräg angeordnet ist. Der durch diese Massen hervorgerufene Achsialschub ist für eine gegebene Turbine stets von gleichem Betrage, und es gelten deshalb auch die anderen für die senkrechte Welle aufgestellten Betrachtungen für jede Wellenlage.

IV. Zahlenbeispiel.

Die Turbine „C" unseres Beispiels S. 188, Normalläufer, hat $Q = 1{,}75$ cbm/sk, dabei $w_2 = 2{,}17$ m/sk und $w_3 = 1{,}94$ m/sk; $D_1 = 1{,}2$ m und wir schätzen $d_i = 0{,}4$ m; schließlich ist $n = 90$.

Hiermit ergibt sich für den ganz gechlossenen Radboden

$$Z = \frac{1{,}75 \cdot 1000}{9{,}81}\, 1{,}94 = 346 \text{ kg} \quad \ldots\ldots \quad (399)$$

gegen aufwärts.

Das Paraboloid mag etwa $n_p = \frac{90}{2} = 45$ Umdrehungen in der Minute ausführen, dann wird für vollen Radboden mit $d_i = 0$

$$P_D = \frac{\pi \cdot 45^2}{57{,}6}\, 1{,}2^4 = 229 \text{ kg} \quad \ldots\ldots \quad (616)$$

Mithin ergäbe sich ein anfänglicher resultierender Achsialdruck in der Richtung gegen den Leitraddeckel von

$$Z - P_D = 346 - 229 = 117 \text{ kg}.$$

Ein nennenswerter Gegendruck P_S durch den rotierenden Wasserwulst am Spalt der Saugrohrseite liegt nicht vor, weil für diesen d_a und d_i fast gleich groß sind.

Wollten wir den Radboden tatsächlich undurchbrochen ausführen, so würde es aber mit dem relativ geringen Achsialschube von 117 kg sehr rasch vorbei sein. Es würde sich nämlich in kürzester Zeit die Druckhöhe, vgl. S. 141,

$$h_L = (1 - \varrho)\, H - \frac{w_1^2}{2g} \quad \ldots\ldots \quad (470)$$

im Deckelraume, auf den vollen Laufradboden wirkend, einstellen und Schubkräfte in achsialer Richtung gegen das Saugrohr entwickeln, die wesentlich größer sind als Z.

Für die Größen des Beispiels wäre

$$h_L = (1 - 0{,}12)\, 4{,}0 - \frac{6{,}08^2}{19{,}62} = 1{,}636 \text{ m}$$

und der daraus folgende Druck würde sich (Welle vernachlässigt) auf

$$1{,}2^2 \frac{\pi}{4}\, 1{,}636 \cdot 1000 = 1850 \text{ kg}$$

belaufen. Da der Wasserinhalt des ganz geschlossenen Deckelraumes sich natürlich auch in Rotation befindet und die Druckhöhe h_L (Gl. 470) im Deckelraum außen nicht überschritten werden kann, so muß sich gegen die Mitte zu eine Druckermäßigung einstellen, dem Minderdrucke des Vollparaboloids P_D innen gegenüber, außen entsprechend derart, daß der schließlich resultierende Achsialschub sich auf

$$(1850 - 229) - 346 = 1275 \text{ kg}$$

stellen müßte.

Beim durchbrochenen Laufradboden kommt einfach nur der Paraboloiddruck auf die Ringfläche mit Gl. 625

$$P_D = \frac{\pi \cdot 45^2}{57{,}6}(1{,}2^2 - 0{,}4^2)^2 = 181 \text{ kg}$$

als zusätzliche Zapfenbelastung in Ansatz.

Diese Paraboloiddrucke müssen bei der liegenden Welle, wo sie außerhalb der durch Gl. 621 angegebenen Grenze geradeso auftreten, durch besondere Stützflächen, Bunde an der Welle oder dergleichen aufgefangen werden. Daß für das vorliegende Gefälle ein gewisser Achsialschub eintreten wird, folgt aus Gl. 621. Hier ist der Minimalradius, von dem an die Bildung eines rotierenden Wasserwulstes mit Sicherheit zu erwarten ist:

$$r \geqq \frac{900}{n^2} = \frac{900}{45^2} = 0{,}44 \text{ m} \quad \ldots \ldots \ldots \quad (621)$$

Da also erst von $\sim 0{,}9$ m Durchmesser an auf eine gleichmäßige Rotation des Wasserwulstes zu rechnen ist, so wird das vorliegende Laufrad bei wagrechter Welle und durchbrochenem Boden auch nur mit

$$P_D = \frac{\pi \cdot 45^2}{57{,}6}(1{,}2^2 - 0{,}9^2)^2 = 44 \text{ kg} \quad \ldots \ldots \ldots \quad (625)$$

gegen das Saugrohr hin belastet sein. Bei höheren Gefällen wächst P_D, der höheren Umdrehungszahlen halber, sehr rasch.

Hilfsmittel zur Verminderung oder zum fast vollständigen Aufheben des Paraboloiddruckes auf ein Laufrad ist entweder die Anbringung von radiallaufenden Rippen am Turbinendeckel, die bis dicht an den Laufradboden hinreichen (Voith D. R. P.), vgl. Fig. 405, S. 567, oder auch das Anschmiegen des Deckels so nahe an den Laufradboden, daß von dem Mitrotieren eines Wasserwulstes im Sinne der Paraboloidbildung nicht ernstlich gesprochen werden kann. Beides wird nicht oft angewendet.

Die Doppelturbinen, seien sie offen oder geschlossen, haben keinen rechnerisch nach außen wirksamen Achsialschub durch die Z-Komponente oder durch das Paraboloid zu erwarten, wenn die Laufräder symmetrisch angeordnet sind, vgl. Fig. 293 und 294. In Wirklichkeit können trotzdem recht unbequeme Achsialschübe auftreten, ohne daß eine einleuchtende Erklärung dafür besteht (Albulawerk u. A.).

3. Die Wellenbeanspruchung der Achsialturbinen durch hydraulische Einflüsse.

Betrachten wir zuerst die rundum, also voll, beaufschlagte Achsialturbine.

Die X-Komponenten ergeben, weil im Umkreise gleich verteilt, eine reine Dreh-, aber keine einseitige Beanspruchung der Welle.

Für die Y-Komponenten gilt folgendes: Ein positiver Wert der rechten Seite der Gl. 418, S. 164, spricht aus, daß die Y-Komponente aufwärts gerichtet ist.

Ist aber, wie fast immer, die Austrittsbreite b_2 größer als b_1, so ist auch $w_1 \sin \delta_1$ größer als $w_2 \sin \delta_2$, der Klammerwert der Gl. 418 ist negativ, das heißt, in diesem Falle ist eine Kraft

$$Y = \frac{Q\gamma}{g}(w_1 \sin \delta_1 - w_2 \sin \delta_2)$$

als abwärts gerichtet in Rechnung zu stellen.

Nun ist, sofern vorübergehend $s_0 = s_1 = 0$ angenommen wird,

$$Q = D_1^m \pi \cdot b_1 \cdot w_1^m \sin \delta_1^m,$$

also kann Y auch wegen $w_1 \sin \delta_1 = w_1^m \sin \delta_1^m$, Gl. 408, S. 162, geschrieben werden

$$Y = D_1^m \pi \cdot b_1 \cdot \gamma \frac{(w_1^m \sin \delta_1^m)^2}{g} - \frac{Q\gamma}{g} w_2 \sin \delta_2 \quad \ldots \ldots \ldots \quad 626$$

Der achsiale Druck G_1, der auf der Ringspaltfläche liegt, ist auf S. 164 u. f. rechnungsmäßig festgestellt worden. Um den Druck G_1 nach Gl. 424, S. 167, mit Y für unsere Rechnungszwecke bequemer zu vereinigen, schreiben wir, weil

$$(D_1^{a^2} - D_1^{i^2}) \frac{\pi}{4} = D_1^m \pi \cdot b_1$$

$$G_1 = D_1^m \pi \cdot b_1 \cdot \gamma \left[h_e - \frac{(w_1^m \sin \delta_1^m)^2}{2g} \right] - \frac{(w_1^m \cos \delta_1^m D_1^m)^2}{2g} \cdot \frac{\pi}{2} \cdot \gamma \cdot \ln \frac{D_1^a}{D_1^i} \quad \ldots \quad 627$$

und erhalten, weil Y und G_1 beide abwärts gerichtet sind, als deren Summe:

$$G_1 + Y = D_1^m \pi \cdot b_1 \cdot \gamma \left[h_e + \frac{(w_1^m \sin \delta_1^m)^2}{2g} \right] - \frac{(w_1^m \cos \delta_1^m D_1^m)^2}{2g} \cdot \frac{\pi}{2} \cdot \gamma \cdot \ln \frac{D_1^a}{D_1^i}$$

$$- \frac{Q\gamma}{g} w_2 \sin \delta_2 \quad \ldots \ldots \ldots \ldots \ldots \quad 628$$

Für die Ermittlung des gesamten Achsialdruckes ist dann noch zuzurechnen das Gewicht der rotierenden Teile G_T, das Gewicht des im Rade enthaltenen Wassers G_W und die Resultierende der Drucke, die als h_a, h_2 u. dgl. das Laufrad von außen und nach unten hin umgeben. Je nach der Stellung des Laufrades zum Unterwasserspiegel kommen dabei verschiedene Kräfte zur Anrechnung.

1. Das Laufrad liegt mit der Austrittsstelle „2" gerade in Unterwasserhöhe. In diesem Falle ist $h_2 = 0$, die Austrittsfläche erfährt keinen Druck und wir haben zu den obigen $G_T + G_1 + Y$ einfach noch das Wassergewicht G_W des Laufradinhaltes zu addieren, um die Achsialbelastung zu erhalten.

2. Das Laufrad taucht zu einem Teil, bis Höhe $h_2 = h_a$ unter U. W., Fig. 302. Hier beträgt der gegen den eingetauchten Laufradteil tätige Auftrieb des Außenwassers (das Außenwasser ist verhältnismäßig in Ruhe) gerade so viel, als (Schaufelstärken vernachlässigt) das Gewicht der im eingetauchten Laufradteil enthaltenen Wassermenge, so daß für die Zapfenbelastung nur das Gewicht des über U. W. befindlichen (schraffierten) Laufradinhaltes in Betracht kommt.

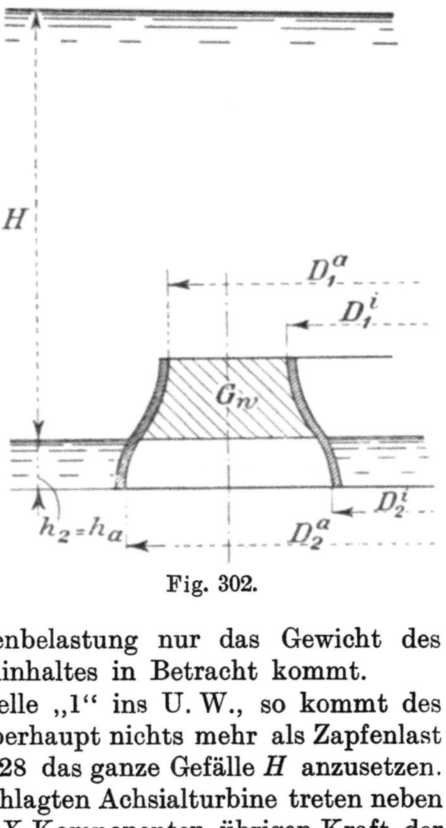

Fig. 302.

3. Taucht das Laufrad bis zur Eintrittsstelle „1" ins U. W., so kommt des äußeren Auftriebes halber vom Laufradinhalt überhaupt nichts mehr als Zapfenlast in Anrechnung, dann ist auch statt h_e in Gl. 628 das ganze Gefälle H anzusetzen.

Bei der nicht rundum gleichmäßig beaufschlagten Achsialturbine treten neben der gegen die Wellenführung tätigen, aus den X-Komponenten übrigen Kraft der Fig. 297, S. 427, auch noch andere einseitig wirkende Kräfte auf. Es ist eben dann $G_1 + Y + G_W$ nur für den beaufschlagten Umfang zu rechnen und als in der Schwerpunktslage des beaufschlagten Umfanges wirkend anzusehen. Hierdurch kommen weitere Belastungen für die seitliche Wellenführung im Verein mit Biegungsbeanspruchungen der Welle selbst in Betracht.

Kurz zusammengefaßt erläutern die nachstehenden Figuren die Art der Beanspruchung der Wellenstützungen.

Äußere Radialturbine, stehende Welle, Spaltdruckregulierung, Fig. 303.

Achsial gegen abwärts gerichtet sind:

Gewicht der rotierenden Teile G_T,
Gewicht des Wasserinhalts G_W,
Druck des Rotationsparaboloids P_D.

Achsial gegen aufwärts gerichtet:

Druck des Rotationsparaboloids P_S.

In radialer Richtung keine Kräfte.

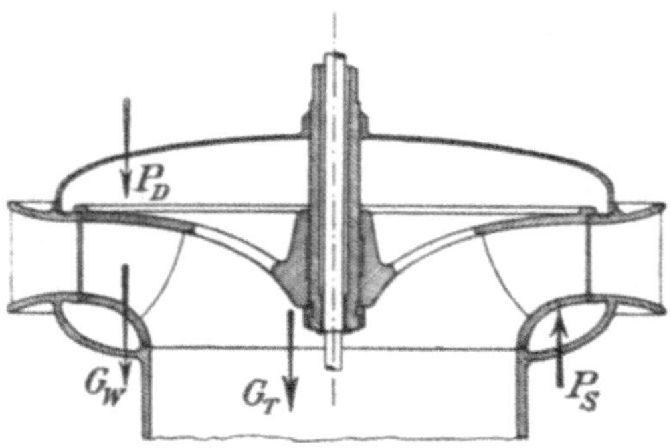

Fig. 303.

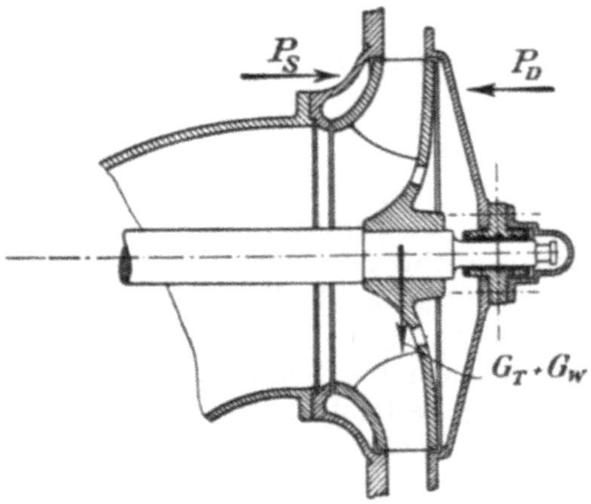

Fig. 304.

Äußere Radialturbine, liegende Welle, Spaltdruckregulierung, Fig. 304.

Achsial in Richtung des Saugrohres: P_D,
Achsial gegen die Richtung des Saugrohres: P_S.
Radiale (senkrechte) Lagerbelastung:

Gewicht der rotierenden Teile und des Wassers $G_T + G_W$.

Achsialturbine, stehende Welle, voll beaufschlagt, Fig. 305.

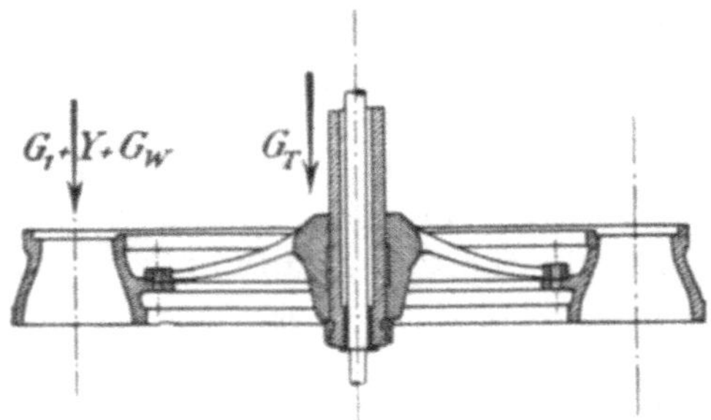

Fig. 305.

Achsial gegen abwärts:

Gewicht der rotierenden Teile und Wassergewicht: $G_T + G_W$,
Belastung durch Spaltdruck und Y-Komponente: $G_1 + Y$.

In radialer Richtung keine Kräfte.

4. Die zulässige Durchbiegung liegender Turbinenwellen.

Die Fig. 304a und b zeigen anschließend an die Fig. 304 das allgemeine Belastungsschema für Biegungsbeanspruchung liegender Turbinenwellen. Für Turbinen, die durch Vermehrung des äußeren Widerstandes nicht zum Stillstand gebracht werden können (elektrischer Betrieb), rechnet sich der Welldurchmesser überschläglich aus dem durch die Welle zu übertragenden Drehmoment

$$M = 71\,620 \frac{N}{n} \text{ (cmkg).}$$

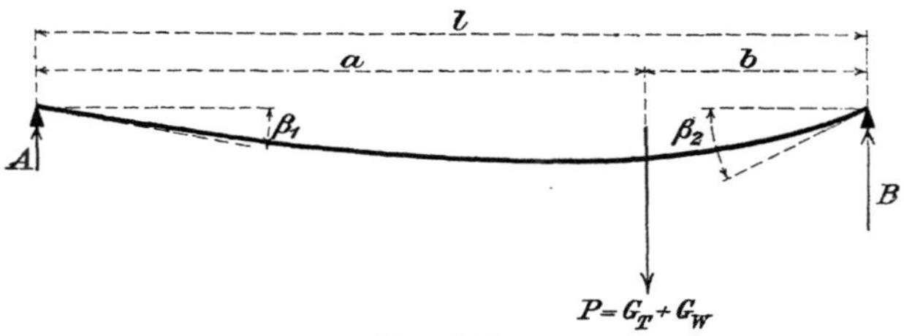

Fig. 304a.

Kann dagegen die Turbine durch Überlastung zum Stillstand gebracht werden (Turbinen zum Antrieb von Transmissionen), so ist zu bedenken, daß das Moment des Stillstandes rund das 1,5fache des normalen Drehmomentes beträgt und dementsprechend in Rechnung zu stellen ist, S. 426.

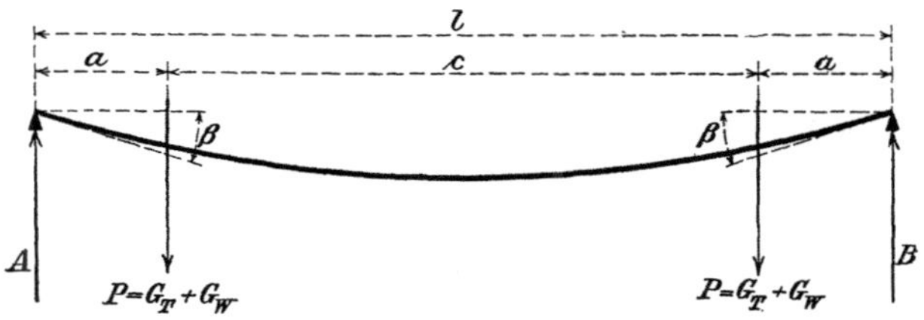

Fig. 304b.

Als zulässige Drehungsbeanspruchungen nehmen wir, um gleichzeitig die stets vorhandenen Biegungsbeanspruchungen berücksichtigt zu haben, für Flußeisen $k_d = 250$ bis 350 kg/qcm und für Flußstahl $k_d = 350$ bis 450 kg/qcm.

Zur Bestimmung des Welldurchmessers aber aus der zulässigen Durchbiegung solcher Turbinenwellen haben wir zunächst folgendes.

Unter Berücksichtigung des Gesamtgewichtes q (kg) der Welle finden sich nach Bach aus der Gleichung der elastischen Linie $M = \pm \frac{J}{\alpha} \frac{d^2 y}{dx^2}$ mit dem Trägheitsmoment J, dem Dehnungskoeffizienten α und den aus der Fig. 304a ersichtlichen Beziehungen für die Einfachturbinenwelle die Neigungswinkel β_1 und β_2 der elastischen Linie, absolut, aus

$$\operatorname{tg} \beta_1 = \frac{\alpha}{J} \left[\frac{P \cdot a \cdot b\,(a + 2b)}{6 \cdot l} + \frac{q \cdot l^2}{24} \right] \quad \text{und} \quad \operatorname{tg} \beta_2 = \frac{\alpha}{J} \left[\frac{P \cdot a \cdot b\,(2a + b)}{6 \cdot l} + \frac{q \cdot l^2}{24} \right].$$

Wir sehen also, daß der größere Neigungswinkel der elastischen Linie sich auf der Seite befindet, wo der Lastangriff näher am Auflager liegt, denn das Glied $2a + b$ ist, wie die Fig. 304a erkennen läßt, größer als $a + 2b$.

Machen wir die Annahme, daß die Tangente des größeren Neigungswinkels den Wert $\frac{1}{1200}$ nicht überschreiten soll, so finden wir, weil bei den hier in Frage stehenden kleinen Winkeln $\operatorname{tg} \beta = \beta$ gesetzt werden darf,

$$\beta_2 = \frac{\alpha}{J} \left[\frac{P \cdot a \cdot b\,(2a + b)}{6 \cdot l} + \frac{q \cdot l^2}{24} \right] \leqq \frac{1}{1200}.$$

Mit $J = \frac{\pi d^4}{64}$ für den vollen Kreisquerschnitt und mit dem Dehnungskoeffizienten $\alpha = \frac{1}{2\,000\,000}$ für Flußstahl rechnet sich jetzt der Welldurchmesser d (cm) aus

$$d \geqq \sqrt[4]{0{,}012\,223 \left[\frac{P \cdot a \cdot b\,(2a + b)}{6 \cdot l} + \frac{q \cdot l^2}{24} \right]} \text{ (cm)} \quad \ldots\ldots \quad 629$$

Ohne Berücksichtigung des Eigengewichtes der Welle, also für $q=0$, geht diese Gleichung über in die einfachere Beziehung

$$d \gtreqless 0{,}333 \sqrt[4]{\frac{P \cdot a \cdot b\,(2a+b)}{6 \cdot l}} \text{ (cm)} \quad \ldots\ldots\ldots \quad \mathbf{629a}$$

Machen wir auch für Doppelturbinen mit liegender Welle die Voraussetzung, daß die Tangente des Neigungswinkels an die elastische Linie den Wert $\frac{1}{1200}$ nicht überschreiten soll und setzen wir der Einfachheit der Rechnung halber die meist ungleiche Entfernung a der Belastungspunkte von den Auflagerstellen auf beiden Seiten gleich, so folgt für beide Seiten, $\operatorname{tg}\beta$ wieder gleich β gesetzt, vgl. auch Fig. 304b,

$$\beta = \frac{\alpha}{J}\left[\frac{P \cdot a}{2}(l-a) + \frac{q \cdot l^2}{24}\right] \leqq \frac{1}{1200}.$$

Mit den gleichen Werten für α und J, wie vorher, rechnen wir den Welldurchmesser d (cm), wenn wir für die Strecke a den größeren aus der Konstruktion zu nehmenden Wert einsetzen, nunmehr aus

$$d \gtreqless \sqrt[4]{0{,}012223\left[\frac{P \cdot a}{2}(l-a) + \frac{q \cdot l^2}{24}\right]} \text{ (cm)} \quad \ldots\ldots \quad \mathbf{630}$$

oder unter Vernachlässigung des Eigengewichtes q der Welle selbst aus

$$d \gtreqless 0{,}333 \sqrt[4]{\frac{P \cdot a}{2}(l-a)} \text{ (cm)} \quad \ldots\ldots\ldots \quad \mathbf{630a}$$

Neben diesen Rechnungen hat dann auch die Berechnung der tatsächlichen Durchbiegung der Welle herzugehen, damit Sicherheit darüber besteht, daß das Laufrad nicht nach unten zu mit zu geringem Spielraum im Kranzspalt läuft.

Von den nach den verschiedenen Berechnungsarten gefundenen Zahlen für den Welldurchmesser (Verdrehung, Durchbiegung) nehmen wir dann den größten gefundenen Wert, der meist aus der Biegungsbeanspruchung folgt. Möglichst sorgfältiger Gewichtsausgleich ist dabei für hohe Umdrehungszahlen unumgänglich nötig, weil sonst die Durchbiegung noch vergrößert würde.

18. Die Stütz-, Trag- und Führungslager der Turbinenwellen.

Auch heute noch bilden die Stützzapfen der Turbinen mit stehender Welle einen der für den Betrieb wichtigsten Teile des ganzen Aufbaues einer solchen Turbine. Durch die erhöhten Ansprüche an die Betriebssicherheit der Wasserkraftanlagen veranlaßt, haben wir die Zapfenkonstruktionen scharf zu beurteilen und sie besser durchzubilden, als dies früher der Fall war. Die Führungslager bei stehenden Wellen haben auch eine nicht unwichtige Rolle, wenn wir bedenken, daß die Kranzspalte von der richtigen seitlichen Führung der Welle mit abhängen.

Schließlich verlangen die Lagerungen der liegenden Turbinenwellen, der Achsialschübe halber, ebenfalls unsere besondere Aufmerksamkeit.

A. Der Turbinenzapfen.

Wir bezeichnen als Vollzapfen solche, deren Tragflächen keine Aushöhlung in der Mitte aufweisen, und als Hohlzapfen diejenigen, die bis auf einen beliebigen Durchmesser d_i ausgespart sind, so daß nur die zwischen dem Außendurchmesser d_a und dem Innendurchmesser d_i liegende Ringfläche die achsialen Kräfte aufnimmt.

Das, was wir Stirn- und Ringzapfen nennen, sind nur bestimmte Anordnungsarten von Hohlzapfen.

1. Der noch neue Turbinen-Hohlzapfen.

Der neue Zapfen berührt mit seiner Lauffläche die „Linse", die stillstehende Tragfläche, in durchweg gleicher Weise. Die gesamte Zapfenlast P ist auf der ganzen Fläche gleichmäßig verteilt, weil die Laufflächen linealgerade geschliffen von der Maschinenfabrik geliefert werden.

Für den Anfang, bei Inbetriebsetzung, gilt also für den überall gleich großen Druck p_m pro Quadratzentimeter der Lauffläche des neuen Hohlzapfens einfach

$$p_m = \frac{P}{d_a^2 \frac{\pi}{2} - d_i^2 \frac{\pi}{4}} = \frac{P}{d_m \pi \cdot b} \quad \ldots \ldots \ldots \quad 631$$

worin $d_m = \frac{d_a + d_i}{2}$ der mittlere Durchmesser, $b = \frac{d_a - d_i}{2}$ die Breite der Lauffläche ist.

Das der Drehung widerstehende Moment der Reibung zwischen den beiden Laufflächen findet sich wie folgt:

Wir greifen eine unendlich schmale Kreisringfläche, Durchmesser d, Radius r, Breite dr heraus, Fig. 306. Für diese gilt als Reibungsmoment einfach

$$dM = 2r\pi \cdot dr \cdot p_m \cdot \mu \cdot r = 2 p_m \mu \cdot \pi \cdot r^2 dr,$$

worin μ der betreffende Reibungskoeffizient.

Das Gesamtreibungsmoment für die Stützfläche des neuen Zapfens setzt sich aus der Summe der dM zwischen den Radien r_i und r_a zusammen und lautet demnach

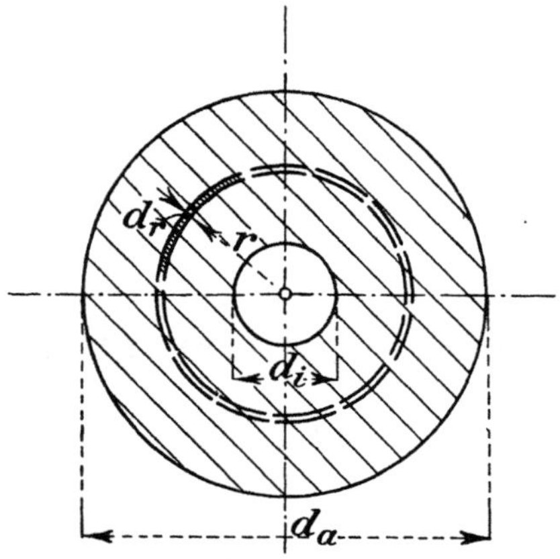

Fig. 306.

$$M = 2p_m \cdot \mu \cdot \pi \int_{r_i}^{r_a} r^2 dr = 2p_m \cdot \mu \cdot \pi \frac{r_a^3 - r_i^3}{3} \quad . \quad 632$$

Hierin kann, um den mittleren Durchmesser einzuführen, $r_a = \frac{d_a}{2} = \frac{d_m + b}{2}$ und $r_i = \frac{d_m - b}{2}$ gesetzt werden, außerdem ersetzen wir p_m durch den Wert nach Gl. 631 und erhalten dadurch für den noch neuen Zapfen als Reibungsmoment

$$M_z = P \cdot \mu \left[\frac{d_m}{2} + \frac{b^2}{6d_m}\right] \text{(cmkg)} \quad . \quad . \quad . \quad 633$$

Die Arbeit, die pro Sekunde verbraucht wird, um dieses Moment zu überwinden, stellt sich bei n Umdrehungen in der Minute auf

$$A = M_z \cdot 2\pi \frac{n}{60} = P \cdot \mu \cdot d_m \pi \frac{n}{60}\left[1 + \frac{1}{3}\left(\frac{b}{d_m}\right)^2\right] \text{(cmkg/sk)} \quad . \quad . \quad . \quad . \quad 634$$

2. Der eingelaufene Turbinen-Hohlzapfen.

Im Außendurchmesser d_a ist die Gleitgeschwindigkeit zwischen den reibenden Flächen am größten, sie nimmt gegen innen mit dem Durchmesser ab. Unter der anfänglich überall gleich großen Einheitsbelastung p_m des neuen Zapfens (Gl. 631) kann deshalb die Abnützung der Gleitflächen nicht gleichmäßig vor sich gehen. Gegen außen hin muß das Abschleifen der Gleitflächen, von der Inbetriebsetzung ab, schneller erfolgen als gegen innen zu. Die gegen außen hin größere Abnutzung bringt es mit sich, daß dort der Einheitsdruck p notwendig mit fortschreitender Abnützung kleiner werden muß, und da sich P natürlich nicht ändert, so werden die gegen innen gelegenen Teile der Lauffläche nach und nach einen stärkeren Einheitsdruck aufzunehmen haben. Materiell erklärlich werden diese Umstände sowie wir die Elastizität des Laufflächenmaterials in Betracht ziehen. Die äußeren Schichten weichen gewissermaßen der Belastung durch das Abgenütztwerden nach und nach aus und so erleiden die inneren Teile der Tragflächen stärkere Belastung, also auch stärkere elastische Zusammendrückung, die Reaktionsdrücke der Linse werden gegen die Mitte zu wachsen.

Zweifellos sind die Abnützungen proportional dem jeweiligen Einheitsdruck p und der Gleitgeschwindigkeit an der betreffenden Stelle, also kann die Abnützung, neben p, auch dem Durchmesser d proportional gesetzt werden.

Ist der Zapfen einmal, wie man sagt, eingelaufen, d. h. haben sich die Abnützungen über die ganze Laufbreite so eingerichtet, daß bei weiterer Abnützung nicht mehr einzelne (äußere) Ringflächen eine größere, andere (innere) eine weniger starke Abnutzung erfahren, so müssen die Abnützungen in allen Durchmessern gleich groß ausfallen und wir müssen dann für den eingelaufenen Zapfen der gleichen Abnützungen halber schreiben[1])

$$p \cdot d = \text{Konst.} \quad . \quad . \quad . \quad . \quad . \quad . \quad . \quad . \quad . \quad . \quad . \quad . \quad 635$$

[1]) Vgl. Bach, Maschinenelemente.

Hieraus ergibt sich ohne weiteres, daß die Einheitsdrucke p in der eingelaufenen Tragfläche umgekehrt proportional dem Durchmesser sind, daß also die zeichnerische Darstellung der Einheitsdruckgrößen durch eine gleichseitige Hyperbel gegeben ist, deren Asymptoten durch die Drehachse des Zapfens und die Lauffläche gebildet werden, Fig. 307.

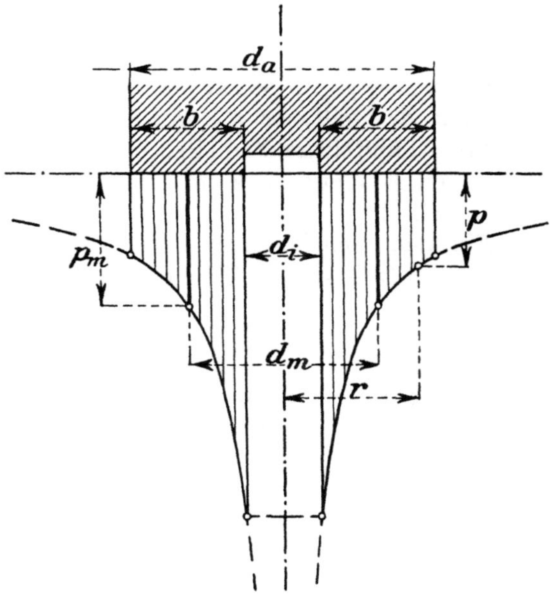

Fig. 307.

Wir bestimmen die Konstante der Gl. 635, indem wir die Summe der Tragkräfte ziehen, die bei dem eingelaufenen Zapfen in den einzelnen unendlich schmalen Ringflächen der Zapfenstirn geleistet werden, diese Summe muß gleich P, der Gesamtlast des Zapfens, sein.

Auf der Ringfläche, Durchmesser d, Breite dr, lastet hier ein Einheitsdruck vom Betrag $p = \frac{\text{Konst.}}{d}$, und diese unendlich schmale Ringfläche trägt deswegen eine Belastung dP in Kilogramm von

$$dP = d\pi \cdot dr \cdot p = d\pi \cdot dr \frac{\text{Konst.}}{d} = \pi \cdot \text{Konst.} \cdot dr.$$

Die Hohlzapfenfläche, Durchmesser d_a und d_i, wird demnach aufzunehmen haben:

$$P = \pi \cdot \text{Konst.} \int_{r=\frac{d_i}{2}}^{r=\frac{d_a}{2}} dr = \pi \cdot \text{Konst.} \frac{d_a - d_i}{2} = \pi \cdot \text{Konst.} \cdot b,$$

woraus folgt

$$\text{Konst.} = \frac{P}{b\pi} = p \cdot d \quad \ldots \ldots \ldots \ldots \quad 636$$

b ist wieder die radiale Breite der Lauffläche. Mithin erhalten wir für die veränderliche Größe von p beim eingelaufenen Zapfen

$$p = \frac{P}{d\pi \cdot b} \quad \ldots \ldots \ldots \ldots \quad 637$$

Am äußeren Durchmesser der Tragfläche ergibt sich dann

$$p_a = \frac{P}{d_a \pi \cdot b} = p_{min} \quad \ldots \ldots \ldots \ldots \quad 638$$

und für den Innenkreis der Tragfläche, wo p am größten sein wird,

$$p_i = \frac{P}{d_i \pi \cdot b} = p_{max} \quad \ldots \ldots \ldots \ldots \quad 639$$

Der mittlere Durchmesser der Lauffläche $d_m = d_a - b = d_i + b$ weist nach Gl. 637 einen Einheitsdruck

$$p_m = \frac{P}{d_m \pi \cdot b} \quad \ldots \ldots \ldots \ldots \quad 640$$

auf, der auch tatsächlich der mittlere, durchschnittliche Druck der ganzen Lauffläche ist. Dies erhellt aus der Division

$$\frac{P}{F} = \frac{P}{d_m \pi \cdot b} = p_m.$$

Trotzdem also p_m in seiner Größe durchaus nicht den Mittelwert der Ordinaten p_a und p_i darstellt, ist p_m, der Einheitsdruck in der Laufflächenmitte, doch auch der durchschnittliche Einheitsdruck der ganzen Lauffläche. Also ändert das Einlaufen den Einheitsdruck im mittleren Durchmesser nicht gegenüber dem neuen Zapfen (Gl. 631).

Für den eingelaufenen Hohlzapfen ergibt sich nun mit p nach Gl. 637 und mit μ als Reibungskoeffizient das Reibungsmoment einer unendlich schmalen Ringfläche:

$$dM_z = d\pi \cdot dr \cdot p \cdot \mu \cdot r = \frac{P \cdot \mu}{b} r\,dr$$

und das gesamte Reibungsmoment des Zapfens folgt dadurch, sofern μ über die ganze Fläche als gleichbleibend gelten darf, zu

$$M_z = \frac{P \cdot \mu}{b} \int_{r_i = \frac{d_i}{2}}^{r_a = \frac{d_a}{2}} r\,dr = \frac{P \cdot \mu}{b} \cdot \frac{d_a^2 - d_i^2}{8} = P \cdot \mu \frac{d_m}{2} \text{(cmkg)} \quad \ldots\ldots \quad 641$$

vgl. Gl. 633. Es folgt für den eingelaufenen Zapfen

$$A = M_z \cdot 2\pi \frac{n}{60} = P \cdot \mu \cdot d_m \pi \frac{n}{60} \text{(cmkg/sk)} \quad \ldots\ldots \quad 642$$

als Reibungsarbeit pro Sekunde bei n minutlichen Umdrehungen, vgl. dagegen Gl. 634 für den neuen Zapfen.

Die Gl. 642 lautet für $\mu = 0{,}05$ vereinfacht und auf PS umgerechnet

$$N_z = \frac{P \cdot d_m^{cm} \cdot n}{2864700} (\text{PS}_e) \quad \ldots\ldots \quad 642\,\text{a}$$

und mit 1 WE gleich 427 mkg, oder 1 WE sekundlich gleich 5,693 PS_e, findet sich die mit $\mu = 0{,}05$ pro Sekunde erzeugte Wärmemenge

$$W_z = \frac{N_z}{5{,}693} = \frac{P \cdot d_m^{cm} \cdot n}{16310000} \text{(WE/sk)} \quad \ldots\ldots \quad 642\,\text{b}$$

3. Wärmeerzeugung und Wärmeableitung.

Die vorstehend berechnete Arbeitsmenge für den Betrieb des Hohlzapfens wird zum weitaus größten Teil in Wärme umgesetzt, zum kleinen Teile auf eine weitere, nunmehr für alle Durchmesser gleich große Abnützung der Reibfläche in achsialer Richtung verwendet.

Die erzeugte Wärme muß sich von der Gleitfläche aus in das Zapfen- und Linsenmaterial und in deren Umgebung zerstreuen können.

In letzter Stelle ist fast immer die umgebende Luft als Träger der abziehenden Wärme anzusehen, für die unmittelbare Ableitung der Wärme von den Gleitflächen weg aber ist das Schmiermaterial von größter Wichtigkeit, und schon aus diesem Grunde ist es unbedingt erforderlich, daß die Laufflächen ganz in Öl untergetaucht sind, und daß ein lebhafter Ölumlauf stattfindet.

Zum Glück für unsere Betriebe liefert die durch Reibung vernichtete Arbeit im Betrag von vollen 427 mkg erst eine Wärmeeinheit, und so sind schwach belastete Zapfen von kleiner Umdrehungszahl immer in der Lage, die geringen erzeugten Wärmemengen an die Umgebung abzugeben, ohne daß bedenkliche örtliche Erwärmung eintritt.

I. Die Wärmeleitung an den Laufflächen selbst.

Die Wärme entsteht aus der Reibungsarbeit der sich berührenden Laufflächen. Diese haben also an erster Stelle die Wärmemengen aufzunehmen und weiterzugeben.

Sehen wir uns an, wie sich die erzeugten Arbeits- oder Wärmemengen auf die Laufflächen verteilen.

Wir fanden als Reibungsmoment einer Ringfläche von der Breite dr

$$dM = \frac{P \cdot \mu}{b} r\,dr.$$

Die Arbeit, die für eine Umdrehung auf dieser Ringfläche verzehrt und fast ganz in Wärme umgesetzt wird, beläuft sich auf

$$dA = dM \cdot 2\pi = \frac{P \cdot \mu}{b} 2\pi \cdot r\,dr.$$

Der Inhalt der Ringfläche dF, die diese Wärme aufnimmt und für die Ableitung derselben in Betracht kommt, ist

$$dF = 2r\pi \cdot dr.$$

Mithin trifft auf die Flächeneinheit des unendlich schmalen Ringes für eine Umdrehung eine Arbeits- bzw. Wärmemenge von

$$\frac{dA}{dF} = \frac{P \cdot \mu}{b}$$

und diese ist unabhängig von r und d, sofern μ überall gleich groß, d. h. bei dem eingelaufenen Zapfen trifft auf jede Stelle der Lauffläche ganz die gleiche abzuleitende Wärmemenge pro Flächeneinheit, einerlei ob die Stelle mehr gegen außen oder innen liegt.

Aus diesem Grunde sind wir berechtigt, die sich auf die Flächeneinheit des eingelaufenen Zapfens pro Sekunde ergebende Arbeits- bzw. Wärmemenge kurzweg, weil überall gleich, zu berechnen als (Gl. 642) [1])

$$\frac{A}{F} = \frac{P \cdot \mu \cdot d_m \pi}{d_m \pi \cdot b} \cdot \frac{n}{60} = \frac{P\mu}{b} \cdot \frac{n}{60} \text{ (cmkg)} \quad \ldots \ldots \ldots \quad 643$$

Es gilt im allgemeinen als Anhalt, daß die auf die Einheit der Gleitfläche treffende Arbeitsmenge $\frac{A}{F}$ den Betrag von etwa $\frac{2}{3}$ mkg $= \frac{200}{3}$ cmkg nicht zu weit überschreiten solle.

Mit diesem Wert finden wir aus

$$\frac{A}{F} = \frac{P \cdot \mu}{b} \cdot \frac{n}{60} \leqq \frac{200}{3} \text{ (cmkg)}$$

---

[1]) Beim neuen Zapfen gilt diese Beziehung noch nicht. Dort ist die sekundlich abzuführende Wärme- bzw. Arbeitsmenge gegen d_a hin für die Flächeneinheit und eine Umdrehung wesentlich größer, es ist im Durchmesser d_a, vgl. S. 439,

$$dM = 2p_m \cdot \mu \cdot \pi \cdot r_a^2 dr; \qquad dA = dM \cdot 2\pi = \frac{2P}{d_m \cdot b} \mu \cdot r_a^2 dr \cdot 2\pi$$

$$dF = d_a \pi \cdot dr$$

also

$$\frac{dA}{dF} = \frac{2P \cdot \mu}{d_m b} \cdot \frac{d_a^2}{4} \frac{dr \cdot 2\pi}{d_a \pi dr} = \frac{P\mu \cdot d_a}{d_m b} = \frac{P\mu}{b}\left(1 + \frac{b}{d_m}\right) \text{ (cmkg)}.$$

die für die ungehinderte Wärmeableitung erforderliche Breite der Lauffläche

$$b \geqq \frac{P \cdot \mu \cdot n}{4000} \text{ (cm)} \quad \ldots \ldots \ldots \ldots \quad 644$$

ganz unabhängig von den Durchmesserverhältnissen des Zapfens.

Daß es für die Wärmeableitung aus den Laufflächen heraus wirklich nur auf die Breite b und nicht auf die Durchmesser ankommt, ist erklärlich: Jede Vergrößerung des mittleren Durchmessers eines Zapfens bringt zwar bei gleichbleibender Laufbreite b eine Vergrößerung der Wärmeableitungsfläche, aber auch in ganz gleichem Maße eine Vergrößerung der die Wärme erzeugenden Reibungsarbeit mit sich (Gl. 642).

Für die Berechnung gewöhnlicher Traglager bei liegenden Wellen gelangt man (Bach, Maschinenelemente) auf eine ganz ähnliche Beziehung. Bei Lagerdurchmesser d, Lagerlänge l ergibt sich, da nur auf dem halben Umfang Wärme erzeugt wird,

$$\frac{A}{F} = \frac{P \cdot \mu \cdot d\pi \cdot n}{\frac{1}{2} d \cdot \pi \cdot l \cdot 60} = \frac{P\mu}{\frac{1}{2} l} \cdot \frac{n}{60}.$$

Die Wärmeerzeugung soll auch hier nicht mehr als $\frac{200}{3}$ cmkg auf die Flächeneinheit betragen, und dadurch ergibt sich

$$l \geqq \frac{P \cdot \mu \cdot n}{2000},$$

also der Nenner halb so groß als für b nach Gl. 644. Da die Zahl der Traglager so sehr viel größer ist als die der Spurzapfenlager, so ist es zur Vermeidung von Verwechslungen angezeigt, beide Seiten der Gl. 644 mit 2 zu multiplizieren und zu schreiben

$$2b \geqq \frac{P \cdot \mu \cdot n}{2000} \quad \ldots \ldots \ldots \ldots \quad (644)$$

Gut eingelaufene Zapfen werden bei gewöhnlicher Schmierung (untergetaucht) etwa $\mu = 0{,}05$ aufweisen, und dieser Reibungskoeffizient ändert die Gl. 644 dann ab in

$$2b \geqq \frac{P \cdot n}{40\,000} = \frac{P \cdot n}{w} \text{ (cm)} \quad \ldots \ldots \ldots \ldots \quad 645$$

Sinkt bei ganz vorzüglichem Schmiermaterial μ auf etwa 0,02, so kann, besonders wenn auch sonst die Umstände der Wärmeableitung günstig sind (kräftiger Ölumlauf, kalte, zugige Räume, künstliche Kühlung, vorzügliche Wartung), schließlich einmal

$$2b \geqq \frac{P \cdot n}{75\,000 \div 125\,000} = \frac{P \cdot n}{w} \text{ (cm)} \quad \ldots \ldots \ldots \quad 646$$

genommen werden, was aber immer ein gewisses Wagnis bei solch hoher Zahl für w, durch das Vertrauen auf das Eintreten kleiner Reibungskoeffizienten bleibt. Voraussetzung ist dann auch noch eine vorzügliche Lagerung, Stützung der Tragflächen, damit die Linse auch wirklich auf ihrer ganzen Fläche gleichmäßig trägt. Die Werte w sind dann für beiderlei Zapfenarten gleich und mit den Bach'schen Werten identisch.

Außerdem ist dringend anzuraten, daß der Zapfen seitlich ganz frei läuft. Schon mancher Zapfen ist nicht durch seine achsiale, sondern durch zusätzliche seitliche Reibungsarbeit zum Warmläufer geworden.

Nach diesen Rücksichten ist also die Breite der Lauffläche ohne Beziehung zu den Einheitsdrücken in der Lauffläche festgelegt.

II. Die Ableitung der Wärme aus dem Ölinhalt des Spurlagertopfes.

Die aus den Zapfengleitflächen durch kräftige Ölspülung in den Ölinhalt des Spurtopfes übergehenden Wärmemengen müssen weitergeleitet werden, denn sonst tritt eine unerwünschte Wärmeansammlung (Temperatursteigerung) in dem Ölinhalt ein, das Öl ist nicht mehr imstande, trotz kräftiger Spülung die immer neu entstehenden Wärmemengen aus den Gleitflächen aufzunehmen, und schließlich kommt der Zapfen zum Heiß- und Rauhlaufen, zum Stillstand.

Der Turbinenbau hatte bis jetzt selten die notwendige Folgerung aus der eben angestellten Betrachtung gezogen. Man sorgte sich im allgemeinen nicht viel darum, ob die Wärme abfließen könne oder nicht. Solange nur verhältnismäßig kleine Zapfendurchmesser und Umdrehungszahlen in Betracht kamen, war dies auch berechtigt. Diese Zapfen saßen meist in kalten Räumen, wo der natürliche Luftzug die Außenwände des Spurtopfes bestrich und kühlte.

Mit der massiven Stahlwelle stellte sich vielfach der die Welle umgebende Ringzapfen von großem Durchmesser ein, der, eben des großen Durchmessers wegen, wesentlich mehr Arbeitsverbrauch, Wärmeerzeugung, aufweist als früher. Kommt dazu noch die achsiale Belastung durch einen schweren Generator (z. B. Taf. 9 und 12), so tritt leicht eine so große Wärmeentwicklung ein, daß wir die erzeugte Wärme nicht mehr sich selbst überlassen dürfen, sondern für deren Ableitung Sorge tragen müssen.

Ein warmgehender Zapfen galt in früherer Zeit immer als eine Art Bloßstellung für die Maschinenfabrik. Die großen, schwerbelasteten Zapfen unserer Generatorturbinen bedürfen aber notwendig der künstlichen Kühlung, ohne daß hieraus der Maschinenfabrik ein Vorwurf gemacht werden kann, manche Anlagen zeigen hierin ein zielbewußtes Vorgehen des Konstrukteurs. Wir finden Kühlschlangen, von kaltem Wasser durchflossen, in dem Ölbehälter, Taf. 18, und dies ist bei ausreichend bemessener Kühloberfläche (rechnen!) an sich kein schlechtes Mittel; doch bedingt es vielfach die Aufstellung eines Pümpchens mit hochliegendem Behälter zur Wasserbeschaffung und dann steht und fällt der ganze Betrieb mit dieser Pumpe (Taf. 56).

In vielen Fällen kann auf einfachere Weise geholfen werden, nämlich durch Anbringen von Ausstrahlungsrippen (ähnlich den Rippen-Heizkörpern) am Außenumfang des Spurtopfes im Verein mit inneren Rippen im Ölraum zur Vermehrung der Wärmeleitfläche zwischen dem warmen Öl und der durch die Außenrippen besser gekühlten Gußwand des Troges, Taf. 9, auch Fig. 325, S. 466. Ein oben auf der Turbinenwelle sitzender Generator dient meist als sehr willkommener ansaugender Ventilator und schafft auf diese Weise eine ganz selbsttätige, absolut betriebssichere Kühleinrichtung, denn kühle Luft an sich ist beim Wasserkraftbetrieb immer vorhanden.

In der Tabelle ausgeführter Zapfen, S. 448, finden sich in den beiden letzten Kolonnen die Beträge der Zapfenreibungsarbeit in PS für $\mu = 0,05$ und die zugehörige Anzahl der sekundlich erzeugten Wärmeeinheiten.

4. Die obere Grenze des Einheitsdruckes in der Lauffläche.

Für jeden Zapfen besteht die unerläßliche Bedingung, daß der Einheitsdruck zwischen den Reibflächen gewisse Werte nicht überschreiten darf, weil sonst das dazwischen befindliche Schmiermaterial herausgepreßt wird, und der Zapfen warm gehen muß.

Man ist beim Entwerfen gewohnt, in Übereinstimmung mit den Traglagern wagrechter Wellen, meist die Zapfenlast P als gleichmäßig über die ganze Ringfläche verteilt anzusehen und demgemäß den Zapfen nach Gl. 631 mit gewissen, erfahrungsmäßigen Werten k_m für den mittleren Einheitsdruck p_m zu berechnen. Hier finden sich die Angaben in weiten Grenzen. Es wird gerechnet

$$k_m = 30 \div 50 \div 70 \div 90 \text{ kg/qcm}$$

für Metalle auf Metallen im Gegensatz zu $k_m = 8 \div 10$ kg/qcm für Gußeisen auf Pockholz.

Wir haben aber gesehen, daß es unrichtig ist, anzunehmen, daß die anfänglich gleichmäßige Druckverteilung auch für immer vorhanden sei, wir müssen deshalb unsere Berechnungen nicht für den Anfangs-, sondern für den Dauerzustand einrichten. Letzterer ist durch Gl. 635, Gl. 637 usw. gekennzeichnet, und weil im Innendurchmesser der höchste Einheitsdruck eintritt, so haben wir durch die Wahl von d_i bei etwa angenommener Größe von b dafür zu sorgen, daß p_i keinen unzulässig großen Wert erreicht, damit nicht der Zapfen von innen heraus, also von den Stellen der kleinen Umfangsgeschwindigkeiten her, warm gehen kann.

Ein Blick auf Gl. 637 oder 639 zeigt, daß ein Zapfen mit $d_i = 0$ einen unendlich hohen Einheitsdruck p_i, allerdings nur in einem Punkt, in der Rotationsachse, erhalten muß; daß aber doch auch in der Nähe der Achse sehr hohe Drücke p sich einstellen werden, lehrt der Verlauf der Hyperbel in Fig. 307.

Ein überlegender Konstrukteur wird deshalb überhaupt nie einen Vollzapfen anwenden, sondern die Gefahr der hohen Einheitsdrücke durch Herausnehmen der inneren Partien der Lauffläche, d. h. durch Schaffen eines Hohlzapfens, fernhalten. Ein warmgehender Vollzapfen kann unter Umständen durch Ausdrehen in der Mitte betriebsfähig gemacht werden.

Daß mit dem Herausnehmen der inneren Teile der Tragfläche aber doch auch wieder nicht zu weit gegangen werden darf, erhellt aus Gl. 642 über die Reibungsarbeit, die der Zapfen verbraucht; diese wächst mit zunehmendem mittleren Durchmesser d_m.

Wir übersehen die Verhältnisse durch Hinweis auf Gl. 639.

Soll p_i einen bestimmten Wert k_i nicht überschreiten, der im allgemeinen höher sein darf als die vorgenannten Werte von k_m, so gilt

$$p_i = k_i = \frac{P}{d_i \pi \cdot b} \quad \ldots \ldots \ldots \quad 647$$

woraus

$$d_i = \frac{P}{\pi \cdot b \cdot k_i} \text{ (cm)} \quad \ldots \ldots \ldots \quad 648$$

Für die Berechnung eines Zapfens ist also schließlich folgendermaßen vorzugehen:

Die Laufbreite b ist ganz unabhängig von den Einheitsdrücken k_m oder k_i lediglich mit Rücksicht auf die Wärmeableitungsfähigkeit mit $\frac{2}{3}$ mkg sekundlicher (Wärme-)Arbeit pro Quadratzentimeter festgelegt durch

$$2b \geqq \frac{P \cdot \mu \cdot n}{2000} \quad \ldots \ldots \ldots \quad (644)$$

bzw. mit $\mu = 0{,}05$ durch

$$2b \geqq \frac{P \cdot n}{40\,000} \quad \ldots \ldots \ldots \quad (645)$$

in welch letzterer Gleichung statt des für gewöhnlich üblichen Wertes von $w = 40\,000$ auch einmal 75000 oder bis 125000 unter den angegebenen Voraussetzungen für μ gesetzt werden darf.

Nachdem die Laufbreite b festgelegt ist, verlangt die Rücksicht auf das Einhalten eines bestimmten Einheitsdruckes k_i am Innendurchmesser einen inneren Laufflächendurchmesser d_i, dessen kleinstzulässiger Betrag nach Gl. 648 zu bestimmen ist.

Dringend anzuraten ist, daß bei der Berechnung mit den beiden maßgebenden Zahlenwerten nicht gleichzeitig hochgegangen werde.

Müssen wir z. B. aus Gründen konstruktiver Anordnung für die Berechnung von b auf wesentlich erhöhte Werte von w gehen, etwa nach Gl. 646, so soll unter solchen Umständen k_i nicht auch noch mit hohem Betrag eingestellt werden. Die größere Wärmemenge, die in solchem Falle durch die Laufflächeneinheit abgeleitet werden muß, bildet an sich schon eine gewisse Gefährdung, und diese darf nicht durch bedeutende Einheitsdrücke am Innendurchmesser noch verschärft werden.

Ein Rechenbeispiel mag dies erläutern. Es handle sich in zwei, nur durch zweierlei Umdrehungszahlen voneinander unterschiedenen Fällen, um eine Zapfenbelastung von 7500 kg.

Erste Ausführung, 50 Umdrehungen.

Es ergibt sich aus Gl. 645

$$2b \geqq \frac{7500 \cdot 50}{40000} = \sim 9{,}4\ \text{cm}; \qquad b = 4{,}7\ \text{cm}.$$

Für eine Innenbelastung $k_i = 150$ kg/qcm folgt aus Gl. 648

$$d_i = \frac{7500}{\pi \cdot 4{,}7 \cdot 150} = 3{,}5\ \text{cm, rund}$$

$$d_a = 3{,}5 + 9{,}4 = 13\ \text{cm, rund}$$

$$d_m = 8{,}25\ \text{cm},$$

Arbeitsverbrauch $N_z = 1{,}08$ PSe, erzeugte Wärme $W_z = 0{,}19$ WE/sk.

Zweite Ausführung, 150 Umdrehungen.

Die Gl. 645 liefert

$$2b \geqq \frac{7500 \cdot 150}{40000} = \sim 28\ \text{cm} \qquad b = 14\ \text{cm}.$$

Es würde noch mit $k_i = 150$ kg/qcm folgen

$$d_i = \frac{7500}{\pi \cdot 14 \cdot 150} = 1\ \text{cm, rund}$$

$$d_a = 1{,}0 + 28 = 29\ \text{cm},$$

$$d_m = 15\ \text{cm},$$

Arbeitsverbrauch $N_z = 5{,}86$ PSe, erzeugte Wärme $W_z = 1{,}03$ WE/sk, was sowohl der großen Reibungsarbeitsverluste halber als auch aus konstruktiven Gründen untunlich erscheint.

Wenn wir nun von $b = 14$ cm auf $b = 6$ cm zurückgehen, so bedeutet das eine Erhöhung des Warmlaufkoeffizienten auf den Betrag von

$$w = 40000 \frac{14}{6} = \sim 93500,$$

die unter den betreffenden Voraussetzungen noch nicht bedenklich erscheint, besonders wenn wir jetzt k_i hier nur mit 100 kg/qcm zulassen.

Dieser Wert gibt nach Gl. 648

$$d_i = \frac{7500}{\pi \cdot 6 \cdot 100} = 4 \text{ cm, rund}$$
$$d_a = 4{,}0 + 12 = 16 \text{ cm,}$$
$$d_m = 10 \text{ cm,}$$

Arbeitsverbrauch $N_z = 3{,}92 \text{ PS}_e$, erzeugte Wärme $W_z = 0{,}69$ WE/sk, und die Zapfenreibungsarbeit ist gegenüber $b = 14$ immerhin auch im Verhältnis der mittleren Durchmesser, im Betrage von $\frac{10}{15} = \frac{2}{3}$ ermäßigt.

Über die Größen von k_i, k_m und das Maß des Zulässigen in bezug auf den Warmlaufkoeffizienten w gibt die nachstehende Tabelle von anerkannt gut laufenden Zapfen einigen Anhalt. Manche dieser Ausführungen stellen allerdings geradezu ein Wagnis dar, sie zeigen Belastungen, denen man sich nur im äußersten Notfall nähern sollte.

Gute, zuverlässige Mittelwerte sind, wie schon gesagt,

$$w = \frac{P \cdot n}{2b} = 40000 \text{ bis } 75000, \quad k_m = 50 \text{ bis } 70 \text{ kg/qcm}, \quad k_i = 100 \text{ bis } 170 \text{ kg/qcm.}$$

Ausgeführte Zapfen.

1.	2.	3.	4.	5.	6.	7.	8.	9.	10.	11.	12.	
d_a	d_i	$2b$	d_m	P	n	$w = \frac{P \cdot n}{2b}$	für $\mu = 0{,}05$		$n_1 = \frac{40000}{P} 2b$	$k_i = \frac{P}{d_i \pi b}$	$k_m = \frac{P}{d_m \pi b}$	
cm	cm	cm	cm	kg			PS_e	WE/sk	(Gl. 645)	kg/qcm	kg/qcm	
12,0	4,0	8,0	8,0	6200	32	24800	0,55	0,10	51,6	122,2	61,1	
39,5	28,5	11,0	34,0	9400	40	34300	4,46	0,78	46,8	191,3	16,3	
17,8	6,0	11,8	11,9	12600	47	50200	2,46	0,40	37,5	113,4	57,2	
17,5	5,0	12,5	11,25	17300	46,5	64300	3,15	0,55	28,9	176,5	78,5	
42,0	29,0	13,0	35,5	6000	150	69200	11,15	1,96	86,7	10,1	8,3	
50,0	33,0	17,0	41,5	20000	60	70600	17,35	3,05	34,0	22,7	18,1	Lauffen, Kühlrippen
54,0	38,0	16,0	46,0	26300	43	70700	18,17	3,19	24,3	27,6	22,8	Wetter (Ruhr) kalt
6,0	0,0	6,0	3,0	5150	100	85800	0,54	0,09	46,6	∞	183,0	
54,0	38,0	16,0	46,0	15950	87,5	87200	22,40	3,94	40,0	16,7	13,8	Schongau, Kühl-[schlange
49,0	31,0	18,0	40,0	40000	40	88900	22,35	3,93	18,0	45,7	35,4	Bremen
15,0	3,0	12,0	9,0	9600	122	97600	3,68	0,65	50,0	169,8	56,7	
16,0	10,5	5,5	13,25	4100	160	119300	3,03	0,53	53,7	45,3	35,9	
10,0	2,0	8,0	6,0	10000	96	120000	2,01	0,35	32,0	398,0	132,5	
14,0	5,0	9,0	9,5	7536	150	125600	3,75	0,66	47,8	106,7	56,2	
24,0	6,0	18,0	15,0	55000	41,5	126800	11,95	2,10	13,1	324,0	129,5	
46,0	31,0	15,0	38,5	6500	300	130000	26,20	4,60	92,3	8,9	7,2	
$D_a = 875$, $d_a = 525$	$D_i = 700$, $d_i = 350$	35,0	61,25	(32000)	150	(137000)	(103,00)	(18,10)	(43,8)	(16,65)	(9,5)	(vgl. S. 469)
Der hydraulische Druck von durchschnittlich 9 Atm. beträgt in der Eindrehung $\left(70^2 \frac{\pi}{4} - 52{,}5^2 \frac{\pi}{4}\right) 9 = \sim 15000$ kg; mithin kommen auf die beiden Laufringe												
$32000 - 15000 = 17000$					150	72900	54,50	9,58	82,4	8,85	5,05	

5. Anforderungen in konstruktiver Hinsicht.

Zapfen und Turbinenwelle bilden eine konstruktive Einheit miteinander; es ist deshalb nötig, daß die Zapfenanordnungen in ihren Beziehungen zu den Wellen besprochen werden.

Wir sprechen von Endzapfen, wenn der Zapfen am oberen Wellende sitzt, von Mittelzapfen, sofern sich der Zapfen zwischen dem Laufrad und der Stelle befindet (Kegelrad, Dynamoanker), an der das Drehmoment abgenommen wird, einerlei, ob Stirn- oder Ringzapfen in Verwendung sind, und ob der Zapfen wirklich in der Mitte der Wellenlänge sitzt oder nicht.

Wir haben massive (Walzstahl) und hohle (Gußeisen) Turbinenwellen. Die Verwendung von Hohlwellen ist eine Folge besonderer Zapfenanordnung. Jahrzehntelang verwandte man für stehende Turbinenwellen der Hauptsache nach nur die Hohlwelle aus Gußeisen mit dem auf fester Tragstange gestützten sogenannten Fontaine'schen Oberwasserzapfen.

Der Unterwasserzapfen an der massiven Welle wurde von besseren Konstrukteuren schon seit langen Jahren vermieden, seiner völligen Unzugänglichkeit wegen. Unterwasser-Pockholzzapfen mögen für kleine billige Ausführungen hier und da praktisch sein, im ernst zu nehmenden Maschinenbau sollten sie aber nicht mehr vorkommen.

Für den Fontaine'schen Zapfen mit Tragstange verwandte man meist sog. Stirnzapfen, d. h. Zapfen, die, abgesehen etwa von einem Schmierloch oder kleiner Ausdrehung, in der Mitte aus massivem Material bestanden und die in die ausgedrehte Stirn einer Welle, eines Zapfenträgers oder dergleichen eingesetzt sind, Taf. 10, Mitte; die Welle, Taf. 5 und 6, ist auch für die Aufnahme eines Stirnzapfens eingerichtet.

In neuerer Zeit brachten die Turbinen der großen Elektrizitätswerke, wie schon bemerkt, die massive Welle aus Flußstahl usw., weil für die beträchtlichen Drehmomente das Gußeisen nicht verwendbar ist und, als natürliche Folge, entweder den die massive Welle umschließenden Ring-Mittelzapfen von großem Durchmesser oder den das verjüngte obere Wellende packenden Ringendzapfen von kleineren Abmessungen. Taf. 10 rechts und links (auch Rollkugel-Ringzapfen, Taf. 15), dann Taf. 7, 8, 9, 11, 12, 15, 16, 17, 18, 50, 51.

Der Ringmittelzapfen auf massiver Welle hat sich für Räderbetrieb mit Obergriff, die konisch aufgesetzte Radnabe als Zapfenträger, ein weiteres Feld erobert, Taf. 10.

Wenn immer möglich, sollte der Zapfen leicht der Höhe nach einstellbar sein, Gewinde und Steckkeil, Taf. 10. Die Einstellvorrichtung ist so auszubilden, daß sie zum Heben oder Senken des ganzen Betrages G_T gut geeignet ist, denn selten nur ist dafür ein besonderer Kran zur Verfügung. Dem Zwecke dienen sehr große Schlüssel, Taf. 10, Stirnrad- oder Schneckenbetrieb der Tragmutter u. dgl.

Die laufenden Teile ruhen auf dem Zapfen. Soll dieser herausgenommen werden, so müssen jene zuerst irgendwie abgestützt werden können oder sich durch Nachlassen an der Tragschraube des Zapfens von selber irgendwo abstützen. Der früher erwähnte Schleifrand zwischen Lauf- und Leitrad, Fig. 159, 160, S. 234, u. a., bietet für einfache Turbinen diese erwünschte Auflage beim Zapfenwechsel. Bei mehrfachen Turbinen und sehr hohem Gewicht der rotierenden Teile kommt man aber dazu, der massiven Turbinenwelle eine achsiale Auflage für solche Zwecke zu geben. Beispielsweise zeigt Taf. 17 eine einstellbare Tragschraube in besonderem Bock, Taf. 18 eine in die Grundplatte der Turbine eingelegte platte Stützlinse, auf die sich die Welle bei entsprechendem Nachlassen der Zapfentragmutter des oberen Wellenendes einfach aufsetzt. Taf. 9 zeigt einen besonders einzuschiebenden Tragriegel für diesen Zweck.

Bei Turbinen mit Kegelräderbetrieb hat die Einstellvorrichtung vielfach als Ausrückvorrichtung zu dienen, weil bei Obergriff der Räder das Anheben der Turbine, bei Untergriff das Absenken so weit, bis die Zähne außer Eingriff kommen, die beste Art des Ausrückens auf längere Zeit (Wassermangel oder dergleichen) darstellt, im Gegensatz zu Klauenkuppelungen, Loskeilen des Triebes oder dergleichen. Für solche Fälle ist Vorsorge zu treffen, daß das Verstellen, durch Drehen an einer Kurbel oder an einem Schlüssel, und, weil längere Zeit in Anspruch nehmend, ohne denselben umsetzen zu müssen (Knarre), erfolgen kann.

Beim eben erwähnten Ringzapfen unter der Radnabe ist die Einstellung mit Schraube nicht durchführbar. Hier wird statt dieser zu Blechringunterlagen gegriffen, Taf. 10.

Ein gut angeordneter Zapfen zeigt außerdem die im nachstehenden eingehender ausgeführten Eigenschaften.

Wir müssen verlangen, daß der Zapfen oder wenigstens seine nächste Umgebung, die mit ihm noch in wärmeübertragender Verbindung steht, während des Betriebes in sicherer Weise zugänglich ist, derart, daß durch Handberührung der umgebenden Teile die Kontrolle über den Wärmezustand des Zapfens jederzeit ausgeübt werden kann. Der früher angewandte Unterwasserzapfen ist deshalb heute für einigermaßen bessere Betriebe unmöglich geworden, auch wenn man ihn in seiner feuchten Tiefe mit Preßöl versorgen wollte.

Der Zapfenträger ist sehr gut zu führen und gegen Drehung zu sichern.

Die beiden Laufflächen müssen leicht und rasch nachgesehen und gegen neue ausgewechselt werden können, ein herausgenommener Teil muß beim Wiedereinsetzen ohne weitere Umstände imstande sein, genau die vorige Lage wieder einzunehmen.

Schmieren und Zusetzen von Öl, auch in größerer Menge, muß ohne Betriebsstörung erfolgen können.

Das die Laufflächen umgebende Gefäß soll absolut öldicht sein, damit der Ölinhalt nicht während des Betriebes aussickern kann.

Die Sohle des staubsicher abzudeckenden Ölraums sollte einige Zentimeter tiefer liegen als die Zapfenlaufflächen, damit etwa ins Öl geratene schwere Teile, Sandkörnchen oder auch abgeriebene Teilchen der Laufflächen, sich in stillen Ecken ablagern und nicht aufs neue zwischen die Laufflächen geraten können.

Der Ölbehälter muß leicht, rasch und in sauberer Weise von Öl entleert werden können (Stillstand). Dies hat am tiefsten Punkt zu erfolgen, damit Ablagerungsteile nach Möglichkeit sofort mit abgeführt werden.

6. Der Stirnzapfen mit Hohlwelle, Taf. 10 Mitte.

Bis vor zehn Jahren war der Stirnzapfen mit Hohlwelle die fast durchweg angewandte Konstruktion. Er konnte als die normale Anordnung des Turbinenzapfens überhaupt gelten, ist aber heute bei Neuausführungen fast ganz durch den Ringzapfen mit massiver und den Hängezapfen mit ausgehöhlter Welle verdrängt; da aber noch eine große Anzahl von Ausführungen im Betriebe stehen, erscheint eine Besprechung doch nicht unnütz. Viele Bemerkungen gelten auch sinngemäß für andere Anordnungen.

I. Der Stirn-Endzapfen.

Es gibt eine sehr große Zahl von Ausführungsweisen dieser Zapfen, deren Beurteilung auf Grund der unter „5“, S. 448, aufgestellten Anforderungen zu erfolgen hat. Hier sei nur an Hand einer bestimmten Konstruktion gezeigt, wie der Konstrukteur sich mit den Verhältnissen der Anfertigung, Wartung usw. abzufinden hat.

Taf. 10, Mitte, zeigt den betreffenden Zapfen. Die Laufflächen stehen in dem Ölbehälter ganz untergetaucht, der untere, feste Teil, die sog. Linse, liegt zentrisch gehalten auf dem ausgedrehten Boden des gußeisernen Ölbehälters, des Topfes. Dieser wird durch die von unten kommende Tragstange, vgl. Taf. 5 und 6, gestützt.

Er ist im Inneren vollständig ausgedreht, um von vornherein die etwa noch in der Gußhaut sitzenden Sandkörnchen von dem Öl fernzuhalten.

Der genauen und guten Stützung der Linse halber ist darauf Bedacht zu nehmen, daß es für den Dreher überhaupt unmöglich ist, beim „Plandrehen“ mit dem Stahl in das Zentrum der zu drehenden Fläche zu gelangen. Jede volle „Plan“-Fläche hat in der Mitte eine kleine Erhöhung, und um diese Erhöhung für das satte Aufliegen unschädlich zu machen, sind die sämtlichen „Plan“-Flächen in der Mitte irgendwie vertieft bzw. ausgespart: Das obere Stirnende der Tragstange ist ausgebohrt und enthält Gewinde zum Einschrauben einer Öse beim Montieren, die Sitzfläche des Spurtopfes ist ausgedreht, die innere Tragfläche, auf der die Linse ruht, ebenfalls.

Für den Dreher ist auch die Herstellung einer scharfen Hohlecke unmöglich. In Ansehung dessen sind die entsprechenden Konvexecken gebrochen (Tragstangenende, Linsenunterfläche), weil nur so ein wirklich sicheres Aufliegen auf den beabsichtigten Tragflächen zustande kommt.

Nach ähnlichen Überlegungen ist bei dem Festhalten des Zapfens verfahren. Der Zapfen sitzt eingeschliffen im Zapfenträger aus Flußeisen. Die mit Bajonettschluß (siehe Schnitt) eingesetzte Tragmutter zeigt am inneren Führungsdurchmesser ober- und unterhalb der Bajonettknaggen eine Ausdrehung, die der scharfen Ecke an der Wellenbohrung ausweicht, und die Knaggen des Bajonetts sind ihrerseits im Durchmesser etwas kleiner gehalten, damit sie nicht in die nicht scharfe Ecke der 40 mm hohen ringförmigen Wellenausdrehung hineinreichen. Das etwas abgeschrägte untere Ende des Tragmutterkörpers, so auch des Spurtopfes, soll das Einführen durch die scharfen Kanten der Wellenbohrung erleichtern. Die Tragmutter ist durch zwei diametral liegende Schrauben mit angedrehtem Gewindekern, in verhältnismäßig größeren Löchern, gesichert.

Wichtiger als die beiden Mitnehmstifte in Zapfenkörper und Linse, die, wenn es sich einmal ums Anfressen der Laufflächen handelt, doch zu Bruche gehen dürften, ist die Befestigungsschraube in der Linsenmitte. Dieselbe soll die Linse am Hochgehen hindern, wenn der Zapfen ausgehoben wird. Gut eingelaufene Laufflächen mit Ölschicht dazwischen zeigen häufig eine ziemlich kräftige Adhäsion (Luftdruck), und es ist zu verhindern, daß die Linse, wenn auch nur wenig, mit hochgenommen werden kann. Sie kann nur so lange am Zapfen haften, als die Lauffläche wagrecht liegt, und würde abfallen und sich und die Sitzfläche im Spurtopf beschädigen, sowie der Zapfen freikommt oder eine kleine Erschütterung erleidet. Auf öldichtes Schließen des Schraubenkopfes (Lederbeilage) gegen unten hin ist ganz besonders zu achten.

Damit beim Herausnehmen des Zapfens das Gewicht der Tragmutter nicht mit gehoben zu werden braucht, empfiehlt es sich, den Kerndurchmesser der Zapfentragschraube um einiges größer zu halten, als den äußeren Durchmesser des Zapfenkörpers. Auf diese Weise kann der Zapfenträger mit anhängendem Zapfen einfach hochgeschraubt werden.

Nur das Einschleifen der genau nach Lehre zu arbeitenden Zapfen bietet eine Gewähr dafür, daß der Zapfen sicher und fest (wie ein festgeschlagener Hahnreiber) im Träger sitzt, daß er nicht beim Hochschrauben lose wird, auf die Linse stürzt und Schaden anrichtet. Will man ganz vorsichtig sein, so empfiehlt sich das Festhalten des Zapfens in seinem Träger mittels einer durchgehenden Schraube nach

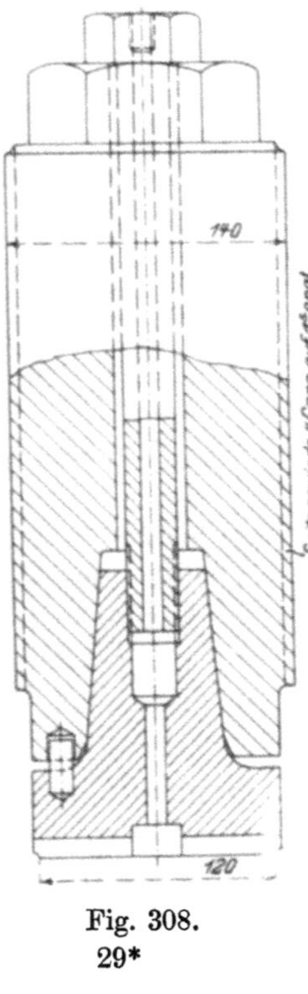

Fig. 308.

Fig. 308, die dann aber, der Ölzufuhr wegen, der Länge nach durchbohrt sein sollte.

Die gebrochenen Kanten der Zapfen- und Linsenkörper an ihren Laufflächen dienen zum Schutze der letzteren. Scharfe Kanten an den Laufflächen sind bei nicht ganz sorgfältiger Behandlung leicht Verletzungen ausgesetzt, die sich unter Umständen auch als kleine Ausbeulungen in die Lauffläche fortsetzen, wie dies Fig. 309 übertrieben zeigt. Solche ganz winzige Anstauchungen bewirken natürlich sofort eine ganz andere Druckverteilung in den Laufflächen, Anfressen, Heißlaufen. Die stark gebrochene Ecke, etwa $2^1/_2$ bis 5 mm beiderseits, vermeidet diese Gefahr fast gänzlich, natürlich aber zählt d_a dann nicht von ganz außen an.

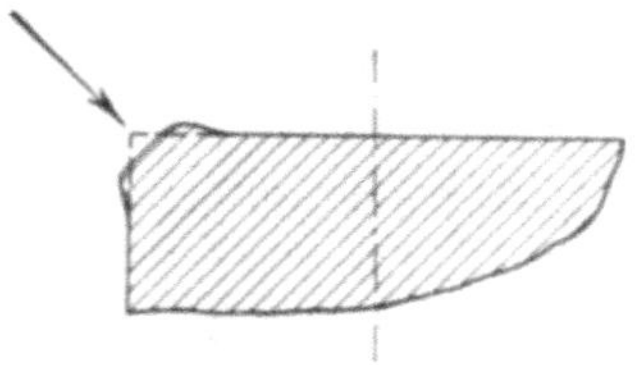

Fig. 309.

In bezug auf seitliche Führung besteht die Aufgabe, Zapfen und Linse gegenseitig zu zentrieren, ohne aber dafür am Zapfenkörper selbst Anlaufflächen in Anspruch zu nehmen. Dies geschieht durch die zentrische Führung des gedrehten Spurtopfes in der ausgedrehten Welle (Schmiernuten) und den zentrisch passenden Sitz der Tragmutter in der Wellausdrehung. Von Wichtigkeit ist dabei, daß das Ausdrehen der Welle nur auf eine möglichst kurze Strecke zu erfolgen hat, denn der Drehstahl muß ohnedem weit genug ins Wellinnere hinein frei tragen.

Zapfenachse und Turbinendrehachse. Die wichtigste Fläche der Wellausdrehung ist nicht die zylindrische Ausbohrung, obgleich natürlich auch diese sorgfältigst zu machen ist, sondern die Sitzfläche der Tragmutterknaggen (in Taf. 10, Mitte, um 55 mm achsial gegen einwärts gelegen), denn von deren guter Beschaffenheit hängt es ab, ob die Achse des Zapfenträgers, also auch die Drehachse des Zapfens und der Lauffläche, mit der Mittellinie der Turbinenwelle genau zusammenfällt oder doch wenigstens parallel zu dieser liegt.

Der Zapfen, dessen Achse mit der Mittellinie der Welle einen wenn auch noch so kleinen Winkel bildet, Fig. 310 zeigt dies kräftig übertrieben, wird Wochen brauchen, bis die schrägliegende Zapfenstirnfläche sich so weit abgenutzt hat (die schraffierte Fläche muß ganz verschwunden sein), daß die neue, zur Drehachse senkrechte Stirnfläche genügend Auflage findet für Wärmeabgabe usw. Daß dabei die vielleicht an sich gut gelagerte Linse auch stark in Mitleidenschaft gezogen wird, ist sicher, denn die einseitig aufsitzende, anfressende Zapfenecke durchläuft bei jeder Umdrehung den ganzen Linsenumfang.

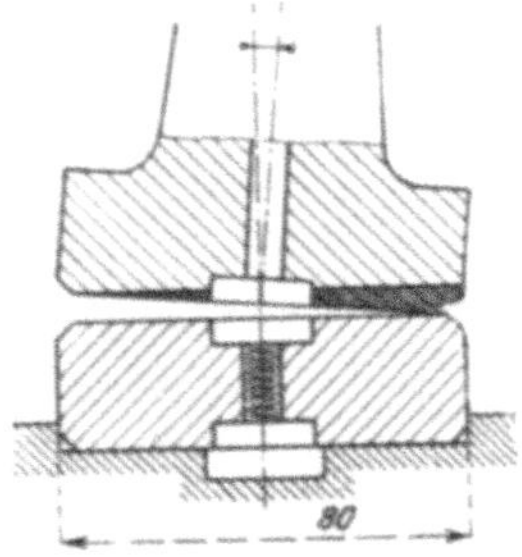

Fig. 310.

Der Fehler, der in der geschilderten Schräglage der Zapfenachse liegt, ist gar nicht wieder richtig gutzumachen. Wenn sich die Laufflächen auch vielleicht nach Wochen eingerichtet haben und der Zapfen schließlich kalt geht, so wird jedes Nachstellen des abgenützten Zapfens aufs neue Unordnung bringen, weil das Drehen des Zapfenträgers um den geringsten Betrag schon eine Änderung in der Richtung der eingelaufenen Zapfenstirnfläche bringt, die Zapfenachse steht eben nicht parallel zur Drehachse der Turbine. Und mit jedem neu eingesetzten Zapfen beginnt das Warmgehen auch wieder aufs neue.

Der geschilderte Fehler wäre, soweit es sich um die Folgen des Nachstellens handelt, ohne Belang, wenn beim Nachstellen nicht der Zapfenträger, sondern die Tragmutter gedreht würde, wie dies bei älteren Konstruktionen häufig der Fall war, Fig. 311, weil sich dann die Lage der abgelaufenen Stirnfläche zur Turbinenachse nicht ändert; die Anordnung mit drehbarer Tragmutter baut sich aber viel umständlicher und bietet deshalb in der Ausführung noch mehr Gelegenheit zu Ausführungsfehlern.

Die Stützung in Kugelflächen. Eine gewisse Ausscheidung der Ausführungsfehler wird nun darin gesucht, daß eine der Laufflächen, meist die Linse, in einer Kugelfläche gestützt wird. Hierdurch ist allerdings das Anschmiegen

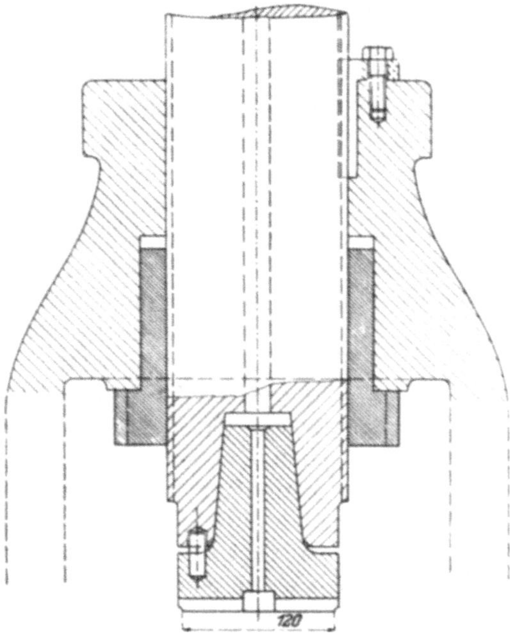

Fig. 311.

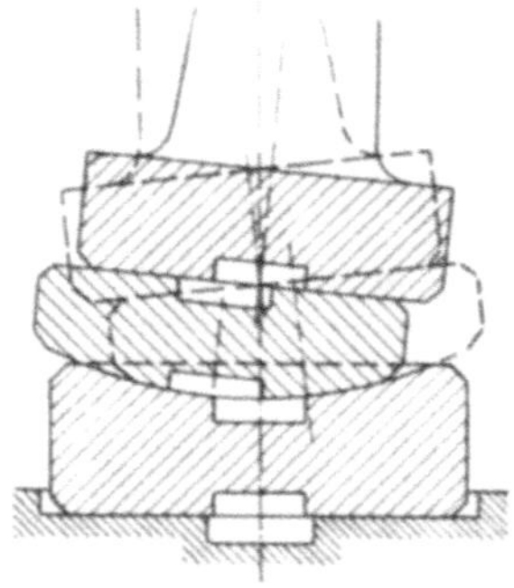

Fig. 312.

der Laufflächen im allgemeinen gesichert, Ausführungs- und Montierungsfehler, sofern sie die Lage der Linse selbst betreffen, sind zweifellos ausgeschaltet, aber die Ausführungsfehler in der Stellung der Zapfenfläche können dadurch nicht aus der Welt geschafft werden, vgl. Fig. 312. Die schrägstehende Zapfenachse beschreibt bei jeder Umdrehung einen Kegel, die Zapfenlauffläche zwingt die Linse, in der Kugelfläche diesen Schwankungen nachzugeben, und so entsteht neben der Drehung des Zapfens auf der Linsenlauffläche noch eine Schwenkbewegung in der Kugelstützfläche. Letztere vermindert allerdings die zu ungleiche Druckverteilung in den Laufflächen, dadurch aber auch die Selbstkorrektur der Zapfenlauffläche. Natürlich ist die Schwenkbewegung nur sehr klein, und das hat hier und da zur Folge, daß sich das Öl nach und nach aus der Kugelfläche herausspielt, die Kugelflächen werden trotz des umgebenden Ölbades trocken und greifen unvermutet so fest aufeinander, daß dann plötzlich der Zustand der Fig. 310 mit Warmlaufen eintritt.

Wir ziehen daraus den Schluß: Die Kugelbewegung der Linse ist nur ein Mittel gegen eine falsche Lage der Linse, für die schlechte Lage der Zapfenlauffläche aber gibt es kein konstruktives Hilfsmittel, hier hilft einzig und allein die peinlichst gute Ausführung.

Für die Kugelstützung gibt es zweierlei Anordnungen, die beide als bewährt gelten können. Die eine, Fig. 313, zeigt die Konvexkugelfläche nach abwärts gerichtet, die andere, Fig. 314, gegen aufwärts.

Als konstruktive Gesichtspunkte sind zu erwähnen:

In beiden Fällen ist der Zweck, die Linsenlauffläche so zu stützen, daß aus der Stützung und aus der Wirkung der Zapfenreibung keine unguten Folgen für die gleichmäßige Verteilung der Einheitsdrucke in der Lauffläche eintreten, es soll die Zapfenlast nach aller Möglichkeit momentfrei abgefangen werden. Damit dies geschehen kann, sind einseitig wirkende Kräfte fernzuhalten. Wir müssen wünschen, daß die Linse nicht etwa mit in Rotation gerät und daß die Kugelstützfläche nicht etwa zur Lauffläche wird. Vielfach versucht man, die Linse durch *einen* Stift, etwa wie in Fig. 313 punktiert, an der Drehung zu verhindern. Das ist verfehlt in Rücksicht auf die gleichmäßige Tragfähigkeit der Linse, denn *wenn* die Drehung der Linse etwa wegen Rauhlaufens der eigentlichen Gleitflächen beginnen will, so gibt der *eine* Stift zwar zuerst den Anschlag, da aber die Linse durch ein Kräftepaar (in der Zapfenreibung enthalten) zu drehen versucht wird, so wird sie um den Stift eine Schwenkung in horizontalem Sinne soweit ausführen, bis durch ungleiche Druckverteilung in der Kugel-, also auch in der Lauffläche, die erforderliche Gegenkraft als einseitige Kugelflächenreibung beschafft ist, die Lauffläche steht nicht mehr horizontal, sondern nach Fig. 315 einseitig, das Warmlaufen ist sicher zu erwarten. Hier helfen nur *zwei* Anschläge, damit ein der Drehung entgegenwirkendes Kräftepaar zustande kommt und, damit *beide* Anschläge auch wirklich zum Anliegen kommen, ist es erforderlich, daß die Gegenkugelfläche in horizontaler Richtung frei verschiebbar ist.

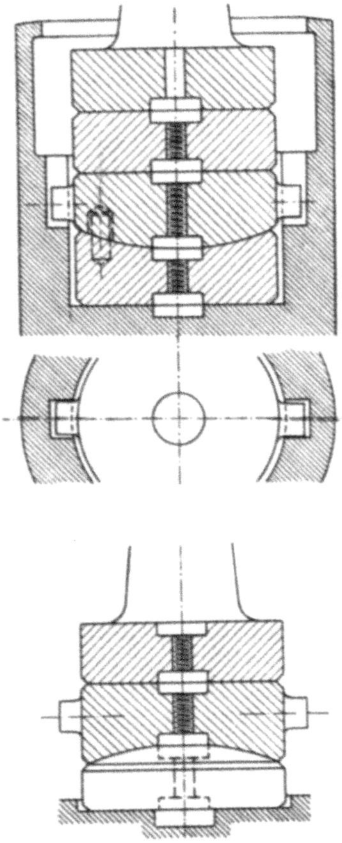

Fig. 314.

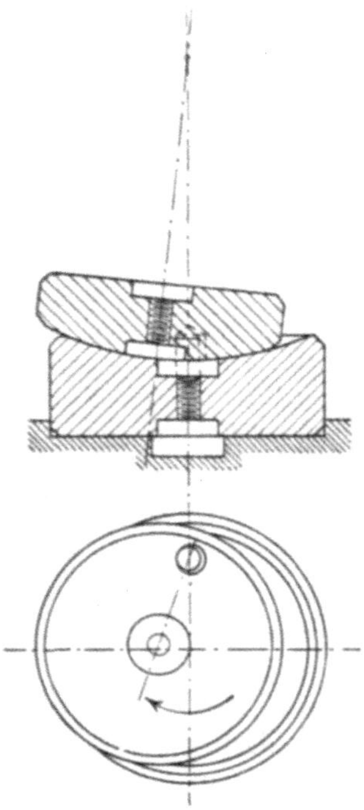

Fig. 315.

Letzteres läßt sich sehr leicht ausführen und kommt eigentlich oft ungewollt zustande: Die Gegenkugelfläche muß sich nämlich aus Herstellungsgründen an einem kleineren, besonders in den Spurtopf einzulegenden Stück befinden, und wenn dieses *ohne zentrische Eindrehung* auf der Bodenfläche des Topfes aufruht, so ist die gewünschte seitliche Verschiebbarkeit vorhanden.

Der Kugelradius wird im allgemeinen so groß anzunehmen sein, daß der Kugelmittelpunkt oberhalb der Lauffläche liegt, der Stabilität wegen.

Bei ganz vorsichtiger Anordnung lag auf der kugeligen Linse noch eine scheibenförmige ohne jeden Anschlag, Fig. 313, dann stellt sich meist die obere Fläche dieser Scheibenlinse als Lauffläche dar und man hatte die Möglichkeit des leichteren Ersetzens der Scheibenlinse statt der schwierigeren Herstellung einer neuen Kugellinse.

Schmierung und Ölumlauf. Im engsten Zusammenhang mit der Linsenanordnung an sich steht die Einrichtung für die Schmierung.

Wir haben gar kein Interesse daran, den Ölinhalt des Spurtopfes sehr oft zu erneuern, denn das Schmiermaterial verliert ja seine Schmierfähigkeit nicht durch häufig wiederholten Gebrauch, sofern sich die losgelösten Metallteilchen absetzen können. Auf was es also ankommt, ist die Zufuhr von nur ganz wenig neuem Öl, soviel, als der Ersatz für irgendwie verloren gehendes beträgt, dazu die Zufuhr des Bedarfes für die Führungsfläche zwischen Spurtopf und Welle. Außerdem aber ist für einen ausgiebigen Ölumlauf im Spurtopf selber zu sorgen.

Die ersteren Zwecke werden ganz gut durch einen einfachen, einstellbaren Tropföler mit sichtbarem Tropfenfall erreicht, der auf ganz geringe Schmierung reguliert wird. Häufig sitzt dieser im Zapfenträger eingeschraubt, was zwar der Staubdichtheit wegen gut, aber unbequem ist, weil der Öler nicht während des Ganges gut zugänglich ist. Aus diesem Grunde findet sich häufig der Tropföler an einem benachbarten Gestell oder Lagerbalken befestigt, während ein Kupferröhrchen von etwa 5 mm Lichtweite in den Zapfenträger ausgießt. Das Röhrchen braucht gar nicht an seiner tiefsten Stelle auszugießen, es ist nur darauf zu sehen, daß ein etwaiger Sack in der Rohrführung von vornherein mit Öl gefüllt wird, damit die Schmierung nicht zuerst ruht.

Durch den durchbohrten Zapfenträger und Zapfen fließt das Öl in den allgemeinen Ölbehälter, der, zum Überlaufen voll, für jeden neu eintretenden Tropfen einen anderen nach außen gegen die Welle zu übertreten läßt. Dieses Aböl schmiert dann nicht nur die Führung zwischen Spurtopf und Welle, sondern auch, der Wellenhöhlung folgend, die untere Führungsbüchse zwischen Welle und Tragstange, Taf. 5. Nebenbei: Es ist darauf zu achten, daß der Wellenkern sehr sauber entfernt wird, damit kein Kernsand im Betriebe nach unten gelangen kann, der die Büchse stark mitnehmen würde.

Auf die Ölentleerungsschraube mit Lederbeilage sei nur kurz hingewiesen.

Am wichtigsten ist bei der Schmiereinrichtung ein guter Ölumlauf, weil dieser die Wärmeabfuhr ganz wesentlich fördert. Zur Herbeiführung desselben dient mancherlei. Vor allem sind kräftige Schmiernuten in den Laufflächen am Platze, damit das Öl gut an die Flächen hingeführt werden kann. Nach Ansicht des Verf. beruht die Hauptrolle der Schmiernuten im fortwährenden Annetzen und Kühlen der vorbeistreichenden Gegenfläche selbst, ein seitliches Einschieben von Öl durch gute Abrundung der Nutenränder dürfte kaum stattfinden, Fig. 316, denn der seit Monaten gut eingelaufene Zapfen zeigt an den betreffenden Stellen sehr ausgesprochen schabende Nutenkanten, keine abgerundeten Übergänge mehr, und bleibt doch kalt. Der Hauptwert der Nutenabrundung dürfte darin liegen, daß durch sie die Annetzfläche des Zapfens vergrößert wird.

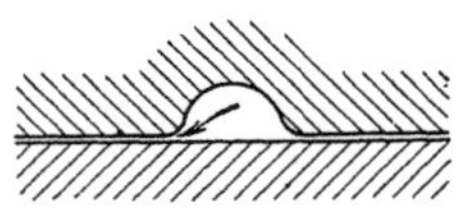

Fig. 316.

Die Nuten sollten nicht unter 5—10 mm Tiefe bei 10—15 mm Breite gehalten werden bei mittleren Zapfendurchmessern (100—150 mm). Diametrale Nuten sind am bequemsten in der Ausführung, aber sie allein schaffen noch nicht den erforderlichen Ölumlauf. Das Öl sollte zweckmäßig durch die Schmiernuten von innen gegen außen strömen, es ist also auch wieder von außen gegen das Innere der Tragflächen hereinzuführen.

Sehr förderlich für den Ölumlauf läßt sich die Drehbewegung des Zapfens selbst verwenden. Der Zapfen des Rechnungsbeispiels der S. 448 hat 16 cm äußeren Durchmesser der Laufflächen. Mit der gebrochenen Ecke beläuft sich der Durchmesser d des Zapfenkörpers auf 16,5 cm, während die innere Ausdrehung $d_i = 4$ cm aufweist. In der Schmiernute des Zapfenkörpers quer zur Drehachse wird im Öl infolge des Unterschiedes der Umfangsgeschwindigkeiten ein Zentrifugaldruck gegen außen entstehen, der das in der Nute befindliche Öl zum Ausfließen bringt. Wir erhalten bei 150 Umdrehungen nämlich

Äußere Umfangsgeschwindigkeit ($d = 16{,}5$ cm) 1,300 m/sk
Innere „ ($d_i = 4$ cm) 0,314 „

$$\text{Druckhöhenunterschied } \frac{1{,}30^2 - 0{,}314^2}{2g} = \sim 0{,}08 \text{ m.}$$

Das Öl wird also, einem Drucke von etwa 8 cm Ölhöhe entsprechend, durch die Schmiernute gegen außen strömen wollen. Sorgen wir nun dafür, daß es auch wieder von außen gegen innen strömen kann — ein stillstehender Kanal, die Schmiernute der Linse oder ein Kanal unter dieser, gestattet dies —, so wird sich je nach den Querschnitten ein mehr oder weniger kräftiger Ölumlauf einstellen.

Das Öl nimmt die entwickelten Wärmemengen auf und gibt sie an die Topfwandungen weiter, von wo sie in den Körper der Welle usw. abfließen.

Unterstützt könnte der Ölumlauf durch eine oder mehrere Durchbohrungen des Zapfenkörpers in radialer Richtung werden, ebenso des Linsenkörpers, doch müßten diese Durchbohrungen nahe den Laufflächen verlaufen, damit das durchfließende Öl die Wärme aus dem Material unmittelbar bei der Lauffläche aufnehmen kann, vgl. Fig. 317.

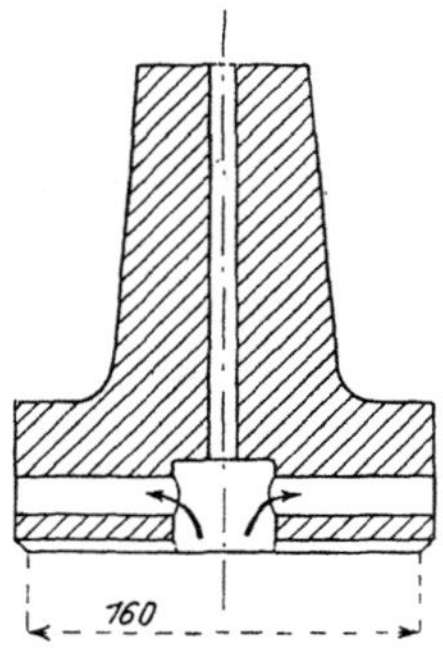

Fig. 317.

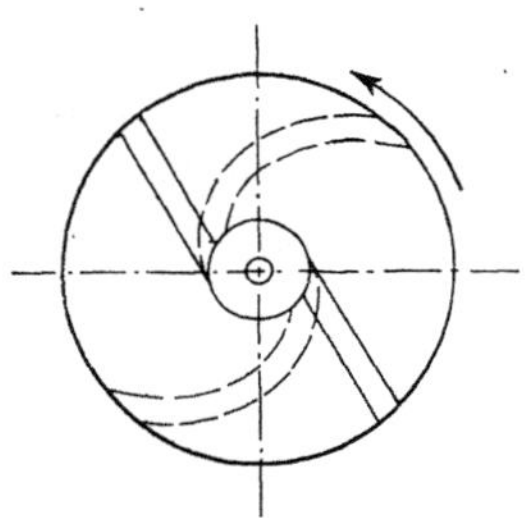
Fig. 318.

Bei der genannten hohen Umdrehungszahl ist die Richtung der Schmiernuten verhältnismäßig gleichgültig, man wird sie, wie gesagt, einfach radial verlaufen lassen.

Sind statt beispielsweise 150 nur 50 Umdrehungen, also nur der dritte Teil gegeben, so fällt die Umlaufdruckhöhe für den gleichen Zapfen von etwa 8 cm im Verhältnis $\left(\frac{50}{150}\right)^2 = \frac{1}{9}$, d. h. auf den neunten Teil, also auf etwa nur 0,9 cm, und der Ölumlauf wird ganz wesentlich langsamer vor sich gehen. In diesem Fall kann dann die Mithilfe geeignet geformter Schmiernuten schon eher erwünscht sein. Gerade Nuten nach Fig. 318, die Innenausdrehung berührend, fördern, den Schaufeln von Zentrifugalpumpen entsprechend, das Öl mit weniger Druckhöhenverlust gegen außen, ebenso die früher viel ausgeführten geschweiften Nuten, Fig. 318 punktiert.

Nach Ansicht des Verf. sind einfach diametral verlaufende, breite Ölnuten fast immer genügend, schließlich helfen diametrale Durchbohrungen wie geschildert auch noch im Notfalle kräftig mit, denn dieser Notfall tritt allemal erst bei hohen Umdrehungszahlen ein, wo die Druckunterschiede ohnehin schon groß sind.

Die Schmiermittel. Für Turbinenzapfen sollte, der meist hohen Beanspruchungen wegen, das beste Öl gerade gut genug sein. Es werden vegetabilische Öle den Mineralölen vorgezogen, weil sie im allgemeinen zähflüssiger sind und deshalb weniger leicht zwischen den Reibflächen herausgepreßt werden können.

Für nicht überanstrengte Zapfen genügt Olivenöl, für gefährdete aber ist Senföl oder Rizinusöl sehr zu empfehlen. Mancher Zapfen, der mit bestem Olivenöl warm ging, lief mit Senföl oder Rizinusöl ohne weiteres kalt.

Auf absolute Reinlichkeit bei der Ölbehandlung ist zu sehen. Die Verwendung von Öl direkt aus dem Faß ohne Filtration durch Papier oder feines Gewebe ist unstatthaft, ein Sandkörnchen kann einen Zapfen auf Tage und Wochen in Unordnung bringen.

Das Laufflächenmaterial. Am besten bewähren sich Laufflächen aus sandfreiem, fast weißem Gußeisen, ähnlich dem für Dampfzylinder und Schieber verwendeten.

Das Gußeisen hat die schätzenswerte Eigenschaft, daß die abgenützten Teilchen als feines Pulver durch das Schmiermaterial leicht weggeschwemmt werden, während Stahl, Bronze usw. sehr leicht, beim Anfressen geradezu Späne bilden, die die notleidenden Laufflächen noch besonders aufreißen und das Fressen befördern.

Das Nachstellen der Zapfen und das hierfür erforderliche Drehmoment. Wenn es sich um das Einstellen von Schleifrändern am Laufrad handelt, so ist eine gewisse Feinheit im Einstellen erwünscht, auch der Betrieb mit Kegelrädern verlangt dies. Die Gewinde der Zapfenträger haben Ganghöhen von meist etwa 6 bis 10 mm. Der Zapfenträger, Taf. 10, Mitte, beispielsweise hat vier Gänge pro Zoll englisch, d. h. $\frac{25,4}{4} = 6,35$ mm Steigung. Wenn wir auf etwa $^1/_5$ mm genau einstellen wollen, so bedeutet dies eine Drehung des Zapfenträgers um $\frac{1}{6,35} \cdot \frac{1}{5} = \sim \frac{1}{30}$ und dies ist an sich ganz gut möglich. Es handelt sich aber auch darum, den Zapfenträger nach je $^1/_{30}$ Umdrehung gegenüber der Mutter sicher feststellen zu können. Dies kann durch den gezeichneten Steckkeil, der etwa quadratischen Querschnitt besitzt, geschehen im Verein mit ungleichen (geraden und ungeraden) Nutenzahlen im Zapfenträger und in dem Tragmutterstück. Versehen wir beispielsweise den ersteren etwa mit 5, das letztere mit 6 Nuten, so stehen sich immer nach je $\frac{1}{5} \cdot \frac{1}{6} = \frac{1}{30}$ Umdrehung zwei Nuten gegenüber und der Keil kann eingeführt werden, Fig. 319. Der Steckkeil ist etwaigen Stellschrauben vorzuziehen, da er auch durch Erschütterungen (Zahnräderbetrieb) sich nicht leicht lösen wird, weil sein Eigengewicht dem Lösen entgegenwirkt.

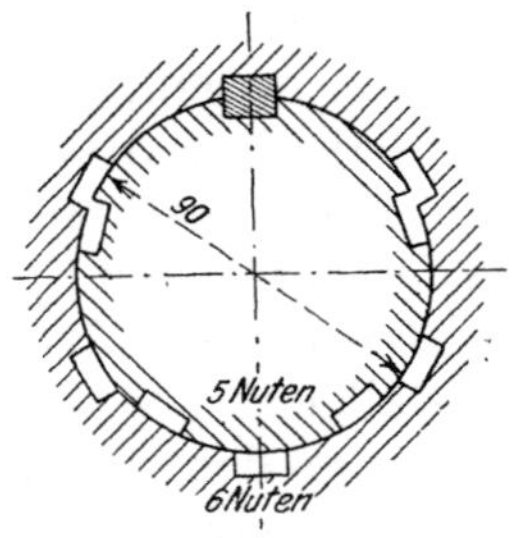

Fig. 319.

Dabei ist noch eines zu bedenken. Drehen wir zum Einstellen den Zapfenträger, so ist nur dessen Gewindereibung einschließlich der Zapfenreibung selbst zu überwinden und letztere ist, weil auf kleinem, mittlerem Durchmesser und in guter Schmierung, nicht übermäßig groß. Es müssen aber natürlich beide Reibungswiderstände für das beim Einstellen zu leistende Drehmoment in Rechnung gestellt werden (großer Schlüssel, Taf. 10), sofern es nicht möglich ist, die Turbine selbst am Zahnrad oder dergl. zu drehen, wobei der große Schlüssel nur festgehalten wird. In letzterem Falle ist nur die Gewindereibung zu überwinden. Drehen wir aber die Tragmutter der Fig. 311, die meist auch noch ungeschickterweise auf ihrem Bunde aufliegt und nicht am oberen Stirnrande, so kommt zur Gewindereibung die sehr beträchtliche Bundreibung mit großem Durchmesser in Betracht und für das Einstellen ist dadurch ganz ungemein viel mehr Drehmoment aufzuwenden als beim Drehen an der Tragspindel.

Zahlenbeispiel, Drehmoment für das Einstellen. Der Zapfen des vorigen Beispiels, S. 447, sitze in einem Zapfenträger von 18 cm mittlerem Gewindedurchmesser, 4 Gänge pro Zoll engl., also 6,35 mm Gewindesteigung.

Es ist für $\mu = 0,1$ der Reibungswinkel ϱ des Gewindes $= \sim 6^0$, und wir finden den Steigungswinkel des Gewindes aus

$$\operatorname{tg} \alpha = \frac{6,35}{180 \cdot \pi} = 0,01125; \qquad \alpha = \sim 0^0\,40',$$

also ergibt sich das aufzuwendende Drehmoment an der (flachgängigen) Schraube mit $\operatorname{tg}(\alpha + \varrho) = \operatorname{tg} 6^0\,40'$ zu

$$M_S = P \cdot r \cdot \operatorname{tg}(\alpha + \varrho) = 7500 \cdot 9 \cdot 0,117 = \sim 7900 \text{ cmkg} \quad \ldots\ldots \quad 649$$

Spitzgewinde würde entsprechend mehr verlangen.

Das Zapfenreibungsmoment M_Z stellt sich nach Gl. 641, S. 442, für den eingelaufenen Zapfen bei $\mu = 0{,}05$ auf

$$M_Z = 7500 \cdot 0{,}05 \frac{10}{2} = 1875 \text{ cmkg},$$

so daß insgesamt ein Moment von $7900 + 1875 = \sim 10000$ cmkg aufzuwenden ist.

Nehmen wir einen Schlüssel von 250 cm gesamter Armlänge, Taf. 10, so kann 230 cm als tatsächlicher Hebelarm angesetzt werden und dann sind an jedem Ende für die Drehung aufzuwenden $\frac{10000}{230} = \sim 43$ kg, d. h. an dem nicht gerade kleinen Schlüssel müssen auf jeder Seite zwei Mann tüchtig angreifen, um die Turbine anzuheben. Die eigentliche Hebearbeit beansprucht dabei nur ein Drehmoment von

$$7500 \cdot 9 \cdot \operatorname{tg} \alpha = \sim 790 \text{ cmkg},$$

d. h. nur $\frac{790}{230} = \sim 3{,}4$ kg Druck an jeder Seite, alles andere ist der Reibungswiderstände wegen aufzuwenden. Ein Ringzapfen würde sich, des großen Durchmessers wegen, noch viel schwerer drehen lassen.

Die Wandstärke der Welle beim Endzapfen. Fast immer umschloß die Nabe des konischen Rades die Welle an der gleichen Stelle, an der sich im Wellinneren der Spurtopf befindet, denn wir haben alle Veranlassung, den Endzapfen so tief als möglich zu setzen, damit die Welle und die Tragstange kurz ausfallen.

Um den Spurtopf herum hat also die Welle noch einen Teil des Turbinendrehmoments, unter Umständen noch fast das ganze Drehmoment zu leisten, dazu eine Beanspruchung auf Zug durch die Zapfenlast P, woraus die Wandstärke rechnungsmäßig folgt. Meist ist dabei für die Wandstärke aber mehr die Rücksicht auf die Verschwächung maßgebend, die die Keilnute für die Befestigung des Kammrades bringt. Wir müssen bei Außendurchmessern der Gußwelle bis etwa 200 mm, für die Welle in der Keilnute gemessen, mindestens 25 mm, bis etwa 300 mm mindestens 40 mm Wandstärke übrig haben, damit nicht der eingeschlagene Keil die Wand nach innen durchdrückt und den Spurtopf zum Klemmen bringt. Dies ist jeweils zuverlässig zu prüfen.

Die Tragstange. Diese ist am oberen Ende gegen seitliches Ausweichen der Welle gegenüber zu führen, was immer an der Welle selbst erzielt werden kann und auch stets ausgeführt werden sollte (außen überdrehter Spurtopf in der ausgedrehten Welle). Das untere Ende der Tragstange kann stets so gehalten werden, daß es als eingespannt betrachtet werden darf. Dies geschah meist im Tragkreuz, Taf. 5, durch einen entsprechend konischen Sitz (Schräge der Mantellinie etwa 0,1 der Länge).

Die Tragstange ist demnach fast immer auf Knickung (nach Knickfall 3 der üblichen Bezeichnung) zu rechnen, derart, daß mit Bach'scher Bezeichnung

$$P = \frac{2\pi^2}{\mathfrak{S}} \cdot \frac{1}{\alpha} \cdot \frac{\Theta}{l^2} \quad \ldots \ldots \ldots \ldots \ldots \quad 650$$

worin l die freie Länge der Tragstange in Zentimeter zwischen den Endführungen bedeutet. Die übliche Sicherheit ($\mathfrak{S} = 16$) sollte hier der zuverlässigen Stützung wegen nicht unterschritten werden, und so findet sich für die Zapfenlast P mit dem Trägheitsmoment $\Theta = \frac{\pi}{64} d^4$ und mit dem Dehnungskoeffizienten $\alpha = \frac{1}{2150000}$ (Flußeisen) der Durchmesser d der unten eingespannten Tragstange als

$$d = \sqrt[4]{\frac{P \cdot l^2}{130000}} \quad \ldots \ldots \ldots \ldots \ldots \quad 651$$

während sich für die unten nachgiebig gestützte Tragstange (Knickfall 2)

$$d = \sqrt[4]{\frac{P \cdot l^2}{65000}} \quad . \quad . \quad . \quad . \quad . \quad . \quad . \quad . \quad . \quad . \quad . \quad . \quad . \quad 652$$

ergibt.

Fast immer konnte bei Tragstangen von der Einführung des Zapfenreibungsmomentes als besonderer zusätzlicher Drehbeanspruchung Abstand genommen werden, da bei den Werten von d, wie sie aus der Knickbeanspruchung folgen, die besondere Materialanstrengung auf Drehung sehr nieder ausfallen mußte.

Zur Erhöhung der Steifigkeit, auch der Arbeitsersparnis halber, wurden häufig die mittleren Partien der Tragstange unabgedreht gelassen, Taf. 5.

Für den Innen- (Kern-) Durchmesser der Hohlwelle ist maßgebend, daß ein reichlicher Spielraum erwünscht ist, so groß, daß auch bei etwas seitlich liegendem, gekrümmtem, Kern und nicht ganz gerader, roher Tragstange eine Berührung zwischen Welle und Tragstange mit Sicherheit ausgeschlossen ist. Nachträgliches Nachhelfen ist sehr umständlich. Je nach Länge der Welle werden wir den Kerndurchmesser 30 bis 50 mm größer nehmen als den Durchmesser der rohen Tragstange. Große Unterschiede sind vorzuziehen und wir haben gar keine Veranlassung, am Innendurchmesser der Gußwelle, überhaupt an deren Durchmessergrößen übermäßig sparsam zu sein.

Die Tragstange erhält, wie schon erwähnt, in der oberen Stirnfläche eine Bohrung mit Gewinde zum Einschrauben einer Öse für die Montierung. Außerdem ist oben ein Anhaltestift eingeschlagen, Taf. 10, Schnitt AA, der das Drehen des Spurtopfes zu verhindern hat, falls die Zapfenflächen rauh laufen. Wie ersichtlich, hat der Spurtopf am unteren Ende für den Stift eine rundum laufende Aussparung, die nur durch einen, höchstens zwei Vorsprünge unterbrochen ist. Die Absicht ist, neben Arbeitsersparnis für sonst nötiges Nuten, ein möglichst ungestörtes Aufsetzen des Spurtopfes auf das Tragstangenende. Wäre eine schmale Nute für den Anhaltestift ausgearbeitet, so könnte der Spurtopf nur in einer einzigen Drehstellung zum richtigen Aufsitzen kommen, während bei der großen Aussparung nur zwei Drehstellungen das Aufsitzen nicht gestatten, alle anderen Drehstellungen bieten kein Hindernis. Am unteren Ende stellt ein im Armkreuz eingebohrter Stift eine Vorsichtsmaßregel dar gegen unerwünschte Drehung der Tragstange selbst, die denselben mit kurzem Schlitz frei umgreift.

Die Hohlwelle aus Gußeisen. Für die Bemessung der Länge kamen zwei Dinge in Betracht. Ausführungsrücksichten und Ersparnisgründe drängten auf möglichst kurze Welle, andererseits verlangte die hochwasserfreie Lage der Getriebe, Dynamos, auch die Höhenlage der Haupttransmission usw. eine bestimmte Wellenlänge über Oberwasserspiegel, Taf. 6.

In vielen Fällen bringt eine Entfernung von etwa 1 m zwischen dem O. W. und der untersten Zahnspitze die erwünschte Sicherheit gegen Hochwasser. Unter Umständen ist das Umkleiden des konischen Triebes oder der Riemenscheibe mit einem wasserdichten Blechtrog ein weiterer Schutz.

Den erstgenannten Anforderungen tragen wir Rechnung durch Heraufnehmen der Turbine in etwa halbe Gefällhöhe, vgl. S. 265, und wenn dann infolge der zweitgenannten Rücksichten die Wellen über 5 bis $5^1/_2$ m Länge erhalten mußten, so wurden sie fast immer aus zwei Teilen angefertigt, weil es für die Gießerei schwierig ist, längere Kerne gut und sicher in die Formen einzulagern.

Solange in diesem Fall die Tragstange noch ausreichend stark beschafft werden konnte, solange fand auch der Endzapfen immer noch seine Verwendung.

In geschickter Weise kann die Kuppelstelle der Wellhälften durch Einsetzen einer zentrisch gut gehaltenen Halslager-Büchse für die Tragstange, Taf. 5, benützt werden, um diese letztere ungefähr in der Mitte ihrer Länge nochmals zu führen und zu halten. Die Knicklänge l der Tragstange wird dadurch auf die Hälfte ermäßigt; die untere Tragstangenhälfte entspricht dann dem Knickfall 3, Gl. 651, die obere Hälfte dem Knickfall 2, Gl. 652, worin aber statt l nunmehr $\frac{l}{2}$ zu setzen ist, derart; daß die letztere Gleichung mit l als ganze Tragstangenlänge übergeht in

$$d = \sqrt[4]{\frac{P \cdot l^2}{260000}} \quad \ldots \ldots \ldots \ldots \quad 653$$

Die Turbinenwelle ist wie gesagt auf Drehung und Zug beansprucht, im oberen Teile können Biegungsbeanspruchungen mit hinzukommen, die wir auf konstruktivem Wege fast ganz vermeiden können.

Für die Berechnung des äußeren Welldurchmessers ist auszugehen von dem anzunehmenden Kerndurchmesser der Welle und mit Rücksicht auf das S. 459 Gesagte mit dem üblichen k_d zu rechnen.

Schließlich aber finden wir die Minimalwandstärke der Gußwelle durch gießereitechnische Rücksichten gegeben. Wir werden Wellen von etwa 150 Kerndurchmesser in Wandstärken nicht unter 30 bis 40 mm ausführen. Für das Aufsetzen des Laufrades, für die Halslager, für das obere Kammrad sind entsprechende Verstärkungen vorzusehen, die mindestens 10, besser 15 und 20 mm im Durchmesser größer sein sollten, als die rechnungsmäßigen, roh bleibenden Teile der Welle.

Auf die gute Ausführung der Kuppelflanschen bei der zweiteiligen Welle ist ganz besonderer Wert zu legen, denn es handelt sich darum, zwei getrennt hergestellte, fertig gedrehte Wellenhälften so zu vereinigen, daß deren Achsen genau in die gleiche Gerade fallen. Dafür brauchen wir eine gute gegenseitige Zentrierung und ein möglichst breitspuriges Aufeinandersitzen der beiden Kupplungshälften. Die gekuppelte Welle, Taf. 5, auch Fig. 320, zeigt, wie dies erzielt wird. Die Zentrierung erfolgt gegen innen zu (hier mit 350 mm Durchmesser), im übrigen aber liegen die Flanschflächen hohl, um sich nur außen, unter den Kuppelschrauben, zu treffen.

Beide Wellhälften sind kegelförmig ausgebildet, um gut nach einem großen Flanschdurchmesser überzuleiten, die Schrauben überstark, eingerieben und mit Gasgewindemuttern versehen, damit sie sich weniger leicht lockern.

Die untere Wellführung. Am unteren Ende führte sich die Welle mittelst einer zweiteiligen, meist aus Bronze (Weißmetallausguß) hergestellten Büchse an der Tragstange. Diese Büchse hat zweierlei Arten von Seitendruck aufzunehmen, die aber beide nicht sehr bedeutend sind.

Der eine Seitendruck rührt davon her, daß der Schwerpunkt des Laufrades nicht ganz genau in der Rotationsachse liegen wird, so daß ein kleiner Zentrifugaldruck entsteht. Um welche Kräfte es sich dabei handeln kann, lehrt eine kurze Rechnung. Wenn ein Laufrad beispielsweise 1500 kg wiegt und 100 Umdrehungen macht, so wird sich nach S. 431, bei einem Schwerpunktsradius r, die Zentrifugalwirkung auf die Welle äußern als eine seitlich wirkende Kraft im Betrage

$$C = \frac{G \cdot r \cdot n^2}{900} = \frac{1500 \cdot r \cdot 100^2}{900} = 16667 r \quad \ldots \ldots \ldots \quad (620)$$

Liegt der Schwerpunkt um 1 mm seitwärts der Rotationsachse, ist also $r = 0{,}001$ m, so ist $C = 16{,}7$ kg und mit jedem Millimeter, den der Schwerpunkt weiter nach außen rückt, treten weitere 16,7 kg hinzu. Wir ziehen hieraus die Lehre, daß die Laufräder so gut als nur irgend möglich ausgeglichen werden sollen, denn die Führung an der Tragstange ist keine vollwertige, tragfähige Lagerung, wir werden sie nach aller Möglichkeit zu schonen haben.

Die zweite Art Seitendruck kommt von einem Kippmoment her, das als Folge der Anordnung von Zahnrädern auf die Welle wirkt, wir wollen dies weiter unten besprechen. Die Büchse wird meist durch vier Deltametall-Kopfschrauben mit ihrer Flansche gegen die Stirnseite der Welle gepreßt, ein dazwischen in jede Flanschhälfte eingeschnittenes Gewindeloch dient zum Losdrücken der Flansche beim Herausnehmen der Büchse.

Der Abschluß der Welle gegen den Saugraum. Die Welle steht mit ihrem oberen Ende in der Atmosphäre und befindet sich mit dem unteren Ende im Saugraum der Turbine. Sie muß deshalb so eingerichtet sein, daß die äußere Luft nicht durch die hohle Welle in das Saugrohr treten kann; hier ist eine der auf S. 265 erwähnten Stellen. Wir erzielen einen für unsere Anforderungen meist genügenden Luftabschluß durch die eben beschriebene Führungsbüchse, der in dem Hohlraum der Welle, Taf. 5, eine Packung aus quadratischen Talkumschnüren oder dergleichen vorgelegt wird, die der Luftdruck selbsttätig anzieht, besonders aber dient auch der Spurtopf am oberen Wellende, Taf. 10, Mitte, als sehr wirksamer erster Abschluß, sofern er gut, eben leicht beweglich, in die Wellhöhlung eingepaßt ist. Das aus dem Topf überfließende Öl hilft mit abdichten.

Im übrigen erfährt der Spurzapfen durch den Druckunterschied an den Wellenden auch noch eine kleine Belastungsvermehrung, die aber wohl selten in Rechnung gestellt worden ist. Um welche Kräfte es sich handelt, zeigt z. B. folgende Rechnung.

Wenn eine Turbinenwelle, hohl oder massiv, Durchmesser an der Übergangsstelle zwischen Oberwasser und Deckelraum 300 mm, Taf. 5, in eine Saughöhe von 3 m eintritt, so ist der Druckunterschied gleich 3 m Wassersäule und auf dem Wellquerschnitt von $30^2 \frac{\pi}{4} = \sim 700$ qcm, wobei der Tragstangen- bzw. Spurtopfdurchmesser vernachlässigt ist, lasten also $700 \cdot 0{,}3 = 210$ kg gegen abwärts.

II. Der Stirn-Mittelzapfen.

Der Endzapfen ist die an sich zugänglichere Anordnung und wir werden ihn so lange als tunlich beibehalten. Schließlich aber werden besondere örtliche Verhältnisse überlange Turbinenwellen verlangen, wenn z. B. die Haupttransmission sehr hoch über dem Oberwasserspiegel liegt, ohne daß wir gezwungen wären, mit dem Spurzapfen so hoch mitzugehen. Sofern hier nicht ohnedem eine massive Welle mit Ringzapfen vorgezogen wird, ist dann der Mittelzapfen in der Hohlwelle allenfalls verwendungsfähig.

Für die Einzelheiten des Zapfens selbst kommen sinngemäß all die Dinge in Betracht, wie sie schon beim Endzapfen geschildert worden, nur ergeben sich aus der Lage des Zapfens innerhalb der Wellenlänge noch gewisse Besonderheiten, die hier zu behandeln sind.

Es war oben, S. 452, die Wichtigkeit der guten Ausführung für die Sitzfläche des Bajonettschlusses am Endzapfen besonders betont worden. Dasselbe gilt für den Mittelzapfen natürlich auch, und allein schon aus diesem Grunde muß der Mittelzapfen genau so zum oberen Ende des unteren Wellstücks angeordnet werden, wie es der Endzapfen am oberen Ende der ungeteilten Welle gewesen, die Bajonett-Sitzfläche dicht am Ende, damit der Drehstahl möglichst wenig freisteht, die untere Kuppelflansche unmittelbar angeschlossen, wies die Fig. 320 zeigt.

Die Laterne. Die Zugänglichkeit des Mittelzapfens verlangt Ausschnitte in der oberen Wellhälfte. Da diese Ausschnitte (es sind immer zwei gegenüberliegende nötig, der Helligkeit wegen) die Welle verschwächen, so ist hier der

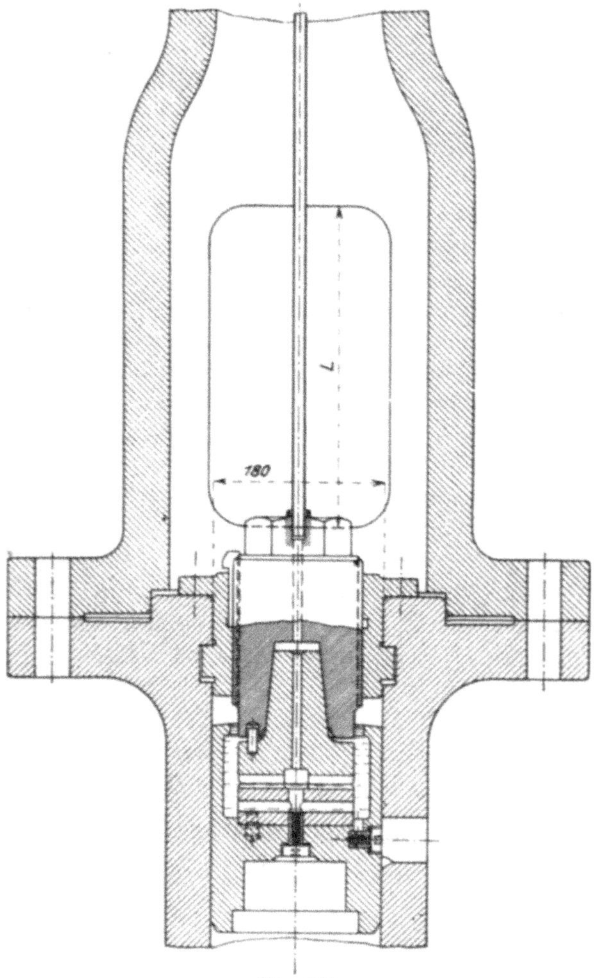

Fig. 320.

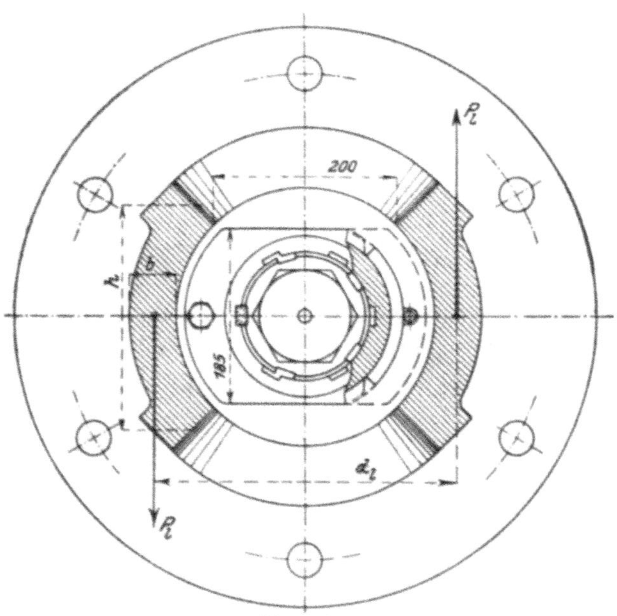

Fig. 321.

Welldurchmesser entsprechend zu vergrößern, damit das durchbrochene Wellstück die gleiche Drehfestigkeit hat als das undurchbrochene, vgl. auch Fig. 321.

Sind diese Ausschnitte in achsialer Richtung nicht sehr hoch, so wäre für die Festigkeit an der betreffenden Stelle einfach das polare Trägheitsmoment der beiden übrigbleibenden Querschnitte, s. Fig. 321, maßgebend. Fast immer aber ist die lichte Höhe L der Ausschnitte ziemlich groß, Fig. 320, denn durch diese Ausschnitte muß der Zapfenträger mit anhängendem Zapfen bequem ein- und ausgeführt werden können, ebenso die Tragmutter und auch der Spurtopf. Wir werden die Ecken der Ausschnitte sehr stark ausrunden und haben die beiden Seitenwände der Laterne auf Biegung zu rechnen. Diese ist gegeben durch das Drehmoment M an der Turbinenwelle, das gleichmäßig auf beide Seitenwände wirkt, sich also an jeder Wand mit einer Kraft P_l im Betrage $\frac{M}{d_l}$ äußert, sofern d_l den mittleren Durchmesser der Laterne, Fig. 321, bezeichnet.

Die Seitenwände der Laterne sind als an beiden Enden eingespannt zu betrachten, Fig. 322 (gegenüber Fig. 320 und 321 verkleinert gezeichnete Abwicklung des Laternenumfanges), derart, daß wegen des in $\frac{L}{2}$ liegenden Wendepunktes der elastischen Linie das Biegungsmoment an der Einspannstelle (Übergang in den vollen Kreisringquerschnitt) zu

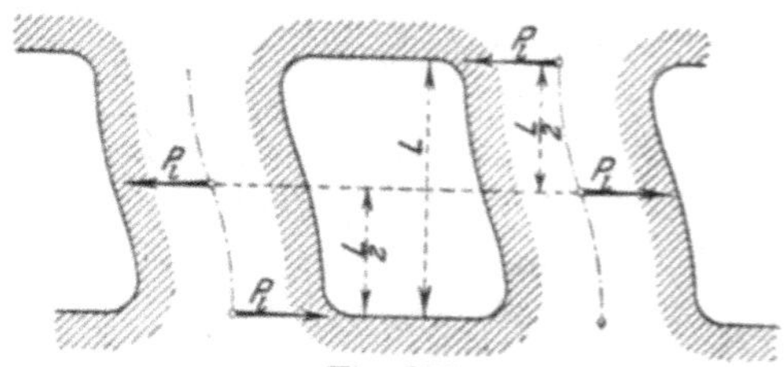

Fig. 322.

$$P_l \frac{L}{2} = \frac{M}{d_l} \cdot \frac{L}{2}$$

für jede Seitenwand anzusetzen ist. Das Widerstandsmoment rechnet sich aus b und h, Fig. 321, einfach unter Außerachtlassung der Krümmung. Durch die große Ausrundung der Ausschnitte tritt eine wesentliche Verstärkung der etwaigen Bruchstelle ein, die als Ausgleich für die Scheerbeanspruchung angesehen werden mag.

Das Schmieren des Mittelzapfens. Da das Kuppelende der oberen Wellhälfte der Laterne wegen in gießbarem Material ausgeführt werden muß, so wird meist das ganze obere Wellstück mit der Laterne in einem Guß und deshalb auch hohl angefertigt. In diesem Fall bietet das Schmieren des Mittelzapfens durch ein von oben kommendes Röhrchen auch während des Betriebes keine Schwierigkeit, Fig. 320. Hat man aber Veranlassung, oberhalb der Laterne noch ein verhältnismäßig langes Wellstück gegen aufwärts zu führen, das etwa aus besonderen Rücksichten massiv sein muß, wie dies für die Achsen von Dynamoankern, Holzschleifsteinen usw. kommen kann, oder ist sonst die zentrale Einführung des Öls von oben her aus aus irgendwelchen Gründen nicht gestattet, so muß für die Zapfenschmierung während des Ganges besondere Vorsorge getroffen werden.

Hier handelt es sich dann darum, das Öl von einem seitlich außen in Ruhe befindlichen Schmiergefäß nach der nur auf Umwegen erreichbaren Zapfenmitte zu führen. Die Verhältnisse liegen wie folgt:

Der Öltropfen muß durch ein mit der Welle rotierendes Ringgefäß aufgefangen und der Achse zugeleitet werden, steht also unter den gleichen Einflüssen von Zentrifugalkraft und Eigengewicht, wie jeder andere Inhalt eines rotierenden Gefäßes auch, und die freien Oberflächen werden sich nach dem betreffenden Rotationsparaboloid einstellen, Gl. 615, S. 429. Der für das Röhrchen maßgebende Paraboloidscheitel wird sich in seiner Höhenlage nach der Ausflußstelle in der, etwa durchbohrten, Welle richten. Die betr. Parabel, in Fig. 323 für 150 Umdrehungen gezeichnet, geht durch die tiefste Kante a der radialen Zuführung, und es muß zuerst der ganze schraffierte Teil des Zulaufröhrchens bis zum Schnitt c mit der Rotationsparabel mit Öl angefüllt sein, ehe der erste Tropfen über die Kante a nach der Wellmitte zu abfließen kann; zuerst füllt sich die Ecke b. Säße das Röhrchen abc etwa in der Mitte des Ringgefäßquerschnittes, Fig. 323 punktiert, so würde sich erst die ganze, schraffierte Ringecke d mit Öl anfüllen müssen, ehe der erste Tropfen nach dem Röhrchen hin abfließen könnte, der Ölersatz würde so lange ruhen.

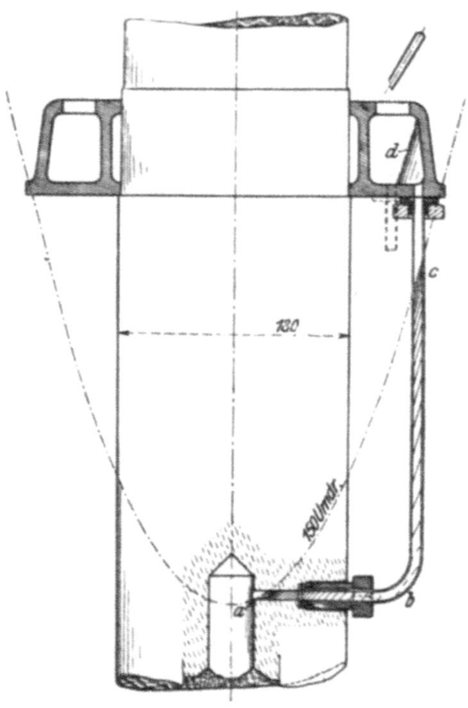

Fig. 323.

Wir haben also das Ringgefäß so anzuordnen, daß sich in demselben auch während des Betriebes kein Öl aufhalten kann, weil jedesmal nach Stillstand erst die betreffenden toten Räume mit Öl vollaufen müssen, ehe der Zapfen den ersten Tropfen bekommt, und weil beim Stillsetzen jedesmal der ganze Inhalt der toten Räume nutzlos zum Spurtopf und über dessen Kante dem Unterwasser zu ausfließen würde. Das Ringgefäß wird sich jederzeit vollständig entleeren, wenn sein Ablauf ganz gegen außen angebracht ist und wenn das Gefäß oberhalb der durch die Kante *a* gehenden Rotations-Parabel liegt, wie leicht einzusehen; das Röhrchen *bc* muß also die erforderliche Länge besitzen.

7. Der Ringzapfen mit massiver Welle.

Auch hier werden wir End- und Mittelzapfen in Anwendung finden und deshalb auch gesondert zu betrachten haben.

Der Vorzug der Ringzapfen vor den Stirnzapfen besteht darin, daß eine massive Turbinenwelle verwendet werden kann, so daß, weil keine Tragstange nötig, die Saugrohreinbauten (Tragkreuz) vielfach ganz wegfallen können. Außerdem ist auch die Kontrolle des Zapfens und Ölvorrats während des Ganges sehr erleichtert.

Ein gewisser Nachteil ist in der größeren Zapfenreibungsarbeit gegenüber dem Stirnzapfen vorhanden, weil der mittlere Durchmesser d_m für den Ringzapfen notwendig ziemlich größer ausfallen muß. Die Anwendung von Rollkugel-Ringzapfen, Fig. 324 rechts, Fig. 325, auch Taf. 15, verleiht aber der Anordnung zweifellos noch einen Vorzug gegenüber den Stirnzapfen, denn der Arbeitsverbrauch der Rollkugeln ist fast Null.

I. Der Ring-Endzapfen, Taf. 10 links.

Da das Drehmoment der Turbinenwelle schon vor dem Endzapfen ausgeleitet ist, so kann, damit d_m klein wird, der Schaft für diesen so schwach gehalten werden, als es eben die Zugbeanspruchung durch $G_T + G_W$, S. 428, und das Drehmoment der Zapfenreibung bedingt, vergl. auch Taf. 12. Natürlich ist dafür zu sorgen, daß der Übergang vom starken Wellдurchmesser auf den schwachen Schaft am Wellende gute Ausrundungen der Absätze aufweist, wie dies auch die Taf. 10 zeigt.

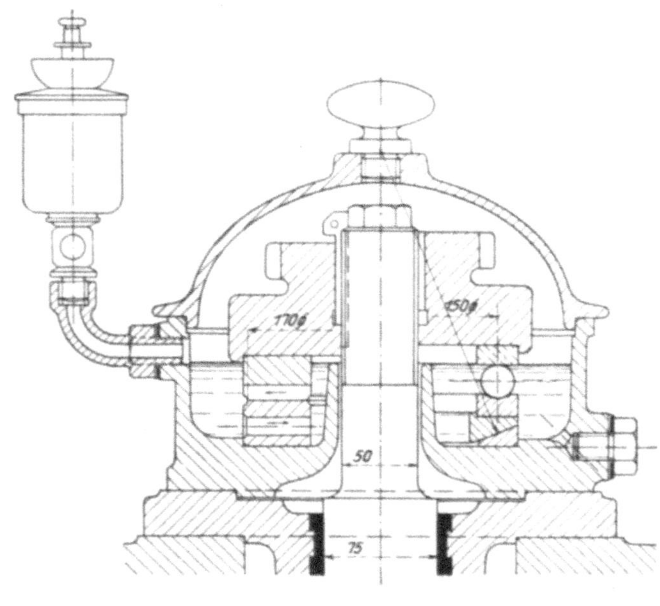

Fig. 324.

Eine gute, genau achsiale Stellung des Schaftes wird ja durch die Art der Herstellung an sich gewährleistet. Wenn also der Konstrukteur in Taf. 10 trotzdem eine Kugelfläche für den Ausgleich zwischen Ringzapfenträger und Laufring zwischengeschaltet hat, so ist dies eine besondere Vorsicht, genau betrachtet, aber nicht am ganz richtigen Platze. Die Gefahr des Schrägliegens zur Drehachse besteht in viel höherem Maße für die ruhende Lauffläche, dort wäre die Kugelbewegung eher angezeigt, wie dies auch die Taf. 15, 17, 18 zeigen, auch Fig. 324, rechts. Die Nachgiebigkeit im laufenden Teil bringt ganz die gleichen Schwingbewegungen für die Kugelfläche, wie sie beim Stirnzapfen schon für die stillstehende, nachgiebige Lauffläche, S. 453, erwähnt wurden.

Das Einstellen des Zapfens. Der gußeiserne Zapfenträger, Taf. 10, sitzt mit Gewinde auf dem Schaft, er kann nach Abnehmen der Staubglocke mittels eines Hakenschlüssels (Loch links punktiert) vor- oder rückwärts gedreht werden; für das hierzu erforderliche Drehmoment gelten die früher erwähnten Gesichtspunkte. Die Sicherung ist doppelt, einmal durch eine Stellschraube auf einem eingelegten Keil, der in die Gewindegänge mit hereingreift, andererseits durch eine Sicherheitsplatte, die oben auf dem Zapfenträger in verschiedenen Drehstellungen (sechs Möglichkeiten) aufgeschraubt werden kann und die das mit zwei Flächen versehene Ende des Schaftes in einem passenden Schlitz festhält, das macht insgesamt 12 verschiedene Stellungen zwischen Zapfenträger und Gewindeschaft, also bei der angegebenen Gewindesteigung eine Einstellfähigkeit von $\sim$ 0,75 mm, was reichlich groß erscheint.

Das Tauchen der Laufflächen unter Öl wird durch das mittlere, öldicht eingeschlagene Messingstandrohr gesichert und der Ölumlauf durch Nuten erleichtert, die die untere Sitzfläche des festen Ringes, der Ring-Linse, durchbrechen.

Für die gegenseitige zentrische Führung der Gleitflächen sorgen die eingedrehten Sitzflächen der Ring-Linse im Spurtopf und die Eindrehung des letzteren im Lagerbalken im Verein mit der Halslagerführung der Welle selbst. Das Halslager erhält auch hier seine Schmierung durch das Aböl, das über das Standrohr nach innen überfließt.

So bequem sich der Stirn-Endzapfen mit dem Obergriff der Kegelräder zusammenbaut, Taf. 6, so wenig praktisch ist die Vereinigung des Ring-Endzapfens damit, hier ist dann der Untergriff der Kegelräder am Platze, damit die Lager auf dem gleichen Balken vereinigt werden können.

Eine etwas andere Ausführung eines Ring-Endzapfens zeigt die schon erwähnte Fig. 324 links (Voith), in der im Schnitt der rechten Seite der Ersatz der Gleitflächen-Ringspur durch ein Kugelspurlager ersichtlich ist (Maschinenbau-Laboratorium V, Techn. Hochschule Darmstadt). Die 21 Kugeln von 22 mm Durchmesser tragen anstandslos Belastungen bis zu 1500 kg bei 300 bis 400 Umdrehungen in der Minute. Für das Rollkugellager ist die kugelig-nachgiebige Stützung der unteren Kugellaufbahn unerläßlich, weil bei der geringsten Abweichung sonst die volle Zapfenlast auf nur einige Kugeln träfe.

II. Der Ring-Mittelzapfen, Taf. 10 rechts, auch Taf. 7, 8, 9, 15, 16, 17, 18, 50, 51.

Wie sehr sich diese Anordnung eingebürgert hat, das zeigt das häufige Vorkommen in den Tafeln.

Die Notwendigkeit, die starke massive Welle in ihrer vollen Drehfestigkeit zwischen den Laufflächen durch nach oben zu führen, drängt hier den mittleren Zapfendurchmesser weiter nach außen als es beim Ring-Endzapfen der Fall gewesen.

Natürlich muß den besonderen Verhältnissen Rechnung getragen werden, die aus der Eigenschaft als Mittelzapfen folgen. Der leichten Auswechselbarkeit wegen sind beide Laufringe zweiteilig, was bei gut ausgeführten Sitzflächen ohne Bedenken gemacht werden darf. Die Ringe mit zusammengehobelten Stoßstellen sind von außen her in Eindrehungen gefaßt, für die Ringhälften sind Verbindungsschrauben alsdann nicht nötig. Die Stoßstellen erhalten stark gebrochene Ecken in der Lauffläche, damit der Gegenring sich nicht fangen kann. Öltopf und Staubglocke sind zweiteilig, ebenso das unter dem Spurtopfboden angeordnete Halslager. Einteilig muß der Spurtopf bleiben, der Solidität des Ganzen wegen, ebenso empfiehlt es sich, den Zapfenträger (Tragmutter) einteilig auszuführen und nur aufzuspalten, um durch Klemmschrauben schon eine Gewindesicherung zu schaffen; die Hauptsicherung wird auch hier wieder durch einen Steckkeil gebildet, ausgedrehte Ringnute, damit der Stoßstahl auslaufen kann.

Messingstandrohr und untere Ölnuten wie beim Ring-Endzapfen auch.

Der oben schon erwähnte Ring-Mittelzapfen unter Benutzung der Radnabe als Zapfenträger (Obergriff der Kegelräder) ist auch aus Taf. 10 ersichtlich. Hier muß das Rad, damit die Stützfläche des Ringzapfens an der unteren Nabenseite unbedingt gut läuft, d. h. zuverlässig senkrecht zur Drehachse steht, mit konisch ausgebohrter Nabe auf der Welle sitzen. Es ist eine alte Erfahrung, daß die Stirnflächen zylindrisch ausgebohrter Naben nur bei äußerster Sorgfalt im Aufkeilen jene Eigenschaft mit Sicherheit aufweisen, während der konische Sitz dies gewährleistet, zugleich auch die gute Zentrierung für den Teilkreis des Rades sicherstellt. Die Feder auf dem kegelförmigen Wellende würde sich ohne weitere Sicherungsmaßnahme nicht zur dauernd guten Übertragung des Drehmomentes bei dem immer etwas stoßenden Zahnbetrieb eignen, auch würde sich das Wellende unter dem Einfluß des daranhängenden Eigen-, Laufrad- und Wassergewichts nach abwärts lockern. Beiden Erwägungen trägt die starke Schraube in Wellmitte Rechnung, die, von einer zweiteiligen Platte umschlossen, die Welle in die Radnabe und auf die Feder festzieht, die aber auch zum Losdrücken des Rades (Kammenerneuerung) Verwendung finden kann. Eine Sicherung dieser Tragschraube ist natürlich erforderlich.

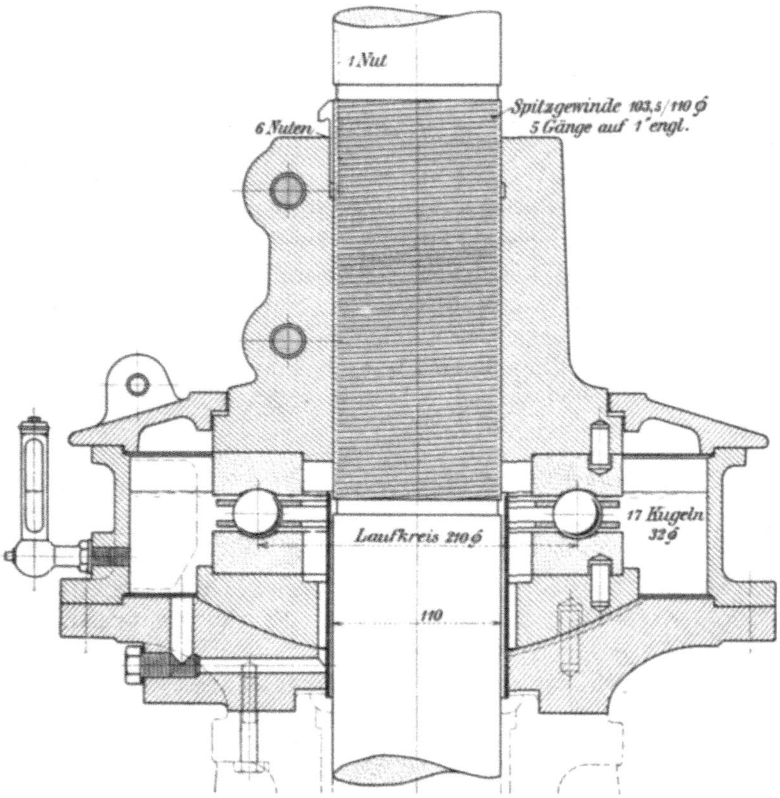

Fig. 325.

Das Kugelspurlager in Taf. 15 entspricht im allgemeinen dem früher schon geschilderten Endspurlager, auch hier ist die untere Lauffläche nachgiebig. Wie die ausführende Fabrik, Briegleb, Hansen & Co., dem Verf. mitteilt, ist ein solches Lager seit mehreren Jahren Tag und Nacht ohne Unterbrechung im Betriebe. Das Lager hat 23 Kugeln von $1^1/_4''$ engl. Durchmesser und ist mit 9000 kg bei 175 Umdrehungen in der Minute belastet. Ein Satz Reserve-Spurringe wird etwa alle $^3/_4$ Jahre gegen den seither im Betrieb gewesenen ausgewechselt, wie auch sonst üblich. Die alten Ringe werden nachgeschliffen und sind wieder fürs nächste Mal betriebsbereit.

Eine neuere Konstruktion der gleichen Firma zeigt Fig. 325.

III. Der Ringzapfen mit Preßölentlastung.

Mit wachsender Beanspruchung der Zapfen durch hohe Belastungen und große Umdrehungszahlen wächst, besonders für die Ring-Mittelzapfen, die Reibungsarbeit, also die abzuführende Gesamtwärmemenge ganz bedeutend, des großen mittleren Durchmessers d_m wegen, S. 442.

Das Bedürfnis, die Wärmeabfuhr durch besondere Veranstaltungen zu unterstützen, stellt sich immer dringender ein. Wir sehen zu diesem Zweck in einer Ausführung von Bell & Co., Kriens, Taf. 18 die schon erwähnte Kühlschlange in den Öltopf gelegt, die von kaltem Wasser durchflossen wird; ein Thermometer im Ölraum selbst gestattet dann die schärfste Beobachtung eines solchen Zapfens.[1]) Temperaturen bis $30 \div 35^0$ sind noch ohne Schaden.

Häufig verläßt man sich nicht allein auf den freien Ölumlauf mit künstlicher Kühlung, sondern greift zur Anwendung von Preßöl, das in großen Anlagen ja doch, der hydraulischen Regler wegen, beschafft werden muß, um einen lebhaften Ölumlauf zu erzielen und gleichzeitig die Zapfen zu entlasten. Beides kann gemeinsam erreicht werden, wenn der Zapfen dafür eingerichtet ist.

Die ersten durch Preßöl bedienten Zapfen zeigten eine nur durch Schmiernuten unterbrochene Gleitfläche, Fig. 326. Die Schmiernuten durften natürlich nicht gegen die äußere Umgebung offen sein, des Ölverlustes wegen. Das zwischen die Laufflächen gepreßte Öl tritt in voller, der Druckhöhe entsprechend großer Geschwindigkeit gegen innen und außen durch den Spalt zwischen den Laufflächen aus. Mithin kann in diesem ganz ungemein engen Spalt kaum eine beträchtliche Pressung herrschen, die zur Entlastung der Gleitflächen dienen könnte, der Ölumlauf wird allerdings lebhaft sein, die Gleitflächen werden gut gekühlt, sofern das Öl selbst kühl gehalten wird.

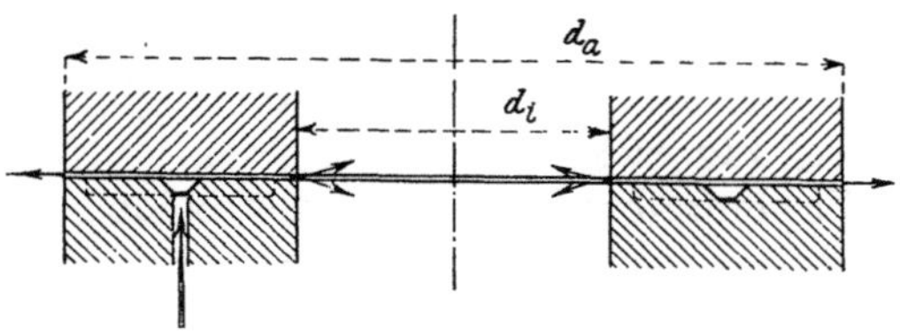

Fig. 326.

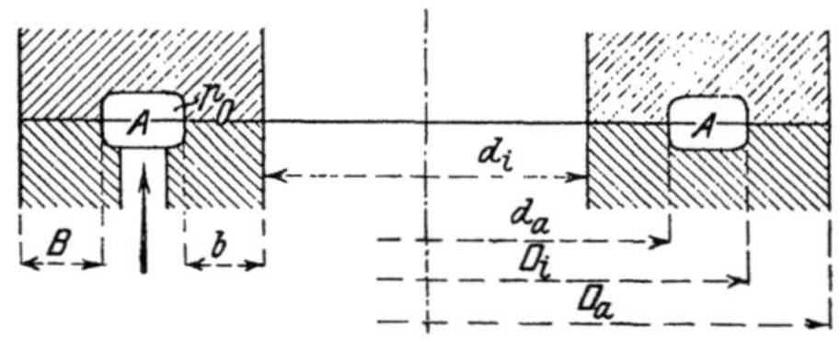

Fig. 327.

Wenn wir von dem Preßöl auch eine sicher eintretende entlastende Wirkung haben wollen, so müssen zwischen den Gleitflächen Ölräume geschaffen werden, in denen das Öl mit kleiner Geschwindigkeit fließt, in denen also die Arbeitsfähigkeit des Preßöls noch als Druckhöhe tatsächlich zur Verfügung ist. Wir haben Laufflächen nach Art der Fig. 327 mit tiefen und breiten Ausdrehungen A, mit reichlich weiter Zuleitung anzuordnen, kurz alles zu tun, daß der von der Preßölpumpe erzeugte Druck in dem Raum A auch noch wirklich vorhanden ist.

Von der Größe der Zapfenlast P, der Höhe der Ölpressung p_0 im Druckraume A und von dessen Durchmesserverhältnissen d_a und D_i, Fig. 327, hängt es dann ab, wie weit die Entlastung durch Preßöl durchführbar ist.

Erster Fall: Der Öldruck im Raum A ist nur imstande, einen Teil der Zapfenlast P zu tragen. Bezeichnen wir mit P_Z die bei Tätigkeit des Öldrucks P_0 noch übrigbleibende, von den Laufflächen des Zapfens aufzunehmende Last, so ist diese

$$P_Z = P - P_0 = P - \left(D_i^2 \frac{\pi}{4} - d_a^2 \frac{\pi}{4}\right) p_0 \quad \ldots \ldots \quad 654$$

und der Zapfen ist anzusehen, als ob seine Laufflächen nur dieser Last entsprechend Wärme aufzunehmen haben und sich abnützen, weil die Reibung zwischen Öl und Gußeisen im glattausgedrehten Raum A vernachlässigt werden

[1]) Ein gutes Quecksilberthermometer, zum Einführen in den Ölbehälter geeignet, gehört heute zur Ausrüstung des Turbinenmonteurs.

darf. Für die Tragflächen des eingelaufenen Zapfens ist dann, weil die Abnützung überall gleichmäßig fortschreitet, auch wieder

$$p \cdot d = \text{Konst.} \qquad \textbf{(635)}$$

doch erhält die Konst. hier einen anderen Wert. Wir haben nämlich zu schreiben, Fig. 327,

$$P_Z = \pi \cdot \text{Konst.} \left(\int_{r=\frac{d_i}{2}}^{r=\frac{d_a}{2}} dr + \int_{r=\frac{D_i}{2}}^{r=\frac{D_a}{2}} dr \right)$$

oder

$$P_Z = \pi \cdot \text{Konst.} \left(\frac{d_a - d_i}{2} + \frac{D_a - D_i}{2} \right) = \pi \cdot \text{Konst.}\,(b + B)$$

und hieraus folgt (vgl. Gl. 636)

$$\text{Konst.} = \frac{P_Z}{(b+B)\,\pi} = p \cdot d \qquad \textbf{655}$$

und demgemäß der veränderliche Einheitsdruck für den eingelaufenen Doppelringzapfen

$$p = \frac{P_Z}{d\pi\,(b+B)} \qquad \textbf{656}$$

Die Darstellung der Verteilung der Einheitsdrücke in den Tragflächen bleibt auch hier eine gleichseitige Hyperbel, die aber auf die Strecke der ringförmigen Aushöhlung von d_a bis D_i unterbrochen ist, Fig. 328.

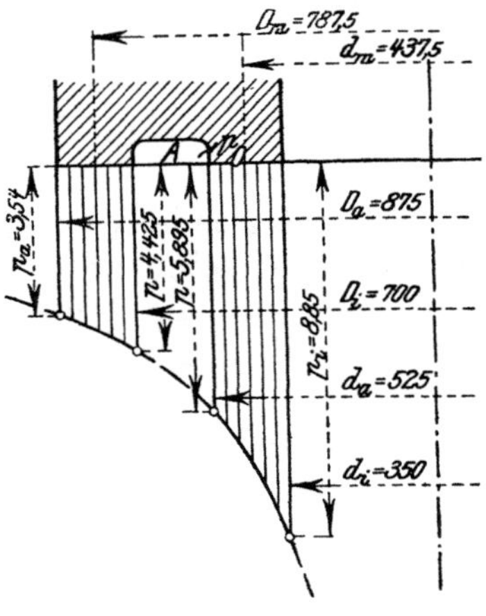

Fig. 328.

Für das Zapfenreibungsmoment der beiden Ringflächen erhalten wir (vgl. S. 442) aus

$$d M_Z = d \cdot \pi \cdot dr \cdot p \cdot \mu \cdot r = \frac{P_Z \cdot \mu}{b+B}\, r\, dr$$

durch Integration zwischen den zweifachen Grenzen wie oben:

$$M_Z = \frac{P_Z \cdot \mu}{2} \cdot \frac{d_m \cdot b + D_m \cdot B}{b+B} \text{ (cmkg)} \qquad \textbf{657}$$

vgl. Gl. 641.

Die Zapfenreibungsarbeit pro Sekunde stellt sich auf

$$A = P_Z \cdot \mu \frac{d_m \cdot b + D_m \cdot B}{b+B}\, \pi \frac{n}{60} \text{ (cmkg/sk)} \qquad \textbf{658}$$

vgl. Gl. 642.

Ist $b = B$, wie wohl meist üblich, so wird

$$\text{Konst.} = \frac{1}{2} \cdot \frac{P_Z}{b\pi} \qquad \textbf{659}$$

sowie

$$p = \frac{1}{2} \cdot \frac{P_Z}{d\pi b} \qquad \textbf{660}$$

und der mittlere Einheitsdruck findet sich zu

$$p_m = \frac{P_Z}{F} = \frac{P_Z}{b \cdot \pi} \cdot \frac{1}{d_m + D_m} \qquad \textbf{661}$$

Für $b = B$ gehen Reibungsmoment und sekundliche Reibungsarbeit über in

$$M_Z = \frac{P_Z \cdot \mu}{2} \cdot \frac{d_m + D_m}{2} \text{ (cmkg)} \qquad \textbf{662}$$

und $$A = P_Z \cdot \mu \cdot \frac{d_m + D_m}{2} \pi \frac{n}{60} \text{ (cmkg/sk)} \quad \ldots\ldots\ldots \quad 663$$

Die Verhältnisse liegen dann also so, als ob ein Zapfen vom mittleren Durchmesser $\frac{d_m + D_m}{2}$ und von der Breite $2b$ in Anwendung wäre. Der Betrag $\frac{d_m + D_m}{2}$ (cm) tritt dann auch für die Berechnung der N_z und W_z an die Stelle von d_m (cm) in den Gl. 642a und 642b, S. 442.

Würde der Öldruck vorübergehend versagen, so würde einfach statt P_Z eben die gesamte Last P in die Rechnung eintreten.

Natürlich ist hier wie früher die auf die Laufflächeneinheit treffende sekundliche Wärmemenge in jedem Durchmesser gleich groß, und so finden wir für $b = B$ (vgl. Gl. 643)

$$\frac{A}{F} = \frac{P_Z \cdot \mu}{2b} \cdot \frac{n}{60} \quad \ldots\ldots\ldots \quad 664$$

Wir haben eben einen Hohlzapfen mit der Laufbreite $2b$, gegenüber früher b, vor uns, und demgemäß sind hier die Gleichungen 645 und 646 zu schreiben als

$$4b \gtreqless \frac{P_Z \cdot n}{40\,000} = \frac{P_Z \cdot n}{w} \text{ (cm)} \quad \ldots\ldots\ldots \quad 665$$

und $$4b \gtreqless \frac{P_Z \cdot n}{75\,000 \div 125\,000} = \frac{P_Z \cdot n}{w} \text{ (cm)} \quad \ldots\ldots \quad 666$$

Als Zahlenbeispiel mag der durch Preßöl von $p_O = 9$ kg/qcm versorgte Doppel-Ringzapfen der Voithschen Turbine Kykkelsrud, Taf. 50, dienen, dessen Durchmesser auch der Fig. 328 zugrunde liegen.

Aus der Tabelle S. 448 sind zwei Betriebszustände, ohne und mit Öldruck, ersichtlich. Die Gesamtlast P beträgt 32000 kg bei 150 Umdrehungen.

Das Preßöl von $p_O = 9$ Atm. übt in der Ausdrehung zwischen beiden Laufflächen einen Entlastungsdruck

$$P_O = \left(70^2 \frac{\pi}{4} - 52{,}5^2 \frac{\pi}{4}\right) 9 = \sim 15000 \text{ kg}$$

aus, so daß für die Tragflächen des Zapfens übrigbleibt

$$P_Z = P - P_O = 32000 - 15\,000 = 17\,000 \text{ kg}.$$

Mit dieser Last stellt sich nach Gl. 660 p_i auf nur 8,85 kg/qcm, p_m nach Gl. 661 gar nur auf 5,05 kg/qcm, so daß auf den ersten Blick der Zapfen überreichlich bemessen erscheinen könnte. Der trotz dieser überaus niederen Einheitsdrücke sich ergebende Warmlaufkoeffizient w im Betrage von 72900 erklärt aber ohne weiteres die Anwendung der Breite $4b = 4 \cdot 8{,}75 = 35$ cm.

Für den Fall, daß der Öldruck vorübergehend versagen würde, wachsen p_i auf 16,65, p_m auf 9,50 kg/qcm und die Warmlaufgefahr rückt mit der Zahl 137000 in sehr greifbare Nähe, um so mehr, als natürlich der Ölumlauf dabei fast ganz aufgehört haben wird.

Interessant ist, welche Reibungsarbeit überhaupt der Zapfen verbraucht, bzw. welche Wärmemenge selbst bei $\mu = 0{,}02$ dieser Zapfen pro Sekunde produzieren wird.

Wir finden nach Gl. 663 für den Normalbetrieb

$$A = 17000 \cdot 0{,}02 \cdot \frac{43{,}75 + 78{,}75}{2} \pi \frac{150}{60} = \sim 163500 \text{ cmkg/sk}$$

oder auch als gleichwertige Größen

$$1635 \text{ mkg/sk} = 21{,}8 \text{ PS}_e.$$

Diese auch entsprechend

$$\frac{1635}{427} = \sim 4 \text{ Wärmeeinheiten pro Sekunde.}$$

Der Reibungskoeffizient 0,05 statt 0,02 bringt einen Kraftbedarf von $\sim 54{,}8\ PS_e$ $= \sim 10$ WE/sk, und wenn der Öldruck aussetzen würde, steigen diese Zahlen sofort auf mindestens

$$54{,}8 \frac{32\,000}{17\,000} = 103{,}5\ PS_e = 18{,}1 \text{ WE/sk.}$$

Ganz so glatt nun, als es die angestellte Rechnung scheinen läßt, können sich aber die Druckverhältnisse des betreffenden Zapfens gar nicht einstellen, was sofort einleuchtet, wenn wir die in Fig. 328 eingeschriebenen Größen der Einheitsdrucke, wie sie Gl. 660 liefert, ansehen. Im Raum A soll ein Öldruck p_0 von 9 kg/qcm herrschen, während die Flächenpressungen des eingelaufenen Zapfens in d_a nur 5,895 kg, in D_i gar nur 4,425 kg betragen würden. Der Öldruck muß sich also in die Gleitflächen hinein fortpflanzen, dort auch noch eine gewisse Wirkung gegen aufwärts äußern und die wärmeerzeugende Flächenreibung herabmindern. Wenn sich zwischen den Gleitflächen nur eine Ölpressung von durchschnittlich p_m, also von 5 kg/qcm einstellt, so würde der Zapfen schon ganz auf Öl laufen und die reine Flüssigkeitsreibung an die Stelle der Reibung geschmierter Flächen getreten sein. Die Reibungsarbeit wäre dadurch auf einen Kleinstwert herabgesunken. Wie weit sich die Verhältnisse den zuletzt geschilderten nähern, ist nicht wohl durch Rechnung kontrollierbar, da können nur Versuche, ähnlich den Tower'schen, Auskunft geben.

Klarer ausgesprochen liegen die Dinge für die folgende Anordnung:

Zweiter Fall: Der Öldruck gegen die Ringfläche des Raumes A kann auf den gesamten Betrag P gesteigert und dauernd gehalten werden.

Sowie $P_0 = P$ gemacht werdan kann, hat es nicht viel Sinn, die Breiten b größer zu machen als einige Zentimeter, als Auflageflächen für die drucklos stillstehende Turbine, Fig. 329. Hier arbeitet dann der Zapfen ziemlich so, wie ein gut aufgeschliffenes Sicherheitsventil. Steigt p_0 im Raum A über den Bedarf für P hinaus, so wird die ganze Turbine dadurch angehoben, die Laufflächen werden wie die Sitzflächen eines Sicherheitsventils wirken, sie werden sich soweit voneinander abheben, als erforderlich ist, um die von der Pumpe geförderte Ölmenge gegen innen und außen durchtreten zu lassen, und wir haben es nur mit der Reibung zwischen der Preßflüssigkeit und den umgebenden festen Wänden zu tun, die ganz verschwindend ist.

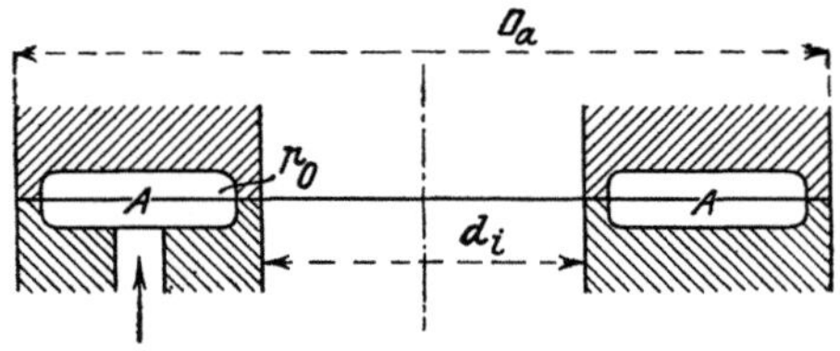

Fig. 329.

Ganz ähnlich ist dies ja auch beim Doppelringzapfen mit breiten Laufflächen, Fig. 327 und 328, zu erwarten, nur werden sich beim Zapfen mit schmalen Sitzflächen die Verhältnisse genauer einstellen, weil die Druckausübung nicht durch die breiten Laufflächen unklar gemacht wird.

Wir finden beide Arten von Zapfenanordnungen in der Praxis vertreten, mit anscheinend gleich gutem Erfolge, natürlich sind aber die schmalen Sitzflächen von dem Vorhandensein des Öldruckes absolut abhängig, während die breiten für langsames Anlaufen wenigstens noch nicht gefährdet erscheinen, sofern die Laufflächen mit Öl versehen sind. Turbinen mit breiten Zapfensitzflächen dürften unter sonst guten Umständen anlaufen, dadurch die Öldruckpumpe in Betrieb und das Preßöl auf Druck bringen; Zapfen der zweiten Art dagegen verlangen für die gefahrlose Ingangsetzung der Turbine den vorherigen, vollen Betrieb der Ölpumpe, und am besten ist es, von der Anordnung solcher Zapfen, d. h. der stehenden schwerbelasteten Welle, überhaupt abzusehen.

Der Preßölbedarf. Noch ein kurzes Wort hierüber. Es ist nicht möglich, einfach durch Rechnung vorher festzustellen, welche Mindestmenge an Preßöl der betreffende Zapfen wirklich für seinen Betrieb verlangt. Wir können hier nur annähernd und schätzungsweise, wie folgt, vorgehen. Nehmen wir den Zapfen für Kykkelsrud.

Die Pressungsverteilung ist, wie gezeigt, unsicher. Wenn wir nun annehmen, daß der Zapfen ganz auf dem Öldruck laufe, so ist hierfür, bei 9 Atm. im Raum A, zwischen den Laufflächen noch ein Druck p_m nach Tabelle, S. 448, rund 5 kg/qcm vorhanden, als Öldruck gleichmäßig über die ganze tatsächliche Lauffläche verteilt. Mithin wären $9 - 5 = 4$ kg/qcm für die Überwindung der Fließwiderstände zwischen den Laufflächen und für die Erzeugung der Fließgeschwindigkeit des Öles zwischen denselben zur Verfügung. Wir nehmen, um sicher zu gehen, die Fließwiderstände zu Null an und finden, indem wir rund 1 kg/qcm = 11 m Öldruckhöhe annehmen, die Fließgeschwindigkeit zwischen den Laufflächen zu

$$\sqrt{2g \cdot 4 \cdot 11} = \sim 29{,}4 \text{ m/sk}.$$

Zwei Austrittsstellen sind vorhanden, die innere mit $d_i \cdot \pi = 0{,}35\,\pi = 1{,}1$ m Umfang, die äußere mit $D_a \cdot \pi = 0{,}875\,\pi = 2{,}75$ m, zusammen 3,85 m Umfang.

Setzen wir nun voraus, daß die Laufflächen durch den Öldruck um 0,1 mm = 0,0001 m voneinander entfernt werden, so würde der Durchflußquerschnitt für das Preßöl sein

$$3{,}85 \cdot 0{,}0001 = 0{,}000\,385 \text{ qm}$$

und die pro Sekunde entweichende, von der Pumpe zu fördernde Ölmenge wäre

$$0{,}000\,385 \cdot 29{,}4 = 0{,}0113 \text{ cbm/sk} = 11{,}3 \text{ lit/sk}.$$

Wollte man den Zapfen im Raum A noch weiter ausdrehen, etwa bis auf $d_a = 400$ mm, $D_i = 825$ mm, so wäre ein Öldruck aufzuwenden in Höhe von

$$\frac{32000}{82{,}5^2 \frac{\pi}{4} - 40^2 \frac{\pi}{4}} = \frac{32\,000}{4100} = \sim 7{,}8 \text{ kg/qcm}$$

statt vorher 9 kg/qcm, aber die zu fördernde Preßölmenge würde für 0,1 mm Anheben der Sitzringe betragen

$$0{,}000\,385 \sqrt{2g \cdot 7{,}8 \cdot 11} = 0{,}0158 \text{ cbm/sk} = 15{,}8 \text{ lit/sk}.$$

Der Kraftbedarf der Preßpumpe für den Zapfenbetrieb stellt sich nach $N = \frac{Q\gamma \cdot H}{75}$ ideell dann auf

$$\frac{11{,}3 \cdot 90}{75} \text{ bis } \frac{15{,}8 \cdot 78}{75} = 13{,}5 \text{ bis } 16{,}5 \text{ PS}_e.$$

Da die Beschaffung des Preßöls für den Spurzapfen ein Betriebserfordernis ist, so muß der hierfür nötige Kraftverbrauch der Ölpumpe als ein in der Anordnung begründeter innerer Arbeitsaufwand angesehen werden.

Für die Berechnung des mechanischen, äußeren Nutzeffektes e darf aus diesem Grunde der Kraftverbrauch der Ölpumpe nicht etwa der erbremsten Leistung noch zugefügt werden, er kommt für den mechanischen Nutzeffekt so wenig zu besonderer Anrechnung, als die für die Zapfenreibung selbst verbrauchte mechanische Arbeit.

Wenn es sich dagegen um den hydraulischen Nutzeffekt ε handelt, ist natürlich der Arbeitsbedarf für die Pumpe und für die Zapfenreibung der Bremsleistung zuzufügen.

8. Der Hängezapfen im ausgehöhlten Wellende.

Wenn wir die Anordnung des Ring-Endzapfens aus Taf. 10 oder aus Fig. 324 auf den Kopf stellen, den Öltopf als obersten Teil der Welle sich mitdrehen lassen und den Schaft an einem Lagerbalken festhalten, so entsteht der Hängezapfen, der nach Wissen des Verf. zuerst von Kankelwitz angewandt wurde und der sich mehr und mehr eingebürgert hat, Fig. 330, Ausführung Voith.

Hier erscheint die Ringlinse an der Zapfenspindel aufgehängt; der Zapfen ist mit einem Tragstück verbunden, das die Zapfenspindel umgreift und mit Bajonettschluß oder Gewinde in das Wellende eingesetzt ist. Das ausgehöhlte Wellende bildet den Ölbehälter.

Fast immer handelt es sich dabei um massive Turbinenwellen, Flußstahl, und natürlich ist das Ausarbeiten der Höhlung am Ende der Welle nicht billig. Die ganze Anordnung ist aber im übrigen sehr einfach und bietet besonders bei Untergriff der Kegelräder derartige Vorzüge durch geringen Raumbedarf im Verein mit zuverlässiger achsialer Stützung, vgl. S. 485, daß die Kosten des Ausarbeitens häufig an anderer Stelle mehr als hereingebracht werden (Wegfall der Tragstange, des Tragkreuzes, also der Saugrohreinbauten). Der mittlere Laufflächendurchmesser d_m entspricht demjenigen des gewöhnlichen Ring-Endzapfens, und so ist auch der Arbeitsverbrauch der Anordnung klein.

Weil der Ölraum durch Ausbohren der Welle auf der Drehbank hergestellt wird, so ist es eigentlich von selber gegeben, daß das Zapfentragstück mit Gewinde in der Welle eingesetzt ist. Die Sicherung desselben kann, wie vorher beim Bajonettschluß, durch eine oder zwei Kopfschrauben mit angedrehtem Gewindekern erfolgen, die Zapfeneinstellung geschieht hier durch Drehen an der Mutter der aufgehängten Spindel.

Die Ringlinse zentriert sich an der Hängespindel, liegt auf einem Bund derselben oder einem eingedrehten zweiteiligen Ring auf und ist, einteilig, durch zwei Schrauben oder auch durch eine Feder gegen Drehung gesichert. Natürlich ist die Spindel ebenfalls an ihrer Aufhängestelle gegen Drehung gehalten, und zwar mittels zweier von unten an die Tragplatte befestigter Federn. Die Tragplatte umgreift zentrierend das entsprechend angedrehte Halslager der Welle, das deshalb am Lagerbalken auf einer bearbeiteten Knaggenleiste aufruht, Fig. 341, S. 485, Ausführung von Voith-Heidenheim.

Der Ringzapfen zentriert sich an dem Tragstück, die beiden Laufflächen sind durch die Tragplatte gegenseitig geführt. Das Tragstück ist weiter ausgedreht als die Spindelstärke verlangt und die Zufuhr des Ersatzöls erfolgt durch Eintropfenlassen in die Ausbohrung der Tragspindel; für den Ölüberlauf zum Schmieren des benachbarten Halslagers dient die Ausdrehung des Tragstückes, durch das das Aböl hochsteigt und gegen außen abfließen kann, wie die Fig. 330 erkennen läßt. Diese Ausdrehung dient auch beim Anfüllen des Ölraumes dazu, die Luft abzuführen, weshalb sie reichlich im Querschnitt genommen werden sollte.

Für den Ölumlauf innerhalb des Ölraumes ist ähnlich der schon S. 455 beschriebenen Weise gesorgt. Die Ringlinse hat vier Durchbohrungen von 15 mm Weite und die Ölnuten des Ringzapfens zeigen sehr großen Querschnitt. Erforderlich ist dabei, daß die Ringlinse oberhalb der Durchbohrungen Spielraum gegenüber der Spindel hat, um auf diese Weise die Ölführung gegen innen zu ermöglichen.

Hier mag auch der sog. Kammzapfen erwähnt werden, der früher hier und da für hochbelastete Zapfen angewandt wurde. Man wollte die Last auf viele

Quadratzentimeter verteilen und doch keinen so großen mittleren Durchmesser zulassen, wie ihn die Breite einer einzigen, für die ganze Last bemessenen Lauffläche ergeben haben würde.

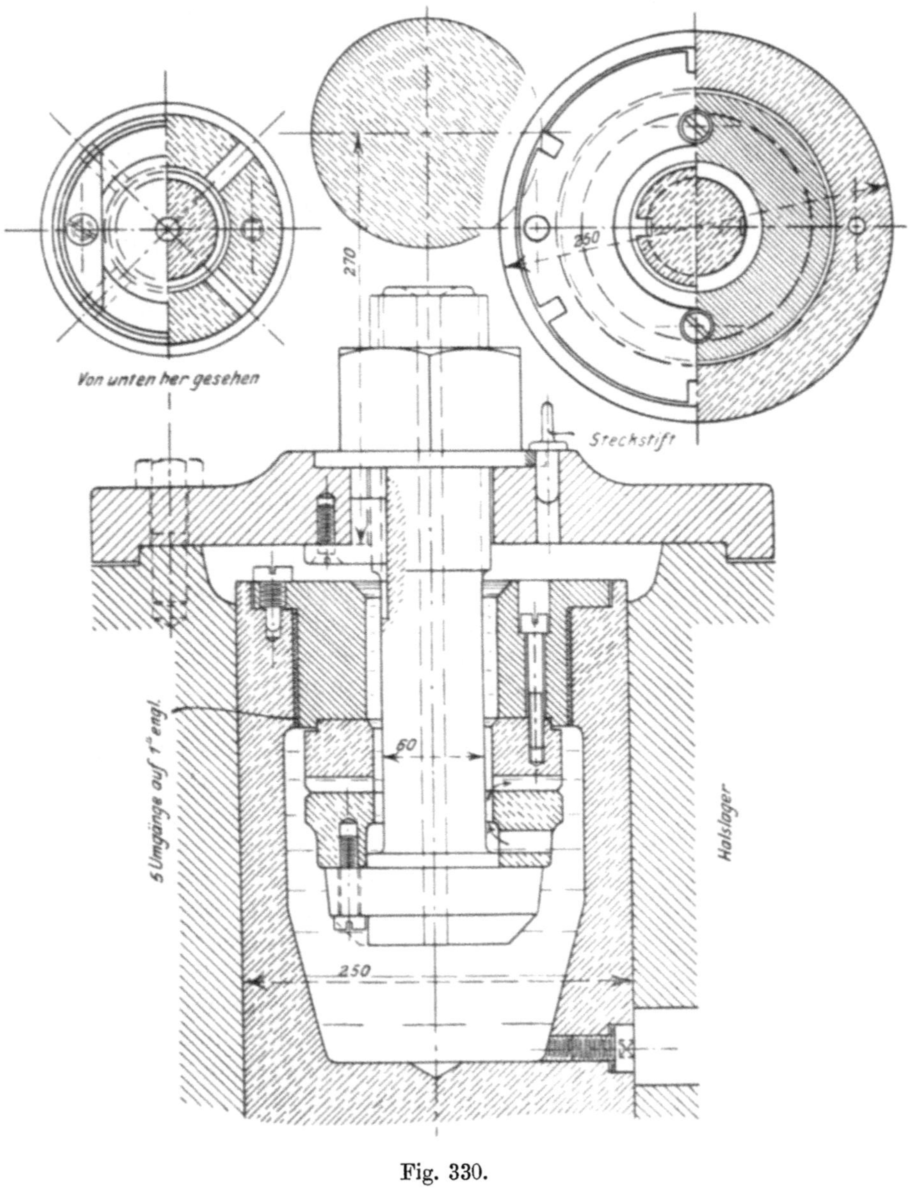

Fig. 330.

Erste Bedingung ist bei solchen Kammzapfen, daß die beabsichtigte gleichmäßige Verteilung der Gesamtlast auf die einzelnen Laufflächen auch in der Tat zustande kommt, denn wenn dies nicht zutrifft, ist der Heißläufer gegeben. Ein solcher Kammzapfen kann richtig berechnet, von der Fabrik aus tadellos zusammengepaßt sein und doch heiß gehen. Vor allem ist der Fall denkbar, daß eine der Laufflächen sich aus irgendwelchem Grunde etwas mehr erwärmt als die anderen. Die Folge ist eine, wenn auch nicht meßbare achsiale Ausdehnung des betreffenden Ringzapfenkörpers sowie des zugehörigen Linsenringes, und diese verursacht, daß gerade die warmgehende Lauffläche durch das Sichausdehnen dieser Teile einen größeren Teil der Belastung auf sich nimmt, als ihr zugewiesen ist, daß sie sich also dadurch noch mehr erhitzt.

Eine Gefahr liegt auch darin, daß sich jeder Kammzapfen naturgemäß etwas lang baut, und daß derselbe in seinem Aufbau nicht in allen Teilen aus dem gleichen Material bestehen kann. Die verschiedenen Materialien haben verschiedenerlei Wärmedehnungskoeffizienten, und dies verursacht, daß die Laufflächen, die vielleicht bei 20° C sämtlich gut tragen, dies nicht mehr tun, wenn der Zapfen durch den Betrieb warm geworden ist. Auch bei durchweg gleichem Material läge immer noch die Möglichkeit vor, daß eine der Laufflächen in der oben beschriebenen Weise Veranlassung zu Störungen gibt. Der Zapfen könnte sich allerdings im Betriebe einlaufen, dann würde er aber bei Wiederingangsetzen nach längerem Stillstand abgekühlt sein und die Druckverteilung wieder anders stattfinden.

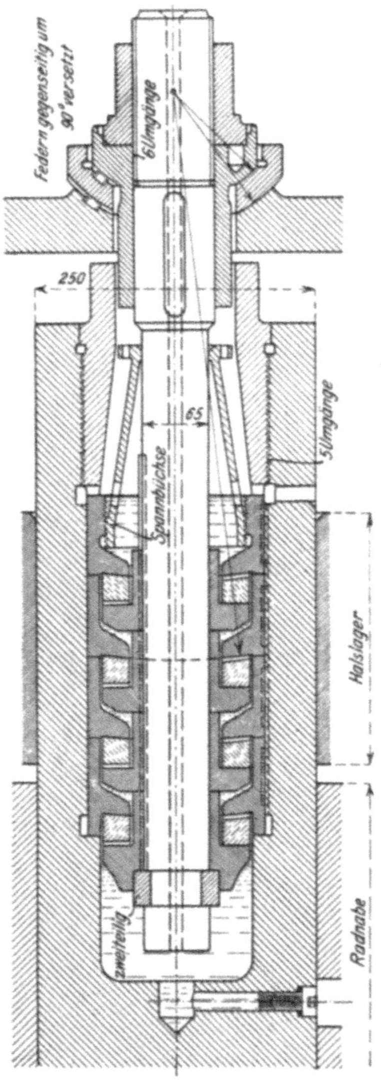

Fig. 331.

Die Anwendung der Radialturbinen statt der achsialen Beaufschlagung hat die Zahl der schwierigen Zapfenverhältnisse ganz gewaltig vermindert. Sollte je einmal ein Kammzapfen erforderlich scheinen, so mag man ihn nach dem Schema der Fig. 331 (Kankelwitz) als Hängezapfen anordnen, also einen mehrfachen Hängezapfen ausführen, wobei die Temperaturunterschiede der einzelnen Laufflächen wenigstens untereinander durch den Ölumlauf nach Möglichkeit ausgeglichen werden können, aber besser ist es, überhaupt keinen Kammzapfen anzuwenden.

Die mit „Spannbüchse" bezeichnete kegelförmige Büchse wird vor dem Einbringen gegen die Andrehung der Spindel hochgeschraubt. Dies hält die Spurringe beim Einsetzen am richtigen Platze so lange, bis das Tragstück eingesetzt ist. Das Gewinde der Spannbüchse muß der Drehrichtung entsprechen, derart, daß sich die Spannbüchse durch die Umdrehung der Turbine löst und die Büchse gegen abwärts gehen läßt.

9. Die Halslager.

I. Das Halslager beim Laufrade.

An der Turbine selbst hat ein Halslager beim gut ausbalancierten Laufrade im allgemeinen keine wesentlichen Belastungen aufzunehmen. Bei Anwendung zentrischer Regulierung sind rechnungsmäßig überhaupt keine einseitigen Kräfte in radialer Richtung vorhanden, und was durch mangelhaften Gewichtsausgleich des Laufrades an Zentrifugalkräften entstehen kann, haben wir S. 460 gesehen.

Nichtsdestoweniger werden wir, der Spaltweiten halber, die Welle in der Nähe des Laufrades mit langen Führungslagern halten, Weißmetallausguß, sei es in der Büchse um die Tragstange, Taf. 5, wie schon beschrieben, sei es bei massiver Welle in einem Halslager, das im Laufraddeckel als Nabe eingesetzt ist, Taf. 9.

Bei Verwendung der Tragstange liegt der Turbinendeckel einfach frei auf dem Leitradkranz auf, er zentriert sich beim Auflegen durch die eng an die Welle sich anschließende Nabenbohrung, siehe Taf. 5. Stopfbüchsen gegen Wasserverlust werden an dieser Stelle nicht angeordnet, da dieser durch den engen Spalt von kleinem Durchmesser kaum nennenswert ist, und die Stopfbüchse unter Wasser nur schwer zu kontrollieren wäre. Immerhin möchte sich für bessere Ausführungen auch hier eine auswechselbare, mit Weißmetallausguß versehene Büchse empfehlen.

Das Halslager im Deckel, Fig. 332, ist zweiteilig, die Hälften vor dem Drehen gut zusammengehobelt, Länge ungefähr 1,5 Welldurchmesser. Die Hälften zentrieren sich an der Bohrung des Deckels, durch die sie auch zusammengehalten werden. Eine weitere Verbindung der Hälften außer durch das Aufschrauben auf das Auge am Deckel ist unnötig. Schräges Andrehen am oberen Rande ist in erwünschter Weise dem Wasserdurchfluß hinderlich und vermeidet eher auch das Eindringen von Sandteilchen in die Lagerfläche, weil diese gegen außen abrutschen.

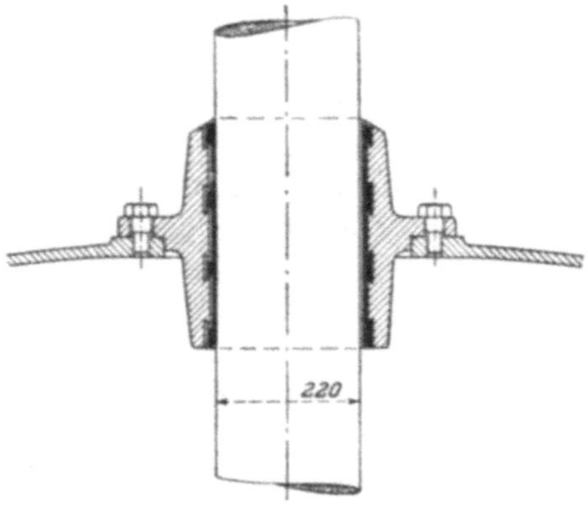

Fig. 332.

Eine Stopfbüchse würde die Unreinigkeiten des Betriebswassers ganz fernhalten, doch ist deren Schmierung und Instandhaltung wenig bequem, zudem laufen viele Turbinen wochen- und monatelang ohne Stillstand, und die Stopfbüchse wäre in dieser Zeit ganz unzugänglich. Man hat deshalb sog. Schutzrohre unmittelbar auf das Halslager gesetzt, die den Zutritt des Betriebswassers zur Welle ganz fernhalten, hie und da auch das Schutzrohr über Wasser mit einer Stopfbüchse abgeschlossen, um den Luftzutritt zwischen Schutzrohr und Welle nach dem Saugraum unter dem Turbinendeckel zu vermeiden. Jetzt ist daraus ein unmittelbarer Anschluß an den röhrenförmigen Fortsatz des nächstoberen Lagers geworden, wie auf Taf. 9, auch Fig. 363, S. 501, ersichtlich, und der Luftabschluß wird nunmehr ohne Stopfbüchse nur durch das dichte Umschließen der massiven Turbinenwelle durch das nächstobere Lager hergestellt. Dies ist auch für nicht große Saughöhen und große Wassermengen ganz dem Zweck entsprechend.

Bei Anbringung des Halslagers im Deckel wird natürlich auch der Deckel zentrisch in den Leitradkranz eingedreht und dort mit einigen wenigen, 6—8, Deltametallkopfschrauben gehalten. Das zuverlässige Festhalten des Deckels beim Betriebe besorgt der Wasserdruck im Verein mit der zentrischen Eindrehung, die Schrauben sind mehr zur Sicherheit bei der Montierung usw. da.

Die Deckel werden fast nie zweiteilig angefertigt; nur wo die Zugänglichkeit nicht anders erreichbar, kommen zweiteilige Deckel als seltene Ausnahmen vor.

Von der Nachstellbarkeit dieser unteren und auch der mittleren Halslager bei einfacher Turbine ist die Praxis abgekommen, weil es eben fast nie eine ausgesprochene Richtung in der Abnutzung, also auch im Nachstellbedürfnis gibt. Die Gelegenheit, von drei oder vier Seiten her die Welle „zentrieren" zu können, verleitet erfahrungsgemäß den Turbinenwärter nur dazu, am unrechten Ende nachzustellen und die gute Lage der Welle zu stören. Eine gute, reichlich lange Führung zweiteilig, aber ohne Unterbrechungen (zwischen den Nachstellbacken m ü s s e n ja leere Stellen, also Unterbrechungen der Auflagefläche sein) ist nach

Ansicht des Verfassers besser als das bestkonstruierte nachstellbare Halslager für das untere Wellende.

II. Mittellager.

Einfache Turbinen bleiben am besten ohne mittlere Halslager, die auch häufig zwecklos sind. Wir können eine senkrechte Welle, die wenig oder gar keinen Biegungsmomenten ausgesetzt ist, auf 3 bis 5 m, nach Umständen noch mehr, frei gehen lassen. Dies gilt besonders für Gußwellen, die, bei größerer Länge zweiteilig, durch die große Kuppelflansche und den kegelförmigen Anlauf der beiden Hälften eine bedeutende Steifigkeit besitzen können. Die Wellen sind, der ausschließlich verwendeten Oberwasserzapfen wegen, außer durch Drehung auch durchweg auf Zug beansprucht, höchstens, daß bei Mittelzapfen ein oberer Teil Knickungsdrucke erhält, die aber nie gefährlich sein werden.

Wir halten uns dabei auch die alte Erfahrung vor, daß bei drei Lagern an einer Welle fast ohne Ausnahme eines der drei notleidend ist, warm geht oder dergl. Die gerade Linie (die Welle) ist durch zwei Punkte (zwei Lager) bestimmt, ein dritter Punkt (das dritte Lager) kann zufällig richtig in dieser Geraden montiert sein, aber Gewißheit ist nicht so leicht zu beschaffen.

Außerdem ist zu bedenken, daß ein Halslager in Wellmitte, aber im Wasser, doch keine große, dauernde Bedeutung haben könnte.

Kurz, sorgen wir dafür, daß keine oder nur ganz geringe Seiten-, d. h. Biegungskräfte, auf die Welle kommen, dann bedürfen wir keiner Zwischenlager zwischen dem Laufradlager und dem oberen Endlager, da wo das Drehmoment aus der Turbinenwelle ausgeleitet wird.

Beim Antrieb von Dynamos sind, besonders bei mehrfachen Turbinen, drei Lager oder mehr gar nicht zu vermeiden, z. B. im Fall der Taf. 15 und 16, wo auf der Turbinenwelle außerdem noch ein großes Schwungrad sitzt. Vgl. auch die Taf. 11, 12, 13, 17, 18 sowie 50, 51.

Auf gute Zugänglichkeit dieser Führungslager ist besonders auch zu sehen, Zugänglichkeit auch in dem Sinne, daß das Wegnehmen des Lagers und etwaiger Ersatz durch ein neues leicht und rasch erfolgen kann.

Die oberen Endlager der Wellen müssen beim nächsten Kapitel besprochen werden, da sie konstruktiv mit der Fortleitung der Kraft aus der Turbine zusammenhängen.

B. Stehende Welle. Kraftübertragung auf die liegende Haupttransmission.

Auch heute noch bedürfen wir bei den meisten Turbinen mit stehender Welle einer Übertragnng des Drehmoments auf liegende Wellen, denn unsere Fabriktransmissionen sind wagrecht.

Kleinere Elektrizitätswerke haben häufig die kleinen, billigen, schnellaufenden Dynamos mit wagrechter Welle. Selten, daß hierfür einmal ein halbgeschränkter Riemen Verwendung finden kann, weil meist eine viel größere Übersetzung zwischen Turbinenwelle und Dynamo ausgeführt werden muß, als sie der einfache Riemenbetrieb zuläßt. Und wenn jetzt auch die Turbine mit liegender Welle in vielen Fällen verwendet wird, in denen noch vor 20 und 25 Jahren die stehende Welle unvermeidlich schien, so bleibt doch noch ein weites Gebiet für die Anwendung von Kegelrädern übrig.

Es ist hier nicht der Ort, vollständig auf alle Einzelheiten der Radkonstruktion usw. einzugehen, nur die Dinge sollen berührt werden, die für den Turbinenbau und -betrieb von Interesse sind.

1. Kegelräder, deren Zähnezahlen, Teilung, Breite, Durchmesser.

Wir haben Veranlassung, alles zu tun, um den Gang der Räder ruhig zu machen und die rasche Abnützung hintanzuhalten.

Der hierzu nötigen Vorbedingungen sind mancherlei. Die Verwendung von Eisen auf Eisen für die Zähne ist für unsere Zwecke unstatthaft wegen des großen Lärms, den solche Räder nur zu leicht verursachen. Wir haben Holz auf Eisen zu nehmen, dazu nach aller Möglichkeit glatte Übersetzungsverhältnisse, 2 : 1, 3 : 1, 4 : 1 bis schließlich bei kleinen Kräften und kleinen Umdrehungszahlen 5 : 1; in Ausnahmefällen auch 3,5 : 1 usw., wenn nicht anders möglich. Holzzähne stets beim größeren der beiden Räder. Sogenannte relative Primzahlen, z. B. $^{120}/_{41}$ Zähne, sind grundsätzlich zu vermeiden. Jeder Eisenzahn modelt die auf ihn treffenden Holzzähne nach und nach seiner eigenen Form entsprechend; wenn ein Holzzahn nur einem Eisenzahn begegnet, so wird er nach einiger Zeit eingearbeitet sein und dann nur noch eine langsam und gleichmäßig fortschreitende Abnützung aufweisen, bei relativen Primzahlen aber kommt jeder Holzzahn mit einer ganzen Anzahl von Eisenzähnen in Berührung, und da diese auch bei noch so sorgfältiger Herstellung kleine Unterschiede aufweisen werden, so sollte jeder Holzzahn sich einer ganzen Reihe von Eisenzahnformen anschmiegen. Das Einlaufen der Holzzahnflanke wird deshalb nicht zum Stillstande kommen, sondern stetig, aber in nicht kleinem Tempo fortschreiten. Dabei ist das Eintreten von rumpelndem Gang sehr leicht zu erwarten.

Es darf nicht außer acht bleiben, daß die Anfertigung von Rädern mit gut teilbaren Zähnezahlen für die Gießerei wesentliche Vorzüge aufweist. Das Einteilen der Zähne an sich ist dabei mehr Nebensache, das würde die Räderformmaschine jederzeit sicher besorgen, aber der Anschluß der Arme an den Radkranz, besonders bei Holzzahnrädern, hat sich nach der Einteilung der Zähne zu richten.

Für Kegelräder verwendet die Praxis als kennzeichnende Abmessungen nur die äußeren Teilkreisdurchmesser, die äußere Teilung usw., denn nur diese können mit Sicherheit am Modell oder Abguß festgestellt werden. Der mittlere Durchmesser ist in der Werkstatt nicht zu fassen, der mittlere Teilkreis kann nicht angerissen werden, dagegen liegen die mittleren Abmessungen den Berechnungen zugrunde.

Bei Stirnrädern hat die Maschinenfabrik das berechtigte Interesse, eine gewisse Freizügigkeit in der Verwendung der Modelle zu wahren, also bestimmte einheitliche Normalteilungen einzuhalten, um die Modelle gleicher Teilung beliebig vereinigen zu können (Satzräder, bzw. Modellsätze). Für Kegelräder besteht diese Rücksicht nicht, hier sind die Modelle von Hause aus nur paarweise verwendbar, also liegt auch kein Grund vor, irgendeine bestimmte Teilung oder gar eine Folge vorher festgesetzter Teilungen einzuhalten.

Die Räderhobelmaschine teilt auch nicht auf Teilungsgrößen, sondern sie teilt den Zentriwinkel (Zähnezahlen) und so nehmen wir der Einfachheit und Übersichtlichkeit wegen glatte äußere Durchmesser D_a und d_a, die das Übersetzungsverhältnis kurz und klar aussprechen im Verein mit glatten Zähnezahlen, unbekümmert darum, ob die Teilungsgrößen dann auch glatt ausfallen, oder ob sie mit einigen Dezimalstellen noch nicht erschöpft sind.

Die Zahnbreite durfte früher mit 2,5 bis 3 t bei Handbearbeitung der Zähne kaum überschritten werden, wenn man noch auf halbwegs zuverlässige Form der Eisenzähne wollte rechnen können. Die Räderhobelmaschine gibt uns hierin volle Freiheit, wir gehen, um kleinere Teilungen t zu erhalten, mit der Zahnbreite bis auf $5\,t$ herauf und mehr, weil die kleinere Teilung mehr Bürgschaft für ruhigen Betrieb bietet, haben natürlich für entsprechend gute Führung der Räder in Lagerung und Wellstärken zu sorgen, nicht minder aber für reichliche Armzahl, 6 bis 8 bei den großen Holzkammrädern, damit die Durchbiegungen der freien Kranzfelgen in engen Grenzen bleiben.

Als Zahnform kommt eigentlich nur noch die Zykloide in Betracht, die Evolvente mit ihrem großen Achsialschub usw. ist fast durchweg verlassen.

Die Berechnung der Zahnräder geschieht für unsere Zwecke nach verschiedenen Rücksichten.

Als Richtschnur für den ersten Entwurf benützen wir die von Kankelwitz aufgestellte Beziehung

$$P = k \cdot b \cdot t,$$

die streng genommen nur für Stirnräder gilt und die wir hier, mit t_m als Teilung im mittleren Durchmesser D_m und mit

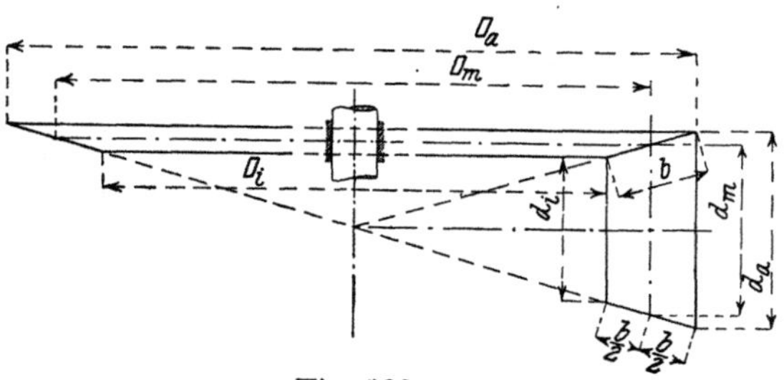

Fig. 333.

$$P = 71\,620 \frac{N}{n} \cdot \frac{2}{D_m}$$

zu verwenden haben als

$$P = k_m \cdot b \cdot t_m \quad . \; . \; . \quad 667$$

Die Beziehungen zwischen mittleren, äußeren und inneren Durchmessern finden sich, bei gegebener Zahnbreite b, aus Fig. 333 als

Kegelrad

$$D_m = D_a - \frac{b}{\sqrt{1+\left(\frac{d_a}{D_a}\right)^2}} = D_a - \frac{b}{\sqrt{1+\left(\frac{z}{Z}\right)^2}} \quad . \; . \; . \quad 668$$

$$D_i = D_a - \frac{2b}{\sqrt{1+\left(\frac{z}{Z}\right)^2}} \quad . \; . \; . \; . \; . \; . \; . \; . \; . \; . \; . \; . \; . \quad 669$$

Kegeltrieb

$$d_m = d_a - \frac{b}{\sqrt{1+\left(\frac{D_a}{d_a}\right)^2}} = d_a - \frac{b}{\sqrt{1+\left(\frac{Z}{z}\right)^2}} \quad . \; . \; . \quad 670$$

$$d_i = d_a - \frac{2b}{\sqrt{1+\left(\frac{Z}{z}\right)^2}} \quad . \; . \; . \; . \; . \; . \; . \; . \; . \; . \; . \; . \; . \quad 671$$

Bei der Annahme von k_m ist folgendes zu bedenken. Wir haben es durchweg mit Arbeitsrädern zu tun, nicht mit Krafträdern, und deren Lagerung muß schon aus Betriebsgründen so sorgfältig und widerstandsfähig ausgeführt sein, daß ein Anliegen der Zähne nur auf einer Ecke (Eckfestigkeit) überhaupt nicht in Betracht kommen darf.

Die Zahlen, wie sie in der „Hütte“ usw. für k genannt werden, bei Verwendung von Holz auf Eisen, werden in der Praxis des Turbinenbaues nicht verwendet. Sie sind für die meisten Fälle viel zu niedrig, ihre Anwendung würde zu große und teure Räder ergeben, deren sperrige Abmessungen auch Schwierigkeiten in bezug auf die Lagerung der Wellen hervorrufen, die doch aus obgenannten und anderen Rücksichten möglichst gedrungen durchgeführt werden sollte.

Wir kommen auf diese Weise zur Anwendung von Werten für k_m in den Grenzen 8 bis 10 bis 12 für die Übertragung der vollen Turbinenleistung.

Der höchste Wert von k_m würde eine verhältnismäßig raschere Abnützung der Holzzähne herbeiführen, wenn er das ganze Jahr über vorhanden wäre. Bei den meisten Anlagen aber ist die volle Kraft naturgemäß nur einen Teil des Jahres zur Verfügung, während sich in der übrigen Zeit die kleineren Werte von k_m von selbst einstellen.

Für die Arbeitsräder ist die Größe der Abnützung der Zähne von besonderer Wichtigkeit, und wir haben uns mit diesen Verhältnissen ebenfalls kurz zu befassen.

Ganz allgemein ist die lineare Abnützung zwischen Reibflächen, wie bei den Turbinenzapfen schon erörtert, proportional dem Einheitsdruck p und der Gleitgeschwindigkeit. Da es sich bei den Zahnflanken nur um Linienberührung handelt (daß in Wirklichkeit Druckflächen da sein werden, lassen wir außer acht), so versteht sich der Einheitsdruck p hier als Druckkraft pro Längeneinheit der Berührungslinie. Die Gleitgeschwindigkeit der Zahnflanken wächst proportional dem Teilkreisdurchmesser d. Wir können aber hier nicht die frühere Beziehung, Gl. 635, S. 440, anwenden, denn die lineare Abnützung der Holzzahnflanken ist nicht über die ganze Zahnbreite gleich groß, sondern sie muß, weil sie sich stets der unveränderlichen Eisenzahnflanke anzupassen hat, von innen gegen außen, also proportional d zunehmen.

Mithin haben wir für die Zähne der Kegelräder zu schreiben

$$p \cdot d = \text{Konst.}\, d$$

oder

$$p = \text{Konst.} \quad \ldots\ldots\ldots\ldots \quad 672$$

d. h., der Druck p pro Längeneinheit der Berührungslinie ist konstant, der Zahndruck P verteilt sich, ebenso wie bei Stirnrädern, gleichmäßig über die Zahnbreite b, wir sind also berechtigt, aus Gl. 667 abzuleiten

$$\frac{P}{b} = p = \text{Konst.} = k_m \cdot t_m = k \cdot t \quad \ldots\ldots\ldots \quad 673$$

und ersehen daraus, daß die Größe von k über die Breitenerstreckung der Zähne notwendig wechseln muß, und zwar im umgekehrten Verhältnis zum Durchmesser.

Die Größe k war von Kankelwitz als Abnützungskoeffizient gedacht. Da aber $p = \frac{P}{b}$ überall konstant ist, da der Zentimeter Zahnbreite gegen innen ebenso belastet ist als gegen außen, so ist es rätlich, bei konischen Holzkammrädern auch die Biegungsfestigkeit der inneren Partien einer besonderen Kontrollrechnung zu unterziehen.

Bei sehr breiten konischen Rädern kann der Fall eintreten, daß die inneren Partien mit der kleineren Teilung und Kammenstärke dem auf sie entfallenden Druck nicht mehr gewachsen sein können derart, daß die Holzkämme sich darunter mehr ausbiegen, also auch gegenüber den äußeren Partien in der Abnützung zurückbleiben und so schließlich zu unruhigem Lauf Veranlassung geben. Dies ist um so weniger außer acht zu lassen, als selbst bei steifen, tragfähigen Kammen zwar die Abnützung proportional den Teilkreisradien gegen innen abnimmt, der Einfluß dieser Abnützung auf die Festigkeit der Zahnwurzel aber gegen innen wächst.

Für die Berechnung dieser Verhältnisse sind wir berechtigt anzunehmen, daß die Räder von Hause aus derart ausgeführt sind, daß mindestens zwei Zähne anliegen und gleichzeitig die Kraft übertragen. Wir nehmen dann aber an, daß die Hälfte des arbeitenden Druckes P an der Spitze des einen Zahnes, gleichmäßig verteilt über die Breite b, als $\frac{p}{2} = \frac{1}{b} \cdot \frac{P}{2}$ angreift; auf diese Weise ziehen wir den ungünstigsten Fall der Biegungsbeanspruchung des betreffenden Zahnes in Rechnung.

Ist der Zahn, wie meist üblich, 0,7 der Teilung hoch, bei 0,55 der Teilung als Stärke an der Zahnwurzel, so haben wir für den innersten Teil der Zahnflanke, Teilung t_i, Breite, db, zu schreiben

$$dM_b = \frac{p}{2} db \cdot 0{,}7\, t_i = k_b \frac{db\,(0{,}55\, t_i)^2}{6}$$

woraus fast genau $$p = \frac{k_b}{7} t_i = \frac{P}{b} \quad \text{. . . . . 674}$$

was auch geschrieben werden kann

$$P = \frac{k_b}{7} b \cdot t_i \quad \text{. . . . . 675}$$

Bei $k_b = 100$ kg/qcm (etwa sechsfache Sicherheit für Weißbuche) geht dies über in

$$P = 14{,}3 \cdot b \cdot t_i \quad \text{. . . . . 675a}$$

d. h., für sechsfache Sicherheit, $\frac{P}{2}$ gleichmäßig verteilt an der Zahnspitze angreifend, sollte k in $P = k \cdot b \cdot t$ an der Innenseite des Rades den Betrag von rund 14 nicht überschreiten, besser aber darunter bleiben, und es ist im Einzelfalle zu prüfen, wie sich die Verhältnisse innen gestalten. Da $\frac{P}{b} = p$ konstant ist, so ist ja k_i bei bekannten Durchmesserverhältnissen ohne weiteres als $k_m \frac{D_m}{D_i}$ leicht zu rechnen. In den meisten Fällen wird sich k_i der gefährlichen Grenze nicht sehr nähern.

Die fortschreitende Abnützung der Holzzähne vermindert die Zahnstärke dicht an der Wurzel stetig. Es muß also an den innersten Partien der Holzzähne in der Zahnstärke so viel Materialreserve vorhanden sein, daß die Abnützung der Zähne am Innendurchmesser nicht zu rasch deren Lebensdauer in Frage stellt.

Ein anderer Umstand kommt für den Betrieb auch noch in Betracht, nämlich die Möglichkeit des Heißlaufens der Zähne. Die zur Überwindung der Zahnreibung verbrauchte Arbeit wird sich zum größten Teil in Wärme umsetzen, eine gewisse Erwärmung der Zahnflanken ist also immer vorhanden und erklärlich. Diese Erwärmung kann auch erst dann bedenklich sein, wenn dadurch ein starkes Austrocknen der Kammen, ein rascher Verbrauch der Kammenschmiere usw. hervorgerufen wird, oder wenn sich die Erwärmung durch den Kranz des Triebes in die Arme und Nabe zur Transmissionswelle und in die benachbarten Lager fortpflanzt und dort zu Unannehmlichkeiten führt. Auch dann ist das Warmwerden nicht allenfalls ein Beweis für außergewöhnliche Reibungsverluste in dem Zahngetriebe, sondern dieses ist nur nicht derart beschaffen, daß die entstehende Wärme rasch fortgeleitet werden kann.

Die von Stribeck aufgestellte Beziehung[1])

$$\frac{P \cdot n}{b \cdot i} \leqq w \quad \text{. . . . . 676}$$

gibt nach dieser Richtung hin Aufschluß. P ist der Zahndruck, n die Umdrehungszahl des kleineren Rades, dessen Zähne ja öfter gerieben, sich also mehr erwärmen werden als die des großen, b die Zahnbreite, i die durchschnittliche

[1]) Z. Ver. deutsch. Ing. 1894 S. 1182 u. f.

Anzahl der im Eingriff stehenden, also arbeitenden Zähne[1]), w eine Konstante, die hier die gleiche Rolle spielt, wie die Warmlaufkoeffizienten w in den Gl. 645, S. 444, usw. für die Spurzapfen, die aber natürlich hier andere Werte aufweist.

Wir verwenden für die Berechnung der Durchschnittszahl i der arbeitenden Zähne die Stribeck'sche Beziehung

$$i = \beta \sqrt{\frac{z}{1+\frac{z}{Z}}} = 0{,}45 \sqrt{\frac{z}{1+\frac{z}{Z}}} \quad \ldots\ldots\ldots \quad 677$$

worin z und Z die Zähnezahlen des kleinen und großen Rades bedeuten, und nehmen für β, da es sich fast immer um Übersetzungen, um $\frac{Z}{z} = 3:1$ herum handelt, den Mittelwert 0,45 an. Der Bruch $\frac{z}{Z}$ entspricht dem umgekehrten Übersetzungsverhältnis, derselbe ist also im Einzelfalle unabhängig von den absoluten Größen von Z und z.

Beispiel: $Z = 120;\quad z = 40;\quad \frac{z}{Z} = \frac{1}{3}$

$$i = 0{,}45 \sqrt{\frac{40}{1+\frac{1}{3}}} = 2{,}46.$$

Nach den Erfahrungen des Verfassers darf w Beträge bis gegen 4000, auch ausnahmsweise einmal 5000 erreichen, ehe ungute Zustände durch Warmlaufen eintreten.

Zeigt die Rechnung beim Entwerfen, daß ein in Aussicht genommenes Räderpaar den Grenzwerten von w naherückt oder sie überschreiten würde, so ist an den linksseitigen Faktoren der Gl. 676 zu ändern.

Diese Gleichung gestattet nun keinen vollen Überblick darüber, wo mit Nutzen geändert werden könnte, und sie soll deshalb, auch im Interesse rascherer Orientierung, etwas umgeformt werden.

Fast allemal ist die Umdrehungszahl n des eisernen Triebes (Transmission usw.) gegeben, dazu selbstverständlich die zu übertragende Leistung N in PS. Der im mittleren Durchmesser angreifend gedachte Zahndruck P hat deshalb mit $d_m \pi = z \cdot t_m$, Maße Zentimeter, die Größe

$$P = \frac{N \cdot 75 \cdot 60 \cdot 100}{d_m \pi \cdot n} = \frac{450000\,N}{z \cdot t_m \cdot n}.$$

Setzen wir dies in Gl. 676 ein, zugleich auch i nach Gl. 677, so ergibt sich als wünschenswert

$$\frac{P \cdot n}{b \cdot i} = \frac{450000\,N}{z \cdot t_m \cdot n} \cdot \frac{n}{b \cdot 0{,}45 \sqrt{\frac{z}{1+\frac{z}{Z}}}} \overline{\overline{<}}\, w$$

oder

$$\frac{1000000 \cdot N \sqrt{1+\frac{z}{Z}}}{b \cdot t_m \cdot z\sqrt{z}} = \frac{1000000 \cdot N \sqrt{1+\frac{z}{Z}}}{b \cdot d_m \cdot \pi \sqrt{z}} \overline{\overline{<}}\, w \quad \ldots\ldots \quad 678$$

[1]) Hierfür wird meist die Bezeichnung „Eingriffsdauer" angewendet, die widersinnig ist. Das Wort „Dauer" schließt den Begriff „Zeit" in sich, hier ist aber gar keine Zeitdauer in Frage, sondern es handelt sich um den Quotienten, $\frac{\text{Länge des Eingriffsbogens}}{\text{Zahnteilung}}$ = durchschnittliche Zahl der arbeitenden Zähne.

Wir sehen hieraus, daß die Umdrehungszahl n an sich gar nichts mit dem Warmgehen zu tun hat, indirekt äußert sie sich natürlich in den Maßen von b, t_m wegen P usw., daß ferner w proportional den zu übertragenden PS erscheint, daß das umgekehrte Übersetzungsverhältnis $\frac{z}{Z}$ wenig Einfluß auf w besitzt, daß aber für eine etwa notwendige Verbesserung der Verhältnisse die Vergrößerung von z (d_m) in erster Linie, die von b an zweiter Stelle ins Auge zu fassen ist.

Der Einfluß von $z\sqrt{z}$ läßt sich ganz einfach deuten. Mit wachsender Zähnezahl bei unverändertem t_m und $\frac{z}{Z}$ sowie zunehmendem d_m kommt der einzelne Zahn weniger oft zum Arbeiten, also zum Erwärmtwerden, P nimmt dabei zwar ab, aber im gleichen Verhältnis wachsen die Wege der Zahnreibungswiderstände; die Anzahl i, Gl. 677, der im Eingriff stehenden Zähne wächst mit $\sqrt{z}$, der wärmeerzeugende Druck verteilt sich deshalb im Verhältnis der $\sqrt{z}$ auf mehr Zähne, also wird die Erwärmung des einzelnen Zahnes dadurch entsprechend verringert.

Durch die Vergrößerung von z mit Beibehalten von t_m oder von b verschieben sich natürlich die Verhältnisse der Gl. 673, denn die Vermehrung von z vergrößert d_m, verkleinert also P. Diese Gleichung kann mit Einsetzen des vorher entwickelten Betrages von P auch geschrieben werden als

$$\frac{450000}{b \cdot z} \cdot \frac{N}{n} = k_m \cdot t_m^2 \quad \ldots \ldots \ldots \ldots \quad 679$$

Die der Warmlaufgefahr vorbeugende Vermehrung von z oder b ermäßigt also bei gleichbleibendem t_m die Größe k_m im gleichen Verhältnis, was für die Ausführung im Bedarfsfalle ohne weiteres zugelassen werden kann.

Der Einfluß von z auf w ist am durchgreifendsten, eine Erhöhung von beispielsweise $z = 40$ auf $z = 50$ bewirkt wegen $z\sqrt{z}$ die Herabminderung von w im Verhältnis von $\frac{40}{50}\sqrt{\frac{40}{50}} = \sim 0{,}7$.

Kann der Durchmesser d_m nicht vergrößert werden, so ist an erster Stelle b zu ändern; die Vergrößerung von z hat hier geringere Wirkung.

Die Vergrößerung von t_m würde, mathematisch genommen, auch dienlich sein, aber der ruhige Gang der Räder wird mit wachsendem t_m und etwa unverändertem z mehr in Frage gestellt.

Trotz gleicher Größe von $p = \frac{P}{b}$ ist die Wärmeentwicklung entlang der Zahnflanke nicht gleichmäßig, weil die Reibungswege gegen außen proportional d wachsen. Die Kegelräder zeigen also die zuerst anscheinend widersprechenden Verhältnisse, daß die Zahnlast pro Breiteneinheit gleich ist, daß innen Bruchgefahr besteht, und daß gegen außen die Zähne eher warmlaufen werden als innen. Beim Feststellen von w sollte also eigentlich die Breite b nicht als überall gleichwertig angesetzt werden.

2. Obergriff, Untergriff und die Zapfenanordnung.

Keine Kraftmaschine ist so wie die Turbine bezüglich ihrer Aufstellungsweise von der Örtlichkeit abhängig. Die Lage und Richtung der liegenden Hauptwelle zum Oberwasser ist fast bei jeder anderen Anlage wieder anders beschaffen.

Unsere Ansprüche an die Lagerung der Kegelrad-Getriebe sind:

Die Wirkungen der Zahndrücke sind, wenn irgend tunlich, als Innenkräfte der Lagerung abzufangen, also nicht nur die Gegenkräfte der arbeitenden Zahndrücke selbst in den Hauptlagern, sondern auch diejenigen der nicht arbeitenden wagrechten und senkrechten Zahndruckkomponenten, soweit sie für die im Winkel zu einander stehenden Wellen Achsialschübe veranlassen, denn sonst ist der richtige Zahneingriff gefährdet (siehe S. 489).

Die Lager werden deshalb stets auf einem gemeinschaftlichen in sich geschlossenen Gußstück, dieses ganz oder verschraubt, zu befestigen sein, das in möglichst gedrungener Form gehalten werden sollte.

Die Lagerung ist weiter derart anzuordnen, daß sich nach aller Möglichkeit kleine Biegungsbeanspruchungen für die Wellen ergeben, wozu auch durch geeignete Form der Radarme beizutragen ist. Das große Holzkammrad gestattet immer die Anwendung der bekannten glockenförmigen Arme derart, daß das Halslager mit seiner Mitte, in die Mitte der Zahnbreite, also in den Durchmesser D_m hineinrückt, Fig. 333, 336 usw., wodurch der arbeitende Zahndruck kein Biegungsmoment auf die senkrechte Turbinenwelle auszuüben vermag, weil dessen Momentarm Null ist. Wenn dies beim eisernen Triebe meist unmöglich ist, so haben wir doch alle Veranlassung, bei diesem wenigstens darauf zu sehen, daß das zugehörige Lager dem mittleren Durchmesser d_m tunlichst naherückt, Fig. 336 usw.

Die ganze Lagerung soll viel Masse umfassen, also die umgebenden Grundmauern usw. mit ergreifen, damit die Erzitterungen des Räderbetriebes nach aller Möglichkeit gedämpft werden. Wenn angängig, möchten die Lager in Richtung des resultierenden Lagerdruckes nachstellbar sein oder wenigstens nachgerückt werden können. Die gute Zugänglichkeit der Lager auch während des Betriebes (Tag- und Nachtbetrieb oft ununterbrochen Wochen und Monate hindurch) muß durch passende Anordnung und geeignete Schutzmaßregeln gewahrt sein. Vielfach ist das Schutzverdeck für die Räder auch dazu da, die von den Zahnspitzen abfliegenden Teilchen der Kammenschmiere aufzufangen.

Es kann nicht der Zweck dieses Abschnittes sein, hier alle Möglichkeiten der Anordnung zu erschöpfen, doch können die charakteristischen Einzelheiten kurz angeführt und besprochen werden.

Wie vorher schon gesagt, haben wir Obergriff oder Untergriff des Holzkammrades gegenüber dem eisernen Triebe zu unterscheiden.

Wir finden eine Turbine für sich allein auf die liegende Hauptwelle treibend, Einzelbetrieb; es kommt aber auch vielfältig vor, daß zwei oder mehr Turbinen in Zahneingriff auf die gleiche Welle ihre Kraft abgeben, Doppel- oder Mehrfachbetrieb.

Die liegende Hauptwelle führt in den meisten Fällen senkrecht zum Wasserzulauf in das Fabrikgebäude, Fig. 334; seltener findet sie sich in Richtung des Wasserzulaufes, Fig. 335.

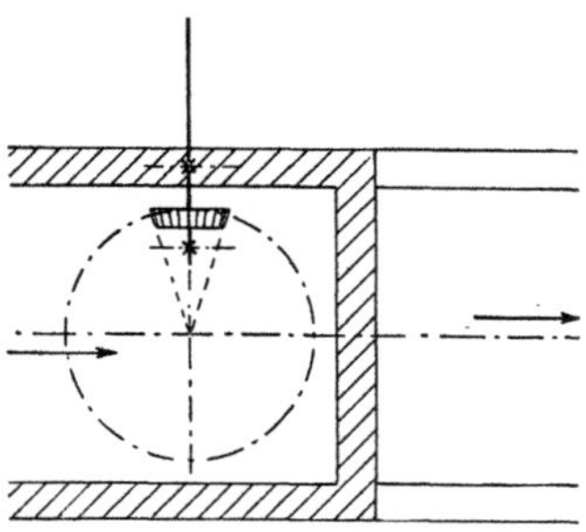

Fig. 334.

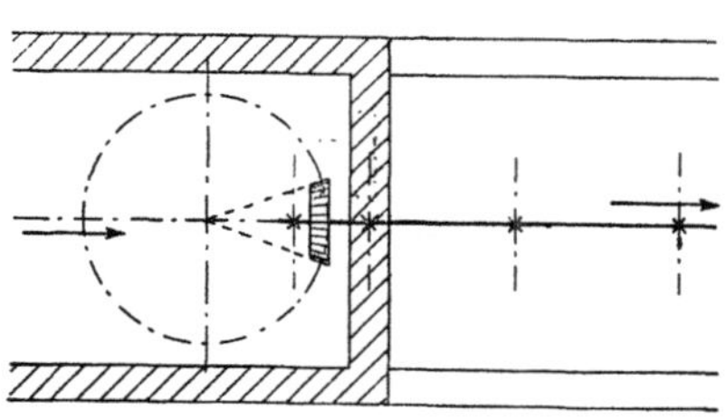

Fig. 335.

Was aber weiter noch von wesentlichstem Einfluß auf die Ausgestaltung der Lagerung ist, das ist die Beschaffenheit der Umgebung derselben. Die Lagerung

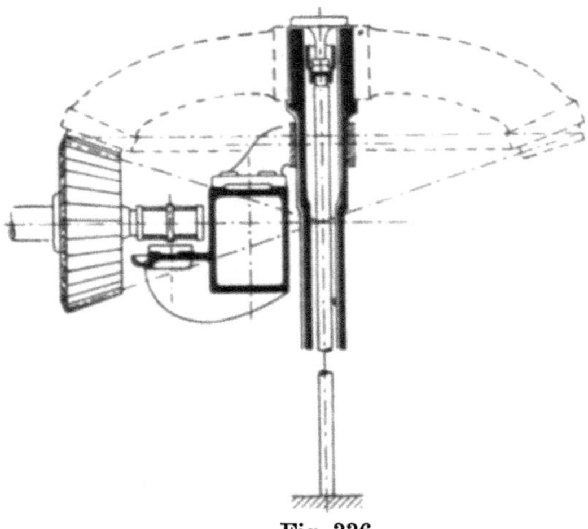

Fig. 336.

fällt ganz anders aus, ob ein fester Boden aus massivem Material (Walzträger ausbetoniert oder Gewölbe) die Lagerung aufnehmen soll, oder ob die liegende Hauptwelle auf besonderem freiliegendem Gebälk ihre Unterstützung findet. — Solange es sich um Einzelbetrieb handelt, ist die Entscheidung, welche der beiden Anordnungen, Obergriff oder Untergriff, im Einzelfalle zu verwenden ist, in ziemlich weitem Maße in das Belieben des Konstrukteurs gestellt. Jede Anordnung weist bestimmte Vorzüge und Nachteile auf, die sich am besten an der Hand von einigen schematischen Abbildungen darlegen

Fig. 337.

lassen, wobei es sich um die Kombination der Räder, Lager und Zapfenart handelt.

Der Obergriff bietet Anordnungen nach Fig. 336, 337, 338, dazu Taf. 7 und 8; der Untergriff solche gemäß den Fig. 339, 340 und 341. Aus diesen Abbildungen ergeben sich nun folgende Bemerkungen.

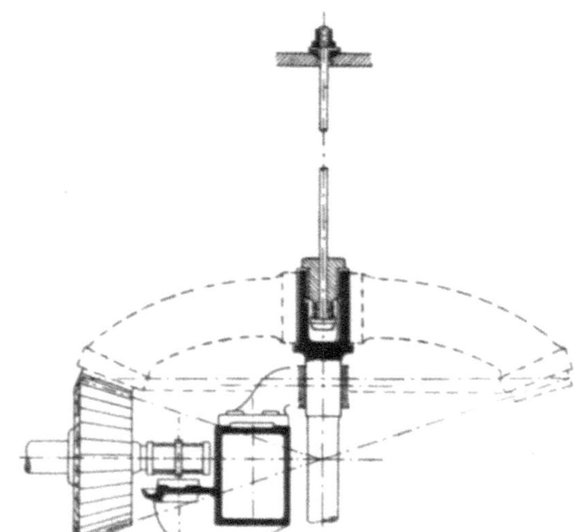

Fig. 338.

Ober- und Untergriff gestatten die heute fast nicht mehr angewandte Hohlwelle mit Tragstange, Fig. 336 u. 339, oder massive Welle nach Fig. 337, 338, 340, 341. Bei massiver Welle ergibt sich für Obergriff nach Fig. 337 (Ausführung der Maschinenfabrik Augsburg) ein ziemlich großer mittlerer Ringzapfendurchmesser, der sich durch einen Hängezapfen nach Fig. 338 (Kankelwitz) vermeiden ließe, aber dafür eine feste Unterstützung des Hängezapfens von der Turbinenhausdecke her verlangt.

In Fig. 337 ist der zweiteilige Ringzapfenträger unmittelbar unterhalb des Halslagers ersichtlich.

Beim Untergriff kommt ein großer Ringzapfen für die massive kurze Welle nicht in Betracht, da diese beim gewöhnlichen Ring-Endzapfen schon drehmoment- und biegungsfrei ist, Fig. 340, also schwach gehalten werden kann, der Hängezapfen nach Fig. 341 aber findet seine Unterstützung auf dem Halslager selbst, mittelbar also auf der Lagertraverse.

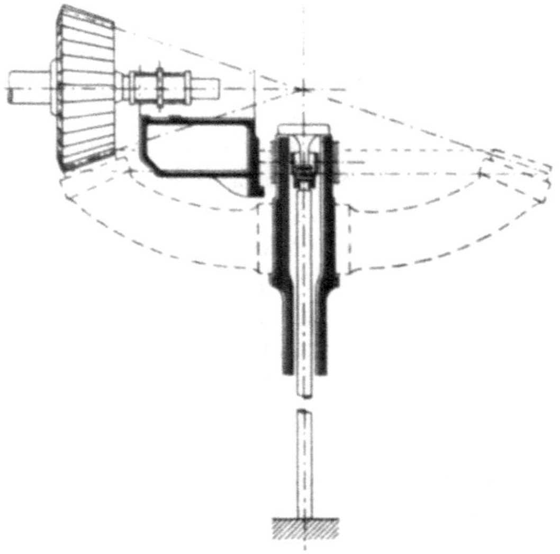
Fig. 339.

Ein sehr wichtiger Punkt ist hier zu erwähnen, das ist die gegenseitige achsiale Stützung zwischen der stehenden Turbinenwelle und der liegenden Hauptwelle.

Die Hohlwelle mit Tragstange ruhte durch die Tragstange, Fig. 336, 339, im Tragkreuz des Saugrohres und war dadurch frei von Erzitterungen, fast unveränderlich gestützt, das Holzkammrad also der Höhe nach an sich sehr gut geführt. Der eiserne Trieb dagegen wird in den Anordnnngen nach Fig. 336 und 339 an erster Stelle durch das Lager gestützt, das auf dem gemeinschaftlichen Lagerbalken, Fig. 336, oder Lagerrahmen, Fig. 339, befestigt ist. Senkrechte Erzitterungen des Lagergebälkes lassen den Trieb sich mit in senkrechter Richtung auf und abbewegen, während das Holzkammrad unbeweglich bleibt.

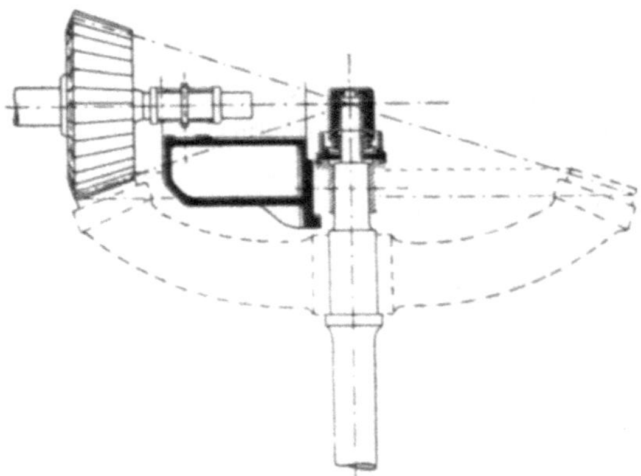
Fig. 340.

Es ist also bei der Anwendung der hohlen Welle mit Tragstange möglich, daß die Zähne des Triebes in senkrechter Richtung kleine zitternde Relativbewegungen im Eingriff ausführen, was zu vorzeitiger Abnützung und zu rumpelndem Gang führen kann. Ganz das gleiche kann bei der massiven Welle nach Fig. 338 eintreten, aber ebenso auch dann, wenn der Ringzapfen der massiven Welle nicht auf dem gemeinschaftlichen Lagerrahmen säße.

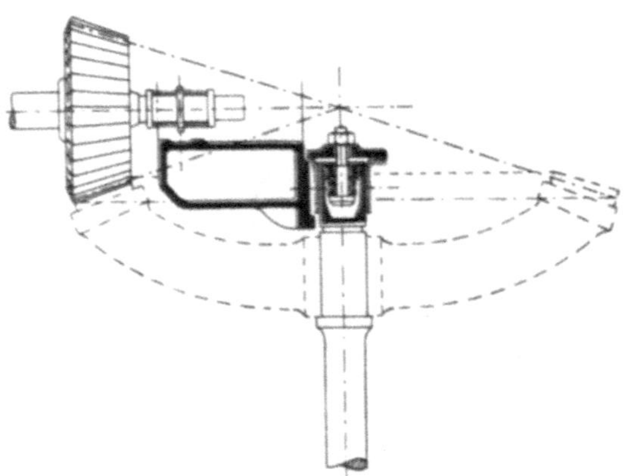
Fig. 341.

Die massive Welle mit Ring- oder Hängezapfen, auf dem gemeinschaftlichen Lagerrahmen abgestützt, Fig. 341, vermeidet diese Relativbewegungen in der Eingriffstiefe.

Wenn hier Erzitterungen der Tragkonstruktion vorkommen, so bewegen sich die beiden Zahnkreise gleichzeitig, der Gang der Räder ist dadurch weit besser gesichert, und dies entspricht dann auch der eingangs aufgestellten Forderung.

Wir ziehen hieraus die Folgerung, daß es, wie vorher erwähnt, am besten ist, wenn nicht allein die Lagerdrücke, sondern auch die beiden Achsialschübe am gleichen Gußstück abgefangen werden, Fig. 337, 340, 341, und daß wir, wenn die Örtlichkeit oder sonstige Rücksichten eine andere Anordnung, Fig. 336 usw., verlangen, die Aufgabe haben, allfallsigen Vertikalschwingungen des Lagergebälks nach besten Kräften entgegenzuarbeiten.

Schließlich wäre noch anzuführen, daß die Turbinenwelle bei Obergriff ziemlich länger ausfällt als bei Untergriff.

Wenn der Obergriff in weitem Maße zur Anwendung kommt, so liegt dies an den mancherlei sonstigen Vorzügen des Obergriffes.

Die Turbine samt Welle kann, ohne daß ein Keil oder eine Schraube gelöst werden muß, hochgehoben werden, falls dies zur Untersuchung des Laufrades, Ausräumen von Grundeis und dergleichen erwünscht sein sollte. Der erwünschten einteiligen Ausführung des Holzkammrades steht nichts im Wege, das Aufbringen desselben auf die montierte Welle ist leicht und einfach. (Einteilige Räder mit glockenförmigen Armen sind bis $3^1/_2$ m Durchmesser ohne Anstand ausgeführt.) Der Achsialschub der Zähne belastet nicht den Spurzapfen.

Demgegenüber verlangt der Untergriff ein zweiteiliges Holzkammrad, bringt eine entsprechende, von der Zahnform abhängige Mehrbelastung des Spurzapfens und die Unmöglichkeit, die Turbine rasch heben zu können. Das Nachsehen der Turbine läßt sich dann häufig dadurch ermöglichen, daß der Leitapparat gehoben wird. Der Ingenieur hat im Einzelfalle diese Möglichkeiten gegenseitig gewissenhaft abzuwägen und seine Anordnung mit der Örtlichkeit und den Betriebserfordernissen in Einklang zu bringen.

Sowie es sich um Doppel- oder Mehrfachbetrieb handelt, kommen noch andere Umstände zur Geltung. Wir benützen zu deren Besprechung die Fig. 342, 343, 344, 345, 346.

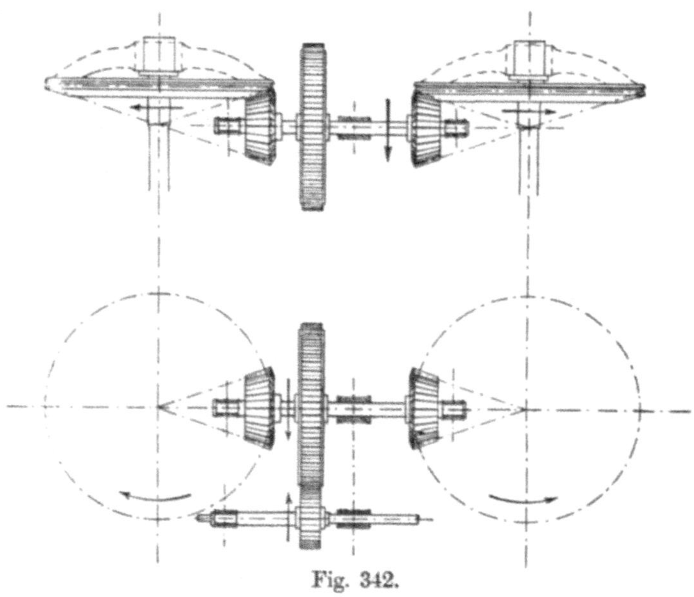

Fig. 342.

Sollen beide Turbinen Obergriff bekommen, so sind Anordnungen nach Fig. 342, 343 oder 344 möglich.

Die Anordnung nach Fig. 342 ist die älteste, sie war auch hauptsächlich darin begründet, daß die Umdrehungszahl der Turbinen bei gleicher Leistung und Gefälle in früherer Zeit kleiner war als jetzt, und daß man sich scheute, größere Übersetzungen in die Kegelräder zu legen. Auf diese Weise waren zwei Räderübersetzungen nötig, also doppelte Arbeitsverluste und größere Anlagekosten. Ein großer Übelstand dabei war auch noch die zwischen beiden Turbinen liegende Welle mit mindestens drei, oft vier Lagern, die, ungleich und wechselnd belastet, sich ungleich ausarbeiteten und von denen deshalb mindestens immer eines ein Heißläufer war, von Rädergerumpel nicht zu reden. Bei kleinem Wasserstand wurde einfach eine Turbine außer Eingriff gehoben.

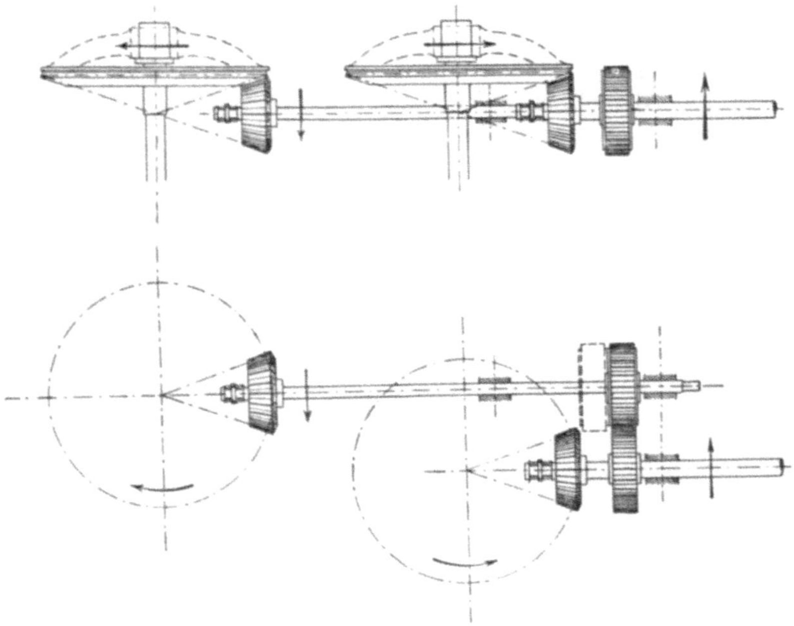

Fig. 343.

Schneller laufende Turbinen brachten die Anordnung nach Fig. 343, bei der wenigstens nur die Kraft einer Turbine durch Stirnräder geleitet werden mußte, und wo dann in der Zeit knappen Wassers diese Turbine durch Verschieben des einen Stirnrades ausgerückt und so die Zahnreibungsarbeit der Stirnräder gespart werden konnte.

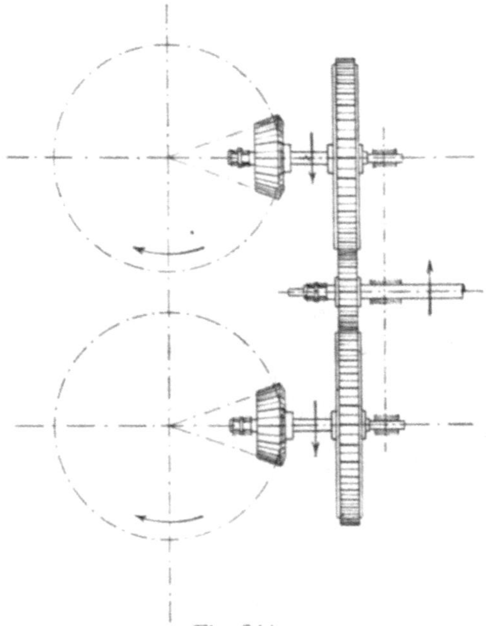

Fig. 344.

Niederes Gefälle im Verein mit großen Wassermengen hat hier und da die Anordnung nach Fig. 344 als entsprechend gezeigt, wenn trotz etwaiger scharfer Übersetzung in den Kegelrädern die erforderliche Umdrehungszahl der Transmission doch nicht erzielt werden konnte, wenn also eine zweite Räderübersetzung nötig war. Der Stirntrieb auf der Haupttransmission ist dabei in übler Lage. Wären beide Turbinen genau gleich stark, so würden seine Lager überhaupt keine rechnungsmäßige Belastung aus Zahndrücken erhalten, weil diese sich aufheben. Da die Zahndrücke aber doch nicht so ganz gleich sein werden (die eine Turbine ist auch zeitweise mehr geschlossen als die andere), so wechselt der Lagerdruck aus Zahnbetrieb beim Stirntriebe, bald wird der Zahndruck die Wirkung des Eigengewichtes von Trieb und Welle unterstützen, bald ihr entgegenwirken, sie vielleicht aufheben, kurz die Lagerung bei dem Stirntriebe hat die mannigfachst wechselnde Beanspruchung, ein Auslaufen nach allen Seiten hin ist die Folge, ebenso ein geräuschvoller Gang der Räder. Wo man nicht muß, sollte die Anordnung nach Fig. 344 besser unterlassen werden.

Die Verwendung des Untergriffes hilft über manche größere Schwierigkeit weg, wenn ja auch kleine Unannehmlichkeiten dafür eintreten können.

Rüsten wir eine der beiden Turbinen mit Untergriff aus, so entsteht nach Fig. 345 sofort die Möglichkeit, die gemeinschaftliche Hauptwelle über diese Turbine weg zu verlängern, dafür aber haben die beiden Turbinen entgegengesetzte Drehrichtung, denn wir werden die Räder so anordnen, daß der Achsialschub bei beiden Trieben nach derselben Richtung geht, einfach deshalb, weil nur auf diese Weise eine sichere Führung der Kegel-Triebe in achsialer Richtung möglich ist. Gehen die Achsialschübe gegeneinander, so wird die Hauptwelle je nach Umständen bald nach rechts, bald nach links geschoben und ein richtiges Einarbeiten der Holzzähne ist unmöglich; vgl. Fig. 342, in der dieser Fehler nicht vermieden ist.

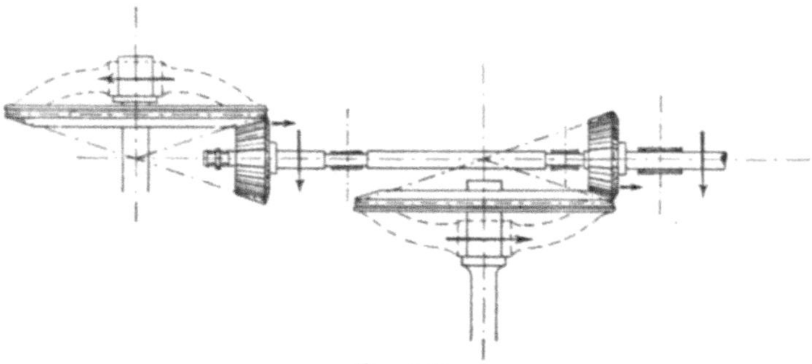

Fig. 345.

Die verschiedene Drehrichtung bedingt verschiedene Leit- und Laufräder, also besondere Reserveteile für jede Turbine, und der verschiedene Eingriff verlangt meist zweierlei Naben für die Räder, also auch zwei Reserveholzkammräder.

Diese Übelstände sind durch den Untergriff beider Turbinen beseitigt, Fig. 346, der schon lange in Ausführung gewesen, eine Zeitlang weniger benutzt wurde und jetzt wieder mehr in Aufnahme kommt, weil die heutigen engen Turbinenrechen das Hochheben der Turbinen für Reinigungszwecke fast ganz unnötig machen. Das Ausrücken der einzelnen Turbinen aus dem Transmissionseingriff geschieht hier am besten durch Absenken der betreffenden Turbine, hier können also keine Schleifränder nach Fig. 156, S. 229, usw. angewendet werden. Der Hängezapfen nach Fig. 330 und 331, S. 474, ist alsdann die gegebene Konstruktion, es muß aber sorgfältig darauf acht gegeben werden, daß der Zapfen bei darüberliegender Transmission ohne Abmontierung derselben bequem herausgenommen werden kann, vgl. Fig. 330, Maß 270 bis Vorgelege-Wellenmitte.

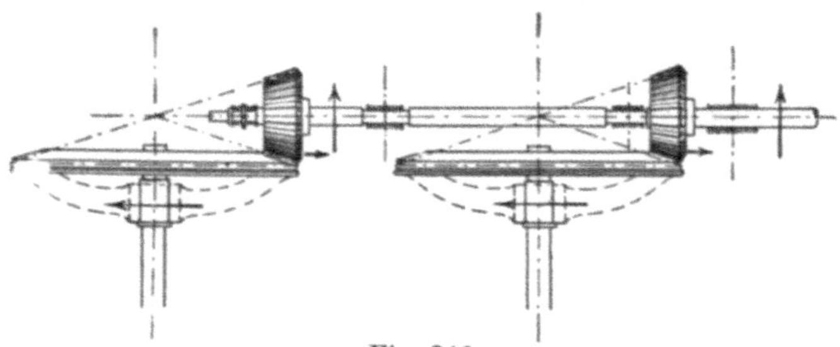

Fig. 346.

3. Offene Turbinenkammer, die Lagerung auf Balken.

Für die Anordnung des Einzeltriebes nach Fig. 334 (liegende Welle senkrecht zum Wasserzulauf) sind bei der heute nur noch in Ausnahmefällen angewandten, nach oben offenen Turbinenkammer zweierlei Lagerungskonstruktionen möglich, entweder nach Fig. 347 zwei Balken quer zum Wasserzulauf, die beiden Längsmauern fassend mit mittlerem Lagerrahmen, oder nach Fig. 348 ein Lagerbalken parallel zum Wasserlauf, das eine Ende auf der Stirnwand der Turbinenkammer aufruhend, das andere getragen von einem quer zu den Längsmauern liegenden, den Wasserzulauf überbrückenden, zweiten Balken. Mag die Anord-

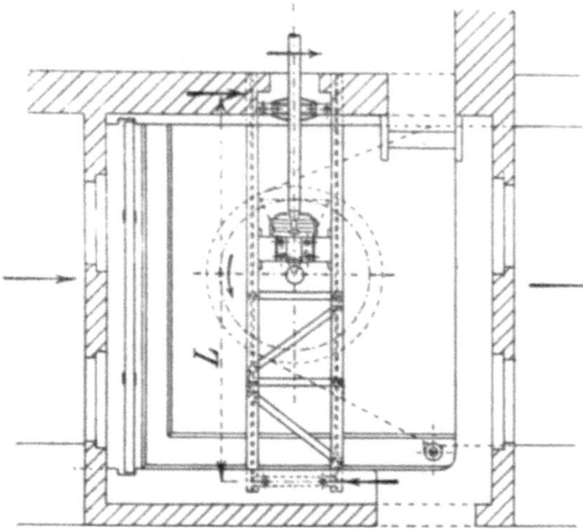

Fig. 347.

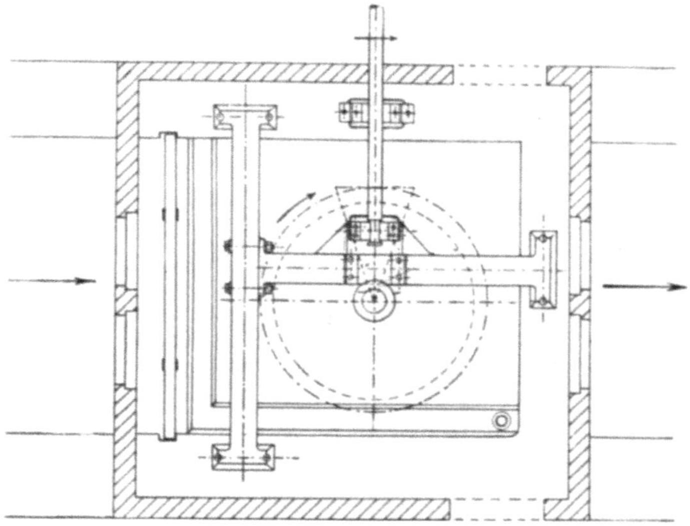

Fig. 348.

nung sein wie sie wolle, wir haben immer darauf zu sehen, daß sie gedrungen sei, besonders auch der Höhe nach derart, daß die Mitte der liegenden Welle etwa in Höhe der Lagerbalkenmitten zu liegen komme, also nach Fig. 349 und nicht nach Fig. 350. Die letztere stellt nicht etwa eine Übertreibung dar, sondern ist einem ernstgemeint gewesenen Projekt entnommen, das dem Verf. vor Jahren zufällig in die Hände kam.[1])

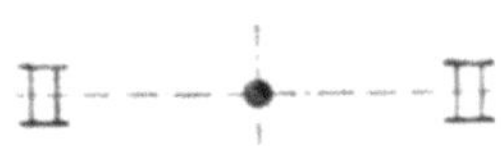

Fig. 349.

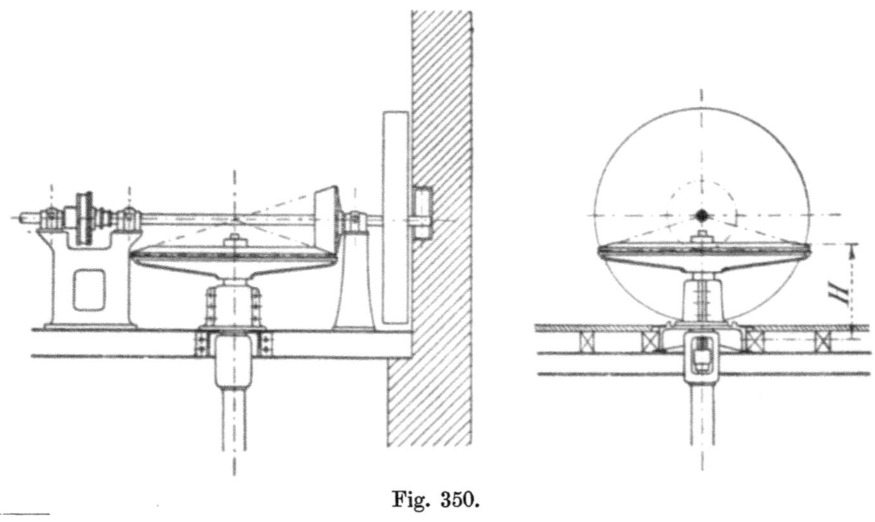

Fig. 350.

[1]) Die Wiedergabe dieser Anordnung kann als ein nach allen Richtungen abschreckendes Beispiel nur Gutes wirken. Es ist nicht nur zu befürchten, daß die Seitenschwingungen der stehenden Welle, wie sie durch Stöße im Zahnbetrieb usw. möglich sind, das Lagergebälk vermöge des großen Hebelarmes H viel leichter zu recht unangenehmen Erzitterungen veranlassen können, als dies bei der Anordnung nach Fig. 349 möglich ist, sondern die Turbinenwelle ist kräftig auf Biegung beansprucht, ebenso die liegende Hauptwelle. Die Achsialschübe der Zahnräder würden in Bälde eine Lockerung der ganz isoliert stehenden Lager herbeiführen.

Das Material der Lagerbalken ist bei der Anordnung zweier Balken nach Fig. 347 meist Walzeisen, bei derjenigen nach Fig. 348 fast ebenso ausnahmslos Gußeisen. Die letztere Disposition faßt das umgebende Mauerwerk ausgiebiger (3 Seitenmauern), ist deshalb steifer und massiger, während die erstere nur zwei Wände umgreift und in bezug auf seitliche Steifigkeit besondere Maßnahmen verlangt.

Die arbeitenden Zahndrücke und deren Lagerreaktionsdrücke liegen fast ausnahmslos in parallelen, wagrechten Ebenen. Das Vermeiden der möglichen Erschütterungen des Zahnbetriebes bildet ein Hauptaugenmerk für den konstruierenden Ingenieur, und dieser wird deshalb der Festigkeit der Lagerbalken gegen seitliches Ausbiegen mindestens die gleiche Aufmerksamkeit zu widmen haben, als den Belastungen durch Eigengewicht in der Senkrechten.

I. Lagerbalken aus Walzeisen.

Die vorgenannte Rücksicht führt auf die Anwendung von je zwei Doppelbalken, häufig auch für kleinere Kräfte von einfachen breitflanschigen Trägern der Differdinger Profile, Fig. 351, Ausführung Briegleb, Hansen & Co.

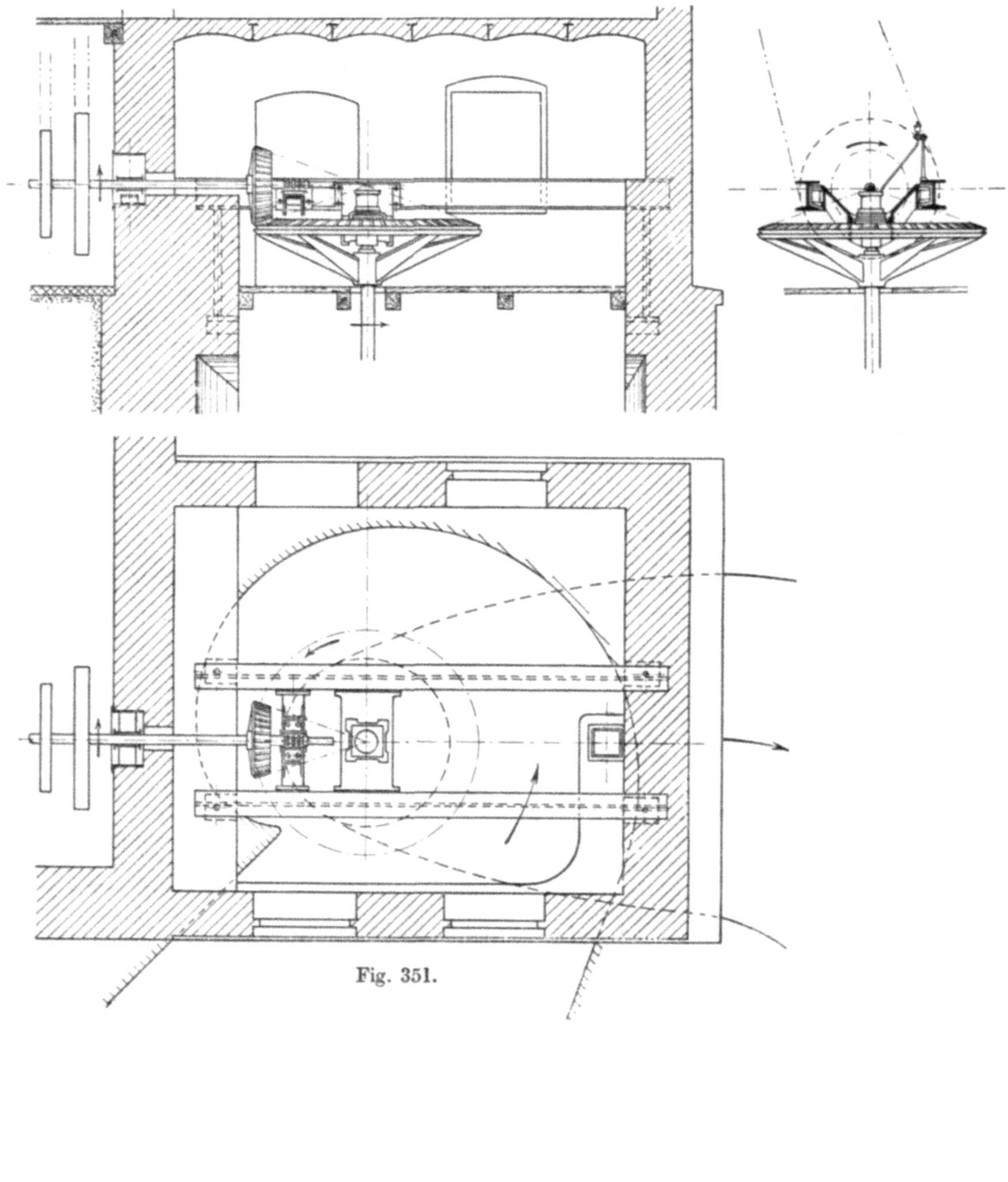

Fig. 351.

Bei Verwendung der Doppelbalken ist darauf zu sehen, daß diese so verbunden werden, daß sie gegen seitliche Ausbiegung nicht nur die Summe der Trägheitsmomente beider Querschnitte zur Verfügung stellen, sondern daß das weit größere Trägheitsmoment des Gesamtquerschnittes zur Wirkung kommt. Das kann geschehen durch feste Verbindung beider Balken, also z. B. durch Aufnieten von Blechstreifen oben und unten auf die Profilgurtungen, was aber manchmal das Aufpassen der Lagertraversen umständlicher macht. Fabriken, die nicht über Kesselschmiede verfügen, können durch Einpassen von Gußzwischenlagen in Kastenform von reichlicher Länge, anderthalbfache bis doppelte Profilhöhe, in Abständen von 2—3 m und durch gute, seitliche Verschraubung mit den Balken, Fig. 352, auch Taf. 40, das gleiche erzielen. Solche Zwischenlagen sind besonders an den Auflagestellen der Träger auf den Mauern sowohl als auch da zu empfehlen, wo die Lagerrahmen auf den Balken aufruhen.

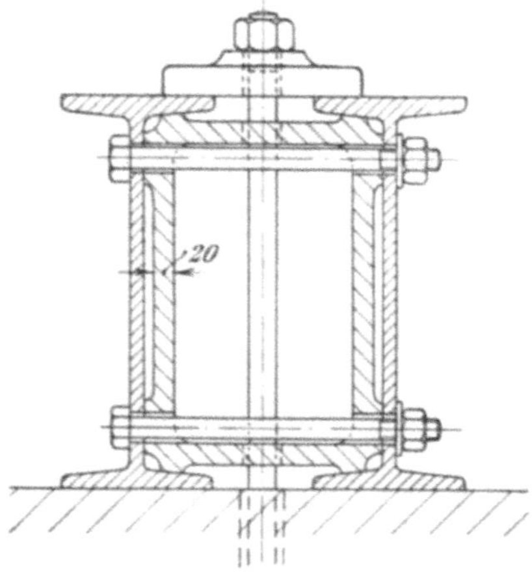

Fig. 352.

Die Horizontalkräfte, die ein solches Lagergebälk aufzunehmen hat, können bei Ausführung nach Art der Fig. 347 rechnerisch bestimmt werden, während die Vertikalkräfte ohnedem keine Schwierigkeit bieten. An dem durch die Balken und Lagerungen gebildeten Ganzen greift das von der Turbine an der stehenden Welle ausgeübte Drehmoment M an. Denken wir uns die liegende Welle auf dem Rahmen in ihren Lagern ruhend, aber sonst außer Zusammenhang mit dem Gebäude, so wird das Drehmoment M nur dann voll auf die liegende Welle übergehen, wenn der Lagerrahmen festgehalten ist; würde dieser freigegeben und dagegen die liegende Welle gegen Drehung um ihre Achse festgehalten, so würde er sich samt der liegenden Welle mit der senkrechten Turbinenachse herumdrehen. Aus diesem Grunde muß das Gebälk an seinen Auflagerstellen durch Horizontalkräfte gehalten werden, die nach der Bezeichnung der Fig. 347 sich einfach berechnen als $\frac{M}{L}$ und die von den Fundamenten zu leisten sind. Diese Kräfte beanspruchen die Lagerbalken auf seitliche Ausbiegung. Das Lagergebälk wird aber stets viel stärker auszuführen sein, als diese Rechnungen ergeben. Hier hat eine gewisse Empirie einzusetzen, deren Regeln eigentlich meist nur im Gefühl des Konstrukteurs begründet sind.

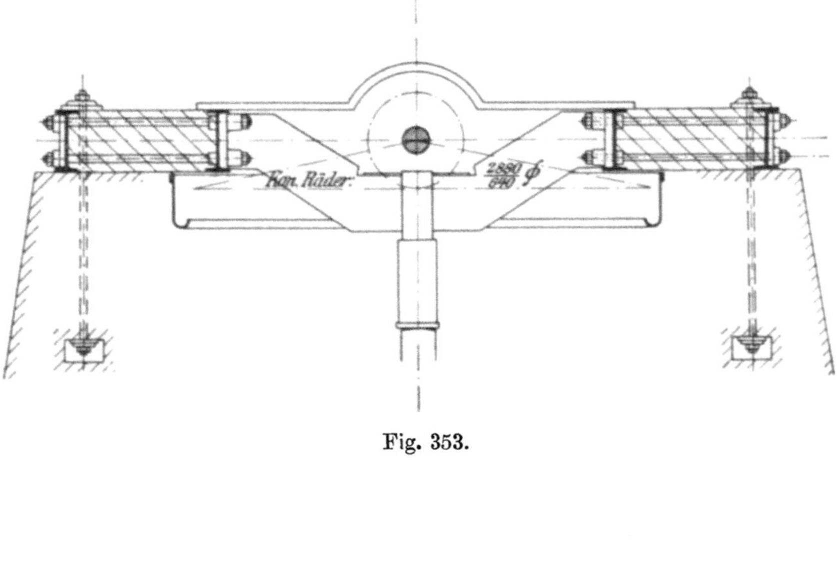

Fig. 353.

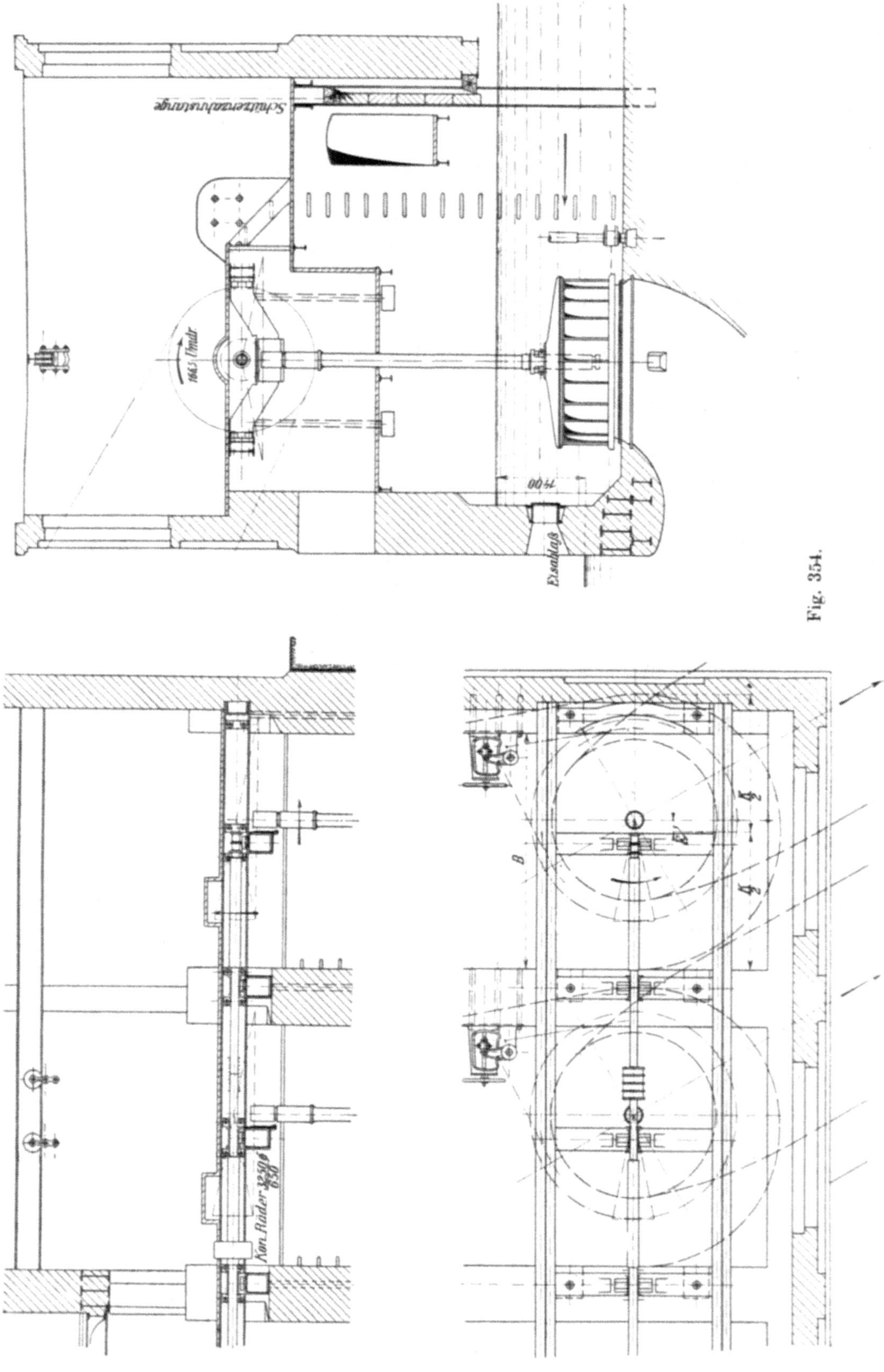

Fig. 354.

Um gegen die seitliche Durchbiegung der Walzträger besondere Sicherheit zu schaffen und zugleich schon im Lagerrahmen selbst billig zu beschaffende Massen unterzubringen, wendete Voith-Heidenheim eine Anordnung an, wie sie in Fig. 353 skizziert ist. Die Balkenpaare sind auf Entfernungen von 80 bis 100 cm und mehr auseinandergerückt und der Zwischenraum jedes Paares wird sorgfältig mit Stampfbeton ausgefüllt, wobei die Balken in Abständen von 1 bis $1^1/_2$ m durch kräftige Schrauben, paarweise, je oben und unten sitzend, verbunden sind. Der Beton, der sich mit der nicht angestrichenen Eisenoberfläche gut verbindet, ist eine sehr wirksame, massige Versteifung und bewirkt oft eine gute Dämpfung der Schwingungen.

Es wäre auf die Dauer nicht zulässig, die obgenannten wagrechten Widerlagerkräfte einfach durch die Reibung abzufangen, die durch die Verankerung zwischen Lagerbalken und Fundamentmauerwerk bewirkt wird.

Aus diesem Grunde werden die Lagerbalken zweckmäßig entweder ganz in Beton gelegt, Taf. 5 u. Fig. 355, 357, oder, wenn dies nicht tunlich wäre, erhalten sie wenigstens starke Rippen, die etwa 5 cm in den Fundamentbeton eingreifen und die sorgfältig mit Zement vergossen werden müssen.

Daß bei Mehrfachbetrieb die Walzträger in durchlaufenden Stücken über die Turbinen wegzuführen sind, ist so selbstverständlich, daß es kaum der Erwähnung bedarf. Außer den zwischen den Balken freihängenden gemeinschaftlichen Lagertraversen der stehenden und liegenden Wellen finden auf den Mauerpfeilern gleiche oder ähnliche Gußtraversen Verwendung, die gleichzeitig zur Versteifung und Befestigung der Walzträger und zum Aufsetzen der weiter erforderlichen Transmissionslager Fig. 354 (Voith, Anl. Gemmrigheim) dienen. Die achsiale Führung der Haupttransmission erfolgt selbstverständlich nur an einem der Lager, weil die Längsbalken den nötigen Zusammenhang ergeben.

Für die Ausbildung der gemeinschaftlichen Lagerplatte bei den Kegelrädern ist natürlich die Art der Spurzapfenanordnung entscheidend, im Verein mit der Verwendung von Ober- oder Untergriff usw. Unter allen Umständen aber müssen die Lager zwischen Knaggen gehalten sein, weil deren Befestigungsschrauben, der Gefahr des Lockerwerdens wegen (Zahnbetrieb) nicht genügende Sicherheit gegen die seitliche Verschiebung der Lager bilden.

II. Lagerbalken aus Gußeisen.

Die Ausführung in Gußeisen bringt für den Konstrukteur natürlich wesentliche Vereinfachungen und für die Festigkeit des ganzen Lagerrahmens auch bessere Verhältnisse, sie stellt sich aber meist teurer als die aus Walzeisen.

Ein Lagerrahmen aus einem Gußstück, wie ihn Fig. 355 und Taf. 34 (Ganz, Anl. Lilienfeld) zeigt, bietet in seiner ganzen Formgebung eine große Gewähr gegen seitliche Schwankungen und erfüllt besonders die Bedingung zuverlässiger gegenseitiger Befestigung der Lager aufs beste.

Es ist bei Einzelbetrieb selten, daß die Hauptwelle parallel zum Wasserlauf liegt, wie schon gesagt, dagegen ist bei Anordnung von mehreren Turbinen nebeneinander, von denen jede für sich einen angekuppelten Generator betreibt, diese Wellenlage fast die Regel. Hier bildet der Lagerbalken aus Gußeisen die einzig befriedigende Ausführung, sofern der gegen oben offene Schacht der Anordnung zugrunde gelegt werden soll.

Der Lagerbalken nach Taf. 6, auch Fig. 356 (Voith), Wandstärken je nach Umständen 30 bis 50 mm wird eine gute Lagerung bringen, sei nun Ober- oder Untergriff dabei in Anwendung. Hier reihen sich gedrungen aneinander: stehende Welle, Balkenquerschnitt, Lager der Vorgelegwelle, Trieb.

Für größere Kräfte, bei denen die Raddurchmesser beträchtlicher ausfallen, genügt dann ein Balkenquerschnitt nicht, um das Halslager der stehenden Welle kurz zu fassen und mit kurzer Konsole das Kammlager der liegenden Welle zu tragen; dieser eine Balken würde auch im ganzen keine hinreichende Steifigkeit gegen die verschiedenen Biegungsmomente, auch gegen das Drehmoment besitzen,

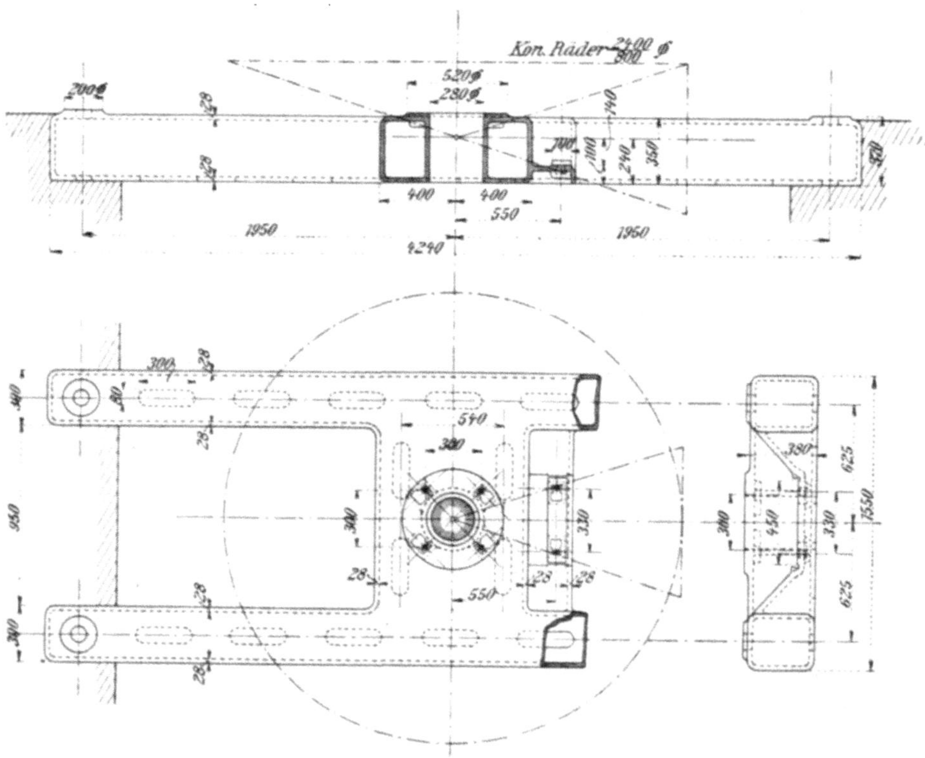

Fig. 355.

das aus der Wirkung der kleinen Seitenkomponenten der arbeitenden Zahndrücke entsteht, und so greift man für solche Fälle beim oben offenen Schacht zu Doppellagerbalken nach Fig. 357 (Voith, Anl. Marbach), die dem Lagerrahmen der Fig. 355 ähnlich sind. Die eine Rahmenseite unterstützt das Kammlager der liegenden Welle und verläuft geradlinig, die andere Rahmenseite aber zieht sich unter den glockenförmigen Armen des Holzkammrades hoch und gestattet auf diese Weise die Anwendung eines niedergebauten Halslagers für die Turbinenwelle. Gegen die Mittelebene beider Wellen hin sind dann die Rahmenseiten durch starke Stege verbunden, die dem Ganzen Steifigkeit verleihen, die aber besonders den Horizontalschub, den die liegende Welle durch den Zahnbetrieb erfährt, auf dem kürzesten Wege mit der gleichgroßen seitlichen Gegenkraft des Halslagers ausgleichen.

Sehr große Gußlagerbalken können häufig nicht mehr aus einem Stück angefertigt werden, sie sind dann geeignet zusammenzusetzen. Die Wandstärken großer Balken gehen schließlich bei Querschnitten von 50 : 80 cm und mehr auf 60 und 80 mm.

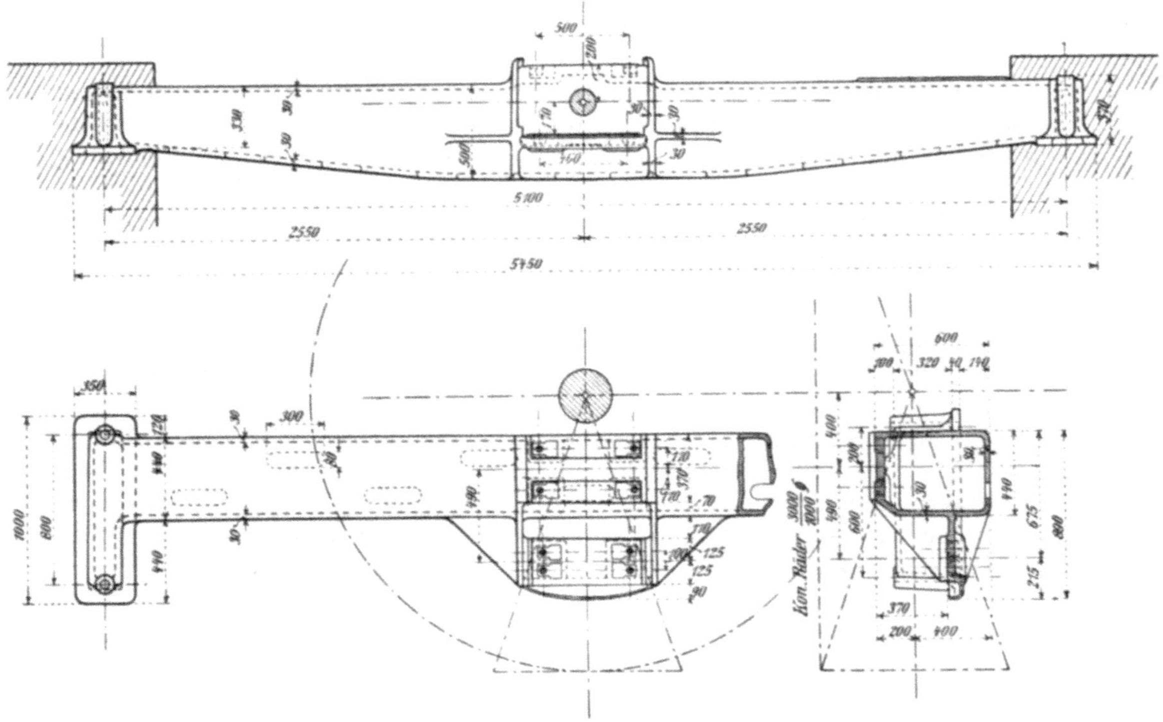

Fig. 356.

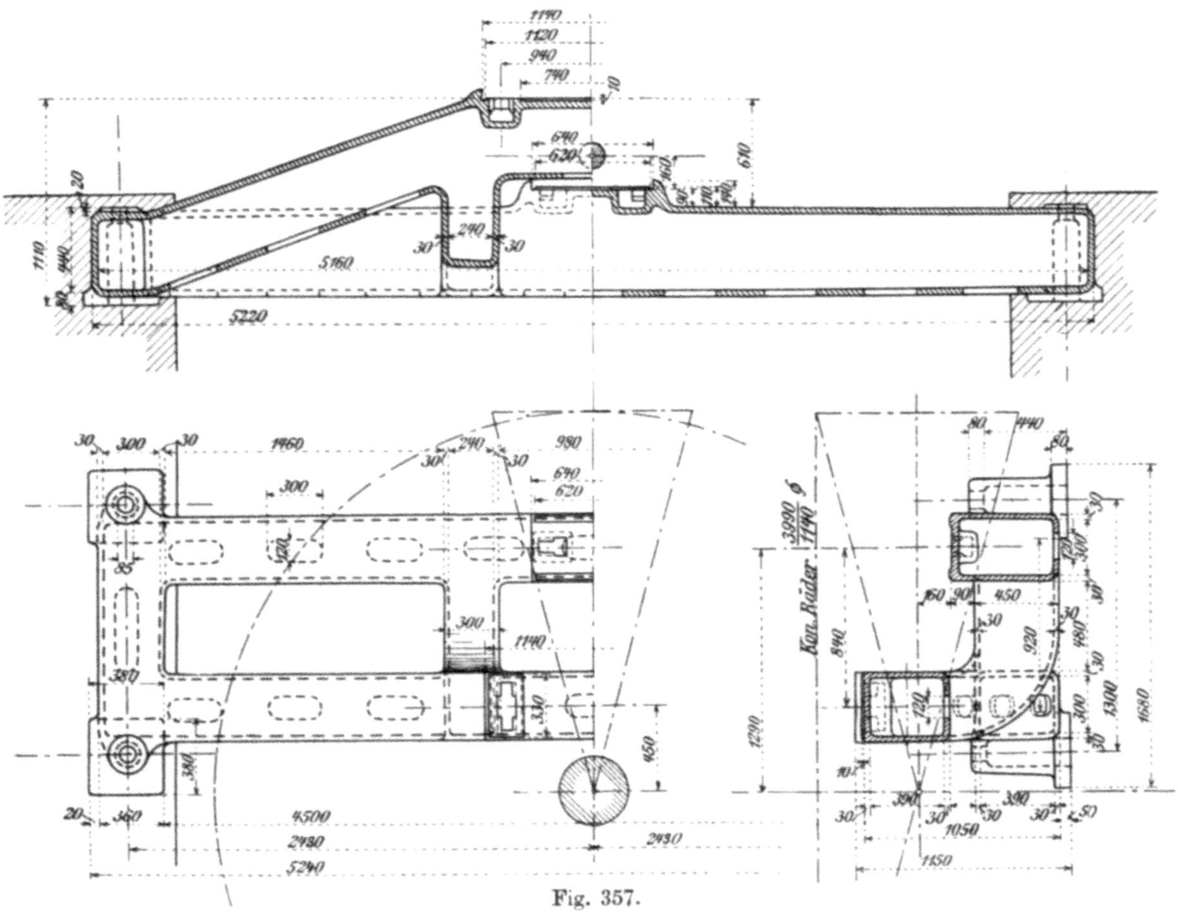

Fig. 357.

4. Massiv gedeckte Turbinenkammer, Lagerböcke und Lagerplatten.

Die oben offene, nachträglich mit Holzbohlen abgedeckte Turbinenkammer findet sich meist nur noch in älteren Anlagen beim Antrieb von Fabrik-Haupttransmissionen und gewährt keine große Möglichkeit für das saubere Aussehen der Anlage. In vielen Fällen allerdings ist die Holzabdeckung eine Notwendigkeit, weil sonst die Turbine selbst nahezu unzugänglich wäre, besonders wenn die Haupttransmission nahe dem Oberwasserspiegel liegt.

Hierin haben die Anlagen für Elektrizitätswerke Wandel geschaffen. Die Dynamomaschinen müssen absolut sicher vor Hochwasser sein, und dies gab Veranlassung, daß man mit den Getrieben so hoch über Oberwasserspiegel ging, daß unter dem Turbinenhausboden noch ein Zwischenboden oder wenigstens ein Steg über Oberwasserspiegel eingeschaltet werden konnte. Hierdurch ist der freie Zugang zur Turbine gewahrt worden, und es war möglich, den Turbinenhausboden statt aus Holz aus festem Material herzustellen und ihn mit nettem Fußbodenbelag, Terrazzo, Tonplättchen oder dgl., zu versehen, so daß auch die Turbinenhäuser der kleinen Gefälle jetzt den Dampfmaschinenräumen an Sauberkeit nicht mehr nachstehen müssen.

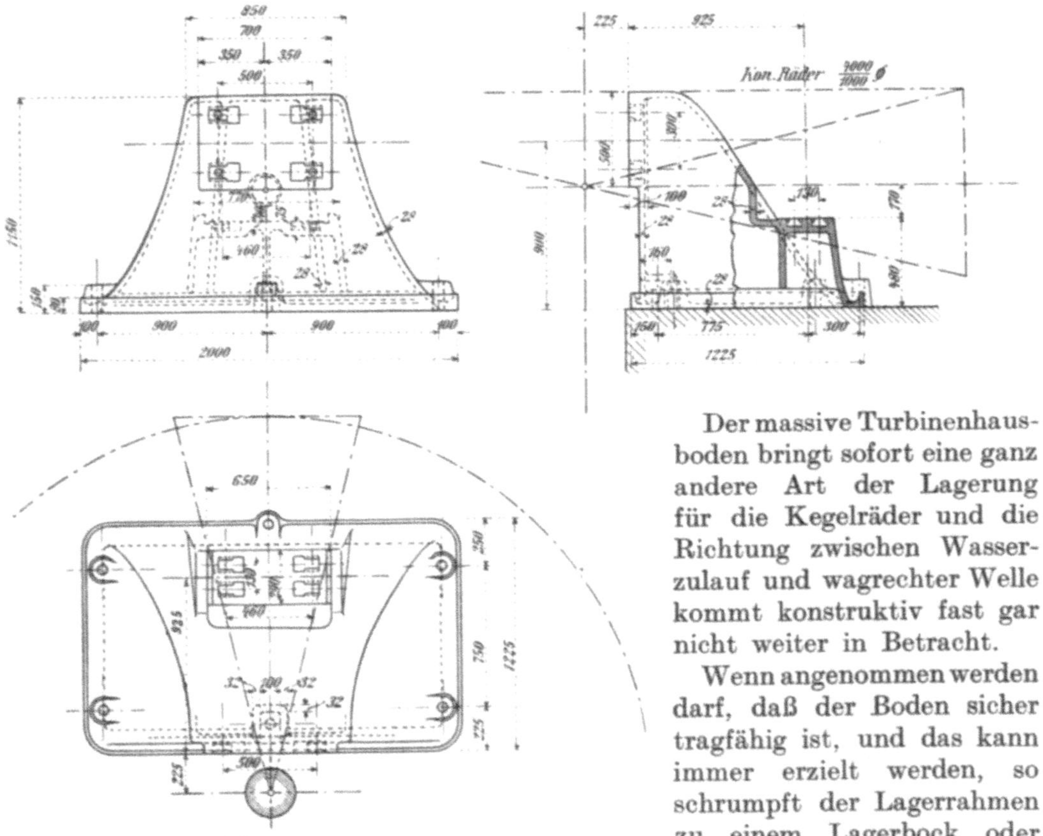

Fig. 358.

Der massive Turbinenhausboden bringt sofort eine ganz andere Art der Lagerung für die Kegelräder und die Richtung zwischen Wasserzulauf und wagrechter Welle kommt konstruktiv fast gar nicht weiter in Betracht.

Wenn angenommen werden darf, daß der Boden sicher tragfähig ist, und das kann immer erzielt werden, so schrumpft der Lagerrahmen zu einem Lagerbock oder einer Lagerplatte mit aufgesetztem Block für das Halslager zusammen, und das Ganze wird leichter und gefälliger.

Die massive Decke der Turbinenkammer wird am besten aus Walzträgern, ausbetoniert, gebildet. Gewölbe, von einer Seitenwand der Kammer zur anderen gespannt, sind nicht billiger, dabei aber im Inneren der Turbinenkammer häufig recht hinderlich, denn die gekrümmte Decke erschwert das Anmontieren der Reguliergetriebe, und gegen die Widerlager hin ist häufig die lichte Höhe der Kammer dann so gering, daß die Untersuchung der Turbine recht mühselig werden kann. Die gerade Decke aus Walzeisen vermeidet dies bei gleichbleibender lichter Höhe.

Ernstlich gewarnt möge hier vor der Verwendung von Eisenbeton für die Decke sein. Diese Bauweise bietet keine Gewähr angesichts der Erschütterungen des Betriebes; auch ist das nachträgliche Einbringen von Löchern für irgend unvorhergesehene Zwecke durch das eingelegte Eisengitter meist ganz unmöglich gemacht.

Natürlich muß bei festem Turbinenhausboden dafür gesorgt sein, daß sowohl die Turbine selbst als auch das Kegelrad ein- und ausgebracht werden können; häufig ist zu ersterem die Schützenöffnung dienlich.

Eine der ersten Lagerkonstruktionen für massiven Turbinenhausboden bei Hohlwelle mit Tragstange zeigt Fig. 358 (Voith, Anl. Flix). Ein kräftiger Hohlgußständer erhebt sich zwischen der Turbinenwelle und dem Kammlager der wagrechten Welle, an den das Halslager der Turbine seitlich angeschraubt ist; die Turbinenwelle kann seitlich der Lagerung bequem eingebracht werden, was bei beschränkter Lokalhöhe und langer Turbinenwelle von Wert ist.

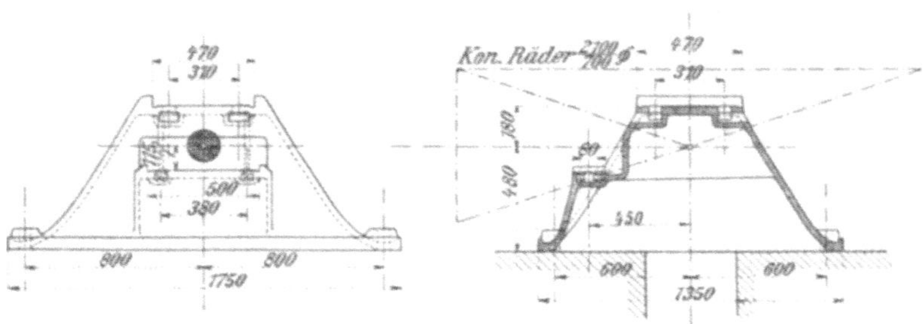

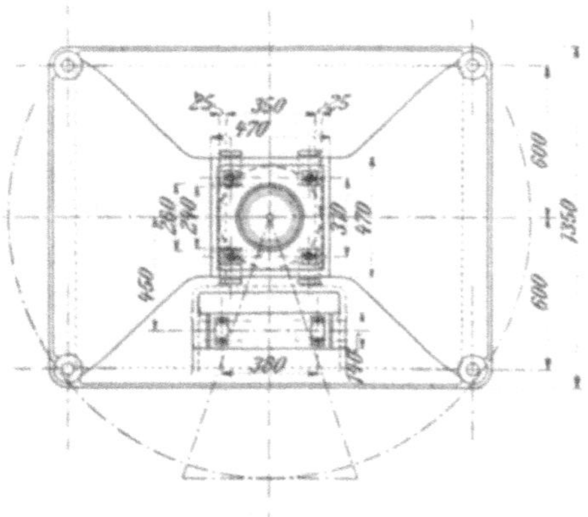

Fig. 359.

Dieser Form am nächsten, aber breitbasiger, steht der in Fig. 359 (Voith, Anl. Niefern) dargestellte Bock für kleinere Turbinen, mit zentral durchgesteckter Hohlwelle und dem aus zwei symmetrischen Hälften bestehenden Halslager, der aber auch sinngemäß für massive Welle mit Ringzapfen verwendbar ist.

Bequem für schräges Einfahren mit der Turbinenwelle sind dann die Lagerplatten mit angegossenem Halslagerarm nach Fig. 360 (Voith, Anl. Untertürkheim).

Alle diese Konstruktionen finden ihre Auflage auf einem Betonsockel, der sich nach der gewünschten Höhenlage der liegenden Welle über dem Turbinenhaus-Fußboden richtet, die Anker aber gehen zwischen den am besten paarweise angeordneten Walzträgern durch, so daß die Lagerung auf diese Weise das ganze Massiv der Turbinenkammerdecke mit faßt. Für halbwegs größere Kräfte ist natürlich die Verankerung der Walzträger in den Seitenmauern des Turbinenschachtes notwendig.

Der Arm für das Halslager wird am besten mit der Platte in einem Stück gegossen, wie dies Fig. 360 zeigt, und das Halslager, niedrig gehalten, oben auf-

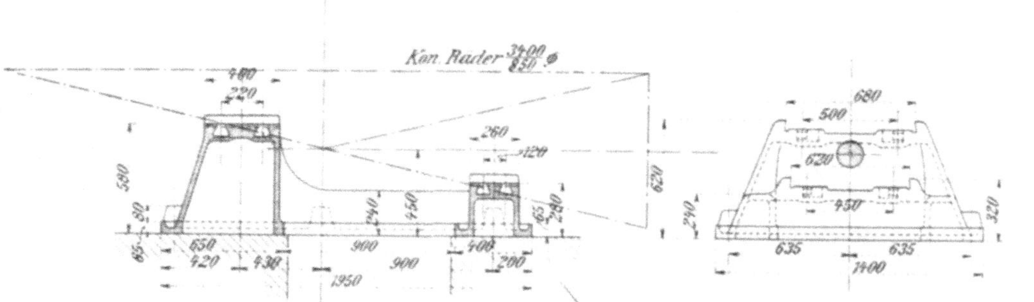

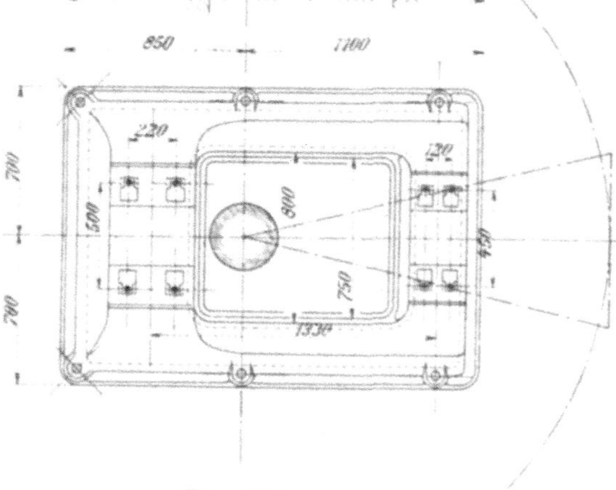

Fig. 360.

gesetzt. Auf diese Weise sind die Befestigungsschrauben viel weniger beansprucht, als z. B. bei der Ausführung nach Fig. 337, S. 484, bei der Halslager und Arm als ein Stück auf dem Lagerrahmen aufgeschraubt sind.

Lagerplatten und -rahmen zur Aufnahme von massiven Wellen mit Ringspurlagerung finden sich in Taf. 7, 8 und in Fig. 363.

5. Halslager, Wellende.

Die Halslager der stehenden Wellen, bei den Kegelrädern, können in ihrer Länge meist viel kleiner gehalten werden, als dies sonst für Lager üblich ist, weil die Umdrehungszahl der Turbinenwelle noch weitaus kein Warmlaufen befürchten läßt. Wir haben auch alle Ursache, diese Lager kurz zu halten, damit die Höhe der Glockenform des Holzkammrades so klein als möglich wird. Die Glockenform der Radarme ermöglicht, daß das Moment des arbeitenden Zahndruckes die Turbinenwelle nicht als äußeres Biegungsmoment beansprucht, aber natürlich erhält die Welle durch den einseitigen Nabensitz ein von der Lagermitte aus mit Null anfangendes nach oben stetig wachsendes inneres Biegungsmoment, und dieses erhalten wir möglichst klein, wenn wir die Kammradnabe so dicht als tunlich der Lagermitte nähern, was eben durch kurze Lagerlänge begünstigt wird.

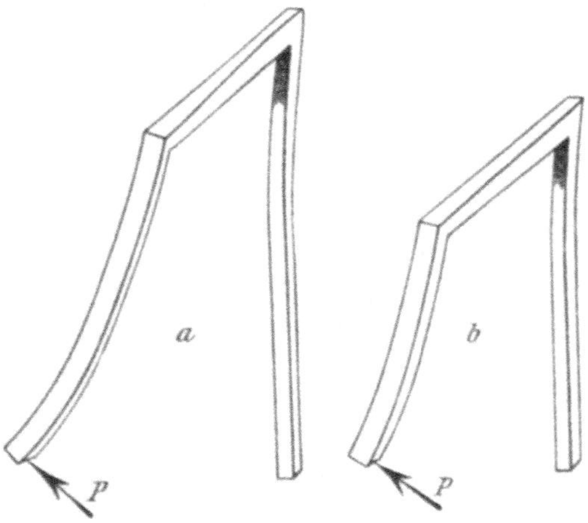

Fig. 361.

Die Verhältnisse liegen, wie folgt: Die Turbinenwelle bildet oberhalb des in Zahnmitte sitzenden Halslagers mit der Radnabe und dem Radarm gewissermaßen einen Bügel, wie in Fig. 361 übertrieben angedeutet.

Die Kraft P (der widerstehende Zahndruck des Triebes) biegt den Bügel in seinem äußeren Schenkel gegen die Drehrichtung zurück und bringt dadurch dem oberen, wagrechten Teil eine Verdrehung. Dieses Drehmoment mag in der Wirklichkeit durch die Radarme abgefangen sein, stets wird die senkrechte Welle dadurch in der Drehrichtung vorwärts gebogen werden, aber nur das nach oben freigehende Stück der Welle. Je tiefer der verbindende wagrechte Teil zu sitzen kommt, um so weniger beträgt das auf ihn treffende Drehmoment, also auch das die Welle erfassende innere Biegungsmoment, wie dies die Form *b* gegenüber *a* zeigt. Unterhalb des Halslagers kommt bei Obergriff kein Biegungsmoment durch den arbeitenden Zahndruck zur Wirkung.

Für Untergriff ist die Sachlage einfach umgekehrt, hier entfällt auf die Welle über der Radnabe das betreffende Biegungsmoment, unterhalb der Nabe ist die Welle momentfrei.

Die Schmierung der Halslager erfolgt bei Obergriff aus besonderem, feststehendem Schmiergefäß, bei Untergriff und Hängezapfen, wie schon erwähnt, aus dem Aböl der Zapfenschmierung oder auch aus eigenem Öler.

Die liegende Hauptwelle ist gegen die schrägliegende Resultierende aus Zahndruck und Eigengewicht zu stützen, ferner in achsialer Richtung gegen den Schub der Zahnräder Die erstgenannte Beanspruchung verteilt sich auf zwei Lager, und die Welle ist zwischen diesen beiden Lagern zweckmäßig überstark gegenüber den Rechnungswerten auszuführen. Die Wellstärke ist ja rechnungsmäßig aus Biegung und Drehung bestimmbar, aber hier wird vielfach noch ein derber Zuschlag gegeben, um Erzitterungen vorzubeugen. Das am gemeinschaftlichen Lagerrahmen sitzende innere Lager werden wir dicht an den Kegel-Trieb setzen, das äußere Lager je nach Bedarf.

Für die achsiale Führung der liegenden Welle kann immer durch Eindrehen derselben im inneren, torsionsfreien, Lager gesorgt werden, wobei sich mühelos ein Kammlager mit einem oder zwei Kämmen schaffen läßt. Die Kämme liegen den Schmierringen des Lagers näher als die äußeren Anlaufflächen der eingedrehten Lagerstelle, und sie halten auch die Schmiere viel besser, weil rundum eingeschlossen. Auf Kugelstützung der Schalen wird hier meist verzichtet, weil des Zahnbetriebes wegen die festeingelegte Lagerschale solider ist. Die oben gegen Kammlager geäußerten Bedenken kommen hier nicht in Betracht, weil die Achsialschübe verhältnismäßig unbedeutend sind gegenüber der verfügbaren Auflagefläche der Kämme.

6. Frühere und heutige Getriebeanordnung bei der gleichen Anlage.

Nicht um sich der Fortschritte zu rühmen, die hier in den letzten Jahrzehnten gemacht wurden, sondern weil es lehrreich ist zu sehen, wie von denkenden Ingenieuren damals und heute die gleichen Aufgaben nach Maßgabe der vorhandenen Mittel behandelt worden, sollen hier kurz zwei in letzter Zeit umgebaute Anlagen besprochen werden.

I. Umbau unter Beibehalten der stehenden Wellen.

Die Fig. 362 zeigt die Anlage in alter Anordnung, die Fig. 363 nach dem Umbau, in beiden ist die Aufgabe die gleiche geblieben: die Kraft von 4 Turbinen auf Wellen zu übertragen, die senkrecht zum Wasserlauf liegen.

Die früheren Achsialturbinen, Fig. 362, waren keiner großen Umdrehungszahlen fähig, und es bedurfte neben der Übersetzung durch Kegelräder unmittelbar bei den Turbinen noch einer Stirnräderübersetzung mit umständlichen Lager-

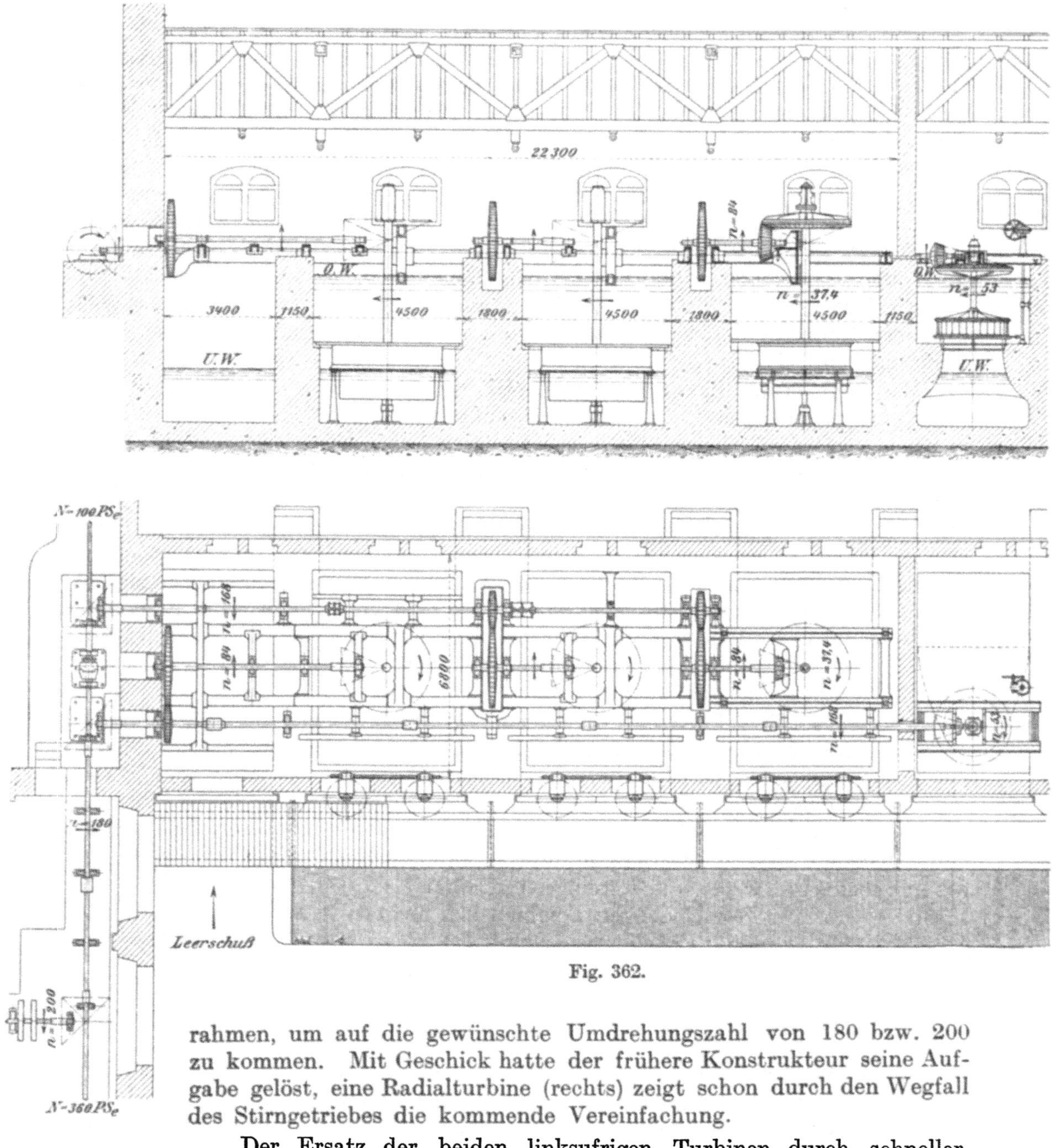

Fig. 362.

rahmen, um auf die gewünschte Umdrehungszahl von 180 bzw. 200 zu kommen. Mit Geschick hatte der frühere Konstrukteur seine Aufgabe gelöst, eine Radialturbine (rechts) zeigt schon durch den Wegfall des Stirngetriebes die kommende Vereinfachung.

Der Ersatz der beiden linksufrigen Turbinen durch schneller laufende Radialturbinen, Fig. 363, hebt den Unterschied noch mehr hervor. Zwar mußte im Hausinneren mit Rücksicht auf die dritte und vierte, noch nicht zur Auswechslung gekommene Turbine der doppelte Kegelräderbetrieb noch beibehalten werden, die Kraft der neuen Turbinen aber, die mit einfachem Untergriff auf die gemeinsame Welle arbeiten, geht von dieser mittels Seilen auf die Haupttransmission, und wenn die dritte und vierte Turbine durch neue ersetzt werden, so schließen diese sich zwanglos an die gemeinsame Welle an, es durchzieht das Turbinenhaus statt dreier Längswellen mit drei Paar Stirnrädern nur noch eine allen vier Turbinen gemeinsame Längswelle und im Hausinneren findet sich nur noch der Seilbetrieb, die Kegelräder sind gefallen.

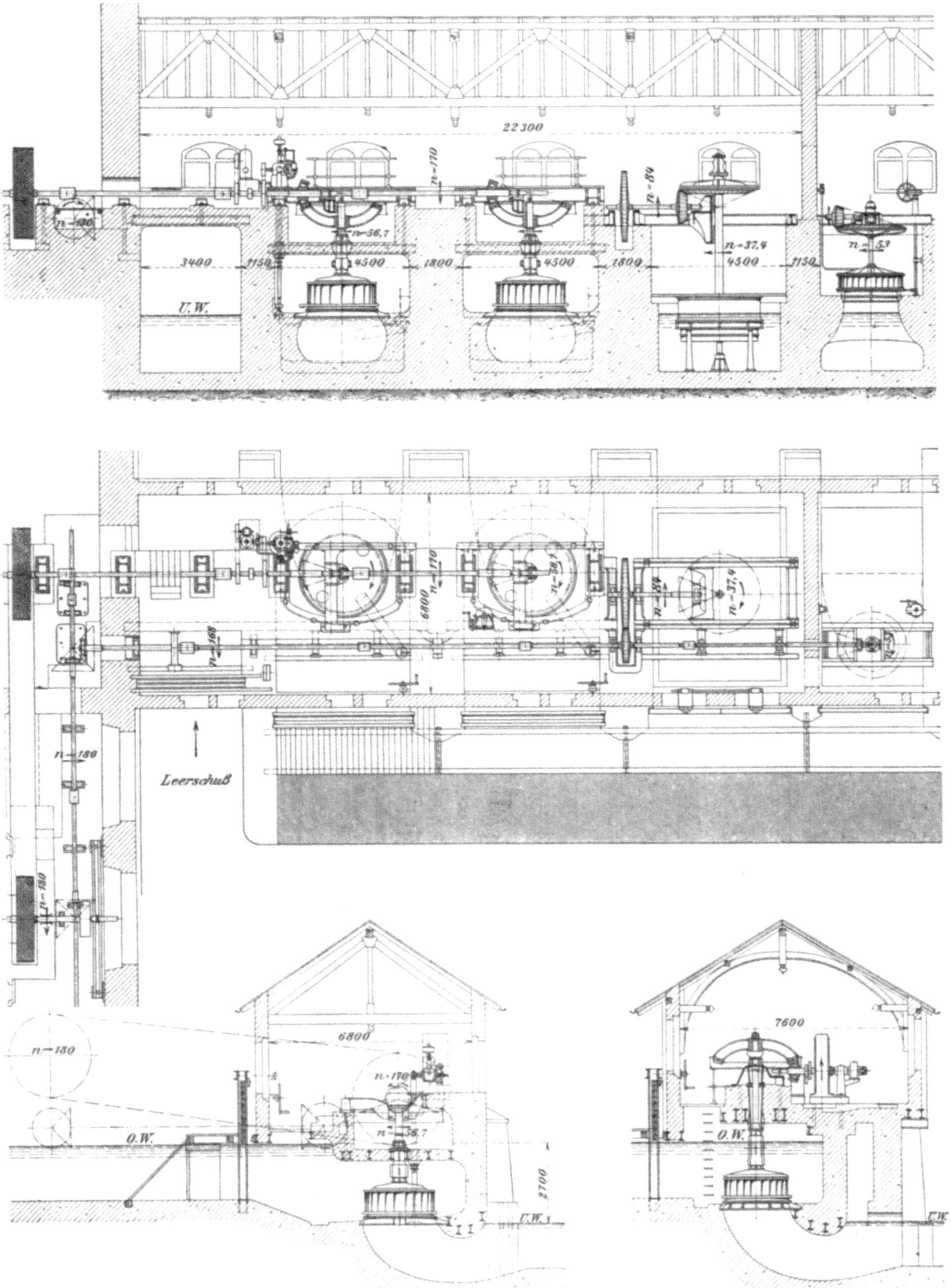
22300
n=170
n=84
n=180
n=56,7
n=37,4
n=53
3400
1150
4500
1800
4500
1800
4500
1150
U.W.
n=168
6800
Leerschuß
n=180
6800
n=170
n=56,7
O.W.
2700
U.W.
7600
O.W.
U.W.

Fig. 363.

II. Umbau von stehenden Wellen auf liegende.

Hier stellen die Fig. 364 und 365 den alten und neuen Zustand dar. Auch hier, bei etwa $5^1/_2$ m Gefälle in der alten Anlage die Schwierigkeit, mit den Achsialturbinen die erforderlichen 180 Umdr. der Haupttransmission zu erreichen, wobei der damalige Konstrukteur in sehr richtiger Weise die Wellen so hoch legte, daß sie den Verkehr nicht hinderten.

Die Aufgabe beim Umbau war sehr erleichtert dadurch, daß die vorher parallel zum Wasserlauf gewesene Hauptwelle nunmehr senkrecht zu diesem gelegt wurde. Im Verein mit der dreifachen, raschlaufenden Radialturbine, die durch besondere Schützen- und Reguliereinrichtungen, siehe Taf. 31, sich

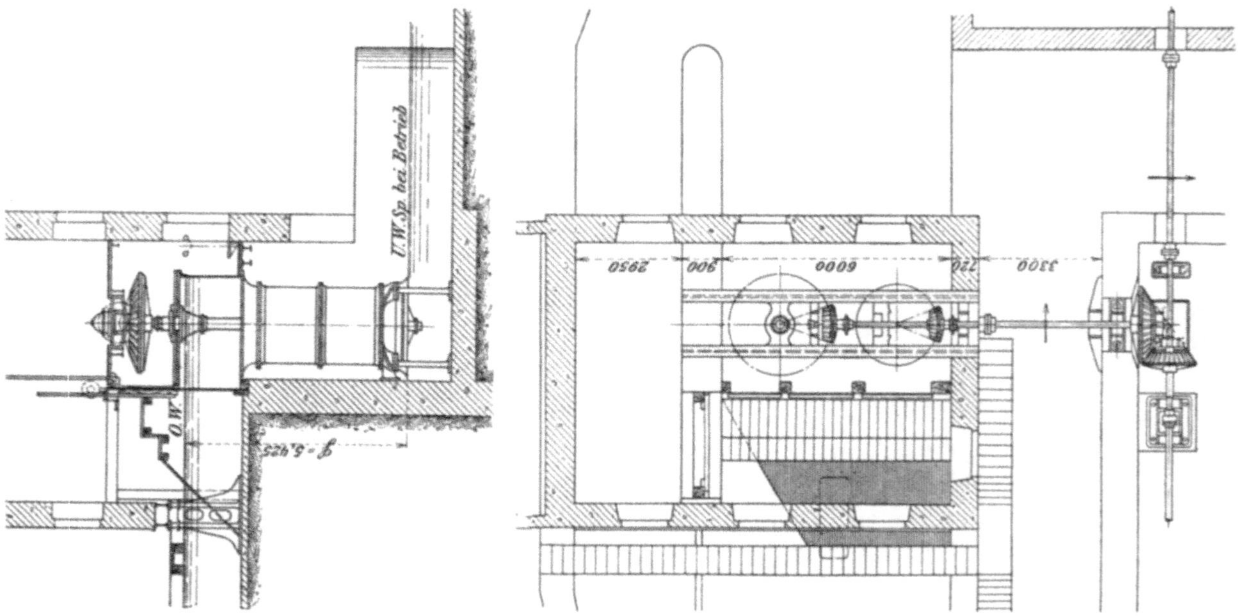

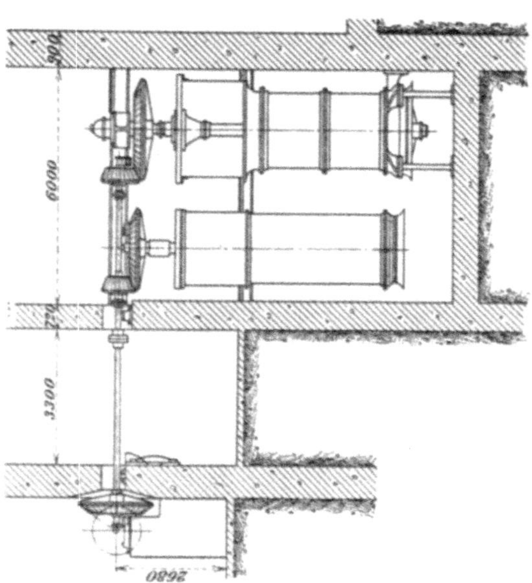

Fig. 364.

jeder vorkommenden Wasserführung anpassen läßt, ist es gelungen, den Räderbetrieb überhaupt zum Verschwinden zu bringen.

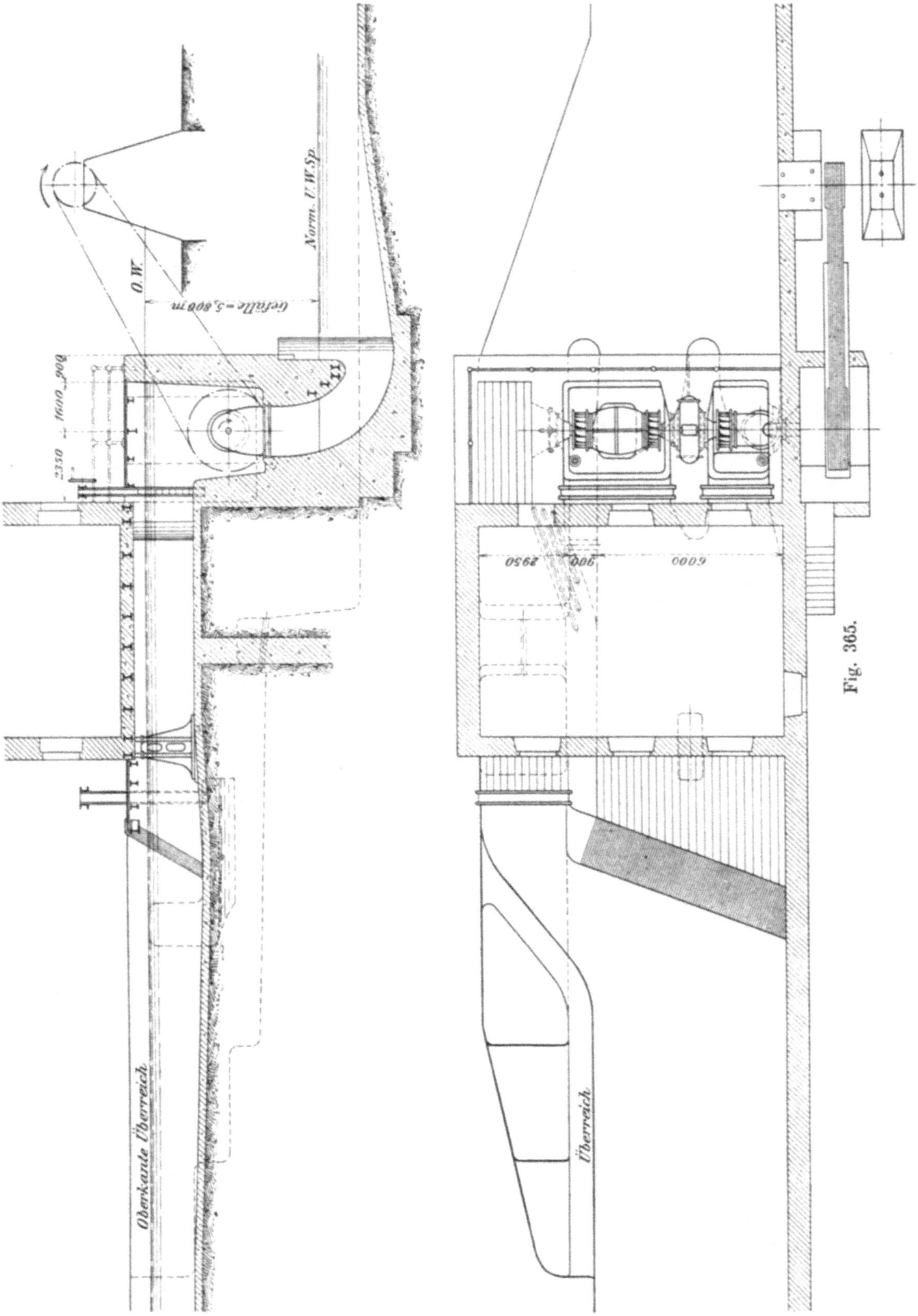
Norm. U.W.Sp.
O.W.
2350
1600
900
2950
900
6000
Oberkante Überreich
Überreich

Fig. 365.

19. Die Wasserführung unmittelbar bei der Turbine.

A. Der Saugrohr-Austritt.

Saugrohrausläufe mit in achsialer Richtung beschränkter Größe.

Bei beschränkter Höhe für die Entwicklung des Austrittes, wo, wie z. B. in den Anlagen Taf. 13, 17 ein eigentlicher Saugrohrkrümmer für das unterste Laufrad nicht möglich ist, muß Vorsorge getroffen werden, daß das Wasser nach dem Verlassen der Turbine in ungehinderter Weise abfließen kann. Hier genügt dann nicht allein das Vorhandensein rechnungsmäßiger Querschnitte gegen das Ende der Wasserführung hin, sondern wir sollten wenigstens halbwegs begründete Sicherheit darüber haben, daß die gebotenen Querschnitte auch unmittelbar bei der Turbine in Größe und Richtung dem ungehinderten Abfluß entsprechen.

Auf was es dabei ankommt, ersehen wir am besten aus einer Darstellung ideeller Ableitungsverhältnisse für beschränkte achsiale Entwicklung.

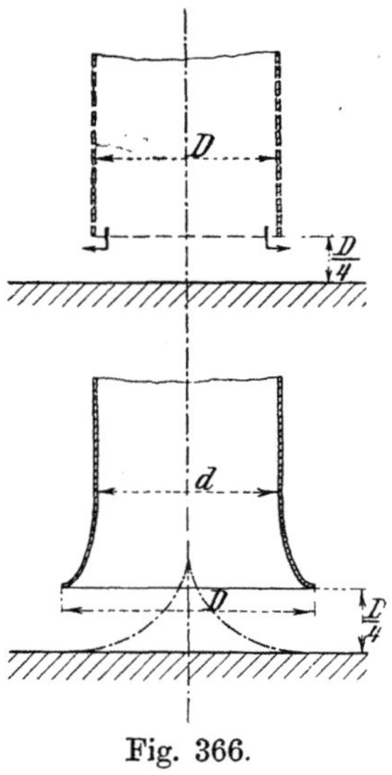

Fig. 366.

Wir denken uns zuerst ein zylindrisches Rohr, von dessen unterem Ende das Wasser in radialer Richtung gegen außen allseitig frei entweichen kann. Bekanntlich hat eine Zylindermantelfläche von einer Höhe gleich $^1/_4$ des Durchmessers gleichen Inhalt mit dem Zylinderquerschnitt, Fig. 366 oben. Wenn die Wasserteilchen keine Masse, kein Beharrungsvermögen hätten, so würde es also für die ungehinderte Abführung einer Wassermenge durch ein zylindrisches Rohr mit Austritt in radialer Richtung gegen außen hin genügen, wenn das rundum freistehende gerade Rohr vom Durchmesser D um $\frac{D}{4}$ von der Unterkanalsohle abstünde, die Geschwindigkeiten im Rohrquerschnitt und Austrittsmantelquerschnitt wären dabei ganz gleich.

Nun haben wir aber mit der Masse, mit dem Beharrungsvermögen der Wasserteilchen zu rechnen und müssen deshalb dafür sorgen, daß der in Fig. 366 angedeutete scharfe Richtungswechsel bei den Wasserteilchen nicht vorausgesetzt wird, weil sie denselben gar nicht mitmachen können.

Es handelt sich also stets, auch beim rundum freistehenden Saugrohrende, um eine gute Abrundung, die das Umschwenken in die wagrechte Richtung sich stetig vollziehen läßt, z. B. wie Fig. 366 unten zeigt. Diese Abrundung des Saugrohrendes aber entspricht, genau betrachtet, einer entsprechenden Erweiterung des wagrechten Rohrquerschnittes ungefähr auf den Durchmesser D, und wir hätten also an dieser Stelle den lichten Abstand zwischen der Unterkante des abgerundeten Saugrohres und der Sohle auf ideell $\frac{D}{4}$ anzusetzen. Eine innere Ablenkungsfläche, wie —·—·— angedeutet, ist im allgemeinen nicht nötig. (Vgl. Bach, Versuche über Ventilwiderstand, dazu auch das auf S. 271 u. f. Gesagte.)

In fast allen Fällen muß nun eine stetige Umleitung aus den im Durchmesser D rundum radial stehenden horizontalen Austrittsrichtungen des Wassers in die Richtung des Unterkanals bewerkstelligt werden, und es ist zu untersuchen, wie die Umgebung des Saugrohrendes gestaltet sein muß, um diese Umlenkung mit möglichst wenig Gefällebedarf, d. h. mit geringstem Rückstau, Fig. 180, S. 282, gegen das Laufrad hin zu bewerkstelligen. Voraussetzung sei dabei einstweilen, daß auch außerhalb des Rohres nur die Wasserhöhe $\frac{D}{4}$ zur Verfügung stehe und daß die Austrittsgeschwindigkeit konstant erhalten werden soll.

Die Fig. 367 zeigt, wie vorzugehen sein wird. Wir können uns den zylindrischen Austrittsquerschnitt $D\pi\frac{D}{4}$ in eine größere Anzahl aufrechtstehender Teilquerschnitte zerlegt denken, die durch senkrechte Linien getrennt, gewissermaßen jeder für sich, einen besonderen Austrittsquerschnitt von rechteckiger Form, Höhe $\frac{D}{4}$, aufweisen. Wenn wir uns dann die Aufgabe stellen, die sämtlichen aus diesen Teilquerschnitten radial austretenden Wasserbänder in stetiger Krümmung und ohne Geschwindigkeits-, d. h. ohne Querschnittsänderung in die Unterkanalrichtung umzulenken, so muß sich ohne einen Zwischenraum Band an Band legen, wie dies in Fig. 367 gezeichnet ist. Die so erhaltenen Parallelkurven sind Evolventen vom Grundkreisdurchmesser D, und die Breite ab des ganzen Kurvenbündels in Flucht der Abflußrichtung muß deshalb gleich dem Umfang der Austrittsstelle, gleich $D\pi$ sein, Fig. 367.

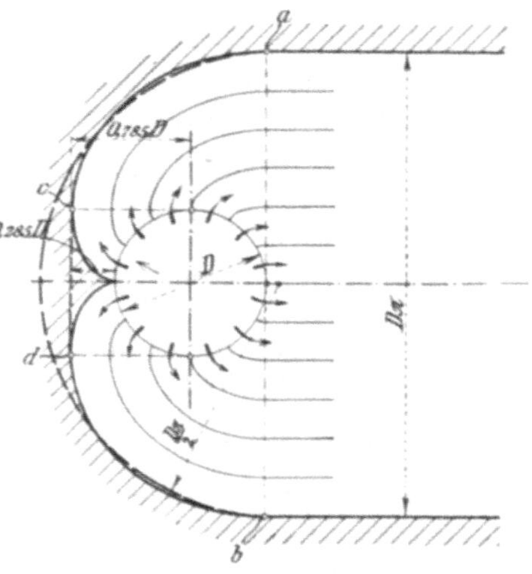

Fig. 367.

Die Entfernung des am meisten gegen rückwärts liegenden Punktes der Begrenzungswand vom Rohrmittel ist gleich der Länge für $^1/_4$ Abwicklung der Erzeugenden, also gleich $\frac{D\pi}{4} = 0{,}785\,D$.

Soll schon in der Linie ab die volle Unterkanalbreite ansetzen, so muß diese auch den Betrag $D\pi$ haben.[1])

Es wird im allgemeinen genügen, wenn die rückwärtige Wand durch die Tangente cd oder auch durch eine überleitende Kurve unter Wegfall der Spitze gebildet ist. Ein Kreis vom Radius $\frac{D\pi}{2}$ ist hierzu geeignet, Fig. 367, punktiert. Hier mag sich auch statt der Spitze ein ruhender Wasserteil bilden, wie ihn Bach in obengenannter Abhandlung schildert. Auf jeden Fall aber zeigt die Fig. 367, daß bei beschränkter Höhe des Auslaufes nicht auch noch die Rückwand des Ablaufkanals den Kreis D berühren sollte, da sonst der Austritt gegen rückwärts unmöglich gemacht ist.

---

[1]) Es sei ausdrücklich bemerkt, daß wegen der an sich immer kleinen Austrittsgeschwindigkeiten hier von den Wirkungen des kreisenden Wassers abgesehen werden soll.

Bei einer Unterkanalbreite B, die größer ist als $D\pi$, Fig. 368, wird an der äußersten Evolvente mit einer entsprechenden Übergangskurve anzuschließen sein. An die Stelle der ablenkenden Spitze kann auch hier eine kreisförmige Ausrundung treten.

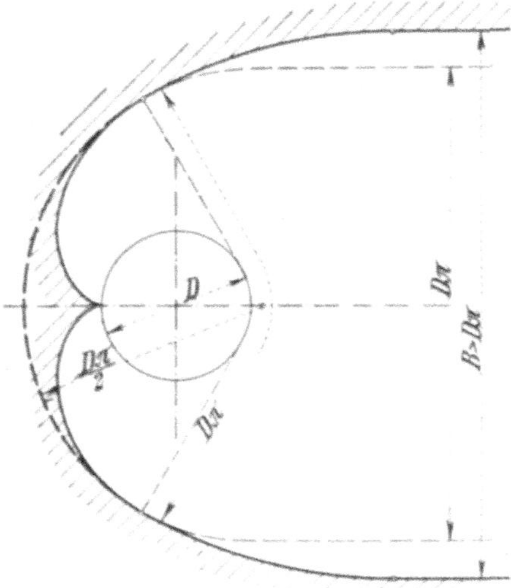

Fig. 368.

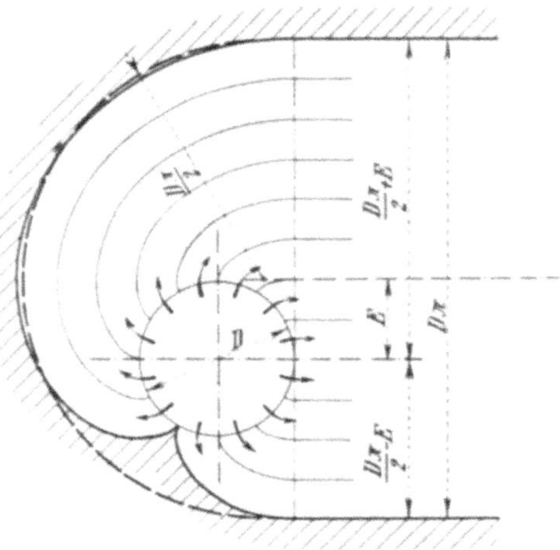

Fig. 369.

Für exzentrische Stellung der Turbine, vgl. S. 508, sind die Verhältnisse auch einfacher Natur, Fig. 369. Es wird eben auf der schmäleren Seite nur die Strecke $\frac{D\pi}{2} - E$ zur Abwicklung, also auch nur für den Wasseraustritt in Frage kommen, die anderen Wasserbahnen liegen auf der breiten Seite $\frac{D\pi}{2} + E$. Und auch in diesem Falle ist eine Halbkreisform (punktiert) für die Ausführung geeignet.

Für $B > D\pi$ treten entsprechende Übergangskurven ein, wie vorher auch.

Ein vorsichtiger Konstrukteur wird sich aber nicht mit der ideellen Austrittshöhe $\frac{D}{4}$ begnügen, sondern auf 0,4 D und ev. noch mehr gehen, vgl. S. 271 u. f.

Bei wesentlich tieferem Unterkanal finden die vorstehenden Betrachtungen sinngemäße Berücksichtigung und beziehen sich gegebenenfalls in gleicher Weise auch auf Doppelturbinen usw.

Die Ausläufe der Turbinen Hagneck, Taf. 18, sind ungefähr den vorgenannten Gesichtspunkten entsprechend ausgebildet, wobei jedesmal zwei solcher Wasserführungen vereinigt sind, ganz entsprechend auch die Auslaufstücke der Doppelturbinen mit liegender Welle, Fig. 170, S. 263, Taf. 22 bis 34, 48, 49.

B. Die Zuleitung des Wassers zum Leitradumfang, offene Turbinenkammer.

1. Stehende Welle.

Man ist im allgemeinen gewohnt, eine Turbine in die Mitte der jetzt fast immer aus Beton hergestellten Kammer zu setzen und stellt auch meist keine besonderen Betrachtungen oder Berechnungen darüber an, wie das mit etwa 0,6 bis 0,9 m/sk durch die Schützenöffnung eintretende Wasser den Anfängen der

Leitkanäle rundum zufließt. Dies ist auch vielfach nicht erforderlich, denn wenn die Kammer reichlich weit ist, so werden sich überall kleine Geschwindigkeiten und schlanke Richtungsübergänge einstellen, besonders bei Gefällen von 3 bis 4 m an und bei verhältnismäßig kleinen Wassermengen.

Hier ist dann meist nur darauf zu sehen, daß rund um das Leitrad herum der Raum für das Beikommen zum Nachsehen der Turbine nicht zu knapp bemessen wird. Bei stehender Welle 30 bis 50 cm, wenn tunlich mehr.

Liegt aber ein kleines Gefälle vor, 1 bis 2 m, und dazu, wie fast immer, reichlich große Wassermengen, so zeigen sich Schwierigkeiten. Die Turbine erhält große Eintrittsbreiten b_0 für die Leitschaufeln, baut sich deshalb hoch auf und nimmt mit dem großen Außendurchmesser der Leitschaufelspitzen, D_S, einen wesentlichen Teil der Breite ein, sofern die Kammer um die Turbine herum geradlinig verläuft, d. h. nur die Breite B wie der Einlauf bei der Schütze besitzt, Fig. 370 punktiert, auch Fig. 371.

Unter solchen Verhältnissen sinkt wegen des mangelhaften Nachflusses der Wasserspiegel hinter der Turbine ab, das herbeiströmende Wasser wird sich ungleich beschleunigen, es entwickelt sich ein stürmischer Wasserzufluß, Wirbelungen entstehen, die sich als Luftwirbel leicht bis in die Leitzellen und durch diese bis ins Saugrohr hinein fortsetzen.

Ein Mittel zur Vergrößerung des ungenügenden Querschnittes über der Turbine, wenn die lichte Kammerbreite, also die Entfernung der Pfeiler nicht größer werden darf, wäre ja das Tieferlegen der ganzen Turbine, die schließlich völlig unter dem Unterwasserspiegel liegen dürfte, ohne an ihrer Leistungsfähigkeit Schaden zu nehmen, allein dadurch wäre die Turbine unzugänglich geworden, was auch vermieden bleiben muß.

Vielfach helfen hier Aussparungen im Mauerwerk der Seitenpfeiler, wie dies Fig. 370 u. 371, ausgezogene Linien, zeigen. Diese Nischen von kreisförmigem Grundriß sind ein Stück weit über Oberwasserspiegel fortgesetzt so hoch, daß ein Mann, der auf dem Kammerboden neben der Turbine steht, noch bequem vorüber kann (∼ 1,9 m Lichthöhe).

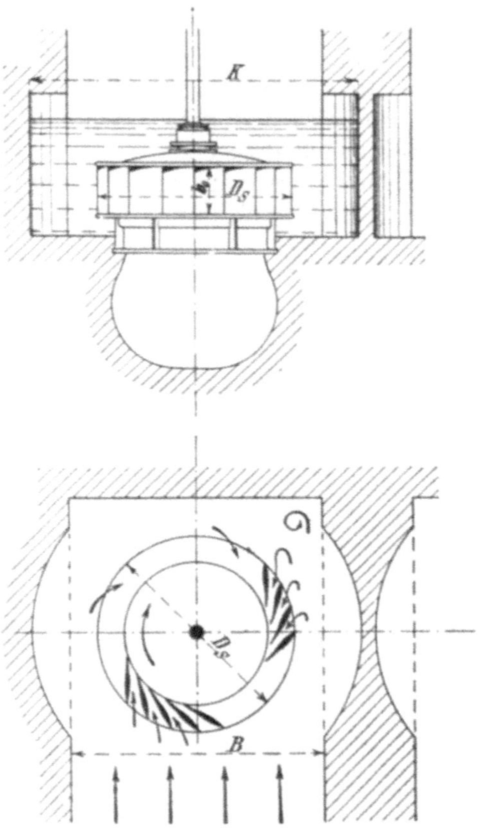

Fig. 370.

Zur Sicherheit in diesen Verhältnissen kommen wir aber nur, wenn wir den Lauf des Wassers zum Turbinenumfang hin überhaupt genauer ansehen und daraus die nötigen Folgerungen ziehen.

Wir haben in Fig. 131, S. 176, gesehen, in welcher Weise das Wasser gegen die Laufschaufeln strömen sollte und auch strömen wird, wenn richtig zugeleitet, wie dies auch in Fig. 217, S. 348, u. a. entsprechend zum Ausdruck gekommen ist.

Wenn wir uns diese erwünschte Zuströmungsrichtung rundum an einem Leitrade aufzeichnen, wie dies Fig. 370 zeigt, so finden wir, daß das durch die Einlaßschütze kommende Wasser eigentlich nur auf der einen Seite des Leitapparates glatt in die erwünschte Zuströmungsrichtung einlenken kann, nämlich auf der Seite, bei der die Drehrichtung des Laufrades entsprechend ist, in Fig. 370 also auf der linken Seite. Auf der rechten Seite der Turbine dagegen müssen die Wasserfäden eine scharfe Schwenkung um nahezu 180° ausführen, um in die Leitschaufeln einzutreten.

Ist der Kammerquerschnitt an dieser Stelle reichlich, ist besonders auch über dem Turbinendeckel noch eine ziemliche Wasserhöhe vorhanden, so werden sich diese Schwenkungen ohne wesentliche Anstände vollziehen. Wirbel sind zwar in dem betreffenden Oberwasserspiegel fast stets bemerkbar, wenn auch nicht in großem Umfange.

Bei knappem Kammerquerschnitt über der Turbine aber, also bei Verhältnissen nach Fig. 370, ergibt sich, wie schon angedeutet, eine schlechte Speisung der hinteren Turbinenhälfte im Verein mit Wirbeln, die die Umstände noch verschlimmern. Richtige Abhilfe bringt hier nur die Zuleitung des Wassers unter Vermeidung der raschen Bewegungsumkehr in der Zuströmung, also eine Zuleitungsweise, bei der das Wasser den Leitapparat in der Drehrichtung der Turbine umkreist und dabei veranlaßt wird, stetig Wasser in schräger Richtung an die Leitzellen abzugeben.

Dementsprechend ist die Fig. 371 gezeichnet. Die Turbine sitzt nicht mehr in der Mitte der Kammer, sondern seitlich verschoben. Der größere Querschnitt (links) wird besonders durch Nischenaussparung befähigt, das Wasser auch für die hinteren Partien der Leitschaufeln beizuführen, denen es durch die gekrümmte Kammerwand mit nach und nach entsprechend abnehmendem Querschnitt, also mit ziemlich gleichbleibender Geschwindigkeit zugeleitet wird. Die ganz rechts ankommenden Wasserteilchen können nach Befinden durch einen spornartigen Vorsprung gleich vor der Turbine schon in die entsprechende Richtung gewiesen werden. Es sind also genau betrachtet ganz die gleichen Umstände, wie sie der Fig. 369 entsprechen, nur mit umgekehrter Fließrichtung. Die Form der gekrümmten Kammerwandung sollte zweifellos die Evolvente sein, und wir haben nur den Grundkreisdurchmesser festzustellen, um die Kammerwand aufzeichnen zu können.

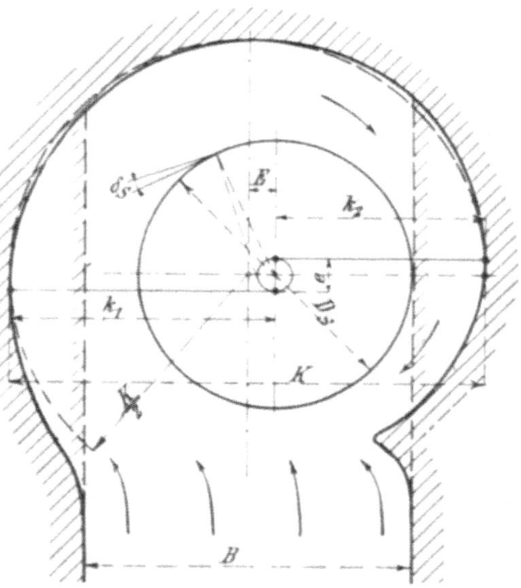

Fig. 371.

Aus Fig. 371 entnehmen wir, daß die beiden Breiten k_1 und k_2 zusammen gleich der Gesamtkammerbreite K sind. Andererseits gilt, wenn E das Maß der exzentrischen Verschiebung ist,

$$k_1 - E = k_2 + E = \frac{K}{2}$$

oder

$$k_1 - k_2 = 2E.$$

Da nun die Geraden k_1 und k_2 zwei um 180° gegeneinander versetzte Evolventenerzeugende darstellen, so muß deren Längenunterschied gleich dem halben Umfang des Grundkreises vom Durchmesser e sein, und wir erhalten deshalb

$$k_1 - k_2 = 2E = \frac{1}{2} e\pi$$

oder

$$e = \frac{4E}{\pi} \quad \ldots \ldots \ldots \ldots \quad 680$$

Der Winkel δ_S, unter dem die in der Evolvente geführten Wasserteilchen gegen die Leitschaufelspitzen, Durchmesser D_S, strömen, findet sich unter Bezugnahme auf Gl. 386, S. 146, zu

$$\sin \delta_S = \frac{e}{D_S} = \frac{4E}{D_S \cdot \pi} \quad \ldots \ldots \ldots \ldots \quad 681$$

Da es sich der Natur der Dinge nach im allgemeinen nur um Verschiebungen E von 300 bis etwa 600 mm handeln wird, so stellt sich δ_S, wie die Rechnung ergeben wird, in den meisten Fällen ziemlich kleiner ein, als der Leitschaufelanfang es wünschenswert erscheinen läßt, vgl. Fig. 217, S. 348, u. a. Dies ist aber nicht von großem Belang, und die Zuleitungsverhältnisse sind doch gegenüber der zentrischen Stellung der Turbine ganz wesentlich gebessert.

In der Praxis kann die Evolvente für die hintere Kammerhälfte immer durch einen Kreisbogen vom Radius $\frac{K}{2}$ ersetzt werden, wie Fig. 371 auch (punktiert) erkennen läßt. Für den Anschluß an die Einlaufbreite B aber sollte beiderseits der Evolventencharakter gewahrt bleiben. Ganz besonders gilt dies für die eigentliche Einströmseite (in Fig. 371 für die linke Seite).[1])

2. Liegende Welle.

Die sichere Speisung der oberen Zellen bei kleinen Gefällen verlangt bei gut angelegter Zuleitung verhältnismäßig kleine Wasserdruckhöhen über dem Leitrad-

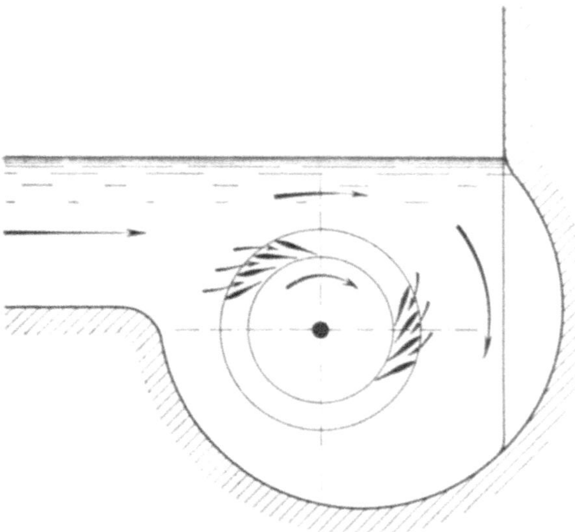

Fig. 372.

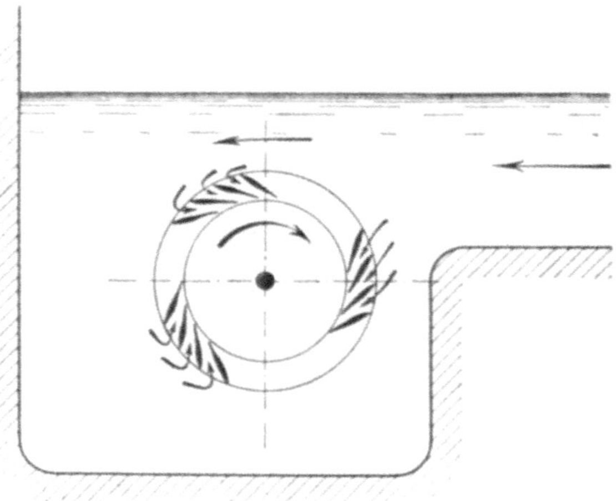

Fig. 373.

1) Bei kleinem Gefälle und reichlichen Wassermengen ergeben die nach Vorstehendem gebildeten Turbinenkammern unter Umständen schon starke Einsenkungen des Oberwasserspiegels in dem Umkreis der Turbinenwelle. Wenn hier Leitschaufelformen ähnlich denen der Fig. 218, S. 349, verwendet sind, bei denen die Geschwindigkeit w_0 schon ganz außen, im Durchmesser D_S notwendig ist, so muß der Oberwasserspiegel am Leitradumfang um $1{,}1\,\frac{w_0^2}{2g}$ tiefer stehen als im Einlaufschützenquerschnitt. Dann prägen sich die Erscheinungen des kreisenden Wassers manchmal sehr kräftig aus, derart, daß der Turbinendeckel trotz entsprechender Tieflage gegenüber dem Oberwasserspiegel sozusagen trocken liegt. Vgl. die Verhältnisse der Druckverteilung in solchen Wasserführungen weiter unten.

scheitel, häufig nur 30 bis 50 cm. Die Zuleitung hat sich, wenn der Zufluß nicht parallel zur Turbinenwelle, also nicht nach Fig. 291, S. 422, usw. erfolgt, nach der Drehrichtung der Turbine zu richten und ist nach den gleichen Gesichtspunkten zu beurteilen, wie sie vorher für die Zuleitung zur stehenden Welle aufgestellt wurden. Der Wasserzulauf sollte hier das Leitrad in der Drehrichtung der Turbine umkreisen, damit die oberen Wasserteilchen ohne kurze Wendung in die Richtung der Leitschaufelanfänge gelangen können. Also eine Zuleitung nach Fig. 372 und nicht nach Fig. 373, dazu eine große Kammerbreite, damit nicht alles Wasser gezwungen ist, über den Leitapparat wegzufließen, sondern daß es auch neben der Turbine reichliche Gelegenheit hat, zu den unteren Schaufeln hinzufinden. — Ist die Drehrichtung entgegen der Zulaufrichtung des Wassers unabänderlich, der Fig. 373 entsprechend, gegeben, so empfiehlt es sich, die Kammer nach Art der Fig. 374 auszubilden, d. h. den Zulauf der Hauptsache nach unter der Turbine herumzuleiten, um das Wasser in die Schluckrichtung der Leitzellen zu führen. Hier kann sogar eine gegenüber der Zulaufrichtung rückläufige Bewegung über den oberen Leitzellen nichts schaden.

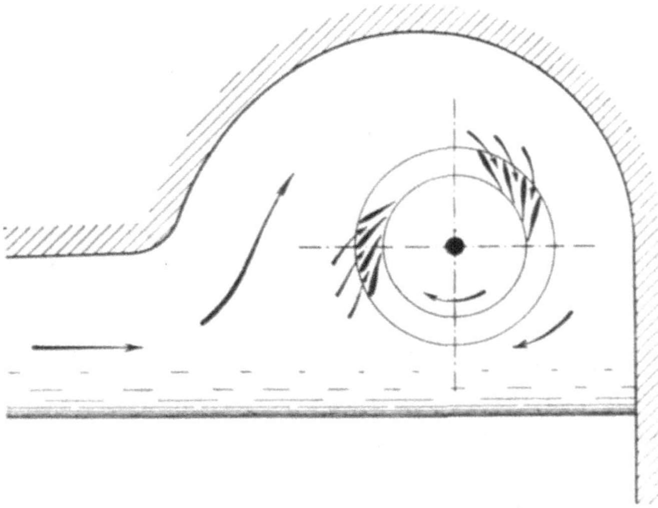

Fig. 374.

20. Offene Turbinen.

Nunmehr sollen die äußeren Radialturbinen nach der Art ihrer Aufstellung und Wasserzuführung eingehend und an Hand der Tafeln betrachtet werden, wobei die S. 414 u. f. getroffenen Unterscheidungen die äußere Reihenfolge bestimmen.

A. Die Entscheidungsgründe für die Ausführung stehender oder liegender Wellen.

Wir haben früher gesehen, S. 68 u. a., daß die Lage der Reaktionsgefäße zu Ober- und Unterwasserspiegel ohne Einfluß auf die Entwicklung der arbeitleistenden Drücke gegen die Gefäßwände ist. Aus dieser Erkenntnis folgt die Berechtigung zur beliebigen Wahl der Aufstellungshöhen für die Reaktionsturbinen mit stehender Welle.

Aus der berechtigten Vernachlässigung der Höhenlage des einzelnen Reaktionsgefäßes ergibt sich die Befugnis zur Anwendung der liegenden Welle bei Reaktionsturbinen.

Bei der Drehung um die wagrechte Welle werden sich zwar die hydraulischen Druckverhältnisse in den einzelnen Reaktionsgefäßen der jeweiligen Stellung gemäß ändern, aber deren Erzeugnis, die arbeitenden Drücke der sog. Reaktionskräfte werden ganz gleich bleiben.

Die Annehmlichkeiten der Anordnung mit liegender Welle sind schon früher berührt worden. Außer der Möglichkeit des Wegfalles von Zahngetrieben ist noch besonders zu betonen, daß die Abwesenheit schwer belasteter Spurzapfen einen bedeutenden Vorzug bietet, und ebenso die Möglichkeit, etwa vorhandene beträchtliche rotierende Massen, Dynamoanker, Schwungräder usw., in besonderen, zugänglichen Lagerungen zu stützen und zu führen.

Als Hauptsatz darf deshalb ausgesprochen werden, daß wir stets die liegende Welle vorziehen und die stehende Welle nur da anwenden, wo die Anordnung mit liegender Welle nicht ausführbar ist.

Der Fall, in dem wir trotz aller Vorzüge der liegenden Welle doch zur stehenden greifen müssen, ist nicht selten. Da gegen die hohen Gefälle hin keine Grenze für die Verwendung der liegenden Welle besteht, so wird der Anwendungsbereich derselben, unter Anschluß an S. 414, am besten durch das Aufzählen der sonstigen Umstände bezeichnet, unter denen bei kleinen Gefällen die liegende Welle nicht mehr möglich ist.

1. Die liegende Welle ist im allgemeinen unmöglich, wenn das Gefälle nicht wenigstens etwa doppelt so groß ist, als der äußere Leitraddurchmesser, sonst wäre die Turbine kaum richtig unterzubringen.

Die eigentliche Turbine soll in allen ihren Teilen zugänglich sein, d. h. sie muß über Unterwasser liegen, natürlich aber auch unter Oberwasser. Bei großem Leitraddurchmesser und kleinen Gefällen bleibt deshalb leicht zu wenig Wasserstand über den obersten Leitzellen, so daß deren regelmäßige Speisung in Frage gestellt sein kann.

Es gibt Turbinen mit liegender Welle bis herunter auf etwa 2,5 m Gefälle.

2. In den allermeisten Fällen tritt weiter die Rücksicht auf einen, wenn auch vorübergehenden, hohen Unterwasserstand bei Hochwasser hinzu, denn die Getriebe müssen doch hochwasserfrei angeordnet sein. Bei ausnahmsweise hohem Hochwasser kann immer eher noch die ganze liegende Hauptwelle von Wasser bedroht werden (alte Anlagen), als daß eine unmittelbar gekuppelte Dynamomaschine diesem ausgesetzt werden dürfte. Die letztgenannte Anordnung zwingt also bei kleinen Gefällen ausnahmslos zur stehenden Welle.

3. Zahnbetriebe suchen wir, wenn irgend angängig, zu vermeiden, solange Riemen- oder Seilbetrieb von der liegenden Turbinenwelle noch angängig ist. Eine liegende Turbinenwelle aber mit Stirnräderbetrieb der Haupttransmission ist meist verfehlt.

Muß also zu Räderbetrieb gegriffen werden, so liegen die Verhältnisse fast ausnahmslos für die stehende Turbinenwelle einfacher als für die liegende, hier treten die Kegelräder, Holz auf Eisen, in ihr Recht. Allerdings sind diese letztgenannten Verhältnisse in einer Unzahl von Fällen gegeben.

Die Gründe für den Antrieb einer liegenden Hauptwelle durch stehende Turbinenwelle sind also besonderer Art, sie werden, wiederholt, dadurch ausgesprochen, daß wir sagen, die stehende Welle wird da angewendet, wo die liegende Welle nicht angängig ist, oder auch noch, wo bei dieser notwendig eine Zahnradübersetzung zwischengeschaltet werden müßte, um die gewünschten Umdrehungszahlen auf der liegenden Hauptwelle zu erzielen.

Was die Wirtschaftlichkeit des Betriebes der einfachen Turbine mit liegender Welle gegenüber der stehenden betrifft, so dürfte der Vergleich eher zugunsten der liegenden Welle ausfallen, besonders wenn es sich um den unmittelbaren Antrieb einer liegenden Hauptwelle, Dynamo oder dgl. handelt.

Wir verlieren in jeder Zahnradübersetzung etwa 0,04 der tatsächlichen Turbinenleistung, und dieser Verlust ist ohne weiteres durch das Ankuppeln der liegenden Turbinenwelle erspart. Allerdings bringt der Saugrohrkrümmer der liegenden Welle einen gewissen Gefällsverlust, der aber gegenüber der Zahnreibung nicht in Betracht kommt (vgl. weiter hinten S. 641). Auch die Lagerreibungsverluste der liegenden Welle, die jedenfalls etwas größer sind als die der stehenden Welle mit Stirnzapfenstützung, bedingen für die liegende gegenüber der stehenden Welle mit Kegelrädern noch keinen wesentlich kleineren mechanischen Nutzeffekt. Wenn aber die stehende Welle Ringmittelzapfen erhalten müßte, so ist die Zapfenreibung des letzteren zweifellos größer als die der liegenden Welle.

Nachdem bis jetzt schon vieles besprochen ist, was sich sinngemäß auf die verschiedenen Aufstellungsarten im allgemeinen anwenden läßt, sind nur noch die speziellen Aufstellungsverhältnisse und etwaige konstruktive Besonderheiten zu erledigen, sei es für einfache oder mehrfache Turbinen, Taf. 5 bis 19, Fig. 280 bis 290 u. a, S. 415 u. f.

B. Stehende Welle.

1. Einfache Turbinen mit stehender Welle.

I. Einfache Turbine, Blechsaugrohr, offene Kammer, Kegelräder; hierzu Taf. 5 und 6.

Je nach dem Material, aus dem das Saugrohr hergestellt ist, richtet sich die ganze Art der Auflagerung der Turbine. In der vorliegenden älteren Anordnung schwebt das Blechsaugrohr, das heute nur noch bei hohen Gefällen zweckmäßig verwandt wird, mit seinem unteren Rande frei über der Unterkanalsohle, jede Stütze wäre der freien, vielfach auch kreisenden Bewegung des Wassers hinderlich. Das Blechsaugrohr konnte deshalb im allgemeinen nicht zur Unterstützung der Turbine benutzt werden, sondern es bedarf selbst eines tragenden Haltes oberhalb des Unterwassers.

So kommt es, daß bei freihängendem Blechsaugrohr der Boden der Turbinenkammer seine Eigenlast, die Last der ganzen Turbine, die des Wasserinhaltes der Kammer und noch die des Wasserinhaltes des Saugrohres bis herunter zum Unterwasserspiegel zu tragen hat und daß er dementsprechend tragfähig einzurichten ist.

Ein starkes Gewölbe ist dazu befähigt, oder aber es werden Walzträger von Seitenmauer zu Seitenmauer gelegt, deren Zwischenräume ausbetoniert sind. Eine Vereinigung beider Bodenkonstruktionen zeigt Taf. 6, bei der die beiden Walzträger hauptsächlich dazu dienen, die auf dem Gewölbescheitel ruhende Last der Turbine mehr gegen die Widerlager und die Seitenpfeiler hinüberzuleiten.

Zwischen der, natürlich runden, Auflageflansche der Turbine und den unterstützenden Walzträgern ist ein Zwischenring, der sog. Tragring, am Platze, der zweierlei Aufgaben hat. Er muß den Anschluß an den Betonboden vermitteln und sollte gleichzeitig der Turbine eine breitere Auflage schaffen. Die Walzträger können nicht dicht an das Saugrohr hingeschoben werden, Taf. 5, weil sonst die Schrauben des Saugrohranschlusses unzugänglich wären. Ohne den Tragring müßte die Auflageflansche des Leitapparates deshalb ganz wesentlich vergrößert werden, damit die Turbine zu gutem Sitz auf den Walzträgern kommt, und das würde unpraktische Formen für die Gießerei ergeben haben.

Bequemer ist deshalb die Bildung des besonderen Tragringes, der sehr einfach herzustellen ist und der vermöge seiner Form den Betonanschluß erleichtert. Die Sitzfläche zwischen Turbine und Tragring ist gedreht, häufig auch die untere Sitzfläche des Ringes. Dieser kann dann sehr bequem montiert werden, und die Turbine wird nachher eingehängt, wie der Topf in den Herd, schließlich mit einigen wenigen (4 bis 6) Schrauben an den Ring geheftet, der seinerseits durch ebensoviele mit den Trägern verbunden wurde.

Ist der Kammerboden nur aus ausbetonierten Walzeisen gebildet, so müssen die Träger entsprechend gerechnet werden, und dabei ist besonders die Verteilung der Belastung auf die verschiedenen Träger genau in Rechnung zu stellen. Die beiden Träger, auf denen die Turbine aufruht, müssen viel stärker ausfallen als die anderen Tragbalken des Kammerbodens. Das erhellt aus der Fig. 375, in der die Balkenmitten angegeben und durch die schraffierten Flächen die Eigengewichts- und Wasserbelastungsgrößen für den Kammerboden dargestellt sind.

Das Gewicht der Turbinenteile selbst nebst dem Gewicht des Wassers im Saugrohr belastet dazu noch die beiden Hauptbalken. Vielfach ließ sich deren Beanspruchung dadurch etwas vermindern, daß zwei Querbalken eingeschoben wurden, die ebenfalls unter den Tragring fassen und so einen Teil des Turbinengewichts usw., von der Mitte wegnehmen und erst an ihren Auflagepunkten auf die Hauptträger übermitteln, Fig. 375. Liegt beispielsweise der Tragring auf acht annähernd gleichmäßig verteilten Stellen auf den Trägern, so fallen die Biegungsmomente für die Hauptträger wesentlich besser aus, als bei Abwesenheit der Querbalken.

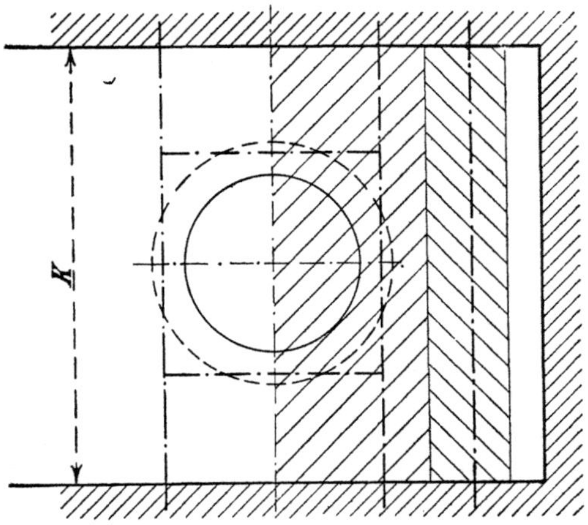

Fig. 375.

Der Turbineneinbau nach Taf. 6 zeigt eine Holzabdeckung der Kammer, die aber so geführt ist, daß man, wenn auch mühselig, während des Betriebes zum Kammlager beim Kegeltrieb beikommen kann. Im übrigen sei auf die Ausnutzung des Raumes zwischen dem Transmissionsboden und dem Unterwasserspiegel hingewiesen, die sehr oft möglich ist, aber trotz der Billigkeit der Herstellung sehr oft unterbleibt. Derartige Räume sind als Akkumulatorenräume, Reparaturwerkstätte, Ölkammer und dgl. oft recht wertvoll. Auch auf die beiden Fälze am Auslauf sei aufmerksam gemacht, die zum Einsetzen von Holzwänden dienen; der Zwischenraum wird mit Letten oder dgl. ausgestampft, wenn im Unterwasser bei der Turbine irgendwelche Revision das Auspumpen des Raumes unter der Turbine erfordert.

II. Einfache Turbine, Betonsaugrohr, überwölbte Kammer, Kegelräder. Hierzu Taf. 7 und 8.

Ungemein einfach gegen vorher werden die Verhältnisse der Auflagerung, sowie man das Saugrohr aus Beton erstellt. Der Tragring ruht teils unmittelbar auf dem als Fundament dienenden Saugrohrkrümmer, teils mit angegossenen Pratzen auf dem Träger, der den wagrechten Teil des Krümmers überbrückt. Bei größeren Gefällen kommt auch dieser Träger nicht zur Anwendung.

Hier findet sich der schon S. 496 besprochene Lagerbock für den Kegelräderbetrieb auf der massiven Kammerdecke, auf dem auch der Ringspurzapfen der massiven Turbinenwelle seine Stütze hat, vgl. auch Taf. 10.

Das Schutzrohr, das die Welle und das untere, im Turbinendeckel sitzende Halslager umgibt, ist an ein kegelförmiges Stück angeschlossen, das in dem Fundamentklotz des Lagerbockes einbetoniert ist, bis unter den Lagerbock hinaufreicht, ohne jedoch mit demselben verschraubt zu sein. Die Formen sind aber so gewählt, daß das Aböl des Spur- und oberen Halslagers mit Sicherheit abgefangen wird und dem unteren Halslager zufließt.

Das kleine Gefälle gestattete in beiden Fällen nicht, mit der Turbine so hoch zu gehen, daß der Turbinenkammerboden über Unterwasser liegt.

III. Einfache Turbine, Betonsaugrohr, überwölbte Kammer, aufgesetzter Generator. Hierzu Taf. 9.

Dies ist schließlich die einfachste Anordnung für die Kraftabgabe von der stehenden Welle aus. Die Turbine ersetzte die durch die Kraftübertragung Lauffen-Frankfurt, 1891, bekannt gewordene Achsialturbine, deren Auslaufverhältnisse, der Raum unter dem alten Laufrad, eng schraffiert angedeutet sind. Es ist ersichtlich, wieviel besser sich der Saugrohrkrümmer in bezug auf Aushub unter

Unterwasserhöhe und Anpassung an die ganze Fundamentierung stellt als die früheren großen Unterwasserkammern.

Der Ringspurzapfen sitzt hier auf einem Tragdeckel des Zwischenbodens, Hochwassers wegen so weit als tunlich heraufgehoben, das Schutzrohr mit dem Tragdeckel verschraubt, Stopfbüchse unterhalb des Halslagers auf Deckelunterseite. Haken zum Anhängen von Flaschenzügen. Beim Wechseln der Zapfen-Laufringe stützt der halbkreisförmig ausgebildete Kopf eines von außen bedienbaren Riegels die Welle, indem er unter den Bund faßt, der sich unterhalb des Halslagers befindet.

Hieran anschließend noch einige kurze Notizen über die Einrichtung der Turbinenkammern überhaupt, die sich in den verschiedenen Aufstellungszeichnungen je nach Umständen berücksichtigt vorfinden.

Das Betreten der Turbinenkammer soll so bequem als möglich gemacht werden, gute und sichere Einsteigegelegenheit, eiserne Leiter oder Treppe (Holz kann leicht faulen), dann womöglich Zuleitung von Tageslicht (durch Fenster von der Unterwasserseite her meist möglich), dazu aber auch stabile ausgiebige Beleuchtungseinrichtungen, damit nicht die Handlaterne die einzige trübe Lichtquelle bilde.

Aufhängevorrichtungen für Flaschenzüge zum Anhaken von Deckel, Laufrad usw.

Weiter gehört hierher, daß bei geschlossener Einlaßschütze das Wasser vom Kammerboden vollständig abläuft, daß der Boden wirklich trocken werden kann. Wir erzielen dies durch die Neigung des Bodens gegen den Einlaß hin, damit auch die letzten Tropfen sich nach dorthin verlaufen. Hier ist eine kräftige Querrinne, 10 bis 20 cm tief angeordnet, Taf. 6 bis 9, 21, 23, Fig 280, 281, S. 416, usw., häufig im rechten Winkel noch weitergeführt, Taf. 24, 28, 32, 33, in der ein einfaches Ablaßventil sitzt, 150 bis 300 mm im Durchmesser, einem großen Badewannenventil nicht unähnlich, das zum Abführen des Wassers dient. In dieser Rinne sammelt sich auch das durch Undichtheiten der Schütze hereinrinnende Wasser, um durch das betonierte Saugrohr dem Unterwasser zuzufließen.

Die Mauerwerkskante gegen die Schütze hin ist kräftig abzurunden, Fig. 280, Taf. 6, 17, 27, der guten Wasserführung im Betriebe wegen, aber auch zur Vermeidung des Spritzens beim hereinrinnenden Wasser; dieses rieselt dann einfach der großen Abrundung entlang. Die Einlaufsohle bei kleineren Gefällen ansteigend, Taf. 9.

Die Turbine selber setzen wir um 150 bis 250 mm mit der Unterkante der Einlaufbreite b_0 höher als den Boden in der Kammer, Taf. 6 bis 9. Dies ist ein gewisser Schutz gegen Steine u. dgl., die das Wasser mitbringt. Auch die Querrinne wird solche Dinge schon auffangen, besonders wenn die Wand gegen aufwärts schräg anläuft, Taf. 9.

Bei abgeschützter Turbine bleibt die Kammer mit Wasser bis zur Einlaufkante der Turbine gefüllt, was für gewöhnlich ohne Belang ist. Das unter Unterwasser tauchende Saugrohr bildet einen Abschluß, der jeden Luftdurchzug von unten gegen oben unmöglich macht, was besonders für die Frostzeit sehr wertvoll ist.

2. Doppelturbinen mit stehender Welle.

Diese dienen ausschließlich dem unmittelbaren Dynamoantrieb, wie dies u. a. die Taf. 11 bis 16 zeigen.

Doppelturbinen mit Kegelrädern zu vereinigen, ist verfehlt, denn die Doppelturbine mit stehender Welle ist in ihrem Wasserbau und als Maschine an sich teurer als die Doppelturbine mit liegender Welle, von der aus die liegende Haupttransmission durch Riemen- oder Seilübersetzung, unter Wegfall der Räder, erreicht werden könnte.

Wir können zwei Turbinen, parallel geschaltet, in vier verschiedenen Stellungen zueinander ausführen, wie dies die schematischen Fig. 281 bis 284, Seite 416 und 417, ersehen lassen.

I. Doppelturbinen nach Anordnung der Fig. 281, beide Laufräder nach abwärts ausgießend. Hierzu Taf. 11, 12, 13.

Wir finden in Fig. 281 zwei übereinandergesetzte einfache Turbinen, Wasserausfluß gegen abwärts, wobei natürlich für die obere eine seitliche Ablenkung des Saugrohres nötig wurde. Der Deckel über dem unteren Laufrade hat den Zweck, die Belastung abzufangen, die durch die Umlenkung des oberen Saugrohrwassers aus der vertikalen in die horizontale Richtung gegen abwärts erzeugt wird.

Fig. 376.

Eine Aufstellung solcher Doppelturbinen aus der Praxis zeigt Taf. 11, die außerdem die Eigentümlichkeit aufweist, daß zwei im übrigen ganz voneinander unabhängige Doppelturbinen in einer gemeinschaftlichen Kammer eingebaut sind. Dies ist eine Anordnung, die man sich aber nur gestatten darf, wenn es die örtlichen Umstände gebieterisch verlangen und besonders, wenn, wie hier auch, außer den beiden Doppelturbinen noch weitere Turbinen in Nebenkammern vorhanden sind, damit nicht eine Betriebsstörung an einer der Doppelturbinen das ganze Werk zum Stillstande verurteilt. Hier sind keine besonderen Tragringe angeordnet.

Als Ausführung des gleichen Schemas in größerem Maßstabe seien dann hier die Turbinen des Weserwerkes der Stadt Bremen, Taf. 12 und 13, beschrieben.[1])

Hier wird die ganze Wasserführung durch einen zusammenhängenden Betonbau, der mit der Kammer ein Ganzes bildet, dargestellt. Die Leiträder, der Zwischendeckel und der obere Deckel mit Halslagerkreuz sind in Tragringen gestützt, die wie in anderen Ausführungen, Taf. 17, unter sich durch je fünf massive Schmiedeeisensäulen gegenseitig festgelegt sind, vgl. die Photographie der in der Werkstatt zusammengestellten Turbine, Fig. 376.[2]) Durchlaufende, senkrechte Zungenpfeiler stützen die wagrechten Teile der Saugrohrwandungen, sie sind auf der der Wasserströmung zugekehrten Seite mit Gußschirmen verkleidet.

[1]) Die des Schiffsverkehrs wegen durchgeführte Vertiefung der Unterweser machte oberhalb Bremen, bei Hemelingen, die Anlage eines Wehres mit Schleuse notwendig, damit weiter oberhalb die seitherigen Verhältnisse ungeändert bleiben konnten. Der so erzeugte Höhenunterschied der Wasserspiegel bildet das Betriebsgefälle der Anlage, deren Unterwasserspiegel mit Ebbe und Flut wechselt.

[2]) Unterer Tragring vgl. Taf. 12.

Die Schmiedeisensäulen sind zug- und drucksicher mit den Tragringen verbunden, der obere, hier nicht durch den Spurzapfen belastete mit dem Tragring verschraubte Deckel könnte sonst durch Hochwasserdruck gehoben werden.

Am Einlauf zwei durch Elektromotoren betätigte Hubschützen, für den Notfall mit Handbetrieb versehen; Luftzuführung, über Hochwasserhöhe angeschlossen, hinter die Schützen führend, um bei geschlossenen Schützen deren Angesogenwerden zu verhindern und die Selbstentleerung der Kammer zu erleichtern.

Statt des sonst üblichen Dammbalkenverschlusses am Saugrohrauslauf findet sich hier eine Schütze aus Blechkonstruktion, die, an fahrbarer Winde hängend, vor jede Kammer gebracht werden kann; Gleitfälze mit Winkeleisenauskleidung.

Jede Kammer ist durch senkrechtes Saugrohr mit Fuß- und Absperrventil an die wagrechte Strecke der Saugleitung einer elektrisch betriebenen Zentrifugalpumpe angeschlossen. Hierdurch ist ein rasches völliges Entleeren der einzelnen Kammer gesichert. Das Auspumpen der Kammer ist für das Nachsehen der unteren Turbine nötig, weil diese tiefer als das Unterwasser (Meereshöhe) gesetzt werden mußte.

In die Druckräume bei den Leiträdern gelangt man durch ein seitlich des oberen Deckels sitzendes, wasserdicht verschraubtes Einsteigloch von 650 mm lichter Weite, erste Einsteigöffnung, und die in der Seitenwand befindlichen schmiedeeisernen Griff-Sprossen.

Zu den Saugräumen führt eine zweite Einsteigöffnung von 600 mm lichter Weite, auf der anderen Seite der Betonzunge liegend, um ein sicheres Abstellen der Einsteigleiter zu ermöglichen. Die für die Montierung offen gelassenen Deckenfelder innerhalb der Trägerrahmen erforderten die Anordnung der Öffnung in einiger Entfernung von den Wänden, weshalb keine einbetonierten Steigeisen verwendet werden konnten. Für das Befahren des Saugrohres der zweiten Teilturbine dient eine durch das Saugrohr der oberen Turbine gelegte Strickleiter.

Über die Einzelheiten der konstruktiven Anordnung der Turbinen selbst ist manches zu berichten.

Um kleinere Reibungsverluste zu erzielen, ist hier das Ringspurlager als Endzapfen auf den Lagerstern des Generators aufgesetzt. Dort ist die Welle torsionsfrei, der Ringzapfen kann klein gehalten werden. Bedienungssteg, Wasserkühlung. Eine rotierende Ölfangvorrichtung (vgl. dazu Fig. 323, S. 463) leitet das Aböl vom oberen Generatorlager um den Nabenkern des Rotors zum unteren Lager. Nach dessen Verlassen wird es durch einen Ring mit scharfer Kante in einen Sammelbehälter abgeschleudert, damit der darunter laufende Reglerantriebsriemen davor bewahrt bleibt.

Eine Stopfbüchse dichtet die Turbinenwelle auf dem oberen Deckel gegen Luftzutritt in die Saugräume ab. Darunter folgen sich oberstes Turbinenwellenlager, Schalenkupplung mit eingedrehten Ringen zum Längsverband, zweites Wellenlager, erstes Laufrad, Saugrohrboden (das Innenstück mitrotierend), Schalenkupplung wie vorher, drittes Wellenlager, von oben und unten durch Packungen gegen Sand usw. abgesperrt, zweites Laufrad. Beide Laufräder mit besonders eingesetzten durchbrochenen Nabenkörpern.

Der ganze Aufbau wurde unter dem Gesichtspunkt geschaffen, daß sämtliche Turbinenteile durch die einbetonierten Tragringe nach oben müssen gehoben werden können. Demgemäß der, innere, Paßring unter dem oberen Leitrad. Für etwaiges Auswechseln der Leitschaufeln kann jeder obere Leitkranz mittels angeschraubter Bügel, Greifer, hochgehoben werden, wie punktiert in Taf. 12 eingezeichnet.

Während das obere Wellenlager Tropföler hat, werden die beiden anderen durch Preßöl mit jeweils getrennten Schmierpressen versorgt.

Auf die ungemein kräftige Regulierwelle sei noch aufmerksam gemacht, der Verdrehungswinkel wird auf diese Weise praktisch Null.

II. Doppelturbine nach Fig. 282, S. 416, beide Laufräder nach aufwärts ausgießend, gekrümmte Saugrohre.

Hier ist die Anordnung umgedreht, wir finden die Ausflüsse gegen aufwärts gerichtet, damit die hier undurchbrochenen Laufradböden vom Oberwasser her durch die durchbrochenen Tragstücke Druckwasser erhalten können. Auf diese Weise kann, abgesehen von den Widerstandshöhen der Saugrohre, das ganze Gefälle auf die Laufradböden, Durchmesser D_1, gegen aufwärts wirksam eintreten und den Spurzapfen sehr kräftig entlasten. Beispielsweise kommt bei 5 m Gefälle und 1,5 m äußerem Laufraddurchmesser ein Druck nach oben von rund

$$2 \cdot 1{,}5^2 \frac{\pi}{4} 5 \cdot 1000 = \sim 17\,000 \text{ kg}$$

zustande.

Nicht außer acht darf bei der Ausnutzung einer derartigen Entlastungseinrichtung aber bleiben, daß sie nur tätig ist, solange die Kammer und die Saugrohre mit Wasser voll angefüllt sind. Sitzen große Schwungmassen für Regelungszwecke auf der Turbinenwelle, so kommt die Turbine nicht sofort nach dem Abschützen zum Stillstand, sondern das Arbeitsvermögen der Schwungmassen ist, besonders bei sehr guten Spurlagerverhältnissen, imstande, eine solche transmissionslose Turbine noch viertelstundenlang und mehr in langsam abnehmender freier Drehung zu erhalten. Soll der Zapfen durch die beim Fehlen der Entlastung vergrößerte Reibung nicht gefährdet sein, so muß entweder die Zapfenfläche entsprechend bemessen werden, oder aber es müssen die beiden Entlastungsräume gegen die Kammer abgeschlossen und durch ein weites Rohr von außerhalb der Einlaßschütze mit Druckwasser gespeist werden. Und selbst dann kann die volle Entlastung nicht erhalten bleiben, weil sich die Saugrohre alsbald entleeren, sowie der absinkende Wasserspiegel die Oberkante der Lichtweite b_0 beim oberen Leitapparat erreicht hat, weil also dann nur Druck-, aber keine Saugwirkungen zur Verfügung sind.

Die Anordnung ist nicht billig und bedarf größerer Höhe als die nach Fig. 281; außerdem läßt die Zugänglichkeit zu wünschen übrig, und es steht leicht zu erwarten, daß die Entleerung des oberen der beiden Saugrohranschlüsse von Luft sehr lange Zeit beansprucht, was für eine glatte Ingangsetzung hinderlich ist. Letzterem Übelstande ließe sich durch Anbringen einer Wasserstrahlluftpumpe oben am Rohre abhelfen. Betriebsgefälle ist ja hierfür stets vorhanden.

Für den Spurzapfenwechsel ist im unteren Halslager eine besondere Stützplatte eingelegt, auf die sich die Welle absenken kann.

III. Doppelturbinen nach Fig. 283, gemeinschaftliches Saugrohr.
Hierzu Taf. 14, 15, 16.

Die Doppelturbine nach Fig. 283, S. 417, kann nur mit einer Druckfläche für Zapfenentlastung ausgestattet werden und kommt dafür mit einer einfacheren Saugrohrführung aus. Die ganze Anordnung ist billiger als die nach Fig. 282. Damit sich hier die einander entgegenstrebenden Wasserströme der beiden Austritte nicht beengen, wird zweckmäßig ein Ableitungsschirm eingebaut, nach der Seite wirkend, wie — — — — eingezeichnet.

Wie eine solche Anordnung in der Praxis aussieht, zeigt die Taf. 14 im Verein mit den Taf. 15 und 16.

Die beiden Leiträder sind von oben und unten her an ein stark erweitertes „T-Stück“ aus Blech angesetzt, das einfach gegen das in der Mauer fest einbetonierte und verankerte Saugrohr geschraubt ist und dazu auf der Innenseite auf einem breitbasigen Walzträger aufruht. Das Blechsaugrohr mündet in schräger

Richtung gegen das Unterwasser aus. Im Betriebe preßt der ganze Gefälledruck das T-Stück gegen das Saugrohr hin.

Wie die ausführende Fabrik, Briegleb Hansen & Co., Gotha, dem Verfasser mitteilte, mußten die Turbinen unter Schonung alter Fundamentmauern (Pfahlrost) eingebaut werden, was aber durch die geschilderte Anordnung sehr gut gelöst wurde. Das „T-Stück" ist reichlich weit gehalten, um das Gegeneinanderprallen der beiden Abwasserströme mehr auszugleichen[1]) und um noch Gelegenheit zur Anbringung eines soliden Führungslagers für die massive Turbinenwelle zu schaffen, das in zwei wagrechten Armen gehalten, Grundriß, Taf. 14, und außerdem noch mit zwei Spannstangen gegen senkrechte Verschiebung (Aufriß) gesichert ist. Stopfbüchsen sollen das von außen her geschmierte Lager vor den Verunreinigungen des Betriebswassers schützen. Ein Mannloch in der wagrechten Rohrachse ermöglicht das Zukommen.

Die sonstige Anordnung dieser Turbinen bietet manches Interessante. Der äußere Radkranz, Taf. 14, oben, schließt sich mit einem von unten her kommenden Schleifrand an den Leitkranz an und hat dazu eine rippenförmige Verstärkung, weil der Kranz selbst nicht sehr hoch ist. Wegen der Konstruktion der Drehschaufeln siehe auch S. 366, 373 u. f. Für Regelungszwecke war die Anbringung eines Schwungrades nötig, das ziemlich dicht über dem Oberwasserspiegel untergebracht ist. Das Schwungrad ist einteilig, aber mit gespaltener Nabe ausgeführt. Oberhalb des Schwungrades findet durch kleine Kegelräder der Reglerantrieb seine Erledigung, und darüber folgt über einem Halslager der Mittelzapfen für Turbine und Schwungrad, während die Dynamowelle, nur durch eine nachgiebige Kuppelung mit der Schwungradwelle verbunden, ihren besonderen Zapfen am oberen Ende besitzt. Das Gewicht der rotierenden Teile ist hier also auf zwei Spurlager verteilt, und zwar, der nachgiebigen Kuppelung wegen, in ganz bestimmter Weise.

Der Mittelzapfen der Turbine ist in Taf. 15 im Schnitt dargestellt. Er enthält, wie schon S. 466 erwähnt, 23 Rollkugeln von $1^1/_4''$ engl. Durchmesser für eine Belastung von 9000 kg bei 175 Umdrehungen.

Da beide Leiträder mit dichtschließenden Deckeln versehen sind, so ist hier auf die Entlastung verzichtet. Dagegen sei auf den großen Durchmesser hingewiesen, den der oberste Leitradkranz besitzt. Nach Angabe der Fabrik ist die Absicht bei dieser Vergrößerung, der Wirbelbildung beim Eintritt in die Leitschaufeln entgegenzuwirken, die allenfalls durch die relativ hohe Lage des oberen Leitapparates und die Nähe des Oberwasserspiegels sich einstellen könnte.

Die Grube unter dem unteren Laufrade dient auch als Kiesfang und liegt mit ihrer Sohle unterhalb des Unterwasserspiegels. Damit sie von hineingeratenem Gerölle, Sand usw. auf einfache Weise gereinigt werden kann, ist statt des sonst üblichen Leerventils ein einfacher Schieber von 500 mm Durchlaßöffnung eingebaut, der bei gefüllter Turbinenkammer, also während des Betriebes, vom Zwischenboden aus betätigt werden kann, Taf. 15, 16. Eine besondere Anpreßvorrichtung, schrägliegender Hebel, dient dazu, den Gegendruck des Unterwassers abzufangen, wenn die Kammer, der Untersuchung der unteren Turbine wegen, ganz ausgepumpt werden soll.

IV. Doppelturbinen nach Fig. 284 mit entgegengesetzt gerichteten Saugrohren.

In Fig. 284, S. 417, ist die vierte Anordnung der Doppelturbinen dargestellt, die Laufräder stehen Rücken an Rücken, wodurch eine verhältnismäßig kleine

[1]) Diese Erweiterung entspricht ungefähr dem Sinne der Fig. 366 u. 367, S. 504, ist aber heute wohl auch verlassen.

Bauhöhe erzielt werden kann, dagegen ist das Auseinandernehmen der Turbine, wie bei Fig. 282, nicht einfach.

Bei den Anordnungen nach den schematischen Fig. 281 bis 284 ist ein Aufruhen auf der Sohle der Turbinenkammer vorausgesetzt. Hier würden die Schaufelbolzen nach Fig. 221, S. 359, u. a. bei der unteren Turbine außer den Bolzendrücken und der ruhigen Deckellast durch Wasserdruck noch das ganze Gewicht der ruhenden Turbinenteile aufzunehmen haben, dazu sollte noch eine gewisse Seitensteifigkeit kommen, der Stabilität des Ganzen wegen.

Können die Schaufeln und Schaufelbolzen nicht entsprechend kräftig gehalten werden, so haben hier die schon erwähnten sonstigen Versteifungen zwischen den Leitkränzen einzutreten, sofern nicht Konstruktionen mit starken Stangen, wie in Taf. 14 und 15, angewendet werden, oder es empfiehlt sich die Bell'sche Schaufelanordnung mit ihrer ausgiebigen Kranzversteifung durch die feststehenden Leitschaufelwände, Fig. 279, S. 412.

Der Einbau nach Taf. 14, 15 und 16 zeigt beide Leitapparate freischwebend, den mittleren Blechkessel solide gehalten. Hier hätten die Schaufelbolzen nach Fig. 221, abgesehen von den Bolzendrücken der Schaufeln selbst, auch nur die ruhige Deckelbelastung durch Wasserdruck auszuhalten und hätten deshalb auch ohne andere Versteifung angewendet werden können.

2 a. Hochwasserreserve. Turbinen mit Normalwasser- und Hochwasserkranz.

Vergrößerung der Umdrehungszahl ist fast immer die Absicht bei der Anwendung von Doppelturbinen. Doch liegt hier und da eine andere Veranlassung hierzu vor, nämlich die Schaffung einer Hochwasserreserve für die betreffende Anlage.

Kleinere Gefälle werden durch Hochwasser verhältnismäßig viel mehr beeinträchtigt als größere. Die Turbinen unter kleinen Gefällen gehen bei Hochwasser, besonders wenn die Umdrehungszahl des normalen Gefälles eingehalten werden muß, sehr rasch in ihren Leistungen zurück, Gl. 996 u. a., und so liegt der Gedanke nahe, die großen Wassermengen der Hochwasserstände, wenn auch mit verringertem Gefälle, mit zur Arbeitsleistung heranzuziehen und auf diese Weise den Abgang zu ersetzen, den die für Normalgefälle gebaute Turbine durch die Gefälleverminderung erleidet. Das kann nun auf mancherlei Art und Weise gemacht werden. Vgl. auch S. 687, Unterwasser-Absauger.

Der umständlichste Weg ist die Aufstellung besonderer Hochwasserturbinen in eigenen Turbinenkammern oder wenigstens mit eigenem Transmissionsanschluß, eine Ausführung, die kaum irgendwo einmal sich vorfinden wird, schon der hohen Anlagekosten wegen, die sich in der doch immer kurzen Hochwasserzeit nicht bezahlt machen können.

Der wesentlich einfachere Weg ist die Verwendung einer Doppelturbine mit einem Leit- und Laufrad für normales Gefälle und einem solchen für Hochwassergefälle an Stelle einer einfachen Turbine, wobei in Hochwasserzeiten meist beide Laufräder gleichzeitig zu arbeiten haben.

Die Doppelturbinen nach Fig. 281 bis 284, S. 416 und 417, können ohne weiteres für einen derartigen Betrieb eingerichtet werden, wobei folgendes zu beachten ist:

Das, kurz gesagt, Hochwasserlaufrad muß in den Zeiten der normalen Gefälleverhältnisse sehr sorgfältig gegen Wasserzutritt von außen her geschützt werden, denn würden die Leitschaufeln Wasser durchrinnen lassen, so wäre dies genau in der Weise zu beurteilen, wie S. 289 schon erwähnt, Arbeitsverluste von beträchtlicher Höhe könnten die Folgen sein. Der Abschluß sollte durch eine Ringschütze um das

Leitrad, Fig. 377, oder eine solche im Schaufelspalt[1]) erfolgen, die den Leitapparat ganz dicht absperrt. Es ist weiter zu beachten, daß sich das vom Außenwasser dicht abgeschlossene Hochwasserlaufrad von rückwärts aus dem Saugrohr mit Wasser füllen und schließlich zwischen dem Eintritt und Austritt einen Druckhöhenunterschied im Betrage $\frac{u_1^2 - u_2^2}{2g}$ schaffen kann, unter welchem nach oben und unten Wasser durch den Spalt zwischen Laufrad und Ringschütze aus dem Radinnern gegen außen entweichen wird. Das Hochwasserlaufrad hat also die Neigung, in normalen Zeiten als Zentrifugalpumpe zu wirken und einen Wasserumlauf aus dem Kranzspalt heraus über den Radboden hinweg und zurück zu den Entlastungslöchern einzuleiten, der nach Möglichkeit hintangehalten werden muß, weil er eben auch Betriebskraft, wenn auch in geringerem Grade, beansprucht. Enger Spalt zwischen der sauber auszudrehenden Ringschütze und dem Außendurchmesser der Kränze am Hochwasserlaufrad ist das Mittel, das ganz wesentlich unterstützt wird, wenn wir der Entwickelung des Rotationsparaboloids auf dem Laufrad nichts in den Weg legen.

Darüber, welchen Arbeitsbetrag das im Wasser umlaufende Hochwasserlaufrad verzehrt, sind dem Verfasser genaue Angaben nicht bekannt.

Das Hochwasserleitrad enthält meist feststehende Leitschaufeln von großem Betrage der a_0. Eine rationell wirkende Wassermengenregulierung ist dabei unnötig, und die erwähnte Ringschütze genügt für die sonstige Einstellung vollständig.

Für die Größenbemessung des Hochwasserlaufrades werden die Verhältnisse im allgemeinen annähernd so liegen, wie folgendes Zahlenbeispiel erkennen lassen mag:

Das Normalwasserlaufrad besitze bei einem Gefälle von $H = 3$ m und einer Wassermenge von 4 cbm/sk ein normales Leistungsvermögen von

$$\frac{3 \cdot 4 \cdot 1000}{75} 0{,}80 = 128 \text{ PS}_e$$

bei einem mechanischen Nutzeffekt von $e = 0{,}80$, einem hydraulischen von etwa $\varepsilon = 0{,}82$ entsprechend.

Es soll ein Hochwasserlaufrad beigefügt werden, das zu bewirken hat, daß bei einem Rückgang des Gefälles auf $h = 2$ m und unter Einhaltung der normalen Geschwindigkeit noch die volle Leistung von 128 PS_e gesichert ist.

Liegen Bremsergebnisse eines gleichgebauten Normalwasserlaufrades vor, so kann die Leistung des hier in Betracht kommenden Normalwasserlaufrades bei verkleinertem Gefälle (2 m) etwa nach Gl. 992, am Schluß des Buches, gerechnet werden. Sind keine solche Daten erhältlich, so kann nach der in Gl. 996 niedergelegten Faustformel gerechnet werden. Diese gäbe hier für $h = 2$ m

$$N_h = 128\left(1 - 1{,}5\,\frac{3-2}{3}\right) = 64 \text{ PS}_e.$$

Das Hochwasserlaufrad hat also bei 2 m Gefälle $128 - 64 = 64 \text{ PS}_e$ zu entwickeln. Bei nur 75% Nutzeffekt würde dies verlangen, daß demselben eine sekundliche Wassermenge von

$$Q = \frac{64 \cdot 75}{2 \cdot 1000 \cdot 0{,}75} = 3{,}2 \text{ cbm/sk}$$

zuzuführen ist.

Für die Saugrohrverhältnisse gilt dann folgendes:

Die Austrittsfläche des Normalwasserlaufrades hat eine durch den zugelassenen Austrittsverlust α_2 für 3 m gegebene Größe, Gl. 387a, S. 149 usw., und diese Größe

[1]) Ähnlich derjenigen auf Taf. 51.

bleibt an sich natürlich unverändert. Aber auch, wenn die verarbeitete Wassermenge kleiner wird, ermäßigt sich der Bedarf an Austrittsfläche nicht, wie schon S. 317 dargelegt, und die Abnahme des Gefälles bleibt auf diesen Bedarf deshalb ohne Einfluß. Dementsprechend ist in dem, beiden Laufrädern gemeinschaftlichen, Saugrohr, Fig. 283, S. 417, ein entsprechender Anteil am Gesamtquerschnitt für das Normalwasserlaufrad vorzubehalten, und dieser Anteil bleibt sich unter allen Gefälleverhältnissen ganz gleich, weil eben die Austrittsfläche ganz unabhängig vom Wasserverbrauch stets voll ausgenutzt wird.

Neben diesem Anteil am Saugrohrquerschnitt ist dann noch der für das Hochwasserlaufrad zu beschaffen, wobei hier meist ein größerer Austrittsverlust zugrunde gelegt wird, etwa 10%, damit der erforderliche Saugrohrquerschnitt nicht zu groß ausfalle. Daher auch die Annahme geringeren Nutzeffektes bei der Berechnung der betreffenden Wassermenge.

Mit den vorgenannten Zahlen würde sich bei 6% Austrittsverlust für das Normalrad und 10% für das Hochwasserlaufrad ergeben:

Normalwasserlaufrad	Hochwasserlaufrad
$H = 3$ m	$h = 2$ m
$\alpha_2 = 0{,}06$	$\alpha_2 = 0{,}10$
$w_2 = \sqrt{2g \cdot 0{,}06 \cdot 3} = 1{,}88$ m/sk	$w_2 = \sqrt{2g \cdot 0{,}10 \cdot 2} = 1{,}98$ m/sk
$\delta_2 = 90^0$;	$\dfrac{a_2 + s_2}{a_2} = 1{,}1$
$F_2 = \dfrac{4}{1{,}88}\, 1{,}1 = 2{,}34$ qm	$F_2 = \dfrac{3{,}2}{1{,}98}\, 1{,}1 = 1{,}78$ qm

Mithin erforderlich ein gesamter Saugrohrquerschnitt von 4,12 qm.

Der erforderliche, kleinere Saugrohrquerschnitt des Hochwasserlaufrades ist an sich auch deshalb erwünscht, weil er gestattet, das Laufrad im Eintrittsdurchmesser, wenn Ausführung z. B. nach Fig. 283, kleiner zu halten, was der Winkelverhältnisse am Eintritt wegen willkommen ist.

Haben beide Laufräder gleichen Außendurchmesser, so wird der Eintrittswinkel β_1 beim Hochwasserlaufrad ziemlich größer genommen werden müssen, da zwar die Winkelgeschwindigkeit für beide Räder gleich, also die Umfangsgeschwindigkeiten u_1 ungefähr gleich sind, aber für das Normalrad ist das Gefälle H zugrunde gelegt, während das stoßfreie Nachfüllen der Reaktionsgefäße für das Hochwasserlaufrad bei dem verkleinerten Gefälle h einzutreten hat, Gl. 379, S. 142.

Hat beispielsweise das Normalrad $\beta_1 = 90^0$, so ist für dieses

$$u_1 = \sqrt{g \cdot \varepsilon H} = \sqrt{9{,}81 \cdot 0{,}82 \cdot 3} = 4{,}91 \text{ m/sk}$$

und wenn der Eintrittsdurchmesser D_1 des Hochwasserlaufrades gleich dem des Normalwasserlaufrades geschätzt wird, so verlangt dies nach Gl. 379 einen Winkel β_1 für das Hochwasserlaufrad mit $\operatorname{tg} \delta_1$ einfach 0,5, was $\delta = \sim 26^1/_2{}^0$ entspricht, und mit $h = 2$ m und $\varepsilon = 0{,}75$

$$\operatorname{tg} \beta_1 = -0{,}7833; \qquad \beta_1 = 180^0 - 38^0\,5' = 141^0\,55'.$$

Nun gestattet die kleinere Austrittsfläche des Hochwasserlaufrades, 1,78 qm gegenüber 2,34 qm, den Eintrittsdurchmesser D_1 desselben vielleicht kleiner anzunehmen, z. B. 0,85 von dem des Normalwasserlaufrades. In diesem Falle ist u_1 für das erstere Laufrad nur $4{,}91 \cdot 0{,}85 = 4{,}173$ m/sk, und hieraus ergibt sich

$$\operatorname{tg} \beta_1 = -2{,}722; \qquad \beta_1 = 180^0 - 69^0\,50' = 110^0\,10'.$$

Die Schaufelformen werden also für kleineren Eintrittsdurchmesser des Hochwasserlaufrades besser ausführbar.

Die meisten Turbinen, die Hochwasserkränze als besondere Ausstattung erhalten haben, sind aber nicht als Doppelturbinen im seitherigen Sinne ausgebildet worden, sondern sie enthalten fast immer die beiden Laufräder unmittelbar übereinandersitzend als zwei Etagen desselben Laufrades, also konzentrisch in das gemeinschaftliche Saugrohr ausgießend, wie dies Fig. 377 zeigt.

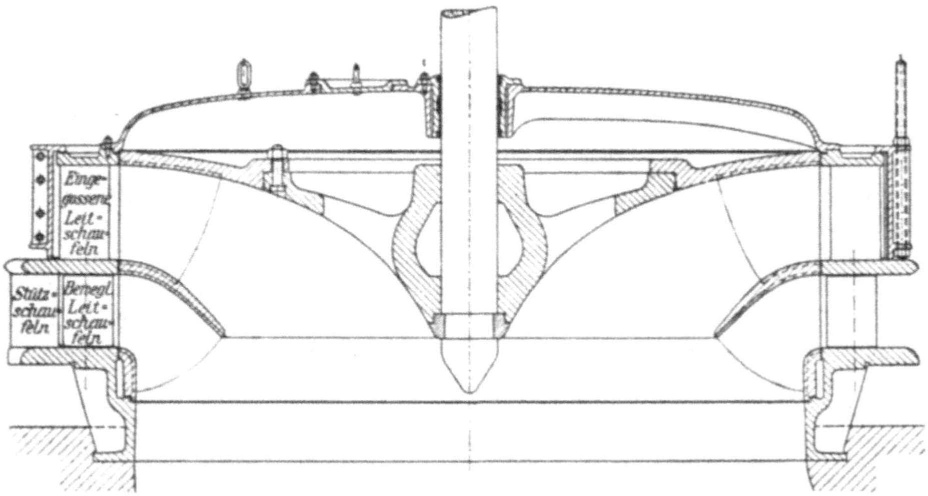

Fig. 377.

Die Berechnung dieser sog. „Etagenturbinen" ist genau dem seitherigen Gange entsprechend; wir werden uns vorzustellen haben, daß, beispielsweise bei obenliegendem Hochwasserkranz, dessen Abwasser die mittleren Teile des Saugrohres, dessen Kern, durchströmen wird, während das Abwasser der Normaletage einen äußeren, den Kern umschließenden Ringquerschnitt in Beschlag nimmt. Es kommt dabei gar nicht darauf an, daß sich der Konstrukteur ernstlich abmüht, in den zwei konzentrischen Saugrohrquerschnitten etwa gleiche Geschwindigkeiten herbeiführen zu wollen, der Betrieb ist ganz gut denkbar in der Weise, daß z. B. von der Hochwasseretage ein mittlerer Wasserkern mit größerer Geschwindigkeit durch den umgebenden Ring des Abwassers von der Normaletage durchschießt.

Nach den vorher genannten Zahlen würde sich der Saugrohrquerschnitt zusammensetzen aus einem inneren Kreisquerschnitt von 1,78 qm oder rund 1,5 m Durchmesser, umschlossen von einem Ringquerschnitt von rund 2,3 m Außendurchmesser, dieser dem Gesamtquerschnitt von 4,12 qm entsprechend.

Ein Nachteil dieser Anordnung ist die verhältnismäßig kleine Umdrehungszahl der Turbine, weil der Saugrohrdurchmesser eben für die beiden Wassermengen gerichtet werden muß, und weil deshalb die D_1 groß ausfallen.

Da die Ringschütze außen um das Laufrad oder im Spalt des Hochwasserlaufrades sich konstruktiv besser einordnet, wenn sie nach oben gezogen werden kann, Fig. 377, so ergibt sich daraus die Anordnung der Hochwasseretage über derjenigen für den Normalbetrieb.

Vielfach kann eine Hochwasserreserve in kleinerem Umfang für die einfache Turbine aber auch auf folgendem Wege beschafft werden:

Die meisten Bremsversuche von Turbinen mit Spaltdruckregulierung zeigen, daß die Nutzeffektziffern e, von voller Füllung ausgehend, zuerst noch ansteigen, wenn die Wassermenge vermindert wird, was sich der Hauptsache nach aus der anfänglichen Abnahme der w_2, Fig. 204, 205 u. 208 usw., S. 314 u. f., erklärt. Wenn nun die Turbine so bemessen wird, daß die für normales Gefälle H vorhandene Wassermenge Q_H gar nicht als größte Wassermenge der Rechnung zugrunde liegt, daß diese als ein Bruchteil der größten Wassermenge Q angesehen wird, meist $Q_H = \sim \frac{3}{4} Q$, besser gesagt $Q = \frac{4}{3} Q_H$, so wird die Normalwassermenge mit besserem Nutzeffekt verarbeitet werden und die Schluckfähigkeit der Turbine bei Hochwasser durch Vollöffnen der Leitschaufeln noch steigerungsfähig sein. Vgl. auch S. 322.

3. Die Dreifachturbinen mit stehender Welle, hierzu Taf. 17.

Wir könnten der Doppelturbine der Fig. 281, S. 416, einfach oben noch eine dritte, gegen unten ausgießende Turbine aufsetzen und deren Saugrohr auch seitwärts ableiten; diese Anordnung würde aber eine sehr große Höhe beanspruchen, also für kleinere Gefälle, bei denen gerade die Mehrfachturbinen in Frage kommen, eine wesentliche Verteuerung der baulichen und auch der maschinellen Anlage im Gefolge haben. Wir verzichten auf diese Art der Anordnung und erhalten dann die vier in den Fig. 285 bis 288, S. 418 und 419, schematisch dargestellten Anordnungen, bei denen jedesmal ein Paar Laufräder Rücken an Rücken sitzend vorkommt.

Freie Laufräder als Entlastungsflächen sind ohne weitere Veranstaltung in den Anordnungen Fig. 287 und 288 zur Verfügung. Da aber bei beiden die oberen Saugrohranschlüsse sehr nahe dem Oberwasserspiegel liegen, so werden diese Anordnungen, wenn möglich, vermieden. Auch die Anordnung nach Fig. 285 hat diesen Übelstand; so kommt es, daß diejenige nach Fig. 286 mit dem tieferliegenden Saugrohranschluß die bessere Gewähr für den Betrieb bildet, und diese ist auch von Gebr. Bell & Co., Kriens bei Luzern, der Anlage Beznau an der Aare zugrunde gelegt worden, Taf. 17.[1]) Dabei hat der Konstrukteur die beiden unteren Laufräder so weit auseinandergerückt, daß zwischen beiden ein Halslager für die Turbinenwelle auf einem gegen unten dicht abschließenden Deckel angebracht werden konnte. Auf diese Weise durfte nicht nur das Führungskreuz im unteren Saugrohr wegfallen, sondern die untere Fläche des mittleren, gegen oben ausgießenden, Laufrades von 2300 mm Außendurchmesser steht unter Wasserdruck, dient also mit dem ganzen Gefälledruck als Entlastungsfläche, während der Deckel den Wasserdruck in üblicher Weise vom untersten Laufrade fernhält. Der Entlastungsdruck stellt sich, Rotationserscheinungen außer Acht gelassen, bei 4,4 m Gefälle auf $2{,}3^2 \frac{\pi}{4} 4{,}4 \cdot 1000 = \sim 18\,300\,\text{kg}$.

Von oben her sind die beiden im Wasser liegenden Halslager durch Stopfbüchsen gegen das Eindringen von Unreinlichkeiten aus dem Betriebswasser abgedeckt, die natürlich nur ganz wenig angezogen sein sollten, weil sie nicht gegen irgendwelchen Druckunterschied standzuhalten haben. Von unten her sind die Lager gewissermaßen offen.

Sämtliche sich drehenden Teile ruhen auf einem Ringzapfen, der als Mittelzapfen auf der Welle der Dynamomaschine unterhalb derselben eingebaut ist. Er sitzt so hoch, daß er gerade noch den höchsten Oberwasserspiegel überragt und wird von einem entsprechend hochgezogenen kegelförmigen, mit Armen versteiften und auf einem einbetonierten Ring zentrisch verschraubten Deckel der Turbinenkammer getragen, der zum Abschluß des Hausinnern gegen die hohen Oberwasserstände dient. Ein halbmeterweites Standrohr auf diesem Deckel vermittelt den Luftausgleich für das Innere der Turbinenkammer.

---

[1]) Diese Firma hat zuerst rationell gebaute Mehrfachturbinen mit senkrechter Welle ausgeführt.

Für die Schmierung und Entlastung des Ringzapfens von etwa 600 mm äußeren und 400 mm inneren Durchmesser kommt Preßöl von $p_0 = 25$ bis 30 kg/qcm Druck zur Anwendung. Nach Angabe der Firma Bell & Co. beträgt der Entlastungsdruck durch Preßöl bis zu $P_0 = 30000$ kg. Aus diesen Daten würde im Anschluß an Fig. 328 und Gl. 655, S. 468, die erforderliche Ausdrehungsbreite zu etwa 60 mm folgen und demgemäß gegen außen und innen eine Sitzfläche von je ungefähr 20 mm übrig bleiben.

Beim Zapfenwechsel stützt sich die massive Turbinenwelle auf einen eigens zu diesem Zwecke im unteren Saugrohrkrümmer montierten Tragbock, der mit verstellbarer Schraubenspindel für das Aufruhen des Wellendes versehen ist. Die Saugrohre erbreitern sich natürlich gegen die Mündungen hin ganz wesentlich.

Für die Leitapparate sind ausgedrehte Tragringe angeordnet, an die der Beton der Turbinenkammer seitlich anschließt, und diese Tragringe sind untereinander durch je vier Gußsäulen verbunden. Auf diese Weise ist nicht nur in der Werkstätte ein präzises Zusammenbauen des Ganzen gewährleistet, sondern es ist auch Sicherheit gegeben, daß kleinere Senkungen oder Verschiebungen im Mauerwerk der Turbinenkammer noch fast gar keinen Einfluß auf die Turbine selbst auszuüben vermögen.

Die Regulierringe führen sich in Kugelrollbahnen, wie schon früher beschrieben, Fig. 279, S. 412, dagegen ist der Anschluß an die drehbaren Schaufelzungen nicht wie in genannter Figur mit Zahngetriebe, sondern durch kurze Lenkstängchen bewerkstelligt, die sich für „ganz zu" in der Nähe der Strecklage befinden.

Eine gemeinschaftliche Regulierwelle bedient die drei Leitkränze gleichzeitig durch jeweils zwei Lenkstangen nach dem Schema der Fig. 255, S. 391, Ausgleicher sind, der Rollkugellagerung wegen, nicht vorhanden.

Durch sogenannten stehenden Riemenbetrieb ist die senkrechte Reglerwelle von der Turbinenwelle angetrieben.

Auch hier sind am Saugrohrauslauf doppelte Fälze angebracht, zum Abdämmen des Kammerraumes gegen das Unterwasser. Ein auf den unteren Pfeilerköpfen entlang führender Laufsteg im Verein mit einem I-Trägergeleise für eine Laufkatze, das mittels Konsolen an der Hauswand tragsicher angehängt ist, erleichtern das Abdämmen ganz wesentlich.

Für das erforderliche Auspumpen ist eine wagrechte, gemeinschaftliche Rohrleitung von 400 mm Durchmesser über sämtliche Turbinenkammern entlang gelegt, von der in jede Kammer ein senkrechtes Saugrohr abzweigt. Jedes Saugrohr kann durch ein unter Wasser liegendes Absperrventil verschlossen werden, dessen Spindel im Rohre senkrecht nach oben geführt ist, damit das Ventil vom Gang über den Saugrohren aus gehandhabt werden kann. Das Ventil selbst muß unter dem Unterwasserspiegel liegen, damit sich für gewöhnlich unter demselben keine Luft ansammeln kann, denn beim Einschalten der betreffenden Kammer an die Saugleitung würde die aufsteigende Luft die Tätigkeit der Entleerungszentrifugalpumpe stören. Das Ventil wird zweckmäßig als selbstschließendes Fußventil eingerichtet, das durch die Spindel nur niedergehalten ist.

Besonders soll auch noch auf die Anbringung von Steigleitern und Treppen hingewiesen sein, die das Besteigen der Kammern sehr erleichtern.

All diese Einrichtungen zeigen, daß sich die ausführende Fabrik darüber klar gewesen, daß es mit der guten Ausführung der Turbinen allein nicht getan ist, sondern daß die ganze Anlage ein organisches Ganze zu bilden hat, bei dem für alle Vorkommnisse Vorsorge zu treffen ist.

Die Taf. 17 zeigt in ihrer oberen linken Ecke ein Stück vom Grundriß der Anlage im Maßstab 1:400, woraus die Gesamtanordnung ersehen werden kann. Die Erregerturbinen, von 450 PS_e bei 85 Umdr./min, sind am einen Ende der Halle angeordnet und betreiben außer den Erregerdynamos auch noch durch Kegelräder je eine dreizylindrige Öldruckpumpe, die das Preßöl von 25 bis 30 Atm. in die Speiseleitungen fördert, das zu den Zapfenentlastungen, den Öldruckreglern und den mit Preßkolben betriebenen Einlaufschützen führen. Je ein Windkessel dient der betreffenden Leitung als Akkumulator und ist mit Luftkompressionspumpe für den Ersatz der verbrauchten Luft versehen. Die Leitungen können selbstverständlich untereinander verbunden werden, damit die Preßöllieferung und der Preßölverbrauch sich besser ausgleichen können. Auch die Handregulierung der Turbinen, die bei etwa ausgeschaltetem Regler benötigt wird, erfolgt unter Zuhilfenahme von Preßöl durch einfache Ventileinstellung mit Nachführung.

Das Gefälle dieser Anlage ist, wie meistens bei solch kleineren Gefällen, sehr schwankend, es ändert sich in den Grenzen zwischen 3,3 m (große Wasserstände) bis 5,7 m bei Kleinwasser, und deshalb sind die Laufräder derart bemessen, daß sie auch noch bei 3,9 m 1000 PS_e entwickeln können. Sie müssen also bei hohem Gefälle ziemlich weit geschlossen sein. Als Normalgefälle gilt 4,4 m.

Die in Gl. 996 angegebene Faustregel kann uns einen Anhalt darüber geben, auf welchen Leistungsbetrag etwa bei $h = 3,9$ m statt $H = 4,4$ m Gefälle unter Einhalten der normalen Umdrehungszahl von $66^2/_3$ pro Min. gerechnet werden kann. Wir finden für 140 mm Leitschaufelweite und 1050 $PS_e = N_H$ nach Gl. 996

$$N_h = 1050\left(1 - 1,5\,\frac{4,4 - 3,9}{4,4}\right) = 1050 \cdot 0,83 = \sim 872 \text{ PS}_e.$$

Die Reserve von $1000 - 872 = 128$ PS_e muß also darin gesucht werden, daß die Leitschaufeln noch bis 180 mm geöffnet werden können und daß die Verhältnisse am Laufradeintritt derart beschaffen sind, daß dieses Weiteröffnen überhaupt noch eine Vermehrung des Wasserverbrauches mit sich bringt.

Von der Verwendung eines der drei Laufräder als Hochwasserturbine mit besonderer Schaufelung, wie S. 520 u. f. beschrieben, ist hier abgesehen worden.

4. Vierfachturbinen mit stehender Welle.

Bei großen Anlagen mit reichlichen Wassermengen und mittleren Gefällen sind die Gefälleschwankungen, wie schon erwähnt, von bedeutendem Einfluß auf die Leistungsfähigkeit der einzelnen Turbinen, und da liegt es nahe, die Überlegungen, die S. 520 u. f. angestellt wurden, sinngemäß auf die Anordnung der Mehrfachturbinen zu übertragen.

Wir können die Hochwasserreserve in der für die Zweifachturbine angedeuteten Weise hier dadurch beschaffen, daß wir beispielsweise Vierfachturbinen, vgl. Fig. 289, 290, Seite 420, 421, anordnen, dabei einen der vier Kränze bei Normalgefälle überhaupt geschlossen halten und ihn nur dann in Tätigkeit treten lassen, wenn das verringerte Gefälle dazu zwingt. Es kann bei Anordnung einer Vierfachturbine aber noch weiter gegangen werden derart, daß für das große Gefälle der Kleinwasserszeit nur zwei Laufräder, für das mittlere Gefälle deren drei und für Hochwasser alle vier Laufräder im Betriebe sind. Bei solcher Anordnung ist die Vierfachturbine, genau besehen, nicht deshalb vierfach, damit hohe Umdrehungszahlen gewonnen werden, sondern sie ist eine Zweifach- oder Dreifachturbine mit zwei oder einem Reservelaufrad für verminderte Gefälle, und in diesem Sinne sind auch wohl die Mehrzahl der Vierfachturbinen mit stehenden Wellen entworfen und ausgeführt.

Auch die in Taf. 18 und 19 dargestellte Turbine der Anlage Hagneck am Bieler See, Ausführung von Bell & Co., Kriens bei Luzern, zeigt eine vierfache Turbine, diese aber ist nach der zuletzt angedeuteten Art in Verwendung: drei Laufräder

Nr. I, II und IV für mittleres, zwei davon, nämlich Nr. I und II für hohes Gefälle, vier Laufräder für Hochwasserszeit. Als Hochwasserlaufrad dient das dritte von unten her gezählt.

Unter diesem Hochwasserlaufrad (Nr. III) ist ganz wie in Taf. 17 ein dichtschließender Deckel eingebaut, der den Boden des Laufrades III als Entlastungsfläche wirken läßt, dazu geht das unterste Laufrad, I, ebenfalls mit freiem Boden, so daß hier zwei Entlastungsflächen von zusammen $2 \cdot 1{,}8^2 \frac{\pi}{4} = \sim 5$ qm in Verwendung sind.

Hier führt sich die Turbinenwelle unterhalb des untersten Laufrades I in einem durch Stopfbüchse abgedeckten Halslager, das auf der Sohlplatte des Ganzen steht und gegen unten eine Stützplatte von 175 mm Durchmesser besitzt, die zum Aufruhen der Turbine beim Zapfenwechsel dient.

Auf der Sohlplatte stehen kurze Säulen, die den Leitapparat I tragen. Das gemeinschaftliche Abflußrohr der Räder I und II verbindet auch die beiden Leitapparate, die außerdem durch vier zwischengestellte Säulen gegenseitig gehalten sind. In gleicher Weise sind die Leitapparate III und IV miteinander verbunden. Die schon mehrfach erwähnten festen Teile der Bell'schen Leitschaufeln bilden genügende Versteifungen zwischen den beiden Kränzen jedes einzelnen Leitapparates, und so ist auch zwischen den Leiträdern II und III keine anderweitige Versteifung mehr erforderlich. Die einbetonierten und gehörig verankerten Saugrohranschlüsse geben dem ganzen Aufbau die nötige Standfestigkeit, besonders auch gegen seitliche Schwankungen, die als Folge unzureichender Ausgleichung der Laufräder entstehen könnten.

Das Halslager auf dem Deckel des Laufrades IV ist ebenfalls mit oberer Stopfbüchse versehen, dasjenige zwischen II und III dagegen nicht, der geringen Zugänglichkeit wegen.

Hier ist die Höhenentwicklung des ganzen Aufbaues ausgedehnter als in Taf. 17. Das den Ringzapfen tragende Armkreuz mußte nicht wie dort wasserdicht an der Decke der Turbinenkammer anschließen, um das Durchtreten des Hochwassers zu verhindern. Unter dem Armkreuz findet der Antrieb für Regler usw. seine Stelle.

Die Ausführung des Ringzapfens ist aus Taf. 18 ersichtlich. Das Tragkreuz schließt unmittelbar unter dem Ringzapfen das vierte Führungslager für die Turbinenwelle ein. Eine Preßölentlastung für den Zapfen ist nicht vorhanden, dagegen wird dem Ölinhalt des Spurtopfes, rund 25 l, die überschüssige Wärme durch eine mit einem Heber versehene, aus dem Oberwasser gespeiste Kühlschlange ständig entzogen.

Die Turbinen sind gebaut für:

Nettogefälle 5,8 bis 9 m,
Wassermenge 23 bis 16 cbm/sk,
Leistung 1350 PS_e normal und bis 1500 PS_e im Höchstfalle,
Umdrehungszahl 100 pro Min.

Demgemäß steht bei obigen 5 qm Entlastungsfläche ein hydraulischer Entlastungsdruck von 29000 bis 45000 kg für den Spurzapfen zu Gebote.

Die Stützung der Regulierringe mittels Rollkugeln findet sich auch hier wieder.

Entsprechend der zeitlich verschiedenen Verwendung der Teilturbinen sind drei getrennte Regulierbetriebe vorhanden, vgl. Taf. 19.

Die Leiträder I und II haben gemeinschaftlichen Regulierbetrieb, III und IV sind je gesondert mit stehenden Regulierwellen versehen.

Der hydraulische Regler mit Differentialkolben, entlastetem Regulierventil und der Möglichkeit, auch von Hand zu regulieren, ist ständig mit der Welle für die Laufräder I und II verbunden, die durch Handrad und Schraubengetriebe betätigte Welle für Turbine IV kann während des Betriebes ebenfalls mit dem Regler gekuppelt werden, während die Welle für das Laufrad III nur Handregulierung besitzt.

Eine durch das ganze Gebäude laufende Transmission dient zum Betriebe der Einlaßdrehschützen mittels Riemenbetrieb, der Wasserdruckpumpen für die Regler, der Luftpumpe für den Windkessel usw. Diese Transmission wird durch besondere kleine Turbinen in Bewegung gesetzt. Auch eine Zentrifugalpumpe für die Entleerung der Turbinenkammern erhält durch diese ihren Antrieb.

Besonders sei auch noch auf die um die Turbinen herumführenden Podien aus Eisenkonstruktion hingewiesen, die das Nachsehen ganz wesentlich erleichtern.

Die Bremsung ergab bei 7,85 m Gefälle für drei offene Laufräder (I, II und IV) 1450 PS_e, bei einem Wasserverbrauch von 17,25 cbm/sk, einem mechanischen Nutzeffekte von $e = 0{,}804$ entsprechend.

C. Liegende Welle.

Es war früher, S. 264 u. f., für die stehenden Wellen die Ansicht ausgesprochen worden, daß es empfehlenswert sei, die Turbine mindestens so tief unter Oberwasser zu stellen, als der Höhe $1{,}1 \frac{w_0^2}{2g}$ entspricht. Der Grund dafür war dort die Rücksicht auf gutes und rasches Entlüften des Saugrohres beim Anlassen der Turbine.

Der gleichen Rücksicht werden wir hier Rechnung tragen, wenn wir die Turbinenmitte ungefähr in diese Höhe legen. Was den oberen Leitzellen beim Anlassen der Turbine und bei noch lufterfülltem Saugrohr an Leistungsfähigkeit fehlt, das ungefähr werden die unteren Zellen mehr leisten.

Im allgemeinen beginnt der Verwendungsbereich der liegenden Welle bei Gefällen von 3 bis 5 m, und offene Turbinen finden sich bis etwa 10 m Gefälle hin. Wir werden die offenen Turbinen der einfachen Bauart und der besseren Zugänglichkeit wegen so lange verwenden, als es die örtlichen Verhältnisse der Zuleitung, die Möglichkeit solide Schächte zu fertigen usw. gestattet, und da liegt die Grenze eben bei obgenannten etwa 10 m Gefälle. Von da ab beginnt der Bereich der geschlossenen Turbinen, der Rohrzuleitung.

1. Einfache Turbinen mit liegender Welle.

Die auf S. 422 enthaltenen Fig. 291 und 292 zeigen die beiden möglichen, voneinander verschiedenen Anordnungen.

Die Fig. 291 gibt die Aufstellung „Krümmer im Haus", wie sie auch in Taf. 20 abgebildet ist.

Die Anordnung „Krümmer im Schacht" nach Fig. 292 findet sich auf Taf. 21 näher ausgeführt. Jede der beiden Anordnungen hat gewisse Vorzüge, die im einen und anderen Falle für ihre Verwendung entscheidend sind.

Das Nachsehen und etwaige Auswechseln der Leitschaufeln wird stets von der Deckelseite der Turbine aus zu erfolgen haben. Da wir wünschen müssen, daß das ganze Reguliergetriebe auch bei geöffneter Turbine betriebsfähig bleibt, so folgt daraus, daß der Regulierring auf der Krümmerseite anzubringen ist, damit er nicht mit dem Deckel zugleich abgehoben wird.

Bei „Krümmer im Haus“ schließt das Schachtmauerwerk an den Leitradkranz der Saugrohrseite an, Taf. 20, bei „Krümmer im Schacht“ an den der Deckelseite, Taf. 21.

Aus diesem Grunde muß im ersteren Falle der Regulierring in den Leitradkranz eingelassen werden, während er im zweiten Falle billiger und besser als Teil des Leitkranzes selbst ausgeführt wird.

Beide Male vermittelt ein Tragring den Anschluß an die Betonwände des Schachtes.

Der Saugrohrkrümmer bietet gute Gelegenheit zur Lagerung der Reguliergetriebe, und so werden diese im allgemeinen auf die Saugrohrseite der Turbine zu liegen kommen. Bei „Krümmer im Schacht“ bedeutet dies, daß das Reguliergetriebe durchs Wasser geführt werden muß. Soweit es sich dabei um wenig bewegte, langsamgehende Teile handelt, ist dies ebensowenig bedenklich als bei der stehenden Welle, und bevor die raschlaufenden Getriebeteile, Schraubenspindel u. dgl., zur Anwendung kommen, findet der Übertritt des Getriebes ins Trockene durch eine Stopfbüchse statt.

I. Krümmer im Haus, hierzu Taf. 20.

Diese Anordnung bietet vor allem eine sichere zugängliche Lagerung für das Ende der Turbinenwelle, das die Kraft abzugeben hat. Nach Bedarf kann hier gleich neben das Lager eine große Seil- oder Riemenscheibe gesetzt werden, ohne daß die Zugänglichkeit des Lagers und der Turbine, sowie des Reguliergetriebes irgendwie gestört wäre.

Der Leitkranz der Saugrohrseite setzt sich gegen außen kegelförmig fort. Auf diese Weise ist das Leitrad von der Schachtwand abgerückt und besser zugänglich. Auch das Betriebswasser kann besser zutreten, als wenn das Leitrad in Flucht mit der Schachtwand anfinge. Der Laufraddeckel ist mit dem anschließenden Leitkranz als ein Stück ausgeführt. Die Stützung dieses Deckels erfolgt für kleinere Turbinen nur durch die Leitschaufelbolzen, während bei größeren Turbinen entweder besondere Verbindungen AA, Fig. 378, mit dem Leitradkranz nach Art der Gehäuseversteifungen bei Spiralturbinen einzutreten haben oder Unterstützungen, ähnlich wie Taf. 29 sie zeigt. Erstere sind für einfache Turbinen entschieden vorzuziehen. Bell'sche Schaufeln und ähnliche Konstruktionen bedürfen keiner besonderen Versteifungen.

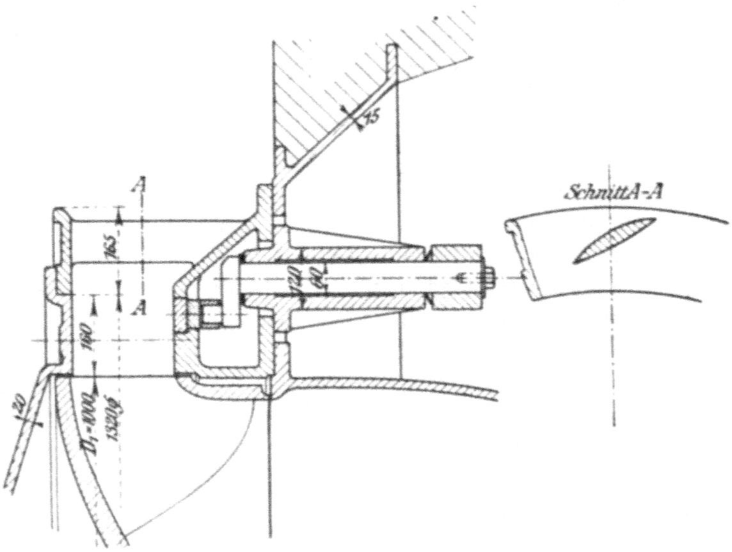

Fig. 378.

Für den Saugrohrkrümmer sind als mittlere Krümmungsradien die Größen der Rohrnormalien $D + 100$ mm zweckmäßig, ohne daß daraus eine Regel zu machen wäre (Widerstandshöhen siehe S. 641), während im übrigen die Tabellengrößen der Normalflanschrohre hier nicht unbedingt angezeigt sind, weil wir es ja nicht mit Innenpressungen von 10 Atm., sondern mit einem äußeren Überdruck von etwa $^1/_2$ Atm. zu tun haben. Die Wandstärke der Krümmer wird ungefähr so genommen, als es die Normaltabellen angeben, hier ist einfach die Leistungsfähigkeit der Gießerei für die Ausführung der Wandstärke maßgebend.

Durch einen Hals am Krümmer tritt die Turbinenwelle ins Freie, abgedichtet durch eine sehr leicht gehaltene Stopfbüchse, vgl. S. 265, am besten mit Überwurfmutter versehen, Fig. 379. Zweckmäßig wird die Lichtweite des Halsansatzes größer genommen als dem inneren Flanschdurchmesser entspricht, vgl. auch Taf. 20.

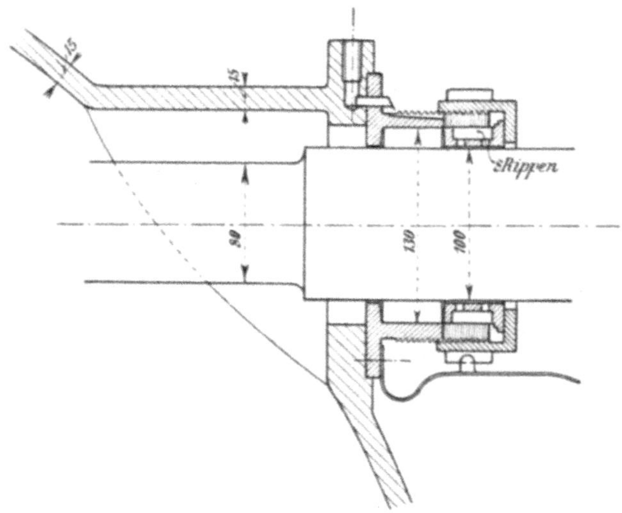

Fig. 379.

Die beiden Lager der Turbinenwelle sind ganz verschieden untergebracht und stellen deshalb auch ganz verschiedene Anforderungen an den Konstrukteur.

Zugänglich während des Betriebes ist nur das Innenlager. Es ist deshalb geraten, diesem auch die achsiale Führung der Welle zu übertragen, denn das Außenlager im Turbinendeckel, das nur bei Stillständen, und da nur in umständlicher Weise kontrollierbar ist, sollte möglichst wenig beansprucht werden. Deshalb ist das Innenlager als Kammlager ausgebildet, zweckmäßig die Schale in Kugelflächen, die rund um die beiden Schalenhälften laufen, gestützt. Achsiale Sicherung des Lagerdeckels ist unerläßlich. Bei fest eingelegten Schalen oder bei einfachem Weißmetallausguß (Ringschmierung allemal selbstverständlich) und ebener Lagersohle wird das Einfahren mit dem Kammlager nur möglich bei Verwendung einer besonderen Platte zwischen Lagerkörper und Lagerbock, die, wenn herausgenommen, gestattet, das Lager so weit abzusenken, daß unter den Wellenbunden eingefahren werden kann, Taf. 20.

In neuerer Zeit sind die Körper dieser Traglager mit halbkreisförmiger Sitzfläche, vgl. Textfig. 384 und 405, S. 567, auch Taf. 23 und 27, ausgeführt worden. Die gegenüber früherer Zeit wesentlich verlängerten Lagerflächen lassen die Rücksicht auf das Auslaufen der Lager und das Bedürfnis nach späterem Unterfüttern des Lagerkörpers mehr in den Hintergrund treten. Das in einem Aufspannen erfolgende Ausdrehen der Kranzspalte und der Lagersitzflächen gewährleistet die zentrische Lage der Turbinenwelle und schaltet die Sorgfalt des Monteurs an dieser Stelle aus.

Der Stopfbüchsendurchmesser richtet sich nach dem Bunddurchmesser. Die achsiale Belastung der Bunde ergibt sich aus den Betrachtungen S. 431 u. f. und aus Fig. 301 und 304.

Für das Innenlager wird die Tragfläche fast immer in zweckmäßiger Weise an einem konsolartigen, mit dem Krümmer in einem Stück gegossenen Bock angebracht, der auch den größten Teil des Saugrohrgewichtes nebst Wasserinhalt zu tragen hat, wenn das Saugrohr aus Blech gefertigt ist und nicht anderweitig gestützt werden kann, Taf. 20, 36.

Das Außenlager am Turbinendeckel ist der ganz besonderen Sorgfalt des Konstrukteurs bedürftig. Da es keine achsiale Belastung erfahren soll, so muß der Lagerhals so lang angedreht sein, daß auch bei zufällig großen Ausführungsfehlern kein seitliches Anlaufen eintreten kann. Die senkrechte Belastung ist aus dem Gewicht der rotierenden Teile und dem Wassergewicht rechnungsmäßig für beide Lager. Wir werden dem im Wasser isolierten Außenlager lange Tragflächen geben, dazu verhältnismäßig kleinen Durchmesser, um die rasche Abnützung hintanzuhalten. Kleine Einheitsdrücke für die Lagerfläche!

Das Außenlager muß nach aller Tunlichkeit von Wasser frei gehalten werden, also sollte es vor allem durch eine wasserdicht schließende Kappe abgedeckt sein, Taf. 20, 21, auch Fig. 380. Trotzdem findet sich beim Öffnen Wasser in der Kappe, was folgendermaßen erklärt werden kann. Der Raum unter der Kappe steht während des Betriebes unter dem Einfluß der Saughöhe, die Luft dehnt sich dementsprechend und strömt durch den anfangs ganz feinen Spielraum oben zwischen Welle und Lagerbüchse in das Saugrohr hinaus. Dies bleibt so, solange der Betrieb gleichmäßig weitergeht. Jede Druckschwankung aber, die im Saugrohr vorkommt, z. B. durch Verstellen der Regulierung, wirkt auch auf die Spannung der eingeschlossenen Luft ein und ändert deren Volumen. Nun ist die Welle zwischen dem Laufrad und der Lagerbüchse zweifellos von Wasser benetzt und in der Ecke bei der Kante der Lagerbüchse wird sich ein kleiner Wasserwulst befinden. Jede Druckvermehrung im Saugrohr preßt die Luft in der Kappe stärker zusammen und der Druckausgleich erfolgt durch den oberen Spielraum im Lager. Es muß dabei Wasser durch diesen Spielraum über den laufenden Wellzapfen weg ins Innere der Kappe treten. Dort sammelt sich das Wasser unten in der Kappe, so daß eine etwaige Druckverminderung im Saugrohr auf das einmal eingetretene Wasser keinen Einfluß mehr hat. Auf solche Weise kann durch den Wechsel der Druckverhältnisse im Saugrohr (Reglerbetrieb) die Kappe nach und nach einfach mit Wasser vollgepumpt werden und durch das Annetzen der laufenden Welle muß das Lager Not leiden. Abhilfe bringt hier ohne weiteres ein Loch von reichlicher Weite, 15 bis 20 mm, das den Luftraum der Kappe unter dem Lager durch mit dem Deckelraum beim Laufrad verbindet, wie dies Fig. 380 zeigt. Auf diese Weise vollzieht sich der unvermeidliche Druckausgleich durch diese Öffnung so rasch, daß oben kein Wasser mehr durch die Lagerfläche eingesogen werden wird.

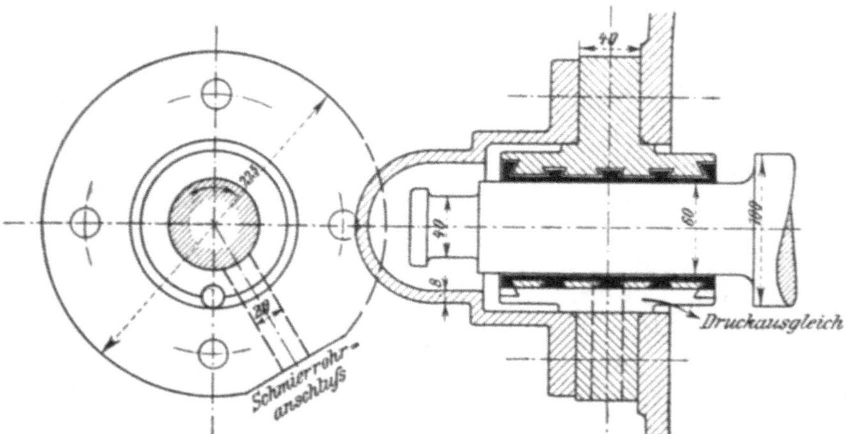

Fig. 380.

Die Schmierung der fast immer einteiligen, mit Weißmetallausguß versehenen zentrisch im Deckel geführten Lagerbüchse erfolgt durch Preßfett vom Hausinnern aus. Das Schmierrohr sollte reichlich weit, nicht unter 20 bis 25 mm Lichtweite genommen werden, weil sonst ein sehr großer Kraftaufwand zum

Drehen der Staufferbüchse nötig ist, außerdem ist zwischen dieser und dem Rohranfang ein Absperrhahn notwendig, siehe Taf. 45, damit die Büchse während des Betriebes nachgefüllt werden kann. Das Schmierrohr schließt am besten an der eigens dazu verdickten Flansche der Lagerbüchse an, wie Fig. 380 zeigt; der Anschluß hat möglichst von unten her zu erfolgen, damit das Preßfett tatsächlich zwischen die Laufflächen gepreßt wird und nicht in den oberen Spielraum gerät. Dabei ist zu bedenken, daß bei z. B. 10 kg/qcm Lagerbelastung an der Staufferbüchse ein Drehmoment erforderlich ist, das 10 Atm. Gegendruck entspricht, weshalb häufig noch besondere Handgriffe am Büchsendeckel angebracht werden.

Der am Hals des Außenlagers angedrehte Zapfen mit kleinem Bund soll nur dazu dienen, eine Stelle zu schaffen, an der die Welle mit dem Flaschenzug gut gepackt werden kann, so daß etwaige Eindrücke durch den Haken oder die Kette vom Lagerhalse selbst mit Sicherheit ferngehalten sind.

Im Interesse der Sauberkeit liegt es, dem Fußboden im Hause unmittelbar bei der Turbine einen kleinen Ablauf (50 mm Durchmesser genügen) zu geben, damit das durch etwaige Undichtheiten hereinrinnende Wasser sofort gegen das Unterwasser ablaufen kann. Ganz besonders ist diese Wasserabführung auch für den Sommer zweckmäßig, wo häufig ein Schwitzen der vom kühleren Betriebswasser berührten Teile eintritt. Das Einführen der oben offenen Schwitzwasserableitung in das betonierte Saugrohr ist zulässig, sofern der Anschluß unterhalb des Unterwasserspiegels erfolgt.

Eingehendere Besprechung verdient noch das Reguliergetriebe. Der Regulierring liegt im Wasser und wird bei der Turbine nach Taf. 20 durch zwei schräg einander gegenüberliegende Kurbeln mit Ausgleicher nach dem Schema der Fig. 252, S. 389, betätigt. Der Konstrukteur hat die Aufgabe, die Kurbelwellen gegen den Wasserdruck abzudichten und zugleich dafür zu sorgen, daß die Kurbelwelle möglichst nahe bei dem Sitz des Hebels (*bc* der Fig. 252), d. h. möglichst nahe der Mittelebene des Ausgleichers und der Lenkstangen im Lager geführt ist. Die Kurbelwellen haben, Taf. 20, gegen den Regulierring zu Kippmomente aufzunehmen, weil eben der Kurbeldruck beim Ringangriff nicht in der Flucht der Wellenlagerung liegen kann. Die Richtschnur für den Konstrukteur ist also gegeben: Tunlichst kleine Ausladung der Kurbelwelle gegen den Ring hin und gegen den Innenhebel *bc*, Taf. 20, tunlichst große Entfernung *bb* der beiden Kurbelwellenlager, also auch ausgesprochene Lagerstellen, kein glatt durchbohrtes langes Lagerauge bei gleich dicker Welle, sondern Ausdrehung im mittleren Teile, sei es im Auge, sei es an der Welle.

Bei schweren Betrieben ist natürlich ein Außenlager besser als der fliegend sitzende Hebel *bc*. Vgl. auch Taf. 45. Noch einfacher ist die glockenförmige Ausbildung der Hebelnabe, Taf. 36, durch die die Mittelebene der Lenkstangen mit der Lagermitte zusammenfallend gemacht und das betreffende Kippmoment zum Verschwinden gebracht wird.

Die erwünschte kleine Ausladung der Kurbelwelle gegen den Regulierring hin wird dadurch erzielt, daß der Kurbelzapfen und die Welle aus einem Stück gefertigt werden, weil dann fast die ganze Nabenlänge der Kurbel erspart wird.

Die tunlichst kleine Ausladung zwischen dem Innenhebel *bc* und dem Lagerauge, zugleich auch die größte Lagerentfernung *bb* ist nur zu erreichen, wenn auf eine ausgedehnte Stopfbüchse an dieser Stelle verzichtet wird.

Es ist zu bedenken, daß die Kurbelwellen den größten Teil der Betriebszeit stillstehen, daß sie im übrigen nur ganz kleine Drehbewegungen ausführen, daß deshalb auch eine Abdichtungsweise zulässig ist, bei der der Ersatz des Dichtungsmaterials sogar eine kleine Abmontierung erforderlich macht, weil dieser Ersatz doch erst nach Jahren notwendig wird.

Aus diesen Gründen wird meist die altbekannte Abdichtung durch einen unter die Kurbelscheibe gelegten Lederring ausgeführt, wie sie die Taf. 20, 36 erkennen lassen und wie sie in Fig. 381 in größerem Maßstabe skizziert ist.

Es handelt sich dabei darum, daß die Pressung in den Sitzflächen des Ledermaterials mindestens gleich sein muß der Pressung durch die auf der Kurbelseite stehende Wasserdruckhöhe, die einfach mit h bezeichnet sein soll. In Richtung der Kurbelwelle gegen den Außenhebel zu ist ein freier Wasserdruck im Betrage $d^2 \frac{\pi}{4} h\gamma$, Fig. 381, vorhanden und dieser erzeugt in der Ledersitzfläche, Durchmesser D und d, eine Pressung p vom Betrage

$$p = \frac{d^2 \frac{\pi}{4} h \cdot \gamma}{D^2 \frac{\pi}{4} - d^2 \frac{\pi}{4}}$$

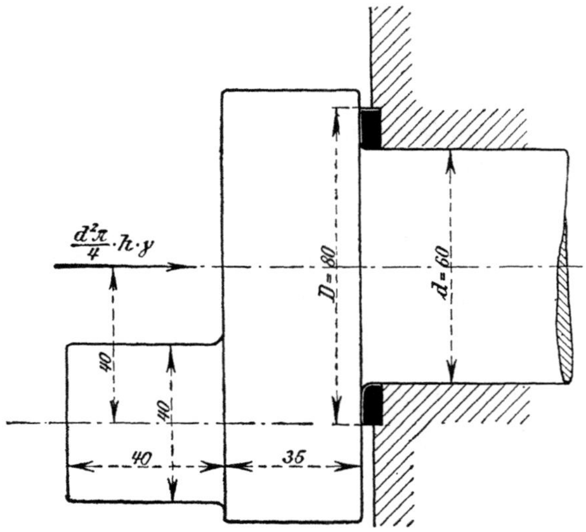

Fig. 381.

Soll sich ohne Zuhilfenehmen weiterer Anpreßvorrichtungen der Dichtungsdruck h in den Sitzflächen von selbst einstellen, so muß einfach sein

$$p = \frac{d^2 \frac{\pi}{4} h \cdot \gamma}{D^2 \frac{\pi}{4} - d^2 \frac{\pi}{4}} \geqq h\gamma,$$

woraus sich schließlich ergibt, unabhängig von der Druckhöhe h

$$D \leqq d\sqrt{2} \quad \ldots\ldots\ldots\ldots \quad 682$$

Eine Kurbelwelle von beispielsweise 60 mm Durchmesser darf also, sofern sie sicher selbst abdichtend sein soll, nur eine Ledersitzfläche von höchstens $60 \cdot 1{,}414 = 84{,}8$, besser nur 80 mm Durchmesser erhalten. Das ist für den guten Zusammenhalt des Ledermaterials etwas wenig Breite für den Dichtungsring, und so findet sich häufig noch zur Unterstützung des Wasserdruckes bei größerer Sitzbreite eine elastische Zwischenlage zwischen dem Lagerauge und dem Regulierhebel, eine federnde Unterlegscheibe oder dgl., die dann durch eine Schraube im Stirnende der Welle angespannt wird, Fig. 378, auch Taf. 20 u. a.

Daß dieses natürlich nicht die einzig brauchbare Konstruktion ist, wird u. a. durch die Anwendung einer Lederstulpendichtung, Taf. 39, auch Taf. 48, gezeigt.

Die Einzelheiten des sonstigen Reguliergetriebes sind schon früher S. 405 u. f. besprochen oder ohne weiteres aus Taf. 20 ersichtlich.

II. Krümmer im Schacht, hierzu Taf. 21.

Diese Anordnung, Fig. 292, S. 422, und Taf. 21, erweist sich als praktisch, wenn beispielsweise ein altes Wasserrad von 5 bis 6 m Gefälle, das dicht an einer Hauswand lief, ersetzt werden soll.

Die Wasserräder zeigen fast ohne Ausnahme den Ober- und Unterkanal in gleicher Richtung dem Hause entlang liegend, dazu naturgemäß die vorhandene Hauptwelle senkrecht zur Hauswand. Unter solchen Verhältnissen müßte bei

„Krümmer im Haus“ das Ausschachten im vorhandenen Gebäude selbst vorgenommen werden, was häufig ganz untunlich ist, während der Krümmer im Schacht sich zwanglos in den vorhandenen Wasserlauf einfügt.

Die Verhältnisse der Lagerung sind hier umgedreht, das geschlossene, schwer zugängliche Außenlager sitzt am Krümmer, Taf. 21, und obwohl es hier weitaus weniger belastet ist als vorher, wird doch auch hier alle Sorgfalt empfehlenswert sein. Eine Abdeckungsstopfbüchse nach Art derjenigen bei den stehenden Wellen Taf. 9 würde noch sehr zur Schonung des Lagers beitragen; sie wäre aber recht schwer zugänglich.

Das Innenlager ist hier auf einer Konsole getragen, die durch den Deckel gehalten wird, also ist es im allgemeinen nicht ohne weiteres imstande, große Belastungen aufzunehmen. Das ist auch für gewöhnlich nicht zu erwarten, denn jede Riem- oder Seilscheibe sollte mindestens so weit von der Wand, also auch vom Lager abstehen, daß der Zugang zu diesem während des Betriebes gefahrlos bleibt. In neuerer Zeit findet sich vielfach das Lagerunterteil mit der Konsole zu einem Gußstück vereinigt, so daß nur die Schale einzulegen ist, Fig. 383, S. 537 u. a.

Die Bemerkung auf Taf. 21, „achsiale Führung“ mit dem Pfeil nach links, besagt, daß die erforderliche Führung der Welle ausnahmsweise nicht an der Turbine selbst, sondern am nächstkommenden Wellenlager ausgeführt wurde. Das ist nicht zu empfehlen, aber bequem für das Wegnehmen des Deckels nach dem Hausinnern zu, weil sich das Lager, den Deckel mittragend, einfach auf der Welle schieben läßt, besser ist ein Ringdeckel nach Taf. 35.

Hier setzt sich der Krümmer auf ein Tragrohr auf, das in dem betonierten Kammerboden eingebettet ist.

Der Turbinentragring faßt in Taf. 21 den Turbinendeckel und enthält auch gleich ein Auge, durch das die Regulierwelle *d* des Schemas Fig. 255, S. 391, durch eine Stopfbüchse ins Hausinnere tritt.

Da hier der obere Teil des Krümmers durch die Lagerung der Regulierwelle in Anspruch genommen ist, so liegt das Schauloch des Krümmers seitlich.

Nur für kleinere Turbinen bis 700 bis 800 mm Laufraddurchmesser mögen die Schaufelbolzen als alleinige Verbindung zwischen dem Saugrohr einerseits und dem Tragring andererseits den Zusammenhalt des Ganzen übernehmen. Für größere Durchmesser haben auch hier die in Fig. 378 skizzierten Versteifungen einzutreten, sofern es sich nicht um sehr starke Schaufelbolzen handelt oder um Konstruktionen, ähnlich den Bell'schen Schaufeln.

2. Doppelturbinen mit liegender Welle.

Die Gründe, die für Doppelturbinen mit stehender Welle angeführt wurden, S. 515 u. f., sind für die liegende Welle von noch größerem Gewicht, und so sehen wir eine Fülle solcher Ausführungen, die sämtlich durch die Anwendung des sog. T-Stückes als Verbindung der beiden Saugrohranfänge gekennzeichnet sind, Fig. 293 S. 423 Taf. 22 bis 28.

Die symmetrische Anordnung der Laufräder bringt die Annehmlichkeit, daß sich die Achsialschübe der beiden Räder in der Welle ideell ganz aufheben und in Wirklichkeit kaum nennenswert vorhanden sind, außerdem ist diese Anordnung für die Herstellung in der Werkstatt, für die Lagerung der Reguliergetriebe usw. sehr bequem.

Der Anschluß des einen Leitapparates ans Mauerwerk des Schachtes vollzieht sich unter denselben Erwägungen, wie beim „Krümmer im Schacht“ der einfachen Turbine, s. oben, und der zweite Leitapparat hat auf seinem Deckel das geschlossene Wellenlager, wie wir es bei der einfachen Turbine mit „Krümmer im Haus“, S. 531, kennen gelernt.

Die Ausführung des T-Stückes ist ziemlich verschiedenartig zu finden. Während früher fast durchgängig die beiden Kreisquerschnitte der Laufradaustritte in ein gemeinschaftliches rundes Saugrohr übergeleitet wurden, Taf. 22, was auch heute noch für Blechsaugrohr erforderlich ist, sehen wir in neueren Ausführungen das Streben, schon im T-Stück den Übergang ins rechteckige betonierte Saugrohr einzuleiten, wie dies Taf. 23, 24, 27, 28, 48, 49 und Fig. 384, S. 539, zeigen. Der Zweck der Formgebung nach letztgenannter Weise ist besonders auch das gute Umlenken der beiden aus den Laufrädern achsial gegeneinandertretenden Wasserströme in die gemeinschaftliche dazu senkrechte Richtung. Tiefes Herunterführen des Sattels zwischen beiden Leitradflanschen im Verein mit kräftiger Erbreiterung des T-Stückes quer zur Welle von, beispielsweise Taf. 23, 24, etwa $D_3 = 850$ auf die Breite 1650 am Saugrohranfang wird dies bewirken, auch Taf. 27. Hier sind ganz die gleichen Erwägungen am Platze wie S. 504 u. f. für die stehende Welle, denn auch hier ist die Auslaufweite in achsialer Richtung beschränkt, weil wir alles Interesse daran haben, daß die Turbinenwelle nicht größere Lagerentfernung bekommt als irgend tunlich. Zu gleicher Zeit sei auf das aus Blech gefertigte T-Stück auf Taf. 14 und 16 verwiesen, das ohne weiteres auch für wagrechte Welle Verwendung findet, Fig. 382, das aber dem eben Gesagten gar keine Rechnung trägt.

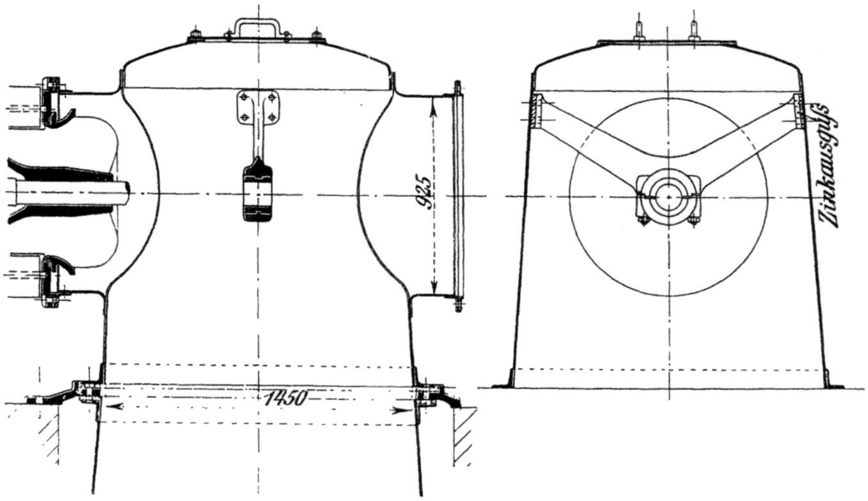

Fig. 382.

Es ist bei all diesen Ausführungen großer Wert darauf zu legen, daß das Wasser, wenn es das Laufrad verlassen hat, nicht unmittelbar auf den von gegenüber kommenden Strom aufprallt, sondern, an fester Fläche abgelenkt, nach unten und seitlich ausweichen kann. Dem Prinzip nach sind also Anordnungen zu treffen, die den auf Taf. 48 u. a. enthaltenen Anordnungen entsprechen.

Ganz besonders muß sich der Verlauf der Anschlüsse beiderseits auch nach der Form der b_2-Kurve und derjenigen der äußeren Kränze der Laufräder richten, damit der Wasseraustritt aus dem Laufrade nicht gehemmt wird. Charakteristisch ist hierfür der Anschluß zwischen Laufrad und T-Stück auf Taf. 48. Hier mußte aufwärts eine weite Ausbauchung eintreten, um den schräg-radialen Austritt des Wassers gegen außen nicht zu hindern, und in diesem Sinne sind die Anschlußlichtweiten sehr zu prüfen. Vgl. hierüber auch Taf. 14, 23, 27, 29, 30, 31 u. a.

Die Formen der Taf. 23 und 24 setzen natürlich eine geschickte Formereimannschaft voraus, während diejenigen nach Taf. 25 und 26 mit geraden Wänden nicht wohl als sehr zweckentsprechend für die Wasserführung gelten können; für die Gießerei sind sie dagegen sehr bequem. Rippenversteifungen sind für die geraden Wände unumgänglich. Hier sei gleich darauf aufmerksam gemacht, daß in Taf. 25 das äußere Turbinenwellenlager in sehr geschickter Weise dadurch ins Trockene gebracht ist, daß ein vollständiger, wasserdichter Gang unter dem Oberwasserkanal durchgeführt wurde. Wenn dies auch in der Anlage nicht billig ist, so ist angesichts der großen Turbinen die Gewährleistung der Betriebssicherheit an dieser Stelle von hohem Werte. Ähnliches in Taf. 27, 28, wo dieser Gang unmittelbar mit dem Hausinneren zusammenhängt.[1])

Eine durch die Anordnung gegebene Sache ist die für beide Leitapparate gemeinschaftliche Regulierwelle parallel zur Turbinenwelle, die zweckmäßig natürlich an dem T-Stück gelagert wird, sei es, daß sie obenauf liegt, Taf. 23, 24, 27 und 28, sei es neben, Taf. 22 und 26; auch Taf. 48, 49 zeigen die Welle seitlich, aber nicht in Verbindung mit dem Saugrohrstück.

Die Verbindung zur Regulierwelle ist in Taf. 23 durch eine im Hause liegende Lenkstange vermittelt, die an letzterer mit einem verstellbaren Kurbelhebel angreift, vgl. Fig. 259, S. 395.

Die Kammern oder Schächte der offenen Turbinen mit liegender Welle sind wohl ausnahmslos unter freiem Himmel gelegen, nur mit verschraubten Bohlen auf herausnehmbaren I-Balken solid überdeckt, wie dies die sämtlichen Tafeln erkennen lassen, Einsteiglöcher mit Schloß. Zuwölben wäre zweckwidrig, weil dadurch das Schachtinnere vom Tageslicht abgesperrt würde. Sehr zweckmäßig ist bei der Anlage Gersthofen der Laufkran, der sämtliche Turbinenkammern bestreicht, Taf. 25 und 26.

Sowie mehrere Doppelturbinen nebeneinander liegen, ergibt sich von selber die Anordnung derart, daß der Wasserablauf unter dem Haus durchgeführt wird, wobei vielfältig der Hausboden mit besonderer Sorgfalt wasserdicht gemacht werden muß gegen den Rückstau bei Hochwasser, vgl. Taf. 25 und 27. Daher z. B. auch die große Anzahl I-Balken in Taf. 25 und 27.

2a. Doppelturbinen mit getrennten Saugrohren.

Es kann der Fall eintreten, daß auf längere Zeit die Wasserführung des betreffenden Flusses so weit herunter geht, daß es mit Rücksicht auf den rasch abfallenden Nutzeffekt bei Teilfüllung geraten erscheint, lieber eines der beiden Leiträder ganz zu schließen und nur das andere der verfügbaren Wassermenge anzupassen, Erwägungen umgekehrter Art wie diejenigen bei kleineren Gefällen, Etagenturbinen usw.

Die geschlossenen Drehschaufeln irgendwelcher Konstruktion halten nicht dicht und so sind wir hier in ähnlicher Lage wie oben S. 520 für die Hochwasseretage geschildert, nur daß die liegende Welle ermöglicht, das abgestellte Leit- und Laufrad auch wirklich in bequemer Weise vollständig auszuschalten, Fig. 294, S. 423.

Eine Ringschütze um das Leitrad übernimmt den Abschluß gegen das Oberwasser, und getrennt geführte Saugrohre gestatten, die Turbinen ganz unabhängig voneinander zu betreiben. Eine Kuppelung wird gelöst und auf diese Weise auch die Leergangsarbeit des nicht arbeitenden Laufrades erspart. Der Einsteigschacht ist der Taf. 32 entnommen.

---

[1]) Es dürfte nicht wertlos sein, die reine Fundationszeichnung einer Anlage, ohne Maschinen, vorzuführen, wie in Taf. 28 geschehen.

3. Dreifachturbinen mit liegender Welle.

Die Anordnung nach Taf. 29 und 30 bietet nicht sehr viel anderes gegenüber den seither besprochenen, natürlich vereinigen sich die beiden Saugrohre zu gemeinschaftlichem Austritt. Die obenliegende gemeinschaftliche Regulierwelle ist hier nicht sofort durch die Mauer geführt, sondern die Bewegung erfolgt ähnlich Taf. 23 durch eine tieferliegende Welle, die unmittelbar mit dem Regler zusammengebaut ist, die erforderliche Lenkstange liegt aber hier im Wasser. Der freie Achsialschub des äußersten Turbinenrades ist natürlich in der Lagerung der Welle berücksichtigt.

Das Gefälle der Anlage schwankt zwischen 2,5 m und 4,4 m, und als mittleres Gefälle sind 3,5 m der Berechnung zugrunde gelegt.

Der hohe Stand des Unterwassers gegenüber den Fundamentkanälen bei den Dynamos usw. machte auch hier die wasserdichte Ausführung des ganzen Unterbaues zur Pflicht, vgl. auch den Hochwasserstand.

Die schon oben erwähnte Ausführung des Innenlagers in einem Gußstück mit der Konsole zeigt Fig. 383.

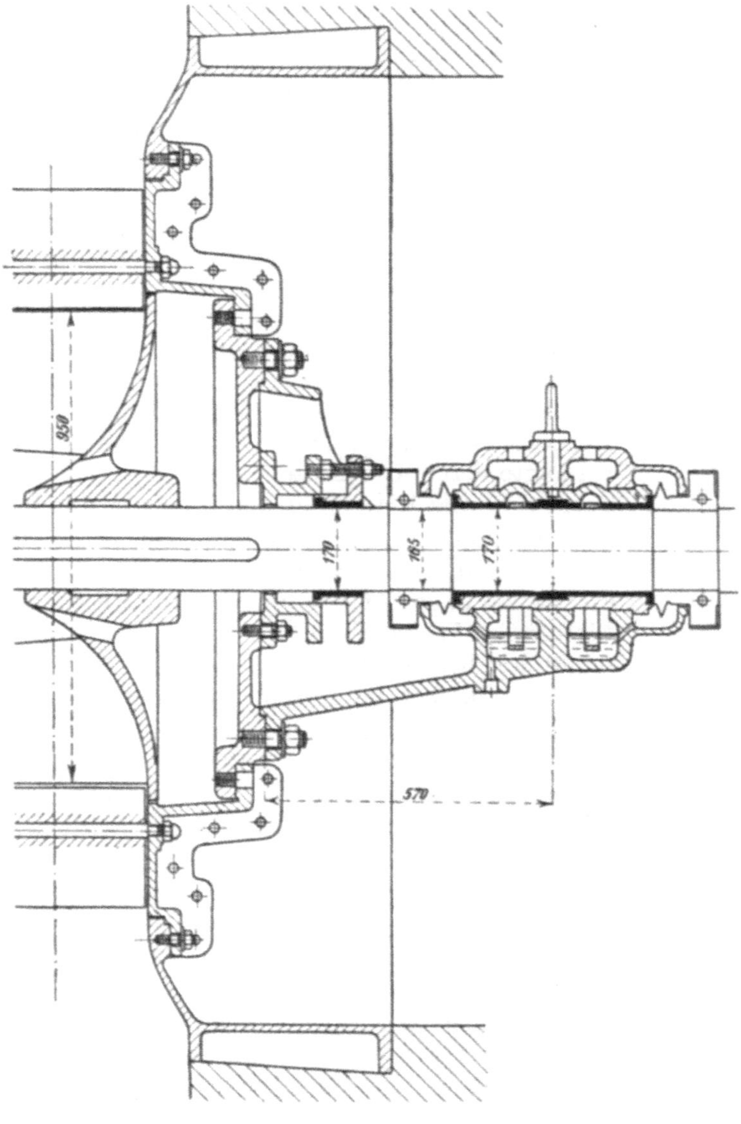

Fig. 383.

Als weitere Ausführung einer Dreifachturbine sei auf die schon S. 502 erwähnte Taf. 31 verwiesen, die aus gleichen Erwägungen wie die Fig. 294, mit Trennbarkeit der einzelnen Teilturbinen ausgeführt ist. Bei sehr kleinem Wasserstand ist nur Turbine I im Betriebe, die Turbine II abgekuppelt. Für mittlere Wassermenge wird Turbine II benutzt, wobei Turbine I mitlaufen muß, aber, da deren Wasserzulauf abgesperrt ist, wird der Leerlauf in der wasserlosen Kammer fast keinen Kraftverbrauch (abgesehen von Lagerreibung) bringen, denn der Wasserabschluß des Saugrohrendes verhindert auch, daß Turbine I als Ventilator arbeiten kann. Über den in Taf. 31 enthaltenen Wasserstandsregler siehe später.

Sämtliche Lager der Turbinenwelle sind zugänglich, die mittleren durch einen Einsteigschacht aus Blech; vgl. auch folgende Seite und Taf. 32, 33.

4. Vierfachturbinen mit liegender Welle.

Diese sind die einfache Verdoppelung der Doppelturbinen, irgend andere Kombinationen von Laufradstellungen werden wohl nirgends verwendet.

Die in Taf. 32, 33, 34 dargestellte Anlage, Voith, ist in verschiedenen Richtungen beachtenswert. Ein sehr kleines Gefälle, 2,9 m, sowie der Wunsch den Räderbetrieb zu vermeiden, ist natürlich die Veranlassung zu der ganzen Anordnung, und selbst die Vierfachturbine erreicht dabei auch weitaus nicht so viele Umdrehungen, daß von einem Ankuppeln der Dynamos gesprochen werden könnte, sondern eine Riemenübersetzung 3,1 : 1 ist noch erforderlich.

Damit nun diese Riemen nicht senkrecht laufen müssen, hat man mitten zwischen die vier Turbinenkammern den Leerlauf gesetzt, in zwei Hälften geteilt. Die beiden inneren Dynamos konnten auf diese Weise gegen die Gebäudemitte über die Leerlaufkanäle gesetzt werden, während die äußeren Dynamos um ebensoviel aus der Kammermitte rückten, und auf diese Art war die gewünschte Riemenschräge erzielt.

Von besonderem Interesse ist die Zusammenführung der beiden Saugrohre in Beton. Während natürlich für das Saugrohr der hinteren Doppelturbine, Taf. 32, reichlich Gelegenheit ist, in der langen Strecke zwischen den Querschnitten Ia, II, III und IV zu entsprechender Erweiterung zu kommen, muß das vordere Doppelturbinensaugrohr sehr rasch aus 2140 lichter Breite über den Schnitt Ib von 3360 Breite in die obere Hälfte des Schnittes V, 5080 Breite überleiten, dessen untere Hälfte dem Übergang aus Schnitt IV der hinteren Doppelturbine entspricht. Das Gewicht der Gebäudemauern, der Dynamos usw. verlangte dann das Einsetzen einer senkrechten Zunge von 800 mm Stärke, die, Schnitt VI und VII, unter dem Gebäude hindurch die Decke usw. mitzutragen hat.

Die große Riemscheibe schneidet in die Decke des gemeinschaftlichen Saugrohres, so daß die hierfür erforderliche Grube wasserdicht auszuführen war und die tiefste Lage der Saugrohrdecke mitbestimmte. Dem Grundsatz der möglichst wirbelfreien Wasserabführung würde der Verlauf der Saugrohrdecke, wie in Taf. 32 punktiert, besser entsprochen haben.

Was in Taf. 25 durch den unter Oberwasser durchgeführten Gang erzielt wurde, die Zugänglichkeit der Außenlager während des Betriebes, das wird hier durch Einsteigschächte aus Blech erreicht, die abgedichtet frei im Oberwasser stehen und durch Abläufe, die unterhalb des Unterwasserspiegels an die Saugrohre anschließen, ständig entwässert werden.

Seitlich stellen kegelförmige Stutzen den Anschluß an die Laufraddeckel her. Jeder Stutzen enthält ein Wellenlager mit halbkreisförmigem Sitz, zwischen denselben liegt beim Mittelschacht eine Kuppelung. Da die Blechschächte bis zum Boden der Turbinenkammer geradlinig durchgeführt sind, so stehen nur die kegelförmigen Anschlußstutzen unter der Wirkung des Auftriebes.

Die oben längsgehende Regulierwelle ist in dem vorderen Blechschacht durch Büchsen geführt. Ein entsprechend weites sog. Schutzrohr, das wasserdicht an die Blechwände anschließt, hält das Wasser vom Schacht fern, ohne daß Stopfbüchsen nötig wären. Von der Regulierwelle führt eine Lenkstange senkrecht nach oben, Taf. 32 und 34, um im Dynamoraum an das hydraulische Reglergetriebe anzuschließen. Der Regler und die dafür erforderliche Preßpumpe werden von der Turbinenwelle durch Riemen betrieben.

Natürlich bietet die Vierfachturbine auch die Möglichkeit, bei Kleinwasser das eine Paar Laufräder abzukuppeln usw., wie dies S. 536 für die Doppelturbine mit getrennten Saugrohren geschildert wurde. Die äußere Gestaltung der Vierfachturbinen für Einsteigschacht zeigt Fig. 384, worin die leere Maßlinie der lichten Weite des Einsteigschachtes entspricht.

Fig. 384.

Die schon erwähnte Anordnung des Leerlaufes unter der Gebäudemitte ermöglicht häufig eine gute Aufstellung der Dynamos, auch unter anderen Antriebsverhältnissen, z. B. Taf. 34, rechts; Ganz & Co., Anlage Lilienfeld.

21. Geschlossene Turbinen. Liegende Welle.

Bei Gefällen über 8 bis 10 m hinaus stellen sich meist Schwierigkeiten ein, sowohl was die solide Herstellung der Turbinenkammern, als auch die bequeme Zuleitung des Wassers von der Berglehne herüber zu diesen offenen Kammern betrifft, und deshalb beginnt bei vorgenannten Gefällhöhen der Bereich der Turbinen mit Wasserzuleitung in geschlossenen Röhren, der „geschlossenen Turbinen".

Große Gefälle gestatten Saughöhen bis 5 und 6 m hin; bei den hier in Betracht kommenden Gefällen pflegt deshalb bei Anwendung liegender Wellen mit entsprechender Saughöhe im allgemeinen jede Hochwassergefahr für die Anschlußgetriebe, Dynamos usw. ausgeschlossen zu sein, und so finden sich hier fast ausnahmslos liegende Turbinenwellen, weil die geschlossenen Turbinen mit liegender Welle an Zugänglichkeit und durch die Abwesenheit des Spurzapfens den geschlossenen mit stehender Welle außerordentlich überlegen sind.

Ein wichtiger Punkt ist hier vor allem zu erwähnen. Sowie nämlich die geschlossene Rohrleitung in Verwendung tritt, ist kein freier Oberwasserspiegel mehr unmittelbar bei der Turbine vorhanden, der das verfügbare Gefälle in unzweifelhafter Weise zum Ausdruck bringen könnte. Auf jeden Fall sind die Gefälleverluste durch Rohrreibung, Krümmerwiderstand usw. von dem äußerlich meßbaren Höhenunterschied zwischen Ober- und Unterwasserspiegel in Abzug zu bringen, so daß der als Nettogefälle, H_n, gekennzeichnete Höhenunterschied hier nicht mehr das der Turbine außerordentlich zur Verfügung stehende, arbeitende Gefälle darstellt.

Über diese Verhältnisse siehe weiter unten, S. 642, Zuleitung des Betriebswassers durch Röhren.

A. Die einfache Spiralturbine, Fig. 295, S. 424, Taf. 35—39.

Ein Hauptvorzug der Anordnung ist, neben den schon bei den offenen Turbinen mit liegender Welle genannten, daß bei der Spiralturbine beide Wellenlager freiliegen. Daß dies durch eine zweite Stopfbüchse erkauft wird, ändert nichts an dem großen Gewinn an Betriebssicherheit, den die Spiralturbine bietet.

Wir werden aus Ersparnisrücksichten die Zuleitungsrohre so eng halten, als es ohne zu große Reibungsverluste in denselben erzielt werden kann, d. h. wir haben es im allgemeinen mit Rohrgeschwindigkeiten im Bereiche zwischen 1 m/sk bis gegen 3 m/sk hin zu tun. In diesen Geschwindigkeiten liegt ein Arbeitsvermögen begründet, das bei den in Frage kommenden Gefällegrößen einen meist ziemlich kleinen Prozentsatz vom Gesamtarbeitsvermögen bedeutet, das aber jedenfalls wo tunlich geschont und der Turbine in rationeller Weise zugeführt werden sollte.

Wir haben hier von den gleichen Erwägungen auszugehen, wie sie bei der Zuleitung des Wassers für die offenen Turbinen gepflogen wurden, vgl. S. 506

Fig. 371, 372 usw. Das Wasser sollte, der hier größeren Zuflußgeschwindigkeiten wegen, in ganz geregelter Weise den Leitschaufelanfängen zugeführt werden. Dabei sind Schwankungen in der Größe der durchschnittlichen Wassergeschwindigkeit zu vermeiden, das Wasser soll stetig von der Rohrgeschwindigkeit c übergehen in die Leitschaufelgeschwindigkeit w_0, stetig nach Größe und Richtung.

Bei dieser Überführung ist immerhin zu bedenken, daß die niedere Geschwindigkeit der geringeren Reibungsverluste wegen möglichst lange beibehalten werden soll.

Demgemäß werden wir den Übergang nach w_0 möglichst nahe an f_0 hinverlegen, und wir werden rund um den Leitapparat herum überall die gleiche Wassergeschwindigkeit anzustreben haben, die erst in den Leitschaufelräumen selbst schließlich auf w_0 anwächst.

Das geschlossene Gehäuse, das den Leitapparat umgibt, muß also einen nach der Drehrichtung der Turbine stetig abnehmenden Querschnitt aufweisen, denn ein gleichbleibender Querschnitt würde eine in der Drehrichtung der Turbine abnehmende Zuflußgeschwindigkeit bedingen, also wegen der wirbelnden Rückübersetzung von Geschwindigkeit in Druckhöhe Verluste bringen.

Da die äußere Form der Gehäuse mit abnehmendem Querschnitt eine spiralähnliche Gestalt aufweist, Taf. 37, 38, 39 usw., so wurde die ganze Turbinenanordnung vom Verf. bei der ersten Ausführung kurzweg als Spiralturbine bezeichnet, und dieser Name ist ihr geblieben.

Nun würden die Spiralgehäuse sehr große Abmessungen annehmen, wenn wir sie den Wassergeschwindigkeiten entsprechend ausführen wollten, die im allgemeinen in den langen Zuleitungsröhren herrschen. Wir dürfen, da die im Umfang gemessene Länge der Spiralgehäuse im allgemeinen kleine Beträge von L für die nach den Gl. 746, S. 640 usw. zu berechnenden Reibungshöhen der Spiralgehäuse ergeben werden, die durchschnittlichen Geschwindigkeiten c_S im Spiralgehäuse reichlicher nehmen als die obengenannten Größen der Rohrgeschwindigkeit c im Betrage von 1 bis 3 m/sk.

Wir nehmen als durch Erfahrung erprobte durchschnittliche Geschwindigkeiten im Spiralgehäuse

$$c_S = \sqrt{2g\,(0{,}03 \div 0{,}05 \div 0{,}07)\,H} \quad \ldots \ldots \quad 683$$

also Werte, die ungefähr den w_2 mit $\alpha_2 = 0{,}03$ bis $0{,}07$ entsprechen. So sind eigentlich die durchschnittlichen Geschwindigkeiten im Gehäuse und im Saugrohr annähernd gleich groß, nur besteht der Unterschied, daß es sich empfiehlt, für die kleineren Gefälle die kleineren c_S anzuwenden, während bei Hochgefällen häufig die kleineren w_2 erwünscht sind.

Einfacher für die Rechnung ist Gl. 683 in der nachstehenden Form

$$c_S = (0{,}8 \div 1{,}0 \div 1{,}2)\,\sqrt{H} \quad \ldots \ldots \quad 684$$

worin die Ziffern 0,8 usw. abgerundet sind gegenüber den aus Gl. 683 folgenden Werten.

Der Gehäusequerschnitt ist entweder rechteckig von gleichbleibender Breite b und abnehmender Weite a_S (Ausführungen in Gußeisen oder Blech für mittelhohe Gefälle, Guß bis $H = 20$ m hin) oder er ist rund von abnehmendem lichten Durchmesser d, schließlich auf elliptische Querschnitte übergehend (Gußeisen oder Stahlguß).

1. Das rechteckige Spiralgehäuse.

Bei gleichbleibender Breite b ist die äußere Begrenzung des Gehäuses, wenn der Querschnitt gleichmäßig abnehmen soll, durch eine Evolvente gegeben.

Fast immer ist die Stutzenweite a_S der Ausgangspunkt für die Formgebung.

Nachdem der Stutzenquerschnitt $f = a_S \cdot b$ aus $\frac{Q}{c_S}$ festgelegt ist, wird die Stutzenbreite und Stutzenweite ermittelt. Das Quadrat bietet bei gleichem Flächeninhalt gegenüber sonstigen Rechtecksformen den kleinsten benetzten Umfang. Das rechteckige Spiralgehäuse wird deshalb zweckmäßig mit dem hochkantigen Querschnitt beginnen, $a_S > b$, stetig über den quadratischen Querschnitt heruntergehen und mit kleinem flachem Querschnitt endigen. Wir nehmen ungefähr

$$b = (0{,}75 \div 0{,}6)\, a_S.$$

Hierdurch ergibt sich a_S als

$$a_S = 1{,}15 \div 1{,}3 \sqrt{\frac{Q}{c_S}} \quad \ldots \ldots \ldots \ldots \quad 685$$

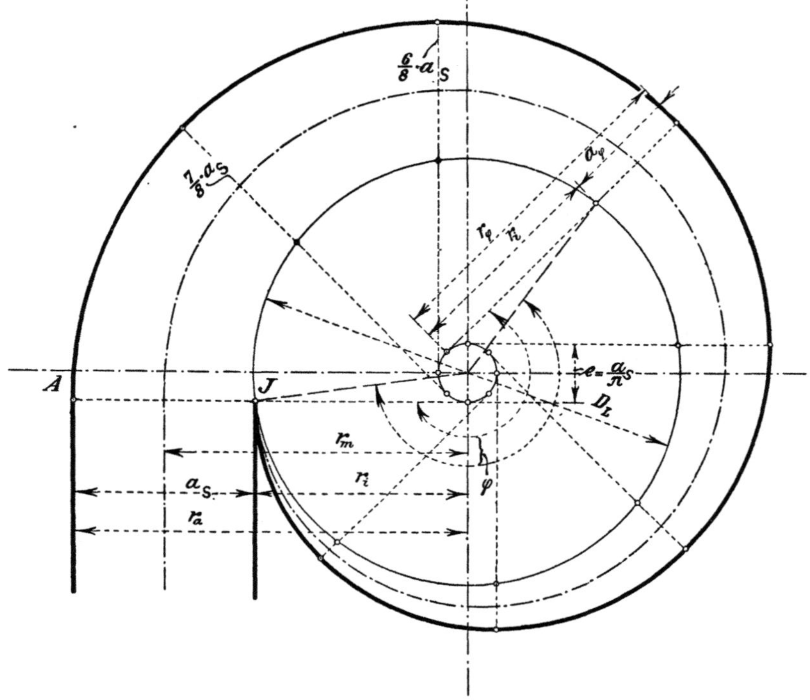

Fig. 385.

Da die Gehäuseweite a_φ von der Stutzenweite a_S anfangend sich stetig vermindern soll, der stetigen Querschnittsabnahme wegen, so muß die äußere Begrenzungslinie vom äußeren Ende der Stutzenweite, A, Fig. 385, anfangend sich rund um das Leitrad herum ziehen bis zum inneren Ende, A bis J. Eine ganz stetige Abnahme der Gehäuseweite von a_S aus erhalten wir durch eine Evolvente vom Grundkreisumfang

$$e\pi = a_S$$

so daß der Grundkreisdurchmesser

$$e = \frac{a_S}{\pi} \quad \ldots \ldots \ldots \ldots \quad 686$$

beträgt. Für das Aufzeichnen ist dann die Stutzenweite a_S auf der betreffenden Erzeugenden anzutragen, genau genommen von dem Schnittpunkt dieser Erzeugenden mit dem angenommenen Außenumfang des Leitrades, Durchmesser D_L.

Dabei kann die Strecke r_i, Fig. 385, aus

$$\left(\frac{D_L}{2}\right)^2 = \left(\frac{e}{2}\right)^2 + r_i^2$$

zu $$r_i = \frac{1}{2}\sqrt{D_L^2 - e^2} \quad \ldots\ldots\ldots\ldots \quad 687$$

gerechnet werden. Stets aber wird r_i zweckmäßig auf eine glatte Zahl abgerundet, weil a_S auch glatt angenommen wird und einfache Dispositionsmaße erwünscht sind. D_L ist ohnedem kein ganz scharf bestimmbares Maß.

Für die Längen der einzelnen Erzeugenden außerhalb des Leitrades ist maßgebend, daß die Weite a_S auf eine Umdrehung aufgebraucht wird, mithin stellen sich jene nach je $^1/_8$ Umdrehung $= 45^0$ auf $^7/_8\,a_S$, $^6/_8\,a_S$ usw.

Der Winkel δ_S, vgl. auch Fig. 371, S. 508, unter dem mit einiger Wahrscheinlichkeit die Wasserfäden des Spiralgehäuses der Evolvente gemäß gegen den Umkreis treffen, in dem die Schaufelspitzen liegen, Durchmesser D_S, vgl. oben S. 509, rechnet sich hier im Anschluß an Früheres aus

$$\sin\delta_S = \frac{e}{D_S} = \frac{a_S}{D_S \cdot \pi} \quad \ldots\ldots\ldots\ldots \quad 688$$

und es ist der guten Wasserführung wegen sehr erwünscht, wenn die Spitzen der Leitschaufelanfänge auch ungefähr diese Richtung besitzen. Dies ist die eine Anforderung, die an die Gestalt der Leitschaufelanfänge zu stellen ist, die zweite, aber nicht minder wichtige, die besonders bei Hochgefällen nicht ungestraft außer acht gelassen wird, ist, daß die Leitschaufelkörper über die ganze Breite b_0 in gleichem Querschnitt ausgeführt werden müssen, vgl. S. 369, damit die dort schon erwähnten Beschädigungen und außerdem eine unter Umständen gar nicht unbeträchtliche Gefälleeinbuße im Gefolge der Wirbelungen vermieden werden.

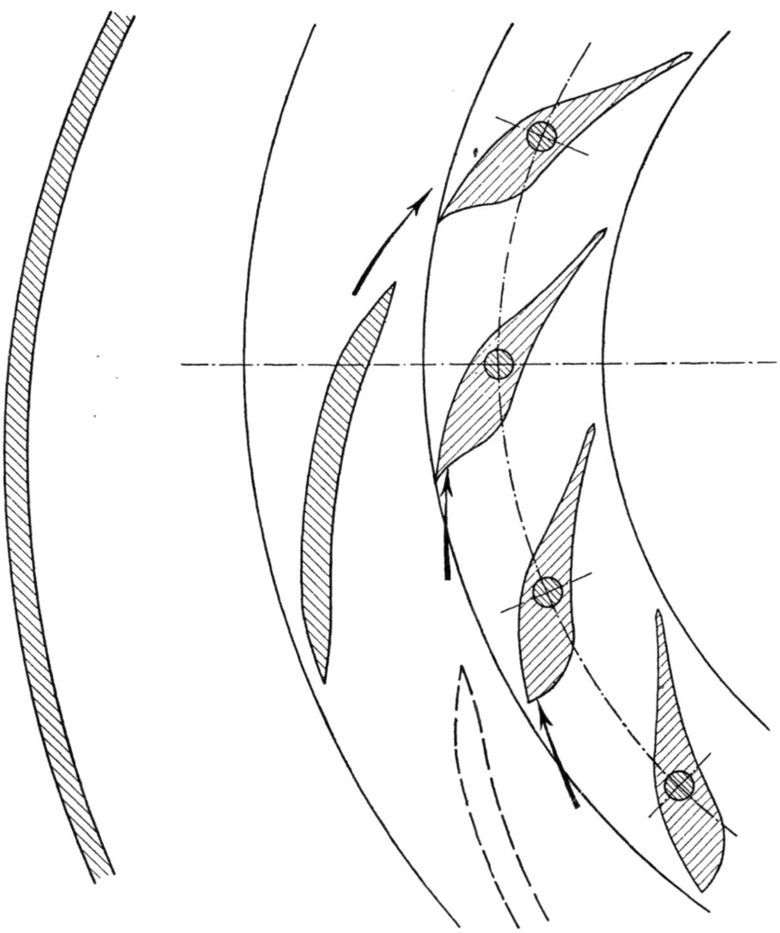
Fig. 386.

Aus diesen Erwägungen heraus entstehen dann Leitschaufelformen mit schlanken Spitzen, wie sie in Fig. 386, oben, angegeben sind. Wie wenig die sonst üblichen keulenförmigen Schaufeln in ein Spiralgehäuse passen, ist aus den unten eingezeichneten Schaufeln dieser Art in Fig. 386 zu ersehen.

Die seither gemachte Annahme, die für die Gehäuseform bestimmend ist, nämlich daß c_S über die jeweilige ganze Gehäuseweite a_S, $^7/_8\,a_S$ usw. gleich groß sei, ist in Wirklichkeit aber nicht zutreffend, weil das Wasser im Spiralgehäuse in gekrümmter Bahn geführt wird, und weil sich deshalb die Erscheinungen des kreisenden Wassers einstellen müssen, S. 36 u. f. Inwieweit in Wirklichkeit die nachstehenden Betrachtungen zutreffen, das ist noch durch Versuche nachzuweisen, die aber sehr schwieriger Natur werden, so wie es sich um genaue Ergebnisse handeln soll. Immerhin werden wir durch das Nachstehende zu einer erklärenden Anschauung gelangen.

Der Krümmungsmittelpunkt der Wasserbahnen ist der jeweilige Berührungspunkt der Erzeugenden am Grundkreis, Fig. 385 und 387, so daß mit den früheren Bezeichnungen zu schreiben ist

$$v \cdot r = \text{Konst.} \qquad (131)$$

Wir werden also durchweg gegen die Leitschaufelspitzen herein Geschwindigkeiten v haben größer als c_S und gegen den äußeren Umfang des Gehäuses kleinere Geschwindigkeiten, bis ganz außen v_a im Verein mit höherem Druck h_a eintritt. Infolge davon zeigen auch in Wirklichkeit die Standröhren und Manometer ganz verschiedene Druckhöhen im Spiralgehäuse selbst an, je nach ihrer Anschlußstelle, und diese Unterschiede wachsen natürlich mit wachsender Füllung der Turbine.

Betrachten wir zuerst die Verhältnisse an der Eintrittsstelle des Stutzens genauer, wie sie in Fig. 387 gezeichnet sind. Setzen wir hier $r_i = \varrho \cdot a_S$, S. 39, so gilt für den neutralen Radius

$$r_1 = \frac{a_S}{\ln \frac{1+\varrho}{\varrho}} = \frac{a_S}{\ln \frac{r_a}{r_i}} \qquad (142)$$

weil $r_a = r_i + a_S = r_i \frac{1+\varrho}{\varrho}$. In r_1 findet sich die Stutzengeschwindigkeit c_S.

Ein Zahlenbeispiel wird die Betrachtungen deutlicher machen.

Gegeben sei $H = 20$ m. $Q = 1{,}2$ cbm/sk.

Wir nehmen $c_S = \sim \sqrt{2g \cdot 0{,}05 \cdot 20} = \sim 4{,}5$ m/sk.

Nach Gl. 685 ergibt sich

$$a_S = 1{,}15 \sqrt{\frac{1{,}2}{4{,}5}} = 0{,}594 \text{ m},$$

was wir auf 0,6 m abrunden. Hieraus folgt

$$b = \frac{1{,}2}{4{,}5 \cdot 0{,}6} = 0{,}444, \text{ rund } 0{,}45 \text{ m}.$$

Aus $a_S = 0{,}6$ findet sich der Grundkreisdurchmesser für das Spiralgehäuse

$$e = \frac{0{,}600}{\pi} = 0{,}191 \text{ m} \qquad (686)$$

und unter der Annahme, daß $D_L = 1{,}4$ m sei, ergibt sich

$$r_i = \frac{1}{2} \sqrt{1{,}4^2 - 0{,}191^2} = 0{,}693 \text{ m} \qquad (687)$$

Wir runden r_i auf 0,7 m auf und finden weiter für die Annahme von $D_S = 1{,}1$ m

$$\sin \delta_S = \frac{0{,}6}{1{,}1\,\pi} = 0{,}1736 \qquad (688)$$

woraus $\delta_S = \sim 10^0$, also ist der schlanke Anschluß der Leitschaufelspitzen nach Fig. 386, oben, sehr angezeigt.

Wir erhalten weiter aus $r_i = \varrho \cdot a_S$ hier den Wert $\varrho = \frac{0{,}700}{0{,}600} = 1{,}167$, ferner $r_a = r_i + a_S = 0{,}7 + 0{,}6 = 1{,}3$ m und dadurch

$$r_1 = \frac{0,6}{\ln \frac{1,3}{0,7}} = 0,969 \text{ m} \quad . \quad . \quad . \quad . \quad . \quad . \quad . \quad . \quad . \quad (142)$$

während $r_m = 0,7 + \frac{0,6}{2} = 1,0$ m gegeben ist.

Für die Größen der v gilt nunmehr, wenn c_S trotz der kleinen Aufrundungen bei a_S und b beibehalten wird,

$$v \cdot r = c_S \cdot r_1 = \text{Konst.}$$

oder

$$v = \frac{c_S \cdot r_1}{r} = \frac{4,5 \cdot 0,969}{r} = \frac{4,3605}{r}.$$

Der Wert der Konstanten ist also 4,3605, und wir erhalten an der Eintrittsstelle AJ die Werte

für $r_i = 0,7$	m:	$v_i = 6,23$	m/sk
$r = 0,8$	,,	$v = 5,45$	,,
$r = 0,9$	,,	$v = 4,85$	,,
$r_1 = 0,969$	,,	$c_S = 4,50$	,,
$r_m = 1,0$	,,	$v = 4,36$	,,
$r = 1,1$	,,	$v = 3,96$	,,
$r = 1,2$	,,	$v = 3,63$	,,
$r_a = 1,3$	,,	$v_a = 3,35$	,,

die sich in Fig. 387 eingetragen finden.

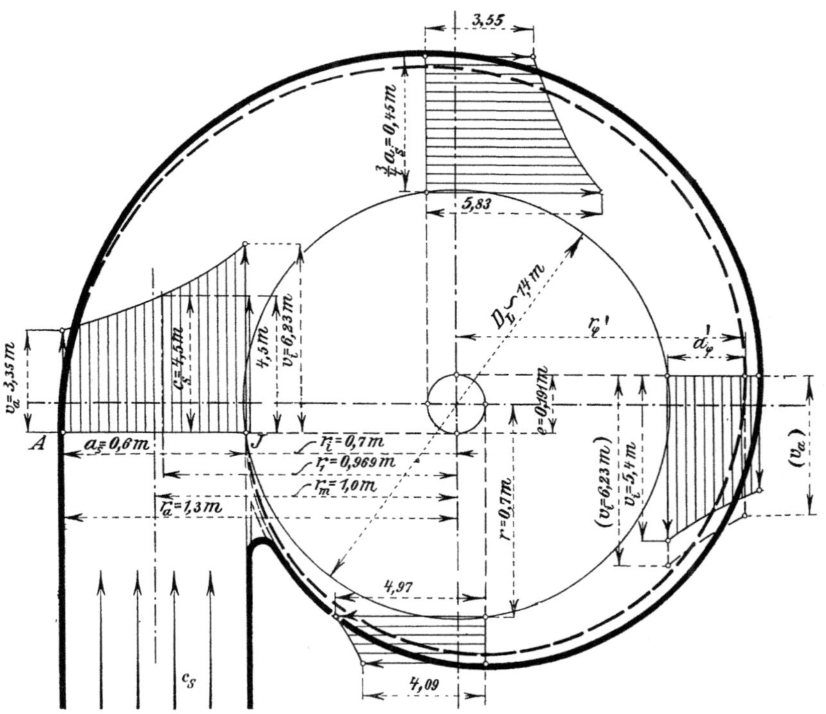

Fig. 387.

Ob durch diese doch recht verschiedenen Größen von v nicht allenfalls eine Störung der normalen Kontinuität herbeigeführt werden würde, ist nach den Betrachtungen der S. 43 u. f. zu beurteilen. Die dort vorkommenden Druckhöhen h_0 und h_2 unterscheiden sich beim Spiralgehäuse nur um den Betrag der Reibungs- und Widerstandshöhen des gekrümmten Gehäuses selbst. Dabei ist klar, daß für

$\varrho = 1{,}165$ eine Störung noch nicht entfernt in Aussicht steht, und für die engeren Gehäusequerschnitte ist ϱ noch größer.[1])

An der um 90^0 weiter im Umkreis herum gelegenen Stelle des Spiralgehäuses handelt es sich um den Durchfluß von $^3/_4$ der ganzen Wassermenge. Da der betr. Querschnitt $^3/_4$ des anfänglichen beträgt, so wird die durchschnittliche Geschwindigkeit von $c_S = 4{,}5$ m/sk auch hier eingehalten sein, natürlich aber müssen sich die Geschwindigkeiten innerhalb des Querschnittes auch wieder nach der Beziehung $v \cdot r =$ Konst. einstellen.

Um diese Verhältnisse allgemein zu berechnen, bezeichnen wir mit φ den Winkel, der von der Evolventenerzeugenden noch zu durchstreichen ist, bis sie die Anfangsstellung aufs neue erreicht, Fig. 385. Dies würde für die obengenannte Stelle einem Werte von $\varphi = 360^0 - 90^0 = 270^0$ entsprechen.

Allgemein ist an der um φ vom Ende entfernten Stelle die Gehäuseweite

$$a_\varphi = a_S \frac{\varphi}{360^0}$$

und die durchfließende Wassermenge

$$q_\varphi = Q \frac{\varphi}{360^0},$$

ferner ist der Außenradius an jener Stelle

$$r_\varphi = r_i + a_\varphi = r_i + a_S \frac{\varphi}{360^0} = a_S\left(\varrho + \frac{\varphi}{360^0}\right) \quad . \; . \; . \; . \; . \quad 689$$

Der zugehörige neutrale Radius $r_{1,\varphi}$ stellt sich nach Gl. 142, S. 40, dann natürlich von kleinerem Betrage, auf

$$r_{1,\varphi} = \frac{a_S \dfrac{\varphi}{360^0}}{\ln\left(1 + \dfrac{1}{\varrho} \cdot \dfrac{\varphi}{360^0}\right)} \quad . \; . \; . \; . \; . \; . \; . \; . \; . \quad 690$$

wonach mit dem bekannten Werte von c_S die Verteilung der Geschwindigkeiten in dem betr. Querschnitt nach $v \cdot r = c_S \cdot r_{1,\varphi}$ gerechnet werden kann.

Diese Rechnung zeigt nun, daß die v_i mit abnehmendem Winkel φ auch abnehmen, daß v_i beispielsweise für je um 90^0 kleinere Winkel von 6,23 über 5,83 und 5,4 fällt bis auf 4,97 m/sk für $\varphi = 90^0$, Fig. 387. Je kleiner φ wird, um so kleiner wird natürlich auch der neutrale Radius $r_{1,\varphi}$. Aus diesem Grunde wird für $\varphi = 0$, also dann, wenn der Punkt J von den letzten das Gehäuse durchlaufenden Wasserteilchen erreicht ist, $r_{1,\varphi} = r_i$, also auch $v_i = c_S = 4{,}5$ m/sk geworden sein.

Daß die Evolventenform keinen gleichbleibenden Wert von v_i bringen kann, ergibt sich ja schon aus einer einfachen Betrachtung: Die Weite a_φ nimmt bei Anwendung der Evolvente stetig mit φ ab, und da die zwischen v_i und v_a eingeschlossene Fläche eine Darstellung der Wassermenge bildet, so würde bei gleichbleibendem v_i die Wassermenge mit gleichmäßig abnehmendem a_φ nicht auch gleichmäßig abnehmen können, weil die äußeren, nach und nach wegfallenden Strecken von a_φ die kleineren Geschwindigkeiten aufweisen. Die Fläche der v kann bei der Evolventenform des Gehäuses nur dann proportional φ abnehmen, wenn v_i entsprechend mit abnimmt.

[1]) Die ganz schlanken Leitschaufelformen, wie sie in Fig. 218, S. 349 und Fig. 243, S. 380 dargestellt sind, können nur unter ganz besonderen Umständen als geeignet angesehen werden, denn bei diesen muß die Geschwindigkeit w_0 schon an der Leitschaufelspitze, Durchmesser D_S, vorhanden sein, weil der Anfangsquerschnitt der Leitzelle schon gleich f_0 ist. Dieser Umstand verlangt also ganz besondere, eigens zu bestimmende Querschnittsgrößen für das Gehäuse mit $v_i = w_0$.

Andererseits werden die v_a mit abnehmendem Winkel φ wachsen, d. h. die an der Außenwand des Gehäuses hinströmenden Wasserteilchen nehmen auf ihrem Wege, von v_a im Eintritt A ausgehend, Fig. 387, nach und nach immer größere Geschwindigkeiten an und erreichen nach einem vollen Umlauf in J als unmittelbare Nachbarn der neueintretenden Wasserteilchen die Geschwindigkeit $v_a = c_S$, weil für diese Teilchen $r_a = r_1$ geworden ist.

Für unser Beispiel kommt also ein Anwachsen von $v_a = 3{,}35$ m/sk auf $v_a = 4{,}5$ m/sk $= c_S$ an dieser Stelle in Betracht.

Im Punkte J werden demgemäß Wasserteilchen mit den ideellen Geschwindigkeiten von 4,5 und 6,23 m/sk unmittelbar nebeneinander in strömender Bewegung sein, Fig. 387. An dieser Stelle werden Unregelmäßigkeiten zu erwarten sein, die besonders darin bestehen, daß Wasser aus dem Ende der Spirale in den Stutzenanfang herübertritt, weil dort die größere Geschwindigkeit, also die kleinere Druckhöhe herrscht. Infolgedessen werden die letzten Leitzellen gegen $\varphi = 0$ hin schlecht gespeist werden.

Wollten wir auf den ganzen Umfang des Leitrades durchweg gleiche Größe der v_i erzielen, so wäre dies durch eine nicht gleichmäßige Abnahme der a_φ nach einem anderen einfach zu bestimmenden Gesetze zu erreichen. Bezeichnen wir diese neuen Werte der Gehäuseweite mit $r_i = \varrho \cdot a_\varphi'$, Fig. 387, die Außenradien mit r_φ', so muß die unverändert gleichmäßig abnehmende Wassermenge $q_\varphi = Q \frac{\varphi}{360^0}$ sich auch ergeben gemäß Gl. 148, S. 41 aus

$$q_\varphi = r_i \cdot b \cdot v_i \cdot \ln \frac{r_\varphi'}{r_i} = Q \frac{\varphi}{360^0},$$

denn es bleibt wie vorher auch $= \frac{1+\varrho}{\varrho} = \frac{r_\varphi'}{r_i}$, und wir finden hieraus einfach

$$r_\varphi' = r_i \cdot e^{\left(\frac{Q}{r_i \cdot b \cdot v_i} \cdot \frac{\varphi}{360^0}\right)} \quad \ldots\ldots\ldots\ldots \quad 691$$

Die r_φ', mittels deren der konstante Wert von v_i eingehalten werden könnte, verändern sich also nach einer logarithmischen Kurve.[1]) Die Rechnung zeigt, daß diese Art von logarithmischer Spirale innerhalb der Evolvente verläuft, Fig. 387, punktiert, daß sie sich gegen $\varphi = 180^0$ hin am meisten von der Evolvente entfernt. Für $\varphi = 180^0$ ist auch die Entwicklung der v angedeutet, wie sie sich mit durchweg $v_i = 6{,}23$ dort einstellen würde.

Wir werden aber die Evolvente trotz der etwas verschiedenen v_i beibehalten, weil die v_i einerseits doch wenig von denjenigen der logarithmischen Kurve abweichen, und weil andererseits bei der Evolvente die Reibungsverlust bringenden Geschwindigkeiten v_a an der äußeren Gehäusewand ziemlich kleiner ausfallen als bei der logarithmischen Kurve, schließlich auch noch aus Einfachheitsgründen.

Daß die Verschiedenheit der v_i in Wirklichkeit von geringer Wichtigkeit ist, das soll sofort ermittelt werden. Es handelt sich dabei um die Untersuchung, ob durch die wechselnden Werte von v_i Unzuträglichkeiten beim Eintritt des Wassers in den Bereich der Schaufelspitzen zu erwarten sind, ob dort eine rundum ganz gleich große Wassergeschwindigkeit durch die überall gleiche Lage der Leitschaufelspitzen notwendig wird, damit Stoßverluste vermieden würden. Es wird sich zeigen, daß dies nicht erforderlich ist.

Von besonderer Bedeutung ist dabei der Umstand, daß die Gehäusebreite b und die lichte Breite der Leitschaufeln, b_0, verschieden sind. Vgl. Taf. 35 usw., auch Fig. 242, S. 379.

---

[1]) Dies ist die auf S. 146 erwähnte logarithmische Spirale.

Zwischen beiden Breiten muß ein Übergang durchgeführt werden, der fast immer ein doppeltschräges Profil mit Abrundungen zeigt. Auf diese Art entstehen zwei Kegelmäntel, die zweckmäßig durch die schon mehrfach erwähnten Stützschaufeln verbunden werden, vgl. vorgenannte Tafeln und Figur.

Aus den Spiralgehäusequerschnitten ist nun ersichtlich, daß an der Eintrittsstelle J die Geschwindigkeit v_i (in der Breite b des Gehäuses), Durchmesser D_L, daß eine andere, v_S in der Breite b_0 des Leitapparates im Umkreis der Schaufelspitzen, Durchmesser D_S, vorhanden sein muß.

Was aber Bedenken erregen kann, das ist folgendes: In Fig. 387 stellt die von v_i und v_a eingeschlossene Hyperbelfläche zwischen A und J die ganze, den Einlaufstutzenquerschnitt passierende Wassermenge Q dar. Wenn sich nun noch näher gegen einwärts, in dem kegelförmigen Übergangsstück zwischen b und b_0 freie Wasserbahnen vorfinden, so sieht die Sache auf den ersten Blick aus, als ob das eintretende Wasser unmittelbar hinter dem Stutzen plötzlich einen größeren Querschnitt gleich der Stutzenweite zuzüglich der Trapezfläche des Übergangsstückes vorfinde derart, daß alsbald nach dem Verlassen des Stutzens die ganze Geschwindigkeitsverteilung sich völlig ändern müsse. Das ist aber nicht zutreffend.

Es war oben gezeigt worden, daß die bei A, Fig. 387, mit v_a eintretenden Teilchen erst nach einem vollen Umlauf den Kreis vom Durchmesser D_L in J treffen werden. Die innerhalb liegenden Wasserteilchen stammen also aus den Partien zwischen A und J, und deshalb ist der Übergangsquerschnitt zwischen D_L und D_S mit strömendem Wasser erfüllt, das ebenso unter dem Einfluß der kreisenden Bewegung steht wie das eben durch den Stutzen neu hinzukommende. Die Wasserteilchen des Übergangsraumes müssen also auch der Beziehung $v \cdot r =$ Konst. genügen.

Welchen Wert aber die Konstante für den Übergangsraum besitzen wird, das ist sehr schwierig festzustellen, wenn wir bedenken, was vorher schon über die v in J gesagt worden ist. Jedenfalls gestalten sich die Verhältnisse an den Schaufelspitzen um so kritischer, je größer die Geschwindigkeit v_S des zuströmenden Wassers im Durchmesser D_S ist, und je breiter die Zwischenzone zwischen dem Spiralquerschnitt und dem Umkreis der Schaufelspitzen, Durchmesser D_S, gehalten wird.

Wir erhalten ein möglichst ungünstiges Bild für die Entwicklung der Geschwindigkeiten im Durchmesser D_S, wenn wir die sehr freie Annahme machen, daß die Konstante der $v \cdot r$ im Übergangsraume gleich derjenigen sei, die im Gehäuseraum in der betreffenden Erzeugenden vorhanden ist, vgl. S. 545. Unter dieser Annahme wird sich im Durchmesser $D_S = 1{,}1$ m, aber an der Schaufelspitze in der Flucht AJ, eine Geschwindigkeit

$$v_S = \frac{4{,}3605}{0{,}55} = 7{,}93 \text{ m/sk}$$

vorfinden.

Da die Leitzellen sich von außen her gegen innen auf a_0 verengen, so ist natürlich bei geregeltem Zulauf des Wassers die Geschwindigkeit, mit der dasselbe in den Anfang des Leitzellenraumes eintritt, kleiner als w_0 und, streng genommen, sollte sie nach Größe und Richtung dem eben errechneten ideellen Werte von v_S gleich sein.

Auf keinen Fall sollte diese Eintrittsgeschwindigkeit kleiner sein müssen als v_S, damit nicht eine sehr verlustreiche Rückbildung von v_S in die erforderliche kleinere Eintrittsgeschwindigkeit des Leitschaufelraumes erfolgt.

Nehmen wir, um ein Bild der Sache zu bekommen, an, es sei bei der einzubauenden Turbine $\beta_1 = 90^0$, so würde mit $\varepsilon = 0{,}8$ und $H = 20$ m sich ergeben

$$u_1 = \sqrt{9{,}81 \cdot 0{,}8 \cdot 20} = \sim 12{,}5 \text{ m/sk} \quad \text{(379a)}$$

und aus angenommener Größe $\delta_1 = 24^0$ würde folgen

$$w_1 = \frac{u_1}{\cos \delta_1} = \sim 13{,}7 \text{ m/sk} = \sim w_0 \quad \text{(380a)}$$

so daß für die Überleitung von v_S nach obigem Werte auf w_0 immerhin noch eine Querschnittsverengung im Verhältnis von etwa $\frac{13{,}7}{7{,}93} = \frac{1{,}73}{1}$ innerhalb der Leitzelle auszuführen wäre.

In den allermeisten Fällen hat v_S gar nicht die Lage gegenüber den Schaufelspitzen derart, daß das Wasser ohne weiteres die gewünschte Einströmungsrichtung in den Leitzellenraum besitzen würde. Der Winkel δ_S fällt fast immer unerwünscht klein aus, er wächst mit zunehmender Stutzenweite a_S und abnehmendem Durchmesser D_S, Gl. 688, und wir bemühen uns, durch die schlanken Schaufelspitzen, wie in Fig. 386 angegeben, diesem Übelstande nach Möglichkeit abzuhelfen.

Daß unter solchen Umständen der Wechsel in der Größe der v_i keine Rolle spielt, ist begreiflich. Da die v_i gegen hinten zu im Gehäuse der Evolventenform abnehmen, so genügt die Untersuchung beim Punkte J vollständig, denn weiter gegen des Ende hin bessern sich die Verhältnisse, eben weil v_i im Evolventengehäuse kleiner wird.

Aus dem Vorstehenden aber geht zur Genüge hervor, daß wir uns zu bemühen haben, die Übergangszone, die zu den angeführten Unklarheiten in der Wasserführung Veranlassung gibt, möglichst schmal zu halten. Das kreisförmige Spiralgehäuse vermeidet die Übergangszone fast ganz.

Vielfältig wird die scharfe Spitze, in der die Flucht der Gehäusewand im Punkte J den Einlaufstutzen trifft, Fig. 385, durch eine Abrundung, wie in Fig. 387 angedeutet, ersetzt. Dies geschieht besonders auch aus gießereitechnischen Gründen. Über den Einfluß dieses Abrundens fehlen noch genauere Untersuchungen. Allem nach aber scheint eine bis scharf an D_S hinführende Zunge von guter Wirkung zu sein, weil sie das Hinüberströmen vom Spiralgehäuseende nach dem Stutzen, wie vorher S. 547 erwähnt, verhindern wird.

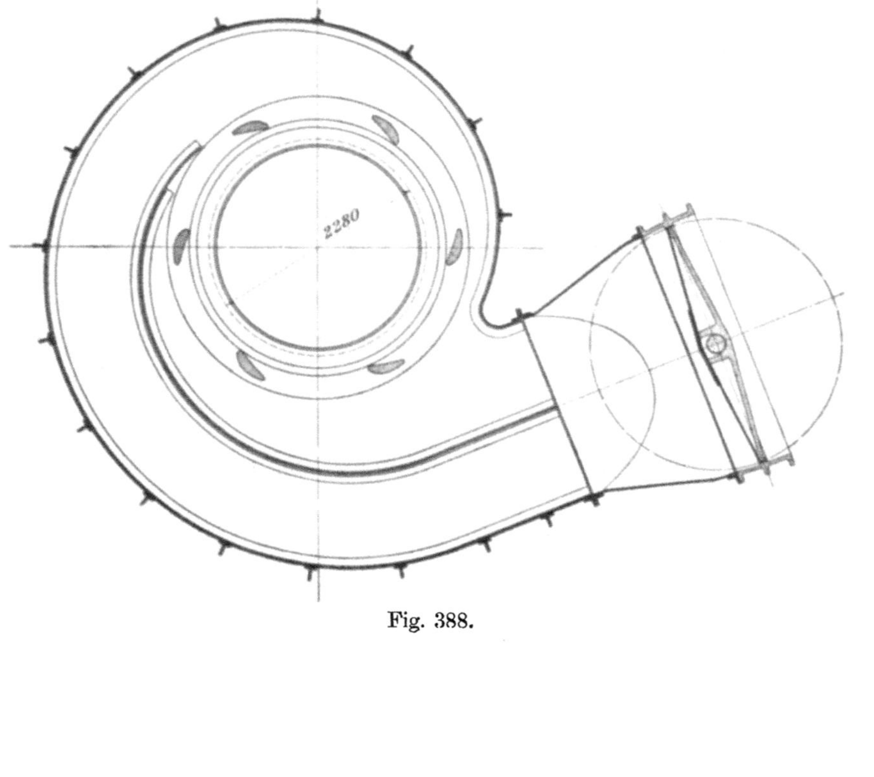

Fig. 388.

In rechteckigen Spiralgehäusen mit großen radialen Erstreckungen können die v_i so wesentlich größer ausfallen als die c_S, daß Wirbelverluste in hohem Grade eintreten. Abhilfe bringt hier das Einsetzen von einer oder zwei Zwischenwänden in den Gehäusequerschnitt, die parallel zur Außenwand, also auch in Evolventen verlaufen, Fig. 388. Diese Zwischenwand nimmt einfach die Zentriugaldrücke der kreisenden Innenschichten auf und stellt durch $r_i = \varrho \frac{a_S}{2}$ und und $R_i = r_i + \frac{a_S}{2} = (1 + \varrho) \frac{a_S}{2}$, statt vorher $r_i = \varrho a_S$ ganz andere Verhältnisse für die Geschwindigkeitsverteilung in den nunmehr selbständigen Gehäusehälften ein.

2. Das Spiralgehäuse mit rundem Querschnitt.

Das gleichmäßige Abnehmen der Gehäusequerschnitte gibt hier keine Veranlassung zur Aufstellung einer besonderen äußeren Begrenzungskurve für das Gehäuse, denn diese richtet sich nach dem jeweiligen Durchmesser des Spiralquerschnitts.

Der Übergang zur Leitschaufelbreite b_0 vollzieht sich hier zwangloser als vorher, weil von der Kreisform des Spiralquerschnitts einfach so viel als Sehne ausgeschnitten wird, als für die Breite b_0 und eine gute Abrundung des Überganges erforderlich ist. Der Kreisquerschnitt besitzt an sich schon die geeignete Übergangsform, und so fallen hier D_L und D_S nahezu zusammen. Die Stützschaufeln sitzen schon im Kreisquerschnitt und müssen selbstverständlich der Laufrichtung des Wassers tunlichst angepaßt sein. Taf. 36, 37, 39.

Daß die Wasserteilchen im allgemeinen dem Gesetz des kreisenden Wassers auch hier folgen müssen, ist klar. Wir werden zur Orientierung über die Verteilung der Geschwindigkeiten nicht zu weit fehl gehen, wenn wir r_1 als jeweils mit r_m zusammenfallend annehmen, vgl. die Tabelle S. 545.

Der in das Gehäuse eingesetzte Leitapparat muß natürlich beiderseits mit ebenen, kreisförmigen Flanschen an dasselbe anschließen. Hieraus und aus der Form des Übergangs vom größten Spiralquerschnitt auf die Breite b ergibt sich im Einzelfalle eine gewisse achsiale Baulänge zwischen den Leitapparatflanschen, z. B. in Taf. 36 das Maß 300 mm. Bei fortschreitender Abnahme des Spiralquerschnitts würde dieser, wenn durchweg kreisförmig, schließlich kleiner im Außendurchmesser werden, als der Baulänge, 300 mm Taf. 36, entspricht. Hier ist es besser, dann nach und nach von der Kreisform abzugehen und einen mehr elliptischen Querschnitt anzuordnen, wie dies Taf. 36 unten erkennen läßt, damit der Übergang zu der Flansche des Leitradanschlusses noch sachgemäß ausfällt.

Für die Leitschaufelanschlüsse gelten die beim rechteckigen Gehäuse gemachten Bemerkungen.

Jedes Spiralgehäuse sollte an der höchsten Stelle eine Entlüftungsvorrichtung besitzen, die beim Abstellen der Turbine selbsttätig Luft rückwärts treten läßt, damit sich das Gehäuse auch wirklich entleeren kann (Schnüffelventil). Die Entlüftung braucht nicht selbsttätig zu sein, aber sie ist nötig, damit der Querschnitt der Spirale im oberen Gehäuseteil nicht durch eingeschlossene Luft gedrosselt wird. Ein nicht zu enger Ablaßhahn (1″ mindestens) an der tiefsten Stelle, vgl. Fig. 484, S. 715 und Taf. 45 und 46.

3. Konstruktive Einzelheiten der Gehäuse.

Wir haben es, wie schon angedeutet, zu tun mit Gehäusen

rechteckig aus Gußeisen,
rund ,, ,, oder Stahlguß,
rechteckig ,, Blech.

I. Gußeiserne Spiralgehäuse.

Diese Gußgehäuse werden teils mit der Ziehschablone, teils nach Modellen geformt. Da wo der Oberkasten auf dem Unterteil der Form aufsitzt, wird zweckmäßig eine Rippe von etwa quadratischem Querschnitt (Flachmeiselbreite) auf die äußere Gehäusewand gesetzt, um etwaige kleine Verschiebungen des Oberkastens zu verdecken, Taf. 36, also nicht aus Festigkeitsrücksichten. Bei dem mit Ziehschablone hergestellten Gehäuse vom rechteckigen Querschnitt werden daraus zwei Rippen je an dem Beginn der Abrundung, Fig. 389.

Für die Festigkeit der Gehäuse von beliebigem Querschnitt gegen inneren Druck ist zu beachten, daß die Seitenflächen nur am Außenumfang der Spirale, dann durch die Leitschaufelbolzen und durch die allfallsigen Stützschaufeln gegenseitig gehalten sind.

Die Seitenwände des rechteckigen Gehäuses unterliegen Biegungsbeanspruchungen durch den Innendruck, die rechnungsmäßig festgestellt werden können. Unter der besonders zu prüfenden Voraussetzung, daß die Leitschaufelbolzen oder die Stützschaufeln den Zusammenhang beider Gehäuseseitenwände sicher gewährleisten, ist die Rechnung für einen schmalen Sektor am weitesten Teile des Gehäuses (Stutzenanschluß) aufzustellen, Fig. 389. Die trapezförmige Fläche ist gleichmäßig belastet und kann in beiden Auflagestellen als eingespannt angesehen werden. Diese Auflagestellen sind: gegen außen der Beginn der Abrundung, gegen innen die Kante der Flanschverbindung, also freiliegend ist die Strecke l.

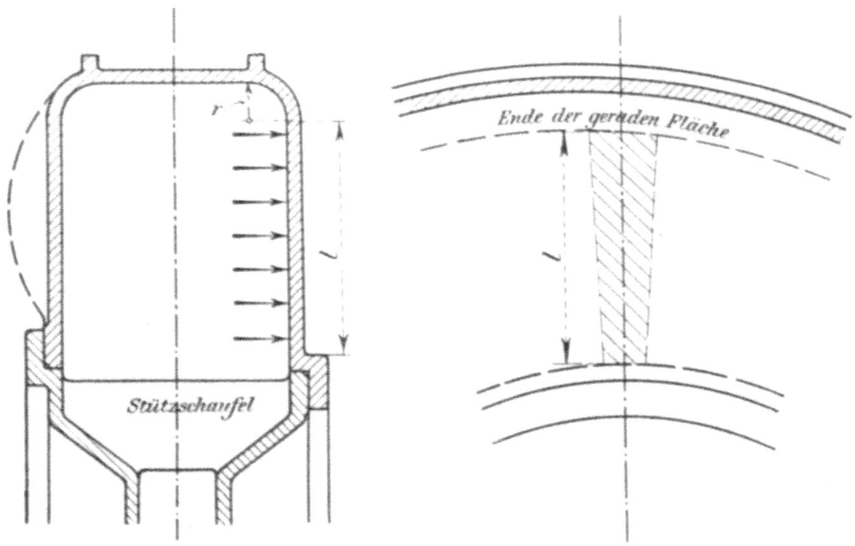

Fig. 389.

Ergeben sich zu hohe k_b, so kann durch Vergrößerung der Wandstärke nachgeholfen werden, die im allgemeinen 15—20 mm beträgt. Die Vergrößerung des Abrundungsradius r ist aber ein geeigneteres Mittel.

Von außen auf die Seitenwände des rechteckigen Spiralgehäuses aufgesetzte Rippen, Fig. 389 punktiert, sind als Versteifung wertlos, weil die gespannte Faser (Zug) ganz außen in der verhältnismäßig immer schwachen Rippe liegt.

Bis gegen 20 m Gefälle hin sind gußeiserne rechteckige Spiralgehäuse von mäßigen Abmessungen verwendbar, darüber hinaus kann noch durch entsprechendes Wölben der Seitenflächen nachgeholfen werden, Fig. 390, schließlich ist es aber besser, zum kreisförmigen Querschnitt überzugehen.

Außer der eben berührten Festigkeit der Seitenwände handelt es sich aber in hervorragendem Maße um die Widerstandsfähigkeit des ganzen Gehäuses gegen den Innendruck. Das Gehäuse hat zwar röhrenförmigen Querschnitt, aber diese Rohrwandung ist gegen den Leitapparat zu nach einwärts durchschnitten, und dadurch sind ganz andere Verhältnisse geschaffen, als sie für die Berechnung von rundum geschlossenen Röhren bestehen.

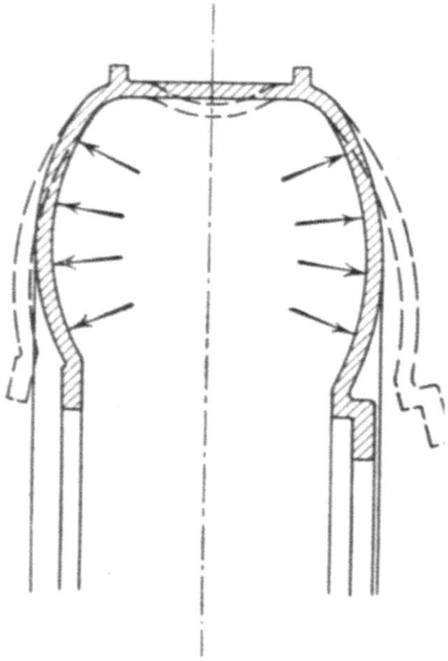

Fig. 390.

Die Festigkeit der Spiralgehäuse ist eine Lebensfrage der betr. Anlage, denn das etwaige Platzen eines solchen Gehäuses ist geeignet, Menschenleben in Gefahr zu bringen und die ganze Anlage der Vernichtung durch das unter Gefälledruck ausströmende Wasser auszuliefern.

Für Hochgefälle sollte deshalb jedes Spiralgehäuse in der Maschinenfabrik mit dem etwa Anderthalbfachen des Betriebsdruckes geprüft werden, und die Berechnung der Festigkeit muß auf breitester Basis vorgenommen sein.

Das Spiralgehäuse hat nur bei kleineren Gefällen und kleineren Abmessungen in sich allein die nötige Widerstandsfähigkeit gegen den inneren Druck, der bestrebt ist, die Wandungen auseinander zu biegen, wie in Fig. 390 punktiert übertrieben angedeutet. Das Auseinanderbiegen wird teilweise durch Zug- oder auch Druckspannungen verhindert, die in den Flanschen entstehen. Mit zunehmender Größe der Gehäuse müssen die Leitschaufelbolzen den Zusammenhalt gewährleisten helfen, schließlich genügen diese nicht mehr, und die Stützschaufeln werden unbedingt erforderlich.

In all den Fällen, in denen das Saugrohr keine Abschlußeinrichtung besitzt („offenes" Saugrohr), solange also im Saugrohr selbst kein Überdruck über die Atmosphäre möglich ist, solange ist als größtvorkommender hydrostatischer Druck im Spiralgehäuse nur der dem ganzen Gefälle entsprechende möglich, abzüglich der Saughöhe. Dieser kann auch nur eintreten, wenn die Leitschaufeln ganz oder nahezu ganz geschlossen sind. Bei Reglerbetrieb mit sehr kurzer Schlußzeit sind, wenn kein Nebenauslaß oder Sicherheitsventil vorhanden ist, hydraulische Drucksteigerungen möglich, wie sie weiter unten erörtert werden. Ein vorsichtiger Konstrukteur wird mit der Möglichkeit rechnen, daß Sicherheitsapparate auch einmal versagen könnten und seine Berechnungen danach zu prüfen haben.

Bei „offenem" Saugrohr kommt demnach der Gefälledruck abzüglich der Saughöhe als

$$h_e = H - h_a$$

nach früherer Bezeichnung in Betracht, wobei h_e und h_a einfach bis Wellmitte gezählt sind. Als gepreßte Fläche ist für die achsialen Drucke annähernd die ganze achsiale Projektion des Gehäuses abzüglich $D_1^2\frac{\pi}{4}$ in Rechnung zu stellen, Fig. 391.

Vorläufig seien noch keine Stützschaufeln vorhanden. Unsere Rechnung hat dann wie folgt vorzugehen: Aus den Schraubenabmessungen der Leitschaufelbolzen folgt, welche Kraft P in kg von jedem Schaufelbolzen auf Zug aufgenommen werden kann. Sofern keine Versteifungen durch Stützschaufeln bestehen, sind, wie gesagt, die Leitschaufelbolzen der einzige Zusammenhalt für das Spiralgehäuse, abgesehen von dessen Außenwand bei A, Fig. 391, und wir sind nicht berechtigt, die Seitenwände als derart steif anzusehen, daß nur der Gehäuseumfang A auf Zug zu berechnen wäre.

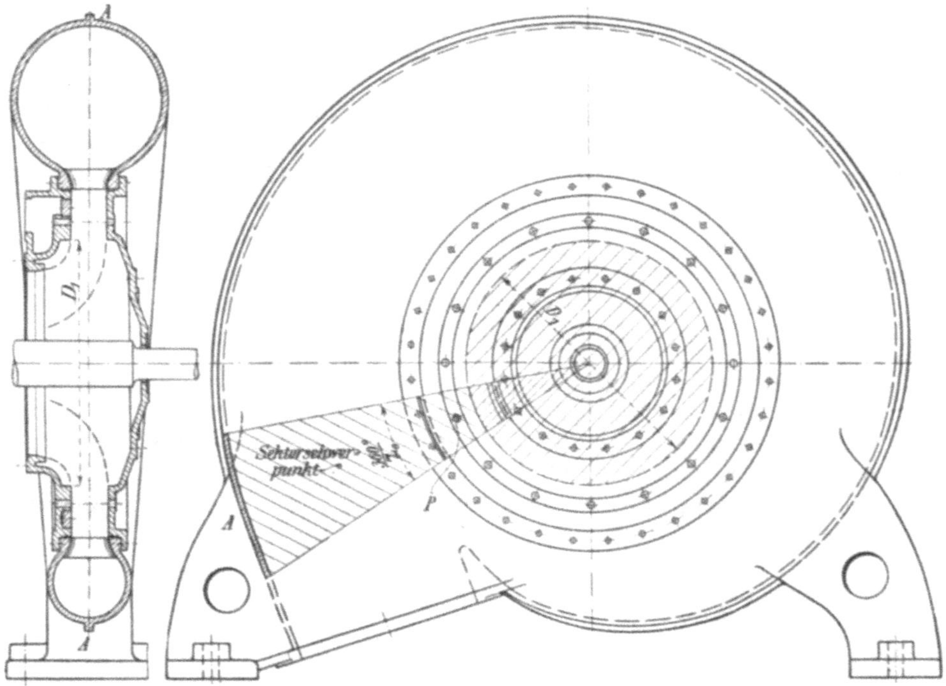

Fig. 391.

Greifen wir nun an irgendeiner Stelle einen Sektor der Gehäuseprojektion, Fig. 391, heraus, der einer Leitschaufelteilung entspricht (derjenige zunächst beim Einlaufstutzen ist der gefährdetste), so finden wir bei z_0 Leitschaufelbolzen dessen Zentriwinkel zu $\frac{360^0}{z_0}$ und können uns danach die Druckfläche des Sektors an Hand der aufgezeichneten Gehäuseform bestimmen, Fig. 391 schraffiert, auch deren Schwerpunkt und den auf den Sektor entfallenden Gesamtdruck. Hieraus folgen die Größen der erforderlichen Gegenkräfte an den Auflagestellen des Sektors, nämlich in der Gehäusewand bei A und im Schaufelbolzen.

Der Gehäusequerschnitt bei A wird fast immer ohne weiteres imstande sein, die nötige Gegenkraft auf Zug zu leisten, wenn nicht, so ist die Wandstärke entsprechend zu vergrößern. Fast stets aber wird der oben ermittelte zulässige Schraubenzug P am Schaufelbolzenende außerstande sein, den auf ihn treffenden Teil der Drucklast des Sektors zu tragen. Hier müssen dann eben die Stützschaufeln dem zu kleinen Querschnitt der Schaufelbolzengewinde aufhelfen, wenn nicht in dem Umfang A ganz gewaltige Biegungsbeanspruchungen auftreten sollen.

Daß die Stützschaufeln mit ganz besonderer Sorgfalt der vermutlichen Richtung des Wasserlaufs gemäß und mit scharfen Kanten vorn **und** hinten anzuordnen sind, ist sicher. Die Rücksicht auf möglichst geringe Behindernng des Wasserlaufs durch die Stützschaufeln legt auch nahe, die Zahl derselben soweit zu beschränken, als es in Ansehung der sicheren gegenseitigen Stützung der Gehäuseseitenwände tunlich erscheint, 4 bis 6 bis 8 Stück. Die Flanschverbindungen zwischen Gehäuse und Leitraddeckel, besonders die Hochkantflächen der Ringdeckel usw., bilden meist ganz geeignete Versteifungen hierfür. Die Stützschaufeln müssen mit großen Hohlkehlen an die Seitenwände anschließen, damit sie bei der Zugübertragung nicht einreißen. Liegt die Notwendigkeit vor, dieselben sehr kräftig zu machen, so empfiehlt es sich, sie mit durchgehenden Kernen zu gießen, damit die Unterschiede in den Wandstärken zwischen Stützschaufel und Gehäuse verschwinden. Die Stützschaufeln sollen nicht mitten vor einem Leitschaufeleintritt, sondern mitten vor der ganz geöffneten Leitschaufel selbst zu sitzen kommen, damit sie möglichst wenig Wirbel verursachen, Fig. 386, S. 543.

Um volle Sicherheit der Gehäuseversteifung zu erreichen, die Stützschaufeln könnten Gußspannungen haben oder unzuverlässig an die Wandungen anschließen, werden von Voith-Heidenheim bei sehr hohen Gefällen statt der gegossenen Stützschaufeln Versteifungsschrauben eingesetzt, Fig. 164, S. 253, und Fig. 244, S. 381, die mit elliptischem Querschnitt, aus bestem Stahl, dem Wasserlauf möglichst wenig Widerstand bieten.

Rechnungsbeispiel.

Ein Spiralgehäuse steht unter einem Druck $h_e = 50$ m. Es sind 20 Leitschaufeln vorhanden, deren Bolzen in einem Kreise von 1,1 m Durchmesser sitzen; der Außenradius des Gehäuses in der Nähe des Eintrittsstutzens sei 1,6 m.

Wenn wir den Durchmesser, bis zu dem herein sich der Druck h_e bei ganz geschlossenen Schaufeln erstreckt, zu 1,05 m schätzen, so trifft auf den einer Leitschaufelteilung entsprechenden Sektor ein Druck von

$$\frac{1}{20}\left(3{,}2^2\frac{\pi}{4} - 1{,}05^2\frac{\pi}{4}\right)50\cdot 1000 = \sim 18000\,\text{kg}.$$

Der Schwerpunkt des Sektors liegt im Halbmesser

$$\frac{2}{3}\cdot\frac{180}{\pi}\cdot\frac{1{,}6^3 - 0{,}525^3}{1{,}6^2 - 0{,}525^2}\cdot\frac{\sin 9^0}{9^0} = 1{,}15\,\text{m}.$$

Also käme auf den Schaufelbolzen ein Auflagedruck von

$$18000\,\frac{1{,}6 - 1{,}15}{1{,}6 - 0{,}55} = \sim 7700\,\text{kg},$$

während auf die Außenwandung treffen:

$$18000\,\frac{1{,}15 - 0{,}55}{1{,}6 - 0{,}55} = \sim 10300\,\text{kg}.$$

Für Ausführung der Schaufelbolzen in bestem Flußstahl käme mit $k_z = 800$ kg/qcm ein Kernquerschnitt von $\frac{7600}{800} = \sim 10$ qcm oder ein Kerndurchmesser von 36 mm in Betracht, der einen für die gute Gestalt der Leitschaufelkörper viel zu großen Bolzendurchmesser verlangen würde. Haben die Schaufelbolzen Gewinde von 1″ oder von 21 mm Kerndurchmesser, so können sie nur höchstens etwa 2750 kg auf Zug aufnehmen, der Unterschied von 7600 — 2750 = 4850 kg pro Schaufelbolzen in der Nähe des Einlaufstutzens muß dann von Stützschaufeln oder Spannschrauben aufgenommen werden.

Außen trifft wegen $\frac{320\cdot\pi}{20} = 50$ cm Länge des Sektors und bei 20 mm Gehäusewandstärke die Zugbeanspruchung von $\frac{10300}{50\cdot 2} = 103$ kg/qcm auf die Flächeneinheit, was für Gußeisen noch keinerlei Bedenken hat.

Mit dem abnehmendem Spiralquerschnitt nehmen natürlich auch die Bolzenbeanspruchungen und die der Gehäusewand ab.

Bei Turbinen, die kein „offenes" Saugrohr haben, oder z. B. bei der ersten Turbine einer Verbundreihe muß natürlich die ganze Projektionsfläche bis zur Welle hin als dem Druck h_e ausgesetzt angesehen werden, denn wenn zufällig das Saugrohr, bzw. der Leitapparat der zweiten Turbine ganz geschlossen wird, so stehen auch die Leitraddeckel der ersten Turbine unter der Druckhöhe h_e.

Auf die Gegenwirkung von Saugdruck im Deckelraum der Turbine und auf der Krümmer-Seite kann nicht sicher gerechnet werden.

Wir werden gegossene Gehäuse bis zu solchen Größen verwenden, daß deren Herstellung von der Gießerei noch geleistet werden kann, also Gehäuse bis zu etwa schließlich $3\frac{1}{2}$ bis 4 m Durchmesser. In den größeren Abmessungen zweiteilig, des Transportes oder der Anfertigung halber Taf. 40—46. Das Spalten des Gehäuses durch die Wellmitte bringt den Vorteil, daß die obere Gehäusehälfte leicht abgenommen werden kann zum Montieren, Nachsehen des Laufrades, Auswechseln usw.

Natürlich werden nicht alle Flanschen der Einsätze ins Spiralgehäuse, der Deckel usw. ausgeführt, als handle es sich um Rohrverbindungen von solch großem Durchmesser und für hohe Drucke. Nur die Ringdeckel der Leiträder haben Hochdruck auszuhalten, dagegen stehen die Laufraddeckel bei offenen gefüllten Saugrohren überhaupt unter Minderdruck. Es handelt sich für diese um Flanschstärken von 15 bis 20 bis allerhöchstens 30 mm (Hochgefälle) und Schrauben im allgemeinen bis 1″ engl. hinauf. Schraubenteilungen 120 bis 150 bis 200 mm. Losdrückschrauben. Nicht dringend genug ist die gegenseitige zentrische Führung der verschiedenen gedrehten Teile in zweckmäßigen Versatzungen zu empfehlen, aller der Teile, die zur Turbinenwelle in genaue Lage kommen müssen, vgl. hierüber Taf. 35, 36 usw.

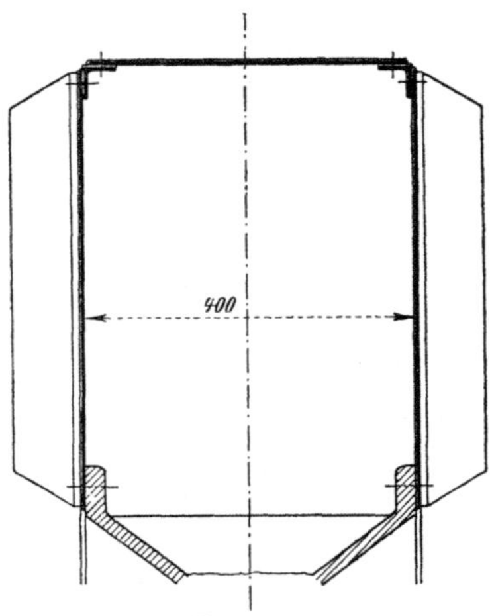

Fig. 392.

Da es sich für diese Teile auch um ganz genaue gegenseitige Lagen in achsialer Erstreckung handelt, so können zwischen den Flanschen keine Dichtungsplatten irgendwelchen Materials verwendet werden, die Dichtflächen werden etwas rauh gelassen, mit eingedrehten Riefen versehen und einfach mit heißem Talg oder Mennige bestrichen. Das Zuviel an Dichtmaterial preßt sich seitwärts aus.

II. Spiralgehäuse aus Blech.

Es gibt Verhältnisse, in denen die Gehäuse so umfangreich werden, daß deren Herstellung aus Blech weniger Mühe macht als durch Gießen. Die Entscheidung hierüber hängt neben anderem auch von der Leistungsfähigkeit der betreffenden Werkstätten ab.

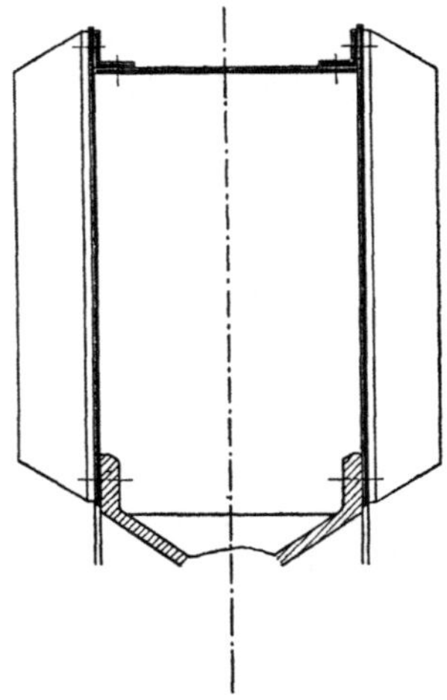
Fig. 393.

Für die Blechgehäuse ist ein gußeisernes Übergangsstück mit Stützschaufeln allemal am Platze. Wenn beim rechteckigen Gußgehäuse die beiden Außenflanschen dieses Stückes des Einfahrens wegen von verschiedenem Durchmesser gemacht wurden, Fig. 389 und 390, so kommt dies bei Blechgehäusen natürlich in Wegfall.

Ist das Gehäuse so weit, daß die Nieten von

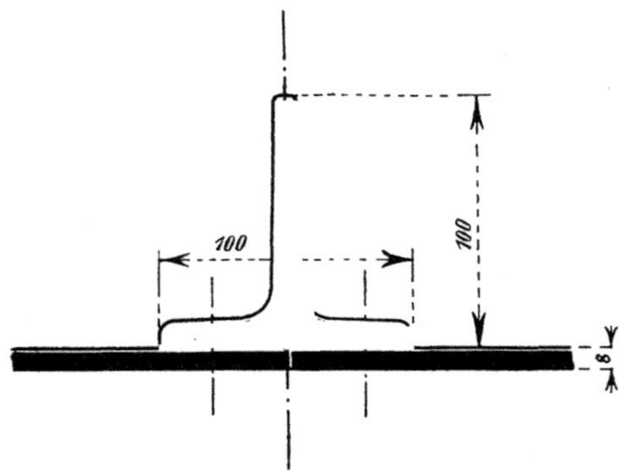

Fig. 394.

innen eingesteckt werden können, etwa 400 mm, so ist die Konstruktion nach Fig. 392, auch Taf. 50, natürlich die beste. Für kleinere lichte Breiten ist dann nach Fig. 393, auch Fig. 396, zu verfahren.

In beiden Fällen müssen die Seitenwände nach Bedürfnis durch T-Eisen versteift werden. Das Innere der Blechgehäuse sollte von Unebenheiten frei sein der hohen Geschwindigkeiten wegen, also stumpfe Stöße für die Bleche mit äußerer Lasche, versenkte Nieten; die T-Eisen dienen ganz gut als solche, Fig. 394.

III. Die Auflagerung der Gehäuse, Wasser-Zu- und -Ableitung.

Die Spiralgehäuse sind an die Zuleitung natürlich wasserdicht angeschlossen, und dieser Umstand könnte bis zu einem gewissen Grade als eine Stützung des Gehäuses betrachtet werden. Es empfiehlt sich aber, diese Stützung außer Berechnung zu lassen, schon weil der Rohranschluß meistens erst nach beendigter Montierung der Turbinen ausgeführt werden kann. Außerdem können die Zuleitungsrohre nicht als zuverlässige Fundation angesehen werden.

Das Spiralgehäuse ruht im allgemeinen auf drei Stützpunkten auf. Zwei angegossene oder angenietete Füße am Gehäuse selbst stützen sich meist auf Walzträger, Taf. 35 u. f., oder teilweise auf Mauerwerk, Taf. 39 usw. Der dritte Stützpunkt wird fast immer durch die Konsole gebildet, die sich an den Saugrohrkrümmer anschließt und das Hauptlager der Turbinenwelle zu tragen hat, Taf. 35, 36, 39, auch Taf. 20. Nicht zu vergessen bei der Berechnung der Stützkräfte ist das Gewicht des im Saugrohr enthaltenen Wassers.

Falls Betonsaugrohre zur Anwendung kommen, was bei Spiralturbinen ziemlich selten ist, so bilden diese ein sehr erwünschtes allgemeines Fundament für die Turbine, Taf. 40—42.

Bei Aufstellung auf Walzträgern ist von vornherein darauf Rücksicht zu nehmen, daß der Fußboden in netter Weise ausgeführt werden kann, über den Walzträgern sind etwa 50 mm zur Verfügung für Zementlage und Tonplättchen zu lassen, ferner die erforderlichen Anschlüsse für Riffelblechabdeckungen, diese unter Umständen gleich beim Guß des Gehäuses mit zu berücksichtigen.

Für die Höhe der Welle über dem Fußboden ist fast immer diejenige der anzuschließenden Dynamomaschine mit maßgebend, doch darf die Wellenhöhe der Turbine über dem Fußboden nicht so klein werden, daß das Abnehmen der Gehäusedeckel dadurch behindert würde. Aus diesem Grunde kommen hier und da Absätze im Fußboden oder versenkte Stellen vor der Turbine vor, die aber, wenn irgend tunlich, vermieden werden sollten. Schwitzwasserableitung nicht zu übersehen.

Die Wasserzuleitung geschieht stets am zweckmäßigsten von unten her, wei das Rohr den Maschinenraum beengen und verunzieren würde, es sollten auch womöglich alle unter Hochdruck stehenden Dichtungen unterhalb des Maschinenhausbodens bleiben, Taf. 38, 39, 45, 46.

Wenn nur eine Spiralturbine von der Rohrleitung gespeist wird, so ist man mit der Wahl der Entfernung zwischen Gehäusemitte und Hauptlager (z. B. in Taf. 39 das Maß 1500) ziemlich frei und kann den Saugrohrkrümmer kurz halten, damit die Lagerentfernung der Welle klein bleibt. Sowie aber zwei oder mehr

Turbinen von der Zuleitung gespeist werden, Taf. 38, auch 42 rechts oben, so ist es wünschenswert, daß der Saugrohrkrümmer derartig ausladet, daß das Saugrohr vom Krümmerende ab in senkrechter Richtung noch an dem gemeinschaftlichen Zuleitungsrohr vorbeifindet. Hier wäre ein Betonsaugrohr kaum möglich, und mit daher kommt die verhältnismäßig geringe Anwendung betonierter Saugrohre für Spiralturbinen. Sie würden auch sehr umständliche Anschlüsse im Unterkanal bringen, der sich bei Anwendung von Blechsaugrohren sehr einfach gestalten läßt, weil die hohen Gefälle immer mit verhältnismäßig kleinen Wassermengen verbunden sind.

Um hier die Einzelheiten der Blechsaugrohre kurz zu erledigen, sei bemerkt, daß diese ausnahmslos nach Art der Fig. 395 ausgeführt werden sollten, derart, daß die Schüsse sich, der Fließrichtung nach immer außen ansetzen, nie innen, um dem Wasser keine Verengung und keine Stoßkante zu bieten. Auf diese Weise kommt schon bei zylindrischen Schüssen eine gewisse Saugrohrerweiterung zustande; für konische Schüsse ist natürlich die gleiche Rücksicht maßgebend. Versenkte Nieten, Wandstärken von 6 mm anfangend, des guten Verstemmens wegen.

Lange Saugrohre werden zweckmäßig in dem unteren Teile durch Konsolen oder Pratzen gehalten, weniger der senkrechten Last wegen, als um sie gegen seitliche Schwankungen beim Betrieb zu sichern, Taf. 39.

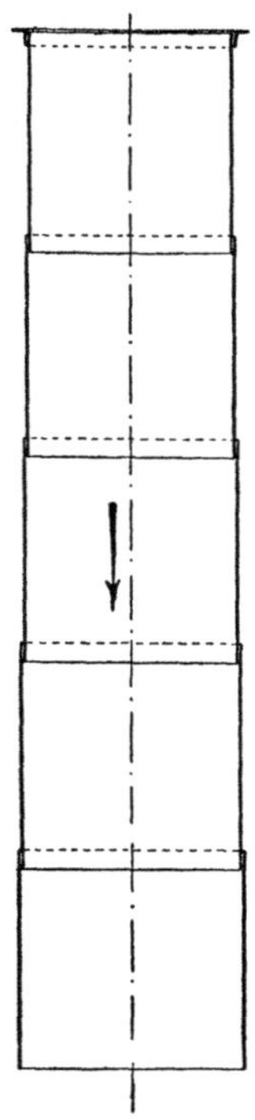

Fig. 395.

Druckrohranschlüsse.

Diese sollten nicht rechtwinklig, sondern unter spitzen Winkeln ausgeführt werden, weil die schroffe Umlenkung um 90° aus der achsialen Fließrichtung im Rohr Arbeitsverluste mit sich bringt, Taf. 37, 38. Bei hohen Gefällen ist aber der unter 90° anschließende Stutzen der Sicherheit wegen unerläßlich. Sofern nur eine Turbine vom Rohr gespeist wird, geht die Überleitung ziemlich schlank vor sich, Taf. 38 die letzte Turbine, Taf. 39, auch 40.

Werden mehrere Turbinen vom gleichen Rohr gespeist, so kann die Frage entstehen, ob es rätlich erscheint, das Rohr jedesmal nach dem Abzweigen einer Turbine zu verengen, so wie dies Taf. 38 ersehen läßt. Gründe für die Verkleinerung sind das Einhalten gleichmäßigerer Wassergeschwindigkeit auch unter Umständen der billigere Preis der stark verengten Rohre. Für gleichbleibende Rohrdurchmesser sprechen die Einfachheit der Rohrleitung und Gleichartigkeit der Anschlußstutzen, sowie auch der Umstand, daß sich in dem weiten, ruhigeren, Teil gegen das Ende hin Kies, Sand u. dgl., die sonst allenfalls in die Turbinen geraten würden, ablagern und durch einen Ablaßschieber ausgeblasen werden können. Dieser Ablaßschieber gehört an den tiefst gelegenen Punkt der Leitung, der aber gerade der Sandablagerungen wegen am besten mit dem Ende derselben zusammenfallen sollte, was auch für gleichweite Rohre spricht.

Die kleineren Gefälle gestatten rechteckige Gehäuse und auch rechteckige Rohranschlüsse, die dann aus Gußeißen oder Stahlguß gefertigt werden. Bei den Hochgefällen dagegen ist es der Sicherheit der Anlage halber gerade so nötig, runde Rohranschlüsse als auch runde Spiralgehäuse zu verwenden.

Bei den kleineren Gefällen finden sich, besonders für große Zuleitungsröhren, die Anschlußstutzen hier und da neben der Rohrmitte, Fig. 396, was natürlich für rechteckigen Anschluß ganz gut paßt. Dabei ist aber mehr noch als bei zentrischem Anschluß Vorsicht geboten, weil der innere Druck das durch den

Anschluß durchbrochene Rohr gegen außen aufzubiegen versucht; der anzunietende rechteckige Anschlußstutzen, ob seitlich oder zentrisch sitzend, muß in seinen Flanschen Versteifungen besitzen, die gegen den Normaldruck des Wassers Sicherheit bieten. Vgl. Fig. 396.

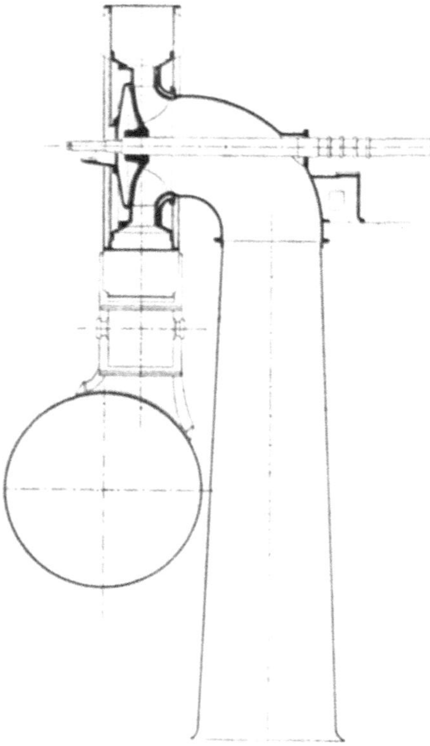

Fig. 396.

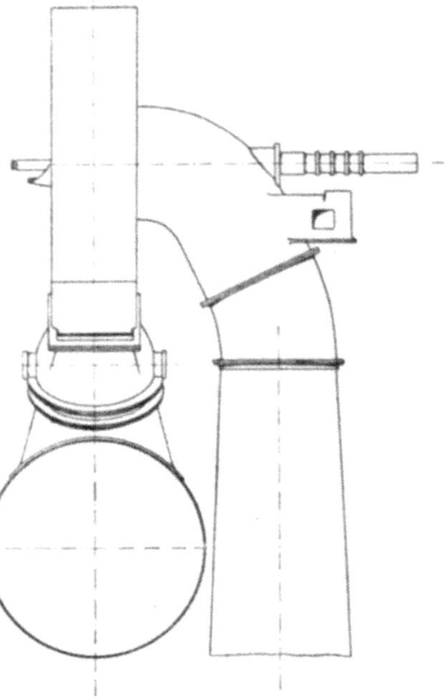

Fig. 397.

Dieser seitliche Anschluß drängt sich eben auf, wenn bei zentrischem Anschließen und geradem Saugrohr die Lagerentfernung bei der Turbine übergroß wird. Dem kann aber auch entgegengewirkt werden durch seitliches Ausweichen mit dem Saugrohr, das ohne Anstand eine schrägliegende Strecke erhalten kann, Fig. 397, in ähnlicher Weise wie Taf. 41.

Bei kurzen Anschlüssen, und das ist die Mehrzahl, ist das Anschlußstück häufig zugleich Übergangsstück in der Querschnittsform und allenfalls auch in der Querschnittsgröße für den gegenüber dem Rohr stets verengten Spiralquerschnitt. Diese Übergangsstücke können in Guß von geschickten Formern ohne Modell leicht hergestellt werden, speziell auch dann noch, wenn die Endflanschen nicht parallel, sondern irgendwie schräg oder windschief zueinander zu sitzen kommen oder wenn der Übergang vom Kreis zum Rechteck führt, während deren Ausführung in Blech häufig recht mühselig wird. Im letzteren Falle kann vom Kesselschmied kaum eine ganz saubere Arbeit verlangt werden.

Paßstücke.

Es ist zu bedenken, daß die Anschlußflansche des Spiralgehäuses unveränderlich zur Achse der Turbine festliegt, so wie diese sich eben durch die Bearbeitung der Gehäuseflanschen, die Zentrierungen usw. ergeben hat. Die Achse der Turbine ist die Richtschnur für die Montierung überhaupt, und dadurch ist die Lage der

Anschlußflansche des Gehäuses unabänderlich gegeben. Die Rohrleitung kann als rohe Blecharbeit in den meisten Fällen gar nicht so genau angefertigt und verlegt werden, daß deren Anschlußflanschen (Übergangsstücke) absolut zuverlässig nach der Zeichung zu liegen kommen, und so ist eigentlich mit vollster Sicherheit vorauszusehen, daß die Flanschen vom Übergangsstück und vom Spiralgehäuse beim Montieren nicht aufeinander passen werden.

Damit ärgerliche Abänderungen an diesen Flanschen vermieden werden, ist es besser, von vornherein zwischen beiden Flanschen eine ganz freie Strecke zu lassen, etwa 150—200 mm lang, und diese, nachdem beide Flanschen ihre definitive Lage erhalten haben, durch ein am Orte herzurichtendes sog. Paßstück auszufüllen, vgl. z. B. Taf. 38, Aufriß, wo die Paßstücke zwischen den Übergangsstutzen und dem Beginn der Drosselklappengehäuse sitzen. Damit beim Zwischensetzen des Paßstückes die Packungen nicht zu sehr verschoben werden, empfiehlt es sich, die Paßstücke keilförmig vorzusehen.

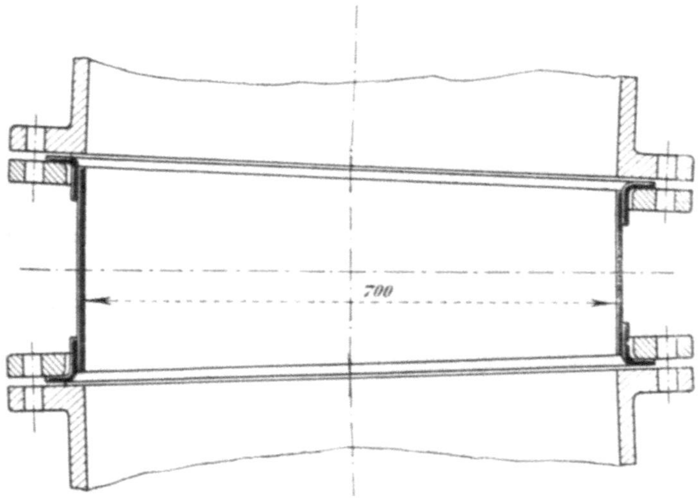

Fig. 398.

Diese Paßstücke werden zweckmäßig aus nachgiebigem Material, Kupfer, gefertigt, weil sich dieses leicht mit dem Hammer in die richtige, oft recht windschiefe Form bringen läßt. Die Flanschringe und Bortflanschen zum Annieten an das Rohrstück können von der Fabrik aus fertig mitgeliefert werden, sie werden aber erst mit dem Kupferstück vereinigt, nachdem dieses ohne sie zwischen die beiden Anschlußflanschen zwischengepaßt ist, Fig. 398. Sind Absperrvorrichtungen in Anwendung, so sitzen diese zwischen Paßstück und Spiralgehäuse.

Die Rohrleitung ist in unmittelbarster Nähe der Turbinenanschlüsse fest zu verankern und abzustützen, damit die unvermeidlichen Längenänderungen der äußeren Rohre infolge der Temperaturschwankungen ohne Einfluß auf die Stellung und genaue Lage der Spiralgehäuse bleiben.

Eine Ausgleichskonstruktion für kleine Verschiebung während des späteren Betriebes ist in Fig. 399 dargestellt. Der keilförmig elastische Packungsring wird

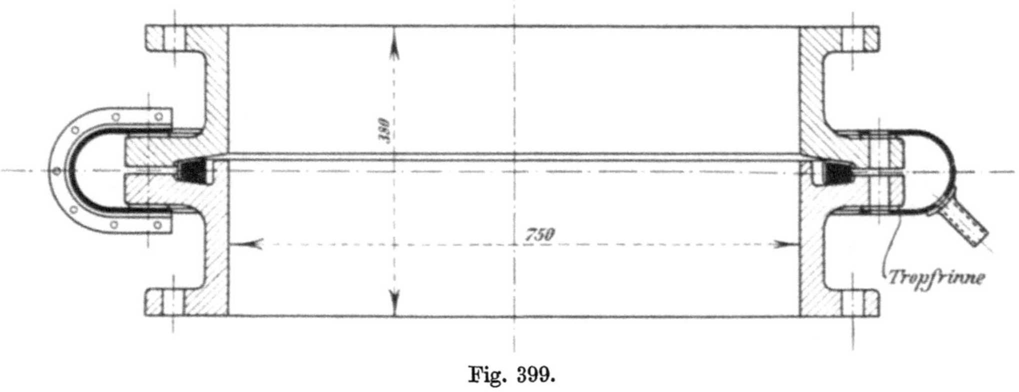

Fig. 399.

durch den Wasserdruck dicht angepreßt, die Flanschschrauben haben Spielraum. Natürlich muß dann der Achsialdruck des Durchflußquerschnittes einerseits durch die Rohrauflage, andererseits durch das Eigengewicht der Turbine und deren Verankerung aufgenommen werden.

IV. Die Abschlußvorrichtungen. (Drosselklappen und Schieber.)

Bei niederen Gefällen mit offenen Turbinen liegt die Einlaßschütze mit ihrem Getriebe unmittelbar dem Turbinenwärter zur Hand.

Höhere Gefälle haben natürlich die Einlaßschützen am Rohranfang, zu Ende des Oberkanals, und dadurch sind diese dem unmittelbaren Bereich des Wärters entrückt. Ein elektromotorischer Schützenbetrieb würde nicht immer imstande sein, den Handbetrieb ganz entbehrlich zu machen (Kurzschluß). Es ist aber auch aus mannigfachen Gründen, selbst wenn nur eine Turbine angeschlossen ist, untunlich, die Rohrleitung jedesmal beim Abstellen der Turbine durch Schließen der Einlaufschütze am Oberkanalende von Wasser zu entleeren. Deshalb sollte jede geschlossene Turbine unmittelbar vor dem Wassereintritt ins Gehäuse ihre besondere Absperrvorrichtung haben, die im Turbinenhaus selbst ohne Mühe gehandhabt werden kann.

Hier sind zweierlei grundsätzlich verschiedene Anordnungen möglich, nämlich Drosselklappen und Absperrschieber. Welche Rücksichten für die Ausführung der einen oder der anderen Vorrichtung sprechen, das soll nachstehend erörtert werden.

Als Vorzüge der Drosselklappe sind zu nennen ihre einfache Konstruktion und leichte Handhabung, billige Ausführung, dagegen hat sie den Übelstand, daß sie nicht dicht schließen kann und daß sie, wenn ganz geöffnet, dem Wasser stets doch einen gewissen Widerstand bietet, also ein Stück Gefällhöhe verbraucht.

Der Absperrschieber bietet, wenn ganz offen und gut durchgebildet, für das Betriebswasser keinen besonderen Widerstand und schließt andererseits verhältnismäßig dicht ab. Seine Nachteile sind die umständlichere Handhabung bei Handbetrieb und größere Anschaffungskosten gegenüber der Drosselklappe.

Drosselklappen.

Aus jener Gegenüberstellung ergibt sich, daß Drosselklappen nicht in Anwendung kommen dürfen, wenn mehrere Turbinen an der gleichen Rohrleitung angeschlossen sind und wenn die schwankende Betriebswassermenge verlangt, daß zeitweise Turbinen wegen Wassermangels stillgestellt werden müssen, weil die Drosselklappen in diesem Fall Wasserverschwender sind.

Ebenso folgt, daß, wenn Drosselklappen zum Absperren von Turbinen verwendet werden, sie, um das Gefälle zu schonen, von möglichst großem Durchmesser sein sollten, damit die von der Drosselklappe verursachten Wirbelverluste gering bleiben. Die Drosselklappen sollen deshalb immer auf der Zuströmseite die Lichtweite des Rohranschlusses haben, Taf. 37, 38, 39, 50, 51, 52, und nie mit den hohen Spiralgehäusegeschwindigkeiten durchflossen werden.

Die Drosselklappen für Wasser stehen im geschlossenen Zustande senkrecht zur Rohrachse, im Gegensatz zu denjenigen für Dampf, und wenn geöffnet, in der Rohrachse, sie haben also eine Drehung von 90^0 auszuführen, Fig. 400. Die Gehäuseform der Drosselklappe entwickelt sich wie folgt. Gegeben ist der Durchmesser des Druckrohranschlusses, entsprechend Durchtrittsgeschwindigkeiten gleich denen im Druckrohr selbst. Hieraus folgt, unter Berücksichtigung von beiderseitig 5 mm für rundumlaufende Arbeitsflächen im Drosselquerschnitt, dessen lichter Durchmesser und damit auch die Größe der Klappe selbst. Als Druck kommt auf die Klappe das ganze Gefälle in Ansatz, vom Ober- bis Unterwasser, denn das Saugrohr kann gefüllt sein, die Saughöhe wirkt dann durch die stillstehende Turbine durch.

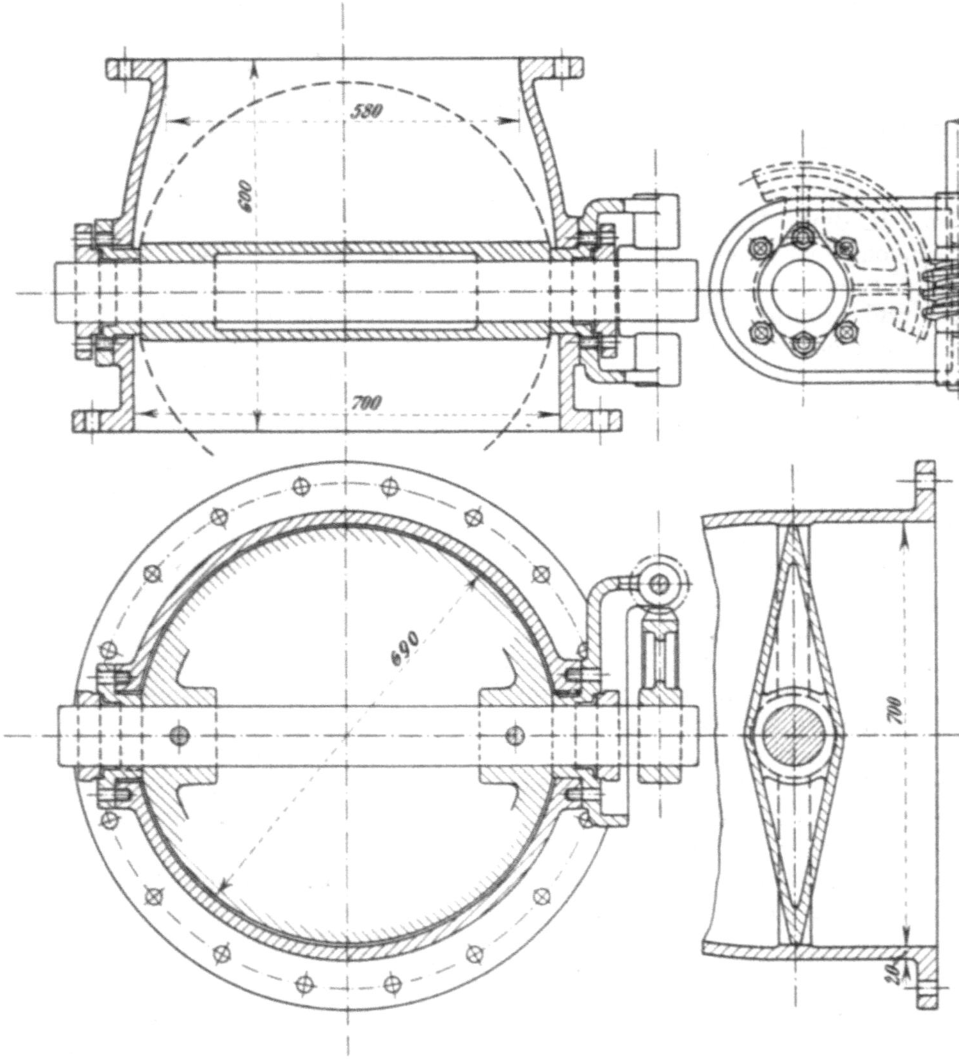

Fig. 400.

Aus dieser Druckbelastung der Drosselklappe findet sich deren Wellstärke (Anlagefläche der Zapfen mit 50—100 kg/qcm) und dadurch die Nabenstärke. Der Rohrquerschnitt in Drosselklappenmitte ist um das durch die Nabenstärke bedingte Stück verkleinert, Fig. 400, und hierdurch wird die Wassergeschwindigkeit erhöht unter Aufwand eines entsprechenden Gefällebruchteils. Da doch die Geschwindigkeit beim Spiralgehäuseeintritt größer sein wird, als sie vor der Drosselklappe war, und außerdem die Rückführung auf kleinere Geschwindigkeit hinter der Klappe verlustreich wäre, so wäre es sinnlos, das Gehäuse hinter der Drosselklappe im Durchmesser ebenso groß zu halten als vor der Klappe. Wir ziehen das Gehäuse so weit zusammen, daß der kleinere Gehäusedurchmesser am Ende der geöffneten Klappe den gleichen Querschnitt ergibt als der große an der Abdichtfläche abzüglich der Klappennabe. Da der Klappenkörper zweckmäßig aus Hohlguß ausgeführt wird, ohne durchlaufende Nabe, Fig. 400, (auch Gußeisen einseitig, mit starker Blechverkleidung auf der Gegenseite kommt vor, Fig. 388, S. 549), so bedarf er keiner Versteifungsrippen, die nur Wasserreibungsverluste bringen würden, und wir können dann die Übergangsdurchmesser des Gehäuses, soweit es die Gestalt der offenen, längsstehenden Klappe erlaubt, dieser glatten Form der Klappe so anpassen, daß auch unterwegs ein größerer Geschwindigkeitsabfall vermieden wird.

Die Klappe sitzt im Gehäuse so nahe gegen die Einlaufflansche hin, als es die Abmessungen der Welle und Stopfbüchse gestatten, damit der Drehstahl beim Bearbeiten der Dichtungsfläche im Gehäuse nicht zu weit freitragen muß.

Wo die Welle der Drosselklappe ins Freie tritt, ist eine Stopfbüchse erforderlich, und da liegt ausnahmsweise ein Fall vor, wo die Lagerung und Stopfbüchse vereinigt sein darf. Hier handelt es sich nicht um hundert oder mehr minutliche Umdrehungen einer Welle, sondern um eine Welle, die höchstens einigemal täglich eine Viertelsdrehung hin oder her auszuführen hat, so daß die Abnützung in Lager und Stopfbüchse einfach vernachlässigt werden darf. Für solche Verhältnisse ist eine Lederstulpendichtung ganz am Platze, nur muß dafür gesorgt sein, daß deren allfallsige Erneuerung nach Jahr und Tag nicht zu viel Umstände macht.

Bei einigermaßen hohen Drucken empfiehlt es sich, die Klappenwelle beiderseits ins Freie zu führen, um einseitige Drücke auf letztere zu vermeiden.[1])

Wir werden hier wie bei den Reguliergetrieben auch vermeiden, daß wir langsamgehende schwere Wellen und Betriebe weit hinaus fortsetzen. Aus diesem Grunde wird die Drosselklappenwelle kurz gehalten und ein Schneckenradbetrieb angeordnet, wie Fig. 400 zeigt, der dann nach Bedarf schräg oder auch um Ecken fortgeführt werden kann. Häufig würde ein Hebel für das Drehen der Klappe genügen, aber wir wenden absichtlich die Schnecke an, um dem Turbinenwärter eine größere Schlußzeit aufzuzwingen und dadurch gefährliche Druckanschwellungen im Zuleitungsrohre zu vermeiden.

Im allgemeinen wird die Welle der Drosselklappe liegend angeordnet, weil sich der Betrieb derselben besser anschließen läßt als bei stehender Welle. Nicht zu vergessen ist ein einfaches Zeigerwerk, aus dem am Ort des Antriebes die Stellung der Klappe deutlich hervorgehen muß.

Die Drosselklappe hat die Querschnittsform des Spiralgehäuses, sie ist also je nachdem rund oder rechteckig.

Absperrschieber.

Auch diese kommen in den beiden ebengenannten Formen vor.

Unsere Anforderungen an Absperrschieber für Turbinen sind anderer Art als an die käuflichen, in Massen hergestellten Wasserschieber für städtische Leitungen usw. Diese sollen im allgemeinen gegen Druck dicht halten, der von der einen oder anderen Seite kommen kann, daher der keilförmige Schieberkörper; wir dagegen haben eine ganz ausgesprochene Druckseite für die Schieber (Oberwasser) und verwenden deshalb vielfach prismatische Schieberkörper. Die Wasserleitungsschieber werden verhältnismäßig sehr selten bewegt, die Turbinenschieber vielleicht täglich mehrmals. Die Auskleidung der Gleitflächen mit Bronze ist im allgemeinen für Turbinenbetrieb nicht notwendig, da Rostspuren hier belanglos sind und eben der häufigen Bewegung wegen an ein Festrosten überhaupt nicht zu denken ist. Die Sitzflächen der Turbinenschieber und deren Umgebung sollen bei ganz gezogenem Schieber bei rasch durchströmendem Wasser keinen irgend erheblichen Widerstand entgegensetzen.

[1]) Beispiel: Ein Welldurchmesser von 100 mm gibt bei 50 m Druckhöhe und einseitig durchgehender Welle einen Seitenschub von ∾ 400 kg gegen außen, der natürlich die Klappe einseitig gegen die Dichtungsfläche drückt und auf diese Weise zu Klemmungen führen muß. Einzelheiten der Stopfbüchse usw. s. Fig. 400.

Von einem mechanisch betriebenen Absperrschieber für Turbinen verlangen wir außerdem noch, daß die Schraubenspindel ganz außer Berührung mit Wasser bleiben (Kalkansatz) und dazu freiliegen soll, damit sie jederzeit gut gangbar erhalten werden kann. Die freiliegende Schieberspindel mit festgekeiltem Handrad darf beim Öffnen oder Schließen nicht „wandern". Dieses oder das konische, die Bewegung übertragende Rad müssen ferner auf der gleichen Stelle bleiben, einerlei ob der Schieber offen oder geschlossen ist. Vgl. dazu auch Taf. 56.

Das Spindelgetriebe hat nach zwei Seiten hin Kräfte auszuhalten. Wir haben einmal die Kraft in Rechnung zu stellen, deren es bedarf, um den mit der vollen Gefällhöhe belasteten Schieber (gefülltes Saugrohr), Reibungskoeffizient 0,3, zu öffnen (Zugbeanspruchung). Andererseits aber muß die Schieberspindel auch imstande sein, die Knickbeanspruchung ohne Schaden aufzunehmen, die entsteht, wenn der schon geschlossene Schieber durch kräftiges Drehen am Handrad (2×15 kg) aus Unverstand des Wärters noch „fest angepreßt" werden soll, wie das bei Dampfventilen ja Brauch ist. Hieraus folgt, daß am Spindeldurchmesser nicht gespart werden darf und daß die freie Spindellänge (Knicklänge) so kurz als möglich zu halten ist. Gute, nicht klemmende Anschläge für den Schieber selbst in beiden Endstellungen.

Da für das anfängliche Öffnen aus völligem Schluß eine ziemlich größere Kraft erforderlich ist als später, so findet sich hier und da eine ausschaltbare Räderübersetzung für den Spindelbetrieb angeordnet, damit das völlige Öffnen nicht übermäßig viel Zeit beansprucht. Vorheriges Schließen des Leitapparates im Verein mit einer Umgehungsleitung ist ein Hilfsmittel zum Vermeiden des Schwergehens, doch ist dies bei Reglerbetrieb nur von Nutzen, wenn das Tachometer des Reglers beim Abstellen der Turbine dauernd in die höchste Muffenstellung gehoben werden kann, weil sonst gerade das Abstellen der Turbine das Tachometer veranlassen wird, die Leitzellen ganz zu öffnen. Oder ein weiteres Hilfsmittel: Man öffnet den Schieber, wenn auch vielleicht mühselig, um einiges und hält die Leitschaufeln geschlossen, wodurch bei kurzem Warten derselbe Druckausgleich eintritt wie mit Hilfe einer Umgehungsleitung, alsdann beansprucht das Weiteröffnen wenig Kraft.

Schieber von rechteckigem Querschnitt führen sich bei ihrer Bewegung gut und mit hinreichender Auflagefläche auf den Gleiträndern *ab* der beiden Langseiten der Durchgangsöffnung, Fig. 401, während runde Schieber von sonst üblicher Form des Abschlußstückes nur wenige Quadratzentimeter haben können, Fig. 402, und auch durch den Wasserstoß leicht ecken, was bei rechteckigen ausgeschlossen ist.

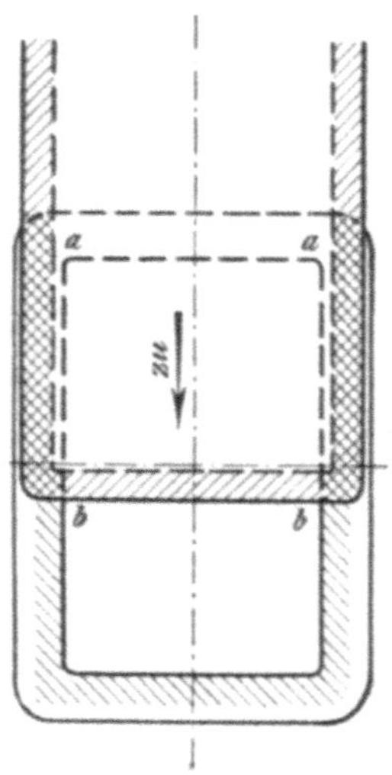

Fig. 401.

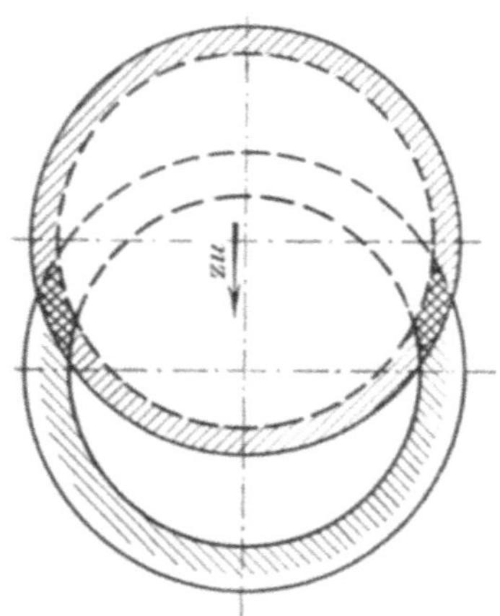

Fig. 402.

Da der leerbleibende Raum zwischen den gegenüberliegenden Sitzflächen des Gehäuses dem glatten Wasserdurchgang durch Wirbelerzeugung hinderlich sein kann, so werden für bessere Ausführungen die Schieberkörper nach Fig. 403 als längliche, an den Enden halbrunde Platten ausgebildet, von einer kreisrunden Durchgangsöffnung durchbrochen, die bei geöffnetem Schieber den Wasserstrom zwischen den Dichtungsflächen vor seitlichem Ausweichen und Wirbeln schützt. Siehe auch Taf. 41 rechts oben.

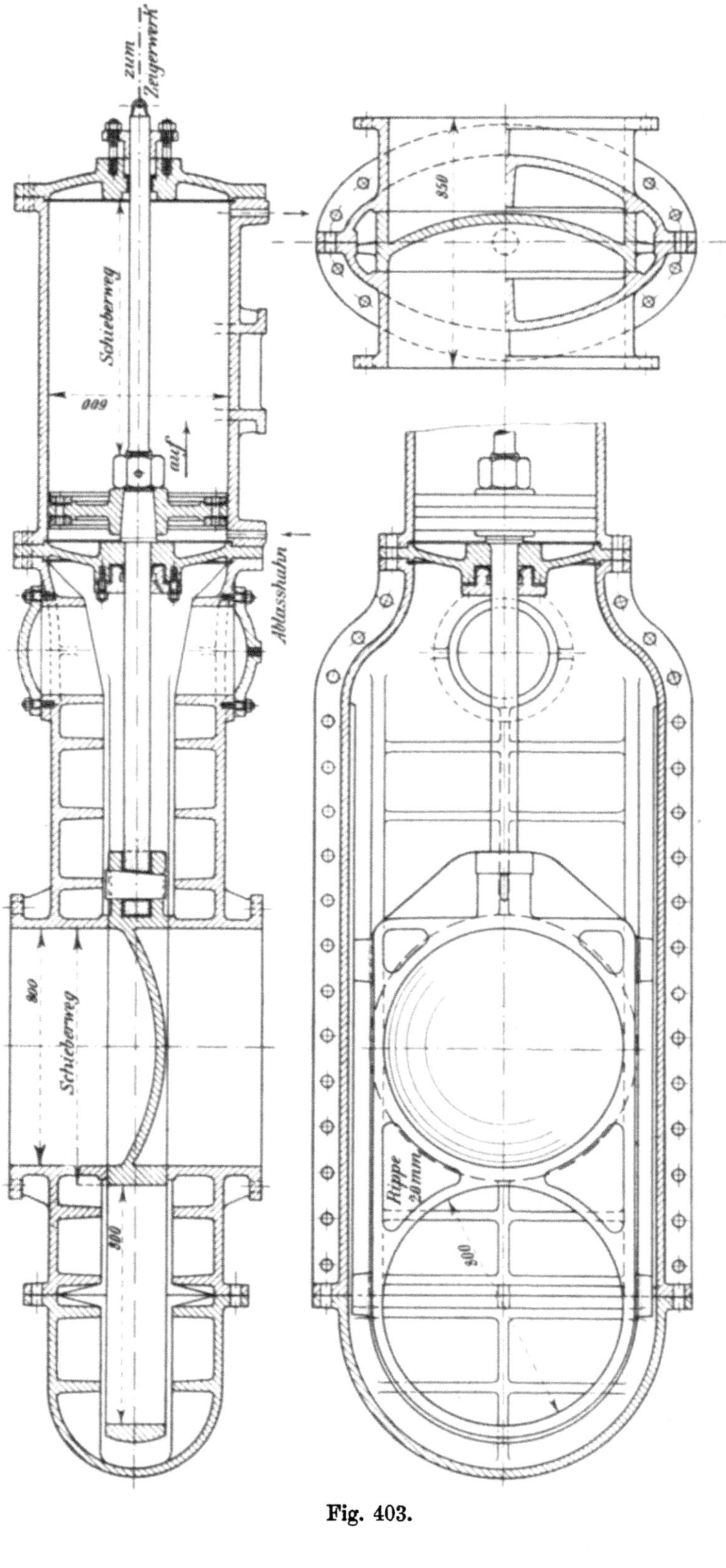

Fig. 403.

Mehr und mehr führen sich hydraulisch bewegte Absperrschieber, Fig. 403, ein, was begreiflich ist, denn trotz höheren Anschaffungspreises sprechen manche praktischen Gründe für dieselben. Vor allem ist ja in der ganzen Anlage begründet, daß ein natürlicher Druck zur Verfügung steht, und dies macht den Betrieb ganz ungemein einfach. Doch ist nicht zu vergessen, daß die Schieber nur bewegt werden können, wenn das Zuleitungsrohr gefüllt ist. Andererseits aber ist nur ein Steuerhahn zu drehen, um den Schieber zu öffnen, zu schließen oder auch in einer Zwischenstellung festzuhalten, und dies kann vom Schaltbrett aus geschehen, während das Anlassen und Abstellen durch Handbetrieb der Schieber vom gleichen Platze meist recht umständlich sein wird. Außerdem wird das Druckrohr fast immer gefüllt, der Schieber also fast immer betriebsfähig sein, und bei leerem Druckrohr bedarf es ohnedem keiner Turbinenabstellung.

Daß auch schon bei relativ kleineren Gefällen der hydraulische Schieberbetrieb durch den Gefälledruck selbst möglich ist, lehrt folgende kurze Rechnung:

Annahme: Gefälle 25 m. Wassermenge 2 cbm/sk.

Um für den Schieberbetrieb ungünstig zu rechnen, nehmen wir diese verhältnismäßig große Wassermenge, dazu nur $c_S = 0{,}8\sqrt{H} = 0{,}8 \cdot 5 = 4$ m/sk, um einen großen Durchgangsquerschnitt zu erhalten. Der Einlauf des Spiralgehäuses hat dann $\frac{2}{4} = 0{,}5$ qm Querschnitt entsprechend 0,8 m Durchmesser.

Wenn jetzt die Schiebersitzfläche mit 0,87 m Durchmesser angenommen wird, so ist der Schieberdruck bei gefülltem Saugrohr $0{,}87^2 \frac{\pi}{4} 25 \cdot 1000 = 15000$ kg, und mit 0,3 Reibungskoeffizient erfordert dieser eine Verschiebungskraft von 4500 kg.

Wenn ferner angenommen wird, daß nur 0,8 der Kraft eines hydraulischen Kolbens, der auch nur unter einem Gefälle von $0{,}8\,H$ arbeitet, zur Überwindung der 4500 kg zur Verfügung steht, so rechnet sich der Durchmesser D dieses Kolbens für die Schieberbewegung aus

$$0{,}8\,D^2 \frac{\pi}{4} 0{,}8 \cdot 25 \cdot 1000 = 4500$$

zu rund 0,60 m, und dies unter recht ungünstigen Annahmen. Die Fig. 403 entspricht diesen Verhältnissen.

Sehr zu beachten ist die Widerstandsfähigkeit der häufig flachgeformten Schiebergehäuse gegen den inneren Druck. Vor dem sinnlosen Aufsetzen äußerer Rippen ist hier ebenso zu warnen, wie dies bei den gußeisernen rechteckigen Spiralgehäusen geschah. Hier helfen nur gewölbte Außenflächen und schließlich bei Hochgefällen dazu noch innere Rippen, wie dies in hervorragend zweckmäßiger Weise von den v. Roll'schen Eisenwerken, Clus bei Solothurn, in den Schiebern von 1200 Durchmesser für 80 m Druckhöhe, Taf. 41, auch Fig. 404, zur Ausführung gekommen ist.

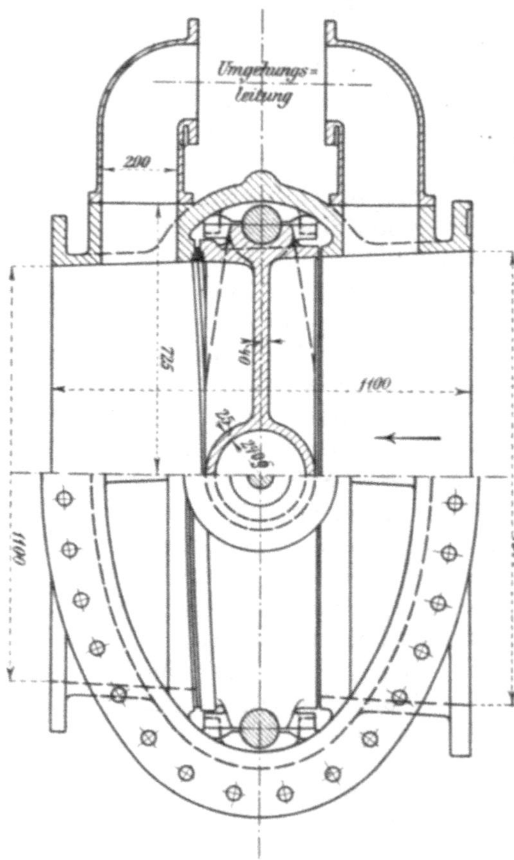

Fig. 404.

Diese letztgenannten Schieber, am Niagara in Verwendung, zeigen gegenüber Fig. 403 eine etwas andere Bewegungseinrichtung, hier ist nämlich der Druckzylinder für die Schieberbewegung im Schieberkörper selbst untergebracht und die Kolbenstange am Schiebergehäuse festgehalten. Eine sehr gedrängte Anordnung ist dadurch gewonnen, die allerdings die Verwendung von Preßflüssigkeit zur Voraussetzung hat. Der Schieberkörper gestattet eben nur die Unterbringung eines verhältnismäßig kleinen Arbeitskolbens (hier 240 Durchmesser), und der geschlossene Schieber wird für seine Bewegung unter einseitigem Druck eine weitaus größere Pressung auf den kleinen Arbeitskolben erfordern, als das vorhandene Gefälle zu erzeugen vermag.

Das Gleiten auf den hier mit Bronze gefütterten Dichtungsflächen unter Druck würde diese ohnedem sehr stark in Mitleidenschaft ziehen, und so ist eine

200 mm weite durch ein Ventil verschließbare Umgehungsleitung für den Druckausgleich zu beiden Seiten angebracht, Fig. 404. Damit diese Umgehungsleitung ihren Zweck erfüllen kann, ist es aber erforderlich, daß die Drehschaufeln der Turbine möglichst dicht geschlossen sind, weil sich sonst der erwünschte Gegendruck nicht einstellen kann.

Auf die in den Einzelheiten sehr durchdachte Konstruktion des ganzen Schiebers, der Zu- und Ableitung des hier zur Anwendung gebrachten Drucköls durch die feststehende hohle Kolbenstange mit eingesetztem inneren Rohr sei hier besonders hingewiesen, ebenso auf die Schieberführung selbst, den Zeigerapparat usw.

4. Konstruktive Einzelheiten der Spiralturbinen.

Die meisten hier in Betracht kommenden Teile sind vorher schon bei anderen Gelegenheiten besprochen worden, und so möge, um Wiederholungen zu vermeiden, auf Besonderes hingewiesen sein, mag es sich dabei um Leitschaufelkonstruktionen, Anordnung der Regulierringe, Regulierkurbeln und deren Lagerung und Abdichtung, um Ausgleicher, Wellenstopfbüchsen usw. handeln; nur noch einiges sei kurz erwähnt.

Die Leitschaufelbolzen werden des Abdichtens wegen besser beiderseitig mit gedeckten Muttern nach Fig. 232, S. 371, ausgeführt, Bleiblech zwischen Mutter und angefrästem Gußsitz oder einfacher etwas Mennige.

Die achsiale Führung der Wellen kann auf der Deckel- oder Krümmerseite stattfinden. Die erste älteste Ausführung einer regulierbaren Spiralturbine überhaupt, Taf. 35, zeigt sie auf der Deckelseite.[1]) (Die dort gezeichnete Unterstützungssäule unter dem Kammlager erwies sich als unnötig und ist in den späteren Ausführungen durchweg verschwunden.) Wäre hier der Deckel von der Stopfbüchse an bis zum Spiralgehäuse in einem Stück, so müßte beim Wegnehmen des Deckels, wenn die Leitschaufeln nachgesehen werden sollen, jedesmal das Kammlager losgeschraubt werden, was zu Unzuträglichkeiten führt. Aus diesem Grunde ist ein sog. Ringdeckel über den Leitschaufeln angebracht, der abgenommen werden kann, ohne daß das Wellenlager auf seinem Sitze gestört wird und der beim Wiederaufsetzen den mittleren Deckel samt Lager wieder zentriert; das Kammlager war auf diese Weise von kleinem Durchmesser. Bequemer zum raschen Wegnehmen ist aber der Deckel ganz in einem Stück, und so wurde später die achsiale Führung in das Krümmerlager verlegt, Taf. 36, und für kleinere Turbinen der Deckel einteilig gemacht. Doch ist man jetzt wieder zum vorderen Kammlager mit seiner kleineren Reibungsarbeit und dem Ringdeckel zurückgekehrt.

Fig. 405 zeigt ein solches neuerer Konstruktion, Briegleb, Hansen & Co., Gotha, mit halbkreisförmiger Lagersitzfläche und der für hohe Umdrehungszahlen ganz erwünschten Einrichtung für Wasserkühlung.[2])

Wiederholt sei auf die gegenseitige Zentrierung der rund bearbeiteten auf die Wellmitte bezüglichen Teile, Gehäuse, Leitraddeckel, Lagerkonsole, Saugrohr usw. hingewiesen.

---

[1]) Die Paraboloide zwischen den Durchmessern $D_1 = 900$ und ungefähr $D_3 = 600$ sind hier ausgeglichen. Wenn das Kammlager ein wenig Spiel besitzt, so wird der auf der Deckelseite tätige Paraboloiddruck von innerhalb D_3, das Laufrad gegen das Saugrohr schieben, den Durchflußdruck im Ringraum rechts vom Laufrad dadurch erhöhen und ihn links vom Laufrad durch Mehröffnen des Schleifrandspaltes der Deckelseite erniedrigen und so das Laufrad achsial zum „Schwimmen“ bringen.

[2]) Das Kühlen der Welle ist dem Kühlen der Lagerschalen vorzuziehen, weil dabei der Zapfen durch das Kühlen dünner wird. Die gekühlte Lagerschale bietet eher die Gefahr, den durch die Wärme ohnedem ausgedehnten Zapfen besonders eng zu umschließen.

Selbstverständlich ist auch, daß die Stopfbüchsen tunlichst kurze Ausladung aufweisen, daß die Lager nahe an denselben anschließen sollen, immerhin aber mit genügendem Spielraum für das Ausziehen und Verpacken der Stopfbüchse.

Knaggen zum seitlichen Festhalten der Lager sind hier unnötig, weil kein Zahnbetrieb da ist, der die Schrauben lockern könnte. Eine nachgiebige Kupplung zwischen Turbinen- und Dynamowelle ist stets am Platze. Die beiden Wellen haben so sehr verschiedene Lagerbelastungen und deshalb auch Lagerabnützungen, daß schon aus diesem Grunde die starre Kupplung beider Wellen vermieden wird, ganz abgesehen von dem Freisein von den Folgen ungenauer Montierung der Lager.

Auch wenn der Dynamoanker als Schwungmasse bei der Tätigkeit des Reglers mitzuwirken hat, ist die nachgiebige Kupplung zwischen Turbine und Dynamo im Gegensatz zur Kolbendampfmaschine nicht verfehlt. Bei letzterer liegt den Schwungmassen neben der ausgleichenden Wirkung für den Dynamoregler auch noch ganz besonders ob, die Unterschiede in den Winkelgeschwindigkeiten jeder Umdrehung zu vermindern, und diese sind ja bei Turbinen gar nicht vorhanden.

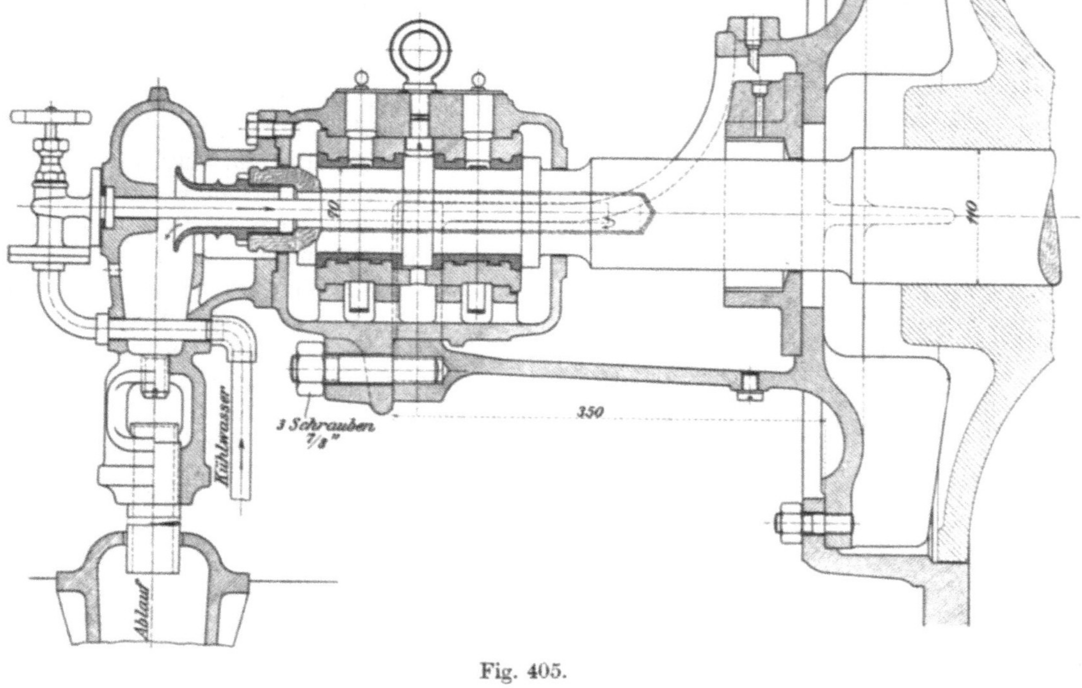

Fig. 405.

Mit zunehmendem Gefälle nehmen die Spaltverluste an sich prozentual nicht zu, die Gl. 473, S. 231, läßt dies deutlich erkennen, denn für eine gegebene Turbine wächst die Arbeitswassermenge mit $\sqrt{H}$ und ebenso auch q_s, weil die w_1 usw. auch mit $\sqrt{H}$ zunehmen.

Im Anfang des Betriebes wird deshalb der Einfluß des Spaltverlustes für hohe Gefälle nicht besonders hervortreten. Bei größeren Gefällen, also auch größeren Druckunterschieden, nimmt aber der Verschleiß in den Spaltkanten, Fig. 158, S. 233 usw., zeitlich viel rascher zu als beim Niedergefälle, und hier ist dann alle Sorgfalt für die Ausstattung der Spaltkanten am Platze. Auswechselbare Ausfütterungen, S. 234, auch nach Befinden nicht nur der einfache Schleifrand der

Fig. 160, sondern mehrere derart, daß das Wasser möglichst viel Widerstand gegen das Durchfließen des Spaltes findet. Vgl. auch Taf. 45.

Der Wasserwulst zwischen den beiden Spalten ist zwischen einer feststehenden und einer umlaufenden Fläche gefaßt. Die Teilchen an der laufenden Fläche werden durch Reibung mitgenommen und üben Zentrifugalkräfte aus, die Teilchen die sich gerade an der stillstehenden Fläche befinden, werden durch Reibung verzögert, können also dem Druck, den die mitgenommenen Teilchen ausüben, nicht widerstehen, es wird sich demnach eine kreisende Bewegung innerhalb des Wulstquerschnittes einstellen wie Taf. 36 angedeutet. So lange es sich um kleines Gefälle, also kleine Geschwindigkeiten handelt, ergeben sich keine unguten Wirkungen hieraus. Bei Hochgefälle aber, und wenn der Sand nicht durch geeignete Abfangeinrichtungen am Kanalbeginn ferngehalten ist, wird sich in den Wulsträumen eine Art Zentrifugalsortierung einstellen. Die Sandkörnchen werden ihres größeren Eigengewichts halber die größeren Zentrifugalkräfte entwickeln, deshalb dem Zug der Wasserteilchen an der stillstehenden Wand nacheinwärts weniger leicht folgen, und in geringerer Menge durch den Saugrohrspalt entweichen. Im Wulstraum wird sich nach und nach Sand ansammeln und seine ausschmirgelnde Wirkung an den Wulstwänden betätigen. Bei Turbinen mit liegender Welle läßt sich der Sand durch einen doppelwandigen Gehäusedeckel, mit Fangschlitzen im oberen Teile zum Absetzen in dem stillen Raum bringen. Spülöffnungen am untersten Punkt.

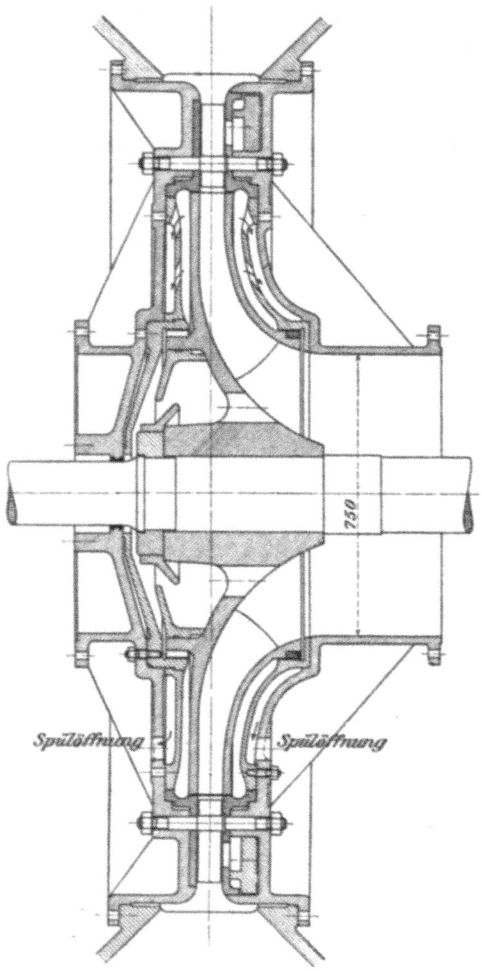

Fig. 406.

B. Spiralturbinen mit Doppelsaugrohr.

Die einfachen Turbinen mit liegender Welle, offene oder auch Spiralturbinen, erfahren einen einseitigen Achsialschub der Welle als Resultierende der Kräfte, wie sie in Fig. 304, S. 436 usw. erläutert sind, und die Taf. 20, 35, 36, 39 lassen ersehen, wie der Konstrukteur diesen Achsialschub berücksichtigt hat.

Für schnellaufende Einfachturbinen kann der resultierende Achsialschub (Rotationsparaboloid) nicht nur einen ziemlichen Arbeitsverbrauch im Kammlager bringen, sondern durch diesen Arbeitsaufwand zu lästigem Warmgehen des Führungslagers, also zu unguter Beeinträchtigung der Betriebssicherheit Veranlassung geben.

Die Parallelschaltung zweier Turbinen im Verein mit symmetrischer Anordnung von Zu- und Ableitung des Betriebswassers führte schon bei den offenen

Turbinen zum gegenseitigen ideellen Ausgleich der auf die einzelnen Laufräder wirkenden Achsialschübe, und dasselbe gilt natürlich auch für die geschlossenen Turbinen. Hier sind für den gleichen Zweck zweierlei Anordnungen möglich, und die erste, Spiralturbinen mit Doppelsaugrohr, ist in den Taf. 40 bis 46 dargestellt.

Wir finden dort ein einfaches Spiralgehäuse, also die Speisung der Reaktionsgefäße ganz wie bei der einfachen Turbine auch, dagegen spalten sich diese Gefäße, die Laufradzellen, symmetrisch und lassen das Wasser nach beiden Seiten austreten, also eigentlich dem Prinzip nach die Anordnung der Rücken an Rücken sitzenden Laufräder der Fig. 284, S. 417, jedoch unter Weglassen des Zwischenkranzes im Leitrad und im Laufradanfang. Der Ausgleich der Achsialschübe ist damit ideell vollständig erzielt. In Wirklichkeit stellt sich aber immer noch ein einseitiger Achsialschub ein, der wunderlicherweise hier und da mit anderer Drehschaufelöffnung seine Richtung ändert.

Hier müssen andere Umstände mit in den Kauf genommen werden, nämlich eine beträchtliche Entfernung der beiden Lager, die durch große Wellstärken ausgeglichen werden muß, damit das Laufrad sicher im Spalt gehalten ist. Außerdem aber wird sich beim Entwerfen als manchmal sehr unerwünschte Folge der symmetrischen Anordnung mit Parallelschaltung der Laufradhälften eine Vermehrung der Umdrehungszahl einstellen, hervorgerufen durch die in der Anordnung liegende Verkleinerung des Laufraddurchmessers. Dieser bei kleinen Gefällen erwünscht gewesene Umstand kann dann Veranlassung geben, daß zur Verminderung der Umdrehungszahl zu Eintrittswinkeln am Laufrad unter 90^0 gegriffen werden muß. Jedenfalls aber müssen die Schaufeln der Laufräder solcher Turbinen mit den Kränzen aus einem Stück gegossen werden, weil eingegossene Schaufeln aus Blech an dem sehr spitzig zulaufenden Nabenteil des Laufrades keinen richtigen Halt hätten für die Kraftübertragung, Taf. 41, 43, 44, 45. Der Haltbarkeit wegen empfiehlt es sich, auch derartige Laufräder nicht aus Gußeisen, sondern aus Stahlguß oder Bronze zu fertigen und des leichteren Gießens wegen die Nabe für sich in den Schaufelkranz einzusetzen, wie dies die genannten Tafeln teilweise zeigen.

Die auf Taf. 40 bis 42 dargestellten Turbinen (Voith-Heidenheim) sind in der Zeitschr. des V. D. I., Jahrg. 1905, S. 209 u. f. beschrieben, so daß hier nur auf einige besondere Anordnungen hingewiesen sein soll. Die aus Stahlguß hergestellten Drehschaufeln bilden mit ihren Drehbolzen ein Stück und werden durch den seitlich ganz außen liegenden Regulierring aus Stahlguß mittels kurzer, tangentialer Lenkstängchen, dem Schema der Fig. 229, S. 368 entsprechend, bewegt.

Die Bewegung erfolgt durch einen Öldruckzylinder, der auf einem der Saugrohrkrümmer montiert ist. Die Stange des Preßkolbens endigt nach beiden Seiten in einem Kreuzkopf; von diesen Kreuzköpfen aus führen Lenkstangen nach rechts und links zu stehenden Hebeln, Taf. 40 und 42, auf deren Wellen kürzere wagrechte Hebel sitzen, die mit Lenkstangen an dem Regulierring angreifen. Es ist kein Ausgleicher vorhanden, aber der Spielraum, den der Regulierring in der Senkrechten hat, ersetzt diesen im Verein mit der Beweglichkeit durch die Lenkstängchen, vgl. die Fig. 253 S. 390. Das Gewicht des Regulierringes ist durch die Aufhängung getragen und äußert sich nicht gegen den Regulierkolben, da beide an den Kreuzköpfen angreifenden Lenkstangen infolge des Ringgewichts gegeneinander drücken, die Kräfte aus Ringgewicht heben sich also auf. Das Spiralgehäuse ist ebenso wie die Saugrohrkrümmer in Höhe der Wellmitte geteilt, damit durch Abheben dieser Teile die ganze Turbine freigelegt werden kann. Auch die Ringdeckel und der Regulierring sind zweiteilig.

In Taf. 43 und 44 findet sich eine Ausführung von Bell & Co., Kriens, von Spiralturbinen mit Doppelsaugrohr. Diese Turbinen sind weniger groß als die vorher beschriebenen und unterscheiden sich von denselben durch die Eigentümlichkeiten und die Konstruktionsfreiheit, wie sie die Bell'sche Schaufelregulierung mit sich bringt.

Die Bell'schen Regulierschaufeln versteifen in ihren festen Teilen das gegen innen offene Spiralgehäuse in sehr erwünschtem Maße, so daß die anderwärts erforderlichen Stützschaufeln ganz fortfallen, und die Führung des innen liegenden Regulierrings mittels Rollkugeln ermöglicht die Anwendung nur einer Regulierkurbel für den Antrieb des Ringes. Dabei werden trotz der sorgfältigen Wahl in der Stellung und Lage der Kurbelarme zu den Lenkstangen kleine Unterschiede in den Wegen eintreten, die durch die beiderseitigen Lenkstangenenden am Ring zurückgelegt werden. Zweifellos wird fast immer nur eine Lenkstange wirklich unter Spannung stehen und die andere ihrem Spielraum in den Gelenken entsprechend leer mitgehen, was hier allerdings der Rollkugelführung wegen nichts auf sich hat. Das Bronzelaufrad ist durch Schmiedeisenringe gebunden. Hier ist nur das Spiralgehäuse in der Achsmitte geteilt, aber auf diese Weise doch ein Einlegen des Laufrades, wenn auch ohne Welle, ermöglicht.

Bei den beiden Ausführungen, Voith und Bell, hat das Doppelsaugrohr Gelegenheit zur Entwicklung eines vollständigen Fundamentrahmens gegeben, der auf eine kurze Strecke selber das Saugrohr bildet und für den Krümmer eine gute Lage sichert gegenüber den Lagern der Turbinenwelle.

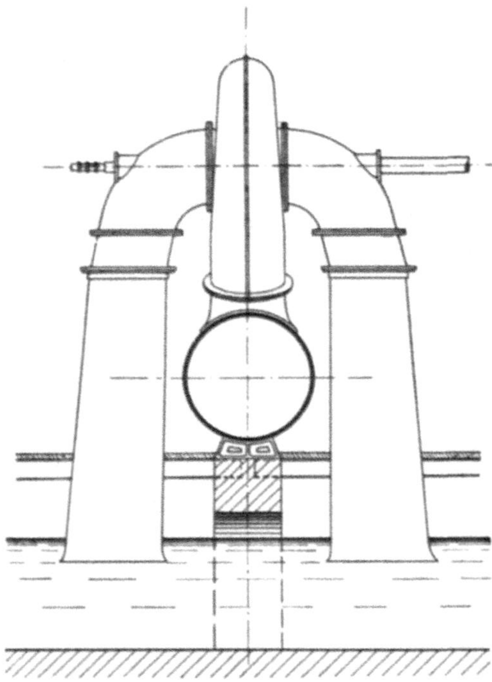

Fig. 407.

Die Taf. 45, 46 stellen eine 1000 PS_e-Turbine mit Doppelsaugrohr dar, die von der A.-G. Rüsch-Ganahl in Dornbirn für die Papierfabrik Wattens bei Innsbruck geliefert wurde.

Das Spiralgehäuse ist ebenfalls in der Wagrechten geteilt, der einfachen Montierung wegen, und die sorgfältige Durcharbeitung der Regulierung (Brechkupplungen usw.) verdient besondere Erwähnung.

Saugrohrkrümmer und Lagerbock stehen je auf gemeinsamer, den Saugrohrdurchlaß bildender Platte[1]). Nebenauslaß siehe später.

Wenn mehrere Spiralturbinen mit Doppelsaugrohr von der gleichen Rohrleitung aus gespeist werden sollen, ist unter Umständen eine Aufstellung zweckmäßig, in der die Turbinen, mit ihren Wellen senkrecht zum Druckrohr, gewissermaßen rittlings über diesem sitzen, wie Fig. 407 zeigt.

---

[1]) Bei den vom Verf. durchgeführten Abnahmeversuchen zeigten sich sehr gute Wirkungsgrade, bis 85 %, dabei die wunderliche Erscheinung, daß die Vakuummeter der Saugrohre je nach dem Betrage der Leitschaufelöffnung trotz des absolut symmetrischen Baues, bald auf der einen, bald auf der anderen Seite mehr Vakuum erkennen ließen.

C. Doppel-Spiralturbinen.

Eine zweite Form der symmetrischen Anordnung zur Vermeidung des äußeren Achsialschubes sind die Doppel-Spiralturbinen, von denen eine in Taf. 47 dargestellt ist.

Diese entsprechen im allgemeinen den offenen Doppelturbinen und bieten deshalb für die Besprechung wenig Neues mehr.

Von Interesse ist in der dargestellten Turbine (Ausführung der früheren Braunschw.-Hann. Maschinenfabriken Alfeld) die Einrichtung für die Einwirkung des Geschwindigkeitsreglers. Derselbe wirkt hier nicht auf die Leitschaufeln, sondern er beherrscht eine Vorrichtung, die dazu dient, Luft zum Saugrohr der Turbine zuzulassen. Auf diese Weise kann das arbeitende Gefälle dem jeweiligen Überschuß der Betriebskraft entsprechend verkleinert werden, und die Einrichtung soll nach Angabe der Fabrik für nicht zu strenge Ansprüche an Genauigkeit der Regulierung, also für viele Fabrikbetriebe, Sägemühlen usw. gut arbeiten.

Eine Bedingung aber besteht für die richtige Anwendung der Anordnung, sie wird durch Bezugnahme auf die Gl. 994 ausgesprochen. Soll nämlich die derart ausgestattete Turbine bei ganz geringer Belastung, also angenähert Leerlauf, die Normalumdrehungszahl auch noch einhalten, so kann dies nur erreicht werden, wenn für diesen Fall durch das völlige Ausschalten des Sauggefälles das der Turbine übrigbleibende Druckgefälle gerade zum Leerlauf noch genügt, d. h. wenn die Turbine mit ihrer Wellmitte etwa in $h = \sim 0{,}3\,H$ unter dem Oberwasserspiegel angeordnet ist, wenn sie also mit etwa $^1/_3$ Druck- und $^2/_3$ Sauggefälle arbeitet. Dies wird sich allerdings nicht immer mit den örtlichen Verhältnissen, mit der Höhenlage der Haupttransmission usw. in Einklang bringen lassen, die Einrichtung verdient aber doch als einfache und billige Reguliervorrichtung der Erwähnung. Es ist ja, wenn vorübergehend oder dauernd ein Kraftüberschuß vorhanden ist, an sich ganz gleichgültig, wie dieser vernichtet wird, ob an dem Produkt $Q \cdot \gamma \cdot H$ dadurch die Ermäßigung gesucht wird, daß Q allein durch Schließen der Leitschaufeln oder daß Q und H gemeinschaftlich durch Beeinträchtigung des Sauggefälles reduziert werden. Im ersteren Falle geht das sämtliche unverbrauchte Wasser übers Wehr, im zweiten Falle zum Teil über das Wehr, zum Teil mit verminderterem Nutzeffekt durch das belüftete Saugrohr. Der Kraftüberschuß muß in solchen Fällen ja stets verloren gegeben werden, außer das Wasser könnte im Oberkanal eine Zeitlang angesammelt werden, was meist unstatthaft ist. Natürlich ist diese Anordnung nicht auf Doppel-Spiralturbinen beschränkt.

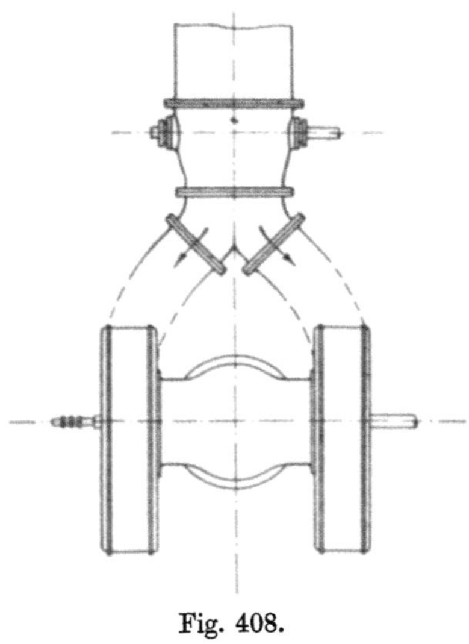
Fig. 408.

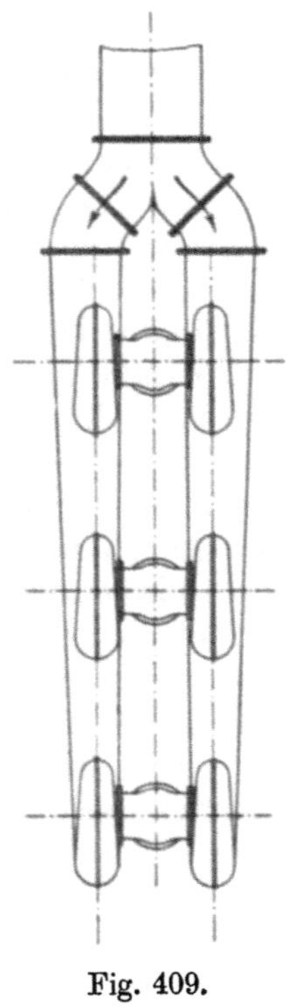
Fig. 409.

Bei Anwendung der Doppel-Spiralturbinen wird der Anschluß des Zuleitungsrohres umständlicher als seither.

Wird nur eine Turbine von dem Rohr gespeist, so ist der beste Anschluß für die Wasserführung gegeben, wenn die Turbinenwelle senkrecht zur Rohrachse gelegt werden kann, Fig. 408, und dabei wird durch ein sog. Hosenrohr die Abzweigung zu beiden Gehäusen symmetrisch durchgeführt.

Handelt es sich um mehrere Turbinen am gleichen Hauptrohr, so empfiehlt sich die einmalige Gabelung dieses letzteren für sämtliche Turbinen, Fig. 409, derart, daß im Turbinenhaus zwei parallellaufende Teilstränge vorhanden sind, je einer für die rechts- und die linksliegenden Gehäuse. Die Anschlüsse sehen in der Seitenansicht dann der Anordnung der Taf. 38 völlig gleich. Allerdings muß dabei jedes Gehäuse seine besondere Abschlußvorrichtung erhalten, die mit der zugehörigen der anderen Seite zu einem gemeinschaftlichen Antrieb zu vereinigen ist. Einfacher ist aber doch die Anordnung von Spiralturbinen mit Doppelsaugrohr.

D. Rohrturbinen.

Die örtlichen Umstände können auch einmal bedingen, daß die Wasserzuführung in Richtung der Turbinenwelle ausgeführt werden muß, also in einer Weise, daß Druckrohrachse und Turbinenachse zusammenfallen. Dies wird im allgemeinen nur in großen Anlagen und bei sehr großen Einheiten notwendig sein, beispielsweise ist die Anordnung in dem schwedischen Staats-Kraftwerk am Trollhätta in dieser Weise getroffen.

Die von der Firma Nydqvist & Holm, Trollhättan, hierfür gebauten Rohrturbinen (Doppelturbinen mit gemeinschaftlichem Saugrohr) finden sich in Taf. 48 und 49 dargestellt.

Eine Doppelturbine von 1,8 m Laufraddurchmesser sitzt in einem Zuleitungsgehäuse von 5,5 m lichtem Durchmesser, das mit konischem Übergang an die 4,25 m weite Druckrohrleitung angeschlossen ist. Natürlich mußte auf unbedingte Zugänglichkeit der Lager gesehen werden, und so sitzt das Mittellager sowie das Endkammlager in Kammern, die, gegen den umgebenden Wasserdruck abgesperrt, durch ovale Einsteighälse von oben her betreten werden können. Ein kegelförmiger Deckel spaltet das zufließende Wasser und führt es in den Ringraum zwischen Gehäuse und Saugrohr. Eine besondere Schwierigkeit lag in der geordneten Zuleitung zu dem, dem Generator zunächstliegenden Leitapparat, weil der abwärtsgehende Saugrohrstutzen den ringförmigen Gehäusequerschnitt auf eine breite Strecke versperrt. Hier mußte durch zylindrisches Umkleiden der Rippen des oberen Saugrohrteiles, durch geeignete Leitbleche, Schrägstellen des einen Einsteighalses, für möglichst gute Wasserführung gesorgt werden.

Eine weitere Schwierigkeit lag darin, daß bei solcher Anordnung die Saugrohrteile dem ganzen Gefälledruck ausgesetzt sind, und bei den sehr großen Abmessungen war die ganze Formgebung des Saugkessels nicht leicht, besonders auch mit Rücksicht auf das Zusammenbauen der Teile in dem einteiligen Druckgehäuse. Bedingung war dabei, daß der Saugkessel nur an einer sicheren Stelle in Verbindung mit dem Druckgehäuse sein, im übrigen aber frei in diesem stehen müsse, damit nicht Dehnungsvorgänge des stählernen Druckkessels von 5,0 bis 5,5 m Durchmesser etwa verhängnisvolle Biegungsbeanspruchungen für den Saugkessel herbeiführen könnten. Aus diesem Grunde ist der Achsialschub, der auf den inneren Gehäusekegel geht, durch radial stehende Blechwände auf die Außenwand übertragen und der Druckdeckel auf Generatorseite längsverschieblich mit Kautschukschnur-Dichtung im Leitraddeckel geführt. Ein leicht wegnehmbarer Ring erlaubt ein bequemes Erneuern der beiden Schnüre, Taf. 48, unten.

Von Interesse dürfte auch die Anordnung der Leitschaufeln sein. Daß zu guter Instandhaltung außer Wasser liegende Reguliergetriebe das einzig richtige waren, ist klar, die Firma beschränkte sich aber nicht darauf, sondern richtete die Leitapparate so ein, daß jede Leitschaufel auf die einfachste Weise für sich allein herausgenommen werden kann, ohne die ganze Turbine öffnen zu müssen. Der Leitraddeckel ist im Bereich der Leitschaufeln derart durchbrochen, daß jede Schaufel in bestimmter Drehstellung nach außen durchgezogen werden kann; er ist aus Festigkeitsgründen in diesem Bereich doppelwandig und in die Durchbrechungen sind Büchsen eingeschoben, die, auch außen gedreht, sich an den Ausbohrungen der Durchbrechungen führen und so die Lage der Schaufeldrehachsen sichern. Die Durchbrechungen des Innenkranzes werden durch Lappenfortsätze an den Büchsen glatt ausgefüllt, Taf. 48 unten links, während die Abdichtung gegen den Druck h_0, S. 348, durch die sektorartig aneinander gereihten Außenflanschen der einzelnen Büchsen gesichert ist.

Auf diese Weise kann eine Schaufel samt Führungsbüchse bequem ausgewechselt werden, und die gebohrte Anlage der Führungsbüchse sichert auch das Hineinfinden des 60er Schaufelzapfens auf Saugrohrseite.

Angesichts der sehr großen Regulierkräfte konnte nicht wohl auf eine Ausgleichkonstruktion verzichtet werden, und so ist hier die Anordnung nach Fig. 251, S. 388 in Ausführung zu sehen mit dem Unterschiede, daß der Drehpunkt des gleicharmigen Ausgleichhebels nicht in der Wagrechten geradlinig, sondern durch eine genügend hohe Pendelstütze, Taf. 48 rechts, auch Taf. 49, wagrecht nachgiebig getragen wird. Die Regulierringe sind zentrisch geführt und der Ausgleich etwaiger kleiner Unstimmigkeiten der Biegsamkeit der Regulierwelle überlassen.

Wie die Kraft des doppeltwirkenden hydraulischen Kolbens von 400 Durchmesser durch Hebel und Lenker auf die Regulierwelle übertragen ist, zeigt Taf. 49 rechts.

Zum Anhalten der Turbine nach Abstellen dient die ganz links sitzende Bremse.

Die Turbinen ergaben während der behördlichen Abnahmeversuche bei 12500 PS_e Leistung 87%, bei 10000 PS_e 87% und bei 7500 PS_e noch 83% Nutzeffekt; bei 5000 PS_e sank derselbe auf 77,8%.

22. Geschlossene Turbinen, stehende Welle.

Daß selbst bei Gefällen gegen 20 m hin die Hochwasserverhältnisse derart beschaffen sein können, daß liegende Wellen unmöglich sind, ist die Ursache, daß auch heute noch in solchen Fällen stehende Wellen angeordnet werden müssen. Derartige Umstände kommen natürlich nur ausnahmsweise vor, einer dieser Ausnahmefälle aber ist die in der Z. Ver. deutsch. Ing., Jahrg. 1904, S. 581 u. f. beschriebene Turbinenanlage des Elektrizitätswerkes Kykkelsrud in Norwegen.

Unter Bezugnahme auf diese Beschreibung und die in den Taf. 50, 51 und 52 gegebenen Darstellungen kann die Erläuterung verhältnismäßig kurz gehalten werden, denn eine Ausnahmekonstruktion wird die dortige Anordnung immer bleiben.

Von Interesse sind die Unterschiede in den Gehäuseformen usw. der beiden großen Turbinen, deren eine von Voith-Heidenheim, die andere von Escher-Zürich gebaut ist.

Aus je 3 m weiten Zuleitungsröhren wird das Wasser bei der einen Turbine einem Spiralgehäuse, bei der anderen einem zylindrischen Blechgehäuse zentrisch zugeführt, während die kleineren Erregerturbinen (Voith) zylindrische Gehäuse mit exzentrisch sitzenden Stutzen aufweisen, letzteres, um das zuströmende Wasser wenigstens in Annäheruug an Spiralführung den Leiträdern nach der Drehrichtung zuzuweisen.

Das große Spiralgehäuse erhielt nachträglich mit bestem Erfolg die Zwischenwand, wie sie in Fig. 388, S. 549 u. f., besprochen ist. Die vorher angestellten orientierenden Versuche über die Druckverteilung im Spiralgehäuse ergaben die Druckhöhen genau der Gl. 145, S. 40, also auch $v \cdot r =$ Konst. entsprechend.

Grundverschieden sind die Regulierungseinrichtungen beider großer Turbinen: die Spiralturbine besitzt Drehschaufeln, die Kesselturbine eine Ringschütze im Spalt.

Die Drehschaufeln sind der großen Höhe wegen, $b_0 = 740$ mm, durch einen in der Gehäusemitte liegenden Regulierring gefaßt, der von zwei in gleicher Höhe im Spiralgehäuse befindlichen Lenkstangen und Kurbeln seinen Antrieb erhält. Der hydraulische Ausgleicher, der hier Verwendung gefunden hat, ist nicht wieder ausgeführt worden, die Zapfenverhältnisse finden sich bei Fig. 328, S. 468, geschildert.

Die Erregerturbinen besitzen, ganz getrennt von den eigentlichen Spurzapfen, Entlastungsscheiben von 600 Durchm. auf der Turbinenwelle befestigt, die in einem ausgebohrten Aufsatz auf dem Kesseldeckel rotieren und von unten her Wasserdruck erhalten.

Auf dem Deckel des Spiralgehäuses ist ein Lager aufgesetzt und zwischen der Lagerunterkante und der ausgebüchsten Deckelbohrung ein abstellbares Rohr angeschlossen, Taf. 50, das zur Druckwasserzufuhr dienen soll an Stelle einer Stopfbüchse.

Hier ist die Drosselklappenwelle senkrecht angeordnet ohne Durchführung nach unten. Bei dem großen Gewicht der Klappe ist der gegen oben gerichtete

Achsialdruck eine willkommene Entlastung; der Schneckenbetrieb befindet sich erst in der zweiten Übersetzung an der Wandlagerplatte.

Die Ringschütze der Escher'schen Turbine, Taf. 51, wird durch drei Kolben von 200 Durchm. gehoben und gesenkt, die unter Öldruck stehen, den der Regler regiert. Eine Winkelhebelanordnung mit langer Schubstange vermittelt die Nachführung beim Regler.

Zweifellos wurde die immerhin etwas schwerfällige Ringschützenregulierung mit Rücksicht auf die Eisverhältnisse angewendet, weil sie da doch weniger Störungen ausgesetzt scheint als die Fink'schen Drehschaufeln. Dem Verfasser ist aber auch hinsichtlich des Verhaltens der letzteren bei Eiszeit nichts Nachteiliges bekannt geworden.

Von besonderem Interesse ist die Ausbildung der feststehenden Leitschaufeln an der Escher'schen Turbine. Die Ringschütze im Spalt ist mit Beziehung auf den Nutzeffekt bei kleineren Füllungen keine Wasserregulierung im Sinne der Erklärungen S. 284 u. f., aber sie wirkt wie eine Spaltdruckregulierung. Dies ist leicht einzusehen, wenn wir bedenken, daß die zur Hälfte herabgelassene Ringschütze den Leitschaufelquerschnitt ebenso auf den halben Betrag verkleinert als die auf $\frac{a_0}{2}$ zugedrehten Fink'schen Schaufeln. Mithin treten bei teilweisem Schließen der Ringschütze in einer den Drehschaufeln entsprechenden Weise größere Beträge von w_0 auf gegenüber der ganz offenen Schütze. Wenn nun die festen Leitschaufeln über die ganze Breite b_0 gleich weit sind, so wird ein verhältnismäßig geringer Betrag des Absenkens der Schütze (z. B. hier 100 mm) noch fast gar keinen Einfluß auf die verbrauchte Wassermenge haben, das Absenken wird durch die im Laufrad auftretenden Wirbel nur zu etwas schlechterem Nutzeffekt Veranlassung geben.

Der Konstrukteur hat nun die Leitschaufelweiten a_0 oben, also am Anfang des Schließweges der Ringschütze weiter ausgeführt als gegen unten, gegen das Ende hin (D.R.P.). Dadurch wird die Wassermenge nicht mehr über die ganze Breite b_0 gleichmäßig verteilt sein, sondern die oberen Partien von b_0 sollen mehr Wasser führen als die gegen abwärts gelegenen. Dadurch wird auf die ersten 100 mm Schließweg der Ringschütze auch schon eine kräftigere Verminderung der Wassermenge erzielt werden, und auf diese Weise sind die einzelnen Teile des gesamten Regulierweges der Ringschütze gleichwertiger in bezug auf die Verminderung der Leistung, als wenn die Leitschaufelweite durchweg gleichgroß gemacht worden wäre.

Die Verschiedenheit der Leitschaufelweiten a_0 der Höhe nach bedingt natürlich verschiedene δ_0 und δ_1 und für stoßfreien Eintritt auch verschiedene w_0 und w_1, sowie auch andere Werte für β_1. Je größer a_0, um so größer sollte β_1 sein und umgekehrt, d. h. die Gefälleaufteilung muß in den verschiedenen Höhen ganz verschieden ausgeführt sein. Welcher Art die Einflüsse dieses Umstandes auf die Leistung und den Nutzeffekt der Turbine an sich sind, ist dem Verf. nicht bekannt. Die Verhältnisse ähneln dabei in etwas denjenigen der Achsialturbine.

23. Strahlturbinen.

A. Allgemeines.

Solange die Regulierungsverhältnisse der Reaktionsturbinen noch nicht geklärt waren, verwandte man für stark veränderliche Wassermengen Strahlturbinen, weil bei diesen das Anpassen an die Wassermenge durch Zellenregulierung anstandslos möglich war. Im Gegensatz zu den Verhältnissen bei Reaktionsturbinen, Fig. 183, S. 287, gibt es bei Strahlturbinen keine „toten" Radschaufeln, denn die Räume der Ablenkungsflächen sind ja stets teilweise mit Luft gefüllt, sie stehen auch mit der äußeren Luft in Verbindung und können so jedesmal stoßfrei leer laufen, wenn sie unter eine geschlossene Leitzelle kommen. Auch der Wiedereintritt in den Bereich der tätigen Leitzellen bringt keine Stöße, vom ersteintretenden Wasserteilchen an durchlaufen alle andern den regelrechten Ablenkungsweg, sofern nur bei der Zellenregulierung auch der Grundsatz der Leitschaufelabsperrung nach I, Fig. 183, eingehalten wird.

Als Übelstand wurde seitens der Turbinenbesitzer, bewußt oder unbewußt, der Arbeitsverlust empfunden, der durch das sog. Freihängen der Strahlturbine bedingt ist.

Die aus einfachen Ablenkungsflächen gebildete Strahlturbine kann nur den vollen Betrag der X-Komponenten usw. entwickeln, wenn die Wasserteilchen ihren Weg entlang den Ablenkungsflächen ungestört zurücklegen können, und dies ist nur möglich, solange die Ablenkungsflächen oberhalb des Unterwasserspiegels liegen. Da nun der Unterwasserspiegel durchaus keine bleibende Höhenlage besitzt, sondern je nach den Wassermengen des betreffenden Flußlaufes ziemlich beträchtlichen Schwankungen unterliegen kann, so mußten die Strahlturbinen um ein entsprechendes oberhalb der durchschnittlichen Höhe des Unterwassers aufgestellt werden, damit nicht jede kleine Anstauung im Unterkanal alsbald eine empfindliche Einbuße an Arbeitsleistung verursachen konnte. Die Höhe h_a der Fig. 88, S. 109, ist beispielsweise für die Strahlturbine einfach verloren, und der Turbinenbesitzer mußte sich jahrzehntelang mit der Ansicht des Turbinenkonstrukteurs einverstanden erklären, dahingehend, daß die Größe h_a der Fig. 88 oder ähnlicher Anordnungen überhaupt gar nicht zum verfügbaren Gefälle gerechnet werden dürfe.

Die Befreiung der Strahlturbinen aus der Abhängigkeit von der Lage des Unterwassers suchte zuerst Hänel in Magdeburg auf rationelle Weise durch seine Rückschaufeln zu erreichen, vgl. S. 226 u. a. die Grenzturbinen usw. betreffend. Doch wurde diese Konstruktion bald wieder verlassen, weil sie in den stark gekrümmten Radkanälen zwischen Ablenkungsfläche und Rückschaufel ziemliche Reibungsverluste aufwies und weil sich die engen Kanäle auch sehr leicht, schon mit Laub u. dgl., zulegten. Die von Girard ausgeführte sog. Pneumatisierung (Laufrad in einem durch Luftdruck wasserfrei gehaltenen Raum) mag hier nur nannt sein, sie verschwand sehr rasch wieder.

Die „Knop-Turbine“ der Firma Briegleb, Hansen & Co., Gotha, half den geschilderten Übelständen ab. Diese Turbine hatte den Spaltdruck Null, Druckschwankungen waren bei teilweiser Beaufschlagung deshalb für die Leitradöffnungen vermieden, sie war aber keine Strahlturbine, sondern aus drucklos nachgefüllten Reaktionsgefäßen gebildet, die Zellenräume dieser Turbine waren schon bei normalem Betrieb mit Wasser vollständig angefüllt, und deshalb konnten sie ohne weiteres das Eintauchen ins Unterwasser vertragen, abgesehen natürlich davon, daß durch das Ansteigen des Unterwassers an sich eine Gefälleverminderung eintreten mußte. Diese Turbinen wurden als Achsialturbinen ungefähr auf oder etwas unter den mittleren Unterwasserspiegel gelegt, sie nützten auf diese Weise das ganze verfügbare Gefälle aus, und nur das Absinken des Unterwassers unter die Radunterkante konnte keinen weiteren Zuwachs an Gefälle bringen. Aber auch diese Turbinengattung wurde durch die äußere Radialturbine mit Spaltdruckregulierung völlig verdrängt.

Heutzutage kommen Strahlturbinen nur noch für höhere Gefälle und da erst dann in Betracht, wo die Reaktionsturbinen zu hohe Umdrehungszahlen aufweisen würden, aber auch bei kleineren Gefällen für verhältnismäßig sehr kleine Wassermengen. Nur die innere Radialturbine mit äußerem Austritt und die als Peltonrad, Löffelturbine usw. bezeichnete Strahlturbine mit äußerem sog. tangentialem Zutritt (weil derselbe kaum mehr als radial bezeichnet werden kann), und mit achsialem Austritt sind dafür in Verwendung; die innere Radialturbine ist aber heute schon fast ganz durch das Peltonrad oder durch die Spiralturbine verdrängt worden.

Weil die Strahlturbine die Übelstände der toten Laufzellen in der früher S. 286 u. f. geschilderten Weise nicht hat, kann sie als Partialturbine, S. 110, angewendet werden, was bei der Reaktionsturbine ausgeschlossen ist, und diese Anordnung als Partialturbine gestattet die völlig freie Wahl des Eintrittsdurchmessers D_1, also auch die freie Bestimmung der Umdrehungszahlen im Gegensatz zu den Vollturbinen.

Alle diese Erwägungen treten auf, wenn die Entscheidung der Frage, ob Reaktions-, ob Strahlturbine, zu treffen ist. Fast immer wird die zu hohe Umdrehungszahl der Reaktionsturbine aber die Grenze für deren Anwendung bilden, unabhängig vom Gefälle an sich. Es läßt sich deshalb keine Gefällegrenze angeben für den Wechsel im System der Turbinen. Bei kleinen Wassermengen kann beispielsweise schon für 15 oder 20 m Gefälle eine Strahlturbine sehr angezeigt sein, während andererseits Reaktionsturbinen auch bei Gefällen über 150 m hinaus durchaus normal angewendet sein können. Die Verbundturbinen, S. 252 u. f., werden die Grenze für den Beginn der Anwendung der Strahlturbinen noch höher rücken.

Ein wichtiger Punkt für die Berechnung der Strahlturbinen bleibt natürlich auch die anzunehmende Größe der absoluten Austrittsgeschwindigkeit w_2, die Annahme von α_2, wobei hier von α_4 oder dgl. naturgemäß keine Rede sein kann. Was aber die Berechnung wesentlich von derjenigen der Reaktionsturbinen unterscheidet, das ist die bei gegebenem Gefälle ohne weiteres festliegende Größe von w_0 und w_1.

Im tatsächlichen Betrieb entsteht w_0 aus der manometrischen Druckhöhe h_m, Fig. 410[1]), zuzüglich der Höhe, die zur Erzeugung der Rohrgeschwindigkeit c tatsächlich aufgewendet wurde, so daß mit φ_g als Geschwindigkeitskoeffizient zu schreiben ist

$$w_0 = \varphi_g \sqrt{2g\left(h_m + \frac{c^2}{2g\varphi_g{}^2}\right)} \quad \ldots\ldots\ldots\ldots \quad 692$$

[1]) Über die Reibungsverlusthöhe h_ϱ siehe S. 636 u. f.

Mit dem Mittelwert von $\varphi_g = 0{,}95$, für glatte Mündungen ergibt sich dann

$$w_0 = 0{,}95\sqrt{2g\left(h_m + 1{,}1\frac{c^2}{2g}\right)} = 0{,}95\sqrt{2g \cdot h_m + 1{,}1\,c^2} \quad . \quad . \quad . \quad . \quad . \quad 693$$

Vielfach verschwindet $1{,}1\frac{c^2}{2g}$ gegenüber h_m vollständig, und so darf, besonders auch angesichts der Unsicherheit des Koeffizienten φ_g, fast immer einfach geschrieben werden

$$w_0 = 0{,}95\sqrt{2g \cdot h_m} \quad . \quad . \quad . \quad . \quad . \quad . \quad . \quad . \quad . \quad . \quad . \quad . \quad 693\,a$$

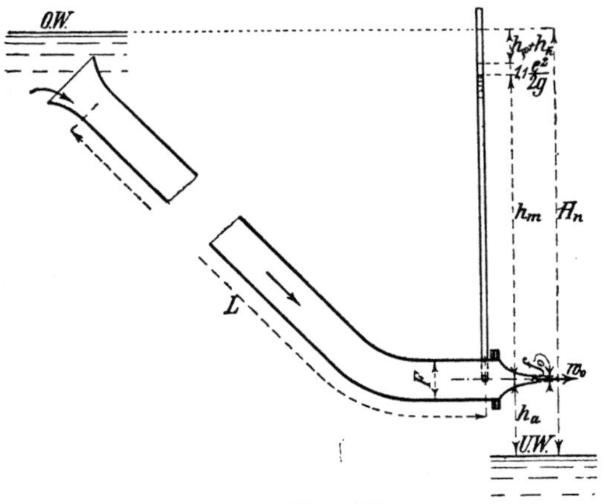

Fig. 410.

Wie schon S. 123 u. f. auseinandergesetzt, handelt es sich nun darum, dem Wasser die Schaufel, die Ablenkungsfläche, so darzubieten und sie derart fortschreiten zu lassen, daß die gewünschte Arbeitsentziehung erzielt wird.

Da die Radhöhen h_g, die Unterschiede in der Höhenlage zwischen Eintrittsstelle „1" und Austrittsstelle „2", Fig. 101 S. 126, im Verhältnis zur Gefällhöhe in dem jetzigen Verwendungsbereich der Strahlturbinen vollständig verschwinden, so darf die Rücksicht auf h_g ganz außer acht bleiben, und wir können in Wirklichkeit immer annehmen, daß die Erdbeschleunigung auf den Bewegungsvorgang entlang der Ablenkungsfläche ohne merkbaren Einfluß bleibt.

Auf diese Weise wird die Größe h_m, sofern Gl. 693a als gültig angesehen wird und ohne Hinzuziehung der anderen Teile des Nettogefälles H_n, zum arbeitenden Gefälle, Fig. 410.

Ist in Anlehnung an die Berechnung der Reaktionsturbinen $\varrho_0 h_m$ der Gefällebruchteil, der durch Reibungswiderstände bei der Bildung von w_0 verloren geht, so ist zu schreiben, Gl. 693a

$$\frac{w_0^2}{2g} = \varphi_g^2 \cdot h_m = (1 - \varrho_0) h_m$$

und wir erhalten hiermit für $\varphi_g = 0{,}95$

$$\varrho_0 = \sim 0{,}1.$$

Der Übergang von w_0 nach w_1 vollzieht sich hier unter anderen Umständen als bei den Reaktionsturbinen. Da das ganze Arbeitsvermögen des Wassers in w_0 aufgespeichert ist, so haben wir dafür zu sorgen, daß auf dem Wege zum Laufrad an keiner Stelle des freien Leitschaufelstrahls eine Beeinträchtigung von w_0 nach Größe und Richtung erfolgen kann. Die Wasserteilchen sollen die Leitzelle sämtlich in ganz parallelen Bahnen verlassen, denn wenn dies nicht stattfindet, so zerstreut sich der Strahl ehe er ins Laufrad gelangt, und eine geordnete Wasserführung ins Laufrad hinein, ein geordnetes Entlangströmen an den Ablenkungsflächen und eine richtige Arbeitsabgabe ist von vornherein schon unmöglich gemacht.

Die Formgebung der Leitschaufel steht also in gewissem Gegensatz zu derjenigen bei den Reaktionsturbinen. Wir haben hier alles Interesse daran, daß der die Leitöffnung verlassende Strahl gut geschlossen bleibt, denn jeder Tropfen, der Seitenwege einschlägt, ist nicht nur für das Arbeitsvermögen verloren, sondern er kann durch Schaufelschlag selbst arbeitverzehrend auftreten. Auf die gute Ausführung der Leitschaufelmündung ist deshalb der größte Nachdruck zu legen. Scharf abgeschnittenes Ende hilft erfahrungsgemäß neben sehr sauber bearbeiteten Innenwänden den Zweck erreichen. Dabei ist nicht nur die allernächste Umgebung der Leitöffnung ins Auge zu fassen, sondern die ganze Strecke, auf der die Rohrgeschwindigkeit c in die Leitschaufelgeschwindigkeit überleitet, muß in guten, stetigen, möglichst schlanken Richtungs- und Querschnittsübergängen verlaufen; die Wände dürfen keine Erhöhungen oder Vertiefungen aufweisen, damit auch dadurch keine inneren Wirbelbewegungen im Strahl hervorgerufen werden, die den Zusammenhalt desselben auf dem Wege zum Laufrad beeinträchtigen könnten. Eine kurze Strecke mit genau parallelen Wänden sollte den Schluß machen, damit alle Teilchen des Strahls auch wirklich parallel gerichtet sind. Daß der letztgenannte Umstand bei den regulierbaren Leitzellen nicht allemal eingehalten werden kann, ändert nichts an seiner Wichtigkeit.

Die großen Geschwindigkeiten im Leitapparat greifen Gußeisen usw. sehr rasch an. Deshalb sollten die Leitzellen stets aus bester Bronze gefertigt werden und als in sich geschlossenes Mundstück leicht ausgewechselt werden können. Jeder Leitapparat ist in der Fabrik auf gute Strahlform zu probieren, die sich besonders auch dadurch zu erkennen gibt, daß der geschlossene Strahl, wenn wirbelfrei, klar ist wie ein Glasstab.

Zwischen der Stelle „0“ und dem Laufradeintritt „1“ liegt der Weg des Strahls durch die atmosphärische Luft. Die Reibung des Strahls an der umgebenden Luft äußert sich durch das Mitreißen von Luft entlang der Strahloberfläche, und die Arbeit, die zur Beschleunigung der Luftteilchen geleistet werden muß, bedeutet eine Einbuße an Arbeitsvermögen für den Strahl, also eine Verringerung von w_0. Beim Auftreffen auf die Radschaufelanfänge wird der Strahl eine weitere Einbuße an Geschwindigkeit erleiden, die um so kleiner sein wird, je schlanker die Schaufeln zugeschärft sind. Den stumpf abgeschnittenen Leitzellenwandungen stehen bei den Strahlturbinen scharfe Radschaufelkanten gegenüber. Stumpfe oder nicht sehr schlank zulaufende Radschaufelkanten geben, abgesehen von den Geschwindigkeitsverlusten, auch Gelegenheit zum Versprühen des Strahls derart, daß unter Umständen nicht unerhebliche Wassermengen an der Eintrittsstelle „1“ seitwärts geschleudert werden und gar nicht ins Laufrad gelangen können.

So sehen wir, daß hier die Geschwindigkeit w_1 kleiner ausfallen wird als w_0. Die Einbuße an Gefälle, die in der Erniedrigung von w_0 auf w_1 begründet ist, bezeichnen wir in Anlehnung an früheres mit $\varrho_1 h_m$. Die Größe ϱ_1 mag mit 0,02 geschätzt werden.

Wir können also in Anlehnung an Gl. 693a schreiben

$$w_0 = \sqrt{2g(1-\varrho_0)h_m} \quad \dots\dots\dots\dots \quad 694$$

$$w_1 = \sqrt{2g(1-\varrho_0-\varrho_1)h_m} \quad \dots\dots\dots \quad 695$$

Neben den im Einzelfalle fest gegebenen Geschwindigkeiten w_0 und w_1 kommt die Wahl der Umfangsgeschwindigkeit u_1 in Betracht. Wir haben die Verhältnisse, die bei der Wahl von u_1 zu berücksichtigen sind, auf S. 20 u. f. ideell betrachtet und müssen jetzt für den tatsächlichen Betrieb die nötigen Schlüsse daraus ziehen. Es zeigte sich dort, daß eine Fülle von Größen für u_1 bei gegebenem Austrittsverlust zu Gebote steht. Daß wir aber die kleineren Relativgeschwindigkeiten vorziehen werden, ist begreiflich, denn diese sind für die Reibungsverluste entlang der Schaufelfläche maßgebend, und weil die u und v sehr nahe einander gleich sind, so halten wir uns in der Praxis an die kleinen u, also an die Werte von ungefähr $u = \frac{w_1}{2}$.

Daraus folgt als erster Anhalt für den Entwurf, wenn $\varrho_0 = 0{,}1$, $\varrho_1 = 0{,}02$ angenommen wird, nach Gl. 695 die ungefähr anzustrebende Umfangsgeschwindigkeit

$$u_1 = \sim \frac{w_1}{2} = \frac{1}{2}\sqrt{2g \cdot 0{,}88\, h_m} = \sim 0{,}47\sqrt{2g \cdot h_m} \quad . \; . \; . \; . \quad 696$$

B. Innere radiale Strahlturbinen (Schwamkrug-Turbinen).

Aus dem annähernden Wert für u_1 nach Gl. 696 ergibt sich für den ersten Entwurf, mit der meist gegebenen oder erwünschten Größe der Umdrehungszahl n, der vorläufige Durchmesser D_1 für den Laufradeintritt, und bei angenommener radialer Erstreckung des Laufrades wäre damit auch der Austrittsdurchmesser D_2 festgelegt.

Diese radiale Erstreckung des Laufrades richtet sich aber je nach den zu erwartenden Strahlstärken a im Laufrade, denn die Ablenkungsflächen sind ganz ähnlich dem auf S. 51 u. f. behandelten Krümmer mit rechteckigem Querschnitt anzusehen, dessen Innenwand ganz weggenommen ist. Dort war, S. 53, entwickelt, daß äußere Krümmungsradien r_a kleiner als $2{,}718\, a_1$ für den Betrieb bedenklich sind, und so werden wir die radiale Ausdehnung zwischen „1" und „2", die Größe $\frac{D_2 - D_1}{2}$, derart anzunehmen haben, daß der Krümmungsradius r_a der meist kreisförmigen Ablenkungsflächen größer wird als der obengenannte Wert.

Bei der Festlegung des äußeren Laufraddurchmessers D_2 spielt also die Eintritts-Strahlstärke a_1 eine entscheidende Rolle, und deshalb kann D_2 erst nach der Ermittlung von a_1 festgelegt werden. Im Gegensatz zu den Reaktionsturbinen haben wir uns hier zuerst mit den Verhältnissen des Eintritts zu beschäftigen, der Gang der Rechnung ist dabei folgender:

Für den jetzigen Verwendungsbereich der Strahlturbinen handelt es sich ausnahmslos um Partialturbinen. Aus der gegebenen Wassermenge Q findet sich mit w_0 nach Gl. 693 oder 693a der gesamte Leitschaufelquerschnitt F_0 zu

$$F_0 = \frac{Q}{w_0} = z_0 \cdot f_0 \quad . \; . \; . \; . \; . \; . \; . \; . \; . \; . \quad 697$$

worin hier z_0 die Zahl der tatsächlich vorhandenen Leitschaufeln ist, also nicht die Zahl, die dem ganzen Umfang $D_1 \pi$ entsprechen würde.

Wie viele Leitschaufeln anzuwenden sind, das kann nur in angenäherter Weise ausgesprochen werden, ein gewisses Probieren beim Entwerfen wird hier nicht zu vermeiden sein. Wenn ausführbar, ist eine Leitschaufel am zweckmäßigsten, und dies wird im allgemeinen bis gegen den Betrag von etwa $F_0 = \frac{1}{2}$ qdcm $= 0{,}005$ qm angängig sein. Darüber hinaus werden besser zwei und mehr Leitschaufeln genommen, der sicheren Wasserführung wegen.

Vielfach wird F_0 gegenüber dem Ergebnis der Gl. 697 etwas reichlicher genommen, als Reserve, sei es daß bei einer Leitschaufel a_0 oder b_0 reichlicher bemessen wird, sei es daß bei mehreren Schaufeln noch eine weitere Schaufel zu z_0 zugegeben wird. Die Zellenregulierung gestattet dies an sich ja ohne weiteres.

Für die ganze Behandlung des Wassers in der Schaufelung der Strahlturbinen ist wohl zu beachten, daß eine Rückumsetzung von Geschwindigkeit in Druckhöhe wie in geschlossenen Wasserführungen im allgemeinen gar nicht möglich ist, weil der freie Strahl jeder Beeinträchtigung des Fließens sofort versprühend ausweicht. An der Ablenkungsfläche mit der Druckhöhe h_a, S. 43 u. a., tritt nur deshalb kein Versprühen ein, weil die Zentrifugalkräfte der an der Fläche entlang strömenden Wasserteilchen zwischen dieser und der Fläche den „Schluß" herstellen und weil die Ablenkung stetig erfolgt.

Wir wollen die Rechnung zuerst für die Anwendung von nur einer Leitschaufel aufstellen und werden sehen, daß sich für mehrere Leitzellen die Verhältnisse denen der einzelnen Leitzelle vollständig anschließen.

1. Innere radiale Strahlturbinen mit nur einer Leitzelle.

I. Allgemeines.

Der Eintrittswinkel δ_1 durfte bei den äußeren radialen Reaktionsturbinen an jeder Stelle des Umfangs gleich angenommen werden (Einflüsse der Leitschaufelstärken s_0 vernachlässigt), weil die Wasserstrahlen gegenseitig zwangläufig geführt, einer durch den anderen abgelenkt und gestützt, in angenäherten Evolventenbahnen gegen einwärts treten.

Für die innere radiale Strahlturbine kann man wohl durch gekrümmte Leitflächen geometrisch die gleichen Verhältnisse unterstellen, aber es ist dabei zu bedenken, daß sie sich in Wirklichkeit nicht ebenso vorfinden werden. Das Wasser wird nach dem Durchtritt durch den Mündungsquerschnitt der gekrümmten Leitzelle nicht in gekrümmter Bahn weiterströmen, sondern in freiem Strahl geradeaus gehen, sämtliche Wasserbahnen sind unter sich parallel. (Von der Wirkung der Erdanziehung auf den freien Strahl darf dabei, wie gesagt, ganz abgesehen werden.) Der mittlere Wasserfaden eines solchen geraden Strahls besitzt gegenüber dem Laufradumfang den Winkel δ_1^m Fig. 411 und 412; die an der Strahlkante gegen innen und außen liegenden Wasserfäden aber schneiden den Laufradumfang unter den Winkeln δ_1^i und δ_1^a, die von δ_1^m abweichen. Je größer a_0 im Verhältnis zu d_1^i ist, um so größer werden die Abweichungen. Aus diesem Grunde bleibt in der Ausführung a_0 gegenüber d_1^i in sehr engen Grenzen, a_0 höchstens 0,025 bis 0,05 d_1^i. Wenn a_0 diesen Betrag überschreiten müßte, werden eben dann mehrere Leitschaufeln erforderlich, von denen jede wieder für sich die Richtungen δ_1^i, δ_1^m und δ_1^a aufweist.

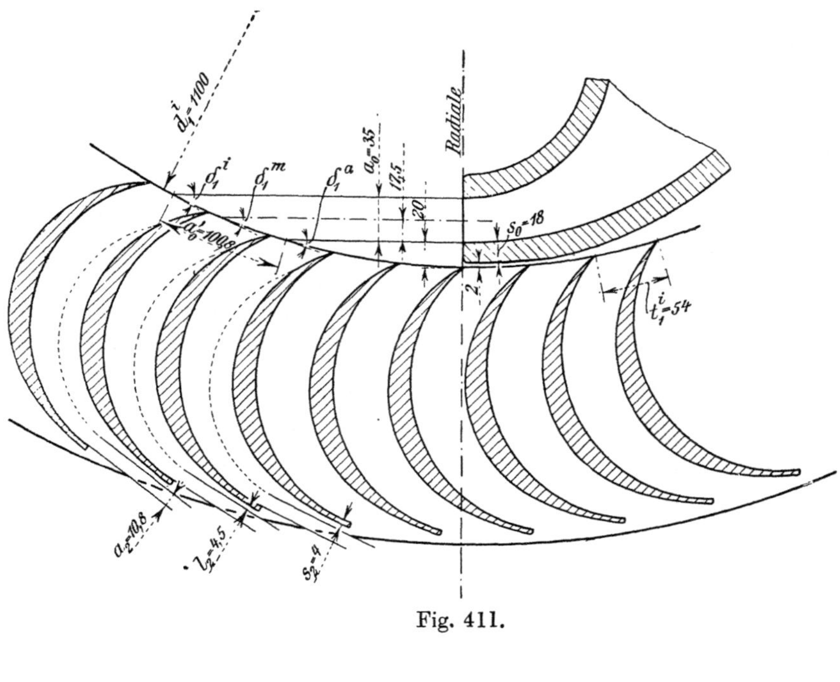

Fig. 411.

Aus den verschiedenen δ_1 ergeben sich im Verein mit den überall gleichen u_1 und w_1 nach Richtung und Größe ganz verschiedene v_1, wie sie aus den Geschwindigkeitsparallelogrammen der Fig. 412 ersichtlich sind.

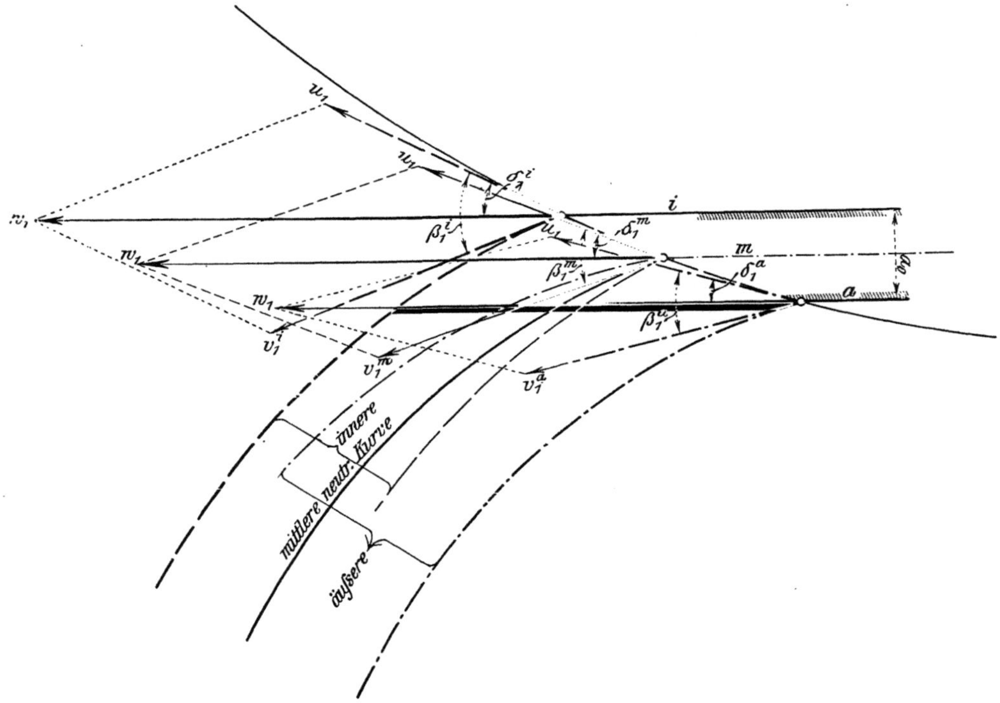

Fig. 412.

Die Rechnung kann sich aber nur auf die Annahme einer einzigen Strahlrichtung, hier wohl der **mittleren**, $\delta_1{}^m$ gründen, und wir haben auch, wie oben betont, in der Ausführung der Leitöffnung dafür zu sorgen, daß $\delta_1{}^m$ gut eingehalten wird, dazu der parallele Lauf aller Wasserfäden aus der Leitöffnung heraus.

Aus w_1 und der definitiv erst noch zu bestimmenden Umfangsgeschwindigkeit u_1 findet sich bei der mittleren Richtung $\delta_1{}^m$ die relative Geschwindigkeit $v_1{}^m$, die für die Bestimmung von a_1 erforderlich ist, nach Größe und Richtung ($\beta_1{}^m$) aus dem Geschwindigkeitsparallelogramm, Fig. 412, deshalb ist jetzt zuerst u_1 mit Rücksicht auf w_2 genau festzulegen. Wir bedenken dabei folgendes:

Aus $v_1{}^m$ am Laufradeintritt entsteht nach und nach $v_2{}^m$ am Austritt, und hier ist dann $v_2{}^m$ und u_2 mit Hilfe von β_2 so zu kombinieren, daß der angenommene Betrag von w_2 zustande kommt, unabhängig von der Größe von δ_2.

Die Größe von α_2 wird bei hohen Gefällen sehr mäßig gehalten, damit im Unterwasser keine zu großen Wirbelungen u. dgl. vorkommen. Beträge von $w_2 = 5$ m/sk können für die Grabenverhältnisse unter Umständen schon etwas beunruhigend sein und doch entspricht $w_2 = 5$ m/sk einer Höhe $\frac{w_2{}^2}{2g} = \sim 1{,}3$ m, die bei 100 m Gefälle nur $\alpha_2 = 0{,}013$ ausmacht. Sind hohe w_2 nicht zu umgehen, so muß eben der Unterkanal entsprechend weit hinaus gut befestigt sein.

Der Übergang von $v_1{}^m$ nach $v_2{}^m$ wird sich aber nicht einfach nach den ideellen Betrachtungen S. 114 u. f. vollziehen können, weil die Fließwiderstände entlang der Ablenkungsfläche überwunden werden müssen. Die relative Austrittsgeschwindigkeit $v_2{}^m$ wird aus diesem Grunde kleiner ausfallen müssen als dort durch die Gl. 312 und 319 ausgesprochen ist.

Wenn wir diese Fließwiderstände in Anlehnung an die Reaktionsturbinen auch wieder als einen Gefällebruchteil $\varrho_2 h_m$ auffassen, so geht hiermit die Gl. 337, S. 126, über in

$$v_2^{m\,2} = v_1^{m\,2} - u_1^2 + u_2^2 - 2g \cdot \varrho_2 h_m \quad \ldots\ldots \quad 697\text{a}$$

Sofern wir hier $\delta_2 = 90^0$ annehmen, so geschieht dies wie früher auch nur der daraus folgenden Vereinfachung in der Rechnung wegen. Für $\delta_2 = 90^0$ kann die vorstehende Gleichung nämlich geschrieben werden

$$v_2^{m\,2} - u_2^2 = w_2^2 = v_1^{m\,2} - u_1^2 - 2g \cdot \varrho_2 h_m .$$

Aus dem Geschwindigkeitsparallelogramm des Eintrittes entnehmen wir

$$v_1^{m\,2} = w_1^2 + u_1^2 - 2 u_1 w_1 \cos \delta_1^m$$

und setzen

$$v_1^{m\,2} - u_1^2 = w_1^2 - 2 u_1 w_1 \cos \delta_1^m$$

in die vorhergehende Gleichung ein, indem wir zugleich w_1 nach Gl. 695 und $w_2 = \sqrt{2g \cdot \alpha_2 h_m}$ einführen.

Wir erhalten dadurch eine Beziehung, in der nur noch u_1, δ_1^m und h_m neben den verschiedenen ϱ und neben α_2 vorkommt, und finden daraus, sofern $\varrho_0 + \varrho_1 + \varrho_2 = \varrho$ bekannt, den genauen Betrag der Umfangsgeschwindigkeit zur Erzielung von α_2 als

$$u_1 = \frac{g(1 - \alpha_2 - \varrho) h_m}{\cos \delta_1^m \sqrt{2g(1 - \varrho_0 - \varrho_1) h_m}} = \frac{\varepsilon}{\cos \delta_1^m} \sqrt{\frac{g \cdot h_m}{2(1 - \varrho_0 - \varrho_1)}} \quad \ldots \quad 698$$

gegenüber dem, für ersten Entwurf, angenäherten u_1 nach Gl. 696. Rechnerisch oder zeichnerisch findet sich dann v_1 in bekannter Weise.

Aus der Gl. 698 für u_1 ist u_2 verschwunden, der Wert von u_1 gilt, gleichbleibende Größen von ϱ_2 vorausgesetzt, für **jeden Durchmesser** D_2, also können hiernach die Verhältnisse am Eintritt schon definitiv bearbeitet werden, ohne Rücksicht auf die Bemessung von D_2. Die Größe von w_2 ist durch die Gl. 698 gewährleistet und die ϱ_2 werden sich im allgemeinen in den angegebenen Grenzen halten.

Die nachfolgenden Betrachtungen werden verständlicher sein, wenn wir sie durch ein Zahlenbeispiel schrittweise begleiten lassen.

Zahlenbeispiel.

Es sei gegeben $h_m = 100$ m, $Q = 0{,}120$ cbm/sk, dazu $n = 350$ in der Min.

Wir nehmen an:

$$\alpha_2 = 0{,}02, \quad \text{ferner } \varrho_0 = 0{,}1$$

$$\left.\begin{array}{l} \varrho_1 = 0{,}02 \\ \varrho_2 = 0{,}05 \end{array}\right\} \text{nieder gerechnet}$$

$$\text{zusammen: } \varrho = 0{,}17$$

also $\varepsilon = 1 - 0{,}02 - 0{,}17 = 0{,}81$, wodurch ein mechanischer Nutzeffekt von etwa 0,78 erzielt werden dürfte.

Wir finden

$$w_0 = \sqrt{2g(1 - 0{,}1)\,100} = 42{,}02 \text{ m/sk} \quad \ldots\ldots \quad (694)$$

$$w_1 = \sqrt{2g(1 - 0{,}12) \cdot 100} = 41{,}55 \text{ ,,} \quad \ldots\ldots \quad (695)$$

Die ungefähre Umfangsgeschwindigkeit stellt sich auf

$$u_1 = \frac{w_1}{2} = \frac{41{,}55}{2} = \sim 20{,}78 \text{ m/sk} \quad \ldots\ldots \quad (696)$$

und der ungefähre Durchmesser in der Strahlmitte, Stelle „1“ auf

$$D_1 \cong \frac{60 \cdot 20{,}78}{\pi \cdot 350} = \sim 1{,}130 \text{ m}.$$

Aus Q und w_0 finden wir

$$F_0 = \frac{0{,}120}{42{,}02} = 0{,}002\,856 \text{ qm} = 0{,}2856 \text{ qdcm} \quad . \; . \; . \; . \; . \quad (697)$$

und haben hierführ nur eine Leitschaufel vorzusehen.

Wir nehmen a_0 an zu ungefähr 0,03 $D_1 = 35$ mm und erhalten damit $b_0 = 81{,}6$ mm, was wir auf 90 mm aufrunden. Hierdurch wird Q auf $0{,}12 \frac{90}{81{,}6} = 0{,}132$ cbm/sk vergrößert.

In unserem Belieben steht die Größe des Winkels $\delta_1{}^m$. Die Gl. 698 lehrt, daß u_1 mit wachsendem $\delta_1{}^m$ abnimmt, da aber D_1 in ganz annehmbarer Größe für den vorliegenden Fall auftritt, so können wir $\delta_1{}^m$ rein nach konstruktiven Gesichtspunkten wählen. Hier ist vor allem s_0 von Wichtigkeit, denn die Leitschaufelwandung, Fig. 411, muß je nach der Art der Reguliereinrichtung meist auch einmal den vollen Gefälledruck ertragen können. Wir lassen den Leitkanal in einer Radialen aufhören und nehmen die Leitschaufelwandung zu 18 mm an, dazu 2 mm Zwischenraum bis zu den Radschaufelspitzen. Die Außenkante des Leitstrahles berührt also, Fig. 411, einen Kreis, der um $18 + 2 = 20$ mm im Radius kleiner ist als $d_1{}^i$, und die Strahlmitte liegt noch um weitere $\frac{35}{2} = 17{,}5$ mm weiter einwärts. Auf Grund des Wertes von $D_1 = 1{,}13$ m ist $d_1{}^i = 1{,}1$ m rund angenommen.

Der 35 mm starke Leitschaufelstrahl schneidet nun den Kreis vom Durchmesser $d_1{}^i = 1{,}1$ m in verschiedenen Winkeln, Fig. 411 und 412. Die Mittellinie des nach vorstehender Annahme eingezeichneten Strahls zeigt, aus der Zeichnung abgemessen, $\cos \delta_1{}^m = \frac{186{,}5}{200} = 0{,}9325$ und daraus folgt $\delta_1{}^m = 21^0\,10'$. In gleicher Weise ermittelt sich die Lage der beiden anderen Strahlrichtungen zu dem Umfang an der Stelle ihres Eintrittes zu $\delta_1{}^a = \sim 16^0$ und $\delta_1{}^i = \sim 26^0$. Trotz der kleinen Strahlstärke a_0 bestehen hier also doch schon ziemliche Verschiedenheiten in den δ_1, und die Fig. 411 läßt erkennen, welch lange Strecke der Strahl freigeht bis er den Radumfang überhaupt trifft. Deswegen ist ein gut geschlossener Strahl absolut notwendig.

Für den Wert von $\delta_1{}^m$ (Strahlmitte) erhalten wir mit Gl. 698

$$u_1 = \frac{0{,}81}{0{,}9325} \sqrt{\frac{9{,}81 \cdot 100}{2 \cdot 0{,}88}} = 20{,}51 \text{ m/sk (gegenüber 20,78 m/sk)}.$$

Hieraus folgt $\delta_1{}^i = \frac{20{,}51 \cdot 60}{\pi \cdot 350} = 1{,}12$ m und wir setzen definitiv $d_1{}^i = 1{,}1$ m an.

Wir haben auch hier eine gewisse Nötigung anzuerkennen, daß wir nunmehr die Schaufelspitze $d_1{}^i$ und nicht die Strahlmitte $\left(\frac{a_1}{2}\right)$ als maßgebend für die Geschwindigkeiten ansehen, denn die freien Wassertropfen werden von der körperlichen Schaufelspitze getroffen, diese muß also möglichst zweckmäßig den Tropfen gegenüber gerichtet sein, damit sie nicht durch Anprall versprühen.

Zeichnerisch oder rechnerisch folgt $v_1{}^m = 23{,}62$ m/sk und dadurch auch der Winkel $\beta_1{}^m$ für den Schaufelanfang. Bei angenommener Teilung t_1 könnte dann a_1 ohne viel Umstände gerechnet werden, doch sind die Verhältnisse des Wassereintritts am Radschaufelanfang an den verschiedenen Punkten des Strahls verschieden, weshalb die sichere Bestimmung von a_1 auf anderem Wege erfolgen muß. Da die Strahlen und jeder einzelne Wassertropfen frei beweglich sind, so sind deren Bewegungsverhältnisse für den Eintritt näher zu erörtern.

II. Der Eintritt des Wassers bei einer Leitzelle, Turbinenstange, ideeller Betrieb.

Um für die Betrachtung einfache Verhältnisse zu bekommen, nehmen wir für das Zahlenbeispiel statt des gekrümmten Laufrades die geradlinige Turbinenstange, und setzen vorerst voraus, daß an den Ablenkungsflächen keine Reibungsverluste auftreten; ebenso sollen innere Wirbelverluste und auch die Erscheinungen des kreisenden Wassers entlang der Ablenkungsfläche vorläufig vernachlässigt werden. Des weiteren sei auch einstweilen vorausgesetzt, daß die Zellenbreite durchweg gleich $b_1 = b_0$ sei. Die Verhältnisse der $v_1^m = 23{,}62$ m/sk, w_1, u_1, δ_1^m usw. werden vom tatsächlichen Betrieb, wie vorher berechnet, übernommen, dazu aber $s_1 = 0$ vorausgesetzt.

Der unter $\delta_1 = 21^0\,10'$ den Anfang der Radschaufeln treffende Leitschaufelstrahl von $a_0 = 35$ mm Stärke bedeckt, parallel u_1 gemessen, eine Länge a_0', im Betrage von ~ 97 mm, auf der Turbinenstange, Fig. 413, vgl. auch Fig. 411. Zweifellos sollte die Radschaufelteilung kleiner sein als das Maß a_0', denn sonst erhält die einzelne Ablenkungsfläche, weil nur eine Leitzelle da ist, an der Eintrittsstelle nie einen richtigen vollen Eintritt für das Wasser. Mithin ist als erste Bedingung aufzustellen:

$$t_1 < a'_0.$$

Dieser Forderung gemäß ist beim Turbinenlaufrad mit $d_1^i = 1100$ mm, bei $z_1 = 64$, eine Radschaufelteilung von $t_1^i = \frac{1100\,\pi}{64} = 54$ mm zugrunde gelegt, und dementsprechend nehmen wir auch für die Turbinenstange die gleiche Schaufelteilung an, die hier einfach mit t_1 bezeichnet sei.

Nun betrachten wir den Verlauf des Durchstreichens einer bestimmten Ablenkungsfläche unter dem Leitschaufelstrahl hin, denn trotz der bei der Turbinenstange gleich großen Winkel δ_1 befinden sich doch nicht alle Wasserteilchen, die den Schaufelraum durcheilen, unter den gleichen Umständen.

Unsere Betrachtung beginnt mit dem Augenblick, in dem die Spitze S der Ablenkungsfläche die Unterkante des Schaufelstrahls trifft, also mit der Lage des Leitstrahls in Stellung 0, Fig. 413, in der die Ablenkungsfläche noch gar nicht vom Wasser berührt ist. Im nächsten Augenblick spaltet die Schaufelkante S den Strahl und die Wasserteilchen treten mit v_1 nach Größe und Richtung in die Zelle ein. Das unmittelbar vor der Kante S der Radschaufel befindlich gewesene zuerst eintretende Teilchen wird sofort der Schaufelkrümmung entsprechend abgelenkt, es geht an der Krümmung entlang weiter, und so gehen alle die Teilchen des Leitschaufelstrahls, die unmittelbar hinter der Radschaufelspitze S zum Eintritt kommen.

Wir stellen die Sachlage jeweils nach Ablauf eines oder mehrerer bestimmt angenommener Zeitabschnitte τ dar, die sehr klein sein müssen angesichts der vorliegenden Gefällsverhältnisse mit ihren großen Geschwindigkeiten. Wir nehmen diese Zeiträume $\tau = \frac{1}{2000}$ sk an und finden den von der Turbinenstange in jedem solch einzelnen Zeitabschnitt zurückgelegten Weg zu $\tau \cdot u_1 = \frac{20{,}51}{2000} = 0{,}01025$ m.

Bei der Beurteilung der Verhältnisse spielt die jeweilige Lage der nächstfolgenden Schaufelspitze, also die Teilung t_1, eine wichtige Rolle und da bildet es eine Vereinfachung der Zeichnung, wenn wir in Fig. 413 und 414 gleich eine ganze Folge von Ablenkungsflächen im Abstand von je t_1 hintereinander und so gleichzeitig die Schaufelräume mit zeichnen. In der Fig. 413 und 414 ist dann aber angenommen, daß die mit I, II usw. bezeichneten Ablenkungsflächen auch gleichzeitig verschiedene Zustände in der Beaufschlagung einer und derselben speziell betrachteten Fläche darstellen sollen, wie dies die mit gleichen Nummern versehenen jeweils zugehörigen Lagen des Leitstrahles gegenüber der einzelnen Ablenkungsfläche erkennen lassen. In der Zeichnung bewegt sich gewissermaßen nicht die Ablenkungsfläche unter dem Leitstrahl durch, sondern dieser rückt von links nach rechts über die stillstehend gedachte Turbinenstange hin. Dabei liegen aber durchaus nicht etwa zwischen den Stellungen 0, I, II usw. gleich große Zeitabschnitte, sie sind, wie gesagt, nur der Einfachheit der Zeichnung wegen in gleiche Teilung t_1 voneinander gesetzt.

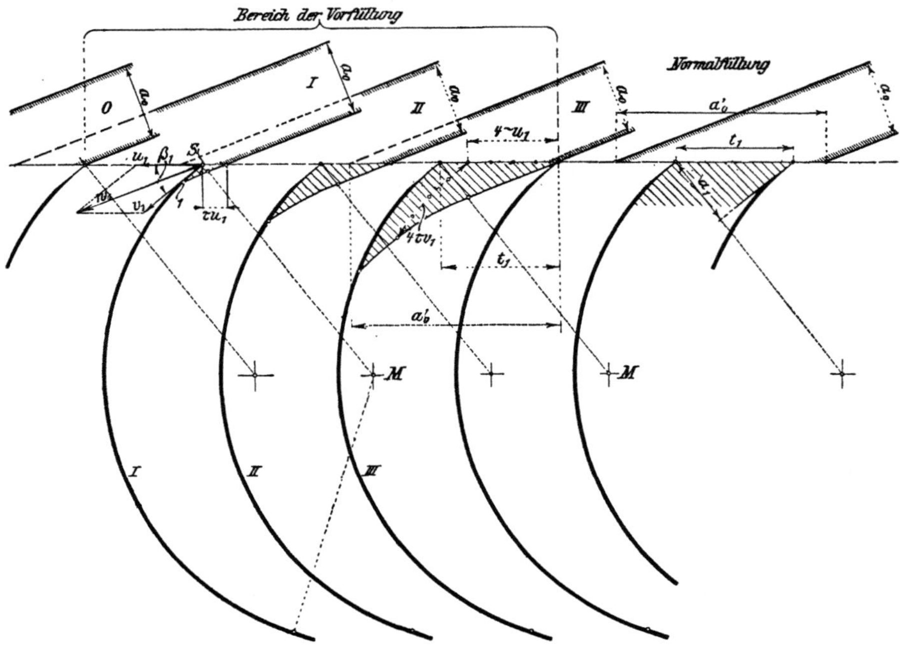

Fig. 413.

Stellung I. Nach $\tau = \frac{1}{2000}$ sk ist das erst eingetretene Teilchen im Punkt 1 an der Ablenkungsfläche eingetroffen, hat entlang derselben einen Weg vom Betrage $\frac{v_1}{2000} = \frac{23{,}62}{2000} = 0{,}01181$ m zurückgelegt und gleichzeitig ist die Ablenkungsfläche selber in die Stellung I, Fig. 413, vorgerückt, indem sie den Weg $\tau \cdot u_1 = 0{,}01025$ m durchlaufen hat. Auf diesem ganzen Weg sind stetig Wasserteilchen aus dem Leitschaufelstrahl in den Bereich des Laufrades eingetreten, sämtlich in der Relativrichtung β_1, und um so tiefer eindringend, je früher sie eintraten. Die Teilchen werden so weit in gerader Linie, Relativrichtung β_1, weitergehen, bis sie in den wirklichen Bereich der Ablenkungsfläche geraten, d. h. bis sie den Krümmungsradius SM am Beginn der Ablenkungsfläche erreicht haben. Von da bewegen sie sich im Kreise weiter, von den Teilchen dazu gezwungen, die noch näher an der Ablenkungsfläche fließen.

Die eben erwähnten geraden Strecken, Richtung β_1, sind Teile der neutralen Kurve, vgl. S. 125, die für die Turbinenstange als Gerade erscheint, unter β_1 geneigt, wie leicht einzusehen. Sämtliche auch im weiteren Verlauf in den Bereich des Laufrades eintretenden Wasserteilchen zeigen diesen auf der neutralen Linie liegenden Weg so lange, bis sie im Radius SM der Wirkung der Ablenkungsfläche anheimfallen und dann in konzentrischen Kreisen (um M) mit v_1 weiterfließen.

Nachdem so die Eintrittsbahnen der Teilchen bestimmt sind, ist es von Interesse, die Form des eingetretenen Wasserstrahls in der Schaufelzelle zu verfolgen. Die verschiedenen Stellungen der Ablenkungsfläche gegenüber dem Leitschaufelstrahl, wie sie in Fig. 413 und 414 gezeichnet sind, zeigen jeweils in den schraffierten Flächen die aus den Längen der einzelnen Wasserbahnen folgende Gestalt des bis dahin eingedrungenen Wasserkörpers. Jede Begrenzungslinie des Wasserkörpers entwickelt sich aus der vorhergehenden, indem von den betreffenden Teilchen so viele Wegstrecken $\tau \cdot v_1 = 0{,}01181$ m zurückgelegt werden, als dem zwischen beiden Stellungen verflossenen Zeitraum entsprechen, wobei der plötz-

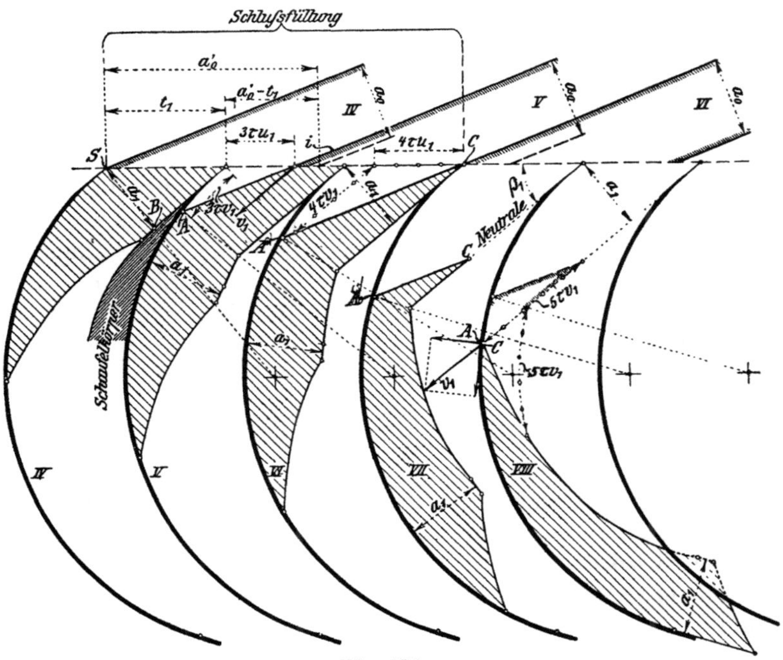

Fig. 414.

liche Übergang von der β_1-Richtung in den betreffenden Ablenkungskreis als stoßfrei angenommen ist.

In der Stellung 0 begann der Wasserzutritt zur Ablenkungsfläche, der sich bis zur Stellung III stetig vergrößert. In dieser Stellung berührt die nächstfolgende Schaufelspitze die Strahlunterkante, und von hier an wird eine Zeitlang die ganze Teilung t_1 von eintretenden Wasserteilchen getroffen.

Von 0 bis III geht der Bereich der „Vorfüllung“, in der Stellung III beginnt die „Normalfüllung“. Letztere dauert so lange, als sich die Teilungsstrecke t_1 innerhalb der Strecke a_0' befindet, wie beispielsweise die mit „Normalfüllung“ bezeichnete Stellung in 413, rechts, erkennen läßt; sie endigt in dem Augenblick, in dem die Schaufelspitze S die obere Leitstrahlkante durchschneidet, Fig. 414, Stellung IV. Hier beginnt die „Schlußfüllung“, die bis zur Schaufelstellung VI währt. Die Stellungen VII und VIII zeigen Verhältnisse, die eintreten, nachdem die Schaufelspitze den Bereich des Leitstrahles schon verlassen hat.

Die Wegstrecken der Vor- und Schlußfüllung betragen demgemäß je t_1, die Strecke, innerhalb deren die Normalfüllung stattfindet, ist $a_0' - t_1$ lang.

Bis zum Beginn der Schlußfüllung war das Zutreten des Wassers regelrecht zu nennen, es waren stets Teilchen unmittelbar am Anfang der Ablenkungsfläche, in S, vorhanden, die selbst mit eintraten und gegen die sich die mehr gegen M hin liegenden Teilchen stützen konnten. Dies hört mit der Stellung IV auf. Wir sehen in V beispielsweise, daß die Wasserteilchen von der Kante „i“ des strahls zwar natürlich auch noch im neutralen Weg unter β_1 und mit v_1 ins Laufrad eintreten, aber die Spitze S der Ablenkungsfläche ist aus dem Bereich derselben gerückt und die Teilchen gehen in ihrer Neutralen einfach so lange weiter, bis sie gegen die Ablenkungsfläche selbst anstoßen. Die Schaufelstrecke von der Spitze S bis A, bis zum Auftreffen der Wasserteilchen aus der Strahlkante „i“ erhält überhaupt kein Wasser mehr, und die Auftreffstelle A verlegt sich stetig gegen abwärts, Stellungen V bis VIII. Aus der jeweiligen Richtung der Ablenkungsfläche an der Auftreffstelle ergeben sich Stoßverluste für die auftreffenden Teilchen, vgl. die Stoßgeschwindigkeit in VIII, die nachher unter Wirbelungen weiterfließen werden. Diese Verluste sollen hier aber der Einfachheit wegen auch vernachlässigt werden, d. h. es ist für das Aufzeichnen angenommen, daß die aufgeprallten Teilchen auch nachher mit v_1 weiterfließen. Das nachträgliche, gewissermaßen leere Eintreten von Wasserteilchen an der Nachbarspitze S vorüber dauert von Stellung IV anfangend bis zu Stellung VI, wo der Zellenraum überhaupt den Bereich des Leitschaufelstrahles verläßt, aber es sind in diesem Augenblick noch eine Anzahl Teilchen leer unterwegs zwischen der Nachbarspitze und den inneren Teilen der Ablenkungsfläche. Der eingetretene Wasserkörper endigt gegen oben in einer Spitze C, in der Linie der hintereinanderfolgenden Teilchen, die von der Gegend bei der Innenkante des Strahls noch herrühren, Zwischenstellung VII, bis in Stellung VIII die Spitze C selbst an der Ablenkungsfläche als letzter Tropfen der ganzen Wasserfüllung, die die Schaufelzelle überhaupt erhalten hat, zum Auftreffen kommt.

Die Ablenkungsfläche war, wie die Zeichnung zeigt, bei der gewählten Teilung überhaupt nie ganz vom Wasser bespült, ein kontinuierlicher Strahl, der Fläche entlang, wie in den Anfangsbetrachtungen angenommen gewesen, war keinen Augenblick vorhanden. Die Teilung t_1 hat dabei einigen Einfluß auf die bespülte Strecke, aber es wird in den meisten Fällen eine volle Strahlentwicklung der ganzen Schaufel entlang für eine Leitschaufel nicht möglich sein, erst das Aneinanderreihen von Leitschaufeln eröffnet bei der Turbinenstange hierfür eine Aussicht. Diese letztere Möglichkeit ist aber für innere Radialturbinen wieder nicht mehr vorhanden, wie später zu zeigen sein wird.

Die in einen Schaufelraum kommende Wassermenge, absolut genommen, kann auf folgende Weise ermittelt werden. An der Leitschaufel, die sekundlich Q cbm/sk Wasser ausfließen läßt, streicht in der Sekunde ein Radumfang von der Länge u_1 (Geschwindigkeit gleich Weg in der Zeiteinheit) vorüber. Mithin trifft auf den Radumfang von der Länge 1 die Wassermenge, absolut, von $\frac{Q}{u_1}$ und also auf die Schaufelzelle von der Umfangslänge t_1 die Wassermenge, absolut, von $\frac{Q}{u_1} t_1$.

Bei den vorliegenden Verhältnissen wird also jede Radschaufel von einer Gesamtwassermenge von (absolut)

$$\frac{0{,}132}{20{,}51}\, 0{,}054 = 0{,}000\,348 \text{ cbm/sk}$$

durchflossen, ein Wasserkörper von $\sim$ 0,35 Liter durchfliegt die Zelle.

Aus den Formen dieses Wasserkörpers, wie sie in Fig. 413 und 414 für den ideellen Betrieb niedergelegt sind, ziehen wir nun die nachstehenden Folgerungen:

1. Die Strahldicke a_1 am Eintritt in die Schaufelzelle ist einfach durch den Verlauf der neutralen Bahn gegeben, die der letzte Wassertropfen beschreibt, der noch eben vor dem Anfang der nächstfolgenden Schaufelspitze S eintritt, also durch die Linie BS Stellung IV. Deren Abstand von der Schaufelspitze S ist der Raum, der notwendig für das Eintreten der Wasserteilchen frei gelassen werden muß, also bildet dieser Abstand BS die Stärke a_1. Was hier für die Turbinenstange und die neutrale Linie gefunden wurde, gilt genau so für das Turbinenrad und dessen neutrale Kurve. Ablenkungsfläche und neutrale Linie beginnen beide mit dem Winkel β_1; zwischen beiden Richtungen und Linienzügen ist Raum für den Körper der Ablenkungsfläche, derselbe darf also nie bis in die neutrale Kurve vortreten, weil sonst der freie Eintritt gehindert ist, vgl. Fig. 414 Stellung IV, wenn tunlich hat der Schaufelrücken sich von S ausgehend von der neutralen Kurve zu entfernen. Die Schaufelanfänge sollten scharf sein, zum allermindesten sehr schlank zulaufen.

2. Der Anfang des Vorüberwegs einer Ablenkungsfläche vor dem Leitschaufelstrahl (Vorfüllung, Wegstrecke t_1) bietet keinen Anlaß zu Störungen im Wasserlauf entlang der Fläche; auch die Strecke, innerhalb deren das Wasser in voller Strahlbreite a_1 in den Zellenraum eintritt (Normalfüllung, Wegstrecke $a_0' - t_1$), zeigt geordnete Verhältnisse an der Ablenkungsfläche; sowie aber diese Strecke beendet ist, stellen sich Unzuträglichkeiten ein. Die tatsächliche Strahlstärke nimmt wieder ab (Schlußfüllung, Wegstrecke t_1), aber von der Ablenkungsfläche her, es beginnen die Stöße der Nachzügler im Gefolge der Wasserstrahlen gegen die Schaufelwand, wie sie die Stellungen V bis VIII zeigen, bis eben die Strahlstärke Null geworden ist. Diese Strecke der abnehmenden Schaufelfüllung muß im tatsächlichen Betrieb für die in dieser Zeit eintretenden Wasserteilchen eine schlechte Arbeitsabgabe mit sich bringen, und es ist darauf zu sehen, daß diese schlechte Strecke im Verhältnis zur ganzen Arbeitsstrecke der Schaufel möglichst klein wird. Genauer treffen wir die Umstände, wenn wir sagen, daß von der der Ablenkungsfläche zukommenden absoluten Wassermenge $\frac{Q}{u_1} t_1$ möglichst viel in der Normal- auch Vorfüllung, möglichst wenig auf die Schlußfüllung kommen soll. Die Fig. 413 und 414 zeigen, daß dies durch abnehmendes t_1 am ausgiebigsten erzielt wird, doch darf hierin nicht zu weit gegangen werden, weil sonst die Fließwiderstände entlang den vermehrten Schaufelflächen zu sehr ins Gewicht fallen.

3. Gegen den Austritt „2" hin trifft die Oberfläche des ideellen Wasserkörpers von gleichbleibender Breite den Rücken der Nachbarschaufel (Stellung VIII), der geordnete Austritt wäre also für diese Form des Wasserkörpers überhaupt unmöglich, und auch im wirklichen Betrieb kämen Schwierigkeiten, weil natürlich die Kleinheit des Winkels β_2 erzielt werden soll, die dem gewünschten Werte von w_2 entspricht. Aus diesem Grunde sind wir gezwungen, von der Annahme $b_2 = b_1$ abzugehen und b_2 größer zu nehmen, um die Dicke des Wasserkörpers gegen den Austritt hin zu ermäßigen. Da wir es aber mit freien Wasserteilchen zu tun haben, die wir nicht in beliebige Querschnitte zwängen können, so ist der Konstrukteur einfach auf die Erfahrung verwiesen, die uns lehren muß, um wieviel ein solcher freier Wasserkörper sich gegen „2" hin zu verbreitern vermag.

4. Für den tatsächlichen Betrieb ergibt sich folgendes: Die Wasserteilchen treten zwar sämtlich mit v_1 nach Größe und Richtung gegen die Laufzellen hin, sie werden aber entlang der Ablenkungsfläche den Erscheinungen des kreisenden Wassers folgen, also an der Fläche selbst viel langsamer entlang fließen, v_a (S. 51 u. f.), und nur auf der Innenfläche des Wasserkörpers wird v_1 ungefähr

bleiben. Die Fließwiderstände verzögern dann die v noch mehr. Der Wasserkörper wird deshalb anders aussehen. Die voreilende Spitze der Vorfüllung wird weniger schlank sein, weil die inneren Teilchen mit größerer Geschwindigkeit die äußeren einholen, vielleicht sogar überholen werden. Die Teilchen der Schlußfüllung fließen der Auftreffstöße wegen langsamer. Beide Umstände werden wahrscheinlich dazu beitragen, daß sich der Wasserkörper der Länge nach gleichmäßiger ausbildet, daß die Stärke a_1 der Normalfüllung sich auch ohne Zunahme von b schon nach „1" und „2" hin ausgleicht. Versuche über diese Gestaltungen wären sehr erwünscht.

Die Wahl der Krümmungsradien hat, wie schon auf S. 53 erwähnt, mit Rücksicht auf $r_a \geqq 2{,}718\, a_1$ zu erfolgen. Wenn wir aber aus dem genauen Studium der Verhältnisse im Einzelfall und bei Berücksichtigung der Erbreiterung der Schaufelflächen von b_1 nach b_2 zu der Einsicht kommen können, daß die Strahlstärke a_1 eigentlich gar nicht tatsächlich zustande kommt, daß a_1 nur als verfügbare Eintrittsweite da sein muß, so kann mit r_a nahe an $2{,}718\, a_1$ oder etwas darunter gegangen werden, weil eben die tatsächliche Stärke des Wasserkörpers kleiner ausfallen wird.

Mit zunehmender Verbreiterung des Wasserkörpers nimmt dessen Dicke ab und die Krümmungsverhältnisse werden dabei gegen „2" hin immer weniger kritisch, sofern der Krümmungsradius konstant bleibt.

Aus dem Krümmungsradius der Ablenkungsfläche folgt schließlich die Entfernung zwischen „1" und „2", die wir beim Turbinenrad als $\frac{D_2 - D_1}{2}$ bezeichnen, also schließlich D_2 selbst.

Das Maß $\frac{D_2 - D_1}{2}$ liegt in den Ausführungen zwischen 50 mm und gegen 200 mm, je nach den Strahlstärken usw. Für den ersten Entwurf ist $D_2 = \varDelta D_1 = 1{,}2 \div 1{,}4\, D_1$ ungefähr passend, ohne daß daraus eine Regel gemacht werden dürfte.

III. Die Fließwiderstände entlang der Ablenkungsfläche.

Diese Widerstände sind zweierlei Art: ein Reibungswiderstand h_ϱ, der benetzten Fläche des Schaufelbleches und der etwa benetzten Kranzfläche entsprechend, ferner ein Widerstand h_k, den der Strahl durch die Krümmung der Ablenkungsfläche erfährt; also Widerstände denen ähnlich, wie sie für geschlossene Leitungen weiter unten besprochen werden.

Hinsichtlich dieser Widerstände herrscht noch ziemliche Unsicherheit in den veröffentlichten Daten, sie werden zu $0{,}06\, \frac{v_2^2}{2g}$ bis $0{,}1\, \frac{v_2^2}{2g}$ angegeben oder geschätzt. Daß dies allgemein ungefähr zutreffen kann, erhellt aus folgendem. Wir erbremsen aus Strahlturbinen, die mit kleinem Austrittsverlust angelegt sind, mechanische Nutzeffekte von 0,75 bis 0,78. Diesen entsprechen hydraulische Nutzeffekte von, hoch gerechnet, 0,79 bis 0,82. Ziehen wir für α_2 den für große Gefälle hohen Betrag von 0,04 in Rechnung, so bleibt für ϱ der Betrag von 0,17 bis 0,14 übrig. Die v_2 sind bei $\delta_2 = 90^0$ wenig größer wie die u_2. Nehmen wir in $D_2 = \varDelta D_1$ für innere Beaufschlagung den Faktor $\varDelta = 1{,}2 \div 1{,}4$ an, was ungefähr den Ausführungen entspricht, so wird nach Gl. 696 annähernd

$$u_2 = (1{,}2 \div 1{,}4)\, 0{,}47 \sqrt{2g \cdot h_m} = (0{,}56 \div 0{,}66) \sqrt{2g \cdot h_m} = \sim v_2$$

sein oder auch $$\frac{v_2^2}{2g} = (0{,}56^2 \div 0{,}66^2)\, h_m = (0{,}31 \div 0{,}44)\, h_m,$$

mithin stellt sich die Verlusthöhe $\varrho_2 h_m$ auf

$$(0{,}06 \div 0{,}1)\frac{v_2^2}{2g} = \sim (0{,}02 \div 0{,}044)\,h_m$$

oder auch $\varrho_2 = 0{,}02$ bis gegen $0{,}05$.

Nun wird an Widerstandshöhen verbraucht:

für die Erzeugung von $w_0 = 0{,}95\sqrt{2g \cdot h_m}$ . . . $\varrho_0 = 0{,}1$
„ den Übergang ins Laufrad schätzungsweise $\varrho_1 = 0{,}02$
„ „ Radschaufelwiderstand bis gegen . . . $\varrho_2 = 0{,}05$
also Summe $\varrho = 0{,}17$.

Hierin ist aber der Verlust durch die Krümmung des Strahles noch nicht berücksichtigt.

Daß der Radschaufelwiderstand rasch größer wird, wenn wir die Schaufelkrümmung verkleinern, haben Versuche gelehrt, und ähnliches zeigt auch die Tabelle der h_k für Krümmer S. 641. Wir würden gut tun, die Krümmungsradien mit Rücksicht auf das kreisende Wasser der Schaufelwände nicht unter dem 3- bis 5fachen der Strahlstärke a_1 auszuführen, doch gilt dies meist als untunlich, weil sonst $\varrho_2 h$ wegen der größeren benetzten Fläche stark wachsen würde. Auch hierüber fehlen bis jetzt eingehende, genaue Versuche.

Die Berechnung der Schaufelwiderstände direkt aus der Wasserreibung und aus dem zusätzlichen Krümmerwiderstand gibt Verluste, die, soweit es den ersteren betrifft, mit den vorgenannten Werten von $\varrho_2 = \sim 0{,}02 \div 0{,}05$ im Einklang stehen.

Für die ungefähre Berechnung von h_ϱ nehmen wir der Einfachheit halber eine Ablenkung um 180° an, Fig. 11, S. 9, und lassen die Erscheinungen des kreisenden Wassers außer acht, so daß wir die Geschwindigkeit der an der Ablenkungsfläche reibenden Teilchen mit v_1 statt v_a vorerst wesentlich zu groß in Rechnung stellen. Die Größe U der Gl. 739, S. 637, ergibt sich, wenn von der Reibfläche seitlich am Radkranz abgesehen wird, bei konstanter Breite zu b_1, die Länge L ist $r_a \cdot \pi$, mithin ist nach Gl. 739 und $\psi_r = 0{,}282$ nach Gl. 748 für die Schaufelwassermenge q und die durchschnittliche relative Geschwindigkeit $v = \frac{v_1 + v_2}{2}$ zu rechnen:

$$h_\varrho = \frac{0{,}282\,U \cdot L \cdot c^3}{q\gamma} = \frac{0{,}282 \cdot b_1 \cdot r_a \pi}{q\gamma}\left(\frac{v_1 + v_2}{2}\right)^3.$$

Setzen wir hierin $r_a = (3 \div 5)\,a_1$, so folgt

$$h_\varrho = \frac{(0{,}846 \div 1{,}410)\,a_1 \cdot b_1 \cdot \pi}{q\gamma}\left(\frac{v_1 + v_2}{2}\right)^3.$$

Nun ist mit $\gamma = 1000$ und $q = a_1 \cdot b_1 \cdot v_1$, mithin folgt

$$h_\varrho = \frac{(0{,}0008 \div 0{,}0014)\,\pi}{v_1}\left(\frac{v_1 + v_2}{2}\right)^3$$

und mit $v_1 = \sim \frac{5}{6} v_2$ kommt schließlich daraus

$$h_\varrho = \sim (0{,}045 \div 0{,}080)\frac{v_2^2}{2g} \quad \ldots \ldots \quad 699$$

Unter Berücksichtigung des kreisenden Wassers würde die Geschwindigkeit v_a, mit der das Wasser an der Ablenkungsfläche entlang reibt, bei $r_a = (3 \div 5)\, a_1$ annähernd $\frac{2}{3} \div \frac{4}{5}$ der inneren Geschwindigkeit v_1, also auch von v_2 sein, und dadurch wird h_ϱ reduziert auf

$$h_\varrho = \sim (0{,}02 \div 0{,}05)\,\frac{v_2^2}{2g} \qquad \ldots\ldots\ldots\ldots \qquad 700$$

Hieraus ist ersichtlich, welch große Rolle der Krümmungsradius r_a rechnungsmäßig bei der Reibung des Wassers an der Ablenkungsfläche spielt. Die Verlusthöhe h_ϱ wächst annähernd mit dem Quadrat von r_a, weil nicht nur die benetzte Länge L, sondern auch die Außengeschwindigkeit v_a mit r_a zunimmt. Ob diese Rechnung mit der Wirklichkeit übereinstimmt, ist, wie gesagt, erst durch Versuche nachzuweisen.

Für den Krümmerwiderstand der offenen Ablenkungsfläche fehlt uns bis jetzt jeder Rechnungsanhalt, denn es ist nicht tunlich, dafür die Weisbach'schen Widerstandshöhen h_k für geschlossene Krümmer, S. 641, heranzuziehen. Diese geben viel zu hohe Beträge, was auch erklärlich ist, weil eben bei der Ablenkungsfläche die innere Krümmerwand fehlt. An der inneren Wand des geschlossenen Krümmers entwickeln sich hohe Werte von v_i gegenüber v_1, S. 37 u. f., die natürlich an dessen Innenwand starke Reibungsverluste bringen, während die gegen innen offene Ablenkungsfläche im Laufrade $v_i = v_1$ aufweist; dabei wird das Wasser von keiner feststehenden Innenwand durch Reibung in seinem Fließen beeinträchtigt. Aus diesem Grunde ist die Annahme wesentlich geringerer Widerstände für den innen offenen Krümmer gerechtfertigt.

IV. Die Schaufelform für den tatsächlichen Betrieb.

Im Anschluß an die vorhergehenden Erörterungen ist für die innere Radialturbine folgendes zu sagen:

Bei dem Eintritt in die Schaufelzellen machen sich die verschiedenen Größen der Winkel δ_1 in unerwünschter Weise geltend, weil natürlich die Radschaufel nur eine Richtung β_1 haben kann. Um diese Einflüsse zu erkennen, verfolgen wir den kreisförmigen Weg der Radschaufelspitze S unter dem Leitschaufelstrahl hinweg.

Eine Stütze für die Anschauung bieten uns die neutralen Kurven, wie sie den Winkeln δ_1^a, δ_1^m und δ_1^i entsprechen. Die Fig. 412 enthält die Geschwindigkeitsparallelogramme, wie sie bei gleich großen w_1 und u_1 den verschiedenen δ_1 entsprechen, wobei natürlich verschiedene β_1 als wünschenswert erscheinen. Die neutrale Kurve muß ihrem Wesen nach die Anfangsrichtung der Radschaufel berühren, und deshalb ergeben sich den drei Winkeln β_1^a, β_1^m und β_1^i entsprechend drei verschiedene neutrale Kurven gegenüber der einzigen neutralen Linie bei der Turbinenstange, vgl. Fig. 412, wo sie der besseren Übersicht halber auch an der mittleren vereinigt sind. Die neutralen Kurven für δ_1^a sind —·—·—·—, die für δ_1^m ausgezogen, diejenigen für δ_1^i — — — — gezeichnet. Zwischen der äußeren und inneren Neutralen liegen diejenigen der zwischenliegenden Winkel δ_1 und β_1.

Wenn wir nun annehmen, es sei in der tatsächlichen Ausführung der Winkel β_1^m der Schaufelrichtung zugrunde gelegt, so haben wir zu prüfen, welchen Einfluß einerseits die Ablenkungsfläche in ihrer Anfangsstrecke auf das unter den verschiedenen Winkeln β_1^a bis β_1^i eintretende Wasser ausübt, andererseits ist die Wirkung des Schaufelrückens auf die eintretenden Wasserteilchen zu verfolgen.

Bei der Turbinenstange hatten wir gesehen, daß das Material des Schaufelkörpers zwischen der Ablenkungsfläche und der dortigen neutralen Linie Platz finden konnte, Fig. 414, Stellung IV—V, schraffiert.

Beim Turbinenlaufrad ist die Sache grundsätzlich gleich, doch verlangen hier drei neutrale Kurven (besser die Schar der zwischen „a" und „i" liegenden) Berücksichtigung.

Die Fig. 415, die sich eng an die Fig. 412 anschließt, soll zur Erläuterung dienen.

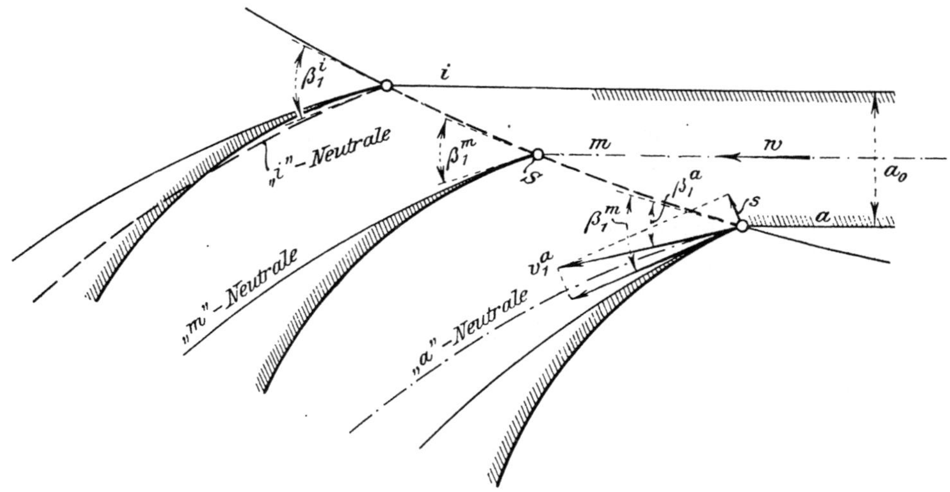

Fig. 415.

Die Schaufelspitze stehe in der Flucht „a", in der Strahlkante. Der Verlauf der eingezeichneten „a"-Neutralen zeigt, daß die erst eintretenden Wasserteilchen, die durch die Schaufelspitze vom Leitrad abgespalten werden, einen kleinen Anprall an der Spitze der Ablenkungsfläche erleiden. Die Anprall- (Stoß-) Geschwindigkeit s ist in Fig. 415 durch die Zerlegung von v_1^a (Winkel β_1^a) in die Richtung des Schaufelanfangs, β_1^m, und senkrecht dazu ermittelt. Die Stoßkomponente s leistet dabei eine gewisse Arbeit.

Je mehr sich die Schaufelspitze der Strahlmitte nähert, um so geringer wird der Anprall der Wasserteilchen gegen die Ablenkungsfläche; in „m" ist der Anprall verschwunden.

Für die Wegstrecke vom „m" nach „i" kommen die Neutralen in wachsendem Maße vor die Ablenkungsfläche zu liegen, weil die jeweiligen β_1 größer sind als β_1^m, vgl. auch Fig. 412. Die neueintretenden Tropfen müssen also noch eine gewisse Strecke, bis zum Schnitt der betreffenden Neutralen mit der Ablenkungsfläche, leer gehen, ohne Arbeitsabgabe (ähnlich wie in Fig. 414 die Tropfen in den Stellungen V, VI usw.). Am Auftreffpunkt entsteht ein Stoß, der zwar an sich Arbeitsverluste bringt, der aber wie der in der Strecke „a" bis „m" in der Bewegungsrichtung wirkt, also wenigstens keine hindernde Wirkung ausübt. Was über die „Nachfüllung" bei der Turbinenstange gesagt war, trifft hier ebenso zu.

Durch die Krümmung des Laufrades kommt aber im Gegensatz zur Turbinenstange auch der Schaufelrücken zu einigem Einfluß auf die eintretenden Wasserteilchen, wie folgt:

Der Schaufelrücken sei nach der „m"-Neutralen gebildet, dann bleiben die auf der Strecke „a" bis gegen „m" zutretenden Wasserteilchen außer Berührung mit demselben und in „m" selbst gehen die Teilchen noch ohne Stoß am Schaufelrücken entlang; sowie aber die Schaufelspitze den Punkt „m" passiert hat, kommen Stöße der eintretenden Wasserteilchen gegen den Schaufelrücken, weil die v_1 gegen „i" hin steiler stehen als der Anfang des Schaufelrückens. Aus der Lage der „i"-Neutralen zur Ablenkungsfläche, Fig. 415, ist ohne weiteres ersichtlich, daß sich ein Stoß gegen den Schaufelrücken sogar einstellen würde, wenn die Schaufel aus einem dünnen Blech bestünde, also wenn sie keine Verstärkung nach der Form der „m“-Neutralen hätte. Die gegen den Schaufelrücken stoßenden Wasserteilchen müssen durch Schaufelschlag entsprechend beschleunigt werden; hier findet ein direkter Verbrauch an Arbeitsvermögen statt. Diese Verhältnisse beginnen mit dem Überschreiten der Stelle m durch die Schaufelspitze und verschärfen sich bis nach „i“ hin stetig.

Wir haben gesehen, daß sich die Eintritts-Strahlstärke a_1 nach der Lage der neutralen Kurve richtet, Fig. 415, die neutrale Gerade, die Strahlstärke a_1 der inneren Radialturbine muß sich, streng genommen, nach der steilsten Kurve richten, also nach derjenigen für $\delta_1{}^i$. Das geht aber nur dann, wenn β_1 auch als $\beta_1{}^i$ nach $\delta_1{}^i$ gerichtet ist. Die nach $\delta_1{}^m$ gebaute Schaufel vermehrt durch ihre Körperstärke die Unzuträglichkeiten, die in der Periode der Schlußfüllung schon aus der unendlich dünnen Schaufel nach $\delta_1{}^m$ sich ergeben hatten, noch weiter.

So hat es eigentlich den Anschein, als ob es zweckmäßiger sei, den Winkel β_1 eher nach $\delta_1{}^i$ zu richten als nach $\delta_1{}^m$, weil dann die Schaufelschläge gegen „i“ hin (Schlußfüllung) vermieden sind, jedenfalls aber ist eine möglichst schlanke Zuschärfung der Schaufelanfänge zweckmäßig.

Es ist dem Verf. nicht bekannt, ob durch erschöpfende Versuche dargetan ist, wie die beste Leistung erzielt wird, ob mit $\beta_1{}^m$, dem $\delta_1{}^m$ entsprechend und deshalb mit Schaufelschlag in den „i“-Teilen der Schlußfüllung, oder ob $\beta_1{}^i$, dem $\delta_1{}^i$ entsprechend, mit natürlich vermehrten Anprallverlusten bei der Vorfüllung, aber unter Wegfall des Schaufelschlages, die besten Ergebnisse bringt.

Wir kommen nunmehr zu den Verhältnissen von b_1 und b_2.

Bei den Reaktionsturbinen war betont worden, daß es sich empfehle, $b_0 = b_1$ auszuführen und höchstens den Rand des Laufradkranzes abzurunden, Fig. 158, II, S. 233. Dort war die ungute Expansion der unter Druck stehenden Wasserstrahlen von b_0 auf etwa vergrößertes b_1 zu fürchten.

Die freien Strahlen haben keine Expansionsfähigkeit, aber sie können durch eine in ihre Bahn hineinragende Kante des Laufradkranzes in ihrem Weg empfindlich gestört werden. Deshalb führen wir hier die Breite b_1 um einiges größer aus als b_0, um zu vermeiden, daß den mit v_1 eintretenden Strahlen infolge ungenauen Rundlaufens der Laufradkränze Störungen erwachsen könnten. Auf diese Weise fangen wir auch mit einiger Sicherheit die Wasserteilchen ab, die der Radschaufelkante seitlich ausweichen wollen.

Wir werden deshalb b_1 bei kleinen Rädern um $10 \div 20$ mm, bei breiteren Rädern um $20 \div 40$ mm größer als b_0 nehmen. Häufig sind dann auch noch die Kränze beidseitig gegen innen schräg angesetzt, vgl. Fig. 436, S. 625, um so eine Art Fangtrichter für seitlich ausweichende Tropfen zu bilden.

Die Verbreiterung des Strahles soll angeblich in den Grenzen $b_2 = 2b_1$ bis $2{,}5b_1$ vor sich gehen können, vielfach aber finden sich Räder mit $b_2 = 3b_1$; es muß gewarnt werden, diese große Verbreiterung in die Rechnung zur Ermittelung von a_2 einzuführen. Vorsichtig ist, $b_2 = 2b_1$ bis höchstens $2{,}5b_1$ in den Rechnungen einzusetzen, wobei die radiale Erstreckung $\frac{D_2 - D_1}{2}$ ebenfalls mit ungefähr b_1 angenommen ist. Ist in der Ausführung $b_2 = 3b_1$ oder noch mehr, so schadet dies ja der Wirkung des Wassers im Laufrad nicht weiter.

Für die Bestimmung der Strahlstärke a_2 müssen wir, nachdem einmal D_2 bestimmt sein wird, nun doch wieder zur Rechnung greifen, da es für die Praxis unmöglich ist, dieses Maß auf kurzem Wege zeichnerisch zu ermitteln. Die a_1 fallen, wie wir gesehen, ganz verschieden aus, je nachdem wir $\delta_1{}^a$, $\delta_1{}^m$ oder $\delta_1{}^i$ zugrunde legen, also bieten diese Größen keinen direkten Anhalt.

Wir dürfen nun ohne großen Fehler voraussetzen, daß die v_2 am Radschaufelaustritt über die ganze Stärke a_2 gleich groß sind, daß sie die Größe haben werden, wie sie aus Gl. 697a, S. 583, hervorgeht. Mit der früher schon angewandten Bezeichnung $D_2 = \varDelta D_1$ läßt sich diese Gleichung auch schreiben

$$v_2^{m\,2} = v_1^{m\,2} + (\varDelta^2 - 1)\, u_1^2 - 2g \cdot \varrho_2 \cdot h_m,$$

woraus ersichtlich ist, daß v_2^m mit wachsendem $\varDelta$ ebenfalls zunimmt, ϱ_2 als konstant vorausgesetzt.

Da v_2^m andererseits mit wachsender Größe von ϱ_2 abnimmt, so kann die Frage gestellt worden, bei welcher ungefähren Größe von $\varDelta$ gerade $v_2^m = v_1^m$ ausfallen würde. Mit $v_2^m = v_1^m$ liefert die vorstehende Gleichung unter Einsetzen von u_1 nach Gl. 698 schließlich

$$\varDelta = \sqrt{1 + \left(\frac{2\cos\delta_1^m}{\varepsilon}\right)^2 \varrho_2 (1 - \varrho_0 - \varrho_1)}.$$

Da die ϱ_0 usw. klein sind, so kann hierin ohne großen Fehler $\varrho_0 \cdot \varrho_2$ und $\varrho_1 \cdot \varrho_2$ gegenüber ϱ_2 vernachlässigt werden und es ergibt sich damit

$$\varDelta = \sqrt{1 + \left(\frac{2\cos\delta_1^m}{\varepsilon}\right)^2 \varrho_2} \quad \ldots\ldots\ldots\ldots \quad 701$$

Mit den Werten des Zahlenbeispiels S. 583 würde daraus folgen

$$\varDelta = \sqrt{1 + \left(\frac{2 \cdot 0{,}9325}{0{,}81}\right)^2 0{,}05} = 1{,}125.$$

Da nun $\varDelta = \sim 1{,}2$ und mehr sich vielfach vorfindet, so folgt, daß bei derart bemessenen Turbinen v_2^m größer sein wird als v_1^m.

Um nun aus v_2^m und b_2 auf die Größe von a_2 zu kommen, ist es noch erforderlich, die Wassermenge q zu kennen, die in der Sekunde durch die Schaufelzelle fließen würde, sofern die Zelle nicht nur einen Augenblick, sondern dauernd gespeist würde. Die erforderliche Strahlstärke a_2 ändert sich ja prinzipiell dann nicht, wenn die Speisung der Zelle Unterbrechungen erleidet.

Jede Schaufelzelle erhält am Eintritt „1" ihre volle Speisung (Füllung) so lange, als sich die Strecke t_1^i innerhalb der Strecke a_0', Fig. 411, S. 581, befindet. Während dieser Zeit tritt in die Zelle, abgesehen von den Schwankungen, die durch die verschiedenen δ_1 bedingt sind, eine sekundliche Wassermenge q ein, die einfach im Verhältnis von t_1^i zu a_0' kleiner ist als die die Strecke a_0' durcheilende Menge Q, mithin ist die Schaufelwassermenge, nach der die Stärke a_2 zu rechnen ist, einfach

$$q = Q \frac{t_1^i}{a_0'} \quad \ldots\ldots\ldots\ldots \quad 702$$

Bei $z_1 = 64$ Laufradschaufeln ergibt sich für unser Beispiel $t_1^i = \frac{1100\pi}{64} = 54$ mm, wie oben schon angenommen gewesen. Aus Fig. 411 messen wir $a_0' = 100{,}8$ mm und erhalten hiermit und mit $Q = 0{,}132$ cbm/sk nach S. 584

$$q = 0{,}132 \frac{54}{100{,}8} = 0{,}071 \text{ cbm/sk}.$$

Wenn wir die Verhältnisse der Fig. 411 zu Rate ziehen, so zeigt sich, daß der wegen a_1 erwünschte große Krümmungsradius der Ablenkungsfläche nur dann beschafft werden kann, wenn die radiale Erstreckung des Laufrades etwa das Drei- bis Vierfache der Teilung t_1^i ist. Je enger die Ablenkungsflächen aufeinander folgen, desto kleiner darf $\frac{D_2 - D_1}{2}$ werden.

Aus $t_1{}^i = 54$ folgt $\frac{D_2 - D_1}{2} = 4 \cdot 54 = \sim 216$ und wir setzen D_2 definitiv auf $1100 + 2 \cdot 210 = 1520$ mm an und finden

$$u_2 = 20{,}51 \frac{1520}{1100} = 28{,}34 \text{ m/sk},$$

also $$v_2{}^m = \sqrt{23{,}62^2 - 20{,}51^2 + 28{,}34^2 - 2g \cdot 0{,}05 \cdot 100} = 29{,}02 \text{ m/sk} \quad . \quad . \quad \text{(697a)}$$

Mit $b_2 = 2b_1 = 2 \cdot 0{,}09 = 0{,}18$ m findet sich dann

$$a_2 = \frac{q}{b_2 \cdot v_2} = \frac{0{,}071}{0{,}18 \cdot 29{,}02} = 0{,}0135 \text{ m}.$$

Für $b_2 = 2{,}5\, b_1 = 2{,}5 \cdot 0{,}09 = 0{,}225$ m ergibt sich

$$a_2 = 0{,}0108 \text{ m}.$$

Bei $s_2 = 4$ mm würde mit $a_2 = 13{,}5$ mm (entsprechend $b_2 = 2b_1$) ein Luftspielraum l_2 von 2,5 mm bleiben, während sich ein solcher von etwa 4,5 mm ergibt, sofern die Verbreiterung auf $b_2 = 2{,}5\, b_1$ tatsächlich erfolgt, Fig. 411, S. 581.

Das bis jetzt betrachtete Laufrad ist in der radialen Breite reichlich genommen worden, weil sich dabei die Verhältnisse recht deutlich zeigen, es war nahezu $D_2 = 1{,}4\, D_1$. Sowie wir mit dieser Breite zurückgehen, muß auch die Schaufelteilung $t_1{}^i$ verkleinert werden; es müssen mehr Schaufeln zur Anwendung kommen, damit eben die Strahlstärken den kleiner werdenden Krümmungsradien entsprechend auch kleiner werden.

Je kleiner der Krümmungsradius der Schaufel, um so mehr verschwinden die Unregelmäßigkeiten, die durch den Schaufelschlag bei der Schlußfüllung auftreten, wie ein Blick auf Fig. 415, Schaufelstellung in „i“ erkennen läßt, denn die schärfer gekrümmte Ablenkungsfläche wird schon früher von der neutralen „i“-Kurve getroffen.

Daß am Radaustritt „2“ keine Evolventen anzuordnen sind, sondern daß die Schaufelfläche mit einem kurzen geraden, scharf abgeschnittenen Stück (5—10 mm) endigen soll, Fig. 411, 413 und 414, das in einem Kreisbogen von „1“ her erreicht wird, ist ohne weiteres klar. Das gerade Endstück hat den Zweck, die Richtung β_2 sicherzustellen; bei unmittelbarem Aufhören des Kreises in der Flucht von β_2 könnten Ausführungsfehler eher zu Ungenauigkeiten führen.

Eine Zuschärfung am Radschaufelende wäre für Strahlturbinen gerade so sinnlos, wie sie es am Leitzellenende gewesen, denn dadurch würde β_2 ganz in Frage gestellt. Dagegen haben wir, wie aus dem Vorstehenden zur Genüge hervorgeht, die größte Veranlassung, die Radschaufelkanten am Eintritt „1“ sehr schlank zulaufen zu lassen, damit der freie Leitstrahl recht scharf gespalten wird und möglichst wenig Wasser durch Versprühen verloren geht.

Für die Formgebung der Radschaufel kommen noch die Erscheinungen des kreisenden Wassers in Betracht, speziell die Verhältnisse, wie sie S. 51 in Fig. 41 dargestellt sind. Was uns dabei interessiert, ist das Anschwellen des Strahls zwischen Ein- und Austritt und die Rücksichten, die wir bei der Formgebung der Schaufel darauf zu nehmen haben.

Die Anschwellung des abgelenkten Strahls wird wahrscheinlich beim Anfang der Ablenkung schon vorhanden sein. Beginnt diese mit der Schaufelspitze, so besteht hier schon die relative Geschwindigkeit v_a, dazu die Druckhöhe h_a, beides dicht an der Ablenkungsfläche, während die Geschwindigkeiten gegen innen zunehmen und in der innersten Schicht v_1 unverkürzt aufweisen.

Die Reduktion von v_1 auf v und v_a ist unvermeidlich, es sollte also dafür gesorgt werden, daß sie nicht plötzlich erzwungen werden will, sondern allmählich, und daß sie an einer Stelle vor sich geht, wo dem Wasser nicht durch h_a ein Gegendruck beim Eintreten entgegensteht. Mit anderen Worten, die Schaufelfläche sollte eigentlich mit einer möglichst geraden Strecke beginnen (neutrale Kurve statt der Ablenkungsfläche), damit die mit v_1 ankommenden Wasserteilchen erst nach Zurücklegen einer gewissen Strecke der Ablenkung anheimfallen, wo sie dann nicht mehr ausweichen können. Diese Forderung ist aber mit den vorher entwickelten Gesichtspunkten schwer vereinbar, denn wenn die Schaufelfläche mit der neutralen Kurve beginnen soll, so bliebe, da auch der Schaufelrücken von dieser eingeschlossen ist, keine Wandstärke s_1 übrig.

Am Austritt ist darauf zu achten, daß die abfallende Anschwellung des Strahls den Rücken der nachkommenden Schaufel nicht streift. Dabei ist aber zu bedenken, daß die Strahlstärken a auch bei durchweg gefüllter Schaufel wegen der zunehmenden Verbreiterung zwischen den Kränzen gegen „2" hin ganz bedeutend abnehmen werden.

Der Rechnungsweg für die Stärken unterwegs ist kurz der folgende:

In den Bereich der Ablenkungsfläche tritt die sekundliche Schaufelwassermenge $q = a_1 \cdot b_0 \cdot v_1$ ein. Unterwegs, der Fläche entlang, würde bei gleichbleibender Breite b_0 sich einfach nach Gl. 177, S. 52 aus bekannten a_1 und r_a finden

$$\frac{1+\varrho}{\varrho} \cdot \frac{1}{\ln \frac{1+\varrho}{\varrho}} = \frac{r_a}{a_1},$$

wonach der zugehörige Wert von ϱ aus der graphischen Tabelle, Fig. 42, S. 53 entnommen werden kann. Mit diesem Wert von ϱ würde sich die Strahlstärke a_1 in der ganz entwickelten Anschwellung nach Gl. 178, S. 52, ohne weiteres rechnen lassen.

Nun ändert sich die Breite b des Wasserkörpers in jedem Augenblick zwischen b_0 und b_2. Das Gesetz der Änderung für seitlich freie Strahlen ist noch nicht sicher festgestellt. Wir nehmen für die Rechnung etwas frei an, daß die b entlang der Schaufelfläche stetig von b_0 nach $b_2 = 2 b_0$ bis $2{,}5\, b_0$ übergehen.

Für jede dazwischen liegende Breite b' können wir nun annehmen, daß das Wasser, das gerade diese Breite b' passiert, einem innen offenen Krümmer von konstanter Breite b' angehöre, dessen geraden Anfang es mit $v_1{}^m$ betreten hat. Die Anfangsstrahlstärke dieses Krümmers von der Breite b' ist aber natürlich nicht a, sondern sie würde sich finden aus

$$q = a_1 \cdot b_0 \cdot v_1{}^m = a_1{}' \cdot b' \cdot v_1{}^m$$

zu

$$a_1{}' = a_1 \frac{b_0}{b'},$$

wobei, des Schaufelwiderstandes wegen, die sich ergebende Größe von $a_1{}'$ aufgerundet werden sollte. Für die Breite b', Krümmungsradius konstant gleich r_a, lautet zur Bestimmung von ϱ' die Gl. 177

$$\frac{1+\varrho'}{\varrho'} \cdot \frac{1}{\ln \frac{1+\varrho'}{\varrho'}} = \frac{r_a}{a_1{}'} = \frac{r_a}{a_1} \cdot \frac{b'}{b_0}.$$

Aus ϱ' findet sich dann die Stärke a' des angeschwollenen Strahles in der Breite b' nach Gl. 178 zu

$$a' = r_a \frac{1}{1+\varrho'}.$$

Hat die Ablenkungsfläche an der Stelle b' einen anderen Krümmungsradius, z. B. $r_a{}'$, so findet sich ϱ' mit Hilfe der Tabelle aus

$$\frac{1+\varrho'}{\varrho'} \cdot \frac{1}{\ln \frac{1+\varrho'}{\varrho'}} = \frac{r_a'}{a_1'} = \frac{r_a'}{a_1} \cdot \frac{b'}{b_0}$$

und a' nach Gl. 178 aus $$a' = r_a' \frac{1}{1+\varrho'}.$$

Am Austritt von der Schaufelfläche weg ist die Sache der Druckhöhe h_a wegen anders als am Eintritt, dort wird sich, der kurzen geraden Strecke folgend, h_a alsbald wieder in Geschwindigkeit umgesetzt haben, so daß alle Wasserteilchen mit v_2 austreten.

Die schon genannte Fig. 411, S. 581, zeigt die sonstigen Verhältnisse am Ein- und Austritt. Wir haben es im allgemeinen mit Zylinderflächen als Schaufelflächen zu tun; eine Veranlassung, die Ablenkungsflächen von der geraden Eintrittskante ausgehend, in der Querrichtung nach und nach zu krümmen, um mit gekrümmter b_2-Kurve zu endigen, liegt aus hydraulischen Gründen eigentlich nicht vor, doch passen sich Schaufeln mit gekrümmter b_2-Kurve dem schräg erbreiterten Kranzprofil besser an, Fig. 419 S. 601, 420, 438, als rein zylindrische. Das Aufzeichnen solch zweifach gewölbter Schaufeln wird in Anlehnung an die seitherigen Methoden auch keine Mühe machen.

Die Ventilation der Radschaufeln muß auch kurz berührt werden. Wir dürfen nicht außer acht lassen, daß rasch strömendes Wasser die umgebende Luft mit sich fortreißt, daß wir also der in die Laufradzellen mit hineingerissenen Luft Gelegenheit zum Entweichen geben müssen, gleichzeitig mit dem Wasser. Dies geschieht an erster Stelle durch die Luftspielräume l_2, die schon erwähnt wurden. Es ist hier, ebenso auch in der Breite b_2 ($= 3b_0$), einiger Überschuß ganz am Platze. Seitliche Ventilationslöcher in den Schaufelkränzen sind dann entbehrlich, denn zu diesen kann der Zentrifugalwirkung wegen eher Luft eintreten und an der Stelle „2“ ausströmen. Wir müssen aber die Strahlturbine nicht ohne Not zum Ventilator machen, denn das kostet Betriebskraft.

Die Schaufelkränze werden mit den Schaufeln in einem Stück aus Bronze gegossen, seltener aus zähem Gußeisen, das aber dann ebenso wie Bronze nach Bedarf mit Schrumpfringen gegen die Zentrifugalkräfte gehalten wird (S. 620 u. f.). Das Gießen gibt uns erwünschte Gelegenheit, die Schaufelstärken s_1 und s_2 klein zu halten, dagegen werden wir nach der Mitte der Ablenkungsfläche zu auf größere Wandstärken gehen, was schon aus Gießereigründen, aber auch aus Festigkeitsrücksichten geboten erscheint.

Aus dem Drehmoment der Turbine können wir zuverlässig rechnen, welche Kraft (X-Komponente) die Radschaufel auszuhalten hat, die gerade fast allein arbeitet. Schwieriger ist es, die Art der Übertragung dieser Kraft vom Schaufelkörper nach der Nabe durch den mit dieser verbundenen Kranz festzustellen.

Wäre die Schaufelfläche nur einseitig gehalten, so müßte deren Biegungsfestigkeit an der Anschlußstelle am Kranz einfach für die Kraftübertragung herhalten. So aber sind durch den zweiten Kranz alle Schaufeln gegenseitig gestützt und auf diese Weise wird die Biegungsfestigkeit sämtlicher Schaufelkörper mit herangezogen. Die jeweils arbeitende Schaufel darf deshalb wohl als eine beidseitig eingespannte, gekrümmte, auf Biegung beanspruchte Platte angesehen werden.

Ganz besondere Aufmerksamkeit ist dem Abfangen verirrter Wassertropfen zuzuwenden.

Die Strahlturbinen sind natürlich mit Schutzhauben umgeben. Im Laufrade tritt das meiste Wasser regelrecht nach zurückgelegtem absolutem Wasserweg, Fig. 99, S. 125, aus, doch haften selbstverständlich einzelne Tropfen am Rade noch an und spritzen später in der Tangente zum Radumfang nach außen weg, Fig. 416, Teile derselben prallen an der Haube ab und geraten zum Teil von neuem aufs Laufrad, von dem sie, natürlich unter Arbeitsaufwand, wieder weggeschleudert werden. Hier empfehlen sich Schutzbleche u. dgl. zum sofortigen Abfangen und seitlichen Ableiten des das Laufrad verlassenden Betriebswassers, so daß fast nichts mehr zum Anprall an die Haube kommt, und die das Laufrad mit Ausnahme der eigentlichen Austrittsgegend umschließen, und die schon die vom Rad spritzenden Tropfen ableiten, vgl. Taf. 53, 56 und 57, Peltonrad, Rüsch-Ganahl-Dornbirn.

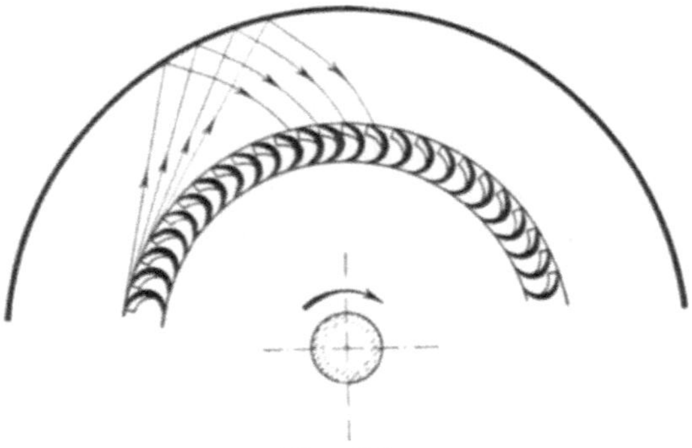

Fig. 416.

2. Innere Strahlturbinen mit mehreren Leitzellen.

Jede einzelne Leitschaufel soll den gleichen Winkel δ_1^m für ihre Strahlmitte aufweisen; das spricht aus, daß die einzelnen Leitstrahlmitten stark verschiedene Richtungen haben müssen wie in Fig. 417 angedeutet, daß also die benachbarten

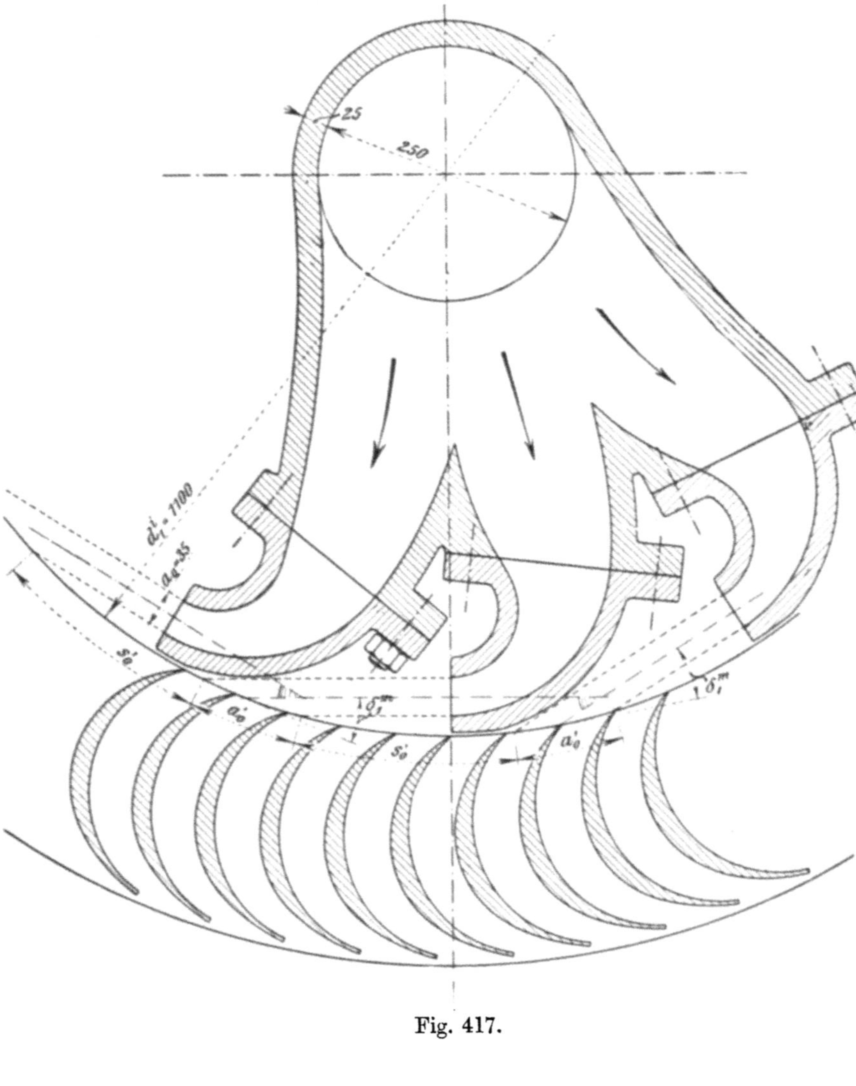

Fig. 417.

Außenbegrenzungen je zweier Leitstrahlen, auch um den gleichen Betrag, auseinandergehen. Es ergibt sich weiter daraus, daß es materiell unmöglich ist, die Leitstrahlen auf dem Laufradumfang so nahe aneinander hinzuschieben, daß zwischen den Strecken von je a_0'-Länge nur geringe Spielräume bleiben. Wir werden im Gegenteil, selbst wenn wir die Leitschaufeln tunlichst nahe aneinanderrücken, immer eine große Strecke s_0' von der Leitschaufelwandung verdeckt erhalten, die, was die Wasserführung betrifft, in ihrer Länge gegenüber a_0' nicht vernachlässigt werden kann. Wenn aber eine relativ so große Strecke des Laufradumfangs zwischen den Leitstrahlen ohne Wasser bleibt, so muß sich für die einzelne vorbeipassierende Radschaufel der Vorgang des schlechten Wassereintritts bei jedem Leitstrahl wiederholen, wie er oben S. 585 u. f. für das letzte Stück Weg vor der einen Leitschaufel (Schlußfüllung) geschildert worden, Fig. 414.

Diese Erkenntnis drängt darauf hin, daß wir, soweit es irgend möglich ist, mit einer Leitschaufel auszukommen suchen sollen, daß es aber, wenn dies nicht mehr tunlich ist, für die Leistung der Turbine ganz gleichgültig bleibt, ob die mehrfachen Leitschaufeln dicht beieinander oder ob sie etwa im Umkreise des Laufrades gleichmäßig verteilt oder sonstwie angeordnet werden.

Allerdings wird die tiefer liegende Leitöffnung eine etwas größere Geschwindigkeit w_0 aufweisen als eine höher liegende, die letztere wird also auch das gegebene Gefälle nicht so vollständig ausnützen als die erstere, aber die Unterschiede in den w_0 sind bei sehr hohen Gefällen tatsächlich verschwindend.

So kommt es, daß wir die Einteilung und Stellung der mehrfachen Leitschaufeln nach rein konstruktiven Bedürfnissen einrichten können derart, daß sich die Wasserzuführung zu den einzelnen Leitöffnungen mit den Reguliereinrichtungen zu einem brauchbaren Ganzen verbindet.

3. Das „kreisende Wasser“ beim Leitschaufelaustritt.

Die Enden der Leitzellenräume sind bei der inneren radialen Strahlturbine mehr oder weniger gekrümmt, Fig. 411, 417, 418, 421, 437, S. 628.

Im Inneren des gekrümmten Zellenraumes werden sich die Druck- und Geschwindigkeitsverhältnisse denen des „kreisenden Wassers“ entsprechend einstellen.

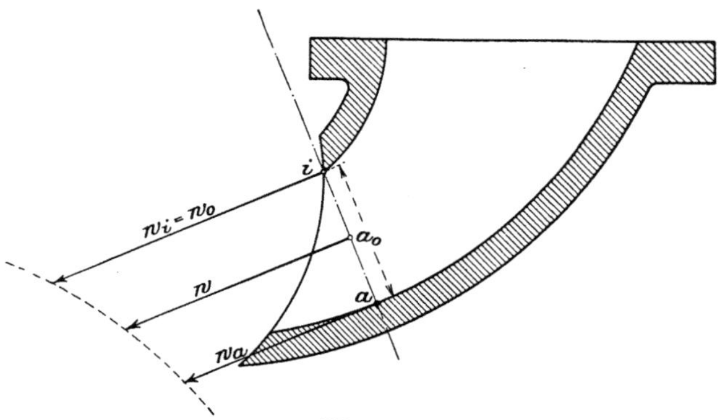

Fig. 418.

Ist die Leitzellenöffnung senkrecht zur Strahlrichtung abgeschnitten, Fig. 411 S. 581, 417, so wird trotz der vorhergegangenen Krümmung beim Austritt aus der Leitzellenmündung, abgesehen vom Einfluß der Wandreibung, die gleiche Geschwindigkeit w_0 im ganzen Strahlquerschnitt vorhanden sein; es ist

$$Q = a_0 \cdot b_0 \cdot w_0$$

Anders liegen die Dinge bei Mündungen mit gekrümmt verlängerter äußerer Wandung, Fig. 418, 421 und 437. Hier reichen die Verhältnisse des kreisenden Wassers bis ans Ende der äußeren, gekrümmten Wandfläche, weil ja die inneren Wasserteilchen auch nach Verlassen der Öffnung noch mit in die gekrümmte Bahn gezwungen werden. Der Wasserquerschnitt an der Stelle a—i, Fig. 418, darf hier nicht als mit w_0 durchflossen in Rechnung gestellt werden, sondern hier gilt in Anlehnung an die Gl. 121 und 148, S. 41, und mit $w_i = w_0$

$$Q' = b_0 \int_{r_i}^{r_a} w \cdot dr = a_0 \cdot b_0 \cdot w_0 \cdot \varrho \ln \frac{1+\varrho}{\varrho} = b_0 \cdot r_i \cdot w_0 \ln \frac{r_a}{r_i} \quad . \; . \; . \quad 703$$

und das ist, weil $\varrho \ln \frac{1+\varrho}{\varrho}$ ein echter Bruch, weniger als vorher.

Die Abmessungen a_0 und b_0 müssen hier für die gleiche Wassermenge Q größer sein als bei senkrecht zur Strahlrichtung abgeschnittener Leitzelle.

Es dürfte anzunehmen sein, daß am Ende der Wandkrümmung aus den w_a ein $w_0 = w_i$ wird[1]), daß also die Eintrittsverhältnisse an der Laufradschaufelspitze sich im übrigen gerade so entwickeln werden als vorher beschrieben.

4. Anordnung, konstruktive Einzelheiten.

Der gleichmäßigen Beanspruchung und des geringeren Luftwiderstandes wegen werden für die Strahlturbinen fast ohne Ausnahme volle (gewölbte) Nabenböden ohne jede Aussparung ausgeführt.

Die Turbinenwelle bedarf zweier Lager und soll keine drei Lager erhalten, was angesichts der hohen Umdrehungszahlen ohne weiteres klar ist. Die beiden Lager sind auf gemeinschaftlichem Rahmen anzubringen, damit sie von Haus aus gegenseitig sicher festgelegt sind.

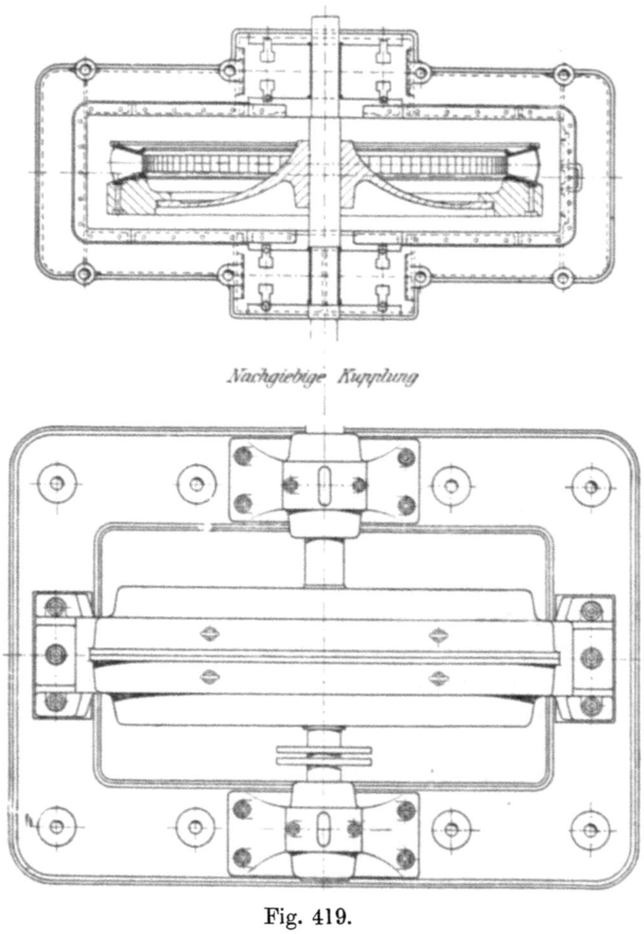

Fig. 419.

Je nach Umständen kann dieser Lagerrahmen der Turbine selbst oder der Dynamomaschine angehören.

Im ersteren Falle bildet er die abdichtende Auflage für die Schutzhaube des Laufrades, er nimmt den Druckrohranschluß auf und sichert die gegenseitige Stellung von Leitapparat und Laufrad. Eine nachgiebige Kupplung zwischen der Turbinen- und der Dynamowelle ist erforderlich, Fig. 419.

Für die zweite Anordnung kann das Laufrad fliegend auf das vorstehende Ende der Dynamowelle aufgesetzt werden, wodurch die Anordnung wesentlich billiger wird, Fig. 420. Die Schutzhaube bleibt dann mit dem Druck-

[1]) Darüber, binnen welcher Zeit oder auch auf welcher Wegstrecke sich die Beschleunigung der Wasserteilchen von w_a auf $w_0 = w_i$, die Umsetzung des Druckes in Geschwindigkeit, tatsächlich vollzieht, fehlt uns bis jetzt jeder genaue Anhalt.

rohranschluß und dem Leitapparat vereint, und diese sind natürlich um so sorgfältiger auf der Fundation zu lagern.

Sowie mehr als eine Leitschaufel angewendet wird, empfiehlt sich zur Entlastung der Turbinenwelle und von deren Lagern eine regelmäßige Verteilung der Leitschaufeln auf den Laufradumfang, wie es Fig. 421 zeigt. Die Anordnung ist wohl zuerst von Piccard & Pictet, Genf, ausgeführt worden. Auf diese Weise wird der Turbinenwelle ein reines Drehmoment zugeleitet und die Lagerreibung entspricht nur dem Eigengewicht der rotierenden Teile. Bei den inneren Radialturbinen gestaltet sich dabei die Wasserzuführung in sehr einfacher Weise, während die äußere Beaufschlagung gerade hierin umständlicher ist, vgl. auch Fig. 437, S. 628.

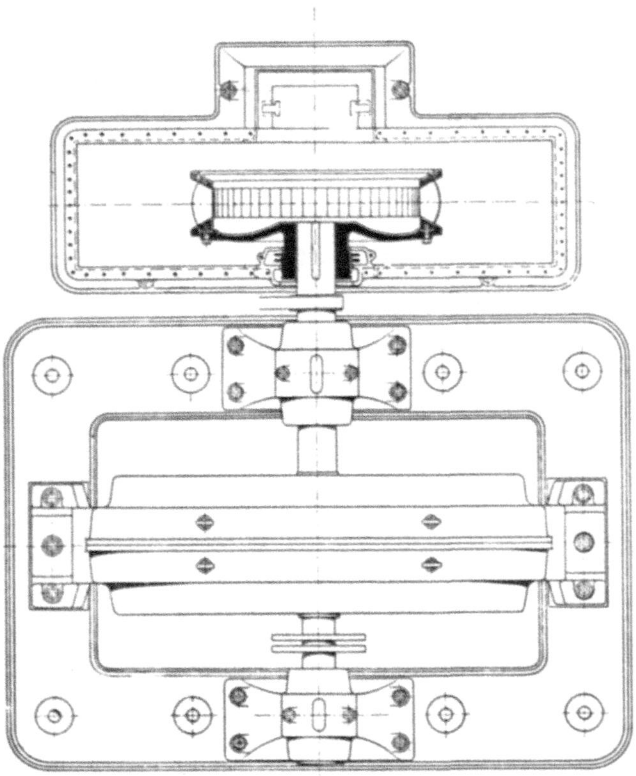

Fig. 420.

Besonderer Sorgfalt des Konstrukteurs bedarf die Abdichtung der Schutzhaube an der Stelle, an der die Turbinenwelle gegen außen tritt.

Wir können nicht ganz verhindern, daß die Turbinenwelle innerhalb der Schutzhaube von verirrten Wassertropfen getroffen wird. Das auf die Turbinenwelle spritzende Wasser wird sich, durch seine Adhäsion unterstützt, an der Welle entlang ziehen, schließlich, wenn keine Abdichtung da ist, die Wellenlager erreichen und dort Schaden anrichten.

Im allgemeinen sind hier Stopfbüchsen nicht angezeigt, schon weil sie Wartung verlangen und weil sie durch kräftiges Anziehen der Schrauben einen ziemlichen Kraftverlust verursachen könnten. Es liegt auch bei näherer Prüfung der Verhältnisse gar kein Anlaß zur Anwendung von Stopfbüchsen vor, denn zwischen dem Innern der Haube und außerhalb derselben besteht eigentlich kein Druckunterschied.

Das Wasser wird sich an der Welle über Erhöhungen und durch Vertiefungen nach außen weiter ziehen so lange, bis es an eine Stelle kommt, deren Umfangsgeschwindigkeit so groß ist, daß die Zentrifugalkraft des einzelnen Wassertropfens sein Eigengewicht übertrifft, also an eine Stelle, deren Radius der Gl. 621, S. 431 genügt:

$$r \geqq \frac{900}{n^2}$$

oder auch an der

$$d_{min} \geqq \frac{1800}{n^2} \quad \ldots \ldots \quad 704$$

Ist die betreffende Stelle breit, etwa ein Bund, eine Nabe oder dgl., so kann

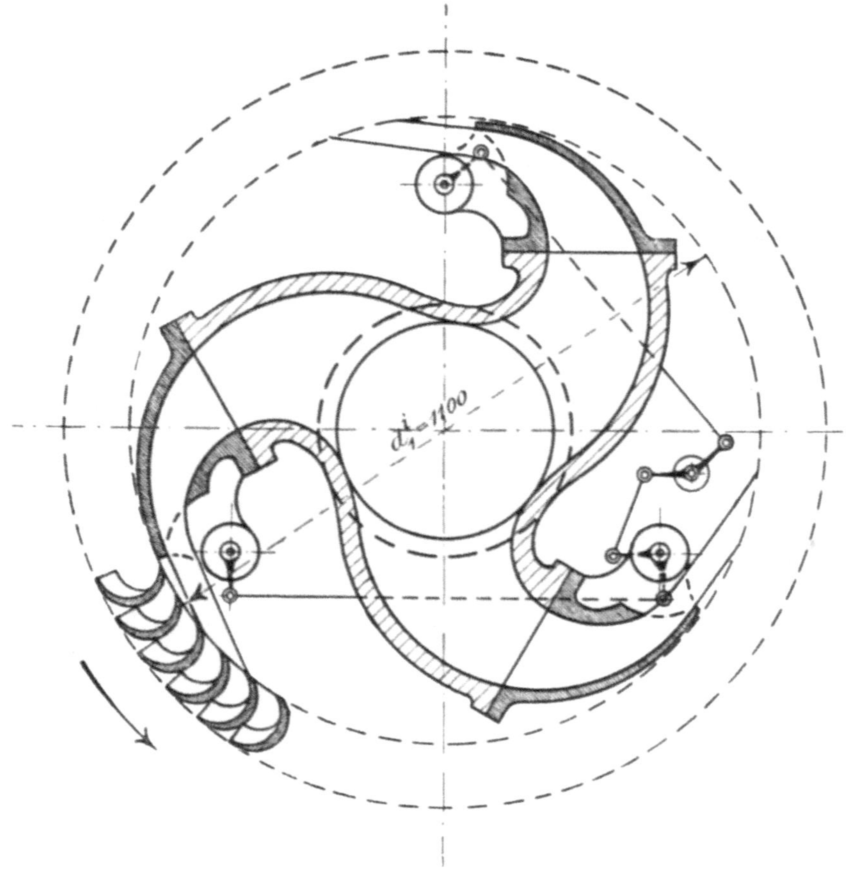

Fig. 421.

die Adhäsion der Wassertropfen verhindern, daß diese der Zentrifugalkraft folgend abgeschleudert werden. Bilden wir die Stelle aber als scharfe Kante aus, so ist das Abfliegen der Wassertropfen für einigermaßen größeren Durchmesser, als oben genannt, absolut sicher. Und diese Durchmessergrößen sind gar nicht so bedeutend.

Für $n = 100$ sollte sein $d_{min} \geqq \frac{1800}{10\,000} \geqq 0{,}18$ m und für $n = 200$ ist d_{min} schon auf 0,045 m gesunken. Diese Verhältnisse zeigen uns, wie vorzugehen ist: Abspritzringe auf der Welle mit scharfen Kanten, dazu diese in einem Raum sitzend, der schon von dem Strom der verirrten Wassertropfen nicht mehr erreicht werden kann, absoluter Schutz der außerhalb des Abspritzringes liegenden Wellenoberfläche vor verirrten Wassertropfen.

Das meiste Sprühwasser läuft an den Seitenwänden der Haube gegen abwärts, es ist über der Welle abzufangen durch einen rund um die Welle gehenden Schutzring, etwa wie Fig. 422, auch Taf. 56 zeigt, und seitlich zwischen Rippen gegen abwärts zu führen, aus der Nachbarschaft der Welle weg. Ein erster Abspritzring wird das Wasser, das vom Inneren her an der Welle entlang kommt, entfernen und ein zweiter, in besonderem Raum laufend, die

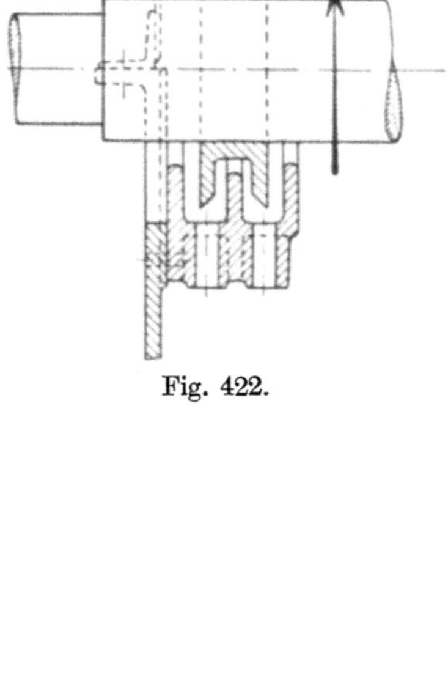

Fig. 422.

wenigen verirrten Tropfen abfangen, die beim Abspritzen vom ersten Ring wieder auf den Ringkörper zurückgekehrt sind. Entwässerung der Abspritzgehäuse gegen abwärts durch nicht zu kurze Rohre. Diese Abspritzgehäuse sind am besten zweiteilig durch die Wellmitte, sie müssen aber gut dicht aufeinander passen, ohne andere Verschraubung als die der Haubenfuge, die ja auch durch die Wellmitte geht.

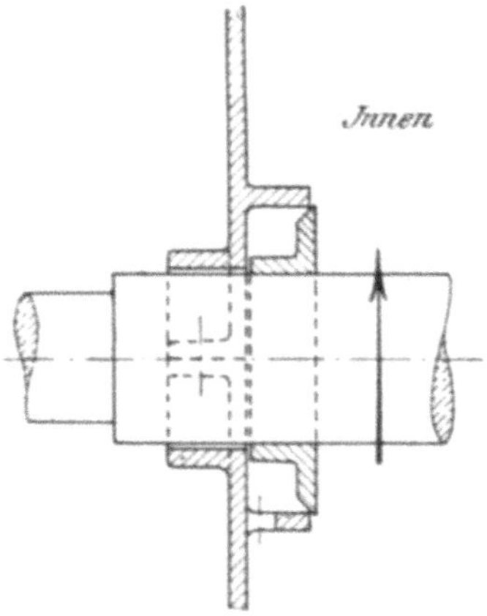

Fig. 423.

Die Haube selbst muß in ihrer Fuge gut dicht halten, denn wenn auch im Inneren kein Überdruck vorhanden ist, so prallen doch die Wasserstrahlen unter Umständen sehr lebhaft gegen die Fuge.

Bei hohen Umdrehungszahlen und reichlich weiten Hauben (letzteres ist stets zu empfehlen) genügen einfache Spritzringe mit schräger Kante, abgedeckt wie gezeichnet, Fig. 423 (Rüsch-Dornbirn), auf Taf. 57 vollkommen. Hier wäre für $n = 500$ der Minimaldurchmesser

$$\frac{1800}{250\,000} = 0{,}007 \text{ m}$$

also schon von der Welle selbst wird jeder Tropfen sofort wieder abfliegen.

B. Die äußeren (tangentialen) Strahlturbinen (Peltonräder, Löffelräder).

Je größer der Eintrittsdurchmesser bei der radialen Strahlturbine mit der seither besprochenen Radschaufelanordnung ist, um so mehr verringern sich bei gleichbleibender Strahlstärke a_0 die unerwünschten Unterschiede der Eintrittswinkel $\delta_1{}^i$ und $\delta_1{}^a$ gegenüber $\delta_1{}^m$. Die früher für hohe Gefälle angewandten äußeren radialen Strahlturbinen mit stehender Welle, die sog. Tangentialräder, zeigten solche Verhältnisse. Diese Turbinen hatten für den Entwerfenden noch einige andere Vorzüge gegenüber den Schwamkrug-Turbinen. Die Zuleitung des Wassers zu den Leitschaufeln machte sich weniger umständlich, die aus den Leitöffnungen austretenden Strahlen liefen nicht auseinander, sondern zusammen und veranlaßten auf diese Weise, daß die leere Strecke s_0', Fig. 417, überhaupt nicht in Frage kam. Außerdem war man vor der Möglichkeit, mit der Schaufelform der neutralen Kurve nahe zu kommen, sicher, vgl. S. 125.

Die Tangentialräder waren fast durchweg mit zwei einander diametral gegenüberliegenden Leitapparaten ausgerüstet, die gleichzeitig verstellt wurden, so daß die Ausübung des Drehmomentes den Verhältnissen der Fig. 298, S. 427 (Kräftepaar) entsprach. All diese Umstände waren gut und richtig erkannt.

Daß trotzdem heute wohl kaum noch ein Tangentialrad im Betriebe sein wird, ist durch die schlechten Betriebsergebnisse, die mangelhafte Leistung der Tangentialräder veranlaßt. Die Leitschaufelstrahlen versprühten zum Teil an den Eintrittskanten der Laufräder, zum Teil war der Widerstand der Wasserteilchen gegen die notwendig erfolgende Verzögerung auf dem Weg von außen gegen innen, S. 113 u. f. und auch die aus der Schaufelkrümmung folgende Gegendruckhöhe (kreisendes Wasser) dem geregelten Eintritt des Wassers in die Laufradzellen hinderlich derart, daß ein nicht unbeträchtlicher Bruchteil des Betriebswassers überhaupt nicht zur Arbeitsabgabe in das Laufrad gelangen konnte.

Mißlich waren auch die Verhältnisse am Laufradaustritt, der fast genau radial gegen innen erfolgte. Für die Ablenkung in die erforderliche achsiale Abflußrichtung konnte nur die Wirkung der Erdanziehung in Anspruch genommen werden, und diese vermochte nicht, die bei einigermaßen höheren Gefällen mit großen w_2 austretenden Wasserteilchen so rasch in parabolischer Bahn gegen abwärts zu ziehen, daß die Teilchen überhaupt ohne Zusammentreffen mit der Turbinenwelle bzw. mit den diametral gegenüber austretenden Wasserteilchen zum Wegfließen kamen. Die durch solchen Anprall versprühten Wassertropfen gelangten teilweise wieder gegen die Radzellen, mußten ähnlich denen der Fig. 416 den Beschleunigungsschlag erhalten und wurden unter weiterer Arbeitsvergeudung durch die Radschaufeln gegen außen geschleudert.

Diesen Übelständen wurde durch die „Pelton"-Schaufelung endgültig abgeholfen. Die besondere Eigentümlichkeit dieser Wasserführung ist:

Das von außen her nach seitheriger Bezeichnung radial ($w_1 \sin \delta_1$), nach der aber für diese Anordnung von Strahlturbinen allgemein üblichen Ausdrucksweise „tangential" ($w_1 \cos \delta_1$) zugeleitete Betriebswasser, vgl. Taf. 55, 56, 57, sowie Fig. 440, S. 630, wird entlang der Ablenkungsfläche so geführt, daß es nicht radial, sondern in achsialer Richtung zum Austreten kommt.

Der freie gerade Strahl an der Ablenkungsfläche, wie ihn Fig. 7 u. a. zeigen, läßt sich aber in der Wirklichkeit gar nicht richtig parallel der dortigen Anfangsstrecke ef und zugleich diese Strecke dicht berührend zuführen. Ein kleinerer oder größerer Teil des Wassers wird am Anfang e der Fläche seitlich versprühen und auf diese Weise verloren gehen müssen.

Eine zweite Besonderheit der Peltonschaufelung ist nun darin begründet, daß der aus der Leitschaufel kommende Strahl nicht einseitig an eine Ablenkungsfläche herantritt, Fig. 7 und 13, sondern daß der Strahlmitte ein Paar von Ablenkungsflächen gegenüber steht, Fig. 424, ideelles Bild.

Auf diese Weise ist das Versprühen am Schaufelanfang fast verschwindend, und gerade durch die achsiale Ablenkung gegenüber dem radialen Eintritt ist die Erzielung kleiner w_2 beim Verlassen der Ablenkungsfläche ganz ungemein erleichtert.

Das Pelton-(Löffel- usw.)Rad wird durch einen Radkörper gebildet, der meist als voller Boden ausgeführt und am äußeren Umfang mit den charakteristischen Doppel-Ablenkungsflächen besetzt ist; dazu kommt eine oder auch mehrere Leitöffnungen (Düsen), aus denen die Leitstrahlen frei in ungefähr tangentialer Richtung gegen das Laufrad treten, Taf. 55, 56, 57.

Bei der Drehung des Rades nähert sich die Rückseite der Ablenkungsflächen dem Düsenstrahl zuerst, deshalb ist die Begrenzung des Schaufelkörpers derart auszubilden, daß der „Ballen" der Schaufelrückseite nicht mit dem Strahl in Berührung kommt, sondern daß zuerst die Schneide der Doppel-Ablenkungsfläche rücklings in den Strahl eintritt. Auf diese Weise wird schon der erste diese Schneide berührende Tropfen in gewünschter Weise gespalten und so entlang der Fläche gehen müssen.

Der weiteren Drehung folgend tritt die Schneidenspitze nach und nach durch den Düsenstrahl hindurch gegen außen und zieht sich im ferneren Verlauf ihrer Bewegung schließlich wieder aus der Flucht des Düsenstrahles zurück.

In der Mittelebene des Rades, der „Radebene", liegen die Schneiden der Ablenkungsflächen und auch die Mittellinien der einzelnen Leitdüsenstrahlen. Da die allgemeinen Verhältnisse sich nicht ändern, einerlei, ob eine oder mehrere Düsen in Anwendung sind, so soll von jetzt ab nur noch von der Anordnung mit einer Düse die Rede sein, deren Mittellinie wagrecht liegt, natürlich rechtwinklig zu der ebenfalls wagrecht angenommenen Radachse. Hier darf, wie bei der inneren Strahlturbine schon geschehen, die Wirkung der Erdanziehung sowohl beim Leitstrahl als auch während des Weges der Wasserteilchen durch das Laufrad völlig außer Beachtung bleiben; die Geschwindigkeiten sind bei den einzig in Betracht kommenden hohen Gefällen so groß und die Zeiträume, in denen die Wege vom Austritt aus der Düse bis zum Verlassen der Ablenkungsfläche zurückgelegt werden, so überaus klein, daß diese Vernachlässigung absolut begründet ist.

Der Kreis in der Radebene, der die Mittellinie des Leitstrahles berührt, besitzt als mittlerer Eintrittskreis den Durchmesser D_1, vgl. $D_1 = 1100$, Taf. 55, sowie $D_1 = 770$ und $D_1 = 1140$, Fig. 427, und auf diesen beziehen sich die Umfangsgeschwindigkeit u_1, die Radschaufelteilung t_1 usw. Ein bestimmt ausgesprochener Durchmesser D_2 für den Austritt liegt hier nicht vor, da die Wasserteilchen je nach dem Ort ihres Auftreffens an der Schneide und nach deren augenblicklicher Lage und Neigung in verschiedenen Durchmessern zum Austritt kommen, die aber alle nicht sehr weit von D_1 abweichen.

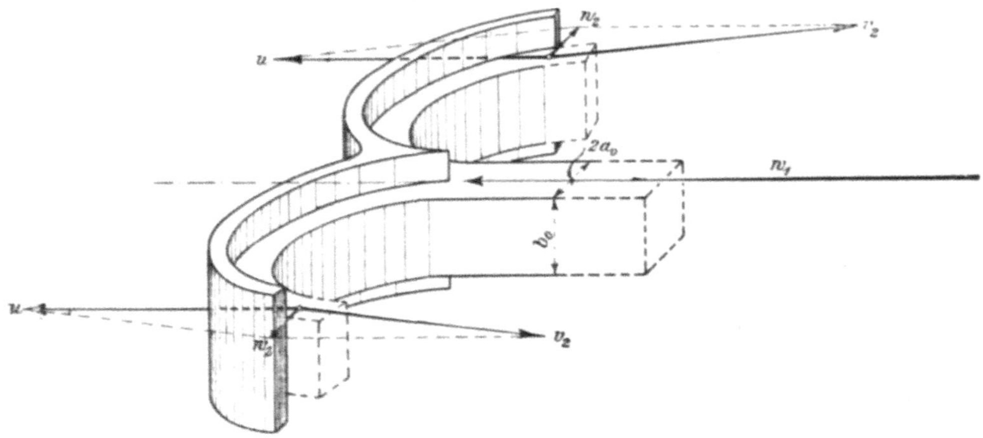

Fig. 424.

Die Grundform der einzelnen Seite jedes Ablenkungsflächen-Paares ist die Kreiszylinderfläche, und beide Zylinderflächen treffen sich in der Schneide, Fig. 424. Der Winkel, den beide Flächen an der Schneide zwischen sich einschließen, wird durch die Radebene in zwei gleich große Winkel β_S geteilt, vgl. Fig. 425. Die Achsen der kreiszylindrischen Ablenkungsflächen sind nicht auf die Wellenmitte gerichtet, die Stellung derselben wird häufig so gewählt, daß die Scheide, solange sie vom Düsenstrahl getroffen wird, tunlichst senkrecht zur Strahlachse steht, wie später zu zeigen ist. Auf diese Weise liegt zwischen Schneidenrichtung und Strahlachse zuerst ein stumpfer Winkel, der während des Fortschreitens der Schaufel durch 90^0 in einen spitzen Winkel übergeht, Taf. 55, 56, 57 und Fig. 427.

Ideell könnte der Schneidenwinkel $2\beta_S$ Null gemacht werden, wodurch die Wasserteilchen von dem Strahl aus ganz ohne Stoß auf die Ablenkungsflächen übergehen würden. In Wirklichkeit aber würde eine solch rasiermesserscharfe Schneide in aller Kürze abgenützt sein, ganz abgesehen von der Wirkung etwa vom Wasser mitgeführter kleiner Steinchen usw., und so ist es zweckmäßiger, den Ablenkungsflächen gleich von Hause aus einen gewissen endlich großen Schneidenwinkel zu geben, d. h. die Zylinderflächen in diesen Richtungen eine kurze Strecke geradlinig gegeneinander auslaufen zu lassen.

Theoretisch führt dies zu einem Stoßverlust s an der Eintrittsstelle, Fig. 425, also zu einer Verkleinerung von w_1 auf w_1'. Dieser Stoßverlust ist aber an sich klein bei kleinen Winkeln der Schneide, und außerdem dürfte anzunehmen sein, daß auch hier, ähnlich wie früher schon erwähnt, der Stoß durch vorzeitige Ablenkung gemildert wird (Bach'sche Ventilversuche).

Nur so läßt sich erklären, daß die vom Verf. bei verschiedenen Ausführungen guter Firmen konstatierten Winkelgrößen $\beta_S = 12^0$ bis 15^0 nicht so wesentlich ins Gewicht fallen als es den Anschein haben könnte.

Der Wert der Wasserablenkung nach achsialer Richtung aus dem radialen (tangentialen) Eintritt erhellt aus folgendem:

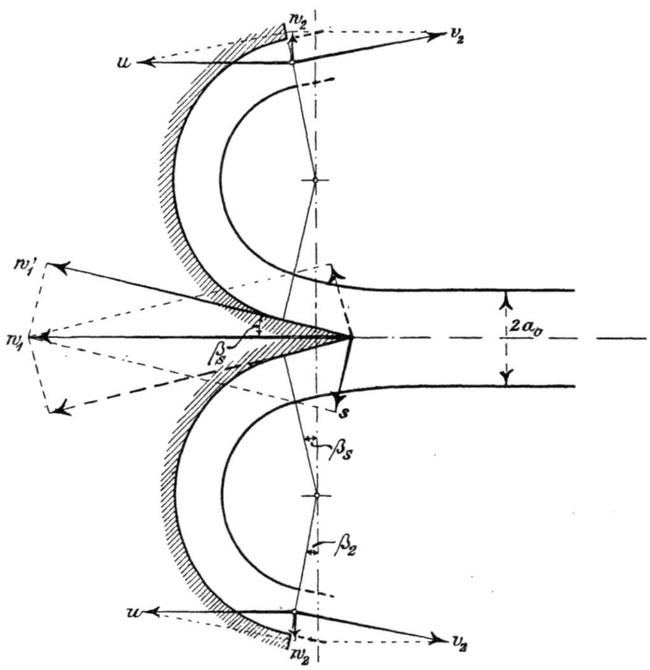

Fig. 425.

Würde der Eintritt und die Ablenkung ganz in der Radebene selbst erfolgen, wie dies z. B. Fig. 97, S. 122 zeigt, würde also auch der Austritt der mittleren Wasserfäden in der Radebene stattfinden, so wäre eine gewisse Steilstellung der Schaufelenden an der Stelle „2", eine gewisse Größe von β_2 unumgänglich, damit der abgelenkte Strahl, auf dessen Dicke a_2 wir bei im übrigen festliegenden Verhältnissen keinen sehr ausschlaggebenden Einfluß haben, am Rücken der Nachbarschaufel vorbeifindet.

Da aber die Ebenen, in denen sich die Ablenkung hauptsächlich abspielt, bei der Pelton-Schaufel ungefähr senkrecht zur Radebene stehen und den Eintrittskreis, Durchmesser D_1, annähernd berühren, so divergieren diese Ebenen für die aufeinander folgenden Schaufeln und deshalb auch die aus den verschiedenen Schaufeln mit v_2 austretenden Strahlen von Hause aus. Die austretenden Wasserteilchen sind je nach der Größe von D_1 auch bei ganz kleinen Winkeln β_2 oft gar nicht in der Lage, daß sie dem Rücken der Nachbarschaufel zu nahe kommen könnten.

Diese in der Anordnung liegende Freiheit der Anwendung kleiner β_2 gestattet also die Erzielung kleiner w_2, Fig. 425, kleiner Austrittsverluste, ohne daß die Strahlstärke a_2 dabei hindernd im Wege steht.

Die Winkelgrößen β_2 und δ_2 entsprechen sinngemäß den früheren Bezeichnungen mit dem Unterschiede, daß hier die Ebene des Geschwindigkeitsparallelogramms im großen und ganzen ungefähr parallel zur Radachse liegt, aber doch für jeden Wassertropfen je nach dem Ort seines Ein- und Austrittes mehr oder weniger große Abweichungen von jener Richtung aufweisen wird. Daß die Doppel-Zylinderflächen der Radschaufeln in der Wirklichkeit gegen die Radachse oder den äußeren Radumfang hin nicht geradlinig abgeschnitten, sondern häufig muschelförmig umgebogen sind, ist in dem Bestreben begründet, den der Ablenkungsfläche entlang eilenden Strahl soviel als tunlich für den achsialen Austritt zusammenzuhalten. Auch soll die benetzte Schaufelfläche, mithin der Reibungsverlust $\varrho_2 h_m$, auf diese Weise kleiner ausfallen. In diesen Formen herrscht eine große Mannigfaltigkeit, und Prof. Escher-Zürich hatte ganz recht, als er darauf hinwies, daß sich viele Konstrukteure noch nicht klar über den Nutzen gerade der achsialen Ablenkung sind.

Die Düsen-Querschnitte sind rechteckig oder rund. Die runde Form gewährleistet unter allen Umständen die beste Entwicklung eines geschlossenen Strahles mit parallelen Wasserfäden und dadurch einen geordneten Zutritt zum Laufrad. Früher schien das Einstellen des runden Düsenquerschnittes auf verschiedene Wassermengen kaum möglich, und dies führte zur Anwendung von rechteckigen Düsenquerschnitten. Auch heute ist die Frage, welche Düsenform vorzuziehen sei, noch nicht ganz abgeschlossen, da verschiedenerlei Rücksichten dabei mitsprechen, die runde Düse wird aber den Vorzug erhalten.

Aus der seitherigen Schilderung der Betriebsweise ist schon zu erkennen, daß die Bewegungen der Wasserteilchen entlang den Ablenkungsflächen ungemein mannigfaltig sein werden. Aus diesem Grunde soll auch hier wieder mit der Darstellung der möglichst vereinfachten Bewegungsvorgänge angefangen werden.

1. Der Wasserweg zwischen Düse und Austrittsstelle „2", Turbinenstange.

Die Verhältnisse des ideellen Betriebes sind, einer Hälfte des Ablenkungsflächen-Paares entsprechend, auf S. 7 u. f. eingehend entwickelt, auch die Folgen verschiedener Größen der Fortschreitegeschwindigkeit u.

Für den tatsächlichen Betrieb einer Turbinenstange gilt die ganze Reihe der Betrachtungen von S. 576 anfangend bis zur Gl. 696.

Da es sich hier gewissermaßen um zwei zu einem Strahl vereinigte Düsenstrahlen (je einer Ablenkungsfläche entsprechend) handelt, so soll die Düsenstrahlstärke, wagrecht gemessen, als $2a_0$ bezeichnet sein, Fig. 424 usw. An der Schneide spaltet sich der Strahl in zwei Hälften von $a_1 = a_0$ Stärke für den Weg entlang den Ablenkungsflächen.

Die ganz symmetrisch verlaufende Ablenkung hat zur Folge, daß sich die beidseitigen X-Komponenten, Fig. 7 u. a., in ihrer Wirkung addieren, und daß die Y-Komponenten sich gegenseitig aufheben; die Welle bleibt ohne Achsialschub, sofern in der Ausführung wirklich alle Schneiden den Strahl halbieren.

Auch hier stellen sich Fließwiderstände entlang den Ablenkungsflächen ein, in gleicher Weise wie auf S. 590 u. f. für die innere radiale Strahlturbine besprochen, doch ist gegenüber dort ein Unterschied darin begründet, daß die Fortschreitegeschwindigkeit der Ein- und Austrittsstellen hier gleich groß ist. Infolgedessen rechnet sich die zur Erzielung eines bestimmten Austrittsverlustes anzuwendende Fortschreitegeschwindigkeit u wie folgt:

Vernachlässigen wir die Wirkung der Stoßkomponente s am Eintritt der Ablenkungsflächen, Fig. 425, so fallen für die Turbinenstange die Geschwindigkeiten w_1, u und v_1 in eine Gerade und es ist

$$v_1 = w_1 - u.$$

Infolge der Fließwiderstände $\varrho_2 h_m$ entlang der Schaufelfläche gilt, weil u überall gleich groß ist,

$$v_2^2 = v_1^2 - 2g\varrho_2 h_m.$$

Nehmen wir der bequemeren Rechnung halber $\delta_2 = 90^\circ$ an, so ist

$$v_2^2 = u^2 + w_2^2 = u^2 + 2g\alpha_2 h_m.$$

Aus diesen drei Beziehungen folgt mit $w_1 = \sqrt{2g(1-\varrho_0-\varrho_1)h_m}$, Gl. 695, S. 579, und $\varrho = \varrho_0 + \varrho_1 + \varrho_2$, nach kurzer Umformung (vgl. Gl. 698).

$$u = \varepsilon \sqrt{\frac{g h_m}{2(1-\varrho_0-\varrho_1)}} \quad \ldots\ldots\ldots\ldots \quad 705$$

Nunmehr ist, sofern die ϱ bekannt sind, $v_1 = w_1 - u$ festgestellt und danach können die Verhältnisse an der Ablenkungsfläche selbst etwas näher beleuchtet werden.

Unter Hinweis auf S. 53 u. f. ist es gut, dafür zu sorgen, daß der Krümmungsradius der Schaufelfläche, $r_a = k \cdot a_1$, größer als 2,718 a_1 ausgeführt wird; er sollte mindestens $k = 2{,}7 \div 3$ aufweisen. Die dicht an der Ablenkungsfläche entlang laufenden Wasserteilchen hätten an derselben bei voller Ablenkung um 180° den Weg von der Länge $r_a \pi = k \cdot a_1 \cdot \pi$ zurückzulegen, und wenn ein solches Teilchen wirklich die Geschwindigkeit v_1 während des ganzen Weges behalten würde, so benötigte es zu dessen Zurücklegung die Auslaufzeit

$$t_A = \frac{r_a \pi}{v_1} = \frac{k \cdot a_1 \cdot \pi}{v_1} \quad \ldots \ldots \ldots \ldots \quad 706$$

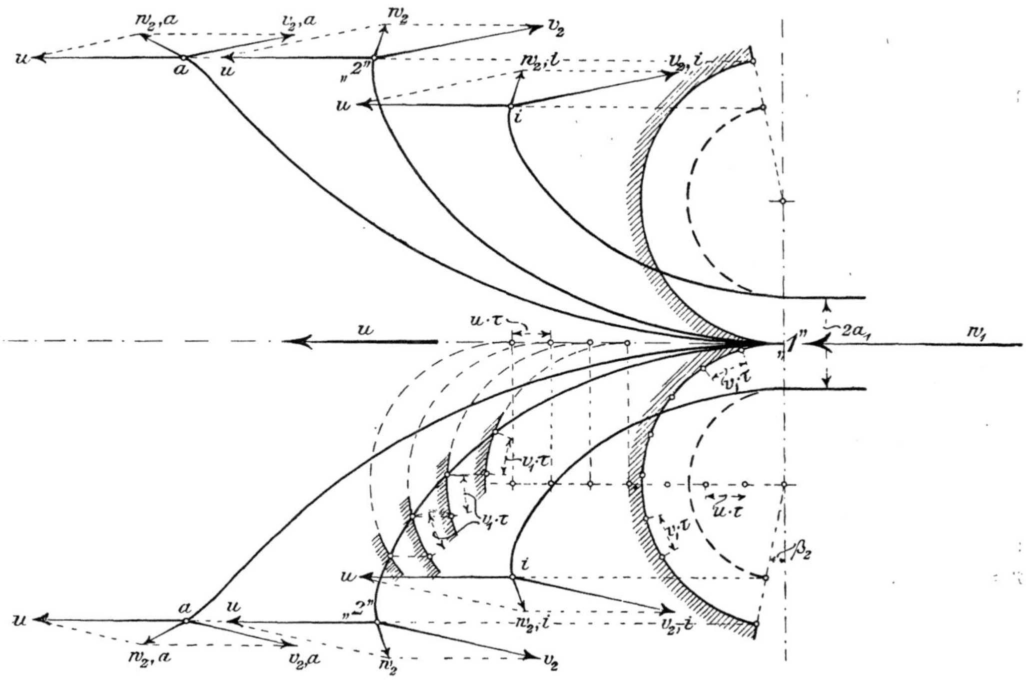

Fig. 426.

Während dieser Zeit t_A hat die Ablenkungsfläche selbst eine Strecke $t_A \cdot u$ im Fortschreiten durchmessen und das Teilchen, das bei „1", Fig. 426, mit der Schneide in Berührung kam, wird die Ablenkungsfläche im Punkte „2" verlassen haben, es hat, absolut genommen, einen Weg „1 bis 2" zurückgelegt, der unter Hinweis auf Fig. 99, S. 125 leicht aufzuzeichnen ist.[1]) Mit $k = 3$ ergibt sich speziell

$$t_A = \frac{3 a_1 \pi}{v_1} \quad \ldots \ldots \ldots \ldots \quad 707$$

Durch die unvermeidlichen Fließwiderstände verringert sich v_1 im tatsächlichen Betrieb unterwegs nach und nach auf v_2 und die Austrittsstelle „2" verlegt sich weiter in der Richtung von u, weil eben das Teilchen später zum Austritt gelangt, doch soll dies hier der kürzeren Darstellung halber nicht weiter verfolgt werden.

[1]) Die Fig. 426 zeigt absichtlich keine volle Ablenkung um 180°, damit die verschiedenen Richtungen von w_2 zum Ausdruck kommen.

Wenn wir annehmen, daß die Ablenkungsfläche rundum mit Wasserteilchen besetzt ist, daß also im Gegensatz zur inneren Radialturbine die ganze Fläche gleichzeitig bespült werde, so sind die Verhältnisse des kreisenden Wassers noch näher in Betracht zu ziehen. Wir kennen bei der vorliegenden Schaufelfläche den Außenradius $r_a = k \cdot a_1$ und können deshalb die Gl. 177, S. 52, hier anschreiben als

$$\frac{1+\varrho}{\varrho} \cdot \frac{1}{\ln \frac{1+\varrho}{\varrho}} = \frac{r_a}{a_1} = k.$$

Für $k = 3$ liefert die zeichnerische Tabelle S. 53 den Wert $\varrho = 1{,}16$. Gemäß Gl. 178 ist dann die Strahlstärke a in der Anschwellung

$$a = \frac{r_a}{1+\varrho} = \frac{3 \cdot a_1}{1+1{,}16} = 1{,}39 a_1,$$

also, Gl. 179,

$$r_i = r_a - a = 1{,}61\, a_1$$

und deshalb mit $v_i = v_1$

$$v_a = v_1 \frac{r_i}{r_a} = v_1 \frac{1{,}61}{3{,}0} = 0{,}537\, v_1.$$

Der ganz außen, unmittelbar an der Ablenkungsfläche hinstreichende Tropfen braucht also, abgesehen von Reibungshindernissen, für das Durchlaufen der Ablenkung um volle 180° gegenüber Gl. 707 eine Zeit

$$t_{A,a} = \frac{3\pi\, a_1}{0{,}537\, v_1} = \frac{5{,}59\, a_1 \pi}{v_1} \quad \ldots\ldots\ldots\ldots \quad 708$$

Nun ist aber der Strahl entlang der Ablenkungsfläche im Gegensatz zu Fig. 41, S. 51 nicht seitlich zwischen Wänden geführt, sondern er kann sich frei ausbreiten. Wir werden deshalb den tatsächlichen Verhältnissen näher sein mit der Annahme, daß die Anschwellung durch die selbsttätige Verbreiterung des Strahles mindestens aufgehoben werde derart, daß die Strahlstärke an der Fläche etwa mit $a = a_1$ erhalten bleibe. Auf Grund dieser Annahme erhalten wir einfach aus a_1 und $r_a = k \cdot a_1$ den Innenradius $r_i = (k-1)\, a_1$ und damit bei $v_i = v_1$ die Außengeschwindigkeit

$$v_a = v_1 \frac{r_i}{r_a} = \frac{k-1}{k}\, v_1 \quad \ldots\ldots\ldots\ldots \quad 709$$

Hieraus ergeben sich dann die Zeiten für das Zurücklegen des Ablenkungsweges.

Außen:

$$t_{A,a} = \frac{k \cdot a_1 \pi}{v_a} = \frac{k^2}{k-1} \cdot \frac{a_1 \pi}{v_1} \quad \ldots\ldots\ldots\ldots \quad 710$$

und für den Innenumlauf:

$$t_{A,i} = (k-1) \frac{a_1 \pi}{v_1} \quad \ldots\ldots\ldots\ldots \quad 711$$

Mit $k = 3$ ergeben sich daraus

$$t_{A,a} = \frac{4{,}5\, a_1 \pi}{v_1} \quad \ldots\ldots\ldots\ldots \quad 710\text{a}$$

und

$$t_{A,i} = \frac{2{,}0\, a_1 \pi}{v_1} \quad \ldots\ldots\ldots\ldots \quad 711\text{a}$$

woraus ersichtlich, daß auch jetzt noch ganz erhebliche Unterschiede in den Auslaufzeiten vorhanden sind, so daß die absoluten Wege, dazu die Richtungen der w_2, sich, auch wenn die Ablenkung weniger als 180° beträgt, Fig. 426, wie mit „a“ und „i“ bezeichnet unterscheiden. Es liegt in den Umständen, daß die

Strecken von „1" bis „i", bis „2" und bis „a" auch die Wege der Ablenkungsfläche selbst darstellen, und es geht hieraus hervor, daß die Annahme nach Gl. 706 bzw. 707, die die ganze Umständlichkeit der Berücksichtigung des kreisenden Wassers umgeht, doch ungefähr den mittleren Verhältnissen entsprechen wird. In Ansehung dessen stützt sich die weitere Betrachtung dann auf Gl. 706. Aus allem aber geht das Verwickelte der ganzen Verhältnisse deutlich hervor.

Bei der Turbinenstange brauchte eigentlich von der Zeit t_A weiter gar nicht geredet zu werden, da sie auf die Anordnung, auch auf die Ausnutzung des Arbeitsvermögens sämtlicher Wassertropfen, keinen Einfluß hat. Sowie aber die Ablenkungsflächen-Paare nicht mehr in der Richtung von w_1 geradlinig fortschreiten, erlangt gerade die Auslaufzeit t_A eine besondere Bedeutung.

2. Der Wasserweg zwischen Düse und Austrittsstelle „2", geradlinig fortschreitende, dabei im Kreisumfang hochgehende Ablenkungsflächen.

Um der Bewegungsart der rundlaufenden Radschaufeln näher zu kommen, jedoch ohne jetzt schon die wechselnden Schräglagen der Schaufelschneiden in Betracht ziehen zu müssen, stellen wir uns folgendes vor:

Die Ablenkungsflächen sind mit dem Radboden in kraftübertragender Verbindung, die aberderart beweglich beschaffen sind, daß ihre Schneiden, also auch die Achsen der Zylinderflächen, in jeder Drehstellung des Rades und soweit die Beaufschlagung reicht, senkrecht zu w_1 stehen (ähnlich den Schaufeln der Raddampfer), und daß das untere äußere Schneidenende stets in einem Kreise vom Durchmesser D_a geführt ist, Fig. 427. Daß niemand ein solches Rad bauen wird, ist klar, aber es stellt eine hinsichtlich des Wasserdurchganges vereinfachte, übersichtlichere Form gegenüber dem tatsächlichen Laufrade dar. Die Ablenkungsflächen seien in Höhe der unteren Schneidenspitze wagrecht abgeschnitten, sie zeigen deshalb eine stets vom Kreise D_a aus gegen links verlaufende wagrechte Begrenzungslinie.

Selbstverständlich ist, daß jeder Tropfen, der die Düse verläßt, zur vollen Abgabe seines Arbeitsvermögens gebracht werden muß, abgesehen von dem aus $\alpha_2 h_m$ folgenden, und für diesen Zweck ist bei gegebenem Durchmesser D_1 eine bestimmte Kleinstzahl von Schaufeln nötig. Hat das Rad zu wenig Schaufeln, d. h. ist die Teilung t_1 im Kreise D_1 oder t_a im Kreise D_a zu groß, so werden nicht alle Wasserteilchen auf Ablenkungsflächen treffen, was sich ja drastisch zeigt, wenn wir überhaupt nur zwei oder drei Schaufeln auf dem Umfang des Rades, Fig. 427, angebracht denken.

Um diese Verhältnisse nun richtig beurteilen zu können, gehen wir von der vorher bestimmten Zeit aus, die ein Tropfen braucht, um die Ablenkungsstrecke entlang der Schaufelfläche zurückzulegen, t_A, Gl. 706.

Hier heben sich nach dem Durchgang durch die tiefste Stellung die unteren Ränder der Ablenkungsflächen, dem Kreise D_a entsprechend, wieder hoch und schließlich so weit, daß sie über die Flucht der Leitstrahlunterkante heraufkommen, Punkt A, Fig. 427 oben.

Die untersten Tropfen des Düsenstrahls laufen in der Strahlunterkante, die Strahlverbreiterung in der Schaufel werde einstweilen vernachlässigt. In dem Augenblick, in dem sich der untere Schaufelrand über jene Unterkante erhebt, muß also die untere Partie der Ablenkungsfläche schon ganz leer von arbeitenden Tropfen sein, denn sonst erhielten die Tropfen der unteren Strahlschichten Gelegenheit, nach außen zu entwischen, ehe sie die volle Ablenkung bis zur normalen Austrittsstelle „2" durchgemacht, ehe sie ihr volles Arbeitsvermögen abgegeben haben.

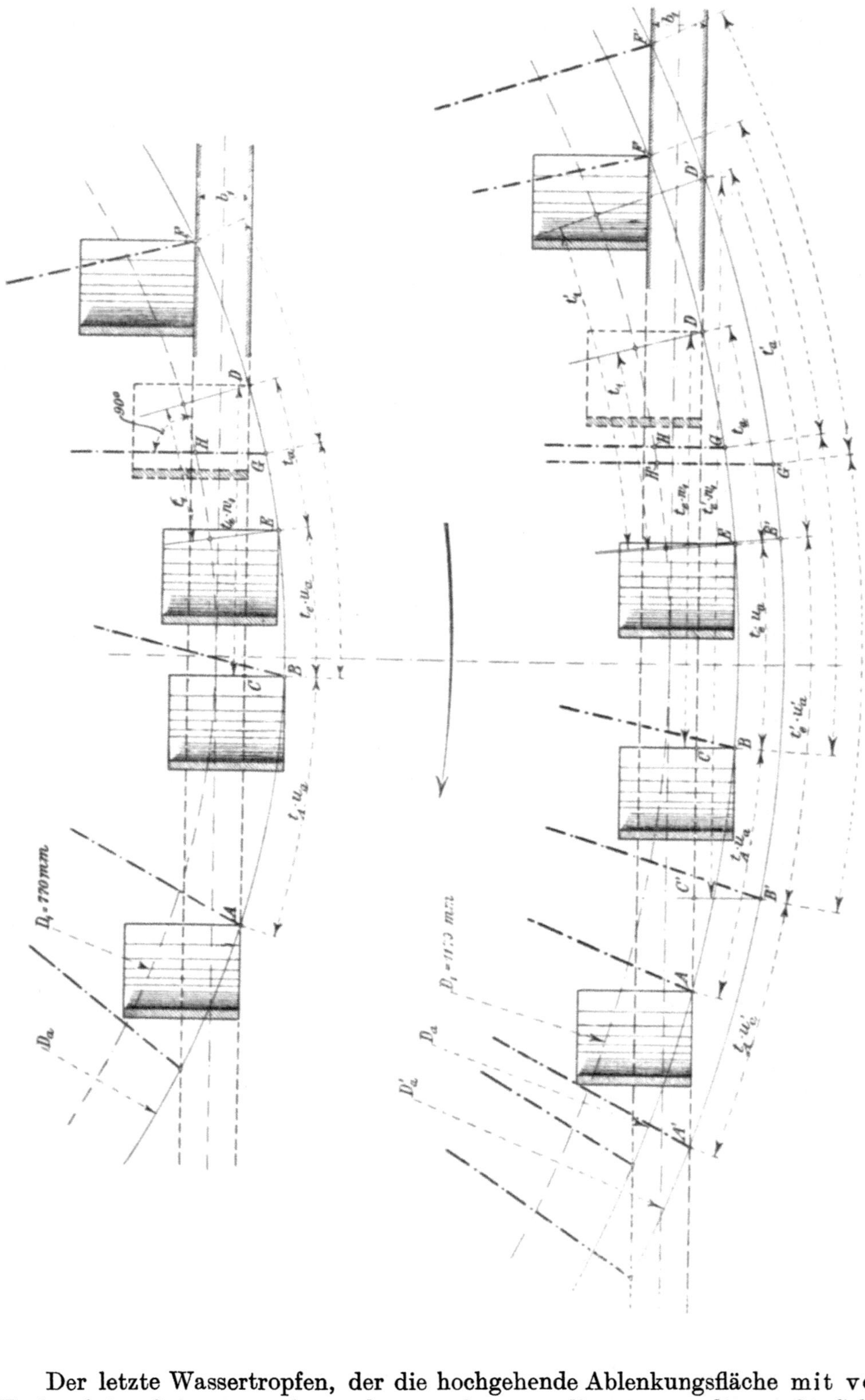

Fig. 427.

Der letzte Wassertropfen, der die hochgehende Ablenkungsfläche mit vollem Umlauf (180°) in „2“ verlassen hat, muß notwendig um t_A vorher an der Schneide eingetreten sein.

In der Zeit t_A legte die Schaufelspitze auf ihrem Umkreis, Durchmesser D_a, einen Weg zurück im Betrag von $t_A \cdot u_1 \frac{D_a}{D_1} = t_A \cdot u_a$ und daraus läßt sich der Ort bestimmen, an dem die Schneide stand, als sie von jenem letzten Wassertropfen gerade erreicht wurde; wir tragen, Fig. 427 oben, den Weg $t_A \cdot u_a$ vom Schnitt A des Kreises D_a mit der Strahlunterkante rückwärts auf diesem Kreise an und gelangen an den Punkt B, mit der senkrechten Schneidenstellung BC.

Das Zusammentreffen des letzten Leitstrahltropfens mit der Schneide hatte sich nun in der Weise vollzogen, daß die Schneidenspitze in ihrer gegebenen Umfangsgeschwindigkeit u_a von der Düse her gegen die Stelle BC hinrückte, während der letzte Tropfen sie mit seiner Düsengeschwindigkeit w_1, die ja größer ist als u_a, in C einholte.

Zweifellos muß dieser letzte Tropfen in dem gleichen Augenblick nach der betrachteten Ablenkungsfläche abgelassen worden sein, in dem die Schneidenspitze der nächstfolgenden Ablenkungsfläche in D die Strahlunterkante durchschnitt (in Fig. 427 punktiert), denn die noch später kommenden Tropfen der Leitstrahlunterkante werden von dieser nächstfolgenden Schaufel abgefangen.

Wir wissen also jetzt, daß der letzte Leitstrahltropfen den geradlinigen Weg DC zurücklegt und in C eben noch rechtzeitig ankommt, um den vollen Ablenkungsweg CA durchlaufen zu können. Die Zeit t_e, die der Leitstrahltropfen für das Durchmessen des Weges DC brauchte, in der er also die Schaufelschneide einholte, findet sich mit w_1 nach Gl. 695, S. 579, aus

$$t_e = \frac{DC}{w_1} \quad \ldots\ldots\ldots\ldots\ldots \quad 712$$

als „Einhol-Zeit“. In dieser Zeit muß die Schaufelspitze der betrachteten Ablenkungsfläche den Bogenweg $t_e \cdot u_a$ zurückgelegt haben, der, von B aus gegen rechts (rückwärts) angetragen, im Punkt E diejenige Lage der Schaufelspitze zeigt, die gleichzeitig mit der Stellung D des letzten Leitstrahltropfens vorhanden war.

In E stand die Schneidenspitze der betrachteten Ablenkungsfläche, in D mußte sich gleichzeitig diejenige der nächstfolgenden Schaufel (punktiert) befinden, damit Tropfen, die später von rechts her gegen D zu vorrücken, daran gehindert wurden, der betrachteten Ablenkungsfläche nachzueilen, die sie doch nicht mehr rechtzeitig erreicht hätten. Mithin stellt die Bogenlänge $ED = t_a$ die höchstzulässige Entfernung (Teilung) zwischen zwei benachbarten Schneidenspitzen auf dem Kreis vom Durchmesser D_a dar und hierdurch ist, ideell für 180^0 Ablenkung, diejenige Schaufelzahl bestimmt, die nicht unterschritten werden darf, wenn D_1 und D_a angenommen sind.

Nehmen wir bei gleichem w_1 und u_1 den Eintrittsdurchmesser D_1 größer an (verminderte Umdrehungszahl), dabei $\frac{D_a - D_1}{2}$ wie vorher, so ergibt die zeichnerische Behandlung alsbald, daß die höchstzulässige Größe von t_a zugenommen hat. Es ist eben, Fig. 427 unten, die Strecke $t_A \cdot u_a$ nicht wesentlich verändert, dagegen ist die Sehne AD ziemlich länger geworden, also bleibt für t_a aus $DB - t_e \cdot u_a$ ein größerer Betrag zur Verfügung.

Wird schließlich bei gleichbleibendem D_1 der Spitzendurchmesser D_a um etwas vergrößert auf D_a', Fig. 427 unten, so wächst die von A' im Bogen zu messende Auslaufstrecke entsprechend auf $t_A \cdot u_a'$; da aber die Strahlunterkante aus dem vergrößerten Kreise D_a' eine wesentlich größere Sehne $A'D'$ herausschneidet, so bleibt bei D_a' eine noch größere Schaufelteilung t_a' gegenüber dem kleineren Betrag bei D_a zulässig, trotzdem die Strecke $D'C'$ wesentlich größer ausfällt und die Einhol-Zeit $t_e' = \frac{D'C'}{w_1}$, also auch die Bogenstrecke $t_e' \cdot u_a'$, gewachsen ist. In der radialen Verbreiterung der Ablenkungsflächen liegt also auch ein Mittel zur Verkleinerung der Schaufelzahl.

Der letzte Tropfen aus der Leitstrahlunterkante beschreibt, nachdem er im Punkte C eingetroffen ist, auf der Ablenkungsfläche selbst, deren Aufwärtsbewegung entsprechend, eine Schraubenlinie. Die Steigung derselben ist aber nicht gleichmäßig, sondern sie wächst um ein Geringes nach der Stellung A hin, weil das Hochsteigen der Ablenkungsfläche der Kreisbewegung gemäß zunimmt.

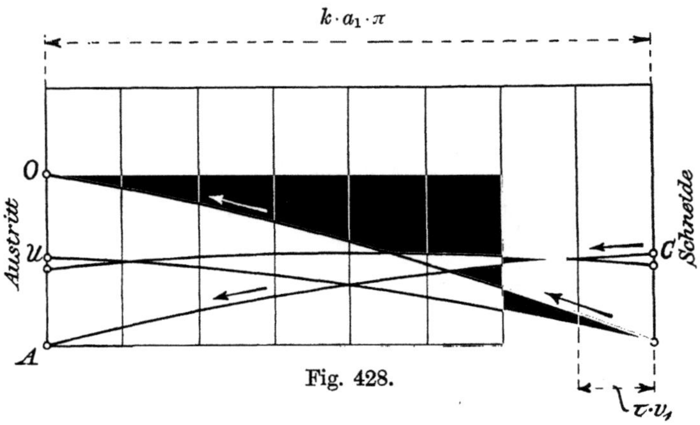

Fig. 428.

Die Fig. 428 enthält die Abwicklung der Ablenkungsfläche (180°). Sie zeigt in der gegen abwärts verlaufenden Kurve CA den Weg des letzten Tropfens. Außer dieser Bahn sind zwei weitere Tropfenwege eingezeichnet, beide von der Schneidenspitze ausgehend und gegen aufwärts gerichtet. Die mit O bezeichnete obere Kurve entspricht dem Weg des ersten Tropfens aus der Düsenstrahl-Oberkante, also dem Tropfen, der überhaupt als erster die Ablenkungsfläche betritt. Der mit U bezeichnete Weg gehört dem Tropfen aus der Strahlunterkante an, der im Punkte D, Fig. 427, die Schneidenspitze trifft. Schließlich zeigt die mittlere, nur schwach geneigte Kurve, auf der abgewickelten Fläche den Weg eines Tropfens aus der Strahlunterkante, dessen Auslaufzeit t_A sich symmetrisch zur tiefsten Schaufelstellung abspielte, bei dem die Bogenstrecke $t_A \cdot u_a$ von der senkrechten Achse der Fig. 427 halbiert wird.

Die Wassertropfen fahren also in einer Fülle sich überkreuzender Bahnen über die Ablenkungsfläche hin.

Ideell wäre es nur erforderlich, die Ablenkungsfläche gegen abwärts wagrecht mit der Schneidenspitze aufhören zu lassen, wie Fig. 427 zeigt, weil auch die Bahn CA des letzten Tropfens in dieser Höhe endigt. Da aber in Wirklichkeit eine nicht unwesentliche Verbreiterung des Strahles an der Ablenkungsfläche eintritt, so sollte die Auslaufecke A gegenüber der Schneidenspitze um ein Stück nach abwärts gezogen werden, wie dies auch die meisten Ausführungen zeigen (Muschelform).

Im tatsächlichen Betrieb (Ablenkung kleiner als 180°) wird die Zeit t_A kaum geändert sein, weil die Abnahme von v (Reibungswiderstände) den Einfluß der kürzeren Ablenkungsfläche ungefähr aufheben wird.

3. Die fest mit dem Kranz verbundene Doppelablenkungsfläche.

Die Fig. 427 stellt in angenäherter Weise auch die wesentlich verwickelteren Vorgänge an den tatsächlich zur Verwendung kommenden Schaufeln dar, sie gibt schließlich auch einen Anhalt über die wünschenswerte Schrägstellung der Schaufelschneide gegenüber der Radmitte.

Anfangend vom Punkte F in der Strahloberkante und bis zur Stellung BC hin strömen die Wasserteilchen des Düsenstrahles gegen die Schaufelschneide. Wir werden nach Möglichkeit gute Eintrittsverhältnisse und gleichmäßige Wasserwege in der Ablenkung erhalten, wenn die nunmehr fest mit dem Radkörper zu verbindende Schneide etwa in der Mitte des Bogens FB, im Punkte G, senkrecht gestellt wird, Fig. 427 oben und unten mit —·—·— bezeichnet.[1])

Auf diesem Wege durchläuft dann die Schneide verschiedene Schräglagen zur Strahlachse, Fig. 427 —·—·—, und die sämtlich mit w_1 zutretenden Wasserteilchen des Düsenstrahles treffen entlang der Schneide mit Punkten verschiedener Umfangsgeschwindigkeit zusammen.

Der Wechsel in der Schräglage der nunmehr mitrotierenden Schneiden verändert natürlich die von den einzelnen Tropfen auf den Ablenkungsflächen zurückgelegten Wege und die Fig. 428 wird hier nicht mehr zutreffen. Die durch die Ablenkung hervorgerufenen Zentrifugalkräfte dC, Fig. 7, S. 7, konnten auf den beweglichen Schaufeln des vorhergehenden Abschnitts noch als jeweils senkrecht zu dem betreffenden Flächenteilchen stehend angesehen werden. Hier hat dies aufgehört, und nicht einmal im Augenblick der Stellung G, Fig. 427, trifft dies noch zu.

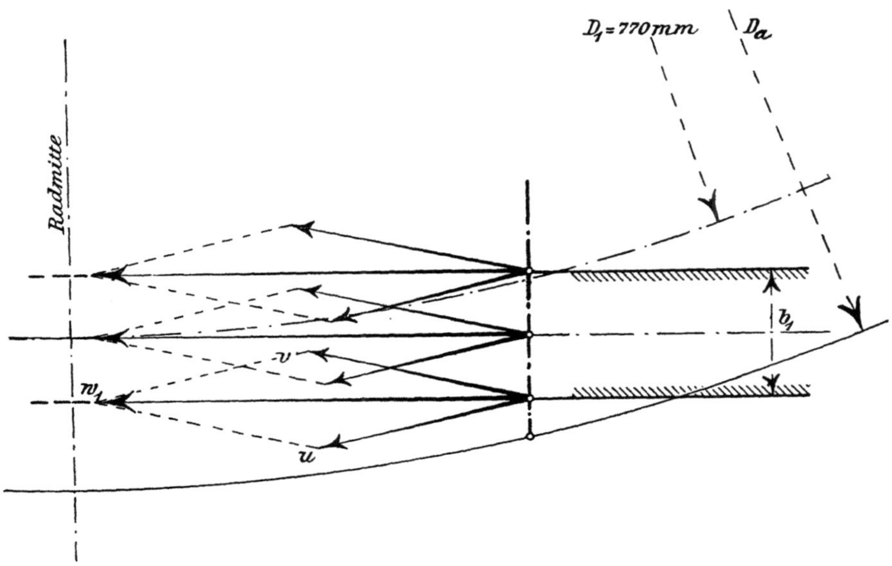

Fig. 429.

Für die Stelle G mit senkrechter Schneide liegen die Verhältnisse wie folgt: Der Punkt H der Schneide liegt im Eintrittskreis D_1, hat also die Umfangsgeschwindigkeit u_1. Hier fallen u und w_1 aber nicht mehr zusammen, wie dies im vorigen Abschnitt noch angenähert angenommen werden durfte, sondern hier entsteht, Fig. 429, ein ausgesprochenes Geschwindigkeitsparallelogramm von allerdings kleinen Winkeln. Genau genommen dürfte ja gar nicht w_1 hier angesetzt werden, sondern w_1' aus Fig. 425, das in Richtung des Schneidenwinkels β_S übriggeblieben ist. Auch müßte für u_1 folgerichtig die Gl. 698, S. 583, zur Verwendung kommen. Ferner sind die u natürlich über die ganze Strahlbreite b_1 hin verschieden, so daß sich dem überall gleichen Wert von w_1 an jeder anderen Stelle der Schneide eine andere Größe und Richtung von u zugesellt, wodurch das Geschwindigkeitsparallelogramm, also auch die Richtung und Größe von v über die Länge der Schneide hin verändert wird, wie aus Fig. 429 ersichtlich.

Jedenfalls sind die δ_1 klein, so daß der $\cos\delta_1$ praktisch noch gleich 1 gesetzt werden darf, und so mag es mit u nach Gl. 705, S. 608, auch für die in ihrer Schneide festgestellten Schaufeln sein Bewenden haben.

[1]) Manche Ausführungen zeigen auch schon im Punkte D eine senkrechte Stellung der Schneide, Taf. 55, auch Fig. 440, S. 630.

Die muschelförmig ausgebildeten Enden der Ablenkungsflächen, Fig. 430 und 431 (Briegleb, Hansen & Co., Gotha), und auch die gegen innen und außen gewölbten, eiförmigen Ablenkungsflächen amerikanischer Konstruktionen, Fig. 433 (Abner Doble Co., San Francisco), sollen dazu helfen, daß die Wasserteilchen in den Anfangs- und Endlagen der Beaufschlagungsstrecke sich nicht zu weit aus der normalen wagrechten Ablenkungsbahn entfernen.

Bei der ganzen Formgebung der Peltonschaufeln spielt die Erfahrung und das persönliche Gefühl des Ausführenden eine sehr große Rolle, und die Bewegungsverhältnisse der einzelnen Wasserteilchen sind ja auch derart verwickelt, daß es aussichtslos erscheint, denselben in analytischer Weise noch näher beikommen zu wollen.[1])

Zahlenbeispiel.

Gegeben $h_m = 100$ m; es sei $\varrho_0 = 0{,}06$ mit Rücksicht auf sehr glatte Mündung der Düse angenommen, ferner $\varrho_1 = 0{,}01$ und $\varrho_2 = 0{,}04$, schließlich $\alpha_2 = 0{,}01$ und somit $\varepsilon = 1 - 0{,}01 - 0{,}11 = 0{,}88$.

Es folgt
$$w_0 = \sqrt{19{,}62\,(1 - 0{,}06)\,100} = 42{,}95 \text{ m/sk} \quad \ldots\ldots \quad (694)$$
$$w_1 = \sqrt{19{,}62\,(1 - 0{,}07)\,100} = 42{,}72 \text{ m/sk} \quad \ldots\ldots \quad (695)$$
$$u = 0{,}88\sqrt{\frac{9{,}81 \cdot 100}{2\,(1 - 0{,}07)}} = 20{,}21 \text{ m/sk} \quad \ldots\ldots\ldots \quad (705)$$
weiter ergibt sich, S. 608,
$$v_1 = w_1 - u = 42{,}72 - 20{,}21 = 22{,}51 \text{ m/sk}.$$

Die Düsenstrahlstärke $2a_0$ sei 25 mm (rechteckig oder rund), also ist $a_1 = 1{,}25$ mm und unter der Annahme, daß k in Gl. 706 die Größe 3 erhalte, findet sich dann
$$t_A = \frac{3 \cdot 0{,}0125 \cdot \pi}{22{,}51} = 0{,}00523 \text{ sk} \quad \ldots\ldots\ldots\ldots \quad (705)$$

Für eine angenommene Umdrehungszahl von $n = 500$ ergibt sich mit dem obigen Wert von $u = 20{,}21$ m/sk ein Durchmesser $D_1 = 0{,}772$ m, den wir auf 770 mm abrunden.

Unter Zugrundlegung der senkrecht bleibenden Schneiden (vorhergehender Abschnitt) findet sich mit $D_a = 770 + 2 \cdot 30 = 830$ mm die äußere Umfangsgeschwindigkeit $u_a = u_1 \frac{D_a}{D_1} = 21{,}78$ m/sk und dadurch die Auslauf-Bogenstrecke
$$t_A \cdot u_a = 0{,}114 \text{ m}.$$

Aus der nach diesen Verhältnissen gezeichneten Fig. 427 oben ergibt sich die Länge der Einhol-Strecke $DC = 0{,}126 \text{ m} = t_e \cdot w_1$ und hieraus die Einhol-Zeit
$$t_e = \frac{0{,}126}{42{,}72} = 0{,}00295 \text{ sk} \quad \ldots\ldots\ldots\ldots \quad (712)$$

Es folgt weiter $t_e \cdot u_a = 0{,}0643$ m und nach Antragen dieser Strecke von B aus die betreffende, zeitlich zu D gehörige, Stelle E der Schneidenspitze. Der Bogenabstand DE ist dann die gesuchte äußere Teilung $t_a = 0{,}0648$ m.

Würden statt 500 Umdrehungen beispielsweise nur 340 verlangt, so ergäbe sich $D_1 = 1{,}135$ m (auf 1,14 aufzurunden). Bei gleicher radialer Erstreckung $\frac{D_a - D_1}{2} = 0{,}03$ m findet sich schließlich $t_a = 0{,}094$ m, Fig. 427 unten. Wenn mit $\frac{D_a - D_1}{2}$ auf 0,05 m gegangen wird, so vergrößert sich die zulässige Teilung t_a der unteren Schaufelfolge auf $t_a' = 0{,}160$ m.

[1]) Vgl. im übrigen noch Prof. Escher-Zürich, Über die Schaufelung des Löffelrades. Schweiz. Bauzeitung 1905. L. Hartwagner, Theoretische Untersuchungen am Peltonrad. Zeitschrift f. d. gesamte Turbinenwesen 1905.

4. Konstruktive Notizen.

Für die Anordnung der Peltonräder gelten die gleichen Gesichtspunkte wie sie S. 601 u. f. für die inneren radialen Strahlturbinen erörtert wurden.

Die Verbindung der Schaufelflächen mit dem vollen Radboden findet sich in zweierlei Weise ausgeführt, die Schaufeln sind entweder mit den äußeren Partien

Fig. 430.

Fig. 431.

des Radkranzes in einem Stück gegossen, Taf. 53 und 54, wobei vielfach die Nabe für sich eingesetzt ist, oder sie werden als einzelne für sich genau bearbeitete Stücke auf den Kranzumfang aufgesetzt und durch Schrauben mit demselben verbunden, Fig. 430, 431, 432, 433, Taf. 55, 56 und 57.

Die Anfertigung der Schaufelräder aus einem Gußstück bedingt eine ungemein sorgfältige Arbeit und ist stets ein Risiko für die Gießerei, doch findet man zuweilen wahre Meisterstücke der Formerei.

Bei Anfertigung in einem Gußstück kommen bronzene und gußeiserne Radkränze vor, schließlich auch solche von Stahlguß, alle mit eingesetzten gußeisernen (auch Stahlguß- und schließlich Gußstahl-) Nabenböden. Sicherer und genauer wird die Ausführung mit besonders auf den Kranz aufgesetzten Schaufeln, wobei letztere vielfach aus Bronze gefertigt und auf Spezialmaschinen an der Ablenkungsfläche bearbeitet werden. Bei der Wahl des Materials sind besonders auch die Rücksichten auf das Gefälle zu beachten, wie S. 620 u. f. besprochen.

Für die Verbindung zwischen Schaufeln und Kranz kommen verschiedene Konstruktionen in Betracht:

Fig. 430 und 431, auch Taf. 55, zeigen ein Schaufelrad von Briegleb, Hansen & Co., Gotha, bei dem die Einzelschaufeln mit breiten Füßen beidseitig den Rand der Nabenscheibe übergreifen und auf diese Weise in achsialer Richtung

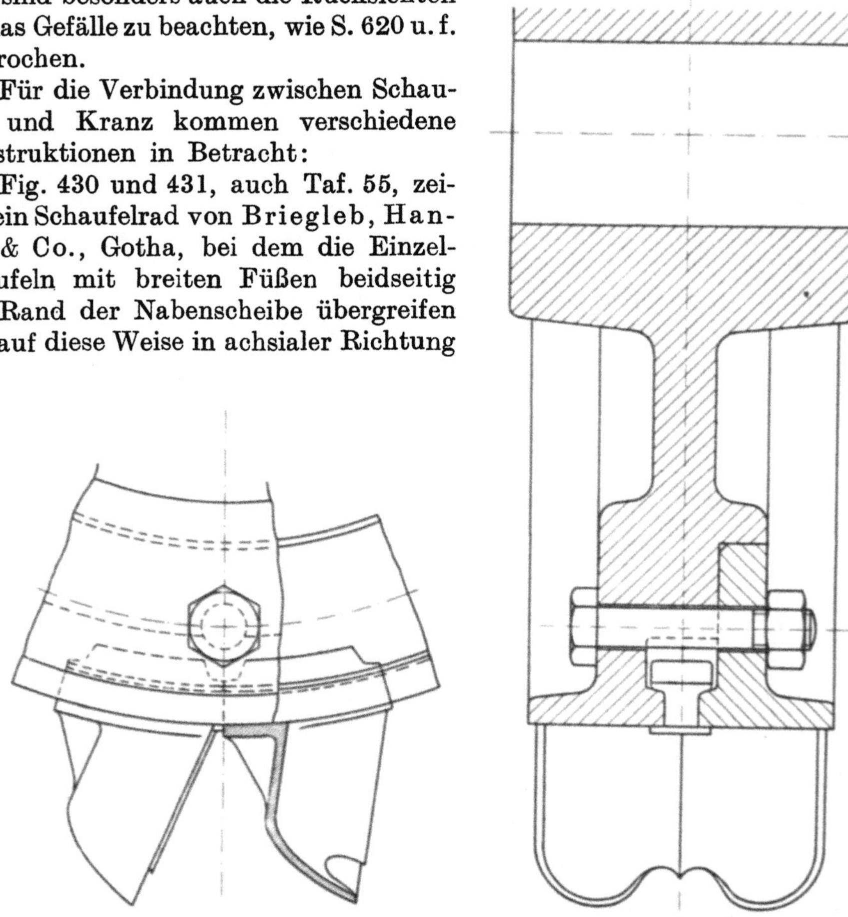

Fig. 432.

gesichert sind. Die vier radial stehenden Schrauben jeder Schaufel nehmen die Zentrifugalkräfte auf, ebenso das Kippmoment, das die doppelte X-Komponente beim jedesmaligen Vorbeiweg vor der Düse ausübt.

Eine andere Art der Schaufelbefestigung findet für kleinere Räder zweckmäßige Verwendung, sie ist in Fig. 432 dargestellt, einer Ausführung von Breuer & Co., Höchst a. M., entsprechend. Die Schaufeln haben gegen die Radmitte hin Fortsätze, die beidseitig kreisförmig ausgefräst sind. Zwischen dem entsprechend angedrehten Seitenrand der Nabenscheibe und einem gut an letzterem zentrierten Beilagering werden diese Fortsätze schraubstockartig gehalten unter Mithilfe einer Anzahl Schraubenbolzen quer durch Ring- und Nabenscheibe.

Amerikanische Konstrukteure verwenden vielfach eine etwas andere Befestigungsweise, die in Fig. 433 dargestellt ist (Abner Doble Co., San Francisco). Die Schaufelkörper sitzen mittels zweier Lappen rittlings auf dem Rand der Nabenscheibe, und durch die beiden Lappen und den Kranz gehen je zwei Schrauben.

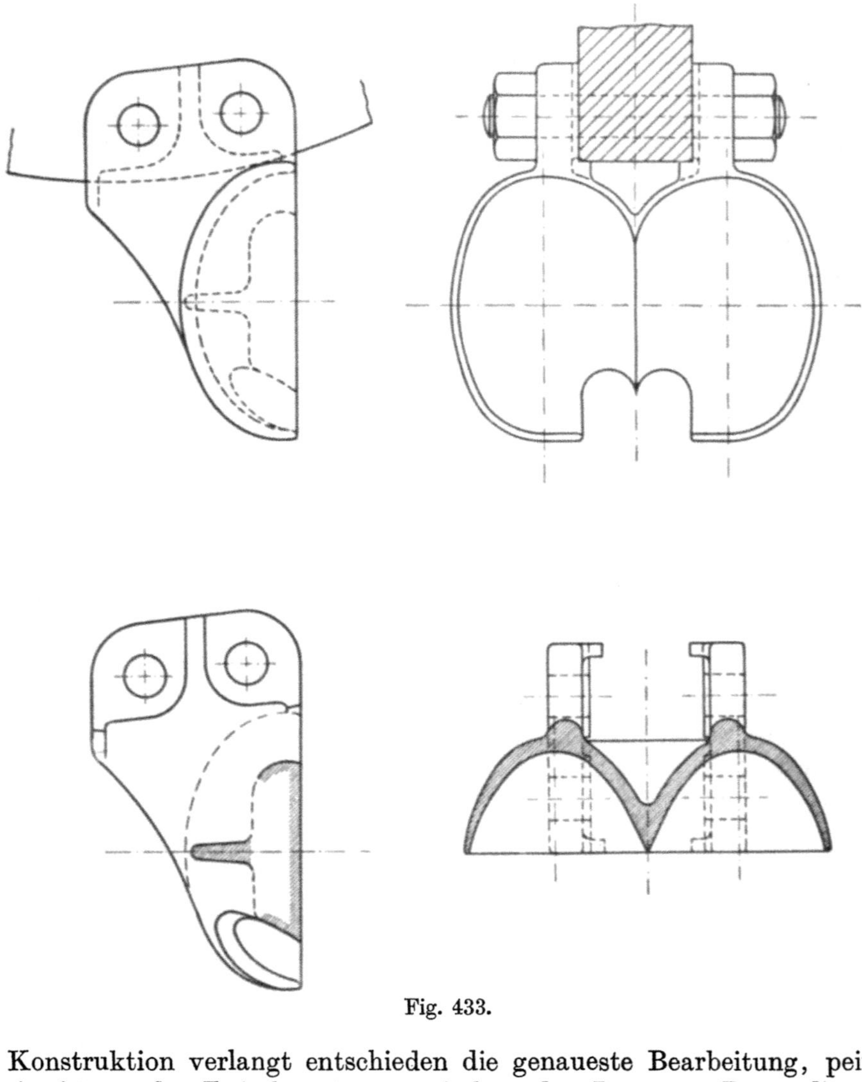

Fig. 433.

Diese Konstruktion verlangt entschieden die genaueste Bearbeitung, peinlich genaues Ausfräsen der Zwischenräume zwischen den Lappen. Denn diese müssen von sich aus schon mit etwas Spannung am Kranz anliegen, damit die Schraubenspannung vollständig für die Erzeugung von Reibung zwischen Lappen und Kranz zur Geltung kommt. Siehe auch Taf. 57, Rüsch-Ganahl.

Diese letztere Befestigungsweise hat manche Vorzüge, besonders für die Ausführung großer Räder. Die Lappen bilden nämlich die Fortsetzung von Rippen, die mitten hinter jeder Ablenkungsfläche sitzen, also da, wo der größte Teil der resultierenden X-Komponenten angreift. Die Schneide hat ja den geringsten Druck auszuhalten, diese kann also unbedenklich hohl liegen. Wenn die Lappen von sich aus schon etwas klemmend auf dem Kranz sitzen, so ist bei gut durchgeriebenen

Schraubenlöchern und stramm sitzenden Schraubenbolzen auch keine große Gefahr vorhanden, wenn sich einmal eine Mutter etwas lockern sollte, während die von außen auf den Kranz gesetzten, mit radialen Schrauben gehaltenen Schaufeln beim Lockerwerden einer Schraube sich leichter auch selbst locker schlagen können. Die achsial liegenden Schrauben haben keine Tendenz zum Lockerwerden durch Zentrifugalkräfte oder durch das bald eintretende und rasch wieder aufhörende, gar nicht unbeträchtliche Kippmoment durch den Arbeitsdruck des Wasserstrahles. Taf. 56 zeigt selbst bei der großen Einheit (4500 PS_e) einseitig angelaschte Schaufeln.

Die Peltonräder werden, ebenso wie die inneren Radialturbinen, nach Bedarf mit mehreren Düsen ausgestattet. Die Taf. 55, auch 56, zeigt, daß die Rohranschlüsse für mehrere Düsen etwas umständlich werden. In neuerer Zeit sind deshalb manche Konstrukteure dazu übergegangen, im Falle der Notwendigkeit mehrerer Düsen diese nicht auf ein und dasselbe Rad zu leiten, sondern jeder Düse ein besonderes Rad zu geben. Diese parallel geschalteten Räder sitzen natürlich auf der gleichen Welle, und zwar so weit voneinander entfernt, als eben für die bequeme Anordnung der Einzeldüsen erforderlich ist.

Die zuerst aufgestellten Turbinen des Kubelwerkes, Ausführung Escher, Wyß & Cie. (Zeitschr. d. Ver. deutsch. Ing., Jahrg. 1901, S. 1244 u. f.) besitzen zwei Räder, aber jedes mit drei Düsen. Derartige Anordnungen werden durch die Umdrehungszahlen erzwungen. In solchen Fällen sind einfache Spiralturbinen oder Verbundturbinen vorzuziehen.

5. Die Zentrifugalspannungen in Laufradkränzen usw.

Mit zunehmendem Gefälle steigen die Umfangsgeschwindigkeiten der Laufräder und sie nähern sich bei Hochgefälle schließlich solch hohen Beträgen, daß die Festigkeit der Laufräder durch Zentrifugalspannungen in Frage gestellt werden kann. Es ist deshalb nötig, hierüber einige Klarheit zu schaffen.

I. Der glatte Schwungring.

Wir gehen zu besserer Anschauung von den einfachsten Verhältnissen aus und denken uns einen Ring von mittlerem Durchmesser D, Radius r, einer radialen Stärke s, die im Verhältnis zu D klein sein soll. Die Breite des Ringes in achsialer Richtung sei b. Der Ring rotiere mit der Winkelgeschwindigkeit ω frei um seine Achse, er ist also ohne Unterstützung gedacht, Fig. 434.

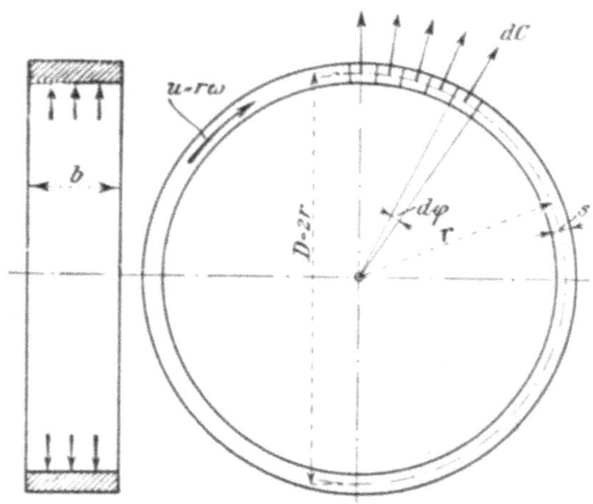

Fig. 434.

Ein Stück dieses Ringes, dem Zentriwinkel $d\varphi$ angehörend, entwickelt bei der Rotation eine Zentrifugalkraft im Betrage

$$dC = dm \cdot r \cdot \omega^2.$$

Die Masse dm findet sich, mit γ als Gewicht der Volumeinheit (kg/cbm) zu

$$dm = r d\varphi \cdot s \cdot b \frac{\gamma}{g},$$

so daß sich ergibt

$$dC = \frac{\gamma}{g} b \cdot s \cdot r^2 \omega^2 \cdot d\varphi.$$

Jedes Stück des Ringes von der Länge $r d\varphi$ entwickelt die gleiche Zentrifugalkraft und so wird der Ring durch die rundum vorhandenen Zentrifugalkräfte dC in ganz gleicher Weise beansprucht, wie eine Röhre durch den inneren Einheitsdruck p (kg/qm) einer Flüssigkeit. Dieser Druck wäre hier

$$p = \frac{dC}{r\,d\varphi \cdot b} = \frac{\gamma}{g}\, s \cdot r \cdot \omega^2 \text{ (kg/qm)} \quad \ldots\ldots\ldots \quad 713$$

Die Stärke s soll voraussetzungsgemäß klein sein gegenüber D, mithin darf die dem Zentrifugaldruck widerstehende Umfangsspannung σ_u in kg/qm im Ringquerschnitt als gleichmäßig verteilt angesehen werden und wir können schreiben, wie für eine dünnwandige Röhre mit innerem Druck

$$D \cdot b \cdot p = 2r \cdot b \cdot p = 2r \cdot b \frac{\gamma}{g}\, s \cdot r \cdot \omega^2 = 2s \cdot b \cdot \sigma_u$$

oder

$$\sigma_u = \frac{\gamma}{g}\, r^2 \cdot \omega^2 = \frac{\gamma}{g}\, u^2 \text{ (kg/qm)} \quad \ldots\ldots\ldots \quad 714$$

Da wir gewohnt sind, σ_u in kg/qcm und γ als kg/cbdcm (spez. Gewicht) anzusetzen, so ist, wenn σ_u und γ diese Bedeutung haben sollen, zu schreiben

$$10000\, \sigma_u = 1000 \frac{\gamma}{g}\, r^2 \cdot \omega^2$$

oder

$$\sigma_u = \frac{\gamma}{10\,g}\, r^2 \cdot \omega^2 = \frac{\gamma}{10\,g}\, u^2 \text{ (kg/qcm)} \quad \ldots\ldots\ldots \quad 715$$

wobei aber r in m, sowie ω und u in m/sk beibehalten ist.

Die Spannung in dem rotierenden Ring wächst also mit dem spezifischen Gewicht des Materials, mit dem Quadrat des Halb- oder Durchmessers und mit dem der Winkelgeschwindigkeit, einfacher gesagt mit u^2.

Der Durchmesser $D = 2r$ gilt als im Ruhezustand gemessen, wobei der Querschnitt $s \cdot b$ als spannungslos anzusehen ist. Infolge der bei der Rotation auftretenden Spannung σ_u findet eine Vergrößerung des Umfanges $2r\pi$ statt, die sich mit dem Dehnungskoeffizienten α_E des betreffenden Materials berechnet zu $2r\pi \cdot \sigma_u \cdot \alpha_E$, worin σ_u in kg/qcm (Gl. 715). Der Radius r hat also durch die Zentrifugalkräfte eine Vergrößerung δr erfahren, die sich auf

$$\delta r = r \cdot \sigma_u \cdot \alpha_E \quad \ldots\ldots\ldots \quad 716$$

beziffert. Nun müssen wir hierin σ_u durch den Wert nach Gl. 707 ersetzen, weil σ_u und r abhängig ist, und wir erhalten einfach für die elastische Vergrößerung des Radius

$$\delta r = \frac{\gamma}{10\,g}\, r^3 \cdot \omega^2 \cdot \alpha_E \quad \ldots\ldots\ldots \quad 717$$

Das heißt, die elastische Vergrößerung wächst mit dem spezifischen Gewicht und dem Dehnungskoeffizienten in der ersten, mit der Winkelgeschwindigkeit in der zweiten und mit dem Radius oder dem Durchmesser in der dritten Potenz.

Daraus folgt, daß bei einem rotierenden Ring von großer Stärke s die äußeren Partien bestrebt sein werden, eine wesentlich größere radiale Dehnung anzunehmen, als die inneren.

Beispielsweise: Ein Ring aus Gußeisen von 2 m äußerem und 1 m innerem Durchmesser rotiert mit 300 Umdrehungen in der Minute. Mit $\gamma = 7{,}3$ kg/cbdcm, $\alpha_E = \sim \frac{1}{2000000}$ und $\omega = \frac{2\pi \cdot 300}{60} = 31{,}4$ m/sk würden wir bei freier Ausdehnungsfähigkeit der Schichten erhalten (Gl. 715 und 717)

außen: $r = 1$ m; $\sigma_u = \frac{7{,}3}{10 \cdot 9{,}81}\, 1^2 \cdot 31{,}4^2 = 73{,}44$ kg/qcm; $\delta r = 0{,}000037$ m,

innen: $r = 0{,}5$ m; $\sigma_u = \frac{7{,}3}{10 \cdot 9{,}81}\, 0{,}5^2 \cdot 31{,}4^2 = 18{,}36$ kg/qcm; $\delta r = 0{,}000009$ m.

Da der Innenradius durch seine eigene Zentrifugalspannung nur um knapp 0,01 mm, der nur doppelt so große Außenradius aber um nahezu 0,04 mm größer zu werden bestrebt ist, so werden des radialen Zusammenhanges wegen die Innenschichten einen Teil der äußeren Zentrifugalspannung aufnehmen müssen und die Folge ist die zuerst nicht recht einleuchtende Tatsache, daß die innerste Schicht eines zusammenhängenden Ringes von beliebiger Breite tatsächlich eine größere Spannung durch Zentrifugalkräfte auszuhalten hat als die äußerste, in der doch die Zentrifugalwirkung an sich wesentlich höher ist. In der Außenschicht kann eben die Spannung nach Gl. 715 gar nicht zur Entwicklung kommen, weil die ihr anhängenden Schichten die radiale Dehnung nicht so weit mitmachen können, als sie in der Außenschicht eintreten müßte, bis außen σ_u nach Gl. 715 überhaupt zustande kommt. Jede Schicht ladet also einen Teil ihrer Zentrifugalspannungen auf die innerhalb liegenden Schichten ab derart, daß die innerste Schicht schließlich am meisten zu tragen hat, weil alle äußeren Schichten des radialen Zusammenhangs wegen auf die innerste Einfluß nehmen.

Nach den Entwicklungen von Grübler, Z. Ver. deutsch. Ing., Jahrg. 1897, S. 860 u. f. lauten die Ausdrücke für die größte und die kleinste Spannung, indem wir die dortige Größe ε durch $\frac{\gamma}{10\,g}$ ersetzen,

$$\text{außen: } \sigma_{min} = \frac{1}{4} \cdot \frac{\gamma}{10\,g} \omega^2 (3 r_1^2 + r_2^2) = \sigma_a \quad \ldots \ldots \ldots 718$$

$$\text{innen: } \sigma_{max} = \frac{1}{4} \cdot \frac{\gamma}{10\,g} \omega^2 (r_1^2 + 3 r_2^2) = \sigma_i \quad \ldots \ldots \ldots 719$$

Hierin ist r_1 der kleinere, r_2 der größere Radius des Ringes. Die Spannungen sind unabhängig vom Dehnungskoeffizienten. Bezeichnen wir mit u_a und u_i die Umfangsgeschwindigkeiten am Außen- und Innenumfang des Ringes, so ist $r_2 \omega = u_a$ und $r_1 \omega = u_i$ und wir können damit die Beziehungen schreiben als

$$\sigma_a = \frac{\gamma}{10\,g}\left(\frac{1}{4} u_a^2 + \frac{3}{4} u_i^2\right) \quad \ldots \ldots \ldots 720$$

$$\sigma_i = \frac{\gamma}{10\,g}\left(\frac{3}{4} u_a^2 + \frac{1}{4} u_i^2\right) \quad \ldots \ldots \ldots 721$$

Beide Gleichungen gehen für einen sehr schmalen Ring ($u_a = u_i$) über in

$$\sigma_u = \frac{\gamma}{10\,g} u^2 \quad \ldots \ldots \ldots (715)$$

Die Gl. 720 zeigt, daß die Außenspannung σ_a des rotierenden dicken Ringes tatsächlich kleiner ist, als dem sehr dünnen Ringe nach Gl. 715 mit u_a entsprechen würde, dagegen läßt Gl. 721 erkennen, daß die Innenspannung des Ringes zwar ziemlich größer wird, als sie in einem sehr schmalen Ringe von der Umfangsgeschwindigkeit u_i auftreten würde, daß sie aber doch auch hier kleiner bleibt als u_a entspricht; mit anderen Worten, daß σ_u nach Gl. 715 mit $u = u_a$ doch immer größer sein wird, als σ_i nach Gl. 721.

Wenn wir für unsere Kontrollrechnungen, die Festigkeit der Laufradkränze u. dgl. betreffend, der Einfachheit halber nur die äußere Umfangsgeschwindigkeit berücksichtigen und die Spannung nach Gl. 715 berechnen, so wird darin eine kleine besondere Sicherheit liegen, die sich erkennen läßt, wenn wir z. B. den Innendurchmesser $d_i = 0{,}9\,d_a$ annehmen. Wir erhalten dafür aus Gl. 721

$$\sigma_i = \frac{\gamma}{10\,g}\left(\frac{3}{4} + \frac{1}{4}\,0{,}81\right) u_a^2 = \sim \frac{\gamma}{10\,g}\,0{,}95\,u_a^2$$

gegenüber

$$\sigma_u = \frac{\gamma}{10\,g} u_a^2 \quad \ldots \ldots \ldots (715)$$

Auf Grund des Vorstehenden können wir für die beiden hauptsächlich in Frage kommenden Konstruktionsmaterialien der Laufräder, Eisen und Bronze, eine einfache Beziehung zwischen der Umfangsgeschwindigkeit u und der freien Umfangsspannung σ_u aufstellen.

Es findet sich für Eisenmaterial mit $\gamma = 7{,}3$ nach Gl. 715

$$\sigma_u = \frac{7{,}3}{10 \cdot 9{,}81} u^2 = 0{,}0744 u^2 \quad \ldots \ldots \ldots \ldots \; 722$$

oder

$$u = 3{,}666 \sqrt{\sigma_u} \quad \ldots \ldots \ldots \ldots \; 723$$

Für Bronze gilt mit $\gamma = 9$

$$\sigma_u = \frac{9}{10 \cdot 9{,}81} u^2 = 0{,}0917 u^2 \quad \ldots \ldots \ldots \ldots \; 724$$

oder

$$u = 3{,}3 \sqrt{\sigma_u} \quad \ldots \ldots \ldots \ldots \; 725$$

Da die Zugspannung σ_u die zulässigen Werte von k_z nicht überschreiten darf, so besteht für jedes Material eine durch sein spezifisches Gewicht γ und den Wert von k_z bedingte größtzulässige Umfangsgeschwindigkeit, die der Turbinenkonstrukteur nicht außer acht lassen darf.

Nun ist aber eines zu bedenken. Die Umfangsgeschwindigkeit des zulässigen $\sigma_u = k_z$ darf nicht schon im normalen Betriebe erreicht sein, denn sonst fehlt beim Durchgehen des Motors die erwünschte Sicherheit.

Wir sind bei Turbinen gegenüber den Kolbendampfmaschinen in der angenehmen Lage, daß die Turbine ein Durchgehen nur bis zum Freilauf kennt, während bei der Kolbendampfmaschine, wenn der Regler versagt, die Geschwindigkeiten ideell bis unendlich, in Wirklichkeit so weit anwachsen werden, bis irgendwo ein Bruch eintritt, sei es, daß die Massendrücke an Kurbel oder Kreuzkopf die Zerstörung bringen oder daß das Schwungrad auseinanderfliegt.

Die unüberschreitbare Grenze der u für jede Turbine liegt in der Freilauf-Umdrehungszahl, die wir S. 13 ideell zu dem doppelten der normalen Geschwindigkeit fanden, die aber in der Wirklichkeit nie erreicht wird, weil die Lager-, Luftreibung u. a. als Hindernis auftreten.

Wir werden absolut sicher gehen, wenn wir die Umdrehungszahl des Freilaufs zu ungefähr dem 1,8 fachen der normalen Umdrehungszahl annehmen und wenn wir deshalb so rechnen, daß bei

$$u_{max} = 1{,}8\, u$$

der zulässige Wert von k_z für die äußere freie Umfangsspannung σ_u erreicht wird.

Demnach schreiben wir für Eisenmaterial ($\gamma = 7{,}3$) nach Gl. 723

$$u_{max} = 3{,}666 \sqrt{k_z} = 1{,}8\, u$$

und erhalten daraus als höchstzulässige Umfangsgeschwindigkeit des normalen Betriebes für den glatten Ring (Schwungradkränze)

$$u = \sim 2 \sqrt{k_z} \quad \ldots \ldots \ldots \ldots \; 726$$

Die verschiedenen Eisensorten ergeben, dem jeweiligen k_z entsprechend, die nachstehenden, für den normalen Betrieb zulässigen Umfangsgeschwindigkeiten:

Gußeisen	$k_z = 250 \div 300$ kg/qcm;	$u = 31 \div 35$ m/sk
Schmiedeeisen	$k_z = 600 \div 800$ „	$u = 49 \div 56$ „
Stahlguß	k_z bis 1200 „	u bis 69 „

II. Der mit Schaufeln besetzte Laufradkranz.

Die an den Kränzen einer Strahlturbine oder eines Peltonrades befestigten Körper der Ablenkungs- (Schaufel-)Flächen entwickeln bei der Rotation Zentrifugalkräfte, die durch die Kränze aufgenommen werden müssen und die eine Vermehrung derjenigen Umfangsspannung bewirken, die die Kränze aus eigener Zentrifugalkraft schon besitzen.

Die Schaufelkörper sitzen auf dem Kranz in regelmäßigen Abständen verteilt, sind auch alle von gleichem Gewicht, so daß wir berechtigt sind, anzunehmen, daß sich deren Gesamtzentrifugalkraft gleichmäßig auf die Kränze verteilt.

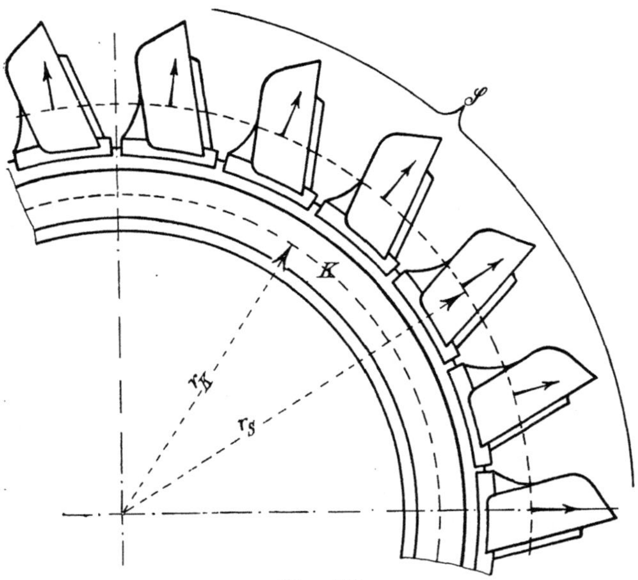

Fig. 435.

Wir wissen aus $C = m \cdot r \cdot \omega^2$, daß die Zentrifugalkraft bei gleicher Winkelgeschwindigkeit mit dem Radius wächst. Ist nun r_K der Schwerpunktsradius des Radkranzes, r_S der Schwerpunktsradius der Schaufelkörper, der bei Peltonrädern größer als r_K, Fig. 435, bei inneren Radialturbinen dem r_K ungefähr gleich ist, vgl. Fig. 436, bezeichnen wir ferner mit K das Gewicht des Radkranzes, mit S dasjenige der Schaufelkörper, so setzt sich der Betrag der resultierenden Zentrifugalkraft aus Kranz- und Schaufelgewichten für den Sektor $d\varphi$ zusammen als

$$dC = \frac{\omega^2}{g}\left(\frac{K}{2\pi} r_K + \frac{S}{2\pi} r_S\right) d\varphi .$$

Der glatte Kranz ohne Schaufeln würde ein dC von $\frac{\omega^2}{g} \cdot \frac{K}{2\pi} r_K \cdot d\varphi$ besitzen, mithin erhöhen die Schaufelkörper den Betrag der dC durch ihr Gewicht auf das

$$\frac{K \cdot r_K + S \cdot r_S}{K \cdot r_K} = \left(1 + \frac{S}{K} \cdot \frac{r_S}{r_K}\right) \text{fache} \quad \ldots \ldots \ldots \quad 727$$

des Betrages, der den Rechnungen des vorhergehenden Abschnittes zugrunde lag.

Daraus folgt ohne weiteres, daß auch die Zentrifugalspannungen σ_u in diesem Verhältnis größer werden müssen, und wir dürfen ohne weiteres die Gl. 715 für den mit Schaufeln besetzten Laufradring schreiben als

$$\sigma_u = \frac{\gamma}{10\,g}\left(1 + \frac{S}{K} \cdot \frac{r_S}{r_K}\right) u^2 \quad \ldots \ldots \ldots \ldots \quad 728$$

Es ist, als ob das spez. Gewicht des tragenden Kranzes auf das $\left(1 + \frac{S}{K} \cdot \frac{r_S}{r_K}\right)$fache vermehrt sei.

Der gleiche Faktor kehrt dann auch für die Berechnung der zulässigen Umfangsgeschwindigkeiten wieder, wir erhalten dadurch für Eisenmaterial ($\gamma = 7{,}3$) an Stelle von Gl. 722 nunmehr

$$\sigma_u = 0{,}0744 \left(1 + \frac{S}{K} \cdot \frac{r_S}{r_K}\right) u^2 \quad \ldots \ldots \ldots \ldots \quad 729$$

oder auch

$$u = 3{,}666 \sqrt{\frac{\sigma_u}{1 + \frac{S}{K} \cdot \frac{r_S}{r_K}}} \quad \ldots \ldots \ldots \ldots \quad 730$$

und die höchstzulässige Umfangsgeschwindigkeit des normalen Betriebes stellt sich gemäß Gl. 723 und 726 auf

$$u = \sim 2\sqrt{\frac{k_z}{1+\frac{S}{K}\cdot\frac{r_S}{r_K}}} \quad \ldots\ldots\ldots\ldots \quad 731$$

während diese für Bronze folgt, Gl. 725 zu

$$u = \sim 1{,}83\sqrt{\frac{k_z}{1+\frac{S}{K}\cdot\frac{r_S}{r_K}}} \quad \ldots\ldots\ldots\ldots \quad 732$$

Für den glatten Schwungring hätte eine Verstärkung des Querschnittes keinen Einfluß auf σ_u usw., weil dort der wachsende Querschnitt im gleichen Verhältnis wachsende dC erzeugt. Der Schaufelkranz aber muß so stark sein, daß er den vereinigten Zentrifugalkräften aus K und S widersteht. Dies kann aber natürlich nur dadurch erreicht werden, daß u entsprechend niederer bleibt, wie dies die Gl. 731 und 732 gegenüber Gl. 726 erkennen lassen. Je größer S, um so kleiner muß u gehalten werden, je größer K, um so mehr nähert sich das zulässige u dem Wert nach Gl. 726.

III. Binderinge für die Laufradkränze.

Gußeiserne oder Bronzelaufräder können durch schmiedeeiserne Binderinge gegen eine Spannung von $\sigma_u > k_z$ bis zu gewissen Grenzen gesichert werden, wie dies z. B. Fig. 436 zeigt. Zu beurteilen ist die Sachlage wie folgt:

Der Bindering hat von sich aus die durch seine eigene Zentrifugalkraft entstehende Umfangsspannung σ_u nach Gl. 715, die das für ihn zulässige k_z natürlich noch nicht erreichen darf, wenn er für seinen Bindezweck noch eine Spannungsfähigkeit übrig haben soll.

Binderinge werden nötig bei einer Umfangsspannung im Kranz von

$$\sigma_K = \frac{\gamma}{10\,g}u^2 > k_{zK},$$

worin γ unter Beachtung des Faktors, Gl. 727, anzusetzen ist.

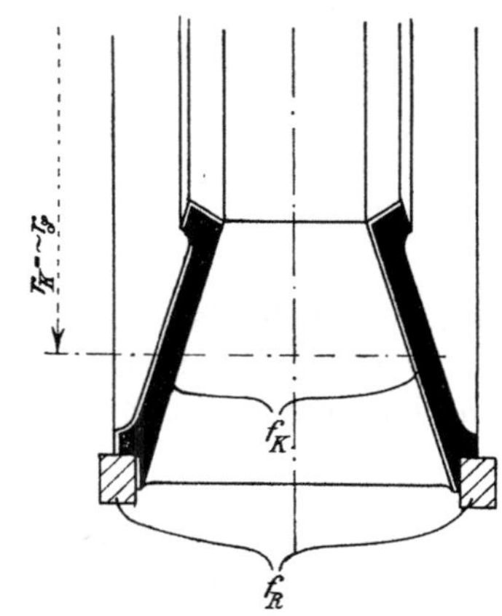

Fig. 436.

Ist f_K (qcm) der gesamte tragende Materialquerschnitt der Schaufelkränze, so würde die Gesamtspannung im Kranzquerschnitt betragen

$$f_K \cdot \sigma_K = f_K \frac{\gamma}{10\,g} u^2.$$

Aufnehmen kann der Schaufelkranz nur den Bruchteil $f_K \cdot k_{zK}$, mithin hat der Bindering dem Kranze abzunehmen eine Teilspannung im Betrage

$$f_K \cdot \sigma_K - f_K \cdot k_{zK} = f_K(\sigma_K - k_{zK}) \text{ (kg)}.$$

Der Bindering hat f_R qcm Querschnitt und kann mit k_{zR} eine Gesamtspannung von $f_R \cdot k_{zR}$ aufnehmen. Durch seine eigenen Zentrifugalkräfte ist er bei einem Wert von u, der seinem Durchmesser entspricht, mit der Spannung σ_R (kg/qcm) belastet, mithin steht für Beihülfe beim Zusammenhalten des Kranzes nur der Überschuß von k_{zR} über σ_R zur Verfügung. Also muß sein

$$f_R(k_{zR}-\sigma_R) \overline{\gtrless} f_K(\sigma_K - k_{zK})$$

oder

$$f_R \overline{\gtrless} f_K \cdot \frac{\sigma_K - k_{zK}}{k_{zR}-\sigma_R} \quad \ldots\ldots\ldots\ldots\ldots \quad 733$$

als der für den Zusammenhalt des Ganzen erforderliche Querschnitt des Binderinges.

Je nach den Dehnungskoeffizienten der beiden Materialien ist der lichte Durchmesser der warm aufzuziehenden Binderinge zu berechnen.

IV. Freistehende Einzelkörper (Peltonschaufeln usw.).

Diese sind an ihrer dünnsten Stelle in radialer Richtung auf Zug mit $C = \frac{G \cdot r_S \cdot n^2}{900}$ (kg), Gl. 620, S. 431, zu rechnen, worin G das Gewicht einer einzelnen Schaufel, r_S der Schwerpunktsradius in Meter, Fig. 435. Hinzu kommt noch die Biegungsbeanspruchung durch den auf die Schaufel treffenden Arbeitsdruck (X-Komponenten).

V. Höchst zulässige Gefällegrößen, der Zugfestigkeit der Materialien entsprechend.

Da die Freilaufgeschwindigkeit einer Turbine bei allen Gefällegrößen rund das 1,8fache der Normalumdrehungszahl beträgt, so gelten die obengenannten Größen von u für Schwungkränze oder dgl. und ganz beliebiges Gefälle und die Umfangsgeschwindigkeiten der Turbinenlaufräder bleiben bis zu ziemlich beträchtlichen Gefällhöhen weit unter den zulässigen Werten der u.

Die u_1 am Laufradeintritt wachsen aber mit dem Gefälle, mit h_m, und es wird eine Größe von h_m geben, bei der u_1 in die Nähe der obigen u-Werte rückt.

Für Gußeisen, S. 623, folgt, wenn wir u_1 nach Gl. 696, S. 580, zu $0{,}47\sqrt{2gh_m}$ annehmen,

$$u = 31 \div 35 = 0{,}47\sqrt{2gh_m},$$

woraus sich das für die Verwendung von Gußeisen in glatten Schwungkränzen, Durchmesser gleich dem Laufraddurchmesser D_1, höchstzulässige manometrische Gefälle h_m ergibt zu

$$h_m = 220 \div 280 \text{ m}.$$

Die Höchstgefälle für Schmiedeeisen und Stahlguß liegen entsprechend höher, Stahlguß bei ungefähr 1000 m Gefälle.

Da die Laufradkränze immer mit Schaufeln beschwert sind, rücken die hierfür zulässigen Gefällegrenzen unter Beachtung der äußeren Umfangsgeschwindigkeiten den Gl. 731 und 732 gemäß gegen abwärts.

C. Die Leitapparate (Düsen) für Strahlturbinen und deren Regulierungseinrichtungen.

Die sämtlichen Strahlturbinen sind regulierbar, deshalb bilden die Leitapparate bzw. die Düsen ein konstruktives Ganzes mit der Reguliereinrichtung und müssen gleichzeitig mit diesen besprochen werden.

Mag im übrigen die Konstruktion sein wie sie wolle, einer Bedingung hat sie unter allen Umständen zu genügen: die Düse mit der Regulierung, sei diese durch einen Schieber, Stift oder dgl. bewerkstelligt, muß jederzeit leicht und rasch ausgewechselt werden können, ohne daß dabei die eigentliche Wasserzuleitung oder das sonstige Reguliergetriebe abmontiert werden müßte, denn diese Öffnungen sind je nach der Art des Betriebswassers sehr großem Verschleiß ausgesetzt.

1. Rechteckige Düsen.

Die Verstellung der Lichtweite einer rechteckigen Düse läßt sich auf verschiedene Weise einrichten. Wir können das Maß a_0 oder die Breite b_0 verstellen. Im allgemeinen wird aber die Verkleinerung an a_0 vorgenommen. Bei inneren radialen Strahlturbinen wird durch diese Verkleinerung zwar der Winkelunterschied δ_1^a gegen δ_1^i (siehe S. 581) vermindert, aber die Zeit der Schlußfüllung mit ihrem schlechten Eintritt verhältnismäßig vergrößert. Hier wäre die Verkleinerung von b_0 entschieden zweckmäßiger, aber diese bietet für innere Radialturbinen gewisse konstruktive Schwierigkeiten.

Eine der ältesten Konstruktionen für die Regulierung bei Strahlturbinen überhaupt bildete die in der Lichtweite der Düse schwenkbar bewegliche Zunge, wie sie aus Taf. 54 ersichtlich ist. Diese Einrichtung bedeutet bei inneren Strahlturbinen eine Veränderung von a_0, während sie bei äußeren (Löffel- und Peltonrädern, Taf. 54 usw.) der achsialen Ablenkung halber eine Verstellung von b_0 herbeiführt. Die Düse ist dort seitlich mit Bronze verkleidet, und zwischen dieser Verkleidung bewegt sich, dicht eingeschliffen, die um einen Zapfen drehbare Zunge. Damit durch den Spalt zwischen dem Scharnierende der Zunge und der festen Wand kein Wasser entweicht, wird häufig am festen Teil der Düsenwand ein Lederstreifen befestigt, der, in der Stromrichtung des Wassers liegend, das Scharnierende der Zunge überdeckt, oder das gut zylindrisch bearbeitete Scharnierende läuft in einem Weißmetallfutter, gegen welches es durch den inneren Wasserdruck angepreßt wird.

Zu empfehlen bei dieser Anordnung ist, daß die Zunge nicht durch den Drehzapfen, sondern unmittelbar durch eine Lenkstange gedreht und festgehalten wird, Taf. 54. Der Drehzapfen müßte viel zu dick ausgeführt werden, um in seiner Drehungsfestigkeit dem auf die Zunge wirkenden Druck widerstehen zu können, auch ist das Aufkeilen der Zunge auf den Zapfen mißlich.

Bei geschlossener Düse liegt der volle Druck $H_n - h_a$, Fig, 410, S. 578, auf der Zunge, und zwar gleichmäßig auf der ganzen Fläche. Je mehr die Düse geöffnet wird, um so mehr nimmt der resultierende Druck auf die Zunge ab. Die Berechnung dieser Druckverhältnisse vollzieht sich ganz entsprechend derjenigen, die auf S. 347 u. f. für drehbare Leitschaufeln durchgeführt wurde mit dem einzigen Unterschiede, daß hier w_0 als konstant eingesetzt wird. Genau genommen, ist dies nicht zutreffend, denn die Druckhöhe h_m, aus der sich w_0 nach Gl. 694, S. 579, berechnet, wird bei ganz kleinen a_0 fast gleich $H_n - h_a$ sein und mit zunehmendem a_0 abnehmen, weil die Reibungsverluste der Zuleitung mit Q^2 wachsen (Gl. 747, S. 640).

Wir rechnen aber vorsichtig und zugleich bequem, wenn wir für alle Öffnungen $w_0 = 0{,}95\sqrt{2g\,(H_n - h_a)}$ annehmen. Wohl zu berücksichtigen ist auch die Möglichkeit von Druckanschwellungen, siehe Kapitel 31.

Ein Umstand kann gerade bei der geschilderten Ausführung recht lästig werden. Die Zunge, auch wenn sie von Anfang an noch so sorgfältig zwischen den Düsenseitenwänden eingeschliffen war, wird nach und nach an dieser Stelle etwas Luft bekommen, das Druckwasser dringt durch den Spielraum ins Freie, wertvolles Betriebswasser wird entweichen, das, besonders bei inneren Strahlturbinen, nicht nur einfach für die Arbeitsfähigkeit der Anlage verloren ist, sondern das auch durch Einspritzen ins Laufrad in ungeeigneter Richtung noch außerdem der nützlichen Arbeit anderer Wasserteilchen Eintrag tut (Beschleunigungsschlag usw.).

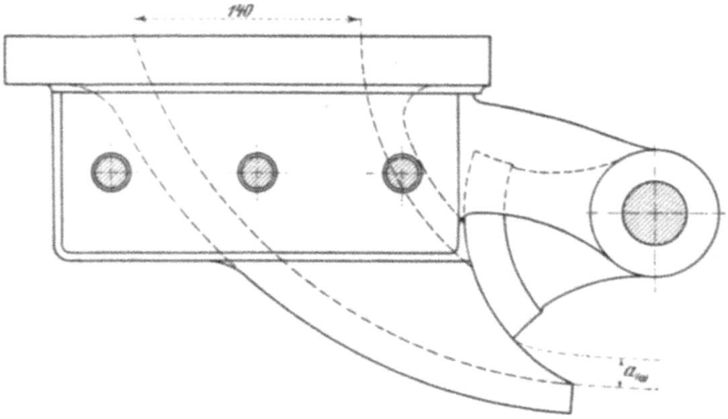

Fig. 437.

Die Erkennung der eben geschilderten Übelstände für innere Strahlturbinen, zugleich auch wohl der Wunsch nach bequemerem Bearbeiten und Anpassen der Dichtungsflächen führte zu der Anordnung nach Fig. 437 für innere Strahlturbinen, vgl. auch Fig. 421, S. 603.

Statt der Zunge, die seitlich und am Scharnier dicht halten müßte, ist hier das Abdichten einzig auf die Rundschieberflächen übertragen; der Drehpunkt des Schiebersektors liegt nicht im Wasserdruckraum. Etwa verlorenes Wasser spritzt der Hauptsache nach in achsialer Richtung aus und kann unschädlich gemacht werden. Der Drehschieber steht unter weniger großen Drehkräften als die vorher beschriebene Regulierzunge, das Reguliergetriebe baut sich deshalb leichter. Piccard & Pictet, Genf.

Zu beachten ist, daß an der Absperrkante des Sektors zweifellos Kontraktionserscheinungen eintreten werden. Allerdings könnten diese durch eine entsprechende Abrundung der Absperrkante gemildert werden. Eine solche Abrundung hätte zur Folge, daß bei kleinen a_0 der Strahl eher noch die Richtung $\delta_1{}^m$ innehält als bei scharfer Absperrkante. Daß sich kleine Fremdkörper leichter in der sich nach und nach verjüngenden Öffnung festsetzen können als in einer scharf abgeschnittenen, ist nicht zu bestreiten, aber kaum von großer Wichtigkeit. Die Kontraktionserscheinungen selbst sind nur insoweit von Bedeutung, als sie Wirbelverluste herbeiführen können, im übrigen ist es gleichgültig, ob die gewünschte Verringerung der Wassermenge nur durch Verkleinern einer kontraktionsfreien Öffnung oder unter Mithilfe von Kontraktion der Wasserfäden erfolgt, solange diese dadurch keine Richtungsänderung an der Eintrittsstelle „1" erleiden.

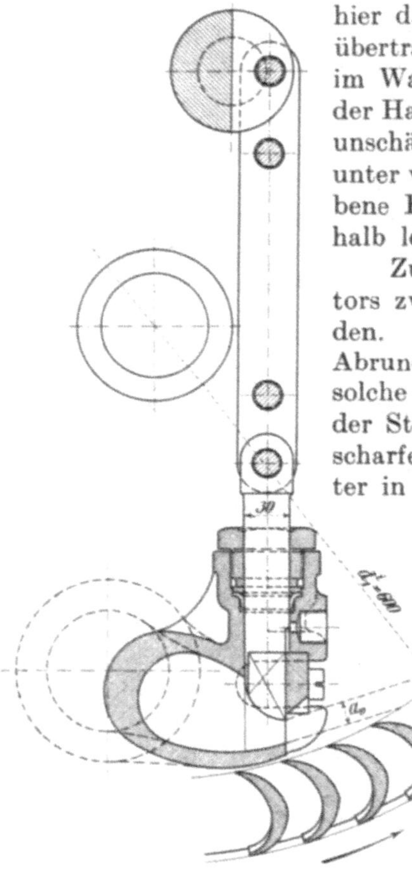

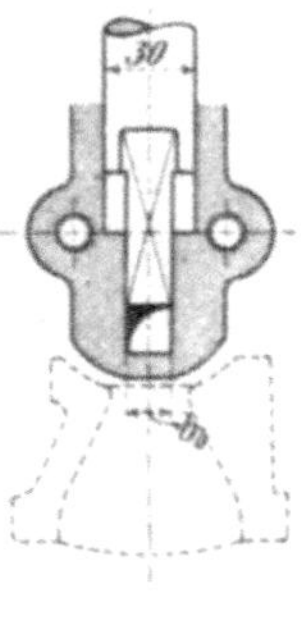

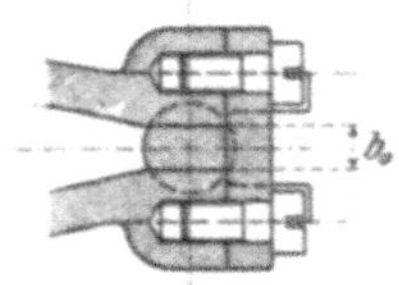

Fig. 438.

Eine andere Art der Verengung rechteckiger Düsen besteht in der Anwendung geradlinig bewegter Schieber nach Art der Fig. 438, Ausführung von Voith-Heidenheim. Das Ende einer runden Bronzestange wird auf zwei Seiten angefräst, als Schieberkörper in der Lichtweite b_0 eingeschliffen und die Rückseite des Schieberkörpers zur Vermeidung von Kontraktion gut abgerundet. Das Schieberende ist außen durch ein zwischen rechteckigen Knaggen liegendes, angeschraubtes Querstück gestützt, und die Bronzestange tritt durch einen Lederstulp ins Freie.

Eine Verdoppelung dieser Einrichtung zeigt die Düsenregulierung des Peltonrades der Taf. 55, größer dargestellt in Fig. 439. Die Strahlstärke $2a_0$ wird von beiden Seiten her durch Handbetrieb gleichzeitig eingeengt; die Schieberkörper werden von außen her durch Spindeln mit rechtem und linkem Gewinde von geringer Steigung symmetrisch zur Strahlachse bewegt. Zur Verbindung beider Spindeln dient eine seitlich der Düse gelagerte Welle, die mit je einem Stirnräderpaar die Spindeln in Bewegung setzt. Die Abdichtung wird hier von den Spindelbunden geleistet, dazu von den eingeschliffenen Führungsflächen der Schieberklötze.

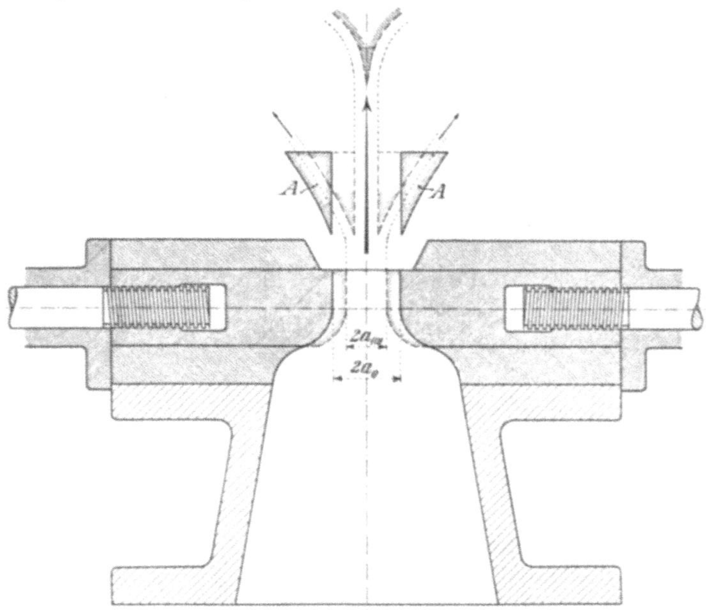

Fig. 439.

In den Fig. 430 und 431, S. 617, werden die Schieberklötze durch Hebel von der Stange des hydraulischen Reglerkolbens aus bewegt.

Auf die weiter in Fig. 439 enthaltenen, außerhalb der Düse sitzenden Teile *A A*, die in Taf. 55 durch steilgängige Schrauben bewegt werden, ist unter „3", S. 632, zurückzukommen.

2. Runde Düsen (Nadeldüsen).

Die runden Düsen machen wesentlich weniger Mühe in der Herstellung, der Strahl bleibt dabei gut geschlossen derart, daß auch nicht ein einziger Tropfen zur Seite geht, wie dies sehr leicht an den Kanten der rechteckigen Strahlen eintritt. Durch die Einrichtung der sog. Reguliernadel, einer Spitze, die von hinten her in die Düsenöffnung eingeführt wird und diese mehr oder weniger verengt, ist eine Einrichtung geschaffen, die weitgehenden Ansprüchen an Regulierfähigkeit genügt.

Die Reguliernadel wird entweder geradlinig (konisch) zulaufend ausgeführt, Fig. 440 und 441, Ausführung Briegleb, Hansen & Co., Gotha, oder kolbenförmig ausgebildet, Fig. 442 bis 444, Ausführungen der Abner Doble Co., San Francisco, auch Taf. 56 (Escher, Wyss & Co), 57 (Rüsch-Ganahl). Die genannten Abbildungen lassen erkennen, in welcher Weise die Verengung von f_0 erfolgt. Bei gut gewähltem Profil der Düsenwandung werden sich die Wasserteilchen nach dem Verlassen des ringförmigen Austrittsquerschnitts, weil ihre Bahnen dort nicht unter sich parallel, sondern rundum im Winkel gegen die Strahlachse liegen, ohne weiteres infolge des Beharrungsvermögens zu einem geschlossenen Strahl von vollem, entsprechend kleinerem Querschnitt vereinigen müssen. Die Bildung des massiven Strahles aus dem Ringquerschnitt beruht auf einem ganz ähnlichen Vorgang, wie

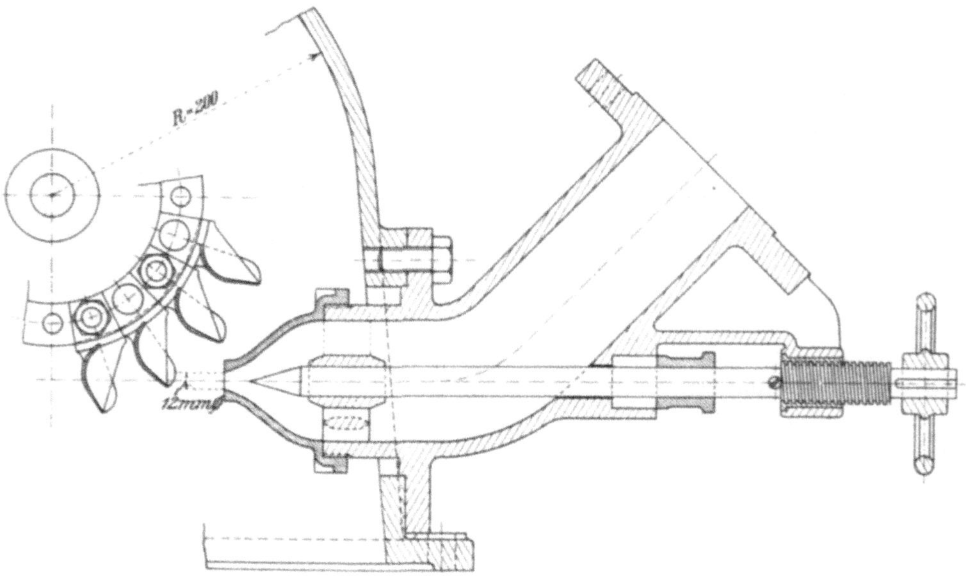

Fig. 440.

die Bildung eines Strahles, der mit starker Kontraktion eine Öffnung verläßt. Auch dessen Wasserfäden müssen sich zusammenschließen, weil das Beharrungsvermögen der äußeren Strahlteile dazu zwingt; die äußeren Strahlteile bewegen sich eben beide Male in einer Schrägrichtung zur Strahlachse, Fig. 441 und 443.

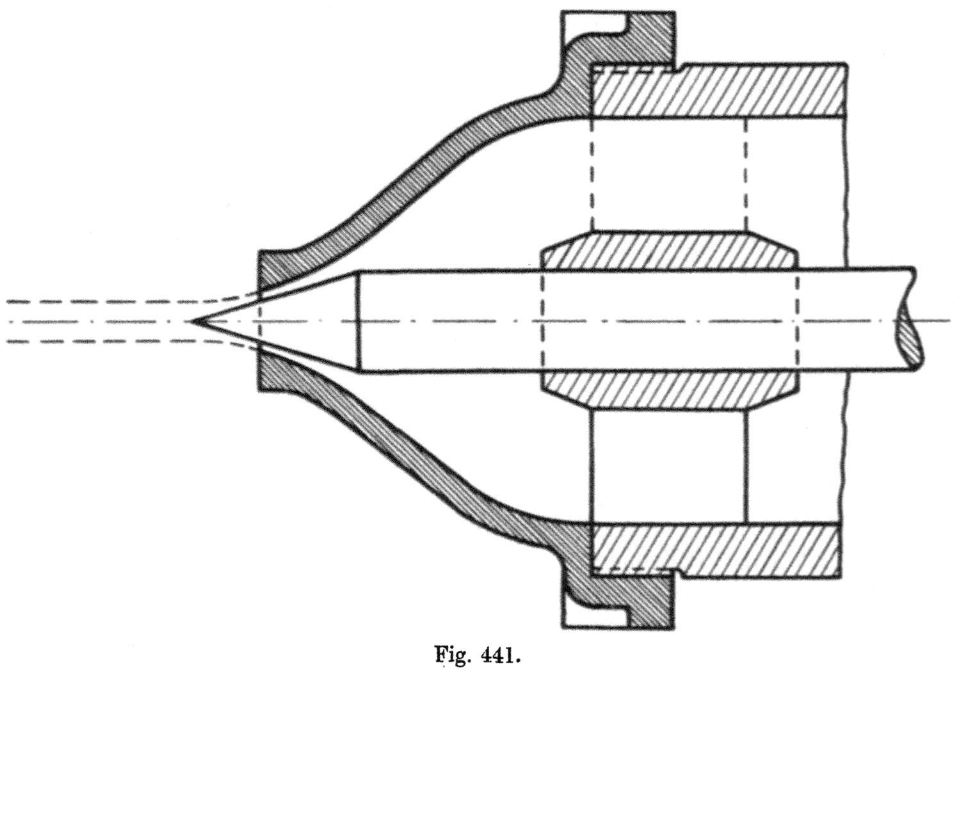

Fig. 441.

Damit diese oft stark verjüngten Strahlen noch gut geschlossen bleiben, ist es nötig, daß das Wasser in schlankem Bogen der Nadeldüse zugeführt wird, damit schon die ankommenden Wasserteilchen nach Möglichkeit geordnet zur Düse strömen, und stets ist eben ein Krümmer vor der Düse erforderlich, damit die Reguliernadel in einfacher Weise gegen rückwärts aus der Wasserführung heraustreten kann, Fig. 440, Taf. 56 und 57. Die Krümmer mit Radien nach der deutschen Normaltabelle ($D + 100$) sind für den vorliegenden Zweck auch bei einigermaßen weiten Röhren nicht schlank genug.

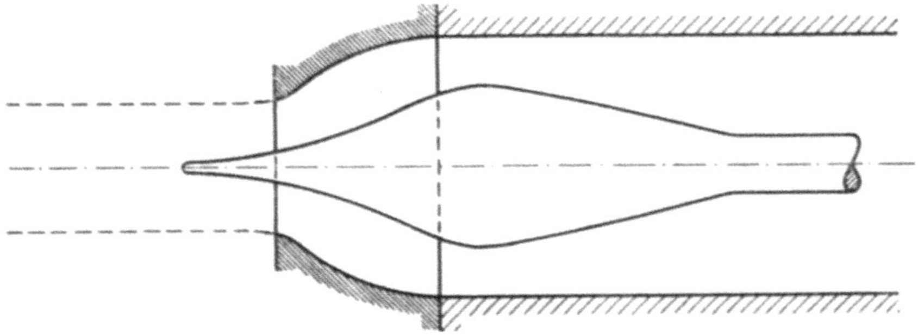

Fig. 442.

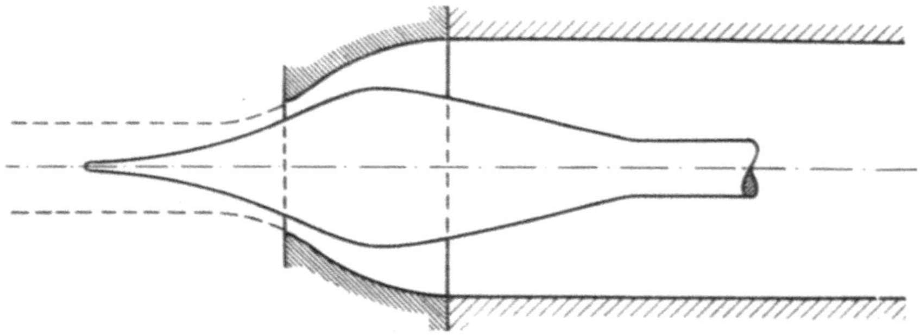

Fig. 443.

Die kolbenförmige Reguliernadel ermöglicht einen geschmeidigen Übergang der Wasserteilchen in die Richtung der Strahlachse, doch ist auch die kegelförmige Nadel für kleinere Verhältnisse ganz am Platze. Empfehlenswert mit Rücksicht auf das Reguliergetriebe wird es immer sein, wenn der Durchmesser, mit dem die Reguliernadel nach rückwärts durch eine Stopfbüchse austritt, höchstens ungefähr dem Sitzdurchmesser der Nadel in der ganz geschlossenen Düse entspricht, weil auf diese Weise der Leitungsdruck bei geschlossener Düse keinen Achsialschub auf die Nadel ausüben kann. Je mehr die Düse geöffnet wird, um so mehr wird die Nadel einen Druck gegen rückwärts erfahren, so daß der Durchmesser in der rückwärtigen Stopfbüchse, genau genommen, besser kleiner gehalten wird, eben so klein als es die Festigkeit der Anordnung gestattet. Auf eine sehr gute, saubere Ausführung der Stege an der Nadelführung vor der Düse ist besonderer Wert zu legen, damit Wirbelungen tunlichst vermieden bleiben.

3. Ablenker.

Es wird zweckmäßig sein, hier die Erwähnung von Einrichtungen anzuschließen, die in manchen Fällen dem Betrieb unentbehrlich sind und zu den Reguliervorrichtungen zählen, trotzdem ihre Anwendung an sich eine Vergeudung von Arbeitsvermögen darstellt.

Für eine zuverlässige Geschwindigkeitsregulierung (siehe weiter unten) werden Schlußzeiten der Leitapparate bis herunter auf 1 bis 3 Sekunden erforderlich. Welche Drucksteigerungen in längeren Rohrleitungen durch derartig rasches Schließen entstehen können, wird später ausführlich dargelegt werden.

Hohe Gefälle haben naturgemäß lange Rohrleitungen und sind deshalb bei kräftig eingreifenden Reglern den genannten Druckschwankungen in besonderem Maße ausgesetzt, unter Umständen können diese für die Festigkeit der Rohrwandungen kritisch werden. Dazu kommt der Umstand, daß zu Anfang des Schließvorganges aus der verengten Düse sogar der Druckanschwellung halber, mehr Arbeitsvermögen ausgeleitet wird, als vorher. Beiden Übelständen wird durch die „Ablenker" abgeholfen, Vorrichtungen, die bei unveränderter Düsenöffnung, also bei ganz gleichbleibenden Wassergeschwindigkeiten im Zuleitungsrohre den freien Düsenstrahl um so viel neben den Schaufeln wirkungslos vorbeilenken, als gerade dem Überschuß an Arbeitsvermögen entspricht.

Fig. 444.

Hier ist an erster Stelle eine von Briegleb, Hansen & Co., Gotha, ausgeführte, in Taf. 55 und Fig. 439 dargestellte Einrichtung zu erwähnen. Zu beiden Seiten des auf beliebige Stärke $2a_{(0)}$ von Hand mittelst der vorherbeschriebenen Einrichtung eingestellten Strahls befinden sich zwei Schneidenkörper, Fig. 439, *AA*; diese können durch eine steilgängige Spindel mit Links- und Rechtsgewinde einander rasch genähert oder voneinander entfernt werden, sie bleiben dabei aber immer symmetrisch zur Strahlachse. Werden diese Schneiden bis in den Körper des Düsenstrahls hereingerückt, so spalten sie beidseitig einen entsprechenden Teil der Strahlstärke $2a_{(0)}$ ab und leiten diesen Teil neben dem Laufrade vorbei. Auf solche Weise kann das dem Rad zufließende Arbeitsvermögen beliebig verkleinert werden. Dieses Hereinrücken und auch wieder Hinausrücken der Ablenker-Schneiden darf durch einen Regler in allerkürzester Zeit erfolgen, und eine solche Einrichtung ist in Taf. 55 des näheren gezeichnet. Natürlich muß die Schraubenspindel, die die Verschiebung der Schneiden besorgt, seitlich des Düsenstrahls liegen, ebenso auch die sonstigen Führungsteile, und hierdurch erklärt sich die einseitige Anbringung der betreffenden Stücke in den Schnitten *C—C*, *D—D* usw.

Die steilgängigen Spindeln der Ablenker an den drei Düsen, Taf. 55, tragen außerhalb des Troges je ein Zahnrad mit 38 Zähnen, 114 Durchmesser, und zwischen diesen stellen die großen Räder von 190 Zähnen, 570 Durchmesser, als Zwischenräder die Verbindung her, so daß sich alle drei Spindeln gleichzeitig und im gleichen Sinne drehen. Die Ablenker der drei Düsenstrahlen sind also gleichzeitig in Tätigkeit. Die Weiten $2a_{(0)}$ der drei Düsen können dabei wie gesagt einzeln ganz beliebig von Hand eingestellt sein.

Natürlich muß die Haube gut wasserdicht und fest ausgeführt sein, damit sie den Anprall der unter hohem Gefälle austretenden, abgelenkten Wasserstrahlen auch sicher auszuhalten vermag.

Die Schneidenablenker sind auch für runde Düsenstrahlen verwendet worden, wie dies Taf. 57, Rüsch-Ganahl, zeigt. Hier schwenkt der Ablenker um eine Welle, die durch das hydraulische Reguliergetriebe bewegt wird.

Eine andere Einrichtung für runde Düsen zeigt Fig. 444. Hier wird nach Ausführungen der Abner Doble Co., San Francisco, einfach die ganze Nadeldüse samt einem Stück der Rohrleitung um eine wagrechte Achse gegen unten geschwenkt und der Düsenstrahl auf solche Weise nach Bedarf aus dem Bereich des Laufrades abgelenkt. (Vgl. auch Zeitschr. d. Ver. deutsch. Ing. 1904, S. 1901, wobei besonders auf die überaus schlanken Zulaufkrümmer hingewiesen sein möge.) Über die Art der Abdichtung an der nachgiebigen Stelle konnte Verf. keine genaue Auskunft erhalten. Natürlich muß die Bewegungsvorrichtung für die Reguliernadel in geeigneter Weise an dem schwenkbaren Teil der Konstruktion angeordnet sein (vgl. Figur).

24. Rechnungsmäßiges über die äußere Zu- und Ableitung des Betriebswassers.

A. Rohrleitungen.

Die Wasserführung vollzieht sich nicht ohne Verluste an Arbeitsvermögen, hervorgerufen durch die Reibungswiderstände, die das fließende Wasser an den Rohrwandungen, durch Rohrkrümmungen usw. zu überwinden hat.

Wenn wir nun ja auch allgemeine Anhalte haben, um die Größe der Reibungsverluste in den Zuleitungsröhren rechnungsmäßig festzustellen, so sind doch diese Daten für große Zuleitungen noch verhältnismäßig unsicher. Zum Glück zeigt es sich, daß die Unsicherheit der älteren Angaben mehr nach der schlechten Seite hin zu bestehen scheint, die Verluste sind häufig kleiner, als die Rechnung mit den für kleinere Rohrdurchmesser ermittelten Erfahrungszahlen annehmen läßt.

Trotzdem muß der Turbineningenieur hier vorsichtig sein, nicht nur im Entwerfen der Turbine, sondern auch besonders im Festsetzen der Nutzeffektsgarantie, bei der hier ausdrücklich betont werden sollte, auf welches Gefälle die Garantie zu beziehen ist; häufig bleibt dieser Punkt im unklaren und es entstehen dann Streitigkeiten in der Auslegung der eingegangenen Verpflichtungen.

Wir wollen hier, wie früher auch, erst kurz die Verhältnisse des ideellen Betriebes (Arbeitsverluste vernachlässigt) ansehen, um nachher auf diejenigen des tatsächlichen Betriebes überzugehen. Dabei sind die Verhältnisse ideell schon ganz anderer Art, wenn der Beharrungszustand des Durchflusses ins Auge gefaßt wird oder wenn die Vorgänge untersucht werden sollen, wie sie sich beim Verengern oder Erweitern der Leitradquerschnitte als Druck- und Geschwindigkeitsänderungen in der Zuleitung abspielen; über letztere siehe weiter unten Kapitel 31.

1. Ideeller Betrieb.

Die Fig. 445 stellt schematisch die in Betracht kommenden Verhältnisse dar. Wenn das Zuleitungsrohr an einer geraden Strecke nahe bei der Turbine angebohrt und mit einem Standrohr versehen werden kann, so wird das Wasser in diesem Rohr nicht bis zur Höhe des freien Wasserspiegels im Oberkanal aufsteigen, sondern um einen gewissen Betrag unterhalb desselben bleiben. Dieser besteht bei ideellem Betrieb und für volle Wassermenge aus der für die Erzeugung der Wassergeschwindigkeit c erforderlich gewesenen Druckhöhe von $\frac{c^2}{2g}$, so daß als manometrische Druckhöhe an der betreffenden Stelle nur die Höhe h_m ideell übrig bleibt. Zu dieser tritt dann noch als verfügbares Gefällestück der Höhenunterschied h_u zwischen der Anbohrstelle und dem freien Unterwasserspiegel in der Nähe der Turbine, und deshalb ist das der Turbine zustehende potentielle Arbeitsvermögen durch $Q\gamma\,(h_m + h_u)$ gegeben.

Zu diesem potentiellen kommt dann noch das kinetische Arbeitsvermögen, das dem Wasser vermöge der Zuflußgeschwindigkeit c im Rohre an der Anbohrstelle innewohnt im Betrage $Q\gamma \frac{c^2}{2g}$, so daß das gesamte, der Turbine zur Verfügung stehende ideelle Arbeitsvermögen mit dem Arbeitsgefälle H_A (hier gleich H_n) natürlich wieder beträgt:

$$A_1 = Q\gamma \cdot H_A = Q\gamma\left(h_m + h_u + \frac{c^2}{2g}\right) = Q\gamma \cdot H_n \quad \ldots\ldots \quad 734$$

aus dem, wie früher, je nach Umständen die Abflußgeschwindigkeit c_U im Untergraben schon mitbestritten wird oder von dem die Höhe ideell $\frac{c_U^2}{2g}$ noch in Abzug kommt, wenn kein Saugrohrkrümmer vorhanden, S. 281 u. f.

Es war gesagt, daß die Anbohrung an einer geraden Strecke stattfinden solle. Würde das Standrohr an einer gekrümmten Strecke angeschlossen, so wäre die Druckmessung auch im ideellen Betrieb unzuverlässig, weil dort die Erscheinungen des kreisenden Wassers eintreten.

Die Fig. 35, S. 43, illustriert in drastischer Weise durch h_i und h_a die Möglichkeit grundverschiedener Ablesungen, je nachdem das Standrohr bei einer Krümmung in der Horizontalebene innen oder außen angeschlossen würde. Verläuft die Krümmung in einer Vertikalebene, Fig. 445, so geben die Anbohrstellen oben und unten ganz verschiedene Druckhöhen an; der seitliche Anschluß in Rohrachsenhöhe ist natürlich weniger ungenau, weil bei halbwegs großen Krümmungsradien r_1 und r_m nahezu zusammenfallen, doch ist auch dann noch der Anschluß an gerader Strecke vorzuziehen, weil sicherer.

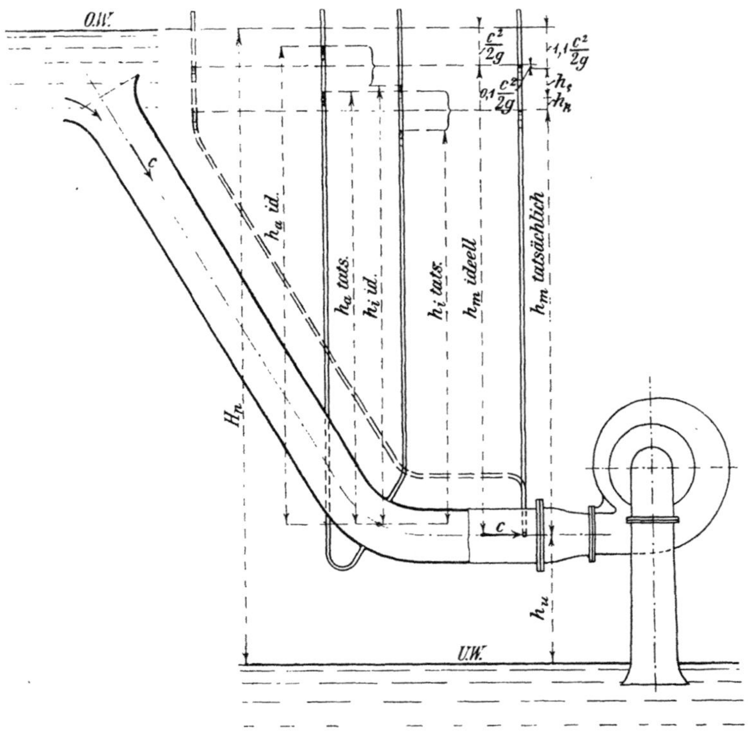

Fig. 445.

2. Tatsächlicher Betrieb.

Die vorher erwähnten Verluste an Arbeitsvermögen zeigen sich bei den Turbinenrohrleitungen als ein Nachlassen der meßbaren Druckhöhen in diesen. Aus der manometrischen Druckhöhe des ideellen Betriebes, h_m (ideell) Fig. 445, wird ein verkleinertes h_m (tatsächlich), außerdem ist zur Erzeugung der Geschwindigkeit c nunmehr $1,1\,\frac{c^2}{2g}$ statt $\frac{c^2}{2g}$ verbraucht worden. Die Verlusthöhen sind wie folgt in Rechnung zu stellen:

$$h_m\,(\text{tatsächl.}) = h_m\,(\text{ideell}) - \left(0{,}1\,\frac{c^2}{2g} + h_\varrho + h_k\right) \quad . \; . \; . \; . \; . \quad 735$$

worin h_ϱ die Reibungsverlusthöhe der ganzen gestreckt gedachten Rohrlänge bis zum Punkt der Anbohrung, h_k die noch besonders aus dem Krümmen der Leitung herrührende, zusätzliche Verlusthöhe darstellt, Fig. 445.

I. Die Reibungsverlusthöhe h_ϱ und der Einheitsverlust h_v.

Für die nachstehenden Rechnungen ist

$F = \dfrac{Q}{c}$ der Querschnitt des Rohres (qm);

U der vom Wasser benetzte Umfang des Rohres (m);

L die Länge der Rohrleitung von gleichbleibendem Durchmesser (m);

P der Betrag der Reibungskräfte, die das durchströmende Wasser auf die Rohrwandung, Umfang U, Länge L, ausübt (kg);

ψ_r Erfahrungskoeffizient, mit den Größen von F, U, c, wechselnd $\left(\text{kg}\,\dfrac{\text{sk}^2}{\text{m}^4}\right)$.

Nach den allgemeinen Anschauungen kann gesagt werden, daß die Größe P der Reibungskraft zwischen Flüssigkeiten und festen Wandungen unabhängig ist von dem Drucke zwischen Flüssigkeit und Wandung, daß sie dagegen der Größe der reibenden (benetzten) Flächen, hier also $U \cdot L$, proportional ist, ebenso auch der zweiten Potenz der Strömungsgeschwindigkeit c.[1])

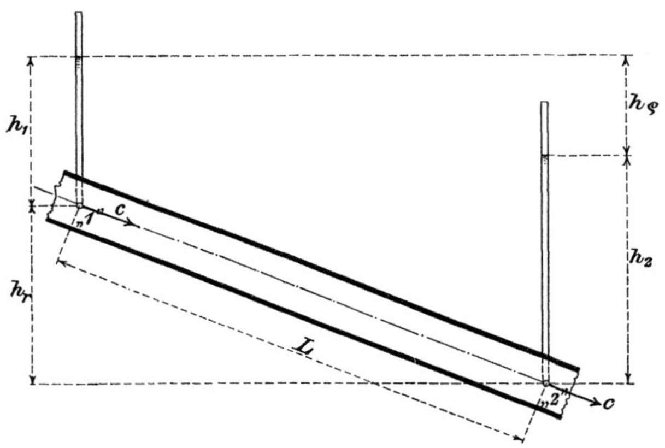

Fig. 446.

In Fig. 446 ist eine gerade, unter Druck stehende Röhre von gleichbleibendem, im übrigen beliebig gestaltetem Querschnitt dargestellt, die zu Anfang, „1“ und zu Ende „2“, der Strecke L mit Standrohren versehen ist. Der Höhenunterschied beider Punkte sei h_r.

Die Röhre wird von Wasser durchflossen, Geschwindigkeit c, deren Erzeugungshöhe hier außer acht bleibt. In den Standröhren werden sich Druckhöhen h_1 und h_2 einstellen, da vorausgesetzt ist, daß der Auslauf unter Druck erfolgt.

Der vorstehend ausgesprochenen Anschauung gemäß ist die Kraft P, die durch die Reibung des Wassers an den Rohrwandungen hervorgerufen wird, und die einerseits dem Strömen des Wassers entgegenwirkt und andererseits bestrebt ist, die Rohrstrecke L in Richtung der Längsachse mitzureißen:

$$P = \psi_r \cdot U \cdot L \cdot c^2\,(\text{kg}) \quad . \; . \; . \; . \; . \; . \; . \; . \; . \; . \; . \quad 736$$

Damit sich das Wasser, die Reibung P überwindend, mit der Geschwindigkeit c fortbewegen kann, ist die Aufwendung eines Arbeitsvermögens erforderlich,

[1]) Der Verfasser will hierdurch nicht etwa Stellung nehmen zu der überaus komplizierten Frage der Wasserbewegung an sich (auch das Gebiet der unterhalb der „kritischen“ Geschwindigkeit liegenden Verhältnisse bleibe unberührt), sondern nur eine im Rahmen der allgemeinen Anschauungen bleibende mechanisch und rechnerisch greifbare Vorstellung zugrunde legen. Die so überaus mannigfaltigen Versuche zur Lösung des Problems der Wasserbewegung in Röhren und Kanälen finden sich u. a. in dem wertvollen Buche „Das Gesetz der Translation des Wassers usw.“ von T. Christen in trefflicher Weise zusammengestellt.

das nur aus demjenigen des strömenden Wassers selbst entnommen werden kann. Um diesen Betrag muß das Arbeitsvermögen des Wassers in „2" kleiner sein als es in „1" war. Die zur Überwindung des Reibungswiderstandes P in der Zeiteinheit benötigte Arbeitsleistung stellt sich, da der Weg der reibenden Wasserteilchen in dieser Zeit gleich c ist, dar als

$$P \cdot c = \psi_r \cdot U \cdot L \cdot c^3 \quad \ldots\ldots\ldots\ldots \quad 737$$

An der Stelle „1" besitzt die sekundliche Wassermenge $Q = F \cdot c$ das Arbeitsvermögen von insgesamt

$$A_1 = Q\gamma\left(\frac{c^2}{2g} + h_1\right).$$

Da der Querschnitt F der Röhre unverändert bleibt, so muß an der Stelle „2" ebenfalls die Geschwindigkeit c zu finden sein, denn die Röhre steht unter Druck, sämtliche Querschnitte sind also vom Wasser voll ausgefüllt. Aus diesem Grunde ist das Arbeitsvermögen der sekundlich die Röhre durchfließenden Wassermenge Q an der Stelle „2" anzusetzen als

$$A_2 = Q\gamma\left(\frac{c^2}{2g} + h_2\right).$$

Unterwegs zwischen „1" und „2" tritt noch das Arbeitsvermögen $Q \cdot \gamma \cdot h_r$ zu dem Wasser zu, so daß schließlich zu schreiben sein wird

$$A_1 + Q\gamma \cdot h_r - P \cdot c = A_2 \quad \ldots\ldots\ldots\ldots \quad 738$$

Nach Einsetzen der Größen von A_1 und A_2, auch von $P \cdot c$ nach Gl. 737 ergibt sich daraus

$$Q\gamma(h_1 + h_r - h_2) = \psi_r \cdot U \cdot L \cdot c^3 = Q\gamma \cdot h_\varrho,$$

weil $h_1 + h_r - h_2 = h_\varrho$, Fig. 446. Wir können also auch schreiben

$$h_\varrho\,(\mathrm{m}) = \frac{\psi_r}{\gamma} \cdot \frac{U \cdot L \cdot c^3}{Q} \quad \ldots\ldots\ldots\ldots \quad 739$$

als Beziehung für die Einbuße an Druckhöhe, die das Wasser durch die Überwindung der Reibungsarbeit auf der geraden Strecke L erleidet. Das heißt:

Die Reibungsverlusthöhe h_ϱ ist für eine bestimmt gegebene Wassermenge Q, bei unveränderlichen Größen von U und L und abgesehen von der etwaigen Veränderlichkeit von ψ_r, der dritten Potenz der Geschwindigkeit proportional.

Abgesehen von manchen Spiralgehäusen, verwenden wir für die Wasserführung stets Röhren von rundem Querschnitt, und da ist, wie bei allen sog. regelmäßigen Figuren, Kreis, Quadrat usw., die durch die regelmäßige Form bedingte feste Beziehung zwischen dem Querschnitt F und dem Umfang U, also auch zwischen diesen Größen und der Geschwindigkeit c sowie der Wassermenge Q nicht außer acht zu lassen und in der Gl. 739 einzuführen.

Der Kreis vom Durchmesser D hat $F = D^2\frac{\pi}{4}$ und $U = D\pi$. Mit $Q = F \cdot c = D^2\frac{\pi}{4}c$ ergibt sich, durch Q und c ausgedrückt,

$$D = \frac{2}{\sqrt{\pi}}\sqrt{\frac{Q}{c}} \quad \text{und} \quad U = 2\sqrt{\pi}\sqrt{\frac{Q}{c}}.$$

Dieser Wert formt die Gl. 739 um in

$$h_\varrho\,(\mathrm{m}) = \frac{2\psi_r}{\gamma}\sqrt{\pi} \cdot L\,\frac{c^{2,5}}{\sqrt{Q}} \quad \ldots\ldots\ldots\ldots \quad 740$$

Wenn auch für die anderen regelmäßigen Querschnittsformen der Bruchfaktor seinen Betrag ändert[1]), so gilt doch, daß für alle regelmäßigen Querschnitte die Reibungsverluste h_ϱ bei gegebener, also gleichbleibender, Wassermenge mit der 2,5ten Potenz von c wachsen.

Im Turbinenbau ist für den Entwurf stets die Wassermenge Q bestimmt und die Rechnung soll über die Größe von h_ϱ Aufschluß geben, wie diese bei verschiedenen Geschwindigkeiten c oder Durchmessern D zu erwarten steht. Schon die Gl. 740 könnte, sofern ψ_r bekannt, alsbald klare Auskunft geben; zu besserer Anschauung aber soll noch eine kurze Umformung dienen.

Setzen wir in Gl. 740 die Größen $L = 1$ m, $c = 1$ m/sk und $Q = 1$ cbm/sk ein, so erhalten wir für die Verlusthöhe den Betrag $\frac{2\psi_r}{\gamma}\sqrt{\pi}$ in m, der nach Einführen von $\gamma = 1000$ (kg/cbm), dann aber in Millimeter verstanden, den

$$\text{Einheitsverlust} \ldots h_v\,(\text{mm}) = 2\psi_r\sqrt{\pi} = 3{,}545\,\psi_r \quad \ldots \ldots \quad 741$$

darstellt, d. h. die Verlusthöhe, die entsteht, wenn ein Rohr von 1 m Länge mit 1 m/sk durchflossen wird und dabei 1 cbm/sk Wasser liefert. Der zugehörige Rohrquerschnitt ist dabei 1 qm, der lichte Rohrdurchmesser 1,13 m.

Die Gl. 740 kann dann auch nach Einführung dieses Einheitsverlustes h_v (mm) für beliebige Werte von L (m), c (m/sk) und Q (cbm/sk) ganz allgemein geschrieben werden:

$$h_\varrho\,(\text{mm}) = h_v \cdot L\,\frac{c^{2,5}}{\sqrt{Q}} = h_v \cdot L \cdot c^2\sqrt{\frac{c}{Q}} \quad \ldots \ldots \ldots \quad 742$$

Für die Beurteilung gewisser Leitungsverhältnisse ist wegen $\frac{Q}{c} = F$ die Form

$$h_\varrho\,(\text{mm}) = h_v \cdot L\,\frac{c^2}{\sqrt{F}} \quad \ldots \ldots \ldots \ldots \quad 742\,\text{a}$$

bequem.

Die hydraulische Forschung hat aber nicht den Einheitsverlust h_v bestimmt, sondern sich nach einer an sich zwar richtigen, aber irreführenden Umformung der Gl. 739 für h_ϱ gerichtet.

Ersetzt man dort U durch $D\pi$, dazu Q durch $D^2\frac{\pi}{4}c$, so folgt einfach

$$h_\varrho\,(\text{m}) = \frac{4\psi_r}{\gamma}\cdot\frac{L}{D}\cdot c^2 = \frac{4\psi_r\cdot 2g}{\gamma}\cdot\frac{L}{D}\cdot\frac{c^2}{2g} = k_1\frac{L}{D}\cdot\frac{c^2}{2g} \quad \ldots \ldots \quad 743$$

und der einer Vorstellung nicht greifbare Koeffizient

$$k_1 = \frac{4\psi_r\cdot 2g}{\gamma}\ \text{(absolute Zahl)} \quad \ldots \ldots \quad 744$$

ist zum Gegenstand der Bestimmung gemacht worden.[2])

Die Gl. 742a und 743 enthalten je zwei, bei gleichbleibender Wassermenge Q voneinander nicht unabhängige Größen, c und F, bzw. c und D, und sie erregen dadurch den falschen Anschein, als ob h_ϱ mit c^2 wachse, während Gl. 740 u. a. deutlich zeigen, daß dies mit $c^{2,5}$ erfolgt, sie veranlaßt auch den Trugschluß, als ob der Rohrdurchmesser nur mit der ersten Potenz auf h_ϱ Einfluß nehme, während dies nach Gl. 747 mit D^5 der Fall ist.

[1]) Beim Quadrat tritt an die Stelle von $\frac{2\psi_r}{\gamma}\sqrt{\pi}$ der Ausdruck $\frac{4\psi_r}{\gamma}$.

[2]) Das war zu den Zeiten des bunten Vielerlei in den Maßeinheiten begreiflich, heute aber ist es Zeit, die von Jahrzehnt zu Jahrzehnt übernommene, durch alle Lehrbücher und Sammelwerke geschleppte unklare Gl. 743 samt den Tabellen über k_1 durch den Anschluß ans metrische Maßsystem, wie auch in anderen Zweigen des technischen Wissens, dem unmittelbaren Verständnis näherzubringen.

Die ziffermäßige Beziehung zwischen der Einheitsverlustgröße h_v (mm) und k_1 findet sich aus Gl. 742 und 743 zu

$$\frac{h_v\,(\text{mm})}{1000} = \frac{\sqrt{\pi}}{4g} k_1 = 0{,}0452\, k_1 \quad \ldots\ldots\ldots \quad 745$$

oder auch

$$h_v\,(\text{mm}) = 45{,}2\, k_1 \quad \ldots\ldots\ldots\ldots \quad 745\text{a}$$

Die hydraulische Forschung glaubte beim Ordnen der Versuchsergebnisse bald der Größe von c, bald der von D, schließlich von $c \cdot D$ einen Einfluß auf den Wechsel der Werte von k_1 zugestehen zu sollen, und so ermittelten

Weisbach-Zeuner $\quad k_1 = 0{,}01439 + \dfrac{0{,}00947}{\sqrt{c}}$

Darcy (für $c > 0{,}2$ m/sk) $\quad k_1 = 0{,}01989 + \dfrac{0{,}0005}{D}$

Lang $\quad k_1 = 0{,}020 + \dfrac{0{,}0018}{\sqrt{c \cdot D}}$

Christen $\quad k_1 = \dfrac{4g}{m_r^2} \sqrt[4]{\dfrac{2}{D}}$, und mit $m_r = 50$ wird $k_1 = \dfrac{0{,}01867}{\sqrt[4]{D}}$.

Die Fig. 447 zeigt die Entwicklung der k_1-Werte nach den verschiedenen Anschauungen und Gleichungen, Abszissen die Rohrdurchmesser D, Ordinaten die k_1-Werte, entsprechend den dreierlei Geschwindigkeiten $c = 1$ sowie 2 und 3 m/sk. Für Weisbach-Zeuner ergeben sich drei wagerechte Gerade, während die Kurven der k_1-Werte von Darcy und Lang sehr nahe beieinander verlaufen, so daß sich dem Beschauer die Ansicht aufdrängt, daß es eigentlich müßig ist, sich in

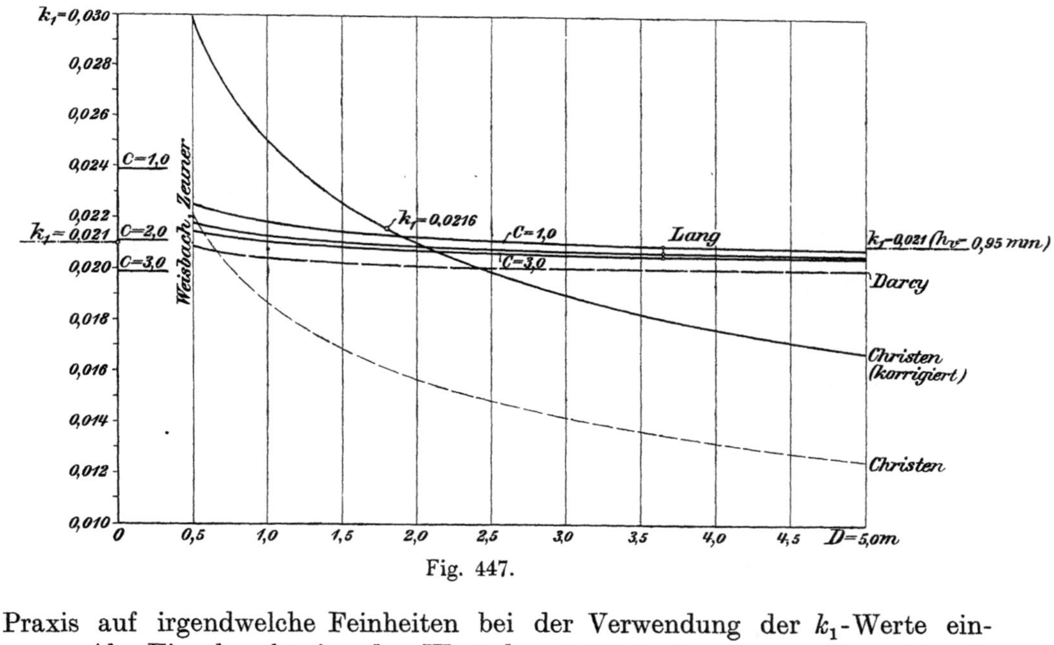

Fig. 447.

der Praxis auf irgendwelche Feinheiten bei der Verwendung der k_1-Werte einzulassen. Als Einzelpunkt ist der Wert $k_1 = 0{,}0216$ eingetragen, der sich als Mittelwert der Versuchsergebnisse von Marx, Wing und Hoskins (Ogden, Utah) bei einer 1348 m langen Blechrohrleitung von 1,8 m Durchmesser ergibt (Schweiz. Bauzeitung). Die Christen'schen Werte erscheinen gerade gegenüber dieser Feststellung am bestehenden großen Versuchsobjekt recht nieder, und so wurde eine

Kurve nach der Christen'schen Berechnungsart, aber mit entsprechend größeren k_1, durch den Einzelpunkt eingezeichnet, die obere der beiden. Ob die Christen'schen Werte sonst schon im großen kontrolliert sind, ist dem Verf. nicht bekannt.

Wenn wir aber annehmen, daß einerseits die k_1-Werte der wechselnden Beschaffenheit des Rohrinnern halber (rundumlaufende Kanten der Blechschüsse, Nietköpfe, Muffen, Kalk- und Rostansatz usw.) gar nicht so scharf in Rechnung gestellt werden können, daß es andererseits besser ist, die zu erwartenden Verluste vorsichtig etwas höher einzusetzen und daß dieses Höhereinsetzen in den weitaus meisten Fällen doch immer noch keine sehr beträchtliche Verminderung des übrigbleibenden Gefälles nach sich zieht, so ist die Annahme eines festen Wertes von k_1 im Interesse der Einfachheit geboten. Wie die Fig. 447 zeigt, liegen die k_1-Werte im großen Durchschnitt bei 0,021, und dieser Größe würde nach Gl. 745a ein Einheitsverlust von $45{,}2 \cdot 0{,}021 = 0{,}95$ mm entsprechen. Wir nehmen deshalb einfach rund an für den Bereich zwischen $D = 0{,}5$ bis 3,0 m.

$$h_v = 1 \text{ mm}$$

und treffen damit die Verhältnisse ziemlich gut ($k_1 = 0{,}02212$). Für Ogden, Utah würde sich direkt $h_v = 45{,}2 \cdot 0{,}0216 = 0{,}98$ mm ergeben haben.

Wie gering der Einfluß wechselnder Werte von h_v ausfällt, sowie es sich um längere Leitungen handelt (und diese sind stets mit hohen Gefällen vereint), mag das Zahlenbeispiel auf S. 642 zeigen.

Die Größe $h_v = 1$ mm, wie sie als etwas reichlicher Mittelwert erscheint, drückt also für unsere Turbinenleitungen aus:

Ein Rohr von 1 qm Querschnitt verbraucht, wenn mit 1 m/sk durchflossen, Wasserführung 1 cbm/sk, pro Meter Länge eine Druckhöhe von rund 1 mm.

Der Rohrreibungsverlust nach Gl. 742 lautet dann mit $h_v = 1$ mm, wobei L in m, c in m/sk und Q in cbm/sk, einfach

$$h_\varrho\,(\text{mm}) = L \cdot c^2 \sqrt{\frac{c}{Q}} \quad \text{oder auch} \quad h_\varrho\,(\text{m}) = \frac{L}{1000} c^2 \sqrt{\frac{c}{Q}} \quad \ldots \quad 746$$

Um den rechnungsmäßig sehr bedeutenden Einfluß des Rohrdurchmessers klar auszuweisen, ersetzen wir hierin c durch D, und es ergibt sich mit $D^2 \frac{\pi}{4} c = Q$

$$h_\varrho\,(\text{mm}) = 1{,}8\, L \cdot \frac{Q^2}{D^5} \quad \text{oder auch} \quad h_\varrho\,(\text{m}) = 0{,}0018 \frac{Q^2}{D^5} \quad \ldots \quad 747$$

eine Gleichung, aus der auch der wechselnde Gefälleverlust einer gegebenen Rohrleitung bei verschiedenen Beträgen von Q entnommen werden kann.

Aus der Vereinigung der Gl. 744 und 745a ergibt sich mit $h_v = 1$ mm der Wert des zu Anfang der Betrachtungen, Gl. 736, eingeführten Koeffizienten ψ_r für Rohre zu

$$\psi_r = \frac{k_1 \cdot \gamma}{8g} = \frac{h_v\,(\text{mm})}{45{,}2} \cdot \frac{1000}{8g} = 0{,}2821 \left(\text{kg} \frac{\text{sk}^2}{\text{m}^4}\right) \quad \ldots\ldots \quad 748$$

II. Die Verlusthöhe h_k von Krümmern.

Für die Berechnung dieser Höhe sind auch heute noch die Weisbach'schen Angaben in Gebrauch. Sie stellen den Zuschlag dar, der für gekrümmte Stellen der Leitungen zu h_ϱ zu machen ist; die Länge der Krümmer an sich zählt bei der Zusammenstellung von L für die Bestimmung von h_ϱ mit, und der Krümmung wegen kommen die betreffenden Sonderzuschläge als Vermehrung von h_ϱ in Ansatz.

Die empirisch bestimmten Weisbach'schen Angaben lauten, wenn r der mittlere Krümmungsradius und α der Zentriwinkel des Krümmers in Graden ist, wie folgt:

Für Krümmer von kreisförmigem Querschnitt, Durchmesser D, Fig. 448, ist die zusätzliche Verlusthöhe in mm

$$h_k\,(\mathrm{mm}) = \frac{1000 \cdot \alpha}{90^0}\left[0{,}131 + 0{,}1635\left(\frac{D}{r}\right)^{3,5}\right]\frac{c^2}{2g} \quad \ldots \ldots \quad 749$$

Da wir auch hier kein Interesse daran haben, h_k als Vielfaches von $\frac{c^2}{2g}$ zu erhalten, so schreiben wir besser

$$h_k\,(\mathrm{mm}) = \frac{1000 \cdot \alpha}{90^0}\left[0{,}00668 + 0{,}00833\left(\frac{D}{r}\right)^{3,5}\right]c^2 \quad . \; . \quad 749\mathrm{a}$$

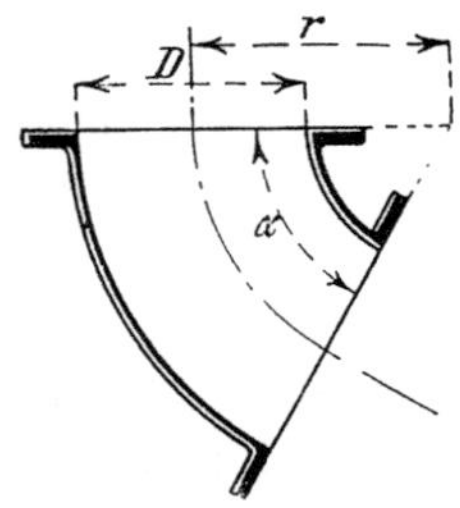

Fig. 448.

Die Werte dieser Gleichung ordnen sich sehr einfach, wenn wir bestimmte Zahlenwerte für verschiedene Größen von r, als Vielfaches von D, einführen. Wir nehmen dazu auch noch $\alpha = 90^0$ und erhalten damit genau genug für die Größen $c = 1$, sowie 2 und 3 m/sk folgende Verlusthöhen h_k als Zuschlagswerte zu h_0, ganz unabhängig von der absoluten Größe des Durchmessers D:

Verlusthöhen h_k (mm) für runde Rohrkrümmer von $\alpha = 90^0$.

	$c = 1$ m/sk	$c = 2$ m/sk	$c = 3$ m/sk
$r = 1{,}00\,D$	$h_k = 15$ mm	60 mm	135 mm
,, 1,05 ,,	,, 14 ,,	56 ,,	126 ,,
,, 1,10 ,,	,, 13 ,,	52 ,,	117 ,,
,, 1,15 ,,	,, 12 ,,	48 ,,	108 ,,
,, 1,20 ,,	,, 11 ,,	44 ,,	99 ,,
,, 1,25 ,,	,, 10 ,,	40 ,,	90 ,,
,, 1,50 ,,	,, 9 ,,	36 ,,	81 ,,
,, 2,00 ,,	,, 8 ,,	32 ,,	72 ,,
,, 5,00 ,,	,, 7 ,,	28 ,,	63 ,,

Die oberen Werte der vorstehenden Tabelle bewegen sich im Bereich der Beziehung $r = D + 100$ mm, wie sie den Normalien für Röhren entsprechen, z. B. ist für

$D = 1000$ mm $\qquad r = 1000 + 100 = 1100$ mm $= 1{,}10\,D$

$D = 750$ mm $\qquad r = 750 + 100 = 850$ mm $= 1{,}13\,D$

$D = 500$ mm $\qquad r = 500 + 100 = 600$ mm $= 1{,}20\,D$

Für Krümmer mit rechteckigem Querschnitt, die Weite in Richtung des mittleren Krümmungsradius r mit a bezeichnet, Fig. 449, ermittelte Weisbach

$$h_k\,(\mathrm{mm}) = \frac{1000 \cdot \alpha}{90^0}\left[0{,}124 + 0{,}2744\left(\frac{a}{r}\right)^{3,5}\right]\frac{c^2}{2g} \quad . \; . \quad 750$$

was wir auch wieder besser schreiben als

$$h_k\,(\mathrm{mm}) = \frac{1000 \cdot \alpha}{90^0}\left[0{,}00632 + 0{,}01398\left(\frac{a}{r}\right)^{3,5}\right]c^2 \quad . \quad 750\mathrm{a}$$

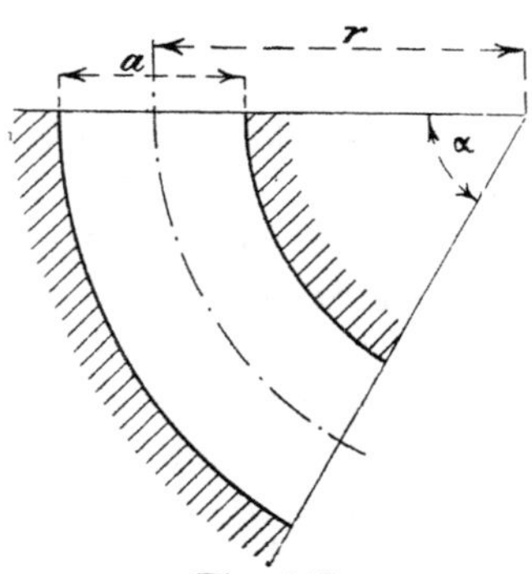

Fig. 449.

Für gleiche Werte von r wie vorher, aber jetzt als Vielfaches von a ergibt sich die folgende Tabelle:

Verlusthöhen h_k (mm) für rechteckige Krümmer von $\alpha = 90^0$.

	$c = 1$ m/sk	$c = 2$ m/sk	$c = 3$ m/sk
$r = 1{,}00\,a$	$h_k = 20$ mm	80 mm	180 mm
„ 1,05 „	„ 18 „	72 „	162 „
„ 1,10 „	„ 16 „	64 „	144 „
„ 1,15 „	„ 15 „	60 „	135 „
„ 1,20 „	„ 14 „	56 „	126 „
„ 1,25 „	„ 12 „	48 „	108 „
„ 1,50 „	„ 10 „	40 „	90 „
„ 2,00 „	„ 8 „	32 „	72 „
„ 5,00 „	„ 6 „	24 „	54 „

III. Zahlenbeispiel.

Eine Leitung ähnlich Fig. 445, S. 635, hat 60 m Länge bis zur Anbohrstelle, sie ist für die Zuführung von 3 cbm/sk mit 2 m/sk Geschwindigkeit bemessen, also $D = \sim 1{,}38$ m. Krümmungsradius 2,8 m $\cong 2\,D$. Maßstäbliche Druckhöhe 20 m. Als Verminderung der manometrischen Druckhöhe sind in Rechnung zu stellen

1. $1{,}1 \frac{c^2}{2g} = 1{,}1 \frac{2^2}{19{,}62} = 0{,}224$ m . . . . 224 mm

2. $h_\varrho\,(\text{mm}) = L \cdot c^2 \sqrt{\frac{c}{Q}}$ (Gl. 746) $= 60 \cdot 2^2 \sqrt{\frac{2}{3}}$ . . . . 196 „

3. h_k (mm) nach Tabelle und für $60^0 = \frac{2}{3}\,32$ . . . . 21 „

441 mm

Als Druckverlust, als wirklicher Arbeitsverlust, kommt aber nur $0{,}1 \frac{c^2}{2g} = 0{,}020$ m, dazu $0{,}196 + 0{,}021$ oder zusammen 0,237 m in Betracht, da die Geschwindigkeitshöhe $\frac{c^2}{2g}$ der Turbine nicht entgeht.

Wäre statt des reichlichen $h_v = 1$ mm ein $h_v = 0{,}75$ mm gesetzt worden, so würde dies einem h_ϱ von $0{,}75 \cdot 196 = 147$ mm entsprechen, also bei 20 m maßstäblichem Gefälle einem Druckhöhenverlust von 0,73 % gegenüber 0,98 % bei $h_v = 1$ mm.

B. Kanäle.

1. Allgemeines.

Hier kann es sich nicht um ideelle Verhältnisse, sondern nur um die des tatsächlichen Betriebes handeln. Das Rechnungsmäßige entwickelt sich dabei einfach auch aus der Gl. 739, wenn sie den Umständen des offenen Kanals gemäß aufgefaßt wird.

Die geradlinige, geschlossene Röhre der Fig. 446, S. 636, zeigte eine Reibungsverlusthöhe $h_\varrho = h_1 + h_r - h_2$ nach Gl. 739, und wenn sie nicht nur an den Enden „1“ und „2“ der Strecke L, sondern auch zwischen diesen mit einer beliebigen Zahl von Standröhrchen versehen wäre, so müßten die sich darin einstellenden Wasserspiegel der durchweg gleichgroßen Beträge von U und c halber in der Verbindungsgeraden von h_1 nach h_2 liegen, Fig. 450a.

An den Druckverlusten durch Wandreibung, also auch an den absoluten Höhenlagen der Druckwasserspiegel in den Standröhrchen wird nichts geändert, wenn jetzt die Röhre der Fig. 446 am unteren Ende so weit gehoben wird, daß $h_2 = h_1$ ausfällt, Fig. 450a. Alle Rohrquerschnitte stehen dann unter gleichen Druckhöhen, dabei ist $h_r = h_\varrho$ geworden.[1])

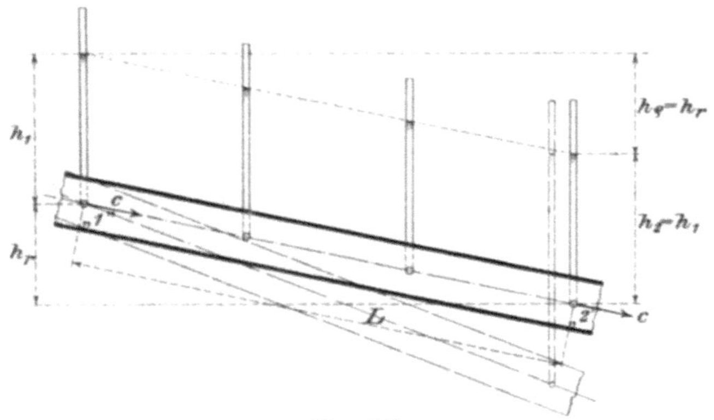

Fig. 450a.

Die Druckhöhen bleiben dem Rohr entlang auch dann noch unter sich gleich, dabei auch $h_r = h_\varrho$, wenn nunmehr die Röhre parallel zu ihrer in Fig. 450a dargestellten Neigung so weit nach aufwärts verschoben wird, Fig. 450b, daß die Wasserspiegel in den Standröhrchen

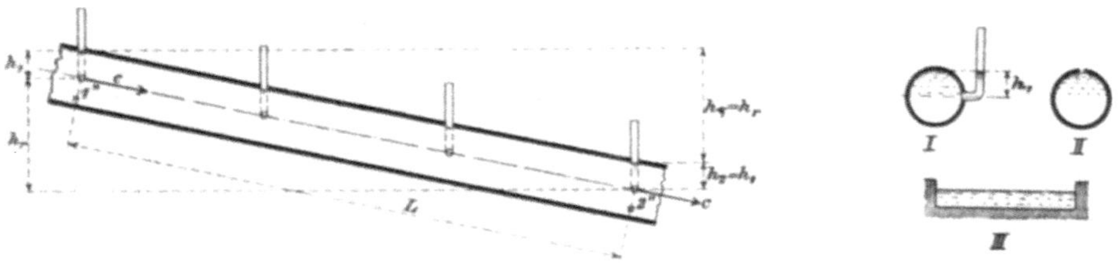

Fig. 450b.

der Höhe nach mit dem Scheitel des Rohrquerschnittes zusammentreffen, Fig. 450b, Längenansicht und Querschnitt I. Hierbei ist der hydraulische Druck am inneren Rohrscheitel Null, nur der Druck der Atmosphäre ruht hier auf der obersten Wasserschichte, es verschlägt deshalb auch hinsichtlich des Verbrauchs an Druckhöhe für das Durchströmen des Rohrs und deren gleichmäßiger Verteilung auf die Länge L nichts, wenn das Rohr durch einen schmalen Schlitz am Scheitel der ganzen Länge nach geöffnet wird, Fig. 450b, Querschnitt II. Die geringe Verminderung des benetzten Umfangs U sei dabei vorübergehend vernachlässigt.

Wenn aber das Rohr auf seiner ganzen Länge einen freien Wasserspiegel besitzt und dabei doch noch nach Gl. 739 hinsichtlich h_ϱ beurteilt werden muß, so ist ohne weiteres der Fall zulässig, daß der oben offene Rohrquerschnitt unter Einhalten der Größen von U und F, d. h. auch Q und c, derart umgebildet werden darf, daß er die Form Fig. 450b, Querschnitt III annimmt, und daß trotzdem die Gleichung

$$h_\varrho(\mathrm{m}) = \frac{\psi}{\gamma} \cdot \frac{U \cdot L \cdot c^3}{Q} \quad \ldots\ldots\ldots\ldots \quad \mathbf{(739)}$$

natürlich mit anderen Werten für ψ, nämlich ψ_k (Kanal) gegenüber ψ_r (Rohr), für diesen Querschnitt Gültigkeit hat. Diese Gleichung besteht also auch für offene Kanäle ohne weiteres zu Recht, natürlich unter der Voraussetzung, daß die Reibung zwischen Luft und Wasseroberfläche außer Ansatz bleibt, daß also U nur den wasserbenetzten Umfang des Kanals bedeutet, wie allgemein üblich.

Die nach oben offene Rinne, der Kanal, soll natürlich auch auf die ganze Länge L die gleichbleibende Geschwindigkeit c, also auch gleichbleibenden Querschnitt, aufweisen. Hat der Kanal durchweg gleiche mittlere Breite b, Fig. 453, so muß des gleichbleibenden Querschnitts wegen auch die Wassertiefe t über die

[1]) Vgl. auch Danckwerts, Berechnung der Stauweiten usw. 1903.

ganze Kanallänge gleich groß sein. Hieraus folgt, Fig. 451, daß die Kanalsohle in der gleichen Neigung liegt wie die Wasseroberfläche, nicht aber folgt daraus, wie so vielfach noch geglaubt wird, daß die Neigung der Sohle zur Fortbewegung des Wassers im Kanal notwendig sei. Diese Bewegung wird nur dadurch hervorgerufen, daß ein der Verlusthöhe h_ϱ gleich großer Höhenunterschied der Wasserspiegel zwischen Beginn und Ende der betrachteten Kanalstrecke vorhanden ist. Das Wasser würde sich dabei fortbewegen, auch wenn die Kanalsohle wagrecht, auch wenn sie ansteigend wäre.

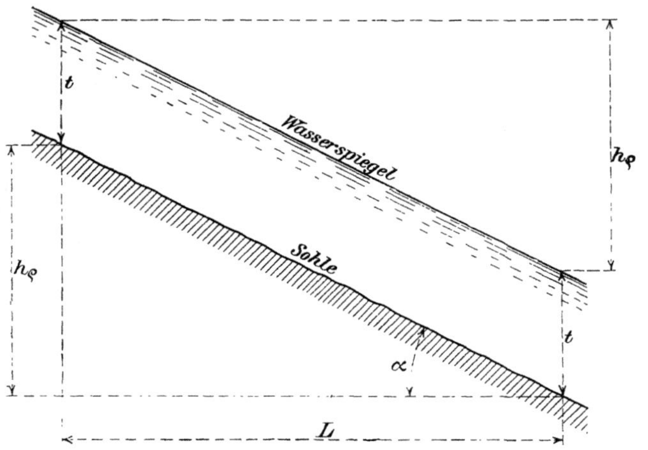

Fig. 451.

Die Länge L bedeutete bis jetzt die tatsächliche Länge einer Wasserführung, Rohr oder Kanal. Nun haben die Kanäle fast immer derart geringe Neigung von Wasserspiegel und Sohle, daß man sich für diese durchweg die Vereinfachung gestattet, die auf der Karte meßbare Horizontalprojektion der tatsächlichen Länge als Kanallänge zu bezeichnen. Es wird statt L nunmehr nur $L \cos \alpha$ gerechnet, der $\cos \alpha$ ist noch ungemein wenig von 1 verschieden. Die Neigung ist in Fig. 451 sehr übertrieben gezeichnet; die Tiefe t zählt immer in der Senkrechten gemessen, wobei der Fehler (genauer wäre $t \cos \alpha$) wie bei L verschwindet.

Die Gl. 739 läßt sich auch schreiben:

$$\frac{h_\varrho}{L} = \frac{\psi_k}{\gamma} \cdot \frac{U \cdot c^3}{Q} = J \quad \ldots \ldots \ldots \ldots \quad 751$$

worin J die $\operatorname{tg} \alpha$, das sog. Relativgefälle genannt wird.

Hieraus folgt

$$c = \sqrt[3]{\frac{\gamma}{\psi_k}} \sqrt[3]{\frac{J \cdot Q}{U}} \quad \ldots \ldots \ldots \ldots \quad 752$$

Dies kann mit $Q = F \cdot c$ in die Form

$$c = \sqrt{\frac{\gamma}{\psi_k}} \sqrt{\frac{F}{U} \cdot J}$$

gebracht werden. Der Quotient $\frac{F}{U}$ (Dimension $\frac{m^2}{m} = m$) wird vielfach als „hydraulischer Radius", R, oder ähnlich bezeichnet. Trotzdem sich niemand von dem Wesen dieser Abmessung eine irgend einleuchtende Vorstellung zu machen vermag, ist sie bis heute als bevorzugte Bezeichnung bei der Bestimmung der Fließverhältnisse in Kanälen, auch Röhren, in Verwendung. Mit dieser Bezeichnung, sowie mit

$$\sqrt{\frac{\gamma}{\psi_k}} = C \quad \ldots \ldots \ldots \ldots \quad 753$$

geht die vorstehende Gleichung über in

$$c = C \sqrt{R \cdot J} \quad \ldots \ldots \ldots \ldots \quad 754$$

Diese Form ist an sich allerdings geeignet zur Berechnung der mittleren Geschwindigkeit c, die sich in einem nach Abmessungen F und U und Relativgefälle J bekannten Flußlauf eingestellt haben wird, also mittelbar zu nur ganz annähernder Berechnung der Wassermenge bei den abgemessenen Größen des Wasserquerschnitts usw. Doch ist die Größe von C an freien Flußläufen ein überaus unsicherer Faktor. Für unsere Zwecke, Entwerfen von Kanälen bei gegebener Wassermenge und anzunehmender, durch das Material der Kanalwände bedingter, mittlerer Wassergeschwindigkeit c ist die Gl. 754 gegenüber 751 denkbar unpraktisch. Der Gefällebedarf eines Kanals für gegebene Wassermenge wächst auch nicht, wie die Gl. 754 fälschlich vermuten läßt, mit c^2, sondern nach Gl. 751 mit c^3. In Gl. 754 ist eben $R = \frac{F}{U} = \frac{Q}{U \cdot c}$ von c nicht unabhängig.

Der Größe R ist nun seitens der hydraulischen Forschung auch ein bedeutender Einfluß auf die Beträge von C, Gl. 753 und 754, eingeräumt worden, in der Weise, daß $R = \frac{F}{U}$ in den Erfahrungswerten eine wesentliche Rolle spielt, siehe S. 649 u. f. Sicher ist, daß die Form des Wasserquerschnitts von Einfluß ist auf die Entwicklung der mittleren Geschwindigkeit c, und daß die Einwirkung der Wandreibungsverhältnisse auf c eine ganz andere sein wird, wenn das Kanalprofil sich z. B. der quadratischen Form nähert oder wenn es ein flachgestrecktes Rechteck bildet, Fig. 452; ob aber gerade $R = \frac{F}{U}$ das richtige Bild dieses Einflusses ergibt, erscheint zweifelhaft. Das lehrt ein Blick auf die Fig. 452, in der rechteckige Kanalprofile der allerverschiedensten Verhältnisse durch die — — — Kurve in ihrer rechten Ecke gegeben sind, die aber alle den gleichen „hydraulischen Radius“ $R = \frac{F}{U} = 1$ m aufweisen. Es bedarf weiter keiner Ausführungen, um einzusehen, daß die Einwirkung der Wand- und Bodenreibung auf C z. B. bei dem Profil $3 \times 3 = 9$ qm doch sicher eine ganz andere ist als bei dem Profil $1{,}2 \times 12 = 14{,}4$ qm, und doch ist bei beiden

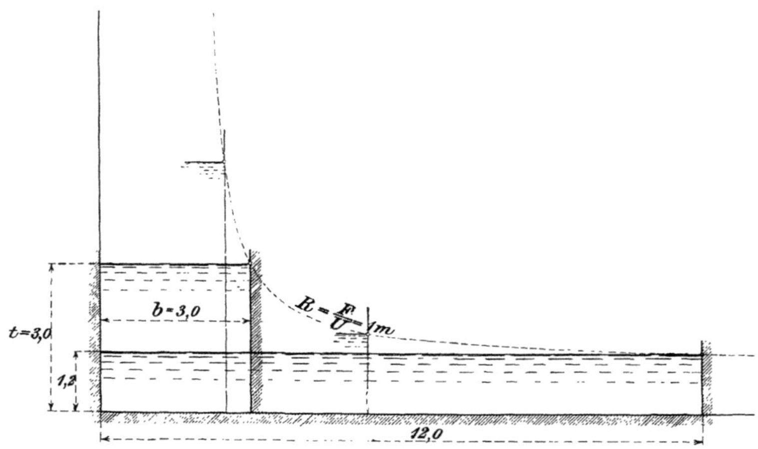

Fig. 452.

$$R = \frac{F}{U} = \frac{9}{3 + 2 \cdot 3} = \frac{14{,}4}{12 + 2 \cdot 1{,}2} = 1 \text{ m}.$$

Christen hat sich von dem Einfluß des Herkömmlichen in bezug auf den „hydraulischen Radius“ freigemacht, er hat dabei eine Beziehung für die mittlere Fließgeschwindigkeit aufgestellt, die auf Grund eigener Versuche auch vom Hereinnehmen des unverkürzten Einflusses des benetzten Umfangs U absieht, sie lautet,[1]) in unsere Bezeichnungen übertragen, dazu gleich das dortige $\sqrt{2k^3} = m$ eingeführt:

$$c = m\sqrt{t \cdot J}\sqrt[8]{\frac{b}{2}} \quad \ldots\ldots\ldots\ldots \quad 755$$

worin b beim trapezförmigen Wasserquerschnitt die mittlere Breite bedeutet, Fig. 453.

[1]) Das Gesetz der Translation des Wassers 1903, S. 30.

Wenn diese Gleichung unter Einsetzen von $J = \frac{h_\varrho}{L}$ und $b = \frac{Q}{c \cdot t}$ nach h_ϱ aufgelöst wird, so lautet sie

$$h_\varrho(\mathrm{m}) = \frac{\sqrt[4]{2}}{m^2} \cdot \frac{L}{\sqrt[4]{Q \cdot t^3}} c^2 \sqrt[4]{c} = \frac{\sqrt[4]{2}}{m^2} \cdot \frac{L}{\sqrt[4]{t^3}} c^2 \sqrt[4]{\frac{c}{Q}} \quad \ldots\ldots \quad 756$$

für den Koeffizienten m siehe S. 654 und Christen, Translation des Wasser S. 148.

2. Der benetzte Umfang.

So lange die Rauhigkeit der Kanalseiten- und Bodenflächen als von Einfluß auf den Gefällebedarf des Kanals angesehen wird, solange wird die Größe dieser Reibungsflächen, also auch des benetzten Umfangs, nicht außer acht bleiben können. Daher, trotz der Christen'schen Ausdrucksweise, die nachstehenden Entwicklungen.

Der Kreis besitzt für Röhren mit gegebenem Querschnitt F den kleinsten Umfang gegenüber jeder anderen geschlossenen Querschnittsform. Ebenso die Halbkreisform für offene Kanäle. Wenn diese für Wasserkraftanlagen zweckmäßig wäre, so würde sie hier ohne weiteres in Anwendung kommen, so aber hat sich die Rechnung mit geradlinig begrenzten Kanalquerschnitten zu befassen.

Auf jeden Fall werden die Kleinstwerte von U, wie sie bei den Trapezformen der Querschnitte vorkommen, größer bleiben als der Umfang des Halbkreises von gleichem Flächeninhalt. Aus $U = \frac{1}{2} D \pi$, worin D aus $\frac{1}{2} D^2 \frac{\pi}{4} c = Q$ zu setzen ist, würde sich der benetzte Umfang des Halbkreisquerschnitts zu

$$U = \sqrt{2\pi} \sqrt{\frac{Q}{c}} \quad \ldots\ldots\ldots\ldots \quad 757$$

berechnen.

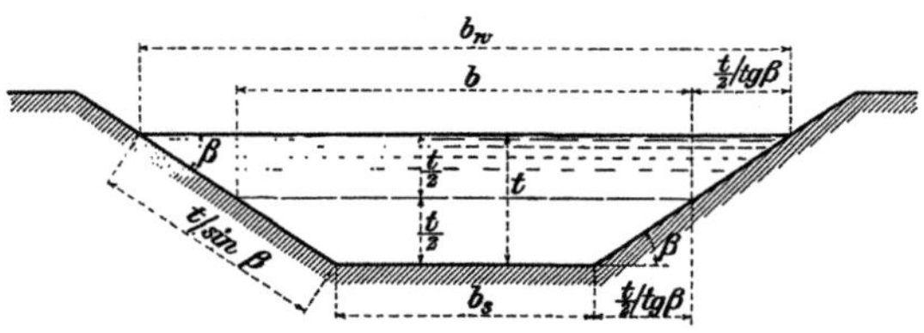

Fig. 453.

Bedeutet b die mittlere Breite des meist trapezförmigen Kanalquerschnitts, Fig. 453, so ist bei Böschungswinkeln β

die Wasserspiegelbreite $b_w = b + \frac{t}{\mathrm{tg}\beta}$

die Sohlenbreite $b_s = b - \frac{t}{\mathrm{tg}\beta}$.

Und da die benetzte Böschungslänge sich durch $\frac{t}{\sin\beta}$ ausdrücken läßt, so ergibt sich der benetzte Umfang ganz allgemein zu

$$U = b_s + 2\frac{t}{\sin\beta} = b + \frac{2 - \cos\beta}{\sin\beta} t \quad \ldots\ldots\ldots \quad 758$$

Für die verschiedenen in Betracht kommenden Böschungswinkel finden sich dann nach Gl. 758 die nachstehenden Größen von U allgemein:

$\beta = 90^0$	$U = b + 2t$
60^0	$= b + 1{,}732\,t$
45^0 (einfache Böschung)	$= b + 1{,}824\,t$
$33^0 40'$ (anderthalbfache Böschung)	$= b + 2{,}106\,t$
30^0	$= b + 2{,}267\,t$
$26^0 30'$ (zweifache Böschung)	$= b + 2{,}477\,t$

Die (verlorengehende) Widerstandshöhe des Kanals ist nach den meisten Annahmen proportional der Größe U, da aber die Kanalquerschnitte im allgemeinen keine regelmäßigen Figuren sind, so besteht hier im Gegensatz zu den Röhren keine feste Beziehung zwischen U und F; deshalb ist die Frage gerechtfertigt, bei welchen Abmessungen für gegebene Größe von F der benetzte Umfang U einen Kleinstwert aufweist.

Aus der Differentiation der Gl. 758 werden sich die Kleinstwerte der Trapezquerschnitte ergeben. Die Gleichung enthält 3 Wahlgrößen, b, t, β, von denen aber b und t durch $F = b \cdot t$ gegenseitig festgelegt sind.

Aus $\frac{dU}{d\beta} = 0$, also für unveränderlich angenommene Breite b und Tiefe t, aus gegebenem F folgt die Bedingung für $U_{min(\beta)}$ als

$$\cos\beta = 0{,}5; \qquad \beta = 60^\circ,$$

Der Kleinstwert von U, soweit der Böschungswinkel in Betracht kommt, liegt also bei 60° Neigung der Kanalwandungen und der Wert selbst stellt sich damit nach Gl. 758 auf

$$U_{min(\beta)} = b + 1{,}732t$$

(vgl. die Tabelle).

Ist dagegen der Böschungswinkel β durch das Material des Baugrundes oder sonstwie unveränderlich gegeben, so findet sich aus $\frac{dU}{dt} = 0$, wobei $b = \frac{F}{t}$ eingesetzt,

$$t_{(U\,min)} = \sqrt{F\,\frac{\sin\beta}{2 - \cos\beta}} \qquad \textbf{759}$$

wozu gehört

$$b_{(U\,min)} = \sqrt{F\,\frac{2 - \cos\beta}{\sin\beta}} \qquad \textbf{760}$$

Aus $\frac{dU}{db} = 0$ würden sich natürlich die gleichen Größen für $t_{(U\,min)}$ und $b_{(U\,min)}$ ergeben. Mit diesen Werten folgt dann aus Gl. 758

$$U_{min(b,t)} = 2\sqrt{F\,\frac{2 - \cos\beta}{\sin\beta}} = 2b_{(U\,min)} \qquad \textbf{761}$$

Für gegebene Beträge des Böschungswinkels β findet sich aus Gl. 760 mit F aus Gl. 759 die Beziehung zwischen $b_{(U\,min)}$ und $t_{(U\,min)}$, sowie aus Gl. 761 die Größen von $U_{min(b,t)}$ an sich, laut nachstehender Tabelle:

$\beta = 90^\circ$	$b_{(U\,min)} = 2t_{(U\,min)}$	$U_{min(b,t)} = 4t_{(U\,min)}$
60°	„ $= 1{,}732$ „	„ $= 3{,}464$ „
45° (einfache Böschung)	„ $= 1{,}824$ „	„ $= 3{,}648$ „
$33^\circ 40'$ (anderthalbf. B.)	„ $= 2{,}106$ „	„ $= 4{,}212$ „
30°	„ $= 2{,}267$ „	„ $= 4{,}534$ „
$26^\circ 30'$ (zweifache B.)	„ $= 2{,}477$ „	„ $= 4{,}954$ „

Der absolute Kleinstwert von U liegt also bei $\beta = 60^\circ$ und $b = 1{,}732t$ (halbes regelmäßiges Sechseck), die Beträge der $U_{min(b,t)}$ entfernen sich bei sehr flachen Böschungen um nahezu die Hälfte vom absoluten Kleinstwert.

3. Der Gefällebedarf der Kanäle.

Beim geschlossenen Rohr konnte, ganz unabhängig von dessen Schräglage, von Verlusthöhen, von Einheitsverlust geredet werden. Der Fließvorgang wird beim Rohr durch die Schräglage nicht beeinflußt, dieses kann jede beliebige

Wassermenge führen, sofern der entsprechende Druckverlust zugelassen wird und ein genügendes Gefälle H zur Verfügung steht.

Anders beim offenen Kanal. Aus den Abmessungen, Wassertiefe t und mittlere Breite b sowie U, ergibt sich für die Führung einer bestimmten Wassermenge Q, die genaue Kenntnis von ψ_k vorausgesetzt, ein ganz bestimmter notwendiger Höhenunterschied h_ϱ der freien Wasserspiegel zwischen Kanalanfang und -ende, eine bestimmte Schräglage des freien Wasserspiegels (auch der Kanalsohle, gleichbleibende Tiefe) ein Gefällebedarf, der befriedigt werden muß.

Die Verhältniszahl $J = \frac{h_\varrho}{L}$ in der Gl. 751 bedeutet $\frac{m}{m}$. Wird nun $L = 1000$ m hier eingeführt, so ist

$$h_\varrho(\mathrm{m}) = L \cdot J = 1000\,J = J\,{}^0/_{00}(\mathrm{m}),$$

d. h. hier hat dann h_ϱ als $J\,{}^0/_{00}$ die Deutung einer Wasserspiegelneigung von beispielsweise 1,2 m auf 1000 m Kanallänge. Setzen wir statt h_ϱ in Gl. 751 jetzt $J\,{}^0/_{00}$ natürlich mit $L = 1000$ m ein, so ändert sich, wegen $\gamma = 1000$ kg/cbm, die Gl. 739 in allgemein

$$J\,{}^0/_{00}(\mathrm{m}) = \psi_k \frac{U \cdot c^3}{Q} \quad \ldots\ldots\ldots\ldots \quad \mathbf{762}$$

eine Form, die von jetzt ab Verwendung finden soll.

Die technisch-hydraulische Forschung hat aber nicht ψ_k bestimmt, sondern andere Erfahrungswerte, die Größe C der Gl. 754, die mit ψ_k im rechnungsmäßigen Zusammenhang steht. Angesichts der überaus wechselnden Beschaffenheit der Kanalwandungen und der mannigfaltigen Kanalprofilformen ist dies begreiflich. Die Größe C steht mit ψ_k in der Beziehung (Gl. 753)

$$\psi_k = \frac{\gamma}{C^2} = \frac{1000}{C^2} \quad \ldots\ldots\ldots\ldots \quad \mathbf{763}$$

Die C-Werte bilden heute fast durchweg das Material für unsere Berechnungen.

Die sog. Rauhigkeit der Wandungen (Wände und Boden) ist natürlich von Einfluß auf den Gefällebedarf eines Kanals, was sich in den Größen von C bzw. $\frac{1000}{C^2}$ ausdrückt. Für unsere Zwecke kommen die C-Werte von Bazin sowie von Ganguillet und Kutter in Betracht.

Bazin stellte für C nach den Darcy'schen Versuchsreihen die Bezeichnung auf

$$C = \frac{1}{\sqrt{\alpha + \beta \frac{U}{F}}}$$

worin natürlich β nichts mit dem vorher erwähnten Böschungswinkel β zu tun hat, oder nach Gl. 763 und mit $F = \frac{Q}{c}$

$$\frac{1000}{C^2} = \psi_k = 1000\left(\alpha + \beta \frac{Uc}{Q}\right) \quad \ldots\ldots\ldots\ldots \quad \mathbf{764}$$

Auf Grund eigener Versuche änderte Bazin die Beziehung in

$$C = \frac{87}{1 + \delta \sqrt{\frac{U}{F}}}$$

oder

$$\frac{1000}{C^2} = 0{,}132\left(1 + \delta \sqrt{\frac{U \cdot c}{F}}\right)^2 \quad \ldots\ldots\ldots\ldots \quad \mathbf{765}$$

Der von Ganguillet und Kutter aufgestellte mathematische Bau der Erfahrungsgröße lautet

$$C = \frac{23 + \frac{0{,}00155}{J} + \frac{1}{n}}{1 + \left(23 + \frac{0{,}00155}{J}\right)\frac{n}{\sqrt{R}}} \quad \ldots\ldots\ldots\ldots \quad \mathbf{766}$$

In Gl. 764, Bazin alt, sind α und β die Erfahrungszahlenwerte, die den Einfluß der Rauhigkeit zum Ausdruck bringen, während in Gl. 765, Bazin neu, diese Aufgabe der Größe δ und in Gl. 766, Ganguillet und Kutter, der Größe n zufällt.

Während also Bazin außer der Wandbeschaffenheit nur noch $\frac{F}{U} = R$ von Einfluß auf C sein läßt, gestehen Ganguillet und Kutter einen solchen auch noch dem Relativgefälle J zu. Daß dieser letztere Einfluß aber bei den für Wasserkraftanlagen in Betracht kommenden Relativgefällen von $J = 0{,}001$ bis $0{,}00025$ oder $J\,^0/_{00} = 1{,}0$ bis $0{,}25$ und weniger verschwindet, lehrt die einfache Rechnung.

Die aus α, β, δ und n sich ergebenden Größen von C haben für unsere Berechnung nur mittelbare Bedeutung, praktischer ist, die für die verschiedenen Rauhigkeitsgrade aus diesen Erfahrungswerten gewonnenen Gleichungen für die Berechnung von $J\,^0/_{00}$ anzuführen. Sie lauten mit Gl. 762 (ψ_k-Werte) für Bazin wie nachstehend:

1. Gehobeltes Holz, geschliffener Zement
   - alt $J\,^0/_{00} = 0{,}15\left(1 + 0{,}03\frac{Uc}{Q}\right)\frac{Uc^3}{Q}$
   - neu „ $= 0{,}132\left(1 + 0{,}06\sqrt{\frac{Uc}{Q}}\right)^2\frac{Uc^3}{Q}$

2. Quadermauerwerk, rauhe Bretter . .
   - alt „ $= 0{,}19\left(1 + 0{,}07\frac{Uc}{Q}\right)\frac{Uc^3}{Q}$
   - neu „ $= 0{,}132\left(1 + 0{,}16\sqrt{\frac{Uc}{Q}}\right)^2\frac{Uc^3}{Q}$

3. Bruchsteinmauerwerk . . . .
   - alt „ $= 0{,}24\left(1 + 0{,}25\frac{Uc}{Q}\right)\frac{Uc^3}{Q}$
   - neu „ $= 0{,}132\left(1 + 0{,}46\sqrt{\frac{Uc}{Q}}\right)^2\frac{Uc^3}{Q}$

4. Erde, sorgfältig gehaltene Böschung .
   - alt „ $= 0{,}28\left(1 + 1{,}25\frac{Uc}{Q}\right)\frac{Uc^3}{Q}$
   - neu „ $= 0{,}132\left(1 + 0{,}85\sqrt{\frac{Uc}{Q}}\right)^2\frac{Uc^3}{Q}$

5. Flüsse, zieml. regelmäß. Bett und rein
   - alt
   - neu „ $= 0{,}132\left(1 + 1{,}30\sqrt{\frac{Uc}{Q}}\right)^2\frac{Uc^3}{Q}$

6. Flüsse, steinig, bewachsen . . . . .
   - alt
   - neu „ $= 0{,}132\left(1 + 1{,}75\sqrt{\frac{Uc}{Q}}\right)^2\frac{Uc^3}{Q}$

Die Rauhigkeitseinteilungen von Ganguillet und Kutter sind etwas anderer Art. Da die Kutter'schen C für einfaches Einsetzen der n-Werte viel zu umständlich gebaut sind, so folgen hier die n-Werte allein:

1. Gehobeltes Holz, geschliffener Zement . . . . $n = 0{,}010$
2. Gesägte Bretter . . . . $n = 0{,}012$
3. Quadermauerwerk, gut gefugte Backsteine . . . . $n = 0{,}013$
4. Bruchsteinmauerwerk . . . . $n = 0{,}017$
5. Wände Mauerwerk, Sohle Erde, sorgfältig unterhalten . . . . . . $n = 0{,}020$
6. Kanäle und Flüsse, ziemlich regelmäßig und rein . . . . $n = 0{,}025$
7. „ „ „ teilweise steinig oder etwas Wasserpflanzen . . $n = 0{,}030$
8. „ „ „ schlecht im Stande, Geschiebe, Wasserpflanzen $n = 0{,}035$

Der Verfasser hat mit „Bazin alt“ gute Erfahrungen gemacht; der tatsächliche Betrieb hatte meist einen kleineren Gefällebedarf als rechnungsmäßig erforderlich gewesen wäre, und angesichts der weitgehenden Unzuverlässigkeit der Versuchswerte im allgemeinen erscheint die bei „Bazin alt“ gebotene Sicherheit als sehr erwünscht, denn ein zu gering ausgeführtes Kanalgefälle kann, wenn der Oberwasserspiegel nicht erhöht werden darf, nur mit großen Kosten (dazu Betriebsstörung!) hergerichtet werden.

Die folgende Tabelle enthält die für den Gebrauch unmittelbar ausgerechneten Größen von $\psi_k = \frac{1000}{C^2}$ für die beigesetzten Größen des Bruches $\frac{F}{U} = \frac{Q}{U \cdot c}$, einerlei, um welche Böschungswinkel β es sich handelt und gleichgültig, ob die Querschnittsform das $U_{(min\, b,\, t)}$ ergibt oder nicht. Die Tabellenwerte sind einfach als $\psi_k = \frac{1000}{C^2}$ in der Gleichung

$$J\,^0/_{00}\,(\mathrm{m}) = \psi_k \frac{U \cdot c^3}{Q} \quad . \; . \; . \; . \; . \; . \; . \; . \quad (762)$$

zu verwenden. Für die Kutter'schen ψ_k ist $J\,^0/_{00} = 0{,}5$ m zugrunde gelegt.

Einen augenscheinlicheren Vergleich als die Zahlenwerte der Tabelle gibt die zeichnerische Darstellung des Verlaufs der ψ_k für Bazin alt, neu und Kutter, Fig. 454. Die Figur enthält die ψ_k-Werte für die Nummern 3 und 4 der Rauhigkeitsklassen S. 649 und zeigt, wie sehr die Forschung hier noch im unklaren ist, weil solche Abweichungen da sind.

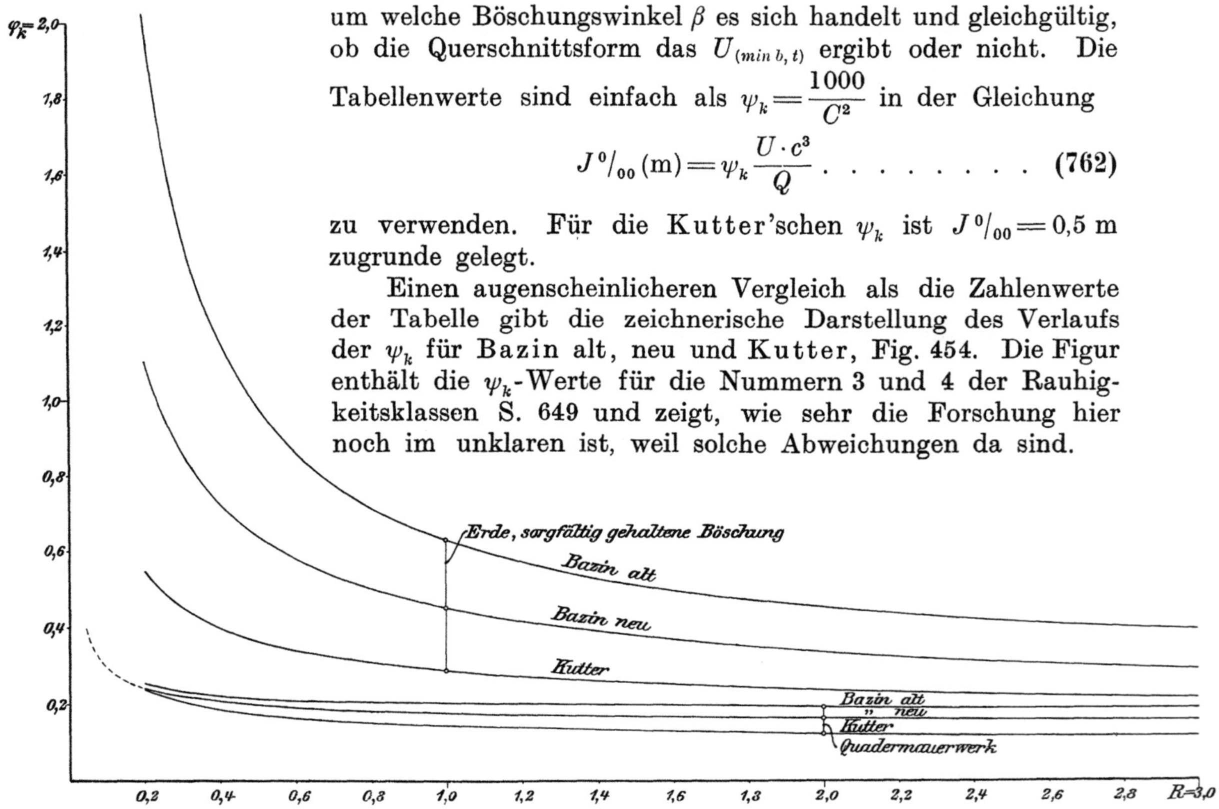

Fig. 454.

Die Gegenüberstellung der Werte beruht auf der Annahme, daß $\frac{F}{U} = \frac{Q}{U \cdot c} = R$ von maßgebendem Einfluß sei (Abszissen). Vielleicht liegen die Dinge so, daß in dem Bereich unserer üblichen Kanalprofilformen der gewiß vorhandene Einfluß der mehr gedrängten ($b = 2t$) oder der breitgezogenen Querschnitte durch $\frac{F}{U}$ halbwege richtig bedingt wird.

Werte von $\psi_k = \frac{1000}{C^2}$; zur unmittelbaren Verwendung in $J^0/_{00}\,(m) = \psi_k \frac{U \cdot c^3}{Q}$.

$\frac{F}{U} = \frac{Q}{U \cdot c}$	Gehobeltes Holz, geschliffener Zement			Quadermauerwerk, rauhe Bretter			Zement-verputzte Stollen	Bruchsteinmauerwerk			Erde, sorgfältig gehaltene Böschung			Wände Mauerwerk, Sohle Erde	Flüsse, ziemlich regelmäßiges Bett und rein		Kanäle und Flüsse, teilweise steinig oder etwas Wasserpflanzen	Flüsse steinig, bewachsen.	
	Bazin		Ganguillet u. Kutter	Bazin		Ganguillet u. Kutter	Ganguillet u. Kutter	Bazin		Ganguillet u. Kutter	Bazin		Ganguillet u. Kutter	Ganguillet u. Kutter	Bazin	Ganguillet u. Kutter	Ganguillet u. Kutter	Bazin	Ganguillet u. Kutter
	alt	neu	$n = 0{,}010$	alt	neu	$n = 0{,}012$	$n = 0{,}0125$	alt	neu	$n = 0{,}013$	alt	neu	$n = 0{,}017$	$n = 0{,}020$	neu	$n = 0{,}025$	$n = 0{,}030$	neu	$n = 0{,}035$
0,20	0,173	0,170	0,158	0,257	0,244	0,241	0,266	0,541	0,544	0,291	2,029	1,111	0,549	0,812	2,013	1,381	2,141	3,195	3,087
0,25	0,168	0,166	0,146	0,244	0,230	0,221	0,244	0,481	0,487	0,266	1,680	0,964	0,492	0,727	1,706	1,213	1,858	2,690	2,689
0,30	0,165	0,163	0,137	0,235	0,221	0,207	0,226	0,440	0,447	0,247	1,445	0,860	0,454	0,664	1,501	1,096	1,667	2,338	2,381
0,35	0,163	0,160	0,131	0,228	0,214	0,196	0,214	0,412	0,420	0,234	1,275	0,785	0,425	0,616	1,351	1,013	1,527	2,067	2,165
0,40	0,161	0,159	0,126	0,224	0,208	0,187	0,205	0,391	0,394	0,223	1,157	0,727	0,400	0,578	1,231	0,947	1,424	1,873	1,992
0,45	0,160	0,157	0,121	0,220	0,203	0,180	0,196	0,373	0,376	0,214	1,062	0,678	0,383	0,548	1,141	0,899	1,331	1,721	1,858
0,50	0,159	0,156	0,118	0,217	0,199	0,174	0,190	0,360	0,360	0,207	0,982	0,641	0,369	0,526	1,068	0,851	1,265	1,600	1,750
0,55	0,158	0,155	0,115	0,214	0,196	0,170	0,184	0,350	0,347	0,201	0,918	0,610	0,356	0,503	1,000	0,812	1,197	1,490	1,667
0,60	0,158	0,154	0,112	0,212	0,193	0,165	0,179	0,341	0,336	0,195	0,865	0,584	0,344	0,485	0,947	0,776	1,149	1,403	1,587
0,65	0,157	0,153	0,110	0,211	0,190	0,161	0,175	0,332	0,326	0,191	0,816	0,559	0,334	0,471	0,902	0,751	1,103	1,332	1,515
0,70	0,156	0,152	0,108	0,209	0,188	0,158	0,171	0,326	0,318	0,186	0,780	0,538	0,326	0,457	0,860	0,727	1,068	1,266	1,457
0,80	0,156	0,151	0,102	0,206	0,184	0,153	0,165	0,316	0,304	0,180	0,719	0,503	0,311	0,434	0,794	0,685	1,000	1,157	1,371
0,90	0,155	0,149	0,101	0,205	0,181	0,148	0,160	0,307	0,291	0,174	0,667	0,475	0,301	0,415	0,742	0,651	0,947	1,068	1,285
1,00	0,155	0,149	0,100	0,204	0,178	0,144	0,156	0,301	0,282	0,169	0,631	0,453	0,290	0,400	0,700	0,625	0,902	1,000	1,222
1,20	0,154	0,147	0,097	0,201	0,174	0,138	0,149	0,290	0,266	0,161	0,573	0,417	0,275	0,378	0,635	0,584	0,835	0,892	1,125
1,40	0,153	0,146	0,094	0,200	0,171	0,133	0,145	0,283	0,255	0,156	0,531	0,391	0,264	0,360	0,584	0,554	0,785	0,812	1,053
1,60	0,153	0,145	0,092	0,198	0,168	0,129	0,140	0,278	0,246	0,151	0,499	0,370	0,254	0,346	0,544	0,529	0,742	0,751	0,999
1,80	0,152	0,145	0,090	0,197	0,166	0,127	0,137	0,273	0,238	0,148	0,475	0,354	0,247	0,333	0,512	0,507	0,711	0,704	0,947
2,00	0,152	0,144	0,088	0,197	0,164	0,125	0,135	0,270	0,233	0,144	0,455	0,341	0,240	0,324	0,487	0,489	0,685	0,661	0,908
2,50	0,152	0,042	0,085	0,195	0,160	0,120	0,129	0,265	0,220	0,138	0,420	0,313	0,228	0,306	0,440	0,458	0,634	0,586	0,835
3,00	0,152	0,142	0,084	0,195	0,158	0,116	0,125	0,260	0,212	0,134	0,397	0,294	0,219	0,292	0,405	0,436	0,598	0,533	0,776

Die zu Gl. 756, S. 646 (Christen) gehörigen Werte von m für die Rauhigkeitsgrade der sonstigen Unterscheidungen finden sich a. a. O.

Zum Unterschied von dem ,,Einheitsverlust'' der Rohrführungen könnte hier von einem ,,Einheitsbedarf'' an freiem Wasserspiegelgefälle die Rede sein, einem $h_b{}^0/_{00}$. Nun sind aber hier die Beziehungen zwischen F und U, wie schon erläutert, wesentlich freier als es bei den ganz gefüllten Röhren der Fall war, und so gibt es nur dann gedrängte Ausdrücke für den Einheitsbedarf, wenn wir auf die geometrisch in sich festliegenden Querschnitte des kleinsten benetzten Umfanges zurückgreifen. Setzen wir in Gl. 762 den Wert $U_{min\,(b,\,t)}$ aus Gl. 761 ein, worin aber F durch $\frac{Q}{c}$ ersetzt ist, so erhalten wir als Kleinstbedarf an Gefälle wegen $U_{min\,(b,\,t)}$

$$J^0/_{00}(\mathrm{m}) = 2\,\psi_k \sqrt{\frac{2-\cos\beta}{\sin\beta}} \cdot c^2 \sqrt{\frac{c}{Q}} \quad \ldots\ldots\ldots \quad 767$$

und durch Einführen von $c = 1$ m/sk und $Q = 1$ cbm/sk ergibt sich

$$h_b{}^0/_{00}(\mathrm{m}) = 2\,\psi_k \sqrt{\frac{2-\cos\beta}{\sin\beta}} \quad \ldots\ldots\ldots \quad 768$$

Die Größen $J\,^0/_{00}$, $h_b{}^0/_{00}$ werden als m auf 1000 m aufgefaßt, sie können aber auch gerade so gut als mm auf 1000 mm Kanallänge angesehen werden, und sind in diessm Fall ohne weiteres mit den h_v nach Gl. 741, S. 638, vergleichbar.

Wohl zu beachten ist, daß die ψ_k-Werte für Kanäle unmöglich in Übereinstimmung mit den ψ_r für ganz gefüllte Röhren gebracht werden können, auch für genau das gleiche Wandungsmaterial nicht, weil beim offenen Kanal die Reibungshindernisse der einfassenden Flächen gewissermaßen nur ein- bzw. mehrseitig, beim geschlossenen Rohr aber allseitig auf den Strömungsvorgang durch Wirbelungen Einfluß nehmen.

Wird in die Gl. 762 für U der Betrag des benetzten Halbkreisumfangs nach Gl. 757 S. 646 eingeführt, dann $c = 1$ m/sk und $Q = 1$ cbm/sk, so ergibt sich der Einheitsbedarf an Gefälle für den Kanal mit halbkreisförmigem Querschnitt

$$h_b{}^0/_{00} = \psi_k \sqrt{2\pi} = 2{,}506\,\psi_k \quad \ldots\ldots\ldots \quad 769$$

Den trapezförmigen Kanalquerschnitten mit $U_{min\,(b,t)}$ entsprechen dann allgemein und speziell mit den ψ_k-Werten bei $R = 1$ m für Bruchsteinmauerwerk ($\psi_k = 0{,}301$) und Erde ($\psi_k = 0{,}631$) nach Bazin alt, vgl. Tabelle S. 651, für

		Bruchsteinmauerwerk	Erde
$\beta = 90^0$	$h_b{}^0/_{00} = 2{,}828\,\psi_k$	$h_b{}^0/_{00} = 0{,}851$ m	$h_b{}^0/_{00} = 1{,}784$ m
60^0	$= 2{,}632$,,	$= 0{,}792$,,	$= 1{,}661$,,
45^0 (einfache Böschung)	$= 2{,}702$,,	$= 0{,}813$,,	$= 1{,}705$,,
$33^0\,40'$ (anderthalbfache B.)	$= 2{,}902$,,	$= 0{,}874$,,	$= 1{,}831$,,
30^0	$= 3{,}012$,,	$= 0{,}907$,,	$= 1{,}901$,,
$26^0\,30'$ (zweifache B.)	$= 3{,}148$,,	$= 0{,}948$,,	$= 1{,}986$,,

und die Gl. 767 kann dann bei Anwendung von $U_{min\,(b,\,t)}$ wieder allgemein geschrieben werden als

$$J\,^0/_{00} = h_b{}^0/_{00} \cdot c^2 \sqrt{\frac{c}{Q}} \quad \ldots\ldots\ldots \quad 770$$

ähnlich der Gl. 742, S. 638.

Immerhin sind die für Kanäle aus Bruchsteinen und aus Erde vorstehend beigesetzten nach den anderweitigen Angaben berechneten Größen des Einheitsbedarfs $h_b{}^0/_{00}$ geeignet, einen kurzen Überblick über die tatsächlichen Bedarfszahlen zu geben, und hieraus rechnen sich die Werte von $h_b{}^0/_{00}$, den verschiedenen Böschungswinkeln entsprechend, $\beta = 90^0$, als $2{,}828 \frac{1000}{C^2} = \frac{2828}{C^2}$ usw.

Bei der Wahl der durchschnittlichen Geschwindigkeiten c selbst sprechen verschiedene Erwägungen mit.

Jedem Bodenmaterial ist eine Höchstgeschwindigkeit des Wassers eigen, bei deren Überschreitung die Kanalwandungen angegriffen und bald zerstört werden.

Diese Höchstgeschwindigkeiten, bzw. die höchsten mittleren Kanalgeschwindigkeiten, die noch anwendbar sind, können der Natur der Dinge nach nur in Annäherungswerten angegeben werden.

Durchschnittszahlen sind:

Schlammige Erde, feiner Sand . . .	$c = 0{,}1$ m/sk
Fetter Ton	$c = 0{,}25$,,
Fetter Sand	$c = 0{,}45$,,
Kies	$c = 1{,}00$,,

Die Anwendung höherer Geschwindigkeiten kann nur bei natürlich festen Kanalwandungen, Fels, oder künstlich befestigten, Pflasterung mit Zementausfugung, Ausmauerung in Zement, Betonierung, erfolgen. Bei letzteren ist natürlich das Bodenmaterial mit Rücksicht auf Geschwindigkeiten ausgeschaltet, die in Ausnahmefällen einmal bis auf 3 m/sk gesteigert werden können. Solide Holzauskleidung (Freigerinne) gestattet noch höhere Werte.

Der Gefällebedarf eines Kanals wächst mit c^3, Gl. 762, mithin ist ein kleines c an sich besser als hohe Werte. Andererseits stellen sich die Anlagekosten der Kanäle von kleinem c, also großem Querschnitt, höher. Im Einzelfalle kommen also wirtschaftliche Erwägungen in Betracht, bei denen der Rentenwert der allenfalls noch zu gewinnenden Wasserpferdestärke zu berücksichtigen ist.

I. Rechnungsbeispiel, rechteckiges Kanalprofil.

Ein Kanal kann senkrechte Seitenwände nur dann erhalten, wenn er in Fels gebrochen wird oder wenn die Kanalwände aus kräftigem Mauerwerk bestehen. Das letztere sei aus Bruchsteinen gebildet, ebenso sei die Sohle mit Bruchsteinen gepflastert. Demgemäß kommen die Werte der Tabelle S. 651 vierte Spalte in Betracht.

Der Kanal soll 20 cbm/sk Wasser mit $c = 1$ m/sk führen. Mithin ist $F = 20$ qm.

Nach der Tabelle S. 647 unten wäre für senkrechte Seitenwand, $\beta = 90^0$, für den Querschnitt kleinsten Umfanges $b = 2t$ auszuführen; aus $F = b \cdot t = 2t \cdot t = 20$ würde folgen $t_{(U\,min)} = \sqrt{10} = 3{,}16$ m, $b_{(U\,min)} = 6{,}32$ m, $U_{min\,(b,\,t)} = 4 t_{(U\,min)} = 12{,}64$ m.

Aus der etwa nach sonstigen baulichen Rücksichten wünschenswerten Wassertiefe $t = 2$ m folgt die Kanalbreite $b = 10$ m, ohne Rücksicht auf den erzielbaren Kleinstwert von U. Hier ist U dann $10 + 2 \cdot 2 = 14$ m gegenüber 12,64. Zur Benützung der Tabelle auf S. 651 ist noch $\frac{F}{U} = R$ zu bestimmen, es ergibt sich $\frac{F}{U} = \frac{20}{10 + 2 \cdot 2} = \frac{20}{14} = 1{,}43$ m. Dieser Wert liefert, vgl. auch Tabelle,

(Bazin alt) $\quad \psi_k = 0{,}24\left(1 + \frac{0{,}25}{1{,}43}\right) = 0{,}24 \cdot 1{,}175 = 0{,}282$

(Bazin neu) $\quad \psi_k = 0{,}132\left(1 + \frac{0{,}46}{\sqrt{1{,}43}}\right)^2 = 0{,}132 \cdot 1{,}384^2 = 0{,}253$[1])

[1]) Die Benutzung der Ganguillet und Kutter'schen Werte für ψ_k ist hier nur im Annäherungsweg möglich, da ψ_k, das doch für die Berechnung von $J^0/_{00}$ nötig ist, selber schon J enthält, es müßte also J geschätzt und in unglaublich zeitraubender Weise ψ_k berechnet werden.

Die Gleichung $$J^0/_{00} = \psi_k \frac{U \cdot c^3}{Q} \quad \ldots \ldots \ldots \ldots (762)$$

liefert nun

(Bazin alt) $$J^0/_{00} = 0{,}282 \frac{14 \cdot 1^3}{20} = 0{,}197 \text{ m},$$

(Bazin neu) $$J^0/_{00} = 0{,}253 \frac{14 \cdot 1^3}{20} = 0{,}177 \text{ m}.$$

Für die Berechnung nach Kutter benützen wir die Tabelle oder die Fig. 454, die beide für $J^0/_{00} = 0{,}5$ m aufgestellt sind. Es zeigt sich ein Wert von $\psi_k = 0{,}155$ und daraus folgt

$$J^0/_{00} = 0{,}155 \frac{14 \cdot 1^3}{20} = 0{,}109 \text{ m},$$

also viel weniger als dem angenommenen Tabellenwert entspricht.

Nach Christen käme nach Gl. 755 und mit $J^0/_{00} = 1000\,J$, ferner mit $k = 8{,}5$, d. h. mit $m = \sqrt{2 \cdot 8{,}5^3} = 35$

$$J^0/_{00} = \frac{1000 \cdot 1^2}{35^2 \cdot 2 \cdot \sqrt[4]{5}} = 0{,}273 \text{ m}.$$

Man sieht aus den so ungemein verschiedenen Zahlen für den Gefällebedarf des gleichen Kanals, welche Unsicherheit hier herrscht. Diese mag wohl hauptsächlich dadurch entstehen, daß der Begriff der „Rauhigkeit" zu sehr dem Gefühl des Einzelnen und dem Zufall bei der Beurteilung tatsächlicher Verhältnisse unterliegt, die in ihrer großen Mannigfaltigkeit verwirrend wirken müssen.

Von Interesse ist das ziffermäßige Verfolgen des Einflusses wechselnder Wassertiefe eines Kanals von gegebenem Gefälle auf die geführte Wassermenge. Der Kanal von den vorgenannten Abmessungen sei mit, abgerundet, 0,2 m auf 1000 m Länge Gefälle (Wasserspiegel, also auch Sohle) angelegt.

Wenn der Wasserspiegel aus irgendwelchem Grunde um 0,5 m abgesenkt ist, so beträgt die Tiefe dabei nur $2 - 0{,}5 = 1{,}5$ m und die Wasserförderung wird abnehmen müssen.

Mit $U = b + 2t$ und $c = \frac{Q}{F} = \frac{Q}{b \cdot t}$ geht die Gl. 752 über in

$$Q = \sqrt{\frac{J^0/_{00} \cdot b^3}{\psi_k}} \sqrt{\frac{t^3}{b + 2t}} \quad \ldots \ldots \ldots \ldots 771$$

Dies die Beziehung für die mit t wechselnde Wassermenge, bei der aber die Größe ψ_k jeder anderen Tiefe t entsprechend neu zu berechnen ist.

Nach Einsetzen der Zahlenwerte ergibt sich

$$Q = \sqrt{\frac{0{,}2 \cdot 10^3}{\psi_k}} \sqrt{\frac{1{,}5^3}{10 + 2 \cdot 1{,}5}} = \frac{7{,}2}{\sqrt{\psi_k}}.$$

Die Größe von ψ_k findet sich (Bazin alt, S. 649) für nur 1,5 m Tiefe:

$$\psi_k = 0{,}24\left(1 + 0{,}25 \frac{10 + 2 \cdot 1{,}5}{10 \cdot 1{,}5}\right) = 0{,}292,$$

also $$Q = \frac{7{,}2}{\sqrt{0{,}292}} = \frac{7{,}2}{0{,}54} = 13{,}33 \text{ cbm/sk}$$

usw. Die Fig. 455 zeigt für wechselnden Wasserstand, die Wassertiefen senkrecht angetragen, die zugehörigen Wassermengen wagrecht von der Kanalmitte aus gegen rechts jeweils in Höhe der zugehörigen Wassertiefe, und um ein Bild über den Einfluß der verschiedenen ψ_k-Werte zu geben, sind auch die nach

Bazin neu und Christen errechneten Wassermengenkurven eingezeichnet, außerdem die Kurven der zugehörigen, aus Q und F errechneten Geschwindigkeiten

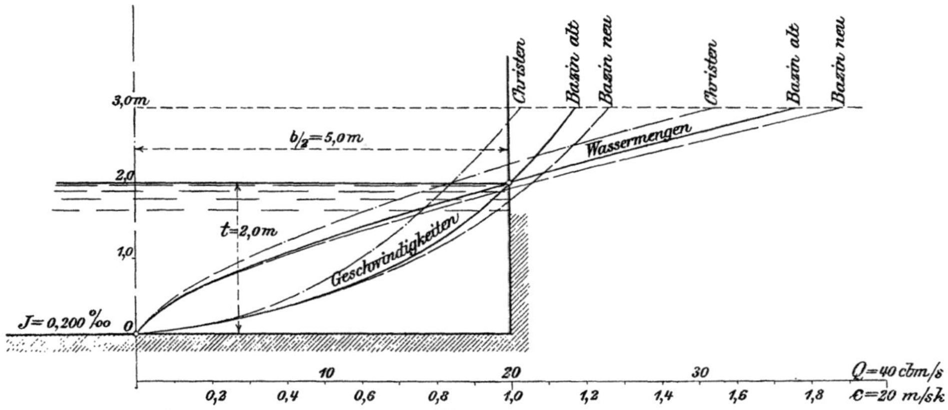

Fig. 455.

Es zeigt sich, daß in der Nähe der normalen Tiefe von 2 m die Wassermenge rechnungsmäßig annähernd proportional der Wassertiefe wechselt.

II. Rechnungsbeispiel, trapezförmiges Kanalprofil.

Wir nehmen die gleiche Leistung des Kanales wie vorher, 20 cbm/sk, $c = 1$ m/sk, dazu anderthalbfache Böschung der Kanalwände; diese sowohl als die Kanalsohle ungepflastert, Erde.

Nach der Tabelle S. 647 ist zur Erzielung des kleinsten benetzten Umfanges bei $\beta = 33^0\,40'$ nötig, daß $b = 2{,}106\,t$; aus $b \cdot t = 2{,}106\,t^2 = 20$ folgt $t_{(U\,min)} = \sqrt{\frac{20}{2{,}106}} = 3{,}08$ m, $b_{(U\,min)} = 6{,}49$ m, $U_{min\,(b,\,t)} = 4{,}212\,t_{(U\,min)} = 12{,}98$ m.

Auch hier werde aber $b = 10$ m, $t = 2$ m in Aussicht genommen, wobei sich nach Tabelle S. 646 findet

$$U = 10 + 2{,}106 \cdot 2 = 14{,}212 \text{ m},$$

ferner ist

$$R = \frac{F}{U} = \frac{20}{14{,}212} = 1{,}405 \text{ m},$$

und damit ergibt sich, S. 649,

(Bazin alt) $$\psi_k = 0{,}28\left(1 + 1{,}25\,\frac{14{,}212}{20}\right) = 0{,}529,$$

(Bazin neu) $$\psi_k = 0{,}132\left(1 + \frac{0{,}85}{\sqrt{1{,}405}}\right)^2 = 0{,}132 \cdot 1{,}717^2 = 0{,}389.$$

Mit diesen Werten finden sich, Gl. 762,

(Bazin alt) $$J\,{}^0/_{00} = 0{,}529\,\frac{14{,}212 \cdot 1^3}{20} = 0{,}376 \text{ m},$$

(Bazin neu) $$J\,{}^0/_{00} = 0{,}389\,\frac{14{,}212 \cdot 1^3}{20} = 0{,}277 \text{ m}.$$

Der Kanal werde für 0,375 m auf 1000 m gebaut. Auch hier ist der Verlauf der Wassermengen bei verschiedenen Wassertiefen und gleichbleibender Sohlenbreite von Interesse, wofür zuerst die Beziehung für die wechselnden F und U aufzustellen ist. Nach Fig. 453 ist die Sohlenbreite

$$b_s = b - \frac{t}{\operatorname{tg}\beta}, \quad \text{also} \quad b = b_s + \frac{t}{\operatorname{tg}\beta}.$$

Mithin ist (b unveränderlich)

$$F = b \cdot t = b_s \cdot t + \frac{t^2}{\operatorname{tg} \beta}$$

$$U = b_s + \frac{2t}{\sin \beta}$$

$$R = \frac{F}{U} = t\,\frac{b_s \sin \beta + t \cos \beta}{b_s \sin \beta + 2t}.$$

Mit $c = \frac{Q}{F}$ und den vorstehenden Werten für F und U kann die Gl. 762 hier geschrieben werden:

$$Q = \sqrt{\frac{J^0/_{00}}{\psi_k}} \sqrt{\frac{\left(b_s t + \frac{t^2}{\operatorname{tg} \beta}\right)^3}{b_s + \frac{2t}{\sin \beta}}} \quad \ldots \ldots \ldots \quad 772$$

Nach Einsetzen der Zahlenwerte kommt mit $b_s = 10 - \frac{2 \cdot 3}{2} = 7$ m; $\beta = 33^0\,40'$

$$Q = \sqrt{\frac{0{,}375}{\psi_k}} \sqrt{\frac{\left(7 \cdot t + t^2 \frac{3}{2}\right)^3}{7 + \frac{2t}{0{,}554}}}.$$

Nach **Bazin** alt findet sich, S. 649,

$$\psi_k = 0{,}28\left(1 + 1{,}25\frac{U}{F}\right) = 0{,}28\left(1 + \frac{1{,}25}{t} \cdot \frac{7 \cdot 0{,}554 + 2t}{7 \cdot 0{,}554 + 0{,}832\,t}\right).$$

Für Absinken des Wasserspiegels von 2 m auf $t = 1{,}5$ m berechnen sich dann

$$\psi_k = 0{,}28\left(1 + \frac{1{,}25}{1{,}5} \cdot \frac{3{,}878 + 2 \cdot 1{,}5}{3{,}878 + 0{,}832 \cdot 1{,}5}\right) = 0{,}28\,(1 + 1{,}118) = 0{,}593$$

und die dann noch geförderte Wassermenge

$$Q = 11{,}65 \text{ cbm/sk}.$$

Die Fig. 456 zeigt den Verlauf der Wassermengen für verschiedene Füllungstiefen, sowie den der Geschwindigkeiten; Fig. 457 oben, das ganze Profil.

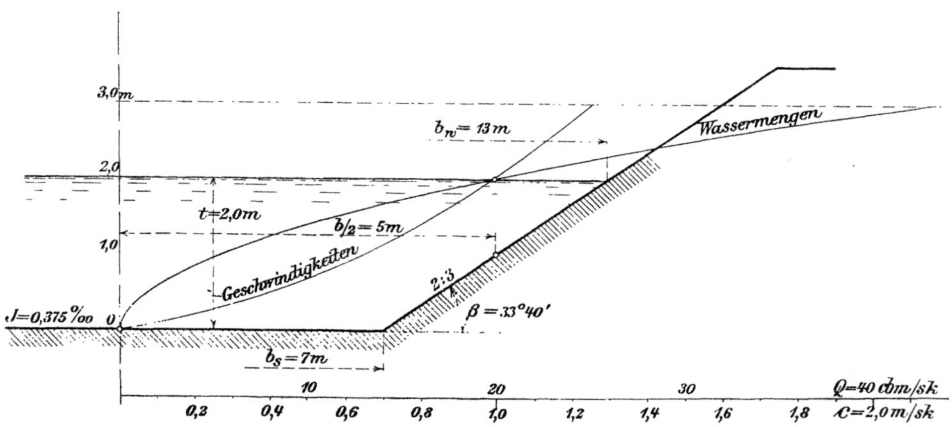

Fig. 456.

Zu bemerken ist noch, daß das für $U_{min\,(b,\,t)}$ gerichtete Profil mit $t = 3{,}08$ m, $b = 6{,}49$ m, Fig. 457 zweitoberstes Profil, statt 0,375 $^0/_{00}$ rechnungsmäßig nur

0,329 ‰ Gefällebedarf hätte. Der Unterschied von 0,375 — 0,329 = 0,046 m auf 1000 m Kanallänge ist wenig bedeutend.

Wenn wir uns aber vom Profil des $U_{min(b,t)}$ noch weiter entfernen, z. B. mit $t = 1$ m, $b = 20$ m, Fig. 457 drittes Profil, so ergibt sich schon ein Gefällebedarf (Bazin alt) von 0,736 ‰, also gegenüber $t = 2$ m, $b = 10$ m, ein Mehrbedarf von Gefälle, d. h. ein Mehrverlust für die Anlage im Betrag von

$$0,736 - 0,375 = 0,361 \text{ m}$$

auf 1000 m Kanallänge. Die zur Tiefe übermäßig breiten Kanäle sind eben Gefälleverderber.

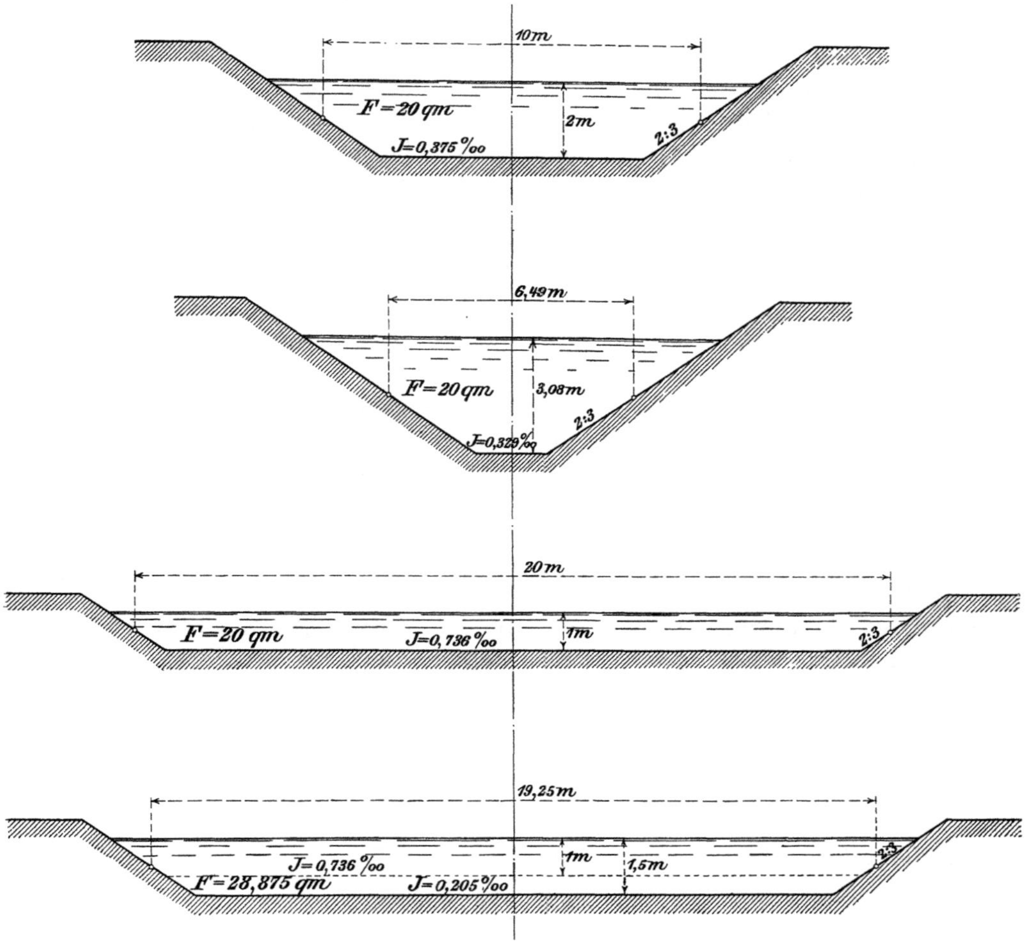

Fig. 457.

Wie einem solchen, etwa schon bestehenden Kanal von $t = 1$ m, $b = 20$ m aufgeholfen werden kann, das zeigt die Rechnung für die Annahme, daß unter Einhalten der Wasserspiegelbreite b_w und der Böschungsschräge der ebengenannte Kanal um 0,5 m, also von 1 m auf 1,5 m, ausgetieft werde, Fig. 457 unten.

Diese Austiefung würde eine Querschnittsvergrößerung von 20 qm auf 28,875 qm, also eine Verringerung der Geschwindigkeit c von 1 m/sk auf $1 \cdot \frac{20}{28,875} = 0,693$ m/sk bringen, und da der Gefällebedarf, abgesehen von ψ_k, mit c^3 wechselt, Gl. 762, so sinkt durch diese Verkleinerung von c infolge der Austiefung der Gefällebedarf auf das $\left(\frac{0,693}{1}\right)^3 = \sim 0,33$ fache von vorher. Nun wächst dabei U nur auf 22,407 m gegenüber 22,106 m bei 1 m Wassertiefe und so bringt $R = \frac{F}{U}$ eine wesentliche Verkleinerung von ψ_k derart, daß durch das Austiefen von 1 m auf 1,5 m der Gefällebedarf des Kanals von 0,736 m auf 0,205 m für 1000 m Länge sinkt, also eine Ersparnis an Gefälle zugunsten der Anlage von 0,531 m bei 1000 m Kanallänge eintritt. Die Ersparnis würde sich bei dieser Kanallänge in einem Leistungsgewinn der Anlage mit rund $10\,Q \cdot H = 10 \cdot 20 \cdot 0{,}531 = 106{,}2$ effektiven Pferdestärken bemerkbar machen. Natürlich würde man ein derartiges Profil nicht von Anfang an wählen.

Die Fig. 457 zeigt die betrachteten Profile in maßstäblichem Verhältnis.[1])

III. Freigerinne.

Von Interesse ist auch die Beantwortung der Frage, mit welcher Wassertiefe ein mit starkem Gefälle angelegtes Freigerinne von einer gegebenen Wassermenge durchflossen wird, denn solche Gerinne kommen bei mittleren Gefällen, 20 m usw., häufig zur Ausführung, und man will Sicherheit darüber haben, daß die Rinne nicht seitlich überläuft.

Ein solches Freigerinne soll durch eine entsprechend große wasserbenetzte, also bremsende, Fläche $U \cdot L$ das Arbeitsvermögen der abschießenden Wassermenge nach Möglichkeit aufzehren, damit dieses beim Einströmen in das Wildbett tunlichst wenig Schaden anrichten kann, ein Zweck entgegengesetzt dem der sonstigen Kanäle.

Ein Zahlenbeispiel erläutert die Art der Rechnung am einfachsten.

Annahme. Das Gerinne wird aus rauhen Brettern erstellt, es soll 5 cbm/sk ableiten, der Berghang auf dem es angelegt wird, habe eine Neigung von $300\,^0/_{00}$, d. h. von 300 mm auf dem Meter wagrecht gemessener Länge.

Dem vorliegenden Zweck entspricht eine tunlichst **große** Gerinnebreite im Verhältnis zur Wassertiefe, rauhe Bretter. Wir schätzen $R = \frac{F}{U} = \frac{Q}{U \cdot c} = \sim 0{,}10$, um damit ψ_k annähernd festlegen zu können. Dies folgt, für Bazin alt, S. 649 unter „2", zu

$$\psi_k = 0{,}19\left(1 + 0{,}07\,\frac{1}{0{,}10}\right) = 0{,}32,$$

Die Gl. 762 lautet dann

$$J\,^0/_{00} = 300 = \psi_k\,\frac{U \cdot c^3}{Q} = 0{,}32\,\frac{U \cdot c^3}{5},$$

woraus der erforderliche benetzte Umfang

$$U = \frac{300 \cdot 5}{0{,}32 \cdot c^3} = \frac{4690}{c^3}.$$

Für angenommene Größen von

	$c = 2$ m/sk	5 m/sk	10 m/sk
folgt	$U = 586$ m	37,5 m	4,69 m,

mithin können für einfaches Holzgerinne nur hohe Geschwindigkeiten in Frage kommen. Bei $c = 10$ m/sk wird $F = \frac{5}{10} = 0{,}5$ qm $= b \cdot t$. Hieraus und mit $U = b + 2t = 4{,}69$ ergibt sich

$$F = b\,\frac{U - b}{2} = 0{,}5$$

[1]) Der Verf. hatte vielfach Veranlassung, dem verfehlten Streben nach breiten und wenig tiefen Profilformen entgegenzutreten. In der Tiefe ist im allgemeinen viel mehr zu gewinnen als in der Breite!

oder $$b = 2{,}35 \pm \sqrt{5{,}52 - 1} = 2{,}35 \pm 2{,}13 = 4{,}48 \text{ m}$$

$$t = \frac{0{,}5}{4{,}48} = \sim 0{,}11 \text{ m}$$

Kontrolle: $$R = \frac{F}{U} = \frac{0{,}5}{4{,}69} = 0{,}107 \text{ m.}$$

Dem —Zeichen würde eine Hochkantrinne von $b = 0{,}22$ m und $t = 2{,}27$ m entsprechen, deren Ausführung außer Frage steht.

Natürlich dauert es eine Strecke weit nach abwärts, ehe $c = 10$ m/sk tatsächlich zustande kommt, der obere Teil des Freigerinnes muß also entsprechend höher gehalten sein als der untere. Die eingehende rechnungsmäßige Verfolgung dieses Umstandes würde hier zu weit führen, nur soviel ist sicher, daß $c = 10$ m/sk etwa nach $\frac{10^2}{2g} = 5$ m Abfall eintreten wird.

IV. Kanäle mit Kreisquerschnitt und freiem Wasserspiegel.

Offene Kanäle sind an steilen Berghalden nicht ausführbar, hier wird mit Beibehalten des freien Wasserspiegels zu ganz geschlossenen Wasserführungen gegriffen, die, je nach der Beschaffenheit der Halde, als Stollen oder bei rissigem, durchlässigem Gestein als kreisförmige Rohre aus Eisenbeton hergestellt werden. Für letztere Form sei hier die Berechnung kurz gegeben.

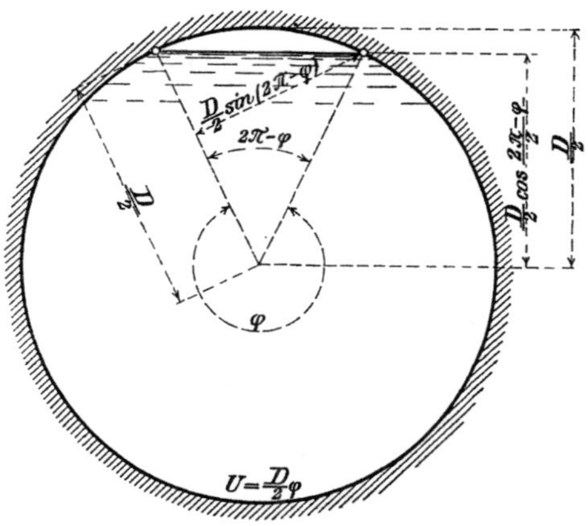

Fig. 458.

Fig. 458 zeigt den teilweise gefüllten Kreisquerschnitt, der den Zentriwinkel φ (Bogenmaß) umfaßt. Dadurch ist gegeben

$$F = D^2 \frac{\pi}{4} \cdot \frac{\varphi}{2\pi} + \frac{D}{2} \cdot \frac{D}{2} \frac{\sin(2\pi - \varphi)}{2}$$

$$= \frac{D^2}{8}\left[\varphi - \sin(2\pi - \varphi)\right]$$

und $$U = \frac{D}{2}\varphi,$$

sowie $$R = \frac{F}{U} = \frac{D}{4}\left[1 + \frac{\sin(2\pi - \varphi)}{\varphi}\right].$$

Die Verhältnisse der Berechnung, auch die ψ-Werte, liegen zwischen denen der geschlossenen, ganz gefüllten Rohre und denen des offenen Kanals, denn F und U sind durch D gegenseitig bedingt, also nicht mehr unabhängig voneinander, andererseits tritt die Veränderliche φ, der Zentriwinkel der Füllung neu hinzu.

Nach wie vor gilt allgemein

$$J^0/_{00} = \psi \frac{U \cdot c^3}{Q} = \psi \frac{D}{2} \varphi \frac{c^3}{Q} \quad \ldots \ldots \ldots \quad (762)$$

Aus $$F \cdot c = Q = \frac{D^2}{8}\left[\varphi + \sin(2\pi - \varphi)\right] c$$

findet sich $$D = \frac{2\sqrt{2}}{\sqrt{\varphi + \sin(2\pi - \varphi)}} \sqrt{\frac{Q}{c}}$$

und demgemäß $$U = \frac{D}{2}\varphi = \frac{\varphi\sqrt{2}}{\sqrt{\varphi + \sin(2\pi - \varphi)}} \sqrt{\frac{Q}{c}}.$$

Hierdurch kommt $$J\,{}^0/_{00}\,(\mathrm{m}) = \psi \frac{\varphi\sqrt{2}}{\sqrt{\varphi + \sin(2\pi - \varphi)}}\, c^2 \sqrt{\frac{c}{Q}} \quad \ldots\ldots\ldots \quad 773$$

Ersetzen wir c durch D, so findet sich

$$J\,{}^0/_{00}\,(\mathrm{m}) = \psi \frac{\varphi \cdot 256}{[\varphi + \sin(2\pi - \varphi)]^3} \cdot \frac{Q^2}{D^5} \quad \ldots\ldots\ldots \quad 774$$

Natürlich mußte auch hier D als D^5 Einfluß nehmen. Die Gl. 774 läßt sich nun zum Verfolgen der Einwirkung des Zentriwinkels der Füllung φ benutzen, denn hierbei ist D als konstant anzunehmen. Der Zentriwinkel des geringsten Gefällebedarfes folgt, sofern ψ für alle Zentriwinkel als konstant angenommen wird, was aber kaum zutreffen dürfte, für gegebenen Durchmesser aus $\frac{d\,J\,{}^0/_{00}}{d\varphi} = 0$, d. h. aus

$$3\,\varphi\cos\varphi - \sin\varphi = 2\,\varphi$$

und dieser Bedingung entspricht $\varphi = \sim 5{,}376$ oder $\varphi^0 = 308^0$. Zu diesem Zentriwinkel gehört eine freie Höhe zwischen Wasserspiegel und Rohrscheitel von

$$\frac{D}{2}\left(1 - \cos\frac{360^0 - 308^0}{2}\right) = \frac{D}{2}(1 - \cos 26^0) = \sim 0{,}05\,D = \sim \frac{D}{20}.$$

Der benutzte Rohrquerschnitt beträgt dabei $\sim 0{,}98\frac{D^2\pi}{4}$ und der Kleinstwert des Gefällebedarfs selber stellt sich für $\frac{D}{20}$ als freie Scheitelhöhe auf

$$J\,{}^0/_{00\,min}\,(\mathrm{m}) = \psi\, 3{,}062\, c^2 \sqrt{\frac{c}{Q}} \quad \ldots\ldots\ldots \quad (773)$$

oder auch auf $$J\,{}^0/_{00\,min}\,(\mathrm{m}) = \psi\, 5{,}877\, \frac{Q^2}{D^5} \quad \ldots\ldots\ldots \quad (774)$$

Für Füllung auf $\varphi = 308^0$ kommt $R = \frac{F}{U} = \frac{D}{4}\left(1 + \frac{0{,}788}{5{,}376}\right) = 0{,}2867\,D.$

Bei höherer Füllung nimmt U unverhältnismäßig zu, während der Zuwachs an F, also die Verringerung von c, dies nicht wettmacht. Umgekehrt bei kleinerer Füllung, der Einfluß der bei gleichem Q wachsenden $c^2\sqrt{c} = c^{2,5}$ ist dann größer als die Ermäßigung des Bedarfs an $J\,{}^0/_{00}$ durch die abnehmenden U. Bei solch hoher Füllung sind reichlich Luftschächte nötig, um die freie Wasseroberfläche zu sichern.

Ein anderes ist die Beantwortung der Frage, bei welcher Füllung ein mit gegebener Größe von $J\,{}^0/_{00}$ verlegtes Rohr die größte mittlere Fließgeschwindigkeit an sich aufweist. Aus Gl. 773, wenn dort $\frac{c}{Q}$ durch $\frac{1}{F}$ und F durch

$$\frac{D^2}{8}\left[\varphi + \sin(2\pi - \varphi)\right]$$

ersetzt wird, findet sich allgemein

$$c = \sqrt{\frac{J\,{}^0/_{00}}{4\psi}} \sqrt{\frac{\varphi + \sin(2\pi - \varphi)}{\varphi}} \sqrt{D} \quad \ldots\ldots\ldots \quad 775$$

und aus $\frac{dc}{d\varphi} = 0$ folgt für den c_{max} entsprechenden Zentriwinkel die Bedingung

$$\varphi = \operatorname{tg}\varphi,$$

was für $\varphi \cong 4{,}4934$ oder $\sim 257^0\,27'$ zutrifft. Die Pfeilhöhe des freien Kreisabschnittes stellt sich hier auf

$$\frac{D}{2}\left(1 - \cos\frac{360^0 - 257^0\,27'}{2}\right) = \frac{D}{2}(1 - \cos 51^0\,16^1/_2{}') = \sim 0{,}1875\,D$$

und der ausgefüllte Rohrquerschnitt auf $\sim 0{,}87\,D^2\frac{\pi}{4}$.

Daß c_{max} nicht die gewünschte größte Fördermenge Q liefern kann, ist klar, es fehlt dabei am Querschnitt, das Rohr sollte eben bis 0,05 D hinauf und nicht nur bis 0,1875 D Abstand gefüllt sein.

Die zur Verwendung kommenden Größen von ψ finden sich von zwei Seiten her bestimmt. Derartige Betonröhren können mit großer Sorgfalt im Inneren geglättet werden, derart, daß die ψ_k-Werte für „gehobeltes Holz, geschliffener Zement", Tabelle S. 649 und 651, und für etwa halb ausgefüllten Querschnitt angewendet werden könnten, während andererseits die ψ_r-Werte der geschlossenen Rohre doch den Verhältnissen bei fast ganz gefülltem Rohr nahe kommen sollten.

Zahlenbeispiel, Fig. 459.

Wassermenge 3 cbm/sk. Da der Rohrquerschnitt für zweckmäßigste Füllung nur $0{,}98\,D^2\frac{\pi}{4}$ beträgt, so findet sich für rund $c = 1$ m/sk

$$3 = 0{,}98\,D^2\frac{\pi}{4}\cdot 1$$

und hieraus $D = 1{,}97$ m. Wir nehmen $D = 2$ m rund und erhalten daraus $c = \sim 0{,}974$ m/sk, leere Scheitelhöhe $\frac{2}{20} = 0{,}1$ m.

Die ψ_k-Werte ergeben für $D = 2{,}0$ m und bei $\varphi = 308^0$ nach

$$\left.\begin{array}{ll} \text{Bazin alt} & \psi_k = 0{,}158 \\ \text{Bazin neu} & \psi_k = 0{,}154 \\ \text{Kutter} & \psi_k = 0{,}114 \end{array}\right\}\ \text{S. 651.}$$

Der Wert von ψ_r, ganz gefülltes Rohr, dagegen wurde zu 0,2821, Gl. 748, S. 640, gefunden. Für das nachstehende Beispiel wurde $\psi = 0{,}25$ geschätzt und der Einfachheit der Rechnung halber als für alle Füllungshöhen gleichbleibend angenommen, trotzdem $\frac{F}{U} = R$ für diese wechselt.

Mit $\psi = 0{,}25$ rechnet sich der Gefällebedarf zu

$$J\,^0/_{00}\,(\text{m}) = 0{,}25 \cdot 5{,}877\,\frac{3^2}{2^5} = 0{,}413 \qquad (774)$$

Unter Beibehaltung des Gefälles von $0{,}413\,^0/_{00}$ und unter Voraussetzung konstanter Größe von ψ berechnen sich die Größen von c für verschiedene Füllungshöhen bzw. Füllungswinkel nach Gl. 775 und die zugehörigen Wassermengen unter Zuhilfenahme der Gleichung für F

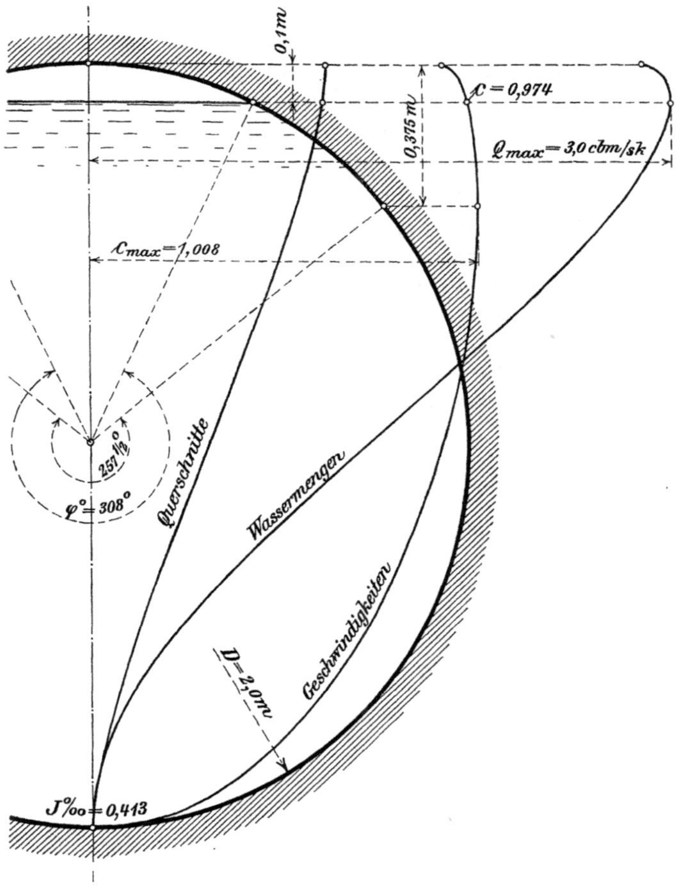

Fig. 459.

S. 659, wie solche in den Kurven der Fig. 459 eingezeichnet sind, vgl. dazu die Fig. 455 und 456.[1])

Der Wert von c_{max} stellt sich nach Gl. 775 für $\varphi = 4,4934$ auf 1,008 m/sk gegenüber $c = 0,974$ m/sk für zweckmäßigste Füllung. Die leere Scheitelhöhe für c_{max} ergibt sich zu $0,1875 \cdot 2 = 0,375$ m.

V. Druckstollen.

Handelt es sich um das Weiterführen des durch ein Wehr gestauten Betriebswassers bei immer gleichbleibender Wasserhöhe am Wehr, so findet naturgemäß der offene Kanal oder auch der überdeckte von rechteckigem oder rundem Querschnitt Anwendung; der freie Wasserspiegel im Kanal ist dabei selbstverständlich.

Wenn aber in dem Stauraum des Wehrs eine gewisse Reserve zum Ausgleich unregelmäßigen Wasserverbrauches geschaffen werden soll, so ist der Anschluß mit freiem Wasserspiegel in allen den Fällen untunlich, wo die Kanaltiefe nicht zur Ausschöpfung des Sammelraumes genügt, weil die Höhenlage des gestauten Wasserspiegels in weiten Grenzen wechselt.

Hier hat dann entweder die Rohrleitung mit genügend tiefliegendem Einlauf oder statt dieser der Druckstollen einzutreten.

Der Druckstollen ist für den Turbinenbetrieb nichts weiter als eine gut mit Zementglattstrich versehene, am besten nachher noch geschliffene Rohrleitung von meist nicht ganz kreisrundem Querschnitt. Daß die Stollenwände durch Zuputzen aller Unebenheiten herzurichten sind, ist selbstverständlich, wie das ja auch für den druckfreien Stollen gilt, die Wirbel, die von vorstehenden Bruchkanten verursacht werden, auch wenn diese Bruchflächen und Ecken außerhalb des normalen Stollenprofils liegen, also anscheinend den freien Querschnitt gar nicht beeinträchtigen, sind ganz erheblich gefälleverbrauchend.

Beim Druckstollen spielt natürlich die Neigung der Achse gerade so wenig eine Rolle als bei jeder anderen Rohrleitung, und der Gefällebedarf des glatt verputzten und geschliffenen Druckstollens stellt sich rechnungsmäßig annähernd wie für Rohrleitungen, es handelt sich eben um einen geschlossenen, rundum benetzten Umfang, bei dem die Abwesenheit der sich bei Blech- oder Gußröhren stetig wiederholenden Stöße nur wertvoll sein wird.

Dem Verfasser sind ganz zuverlässige Erfahrungszahlen für die ψ-Werte bei Druckstollen nicht bekannt, $\psi_r = 0,28$ dürfte vorsichtig gerechnet sein.

---

[1]) Verf. hat diese Berechnungs- und Darstellungsweise seit Jahren in seinen Vorträgen angewandt, veröffentlicht ist sie aber erstmals in Weyrauch, Hydraulisches Rechnen, 1909.

25. Die Entstehung des Nettogefälles.

Freie Flußbetten sind fast durchweg sehr breit im Verhältnis zur Tiefe. Im freien Flußbett befindet sich das fließende Wasser geradeso in einem Beharrungszustand wie nachher im Ober- und Unterkanal auch, und seine Bewegung unterliegt dem gleichen Gesetz

$$J\,{}^0/_{00}\,(\mathrm{m}) = \psi_k \frac{U \cdot c^3}{Q} \quad \ldots \ldots \ldots \ldots \quad (762)$$

Der Unterschied gegenüber dem Kanal besteht nur darin, daß bei gleicher Wassermenge Q die Werte von ψ_k, U und c im freien Flusse so groß sind, daß das gesamte Arbeitsvermögen des bergabfließenden Wassers, dargestellt durch das Wasserspiegelgefälle, wie in einem Freigerinne, zur Überwindung der Bettreibung verbraucht wird.

Soll nun ein möglichst großer Teil dieses „Rohgefälles" H_r, des Höhenunterschiedes der Wasserspiegel zwischen Anfang und Ende der in Betracht kommenden freien Fußstrecke, Fig. 462, S. 670, freigemacht werden und schließlich als „Nettogefälle" H_n im Krafthause zur Verfügung sein, so muß dem Wasser im Ober- und Unterkanal eine bessere Fließgelegenheit geboten werden als es im freien Flusse besitzt, es müssen U und c durch die Kanalform und es muß ψ_k durch gute Ausführung und Instandhaltung der Kanalwände und -sohle ermäßigt werden. Auch eine gegenüber dem Flußlauf gekürzte Kanallänge trägt natürlich zur Gewinnung von Nettogefälle bei, weil der Gefällebedarf im geraden Verhältnis zur Kanallänge steht.

A. Wehr und Staukurve.

Natürlich muß das Betriebswasser durch eine Sperre, das Wehr, am Weiterfließen im seitherigen Flußbett verhindert und dem Oberkanal zugewiesen werden.

Da dieser immer eine größere Wassertiefe als der freie Flußlauf haben muß, um die nötige Verkleinerung von U im Verein mit der Vergrößerung von F (kleineres c) zu erzielen, so werden die Wehre, wo immer angängig, höher über die Flußsohle geführt als die Kanalwassertiefe beträgt, damit das auf der Flußsohle wandernde Geschiebe vom Kanal ferngehalten wird. Ist solch ausgiebige Wehrhöhe untunlich, so sollte die Kanalsohle zu Anfang unter entsprechender Verbreiterung des Einlaufquerschnittes doch immer höher als die Flußsohle gelegt werden.

Das Wehr erhöht unter allen Umständen örtlich den seitherigen Wasserspiegel im Flusse um ein Beträchtliches, Stauhöhe, und diese Erhöhung, zugleich Vergrößerung der Wassertiefe, nimmt vom Wehr an flußaufwärts langsam ab, bis sie schließlich in entsprechender Entfernung vom Wehr, Stauweite, wieder in den natürlichen Wasserspiegel und die Wassertiefe des freien Flusses übergeht, Stauende, Staugrenze.

Vom Stauende anfangend findet also das Wasser auf seinem Weg gegen das Wehr hin ständig wachsende Fließquerschnitte derart, daß sich die Wassergeschwindigkeit stetig verkleinern muß, und da die Übergänge sehr langsam erfolgen, so wird das von der Geschwindigkeit c_f im freien Fluß herstammende, der Höhe $\frac{c_f^2}{2g}$ entsprechende Arbeitsvermögen des Wassers nach und nach frei werden.

Im allgemeinen tritt nun keine äußerlich sichtbare Umsetzung von Geschwindigkeitshöhe in Druckhöhe ein, sondern das freiwerdende Arbeitsvermögen wird zur Überwindung der Reibung im Flußbett innerhalb der Stauweite herangezogen, hierzu aber nur in Ausnahmefällen ausreichen oder überschüssig groß sein (Wassersprung).

Die Oberflächenbegrenzung des Wassers innerhalb der Strecke zwischen Stauende und Wehr wird keine Gerade sein. Die „Staukurve", Fig. 460, erhebt sich nach und nach, vom Stauende anfangend, über die geneigte Gerade des früheren freien Wasserspiegels, Tiefe t, im Fluß und läuft, sofern alles Wasser zum Oberkanal geht, bei richtigem Betriebe auf Wehroberkante aus. Die Staukurve krümmt sich also vom Stauende gegen das Wehr hin stetig gegen aufwärts, und das Stauende stellt sich entsprechend höher ein als die Wehroberkante.

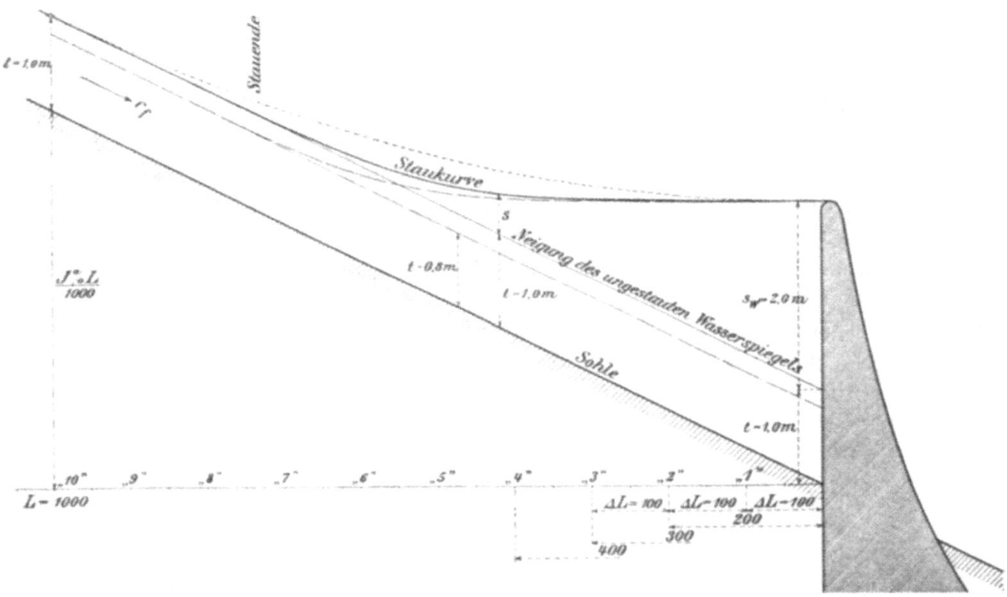

Fig. 460.

Für das Neuanlegen einer Wasserkraft ist es notwendig, vorher schon die künftige Stauweite und die Höhenlage des Stauendes gegenüber der Wehroberkante möglichst genau zu bestimmen. Hierüber sind verschiedene Berechnungsweisen, **Rühlmann**, **Tolkmitt**, aufgestellt worden. Diese beiden Methoden sind insofern unvollkommen, als der Einfluß der Geschwindigkeitshöhe $\frac{c_f^2}{2g}$ im Interesse einfacherer Rechnung außer Ansatz gelassen ist. Daß dies vielfach unerlaubt ist, mögen folgende Zahlen zeigen. In einem für Wasserkraftzwecke noch ausbauwürdigen Wasserlauf sind Geschwindigkeiten von $c_f = 2$ m/sk nichts Seltenes, aber $\frac{2^2}{2g}$ ist annähernd 0,2 m. Hat ein solcher Bach ein Wasserspiegelgefälle von $J\,^0/_{00} = 2$ m, so wird das Außerachtlassen von $\frac{c_f^2}{2g} = 0{,}2$ m einen Fehler in der Höhenlage des Stauendes von 0,2 m, also einen solchen in der Erstreckung der Stauweite bis zu $\frac{1000}{2} \cdot 0{,}2 = 100$ m aufwärts ermöglichen.

Zu bedenken ist andererseits, daß jede Berechnung der Stauweite mit schwierigen Verhältnissen zu kämpfen hat, daß für die Erfahrungswerte, auf denen sie sich aufbauen muß (Rauhigkeit des Bettes), völlig zuverlässige Daten gar nicht bestehen können[1]), um so weniger aber sollte ein Umstand von solcher Tragweite außer acht bleiben, damit nicht noch eine neue Fehlerquelle eröffnet wird.

Das Hereinziehen von $\frac{c_f^2}{2g}$ in eine, in einer kurzen Rechnung durchzuführende, Ermittlung der Stauweite ist freilich nicht durchführbar (Rühlmann, Tolkmitt), aber wenn ein Verfahren des schrittweisen Rechnens eingeschlagen wird, im Prinzip ähnlich wie es z. B. Pressel-München für Wasserschloßberechnungen vorgeführt hat (Schweiz. Bauz. 1908), so kommen wir ohne große Mühe zu einem einigermaßen sicheren Ergebnis, wie es im Nachfolgenden kurz erläutert werden soll, obgleich es auch dabei nicht ohne willkürliche Annahmen abgeht.

Annahme 1. Das freie Flußbett hat auf der ganzen in Betracht kommenden Strecke gleichbleibenden Wasserquerschnitt nach Form und Größe, also auch Wassertiefe t, und der freie Wasserspiegel, also auch die Sohle, verlaufen in gleichmäßigem Gefälle, in einer Geraden.

Annahme 2. Das freie Flußbett hat eine flach parabolische Profilform, Breite am Wasserspiegel b, Wassertiefe t.

Annahme 3. Die Wasserspiegelbreite b soll in der ganzen Staustrecke gleichbleiben derart, daß sich nur die Wassertiefe t ändert, also daß der parabolische Querschnitt gegen das Wehr hin eine immer größere Scheitelentfernung von der Wasserlinie zeigt[2]). Die jeweilige Erhöhung des Wasserspiegels über t hinaus, die örtliche Überstauung, ist s, Fig. 460, mithin bildet die Gesamtwassertiefe $t+s$ die Scheitelhöhe für die parabolischen Querschnitte, deren Flächeninhalt sich auf annähernd

$$F = \frac{2}{3}\,b\,(t+s)$$

stellt. Für den benetzten Umfang des Parabelquerschnitts darf ohne wesentlichen Fehler gesetzt werden

$$U = b + \frac{8}{3}\,\frac{(t+s)^2}{b} \quad \ldots\ldots\ldots\ldots\ldots \quad 776$$

Wir beginnen am Wehr, Stauhöhe s_W, Wasserquerschnitt F_W, benetzter Umfang U_W. Dort ist, Fig. 461, die Gesamttiefe $t+s_W$ deshalb ist auch die Geschwindigkeit c_W bekannt, während am oberen Ende der Strecke ΔL, im Profil „1“, weder die Tiefe $t+s_1$ noch die Geschwindigkeit c_1 bekannt sind.

Der wirkliche Höhenunterschied Δh der Wasseroberflächen auf die Strecke ΔL bezogen, kommt in der aus Fig. 461 ersichtlichen, vorher schon angedeuteten Weise zustande. Δh_ϱ ist der Gefällebedarf zur Überwindung der Wasserreibung

---

[1]) Vgl. die Fülle und Mannigfaltigkeit der Werte für „ψ_k“, Tabelle S. 651.

[2]) Diese Annahme dient nur der einfacheren Vorführung der Berechnung, es unterliegt gar keinem Anstand, hier mit zunehmender Tiefe auch zunehmende Breite in der Rechnung zu belassen. Im übrigen ist die Annahme konstanter Breite in vielen Verhältnissen gar nicht so außergewöhnlich, und die Parabeln bleiben auch dabei immer noch sehr flach.

an Wänden und Sohle und von diesem geht die zurückgewonnene, in Stauhöhe übergehende Geschwindigkeitshöhe ab, also

$$\Delta h = \Delta h_\varrho - \frac{c_1^2 - c_W^2}{2g} \quad \ldots \ldots \ldots \ldots \quad 777$$

Hierin ist, vgl. Gl. 739 $\Delta h_\varrho = \frac{\psi_k}{\gamma} \cdot \frac{U \cdot \Delta L \cdot c^3}{Q}$ 778

sofern U und c Mittelwerte zwischen U_W und U_1, c_W und c_1 darstellen, wovon aber nur die Ausgangswerte U_W und c_W bekannt sind.

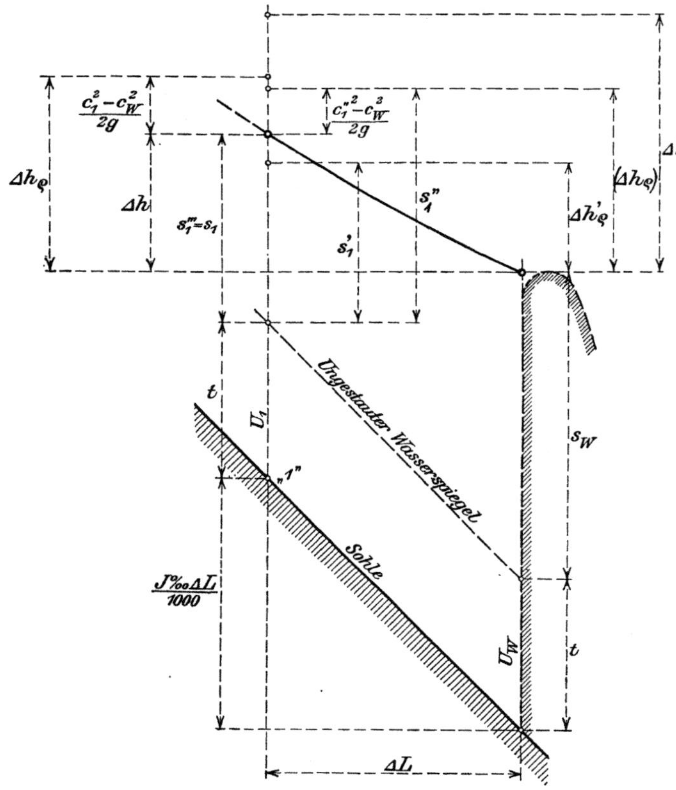

Fig. 461.

Wir nähern uns dem richtigen Wert von Δh_ϱ, wenn wir nach Gl. 778 mit U_W und c_W einen sichtlich zu kleinen Betrag für Δh_ϱ als $\Delta h_\varrho'$ berechnen und unter vorübergehender Vernachlässigung von $\frac{c_1^2 - c_W^2}{2g}$ aus

$$t + s_W + \Delta h_\varrho' = \frac{J^0/_{00} \Delta L}{1000} + t + s_1' \quad \ldots \ldots \ldots \ldots \quad 779$$

eine zu kleine Stauhöhe s_1' ableiten; daraus ergibt sich für ein $F_1' = \frac{2}{3} b (t + s_1')$ ein zu großer Betrag c_1' und, wenn in Gl. 778 die Größe U_1' aus $t + s_1'$, dazu c_1' eingeführt wird, so findet sich ein sichtlich zu großer Gefällebedarf $\Delta h_\varrho''$. Zwischen $\Delta h_\varrho'$ und $\Delta h_\varrho''$ muß der richtige Wert Δh_ϱ liegen. Wir nehmen als Annäherung

$$(\Delta h_\varrho) = \frac{\Delta h_\varrho' + \Delta h_\varrho''}{2}$$

und finden dadurch ein s_1'', das dem richtigen Wert näher liegt als s_1' und womit sich ein neues, genaueres c_1'' ergibt.

Aus dem Mittelwert (Δh_ϱ) und mit $\frac{c_1''^2 - c_W^2}{2g}$ findet sich nach Gl. 777 ein Betrag für Δh, der der Wirklichkeit sehr nahe kommt. Die Fortsetzung dieser Einschränkungsrechnung ist für die in Betracht gezogene Strecke meist nicht mehr erforderlich, doch ist sie für das nachfolgende Zahlenbeispiel bis zu einem Werte s_1''' durchgeführt.

Zahlenbeispiel.

Gegeben ein Wasserlauf mit $J^0/_{00} = 4{,}0$ m, $b = 20$ m, $t = 1$ m. Mithin ist

$$F_f = \frac{2}{3} \cdot 20 \cdot 1 = 13{,}33 \text{ qm}$$

$$U_f = 20 + \frac{8}{3} \cdot \frac{1^2}{20} = 20{,}133 \quad \ldots\ldots\ldots\ldots \quad \textbf{(776)}$$

Mit ψ_k für Erde, S. 649 $\quad \psi_k = 0{,}28\left(1 + 1{,}25 \cdot \frac{20{,}133}{13{,}33}\right) = 0{,}809 \ldots$ (Bazin alt)

findet sich nach Gl. 754 $c_f = 1{,}81$ m/sk und dadurch die sekundliche Wasserführung

$$Q = 13{,}33 \cdot 1{,}81 = 24{,}1 \text{ cbm/sk.}$$

In diesem Wasserlauf soll ein Wehr von $s_w = 2$ m Stauhöhe, d. h. von $t + s_w = 1 + 2 = 3$ m Höhe über Flußsohle eingebaut werden. Dies ergibt unmittelbar vor dem Wehr

$$F_W = \frac{2}{3} \cdot 20 \cdot 3 = 40 \text{ qm};$$

$$c_W = 1{,}81 \cdot \frac{13{,}33}{40} = 0{,}603 \text{ m/sk};$$

$$U_W = 20 + \frac{8}{3} \cdot \frac{3^2}{20} = 21{,}20 \text{ m.}$$

Der erste Rechnungsabschnitt bezieht sich auf eine angenommene Länge $\Delta L = 100$ m.

Aus $\quad \Delta h_\varrho' = 0{,}28\left(1 + 1{,}25 \frac{U_W}{F_W}\right) \frac{U_W}{F_W} \cdot c_W^2 \cdot \frac{100}{1000}$

kommt mit den „W"-Werten

$$\Delta h_\varrho' = 0{,}00897 \text{ m (vgl. Tab. I, S. 669).}$$

Aus Gl. 779 findet sich mit $\frac{J^0/_{00} \Delta L}{1000} = \frac{4 \cdot 100}{1000} = 0{,}4$ m

$$s_1' = s_W + \Delta h_\varrho' - \frac{J^0/_{00} \Delta L}{1000} = 2{,}0 + 0{,}00897 - 0{,}4 = \underline{1{,}60897 \text{ m.}}$$

Hieraus $\quad t + s_1' = 2{,}60897; \quad F_1' = 34{,}786$ qm;

$$c_1' = 1{,}81 \frac{13{,}33}{34{,}786} = 1{,}81 \frac{1}{2{,}60897} = 0{,}69360 \text{ m/sk}; \quad U_1' = 20{,}908 \text{ m.}$$

Es ergibt sich damit

$$\Delta h_\varrho'' = 0{,}28\left(1 + 1{,}25 \frac{20{,}908}{34{,}786}\right) \frac{20{,}908}{34{,}786} \cdot 0{,}6936^2 \cdot \frac{100}{1000} = 0{,}01418 \text{ m.}$$

$$\text{Mittelwert } (\Delta h_\varrho) = \frac{\Delta h_\varrho' + \Delta h_\varrho''}{2} = \frac{0{,}00897 + 0{,}01418}{2} = 0{,}01157 \text{ m}$$

(Spielraum nach auf- und abwärts je 0,00261 m = 2,61 mm).

Hiermit findet sich entsprechend Gl. 779

$$s_1'' = 2{,}0 + 0{,}01157 - 0{,}4 = \underline{1{,}61157 \text{ m}} \text{ gegenüber } s_1' = \underline{1{,}60897 \text{ m},}$$

$$c_1'' = 1{,}81 \frac{1}{2{,}61157} = 0{,}69292 \text{ m/sk gegenüber } c_1' = 0{,}69360 \text{ m/sk}$$

also c_1'' von c_1' nicht mehr wesentlich verschieden.

Demzufolge $\frac{c_1''^2 - c_W^2}{2g} = \frac{0{,}69292^2 - 0{,}603^2}{2g} = 0{,}00593$ m.

Mithin entsprechend Gl. 777

$$\Delta h = (\Delta h_\varrho) - \frac{c_1''^2 - c_W^2}{2g} = 0{,}01157 - 0{,}00593 = 0{,}00564 \text{ m}.$$

Dies ergibt gemäß Fig. 461 und Gl. 779

$$s_1''' = s_W + \Delta h - \frac{J\,^0/_{00}\,\Delta L}{1000} = 2{,}0 + 0{,}00564 - 0{,}4 = 1{,}60564 \text{ m}.$$

eine weitere Fortsetzung der Annäherungsrechnung kann unterbleiben.

Der zweite Abschnitt betrifft die $\Delta L = 100$ m lange Strecke vom Stauprofil „1" bis zum nächstoberen Stauprofil „2", wo dann der Index „1" in den Rechnungen an die Stelle von „W", der Index „2" an diejenige von „1", tritt usf.

In der nachstehenden Tabelle I sind die Rechnungsergebnisse zusammengestellt; es zeigt sich, daß in dem in 700 m aufwärts gelegenen Stauprofil die Stauhöhe s''' schon so klein geworden ist (0,00557 m), daß der Stau dort als tatsächlich beendet angesehen werden darf. In der Nähe des Stauendes wurde mit kleineren Werten $\Delta L = 50$ m gegenüber zu Anfang mit $\Delta L = 100$ m weiter gerechnet.

Die Rechnung fußte auf der Annahme einer Wassertiefe $t = 1$ m bei 20 m Breite. Es ist von Interesse, den Verhältnissen rechnungsmäßig nachzugehen, die sich für geringere Füllung des gleichen Profils des Flusses, also für kleineren Wasserstand, geringere Wassertiefe, z. B. $t = 0{,}8$ m, einstellen.

Die Gleichung der Profilparabel lautet wegen $\frac{b}{2} = \frac{20}{2} = 10$ bei $t = 1$ m

$$10^2 = 2p \cdot 1,$$

woraus

$$2p = 100,$$

und so ergibt sich für $t = 0{,}8$ m eine Wasserspiegelbreite von

$$b = 2\sqrt{100 \cdot 0{,}8} = \sim 17{,}9 \text{ m gegenüber seither 20 m},$$

mit $F_f = \frac{2}{3}\, 17{,}9 \cdot 0{,}8 = 9{,}54$ qm, $U = 17{,}984$ und $\psi_k = 0{,}9398$

findet sich die Fließgeschwindigkeit im freien Fluß dabei zu 1,503 m/sk (Gl. 754) und die Wassermenge jetzt nur noch zu $Q = 14{,}336$ cbm/sk.

In gleicher Weise, wie vorher auch berechnet, zeigen sich für $t = 0{,}8$ m die Wasserspiegelhöhen in den Stauprofilen wie in Fig. 460 —·—·— eingezeichnet, Tabelle II.

Für Flußläufe von wechselnder Breite und Wassertiefe kann das vorbeschriebene Verfahren sinngemäß auch Verwendung finden.

Für schnellen, aber nur sehr annähernden Überblick ist die seiner Zeit von d'Aubuisson angegebene Berechnungsweise geeignet. D'Aubuisson nimmt ohne Rücksicht auf Wassertiefe die Staukurve als Parabel mit senkrechter Achse an, der Parabelscheitel auf Wehroberkante, Fig. 460, fein punktiert. In diesem Falle bildet die Stauhöhe am Wehr s_W die Subtangente der Parabel und der Berührungspunkt zwischen Staukurve (Parabel) und der Wasserspiegelfläche (Tangente) muß hier um s_W über Wehroberkante liegen.

Tabelle I. $t = 1{,}0$ m; $b = 20$ m = konst.

	Profil m	s m	F qm	U m	c m/sk	$\Delta h_\varrho'$ für ΔL m	s' m	c' m/sk	$\Delta h_\varrho''$ für ΔL m	(Δh_ϱ) für ΔL m	s'' m	c'' m/sk	$\frac{c''^2 - c^2}{2g}$ m	Δh m	s''' m
	Vom Wehr aufwärts	2,0000	40,000	21,200	0,60319	0,00897	1,60897	0,69360	0,01418	0,01157	1,61157	0,69292	0,00593	0,00564	1,60564
$\Delta L = 100$ m	100	1,60564	34,741	20,905	0,69450	0,01424	1,21988	0,81518	0,02432	0,01928	1,22492	0,81334	0,00913	0,01015	1,21579
	200	1,21579	29,543	20,655	0,81668	0,02446	0,84025	0,98332	0,04608	0,03527	0,85106	0,97758	0,01471	0,02056	0,83635
	300	0,83635	24,483	20,450	0,98546	0,04642	0,48277	1,2204	0,09774	0,07208	0,50842	1,1997	0,02387	0,04821	0,48456
	400	0,48456	19,527	20,286	1,2356	0,10194	0,18650	1,5251	0,21570	0,15882	0,24338	1,4553	0,03013	0,12869	0,21325
	500	0,21325	16,176	20,196	1,4916	0,19917	0,01242	1,7874	0,38230	0,29074	0,10398	1,6392	0,02355	0,26719	0,08044
	600	0,08044	14,405	20,156	1,6750	0,15107	0,03151	1,7543	0,17862	0,16484	0,04528	1,7312	0,00976	0,15508	0,03552
$\Delta L = 50$ m	650	0,03552	13,807	20,143	1,7475	0,17611	0,01164	1,7888	0,19169	0,18390	0,01942	1,7752	0,00497	0,17893	0,01445
	700	0,01445	13,526	20,137	1,7838	0,18975	0,00420	1,8020	0,19687	0,19331	0,00776	1,7958	0,00219	0,19112	0,00557
													$\Sigma \Delta h = 1{,}00557$ m		

Tabelle II. $t = 0{,}8$ m; $b = 17{,}889$ m = konst.

	Profil m	s m	F qm	U m	c m/sk	$\Delta h_\varrho'$ für ΔL m	s' m	c' m/sk	$\Delta h_\varrho''$ für ΔL m	(Δh_ϱ) für ΔL m	s'' m	c'' m/sk	$\frac{c''^2 - c^2}{2g}$ m	Δh m	s''' m
	Vom Wehr aufwärts	2,20000	35,778	19,230	0,40069	0,00475	1,80475	0,46151	0,00638	0,00557	1,80557	0,46136	0,00267	0,00290	1,80290
$\Delta L = 100$ m	100	1,80290	31,041	18,899	0,46184	0,00640	1,40930	0,54410	0,01103	0,00872	1,41162	0,54354	0,00419	0,00453	1,40743
	200	1,40743	26,325	18,615	0,54457	0,01106	1,01849	0,66104	0,02136	0,01621	1,02364	0,65919	0,00703	0,00918	1,01661
	300	1,01661	21,664	18,381	0,66173	0,02143	0,63804	0,83576	0,04826	0,03485	0,65146	0,82820	0,01264	0,02221	0,63882
	400	0,63882	17,155	18,198	0,83548	0,04820	0,28702	1,1059	0,13084	0,08952	0,32834	1,0654	0,02228	0,06724	0,30606
	500	0,30606	13,196	18,071	1,0864	0,12272	0,02878	1,4504	0,35120	0,23696	0,14302	1,2747	0,02266	0,21430	0,12036
	600	0,12036	10,976	18,015	1,3061	0,11956	0,03992	1,4312	0,16719	0,14337	0,06374	1,3917	0,01177	0,13160	0,05196
$\Delta L = 50$ m	650	0,05196	10,160	17,997	1,4110	0,15868	0,01064	1,4829	0,19049	0,17459	0,02655	1,4544	0,00634	0,16825	0,02021
	700	0,02021	9,782	17,989	1,4656	0,18244	0,00265	1,4977	0,19757	0,19001	0,01022	1,4837	0,00272	0,18729	0,00750
													$\Sigma \Delta h = 0{,}80750$ m		

Für die Stauweite L folgt daraus einfach

$$L = \frac{2 \cdot s_W}{J} \qquad \text{. . . . . 780}$$

und dies würde für das Zahlenbeispiel liefern: mit $J = 0{,}004$ und $s_W = 2$ m, $t = 1$ m

$$L = \frac{2 \cdot 2}{0{,}004} = 1000 \text{ m},$$

gegenüber ~ 700.

Für $t = 0{,}8$ m wäre s_W zu 2,2 m anzusetzen und das ergäbe

$$L = \frac{2 \cdot 2{,}2}{0{,}004} = 1100 \text{ m},$$

Die Gl. 780 ist also nur zu ganz roher Annäherung brauchbar, sie gibt zu große Beträge für die Stauweite.

B. Brutto- und Nettogefälle.

Im Wassermotorenbau verstehen wir unter Gefälle in erster Linie den Höhenunterschied zweier Wasserspiegel ohne Beziehung zur wagrechten Entfernung derselben voneinander.

In diesem Sinne gilt als Bruttogefälle H_b einer Wasserkraftanlage der Höhenunterschied zwischen dem Wasserspiegel zu Anfang der Kanalführung (Wehrkrone) und demjenigen am Ende derselben, an der Einmündung des Untergrabens in den freien Fluß oder den Wehrteich des Unterliegers, Fig. 462, also das Rohgefälle H_r abzüglich des als $\Sigma \Delta h$ im vorigen Abschnitt für das Ansteigen der Staukurve abzuziehenden Höhenmaßes zwischen Stauende und Wehroberkante.

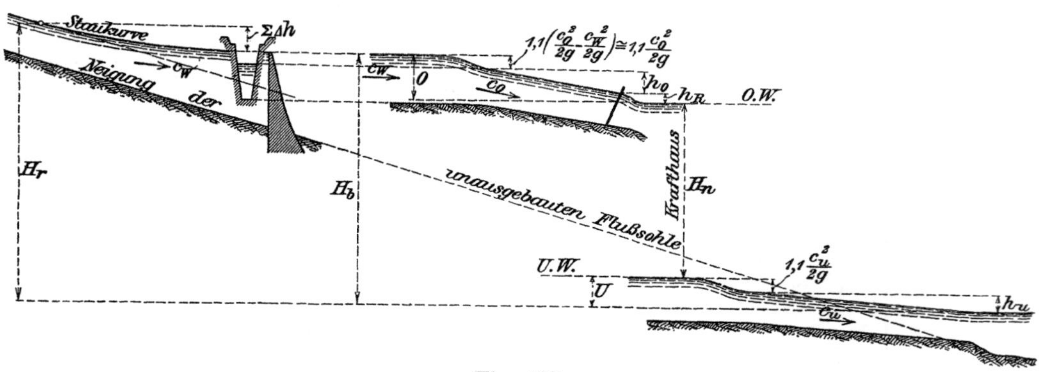

Fig. 462.

Vom Bruttogefälle gehen dann noch weitere Beträge ab, ehe das Nettogefälle zustande kommt, und zwar

1. Aufwendung an Gefälle für den Betrieb des Oberkanals.

Bezeichnet c_W die meist sehr kleine Geschwindigkeit des Wassers in der durch das Wehr hervorgerufenen Anstauung (Wehrteich), so ist zur Erzeugung der Obergrabengeschwindigkeit c_O eine tatsächliche Gefällhöhe von etwa $1{,}1 \left[\frac{c_O^2}{2g} - \frac{c_W^2}{2g}\right]$ aufzuwenden, in der Voraussetzung, daß der Übergang von c_W in c_O nach Größe und Richtung recht allmählich eingerichtet ist, großer Grabenquerschnitt im Anfang, gut gerundete Ecken und Übergänge. Unter weniger guten Verhältnissen steigt der Faktor 1,1 bis auf etwa 1,5.

Um einen solchen Betrag muß also von Hause aus der Wasserspiegel im Obergrabenanfang tiefer als die Wehrkrone abgesenkt angenommen werden.

Nachdem das Wasser die gewünschte Geschwindigkeit c_O erhalten hat, verlangt der Reibungswiderstand für das Durchfließen des Oberkanals das Drangeben eines Höhenunterschiedes h_O für den Wasserspiegel zu Anfang und zu Ende des Oberkanals (Transportgefälle, Gl. 762). Für den Betrieb des Obergrabens sind also $1{,}1\left[\frac{c_O^2}{2g}-\frac{c_W^2}{2g}\right]+h_O$, oder, da c_W meist vernachlässigt werden kann,

$$1{,}1\frac{c_O^2}{2g}+h_O$$

vom Bruttogefälle abzurechnen, bzw. um diesen Betrag ist der O. W. beim Turbinenhaus tiefer als die Wehrkrone anzunehmen.

Vielfach kommt dann hier noch eine weitere Einbuße an Gefälle durch den Rechen, siehe S. 682, der jeder Turbine vorgesetzt werden muß. Dieser Verlust h_R ist mit 2 bis 10 cm, oft leider infolge ungeschickter Anordnung der Rechen noch höher anzuschlagen, so daß der Gesamtabzug am Bruttogefälle, soweit es den Obergraben betrifft, sich auf

$$O=1{,}1\frac{c_O^2}{2g}+h_O+h_R \quad \ldots\ldots\ldots\ldots \quad 781$$

belaufen wird. Über die Wahl von c_O siehe S. 653.

2. Einbuße an Gefälle für den Betrieb des Unterkanals.

Mag die Geschwindigkeit c_U im Unterkanal hergestellt sein, wie sie wolle, stets wird sich gegen die Turbine hin der Unterwasserspiegel um das erforderliche Transportgefälle h_U höher einstellen, als am Auslauf des Kanals in den freien Fluß. Dieser Verlust an nutzbarem Gefälle kann ebensowenig durch besondere Disposition der Turbine vermindert oder vermieden werden, als dies für h_O möglich war.

Dagegen ist es sehr wohl angängig, daß die Höhe, die im allgemeinen für die Erzeugung von c_U aufgewendet werden muß, durch geschickte Disposition des Wasserabflusses aus der Turbine teilweise oder vollständig erspart werden kann. Wie schon früher auseinander gesetzt, geschieht dies durch Überleiten von w_4 in Größe und Richtung nach c_U, Saugrohrkrümmer Fig. 182, S. 282.

Nach dem Vorstehenden beträgt also der Verlust an nutzbarem Gefälle für den Unterkanal allgemein, Fig. 462,

$$U=1{,}1\frac{c_U^2}{2g}+h_U \quad \ldots\ldots\ldots\ldots \quad 782$$

und für den Fall geschickter Anordnung des Saugrohres, Fig. 182, nur $U=h_U$.

So stellt sich das Nettogefälle schließlich dar als allgemein

$$H_n=H_b-O-U=H_b-1{,}1\left(\frac{c_O^2}{2g}+\frac{c_U^2}{2g}\right)-(h_O+h_R+h_U) \quad \ldots\ldots \quad 783$$

sofern c_W vernachlässigt werden kann. Für zweckmäßige Saugrohranordnung folgt dann als vergrößerter Wert von H_n

$$H_n=H_b-\left(1{,}1\frac{c_O^2}{2g}+h_O+h_R+h_U\right) \quad \ldots\ldots\ldots \quad 784$$

3. Der Gesamtwirkungsgrad einer Anlage.

Für die Zweckmäßigkeit der Anlage in bezug auf Arbeitsleistung wird die Größe der tatsächlich zur Abgabe und Leistung kommenden Arbeit im Verhältnis zu dem insgesamt vorhandenen rohen Arbeitsvermögen den Maßstab bilden.

Das Arbeitsvermögen des Rohgefälles H_r beläuft sich auf

$$N_r = \frac{Q \cdot H_r \cdot 1000}{75} \text{ Pferdestärken} \quad \ldots \quad 785$$

Durch die Verluste in der Stauung (Stauende bis Wehr) vermindert sich das Gefälle auf H_b, Bruttogefälle, und die Leistungsfähigkeit auf

$$N_b = \frac{Q \cdot H_b \cdot 1000}{75}.$$

Die Gefälleaufwendungen im Ober- und Unterkanal verkleinern H_b auf das Nettogefälle H_n und lassen das sogenannte absolute Arbeitsvermögen

$$N_a = \frac{Q \cdot H_n \cdot 1000}{75} \quad \ldots \quad 786$$

übrig; absolut mit Bezug auf die Turbine. Diese nutzt hydraulisch nur den Bruchteil

$$\varepsilon N_a = N_\varepsilon = \frac{Q \cdot \varepsilon \cdot H_n \cdot 1000}{75} \quad \ldots \quad 787$$

aus, worin nach Gl. 30a, S. 6, $\varepsilon = 1 - \alpha - \varrho$, und hiervon bleiben, der Lagerreibungsverluste wegen, nur

$$e \cdot N_a = N_e = e \frac{Q \cdot H_n \cdot 1000}{75} \text{ (PS}_e) \quad \ldots \quad 788$$

übrig. N_e ist nur ein Bruchteil von N_r, der mit

$$\frac{N_e}{N_r} = e \frac{Q \cdot H_n}{Q \cdot H_r} = e \frac{H_n}{H_r} \quad \ldots \quad 789$$

als Gesamtwirkungsgrad der Anlage zu schreiben ist.

Die Gl. 789 lehrt, daß die wirtschaftliche Güte einer Anlage nicht nur vom mechanischen Nutzeffekt e der Turbinen, sondern ebenso von $\frac{H_n}{H_r}$, dem Wirkungsgrad der Kanalanlage abhängt, was ja an sich selbstverständlich ist, aber doch immer wieder ausgesprochen werden muß, weil hierin noch vielfältig gesündigt wird. Schon bei der Kanalanlage muß so vorgegangen werden, daß von dem verfügbaren Rohgefälle H_r möglichst viel tatsächlich zur Arbeit herangezogen wird. Nicht nur e, sondern ebenso $\frac{H_n}{H_r}$ sollte Gegenstand von Garantien sein.

Da die $\Sigma \Delta h$ der Stauung für das Nettogefälle auch verloren sind, so könnte es auf den ersten Blick scheinen, als ob ein möglichst weites Hinaufschieben des Wehrs gegen die konzessionierte Staugrenze (Oberlieger), einfach der Staukurve entlang, stets zweckmäßig sei. Dem ist entgegenzuhalten, daß die zunächst dem Wehr liegenden Teile der Stauung nur äußerst wenig Gefälle beanspruchen, meist weniger als eine gleich lange Strecke Oberkanal, und daß im Einzelfalle eben nicht nur diese Vergleichsrechnungen, sondern noch eine Menge anderer Umstände, mehr oder minder geeignete Baustelle für das Wehr, Beschaffenheit der Flußsohle, Besitzverhältnisse usw., in Berücksichtigung zu ziehen sind.

Besonders finden sich in älteren Anlagen vielfach sehr schlechte Verhältnisse für die Transportgefälle in Ober- und Untergraben, und es ist Pflicht jedes Turbineningenieurs, bei der Auswechselung alter Motoren gegen neue auch diesen Verhältnissen die eingehendste Würdigung zu schenken und nichts außer acht zu lassen, was den Gesamtnutzeffekt zu erhöhen imstande ist.

4. Das sog. Effektivgefälle.

Bezeichnet c_O die Zuflußgeschwindigkeit des Wassers im Oberkanal zunächst der Turbine, c_U diejenige des Abflusses im Unterkanal, Fig. 462, so ist das verfügbare Arbeitsvermögen im Krafthause gegeben durch (Rechenverlust h_R außer Acht gelassen)

$$A = Q\gamma\left(\frac{c_O^2}{2g} + H_n - 1{,}1\frac{c_U^2}{2g}\right) = Q\gamma\cdot\eta H \quad . \; . \; . \; . \; . \; . \; . \; . \quad 790$$

Der Klammerwert findet hier und da die Bezeichnung als Effektivgefälle, vgl. Fig. 4 und 5.

Da auch hier vielfach c_O und c_U einander gleich sind, so ist es fast allgemein üblich, unter Vernachlässigung des allemal sehr geringen Betrages von $0{,}1\,\frac{c_U^2}{2g}$, das Arbeitsvermögen, wie es dem Wassermotor zur Verfügung steht, nur als absolutes Arbeitsvermögen in Rechnung zu stellen.

In den weitaus zahlreichsten Fällen aber liegen die Dinge so, daß c_O für die Turbine kaum in Betracht kommen kann, für deren Arbeitsvermögen also verloren ist, und daß andererseits der Aufwand für die Erzeugung von c_U aus dem Nettogefälle H_n bestritten werden muß, wie dies die Fig. 5 und 6 (dortige Bezeichnung w_2), aber auch die Fig. 180, S. 282, zeigen.

Wenn bisher also schlechtweg von H die Rede war, so ist dieses stets als H_n aufzufassen gewesen und es soll auch für den weiteren Verlauf unserer Betrachtungen der Einfachheit halber H statt der an sich ja schärferen Bezeichnung H_n gebraucht werden. Sollte je einmal $\frac{c_O^2}{2g}$ für die Turbinenleistung in Rechnung zu ziehen sein, so müßte dies ausdrücklich vermerkt werden, siehe hierüber die Bemerkungen über h_m usw. S. 635.

C. Anforderungen und Einrichtungen des Betriebes bei Wasserkraftanlagen.

Der Verfasser kann sich nicht aus eigener Erfahrung hinreichend über das eigentlich Wasserbauliche von Wasserkraftanlagen aussprechen, das ist Sache des Bauingenieurs, er hatte aber andererseits häufig zu sehen Gelegenheit, daß dem Zwecke der Wasserkraftanlage, dem ungestörten Turbinenbetrieb mit größtem Gesamtwirkungsgrad, vielfach keine eingehende Berücksichtigung zu teil geworden ist. Der Zusammenfassung dieser notwendigen Rücksichten soll der folgende Abschnitt dienen.

1. Wehr und Oberkanaleinlauf.

Der Wasserlauf bringt Fremdkörper mit sich, die teils schwerer als Wasser sind, Geschiebe, Triebsand usw., teils leichter, Laub, Gras, Äste, bei Hochwasser allenfalls auch Stämme (oberhalb liegende Sägmühlen), dazu all das, was der menschliche Haushalt und Betrieb als hindernd abstößt und dem Wasser übergibt.

Natürlich ist der Gehalt des Wassers an all diesen Dingen ungemein verschieden, auch je nach der Gebirgsformation, den Gesteinsarten, oft sind sie nur bei Hochwasser in belästigender Menge vorhanden. Sei dem aber wie ihm wolle, die Turbinen müssen nach aller Möglichkeit davon frei gehalten werden.

Von diesem unabweislichen Standpunkt aus ist zu verlangen, daß schon der Anschluß des Oberkanals an die Wehrstauung so eingerichtet ist, daß Geschiebe, Triebsand und grobe Schwimmkörper (große Wurzelknollen usw.) tunlichst überhaupt nicht in den Kanal gelangen können.

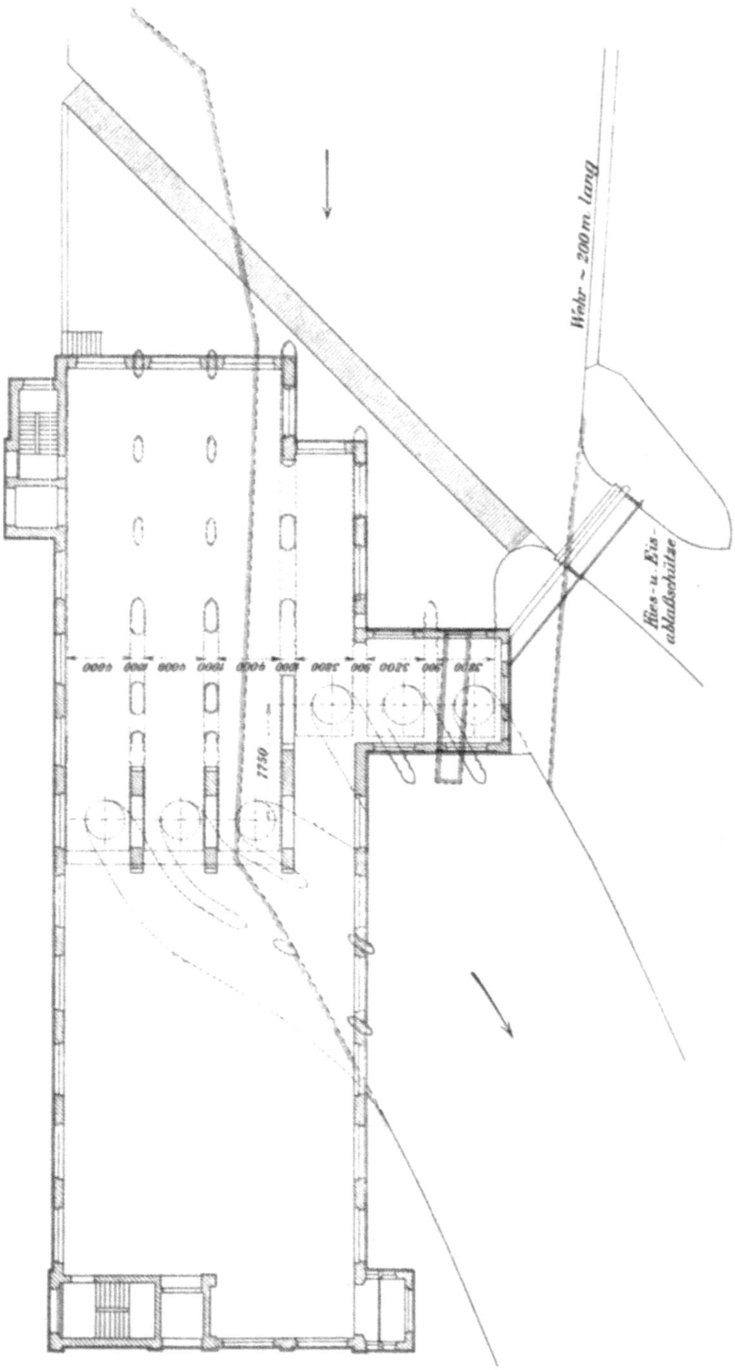

Fig. 463.

Wie dies zu bewerkstelligen ist, das zeigt am einfachsten die Vergleichung der Fig. 463, 464, 465. Die Skizze Fig. 463, alte Uferlinie strichpunktiert, führt die besonders für ältere Wasserkraftanlagen charakteristische Lage des Wehrs und Wasserlaufes vor, wie sie heute noch vielfach angetroffen wird. Leitender Gedanke bei der Errichtung dieser, vor der Zeit des Turbinenbaues entstandenen, nur für Wasserräder berechneten, mitten in Städtchen oder Dörfern gelegenen Anlagen mit meist kleinen Gefällen war besonders die gute Ableitung von Hochwässern durch die große Länge des festen Wehrs, dazu auch in gewissem Sinn das Heranziehen der Zulaufgeschwindigkeit c_0 zur Erzielung eines möglichst hohen Effektivgefälles, vgl. S. 673. Große Rechenweiten von 100 bis 200 mm gestatteten dies, und Sand, Geschiebe, auch was von Schwimmkörpern mit durchging, das belästigte die Wasserräder nicht ernstlich.

Manch neuere Turbinenanlage mußte sich mit dieser Sand, Kies und Eis fangenden Wehrlage aus alter Zeit abfinden, eine große Kies- und Eisablaßschütze sucht, so gut es eben geht, den Übelständen zu begegnen, Fig. 463, ausgezogen. Abbildung der Kiesschütze der Fig. 463 siehe Fig. 471, S. 685.

Bei solchen Anlagen gibt es eigentlich keinen Oberkanal, und die Hochwässer nebst allen Fremdkörpern gelangen ohne weiteres bis vor den Turbinenrechen.

Aus der Skizze Fig. 464, auch Fig. 470, ist der Anschluß des Oberkanals an die Wehrstauung ersichtlich, wie er leider heute noch vielfach ausgeführt wird und den Turbinen eine große Belästigung durch Sand zuweist, die sich hauptsächlich bei höheren Gefällen durch sehr rasches Ausschleifen der Kranzspalte (siehe S. 234 u. f., S. 568) unangenehm bemerkbar macht.

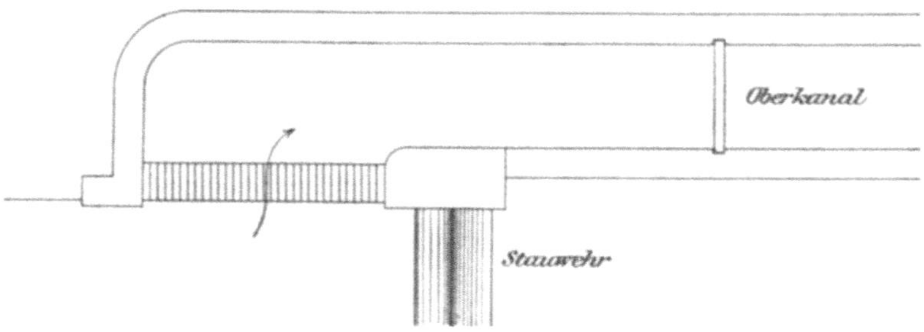

Fig 464.

Hier darf dann nicht von besonderer „Empfindlichkeit" der einen oder anderen Turbinenkonstruktion gegen die ausschleifenden Wirkungen des Sandes gesprochen werden, sondern die Unerfahrenheit derjenigen, die den Wasserbau projektieren und ausführen, verschuldet die Mißstände. Der gezeichnete Kanaleinlauf hat den großen Fehler, daß er unmittelbar seitlich am Wehr beginnt; Sand, Geschiebe und ähnliches, was sich vor dem Wehr ablagert, wird durch die seitlich dem Wehr entlang führende Strömung zum Kanaleinlauf hingeführt und wandert dadurch doch den Turbinen zu. Und wenn auch grobes Geschiebe zum großen Teil vor dem Wehr sich ansammelt, der feine Sand, Glimmer oder was gerade die Bodenbeschaffenheit sonst für zerkleinerte Gesteinsreste hergibt, geht sicher mit in den Kanal.

Die Anordnung nach Fig. 464 ist häufig eine Folge übelangebrachter Sparsamkeit beim Bauen, für die der Betrieb dann den Schaden zu tragen hat.

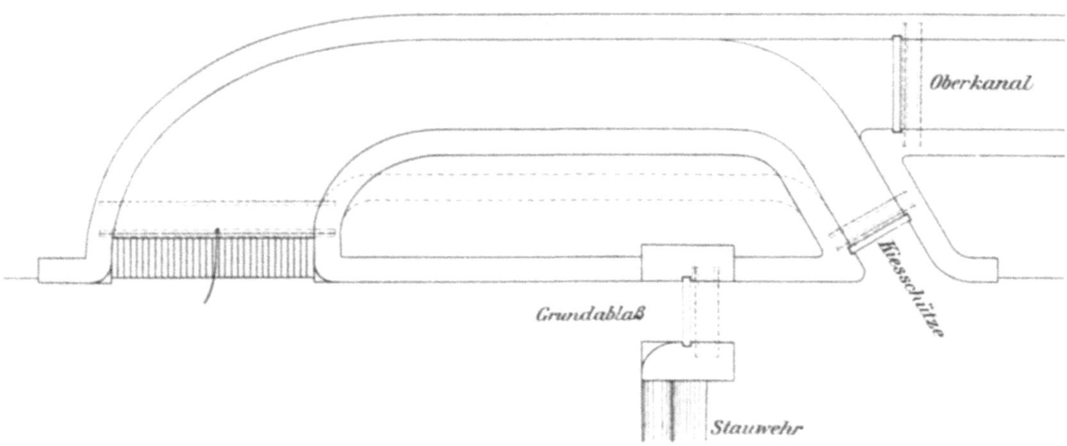

Fig. 465.

Fig. 465 zeigt, wie hier vorzugehen ist. Der Oberkanaleinlauf muß eine ganze Strecke oberhalb des senkrecht zur Flußrichtung anzulegenden Wehrs anschneiden, 10 m, besser 20—50 m, damit nach abwärts zwischen dem Einlauf und dem Wehre noch ein reichlich großer, stiller Raum für das Absetzen von Sand usw. vorhanden ist, und damit dieser abgesetzte Sand nicht, wenn allenfalls vom Hochwasser aufgewühlt, doch noch in den Kanal gelangen kann, wie dies bei Fig. 464 der Fall ist. Ist das Wehr nicht beweglich, so muß eine Grundablaßschütze im Wehrkörper, auf Kanalseite angebracht, Schützenschwelle tiefer als Kanaleinlaufschwelle, die Möglichkeit bieten, das sich nach und nach vor dem Wehr ansammelnde Geschiebe durchzulassen, damit der Kanal-

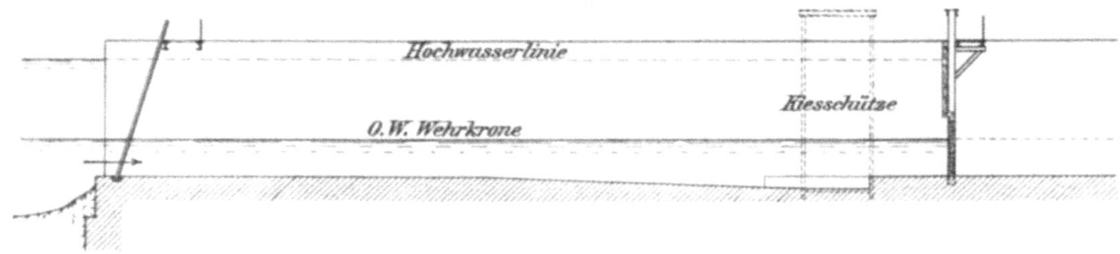

Fig. 466.

einlauf mit aller Sicherheit nie von Ablagerungen erreicht wird. Schneidet der Kanal unmittelbar oberhalb des Wehrs an, Fig. 464, so ist der Grundablaß nahezu wertlos, das Wasser kann ja bei jedesmaligem Öffnen doch nur die nächstgelegenen Geschiebe mitreißen und einen kleinen Raum als Absetzraum für neues Geschiebe ausleeren. Wenn von einem Spülstrom, der durch die ständig etwas geöffnete Grundablaßschütze geht, eine Wirkung erwartet wird, so ist diese an sich

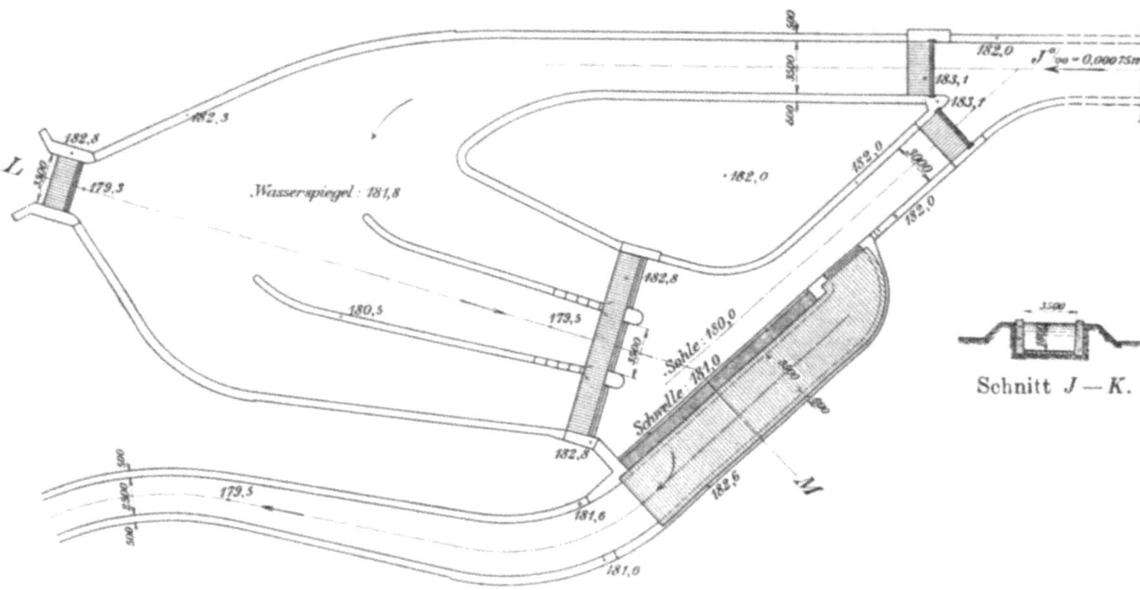

Schnitt L—M.
Fig. 467. Maßstab 1 : 500.

schon zweifelhaft; die Wasserkraftanlagen aber, die überschüssiges Wasser haben, um die Folgen eines zweckwidrig angelegten Kanalanschlusses dauernd durch Drangeben kostbaren Betriebswassers zu verbessern, sind dünn gesät.

Für die Bemessung der Wassergeschwindigkeit im Kanal selbst (vgl. S. 653) wird manchmal geltend gemacht, es solle diese so groß gehalten werden, daß sich Sand und Kies nicht im Kanal absetzen. Das ist eine Verkennung der Verhältnisse, denn wenn Sand und Kies in den Kanal gelangen und sich nicht absetzen, so geraten diese Dinge eben in die Turbinen. Es muß eben von Anbeginn darauf geachtet werden, daß Sand und Geschiebe dem Kanal nach aller Möglichkeit ferngehalten werden.

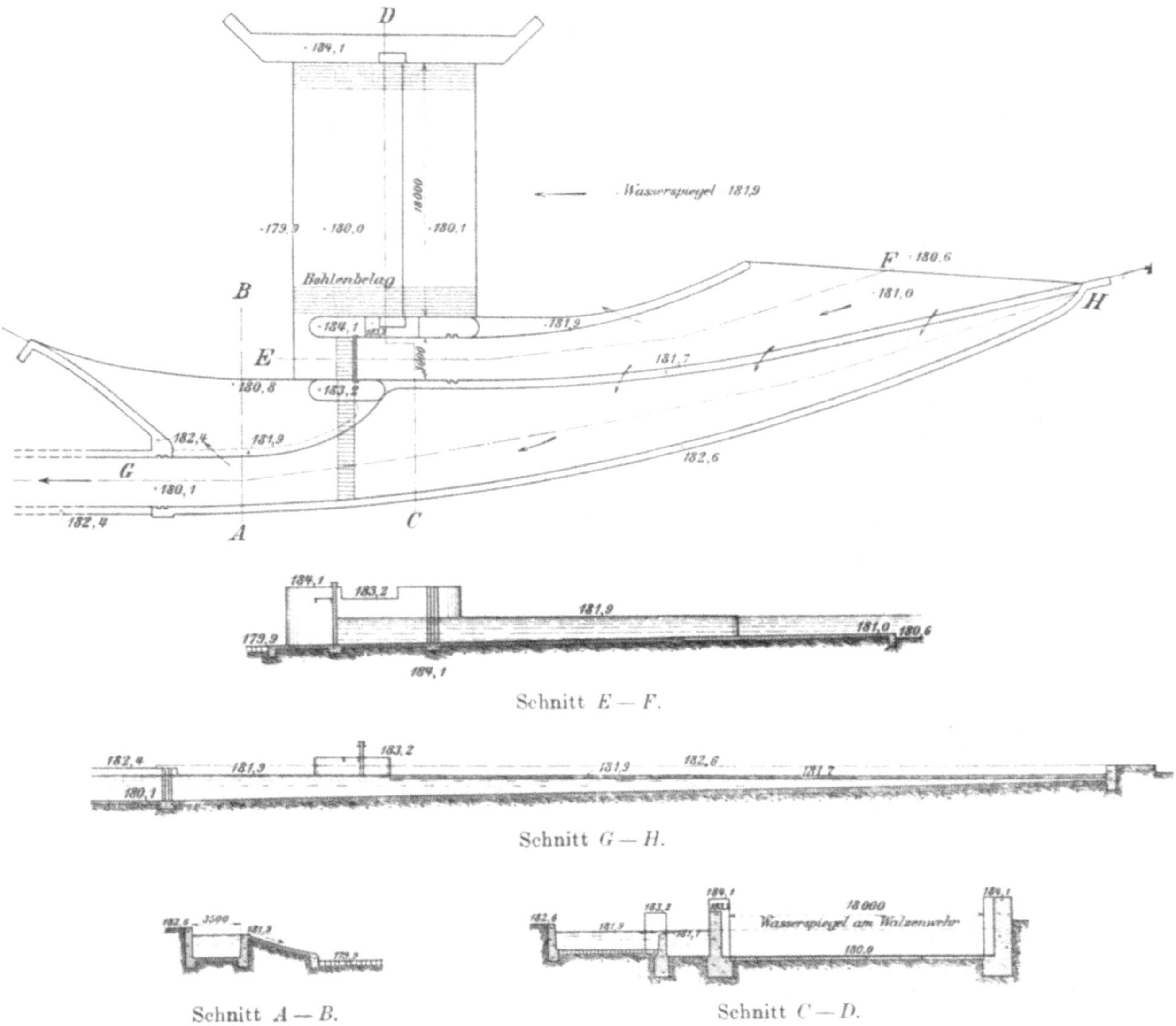

Fig. 468. Maßstab 1 : 500.

Dazu dient auch neben der schon vorher erwähnten Höherlegung des Kanaleinlaufes gegenüber dem Flußbett eine möglichst kleine Eintrittsgeschwindigkeit in den Kanalbeginn, 0,3 bis 0,5 m/sk, bei der schon nur ganz feine Teilchen noch den Weg in den Kanal mitmachen können. Zweckmäßig ist dann trotz allem noch eine dem Wasserlauf nach stark abfallende Sohle, Fig. 466, also eine Querschnittsvergrößerung, die sich nach einiger Zeit in einer $^1/_2$ m (oder mehr) hohen Stufe plötzlich wieder auf die normale Sohlentiefe erhebt und eine besondere, von diesem Kiesfang mit tiefer Sohle ausgehende in den Fluß unterhalb des Wehrs mündende Kiesschütze, Fig. 465. Die Stufe muß an beiden

Ecken scharfkantig bleiben, da Abrundungen das Hochsteigen feiner Sandteilchen begünstigen.[1]) Absetzraum so breit als tunlich, Fig. 465 punktiert.

Wird ein Kanaleinlauf nach Fig. 465 dann noch mit einem Grobrechen aus alten Eisenbahnschienen, ca. 30—40 cm Teilung besetzt, Schwelle aus ⊏-Eisen 300 × 100, gut verankert, so bietet er bei Hochwasser auch durch seine seitliche Lage volle Sicherheit gegen große Schwimmkörper. Natürlich sollte der Bedienungssteg des Grobrechens hochwasserfrei liegen und hochwasserfreien Zugang haben, ebenso die Grundablaß- und die Kiesschütze.

Der seitlich liegende Grobrechen weist auch die bei einbrechendem Tauwetter oft massenhaft antreibenden Eisschollen ab, ohne daß dazu Handarbeit erforderlich ist. Maueranschluß entsprechend abschrägen.

Eine für schwierige Triebsandverhältnisse (Glimmer, Gletschermilch) ausgeführte Einrichtung zum Abklären des Betriebswassers (Rosanna, Arlberg) ist in Fig. 467 und 468 dargestellt. Sie stammt von dem Generaldirektor der betreffenden Werke, Ingenieur E. Lanhoffer, und zeigt eine weitgehende Anwendung des Grundsatzes: Kleine Wassergeschwindigkeiten und Ausscheiden des Sandes durch Richtungsänderung im Fließen.

Da der Ort nicht gestattete, den Kanalbeginn wesentlich aufwärts vom Wehr zu legen, so ist dies durch die 18 m lange Aufwärtsverlängerung des linksseitigen Wehrpfeilers ersetzt, wodurch alles unmittelbar vor dem Wehr sich ansammelnde Geschiebe ferngehalten ist. Der linksseitige Grundablaßpfeiler setzt sich als 200 mm unter Wasser liegende Zunge etwa 50 m gegen aufwärts fort und hält das Geschiebe zum Ableiten durch den Grundablaß zurück. Das Wasser durchfließt dann einen großen Klärbehälter, Fig. 467, wo schon viel Sand ausgeschieden wird. Um in die drei durch Zungen getrennten Rückkehrkanäle eintreten zu können, muß es seine Richtung um fast 180° ändern, was wieder zur Sandausscheidung dient. Diese Rückkehrkanäle können durch Schützen vom Vorraum des Feinrechens abgeschlossen werden, in dem der etwa noch vorhandene Sand eine etwa 1 m hohe Stufe zu übersteigen hätte, Fig. 467. Die Wassergeschwindigkeit ist über dieser Stufe sehr niedrig, $\sim$ 30 qm für $\sim$ 6 cbm/sk geben $c = 0{,}2$ m/sk, so daß das Übertreten von Sand ausgeschlossen erscheint. Zum Spülen der ganzen Anlage dient die unmittelbare Zuleitung vom Einlauf her im Verein mit der Ablaßschütze des Klärbehälters, wobei durch Schließen von zwei und Offenlassen von nur einer der drei Schützen vor dem Rechen die einzelne Ablagerungsgasse mit Sicherheit entleert wird. Absenkbares Oberteil der Ablaßschütze zum Auseisen.

Der Oberkanal sollte stets durch zuverlässige Schützen vom Wehreinlauf abgeschlossen werden können, teils mit Rücksicht auf Reparaturen im Kanal, teils wegen der Absperrung gegen große Hochwasser. Beide Gründe sind ungemein wichtig. Ein Hochwasser kann nicht nur durch reichliches Hereinbringen von Geschiebe recht unangenehme Störungen für den Kanalbetrieb bringen, sondern nach Umständen die ganze Anlage durch Überfüllen des Kanals und Überlaufen in größte Gefahr bringen. Zum „Regulieren" der Wassermenge im normalen Betrieb aber sind diese Kanalseinlaßschützen, Fig. 465 und 466, nicht da, ihr einziger Zweck ist: Abschließenkönnen. Damit dieser auch bei Hochwasser erfüllt wird, muß deren Bedienungssteg hochwasserfrei liegen und erreichbar sein, dazu aber muß durch die sog. Hochwasserverschalung, Fig. 466, erreicht werden, daß der Kanal auch nicht über die niedergelassene Schützentafel weg durch den Hochwasserstand des Wehres beeinflußt werden kann. Die Art des

[1]) Der soeben ausgegebene Bericht über den Bau des Albulawerkes der Stadt Zürich von den Direktoren Peter und Wagner enthält neben vielem sonstigem Vorzüglichen auch einen rationellen Kanalanschluß mit Sandfang.

Abschlusses zwischen Schütze und Wand ist auch in Taf. 7, 8, eine andere in Taf. 16 ersichtlich. Schützentafeln, die, wenn geschlossen, noch über den höchsten Hochwasserstand hinaufreichen, würden den Zweck an sich ja auch erfüllen, sie sind aber schwerfällig in Bau und Handhabung, während die feststehende Verschalung über der Einlaufschütze wenigstens die Druckbelastung durch die obere Wasserschicht und das zugehörige Gewicht der Schützentafel auf sich nimmt. Die Kanaleinlaßschützen müssen natürlich auf die Drucke des höchsten Hochwassers in ihrer Festigkeit und im Triebwerk berechnet werden. Über Einzelheiten der Schützenkonstruktionen siehe S. 692. Der ganze Kanaleinlauf sollte bis 10 m hinter der Einlaufschütze mit 15 cm starkem, gut verputztem Betonschlag ausgekleidet sein.

Die Kanaleinlaßschütze sitzt zweckmäßig unmittelbar bei der Kiesschütze des Einlaufs, Fig. 465, 466, wobei zu bedenken ist, daß die ganze Umgebung der ersteren so hoch geführt und eingerichtet sein muß, daß ein Hochwasser auch nicht unter Umgehung der Schützen den Oberkanal zu erreichen und zu überfüllen vermag.

2. Wehraufsätze und bewegliche Wehre.

Heute noch benutzen wir bei kleineren Wasserläufen vielfach das aus mehreren nebeneinanderstehenden Schützen gebildete Wehr, das dem Hochwasser reichlichen Durchfluß ermöglicht, Wehrböcke aus Walzeisen. Allerdings muß Sicherheit darüber bestehen, daß kein treibendes Stammholz und ähnliches die Schützenöffnungen bei Hochwasser verlegen wird.

An größeren Gewässern, Flüssen usw. war früher das feste Wehr so ziemlich die Regel. Dieses wurde, mit Rücksicht auf Hochwasser, häufig nicht bis zur vollen Stauhöhe hochgeführt, die obersten 30 bis 50 cm bildete der sog. Wehraufsatz, aus Brettern mit irgendwelchen Stützen bestehend, die bei Hochwasser weggenommen wurden, um die Rückstauhöhe des Wehres zu erniedrigen. Solche Wehraufsätze finden sich auch häufig als nachträglich angebrachte Erhöhung des Oberwasserspiegels. Die Handhabung dieser Wehraufsätze war fast immer mangelhaft, unter Umständen lebensgefährlich, das Niederlegen oder Wegnehmen unterblieb auch manchmal, und auch das Wiederaufrichten war eine mühsame Sache. Sog. selbsttätige Wehraufsätze wurden in Menge erfunden, aber „selbsttätig" war durchweg nur das Sichumlegen bei einer bestimmten Überstauhöhe, niemals ein selbsttätiges Wiederaufrichten. Solche Wehraufsätze am gleichen Flußlauf untereinander angebracht, entlassen auch ohne Hochwasser die Stauinhalte der einzelnen Aufsätze lawinenartig anwachsend, wenn z. B. der zu oberst liegende Müller etwa beim Abstellen vergaß, seine Leerschütze zu ziehen. Hier können nur entweder von Hand vom Ufer aus niederleg- und aufrichtbare, absolut betriebssichere Wehraufsätze (A. Bezner, Ravensburg) befriedigen, oder solche selbsttätige Konstruktionen, die die Wehrstauhöhe in engen Grenzen nach auf- und abwärts sicher beherrschen, wie es mit denen der „Stauwerke A.-G. Zürich" den Anschein hat. Die Neuzeit verlangt mit Recht, daß das Wehr bei Hochwasser vollständig aus dem Flußprofil verschwinde, damit der Hochwasserabfluß ganz ungehindert ist. Dieser Bedingung genügt neben manch anderen Konstruktionen das Walzenwehr der Maschinenfabrik Augsburg-Nürnberg. Die elektromotorischen Winden hochziehbarer Wehrkörper sollten selbsthemmend, mindestens aber mit sehr zuverlässiger, überstarker, Lastdruckbremse ausgestattet sein. Geschwindigkeitsbremsen sind betriebsunsicher, besonders im Hinblick auf den unentbehrlichen (Reserve-) Handbetrieb.

3. Der Oberkanal.

Der Oberkanal braucht das rechnungsmäßige Wasserspiegelgefälle, also auch für gleichbleibende Tiefe das gleichgroße Sohlengefälle. Ergeben sich bei der

Ausführung aus örtlichen Gründen längere Kanalstrecken mit tiefer gelegener Sohle, so mag diese ruhig belassen werden, eine solche Strecke wird, zumal bei schlankem Übergang der Sohle, gefälleersparend auftreten, weil die Geschwindigkeit in ihr kleiner ist. Daß das Wasser die Vertiefung einer derartig langen Strecke nicht zum Fließen benutze, ist eine häufig erlebte Täuschung.

Auf die Wassertiefe in dem in Betrieb befindlichen Oberkanal sind verschiedene Dinge von Einfluß, vor allem der augenblickliche Wasserverbrauch der Turbinen. Früher, als die Turbinen noch nicht mit Geschwindigkeitsreglern versehen waren, gab es nur ein stetiges, ganz gleichmäßiges Fließen im Oberkanal, der seine Wassertiefe den ganzen Tag über nicht änderte, außer der Fluß änderte die eigene Wassermenge. Auf diese Weise erhielt der Unterlieger auch wieder das Betriebswasser regelmäßig.

Die Geschwindigkeitsregler der Turbinen haben hier keine großen Störungen gebracht, aber immerhin besteht bei vielen Anlagen durch die Regler die Möglichkeit einer dem Werksbesitzer selber unliebsamen Störung. Tritt z. B. in einer Elektrizitätswerksanlage Kurzschluß ein, so sind die Turbinen augenblicklich entlastet, die Regler schließen in kürzester Zeit (Sekunden) die Turbinenleiträder ab, es wird fast kein Wasser mehr verbraucht und der Oberkanal läuft an. Der Oberkanalwasserspiegel wird sich schließlich wagrecht einstellen und so lange steigen, bis die Überfallhöhe am Wehr imstande ist, sämtliches ankommende Wasser über das Wehr abzuführen. Das ist bei sehr kurzem Kanal von wenig Gefälle sehr rasch erreicht, besonders wenn durch ein breites Wehr unterstützt. Wenn aber ein vielleicht kilometerlanger Kanal vorliegt, so kommen Übelstände.

Der lange Kanal hat, absolut, mehr Gefälle als der kurze, der Wasserspiegel am Turbinenrechen wird um diesen ganzen Betrag anlaufen müssen, und da es sich hier bei großen Anlagen um Meter handeln kann, sollte die Dammkrone des Oberkanals mindestens so hoch sein und in dieser Höhe wagrecht gegen das Wehr hinauf geführt werden. Auch die Rechenbühne vor dem Turbinenhaus, der Turbinenhausfußboden müßten dieser Möglichkeit Rechnung tragen.

Ohne Rücksicht auf einen etwaigen Unterlieger wäre dadurch die Sache erledigt und auch für anlaufendes Hochwasser von entsprechender Höhe alles noch in Ordnung. Nun verlangt aber der Unterlieger mit vollem Recht möglichst gleichmäßigen Wasserzufluß; und wenn auch nicht alle Tage Kurzschluß eintritt, so kommen täglich die Mittagspausen mit ihren Betriebseinschränkungen usw., und bei diesen würde es eine ganze Weile dauern, bis sich der Obergraben dem Minderverbrauch entsprechend angefüllt, bis das Wehr überläuft und dieses Überlaufwasser auf dem Umweg durchs Flußbett den Unterlieger erreicht, sofern die Freischütze beim Turbinenhaus nicht entsprechend bedient wird.

Fast ganz vermieden werden solche Übelstände durch einen sog. Überlauf oder Übereich unmittelbar beim Turbinenhaus oder Rohreinlauf, wie z. B. in Taf. 58 gezeichnet. Eine lange, sorgfältig abgerundete (keine Kontraktion!) Überfallmauer gestattet dem augenblicklich nicht verbrauchten, im Kanal aber zufließenden Wasser das Wegfließen unter möglichst geringer Erhöhung des Kanalwasserspiegels. Die Ergiebigkeit eines solchen Übereichs dessen Überfallkrone in Höhe des normalen Wasserspiegels steht, berechnet sich bei Wegfall aller Kontraktion und Vernachlässigen der Zuflußgeschwindigkeit für 20 cm Überlaufhöhe und für jeden Meter Überfallbreite zu

$$\sim \frac{2}{3} 0{,}96 \cdot 1 \cdot 0{,}2 \sqrt{2g \cdot 0{,}2} = \sim 0{,}25 \text{ cbm/sk}.$$

Der in Taf. 58 enthaltene Überfall von 25 m Breite kann also rund über 6 cbm/sk bei 20 cm Überfallhöhe abführen.

Geradezu gegeben ist an der Absturzrinne des Überlaufs die Anbringung einer Leerschütze mit Kiesrinne, Taf. 58, doch würden beide letzteren zweckmäßiger am anderen Ende des Überfalls angeordnet, eine ganze Menge feiner Sand würde mit übergehen, ohne die Kiesrinne zu belasten.

Eine Staumauer soll dort durch Bilden eines sog. Wasserkissens die Betätigung des Arbeitsvermögens der überfallenden Wassermassen in unmittelbarer Nähe der Wasserbauten hindern. Die Leerschützenoberkante dient mit als Überfall.

Der Überfall sichert dem Unterlieger den ungestörten Wasserbezug, sofern der Kanal immer in richtiger Füllungstiefe gehalten wird, auch bildet er eine gute Sicherheit bei rasch eintretenden Hochwässern. Immerhin aber ist es, besonders bei langem Oberkanal zu raten, daß die talseitige Dammkrone wagrecht, und zwar tunlichst hoch gelegt wird, damit bei Hochwasser volle Sicherheit vorhanden ist gegen das Überlaufen des Kanals an beliebiger Stelle, was unbedingt zur Zerstörung des Kanaldammes führt. Ein gänzlich gefahrloser hochwasserfreier Weg (Berme an der Bergseite) sollte immer zum Kanaleinlauf führen, damit der Wärter auch bei Nacht und Sturm die Anlage gegen Hochwasser durch Stellen der Schützen sichern kann.[1])

Einerlei ob Überfall am Oberkanalende oder nicht, hier finden sich allemal Freischütze, Rechen und Turbineneinlaufschützen vereinigt, sei es, daß bei offenen Turbinen die Turbinenkammer unmittelbar anschließt, sei es, daß die Einlaufkammer der geschlossenen Rohrleitung, das sog. Wasserschloß, den Oberlauf des Wassers beendigt.

Die sog. Saugüberfälle sind Heberrohre von meist rechteckigem Querschnitt, Taf. 58, oben rechts, deren Anfangskante auf Überfallkrone liegt, die also bei rascherem Ansteigen selbsttätig entlüften und sehr viel Wasser abzuführen imstande sind, ohne die Oberkante tiefer als normal rücken zu müssen.

In unserem Klima sind Rücksichten auf Eisbildung zu nehmen, und diese beginnen schon beim Oberkanalanfang. Bringt ein Fluß Eisschollen, und ist die gesamte Wassermenge im Oberkanal enthalten, so müssen auch die Eisschollen durch den Oberkanal herein- und durch den Unterkanal weitergeleitet werden. Wollte man die Schollen übers Wehr befördern, so würde ihnen im freien Fluß unterhalb des Wehrs kein Wasser das Weiterschwimmen gestatten und große zusammengefrorene Eisschemel wären die Folge, die bei rasch einsetzendem Tauwetter zu gefährlichen Stauungen Anlaß geben könnten.

Glücklicherweise gehören solche Verhältnisse, Treibeis im Flusse, zu den Seltenheiten, sie finden sich fast nicht an Flußläufen, die vielfach schon mit Wasserkraftanlagen besetzt sind, denn diese verhindern die Schollenbildung.

Eine sehr unangenehme Sache dagegen ist das Auftreten von sog. Grundeis, Schloreis, Eisnadeln und wie die Bezeichnungen sonst noch lauten mögen. Dies kann die Einlaufrechen, die Turbinenschaufeln, zusetzen und unter Umständen den Betrieb unterbrechen.

Die Art der vorbeugenden Maßregeln gegen dieses bei strenger Kälte eintretende Betriebshindernis ist durch eine einfache Überlegung zu erkennen.

Es müssen einem Kilogramm Wasser von 0^0 noch rund 80 Wärmeeinheiten entzogen werden, um es aus dem flüssigen in den festen Zustand überzuführen, und aller Kampf gegen Grundeisbildung hat sich deshalb darauf zu richten, jegliche Gelegenheit zur Abführung dieser Wärmemengen fernzuhalten. Die freie

[1]) Da und dort hat schon ein pflichttreuer Mann bei plötzlich einsetzendem Tauwetter sein Leben lassen müssen, weil er auf dem Weg entlang der Talwand des Kanals vom Hochwasser, das diese überflutete, überrascht und mit hinuntergerissen wurde.

Wasseroberfläche eines Kanals ist eine sehr wirksame Abkühlungsfläche; eine Eisdecke verhindert die Wärmeabgabe an die Außenluft ganz wesentlich (Abschluß gegen Wind), zumal wenn mit Schnee bedeckt, und so muß es das Bestreben einer intelligenten Betriebsleitung sein, die Bildung und Dauer einer Eisdecke auf dem Oberkanal und Wehrteich sorgfältig zu fördern, besonders auch dadurch, daß Wasserstandsschwankungen tunlichst vermieden werden.

Der Übelstand, daß die Eisdecke den benetzten Umfang U des Kanals, also auch den Gefällebedarf, wesentlich vergrößert, wird fast immer dadurch aufgewogen, daß in den Zeiten strenger Kälte die Flußwassermenge beträchtlich zurückgeht derart, daß der Gefällebedarf nach Gl. 762, S. 648, sich doch ganz bedeutend vermindert; andernfalls sollte der Oberkanal besonders tief ausgeführt werden.

Eine der Rücksichten, nach denen die Lichtweite der Leerschütze am Oberkanalende zu bemessen ist, besteht darin, daß das Entfernen zerschlagener Stücke der Eisdecke des Kanals bequem soll vonstatten gehen können, also je nach Kanalbreiten und Eisbetrieb Lichtweiten von 1 bis 2 bis schließlich 4 und 5 m.

Das Festfrieren von Grundeisteilchen an den Rechenstäben, schließlich das Zufrieren der Rechenfläche unter Wasser wird bei hoher Kälte durch die Wärmeabfuhr bedingt, die der einzelne Rechenstab zwischen dem Betriebswasser von $\sim 0^0$ und der kälteren Luft (bis -20^0 und mehr) vermittelt, der Rechen ist ja geradezu eine Abkühlungsvorrichtung für das immer noch verhältnismäßig warme Wasser; der einzelne Stab hat ein Temperaturgefälle von etwa 20^0 und mehr zwischen ganz kurzen Strecken (Wasser und darüber stehende Luft), und da ist es kein Wunder, wenn Eisbildung an den Stäben erfolgt.

Unmöglich ist es, das Betriebswasser zu heizen, immerhin aber bildet das Zuleiten etwa vorhandenen Quellwassers, Abwassers aus Fabrikation, aus Einspritz- oder Oberflächenkondensatoren usw. häufig einige Abhilfe. Das Übel wird an der Wurzel gefaßt, wenn die in der kalten Luft stehenden oberen Enden der Rechenstäbe durch Einhüllen an der Wärmeabgabe gehindert werden, was sehr einfach durch Berieseln mit Wasser von über 0^0 (Spritzrohr entlang dem Rechen, Lochteilung gleich Stabteilung) geschehen kann. Verf. hat die Einrichtung an städtische Wasserleitung angeschlossen gefunden, wo sich der besonders zu zahlende Wasserverbrauch trotzdem reichlich lohnte.

4. Turbinenrechen und Freischütze.

Der Turbinenrechen soll dem Betrieb alle schädlichen Fremdkörper fernhalten, wie schon S. 357 erwähnt, er muß aber andererseits so angelegt sein, daß er dem Wasser den denkbar kleinsten Durchflußwiderstand bietet und dabei gut und gefahrlos zu reinigen ist.

Die Lichtweiten der Rechenstäbe sind jetzt meist von den Behörden vorgeschrieben, im Interesse der Fischzucht, und gegen die üblichen 20 mm Lichtweite an größeren Wasserläufen, 15 mm an Gebirgsbächen (Forellen) ist gewiß nichts einzuwenden.

Wenn aber hier und da verlangt wird, es solle unterhalb der Turbinen ebenfalls ein Rechen von 10 bis 15 bis 20 mm Lichtweite angebracht werden, damit die aufsteigenden Fische nicht in der Turbine in Gefahr kommen können, so ist dies nur aus völliger Unkenntnis der Verhältnisse zu erklären und bedeutet eine ganz nutzlose Belästigung und Wirkungsbeeinträchtigung der Wasserkraftanlagen. Gewiß ist, daß die Fische sich nach den Stellen lebhafterer Strömung im Wasserlauf orientieren, daß sie deshalb den Unterkanälen aufwärts bis an oder in das Turbinensaugrohr folgen. Hier aber stellt sich ihnen schon in den

Beträgen der w_2 eine gewaltige Schranke entgegen; geradezu unmöglich aber ist es für den Fisch, in die laufenden Radzellen zu gelangen, er müßte ja Eigengeschwindigkeiten von mehr als u_2 entwickeln und dies dazu im Kampfe gegen die Strömung aus v_2! Wozu also das Untergitter?

Es sollte solch unbegründeten Belästigungen der in wirtschaftlicher Hinsicht das Fischereierträgnis an „industriellen" Wasserläufen ohnedem turmhoch überragenden Wasserkraftanlagen ein Ende gemacht werden.

Die allgemeinen Gesichtspunkte für die Anordnung des Rechens bleiben sich für Anlagen aller Größen sinngemäß gleich.

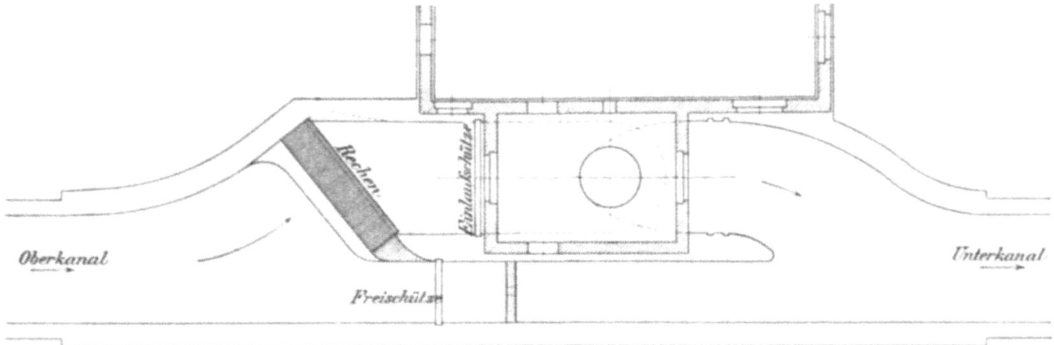

Fig. 469 a.

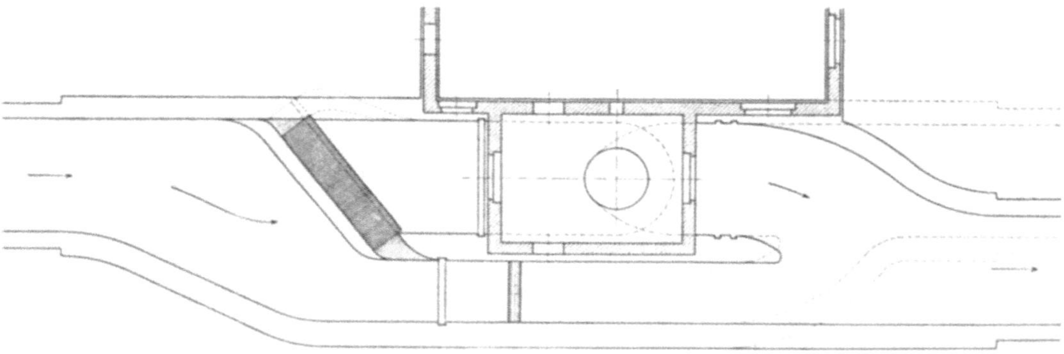

Fig. 469 b.

1. Das Wasser soll der Rechenfläche ungefähr senkrecht zufließen, weil auf diese Weise der Rechenverlust h_R, S. 671, am kleinsten ausfällt. Geschwindigkeiten durch die Netto-Rechenfläche 0,3 bis 0,5 m/sk wenn irgend möglich nicht zu überschreiten. Vgl. hierzu Fig. 469 a und b, Taf. 26, 34, 58.

Anordnungen wie Fig. 470 sind von Hause aus verfehlt, da das Wasser fast parallel zur Rechenfläche ankommt und nur unter großem Gefälleverbrauch (an der Ecke *a* z. B. in Rheinfelden 15 bis 20 Zentimeter) um 90° schwenken muß.

2. Die Rechenfläche sollte in schräger Richtung nach der Freischütze weisen, damit von Hand am Rechen fortgestoßene grobe Schwimmkörper, Eisschollen, Hölzer usw. nach und nach der Freischütze zuwandern, Fig. 463, 469 a und b, Taf. 8, 28, 30, 34. Je nach örtlichen Umständen sind die Anordnungen nach Taf. 34 praktisch, vgl. S. 538. Immer sollte der Pfeilerkopf am Rechenende stetig von der schrägen Rechenfläche in die senkrechte Freigerinnewand überleiten, Fig. 365, S. 503, Fig. 469 a und b, Taf. 28, 34, nicht aber Fangecken für Schwimmzeug bilden, Taf. 8, 26, 30. Rechenstellungen wie Fig. 362, S. 500, Taf. 7, 17, 58 sollten nicht zur Ausführung kommen, auch Taf. 26 ist kaum besser.

3. Die ganze Rechenfläche sollte stets für den Wasserdurchgang zur Ver-

fügung sein, hinter der Rechenfläche muß sich das Wasser nach dem Bedarf der einzelnen Turbinen verteilen können, Fig. 463, Taf. 8, 9, 13, 28, 30, 58. Anordnungen, bei denen nur ein geringer Ausgleichquerschnitt zwischen dem Rechen und dem Kopf des Turbinenkammerpfeilers gelassen ist, Taf. 17, 26, oder solche, bei denen

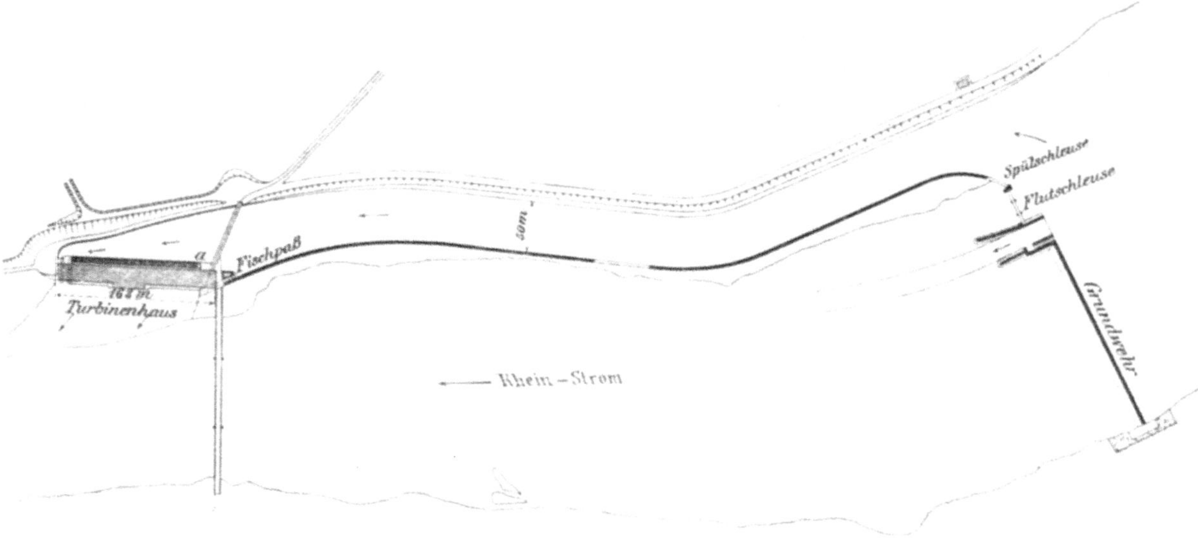

Fig. 470.

jede Turbinenkammer einen Rechen für sich hat, Taf. 22, bedürfen einer viel eifrigeren Rechenreinigung und können den Vorteil geringerer Geschwindigkeit durch die Rechenfläche, also geringerer h_R bei Kleinwasserständen, nicht ausnutzen. Besonders aber fehlt solchen Anlagen die Reserve bei Grundeisbildung.[1])

Natürlich muß der Wasserlauf zwischen Rechen und Turbinenkammer und diese selbst sicher abgedeckt und gegen, auch böswilliges, Hereinwerfen von Gegenständen geschützt sein, ein Erfordernis, das wunderlicherweise nicht immer erfüllt ist, ebenso fehlt hier und da die Betonsohle, die 5 m vor der Freischütze beginnen sollte und bis in die Turbinenkammer nicht mehr unterbrochen werden darf.

4. Der Turbinenrechen selbst, nicht minder aber die sog. Rechenbühne für die Bedienung muß einseitigem Wasserdruck mit voller Sicherheit gewachsen sein, denn ein solcher kann bei ganz versetzter Rechenfläche (Laubgang, Grundeis und leergelaufener Turbinenkammer jederzeit eintreten. Bricht der Rechen wegen schlechter Unterstützung, so ist meist die Turbine großer Beschädigung ausgesetzt, und wenn der Anlagedruck der oberen Enden der Rechenstäbe die Rechenbühne nicht kräftig genug vorfindet, so werden Menschenleben in unverantwortlicher Weise aufs Spiel gesetzt. Deshalb zuverlässige Rechenunterstützung und Rechenbühnen wie Taf. 8, 13, 17, 25, 26, 28; auf letztere sei besonders hingewiesen.

Das Oberkanalende vor dem Rechen ohne eine Freischütze ist ein Unding, man bringt die etwa ankommenden groben Schwimmkörper nur mit großer Mühe aus dieser Sackgasse weg und ist überhaupt gezwungen, alles, was der Rechen nicht durchläßt, von Hand zu entfernen.

Die Freischütze muß auch bei Frost leicht, von Hand, bedienbar sein, zuverlässig in der Ausführung, also Schützentafel, nicht allenfalls Rollschützen oder dgl. Vielfach wird bei kleineren Schützen von der Schützentafel die oberste

[1]) Dem Verf. wurde von Leitern nordischer Wasserkraftanlagen mitgeteilt, daß Geschwindigkeiten von weniger als 0,3 m/sk durch die Nettorechenfläche einen fast absolut sicheren Schutz gegen Vereisung des Rechens bieten sollen.

Bohle lostrennbar gemacht, um Gelegenheit zum Auslassen von Laubansammlung, Eis u. dgl. zu geben, ohne daß die ganze Schützentafel bis über Oberwasser gehoben werden muß (sparsamer Wasserverbrauch). Am Schützenzug hängt dann

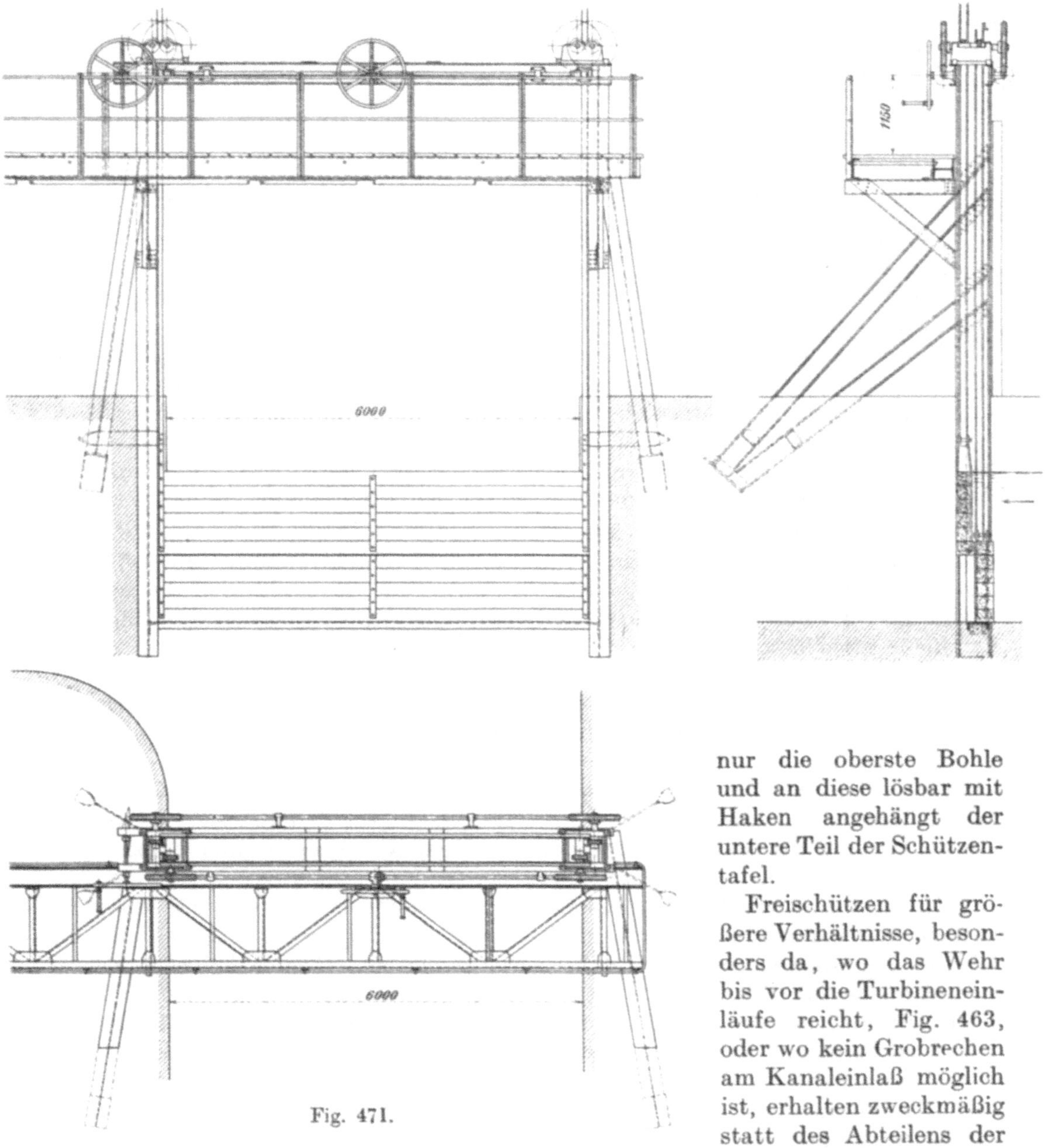

Fig. 471.

nur die oberste Bohle und an diese lösbar mit Haken angehängt der untere Teil der Schützentafel.

Freischützen für größere Verhältnisse, besonders da, wo das Wehr bis vor die Turbineneinläufe reicht, Fig. 463, oder wo kein Grobrechen am Kanaleinlaß möglich ist, erhalten zweckmäßig statt des Abteilens der obersten Bohle eine Teilung der Schützentafel in zwei versetzt zueinander stehende Hälften, Fig. 471, jede Hälfte mit eigenem Windwerk ausgestattet. Die obere Hälfte kann zum Überlaufenlassen von Eis u. dgl. beliebig gesenkt, die untere gleichzeitig, etwa zum Ausschwemmen von Kies, angehoben werden. Hochwasserfreier Bedienungssteg und Zugang. Die Zahnstangen tragen am oberen Ende wagrechte Winkeleisen als Fernzeiger für die Schützenstellungen, Fig. 471.

Zweckmäßig ist es, die Freischütze wo angängig nicht dicht neben das

Rechenende zu setzen, wie Taf. 8, 26 zeigen, sondern um ein Stück gegen abwärts, Fig. 469a und b, Taf. 28, 34. Auf diese Weise entsteht ein ruhiger Tümpel vor der Freischütze, in dem sich eine Menge Schwimmkörper sowohl, als auch am Boden Kies usw. ansammeln können zu gelegentlichem, kurzem Ablassen, ohne in der Zwischenzeit den Rechen zu belästigen; eine Anordnung zu gleichem Zwecke wie der gegen aufwärts gerückte Kanaleinlauf, Fig. 465, S. 675.

Der Rechen muß, gefahrlosen Putzens wegen, eine Schrägebene bilden, Taf. 59. Es ist

$b = 0{,}6\,h$ sehr bequem zu bedienen,
$b = 0{,}4\,h$ bequem zu bedienen,
$b = 0{,}25\,h$ äußerste Grenze, nur wenn flachere Stellung unmöglich.

Der Widersinn einer vertikal gestellten Rechenfläche bringt unmittelbare Absturzgefahr für den putzenden Arbeiter.

Die sog. Putzrechen müssen mit kurzen Zahnungen der Blechschaufel, der Stabteilung entsprechend, versehen sein.

Selbsttätig sich reinigende Rechen sind schon in großer Zahl erfunden und probiert worden, aber nach Wissen des Verf. ausnahmslos ohne dauernden Erfolg, weil sich die Schwimmkörper eben in verschiedenster Weise an die Rechen legen, teilweise festklemmen usw. Hier wird wohl die Handarbeit immer unentbehrlich bleiben, möglichst große Rechenflächen reinigen sich besser, weil die Durchflußgeschwindigkeit klein, die Schwimmkörper weniger eingeklemmt werden.

Die Rechenstäbe, Stärke 5 bis 10 mm (Höhe rechnen!), werden zu Feldern von etwa $^1/_2$ bis 1 m Breite durch durchgehende Schrauben mit Guß-Zwischenlagen in Abständen von etwa 20 mm verbunden und in ein in der Einlaufsohle festliegendes Winkeleisen, Taf. 59, ohne besondere untere Befestigung eingelegt, damit ein etwa beschädigtes Feld auch bei gefülltem Kanal ausgehoben werden kann. Diese durchgehenden Schrauben nicht in Querschnittsmitte sondern rückwärts, des Putzrechens halber, keine solche Schraube in der Nähe des normalen Oberwassers. Am oberen Ende erhalten einzelne Gußzwischenlagen Lappen zum Anschrauben an die Träger der Rechenbühne, aber ohne daß auf das Anliegen sämtlicher Rechenstäbe verzichtet wird. Die Stabenden stehen zweckmäßig etwa 15 cm über die Rechenbühne vor, der Putzrechen leert dadurch sicherer auf die Bühne aus und der Mann hat bei der ständigen Nässe einen Anhalt gegen das Ausrutschen nach dem Wasser zu (Glatteis).

Etwaiger Bretterbelag der Rechenbühne am besten mit Langfaser dem Rechen entlang, der Mann steht fester beim Putzen und kann andererseits den Abraum leichter dem Rechen entlang zum Freigerinne schieben. Also Belag nach Taf. 59 und nicht wie Taf. 7, 8, 26, 28. Ablaufschlitze durch den Belag der Rechenbühne, nahe beim Rechen, für das mit dem Abraum hochgenommene Wasser. Die Rechenbühne so breit, daß mit den oft langen Stielen der Putzrechen nach hinten oben ausgefahren werden kann; Taf. 7 ist knapp! Rheinfelden, Fig. 470, schlimm.

Die Anordnung der Rechen hinter der Einlaufschütze, Taf. 22, soll ungestörte Rechenreparaturen ermöglichen, sie hat die S. 683 unter 3 erwähnten Nachteile und wird selten angewendet.

Die Freischütze führt am besten zum freien Flußlauf, doch ist dieser in vielen Fällen nicht ohne Umstände zu erreichen, und dann muß das Freigerinne in den Unterkanal münden. Nun würde das unverbrauchte Arbeitsvermögen des frei ausfließenden Wassers sich, wenn nicht verringert (S. 658), durch Zerstörung der Unterkanalwandungen betätigen, weshalb derartige Freigerinne zweckmäßig mit Quermauern treppenförmig abgesetzt erscheinen, Taf. 22, 32, 33, 34; diese Quermauern etwa $^1/_2$ m über die Stufenfläche vortretend zur Bildung sog. Wasserkissen, Überfälle, aber doch mit etwa 10 bis 25 cm weitem Durchlaß versehen zur völligen Entwässerung bei geschlossener Leerschütze, damit der Frost nicht sprengt.

Die Fig. 469 a und b zeigen verschiedene Anordnungen.

In Fig. 469 a, die am meisten zu empfehlen ist, liegen Oberkanal-, Freigerinne- und Unterkanalwand in einer Flucht, das Wasser tritt in leichter Schwenkung senkrecht zur Rechenfläche, während Schwimmkörper aller Art schon durch ihr Beharrungsvermögen eher der Freischütze zutreiben, sich davor ansammeln und glatt zum Unterkanal abgelassen werden können, wobei das Wasser, ohne abgelenkt zu werden, geradlinig dem Unterkanal zufließt. Die geringe Krümmung der Wege des langsam fließenden Betriebswassers ist ohne Schaden.

Fig. 469 b, ausgezogen, Oberkanalwand versetzt, hat die ebengeschilderten Verhältnisse am Unterwasser, aber der Zulauf zum Rechen ist weniger zweckmäßig. Die punktierte Lage des Unterkanals, Ober- und Unterkanalwand in gleicher Flucht, Freischütze seitlich, ist eigentlich die meist angewandte, sie bietet aber für das Freigerinne Mißstände. Das gekrümmte Freigerinne gibt schon bei Gefällen von 3 m ab leicht Anlaß zum Spritzen des durchfließenden Wassers, was zwar in frostfreier Zeit weiter nicht in Betracht kommt, bei strenger Kälte aber leicht ein Zuwachsen des Gerinnes mit Eis und Eisverstopfung herbeiführen kann. Außerdem sind durch das Eintreten des freilaufenden Wassers schräg zur Kanalrichtung eher Wirbelungen möglich, die die Unterkanalwände zu beschädigen vermögen.

5. Der Unterkanal.

Ältere Anlagen zeigen vielfach verhältnismäßig kurzen Ober- und langen Unterkanal, während wir heute den möglichst kurzen Unterkanal entschieden vorziehen.

Die Gründe für die ältere Ausführungsweise, bei der sich immer wieder die ganz verkehrte Vorschrift findet[1]), daß der Unterkanal mit größerem Gefälle angelegt werden solle als der Oberkanal, beruhen, ebenso wie diese Vorschrift, auf irreführenden, längst veralteten Voraussetzungen.

Unsere früheren Wassermotoren, seien es Wasserräder, seien es die achsialen sog. Girard-(Druck-)Turbinen, waren gegen ein Aufsteigen des Unterwassers über eine gewisse Höhe sehr empfindlich, vgl. auch S. 576, man hielt sich deshalb mit diesen ein entsprechendes Stück über dem mittleren Wasserspiegel des freien Flusses am Unterkanalende, um Sicherheit gegen den durch höhere Flußwasserstände verursachten sog. Rückstau zu haben. Und wenn dann einmal dieser Höhenunterschied als verlorener Teil des Nettogefälles geopfert war, dann allerdings lag gar kein Bedürfnis vor, den Unterkanal für einen kleineren Gefällebedarf einzurichten als eben dieser preisgegebenen Höhe entspricht; dann war auch der längere Unterkanal weniger teuer, man brauchte nicht so sehr in die Tiefe zu gehen.

Schon bei den alten achsialen Reaktionsturbinen bestand keine Notwendigkeit des Heraufgehens über den Hochwasserrückstau, aber auch da findet sich noch vielfach das Bestreben, durch starkes Gefälle im Unterkanal und durch dessen große Länge einen kräftigen Höhenunterschied zwischen den Unterwasserspiegeln bei der Turbine und am Grabenende als sog. Rückstausicherung zu schaffen, und „damit die Turbine das Wasser los werde“. Man warf fast während des ganzen Jahres in reiner Selbsttäuschung das reichliche Unterkanalgefälle zum Fenster hinaus, nur um während einiger Hochwassertage keinen Rückstau beim Turbinenhaus erleiden bzw. mit Augen sehen zu müssen.

---

[1]) Auch noch im Taschenbuch „Hütte“ 1911, Bd. I, S. 314.

Der Übergang auf die äußeren radialen Reaktionsturbinen (Francisturbinen) hat beim Turbineningenieur mit diesem Widersinn aufgeräumt und dazu geführt, daß eine wagrechte Lage der Unterkanalsohle als zweckmäßig angesehen wird; liegt die Flußsohle höher, so wird auf der Übergangsstrecke die Unterkanalsohle unter entsprechender Kanalverbreiterung (Einhalten des Wasserquerschnittes) nach aufwärts gezogen, wobei die Unterkanalrichtung selbstverständlich in die Flußrichtung einschwenken sollte.

Die tiefliegende wagrechte Unterkanalsohle erlaubt, daß der Unterwasserspiegel beim Krafthaus in weitem Bereich den Bewegungen des Wasserstandes im freien Fluß folgt, wobei sich jener einfach dem jeweiligen Gefällebedarf gemäß einstellen wird: vom Krafthaus an etwas abnehmende, im übrigen reichliche Tiefe. Den geringeren Wasserständen im Flusse entsprechen allemal auch geringere Wassermengen der Turbinen, ein kleinerer Gefällebedarf des Unterkanals, also Selbsteinstellung auf kleinere Wassertiefe, d. h. Vergrößerung des Sauggefälles der Turbinen. Gegen höhere und Hochwasserstände im Flusse sind wir im allgemeinen machtlos, wenn aber der Unterwasserspiegel beim Krafthaus den Senkungen zu folgen vermag, so ist die Anlage zu allen Zeiten rationell ausgenützt.

Die Herstellungskosten für den laufenden Meter Unterkanal sind fast ausnahmslos wesentlich höher als beim Oberkanal. Deshalb findet sich die Turbinenanlage, das Krafthaus, bei neueren Anlagen fast immer am Ende der Kanalführung, oder wenigstens gegen das Ende hin.

6. Unterwasser-Absauger.

Hochwasser bringt fast ohne Ausnahme hohen Unterwasserstand ohne gleichgroßes Anwachsen des Oberwassers, also eine oft recht beträchtliche Einbuße an Gefälle für die Turbinenanlage; und da die Turbinen in ihrer Schluckfähigkeit für normales Gefälle gebaut sind, so kommt die Leistungseinbuße an Hochwassertagen aus doppelten Ursachen: aus der Verminderung des arbeitenden Gefälles und derjenigen der arbeitenden Wassermenge (siehe auch S. 520).

Dieser Umstand ist ein Nachteil der Anlagen mit kleineren Gefällen und zwingt häufig zur Aufstellung umfangreicher Reserven in Wärmekraftmaschinen.

Nun steht der Anlage in Hochwasserszeiten, der großen Wassermenge halber, eigentlich ein wesentlich größeres Arbeitsvermögen aus der Wasserkraft zu Gebote als bei normalem Gefälle, es kann aber leider durch die Turbinen nicht ohne weiteres ausgenutzt werden. Siehe S. 520.

Schon im Jahre 1893 erhielt der englische Ingenieur Stoney ein D. R. P. 75342 auf eine Einrichtung, bei der Wasser unter dem vollen Druck des reduzierten Gefälles durch den Turbinenauslauf ausströmt und durch sein Arbeitsvermögen saugend auf das Betriebswasser der Turbine selbst, also das reduzierte Gefälle vergrößernd, wirken soll.

Die Saugwirkung des aus wenig geöffneten Schützen frei ausströmenden Überschußwassers wurde durch Sangey, Betriebsleiter der Kraftanlage Chèvres (Rhône) bei Genf praktisch angewandt[1]). In Chèvres liegt das Schützenwehr unmittelbar beim Turbinenhaus und die Absenkung des freiliegenden Turbinenunterwassers durch das Mitgerissenwerden seitens des aus den Wehrschützen mit großer Geschwindigkeit austretenden Überschußwassers bewirkt eine ziemliche Gefällevermehrung gegenüber dem tatsächlichen Hochwassergefälle.

Die hier für Hochwasserszeiten errungenen Vorteile gaben auch anderwärts zu ähnlichen Vornahmen Veranlassung und führten schließlich zu Vorschlägen

[1]) Z. V. deutsch. Ing. 1906, S. 1821 u. f.

wie die a. a. O. S. 1825 in Fig. 12 und 13 enthaltenen, die aber eine ganz beträchtliche Vermehrung der Fundierungs- und Baukosten überhaupt mit sich bringen, ohne mehr als eine ganz rohe Ausnützung des Hochwasser-Arbeitsvermögens zu bieten. Allerdings hat es an sich keinen Sinn, für diese Ausnützung einen besonders hohen Wirkungsgrad anzustreben, da ja in diesen Zeiten immer Überschuß an Arbeitsvermögen da sein wird, aber die Einschränkung der zu verwendenden Wassermengen würde eben doch wesentliche Bauersparnisse bringen.

Nach dieser Richtung strebt das D. R. P. 211096 von Biel und Bursch, bei dem die Auslaufsohle bei der Hochwasserschütze nach Tunlichkeit abgesenkt wird, um dem austretenden Hochwasser Gelegenheit zur Bildung einer muldenartigen Einsenkung zu geben, in die dann das Turbinenabwasser einmünden kann. Für die Erhaltung des normalen Gefälles in Hochwasserszeiten mag hierin ein gewisser Vorzug liegen; das Normalgefälle in gewöhnlicher Zeit aber durch solche Einrichtung dauernd vergrößern zu wollen, widerspricht einer rationellen Ausnutzung der Wasserkraft an sich.

Hier sind weiter die Bestrebungen von Cl. Herschel, Newyork, D. R. P. 214873, zu nennen, dessen „Fall-increaser" eine mehr unmittelbare Wirkung auf das die Turbine verlassende Wasser betätigt. Hier wird durch große ejektorartige Sauger das Abwasser der Turbine direkt dem Turbinensaugrohr entnommen und ins äußere Unterwasser gedrückt, wobei die bei Normalgefälle offene, gewöhnliche Mündung des Turbinensaugrohrs durch eine Schütze oder Drosselklappe gegen das Rückwärtseintreten des äußeren Unterwassers abgeschlossen ist[1]). Herschel behandelt gegenüber der sehr rohen sog. Ejektorschützenanlage der obengenannten Fig. 12 und 13 die Sache als überlegte Konstruktion, er macht Versuche damit und erhält allerdings nur Wirkungsgrade bis zu 28%.

Immerhin ist aber dadurch die Angelegenheit der greifbaren Betrachtung nahegerückt, mit der sich Danckwerts in dem schon genannten Aufsatz beschäftigt, trotzdem Herschel sich dagegen verwahrt, daß hier normale Ejektorkonstruktionen in Frage kommen könnten (Herschel hat für solche nur „ärmliche" Wirkungsgrade erhalten).

Um in diesen Dingen zu besserer Entwicklung zu kommen, sehen wir uns die Aufgabe an, die ein sog. Ejektor zu erfüllen hätte.

Die Verhältnisse liegen wie in Fig. 472 angegeben. Die Turbine ist für das normale Gefälle H gebaut, wobei sie Q cbm/sk verarbeitet. Durch das Hochwasser ist das Gefälle infolge Rückstaues auf h zurückgegangen; die Triebkraft des Hochwassers sollte deshalb dazu verwendet werden, den Unterwasserspiegel dicht bei der Turbine so nieder zu halten, daß das Normalgefälle H erhalten bleibt, das heißt, es muß im allgemeinen die Normalwassermenge Q fortlaufend um die Höhe $H-h$ gehoben werden; dies die Aufgabe der Pumpeinrichtung, wobei natürlich das Wiederzurücktreten von Wasser aus dem Rückstaubereich vermieden werden muß.

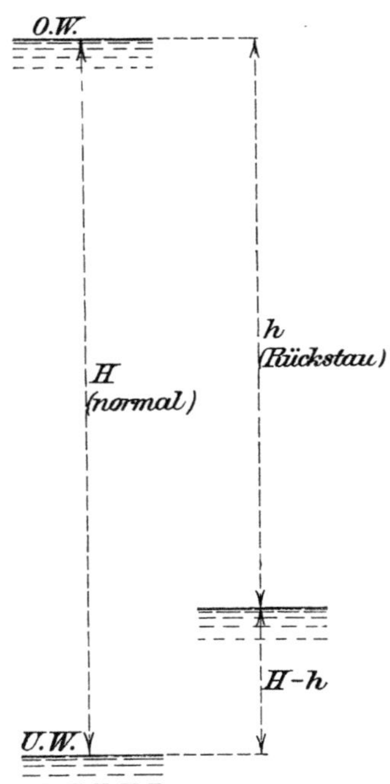

Fig. 472.

Natürlich sind neben der Förderhöhe h auch die Wassergeschwindigkeiten in Zu- und Ablauf des Saugers mit zu berücksichtigen.

[1]) „The fall-increaser", Harvard Engineering Journal, Juni 1908, siehe auch Danckwerts: „Technische Maßnahmen, den Rückstau des Hochwassers betr." in „Die Turbine", 1909.

Die Fig. 473 stellt die Verhältnisse des idealen Betriebes eines solchen Saugers dar. Auch hier wird das Betrachten dieser Verhältnisse zur Klärung der Anschauung beitragen.

Der Sauger liege ganz eingetaucht, Saugerachse um h_u unter dem normalen Unterwasserspiegel. Bei normalem Gefälle verläßt das Betriebswasser das Turbinensaugrohr mit $w_4 = c_u$, vgl. Fig. 182, S. 282, und mit dieser Geschwindigkeit wird auch, sofern der Sauger seine Aufgabe erfüllt, das Abwasser der Turbine dem Eintrittsquerschnitt des Saugers zuströmen, der danach zu bemessen ist. Auf Saugerachse bezogen ist demnach das sekundliche Arbeitsvermögen des eintretenden Turbinen-Abwassers $Q\gamma\left(h_u + \frac{w_4^2}{2g}\right)$.

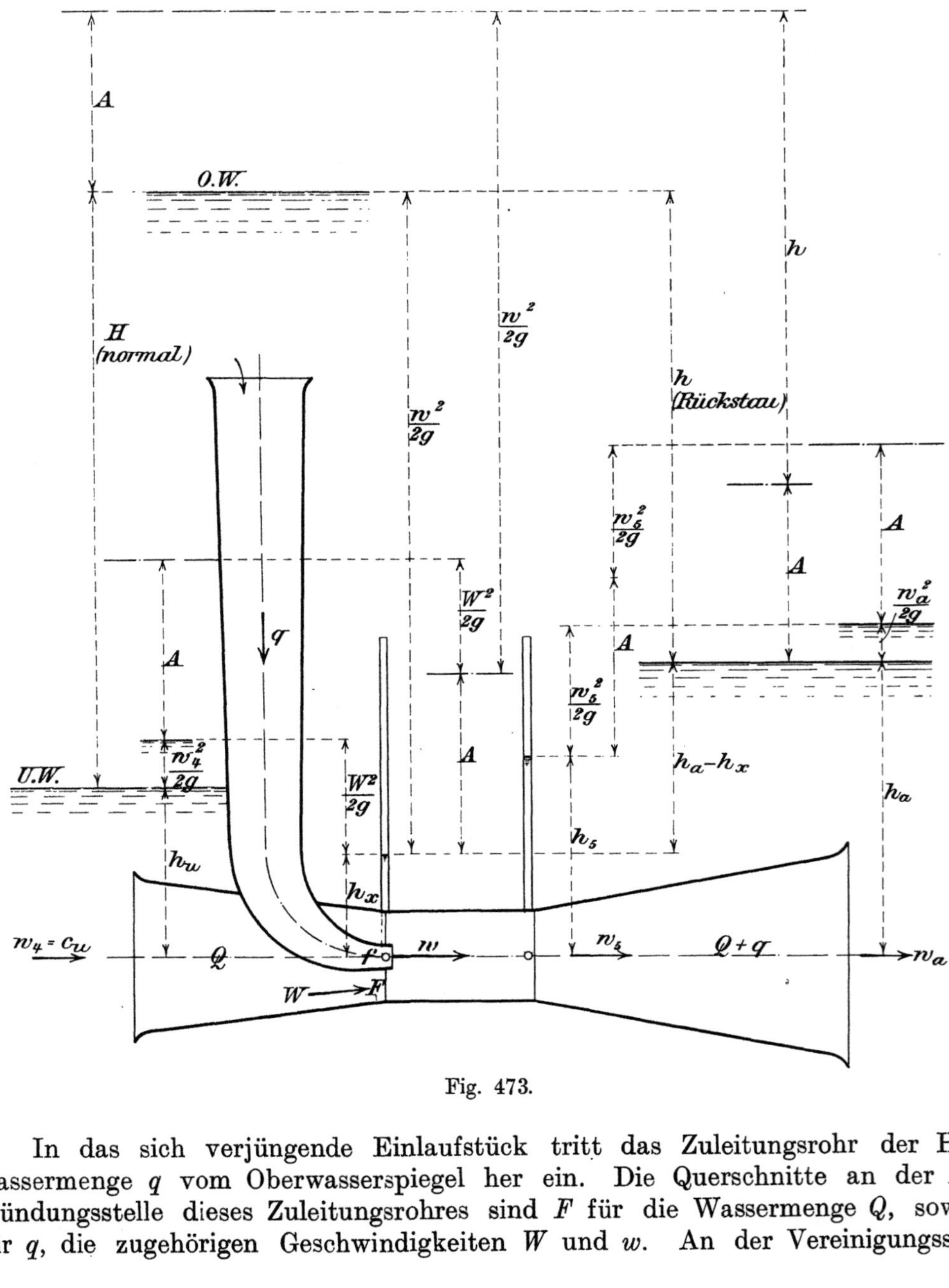

Fig. 473.

In das sich verjüngende Einlaufstück tritt das Zuleitungsrohr der Hilfswassermenge q vom Oberwasserspiegel her ein. Die Querschnitte an der Ausmündungsstelle dieses Zuleitungsrohres sind F für die Wassermenge Q, sowie f für q, die zugehörigen Geschwindigkeiten W und w. An der Vereinigungsstelle der beiden Wassermengen, Querschnitt $F+f$, wird eine Druckhöhe h_x vorhanden sein, die notwendig kleiner ist als das Maß h_u. Nachdem die beiden Wassermengen sich gehörig gemischt und infolgedessen durchweg gleiche Geschwindigkeit in dem zylindrischen Teil vom Querschnitt $F+f$ angenommen haben, läßt sich diese als

$$w_5=\frac{Q+q}{F+f} \quad \ldots\ldots\ldots\ldots\ldots \quad 791$$

anschreiben, eine Druckhöhe h_5 wird sich dabei eingestellt haben, Fig. 473. Der Rohrerweiterung folgend kommen schließlich an deren Ende w_a und h_a zur Entwicklung.

Die Druckhöhenaufteilung muß nun im ideellen Betrieb wie folgt vor sich gehen, wobei der Atmosphärendruck A (dieser in Fig. 473 verkleinert gezeichnet) mit in Rechnung gestellt werden soll, Fig. 473.

Turbinen-Abwasser Q:

$$A+\frac{w_4^2}{2g}+h_u=h_x+\frac{W^2}{2g}+A$$

oder

$$\frac{W^2}{2g}=\frac{w_4^2}{2g}+h_u-h_x; \qquad W=\sqrt{2g\left(\frac{w_4^2}{2g}+h_u-h_x\right)} \quad \ldots\ldots \quad 792$$

Der Kleinstwert von h_x wäre $-A$[1]), also

$$W_{max}=\sqrt{2g\left(\frac{w_4^2}{2g}+h_u+A\right)} \quad \ldots\ldots\ldots \quad 793$$

Hülfswassermenge q:

Unter Vernachlässigung der Zuflußgeschwindigkeit im Oberkanal folgt

$$A+H+h_u=h_x+\frac{w^2}{2g}+A$$

oder

$$\frac{w^2}{2g}=H+h_u-h_x; \qquad w=\sqrt{2g(H+h_u-h_x)} \quad \ldots\ldots \quad 794$$

Mit dem Kleinstwert $h_x=-A$ folgt

$$w_{max}=\sqrt{2g(H+h_u+A)} \quad \ldots\ldots\ldots \quad 795$$

Aus der Vereinigung der Gl. 792 und 794 findet sich

$$\frac{w^2}{2g}-\frac{W^2}{2g}=H-\frac{w_4^2}{2g} \quad \ldots\ldots\ldots \quad 796$$

Läge der Sauger über Normalunterwasser, so würden h_u und h_x negativ sein, an der Vereinigungsstelle würde der absolute Druck $A-h_x$ herrschen, die Gl. 796 bliebe unverändert, aber W_{max} und w_{max} könnten nur kleine Beträge aufweisen.

Nun zur Betrachtung der Arbeitsgrößen. Die Wassermenge Q bringt, von A abgesehen, zur Vereinigungsstelle mit das Arbeitsvermögen:

$$Q\gamma\left(\frac{w_4^2}{2g}+h_u\right).$$

Aus diesem, zusätzlich des von q zugeführten Arbeitsvermögens, Gl. 794

$$q\gamma\left(\frac{w^2}{2g}+h_x\right)=q\gamma(H+h_u)$$

muß sich, verlustlose Übertragung von q auf Q vorausgesetzt, das Arbeitsvermögen der Gesamtmenge $Q+q$ am Saugeraustritt (a) ergeben, d. h. es muß sein

$$Q\gamma\left(\frac{w_4^2}{2g}+h_u\right)+q\gamma(H+h_u)=(Q+q)\gamma\left(\frac{w_a^2}{2g}+h_a\right).$$

[1]) Vgl. S. 29 u. f.

Aus Fig. 473 ist ersichtlich, daß $h_a = H + h_u - h$, und dies formt die vorstehende Gleichung um in

$$q = Q\left(\frac{2gH - w_4^2}{2gh - w_a^2} - 1\right) \quad \ldots\ldots\ldots\ldots \quad 797$$

woraus der ideell erforderliche Betrag von q für das Heben von Q auf die Höhe $H - h$ berechnet werden kann.

Zahlenbeispiel für ideellen Betrieb:

$$H = 4{,}0\text{ m}, \quad Q = 10\text{ cbm/sk}, \quad h = 3\text{ m}, \quad h_u = 1\text{ m}$$
$$w_4 = 1{,}2\text{ m/sk}, \quad w_a = 2\text{ m/sk}.$$

Wenn angenommen wird, daß h_x, die Druckhöhe an der Vereinigungsstelle, Null sei, daß also die Höhen von Ober- und Unterwasserspiegel aus gerade zur Erzeugung von W und w herangezogen sind, so findet sich

$$W = \sqrt{2g\left(\frac{1{,}2^2}{2g} + 1 - 0\right)} = 4{,}59\text{ m/sk} \quad \ldots\ldots\ldots \quad (792)$$

$$w = \sqrt{2g(4{,}0 + 1 - 0)} = 9{,}90\text{ m/sk} \quad \ldots\ldots\ldots\ldots \quad (794)$$

Die Gl. 797 liefert

$$q = 10\left(\frac{19{,}62 \cdot 4{,}0 - 1{,}44}{19{,}62 \cdot 3 - 4{,}0} - 1\right) = 10 \cdot 0{,}404 = 4{,}04\text{ cbm/sk}.$$

Weiter finden sich

$$F = \frac{Q}{W} = \frac{10}{4{,}59} = 2{,}179\text{ qm}.$$

$$f = \frac{q}{w} = \frac{4{,}04}{9{,}90} = 0{,}408\text{ qm}$$

$$w_5 = \frac{Q + q}{F + f} = \frac{10 + 4{,}04}{2{,}179 + 0{,}408} = 5{,}43\text{ m/sk}$$

$$f_a = \frac{Q + q}{w_a} = \frac{14{,}04}{2} = 7{,}02\text{ qm}.$$

Der Übergang von $f_5 = F + f = 2{,}587$ qm auf $f_a = 7{,}02$ qm bedarf natürlich einer ziemlich langen Strecke, um sich gut vollziehen zu können.

Ist aber nun der Wirkungsgrad des Saugers nicht $\eta = 1$, sondern nur $\eta = \sim \frac{1}{3}$ (Herschel), so bedarf es statt $q \simeq 4$ cbm/sk deren $\frac{4}{1/3} = \sim 12$ cbm/sk und demgemäß verschieben sich alle Abmessungen.

Die Anlage von Saugern mit so geringem Wirkungsgrad wird deshalb stets eine kostspielige Sache sein, und es bleibt die Aufgabe bestehen, hier für bessere Wirkungsgrade zu sorgen.

D. Die Turbineneinläufe.

1. Einlaufschützen.

Es gibt zweierlei grundsätzlich verschiedene Schützenanordnungen: Hubschützen, Taf. 6, 7, 8 usw., und Drehschützen, Taf. 9; die ersteren werden in weitaus größerem Maße angewendet. Jede Anordnung hat Vorzüge und Nachteile.

Die Hubschütze gibt den Wasserlauf völlig frei, sie hat keine unter Wasser sitzenden beweglichen Teile, kann also leicht im Stand gehalten werden. Dagegen beansprucht sie großen Kraftaufwand für die Bewegung, so daß sich das Öffnen und Schließen von Hand nur langsam vollziehen kann, auch beansprucht die Hubschütze in der Höhe viel Platz (Tafelhöhe + Hubhöhe, dazu Schützenrahmen und -winde) derart, daß die geöffnete Schütze manchmal recht unbequem wird (Verdecken von Fensteröffnungen usw.).

Die Drehschütze verengt und stört den Wassereinlauf, hat einen Drehzapfen unter Wasssr, beansprucht aber sehr geringe Verstellkraft, so daß auch die größten Drehschützen von Hand leicht und rasch bewegt werden können. Trotzdem die Drehschütze auch in der Höhe gar nicht hinderlich ist, Taf. 9, findet sie heute doch nur in Ausnahmefällen Anwendung, da wo man, der Arbeitspausen halber (Textilbetriebe), genötigt ist, die Schützen mehrmals im Tag zu öffnen und zu schließen oder wo keine Höhe für Hubschützen erzielt werden kann. Die Drehschütze auf Taf. 9 ist alten Datums.

Wegen des bedeutenden Kraftbedarfs zum Bewegen großer Hubschützen hat man früher auch bei Turbinen-Einlaufschützen die Rollenstützung angewendet, wie sie bei sehr großen Wehrschützen in Benutzung ist, doch hat es sich als zweckmäßiger herausgestellt, auf Rollenstützung zu verzichten und lieber die Einlaufbreite durch einen senkrechten Doppelpfosten in zwei Felder zu teilen, den Mittelpfosten gut verankert, Taf. 13, und jede Schützenhälfte für sich zu betreiben. Die geschlossene Einlaufschütze muß, wenn ohne Hochwasserverschalung, entsprechend über Wehrkrone heraufreichen, damit sie nicht zu bald überströmt werden kann.

Während kleinere Schützen von einigen Quadratmetern Tafelgröße (bis etwa 6 qm) wohl ausnahmslos von Hand bewegt werden, findet sich bei größeren Anlagen vielfach elektromotorischer Betrieb (Stirn- und Kegelräder vermeiden!), Taf. 13, 26, 27, der den Transmissionsbetrieb und auch den Betrieb mit Preßöl, Taf. 17, verdrängt hat.

Sehen wir uns den Bau einer einfachen Handbetriebsschütze an. Schützengestelle aus Holz sind heute überwunden, das ⊏-Eisen in seinen größeren Profilen ist an die Stelle getreten, die Pfosten als in die Kanalmauer eingelassene Führung für die Schützentafel, Taf. 59 u. a., nach unten über die zwischengesetzte Schwelle hinaus verlängert. Die an dem Pfosten anliegende Schützentafel erfährt einen gegen abwärts wachsenden Wasserdruck, und der verlängerte Pfosten überträgt die unteren großen Anlagedrucke sicherer auf die Kanalwand, als es etwa die Niet- und Schraubenverbindung durch die Schützenschwelle tun könnte. Auf solche Weise ist die Schützenschwelle ganz entlastet. Oben sind die Pfosten durch zwei liegende ⊏-Eisen, die Schützenholme, verbunden, auf denen die Schützenwinde befestigt ist; hierdurch sind die Reibungswiderstände der Schützenbewegung zu inneren Kräften des Schützengestells gemacht und dieses ist dadurch in seinem Anhalt an der Kanalmauer ganz freigegeben.[1]) Winkelbleche in den Ecken zur Versteifung unnötig.

Nur ganz große, schwere Wehrschützen mit Rollenstützung sind imstande, durch ihr Eigengewicht die Reibung an den Führungen beim Abwärtsgehen zu überwinden. Für gewöhnlich sind deshalb Zahnstangen für den Schützenbetrieb unentbehrlich, Ketten oder Drahtseile nicht verwendbar. Immer taucht von Zeit zu Zeit die Anwendung von Schraubenspindeln an Stelle der Zahnstangen auf. Vor diesem Mißgriff kann nicht eindringlich genug gewarnt werden; es kommen eben nicht nur Zug- sondern auch Knickbeanspruchungen vor, und diesen sind die üblichen

[1]) Es ist leider nötig, auf solch elementar-konstruktive Dinge immer wieder hinzuweisen, weil sie vielfach unbeachtet bleiben. Vgl. z. B. Taf. 17, auch frühere Projekte über die Ausnutzung großer Wasserkräfte, wo Schützenführungen und Schützenwinden nur durch das Mauerwerk und Steinschrauben (Außenkräfte), nicht aber durch solide Konstruktionsteile gegenseitig in Verbindung stehen.

Schraubenspindeln im allgemeinen nicht gewachsen, dazu teuer. Sowie die Spindel krumm ist, oder auch nur eine Beschädigung am Gewindegang durch Stoß, Hieb erleidet, ist sie ungangbar, schon verzähtes Öl kann dies hervorrufen. Schützenbetriebe sind rohe Betriebe, hier muß mit unempfindlichen, derben Mechanismen vorgegangen werden, denn Betriebssicherheit ist allererste Bedingung. Schon die nicht ganz genaue Lage und Führung der Schützentafel verbietet dem denkenden Konstrukteur die Anwendung von Schraubenspindeln.

Die Ansprüche an äußerste Betriebssicherheit verlangen die Anwendung selbsthemmender Getriebe, hier kommt der Wirkungsgrad der Hebevorrichtung erst an zweiter Stelle, Sperräder, Bremsen usw. beeinträchtigen die absolute Betriebssicherheit.

Also: auf dem als geschlossener Rahmen auszuführenden Schützengestell die Schützenwinde mit Zahnstangen- und Schneckenradbetrieb.

Fig. 474.

Kleine Schützentafeln bis $1^1/_2$ qm erhalten, wenn nicht übermäßig breit, nur eine mittlere Zahnstange. Dabei kommen auch Zahnstangen aus Gußeisen vor, während größere Schützen ausnahmslos schmiedeeiserne Zahnstangen erhalten sollten, schon der größeren Betriebssicherheit wegen. Diese sind von zweierlei Ausführung, entweder leiterartig, Taf. 59, oder mit eingefrästen Zähnen, Fig. 474. Die letztere Form bietet viel geringere Knickfestigkeit und stellt sich nicht billiger als die Leiterform mit ihrem zentrisch angreifenden Zahndruck. Triebe Stahlguß, k der Zähne dementsprechend, Krafträder.

Der Antrieb der zwei Zahnstangen kann durch eine gemeinsame Triebwelle geschehen, Fig. 475[1]), oder durch eine gemeinsame Schneckenwelle, Taf. 59. Letztere bietet verschiedene Vorzüge: Wesentlich niederere Böcke, weil die Schneckenwelle nicht über den Holmen liegen muß, dazu die Gelegenheit zum Ausgleich der Achsialschübe der Schnecken in der Schneckenwelle, also neben der Selbsthemmung doch möglichste Annäherung an 50 $^0/_0$ Wirkungsgrad des Getriebes.

Die größte Zahnstangenlast wird „aufwärts" durch Reibung infolge Wasserdruckes (Reibungskoeffizienten Holz auf Eisen $\mu = 0{,}2$ bis 0,3, Anfrieren, Eisenbeschlag auf Eisen, Taf. 59, $\mu = 0{,}15$), dazu Eigengewicht (nasses Kiefernholz spez. Gew. 1), wenn „abwärts" durch die Spannung gegeben, die der Arbeiter am Kurbelhandrad mit Festanziehen (Kurbeldruck 25 kg) hervorrufen kann. Schneckenräder $k = 24$ bis 36 kg/qcm in $P = k \cdot b \cdot t$; $b = t$ zu rechnen, $2t$ ausgeführt, alles von Hause aus leichtgehend. Staufferschmiere schützt die Lagerstellen gegen Eindringen von Regenwasser. Die Schütze mit in den Beschlagschienen sitzenden Mitnehmbolzen im Zahnstangenende verschiebbar in Richtung des Wasserdrucks, Taf. 59, diese Schienen nicht bis unten durchreichend (50 mm), um die Schützentafel auf die [-Eisenschwelle aufpassen zu können.

Die Schützentafeln Holz, harzreich, möglichst enge Jahresringe, auf Biegung mit $k_b = 50$ bis 60 kg/qcm zu rechnen, und zwar die untersten 100 mm gleichmäßig belastet angenommen. Gegen oben in gleichbleibender Stärke durchgeführt, höchstens bei großen Schützen einmal abgesetzt, Taf. 13.

Wegen Schützendruck $\frac{bh^2}{2} 1000 = P$ (kg), Maße m, sind breite Schützen leichter zu handhaben als gleichgroße hohe.

[1]) Die gezeichnete Schützentafel ist zweiteilig, Knaggen gegen aufwärts und gegen abwärts. Das Unterteil hebt sich zuerst bis auf Höhe des vom Wasserdruck festgehaltenen Oberteils und nimmt dann das Oberteil durch Knaggen mit. Auf diese Weise geringerer Kraftbedarf zum Ziehen der Schütze im Verein mit freiem Hochwasserdurchlaß bei kleinerer Gestellhöhe. Mitnehmen des Oberteils bis in richtige Tiefstellung. Ausführung Rüsch-Ganahl, Dornbirn.

Da die Schütze im ersten Augenblick des Anhebens (größter Wasserdruck) am schwersten geht, so kann ein Kurbeldruck von $\sim$ 20 bis 25 kg bei 1 m Well-

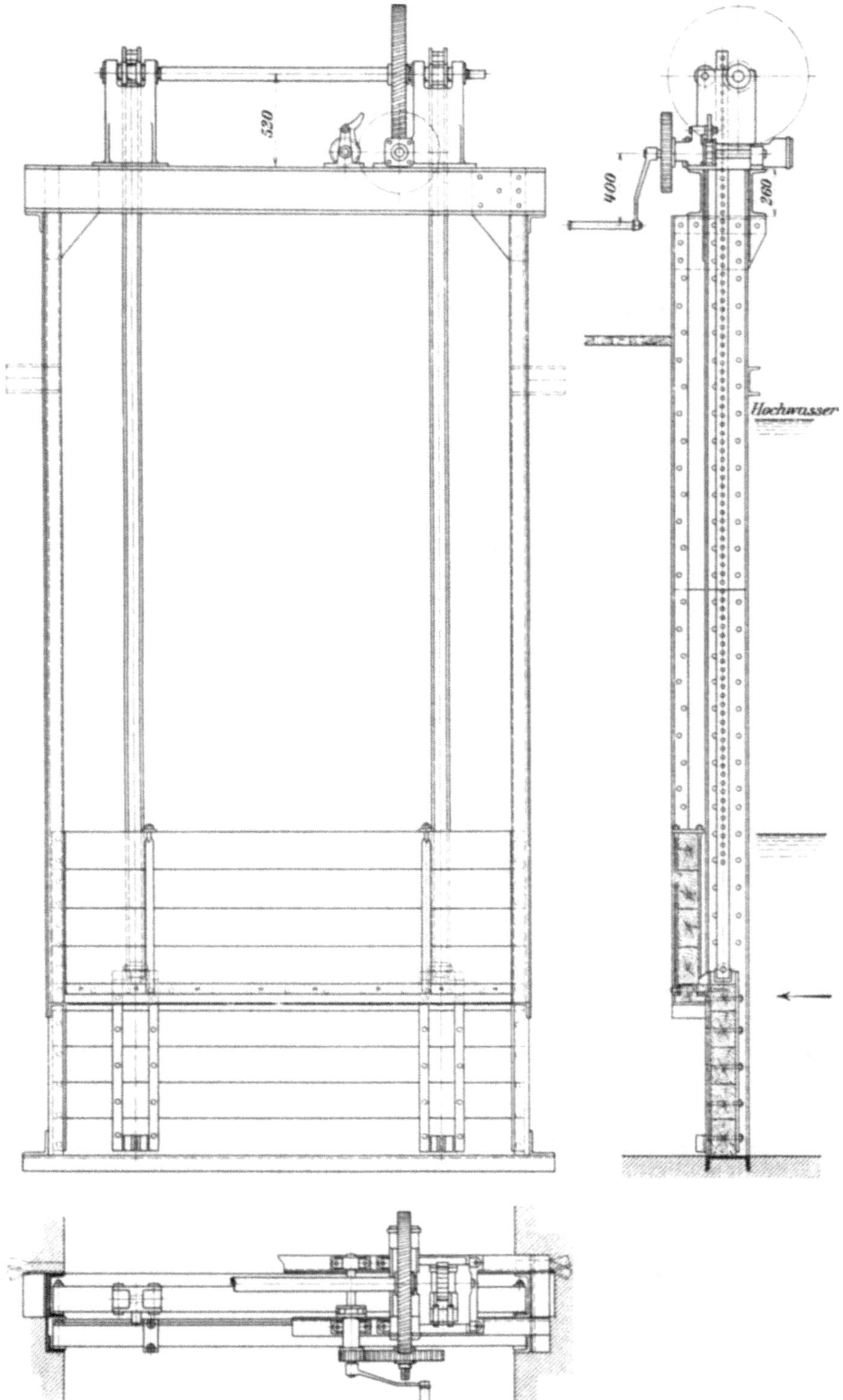

Fig. 475.

mitte über Steg zugelassen werden, weil sonst die rechnungsmäßige Übersetzung sehr groß und das Hochdrehen bei abnehmendem Druck langweilig. Hier häufig die Kurbel zum Umstecken, Fig. 475.

2. Die Turbinenkammer.

Diese ist in früheren Einzelbeschreibungen der Turbinen mehrfach besprochen, vgl. S. 513 u. f.

3. Die Einlaufkammer für Druckrohranschluß.

Hier gilt sinngemäß all das über Turbinenkammern, Rechen, Schützen usw. Gesagte. Zuzufügen ist nur noch, daß der Übergang des Betriebswassers aus der wagrechten Fließrichtung in den meist schrägliegenden Rohrstrang nach Größe und Richtung stetig verlaufen sollte, wie in Taf. 58 oben rechts zu sehen[1]), doch

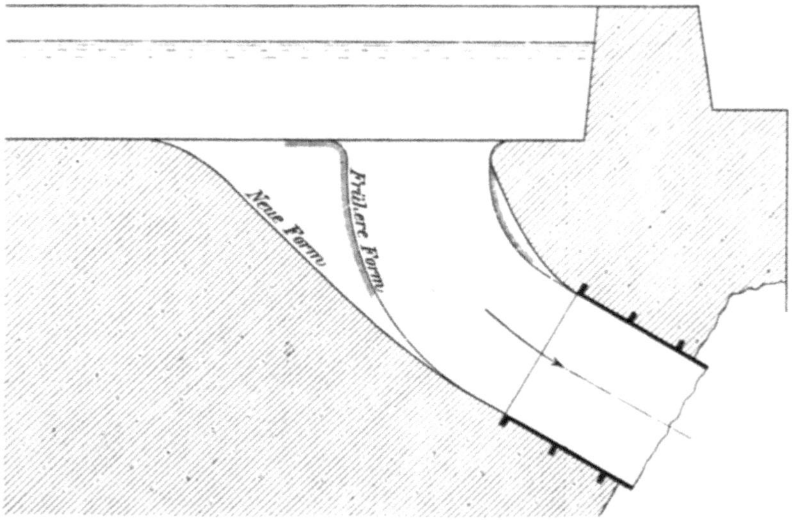

Fig. 476.

fehlt gerade dieser Einlaufkammer die auch hier sehr wünschenswerte Fangrinne mit Ablaß für das Leckwasser der Schütze, wenn abgesperrt, vgl. S. 515 und Taf. 22, 23, 24 usw. Fig. 477, in der die Wasserfangrinne zu einem richtigen Kiesablagerungsplatz ausgebildet ist. Entschieden zu warnen ist davor, die Absperrschütze unmittelbar vor den Druckrohrbeginn zu setzen, weil dies den Luftausgleich beim Anfüllen und Leerlaufenlassen der Rohrleitung behindert und auch beim erforderlichen langsamen Anfüllen die Übersicht beeinträchtigt.

Die Rohreinlaufkammer muß vom Rechen ab sicher zugedeckt sein, am besten ein kleines Haus, das auch die Einlaufschütze umfaßt, weil dann einfachster Verschluß gegen unbefugte Handhabung der fast immer ohne Aufsicht liegenden Schütze.

---

[1]) Verf. fand einmal einen Rohreinlauf nach obenstehender Fig. 476, punktiert, der den Querschnitten nach, vgl. S. 504, und der umgekehrten Fig. 366 rechnungsmäßig unbedingt richtig, dem Richtungsübergang nach aber so schlecht als möglich war. Das Wasser kam bei voller Turbinenöffnung in ein Pulsieren derart, daß etwa $^1/_2$ bis $^3/_4$ m hohe Querwellen in ganz gleichmäßigem Abstande, etwa 4 bis 6 m, dem Oberkanal nach aufwärts zu entlang liefen und dessen Böschungen gefährdeten. Mit der Wasserführung, wie ausgezogen, war die Ruhe im Kanal hergestellt.

Rechenbühne gleichhoch mit Kammermauerwerk zum bequemen Abwerfen des Rechenabraums der zweckmäßig zum Freigerinne geführt wird.

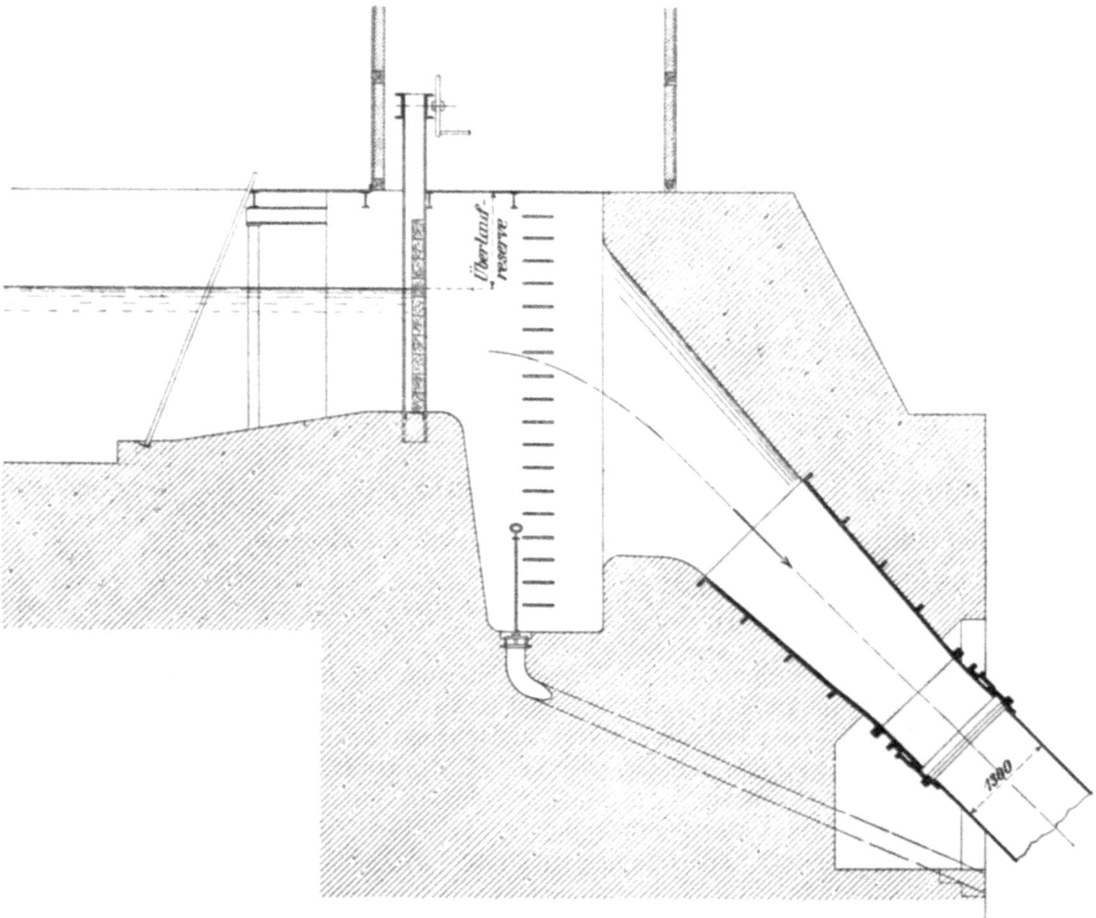

Fig. 477.

4. Die Druckrohrleitung.

Gußeisen ist das Röhrenmaterial für Durchmesser bis gegen 750 mm hin, und für mäßig hohe Gefälle. Von da ab kommen Flußeisenblech, Flußstahlblech, genietet oder geschweißt, hier und da auch einmal Eisenbeton in Betracht.

Wegen Berechnung der Wandstärken sei auf Bach, Maschinenelemente u. a. verwiesen. Zweckmäßig ist, die Flanschen aus Stahlguß unmittelbar fest aufeinander aufsitzen zu lassen und einen trapezförmigen Dichtungsring aus Kautschuk nach Art der Fig. 399, S. 559 einzulegen, sofern nicht längere Teile durch Zusammennieten verbunden werden, was sehr zu empfehlen ist.

Auflagern der Röhren auf soliden sattelförmig umschließenden Betonfundamenten in Abständen von etwa 4 m. Hierbei ist einiges zu erwähnen. Die Leitung liegt als ein starrer Stab über die Stützpunkte hin, ein Stab, der aber Längenänderungen durch Wärmeschwankung unterworfen ist. Sollen sich diese Längenänderungen frei betätigen können, so muß dies konstruktiv berücksichtigt werden, Ausgleichstücke; sollen keine solchen verwendet werden, so müssen die entstehenden Materialspannungen Beachtung finden. Die Verhältnisse liegen wie folgt.

Ein spannungslos verlegter, noch nicht gefüllter Rohrstrang hat bei freier

Ausdehnungsfähigkeit und bei der Temperatur t_1 die Länge L_1; er wird nach Zunahme der Temperatur auf t_2 die Länge L_2 angenommen haben, und der Verlängerungsbetrag $L_2 - L_1$ berechnet sich mit α_w, dem linearen Wärmedehnungskoeffizienten, zu

$$L_2 - L_1 = L_1 \cdot \alpha_w (t_2 - t_1) \quad \ldots\ldots\ldots\ldots \quad 798$$

Besteht keine freie Ausdehnungsfähigkeit, so würde sich in den Rohrwandungen eine achsiale Einheits-Druckspannung einstellen, die mit α als Dehnungskoeffizienten (Bach) sich aus

$$\sigma \cdot \alpha \cdot L_1 = L_2 - L_1$$

zu

$$\sigma = \frac{L_2 - L_1}{L_1} \cdot \frac{1}{\alpha}$$

berechnet. Wird hierin noch $L_2 - L_1$ nach Gl. 798 eingeführt, so erhalten wir

$$\sigma = \frac{\alpha_w}{\alpha} (t_2 - t_1) \quad \ldots\ldots\ldots\ldots \quad 799$$

Es ist für Schmiedeeisen und Stahl $\alpha_w \simeq 0{,}000012$, dazu $\alpha \simeq \frac{1}{2000000} = 0{,}0000005$ und dadurch erhalten wir für schmiedeeiserne Rohre allgemein

$$\sigma = \frac{0{,}000012}{0{,}0000005} (t_2 - t_1) = 24\,(t_2 - t_1) \text{ kg/qcm} \quad \ldots\ldots \quad 800$$

Findet also bei einem in der Längenänderung beschränkten Rohrstrang eine Temperaturänderung um, beispielsweise, 20^0 statt, so bedeutet dies eine Vermehrung oder Verminderung der Längsspannung im Rohrmaterial von $24 \cdot 20 = 480$ kg/qcm. Hat das Rohr 1,5 m Durchmesser bei 1,5 cm Wandstärke, so wird es sich, dem Materialquerschnitt von rund $150 \cdot \pi \cdot 1{,}5 \simeq 700$ qcm entsprechend gegen die festen Endstützen mit $700 \cdot 480 = 336000$ kg anlegen. Die Verlängerung eines solchen Rohres würde sich bei 100 m Länge und freier Längenänderung, Gl. 798, auf

$$L_2 - L_1 = 100 \cdot 0{,}000012 \cdot 20 = 0{,}024 \text{ m} = 24 \text{ mm}$$

belaufen.

Da also die durch Temperaturunterschiede hervorgerufenen Längskräfte sehr beträchtlich sein können, so ist vor allem darauf zu achten, daß diese Unterschiede an sich nach Möglichkeit klein bleiben, und dies geschieht, wenn die Rohrleitung, wenn tunlich, bei etwa 10^0 Außentemperatur beidseitig angeschlossen und mit Wasser gefüllt wird. Die niederste Betriebswassertemperatur ist 0^0, die höchste wohl nie über 20^0 (Gebirgstäler), die Rohrleitung sollte also nie bei Temperaturen unter 0^0 entleert, und ebensowenig leer der strahlenden Sommersonnenwärme ausgesetzt werden, wo ja Temperaturen bis 40^0 und mehr eintreten können. Auf alle Fälle empfiehlt sich die Anbringung eines Daches über der Leitung und, in kalten Klimaten, der Einbau durch Bretterschuppen, möglichst luftdicht abgeschlossen, besonders auch gegen oben (Einlaufkammer) gut anschließend, weil der offene Schuppen wie ein Kamin die kalte Luft unten eintreten macht. Nicht überbaute Rohre setzen bei strenger Kälte, auch während des Betriebes, innere Eiskrusten an, die sich bei Tauwetter in Stücke loslösen und dann die Turbinen beschädigen können. Stillstehendes Wasser friert natürlich noch viel ausgiebiger an den Rohrwänden an, weshalb bei starker Kälte auch in den Betriebspausen ständig Wasser durch die Entleerungsschieber ausgelassen werden sollte.

Fest, d. h. unbeweglich, muß die Rohrleitung in unmittelbarer Nähe der Turbinen sein, selbst wenn diese durch nachgiebige Stücke, Fig. 399, S. 559, oder ähnliches an die Leitung angeschlossen sind, damit hier keine irgend erheblichen Verschiebungen vorkommen. Hieraus folgt, daß so vorzugehen ist, daß sich die Längenänderungen rohraufwärts müssen vollziehen können und daß dem Rohr auf den Zwischenauflagen recht geringe Bewegungswiderstände, Gleit- oder Wälzlagerungen Eisen auf Eisen, verschafft werden sollten.

Bei einer Rohrleitung, die ohne Knick vom Krümmer beim Festpunkt des Turbinenanschlusses (Turbinenhausmauer) aufwärts zur Einlaufkammer (Wasserschloß) geht, ist dann nur unmittelbar unterhalb dieser eine Ausgleichvorrichtung, Stopfbüchse oder Wellrohr mit steilen Wellen mit innen gerade verlaufender Blechauskleidung, Taf. 58, erforderlich, sofern bei kurzer Rohrleitung nicht überhaupt auf Ausgleich verzichtet und die Spannung nach Gl. 800 mit in Kauf genommen wird. Diese Ausgleicher sind am Rohrbeginn dem geringsten Wasserdruck ausgesetzt, können dort am besten eingebaut und im Stand gehalten werden.

Bei Anwendung von Stopfbüchsen sollten alle Teile, die mit der Packung (quadratische Talgschnur 15 bis 20 mm stark) in Berührung sind oder sonst aneinander reiben, aus Bronze bestehen, um Festrosten oder Anhaften der Packung auszuschließen. Natürlich muß die Stopfbüchse biegungsfrei gelagert sein und gute Führung beider Teile gewährleisten, Fig. 478, in der das eigentliche „Brillenstück" zweiteilig mit um 90° versetzten Stoßfugen ausgeführt ist.

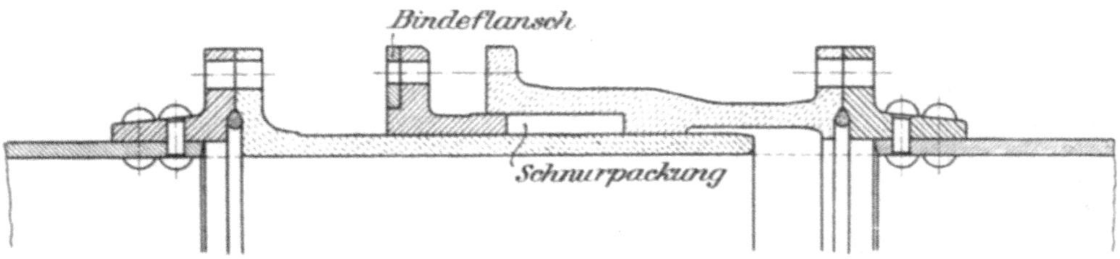

Fig. 478.

Durchläuft eine Leitung mehrere Knicke, so bleibt sie in ihrer Stützung nur dann statisch bestimmt, wenn jeder Knick (Krümmer) festgehalten ist und unmittelbar darunter eine Stopfbüchse das obere Ende der nächsten, im folgenden Knick verankerten Leitungsstrecke bildet, wie dies in überaus klarer Weise bei den Druckleitungen des Albulawerkes[1]) durchgeführt ist.

Die Meistbelastung des unteren Festpunktes einer solchen Leitungsstrecke entsteht bei Ausdehnen der Rohrleitung nach aufwärts (Wasserdruck und Reibungswiderstand auf den Tragstützen unterwegs).

Der Rohrleitung entlang muß eine sichere Treppe geführt sein, und da durch Schwitzen der Leitung und allfallsige größere oder kleinere Undichtheiten immer etwas Wasser zum Abfluß entlang der Leitung kommen kann, so ist es zweckmäßig, den Boden zwischen den einzelnen Rohrauflagen durch einen Betonschlag wasserdicht abzudecken und diesen mit der Treppe durch eine Betonrinne zu verbinden. Auf solche Weise wird auch das Regenwasser für die ganze Fundierung unschädlich abgeleitet.

[1]) Das Albulawerk der Stadt Zürich von Peter und Wagner, 1911. Taf. 9.

26. Die Aufspeicherung von Betriebswasser.

A. Dauerspeicherung, Talsperren.

Es ist nicht Sache des vorliegenden Werkes, die Bedingungen für die zweckmäßige Errichtung von Talsperren, deren Größenbemessung usw. zu behandeln, es sollen nur kurz einige Dinge besprochen werden, die für den Turbineningenieur Interesse bieten und in seinen Bereich gehören.

Talsperren sollen, abgesehen von den für Trinkwasserversorgung gebauten, dazu dienen, größere Wassermengen zurückzuhalten, auch nach Möglichkeit die großen Hochwasser, um sie in Kleinwasserszeiten zum Ausgleich dem Wasserlauf wieder zuteilen zu können.

Hieraus folgt, daß der Wasserstand einer Talsperre langsamen Schwankungen unterworfen ist, die je nach Umständen in sehr weitem Bereich, 40, 50 m und mehr Höhenunterschied, vor sich gehen, und dies führt zu der weiteren Erkenntnis, daß es im allgemeinen nicht rätlich ist, Turbinen unmittelbar in Höhe des Sperrmauerfußes anzulegen, weil diese mit stark wechselnden Gefällen zu tun haben werden. Es empfiehlt sich immer, die Turbinen, die die Druckhöhe der Talsperrenfüllung auszunutzen haben, so weit als nur tunlich gegen abwärts zu setzen, also zu der Druckhöhe der Talsperre noch weiteres Gefälle zuzunehmen, damit die Schwankungen des Talsperrendruckes verhältnismäßig klein zum ganzen Gefälle bleiben. Derartige Anordnungen bringen dann häufig den sog. Druckstollen, der um einiges über der Talsperrensohle (Kiesfang) anschließend das Wasser in einem sozusagen natürlichen Rohr fortleitet bis an die Stelle des Krafthauses (Albulawerk, Murgtalprojekt usw.), wo dann ein im Felsen sitzendes „Wasserschloß“, ein Schacht von entsprechenden Abmessungen den Übergang zur Druckrohrleitung aus Stahlblech vermittelt. Die Höhe der Oberkante des Wasserschlosses ist so zu bemessen, daß ein Überlaufen auch dann ausgeschlossen ist, wenn bei völlig gefüllter Talsperre sämtliche Turbinenregler, etwa infolge Kurzschlusses, gleichzeitig in allerkürzester Zeit den Zufluß zu den Turbinen absperren. In diesem Fall betätigt sich eben das kinetische Arbeitsvermögen des Druckstolleninhalts durch Anheben des Wasserspiegels im Wasserschloß. Für die Berechnung dieser Anschwellung sind Entwicklungen von Pràšil, „Wasserschloßprobleme“, Schweiz. Bauzeitung, Jahrg. 1908, S. 271 u. f., und von Hutzelsieder, Zeitschr. f. d. ges. Turbinenwesen, Jahrg. 1911, S. 4 u. f. gegeben worden, während Pressel, „Inhalt von Wasserschlössern“, Schweiz. Bauzeitung, Jahrg. 1909, S. 57, ein schrittweises Berechnungsverfahren vorführt, das im Einzelfall sehr gute Dienste tut.[1])

Auch die Tiefe der Wasserschloßsohle und des Druckrohranschlusses wird durch Betriebsrücksichten bedingt. Das rasche Anlassen einer oder mehrerer Turbinen bringt ein alsbaldiges Absenken des Wasserspiegels im Wasserschloß

---

[1]) Die Schwankungskurven des Obergutachtens, die Murgtalwasserkräfte betr., sind nach dem Pressel'schen Verfahren berechnet.

hervor, weil Zeit vergehen muß, bis sich der Druckstolleninhalt in raschere Bewegung gesetzt hat, und der Druckrohranschluß muß so tief sitzen, daß auch bei der größten, vorübergehenden Absenkung jede Gefahr des Eintretens von Luft in den Rohrstrang völlig ausgeschlossen ist.

Es liegt in der Natur der Dinge, daß der Wasserspiegel im Wasserschloß, nach dem raschen Schließen oder Öffnen von Turbinen, Pendelungen nach aufwärts und abwärts ausführt, ehe er sich dem Gefällebedarf des Druckstollens der neuen Wasserführung entsprechend einstellt; von Wichtigkeit ist fast immer der erste Ausschlag nach oben oder nach unten.

Wenn die Talsperre derart betrieben werden müßte, daß sie, von voller Füllung ausgehend, ohne Zufluß, ganz leer gearbeitet wird und daß dann der Turbinenbetrieb so lange ruht, bis die volle Füllung durch Zufluß wieder erreicht ist, so würde als mittleres nutzbares Bruttogefälle der Höhenunterschied zwischen dem Schwerpunkt des ganzen Talsperreninhaltes und dem Unterwasser am Unterkanalende zu rechnen sein. Denken wir uns den Talsperreninhalt der Form nach als Pyramide mit der Spitze gegen unten, so wäre $^3/_4$ der Gesamtstauhöhe für die Turbinen zur Verfügung. Nun vollzieht sich der Betrieb aber nicht zwischen Ganzleeren und Ganzfüllen pendelnd, immerhin aber wird dieser Bruchteil dem Durchschnitt ziemlich nahekommen.

Wenn kein reichliches Zusatzgefälle unterhalb der Sperrmauer vorhanden ist, so bietet unter Umständen die Verbundturbine, S. 252 u. f., die Möglichkeit guten Anpassens an die großen Gefälleschwankungen. Bei zweistufiger Anordnung kann durch geschickte Rohrführung entweder Hintereinanderschaltung für die großen Gefälle oder Parallelschaltung für die kleineren Füllungen der Talsperre bei gleicher Umdrehungszahl und Leistung hergestellt werden; beidemale bleibt dann der Wirkungsgrad in engeren Grenzen als bei einfach geschalteten Turbinen.

B. Periodische Speicherung, Stauweiher.

Wenn die stetig zufließende Wassermenge eines Baches nicht zureicht, um einen Betrieb von bestimmtem Kraftbedarf zu versorgen, so kommt es vor, daß man das Werk zeitenweise stillstellt und das zufließende Wasser in einem sog. Stauweiher aufsammelt, um nachher auf eine beschränkte Zeit, bis zur Erschöpfung des Stauweihers, eine vergrößerte Betriebswassermenge für jenen Kraftbedarf zur Verfügung zu haben. So wechselt dann der Betrieb zwischen Anfüllen des Stauweihers (Stillstand des Werkes) und Leerarbeiten.

In anderen Fällen treten Stunden geringeren Kraftbedarfes im Wechsel mit solchen von übergroßem Kraftbedarf auf. Auch hier kann die Wasserspeicherung ein Anpassen an den wechselnden Kraftbedarf ermöglichen.

Auf jeden Fall muß aber die Rücksicht auf unterhalb liegende Betriebe dazu führen, daß der unregelmäßige Abfluß, wie er aus dem Speicherungsbetrieb folgt, in besonderen Ausgleichbecken wieder zu regelmäßiger Speisung des unteren Flußlaufes umgebildet werde.

1. Anfüllen bei Betriebsstillstand.

Zur rechnungsmäßigen Betrachtung der Umstände sind folgende Bezeichnungen einzuführen.

Q stetig zufließende Wassermenge des Baches (cbm/sk),
Q_T die zum periodischen Maschinenbetrieb erwünschte Wassermenge (cbm/sk),
T Dauer der Betriebszeit mit Q_T cbm/sk (Std.),

t Wiederanfüllzeit (Betriebsstillstand) (Std.),
$T+t$ Zeitdauer einer Betriebsperiode (Std.),
p Anzahl der Betriebsperioden eines Tages, 24 Std.,
f Fläche des Stauweihers (qm), entsprechend gemessen wie „b", Fig. 453, S. 646,
h Nutzbare Höhe des Stauinhalts (m),
$J=f\cdot h$ Nutzbarer Stauinhalt (cbm).

Es ist zu schreiben

$$(T+t)\,p=24 \quad \ldots\ldots \quad 801$$

Für das Wiederanfüllen des Stauweihers gilt (eine Stunde = 3600 sk) $Q\cdot t\cdot 3600=f\cdot h=J$, also ist die Anfüll(Ruhe-)zeit

$$t=\frac{J}{Q\cdot 3600} \quad \ldots\ldots \quad 802$$

Der Stauweiher wird in T Stunden ausgearbeitet, und da natürlich auch in dieser Zeit ständig Q cbm/sk zufließen, so ist die verfügbare Wassermenge

$$Q_T=Q+\frac{J}{T\cdot 3600} \quad \ldots\ldots \quad 803$$

und hieraus folgt auch

$$T=\frac{J}{(Q_T-Q)\,3600} \quad \ldots\ldots \quad 804$$

Durch diese Beziehungen sind die Verhältnisse bestimmt.

Zahlenbeispiel. Erforderlich $Q_T=1$ cbm/sk, angenommen $J=5000$ cbm.

a) $Q=0{,}25$ cbm/sk, es finden sich

$$t=\frac{5000}{0{,}25\cdot 3600}=5{,}56 \text{ Std.}; \qquad T=\frac{5000}{(1{,}0-0{,}25)\,3600}=1{,}85 \text{ Std.};$$

$$p=\frac{24}{1{,}85+5{,}56}=\sim 3{,}24 \text{ Betriebsperioden täglich.}$$

b) $Q=0{,}5$ cbm/sk

$$t=\frac{5000}{0{,}5\cdot 3600}=2{,}78 \text{ Std.}; \qquad T=\frac{5000}{(1{,}0-0{,}5)\,3600}=2{,}78 \text{ Std.};$$

$$p=\frac{24}{2{,}78+2{,}78}=\sim 4{,}3 \text{ Betriebsperioden täglich.}$$

c) $Q=0{,}75$ cbm/sk

$$t=\frac{5000}{0{,}75\cdot 3600}=1{,}85 \text{ Std.}; \qquad T=\frac{5000}{(1{,}0-0{,}75)\,3600}=5{,}56 \text{ Std.};$$

$$p=\frac{24}{5{,}56+1{,}85}=\sim 3{,}24 \text{ Betriebsperioden täglich.}$$

also eine für manche Betriebszwecke, Beleuchtung oder ähnliches ganz annehmbare vorübergehende Steigerung der Betriebswassermenge.

Dabei ist aber wohl zu bemerken, daß das Nutzgefälle solcher Anlagen mit dem abnehmenden Wasserstand im Stauweiher sinkt, daß auch hier nur ungefähr auf die Schwerpunktslage der nutzbaren Füllung als auf mittlere Oberwasserspiegelhöhe zu rechnen ist, während das Nichtausarbeiten des Stauweihers ein Gefälle, der dauernden Wasserspiegelhöhe des gefüllten Weihers gemäß, zur Verfügung stellt. Der Wirkungsgrad des Stauweiherbetriebes ist also immer kleiner als der des Dauerbetriebs, gleichbleibender Turbinenwirkungsgrad vorausgesetzt.

2. Anfüllen bei Betriebsverminderung.

Derartige Betriebe kommen mit einer täglichen Periode beispielsweise für Elektrizitätswerke in Betracht, wobei der Stauweiher für die Mehrleistung zur Zeit der „Lichtspitze" aufzukommen hat und in der übrigen Zeit langsam wieder aufgefüllt wird. Hier bedeutet dann neben den Bezeichnungen der S. 701 und 702

t die Wiederanfüllzeit bei vermindertem Betrieb (Std.),
Q_t die in dieser Zeit für den Betrieb verfügbare Wassermenge, $Q_t < Q$ (cbm/sk),
Q_T die zur Leistung der Lichtspitze benötigte Wassermenge (cbm/sk).

Hier ist $T + t = 24$. Die allgemeinen Zu- und Abflußverhältnisse werden unter Weglassen des Faktors 3600 (sk) ausgesprochen durch

$$Q_T \cdot T + Q_t \cdot t = 24\,Q \quad \ldots \ldots \quad 805$$

Für die Zeit T der Höchstleistung stehen aus dem Stauweiher $\frac{J}{T \cdot 3600}$ cbm/sk zur Verfügung, also ist, da auch hier ständig Q cbm/sk zulaufen, wie vorher

$$Q_T = Q + \frac{J}{T \cdot 3600} \quad \ldots \ldots \quad (803)$$

Der verminderte Betrieb (Wiederanfüllen) hat dann nur verfügbar

$$Q_t = Q - \frac{J}{t \cdot 3600} \quad \ldots \ldots \quad 806$$

und aus Gl. 803 folgt der nutzbare Stauinhalt

$$J = (Q_T - Q)\,3600 \cdot T \quad \ldots \ldots \quad 807$$

Zahlenbeispiel.

Die Lichtspitze von $T = 3$ Stunden Dauer verlange $Q_T = 15$ cbm/sk.

a) Kleinwasser mit $Q = 4$ cbm/sk. Hierbei ist ein Stauraum von

$$J = (15 - 4)\,3600 \cdot 3 = 118\,800 \text{ cbm}$$

erforderlich und für den sonstigen Tages- und Nachtbetrieb bleiben bei gleichmäßiger Entnahme nur noch verfügbar

$$Q_t = 4 - \frac{118\,800}{21 \cdot 3600} = 1{,}57 \text{ cbm/sk} \quad \ldots \ldots \quad (806)$$

Natürlich kann der Stauweiher auch in den 21 Stunden des Wiederanfüllens zum Ausgleich von Tagesarbeitspausen und -mehrbeanspruchungen benutzt werden.

b) Mittelwasser mit $Q = 6$ cbm/sk. Der ganz gefüllte Stauraum von 118800 cbm würde hier für eine Zeit von (Gl. 803)

$$T = \frac{J}{3600} \cdot \frac{1}{Q_T - Q} = \frac{118\,800}{3600} \cdot \frac{1}{9} = 3{,}67 \text{ Stunden}$$

aushalten und für die 20,33 Anfüllstunden eine freie Betriebswassermenge von (Gl. 806)

$$Q_t = 6 - \frac{118\,800}{20{,}33 \cdot 3600} = 4{,}38 \text{ cbm/sk}$$

verfügbar lassen. Ist aber auch hier $T = 3$ Stunden, so braucht der Stauweiher nur auf (Gl. 807)

$$J = (15 - 6)\,3600 \cdot 3 = 97\,200 \text{ cbm}$$

angefüllt zu werden und die freie Betriebswassermenge der 21 Stunden steigt dann auf (Gl. 806)

$$Q_t = 6 - \frac{97\,200}{21 \cdot 3600} = 4{,}72 \text{ cbm/sk.}$$

Das gleiche Ergebnis hätte sich natürlich auch aus Gl. 805 eingestellt.

3. Hochpumpen überschüssigen Betriebswassers.

In manchen Fällen (enges Tal) ist die Anlegung eines Stauweihers in Höhe des Oberkanals nicht tunlich. Hier kann dann die gerade nicht benötigte Betriebskraft der Anlage dazu dienen, einen entsprechenden Teil des überschüssigen Wassers nach einem höhergelegenen Sammelbehälter zu pumpen, von wo aus er, mit dem höheren Gefälle auf besondere Turbinen arbeitend, zur Zeit der Lichtspitze usw. helfend eingreifen kann.

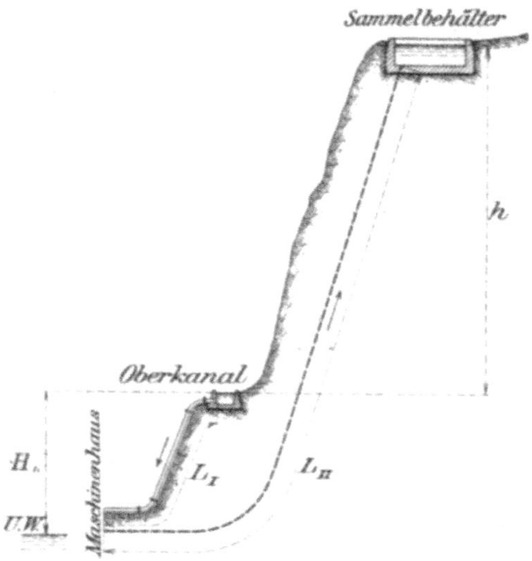

Fig. 479.

Die Verhältnisse werden in allgemeiner Weise durch Fig. 479 erläutert.

Die Anlage nutzt im gewöhnlichen Betrieb den Höhenunterschied H_n zwischen den Wasserspiegeln im Ober- und Unterkanal aus; in den Betriebspausen wird ein Teil des zufließenden Wassers nach dem wesentlich höher gelegenen Sammelbehälter gepumpt. Fig. 480 stellt schematisch die zugehörige maschinelle Anordnung im Turbinenhause dar. Die Spiralturbine I des normalen Gefälles H_n betreibt für gewöhnlich den Generator I. Während der Betriebspausen, bei Nacht usw., wird die an Turbine I angekuppelte Hochdruckzentrifugalpumpe in Betrieb gesetzt und ein entsprechender Teil des im Oberkanal zufließenden Wassers hochgepumpt. Dieser wird zweckmäßig der Druckleitung der Normalturbine entnommen, wie angedeutet.

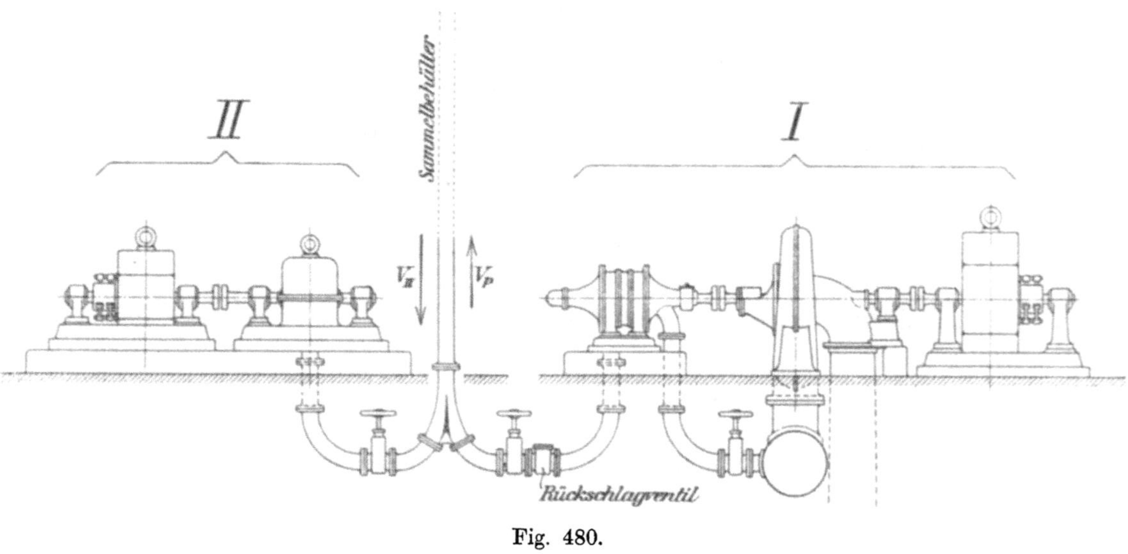

Fig. 480.

Die Hochdruckzentrifugalpumpe hat die maßstäbliche Förderhöhe h (m), Fig. 479, zuzüglich der Rohrreibungswiderstände zu leisten, wobei von den verschiedenen Wasserstandshöhen im Sammelbehälter abgesehen wird. Nach beendigter Akkumulierungszeit wird das hochgepumpte Wasser rückwärts durch die Steigleitung der Pumpe zur Hochdruckturbine II geleitet, deren Leistung in dem angekuppelten Generator II in elektrische Energie umgesetzt und der Leistung von Turbine I zugefügt wird.

In manchen Projekten findet sich die Akkumulierungspumpe mit kurzer Saugleitung über dem Oberwasserkanal aufgestellt und durch einen Elektromotor angetrieben, der seinen Strom vom Generator I erhält. Dies ist aus mancherlei Gründen verfehlt:

Von der zum Hochpumpen zeitlich verfügbaren Betriebskraft der Turbine „I" geht ein Teil der Leistung bei der Umformung von mechanischer in elektrische Energie, Generator I, und der Rückbildung von elektrischer Energie in mechanische, Pumpenmotor, verloren.

Die Beaufsichtigung der in einsamem Hause über dem Oberkanal laufenden Maschinen ist entweder umständlich oder erfordert besondere Kosten, auf jeden Fall aber ist sie unzuverlässig.

Eine saugende Zentrifugalpumpe bietet keine absolute Garantie für richtiges Anlaufen und ungestörten Betrieb, da trotz aller Vorsicht, Fußventil usw. doch ein Versagen des Saugens und damit die Notwendigkeit erneuten Nachfüllens usw. eintreten kann.

Die Übersichtlichkeit der Gesamtmaschinenanlage ist gestört.

Alle diese Nachteile werden durch das Herunternehmen der Pumpe ins Turbinenhaus nach Fig. 480 oder in ähnlicher Weise beseitigt; man hat keine unnötigen Energieverluste, keine besondere Wartung, kein Versagen der Pumpe, weil ihr das zu fördernde Wasser unter Druck zuläuft, und alle Betriebe sind übersichtlich beieinander.

Für die schematisch dargestellte Anordnung soll nun der Wirkungsgrad berechnet werden; ein richtiges Bild wird durch die Aufstellung der mechanischen Leistung an der Kupplung zwischen Turbine II und Generator II gefunden, das Hereinbeziehen der elektrischen Wirkungsgrade entfällt hier vollständig.

Bezeichnet A_I das für die Zeit des Pumpenbetriebes an der Turbinenwelle I verfügbare Arbeitsvermögen in Pferdekraftstunden, A_{II} das von der Turbine II entwickelte Arbeitsvermögen in Pferdekraftstunden für die Zeit des Betriebes vom Hochbehälter aus, so kann A_{II} der Reibungs- usw. -verluste halber nur ein gewisser Bruchteil von A_I sein, mithin gilt

$$A_{II} = \eta \cdot A_I \quad \ldots \ldots \ldots \ldots \quad 808$$

η ist der zu bestimmende mechanische Wirkungsgrad.

Wir führen nachstehende Bezeichnungen ein:

- H_n Nettogefälle der Anlage (m);
- H_A Nettogefälle, wie es aus H_n abzüglich der Rohrreibungsverluste für die Turbine I zur Verfügung steht (m), vgl. S. 635;
- h die maßstäbliche Förderhöhe der Pumpe (m);
- L_I die Länge des Zuleitungsrohres vom Oberkanalwasserspiegel bis zur Turbine I (m);
- L_{II} die Länge des Steigrohres der Pumpe ab Maschinenhaus, zugleich Zuleitungslänge der Hochdruckturbine II (m);
- d der lichte Durchmesser dieser Leitung (m);
- T_p die Zeit, während der gepumpt wird (Stunden);

T_{II} Betriebszeit der Hochdruckturbine II in Stunden, in der das während T_p Stunden hochgepumpte Wasser verarbeitet wird;

Q die im Oberkanal insgesamt zufließende Wassermenge (cbm/sk);

q_p die durch die Hochdruckpumpe zum Hochbehälter geförderte Wassermenge (cbm/sk);

v_p die zugehörige Wassergeschwindigkeit in der Hochdruckleitung (m/sk);

$Q_I = Q - q_p$ die bei dem Betrieb der Hochdruckpumpe durch Turbine I für diese noch übrigbleibende Wassermenge (cbm/sk);

$q_{II} = q_p \frac{T_p}{T_{II}}$ die Betriebswassermenge der Hochdruckturbine II beim Ausarbeiten des Hochbehälters (cbm/sk);

v_{II} die entsprechende Geschwindigkeit des Betriebswassers in der Hochdruckleitung rückwärts zu Turbine II (m/sk);

$h_\varrho = 0{,}0018\, L_{II} \frac{q_p^2}{d^5}$ die Rohrwiderstandshöhe in Metern beim Hochpumpen, vgl. Gl. 747, S. 640;

$h_\varrho \left(\frac{T_p}{T_{II}}\right)^2 = 0{,}0018\, L_{II} \frac{q_{II}^2}{d^5} = 0{,}0018 \cdot L_{II} \frac{q_p^2}{d^5} \left(\frac{T_p}{T_{II}}\right)^2$ die Rohrwiderstandshöhe in Metern beim Betrieb der Hochdruckturbine II;

e_I der mechanische Nutzeffekt der Spiralturbine I;

e_{II} der mechanische Nutzeffekt der Hochdruckturbine II;

e_p der mechanische Nutzeffekt der Hochdruckzentrifugalpumpe.

Die zulässige Fördermenge q_p der Hochdruckpumpe.

Die aus der übrigbleibenden Wassermenge $Q_I = Q - q_p$ an der Turbinenkupplung I verfügbare Arbeit muß in jedem Augenblick gleich sein der durch das Hochpumpen von q_p verbrauchten Arbeit, also muß sein:

$$(Q - q_p)\, H_A \frac{1000}{75} e_I \cdot e_p = q_p (h + h_\varrho + H_n - H_A) \frac{1000}{75}$$

woraus sich unter Vernachlässigung von $H_n - H_A$ gegenüber h ergibt:

$$q_p = Q \frac{H_A \cdot e_I \cdot e_p}{H_A \cdot e_I \cdot e_p + h + h_\varrho} \quad \ldots\ldots\ldots\ldots \quad 809$$

als die für die Förderhöhe h zulässige Speicherwassermenge in cbm/sk. Diese Wassermenge nimmt ab mit wachsendem Rohrreibungswiderstand. Andererseits kann für die Rohrwiderstandshöhe $h_\varrho = 0$ von einer mit Bezug auf die Druckleitung L_{II} ideellen Wassermenge

$$q_{id.} = Q \frac{H_A \cdot e_I \cdot e_p}{H_A \cdot e_I \cdot e_p + h} \quad \ldots\ldots\ldots\ldots \quad 809\,a$$

gesprochen werden, die aber nur bei unendlich großem Durchmesser d erreicht werden könnte.

Die Größe des Wirkungsgrades erhalten wir auf folgende Weise.

Wenn nicht aufgespeichert wird, so würde innerhalb der Zeit T_p an der Welle der Turbine I eine Leistung von

$$A_I = Q \cdot H_A \frac{1000}{75} e_I \cdot T_p \text{ PS}_e\text{-Stunden.}$$

zur Verfügung stehen.

Die Leistung A_{II} der Hochdruckturbine II aus gespeichertem Wasser berechnet sich dann aus Wassermenge $q_{II} = q_p \frac{T_p}{T_{II}}$ und dem Gefälle H_{II} (Freihängen fällt bei Verbundturbine fort),

$$H_{II}=H_n+h-h_\varrho\left(\frac{T_p}{T_{II}}\right)^2.$$

Mithin ist

$$A_{II}=q_{II}\cdot H_{II}\frac{1000}{75}e_{II}\cdot T_{II}=q_p\frac{T_p}{T_{II}}\cdot\frac{1000}{75}e_{II}\left[H_n+h-h_\varrho\left(\frac{T_p}{T_{II}}\right)^2\right]T_{II}$$

oder auch $$A_{II}=q_p\cdot T_p\frac{1000}{75}e_{II}\left[H_n+h-h_\varrho\left(\frac{T_p}{T_{II}}\right)^2\right]\text{PS}_e\text{-Stunden} \quad \ldots\ldots \quad 810$$

Mithin wird $$\eta=\frac{A_{II}}{A_I}=\frac{q_p}{Q}\cdot\frac{e_{II}}{e_I}\frac{H_n+h-h_\varrho\left(\frac{T_p}{T_{II}}\right)^2}{H_A}.$$

Wird hier noch q_p durch den Wert der Gl. 809 ersetzt, so kommt nach kurzer Vereinfachung

$$\eta=e_{II}\cdot e_p\frac{H_n+h-h_\varrho\left(\frac{T_p}{T_{II}}\right)^2}{H_A\cdot e_I\cdot e_p+h+h_\varrho} \quad \ldots\ldots\ldots \quad 811$$

oder auch $$\eta=e_{II}\cdot e_p\frac{H_n+h-0{,}0018\cdot L_{II}\frac{q_p^2}{d^5}\left(\frac{T_p}{T_{II}}\right)^2}{H_A\cdot e_I\cdot e_p+h+0{,}0018\cdot L_{II}\frac{q_p^2}{d^5}} \quad \ldots\ldots \quad 812$$

Wenn in Gl. 811 der Betrag $h_\varrho=0$ angenommen wird, so ergibt sich der mit Rücksicht auf die Rohrreibung im Hochdruckstrang, Länge L_{II}, ideelle Wirkungsgrad, der nie erreicht wird, weil eben h_ϱ nie Null werden kann:

$$\eta_{id.}=e_{II}\cdot e_p\frac{H_n+h}{H_A\cdot e_I\cdot e_p+h} \quad \ldots\ldots\ldots \quad 811\text{a}$$

Die Gl. 812 läßt erkennen, daß der Nutzeffekt e_I der Turbine I nur eine kleinere Rolle spielt, wie natürlich, daß dagegen die Wirkungsgrade der Hochdruckturbine e_{II} und der Pumpe e_p von wesentlichem Einfluß sind, und daß dem Leitungsdurchmesser d gegenüber q_p ebenso wie den Zeiten T_p und T_{II} eine besondere Bedeutung zukommt.

Immerhin aber ist es wegen der Umständlichkeit in der Form des Wertes η besser, die Verhältnisse durch ein Beispiel mit glatten Zahlen zu erläutern.

Es sei gegeben

$H_n=40$ m; $H_A=39{,}5$ m (geschätzt); $h=150$ m.

$L_I=80$ m; $L_{II}=380$ m; d in Meter einstweilen beliebig.

$T_p=8$ Stunden (Nachtzeit eines Elektrizitätswerkbetriebes).

1) $T_{II}=8$ Stunden; 2) $T_{II}=2$ Stunden.

$Q=3$ cbm/sk; $e_I=e_{II}=0{,}82$; $e_p=0{,}65$.

Für die obigen Zahlenwerte stellt sich die ideelle Speicher-Wassermenge nach Gl. 809a auf

$$q_{id.}=3\frac{39{,}5\cdot 0{,}82\cdot 0{,}65}{39{,}5\cdot 0{,}82\cdot 0{,}65+150}=0{,}368\text{ cbm/sk.}$$

Der ideelle Wirkungsgrad berechnet sich nach Gl. 811a auf

$$\eta_{id.}=0{,}82\cdot 0{,}65\frac{40+150}{39{,}5\cdot 0{,}82\cdot 0{,}65+150}=0{,}592.$$

Eine Erhöhung von η über diesen Betrag hinaus ist bei den betreffenden Zahlenannahmen unmöglich.

Jedem Betrag der Reibungsverlusthöhe h_ϱ entspricht ein bestimmter, aus Gl. 809 sich ergebender Wert der tatsächlich möglichen Speicherungswassermenge q_p. Für fest angenommene Beträge von h_ϱ lassen sich dann die q_p-Werte in einfacher Weise rechnen, die Ergebnisse finden sich in der zweiten Reihe der nachstehenden Tabelle:

$h_\varrho = 0{,}00\,h$	$0{,}01\,h$	$0{,}05\,h$	$0{,}10\,h$	$0{,}20\,h$	$0{,}50\,h$	$1{,}00\,h$ m
$q_p = 0{,}368$	0,365	0,353	0,339	0,313	0,256	0,196 cbm/sk
$d = \infty$	0,568	0,406	0,348	0,293	0,225	0,176 m
$v_p = 0{,}0$	1,440	2,725	3,563	4,646	6,435	8,070 m/sk.

1. $T_{II} = 8$ Stunden; $q_{II} = q_p$.

$v_{II} = 0{,}0$	1,440	2,725	3,563	4,648	6,435	8,070 m/sk.
$\eta = 0{,}592$ (ideell)	0,583	0,544	0,501	0,424	0,249	0,066

2. $T_{II} = 2$ Stunden; $q_{II} = 4\,q_p$.

$v_{II} = 0{,}0$	5,760	10,900	14,252	18,592	25,740	32,280 m/sk.
$\eta = 0{,}592$ (ideell)	0,513	0,209	—	—	—	—

Die diesen Wassermengen q_p entsprechenden Rohrdurchmesser d finden sich aus

$$h_\varrho = 0{,}0018 \cdot L_{II} \frac{q_p^2}{d^5}$$

als

$$d = \sqrt[5]{0{,}0018 \cdot L_{II} \frac{q_p^2}{h_\varrho}} \quad . \; . \; . \; . \; . \; . \; . \; . \; . \; . \; . \; . \quad 813$$

oder für $L_{II} = 380$ m

$$d = \sqrt[5]{0{,}684 \frac{q_p^2}{h_\varrho}}.$$

Sie ergeben sich für die angenommenenen h_ϱ-Werte, wie in der dritten Reihe der Tabelle eingetragen. Da der Rohrdurchmesser d gewählt werden muß, so wird eine gute Übersicht gewonnen, wenn diese Rechnungsergebnisse nach den Durchmessergrößen d geordnet aufgetragen und durch Kurven verbunden werden, wie dies in Fig. 481 geschehen ist; dort ist ersichtlich, daß die q_p-Kurve mit wachsendem d sehr rasch ansteigt und bald der Asymptote $q_{id.} = 0{,}368$ cbm/sk nahekommt, daß die Kurve der eintretenden h_ϱ-Werte sehr rasch bei wachsendem d abfällt, was ja wegen des Einflusses von d^5 sehr erklärlich ist. Der Verlauf der q_p-Kurve zeigt sofort, daß eine über etwa 500 bis 600 mm hinausgehende Vergrößerung des Rohrdurchmessers d für die vorliegenden Verhältnisse ganz unnötig wäre.

Nicht im Belieben der Betriebsleitung steht meist die Zeit T_p, in der hochgepumpt wird, denn diese richtet sich nach den durch die Abnehmer veranlaßten Ruhepausen des Stromverbrauches; es ist also im allgemeinen unnötig, die Folgen wechselnder Pumpzeit T_p zu betrachten, die ja fast nur durch den größeren oder geringeren Wasservorrat im Hochbehälter Einfluß nehmen. Unabhängig von T_p finden sich die Wassergeschwindigkeiten v_p im Steigrohr für das Hochpumpen einfach aus q_p und d, wie sie die vierte Reihe der Tabelle zeigt.

Um so wichtiger aber ist der Einfluß der Betriebszeit T_{II}, in der das gespeicherte Wasser heruntergearbeitet wird, Gl. 811, und diese steht ja auch gewissermaßen unter der Verfügung der Betriebsleitung. Aus diesem Grunde sind für T_{II} zwei verschiedene Zeiten angenommen und der Einfluß dieser Zeiträume auf die Betriebsverhältnisse durchgerechnet worden.

Es ist ja schließlich auch denkbar, daß ein Elektrizätswerk die in der Nacht während $T_p = 8$ Stunden aufgespeicherte Arbeitsfähigkeit des Aggregates II während des ganzen übrigen Tages, also während 24 — 8 = 16 Stunden stetig der normalen Leistung des Aggregates I zusetzt, was aber wohl selten vorkommen wird; deshalb sei

1. angenommen, daß das aufgespeicherte Arbeitsvermögen II während 8 Stunden und
2. im Laufe von 2 Stunden gleichmäßig zur Stromerzeugung benutzt wird.

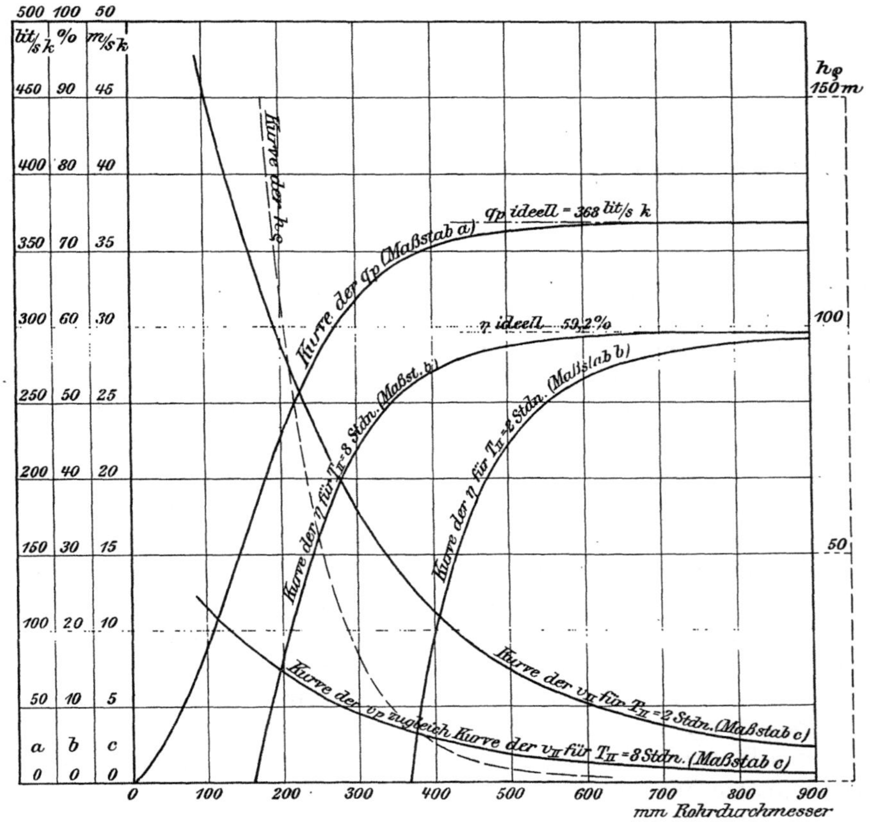

Fig. 481.

Für die Rechnung bleibt es natürlich ganz gleichgültig, ob die 8 oder 2 Stunden des Betriebes II zusammenhängend oder durch Betriebspausen getrennt sich abspielen. Den Betriebszeiten T_{II} entsprechend ändert sich natürlich die Größe von q_{II} und von v_{II}. Die Tabelle auf der vorhergehenden Seite zeigt für die zwei Betriebszeiten getrennt je in der oberen Reihe die Wassergeschwindigkeiten v_{II} in der Rohrleitung, die dem Herunterarbeiten der betreffenden Wassermengen $q_{II} = q_p \frac{T_p}{T_{II}}$ beim Betriebe des Aggregates II entsprechen, und jeweils in der nächst unteren Reihe die Wirkungsgrade nach Gl. 811 berechnet. Natürlich ist der ideelle Wirkungsgrad für alle Betriebszeiten T_{II} von gleicher Größe. Auch diese Werte finden sich in Fig. 481 eingetragen und durch Kurvenzüge verbunden. Die Ausgangspunkte der zwei η-Kurven bestimmen sich einfach durch Nullsetzen des Zählers in Gl. 811, wodurch der zugehörige Wert von h_ϱ folgt, mit dessen Hilfe q_p aus Gl. 809 und schließlich d aus Gl. 813 gerechnet werden.

Die Wirkungsgradkurven lassen erkennen, daß für 8 Stunden Betriebszeit des Aggregates II eine Vergrößerung des Rohrdurchmessers über 500 bis 600 m hinaus sinnlos wäre. Muß aber das gespeicherte Arbeitsvermögen in 2 Stunden abgegeben werden, so nähert sich erst bei etwa 900 mm Rohrdurchmesser der Wirkungsgrad befriedigend dem ideellen.

27. Die selbsttätigen Reguliereinrichtungen überhaupt.

A. Einleitung.

Ehe wir zu der Hauptsache, den Geschwindigkeitsreglern für Turbinen übergehen, sollen die allgemeinen Verhältnisse kurz gestreift werden, wie sie überhaupt für Regulierungen und Regler bei Kraftmaschinen in Betracht kommen.

Abgesehen von den sog. belebten Motoren stehen uns Arbeitsquellen verschiedenster Art zu Gebote, die sich aber im großen und ganzen allesamt in zwei Richtungen unterscheiden lassen, nämlich in — mit Rücksicht auf den Willen des Menschen — Abhängig- und Unabhängig-Veränderliche.

Abhängig-Veränderliche sind die Dampf-, Gas-, kurz alle sog. Wärmemotoren, denn es liegt im einzelnen Falle in unserer Hand, beliebig viel Wärme, beliebig viel Arbeitsvermögen zu erzeugen. Überschuß an Arbeitsvermögen ist nicht vorhanden, man erzeugt nur so viel Wärme, als zur Arbeit nötig ist.

Unabhängig-Veränderliche sind für uns die sog. Elementarkraftanlagen, Wasserkräfte, Windmotorenanlagen u. dgl., weil es nicht in unserer Macht steht, die Ergiebigkeit dieser Arbeitsquellen über das augenblicklich gerade vorhandene, aber stets selbständig wechselnde Höchstmaß zu steigern.

Diejenigen Wasserkraftanlagen, die nicht vollständig ausgenutzt sind, in denen auch bei kleinstem Wasserstande die Turbine noch ausreichend Wasserzufluß erhält, wo also auch dann noch verfügbare Arbeit übrig bleibt, zählen im Grunde genommen auch zu den Abhängig-Veränderlichen. Ein Überschuß an Arbeit ist hier kostenlos vorhanden, seine Ausnützung würde meist eine größere Produktion und damit einen größeren Geschäftsgewinn in Aussicht stellen. Er wird aber hier, weil kein Bedarf, durch Überlaufenlassen des Wehrs, Drosselung des Gefälles oder sonstwie vernichtet. Diese Wasserkraftanlagen sind der Übersichtlichkeit wegen doch auch unter den Unabhängig-Veränderlichen besprochen.

Als Vertreter der Abhängig-Veränderlichen mag uns der Dampfbetrieb, und für die Unabhängig-Veränderlichen der Wasserkraftbetrieb gelten. Wir wollen nun die Verhältnisse durch einige schematische Gleichungen kurz erläutern.

Die Hauptwelle irgendwelcher Motorenanlage hat durch ihre Drehung die Arbeitsmaschinen, seien es Werkzeugmaschinen, seien es Webstühle, Dynamomaschinen usw. in Betrieb zu erhalten. Der Widerstand, den diese Maschinen der Drehung entgegensetzen, ist das Drehmoment M (mkg). Die Umdrehungszahl der Hauptwelle pro Minute sei n, allgemein ist dann die für die Drehung erforderliche Arbeit A (mkg/sk) $= M \cdot \omega = \frac{2\pi M \cdot n}{60} = k \cdot M \cdot n$. Der Betrag von M wechselt in unseren Betrieben fortwährend.

In der Zeiteinheit leiste eine Dampfmaschine die Arbeit D (mkg/sk), in der Zeiteinheit verarbeite eine Turbine die wechselnde Wassermenge φQ (cbm/sk) bei einem nutzbaren Gefälle von H (m).

Aus der Verwendung dieser Größen ergeben sich die nachstehend angeführten schematischen Anordnungen und Gleichungen.

Diese typischen Gleichungen müssen immer befriedigt sein; jede Änderung an einer der Arbeitsgrößen, einerlei, ob an der vom Motor erzeugten oder an der von den Maschinen verbrauchten Arbeit, hat die sofortige Änderung von n zur Folge, falls nicht durch irgendwelches Eingreifen von dritter Seite das Gleichgewicht wieder hergestellt wird. Dieses Eingreifen ist, was wir ganz allgemein regulieren nennen. Der Zweck des Regulierens ist fast ausnahmslos bei allen Arbeitsquellen und bei den Motoren, die dieselben nutzbar machen, die Erhaltung einer möglichst gleichmäßigen Umdrehungszahl n für wechselndes M an der Hauptwelle bei möglichster Ausnützung der Arbeitsquelle, denn dies möglichst konstante n ist in fast allen Fällen die Grundbedingung für einen nutzbringenden Betrieb.

Aus diesem Grunde wird das Regulieren auch selbsttätig verlangt, weil selbsttätige Regulierungen fast immer dazu gebracht werden können, daß sie genauer und besser arbeiten als es mit der Handregulierung möglich ist.

Die verschiedenen Betriebe stellen nun ganz verschiedene Anforderungen, bzw. geben ganz verschiedene Grundlagen für den Eingriff der Reglertätigkeit, die im Nachstehenden kurz betrachtet werden sollen.

B. Betriebe mit Abhängig-Veränderlichen. (Dampfbetrieb für sich allein.)

Hier ist zu setzen

$$D = \frac{2\pi \cdot M \cdot n}{60} = k \cdot M \cdot n \quad \ldots \ldots \ldots \ldots \quad 814$$

vorausgesetzt, daß M, das von der Hauptwelle verbrauchte Drehmoment, sich mit der Umdrehungszahl derselben nicht ändert.

Diese Betriebe gehören nicht weiter in den Kreis unserer Betrachtungen. Es sei nur die bekannte Tatsache erwähnt, daß der direktwirkende Dampfmaschinenregler befähigt ist, die Größe D in der Gl. 814 auch bei größeren Änderungen von M rasch und sicher derart einzustellen, daß die Schwankungen der Umdrehungszahlen n sich innerhalb eines sehr kleinen Bereiches abspielen.

C. Betriebe mit Unabhängig-Veränderlichen. (Wasserkraftbetrieb allein.)

Hier ist zu schreiben

$$e \cdot \varphi Q \cdot \gamma \cdot H = k \cdot M \cdot n \quad \ldots \ldots \ldots \ldots \quad 815$$

worin e die Nutzeffektziffer bedeutet, die hier für alle Größen von φQ gleich groß angenommen sein mag.

Es sind zu unterscheiden:

1. Wasserkraft allein, mit Überschuß an Arbeitsvermögen.

Hier liegen die Verhältnisse, wie vorher schon bemerkt, grundsätzlich gleich wie beim Dampfbetrieb.

Wechselt M aus irgendeinem Grunde, so ist, wie vorher bei D, so jetzt auch auf der linken Seite der Gleichung 815 zu ändern, damit n nach Tunlichkeit konstant bleibt. Diese Änderung wird fast immer an φQ allein vorgenommen unter Belassung von H, sie kann aber auch H betreffen (Drosseln) und dadurch φQ gleichzeitig mit verändern.

Die selbsttätige, genaue Regulierung für Turbinen bietet nun einige Schwierigkeiten. Die Arbeit für das Verstellen der Regulierorgane einer Turbine ist immer ganz außer allem Verhältnis größer als die des Dampfmaschinenreglers. Aus diesem Grunde sind direkt wirkende Regler nur für ganz kleine Turbinen verwendbar, und wir sind gezwungen, fast ohne Ausnahme zu indirekt wirkenden Turbinenreglern zu greifen, wobei dem Rotationstachometer nur noch die Aufgabe bleiben soll, die Umdrehungszahl n zu kontrollieren und bei Änderungen derselben den Eingriff des sog. Relais, Servomotors usw. zu veranlassen und zu überwachen.

Dieser indirekt wirkende Geschwindigkeitsregler für Turbinen ist der Hauptgegenstand unserer späteren Betrachtungen.

2. Wasserkraft allein, ohne Arbeitsüberschuß bei der Turbine,

deshalb mit möglichster Anpassung von M an das jeweils durch die wechselnden Wassermengen φQ gegebene Arbeitsvermögen der Turbine. Geschwindigkeitsregler und Wasserstandsschwimmer.

Die selbsttätige Regulierung hat hier je nach den zeitlich wechselnden Betriebsumständen verschiedene Wege einzuschlagen, denn es gibt willkürliche Schwankungen in der Größe von M und in dem Betrage von φQ.

Betriebszeiten „a“. Das verbrauchte Drehmoment M in der Gl. 815 bleibt zeitweise kleiner, als die linke Seite herzugeben vermag.

In diesem Zeitraum herrscht der Betrieb nach „1“, der Geschwindigkeitsregler öffnet und schließt nach Bedarf.

Betriebszeiten „b“. Das verbrauchte Drehmoment M wird zeitweilig größer, als aus φQ zu erzeugen möglich ist.

In seiner Tätigkeit richtet sich der Geschwindigkeitsregler seiner Natur nach nur nach der Umdrehungszahl, er wird bei vorübergehender Überlastung der Turbine diese weiter öffnen als für das Durchlassen der gerade vorhandenen Wassermenge φQ erforderlich, was an sich noch nicht sofort schädlich ist. Wenn aber dieses Zuweitöffnen längere Zeit anhält, so wird sich der Oberkanal in unzulässiger Weise entleeren, H nimmt ab, dadurch M und n, der Regler öffnet deshalb noch weiter, die Verhältnisse verschlechtern sich stetig.

Hier ist eine Einrichtung am Platze, die zu überwachen hat, daß der Geschwindigkeitsregler die Turbine nicht weiter öffnen kann, als der jeweils vorhandenen Wassermenge φQ entspricht. Nun muß dem Geschwindigkeitsregler für die Betriebszeiten „a“ das Verstellen der Füllung übertragen werden, und damit hier keine Kollisionen entstehen, kann jene Einrichtung einfach nur die Rolle des Vormundes erhalten. Ein kräftiger Schwimmer („Wasserstandsschwimmer“) in einem Behälter, der mit dem Oberwasser in Verbindung steht, bildet diese Einrichtung, wie in Fig. 482 schematisch dargestellt, vgl. Taf. 27 und 31.

Der Geschwindigkeitsregler öffnet und schließt, wie es der Wechsel in dem verbrauchten Drehmoment M erfordert; er wird aber durch den Wasserstandsschwimmer daran gehindert, weiter zu öffnen, mehr Wasser zu verbrauchen, als der Wasserstand gestattet. Die Freiheit zu schließen bleibt dem Geschwindigkeitsregler, da der Schwimmer das Tachometer nur am Absinken, nicht aber beim Hochgehen hindern kann.

In manchen Fällen kann der Schwimmer nicht so nahe beim Regler zur Verwendung kommen als dies wünschenswert ist. Für solche Verhältnisse (hohes Gefälle und ähnliches) ist eine Einrichtung praktisch, die Voith-Heidenheim als „Fernschwimmer“ gesetzlich geschützt ist, Fig. 483. Ein gegen unten offener glockenförmiger Behälter schwimmt infolge des im Inneren herrschenden Luftüberdruckes h. Dieser Luftüberdruck wird durch eine kleine Luftpumpe erzeugt und er bemißt sich nach der Eintauchung h des Röhrchens R im Oberwasser-

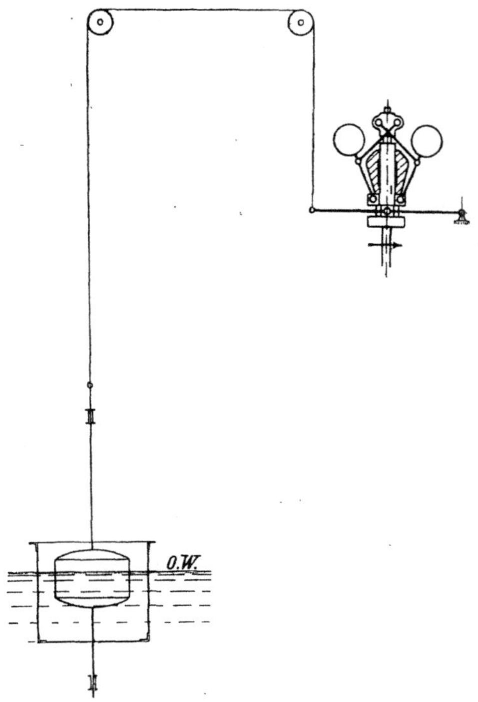

Fig. 482.

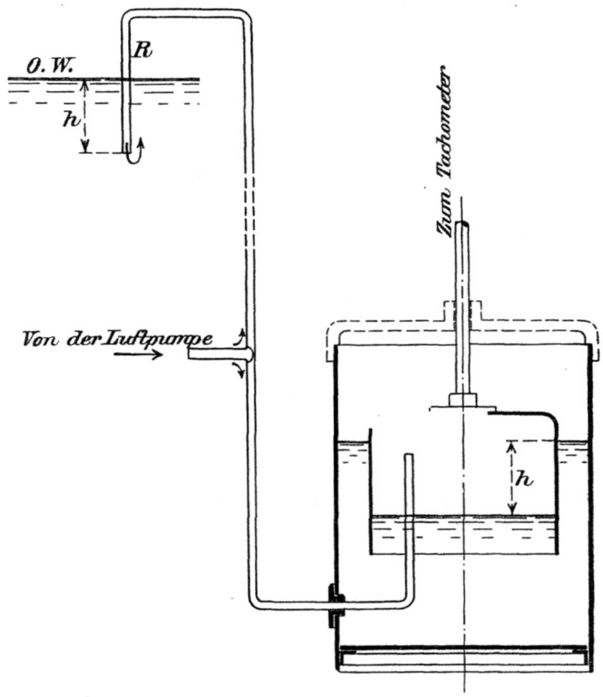

Fig. 483.

spiegel, das von unterhalb der Glocke ausgeht. Sinkt der Oberwasserspiegel, so nimmt die Eintauchtiefe des Röhrchens im Oberwasser ab und dadurch erhält die Schwimmglocke einen verringerten Auftrieb, der sich auf das Tachometer wie vorher auch betätigt.

Das dauernde Überschreiten des Wertes von M, wie er der gerade vorhandenen Wassermenge entspricht, muß durch Ausschalten der zuviel angehängten Maschinen usw. verhindert, bzw. ausgeglichen werden.

3. Betriebsumstände wie unter „2“, Bremsregler, Wasserstandsregler.

Die Verhältnisse des Betriebes unter „2“ können auch in anderer Weise selbsttätig reguliert werden:

Die Turbine werde für φQ irgendwie eingestellt, ein Geschwindigkeitsregler ist nicht vorhanden, aber die Hauptwelle ist mit einer selbsttätigen Bremseinrichtung verbunden, in der für die Betriebszeiten „a“ der Überschuß an produziertem Drehmoment gegenüber dem verbrauchten M vernichtet, wo das Zuviel an Arbeitsvermögen irgendwie in Wärme umgesetzt wird (Reibung, Wasserschlag, Wirbelströme). Diese Einrichtung ist als Bremsregler bekannt (hydraul. Bremsreg. Rüsch-Ganahl, Dornbirn, Vorarlberg) und für viele Betriebe wertvoll. Die Bremseinrichtung ist dabei meist nicht befähigt, die volle Turbinenleistung aufzunehmen, doch sind hydraulische Bremsregler von Rüsch bis 300 PS_e Aufnahmefähigkeit in Betrieb.

Der Bremsregler läßt die Wasserregulierung der Turbine unberührt. Hier liegt deshalb die Möglichkeit vor, das Reguliergetriebe der Turbine durch das Sinken oder Steigen eines Wasserstandsschwimmers zu Schließ- oder Öffnungsbewegungen zu veranlassen, Wasserstandsregler.

Dieser Schwimmer ist so wenig wie ein Tachometer imstande, die Arbeit des Verstellens der Regulierorgane selbst zu übernehmen, er hat in gleicher Weise wie das Tachometer unter „1" indirekt zu arbeiten, er hat das Eingreifen eines Relais zu veranlassen und zu überwachen derart, daß die Schwankungen des Oberwasserspiegels in engen Grenzen bleiben. Da sich aber die Schwankungen in der Wasserführung stets in längeren Zeiträumen abspielen, so erhält der Wasserstandsregler Schlußzeiten von 10 bis 15 Minuten im Gegensatz zum Geschwindigkeitsregler, bei dem mit einzelnen Sekunden gerechnet werden muß. Natürlich kann auch hier der „Fernschwimmer" gute Dienste leisten.

4. Betriebsumstände wie unter „2", Arbeitsregler, Wasserstandsregler.

Es gibt Betriebe, in denen die Arbeitsmaschinen durch ihren beliebig einstellbaren Kraftbedarf selber als Bremsregler dienen können, z. B. die mechanische Holzschleiferei. In diesem Falle wird der gesamte Betrag von M durch einen Arbeitsregler dem jeweils vorhandenen Arbeitsvermögen $e \cdot \varphi Q \cdot \gamma \cdot H$ unter kleinen Änderungen von n selbsttätig angepaßt.

Wenn hier ein Wasserstandsregler das Einstellen der Turbine für die wechselnde Wassermenge φQ übernimmt, so bildet die Vereinigung von Arbeits- und Wasserstandsregler die beste Einrichtung für die selbsttätige Ausnutzung einer Wasserkraftanlage an sich.

5. Nebenauslässe und Wechseldurchlässe.

Besondere Anlage- oder Betriebsverhältnisse können zu den bis jetzt genannten selbsttätigen Regulierungen noch zwei andere, untereinander verwandte Einrichtungen wünschenswert machen.

I. Der Nebenauslaß.

Wie die Entwicklungen über die Veränderungen des Druckes in Rohrleitungen weiter hinten zeigen werden, kann unter Umständen eine ziemlich große Erhöhung des Druckes H (h_{max}, Gl. 955) eintreten und diese wird bei langen Leitungen die Beanspruchung der Rohrwände in den tieferen Lagen entsprechend steigern und auch die Reguliertätigkeit behindern.

Hier ist eine Einrichtung erwünscht, die bei rasch verlaufenden Schließvorgängen eine Nebenöffnung um gerade so viel freigibt, als der Leitapparat geschlossen wird, weil auf diese Weise keine Verzögerung des Rohrinhaltes, also auch keine Druckerhöhung in der Leitung zustande kommen kann, der mechanische Nebenauslaß.

Muß an Betriebswasser nicht gespart werden und ist stets die volle Wassermenge zur Verfügung, so kann dieser Nebenauslaß, der unmittelbar ins Unterwasser führt, in fester Verbindung mit dem Reguliergetriebe stehen, die Betriebswassermenge wird sich dann je nach der Stellung von Leitapparat und Nebenauslaß auf diese beiden Austrittsöffnungen ganz nach Erfordernis verteilen, aber die Summe der aus beiden Öffnungen austretenden Wassermengen bleibt ebenso wie die Druckhöhe H konstant. (Vgl. unter „Wechseldurchlaß", ebenso „Ablenker", S. 631.

Ein Bremsregler statt eines Geschwindigkeitsreglers würde hier von besonderem Werte sein und den Nebenauslaß ganz entbehrlich machen.

In der großen Mehrzahl der in Betracht kommenden Betriebe herrscht aber kein Wasserüberfluß, und so wird die Einrichtung derart abgeändert, daß der Nebenauslaß für gewöhnlich ganz geschlossen bleibt, daß er naturgemäß von Öffnungsvorgängen überhaupt nicht berührt wird, daß er bei Schließvorgängen zwar sofort in entsprechende Tätigkeit tritt, aber nach vollendetem Schließvorgang nach und nach, also mit sehr großer Schlußzeit selbsttätig wieder abschließt. Diese große Schlußzeit T_s des Nebenauslasses ermäßigt dann (vgl. Gl. 941 und 938) die Druckanschwellungen so bedeutend, daß jede Gefahr ausgeschlossen ist. Auf diese Weise ist das dauernde Arbeiten mit Teilfüllungen ohne größere Wasserverluste ermöglicht.

Zu diesem Zwecke bedarf es einer einseitig wirkenden und zugleich langsam nachgebenden Kupplung zwischen dem Reguliergetriebe und demjenigen des Nebenauslasses, die meist durch einen Kataraktkolben mit besonderem freispielenden Ventil, letzteres für die Öffnungsbewegungen, gebildet ist.

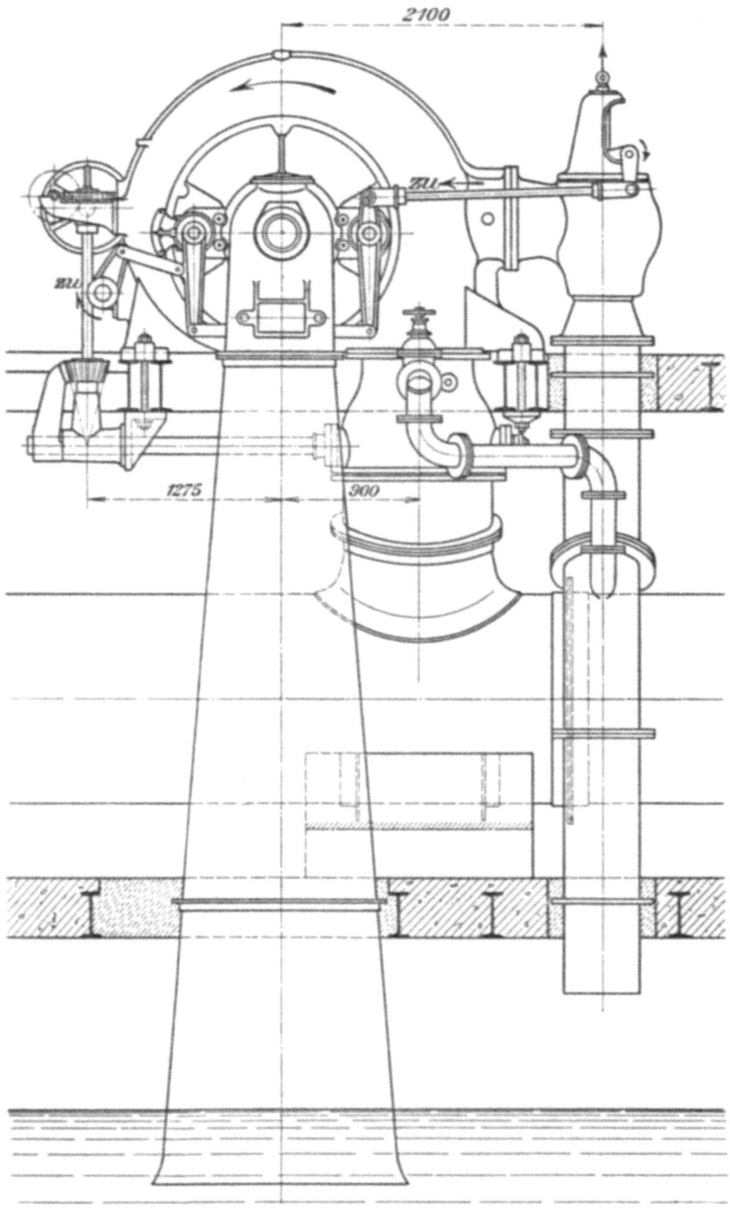

Fig. 484.

Eine sehr einfache Einrichtung dieser Art ist in den Fig. 484 und 485 dargestellt. Der Nebenauslaß ist am Spiralgehäuse angeschlossen, das entlastete Auslaßventil, Fig. 485, wird beim Drehen der Regulierhebel für „Zu" angehoben, weil der enge, einstellbare Umlauf im Katarakt nur sehr langsam nachgibt. Das Eigengewicht des Ventilkörpers zieht diesen dann nach und nach wieder auf seine Sitzfläche. Bewegungen der Regulierhebel für „Auf" werden nicht beeinträchtigt, weil die durch Spiralfeder von unten her angedrückte Ringklappe sich sofort öffnet und den Kataraktkolben frei gibt. (Ausführung Voith-Heidenheim.)

Der Voith'sche Nebenauslaß ist in unmittelbarem, mechanischem Zusammenhang mit dem Reguliergetriebe, er kann als direkt gesteuert bezeichnet werden.

Ein indirekt gesteuerter Nebenauslaß, Ausführung Escher, Wyß & Cie., Zürich, ist für die Turbine der Anlage Ascoli—Piceno, Taf. 56, in Anwendung gekommen. Hier ist ein nicht entlasteter Auslaßschieber verwendet, $\frac{1}{10}$, der von einer rahmenartig ausgesparten Kolbenstange gefaßt wird; das untere Rahmenfeld für den Wasserdurchtritt bei hochgezogenem Schieber. Zwei Kolben von ungleichem Durchmesser erteilen der Stange eine Kraft nach aufwärts, der sie unter Überwinden der Schieberreibung so weit folgt, bis ihr hohles Verlängerungsstück gegen die Spitzschraube des Kataraktzylinders rückt, die ein Ventil darstellt. Der Raum über dem großen Kolben ist nämlich als Durchflußraum, S. 780 u. f., ausgebildet, dessen Eintrittsquerschnitt f_1 durch die seitlich im Druckanschluß eingelegte Drosselscheibe gebildet, und dessen veränderlicher Austrittsquerschnitt f_2 durch die Spitzschraube beherrscht wird. Die Kolbenstange wird sich so weit nach aufwärts heben, bis durch entsprechendes Verkleinern von f_2 der Durchflußdruck über dem großen Kolben so weit angewachsen ist, daß er der freien aufwärtswirkenden Kraft das Gleichgewicht hält. In dieser Stellung ist der Auslaßschieber gerade noch geschlossen. Wie aus der Zeichnung $\frac{1}{56}$ ersichtlich, zieht das Reguliergestänge der Turbine bei Bewegung „Zu“ den Kataraktzylinder durch Geschlossenhalten des Kegelventils v hoch und die Kolbenstange des Nebenauslaßschiebers folgt wegen Abnehmen der Durchflußdruckhöhe dieser Bewegung, der Nebenauslaß wird geöffnet. Der kleinen seitlichen Bohrung (4 mm) im Kataraktkolben gemäß senkt sich der Kataraktzylinder langsam abwärts und veranlaßt durch Verengern des Querschnitts f_2 das Anwachsen des Durchflußdruckes über dem großen Kolben, und bei genügend großem Anwachsen das langsame Schließen des Nebenauslasses, wieder unter Überwinden der Schieberreibung, die allerdings die Feinfühligkeit beeinträchtigen.

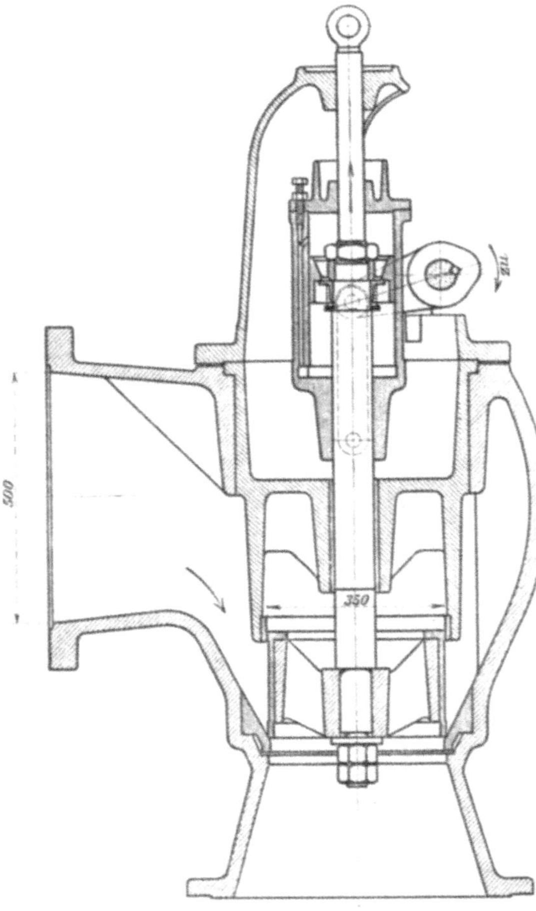

Fig. 485.

Für die „Auf“-Bewegung des Reguliergetriebes gibt der am oberen Ende der Zugstange vorhandene Schlitz den Nebenauslaß frei. Der Kataraktkolben sinkt durch sein Eigengewicht (das Ventil v öffnet sich dabei) gegen abwärts und stellt auf diese Weise die Öffnungsmöglichkeit für den Nebenauslaß rasch wieder her.

Eine minder zuverlässige Art von Nebenauslässen bilden die Sicherheitsventile. Diese öffnen sich erst dann, wenn der normale Druck im Zuleitungsrohr um eine gewisse zusätzliche Höhe überschritten ist, während der mechanische Nebenauslaß gleichzeitig mit dem Schließvorgang einsetzt.

Trotzdem sind vielfach Sicherheitsventile in Anwendung, weil sie billiger und einfacher sind. Diese können auch zuverlässiger dicht erhalten werden als die mechanischen Nebenauslässe, die stets Wasserverluste aufweisen. Die Turbinen der Kaiserwerke, Taf. 57 oben, sitzen an einer mit Sicherheitsventilen versehenen Rohrleitung.

Sicherheitsventile sollen zur Vermeidung von Stößen möglichst wenig Masse besitzen, also sind solche mit direkter Federbelastung anzuwenden. Das ganz geöffnete Ventil darf, mit w_{max} nach Gl. 954, gerechnet, nicht mehr Wasser durchlassen als der ganz geöffneten Turbine bei normalem Drucke entspricht. Ein größerer Ventilquerschnitt würde zu gefährlicher Steigerung der Rohrgeschwindigkeit über die größte Rohrgeschwindigkeit c hinaus führen.

Der Federdruck bewirkt auch bei gleichzeitiger Anwendung eines Kataraktkolbens ein einigermaßen langsames Schließen des Sicherheitsventiles, natürlich muß die Kataraktwirkung für das Öffnen auch wieder durch ein freispielendes Ventil aufgehoben sein.

Ein Mittelding zwischen dem trotz Katarakt zwangläufig gesteuerten Nebenauslaß nach Fig. 485 und dem direkt arbeitenden Sicherheitsventil ist das gesteuerte Sicherheitsventil, Taf. 45, 46, Ausführung Rüsch-Ganahl, Dornbirn.

Die Spindel des entlasteten Ventilkörpers, Taf. 45 rechts, trägt nach oben zu einen Kolben von 180 mm Durchmesser, der von unten her gleichbleibenden Preßöldruck (15 at) erhält. Die Oberseite dieses Kolbens setzt sich in Röhrenform durch eine Manschetten-Stopfbüchse in den Raum oberhalb des Zylinderdeckels fort, und diese Röhre enthält ein längsdurchbohrtes, eingeschliffenes Steuerkölbchen von 30 mm Durchmesser, das imstande ist, den oberen Zylinderraum entweder abzuschließen oder zum Ölaustritt freizugeben. Durch ein 5 mm weites, einstellbares Ventil tritt das Preßöl von der Unterseite des 180er Kolbens nach dessen Oberseite und, wenn das Steuerkölbchen geschlossen hat, so wird auf beiden Kolbenseiten gleicher Druck herrschen, der Ventilkörper schließt auf seinem Sitz fest ab.

Nun hängt das Steuerkölbchen von 30 mm Durchmesser an einem Differentialkolben von 52 mm Durchmesser, der durch Gewicht und Feder belastet ist, gegen dessen untere Ringfläche der Gefälledruck vom Spiralgehäuse her, unter Vermittlung des Öltopfes, ansteht. Die Belastung dieses Differentialkolbens ist so bemessen, daß er gerade noch nicht durch den Gefälledruck angehoben werden kann.

Eine Vermehrung des Gefälledrucks aus irgendwelcher Ursache hebt diesen Kolben, gibt dadurch die Ausflußöffnungen für den Raum oberhalb des 180er Kolbens frei, wodurch sich in diesem ein wesentlich verminderter (Durchfluß-) Druck einstellt, der dem vollen Preßöldruck der Kolbenunterseite gestattet, den Nebenauslaß zu öffnen.

Solange der Überdruck vorhanden ist, wird der Nebenauslaß geöffnet sein, in seinem Hub durch die obensitzende, 7 mm starke Feder, dem Betrag des Überdrucks gemäß, eingestellt.

Gesteuerte Sicherheitsventile sind zu empfehlen, besonders dann, wenn mehrere Turbinen an der gleichen Rohrleitung angeschlossen sind, denn Nebenauslässe können dabei unter Umständen sehr störend sein (eine Turbine schließt, die andere öffnet gleichzeitig usw.).

II. Der Wechseldurchlaß.

Wenn zwei Wasserkraftanlagen unmittelbar untereinander liegen, ohne daß sich zwischen beiden ein Kanal oder Wehrteich von nennenswertem Oberflächengehalt als Ausgleichbehälter befindet, so ist der Unterlieger darauf angewiesen, daß der Oberlieger das Betriebswasser sehr gleichmäßig entläßt, denn sonst ist ein regelrechter Betrieb ohne große Schwankungen in Gefälle und Wassermenge für den Unterlieger nicht möglich.

Hat nun der Oberlieger in seinem Betrieb große Änderungen im Betrage der M, die er durch einen Geschwindigkeitsregler ausgleichen läßt, so wird der Unterlieger bei all diesen Unregelmäßigkeiten in Mitleidenschaft gezogen. Abgesehen von diesen ungewollten Betriebsschwankungen liegt aber auch immer bis zu einem gewissen Grade die Möglichkeit vor, daß der Oberlieger durch absichtlich unregelmäßiges Öffnen oder Schließen von Schützen den Unterlieger in seinem Recht auf regelmäßigen Wasserzufluß beeinträchtigen kann.

Die Verhältnisse zeigen sich am meisten zugespitzt, wenn der Unterkanal des Oberliegers zugleich Oberkanal des Unterliegers ist, wenn also das Wasser gar nicht wieder in den freien Fluß zurücktritt, nachdem es den Motor des Oberliegers verlassen hat (Reihenbetrieb); dann kann ja auch die Kontrolle seitens des Unterliegers, besonders bei kurzem Kanal, schärfer gehandhabt werden.

Hier will sehr häufig eine Einrichtung vorgeschrieben werden, die in früherer Zeit bei Wasserrädern bestand und dort unter gewissen Verhältnissen, speziell bei Betrieben nach „1", Kraftüberschuß, zweckmäßig war, die sog. Wechselfalle oder der Wechseldurchlaß.

Dies ist ein Nebenauslaß der unveränderlich mit dem Reguliergetriebe gekuppelt ist, wie vorher schon kurz geschildert, der also im Verein mit dem Motor zusammen immer die gleiche Wassermenge dem Unterkanal zuführen soll, und wenn das Betriebswasser ganz konstant oder im Überschuß vorhanden ist, so wäre gegen die Einrichtung nichts einzuwenden.

Sowie aber Q auf φQ sinkt, sowie die Wasserregulierung der Turbine in Tätigkeit treten muß, ist der Wechseldurchlaß ein Unding, weil sich dieser schon (teilweise) öffnet, sowie die Turbine auch nur um weniges geschlossen wird und weil er dann kostbares Betriebswasser nutzlos nach dem Unterkanal entläßt.

Der Wechseldurchlaß macht eine rationelle Regulierung bei intensiven Betrieben, und das sind nahezu alle, einfach unmöglich und deshalb sollte der Zwang zur Anwendung, weil verfehlt, unterbleiben.

Eine Aushilfe bietet in manchen Fällen der Ersatz des Geschwindigkeitsreglers beim Oberlieger durch einen Bremsregler im Verein mit der Verpflichtung, den Oberwasserspiegel bei der Turbine stets genau auf gleicher Höhe zu halten (Wasserstandsregler).

D. Betriebe mit Verbindung von Abhängig- und Unabhängig-Veränderlichen.

Es sei Dampf- und Wasserkraft fest gekuppelt an der gleichen Welle tätig, die Wasserkraft reiche zum Betriebe im allgemeinen nicht aus.

Hier gilt dann

$$D + e \cdot \varphi Q \cdot \gamma \cdot H = k \cdot M \cdot n \quad \dots\dots\dots\dots 816$$

Die Arbeit des Dampfes, D, kostet Kohlen, mithin ist hier als erste Forderung aufzustellen, daß φQ immer der augenblicklichen Wasserführung des Flusses voll entsprechen muß. Für selbsttätige Regulierung von φ dient der Wasserstandsregler.

Die Schwankungen von φQ müssen durch D ausgeglichen werden, der Dampfmaschinenregler übernimmt hier die Kontrolle der n dadurch, daß D den wechselnden Werten von φQ und von M angepaßt wird. Die Turbine ist meist ohne Geschwindigkeitsregler, damit stets φQ so groß, D so klein als möglich gehalten werden kann.

Bremsregler kommen hier gar nicht, Arbeitsregler selten zur Verwendung.

Ist zu erwarten, daß M im Betriebe so viel sinken kann, daß $k \cdot M \cdot n$ kleiner wird als $e \cdot \varphi Q \cdot \gamma \cdot H$, so kann ein Geschwindigkeitsregler für die Turbine kaum entbehrt werden. Derselbe ist dann durch einen Wasserstandsschwimmer zu kontrollieren. Der Turbinenregler muß auf eine gegenüber dem Dampfmaschinenregler etwas höhere Umdrehungszahl eingestellt werden, damit sein Tachometer erst zu spielen beginnt, wenn dasjenige der Dampfmaschine die Dampffüllung des Leerganges der Maschine eingestellt hat.

28. Die Geschwindigkeitsregulierung der Turbinen.

Die Anschauungen, die den Vorgängen bei der Geschwindigkeitsregulierung von Dampfmaschinen entsprechen, können nicht ohne weiteres auch auf diejenige der Turbinen übertragen werden; es möge deshalb der grundsätzliche Unterschied beider Motorenarten in bezug auf die Einhaltung der sog. normalen Umdrehungszahl kurz hervorgehoben werden.

Die Kolbendampfmaschine durchläuft innerhalb jeder einzelnen Umdrehung gewisse Unterschiede in der Winkelgeschwindigkeit, auch bei völlig gleichbleibender Belastung, und bedarf zu deren Verminderung, also ganz abgesehen von Regulierzwecken, der Anwendung von Schwungmassen; die Turbine hat von Hause aus gleichbleibende Winkelgeschwindigkeit, ist also ohne Schwungmassen an sich betriebsfähig.

Die Dampfmaschine besitzt überhaupt keine durch innere Verhältnisse bedingte normale Umdrehungszahl (im Sinne der Turbine), es sind mehr äußerliche Rücksichten, die die Wahl der Umdrehungszahl für sie bestimmen.

Eine Dampfmaschine ohne Regler erfährt bei Belastungsverminderung eine stetig wachsende Geschwindigkeitszunahme, deren sehr hoch liegende obere Grenze, abgesehen von Bruchgefahren, nur durch die Querschnitte der Dampfzu- und -ableitungen, den Luftwiderstand usw. bedingt wird. Die Turbine stellt sich im gleichen Falle von selbst auf einen neuen Gleichgewichts- und Beharrungszustand ein bei entsprechend höherer Geschwindigkeit.

Da die Kenntnis der Verhältnisse bei dieser Selbsteinstellung von reglerlosen Turbinen zur allgemeinen Übersicht mit beiträgt, so mögen diese Umstände hier zuerst kurz betrachtet werden.

A. Die reglerlose Turbine bei wechselnder Belastung.

Wir machen hier die in Wirklichkeit allerdings nicht völlig zutreffende Voraussetzung, daß durch die Änderung der Umdrehungszahl die Druckhöhenverhältnisse im Wasserzu- und -ablauf nicht beeinflußt werden, daß also der Turbine das Betriebswasser auch bei Änderung der Umdrehungszahl in der erforderlichen Menge und unter gleichbleibenden Gefällverhältnissen zur Verfügung steht.

Es soll ferner für den ganzen Verlauf der Betrachtungen angenommen werden, daß die Drehmomente, die die getriebenen Arbeitsmaschinen der Turbine entgegensetzen, auch die Lagerreibung usw. unabhängig von der jeweiligen Umdrehungszahl seien. Dies trifft für die meisten Arbeitsmaschinen annähernd zu, wogegen Dynamomaschinen, Kreiselpumpen usw. ein mit der Umdrehungszahl steigendes Drehmoment erfordern.

Überläßt man eine unbelastete Turbine sich selbst (Freilauf), so nimmt sie eine Geschwindigkeit an, die durchschnittlich etwa dem 1,8fachen der rechnungsmäßigen, sog. normalen Umdrehungszahl entspricht; eine Steigerung darüber hinaus ist ausgeschlossen. Setzt man der Turbine einen Widerstand, z. B. das Reibungsmoment der Bremsvorrichtung, entgegen, so vermindert sich ihre Umdrehungszahl auf einen diesem Widerstand entsprechenden Betrag. Je größer der Widerstand, desto kleiner die zugehörige Umdrehungszahl, bis schließlich die Turbine bei einer ihren Verhältnissen entsprechenden Widerstandsgröße zum Stillstande kommt.

Tragen wir die so ermittelten Umdrehungszahlen als Abszissen, die zugehörigen widerstehenden Drehmomente als Ordinaten auf, so ergibt sich, wie schon früher geschildert, die Folge von Punkten, die in einer flach gekrümmten Kurve liegen, wie dies die Fig. 540 u. a. ersehen lassen.

Die von der Turbine entwickelten treibenden Drehmomente sind, sowie der Beharrungszustand eingetreten ist, den widerstehenden Drehmomenten jeweils gleich, die aufgetragenen Punkte einer solchen Versuchsreihe sind deshalb auch eine Darstellung der treibenden Momente, in der Folge auch mit M bezeichnet, die die Turbine bei den verschiedenen Umdrehungszahlen an ihrer Welle ausübt.

Unter der Annahme, daß die Drehmomentlinien Gerade seien, läßt sich auf ziemlich einfache Weise die Umdrehungszahl ermitteln, die eine Turbine annimmt, wenn sie plötzlich aus normaler Umdrehungszahl mehr oder weniger entlastet wird.[1])

Von Wichtigkeit ist indessen nur für die Beurteilung späterer Verhältnisse die Erkenntnis der Tatsache, daß die Zunahme der Umdrehungszahlen in den ersten Sekunden weitaus bedeutender ist als nachher, wie dies Fig. 486 erkennen läßt.

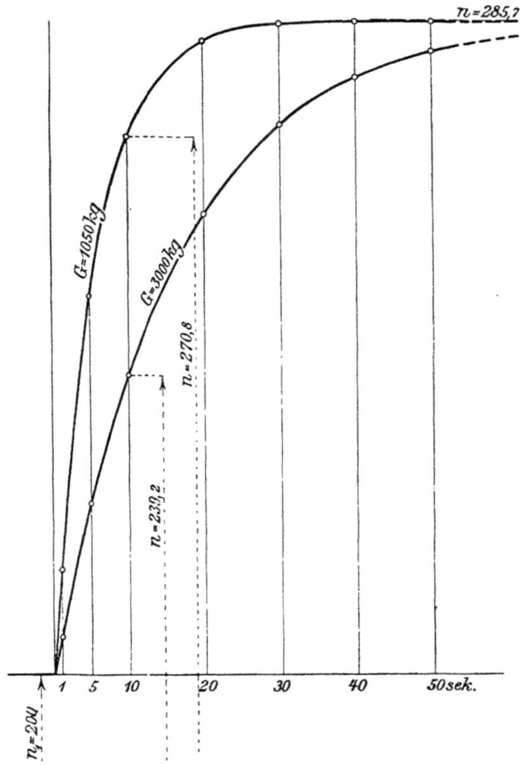

Fig. 486.

Die der Darstellung zugrunde liegenden Verhältnisse sind: Volle Turbinenleistung 300 PS_e bei 200 Umdr. i. d. Min. Die Turbine sei nur zu 0,7 der Höchstleistung beansprucht, also nur mit $0{,}7 \cdot 300 = 210$ PS_e und werde plötzlich auf eine Leistung von $0{,}4 \cdot 300 = 120$ PS_e entlastet, während die Füllung unverändert bleibt. Die untere der zwei Geschwindigkeitskurven folgt aus der Annahme einer Schwungmasse auf Turbinenwelle von $G = 3000$ kg bei $D = 2{,}77$ m Schwerpunktsdurchmesser, die obere von $G = 1050$ kg bei gleichem Schwerpunktsdurchmesser. Je geringer die Schwungmassen, um so rascher steigen die Umdrehungszahlen an, aus dem anfänglichen raschen Ansteigen folgt, daß ein Geschwindigkeitsregler sofort nach der Belastungsänderung eingreifen muß, wenn seine Tätigkeit überhaupt Erfolg haben soll.

[1]) Vgl. hierüber Z. Ver. deutsch. Ing. 1899, S. 1553 u. f., oder auch die I. Aufl. dieses Werkes, S. 708 u. f.

B. Der indirekt wirkende Regler.

1. Allgemeines.

Die Schwerfälligkeit der Regulierorgane bei Wasserturbinen zwingt uns, wie schon erwähnt, für deren Verstellen die Mitwirkung mechanischer oder hydraulischer Hilfskräfte (Relais) heranzuziehen, d. h. indirekt wirkende Regler zu bauen, bei denen das Tachometer nicht selbst Verstellungsarbeit zu leisten hat, sondern nur noch kontrollierend und befehlend tätig ist. Wir bezeichnen als „Regler" die Vereinigung von Tachometer und Relais, also nicht nur das Tachometer.

Der Zusammenhang dieser Teile wird für einen hydraulischen Regler in schematischer Weise durch die Fig. 487 dargestellt. Der im Zylinder Z beweg-

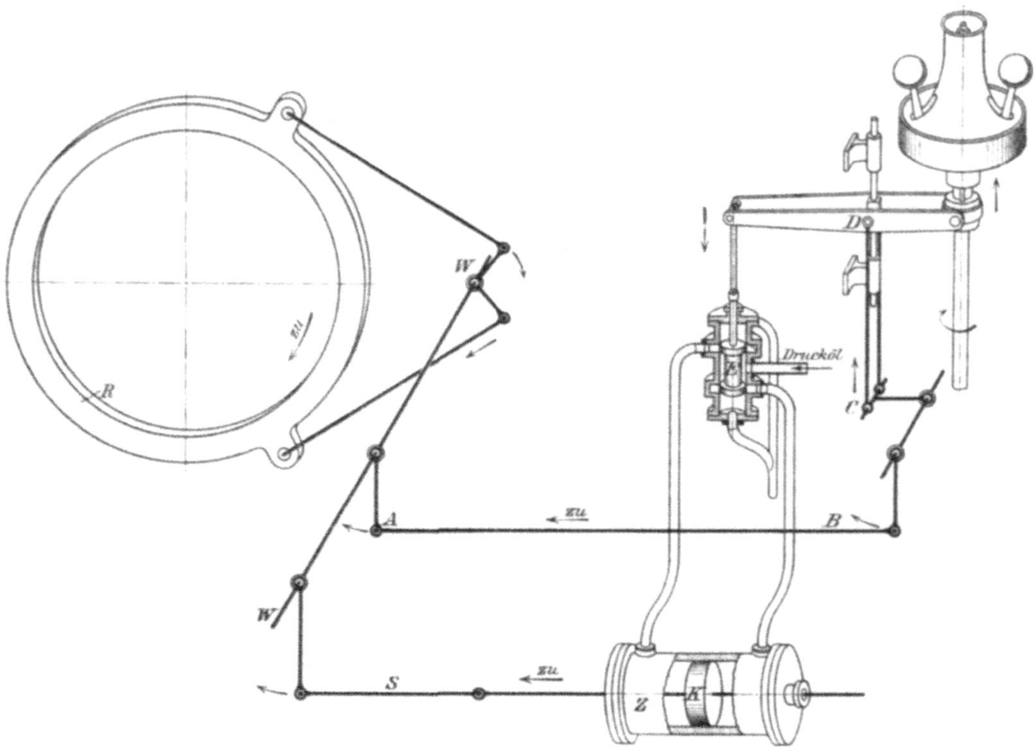

Fig. 4

liche Arbeitskolben K dreht durch Vermittlung der Schubstange S die Regulierwelle W einer Turbine und dadurch auch den Regulierring R. Durch einen entlasteten Kolbenschieber E wird dem Zylinder Z die Druckflüssigkeit je nach Tachometerstellung auf der einen oder anderen Kolbenseite zugeführt. Eine Geschwindigkeitsvermehrung (Entlastung der Turbine) bewirkt das Ansteigen der Tachometermuffe, Senken des Schiebers E, Zuführen der Druckflüssigkeit auf der rechten Seite des Zylinders, Drehen des Regulierringes R, Schließen der Leitschaufeln, alle Bewegungen den Pfeilrichtungen der Fig. 487 gemäß.

Von Wichtigkeit ist nun der Drehpunkt D des Tachometerhebels. Denken wir uns diesen vorerst einmal nicht in Hebelverbindung mit der Welle W, sondern am Maschinengestell unverrückbar festgehalten, so ist klar, daß es dann nur eine Muffenstellung des Tachometers gibt, bei der der Steuerkolben E in Mittelstellung steht, also nach keiner Seite des Zylinders Z Druckflüssigkeit zutreten läßt. In diesem Falle gibt es auch nur eine Tachometer-, also auch nur eine Turbinenumdrehungszahl, bei der der Kolben K in Ruhe bleibt, ganz unabhängig davon, in welcher Lage sich dieser befindet, auf welche Füllung die Turbine dadurch eingestellt ist. Wäre diese Füllung gerade diejenige, die der verlangten Turbinenleistung entspricht, so wäre alles gut. Da aber hierfür keine im Mechanismus des Ganzen liegende Gewähr vorhanden ist, so fehlt die erforderliche Stabilität, und das Pendeln zwischen höheren und niederen Umdrehungszahlen würde kein Ende nehmen.

Die gewünschte Stabilität wird sich einstellen, wenn jeder Muffenlage des Tachometers eine ganz bestimmte Füllung der Turbine entpricht, und wir erreichen dies durch die sog. Nachführung, die durch die Hebelanordnung $ABCD$ angedeutet ist und die hier dazu dient, den Drehpunkt D entsprechend zu verschieben. Wenn jetzt das Tachometer infolge Entlastung hochgeht, so vollzieht sich zwar die Verstellung der Leitschaufelöffnung in ganz gleicher Weise wie vorher auch, aber gleichzeitig wird der Drehpunkt D der hochsteigenden Tachometermuffe durch die Hebel $ABCD$ nachgeschoben und dadurch ein Heben des vorher durch das Tachometer abgesenkten Steuerkolbens E bewirkt. Solange sich der Kolben K nach „Zu" bewegt, solange rückt auch der Punkt D nach aufwärts, mit ihm der Steuerkolben E, und dies geht weiter, bis dieser wieder in seine Mittellage zurückgekehrt ist, weil erst dann der Zutritt von Druckflüssigkeit zum Zylinder Z aufhört.

Jede beliebige Turbinenbelastung kann während kürzerer oder längerer Zeit unveränderlich sein und deshalb dem Betriebe einen Beharrungszustand bringen. Wenn aber jede Muffenstellung einer bestimmten Turbinenbelastung (Füllung) entsprechen soll, so muß in jeder Tachometerlage ein Ausschalten des Relais, des Reguliergetriebes, erfolgen können.

Dies wird eben durch das Nachführen des Drehpunktes D, Fig. 487 u. f. erzielt, und dadurch ist der Regler in jeder Muffenstellung auch wieder fähig zu neuem Einschalten.

2. Der Einfluß von Überdeckung beim Steuerorgan.

Der Beginn des Steigens oder Sinkens der Tachometermuffe soll das Relais in Gang setzen; hat der Kolbenschieber eine kleine Überdeckung der Steuerkanalkanten, so muß er eine kleine Bewegung ausführen so weit, daß der Impuls auf den Arbeitskolben zum Ausdruck kommt.

Gehen wir, zeitweilig, von der Tachometerstellung aus, in der der Hebel zwischen Muffe und Steuerkolben wagrecht steht, Fig. 488a, rechtsseitig gezeichnete Steuerkolbenstellung, und nehmen wir dazu an, daß der Regler in Ruhe gewesen sei, so wird der Steuerkolben aus dieser Mittelstellung einen Weg b_2 nach oben oder unten zurückzulegen haben, ehe seine Kante die Steuerkanalkante genügend frei gibt, linksseitige Steuerkolbenstellung. Diese Strecke ist in Fig. 488a der Deutlichkeit wegen übertrieben groß gezeichnet, vgl. dagegen Taf. 51. Dem Weg $\pm b_2$ des Steuerkolbens entspricht, dem Hebelverhältnis l_2 und l_1 gemäß, ein Weg der Tachometermuffe $\pm b_1$, den dieselbe leer zurücklegen muß, ohne einschalten zu können, und innerhalb dieses Weges $\pm b_1$ ruht die Tätigkeit des Reglers vollständig. Deshalb kommt von dem gesamten Hub h_1 der Tachometermuffe nur die Strecke $\frac{h_1}{2} - b_1$ je oben und unten, zusammen also nur $h_1 - 2b_1$ für die Verstellung der Füllung in Betracht.

Aber nicht nur bei der Ruhelage mit wagrechtem Hebel ist der nutzbare

Hub der Tachometermuffe durch die Strecken $\pm b_1$ beeinträchtigt, sondern dies gilt für alle mittleren Tachometerstellungen.

In den Endlagen der Tachometermuffe werden sich, der Bewegungsumkehr wegen, die toten Strecken b_1 aneinanderlegen wie dies in Fig. 488b für Einschalten von oben her und von unten her dargestellt ist.[1])

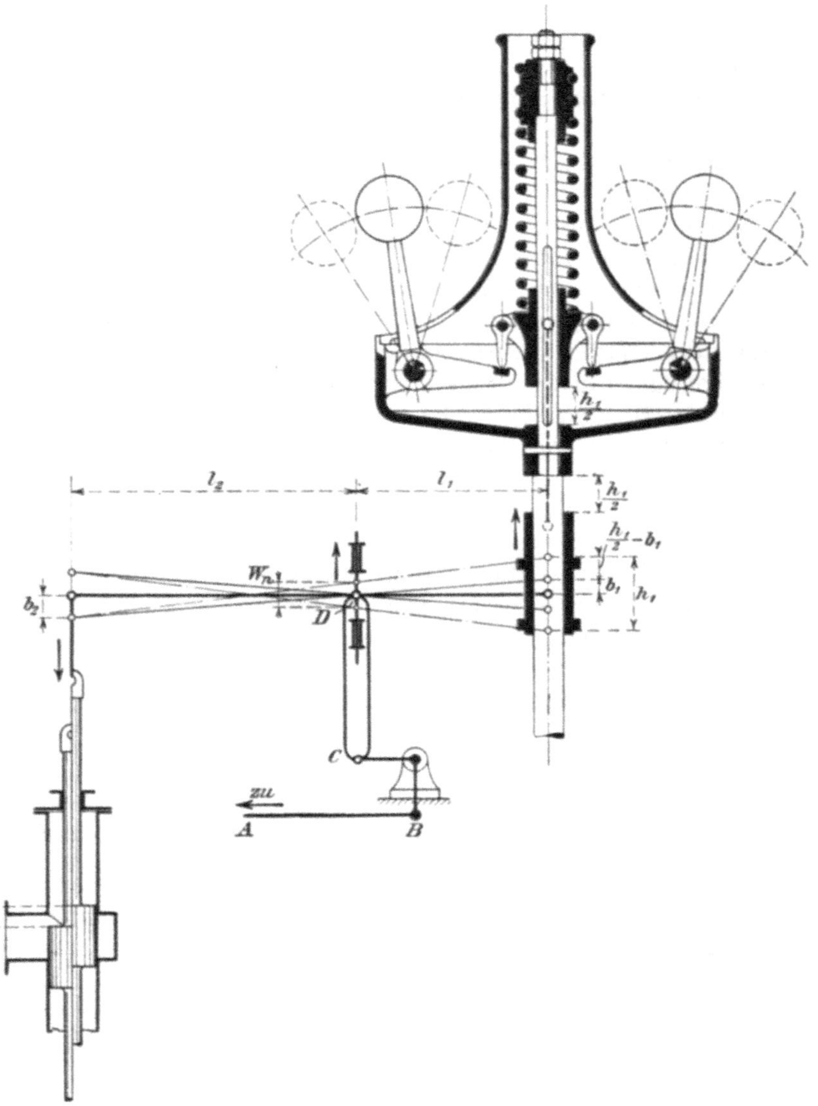

Fig. 488a.

So zeigt sich, daß in allen Muffenstellungen nur der Hub $h_1 - 2b_1$ zur Verfügung bleibt, daß aber die blinden Wege verschiedenartig gelagert vorkommen. Wie die Fig. 488b erkennen läßt, gilt dies auch für die Wege der Nachführung W_n, so daß durch die Überdeckungen recht unangenehme Unklarheiten in dem Zusammenhang zwischen Tachometerstellung und Füllung gebracht werden. Bei hydraulischen Reglern sollte deshalb jede Überdeckung wegbleiben (vgl. S. 355),

---

[1]) An dieser Stelle sei auf H. Hiemenz, Der Reguliervorgang beim direktgesteuerten hydrostatischen Turbinenregulator unter Berücksichtigung der Anschläge am Steuerventil (Doktordissertation Techn. Hochsch. Darmstadt 1910) hingewiesen.

für mechanische, beispielsweise nach Fig. 489, ist dies nicht ausführbar, der Schlagdaumen muß dort eine Anlagfläche (Überdeckung) vorfinden.

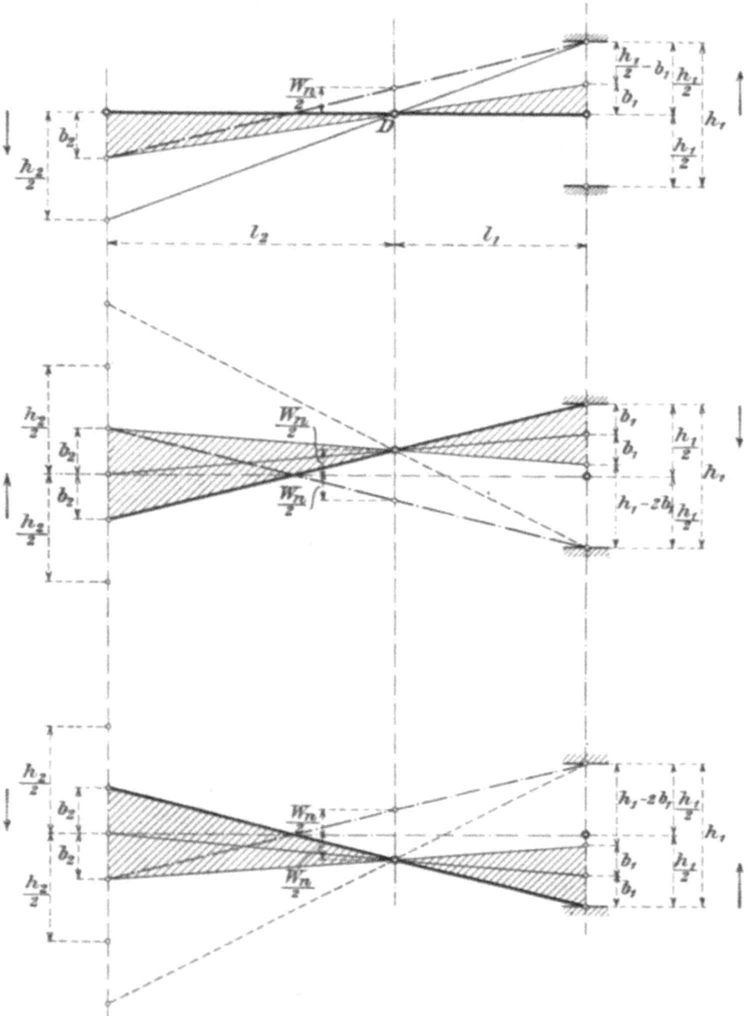

Fig. 488 b.

Damit nach geschehener voller Öffnung der Turbine der nächste Augenblick das Ausschalten des Reguliergetriebes bringt, muß der Weg W_n vom Hebeldrehpunkt D zurückgelegt werden. Diese Strecke beträgt nach Fig. 488a und b einfach

$$W_n = (h_1 - 2b_1)\frac{l_2}{l_1 + l_2} \quad \text{bzw.} \quad h_1 \frac{l_2}{l_1 + l_2},$$

wobei die Kreisbogenbewegungen außer acht gelassen werden dürfen, weil die Ausschläge b_1 und b_2 im Vergleich zu l_1 und l_2 sehr klein sind.

3. Der Ort für den Angriff der Nachführung.

Fast ausnahmslos befindet sich zwischen der Tachometermuffe und dem Schaltorgan ein Hebel, der durch seine Armlängen erwünschte Gelegenheit zu beliebiger Übersetzung zwischen den beiderlei Bewegungen bietet.

Drei Punkte an diesem Hebel können für die Nachführung in Betracht kommen, der Drehpunkt, dazu die beiden Angriffspunkte.

Die Nachführungswege des Drehpunkts bei Überdeckung sind aus Fig. 488a und 488b zu ersehen.

Bei dem mechanischen Regler nach Taf. 60, auch Fig. 489, durchmißt das Tachometer einen bestimmten Weg h_1 zwischen seinen Endlagen, Fig. 489; das

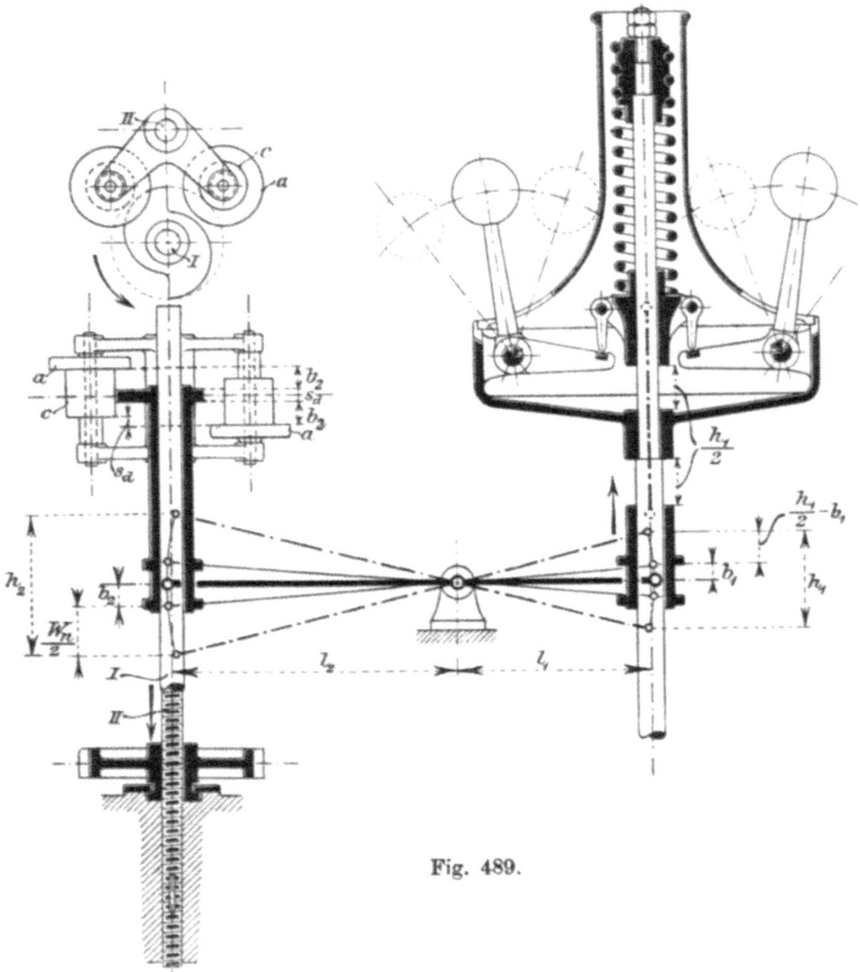

Fig. 489.

Schaltorgan, der Daumen, legt den der gesamten Füllungsverstellung angepaßten Weg h_2 zurück, und der Hebeldrehpunkt ist fest mit dem Reglergestell verbunden. Die Nachführung muß deshalb bei den Anschlagrollen angreifen.

Hier war ein sog. Tachometerhemmwerk nötig, um für das Auf- und Abwärtsgehen der Tachometermuffe und des Schaltdaumens nur Geschwindigkeiten zu erlauben, kleiner als die Senk- oder Steiggeschwindigkeit der nachgeführten Anschlagrollen, damit diese imstande waren, den Schaltdaumen zu überholen und das Aufhören des Verstellens zu bewirken. Das Tachometerhemmwerk sollte der Bewegung der Tachometermuffe nur eine zeitliche Hemmung bereiten, nicht aber eine solche durch Vermehrung der Unempfindlichkeit verursachen, es bildete einen Anschlag für das Spiel der Muffe, der dieser stets mit gegebener Geschwindigkeit aus dem Wege ging, der aber der Empfindlichkeit des Tachometers keinen oder nur ganz unbedeutenden Eintrag tat.

Aus diesem Grunde waren Ölbremsen als Hemmwerke nicht gut brauchbar, hier konnte es sich nicht um rein kraftschlüssige Mechanismen handeln, sondern nur um solche, die in ihrer Bewegung keinen oder höchstens einen sehr geringen, vom Tachometer zu überwindenden Widerstand erfordern.

Sind die Aufhängepunkte der Schwungkugeln des Tachometers in ihrer Höhenlage unveränderlich gehalten, wie in Fig. 489, so muß bei festliegendem Hebeldrehpunkt das Schaltorgan den Hub $h_2 = h_1 \frac{l_2}{l_1}$, die Nachführung den Weg $W_n = 2\left(\frac{h_2}{2} - b_2\right) = h_2 - 2b_2$ durchlaufen.

Zu einer anderen Anordnung aber kann man gelangen, wenn bei festem Hebeldrehpunkt die Nachführung an den Aufhängepunkten der Tachometerkugeln angreift, Fig. 490.

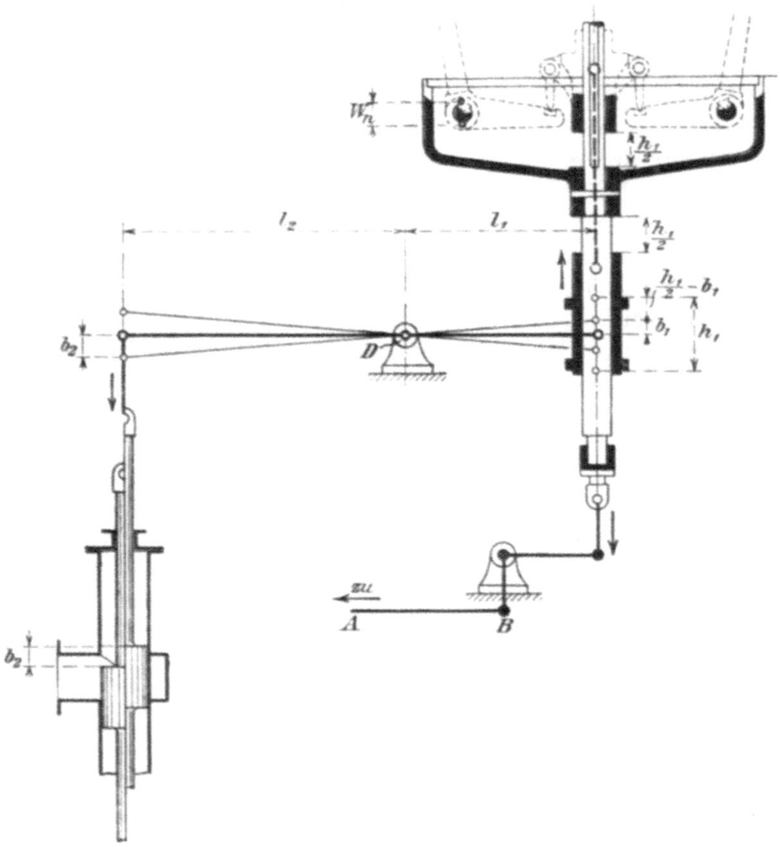

Fig. 490.

Stets sind bei Überdeckung die Hubstrecken $\pm b_1$ und $\pm b_2$ erforderlich für das Einschalten, und bis hierher entspricht die Fig. 490 der Fig. 489.

Wenn dann die Tachometermuffe noch höher steigt, so läßt sich die Möglichkeit des Ausschaltens auch dadurch erzielen, daß das Nachführungsgetriebe die Aufhängepunkte der Schwungkugeln samt der mit diesen fest verbundenen Tachometerwelle der steigenden Muffe nachführt. Auf diese Weise bleibt der Tachometerhebel dauernd innerhalb der Lagen $\pm b_1$, der Steuerkolben innerhalb $\pm b_2$ und hier stellt sich der Nachführungsweg auf $W_n = h_1 - 2b_1$.[1])

[1]) Das Heben und Senken der Reglerwelle wurde erstmals von F. J. Weiß, Basel, D.R.P. 58518, ausgeführt, allerdings zu anderen Zwecken, es wird aber neuerdings auch für den indirekten Geschwindigkeitsregler verwendet (Voith, D.R.P. 160157).

Für hydraulische Regler kann die Nachführung fast immer nur am Hebeldrehpunkt, Taf. 54, 61, 62, oder an der Tachometerwelle angreifen, Taf. 41, 51. Die hydraulischen Schaltorgane sind eben an sich im allgemeinen nicht für Nachführbewegung geeignet, schon der Rohranschlüsse wegen.

Wie trotzdem bei hohen Arbeitsdrucken des hydraulischen Kolbens und verhältnismäßig kleiner Regulierarbeit auch einmal die Nachführung in sehr kompendiöser Weise am Schaltorgan (also dem Prinzip nach gleich mit Taf. 60) angebracht sein kann, das zeigt Taf. 55, bei der sich statt der Kolbenstange der hydraulische Arbeitszylinder selbst bewegt und durch seine Verschiebung die fest mit ihm verbundenen Steuerkanäle dem Kolbenschieber des Schaltorgans nachführt. Der Kolbenschieber hat bei einer Überdeckung Null an den Steuerkanälen nur eine minimale Strecke b_2 zurückzulegen, dann aber durchläuft er je nach Bedarf seinen Hub h_2 wie der Schaltdaumen der Fig. 489 auch.

4. Die Schaltstufen bei mechanischen Reglern.

Die Steuerkolben hydraulischer Regler lassen sich jeden Augenblick ohne weiteres verschieben und geben dadurch die Möglichkeit, daß die Regulierbewegung ideell zu jedem ganz beliebigen Zeitpunkt einsetzen oder aufhören kann.

Bei den meisten mechanischen Reglern aber liegen die Verhältnisse anders. Der auf Taf. 60 dargestellte, der heute noch in viel hundert Ausführungen im Betriebe ist, aber nicht mehr gebaut wird, mag dies im Anschluß an den vorhergehenden Abschnitt erläutern.

Die von oben angetriebene Daumenwelle macht 100 Umdr. i. d. Min. und der durch das Tachometer verstellte Daumen (Grundriß) ist doppelt. Mithin werden die Daumenschläge nach je $\frac{1}{100} \cdot \frac{1}{2} = \frac{1}{200}$ Minute oder nach je $\frac{60}{200} = 0{,}3$ sk aufeinander folgen. Die untere Welle, die mit dem Reguliergetriebe gekuppelt ist, hat eine minutliche Umdrehungszahl von 540 und eine „Regulierumdrehungszahl“ n_r von 115, d. h. sie hat $n_r = 115$ Umdrehungen (absolut) zu machen, um die ganz geschlossene Turbine vollständig zu öffnen, oder umgekehrt. Dieser Zahl n_r entspricht in der Nachführung der gegebene Tachometerhub von 50 mm ohne Rücksicht auf $\pm b_1$ usw. Die Schlußzeit[1]), wie sie in dem Getriebe und der Nachführung begründet ist, findet sich zu

$$T_s = \frac{60}{n} n_r = \frac{60}{540} 115 = \sim 13 \text{ sk}.$$

Da nun die Umschaltschläge des Daumens für die Riemenführung nur in Zwischenräumen von 0,3 sk nach obiger Rechnung einsetzen können, so verlaufen jedesmal schon diese 0,3 sk als ein Teil der Spielraumzeit s[1]), ganz abgesehen von der Zeit, die vergeht bis, vom Beginn des Anschlages der Daumenscheibe an, die betreffende Rolle das Riemchen so weit herübergeleitet hat, daß es tatsächlich „zieht“.

Die Zeit zwischen zwei Schaltungsmöglichkeiten mit Riemen- oder Klinkenschaltwerken irgendwelcher Art, die sich im vorliegenden Beispiel zu 0,3 sk ergeben hat, bezeichnet aber auch als Bruchteil der Schlußzeit den Füllungsbereich, innerhalb dessen ein Ein- oder Ausschalten gar nicht möglich ist: Wenn rund 12 sk als Schlußzeit gegeben sind und wenn nur alle 0,3 sk das Ein- oder Ausschalten einsetzen kann, so bedeutet dies, daß das Schalten nur in Abstufungen von $\frac{0{,}3}{T_s} = \frac{0{,}3}{12} = 0{,}025$ der größten Füllung erfolgen kann, daß also beim Schließen aus

[1]) Siehe weiter unten.

voller Öffnung, $\varphi = 1$, ideell hier nur die Stufen $\varphi = 0{,}975$, $\varphi = 0{,}950$ usw. eingestellt werden können, nicht aber beispielsweise $\varphi = 0{,}960$. Wenn nun, um bei diesen Zahlen zu bleiben, eine Belastungsschwankung auf 0,96 der Gesamtleistung eintritt, so wird, mag nun der Regler auf 0,950 oder 0,975 eingestellt haben, immer ein Füllungsrest entweder fehlen oder zu viel da sein, der, weil sehr klein, eine ganz allmähliche Ab- oder Zunahme der Umdrehungszahlen veranlaßt. Solange diese innerhalb der Grenzen der Unempfindlichkeit des Tachometers bleibt, solange wird Ruhe herrschen, bis schließlich das Tachometer durch die kleinen Stöße des Antriebes befähigt wird, sich weiter zu bewegen. Geht die Geschwindigkeitsänderung nur etwas über die Ruhelage hinaus, so wird der Regler, solange 0,96 als Belastung bleibt, stetig aber langsam ideell zwischen den Füllungen 0,975 und 0,95 wechseln müssen, in Wirklichkeit tritt ein langsames Pendeln um etwas größere Werte ein.

Die ideelle Einstellungsmöglichkeit liegt für den betrachteten Regler in Abstufungen von 2,5 zu 2,5%; es gab früher Schaltklinkenregler, die 16 Zähne für die ganze Schaltung von „Auf" bis „Zu" hatten, diese konnten also nur die Turbinenleistung in Abschnitten von $\varphi = \frac{1}{16} = 6^1/_4\,\%$ einstellen und hatten infolgedessen eine unaufhörliche Unruhe im Reguliergetriebe.

Es ist ein großer Vorzug der hydraulischen Regler, daß diese Schaltstufen für sie gar nicht in Frage kommen, wenn auch wunderlicherweise schon hydraulische Regler bestanden, deren Steuerventile in gänzlicher Verkennung dieser Verhältnisse nicht unmittelbar durch das Tachometer, sondern mittelbar durch einen Schaltklinkenmechanismus eingestellt wurden.

Das Vorhandensein dieser Schaltstufen hat aber auch noch einen anderen Nachteil im Gefolge. Es müssen nämlich die Teile, an denen der Schaltdaumen angreift, durch diesen Angriff aus der Ruhestellung in Bewegung gesetzt, beschleunigt werden, und diese Beschleunigung muß um so rascher erfolgen, je mehr Schaltstufen in der gegebenen Schlußzeit enthalten sind. Wir müssen wünschen, daß der Regler viele kleine Schaltstufen besitzt und dazu eine möglichst kleine Schlußzeit. Diese beiden Forderungen verkleinern gleichzeitig die für eine Schaltbewegung verfügbare Zeit ganz außerordentlich. Wenn aber die zu bewegenden Teile, z. B. die Anschlagrollen in Taf. 60 nebst Rollenträger und Riemenführer, in sehr kurzer Zeit beschleunigt werden sollen, so erfordert dies trotz möglichst kleiner Massen verhältnismäßig große Beschleunigungsdrucke.

Hierin liegt überhaupt die Grenze für die Erniedrigung der Schlußzeit bei mechanischen Reglern mit irgendwelcher Schaltdaumen-Einrückung, denn wenn die Beschleunigungsdrucke so groß werden, daß sie, beispielsweise, die Kanten der Anschlagrollen zu rasch abnutzen, so ist der Regler unbrauchbar.

Um welche Beschleunigungsdrucke es sich handeln kann, zeigt eine kurze Rechnung. Nehmen wir die Schaltstufenzeit Taf. 60 mit 0,3 sk, so ist zu bedenken, daß für die eigentliche Verschiebung der Anschlagrolle mit Zubehör nur die Hälfte, also nur 0,15 sk zur Verfügung stehen kann, ganz wie bei hin und her gehenden Schaltklinken auch. Aus der ganz allgemeinen Gl. 180, S. 55, für Beschleunigungsvorgänge finden wir einfach, mit $v_0 = 0$

$$P = m\frac{v_t}{t}.$$

Nun sei der Weg x einer solchen Anschlagrolle 20 mm und dieser werde in der vorgenannten Zeit $t = 0{,}15$ sk zurückgelegt. Die mittlere Geschwindigkeit v_m der Masse der Anschlagrolle usw. ist dann, wegen $x = v_m \cdot t$, Fig. 491, $v_m = \frac{x}{t}$, die Endgeschwindigkeit v_t aber stellt sich bei gleichmäßiger Beschleunigung (P konstant) natürlich auf $2\frac{x}{t}$, weil eben $v_0 = 0$ ist. Der Inhalt des Dreiecks, Fig. 491, $\frac{1}{2} v_t \cdot t$ stellt den Weg x dar, ebenso auch derjenige des mit $v_m = \frac{x}{t}$ als Ausgleichslinie gezogenen Rechteckes.

Daraus folgt
$$P = m \frac{2x}{t^2} \quad \ldots\ldots\ldots\ldots\ldots \quad 817$$
und mit den genannten Zahlenwerten
$$P = m \cdot 2 \frac{0{,}02}{0{,}15^2} = \sim 2m = 2\frac{G}{g} = \sim \frac{1}{5} G,$$

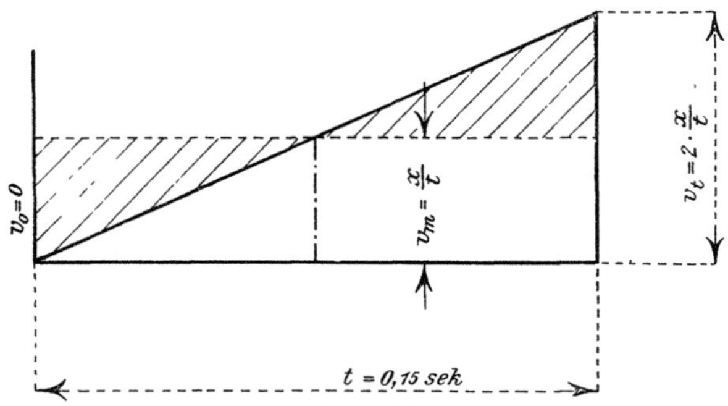

Fig. 491.

das heißt, bei Schaltstufen von 0,3 sk Länge ist der erforderliche Beschleunigungsdruck an der Mitnehmkante der Anschlagrolle ungefähr $^1/_5$ des zu beschleunigenden Gewichts, und dieser Druck nimmt umgekehrt mit dem Quadrat der verfügbaren Beschleunigungszeit zu.

Wollten wir die Schlußzeit von 12 sk unter Beibehaltung der Anzahl der Schaltstufen auf die Hälfte ermäßigen, so würde der erforderliche Beschleunigungsdruck schon das Vierfache von vorher betragen, und für solch hohe Drucke fehlt es bei den Anschlagkanten an der nötigen Auflagefläche, das Material ist auf die Dauer nicht widerstandsfähig genug.

5. Mechanische Regler ohne Schaltstufen.

In Erkenntnis dieser beiden Übelstände der Schaltstufen an sich und der Nötigung zu verhältnismäßig großen Schlußzeiten sind mechanische Regler entstanden, die diese Nachteile vermeiden. Die Konstruktionen beruhten auf der Verwendung sogen. Differentialgetriebe, die bekanntlich gestatten, die Umdrehungszahlen zweier Wellen auf einer dritten als Summe oder Differenz zu vereinigen. Diese Vereinigung erfolgte durch Bremsen oder Festhalten eines der Räder. Da dies in jeder Stellung derselben möglich ist, so sind hierdurch die Schaltstufen vermieden. Das Festhalten kann mechanisch oder hydraulisch geschehen.

Ein Beispiel, der auf Taf. 62 abgebildete „Differentialregulator" von Bell-Kriens, D. R. P. 118733, wird die Sache erläutern.

Zwei im allgemeinen gleiche Wellen, die Antriebswelle mit der Riemscheibe und die Arbeitswelle mit dem vorstehenden Stück zum Ankuppeln des Reguliergetriebes, vgl. auch Taf. 44, sind in einem Kastengestell gelagert. Jede der beiden Wellen trägt, lose auf ihr laufend, symmetrisch angeordnet, je zwei Hülsen, die gegen die Kastenwand zu in ein Stirnrad, gegen die Mitte zu in ein konisches Rad übergehen. Die außen symmetrisch liegenden Stirnräder beider Wellen sind jeweils in Eingriff miteinander, diejenigen auf der Antriebsseite, Schnitt CC, direkt, diejenigen auf der Gegenseite, Schnitt BB, bei entsprechend verkleinerten Durchmessern durch Vermittlung eines Zwischenrades. Auf diese Weise ist auch das konische Rad auf der einen Welle mit dem gleichliegenden auf der anderen Welle jeweils zwangläufig und dauernd verbunden. Die konischen Räder der Antriebsseite haben des direkten Stirnrädereingriffs wegen entgegengesetzte, die der Gegenseite des Zwischenrades wegen gleiche Drehrichtung.

Sowohl die Antriebs- als die Arbeitswelle tragen in ihrer Mitte, fest mit derselben verbunden, Mitnehmstifte, die als Drehachsen für die umlaufenden Mitnehm-Zwischenräder M dienen, durch die schließlich das Differentialgetriebe gebildet wird.

Nehmen wir vorübergehend an, daß die beiden Hülsen der Antriebswelle mit dieser fest verbunden seien, so entsprechen die Drehrichtungen der Hülsen und Räder auf der Antriebswelle den im Schnitt EE eingezeichneten Pfeilen. Dabei werden die Stirnräder der Arbeitswelle die ebenfalls aus Schnitt EE ersichtlichen, entgegengesetzten Drehrichtungen haben, die sich aber in den Mitnehmrädern der Arbeitswelle ausgleichen derart, daß in diesem Falle die Arbeitswelle stillstehen bleibt. An die Stelle der zuerst angenommenen festen Verbindung treten nun die eben erwähnten Mitnehmräder M; die Mitnehmräder der Antriebswelle stützen sich mit ihren Zähnen gegen diejenigen der konischen Räder. Die letzteren beiden können also nur dann von der Antriebswelle gleichmäßig mitgenommen werden, wenn die widerstehenden Momente an den Hülsen bzw. den Stirnrädern beiderseits gleichgroß sind.

Denken wir uns nun ein Stirnrad, beispielsweise das auf Antriebsseite, festgehalten, so werden die Mitnehmräder der Antriebswelle, weil durch den Antrieb zum Umlauf gezwungen. das konische Rad der Gegenseite nebst zugehörigem Stirnrad mitnehmen, und diese letzteren werden sich mit der doppelten Umdrehungszahl der Antriebswelle und in deren Sinne drehen. Dieser Drehung folgt natürlich das zwangläufig verbundene Stirnrad auf der Arbeitswelle und das dazu gehörige konische Rad, das seinerseits die Mitnehmräder der Arbeitswelle ebenfalls mitdrehen will. Diese stützen sich mit ihren Zähnen gegen diejenigen des festgehaltenen konischen Rades der Antriebsseite und drehen deshalb die Arbeitswelle an ihren Mitnehmstiften in ihrem Sinne mit der halben Umdrehungszahl des konischen Rades, also mit der gleichen Umdrehungszahl wie die Antriebriemscheibe, also wie die Pfeile im Schnitt BB zeigen, mit.

Werden die Stirnräder der Antriebsseite freigegeben und ein Rad der Gegenseite festgehalten, so wechselt die Arbeitswelle ihre Drehrichtung, wie leicht einzusehen, während die Arbeitswelle stillsteht, wenn die Stirnräder beider Seiten freigegeben sind.

Hierdurch ist für die Arbeitswelle ein Wendegetriebe geschaffen. Etwaige Reibungswiderstände der Hülsen auf den beiden Wellen usw. stören die Ruhelage der Arbeitswelle nur dann, wenn ihr Unterschied größer wird, als dem von der Arbeitswelle auszuübenden Drehmoment entspricht. In der Ruhelage der Arbeitswelle drehen sich deren Mitnehmräder auf ihren Stiften leer, die Mitnehmräder der Antriebswelle stehen relativ zu den Mitnehmstiften still, sie rotieren mit der Welle (keine Drehung zwischen Antriebshülsen und Welle). An sich wäre für jede Welle ideell nur ein Mitnehmrad erforderlich, das zweite dient aber in erwünschter Weise zuerst als Gewichtsausgleich und, wenn einmal die Mitnehmbolzen eingelaufen sind, auch als Ausgleich für die Druckübertragung (Kräftepaar).

Das Anhalten der Stirnräder auf der Antriebs- oder der Gegenseite geschieht nun in eigenartiger Weise. Wie der Aufriß in Taf. 62, Schnitt AA, erkennen läßt, sind beide Stirngetriebe seitlich zwischen Gußwänden eingeschlossen, die von unten her offen sind; sie bilden also je ein sogen. Kapselrädergetriebe. Der Kastenständer ist bis gegen die Wellenunterkanten hin mit Öl angefüllt, so daß die unteren Zutrittsöffnungen stets in Öl tauchen, und so ist jedes der beiden Stirngetriebe für sich als Kapselpumpe mit Ölfüllung in Betrieb. Das von den Pumpen geförderte Öl tritt durch die zugehörigen, nach oben führenden Kanäle hoch in zwei getrennte Kammern (im Schnitt AA teils in Ansicht, teils im Schnitt gezeichnet), die einen gitterförmig durchbrochenen, zylindrischen Steuerschieber umschließen. Jede Pumpe hat ihre besondere Kammer, und der Steuerschieber läßt in Mittelstellung das den beiden Kammern zugeförderte Öl gleichzeitig nach innen durch und in den Kastenständer zurückströmen. In diesem Falle sind beide Kapselpumpen ideell gleich belastet, also auch die Momente an den Hülsen-Stirnrädern der Antriebswelle gleich groß, beide Drehmomente halten sich an den Mitnehmrädern das Gleichgewicht.

Dadurch, daß die ganzen Getriebe in Öl laufen, ist auch für den tatsächlichen Betrieb die möglichste Gleichheit der Drehmomente dauernd gesichert. Der Konstrukteur hat sich aber damit nicht begnügt, sondern seine Aufmerksamkeit auf den Ausgleich auch noch in der Weise betätigt, daß die Fördermenge der Stirnräder von verschiedenem Durchmesser durch verschiedene Stirnradbreiten gleich groß gemacht und daß der etwas mehr Kraft brauchenden Kapselpumpe mit dem Zwischenrad die geringere maßstäbliche Förderhöhe (untere Kammer) zugeteilt wurde.

Nun sind, wie schon erwähnt, die Schieberschlitze derart angebracht, daß die Schlitze des feststehenden Mantels in der Mittellage je zur Hälfte freigegeben sind, beim Verstellen des Schiebers nach oben oder unten werden deshalb die Schlitze der einen Kammer schließlich ganz geöffnet, die der anderen aber vollständig abgeschlossen.

Auf diese Weise wird die eine Kapselpumpe durch eine Änderung in der Muffenstellung des Tachometers in ihrer Förderung ganz freigegeben, dagegen die zweite einfach durch das Abschließen des Druckrohres stillgestellt, und die Arbeitswelle dreht sich in dem erforderlichen Sinne so lange, als die Abschließung dauert.

Es ist aber, genauer besehen, gar nicht erforderlich, daß die eine Kammer ganz abgeschlossen wird, weil ja schon ein Unterschied der Drehmomente an den Hülsen der Antriebswelle genügt, wenn sie nur größer ist als das widerstehende Moment des Turbinenreguliergetriebes.

Aus Taf. 62 ist ohne weiteres ersichtlich, wie der Steuerschieber vom Tachometer aus betätigt wird; die Nachführung greift hier am Hebeldrehpunkt an, sie wird durch ein Schraubenrädergetriebe und eine Schraube von den Mitnehmstiften der Arbeitswelle aus betätigt.

Den Angaben der Firma Bell & Co. verdankt Verfasser die im nachstehenden enthaltenen Zahlengrößen.

Die Verstellkraft des Tachometers an der Hülse beträgt für 2 % Zu- oder Abnahme der Umdrehungszahlen ($n = 500$) 11 kg. Der Hub der Tachometermuffe beziffert sich auf 25 mm und der größtvorkommende Hub des Gitterschiebers auf $\pm 1^1/_2$ bis 2 mm aus Mittelstellung.

Da die Antriebswelle 120 Umdrehungen in der Minute macht, so ist dies auch die auf die Minute bezogene Umdrehungszahl der Arbeitswelle, sofern das eine Kapselwerk wirklich ganz festgehalten ist. Wenn wegen Abwesenheit der Schaltstufen die Schlußzeit auf 3 bis 6 sk angesetzt wird, so entspricht diesen Zeiten ein Betrag von $n_r = \frac{120}{60}(3 \div 6) = 6 \div 12$ Umdrehungen der Arbeitswelle, absolut genommen.

Im jeweils abgesperrten Druckraum stellen sich Drücke von 6 bis 8 Atm. ein.

Durch die Spalte seitlich an den Kapselrädern wird Preßöl entweichen, auch der zylindrische Gitterschieber kann der Natur der Dinge nach nicht absolut dicht absperren. Aus diesen Gründen wird es unmöglich, daß das betr. Kapselräderwerk tatsächlich ganz zum Stillstande kommt, und hierdurch wird die Schlußzeit etwas verlängert, der Kraftverbrauch für den Betrieb des Reglers erhöht, auch das an der Arbeitswelle verfügbare Drehmoment gegenüber dem in die Antriebswelle eingeleiteten vermindert. Dadurch und durch die Reibungswiderstände erklärt sich ohne weiteres, daß das an der Arbeitswelle verfügbare Arbeitsvermögen nur die Hälfte oder auch weniger betragen wird, als das durch den Riemen eingeleitete (Angabe der Fabrik).

Es ist sehr zweckmäßig, daß das Tachometer seinen Antrieb für sich hat, weil es sonst in seiner Feinfühligkeit beeinträchtigt wäre.[1])

Für die Bewegungsübertragung zwischen Tachometermuffe und Gitterschieber sind alle Spielräume tunlichst vermieden, und das rasche Folgen des Gitterschiebers wird auch durch die Spiralfeder noch unterstützt.

Das mit dem mechanischen Regler verbundene Reguliergetriebe der Turbine sollte im allgemeinen so wenig zum Abstellen der Turbine verwendet werden als die Expansionssteuerung einer Dampfmaschine. Indessen ist es angenehm, wenn die Möglichkeit vorhanden ist, daß man auch einmal mit sog. Handregulierung arbeiten kann, wobei natürlich jedes Eingreifen des Tachometers unmöglich gemacht sein muß. Letzteres wird für den vorliegenden Regler durch Öffnen des Ventils (Schnitt *DD*) erzielt, denn dadurch treten die Druckräume der beiden Kapselgetriebe in Verbindung, und das Anhalten eines Kapselwerkes für sich durch den Gitterschieber ist unmöglich geworden. Das Griffrad für Handregulierung, Taf. 44, kann dann durch achsiale Verschiebung in Klaueneingriff mit der Regulierwelle gebracht werden. Solange der Regler in Betrieb ist, wird man natürlich die Schwungmasse des Griffrades vom Reguliergetriebe losgekuppelt halten, sie würde ja nur Verschiebungen in der Spielraumzeit herbeiführen, zu spätes Einsetzen und zu spätes Aufhören des Verstellens verursachen.

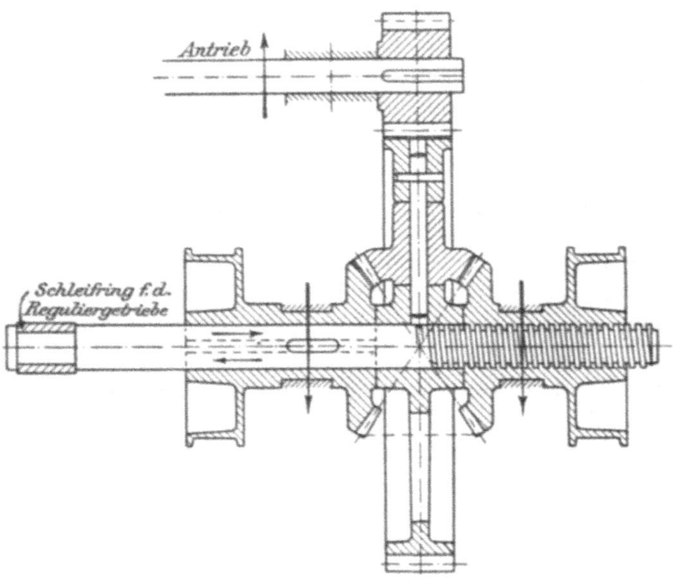

Fig. 492.

An Stelle der vorstehend geschilderten hydraulischen Einschaltvorrichtung besitzt der Regler von Thomann, D. R. P. 141713, eine mechanische. Denken wir uns ein konisches Differentialgetriebe, Fig. 492, so in Bewegung gesetzt, daß

[1]) Bei mechanischen Reglern, die für das Tachometer und die Arbeitswelle nur einen Antriebsriemen besitzen, Taf. 60, muß dieser überbreit gemacht werden.

Geschieht dies nicht, so wird die Änderung in der Länge des ziehenden Riementrums, die sich beim Ein- und Ausschalten des Reguliergetriebes notwendig einstellt, für das Tachometer eine Änderung der Winkelgeschwindigkeit und also eine Störung in der Übertragung der Umdrehungszahl zwischen Turbine und Tachometerwelle herbeiführen.

Aus letzterem Grunde ist es überhaupt empfehlenswert, das Tachometer, auch wenn getrennt angetrieben, mit einem verhältnismäßig kräftigen Riemen zu versehen, denn es handelt sich vor allem darum, den Schwungkugeln des Tachometers das für ihre eigene Beschleunigung bei Erhöhung

der Mitnehmstift mit dem Mitnehmrad ständig umläuft, so wird dieses die beiden konischen Räder, sofern sie ganz gleichen Widerstand gegen Drehung besitzen, zu gleichsinnigem Rotieren veranlassen, wie die Pfeile der Figur zeigen. Natürlich sind die Räder achsial geführt; auf die gemeinschaftliche, achsial frei bewegliche und in den Lagern drehbare Welle beider konischen Räder ist Flachgewinde geschnitten und eines derselben als Mutter ausgebildet; die Welle kann sich frei in dieser Mutter drehen. Das andere konische Rad ist glatt ausgebohrt und durch Nut und Feder mit der Welle auf Drehung zwangläufig verbunden, diese kann sich aber in achsialer Richtung leicht gegenüber dem Rade verschieben. Solange den Rädern gleiche Drehmomente entgegenstehen, drehen sie sich, durch das Mitnehmrad veranlaßt, gleich schnell, d. h. die Schraube (Welle) und Mutter (konisches Rad) drehen sich auch gleich schnell, es besteht deshalb keine Veranlassung zu gegenseitiger achsialer Verschiebung, die Welle bleibt achsial in ihrer augenblicklichen Lage.

So wie nun das durch Nut und Feder mit der Welle verbundene Rad und dadurch auch die Welle (Schraube) durch eine mechanische Bremse irgendwelcher Art festgehalten wird, dreht sich das andere Rad (Mutter) mit doppelter Geschwindigkeit im Sinne des Mitnehmrades, und dadurch erfolgt eine achsiale Verschiebung der an der Drehung gehinderten Welle, die für das Reguliergetriebe ohne weiteres nutzbar gemacht werden kann. Die umgekehrte achsiale Verschiebung der Welle tritt ein, wenn das als Mutter ausgebildete konische Rad festgehalten wird. Da natürlich das mechanische Festhalten ebenso zu jedem beliebigen Zeitpunkt einsetzen und jedem Wechsel in der Bewegungsrichtung des Tachometers fast ohne Spielraum folgen kann, wie das vorher beschriebene hydraulische Festhalten, so sind die Schaltstufen auch hier vermieden.

Für die tatsächliche Ausführung des letztbeschriebenen Reglers ist, wie für alle ähnlichen Konstruktionen, eine gewisse Gefahr darin begründet, daß die Drehwiderstände an beiden konischen Rädern verschieden groß ausfallen und daß dadurch eine Tendenz zu Relativbewegungen zwischen den rotierenden Teilen (Mutter und Schraube) eintritt. Der Konstrukteur hat auf das Vermeiden von einseitigen Reibungen, Klemmungen usw., auch kleine Massen, den größten Nachdruck gelegt.

Schließlich sind solche Verstellungstendenzen auch bei dem vorher beschriebenen Regler (Bell) möglich (ungleiche Reibungen in den Kapselrädern). In beiden Fällen wird der entgegenstehende Regulierwiderstand, bei Bell das Drehmoment, bei Thomann der Achsialschub, über diese Klippe teilweise weghelfen, im übrigen muß eben das Tachometer die Regulierung von Zeit zu Zeit um so viel wieder zurückstellen, als die unerwünschte Verstellungstendenz nach der einen oder anderen Seite nach und nach verursachte.

6. Die „nachgiebige“ Rückführung.

Der Zweck der seither beschriebenen Nachführung war die Erzielung eines festen Zusammenhangs zwischen Muffenstellung des Tachometers und Turbinenfüllung (Abwesenheit von Überdeckung). Hieraus folgte ohne weiteres, daß auch jeder Turbinenfüllung eine ganz bestimmte Umdrehungszahl entsprechen mußte, die Turbine lief schneller mit geringer, langsamer mit großer Belastung, der Beweglichkeit des Tachometers entsprechend, vgl. S. 741.

---

der Umdrehungszahlen erforderliche Arbeitsvermögen schleunigst und sicher zuzuführen und umgekehrt.

Wo tunlich, ist hier Räderbetrieb anzuwenden; Schrauben- bzw. hyperbolische Räder ermöglichen meist eine einfachere Aufstellung des Tachometers, dazu ruhigeren Gang als konische Räder. Tafel 57.

Begreiflich war der Wunsch der Praxis nach möglichst kleinen Unterschieden der Geschwindigkeiten im vollen Bereich der Füllungen. Diesem stand lange Zeit der Umstand entgegen, daß das ruhige, stetige Arbeiten der Regler nur durch recht stabile Tachometer erzwungen werden kann, die also erst recht große Unterschiede für die Umdrehungszahlen kleiner und großer Füllung brachten.

Abhilfe geschah durch die Einführung der sog. nachgiebigen Rückführung, deren Wesen sich wie folgt schildern läßt. Wir bezeichnen sie schlechtweg als „Rückführung“, weil sie das Tachometer in seine Normallage zurückführt, der sog. Isodromregler, zu deutsch Gleichlaufregler, ist nichts anderes.

In Fig. 493 sei nach einer bestimmten Entlastung der Turbine der Hebeldrehpunkt D der Fig. 487 um die Strecke a in der unter „3“ geschilderten Weise nach D_{II} unnachgiebig nachgeführt worden, das Tachometer steht über der Mittelstellung, die Turbine läuft ziemlich schneller als normal, d. h. als erwünscht, Hebellage II, der Steuerkolben steht in Ruhelage.

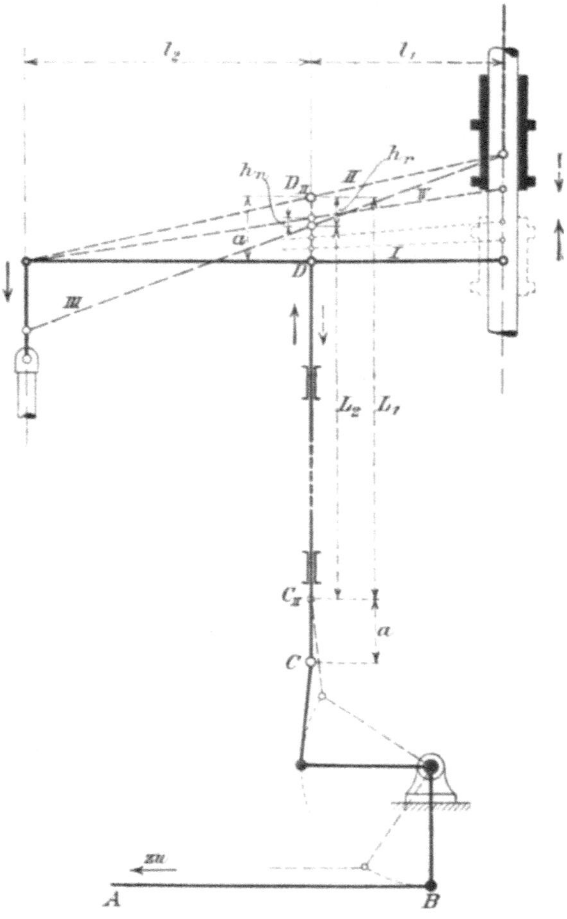

Fig. 493.

Durch ein kleines Verkürzen der Lenkstange von L_1 auf L_2 kann der Drehpunkt aus D_{II} um h_r (in Fig. 493 übertrieben groß gezeichnet) nach abwärts bewegt werden, wodurch die Hebellage III eintritt, die das Reguliergetriebe zu einer ganz kleinen Schließbewegung veranlaßt, und das Drehmoment um etwas verkleinert; die Umdrehungszahl sinkt, infolgedessen nimmt das Moment selbsttätig zu, die Tachometermuffe hat durch ihr Sinken, Hebellage IV, das Steuerventil wieder in Mittellage gebracht. Der Hebeldrehpunkt hob sich dabei natürlich der Nachführung halber und der nur kleinen Verstellung der Leitschaufeln entsprechend um die Strecke h_n wieder hoch, die aber notwendig kleiner bleiben mußte als h_r, weil die Tachometermuffe sich gesenkt hatte. Der Steuerkolben hat dabei seine Mittellage wieder erreicht, ein Beharrungszustand mit etwas verkleinerter Umdrehungszahl ist eingetreten.

Das Verkürzen der Lenkstange $C_{II} D_{II}$ kann wiederholt werden so oft, bis durch die fortgesetzten kleinen Korrekturen der Leitschaufelweite die Umdrehungszahl wieder auf den erwünschten Mittelwert herabgegangen ist und der Hebel seine wagrechte Lage wieder gewonnen hat. Das Verkürzen kann schon beginnen sowie überhaupt eine Schließbewegung im Reguliergetriebe einsetzt und es braucht auch nicht in Zwischenräumen zu erfolgen, sondern kann stetig und gleichzeitig mit der Schließbewegung vor sich gehen. Natürlich gilt die Betrachtung in sinngemäß umgekehrter Weise für Tieflagen des Tachometers, Bedingung ist in beiden

Fällen, daß die Längenänderung von CD, besser gesagt das Zurückführen des Hebeldrehpunktes gegen die Mittelstellung D tatsächlich zu Ende geht, sowie dieser die Mittellage erreicht hat, und daß diese Rückführgeschwindigkeit, absolut genommen, größer ist als die Geschwindigkeit, mit der sich D durch die Nachführung $ABCD$ zu bewegen bestrebt ist. Wären diese beiden Geschwindigkeiten gleich groß, so würde sich D gar nicht von der Stelle rühren und es wäre der unter „1. Allgemeines" besprochene nachführungslose Regler vorhanden.[1])

Das Einhalten einer bestimmten Umdrehungszahl verlangt also an sich die Verstellung des Steuerkolbens E, hervorgerufen durch Steigen oder Senken der Tachometermuffe, zugleich mit einer Nachkorrektur der Leitschaufelöffnung durch die nacheilende Rückführung des Hebeldrehpunktes in seine vorherige Mittelstellung D. Dies ist die sog. „nachgiebige" Rückführung, die es ermöglicht, Tachometer von großer Stabilität (10 bis 15%) Geschwindigkeitsunterschied zwischen oberer und unterer Muffenstellung) zu verwenden und die doch nur kleine Geschwindigkeitsunterschiede bringt. Natürlich kann die Rückführung ebenso an der Schubstange AB oder Tachometer-Spurpfanne, Fig. 490, angreifen.

Das Verstellen des Drehpunktes D kann mechanisch oder hydraulisch geschehen und hat zu wirklich fein ausgedachten Konstruktionen Anlaß gegeben, von denen nachstehend zwei beschrieben werden sollen.

I. Mechanische Rückführung.

Fig. 494 läßt die Einrichtung, in schematischer Weise gezeichnet, erkennen. Hier ist auch L_1 die Länge, die, anschließend an Fig. 493, um das obere Stück a gekürzt werden muß, damit der Drehpunkt D aus D_{II} wieder in die Stellung „I" zurückgeführt wird.

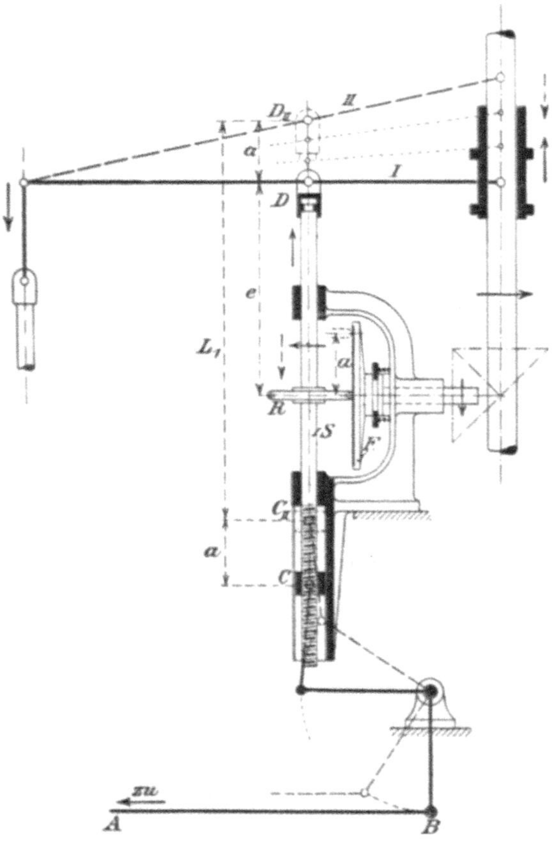

Fig. 494.

Die den Drehpunkt D tragende drehbare Spindel S ist in zwei Führungen achsial beweglich gehalten und hängt durch am unteren Ende aufgeschnittenes Gewinde, Mutter und kurze Lenkstange mit der Nachführung zusammen. Fest auf der Spindel sitzt eine Reibscheibe R, die von einer sich ständig drehenden Stirnscheibe F berührt und, wenn R nicht genau in der Achshöhe von F steht, nach rechts oder links durch Reibung mitgenommen wird. Im Beharrungszustand steht R genau in der Achse von F, der Drehpunkt D hat seine normale Höhenlage.

Eine Entlastung war eingetreten, der Tachometerhebel wurde von der Muffe angehoben und nach beendigter Einstellung und Nachführung die Hebellage II (wenn ohne Rückfüh-

[1]) Die Verhältnisse der nachgiebigen Rückführung sind rechnungsmäßig behandelt in H. Haake, „Der Reguliervorgang beim direkt gesteuerten hydrostatischen Turbinenregulator", Doktor-Dissertation, Techn. Hochschule, Darmstadt 1910.

rung, ganz wie Fig. 493) erreicht. Das Heben der Spindel durch die Nachführung brachte aber die Reibscheibe R aus der Mittellage, sie wird von F im Sinne der Pfeile gedreht, die Spindel schraubt sich in die Mutter nach abwärts ein und so wandert die Spindel, mit ihr die Reibrolle R, so lange nach abwärts, bis letztere wieder in der Achse von F steht, dann ist auch der Drehpunkt D wieder in der Lage I, denn das Maß e ist ja unveränderlich. Der Vorgang bei Mehrbelastung spielt sich entsprechend ab.

II. Hydraulische Rückführung.

Schematisch findet sich diese in Fig. 495a, b und c dargestellt, wobei einzelne Teile der Deutlichkeit halber in übertriebener Größe dargestellt sind.

Anschließend an Fig. 493 und 494 zählt auch hier die veränderliche Lenkstangenlänge vom Nachführungshebel aus und ist in der Strecke L_1, Angriff der Nachführung am Kataraktzylinder bis Drehpunkt D gegeben.

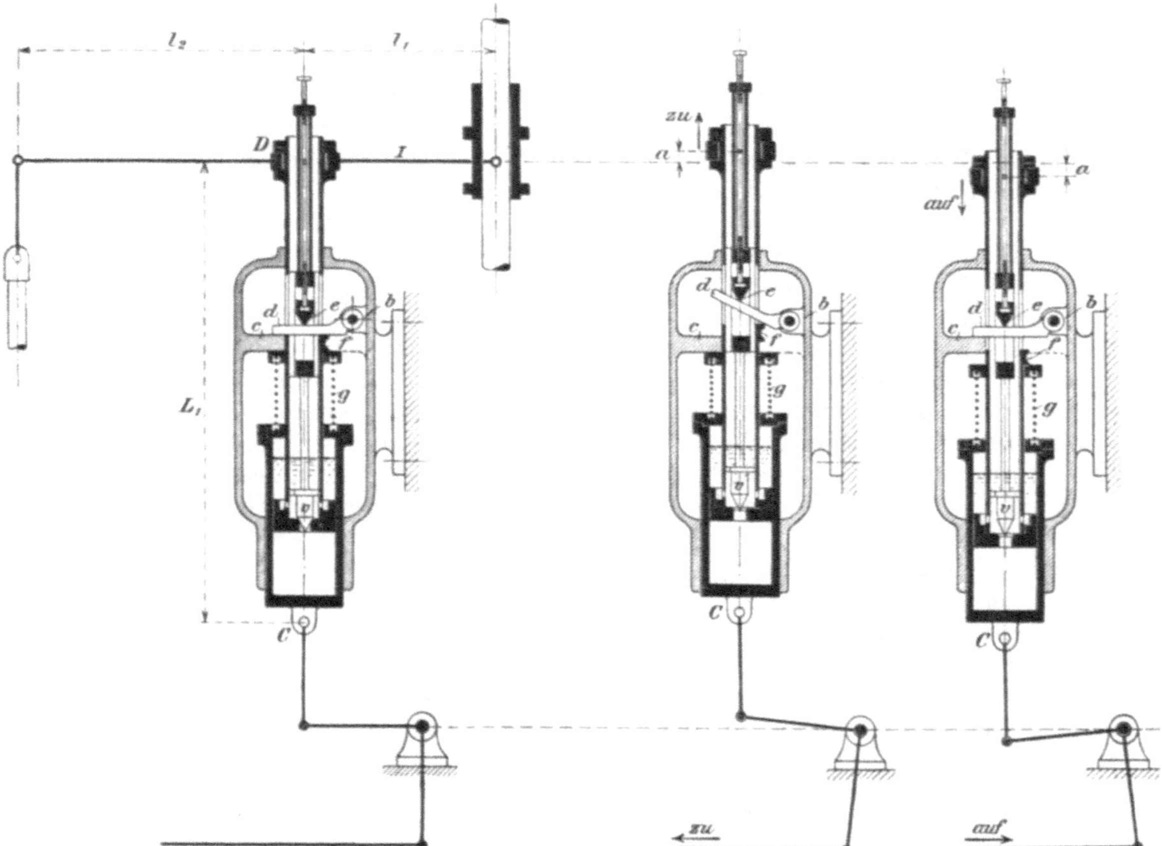

Fig. 495a. Fig. 495b. Fig. 495c.

Der Kataraktkolben ist durch das im Beharrungszustand aufsitzende Ventil v, der Ölfüllung halber, fest mit dem Zylinder gekuppelt, die Länge $CD = L_1$ also so lange unveränderlich, und der Drehpunkt D macht auf ganz kurze Strecken die Nachführungswege mit. Die „Nachgiebigkeit" der Rückführung besteht deshalb darin, daß im geeigneten Augenblick das Ventil v geöffnet wird, um dem Kolben, je nach Richtung des Muffenausschlags beim Tachometer, die Bewegung ab- oder aufwärts freizugeben, und im Schließen des Ventils v wenn der Kolben so weit gegangen ist, daß der Drehpunkt D wieder die normale Lage, „I", erreicht hat. Dies wird folgendermaßen erzielt.

Das Ventilchen v ist der unterste Teil einer nach aufwärts führenden Stange, die von einem, um den festen Punkt b freischwingenden, vom festen Anschlag c getragenen Hebel d an der Schneide e gestützt wird, Fig. 495a, und die Länge des Ventilstängchens ist gerade so bemessen (in der Ausführung durch feine Schraubeneinstellung), daß gleichzeitig der Ventilkegel v und die Schneide e aufsitzen; Beharrungszustand, Kolben und Zylinder sind gekuppelt.

Nun mögen bei Entlastung der Turbine die den ausgezogenen Pfeilen der Fig. 493 entsprechenden Bewegungen in der Nachführung von Hebelstellung I nach II erfolgen. Dabei wären Zylinder und Kolben, wenn gekuppelt, Fig. 495b, um gleichviel hochgegangen, gleichzeitig hat aber die hohle, für den Hebel d durchbrochen gezeichnete Kolbenstange mit der Anschlagnase f den Hebel d gefaßt und, weil deren Angriffspunkt dem Drehpunkt b viel näher liegt als der der Nase e, so wird die Nase e, also das Ventilstängchen, rascher aufwärts gehen als die hohle Kolbenstange, Fig. 495b, d. h. das Ventilchen v entfernt sich von seiner Sitzfläche, gibt den Ventilquerschnitt und dadurch den Kolben gegenüber dem Zylinder frei. Der Kolben wird mit der Schnelligkeit, die dem Kolben- und Ventilquerschnitt einerseits und seinem Eigengewicht andererseits entspricht (Verhältnisse wie beim einfachwirkenden Kolben, Gl. 868, S. 772), abwärts sinken (der Zylinder bleibt von der Nachführung gehalten) und durch Nachziehen des Tachometerhebels das langsam stetige Schließen des Leitapparates veranlassen das schließlich in die Tachometerhebellage I zurückführt. Dabei senkt sich mit dem Anschlag f der Kolbenstange auch der Hebel d so lange zurück, bis er wieder auf c aufliegt; die erforderliche Rückführungslänge ist erreicht. Natürlich ist dabei der Zylinder, der um eine Kleinigkeit verminderten Füllung entsprechend nachgeführt, hochgegangen.

Wenn es sich um Mehrbelastung der Turbine handelt, also um Aufmachen, so muß von einer unterhalb I gelegenen Stellung aus, Fig. 495c, der Drehpunkt D nach und nach gehoben werden, um die Turbine durch weiteres Öffnen wieder auf die normale Umdrehungszahl, Tachometerhebellage I zu bringen, der Kataraktkolben muß also aus dem tiefer abgesenkten Zylinder entsprechend herausgehoben werden. Es muß eben nach Öffnen des Ventilchens v das Eigengewicht des Kolbens samt Tachometerhebel usw. durch eine andere Kraft überwunden werden. Diese Kraft findet sich in der Spannung der Spiralfeder g, die oben mit einem Beilagering versehen, zwischen dem Zylinderdeckel und der Unterseite der an der hohlen Kolbenstange sitzenden, schon erwähnten Anschlagnase f untergebracht ist, die andererseits mit dem Beilagering auch gegen die Unterseite des festen Anschlags c anliegt.

Wird nun der Zylinder durch die Nachführung bei „Auf" nach abwärts bewegt, so macht der Kolben diese Bewegung eine sehr kurze Strecke mit, solange er durch das geschlossene Ventilchen v mit dem Zylinder gekuppelt ist. Infolgedessen wird auch die von Hause aus mit Spannung eingesetzte Feder den Abwärtsweg mitmachen und der Beilagering, durch die Unterseite der Anschlagnase f gezwungen, löst sich von dem festen Anschlag c los. Nun kann aber, Fig. 495c, der Hebel d, weil auf c am Ende getragen, keine Drehung gegen abwärts ausführen, er muß also die Schneide e des Ventilstängchens in fester Höhe halten, und deshalb wird sich das Ventil v um genau so viel öffnen, als Kolben und Zylinder abwärtsgehen, der Kolben wird freigegeben.

Sowie dies geschehen ist, wird sich die Feder, ihrer Spannung und Tragkraft gemäß, ausdehnen und den Kolben aus dem Zylinder herausziehen so weit, bis der Beilagering wieder am Anschlag c von unten her anliegt.

Die Durchflußverhältnisse des Ventilquerschnitts v bewirken hier wie vorher auch, daß die Kolbenbewegung, jetzt unter Federdruck, entsprechend langsam vor sich geht. Und wenn der Beilagering wieder an der Unterseite von *c* anliegt, ist die Normalstellung der Nase *f*, also auch des Drehpunktes *D* wieder erreicht, die normale Umdrehungszahl ist eingetreten, die Rückführung beendet.

Die kleinen etwas ovalen Kapseln seitlich der Tachometerständer, z. B. Taf. 9, Längsschnitt, oben, enthalten den ganzen hydraulischen Rückführungsmechanismus, auch Taf. 27, Längsschnitt.

C. Der indirekt wirkende Regler, ideeller Betrieb; der Reguliervorgang für teilweise Entlastung; Nachführung, aber keine Rückführung.

Wenn wir den Verlauf und den Einfluß des Eingreifens indirekt wirkender Regler auf Turbinen rechnungsmäßig erschöpfend klarlegen wollten, so erfordert die Berücksichtigung aller die Wirkung beeinträchtigenden Umstände, wie Unempfindlichkeit des Tachometers, toter Gang im Reguliergetriebe usw., notwendig einen breiten Raum in der Rechnung. Durch dieses Mithereinnehmen der Unvollkommenheiten und sonstigen Nebenumstände (Wechsel der Gefälleverhältnisse infolge des Verstellens der Leitöffnungen usw.) wird aber das Bild des eigentlichen Reguliervorganges, wie er sich bei einem möglichst guten indirekt wirkenden Regler abspielen würde, verschleiert und das Erfassen der Verhältnisse besonders für den Anfänger, den Lernenden, wesentlich erschwert.

Auch hier wird uns die Betrachtung des ideellen Betriebes das Mittel an die Hand geben, durch dessen Hilfe wir einen Überblick über die Verhältnisse gewinnen.

Haben wir erkannt, wie der Reguliervorgang sein sollte, welche Grenzen für die Geschwindigkeiten mit einem vollkommenen Regler überhaupt innegehalten werden könnten, und welches die maßgebenden, unabänderlichen Einflüsse dabei sind, so werden wir um so mehr imstande sein, die störenden Umstände, die wir bis zu einem gewissen Grade konstruktiv beherrschen, zu ermitteln und einzuschränken.

Im Wesen des indirekt wirkenden Reglers liegt es, daß er eine gewisse Zeit, wenn auch nur Sekunden, braucht, um bei Belastungsänderung die Turbinenfüllung umzustellen. Bei der mit indirekt wirkendem Regler versehenen Turbine — und nur von solchen soll hier die Rede sein — entsteht also sofort nach der Belastungsänderung ein Übergangszustand, der im Anfange seines Verlaufes demjenigen ähnelt, den wir bei reglerlosen Turbinen betrachtet haben, der sich aber doch sehr rasch in anderer Weise entwickelt.

Für die Rechnung ist die Zeit, die der Regler bzw. das Relais braucht, um die ganz offene Turbine vollständig zu schließen, die sog. Schlußzeit T_s, oder die ganz geschlossene vollständig zu öffnen, die Öffnungszeit T_0, von Wichtigkeit. Beide Zeiten sind meist gleich groß.

Die für den ideellen Betrieb eines indirekt wirkenden Reglers erforderlichen Voraussetzungen betreffen sowohl die Turbine als auch den Regler mit seinem Tachometer.

Wir wissen, daß die Leistung einer Turbine bei einer bestimmten Umdrehungszahl einen Höchstwert aufweist, daß sie bei verminderter oder vermehrter Umdrehungszahl abnimmt. Die Kurve der Leistungen, nach Umdrehungszahlen geordnet, geht in der Nähe des Höchstwertes eine Strecke weit ziemlich wagrecht, während die Kurve der zugehörigen Drehmomente von den größeren gegen die kleineren Umdrehungszahlen hin ansteigt.

Wenn wir nun für unsere Betrachtungen voraussetzen, daß der Regler die Geschwindigkeitsänderungen in engen Grenzen hält, und das ist ja das Ziel unseres Strebens, so dürfen wir auch ohne wesentlichen Fehler annehmen, daß das an der Turbinenwelle verfügbare Drehmoment innerhalb dieser Grenzen durch die wechselnde Umdrehungszahl nicht beeinflußt werde. Wir dürfen dies um so mehr tun, als wir durch diese Vereinfachung zuungunsten der Reglertätigkeit rechnen derart, daß in Wirklichkeit die Verhältnisse besser liegen als die Rechnung voraussetzte, was aus folgendem hervorgeht: Bei Entlastung steigt im tatsächlichen Betrieb die Umdrehungszahl unter Abnahme des Drehmomentes; wenn wir also diese Abnahme nicht in Rechnung stellen, so wird sich rechnungsmäßig eine größere Überschreitung der Umdrehungszahl ergeben als der Wirklichkeit zufolge möglich ist. Bei Mehrbelastung gilt das Umgekehrte, denn zur Überwindung des größer gewordenen Drehmomentes der Arbeitsmaschinen steht in Wirklichkeit ein größer werdendes Drehmoment der verlangsamten Turbine zur Verfügung, statt des in der Rechnung vorausgesetzten gleichbleibenden (vgl. frühere Entwicklungen, auch Anhang).

Was den Regler, bzw. dessen Tachometer angeht, so ist für den ideellen Betrieb folgendes vorauszusetzen:

1. Das Tachometer sei reibungslos und bedarf zum Einschalten des Relais auch nur einer solch geringfügigen Verstellkraft, daß es als absolut empfindlich angenommen werden darf (sachlich erlaubt wegen nicht periodisch wechselnder Winkelgeschwindigkeit der Turbine, konstruktiv annähernd erreichbar durch Schneidenlagerung oder Aufhängung an biegsamen Bändern, die zum Verstellen der Steuerung nötige Kraft ist praktisch Null).

2. Der vom Tachometer ausgehende Impuls für das Relais erfolge sofort mit Eintritt der Belastungsänderung bzw. Geschwindigkeitsschwankung, so daß sich das Reguliergetriebe gleichzeitig mit der Tachometermuffe in Bewegung setzt und auch gleichzeitig mit ihr zur Ruhe kommt. (Die in Wirklichkeit erforderliche Zeit bis zur Ingangsetzung des Relais, die Spielraumzeit, kann sehr gering bemessen, toter Gang nach Möglichkeit vermieden werden.)

Wir setzen ferner voraus:

3. Stetigkeit des Tachometers derart, daß gleichen Geschwindigkeitsunterschieden gleiche Wege der Tachometermuffe entsprechen (trifft bei den meisten Tachometern fast genau zu).

4. Stetigkeit der Regulierung derart, daß beispielsweise dem halb zugedrehten Reguliergetriebe auch die halbe Turbinenleistung, der auf 0,3 geschlossenen Turbine noch 0,3 der Leistung bei normaler Umdrehungszahl entspricht; daß dies in Wirklichkeit bei Spaltdruckregulierungen nicht immer zutrifft, haben wir früher gesehen (φ-Kurven nach a_0 geordnet, S. 345).

5. Stetigkeit der Verbindung zwischen Tachometermuffe und Regulierorgan derart, daß jeder Stellung der ersteren eine ganz bestimmte Füllung, also auch Leistungsfähigkeit der Turbine entspricht, Nachführung aber keine nachgiebige Rückführung (keine Überdeckungen). Die Füllung ist proportional dem Abstande der Muffe von ihrer höchsten Stellung, und der mechanische Zusammenhang zwischen Muffe und Regulierung ist derart ausgebildet, daß die Proportionalität in jedem Augenblick, also dauernd, gewahrt ist. Die Muffe kann bei größerer Geschwindigkeitsschwankung nicht etwa dem Regulierorgan vorauseilen, sie braucht also auch T_s sk, um beispielsweise von der untersten Lage aus die oberste zu erreichen, und umgekehrt. (Dies ist einer der wichtigsten Umstände für die erfolgreiche Anwendung indirekt wirkender Regler.)[1])

[1]) Prof. A. Budau in Wien war der erste, der zu diesem Zwecke die sog. Tachometer-Hemmwerke statt der Ölbremse ausführte.

6. Um die Rechnung und Zeichnung einfach zu halten, wird die Umdrehungszahl von Turbine und Tachometer gleichgroß angesetzt (an den Ergebnissen wird dadurch nichts geändert).

Auch für diese Betrachtung gelten die beiden Annahmen, die vorher (reglerlose Turbine) in Hinsicht auf gleichbleibendes Gefälle und den von n unabhängigen Bedarf an Drehmoment für den Betrieb der Arbeitsmaschinen aufgestellt worden sind.

Den vorstehenden Voraussetzungen gemäß läßt sich aus der jeweiligen, einer bestimmten Umdrehungszahl angehörigen Muffenstellung des Tachometers das dieser Muffenstellung entsprechende, an der Turbinenwelle verfügbare Drehmoment M in mkg ermitteln, Fig. 496.

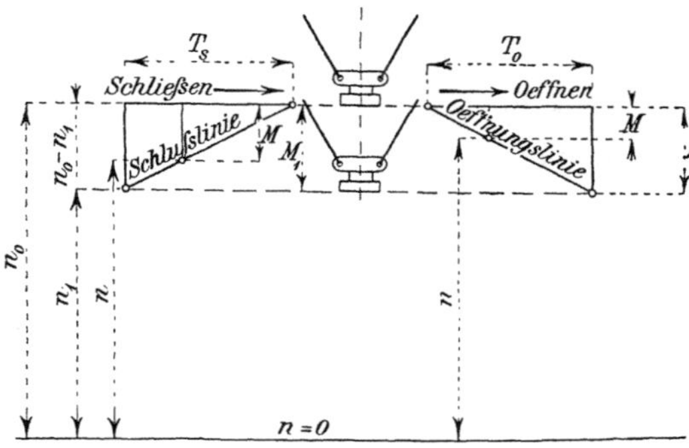

Fig. 496.

Die Umdrehungszahl der tiefsten Stellung der Tachometermuffe, der notwendig volle Füllung $\varphi = 1$, dazu das volle Arbeitsvermögen A_1 und das volle Drehmoment M_1 entspricht, sei mit n_1, diejenige der höchsten Stellung, in der die Füllung, das Arbeitsvermögen und das Drehmoment Null sind, mit n_0 bezeichnet. Bei entsprechend gewähltem Maßstab für die Umdrehungszahlen können wir die Hubhöhe der Tachometermuffe als zeichnerische Darstellung des Unterschiedes der Umdrehungszahlen, $n_0 - n_1$, ansehen und demgemäß die Nullinie der Umdrehungszahlen abwärts der Muffe einzeichnen, wie in der schematischen Fig. 496 geschehen, bei der natürlich $n_0 - n_1$ gegenüber der Größe von n_1 an sich absichtlich übertrieben dargestellt ist.

Eine andere Maßstabsannahme berechtigt uns dazu, die jeweilige Muffenstellung auch als die zeichnerische Darstellung des verfügbaren Drehmomentes M anzusehen. Der ganze Muffenweg entspricht dabei dem vollen Drehmoment M_1, und weil der obersten Muffenstellung das Drehmoment Null zukommt, so entspricht dem Abstand der Muffe von der obersten Stellung n_0 jedesmal das in dieser Zwischenstellung vorhandene verfügbare Drehmoment $M = \varphi M_1$ der Turbine.

Wir können also schreiben, Fig. 496,

$$\frac{M}{M_1} = \frac{n_0 - n}{n_0 - n_1} = \frac{\varphi M_1}{M_1} = \varphi \quad \ldots\ldots\ldots\ldots \quad 818$$

Nun ist n_0 um einen Bruchteil von n_1, β, größer als n_1 und wir bezeichnen diesen Bruchfaktor β schlechtweg als die **Beweglichkeit** des Tachometers. Ein Tachometer, dessen oberste Stellung einer Umdrehungszahl n_0 entspricht, die, beispielsweise, um 6% größer ist als n_1, besitzt eine Beweglichkeit von $\beta = 0{,}06$. Wir können deshalb setzen

$$n_0 = n_1 + \beta n_1 = n_1 (1 + \beta) \quad \ldots\ldots\ldots\ldots \quad 819$$

und wenn dieser Betrag in Gl. 818 eingeführt wird, so ergibt sich

$$M = M_1 \left(1 + \frac{n_1 - n}{\beta n_1}\right) = \varphi M_1 \,[1] \quad \ldots\ldots\ldots\ldots \quad 820$$

[1]) Die Beziehung zwischen der Beweglichkeit β und dem sog. Ungleichförmigkeitsgrade δ des Tachometers (nach sonst üblicher Bezeichnung) lautet wie folgt:

$$\delta = \frac{n_0 - n_1}{\frac{1}{2}(n_0 + n_1)}, \quad \text{woraus} \quad n_0 = n_1 \frac{2 + \delta}{2 - \delta} = n_1 (1 + \beta)$$

und schließlich

$$\delta = 2 \frac{\beta}{2 + \beta}.$$

Wenn z. B. $\beta = 0{,}06$ angenommen wird, so folgt $\delta = 0{,}0583$.

Andererseits lautet diese Gleichung nach n aufgelöst

$$n = n_1 [1 + \beta (1 - \varphi)] \quad \ldots \ldots \ldots \ldots \quad 821$$

weil wir vorausgesetzt, daß die Leistung, das Drehmoment, der Füllung φ proportional sei, also weil $\frac{M}{M_1} = \varphi$.

Diese Gleichung gibt die einer beliebigen Füllung oder einem beliebigen Drehmoment entsprechende Umdrehungszahl des Tachometers (Beharrungszustand), also auch der Turbine an.

Die wagrechte Entfernung zwischen den Endpunkten der Ordinaten n_1 und n_0 in Fig. 496 war ganz beliebig. Nehmen wir sie zu T_s, also gleich der Schlußzeit an, so stellt die als „Schlußlinie" bezeichnete Gerade in ihren von oben nach abwärts gemessenen Ordinaten den zeitlichen Verlauf des Schließvorganges dar.

In entsprechender Weise verläuft hier die „Öffnungslinie" gegen abwärts, wie in Fig. 496 auch eingezeichnet.

Nach diesen allgemeinen Festsetzungen kommen wir zur speziellen Betrachtung:

Eine mit dem ideellen Regler nach Voraussetzung 1 bis 6 versehene Turbine (volles Drehmoment M_1, volle Leistungsfähigkeit N_1 PSe, zugehörige Umdrehungszahl n_1) sei mit einer Belastung aM_1, der entsprechend der Regler die Füllung $\varphi = a$ eingestellt hat, in richtigem Betriebe; es herrsche Beharrungszustand. Nach einiger Zeit wird das widerstehende Drehmoment der Arbeitsmaschinen plötzlich von aM_1 auf bM_1 geändert, die Umdrehungszahl wechselt, der Regler greift ein. Der Verlauf dieses Eingreifens soll verfolgt werden.

Vor der Belastungsänderung (Beharrungszustand) hatte der Regler die Füllung $\varphi = a$ eingestellt, die Tachometermuffe befand sich also in einem Abstande von der obersten Stellung, der sich nach Gl. 818 berechnen läßt, und dieser Stellung bzw. Füllung a entspricht die Umdrehungszahl des anfänglichen Beharrungszustandes als

$$n_a = n_1 [1 + \beta (1 - a)] \quad \ldots \ldots \ldots \ldots \quad (821)$$

Nun tritt eine teilweise Entlastung ein. Der neue Gleichgewichtszustand, dem der Regler zustreben soll, besteht darin, daß nicht nur erzeugtes und verbrauchtes Drehmoment einander gleich sind, sondern daß dies auch bei einer Umdrehungszahl eintritt, die den Regler zur Ruhe bringt und ein weiteres Verstellen der Füllung dadurch verhindert. Diese wünschenswerte Umdrehungszahl folgt ebenfalls aus Gl. 821, indem wir dort $\varphi = b$ einsetzen, mit

$$n_b = n_1 [1 + \beta (1 - b)] \quad \ldots \ldots \ldots \ldots \quad (821)$$

denn in der n_b entsprechenden Muffenlage ist das treibende Moment dem widerstehenden gleich und das Tachometer hätte an sich weder Neigung zum Steigen noch zum Sinken.

Zur besseren Auseinandersetzung ist es dienlich, der allgemeinen Erörterung ein Zahlenbeispiel schrittweise folgen zu lassen.

Es liege wie vorher auch eine Turbine vor von folgenden Daten:

Größte Leistung $N_1 = 300$ PSe.

Umdrehungszahl bei voller Belastung $n_1 = 200$ i. d. Min.

Hieraus findet sich

$$M_1 = 716{,}2 \frac{300}{200} = 1074{,}3 \text{ mkg.}$$

Die Umdrehungszahl n_0 der höchsten Tachometerstellung sei um 5 % größer als die der vollen Leistung, d. h. es sei $\beta = 0{,}05$, also $n_0 = n_1 (1 + \beta) = 200 \cdot 1{,}05 = 210$.

Es sei ferner von $a = 0{,}7$ auf $b = 0{,}4$ entlastet worden, dies bedeutet eine Verringerung des verbrauchten Drehmomentes

von $aM_1 = 0{,}7 \cdot 1074{,}3 = 752{,}01$ mkg
auf $bM_1 = 0{,}4 \cdot 1074{,}3 = 429{,}72$ „

Die Umdrehungszahl des anfänglichen Beharrungszustandes ist nach Gl. (821)

$$n_a = 200\,[1 + 0{,}05\,(1 - 0{,}7)] = 203 \text{ i. d. Min.}$$

und die für den neuen Beharrungszustand anzustrebende Umdrehungszahl beläuft sich auf

$$n_b = 200\,[1 + 0{,}05\,(1 - 0{,}4)] = 206 \text{ i. d. Min.}$$

Der Weg, auf dem die Umdrehungszahl n_b erreicht wird, stellt den eigentlichen Reguliervorgang dar und die Betrachtung wird zeigen, daß das Ziel im allgemeinen nicht durch einfache Zunahme von n_a auf n_b erreicht wird, sondern daß eine wellenförmige Entwicklung der Werte n stattfindet, von der aber in Ausnahmefällen abgewichen wird.

1. Der Überschuß an Drehmoment.

(Schließen durch den Regler.)

Bei der reglerlosen Turbine wurde das durch Belastungsverminderung freigewordene Drehmoment durch die Turbine selbst, d. h. durch die wachsende Umdrehungszahl vermindert und dadurch schließlich ein neuer Beharrungszustand bei ziemlich viel höherer Umdrehungszahl erreicht. Hier dagegen hat der Regler das überschüssige Drehmoment zu verkleinern, und wir sehen uns zuerst an, wie er seine Aufgabe ausführt.

Das eingerückte Reguliergetriebe vermindert bei T_s Sekunden Schlußzeit die Turbinenfüllung φ, also auch das Drehmoment der Turbine, letzteres in einer Sekunde um $\frac{M_1}{T_s}$, also in t Sekunden um $\frac{M_1}{T_s} t$.

Im Augenblick der Entlastung war der Drehmomentüberschuß der Turbine $aM_1 - bM_1 = (a-b)M_1$; nach t sk ist er nur noch

$$(a-b)\,M_1 - \frac{M_1}{T_s} t = M_1\left(a - b - \frac{t}{T_s}\right) \quad . \; . \; . \; . \; . \; . \; . \; . \quad 822$$

und nach einer bestimmten Zeit hat der Regler so weit geschlossen, daß der Überschuß Null geworden ist.

Hier wie früher muß sich die Wirkung des überschüssigen Drehmomentes durch Beschleunigung der sich drehenden Massen äußern, und da nach einer gewissen Zeit kein überschüssiges Moment mehr vorhanden ist, so wird die Umdrehungszahl der Turbine zu diesem Zeitpunkt einen Höchstwert (bei Mehrbelastung Kleinstwert) erreicht haben. Hierbei ist die Turbine auf richtige Füllung bM_1 durch den Regler eingestellt und alles wäre in Ordnung, wenn die erreichte Umdrehungszahl die Größe n_b hätte.

Letzteres ist aber nicht ohne weiteres der Fall, wie wir aus der Betrachtung des Verlaufes sehen werden, den die Umdrehungszahlen in diesem Zeitabschnitt aufweisen.

Die Beschleunigung der Massen, also die Steigerung der Umdrehungszahl der Turbine und des Tachometers erfolgt in jedem Augenblick. Wenn die veränderliche Winkelgeschwindigkeit mit ω bezeichnet wird, so gilt die Beziehung

$$d\omega = \frac{M_1}{J}\left[a - b - \frac{t}{T_s}\right] dt$$

oder nach Integration

$$\omega = \frac{M_1}{J}\left[(a-b)\,t - \frac{t^2}{2T_s}\right] + \text{Konst.}$$

Wir zählen die Zeit t vom Augenblick der Entlastung ab, in diesem Zeitpunkt ist $t=0$ und die Turbine besitzt dort die Winkelgeschwindigkeit ω_a, wie sie der Umdrehungszahl n_a zukommt. Also ist die Konst. $=\omega_a$ und die Gleichung geht über in

$$\omega=\omega_a+\frac{M_1}{J}\left[(a-b)t-\frac{t^2}{2T_s}\right] \qquad 823$$

Um auf Umdrehungszahlen zu kommen, führen wir $\omega=\frac{2\pi n}{60}$ ein und erhalten damit

$$n=n_a+\frac{60M_1}{2\pi J}\left[(a-b)t-\frac{t^2}{2T_s}\right] \qquad 824$$

als allgemeine Beziehung für die minutliche Umdrehungszahl nach Ablauf der Zeit t, von der plötzlich erfolgten Entlastung an gerechnet.

Die Zeit, nach deren Ablauf der Drehmoment-Überschuß Null geworden, in der also die Füllung b vorhanden ist, findet sich aus Gl. 822 für den Klammerwert gleich Null. Im gleichen Augenblick wird der Höchstwert der Umdrehungszahl erreicht, weshalb wir diese Zeit t_b auch als t_{max} bezeichnen und sie aus Gl. 822 finden zu

$$t_b=t_{max}=(a-b)T_s \qquad 825$$

Der eintretende Höchstwert der Umdrehungszahl selbst ergibt sich, wenn wir den Wert von t_{max} in die Gl. 824 einsetzen zu

$$n_{max}=n_a+\frac{60M_1}{2\pi J}(a-b)^2\frac{T_s}{2} \qquad 826$$

Hieraus ist zu ersehen, daß die Vermehrung der Umdrehungszahl von n_a auf n_{max} proportional ist dem Gesamtmoment der Turbine, der Schlußzeit T_s, dem Quadrat der Größe der Belastungsänderung $(a-b)$, und umgekehrt proportional dem Trägheitsmoment J der Schwungmassen.

Die Gl. 824 und 826 können auch noch etwas anders geschrieben werden. Wir setzen $M_1=\frac{75N_1 60}{2\pi n_1}$, worin N_1 in PSe die Arbeitsfähigkeit der Turbine, ferner

$$J=\frac{G}{g}r^2=\frac{GD^2}{4g} \qquad 827$$

worin G das Gesamtgewicht der Schwungmassen bedeutet. Für einen glatten Schwungring von regelmäßigem Querschnitt, Rechteck, Kreis oder dergleichen kann ohne wesentlichen Fehler r bzw. D auf den Schwerpunkt des Querschnittes bezogen werden[1]).

---

[1]) Das genaue Trägheitsmoment wäre

$$J'=\int_{r_i}^{r_a} dm\cdot r^2.$$

und für den Zentriwinkel 2π, mit $dm=2\pi\cdot r\cdot b\cdot dr\cdot\frac{\gamma}{g}$, worin b die Rechtecksbreite, γ das Volumgewicht, folgt

$$J'=2\pi b\cdot\frac{\gamma}{g}\cdot\frac{r_a^4-r_i^4}{4}.$$

Für das angenäherte Trägheitsmoment gilt $J=mr_m^2=\frac{G}{g}r_m^2=\frac{GD_m^2}{4g}$, worin $\frac{G}{g}$ für den Zentriwinkel 2π lautet:

$$\frac{G}{g}=2\pi r_m(r_a-r_i)b\cdot\frac{\gamma}{g}.$$

Dann ergibt sich ($\pi^2 = g$ gesetzt).

$$n = n_a + \frac{270\,000}{GD^2} \cdot \frac{N_1}{n_1} \left[(a - b)\, t - \frac{t^2}{2T_s} \right] \quad \ldots \ldots \quad \mathbf{824\,a}$$

sowie

$$n_{max} = n_a + \frac{270\,000}{GD^2} \cdot \frac{N_1}{n_1} (a - b)^2 \frac{T_s}{2} \quad \ldots \ldots \quad \mathbf{826\,a}$$

Die Größe GD^2, das sog. Schwungmoment, ist häufig die Grundlage für diese Berechnungen. Eine andere Form erscheint noch übersichtlicher. Das Gesamtarbeitsvermögen einer Schwungmasse vom Gewicht G, Durchmesser D, Umdrehungszahl n_1, berechnet sich zu

$$A = G \frac{u^2}{2g} = \frac{GD^2 \cdot n_1^2}{7200} \text{ (mkg absolut).}$$

Durch Division mit N_1, der Gesamtleistungsfähigkeit der Turbine, erhalten wir

$$\frac{GD^2 \cdot n_1^2}{7200\, N_1} = A_1 \left(\frac{\text{mkg}}{\text{PS}_e} \text{ absolut} \right) \quad \ldots \ldots \quad \mathbf{828}$$

als Arbeitsvermögen der Schwungmassen pro effektive Pferdestärke, und dies bildet die Gl. 824a und 826a um in

$$n = n_a + \frac{37{,}5}{A_1} n_1 \left[(a - b)\, t - \frac{t^2}{2T_s} \right] \quad \ldots \ldots \quad \mathbf{824\,b}$$

und

$$n_{max} = n_a + \frac{37{,}5}{A_1} n_1 (a - b)^2 \frac{T_s}{2} \quad \ldots \ldots \quad \mathbf{826\,b}$$

oder auch

$$\frac{n_{max}}{n_1} = \frac{n_a}{n_1} + \frac{37{,}5}{A_1} (a - b)^2 \frac{T_s}{2} \quad \ldots \ldots \quad \mathbf{826\,c}$$

Die Vermehrung der Umdrehungszahl bei gleicher verhältnismäßiger Entlastung $(a - b)$ wird um so kleiner ausfallen, je größer das in den Schwungmassen enthaltene ablolute Arbeitsvermögen pro Pferdestärke, A_1, ist. Die Schwungmassen sind eben der Speicher für die aus dem überschüssigen Drehmoment folgende, überschüssige Arbeitsleistung der Turbine.

Das Gewicht G des Schwungkranzes belastet die Lager der liegenden oder den Zapfen der stehenden Welle und verursacht Lagerreibungsverluste. Wir haben deshalb alle Veranlassung, dafür zu sorgen, daß der Faktor D im Schwungmoment GD^2, besser gesagt, für das Arbeitsvermögen pro effektive Pferdestärke, A_1, Gl. 828, tunlichst ausgenutzt werde. Wo hierfür die Grenzen liegen, das ist auf S. 620 u. f. auseinandergesetzt worden, es soll eben der Zentrifugalspannungen halber die Umfangsgeschwindigkeit u bei gegebener Umdrehungszahl n_1 die dort genannten Werte nicht übersteigen.

Angenommen, es sei D demgemäß für Gußeisen festgelegt.

Aber auch die Größe der Schlußzeit, T_s, hat auf das Zuschlagsglied der Gl. 826b und c Einfluß, allerdings in umgekehrter Weise wie A_1. Soll dieser Zuschlag gleichbleiben, so muß für den ideellen Regler der Quotient $\frac{T_s}{A_1}$, besser

---

Mit $r_m = \frac{r_a + r_i}{2}$ ergibt sich dann das angenäherte Moment

$$J = 2\pi b \frac{\gamma}{g} \cdot \frac{(r_a^2 - r_i^2)\,(r_a + r_i)^2}{8}$$

und das genaue Trägheitsmoment J' ist gegenüber J größer im Verhältnis

$$J' = \frac{r_a^4 - r_i^4}{4} \cdot \frac{8}{(r_a^2 - r_i^2)\,(r_a + r_i)^2} J = 2 \cdot \frac{r_a^2 + r_i^2}{(r_a + r_i)^2} J.$$

Der zusätzliche Faktor übertrifft nur für ganz bedeutende Unterschiede zwischen r_a und r_i einigermaßen erheblich den Wert Eins.

$\frac{A_1}{T_s}$, konstant sein, das heißt für gleichbleibende verhältnismäßige Überschreitung der Anfangs-Umdrehungszahl bei Turbinen von ganz verschiedener Leistungsfähigkeit muß das Arbeitsvermögen der Schwungmassen pro Pferdestärke und pro Sekunde Schlußzeit

$$\frac{A_1}{T_s}\left(\frac{mkg}{PS_e}\cdot\frac{1}{sk}\right)$$

einen bestimmten Wert aufweisen. Die Erfahrung hat ergeben, daß als bequeme Faustregel gelten darf

$$\frac{A_1}{T_s} = 30 \div 50 \text{ bis } 100$$

wo der kleinere Betrag für größere Schlußzeiten, der größere für die kleinen Schlußzeiten, $1 \div 2$ sk, gilt, so daß z. B. bei letzterem $(1 \div 2)\,100 = 100 \div 200\,\frac{\text{mkg}}{\text{PS}_\text{e}}$ als A_1 zu rechnen sind.

Sehr genau arbeitende Regler ermäßigen den Bedarf, hohe Ansprüche an Regulierfähigkeit oder ungenau einsetzende Regler verlangen höhere Beträge an Einheits-Arbeitsvermögen.

Nach diesen Vorbemerkungen wenden wir uns zur Festsetzung der Schwungmassen des Zahlenbeispiels.

Wir nehmen neben den Daten auf S. 742: $T_s = 4$ sk und pro PSe und pro Sekunde Schlußzeit ein $\frac{A_1}{T_s}$ von $\sim 37{,}5\,\frac{\text{mkg}}{\text{PS}_\text{e}}\cdot\frac{1}{\text{sk}}$, oder $A_1 = 4\cdot 37{,}5 = 150\,\frac{\text{mkg}}{\text{PS}_\text{e}}$. Dabei findet sich das Schwungmoment nach Gl. 828 zu

$$GD^2 = \frac{7200\cdot 300\cdot 150}{40000} = 8100 \text{ kg m}^2.$$

Bei einer Umfangsgeschwindigkeit, z. B. $u = 30$ m/sk, folgt dann $D \simeq 2{,}86$ m. Wir erhalten aus Gl. 826b damit

$$n_{max} = 203 + \frac{37{,}5\cdot 200}{150}(0{,}7 - 0{,}4)^2\cdot\frac{4}{2} = 212 \text{ i. d. Min.}$$

Mit den oben angenommenen Größen von a und b ergibt sich für das Zahlenbeispiel bei einer Schlußzeit $T_s = 4$ sk

$$t_{max} = (0{,}7 - 0{,}4)\,4 = 1{,}2 \text{ sk} \quad \ldots\ldots\ldots\ldots \quad (825)$$

d. h. 1,2 Sekunden nach dem Eintreten der plötzlichen Entlastung ist schon die höchste Umdrehungszahl erreicht.

Unter den obwaltenden Verhältnissen ist also die gleichzeitig mit dem Momentüberschuß Null, d. h. mit der erwünschten Turbinenfüllung $\varphi = b$ eintretende Umdrehungszahl n_{max} höher, als dieser Füllung und, weil stetig verbunden, auch der Muffenstellung des Tachometers entspricht, $n_{max} = 212$ gegenüber $n_b = 206$. Das Tachometer wird demgemäß mit Hochgehen der Muffe, d. h. mit Schließen, noch nicht aufhören können, sondern es muß weiter steigend die Füllung noch unter $\varphi = b$ verringern.[1])

Verfolgen wir deshalb die Entwicklung der n in chronologisch-zeichnerischer Darstellung, wie sie Gl. 824b ermöglicht. Wir nehmen die t als Abszissen, die n als Ordinaten, und so ist leicht zu erkennen, daß die zeichnerische Darstellung das gleiche Bild geben wird, wie es das Papierband des Tachographen liefern würde. Der Verlauf der Geschwindigkeiten wird durch eine Parabel mit senkrechter Achse dargestellt, deren aufwärts gerichteter Scheitel um $t = t_{max}$ von $t = 0$ abliegt; vgl. Fig. 497 (25 mm = 1 sk), in der die Parabel, den Zahlenwerten entsprechend, eingezeichnet ist. Die n beginnen bei $n_a = 203$ und wachsen, der Parabel folgend, bis zu deren Scheitel auf $n_{max} = 212$.

---

[1]) An diesem Punkte setzt der Verbesserungsvorschlag von Utard D. R. P. 233667 ein.

Hier geht die Entwicklung folgendermaßen weiter: Als Folge der Verminderung der Füllung auf weniger als $\varphi = b$ entsteht ein Mangel an treibendem Moment, der sich notwendig durch eine alsbald beginnende Verlangsamung in den Umdrehungszahlen betätigen muß. Die Schwungmassen geben durch Verzögerung einen Teil des fehlenden Arbeitsvermögens her. Diese durch das sogenannte Überregulieren veranlaßte Abnahme der Geschwindigkeit ist aber, wie die angenommenen Verhältnisse einmal sind, auch erforderlich, denn mit $n = 212$ sollte der Betrieb nicht dauernd weitergehen.

Die Verringerung der n kann natürlich im absteigenden Ast der Parabel nicht ins Unbestimmte weitergehen, ebensowenig das seither noch nicht unterbrochene

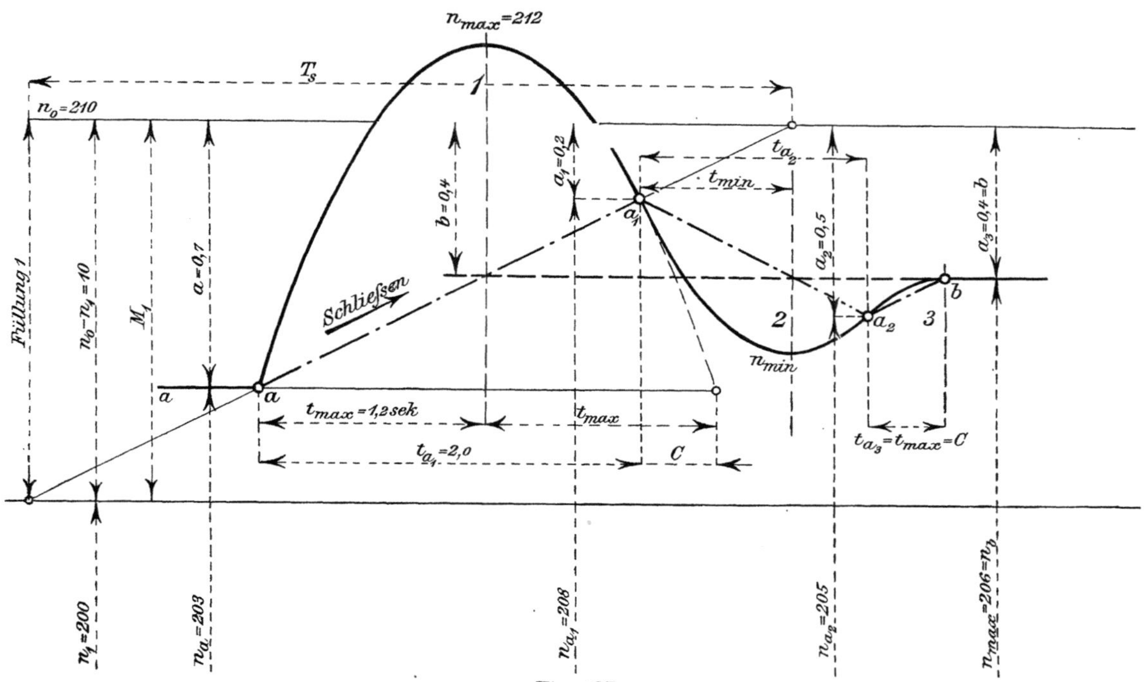

Fig. 497.

Schließen der Turbine durch den Regler. Irgendwann muß eine Umdrehungszahl eintreten, die der augenblicklichen Stellung der Muffe entspricht und dem Schließsn ein Ende macht.

Dieses Zusammentreffen findet statt im Schnittpunkt der Geschwindigkeitsparabel mit der Schlußlinie, vgl. Fig. 496, wenn wir diese letztere in der in Fig. 496 angegebenen Schräge vom Punkt a, Fig. 497, aus ansteigen lassen. Die Schlußlinie schneidet dabei unterwegs in einem Punkt senkrecht unter dem Parabelscheitel die Linie $n_b = 206$. Beim ideellen Regler stellt der Verlauf der Schluß- und Öffnungslinien zeitlich auch den Weg dar, den die Tachometermuffe ei ihrem Auf- und Abwärtsgehen zurücklegt, die Folge dieser auf- und abwärtsziehenden Linien, einschließlich der wagrecht verlaufenden Anfangs- und Endstellungen wollen wir deshalb unter der Bezeichnung Tachometerbahn zusammenfassen. Beim tatsächlichen Regler trennen sich dann die Schluß- und Öffnungslinien von der Tachometerbahn.

Hier ist ein erläuternder Vorbehalt einzuschieben. Ein ideeller hydraulischer Regler, dessen Schlußzeit nur durch die Ein- und Austrittsquerschnitte der Druckflüssigkeit und die widerstehenden Kräfte im Betriebe bestimmt wird, bietet eher noch die Möglichkeit für einen bei allen Umdrehungszahlen der Turbine gleichbleibenden Wert von T_s, während bei einem mechanischen Regler, dessen Relais seinen Antrieb von der zu regulierenden Turbine selbst erhält, die Schlußzeit in ihrer Größe proportional der Umdrehungszahl wechselt. Die schrägen Teile der Tachometerbahn sind also, streng genommen, nur für entsprechende hydraulische Regler ideell geradlinig[1]); wir vernachlässigen aber die bei mechanischen Reglern auftretende, verhältnismäßig unbedeutende Krümmung auch für diese in der allgemeinen Betrachtung.

Aus den Eigenschaften der Geschwindigkeitsparabel und der Tachometerbahn folgt ohne weiteres, daß für den Schnittpunkt beider Linien die Umdrehungszahl der Turbine der augenblicklichen Muffenlage entspricht, daß also in diesem Zeitpunkte der Regler zur Ruhe kommen muß.

Wenden wir diese Erkenntnis auf das Beispiel an, wobei zuerst die Tachometerbahn den tatsächlichen Umständen gemäß einzuzeichnen ist. Vor der Entlastung auf $bM_1 = 0{,}4\,M_1$ herrschte Beharrungszustand mit $aM_1 = 0{,}7\,M_1$. Die Tachometerbahn stellt sich also vor der Störung als eine im Abstand

$$0{,}7\,(210 - 200) = 7 \text{ Umdr.}$$

von $n_0 = 210$ abwärtsliegende Wagrechte aa dar, mit der n-Linie zusammenfallend, Fig. 497.

Mit dem Augenblick der Belastungsänderung geht, der Hebung der Muffe entsprechend, die Tachometerbahn von a aus schräg aufwärts, Fig. 497 —·—·—, der Regler schließt. Wir sehen, daß nach $t_{max} = 1{,}2$ sk die Muffenlage der Füllung $b = 0{,}4$ entspricht, aber weil die Umdrehungszahl höher ist, wird die Muffe trotz der jezt beginnenden Abnahme der n noch höher steigen, der Regler wird noch mehr schließen, und dies geht so lange weiter, bis die Tachometerbahn in einem Punkt a_1 die Geschwindigkeitsparabel schneidet; hier entsprechen sich Geschwindigkeit und Muffenstellung und sofort hört das Zumachen auf. Da die Turbine aber jetzt weniger als 0,4 Füllung hat, so wird das Fehlen des erforderlichen Drehmomentes alsbald eine noch weitere Verlangsamung der Geschwindigkeit und damit nunmehr eine Abwärtsbewegung der Tachometermuffe, ein Öffnen seitens des Reglers hervorrufen. Ehe wir diesem neuen Abschnitt des Vorganges nähertreten, muß die Lage des Schnittpunktes a_1 der Tachometerbahn mit der Geschwindigkeitsparabel, der n-Linie, rechnungsmäßig bestimmt werden.

Bezeichnen wir mit n_{a_1} die Umdrehungszahl, die dem Schnittpunkt a_1 entspricht und mit t_{a_1} die Zeit, die von $t = 0$ an bis zum Zusammentreffen beider Linien vergeht, so läßt sich Gl. 824b schreiben:

$$n_{a_1} = n_a + \frac{37{,}5}{A_1}\,n_1\left[(a-b)\,t_{a_1} - \frac{t_{a_1}^{\,2}}{2\,T_s}\right].$$

Aus ähnlichen Dreiecken der Fig. 497 erhalten wir

$$\frac{n_{a_1} - n_a}{t_{a_1}} = \frac{n_0 - n_1}{T_s} = \frac{\beta\,n_1}{T_s},$$

woraus

$$n_{a_1} = n_a + \beta\,n_1\,\frac{t_{a_1}}{T_s} \quad \ldots\ldots\ldots\ldots \quad 829$$

Aus dem Gleichsetzen beider Werte für n_{a_1} folgt für die Zeit bis zum Eintreten des Schnittes in a_1 nach kurzer Vereinfachung:

$$t_{a_1} = 2\,(a-b)\,T_s - 2\,\beta\,\frac{A_1}{37{,}5}$$

[1]) Vgl. die in Dinglers Polytechn. Journal 1904 von A. Schmoll gen. Eisenwerth veröffentlichte Doktor-Dissertation (Techn. Hochschule Darmstadt): Beitrag zur Theorie und Berechnung der hydraulischen Regulatoren für Wasserkraftmaschinen.

Das zweite Glied der rechten Seite, natürlich auch eine Zeit (sk), enthält nur Größen, die für einen gegebenen Betrieb unveränderlich sind, wir können diesen Zeitraum gleich einer Konstanten C setzen und schreiben

$$2\beta\frac{A_1}{37,5}=C \quad \ldots \ldots \ldots \ldots \quad \mathbf{830}$$

Da $(a-b)T_s=t_{max}$ ist, Gl. 825, so kann t_{a_1} auch geschrieben werden als

$$t_{a_1}=2t_{max}-C \quad \ldots \ldots \ldots \ldots \quad \mathbf{831}$$

und nach dieser Schreibweise sehen wir aus Fig. 497 ohne weiteres die Bedeutung von C als Zeit an sich.[1])

Da nunmehr t_{a_1} bekannt, so muß sich n_{a_1} aus Gl. 824b ebenso wie aus Gl. 829 ergeben, was auch zutrifft.

Für die Bestimmung der Füllung im Schnittpunkt a_1, die wir auch mit a_1 bezeichnen wollen, dient, zu einfachster Rechnungsart, die Erwägung, daß die Füllung a sich nach t_{a_1} sk um $\frac{1}{T_s}t_{a_1}$ verkleinert hat, daß also sein muß:

$$a_1=a-\frac{t_{a_1}}{T_s} \quad \ldots \ldots \ldots \ldots \quad \mathbf{832}$$

In Zahlen ergibt sich für das Beispiel:

$$C=\frac{2\cdot 0,05\cdot 150}{37,5}=0,4 \text{ sk} \quad \ldots \ldots \ldots \quad \mathbf{(830)}$$

$$t_{a_1}=2\cdot 1,2-0,4=2,0 \text{ sk} \quad \ldots \ldots \ldots \quad \mathbf{(831)}$$

$$n_{a_1}=203+0,05\cdot 200\cdot\frac{2}{4}=208 \quad \ldots \ldots \ldots \quad \mathbf{(829)}$$

$$a_1=0,7-\frac{2,0}{4}=0,2 \quad \ldots \ldots \ldots \quad \mathbf{(832)}$$

Die Fig. 497 entspricht in ihren Verhältnissen diesen Zahlengrößen.

Mit dem Erreichen des Punktes a_1, mit dem Aufhören des Schließens durch den Regler, tritt die Turbine in einen anderen Abschnitt des Reguliervorganges.

2. Der Mangel an Drehmoment.

(Öffnen durch den Regler.)

Weil hier die Turbine vermöge der augenblicklichen Muffenlage nur $\varphi=a_1$ besitzt, so fehlt zum geordneten Betriebe das Moment

$$bM_1-a_1M_1=(b-a_1)M_1.$$

Es ist in diesem Punkt ein Zustand vorhanden, als ob die Turbine, von einem der geringeren Belastung a_1M_1 entsprechenden Beharrungszustande aus, plötzlich eine Mehrbelastung bM_1 erfahre, und es spielen sich für diesen zweiten Abschnitt die Vorgänge ganz ähnlich denjenigen des ersten ab, nur mit dem Unterschiede, daß die gegenüber a_1M_1 vergrößerte Belastung bM_1 eben eine Abnahme der Geschwindigkeit, ein Aufmachen seitens des Reglers verursachen wird. Dadurch ändern sich die zuvor für die Belastungsabnahme entwickelten Beziehungen in einigen Vorzeichen.

Rechnen wir die Zeiten dieses zweiten Abschnittes vom Schnittpunkt a_1 ab neu beginnend, so öffnet der Regler in einer sk um $\frac{M_1}{T_0}$. Das fehlende, d. h. verzögernde Moment ist t sk später durch das Öffnen vermindert auf

[1]) Die dynamische Bedeutung von C siehe S. 752.

$$-(b-a_1)M_1+\frac{M_1}{T_0}\,t=-M_1\left(b-a_1-\frac{t}{T_0}\right) \quad \ldots\ldots \quad 833$$

und aus
$$d\omega=-\frac{M_1}{J}\left(b-a_1-\frac{t}{T_0}\right)dt$$

folgt nach Einführen von n statt ω, von A_1, dem Arbeitsvermögen der Schwungmassen pro PSe,

$$n=n_{a_1}-\frac{37,5}{A_1}\,n_1\left[(b-a_1)\,t-\frac{t^2}{2T_0}\right] \quad \ldots\ldots\ldots \quad 834$$

Hier kommt schließlich ein Zeitpunkt, in dem nichts mehr zu dem erforderlichen Drehmoment bM_1 fehlt, wo also das Herausfließen des Arbeitsvermögens aus den Schwungmassen, die Verzögerung, ein Ende hat, die Umdrehungszahl hat alsdann einen Kleinstwert erreicht.

Dieser Kleinstwert der n wird nach Gl. 833 für

$$b-a_1-\frac{t}{T_0}=0$$

eintreten oder für

$$t_{min}=(b-a_1)\,T_0 \quad \ldots\ldots\ldots\ldots \quad 835$$

und damit finden wir aus Gl. 834

$$n_{min}=n_{a_1}-\frac{37,5}{A_1}\,n_1\,(b-a_1)^2\,\frac{T_0}{2} \quad \ldots\ldots\ldots \quad (834)$$

Den Werten des Zahlenbeispiels entsprechend finden wir bei $T_0=4\,\mathrm{sk}=T_s$

$$t_{min}=(0,4-0,2)\;0,4=0,8\,\mathrm{sk}$$

$$n_{min}=208-\frac{37,5\cdot 200}{150}\,(0,4-0,2)^2\cdot\frac{4}{2}=204\,.$$

Die Füllung φ der Turbine ist, beim Erreichen des Minimums der Geschwindigkeit, auch wieder 0,4 geworden, Fig. 497; allein da n_{min} kleiner ist als der augenblicklichen Muffenstellung entspricht und deshalb dem Tachometer die Neigung zum Sinken beläßt, so wird dieses noch weiter öffnen und dadurch die Umdrehungszahlen wieder heben.

Daß die Gl. 834 für die Umdrehungszahlen des zweiten Abschnittes ebenfalls eine Parabel ergibt, ist ersichtlich. Die letztere hat für diesen Abschnitt einen nach abwärts gerichteten Scheitel, ist aber derjenigen des ersten Abschnittes insofern gleich, als der Wert des Parameters beide Male derselbe ist. Die Größe p in der Scheitelgleichung $y^2=2px$ beträgt für die Parabeln

$$p=\frac{A_1\cdot T_s}{37,5\,n_1} \quad \ldots\ldots\ldots\ldots \quad 836$$

Im Punkt a_1 gehen die Parabeln, sich berührend, ineinander über.

Das Einzeichnen der Tachometerbahn wird weitere Aufklärung bringen; sie geht von a_1 schräg abwärts, der zunehmenden Füllung entsprechend, und es ergibt sich in a_2 wiederum ein Schnittpunkt zwischen Tachometerbahn und n-Linie, d. h. die Reguliertätigkeit hört in a_2 sofort auf, da auch hier die augenblickliche Umdrehungszahl der Tachometerstellung entspricht.

Diesem Schnittpunkt a_2 gehören, ganz wie dem Schnittpunkt a_1, bestimmte Werte von t, n und φ, nämlich t_{a_2}, n_{a_2} und $\varphi=a_2$ an, die sich in der Weise wie bei a_1 ermitteln lassen. Sie lauten:

$$t_{a_2}=2\,(b-a_1)\,T_0-C$$

oder auch
$$t_{a_2}=2\,t_{min}-C \quad \ldots\ldots\ldots\ldots \quad 837$$

$$n_{a2} = n_{a1} - \beta n_1 \cdot \frac{t_{a2}}{T_0} \quad . \quad . \quad . \quad . \quad . \quad . \quad . \quad . \quad . \quad . \quad . \quad . \quad 838$$

$$a_2 = a_1 + \frac{t_{a2}}{T_0} \quad . \quad . \quad . \quad . \quad . \quad . \quad . \quad . \quad . \quad . \quad . \quad . \quad . \quad . \quad 839$$

und für die Werte des Zahlenbeispiels folgen hieraus mit $C = 0{,}4$ sk

$$t_{a2} = 2 \cdot 0{,}8 - 0{,}4 = 1{,}2 \text{ sk},$$

$$n_{a2} = 208 - 0{,}05 \cdot 200 \frac{1{,}2}{4} = 205,$$

$$a_2 = 0{,}2 + \frac{1{,}2}{4} = 0{,}5.$$

Vgl. hierüber Fig. 497.

3. Das Ende des ideellen Reguliervorganges.

Der Punkt a_2 bildet das Ende des zweiten Abschnittes, denn sobald er erreicht ist, setzt der Regler mit Öffnen aus und beginnt im nächsten Augenblick wieder mit Schließen; es herrscht der Zustand, als ob die mit $\varphi = a_2 = 0{,}5$ im Betrieb gewesene Turbine plötzlich auf ein widerstehendes Moment von nur $bM_1 = 0{,}4\,M_1$ entlastet worden wäre. Die Umdrehungszahl steigt infolge dieser Entlastung, es wiederholt sich von a_2 ab der Vorgang wie er von a ausgehend besprochen worden, und es gelten alle dort gemachten Erörterungen, während in den Beziehungen an Stelle von a nunmehr a_2, statt a_1 jetzt a_3 usw., einzusetzen ist.

Es gilt dann:

$$t_{max} = (a_2 - b)\,T_s \quad . \quad . \quad . \quad . \quad . \quad . \quad . \quad . \quad . \quad . \quad . \quad . \quad (825)$$

was hier in Ziffern lautet

$$t_{max} = (0{,}5 - 0{,}4)\,4 = 0{,}4 \text{ sk},$$

ferner

$$n_{max} = n_{a2} + \frac{37{,}5}{A_1}\,n_1\,(a_2 - b)^2\,\frac{T_s}{2} \quad . \quad . \quad . \quad . \quad . \quad . \quad . \quad (826\,\text{b})$$

oder in Zahlen

$$n_{max} = 205 + \frac{37{,}5 \cdot 200}{150}\,(0{,}5 - 0{,}4)^2 \cdot \frac{4}{2} = 206,$$

was auch in Fig. 497 eingetragen ist.

Hier in unserm besonderen Falle findet sich, daß für den dritten Abschnitt des Reguliervorganges die größte Umdrehungszahl n_{max} ziffermäßig gleich der angestrebten Zahl n_b ist[1]). Wenn das Tachometer also in diesem Augenblick die Muffenlage besitzt, wie sie für die Füllung $\varphi = b = 0{,}4$ erforderlich ist, so wird dauernde Ruhe im Reguliergetriebe eintreten. Da wir wissen, daß im Zeitpunkt des jeweiligen Maximums oder Minimums der n die Turbinenfüllung der Belastung bM_1 entspricht, so folgt daraus, im Verein mit $n_{max} = 206 = n_b$, daß mit Erreichung dieses Zusammentreffens der den gewählten Verhältnissen entsprechende Reguliervorgang sein tatsächliches Ende gefunden hat: treibendes und widerstehendes Moment sind gleich, die Umdrehungszahl entspricht der Tachometerstellung, die Turbine läuft mit n_b und dem treibenden Momente bM_1 in einem neuen Beharrungszustand weiter.

Natürlich zeigt der Verlauf der Tachometerbahn ebenfalls diese Verhältnisse an. Von a_2 aus schräg aufsteigend, schneidet die Tachometerbahn die Parabel

---

[1]) Um dies Ergebnis zu bekommen, war im Zahlenbeispiel, S. 746, das Arbeitsvermögen $A_1 = 150$ mkg bemessen worden.

im Punkte a_3, der diesmal zugleich der Parabelscheitel ist, die n-Linien fallen zusammen, und der neue Beharrungszustand tritt ein.

Nicht jedesmal aber wird der Reguliervorgang in der eben vorgeführten glatten Weise sein Ende finden, denn es gehören ganz bestimmte, aus GD^2, N_1 usw. gegebene Umstände dazu, daß die Geschwindigkeitsparabel schließlich ohne weiteres in die gewünschte Linie n_b einschwenkt, und wir haben diese Umstände aufzudecken.

Daraus, daß beim Ende des Reguliervorganges der Parabelscheitel von der n_b-Linie berührt wird, folgt, daß für diesen Punkt (sofern es sich in dem letzten Abschnitt um eine Entlastung handelt) $n_{max} = n_b$ sein muß. Dieser Bedingung gemäß ziehen wir also die Gl. 826b und 821 sinngemäß zusammen und erhalten, indem wir auch n_a nach Gl. (821) einsetzen, schließlich

$$\frac{37{,}5}{A_1}(a_2 - b)\frac{T_s}{2} = \beta$$

oder, unter Hinweis auf Gl. 825 und 830

$$(a_2 - b)\,T_s = t_{max} = \frac{2\beta \cdot A_1}{37{,}5} = C \quad \ldots\ldots\ldots\ldots \quad 840$$

als Bedingung für einen „glatten“ Ausgang des ideellen Reguliervorganges.

Die Gl. 840 besagt also, daß die Zeit zur Erreichung des Höchstwertes der Geschwindigkeit $t_{max} = (a_2 - b)\,T_s$, gleich sein muß jener konstanten Zeit C nach Gl. 830, wenn der Übergang aus der Belastung und Füllung a in den Zustand b ohne Auf- und Abwärtsschwankungen erfolgen soll. Was dies zeichnerisch bedeutet, das ist aus Fig. 497 zu ersehen, die Tachometerbahn trifft den Parabelscheitel für den Abschnitt des Reguliervorganges, in dem $t_{max} = C$ ist.

Da der Abschnitt „3“ mit seiner Belastungsschwankung $(a_2 - b)$ sich rechnungsmäßig aus „2“, dieser sich aus „1“ entwickelt, so kann auch die Bedingung aufgesucht werden, unter der sich aus einer gegebenen Anfangsschwankung in der Belastung ein Schlußabschnitt ergibt, der richtig nach n_b überleitet.

Am raschesten kommen wir zu einer Übersicht, wenn wir den Verlauf der a, a_1, a_2 usw. verfolgen und dann zusehen, in welcher Weise sich diese Füllungsgrößen nach und nach der Füllung b nähern.

Aus den vorstehenden Entwicklungen kennen wir für die betrachteten drei Abschnitte des Reguliervorganges:

1. $a_1 = a - \frac{t_{a1}}{T_s}$; $\quad t_{a1} = 2\,t_{max} - C$; $\quad t_{max} = (a - b)\,T_s$

2. $a_2 = a_1 + \frac{t_{a2}}{T_0}$; $\quad t_{a2} = 2\,t_{min} - C$; $\quad t_{min} = (b - a_1)\,T_0$

3. $a_3 = a_2 - \frac{t_{a3}}{T_s}$; $\quad t_{a3} = 2\,t_{max} - C$; $\quad t_{max} = (a_2 - b)\,T_s$

Die unter „3“ angeführten Beziehungen ergeben sich sinngemäß denen von „1“ entsprechend und sie liefern, wie eben die Werte des Zahlenbeispiels gewählt sind, $a_3 = b$, $t_{a3} = t_{max} = C$. Bei anderen entsprechenden Annahmen von a und b könnten sich ebensogut auch mehr oder weniger als drei Abschnitte für den Reguliervorgang ergeben, wo dann z. B. die Beziehungen für „4“ denjenigen für „2“ gleichlauten würden, mit entsprechend anderen Indizes.

Lassen die t_{a1} usw. schon eine gewisse Regelmäßigkeit erkennen, so tritt diese noch deutlicher hervor, wenn wir unter Zuhilfenahme der Gleichungen für t_{a1}

und t_{max} aus den Werten der a_1, a_2 usw. die anderen veränderlichen Größen eliminieren und a_1 usw. nur durch a, b, C und $T_s = T_0$ ausdrücken. Wir erhalten dann einfach

$$1.\quad a_1 = 2b - a + \frac{C}{T_s} \qquad \text{oder} \qquad b - a_1 = (a - b) - \frac{C}{T_s}$$

$$2.\quad a_2 = a - 2\frac{C}{T_s} \qquad ,, \qquad a_2 - b = (a - b) - 2\frac{C}{T_s}$$

$$3.\quad a_3 = 2b - a + 3\frac{C}{T_s} \qquad ,, \qquad b - a_3 = (a - b) - 3\frac{C}{T_s}$$

und zwar ohne Rücksicht darauf, ob am Ende von 3 ein Einschwenken der Parabel in die Linie n_b zu erwarten ist oder nicht.

Die Größen $b - a_1$, $a_2 - b$ usw. sind die jeweiligen Unterschiede zwischen der angestrebten Endfüllung b und den Zwischenfüllungen an denjenigen Zeitpunkten, in denen jedesmal die Umschaltung des Reguliergetriebes stattfindet. Es ist ersichtlich, daß, einerlei wie der Reguliervorgang schließlich ausgeht, diese Unterschiede jedesmal um den gleichen Betrag, nämlich um $1 \cdot \frac{C}{T_s}$ kleiner werden. Die Füllungen a_1, a_2 usw. rücken der Füllung b jedesmal um $1 \cdot \frac{C}{T_s}$ näher (Tachometerbahn Fig. 497).

Wenn also für den ideellen Regler der Reguliervorgang glatt aufgehen soll, so muß einfach die Größe $(a - b)$ ein ganzes Vielfaches von $\frac{C}{T_s}$ sein, also

$$a - b = x\frac{C}{T_s} \quad \ldots\ldots\ldots\ldots \quad 841$$

worin x die Anzahl der Abschnitte des Reguliervorganges. Ist $x = 1$, d. h. soll die Füllung a ohne Schwingungen nach b übergeleitet werden, so ist dies mit Gl. 840 für den ideellen Regler nur tunlich für eine Belastungsschwankung im Betrage

$$a - b = \frac{C}{T_s} = \frac{2A_1\beta}{37{,}5} \cdot \frac{1}{T_s} \quad \ldots\ldots\ldots\ldots \quad 842$$

d. h. bei gegebener Schlußzeit kann nur eine ganz bestimmte Schwankungsgröße ideell in einem Abschnitt erledigt werden.

Ein Mittel, die Erledigung anderer Schwankungsgrößen ohne Überregulieren zu ermöglichen, kann nur in der Veränderung von T_s gesucht werden, denn C ist eben im Einzelfall unveränderlich. Je größer $(a - b)$, um so kleiner sollte nach Gl. 842 die Schlußzeit T_s sein, eine Anforderung, der die hydraulischen Regler verhältnismäßig leicht, die mechanischen gar nicht zu entsprechen vermögen.

Wenn auch in der Praxis noch eine Menge anderer Einflüsse mitwirken, so erkennen wir hier schon den genannten Umstand als ganz bedeutenden Vorzug des hydraulischen Reglers gegenüber dem mechanischen.

Wie beispielsweise der Verlauf der Reguliervorgänge von $a = 0{,}7$ ohne Überregulieren nach $b = 0{,}25$, $b = 0{,}4$ und $0{,}5$ zu geschehen hätte, das erhellt aus Gl. 842, wenn wir diese Größen dort einsetzen. Es müßte sein

$$T_s = \frac{C}{a - b} \quad \ldots\ldots\ldots\ldots \quad 843$$

$$\left.\begin{array}{lll} \text{also für } b = 0{,}25 & T_s = \dfrac{0{,}4}{0{,}7 - 0{,}25} = 0{,}89\,\text{sk} \\ b = 0{,}4 & T_s = \dfrac{0{,}4}{0{,}7 - 0{,}4} = 1{,}33 \;,, \\ b = 0{,}5 & T_s = \dfrac{0{,}4}{0{,}7 - 0{,}5} = 2{,}00 \;,, \end{array}\right\} \text{statt 4 sk, S. 746.}$$

Die Fig. 498 (25 mm = 1 sk) zeigt diese Verhältnisse, die allerdings für den Betrieb ideal wären. Für Mehrbelastung, $b = 0{,}9$ aus $a = 0{,}7$, wäre die erforderliche Öffnungszeit

$$T_0 = \frac{C}{b - a} = \frac{0{,}4}{0{,}9 - 0{,}7} = 2 \text{ sk (statt 4 sk)}$$

und auch für diese Verhältnisse sind Tachometerbahn und n-Kurve in Fig. 494 enthalten.

Daß die Übergänge der einzelnen Parabeln in die Wagrechte sämtlich in einer Senkrechten liegen müssen, ist klar, wenn wir bedenken, daß stets $t_{max} = (a - b)\,T_s$ ist und daß andererseits für einfachen Übergang $t_{max} = t_{a_1} = t_b$ sein muß. Wenn wir aber T_s stets nach Gl. 843 richten könnten, so ergibt sich einfach

$$t_b = t_{a_1} = t_{max} = (a - b)\frac{C}{a - b} = C$$

unabhängig von $(a - b)$, wie dies auch schon aus dem letzten Abschnitt von Fig. 497 ersichtlich ist.

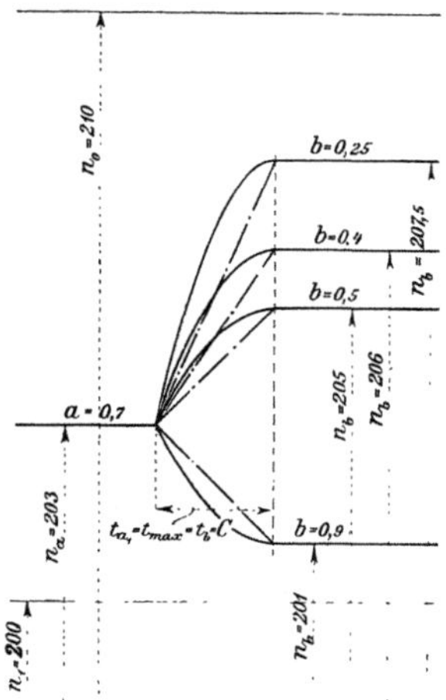

Fig. 498.

Ist $(a - b)$ nicht gleich einem Vielfachen von $\frac{C}{T_s}$ und liegt die Schlußzeit unabänderlich fest, so wird der Reguliervorgang beim mechanischen Regler durch wechselseitige ruckweise Schalt- und Regulierbewegungen zu Ende kommen, falls nicht in der unendlichen Mannigfaltigkeit des Betriebes ein neuer Belastungswechsel einen neuen Reguliervorgang einschiebt, der hydraulische Regler dagegen wird durch ganz geringe Öffnung der Steuerquerschnitte diese Periode zu langsamem Abschluß bringen.

Der Reguliervorgang bei Mehrbelastung der Turbine, $b > a$, beginnt einfach mit dem zweiten der betrachteten Abschnitte, mit einem Mangel an Drehmoment. In den bezüglichen Gleichungen gilt dann a_1 als Anfangsfüllung (statt a), b bleibt die Füllung des neuen Gleichgewichts, wie es bei der teilweisen Entlastung, $b < a$, der Fall gewesen.

D. Der indirekt wirkende Regler, tatsächlicher Betrieb.

Wir haben keine streng nach Voraussetzung 2 und 5, S. 740, arbeitenden Regler; die unvermeidlichen Mängel der praktischen Ausführung: Unempfindlichkeit des Tachometers, toter Gang, Spielraum in den Getrieben usw., verursachen, daß die Schließbewegung unmittelbar im Leitapparat nicht augenblicklich mit der Änderung der Umdrehungszahl einsetzt, sondern ihr nacheilt.

1. Die Spielraumzeit, abnehmende Schwankungen.

I. Der Überschuß an Drehmoment.

Die Turbine ist für den Zeitraum zwischen der plötzlichen Entlastung und dem Beginn der tatsächlichen Schließbewegung im Leitapparat als reglerlos anzusehen und folgt in dieser Zeit genau genommen den Entwicklungen, wie sie Fig. 486, S. 721, zum Ausdruck bringt: Steigerung oder Abnahme der n nach einer logarithmischen Kurve. Unter Hinweis auf die Voraussetzungen Seite 740 aber nehmen wir auch hier die M als unabhängig von n an und erhalten damit im ersten Regulierabschnitt für die reglerlose Zeit den Überschuß an treibendem Moment zu $(a-b)\,M_1$ und dadurch

$$d\omega = \frac{M_1}{J}\,(a-b)\,dt,$$

woraus nach Integration folgt

$$\omega = \frac{M_1}{J}\,(a-b)\,t + \text{Konst.}$$

Auch hier zählen wir t vom Augenblick der Entlastung ab, erhalten dadurch die Konst. $= \omega_a$ und schreiben also

$$\omega = \omega_a + \frac{M_1}{J}\,(a-b)\,t \quad . \quad 844$$

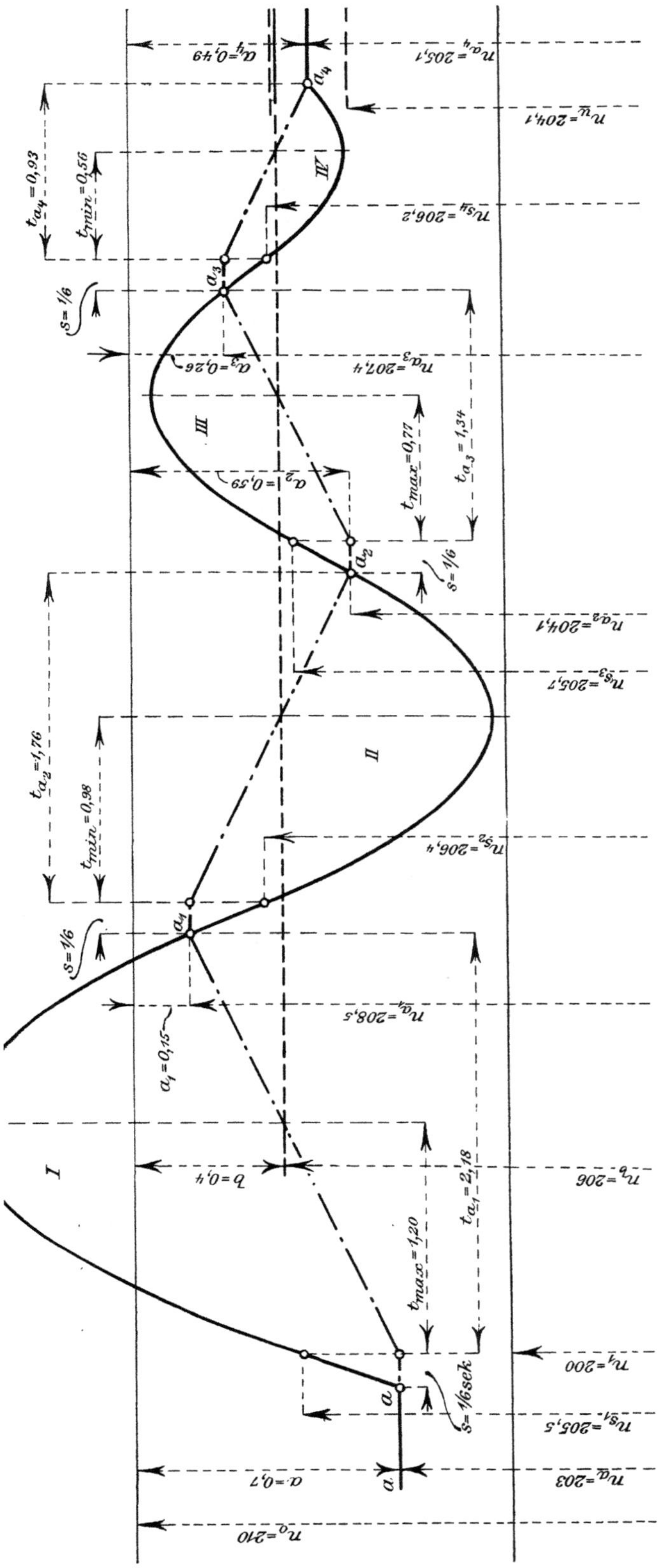

Fig. 499.

Wir ersetzen ω durch n und M_1 sowie J durch die seither verwendeten Ausdrücke (S. 745) und erhalten

$$n = n_a + \frac{37{,}5}{A_1}\,n_1\,(a-b)\,t \quad 844\text{a}$$

Für den kurz dauernden reglerlosen Betrieb findet also eine gleichförmig beschleunigte Bewegung statt, die n-Linie zeigt sich als schräg ansteigende Gerade.

Bezeichnen wir die Zeit, die, von der Entlastung ab gerechnet, vergeht, bis der Spielraum in den Getrieben durchlaufen ist und die Regulierbewegung im Leitapparat tatsächlich beginnt, als Spielraumzeit mit s, so folgt die dann eingetretene Umdrehungszahl n_s (allgemein)

$$n_s = n_a + \frac{37{,}5}{A_1}\,n_1\,(a-b)\,s \quad 845$$

Fig. 499 (25 mm = 1 sk) zeigt die Verhältnisse, die aus der Annahme von $s = \frac{1}{6}$ sk für das

Zahlenbeispiel folgen. Die Unempfindlichkeit des Tachometers veranlaßt, daß die Tachometerbahn nicht sofort bei der Entlastung aufwärts geht. Die Zeit, die vergeht, bis die Beschleunigung der rotierenden Schwungmassen so weit gediehen ist, daß die Unempfindlichkeit des Tachometers überwunden ist und sich die Muffe in Bewegung setzt, bildet den ersten Abschnitt der Spielraumzeit, das Durchlaufen der eigentlichen Spielräume dann den zweiten. Auf diese Weise trennt sich die Tachometerbahn in zwei selbständige Linienzüge: die eigentliche Tachometerbahn, die hochgeht, sowie die Unempfindlichkeit überwunden ist und die Füllungslinie, die erst nach Ablauf der Spielraumzeit zu steigen anfängt. Diese Trennung soll aber vorläufig im Interesse der einfacheren Darstellung außer acht bleiben.

Vom Augenblick der Entlastung an geht im ersten Regulierabschnitt die n-Linie von der Wagrechten $n_a = 203$ ab als Gerade schräg aufwärts und erreicht nach $\frac{1}{6}$ sk die Umdrehungszahl $n_s = 205{,}5$; die Tachometerbahn geht dabei noch wagrecht weiter. Vom Zeitpunkt s ab gelten dann die Gl. 824, 825 und 826, S. 744, wenn t in diesen nach dem Ablauf von s neu und nicht vom Anfang an gerechnet wird; natürlich tritt dabei n_s in sinngemäßer Weise an die Stelle von n_a. Dadurch rückt die Parabel nach oben, d. h. das jetzt folgende n_{max} ist größer als vorher beim ideellen Regler. Es ist leicht einzusehen, daß das erste gerade Stück der n-Linie die Parabel berührt. Nach $s = \frac{1}{6}$ sk geht nun auch die Tachometerbahn aufwärts in ungeänderter Schräge, aber die veränderte Lage zur Parabel läßt sie erst später zum Schnittpunkt a_1 kommen, die Füllung a_1 fällt kleiner aus: 0,15 gegen vorher 0,2; n_{a_1} ist größer geworden: 208,5 gegenüber 208,0, ebenso n_{max}: 214,5 gegen vorher 212, vgl. Fig. 497 und 499.

Es ist angenommen, daß der Spielraum in den Getrieben das Aufhören der Schließ- oder Öffnungsbewegung nicht beeinflußt, sondern sich nur beim Beginn bemerklich macht, was den tatsächlichen Verhältnissen auch meist entsprechen wird. Macht sich s auch am Schlusse jedes Regulierabschnittes geltend, so wäre dies entsprechend zu berücksichtigen.

II. Der Mangel an Drehmoment.

Von a_1 ab geht die n-Linie für die dann wieder eintretende Zeit s als Gerade, die Parabel berührend, schräg abwärts, um der nächsten Parabel nach $\frac{1}{6}$ sk berührenden Anschluß zu geben; die Tachometerbahn geht erst $\frac{1}{6}$ sk wagrecht, dann schräg nach unten zum Schnittpunkt a_2 usw.

Die Berechnung der in jedem Abschnitt des Reguliervorganges auftretenden Größen geschieht durch nachstehende Beziehungen, die in einfacher Weise aus früherem folgen:

I. Abschnitt (überschüssiges Drehmoment):

$$n_{s_1} = n_a + \frac{37{,}5}{A_1} n_1 (a - b) s \quad \text{(845)}$$

$$t_{max} = (a - b) T_s \quad \text{(825)}$$

$$n_{max} = n_{s_1} + \frac{37{,}5}{A_1} n_1 (a - b)^2 \frac{T_s}{2} \quad \text{(826b)}$$

oder indem n_{s_1} nach Gl. (845) eingesetzt wird,

$$n_{max} = n_a + \frac{37{,}5}{A_1} n_1 \left[(a - b) s + (a - b)^2 \frac{T_s}{2} \right] \quad \text{846}$$

Für die Umdrehungszahl n in t sk nach erfolgtem Ablauf der Spielraumzeit findet sich, entsprechend Gl. 824b, S. 745, aber mit n_{s_1} als Ausgangspunkt

$$n = n_{s_1} + \frac{37{,}5}{A_1} n_1 \left[(a-b)\,t - \frac{t^2}{2T_s}\right]$$

oder besser, wenn n_{s_1} nach Gl. 845 ersetzt wird,

$$n = n_a + \frac{37{,}5}{A_1} n_1 \left[(a-b)\,(s+t) - \frac{t^2}{2T_s}\right] \quad \ldots\ldots \quad 847$$

Es folgt weiter

$$t_{a_1} = \frac{2\,(a-b)\,T_s - C}{2} + \sqrt{\left[\frac{2\,(a-b)\,T_s - C}{2}\right]^2 + 2\,(a-b)\,T_s \cdot s}$$

oder einfacher

$$t_{a_1} = \frac{2t_{max} - C}{2} + \sqrt{\left(\frac{2t_{max} - C}{2}\right)^2 + 2t_{max} \cdot s} \quad \ldots\ldots \quad 848$$

schließlich gilt von vorher auch

$$n_{a_1} = n_a + \beta n_1 \frac{t_{a_1}}{T_s} \quad \ldots\ldots \quad (829)$$

und

$$a_1 = a - \frac{t_{a_1}}{T_s} \quad \ldots\ldots \quad (832)$$

II. Abschnitt (zu kleines Drehmoment):

$$n_{s_2} = n_{a_1} - \frac{37{,}5}{A_1} n_1 (b - a_1)\,s \quad \ldots\ldots \quad 849$$

$$t_{min} = (b - a_1)\,T_0 \quad \ldots\ldots \quad (835)$$

$$n_{min} = n_{s_2} - \frac{37{,}5}{A_1} n_1 (b - a_1)^2 \frac{T_0}{2} \quad \ldots\ldots \quad (834)$$

$$n = n_{a_1} - \frac{37{,}5}{A_1} n_1 \left[(b - a_1)\,(s+t) - \frac{t^2}{2T_0}\right] \quad \ldots\ldots \quad 850$$

und gleich einfach

$$t_{a_2} = \frac{2t_{min} - C}{2} + \sqrt{\left(\frac{2t_{min} - C}{2}\right)^2 + 2t_{min} \cdot s} \quad \ldots\ldots \quad 851$$

schließlich

$$n_{a_2} = n_{a_1} - \beta\, n_1 \frac{t_{a_2}}{T_0} \quad \ldots\ldots \quad (838)$$

und

$$a_2 = a_1 + \frac{t_{a_2}}{T_0} \quad \ldots\ldots \quad (839)$$

Eine Zurückführung aller Beziehungen auf solche, in denen nur die von Hause aus gegebenen Größen a, b, s usw. vertreten sind, mag wegen zu großer Umständlichkeit der Ausdrücke unterbleiben. Für jeden weiteren Abschnitt rücken in den hier gegebenen Beziehungen die Indizes von a eben um „2" vor.

Hier kann auch die Frage aufgeworfen werden, unter welcher Bedingung der Reguliervorgang mit Spielraumzeit in einem Abschnitt zu Ende gehen würde (Einschwenken der ersten n-Parabel in die n_b-Linie).

Wir kommen am raschesten zum Ziele, wenn wir bedenken, daß, wie früher auch, in solchem Falle $n_{max} = n_b$ sein müßte. Wir setzen also die rechte Seite der Gl. 821, S. 742, mit $\varphi = b$ und diejenige der Gl. 846 einander gleich, indem gleichzeitig für n_a in Gl. 846 der Wert nach Gl. 821 mit $\varphi = a$ eingefüh

Wir erhalten daraus unter Hinweis auf Gl. 840, S. 752, wegen der Größe C

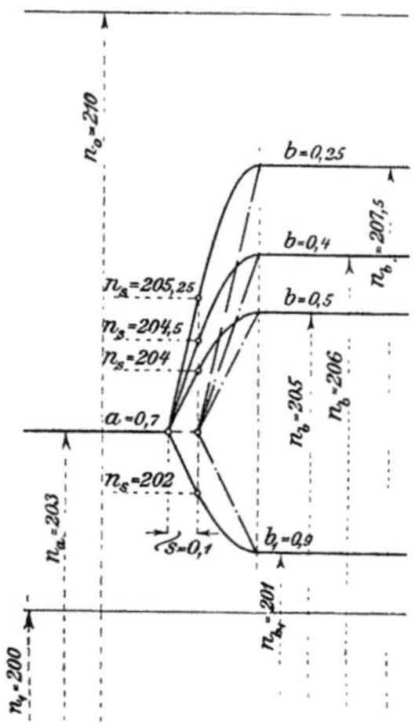

Fig. 500.

$$T_s = \frac{C - 2s}{a - b} \quad \ldots\ldots\ldots \quad 852$$

vgl. dagegen Gl. 843, S. 753. Die Fig. 500 (25 mm = 1 sk) zeigt die Entwicklung der n-Kurven mit Spielraumzeit $s = 0{,}1$ sk im Gegensatz zu Fig. 498, die die Verhältnisse beim ideellen Regler behandelte. Beide Male sind die gleichen Größen von a und b vorausgesetzt. Der Spielraumzeit wegen sind aber die im Einzelfalle erforderlichen Schlußzeiten T_s, Fig. 500, bei denen das Überregulieren vermieden ist, wesentlich kleiner, als sie in Fig. 498 sein mußten. Bei den angenommenen Werten $C = 0{,}4$ sk, $s = 0{,}1$ sk fallen die zulässigen Werte von T_s gerade halb so groß aus als früher; der Wert $s = \frac{1}{6}$ sk hätte noch kleinere Werte für T_s, also noch steilere Tachometerbahnen, verlangt.

III. Das unbestimmte Ende des Reguliervorganges.

Aus Fig. 499 gegenüber 497 und den eingeschriebenen Werten ist ersichtlich, daß das Bestehen einer Spielraumzeit $s = \frac{1}{6}$ sk den Reguliervorgang noch nicht nach vier verlängerten Abschnitten, gegenüber vorher in drei kurzen, richtig zu Ende kommen läßt, und daß die Schwankungen der n-Linie ganz wesentlich größer ausfallen als früher; es liegt also im Interesse guter Regulierung, s recht klein zu halten.

Infolge des Spielraums wird bei nicht „glatten" Werten von $(a - b)$ das letzte mangelhafte Stück der n-Linie dem erstrebten n_b nur annähernd zugeführt und so einigermaßen Ruhe im Reguliergetriebe geschaffen, trotzdem z. B. a_4 nach Fig. 499 größer ist als b. Die letzten kleinen Unterschiede zwischen a_4 usw. und b kommen wegen der Unempfindlichkeit des Tachometers überhaupt nicht mehr zu augenblicklichem Einfluß auf den Regler. Der nicht ausgeglichene Drehmomentrest $(a_4 - b)$ wird aber, wenn auch noch so klein, eine stetige langsame Steigerung oder Abnahme der n bringen und den Regler über kurz oder lang wieder zum Eingreifen zwingen.

Auf jeden Fall aber genügt für den Ausgleich eine sehr kleine Spielraumzeit s. Nimmt s infolge Abnutzung der Getriebeteile größere Werte an, so kann dieser Umstand die Wirkung des Reglers, der vielleicht von Anfang an recht gut arbeitete, in höchstem Maße beeinträchtigen.

Für die meisten Betriebe steht an erster Stelle die Bedingung, daß die Steigerung der Umdrehungszahlen bei gegebener Entlastungsgröße $(a - b)$ ein gewisses, meist prozentual angegebenes Höchst- oder Mindestmaß nicht überschreiten soll.[1]) Es kommt für alle diese Betriebe also lediglich auf die Scheitelhöhe der Parabel im ersten Regulierabschnitt an, und man erwartet, daß im übrigen der neue Beharrungszustand sobald als nur tunlich eintrete und derart auch Ruhe

[1]) Aus den vorhergehenden Entwicklungen ist ersichtlich, daß es bei Garantieverträgen zweckmäßig ist, wenn die Belastungsänderungen in Prozenten der vollen Turbinenleistung, dazu die einzuhaltenden Geschwindigkeitsgrenzen in Prozenten der jeweils vor der Belastungsänderung bestehenden Geschwindigkeit ausgedrückt sind. Für die Einhaltung der Geschwindigkeitsgrenzen wird häufig die Garantie abgelehnt, sofern es sich um Werte von a oder b kleiner als $^1/_3$ bis $^1/_4$ handelt, weil dann s von zu einschneidendem Einfluß wird (vgl. die auf der nächsten Seite folgenden Rechnungen für $a - b = 0{,}1$ und $0{,}5$).

ins Reguliergetriebe bringe. Den Einfluß, den die Konstruktionsdaten von Turbine und Regler auf diesen ersten Parabelscheitel ausüben, sehen wir aus Gl. 846.

Der Zuwachs zur Anfangsgeschwindigkeit n_a, die Höhe der Welle in der n-Linie, ist vor allen Dingen umgekehrt proportional dem Arbeitsvermögen A_1 pro PS_e oder auch dem Schwungmoment GD^2, S. 745. Also kleines n_{max} kann durch großes A_1, durch schwere Schwungräder, erzielt werden. Da dies aber ein in Anlage und Betrieb nicht gerade billiges Mittel ist, so ist vom Konstrukteur dafür zu sorgen, daß der Klammerfaktor in der Gl. 846 tunlichst klein ausfällt für gegebene, bzw. angenommene Größe von $(a - b)$, d. h. die Spielraumzeit s und die Schlußzeit T_s müssen so klein als möglich gehalten werden.

Ein großes s hat für kleinere Werte von $(a - b)$ naturgemäß überwiegenden Einfluß, während der Einfluß bei größeren Beträgen mehr und mehr zurücktritt; so z. B. wird mit $s = \frac{1}{6}$ und $T_s = 4$ sk der Klammerwert der Gl. 846

$$\text{für } a - b = 0{,}1; \quad 0{,}1 \cdot \frac{1}{6} + 0{,}1^2 \cdot \frac{4}{2} = 0{,}0167 + 0{,}02$$

und

$$\text{für } a - b = 0{,}5; \quad 0{,}5 \cdot \frac{1}{6} + 0{,}5^2 \cdot \frac{4}{2} = 0{,}0833 + 0{,}5.$$

Das zweite Glied in der Klammer, die eigentliche Scheitelhöhe der Parabel, steigt eben mit $(a - b)^2$.

2. Das Pendeln des Reglers, gleichbleibende und auseinanderlaufende Schwankungen.

Es liegt in der Natur der Verhältnisse, daß beim ideellen Regler die Füllungsgrößen von a über a_1, a_2 usw. nach der neuen Füllung b zusammenlaufen.

Der Vergleich der Figuren 497 und 499 hatte gezeigt, daß das Vorhandensein der Spielraumzeit nicht nur die Größe der Geschwindigkeitsschwankungen unliebsam beeinflußt, sondern daß sich auch die Anzahl der Schwankungen vermehrt hat. Je größer die Spielraumzeit wird, um so mehr wird sich der Reguliervorgang zeitlich ausdehnen.

Es kann die Frage gestellt werden, unter welchen Umständen das Sichnähern der Füllungsgrößen ganz aufhört, wobei die Füllung b, dauernd, auch nicht in unendlich großer Zeit erreicht wird, mit anderen Worten, was die Bedingungen sind, bei denen die Füllungen des aus dem Beharrungszustande a gebrachten Reglers stetig zwischen einer Füllung a_1 kleiner als b und einer Füllung größer als b wechseln, ohne b je dauernd zu erreichen. Natürlich werden dann die Geschwindigkeiten ebenso zwischen einem n_{max} und einem n_{min}, durch n_b hindurch, hin und her pendeln, ohne in die dazwischen liegende Umdrehungszahl n_b einschwenken zu können, Fig. 501. (25 mm = 1 sk.)

Wir setzen im Anschluß an das Vorhergehende auch hier voraus, daß die Spielraumzeit s nur jeweils für den Beginn, nicht aber für das Ende eines Abschnittes in Frage kommt.

Das Pendeln nimmt aus a, Fig. 501, seinen Anfang, und die Füllung a_2 muß dann naturgemäß wieder gleich a sein.

Wenn das Pendeln des Reglers als Folge großer Spielraumzeit tatsächlich stattfindet, so muß sein

$$a - b = b - a_1.$$

Hieraus folgt die Füllung a_1 als

$$a_1 = 2b - a.$$

Andererseits ist ganz allgemein

$$a_1 = a - \frac{t_{a_1}}{T_s} \quad \ldots \ldots \ldots \ldots \quad (832)$$

Mithin folgt aus dem Gleichsetzen beider a_1-Werte für den pendelnden Regler

$$t_{a_1} = 2(a - b)\,T_s \quad \ldots \ldots \ldots \ldots \quad 853$$

oder nach Gl. 825

$$t_{a_1} = 2\,t_{max} \quad \ldots \ldots \ldots \ldots \quad 854$$

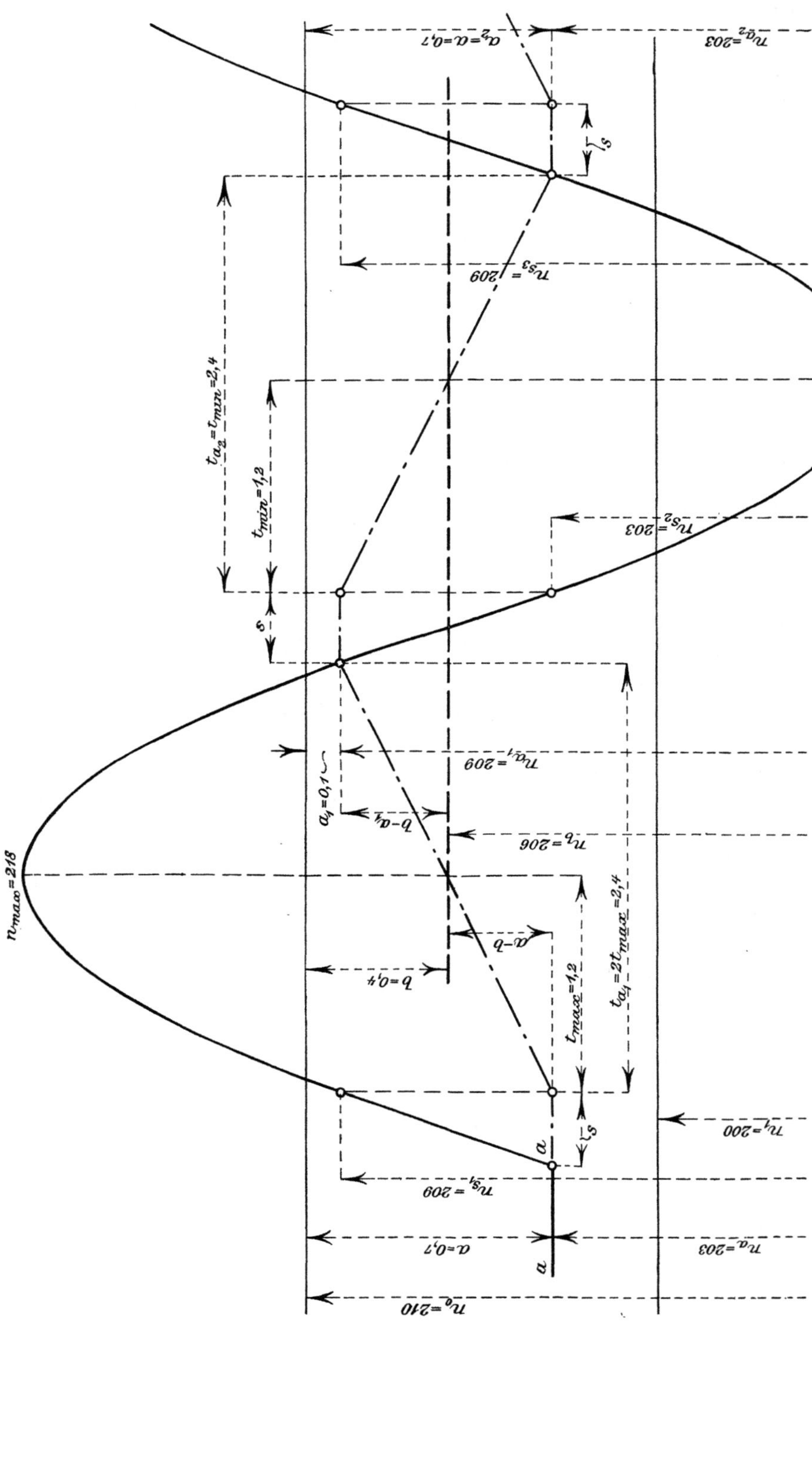

Fig. 501.

Nach Fig. 501 spricht dies aus, daß notwendig auch $n_{a_1} = n_{s_1}$ sein muß, daß also Gl. 829 und 845, S. 756.

$$n_a + \beta n_1 \frac{t_{a_1}}{T_s} = n_a + \frac{37{,}5}{A_1} n_1 (a - b) s,$$

woraus unter Einsetzen von t_{a_1} nach Gl. 854 die Bedingung für das Eintreten des Pendelns folgt als

$$s = 2\beta \frac{A_1}{37{,}5} = C \quad \dots\dots\dots\dots \quad 855$$

das heißt:

Das Pendeln eines Reglers tritt bei der vorausgesetzten Art und Lage der Spielraumzeit ein, ganz unabhängig von der Schwankungsgröße an sich, sowie diese Spielraumzeit s gleich geworden ist der konstanten Zeit C, die beim ideellen Regler zuerst bei der Bestimmung von t_{a_1}, Gl. 830 und 831, S. 749, auftrat und die auch bei der Betrachtung über das glatte Ausgehen des Reguliervorganges, Gl. 841 und 842, S. 753, eine Rolle spielte.

Hier hat $s = C$ die nachstehende Bedeutung:

Die Größe s stellt die Zeit dar, während der die Turbine reglerlos ist. Wenn nun diese reglerlose Zeit $s = C$ so lange währt, daß n_{s_1} gleich groß ist mit n_{a_1}, wenn also die Einwirkung des Reglers erst beginnt, wenn schon die Geschwindigkeit erreicht ist, die dem erwünschten Wiederaufhören der Reglertätigkeit entspricht, so wird das Pendeln eintreten. Die ganze, in der Zeit $s + t_{a_1}$ zwischen dem erwünschten Beginn und dem tatsächlichen Schluß der Reglertätigkeit von der Turbine zuviel geleistete Arbeit wird in dem nächsten Abschnitt $s + t_{a_2}$ wieder aus den Schwungmassen herausfließen, im dritten Abschnitt wieder eingeleitet werden müssen usw.

Wenden wir das Gefundene auf das Zahlenbeispiel an. Es war $C = 0{,}4$ sk gefunden worden, mithin wird der Regler als Folge zu großer Spielraumzeit pendeln, wenn diese 0,4 sk beträgt.

Beim Entlasten aus dem irgendwie hergestellt gewesenen Beharrungszustand, Füllung $a = 0{,}7$ auf den Kraftbedarf $b = 0{,}4$, bleibt im ersten Abschnitt wie früher

$$t_{max} = (0{,}7 - 0{,}4)\, 4 = 1{,}2 \text{ sk} \quad \dots\dots\dots \quad (825)$$

Es findet sich, sofern $s = C$,

$$t_{a_1} = 2 t_{max} = 2{,}4 \text{ sk} \quad \dots\dots\dots\dots \quad (854)$$

ferner ist $a_1 = 2b - a = 2 \cdot 0{,}4 - 0{,}7 = 0{,}1.$

Die Berechnung von n_{s_1} gestaltet sich hier nach Gl. 845 sehr einfach, weil wir wegen Gl. 855 setzen können

$$s \frac{37{,}5}{A_1} = 2\beta,$$

so daß hier aus Gl. 845 entsteht

$$n_{s_1} = n_a + 2\beta n_1 (a - b) \quad \dots\dots\dots\dots \quad 856$$

also in Zahlen $n_{s_1} = 203 + 2 \cdot 0{,}05 \cdot 200\,(0{,}7 - 04) = 209.$

Nach Gl. 826b, S. 756, findet sich dann

$$n_{max} = 209 + \frac{37{,}5}{150}\, 200\,(0{,}7 - 0{,}4)^2 \cdot \frac{4}{2} = 218.$$

Die Fig. 501 entspricht diesen Verhältnissen; in derselben sind auch die Zahlenwerte des zweiten Abschnittes eingetragen.

Für s kleiner als C trat Konvergenz der Füllungen ein, Fig. 499; ist s größer als C, so werden die Füllungsunterschiede so lange auseinanderstreben, bis das Tachometer dauernd zwischen einem der Anschläge, dem oberen oder dem unteren oder einer Gegenlage, hin und her wandert und auf diese Weise ein Pendeln mit den größten Ausschlägen der Geschwindigkeiten eintritt.

Eine andere Ursache zu Pendelungen liegt in den wellenförmig verlaufenden Druckschwankungen in Zuleitungsröhren, Fig. 526a.

3. Der Einfluß der Beweglichkeit β.

Die Wahl der Größe β in $n_0 - n_1 = \beta n_1$, S. 741, erfordert Besprechung, da hier andere Betriebsrücksichten als bei der Dampfmaschine vorliegen.

Kolbendampfmaschinen können vorübergehend oder dauernd über die wirtschaftlich beste Leistung hinaus noch durch übertriebene Vergrößerung der Füllung bei tiefen Tachometerstellungen überlastet werden, und deshalb kann bei Kolbendampfmaschinen von einer „mittleren Umdrehungszahl" geredet werden. Dies ist für den Reguliervorgang an sich bei Kolbendampfmaschinen sehr erwünscht, denn beim Eintreten einer vorübergehenden bedeutenden Mehrbelastung (b unter Umständen größer als 1) steht dadurch ein gegenüber der Normalleistung N_1 wesentlich größeres Drehmoment zu Gebote, das, wenn nötig, zeitweilig zur Beschleunigung der rotierenden Massen mit herangezogen werden kann.

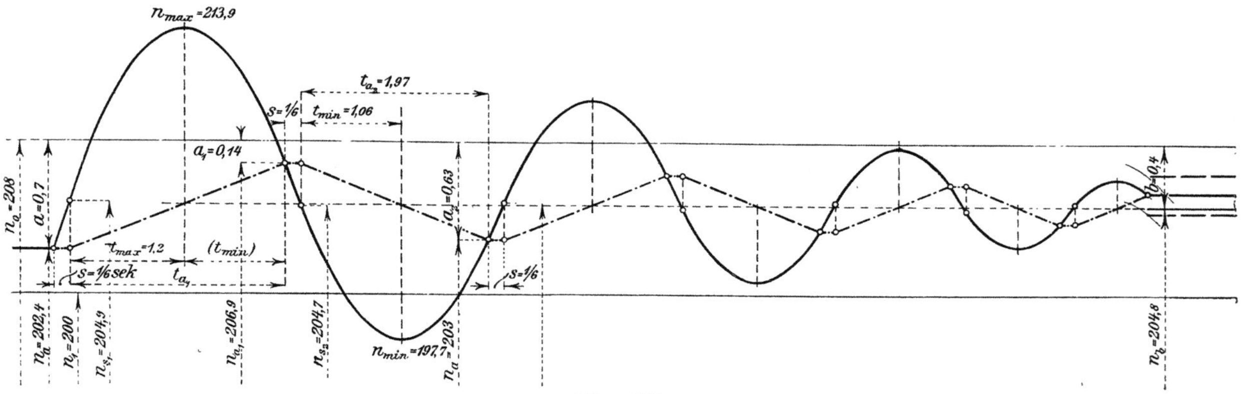

Fig. 502.

Bei den Turbinen sind die Übersetzungen der Maschinenantriebe fast ohne Ausnahme unter Zugrundelegung von n_1 als normaler Umdrehungszahl bemessen, weil in den meisten Betrieben die Turbinen naturgemäß mit großen Füllungen arbeiten, eine Reserve für vorübergehende oder dauernde Überbelastung besteht dabei nicht. Findet für längere Zeit ein Betrieb mit ziemlich kleiner Füllung a statt, so ist man, falls die ihm entsprechende erhöhte Umdrehungszahl n_a, Gl. (821), S. 742, zu hoch erscheint, durch Entlasten der Tachometermuffe oder ähnliches stets in der Lage, die Umdrehungszahl auch für die Füllung a auf n_1 zu ermäßigen, falls der Regler nicht die schon erwähnte Rückführung, S. 734 u. f. besitzt.

Die Größe von β hat auf den Parameter der n-Parabeln unmittelbar keinen Einfluß, Gl. 836, S. 750, auch nicht auf die tatsächlichen Scheitelhöhen, wohl aber mittelbar auf n_s und n_{max}, weil n_a gegenüber n_1 mit β wächst, Gl. (821). Dies wäre also ein Grund, β klein zu halten.

Andererseits zeigen Rechnung und Zeichnung, daß, je kleiner β wird, die Anzahl der einzelnen Regulierabschnitte, also die Größe x in Gl. 841, S. 753, zunimmt; vgl. Fig. 502, in der mit $a = 0,7$, $b = 0,4$ und unter Einhaltung sämtlicher sonstiger Verhältnisse der Reguliervorgang für $\beta = 0,04$ statt seither 0,05 durchgeführt ist.

Die Figur ist des Platzes wegen gegenüber der Fig. 499 auf die Hälfte verkleinert.[1]

Kleine Werte von β verursachen also kleineres n_{max}, aber eine Vergrößerung der Zeitdauer des Reguliervorganges und eine wesentliche Vermehrung der Einzelabschnitte, d. h. wesentlich häufigeres Auf- und Zumachen, was gleichbedeutend mit starker Abnutzung des ganzen Reguliermechanismus ist. Je kleiner β, desto mehr Unruhe im Reguliergetriebe.

Ein weiterer Umstand spricht dafür, die Beweglichkeit β nicht zu klein zu nehmen, d. h. stabilere Tachometer zu verwenden. Die Größe β ist nämlich einer der Faktoren von C, Gl. 830 und 855, und je kleiner C ausfällt, um so näher rückt die Gefahr, daß $s = C$ eintritt und daß das Pendeln einsetzt.

Man nimmt deshalb β ziemlich groß, bis 0,08 wenn der Regler ohne, bis sogar 0,15 wenn er mit Rückführung ausgeführt ist.

4. Die Arbeitsweise der (nachgiebigen) Rückführung.

Jetzt, nach der eingehenden Betrachtung des Reguliervorganges an sich, läßt sich das Arbeiten der (nachgiebigen) Rückführung deutlicher darstellen als dies S. 734 u. f. möglich gewesen, Fig. 502a.

Wir denken uns, wie dies der hydrauliche Regler ermöglicht, den eigentlichen Reguliervorgang, die Überführung von n_a nach n_b, schwingungslos erledigt, wobei

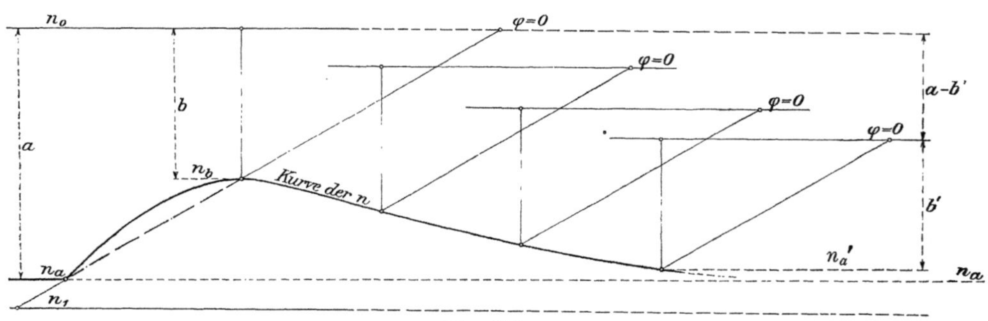

Fig. 502a.

die Verstellung von a auf b auch schon unter dem Einfluß der (nachgiebigen) Rückführung war; doch fängt deren eigentliche Wirksamkeit erst jetzt an. Die Turbine läuft mit n_b zu rasch, die Füllung b wird stetig ganz wenig verkleinert, die Umdrehungszahl nimmt ab, das schrittweise verkleinerte Drehmoment erholt sich aber immer wieder durch diese Abnahme der Umdrehungszahl und so kommt es, daß beim Annähern an die anfängliche Umdrehungszahl n_a, bei n_a', eine etwas gegenüber b verkleinerte Füllung, b', doch befähigt ist, den Betrieb zu führen. Dabei hat das jedesmalige Eingreifen der Rückführung, genau besehen, einfach die Null-Linie der Füllungen ($\varphi = 0$) weiter und weiter nach abwärts in den Bereich der kleineren Umdrehungszahlen verschoben, denn diese muß ja notwendig um b' über n_a' liegen, Fig. 502a. Die n-Kurve kann dann unter Umständen einfach in die n_a-Linie einschwenken.

[1] Mittels Kurvenlineals, der gegebenen Parabel entsprechend, kann der ganze Verlauf des Reguliervorganges mit ziemlicher Genauigkeit einfach ohne weiteres Rechnen aufgezeichnet werden, wobei eine wesentliche Förderung in dem Umstande liegt, daß t_{max} oder t_{min} eines Abschnittes stets gleich $t_a - t_{max}$ des vorhergehenden ist, die benachbarten Parabeläste zweier Abschnitte sind stets kongruent. Fig. 502 ist in der geschilderten Weise, natürlich in größerem Maßstabe, rein zeichnerisch entstanden. Daß die unvermeidlichen Ungenauigkeiten der Regulierorgane der Regelmäßigkeit in der Entwicklung des Vorganges Abbruch tun, also das Bild der Fig. 502 in der Praxis nicht so scharf zur Erscheinung gelangen lassen, ist selbstverständlich.

E. Die Unempfindlichkeit des Tachometers und die Spielraumzeit des Reguliergetriebes, s_R, im engeren Sinne.

Wie schon S. 756 bemerkt, zerfällt die Spielraumzeit s in zwei Abschnitte von ganz verschiedenen Eigenschaften; diese sollen mit s_u und s_R bezeichnet sein.

1. Der Einfluß der Unempfindlichkeit des Tachometers, β_u und s_u.

Die Reibungswiderstände in den Bewegungsstellen des Tachometers bewirken, daß dasselbe sich erst dann in Bewegung setzt, wenn die Umdrehungszahl des seitherigen Beharrungszustandes um ein Entsprechendes gestiegen oder gesunken ist, vorher kann von einem Impuls auf das Relais überhaupt noch keine Rede sein.

Wie schon erwähnt, fallen wegen der an sich konstanten Winkelgeschwindigkeit der Turbine hier die Erwägungen fort, die bei der Kolbendampfmaschine dazu führen, daß ein Tachometer notwendig eine gewisse Unempfindlichkeit haben müsse; hier ist das empfindlichste Tachometer (nicht zu verwechseln mit überkleinen Werten von β oder mit Astasie) gerade gut genug, damit der durch die Unempfindlichkeit des Tachometers verursachte Teil der Verspätung im Reglereingriff und die darauffallende Steigerung in der Umdrehungszahl so klein als möglich bleiben.[1] Der Regler muß zudem derart angeordnet sein, daß das Einschalten des Relais dem Tachometer selbst keine besondere Kraftaufwendung zumutet, also darf nur das Verstellen leergehender Anschläge oder das Bewegen ausgeglichener reibungsfreier Steuerventile (keine Stopfbüchsen!) hierfür in Verwendung kommen, kurz, es muß die Unempfindlichkeit durch Eigenreibung des Tachometers und die durch den Widerstand des Stellzeuges hervorgerufene so klein als immer möglich gehalten werden.

Wir bezeichnen diese gesamte Unempfindlichkeit mit β_u, d. h. es bedarf wegen der durch Reibungswiderstände verursachten Unempfindlichkeit des Tachometers und des Stellzeuges einer Zu- oder Abnahme der jeweiligen Umdrehungszahl n um einen Bruchteil $\beta_u n$, bis die Tachometermuffe von der Ruhelage aus in Bewegung kommt. Als Ruhelage gilt jede Stellung des Tachometers, die genau der augenblicklichen Umdrehungszahl entspricht, die also das Tachometer einnehmen würde, wenn keine die Bewegung hindernden Reibungswiderstände vorhanden wären. Stöße und Erzitterungen im Betriebe machen, wie die Erfahrung vielfältig zeigt, die Reibungswiderstände vorübergehend wirkungslos. Aus diesem Grunde begibt sich jedes halbwegs empfindliche Tachometer nach vollführter Bewegung ebenfalls bald in eine Ruhelage.

Die Unempfindlichkeit β_u ist stets eine sehr kleine Größe, ein sehr kleiner Bruch. Deshalb dürfen wir ohne wesentlichen Fehler die für das Überwinden der Unempfindlichkeit erforderliche Steigerung der Umdrehungszahlen für alle Tachometerlagen nicht nur verhältnismäßig, sondern auch, absolut genommen, gleichgroß annehmen, weil eben n_0 von n_1 relativ auch nur wenig verschieden ist.

Um welche Fehler es sich dabei handeln kann, zeigt z. B. folgende Rechnung. Es sei $\beta_u = 0{,}005$, hochgerechnet. Für unser Zahlenbeispiel würde sich ergeben eine notwendige Steigerung der Umdrehungszahl:

a) wenn die Muffe ganz unten, von $n_1 = 200$ auf $n_1 + \beta_u n_1 = 200 + 0{,}005 \cdot 200$, also auf 201 Umdrehungen, Unterschied 1 Umdrehung;

b) wenn die Muffe ganz oben, eine Abnahme von $n_0 = 210$ auf $n_0 - \beta_u n_0 = 210 - 0{,}005 \cdot 210 = 208{,}95$ Umdrehungen, Unterschied 1,05 Umdrehung.

[1]) Der sog. Ungleichförmigkeitsgrad hat bei Dampfturbinen natürlich auch keinen richtigen Sinn mehr; die Gesamtheit der vorstehenden Betrachtungen gilt sinngemäß ohne weiteres auch für Dampfturbinen, die ja ihre indirekt wirkenden Regler vom Wasserturbinenbau übernommen haben.

Der Fehler darf also vernachlässigt werden, der entsteht, wenn wir die erforderliche Zu- oder Abnahme der n aus irgendeiner Ruhelage überall gleich $\beta_u n_1$ setzen.

Wir können deshalb die n-Linie der Fig. 503 (25 mm = 1 sk) durch zwei Linien begleiten lassen, die in jedem Punkt derselben senkrecht nach oben und unten um $\beta_u n_1$, in unserem Beispiel bei $\beta_u = 0{,}005$, um eine Umdrehung abstehen.

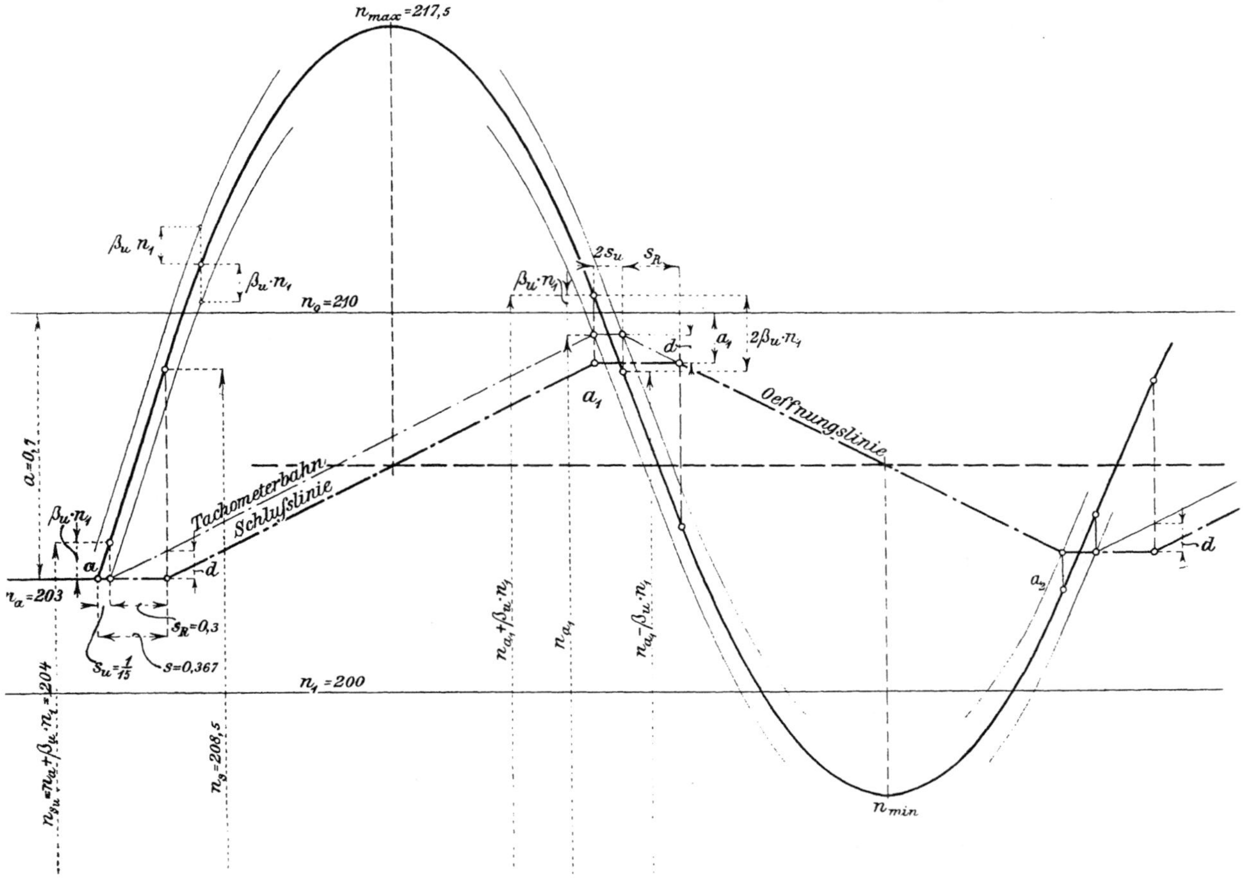

Fig. 503.

Dies gilt innerhalb des Bereiches $n_0 - n_1$ fast ganz genau, und zwar unabhängig von der jeweiligen Schräglage der n-Linie oder deren Krümmung.

Solange sich die Geschwindigkeiten seitlich innerhalb dieser, durch die beiden Begleitlinien gegebenen Fläche befinden, ist eine Bewegung der Muffe unmöglich.

Wir bezeichnen die Umdrehungszahl, bei der gerade das Tachometer seine Ruhelage verlassen wird, nun allgemein als $n_a + \beta_u n_1$ und sind nach Gl. 845 berechtigt zu schreiben

$$n_{s_u} = n_a + \beta_u n_1 = n_a + \frac{37{,}5}{A_1} n_1 (a - b) s_u \quad \text{. . . . . } 857$$

worin s_u der Teil der Spielraumzeit ist, der auf die Unempfindlichkeit des Tachometers entfällt, Fig. 503. Es findet sich daraus

$$s_u = \beta_u \frac{A_1}{37{,}5} \cdot \frac{1}{a - b} \quad \text{. . . . . } 858$$

Die Gleichungen zeigen, daß s_u für ein bestimmtes Tachometer, für eine bekannte Unempfindlichkeit von der Größe β_u, bei jeder anderen Schwankungsgröße $(a - b)$ einen anderen Betrag aufweist, daß also dieser Teil der Spielraumzeit in seiner Größe veränderlich ist. Auf die Entwicklung der Geschwindigkeitsverhältnisse ist dieser Umstand aber ohne Einwirkung, denn die Umdrehungszahlen steigen oder sinken einfach so lange, bis die Zu- oder Abnahme um $\beta_u n_1$ erreicht ist, ehe die Muffe in Bewegung kommt.

Dieser Teil s_u der Spielraumzeit wächst mit A_1 oder mit GD^2. Auch dies ist unbedenklich und es wäre verfehlt, wollte man daraus den Schluß ziehen, daß A_1 auch einmal zu groß genommen werden könnte. Denn worauf es allein ankommt, das ist hier nicht sowohl die Länge der Spielraumzeit an sich, sondern es sind die Folgen dieser reglerlosen Zeit, die sich durch Beschleunigung oder Verzögerung äußern; und diese Folgen bleiben sich, soweit es die Zeit s_u angeht, ganz gleich, ob s_u nur $^1/_{10}$ sk oder 1 min lang dauert, weil die Zunahme der Geschwindigkeit, die erforderlich ist, damit sich das Tachometer in Bewegung setzt, sich in allen Fällen als $\beta_u n_1$ erweist.

Solange die ganze Spielraumzeit s dauert, steigen die n in einer schrägliegenden Geraden an, deren Neigung durch die Gl. 845, also durch $(a - b)$ gegeben ist; mag dabei $(a - b)$ irgendwelchen Betrag haben, stets wird, Fig. 503, das Ansteigen der n-Linie um $\beta_u n_1$ den Punkt bestimmen, der für die Größe von s_u maßgebend ist.

Nach vollzogener Steigerung (oder Abnahme) um $\beta_u n_1$ setzt sich alsdann die Muffe in Bewegung, der Schlußzeit gemäß, was in Fig. 503 durch die mit „Tachometerbahn" bezeichnete Gerade ausgedrückt wird. Die Turbinenfüllung dagegen bleibt noch unverändert in der Größe a, bis auch der zweite Teil der Spielraumzeit s_R, von den eigentlichen Spielräumen im Reguliergetriebe herrührend, abgelaufen ist. Hier trennt sich zeichnerisch die frühere Tachometerbahn in die wirkliche Tachometerbahn und die sog. Füllungsbahn (Schlußlinie oder Öffnungslinie), die erst am Ende von s_R den Aufstieg beginnt und die nachher betrachtet werden wird.

Die Unempfindlichkeit des Tachometers macht sich, nach dem bis jetzt Gesagten, in anderer Weise geltend, je nachdem das Tachometer seinen Weg aus einer Ruhelage beginnt oder wenn es einen der Punkte durchschreitet, die in Fig. 499 mit a_1, a_2 usw. bezeichnet sind, in deren Nähe das Umschalten der Schluß- in die Öffnungsbewegung oder umgekehrt erfolgt.

Für das Verlassen der Ruhelage a ist die einfache Steigerung um $\beta_u n_1$ erforderlich. In der Nähe von a_1 dagegen herrschen andere Verhältnisse. Solange, von s_u ab, die Umdrehungszahlen höher bleiben als $n_a + \beta_u n_1$ (I. Abschnitt des Reguliervorganges), wird die Muffe, der Schlußzeit gemäß, hochgehen müssen, und zwar auch über den Zeitpunkt von n_{max} hinaus für den absteigenden Ast der Parabel, Fig. 503, bis die Umdrehungszahl auf $n_{a_1} + \beta_u n_1$ gesunken ist. Von diesem Augenblick an steht die Muffe still. Mit weiter abnehmender Umdrehungszahl werden die Reibungswiderstände, die dem Hochgehen entgegenstanden, kleiner und sie werden bei der Umdrehungszahl n_{a_1} dem Hochgehen gegenüber Null geworden sein (Ruhelage, Aufhören mit Schließen). Damit das Tachometer aber der noch weiter absinkenden Umdrehungszahl folgen kann, ist alsdann noch eine Verringerung derselben um $\beta_u n_1$ erforderlich, sonst können die Reibungswiderstände, die der Bewegung gegen abwärts entgegenstehen, nicht überwunden werden. An einer Umschaltestelle ist also, weil keine Zeit zum Erreichen der Ruhelage, vgl. S. 764, ein Unterschied in den Umdrehungszahlen von $2\beta_u n_1$ nötig, um die im Steigen begriffen gewesene Muffe zur Umkehr zu bringen.

Die Tachometerbahn wird auf die Strecke $2 s_u$ wagrecht gehen, Fig. 503, wobei an der Stelle a_1 die Länge s_u einen etwas anderen Betrag aufweisen muß als an der Stelle a.

2. Die Spielraumzeit des Reguliergetriebes, s_R. Der Impuls für das Ein- und Ausrücken erfolgt gleichzeitig mit Tachometer-Bewegung und -Stillstand. (Hydraulischer Regler.)

Das Reguliergetriebe hat Spielräume mancherlei Art. Die Drehbolzen haben etwas Luft in den Lagerstellen, die Spindeln weisen toten Gang auf usw. Aber nicht nur diese ohne weiteres sichtbaren Spielräume sind es, aus deren Durchlaufen sich die Zeit s_R zusammensetzt, es kommen auch manche andere Umstände dafür in Betracht.

Eine Regulierwelle, die eine Drehung zu übertragen hat, kann diesem Drehmoment, was Festigkeit betrifft, ganz wohl gewachsen sein, wenn sie aber aus Anordnungsgründen reichlich lang ausgeführt werden mußte (die Regulierwellen bei Dreifach- und Vierfachturbinen u. dgl.), so kann die Zeit, die vergeht, bis diese lange Welle den Verdrehungswinkel angenommen hat, der sie befähigt, das betreffende Drehmoment auch tatsächlich weiterzugeben, ein verhältnismäßig großes Stück von s_R bilden.

Eine weitere Veranlassung zur Entstehung eines Stückes Spielraumzeit kann durch das Regulierorgan selbst gegeben sein. Es braucht nur an die Beschreibung des Ringschiebers für Zellenregulierung S. 287 und 288, auch Fig. 183 erinnert zu werden, um dies zu erläutern.[1])

Das Herüberschieben eines Riemens bei einem Wendegetriebe, vgl. Taf. 60, braucht Zeit und vermehrt s_R.

Die Trägheit der Reguliergetriebeteile trägt hie und da ganz wesentlich zur Vermehrung der Spielraumzeit s_R bei. Sei es, daß es sich dabei um das Inbewegungsetzen der Riemscheiben eines Wendegetriebes handelte, wie sie der Regler, Taf. 60, zeigt, seien es die umlaufenden Räder eines sog. Differentialgetriebes nach Taf. 62, sei es schließlich der Inhalt von reichlich langen Druckrohrverbindungen zwischen den einzelnen Teilen des hydraulischen Reglers, dem Steuerventil, dem Arbeitszylinder, dem Akkumulator, wie dies in der schon erwähnten Dr. Schmoll'schen Arbeit treffend hervorgehoben ist.

Diese Trägheitserscheinungen stellen sich aber nicht nur beim Beginn einer Verstellung hindernd in den Weg, sondern sie beeinträchtigen auch das Aufhören des Verstellungsvorganges manchmal in recht unerwünschter Weise, beispielsweise hört das Schließen dann eben nicht sofort auf, wenn der Punkt a_1, Fig. 499, erreicht ist, sondern es dauert noch so lange weiter, als es das Arbeitsvermögen der betreffenden in Bewegung gewesenen Teile hergibt, die Füllung a_1 wird dadurch unguterweise noch mehr verkleinert.

Die Druckschwankungen in der Zuleitung vergrößern die gesamte Spielraumnoch mehr. Dieser Umstand soll weiter unten ausgiebiger besprochen werden, jetzt aber wollen wir die Entwicklung der Füllungsbahn in Fig. 503 verfolgen (hydraulischer Regler).

Die Zeit s_R ist, unabhängig von $(a-b)$, durch die Ausführungsweise des Reguliergetriebes bestimmt. Während also für den ersten Teil der Spielraumzeit in der zeitlichen Darstellung die Ordinate $\beta_u n_1$ gegeben ist, findet sich die Umdrehungszahl für das Aufhören der geraden n-Linie, für den Beginn der Parabel am Ende des zweiten Teiles aus der Abszisse s_R, und wir können deshalb schreiben, mit Bezug auf Gl. 845

$$n_s = n_{s_u} + \frac{37,5}{A_1} n_1 (a-b)\, s_R = n_a + \beta_u n_1 + \frac{37,5}{A_1} n_1 (a-b)\, s_R$$

oder auch im Anschluß an früheres

[1]) Hier liegt einer der Hauptgründe dafür, daß Zellenregulierungseinrichtungen bei Reaktionsturbinen für genaue Geschwindigkeitregulierung unverwendbar sind.

$$n_s = n_a + \frac{37,5}{A_1} n_1 (a - b)(s_u + s_R) \quad \ldots\ldots\ldots \quad 859$$

Je nach dem Ausgang des im Betriebe vorher erfolgten Reguliervorganges kommt die Spielraumzeit s_R in Ansatz oder nicht. War die Füllung a durch Öffnen erreicht worden, so müssen beim Schließen alle Spielräume durchlaufen werden. War dagegen a das Ende eines Schließvorganges aus größerer Füllung, so fällt s_R beim weiteren Schließen zu Anfang ganz oder teilweise aus. Wir nehmen an, daß a durch Öffnen erreicht worden sei.

Nach Ablauf der Zeit $s = s_u + s_R$ beginnt das Verstellen der Füllung, die Füllungsbahn geht als Schlußlinie, Fig. 503, schräg aufwärts, parallel zur Tachometerbahn in einem Füllungsabstande d, senkrecht gemessen, der sich aus ähnlichen Dreiecken der Fig. 497 und 503 einfach ergibt. Es ist nämlich die Schräge der beiden Bahnen gleich, mithin

$$\frac{d}{s_R} = \frac{1}{T_s},$$

oder

$$d = \frac{s_R}{T_s} \quad \ldots\ldots\ldots\ldots\ldots \quad 860$$

Die Füllungsgröße bleibt um diesen Betrag gegenüber der Tachometerstellung zurück, die Voraussetzungen 2 und 5, S. 740, sind also, letztere in ihrem Anfangssatze, nicht mehr erfüllt.

Solange das Tachometer im Ansteigen begriffen ist, geht die Füllungsbahn als Schlußlinie aufwärts. Das Schließen hört auf, sowie die Umdrehungszahl $n_{a_1} + \beta_u n_1$ erreicht ist, weil hier das Tachometer zur Ruhe kommt (Nebenumstände bei der Nachführung, Trägheit im Reguliergetriebe usw. vernachlässigt), die Füllungsbahn geht wagrecht weiter.

Nach der Zeit $2 s_u$ wird sich zwar das Tachometer nach abwärts in Bewegung setzen und den Impuls für das Öffnen geben, aber es bedarf noch des Ablaufes der Zeit s_R, bis das Öffnen der Turbine tatsächlich beginnt. So lange wird die n-Linie als Gerade schräg abwärts gehen und die Füllungsbahn wagrecht bleiben, dann aber lenken die n in die Parabel, die Füllungsbahn in die Öffnungslinie über, die nun hier mit der Tachometerbahn zusammenfällt. Dies ist leicht einzusehen, wenn wir uns vergegenwärtigen, daß die Tachometerbahn nach Ablauf von $2 s_u$ schräg abwärts geht und daß sie nach Absinken um d in dem Punkt angekommen ist, der um s_R nach rechts liegt, in dem also gerade die Füllungsbahn ebenfalls die gleiche Richtung nach abwärts einschlägt.

Wenn wir die Entwicklung der Dinge weiter verfolgen, so zeigt sich, daß nach dem Erreichen des Punktes a_2 das Zusammenfallen beider Bahnen aufhört. Von hier laufen die beiden wieder im Abstande d nach aufwärts, um im vierten Abschitt wieder zusammenzukommen. So finden wir, daß, einerlei ob es sich um Entlastung oder Mehrbelastung handelt, die Abschnitte I, III usw. getrennte, die Abschnitte II, IV usw. vereinigte Bahnen aufweisen.

29. Die Berechnung der hydraulischen Regler.

Für die Ausübung der Regulierarbeit, den Arbeitsaufwand für das vollständige Öffnen oder Schließen der Turbine, muß jeder Regler in reichlichem Maße befähigt sein. Was wir dafür an Sicherheiten in den Getrieben selbst nehmen, das ist schon S. 409 kurz gesagt worden.

Die meisten mechanischen Regler können als Drehungsregler bezeichnet werden, weil sie die Verstellung der Regulierung durch Drehen einer Welle ausführen, Taf. 60, 62. Die hydraulischen Regler dagegen sind fast durchweg Schubregler, sie bewegen das Reguliergetriebe durch Verschieben des hydraulischen Kolbens, Taf. 23, 24, 29, 38, 40, 51, 54, 61; die Taf. 16 und 55 zeigen, wie der Schub des hydraulischen Kolbens aber auch für Drehung verwendet werden kann.

Die Berechnung der mechanischen Regler hinsichtlich der Arbeitsfähigkeit und der Schlußzeit bietet keine besonders zu besprechenden Schwierigkeiten, es sind eben die nötigen Zuschläge für Reibungsverluste im Regler selbst zu machen, und im Konstruieren ist so vorzugehen, daß alle Kippmomente in den Getriebeteilen peinlich vermieden werden, wie dies ja allgemein einer der ersten Grundsätze für den Konstrukteur sein muß. Außerdem müssen aufs Gewissenhafteste alle die Gelegenheiten eingeschränkt oder besser ganz ausgeschaltet werden, die zur Vermehrung der Spielraumzeit von Anfang an oder später (Abnützung der Bewegungsstellen) beitragen könnten.

Die hydraulischen Regler dagegen bieten wegen der Arbeitsleistung durch Flüssigkeitsdrucke (kraftschlüssiger Betrieb im Gegensatz zu dem paarschlüssigen der mechanischen Regler) Verhältnisse, die hier näher besprochen werden müssen, besonders auch hinsichtlich des Einhaltens der erwünschten Schlußzeit.

A. Hydrostatische Regler.

1. Hydrostatische Regler, einfachwirkend.

Wir müssen annehmen, daß der Kolben eines einfachwirkenden Reglers, einerlei ob derselbe sich gegen außen oder nach innen (Rücklauf) bewegt, durch eine von außen kommende Druckkraft P belastet sein muß, die ständig bestrebt ist, den Kolben nach einwärts zu schieben, Fig. 504, denn für andere Verhältnisse kann der einfachwirkende Regler gar nicht in Betracht kommen. Daß solche Verhältnisse auch in denjenigen des Reguliergetriebes begründet sein können, folgt beispielsweise aus der Kurve I der Fig. 220, S. 354. Die gleiche Figur zeigt aber auch, daß die Kraftäußerung für Öffnen und für Schließen von der gleichen Schaufelstellung aus im tatsächlichen Betrieb verschieden sein wird, und demgemäß führen wir hier statt einer einfachen Bezeichnung P für den Kolbendruck eine Doppelbezeichnung ein:

P_a der gesamte Widerstand des Reguliergetriebes, den der Kolben auf dem Wege gegen auswärts zu überwinden hat (kg),

P_e die auf den Kolben durch das rücklaufende Reguliergetriebe (einwärts) geäußerte Kraft (kg).

Diesem entsprechen auch die in der schematischen Fig. 504 eingetragenen Bezeichnungen. Außerdem soll sein

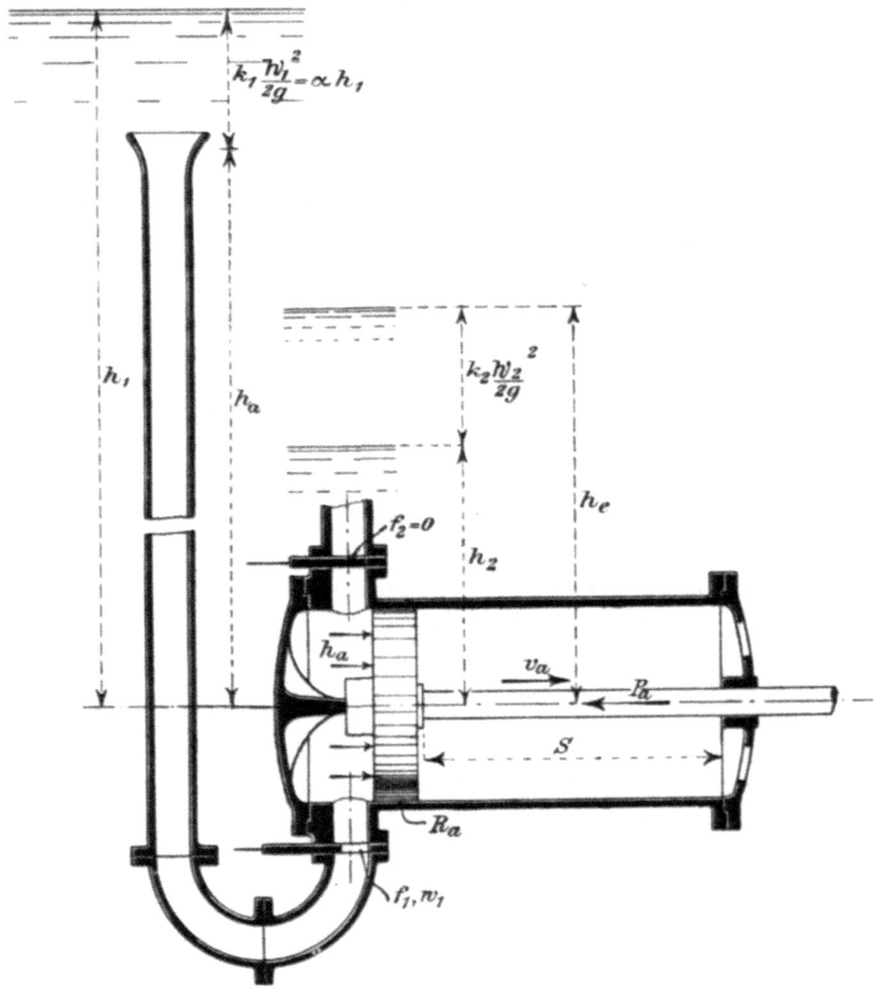

Fig. 504.

f_1	der engste Querschnitt der Zuführung, im geöffneten Steuerorgan (qm),	beim Auswärtsgehen des Kolbens.
w_1	die Geschwindigkeit in f_1 (m/sk),	
h_a	die tatsächliche Druckhöhe im Zylinderraum (Querschnitt f_2 geschlossen) (m),	
v_a	die Kolbengeschwindigkeit (m/sk),	
f_2	der engste Querschnitt der Abführung (qm),	beim Kolbenrückgang (einwärts).
w_2	die Geschwindigkeit in f_2 (m/sk),	
h_e	die tatsächliche Druckhöhe im Zylinder (Querschnitt f_1 geschlossen) (m),	
v_e	die Kolbengeschwindigkeit (m/sk),	

Wir nennen ferner:

R den Betrag der Kolbenreibung, wie er sich der Kolbenbewegung entgegenstellt (kg),

h_1 und h_2 die maßstäblichen Druckhöhen über der liegend angenommenen Zylinderachse (m),
F die Druckfläche des Arbeitskolbens (qm),
S den Regulierweg (Hub) des Arbeitskolbens von „Auf“ bis „Zu“ oder umgekehrt (m).

Das aus w_1 folgende Arbeitsvermögen der zugeführten Preßflüssigkeit werde im Zylinderraum durch Wirbel vernichtet, trage also nicht zur Erhöhung von h_a bei.

Unter dieser Voraussetzung bezeichnen wir mit $k_1 \frac{w_1^2}{2g} = \alpha h_1$, mit dem k_1-fachen der Geschwindigkeitshöhe $\frac{w_1^2}{2g}$, den für die Erzeugung von w_1 und für das Durchströmen der Steuerkanäle insgesamt aufzuwendenden Bruchteil von h_1, einschließlich aller Reibungsverluste; k_1 ist wesentlich größer als 1, des Widerstandes der eckig abgesetzten, gewundenen Wege der Druckflüssigkeit halber.

Ferner ist $k_2 \frac{w_2^2}{2g}$ die zur Erzeugung von w_2 und zur Überwindung der Widerstände in den Steuerkanälen insgesamt erforderliche Druckhöhe, wobei k_2 auch wesentlich größer als 1 auftreten wird.

Von Interesse ist für uns, festzustellen, wie die Geschwindigkeiten v_a und v_e zustande kommen, denn durch diese und den Kolbenweg wird die Schlußzeit dynamisch bedingt im Gegensatz zu den mechanischen Reglern, bei denen die Schlußzeit einfach durch die Räder- und Hebelübersetzungen erzwungen wird.

Wir betrachten zunächst:

I. Das Auswärtsgehen des Kolbens.

Zweifellos ist vor allem, Fig. 504,

$$h_a = h_1 - k_1 \frac{w_1^2}{2g} = h_1 - \alpha h_1 = (1 - \alpha) h_1 \quad \ldots\ldots\ldots \quad 861$$

Die Druckhöhe h_a wirkt auf die Kolbenfläche F und soll die äußere Gegenkraft P_a überwinden, dazu die Kolbenreibung R. Mithin ist zu schreiben mit γ als Gewicht der Volumeinheit der Druckflüssigkeit

$$F \cdot h_a \cdot \gamma = F (1 - \alpha) h_1 \cdot \gamma = P_a + R$$

und wir finden den zur Überwindung von P_a und R nötigen Kolbenquerschnitt F zu

$$F = \frac{P_a + R}{\gamma (1 - \alpha) h_1} \quad \ldots\ldots\ldots \quad 862$$

Wieviel wir von der vorhandenen Druckhöhe h_1 verloren geben wollen, das hängt vorerst vom Belieben des Konstrukteurs ab, also ist α einstweilen frei wählbar und daraus ergibt sich die erforderliche Kolbenfläche F.

Nehmen wir k_1 als bekannt an, so ergibt sich w_1 mit angenommenem Wert von α gemäß obiger Bezeichnung zu

$$w_1 = \sqrt{2g \frac{\alpha h_1}{k_1}} \quad \ldots\ldots\ldots \quad 863$$

Wenn der Kolben seiner Steuerung zuverlässig gehorchen soll, so muß die gesamte Anordnung derart getroffen sein, daß alle Luft aus dem Zylinder und den Steuerkanälen sofort entweichen kann, damit diese Räume ausschließlich von Preßflüssigkeit erfüllt sind. Nur unter dieser Voraussetzung gilt die Kontinuitätsgleichung

$$f_1 \cdot w_1 = F \cdot v_a.$$

und daraus folgt

$$v_a = w_1 \frac{f_1}{F} = \frac{f_1}{F} \sqrt{2\,g \frac{\alpha\, h_1}{k_1}} \quad \ldots\ldots\ldots\ldots\ldots \quad 864$$

Andererseits ist bei gegebener Schlußzeit ($T_s = T_0$) zu setzen

$$S = v_a \cdot T_s$$

so daß auch zu schreiben ist

$$f_1 = F \frac{v_a}{w_1} = F \frac{S}{T_s} \cdot \frac{1}{w_1}$$

und mit w_1 nach Gl. 863 findet sich der erforderliche Steuerquerschnitt

$$f_1 = F \frac{S}{T_s} \sqrt{\frac{k_1}{2 g\, \alpha\, h_1}} \quad \ldots\ldots\ldots\ldots\ldots \quad 865$$

als erforderliche Größe des Steuerquerschnittes an der engsten Stelle für das Einhalten der Schlußzeit T_s.

Wird F noch nach Gl. 862 eingesetzt, so folgt

$$f_1 = \frac{P_a + R}{\gamma\,(1-\alpha)\, h_1} \cdot \frac{S}{T_s} \sqrt{\frac{k_1}{2 g\, \alpha\, h_1}} \quad \ldots\ldots\ldots\ldots \quad 865\,\mathrm{a}$$

II. Der Kolbenrückgang (einwärts).

Hier sind die Umstände gegenüber „I" grundsätzlich verschieden. Während unter „I" eine beliebig zugelassene Druckhöhe $h_a = (1-\alpha)\, h_1$ die Bewegung des entsprechend bemessenen Kolbens zu erzwingen vermochte, erzeugen nunmehr, umgekehrt, gegebene Kräfte die Druckhöhe h_e.

Von dem Augenblick an, in dem f_1, Fig. 504, geschlossen wird, drückt auf den Kolben einwärts treibend die Kraft P_e, und da die Reibung R der Kolbenbewegung entgegenwirkt, so steht die innere Kolbenseite unter dem resultierenden Gesamtdruck $P_e - R$.

Die Pressung h_e in m Wassersäule im Zylinderinneren berechnet sich also, wenn f_1 geschlossen ist, aus

$$P_e - R = F \cdot h_e \cdot \gamma$$

zu

$$h_e = \frac{P_e - R}{F \cdot \gamma} \quad \ldots\ldots\ldots\ldots\ldots \quad 866$$

Der Druckhöhe $h_e - h_2$ entsprechend wird das Wasser durch jeden etwa geöffneten Austrittsquerschnitt durchtreten, unabhängig von dessen Größe und nur behindert durch die Reibungswiderstände der Steuerkanäle. Demgemäß setzen wir der oben angeführten Bezeichnung entsprechend

$$k_2 \frac{w_2^{\,2}}{2g} = h_e - h_2$$

und finden

$$w_2 = \sqrt{2g \frac{h_e - h_2}{k_2}} \quad \ldots\ldots\ldots\ldots\ldots \quad 867$$

sowie

$$v_e = \frac{f_2}{F} \sqrt{2\,g \frac{h_e - h_2}{k_2}} \quad \ldots\ldots\ldots\ldots\ldots \quad 868$$

Die Widerstandskoeffizienten k_1 und k_2, die, wie gesagt, durch die Formen der Steuerkanäle bedingt sind, werden im allgemeinen Werte zwischen 2 und 4 aufweisen, ganz ähnlich denjenigen bei den Steuerungen hydraulischer Hebezeuge.

Für den Einwärtsgang des Kolbens ist ebenfalls die Schlußzeit $T_s = T_0$ einzuhalten und so gilt hier

$$S = v_e \cdot T_s$$

wodurch mit der Kontinuitätsgleichung sich ergibt

$$f_2 = F\frac{v_e}{w_2} = F\frac{S}{T_s}\cdot\frac{1}{w_2} = F\frac{S}{T_s}\sqrt{\frac{k_2}{2g(h_e - h_2)}} \quad \ldots\ldots \quad 869$$

als Steuerquerschnittsgröße des Rücklaufes für die Einhaltung der Zeit $T_0 = T_s$

Wenn hier h_e nach Gl. 866 ersetzt wird, dazu F nach Gl. 862, so ergibt sich die ziemlich umständliche Beziehung

$$f_2 = \frac{P_a + R}{\gamma(1-\alpha)h_1}\cdot\frac{S}{T_s}\sqrt{\frac{k_2(P_a+R)}{2g[(P_e - R)(1-\alpha)h_1 - (P_a+R)h_2]}} \quad \ldots \quad 869\,\mathrm{a}$$

Daß h_e nie dem Wert h_2 gleich sein darf, lehrt der Augenschein, der Kolben würde sich nicht rückwärts bewegen können und auch geringe Unterschiede zwischen h_e und h_2 verlangen sehr große Steuerquerschnitte f_2, Gl. 869.

Fast immer ist es aus Ausführungsgründen wünschenswert, daß die Steuerquerschnitte f_1 und f_2 gleich groß sind, häufig dient ja ein Querschnitt beiden Zwecken. Was dies für die Berechnung besagen will, ersehen wir aus der Vereinigung von Gl. 865 und 869. Diese ergibt einfach

$$k_1(h_e - h_2) = k_2\cdot\alpha h_1$$

und wenn wir auch $k_1 = k_2 = k$ annehmen

$$h_e - h_2 = \alpha h_1 \quad \ldots\ldots\ldots\ldots \quad 870$$

Das heißt, wie natürlich, daß bei gleichen Steuerquerschnitten für den Kolbenvor- und -rückgang die aufgewandte Druckhöhe für das Durchfließen der Steuerkanäle gleich groß sein muß. Führen wir h_e aus Gl. 866 ein, nachdem darin F nach Gl. 862 ersetzt worden, so ergibt sich, daß jetzt der aufzuwendende Bruchteil α des Betriebsdruckes h_1 für $T_s = T_0$ nicht mehr frei wählbar ist, sondern, sofern R fest gegeben, als

$$\alpha = \frac{P_e - R}{P_a + P_e} - \frac{P_a + R}{P_a + P_e}\cdot\frac{h_2}{h_1} \quad \ldots\ldots\ldots\ldots \quad 871$$

rechnungsmäßig feststeht.

Nun wird kein verständiger Konstrukteur so disponieren, daß von Hause aus eine wesentliche Gegendruckhöhe h_2 unabänderlich vorhanden ist. Da aber die Größen der Kräfte P_a und P_e, mehr noch R und k, besonders bei neuem Entwurf, etwas unsicher sind, so empfiehlt es sich, nicht den vollen Betrag von h_1 als verfügbar in Rechnung zu stellen, sondern je nach Umständen wesentlich weniger, und in gleicher Weise auch eine Gegendruckhöhe h_2 als vorhanden anzunehmen. Durch von Hand einstellbare Drosselventile lassen sich dann die für die gewünschte Schlußzeit erforderlichen Größen von h_1 und h_2 angemessen einregulieren.

2. Hydrostatische Regler mit Differentialkolben; P_a und P_e gleichgerichtet.

Wenn P_e so weit heruntersinkt, daß es gleich oder kleiner ist als R, was hier und da zu erwarten sein mag, so würde der Kolben nicht von selber zurückgehen. Der einfachwirkende Regler kann in seinen Steuerorganen sehr einfach gehalten werden, er belastet also das Tachometer mit sehr geringen Einstellungswiderständen. Derselbe ist hier aber nur dann möglich, wenn eine weitere Kraft zu P_e hinzutritt, um den Rücklauf des Kolbens zu erzwingen. Diese Kraft kann durch entsprechend angeordnetes Gestängegewicht, durch Gegengewichte u. dgl. geleistet werden oder auch durch hydraulischen Gegendruck mittels des sog. Differentialkolbens. Auch in anderen Fällen findet der Differentialkolben der Einfachheit seiner Steuerung wegen vielfach Verwendung. Die Bewegung nach beiden Seiten des Kolbenweges ist eben durch diesen besser gesichert, während beim einfachwirkenden Kolben doch eher ein Versagen beim Rücklauf eintreten kann.

Die ringförmige Kolbenfläche werde als Bruchteil von F mit βF bezeichnet, Fig. 505, sie steht ständig unter der vollen Druckhöhe h_1 (reichlicher Querschnitt der Zuleitung) und die Verhältnisse werden dabei ausgedrückt durch

(Kolbenweg auswärts)

$$F \cdot h_a \cdot \gamma = P_a + R + \beta F \cdot h_1 \cdot \gamma \quad . \; . \; . \quad 872$$

(Kolbenweg einwärts)

$$F \cdot h_e \cdot \gamma = P_e - R + \beta F \cdot h_1 \cdot \gamma \quad . \; . \; . \quad 873$$

Zu den gleichgerichteten Kräften P_a und P_e tritt eben jedesmal der auf die Ringfläche βF entfallende Druck hinzu.

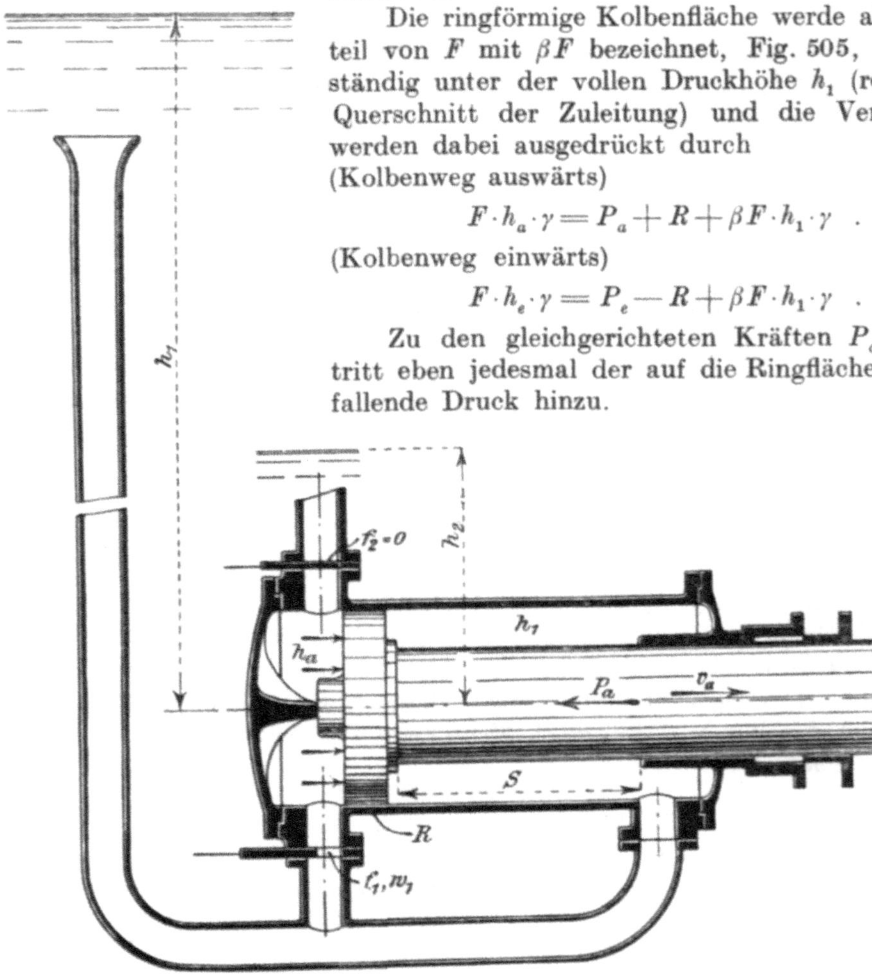

Fig. 505.

Wir erhalten daraus die nachstehenden Beziehungen:

I. Das Auswärtsgehen des Kolbens.

$$F = \frac{P_a + R}{\gamma (h_a - \beta h_1)} = \frac{P_a + R}{\gamma (1 - \alpha - \beta) h_1} \quad . \; . \; . \; . \; . \; . \; . \; . \quad 874$$

vgl. Gl. 862. Die Gl. 863 für w_1 ebenso Gl. 865 für f_1 bleiben ungeändert, dagegen ergibt sich nach Einsetzen von F nach Gl. 874 in Gl. 865

$$f_1 = \frac{P_a + R}{\gamma (1 - \alpha - \beta) h_1} \cdot \frac{S}{T_s} \sqrt{\frac{k_1}{2 g \alpha h_1}} \quad . \; . \; . \; . \; . \; . \; . \; . \quad 875$$

vgl. Gl. 865a.

II. Der Kolbenrückgang (einwärts).

Aus Gl. 873 entnehmen wir

$$h_e = \frac{P_e - R + \beta F \cdot h_1 \cdot \gamma}{F \cdot \gamma} = \frac{P_e - R}{F \cdot \gamma} + \beta h_1 \quad . \; . \; . \; . \; . \; . \; . \quad 876$$

nnd finden mit Hilfe der unverändert bleibenden Gl. 867 bis 869

$$f_2 = \frac{P_a + R}{\gamma(1-\alpha-\beta) h_1} \cdot \frac{S}{T_s} \sqrt{\frac{k_2 (P_a + R)}{2g[(P_e - R)(1-\alpha-\beta) h_1 + (P_a + R)(\beta h_1 - h_2)]}} \quad . \quad 877$$

vgl. Gl. 869a.

Setzen wir auch hier $f_1 = f_2$ als erwünscht an, so folgt aus Gl. 875 und 877 mit $k_1 = k_2$

$$\alpha = \frac{P_e - R}{P_a + P_e} - \frac{P_a + R}{P_a + P_e} \cdot \frac{h_2}{h_1} + \beta \cdot \frac{P_a + 2R - P_e}{P_a + P_e} \quad \ldots\ldots \quad 878$$

vgl. Gl. 871, als notwendig zu beachtende Beziehung zwischen α und β, sofern die Steuerquerschnitte gleich sein sollen.

3. Hydrostatische Regler mit Differentialkolben; P_a entgegengesetzt P_e.

Diese Anordnung kann für das Bewegen von Spaltschiebern bei Strahlturbinen oder ähnliche Zwecke erwünscht sein. Sind derartige Schieber im Gewicht annähernd ausgeglichen, so stellen sich als P_a und P_e eigentlich nur die Reibungswiderstände des Getriebes und des Schiebers selbst der Bewegung des Kolbens nach aus- oder einwärts entgegen, dazu noch die eigene Kolbenreibung R.

Die vorher entwickelten Gleichungen bleiben in Gültigkeit, sofern P_e, der entgegengesetzten Richtung wegen, als negativ in die Rechnung eingeführt wird.

4. Grenzwerte von α und β.

Da es sich bei gegebenen Kräften um die richtige Wahl von β und α handelt, so ist der Bereich festzustellen, innerhalb dessen eine freie Wahl möglich ist.

Die Größen α und β finden sich in Gl. 874 mit negativem Vorzeichen. Da F nie negativ werden kann, so ist zuerst eine Bedingung dadurch gegeben, daß stets

$$\alpha + \beta < 1$$

sein muß. Setzen wir den Grenzwert $\alpha = 1 - \beta$ (der aber nie erreicht werden darf, denn dann wäre $F = \infty$) in die Gl. 878, so ergibt sich der Höchstwert für β als

$$\beta_{max\,(F)} = \frac{1}{2}\left(1 + \frac{h_2}{h_1}\right) \quad \ldots\ldots\ldots\ldots \quad 879$$

unabhängig von der Richtung von P_e und die Ausführung hat stets unter diesem Wert zu bleiben.

Andererseits zeigt die Gl. 878 für α, außer dem positiven Gliede mit β als Faktor, auch negative Glieder. Da α nur im Grenzwert die Größe Null erreichen dürfte, so ergibt die genannte Gleichung für $\alpha = 0$ den Kleinstwert von β, über dem notwendig die Ausführung bleiben muß. Wir erhalten

$$\beta_{min\,(\alpha)} = \frac{P_a + R}{P_a + 2R - P_e} \cdot \frac{h_2}{h_1} - \frac{P_e - R}{P_a + 2R - P_e} \quad \ldots\ldots \quad 880$$

Ist β innerhalb der genannten Grenzen angenommen, so folgt α nach Gl. 878, wobei die Richtung von P_e zu beachten ist.

Ein Rechnungsbeispiel soll das bisher Gesagte erläutern. Es sei gegeben eine verfügbare Druckhöhe von 60 m bis Zylindermitte, von der wir aber vorsichtig nur 40 m in Rechnung stellen. Die gesamten Daten mögen lauten:

$P_a = 200$ kg	$P_e = 160$ kg	$R = 20$ kg
$h_1 = 40$ m	$h_2 = 4$ m	$k = 4$
$S = 0{,}3$ m	$T_s = 3$ sk.	

Nach Gl. 879 findet sich für „2“ sowohl als „3“:

$$\beta_{max(F)} = \frac{1}{2}\left(1 + \frac{4}{40}\right) = 0{,}55$$

Zu „2“, Differentialkolben, P_a und P_e gleichgerichtet.

Die untere Grenze für β folgt mit den gegebenen Größen der Kräfte zu

$$\beta_{min(\alpha)} = \frac{200 + 20}{200 + 40 - 160} \cdot \frac{4}{40} - \frac{160 - 20}{200 + 40 - 160} = -1{,}475 \quad . \quad . \quad \textbf{(880)}$$

Demnach ist, wie hier die Umstände liegen, für β jeder positive Wert unterhalb von 0,55 gestattet.

In welcher Weise Vorsicht in der Wahl von β erforderlich ist, geht aus dem Nachrechnen folgender Annahmen hervor:

$$\underline{\beta = 0{,}5.}$$

Hier wird nach Gl. 878 (für $f_1 = f_2$)

$$\alpha = \frac{160 - 20}{200 + 160} - \frac{200 + 20}{200 + 160} \cdot \frac{4}{40} + 0{,}5\,\frac{200 + 40 - 160}{200 + 160} = 0{,}439.$$

Ferner nach Gl. 874

$$F = \frac{200 + 20}{1000\,(1 - 0{,}439 - 0{,}5) \cdot 40} = 0{,}0902 \text{ qm},$$

was einem Kolbendurchmesser von $\sim$ 340 mm entspricht, eine Abmessung, die noch recht groß ist. Wir ermäßigen β auf:

$$\underline{\beta = 0{,}4.}$$

Hiermit findet sich nach Gl. 878 (für $f_1 = f_2$)

$$\alpha = \frac{140}{360} - \frac{22}{360} + 0{,}4\,\frac{80}{360} = 0{,}417$$

und der erforderliche Kolbenquerschnitt

$$F = \frac{220}{1000\,(1 - 0{,}417 - 0{,}4) \cdot 40} = 0{,}0301 \text{ qm}$$

entsprechend einem Kolbendurchmesser von $\sim$ 196 mm. Dies sind brauchbare Verhältnisse, und wir rechnen dann auch den Steuerquerschnitt aus, der sich ergibt, Gl. 875, zu

$$f_1 = f_2 = \frac{200 + 20}{1000 \cdot 0{,}183 \cdot 40} \cdot \frac{0{,}3}{3}\sqrt{\frac{4}{19{,}62 \cdot 0{,}417 \cdot 40}} = 0{,}000\,33 \text{ qm}$$

oder 3,3 qcm. Wir ermäßigen β nochmals:

$$\underline{\beta = 0{,}3.}$$

Es findet sich

$\alpha = 0{,}394$; $F = 0{,}0179$ qm entsprechend einem Durchm. von $\sim$ 150 mm.

$f_1 = f_2 = 0{,}000\,204$ qm $= 2{,}04$ qcm.

Für $P_a = P_e = P$ (Anheben einer unausgeglichenen Ringschütze und dgl.) gehen die Gl. 878 und 880 über in

$$\alpha = \frac{P - R}{2P} - \frac{P + R}{2P} \cdot \frac{h_2}{h_1} + \beta\,\frac{2R}{2P} \quad . \quad . \quad . \quad . \quad . \quad . \quad . \quad . \quad . \quad \textbf{878a}$$

und

$$\beta_{min(\alpha)} = \frac{P + R}{2R} \cdot \frac{h_2}{h_1} - \frac{P - R}{2R} \quad . \quad . \quad . \quad . \quad . \quad . \quad . \quad . \quad . \quad \textbf{880a}$$

Zu „3“, Differentialkolben, P_a entgegengesetzt P_e, vgl. S. 775.

Es bleibt $\beta_{max(F)} = 0{,}55$, Gl. 879. Dagegen findet sich mit P_e negativ

$$\beta_{min(\alpha)} = \frac{200+20}{200+40+160} \cdot \frac{4}{40} + \frac{160+20}{200+40+160} = 0{,}505 \quad . \quad . \quad . \quad (880)$$

und es ist deshalb hier nur ein ganz kleiner Bereich für die Bemessung von β offen gelassen.

Wir nehmen $\beta = 0{,}525$ an und erhalten damit

$$\alpha = -\frac{160+20}{200-160} - \frac{200+20}{200-160} \cdot \frac{4}{40} + 0{,}525\,\frac{200+40+160}{200-160} = 0{,}2 \quad . \quad (878)$$

Es ergeben sich weiter

$$F = \frac{200+20}{1000\,(1-0{,}2-0{,}525)\,40} = 0{,}02 \text{ qm} \quad . \quad . \quad . \quad . \quad . \quad . \quad . \quad . \quad (874)$$

entsprechend einem Kolbendurchmesser von ~ 160 mm, während nach $F(1-\beta)$ der kleinere Kolbendurchmesser ~ 110 betragen muß, ferner

$$f_1 = 0{,}02\,\frac{0{,}3}{3}\sqrt{\frac{4}{19{,}62 \cdot 0{,}2 \cdot 40}} = \sim 0{,}00032 \text{ qm} \quad . \quad . \quad . \quad . \quad . \quad (875)$$

oder $\sim 3{,}2$ qcm.[1])

Die Rechnung gibt ein Bild davon, daß die Verhältnisse mit P_a entgegengesetzt P_e sich für den hydrostatischen Differentialkolben und mit $f_1 = f_2$ nicht gut eignen, besonders wenn noch die Unsicherheit in den Beträgen der P usw. berücksichtigt wird. Hier findet der hydrodynamische Differentialkolben, S. 791 u. f., zweckmäßige Anwendung.

5. Hydrostatische Regler mit doppeltwirkendem Kolben.

Für Reguliergetriebe, bei denen P_a und P_e innerhalb des Kolbenweges S ihre Richtung wechseln, z. B. wie Fig. 220, S. 354, u. a., muß an die Stelle des Differentialkolbens der doppeltwirkende Kolben treten.

Die Fig. 506 zeigt diesen schematisch aufgezeichnet mit den Bezeichnungen in ähnlicher Weise wie seither: Hier ist aber die Druckhöhe h_a nicht allein vorhanden, sondern auf der anderen Kolbenseite findet sich h_e gleichzeitig. Deshalb sind beide in einer Gleichung zu vereinigen.

Ist P_a der äußere Widerstand, den die Kolbenstange in der Bewegungsrichtung v_a zu überwinden hat, so hat der aus h_a folgende Druck gegen die linke Kolbenseite außer P_a die Reibung R und dazu noch den aus h_e auf die rechte Kolbenseite folgenden Gegendruck zu überwinden. Wenn wir den Querschnitt der Kolbenstange vernachlässigen, so gilt:

$$F \cdot h_a \cdot \gamma = F \cdot h_e \cdot \gamma + P_a + R,$$

woraus

$$F = \frac{P_a + R}{\gamma(h_a - h_e)} \quad . \quad . \quad . \quad . \quad . \quad . \quad . \quad . \quad . \quad . \quad . \quad . \quad . \quad 881$$

Wir haben uns h_a, wie vorher auch, aus h_1 abzüglich $k_1 \frac{w_1^2}{2g} = \alpha h_1$, entstanden zu denken, also gilt wie vorher $h_a = (1-\alpha)\,h_1$ . . . . (861)

[1]) Wollten wir hier so disponieren, daß die Kraft 200 kg als P_e beim Einwärtsgehen des Kolbens zu überwinden wäre, also $P_a = 160$ kg, so würde sich ergeben

$$\beta_{min(\alpha)} = \frac{160+20}{400} \cdot \frac{4}{40} + \frac{200+20}{400} = 0{,}595 \quad . \quad . \quad . \quad . \quad . \quad . \quad . \quad . \quad . \quad . \quad . \quad (880)$$

Für $P_e > P_a$ fällt $\beta_{min(\alpha)}$ hier größer aus als $\beta_{max(F)} = 0{,}55$, mithin ist diese umgekehrte Anordnung der Kraftausübung für entgegengesetzt gerichtete Kräfte unmöglich, wenn die Steuerquerschnitte f_1 und f_2 gleichgroß ausgeführt werden sollen.

Die Druckhöhe h_e muß, abzüglich der Gegendruckhöhe h_2, für die Erzeugung von w_2 dienen. Hier kann aus konstruktiven Gründen jetzt schon vorausgesetzt werden, daß die Steuerquerschnitte zu beiden Seiten des Kolbens gleichgroß sein werden, daß also $f_1 = f_2 = f$, also auch $k_1 = k_2 = k$, und weil dann notwendig auch $w_1 = w_2 = w$ sein muß, so stellt sich ohne weiteres die Druckhöhe h_e dar als, vgl. auch Fig. 504

$$h_e = h_2 + k\frac{w^2}{2g} = h_2 + \alpha h_1 \quad . \; . \; . \quad 882$$

Hiermit ergibt sich aus Gl. 881 die erforderliche Kolbenfläche zu

$$F = \frac{P_a + R}{\gamma[(1-2\alpha)h_1 - h_2]} \quad . \; . \; . \; . \quad 883$$

Für die Steuerquerschnitte bleibt die Gl. 865 auch hier gültig, und wenn hierin F nach Gl. 883 eingesetzt wird, so erhalten wir

$$f = \frac{P_a + R}{\gamma[(1-2\alpha)h_1 - h_2]} \cdot \frac{S}{T_s} \sqrt{\frac{k}{2g\alpha h_1}} \quad . \quad 884$$

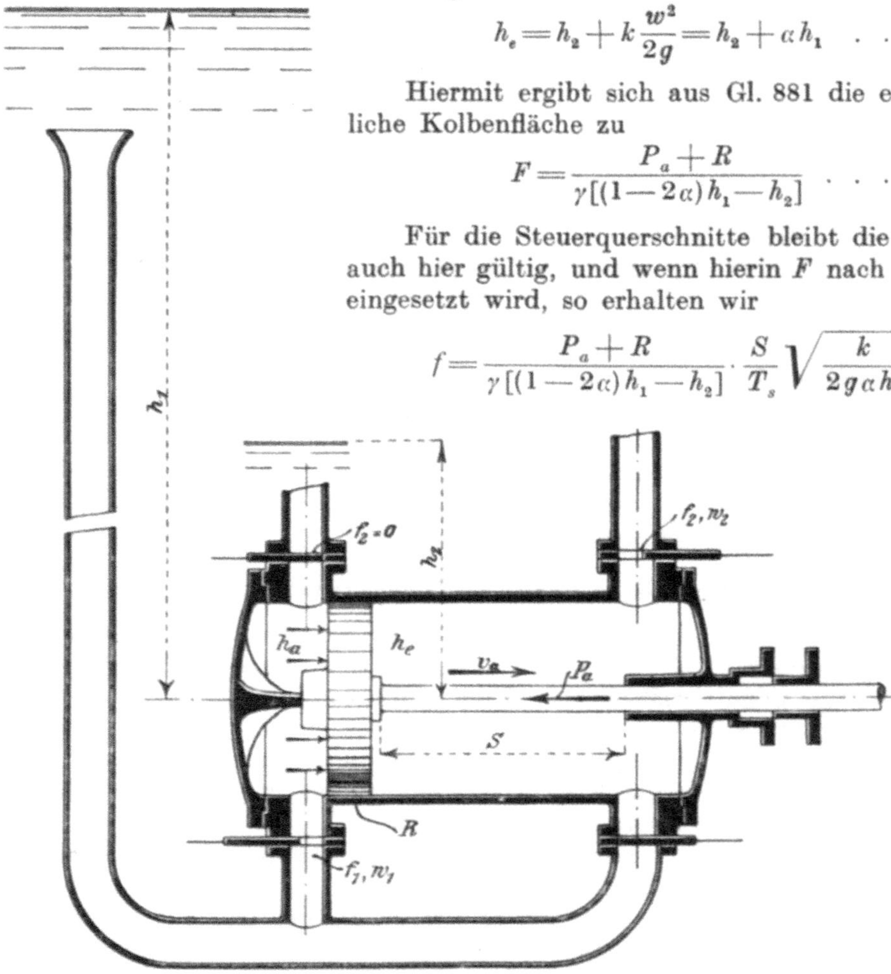

Fig. 506.

Eine besondere Veranlassung zur Wahl zahlenmäßig bestimmter Werte von α kommt hier nicht in Frage.

Es könnte sich auf den ersten Blick empfehlen, α klein zu halten, damit F nicht zu groß erforderlich wird, doch ist dabei ein besonderer Umstand wohl zu beachten. Von der Ruhelage aus muß nämlich der Kolben nebst Gestänge und auch der Flüssigkeitsinhalt der Leitung und des Zylinders entsprechend der Arbeitsgeschwindigkeit $v_a = v_e = v$ beschleunigt werden. In dem Augenblick der Eröffnung beider Ventile f_1 und f_2 sind noch keine Geschwindigkeiten v und w vorhanden, deshalb kommt im ersten Augenblick die volle Druckhöhe h_1 auf die Kolbenfläche F zur Wirkung. Mit zunehmender Kolbengeschwindigkeit wachsen die Widerstandshöhen $k\frac{w^2}{2g}$ und die auf den Kolben wirksame Druckhöhe wird kleiner.

Zur Durchführung der Arbeitsgeschwindigkeit v_a (Schlußzeit) ist die arbeitende Druckhöhe h_a und auch $h_e = h_2 + \alpha h_1$ erforderlich; ist α groß, so steht zu Beginn des Kolbenweges eine zu h_a hinzutretende große Beschleunigungsdruckhöhe αh_1, dazu die für h_e noch nicht sofort nötige Höhe von gleichem Betrag zur Verfügung, die den Kolben rascher auf die richtige Arbeitsgeschwindigkeit v_a bringt, als wenn α klein, wenn h_a nur wenig kleiner ist als h_1.[1])

Für den Kolbenrückgang, bei dem die Kraft P_e der Bewegung entgegensteht, sind die Verhältnisse an sich ganz gleichartig wie vorher, nur ist auch hier noch eine Bemerkung anzuschließen.

Setzt man in Gl. 884 statt P_a allgemein die Kraft P, so kann die Gleichung auch geschrieben werden

$$T_s = \frac{P + R}{\gamma[(1 - 2\alpha) h_1 - h_2]} \cdot \frac{S}{f} \sqrt{\frac{k}{2 g \alpha h_1}} \quad \text{. . . . . 885}$$

Die Schlußzeit hängt eben in der ersichtlichen Weise von der Größe von P ab, und wenn P_e kleiner wäre als P_a, so würde sich beim Kolbenrückgang eine kleinere Schlußzeit einstellen als beim Weg nach auswärts, weil der kleinere Widerstand der Außenkraft P_e einen größeren Bruchteil des aus h_a herrührenden Druckes für die Erzeugung von h_e, für das Hinaustreiben des Wassers auf der hinteren Kolbenseite zur Verfügung stellt als beim Auswärtsgehen.

Hieraus folgt, wie natürlich, daß mit Rücksicht auf die zu erzielende Schlußzeit die Querschnitte F und f immer für den größeren der beiden Werte, P_a oder P_e, zu nehmen sind. Auch hier ist reichliche Reserve geboten bzw. die Einführung eines kleineren Betrages von h_1 als tatsächlich vorhanden, rätlich.

Zahlenbeispiel (Größen wie vorher).

$P_a = 200$ kg	$P_e = 160$ kg	$R = 20$ kg
$h_1 = 40$ m	$h_2 = 4$ m	$k = 4$
$S = 0{,}3$ m	$T = 3$ sk.	

Von Interesse ist hier gerade der Einfluß von α.

$\underline{\alpha = 0{,}1.}$

Es findet sich nach Gl. 883

$$F = \frac{200 + 20}{1000[(1 - 2 \cdot 0{,}1)\, 40 - 4]} = 0{,}007\,86 \text{ qm}$$

entsprechend einem Kolbendurchmesser von ~ 100 mm.

Verfügbare zusätzliche Anfangsbeschleunigungskraft für $\alpha = 0{,}1$

$$0{,}007\,86 \cdot 0{,}1 \cdot 40 \cdot 1000 = 31{,}44 \text{ kg}.$$

Ferner liefert Gl. 865

$$f_1 = f_2 = f = 0{,}007\,86 \frac{0{,}3}{3} \sqrt{\frac{4}{19{,}62 \cdot 0{,}1 \cdot 40}} = 0{,}000\,177 \text{ qm}$$

oder 1,77 qcm.

Schließlich ist einfach die Geschwindigkeit im Ventilquerschnitt

$$w = \frac{F}{f} \cdot \frac{S}{T_s} = \frac{0{,}007\,86}{0{,}000\,177} \cdot \frac{0{,}3}{3} = 4{,}44 \text{ m/sk}.$$

$\underline{\alpha = 0{,}4.}$

Hier ergibt sich

$$F = \frac{200 + 20}{1000[(1 - 2 \cdot 0{,}4)\, 40 - 4]} = 0{,}055 \text{ qm}$$

---

[1]) Gerade diese Verhältnisse sind in der Dr. Schmoll'schen Arbeit ausgiebig behandelt.

entsprechend einem Kolbendurchmesser von $\sim$ 265 mm; die zusätzliche Beschleunigungskraft für $\alpha = 0{,}4$ stellt sich dabei auf

$$0{,}055 \cdot 0{,}4 \cdot 40 \cdot 1000 = 880 \text{ kg}$$

und die Gl. 865 liefert

$$f = 0{,}055 \frac{0{,}3}{3} \sqrt{\frac{4}{19{,}62 \cdot 0{,}4 \cdot 40}} = 0{,}000\,62 \text{ qm}$$

oder 6,2 qcm.

Ferner findet sich

$$w = \frac{0{,}055}{0{,}000\,62} \cdot \frac{0{,}3}{3} = 8{,}87 \text{ m/sk.}$$

Im ersten Fall ist nur $\alpha h_1 = 0{,}1 \cdot 40 = 4$ m, im zweiten dagegen $\alpha h_1 = 0{,}4 \cdot 40 = 16$ m als Druckhöhe für die Anfangsbeschleunigung zur Verfügung; diese letztere Druckhöhe bedeutet, was die Beschleunigung des Gestänges angeht, durch den größeren Kolben eine noch besonders vergrößerte Beschleunigungskraft gegenüber 4 m.

Wenn P_a und P_e ihre Richtungen innerhalb des Kolbenweges wechseln, so wechseln auch die Druckverhältnisse, die mit h_a und h_e bezeichnet wurden. In diesem Falle kann auf der „a"-Seite ein Minderdruck und auf der „e"-Seite ein Überdruck entstehen. Das Eingehen auf diese Verhältnisse soll aber hier unterbleiben, der Anschluß an das Vorhergesagte ist verhältnismäßig einfach dadurch zu erlangen, daß eben von der betreffenden Kolbenstellung ab P_a und P_e in sinngemäßer Weise mit entgegengesetzten Vorzeichen eingeführt werden.

B. Hydrodynamische (Durchfluß-)Regler.

Bei den seither behandelten hydrostatischen Anordnungen befindet sich die Preßflüssigkeit, solange der Regler in der Ruhelage ist, ebenfalls in Ruhe, erst das Öffnen der Steuerkanäle bringt Bewegung, Druckänderung.

Neben dieser mehr hydrostatischen Herstellung der Kolbendruckhöhen h_a und h_e kann aber auch noch eine andere Anordnung getroffen werden, bei der die Druckhöhen nur durch hydrodynamische Einflüsse entstehen und geändert werden, eine Anordnung, die sich nach Wissen des Verfassers erstmals in dem D.R.P. 68319 (Furiakovics) beschrieben findet.

Außer den arbeitenden Reglerkolben, die in der betreffenden Weise in Betrieb sind, Taf. 54 u. a., befinden sich auch die sog. indirekt gesteuerten Ventile vieler hydrostatischer Regler unter ganz gleichen oder ähnlichen Betriebsverhältnissen.

1. Die Aufteilung der verfügbaren Druckhöhe.

Um was es sich handelt, das zeigt die schematische Fig. 507. Ein oben offener zylindrischer Behälter ist mit 2 Rohranschlüssen versehen. Das Rohr vom engsten Querschnitt f_1 erhält Wasser unter der Druckhöhe h_1, das Rohr „2" mündet gegen die Druckhöhe h_2 aus. Die beiden Wasserspiegel zeigen den Höhenunterschied $h_1 - h_2$ und so wird durch die Rohranschlüsse und den Behälter ein stetiger Wasserstrom von „1" nach „2" gehen.

In dem Behälter wird sich eine bestimmte Druckhöhe h über der wagrecht angenommenen Mittellinie der Rohranschlüsse einstellen.

Die Abmessungen der Querschnitte f_1 und f_2 sind von Einfluß auf die Durchflußhöhe h, und die Änderung eines der beiden Querschnitte, f_1 oder f_2, führt alsbald eine Zu- oder Abnahme von h mit sich. Es ist deshalb der Zusammenhang zwischen den Größen der Durchflußquerschnitte und der Durchflußhöhe h festzustellen.

Wir machen hierfür Voraussetzungen dahingehend, daß die Geschwindigkeiten w_1 und w_2 durch Wirbelung in den betreffenden Räumen vollständig verloren gehen, daß weder die Geschwindigkeit w_1 zur Vermehrung von h beitrage, noch

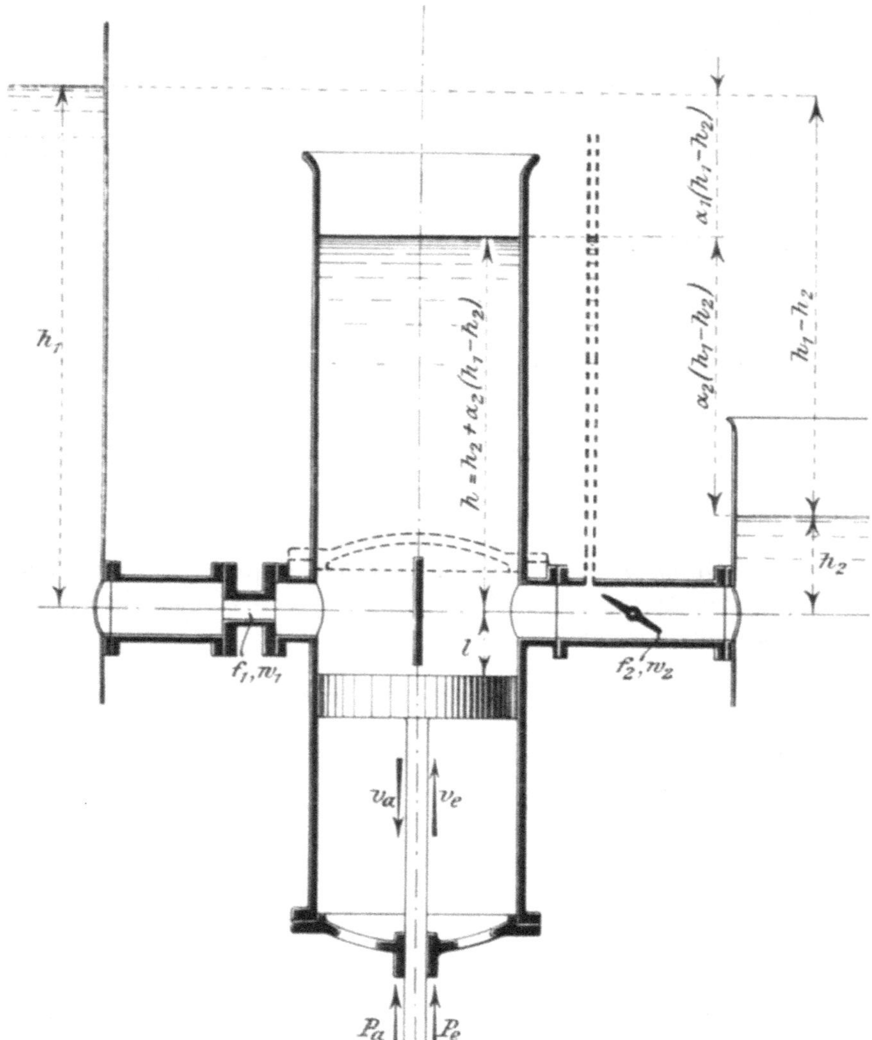

Fig. 507.

daß die Geschwindigkeit w_2 sich in h_2 wieder finden solle, ferner, daß w_1 in keinem Falle, auch nicht teilweise, zur Erzeugung von w_2 mithelfe. Letzteres sei durch die Zwischenwand, Fig. 507, angedeutet.

Bezeichnen wir im Anschluß an das Vorherhergehende mit $k_1 \frac{w_1^2}{2g}$ und $k_2 \frac{w_2^2}{2g}$ die für die Erzeugung von w_1, bzw. w_2 und für das Durchströmen der betreffenden Querschnitte insgesamt aufzuwendenden Druckhöhen, so muß, weil das Durchflußwasser keine sonstigen Widerstände vorfindet, notwenig sein

$$k_1 \frac{w_1^2}{2g} + k_2 \frac{w_2^2}{2g} = h_1 - h_2 \quad \ldots \ldots \ldots \ldots \quad 886$$

und wir können, ähnlich wie vorher, schreiben

$$k_1 \frac{w_1^2}{2g} = h_1 - h = \alpha_1 (h_1 - h_2) \quad \text{und} \quad k_2 \frac{w_2^2}{2g} = h - h_2 = \alpha_2 (h_1 - h_2) \quad . . \quad 887$$

oder auch

$$h = h_1 - \alpha_1 (h_1 - h_2) \quad \text{und} \quad h = h_2 + \alpha_2 (h_1 - h_2) \quad . . . . \quad 887\,a$$

Die Höhenlage des Wasserspiegels im Durchflußgefäß teilt den Vertikalabstand $(h_1 - h_2)$ der äußeren Wasserspiegel in die beiden Teile $\alpha_1 (h_1 - h_2)$ und $\alpha_2 (h_1 - h_2)$, also ist stets $\alpha_1 + \alpha_2 = 1$.

Setzen wir, weil hier f_2 durch ein Steuerventil, Drosselklappe oder dergl. ver-verstellbar gemacht ist, $f_2 = n \cdot f_1$, also im Gegensatz zu früherem, so ist $w_2 = \frac{w_1}{n}$ und hierdurch findet sich aus Gl. 886

$$w_1 = n \sqrt{\frac{2g(h_1 - h_2)}{n^2 k_1 + k_2}} \quad \text{und} \quad w_2 = \sqrt{\frac{2g(h_1 - h_2)}{n^2 k_1 + k_2}} \quad . . . . . \quad 888$$

Die Durchfluß-Wassermenge q findet sich für den Beharrungszustand aus

$$q = f_1 \cdot w_1 = f_2 \cdot w_2.$$

Aus den Gl. 887 und 888 erhalten wir die Aufteilungsfaktoren allgemein als

$$\alpha_1 = \frac{n^2 k_1}{n^2 k_1 + k_2} \quad \text{und} \quad \alpha_2 = \frac{k_2}{n^2 k_1 + k_2} \quad . . . . . . \quad 889$$

unabhängig von der Größe $h_1 - h_2$ und nur bedingt durch die Widerstände k_1 und k_2 sowie durch den Querschnittsfaktor n. Mit diesen Werten liefert uns die Gl. 887a die Durchflußhöhe h selbst als

$$h = h_1 - \frac{n^2 k_1}{n^2 k_1 + k_2} (h_1 - h_2) \quad \text{und} \quad h = h_2 + \frac{k_2}{n^2 k_1 + k_2} (h_1 - h_2) \quad 890$$

Wenn wir auch hier wieder annehmen, daß $k_1 = k_2$ sei, so vereinfachen sich die Beziehungen für α_1 und α_2 auf

$$\alpha_1 = \frac{n^2}{n^2 + 1} \quad \text{und} \quad \alpha_2 = \frac{1}{n^2 + 1} \quad . . . . \quad 889\,a$$

und diejenigen für h auf

$$h = h_1 - \frac{n^2 (h_1 - h_2)}{n^2 + 1} \quad \text{und} \quad h = h_2 + \frac{h_1 - h_2}{n^2 + 1} \quad . . . . \quad 890\,a$$

wodurch der Einfluß des Querschnittsfaktors n auf die Faktoren der Gefälleaufteilung α_1 und α_2 und auf die Höhenlage h des Durchfluß-Wasserspiegels deutlich hervortritt.

Wir übersehen diesen Einfluß noch besser, wenn wir die Gefälleaufteilung für verschiedene Werte von n aufzeichnen und die Teilpunkte durch eine Kurve verbinden, Fig. 508. Hier sind als Abszissen die Werte von n, mit $n = 0$ beginnend, nach beliebigem Maßstab angetragen, die Höhen h_1 und h_2 zeigen sich durch zwei Parallelen zur Achse der n; deren Entfernung in senkrechter Richtung ist $h_1 - h_2$. An der einem bestimmten Wert von n entsprechenden Stelle ist dann von der h_1-Linie aus gegen abwärts der zugehörige Wert von $\alpha_1 (h_1 - h_2)$ für $k_1 = k_2$ angetragen, der durch den Wert von $\alpha_2 (h_1 - h_2)$ jeweils bis zur h_2-Linie auf zusammen $h_1 - h_2$ ergänzt wird. Die Höhenlage $\alpha_2 (h_1 - h_2)$ dieser Teilstelle über dem Wasserspiegel h_2 bedeutet jedesmal auch diejenige des Wasserspiegels im

Durchflußgefäß für den betreffenden Wert von n, und so stellt die Verbindungskurve aller Teilpunkte den Verlauf der h dar, den wechselnden Werten von n entsprechend; mit einem anderen Maßstab für die Höhen auch ohne weiteres die Größenverteilung von α_1 und α_2 an sich zwischen den Linien h_1 und h_2.

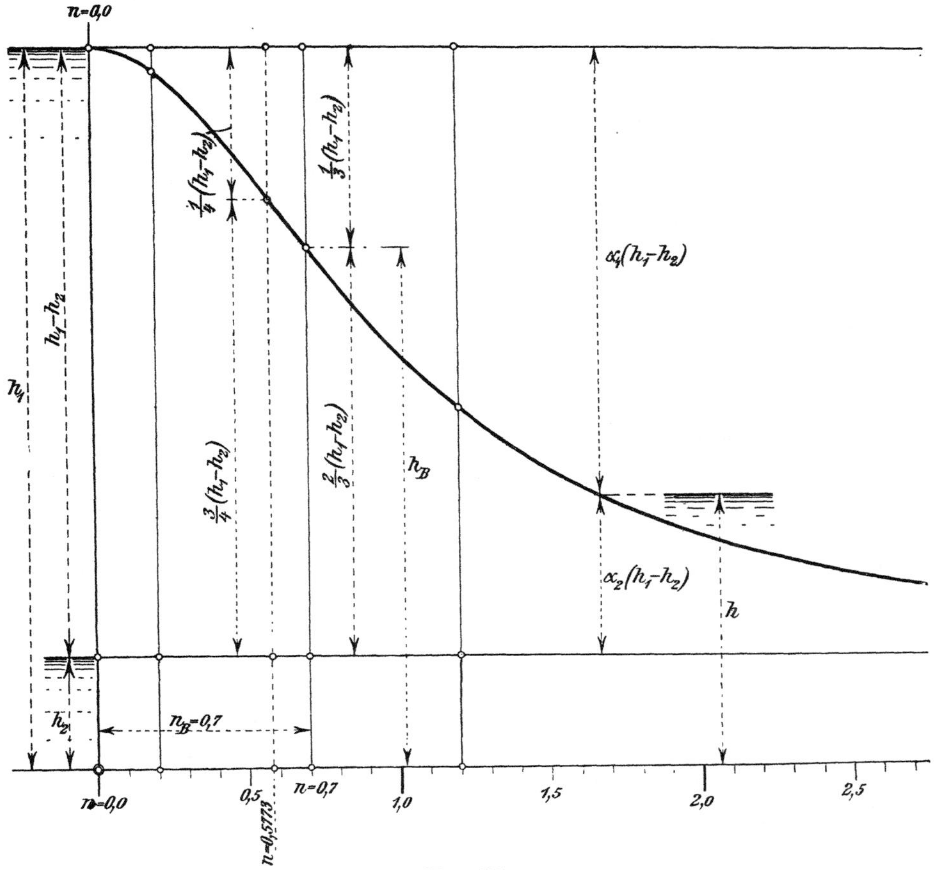

Fig. 508.

Die Kurve beginnt bei $n = 0$, bei ganz geschlossenem Querschnitt f_2 mit $h = h_1$ oder mit $\alpha_1 = 0$, $\alpha_2 = 1$. Beim Öffnen von f_2 fällt sie erst langsam, dann rascher ab. Beispielsweise ist für $n = 0{,}5$ der Wert $\alpha_1 = \frac{0{,}5^2}{0{,}5^2 + 1} = 0{,}2$, während sich $\alpha_2 = 0{,}8$ ergibt. Ein Wendepunkt liegt ganz allgemein, d. h. bei beliebigem Verhältnis von k_1 zu k_2 bei der Größe von $n = \frac{1}{\sqrt{3}}\sqrt{\frac{k_2}{k_1}}$, und für den der Fig. 508 zugrunde liegenden besonderen Fall mit $k_1 = k_2$, im Werte von $n = \frac{1}{\sqrt{3}} = 0{,}5773$. Für diesen Wendepunkt ist, ganz unabhängig davon, ob $k_1 = k_2$ ist oder nicht, immer $\alpha_1 = \frac{1}{4}$ und $\alpha_2 = \frac{3}{4}$, wie die Gl. 889 ergeben, Fig. 508.

Für andere Werte von n ergeben sich beispielsweise ($k_1 = k_2$)

$n = 1$	$\alpha_1 = 0{,}5$	$\alpha_2 = 0{,}5$
$n = 1{,}5$	$\alpha_1 = 0{,}692$	$\alpha_2 = 0{,}308$
$n = 2$	$\alpha_1 = 0{,}8$	$\alpha_2 = 0{,}2$
$n = 3$	$\alpha_1 = 0{,}9$	$\alpha_2 = 0{,}1$
$n = \infty$	$\alpha_1 = 1{,}0$	$\alpha_2 = 0{,}0$.

Erst mit $n = \infty$ erreicht also die Kurve die h_2-Linie.

Wir ersehen aus dem Verlauf der Kurve, daß die raschesten Änderungen der Durchflußhöhe h sich in dem Bereich zwischen etwa $n = 0{,}2$ bis gegen $n = 1{,}2$ vollziehen, etwas unsymmetrisch zur Lage des Wendepunktes, während außerhalb dieser Grenzen schon ziemlich beträchtliche Änderungen an n erforderlich werden, um große Änderungen von h herbeizuführen.

2. Durchfluß-Regler, einfachwirkend.

Befindet sich in dem Durchflußzylinder ein dichtschließender Kolben, etwa an der Stelle, die denselben in Fig. 507 zeigt, Abstand l gegen abwärts von der Achse der Rohranschlüsse, so wird sich die Druckhöhe $h + l = h_2 + \alpha_2 (h_1 - h_2) + l$ gegen die obere Kolbenfläche betätigen, und sofern unter dem Kolben kein Wasser steht, ist eine entsprechende Außenkraft nötig, um den Kolben an der Stelle zu halten. Jede Änderung von $f_2 = n \cdot f_1$ bringt eine Änderung von h, also einen anderen Betrag der gegen abwärts gerichteten hydraulischen Kolbenkraft

$$P = F(h + l)\gamma.$$

Es ändert die Verhältnisse nicht, wenn nunmehr das Durchflußgefäß durch einen Deckel, wie in Fig. 507 punktiert, gegen oben hin abgeschlossen und auf solche Weise zum Arbeitszylinder gemacht wird. Die Durchfluß-Druckhöhe würde gleichfalls in dem punktierten Standrohr sichtbar sein.

Die Berechnung von F geschieht hier etwas anders als seither. Mit P_a, P_e und R in der seitherigen Bedeutung stellt sich der Mittelwert der vom einfachwirkenden Kolben aufzunehmenden Kraft dar als $\frac{(P_a + R) + (P_e - R)}{2} = \frac{P_a + P_e}{2}$, und wenn die Fläche F diesem Betrag entsprechend bemessen wird, so gehört die gleiche Veränderung von h dazu, um bei Steigerung den Kolben gegen auswärts oder bei Verminderung nach einwärts treten zu lassen. Die der Berechnung von F zugrunde gelegte Höhe entspricht also dem mittleren Beharrungszustand des Kolbens und des Wasserdurchflusses und wird deswegen mit h_B bezeichnet.

Um den Wechsel von f_2 möglichst ausgiebig zum Einfluß auf die Durchflußhöhe kommen zu lassen, wird der Wert von n, der dem mittleren Beharrungszustand, Druckhöhe h_B, entspricht, als n_B zwischen den obgenannten Grenzen 0,2 und 1,2 anzunehmen sein, beispielsweise $n_B = 0{,}7$. Dieser Wert ergibt mit $k_1 = k_2$ fast genau, Gl. 889a,

$$\alpha_1 = \frac{1}{3} \quad \text{und} \quad \alpha_2 = \frac{2}{3}.$$

Vgl. Fig. 508.

Dementsprechend haben wir für den Beharrungszustand mit $n_B = 0{,}7$:

$$h_B = h_2 + \alpha_2 (h_1 - h_2) = \frac{2}{3} h_1 + \frac{1}{3} h_2 \quad \ldots\ldots\ldots \quad 891$$

und

$$F = \frac{P_a + P_e}{2(h\ \ + l)\gamma} \quad \ldots\ldots\ldots\ldots \quad 892$$

Für das weitere Verfolgen dieser Verhältnisse ist eine Erleichterung gegeben in der Annahme, daß bei der Bewegung des Kolbens die widerstehenden Kräfte P_a und P_e in allen Kolbenlagen konstant bleiben; für starke Veränderungen der P_a und P_e sind die Durchfluß-Betriebe nicht gut verwendbar. In diesem Falle sollte auch $h_B + l$ konstant sein, was allerdings nur bei liegender Anordnung zutrifft oder dann, wenn l gegenüber h_B vernachlässigt werden darf, zwei Fälle, die ohne weiteres denkbar sind, und in beiden gilt dann h_B als konstant für jede Kolbenstellung.

Dabei stellt sich mit $l = 0$

$$F = \frac{P_a + P_e}{2 h_B \cdot \gamma} \qquad \text{892a}$$

I. Der Kolbenweg gegen auswärts.

Die Beziehungen für die Geschwindigkeit des Kolbens gegen außen, v_a, und die Schlußzeit T_s entwickeln sich hier, ebenfalls unter der Voraussetzung der Abwesenheit von Luftsäcken innerhalb der Anschlüsse, wie folgt:

Den Maßstab für das Auswärtsgehen des Kolbens bildet der Zuwachs des Wasservolumens im Zylinderraum, d. h. es muß dieser Zuwachs, auf die Sekunde bezogen, ganz allgemein, betragen, wenn „a" auch bei w_1 usw. als zweiter Index für „auswärts" zugefügt wird:

$$F \cdot v_a = f_1 \cdot w_{1,a} - f_2 \cdot w_{2,a} \qquad \text{893}$$

Nun verlangt der nach Gl. 892a für $\frac{P_a + P_e}{2}$ und h_B berechnete Kolbenquerschnitt F für die Überwindung von $P_a + R$ eine Druckhöhe größer als h_B, nämlich die Druckhöhe h_a, die sich auf

$$h_a = h_B (P_a + R) \frac{2}{P_a + P_e} \qquad \text{894}$$

stellt und einen Querschnittsfaktor n_a benötigt, der zweifellos kleiner sein muß als der normale mit $n_B = 0{,}7$. Er findet sich bei $k_1 = k_2$ aus Gl. 890a, indem dort h und n durch h_a und n_a ersetzt werden, als

$$n_a = \sqrt{\frac{h_1 - h_a}{h_a - h_2}} \qquad \text{895}$$

Der Druckhöhe h_a entsprechend sind w_1 und w_2 als $w_{1,a}$ und $w_{2,a}$ in die Gl. 893 eingestellt worden, um die richtige Beziehung für v_a zu erhalten.

Der Druckhöhe h_a halten die Kräfte $P_a + R$ gerade noch das Gleichgewicht: ist der Kolben in Bewegung, so genügt aber h_a auch, um diesen in Bewegung zu erhalten.

Währenddem sich der Kolben nach auswärts bewegt, nimmt der Wasserinhalt des Zylinders zu, es muß also durch f_2 weniger Wasser abfließen, als durch f_1 zugeführt wird, denn sonst kann der Kolben nicht nach außen gehen. Ist aber bei der Kolbenbewegung die Höhe h_a vom Wert nach Gl. 894 konstant, so muß, da $h_1 - h_a$ konstant, auch $w_{1,a}$ konstant bleiben, einerlei, ob sich der Kolben bewegt oder nicht. Das heißt, es wird beim Kolbenausgang mit gleichbleibendem $P_a + R$ durch den unveränderlichen Querschnitt f_1 ganz die gleiche Wassermenge strömen als beim Kolbenstillstand, wo schon h_a durch das Einstellen auf n_a, statt vorher n_B, also auf $f_2 = n_a \cdot f_1$, eingetreten war. Die Zunahme des Wasservolumens im Zylinder, d. h. das Auswärtsgehen des Kolbens, kommt also ausschließlich durch eine noch über $f_2 = n_a \cdot f_1$ hinausgehende Verkleinerung von f_2 zustande.

Nun ist die Durchflußwassermenge des Ruhezustandes bei der Druckhöhe h_a, bei $f_2 = n_a \cdot f_1$ anzusetzen als

$$q_a = f_1 \cdot w_{1,a} = f_2 \cdot w_{2,a} = n_a \cdot f_1 \cdot w_{2,a} \qquad \text{896}$$

Die geringste Verkleinerung von f_2 unter $n_a \cdot f_1$ herunter, die geringste Steigerung von h_a wird den Kolben in Bewegung setzen, und zwar so lange, bis die Druckhöhe wieder den Wert h_a um ein ganz Geringes unterschreitet, wodurch der Kolben zum Stillstand kommt. Die Zurückführung auf die Druckhöhe h_a kann, falls l nicht vernachlässigbar ist, teils durch das Steigen des Kolbens, teils durch eine entsprechende Nachführung des Drosselventils geschehen. Bei liegendem Zylinder kommt natürlich nur letzteres in Betracht.

Diese nochmalige Verkleinerung des Querschnittes f_2, von $n_B \cdot f_1$ ausgehend über $n_a \cdot f_1$ auf $n \cdot f_1$ (ohne Index für n), verändert nach dem Vorausgegangenen die durch f_1 zutretende Wassermenge q_a nach Gl. 896 nicht; wir können deshalb die Gl. 893 jetzt unter Hinweis auf Gl. 896 schreiben

$$F \cdot v_a = f_1 \cdot w_{1,a} - n \cdot f_1 \cdot w_{2,a} = n_a \cdot f_1 \cdot w_{2,a} - n \cdot f_1 \cdot w_{2,a} \quad \ldots \quad 897$$

und weil $v_a = \frac{S}{T_s}$, so findet sich hieraus die für die Erzielung von v_a erforderliche Verengung des Querschnittes f_2 in dem Faktor

$$n = n_a - \frac{F \cdot v_a}{f_1 \cdot w_{2,a}} = n_a - \frac{F}{f_1} \cdot \frac{S}{T_s} \cdot \frac{1}{w_{2,a}} \quad \ldots \ldots \quad 898$$

In dieser Gleichung ist n_a nach Gl. 895 und F nach Gl. 893 einzuführen, schließlich noch $w_{2,a}$ einfach aus

$$k_2 \frac{w_{2,a}^2}{2g} = h_a - h_2$$

als

$$w_{2,a} = \sqrt{2g \frac{h_a - h_2}{k_2}} \quad \ldots \ldots \quad 899$$

worin h_a nach Gl. 894.

Ein Zahlenbeispiel wird die Umstände erläutern; wir nehmen dazu die schon bekannten Werte

$P_a = 200$ kg	$P_e = 160$ kg	$R = 20$ kg
$h_1 = 40$ m	$h_2 = 4$ m	$k = 4$
$S = 0{,}3$ m	$T = 3$ sk	

Hiermit ergibt sich bei $n_B = 0{,}7$

$$h_B = \frac{2}{3} 40 + \frac{1}{3} 4 = 28 \text{ m} \quad \ldots \ldots \quad (891)$$

$$F = \frac{200 + 160}{2 \cdot 28 \cdot 1000} = 0{,}006\,43 \text{ qm} \quad \ldots \ldots \quad (892\,a)$$

oder 64,3 qcm, entsprechend etwa 90 mm Durchmesser.

Es folgt für den Beharrungszustand

$$w_{2,B} = \sqrt{\frac{19{,}62 \cdot 36}{0{,}7^2 \cdot 4 + 4}} = 10{,}88 \text{ m/sk} \quad \ldots \ldots \quad (888)$$

ferner

$$h_a = 28 \frac{200 + 20}{200 + 160} 2 = 34{,}2 \text{ m} \quad \ldots \ldots \quad (894)$$

$$n_a = \sqrt{\frac{40 - 34{,}2}{34{,}2 - 4}} = 0{,}438 \quad \ldots \ldots \quad (895)$$

$$w_{2,a} = \sqrt{19{,}62 \frac{34{,}2 - 4}{4}} = 12{,}17 \text{ m/sk} \quad \ldots \ldots \quad (899)$$

Wird schließlich der Eintrittsquerschnitt $f_1 = 0{,}0002$ qm (2 qcm) angenommen, so folgt

$$n = 0{,}438 - \frac{0{,}00643}{0{,}0002} \cdot \frac{0{,}3}{3} \cdot \frac{1}{12{,}17} = 0{,}174 \quad \ldots \ldots \quad (898)$$

oder es ist für die Auswärtsbewegung des Kolbens $f_2 = 0{,}174 \cdot 2 = 0{,}348$ qcm erforderlich.

Der kleine Wert für n zeigt, daß n unter Umständen rechnungsmäßig einmal Null oder negativ werden kann. Letzteres würde aussprechen, daß durch den Steuerquerschnitt f_2 nicht nur kein Wasser austreten dürfte, sondern daß es zur Erzielung der gewünschten Kolbengeschwindigkeit v_a gemäß der Schlußzeit T_s sogar nötig wäre, daß Druckwasser durch f_2 eintritt. Worauf es dabei ankommt, zeigt Gl. 898; es muß stets bleiben

$$f_1 \geqq \frac{F}{n_a} \cdot \frac{v_a}{w_{2,a}} \quad \ldots \ldots \ldots \quad 900$$

Das Mittel zum Einhalten geordneter Verhältnisse liegt also in der Größe von f_1, denn die anderen Werte sind mehr oder weniger fest gegeben.

II. Der Kolbenrückgang.

Das Einwärtsgehen des Kolbens bedingt, daß das Wasservolumen des Zylinders abnimmt. Durch den Querschnitt „2" muß nicht nur das in „1" neu hinzutretende Wasser, sondern auch das durch den Kolbenrückgang verdrängte Wasser abfließen. An Stelle von Gl. 893 tritt hier nunmehr allgemein

$$F \cdot v_e + f_1 \cdot w_{1,e} = f_2 \cdot w_{2,e}.$$

Damit $P_e - R$ gerade dem der Einwärtsbewegung widerstehenden Durchflußdruck gleichwertig ist, muß die Durchfluß-Druckhöhe h_e erniedrigt werden auf

$$h_e = h_B (P_e - R) \frac{2}{P_a + P_e} \quad \ldots \ldots \ldots \quad 901$$

vgl. Gl. 894, und es stellt sich dafür eine erste Erweiterung von f_2 auf den Betrag $n_e \cdot f_1$ als nötig dar. Der Wert n_e findet sich in Gl. 890a, indem dort h und n durch h_e und n_e ersetzt werden, als

$$n_e = \sqrt{\frac{h_1 - h_e}{h_e - h_2}} \quad \ldots \ldots \ldots \quad 902$$

vgl. Gl. 895.

Die Geschwindigkeiten w_1 und w_2 sind jetzt im besonderen als $w_{1,e}$ und $w_{2,e}$ einzuführen, und diese behalten bei gleichbleibendem P_e auch die gleichen Werte, einerlei, ob der Kolben unter h_e noch stillsteht oder schon zurückgeht, das Zurückgehen selbst aber wird nur durch eine nochmalige Vergrößerung von f_2 auf $n \cdot f_1$ bewirkt.

Im Anschluß an Gl. 896 schreiben wir jetzt für den Ruhezustand des Kolbens vor dem Einwärtsgehen

$$q_e = f_1 \cdot w_{1,e} = f_2 \cdot w_{2,e} = n_e \cdot f_1 \cdot w_{2,e} \quad \ldots \ldots \ldots \quad 903$$

Die nochmalige Erweiterung von $n_e \cdot f_1$ auf $f_2 = n \cdot f_1$ ändert q_e nicht, und deshalb kann die Gl. 897 unter Beachtung von Gl. 903 geschrieben werden

$$F \cdot v_e = n \cdot f_1 \cdot w_{2,e} - n_e \cdot f_1 \cdot w_{2,e},$$

und mit $v_e = \frac{S}{T_s}$ ergibt sich für die notwendige Erweiterung von f_2 der Faktor

$$n = n_e + \frac{F \cdot v_e}{f_1 \cdot w_{2,e}} = n_e + \frac{F}{f_1} \cdot \frac{S}{T_s} \cdot \frac{1}{w_{2,e}} \quad \ldots \ldots \ldots \quad 904$$

vgl. Gl. 898.

Für das Zahlenbeispiel sind die Größen $h_B = 28$ m und $F = 0{,}006\,43$ qm schon bekannt, und wir finden die den Kolbenrückgang eben noch verhindernde Durchfluß-Druckhöhe zu

$$h_e = 28 \frac{160 - 20}{200 + 160} 2 = 21{,}8 \text{ m} \quad \ldots \ldots \ldots \quad (901)$$

gegenüber $h_a = 34{,}2$ m und $h_B = 28$ m.

Es folgt weiter
$$n_e = \sqrt{\frac{40 - 21{,}8}{21{,}8 - 4}} = 1{,}01 \qquad (902)$$

dann mit h_e statt h_a
$$w_{2,e} = \sqrt{19{,}62\,\frac{21{,}8 - 4}{4}} = 9{,}34 \text{ m/sk} \qquad (899)$$

Schließlich mit $f_1 = 0{,}0002$ qm (2 qcm)
$$n = 1{,}01 + \frac{0{,}00643}{0{,}0002} \cdot \frac{0{,}3}{3} \cdot \frac{1}{9{,}34} = 1{,}354 \qquad (904)$$

oder $f_2 = 1{,}354 \cdot 2 = 2{,}71$ qcm für die Einwärtsbewegung.

Beim Einwärtsgehen des Kolbens kann sich nie ein negativer Wert von n als nötig zeigen, weil die Gl. 904 nur positive Posten enthält.

Der Betriebswasserbedarf schwankt zwischen

$$q_a = 0{,}438 \cdot 0{,}0002 \cdot 12{,}17 = 0{,}00107 \text{ cbm/sk} \quad \text{oder} \quad 1{,}07 \text{ lit/sk} \qquad (896)$$

und
$$q_e = 1{,}01 \cdot 0{,}0002 \cdot 9{,}34 = 0{,}00189 \text{ cbm/sk} \quad ,, \quad 1{,}89 \text{ lit/sk} \qquad (903)$$

Im Beharrungszustande ist bei $n_B = 0{,}7$

$$q_B = 0{,}7 \cdot 0{,}0002 \cdot 10{,}88 = 0{,}00152 \text{ cbm/sk} \quad ,, \quad 1{,}52 \text{ lit/sk}.$$

Der Vorzug des Durchflußprinzips liegt in der absoluten Abwesenheit toten Ganges in dem Steuerorgan selbst. Der tote Gang entwickelt sich hier aus dem hemmenden Einfluß der Kolbenreibung. Ist der Kolben reibungslos eingeschliffen (siehe weiter unten), so verschwindet jeglicher tote Gang. Hier gibt es keine Überdeckungen, wie etwa bei Schiebern, die dicht schließen sollten; diese entsprechen im Prinzip der Zellenregulierung nach Fig. 183, S. 287, die Durchflußsteuerungen dagegen den Spaltdruckregulierungen, bei denen auch jede kleinste Bewegung der Drehschaufel sofort ihre Wirkung auf die Wassermenge ausübt und wo selbst die Abnutzung an den Wandungen der Regulierquerschnitte ohne Einfluß bleibt.

Ein gewisser Übelstand kann der ständige Verbrauch von Betriebsflüssigkeit werden, der unter Umständen bei hohen Drucken recht fühlbar sein würde.

Aus dem Umstande, daß die Durchflußkolben kraftschlüssig bewegt werden, folgt ohne weiteres, daß sie nur da anwendbar sind, wo P_a und P_e innerhalb des Kolbenweges S ihr Vorzeichen nicht wechseln, es mögen dabei P_a und P_e an sich gleich oder entgegengesetzt gerichtet sein. Wegen letzteren Falles siehe unter „4“.

3. Durchfluß-Regler mit Differentialkolben, P_a und P_e gleichgerichtet.

Die gleichen Gründe, die bei hydrostatischem Betriebe für die Anwendung von Differentialkolben sprachen, sind auch für den hydrodynamischen Regler vorhanden, und auch die Berechnung wird sich sinngemäß aus der Vereinigung des hydrostatischen Reglers mit dem Durchflußprinzip ergeben. Wir denken uns den Differentialkolben nach Fig. 509 angeordnet, also dabei die Richtungen von P_a und P_e gegenüber Fig. 507 umgedreht, die Bezeichnungen im engen Anschluß an die seitherigen, ebenso βF die Ringfläche als Bruchteil der vollen Kreisfläche F.

Wir nehmen die Zuleitungen der Druckhöhe h_1 zu der Differential-Ringfläche des Kolbens, βF, im Querschnitt auch wieder so reichlich weit an, daß selbst während der Kolbenbewegung die Druckhöhe der Ringfläche mit h_1 bestehen bleibt.

An den Beziehungen über die Aufteilung der verfügbaren Druckhöhe ändert sich nichts.

Mithin bleiben die Gl. 886 bis einschließlich 891, die Gefälleaufteilung betreffend, unverändert.

Wir setzen ferner voraus, daß die Größe l, der Höhenunterschied zwischen den Durchflußquerschnitten und der Kolbenfläche gegenüber der Durchfluß-Druckhöhe h vernachlässigt werden darf.

Vor allem ist hier ersichtlich, daß wie vorher zweierlei Druckhöhen im Durchflußraum als Grenzen der Gleichgewichtslage in Betracht kommen.

Für den Kolbenweg nach auswärts muß sein

$$\beta F \cdot h_1 \cdot \gamma = F \cdot h_a \cdot \gamma + P_a - R \quad \ldots \ldots \quad 905$$

und für den Einwärtsweg

$$\beta F \cdot h_1 \cdot \gamma = F \cdot h_e \cdot \gamma + P_e + R \quad \ldots \ldots \quad 906$$

Da der Natur der Verhältnisse gemäß h_a größer sein muß als h_e, so folgt aus der Gegenüberstellung der beiden Beziehungen, daß so zu disponieren ist, daß die größere Kraft als

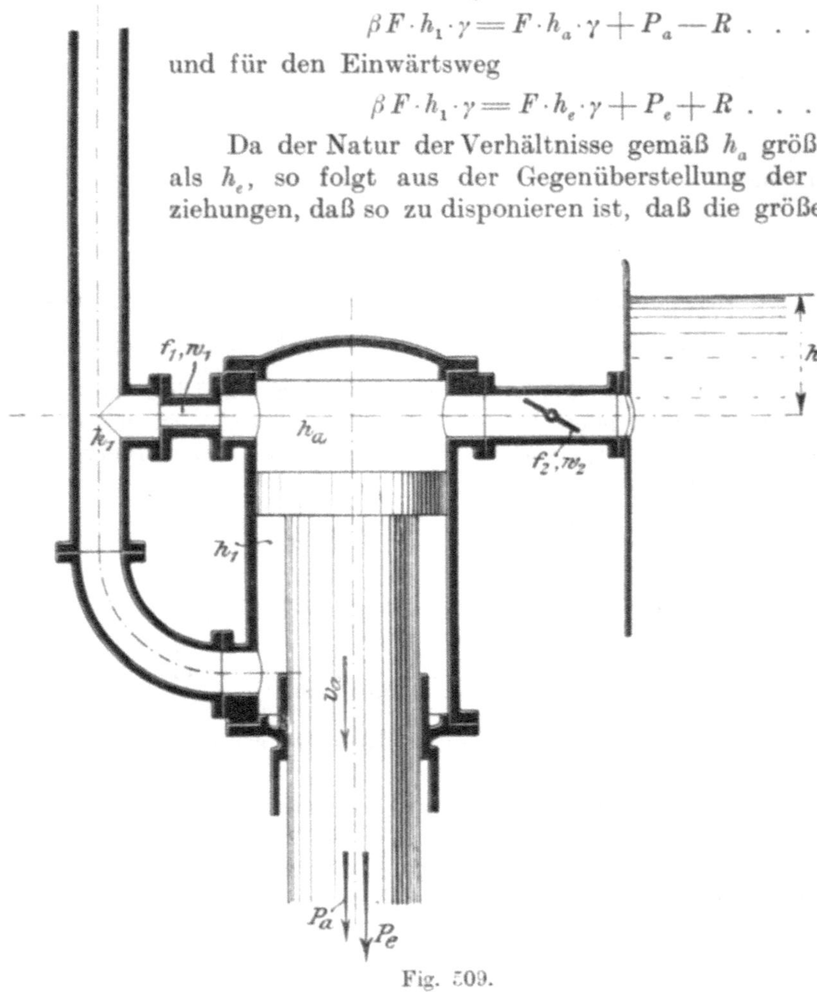

Fig. 509.

P_e in Rechnung gestellt wird. Auch die Fig. 509 läßt dies erkennen: In beiden Fällen ist der aus h_1 folgende Einwärtsdruck auf βF gleich; wenn bei $h_e < h_a$ auch noch Gleichgewicht sein soll, so muß dies durch $P_e > P_a$ hergestellt werden.

Aus der Vereinigung beider Gleichungen ergibt sich

$$F = \frac{P_e + 2R - P_a}{\gamma (h_a - h_e)} \quad \ldots \ldots \ldots \ldots \quad 907$$

und wenn dieser Wert in die erste der beiden eingesetzt wird, findet sich

$$\beta = \frac{h_a}{h_1} + \frac{P_a - R}{P_e + 2R - P_a} \cdot \frac{h_a - h_e}{h_1} \quad \ldots \ldots \ldots \quad 908$$

Die Kolbenabmessungen folgen also aus den Kräften und den anzunehmenden

Größen der Druckhöhen h_a und h_e, und es ist hier, wie meist, am zweckmäßigsten, die Entwicklung der Verhältnisse durch Zahlenwerte fortlaufend zu erläutern. Wir behalten zu diesem Zweck die schon mehrfach genannten Werte bei mit dem Unterschied, daß hier $P_a = 160$ kg und $P_e = 200$ kg angenommen wird.

Zwischen den Druckhöhen h_a und h_e liegt diejenige des (mittleren) Beharrungszustandes h_B, und zwar ist zu schreiben

$$h_B = \frac{h_a + h_e}{2} \quad \text{oder auch} \quad h_e = 2h_B - h_a$$

und

$$h_a - h_e = 2(h_a - h_B).$$

Hierdurch erhalten wir aus Gl. 907

$$F = \frac{P_e + 2R - P_a}{\gamma \cdot 2(h_a - h_B)} \quad \ldots\ldots\ldots\ldots \quad 909$$

und aus Gl. 908

$$\beta = \frac{h_a}{h_1} + \frac{P_a - R}{P_e + 2R - P_a} \cdot \frac{2(h_a - h_B)}{h_1} \quad \ldots\ldots\ldots \quad 910$$

Wir gehen aus gleichen Gründen wie vorher von $n_B = 0{,}7$ aus, also von $h_B = \frac{2}{3}h_1 + \frac{1}{3}h_2$, und erhalten mit $h_1 = 40$ m und $h_2 = 4$ m wieder $h_B = 28$ m.

Wir nehmen weiter an, daß eine Druckerhöhung um 1,5 m beispielsweise genügen solle, um gerade noch $P_a - R$ das Gleichgewicht zu halten, d. h., daß $h_a - h_B = 1{,}5$ m, daß $h_a = 1{,}5 + 28 = 29{,}5$ m sein solle. Hierfür erhalten wir den erforderlichen Kolbenquerschnitt als

$$F = \frac{200 + 40 - 160}{1000 \cdot 2 \cdot 1{,}5} = 0{,}0267 \text{ qm} \quad \ldots\ldots\ldots \quad (909)$$

entsprechend einem Durchmesser von ~ 185 mm. Es folgt hierfür

$$\beta = \frac{29{,}5}{40} + \frac{160 - 20}{200 + 40 - 160} \cdot \frac{2 \cdot 1{,}5}{40} = 0{,}869 \quad \ldots\ldots \quad (910)$$

woraus sich der Durchmesser des kleinen Kolbens schließlich mit etwa 67 mm ergibt.

Der Annahme nach ist $h_e = h_B - 1{,}5$, hier also $h_e = 28 - 1{,}5 = 26{,}5$ m und die Kontrollrechnung zeigt auch, daß $F \cdot h_a \cdot \gamma$ im Verein mit $P_a - R$ gleichgroß ist mit $F \cdot h_e \cdot \gamma$ zuzüglich $P_e + R$, beide gleich $\beta F \cdot h_1 \cdot \gamma$.

Nun handelt es sich um die erforderlichen Größen von n_a und n_e, die nach den Gl. 895 und 902, gegenüber $n_B = 0{,}7$, folgen als

$$n_a = \sqrt{\frac{40 - 29{,}5}{29{,}5 - 4}} = 0{,}642 \quad \ldots\ldots\ldots\ldots \quad (895)$$

und

$$n_e = \sqrt{\frac{40 - 26{,}5}{26{,}5 - 4}} = 0{,}775 \quad \ldots\ldots\ldots\ldots \quad (902)$$

Beim Einstellen von $f_2 = n_a \cdot f_1 = 0{,}642 f_1$ wird der Kolben gerade noch nicht imstande sein, dem Zuge von $P_a - R$ gegenüber $\beta F \cdot h_1 \cdot \gamma$ nachgeben zu können, die geringste weitere Verkleinerung von f_2 aber setzt den Kolben in Bewegung. Bei Überschreiten von $f_2 = n_e \cdot f_1 = 0{,}775 f_1$ wird, wegen der Ermäßigung des Druckes auf F, der Druck auf die Differentialfläche $\beta F \cdot h_1 \cdot \gamma$ den Kolben entgegen dem Widerstande der Kraft $P_e + R$ ins Innere des Zylinders hineinziehen.

Den Druckhöhen h_a und h_e entsprechend werden sich die Geschwindigkeiten $w_{2,a}$ und $w_{2,e}$ nach Gl. 899 einstellen mit $k = 4$ zu

$$w_{2,a} = \sqrt{19{,}62\,\frac{29{,}5-4}{4}} = 11{,}18\,\text{m/sk}$$

und

$$w_{2,e} = \sqrt{19{,}62\,\frac{26{,}5-4}{4}} = 10{,}51\,\text{m/sk}$$

während sich

$$w_{2,B} = \sqrt{19{,}62\,\frac{28-4}{4}} = 10{,}85\,\text{m/sk}$$

ergibt.

Da der Gegendruck des Kreisringkolbens βF auf die Durchfluß-Wassermenge ohne Einwirkung ist, so bleiben die Gl. 896 für q_a und 898 für n äußerlich unverändert. Für F ist natürlich der Wert nach Gl. 909 einzusetzen. Für den Einwärtsgang des Kolbens kommen in gleicher Weise Gl. 903 für q_e und 904 für n zur Anwendung.

Der kleinst zulässige Betrag für f_1 folgt, wie vorher auch, aus Gl. 900.

Mit den Zahlenwerten ergibt sich bei $v_a = 0{,}1$ m/sk

$$f_1 \geqq \frac{0{,}0267}{0{,}642} \cdot \frac{0{,}1}{11{,}18} = 0{,}000372\,\text{qm} \quad \text{(900)}$$

Nehmen wir f_1 definitiv zu 5 qcm $= 0{,}0005$ qm an, so findet sich für Auswärtsgang des Kolbens:

$$n = 0{,}642 - \frac{0{,}0267}{0{,}0005} \cdot \frac{0{,}3}{3} \cdot \frac{1}{11{,}18} = 0{,}164 \quad \text{(898)}$$

für Einwärtsgang:

$$n = 0{,}775 + \frac{0{,}0267}{0{,}0005} \cdot \frac{0{,}3}{3} \cdot \frac{1}{10{,}51} = 1{,}284 \quad \text{(904)}$$

Durch Vergrößerung von f_1 über den angenommenen Wert hinaus, auch durch Verkleinern von F (größere Unterschiede zwischen h_a und h_e) können die Beträge von n, vom Querschnittsfaktor für den Regulierbetrieb, nach Belieben ermäßigt werden.

Als Betriebswassermengen kommen bei $f_1 = 5$ qcm für die Kolbenseite F in Ansatz:

$$q_a = n_a \cdot f_1 \cdot w_{2,a} = 0{,}642 \cdot 0{,}0005 \cdot 11{,}18 = 0{,}00359\,\text{cbm/sk}\ (3{,}6\,\text{lit/sk})$$
$$q_e = n_e \cdot f_1 \cdot w_{2,e} = 0{,}775 \cdot 0{,}0005 \cdot 10{,}51 = 0{,}00407\,\text{cbm/sk}\ (4{,}1\,\text{lit/sk})$$
$$q_B = n_B \cdot f_1 \cdot w_{2,B} = 0{,}7 \cdot 0{,}0005 \cdot 10{,}85 = 0{,}00380\,\text{cbm/sk}\ (3{,}8\,\text{lit/sk}).$$

Auf der Kolbenseite βF findet kein Wasserverbrauch statt, nur ein Wechsel mit Aus- und Einströmen je nach Kolbenaus- oder -einwärtsgang.

4. Durchfluß-Regler mit Differentialkolben, P_a entgegengesetzt P_e.

Die Kräfte sind hier so zu denken, daß, wie seither auch, P_a der Kolbenbewegung gegen außen, P_e derselben gegen einwärts widersteht.

Für den Kolbenweg gegen außen gilt dann, Richtung von P_a entgegengesetzt, Fig. 509,

$$F \cdot h_a \cdot \gamma = P_a + R + \beta F \cdot h_1 \cdot \gamma$$

oder

$$\beta F \cdot h_1 \cdot \gamma = F \cdot h_a \cdot \gamma - (P_a + R) \quad 911$$

Für die Bewegung einwärts, P_e in Richtung wie Fig. 509,

$$\beta F \cdot h_1 \cdot \gamma = F \cdot h_e \cdot \gamma + P_e + R \quad 912$$

Aus der Vereinigung beider Gleichungen folgt

$$F = \frac{P_e + 2R + P_a}{\gamma\,(h_a - h_e)} \quad 913$$

und nach Einsetzen von F in die Gl. 911 ergibt sich

$$\beta = \frac{h_a}{h_1} - \frac{P_a + R}{P_e + 2R + P_a} \cdot \frac{h_a - h_e}{h_1} \quad \ldots \ldots \ldots \quad 914$$

vgl. die Gl. 907 und 908.

Da hier P_a und P_e in den Gleichungen mit gleichen Vorzeichen auftreten, ist es gleichgültig, ob P_a oder P_e den größeren Betrag aufweist, natürlich hat β in jedem Fall seinen von P_a abhängigen Wert nach Gl. 914.

Legen wir der Rechnung auch hier $n_B = 0{,}7$, also $h_B = 28$ m zugrunde, dazu wieder $h_a = 1{,}5 + h_B = 29{,}5$ m, $h_e = h_B - 1{,}5 = 26{,}5$ m, so ergeben sich mit $P_a = 200$ kg, $P_e = 160$ kg und wegen $h_a - h_e = 2\,(h_a - h_B)$

$$F = \frac{160 + 40 + 200}{1000 \cdot 2 \cdot 1{,}5} = 0{,}1333 \text{ qm} \quad \ldots \ldots \ldots \quad (913)$$

also ein Kolbendurchmesser von ~ 410 mm, ferner

$$\beta = \frac{29{,}5}{40} - \frac{200 + 20}{160 + 40 + 200} \cdot \frac{3}{40} = 0{,}696 \quad \ldots \ldots \ldots \quad (914)$$

so daß der kleinere Kolbendurchmesser sich auf etwa 225 mm belaufen sollte.

Die Größen von n_a und n_e bleiben wie vorher als 0,642 und 0,775, da sich h_a und h_e nicht änderten, mithin bleiben auch $w_{2,a}$ usw. unverändert wie vorher.

Für q_a, für n usw. kommen die vorher schon benützten Gleichungen zur Verwendung mit den hier gefundenen Werten von F. Wir erhalten hier für $v_a = 0{,}1$ m/sk

$$f_1 \geqq \frac{0{,}1333}{0{,}642} \cdot \frac{0{,}1}{11{,}18} = 0{,}00186 \text{ qm} \quad \ldots \ldots \ldots \quad (900)$$

Mit f_1 definitiv 25 qcm ergibt sich für den Kolbenweg auswärts:

$$n = 0{,}642 - \frac{0{,}1333}{0{,}0025} \cdot \frac{0{,}3}{3} \cdot \frac{1}{11{,}18} = 0{,}165 \quad \ldots \ldots \ldots \quad (898)$$

und für den Weg einwärts:

$$n = 0{,}775 + \frac{0{,}1333}{0{,}0025} \cdot \frac{0{,}3}{3} \cdot \frac{1}{10{,}51} = 1{,}282 \quad \ldots \ldots \ldots \quad (903)$$

Die n-Werte stimmen fast genau mit denen des vorhergehenden Abschnittes überein, weil zufällig $\frac{F}{f_1}$ annähernd gleichgroß angenommen wurde.

Dem wesentlich größeren Eintrittsquerschnitt f_1 entsprechen dann die etwa fünffachen Durchflußwassermengen gegenüber „3".

Hieraus ist ersichtlich, daß die Anordnung mit P_a entgegengesetzt P_e nur für verhältnismäßig kleine Beträge von P_a und P_e empfehlenswert ist, daß sie aber dann gute Dienste leistet. (Spaltschieber bei Strahlturbinen, Taf. 53, Fig. 514 und 515.)

5. Durchfluß-Regler mit doppeltwirkendem Kolben.

Der Betrieb dieses doppeltwirkenden Kolbens erfolgt natürlich in der Weise, daß, Fig. 510, die Ausflußquerschnitte gleichzeitig geändert werden, auf der Kolbenseite I wird z. B. mehr geschlossen, die andere Seite II weiter geöffnet, wie dies die Pfeile der Drosselklappen erkennen lassen, und der wechselnde Unterschied der beiden Druckhöhen $h_{a,I}$ und $h_{a,II}$ auf die von beiden Seiten her gleichgroße Kolbenfläche F wirkend, dient zur Kraftäußerung.

Die Änderungen der Gefälleaufteilung zu beiden Seiten des Kolbens vollziehen sich bei wechselnden Werten des Querschnittsfaktors n natürlich auch hier nach der Kurve der Fig. 508.

Wollten wir diese Änderungen von α_2 in $h = h_2 + \alpha_2 (h_1 - h_2)$, Gl. 887a, auf beiden Kolbenseiten streng kurvenmäßig ansetzen, so würde die Rechnung sehr umständlich. Da aber die α-Kurve in dem benützbaren Teil, vor und hinter $n = 0,7$, noch verhältnismäßig geradlinig verläuft, so begehen wir keinen zu großen Fehler, wenn wir diesen Verlauf wirklich als geradlinig annehmen und die Durchflußdruckhöhen beiderseits des Kolbens demgemäß in Rechnung stellen.

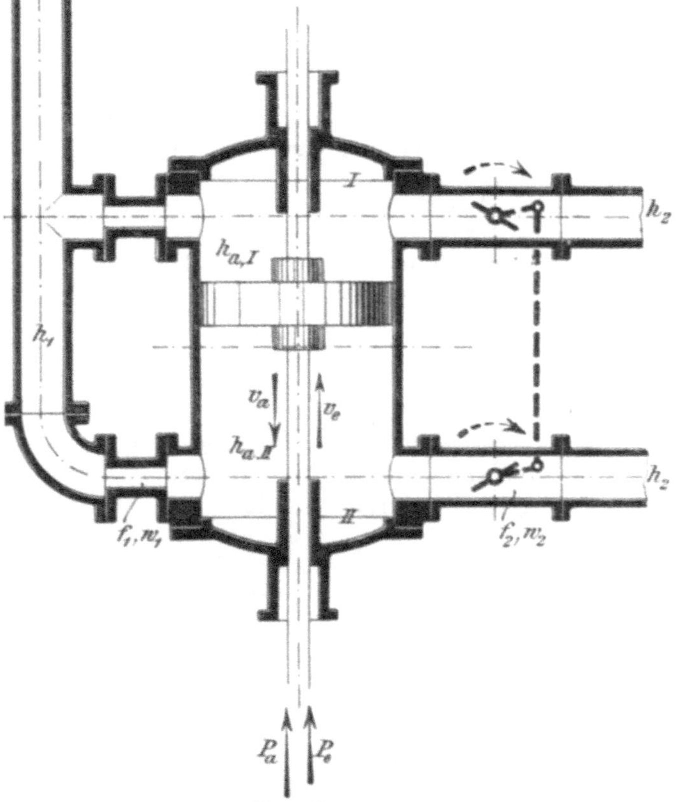

Fig. 510.

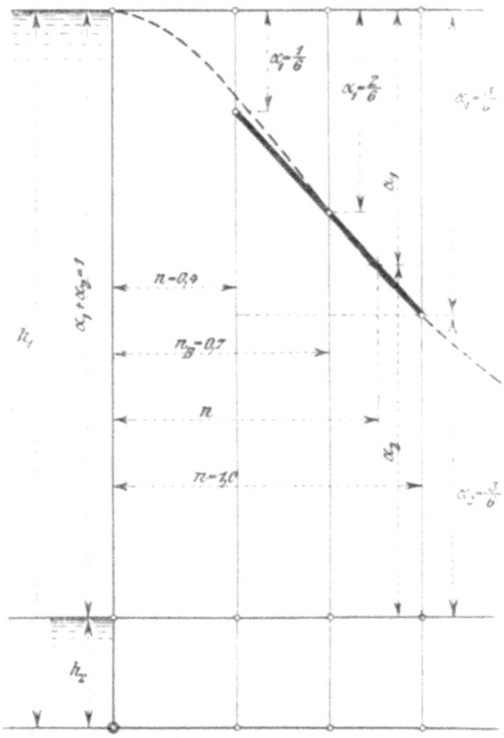

Fig. 511.

Die im Punkte $n = 0,7$, Fig. 511, gezogene Ausgleich-Gerade schneidet fast genau für $n = 0,4$ den Wert $\alpha_1 = \frac{1}{6}$ und für $n = 1,0$ den Betrag $\alpha_1 = \alpha_2 = \frac{1}{2} = \frac{3}{6}$ ab, während von früher her bei $n = 0,7$ die Größe $\alpha_1 = \frac{1}{3} = \frac{2}{6}$ bekannt ist. Innerhalb der genannten Grenzen gilt also einfach in erlaubter Annäherung

$$\frac{1,0 - n}{\alpha_2 - \frac{3}{6}} = \frac{1,0 - 0,4}{\frac{5}{6} - \frac{3}{6}},$$

woraus

$$\alpha_2 = \frac{1,9 - n}{1,8} \quad \ldots\ldots\ldots\ldots \quad \mathbf{915}$$

also allgemein nach Gl. 887a

$$h = h_2 + \frac{1,9 - n}{1,8}(h_1 - h_2) \quad \ldots\ldots\ldots\ldots \quad \mathbf{916}$$

I. P_a und P_e gleichgerichtet.

Was beim Differentialkolben durch die verschiedenen Kolbenflächen erzielt wurde, das muß hier durch verschiedene Druckhöhen auf beiden Kolbenseiten herbeigeführt werden.

Die mittlere Belastung des Kolbens der Fig. 510 stellt sich wie früher auf

$$\frac{(P_a+R)+(P_e-R)}{2}=\frac{P_a+P_e}{2}$$

und im mittleren Beharrungszustand „B“ muß dann sein

$$\frac{P_a+P_e}{2}=F\,(h_{B,I}-h_{B,II})\,\gamma\,,$$

woraus

$$F=\frac{P_a+P_e}{2\gamma\,(h_{B,I}-h_{B,II})}\quad\ldots\ldots\ldots\ldots\quad 917$$

Diesen beiden Durchfluß-Druckhöhen entsprechen die Querschnittsfaktoren $n_{B,I}$ und $n_{B,II}$ und ihr Unterschied stellt sich mit Hilfe von Gl. 916 auf

$$h_{B,I}-h_{B,II}=(n_{B,II}-n_{B,I})\,\frac{h_1-h_2}{1{,}8}\quad\ldots\ldots\quad 918$$

Es wird sich empfehlen, diese beiden Werte von n um ein gleiches Stück, m_B, von $n_B=0{,}7$ nach unten und oben abweichen zu lassen, derart, daß, Fig. 512,

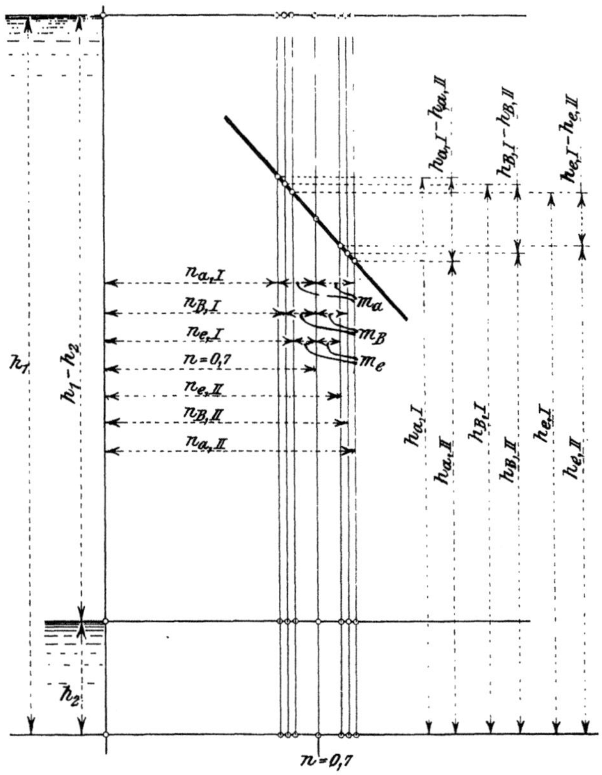

Fig. 512.

$$n_{B,I}=0{,}7-m_B$$

und

$$n_{B,II}=0{,}7+m_B\,.$$

So stellt sich dann $n_{B,II}-n_{B,I}$ auf $2m_B$ und die Gl. 918 und 917 gehen dadurch über in

$$h_{B,I}-h_{B,II}=m_B\,\frac{h_1-h_2}{0{,}9}\,.\quad 918\,\mathbf{a}$$

und

$$F=0{,}45\,\frac{P_a+P_e}{\gamma\cdot m_B\,(h_1-h_2)}\,.\quad 917\,\mathbf{a}$$

Da die beiden Steuerorgane zwangläufig verbunden sind derart, daß die Zunahmen und Abnahmen der f_2 jeweils gleich ausfallen, so ist mit der Annahme von m_B nicht allein F gegeben, sondern die Änderungen der Größe m bilden auch für den weiteren Verlauf der Rechnung einen direkten Anhalt.

Für die Wahl der Größe m_B ist maßgebend, daß $n_{B,I}$ und $n_{B,II}$ nicht zu weit von $n_B=0{,}7$ abliegen, damit der nach beiden Seiten noch übrigbleibende Bereich für die Veränderung der Steuerquerschnitte nicht zu sehr eingeengt wird.

Wir nehmen z. B. $m_B=0{,}1$ an, wodurch $n_{B,I}=0{,}7-0{,}1=0{,}6$ und $n_{B,II}=0{,}8$ wird.

Der Wert von $m_B=0{,}1$ bestimmt dann

$$F=4{,}5\,\frac{P_a+P_e}{\gamma\,(h_1-h_2)}\quad\ldots\ldots\ldots\ldots\quad 917\,\mathbf{b}$$

und außerdem die zugehörigen „B“-Werte von α_2 aus Gl. 915 für Seite I: $\alpha_2=0{,}722$; Seite II: $\alpha_2=0{,}611$.

Ehe die Bewegung nach auswärts, v_a, Fig. 510, beginnen kann, muß der resultierende Kolbendruck gerade gleich $P_a + R$ geworden sein, also

$$P_a + R = F(h_{a,I} - h_{a,II})\gamma ,$$

d. h. es müssen die Querschnitte f_2 um ein Entsprechendes verändert werden, damit die Druckhöhe in I von $h_{B,I}$ auf $h_{a,I}$ wächst, umgekehrt bei II.

War vorher im mittleren Beharrungszustand die Differenz m_B gegenüber 0,7 notwendig, so muß sich diese jetzt, des angenommenen linearen Zusammenhanges zwischen m und h wegen, im Verhältnis von $P_a + R$ zu $\frac{P_a + P_e}{2}$ geändert haben, damit das Gleichgewicht noch gerade erhalten bleibt. Diese auf jeder Kolbenseite erforderliche Differenz, des Auswärtsgehens halber mit m_a bezeichnet, muß also einfach sein

$$m_a = m_B \cdot 2\frac{P_a + R}{P_a + P_e} \quad \ldots\ldots\ldots\ldots \quad 919$$

und mit $m_B = 0{,}1$ kommt dann

$$m_a = 0{,}2\frac{P_a + R}{P_a + P_e} \quad \ldots\ldots\ldots\ldots \quad 919\text{a}$$

Es folgen die n-Werte als, Fig. 512,

$$n_{a,I} = 0{,}7 - m_a \quad \text{und} \quad n_{a,II} = 0{,}7 + m_a$$

und unter Zuhilfenahme von Gl. 916 finden sich die Durchfluß-Druckhöhen, wenn eben noch Gleichgewicht mit $P_a + R$, zu

$$h_{a,I} = h_2 + \frac{1{,}2 + m_a}{1{,}8}(h_1 - h_2) \quad \ldots\ldots\ldots\ldots \quad 920$$

und

$$h_{a,II} = h_2 + \frac{1{,}2 - m_a}{1{,}8}(h_1 - h_2) \quad \ldots\ldots\ldots\ldots \quad 921$$

Wenn sich der Kolben dann mit v_a gleichmäßig bewegen soll, so müßten $h_{a,I}$ und $h_{a,II}$ die vorstehenden Werte auch während der Bewegung beibehalten. Demnach würden sich die Geschwindigkeiten w_1 und w_2 in den Steuerquerschnitten hierbei ebensowenig ändern können, als dies bei den einfachwirkenden Kolben der Fall gewesen, also auch die Wassermengen $q_{a,I}$ und $q_{a,II}$ nicht, die durch die Querschnitte f_1 in die Räume I und II eintreten. Und was die Volumvermehrung in I und die Volumverminderung in II verlangt, das müßte durch die Verstellung der f_2 erzielt werden.

Nun sind aber in Anlehnung an Früheres die Durchfluß-Wassermengen des Ruhezustandes bei $P_a + R$, bei $h_{a,I}$, bei $f_2 = n_{a,I} \cdot f_1$ usw.

$$q_{a,I} = f_1 \cdot w_{1,a,I} = f_2 \cdot w_{2,a,I} = n_{a,I} \cdot f_1 \cdot w_{2,a,I} \quad \ldots\ldots \quad (896)$$

und

$$q_{a,II} = n_{a,II} \cdot f_1 \cdot w_{2,a,II} \quad \ldots\ldots\ldots\ldots \quad (896)$$

Für die Bewegung mit v_a ist dann der Querschnittsfaktor als n_I bzw. n_{II} anzusetzen und wie früher auch, S. 786 und 787, zu schreiben, für

Kolbenseite I: $F \cdot v_a = f_1 \cdot w_{1,a,I} - n_I \cdot f_1 \cdot w_{2,a,I} = n_{a,I} \cdot f_1 \cdot w_{2,a,I} - n_I \cdot f_1 \cdot w_{2,a,I}$

und, weil es sich beiderseits um „a" handelt, für

Kolbenseite II: $F \cdot v_a = n_{II} \cdot f_1 \cdot w_{2,a,II} - n_{a,II} \cdot f_1 \cdot w_{2,a,II}$.

Diese beiden Beträge müßten während der Bewegung des Kolbens gleich sein, also müßte sein

$$f_1 \cdot w_{2,a,I}(n_{a,I} - n_I) = f_1 \cdot w_{2,a,II}(n_{II} - n_{a,II}).$$

Da voraussetzungsgemäß $n_{a,I} - n_I = n_{II} - n_{a,II}$ ist, so müßten, bei gleichen Eintritts-Steuerquerschnitten f_1 auf beiden Seiten des Kolbens, die Austritts-

geschwindigkeiten $w_{2,a}$, Gl. 899, gleichgroß sein, was aber im allgemeinen nicht ohne weiteres zutrifft, weil eben die Größen $h_{a,I}$ und $h_{a,II}$ nach Gl. 920 und 921 verschieden sind und verschieden sein müssen, damit der Druck $P_a + R$ zur Entfaltung kommt. Der Kolben wird also nicht mit gleichmäßigem v_a fortschreiten können, sondern mit wechselndem v_a, mit leichten Stößen und Erzitterungen seinen Weg zurücklegen.

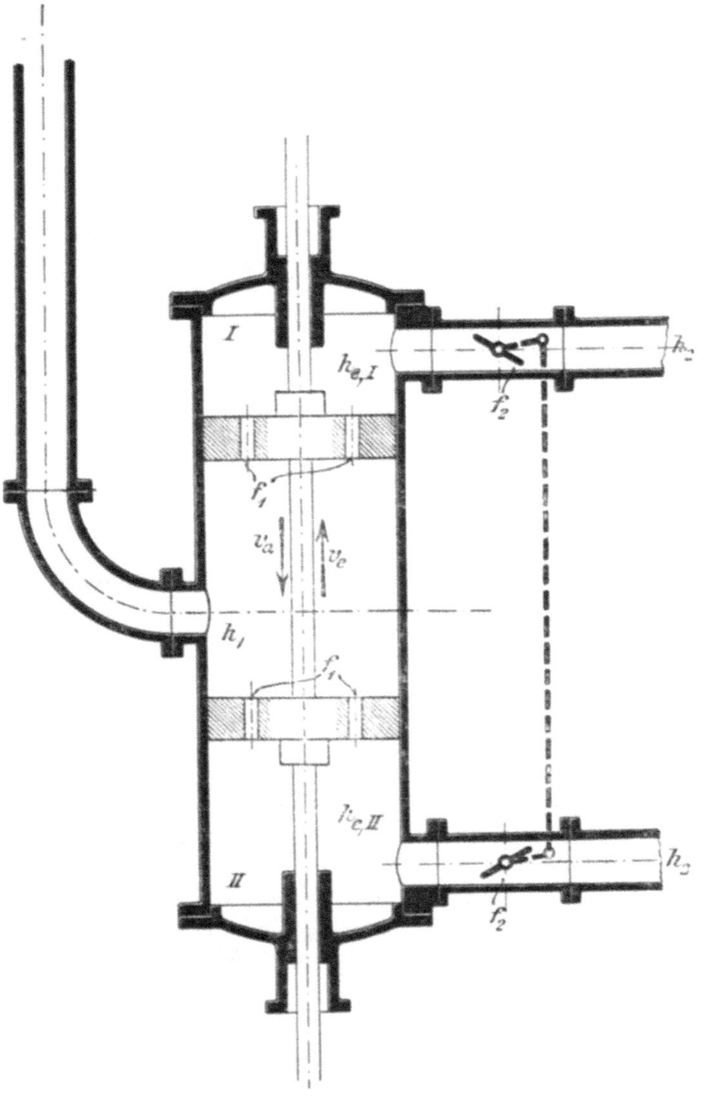

Fig. 513.

Das Mittel, diesen Verhältnissen unter Umständen eine betriebsfähige und betriebssichere Lösung abzugewinnen, liegt entweder in einem Ungleichmachen der Eintrittsquerschnitte f_1 zu beiden Seiten des Kolbens oder darin, daß die Gegendruckhöhen h_2 des Austrittes auf beiden Kolbenseiten verschieden groß (Drosselventile, Standrohre) eingestellt würden. Da aber die Größen von P_a und P_e sowie von R, auch natürlich diejenigen von k nie ganz genau vorher zu bestimmen sind, auch unkontrollierbaren Änderungen während des Betriebes unterliegen können, so ist die Anwendung doppeltwirkender Durchflußkolben mit ihren sehr heikeln Betriebsverhältnissen als Arbeitskolben bis jetzt für gleichgerichtete Kräfte wohl noch ganz unterblieben. (Die Verwendung als Steuerkolben siehe weiter unten.)

Für den Einwärtsgang des Kolbens ist schließlich noch anzuschreiben

$$P_e - R + F \cdot h_{e,II} \cdot \gamma = F \cdot h_{e,I} \cdot \gamma \quad \ldots \ldots \ldots \quad 922$$

und es wird

$$m_e = m_B \cdot 2 \frac{P_e - R}{P_a + R_e} \quad \ldots \ldots \ldots \quad 923$$

so daß wie vorher mit $m_B = 0{,}1$

$$m_e = 0{,}2 \frac{P_e - R}{P_a + P_e} \quad \ldots \ldots \ldots \quad 923\text{a}$$

Es folgen die n-Werte, Fig. 512, als

$$n_{e,I} = n_{B,I} + (m_B - m_e) = 0{,}7 - m_e \quad \text{und} \quad n_{e,II} = n_{B,II} - (m_B - m_e) = 0{,}7 + m_e.$$

Die Durchfluß-Druckhöhen finden sich mit Hilfe von Gl. 916 für die $n_{e,I}$ usw. entsprechenden Verhältnisse, in denen der resultierende Druck auf F eben noch der Kraft $P_e - R$ das Gleichgewicht hält, als

$$h_{e,I} = h_2 + \frac{1,2 + m_e}{1,8}(h_1 - h_2) \quad \ldots \ldots \ldots \quad 924$$

$$h_{e,II} = h_2 + \frac{1,2 - m_e}{1,8}(h_1 - h_2) \quad \ldots \ldots \ldots \quad 925$$

II. P_a entgegengesetzt P_e.

Als Mittelwert der durch den Kolben auszuübenden Kräfte ergibt sich hier, für $P_a > P_e$,

$$\frac{(P_a + R) + (P_e + R)}{2} = \frac{P_a + 2R + P_e}{2} = F(h_{B,I} - h_{B,II})\gamma$$

und wenn P_a und P_e der Größe nach nicht sehr voneinander verschieden sind, so wird dies auch für die Beharrungsdruckhöhen $h_{B,I}$ und $h_{B,II}$ zutreffen. Der erforderliche Kolbenquerschnitt stellt sich auf

$$F = \frac{P_a + 2R + P_e}{2 \cdot \gamma (h_{B,I} - h_{B,II})} \quad \ldots \ldots \ldots \quad 926$$

Daß hier ähnliche Betrachtungen über $h_{B,I}$ und $h_{B,II}$, wie oben S. 794 usw., am Platze sind, ist sicher, sie sollen aber hier nicht weiter verfolgt werden.

In ganz ähnlicher Weise wie vorher werden die Werte m_B und n_B, schließlich n_I und n_{II} festgelegt sein, es tritt eben $-P_e$ an die Stelle von $+P_e$.

Sind P_a und P_e nur wenig voneinander verschieden, so wird m_B sehr klein, was weiter nichts auf sich hat; bei $P_a = \sim P_e$ wird auf beiden Seiten m_B zweckmäßig mit Null angenommen, d. h. $n_B = 0,7$ für beide Seiten festgelegt und F so groß gewählt, daß keine große Änderung m_a zu beiden Seiten erforderlich ist, um P_a oder P_e samt R zu überwinden.

Hier ist dann, bei $P_a = P_e = P$ einfach

$$h_{a,I} - h_{a,II} = \frac{P + R}{F \cdot \gamma} \quad \ldots \ldots \ldots \quad 927$$

und deshalb (entsprechend Gl. 918a, worin aber der Index a statt B zu setzen) auch

$$h_{a,I} - h_{a,II} = \frac{m_a}{0,9}(h_1 - h_2) = \frac{P + R}{F \cdot \gamma},$$

also allgemein

$$m_a = 0,9 \frac{P + R}{F(h_1 - h_2)\gamma} \quad \ldots \ldots \ldots \quad 928$$

Auch hier gilt, was auf S. 795 unten über das Einhalten der Schließgeschwindigkeiten v_a und v_e gesagt ist, ohne daß hier die Verhältnisse derart zugespitzt erscheinen als vorher und die Anwendung der doppeltwirkenden Durchflußkolben für entgegengesetzte Richtungen der ungefähr gleichgroßen P_a und P_e wird häufig ganz zweckmäßig sein, sei es, daß sie nach Fig. 510 oder als Doppelkolben nach Fig. 513 mit mittlerer Zuleitung und den f_1 in den Kolbenkörpern selbst angeordnet sind.

30. Die Steuerungen der hydraulischen Regler.

Der Arbeitskolben der hydrostatischen Regler erhält die nötige Preßflüssigkeit durch Ventile, entlastete Kolbenschieber oder dgl. zugeteilt, die durch das Tachometer betätigt werden, Fig. 487, S. 722. Hier ist zwischen Steuerungen zu unterscheiden, deren Organe unmittelbar durch das Tachometer oder den Tachometerhebel (direkt) bewegt werden, Taf. 55, und zwischen solchen, bei denen die Steuerorgane durch Vermittlung eines (zweiten) Relais, also vom Tachometer aus indirekt, ihre Impulse empfangen. Mag im übrigen die Betätigung des Steuerventiles erfolgen wie sie wolle, wir werden als Grundsatz aufzustellen haben, daß die Achsen der Steuerkolbenschieber senkrecht anzuordnen sind, weil nur auf diese Weise die Reibungswiderstände wegfallen, die aus dem Eigengewicht der Schieberkörper folgen und die die exakte Ausführung der Steuerbewegung beeinträchtigen würden, Taf. 51, 54, 55, 57, 61, Fig. 514 u. a.

Wir haben gesehen, daß zur Bewegung des Arbeitskolbens durch die Druckflüssigkeit eine ganz bestimmte Größe der Ein- und Austrittsquerschnitte am Arbeitszylinder gehört, sofern eine gegebene Schlußzeit einzuhalten ist, Gl. 865 usw.

Für die Steuerventile des Arbeitskolbens will dies besagen, daß eine ganz bestimmte, unter Umständen nicht kleine, Änderung der Muffenstellung des Tachometers, also auch eine entsprechende Geschwindigkeitsänderung der Turbine dazu gehört, um die Steuerquerschnitte vollständig zu öffnen, es ist ebenfalls das Zurücklegen einer Strecke $\pm b_1$, Fig. 489a u. f., hierfür erforderlich.

Haben wir es mit reichlichem Drucke in der Preßflüssigkeit und kleiner Regulierarbeit zu tun, so ist der vorgenannte Umstand kein Nachteil. Die jeweilige Größe der Öffnung eines Steuerquerschnittes f bestimmt, wie z. B. auch Gl. 885 erkennen läßt, die eintretende Schlußzeit ganz wesentlich mit, so daß unter solchen Umständen, Pressungsüberschuß usw. bei der direkten Steuerung, innerhalb der Strecke $\pm b_1$ ganz wohl die Verhältnisse der Fig. 498 und 500 auftreten können, weil der Ausschlag des Tachometers, also auch die Eröffnung der Steuerkanäle mit wachsendem Betrag von $(a - b) M_1$ zunimmt.

Für die Ausführung großer Regulierarbeit empfiehlt sich die Anwendung indirekt gesteuerter Ventile, weil in diesem Falle die Steuerorgane schwerfälliger sind und deshalb stets ein sehr verstellungskräftiges Tachometer verlangen würden, damit die Steuerung von Zufälligkeiten, Klemmungen usw. mit aller Sicherheit unabhängig bleibt.

Die indirekte Steuerung bietet dem Tachometer die allerkleinsten Widerstände, also die größte Empfindlichkeit.

A. Direkte Steuerungen.

1. Direkte Steuerung hydrostatischer Regler.

Der Anordnung mit direkt gesteuerten Ventilen würde etwa ein mechanischer Regler mit Riemenwendegetriebe, Taf. 60, entsprechen, bei dem aber die Verschiebung des Riemchens nicht indirekt durch einen Schaltdaumen, sondern direkt durch einen entsprechenden Weg der Tachometermuffe, aus eigener Kraft des Tachometers erfolgen müßte.

Die schon S. 632 erwähnte Ausführung von Briegleb, Hansen & Co., Gotha, Taf. 55, ist unter Verhältnissen erfolgt, die die direkte Steuerung noch als angebracht erscheinen ließen, und sie soll hier nochmals besprochen sein.

Auf dem an der Kolbenstange schwingend aufgehängten Kolben gleitet der Zylinder auf und ab, gewissermaßen mit ersterem zusammen eine Pleuelstange von veränderlicher Länge bildend, die an einer Kurbel (Hauptansicht punktiert) angreift. Die Regulierarbeit besteht in dem Verstellen der weiter vorn schon beschriebenen Strahlablenker, die keine übermäßige Triebkraft beanspruchen. Die Einrichtung ist an sich aus der Zeichnung gut ersichtlich, siehe auch Taf. 51 Mitte, nur die Art der Druckwasserzuführung verdient noch besondere Erwähnung. Zwischen dem Filter, das das Druckwasser unmittelbar aus der Turbinenleitung empfängt (der Anschluß seitlich am Rohr wäre wohl zweckmäßiger gewesen) und dem mit dem Zylinder aus einem Stück gefertigten Steuergehäuse muß ein biegsamer Schlauch die Verbindung herstellen, weil sich das Steuergehäuse in der Nachführung mitbewegt, also ein starrer Rohranschluß untunlich ist. Auch der Auslauf des verbrauchten Druckwassers kann nicht fest angeschlossen werden, das freie Ende des Auslaufkrümmers taucht einfach mit seitlichem Spielraum in die zylindrische Erweiterung eines Standrohres.

Hauptsächlich zu erwähnen ist aber die Abwesenheit einer Stopfbüchse für die Stange des Steuerschiebers, Taf. 51. Daß ein direkt gesteuerter Schieber mit Druckausgleich ausgestattet sein muß, ist selbstverständlich, er ist als Rundschieber auszuführen. Damit nun die Empfindlichkeit des Tachometers nicht durch die ganz unberechenbaren Reibungsverhältnisse einer Stopfbüchse leidet, ist das Druckwasser einfach zwischen die beiden Steuerkolben geführt. Auf diese Weise besteht außerhalb der letzteren, weil Abflußraum, überhaupt kein nennenswerter Druck, besonders wenn die Abflußquerschnitte aus diesen beiden Endräumen heraus reichlich groß bemessen sind, ein Schutz gegen Spritzwasser ist nach oben hin genügend, und von dem Raum am unteren Ende der Schieberstange ist ein kleiner Schlauch abgezweigt, der für die Wasserabführung an dieser Stelle zu sorgen hat.

2. Direkte Steuerung für Durchfluß-Regler.

In den schematischen Figuren 507 u. f. waren als Einrichtung zur Veränderung des Querschnittsfaktors der einfacheren Darstellung wegen Drosselklappen gezeichnet. In Wirklichkeit wird man diese nicht verwenden, sondern einfache Ventile, entlastet oder nicht entlastet.

Da die Bewegung dieser an sich kleinen Organe nur sehr wenig Verstellungskraft seitens des Tachometers beansprucht, da auch Klemmungen durch Fremdkörper weit weniger möglich erscheinen als bei den größeren hydrostatischen Steuerkolben, so wird hier die direkte Steuerung mit Recht ausschließlich verwendet.

Die Fig. 514 zeigt die direkte Steuerung eines Durchflußreglers nach einer Ausführung der Vereinigten Maschinenfabriken Rüsch-Ganahl in Dornbirn (Vorarlberg), während Fig. 515 die allgemeine Anordnung des Reglers enthält.

Der Durchfluß-Differentialkolben bewegt die Rundschütze der Löffelradturbine der Taf. 53, eine doppelte Lenkstange bildet die Verbindung zwischen beiden.

Der Differentialkolben ist wie in der Fig. 509 angeordnet. Die Steuerquerschnitte f_1 und f_2 finden sich in dem zylindrischen Bronzefutter a untergebracht, das durch seitliche Aussparungen mit dem Durchflußraum über dem Kolben in Verbindung steht.

Durch den unteren, genügend weiten Anschlußstutzen wird die Preßflüssigkeit, Druckhöhe h_1, zugeleitet, sie tritt nach rechts zu der Differentialfläche βF und gegen aufwärts nach dem Querschnitt f_1, der zu genauer Justierung von Hand einstellbar ist.

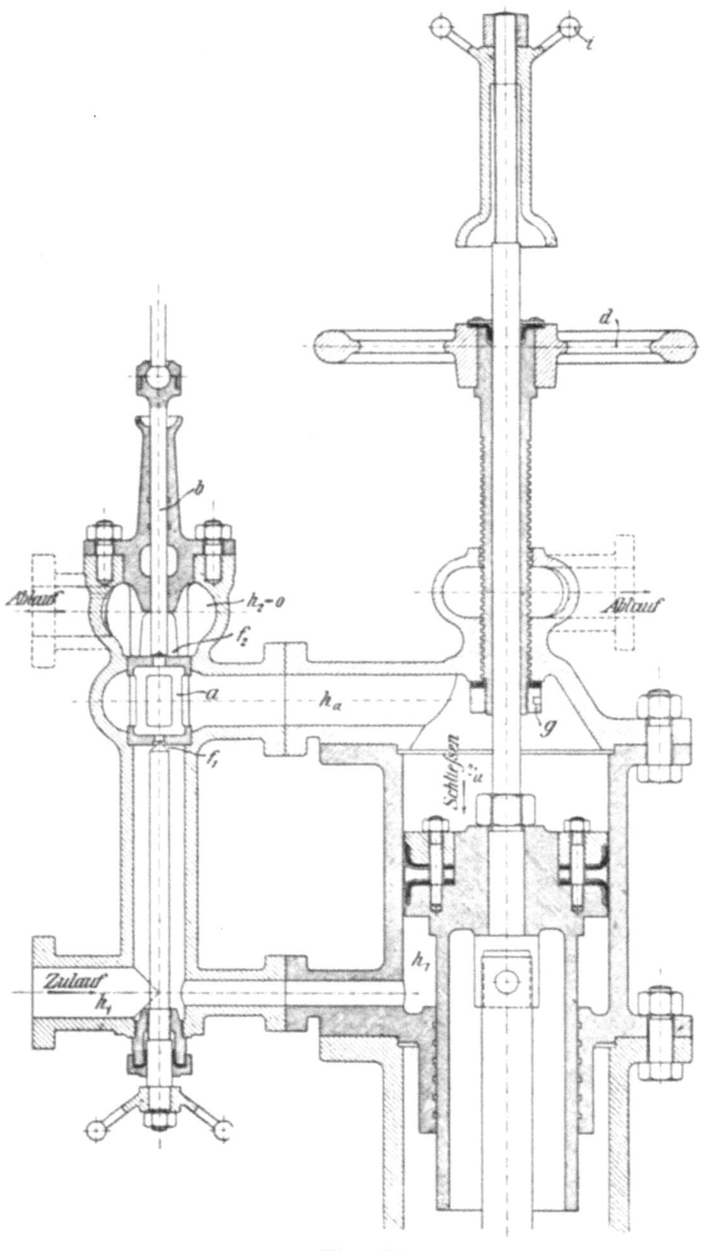

Fig. 514.

Als Steuerventil im Querschnitt f_2 dient die etwas hohl ausgedrehte untere Stirnfläche des Stängchens b, das, wie Fig. 515 zeigt, am Tachometerhebel angehängt ist. Das aus f_2 austretende Durchflußwasser wird aus dem weiten umschließenden Raum oberhalb f_2 seitlich durch einen reichlich großen Stutzen abgeleitet, derart, daß $h_2 = 0$. Das Steuerstängchen tritt ohne Stopfbüchse in diesen drucklosen Raum, die lange Führung, im Verein mit Ausdrehungen in derselben, verhindert das Entweichen etwaigen Spritzwassers gegen oben hin.

Dadurch, daß zwischen der Tachometermuffe und dem Steuerstängchen eine kräftige Hebelübersetzung $\left(\frac{1}{4}\right)$ angeordnet ist, wird die Einstellung von f_2 während des Betriebes ungemein feinfühlig, und es kann auch f_1 von Hause aus sehr klein gehalten werden.

Wie die Fig. 515 zeigt, wirkt hier die Nachführung auf den Drehpunkt des Tachometerhebels; zwischen dem Arbeitskolben und diesem Drehpunkt ist ein zweiarmiger Hebel c eingeschaltet, um der Nachführung die richtige Richtung und Größe zu geben.

Durch den überaus kleinen Ventilhub am Steuerquerschnitt f_2 sind nicht nur die früher erwähnten Strecken $\pm b_2$ und $\pm b_1$ praktisch Null geworden, sondern auch der Bedarf an Betriebswasser ist sehr gering. Auch für wesentliche Verstellungen von f_2 sind nur verhältnismäßig sehr kleine Bewegungen der Tachometermuffe erforderlich.

Bei allen hydraulischen Reglern, die die Leitschaufelquerschnitte der Turbinen beherrschen, besteht ein Bedürfnis nach Handregulierung, wenn der Regler aus irgendwelchem Grunde ausgeschaltet sein soll, und dieses kann meistens durch einfache Konstruktionen befriedigt werden.

Im vorliegenden Falle dient hierzu das große Handrad *d* auf der nach oben durchgeführten Stange des Durchflußkolbens mit seiner langen Hohlnabe, die die

Fig. 515, vgl. Taf. 53.

Kolbenstange umschließt und oben mittelst Lederstulpe abgedichtet ist. Auf diese Hohlnabe ist Gewinde geschnitten, zu dem der Zylinderdeckel die Mutter enthält, derart, daß die Nabe durch Drehen am Handrad *d* mehr oder weniger weit, der Kolbenstange entlang, ins Innere des Zylinders eingeführt wird. Das Wasser, das den Gewindegängen entlang nach oben durchfindet, wird durch die Erweiterung des Deckelauges, Fig. 514, abgefangen und seitlich abgeführt. Das untere Ende der Hohlnabe bildet einen in jede beliebige Lage einstellbaren Anschlag für die

Bewegung des Durchflußkolbens nach oben, also für die Richtung „e", die hier „Öffnen" bedeutet. Durch Drehen am Handrad kann also der Kolben gegen die Wirkung des Wasserdruckes $\beta F \cdot h_1 \cdot \gamma$ jederzeit nach abwärts gedrückt und dadurch entweder die Turbine geschlossen oder der Regler am weiteren Öffnen gehindert werden. Ein Gewindestellring g am unteren Hohlnabenende verhindert das unerwünschte vollständige Herausschrauben der Hohlnabe bei montierter Maschine. Oben auf dem mit Gewinde versehenen Ende der Kolbenstange bildet das kleine Griffrad i mit seinem unteren, ausgeweiteten Nabenende einen verstellbaren Anschlag gegen das Tiefgehen des Kolbens, also für die Richtung „a", die hier „Schließen" entspricht. Das ausgeweitete Ende kommt früher oder später zum Aufsitzen auf der Nabe von d. Nach Erfordernis kann das Griffrad auch dazu dienen, die Turbine von Hand zu öffnen, falls vorübergehend kein Wasserdruck eingeschaltet wäre.

Ein mechanisch betriebenes Filter k sorgt dafür, daß der Regler stets reines Betriebswasser erhält.

Eine weitere Anordnung des Durchflußkolbens zeigt der auf Taf. 54 abgebildete Regler von Bell & Cie., Kriens. Auch hier ist ein Differentialkolben verwendet, wenn auch in einer Art, die von der sonst üblichen abweicht.

In einem mit Bronze ausgefütterten Zylinder von 230 mm Durchmesser, der am Lagerrahmen der Turbine befestigt ist, bewegt sich ein Hohlkolben A, der gegen unten geschlossen ist, während sein Innenraum durch im eingesetzten Deckel befindliche Löcher mit dem oberen Deckelraum D in freier Verbindung steht. Der Hohlkolben A ist durch eine Lenkstange mit Kugelköpfen mit der Regulierzunge verbunden. Seine Aufwärtsbewegung wird durch den von unten her gegen die Zunge wirkenden Wasserdruck veranlaßt. Ein Handrad d mit Gewindehülse kann zum Schließen der Düse oder als Anschlag gegen zu weites Öffnen durch den Regler benutzt werden.

Ein ganz entlastetes Steuerventil, in Taf. 54 rechts oben vergrößert gezeichnet, enthält gleichzeitig die beiden Steuerquerschnitte, die in der Mittellage des Ventils nur ganz minimale Überdeckungen zeigen.

Das Ventilgehäuse b hat zwei achsial einander gegenüberliegende Ausbohrungen, durch die sich ein Vollzylinder z als Steuerkolben mit überaus kleinem Spiel achsial verschieben läßt. Durch die untere Ausbohrung tritt Wasser unter vollem Druck zu, die obere bildet den Auslauf.

Die Absperrkanten der beiden Durchbohrungen bilden mit denjenigen des Steuerkolbens die Durchflußquerschnitte f_1 und f_2. Der Raum unmittelbar um den Vollzylinder herum ist der Durchflußraum, und von diesem führt eine reichlich weite Rohrleitung zum oberen Deckelraum des Regulierzylinders, wodurch auch in diesem der Durchflußdruck h hergestellt ist.

Hätten die genannten Absperrkanten des Vollzylinders in dessen Mittelstellung eine kleine Überdeckung, so wäre ideell f_1 und f_2 Null und der Kolben von 230 mm Durchmesser stände unter hydrostatischem Druck. Da aber der Steuerkolben trotz etwaiger Überdeckung in Wirklichkeit nicht ganz dicht abschließen kann, so wird eben, unterstützt auch durch das nicht völlige Dichthalten des arbeitenden Hohlkolbens (230 mm Durchmesser) ein Durchflußdruck um den Steuerkolben herum und im Deckelraum D zustande kommen.

Der Hohlkolben A ist in Ruhe solange sich die Druckwirkung auf die Regulierzunge seitens des arbeitenden Wassers (Düse) und der Durchflußdruck im Deckelraum D das Gleichgewicht halten.

Erfolgt eine Mehrbelastung der Turbine, so wird der Hohlkolben A wegen Vergrößernng von f_2, Abnehmen des Durchflußdruckes durch den Druck auf die Regulierzunge gehoben, und umgekehrt.

Von Interesse ist die Betätigung des Nebenauslasses hierbei.

In dem Hohlkolben *A* befindet sich ein Differentialkolben *B*, der mittels zweier in Stopfbüchsen durch den Boden des Kolbens *A* geführter Stangen *EE* den Nebenauslaß bewegt (Winkelhebel usw.)

Der Raum *C* zwischen der Unterseite des Differentialkolbens *B* und dem Boden des Hohlkolbens *A* steht durch ein federndes Rohr an der Stelle *b* mit dem Ventilkörper *V* in Verbindung, der seinerseits durch den Anschluß *a* mit dem Deckel-(Durchfluß-)Raum *D* kommuniziert. Der einstellbare kleine Durchlaßquerschnitt *f*, Fig. 516, vermittelt den Druckausgleich zwischen den Räumen *C* und *D* derart, daß sich im Ruhezustand in beiden Räumen stets der gleiche Druck (Durchflußdruck) eingestellt haben wird, und da die Unterfläche des Differentialkolbens *B* ziemlich größer ist als die obere Stirnfläche, so drückt der Kolben *B* in der Ruhelage gegen aufwärts, der Nebenauslaßschieber hat geschlossen und liegt an seinem Anschlag an. Die Schließbewegung der Zunge bei Entlastung der Turbine wird durch Heben des Steuerventils bewirkt, was den Durchflußdruck steigert. Diese Drucksteigerung kann sich der engen Einstellung halber bei *f*, Fig. 516 nur sehr langsam nach dem Raum *C* fortpflanzen, und aus diesem Grunde wird Kolben *B* anfangs die Abwärtsbewegung von *A* mitmachen und dadurch den Nebenauslaß öffnen. Nach und nach gleichen sich doch aber die Drücke in *D* und *C* aus. Der Kolben *B* erhält wieder den resultierenden Schub gegen aufwärts und schließt langsam den Nebenauslaß bis zum Anschlag.

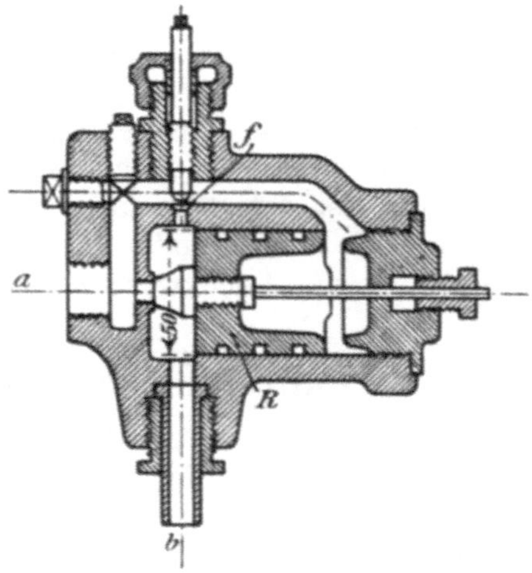

Fig. 516.

Beim Öffnen der Zunge, Heben des Kolbens *A* infolge verminderten Durchflußdruckes, wobei jeder Nebenauslaß geschlossen bleiben muß, sich auch gar nicht öffnen kann (Anschlag), bleibt der Kolben *B* natürlich auch an seiner Stelle, und so muß hier zwischen den Räumen *C* und *D* für rascheren Flüssigkeitsausgleich ein Querschnitt größer als *f*, Fig. 516, zur Stelle sein. Dieser öffnet sich selbsttätig durch Seitwärtsgehen des Kölbchens *R*, Fig. 516, weil vorübergehend der Druck im Rohr *b* größer ist als der durch *a* wirkende reduzierte Durchflußdruck, das Kölbchen gibt die Ventilsitzfläche gegenüber *a* zum unmittelbaren Ausgleich frei, so daß die Öffnungsbewegung der Zunge ungehindert vonstatten gehen kann.

Besonders zu erwähnen ist hier noch die Schmierungs- und Entlastungseinrichtung für den Steuerkolben.

Dieser kann sich nicht in den Steuerquerschnitten selbst führen, er muß der Natur der Verhältnisse nach eine satte zylindrische Führung unmittelbar oberhalb des Wasserablaufes erhalten. Diese Führung muß geschmiert und nach aller Möglichkeit müssen die Unreinheiten des Betriebswassers von derselben ferngehalten werden. Beides wird dadurch erreicht, daß in einen Hohlraum *e* des Führungsauges Öl unter entsprechendem Druck eingeführt wird. Das gepreßte Öl entweicht entlang der zylindrischen Führung, dabei schmiert es diese und spült etwaige kleine Schlamm- und Sandteilchen nach unten in den Ablauf des Durchflußwassers, in dem des großen Auslaufstutzens wegen ein nur ganz geringer oder gar kein Druck herrscht. Nur auf diese Weise ist, nach Mitteilung der Firma Bell, bei hohen Gefällen (Gletschermilch) der geregelte Betrieb aufrechtzuerhalten.

Der Steuerkolben z empfängt auf seiner unteren Stirnfläche den vollen Druck des Preßwassers; dieser kann mehr betragen als dem Gewicht des Steuerkolbens entspricht und auf diese Weise auf das Tachometer unliebsamen Einfluß nehmen. Durch die Differenz der beiden Durchmesser im oberen Teil der Kolbenführung wird dann eine kleine Differentialwirkung herbeigeführt, deren Außenkraft abwärts gerichtet ist und dem Wasserdruck gegen die untere Stirnfläche entgegenwirkt. Der Hohlraum e ist dann auch ein Durchflußraum. Das zur Schmierung nötige Preßöl wird mit natürlichem Wasserdruck (Gefälle) aus dem geschlossenen Öltopf nach oben zur Steuerkolbenführung gepreßt.

Taf. 57 zeigt in ihrer oberen Hälfte eine weitere Anwendung des direkt gesteuerten, einfach wirkenden Durchflußreglers, Ausführung Rüsch-Ganahl, Dornbirn, die die große Einfachheit des Durchflußprinzips besonders deutlich erkennen läßt. Der Kolben G betätigt die Verschiebung der Reguliernadel mit Hilfe eines eigenartig gestalteten Winkelhebels. Er steht mit seiner Oberseite unter dem verstellbaren Durchflußdruck, während von unten her eine Spiralfeder diesem das Gleichgewicht hält. Hier sind die Durchfluß-Querschnitte f_1 und f_2 unmittelbar an einem Stück vereinigt. Das gefilterte Druckwasser tritt bei A ein; der Eintrittsquerschnitt f_1 wird durch die eingelegte Drosselscheibe B gegeben, während der Austrittsquerschnitt f_2 durch das von oben kommende Steuerstängchen E, dessen Unterseite gewissermaßen das Ventil bildet, eingestellt wird. Hochgehen des Reglers hebt das Steuerstängchen, vermindert die Durchflußdruckhöhe und läßt den Kolben durch den Federdruck hochgehen, wodurch die Reguliernadel nach links, auf „Schließen", verschoben wird. Die Nachführung wird unmittelbar durch den Arbeitskolben betätigt. Damit sich beim Abwärtsgehen der Reglermuffe diese nicht mit voller Last auf das Steuerstängchen und dessen Ventilsitzfläche legen kann, ist der Drehpunkt des Steuerhebels M durch ein Gewicht O belastet, er kann bei Überschreiten der zulässigen Belastung einfach nach oben ausweichen. Hier ist Druckwasser (320 m Gefälle) als Betriebsflüssigkeit in Anwendung.

B. Indirekte Steuerungen für hydrostatische Regler.

Die Unsicherheit, die durch unvorherzusehende Klemmungen in den Steuerquerschnitten (Fremdkörper in der Preßflüssigkeit usw.) für das freie Spiel des Tachometers zu befürchten ist, hat in neuerer Zeit zu der fast ausschließlichen Anwendung der sog. indirekten Steuerung (Vorsteuerung) für hydrostatische Regler geführt, wobei der Druck der Preßflüssigkeit auch für die Verstellung des Steuerschiebers benützt wird und fast ohne jede Ausnahme Preßöl, kein filtriertes Betriebswasser mehr, verwendet wird. Das Preßöl ist, weil zugleich Schmiermittel, dem Wasser mit Rücksicht auf Betriebssicherheit unendlich überlegen.

Ein (Haupt-)Arbeitskolben bedient das Reguliergetriebe. Der Zylinder desselben hat Steuerventile, die durch einen zweiten (Zwischen-)Arbeitskolben verschoben (indirekt gesteuert) werden und erst die wesentlich leichter zu betätigende Steuerung dieses Zwischenkolbens erfolgt unmittelbar (direkt) durch das Tachometer. Diese Anordnung entspricht im Prinzip ziemlich genau derjenigen beim mechanischen Regler nach Taf. 60. Der Riemen des Wendegetriebes leistet dort die Regulierarbeit wie hier der Hauptkolben, der Riemen wird auch nicht direkt durch das Tachometer, sondern durch den Antrieb und die Drehung des Daumens verschoben, entsprechend der Verstellung der Steuerventile durch den Zwischenkolben; das Tachometer verstellt beim mechanischen Regler den leer gehenden Daumen, beim hydraulischen das ganz entlastete kleine Steuerventil fü den Zwischenkolben, und dies erfolgt in beiden Fällen schon für sehr kleine Ausschläge der Tachometermuffe.

Wir haben es also hier mit zweierlei Arbeitskolben und mit zweierlei Steuerungen und Nachführungen zu tun.

Auf den ersten Blick hat es den Anschein, als ob durch dieses Weitergeben des Impulses von Kolben zu Kolben viel Zeit verloren gehe, als ob die Spielraumzeit beim hydrostatischen Regler mit indirekter Steuerung gerade solch große Beträge aufweisen werde, als beim mechanischen mit Schaltdaumen. Wenn aber die Anordnung so durchgeführt ist, daß, wie schon mehrfach erwähnt, Luftsäcke in der Flüssigkeitsführung ausgeschlossen sind, so vollzieht sich die Weitergabe des Impulses mit genügender Raschheit, besonders wenn darauf gesehen wird, daß die zu beschleunigenden Massen recht klein, die verfügbaren Beschleunigungskräfte reichlich groß sind; leichte Kolben, kurze, weite Anschlußleitungen, hohe Pressungen, meist 15 bis 20 Atm.

Eine weitere Förderung erhält die Raschheit, mit der die indirekten Steuerungen arbeiten, dadurch, daß die Zwischenkolben, also diejenigen, die mit der Verstellung des Steuerorganes für den Hauptkolben betraut sind, durchweg als reibungslose Duchflußkolben mit senkrechter Achse ausgeführt werden, bei denen jeder tote Gang wegfällt, weil nur durch ihr Eigengewicht und das des angehängten Steuerorganes für den Hauptkolben belastet.

Zur Verwendung kommen für diese Zwischenkolben die Anordnungen als Differentialkolben und als doppeltwirkender Kolben, und es wird zweckmäßig sein, die rechnungsmäßigen Betriebsbedingungen hierfür, die gegenüber den früher entwickelten allgemeinen Bedingungen wesentlich vereinfacht, andererseits aber auch genauer umschrieben sind, jeweils zuerst zu betrachten.

1. Der Differential-Zwischenkolben (Durchfluß-Betrieb).

Dieser erweist sich als Spezialfall des Differential-Durchflußkolbens nach Fig. 509 (P_a und P_e gleichgerichtet), wobei durch das leichte Einschleifen $R = 0$ gemacht ist; außerdem ist $P_a = P_e = G$ gleich dem Gewicht des Kolbens samt den angehängten Hauptsteuerungsteilen zu setzen.

Durch diese Einschränkungen verändern sich die Verhältnisse in nachstehender Weise:

Aus Gl. 905 und 906 geht hervor, daß für $R = 0$ und $P_a = P_e$ die Druckhöhen $h_a = h_e = h_B$ sein müssen, was ja auch sonst selbstverständlich ist. Die Gl. 907 aber ergibt $F = \frac{0}{0}$ und aus Gl. 908 folgt β ebenso unbestimmt.

Wir erkennen hier die Umstände am einfachsten durch die unmittelbare Berachtung der vorliegenden Verhältnisse.

Auf den Differential-Durchflußkolben, wie er in Fig. 509 dargestellt ist, wirkt im Beharrungszustande nur das Gewicht desselben G (einschließlich Hauptsteuerungsteilen), R ist Null. Mithin kann jetzt gegenüber den Gl. 905 und 906 mit $h_a = h_e = h_B$ geschrieben werden

$$\beta F \cdot h_1 \cdot \gamma = F \cdot h_B \cdot \gamma + G \quad \ldots \ldots \quad 929$$

woraus

$$h_B = \beta h_1 - \frac{G}{F \cdot \gamma} \quad \ldots \ldots \quad 930$$

Im Interesse des raschen Eingreifens der Steuerung liegt es, die Abflußverhältnisse für die verbrauchte Preßflüssigkeit, also außerhalb f_2, möglichst zu vereinfachen, was durch weite Ablaufquerschnitte und $h_2 = 0$ erzielt wird.

Weiter ist zu bedenken, daß aus gleichen Gründen der Wert von n_B derart gewählt werden sollte, daß schon eine kleine Veränderung von n_B eine möglichst große Veränderung in der Durchfluß-Druckhöhe h verursacht. Wir haben deshalb zweckmäßig so zu disponieren, daß in tunlichster Annäherung $n_B = 0{,}5773$ wird, Fig. 508, S. 783, wobei $\alpha_2 = \frac{3}{4}$, $\alpha_1 = \frac{1}{4}$ ist.

Für $h_2 = 0$ bedeutet dies den Betrag $h_B = \frac{3}{4} h_1$, und wenn wir diesen in die Gl. 930 einsetzen, so ergibt sich einfach

$$\beta = \frac{3}{4} + \frac{G}{F \cdot h_1 \cdot \gamma} \quad \ldots \ldots \ldots \ldots \quad 931$$

als Beziehung für den reibungsfreien Differential-Durchflußkolben. Hier ändern sich die Durchfluß-Druckhöhen h, von $n_B = 0{,}5773$, rund $n_B = 0{,}6$, ausgehend, am raschesten und deshalb kommen die größten Beschleunigungsdrucke auf den Kolben zur Entwicklung.

Ein Rechnungsbeispiel mag die Sache erläutern. Es sei gegeben $h_1 = 40$ m, $G = 0{,}5$ kg und ein Durchmesser der Kolbenfläche F mit 50 mm, also

$$F = 0{,}001964 \text{ qm}.$$

Die Gl. 931 liefert alsdann

$$\beta = \frac{3}{4} + \frac{0{,}5}{0{,}001964 \cdot 40 \cdot 1000} = 0{,}7564.$$

Mithin ist $\beta F = 0{,}001485$ qm $= 14{,}85$ qcm und es bleibt ein mittlerer Kern für die Aufnahme der Hauptsteuerkanäle von $19{,}64 - 14{,}85 = 4{,}79$ qcm oder rund 25 mm Durchmesser übrig.

Sollen aus konstruktiven Gründen etwa statt 25 mm deren 35 als Kerndurchmesser übrigbleiben, so muß eben einfach gerechnet werden:

$$0{,}035^2 \frac{\pi}{4} = (1 - \beta) F = 0{,}2436 F$$

oder es muß sein

$$F = \frac{0{,}00096}{0{,}2436} = 0{,}00394 \text{ qm}$$

entsprechend einem Durchmesser von ~ 71 mm.

Abweichungen von der Größe von β, Gl. 931, führen zu Änderungen von n_B, die wie nachstehend verfolgt werden können:

Aus Gl. 930 findet sich für einen abweichenden Wert von β die erforderliche Durchfluß-Druckhöhe h_B allgemein, und aus Gl. 890a, S. 782, ergibt sich mit $h_2 = 0$

$$h_B = \frac{h_1}{n_B{}^2 + 1}.$$

Aus dem Gleichsetzen beider Werte von h_B kann dann das erforderliche n_B bestimmt werden, also der Punkt in der α-Kurve, Fig. 508, der den Verhältnissen entspricht und der eine Beurteilung gestattet über die Raschheit der Veränderungen von h. Große Abweichungen von $n_B = 0{,}5773$ erscheinen nicht rätlich, $n_B = 0{,}6$ wird als abgerundeter Wert angemessen sein.

Die einfachwirkenden hydrostatischen Arbeitskolben werden, wie schon gesagt, fast immer mit künstlich hergestellter einseitiger Belastung angeordnet, sei es Gewichts- oder Federdruck, sei es hydrostatischer Druck auf einen Differentialkolben. Stets aber ist dabei nur eine Kolbenseite mit Steuerung zu versehen und dadurch fällt die ganze Steuerungsanordnung einfacher aus als beim doppeltwirkenden Arbeitskolben. Freilich lassen sich die einfachwirkenden Kolben eben nicht überall anwenden, wie schon ausgeführt.

Die Druckseite des einfachwirkenden hydrostatischen Arbeitskolbens muß durch die Mittellage der Steuerung, durch Überdeckung des Steuerkanales, hydraulisch verriegelt sein, die Bewegung des Steuerschiebers nach einer Seite hat die Druckleitung, nach der anderen Seite den Ablauf an den Zylinderraum anzuschließen. Das Heben und Senken des hier auch ausnahmslos als entlasteter Kolbenschieber mit senkrechter Achse ausgebildeten Steuerorganes kann indirekt sehr einfach gestaltet werden; Fig. 517 zeigt eine Ausführung.

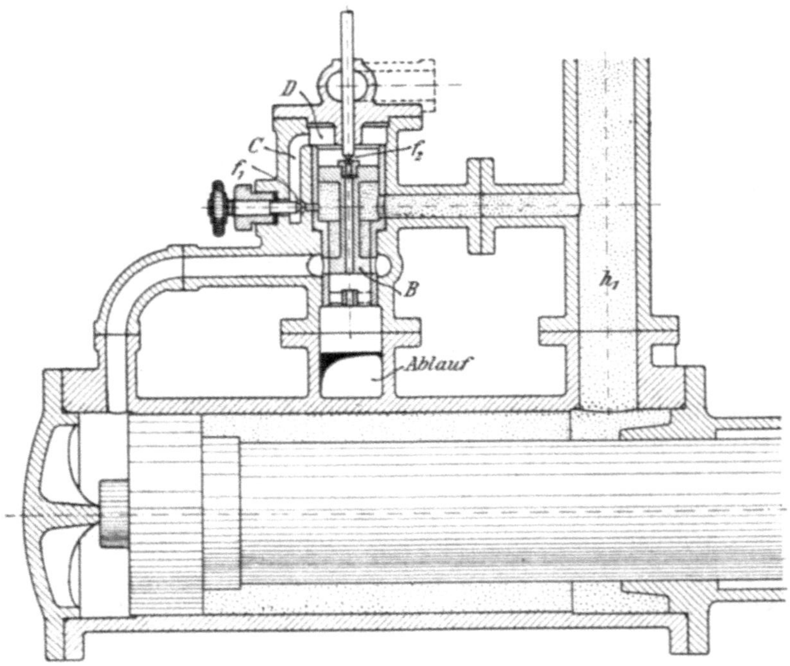

Fig. 517.

Wir sehen den Steuerkanal des Hauptkolbens, von dem (wie immer) gleichmäßig rundum, oder mindestens symmetrisch, abschließenden Steuerkolben B in der Mittellage überdeckt. Das Absenken des Steuerkolbens läßt den Druck h_1 zum Hauptkolben treten (Kolbenweg auswärts) und das Anheben gibt für den Kolbenweg einwärts den Ablauf frei.

Der Steuerkolben setzt sich gegen oben in einem kräftigen Schaft fort, der schließlich in eine Scheibe (den Zwischenkolben) von größerem Durchmesser übergeht, beide Kolben sind leichtgehend eingeschliffen und stellen in ihren verschiedenen Durchmessern den Differential-Zwischenkolben dar.

In Fig. 517 wird die Preßflüssigkeit (punktierte Räume, Druckhöhe h_1) durch einen reichlich weiten Stutzen unter den Zwischenkolben geführt, der Druck auf die Ringfläche βF, die sich als Differenz zwischen dem gesamten Zwischenkolben-Querschnitt und dem des Steuerkolbens ergibt, ist stets bestrebt, die beiden zusammen ein Stück bildenden Kolben hochzuheben. Durch einen seitlich verlaufenden Kanal C mit von Hand dauernd einstellbarem engsten Querschnitt (f_1) wird Druckflüssigkeit nach dem Durchflußraum, obere Seite D des Zwischenkolbens, durchgelassen; zu f_1 zählt genau genommen auch der minimale Spalt zwischen dem eingeschliffenen Zwischenkolben und dem Zylinderfutter. In D wird sich ein Durchflußdruck einstellen, weil dieser Raum durch eine zentrische Durchbohrung des Zwischenkolbens mit dem Ablauf in Verbindung steht. Der Austrittsquerschnitt kann durch ein von oben her durch den Deckel geführtes

Ventilstängchen beliebig verändert werden, er bildet im Ventilsitz den Querschnitt f_2 der Fig. 509, S. 789, natürlich zählt auch der enge Spalt zwischen dem Stängchen und dem Führungsauge im Deckel mit zu f_2, weil er Preßflüssigkeit nach oben entweichen läßt.

Der Zwischenkolben mit anhängendem Kolbenschieber wird durch geeignete Einrichtung der Nachführung seiner Steuerung zum „Schwebekolben", sobald der Durchflußdruck im Deckelraum D zusammen mit dem Eigengewicht G des Kolbens, dem von unten auf βF wirkenden vollen Preßdrucke h_1, das Gleichgewicht hält. Nehmen wir an, das Ventilstängchen stehe so weit ab vom Anfang der Bohrung im Schwebekolben, daß deren an sich reichlich bemessener Querschnitt ganz freigegeben sei für das Ausfließen aus dem Raum D nach abwärts; die Handstellschraube des Seitenkanals C sei fast geschlossen. In diesem Augenblick wird der Durchflußdruck in D sehr nieder sein (n ist groß) und der volle Preßdruck h_1 unterhalb des Zwischenkolbens hebt diesen so lange hoch, bis sich der Ventilsitz im Zwischenkolben dem stillstehenden Ventilstängchen so weit genähert und dadurch den Durchfluß-Querschnitt f_2 so weit verengt hat, daß der Durchflußdruck im Raume D die erforderliche Größe für das „Schweben" angenommen hat. Wird das Ventilstängchen eine Strecke weiter hochgezogen, so wiederholt sich der Vorgang, bis der Schwebekolben schließlich den oberen Anschlag erreicht. Drücken wir das Stängchen gegen den Ventilsitz im Schwebekolben herunter, so steigt der Durchflußdruck im Deckelraum D und der Kolben geht so weit abwärts, bis f_2 wieder groß genug geworden.

Die Nachführung für den Schwebekolben gegenüber der Bewegung des Ventilstängchens vollzieht sich also ganz von selbst, der Durchfluß-(Schwebe-)Kolben folgt stets den Bewegungen des Stängchens und stellt selber die normale Größe von f_2 wieder ein.

Das Ventilstängchen hängt am Tachometerhebel, der Zwischenkolben mit anhängendem Steuerkolben folgt also auch aufs schärfste den Bewegungen des Tachometers. Im Querschnitt f_2 kommt keine Überdeckung in Frage, Strecken b_1 und b_2 bestehen hier nicht, wenn die Durchflußquerschnitte richtig gewählt sind, und dazu bietet die Fig. 508 mit den vorhergehenden Erläuterungen Anhalt.

Auf diese Weise kommen die Verstellungen der Regulierung zustande. Hier gibt es bei kleinem Ausschlag der Tachometermuffe (kleine Belastungsänderung) kleine Eröffnungen des Steuerkanals und große Schlußzeit; bei großem Ausschlag dagegen entsprechend andere Einstellung und kleine Schlußzeit.

Aber auch der doppeltwirkende Haupt-Arbeitskolben kann durch einen Differential-Schwebekolben indirekt gesteuert werden, wie dies Fig. 518 erkennen läßt.

Sehen wir uns erst die Steuerung des Hauptkolbens an. Selbstverständlich werden die 4 Steuerquerschnitte der beiden Kolbenseiten, die in Fig. 506 und 510 getrennt gezeichnet waren, in der Ausführung vereinigt derart, daß nur ein einziges Steuerorgan indirekt zu verstellen ist. Wir finden dieses letztere durch die beiden unteren Scheiben a und b des mittleren, beweglichen Teils, Fig. 518, und den zwischen beiden liegenden Schaft gebildet.

Der Steuerzylinder sollte stets mit auswechselbarem Bronzefutter versehen sein, weil die eingeschliffenen Kolben durch das stetige Durchsickern der Preßflüssigkeit und die häufigen Bewegungen nach und nach undicht werden. In mancherlei Windungen muß die Preßflüssigkeit für die zwei Steuerorgane, die Steuerung des Hauptkolbens und diejenige des Differential-Schwebekolbens, zu- und abgeführt werden. Die hierfür nötigen Kanäle lassen sich besser mit gegen außen offenen Aussparungen in einem dickwandigen fest eingeschlagenen Bronzefutter anbringen, als in dem umgebenden Steuergehäuse eingießen.

Auf solche Weise ist die Gestalt des Bronzefutters der Fig. 518 entstanden, die der Voith'schen Ausführung, Fig. 520, entnommen ist.

Das innen ausgebohrte Gußgehäuse hat drei seitliche Anschlußstutzen, dazu eine gegen unten gerichtete Ablauföffnung mit Flanschanschluß. Die mit I und II bezeichneten seitlichen Stutzen stehen in unmittelbarer Verbindung mit je einer Seite des doppeltwirkenden Hauptkolbens. Im rechten Winkel zur Ebene der Stutzen I und II liegt, der Höhe nach zwischen beiden, der dritte Anschlußstutzen, dem die Preßflüssigkeit unter der Druckhöhe h_1 zuströmt und von dem

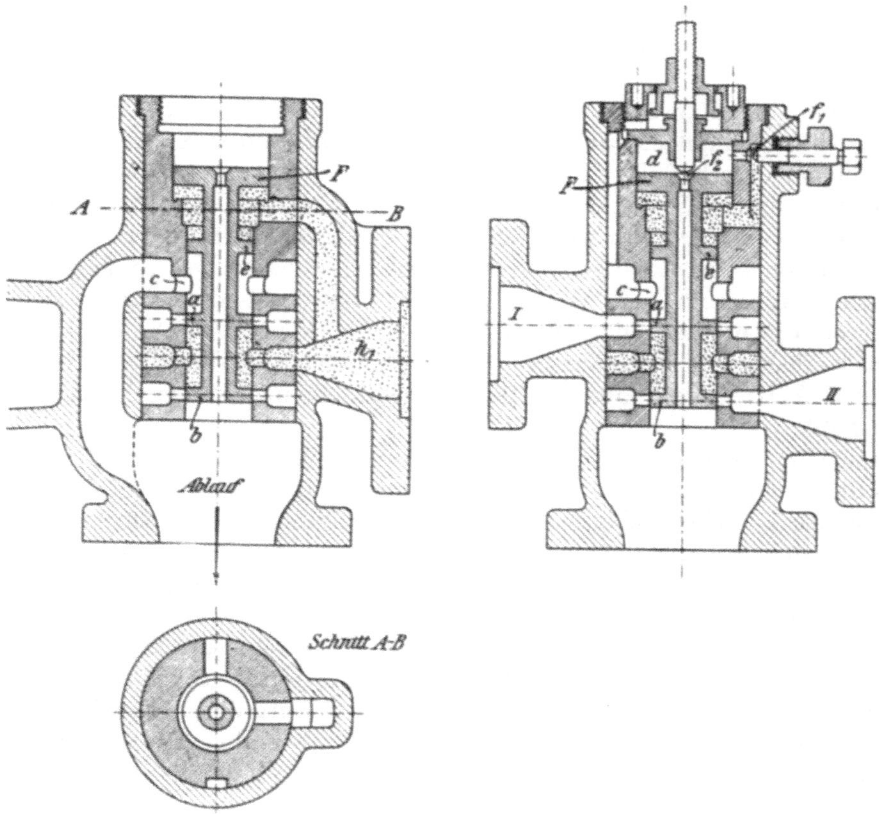

Fig. 518.

aus sie die punktierten Hohlräume erfüllt, Fig. 518, Aufriß. Zwischen den beiden Scheiben a und b herrscht demnach Volldruck h_1 und bei Anheben derselben wird dieser durch den Stutzen I auf die eine Seite des Arbeitskolbens geleitet, während gleichzeitig die verbrauchte Preßflüssigkeit der anderen Kolbenseite aus dem Stutzen II durch die frei werdenden seitlichen Durchbohrungen des Futters in den Ablauf entweichen wird.

Das Senken der Scheiben a und b bewirkt das Umgekehrte, Druckübertragung nach dem Stutzen II, Austritt der Flüssigkeit von Seite I her, zuerst gegen innen, dann über die Scheibe a hinweg und durch die Durchbrechungen c des Futters nach dem Ablauf.

Die Steuerscheiben a und b sind durch den durchlaufenden Schaft mit dem Differential-Zwischenkolben zu einem Stück verbunden. Letzterer wird durch die Scheiben e und F gebildet, als Differentialfläche βF kommt die Kreisringfläche in Betracht, deren Inhalt gleich F abzüglich der Kreisfläche von e ist. Die Eindrehung auf Schaftdurchmesser zwischen e und F dient dem besseren

Umlauf der Preßflüssigkeit. Wie aus der Fig. 518 hervorgeht, steht der Druckraum unter βF direkt unter dem Druck h_1, während aus diesem Druckraum auch noch ein Kanal mit fest einstellbarem Querschnitt f_1 in den Deckelraum über dem Kolben führt. Dieser ist, wie vorher auch, Durchflußraum und die Einstellung des Querschnittes f_2 erfolgt gerade so wie bei der Steuerung des einfachwirkenden Arbeitszylinders. Auch die Nachführung für den Durchflußkolben vollzieht sich genau wie vorher, und die Nachführung der Hauptsteuerung kann im Drehpunkt des Tachometerhebels oder an der Tachometerwelle selbst angebracht sein.

Taf. 57, untere Hälfte, zeigt die indirekte Steuerung eines statischen Differentialkolbens, der auf einen Strahlablenker wirkt. Ausführung Rüsch-Ganahl, Dornbirn.

Der mit Ledermanschetten gedichtete Kolben von 125 bis 150 mm Durchmesser steht mit seiner Ringfläche unter ständigem, gleichbleibendem Druck; eine Kapselpumpe liefert das Preßöl. Auf dem Zylinderdeckel sitzt der Steuerapparat, kompendiös für einfache Dreherarbeit gebaut. Der im oberen Teil befindliche Zwischenkolben von 50 mm Durchmesser ist nach abwärts als Haupt-Steuerkolben von 20 mm Durchmesser verlängert, dessen unteres kegelförmiges Ende gleichbleibendem Druck ausgesetzt ist. Heben desselben gestattet dem Preßöl den Zutritt zur oberen Fläche des Differentialkolbens von 150 mm Durchmesser und bringt so den Kolben gegen abwärts in Bewegung. Senken des Haupt-Steuerkolbens öffnet den Ablauf gegen oben, so daß der Öldruck im Ringraum den Differentialkolben hebt.

Eine feine Bohrung durchdringt die Steuerkolbenmitten und führt aufwärts durch die obere Verlängerung des Zwischenkolbens ins Freie. Querbohrungen oberhalb des Zwischenkolbens führen das Preßöl auf dessen Oberseite, während die Unterseite drucklos (Ablauf) bleibt. Auf die in einem Stück vereinigten Hauptsteuer- und Zwischenkolben wirkt also von unten her der volle Öldruck, dazu auf die Zwischenkolben-Oberseite ein Durchflußdruck, bestimmt durch die untere Bohrung von 2 mm (f_1) und das von oben eingesteckte Stängchen, das, vom Regler betätigt, dem Auslauf der Zentralbohrung gegenübersteht und „f_2" einstellt. Geht das Tachometer hoch, so wird f_2 vergrößert, der Durchflußdruck über dem Zwischenkolben nimmt ab, dieser geht ebenfalls hoch, öffnet den Druckzulaß zum Arbeitskolben, der abwärts geht und dadurch den Ablenker einschwenkt. Sinken des Tachometers schwenkt den Ablenker aus. Die Nachführung greift am Tachometerhebel links an, vom Ablenkerhebel ausgehend.

2. Der doppeltwirkende Zwischenkolben (Durchfluß-Betrieb).

Bei Anwendung dieses Kolbens sind die Gl. 917, S. 794 usw. sinngemäß heranzuziehen, indem dort auch wieder $P_a = P = P_e$ und $R = 0$ gesetzt wird.

Wir erhalten dadurch aus Gl. 917 mit „I" als oberer Kolbenseite und für $P = G$

$$F = \frac{G}{\gamma\,(h_{B,II} - h_{B,I})} \qquad \text{932}$$

oder auch

$$h_{B,II} - h_{B,I} = \frac{G}{F \cdot \gamma} \qquad \text{933}$$

Es gehört eben ein ganz bestimmter Druckunterschied dazu, um den Kolben schwebend zu halten (Schwebekolben).

An sich wäre es gleichgültig, an welchen Stellen die Querschnittsfaktoren $n_{B,II}$ und $n_{B,I}$ in Fig. 508 zu suchen sind, es muß eben aus ihrer Einwirkung die Differenz $h_{B,II} - h_{B,I}$ hervorgehen. Wie unter „1", so wird aber auch in diesem Falle die Lage der n in unmittelbarer Nähe des Wendepunktes der α-Kurve, Fig. 508, veranlassen, daß der Wechsel in den Durchflußdruckhöhen und deshalb auch die Beschleunigung des Zwischenkolbens möglichst intensiv vor sich geht. Die $n_{B,I}$ und $n_{B,II}$ werden also zweckmäßig Punkten der α-Kurve ganz nahe zu beiden Seiten des Wendepunktes zu entsprechen haben.

Die Schräglage der Tangente an die α-Kurve findet sich für $k_1 = k_2$ mit Gl. 889a allgemein aus

$$\frac{d\alpha_2}{dn} = -\frac{2n}{(n^2+1)^2} = \operatorname{tg}\varphi,$$

Fig. 519, und am Wendepunkt ist deshalb und wegen $n = \frac{1}{\sqrt{3}}$

$$\operatorname{tg}\varphi = -\frac{3\sqrt{3}}{8}.$$

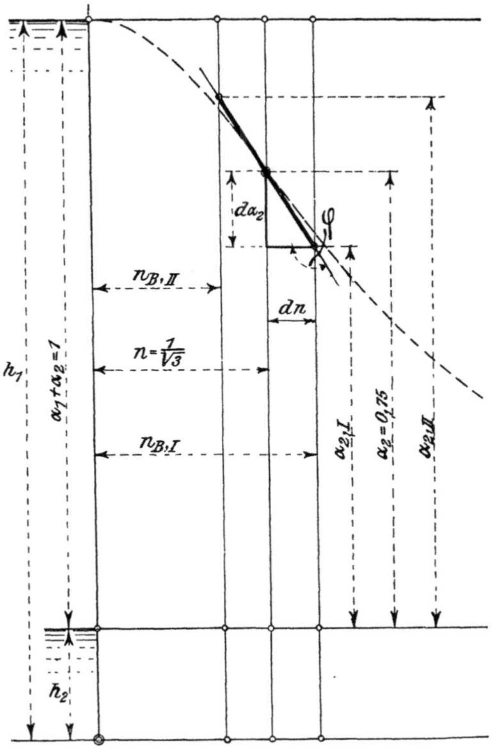

Fig. 519.

Das Gewicht G des Zwischenkolbens nebst angehängtem Steuerorgan des Hauptkolbens ist stets sehr klein gegenüber den auf den Kolbenflächen zur Verfügung stehenden Betriebsdruckkräften; und wenn wir zur Vereinfachung anehmen, daß der Verlauf der α-Kurve in der Nähe des Wendepunktes mit der Tangente in diesem Punkte zusammenfällt, so verschwindet der begangene Fehler vollständig aus der Rechnung.

Im Wendepunkt ist $\alpha_2 = 0{,}75$ und so können wir nach Fig. 519 die n zu beiden Seiten desselben, wie nachstehend, ermitteln:

Es ist

$$\frac{0{,}75 - \alpha_{2,I}}{n_{B,I} - \frac{1}{\sqrt{3}}} = \operatorname{tg}(180 - \varphi) = \frac{3\sqrt{3}}{8}$$

woraus

$$\alpha_{2,I} = 1{,}125 - \frac{3\sqrt{3}}{8} n_{B,I}.$$

Ebenso ergibt sich

$$\alpha_{2,II} = 1{,}125 - \frac{3\sqrt{3}}{8} n_{B,II}.$$

Wegen $h_2 = 0$ (weiter Ablaufstutzen) findet sich nach Gl. 887a, S. 782, allgemein $h = \alpha_2 h_1$ und deshalb die in Gl. 933 angeführte Differenz nunmehr als

$$h_{B,II} - h_{B,I} = (\alpha_{2,II} - \alpha_{2,I})\, h_1 = \frac{G}{F \cdot \gamma}$$

und mit den vorstehenden Werten für die α_2 ergibt sich daraus einfach

$$n_{B,I} - n_{B,II} = \frac{8}{3\sqrt{3}} \cdot \frac{G}{F \cdot h_1 \cdot \gamma} \quad \ldots \ldots \ldots \quad 934$$

Ohne weiteres erlaubt ist die Annahme, daß die $n_{B,I}$ und $n_{B,II}$ symmetrisch zu der Abszisse des Wendepunktes, zu $n = \frac{1}{\sqrt{3}}$ liegen, d. h. daß, Fig. 519,

$$\frac{n_{B,I} + n_{B,II}}{2} = \frac{1}{\sqrt{3}}.$$

Aus der Vereinigung der beiden letzten Gleichungen ergibt sich schließlich

$$n_{B,I} = \frac{1}{\sqrt{3}}\left(1 + \frac{4}{3} \cdot \frac{G}{F \cdot h_1 \cdot \gamma}\right) \quad \ldots\ldots\ldots\ldots \quad 935$$

und

$$n_{B,II} = \frac{1}{\sqrt{3}}\left(1 - \frac{4}{3} \cdot \frac{G}{F \cdot h_1 \cdot \gamma}\right) \quad \ldots\ldots\ldots\ldots \quad 936$$

Von Interesse sind die zahlenmäßigen Beträge der n_B im speziellen Falle. Nehmen wir einen Zwischenkolbendurchmesser von 50 mm an, dazu wieder $h_1 = 40$ m, so ergibt sich nach dem Vorstehenden für ein Gewicht $G = 0{,}5$ kg

$$n_{B,I} = \frac{1}{\sqrt{3}} 1{,}0085 \quad \ldots\ldots\ldots\ldots \quad (935)$$

und

$$n_{B,II} = \frac{1}{\sqrt{3}} 0{,}9915 \quad \ldots\ldots\ldots\ldots \quad (936)$$

also weichen bei den angenommenen Werten die für das Schweben nötigen Querschnittsfaktoren von dem n des Wendepunktes nur je um weniger als ein Prozent ab.

Die Verstellung der Durchflußsteuerung aus diesen beiden Größen heraus auf eine Abweichung um je ein volles Prozent, statt $0{,}85\,^0/_0$, bringt sofort eine Vermehrung der resultierenden Kolbenkraft P, die sich als $G = P$ aus Gl. 934 für $n_{B,I} - n_{B,II} = 0{,}02 \frac{1}{\sqrt{3}}$, gegenüber vorher $n_{B,I} - n_{B,II} = 0{,}017 \frac{1}{\sqrt{3}}$, zu $P = 0{,}5 \frac{20}{17}$ $= 0{,}588$ kg berechnet. Für die Beschleunigung des Kolbenkörpers ist also eine Kraft $P_b = 0{,}588 - 0{,}5 = 0{,}088$ kg zur Verfügung, und jener legt in der Zeit t unter dem Einfluß der beschleunigenden Kraft P die Strecke

$$s = \frac{P_b}{G} \cdot \frac{g}{2} t^2$$

zurück. Für $G = 0{,}5$ kg berechnet sich die nach verschiedenen Zeiträumen zurückgelegte Strecke wie folgt:

$t = 0{,}01$ sk; $\quad s = 0{,}000\,09$ m $= 0{,}09$ mm
$t = 0{,}05$ sk; $\quad s = 0{,}002\,16$ m $= 2{,}16$ mm
$t = 0{,}10$ sk; $\quad s = 0{,}008\,63$ m $= 8{,}63$ mm.

Diese ungemein geringfügige Änderung der Durchflußquerschnitte würde also nach weniger als $^1/_{10}$ Sekunde schon die vollen Haupt-Steuerquerschnitte der Fig. 520 freigegeben haben.

Eine Vermehrung der Abweichung auf je $5\,^0/_0$, also auf $n_{B,I} = 1{,}05 \frac{1}{\sqrt{3}}$ und $n_{B,II} = 0{,}95 \frac{1}{\sqrt{3}}$ bringt P auf $0{,}5 \frac{0{,}100}{0{,}017} = 2{,}94$ kg und stellt $P_b = 2{,}94 - 0{,}5$ $= 2{,}44$ kg als beschleunigende Kraft für die Verstellung des Zwischenkolbens mit angehängter Hauptsteuerung zur Verfügung und diese immer noch kleine Verstellung, die das Tachometer fast momentan ausführt, ergibt die Steuerkolbenwege:

$t = 0{,}01$ sk; $\quad s = 0{,}0024$ m $= 2{,}4$ mm
$t = 0{,}05$ sk; $\quad s = 0{,}0600$ m $= 60$ mm,

bewirkt also praktisch ein augenblickliches Freigeben der Haupt-Steuerquerschnitte und damit eine Ermäßigung dieses Teiles der Spielraumzeit auf Null.

Der Differential-Schwebekolben wird gegenüber diesen Werten immer insofern etwas im Nachteil sein, als die Herstellung gleicher Beschleunigungskräfte entweder eine doppelt so große Verstellung des Durchflußquerschnittes oder eine entsprechende Vergrößerung der Druckflächen F und βF bedingt, die unter Umständen in konstruktiver Richtung mehr Schwierigkeiten macht.

Selbstverständliche Voraussetzung dieser Rechnungen ist natürlich, daß die Zuführung der Preßflüssigkeit einen derartig großen Querschnitt besitzt, daß der durch die Beschleunigung des Rohrinhaltes verursachte Druckabfall vernachlässigt werden darf; die im stetigen Strömen befindliche Flüssigkeit des Durchflußbetriebes folgt Beschleunigungskräften natürlich leichter als der stillstehende Rohrinhalt der hydrostatischen Kolben.

Die Fig. 520 zeigt den doppeltwirkenden Zwischenkolben mit Steuerung für den doppeltwirkenden Hauptkolben nach einer Ausführung von Voith-Heidenheim.

Der Zylinder für den Zwischenkolben sitzt als Bronzeauskleidung A des Gehäuses, durch vier rundum laufende, dicht ansetzende Rippen gehalten, fest eingeschlagen im Gehäuse. Er ist an beiden Enden durch Deckel C und D abgeschlossen, die durch Gewinderinge fest eingepreßt werden. Der Zwischenkolben B hat keine Kolbenstange oder dgl., er besteht nur aus dem Kolbenkörper der schon der guten Führung wegen ziemlich langgestreckt ist, seine Endflächen sind den Deckeln C und D zugekehrt und schließen mit diesen die beiden Deckelräume ein, die auch als C und D bezeichnet werden mögen. Die drei Aussparungen auf der Außenseite des Zwischenkolbens werden je nach Erfordernis besprochen werden.

Das Steuerorgan des Zwischenkolbens befindet sich zentrisch im Kolbenkörper und wird durch die mittlere Verdickung des dünnen Stängchens gebildet, die als Rundschieber F, Fig. 520 rund schraffiert, in der Durchbohrung des Kolbenkörpers leichtgehend eingeschliffen ist. Der Rundschieber F überdeckt vier Querbohrungen der Kolbenwandung, die zu der mittleren Aussparung E der Kolbenaußenseite führen, Fig. 520, Auf- und Grundriß. Nach oben und unten führt sich das Stängchen, ebenfalls leichtgehend eingeschliffen, in den Zylinderdeckeln C und D. Am oberen Ende des Stängchens greift die Zugstange des Tachometerhebels an.

Nun kommuniziert die mittlere Aussparung E der Kolbenaußenseite durch vier reichlich große Durchbrechungen des Zylinderfutters, Fig. 520, Auf- und Grundriß, mit der mittleren Aussparung des letzteren und diese durch den mittleren der drei seitlichen Anschlußstutzen unmittelbar mit der Druckleitung der Preßflüssigkeit (Preßöl). Der Raum E steht also unter dem vollen Druck h_1, der aber, abgesehen vom Eigengewicht der Flüssigkeit im Raume E selbst, keinen Einfluß auf die Kolbenbewegung äußern kann, der gleichgroßen Begrenzungsdurchmesser wegen. Eine entsprechende achsiale Verschiebung des kleinen Rundschiebers F wird die vorgenannten vier Querbohrungen freigeben und je nach der Schieberstellung das Preßöl auf die untere oder obere Schwebekolbenseite in die Räume C und D treten lassen.

Da der Rundschieber F, weil leichtgehend eingeschliffen, nicht vollständig dicht halten kann, so wird stetig nach C und nach D hin Preßöl in ganz geringer Menge entweichen. Hätten diese Deckelräume keinerlei Abfluß, so würde sich schließlich in ihnen eine Druckhöhe h_1 gleich der im Raume E einstellen. Nun führt durch jeden der beiden Deckel das Schieberstängchen leichtgehend ohne Stopfbüchse, hier ist also der Flüssigkeit schon eine Gelegenheit zum Entweichen gegeben, außerdem zeigt die Zeichnung oben und unten je eine kleine seitliche Durchbohrung des Kolbenkörpers nach der oberen und unteren Aussparung führend, und da diese Aussparungen durch reichlich große Durchbrechungen des Zylinderfutters mit dem freien Ablauf in Verbindung stehen, so kann auf den beiden beschriebenen Wegen das Preßöl entweichen, das sich im Spalt des Rundschiebers *F* durchfindet.

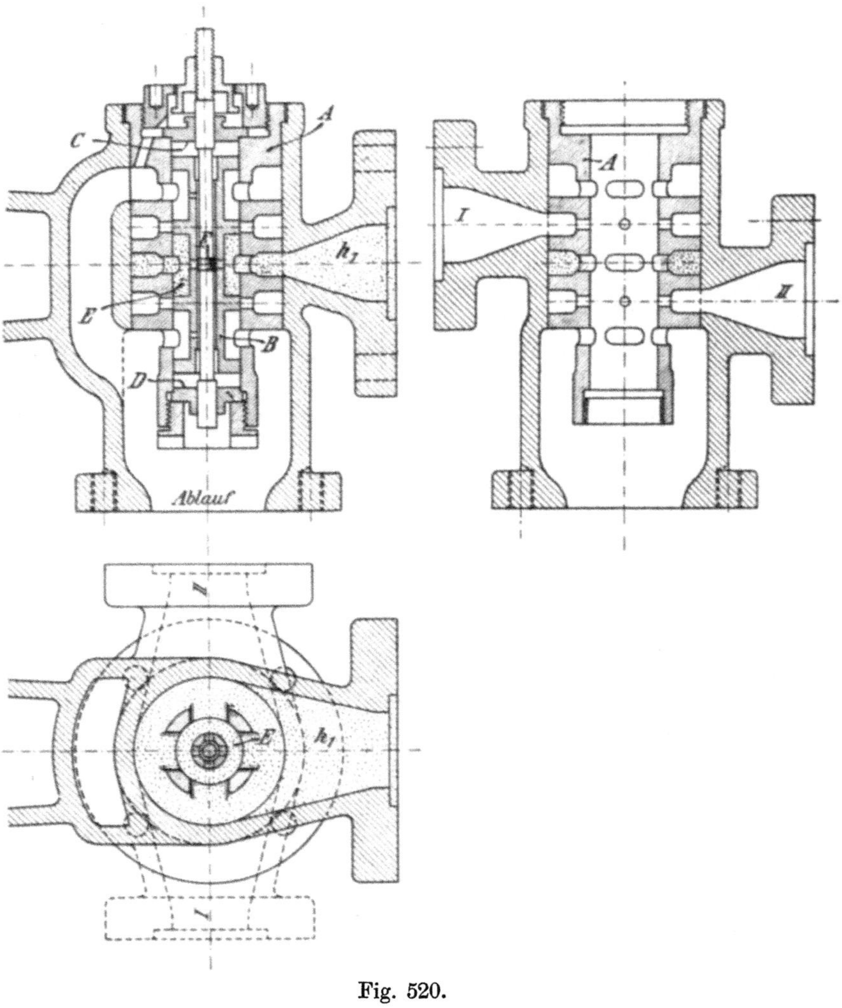

Fig. 520.

Die drei Aussparungen des Kolbenkörpers sind in achsialer Richtung so lang bemessen, daß sie auch noch in den Endstellungen des Kolbens die Querschnitte der Durchbrechungen im Zylinderfutter vollständig frei lassen, mithin steht in jeder Kolbenlage dem Rundschieber *F* der volle Preßöldruck h_1 und den Aussparungen an den Enden der freie Ablauf zur Verfügung.

Der Zwischenkolben soll für gewöhnlich (Ruhelage) in der Mitte zwischen den beiden Deckeln *C* und *D* stehen. Dies ist nur möglich, der Zwischenkolben kann nur in dieser Lage schwebend erhalten bleiben (Schwebekolben), wenn das Eigengewicht des Kolbens getragen wird von einem Drucke im unteren Deckelraum *D* bzw. wenn im Raume *D* ein dem Eigengewicht des Schwebekolbens entsprechend größerer Druck herrscht als im oberen Deckelraum *C*.

Daß die Räume bis zum Rundschieber *F* hin von Flüssigkeit erfüllt sind, haben wir bereits gesehen, sie sind aber auch „Durchfluß"-Räume, deren Druckverhältnisse wir auf S. 780 u. f. behandelt haben. Die kleinen Spalten bei F entsprechen den Einlaufquerschnitten f_1, die Durchbohrungen der Schwebekolbennabe gegen außen, dazu die Spielräume des Schieberstängchens in den Deckeln sind gleichwertig mit f_2.

Nehmen wir an, die Durchflußdruckhöhe in D sei nicht so groß, daß sie derjenigen in C zusätzlich des Eigengewichts vom Schwebekolben das Gleichgewicht halten kann, so wird der Schwebekolben gegen abwärts gleiten. Denken wir dabei das Stängchen des Rundschiebers F durch das Tachometer festgehalten, so werden durch das Niedergehen des Schwebekolbens die vier Querbohrungen teilweise von der Überdeckung durch den Rundschieber F frei kommen und es kann Druckflüssigkeit ungehindert dem Stängchen entlang nach dem Raum D strömen, f_1 ist vergrößert worden, es steigt die Durchflußdruckhöhe im Raum D. Zu gleicher Zeit nimmt f_1 für den oberen Deckelraum C ab, die obere Durchflußdruckhöhe sinkt. Das Absenken des Schwebekolbens wird so lange weitergehen, bis Gleichgewicht zwischen dem Durchflußdruck in D und zwischen dem Eigengewicht des Schwebekolbens zuzüglich des Durchflußdruckes in C eingetreten ist.

Würde nunmehr das Tachometer den Rundschieber F hochziehen, so treten ganz die gleichen Erscheinungen auf, f_1 für den Raum D wird vergrößert, der Durchflußdruck in D steigt, der Schwebekolben folgt so lange aufwärts, bis die Druckverhältnisse in C und D wieder den Gleichgewichtszustand bringen. Beim Abwärtsbewegen von F treten die Verhältnisse umgekehrt auf und so zeigt sich, daß ein derart eingerichteter, direkt gesteuerter, doppeltwirkender Zwischenkolben gerade so der Bewegung seines Steuerschiebers F folgt wie der Differentialschwebekolben derjenigen des Steuerstängchens. Dieses Nachfolgen des Zwischenkolbens bildet wie beim Differentialkolben auch die Nachführung für dessen Steuerung.

Um welch geringe Druckunterschiede in C und D es sich handelt, das zeigte die Rechnung schon oben.

Wir kommen nunmehr zur Steuerung des Hauptkolbens selbst. Der obere der drei seitlichen Gehäusestutzen (I) hat wie vorher auch Anschluß an die eine, der untere der drei seitlichen Stutzen (II) an die andere Kolbenseite des Arbeitszylinders, und diese Stutzen stehen auch mit den entsprechenden Aussparungen des Zylinderfutters in Verbindung, Fig. 520, Schnitt rechts. Von diesen Aussparungen gehen symmetrische Durchbohrungen gegen das Innere des Zwischenzylinders, die in der Mittellage des Schwebekolbens von den beiden mittleren Kolbenscheiben überdeckt sind. Die mittleren Scheiben des Zwischenkolbens bilden hier also die Steuerschieber für den Hauptkolben. Durch das Heben des Zwischenkolbens wird der Druckflüssigkeit aus dem Raume E die Verbindung nach dem oberen Anschlußstutzen und der zugehörigen Hauptkolbenseite freigegeben, während gleichzeitig die andere Hauptkolbenseite mit dem Ablauf in Verbindung tritt. Beim Absenken des Zwischenkolbens sind die Zylinderanschlüsse dann umgekehrt gespeist.

Es sei noch darauf hingewiesen, daß auch hier jegliche Stopfbüchse vermieden ist. Die Deckelräume C und D haben an sich keinen hohen Druck, das aus den beiden Deckelbohrungen entweichende Öl tritt in den drucklosen Ablaufraum aus und der auf dem Schieberstängchen aufgeschraubte Spritzschirm mit den übergreifenden Kanten verhindert jegliches Austreten etwaiger verirrter Tropfen gegen außen.

Soll der Schwebekolben mit größter Schnelligkeit der Verschiebung seiner direkten Steuerung folgen, so muß aber $f_2 = 0{,}5773\, f_1 = \sim 0{,}6\, f_1$ sein, d. h. der kleine Steuerkolben darf die vier Querbohrungen nicht ganz überdecken, denn f_2 muß kleiner sein als f_1.

Die gegenseitige Lage zwischen dem Haupt-(Arbeits-)Zylinder und dem

Zylinder des Zwischenkolbens mit den Steuerungsteilen (Steuergehäuse) wird durch die örtliche Anordnung der ganzen Turbine mit bedingt. Der Arbeitszylinder sollte tunlichst nahe dem Leitapparat, das Tachometer, wenn durch Räder an-

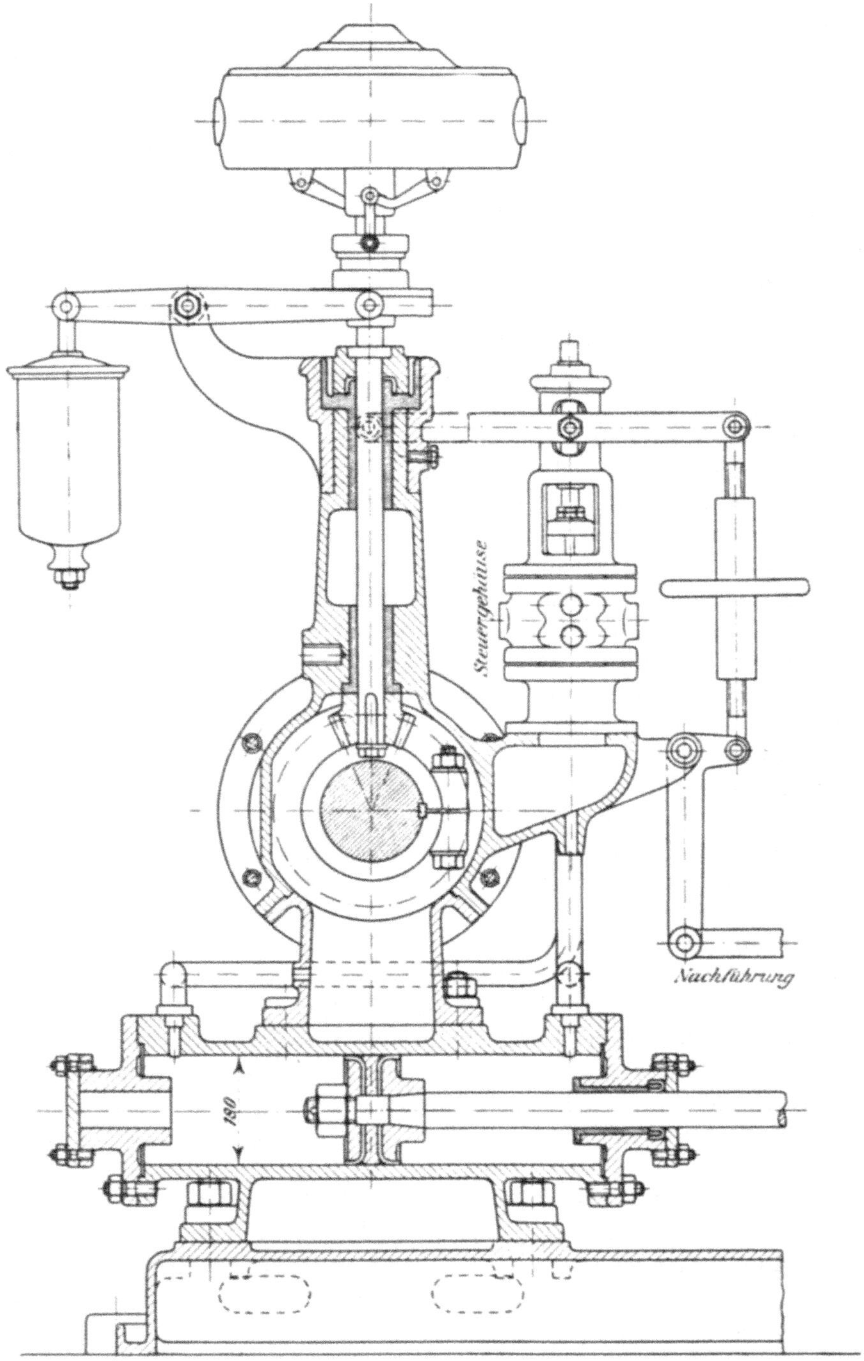

Fig. 521.

getrieben, bei der liegenden Hauptwelle angeordnet sein. Aus diesem Grunde wird der Arbeitszylinder manchmal vom Steuergehäuse getrennt aufgestellt, Taf. 41, 42, 50, 51, und letzteres allein mit dem Tachometer auf einem gemeinschaftlichen

Ständer vereinigt, Taf. 51 rechts. Natürlich sollten in diesem Falle die Verbindungsrohrleitungen möglichst kurz und dabei reichlich weit sein, damit die Beschleunigungsdrucke für den Rohrinhalt klein werden (Luftsäcke absolut vermeiden).

Der Voith'sche Tachometerständer, Taf. 51 rechts, zeigt auch die Nachführung für den Tachometerhebel, die unmittelbar von der Regulier-(Kurbel-)welle der Turbine aus erfolgt. Dabei ist noch eine Einrichtung für die Veränderung der Umdrehungszahl der Turbine von Hand angebracht, nämlich die auf S. 727 schon besprochene Verstellung der Tachometerspindel in senkrechter Richtung mittels Handrad und Winkelhebel, letzterer die Spurpfanne der Tachometerspindel tragend.

Die indirekt gesteuerten Ventile in den Ausführungen anderer Firmen ähneln der beschriebenen Anordnung sehr, der Schwebekolben ist dafür typisch, der in seiner Mittellage die Steuerkanäle des Arbeitskolbens überdeckt und auf diese Weise die schon früher als notwendig erkannte Sperrung im Reguliergetriebe bewerkstelligt. Kleine Veränderungen in der Höhenlage des Rundschiebers F durch das Tachometer öffnen die Steuerkanäle des Arbeitskolbens wenig, verursachen große Schlußzeit, während größere Ausschläge des Tachometers die gesamten Steuerkanäle freigeben und kurze Schlußzeiten bringen, wie beim direkt gesteuerten Ventil auch.

Ein Öldruck-Regler von Rüsch-Ganahl, Dornbirn, findet sich in allen Einzelheiten auf Taf. 61 dargestellt, er bedient die auf Taf. 45 und 46 gezeichnete Spiralturbine mit Doppelsaugrohr. Hier lagen die Verhältnisse so, daß die Drehmomente für „Auf" und „Zu" an der Regulierwelle derart verschieden waren, daß zwei verschiedene Kolbenquerschnitte zweckmäßig erschienen. Der Konstrukteur hat diese zu einem, sozusagen, Differentialkolben vereinigt, dessen beide Seiten aber gesteuert werden. Eine Vorrichtung zum Einschalten einer Handregulierung ist angebracht, ebenso eine verstellbare Federbelastung des Tachometerhebels zum Verändern der Umdrehungszahlen.

Die Fig. 521 zeigt eine Ausführung von Ganz & Co., Budapest, bei der die drei Teile, Tachometer, Steuergehäuse und Arbeitszylinder, an einem gemeinschaftlichen Ständer in kompendiöser Weise vereinigt sind, vgl. auch Taf. 30.

All diesen Steuerungen kann dann ohne weiteres auch die „nachgiebige Rückführung", vgl. S. 734 u. f., zugefügt werden, was in neuerer Zeit immer mehr aufkommt.

Aus Taf. 61 ist auch die Konstruktion der Dreizylinderpumpe ersichtlich, wie sie den Rüsch'schen Regler, natürlich durch einen Windkessel, Taf. 46, speist. Allgemein werden zur Preßölbeschaffung entweder langsamer laufende Dreiplungerpumpen, Taf. 17, 30, 45, 46, 48, 49, 61 ($n = 90 \div 100$) oder kurzhubige, schnelllaufende Einplungerpumpen (Voith, $n = 220$), Taf. 13, 23, 33, 39, verwendet, auch Kapselpumpen sog. Zahnradpumpen sind neuerdings vielfach in Benutzung, Taf. 9, 16, 27, 31, 57, 62.

Verf. ist der Ansicht, daß bei Anlagen mit mehreren Turbineneinheiten die Ausstattung jeder Einheit mit besonderer, elektrisch oder direkt angetriebener Ölpumpe einem Zentralpumpenwerk vorzuziehen ist, da darin eine größere Betriebssicherheit liegt (natürlich alle Einzelpumpen untereinander durch Schieber usw. verbunden) als in einer Reserve-Zentralpumpanlage.

31. Der Einfluß der Reglertätigkeit auf die Druckverhältnisse in der Zuleitung.

A. Änderungen der Zulaufgeschwindigkeit in Zuleitungsröhren infolge des Verstellens der Leitradöffnungen, ideeller Betrieb.

Das Verkleinern der Leitradöffnungen aus voller Füllung verändert die Wassermenge (Füllung) der Turbine, vgl. S. 344, also auch die Größe der Wassergeschwindigkeit c im Zuleitungsrohr, letztere auf den Betrag v. Da nach Fig. 445, S. 635, für die Anbohrung an gerader Strecke $h_m + h_u + \frac{c^2}{2g} = H_n$ gewesen ist, Gl. 734, so bedingt jede engere Leitschaufelweite wegen der Verringerung von c auf v einen andern Betrag von h_m. Für den Beharrungszustand bietet die Berechnung von h_m aus den Querschnittsmaßen der Wasserführung ideell keine Schwierigkeit, anders ist die Sache für die Zeit, während der die Leitschaufelöffnung in eine andere umgestellt wird. Der Übergang von einer Geschwindigkeit im Rohre zu einer anderen bringt notwendig mit sich, daß die, gerade im Rohre enthaltene, Wassermasse zu verzögern oder zu beschleunigen ist, und dies kann nur durch entsprechende Druckkräfte, Druckhöhenvermehrung oder -verminderung, ausgeführt werden.

Die Änderung der Turbinenfüllung bringt folglich Schwankungen in der Größe von h_m, und zwar nicht nur solche dauernde, die der geänderten Geschwindigkeit v entsprechen, sondern auch noch vorübergehende größere Schwankungen als Folge der Verzögerungs- oder, bei Weiteröffnen der Turbine, Beschleunigungsvorgänge im Zuleitungsrohr selbst.

Im Nachstehenden soll für ideelle Verhältnisse der zeitliche Verlauf dieser Druckänderungen rechnungsmäßig verfolgt werden, wobei neben den Reibungswiderständen sowohl die Elastizität der Rohrwandungen, als auch die Volumelastizität des Wassers vernachlässigt wird. Wir gehen aus von folgendem:

Im Beharrungszustand, vor Beginn des Verstellens der Leitöffnung, durchfließt eine bestimmte sekundliche Wassermenge das Rohr, bei voller Leitschaufelöffnung beträgt sie Q, bei Teilfüllung von der Größe $\varphi = a$, ist die Menge aQ. Diese Wassermengen stellen beim Gesamtgefälle H_n ein sekundliches Arbeitsvermögen $A_1 = Q \cdot \gamma \cdot H_n$ bzw. $aA_1 = aQ \cdot \gamma \cdot H_n$ dar.

Vermöge seiner Fließgeschwindigkeit v besitzt das jeweils im Rohr enthaltene Wasser, Querschnitt F, Länge L, als Rohrinhalt ein absolutes Arbeitsvermögen $A_r = F \cdot L \cdot \gamma \frac{v^2}{2g}$. Dies absolute Arbeitsvermögen des Rohrinhaltes, A_r, ändert sich nicht solange der Beharrungszustand dauert, während das Arbeitsvermögen A_1 pro Sekunde gilt und gewissermaßen nur durch das Rohr durchgleitet, ohne im Beharrungszustand auf dasjenige des Rohrinhaltes, A_r, Einfluß ausüben zu können.

Die Änderung des Leitschaufelquerschnittes ist die Veranlassung zu den Druckschwankungen im Zuleitungsrohre. Wir wissen, daß die Geschwindigkeit in der Leitschaufelmündung, w_0, für Spaltdruckregulierungen nicht konstant ist, sondern mit abnehmender Schaufelweite a_0 wächst. Der Grund für diese Änderung ist bekannt, es ist der bei verschiedener Wasserzuführung verschiedene Bedarf an Druckhöhe, um das Wasser durch die Reaktionsgefäße zu pressen, S. 292 u. f. Die Berechnung der Wassergeschwindigkeiten im Zuleitungsrohr während des Schließ- oder Öffnungsvorganges müßte, Spaltdruckregulierung vorausgesetzt, auf diese Änderungen im Druckhöhenbedarf des Laufrades Rücksicht nehmen, was die Darstellung wesentlich weniger übersichtlich machen würde.

Aus diesem Grunde soll im Nachstehenden vorausgesetzt werden, daß im Beharrungszustande die Leitschaufelgeschwindigkeit w_0 für alle Größen der Leitschaufelöffnung konstant bleibe, was ja durchaus nicht ausschließt, daß w_0 während des Schließ- oder Öffnungsvorganges andere Größen, w, aufweisen kann.

Da die Druckschwankungen in der Zuleitung der Hauptsache nach nur für die Hochgefälle, also meist für Strahlturbinen von Wichtigkeit werden, so soll den Verhältnissen der letzteren entsprechend der konstante Wert der Leitschaufelgeschwindigkeit zu ideell

$$w_0 = \sqrt{2gH}$$

angesetzt werden, worin H die Druckhöhe vom unveränderlich gedachten Oberwasserspiegel an bis Mitte Leitschaufelmündung bedeutet, Fig. 522.

Die Rechnung bedarf weiter noch einer Festlegung über die Art und Weise, in der sich die Verkleinerung oder Vergrößerung des Leitschaufelquerschnittes vollzieht. Wir wollen im Anschluß an die seitherigen Rechnungen annehmen, daß die Änderungen der Leitschaufelweite zeitlich ganz gleichmäßig verlaufen sollen, daß also, einerlei von welcher Turbinenfüllung ausgegangen wird, die Ab- oder Zunahme derselben stetig, der Zeit proportional, stattfinde.

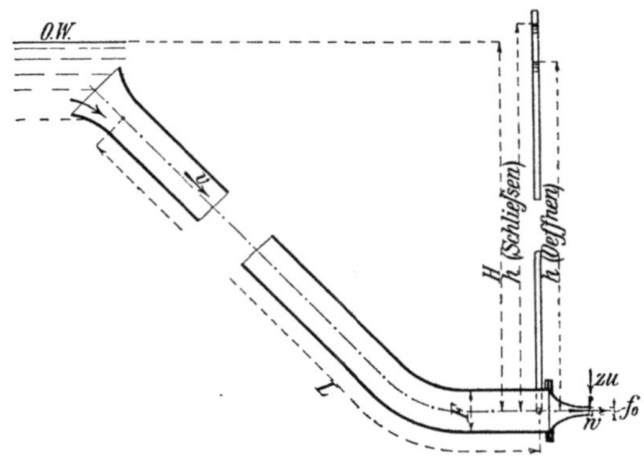

Fig. 522.

Die für die Rechnung einzuführenden Bezeichnungen sind die nachstehenden:

- H Druckhöhe (Höhenunterschied) zwischen dem Oberwasserspiegel und Leitschaufelmitte (m), Fig. 522.
- Q größte Wassermenge (cbm/sk).
- φQ Wassermenge, allgemein bei Teilöffnung; speziell für $\varphi = a$ und $\varphi = b$:
- aQ Wassermenge des Beharrungszustandes zu Anfang der Verstellung.
- bQ desgleichen zu Ende des völlig erledigten Verstellungsvorganges.
- $F = D^2 \frac{\pi}{4}$ Rohrquerschnitt (qm).
- $c = \frac{Q}{F}$ größte Rohrgeschwindigkeit (volle Öffnung) (m/sk), Beharrungszustand.
- $\varphi c = \frac{\varphi Q}{F}$ Rohrgeschwindigkeit bei Teilöffnung, Beharrungszustand.
- ac Rohrgeschwindigkeit (Beharrungszustand) vor Anfang der Verstellung.
- bc Rohrgeschwindigkeit zu Ende des ganz erledigten Verstellungsvorganges.
- L Länge der (überall gleichweiten) Rohrleitung, die bis dicht an den Leitapparat geführt ist (m).

f_0 größter Querschnitt des Leitapparates (qm).

φf_0, $a f_0$, $b f_0$ Leitapparat-Querschnitte bei Teilöffnung.

$w_0 = \frac{Q}{f_0} = \frac{aQ}{af_0}$ usw. Normale Austrittsgeschwindigkeit (Beharrungszustand) aus dem Leitapparat (für alle Beaufschlagungen gleichgroß angenommen, Strahlturbine), (m/sk).

T_s die „Schlußzeit" (sk).

T_0 die Zeit für Öffnen zwischen den Grenzen von „Zu" bis „Auf", „Öffnungszeit" (sk).

f veränderlicher Leitapparat-Querschnitt während des Schließ- oder Öffnungsvorganges.

q veränderliche Wassermenge während desgleichen.

$w = \frac{q}{f}$ „ Leitschaufelgeschwindigkeit während desgleichen.

$v = \frac{q}{F}$ „ Rohrgeschwindigkeit während desgleichen.

h „ Druckhöhe am unteren Rohrende, Querschnitt F, unmittelbar vor der Verengung gegen den Leitapparat hin, Fig. 522.

$H - \frac{c^2}{2g}$, $H - \frac{(ac)^2}{2g}$ usw. die manometrischen Druckhöhen an gleicher Stelle während des Beharrungszustandes.

1. Die ideelle Druckänderung während eines Schließvorganges.

Die Turbine sei auf af_0 eingestellt gewesen und werde von da auf beliebige Beaufschlagung geschlossen.

In jedem Augenblick des Vorganges muß sein, weil die Elastizität der Wandungen und des Wassers außer acht bleibt,

$$q = F \cdot v = f \cdot w \qquad \text{937}$$

Das gleichmäßige Verkleinern der Leitöffnung von af_0 ausgehend auf $f = \varphi f_0$ in der Zeit t wird ausgedrückt durch, vgl. Gl. 832, S. 749,

$$f = af_0 - \frac{f_0}{T_s} t = f_0 \frac{aT_s - t}{T_s} \qquad \text{938}$$

In jedem Augenblick des Schließvorganges muß ferner sein:

$$\frac{w^2}{2g} = h + \frac{v^2}{2g} \qquad \text{939}$$

Nach Gl. 937 und 938 ist

$$v = w \frac{f}{F} = w \frac{f_0}{F} \cdot \frac{aT_s - t}{T_s} \qquad \text{940}$$

und nach Gl. 937 und 939

$$h = \frac{w^2}{2g} - \frac{v^2}{2g} = \frac{w^2}{2g}\left[1 - \left(\frac{f}{F}\right)^2\right] \qquad \text{941}$$

Ist f_0 klein gegenüber F, was bei hohen Gefällen meist zutrifft, so kann für jede Größe f der Leitöffnung in erlaubter Annäherung gesetzt werden:

$$h = \frac{w^2}{2g} \qquad \text{941a}$$

Durch den Schließvorgang wird zweifellos die seitherige Rohrgeschwindigkeit ac vermindert, auf v, und demgemäß auch das Arbeitsvermögen des Rohrinhalts, A_r. Der Verminderungsbetrag des letzteren geht an die aus dem Leitquerschnitt f austretende Wassermenge über und vermehrt deren Arbeitsvermögen vorübergehend. Während des Schließvorganges findet also ein Austausch von Arbeitsvermögen zwischem dem Rohrinhalt an sich und der ausfließenden Wassermenge statt.

Das Arbeitsvermögen des dem Rohre vom Oberwasser aus zufließenden Wassers beträgt, auf den Leitschaufelaustritt bezogen, an einem beliebigen Zeitpunkt des Schließvorganges (in der Zeiteinheit)

$$A_1 = q\gamma \cdot H = F \cdot v \cdot \gamma \cdot H \quad \ldots \ldots \ldots \ldots \quad 942$$

Das Arbeitsvermögen des aus dem Leitapparat ausfließenden Wassers (auf die Zeiteinheit bezogen) stellt sich auf

$$A = q\gamma \frac{w^2}{2g} = F \cdot v \cdot \gamma \frac{w^2}{2g}$$

oder wegen Gl. 937 auch auf

$$A = F \cdot v \cdot \gamma \frac{v^2}{2g} \cdot \frac{F^2}{f^2}.$$

Wird f nach Gl. 938 ersetzt, so folgt

$$A = F \cdot v \cdot \gamma \frac{v^2}{2g} \cdot \frac{F^2}{f_0^2} \cdot \frac{T_s^2}{(aT_s - t)^2} \quad \ldots \ldots \ldots \ldots \quad 943$$

Da sich die Geschwindigkeit v im Zuleitungsrohr, also auch die Wassermenge, mit jedem Augenblick ändert, so ändern sich auch die Beträge dieser Arbeitsvermögen stetig, und diese Änderungen sind deshalb auf den unendlich kleinen Zeitabschnitt dt zu beziehen.

Hier gilt dann

$$A_1 \cdot dt = F \cdot v \cdot \gamma H \cdot dt \quad \ldots \ldots \ldots \ldots \quad (942)$$

$$A \cdot dt = F \cdot v \cdot \gamma \frac{v^2}{2g} \cdot \frac{F^2}{f_0^2} \cdot \frac{T_s^2}{(aT_s - t)^2} dt \quad \ldots \ldots \ldots \quad (943)$$

Das Arbeitsvermögen des Rohrinhalts, A_r, ändert sich in der Zeit dt wegen Verzögerung von v auf $v - dv$ um

$$dA_r = F \cdot L \cdot \gamma \left[\frac{v^2}{2g} - \frac{(v - dv)^2}{2g}\right]$$

oder um

$$dA_r = \frac{F \cdot L \cdot \gamma}{g} v \cdot dv.$$

Sicher ist, daß das in der Zeit dt durch den Leitquerschnitt dem Laufrad zufließende Arbeitsvermögen $A \cdot dt$ sich aus dem zugeleiteten $A_1 \cdot dt$ zuzüglich dem aus der Verzögerung des Rohrinhalts freiwerdenden Arbeitsvermögen zusammensetzen muß, daß also ist

$$A \cdot dt = A_1 \cdot dt + dA_r \quad \ldots \ldots \ldots \ldots \quad 944$$

oder daß, unter Berücksichtigung, daß dv gegenüber dt negativ ist, und nach kurzer Vereinfachung

$$\frac{v^2}{2g} \cdot \frac{F^2}{f_0^2} \cdot \frac{T_s^2}{(aT_s - t)^2} dt = H \cdot dt - \frac{L}{g} dv.$$

Wir können für dt auch setzen $-d(aT_s - t)$ und erhalten damit aus der vorstehenden Gleichung

$$dv = \frac{1}{2} \frac{F^2}{f_0^2} \cdot \frac{T_s}{L} v^2 \frac{d(aT_s - t)}{(aT_s - t)^2} - \frac{gH}{L} d(aT_s - t) \quad \ldots \ldots \quad 945$$

Zu einfacherer Integration setzen wir

$$\frac{v}{aT_s - t} = u, \quad \text{also} \quad v = (aT_s - t)\, u$$

und erhalten damit

$$dv = (aT_s - t)\,du + u \cdot d(aT_s - t).$$

Beides in Gl. 945 eingesetzt, gibt, vereinfacht, dabei $\frac{F}{f_0} = \frac{w_0}{c}$ gesetzt,

$$(aT_s - t)\,du = \left[\frac{1}{2}\cdot\frac{w_0^2}{c^2}\cdot\frac{T_s^2}{L}\,u^2 - u - \frac{gH}{L}\right] d(aT_s - t).$$

Einfacherer Schreibweise halber setzen wir vorübergehend

$$\frac{1}{2}\cdot\frac{w_0^2}{c^2}\cdot\frac{T_s^2}{L} = \alpha$$

und

$$\frac{gH}{L} = \beta$$

und erhalten dadurch mit kleiner Umstellung

$$\frac{du}{\alpha\cdot u^2 - u - \beta} = \frac{d(aT_s - t)}{aT_s - t}.$$

Die linke Seite läßt sich auch schreiben als

$$\frac{\alpha\cdot du}{\alpha^2\cdot u^2 - \alpha\cdot u + \frac{1}{4} - \frac{1}{4} - \alpha\beta} = \frac{\alpha\cdot du}{\left(\alpha\cdot u - \frac{1}{2}\right)^2 - \left(\alpha\cdot\beta + \frac{1}{4}\right)}$$

oder auch

$$\frac{-\alpha\cdot du}{\left(\alpha\cdot\beta + \frac{1}{4}\right) - \left(\alpha\cdot u - \frac{1}{2}\right)^2} = \frac{d(aT_s - t)}{aT_s - t}$$

und die Integration liefert dann

$$-\frac{1}{2\sqrt{\alpha\cdot\beta + \frac{1}{4}}}\left[\ln\frac{\sqrt{\alpha\cdot\beta + \frac{1}{4}} + \alpha\cdot u - \frac{1}{2}}{\sqrt{\alpha\cdot\beta + \frac{1}{4}} - \left(\alpha\cdot u - \frac{1}{2}\right)}\right]_{v=ac}^{v=v} = \Big[\ln(aT_s - t)\Big]_{t=0}^{t=t}$$

was wir auch schreiben können

$$\frac{1}{\sqrt{4\alpha\cdot\beta + 1}}\left[\ln\frac{\sqrt{4\alpha\cdot\beta + 1} + 2\,\alpha\cdot u - 1}{\sqrt{4\alpha\cdot\beta + 1} - (2\,\alpha\cdot u - 1)}\right]_{v=v}^{v=ac} = \ln\frac{aT_s - t}{aT_s} \quad .\;.\;.\;.\quad 946$$

Wir bilden dann rückwärts aus den Größen α und β

$$\alpha\cdot\beta = \frac{1}{2}\cdot\frac{w_0^2}{c^2}\cdot\frac{T_s^2}{L}\cdot\frac{gH}{L},$$

was wegen $w_0^2 = 2gH$ übergeht in

$$\alpha\cdot\beta = \left(\frac{gT_s}{c}\cdot\frac{H}{L}\right)^2.$$

Die Klammer enthält lauter konstante Werte, wir setzen zur Vereinfachung

$$\frac{c}{gT_s}\cdot\frac{L}{H} = n\,^{1)} \quad .\;.\;.\;.\;.\;.\;.\;.\;.\;.\;.\;.\;.\quad 947$$

---

[1]) Eine Deutung der (absoluten) Zahl n läßt sich durch kurze Umformung der Gl. 947 gewinnen; diese kann auch lauten

$$n\cdot H\cdot T_s = \frac{L}{g}\,c \quad\text{oder auch}\quad n\cdot H\cdot\gamma\cdot T_s = \frac{L\cdot\gamma}{g}\,(c - 0)$$

und entspricht in dieser Form der Gl. 180, S. 55. Es kann nämlich $H\cdot\gamma$ als Einheitspressung am unteren Rohrende, $\frac{L\cdot\gamma}{g}$ als Masse des Rohrinhalts pro Einheit des Rohrquerschnitts aufgefaßt und erhalten dadurch

$$\sqrt{4\alpha\cdot\beta+1}=\sqrt{\frac{4}{n^2}+1}=\sqrt{\left(\frac{2}{n}\right)^2+1}=k \quad \ldots\ldots\ldots \quad 948$$

Wir bilden ferner aus den Größen α und u

$$2\alpha\cdot u-1=2\cdot\frac{1}{2}\cdot\frac{w_0^2}{c^2}\cdot\frac{T_s^2}{L}\cdot\frac{v}{aT_s-t}-1,$$

ersetzen w_0^2 durch $2gH$ und formen dies mit v nach Gl. 940 und $\frac{f_0}{F}=\frac{c}{w_0}$ um in

$$2\alpha\cdot u-1=\frac{2}{n}\cdot\frac{w}{w_0}-1=p \quad \ldots\ldots\ldots \quad 949$$

Hiermit läßt sich Gl. 946 schreiben als

$$\left[\ln\frac{k+p}{k-p}\right]_{w=w}^{w=w_0}=k\cdot\ln\frac{aT_s-t}{aT_s}.$$

Der Zeit $t=0$ entspricht $w=w_0$ und demgemäß ein Wert von p als, Gl. 949,

$$p_0=\frac{2}{n}-1 \quad \ldots\ldots\ldots \quad 950$$

und wenn dies in die vorstehende Gleichung eingeführt wird, findet sich einfach

$$\frac{k+p_0}{k-p_0}\cdot\frac{k-p}{k+p}=\left(\frac{aT_s-t}{aT_s}\right)^k.$$

Hieraus p bestimmt und in Gl. 949 eingesetzt, liefert

$$p=k\cdot\frac{\frac{k+p_0}{k-p_0}-\left(\frac{aT_s-t}{aT_s}\right)^k}{\frac{k+p_0}{k-p_0}+\left(\frac{aT_s-t}{aT_s}\right)^k}=\frac{2}{n}\cdot\frac{w}{w_0}-1$$

und daraus folgt

$$w=w_0\frac{n}{2}\left[k\cdot\frac{\frac{k+p_0}{k-p_0}-\left(\frac{aT_s-t}{aT_s}\right)^k}{\frac{k+p_0}{k-p_0}+\left(\frac{aT_s-t}{aT_s}\right)^k}+1\right] \quad \ldots\ldots\ldots \quad 951$$

als nicht gerade einfache Beziehung für die Größe der Geschwindigkeit w, mit der das Wasser bei Ablauf der Zeit t (von Beginn des Schließvorganges an gerechnet) den aus af_0 auf f nach Gl. 938 verkleinerten Leitschaufelquerschnitt durchfließen wird.

Die Zeit t_b, die vergeht, bis der Leitapparat von af_0 bis auf bf_0 geschlossen ist, berechnet sich im Anschluß an Gl. 938 zu

$$t_b=(af_0-bf_0)\frac{T_s}{f_0}=(a-b)\,T_s \quad \ldots\ldots\ldots \quad 952$$

---

werden, und die Gleichung spricht dann aus, daß das n-fache der statischen Einheitspressung am unteren Rohrende als Überdruck, zusätzlich, erforderlich ist, um den mit c m/sk strömenden Rohrinhalt innerhalb der Schlußzeit T_s gleichförmig von c auf Null zu verzögern, zum Stillstand zu bringen. Wir nennen deshalb n den „Verzögerungsfaktor".

Mit den Werten des Zahlenbeispiels, S. 831, findet sich $n=\frac{2\cdot 200}{9{,}81\cdot 2\cdot 100}=0{,}20387 \sim 0{,}204$, d. h. es wäre am unteren Rohrende eine Druckerhöhung von $0{,}204\cdot 100=20{,}4$ m, also ein Gesamtdruck von $100+20{,}4=120{,}4$ m erforderlich, um den Rohrinhalt innerhalb 2 Sekunden gleichmäßig von 2 m/sk auf Null zu verzögern.

also wird, wenn die Leitöffnung auf die Größe bf_0 verkleinert ist, die Wassergeschwindigkeit w_b im Leitapparat nach Gl. 951 sein:

$$w_b = w_0 \frac{n}{2}\left[k \cdot \frac{\frac{k+p_0}{k-p_0} - \left(\frac{b}{a}\right)^k}{\frac{k+p_0}{k-p_0} + \left(\frac{b}{a}\right)^k} + 1\right] \quad \ldots\ldots\ldots \quad 953$$

Aus den Gleichungen für w und für w_b sind also F und f_0 verschwunden; diese Geschwindigkeiten sind demnach unabhängig von den Rohrdurchmessern und den Leitschaufelweiten.

Wir finden schließlich für die Zeit t die geänderte Druckhöhe h am Ende des weiten Teils der Rohrleitung am einfachsten, indem wir den nach Gl. 951 ausgerechneten Wert von w einführen in

$$h = \frac{w^2}{2g}\left[1 - \left(\frac{f}{F}\right)^2\right] \quad \ldots\ldots\ldots \quad (941)$$

da ja f nach Gl. 938 für gegebene Zeit t leicht zu berechnen ist.

Die Gl. 953 läßt erkennen, daß beim Schließvorgang w_b stets größer als w_0 ist, daß w_b mit abnehmendem Maß von b zunimmt, daß also, je mehr die Leitschaufelöffnung geschlossen wird, um so höher auch h ausfallen muß.

Da gegebenenfalls $b = 0$ sein kann, so folgt aus Gl. 953 ohne weiteres für $b = 0$

$$w_{max} = w_0 \frac{n}{2}(k+1) = w_0\left[\sqrt{1 + \left(\frac{n}{2}\right)^2} + \frac{n}{2}\right] \quad \ldots\ldots \quad 954$$

und dabei ist nach Gl. 941 wegen $f = 0$

$$h_{max} = \frac{w^2_{max}}{2g} = \frac{w_0^2}{2g}\left[\sqrt{1 + \left(\frac{n}{2}\right)^2} + \frac{n}{2}\right]^2 = H\left[\sqrt{1 + \left(\frac{n}{2}\right)^2} + \frac{n}{2}\right]^2 \quad \ldots \quad 955$$

Aus den Gl. 954 und 955 ist die anfängliche Füllungsgröße a, von der aus die Verstellung des Leitquerschnittes begann, verschwunden, mithin ist es bei vollständigem Abschließen des Leitquerschnittes f_0 ganz gleichgültig, aus welcher Teilöffnung a heraus, der Gl. 938 gemäß, ausgegangen wird, die Beträge w_{max} und h_{max} ändern sich nicht.

Mithin wachsen die w und h beim Abschließen aus Teilöffnung rascher an als beim Abschließen aus voller Öffnung, vgl. später Fig. 524.

2. Die ideelle Druckänderung während des Öffnens der Leitschaufeln.

Wir gehen auch hier von der Teilöffnung af_0 aus und nehmen für diese den Beharrungszustand an. Zu beliebigem Zeitpunkte, $t = 0$, werde dann die Leitschaufelöffnung gemäß der Öffnungszeit T_0 vergrößert auf gegebene Weite bf_0.

Die Gleichung

$$q = F \cdot v = f \cdot w \quad \ldots\ldots\ldots \quad (937)$$

wird auch hier ihre Gültigkeit behalten.

Das gleichmäßige Vergrößern von af_0 auf f dagegen bringt, im Gegensatz zu Gl. 938,

$$f = a_0 \cdot f_0 + \frac{f_0}{T_0} t = f_0 \frac{aT_0 + t}{T_0} \quad \ldots\ldots\ldots \quad 956$$

Unverändert bleibt

$$\frac{w^2}{2g} = h + \frac{v^2}{2g} \quad \ldots\ldots\ldots \quad (939)$$

Andererseits ist hier, vgl. Gl. 940,

$$v = w\frac{f}{F} = w\,\frac{f_0}{F}\cdot\frac{aT_0+t}{T_0} \quad \ldots\ldots\ldots\ldots \quad 957$$

aber es bleibt der äußeren Form nach

$$h = \frac{w^2}{2g} - \frac{v^2}{2g} = \frac{w^2}{2g}\left[1 - \left(\frac{f}{F}\right)^2\right] \quad \ldots\ldots\ldots \quad (941)$$

Hier liegen die Verhältnisse nun folgendermaßen:

Durch das Öffnen wird die Wassermenge vermehrt, also auch die Rohrgeschwindigkeit gesteigert, von ac auf v, also wird das absolute Arbeitsvermögen A_r des Rohrinhalts mit wachsendem Leitschaufelquerschnitt zunehmen müssen. Diese Zunahme von A_r muß notwendig aus $A_1 = q\gamma\cdot H$, dem sekundlich von oben zugeleiteten Arbeitsvermögen, Gl. 942, bestritten werden derart, daß das sekundlich durch den Leitapparat ausgeleitete Arbeitsvermögen, das während des Beharrungszustandes gleich $aQ\cdot\gamma\cdot H$ war, zu Anfang des Öffnens entsprechend kleiner ausfallen wird.

Da wir auch hier einen unendlich kleinen Zeitabschnitt dt zu betrachten haben, so drückt sich Vorstehendes aus durch

$$A\cdot dt = A_1\cdot dt - dA_r \quad \ldots\ldots\ldots\ldots\ldots \quad 958$$

Wir haben hierin A_1 nach Gl. 942, dA_r der gleichzeitigen Zunahme von v mit t wegen, jetzt mit positivem Vorzeichen als

$$dA_r = \frac{F\cdot L\cdot\gamma}{g}\,v\,dv$$

einzusetzen, A ergibt sich aus

$$A = q\gamma\frac{w^2}{2g} = F\cdot v\cdot\gamma\,\frac{v^2}{2g}\cdot\frac{F^2}{f_0^2}\cdot\frac{T_0^2}{(aT_0+t)^2}.$$

Nach Einführen dieser Werte in Gl. 958 ergibt sich

$$\frac{v^2}{2g}\cdot\frac{F^2}{f_0^2}\,T_0^2\,\frac{dt}{(aT_0+t)^2} = H\cdot dt - \frac{L}{g}\,dv,$$

woraus folgt

$$dv = \frac{gH}{L}\,dt - \frac{1}{2}\cdot\frac{F^2}{f_0^2}\cdot\frac{T_0^2}{L}\,v^2\,\frac{dt}{(aT_0+t)^2}.$$

Zur Vereinfachung (Integration) wird hier gesetzt

$$u = \frac{v}{aT_0+t}, \qquad v = (aT_0+t)\,u;$$

also

$$dv = (aT_0+t)\,du + u\cdot dt.$$

Hiermit und wegen $\frac{F}{f_0} = \frac{w_0}{c}$ ergibt sich

$$(aT_0+t)\,du = \left[\frac{gH}{L} - u - \frac{1}{2}\cdot\frac{w_0^2}{c^2}\cdot\frac{T_0^2}{L}\,u^2\right]dt.$$

Wir setzen auch hier wieder

$$\frac{gH}{L} = \beta$$

und mit T_0 statt T_s

$$\frac{1}{2}\cdot\frac{w_0^2}{c^2}\cdot\frac{T_0^2}{L} = \alpha$$

und erhalten dadurch

$$\frac{du}{\beta - u - \alpha\cdot u^2} = \frac{dt}{aT_0+t}.$$

Die linke Seite wird geändert in

$$\frac{\alpha \cdot du}{\left(\alpha \cdot \beta + \right)\frac{1}{4} - \left(\alpha \cdot u + \frac{1}{2}\right)^2} = \frac{dt}{aT_0 + t}$$

und die Integration liefert

$$\frac{1}{2\sqrt{\alpha \cdot \beta + \frac{1}{4}}}\left[\ln \frac{\sqrt{\alpha \cdot \beta + \frac{1}{4}} + \alpha \cdot u + \frac{1}{2}}{\sqrt{\alpha \cdot \beta + \frac{1}{4}} - \left(\alpha \cdot u + \frac{1}{2}\right)}\right]_{v = ac}^{v = v} = \Big[\ln (aT_0 + t)\Big]_{t=0}^{t=}$$

oder auch

$$\frac{1}{\sqrt{4\alpha \cdot \beta + 1}}\left[\ln \frac{\sqrt{4\alpha \cdot \beta + 1} + 2\alpha \cdot u + 1}{\sqrt{4\alpha \cdot \beta + 1} - (2\alpha \cdot u + 1)}\right]_{v = ac}^{v = v} = \ln \frac{aT_0 + t}{aT_0} \quad \ldots \quad 959$$

Wir entwickeln wie vorher, T_0 tritt an Stelle von T_s, n nach Gl. 947,

$$\sqrt{4\alpha \cdot \beta + 1} = k = \sqrt{\left(\frac{2}{n}\right)^2 + 1} \quad \ldots \quad (948)$$

aber im Gegensatz zu Gl. 949

$$2\alpha \cdot u + 1 = \frac{2}{n} \cdot \frac{w}{w_0} + 1 = p \quad \ldots \quad 960$$

Die Gl. 959 läßt sich dann schreiben als

$$\left(\ln \frac{k + p}{k - p}\right)_{w = w_0}^{w = w} = k \cdot \ln \frac{aT_0 + t}{aT_0}.$$

Die Zeit $t = 0$ entspricht hier mit $w = w_0$ einer Größe von

$$p_0 = \frac{2}{n} + 1 \quad \ldots \quad 961$$

im Gegensatz zu Gl. 950 und nach Umkehren zweier Vorzeichen (p_0 ist hier größer als k) findet sich

$$\frac{p_0 - k}{p_0 + k} \cdot \frac{p + k}{p - k} = \left(\frac{aT_0 + t}{aT_0}\right)^k.$$

Wir finden hieraus

$$p = k \cdot \frac{\left(\frac{aT_0 + t}{aT_0}\right)^k + \frac{p_0 - k}{p_0 + k}}{\left(\frac{aT_0 + t}{aT_0}\right)^k - \frac{p_0 - k}{p_0 + k}} = \frac{2}{n} \cdot \frac{w}{w_0} +$$

und hieraus kommt, vgl. Gl. 951,

$$w = w_0 \frac{n}{2}\left[k \cdot \frac{\left(\frac{aT_0 + t}{aT_0}\right)^k + \frac{p_0 - k}{p_0 + k}}{\left(\frac{aT_0 + t}{aT_0}\right)^k - \frac{p_0 - k}{p_0 + k}} - 1\right] \quad \ldots \quad 962$$

als die Beziehung für die Größe der ideellen Austrittsgeschwindigkeit w, mit der das Wasser nach Ablauf von t Sekunden, vom Beginn des Mehröffnens an, den Leitapparat verläßt.

Für die Zeit zum Erreichen der größeren Öffnung bf_0 gilt hier

$$t_b = (b - a)\, T_0 \quad \ldots \quad 963$$

und wenn dies in Gl. 962 eingesetzt wird, so findet sich, vgl. Gl. 953,

$$w_b = w_0 \frac{n}{2}\left[k \cdot \frac{\left(\frac{b}{a}\right)^k + \frac{p_0 - k}{p_0 + k}}{\left(\frac{b}{a}\right)^k - \frac{p_0 - k}{p_0 + k}} - 1\right] \quad \ldots \ldots \ldots \quad 964$$

Nach Gl. 941 finden wir ebenfalls

$$h = \frac{w^2}{2g}\left[1 - \left(\frac{f}{F}\right)^2\right], \quad \ldots \ldots \ldots \ldots \quad (941)$$

worin f aber hier nach Gl. 956 einzusetzen ist.

Die Gl. 964 zeigt, daß w_b mit zunehmender Größe von b immer mehr abnehmen wird. Da b höchstens gleich 1 sein kann, so tritt w_{min} für $b = 1$ ein, d. h. für Aufmachen von af_0 aus auf volle Leitschaufelöffnung f_0, als

$$w_{min} = w_0 \frac{n}{2}\left[k \cdot \frac{\left(\frac{1}{a}\right)^k + \frac{p_0 - k}{p_0 + k}}{\left(\frac{1}{a}\right)^k - \frac{p_0 - k}{p_0 + k}} - 1\right] \quad \ldots \ldots \ldots \quad 965$$

für $b = 1$ ist $f = f_0$ und dadurch ergibt sich

$$h_{min} = \frac{w^2_{min}}{2g}\left[1 - \left(\frac{f_0}{F}\right)^2\right] = \frac{w^2_{min}}{2g}\left(1 - \frac{c^2}{2gH}\right) \quad \ldots \ldots \quad 966$$

Für das Öffnen hat also die Öffnungsgröße a, von der aus der Vorgang beginnt, einen Einfluß auf die Kleinstwerte von w und h. Beim Schließvorgang blieben die Beträge von w_{max} und h_{max} unverändert, einerlei von welcher Öffnungsgröße aus das Schließen einsetzte.

Besondere Besprechung verdient deshalb noch das Öffnen aus vollständigem Schluß, aus $a = 0$ heraus.

Zähler und Nenner des Bruches in Gl. 965 nähern sich mit abnehmender Größe von a immer mehr, da $\frac{p_0 - k}{p_0 + k}$ gegenüber $\left(\frac{1}{a}\right)^k$ sehr klein ist, und für $a = 0$ erhält der Bruch den Wert 1. Für $a = 0$ geht also die Geschwindigkeit w_{min} über in

$$w_{min\,(a=0)} = w_0 \frac{n}{2}(k - 1)$$

$$= w_0\left[\sqrt{1 + \left(\frac{n}{2}\right)^2} - \frac{n}{2}\right] \quad 967$$

vgl. Gl. 954; zugleich folgt hierfür, vgl. Gl. 955:

$$\frac{w^2_{min\,(a=0)}}{2g} = \frac{w_0^2}{2g}\left[\sqrt{1 + \left(\frac{n}{2}\right)^2} - \frac{n}{2}\right]^2 \text{ oder}$$

$$h_{min\,(a=0)} = H\left[\sqrt{1 + \left(\frac{n}{2}\right)^2} - \frac{n}{2}\right]^2 \quad . \; . \quad 968$$

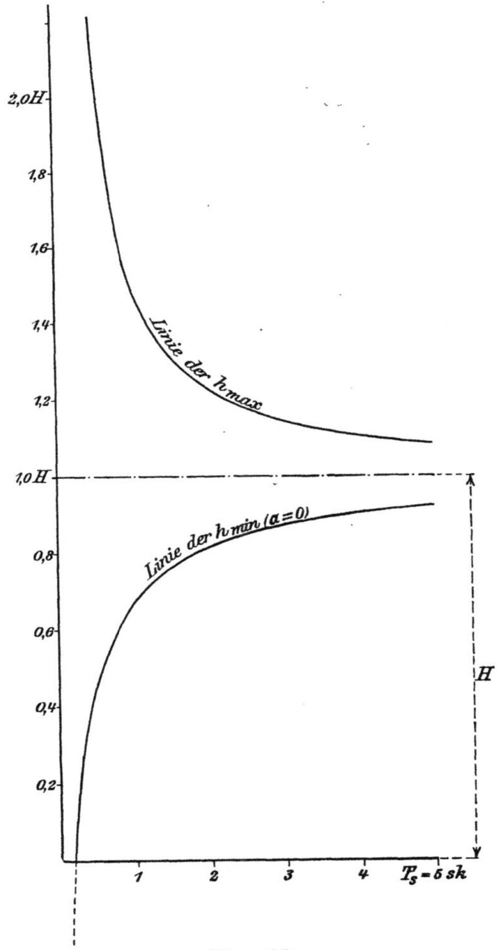

Fig. 523.

Die Gl. 962 liefert für $a=0$ bei direktem Einsetzen unbestimmte Werte für w. Formen wir aber den Bruch in der Klammer etwas um, so liefert er für $a=0$

$$\frac{(aT_0+t)^k+\frac{p_0-k}{p_0+k}(aT_0)^k}{(aT_0+t)^k-\frac{p_0-k}{p_0+k}(aT_0)^k}=\frac{t^k}{t^k}=1$$

und t verschwindet aus der Rechnung.

Wir erhalten also allgemein für Öffnen aus $a=0$ heraus sofort und in jedem Zeitabschnitt, einerlei auf welche Größe von b geöffnet wird, die Geschwindigkeit w als $w_{min(a=0)}$ nach Gl. 967.

Auch hier kann wieder, sofern f_0 gegenüber F klein ist, in Anlehnung an Früheres geschrieben werden

$$h=\frac{w^2}{2g} \quad \text{(941 a)}$$

Der Zusammenhang zwischen h_{max} und T_s, Gl. 955, sowie zwischen $h_{min(a=0)}$ und $T_0=T_s$, Gl. 968, läßt sich zeichnerisch sehr einfach darstellen. T_s ist in n, Gl. 947, enthalten, und wenn hierin für T_s verschiedene Größen eingeführt werden, so ordnen sich mit den Größen des Zahlenbeispiels, S. 831, die Klammerwerte der Gl. 955 und 968 oder auch die Druckhöhen h nach vorstehender Fig. 523. Für $T_s=0$ wird $n=\infty$, also h_{max} ebenfalls, während $h_{min(a=0)}=-\infty$ ausfällt.

Die sehr kleinen Werte von T_s und T_0 bringen also ganz beträchtliche Veränderungen der normalen Druckhöhen.

3. Die Nachwirkungen des Öffnens und Schließens. (Ideell.)

Mit dem Erreichen der neuen Öffnungsgröße b, sei nun $b=1$ oder kleiner, hat die Verstellung am Leitapparat ihr Ende erreicht. Die Gleichungen für w_{max} und w_{min} aber zeigen, daß die Leitschaufelgeschwindigkeit w nach Aufhören der Querschnittsänderung nicht den normalen Wert $w_0=\sqrt{2gH}$ besitzt; da andererseits der Beharrungszustand nur mit diesem Wert eintreten kann, so wird w nach Aufhören des Verstellens diesem Werte zustreben. Dies ist dann der zweite Teil des Schließ- oder Öffnungsvorganges, bei dem indessen nur noch Kräftewirkungen in Betracht kommen, der Einfluß des Reguliergetriebes hat aufgehört.

Im Anschluß an das unmittelbar Vorausgehende wollen wir

I. Die Nachwirkung des Öffnungsvorganges

betrachten. Auch hier gilt

$$A\cdot dt=A_1\cdot dt-dA_r \quad \text{(958)}$$

an sich, aber mit anderer Größe von A.

Es bleibt sich gleich

$$A_1\cdot dt=F\cdot v\cdot\gamma\cdot H\cdot dt,$$

ebenso

$$dA_r=\frac{F\cdot L\cdot\gamma}{g}v\cdot dv.$$

Es ist auch der Form nach

$$A=q\gamma\frac{w^2}{2g}=F\cdot v\cdot\gamma\frac{w^2}{2g},$$

aber, da nunmehr $f=bf_0$ konstant bleibt, gilt einfach wegen $F\cdot v=f\cdot w=bf_0\cdot w$

$$A\cdot dt=F\cdot v\cdot\gamma\frac{F^2}{b^2\cdot f_0^2}\cdot\frac{v^2}{2g}dt,$$

ohne daß darin (abgesehen von v) eine ausgesprochene Funktion von t oder von T_0 wäre, wie dies S. 825 der Fall gewesen.

Wir schreiben nunmehr nach Gl. 958

$$F\cdot v\cdot \gamma\,\frac{F^2}{b^2\cdot f_0^2}\cdot\frac{v^2}{2g}\,dt = F\cdot v\cdot\gamma\cdot H\cdot dt - \frac{F\cdot L\cdot\gamma}{g}\,v\,dv$$

und hieraus folgt durch einfaches Umstellen

$$\frac{dv}{\dfrac{gH}{L}-\dfrac{1}{2}\cdot\dfrac{F^2}{b^2\cdot f_0^2}\cdot\dfrac{1}{L}\,v^2}=dt.$$

Einfacherer Schreibweise wegen setzen wir vorübergehend

$$\frac{gH}{L}=\beta$$

$$\frac{1}{2}\cdot\frac{F^2}{b^2\cdot f_0^2}\cdot\frac{1}{L}=\frac{1}{2}\cdot\frac{1}{b^2}\cdot\frac{w_0^2}{c^2}\cdot\frac{1}{L}=r$$

und erhalten durch Integration

$$\frac{1}{2\sqrt{\beta\cdot r}}\left[\ln\frac{\sqrt{\beta\cdot r}+r\cdot v}{\sqrt{\beta\cdot r}-r\cdot v}\right]_{v_b}^{v=v}=t$$

sofern t vom Ende des Weiteröffnens, also von dem Erreichen von bf_0 neugezählt wird und v_b, entsprechend w_b, die Rohrgeschwindigkeit bezeichnet, die im Zeitpunkt des Erreichens der Öffnung bf_0 vorhanden war.

Es stellt sich nun

$$\sqrt{\beta\cdot r}=\sqrt{\frac{gH}{L}\cdot\frac{1}{2}\cdot\frac{F^2}{b^2\cdot f_0^2}\cdot\frac{1}{L}}=\frac{1}{2}\cdot\frac{F}{bf_0\cdot L}\sqrt{2gH}$$

mithin

$$\left[\ln\frac{\sqrt{\beta\cdot r}+r\cdot v}{\sqrt{\beta\cdot r}-r\cdot v}\right]_{v_b}^{v=v}=\frac{F}{bf_0\cdot L}\sqrt{2gH}\cdot t$$

und nach dem Einsetzen des Wertes für $\sqrt{\beta\cdot r}$ in die linke Seite erhalten wir einfach schließlich wegen $\frac{F}{bf_0}=\frac{w_0}{bc}=\frac{\sqrt{2gH}}{bc}$

$$\ln\left[\frac{bc+v}{bc-v}\cdot\frac{bc-v_b}{bc+v_b}\right]=\frac{2gH}{bc\cdot L}\cdot t=B\cdot t \quad \text{. . . . . 969}$$

oder auch

$$\frac{bc+v}{bc-v}=\frac{bc+v_b}{bc-v_b}\cdot e^{B\cdot t},$$

woraus folgt

$$v=bc\cdot\frac{\dfrac{bc+v_b}{bc-v_b}\cdot e^{B\cdot t}-1}{\dfrac{bc+v_b}{bc-v_b}\cdot e^{B\cdot t}+1}=bc\cdot\frac{(bc+v_b)\,e^{B\cdot t}-(bc-v_b)}{(bc+v_b)\,e^{B\cdot t}+(bc-v_b)}.$$

Zur weiteren Vereinfachung der Berechnung ist zu bedenken, daß, nach der Einstellung auf bf_0, allgemein $F\cdot v=bf_0\cdot w$ oder auch

$$v=w\frac{bf_0}{F}=w\,\frac{bc}{w_0} \quad \text{. . . . . 970}$$

sein muß. Im speziellen ist im Augenblick $t=0$, d. h. zu dem Zeitpunkt, an dem das Weiteröffnen aufhörte

$$v_b = w_b \cdot \frac{bc}{w_0},$$

so daß die Gleichung für v schließlich übergeht in

$$v = bc \cdot \frac{(w_0 + w_b)\, e^{B \cdot t} - (w_0 - w_b)}{(w_0 + w_b)\, e^{B \cdot t} + (w_0 - w_b)} \quad \text{. . . . . 971}$$

Führen wir jetzt für die Ermittlung von w noch v aus Gl. 970 ein, so folgt w für die Nachwirkungszeit des an sich beendigten Öffnungsvorganges als

$$w = w_0 \cdot \frac{(w_0 + w_b)\, e^{B \cdot t} - (w_0 - w_b)}{(w_0 + w_b)\, e^{B \cdot t} + (w_0 - w_b)} \quad \text{. . . . . 972}$$

II. Die Nachwirkung des Schließvorganges.

Der mit bf_0 zum Stillstand gekommene Schließvorgang ergibt aus

$$A \cdot dt = A_1 \cdot dt + dA_r \quad \text{. . . . . (944)}$$

entsprechend

$$v = bc \cdot \frac{(w_b + w_0)\, e^{B \cdot t} + (w_b - w_0)}{(w_b + w_0)\, e^{B \cdot t} - (w_b - w_0)}.$$

Führen wir jetzt noch v nach Gl. 970 ein, so folgt w einfach für die Nachwirkungszeit des mit bf_0 beendigten Schließvorganges als

$$w = w_0 \cdot \frac{(w_b + w_0)\, e^{B \cdot t} + (w_b - w_0)}{(w_b + w_0)\, e^{B \cdot t} - (w_b - w_0)} \quad \text{. . . . . 972 a}$$

Diese Gleichung ist identisch mit Gl. 972, nur ist hier die Gruppierung dem Umstande angepaßt, daß beim Schließen $w_b > w_0$ ist.

4. Der Wechsel im Arbeitsvermögen infolge des Verstellungsvorganges. (Ideeller Betrieb.)

Von besonderem Interesse ist der Einfluß, den die Schließ- und Öffnungsvorgänge auf das Arbeitsvermögen äußern, das in den betreffenden Zeiten durch den Leitapparat ausgeleitet wird, und zwar sowohl während der Zeit des Schließens und Öffnens selbst, als auch in der Nachwirkungszeit.

I. Das Arbeitsvermögen beim Schließvorgang.

Die durch die Leitöffnung austretende, wechselnde Wassermenge kann unter allen Verhältnissen geschrieben werden als $q = f \cdot w$ (cbm/sk) und deren Arbeitsvermögen mit Rücksicht auf Gl. 938 als

$$A = q\gamma \frac{w^2}{2g} = f \cdot \gamma \frac{w^3}{2g} = \left(a - \frac{t}{T_s}\right) f_0 \cdot \gamma \frac{w^3}{2g} \quad \text{. . . . . . . 973}$$

Zu Beginn einer Verstellung beträgt das Arbeitsvermögen

$$A = aA_1 = aQ \cdot \gamma \cdot H = af_0 \cdot w_0 \cdot \gamma \frac{w_0^2}{2g}$$

oder

$$aA_1 = af_0 \cdot \gamma \frac{w_0^3}{2g}$$

und zu Ende des gesamten Verstellungsvorganges muß schließlich ein neuer Beharrungszustand eintreten mit dem Arbeitsvermögen

$$bA_1 = bf_0 \cdot \gamma \frac{w_0^3}{2g}.$$

Wenn nun auch die Verstellung der Leitschaufelöffnung f stetig erfolgt, so findet doch der Übergang des Arbeitsvermögens, das durch den Leitapparat ausgeleitet wird, von aA_1 auf bA_1 nicht gleichmäßig statt. Wir haben gesehen, daß die Leitschaufelgeschwindigkeiten w wachsen müssen, wenn der Leitschaufelquerschnitt f verkleinert wird, und umgekehrt. Ein abnehmender Wert von f wird also in seiner Wirkung auf A, Gl. 973, zuerst abgeschwächt und dieser Einfluß, wie die Rechnung zeigen wird, im Anfang sogar überboten durch den Einfluß der Größe w^3. Hier tritt tatsächlich trotz der Schließbewegung des Leitapparates eine vorübergehende Erhöhung des aus dem Leitquerschnitt ausgeleiteten Arbeitsvermögens A ein.

Und selbst wenn schon die Öffnung $f = bf_0$ erreicht ist, so ist das gewünschte Arbeitsvermögen bA_1 doch noch nicht vorhanden, weil ja in diesem Zeitpunkt w noch nicht wieder gleich w_0 geworden ist, Gl. 953.

Einen guten Überblick über den Verlauf aller der Erscheinungen, die durch einen Schließ- oder Öffnungsvorgang eingeleitet werden, können wir nur an Hand eines Zahlenbeispiels erlangen, wobei wir die wechselnden Größen von w, von h und die der Wassermenge q, sowie des Arbeitsvermögens A der Reihe nach verfolgen wollen.

Rechnungsbeispiel. (Ideeller Betrieb.)

$H = 100$ m (Oberwasserspiegel bis Mitte Leitapparat).
$Q = 2$ cbm/sk.
$L = 200$ m (Rohrlänge).
$c = 2$ m/sk (Wassergeschwindigkeit im Rohre für 2 cbm/sk, Rohrdurchm. 1,13 m).
$T_s = T_0 = 2$ sk (Schlußzeit = Öffnungszeit).

I. Der Schließvorgang.

Es findet sich, Gl. 947, der Verzögerungsfaktor

$$n = \frac{2 \cdot 200}{9{,}81 \cdot 2 \cdot 100} = 0{,}203\,87$$

und für die Berechnung von k und p_0:

$$\frac{2}{n} = \frac{2 \cdot 9{,}81 \cdot 2 \cdot 100}{2 \cdot 200} = 9{,}81$$

also

$$k = \sqrt{9{,}81^2 + 1} = 9{,}861 \quad \ldots \ldots \quad (948)$$

$$p_0 = 9{,}81 - 1 = 8{,}81 \quad \ldots \ldots \quad (950)$$

$$\frac{k + p_0}{k - p_0} = \frac{9{,}861 + 8{,}81}{9{,}861 - 8{,}81} = 17{,}765.$$

Ferner findet sich

$$w_0 = \sqrt{19{,}62 \cdot 100} = 44{,}3 \text{ m/sk}$$

und damit

$$f_0 = \frac{Q}{w_0} = \frac{2}{44{,}3} = 0{,}0452 \text{ qm}.$$

Wenn wir annehmen, es werde der Leitapparat von voller Öffnung aus, also von $a = 1$ aus, geschlossen, so ergibt sich mit dem Vorstehenden

$$w = \frac{44{,}3}{9{,}81}\left[9{,}861 \cdot \frac{17{,}765 - \left(\frac{2 - t}{2}\right)^{9{,}861}}{17{,}765 + \left(\frac{2 - t}{2}\right)^{9{,}861}} + 1\right] \quad \ldots \ldots \quad (951)$$

Bei der an sich kleinen Schlußzeit von 2 Sekunden (Reglerbetrieb) ist es nötig, die Zeiträume für t besonders klein zu wählen. Für $t = 0{,}1$ sk findet sich beispielsweise

$$w = \frac{44{,}3}{9{,}81}\left(9{,}861 \cdot \frac{17{,}765 - 0{,}95^{9{,}861}}{17{,}765 + 0{,}95^{9{,}861}} + 1\right) = 46{,}12 \text{ m/sk}$$

gegenüber $w = 44{,}3$ zu Anfang des Verstellens.

Nach Ablauf von 0,2 sk ergibt sich $w = 47{,}30$ m/sk, nach 0,3 sk folgt $w = 47{,}94$, nach 0,4 sk $w = 48{,}49$, nach 0,5 sk $w = 48{,}75$ m/sk usw.

Bis jetzt war noch nicht ausgesprochen, bei welcher Öffnung b der Schließvorgang Halt machen solle. Wenn dies z. B. nach 0,4 sk der Fall sein soll, so bedeutet dies, daß

$$t_b = 0{,}4 = (a - b)\,T_s = (1 - b)\,2 \quad \ldots\ldots\ldots \quad \textbf{(952)}$$

woraus folgt $\qquad b = 0{,}8.$

Die betreffende Geschwindigkeitsgröße $w_b = 48{,}49$ m/sk hätte sich für $b = 0{,}8$ natürlich ebenso auch aus Gl. 953 ergeben.

Wird aber der Schließvorgang unter $b = 0{,}8$ herunter fortgesetzt, so wird w immer noch zunehmen und im Augenblick, bevor $b = 0$ eintritt, den Wert erreicht haben

$$w_{max} = 44{,}3\left[\sqrt{1 + \left(\frac{0{,}203\,87}{2}\right)^2} + \frac{0{,}203\,87}{2}\right] = 49{,}05 \text{ m/sk} \quad \ldots \quad \textbf{(954)}$$

Die Fig. 524 soll die in Betracht kommenden Verhältnisse darstellen. Damit dies im Anschluß an Fig. 496, S. 741, geschehen kann, sind, wie dort ja auch,

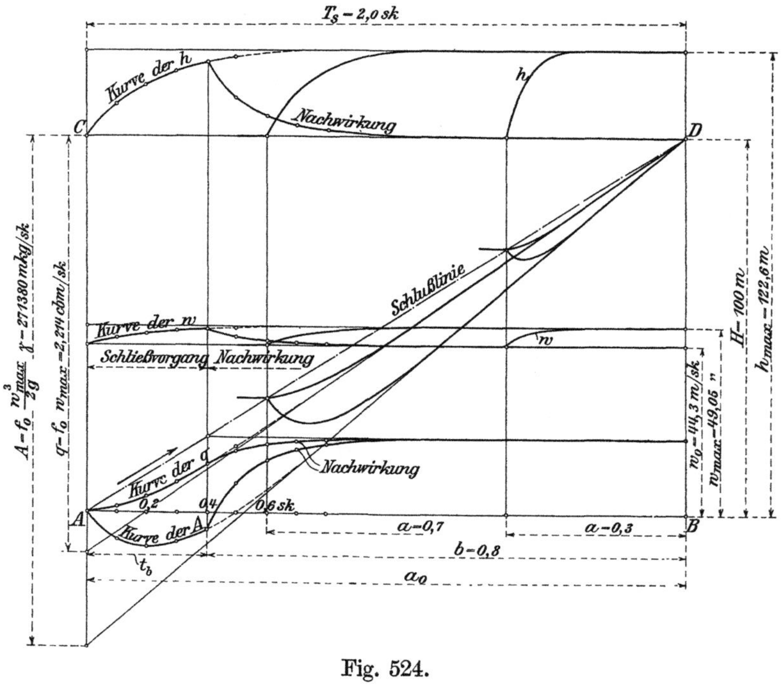

Fig. 524.

zwei wagrechte Nullachsen vorgesehen, während auch hier die Abszissen in beiden Fällen ganz gleich, als Zeiten t, aufzufassen sind.

Von der unteren Achse AB zählen die Größen der w und h gegen aufwärts, während die im Abstand $AC = H$ gegen aufwärts gezogene Achse CD für die nach abwärts zählenden Größen der f, q und der Arbeitsvermögen A dient. Die Länge AC kann auch als volle Leitschaufelöffnung aufgefaßt werden, und wenn die Punkte B und D in der Entfernung T_s von A und C abliegen, so bildet die Diagonale AD des Rechtecks $ABCD$ die „Schlußlinie". Für die Zeichnung bequemer ist es, die wechselnden a und b nicht in den Senkrechten von CD aus gegen abwärts, sondern, was ja des linearen Schließens wegen sofort zulässig, in der Achse AB anzutragen, aber natürlich von B aus $(a=0)$ rückwärts gerechnet.

Von der Achse AB ist nun die Größe der normalen Leitschaufelgeschwindigkeit $w_0 = 44{,}3$ m/sk gegen aufwärts angetragen und durch eine Wagrechte bezeichnet. In gleicher Weise sind die für Zeitabstände von 0,1 zu 0,1 sk berechneten Größen der wechselnden w in den zugehörigen Zeiten aufgetragen und durch eine Kurve verbunden.

Die Rechnung zeigt, daß nach Ablauf einer halben Sekunde die Größe von w mit 48,75 m/sk schon fast den Höchstwert von 49,05 erreicht hat, daß also für das Schließen von $a = 1$ aus die Kurve der w schon hier annähernd in die Wagrechte von w_{max} übergeht.

In der Figur sind auch noch zwei andere w-Kurven eingetragen, die den Schließvorgängen aus $a = 0{,}7$ und 0,3 anfangend entsprechen. Daß auch für diese Schließvorgänge der gleiche Wert von w_{max} eintritt, sofern sie bis auf $b = 0$ fortgesetzt werden, wurde vorher schon entwickelt, Gl. 954, die Figur zeigt außerdem, daß sich der Übergang von w_0 nach w_{max} um so rascher vollzieht, je kleiner die Leitöffnung af_0 ist, von der aus das (gleichmäßige) Schließen beginnt.

Gehen wir nun zu der Berechnung der Druckhöhen h über, wie sie sich nach Gl. 941, 955 und auch 941a ergeben.

Damit die Gl. 941 benützt werden kann, ist vorher der Quotient $\frac{f}{F}$ genauer festzustellen.

Ganz unabhängig vom Betrag der Wassermenge an sich gilt ideell $f_0 \cdot w_0 = F \cdot c$ und mit den Zahlengrößen des Beispiels findet sich daraus

$$\frac{f_0}{F} = \frac{c}{w_0} = \frac{2}{44{,}3}$$

oder auch

$$F = 22{,}15 f_0.$$

Nach Gl. 938 folgt bei $a = 1$ und $T_s = 2$, und für beliebige Größe von t

$$f = f_0 \frac{2-t}{2} = f_0\left(1 - \frac{t}{2}\right)$$

also ist hier

$$\frac{f}{F} = \frac{f_0\left(1-\frac{t}{2}\right)}{22{,}15 f_0} = \frac{1-\frac{t}{2}}{22{,}15}$$

und deshalb nach Ablauf von 0,1 sk

$$\frac{f}{F} = \frac{0{,}95}{22{,}15} = 0{,}04289; \qquad \left(\frac{f}{F}\right)^2 = 0{,}0018395.$$

Nunmehr ergibt sich für $t = 0{,}1$ sk mit $w = 46{,}12$ m/sk (Gl. 951)

$$h = \frac{46{,}12^2}{19{,}62}(1 - 0{,}00184) = 108{,}20 \text{ m} \quad . \; . \; . \; . \; . \quad \mathbf{(941)}$$

Die annähernde Rechnung für h gäbe

$$h = \frac{46{,}12^2}{19{,}62} = 108{,}39 \text{ m} \quad . \; . \; . \; . \; . \; . \; . \; . \; . \quad \mathbf{(941\,a)}$$

Mithin ist in dem ersten Zehntel einer Sekunde der Druck von 100 m vor dem Leitapparat schon um mehr als 8 m gestiegen.

Durch Einsetzen von $t=0{,}2$ usw. können die verschiedenen Quotienten $\frac{f}{F}$ usw. bestimmt werden, wodurch der Betrag von h für die betreffenden Zeitpunkte mit Hilfe der w-Werte ermittelt werden kann.

Die Gl. 955 liefert für Schließen auf $b=0$, unabhängig von a,

$$h_{max}=\frac{w_{max}^2}{2g}=\frac{49{,}05^2}{19{,}62}=122{,}6 \text{ m}.$$

Dementsprechend sind die Kurven der h aufgetragen. Für Schließen aus $a=1$ heraus beginnt die Kurve mit $H=100$ m, um sich schon bald nach dem Unterschreiten von $\varphi=0{,}7$, also nach 0,6 sk, dem Höchstwert 122,6 m so zu nähern, daß der Unterschied in der Zeichnung verschwindet. Für die Schließvorgänge aus $a=0{,}7$ und 0,3 sind die h-Kurven ebenfalls eingetragen, sie beginnen natürlich auch jeweils in den entsprechenden Vertikalen für $a=0{,}7$ usw. und schwenken, ganz ähnlich den w-Kurven, um so rascher in die Linie von h_{max} ein, je kleiner a ist.

Wir kommen nunmehr zu der Größe des Arbeitsvermögens, wie es in jedem Augenblick des Schließvorganges aus dem Leitapparat heraus der Turbine zuströmen wird.

In jedem Augenblick wechseln f und w, also auch die Wassermenge $q=f\cdot w$, die aus dem Leitapparat austritt, und das Arbeitsvermögen kann einfach nach Gl. 973 bestimmt werden.

Mit $a=1$ und $T_s=2$ folgt für beliebige Werte von t

$$A=\left(1-\frac{t}{2}\right)f_0\cdot\gamma\,\frac{w^3}{2g} \quad . \; . \; . \; . \; . \; . \; . \; . \; . \; . \quad \textbf{(973)}$$

Zur besseren Übersicht wird es aber beitragen, wenn wir zuerst q für sich allein aus f und w rechnen, um die Änderungen der Wassermenge an sich zu verfolgen. Nachher mögen die Größen von A in ihrer zeitlichen Entwicklung betrachtet werden.

Das Maß AC kann auch als der vollen Wassermenge Q entsprechend angesehen werden, die Wassermengen folgen dann beim Schließen von $a=1$ aus einer Kurve, die in Fig. 524 als Kurve der q bezeichnet ist, Ordinaten von CD aus abwärts zählend, sie nehmen sofort ab mit dem Beginne des Schließens, aber die Abnahme von q vollzieht sich weniger rasch als die linear erfolgende Abnahme der Leitquerschnitte f (Schlußlinie). Nach etwa 0,6 sk ist die q-Kurve kaum mehr von einer Geraden zu unterscheiden, die aber außerhalb der Schlußlinie bleibt und erst für $f=0$ mit derselben zusammentrifft. Diese Berührungsgerade schneidet in ihrer Rückwärtsverlängerung die senkrechte Achse ($t=0$) in einer Höhe entsprechend einer Wassermenge $q=f_0\cdot w_{max}$.

Die q-Kurve setzt hier wagrecht an, es fließt alsbald nach Beginn des Schließvorganges trotz der sofortigen Druckanschwellung auf h doch weniger Wasser aus als vorher.

Dies Weniger an Wasser aber besitzt vermöge der vermehrten Geschwindigkeit w ein ziemlich größeres Arbeitsvermögen, als vorher die volle Wassermenge bei normaler Geschwindigkeit w_0 hatte. Wenn die Länge AC als dem vollen Arbeitsvermögen $A_1=Q\cdot\gamma\cdot H$ entsprechend angesehen wird, so kann das wechselnde Arbeitsvermögen A in Funktion der Zeit auch noch in der Fig. 524, Ordinaten von CD gegen abwärts zählend, dargestellt werden, es entsteht dabei ein von der q-Kurve abweichendes Bild. Letztere begann bei $a=1$ wagrecht, um sofort, wenn auch verzögert, zu steigen, wogegen die A-Kurve trotz des Schließvorganges noch abfällt, einen Höchstwert überschreitet und erst nach einiger Zeit wieder die durch A gezogene Gerade AB trifft, also erst dann wieder den anfänglichen Wert A aufweist. Die ganze bis dahin verlaufene Zeit, etwa 0,5 sk, ist für den Verstellungsvorgang gewissermaßen mehr als verloren, denn der Zweck des Schließens, die Verminderung des Arbeitsvermögens der Turbine, wird in dieser Zeit ins Gegenteil verkehrt und erst von jetzt ab beginnt die gewünschte Verkleinerung. Die A-Kurve kann ebenfalls nach kurzem Verlauf nicht von einer Geraden unterschieden werden, die dem Endpunkt D, „Zu", zueilt. Dieser Berührungsgeraden streben auch die A-Kurven, die von Zwischenstellungen, $a = 0{,}7$ u. a. ausgehen, zu, wie die Fig. 524 ersehen läßt, sie geht für $t = 0$ durch einen um $f_0 \cdot \frac{w_{max}^3}{2g} \cdot \gamma$ von CD abwärts gelegenen Punkt der Achse.

Der Höchstwert von A findet sich aus $\frac{dA}{dt} = 0$ für den Ablauf einer Zeit von

$$t_{max} = a T_s \left\{ 1 - \sqrt[k]{\frac{k + p_0}{k - p_0} \cdot \frac{1}{k - 1} \left[k \sqrt{9k^2 - 5} - (3k^2 - 1) \right]} \right\} \quad . \quad . \quad . \quad \mathbf{974}$$

Die Gleichung für A_{max} wäre noch wesentlich umständlicher, weshalb A_{max} besser aus Gl. 973 nach Einsetzen von t_{max} gerechnet wird. Es finden sich hier $t_{max} = 0{,}1964$ sk und $A_{max} = 219\,110$ mkg/sk.

Bis jetzt ist nur betrachtet worden, was geschieht, wenn von beliebigen Werten von a aus bis auf $b = 0$ geschlossen wird, es bleibt nun noch der Verlauf festzustellen, den die w, h, q und A nehmen, wenn bei einem frei anzunehmenden Werte von $b > 0$ der Schließvorgang, mechanisch genommen, sein Ende erreicht hat, mit anderen Worten, es ist noch die Nachwirkung des Schließens, Abschn. 3, II, S. 830, zu erledigen.

Wir berechnen nunmehr die w nach Gl. 972a, indem t von dem Erreichen von b ab neu gezählt wird. Für die Bestimmung von h aus w dient nach wie vor Gl. 941 bzw. 941a, die Größen von q finden sich bei nunmehr konstantem Leitquerschnitt $b f_0$ zu

$$q = b f_0 \cdot w$$

und das jeweilige Arbeitsvermögen als

$$A = q \gamma \frac{w^2}{2g} = b f_0 \cdot \gamma \frac{w^3}{2g}.$$

Wir nehmen beispielsweise $a = 1$, $b = 0{,}8$ an und finden, Gl. 969,

$$B = \frac{2g \cdot H}{bc \cdot L} = \frac{2 \cdot 9{,}81 \cdot 100}{0{,}8 \cdot 2 \cdot 200} = 6{,}131\,25 \left(\frac{1}{\text{sk}}\right).$$

Es war, S. 832, $w_b = 48{,}49$ m/sk, also folgt für die Nachwirkungszeit t

$$w = 44{,}3 \cdot \frac{(48{,}49 + 44{,}3)\, e^{6{,}131\,25 \cdot t} + (48{,}49 - 44{,}3)}{(48{,}49 + 44{,}3)\, e^{6{,}131\,25 \cdot t} - (48{,}49 - 44{,}3)}$$

oder

$$w = 44{,}3 \cdot \frac{92{,}79 \cdot e^{6{,}131\,25 \cdot t} + 4{,}19}{92{,}79 \cdot e^{6{,}131\,25 \cdot t} - 4{,}19}.$$

Hier wird zweckmäßig auch wieder nach Zehnteln von Sekunden vorgegangen und daraus ergibt sich für die Entwicklung der w die mit „Nachwirkung" bezeichnete, bei $b = 0{,}8$ von der w-Kurve scharf abfallende Kurve als Bild. Die Gl. 972a, besser aber die für w in Zahlenwerten angesetzte vorstehende Gleichung, läßt erkennen, daß die „Nachwirkungs"-Kurve mathematisch erst mit $t = \infty$ in die Linie von w_0 übergeht (Asymptote), doch ist schon einige (sieben)

Sekundenzehntel nach Beendigung des Schließens kaum mehr ein Unterschied zwischen w und w_0 vorhanden.

Für den Fall, daß von kleineren a aus geschlossen wird, ist aus der Rechnung ersichtlich, daß die Annäherung an w_0 sich noch rascher vollzieht.

Der Übergang der h, q und deshalb auch der A ist von $b = 0{,}8$ aus ebenfalls eingezeichnet.

II. Der Öffnungsvorgang.

Hier sind die Verhältnisse sinngemäß gegen seither umzukehren und dem Abschnitt „2" anzupassen.

Es bleibt wegen $T_0 = T_s$ die Größe

$$n = 0{,}20387,$$

es bleibt auch

$$k = \sqrt{9{,}81^2 + 1} = 9{,}861 \quad \text{. . . . . (948)}$$

dagegen wird hier

$$p_0 = 9{,}81 + 1 = 10{,}81 \quad \text{. . . . . (961)}$$

Wir haben hier zu rechnen

$$\frac{p_0 - k}{p_0 + k} = \frac{10{,}81 - 9{,}861}{10{,}81 + 9{,}861} = 0{,}04591.$$

Das Öffnen kann von ganz geschlossenem Leitapparat aus, $a = 0$, beginnen, und dies soll zuerst der Rechnung zugrunde gelegt werden.

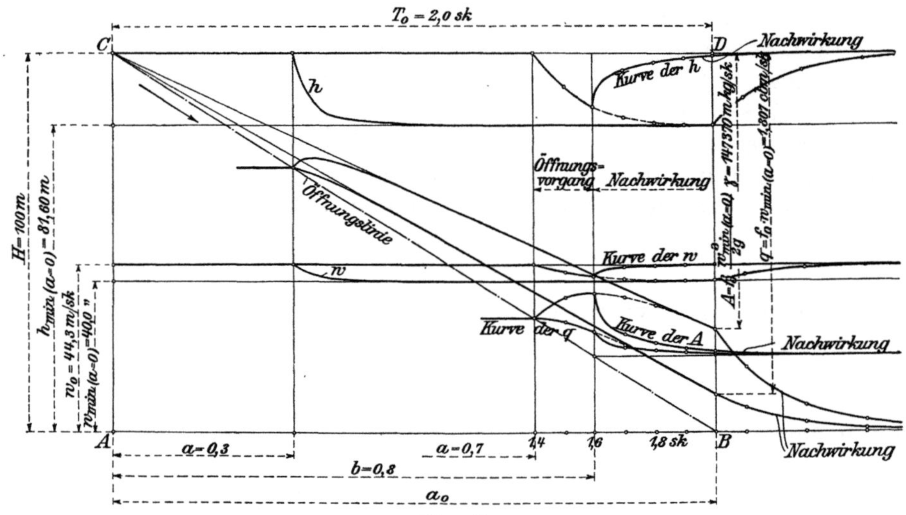

Fig. 525.

Da der ganze Rohrinhalt bei $a = 0$ in Ruhe war und sich erst entsprechend in Bewegung setzen muß, so wird hierfür so viel Arbeit aufgebraucht, daß die w im Leitapparat alsbald auf w_{min} fallen, wie Gl. 967, S. 827, schon zeigte.

Wir erhalten für Öffnen aus $a = 0$ sofort

$$w_{min(a=0)} = \frac{44{,}3}{9{,}81}(9{,}861 - 1) = 40{,}01 \text{ m/sk} \quad \text{. . . . . . (967)}$$

Als zeichnerische Darstellung dient Fig. 525, in der die Basis $T_0 = 2$ sk im gleichen Maßstab wie T_s in Fig. 524 aufgetragen ist. Natürlich liegt hier die Achse CD ebenfalls im Abstand $AC = H$. Hier geht die „Öffnungslinie" vom Punkt C aus rechts abwärts nach B und stellt in ihren von CD aus zu rechnenden Ordinaten die Zunahme der Leitschaufelöffnung, zugleich auch diejenige des Arbeitsvermögens dar, die sich ergeben würde, wenn keine Beschleunigungsarbeit für den Rohrinhalt verbraucht würde. Natürlich zählen hier der Bewegungsrichtung des Öffnens gemäß die a und b von A aus nach B.

Die Darstellung der w für Öffnen aus $a = 0$ wird durch eine Gerade gegeben, die im Abstand $w_{min(a=0)} = 40{,}01$ m/sk von der Achse der Sekunden absteht und wenn das Aufmachen bis zu $b = 1$, bis auf den vollen Leitquerschnitt fortgesetzt wird, so dauert $w_{min(a=0)}$ über die ganze Öffnungszeit.

Wird das Öffnen aus Zwischenstellungen des Leitapparates vorgenommen, so sinkt w nicht augenblicklich auf einen Kleinstwert, doch nehmen die w um so rascher ab, je näher die Anfangsfüllung bei $a = 0$ gelegen war, wie die Kurven der w für $a = 0{,}3$ und $0{,}7$ zeigen. Die Kleinstwerte für diese Öffnungsvorgänge treten erst für $b = 1$ ein, sie sind nicht gleich $w_{min(a=0)}$, sondern größer. Wir finden nach Gl. 965 speziell für $b = 1$

$$a = 0{,}3; \qquad w_{min} = 40{,}02 \text{ m/sk}$$
$$a = 0{,}7; \qquad w_{min} = 40{,}14 \quad ,,$$
$$a = 0{,}9; \qquad w_{min} = 41{,}48 \quad ,,$$

also für das Öffnen von kleineren Füllungen aus noch fast gleich $w_{min(a=0)}$, so daß diese w-Kurven an ihrem Ende bei $b = 1$ von der Geraden der $w_{min(a=0)}$ in Fig. 525 nicht zu unterscheiden sind, wogegen diejenige aus $a = 0{,}9$ für $b = 1$ ziemlich oberhalb der $w_{min(a=0)}$-Linie endigen wird.

Nun zu den Druckhöhen h, wie sie sich beim Öffnen ergeben. Es dient uns auch hier die Gl. 941, dazu Gl. 966, 968 und 941a, wobei wir zuerst auch wieder von $a = 0$ ausgehen.

Für $a = 0$ ist $h_{min(a=0)}$ nach Gl. 968 zu rechnen und es ergibt sich

$$h_{min(a=0)} = 81{,}60 \text{ m},$$

also ein Abfall von über 18 m, und auf dieser Druckhöhe verläuft dann der ganze Öffnungsvorgang von $a = 0$ aus. Der ganze Zuwachs an Arbeitsvermögen, der vom Oberwasser herkommt und durch das stetige Öffnen herbeigeführt wird, findet zuerst seine Verwendung zur Vergrößerung der Rohrgeschwindigkeit v.

Ist a nicht Null, sondern findet das Mehröffnen aus einer Zwischenstellung statt, so gilt mit $T_0 = 2$ sk nach Gl. 956

$$f = f_0\left(a + \frac{t}{2}\right)$$

und

$$\frac{f}{F} = \frac{a + \frac{t}{2}}{22{,}15}$$

wonach die Quotienten $\frac{f}{F}$ gerechnet werden können, wie sie zur Bestimmung von h nach Gl. 941 erforderlich sind.

Demgemäß sind die h-Kurven der Fig. 525 aufgestellt, deren Abfall gegen die Linie von $h_{min(a=0)} = 81{,}60$ m um so langsamer erfolgt, je größer die anfängliche Öffnung a ist. Daß die h bei $b = 1$ auch noch nicht ganz scharf mit $h_{min(a=0)}$ zusammenfallen, ist natürlich, doch ist der Unterschied für Öffnen von $a = 0{,}7$ aus noch für die Zeichnung verschwindend.

Wir kommen zur Entwicklung der Wassermengen q. Geht das Öffnen von $a = 0$ aus, so ist $w_{min(a=0)}$ mit $40{,}01$ m/sk vorhanden, und da die f linear zunehmen, so wird die jeweilige Wassermenge dargestellt durch

$$q = f \cdot w = f_0 \frac{t}{2} w_{min(a=0)}$$

also in der Fig. 525 durch eine Gerade, von $a = 0$ ausgehend und nach $T_0 = 2$ sk in der Höhe $q = f_0 \cdot w_{min\,(a=0)} = 1{,}807$ cbm/sk ankommend. Die Wassermenge bleibt also weit hinter derjenigen ($Q = 2$ cbm/sk usw.) zurück, die durch die Öffnungslinie bezeichnet wird.

Beginnt das Weiteröffnen aus Zwischenstellungen, so nimmt die Wassermenge zwar sofort zu, die q-Kurven bleiben aber auch innerhalb der Öffnungslinie, und sie schwenken schließlich auch in die Gerade der q ein, die dem Öffnen aus $a = 0$ entspricht, wie die Figur erkennen läßt.

Die Änderungen im Arbeitsvermögen, wie sie in dem Verlaufe des Vorganges dem durch den Leitapparat austretenden Wasser entsprechen, berechnen sich für $a = 0$ und $T_0 = 2$ sk nach der Beziehung

$$A = q\gamma \frac{w^2}{2g} = f \cdot w \cdot \gamma \frac{w^2}{2g} = \frac{t}{2} \cdot f_0 \cdot \gamma \cdot \frac{w^3_{min\,(a=0)}}{2g}$$

und hier zeigt es sich, weil für $a = 0$ die w durchweg gleich sind, daß die A nach einer Geraden, entsprechend t, zunehmen werden, die nach $t = T_0 = 2$ sk mit dem Betrag $f_0 \cdot \gamma \frac{w^3_{min\,(a=0)}}{2g}$ endigt, Fig. 525, so daß A für $b = 1$ erst nach Schluß des Vorganges nach und nach auf A_1 übergehen kann.

Gegenüber dem wünschenswerten Betrag $A_1 = 2 \cdot 1000 \cdot 100 = 200\,000$ mkg/sk zeigt sich am Ende des Öffnungsvorganges ein Arbeitsvermögen von ideell nur

$$A = 1{,}807 \cdot 1000 \frac{40{,}01^2}{19{,}62} = 147\,370 \text{ mkg/sk.}$$

Das Mehröffnen aus Zwischenstellungen verursacht in den ersten Zeitabschnitten einen Abfall im Arbeitsvermögen statt des durch das Öffnen erstrebten Anwachsens. Für unser Beispiel bedeutet dies, daß für $a = 0{,}7$ erst nach Durchschreiten von

$$A_{min} = 127\,700 \text{ mkg/sk}$$

ein Anwachsen beginnt, das nach und nach wieder den Anfangswert aA_1 erreicht und allmählich in die Gerade einschwenkt, die der Entwicklung aus $a = 0$ entspricht. Nur beim Öffnen aus großen a, z. B. $a = 0{,}9$, bleibt die A-Kurve für $b = 1$ um ein Geringes über $A = f_0 \cdot \gamma \frac{w^3_{min\,(a=0)}}{2g}$.

Der Kleinstwert von A wird in der Zeit von t_{min} erreicht, die sich aus $\frac{dA}{dt} = 0$ findet zu

$$t_{min} = aT_0 \left\{ \sqrt[k]{\frac{p_0 - k}{p_0 + k} \cdot \frac{1}{k-1} \left[k\sqrt{9k^2 - 5} + (3k^2 - 1) \right]} - 1 \right\} \quad . \; . \; . \; . \quad 975$$

Unter Benutzung der Größe $t_{min} = 0{,}1659$ sk für $a = 0{,}7$ ergibt sich alsdann $A_{min} = 127\,700$ mkg/sk.

Wir kommen zur Nachwirkung des zum Stillstand gekommenen Öffnungsvorganges.

Der Übergang von w, h, q und A für diesen neuen Zeitabschnitt ist durch die Entwicklungen unter 3, I, S. 828 festgestellt.

Die w werden sich nach Gl. 972, die h nach Gl. 941 bzw. 941a, die Wassermengen q bei nunmehr gleichbleibendem Leitquerschnitt bf_0 aus

$$q = bf_0 \cdot w$$

berechnen lassen, während das jeweilige Arbeitsvermögen sich als

$$A = q\gamma \frac{w^2}{2g} = bf_0 \cdot \gamma \frac{w^3}{2g}$$

ergibt.

Wir gehen zuerst von $a = 0$ aus. Für volles Öffnen, also $b = 1$ findet sich (Gl. 969)

$$B = \frac{2g \cdot H}{bc \cdot L} = \frac{2 \cdot 981 \cdot 100}{1 \cdot 2 \cdot 200} = 4{,}905 \left(\frac{1}{\mathrm{sk}}\right)$$

und für $a = 0$ die Geschwindigkeit w durchweg $w_{min\,(a=0)} = 40{,}01 = w_b$, so folgt

$$w = 44{,}3 \cdot \frac{(44{,}3 + 40{,}01)\, e^{4{,}905 \cdot t} - (44{,}3 - 40{,}01)}{(44{,}3 + 40{,}01)\, e^{4{,}905 \cdot t} + (44{,}3 - 40{,}01)} \quad \ldots\ldots \quad (972)$$

oder

$$w = 44{,}3 \cdot \frac{84{,}31 \cdot e^{4{,}905 \cdot t} - 4{,}29}{84{,}31 \cdot e^{4{,}905 \cdot t} + 4{,}29}.$$

Die w entwickeln sich hiernach wie aus der Kurve der Fig. 525, mit „Nachwirkung" bezeichnet, ersichtlich ist und erreichen asymptotisch den Wert $w_0 = 44{,}3$. In ähnlicher Weise werden sich die q dem Werte $Q = 2$ cbm/sk nähern und die Größen von h und A ebenfalls den Endwerten zustreben, wie dies die Fig. 525 erkennen läßt.

Die Figur enthält auch den Verlauf der Nachwirkung auf w, q, h und A, wenn der Öffnungsvorgang, aus $a = 0{,}7$ anfangend, bei $b = 0{,}8$ sein Ende erreicht hat. Diese Kurven verlaufen in ganz gleicher Weise nach den zugehörigen Endwerten.

Der ganze Verlauf der analytischen Entwicklungen und des Zahlenbeispiels liefert uns für den ideellen Betrieb folgende Aufklärungen:

Die ideellen Leitschaufelgeschwindigkeiten w (Gl. 951 für Schließen und Gl. 962 für Öffnen) werden mit Rücksicht auf den Verzögerungsfaktor $n = \frac{c}{gT_s} \cdot \frac{L}{H}$, S. 822, um so mehr von der normalen Geschwindigkeit w_0 abweichen, je größer die Rohrgeschwindigkeit c bemessen ist, je länger die Rohrleitung, je kürzer die Schluß- bzw. Öffnungszeit. Daß w_{max} mit wachsendem Gefälle, absolut genommen, zunimmt, und umgekehrt, ist an sich begreiflich, ist aber auch aus einer entsprechenden Umformung der Gl. 954 ersichtlich. Wir können diese durch Einfügen von $w_0 = \sqrt{2gH}$ und von k nach Gl. 948 nämlich schreiben als

$$w_{max} = \frac{c}{\sqrt{2g}} \cdot \frac{L}{T_s} \left[\sqrt{\left(\frac{2g\,T_s}{c \cdot L}\right)^2 H + \frac{1}{H}} + \frac{1}{\sqrt{H}} \right] \quad \ldots\ldots \quad 976$$

und daraus ersehen, daß der Klammerwert, der allein H enthält, mit zunehmendem H ebenfalls wächst, wogegen durch die Form

$$w_{max} = w_0 \cdot \frac{c}{2g} \cdot \frac{L}{T_s} \left[\sqrt{\left(\frac{2g\,T_s}{c \cdot L}\right)^2 + \frac{1}{H^2}} + \frac{1}{H} \right] \quad \ldots\ldots\ldots \quad 977$$

erwiesen wird, daß der prozentuale Mehrbetrag von w_{max} über w_0 mit wachsendem Gefälle kleiner werden muß.

Da die Druckhöhen h mit w^2 wachsen, so gilt das Vorstehende in höherem Grade noch für diese und demgemäß auch für die Verhältnisse der q und des Arbeitsvermögens.

B. Die Verhältnisse beim Öffnen und Schließen im tatsächlichen Betrieb.

1. Allgemeines.

Im tatsächlichen Betrieb gewinnen nun verschiedene seither außer Betracht gebliebene Umstände einen bestimmten Einfluß, nämlich

die Elastizität der Rohrwandungen,
die Volumelastizität des Betriebswassers,
die Reibungs- und Krümmerwiderstände h_ϱ und h_k.

Der Einfluß der letzteren ist verhältnismäßig sehr gering, wie eine kurze Rechnung zeigen mag. Für die geradlinig gedachte Rohrlänge des Zahlenbeispiels S. 831, $L = 200$ m, folgt nach Gl. 736, S. 636 der Betrag der Wandreibung mit $\psi_r = 0{,}282$ zu

$$P = \psi_r \cdot U \cdot L \cdot c^2 = 0{,}282 \cdot 3{,}55 \cdot 200 \cdot 4 = \sim 810 \text{ kg},$$

während die für die Verzögerung des Rohrinhalts tätige Wasserdruckhöhe in ungefährer Berechnung, Fußnote S. 822, 20,4 m beträgt, d. h. einen auf den gesamten Rohrquerschnitt von 1 qm wirkenden Druck von $1 \cdot 20{,}4 \cdot 1000 = 20\,400$ kg verursacht, demgegenüber die 810 kg, als nur $\sim 4\%$ davon, verschwinden.

Die Berücksichtigung der Elastizitäten führt natürlich zu der Erkenntnis, daß Schwingungen in den Druck- und Geschwindigkeitsgrößen entstehen müssen, die sich, gedämpft durch die eben erwähnten Reibungskräfte, in abnehmender Stärke abspielen.

Für die Praxis ist die erste Kuppe dieser der Zeit nach wellenförmig verlaufenden Schwingungen, von besonderer Wichtigkeit und wir können uns den Einfluß der verschiedenen Umstände auf die Druck- und Geschwindigkeitsgrößen an Hand unserer ideellen Entwicklungen vergegenwärtigen.

Schließvorgang. Die Elastizitäten werden verhindern, daß die am unteren Rohrende sich entwickelnde Verzögerungsdruckhöhe h so rasch ansteigt, als es ideell sich ergeben hatte. Die Verzögerung wird sich über einen längeren Zeitraum ausdehnen, die Volumen- und Formänderungsarbeit verzehren bestimmte Bruchteile vom Arbeitsvermögen des Rohrinhalts und deshalb werden die h_{max} des ideellen Betriebes überhaupt nicht erreicht werden. Die Reibungswiderstände usw. wirken im gleichen Sinne, also ebenfalls mäßigend auf h ein, die drei Umstände mildern die Verhältnisse des ideellen Betriebes.

Öffnungsvorgang. Beim Nachlassen des Druckes zu Beginn des Öffnungsvorganges wird das Sichzusammenziehen der Rohrwände im Verein mit dem Expandieren des Wassers den Druckabfall verzögern, also ausgleichend wirken, während die Rohrwiderstände der erwünschten Beschleunigung des Rohrinhaltes entgegenarbeiten, also die Wirkung der Elastizitäten mehr oder weniger paralysieren. Bei Öffnen wird also das Wesen des ideellen Betriebes auch den tatsächlichen Verhältnissen eher entsprechen, unter Umständen sogar denselben sehr nahe sein.

Wir dürfen uns also beim Turbinenreglerbetrieb im allgemeinen mit den ideellen Feststellungen begnügen und danach unsere Maßregeln treffen, weil wir damit von ungünstigeren Voraussetzungen ausgehen.

Immerhin ist es zweckmäßig, den Weg zur Berechnung des Einflusses der Elastizitäten kurz zu betrachten.

2. Die rechnungsmäßige Beachtung der Elastizitäten.[1])

Wand-Elastizität.

Zur Ermittlung der Einheitsspannung s der Druckrohrwandung, Wanddicke e, Fig. 526, gilt für die Länge 1 und eine Druckhöhe h

$$D \cdot h \cdot \gamma = 2 e \cdot s \qquad \text{oder} \qquad s = \frac{D \cdot h \cdot \gamma}{2 e}.$$

[1]) Alliévi-Dubs: Allgemeine Theorie der veränderlichen Bewegung des Wassers in Leitungen, Berlin 1909. Früher schon veröffentlicht in der Revue de Mécanique.

Für die Druckhöhenzunahme dh ergibt sich also eine Spannungszunahme ds, der minimale Zuwachs von D hierbei vernachlässigt, von

$$ds = \frac{D}{2e} \cdot \gamma \cdot dh.$$

Die Zunahme von D kann als dD aber nicht vernachlässigt werden, wenn es sich um ihren Einfluß auf die Länge dx einer unendlich dünnen Wasserschicht des Druckrohres handelt. Mit α_E als Dehnungskoeffizient des Rohrmaterials ist dann, das Wasser als unelastisch betrachtet, zu schreiben

$$dD = D \cdot ds \cdot \alpha_E = \frac{D^2}{2e} \cdot \gamma \cdot dh \cdot \alpha_E$$

und diese Durchmesservergrößerung bewirkt eine Abnahme der Schichtdicke dx um ∂x_E, die sich aus

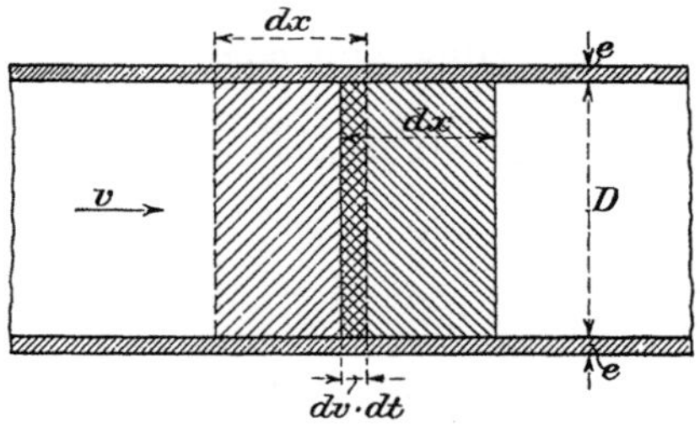

Fig. 526.

$$D^2 \frac{\pi}{4} \cdot dx = (D + dD)^2 \frac{\pi}{4} (dx - \partial x_E)$$

und unter Vernachlässigung der unendlich kleinen Glieder höherer Ordnung als

$$\partial x_E = \gamma \cdot dh \cdot dx \cdot \frac{D}{e} \cdot \alpha_E$$

ergibt.

Volumelastizität des Wassers.

Bei starr angenommener Rohrwandung findet sich die Verkürzung ∂x_W von dx infolge der Elastizität des Wassers, mit α_W als Volumdehnungskoeffizient, für die Druckhöhenzunahme dh aus

$$D^2 \frac{\pi}{4} dx \cdot dh \cdot \gamma \cdot \alpha_W = D^2 \frac{\pi}{4} \partial x_W$$

oder

$$\partial x_W = \gamma \cdot dh \cdot dx \cdot \alpha_W.$$

Die Folge des Bestehens beider Elastizitäten ist die Verkürzung der Dicke dx um

$$\partial x = \partial x_E + \partial x_W = \gamma \cdot dh \cdot dx \left(\alpha_W + \frac{D}{e} \alpha_E\right).$$

Wenn sich nun die Druckhöhenzunahme dh in der Zeit dt vollzieht, so rückt die unmittelbar anstoßende Wasserscheibe, Fig. 526, um ∂x in der gleichen Zeit gegen den Leitapparat vor. Die Größe ∂x läßt sich dann auch als $dv \cdot dt$ auffassen und schreiben

$$\partial x = dv \cdot dt = \gamma \cdot dh \cdot dx \left(\alpha_W + \frac{D}{e} \alpha_E\right)$$

oder auch

$$\frac{dx}{dt} = \frac{1}{\gamma \left(\alpha_W + \frac{D}{e} \alpha_E\right)} \cdot \frac{dv}{dh}.$$

Alliévi setzt nun

$$\frac{1}{\gamma \left(\alpha_W + \frac{D}{e} \cdot \alpha_E\right)} = \frac{a^2}{g}.$$

Da „a“ bei uns schon belegt ist, nehmen wir i statt a, schreiben dann

$$i = \sqrt{\frac{g}{\gamma} \cdot \frac{1}{\alpha_W + \frac{D}{e}\,\alpha_E}}$$

und erhalten dadurch

$$\frac{dx}{dt} = \frac{i^2}{g} \cdot \frac{dv}{dh}$$

Andererseits muß die Masse der Wasserschicht dx auch den allgemeinen Beschleunigungsgesetzen folgen derart, daß geschrieben werden kann unter Vernachlässigung von dD:

$$\text{Kraft} = D^2 \frac{\pi}{4} \cdot dh \cdot \gamma = D^2 \frac{\pi}{4}\, d\,x \cdot \frac{\gamma}{g} \cdot \frac{dv}{dt} = \text{Masse} \times \text{Beschleunigung},$$

woraus

$$\frac{dx}{dt} = g \cdot \frac{dh}{dv}.$$

Aus Gleichsetzen der beiden Momentan-Geschwindigkeiten $\frac{dx}{dt}$ folgt

$$\frac{i^2}{g} \cdot \frac{dv}{dh} = g\,\frac{dh}{dv}$$

oder vereinfacht

$$dh = \frac{i}{g} \cdot dv.$$

Nun ist aber diese Gleichung ohne Rücksicht auf die Raschheit der Schließbewegung am Leitschaufelquerschnitt aufgestellt, sie gibt also kein richtiges Bild der Druck- und Geschwindigkeitsänderungen. Da aus der Gl. durch Integration zwischen den Öffnungsgrenzen $a = 1$ und $b = 0$ die Alliévi'sche Gl. 17, a. a. O. S. 25, in unserer Schreibweise als

$$h_{max\,(b\,=\,0)} = H + \frac{i\,c}{g}$$

entsteht, so ist damit erwiesen, daß auch diese Gl. den tatsächlichen Verhältnissen gar nicht entsprechen **kann**, mithin sind die Ergebnisse, die unter Verwendung dieser Gl. zustande kommen, für veränderliche Leitöffnung unverwendbar.

Im großen Durchschnitt der α-Werte berechnet Alliévi die Größe von $i = 1000$ und konstatiert, daß dies als 1000 m/sk die Geschwindigkeit bedeutet, mit der sich die am Leitquerschnitt f einsetzende Druckerhöhung rohraufwärts in der Sekunde fortpflanze.

Durch die Vereinigung zweier Ausdrücke für $\frac{\partial v}{\partial t}$ a. a. O. S. 65 $\left(\text{dort } \frac{\partial C}{\partial t} \text{ geschrieben}\right)$ und Einsetzen in die Gl. 39 a. a. O. S. 63 fällt aber die die Elastizitäten berücksichtigende Größe i aus der Rechnung und Alliévi erhält aus Gl. 40 deshalb natürlich für h_{max} genau den Ausdruck (wenn umgeformt)

$$h_{max} = H\left[\sqrt{1 + \left(\frac{n}{2}\right)^2} + \frac{n}{2}\right]^2 \quad \ldots\ldots\ldots\ldots \quad (955)$$

den wir S. 824 ohne Berücksichtigung der Elastizitäten festgestellt.

Alliévi beschränkt allerdings a. a. O. S. 68 die Gültigkeit seiner Gl. 40 auf die Fälle, in denen $T_s \geqq \frac{2L}{i}$. Mit $i = 1000$ m/sk heißt dies auch $L \overline{\lessgtr} 500\,T_s$, und da selten bei langen Rohrleitungen Schlußzeiten unter 2 sk Dauer vorkommen werden, so würde für diese kleine Schlußzeit auch nach Alliévi unsere allgemein aufgestellte Gl. 955 für alle Rohrleitungen unter $500 \cdot 2 = 1000$ m Länge gelten.

Neeser-Lausanne hat durch Versuche an einer genieteten Rohrleitung (Bulletin Technique de la Suisse romande, Jan. 1909) von 970 m Länge, von 930 bis 820 mm

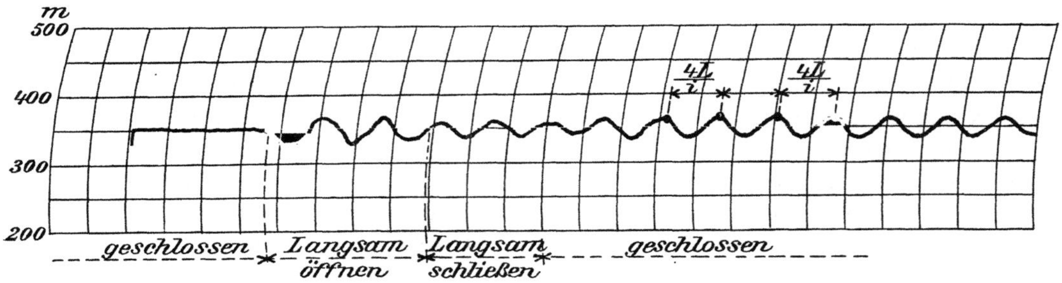

Fig. 526a.

Durchmesser, Stahlblechstärken 4 bis 23 mm, Gefälle 345 m, festgestellt, daß, Fig. 526a, die Länge der Schwingungsperiode zwischen zwei Druckmaxima, wie sie Alliévi angibt, mit $\frac{4L}{i}$ tatsächlich zutrifft.

Die Schließ- und Öffnungsversuche, die die wohlbekannte Turbinenfirma Piccard, Pictet & Cie, Genf, an der 1420 m langen Rohrleitung Ackersand bei Visp (Schweiz) unter $\sim$ 730 m Gefälle angestellt, zeigen nach deren Angaben eine sehr gute Übereinstimmung mit Alliévi'schen Rechnungen.

Es ist noch von Interesse, die verschiedenen Angaben über die Höchstwerte der Druckhöhen zu vergleichen. Der Wert des Verzögerungsfaktors n, Gl. 947, S. 822, der in all diesen Berechnungen wiederkehrt, ist für den zahlenmäßigen Vergleich mit, abgerundet $n = 0{,}204$, dem Rechnungsbeispiel S. 831 entnommen. Es rechnet sich nach

Budau[1]) . . . . $h_{max} = H\left(1 + \frac{3}{2}n\right) = 1{,}306\,H,$

Rateau[2]) . . . . $h_{max} = H\,\frac{2+n}{2-n} = 1{,}227\,H,$

Alliévi . . . . . $h_{max} = H\left[\sqrt{1+\left(\frac{n}{2}\right)^2} + \frac{n}{2}\right]^2 = 1{,}226\,H,$

Pfarr (unelastisch) $h_{max} = H\left[\sqrt{1+\left(\frac{n}{2}\right)^2} + \frac{n}{2}\right]^2 = 1{,}226\,H$ . . (958)

" " $h_{min\,(a\,=\,0)} = H\left[\sqrt{1+\left(\frac{n}{2}\right)^2} - \frac{n}{2}\right]^2 = 0{,}816\,H$ . . (968)

Die angeführten Werte für h_{max} gründen sich auf die Annahme des völligen Schlusses der Leitschaufelöffnung. In der Praxis liegt hierfür kein Grund vor, denn der Leitapparat darf immer so weit geöffnet bleiben, daß die Turbine, leer, noch die normale Umdrehungszahl aufweist, wie schon, S. 369, unten erwähnt. Dies nicht völlige Schließen bildet eine gute Gewähr gegen zu große Erhöhung der h und unerwünschte Annäherung an die h_{max}.

---

[1]) Budau, Druckschwankungen in Turbinenzuleitungsrohren (Wien 1905, R. Spies & Co.).

[2]) Traité des Turbo-Machines, Dunod 1900, S. 245 mit kleiner Umformung.

C. Die Druckschwankungen im Zuleitungsrohr und die Schwungmassen.

Die auf S. 818 u. f. dargelegten Druckschwankungen in Zuleitungsröhren für geschlossene Turbinen werden, wie schon gesagt, durch den Reglerbetrieb hervorgerufen. Die dort berührte Gefahr für das Zuleitungsrohr ist aber nicht der einzige Übelstand, der sich einstellt, sondern es kommen hier noch die Änderungen des aus dem Leitapparat ausgeleiteten Arbeitsvermögens in Betracht, die sich, wie schon S. 831 u. f. gezeigt, am Anfang jedes Verstellungsvorganges gerade entgegengesetzt dem angestrebten Zwecke entwickeln, um dann nach kürzerer oder längerer Zeit (Sekunden) in die gewollte Ab- oder Zunahme überzugehen.

Gegen die unerwünschte Mehrabgabe von Arbeitsvermögen zu Beginn des Schließvorganges (Druckerhöhung) wird der S. 714 besprochene Nebenauslaß gute Abhilfe bringen und den augenblicklichen Überschuß seitwärts entweichen lassen, vgl. Taf. 54, auch Fig. 484 und 485.

Dagegen steht es nicht in unserer Hand, den ebenso unerwünschten augenblicklichen Mangel an Arbeitsvermögen, wie er sich zu Beginn des Öffnungsvorganges (Druckabfall) einstellt, Fig. 525, irgendwie zu verhindern. Die Leitung kann tatsächlich in den ersten kleinen Zeitabschnitten nur ein vermindertes Arbeitsvermögen hergeben. Soll dies Weniger nicht zu unstatthafter, weiterer Abnahme der Umdrehungszahlen führen, so muß das Fehlende, neben dem durch den Reguliervorgang an sich Bedingten, aus den als Kraftspeicher dienenden Schwungmassen hergegeben werden, wie im Nachfolgenden an einem Beispiele auseinandergesetzt sein soll.

In Fig. 527 ist in der Weise der Fig. 525 die Öffnungslinie und die Gerade eingezeichnet, in die, von beliebiger Leistung des Beharrungszustandes ausgehend, die Arbeitskurve nach ihrem anfänglichen Abfall einschwenkt und hochgeht. Die größte Leistung der Turbine ist im vorliegenden Beispiel 168 PS_e und es ist zu untersuchen, wie groß die Aufnahmefähigkeit der Schwungmassen $\frac{J\omega^2}{2} = \frac{GD^2n^2}{7200}$ sein muß, damit bei der sehr großen Öffnungszeit von 30 sk eine Mehrbelastung von 128 auf 168 PS_e, also um 40 PS_e keine größere Geschwindigkeitsabnahme als insgesamt $2^1/_2{}^0/_0$ hervorrufen kann. Dabei soll noch angenommen sein, daß diese Mehrbelastung nur vorübergehend eintrete, daß sie stetig anwachse und sofort ebenso wieder abnehme. Die Mehrbelastung von 40 PS_e werde in 5 sk erreicht, Trambahnbetrieb. Ziehen wir eine Wagrechte in Höhe des anfänglichen Bedarfes von 128 PS_e, so wird der steigende Kraftbedarf vom Beginn der Mehrbelastung an durch eine Gerade dargestellt, die sich in 5 sk um 40 PS_e erhebt, Linie *ab* Fig. 527. Nach Erreichen von *b* steigt die Gerade der Voraussetzung gemäß alsbald unter gleicher Neigung nach *c* hin. Mittlerweile hat, Spielraumzeit ist gleich Null gedacht, der Regler in *a* mit Öffnen begonnen, der anfängliche Leistungsabfall stellt sich ein, wie die Figur in der (hochgehenden) Leistungskurve zeigt, der Öffnungsvorgang an sich ist mit dem Erreichen der vollen Öffnung in *d* beendet und die Nachwirkung zeigt sich in der Kurve *dce*; diese wird von der aus *b* kommenden Geraden von gegebener Richtung in *c* geschnitten. In diesem Augenblick ist die von der Turbine geleistete Arbeit der verbrauchten gleich, vorher fehlte Arbeitsvermögen bei der Turbine. Die Fläche über *abc* bis zur Linie der Leistung Null stellt den Arbeitsbedarf. Die weitschraffierte Fläche über *ad* zeigt das von der Turbine bis zum vollständigen Öffnen verfügbare Arbeitsvermögen. Soll nun in dieser Zeit des Fehlens die Umdrehungszahl nur um $2^1/_2{}^0/_0$ herabgehen dürfen, so müssen die rotierenden Massen derart bemessen sein, daß sie bei solcher Verringerung der Geschwindigkeit imstande sind, das fehlende Arbeitsvermögen, dem Inhalt der Fläche *a b c d* entsprechend, abzugeben. Das heißt, hier muß

$$GD^2 \frac{n^2}{7200}(1 - 0{,}975^2) = GD^2 \frac{n^2}{7200} 0{,}95 \text{ (mkg)}$$

dem Inhalt der Fläche (mkg, absolut) entsprechen, woraus bei gegebenem n die Größe von GD^2 folgt. Würde sich die Zu- und Abnahme des Kraftbedarfs nicht

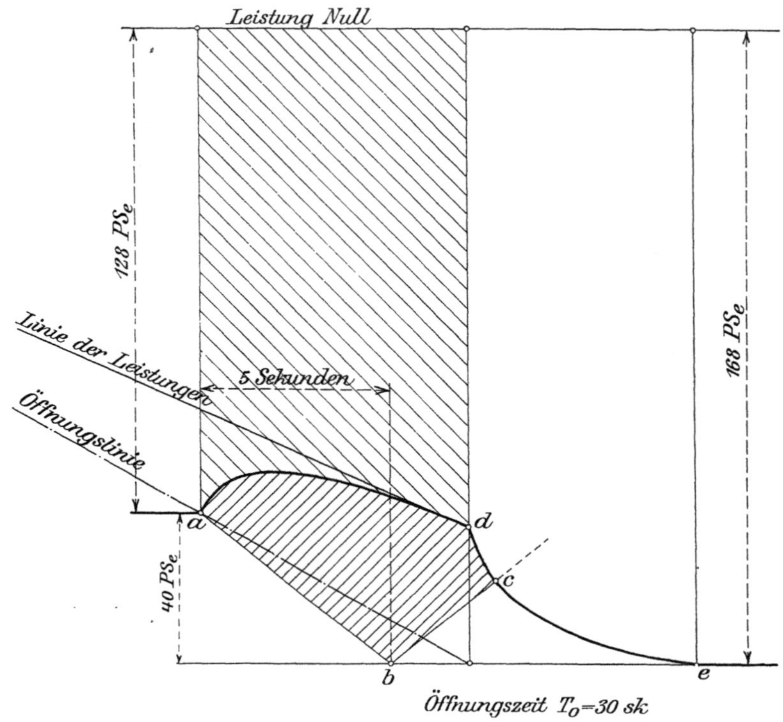

Fig. 527.

nach der angenommenen Geraden, sondern nach einer beliebigen Kurve abspielen, so würde eben die Fläche zwischen dieser Kurve und dem Linienzug in Betracht kommen, der der zunehmenden Arbeitsfähigkeit der Turbine bei der gegebenen Öffnungszeit entspricht.[1])

[1]) Die geschilderten Verhältnisse entsprechen der Peltonradanlage, die, von Briegleb, Hansen & Co., Gotha, geliefert, die Wasserkraft der 11 km langen Rohrleitung ausnutzt, die das Wasserwerk der Stadt Nordhausen am Harz aus der Ilsetalsperre speist (Bruttogefälle = ∾ 192 m), ausführlich besprochen Zeitschr. d. Ver. deutsch. Ing. 1908 S. 1224 u. f.

Anhang. Leistungsversuche.

Die zur Bestimmung des Nutzeffekts oder Wirkungsgrades, S. 672, einer Turbine nötigen Versuche bezwecken die Feststellung der Leistung, sowie des Wasserverbrauches und Gefälles während der Versuche.

A. Die Gefällemessung.

1. Der Oberwasserspiegel.

Offene Turbinen. Üblich für die Gefällebestimmung ist es, die Höhenlage des Wasserspiegels im Einlaufschützen-Querschnitt als maßgebend zu betrachten.

Die in diesem Querschnitt vorhandene Einlaufgeschwindigkeit wird der Turbine im allgemeinen nicht als Gefällevermehrung in Rechnung gestellt.

Sollte je einmal eine größere Entfernung zwischen Einlaufschütze und Turbine vorhanden sein, so ist der Oberwasserspiegel entsprechend nahe bei der Turbine zu beobachten.

Geschlossene Turbinen. Hier liegt zwischen dem Wasserspiegel im Einlaufschützen-Querschnitt und der Turbine der Druckhöhenverlust durch Rohrreibung, der zwar durch Rechnung annähernd festgestellt werden kann, S. 636 u. f., der aber durch Druckhöhenbeobachtung unmittelbar bei der Turbine ausgeschaltet werden sollte. Trotzdem sollte der Wasserspiegel beim Rohreinlauf beobachtet werden. Über die Stelle, wo das Druckrohr anzubohren ist, wurde schon S. 635, Fig. 445, S. 635, einiges bemerkt, was hier zum Teil wiederholt und ergänzt werden soll.

In der Praxis wird selten die Möglichkeit gegeben sein, ein Standrohr für die Höhe h_m senkrecht aufsteigend und gleichzeitig für den Beobachter geeignet anzubringen. Dagegen dürfte es fast stets tunlich sein, das Standrohr schräg aufwärts an der Rohrleitung entlang zu führen wie in Fig. 445 punktiert. Stetiges Ansteigen mit Vermeiden wagrechter oder gar abfallender Strecken ist zu empfehlen, weil sonst durch Luftblasen wesentliche Fehler für die Höhenlage des freien Wasserspiegels im Standrohre zu gewärtigen sind. Nur der oberste Teil des Rohres (Glasröhre) sollte senkrecht geführt sein. Rohrdurchmesser nicht unter $^7/_8''$, besser mehr, der Luftblasen wegen.

Für die Anschlußstelle am Turbinenrohr ist zu beachten, daß bei ausgiebiger Abrundung von innen her nach Möglichkeit weder saugende noch drückende Wirkungen durch das vorbeifließende Betriebswasser entstehen können.

Ist das Standrohr für Wasser nicht ausführbar, so kann unter Umständen ein Quecksilbermanometer an dessen Stelle treten, schließlich auch ein Federmanometer, das aber sorgfältig nachkontrolliert sein sollte, wenigstens in dem Skalabereich, in den die zu erwartenden Drucke fallen. Dabei ist darauf zu achten, daß das Manometer am besten unmittelbar am angebohrten Punkt des Rohres sitzt. Befindet sich das Manometer z. B. um 2 m höher als der Anschlußpunkt, so wird es bei ganz gefüllter Anschlußleitung 2 m weniger Druck anzeigen, als im Turbinenrohre an der Anbohrstelle vorhanden ist. Kann die Anschlußleitung mit Sicherheit ganz gefüllt erhalten werden (Ausblasehahn am Manometer, stetiges Ansteigen, häufiges Ausblasen), so zählen h_m und h_u von Manometermitte ab.

Über die Wahl des Ortes der Anbohrung ist zu sagen: Zweckmäßig ist allemal seitliches Anbohren in Höhe der Rohrachse. Am Rohrscheitel stören häufig Luftblasen, Blätter und sonstige Schwimmkörper, unten am Rohr dagegen Sand und andere feste Teile das sichere Funktionieren des Standrohres oder Manometers.

Wenn irgend tunlich, sollte das Anbohren an einer geraden zylindrischen Strecke der Rohrführung erfolgen, wie in Fig. 445, S. 635, gezeigt, also nicht an einem Krümmungsstück und auch nicht an einer Übergangsstelle zwischen verschiedenen Rohrquerschnitten, wo der tatsächliche Querschnitt nur sehr schwer festgestellt werden kann.

Es sollte eben nur da angebohrt werden, wo die Verhältnisse des fließenden Wassers ganz klar liegen.

2. Der Unterwasserspiegel.

Im allgemeinen gilt die Höhenlage des Wassers beim Saugrohraustritt als maßgebend, vgl. dazu S. 283; natürlich ändern sich die dort geschilderten Verhältnisse, sowie ein Meßüberfall, etwa wie Taf. 22, eingebaut wird.[1])

3. Das arbeitende Gefälle H_A.

Offene Turbinen. Es bedarf meistens zweier Pegelablesungen, $P_O =$ Ober- und $P_U =$ Unterwasser, die Pegelskalen zweckmäßig von gleichem Nullpunkt aufwärts zählend, wo dann nur der Unterschied beider Ablesungen zu berechnen ist:

$$H_A = P_O - P_U.$$

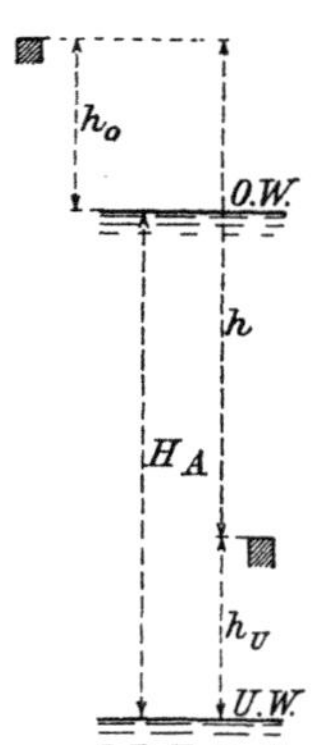

Fig. 528a.

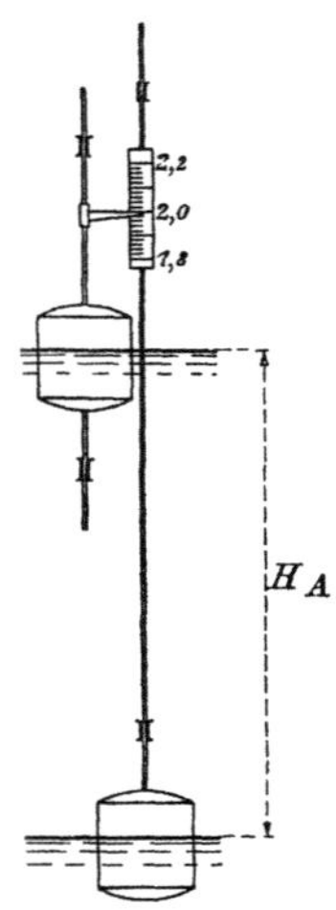

Fig. 528b.

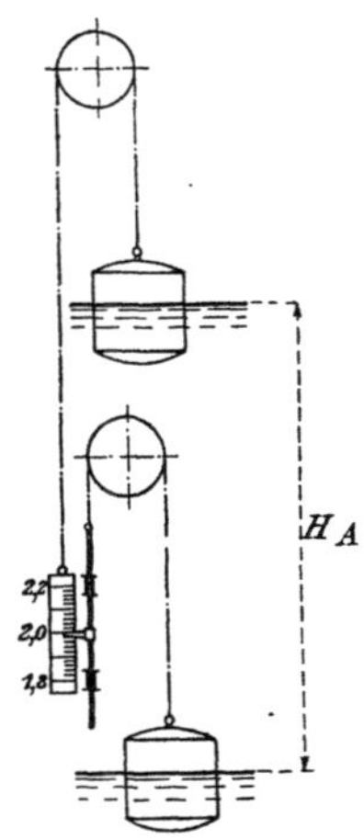

Fig. 528c.

Häufig ist das Anbringen oder das Ablesen solcher Pegel mit Schwierigkeiten verbunden. In diesem Falle ist ein Verfahren nach Fig. 528a zweckmäßig: Von einnivellierten Festpunkten aus, Höhenunterschied h, die ein unmittelbares Messen zu den Wasserspiegeln gestatten, werden die Maße h_O und h_U genommen, dann ist

$$H_A = h + h_U - h_O.$$

[1]) Das vorzüglich eingerichtete Albulawerk der Stadt Zürich hat dauernd einen Meßüberfall mit Schreibepegel am Ende des unter dem Krafthaus liegenden, überwölbten Teiles des Unterkanals, der für die Betriebsstatistik sehr wertvoll ist. Die Anstauung des Unterwassers um etwa 1 m bringt eben beim dortigen 140 m Nettogefälle verhältnismäßig noch geringen Schaden.

Zur sofortigen Ablesung des Gefälles sind Anordnungen nach dem Schema Fig. 528 b oder c geeignet, wobei allerdings die Höhenlagen der Wasserspiegel aus der Beobachtung fallen.

Geschlossene Turbinen. Die Fig. 445, S. 635, zeigt

$$H_A = h_m + h_u,$$

wobei häufig h_u nach der in Fig. 528a angedeuteten Weise durch Ablesen des Maßes h_U von einem einnivellierten Festpunkt zu bestimmen ist.

Die Wassergeschwindigkeit c im Druckrohr, Anbohrstelle, ist meist ziemlich größer als bei offenen Einläufen, es ist im Einzelfall ziffermäßig zu beurteilen, ob die zugehörige Geschwindigkeitshöhe als nennenswerte Vermehrung des arbeitenden Gefälles in Rechnung gestellt werden sollte, Gl. 734, S. 635, vgl. auch S. 578.

Ob das Arbeitsgefälle $H_A = h_m + h_u + \frac{c^2}{2g}$, Gl. 734, S. 635, der Turbine dann unverkürzt zugute kommt, das hängt von der Zuleitung des Wassers zu den Leitschaufeln ab, für die der Konstrukteur verantwortlich ist, für die er also auch mit seiner Nutzeffektsgarantie einzustehen hat. Die Widerstandshöhe des Saugrohres fällt als $\varrho_4 H$ der Turbine zur Last.

B. Die Wassermessung.

1. Wassermessung durch Überfall.

Wassermengen bis herunter auf $\sim$ 60 lit/sk werden zweckmäßig mit Überfällen ohne Seitenkontraktion gemessen, weil bei diesen die Wassermenge unmittelbar proportional der Überfallbreite ist.

Bequem sind hierfür die für 514 mm Höhe W der Überfallkante über Gerinnesohle, Fig. 529, bestimmten Überfallmengen nach Hansen, Zeitschr. d. Ver. deutsch.

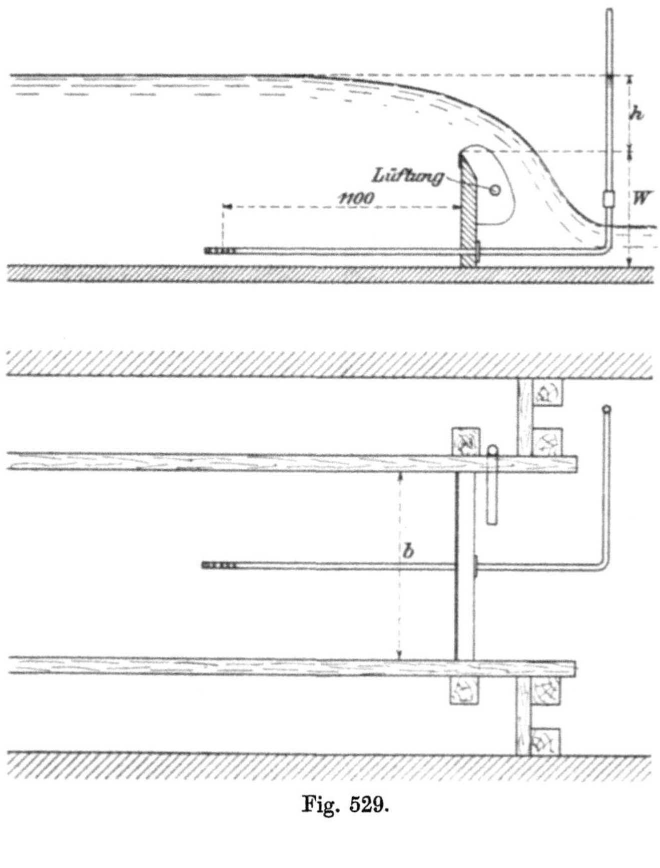

Fig. 529.

Tabelle I. Überfallwassermengen für 1 m Breite ohne Seitenkontraktion nach den Versuchen von Hansen.
Wehrhöhe $W = 514$ mm, h in 1100 mm aufwärts abgelesen.

h mm	*Q* lit/sk	*h* mm	*Q* lit/sk	*h* mm	*Q* lit/sk	*h* mm	*Q* lit/sk	*h* mm	*Q* lit/sk	*h* mm	*Q* lit/sk
400	**506,9**	**350**	**407,5**	**300**	**318,1**	**250**	**238,4**	**200**	**168,4**	**150**	**108,1**
399	504,8	349	405,6	299	316,4	249	236,9	199	167,1	149	107,0
398	502,7	348	403,7	298	314,8	248	235,4	198	165,8	148	105,9
397	500,6	347	401,8	297	313,1	247	234,0	197	164,5	147	104,8
396	498,6	346	400,0	296	311,3	246	232,5	196	163,2	146	103,7
395	496,5	345	398,1	295	309,7	245	231,0	195	161,9	145	102,6
394	494,4	344	396,3	294	308,0	244	229,5	194	160,6	144	101,6
393	492,3	343	394,4	293	306,4	243	228,0	193	159,3	143	100,5
392	490,3	342	392,5	292	304,7	242	226,6	192	158,0	142	99,4
391	488,2	341	390,7	291	303,0	241	225,1	191	156,8	141	98,3
390	**486,1**	**340**	**388,8**	**290**	**301,4**	**240**	**223,6**	**190**	**155,5**	**140**	**97,3**
389	484,1	339	387,0	289	299,7	239	222,2	189	154,2	139	96,2
388	482,1	338	385,2	288	298,1	238	220,7	188	153,0	138	95,2
387	480,0	337	383,3	287	296,5	237	219,3	187	151,7	137	94,1
386	478,0	336	381,5	286	294,8	236	217,8	186	150,5	136	93,1
385	476,0	335	379,6	285	293,2	235	216,4	185	149,2	135	92,0
384	473,9	334	377,8	284	291,6	234	215,0	184	148,0	134	91,0
383	471,9	333	376,0	283	289,9	233	213,5	183	146,7	133	89,9
382	469,9	332	374,2	282	288,3	232	212,1	182	145,5	132	88,9
381	467,9	331	372,4	281	286,7	231	210,7	181	144,3	131	87,9
380	**465,9**	**330**	**370,6**	**280**	**285,1**	**230**	**209,2**	**180**	**143,1**	**130**	**86,9**
379	463,9	329	368,8	279	283,5	229	207,8	179	141,8	129	85,9
378	461,9	328	367,0	278	281,9	228	206,4	178	140,6	128	84,8
377	459,9	327	365,2	277	280,3	227	205,0	177	139,4	127	83,8
376	457,9	326	363,4	276	278,7	226	203,6	176	138,2	126	82,8
375	455,9	325	361,6	275	277,1	225	202,2	175	137,0	125	81,8
374	453,9	324	359,8	274	275,5	224	200,8	174	135,8	124	80,8
373	452,0	323	358,0	273	273,9	223	199,4	173	134,6	123	79,8
372	450,0	322	356,2	272	272,3	222	198,0	172	133,4	122	78,8
371	448,0	321	354,4	271	270,7	221	196,6	171	132,2	121	77,9
370	**446,0**	**320**	**352,7**	**270**	**269,1**	**220**	**195,2**	**170**	**131,0**	**120**	**76,9**
369	444,1	319	350,9	269	267,6	219	193,8	169	129,8	119	75,9
368	442,1	318	349,2	268	266,0	218	192,5	168	128,6	118	74,9
367	440,1	317	347,4	267	264,4	217	191,1	167	127,5	117	74,0
366	438,2	316	345,6	266	262,9	216	189,7	166	126,3	116	73,0
365	436,2	315	343,9	265	261,3	215	188,4	165	125,1	115	72,1
364	434,3	314	342,1	264	259,8	214	187,0	164	124,0	114	71,1
363	432,3	313	340,4	263	258,2	213	185,6	163	122,8	113	70,2
362	430,4	312	338,7	262	256,7	212	184,3	162	121,7	112	69,2
361	428,5	311	336,9	261	255,1	211	182,9	161	120,5	111	68,3
360	**426,6**	**310**	**335,2**	**260**	**253,6**	**210**	**181,6**	**160**	**119,3**	**110**	**67,4**
359	424,6	309	333,5	259	252,1	209	180,3	159	118,2	109	66,4
358	422,7	308	331,7	258	250,5	208	178,9	158	117,1	108	65,5
357	420,8	307	330,0	257	249,0	207	177,6	157	115,9	107	64,6
356	418,9	306	328,3	256	247,5	206	176,3	156	114,8	106	63,7
355	417,0	305	326,6	255	246,0	205	174,9	155	113,7	105	62,8
354	415,1	304	324,9	254	244,4	204	173,6	154	112,5	104	61,9
353	413,2	303	323,2	253	242,9	203	172,3	153	111,4	103	61,0
352	411,3	302	321,5	252	241,4	202	171,0	152	110,3	102	60,1
351	409,4	301	319,8	251	239,9	201	169,7	151	109,2	101	59,2
350	**407,5**	**300**	**318,1**	**250**	**238,4**	**200**	**168,4**	**150**	**108,1**	**100**	**58,3**

Ing. 1892, S. 1057 u. f., für die, bei Ablesung der Überfallhöhe 1100 mm aufwärts der Überfallkante, für je 1 m Überfallbreite die Tabelle I gilt.[1])

Für den Überfallkoeffizienten $\frac{2}{3}\mu$ der allgemeinen Gleichung

$$Q = \frac{2}{3}\mu \cdot b \cdot h\sqrt{2gh} \quad \ldots\ldots\ldots\ldots \quad 978$$

hat **Frese** für Abwesenheit von Seitenkontraktion den Einfluß der Stauwand-(Wehr-)höhe W, Fig. 529, in der Beziehung

$$\frac{2}{3}\mu = \left(0{,}41 + \frac{0{,}0014}{h}\right)\left[1 + 0{,}55\left(\frac{h}{h+W}\right)^2\right] \quad \ldots\ldots \quad 979$$

zum Ausdruck gebracht, Z. d. Ver. deutsch. Ing. 1890, S. 1285 u. f.

Die nachstehende Tabelle enthält die hiernach berechneten Wassermengen.

Tabelle II. Überfallwassermengen für 1 m Breite nach Versuchen von Frese. Verschiedene Wehrhöhen. h in 2000 bis 3000 m aufwärts abgelesen.

Wehrhöhe W mm	Überfallhöhe h mm	Wassermenge Q lit/sk	Wehrhöhe W mm	Überfallhöhe h mm	Wassermenge Q lit/sk	Wehrhöhe W mm	Überfallhöhe h mm	Wassermenge Q lit/sk
	500	685,9		500	735,4		500	893,3
	450	581,6		450	620,6		450	755,7
	400	484,2		400	513,7		400	626,5
	350	393,7		350	415,1		350	506,0
1000	300	310,7	500	300	325,2	100	300	395,2
	250	235,2		250	244,2		250	294,7
	200	167,7		200	172,6		200	205,6
	150	108,9		150	111,1		150	129,3
	100	59,7		100	60,3		100	67,6
	50	21,7		50	21,8		50	23,0
	500	703,4		500	804,5			
	450	595,1		450	677,9			
	400	494,2		400	559,9			
	350	400,8		350	450,8			
750	300	315,4	250	300	351,3			
	250	238,0		250	261,7			
	200	169,2		200	183,1			
	150	109,6		150	116,2			
	100	59,8		100	62,1			
	50	21,7		50	22,0			

Die **Frese**'schen Wassermengen stellen sich um eine Kleinigkeit höher als die **Hansen**'schen, vgl. auch Z. d. Ver. deutsch. Ing. 1902, S. 1790, Fig. 2.

Die Überfallformel von **Francis**, die zwar die Anzahl der Seitenkontraktionen, aber ohne Rücksicht auf Wehrhöhe und Überfallbreite, berücksichtigt, ist nach heutigen Anschauungen nicht mehr brauchbar und durch die Ermittelungen von **Frese** und **Hansen** längst überholt.

Kleine Wassermengen, aufwärts bis ~ 100 lit/sk, werden zweckmäßig mit einem sog. **Poncelet**-Überfall, 200 mm Breite mit Seitenkontraktion, bestimmt. Die Wasserlieferung eines solchen, wenn in einer Rinne nach Fig. 530 angebracht, die Über-

[1]) Diese Ausrechnungen wurden dem Verf. von der Firma **Briegleb, Hansen & Co.**, Gotha, zur Verfügung gestellt.

fallhöhe in 2300 mm aufwärts der Überfallkante abgelesen, ergibt sich nach sorgfältigen Messungen im Wasserkraftlaboratorium des Verf. aus der nachstehenden Tabelle III. Die untersten 20 mm Überfallhöhe sind nur zeichnerisch interpoliert.

Überfallwände müssen zuverlässig dicht an Kanalwand und Sohle anschließen, was oft Schwierigkeiten macht, aber unumgänglich nötig ist.

Die kleinen Überfallhöhen sind zur genauen Wassermengenbestimmung nicht so zuverlässig als die großen, des größeren Einflusses der Ablesungsfehler wegen.

Schwimmer mit Zeiger und Skala bringen das Ablesen häufig in bequeme Höhenlage. Ein großer Schwimmer von zylindrischer Form, ordentliche Schwimmtiefe, der in gegen außen geschlossenem Gehäuse sitzt, gut geführt, das Gehäuse nur durch wenige kleine Schlitze (Undichtheiten genügen häufig) mit dem umgebenden Wasser verbunden, dämpft die Wellenbewegungen des abzulesenden Wasserspiegels in erwünschter Weise; Fig. 531, wobei die Führung der hohlen Schwimmerstange an zwei an den Enden eingelöteten Ringen ein sehr empfindliches Spielen gestattet.

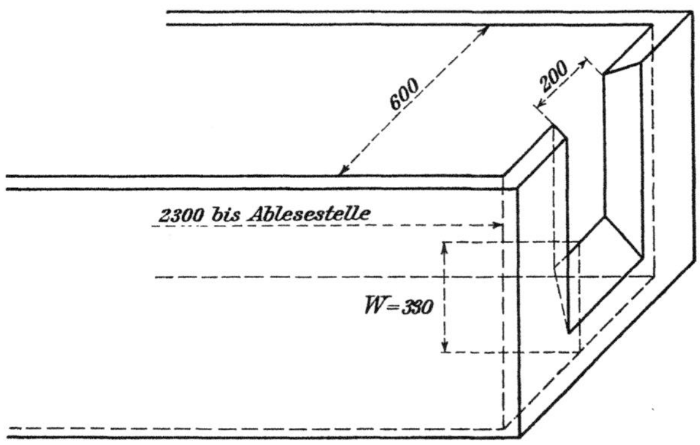

Fig. 530.

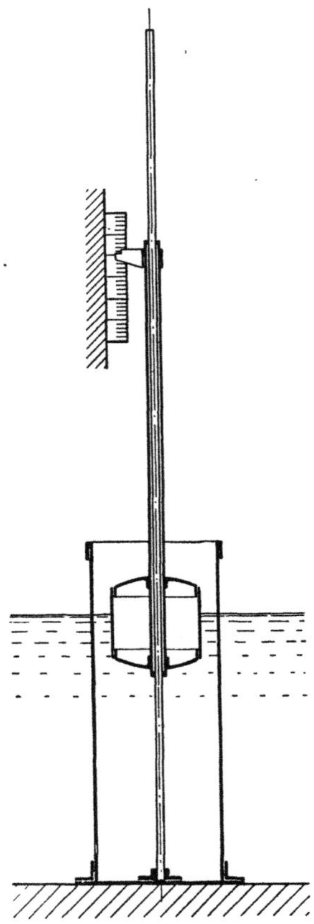
Fig. 531.

Da bei Leistungsversuchen die zu messende Wassermenge zum voraus ungefähr bekannt ist, kann an Hand der vorstehenden Tabellen leicht beurteilt werden, welche Überfallbreite erwünscht ist. Wenn nicht die ganze Kanalbreite als Überfallbreite angängig ist, so wird (abgesehen natürlich von Tabelle III) die schmälere Überfallbreite zweckmäßig wasseraufwärts beiderseits durch Bohlenwände eingefaßt, Fig. 529, um die Seitenkontraktion zu vermeiden. Nach Bedarf wird auch die Gerinnesohle bis zur Überfallwand durch einen Bohlenboden für die gewünschte Wehrhöhe hergerichtet. Diese Seiten- und Sohlenbegrenzungen müssen nicht peinlich wasserdicht gearbeitet sein, ihr einziger Zweck ist ja nur das richtige Führen des Wasserstromes zur Meßstelle.

Wenn Überfall- und Kanalbreite gleich, muß meist für besondere Ventilation des Raumes unter dem überfallenden Strahl gesorgt werden, damit der „freie“ Überfall gewahrt bleibt. Sogenannte „unvollkommene“ Überfälle sind für genaue Messung unbrauchbar, Schwimmer ebensowenig.

Tabelle III. Überfallwassermengen für 0,2 m Breite mit der Techn. Hochschule Darmstadt. Zulaufbreite 0,6 m,

h mm	*Q* lit/sk	*h* mm	*Q* lit/sk	*h* mm	*Q* lit/sk	*h* mm	*Q* lit/sk
400	**93,6**	**350**	**75,9**	**300**	**59,6**	**250**	**45,0**
399	93,2	349	75,6	299	59,3	249	44,8
398	92,9	348	75,3	298	59,0	248	44,5
397	92,5	347	74,9	297	58,7	247	44,2
396	92,1	346	74,6	296	58,4	246	44,0
395	91,8	345	74,2	295	58,1	245	43,7
394	91,4	344	73,9	294	57,8	244	43,4
393	91,0	343	73,5	293	57,5	243	43,1
392	90,7	342	73,2	292	57,2	242	42,9
391	90,3	341	72,9	291	56,9	241	42,6
390	**90,0**	**340**	**72,6**	**290**	**56,6**	**240**	**42,3**
389	89,6	339	72,3	289	56,3	239	42,1
388	89,3	338	72,0	288	56,0	238	41,8
387	88,9	337	71,6	287	55,7	237	41,5
386	88,5	336	71,3	286	55,4	236	41,3
385	88,1	335	70,9	285	55,1	235	41,0
384	87,7	334	70,6	284	54,8	234	40,7
383	87,4	333	70,2	283	54,5	233	40,5
382	87,1	332	69,9	282	54,2	232	40,2
381	86,7	331	69,6	281	53,9	231	39,9
380	**86,4**	**330**	**69,3**	**280**	**53,6**	**230**	**39,7**
379	86,0	329	69,0	279	53,3	229	39,4
378	85,7	328	68,6	278	53,0	228	39,2
377	85,3	327	68,3	277	52,7	227	38,9
376	84,9	326	67,9	276	52,4	226	38,6
375	84,6	325	67,6	275	52,1	225	38,4
374	84,2	324	67,3	274	51,8	224	38,1
373	83,8	323	67,0	273	51,5	223	37,9
372	83,5	322	66,7	272	51,2	222	37,6
371	83,1	321	66,3	271	50,9	221	37,3
370	**82,8**	**320**	**66,0**	**270**	**50,6**	**220**	**37,1**
369	82,4	319	65,7	269	50,4	219	36,9
368	82,1	318	65,4	268	50,1	218	36,6
367	81,7	317	65,1	267	49,8	217	36,4
366	81,4	316	64,7	266	49,5	216	36,1
365	81,0	315	64,4	265	49,2	215	35,9
364	80,7	314	64,1	264	48,9	214	35,6
363	80,4	313	63,8	263	48,6	213	35,3
362	80,0	312	63,5	262	48,4	212	35,1
361	79,7	311	63,1	261	48,1	211	34,8
360	**79,3**	**310**	**62,8**	**260**	**47,8**	**210**	**34,6**
359	79,0	309	62,5	259	47,5	209	34,3
358	78,7	308	62,2	258	47,3	208	34,1
357	78,3	307	61,9	257	47,0	207	33,8
356	78,0	306	61,6	256	46,7	206	33,6
355	77,7	305	61,3	255	46,4	205	33,3
354	77,3	304	61,0	254	46,2	204	33,1
353	76,9	303	60,6	253	45,9	203	32,9
352	76,6	302	60,3	252	45,6	202	32,6
351	76,3	301	60,0	251	45,3	201	32,3
350	**75,9**	**300**	**59,6**	**250**	**45,0**	**200**	**3,21**

Seitenkontraktion nach Versuchen im Wasserkraftlaboratorium
Wehrhöhe $W = 0{,}33$ m, h in 2300 mm aufwärts abgelesen.

h mm	Q lit/sk	h mm	Q lit/sk	h mm	Q lit/sk	h mm	Q lit/sk
200	**32,1**	**150**	**20,8**	**100**	**11,2**	**50**	**4,0**
199	31,9	149	20,6	99	11,1	49	3,9
198	31,6	148	20,3	98	10,9	48	3,7
197	31,4	147	20,1	97	10,7	47	3,6
196	31,1	146	19,9	96	10,6	46	3,5
195	30,9	145	19,7	95	10,4	45	3,4
194	30,6	144	19,5	94	10,2	44	3,3
193	30,4	143	19,3	93	10,1	43	3,2
192	30,1	142	19,1	92	9,9	42	3,1
191	29,9	141	18,9	91	9,8	41	3,0
190	**29,7**	**140**	**18,7**	**90**	**9,6**	**40**	**2,9**
189	29,4	139	18,5	89	9,4	39	2,8
188	29,2	138	18,3	88	9,3	38	2,7
187	29,0	137	18,1	87	9,1	37	2,6
186	28,7	136	17,9	86	9,0	36	2,5
185	28,5	135	17,7	85	8,8	35	2,4
184	28,3	134	17,5	84	8,6	34	2,3
183	28,0	133	17,3	83	8,5	33	2,2
182	27,8	132	17,1	82	8,3	32	2,1
181	27,6	131	16,9	81	8,2	31	2,0
180	**27,3**	**130**	**16,7**	**80**	**8,0**	**30**	**1,9**
179	27,1	129	16,5	79	7,9	29	1,8
178	26,9	128	16,3	78	7,7	28	1,7
177	26,6	127	16,1	77	7,6	27	1,6
176	26,4	126	15,9	76	7,4	26	1,5
175	26,2	125	15,7	75	7,3	25	1,5
174	25,9	124	15,5	74	7,1	24	1,4
173	25,7	123	15,3	73	7,0	23	1,3
172	25,5	122	15,1	72	6,8	22	1,2
171	25,3	121	14,9	71	6,7	21	1,2
170	**25,0**	**120**	**14,8**	**70**	**6,6**	**20**	**1,1**
169	24,8	119	14,6	69	6,4	19	1,0
168	24,6	118	14,4	68	6,3	18	0,9
167	24,4	117	14,2	67	6,2	17	0,9
166	24,2	116	14,1	66	6,0	16	0,8
165	23,9	115	13,9	65	5,9	15	0,7
164	23,7	114	13,7	64	5,7	14	0,7
163	23,5	113	13,5	63	5,6	13	0,6
162	23,3	112	13,3	62	5,4	12	0,5
161	23,1	111	13,1	61	5,3	11	0,5
160	**22,9**	**110**	**13,0**	**60**	**5,2**	**10**	**0,4**
159	22,7	109	12,8	59	5,1	9	0,4
158	22,4	108	12,6	58	4,9	8	0,3
157	22,2	107	12,4	57	4,8	7	0,3
156	22,0	106	12,2	56	4,7	6	0,2
155	21,8	105	12,1	55	4,6	5	0,2
154	21,6	104	11,9	54	4,4	4	0,2
153	21,4	103	11,7	53	4,3	3	0,1
152	21,2	102	11,6	52	4,2	2	0,1
151	21,0	101	11,4	51	4,1	1	0,0
150	**20,8**	**100**	**11,2**	**50**	**4,0**	**0**	**0**

2. Wassermessung mit Woltmann-Flügel.

Es empfiehlt sich stets eine Meßstelle zu wählen, einerlei ob Ober- oder Unterkanal, die in der Mitte einer tunlichst geraden Strecke von gleichmäßigem Profil liegt, wobei besonders auf in Wasserlaufrichtung ungefähr wagrecht verlaufende Sohle zu sehen ist, damit ein ausgesprochener, unzweideutig gegebener Meßquerschnitt festgelegt ist.

Zu guter Ausführung einer Messung ist ein solider, wagrecht liegender Holzsteg an der Meßstelle unerläßlich, Fig. 532. Nach genauer Ermittlung des Meßquerschnitts in Form und Abmessungen werden die Meßprofile angerissen, d. h. die Vertikalebenen, in denen der Flügel in verschiedenen Höhenstellungen beobachtet werden soll. Dicht an der Kanalwandung rechts und links (der Flügel darf noch nicht streifen) werden die Endprofile genommen, die Zwischenprofile je nach Kanalbreite in Abständen von 0,5 bis 1 m.

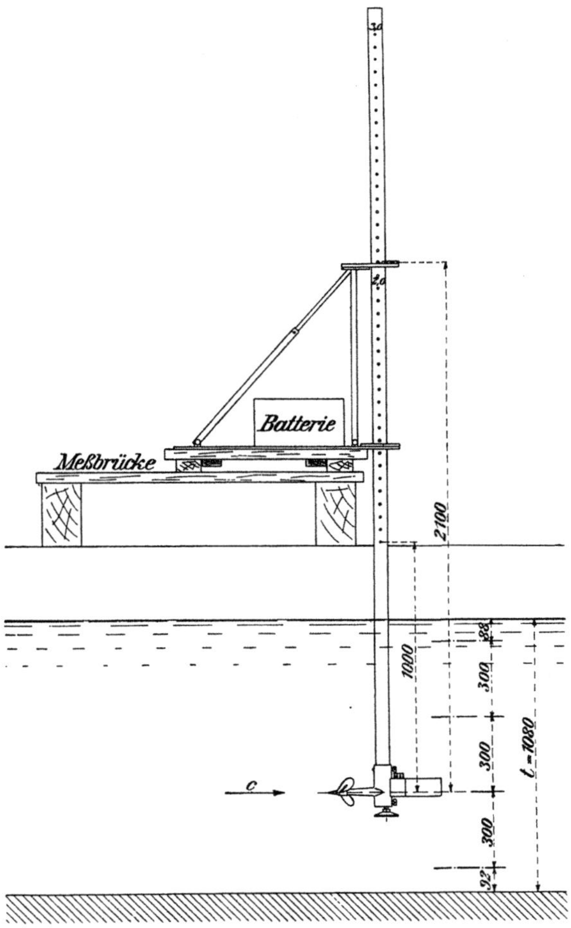

Fig. 532.

In den einzelnen Meßprofilen findet sich der unterste Meßpunkt tunlichst dicht an der Kanalsohle; der oberste so hoch, daß der Flügel gerade noch nicht aus dem Wasser heraustaucht, Zwischenpunkte von diesem ab in für alle Profile gleichmäßigen glatten Abständen je nach Wassertiefe 0,25 bis 0,5 m und mehr. Für halbwegs befriedigendes Einzeichnen der Geschwindigkeitskurve im Meßprofil sind 2 Zwischenpunkte, besser mehr, wünschenswert.

Da es sich um die Bestimmung der Fließgeschwindigkeiten senkrecht zum Meßquerschnitt handelt, muß die Drehachse des Flügels immer diese Richtung besitzen; Flügel mit Selbsteinstellung sind deshalb unzulässig, besonders auch dann, wenn das fließende Wasser starke Wirbelungen zeigt (Unterkanal zunächst der Turbine).

Heute kommen nur noch Instrumente mit elektrischer Zeichengebung in Betracht, Glockenzeichen nach 25, 50 oder 100 Umdrehungen der Flügelwelle,

Nicht außer acht zu lassen ist der Umstand, daß bei manchen Turbineneinläufen das Wasser in der Höhe des Leitrades, bei Linksdrehen der Turbine auf der linken Seite, bei Rechtsgang rechts, wieder gegen außen tritt, daß die hier beobachteten Flügelumdrehungen negativ zählen. Manche Flügel lassen deshalb bei umgekehrter Fließrichtung ein rotes Signal sehen oder dgl. Mit dem einfachen Anzeigen entgegengesetzter Fließrichtung allein ist es, genau genommen, aber nicht geschehen, sondern es gehört zur vollkommenen Bestimmung auch die Eichung des Flügels für Rückwärtslauf, der zweckmäßig für diesen von Hause aus gebaut sein sollte (Kugelstützung nach vor- und rückwärts).

Die Handhabung des Flügels geschieht am besten in der Weise der Fig. 532. Der Flügel sitzt zweckmäßig (Epper'scher Flügel) am Ende der Stange, die ihrerseits durch einen auf verschiebbarer, etwa 700 mm breiter Holzplatte sitzenden Bockständer, auch der Höhe nach, gehalten wird, Steckstift.

Die Holzplatte ruht auf zwei glatt gehobelten, über den ganzen Meßsteg geführten Holzleisten, an deren Seiten sie sich mit ihren unteren Versteifungsleisten führt und so einfach von Profil zu Profil verschoben werden kann. Zwei ganz außen sitzende Auflagestellen der Platte zunächst beim Flügel, eine mittlere auf der Innenseite. Die Batterie mit Glocke auf der Holzplatte.

Da die Meßpunkte, abgesehen vielleicht von denen zunächst der Kanalsohle, in Horizontalreihen liegen, so vollzieht sich das Messen am raschesten, wenn gar nicht Profil um Profil gemessen wird, sondern um das mehr zeitraubende Einstellen auf Höhenlage möglichst selten nur ausführen zu müssen arbeitet man die Horizontalreihen durch in der Art, wie die Pfeile in Fig. 534 andeuten.

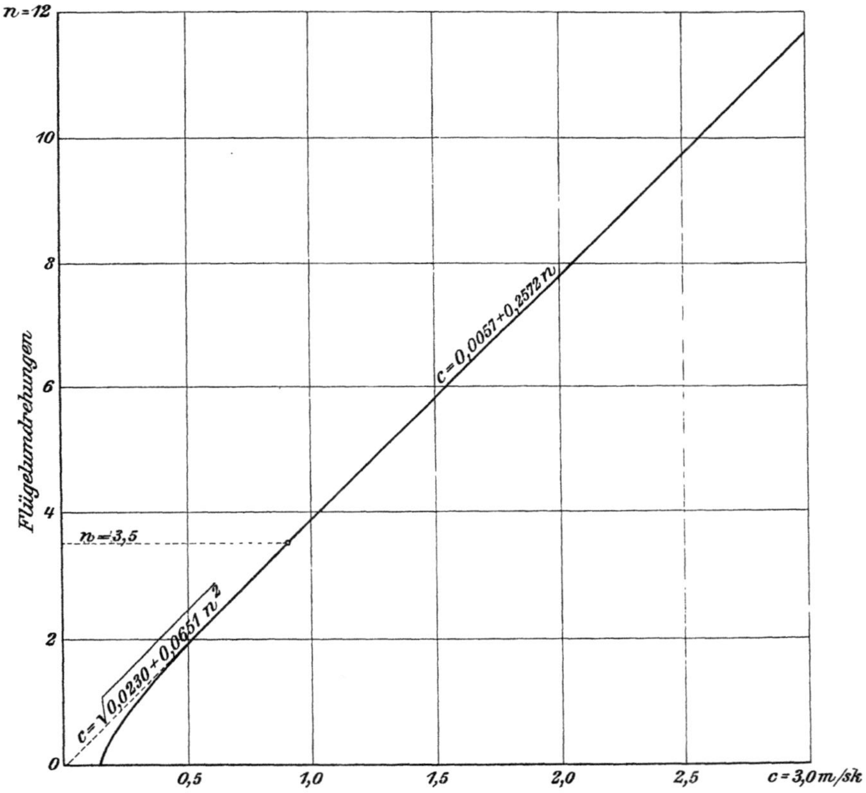

Fig. 533.

Zur besseren Kontrolle der Flügelbewegung dient die Beobachtung von mindestens 2, besser 3 Intervallen zwischen den einzelnen Glockenzeichen am Meßpunkt, die zweckmäßig in Blätter eingetragen werden, deren Felderteilung der Einteilung der Meßpunkte entspricht, jeder Eintragsbeginn mit Zeitangabe.

Die Beziehung zwischen der Zeit (sk) für 25, 50, 100 Flügelumdrehungen und der zugehörigen Wassergeschwindigkeit wird empirisch ermittelt, am besten zeichnerisch aufgetragen, und zwar, wie Fig. 533 sehen läßt, die Umdrehungszahlen senkrecht, die Wassergeschwindigkeiten wagrecht, weil wagrecht liegend. Natürlich geht die Kurve bei größeren Geschwindigkeiten annähernd in eine Gerade über, die auf Null weist, beispielsweise in Fig. 533 bei 3,5 Flügelumdrehungen, und gestattet dadurch für größere Geschwindigkeiten eine einfache Proportionalität zwischen Umdrehungszahl und Wassergeschwindigkeit in Rechnung zu stellen. Bei wichtigen Anlässen sollten diese Verhältnisse vor und nach den Messungen aufs neue kontrolliert werden.

Die ermittelten Wassergeschwindigkeiten werden dann in ihren Profilpunkten aufgetragen, übersichtlich etwa wie die in den Höhenmaßen mit Fig. 532 übereinstimmende Fig. 534 sehen läßt, die Geschwindigkeiten jedes Profils unter sich durch Kurven verbunden, die nach bestem Gutdünken an Wasserspiegel und Kanalsohle angeschlossen werden. Der Übergang nach der auf Kanalsohle häufig angenommenen Geschwindigkeit Null muß sehr rasch erfolgen.

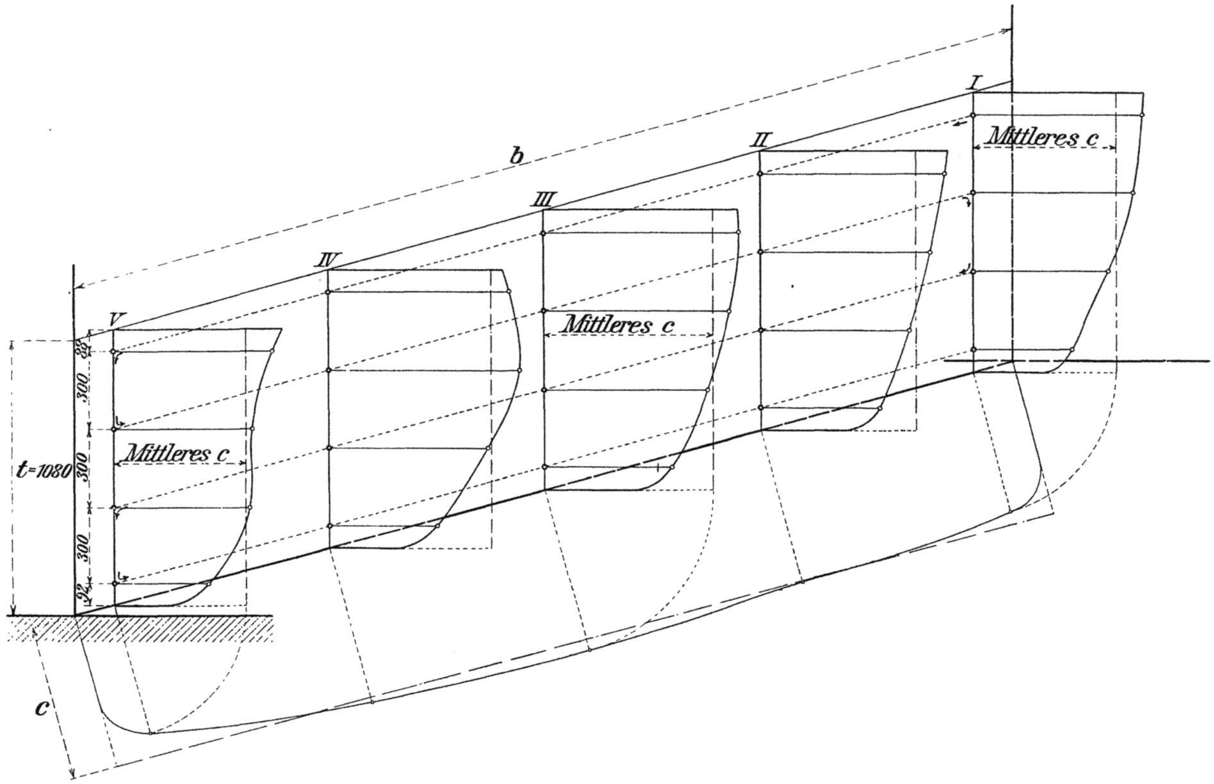

Fig. 534.

Natürlich ist der Wasserstand im Meßquerschnitt an einem besonderen Pegel ständig zu kontrollieren; die Ablesung wird jeweils am besten in das Feld des gleichzeitig beobachteten Meßpunktes eingetragen.

Durch Planimetrieren der Geschwindigkeitsflächen der Meßprofile erhalten wir die mittleren Profilgeschwindigkeiten, mittleres c. Diese, nach Fig. 534 nach den Profilabständen aufgetragen, liefern, durch Kurve verbunden und planimetriert, die mittlere Geschwindigkeit c im Meßquerschnitt, und durch Multiplikation mit diesem die gewünschte Wassermenge.

Bei unregelmäßig verlaufender Kanalsohle (wechselnde Tiefen t) sind nicht die mittleren c-Werte, sondern die Produkte $c \cdot t$ an den Profilpunkten anzutragen und daraus der Mittelwert durch Planimetrieren zu bestimmen.

Noch eine Bemerkung. Es kommt hier und da vor, daß sich der Wasserstand im Kanal während der Messung ändert. Ist der Betrag verhältnismäßig zur Wassertiefe t klein und das Gefälle nur einigermaßen groß gegenüber der Wasserspiegelabsenkung, so kann an den ermittelten Geschwindigkeiten eine Korrektur vorgenommen werden wie folgt: Es ist noch kein großer Fehler, wenn angenommen wird, daß sich der Wasserverbrauch der Turbine durch die Abnahme der Wassertiefe von t auf t' nicht geändert habe. Das bedeutet dann für die Rechnung, daß für das betreffende Meßprofil an jeder Stelle $c \cdot t = c' \cdot t'$ gesetzt werden darf, d. h. daß für das Einreihen des Profils mit t' in die übrigen, die vielleicht der Mehrzahl nach gleiche Wasserspiegel-Höhenlage hatten, einfach ein $c = c' \frac{t'}{t}$ berechnet werden darf.

Bleibt dagegen während einer Messung zwar die Höhenlage des Oberwasserspiegels gleich, wogegen sich die des Unterwassers, also auch die Gefällgröße ändert, so bedeutet dies, daß der Wasserverbrauch mit $\sqrt{\frac{H_A}{H}}$ sich ändert, daß also jede einzelne gemessene Geschwindigkeit c auf $c\sqrt{\frac{H_A}{H}}$ umzurechnen ist, wobei allerdings die Ungenauigkeiten nicht berücksichtigt werden können, die sich aus den bei wechselndem Gefälle verschiedenen Eintrittsstoßverlusten ergeben.

C. Die Bestimmung der tatsächlichen Leistung.

1. Der Prony'sche Zaum. Allgemeines.

Die Leistungsberechnung mittelst des Prony'schen Zaums gründet sich darauf, daß das gleiche Moment dazu gehört, den Zaum um die festgehaltene Bremsscheibe zu bewegen als nötig ist, die Bremsscheibe in der Umklammerung des festgehaltenen Bremszaums zu drehen, Fig. 535.

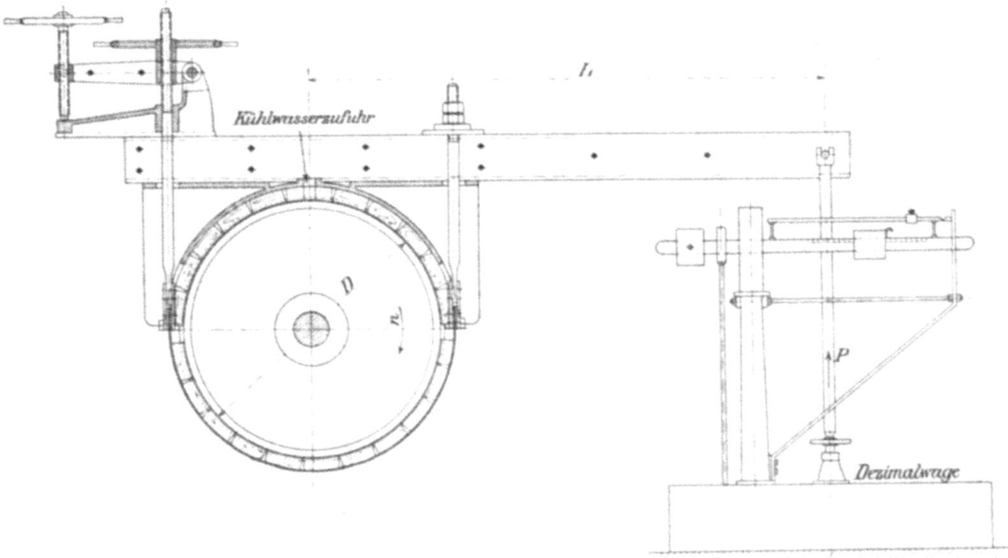

Fig. 535.

Bedeutet P die Kraft (kg), mit der sich der Bremshebel auf die ihn festhaltende Wage stützt, L den Hebelarm (m) dieser Kraft (d. h. senkrecht zur Kraftrichtung gemessen), so ist $P \cdot L$ einfach dem Moment (mkg) der Gleichung

$$M = 716{,}2\,\frac{N_e}{n} \quad \ldots\ldots\ldots\ldots \quad (614)$$

entsprechend und die effektive Leistung der Turbine folgt dann als

$$N_e = \frac{P \cdot L \cdot n}{716{,}2}\ (\mathrm{PS_e}) \quad \ldots\ldots\ldots\ldots \quad 980$$

wo n die zu beobachtende minutliche Umdrehungszahl.

Da der Bremshebelarm für die ganze Versuchsreihe sich wenig oder nicht ändert, so läßt sich ein Divisor $k = \frac{716{,}2}{L}$ berechnen, dessen Einführung in die vorstehende Gl. 980 die Form

$$N_e = \frac{P}{k}\,n \quad \ldots\ldots\ldots\ldots \quad 981$$

liefert, die für die sofortige Ausrechnung mit dem Rechenschieber praktisch ist.

2. Die Anordnung und Größenbemessung des Bremszaums.

Die in Abbildungen noch vielfach wiederkehrende Einrichtung nach Fig. 536, bei der kaum die Hälfte der Bremsscheibe umschlossen ist, kann nur für ganz

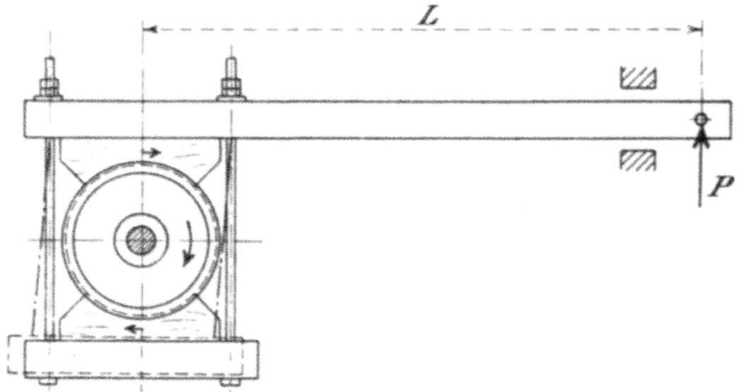

Fig. 536.

kleine Verhältnisse in Betracht kommen, und auch die Anordnung, Fig. 537, mit oberem schmalem Sattelholz und holzgefüttertem eisernem Bremsband ist für rich-

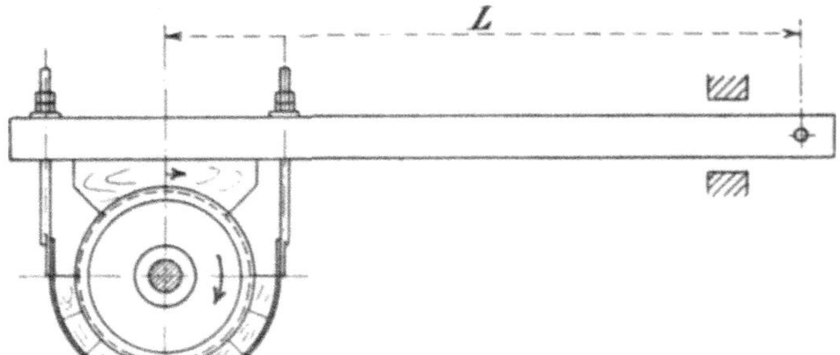

Fig. 537.

tige Benutzung nicht geeignet. Bei beiden Ausführungen kann nämlich sehr leicht ein selbsttätiges Festfangen der Bremsscheibe eintreten, indem die Reibungskräfte eine gegenseitige Verschiebung von Sattel und Zaum herbeizuführen bestrebt sind, derart, wie Fig. 536 punktiert sehen läßt, so daß selbsttätig ein schärferes Anpressen der Bremsflächen eintritt.

Das Mittel hiergegen ist ein Sattel, der fast den ganzen, der Drehung nach rückwärtigen, Quadranten der Bremsscheibe umfaßt und dadurch die Rückwärtsabwicklung der Bremscheibe am Sattel ausschließt, Fig. 538. Aus Symmetriegründen wird dann der Sattel auch auf den anderen Quadranten ausgedehnt, so daß die Bremsscheibe gewissermaßen von Reibflächen ganz umfaßt ist.

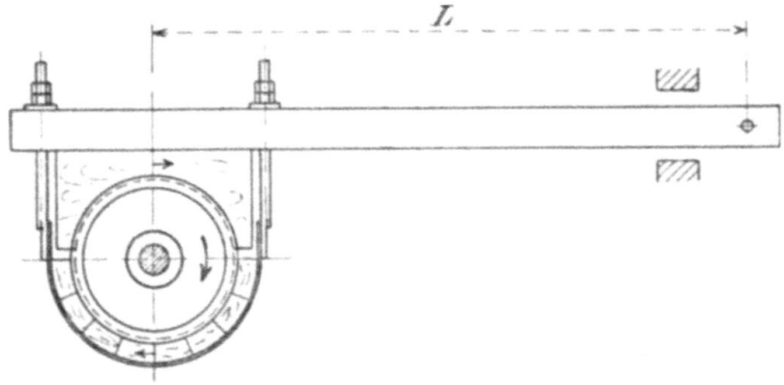

Fig. 538.

Für diese ganz umspannte Bremsscheibe kann nun folgende Rechnung aufgestellt werden.[1])

Sind D und b, cm, die Abmessungen der Bremsscheibe, so kann bei völlig umschlungener Bremsscheibe von einer Reibfläche (Zylindermantel) $D\cdot\pi\cdot b$ gesprochen werden, die, ohne zu großen Fehler als rundum gleichmäßig belastet, allseitig einen Einheitsdruck von p kg/qcm erfährt. Bezeichnet μ den Reibungskoeffizienten zwischen Bremsscheibe und Bremszaumflächen, so ist die Gesamtheit aller am Bremsscheibenumfang tätigen Reibungswiderstände

$$D\cdot\pi\cdot b\cdot p\cdot\mu = \Sigma R \text{ (kg)} \quad \ldots\ldots\ldots\ldots \quad 982$$

und die vom Bremszaum abgenommene Arbeit stellt sich pro Sekunde auf

$$\Sigma R\cdot D\pi\frac{n}{60} = N_e\cdot 75\cdot 100\left(\frac{\text{cmkg}}{\text{sk}}\right).$$

Durch Einsetzen des vorher aufgestellten Ausdruckes für ΣR kommt dann, umgeformt,

$$D^2 b\cdot p\cdot\mu = \frac{7500\cdot 60}{\pi^2}\cdot\frac{N_e}{n} = 45600\frac{N_e}{n} \quad \ldots\ldots\ldots \quad 983$$

Nähert sich in dieser Gleichung die Reibungskraft $p\cdot\mu$ (kg/qcm) dem Betrag von 0,2 oder übersteigt sie diesen, so tritt bald starke Erhitzung der Bremse mit Dampfentwicklung aus dem Kühlwasser ein. Deshalb sollten die Abmessungen der Bremse der Anforderung genügen

$$D^2 b \geqq \frac{45600}{0,2}\frac{N_e}{n} \geqq 228000\frac{N_e}{n} \text{ (cm}^3\text{)} \quad \ldots\ldots\ldots \quad 984$$

Wesentlich gleichmäßiger arbeitet die Bremse mit geringerer, etwa nur halb so großer Belastung. Natürlich steckt in der entwickelten Gleichung auch, ähnlich den Rechnungen über Zapfenbelastung, eine Arbeitsaufnahmefähigkeit pro qcm, die nicht überschritten werden sollte, doch ist hier die Rechnung mit D^2 und der Umdrehungszahl bequemer, und es handelt sich auch darum, daß das Schmiermittel der Bremse (Wasser) keine wesentlich höhere Belastung erträgt.

Der Bremszaum stützt sich mit seinem Eigengewicht teils auf die Bremsscheibe, teils auf die Wage. Die Bremsscheibe gibt den Gewichtsdruck weiter

[1]) Erstmals von Obering. C. Hutzelsieder, München, vor Jahren angegeben.

auf die Wellenlager, diese erhalten also gegenüber dem normalen Betrieb Mehrbelastung durch die Bremsscheibe und einen Teil des Bremszaumgewichts. Letzteres kann durch Gegengewicht (Hebel an Maschinenhausdecke) ganz ausgeglichen werden, so daß die Leerlaufgeschwindigkeiten ohne Hochheben des Bremszaums eintreten können, die Versuche sind auf solche Weise auch feinfühliger; besonders können solche mit hoher Umdrehungszahl für kleine Leistung kaum ohne entlasteten Bremszaum durchgeführt werden.

Etwas ganz anderes ist es mit dem Teil des Bremszaumeigengewichts, der die Wage belastet. Für diesen liegt gar keine Veranlassung zu Ausgleich vor, da die verursachte Wagebelastung als Tara einfach in Abzug kommt, ehe P sich ergibt. (Bremsapparat auf Schneide oder Wälzzapfen über Wellmitte gelagert.)

Möglichst feinfühlige Einstellung der Bremsbandspannung, Fig. 535, Handraddrücke von höchstens 1 kg, erleichtern sehr das Erreichen und Erhalten des Beharrungszustandes, dazu unbedingt reichliche, aber ganz gleichbleibende Wasserkühlung, weil Schwankungen in dem Wasserzufluß den Erwärmungszustand und dadurch die Spannungsverhältnisse des Bremsapparates beeinflussen und deshalb die Umdrehungszahl stören.[1])

Der Bremshebelarm, sowie die Tara auf der Wage sollten vor Beginn und nach Schluß der Versuche bestimmt werden, da kleine Änderungen der Hebellänge (Rückwärtslaufen der Bremsscheibe) und der Tara (Spritzwasser) leicht eintreten.

Wenn auch für manche Sonderzwecke (Laboratorien) elektrische Bremsapparate, der Stator mit Schneiden- oder Rollkugellagerung mit Vorteil in Benutzung sind, so wird doch für die äußere Praxis die mechanische Bremse in den meisten Fällen Anwendung finden, bei denen Leistung und Umdrehungszahl deren Anwendung gestatten. Große Turbinen (nach heutigen Begriffen) sind ausnahmslos mit elektrischen Generatoren gekuppelt, die durch irgendwelche Widerstände belastet und deren äußere Leistung an Präzisionsinstrumenten abgelesen werden kann. Immerhin bietet die Beurteilung des elektrischen Wirkungsgrades besonders für die nicht vollen Leistungen manchmal Schwierigkeiten, die die Verwendung der an sich ja viel roheren, aber unmittelbare Ergebnisse liefernden mechanischen Bremse bis gegen 500 PS_e hin der elektrischen Belastung gegenüber als besser erscheinen lassen, sofern es sich um wirklich zweifelsfreie Versuche handelt. Kleine Umdrehungszahlen, z. B. Lauffen, Taf. 9, verhindern häufig auch schon unter 500 PS_e die mechanische Bremsung.

3. Die Ausführung der Bremsungen.

Unter allen Umständen empfiehlt es sich bei mechanischer Bremsung, von bestimmten Wagebelastungen P auszugehen und die Umdrehungszahl zu beobachten, bei der die Wage frei und ruhig spielt, wo also tatsächlich P vorhanden ist. Auf Leistung, etwa bei bestimmter Umdrehungszahl einstellen zu wollen, ist erfolgloses Bemühen, da dabei mehrere, sich gegenseitig beeinflussende Faktoren beobachtet werden müßten, während die gegebene Wagebelastung P lediglich das Zählen der Umdrehungszahl übrig läßt. Hierüber einige Worte. Die sog. Rotationstachometer, die das Ablesen der Umdrehungszahl auf einer Skala gestatten, zeigen fast ausnahmslos ungenau, da meist der Antrieb derselben nicht zuverlässig genug (Riemendicke usw.) ausgeführt ist. Handtachometer gleicher Konstruktion sind auch meist nicht genau genug. Auch die Verwendung von Zähl-

[1]) Ein im Freien $2 \div 3$ m über Wellmitte aufgestelltes Faß, die Kühlleitung zur Bremse unten angeschlossen; das Faß mit der Fabrik-Feuerspritze dauernd überlaufend gespeist, ist einfach und gut. Die Bremse muß sozusagen im Kühlwasser schwimmen.

werken, die von Hand auf $^1/_2$ oder $^1/_1$ Minute an die Körnerbohrung der Welle gepreßt werden, vor- und nachherige Ablesung, gibt keine ganz zuverlässigen Zahlen, dagegen können solche von Zählwerken erwartet werden, die am Wellenlager beweglich montiert, gut geführt in den Mitnehmkörper durch Federzug einschnappen und von Hand wieder ausgerückt werden. Eine gute Sekundenuhr mit großem Zeiger ist unerläßlich. Stoppuhren, deren Werk ganz für sich läuft, sind meist nicht so zuverlässig wie sog. Chronographen, deren großer Sekundenzeiger beim Einschalten mit dem sonstigen Uhrwerk gekuppelt wird. Beim letzteren sind eben die Sekunden in ihrer Länge dauernd durch das allgemeine Uhrwerk festgelegt, bei ersteren allen möglichen unkontrollierbaren Störungen ausgesetzt.

Verf. hält das Zählen der Umdrehungen nach Gehör oder Gefühl im Verein mit großem Sekundenzeiger in vielen Fällen für das Richtigste Hohe Umdrehungszahlen lassen sich sehr bequem im Viertakt zählen.

Wo angängig, wird mit wachsender Wagebelastung und abnehmender Umdrehungszahl gearbeitet, um die Umdrehungszahl der Höchstleistung in Vergleich mit den Angaben der „Normalumdrehungszahl“ ziehen zu können. Es kommt hier und da vor, daß die Turbine mit höherer oder niederer Umdrehungszahl mehr leistet und, wenn es sich nicht um direkt gekuppelte elektrische Maschinen von ganz bestimmter Geschwindigkeit handelt, so kann allenfalls durch Ändern eines Riemenscheibendurchmessers eine bessere Leistung herbeigeführt werden.

Bei Wassermessung mit Überfall lassen sich meist die Wassermengen jeder beliebigen Umdrehungszahl mühelos mitbestimmen (bei langem Kanal Beharrungszustand abwarten!), bei Flügelmessung ist die Wassermengenbestimmung nur für Einzel-Umdrehungszahlen möglich, weil hierfür ein längerer Dauerversuch erforderlich ist.

D. Das zeichnerische Zusammentragen der Ergebnisse.

1. Die Zeittafel.

Wo nicht in bequem eingerichteten Versuchsstationen Schreibapparate die zu gleichem Zeitpunkt gewonnenen Ergebnisse selbsttätig aufzeichnen, und das trifft nur in Ausnahmefällen zu, da gilt es, die Notizen der räumlich oft recht weit zerstreuten Beobachter in zweifelsfreier Weise zeitlich übersichtlich zusammen zu ordnen.

Vorbedingung ist dabei natürlich, daß sämtliche Notizen mit genauer Zeitangabe (Minuten) nach gleichgerichteten Uhren erfolgen. Die „Zeittafel“, Fig. 539[1]), ist ein zeichnerisches Protokoll aller Beobachtungen und Vorgänge nach der Zeit geordnet. Sie gestattet nicht nur raschen Überblick über das zeitlich Zusammengehörige, sondern auch darüber, wie gearbeitet wurde, ob beispielsweise die Umdrehungszahlen gleichmäßig blieben oder ob die Bremse unruhig lief usw. Eine geordnete Zeittafel ist die Grundlage eines zuverlässigen Berichts[2]).

2. Umrechnen auf einheitliches Gefälle, zeichnerische Zusammenstellung der Ergebnisse.

Die aus der Zeittafel entnommenen, zusammengehörigen Ergebnisse, Wagebelastung (Drehmoment), Wassermenge, Gefälle, Umdrehungszahl usw. werden zu guter Übersicht, zweckmäßig nach Umdrehungszahlen oder sonstwie geordnet,

[1]) Vom Verf. schon seit etwa 20 Jahren angewandt, vgl. Z. d. Ver. deutsch. Ing. 1892, S. 797 mit dem zugehörigen Textblatt 7.

[2]) Auf Millimeterpapier zweckmäßig 1 Minute = 3 oder 6 mm.

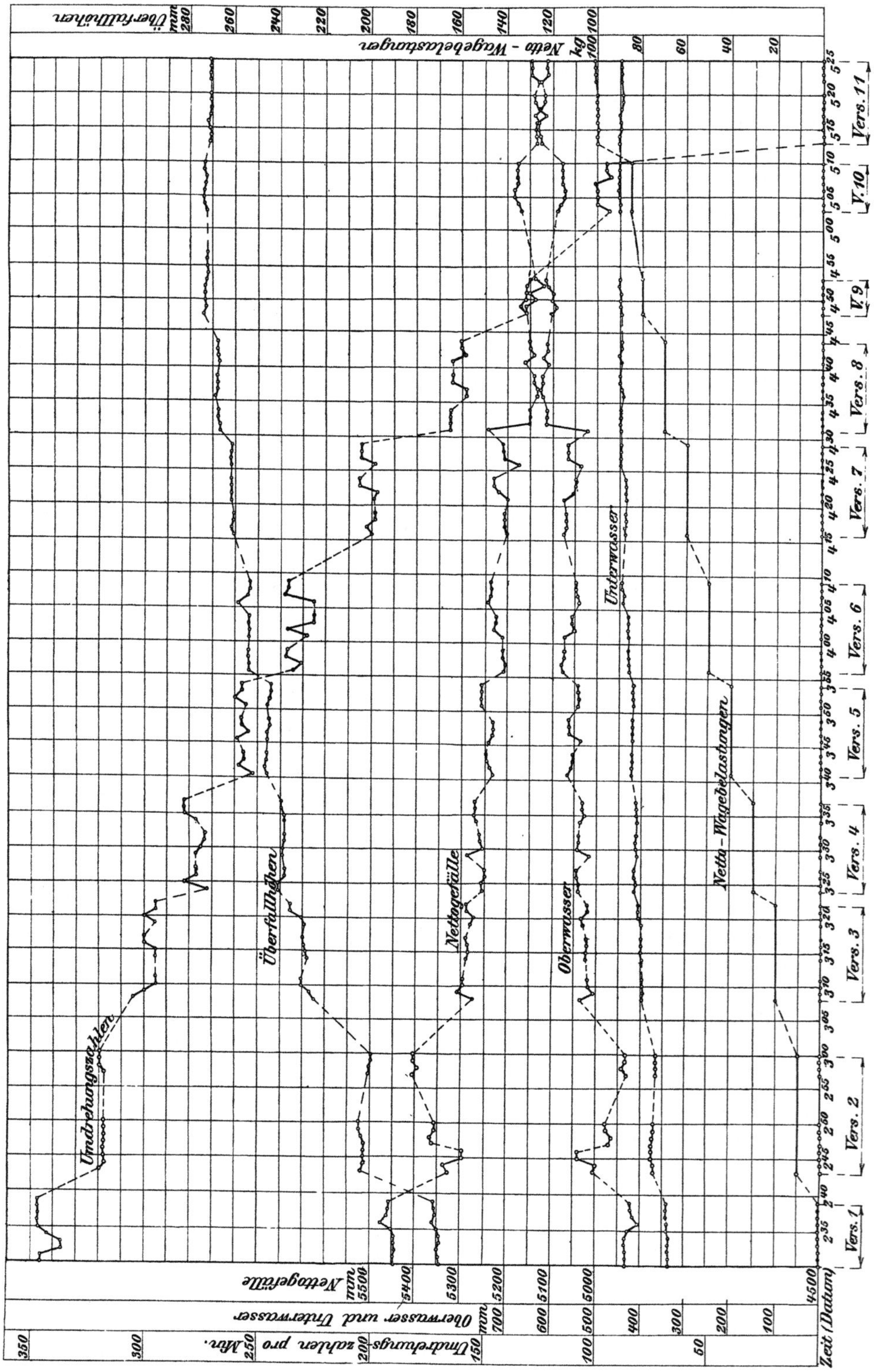

Fig. 539. Zeittafel.

zeichnerisch zusammengetragen und die Ergebnisse der gleichen Leitschaufelöffnung durch einen Kurvenzug verbunden. Das ist aber nur statthaft, wenn die gesamten Daten sich auf das gleiche Gefälle H beziehen.

Die gleiche Turbine im gleichen Wasserzu- und -ablauf wird aber fast immer ein mit wachsendem Wasserverbrauch kleiner werdendes Gefälle H_A besitzen, und umgekehrt. Einerlei ob der wechselnde Wasserverbrauch durch Wechsel in der Umdrehungszahl oder durch Verstellen der Regulierung verursacht wird, der Wasserspiegel im Oberkanal wird bei größerem Wasserverbrauch sinken, der des Unterkanals ansteigen; die geschlossene Zuleitung verhält sich entsprechend.

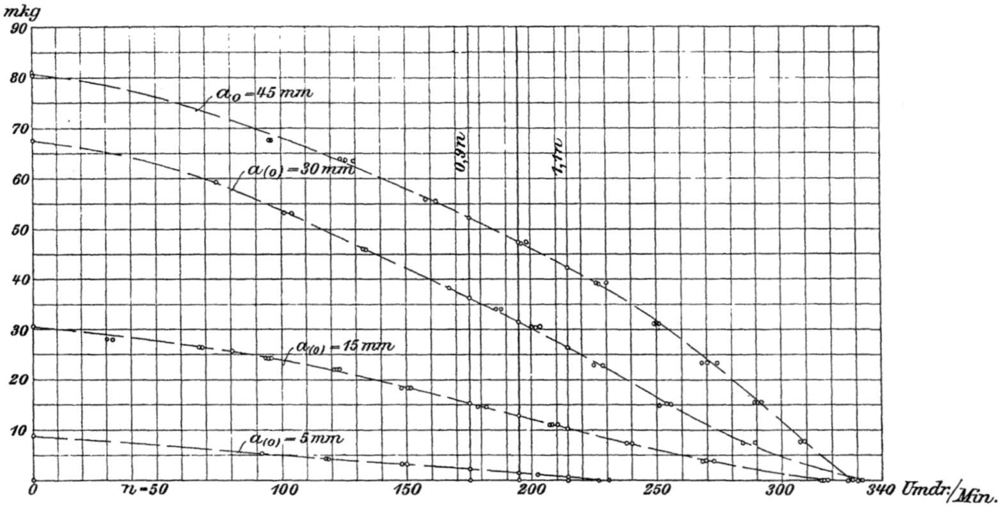

Fig. 540. Bremsmomente, M, nach Umdrehungszahlen geordnet.

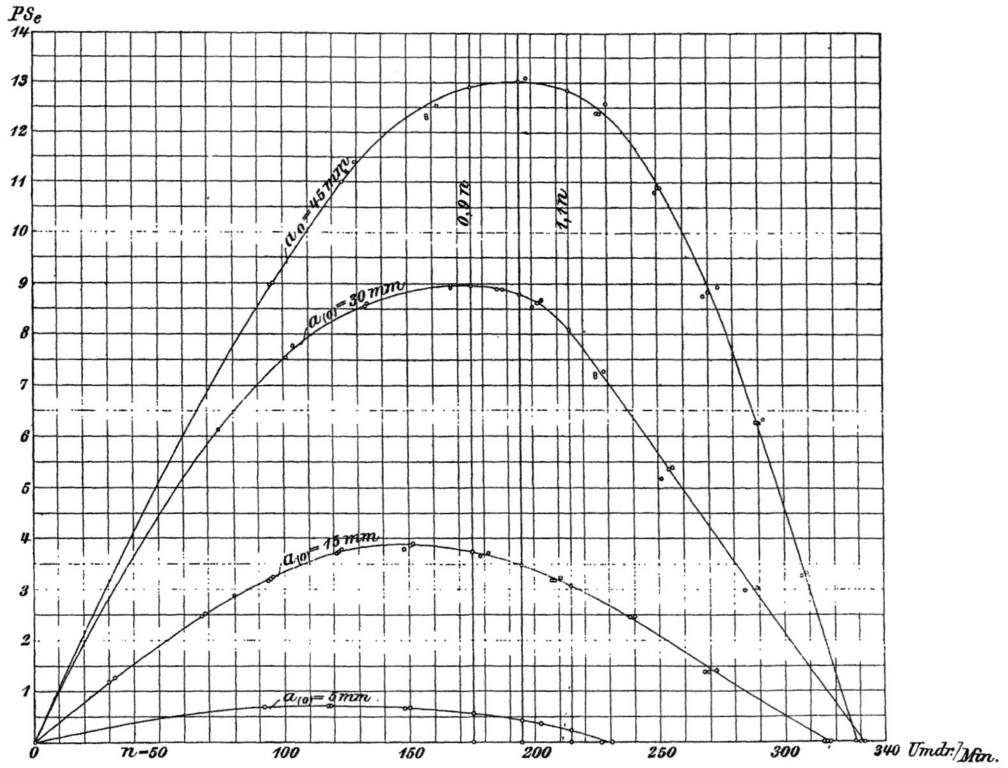

Fig. 541. Bremsleistungen, N_e, nach Umdrehungszahlen geordnet.

Für das Umrechnen auf einheitliches Gefälle H, das vielfach in den Bestellungsdaten enthalten ist[1]), sind die nötigen Beziehungen in den Gl. 476 u.f. auf S. 238 enthalten, die hier der Rückwärtsberechnung von H_A auf H halber zu schreiben sind als

$$n = n_A \sqrt{\frac{H}{H_A}}; \qquad Q = Q_A \sqrt{\frac{H}{H_A}}; \qquad M = M_A \frac{H}{H_A}; \qquad N = N_A \sqrt{\left(\frac{H}{H_A}\right)^3}. \qquad 985$$

Das heißt hier: Wenn die Turbine aus dem Probiergefälle H_A unter das Normalgefälle H gebracht wird, so ändern sich die Bremsergebnisse wie vor-

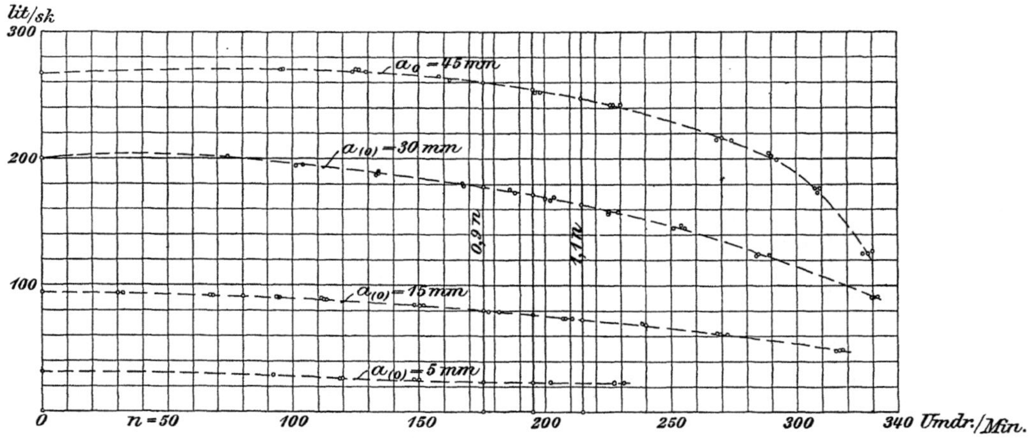

Fig. 542. Wasserverbrauch, lit/sk, nach Umdrehungszahlen geordnet.

stehend; die Nutzeffektsziffern bleiben rechnungsmäßig für jedes Gefälle gleich. Die umgerechneten Werte können dann in zeichnerische Beziehung gebracht wer-

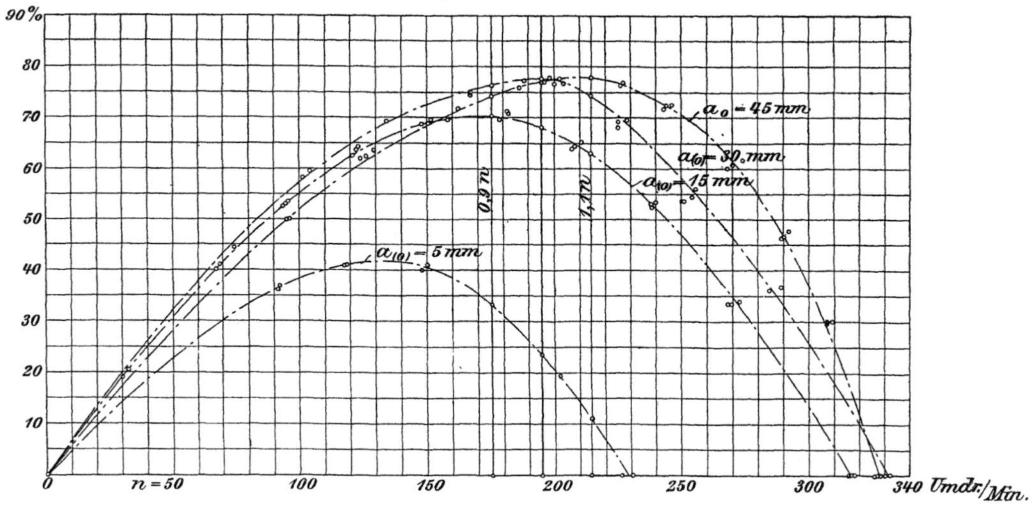

Fig. 543. Nutzeffektsziffern, *e*, nach Umdrehungszahlen geordnet.

den, wie dies die Fig. 540 bis 543 nach ausgeführten Versuchsergebnissen bei einer Spiralturbine zeigen, wo der Deutlichkeit der Darstellung halber die sonst

[1]) Die ausführende Maschinenfabrik hätte unter Umständen bessere Vergleichsmöglichkeit mit anderen ihrer Ausführungen bei Umrechnen auf 1 m Gefälle, während der Empfänger hierfür kein Interesse besitzt.

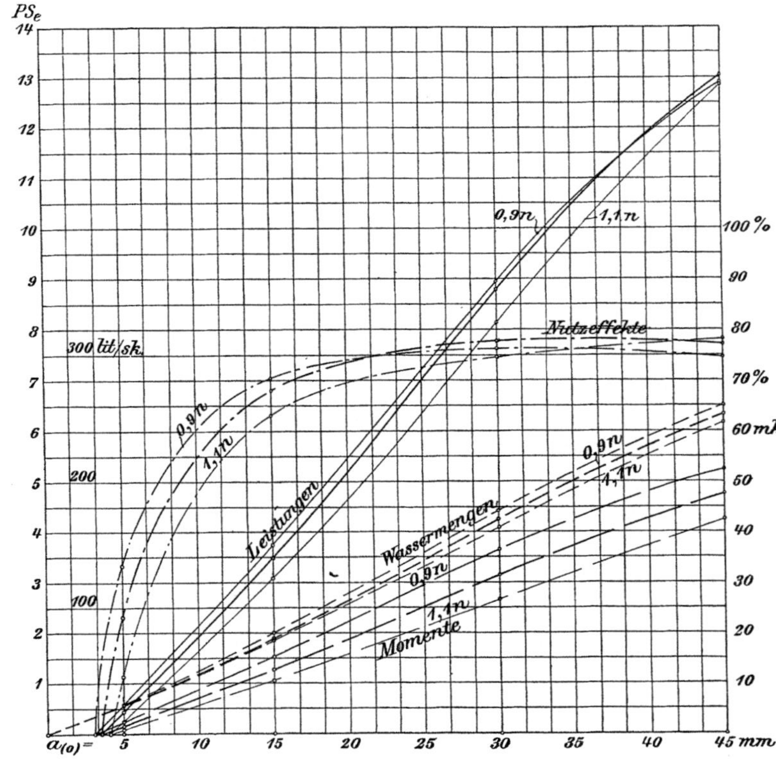

Fig. 544. Bremsergebnisse nach Leitschaufelweiten geordnet.

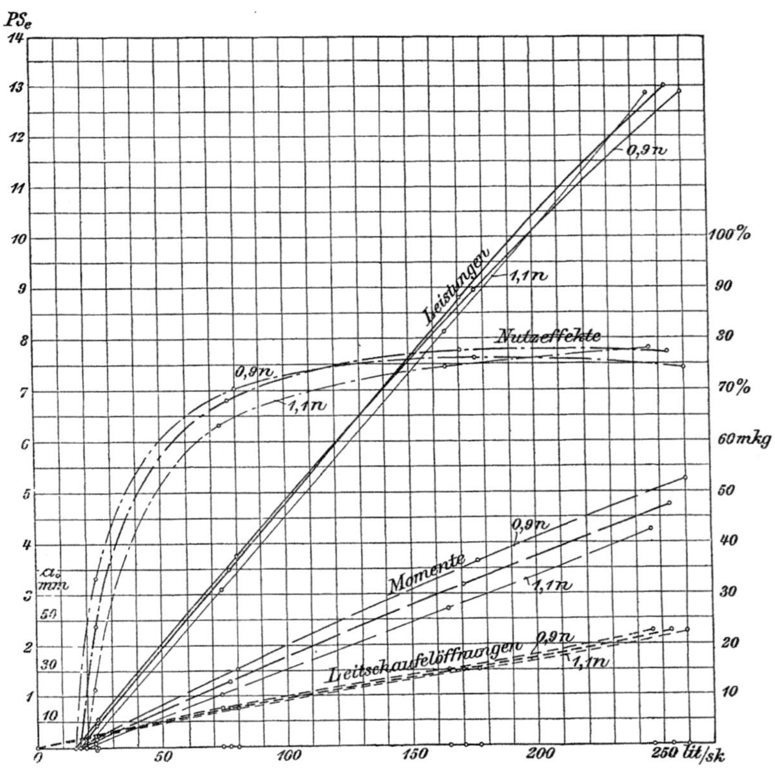

Fig. 545. Bremsergebnisse nach Wassermengen geordnet.

häufig in einem Blatt zusammengestellten Ergebnisse, nach Umdrehungszahlen geordnet, in getrennten Zeichnungen vorgeführt sind.

Wir finden in Fig. 540 die Darstellung der auf Normalgefälle $H = 5$ m umgerechneten Bremsmomente (mkg) nach Umdrehungszahlen geordnet. Auf die dreierlei Ordinaten in den Abständen $0{,}9n$ usw. wird später zurückzukommen sein. Jede Kurve gehört einer bestimmten Leitschaufelöffnung $a_{(0)}$ an. Die Umdrehungszahlen des Freilaufs, $M = 0$, nehmen bei abnehmenden a_0 ganz wesentlich ab, weil natürlich die Lagerreibung bei allen Öffnungen gleichbleibt und sich deshalb bei kleineren Öffnungen als zu leistende Arbeit in höherem Grade bemerkbar macht.

In Fig. 541 sind die Leistungen in PS_e, nach Umdrehungszahlen geordnet, aufgetragen. Hier sei besonders darauf hingewiesen, daß die Geschwindigkeit der Höchstleistung bei abnehmenden Leitschaufelweiten immer mehr nach den kleineren Umdrehungszahlen hinrückt.

Die Fig. 542 enthält die beobachteten Wassermengen in lit/sk bei verschiedenen Leitschaufelweiten, nach Umdrehungszahlen geordnet. Sie sind mittelst Hansenschen Überfalles, ohne Seitenkontraktion, bestimmt.

Die Fig. 543 enthält die Nutzeffektsziffern e in gleicher graphischer Anordnung.

Aus den vier Figuren können nun die zu einer und derselben Umdrehungszahl gehörigen Daten durch Schnitte der entsprechenden Ordinate mit den Kurvenzügen entnommen werden. Diese Daten finden sich für die Normalumdrehungszahl $n = 194{,}5$, dazu noch für das 0,9- und das 1,1fache derselben in der Fig. 544 nach Leitschaufelweiten, in Fig. 545 nach Wassermengen geordnet, wobei die stark ausgezogenen Kurven der Normalumdrehungszahl entsprechen, für die anderen Kurven ist die Umdrehungszahl jeweils beigesetzt.

E. Beziehung zwischen Leistung und Umdrehungszahl bei verschiedenen Gefällen.

1. Allgemeines.

In vielen Fällen ist es erwünscht zu wissen, welche Leistung eine Turbine bei wechselndem Gefälle und gleichbleibender oder auch geänderter Umdrehungszahl besitzt. Dies kann aus dem Ergebnis der Leistungsversuche innerhalb gewisser Grenzen auf rechnungsmäßigem Weg hinreichend zuverlässig festgestellt werden. Es zeigt sich nämlich. daß der Verlauf der Drehmomente bei verschiedenen Umdrehungszahlen, Fig. 540, in der Nähe der normalen Geschwindigkeit fast genau durch eine Gerade dargestellt wird, vgl. auch die M' in Fig. 105, S. 134 usw., und hierauf gründet sich die nachstehende Berechnungsweise.

Aus Versuchen mit der gleichen Turbine und unter den gleichen Einbau- und Zuleitungsverhältnissen sei nun bekannt, daß sie unter einem Gefälle H_a das Drehmoment M_a bei der Umdrehungszahl n_a leistet, daß sie andererseits unter dem Gefälle H_b bei n_b Umdrehungen das Drehmoment M_b hervorbringt.

Nach Maßgabe der Umrechnungsgleichungen 985 gilt dann für nur 1 m Gefälle[1]), Index „1",

für den Versuch „a":

$$n_a^1 = n_a \sqrt{\frac{1}{H_a}}; \qquad M_a^1 = M_a \frac{1}{H_a}; \qquad N_a^1 = N_a \sqrt{\left(\frac{1}{H_a}\right)^3}$$

[1]) Es ist vorübergehend bequem, auf $H = 1$ m umzurechnen.

für den Versuch „b":

$$n_b^1 = n_b \sqrt{\frac{1}{H_b}}; \qquad M_b^1 = M_b \frac{1}{H_b}; \qquad N_b^1 = N_b \sqrt{\left(\frac{1}{H_b}\right)^3}.$$

Angenommen, die Versuche a und b liegen noch innerhalb der vorerwähnten geraden Strecke der Momentenlinie, so läßt sich für einen beliebigen Zwischen-

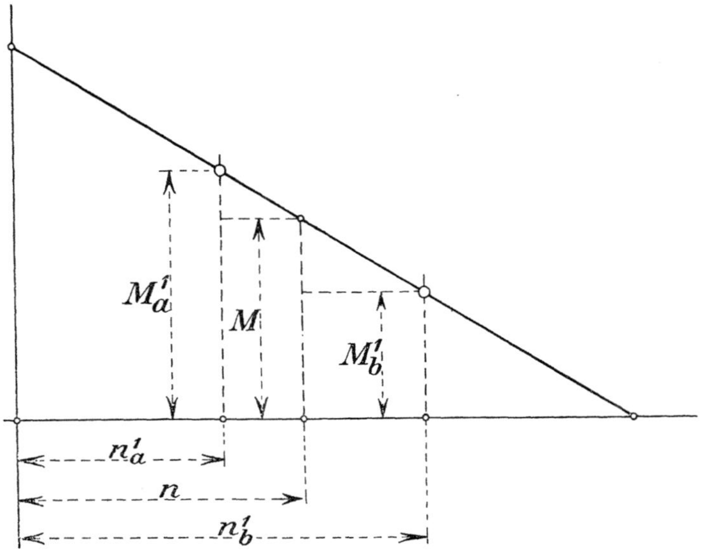

Fig. 546.

punkt der Geraden, Fig. 546, für die Größen von M und n anschreiben:

$$\frac{M_a^1 - M}{n - n_a^1} = \frac{M - M_b^1}{n_b^1 - n},$$

woraus sich das, bei 1 m Gefälle und der Umdrehungszahl n eintretende, Drehmoment ergibt als

$$M = \frac{M_a^1 \cdot n_b^1 - M_b^1 \cdot n_a^1}{n_b^1 - n_a^1} - \frac{M_a^1 - M_b^1}{n_b^1 - n_a^1} \cdot n \quad \ldots\ldots \quad 986$$

Nun sind im Einzelfall ja die M_a^1, n_a^1 usw. bekannte, konstante Größen, so daß Gl. 986 auch geschrieben werden darf

$$M = C_1 - C_2 \cdot n \quad \ldots\ldots\ldots\ldots \quad 987$$

worin

$$C_1 = \frac{M_a^1 \cdot n_b^1 - M_b^1 \cdot n_a^1}{n_b^1 - n_a^1} \quad \ldots\ldots\ldots \quad 988$$

$$C_2 = \frac{M_a^1 - M_b^1}{n_b^1 - n_a^1} \quad \ldots\ldots\ldots\ldots \quad 989$$

Die M_a^1 usw. nach den vorstehenden Beziehungen gerechnet.

Nach Gl. 980 ist allgemein

$$N = \frac{M \cdot n}{716{,}2},$$

also hier gemäß Gl. 987 und für 1 m Gefälle:

$$N = \frac{C_1}{716{,}2} n - \frac{C_2}{716{,}2} n^2 = A \cdot n - B \cdot n^2 \quad \ldots\ldots \quad 990$$

Soll vom Gefälle im Betrag von einem Meter nun wieder auf das Gefälle H[1]) gegangen werden, so ist, weil die M_a^1, n_a^1 usw. sich unter dem größeren Gefälle als $n_a^1 \sqrt{H}$, $M_a^1 \cdot H$ usw. an der Bremse ergeben hätten, zu schreiben:
statt C_1 nunmehr

$$\frac{M_a^1 \cdot H \cdot n_b^1 \sqrt{H} - M_b^1 \cdot H \cdot n_a^1 \sqrt{H}}{n_b^1 \sqrt{H} - n_a^1 \sqrt{H}} = C_1 H$$

und statt C_2 einfach

$$\frac{M_a^1 \cdot H - M_b^1 \cdot H}{n_b^1 \sqrt{H} - n_a^1 \sqrt{H}} = C_2 \sqrt{H}$$

derart, daß sich für die gerade Strecke der Momentkurve ganz allgemein für das Gefälle H ergibt nach Gl. 987

$$M = C_1 \cdot H - C_2 \sqrt{H} \cdot n \quad \ldots \ldots \ldots \quad 991$$

und nach Gl. 990

$$N = \frac{C_1}{716{,}2} H \cdot n - \frac{C_2}{716{,}2} \sqrt{H} \cdot n^2 = A \cdot H \cdot n - B \sqrt{H} \cdot n^2 \quad \ldots \ldots \quad 992$$

Diese Gleichung gestattet sowohl bei gegebenem oder angenommenem H die zwischen den Werten M_a und M_b liegenden, zu erwartenden Leistungen gemäß der Umdrehungszahl auszurechnen, als auch bei gleichgehaltener Umdrehungszahl die Leistung für verschiedene Gefälle zu bestimmen, und zwar soweit, als eben die gerade Momentlinie reicht.

Sind M_a^1 und M_b^1 beispielsweise die Endpunkte der geradlinigen Strecke, so gilt obige Gl. 991 beim Gefälle H innerhalb der Umdrehungszahlen

$$n = n_a^1 \sqrt{H} \text{ bis } n_b^1 \sqrt{H} \text{ oder auch } n = n_a \sqrt{\frac{H}{H_a}} \text{ bis } n_b \sqrt{\frac{H}{H_b}} \quad \ldots \quad 993$$

Auf Grund der Gl. 991 und 992 lassen sich rechnerisch und zeichnerisch Tabellen entwerfen, die ein Bild der Leistungsfähigkeit der Turbine im tatsächlichen Betrieb geben. Denn dieser verlangt meist das Einhalten einer bestimmten Umdrehungszahl und dabei finden fast ohne Ausnahme Gefälleschwankungen statt.

Als Beispiel der Anwendung dieser Beziehungen möge folgendes dienen: Es sei aus Bremsversuchen bekannt

$$H_a = 6{,}14 \text{ m}; \quad M_a = 165 \text{ mkg}; \quad n_a = 267$$
$$H_b = 5{,}82 \text{ m}; \quad M_b = 515 \text{ mkg}; \quad n_b = 133.$$

Es stellt sich dann

$$M_a^1 = 26{,}9 \text{ mkg}; \quad n_a^1 = 107{,}8$$
$$M_b^1 = 88{,}5 \text{ mkg}; \quad n_b^1 = 55{,}1$$
$$C_1 = 152{,}9; \quad C_2 = 1{,}169,$$

mithin

$$M = 152{,}9 H - 1{,}169 \sqrt{H} \cdot n \quad \ldots \ldots \ldots \quad (991)$$

Ferner sind

$$A = \frac{152{,}9}{716{,}2} = 0{,}213; \quad B = \frac{1{,}169}{716{,}2} = 0{,}001\,632,$$

also

$$N = 0{,}213 \cdot H \cdot n - 0{,}001\,632 \sqrt{H} \cdot n^2 \quad \ldots \ldots \ldots \quad (992)$$

Nehmen wir nun H als konstant, etwa $H = 6$ m an, so ergeben sich für beliebig anzunehmende Umdrehungszahlen n die in Fig. 547 mit der betreffenden Zahl bezeichnete Momentenlinie und Kurve der PS_e; andere Gefälle, z. B. 5 m und 7 m, ergeben die anderen in der Fig. 547 eingetragenen Linienzüge, und es lassen

[1]) Eigentlich H_A, der Einfachheit halber aber als H bezeichnet.

sich dann für zwischenliegende Gefälle oder Umdrehungszahlen leicht die betreffenden Momente oder Leistungen in PS_e interpolieren. Die Figur enthält auch die den einzelnen Gefällen entsprechenden Kurven der Wassermengen bei verschiedenen Umdrehungszahlen, wie sie sich aus den Beobachtungen „*a*" und „*b*" ergaben; die Größen von Q und n sind ja beide proportional $\sqrt{H}$.

Die Gültigkeitsgrenzen dieser Rechnung liegen für beispielsweise 7 m Gefälle zwischen den Umdrehungszahlen, Gl. 993

$$\text{von } 267\sqrt{\frac{7}{6{,}14}} = 285$$

$$\text{bis } 133\sqrt{\frac{7}{5{,}82}} = 146, \text{ vgl. Fig. 547.}$$

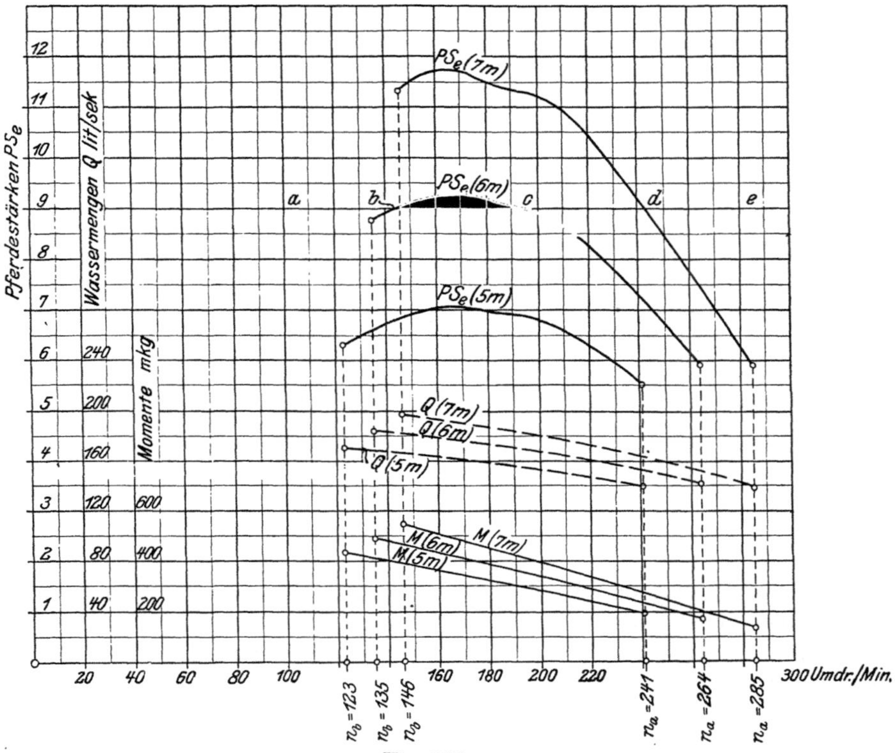

Fig. 547.

So lehrreich eine derartige Zusammenstellung der Bremsversuche für den Turbineningenieur ist, so ist doch für den praktischen Betrieb eine andere Gruppierung der Daten mehr erwünscht.

Der Betrieb verlangt einen raschen Überblick darüber, wie groß die tatsächliche Leistung der Turbine bei verschiedenen Gefällen und unter Einhaltung einer bestimmten Umdrehungszahl ist. Wie dieses einzurichten, zeigt Fig. 548. In der Fig. 547 waren die Leistungen als Ordinaten aufgetragen (Kurven gleichen Gefälles); eine Horizontale *abcde* schneidet beispielsweise in einer Höhe entsprechend 9 PS_e die Leistungskurve von 6 m Gefälle bei zwei verschiedenen Umdrehungszahlen in *b* und *c*, dann diejenige von 7 m im Punkte *d*. Wir können uns von der gleichen Basis der Umdrehungszahlen ausgehend an den betreffenden Ordinaten statt der PS_e das Gefälle der Schnittpunkte *bcd* auftragen; Fig. 548 enthält diese drei Punkte mit den gleichen Buchstaben bezeichnet, und können dann diese durch eine Kurve verbinden (Kurve gleicher Leistung). Verfahren wir mit anderen Leistungsgrößen in gleicher Weise, so entstehen beispielsweise auch die Kurven der 8, 7, 6 PS_e, also alles Kurven gleicher Leistungsfähigkeit bei verschiedenen Umdrehungszahlen und Gefällen.

Für bestimmtes Gefälle und Umdrehungszahl ergibt sich dann aus den Kurven beispielsweise für 5 m Gefälle und 130 Umdr. eine Leistung von $\sim 6^1/_2$ PS_e, für gleiches Gefälle und 158 Umdr. eine solche von $\sim$ 7 PS_e usw. Zwischenliegende Werte können leicht interpoliert werden.

Findet die Bremsbelastung einer Turbine in der Weise statt, daß durch elektrische Widerstände die geleistete Arbeit direkt gemessen wird, so ist der

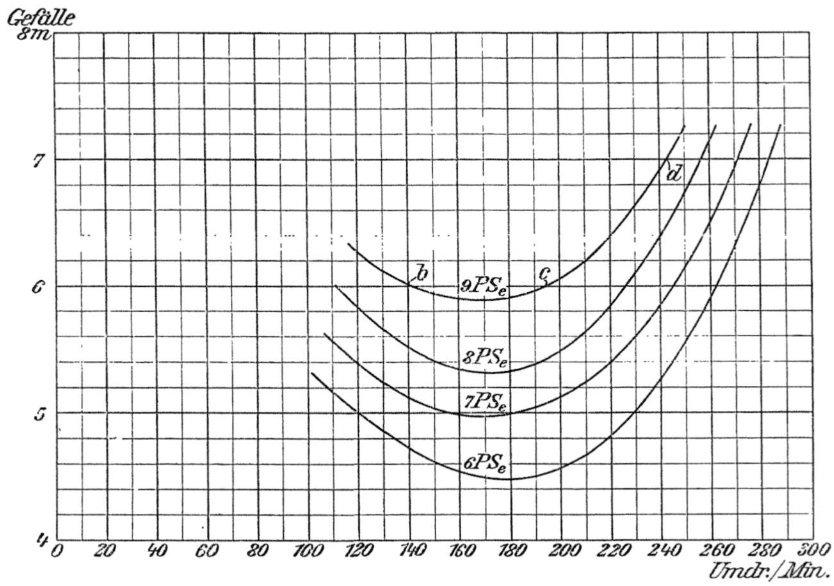

Fig. 548.

Weg zur Bestimmung der Verhältnisse der gleiche, nur daß zuerst aus den ermittelten Werten N_a und N_b usw. (der Index im Sinne der S. 866 rückwärts die N_a^1 und n_a^1, sowie die N_b^1 und n_b^1 gerechnet, und aus diesen nach Gl. 614, S. 425, die M_a^1 und M_b^1 bestimmt werden.

2. Gefällerückgang bei Hochwasser, Leerlauf = Freilauf.

Hochwasser verringert das Nettogefälle häufig in hohem Grade, und dementsprechend sinkt die Leistung der Turbine, besonders wenn die Normalumdrehungszahl eingehalten werden muß, sehr rasch.

Es kann die Frage aufgeworfen werden, wie weit gegenüber dem Normalgefälle H einer bestimmten Anlage das Gefälle heruntergehen muß, bis die Turbine mit normaler Umdrehungszahl n eben noch leer, ohne äußere Arbeitsleistung, also frei, läuft.

Die Antwort beruht in folgendem: Es ist früher schon erwähnt worden, daß die äußere Radialturbine im Freilauf etwa das 1,8fache der Normalumdrehungszahl annimmt. Nun ist mit Hinweis auf Gl. 379, S. 142, für eine gegebene Turbine die normale Umdrehungszahl $n = \text{Konst.}\,\sqrt{H}$.

Für das verkleinerte Gefälle h wäre die diesem h entsprechende Normalumdrehungszahl n_h also diejenige des stoßfreien Einfüllens usw. mit dem gleichen Wirkungsgrad und dem gleichen Wert der Konstanten: $n_h = \text{Konst.}\,\sqrt{h}$.

Bei dem beeinträchtigten Gefälle h beträgt dann die Umdrehungszahl des Freilaufs etwa $1{,}8 \cdot n_h$, und zur Bestimmung von h haben wir deshalb einfach zu schreiben

$$1{,}8\, n_h = n$$

oder

$$1{,}8 \cdot \text{Konst.} \sqrt{h} = \text{Konst.} \sqrt{H},$$

woraus folgt

$$h = \frac{H}{1{,}8^2} = \sim 0{,}3\, H \quad \ldots\ldots\ldots\ldots \quad 994$$

als ungefährer Betrag des verkleinerten Gefälles, bei dem die Turbine die normale Geschwindigkeit n des Gefälles H zwar noch besitzt, aber nur, wenn sie unbelastet, frei, ist. Andere Werte statt 1,8 ändern natürlich den Betrag von h.

Wollte man aus der Turbine bei starkem Rückstau immer noch die größtmögliche Leistung ziehen, so müßte die Umdrehungszahl jeweils der Wurzel aus dem Gefälle proportional geändert werden, hier auf n_h, was aber nur selten tunlich sein wird.

In diesem Fall würde die Turbine bei $h = 0{,}3\, H$ mit, Gl. 985,

$$n_h = n \sqrt{\frac{h}{H}} = n \sqrt{0{,}3} = \sim 0{,}55\, n$$

zu betreiben sein; sie würde dabei aber nur noch leisten, Gl. 985,

$$N_h = N_H \sqrt{(0{,}3)^3} = \sim 0{,}165\, N_H,$$

d. h. nur den sechsten Teil der Leistung bei H (m) Gefälle.[1])

Als eine durch Bremsversuche ziemlich bestätigte Faustregel zur Bestimmung der Turbinenleistung bei vermindertem Gefälle h, aber unter Einhaltung der dem Normalgefälle H entsprechenden Umdrehungszahl n, kann folgendes angegeben werden:

Die Abnahme der Leistung ist verhältnismäßig etwa $1^1/_2$ mal so groß als diejenige des Gefälles. Oder in Zahlen: eine Gefälleabnahme um beispielsweise $\frac{1}{3}$ des Normalgefälles H zieht einen Leistungsabfall um etwa $1{,}5 \frac{1}{3} = 0{,}5$ der Normalleistung N_H nach sich, sofern die Normalumdrehungszahl n eingehalten wird.

Rechnungsmäßig läßt sich dies ausdrücken durch

$$\frac{N_H - N_h}{N_H} = 1{,}5 \frac{H - h}{H} \quad \ldots\ldots\ldots\ldots \quad 995$$

und hieraus ergibt sich

$$N_h = N_H \left(1 - 1{,}5 \frac{H - h}{H}\right) \quad \ldots\ldots\ldots\ldots \quad 996$$

---

[1]) Ist die Freilaufumdrehungszahl geringer als $1{,}8\, n$, etwa $1{,}5\, n$, so ergeben sich

$$h = \frac{H}{1{,}5^2} = \sim 0{,}45\, H,$$

$$n_h = n \sqrt{0{,}45} = \sim 0{,}67\, n,$$

$$N_h = N_H \sqrt{(0{,}45)^3} = \sim 0{,}3\, N_H.$$

Diese Turbine stellt die Arbeit gegen außen schon bei 0,45 des Normalgefälles, also früher ein als die vorhergehende.

Die Theorie der Wasserturbinen. Ein kurzes Lehrbuch von Rudolf Escher, Professor am Eidgenössischen Polytechnikum in Zürich. Mit 242 Textfiguren.
In Leinwand gebunden Preis M. 8,—.

Turbinen und Turbinenanlagen. Von Viktor Gelpke, Ingenieur. Mit 52 Textfiguren und 31 lithogr. Tafeln. In Leinwand gebunden Preis M. 15,—.

Neuere Turbinenanlagen. Auf Veranlassung von Professor E. Reichel, und unter Benutzung seines Berichtes „Der Turbinenbau auf der Weltausstellung in Paris 1900“ bearbeitet von Wilhelm Wagenbach, Konstruktionsingenieur an der Kgl. Techn. Hochschule in Berlin. Mit 48 Textfiguren und 54 Tafeln. In Leinwand gebunden Preis M. 15,—.

Wasserkraftmaschinen. Ein Leitfaden zur Einführung in Bau und Berechnung moderner Wasserkraftmaschinen und -Anlagen. Von Dipl.-Ing. L. Quantz, Oberlehrer an der Kgl. Höheren Maschinenbauschule zu Stettin. Zweite, erweiterte und verbesserte Auflage. Mit 159 Textfiguren. In Leinwand gebunden Preis M. 4,—.

Zur Theorie der Francis-Turbinen mit Versuchen an einer 300pferdigen Turbine. Von Dr.-Ing. Fritz Oesterlen. Mit 31 Textfiguren und 19 lithogr. Tafeln. Preis M. 7,—.

Allgemeine Theorie über die veränderliche Bewegung des Wassers in Leitungen. I. Teil: Rohrleitungen. Von Lorenzo Alliévi. Deutsche, erläuterte Ausgabe, bearbeitet von Robert Dubs und V. Bataillard. II. Teil: Stollen und Wasserschloß. Von Robert Dubs. Mit 35 Textfiguren. In einem Bande. Preis M. 10,—.

Die Pumpen. Berechnung und Ausführung der für die Förderung von Flüssigkeiten gebräuchlichen Maschinen. Von K. Hartmann und J. O. Knoke. Dritte, neubearbeitete Auflage von Prof. H. Berg. Mit 704 Textfiguren und 14 Tafeln.
In Leinwand gebunden Preis M. 18,—.

Die Zentrifugalpumpen. Von Dipl.-Ing. Fritz Neumann. Zweite Auflage. Unter der Presse.

Zur Theorie der Zentrifugalpumpen. Von Ingenieur Dr. techn. Egon R. von Grünebaum. Mit 89 Textfiguren und 3 Tafeln. Preis M. 3,—.

Theorie und Konstruktion der Kolben und Turbokompressoren. Von Dipl.-Ing. P. Ostertag, Professor am Kantonalen Technikum in Winterthur. Mit 266 Textfiguren.
In Leinwand gebunden Preis M. 11,—.

Die Dampfturbinen. Mit einem Anhang über die Aussichten der Wärmekraftmaschinen und über die Gasturbine. Von A. Stodola, Dr. phil. Dr.-Ing., Professor am Eidgenöss. Polytechnikum in Zürich. Vierte, umgearbeitete und erweiterte Auflage. Mit 856 Textfiguren und 9 Tafeln. In Leinwand gebunden Preis M. 30,—.

Die Dampfturbine als Schiffsmotor. Vergleichsrechnung für verschiedene Systeme (Zoelly, Rateau, Curtis, Parsons, Melms-Pfenninger). Von Dr.-Ing. Karl Besig, Oberlehrer an der Kgl. Schiffsingenieur- und Seemaschinistenschule in Stettin. Mit zahlreichen Figuren auf Tafeln. Preis M. 3,—.

Zu beziehen durch jede Buchhandlung.

Verlag von Julius Springer in Berlin.

Die Regelung der Kraftmaschinen. Berechnung und Konstruktion der Schwungräder, des Massenausgleichs und der Kraftmaschinenregler in elementarer Behandlung. Von Professor Max Tolle, Privatdozent an der Technischen Hochschule in Karlsruhe. Zweite, verbesserte und vermehrte Auflage. Mit 463 Textfiguren und 19 Tafeln.
In Leinwand gebunden Preis M. 26,—.

Entwerfen und Berechnen der Dampfmaschinen. Ein Lehr- und Handbuch für Studierende und angehende Konstrukteure. Von Heinrich Dubbel, Ingenieur. Dritte, verbesserte Auflage. Mit 470 Textfiguren. In Leinwand gebunden Preis M. 10,—.

Großgasmaschinen. Ihre Theorie, Wirkungsweise und Bauart. Von Heinrich Dubbel, Ingenieur. Mit 400 Textfiguren und 6 Tafeln. In Leinwand gebunden Preis M. 10,—.

Die Gasmaschine. Ihre Entwicklung, ihre heutige Bauart und ihr Kreisprozeß. Von R. Schöttler, Geh. Hofrat, ord. Professor an der Herzogl. Technischen Hochschule zu Braunschweig. Fünfte, umgearbeitete Auflage. Mit 622 Figuren im Text und auf 12 Tafeln. In Leinwand gebunden Preis M. 20,—.

Das Entwerfen und Berechnen der Verbrennungsmotoren. Handbuch für Konstrukteure und Erbauer von Gas- und Ölkraftmaschinen. Von Hugo Güldner, Oberingenieur, Direktor der Güldner-Motoren-Gesellschaft in München. Dritte, bedeutend erweiterte Auflage.
Erscheint im Frühjahr 1912.

Die Dampfkessel nebst ihren Zubehörteilen und Hilfseinrichtungen. Ein Hand- und Lehrbuch zum praktischen Gebrauch für Ingenieure, Kesselbesitzer und Studierende von R. Spalckhaver, Regierungsbaumeister, Kgl. Oberlehrer in Altona a. E., und Fr. Schneiders, Ingenieur in M.-Gladbach (Rhld.). Mit 679 Textfiguren.
In Leinwand gebunden Preis M. 24,—.

Die Dampfkessel. Ein Lehr- und Handbuch für Studierende technischer Hochschulen, Schüler höherer Maschinenbauschulen und Techniken sowie für Ingenieure und Techniker. Bearbeitet von Professor F. Tetzner, Oberlehrer an den Kgl. Vereinigten Maschinenbauschulen zu Dortmund. Vierte, verbesserte Auflage. Mit 162 Textfiguren und 45 lithogr. Tafeln. In Leinwand gebunden Preis M. 8,—.

Technische Untersuchungsmethoden zur Betriebskontrolle, insbesondere zur Kontrolle des Dampfbetriebes. Zugleich ein Leitfaden für die Arbeiten in den Maschinenlaboratorien technischer Lehranstalten. Von Julius Brand, Ingenieur, Oberlehrer der Kgl. Vereinigten Maschinenbauschulen zu Elberfeld. Zweite, vermehrte und verbesserte Auflage. Mit 301 Textfiguren, 2 Tafeln und zahlreichen Tabellen. In Leinwand gebunden Preis M. 8,—.

Anleitung zur Durchführung von Versuchen an Dampfmaschinen und Dampfkesseln. Zugleich Hilfsbuch für den Unterricht in Maschinenlaboratorien technischer Schulen. Von Franz Seufert, Ingenieur, Oberlehrer an der Kgl. Höheren Maschinenbauschule zu Stettin. Zweite, erweiterte Auflage. Mit 40 Textfiguren.
In Leinwand gebunden Preis M. 2,—.

Zu beziehen durch jede Buchhandlung.

Verlag von Julius Springer in Berlin.

Hebemaschinen. Eine Sammlung von Zeichnungen ausgeführter Konstruktionen mit besonderer Berücksichtigung der Hebemaschinen-Elemente. Von C. Bessel, Ingenieur, Oberlehrer an der Kgl. Höheren Maschinenbauschule Altona. Zweite Auflage. 34 Tafeln.
In Leinwand gebunden Preis M. 6,60.

Die Förderung von Massengütern. Von Dipl.-Ing. Georg v. Hanffstengel, Leipzig.
I. Band: Bau und Berechnung der stetig arbeitenden Förderer. Mit 414 Textfiguren. Preis M. 7,—; in Leinwand gebunden M. 7,80.
II. (Schluß)-Band: Förderer für Einzellasten. Mit 445 Textfiguren.
Preis M. 8,—; in Leinwand gebunden M. 8,80.

Elastizität und Festigkeit. Die für die Technik wichtigsten Sätze und deren erfahrungsmäßige Grundlage. Von Prof. Dr.-Ing. C. Bach, Stuttgart. Sechste vermehrte Auflage. Mit Textabbildungen und 20 Lichtdrucktafeln. In Leinwand gebunden Preis M. 20,—.

Festigkeitslehre nebst Aufgaben aus dem Maschinenbau und der Baukonstruktion. Ein Lehrbuch für Maschinenbauschulen und andere technische Lehranstalten sowie zum Selbstunterricht und für die Praxis. Von Ernst Wehnert, Ingenieur und Lehrer an der Städt. Gewerbe- und Maschinenbauschule in Leipzig.
I. Band: Einführung in die Festigkeitslehre. Zweite, verbesserte und vermehrte Auflage. Mit 247 Textfiguren. In Leinwand gebunden Preis M. 6,—.
II. Band: Zusammengesetzte Festigkeitslehre. Mit 142 Textfiguren..
In Leinwand gebunden Preis M. 7,—.

Aufgaben aus der technischen Mechanik. Von Professor Ferd. Wittenbauer, Graz.
I. Allgemeiner Teil. Zweite, vollständig umgearbeitete Auflage. 773 Aufgaben nebst Lösungen. Mit 572 Textfiguren. Preis M. 5,—; in Leinwand gebunden M. 5,80.
II. Teil: Festigkeitslehre. 545 Aufgaben nebst Lösungen. Mit 457 Textfiguren.
Preis M. 6,—; in Leinwand gebunden M. 6,80.
III. Teil: Flüssigkeiten und Gase. 504 Aufgaben nebst Lösungen und einer Formelsammlung. Mit 339 Textfiguren. Preis M. 6,—; in Leinwand gebunden M. 6,80.

Technische Messungen bei Maschinen-Untersuchungen und im Betriebe. Zum Gebrauch in Maschinenlaboratorien und in der Praxis. Von Professor Dr.-Ing. Anton Gramberg, Dozent an der Technischen Hochschule zu Danzig. Zweite, umgearbeitete Auflage. Mit 223 Textfiguren. In Leinwand gebunden Preis M. 8,—.

Trigonometrie für Maschinenbauer und Elektrotechniker. Ein Lehr- und Aufgabenbuch für den Unterricht und zum Selbststudium. Von Dr. Adolf Heß, Professor am Kantonalen Technikum in Winterthur. Mit 112 Textfiguren.
In Leinwand gebunden Preis M. 2,80.

Elementarmechanik für Maschinentechniker. Von Dipl.-Ing. R. Vogdt, Oberlehrer an der Maschinenbauschule in Essen (Ruhr), Regierungsbaumeister a. D. Mit 154 Textfiguren.
In Leinwand gebunden Preis M. 2,80.

Die Technologie des Maschinentechnikers. Von Ingenieur Karl Meyer, Professor, Oberlehrer an den Kgl. Vereinigten Maschinenbauschulen zu Köln. Zweite, berichtigte Auflage. Mit 377 Textfiguren. In Leinwand gebunden Preis M. 8,—.

Zu beziehen durch jede Buchhandlung.

Verlag von Julius Springer in Berlin.

Im September 1911 erschien:

Taschenbuch für Bauingenieure.

Unter Mitwirkung von

Geheimrat Prof. Th. Böhm-Dresden, Geheimrat Prof. H. Engels-Dresden, Prof. Dr. jur. A. Esche-Dresden, Prof. M. Foerster-Dresden, Geheimrat Prof. Dr. C. Gurlitt-Dresden, Stadtbaurat a. D. Th. Koehn-Berlin, Regierungsbaumeister Privatdozent Dr.-Ing. F. Kögler-Dresden, Geheimrat Prof. G. Lucas-Dresden, Geheimrat Prof. G. Mehrtens-Dresden, Baurat Dr.-Ing. A. Schreiber-Dresden, Kgl. Bauamtmann E. Wentzel-Dresden

herausgegeben von **Max Förster,**

ord. Professor an der Technischen Hochschule zu Dresden.

1927 Seiten auf bestem Dünndruckpapier. — Mit 2723 Figuren.

In englisch Leinen gebunden Preis M. 20,—.

Mathematik — Mechanik — Trägerlehre — Graphostatik — Festigkeitslehre — Baustatik — Theorie des Eisenbetonbaues — Baustoffe — Geodäsie — Hochbaukunde — Konstrnktionselemente des Eisenhochbaues — Wasserbau — Hölzerne Brücken — Steinbrücken — Eisenbetonbrücken — Eisenbrückenbau — Erdbau, Tunnelbau, Straßenbau und Eisenbahnwesen — Wasserversorgung der Städte — Kanalisation — Die künstlerischen Fragen des Städtebaues — Maschinenbaukunde — Staats- und Rechtskunde — Sachverzeichnis.

Hilfsbuch für den Maschinenbau. Für Maschinentechniker sowie für den Unterricht an technischen Lehranstalten. Von Prof. Fr. Freytag, Lehrer an den Technischen Staatslehranstalten zu Chemnitz. Vierte, vermehrte und verbesserte Auflage. Mit 1108 Textfiguren, 10 Tafeln und einer Beilage für Österreich.
In Leinwand gebunden Preis M. 10,—; in Leder gebunden M. 12,—.

Technische Wärmemechanik. Die für den Maschinenbau wichtigsten Lehren aus der Mechanik der Gase und Dämpfe und der mechanischen Wärmetheorie. Von W. Schüle, Ingenieur, Oberlehrer an der Königlichen Höheren Maschinenbauschule zu Breslau. Mit 118 Textfiguren und 4 Tafeln. In Leinwand gebunden Preis M. 9,—.

Neue Tabellen und Diagramme für Wasserdampf. Von Dr. R. Mollier, Professor an der Technischen Hochschule zu Dresden. Mit 2 Diagrammtafeln. Preis M. 2,—.

Die Entropietafel für Luft und ihre Verwendung zur Berechnung der Kolben- und Turbo-Kompressoren. Von P. Ostertag, Dipl.-Ing. und Professor am Kantonalen Technikum in Winterthur. Mit 11 Textfiguren und 2 lithogr. Tafeln. Preis M. 2,80.

Technische Schwingungslehre. Einführung in die Untersuchung der für den Ingenieur wichtigsten periodischen Vorgänge aus der Mechanik starrer, elastischer, flüssiger und gasförmiger Körper sowie aus der Elektrizitätslehre. Von Dr. Wilhelm Hort, Dipl.-Ing. Mit 87 Textfiguren. Preis M. 5,60; in Leinwand gebunden M. 6,40.

Die Betriebsleitung insbesondere der Werkstätten. Autorisierte deutsche Ausgabe der Schrift: „Shop management“ von Fred. W. Taylor, Philadelphia. Von A. Wallichs, Professor an der Technischen Hochschule zu Aachen. Mit 6 Figuren und 2 Zahlentafeln.
In Leinwand gebunden Preis M. 5,—.

Zu beziehen durch jede Buchhandlung.

GPSR Compliance

The European Union's (EU) General Product Safety Regulation (GPSR) is a set of rules that requires consumer products to be safe and our obligations to ensure this.

If you have any concerns about our products, you can contact us on ProductSafety@springernature.com

In case Publisher is established outside the EU, the EU authorized representative is:

Springer Nature Customer Service Center GmbH
Europaplatz 3
69115 Heidelberg, Germany

Batch number: 10684808

Printed by Printforce, the Netherlands